SCHÄFFER
POESCHEL

Adolf G. Coenenberg

Jahresabschluss und Jahresabschlussanalyse

Betriebswirtschaftliche, handelsrechtliche, steuerrechtliche und internationale Grundsätze - HGB, IAS /IFRS, US-GAAP, DRS

19., völlig überarbeitete und erweiterte Auflage

unter Mitarbeit von Manuel Alvarez,
Johannes Biberacher, Christian Fink,
Andreas Joest, Kalina Keller,
Martin A. Meyer, Wolfgang Schultze

2003
Schäffer-Poeschel Verlag Stuttgart

Autor:
Prof. Dr. Dres. h.c. Adolf G. Coenenberg
Lehrstuhl für Betriebswirtschaftslehre, Wirtschaftsprüfung und Controlling,
Universität Augsburg

Mitarbeiter:
Dipl.-Kfm. Manuel Alvarez, Dr. Johannes Biberacher, Dipl.-Kfm. Christian Fink,
Dipl.-Kfm. Andreas Joest MBA, Dipl.-Math.oec. Kalina Keller,
Dipl.-Kfm. Martin A. Meyer, Dr. Wolfgang Schultze, M.A.

Mitarbeiter der Vorauflagen:
1.-8. Auflage: Ernst Brandi, Günter Eifler, Franz Schmidt
9.-15. Auflage: Rudolf Gingele, Axel Haller, Andreas Mayer, Peter Ströhlein
16. Auflage: Christian Federspieler, Susanne Gröner, Axel Haller, Georg Klein
17. und 18. Auflage: Manuel Alvarez, Angelika Brecht, Christian Federspieler,
Marcus Gantzkow, Susanne Gröner, Kalina Keller, Georg Klein, Martin A. Meyer,
Wolfgang Schultze

Bibliografische Information Der Deutschen Bibliothek
Die Deutsche Bibliothek verzeichnet diese Publikation
in der Deutschen Nationalbibliografie; detaillierte bibliografische Daten
sind im Internet über <http://dnb.ddb.de> abrufbar.

Gedruckt auf säure- und chlorfreiem, alterungsbeständigem Papier.

ISBN 3-7910-2185-0

www.schaeffer-poeschel.de
info@schaeffer-poeschel.de
Einbandgestaltung: Willy Löffelhardt
Druck und Bindung: Ebner&Spiegel GmbH, Ulm
Printed in Germany
Mai / 2003

Schäffer-Poeschel Verlag Stuttgart
Ein Tochterunternehmen der Verlagsgruppe Handelsblatt

Inhaltsübersicht

Inhaltsverzeichnis

Vorwort

a) Die Konzeption des Buches

Dieses Lehrbuch ist als Lerngrundlage zur Einarbeitung in die Probleme der Erstellung und Auswertung von Jahresabschlüssen gedacht. Es umfasst diejenigen Bereiche und Aspekte des finanziellen Rechnungswesens der Unternehmung, die nach wohl übereinstimmender Auffassung zum Pflichtbestandteil jeder betriebswirtschaftlichen Ausbildung im akademischen wie im außerakademischen Bereich gehören sollten. Dementsprechend wendet sich das Buch nicht nur an Universitätsstudenten der Wirtschaftswissenschaften, sondern auch an die Studierenden anderer wirtschaftswissenschaftlicher Bildungsinstitutionen sowie an die Praktiker aus Wirtschaft und Verwaltung, die in das Gebiet der Bilanzierung und Bilanzanalyse eindringen oder ihre Kenntnisse auf diesem Gebiet vertiefen und auf den neuesten Stand bringen wollen. Elementare Grundkenntnisse der Buchführungstechnik werden vorausgesetzt; weitere betriebswirtschaftliche Kenntnisse, vor allem auf den Gebieten Kostenrechnung und Finanzierung, sind für das Verständnis nützlich aber nicht notwendig.

Wie im Untertitel zum Ausdruck kommt, ist es ein besonderes Anliegen dieses Buches, neben der möglichst umfassenden Darstellung und Interpretation der in Bilanzrecht und Bilanzierungsstandards verankerten Grundsätze, Verständnis für die betriebswirtschaftlichen Grundlagen der Bilanzierung und Bilanzanalyse zu wecken. Breiten Raum nehmen Bilanzrecht und internationale Bilanzierungsstandards naturgemäß im ersten Teil der Schrift ein, in dem die Regeln zur Erstellung von Einzel- und Konzernabschlüssen behandelt werden. Im Vordergrund stehen dabei - neben den allgemeinen Grundsätzen ordnungsmäßiger Buchführung - die handelsrechtlichen Bilanzierungsregeln für Kapitalgesellschaften, insbesondere kapitalmarktorientierte Unternehmen, weil diese am umfassendsten sind und ihre Kenntnis zudem auch für das Verständnis der Bilanzierung anderer Unternehmen notwendig ist. Neben den handelsrechtlichen Bilanzierungsregeln (HGB und DRS) spielen auch für deutsche Unternehmen die *International Accounting Standards/International Financial Reporting Standards* (IAS/IFRS) sowie die *US-Generally Accepted Accounting Principles* (US-GAAP) als international akzeptierte Bilanzierungsstandards eine immer größere Rolle. Auf sie wird deshalb neben der Abhandlung der handelsrechtlichen Bilanzierungsregeln in allen Kapiteln des ersten Teils eingegangen. An die Darstellung und Interpretation der handelsrechtlichen und internationalen Bilanzierungsregeln schließt sich, soweit diese sich auf den Einzelbeschluss beziehen, jeweils eine Erörterung der für

Erstellung und Auswertung relevanten einkommen- bzw. körperschaftsteuerlichen Vorschriften an.

Im zweiten und dritten Teil dominieren die betriebswirtschaftlichen Grundlagen zur Bilanzierung und Bilanzanalyse. Im zweiten Teil, der sich mit der Analyse des Jahresabschlusses befasst, geht es weniger um eine möglichst umfassende Auflistung der in Theorie und Praxis gebräuchlichen Kennzahlen; es geht vielmehr um die Erarbeitung operationaler Definitionen der für die Auswertung wichtigsten Kennzahlen und Rechenschemata, um das Aufzeigen von Zusammenhängen zwischen den Kennzahlen und den Rechengrößen sowie um die Darstellung der Möglichkeiten und Grenzen der Informationsgewinnung aus den aufbereiteten Jahresabschlussdaten und aus dem Lagebericht. Grundlage sind auch hier die handelsrechtlichen Vorschriften für Einzel- und Konzernabschluss sowie die international akzeptierten Bilanzierungsstandards nach IAS/IFRS und US-GAAP. Außerdem ist es ein besonderes Anliegen, die konventionellen Methoden der Bilanzanalyse mit Erkenntnissen der betriebswirtschaftlichen Theorie sowie den Betrachtungsweisen der Analysten zu verbinden.

Der dritte Teil gibt eine Übersicht über die unter der Sammelbezeichnung »Bilanztheorie« zusammengefassten betriebswirtschaftlichen Erwägungen sowie Ansätze und Ergebnisse der empirischen Bilanzforschung. Aus der Bezeichnung »Bilanztheorie« darf keineswegs geschlossen werden, dass diese Ausführungen nur von »theoretischem« Interesse wären; sie sind vielmehr für ein vertieftes Verständnis der Probleme der Jahresabschlusserstellung und der Jahresabschlussanalyse in gleicher Weise von Bedeutung.

b) Anmerkungen zur 19. Auflage

Mit der 19. Auflage von »Jahresabschluss- und Jahresabschlussanalyse« ist erneut ein vollständig überarbeitetes und in wesentlichen Teilen neues Buch entstanden. Trotz der nur knapp drei Jahre seit der vollständigen Neubearbeitung des Lehrbuchs (17. Auflage, 2000) hat sich dies als notwendig erwiesen, weil sich das Bilanzwesen sowohl im Hinblick auf die Bilanzierungsstandards als auch die Bilanzierungspraxis, aber auch im Hinblick auf die konzeptionellen und theoretischen Fragestellungen mit außergewöhnlicher Dynamik entwickelt hat. Das hat Neubearbeitungs- und Ergänzungsbedarf nicht nur im Bereich des ersten Teils »Erstellung des Jahresabschlusses«, sondern auch im zweiten Teil »Analyse des Jahresabschlusses« sowie im dritten Teil »Theorien des Jahresabschlusses« erforderlich gemacht.

Wesentliche Schwerpunkte der Neubearbeitung und der Ergänzung sind:

- Im Bereich der Erstellung des Jahresabschlusses wurde einerseits neuen handels- und steuerrechtlichen Bestimmungen Rechnung getragen. Darüber hinaus war es ein besonderes Anliegen, vollzogene und konkret zu erwartende Neuregelungen internationaler Bilanzierungsstandards (IAS/IFRS, US-GAAP) aufzuzeigen und zu erläutern. Als besonders markante Beispiele für Änderungen und Ergänzungen seien Fragen der *fair value*-Bilanzierung, die Goodwill-

Bilanzierung sowie die Bilanzierung von vergütungshalber gewährten Aktienoptionen genannt.

- Das mit dem KonTraG geschaffene Deutsche Rechnungslegungs Standards Committee (DRSC) hat inzwischen erhebliche Schritte vollzogen, die deutsche handelsrechtliche Konzernbilanzierung internationalem Format anzupassen. Die bisher verabschiedeten DRS sind in das Lehrbuch eingearbeitet worden.
- Die ständigen Bemühungen um Verbesserung der Transparenz der Rechnungslegung hat das traditionelle Modell des *Financial Reporting* immer mehr zu einem umfassenden *Business Reporting* hin entwickelt. Damit einher gehen zusätzliche Informationspflichten über das Unternehmen und das Unternehmensumfeld, die sich nicht in bilanzierungsfähigen finanziellen Daten abbilden lassen. Für die Jahresabschlussanalyse hat dies zur Konsequenz, dass neben finanzieller Lage und Ertragskraft zunehmend auch das Erfolgspotenzial und der Unternehmenswert Objekt analytischer Betrachtung mittels der unternehmerischen Rechnungslegung werden. Den Möglichkeiten einer strategischen Bilanzanalyse widmet sich ein neu aufgenommens Kapitel.
- Im Bereich der Bilanztheorie hat insbesondere die empirische Bilanzforschung zunehmen Gewicht erlangt, und neue Ansätze sind hinzugekommen. So wird etwa neben der Prognose- und Entscheidungsrelevanz vermehrt die Bewertungsrelevanz von Rechnungslegungsinformationen für den Aktienmarkt untersucht. Diesen Entwicklungen ist Rechnung getragen worden.

Trotz des erneuten Erweiterungsbedarfs bleibt die Konzeption des Buches erhalten: »Jahresabschluss und Jahresabschlussanalyse« enthält das erforderliche Grundwissen auf aktuellem Stand in einem Band. Damit steht dem Studierenden und Praktiker ein Lehrbuch und Nachschlagewerk »in einer Hand« zur Verfügung.

Mit der 19. Auflage ist das Lehrbuch »Jahresabschluss und Jahresabschlussanalyse« in die verlegerische Betreuung des Schäffer-Pöschel Verlags Stuttgart übergegangen. Für die gute Zusammenarbeit danke ich dem Verlag, insbesondere Frau Marita Rollnik-Mollenhauer herzlich. Die im September 2003 erscheinende 11. Auflage des Aufgaben- und Lösungsbandes ist auf die vorliegende 19. Auflage des Lehrbuches abgestimmt.

Die Neuberarbeitung und Ergänzung eines so umfangreichen Werkes ist nicht ohne vielfältige Unterstützung durchzuführen. Aus dem Team der 17./18. Auflage sind Dr. Angelika Brecht, Dr. Christian Federspieler, Dipl.-Kfm. Marcus Gantzkow, Dr. Susanne Gröner und Dr. Georg Klein ausgeschieden. Für ihre Mitarbeit, die kräftig nachwirkt, danke ich sehr. Zu den Mitgliedern des bisherigen Teams Dipl.-Kfm. Manuel Alvarez von Zerboni di Sposetti, Dipl.-Math.oec. Kalina Keller, Dipl.-Kfm. Martin A. Meyer und Dr. Wolfgang Schultze MA sind neu hinzugekommen Dr. Johannes Biberacher, Dipl.-Kfm. Christian Fink und Dipl.-Kfm. Andreas Joest MBA. Die Mitglieder dieses Teams, denen ich für ihre Mitwirkung an der Neuauflage danke, sind nunmehr als Mitarbeiter im Titel genannt. Ich danke ferner Herrn Dipl.-Kfm. Gerhard Mattner MBA für seine Mithilfe. Fachliche Diskussionen mit Herrn WP Dr. Heinz Kleekämper (Ernst & Young, München) der an meinem Lehrstuhl einen Lehrauftrag für »Rechnungslegung nach *International Accounting Standards (IAS/IFRS)*« wahrnimmt, waren für meine Mitarbeiter und mich sehr wertvoll. Aus der Diskussion mit Herrn Dr. Rainer Salfeld (McKinsey & Co., München), Lehrbeauftragter für »Wertorientierte Unternehmensführung« an meinem Lehrstuhl, sind Anregungen für das neue Kapitel zur strategischen Bilanzanalyse entstanden. Fachlich profitiert habe ich ferner durch langjährige Zusammenarbeit mit Bilanzierungsexperten aus Wissenschaft und Praxis im Arbeitskreis »Externe Unternehmensrechnung« der Schmalenbach-Gesellschaft für Betriebswirtschaft. Herzlich danken möchte ich auch den studentischen Mitarbeitern, die unter der tatkräftigen Projektfühung von Kalina Keller, die DV-technische Umsetzung des umfangreichen Manuskriptes besorgt haben: Bettina Bischof, Simon Berger, Manuel Deffner, Sandra Einig und Ruth-Caroline Zimmermann. Frau Monika Lutzenberger danke ich für die exzellente sekretariatsmäßige Unterstützung.

Augsburg, Februar 2003 A. G. Coenenberg

Erster Teil
Erstellung des Jahresabschlusses

1. Kapitel: Wesen und Grundlagen des Jahresabschlusses

Der Bilanzbegriff

Der Begriff »Bilanz« wird häufig in einem weiteren Sinne als Synonym für den Begriff Jahresabschluss verwendet, obgleich die Bilanz neben der Gewinn- und Verlustrechnung (GuV) und dem Anhang (bei Kapitalgesellschaften) lediglich einen Bestandteil des Jahresabschlusses darstellt. Darüber hinaus kann der Begriff »Bilanz« unterschiedliche Rechnungen mit unterschiedlichen Funktionen bezeichnen. Zur Beschreibung und Abgrenzung der Jahresabschlussbilanz sind daher im Folgenden einige in der Praxis vorkommende Bilanzarten aufgeführt, die teilweise durch eine GuV ergänzt werden.

A. Bilanzarten

Die von Unternehmen aufgestellten Bilanzen lassen sich nicht immer eindeutig einzelnen Bilanzarten zuordnen, da die Einteilung in Bilanzarten nicht einem einheitlichen Gliederungskriterium folgt und darüber hinaus Mischformen von Bilanzarten auftreten.

Erfolgs- und Vermögensbilanzen

Untersucht man die Bilanzarten nach ihrem jeweiligen hauptsächlichen Informationsziel, so lassen sich Erfolgs- und Vermögensbilanzen sowie Liquiditäts- und Bewegungsbilanzen unterscheiden. Erfolgs- und Vermögensbilanzen sind eng verwandt, da jeder Erfolg eine (Rein-)Vermögensänderung bedeutet; Unterschiede bestehen aber hinsichtlich der Rechnungsabgrenzung und der Bewertung. In der Erfolgsbilanz müssen alle Vorgänge, die wirtschaftlich in eine andere Periode gehören (z. B. für das nächste Jahr geleistete Mietvorauszahlungen), durch Rechnungsabgrenzung erfasst werden. In der Vermögensbilanz sind dagegen nur die am Stichtag vorhandenen Vermögensgegenstände aufgeführt, ohne Rücksicht auf wirtschaftliche Beziehungen zwischen verschiedenen Abrechnungsperioden. Auch bei der Bewertung ergeben sich Unterschiede: Wenn z. B. der Wert einzelner Vermögensgegenstände am Bilanzstichtag über den Anschaffungskosten liegt, so wird in der Vermögensbilanz dieser höhere Wert erfasst, während für die Erfolgsbilanz nach deutschem Bilanzrecht der Anschaffungswert die Höchstgrenze bildet. International zeigt sich allerdings eine Tendenz, auch in der jährlichen Erfolgsbilanz in zunehmenden Maße die Vermögens- und Schuldpositionen mit Marktwerten zum Bilanzstichtag zu bewerten.

<table>
<tr><th>Unterscheidungskriterien</th><th colspan="11">Bilanzarten</th></tr>
<tr><td>Hauptsächliches Informationsziel</td><td colspan="3">Erfolgsbilanz</td><td colspan="2">Vermögensbilanz</td><td colspan="3">Liquiditätsbilanz</td><td colspan="3">(Kapital- und Vermögens-) Bewegungsbilanz</td></tr>
<tr><td rowspan="3">Zugrunde liegende Norm</td><td colspan="8">national</td><td colspan="3">international</td></tr>
<tr><td colspan="3" rowspan="2">Bilanzen nach Handelsrecht</td><td colspan="5">Bilanzen nach Steuerrecht</td><td colspan="3" rowspan="2">z. B. Bilanzen nach IAS/IFRS oder US-GAAP</td></tr>
<tr><td colspan="3">(Ertrag-)Steuerbilanz</td><td colspan="2">Vermögensaufstellung</td></tr>
<tr><td>Stellung des Bilanzempfängers zum Unternehmen</td><td colspan="5">interne Bilanzen</td><td colspan="6">externe Bilanzen</td></tr>
<tr><td>Zahl der einbezogenen rechtlich selbständigen Unternehmen</td><td colspan="5">Einzelbilanz</td><td colspan="6">Konzernbilanz</td></tr>
<tr><td rowspan="2">Häufigkeit der Bilanzerstellung</td><td colspan="4">laufende Bilanzen</td><td colspan="7">Sonderbilanzen</td></tr>
<tr><td>Wochenbilanz</td><td>Monatsbilanz</td><td>Jahresbilanz</td><td>Mehrjahresbilanz</td><td>Gründungsbilanz</td><td>Umwandlungsbilanz</td><td>Auseinandersetzungsbilanz</td><td>Fusionsbilanz</td><td>Sanierungsbilanz</td><td>Vergleichsbilanz</td><td>Konkursbilanz</td></tr>
</table>

Tab. 1.1: Bilanzarten

Liquiditäts- und Bewegungsbilanzen

Die Liquiditätsbilanz ist eine Vermögensbilanz, in der die Vermögensposten mit ihren Liquiditationswerten angesetzt werden. Gleichzeitig werden die Vermögensposten nach dem Grad ihrer Liquidierbarkeit, die Schulden nach ihrer Fälligkeit gegliedert. Die Bewegungsbilanz schließlich ist eine Darstellung der Kapital- und Vermögensbewegungen einer Periode. Sie erfasst keine Bestandsgrößen wie die Vermögensbilanz, sondern nur Stromgrößen (Umsätze auf den einzelnen Konten) und zeigt auf diese Weise die Herkunft und die Verwendung der betrieblichen Mittel in der Berichtsperiode an.

Handels- und Steuerbilanzen, Vermögensaufstellung

Nach den zugrunde liegenden Normen unterscheidet man Bilanzen, die auf nationalen oder internationalen Vorschriften beruhen. In Deutschland differenziert man anhand der nationalen Rechtsnormen Handelsbilanzen, die aufgrund handelsrechtlicher Vorschriften erstellt werden, und Bilanzen, für die primär steuerrechtliche Bestimmungen gelten. Soweit eine der letztgenannten Bilanzen nach Vorschriften des Bewertungsgesetzes aufgestellt wurde, spricht man von einer Vermögensaufstellung. Wurde sie dagegen auf Basis der Handelsbilanz und unter Beachtung einkommen- oder körperschaftsteuerlicher Vorschriften erstellt, so spricht man von der (Ertrag-) Steuerbilanz.

IAS-Bilanz, US-GAAP-Bilanz

Neben den nationalen Vorschriften finden in letzter Zeit immer mehr internationale Vorschriften Beachtung, auch wenn diese nicht unmittelbar verpflichtend sind. Von besonderer Bedeutung sind hierbei vor allem die sog. International Accounting Standards (IAS) bzw. International Financial Reporting Standards (IFRS) des International Accounting Standards Board (IASB), deren Ergebnis man als IAS-Bilanz bezeichnet. Neben den IAS/IFRS sind als übernational anerkannte Normen insbesondere auch die US-amerikanischen Generally Accepted Accounting Principles (kurz: US-GAAP) von Bedeutung, die zugleich Vorbild für viele Regeln der IAS/IFRS sind.

Interne und externe Bilanzen

Nach dem Kreis der Empfänger unterscheidet man interne und externe Bilanzen. Interne Bilanzen werden zur Information der Unternehmensleitung aufgestellt und bieten daher ein möglichst unverschleiertes Bild der wirtschaftlichen Lage der Unternehmung; ihre Erstellung ist nicht notwendigerweise an Rechtsvorschriften gebunden. Externe Bilanzen dienen der Information aller Bilanzinteressenten, die nicht zum Leitungsbereich der Unternehmung gehören. Für ihre Erstellung sind die jeweils relevanten handels- bzw. steuerrechtlichen oder internationalen Bilanzierungsvorschriften maßgeblich. Wegen der oft gegebenen Interessengegensätze zwischen bilanzaufstellendem Organ (Unternehmensleitung) und den externen Adressaten (z. B. Aktionäre, Gläubiger, Arbeitnehmer bzw. Gewerkschaften, Fiskus) ist die Unternehmensleitung im Allgemeinen bestrebt, den externen Jahresabschluss im Rahmen der gesetzlich belassenen Ermessensspielräume so zu gestalten, dass sich ein mit den eigenen Interessen konformes Verhalten der externen Adressaten ergibt. Wichtiges Anliegen der Bilanzierungsstandards ist es, im Sinne des Anlegerschutzes die bilanzpolitischen Spielräume so weit wie möglich zu begrenzen.

Einzel- und Konzernabschluss

Nach der Zahl der bei der Bilanzaufstellung berücksichtigten rechtlich selbständigen Unternehmen unterscheidet man Einzelbilanzen und Konzernbilanzen. Während die Einzelbilanz jeweils nur ein Unternehmen berücksichtigt, fasst die Konzernbilanz die nach handelsrechtlichen Gesichtspunkten aufgestellten Einzelbilanzen der zu einem Konzern gehörigen Unternehmen zusammen, wobei gleichzeitig die Auswirkungen innerkonzernlicher Kapital- und Leistungsverflechtungen eliminiert werden.

Sonderbilanzen und laufende Bilanzen

Je nachdem, ob die Bilanz einmalig aus besonderem Anlass (z. B. Gründung, Fusion, Umwandlung, Vergleich, Konkurs) erstellt wird oder periodisch wiederkehrend zur Darstellung der wirtschaftlichen Entwicklung eines Unternehmens im Zeitablauf dient, unterscheidet man Sonderbilanzen und laufende Bilanzen.

Wesen der Jahresabschlussbilanz

Die nach handels- bzw. steuerrechtlichen oder nach internationalen Vorschriften im Rahmen des Jahresabschlusses aufzustellende Bilanz ist eine Erfolgsbilanz, die sich an externe Bilanzinteressenten wendet und nur ein rechtlich selbständiges Unternehmen (= Einzelbilanz) oder einen Konzern (= Konzernbilanz) erfasst. Sie wird laufend in jährlichen Abständen erstellt.

B. Formale Charakteristik von Bilanz und Gewinn- und Verlustrechnung im Rahmen des Jahresabschlusses

Aktiva = Vermögen Passiva = Kapital

Die Bilanz ist eine zweifache Zusammenstellung der betrieblichen Werte in Kontoform, seltener auch in Staffelform. Die Aktivseite kann man als Übersicht über die Werte der mit betrieblichen Mitteln beschafften Vermögensgegenstände, das betriebliche Vermögen, betrachten. Bei der Behandlung von Bilanzierungsfragen wird der Begriff Vermögen aber häufig auch in einem weiteren, Aktiv- und Passivseite umfassenden Sinne gebraucht. Die Passivseite gibt, abgesehen von Wertberichtigungsposten, Auskunft darüber, aus welchen Quellen die betrieblichen Mittel stammen. Die Summe aller dem Betrieb zur Verfügung gestellten Mittel bezeichnet man als Kapital. Zum Kapital zählen einmal die von Unternehmenseignern durch Zuführung von außen oder durch Verzicht auf Gewinnansprüche ohne zeitliche Begrenzung zur Verfügung gestellten Mittel (Eigenkapital). Zum anderen gehören hierzu die von Fremden oder von Unternehmenseignern zeitlich begrenzt zur Verfügung gestellten Beträge (Fremdkapital). Das Kapital fließt der Unternehmung in Form von Bargeld oder in Form von Sacheinlagen (z. B. Grundstücke, Maschinen, Rechte, Verzicht auf Forderungen gegenüber der Unternehmung) zu.

Änderungen des Nettovermögens = Erfolg

Hat sich nach Ablauf einer Rechnungsperiode der Wert des gesamten Vermögens verändert, so sind diese Änderungen der Eigenkapitalposition als Gewinn hinzuzufügen (Werterhöhung des Vermögens) oder als Verlust von ihr abzuziehen (Wertminderung des Vermögens), sofern der Fremdkapitalbestand unverändert geblieben ist und keine Einlagen oder Entnahmen stattgefunden haben. Dies folgt aus dem Grundsatz, dass die Unternehmenseigner Gewinne und Verluste des Unternehmens tragen. Hat sich dagegen der Fremdkapitalbestand verändert oder haben Einlagen bzw. Entnahmen stattgefunden, so ist zur Ermittlung von Gewinn oder Verlust die Vermögensänderung zunächst um die Änderung des Fremdkapitals bzw. um die Einlagen oder Entnahmen zu berichtigen. Die folgenden Beispiele sollen die Zusammenhänge verdeutlichen.

Beispiel 1: Vermögensänderung (ΔV) ohne Fremdkapitaländerung

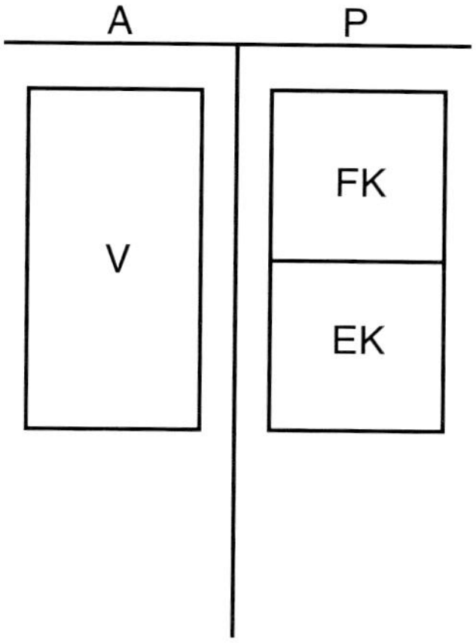

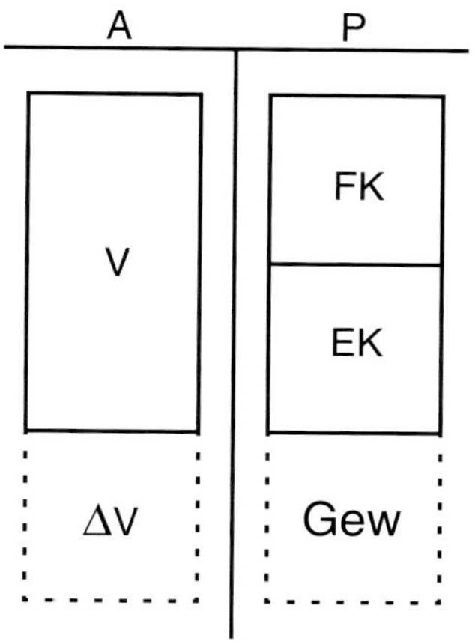

Beispiel 2: Vermögensänderung mit Fremdkapitaländerung (ΔFK)

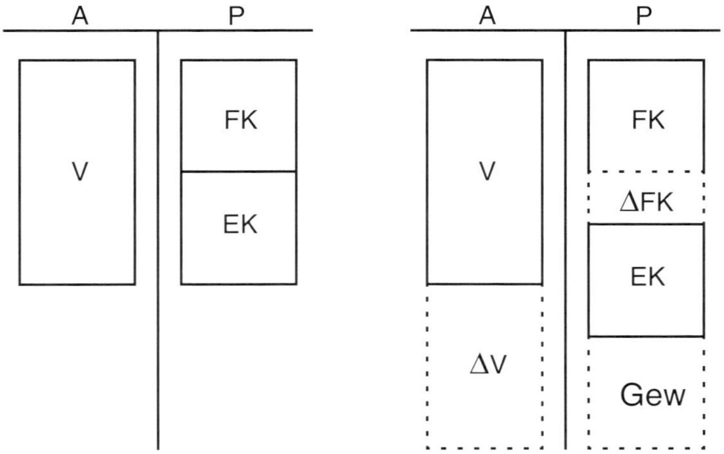

Beispiel 3: Vermögensänderung mit Einlage (ΔEK)

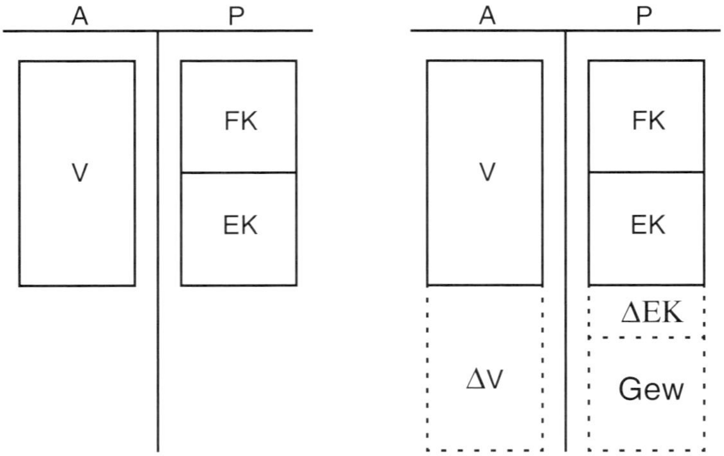

V = Vermögen, EK = Eigenkapital, FK = Fremdkapital, Gew = Gewinn,
A = Aktiva, P = Passiva, Δ = Änderung

Unterbilanz, Überschuldung

Gewinn oder Verlust (= Erfolg) werden in der Bilanz zum Abschluss einer Rechnungsperiode explizit ausgewiesen. Der Gewinn erscheint als Eigenkapitalmehrung, sprich als positive Änderung der Differenz zwischen dem Vermögen und dem eingesetzten Fremdkapital auf der Passivseite der Bilanz. Ein Verlust, d. h. eine negative Änderung der Differenz zwischen Vermögen und Fremdkapital, müsste demnach – rein buchhalterisch – analog auf der Aktivseite der Bilanz erscheinen. Aus Gründen des klareren Eigenkapitalausweises schreibt jedoch der Gesetzgeber Kapitalgesellschaften vor, den Verlust (Jahresfehlbetrag) ebenfalls, und zwar als Negativbetrag, als Passivposten in die Bilanz aufzunehmen (§ 266 Abs. 3 HGB, vgl. 5. Kapitel B V). Wenn in der Unternehmensbilanz der Verlust (inkl. Verlustvortrag) nicht mehr durch offene Rücklagen abzudecken ist, so liegt eine Unterbilanz vor. Übersteigt der Verlust sogar das gesamte Eigenkapital, so spricht man von Überschuldung (vgl. nachfolgendes Beispiel).

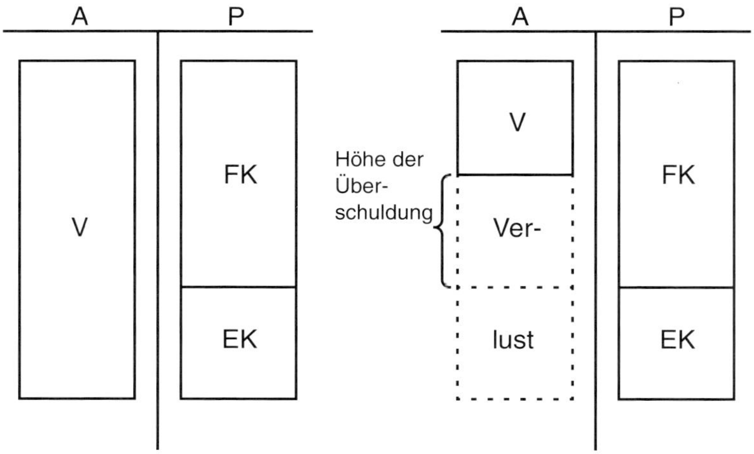

Unterbilanz und Überschuldung sind besonders für Kapitalgesellschaften, aber auch für bestimmte Personenhandelsgesellschaften (§ 130a HGB) von Bedeutung, da sie bei diesen Gesellschaften bestimmte Rechtsfolgen auslösen (vgl. Abschnitt C I dieses Kapitels).

Saldo der Aufwendungen und Erträge = Erfolg

Der betriebliche Erfolg kann nicht nur durch Vergleich des Nettovermögens (= Vermögen minus Schulden) zu Beginn und zum Ende der Rechnungsperiode ermittelt werden. Jede für die Bestimmung von Gewinn oder Verlust relevante (= erfolgswirksame) Wertänderung des Vermögens wird als Aufwand oder Ertrag einer bestimmten Periode zugerechnet. Deshalb ist der Periodenerfolg auch als Saldo der Aufwendungen und Erträge bestimmbar. Diese Art der Erfolgsbestimmung, die in der GuV durchgeführt wird, zeigt – im Gegensatz zu der summarischen Erfolgsermittlung im Rahmen der Bilanz – die einzelnen Entstehungsursachen des Erfolges. Sie gibt aber keinen Aufschluss darüber, wie sich die Vermögenspositionen geändert haben. Bilanz und GuV ergänzen sich durch ihre unterschiedlichen Informationsinhalte daher gegenseitig. Die in beiden Rechnungen ermittelten Saldogrößen (= Erfolg) sind identisch.

C. Funktionen des Jahresabschlusses

Jahresabschluss als Teil des Rechnungswesens

Das betriebliche Rechnungswesen umfasst die Gesamtheit aller vorwiegend mengen- und wertmäßigen Informationen zur Abbildung finanz- und leistungswirtschaftlicher Sachverhalte von Unternehmen. Ihm kommt neben der Dokumentationsfunktion auch eine Kontroll- und Dispositionsfunktion zu.

Innerbetriebliche Informationsaufgabe

Das Rechnungswesen kann auch als Teil eines Informations-Entscheidungs-Zyklus verstanden werden. Die Entscheidungen betrieblicher Stellen oder externer Adressaten und deren Realisation führen zu einer Änderung ökonomischer Daten des unternehmensinternen oder unternehmensexternen Bereiches. Die eingetretenen und erwarteten Änderungen der ökonomischen Daten werden entsprechend festgelegten Erfassungs- und Verarbeitungsregeln im Rechnungswesen abgebildet, das seinerseits Informationen für künftige Entscheidungen bereitstellt. Für die internen Entscheidungsstellen geschieht dies im internen Rechnungswesen, das neben dem internen Jahresabschluss die Finanzierungsrechnung, die Kosten- und Leistungsrechnung, die Betriebsstatistik sowie verschiedene Systeme der Planungsrechnung umfassen kann.

Aufgabe der betriebsexternen Information

Neben dieser innerbetrieblichen Informationsfunktion fällt dem betrieblichen Rechnungswesen aber auch eine betriebsexterne Informationsaufgabe zu, die vom externen Jahresabschluss, der das jährliche Ergebnis der Finanzbuchhaltung darstellt, wahrgenommen wird. Diese leitet sich aus den berechtigten Schutzbedürfnissen bestimmter Gruppen externer Unternehmensinteressenten ab.

Hier handelt es sich insbesondere um

- Anteilseigner von Unternehmen mit breit gestreutem Eigentumsbesitz und strenger Trennung von Eigentum und Geschäftsführung,
- Gläubiger von Unternehmen mit beschränktem Haftungskapital und
- die allgemeine Öffentlichkeit in Bezug auf alle Unternehmen, denen aufgrund ihrer Größe oder Geschäftstätigkeit eine besondere volkswirtschaftliche Bedeutung zukommt.

Ihre Informationsbedürfnisse erfüllt der handelsrechtliche Jahresabschluss, der bei Einzel- und Personenhandelsunternehmen aus einer Bilanz und GuV und bei Kapitalgesellschaften aus Bilanz, GuV und Anhang besteht und gegebenenfalls durch einen Lagebericht, eine Kapitalflussrechnung und eine Segmentberichterstattung ergänzt wird. Soweit das Unternehmen mehrere rechtlich selbständige Teilbetriebe umfasst, liefern Konzernabschluss und Konzerngeschäftsbericht neben den Jahresabschlüssen der Teilbetriebe zusätzliche Informationen. Darüber hinaus dient ein nach den Vorschriften des Steuerrechts erstellter Jahresabschluss als Grundlage der Ertragsbesteuerung des Unternehmens.

Historische Entwicklung der Rechnungslegung in Europa

Die Aufgaben der externen Rechnungslegung haben sich im Laufe von Jahrhunderten entwickelt. Umso wichtiger für das Verständnis der aktuellen Diskussion um den Stellenwert unterschiedlicher Zielsetzungen ist ein Überblick über die geschichtliche Entwicklung der Rechnungslegung.

- 1511 bis 1579 Fugger
  Buchhaltung und Bilanz als Controllinginstrument
- 1673 Ordonnance de Commerce / 1861 Allgemeines Deutsches HGB
  Buchhaltung und Bilanzierung als Instrument der Gläubigersicherung durch Dokumentation und Selbstinformation
- ab 1874 Gesetze zur Einkommensbesteuerung
  Maßgeblichkeit der Handelsbilanz für die einkommensteuerliche Gewinnermittlung
- 1931/1937 Aktiengesetz
  Bilanzierung als Instrument der Gläubigersicherung durch Ausschüttungsbegrenzung und Information nach außen
- 1965 Reform des Aktiengesetzes
  Bilanzierung als Instrument der Gläubigersicherung und Aktionärssicherung durch Verbesserung der Information und Wahrung von Ausschüttungsinteressen
- 1969 Publizitätsgesetz
  Bilanzierung als Instrument der Sicherung von Interessen der Öffentlichkeit durch verbreiterte Unternehmenspublizität
- 1985 Bilanzrichtliniengesetz
  Bilanzierung als Instrument verstärkter Sicherung von Gläubiger- und Eigentümerinteressen
- 1998 Kapitalaufnahmeerleichterungsgesetz
  Befreiender Konzernabschluss nach US-GAAP bzw. IAS für börsennotierte Unternehmen als Instrument der Kommunikation mit dem internationalen Kapitalmarkt
- 2005 EU-Verordnung von 2002
  Verpflichtung zur Erstellung des Konzernabschlusses börsennotierter Unternehmen in der EU nach IAS / IFRS

Abb. 1.1: Historische Entwicklung der Bilanzzwecke

Rechnungswesen als Controllinginstrument

Das heute übliche System der doppelten Buchführung wurde in den oberitalienischen Handelsstädten Genua und Venedig praktiziert und 1494 vom Franziskanermönch Luca Pacioli umfassend dargestellt. Auch in Deutschland führten zu dieser Zeit die ersten Unternehmen freiwillig Bücher. Dazu gehörte das in Augsburg ansässige Weltunternehmen der Fugger. Ein solches Unternehmen war nicht ohne ein Controllinginstrumentarium zu führen. Erstmalig im Jahre 1511 erstellte das Haus der Fugger einen Jahresabschluss, und später bis zum Jahre 1574 wurde in regelmäßigen Abständen Bilanz gezogen. Die Keimzelle der Buchhaltung und Bilanzierung war der Zweck der Selbstinformation des Kaufmanns, der Unternehmenssteuerung durch den Unternehmer.

Gläubigerschutz

Eine vollständig andere Zwecksetzung stand im Vordergrund, als Ludwig XIV. im ersten französischen Handelsgesetzbuch, dem Ordonnance de Commerce, im Jahre 1673 Buchführungs- und Inventarisierungspflichten für den Kaufmann verankerte, die im Jahre 1861 in das erste Allgemeine Deutsche Handelsgesetzbuch übernommen wurden. Zunächst war mit der generellen Buchführungspflicht keineswegs auch zugleich eine Informationspflicht nach außen verbunden. Für den Konkursfall sollten ordnungsgemäße Bücher zur Verfügung stehen, um eine Schadensermittlung zu ermöglichen. Zugleich sollte durch das Führen ordnungsmäßiger Bücher eine verbesserte Basis für unternehmerische Entscheidungen bereitgestellt und gleichsam gläubigerschützende Insolvenzprophylaxe betrieben werden. In der Folge der Weltwirtschaftskrise wurde besonders deutlich, dass Gläubiger von Kapitalgesellschaften durch die Begrenzung der Haftung einer erheblichen Mehrgefährdung ausgesetzt sind. Grundidee der aus dieser Erkenntnis abgeleiteten und im Aktiengesetz von 1937 niedergelegten pflichtmäßigen Rechnungslegungspublizität war, dass die begrenzte Haftung durch zwei zusätzliche Gläubigersicherungsmaßnahmen zu flankieren sei: durch eine Begrenzung der Ausschüttung an die Aktionäre sowie durch eine öffentliche Rechnungslegungspflicht.

Minderheiten-aktionärsschutz

Durch die fast totale Unterstellung der aktienrechtlichen Bilanzierungsvorschriften unter das Prinzip der Gläubigersicherung und das Prinzip kaufmännischer Vorsicht trat in der Folgezeit rasch das Problem zu Tage, dass die Dividendenpolitik über die Bilanzpolitik durch die Geschäftsleitung und damit durch den Mehrheitsaktionär beliebig beeinflussbar geworden war. In der Reform des Aktiengesetzes von 1965 wurde deshalb neben dem traditionellen Grundsatz der Gläubigersicherung auch der Grundsatz der Aktionärssicherung, in Form von informatorischen Verbesserungen und durch Sicherung von Ausschüttungsinteressen, verankert.

Information der Öffentlichkeit

Ein weiterer Markstein ist in dem Publizitätsgesetz von 1969 zu sehen. Neben den Informationsinteressen von Gläubigern und Aktionären wurde in zunehmendem Maße ein berechtigtes Informationsinteresse der allgemeinen Öffentlichkeit dann gesehen, wenn Unternehmen losgelöst von ihrer Rechtsform ein Größenvolumen erreichten, die die Interessensphäre einer weiteren Öffentlichkeit tangierten. Es entstand die Publizitätspflicht für Großunternehmen.

Europäische Harmonisierungsbestrebungen

Mit dem Bilanzrichtliniengesetz von 1985 wurden die einschlägigen EG-Richtlinien zur Rechnungslegung und Prüfung von Kapitalgesellschaften in deutsches Recht transformiert. Der verstärkten Sicherung von Gläubiger- und Eigentümerinteressen sollte insbesondere die Ausdehnung der Publizitätspflicht für Einzel- und weltweiten Konzernabschluss auf alle Kapitalgesellschaften dienen. Als Neuerung wurde die Abkoppelbarkeit des Konzernabschlusses von den dividenden- und steuerpolitisch beeinflussten Ansätzen des Einzelabschlusses verankert. Damit wurde zugleich eine gewichtige Voraussetzung für eine stärkere Internationalisierung der Rechnungslegung börsennotierter deutscher Unternehmen geschaffen.

Kapitalaufnahmeerleichterungsgesetz (KapAEG)

Mit der Verabschiedung des Kapitalaufnahmeerleichterungsgesetz (KapAEG) durch den Gesetzgeber Anfang 1998 erreicht die geschichtliche Entwicklung der Bilanzzwecke in Deutschland einen vorläufigen Höhepunkt. Mit diesem Schritt wird deutschen Konzernunternehmen eine einheitliche Rechnungslegung als Instrument der Kommunikation mit den internationalen Kapitalmärkten ermöglicht. Der neu eingefügte § 292a HGB enthält eine zunächst bis zum 31.12.2004 befristete Befreiungsoption von der Konzernrechnungslegungspflicht nach HGB für börsennotierte Mutterunternehmen, sofern diese einen Konzernabschluss bzw. -lagebericht nach international anerkannten Rechnungslegungsgrundsätzen, d. h. nach den International Accounting Standards (IAS) bzw. International Financial Reporting Standards (IFRS) oder den US-amerikanischen Generally Accepted Accounting Principles (US-GAAP) aufstellen. Aufgrund einer im Jahr 2002 erlassenen EU-Verordnung haben kapitalmarktorientierte Unternehmen, die dem Recht eines EU-Mitgliedstaates unterliegen, ab dem 01.01. 2005 (in bestimmten Ausnahmefällen ab dem 01.01. 2007) ihre konsolidierten Abschlüsse zwingend nach IAS/IFRS zu erstellen.

Zwecke des Jahresabschlusses

In den folgenden beiden Abschnitten wird auf die Zwecke des Jahresabschlusses nur insoweit näher eingegangen, wie dies für das Verständnis der weiteren Ausführungen erforderlich erscheint. Eine ausführliche Erörterung wird bei der Abhandlung der betriebswirtschaftlichen Bilanztheorien gegeben (vgl. 17. Kapitel).

I. Handelsrechtliche Aufgaben

Aufgaben im Handelsrecht nicht festgelegt

Das Handelsrecht enthält zwar Bestimmungen zur Bilanzierung, es konkretisiert aber nirgends explizit den Zweck, dem die Bilanzaufstellung eigentlich dient. Wenn auch im Rahmen der Begründungen zu den handelsrechtlichen Gesetzentwürfen Angaben darüber vorliegen, warum die eine oder andere Bilanzierungsvorschrift beschlossen wurde, so fehlt doch das grundlegende Ziel oder Zielsystem, von dem die bestehenden Rechnungslegungsvorschriften logisch abgeleitet werden könnten. Erst nach Lösung dieses Problems könnte ein im Hinblick auf das Zielsystem geschlossenes System von Bilanzierungsvorschriften aufgestellt werden.

§ 264 Abs. 2 HGB enthält eine Zirkeldefinition

Auch die in § 264 Abs. 2 HGB enthaltene Vorschrift, nach der der Jahresabschluss einer Kapitalgesellschaft unter Beachtung der Grundsätze ordnungsmäßiger Buchführung ein den tatsächlichen Verhältnissen entsprechendes Bild der Vermögens-, Finanz- und Ertragslage zu vermitteln hat, kann zur Lösung dieses Zielproblems nicht befriedigend beitragen. Dies aus zwei Gründen: erstens verweist die Vorschrift bei der Bestimmung der Zielgrößen »Erfolg« und »Vermögen« (die Finanzlage korrespondiert mit der Vermögenslage) auf die Grundsätze ordnungsmäßiger Buchführung, obwohl diese Grundsätze nach h. M. durch Deduktion aus den Jahresabschlusszielen abzuleiten sind. Folglich liegt hier eine Zirkeldefinition vor. Zweitens wäre die Zielvorschrift »Erfolgsermittlung« oder »Vermögensermittlung« aber auch ohne Bezugnahme auf die Grundsätze ordnungsmäßiger Buchführung eine für den externen Jahresabschluss zu unpräzise Zwecksetzung.

Erfolg und Vermögen sind vieldeutige Begriffe

Erfolg ist nichts anderes als ein Grad der Zielerreichung, und der Wert eines gegebenen Vermögensbestandes hängt davon ab, in welchem Maße dieser Vermögensbestand dazu geeignet ist, künftige Erfolge zu erwirtschaften, d. h., gegebene Ziele zu erfüllen. Erfolgsmessung und Vermögensmessung in diesem ökonomischen Sinne sind also nur mit Bezugnahme auf eine Zwecksetzung höherer

Ordnung und nur unter Einfluss der künftigen Unternehmensentwicklung möglich. Für den auf eine Vielzahl von Interessengruppen zugeschnittenen externen Jahresabschluss kann eine solche ökonomische Erfolgs- und Vermögensmessung deshalb keine sinnvolle Zielvorschrift sein. Für den an Spekulationsgewinnen interessierten kurzfristigen Kapitalanleger sind Erfolg und Vermögen etwas anderes als für einen an maximaler Ausschüttung bei vorgegebener Wohlstandsniveauhaltung interessierten, dauerhaft mit der Unternehmung verbundenen Kapitaleigner, und für diesen sind Erfolg und Vermögen wieder etwas anderes als für einen primär auf Sicherheit seiner Forderung bedachten Fremdkapitalgeber. Hinzu kommt, dass die Notwendigkeit des Einschlusses der künftigen Entwicklungstendenzen in die Erfolgs- und Vermögensmessung der willkürlichen Bilanzgestaltung durch die Unternehmensleitung Tür und Tor öffnen würde.

Es ist dem Unternehmen kaum zuzumuten, für jeden Interessenten eine gesonderte Rechnung aufzustellen. Aber selbst dann bliebe noch das Problem der Beeinflussbarkeit zukunftsbezogener Jahresabschlussinformationen.

Jahresabschluss ist Teil der Rechtsordnung

Der Jahresabschluss ist außerdem Bestandteil der Rechtsordnung und hat damit, wie jede gesetzliche Vorschrift, die Aufgabe, Konflikte zwischen widerstreitenden Interessengruppen zu schlichten. Beispielsweise hat der Gesetzgeber im aktienrechtlichen Bereich folgende Konsequenzen an bestimmte Jahresabschlussdaten geknüpft (vgl. Stützel, W. [1967]:

- Übersteigt bei Aktiengesellschaften mit voll einbezahltem Grundkapital das Vermögen abzüglich der Schulden (Nettovermögen) nicht den Betrag des Grundkapitals zuzüglich der Kapitalrücklagen und gesetzlichen Rücklagen, so dürfen im Interesse der Erhaltung des Haftungsvermögens keine Ausschüttungen vorgenommen werden. Soweit dies doch geschieht, haften die Aktionäre der Gesellschaft in Höhe der empfangenen Beträge (§§ 57 Abs. 3, 62 Abs. 1 AktG).
- Die Bilanz von Aktiengesellschaften konkretisiert die Größe »Jahresüberschuss«, nach der sich die Beträge bemessen, über deren Verwendung der Vorstand bzw. die Hauptversammlung bestimmen können (§ 58 Abs. 1-4 AktG).
- Ergibt sich bei Aufstellung der Bilanz nach Saldierung mit Rücklagen ein Verlust in Höhe der Hälfte des Grundkapitals, so hat der Vorstand unverzüglich die Hauptversammlung einzuberufen und ihr dies anzuzeigen (§ 92 Abs. 1 AktG).
- Sobald das in der Bilanz ausgewiesene Vermögen nicht mehr die Schulden deckt, hat der Vorstand der Gesellschaft ohne schuldhaftes Zögern die Eröffnung des Insolvenzverfahrens zu beantragen (§ 92 Abs. 2 AktG).

Für Personenhandelsgesellschaften, Gesellschaften mbH und Genossenschaften bestehen ähnliche Vorschriften (§§ 130a Abs. 1 HGB; 29 Abs. 1, 30 Abs. 1, 31 Abs. 1, 49 Abs. 3, 64 Abs. 1 GmbHG; 19 Abs. 1, 22 Abs. 4, 33 Abs. 3, 98 Abs. 1 Nr. 3 GenG).

Aufgabe des handelsrechtlichen Jahresabschlusses

Wegen der potenziellen Interessenkonflikte zwischen den verschiedenen Gruppen der Bilanzadressaten und der Unternehmensleitung sowie wegen der mit dem Jahresabschluss verknüpften Rechtsfolgen sollte der Jahresabschluss möglichst nur objektiv nachprüfbare Informationen enthalten, die naturgemäß weitgehend vergangenheitsorientiert sind (Objektivierungsgrundsatz). Da die Ziele der Unternehmensinteressenten vornehmlich an finanzielle Bindungen zum Unternehmen anknüpfen, kommt nur der Zahlungsverkehr der Unternehmung als Informationsgrundlage in Betracht. Zur Verbesserung der Aussagefähigkeit werden die Ein- und Auszahlungen jedoch nicht einfach der Periode zugerechnet, in der sie tatsächlich anfallen, sondern sie werden soweit als möglich den einzelnen Perioden sachgerecht zugeschrieben (vgl. hierzu Abschnitt D I 3a (4) in diesem Kapitel).

Als Basisaufgabe des handelsrechtlichen Jahresabschlusses kann daher die Dokumentation des Unternehmensgeschehens mittels einer zahlungsorientierten Abbildung der in der Berichtsperiode entstandenen und verbrauchten Werte (periodengerechte Erfolgsermittlung) sowie des Wertbestandes (Vermögen) am Ende der Periode festgehalten werden.

Diese Basisaufgabe der Dokumentation des handelsrechtlichen Jahresabschlusses ergibt sich aus den beiden zentralen Funktionen, die dem Jahresabschluss allgemein zugeschrieben werden (vgl. Baetge, J. [1976]; Moxter, A. [1985]; Schildbach, Th. [1975]; Schneider, D. [1981a]).

Regelung von Informationsinteressen

Der Jahresabschluss hat einerseits die Aufgabe, den am Unternehmen Beteiligten (Eignern, Kreditgebern, Arbeitnehmern, Kunden, Lieferanten) Informationen bereitzustellen, die diesen eine Abschätzung von Ausmaß und Sicherheitsgrad der zu erwartenden Zielrealisation ihrer Beteiligung am Unternehmen ermöglichen. Wegen der bereits erwähnten Interessenvielfalt und Interessengegensätze der Beteiligungsgruppen und der Unternehmensleitung ist eine zufriedenstellende Regelung der Informationsinteressen nur mittels eines objektivierten und normierten Informationsinstruments möglich. Die Informationsregelungsaufgabe ergibt sich für Kapitalgesellschaften vor allem aus der bereits angeführten Vorschrift des § 264 Abs. 2 HGB, derzufolge der Jahresabschluss unter Beachtung der Grundsätze ordnungsmäßiger Buchführung ein den tatsächlichen Verhältnissen entsprechendes Bild der Vermögens-, Finanz- und Ertragslage des Unternehmens zu vermitteln hat. Ferner sind die sehr detaillierten Gliederungsvorschriften des § 266 HGB nur aus der Zielsetzung der Informationsregelung heraus zu erklären. Die Kodifizierung des Anhangs mit seinen umfangreichen Informations- und Erläuterungspflichten als Pflichtbestandteil des Jahresabschlusses von Kapitalgesellschaften und der Pflicht solcher Gesellschaften zur Erstellung eines Lageberichts macht deutlich, dass auch der Gesetzgeber die Information als Hauptfunktion des Jahresabschlusses betrachtet. Schließlich ergibt sich die Verpflichtung von Konzernabschlüssen ausschließlich aus der Aufgabenstellung der Informationsregelung (vgl. 8. Kapitel A I).

Regelung von Zahlungsbemessungsinteressen

Ferner hat der Jahresabschluss, und dies insbesondere bei Aktiengesellschaften, die Aufgabe der Gewinnermittlung als Grundlage zur Bemessung ergebnisabhängiger Einkommenszahlungen wie Dividenden- und Erfolgsbeteiligungen. Divergierende Zahlungsbemessungsinteressen werden vor allem durch

Interessengegensätze zwischen Gläubigern und Aktionären sowie zwischen Minderheitsaktionären, Mehrheitsaktionären und Verwaltung repräsentiert.

Ausschüttungssperre

Wegen der Haftungsbeschränkung der Aktiengesellschaft erfordert der Gläubigerschutzgedanke eine Begrenzung der an die Aktionäre auszuschüttenden Beträge, um die Erhaltung eines Mindesthaftungsvermögens zu sichern. Diesem Gedanken trägt das AktG und das HGB durch verschiedene Ausschüttungssperrvorschriften Rechnung, z. B.:

- Verbot der Rückgewähr des Grundkapitals (§ 57 Abs. 1 Satz 1 AktG)
- Beschränkung der Ausschüttung auf den Bilanzgewinn (§ 57 Abs. 3 AktG)
- Definition von Höchstwerten für die Vermögensbewertung im Rahmen der Gewinnermittlung (§ 253 Abs. 1 HGB)
- Nichtigkeit des Jahresabschlusses bei Überbewertung (§ 256 Abs. 5 AktG)
- Bildung von Rücklagen durch den Vorstand bis zu 50 % des Jahresüberschusses (§ 58 Abs. 2 AktG)
- Dotierung der gesetzlichen Rücklage aus dem Gewinn (§ 150 Abs. 2 AktG)
- Bildung einer Rücklage für eigene Anteile (§ 272 Abs. 4 HGB)
- Möglichkeit der Bildung einer Rücklage in Höhe des Eigenkapitalanteils von Wertaufholungen bei Vermögensgegenständen (§ 58 Abs. 2a AktG)
- Deckung des Betrages der aktivierten Bilanzierungshilfen durch Gewinnrücklagen (§ 269 HGB: Ingangsetzungs- und Erweiterungsaufwendungen; § 274 Abs. 2 Satz 3 HGB: aktive latente Steuern).

Mindestausschüttung

Eine weitere Teilaufgabe im Rahmen der Regelung von Zahlungsbemessungsinteressen bei Aktiengesellschaften ist die Sicherung einer Mindestausschüttung. Die Minderheitsaktionäre sollen vor den Mehrheitseignern, die Aktionäre insgesamt vor den Verwaltungsorganen geschützt werden. Diesem Gedanken des Minderheiten-(Aktionärs-)Schutzes tragen das AktG und HGB ebenfalls in verschiedenen Vorschriften Rechnung, z. B.:

- Anspruch auf Bilanzgewinn (§ 58 Abs. 4 AktG)
- Die Höchstwertvorschriften gelten, von wenigen Ausnahmen abgesehen, auch als Mindestwertvorschriften (= Fixwertprinzip) (§ 253 Abs. 1 HGB).
- Begrenzung außerplanmäßiger Abschreibungen bei vorübergehender Wertminderung auf das Finanzanlagevermögen (§ 279 Abs. 1 HGB)
- Wertaufholungsgebot (§ 280 Abs. 1 HGB)
- Begrenzung der Rücklagenbildungsmöglichkeit durch das bilanzfeststellende Organ (§ 58 Abs. 1 und 2 AktG)
- Anfechtungsrecht des Gewinnverwendungsbeschlusses der Hauptversammlung (§ 254 Abs. 1 AktG).

Konflikte bei der Realisation der Jahresabschlussaufgaben

Es liegt auf der Hand, dass besonders bei Aktiengesellschaften das Ziel der Informationsregelung und das Ziel der Regelung von Zahlungsbemessungsinteressen, insbesondere das der Ausschüttungsbegrenzung, einander widersprechen können. Für Zwecke der zielorientierten Auslegung unklarer Gesetzesformulierungen und der Entwicklung ergänzender Rechtsnormen in Form so genannter Grundsätze ordnungsmäßiger Buchführung (vgl. Gliederungspunkt D I 3) ist deshalb die Festlegung einer Rangfolge unter den genannten Zielen notwendig. Hinsichtlich dieser Frage besteht in der Literatur keine einheitliche Meinung. So sehen einige Autoren das dominierende Ziel aktienrechtlicher Bilanzierung in der Ausschüttungssperre (vgl. Moxter, A. [1985]), während andere wiederum die Auffassung vertreten, dass die aktienrechtlichen Bilanzierungsvorschriften in erster Linie unter dem Gesichtspunkt der Informationsregelung zu sehen sind, weil die Regelung von Zahlungsbemessungsinteressen, insbesondere die Ausschüttungsbegrenzung, bereits durch relativ eindeutige gesetzliche Restriktionen verwirklicht sei (vgl. Baetge, J. [1976]). Unserer Meinung nach ist der letztgenannten Auffassung Baetges zu folgen, wonach somit zur Interpretation auslegungsbedürftiger Bilanzierungs- und Bewertungsvorschriften und zur Ableitung von Grundsätzen ordnungsmäßiger Buchführung in erster Linie von der Zielsetzung der Informationsregelung auszugehen ist. Diese Auffassung lässt sich, wenn auch nur indirekt, auch bei ADS: Adler, H./Düring, W./Schmaltz, K. [1995 ff.], § 264 Tz. 87 ff. erkennen.

Unschärfen im Jahresabschluss

Auch wenn der Jahresabschluss streng nach den gesetzlichen Vorschriften und den sog. Grundsätzen ordnungsmäßiger Buchführung mit dem Ziel der objektiven Informationsvermittlung über das betriebliche Geschehen aufgestellt wird, so enthält er dennoch Unschärfen, die aus sachlichen und zeitlichen, sich aus der Natur der Sache ergebenden Hindernissen resultieren und letztlich nie völlig aus dem Weg geräumt werden können.

Sachlich bedingte Hindernisse bestehen,

- weil manche Aufwendungen und Erträge mit dem normalen Geschäftsbetrieb in keinerlei Zusammenhang stehen (außerordentliche Aufwendungen und Erträge, vgl. 14. Kapitel A II 1), aber der Vollständigkeit halber doch berücksichtigt werden müssen,
- weil manche Aufwendungen zwar eindeutig mit dem normalen Geschäftsbetrieb in Zusammenhang stehen, aber nur durch willkürliche Hilfsannahmen einzelnen Geschäften zugerechnet werden können (z. B. alle Gemeinkosten), und
- weil angesichts der schon fast zur Selbstverständlichkeit gewordenen Preissteigerungen eine Rechnung auf Nominalwertbasis unberücksichtigt lässt, dass nach einem Verkauf häufig die Wiederbeschaffung nur noch zu höherem Preis möglich ist.

Zeitliche Hindernisse bestehen in der Ungewissheit der Zukunft. Der Jahresabschluss ist zwar weitgehend vergangenheitsorientiert, er enthält aber im Interesse der verursachungsgerechten Zurechnung der Aufwendungen zu den entsprechenden Erträgen auch zukunftsbezogene Elemente (z. B. Schätzung der Nutzungsdauer bei Abschreibungen, Beurteilung der Bonität von Schuldnern, Schätzung der Rückstellungshöhe für Geschäfte, die weitgehend abgeschlossen sind, bei denen aber noch einzelne Aufwendungen anfallen).

Abgesehen von diesen Unschärfen bietet der handelsrechtliche Jahresabschluss aussagefähige Informationen über die wirtschaftlichen Verhältnisse in der Berichtsperiode. Er ist außerdem weit besser gegen Manipulationen gesichert als jede zukunftsorientierte Rechnung (auch wenn eine solche, rein ökonomisch betrachtet, sinnvoller und deshalb vorzuziehen wäre; vgl. 17. Kapitel C). Zwar bietet er den Unternehmensinteressenten keinen unmittelbaren Maßstab für den individuellen Zielerreichungsgrad, aber er gibt immerhin die Möglichkeit, eigene Berechnungen des Zielerreichungsgrades vorzunehmen.

II. Steuerrechtliche Aufgaben

Steuerbilanzgewinn ist Steuerbemessungsgrundlage

Einziger Adressat der Steuerbilanz ist der Fiskus. Er legt mit Hilfe des Steuerbilanzgewinns fest, welche Beträge nach dem Einkommensteuergesetz bzw. dem Körperschaftsteuergesetz und dem Gewerbesteuergesetz an den Staat abzuführen sind. Für die Steuerbilanz hat neben der Forderung nach Manipulationsfreiheit im Interesse der Rechtssicherheit der Gedanke der Steuergerechtigkeit große Bedeutung. Die Verwirklichung der Steuergerechtigkeit setzt bei der steuerlichen Leistungsfähigkeit des Bürgers an. Dementsprechend ist

1. gleiche steuerliche Leistungsfähigkeit unterschiedslos zu besteuern und
2. höhere steuerliche Leistungsfähigkeit stärker als niedrigere Leistungsfähigkeit zu besteuern.

Ökonomischer Gewinn als »Ideal«-Steuerbemessungsgrundlage zur Realisierung der Besteuerung der Leistungsfähigkeit

Die erste Forderung führt zum Grundsatz der Gleichmäßigkeit der Besteuerung, die zweite zum Grundsatz der Besteuerung nach der Leistungsfähigkeit. Dabei wird nach herrschender Meinung das Einkommen, zu dessen Bestandteilen auch der Steuerbilanzgewinn zählt, als Kriterium der wirtschaftlichen Leistungsfähigkeit angesehen. Die Forderung einer Besteuerung nach der Leistungsfähigkeit bedeutet, dass die gewinnabhängigen Steuern nicht dazu führen dürfen, die wirtschaftliche Leistungsfähigkeit der Unternehmung zu gefährden. Dieser Forderung kann aber alleine eine ökonomische, d. h. an der Erhaltung der betrieblichen Ertragskraft orientierte Erfolgsmessung gerecht werden, die als Gewinn die Differenz der Zukunftserfolgswerte des Unternehmens zu Beginn und zum Ende der Rechnungsperiode ausweist (vgl. 17. Kapitel C III). Der Zukunftserfolgswert eines Unternehmens ist die Differenz der Barwerte aller zukünftigen Einnahmen und Ausgaben.

Ökonomischer Gewinn ist nicht objektivierbar

Der ökonomische Gewinn genügt aber nicht dem verfassungsmäßigen Grundsatz der Rechtssicherheit, da er aus unsicheren Zukunftsgrößen bestimmt wird und damit Bilanzmanipulationen zulässt; eine objektive Berechnung des Gewinns – beispielsweise im Streitfalle durch die Finanzgerichte – wäre nicht möglich. Die Rechtssicherheit wäre dagegen vollständig gewährleistet, wenn eine Rechnung, die nur auf Einnahmen und Ausgaben der abgelaufenen Periode beruht, zur Ermittlung des steuerlichen Gewinns vorgeschrieben würde. Dabei ergibt sich aber nicht der periodengerechte Gewinn, der ja wie eben erläutert als Messgröße der wirtschaftlichen Leistungsfähigkeit gilt und deshalb zur Bestimmung des in einer Periode erzielten Einkommens erforderlich ist.

Maßgeblichkeitsprinzip

Dieser Zielkonflikt zwischen den Postulaten periodengerechter Erfolgsermittlung einerseits und objektivierter Erfolgsmessung andererseits ist nur im Wege eines Kompromisses zu lösen (vgl. Jacobs, O. H. [1971]). Nach geltendem Recht baut die Steuerbilanz auf den handelsrechtlichen Bilanzierungsvorschriften auf, die zu einer weitgehend vergangenheitsorientierten Analyse der betrieblichen Vermögensentwicklung führen. Die Ansätze in der Steuerbilanz richten sich – soweit nicht steuerliche Bestimmungen etwas anderes zwingend vorschreiben – nach den handelsrechtlichen Grundsätzen ordnungsmäßiger Buchführung (GoB). Dieser Sachverhalt, der sich aus § 5 Abs. 1 EStG ergibt, wird als Maßgeblichkeitsprinzip der Handelsbilanz für die Steuerbilanz bezeichnet. Aufgrund der Formulierung in § 5 Abs. 1 EStG, der auf die »handelsrechtlichen Grundsätze ordnungsmäßiger Buchführung« verweist, könnte es zweifelhaft erscheinen, ob lediglich die Bilanzierungsregeln der Handelsbilanz (= materielle Maßgeblichkeit) oder darüber hinaus auch der jeweilige Wertansatz in der Handelsbilanz (= formelle Maßgeblichkeit) für die Steuerbilanz maßgeblich ist (vgl. z. B. Thiel, J. [1989]; Schildbach, Th. [1989]). Nach überwiegender Meinung gilt nicht nur die materielle, sondern auch die formelle Maßgeblichkeit, d. h., die Bilanzansätze in der Handelsbilanz sind grundsätzlich in die Steuerbilanz zu übernehmen, soweit ihnen nicht zwingende steuerliche Vorschriften entgegenstehen. Von den handelsrechtlichen Regelungen abweichende steuerliche Bestimmungen bestehen zumeist dort, wo das Handelsrecht Manipulationsspielräume offenlässt. Würde das Steuerrecht keine gesonderten und eigenständigen Bilanzierungsvorschriften enthalten, so könnte der Steuerpflichtige im Rahmen dieser handelsrechtlichen Spielräume seinen Steuerbilanzgewinn und damit seine Steuerlast schmälern, indem er das Vermögen so niedrig und die Schulden so hoch wie möglich ansetzt.

Umkehrung des Maßgeblichkeitsprinzips

In bestimmten genau abgegrenzten Fällen eröffnet der Gesetzgeber den Steuerpflichtigen allerdings aus wirtschafts- und konjunkturpolitischen Gründen die Möglichkeit, Teile des Steuerbilanzgewinns in zukünftige Perioden zu verschieben und so die gegenwärtige Steuerlast zu vermindern. Mit Berufung auf das Maßgeblichkeitsprinzip werden aber Gewinnverlagerungen in der Steuerbilanz generell nur anerkannt, wenn sie entsprechend auch in der Handelsbilanz vorgenommen werden. Die Steuerpflichtigen sind daher gezwungen, zur Verminderung der Steuerlast die Handelsbilanz an der Steuerbilanz auszurichten. Es kommt zu einer Umkehrung des Maßgeblichkeitsprinzips. Diese Umkehrung, die zu einer Verkettung beider Bilanzen und darüber hinaus zu einer Verzerrung der Handelsbilanz führt, ist im Handelsrecht und im Steuerrecht gesetzlich verankert. Gemäß § 5 Abs. 1 Satz 2 EStG sind steuerrechtliche Wahlrechte bei der Gewinnermittlung in Übereinstimmung mit der handelsrechtlichen Jahresbilanz auszuüben; ermöglicht wird dies bspw. durch § 254 HGB, der die Berücksichtigung niedrigerer steuerlicher Werte im handelsrechtlichen Abschluss zulässt.

Zusammenfassung der Aufgaben des Jahresabschlusses

Zusammenfassend lassen sich aus heutiger Sicht zwei zentrale Jahresabschlusszwecke identifizieren: die Zahlungsbemessungsfunktion und die Informationsfunktion. In Ausübung der Zahlungsbemessungsfunktion dient die Bilanz als Grundlage zur Festlegung der Dividenden- und Steuerzahlungen. Die Ausschüttung an die Anteilseigner bemisst sich anhand des handelsrechtlichen Einzelabschlusses, der durch das Maßgeblichkeitsprinzip mit dem steuerrechtlichen Einzelabschluss verbunden ist, auf dessen Grundlage die Besteuerung erfolgt. Die

Informationsfunktion der Bilanz beinhaltet die Aufgabe, allen Adressaten möglichst verlässliche und aussagefähige Beurteilungsmaßstäbe über die finanzielle und wirtschaftliche Situation des Unternehmens zu gewähren, um Ausmaß und Sicherheitsgrad der zu erwartenden Zielrealisation ihrer Beteiligungen am Unternehmen abschätzen zu können. Während der Einzelabschluss versucht, beiden Zwecksetzungen gerecht zu werden, kommt dem Konzernabschluss ausschließlich eine Informationsfunktion zu. Das System der Jahresabschlusszwecke lässt sich zusammenfassend wie folgt darstellen:

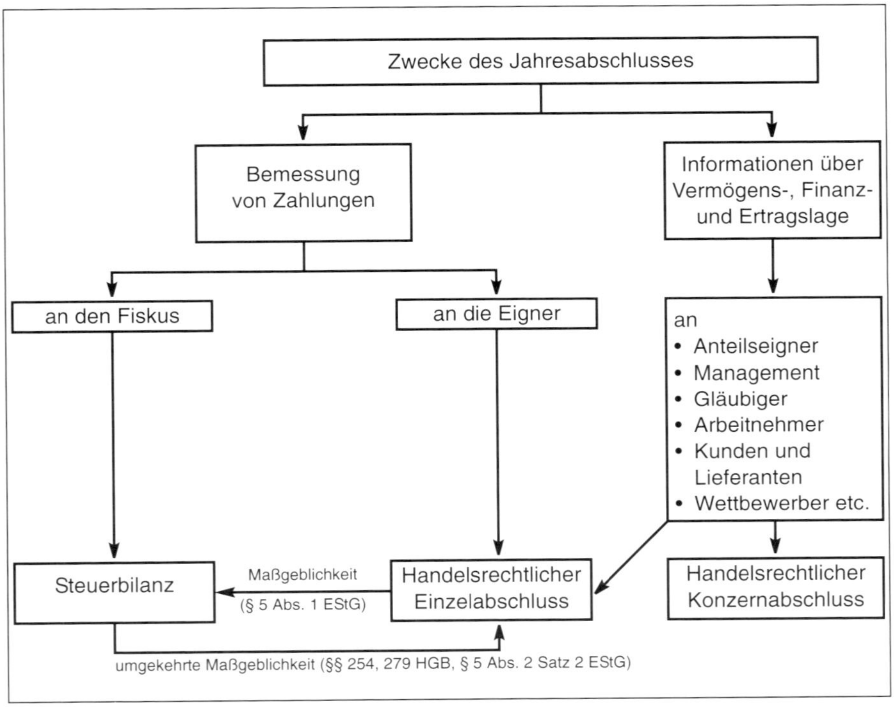

Abb. 1.2: Zwecke des Jahresabschlusses

Vor allem bei größeren Unternehmen und größeren wirtschaftlichen Einheiten zeigt sich zunehmend der Trend zu einer unterschiedlichen Gewichtung der Aufgaben von Einzelabschluss einerseits und Konzernabschluss andererseits. Der Einzelabschluss übernimmt vorwiegend die Aufgaben der Überschussbemessung und der Steuerbilanzoptimierung, während der Konzernabschluss zunehmend die informatorische Präsentation über Vermögens-, Finanz- und Ertragslage nach außen übernimmt. Da das Handelsgesetz den Unternehmen im Konzernabschluss das Recht einräumt, die Bewertungsgrundlagen des Einzelabschlusses neu zu gestalten, bietet sich hier die Möglichkeit, auch einer internationalen Bilanzleserschaft Informationen in international gängiger und verständlicher Form zu präsentieren.

III. Bedeutung des Jahresabschlusses im internationalen Kontext

Internationalisierungstendenzen

Neben den nationalen verbindlich vorgeschriebenen handels- und steuerrechtlichen Vorschriften finden in jüngster Zeit verstärkt international anerkannte Normensysteme Eingang in die Rechnungslegung deutscher Unternehmen. Besondere praktische Bedeutung erlangen hier neben den Rechnungslegungsvorschriften des International Accounting Standards Board (IASB) die US-amerikanischen Generally Accepted Accounting Principles (kurz: US-GAAP).

Decision usefulness als zentrale Zielsetzung des IASB

Zentrale Zielsetzung der Rechnungslegung nach den International Accounting Standards (IAS) bzw. International Financial Reporting Standards (IFRS) des IASB ist die Information über die Vermögens-, Finanz- und Ertragslage des Unternehmens. Sie soll so dargestellt werden, dass sie für ein weites Spektrum an Bilanzlesern nützlich für deren spezifische, mit dem Unternehmen verbundene Entscheidungsfindung ist (F 12). Angesichts der Interessenvielfalt der Bilanzadressaten (Investoren, Arbeitnehmer, Gläubiger, Lieferanten, Kunden, Staat und Öffentlichkeit) ist eine gleichzeitige Befriedigung aller Informationsbedürfnisse durch ein Informationsinstrument nicht möglich. Das IASB geht deshalb davon aus, dass ein Jahresabschluss, der den Anforderungen der Investoren zur Bereitstellung des unternehmerischen Risikokapitals gerecht wird, auch die Mehrzahl der Informationswünsche der übrigen Bilanzadressaten bestmöglich deckt (F 10). Abschlüsse nach IAS/IFRS besitzen somit eine reine Informationsfunktion und dienen in keiner Weise der Zahlungsbemessung. Unmittelbar gläubigerschutzorientierte Vorschriften, wie etwa die Beschränkung des ausschüttungsfähigen Gewinns, und rein steuerliche Bewertungskonzeptionen sind daher im Regelwerk der IAS/IFRS nicht vorgesehen.

Decision usefulness als zentrale Zielsetzung nach US-GAAP

Auch die externe Berichterstattung nach US-GAAP zielt auf die Versorgung von Marktteilnehmern mit entscheidungsrelevanten Informationen ab, mit dem Zweck, knappe Ressourcen ihrer bestmöglichen Verwendungsalternative zuzuführen (Allokationseffizienz): »*Financial reporting ... is intended to provide information that is useful in business and economic decisions*« (CON 1.9). Damit sind zunächst alle Interessenten an Rechnungslegungsinformationen angesprochen, jedoch wird der Kreis an späterer Stelle auf die aktuellen und potenziellen Investoren als primäre Adressaten mit dem Hinweis begrenzt, dass Informationen, die für Investoren nützlich sind, auch für alle anderen Interessenten nützlich sein sollten (CON 1.32). Die Rechnungslegung soll dabei in erster Linie denjenigen zugute kommen, die sich selbst nicht in der Position sehen, diese Informationen von der Geschäftsleitung einzufordern, sondern sich mit den präsentierten Informationen zufrieden geben müssen, wie z. B. Kleinaktionäre (CON 1.28). Ihre Interessen richten sich in erster Linie auf die Abschätzung von Höhe, Zeitpunkt und Unsicherheit zukünftiger Cashflows, um damit den Fortbestand der investierten Finanzmittel beurteilen und den Wert ihrer Anteile am Unternehmen ermitteln zu können (CON 1.37). Als bester Indikator für zukünftige Zahlungen vom Unternehmen an die Investoren in Form von Dividenden, Zinsen etc. gilt dabei der Periodenerfolg auf Basis von Ertragsüberschüssen (sog. *accrual accounting*), da Einzahlungsüberschüsse einer Periode nicht geeignet sind, den Erfolg einer wirtschaftlichen Transaktion abzubilden (CON 1.43). Die Gewinnermittlung ist folglich Bestandteil der Informationsfunktion, nicht aber eigentliches Ziel der Rechnungslegung. Nach US-amerikanischem Recht besteht kein zwingender Zusammenhang zwischen der Höhe des Jahresüberschusses und der Ausschüttung, über die das *Board of Directors* allein entscheidet - eine Ausschüttungsbemessungsfunktion hat der Jahresabschluss nach US-GAAP folglich nicht.

Kapitalaufnahmeerleichterungsgesetz – KapAEG

Mit der Verabschiedung des Gesetzes zur Verbesserung der Wettbewerbsfähigkeit deutscher Konzerne an Kapitalmärkten und zur Erleichterung der Aufnahme von Gesellschafterdarlehen (Kapitalaufnahmeerleichterungsgesetz – KapAEG) am 13. 02. 1998 reagierte der Gesetzgeber auf die wachsende Notwendigkeit einer stärkeren Orientierung der Rechnungslegung an den Informationsbedürfnissen der Kapitalmärkte. Der neu eingefügte § 292a HGB enthält eine bis zum 31. 12. 2004 befristete Befreiungsoption von der Konzernrechnungslegungspflicht nach den Vorschriften des HGB für börsennotierte Mutterunternehmen, sofern diese einen Konzernabschluss bzw. -lagebericht nach international anerkannten Rechnungslegungsgrundsätzen aufstellen. International anerkannte Rechnungslegungsgrundsätze im Sinne der Gesetzesänderung sind die IAS/IFRS und die US-GAAP. Durch das vom deutschen Bundestag am 16. 12. 1999 verabschiedete Kapitalgesellschaften und Co-Richtlinie-Gesetz (KapCoRiLiG) wird der Anwendungsbereich des § 292a HGB erweitert auf alle Mutterunternehmen, die selbst oder über ein Tochterunternehmen an einem organisierten Markt i. S. d. § 2 Abs. 5 WpHG teilnehmen oder die Zulassung zu einem solchen beantragt haben. Dabei bezieht sich die Inanspruchnahme des Kapitalmarkts auf die Ausgabe von Wertpapieren i. S. d. § 2 Abs. 1 Satz 1 WpHG, was z. B. auch Schuldverschreibungen einschließt (vgl. auch Abschnitt D I 1 dieses Kapitels).

Gründe für die Berücksichtigung internationaler Rechnungslegungsnormen

Ursächlich für diese Internationalisierungstendenzen sind eine Reihe von Faktoren. Im Mittelpunkt steht überwiegend der Wunsch weltweit agierender Unternehmen, sich internationale Kapitalmärkte zur Aufnahme von Eigen- und Fremdkapital zu erschließen. Von Interesse ist dabei vor allem die Zulassung zum Handel an überregionalen Börsenplätzen, wie z. B. an der New York Stock Exchange (NYSE). Im Zuge der Globalisierung der Märkte und des Wettbewerbs öffnen sich neben den Gütermärkten auch viele Kapitalmärkte für ausländische Anbieter und Nachfrager. Die zunehmende weltweite Verbreitung der Marktkontrahenten und Produkte führt zu einer zunehmenden Angleichung des Angebots, d. h. zu einer zunehmenden Homogenisierung der Märkte. Gleichzeitig stehen sich weltweit die selben Unternehmen als Konkurrenten gegenüber. Dies erfordert einerseits zunehmend lokale Präsenz, andererseits resultieren daraus starke Konzentrationstendenzen. Die erforderlichen Investitionen in Form von Direktinvestitionen, Akquisitionen, Fusionen und Kooperationen bringen vermehrten Kapitalbedarf mit sich, der nicht mehr national gedeckt werden kann. Daher kommt es zu einer verstärkten Inanspruchnahme internationaler Kapitalmärkte. Die mit diesem Prozess verbundene weltweite Verteilung der *Stakeholder* des Unternehmens erfordert eine Angleichung der Standards zur Befriedigung der Informationsbedürfnisse der Bilanzadressaten.

Internationale Rechnungslegungsnormen als Steuerungsinstrument im Konzern

Wegen dieser zunehmenden Bedeutung der Abgabe von Informationen in international verständlicher Form kommen bei vielen Unternehmen neben den nationalen Vorschriften in letzter Zeit immer mehr internationale Vorschriften zur Anwendung. Daneben spielen aber auch andere Beweggründe eine Rolle. So erleichtern international einheitliche Bilanzierungs- und Bewertungsregeln das Aufstellen der Konzernabschlüsse, falls Tochterunternehmen aus Ländern mit unterschiedlichen Rechnungslegungsvorschriften einbezogen werden müssen. Die üblicherweise erforderliche Rückgängigmachung spezifisch nationaler Ansatz- und Bewertungsmethoden zur Schaffung einer gemeinsamen Bilanzierungsgrundlage im externen Konzernabschluss entfällt. Für multinationale Unternehmen bieten darüber hinaus international gültige Rechnungslegungsnormen eine gemeinsame »Sprache« für das interne Controlling. Regelwerke wie die des IASB ermöglichen so den Einsatz des externen Rechnungswesens als Ausgangsbasis für die interne Unternehmenssteuerung der einzelnen unabhängigen Geschäftseinheiten (vgl. auch Coenenberg, A. G. [1995]). Auch im Zusammenhang mit der zunehmenden Globalisierung der Kunden- und Lieferantenbeziehungen bieten nach gleichartigen Regeln aufgestellte Jahresabschlüsse eine leichter analysierbare Informationsbasis für die Bonitätsbeurteilung von Kunden oder für die strategische Lieferantenauswahl. Bei zusammenfassender Betrachtung der dargelegten Beweggründe überrascht die steigende Zahl deutscher Unternehmen keineswegs, die in ihrem Konzernabschluss Rechnungslegungsnormen mit internationaler Relevanz berücksichtigen. Der Konzernabschluss ist aufgrund seiner reinen Informationsfunktion frei von steuerlichen bzw. ausschüttungsbedingten Verzerrungen und eignet sich damit am besten als Kommunikationsinstrument zur Erreichung der mit der Internationalisierung der Rechnungslegung verfolgten Zielsetzungen.

Alternativen bei der Berücksichtigung internationaler Normen

Wegen der teilweise gravierenden Unterschiede zu den deutschen Vorschriften ist eine vollständige simultane Beachtung der Normen des IASB bzw. der US-GAAP und des Handelsgesetzes nicht möglich. Den Unternehmen standen daher bis zur Verabschiedung des KapAEG grundsätzlich nur zwei Alternativen zur Berücksichtigung dieser Normensysteme zur Verfügung: einen zweiten, separaten Abschluss nach den gewünschten internationalen Vorschriften zu erstellen (»doppelter Abschluss«), oder eine möglichst weitgehende Annäherung an die Rechnungslegungsvorschriften des angestrebten Normensystems im Rahmen der durch das HGB gesteckten Gestaltungsmöglichkeiten zu vollziehen (»dualer Abschluss«). Erstere parallele Rechnungslegung ist jedoch häufig mit erheblichem finanziellen und personellen Zusatzaufwand verbunden und kann aufgrund der unterschiedlichen Ergebnisse der veröffentlichten Abschlüsse zu Erklärungsnotstand führen. Zweitere führt aufgrund der Inkompatibilität der zugrunde liegenden Normen zu einer Beeinträchtigung der Glaubwürdigkeit der Jahresabschlussinformationen in den Augen der Bilanzleser. Deshalb ermöglicht die neu geschaffene Befreiungsoption des § 292a HGB eine von den Vorschriften des HGB losgelöste Erstellung des Konzernabschlusses.

US-GAAP vs. IAS/IFRS

Langfristig besteht über diese Übergangsregelung hinausgehend die Notwendigkeit, Vorschriften zu erarbeiten, die mit internationalen Vorschriften kompatibel sind. Die US-GAAP sind ihrem Charakter gemäß nicht als »international« im engeren Sinne zu bezeichnen. Sowohl ihr Entstehungsprozess als auch ihr eigentliches Gültigkeitsgebiet sind klar auf die nationalen Gegebenheiten in den USA beschränkt. Ihre weltweite Relevanz ergibt sich lediglich aus dem wirtschaftlichen Einfluss der USA. Da die amerikanische Börsenaufsichtsbehörde *Securities and Exchange Commission* (SEC) bislang grundsätzlich die Notierung an einer amerikanischen Börse von der Rechnungslegung nach US-GAAP abhängig macht, ist eine weitere Verbreitung der US-GAAP zu erwarten. Es wird jedoch angenommen, dass die SEC auf Betreiben der internationalen Vereinigung der Börsenaufsichten *International Organisation of Securities Commissions* (IOSCO) langfristig auch die IAS/IFRS anerkennen wird. Im Gegensatz zu den US-GAAP sind die Verlautbarungen des IASB tatsächlich als »internationale« Rechnungslegungsstandards zu qualifizieren, da sie von einem überstaatlichen Gremium unter Beteiligung vieler Länder mit der Intention weltweiter Gültigkeit erlassen werden. Damit bietet sich Ländern, die grundsätzlich zur Anwendung der IAS/IFRS bereit sind, die Chance zur Einflussnahme auf den Normsetzungsprozess, was bei den US-GAAP nicht gegeben ist.

Anwendung der IAS/IFRS innerhalb der EU ab 2005 bzw. 2007

Mittlerweile hat sich die EU in ihrer künftigen Rechnungslegungsstrategie neu festgelegt und eine Hinwendung zu den IAS/IFRS vollzogen. Nach einer entsprechenden am 27. 05. 2002 vom Europäischen Parlament beschlossenen und am 06. 06. 2002 vom EU-Ministerrat verabschiedeten EU-Verordnung sind kapitalmarktorientierte Gesellschaften, die dem Recht eines Mitgliedstaates unterliegen, dazu verpflichtet, ihre konsolidierten Abschlüsse für ab dem 01. 01. 2005 beginnende Geschäftsjahre nach internationalen Rechungslegungsstandards, d. h. den IAS/IFRS sowie den damit verbundenen Auslegungen des SIC/IFRIC, aufzustellen (vgl. Europäische Union [2002], Art. 4). Auf maßgeblichen Druck Deutschlands wurde den Mitgliedstaaten dabei die Möglichkeit eingeräumt, den betroffenen Unternehmen eine Fristverlängerung bis zum Jahr 2007 zu gewähren. Diese ist jedoch klar abgegrenzt und betrifft ausschließlich Gesellschaften, »von denen lediglich Schuldtitel zum Handel in einem geregelten Markt eines Mitgliedsstaats [...] zugelassen sind oder deren Wertpapiere zum öffentlichen Handel in einem Nichtmitgliedstaat zugelassen sind und die zu diesem Zweck seit einem Geschäftsjahr, das vor der Veröffentlichung in dieser Verordnung [...] begann, international anerkannte Standards anwenden« (vgl. Europäische Union [2002], Art 9). Daneben wurde es den Mitgliedstaaten überlassen, in Bezug auf Einzelabschlüsse kapitalmarktorientierter Unternehmen und Konzernabschlüsse nicht kapitalmarktorientierter Gesellschaften die Anwendung der internationalen Rechnungslegungsstandards zu gestatten oder vorzuschreiben (vgl. Europäische Union [2002], Art. 5). Hintergrund für die Einführung der IAS/IFRS als verbindliches Regelwerk für kapitalmarktorientierte Unternehmen ist die Intention, bis 2005 einen vollständig integrierten Binnenmarkt für Finanzdienstleistungen zu schaffen (vgl. Kleekämper, H./Kuhlewind, A.-M./Alvarez, M. [2002], Tz. 118).

D. Normative Grundlagen des Jahresabschlusses

I. Nationale Rechtsnormen des Jahresabschlusses

1. Bestimmungen im Handelsrecht

4. EG-Richtlinie

Am 25.07.1978 verabschiedete der Rat der Europäischen Gemeinschaften (heute: Europäische Union) im Rahmen der Maßnahmen zur Harmonisierung des Gesellschaftsrechts innerhalb der EG aufgrund von Artikel 54 Abs. 3g des Rom-Vertrages vom 25.03.1957 eine Richtlinie über den Jahresabschluss von Kapitalgesellschaften, die so genannte 4. EG-Richtlinie (»Bilanzrichtlinie«). Mit Hilfe dieser Richtlinie wurde versucht, über die Vereinheitlichung der nationalen Rechtsvorschriften der einzelnen Mitgliedstaaten der EU eine Vergleichbarkeit der Jahresabschlüsse von Unternehmen unterschiedlicher europäischer Staaten zu erreichen, und damit dem Ziel eines gemeinsamen EU-Wirtschaftsmarktes näherzukommen.

Aufgabe und Inhalt der 4. EG-Richtlinie

Aufgabe der 4. EG-Richtlinie war es folglich, eine Harmonisierung der externen Rechnungslegung von Kapitalgesellschaften in der EU durch die Koordination der rechtlichen Bestimmungen über

- Umfang, Inhalt und Gliederung des Jahresabschlusses,
- die Bewertungsmethoden der in der Bilanz aufzunehmenden Vermögensgegenstände,
- den Lagebericht (eine Darstellung der Zukunftsaussichten des Unternehmens),
- und die mit dem Jahresabschluss verbundenen Prüfungs- und Offenlegungspflichten herbeizuführen.

Mangelnde Zielerreichung der 4. EG-Richtlinie

Wie fast jede politische Entscheidung, so stellt auch die Bilanzrichtlinie eine Kompromisslösung dar. Dies und die weitgehend nicht antastbare Gesetzgebungshoheit der einzelnen Mitgliedstaaten sind der Grund dafür, dass neben Bilanzierungswahlrechten für die Unternehmen auch den Mitgliedstaaten für die Umsetzung der Richtlinie in nationales Recht zahlreiche (insgesamt 40) Mitgliedstaaten-Wahlrechte eingeräumt wurden. Da jedoch Wahlrechte es mit sich bringen, nicht einheitlich, sondern unterschiedlich ausgenützt zu werden, führte die mangelnde Fähigkeit der EU-Länder zur Einigung bezüglich einer Vielzahl von Detailproblemen dazu, dass das Ziel einer Vereinheitlichung der Rechnungslegung innerhalb der EU bereits zum Zeitpunkt der Verabschiedung der Richtlinie in einigen Bereichen nicht erreicht wurde.

7. und 8. EG-Richtlinie

Die 4. EG-Richtlinie ist nur eine der zahlreichen in Verbindung mit der Harmonisierung des Gesellschaftsrechts verabschiedeten Richtlinien. Eng mit ihr in Zusammenhang stehen, da diese sich ebenfalls mit Bereichen der Rechnungslegung und des Jahresabschlusses beschäftigen, die 7. EG-Richtlinie (»Konzernrichtlinie«), die analog zur 4. EG-Richtlinie eine Vereinheitlichung des Konzernabschlusses anstrebt, und die 8. EG-Richtlinie (»Prüferrichtlinie«), die sich mit den Anforderungen an die beruflichen Qualifikationen der mit der Prüfung von Abschlüssen betrauten Personen auseinandersetzt.

Umsetzung der EG-Richtlinien in deutsches Recht

Aufgrund der sachlichen bzw. inhaltlichen Verwandtschaft dieser drei Richtlinien entschloss sich der deutsche Gesetzgeber, sie in einem Zug, d. h. gleichzeitig in deutsches Recht umzusetzen. Die Transformation der EG-Richtlinien in deutsches Recht wurde durch die Verabschiedung des Bilanzrichtlinien-Gesetzes (BiRiLiG) zum 19.12.1985 vollzogen.

Das dritte Buch des HGB als Grundlage der handelsrechtlichen Jahresabschlusserstellung

Das BiRiLiG beinhaltet Änderungen einer Vielzahl unterschiedlicher Gesetze. Der wesentlichste Teil des BiRiLiG war dabei die Neugestaltung des HGB durch die Einrichtung eines neuen dritten Buches, in dem für alle Unternehmensrechtsformen die relevanten Normen zur handelsrechtlichen Rechnungslegung zusammengefasst wurden. Das dritte Buch des HGB besitzt somit neben der Gültigkeit für Einzelkaufleute, Personenhandels- und Kapitalgesellschaften auch Gültigkeit für Genossenschaften (§§ 336 ff. HGB), Unternehmen nach dem PublG (§ 5 PublG), Kreditinstitute (§§ 340 ff. HGB) und Versicherungsunternehmen (§§ 341 ff. HGB), soweit aufgrund der Rechtsform bzw. des Geschäftszweiges nicht ohnehin spezielle Vorschriften anzuwenden sind.

Aufbau des 3. Buches des HGB

Das dritte Buch des HGB ist in vier Abschnitte unterteilt. Im ersten Abschnitt befinden sich sämtliche Vorschriften zur Buchführung und zum Jahresabschluss, die für alle Kaufleute (Einzelkaufleute, Personenhandelsgesellschaften, Kapitalgesellschaften, Genossenschaften etc.) gelten. Dieser erste Abschnitt stellt quasi den allgemeinen Teil, die »lex generalis« dar. Für Einzelkaufleute und Personenhandelsgesellschaften unterhalb der Größenmerkmale des PublG wird hier der Jahresabschluss abschließend geregelt.

Der zweite Abschnitt, eine Art »lex specialis«, beinhaltet ergänzende und im Vergleich zum ersten Abschnitt detailliertere Bestimmungen für Kapitalgesellschaften; in ihn wurde im Wesentlichen der Inhalt der drei EG-Richtlinien, die sich ja ausdrücklich auf Kapitalgesellschaften beschränken, eingearbeitet. So umfasst dieser zweite Abschnitt auf alle Kapitalgesellschaften anzuwendende Vorschriften zum Jahresabschluss und zum Lagebericht (1. Unterabschnitt), Vorschriften zum Konzernabschluss und Konzernlagebericht (2. Unterabschnitt), sowie Regelungen bezüglich der Prüfung (3. Unterabschnitt) und Offenlegung (4. Unterabschnitt) von Abschlüssen.

Der dritte Abschnitt enthält einige zusätzliche spezifische Regelungen für Genossenschaften.

Der vierte Abschnitt umfasst schließlich ergänzende Vorschriften für Unternehmen bestimmter Geschäftszweige, namentlich für Kreditinstitute (eingefügt durch das »Bankbilanzrichtlinie-Gesetz« vom 30.11.1990) und Versicherungsunternehmen (eingefügt durch das »Versicherungsbilanzrichtlinie-Gesetz« vom 24.06.1994).

Die Trennung der Abschnitte und ihrer Geltungsbereiche wird nicht nur rein gesetzestechnisch durch die Gesetzesgliederung vollzogen, sondern kommt auch in der Begriffswahl zum Ausdruck. Während im ersten Abschnitt ausschließlich von »Kaufleuten« gesprochen wird, werden im zweiten, dritten bzw. vierten Abschnitt nur noch die Begriffe »Kapitalgesellschaft«, »Genossenschaft«, »Kreditinstitut« bzw. »Versicherungsunternehmen« verwandt.

Kapitalgesellschaften (AG, KGaA, GmbH) haben also bei der Erstellung des Jahresabschlusses die Vorschriften sowohl des ersten wie auch des zweiten Abschnittes des HGB zu beachten, für Einzelkaufleute und Personenhandelsgesellschaften dagegen sind lediglich die Vorschriften des ersten Abschnittes relevant. In der Literatur wird vereinzelt die Auffassung vertreten, dass in der Praxis ein Einzelkaufmann auch zum Teil die für Kapitalgesellschaften geregelten Spezialvorschriften des zweiten Abschnittes vor allem aufgrund des Prinzips der Maßgeblichkeit der Handels- für die Steuerbilanz und der Notwendigkeit der konkreten Interpretation der GoB heranziehen müsste (vgl. Biener, H. [1985], S. 8). Diese Auffassung kann jedoch durch den Verweis auf die Absicht des Gesetzgebers widerlegt werden, der für den Jahresabschluss von Einzelunternehmen und Personengesellschaften ausschließlich die Vorschriften des ersten Abschnittes des dritten Buches des HGB vorsah und dies auch im Gesetz klar dadurch zum Ausdruck kommt, dass im zweiten Abschnitt lediglich der Begriff »Kapitalgesellschaft« verwendet wird (vgl. analog ADS: Adler, H./Düring, W./Schmaltz, K. [1995 ff.], § 264 Tz. 6).

Kapitalgesellschaften und Co-Richtlinie-Gesetz (KapCoRiLiG)

Durch das vom deutschen Bundestag am 16.12.1999 verabschiedete Kapitalgesellschaften und Co-Richtlinie-Gesetz (KapCoRiLiG) wird die GmbH & Co-Richtlinie der EU vom 08.11.1990 in deutsches Recht umgesetzt. Danach sollen künftig auch Kapitalgesellschaften & Co dazu verpflichtet werden, ihren Jahresabschluss wie Kapitalgesellschaften aufzustellen, prüfen zu lassen und offen zu legen. Darunter werden alle Personenhandelsgesellschaften gefasst, bei denen keine natürliche Person persönlich haftender Gesellschafter ist. Bislang waren diese als Personenhandelsgesellschaften lediglich zur Rechnungslegung nach dem ersten Abschnitt des dritten Buches des HGB verpflichtet, soweit sie nicht unter das Publizitätsgesetz fielen. Gleichzeitig werden durch das Gesetz die Sanktionen bei Zuwiderhandlung verschärft. Andererseits wird durch die Anhebung der Schwellenwerte für großenabhängige Erleichterungen einer größeren Zahl von kleinen und mittleren Unternehmen die Möglichkeit zu einer nur begrenzten Rechnungslegung, Prüfung und Offenlegung gegeben, um den damit verbunden Aufwand zu begrenzen.

Vorschriften für alle Kaufleute

Der erste Abschnitt (§§ 238-263) des HGB wird durch die Vorschriften über die Buchführungspflicht und die Aufstellung des Inventars eingeleitet (§§ 238-241 HGB). Die §§ 242-256 HGB beinhalten Bestimmungen, die sich unmittelbar auf den Jahresabschluss beziehen. Hierbei handelt es sich fast ausschließlich um durch die Gesetzesänderung am 19.12.1985 neu geschaffene Vorschriften, die sich aus der Umsetzung der 4. EG-Richtlinie ergaben. Demnach muss der Jahresabschluss aus den Bestandteilen Bilanz und GuV bestehen (§ 242 Abs. 3 HGB) und nach den Grundsätzen ordnungsmäßiger Buchführung erstellt sein (§ 243 Abs. 1 HGB). Diese Generalnorm des § 243 Abs. 1 HGB zur Aufstellung des Jahresabschlusses, die für alle Kaufleute, aber ganz besonders für Einzelkaufleute und Personengesellschaften gilt (für Kapitalgesellschaften wurde nämlich gemäß der 4. EG-Richtlinie eine spezielle Generalnorm kodifiziert (§ 264 Abs. 2 HGB)), wird häufig als zu ungenau und zu weit beurteilt (vgl. Forster, K.-H. [1985], S. 743, IDW [1985], S. 538). Sie wurde jedoch bewusst in dieser Form ausgestaltet, damit trotz der Zunahme der gesetzlich fixierten Vorschriften die

Anforderungen an den Jahresabschluss der Nicht-Kapitalgesellschaften im Vergleich zum Status quo, der vor Inkrafttreten des neuen HGB herrschte, sich nicht erhöhen.

In den Ansatzvorschriften der §§ 246-251 HGB wird der Inhalt einer Bilanz definiert, sprich, die Bestandteile einer Bilanz werden aufgezeigt, es wird bestimmt, was in eine Bilanz aufzunehmen ist bzw. was nicht aufgenommen werden darf (Bilanzierungsverbote; § 248 HGB). Die Bewertungsvorschriften (§§ 252-256 HGB) beinhalten zum einen die Wertbegriffe, die für den Ansatz der in die Bilanz aufzunehmenden Positionen relevant sind, zum anderen werden in ihnen Bewertungsmethoden (§ 256 HGB) und Möglichkeiten bilanzieller Wertminderungen (§§ 253 Abs. 2 und 3, 254 HGB) aufgezeigt. Darüber hinaus sind hier Bewertungsgrundsätze kodifiziert (§ 252 Abs. 1 HGB), die durch die Transformation der 4. EG-Richtlinie explizit in das deutsche Gesetz aufgenommen wurden, die jedoch schon lange zuvor Grundsätze ordnungsmäßiger Buchführung darstellten. Näheres zu diesen Grundsätzen findet sich unter Abschnitt D I 3 dieses Kapitels.

Mindestvorschriften

Zu beachten ist, dass der erste Abschnitt des dritten Buches lediglich Mindestvorschriften beinhaltet. Dem Kaufmann bleibt es vorbehalten, seine Rechnungslegung unter Beachtung der GoB strikteren Anforderungen zu unterziehen. So ist es zulässig, ja sogar zu begrüßen, wenn eine Personengesellschaft bzw. ein Einzelkaufmann bei Erstellung seines Jahresabschlusses zusätzlich die Vorschriften für Kapitalgesellschaften beachtet.

Vorschriften für Kapitalgesellschaften

Der zweite Abschnitt des dritten Buches des HGB (§§ 264-335 HGB) enthält über die für alle Kaufleute geltenden Normen des ersten Abschnittes hinausgehende Vorschriften, die sich lediglich auf Kapitalgesellschaften, also Aktiengesellschaften, Kommanditgesellschaften auf Aktien und Gesellschaften mbH sowie ihnen gesetzlich gleichgestellte Unternehmen beziehen. Der zweite Abschnitt umfasst nicht nur Regelungen bezüglich des Jahresabschlusses einer Kapitalgesellschaft (erster Unterabschnitt), sondern darüber hinaus auch Bestimmungen zum Konzernabschluss (zweiter Unterabschnitt; eine ausführliche Erörterung des Themenbereichs »Konzernabschluss« befindet sich in den Kapiteln 8 und 9) sowie zur Prüfung (dritter Unterabschnitt) und Veröffentlichung (vierter Unterabschnitt) der Abschlüsse. Der Jahresabschluss von Kapitalgesellschaften wird durch den zweiten Abschnitt des dritten Buches des HGB strikter geregelt als der Jahresabschluss von Einzelkaufleuten und Personenhandelsgesellschaften. Dieser Umstand ergab sich auch bereits vor der konzeptionellen Änderung des Handelsbilanzrechts durch das BiRiLiG und begründet sich aus dem bei Kapitalgesellschaften aufgrund der Haftungsbeschränkung und der häufigen Trennung zwischen Eigentümern und den Geschäftsführungsorganen bestehenden verstärkten Interesse von außenstehenden Personen am Unternehmen und deren Schutzbedürfnis.

Bestandteile des Jahresabschlusses von Kapitalgesellschaften

Der Jahresabschluss von Kapitalgesellschaften besteht in Erweiterung zu der Bestimmung des § 242 Abs. 3 HGB grundsätzlich aus drei Bestandteilen, nämlich der Bilanz, der Gewinn- und Verlustrechnung sowie dem Anhang (§ 264 Abs. 1 HGB). Ein Konzernabschluss besteht aus Konzernbilanz, Konzern-Gewinn- und Verlustrechnung und dem Konzernanhang.

Erweiterung durch KonTraG und TransPuG

Im Rahmen des Gesetzes zur Kontrolle und Transparenz im Unternehmensbereich (KonTraG) haben die Abschlussbestandteile insofern eine Ergänzung erfahren, als »die gesetzlichen Vertreter eines börsennotierten Mutterunternehmens [...] den Konzernanhang um eine Kapitalflussrechnung und eine Segmentberichterstattung zu erweitern« haben (§ 297 Abs. 1 Satz 2 HGB i. d. F. KonTraG). Durch das am 19.07.2002 verabschiedete Gesetz zur weiteren Reform des Aktien- und Bilanzrechts, zu Transparenz und Publizität (TransPuG) fand eine weitere Annäherung an internationale Konventionen statt. Dementsprechend besteht der Konzernabschluss für Mutterunternehmen, die einen organisierten Markt i. S. d. § 2 Abs. 5 WpHG selbst oder über ein Tochterunternehmen i. S. des § 2 Abs. 1 WpHG in Anspruch nehmen oder die Zulassung zu einem solchen beantragt haben, nunmehr neben einer Segmentberichterstattung und Kapitalflussrechung auch aus einer Eigenkapitalveränderungsrechnung (vgl. § 297 Abs. 1 Satz 2 HGB i. d. F. TransPuG).

Generalnorm des § 264 Abs. 2 HGB: »True and fair view«-Prinzip

Gemäß § 264 Abs. 2 HGB hat der Jahresabschluss einer »Kapitalgesellschaft unter Beachtung der Grundsätze ordnungsmäßiger Buchführung ein den tatsächlichen Verhältnissen entsprechendes Bild der Vermögens-, Finanz- und Ertragslage der Kapitalgesellschaft zu vermitteln«. Diese Vorschrift wurde unmittelbar aus dem Wortlaut der 4. EG-Richtlinie übernommen. Sie steht als Generalnorm quasi über sämtlichen Regelungen zur Bilanzierung von Kapitalgesellschaften und definiert die Informationsfunktion des Jahresabschlusses. Sie ist in der Praxis immer dann heranzuziehen, wenn Zweifel bei der Auslegung einzelner Vorschriften entstehen oder Lücken in der gesetzlichen Regelung zu schließen sind. In der Literatur wurde heftig und gründlich diskutiert, inwieweit sich durch diese neue aus dem anglo-amerikanischen Prinzip des *true and fair view* abgeleitete Generalnorm des § 264 Abs. 2 HGB im Vergleich zu jener alten des § 149 Abs. 1 AktG a. F. für die Bilanzierung von Aktiengesellschaften materielle Änderungen ergeben. Dabei hat sich letztendlich die Meinung herauskristallisiert, dass die Aussage der beiden Normen weitestgehend identisch ist und nicht mehr und nicht weniger beinhaltet, als dass der Jahresabschluss den Grundsätzen ordnungsmäßiger Buchführung zu entsprechen hat (vgl. ADS: Adler, H./Düring, W./Schmaltz, K. [1995 ff.], § 264 Tz. 59 und 102 ff.). Lediglich in der pflichtgemäßen Aufstellung des Anhangs und den damit verbundenen weitreichenden Angabe- und Erläuterungspflichten wird eine Erweiterung des Jahresabschlusses gesehen, die aus dem Prinzip des *true and fair view* resultiert. Dies ergibt sich auch aus der Formulierung des § 264 Abs. 2 Satz 2 HGB, nach dem im Anhang zusätzliche Angaben zu machen sind, falls der Jahresabschluss aufgrund besonderer Umstände einen den tatsächlichen Verhältnissen entsprechenden Einblick nicht vermittelt.

Größenklassen für Kapitalgesellschaften

Eine wesentliche Stellung im gesamten zweiten Abschnitt nimmt der § 267 HGB ein. In ihm werden die Größenklassen definiert, welche bei der Anwendung einer Reihe von Vorschriften eine ausschlaggebende Rolle spielen, so z. B. bei der Tiefe der Untergliederung von Bilanz und GuV-Rechnung (§§ 266 Abs. 1 Satz 3, 276 HGB), beim Umfang der Angabe- und Erläuterungspflichten im Anhang (§ 288 HGB) sowie bei den Prüfungs- (§ 316 HGB) und Offenlegungspflichten (§ 325 Abs. 2 HGB). Demnach werden die Kapitalgesellschaften in kleine, mittlere und große Gesellschaften unterteilt. Die Kriterien, nach denen die Unternehmensgrößenklassen unterschieden werden, sind dabei die Bilanzsumme, der Umsatz sowie die Anzahl der Arbeitnehmer. Die Zugehörigkeit einer Kapitalgesellschaft zu einer der drei Klassen bestimmt sich danach, ob die Gesellschaft an zwei aufeinanderfolgenden Abschlussstichtagen mindestens zwei der drei nachfolgenden Grenzwerte überschreitet bzw. nicht überschreitet.

Kriterien / Kapitalgesellschaft	Bilanzsumme in Mio. EUR	Umsatz in Mio. EUR	Arbeitnehmer
kleine	$\leq$ 3,438	$\leq$ 6,875	$\leq$ 50
mittlere	$\leq$ 13,75	$\leq$ 27,50	$\leq$ 250
große	$>$ 13,75	$>$ 27,50	$>$ 250

Börsennotierte Gesellschaften

Nach § 267 Abs. 3 Satz 2 HGB gilt allerdings eine Kapitalgesellschaft »stets als große, wenn Aktien oder andere von ihr ausgegebene Wertpapiere an einer Börse in einem Mitgliedstaat der Europäischen Wirtschaftsgemeinschaft zum amtlichen Handel zugelassen oder in den geregelten Freiverkehr einbezogen sind oder die Zulassung zum amtlichen Handel beantragt ist«. Dieser Kreis wird durch das KapCoRiLiG erweitert, indem sich diese Vorschrift künftig auf »einen organisierten Markt i. S. d. § 2 Abs. 5 des Wertpapierhandelsgesetzes« bezieht und lediglich die Ausgabe von Wertpapieren i. S. d. § 2 Abs. 1 Satz 1 des Wertpapierhandelsgesetzes voraussetzt, was z. B. auch Schuldverschreibungen einschließt.

Gliederung, Ausweis, Bewertung

Im Gegensatz zu Einzelkaufleuten und Personengesellschaften haben Kapitalgesellschaften ihre Bilanz und ihre GuV-Rechnung nach bestimmten Vorschriften zu gliedern und darüber hinaus in ihnen zusätzliche Positionen auszuweisen (§§ 265-278 HGB). Des Weiteren unterliegen Kapitalgesellschaften Bewertungsvorschriften, die über die §§ 252-256 HGB hinausgehen und sogar Bestimmungen dieser Paragraphen zum Zwecke einer strikteren Regelung der Bilanzierung bei Kapitalgesellschaften wieder aufheben. So verhindert z. B. § 279 Abs. 1 HGB, wie bereits erwähnt, für Kapitalgesellschaften die Anwendung des § 253 Abs. 4 HGB, der es dem Kaufmann gesetzlich gestattet, im Rahmen vernünftiger kaufmännischer Beurteilung Vermögensgegenstände durch Abschreibungen unterzubewerten und dadurch stille Reserven zu bilden.

Anhang, Lagebericht

Da der Anhang lediglich bei Kapitalgesellschaften Pflichtbestandteil des Jahresabschlusses ist, werden erst in dem für Kapitalgesellschaften spezifischen Gesetzesteil, nämlich in den §§ 284-288 HGB des zweiten Abschnittes, dessen Inhalt und die mit ihm verbundenen Angabe- und Erläuterungspflichten erklärt. Neben dem Jahresabschluss haben große und mittlere Kapitalgesellschaften am Ende eines jeden Geschäftsjahres einen Lagebericht aufzustellen (§ 264 Abs. 1 HGB), in dem die Geschäftssituation und die voraussichtliche zukünftige Entwicklung der Gesellschaft darzustellen ist (§ 289 HGB).

Prüfungs- und Offenlegungspflicht

Wegen ihrer großen wirtschaftlichen Außenwirkung, besonders aber aufgrund der bei Kapitalgesellschaften besonders häufigen Trennung zwischen Eigentümern des Unternehmens und dessen Geschäftsführungsorganen, sind die Kapitalgesellschaften mit Ausnahme der kleinen Gesellschaften verpflichtet, ihre externe Rechnungslegung, die quasi auch als Rechenschaftslegung der Geschäftsführung gegenüber externen Partizipantengruppen betrachtet werden kann, prüfen zu lassen (§ 316 HGB). Die Prüfung erstreckt sich auf den Jahresabschluss (Konzernabschluss) und den Lagebericht (Konzernlagebericht) und ist von einer zur Prüfung berechtigten Person durchzuführen (Wirtschaftsprüfer, vereidigter Buchprüfer), die die Ordnungsmäßigkeit der Rechnungslegung nach Gesetz und Satzung durch einen sog. Bestätigungsvermerk im Jahresabschluss testiert (§ 322 HGB). Die Feststellung des Jahres- bzw. Konzernabschlusses kann erst nach erfolgter Prüfung erfolgen (§ 316 Abs. 1 und 2 HGB). Um den externen Interessenten des Unternehmens den Jahresabschluss zur Befriedigung ihres Informationsbedürfnisses zugänglich zu machen, ist jede Kapitalgesellschaft verpflichtet, den gesamten Jahresabschluss bzw. bestimmte Teile daraus innerhalb einer bestimmten Frist zu veröffentlichen (§ 325 HGB). Der Umfang der sog. Offenlegungspflicht und der Ort der Veröffentlichung (Handelsregister bzw. Bundesanzeiger) ist dabei abhängig von der Größenklasse, der die jeweilige Gesellschaft angehört (§§ 325 bzw. 327 HGB).

Vorschriften für Großunternehmen

Großunternehmen haben wegen ihrer besonderen volkswirtschaftlichen Bedeutung grundsätzlich unabhängig von der Rechtsform bezüglich ihrer Rechnungslegung die Vorschriften des Publizitätsgesetzes zu beachten. Gemäß § 1 PublG fallen unter den Geltungsbereich dieses Gesetzes alle Unternehmen, die an drei aufeinanderfolgenden Abschlussstichtagen jeweils mindestens zwei der drei nachstehenden Merkmale erfüllen:

Kriterien / PublG	Bilanzsumme in Mio. EUR	Umsatz in Mio. EUR	Arbeitnehmer
Großunternehmen	> 65	> 130	> 5000

Solche Unternehmen haben nach § 5 PublG, auch wenn es sich hierbei um Einzelkaufleute oder Personengesellschaften handelt, den Jahresabschluss bezüglich der Gliederung und der erweiterten Ausweisvorschriften wie eine große Kapitalgesellschaft zu erstellen (d. h., die §§ 265-278 HGB finden entsprechend Anwendung). Bezüglich der Bewertung sind die Bestimmungen für Kapitalgesell-schaften nur begrenzt anwendbar. Gemäß § 5 Abs. 2 PublG haben diese großen Unternehmen, soweit es sich nicht um ein Einzelunternehmen bzw. eine Personengesellschaft handelt, einen Anhang (§§ 284 ff. HGB) sowie einen Lagebericht zu erstellen (§ 289 HGB). Darüber hinaus bestimmen die §§ 6, 9 PublG, dass der Jahresabschluss und bei Nicht-Personengesellschaften auch der Lagebericht in Anlehnung an die §§ 316 ff. bzw. 325 ff. HGB zu prüfen und offen zu legen ist.

Anzumerken ist noch die Tatsache, dass die Generalnorm des § 264 Abs. 2 HGB für Unternehmen des PublG, die keine Kapitalgesellschaften sind, keine

Gültigkeit besitzt. An ihre Stelle tritt die weitergefasste, aber bezüglich ihrer Aussage identische Norm des § 243 HGB des ersten Abschnittes des dritten Buches des HGB, nach der der Jahresabschluss lediglich den Grundsätzen ordnungsmäßiger Buchführung zu entsprechen hat (vgl. § 5 Abs. 1 PublG).

Vorschriften für Genossenschaften

Auch für den Jahresabschluss von Genossenschaften sind neben den Vorschriften des ersten auch jene des zweiten Abschnittes des dritten Buches des HGB maßgeblich. Ausnahmen von dieser Regel ergeben sich aus dem dritten Abschnitt des dritten Buches des HGB, in dem ergänzende genossenschaftsspezifische Vorschriften verankert wurden. Dies sind zum einen einige wenige in § 336 Abs. 2 HGB explizit ausgeschlossene Bewertungsvorschriften (§§ 279, 280, 282 HGB) sowie zum anderen die Übernahme der für alle Kaufleute gültigen Generalnorm des § 243 Abs. 1 HGB anstatt der für Kapitalgesellschaften spezifischen Formulierung des § 264 Abs. 2 HGB (vgl. § 336 Abs. 2 HGB). Weitere Abweichungen bestehen in bestimmten Änderungen und Ergänzungen insbesondere im Bereich des Eigenkapitals (§ 337 HGB). Auch Genossenschaften sind verpflichtet, ihre Abschlüsse prüfen zu lassen (§ 53 GenG) und offen zu legen (§ 339 HGB).

Der vierte Abschnitt des dritten Buches des HGB umfasst ergänzende Vorschriften für Unternehmen bestimmter Geschäftszweige.

Vorschriften für Kreditinstitute

Der erste Unterabschnitt (§§ 340-340o HGB) enthält spezielle Rechnungslegungsvorschriften für Kreditinstitute. Er wurde durch das Gesetz zur Durchführung der Richtlinie des Rates der Europäischen Gemeinschaften über den Jahresabschluss und den konsolidierten Abschluss von Banken und anderen Finanzinstituten (»Bankbilanzrichtlinie-Gesetz«) vom 30.11.1990 neu eingefügt und regelt unabhängig von der jeweiligen Rechtsform des Kreditinstituts die Rechnungslegungsvorschriften umfassend. Danach haben Kreditinstitute für ihren Jahresabschluss und Anhang grundsätzlich die Vorschriften für große Kapitalgesellschaften zu beachten, sofern im vierten Abschnitt nichts anderes bestimmt ist (§ 340a HGB). Auch hinsichtlich des Konzernabschlusses bzw. des Konzernlageberichts sind bei Ermangelung anderslautender Regelungen die entsprechenden Vorschriften des zweiten Abschnitts des dritten Buches zu beachten (§ 340i HGB).

Vorschriften für Versicherungsunternehmen

Der zweite Unterabschnitt (§§ 341-341o HGB) beinhaltet ergänzende Regelungen für Versicherungsunternehmen. Durch das Gesetz zur Durchführung der Richtlinie des Rates der Europäischen Gemeinschaften über den Jahresabschluss und den konsolidierten Abschluss von Versicherungsunternehmen (»Versicherungsbilanzrichtlinie-Gesetz«) vom 26.06.1994 werden Versicherungsunternehmen rechtsformunabhängig zur Aufstellung eines Jahresabschlusses und Lageberichts bzw. zur Aufstellung eines Konzernabschlusses und Konzernlageberichts mit den entsprechenden Prüfungs- und Offenlegungserfordernissen verpflichtet. Die von den allgemeinen Vorschriften für Kapitalgesellschaften abweichenden Regelungen ergeben sich neben dem zweiten Unterabschnitt insbesondere aus der Verordnung über die Rechnungslegung von Versicherungsunternehmen (RechVersV) und Art. 32 EGHGB.

Einen Überblick über die für den Jahresabschluss relevanten Regelungsbereiche der wichtigsten Unternehmensrechtsformen gibt Tabelle 1.2.

		Buchführung	Inventur	Bestandteile des JA Aufstellungspflicht eines Lageberichts	Bewertung im JA
Einzelkaufleute, Personengesellschaften (die nicht unter das PublG fallen)		Konkrete Regelungen in §§ 238, 239; weitere Bestimmungen ergeben sich aus den GoB.	Vorgeschrieben (§ 240 (1), (2)); Inventurverfahren bestimmen sich nach GoB; ausdrücklich im Gesetz zugelassen sind (§ 241) • Stichprobeninventur • vor- bzw. nachverlagerte Stichtagsinventur • permanente Inventur.	JA besteht aus • Bilanz • GuV. Ein Lagebericht ist nicht zu erstellen (§ 242 (3)).	AV und UV höchstens zu AK bzw. HK, niedrigerer Wertansatz im Rahmen kaufmännischer Beurteilungen zulässig (§ 253 (4), Möglichkeiten der Abschreibung (§§ 253 (2), (3) und 254), Bewertungsvereinfachungsverfahren (§§ 240 (3), (4) und 256), Passiva werden zu Sonderwerten bewertet (§ 253 (1)). Grundsätzlich sind die Bewertungsgrundsätze des § 252 und die GoB zu beachten.
Kapitalgesellschaften	Große	wie EKL und PG (§ 264 (2)).	wie EKL und PG (§ 264 (2)).	JA besteht aus • Bilanz • GuV • Anhang. Ein Lagebericht ist zu erstellen (§ 264 (1)).	wie EKL und PG, jedoch: niedrigerer Wert nach kfm. Beurteilung nicht zulässig (§ 279 (1)), Wertaufholungsgebot (§ 280), Einschränkungen bei steuerlichen Sonderabschreibungen (§ 279 (2)) und der Anwendung des gemilderten Niederstwertprinzipes (§ 279 (1)).
	Mittlere	wie große KapG	wie große KapG	wie große KapG	wie große KapG
	Kleine	wie große KapG	wie große KapG	wie große KapG Ausnahme: Ein Lagebericht muß nicht erstellt werden (§ 264 (1)).	wie große KapG
Genossenschaften		wie EKL und PG (§§ 17 (2) i.V.m. 33 (1) GenG).	wie EKL und PG (§ 264 (2)).	wie große KapG (§ 336 (1)).	wie KapG, mit Ausnahme von: • § 279 • § 280 (§ 336 (2)).
Unternehmen, die unter das PublG fallen		wie EKL und PG	wie EKL und PG	Nicht-PG haben • Bilanz • GuV • Anhang • Lagebericht zu erstellen. Bei EKL und PG beschränkt sich die Erstellung auf • Bilanz • GuV (§ 5 (1), (2) PublG).	wie KapG, Nicht-KapG, jedoch mit Ausnahme von: • § 264 • § 279 • § 280 • § 283 (§ 5 (1) PublG).

Anmerkungen:

AK=Anschaffungskosten AR=Aufsichtsrat BAZ=Bundesanzeiger EKL=Einzelkaufleute HK=Herstellungskosten

AN=Arbeitnehmerzahl AV=Anlagevermögen BS=Bilanzsumme HR=Handelsregister JA=Jahresabschluss

Gliederung des JA	Umfang des Anhangs	Prüfungspflicht und Prüfungsumfang	Offenlegungspflicht und Umfang der Offenlegung	Konzernabschluss Konzernlagebericht
Gliederung bestimmt sich nach GoB.	Es besteht keine Verpflichtung zur Erstellung eines Anhangs (§ 242 (3)).	Es besteht keine Prüfungspflicht (§ 316 (1)).	Es besteht keine Offenlegungspflicht (§ 325 (1)).	Keine Pflicht zur Erstellung eines Konzernabschlusses.
Detaillierte Gliederung nach dem Schema in § 266 (2), (§ 266 (1)).	Angabe und Erläuterungspflichten ergeben sich aus §§ 284-287.	Pflicht zur Prüfung des JA und des Lageberichts (§ 316 (1)).	Bekanntgabe von JA, Lagebericht, Bericht des AR, Vorschlag bzw. Beschluß zur Ergebnisverwendung. Einreichung der Bekanntgabe und der obigen Unterlagen im HR (§ 325 (2)).	Aufstellung eines Konzernabschlusses und Lageberichts ist verpflichtend, wenn Tatbestände des § 290 vorliegen. Ausnahmeregelungen §§ 291, 293.
wie große KapG	wie große KapG mit Ausnahme von § 285 Nr. 4, (§ 288 Satz 2).	wie große KapG (§ 316 (1)).	Einreichen von JA (beschränkte Bilanzgliederung § 327), Lagebericht, Bericht des AR, Vorschlag bzw. Beschluß zur Ergebnisverwendung im HR. Bekanntgabe im BAZ.	wie große KapG
wie große KapG, jedoch verkürzte Gliederung nach § 266 (2), (§ 266 (1)).	wie große KapG mit Ausnahme § 285 Nr. 2-8a, 9a, b, 12, (§ 288 Satz 1), § 274a, § 276.	Es besteht keine Prüfungspflicht (§ 316 (1)).	Einreichen von Bilanz und Anhang, Vorschlag bzw. Beschluß über Ergebnisverwendung im HR. Bekanntgabe im BAZ (§ 326).	wie große KapG
wie KapG (§ 336 (2)).	wie KapG mit Ausnahme von § 285 Nr. 5, 6 sowie genossenschaftsspezifischer Zusatzangaben (§ 336 (2)).	Pflicht zur 2-jährigen Prüfung des JA und des Lageberichts. Falls Bilanzsumme > 2 Mio. jährl. Prüfung (§ 53 (1) GenG).	Einreichen von JA, Lagebericht und Bericht des AR im Genossenschaftsregister (§ 339 (1)). Bekanntmachung bei großen Genossenschaften (§ 339 (2)). Größenabhängige Erleichterungen bei KapG gelten entsprechend (§ 339 (3)).	Aufstellungspflicht besteht nur, wenn Genossenschaft unter PublG fällt.
wie große KapG (§ 5 (1) PublG).	Nur Nicht-PG haben einen Anhang nach §§ 284 ff. zu erstellen. Angabepflicht nach § 285 Nr. 6 entfällt (§ 5 (2) PublG).	Pflicht zur Prüfung des JA und, falls vorhanden, des Lageberichts (§ 6 (1) PublG).	wie große KapG (§ 9 (1) PublG), Erleichterungen für PG und EKL (§ 9 (2) PublG).	Aufstellung eines Konzernabschlusses und Lageberichts ist verpflichtend, wenn Konzern-Größenkriterien des § 11 PublG und der Tatbestand der einheitlichen Leitung erfüllt sind (§§ 13-15 PublG).

KapG=Kapitalgesellschaften US=Umsatz

PG=Personengesellschaften UV=Umlaufvermögen

Die Paragraphen ohne explizite Gesetzesangabe beziehen sich auf das HGB. In Klammern gesetzte §§ sind Fundstellen.

Tab. 1.2: Handelsrechtliche Bilanzierungsvorschriften

Ablauf von Aufstellung, Prüfung, Feststellung und Publikation des Jahresabschlusses

Der Ablauf der Jahresabschlusserstellung ist für Kapitalgesellschaften (§§ 264 ff. HGB), Genossenschaften (§§ 33 Abs. 2, 53 GenG), Großunternehmen (§§ 5 ff. PublG) und Unternehmen bestimmter Wirtschaftszweige (z. B. Kreditinstitute und gemeinnützige Wohnungsbauunternehmen) gesetzlich geregelt, wobei die betreffenden Vorschriften je nach der Zielsetzung des Gesetzgebers und den Besonderheiten der betroffenen Unternehmen voneinander abweichen. Abbildung 1.3 stellt den Ablauf zusammenfassend dar.

2. Bestimmungen im Steuerrecht

Steuerrechtliche Bilanzierungsvorschriften

Auch das Steuerrecht beinhaltet gesetzliche Vorschriften über die Rechnungslegung von Unternehmen. So regeln z. B. die §§ 140 ff. AO die Verpflichtung zur Führung von Büchern. Gemäß § 140 AO unterliegen all jene Personen der steuerrechtlichen Buchführungspflicht, die nach anderen Gesetzen als den Steuergesetzen Bücher zu führen haben. Dies ist im Wesentlichen der bereits beschriebene Kreis der Kaufleute. Da für die Zwecke der Besteuerung eindeutig feststellbar sein muss, wer buchführungspflichtig ist und wer nicht, nennt § 141 AO einige leicht bestimmbare Grenzen, bei deren Überschreitung eine steuerliche, von der Kaufmannseigenschaft unabhängige Buchführungspflicht gegeben ist. Buchführungspflichtig nach § 141 AO sind Gewerbetreibende und Land- und Forstwirte, die

- einen Gesamtumsatz von mehr als 260.000 EUR im Kalenderjahr oder
- selbstbewirtschaftete land- und forstwirtschaftliche Flächen mit einem Wirtschaftswert von mehr als 20.500 EUR oder
- einen Gewinn aus Gewerbebetrieb von mehr als 25.000 EUR im Wirtschaftsjahr oder
- einen Gewinn aus Land- und Forstwirtschaft von mehr als 25.000 EUR im Kalenderjahr haben.

Für die Personen, die nach den §§ 140 und 141 AO buchführungspflichtig sind, bestimmt § 5 Abs. 1 EStG, dass diese eine jährliche Steuerbilanz zu erstellen haben, die, falls nicht steuerliche Bestimmungen etwas anderes vorschreiben, nach den Grundsätzen ordnungsmäßiger Buchführung, d. h. den Regelungen des Handelsrechts, aufzustellen sind. Die wesentlichen für die Steuerbilanz spezifischen Vorschriften über die Bilanzierung und Bewertung des Unternehmensvermögens finden sich in den §§ 4-7k EStG sowie in steuerlichen Spezialgesetzen (z. B. Körperschaftsteuergesetz, Gewerbesteuergesetz). Auf die jeweils relevanten steuerrechtlichen Vorschriften wird an entsprechender Stelle der folgenden Kapitel eingegangen.

1. Die gesetzlichen Vertreter stellen innerhalb von 3 Monaten nach Bilanzstichtag Jahresabschluss und Lagebericht auf (§ 264 Abs. 1 HGB). Kleinen Kapitalgesellschaften steht ein Zeitraum von 6 Monaten zur Verfügung.
2. Unverzügliche Übermittlung des erstellten Jahresabschlusses und Lageberichts durch die gesetzlichen Vertreter an den Abschlussprüfer (§ 320 Abs. 1 HGB), soweit nicht Befreiung von der Prüfungspflicht, da kleine Kapitalgesellschaft (§ 316 Abs. 1 HGB).
3. Abschlussprüfer prüft gemäß § 317 Abs. 1 HGB und erstellt Prüfungsbericht (§ 321 HGB).
4. Sind Einwände gegeben?
5. Bestätigungsvermerk wird eingeschränkt oder verweigert (§ 322 Abs. 3 HGB).
6. Bestätigung wird erteilt (§ 322 Abs. 1 und 2 HGB).
7. Abschlussprüfer legt den gesetzlichen Vertretern den Prüfungsbericht (mit Bestätigungsvermerk) vor (§ 321 Abs. 3, § 322 Abs. 4 Satz 2 HGB).
8. Ändern die gesetzlichen Vertreter den Jahresabschluss (§ 316 Abs. 3 HGB)?
9. Übermittlung an Abschlussprüfer zur Prüfung, soweit es die Änderung erfordert (§ 316 Abs. 3 HGB).
10. Besteht ein Aufsichtsrat?
11. Vorlage von Jahresabschluss, Lagebericht und Prüfungsbericht an den Aufsichtsrat (§ 42a Abs. 1 Satz 3 GmbHG).
12. Vorlage von Jahresabschluss, Lage- und Prüfungsbericht (falls Nr. 11, auch den des Aufsichtsrates) an die Gesellschafter zur Feststellung und Beschluss über die Ergebnisverwendung innerhalb der ersten 8 Monate des Geschäftsjahres (§ 42a Abs. 1 und 2 GmbHG).
13. Weicht der festgestellte Jahresabschluss und Lagebericht vom geprüften Jahresabschluss und Lagebericht ab?
14. Abschlussprüfer prüft die Unterlagen erneut, soweit es die Änderung erfordert (§ 316 Abs. 3 HGB).
15. Jahresabschluss, Lage- und Prüfungsbericht werden dem AR zur Prüfung vorgelegt; dessen Bericht mit evtl. Billigung ist dem Vorstand innerhalb von höchstens 2 Monaten zuzuleiten (§§ 170, 171 AktG).
16. Billigt AR den Jahresabschluss?
17. Soll die HV den Jahresabschluss feststellen (§ 173 Abs. 1 AktG)?
18. Jahresabschluss ist festgestellt (§ 172 AktG).
19. Der Vorstand beruft die HV mit einer Ladungsfrist von mindestens 1 Monat innerhalb der ersten 8 Monate nach Bilanzstichtag ein (§ 175 Abs. 1, § 123 AktG).
20. HV nimmt den festgestellten Jahresabschluss entgegen und beschließt die Verwendung des Bilanzgewinns (§ 174 AktG).
21. Die gesetzlichen Vertreter reichen den Jahresabschluss mit dem Bestätigungsvermerk oder dem Vermerk über seine Versagung spätestens vor Ablauf des zwölften Monats nach Bilanzstichtag mit dem Lagebericht, dem Bericht des Aufsichtsrates und dem Beschluß oder Vorschlag über die Ergebnisverwendung beim Handelsregister ein (§ 325 Abs. 1 Satz 1 HGB).
Große Kapitalgesellschaften müssen zuvor die Unterlagen im Bundesanzeiger bekanntmachen, kleine und mittelgroße müssen nur im BA bekanntgeben, bei welchem HR und unter welcher Nummer die Unterlagen eingereicht wurden (§ 325 Abs. 2 und 1 HGB).
22. HV stellt Jahresabschluss fest und beschließt Gewinnverwendung (§ 173 Abs. 1, § 174 Abs. 1 AktG).
23. Weicht der festgestellte vom geprüften Jahresabschluss ab?
24. Prüft der Abschlussprüfer innerhalb von 2 Wochen nach Feststellung den Jahresabschluss und erteilt uneingeschränkten Bestätigungsvermerk (§ 173 Abs. 3, § 316 Abs. 3 AktG)?
25. Feststellungs- und Gewinnverwendungsbeschluß sind nichtig, eine erneute Feststellung ist nötig (§ 173 Abs. 3 AktG).

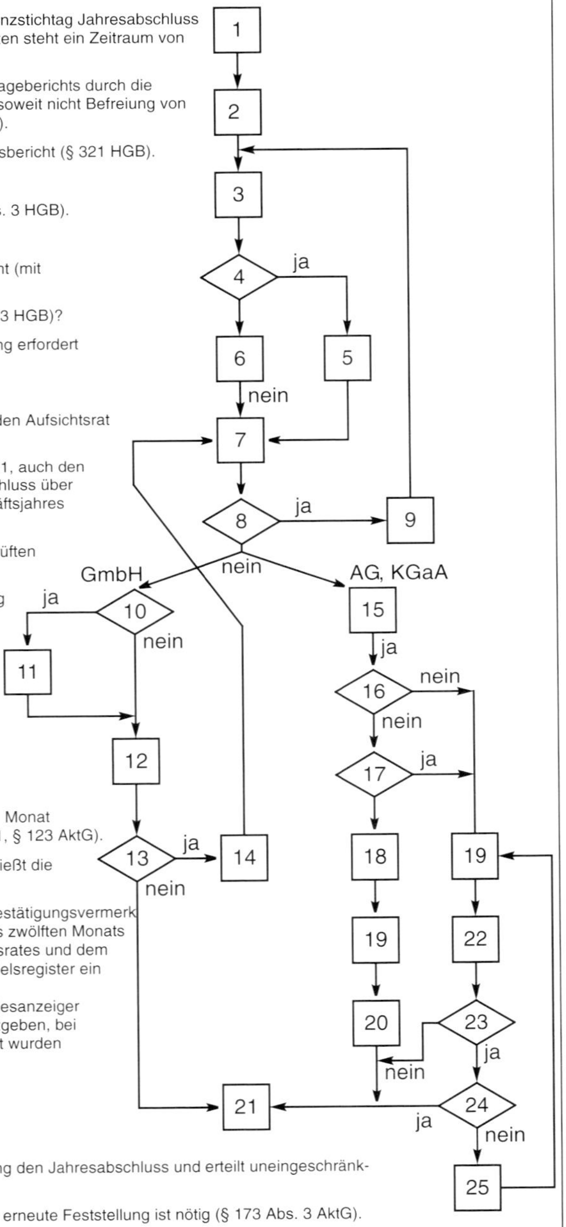

Abb. 1.3: Ablaufschema zur Jahresabschlussfeststellung von Kapitalgesellschaften nach HGB

3. Grundsätze ordnungsmäßiger Buchführung

Neben den in Gesetzbüchern kodifizierten Rechtsvorschriften für den Jahresabschluss existieren weitere Normen, die sog. Grundsätze ordnungsmäßiger Buchführung (GoB), die zwar zum Teil nachträglich im HGB schriftlich niedergelegt wurden, ursprünglich jedoch als nicht kodifizierte Vorschriften entstanden sind.

a) Charakterisierung der Grundsätze ordnungsmäßiger Buchführung

Unter den Grundsätzen ordnungsmäßiger Buchführung (GoB) versteht man allgemein anerkannte Regeln über die Führung der Handelsbücher (Dokumentation) sowie die Erstellung des Jahresabschlusses (Rechenschaftslegung) von Unternehmen.

Durch die Erwähnung der GoB im Gesetz (vgl. z. B. §§ 243 Abs. 1 und 264 Abs. 2 HGB, § 5 Abs. 1 EStG) stellen diese zwingende Rechtssätze dar, die das schriftlich fixierte Gesetz ergänzen und überall dort greifen, wo Gesetzeslücken auftreten bzw. wo spezifische Gesetzesvorschriften einer Auslegung bedürfen.

GoB als unbestimmter Rechtsbegriff

Obwohl der Begriff »Grundsätze ordnungsmäßiger Buchführung« vom Gesetzgeber mehrfach gebraucht wird, wird er jedoch nirgendwo definiert. Vom rechtswissenschaftlichen Standpunkt aus betrachtet handelt es sich bei den »Grundsätzen ordnungsmäßiger Buchführung« um einen unbestimmten Rechtsbegriff, der im Zusammenwirken von Rechtsprechung, fachkundigen Praktikern und Vertretern der Betriebswirtschaftslehre konkretisiert wird. Durch den gesetzlichen Verweis auf die GoB vermied der Gesetzgeber die Kodifizierung einer Vielzahl von ausführlichen und konkreten Einzelregelungen und trug somit zu einer höheren Praktikabilität des Gesetzes bei, übertrug dabei jedoch gleichzeitig die rechtliche Entscheidung vieler Einzelfälle auf die Rechtsprechung, die die GoB zu interpretieren hat. Darüber hinaus wird mit Hilfe des Instrumentes der GoB die Entwicklung der Rechnungslegungsvorschriften und ihre Anpassung an sich ändernde Erkenntnisse und praktische Übung nicht durch starre gesetzliche Formulierungen behindert. Durch die Unbestimmtheit des Begriffs »GoB« treten jedoch immer wieder Unsicherheiten über die den GoB entsprechende Bilanzierung auf. Aus diesem Grunde wurde auch durch den Gesetzgeber versucht, im Laufe der Zeit den vagen Verweis auf die GoB durch präzisere Vorschriften zu ersetzen.

Induktive bzw. deduktive Methode zur Ermittlung der GoB

Für die Ermittlung der GoB unterscheidet man allgemein zwei Methoden. Die induktive Methode erklärt all die Handlungsweisen zu GoB, die der Buchführungs- und Bilanzierungspraxis eines ordentlichen und ehrenwerten Kaufmanns entsprechen. Da sich der »ordentliche Kaufmann« generell nicht bestimmen lässt und ein empirisch-statistisches Vorgehen, das bei Anwendung der induktiven Methode nötig wäre, nicht als sinnvoll erachtet wird, spricht sich die herrschende Meinung für die Ermittlung der GoB nach der deduktiven Methode aus. Hiernach sind die GoB aus dem Zweck des Jahresabschlusses abzuleiten.

Obwohl die GoB sowohl bei der praktischen Buchführung und Bilanzierung als auch bei der Rechtsanwendung als ergänzende Rechtsnormen zwingend heranzuziehen sind, ist es aufgrund innerhalb dieser Grundsätze bestehender zahlreicher Interdependenzen und Überschneidungen trotz einer großen Anzahl von Versuchen letztendlich nicht gelungen, diese Grundsätze verbindlich zu systematisieren. Der anerkannteste Versuch einer Systematisierung der GoB wurde von Leffson unternommen. Leffson, U. [1987], S. 157 ff.) entwickelt aus den Aufgaben von Buchführung und Abschluss ein System grundsätzlicher Forderungen, die er als »obere Grundsätze ordnungsmäßiger Buchführung« bezeichnet. Diese oberen Grundsätze enthalten nur allgemeine Formulierungen, aus denen konkrete Vorschriften zur Behandlung einzelner Geschäftsvorfälle in Buchhaltung, Inventar, Bilanz und GuV erst noch abgeleitet werden müssen. Solche konkreten Vorschriften bezeichnet Leffson als »untere Grundsätze«.

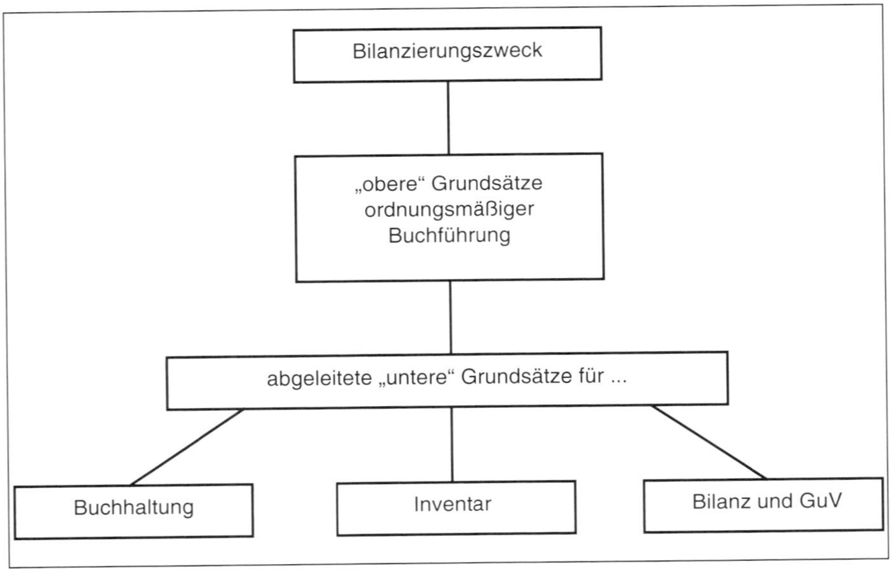

Abb. 1.4: Grundsätze ordnungsmäßiger Buchführung

Unter den oberen Grundsätzen versteht Leffson die Grundsätze der Richtigkeit und Willkürfreiheit, Klarheit, Vollständigkeit (sog. Rahmengrundsätze), die Abgrenzungsgrundsätze sowie die Grundsätze der Stetigkeit und Vorsicht (sog. ergänzende Grundsätze). Sie sind ein Beitrag der Betriebswirtschaftslehre zur sachgerechten Klärung des unbestimmten Rechtsbegriffs »Grundsätze ordnungsmäßiger Buchführung« und entsprechen weitestgehend dem gegenwärtigen Stand der Rechtsprechung. Im Folgenden werden diese oberen Grundsätze näher beschrieben. Die daraus abgeleiteten unteren Grundsätze finden dagegen bei der Behandlung der einzelnen Positionen von Bilanz und GuV Berücksichtigung.

(1) Richtigkeit und Willkürfreiheit

Übereinstimmung mit den Tatsachen

Der Grundsatz der Richtigkeit fordert, dass der Abschluss aus Aufzeichnungen abgeleitet wird, die die betrieblichen Vorgänge im Sinne der Buchführungsvorschriften zutreffend wiedergeben. Die einzelnen Positionen müssen den Tatbeständen entsprechend bezeichnet und die Werte nach den sonstigen Grundsätzen ordnungsmäßiger Bilanzierung ermittelt worden sein. Hierbei zeigt sich die Interdependenz der GoB deutlich, denn die Richtigkeit eines Wertes kann nicht allgemein, sondern nur unter Zuhilfenahme anderer Normen (hier vor allem Abgrenzungsgrundsätze) beurteilt werden. Da Buchführung und Jahresabschluss der Rechenschaftslegung dienen, muss die Übereinstimmung zwischen ihren Aussagen und den zugrunde liegenden Sachverhalten objektiv, d. h. auch von anderen Personen feststellbar sein. Soweit Schätzwerte verwendet werden müssen, sollte immerhin sichtbar sein, dass sie innerhalb objektiv bestimmbarer sachbezogener Grenzen liegen. Darüber hinaus verlangt der Grundsatz der Willkürfreiheit vom Bilanzierenden, dass bei Schätzungen diejenigen Annahmen zugrunde gelegt werden, die nach seiner persönlichen Überzeugung am wahrscheinlichsten sind, und dass Bilanzmanipulationen unterbleiben.

(2) Klarheit

Keine missverständlichen Tatsachen

Der Grundsatz der Klarheit bezieht sich auf die Qualität der äußeren Gestaltung, also die Form der Aufzeichnungen in der Buchführung sowie im Jahresabschluss. Er verlangt, die einzelnen Geschäftsvorfälle, Bilanzpositionen und Erfolgsbestandteile der Art nach eindeutig zu bezeichnen und so zu ordnen, dass die Bücher und Abschlüsse verständlich und übersichtlich sind. Verständlichkeit bedeutet, dass jemand, der mit Buchführung und Abschluss vertraut ist, das Zahlenmaterial nachprüfen kann und durch die Darstellung nicht irregeführt wird. Die Forderung nach Klarheit betrifft insbesondere die Gliederung der Bilanz und der GuV. Sie darf nicht mit der Forderung nach Richtigkeit verwechselt werden. Wenn z. B. ein Wertpapier in der Bilanz als Kassenbestand ausgewiesen wird, so genügt dies zwar der Forderung nach Klarheit, ist aber nicht richtig. Andererseits wird der Ausweis dieses Wertpapiers unter einer zusammengefassten Position Wertpapiere und Kassenbestand zwar dem Grundsatz der Richtigkeit genügen, aber nicht dem Grundsatz der Klarheit, denn unter diesen Umständen ist nicht mehr ersichtlich, über welchen Kassenbestand und über welchen Bestand an Wertpapieren das Unternehmen verfügt.

Einzelbewertung, Saldierungsverbot

Wesentliche aus dem Grundsatz der Klarheit abgeleitete Prinzipien sind das Prinzip der Einzelbewertung (Vermögensgegenstände und Schulden sind bei Bilanzerstellung einzeln zu erfassen und zu bewerten) und das Saldierungsverbot (Aktiv- und Passivposten sowie Aufwendungen und Erträge dürfen nicht gegeneinander verrechnet werden).

(3) Vollständigkeit

Alle relevanten Fakten berücksichtigen

Vollständigkeit bedeutet, dass alle buchungspflichtigen Geschäftsvorfälle erfasst werden. Buchungspflichtig sind alle eingetretenen Vermögensänderungen (Wertsteigerungen und Wertminderungen), d. h. alle Änderungen im Wert oder Bestand der betrieblichen Sachen, Rechte und Verpflichtungen. Darüber hinaus müssen alle vorliegenden Informationen über die Sachverhalte, die den Buchungen zugrunde liegen, Berücksichtigung finden. Aus dem Grundsatz der Vollständigkeit leitet sich die Pflicht zur Durchführung einer Inventur und zur Aufstellung des Inventars ab. Der Grundsatz der Vollständigkeit bezieht sich aber nicht nur auf die buchungspflichtigen Vorfälle, sondern auch auf etwa bestehende Risiken, die noch keinen Niederschlag in der Buchhaltung gefunden haben. Je nach Beurteilung dieser Risiken kann die Bildung von Rückstellungen in der Bilanz erforderlich werden.

Spätere bessere Erkenntnis – neue Ereignisse

Nach dem Grundsatz der Vollständigkeit sind sämtliche betrieblich genutzten Vermögensgegenstände in der Bilanz zu erfassen. Ferner müssen alle Informationen über Vorgänge vor dem Bilanzstichtag berücksichtigt werden, die nach dem Bilanzstichtag, aber vor der Aufstellung des Jahresabschlusses bekannt werden. Hier geht es um Fälle, in denen unvollständige Kenntnisse über die Werte von Bilanzobjekten am Abschlussstichtag durch Informationen vervollständigt werden, die man erst im neuen Geschäftsjahr erhalten hat. Grundsätzlich nicht berücksichtigt werden dürfen dagegen solche Ereignisse, die erst nach dem Bilanzstichtag eingetreten sind und die aufgrund der Sachlage am Abschlussstichtag nicht zu erwarten waren und deshalb nicht in die Bilanz aufgenommen wurden.

Formelle Bilanzkontinuität (Bilanzzusammenhang, Bilanzidentität)

Aus dem Grundsatz der Vollständigkeit folgt auch die Forderung nach formeller Bilanzkontinuität (auch Bilanzzusammenhang bzw. Bilanzidentität genannt), nach der die Anfangsbilanz einer Periode mit der Schlussbilanz der vorausgegangenen Periode identisch sein muss, denn nur dann ist gewährleistet, dass die Periodenabschlüsse tatsächlich alle während einer Periode, aber auch alle während der Lebensdauer des Unternehmens (Totalperiode) eingetretenen Vermögensänderungen erfassen.

(4) Abgrenzungsgrundsätze

Periodisierung von Vermögensveränderungen

Der Grundsatz der Vollständigkeit bestimmt, dass alle Wertänderungen in der Buchführung erfasst werden. Die Abgrenzungsgrundsätze legen darauf aufbauend fest, welcher Periode die Vermögensänderungen zuzurechnen sind und unter welchen Umständen einer bestimmten Periode künftige einzelgeschäftliche Verluste zugerechnet werden. Durch die Zurechnung der einzelnen Vermögensänderungen auf bestimmte Rechnungsperioden legen die Abgrenzungsgrundsätze fest, was als Aufwand und Ertrag einer Periode gilt, und bestimmen so den Periodenerfolg.

Unter dem Oberbegriff »Abgrenzungsgrundsätze« werden folgende vier Prinzipien zusammengefasst:

- das Realisationsprinzip
- der Grundsatz der sachlichen Abgrenzung
- der Grundsatz der zeitlichen Abgrenzung
- das Imparitätsprinzip.

Realisationsprinzip

Das Realisationsprinzip stellt den zentralen Abgrenzungsgrundsatz dar. Es umfasst zwei Aspekte: Zum einen regelt es, wann ein Erzeugnis bzw. eine Leistung des Unternehmens als »realisiert« gilt, d. h. zu welchem Zeitpunkt ein Ertrag entsteht. Zum anderen bestimmt es den Wert, mit dem die noch nicht realisierten Erzeugnisse bzw. Leistungen in der Bilanz auszuweisen sind (Anschaffungswertprinzip). Ein Erlös aus dem Verkauf von Sachgütern bzw. Dienstleistungen gilt erst zu dem Zeitpunkt als realisiert und somit in der Bilanz als ausweisfähig, wenn die Lieferung vollzogen bzw. die Dienstleistung beendet ist. Eine Lieferung gilt mit dem Zeitpunkt des Gefahrenübergangs als erbracht. Bis zu diesem Zeitpunkt sind die Unternehmenserzeugnisse nach dem Anschaffungswertprinzip, das auch im Gesetz verankert wurde (§ 253 Abs. 1 HGB), höchstens mit den Anschaffungs- bzw. Herstellungskosten zu bewerten. Durch diese Wertobergrenze wird erreicht, dass noch nicht realisierte Erträge in die Bilanz nicht aufgenommen werden.

Realisationszeitpunkt bei langfristiger Fertigung

Diese übliche Festlegung des Realisationsprinzips ist jedoch im Zusammenhang mit langfristigen Fertigungsaufträgen problematisch, da hier eine Ertragsrealisation erst nach Lieferung bzw. Abnahme und Endabrechnung des Gesamtauftrags zu einem kumulierten Ertragsausweis in der Abrechnungsperiode führt, während in den Perioden der Leistungserstellung – aufgrund des Anschaffungswertprinzips – die Aktivierung des »unfertigen« Auftrags zu Herstellungskosten, zu sog. »Auftrags-Zwischenverlusten« in Höhe der nicht aktivierungsfähigen Selbstkostenteile führen kann. In solchen Fällen werden deshalb Wege gesucht, abweichend vom strengen Realisationsprinzip eine vorzeitige (anteilige) Gewinnrealisierung anzuerkennen (vgl. 4. Kapitel B VI).

Grundsatz der sachlichen Abgrenzung

Der Grundsatz der sachlichen Abgrenzung ist sehr eng mit dem Realisationsprinzip verbunden. Er bestimmt nämlich, in welcher Abrechnungsperiode die durch die Leistungserstellung verursachten Wertminderungen als Aufwendungen das Ergebnis der Periode schmälern dürfen. Dabei spielt das Prinzip einer leistungsentsprechenden Gegenüberstellung von Aufwendungen und Erträgen eine entscheidende Rolle. Demnach müssen nach diesem Grundsatz sämtliche sachlich den Unternehmensleistungen zurechenbaren (leistungsbezogenen) Wertminderungen der Abrechnungsperiode zugerechnet werden, in der die aufwandsverursachenden Erzeugniseinheiten verkauft werden, d. h. die sachlich zuzuordnenden Erträge realisiert werden. Die Wertminderungen werden zu diesem Zweck zunächst den einzelnen Produkteinheiten zugerechnet.

Sobald die Erzeugniseinheiten verkauft sind und damit feststeht, welcher Periode ihre Erlöse zuzurechnen sind, können den periodisierten Erlösen (= Erträgen) die auf die Erzeugungseinheit verrechneten Wertminderungen als Aufwendungen zugeordnet werden. Soweit Erzeugniseinheiten aus der Produktion einer Periode am Ende der Rechnungsperiode noch nicht verkauft sind, werden sie in der Bilanz mit den auf sie verrechneten Wertminderungen zu Herstellungskosten angesetzt. Die so bilanzierte Vermögensmehrung bewirkt, dass die Wertminderungen für die gesamte Produktion einer Rechnungsperiode insoweit neutralisiert werden, als sie den nicht verkauften Einheiten zuzurechnen sind. Sobald diese Einheiten in einer späteren Periode verkauft werden, wird der Bilanzansatz entsprechend gekürzt, und die den verkauften Einheiten zugerechneten Wertminderungen schmälern den Erlös der Verkaufsperiode.

Umfang der sachlich zurechenbaren Wertminderungen/Herstellungskosten

Fraglich ist nur, welche Wertminderungen den Produkten sachlich zugeordnet werden können, d. h. wie die bilanziellen Herstellungskosten (vgl. 2. Kapitel B I 2) zu ermitteln sind. Grundsätzlich gehen in die bilanziellen Herstellungskosten nur aufwandsgleiche Kosten ein, nicht dagegen kalkulatorische Kosten wie z. B. Unternehmerlohn, Eigenkapitalzinsen oder Abschreibungsbeträge, die über die bilanziellen Abschreibungen hinausgehen. Soweit die aufwandsgleichen Kosten variablen Charakter haben, zeigt sich der sachliche Zusammenhang bereits daran, dass diese Kosten sich mit der produzierten Menge ändern. Anders bei den fixen Kosten, die zwar eindeutig einer bestimmten Rechnungsperiode zugeordnet werden können, aber auch anfallen, wenn keine einzige Erzeugniseinheit produziert wurde. Zwischen den fixen Kosten und den Erzeugnissen besteht kein unmittelbarer Zusammenhang.

Lösungsvorschläge für die Zurechnung der Fixkosten

Es ist umstritten, ob auch die fixen Kosten den Produkten einer Periode zugeordnet werden können. Das Spektrum der Lösungsvorschläge sei durch zwei Extrempositionen gekennzeichnet. Nach Ansicht von Albach (vgl. Albach, H. [1966], S. 380 ff.) besteht zwischen den Fixkosten und den Erzeugniseinheiten kein sachlicher Zusammenhang. Er fordert daher, diese Aufwendungen der Periode zuzurechnen, in der sie anfallen, d. h. ihre zeitliche Abgrenzung, weil sie sich nicht mit der Produktionsmenge ändern. Nach Leffson (Leffson, U. [1987], S. 304 ff.) ist dagegen ein sachlicher Zusammenhang gegeben, da auch die fixen Kosten letztlich aufgewendet werden, um die Produktion der Erzeugnisse zu ermöglichen. Er fordert entsprechend eine Zurechnung auf die Erzeugniseinheiten im Sinne des Durchschnittskostenprinzips (vgl. Koch, H. [1953]), indem die Kosten in Kostenstellen erfasst und anschließend nach individuellen Schlüsseln auf die Erzeugnisse verteilt werden. Die handels- und steuerrechtlich sowie nach IAS/IFRS und US-GAAP verbindlichen Lösungen dieses Problems werden im 2. Kapitel behandelt.

Grundsatz der zeitlichen Abgrenzung

Nach dem Grundsatz der zeitlichen Abgrenzung sind zum einen sämtliche streng zeitraumbezogen anfallenden Vermögensänderungen (Aufwendungen, Erträge) pro rata temporis, d. h. zeitproportional zu periodisieren. Typische Beispiele sind: Mieteinnahmen oder -ausgaben, Zinseinnahmen oder -ausgaben sowie zeitlich bedingte Abschreibungen. Diese Vermögensänderungen lassen ihrer Natur nach eine genaue Periodenabgrenzung zu, weil sie stets auf einen bestimmten Zeitraum bezogen sind. Soweit dieser Zeitraum mehrere Rechnungsperioden berührt, sind die Vermögensänderungen den betroffenen Rechnungsperioden in dem Verhältnis zuzurechnen, in welchem sich der zugrunde liegende Zeitraum auf die Rechnungsperioden verteilt. Wenn also ein Unternehmen, dessen Rechnungsperiode mit dem Kalenderjahr übereinstimmt, am 01. 07. 01 Miete für den Zeitraum vom 01.07.01 bis 30.06.02 zahlt, dann ist diese Miete zur Hälfte Aufwand des Jahres 01 und zur Hälfte Aufwand des Jahres 02. Daran ändert sich auch nichts, wenn die Zahlung nachträglich am 30.06.02 erfolgen würde. Im Anschluss an die zeitliche Abgrenzung zeitraumbezogener Wertminderung ist eine sachliche Abgrenzung vorzunehmen, wenn ein sachlicher Zusammenhang mit bestimmten Erträgen vorliegt. Darüber hinaus regelt der Grundsatz der zeitlichen Abgrenzung die Periodisierung von Vermögensänderungen, die weder streng zeitraumbezogen sind, noch, da ihnen der Leistungsbezug fehlt, sachlich bzw. nach dem Realisationsprinzip abgegrenzt werden können. Derartige Wertsteigerungen (z. B. erhaltene Schenkungen, Währungsgewinne, Sanierungsgewinne oder Verschmelzungserträge) bzw. Wertminderungen (z. B. Schenkungen an andere Personen, Währungsverluste, katastrophenbedingte Wertminderungen) werden nach dem Grundsatz der zeitlichen Abgrenzung der Periode zugerechnet, in der sie angefallen sind.

Imparitätsprinzip

Durch das Realisationsprinzip und die Grundsätze der sachlichen und zeitlichen Abgrenzung ist lückenlos festgelegt, welche Vermögensänderungen einer Periode zuzurechnen sind. Weitere Abgrenzungsvorschriften sind grundsätzlich nicht erforderlich. Basierend auf dem allgemein als GoB anerkannten Vorsichtsprinzip (siehe unten) wurde jedoch ein das Realisationsprinzip modifizierendes Prinzip, das sog. Imparitätsprinzip als Rechnungslegungsnorm eingeführt, dessen Name sich aus der unterschiedlichen Behandlung künftiger einzelgeschäftlicher Gewinne und Verluste herleitet.

Realisationsprinzip und zeitliche Abgrenzung bewirken, dass künftige einzelgeschäftliche Gewinne erst erfolgswirksam werden, wenn die zugrunde liegenden Leistungen erbracht sind bzw. der zugrunde liegende Leistungszeitraum verstrichen ist. Künftige einzelgeschäftliche Verluste, d. h. Verluste aus Geschäften, die durch den Kauf von Gütern oder den Abschluss von Verträgen eingeleitet wurden, aber noch nicht realisiert sind, würden ohne das Imparitätsprinzip ebenfalls erst mit Leistungserbringung bzw. mit Ablauf des Leistungszeitraums erfolgswirksam. In solchen Fällen verlangt das Imparitätsprinzip als Ausnahme zu den anderen Abgrenzungsgrundsätzen, diese einzelgeschäftlichen Verluste, also den Betrag, um den die sachlich zugehörige Wertminderung die Wertsteigerung übertrifft, so früh wie möglich erfolgswirksam zu erfassen, auch wenn die Leistung noch nicht erbracht oder der Leistungszeitraum noch nicht verstrichen ist. Solche Verluste sind erfolgswirksam zu berücksichtigen, sobald sie mit ausreichender Sicherheit bekannt werden (Verlustantizipation). Für Verluste gilt somit das Realisationsprinzip nicht.

Auswirkungen des Imparitätsprinzips auf die Bilanzierung: Niederstwertprinzip

Das Imparitätsprinzip kommt in zweifacher Weise bei der Bilanzerstellung zum Tragen. Es verlangt zum einen eine erfolgswirksame Herabsetzung des Buchwertes von Vermögensgegenständen, wenn der tatsächliche Wert eines Vermögensgegenstandes niedriger ist als der Buchwert (Niederstwertprinzip). Der »tatsächliche Wert« eines Vermögensgegenstandes entspricht dabei entweder dem bei Veräußerung des Gegenstandes erzielbaren Nettorealisationswert oder dem Barwert der bei bestimmungsgemäßer Verwendung des Vermögensgegenstandes mit diesem verbundenen Nettoeinzahlungen. Maßgebend ist dabei der jeweils höhere von diesen beiden Werten, weil dieser den der günstigsten Verwendungsmöglichkeit des Vermögensgegenstandes zugeordneten Wert angibt. Zum anderen sind wahrscheinliche Verluste aus noch nicht erfüllten Liefer- oder

Beschaffungsverträgen (hierbei handelt es sich um sog. schwebende Geschäfte) in der Rechnungsperiode durch die Bildung einer entsprechenden Rückstellung erfolgsmindernd zu erfassen, in der sie bekannt werden. Dabei liegt ein Verlust vor, wenn die angefallenen Kosten und die noch anfallenden Kosten den aus dem Geschäft zu erwartenden Erlös übersteigen. Abbildung 1.5 zeigt nochmals die Wertänderungsarten und die anzuwendenden Abgrenzungsgrundsätze.

<table>
<tr><th colspan="3">Wertänderungsarten</th><th>Nicht streng zeitraumbezogen</th><th>Streng zeitraumbezogen</th></tr>
<tr><td rowspan="2">Wertsteigerung</td><td colspan="2">Leistungsbezogen</td><td>Realisationsprinzip:

Erfassung in der Periode, in der die Leistung realisiert wurde</td><td>Grundsatz der zeitlichen Abgrenzung:

Zeitproportionale Aufteilung auf die relevanten Zeiträume</td></tr>
<tr><td colspan="2">Nicht leistungsbezogen</td><td rowspan="2">Grundsatz der zeitlichen Abgrenzung:

Ausweis im Zeitpunkt des Anfalls</td><td rowspan="2">Grundsatz der zeitlichen Abgrenzung:

Zeitproportionale Aufteilung auf die relevanten Zeiträume</td></tr>
<tr><td rowspan="3">Wertminderung</td><td colspan="2">Nicht leistungsbezogen</td></tr>
<tr><td rowspan="2">Leistungsbezogen</td><td>Kein Verlust absehbar</td><td>Grundsatz der sachlichen Abgrenzung:

Erfassung analog zum sachlich zugehörigen Ertrag</td><td>• Grundsatz der zeitlichen Abgrenzung
• Grundsatz der sachlichen Abgrenzung</td></tr>
<tr><td>Verlust absehbar</td><td colspan="2">Imparitätsprinzip
Ausweis bei Bekanntwerden
(In Höhe des absehbaren Verlustes. Der Restbetrag wird wie die übrigen leistungsbezogenen Wertminderungen periodisiert)</td></tr>
</table>

Abb. 1.5: Wertänderungsarten und Abgrenzungsgrundsätze

Eine von der vorstehenden Darstellung abweichende Interpretation der Abgrenzungsgrundsätze gibt Moxter (sog. Moxter-Formel; Moxter, A. [1984], Moxter, A. [1985b]). Nach seiner Interpretation bezieht sich das Realisationsprinzip nicht nur auf die Erträge, sondern auch direkt auf die Aufwendungen. Das Realisationsprinzip regelt danach, dass Vermögensänderungen mit dem Umsatz eintreten; der handelsrechtliche Gewinn ist Umsatzgewinn. Das Realisationsprinzip schließt folglich auch das Abgrenzungsprinzip für die Erfassung von Aufwendungen mit ein. Aufwendungen sind nach dieser Interpretation denjenigen Erträgen zuzurechnen, die sie alimentiert haben. Inwieweit sich aus dieser abweichenden Interpretation Konsequenzen für die Bilanzierung ergeben könnten, soll hier nicht untersucht werden. Dazu wird auf die Literatur verwiesen (vgl. Siegel, T. [1994]).

(5) Grundsatz der Stetigkeit

Formelle und materielle Bilanzkontinuität

Aus Informationen über die Vermögens-, Finanz- und Ertragslage eines Unternehmens zu verschiedenen Zeitpunkten lässt sich nur dann die Entwicklung des Unternehmens erkennen, wenn diese Informationen vergleichbar sind. Vergleichbarkeit der Informationen bedeutet einmal sorgfältige Periodenabgrenzung, zum anderen inhaltliche Gleichartigkeit der Periodenabschlüsse. Da durch häufigen Wechsel der Erfassungs-, Ausweis- und Bewertungsmethoden eine willkürliche Beeinflussung des Bilanz- und Erfolgsbildes erreicht werden kann, ergibt sich der Grundsatz der Stetigkeit nicht nur aus dem Zwecke der Vergleichbarkeit, sondern auch aus den Grundsätzen der Klarheit und Willkürfreiheit. Demnach sind stets die gleichen Gliederungsbegriffe und Gliederungsschemata zu verwenden (formelle Bilanzstetigkeit) und die einzelnen Posten der Menge und dem Wert nach immer in der gleichen Weise zu ermitteln, abzugrenzen und zusammenzustellen (materielle Bilanzstetigkeit). Wenn Änderungen nötig sind, müssen sie erwähnt und in ihren Auswirkungen erläutert werden.

(6) Grundsatz der Vorsicht

Vorsichtsprinzip

Sowohl im Interesse des Eigentümers als auch des Gläubigers sollte die Rechnungslegung »vorsichtig« geführt werden, d. h., sie sollte keinen zu optimistischen Eindruck von der Lage des Unternehmens vermitteln. Diese Forderung wird als Vorsichtsprinzip bezeichnet. Für eine in diesem Sinne vorsichtige Bilanzierung sorgen die oben behandelten Realisations- und Imparitätsprinzipien, die deshalb auch als eine inhaltliche Ausprägung des Vorsichtsprinzips gelten. Darüber hinaus erhält das Vorsichtsprinzip zusätzlich dadurch Bedeutung, dass in den Jahresabschluss neben vergangenheitsbezogenen Werten auch Werte eingehen, die durch Zukunftserwartungen bestimmt werden und damit unsicher sind (vor allem im Rahmen der Bilanzierung von Rückstellungen). Je nach Art der Daten zur Bestimmung der zukunftsbezogenen Werte schreibt das Vorsichtsprinzip unterschiedliche Bewertungsverfahren vor. Liegen einwandfrei feststehende, ein einzelnes Ereignis betreffende Tatsachen vor, die eine weitgehend sichere Vorhersage erlauben (vertrauenswürdige Daten), so muss der danach erwartete Betrag in den Abschluss eingehen (z. B. Steuerrückstellungen). Handelt es sich um häufig auftretende Ereignisse, sodass statistische Daten verfügbar sind, dann ist der Erwartungswert, d. h. der statistische Durchschnitt, anzusetzen (z. B. Pensions- oder Garantierückstellungen). Liegen dagegen nur subjektive Erwartungen aufgrund von früheren, im weiteren Sinne ähnlichen Erfahrungen vor (glaubwürdige Daten), so ist der am stärksten erfolgsmindernde Wert anzusetzen, der noch als realistischer Schätzwert angesehen werden kann (z. B. Rückstellung für eine einzelne Bürgschaftsverpflichtung).

Missbräuchliche Anwendung des Vorsichtsgrundsatzes

Dem Prinzip der Vorsicht liegt die Vorstellung des vorsichtigen Kaufmanns zugrunde, der sich vor sich selbst und vor anderen nicht reicher rechnet, als er tatsächlich ist, sondern in Zweifelsfällen eher ärmer. In der Praxis wird der Vorsichtsgrundsatz oft zum Vorwand für bilanzpolitische Maßnahmen zur Schaffung stiller Reserven verwendet. Damit erfährt das Vorsichtsprinzip allerdings eine falsche Deutung, denn eine solche Handlungsweise ist nicht mit den Grundsätzen der Richtigkeit und Klarheit in Einklang zu bringen.

Hinzu kommt, dass sich in der Betriebswirtschaftslehre die Erkenntnis durchgesetzt hat, dass stille Reserven wegen der Informationsverzerrung weder im Gläubiger- noch im Gesellschafterinteresse sind (vgl. auch die grundlegende Auseinandersetzung mit dem Beschluss des Bundesverfassungsgerichts vom 20.09.1999 durch Siegel, T./Bareis, P./Rückle, D./Schneider, D./Sigloch, J./Streim, I./Wagner, F.W. [1999]).

b) Kodifizierung von Grundsätzen ordnungsmäßiger Buchführung im Handelsrecht

Rechtsnatur kodifizierter GoB

Im Laufe der historischen Entwicklung des Handelsrechts sind GoB in zunehmendem Maße teilweise für alle Kaufleute, teilweise für bestimmte Unternehmen kodifiziert worden. Zwar sind GoB auch ohne gesetzliche Fixierung verbindliche Rechtsnormen, durch die Kodifizierung von GoB möchte der Gesetzgeber aber deren Gültigkeit und deren Bedeutung explizit hervorheben.

Im HGB kodifizierte GoB

Folgende oberste bzw. abgeleitete Grundsätze sind im ersten Abschnitt des dritten Buches des HGB aufgenommen:

- Grundsatz der Klarheit und Übersichtlichkeit (§§ 238 Abs. 1 Satz 2, 243 Abs. 2 HGB)
- Saldierungsverbot (§ 246 Abs. 2 HGB)
- Grundsatz der Einzelbewertung (§ 252 Abs. 1 Nr. 3 HGB)
- Grundsatz der Richtigkeit und Willkürfreiheit (§ 239 Abs. 2 HGB)
- Grundsatz der Vollständigkeit (§§ 239 Abs. 2, 246 Abs. 1 HGB)
- Grundsatz der Bilanzidentität (§ 252 Abs. 1 Nr. 1 HGB)
- Grundsatz der Vorsicht (§ 252 Abs. 1 Nr. 4 HGB)
- Realisationsprinzip (§ 252 Abs. 1 Nr. 4 HGB)
- Imparitätsprinzip (§ 252 Abs. 1 Nr. 4 HGB)
- Grundsatz der Periodenabgrenzung (§ 252 Abs. 1 Nr. 5 HGB)
- Grundsatz der Fortführung der Unternehmenstätigkeit (§ 252 Abs. 1 Nr. 2 HGB)
- Grundsatz der Stetigkeit der Bewertungsmethoden (§ 252 Abs. 1 Nr. 6 HGB)

Going-Concern-Prinzip

Wie bereits oben dargestellt (vgl. Abschnitt D I 3 dieses Kapitels), sind diese kodifizierten Grundsätze seit langem allgemein gültige GoB. Auch der bisher nicht erwähnte Grundsatz der Fortführung der Unternehmenstätigkeit ist als GoB anerkannt. Das sog. Going-Concern-Prinzip, wie dieser Grundsatz auch genannt wird, ergibt sich aus der Forderung nach Vergleichbarkeit der Jahresabschlussinformationen, dem Grundsatz der Richtigkeit und Willkürfreiheit sowie dem Realisationsprinzip. Demnach ist bei der Bewertung der Vermögensgegenstände und Schulden im Jahresabschluss von der Prämisse auszugehen, dass das Unternehmen über den Abschlussstichtag hinaus fortgeführt wird.

Stetigkeit

Bezüglich des Stetigkeitsgrundsatzes bleibt folgendes anzumerken: § 252 Abs. 1 Nr. 6 HGB bestimmt, dass die auf den vorhergehenden Jahresabschluss angewandten Bewertungsmethoden beibehalten werden sollen.

Bewertungsmethoden

Entsprechend der gesetzlichen Forderung beschränkt sich die Stetigkeit auf Bewertungsmethoden, d. h. Bewertungsmaßnahmen, die planmäßig, systematisch und zielgerichtet vorgenommen werden. Folglich fallen nach h. M. nur die sog. Bewertungswahlrechte (Methoden zur Ermittlung der Anschaffungskosten, der Herstellungskosten, der planmäßigen Abschreibungen sowie zur Bewertung von Rückstellungen) unter den Grundsatz der Stetigkeit. Eine Anwendung auf Bilanzierungswahlrechte scheidet ebenso aus wie die auf Wertansatzwahlrechte (z. B. Vornahme außerplanmäßiger Abschreibungen), da eine Ausübung dieser Wahlrechte nur für jeden Einzelfall und damit gerade nicht planmäßig vorgenommen werden kann.

Identische bzw. artgleiche Vermögensgegenstände

Bei der Frage, welche Vermögensgegenstände vom Stetigkeitsgebot tangiert werden und welche nicht, hat sich die Auffassung durchgesetzt, dass nicht nur identische, sondern auch funktionsgleiche Vermögensgegenstände der Bewertungsstetigkeit zu unterwerfen sind. Insoweit hat der Grundsatz der Bewertungsstetigkeit Vorrang vor dem Grundsatz der Einzelbewertung (vgl. ADS [1995], § 252 Tz. 107).

Abweichungen vom Stetigkeitsgrundsatz

Da § 252 Abs. 2 HGB ein Abweichen von den in Abs. 1 genannten Bewertungsgrundsätzen und damit auch ein Abweichen vom Stetigkeitsgebot in begründeten Ausnahmefällen zulässt, hängen die materiellen Auswirkungen des Stetigkeitsgebotes im Wesentlichen davon ab, wie weit der Kreis möglicher Ausnahmefälle gezogen wird. In der Literatur werden Abweichungen von der Bewertungsstetigkeit vor allem in den folgenden Fällen für zulässig erachtet: Änderung der Nutzungsdauer, wesentliche Änderung des Beschäftigungsgrades, grundlegend andere Einschätzung der Unternehmensentwicklung, technische Umwälzungen von Relevanz für das Unternehmen, Befolgung veränderter Rechtsprechung, organisatorische Veränderungen des Kostenrechnungssystems usw. (vgl. weitere Beispiele ADS [1995], § 252 Tz. 113).

Absatz 2 des § 252 HGB zeigt, dass die Einhaltung der in Absatz 1 desselben Paragraphen enthaltenen Grundsätze nicht absolut verbindlich ist, da er es dem Kaufmann gestattet, in begründeten Ausnahmefällen von diesen abzuweichen. Grundsätzlich muss eine Abweichung von den Prinzipien also eine Ausnahme darstellen und sie muss begründet sein. Dabei gelten vornehmlich solche Gründe als anzuerkennen, die sich aus einer korrekten Erfüllung der Aufgaben des Jahresabschlusses, d. h. der Zahlungsbemessungs- und Informationsfunktion, ergeben (vgl. ADS [1995], § 252 Tz. 119 ff.).

Weitere kodifizierte GoB

Neben den oben angeführten kodifizierten Grundsätzen finden sich im HGB noch weitere, aus den oberen Grundsätzen abgeleitete gesetzlich fixierte Normen, auf die an den entsprechenden Stellen in den nachfolgenden Kapiteln näher hingewiesen wird. An dieser Stelle seien lediglich das Anschaffungskostenprinzip (§ 253 Abs. 1 HGB), das Niederstwertprinzip (§§ 253 Abs. 2-4, 254 HGB) und das Fixwertprinzip (§ 253 Abs. 1 i. V. m. § 279 Abs. 1 HGB) genannt.

Beibehaltung der Flexibilität der GoB trotz Kodifizierung

Zum Abschluss sei darauf hingewiesen, dass der bei Umsetzung der 4. EG-Richtlinie vorgebrachte Einwand, die Kodifizierung der GoB könnte zu einer mangelnden Flexibilität und Anpassungsfähigkeit des Systems der GoB führen, unbegründet ist. Denn zum einen bleibt auch für kodifizierte Grundsätze ein weiterer Auslegungsspielraum, und zum anderen existieren trotz der Fülle der gesetzlich fixierten Grundsätze auch weiterhin darüber hinaus eine Vielzahl von allgemein gültigen und rechtsformunabhängigen, nicht gesetzlich fixierten GoB, die von den Kaufleuten zu beachten sind und die durch ihre Anpassungsfähigkeit an wirtschaftliche und technische Entwicklungen auch das gesamte System der GoB flexibel erhalten. Auf diese Rechtsquelle der nicht kodifizierten GoB beruft sich auch der Gesetzgeber, wenn er in § 243 Abs. 1 HGB von allen Kaufleuten fordert, dass der Jahresabschluss nach den Grundsätzen ordnungsmäßiger Buchführung aufzustellen ist.

Grundsätze ordnungsmäßiger Rechnungslegung des DSR

Im Rahmen seiner Standardisierungsarbeit hat der DSR kürzlich einen Entwurf »Grundsätze ordnungsmäßiger Rechnungslegung (Rahmenkonzept)« der interessierten Öffentlichkeit zur Diskussion und Kommentierung vorgelegt. Das Rahmenkonzept weist deutliche Parallelen zu dem des IASB auf und stellt einen weiteren Schritt in Richtung Anpassung der deutschen Rechnungslegung an die International Accounting Standards (IAS) bzw. International Financial Reporting Standards (IFRS) dar, wobei das »Framework for the Preparation and Presentation of Financial Statements« des IASB um wesentliche, in IAS 1 geregelte Grundsätze ergänzt wird.

Mit dem Rahmenkonzept des DSR wird der fortschreitenden Kapitalmarktorientierung der Unternehmensberichterstattung Rechnung getragen. Der Zweck der Formulierung der Grundsätze besteht darin, unabhängig von bestehenden gesetzlichen Regelungen eine Leitlinie für die Auslegung und Fortentwicklung geltenden Rechts zu schaffen (E-Rahmenkonzept 1). Sie sind daher teilweise mit aktuell gültigem Recht und tradierten Prinzipien nicht vereinbar. Wesentliche Inkompatibilitäten mit Gesetz und DRS sind (vgl. E-Rahmenkonzept Anhang B):

- Im Gegensatz zum HGB sieht das Rahmenkonzept ein sog. *»overriding principle«* vor, d. h. in den Fällen, in denen die Beachtung der Grundsätze der Vermittlung eines den tatsächlichen Verhältnissen entsprechenden Bildes der Vermögens-, Finanz- und Ertragslage entgegensteht, ist ein Abweichen von den Grundsätzen möglich;
- die Ansatzpflicht von Vermögenswerten unabhängig vom entgeltlichen Erwerb steht dem Aktivierungsverbot des § 248 Abs. 2 HGB für nicht entgeltlich erworbene immaterielle Vermögensgegenstände entgegen;
- die Ausweitung des Wertaufhellungsprinzips auf Chancen und Gewinne sowie die damit verbundene Aufweichung des Realisationsprinzips durch Berücksichtigung realisierbarer Gewinne sind nicht mit gültigem Recht vereinbar (allerdings erlangen sie über die Transformation der »Fair Value-Richtlinie« ohnehin künftig Eingang in das Gesetz);
- die Aufhebung handelsrechtlicher Bilanzierungswahlrechte, z. B. die Aktivierung eines Disagios gemäß § 250 Abs. 3 HGB, die Aktivierung eines derivativen Geschäfts- oder Firmenwerts gemäß § 255 Abs. 4 HGB, die Aktivierung

von Aufwendungen für die Ingangsetzung und Erweiterung des Geschäftsbetriebsaktiven gemäß § 269 HGB, der Ansatz aktiver latenter Steuern gemäß § 274 Abs. 2 HGB, die Passivierung von Aufwandsrückstellungen für Innenverpflichtungen gemäß § 249 Abs. 1 Satz 3 und Abs. 2 HGB sowie die Passivierung eines Sonderpostens mit Rücklageanteils gemäß § 273 HGB;
- die Abgrenzung der Herstellungskosten nach dem Vollkostenprinzip steht § 255 Abs. 2 und 3 HGB entgegen;
- die Begrenzung des Geltungsbereichs von DRS 4 auf Kapitalgesellschaften ist mit dem Entwurf des Rahmenkonzepts nicht vereinbar.

Das Rahmenkonzept nimmt nicht den Status eines DRS ein (vgl. E-Rahmenkonzept 3). Der Geltungsbereich der Grundsätze ordnungsmäßiger Rechnungslegung erstreckt sich auf Jahresabschluss und Lagebericht, Konzernabschluss und Konzernlagebericht sowie den Zwischenabschluss unabhängig von Rechtsform und Kapitalmarktorientierung (vgl. E-Rahmenkonzept 4 ff.). Auch ist ein Abweichen von der tradierten Koalitionstheorie festzustellen, nach der als Adressaten der Rechnungslegung alle am Unternehmen beteiligten Koalitionsteilnehmer angesehen werden. Die Rechnungslegung ist nunmehr ausdrücklich an die Eigen- und Fremdkapitalgeber adressiert (vgl. E-Rahmenkonzept 7 f.). Die Informationsfunktion der Rechnungslegung wird durch die Neuausrichtung der Informationsgrundsätze im Sinne der Erhöhung der Entscheidungsrelevanz für die Rechnungslegungsadressaten gestärkt (vgl. E-Rahmenkonzept 18 ff.).

II. Internationale Rechnungslegungsnormen

Charakteristik internationaler Normen

Ähnlich den GoB stellen auch die Rechnungslegungsnormen der International Accounting Standards (IAS) bzw. International Financial Reporting Standards (IFRS) und der US-amerikanischen Generally Accepted Accounting Principles (US-GAAP) keine Gesetzeswerke dar, sondern entstehen in einem komplexen Zusammenspiel verschiedener normgebender Institutionen, der Praxis, dem Berufsstand der Wirtschaftsprüfer, der Wissenschaft und der Rechtsprechung. Im Gegensatz zu den GoB beinhalten IAS/IFRS und US-GAAP aber nicht nur übergeordnete Prinzipien, sondern beinhalten eine Vielzahl detaillierter Einzelfallregelungen in Form von einzelnen Rechnungslegungsstandards. Diese Art der Einzelfallregelung ist typisch für das angelsächsische Rechtssystem des *case law*. Nicht kodifizierte Gesetze mit relativ hohem Abstraktionsgrad (*code law*), sondern bereits in identischen bzw. vergleichbaren Fällen ergangene Rechtsprechung bilden die primäre Rechtsquelle. Im Falle der Rechnungslegung geschieht die Normsetzung weniger durch Richter als durch dafür eingesetzte Institutionen und Personengruppen. Auch diese Delegation von Regelungsaufgaben ist typisches Kennzeichen des *common law*. In Deutschland erhalten diese nicht kodifizierten Regelungen eine bindende Wirkung erst durch den Verweis des Gesetzgebers in § 292 a HGB. Wie aber auch im internationalen Umfeld, wird ihre Einhaltung erst durch die Prüfungstätigkeit eines Wirtschaftsprüfer gewährleistet, der in seinem Prüfungsvermerk die Beachtung der betreffenden Vorschrift konstatieren muss. Insofern sind sie nur für prüfungspflichtige Unternehmen bindend (vgl. Haller, A. [1990], S. 753f.).

1. Bestimmungen nach IAS/IFRS

a) Der International Accounting Standards Board

Der International Accounting Standards Board (IASB) – vormals International Accounting Standards Committee (IASC) – wurde als privatrechtliche Vereinigung am 29. 06. 1973 in London auf Initiative von Vertretern berufsständischer Organisationen aus 9 Ländern – darunter auch Deutschland – gegründet.

Ziele des IASB

Gemäß seiner Satzung verfolgt der IASB die folgenden Zielsetzungen (vgl. IASC [2001], IASC Constitution, Tz. 2):

- Im Interesse der Öffentlichkeit einheitliche, qualitativ hochwertige, verständliche und durchsetzbare globale Rechnungslegungsstandards zu entwickeln, die zu einer qualitativ hochwertigen, transparenten und vergleichbaren Informationsdarstellung in den Jahresabschlüssen und anderen Finanzberichten führen, um Kapitalmarktteilnehmer und andere Nutzer bei der wirtschaftlichen Entscheidungsfindung zu unterstüttzen;
- Förderung der Nutzung und strengen Anwendung dieser Standards;
- Herbeiführen der Konvergenz nationaler Rechungslegungsstandards und der Verlaubarungen des IASB zur Erreichung qualitativ hochwertiger Lösungen.

IASB, IOSCO und SEC

Zentrales Ergebnis der Arbeit des IASB sind die veröffentlichten International Accounting Standards (IAS) bzw. International Financial Reporting Standards (IFRS). Sie enthalten die konkreten Bilanzierungs- und Bewertungsvorschriften. Da der IASB selbst über keine hoheitliche Autorität zur Durchsetzung (*enforcement*) seiner Standards verfügt, arbeitet der IASB sehr eng mit nationalen Standardsettern und Organisationen, die für die Durchsetzung verantwortlich sind, zusammen (vgl. Knorr, L./Ebbers, G. [2001], S. 1465). Wichtigster Partner des IASB ist die internationale Organisation der Börsenaufsichtsbehörden *International Organisation of Securities Commissions* (IOSCO). Nach Abschluss des gemeinsam vereinbarten Arbeitsprogramms zur Überarbeitung und Erweiterung der bisher verabschiedeten Standards (*comparability/improvements project*) sollte das Gesamtwerk der IAS als Börsenzulassungsvoraussetzungen für ausländische Unternehmen dienen. Mit der Verabschiedung von IAS 39 im Dezember 1998 wurde die Entwicklung der *core standards* abgeschlossen. Auf der Jahreshauptversammlung der IOSCO im Mai 2000 hat sie ihren Mitgliedern, den nationalen Börsenaufsichtsgremien, empfohlen, 30 IAS (sog. IAS 2000) einschließlich der SIC-Interpretationen als börsentaugliche Rechnungslegungsstandards zu akzeptieren (vgl. IASB [2001], S. 15 f.). Abzuwarten bleibt, ob die nationalen Börsenaufsichtsgremien künftig diese Empfehlung bedingungslos akzeptieren und umsetzen oder ob – und dies betrifft insbesondere die US-amerikanischen

Börsenaufsichtsbehörde *Securities and Exchange Commission* (SEC) – zusätzliche Erläuterungen und Überleitungsangaben gefordert werden. Mittlerweile hat zwar die SEC aufgrund der fortschreitenden Qualitätsverbessungen der IAS-Vorschriften und der Professionalisierung des IASB ihre grundsätzliche Verweigerungshaltung aufgegeben, jedoch bestehen immer noch Vorbehalte gegenüber diesem Rechnungslegungssystem, sodass IAS-Abschlüsse weiterhin nur mit Überleitungsrechnungen bzw. Zusatzangaben akzeptiert werden (vgl. Kleekämper, H./Kuhlewind, A.-M./Alvarez, M. [2002], Tz. 128).

Aufbau und Organisation der IASCF

Die über 100 Mitgliedsorganisationen des (ehemaligen) IASC repräsentierten bislang als Mitglieder der *International Federation of Accountants* (IFAC) berufsständische Organisationen auf dem Gebiet der Rechnungslegung aus weit über 80 Staaten. Mit Wirkung von April 2001 hat sich das IASC in IASB umbenannt und in seiner organisatorischen Struktur neu aufgestellt, um sich zur Erreichung der genannten Zielsetzungen der Öffentlichkeit als professioneller Standardsetter zu präsentieren. Eine der wichtigsten Änderungen besteht in der Abkehr vom als ineffektiv und ineffizient kritisierten Zweikammersystem. In diesem Zusammenhang wurde auch der rechtliche Status der Organisation geändert. So wird die nunmehr unter IASC Foundation (kurz: IASCF) firmierende Dachorganisation nicht mehr in der Rechtsform eines Vereins, sondern als *Non-for-Profit Delaware Corporation*, eine gemeinnützige Stiftung mit juristischem Sitz im US-Bundesstaat Delaware, geführt (vgl. IASB [2001], S. 4). Im Mittelpunkt der neuen Struktur stehen dabei die Organe *Trustees*, *Board*, *Standing Interpretations Committee* (SIC) bzw. neuerdings *International Financial Reporting Interpretations Committee* (IFRIC) und *Standards Advisory Council* (vgl. im Folgenden Kleekämper, H./Kuhlewind, A.-M./Alvarez, M. [2002],Tz. 44 ff.).

- Trustees

Das Gremium der Treuhänder (*Trustees*) fungiert in erster Linie als Aufsichts- und Finanzierungsorgan zur Sicherung der Unabhängikeit der *Board*-Mitglieder bei der Verabschiedung der Standards. Es umfasst 19 Mitglieder mit unterschiedlicher beruflicher und organisatorischer Herkunft. Die Zusammensetzung dieses Gremiums ist international ausgewogen: Jeweils sechs Mitglieder stammen aus Nordamerika und Europa, vier aus Asien und drei aus übrigen Regionen. Die konkreten Aufgaben der Trustees bestehen in

- der Auswahl und Berufung der Mitglieder des *Board*, des *International Financial Reporting Interpretations Committee* (IFRIC) und des Stanadards Advisiory Council (SAC),
- der Überwachung der Aktivitäten des Board,
- der Akquisition fiannzieller Mittel und Genehmigung des Haushalts sowie
- der Beschlussfassung über mögliche Satzungsänderungen.

Die von diesem Gremium beschlossene Satzungsänderung erfolgt mit einer Dreiviertelmehrheit der Stimmen sämtlicher *Trustees*. Die Amtszeit beträgt grundsätzlich drei Jahre mit der Möglichkeit einer einmaligen Verlängerung.

- Board

Der IASB als zentrales Organ steht fortan unter der Aufsicht des IASCF. Er setzt sich aus zwölf hauptamtlichen Mitgliedern und zwei Mitgliedern auf Teilzeitbasis mit einer Amtszeit von jeweils drei Jahren zusammen. Die Verantwortung für die Herausgabe von Standards ist allein diesem Gremium vorbehalten.

Der Vorsitzende des *Board* fungiert gleichzeitig als Geschäftsführer der Gesamtorganisation IASB. Sieben der hauptamtlichen *Board*-Mitglieder weisen zur Verbesserung der Zusammenarbeit und Abstimmung eine formale Anbindung an nationale Standardsetter auf. Momentan bestehen institutionalisierte Verbindungen zu den Standardsettern in Deutschland (DRSC), Frankreich (CNC), USA (FASB), Australien und Neuseeland (AASB bzw. FRSB), Kanada (CICA), Großbritannien (ASB) sowie Japan (BADC).

Zur Abgrenzung der Arbeit des neuen gegenüber dem bisherigen *Board* werden sämtliche neu entwickelten Standards – nicht mehr wie bislang – »*International Accounting Standards*«, sondern »*International Financial Reporting Standards*« genannt. Die bestehenden IAS bleiben allerdings solange gültig und werden mit dieser Bezeichnung fortgeführt, bis diese durch neu entwickelte IFRS eine Anpassung erfahren oder außer Kraft gesetzt werden. Insofern sind die IAS/IFRS stets als Einheit zu verstehen.

Die Aufgaben des *Board* beinhalten sämtliche inhaltlichen Fragen. Hierzu gehören die Verabschiedung von *Exposure Drafts* und endgültigen Standards sowie die Genehmigung von SIC bzw. IFRIC *Interpretations*.

- SIC/IFRIC

Um Stellungnahmen zu konkreten Auslegungsfragen im Rahmen der IAS/IFRS zu erarbeiten, wurde vom IASC/IASB das *Standing Interpretations Committee* (kurz: SIC) im Jahr 1997 ins Leben gerufen. Im Zuge der Neustrukturierung wurde das SIC in *International Financial Reporting Interpretations Committee* (IFRIC) umbenannt. Das Gremium umfasst zwölf stimmberechtigte Mitglieder. Aufgabe des IFRIC ist die zeitnahe Stellungnahme zu praktisch relevanten Interpretations- und Anwendungsfragen der aktuell gültigen IAS/IFRS. Die abschließende Entscheidung über die Verabschiedung der sog. IFRIC-Interpretations obliegt dem Board. Die dem *Board* vorgelegten Entwürfe bzw. endgültigen Fassungen der Interpretationen bedürfen allerdings zuvor einer Zustimmung der IFRIC-Mitglieder. Insbesondere Jahresabschlussersteller sowie Jahresabschlussprüfer erhoffen sich von den herausgegebenen Verlautbarungen konkrete Hinweise zur Anwendung der IAS/IFRS in Zweifelsfragen. Die Amtszeit der Mitglieder beträgt jeweils drei Jahre.

- Standards Advisory Council

Im Rahmen der Neustrukturierung wurde ein sog. *Standards Advisory Council* (SAC) – bislang als *Consultative Group* bekannt– ins Leben gerufen. Es besteht aus nicht im Board vetretenen Interessengruppen und Organisationen (z. B. OECD und Weltbank). Als deren Repräsentanten werden die Mitglieder von den *Trustees* ins Gremium berufen. Momentan setzt sich das SAC aus 49 Mitgliedern zusammen. Der Vorsitz ist dem Chairman des *Board* vorbehalten. Die Mitgliedschaft beträgt drei Jahre mit der Möglichkeit einer Wiederwahl. Die Aufgabe des Gremiums besteht in der Beratung der *Trustees* und der Diskussion technischer Belange mit den Mitgliedern des Board. Hierdurch soll den nicht im Board vertretenen Interessengruppen die Möglichkeit zur Einflussnahme gestattet werden.

- Steering committees

Die materielle inhaltliche Arbeit des IASB wird vorwiegend in den einzelnen *Steering Committees* bei der Entwicklung bzw. Überarbeitung von IAS/IFRS geleistet. Dies sind kleine, projektbezogene Arbeitsgruppen, die vom *Board* mit einem konkreten Arbeitsauftrag eingesetzt werden.

- Geschäftsführung und Mitarbeiterstab

Die Geschäftsführung wird vom hauptamtlichen Vorsitzenden des *Board*, Sir David Tweedie, wahrgenommen. Er ist für den in etwa fünfzehn hauptamtliche Mitarbeiter umfassenden Mitarbeiterstab, der die professionelle Arbeit des *Board* unterstützt, verantwortlich. Dieser unterteilt sich in eine technische und administrative Abteilung. Die Geschäftsführung unterliegt der Aufsicht der *Trustees*.

b) Die International Accounting Standards/International Financial Reporting Standards

Framework

Bisher wurden 41 IAS und ein sog. »*Framework for the Preparation and Presentation of Financial Statements*« verabschiedet. Wie der Name verdeutlicht, beinhaltet das Framework (kurz: F) Rahmengrundsätze und Leitlinien, die unter anderem dem Bilanzierenden, dem Prüfer und dem Bilanzleser eine Hilfestellung bei der Arbeit mit den IAS/IFRS geben sollen. Grundsätzlich tritt das Framework in seiner Bedeutung hinter die konkreten Vorschriften der IAS/IFRS zurück. Es stellt selbst kein IAS/IFRS dar und hat dementsprechend nicht die Intention einzelne Bilanzierungs- und Bewertungsvorschriften vorzugeben (F 2). Das Framework dient ferner allen am Entstehungsprozess Beteiligten als Grundlage für die Neu- und Weiterentwicklung konsistenter Standards. Da zum Zeitpunkt der Verabschiedung des Frameworks im Jahre 1989 bereits eine Reihe von IAS bestanden, kann es in Einzelfällen zu Konflikten zwischen Aussagen des Frameworks und den spezifischen Regelungen einzelner IAS/IFRS kommen. In solchen Fällen sind ausnahmslos die Regelungen der IAS/IFRS maßgebend (F 3). Im Zuge der Überarbeitung bestehender Standards wird sich die Zahl der auftretenden Widersprüche in Zukunft zunehmend vermindern.

Aufbau der IAS/IFRS

Die eigentlichen Bilanzierungs- und Bewertungsvorschriften sind in den in englischer Sprache veröffentlichten IAS/IFRS enthalten. Diese sind thematisch nach behandelten Sachverhalten gegliedert und folgen im Kern weniger einer systematischen als einer fallbezogenen Ordnung. Eine gewisse Abstimmung bzw. Koordination der Vorschriften soll durch das Framework erreicht werden. Im Gegensatz zum Aufbau des dritten Buches des HGB gehorcht die Numerierung der IAS/IFRS keiner inhaltlichen Ordnung, sondern gibt lediglich die zeitliche Entwicklung der Standards wieder, sofern nicht bereits bestehende Standards unter Beibehaltung der ursprünglichen Nummer neu überarbeitet wurden. Innerhalb der einzelnen Standards werden Definitionen oder zentrale Aussagen optisch durch eine fette und kursive Setzweise hervorgehoben, während weiterführende bzw. beispielhafte Erklärungen zur leichteren Orientierung normal gesetzt sind. Eine grundsätzliche hierarchische Höhereinstufung der hervorgehobenen Abschnitte wird sich u. E. daraus regelmäßig nicht ableiten lassen. Abzustellen ist hierfür vielmehr auf die Interpretation der konkret getroffenen Aussagen der Textpassage und nicht auf dessen Formatierung.

Benchmark treatment vs. allowed alternative treatment

In vielen Fällen lassen die Vorschriften des IASB unterschiedliche Bilanzierungs- oder Bewertungsalternativen zu, die zumeist als Ergebnis von Kompromissen bzw. als Ausfluss politischer Überlegungen zu erklären sind. Durch die Unterscheidung in eine Referenzmethode (*benchmark treatment*) und eine alternativ zulässige Methode (*allowed alternative treatment*) soll innerhalb der grundsätzlich zulässigen Verfahren die empfohlene Methode herausgestellt werden. Im Rahmen des vom IASB im Jahr 2002 initiierten Improvements Project sollen die bestehenden Wahlrechte soweit wie möglich eliminiert werden. Tabelle 1.3 zeigt die Themenbereiche der bisher verabschiedeten IAS.

Entwicklung neuer IFRS

Die IFRS durchlaufen bis zur endgültigen Verabschiedung durch das IASB einen mehrjährigen Entwicklungsprozess, in dessen Verlauf der Konkretisierungsgrad der in den Dokumenten enthaltenen Regelungen stetig steigt. Das formalisierte Verfahren (*due process*) verläuft in der Regel grob in folgenden Teilschritten Phasen (vgl. IASB [2002], Tz. 18 f.):

- Projektvorbereitung,
- Erarbeitung eines Diskussionspapiers (»*discussion document*«),
- Entwicklung eines »*Exposure Draft*«,
- Verabschiedung und Veröffentlichung des IFRS.

Bei der Vorbereitung der Standarderarbeitung wird das SAC zu Rate gezogen. Die fachliche Projektbegleitung erfolgt durch speziell formierte Beratungsgremien (*steering committees* bzw. *advisory committees*). Die interessierte (Fach)Öffentlichkeit hat vielfache Gelegenheit zur Mitarbeit bzw. Stellungnahme der öffentlich zugänglichen Diskussionspapiere. Auf Basis der eingegangenen Anregungen und der Stellungnahmen erarbeitet das Board unter Mithilfe des Mitarbeiter- und Beraterstabs den Entwurf und die endgültige Fassung eines Standards. Die jeweilige Annahme und Veröffentlichung bedarf einer Zustimmung von mindestens acht der vierzehn *Board*-Mitglieder. Etwaige abweichende Meinungen sind anzugeben.

Geltungsbereich der IAS/ IFRS

Im Gegensatz zu der abgestuften Regelungsdichte des HGB, die für Kaufleute, kleine, mittlere und große Kapitalgesellschaften unterschiedliche Anforderungen stellt, gelten die Bestimmungen der IAS/IFRS grundsätzlich für alle Unternehmen unabhängig von ihrer Rechtsform und Größe. Lediglich IAS 14, IAS 33 und IAS 34 machen den verpflichtenden Geltungsbereich der Vorschriften von der (beabsichtigten) Inanspruchnahme des Kapitalmarktes abhängig. Auf die jeweils relevanten IAS-Vorschriften wird an entsprechender Stelle der folgenden Kapitel eingegangen.

IAS	Titel	Bemerkung	Gültig ab
IAS 1	Presentation of Financial Statements	überarbeitet 1997	01.07.1998
IAS 2	Inventories	überarbeitet 1993	01.01.1995
IAS 3	Consolidated Financial Statements	aufgehoben, ersetzt durch IAS 27 und IAS 28	–
IAS 4	Depreciation Accounting	zuletzt 1998 geändert durch IAS 38	01.01.1995
IAS	Information to be Disclosed in Financial Statements	aufgehoben, ersetzt durch IAS 1	–
IAS 6	Accounting Responses to Changing Prices	aufgehoben, ersetzt durch IAS 15	–
IAS 7	Cash Flow Statements	überarbeitet 1992	01.01.1994
IAS 8	Net Profit or Loss for the Period, Fundamental Errors and Changes in Accounting Policies	zuletzt 1998 geändert durch IAS 35	01.01.1995
IAS 9	Research and Development Costs	aufgehoben, ersetzt durch IAS 38	–
IAS 10	Events After the Balance Sheet Date	überarbeitet 1999	01.01.2000
IAS 11	Construction Contracts	überarbeitet 1993	01.01.1995
IAS 12	Accounting for Taxes and Income	überarbeitet 1996	01.01.1998
IAS 13	Presentation of Current Assets and Current Liabilities	aufgehoben, ersetzt durch IAS 1	–
IAS 14	Reporting Financial Information by Segment	überarbeitet 1997	01.08.1998
IAS 15	Information Reflecting the Effects of Changing Prices	ersatzlos gestrichen in 2001	–
IAS 16	Property, Plant and Equipment	überarbeitet 1998	01.07.1999
IAS	Accounting for Leases	überarbeitet 1997	01.01.1999
IAS 18	Revenue	überarbeitet 1993	01.01.1995
IAS 19	Employee Benefits	überarbeitet 1998	01.01.1999
IAS 20	Accounting for Government Grants and Disclosure of Government Assistance	neu formatiert 1994	01.01.1995
IAS 21	The Effects of Changes in Foreign Exchange Rates	überarbeitet 1993	01.01.1995

IAS 22	Business Combinations	überarbeitet 1998	01.07.1999
IAS 23	Borrowing Costs	überarbeitet 1993	01.01.1995
IAS 24	Related Party Disclosures	neu formatiert 1994	01.01.1995
IAS 25	Accounting for Investments	neu formatiert 1994	01.01.1995
IAS	Accounting and Reporting by Retirement Benefit Plans	neu formatiert 1994	01.01.1995
IAS 27	Consolidated Financial Statements and Accounting for Investments in Subsidaries	neu formatiert 1994	01.01.1995
IAS 28	Accounting for Investments in Associates	überarbeitet 1998	01.07.1999
IAS 29	Financial Reporting in Hyperinflationary Economies	neu formatiert 1994	01.01.1995
IAS	Disclosures in the Financial Statements of Banks and Similar Financial Institutions	neu formatiert 1994	01.01.1995
IAS 31	Financial Reporting of Interests in Joint Ventures	überarbeitet 1998	01.07.1999
IAS 32	Financial Instruments: Disclosure and Presentation	überarbeitet 1998	01.01.2001
IAS 33	Earnings Per Share	verabschiedet 1997	01.01.1998
IAS 34	Interim Financial Reporting	verabschiedet 1998	01.01.1999
IAS 35	Discontinuing Operations	verabschiedet 1998	01.01.1999
IAS 36	Impairment of Assets	verabschiedet 1998	01.07.1999
IAS 37	Provisions, Contingent Liabilities and Contingent Assets	verabschiedet 1998	01.07.1999
IAS 38	Intangible Assets	verabschiedet 1998	01.07.1999
IAS 39	Financial Instruments: Recognition and Measurement	verabschiedet 1998	01.01.2001
IAS 40	Investment Property	verabschiedet 2000	01.01.2001
IAS 41	Agriculture	verabschiedet 2000	01.01.2003

Tab. 1.3: Überblick über die bisher verabschiedeten IAS

c) *Rechnungslegungsgrundsätze nach IAS/IFRS*

Framework

Auch im Regelwerk des IASB finden sich Ausführungen zu allgemeinen Grundsätzen, die bei der Rechnungslegung nach IAS/IFRS zu beachten sind. Im Gegensatz zu dem unbestimmten Rechtsbegriff der deutschen GoB sind diese konzeptionellen Grundsätze im theoretischen Rahmen der IAS/IFRS, dem *Framework for the Preparation and Presentation of Financial Statements*, schriftlich niedergelegt. Teilbereiche daraus sind in IAS 1 verankert und damit in ihrer Bedeutung deutlich aufgewertet worden. Aufbauend auf der zentralen Zielsetzung, entscheidungsrelevante Informationen bereitzustellen (F 12), werden im Framework zunächst die grundlegenden Annahmen (F 22 f.) und die qualitativen Anforderungen (F 24 ff.) an Jahresabschlüsse nach IAS/IFRS dargelegt. Diese dienen als gedanklicher Hintergrund für die anschließend vorgestellten Bilanzierungselemente *assets*, *liabilities*, *equity*, *income* und *expenses*, sowie für die Ausgestaltung deren Ansatzkriterien und Bewertung (F 47 ff.). Ausführungen zu den möglichen Kapitalerhaltungskonzeptionen beschließen das Framework (F 102 ff.).

Wie bereits gezeigt, setzen die Regelungen des Framework keine Vorschriften der einzelnen IAS/IFRS außer Kraft (F 2 f.), sondern dienen lediglich als subsidiäre Interpretationshilfe zur richtigen Anwendung bestehender IAS/IFRS bzw. als Richtlinie für die Behandlung von Fragestellungen, die bislang nicht explizit in den IAS/IFRS geregelt sind.

Das Framework enthält – entweder explizit in Form der kodifizierten Grundsätze oder implizit in Form der Ausgestaltung der Bilanzierungselemente – eine Vielzahl von Rechnungslegungsprinzipien, die hinsichtlich ihres materiellen Gehalts bereits aus dem deutschen Kontext bekannt sind. Unterschiedlich ist lediglich die abweichende Strukturierung und Gewichtung der einzelnen Grundsätze, um der ausschließlichen Zielsetzung der *decision usefulness* bestmöglich nachzukommen. Abbildung 1.6 gibt einen Überblick über die grundlegenden Prinzipien der Rechnungslegung nach IAS/IFRS.

Underlying assumptions:
- Accrual basis
- Going concern

Als Grundannahmen (*underlying assumptions*) bezeichnet das Framework die beiden auch in Deutschland relevanten Postulate der periodengerechten Erfolgsermittlung (*accrual basis*) und der Unternehmensfortführung (*going concern*) (F 22 f.). Jahresabschlüsse, die unter Beachtung der periodengerechten Erfolgsermittlung aufgestellt werden, stellen nach Ansicht der IASB dem Bilanzleser die nützlichsten Informationen für seine wirtschaftliche Entscheidungsfindung zur Verfügung, da sie Geschäftsvorfälle und andere Ereignisse unabhängig von ihrer Zahlungswirksamkeit zum Zeitpunkt ihres wirtschaftlichen Eintretens abbilden. Daneben sollen die Jahresabschlüsse grundsätzlich unter der Annahme erstellt werden, dass das Unternehmen seine Geschäftstätigkeit in absehbarer Zukunft weiter fortführt. Sofern diese Annahme nicht mehr zutrifft, z. B. weil sich für das Unternehmen eine Liquidation oder eine wesentliche Einschränkung der Unternehmenstätigkeit abzeichnet, hat die Bewertung der Vermögensgegenstände und Schulden im Jahresabschluss unter Umständen auf einer anderen Bewertungsbasis zu erfolgen. Die angewandte Basis ist dann entsprechend offen zu legen.

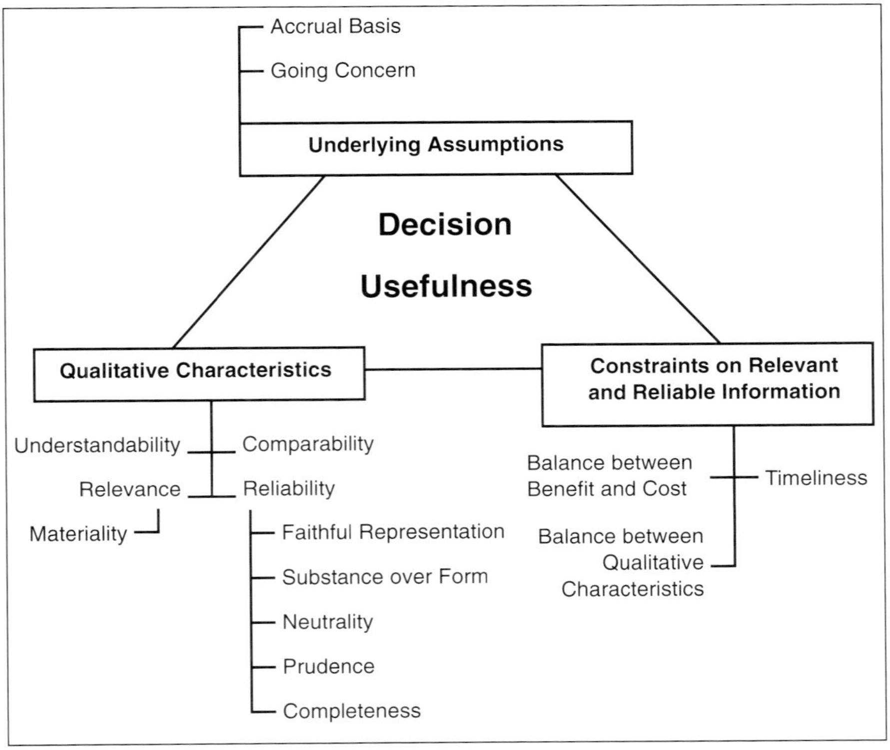

Abb. 1.6: Rechnungslegungsgrundsätze nach IAS/IFRS

Qualitative characteristics

Aufbauend auf den Grundannahmen müssen die Informationen, die in den Jahresabschlüssen zur Verfügung gestellt werden, bestimmte Eigenschaften aufweisen, um der Zielsetzung der Nützlichkeit für den Adressaten gerecht zu werden. Unter den vier *qualitative characteristics* versteht der IASB die Grundsätze der *understandability*, *relevance*, *reliability* und *comparability* (F 24).

- Understandability

Der Grundsatz der *understandability* fordert, dass die Informationen des Jahresabschlusses für einen fachkundigen und interessierten Leser leicht verständlich sind. Komplexe Sachverhalte sind jedoch nicht schon deshalb auszuschließen, weil sie unter Umständen für bestimmte Bilanzleser zu schwer verständlich sein könnten (F 25).

- Relevance

Der Grundsatz der *relevance* bezieht sich auf die Bedeutung der Information für die Entscheidungsfindung der Bilanzleser. Eine Information wird demnach als relevant eingeschätzt, wenn sie die wirtschaftlichen Entscheidungen der Adressaten beeinflusst, indem sie bei der Einschätzung vergangener, gegenwärtiger oder zukünftiger Ereignisse hilft oder vergangene Einschätzungen bestätigt oder korrigiert (F 26). Die Relevanz einer Information wird vor allem durch ihre Eigenart (*nature*) und ihre Wesentlichkeit (*materiality*) bestimmt (F 29). In manchen Fällen wird allein die Eigenart der Information ausreichen, um sie relevant zu machen. Die Berichterstattung über ein neues Geschäftssegment beispielsweise wird unabhängig von der Wesentlichkeit der in diesem Segment erzielten Ergebnisse Einfluss auf die Einschätzung der Chancen und Risiken der gesamten Unternehmung haben. In anderen Fällen sind Eigenart und Wesentlichkeit wichtig. So sind beispielsweise bei den vom Unternehmen gehaltenen Vorräten nicht nur die wichtigsten Vorratsgruppen, sondern auch die zugehörigen Beträge von Interesse. Eine Information ist dann wesentlich, wenn ihre Auslassung oder fehlerhafte Wiedergabe die wirtschaftliche Entscheidungsfindung des Bilanzlesers beeinflussen könnte. Damit liefert die *materiality* eher eine Berücksichtigungsschwelle für die Berichterstattung und stellt nicht direkt eine geforderte Eigenschaft einer nützlichen Information dar (F 30).

- *Reliability*

Der Grundsatz der *reliability* bestimmt, dass die veröffentlichte Information verlässlich sein muss. Verlässlichkeit ist dann gegeben, wenn sie frei von wesentlichen Fehlern und subjektiver Verzerrung ist. Der Bilanzleser muss sich auf die glaubwürdige Darstellung der behaupteten Darstellungen bzw. der normalerweise zu erwartenden Darstellungen verlassen können (F 31). Damit erfährt der Grundsatz der *relevance* eine entscheidende Einschränkung: Eine Information mag zwar die Eigenschaft der Relevanz aufweisen, jedoch kann sie gleichzeitig so unzuverlässig sein, dass ein Bilanzansatz im Jahresabschluss zu Fehldeutungen führen könnte (F 32). Aus der Eigenschaft der *reliability* leiten sich folgende fünf untergeordnete Prinzipien ab: *faithful representation*, *substance over form*, *neutrality*, *prudence* und *completeness*. Damit eine Information verlässlich ist, muss sie nach der Forderung der *faithful representation* eine glaubwürdige Abbildung der tatsächlichen Vorgänge darstellen. Ebenso wie ansatzweise innerhalb der deutschen GoB zu finden, bedingt *substance over form*, dass die tatsächlichen wirtschaftlichen Verhältnisse ausschlaggebend für Bilanzierung von Geschäftsvorfällen sind und nicht ihre formelle rechtliche Ausgestaltung (F 35). Ferner müssen die Informationen objektiv, d. h. frei von subjektiven Verzerrungen sein (*neutrality*) (F 36). Das im System der deutschen GoB vorherrschende Vorsichtsprinzip nimmt bei den IAS/IFRS nur eine nachgeordnete Stellung in Form der *prudence* ein (F 37). Die unvermeidbar auftretenden Unsicherheiten sollen durch eine entsprechend vorsichtige Bilanzierungsweise bei der Aufstellung des Jahresabschlusses berücksichtigt werden. Explizit ausgeschlossen ist jedoch die Bildung stiller Reserven und übertriebener Rückstellungen, die bewusste Unterbewertung von Vermögensgegenständen oder Erträgen, oder die bewusste Überbewertung von Verbindlichkeiten oder Aufwendungen. Das Vorsichtsprinzip würde durch eine solche Vorgehensweise aus Sicht des IASB überinterpretiert. Der Jahresabschluss würde nicht mehr objektiv und damit nicht mehr verlässlich sein. Schließlich müssen die gegebenen Informationen im Rahmen der Wesentlichkeit und der angemessenen Kosten für die Informationsbereitstellung vollständig sein (*completeness*) (F 38).

- *Comparability*

Ausgehend von der zentralen Zielsetzung der Rechnungslegung, entscheidungsrelevante Informationen zur Verfügung zu stellen, soll dem Bilanzleser die Möglichkeit gegeben werden, durch den Vergleich der Jahresabschlüsse mehrerer Jahre Entwicklungen der finanziellen Situation des betrachteten Unternehmens, absolut und in Relation zu anderen Unternehmen, zu erkennen. Der Grundsatz der *comparability* erfordert deshalb sowohl die zeitliche Vergleichbarkeit der Abschlüsse eines Unternehmens als auch die zwischenbetriebliche Vergleichbarkeit der Abschlüsse mehrerer Unternehmen (F 39). Bewertung und Ausweis vergleichbarer Sachverhalte haben demnach innerhalb des ganzen Unternehmens und über die Zeit hinweg stetig zu erfolgen. Eine wichtige Folgerung aus diesem Grundsatz ist, dass der Bilanzleser über die angewandten Bewertungsgrundsätze, etwaige Änderungen und deren materielle Auswirkungen informiert wird (F 40). Dazu gehört auch der Ausweis der entsprechenden Informationen für die vorangegangenen Perioden (F 42).

Einschränkungen der qualitative characteristics

- Timeliness

Diese vier grundlegenden Charakteristika werden hinsichtlich ihrer uneingeschränkten Gültigkeit durch die drei Nebenbedingungen der *timeliness*, *balance between benefit and cost* und *balance between qualitative characteristics* eingeschränkt.

Die Forderung der *timeliness* nach einer zeitnahen Berichterstattung führt häufig zu Konflikten mit der Zuverlässigkeit der gewährten Informationen (F 43). Die Unternehmensführung muss deshalb zwischen den Vorzügen einer zeitnahen Berichterstattung und den Vorzügen einer Bereitstellung von zuverlässigen Informationen abwägen. So kann es beispielsweise notwendig sein, zeitig über einen bestimmten Geschäftsvorfall zu Lasten der *reliability* zu berichten, selbst wenn sich noch nicht alle damit in Zusammenhang stehenden Aspekte mit Sicherheit bestimmen lassen.

- Balance between benefit and cost

Die Zielsetzung für den Bilanzverwender nützliche Informationen bereitzustellen, erfährt durch die Forderung nach *balance between benefit and cost* eine entscheidende Einschränkung. So sollen – trotz aller Schwierigkeiten bei der Quantifizierung – die Kosten für die Bereitstellung der Informationen nicht den Nutzen der zusätzlichen Information übersteigen (F 44). Der Kostenbegriff wird in diesem Zusammenhang nicht auf pagatorische Größen beschränkt bleiben können, sondern umfasst konsequenterweise auch indirekte Ertragseinbußen, z. B. in Form wettbewerblicher Nachteile aus einer zu umfangreichen Segmentberichterstattung.

- Balance between qualitative characteristics

Schließlich ist es für die Zielerreichung der Jahresabschlüsse in der Bilanzierungspraxis unerlässlich, einen zielführenden Ausgleich bzw. Kompromiss zwischen den einzelnen qualitativen Eigenschaften der Informationen zu finden. Die relative Bedeutung der einzelnen Charakteristika wird von Fall zu Fall eine Frage der fachkundigen Einschätzung sein (F 45).

Keine Generalnorm nach IAS/IFRS

Im Gegensatz zur schriftlichen Fixierung des *true and fair view*-Prinzips in § 264 Abs. 2 HGB verzichtet das Framework auf eine explizite Kodifizierung einer entsprechenden Generalnorm. Der IASB geht vielmehr davon aus, dass ein Jahresabschluss, der unter Beachtung der *qualitative characteristics* und weiterer Einzelvorschriften aufgestellt wurde, im Allgemeinen genau das Bild vermittelt, das unter den Begriffen *true and fair view* bzw. *fair presentation* verstanden wird (F 46).

Bestandteile eines Jahresabschlusses nach IAS/IFRS

Die Veröffentlichungspflichten nach IAS/IFRS sind umfangreicher als die nach HGB. So beinhaltet ein Jahresabschluss nach IAS/IFRS nicht nur Bilanz, GuV und Anhang, sondern auch eine Kapitalflussrechnung und eine Eigenkapitalveränderungsrechnung. Nach IAS 1.7 sollte ein *complete set of financial statements* folgende Komponenten beinhalten:

(a) *balance sheet;*

(b) *income statement;*

(c) *a statement showing either:*

  (i) *all changes in equity; or*

  (ii) *changes in equity other than those arising from capital transactions with owners and distributions to owners;*

(d) *cash flow statement; and*

(e) *accounting policies and explanatory notes.*

Vergleich HGB und IAS/IFRS

Betrachtet man zusammenfassend die Zielsetzung der IAS-Rechnungslegung und ihre Rechnungslegungsprinzipien, so lassen sich im Vergleich mit der HGB-Konzeption vor allem die untergeordnete Stellung des Vorsichtsprinzips sowie differierende Begriffsinhalte für Vermögensgegenstände und *assets* bzw. Schulden und *liabilities* feststellen (vgl. Kleekämper, H. [2000], S. 4742 f.). Sachliche und zeitliche Periodenabgrenzung in Verbindung mit einem umfassenderen Verständnis der Gewinnrealisation dominieren das Vorsichtsprinzip. Im Unterschied zur deutschen vom Imparitätsprinzip geprägten Auffassung werden im Rahmen der Periodenabgrenzung nicht nur bereits realisierte Erträge, sondern auch mit gewisser Wahrscheinlichkeit realisierbare Erträge erfasst, wie zum Beispiel im Zusammenhang mit der Bilanzierung langfristiger Fertigungsaufträge (vgl. 4. Kapitel B VI). Die sachliche Abgrenzung nach den IAS-Grundsätzen erfordert in vielen Fällen eine Aktivierung von Aufwendungen als *assets* bis zur Realisation der zugehörigen Erträge. In Deutschland sind diese Aufwendungen, beispielsweise Entwicklungsaufwendungen, nicht als Vermögensgegenstände aktivierbar, sondern Aufwand der Periode.

Auf die einzelnen Auswirkungen auf die konkrete Definition der Elemente der Rechnungslegung, deren Ansatz und Bewertung wird an entsprechender Stelle näher eingegangen.

2. Bestimmungen nach US-GAAP

Wie erwähnt, handelt es sich bei den US-GAAP wie bei den deutschen GoB um einen unbestimmten Rechtsbegriff. Er ist als solcher nicht klar umrissen und setzt sich aus einer Vielzahl genereller Prinzipien, einzelfallbezogener Standards und üblichen Vorgehensweisen zusammen. Was genau unter GAAP zu fassen ist, ist nicht einheitlich definiert. Üblicherweise wird unter einem *generally accepted accounting principle* ein verbreitet praktiziertes Rechnungslegungsverfahren verstanden, das sich durch allgemeine Akzeptanz und *substantial authoritative support* durch die SEC auszeichnet (vgl. Pellens, B. [2001], S. 116 f.).

Die GAAP lassen sich in unterschiedlicher Weise systematisieren. Zum einen existieren verschiedene Abgrenzungen danach, inwieweit unter GAAP lediglich praktizierte Verfahren und Einzelregelungen oder auch übergeordnete Grundsätze gefasst werden (vgl. Haller, A. [1990], S. 755 f.). Weiterhin unterscheidet man in solche GAAP, die durch berechtigte Institutionen formell erlassen (*promulgated GAAP*) wurden und solche, die sich informell (*non promulgated GAAP*) entwikkelt haben. Im letzteren Fall werden Verfahrensweisen durch verbreitete Anwendung und Anerkennung durch Wirtschaftsprüfer zu GAAP (vgl. Haller, A. [1994], S. 74 f.).

a) Normsetzende Institutionen

Securities Exchange Comission (SEC)

Während die Wurzeln der Rechnungslegung in Deutschland im Gläubigerschutzgedanken zu sehen sind, rühren die amerikanischer Bestimmungen aus negativen Erfahrungen an den Aktienmärkten durch den Börsencrash von 1929 her. In der Folge erließ die amerikanische Regierung zwei für die Rechnungslegung bedeutsame Bundesgesetze zum Schutz des Wertpapierhandels: den *securities act* (1933) und den *securities exchange act* (1934), durch welche die SEC eingesetzt und mit der Aufsicht über die Einhaltung der enthaltenen Bestimmungen beauftragt wurde. Ebenso wurde die konkrete Ausgestaltung der enthaltenen Publizitätspflichten an die SEC deligiert. Darüber hinaus wurde sie mit der Autorität ausgestattet, eigenständige Regelungen zu erlassen, die ihre Wirkung auf alle Unternehmen entfalten, die der Aufsicht der SEC unterliegen. Dies sind solche Unternehmen, deren Wertpapiere an einer amerikanischen Börse oder im Freiverkehr gehandelt werden.

Die Berechtigung, Grundsätze und Richtlinien für die Rechnungslegung zu erlassen, nimmt die SEC selbst lediglich in Hinsicht auf die formelle Ausgestaltung der bei ihr einzureichenden Abschlüsse wahr. Die Regelung der materiellen Gestaltung der Rechnungslegung wurde von der SEC hingegen von jeher an private Organisationen deligiert, im Glauben, dass die Rechnungslegungspraxis diese Aufgabe besser wahrnehmen könne. Gleichwohl unterstützt die SEC die Erarbeitung neuer Standards durch informelle Hinweise und gibt Anregungen für neue Standards. Selbst erlässt die SEC nur Verlautbarungen, wenn zu einem Problemkreis noch kein Standard existiert bzw. ein solcher weiterer Interpretation oder Änderung bedarf. Insofern nimmt die SEC lediglich eine überwachende Funktion bei der Entwicklung von Bilanzierungsvorschriften wahr (vgl. Haller, A. [1994], S. 34 f.).

Darüber hinaus veröffentlicht sie Vorschriften über Form, Inhalt, Prüfung und Offenlegung der bei ihr einzureichenden Abschlüsse (*Regulation S-X*) sowie über die Veröffentlichung weiterer, nicht im Zahlenwerk enthaltener qualitativer Informationen (*Regulation S-K*). Weiterhin gibt sie (neben weiteren, hier nicht genannten Veröffentlichungen) Kommentierungen, Änderungen und Ergänzungen zu diesen Vorschriften unter dem Titel *accounting series releases (ASR)*, seit 1982 *financial reporting releases (FRR)* genannt, heraus. Die Verlautbarungen der SEC werden, nach herrschender Meinung, selbst jedoch nicht zum Kreis der GAAP gezählt (vgl. Haller, A. [1990], S. 766; anderer Ansicht Pellens, B. [2001], S. 120).

American Institute of Certified Public Accountants - AICPA

Die Vereinigung der amerikanischen Wirtschaftsprüfer, das *American Institute of Certified Public Accountants (AICPA),* bzw. deren Vorgängerorganisation, das *American Institute of Accountants (AIA)* hatte von Anfang an großen Einfluss auf den Normsetzungsprozess. Sie wurde 1938 von der SEC mit der Formulierung von Rechnungslegungsstandards beauftragt. Um dieser Aufgabe nachzukommen, gründete sie 1939 das *Committee on Accounting Procedure (CAP),* das Lösungsvorschläge für Bilanzierungsprobleme in Form von *Accounting Research Bulletins (ARB)* herausgab. Insgesamt wurden 51 ARBs zu spezifischen Einzelfällen veröffentlicht, von denen heute noch einige Gültigkeit besitzen. Da es aber nicht gelang, ein kohärentes System von Standards zu schaffen wurde das CAP 1959 durch das *Accounting Principles Board (APB)* ersetzt. Deren Veröffentlichungen, *APB opinions* genannt, waren seitens der SEC mit mehr Autorität versehen und für alle Wirtschaftsprüfer für die Abgabe von Testaten verbindlich. Jedoch schlug auch hier der Versuch fehl, auf wissenschaftlicher Erkenntnis basierend ein in sich geschlossenes System von Rechnungslegungsnormen zu schaffen, das gleichermaßen den verschiedenen Interessengruppen gerecht wurde.

Financial Accounting Standards Board - FASB

In der Folge wurde 1973 die Standardisierungstätigkeit auf das noch heute zuständige *Financial Accounting Standards Board (FASB)* übertragen. Dieses ist das eigentliche Arbeitsgremium innerhalb einer komplexen Struktur von verschiedenen Gremien, die von diversen Interessengruppen finanziert und kontrolliert werden. Diese Struktur soll gewährleisten, dass einerseits die verschiedenen Interessengruppen in einem ausgewogeneren Verhältnis vertreten sind und andererseits die Arbeit losgelöst von persönlichen und organisatorischen Abhängigkeiten erfolgen kann (vgl. hierzu im Detail Haller, A. [1994], S. 42 f.; Pellens, B. [2001], S. 103 ff.). Außerdem wurde ein stufenweiser Prozess (*due process*) des Zustandekommens der primären Verlautbarungen des FASB, der *Statements of Financial Accounting Standards* (FAS), eingeführt, welcher die interessierte Öffentlichkeit gebührend einbezieht. Dieser Standard-Setting-Prozess verläuft in folgenden Stufen (vgl. Haller, A. [1994], S. 46 f.; Kieso, D. E./Weygandt, J. J./ Warfield, T. D. [2001], S. 10):

1. Aufnahme einer Problemstellung in die Agenda
2. Bildung einer *task force*
3. Erstellung eines *discussion memorandum*
4. Öffentliche Anhörung
5. Erstellung eines *Exposure Draft*
6. Öffentliche Anhörung
7. Endgültiger Standard

Neben den FAS gibt das FASB auch *Interpretations* (FIN) heraus, die die Standards ergänzen, interpretieren und teilweise anpassen. Sie haben die gleiche Verbindlichkeit wie die Standards, müssen aber nicht den *due process* durchlaufen. Von zunehmender Bedeutung ist die *Emerging Issues Task Force* (EITF), eine Arbeitsgruppe des FASB, deren Aufgabe es ist, frühzeitig auf Rechnungslegungsprobleme aufmerksam zu machen und das FASB bei der Bearbeitung von Themen geringerer Bedeutung zu entlasten.

b) Aufbau der US-amerikanischen Rechnungslegungsnormen

Die vom FASB erlassenen Standards und Interpretations tragen grundsätzlich den *substantial authoritative support* der SEC (FRR 15 f.) und sind somit für alle börsennotierten Unternehmen verbindlich. Weiterhin binden Regeln 202 und 203 des *Code of Professional Conduct* des AICPA alle Wirtschaftsprüfer an die Verlautbarungen des FASB, sodass sich ihre Bindungswirkung auf alle geprüften Unternehmen erstreckt. Alle zuvor erlassenen ARBs oder APB *opinions* behalten ihre Gültigkeit, bis sie vom FASB geändert oder ersetzt werden. Diese drei Arten von Rechnungslegungsnormen bilden die primäre Ebene der US-GAAP mit dem höchsten Grad an Verbindlichkeit. Daneben existieren sog. FASB Technicals Bulletins, mit deren Hilfe das FASB auf aktuelle Spezialprobleme eingehen kann, ohne dabei bestehende Standards zu ändern. Sie haben einen geringeren Verbindlichkeitsgrad als die Vorschriften der ersten Ebene und stellen neben einer Fülle von anderen Quellen, auf die hier nicht näher eingegangen werden soll, einen Ansatzpunkt für die Lösung von Bilanzierungsproblemen dar, die durch die erste Ebene nicht direkt abgedeckt werden. Diese Abstufung der Bindungswirkung wird üblicherweise in Form eines Hauses dargestellt, dem sog. *House of GAAP* (vgl. Rubin, S. [1984], S. 123):

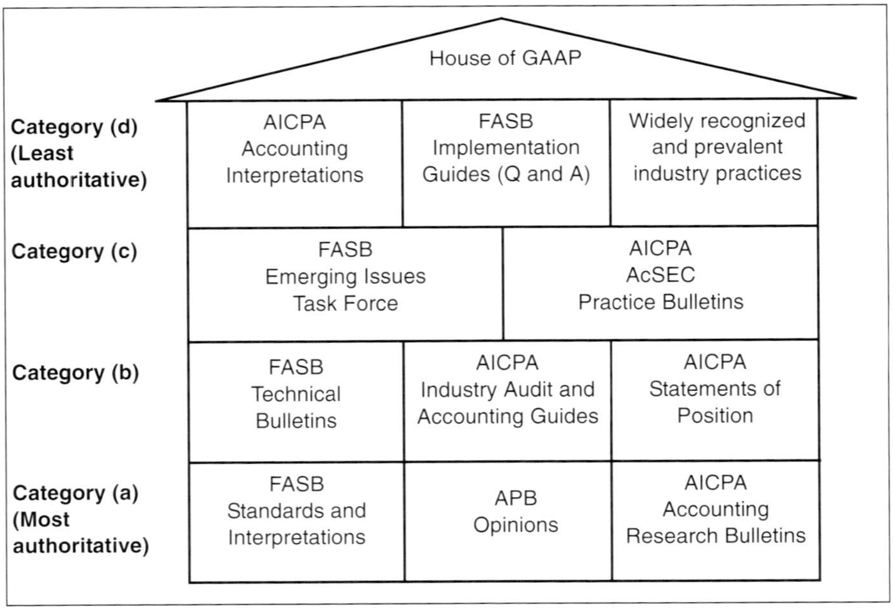

Abb. 1.7: House of GAAP

Bei der Lösung von Rechnungslegungsproblemen wird zunächst die erste Ebene für eine Hilfestellung durchlaufen. Nur wenn dort kein Ansatzpunkt gefunden wird, wird auf die nächst höhere Ebene zurückgegriffen.

c) *Rechnungslegungsgrundsätze nach US-GAAP*

Conceptual Framework

Wie das IASB hat auch das FASB die grundlegenden Prinzipien der US-amerikanischen Rechnungslegung in einem Rahmenwerk, dem *Conceptual Framework*, zusammengefasst (vgl. Abb. 1.8).

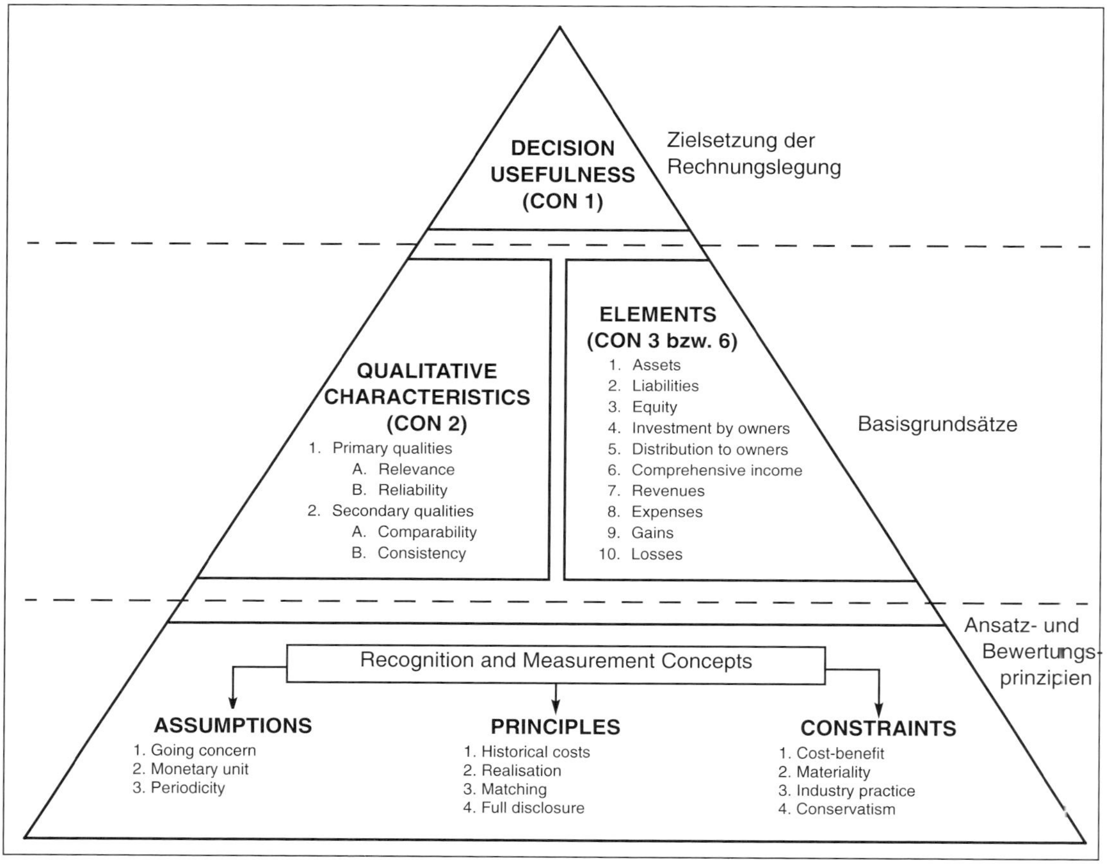

Abb. 1.8: Aufbau des Conceptual framework (vgl. Kieso, D. E./Weygandt, J. J./Warfield, T. D. [2001], S. 36)

Es besteht aus sechs »*Statements of Financial Accounting Concepts*« (CON), die von 1978 bis 1985 veröffentlicht wurden. Mit dem *Conceptual Framework* wurde zum einen ein Rahmen und eine logische Begründung für bereits bestehende Rechnungslegungsstandards geschaffen, zum anderen dient es als Deduktionsbasis für zukünftige Standards und als Leitsatz für die Lösung ungeklärter Bilanzierungsprobleme (vgl. Haller, A./Park, P. [1994], S. 7; Baetge, J./Roß, H.-P. [2000], S. 33). Es stellt eine Verbindung her zwischen der Zielsetzung der Rechnungslegung, der *decision usefulness*, und den sich mit Einzelproblemen beschäftigenden Standards. In CON 1 wird zunächst die Zielsetzung der Rechnungslegung erwerbswirtschaftlicher Unternehmen behandelt, um daraus qualitative Anforderungen an die Rechnungslegung (CON 2) abzuleiten. Anschließend werden die Bestandteile *(elements)* des Jahresabschlusses (CON 3, später ersetzt durch CON 6) und deren Ansatz (*recognition*) und Bewertung (*measurement*) (CON 5) dargestellt. CON 4 enthält darüber hinaus die Zielsetzung der Rechnungslegung von *Non-Business*-Organisatione.

Anforderungen an die Rechnungslegungsinformation

Aus der grundsätzlichen Zielsetzung der *decision usefulness* (CON 1) leitet sich die Forderung ab, dass die im Abschluss vermittelten Informationen für den Bilanzleser bei seiner Entscheidungsfindung nützlich sein müssen. Insofern sind alle präsentierten Informationen auf bestimmte, in CON 2 dargelegte Qualitätsanforderungen hin zu überprüfen, deren Erfüllung vermuten lässt, dass tatsächlich entscheidungsnützliche Informationen bereitgestellt wurden. Als primäre Qualitätsanforderungen definiert das FASB die Relevanz (*relevance*) und die Verlässlichkeit (*reliability*) der Informationen. Daneben existiert eine zweite untergeordnete Ebene von sekundären Anforderungen, die Vergleichbarkeit (*comparability*) und Konsistenz (*consistency*). Dabei ist die tatsächliche Berücksichtigung der Information an zwei Begrenzungen zu messen: der Nutzen der Information muss größer sein als die mit ihrem Ausweis verbundenen Kosten (Wirtschaftlichkeit), desweiteren gilt auch hier der Grundsatz der Wesentlichkeit (*materiality*).

Primäre Qualitätsanforderungen

Die primären Qualitätsanforderungen, *relevance* und *reliabilty,* werden durch ihre Bestandteile (*ingredients*) näher erläutert (vgl. Abbildung 1.9). Der Begriff *relevance* steht dabei für die Bedeutung einer Information für die Entscheidungsfindung. Eine Information ist dann relevant, wenn sie entweder Vorhersagen über die Auswirkungen vergangener, gegenwärtiger oder zukünftiger Ereignisse erlaubt (*predictive value*) oder Hilfestellung für die Überprüfung früherer Erwartungen leistet (*feedback value*) (CON 2.47). Dabei müssen solche Informationen zeitnah zur Verfügung gestellt werden, um nicht irrelevant zu werden (*timeliness*).

Unter *reliabilty* wird der Sachverhalt gefasst, dass Informationen verlässlich sein sollten, d. h. dass sie soweit als möglich fehlerfrei und ausgewogen (*unbiased*) sein und nach bestem Wissen und Gewissen das reflektieren sollten, was sie vorgeben darzustellen (vgl. CON 2 *glossary of terms*). Dazu gehören die Eigenschaften der Nachprüfbarkeit (*verifiability*), der Neutralität (*neutrality*) und der Abbildungstreue (*representational faithfulness*) (CON 2.58 ff.). Nachprüfbar sind Informationen dann, wenn mehrere Bilanzleser unabhängig voneinander mit den gleichen Methoden zu ähnlichen Ergebnissen gelangen. Neutralität bedeutet, dass Informationen nicht in der einen oder anderen Richtung verzerrt sein sollten, d. h. dass sie weder zu Gunsten noch zu Lasten einer Partei beeinflusst sein sollten. Das schließt auch die Veröffentlichung von Informationen mit ein, die für das Unternehmen unangenehm sein könnten (vgl. Kieso, D. E./Weygandt, J. J./ Warfield, T. D. [2001], S. 38 f.). Mit *representational faithfulness* ist die Übereinstimmung des abgebildeten mit dem zugrunde liegenden Sachverhalt gemeint. Dabei geht das FASB von einem ausreichend geschulten Bilanzleser aus, der in der Lage ist, die bilanzielle Abbildung eines Sachverhalts entsprechend zu interpretieren. Das dabei entstehende Bild der Lage soll der tatsächlichen Lage entsprechen (CON 2.63 f.).

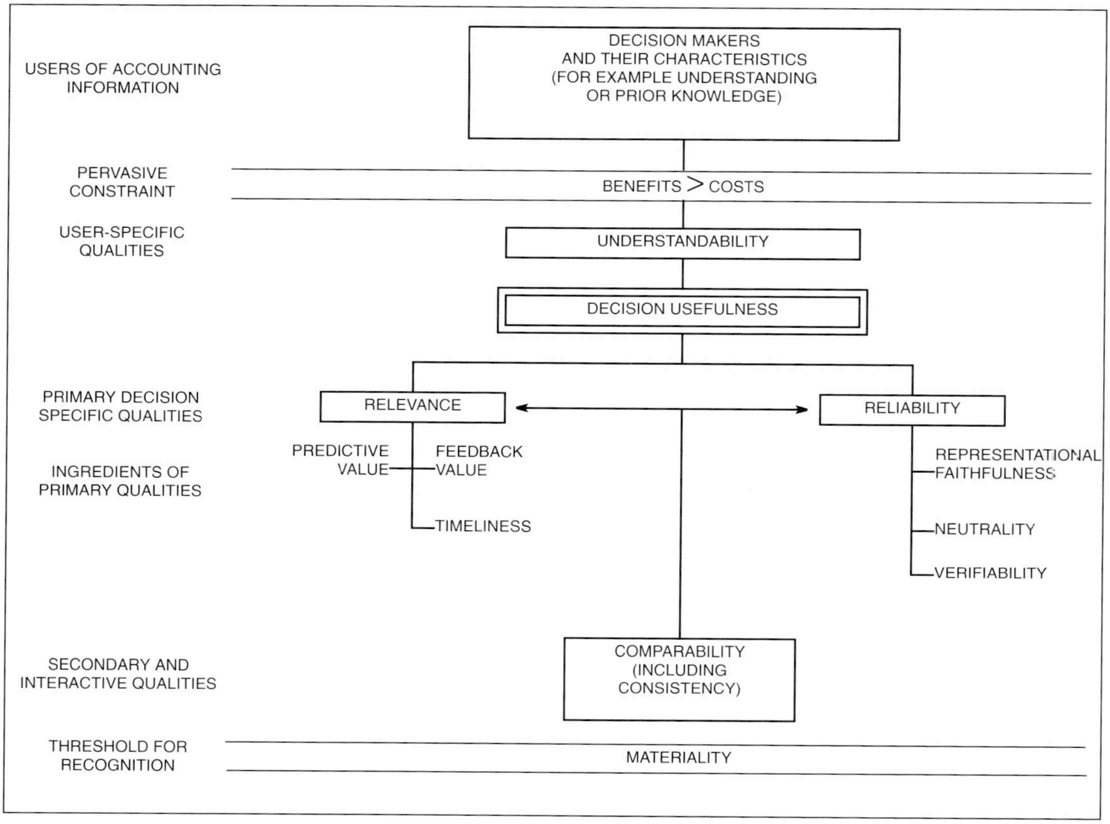

Abb. 1.9: A hierarchy of accounting qualities (CON 2.32 ff.)

Fair presentation als overriding principle

Diese primären Anforderungen werden häufig auch unter dem Grundsatz der *fair presentation* zusammengefasst. Er stellt die Generalnorm der US-amerikanischen Rechnungslegung dar, vergleichbar mit der deutschen Generalnorm der Darstellung eines den tatsächlichen Verhältnissen entsprechenden Bildes der Vermögens-, Finanz- und Ertragslage gem. § 264 Abs. 2 HGB bzw. § 297 Abs. 2 HGB. Deshalb muss der Bestätigungsvermerk der Wirtschaftsprüfer die *fair presentation* konstatieren. Dabei steht dieses Prinzip über allen anderen Prinzipien (*overriding principle*): Wird die *fair presentation* durch die Einhaltung eines anderen Prinzips beeinträchtigt, so ist zu ihren Gunsten davon abzuweichen und der Sachverhalt im Anhang zu erläutern (vgl. Haller, A./Park, P. [1994], S. 13)

Sekundäre Qualitätsanforderungen

Das sekundäre Merkmal der *comparability* dient der Vergleichbarkeit der Rechnungslegungsdaten sowohl in Gegenüberstellung mit anderen Unternehmen als auch im Zeitablauf (*consistency*). Um dies zu erreichen, müssen gleichartige Sachverhalte von verschiedenen Unternehmen gleichartig bilanziert werden. Entsprechend sind von einem einzelnen Unternehmen für gleichartige Sachverhalte im Zeitablauf die gleichen Rechnungslegungsmethoden anzuwenden. Dieser Grundsatz der Stetigkeit gilt in den USA für alle Methoden (CON 2.120). Damit erstreckt sich diese Regelung über die in Deutschland geltende Stetigkeit von Ausweis- (§ 265 Abs. 1 HGB), Bewertungs- (§ 252 Abs. 1 Nr. 6 HGB) und Konsolidierungsmethoden (§ 297 Abs. 3 Satz 2 HGB) hinaus auf Fragen des Ansatzes.

Elements

In CON 6 werden die wichtigsten Elemente des Jahresabschlusses definiert und voneinander abgegrenzt. Die drei Bestandteile der Bilanz stellen Vermögensgegenstände (*assets*), Schulden (*liabilities*) und Eigenkapital (*equity* oder *net assets*), als Residualgröße aus *assets* und *liabilities*, dar. Neben diesen Bestandsgrößen werden sieben Stromgrößen definiert, bei denen es sich um unterschiedliche Komponenten der Veränderung des Eigenkapitals in der Rechnungsperiode handelt. Zum einen existieren erfolgsneutrale Eigenkapitalveränderungen durch Entnahmen (*distribution to owners*) und Einlagen von Eigentümern (*investments by owners*). Der betriebliche Periodenerfolg ergibt sich aus durch den Leistungsprozess begründeten Eigenkapitalerhöhungen (*revenues*) und -minderungen (*expenses*) und deren Saldo *net income*. Zusammen mit weiteren, nicht durch den Leistungsprozess verursachten Wertsteigerungen (*gains*) oder -minderungen (*losses*) des Eigenkapitals, die nicht auf Einlagen oder Entnahmen beruhen, resultiert der Gesamtunternehmenserfolg der Periode (*comprehensive income*) (vgl. hierzu im Detail Kapitel 7).

Prinzipien für Ansatz und Bewertung

Neben den dargestellten übergeordneten Rahmengrundsätzen existieren in den US-GAAP ähnlich wie in den deutschen GoB verschiedene Prinzipien, die Ansatz und Bewertung (*recognition and measurement*) der in CON 6 definierten Elemente der Rechnungslegung regeln und zum Teil in CON 5 niedergelegt sind. Als grundlegendes Prinzip gilt auch nach US-GAAP der Grundsatz der Unternehmensfortführung (*going concern*). Weitere Grundprinzipien (*basic assumptions*) sind die Bewertung in Geldeinheiten (*monetary unit*) und die Zeitscheibenbetrachtung (*periodicity*).

Accrual principle

Zentraler Grundsatz für die Erfolgsermittlung ist das *accrual principle*, das mit dem deutschen Grundsatz der periodengerechten Erfolgsermittlung vergleichbar ist (vgl. Abbildung 1.10). Dabei steht die Ermittlung der wirtschaftlichen Leistungskraft der Unternehmung im Vordergrund. Demnach wird der Periodenerfolg nicht durch Gegenüberstellung von Zahlungen, sondern durch die Rechengrößen Ertrag und Aufwand, die der Rechnungsperiode gemäß den Abgrenzungsprinzipien zugeordnet werden, ermittelt.

Realisation principle

Zentraler Bestandteil der US-amerikanischen Rechnungslegung ist somit das Realisationsprinzip (*realisation principle*), demgemäß Erfolge (*revenues and gains*) erst dann erfolgswirksam verbucht werden dürfen, wenn sie realisiert oder realisierbar (*realisable*) sind. Im Vergleich zum deutschen Realisationsprinzip bedeutet dies eine Erweiterung, denn es erstreckt sich damit auch auf Fälle, in denen ein Ertrag lediglich realisierbar (*realisable*) im Sinne von in Zahlungsmittel transformierbar ist (*«convertibility of noncash assets into cash or claims to cash»* CON 5.83a), wie z. B. Wertsteigerungen von Wertpapieren des Handelsbestandes. In der Mehrzahl der Fälle werden *assets* mit Anschaffungs- bzw. Herstellungskosten (*historical cost principle*) bewertet. Es existieren jedoch einige Ausnahmefälle, wie der Ansatz von landwirtschaftlichen Produkten zu Verkaufspreisen, in denen Erträge verbucht werden dürfen, bevor die zugrunde liegende Leistung im juristischen Sinne als erbracht gelten kann. Gemäß dem Prinzip der *substance over form* steht nicht die rechtliche Betrachtungsweise, sondern der wirtschaftliche Zusammenhang (*economic substance over legal form*) im Vordergrund. Deshalb dürfen z. B. bei langfristigen Fertigungsaufträgen Erfolge gemäß dem Projektfortschritt realisiert werden (*percentage of completion-method*), sofern dieser messbar ist. Die deutschen GoB sehen hingegen die vollständige Vertragserfüllung (*completed contract-method*) vor, was eine Teilgewinnrealisation nur durch die vertragliche Aufteilung des Auftrags in Teilleistungen möglich macht (vgl. hierzu 4. Kapitel B VI). Das *realisation principle* erstreckt sich außerdem auf die Fälle der streng zeitraumbezogenen Erträge, die, entsprechend dem deutschen Prinzip der zeitlichen Abgrenzung, pro rata temporis verbucht werden.

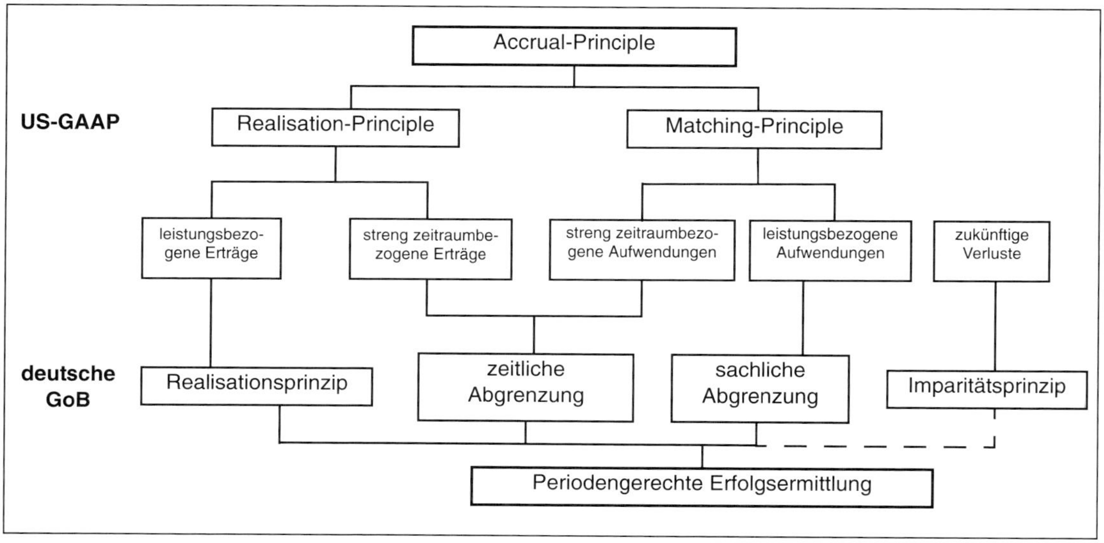

Abb. 1.10: Gegenüberstellung des Accrual Principle und der Abgrenzungsprinzipien nach deutschen GoB

Matching principle

Das *matching principle* stellt den Gegenpol zum *realisation principle* dar. Es rechnet den Erträgen die sachlich zugehörigen Aufwendungen zu und entspricht dem deutschen Prinzip der sachlichen Abgrenzung. Darüber hinaus beinhaltet es das deutsche Prinzip der zeitlichen Abgrenzung für streng zeitraumbezogene Aufwendungen, die demgemäß zeitanteilig erfasst werden.

Conservatism

Das in Deutschland ebenfalls zu den Abgrenzungsprinzipien gezählte Imparitätsprinzip wird in den US-GAAP nicht explizit erwähnt, existiert jedoch implizit als Ausfluss des Vorsichtsprinzips (*conservatism*). So müssen auch nach US-GAAP Verluste antizipiert werden, wenn sie mit großer Wahrscheinlichkeit eintreten werden. Die notwendigen Voraussetzungen sind allerdings strenger geregelt. Die Bedeutung des Vorsichtsprinzips innerhalb der US-GAAP ist als deutlich geringer einzustufen, da es sich primär aus dem Gläubigerschutzgedanken ableitet, der aufgrund der Zielsetzung der *decision usefulness* und der Dominanz der *fair presentation* in den US-GAAP nur von geringer Bedeutung ist (vgl. Haller, A. [1990], S. 772.) Das Prinzip des *conservatism* soll lediglich Hilfestellung in Zweifelsfragen geben, in denen die Variante zu wählen ist, die mit geringerer Wahrscheinlichkeit zu einer Überschätzung des Nettovermögens oder Ergebnisses führt. Dabei dient es nicht zur Rechtfertigung der Bildung stiller Reserven. Ein typischer Anwendungsfall ist die Bewertung von Vorräten mit der *lower of cost or market*-Methode (vgl. Kieso, D. E./Weygandt, J. J./Warfield, T. D. [2001], S. 50 f.).

Full disclosure

Das Ausmaß der Veröffentlichungspflichten ist nach US-GAAP weit umfangreicher als nach HGB (vgl. Abbildung 1.11). Aus CON 5.13 ergeben sich die Bestandteile des US-amerikanischen Abschlusses bestehend aus einer Bilanz (*statement of financial position*), einer Gewinn- und Verlustrechnung (*statement of earnings and comprehensive income*), einer Kapitalflussrechnung (*statement of cash flows*) und einer Eigenkapitalveränderungsrechnung (*statement of investments by and distributions to owners*). Dabei handelt es sich bei den Abschlüssen in der Regel um konsolidierte Abschlüsse, soweit das berichtende Unternehmen Tochterunternehmen hat, da nur diese für aussagekräftig gehalten werden (ARB 51.1; Reg. S-X § 210). Die Pflichtbestandteile werden durch Angaben im Anhang (*notes*) ergänzt, in denen Erläuterungen zum Zahlenwerk des Abschlusses gegeben werden, wie z. B. über Rechnungslegungsmethoden und Detailinformationen über einzelne Abschlusspositionen. Die Angabepflichten sind sehr viel umfangreicher als nach HGB und werden nur durch das Prinzip der *materiality* soweit eingegrenzt, dass keine unüberschaubare Informationsflut entsteht (vgl. Niehus, R. J./Thyll, A. [2000], Tz. 49.). Weiterhin existieren bestimmte Publizitätspflichten, wie z. B. die Auswirkungen von Preissteigerungen, die innerhalb der sog. *supplementary information* ausgewiesen werden (CON 5.7). Darüber hinaus zählen weitere veröffentlichte Informationen ebenfalls zum weiteren Oberbegriff des *financial reporting*, denen das FASB auch durchaus hohen Wert beimisst, aber nicht seinen Regelungen unterwirft (CON 1.5 ff.). Vergleichbar sind diese zusätzlichen Informationen mit dem in Deutschland üblichen Geschäftsbericht, für den es ebenfalls keine gesetzliche Verpflichtung gibt, der sich aber dennoch aus der Notwendigkeit der Informationsversorgung der Aktionäre durchgesetzt hat.

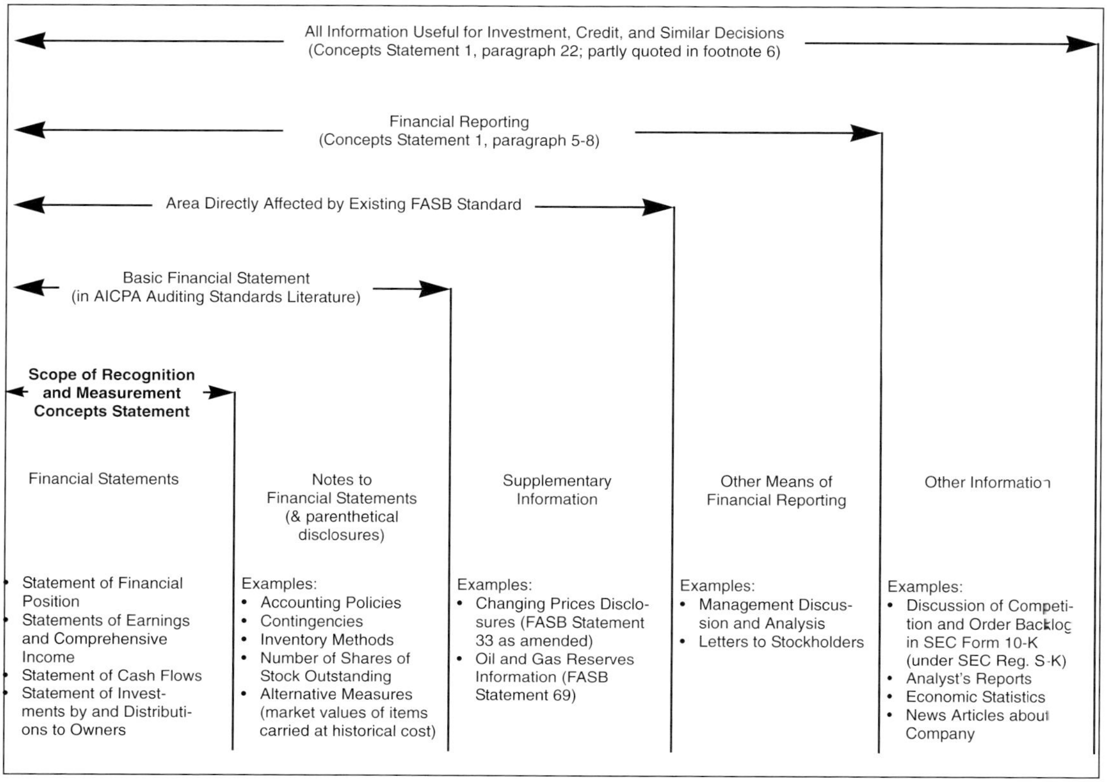

Abb. 1.11: Bestandteile der Rechnungslegung nach US-GAAP

III. Bestimmungen des Deutschen Rechnungslegungs Standards Committee (DRSC)

Durch Verabschiedung des Gesetzes zur Kontrolle und Transparenz im Unternehmensbereich (KonTraG) wurde in Deutschland nach angelsächsischem Vorbild ein »privates Rechnungslegungsgremium« (§ 342 HGB) geschaffen, um sich mit der Frage der Harmonisierung der deutschen Vorschriften zur Konzernrechnungslegung mit internationalen Standards auseinanderzusetzen. Aufgabe dieses Gremiums ist gemäß § 342 Abs. 1 Satz 1 HGB die Entwicklung von Empfehlungen zur Anwendung der Grundsätze über die Konzernrechnungslegung, die Beratung des Bundesministeriums der Justiz bei Gesetzgebungsvorhaben zu Rechnungslegungsvorschriften und die Vertretung der Bundesrepublik Deutschland in internationalen Standardisierungsgremien.

1. Die Normeninstanz Deutsches Rechnungslegungs Standards Committee (DRSC)/German Accounting Standards Committee (GASC)

DRSC/GASC

Das Deutsche Rechnungslegungs Standards Committee (DRSC), das international unter dem Namen German Accounting Standards Comittee (GASC) firmiert, wurde am 17.03. 1998 in Form eines Vereins gegründet. Das DRSC setzt sich zusammen aus Vorstand, Verwaltungsrat, Standardisierungsrat, Konsultationsrat und der Mitgliederversammlung (vgl. Kleekämper, H./Kuhlewind, A.-M./Alvarez, M. [2002], Tz. 135).

Deutscher Standardisierungsrat (DSR)

Zentrales Gremium des DRSC, ist der Deutsche Standardisierungsrat (DSR). Durch den Standardisierungsvertrag zwischen Bundesministerium der Justiz (BMJ) und DRSC vom 03.09. 1998 ist der DSR als Rechnungslegungsgremium nach § 342 HGB anerkannt worden. Der DSR ist zuständig für die Ermittlung, Festsetzung und Auslegung der Deutschen Rechnungslegungsstandards (DRS) nach angelsächsichem Vorbild sowie die Wahrnehmung der sonstigen in § 342 Abs. 1 HGB genannten Aufgaben (vgl. Baetge, J./Krumnow, J./Noelle, J. [2001], S. 769 f.). Mitglieder dieses Gremiums sind Rechnungsleger aus Wirtschaft, Berufsstand und Wissenschaft.

Vertretung in internationalen Standardisierungsgremien

Mit Hilfe des DSR soll die Einflussnahme auf den Standardisierungsprozess bei internationalen Rechnungslegungsgremien wie dem IASB verbessert werden, die bisher mangels eines nationalen Standardsetters nur eingeschränkt möglich war. Gleichzeitig wird damit die Berücksichtigung internationaler Erkenntnisse und Entwicklungen bei der Erarbeitung deutscher Standards gesichert. Mit der Befristung der Befreiungsregelung des § 292a HGB bis Ende 2004 geht der Gesetzgeber davon aus, dass bis dahin Vorschläge zur Anpassung der deutschen Konzernrechnungslegungsvorschriften an internationale Standards erarbeitet worden sind. Dabei sollen IAS/IFRS nicht lediglich in deutsches Recht übernommen, andererseits soll aber auch nicht »das Rad neu erfunden werden«, sondern die unter Berücksichtigung internationaler Standards aufgrund nationaler Besonderheiten notwendigen Anpassungen vorgenommen werden (vgl. Scheffler, E. [1999], S. 407 ff.).

2. Deutsche Rechnungslegungsstandards (DRS)

Charakter der Rechnungslegungsstandards des DSR

In Wahrnehmung seiner Aufgabe zur Entwicklung von Empfehlungen zur Konzernrechnungslegung wird der DSR in Anlehnung an internationale Konventionen in einzelnen Arbeitsgruppen Standards für die Behandlung wesentlicher Sachverhalte erarbeiten und nach einem festgelegten Verfahren (*due process*), das die fachlich interessierte Öffentlichkeit einbezieht, unter dem Titel „Deutsche Rechnungslegungsstandards" (DRS) verabschieden. Diese Empfehlungen können vom Bundesministerium der Justiz bekannt gemacht werden. Danach wird gemäß § 342 Abs. 2 HGB bei Beachtung der Empfehlung die Ordnungsmäßigkeit der Rechnungslegung vermutet. Die bekanntgemachten Standards tragen somit die Vermutung, GoB für Konzerngesellschaften zu sein (vgl.

Ballwieser, W. [1999], S. 442 ff.; Scheffler, E. [1999], S. 412 ff.). Tabelle 1.4 gibt einen Überblick über die bislang verabschiedeten DRS.

DRS	Titel	Bemerkung	Gültig ab
DRS 1	Befreiender Konzernabschluss nach § 292 a HGB	Bekanntmachung am 22.07.2000	25.04.1998
DRS 1a	Befreiender Konzernabschluss nach § 292 a HGB: Goodwill und andere immaterielle Vermögenswerte des Anlagevermögens	Bekanntmachung am 06.04.2002	06.04.2002
DRS 2	Kapitalflussrechnung	Bekanntmachung am 31.05.2000	01.01.1999
DRS 2–10	Kapitalflussrechnung von Kreditinstituten	Bekanntmachung am 31.05.2000	01.01.1999
DRS 2–20	Kapitalflussrechnung von Versicherungsunternehmen	Bekanntmachung am 31.05.2000	01.01.1999
DRS 3	Segmentberichterstattung	Bekanntmachung am 31.05.2000	01.01.1999
DRS 3–10	Segmentberichterstattung von Kreditinstituten	Bekanntmachung am 31.05.2000	01.01.1999
DRS 3–20	Segmentberichterstattung von Versicherungsunternehmen	Bekanntmachung am 31.05.2000	01.01.1999
DRS 4	Unternehmenserwerbe im Konzernabschuss	Bekanntmachung am 30.12.2000	01.01.2001
DRS 5	Risikoberichterstattung	Bekanntmachung am 29.05.2001	01.01.2001
DRS 5–10	Risikoberichterstattung von Kredit- und Finanzdienstleistungsinstituten	Bekanntmachung am 30.12.2000	01.01.2001
DRS 5–20	Risikoberichterstattung von Versicherungsunternehmen	Bekanntmachung am 29.05.2001	01.01.2001
DRS 6	Zwischenberichterstattung	Bekanntmachung am 13.02.2001	01.07.2001
DRS 7	Konzerneigenkapital und Konzerngesamtergebnis	Bekanntmachung am 26.04.2001	01.07.2001
DRS 8	Bilanzierung von Anteilen an assoziierten Unternehmen im Konzernsbchluss	Bekanntmachung am 29.05.2001	01.07.2001
DRS 9	Bilanzierung von Anteilen an Gemeinschaftsunternehmen im Konzernabschluss	Bekanntmachung am 11.12.2001	01.01.2002

DRS 10	Latente Steuern im Konzernabschluss	Bekanntmachung am 09.04.2002	01.01.2003
DRS 11	Berichterstattung über Beziehungen zu nahestehenden Personen	Bekanntmachung am 10.04.2002	01.07.2002
DRS 12	Immterielle Vermögenswerte des Anlagevermögens	verabschiedet am 08.07.2002	01.01.2003
DRS 13	Grundsatz der Stetigkeit und Berichtigung von Fehlern	verabschiedet am 08.07.2002	01.01.2003

Tab. 1.4: Überblick über die bisher verabschiedeten DRS

Vorsichtige vs. periodengerechte Erfolgsermittlung

Bei der Anpassung des HGB an internationale Normen soll zwar die für die deutsche Rechnungslegung charakteristische vorsichtige Bilanzierung nicht aufgegeben werden (vgl. Ernst, C./Seibert, U./Stuckert, F. [1998], S. 133), jedoch scheint es wahrscheinlich, dass sie in der Konzernrechnungslegung gegenüber der periodengerechten Erfolgsermittlung an Bedeutung verlieren wird. Dies ist nicht allein auf Einflüsse aus dem anglo-amerikanischen Raum zurückzuführen, in dem das Prinzip der *fair presentation*, also der tatsachengetreuen Abbildung der Unternehmenslage, von überragender Bedeutung (*overriding principle*) ist. In anglo-amerikanischen Ländern, in denen die Eigenkapitalfinanzierung über den Aktienmarkt gegenüber der Fremdkapitalfinanzierung durch Kreditinstitute seit jeher dominiert, sollen durch Rechnungslegung weniger die Gläubiger geschützt als die Informationsinteressen aller Investoren, vor allem aber der Aktionäre, bedacht werden.

Institutioneller vs. informationeller Gläubigerschutz

Das in Deutschland historisch begründete Prinzip einer vorsichtigen Bewertung des Vermögens und der Schulden zum Zwecke der Ausschüttungsbegrenzung und zum Schutze der Gläubiger rückt im globalen Wettbewerb um Kapital gegenüber der Zielsetzung der Information der Investoren zwangsläufig in den Hintergrund. Die klassische Ausprägung des institutionalisierten Gläubigerschutzes macht einer neuen Form Platz, dem informationellen Gläubigerschutz: Durch ein Mehr an Information soll der Investor in die Lage versetzt werden, für ihn nachteilige Entwicklungen selbst zu erkennen und seine Anlageentscheidungen entsprechend zu treffen. Dabei wird der Investor als zentraler Adressat angesehen, dessen Befriedigung gleichzeitig die Zufriedenstellung anderer Adressaten mit sich bringt. Da der Konzernabschluss in Deutschland lediglich der Information und nicht der Ausschüttungsbemessung dient, besteht durchaus Spielraum für eine stärkere Orientierung am Grundsatz des *true and fair view* nach internationalem Vorbild.

Kontrollfragen:

1. Worin unterscheiden sich Erfolgs-, Vermögens- und Liquiditätsbilanzen?
2. Welche Aufgaben und welchen Inhalt hat eine Bilanz bzw. eine GuV?

3. Was ist eine Unterbilanz, und wann liegt Überschuldung vor?
4. Was versteht man unter dem betrieblichen Rechnungswesen, und welche Rolle spielt in diesem der Jahresabschluss?
5. Welche Aufgaben hat der handelsrechtliche Jahresabschluss zu erfüllen?
6. Warum müssen sowohl Ausschüttungssperrvorschriften als auch Vorschriften bezüglich einer Mindestausschüttung gesetzlich vorhanden sein?
7. Welche Unschärfen beeinträchtigen die Aussagefähigkeit des handelsrechtlichen Jahresabschlusses?
8. Worin liegt die Aufgabe des steuerrechtlichen Jahresabschlusses?
9. Was besagt das Maßgeblichkeitsprinzip, und welche Konsequenzen hat es für den handelsrechtlichen Jahresabschluss?
10. Welche Aufgabe und welchen Inhalt hat die 4. EG-Richtlinie?
11. Wie wurde das dritte Buch des HGB gegliedert, und welches Ziel verfolgte der Gesetzgeber mit dieser Gliederung?
12. Ist es richtig, dass Einzelkaufleute und Personenhandelsgesellschaften nur die Vorschriften der §§ 238 bis 263 HGB beachten dürfen?
13. Was besagt der Grundsatz des *true and fair view*, und welche Auswirkungen hat er auf die Bilanzierungspraxis?
14. Unter welcher Voraussetzung haben auch Personenhandelsgesellschaften und Einzelunternehmen in weiten Bereichen die Vorschriften des zweiten Abschnittes des dritten Buches des HGB zu beachten?
15. Welche Gründe sprechen für eine Harmonisierung der Rechnungslegung, wie sie vom IASB angestrebt wird?
16. Welche Möglichkeiten stehen derzeit deutschen Unternehmen offen, die internationalen Rechnungslegungsnormen zu berücksichtigen?
17. Welche Zielsetzungen verfolgt der IASB?
18. Wie setzt sich der IASB zusammen und welche Aufgaben verfolgt es?
19. Was versteht man im Zusammenhang mit den IAS unter *benchmark treatment* bzw. unter *allowed alternative treatment*?
20. Welche Informationsbedürfnisse befriedigt ein Abschluss nach IAS/IFRS primär und warum?
21. Für welche Unternehmen gelten die Rechnungslegungsvorschriften nach IAS/IFRS?
22. Was versteht man unter den GoB, und wie kann im Einzelfall festgestellt werden, welche Bilanzierungsweise den GoB entspricht?
23. Nennen Sie die oberen GoB!
24. Inwieweit verlangt der Grundsatz der Vollständigkeit die Berücksichtigung von Informationen, die nach dem Bilanzstichtag erlangt wurden?
25. Beschreiben Sie das System der Abgrenzungsgrundsätze, und charakterisieren Sie dabei das Realisationsprinzip, das Prinzip der sachlichen und das der zeitlichen Abgrenzung!
26. Welche Auswirkungen hat das Imparitätsprinzip auf die Bilanzierung?

27. Interpretieren und beurteilen Sie den Grundsatz der Vorsicht!
28. Wie ist der Grundsatz der Stetigkeit der Bewertungsmethoden zu interpretieren?
29. Erläutern Sie die Rechtsnatur kodifizierter GoB, und gehen Sie auf die Vor- und Nachteile einer solchen Kodifizierung ein!
30. Wozu dienen die Ausführungen im *Framework* der IAS/IFRS?
31. Was ist unter den Grundsätzen der *understandability*, *relevance*, *reliability* und *comparability* zu verstehen?
32. Durch welche Nebenbedingungen werden die *qualitative characteristics* eines Jahresabschlusses nach IAS/IFRS eingeschränkt?
33. Charakterisieren Sie die US-GAAP und grenzen Sie sie von den GoB ab.
34. Was versteht man unter dem *House of GAAP*?
35. Beschreiben Sie den Aufbau des *Conceptual Framework*.
36. Was ist die zentrale Zielsetzung der US-GAAP und wie bildet sie sich in den Grundsätzen ab?
37. Wie werden *relevance* und *reliabilty* konkretisiert?
38. Inwieweit unterscheiden sich *accrual principle* und die Abgrenzungsgrundsätze der GoB?

2. Kapitel: Basiselemente der Bilanzierung

Die im Unternehmensbereich eintretenden Wertänderungen werden in der Buchführung festgehalten, soweit sie das Betriebsvermögen betreffen. Bei Aufstellung des Jahresabschlusses ist dann mit Hilfe der Abgrenzungsgrundsätze zu prüfen, ob die Wertänderungen, die in der Buchführung erfasst werden, der abgelaufenen Periode als Aufwand oder Ertrag zuzurechnen und dementsprechend in der GuV auszuweisen sind oder ob sie erst in künftigen Perioden erfolgswirksam werden und zunächst allein in der Bilanz erscheinen müssen. Um die Änderungen des Betriebsvermögens im Jahresabschluss zutreffend erfassen zu können, müssen daher bei der Bilanzerstellung drei Fragen geklärt werden:

Grundlegende Fragen der Bilanzierung

1. Die Frage nach dem Bilanzinhalt, d. h., welche Güter dürfen bzw. müssen in die Bilanz aufgenommen werden (= Bilanzierung dem Grunde nach, Ansatz).
2. Die Frage nach den Wertmaßstäben, d. h., mit welchen Werten sind diese Güter in der Bilanz anzusetzen (= Bilanzierung der Höhe nach, Bewertung).
3. Die Frage an welcher Stelle die Güter auszuweisen sind (= Ausweis).

Kriterien zur Beantwortung dieser Fragen werden nachfolgend abgehandelt.

A. Kriterien zur Aktivierung und Passivierung

Im folgenden Abschnitt wird dargestellt, welche Güter grundsätzlich in eine Bilanz nach HGB, Steuerrecht, IAS/IFRS und US-GAAP aufgenommen werden können bzw. müssen.

I. Bilanzierungsfähigkeit

Bilanzierung dem Grunde nach gem. HGB

Unter Bilanzierungsfähigkeit versteht man die Eignung, als Aktivposten (Aktivierungsfähigkeit) bzw. Passivposten (Passivierungsfähigkeit) in der Bilanz berücksichtigt werden zu können. Das Vollständigkeitsgebot des § 246 Abs. 1 HGB bestimmt dazu, dass in der Bilanz – neben den Rechnungsabgrenzungsposten (vgl. 6. Kapitel C) – sämtliche Vermögensgegenstände und Schulden anzusetzen sind, soweit gesetzlich nichts anderes bestimmt ist. Daraus folgt, dass

Bilanzierungsfähigkeit

- die Bilanzierungsfähigkeit immer dann gegeben ist, wenn Vermögensgegenstände und Schulden vorliegen, die dem Vermögen des Bilanzierenden zuzurechnen sind (vgl. II und III dieses Abschnitts), und kein gesetzliches Verbot im konkreten Fall die Bilanzierung verbietet (vgl. V. dieses Abschnitts).

Bilanzierungspflicht

- für alle bilanzierungsfähigen Vermögensgegenstände und Schulden gleichzeitig Bilanzierungspflicht besteht, es sei denn, gesetzliche Vorschriften gewähren dem Bilanzierenden für den konkreten Fall ausdrücklich ein Bilanzierungswahlrecht (vgl. VI. dieses Abschnitts).

Vermögensgegenstand

Die Begriffe »Vermögensgegenstand« und »Schulden«, durch deren Begriffsmerkmale der Bilanzinhalt festgelegt ist, werden im Gesetz nicht definiert, sondern sind aus den GoB abzuleiten. Danach umfasst der Begriff Vermögensgegenstand nicht nur Sachen und Rechte im bürgerlich-rechtlichen Sinn, sondern ganz allgemein (vgl. Freericks, W. [1976], S. 141 ff.)

1. wirtschaftliche Werte, die
2. selbständig bewertbar und
3. selbständig verkehrsfähig, d. h. einzeln veräußerbar sind.

Während der wirtschaftliche Wert durch seinen zukünftigen Nutzen für das Unternehmen charakterisiert ist, fordert das Merkmal der selbständigen Bewertbarkeit das Vorliegen eines geeigneten Wertmaßstabes (Anschaffungs- bzw. Herstellungskosten), d. h. das Vorliegen von Aufwendungen. Die Beschränkung der Aktiva auf einzeln veräußerbare Güter trägt in besonderem Maße dem Gläubigerschutz Rechnung, da dadurch die Gläubiger im Insolvenzfall die Möglichkeit besitzen, einzelne Objekte zur Schuldentilgung verwerten zu können.

Schulden

Schulden werden allgemein definiert als (vgl. Freericks, W. [1976], S. 224 ff.)

1. bestehende oder hinreichend sicher erwartete Belastungen des Vermögens, die
2. auf einer rechtlichen oder wirtschaftlichen Leistungsverpflichtung des Unternehmens beruhen und
3. selbständig bewertbar, d. h. als solche abgrenzbar und z. B. nicht nur Ausfluss des allgemeinen Unternehmerrisikos sind.

Der Begriff »Schulden« umfasst somit nicht nur Verbindlichkeiten, sondern grundsätzlich auch Rückstellungen, die durch die Ungewissheit hinsichtlich Bestehen und/oder Höhe der künftigen Belastung gekennzeichnet sind.

Wirtschaftsgut

Im Gegensatz zum Handelsrecht spricht das Steuerrecht bei der Festlegung des Bilanzinhaltes von positiven (Aktiva) und negativen (Passiva) Wirtschaftsgütern. Während sich die Begriffe »Schulden« und »negatives Wirtschaftsgut« weitgehend entsprechen, bestehen zwischen dem Begriff des »Vermögensgegenstandes« und dem des »(positiven) Wirtschaftsgutes« – trotz häufiger synonymer Verwendung – Unterschiede. Aufgrund der steuerlichen Rechtsprechung ist ein Wirtschaftsgut durch folgende drei Merkmale gekennzeichnet:

1. Es sind Aufwendungen entstanden (BFH-Urteil v. 13.08.1957, BStBl. III 1957, S. 350), die
2. einen über das Wirtschaftsjahr hinausgehenden Nutzen versprechen (BFH-Urteil v. 28.01.1954, BStBl. III 1954, S. 109).
3. Das durch die Aufwendungen Geschaffene muss selbständig bewertbar sein, d. h., ein Erwerber des gesamten Betriebes würde dafür im Rahmen des Gesamtkaufpreises ein besonderes Entgelt ansetzen (BFH-Urteil v. 15.04.1958, BStBl. III 1958, S. 260).

Vergleich Vermögensgegenstand und Wirtschaftsgut

Ein Vergleich der jeweils zugrunde gelegten Merkmale macht deutlich, dass der Begriff des Wirtschaftsgutes über den des Vermögensgegenstandes hinausgeht und auch Güter umfasst, die zwar bei einer Veräußerung des Unternehmens den Gesamtkaufpreis erhöhen, aber nicht einzeln veräußerbar sind. Ein Beispiel dafür ist der entgeltlich erworbene Geschäfts- oder Firmenwert (vgl. 3. Kapitel B I), der aufgrund fehlender Einzelveräußerbarkeit kein aktivierungsfähiger Vermögensgegenstand ist, sondern nur aufgrund ausdrücklicher Rechtsvorschrift handelsrechtlich aktiviert werden darf (vgl. § 255 Abs. 4 HGB). Steuerlich dagegen liegt ein aktivierungspflichtiges Wirtschaftsgut vor (vgl. § 5 Abs. 2 EStG).

Bilanzierungshilfen

Der Handelsbilanzinhalt ist – abgesehen vom Eigenkapital und den Rechnungsabgrenzungsposten – grundsätzlich auf Vermögensgegenstände und Schulden beschränkt. Diese Beschränkung kann allerdings zu unerwünschten Ergebnissen im Vermögens- und Erfolgsausweis führen. Deshalb gewährt das Handelsrecht dem Bilanzierenden in einigen Fällen sog. »Bilanzierungshilfen«, d. h. bilanzielle Hilfsgrößen, deren Inanspruchnahme eine periodengerechte Aufwandsverrechnung ermöglichen soll. Das HGB nennt als Bilanzierungshilfen explizit nur die Aufwendungen für die Ingangsetzung und Erweiterung des Geschäftsbetriebes (§ 269 HGB) sowie die aktiven latenten Steuern (§ 274 Abs. 2 HGB). Darüber hinaus können auch die Bilanzierungswahlrechte für den entgeltlich erworbenen Geschäfts- oder Firmenwert (§ 255 Abs. 4 HGB) und für bestimmte Aufwandsrückstellungen (§ 249 Abs. 1 Nr. 1 und Abs. 2 HGB) als Bilanzierungshilfen qualifiziert werden (vgl. dazu Ballwieser, W. [1987], S. 3). Eine ausführliche Darstellung der Bilanzierungshilfen erfolgt jeweils im Zusammenhang mit den betroffenen Bilanzpositionen (vgl. 3. Kapitel B I bzw. 6. Kapitel C).

Das Steuerrecht verneint grundsätzlich die Bilanzierungsfähigkeit handelsrechtlicher Bilanzierungshilfen, sofern nicht gleichzeitig positive bzw. negative Wirtschaftsgüter (z. B. derivativer Geschäfts- oder Firmenwert) vorliegen.

Sieht man vom Ansatz der Rechnungsabgrenzungsposten und des Eigenkapitals ab, besteht die Bilanzansatz-Entscheidung in der Handelsbilanz aus einer Reihe von Einzelentscheidungen, deren Zusammenhang Abbildung 2.1 verdeutlichen soll:

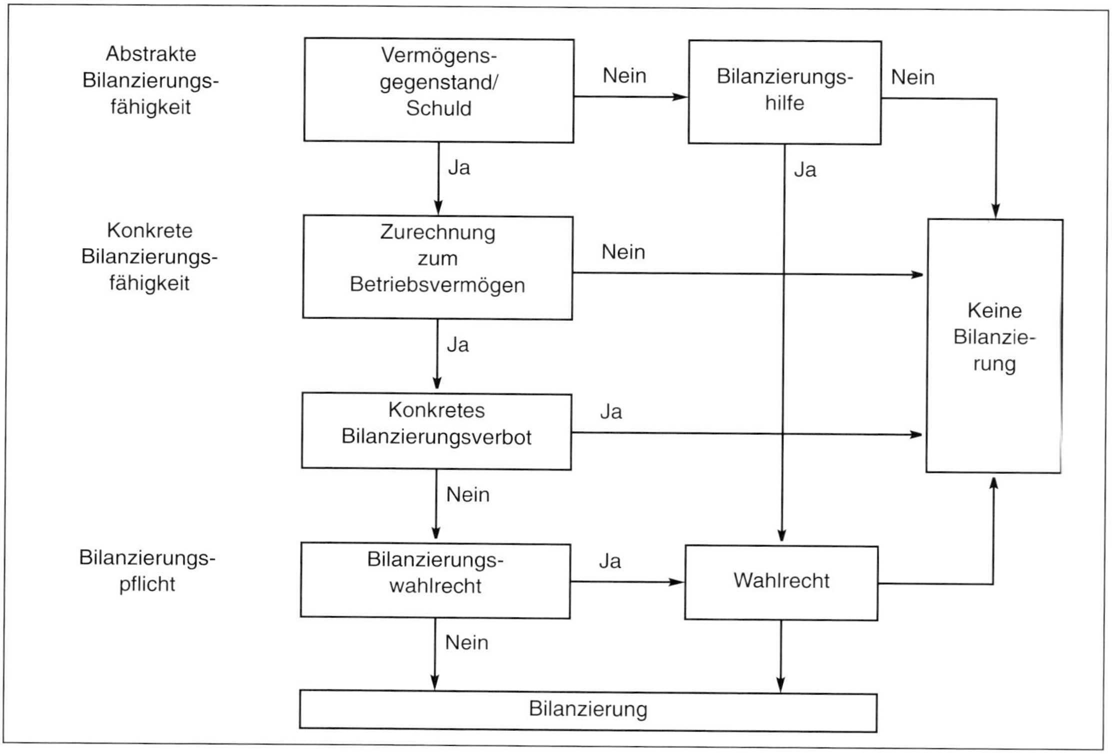

Abb. 2.1: Bilanzansatz-Entscheidung im HGB-Abschluss

Zeitpunkt der Erfassung

Durch Zahlungsvorgänge bedingte Vermögensänderungen müssen nach erfolgtem Geldzu- oder -abfluss verbucht werden. Forderungen und Verbindlichkeiten, die mit bestimmten Leistungen in Zusammenhang stehen, müssen entsprechend dem Realisationsprinzip nach erbrachter Leistung berücksichtigt werden. Besteht kein Zusammenhang mit einzelnen Leistungen, so ist eine Verbuchung erst erforderlich, wenn die rechtliche Durchsetzbarkeit feststeht. Rückstellungen sind für ungewisse künftige Vermögensminderungen zu bilden, sobald diese nach den Abgrenzungsgrundsätzen abgelaufenen Rechnungsperioden zugehören. Im Übrigen müssen Zu- und Abgänge an Vermögensgegenständen im Zeitpunkt des wirtschaftlichen Eigentumsübergangs erfasst werden.

Bilanzierung dem Grunde nach gem. IAS/IFRS

Die Erfassung von Vermögenswerten (*assets*) und Positionen mit Schuldcharakter (*liabilities*) als Elemente des Jahresabschlusses (*elements*) erfolgt gem. IAS/IFRS in einem zweistufigen Entscheidungsprozess. Zunächst müssen Positionen, die als *assets* oder *liabilities* berücksichtigt werden sollen, die jeweils vorgesehenen Definitionskriterien erfüllen. Gelingt die Identifikation als *asset* oder *liability*, ist die abstrakte Bilanzierungsfähigkeit gegeben. Anschließend sind bestimmte, vor allem durch das Vorsichtsprinzip geprägte Ansatzkriterien (*recognition criteria*) zu prüfen, welche die konkrete Bilanzierungsfähigkeit für das rechnungslegende Unternehmen ausmachen. Zentrale Prüfkriterien sind hierbei vor allem der Grad der Eintrittswahrscheinlichkeit des Zu- bzw. Abgangs des wirtschaftlichen Nutzens und dessen Wertbestimmbarkeit. Sind abstrakte und konkrete Bilanzierungsfähigkeit erfüllt, so besteht eine Bilanzierungspflicht als *asset* oder *liability* (F 82).

Assets werden im Framework definiert als

Asset nach IAS/IFRS

1. Ressourcen, über die das Unternehmen in Folge vergangener Ereignisse verfügen kann und
2. aus denen es in Zukunft wirtschaftlichen Nutzen zu erzielen erwartet (F 49 (a)).

Mit dieser Definition geht der Umfang eines *asset* über die herrschende Definition eines Vermögensgegenstandes nach den deutschen GoB hinaus, da es nicht auf die Einzelveräußerbarkeit ankommt, sondern lediglich auf die Möglichkeit der Erzielung des zukünftigen Nutzens.

Angesetzt werden darf ein *asset* jedoch nur, falls

Ansatzkriterien (recognition criteria) für assets nach IAS/IFRS

1. es wahrscheinlich (*probable*) ist, dass ein mit ihm verbundener zukünftiger ökonomischer Nutzen dem Unternehmen zufließt und
2. sich seine Kosten oder sein Wert verlässlich (*with reliability*) ermitteln lassen (F 83, F 89).

Der erforderliche Grad der Wahrscheinlichkeit (*probable*) wird für Zwecke des Bilanzansatzes im Framework nicht weiter konkretisiert. Man wird jedoch in Anlehnung an den anglo-amerikanischen Sprachgebrauch davon ausgehen können, dass der Zufluss des Nutzens eher wahrscheinlicher als unwahrscheinlicher sein muss, d. h. eine Wahrscheinlichkeit von größer 0,5 aufzuweisen hat. Ein *asset* wird demnach nicht in der Bilanz angesetzt, wenn der Zufluss des mit ihm verbundenen zukünftigen Nutzens unwahrscheinlich (*improbable*) ist. Statt dessen ist der Vorgang als Aufwand der Periode in der Gewinn- und Verlustrechnung zu erfassen (F 90). In diesem Ansatzkriterium zeigt sich die zentrale Bedeutung der periodengerechten Erfolgsermittlung nach den IAS/IFRS. Eine Aktivierung würde aus Sicht der *accrual basis* nur Sinn machen, wenn damit die entstandenen Ausgaben neutralisiert und den korrespondierenden Erträgen als Aufwand in späteren Perioden gegenübergestellt werden. Sind korrespondierende Erträge nicht mit Wahrscheinlichkeit zu erwarten, so sind die entstandenen Ausgaben als Aufwendungen der aktuellen Periode zu charakterisieren. Auch bei einer Nichtberücksichtigung von *assets* und *liabilities* in der Bilanz kann aus Gründen der Entscheidungsrelevanz eine Offenlegung im Anhang oder anderen erläuternden Unterlagen geboten sein (F 88).

Liability nach IAS/IFRS

Positionen mit Schuldcharakter werden in den IAS/IFRS als *liabilities* bezeichnet. Sie entstehen definitionsgemäß dann, wenn

1. ein Unternehmen eine gegenwärtige Verpflichtung hat, die
2. aufgrund von Ereignissen in der Vergangenheit entstanden ist und

3. deren Erfüllung voraussichtlich den Abfluss von Ressourcen zur Folge haben wird, die einen wirtschaftlichen Nutzen für das Unternehmen beinhalten (F 49 (b)).

Diese Verpflichtungen können sowohl auf rechtlich durchsetzbaren Ansprüchen beruhen als auch auf Ansprüchen, denen sich das Unternehmen aus wirtschaftlichen Gründen nicht entziehen kann (F 60). Die Erfüllung der Verpflichtung kann dabei mittels Zahlungen aber auch beispielsweise durch den Transfer von *assets* oder anderen Leistungen erfolgen (F 62).

Eine nach obiger Definition vorliegende *liability* wird jedoch nur in der Bilanz erfasst, wenn

1. der Abfluss von Ressourcen mit wirtschaftlichem Nutzen wahrscheinlich (*probable*) ist und
2. sich ihr Wert verlässlich (*reliably*) ermitteln lässt (F 83, F 91).

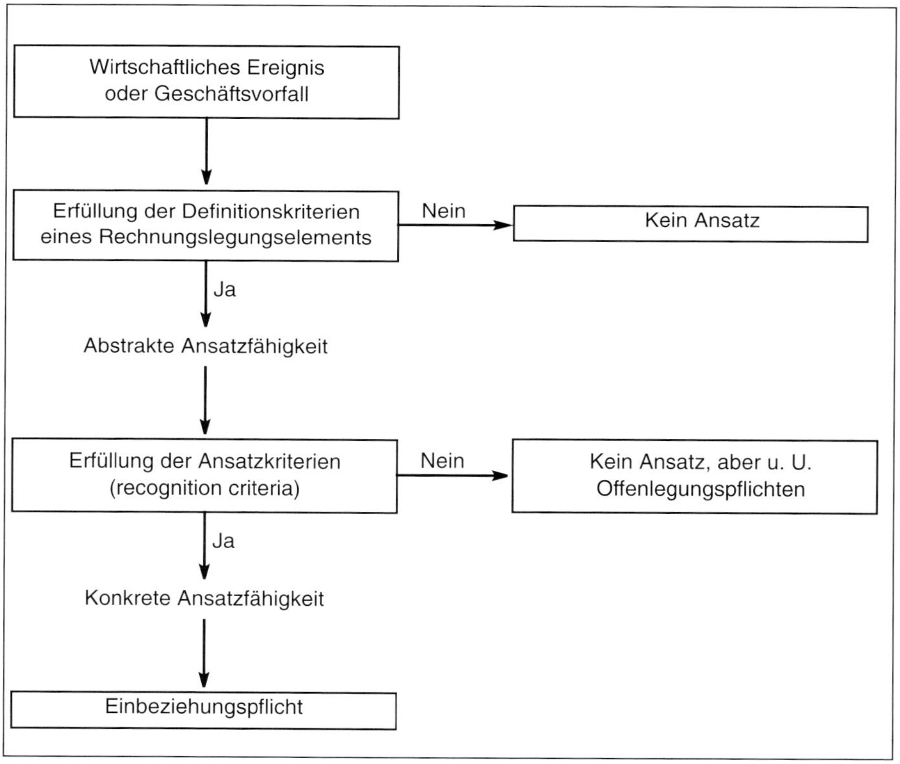

Abb. 2.2: Bilanzansatz-Entscheidung im IAS/IFRS-Abschluss (vgl. Klein, G. [1999], S. 96)

Durch die Aufnahme des Wahrscheinlichkeitsaspektes im Hinblick auf den Abfluss von Ressourcen umfasst die Schuldposition der *liabilities* nicht nur Geschäftsvorfälle, die nach deutschen Bilanzierungsvorschriften als Verbindlichkeiten passiviert werden, sondern auch solche Verpflichtungen, die wegen der Ungewissheit ihres Bestehens und/oder ihrer Höhe nicht als Verbindlichkeit, sondern als Rückstellung ausgewiesen werden (F 64). Schuldpositionen, die einer derartigen Unsicherheit unterliegen, werden, je nachdem in welcher Hinsicht Ungewissheit besteht (Wahrscheinlichkeit des Eintritts, Schätzbarkeit der Höhe und Sicherheit des Eintrittszeitpunkts der Verpflichtung), als *provisions*, *accruals* oder *contingent liabilities* bezeichnet (vgl. IAS 37.10 ff.).

Keine Bilanzierungshilfen nach IAS/IFRS

Als Bilanzierungselemente sind nach der Konzeption des Frameworks nur die Elemente *assets*, *liabilities* und *equity* vorgesehen. Bilanzierungshilfen – wie sie aus dem deutschen handelsrechtlichen Kontext bekannt sind – existieren in den IAS/IFRS nicht.

Asset nach US-GAAP

Auch nach US-GAAP besteht eine Bilanz aus *assets*, *liabilities* und der Restgröße *equity*. Dabei ist ein *asset* definiert als eine Ressource, durch die in der Zukunft ein wirtschaftlicher Nutzen erwartet wird und über die das Unternehmen in Folge vergangener Ereignisse verfügen kann (vgl. CON 6.25). Ein *asset* liegt laut CON 6.26 genau dann vor, wenn

(a) es einen wahrscheinlichen (*probable*) künftigen Nutzen verkörpert, der für sich allein oder mit anderen *assets* zusammen geeignet ist, direkt oder indirekt zu zukünftigen Netto-Einzahlungsströmen (*net cash inflows*) zu führen;
(b) ein Unternehmen diesen Nutzen erwerben und über ihn verfügen kann;
(c) die Transaktion bzw. das sonstige Ereignis, welche das Recht bzw. die Verfügungsgewalt begründet, bereits stattgefunden hat.

Der *asset*-Begriff nach US-GAAP ist weiter gefasst als der des Vermögensgegenstands nach deutschem Handelsrecht, da er auch Abgrenzungsposten (bspw. *prepaid expenses* und *deferred charges*) umfasst. Liegt nach dieser Definition ein *asset* vor, ist in einem zweiten Schritt zu prüfen, ob ein zwingender Bilanzansatz (*recognition*) zu erfolgen hat; dazu müssen bestimmte Ansatzkriterien erfüllt sein. Daneben ist der Grundsatz der *materiality* zu beachten und es sind Kosten-Nutzen-Überlegungen (*cost-benefit constraint*) anzustellen. Ansatzkriterien sind, neben dem Vorliegen eines *asset*, gem. CON 5.63:

- *measurability*,
- *relevance* und
- *reliability*.

Um das Kriterium der *measurability* zu erfüllen, müssen die Kosten bzw. der Wert eines *asset* mit ausreichender Zuverlässigkeit in Geldeinheiten quantifizierbar sein (vgl. ausführlich CON 5.65 ff.). Der Ansatz eines *asset* ist dann als relevant einzustufen (*relevance*), wenn durch diese zusätzliche Information die Entscheidung eines Bilanzadressaten beeinflusst werden könnte (CON 5.73), *reliability* ist gegeben, wenn die Angaben bezüglich Existenz und Betrag eines *asset* verlässlich, d. h. vertrauenswürdig, nachprüfbar und neutral sind (CON 5.75 ff).

Liability nach US-GAAP

Liabilities werden nach US-GAAP definiert als künftige Belastungen des Unternehmens, die aus bestehenden Verpflichtungen entstammen. Das Vorliegen einer *liability* ist an folgende Voraussetzungen geknüpft (vgl. CON 6.36):

(a) Es besteht eine gegenwärtige Verpflichtung gegenüber Dritten, die bei Eintritt eines bestimmten Ereignisses oder bei Geltendmachung eines Anspruchs wahrscheinlich durch einen Abfluss von Ressourcen zu einem bestimmten bzw. bestimmbaren Zeitpunkt erfüllt wird;
(b) durch die entstandene Verpflichtung liegt es nicht mehr im Ermessen des Unternehmens, sich einer Vermögensbelastung zu entziehen;
(c) das Ereignis, aus dem die Verpflichtung des Unternehmens resultiert, ist bereits eingetreten.

Entsprechend sind auch Rückstellungen (*accruals* und *contingent liabilities*) unter den *liabilities* zu subsumieren. Liegt nach dieser Definition eine *liability* vor, ist zu prüfen, ob auch die Ansatzkriterien erfüllt sind, erst dann erfolgt ein Bilanzansatz. Als Ansatzkriterien gelten wie bei den *assets* (siehe oben) *measurability*, *relevance* und *reliability*.

Keine Bilanzierungshilfen nach US-GAAP

Wie auch die IAS/IFRS enthalten die Vorschriften der US-GAAP keine Bilanzierungshilfen.

II. Abgrenzung des betrieblich genutzten Vermögens nach wirtschaftlichen Gesichtspunkten

Wirtschaftliches Eigentum nach deutschem Handelsrecht

Die Zugehörigkeit von Vermögensgegenständen zum Betriebsvermögen wird nach wirtschaftlichen, nicht nach juristischen Gesichtspunkten beurteilt. Deshalb gehören zum Betriebsvermögen nicht nur die im juristischen Eigentum des Kaufmanns befindlichen betrieblich genutzten Güter, sondern auch betrieblich genutzte Gegenstände, die juristisches Eigentum fremder Personen sind. Voraussetzung ist, dass der Kaufmann sie wie eigene Gegenstände nutzen darf und für ihren Verlust selbst haftet wie bei seinem juristischen Eigentum. Nutzungsrecht und Gefahrentragung sind damit wesentliche Kriterien zur Abgrenzung des betrieblichen Vermögens. Unterschiede zwischen wirtschaftlichem und juristischem Eigentum treten bei Kommissionsgeschäften, beim Leasing, bei der Sicherungsübereignung und Sicherungszession sowie beim Eigentumsvorbehalt auf.

Substance over form nach IAS/IFRS; economic substance over legal form nach US-GAAP

Nach IAS/IFRS wird zur Entscheidung über die Zugehörigkeit von *assets* der Grundsatz »*substance over form*« (F 35) herangezogen, d. h. die Bilanzierung einzelner Sachverhalte erfolgt auch hier ausschließlich nach wirtschaftlich relevanten Gesichtspunkten. Geschäfte und Ereignisse sind deshalb nicht nach ihrer rechtlichen Form, sondern nach ihrem tatsächlichen wirtschaftlichen Gehalt zu behandeln. Der auch für die amerikanische Rechnungslegung charakteristische Grundsatz der *substance over form* führt ebenfalls dazu, dass für die Beurteilung eines Sachverhalts dessen wirtschaftliche Wirkung maßgeblich ist und nicht die rechtliche Gestaltung *(economic substance over legal form)*.

Kommissionsgeschäfte

Kommissionsgeschäfte (§§ 383 ff. HGB) sind dadurch gekennzeichnet, dass ein Beauftragter (Kommissionär) im eigenen Namen, aber im Auftrag und für Rechnung einer zweiten Person (Kommittent) Waren kauft oder verkauft. Kauft der Kommissionär Waren für den Kommittenten (Auftraggeber), so wird zunächst der Kommissionär juristischer Eigentümer, da er nach außen im eigenen Namen kauft. Trotzdem geht die gekaufte Ware im Zeitpunkt des Kaufs durch den Kommissionär in das wirtschaftliche Eigentum des Kommittenten über und ist entsprechend in dessen Bilanz aufzuführen, da nur der Kommittent die mit der Ware verbundenen wirtschaftlichen Gefahren trägt. Wird der Kommissionär dagegen mit dem Verkauf einer im juristischen Eigentum des Kommittenten befindlichen Ware beauftragt, so bleibt die Ware bis zum Verkauf im juristischen und wirtschaftlichen Eigentum des Kommittenten, auch wenn sie bereits vorher aus seinem Einflussbereich in den Bereich des Kommissionärs gelangt ist. Kommissionswaren werden daher unabhängig vom juristischen Eigentum grundsätzlich beim Kommittenten (Auftraggeber) bilanziert.

Leasing nach deutschem Handelsrecht

Eine einheitliche Definition für den Sachverhalt des Leasing zu finden, um eine Abgrenzung von anderen Vertragsarten vornehmen zu können, bereitet einige Probleme. Da im deutschen Recht keine Legaldefinition existiert und außerdem zahlreiche Vertragsgestaltungen möglich sind, kann die Einordnung von Leasingverhältnissen vom Mietvertrag bis zum Ratenkaufvertrag reichen (vgl. Helmschrott, H. [1997], S. 1 f.). Die eigentliche Motivation eines Unternehmens, einen Leasingvertrag abzuschließen, besteht i. d. R. darin, Investitionsgüter für eine begrenzte Zeit gegen Entgelt zu gebrauchen bzw. zu nutzen, ohne dabei das zivilrechtliche Eigentum an diesem Gegenstand zu erwerben. Eine wesentliche, gleichzeitig aber auch umstrittene Frage hinsichtlich der Bilanzierung von Leasinggeschäften ist die Zurechnung der Leasinggegenstände zum Leasinggeber oder Leasingnehmer. Da zur Bilanzierung in der Handelsbilanz keine Zurechnungskriterien für Leasinggegenstände existieren, orientiert sich die handelsrechtliche Bilanzierungspraxis an den steuerlichen Zurechnungskriterien, die durch BFH-Rechtsprechung und die Finanzverwaltung entwickelt worden sind (vgl. Beck'scher Bilanzkommentar [1999], § 246, Anm. 26; Findeisen, K.-D. [1998], S. 464). I. d. R. sind Güter des Anlagevermögens Gegenstand von Leasinggeschäften, deshalb wird an dieser Stelle nur ein grober Überblick über die bilanzielle Behandlung gegeben und gleichzeitig auf die Ausführungen im 1. Kapitel verwiesen.

Operating Leasing

Begründet der Leasingvertrag neben einem normalen, jederzeit kündbaren Mietverhältnis nur die Verpflichtung des juristischen Eigentümers (Leasinggeber) gegenüber dem Benutzer (Leasingnehmer), den Gegenstand zu pflegen, zu warten, zu reparieren oder sonstige Arbeiten im Zusammenhang mit dem Gegenstand zu übernehmen, so spricht man von Operating-Leasing. Derartige Verträge werden von den Leasingnehmern zur Abdeckung von Risiken abgeschlossen, die im vorschnellen wirtschaftlichen Veralten des Gegenstandes oder der mangelnden Nutzbarkeit im eigenen Betrieb liegen. Solche Verträge sind z. B. in der EDV-Branche üblich und bringen bei der Aufstellung des Jahresabschlusses keine besonderen Probleme, da die Gegenstände wie gewöhnlich im Fall der Miete beim juristischen Eigentümer zu bilanzieren sind.

Finanzierungsleasing

Ist ein Leasingverhältnis seinem Charakter nach eher ein Finanzierungsgeschäft in der Art eines Ratenkaufs unter Eigentumsvorbehalt, dann spricht man von Finanzierungsleasing. In diesem Fall ist das wirtschaftliche Eigentum dem Leasingnehmer zuzurechnen, der den Leasinggegenstand zu aktivieren und die Leasingverbindlichkeit zu passivieren hat (vgl. Beck'scher Bilanzkommentar [1999], § 246 Anm. 27).

Steuerliche Zurechnungskriterien

Die Zurechnung von Leasingobjekten wird im Steuerrecht durch die sog. »Leasingerlasse« geklärt. Dabei wird grundsätzlich zwischen Finanzierungsleasing und Verträgen, welche die Voraussetzungen für Finanzierungsleasing nicht erfüllen, unterschieden. Daneben ist die Einordnung des Leasingvertrages als Voll- oder Teilamortisationsvertrag ausschlaggebend.

Leasing nach IAS/IFRS und US-GAAP

Sowohl die IAS/IFRS als auch die US-GAAP enthalten eine Definition des Leasing, die aber kaum von dem in Deutschland anzutreffenden Verständnis des Leasing abweicht. Gemäß IAS 17.3 und FAS 13 wird Leasing als ein Vertrag charakterisiert, bei dem der Leasinggeber (*lessor*) dem Leasingnehmer (*lessee*) das Recht zur Nutzung eines *asset* für einen vereinbarten Zeitraum gegen Entgelt einräumt. Nach dem Grundsatz *substance over form* ist der Leasinggegenstand beim Leasingnehmer zu aktivieren, wenn im Wesentlichen alle Risiken und Chancen, die mit dem Eigentum verbunden sind, auf den Leasingnehmer übertragen wurden (vgl. IAS 17.6; Kieso, D. E./Weygandt, J. J./Warfield, T. D. [2001], S. 1193 f.). Trifft dies auf ein Leasinggeschäft zu, spricht man von einem *finance lease* (IAS/IFRS) bzw. einem *capital lease* (US-GAAP), alle anderen Leasingverhältnisse werden als *operating lease* bezeichnet. Beide Standards (IAS 17 und FAS 13) enthalten weitere Kriterien zur Bestimmung eines *finance* bzw. *capital lease*, die aber nach IAS/IFRS und US-GAAP von unterschiedlicher Bedeutung sind. Weitere Erläuterungen zur Bilanzierung von Leasingverhältnissen befinden sich im 3. Kapitel F.

Eigentumsvorbehalt, Sicherungsübereignung

Zur Sicherung behält sich der Warenkreditgeber häufig das juristische Eigentum an den gelieferten Waren bis zu deren endgültiger Bezahlung vor (Eigentumsvorbehalt, § 455 BGB). Ähnlich sichert der Geldkreditgeber seine Forderungen ab, indem er sich bewegliche Sachen des Kreditnehmers zur Sicherheit übereignen lässt (Sicherheitsübereignung, §§ 930, 868 BGB). Soweit der Schuldner Forderungen gegenüber Kunden an den Gläubiger zur Sicherheit abtritt, spricht man von einer Sicherungszession. Beim Eigentumsvorbehalt, bei der Sicherungsübereignung und bei der Sicherungszession besitzt der Schuldner zwar nicht das juristische Eigentum an den Vermögensgegenständen, er kann aber über sie im Rahmen des normalen Geschäftsbetriebes frei verfügen. Daher ist in diesen Fällen der Schuldner als wirtschaftlicher Eigentümer der Vermögensgegenstände zu betrachten (§ 246 Abs. 1 HGB); er muss sie trotz des fehlenden juristischen Eigentums in seiner Bilanz aufführen. Anders ist nur zu verfahren, wenn die Kreditgeber ihre Eigentumsansprüche wegen mangelnder Zahlungsfähigkeit des Schuldners bereits geltend gemacht haben.

III. Abgrenzung des Betriebsvermögens gegenüber dem Privatvermögen

Privatsphäre

Zum Kreis der in der Steuerbilanz bilanzierungspflichtigen Vermögensgegenstände gehören solche Werte nicht, die der privaten Sphäre des Unternehmers zuzurechnen sind. Inwieweit in der Handelsbilanz von Einzelkaufleuten und Personengesellschaften auch das Privatvermögen aufgenommen werden kann, ist umstritten. Allerdings hat die Unterscheidung von Privat- und Betriebsvermögen für publizitätspflichtige Einzelkaufleute und Personengesellschaften Bedeutung, weil nach § 5 Abs. 4 PublG nur das Betriebsvermögen ausgewiesen werden darf. Die Finanzverwaltung unterscheidet:

- Notwendiges Betriebsvermögen:
  Gegenstände, die aufgrund ihrer Beschaffenheit oder aufgrund ihrer tatsächlichen Verwendung im Betrieb zum Betriebsvermögen gerechnet werden müssen und entsprechend bilanzierungspflichtig sind. Beispiele: Stanzmaschine; betrieblich genutztes Bürogebäude, das dem Steuerpflichtigen gehört.
- Notwendiges Privatvermögen:
  Gegenstände, die aufgrund ihrer Beschaffenheit oder aufgrund ihrer tatsächlichen Verwendung im privaten Bereich des Steuerpflichtigen nicht zum Betriebsvermögen gehören und demnach auch nicht bilanziert werden dürfen. Beispiele: Segelboot eines Brauereibesitzers; nur vom nicht berufstätigen Ehemann der Steuerpflichtigen benutzter Zweitwagen.
- Gewillkürtes Betriebsvermögen:
  Gegenstände, die keinen unmittelbaren Bezug zum notwendigen Betriebs- oder Privatvermögen besitzen, über deren Zuordnung zum Betriebs- oder Privatvermögen der Steuerpflichtige deshalb nach eigenem Ermessen entscheidet. Beispiele: Bürogebäude des Steuerpflichtigen, das an eine fremde Firma vermietet ist; zu Anlagezwecken gekaufte Wertpapiere.

Einlagen, Entnahmen

Die Abgrenzung des gewillkürten Betriebsvermögens von den beiden anderen Vermögensarten wird von der Rechtsprechung nicht immer einheitlich vorgenommen, sodass die Grenzen fließend sind. Die Unterscheidung ist darüber hinaus nur bei natürlichen Personen sinnvoll, juristische Personen haben kein Privatvermögen. Werden Gegenstände aus dem Bereich des Privatvermögens in den Bereich des Betriebsvermögens überführt, so spricht man von Einlagen, im umgekehrten Fall von Entnahmen.

IV. Abgrenzung der Mehrungen des Vermögensbestandes von bloßen Erhaltungsmaßnahmen

Erhaltungs- und Herstellungsaufwand

Soweit an Vermögensgegenständen Instandhaltungs-, Instandsetzungs- oder Unterhaltungsarbeiten durchgeführt werden, kann fraglich sein, ob dadurch eine bilanzierungspflichtige Vermögensmehrung eingetreten ist. Steuerlich wird diese

Frage unter dem Stichwort »Erhaltungs- oder Herstellungsaufwand« diskutiert (vgl. R 157 EStR). Grundsätzlich liegt eine bilanzierungspflichtige Vermögensmehrung nicht vor, wenn die Arbeiten dazu dienen, einen Vermögensgegenstand in ordnungsgemäßem Zustand zu erhalten, auch wenn dies mit einer Modernisierung verbunden ist. Es handelt sich dabei um regelmäßig in gewissen Zeitabständen notwendige Ausbesserungen, durch die die Wesensart des Vermögensgegenstandes nicht verändert wird. Anders sind dagegen Vorgänge zu beurteilen, durch die Vermögensgegenstände in ihrer Substanz vermehrt werden (z. B. Anbau oder Erweiterung von Gebäuden) oder ihre Gebrauchs- bzw. Verwertungsmöglichkeit wesentlich verändert wird (z. B. Umbau eines Frachtschiffes zum Passagierschiff). In solchen Fällen oder wenn durch die Arbeiten die Lebensdauer von Vermögensgegenständen nicht nur geringfügig verlängert wird, liegen bilanzierungspflichtige Vermögensmehrungen vor. Hinsichtlich dieser Abgrenzung bestehen zwischen Handels- und Steuerrecht keine Unterschiede.

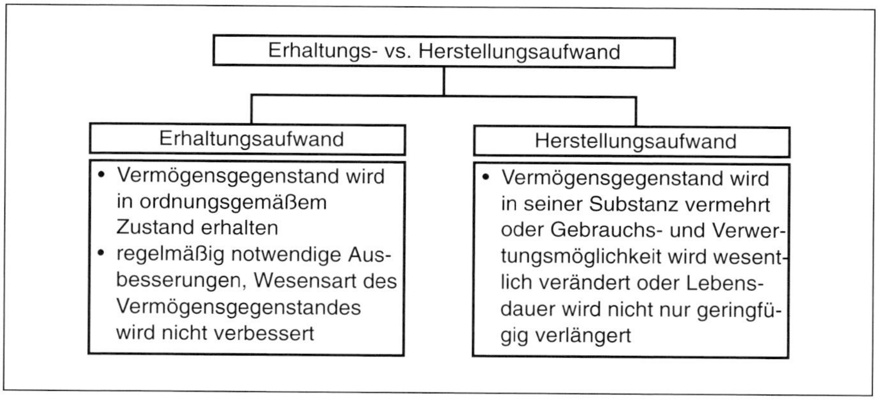

Abb. 2.3: Kriterien zur Unterscheidung zwischen Herstellungs- und Erhaltungsaufwand

Subsequent expenditures nach IAS/IFRS

Im Rahmen der IAS/IFRS ist dieser Sachverhalt in IAS 16.23 ff. sowie ergänzend in SIC 23 geregelt. Demnach sind nachträgliche Ausgaben (*subsequent expenditures*) für bereits aktivierte *assets* des Sachanlagevermögens nur zu den Buchwerten zu addieren und damit zu aktivieren, falls ein durch die zusätzlichen Ausgaben bewirkter zukünftiger Nutzen wahrscheinlich ist und dieser das ursprünglich veranschlagte Leistungsmaß des *asset* übersteigt. Ist dies nicht der Fall, so sind die getätigten Ausgaben als Aufwand der Periode zu verrechnen (vgl. auch 3. Kapitel C II). In IAS 16.24 werden beispielhaft Fälle genannt, die zu *subsequent expenditures* führen und damit zu einer Aktivierungspflicht:

- Veränderungen an einer Maschine zur Verlängerung ihrer Nutzungsdauer, einschließlich einer Kapazitätserweiterung,
- Aufrüstung von Maschinenteilen zur Erzielung einer wesentlichen Verbesserung der Produktqualität und

- Einsatz neuer Produktionsverfahren zur wesentlichen Reduzierung der ursprünglich geschätzten Betriebskosten.

Zusätzlich listet SIC 23.5 Kriterien auf, bei deren Erfüllung eine Aktivierung von regelmäßig anfallenden Überholungskosten als besondere Komponente des *assets* vorgenommen werden kann. Diese sind dann in dem Zeitraum bis zur nächsten Überholung abzuschreiben (vgl. 3. Kapitel C I).

Anhand der obengenannten Beispiele ist ersichtlich, dass entscheidendes Kriterium die Erhöhung des künftigen Nutzenpotenzials ist, herbeigeführt durch Kapazitätserweiterung, durch Verbesserung der Produktqualität (und damit verbundenem Erlössteigerungspotenzial) oder durch die Verwendung neuer Produktionsverfahren zur Kostensenkung. Dies entspricht dem handelsrechtlichen Kriterium der wesentlichen Verbesserung. Aufwendungen, die lediglich dazu dienen, den künftigen wirtschaftlichen Nutzen wiederherzustellen oder aufrechtzuerhalten, sind als Aufwand zu verbuchen und entsprechen damit den Erhaltungsaufwendungen nach Handelsrecht (vgl. Beck'scher Bilanzkommentar [1999], § 255 Anm. 590).

Costs subsequent to acquisition nach US-GAAP

Grundsätzlich sind auch nach US-GAAP solche Ausgaben zu aktivieren, durch die ein erhöhter künftiger Nutzen erreicht werden kann, während Ausgaben, durch die lediglich ein bereits gegebenes Nutzenniveau aufrecht erhalten wird, als Aufwand zu verbuchen sind. Damit Ausgaben aktiviert werden können, muss eine der drei folgenden Voraussetzungen erfüllt sein:

1. Die wirtschaftliche Nutzungsdauer des *asset* wurde erhöht.
2. Die Menge durch das *asset* produzierter Güter wurde erhöht.
3. Die Qualität der produzierten Güter wurde verbessert.

Ausgaben, die den künftigen Nutzen des *asset* nicht verbessern, sind als Aufwand zu verbuchen, wie bspw. Reparaturen, durch die lediglich der bestehende Zustand des *asset* erhalten wird oder wieder auf ein gewöhnliches Niveau gebracht wird. Die Behandlung der Ausgaben (Ansatz oder Aufwand) ist nicht immer eindeutig. Im Allgemeinen werden Ausgaben in diesem Zusammenhang in vier Gruppen eingeteilt:

- Ergänzungen (*additions*): Erweiterungen bestehender *assets*,
- Verbesserungen und Ersatz (*improvements and replacements*): Ersatz eines bestehenden *asset* durch ein verbessertes *asset*,
- Umordnung und Reinstallation (*rearrangement and reinstallation*): Verbringen von *assets* an einen anderen Standort,
- Reparaturen (*repairs*): Erhalt der *assets* in betriebsbereitem Zustand.

Eindeutig ist i. d. R. die Behandlung von Ausgaben für *additions*: Jede Ausgabe, die als *addition* einzustufen ist, muss grundsätzlich aktiviert werden, da ein neues *asset* geschaffen wurde. *Improvements* liegen vor, wenn anstelle des bisherigen *asset* ein verbessertes *asset* eingesetzt wird; in diesem Fall sind die Ausgaben zu aktivieren. Wird ein vorhandenes *asset* durch ein ähnliches *asset* ersetzt (= *replacement*), so ist die Ausgabe als Aufwand zu verbuchen. Oft ist die Unterscheidung zwischen *improvements* und *replacements* nicht eindeutig, sodass es im Ermessen des Bilanzierenden liegt, eine Klassifizierung vorzunehmen. Sind Ausgaben für *rearrangements* oder *reinstallations* angefallen, ist die Bilanzierung davon abhängig, ob die ursprünglichen *installation costs* und die kumulierten Abschreibungen festgestellt oder geschätzt werden können; ist dies der Fall, werden die Ausgaben wie bei *replacements* behandelt, trifft dies nicht zu, sind die Ausgaben, falls sie wesentlich (*material in amount*) sind, zu aktivieren. Bei der Behandlung von *repairs* muss unterschieden werden, ob es sich um eine gewöhnliche Reparatur (*ordinary repair*) oder um eine besonders große Reparatur (*major repair*) handelt. Ausgaben für *ordinary repairs* werden als Aufwand gebucht. Finden *major repairs* statt, ist wiederum abzugrenzen, ob es sich dabei um *additions*, *improvements* oder *replacements* handelt und dementsprechend hat die Behandlung zu erfolgen (vgl. Kieso, D. E./Weygandt, J. J./Warfield, T. D. [2001], S. 518 ff.).

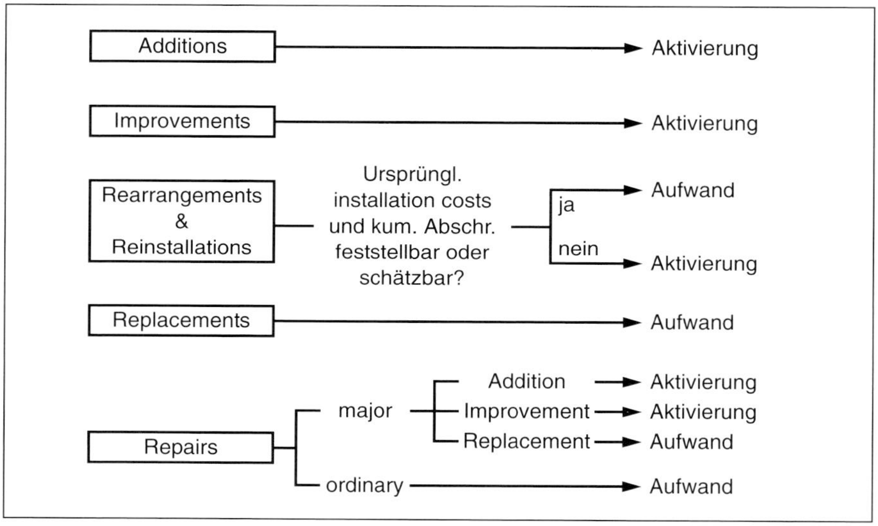

Abb. 2.4: Costs subsequent to acquisition und ihre bilanzielle Be-handlung nach US-GAAP

Nachträgliche Aktivierung

Eine nachträgliche Aktivierung von in der vorangegangenen Periode bereits erfolgswirksam verrechneten Aufwendungen ist weder nach HGB noch nach internationalen Standards (IAS/IFRS/US-GAAP) zulässig.

V. Bilanzierungsverbote

Bilanzierungsverbote nach HGB

Bilanzierungsverbote dienen dazu, den Kreis der grundsätzlich bilanzierungsfähigen Vermögensgegenstände und Schulden zusätzlich einzuschränken. Die handelsrechtlichen Bilanzierungsverbote sind rechtsformunabhängig im allgemeinen Teil des HGB kodifiziert. Im Einzelnen handelt es sich dabei um die Aktivierungsverbote für nicht entgeltlich erworbene immaterielle Vermögensgegenstände des Anlagevermögens (§ 248 Abs. 2 HGB), die Aufwendungen für die Gründung des Unternehmens und die Beschaffung des Eigenkapitals (§ 248 Abs. 1 HGB), die Aufwendungen für den Abschluss von Versicherungsverträgen (§ 248 Abs. 3 HGB) sowie das Passivierungsverbot, andere als im Gesetz genannte Rückstellungen zu bilden (§ 249 Abs. 3 Satz 1 HGB). Dagegen wird auf ein explizites – lediglich klarstellendes – Aktivierungsverbot für den originären Geschäfts- oder Firmenwert verzichtet, da hier eine Bilanzierung aufgrund fehlender Vermögensgegenstandseigenschaft von vornherein ausscheidet und der derivative Firmenwert nur in Form einer Bilanzierungshilfe Eingang in die Handelsbilanz findet.

Die Steuerbilanz ist durch das Maßgeblichkeitsprinzip grundsätzlich an die handelsrechtlichen Bilanzierungsverbote gebunden.

Bilanzierungsverbote nach IAS/IFRS

Die allgemeine Bilanzierungspflicht für *assets* und *liabilities* wird in den IAS/IFRS durch die speziellen Ansatzkriterien (konkrete Bilanzierungsfähigkeit) weiter eingeschränkt. Erfüllen *assets* und *liabilities* die Ansatzkriterien nicht (vgl. Abschnitt A I dieses Kapitels), so besteht für sie ein Bilanzierungsverbot. Unabhängig davon finden sich an verschiedenen Stellen der IAS/IFRS noch weitere klarstellende Bilanzierungsverbote, wie etwa für den originären Firmenwert (IAS 38.36).

Bilanzierungsverbote nach US-GAAP

Alle Tatbestände, die der *asset* Definition entsprechen und die Ansatzkriterien erfüllen, unterliegen grundsätzlich einem Aktivierungsgebot, alle anderen einem Bilanzierungsverbot. Ausgeschlossen von der Aktivierung ist aber, wie nach IAS/IFRS und HGB auch, der originäre Geschäfts- oder Firmenwert.

VI. Bilanzierungswahlrechte und Bilanzierungshilfen

Bilanzierungswahlrechte nach HGB

Neben Bilanzierungshilfen, durch die der Ansatz grundsätzlich nicht bilanzierungsfähiger Positionen ermöglicht wird, gewährt das Handelsrecht in bestimmten Fällen Bilanzierungswahlrechte als Ausnahmen vom Grundsatz der vollständigen Erfassung aller (bilanzierungsfähigen) Vermögensgegenstände und Schulden. Beiden ist – trotz unterschiedlicher Bedeutung – somit gemeinsam, dass die Bilanzansatz-Entscheidung im Ermessen des Bilanzierenden liegt.

Bilanzierungswahlrechte gewährt der Gesetzgeber für das unter den aktiven Rechnungsabgrenzungsposten auszuweisende Disagio (§ 250 Abs. 3 HGB), den Sonderposten mit Rücklageanteil (§§ 247 Abs. 3 und 273 HGB) sowie für Pensionsrückstellungen, sofern der Pensionsberechtigte seinen Rechtsanspruch vor dem 01.01.1987 erworben hat oder sich ein vor diesem Zeitpunkt erworbener Rechtsanspruch nach dem 31.12.1986 erhöht (Art. 28 Abs. 1 Satz 1 EinfG z. HGB). Als Ausfluss der GoB gilt zudem ein Aktivierungswahlrecht für unentgeltlich erworbene (materielle) Vermögensgegenstände.

Bilanzierungshilfen nach HGB

Neben diesen Bilanzierungswahlrechten gewährt der Gesetzgeber vor allem seit dem BiRiLiG in verstärktem Maße Bilanzierungshilfen, deren Inanspruchnahme trotz der grundsätzlichen Beschränkung des Bilanzinhalts auf Vermögensgegenstände und Schulden eine periodengerechte Erfolgsermittlung ermöglichen soll. Kapitalgesellschaften dürfen gem. § 269 HGB die Aufwendungen für die Ingangsetzung und Erweiterung des Geschäftsbetriebs sowie gem. § 274 Abs. 2 HGB aktive latente Steuern im Einzelabschluss als Bilanzierungshilfen aktivieren. Aus Gründen des Gläubigerschutzes ist die Inanspruchnahme dieser Bilanzierungshilfen mit einer Ausschüttungssperre (vgl. 3. Kapitel B I 2) sowie Erläuterungspflichten im Anhang (vgl. 11. Kapitel A IV) verbunden. Darüber hinaus lassen sich auch die rechtsformunabhängigen Bilanzierungswahlrechte für den derivativen Firmenwert (§ 255 Abs. 4 HGB), für bestimmte Aufwandsrückstellungen (§ 249 Abs. 1 Satz 3 und Abs. 2 HGB) und für als Aufwand berücksichtigte Zölle, Verbrauchsteuern und die Umsatzsteuer auf erhaltene Anzahlungen (§ 250 Abs. 1 Satz 2 HGB) als Bilanzierungshilfen qualifizieren.

Bilanzierungswahlrechte in der Steuerbilanz

Die Steuerbilanz ist durch das in § 5 Abs. 1 EStG verankerte Maßgeblichkeitsprinzip grundsätzlich an die handelsrechtlichen Bilanzierungsgebote und -verbote gebunden. Dagegen wird die Maßgeblichkeit handelsrechtlicher Bilanzierungswahlrechte für die Steuerbilanz vom BFH verneint. Nach dem BFH-Beschluss vom 03.02.1969 (Großer Senat 2/68, in BB 1969, S. 477) besteht in der Steuerbilanz für handelsrechtliche Aktivierungswahlrechte Aktivierungspflicht und für Passivierungswahlrechte Passivierungsverbot. Von diesem Grundsatz gibt es jedoch auch Ausnahmen: So besteht für die Aufwendungen der Ingangsetzung und Erweiterung des Geschäftsbetriebes und für aktive latente Steuern – trotz handelsrechtlichem Aktivierungswahlrecht – steuerlich ein Aktivierungsverbot, da das Steuerrecht die Bilanzierungsfähigkeit handelsrechtlicher Bilanzierungshilfen grundsätzlich verneint, sofern nicht gleichzeitig bilanzierungsfähige Wirtschaftsgüter vorliegen, wie z. B. beim derivativen Firmenwert. Andererseits wird das handelsrechtliche Passivierungswahlrecht für vor dem 01.01.1987 begründete Pensionsverbindlichkeiten auch steuerrechtlich anerkannt (§ 6a EStG). Für Gegenstände des gewillkürten Betriebsvermögens gewährt das Steuerrecht grundsätzlich ein Bilanzierungswahlrecht.

Bilanzierungswahlrechte nach IAS/IFRS und US-GAAP

Sind die Ansatzkriterien für *assets* bzw. *liabilities*, wie in Abschnitt I beschrieben, erfüllt, besteht nach IAS/IFRS Ansatzpflicht unter Beachtung der Grundsätze *materiality* und *balance between benefit and cost*. Ansonsten hat eine Bilanzierung zu unterbleiben. Auch nach US-GAAP müssen die Ansatzkriterien erfüllt sein, damit ein Tatbestand bilanzierungspflichtig ist, andernfalls ist von einer Bilanzierung abzusehen.

B. Bewertung

Nachdem feststeht, welche Positionen in einer Bilanz anzusetzen sind, muss die Frage nach der Höhe des Ansatzes geklärt werden. Gegenstand der folgenden Ausführungen ist deshalb die Bewertung der Bilanzpositionen.

I. Grundlegende bilanzielle Wertbegriffe

Grundsatz der Einzelbewertung nach HGB

Nach dem Grundsatz der Einzelbewertung (§ 252 Abs. 1 Nr. 3 HGB) sind die Vermögensgegenstände und Schulden zum Abschlussstichtag einzeln zu bewerten. Auf diese Weise wird verhindert, dass Wertminderungen mit Wertsteigerungen durch entsprechende Globalbewertung der betreffenden Vermögensgegenstände kompensiert werden und so notwendige Abschreibungen unterbleiben. Als einzelner Vermögensgegenstand gilt dabei grundsätzlich jedes Gut, das selbständig verkehrsfähig, d. h. einzeln veräußerbar ist.

Bewertungsmaßstäbe nach HGB

Zunächst sind nach § 253 Abs. 1 HGB die Vermögensgegenstände mit den Anschaffungs- oder Herstellungskosten, Verbindlichkeiten mit dem Rückzahlungsbetrag, Rentenverpflichtungen mit dem Barwert und Rückstellungen mit dem nach »vernünftiger kaufmännischer Beurteilung« notwendigen Wert anzusetzen. Darüber hinaus ist gem. § 283 HGB für Kapitalgesellschaften der Ansatz des gezeichneten Kapitals (Grundkapitals) zum Nennbetrag verbindlich.

Fixwertprinzip

Diesen sog. Ausgangswerten werden noch bestimmte Korrekturwerte zur Seite gestellt, wobei für Kapitalgesellschaften – mit wenigen Ausnahmen – zu einem bestimmten Zeitpunkt jeweils ein bestimmter Wert vorgeschrieben ist (Fixwertprinzip). Für Personenhandelsgesellschaften und Einzelkaufleute gelten dagegen die für die Aktivseite vorgeschriebenen Wertansätze lediglich als Höchstgrenzen, die nicht überschritten, jedoch gem. § 253 Abs. 4 HGB »im Rahmen vernünftiger kaufmännischer Beurteilung« unterschritten werden dürfen.

Das Steuerrecht nennt als weiteren Wertmaßstab den Teilwert, der einerseits für die Bewertung der Entnahmen und Einlagen und andererseits als Korrekturwert zu den Anschaffungs- und Herstellungskosten vorgesehen ist (§ 6 Abs. 1 EStG). Während die Korrekturwerte Gegenstand der beiden folgenden Abschnitte sind, sollen von den genannten Ausgangswerten wegen ihrer zentralen Bedeutung hier nur die Anschaffungskosten, Herstellungskosten und der Teilwert erörtert werden. Die übrigen genannten Wertbegriffe werden im Zusammenhang mit den zugehörigen Bilanzpositionen behandelt.

Bewertungsmaßstäbe nach IAS/IFRS

Im Framework des IASB (F 100) werden die grundlegenden Maßstäbe zur Bewertung der Bilanzposten erläutert: historische Kosten (*historical cost*), Wiederbeschaffungskosten (*current cost*), realisierbarer Betrag (*realisable* bzw. *settlement value*) und Barwert (*present value*). Es ist allerdings nicht im Framework geregelt, welcher Bewertungsmaßstab im konkreten Fall anzuwenden ist; dies ergibt sich jeweils aus dem IAS/IFRS, der den entsprechenden Posten zum Gegenstand hat. Außerdem sind die im Framework dargestellten Bewertungsgrundlagen nicht als abschließende Bewertungskonzeption zu betrachten, da in einzelnen IAS/IFRS weitere Bewertungsmaßstäbe herangezogen werden. Beispielsweise werden in IAS 16 zur Bewertung von Sachanlagevermögen der beizulegende Zeitwert (*fair value*) und der erzielbare Betrag (*recoverable amount*) eingeführt (vgl. KPMG [1999], S. 35 f.). Eine Erläuterung der nicht im Framework definierten Wertbegriffe erfolgt in diesem Kapitel in Abschnitt B I 5.

Historical cost

Nach dem *historical cost principle* sind *assets* zu dem Betrag anzusetzen, der zum Zeitpunkt des Erwerbs an liquiden oder sonstigen Mitteln (*cash or cash equivalents*) aufgewendet wurde oder zum beizulegenden Zeitwert (*fair value*) einer sonstigen hingegebenen Gegenleistung (F 100a). Damit entsprechen die historischen Kosten den Anschaffungs- oder Herstellungskosten. *Liabilities* sind mit dem Betrag anzusetzen, den der Bilanzersteller im Austausch für die eingegangene Verpflichtung erhalten hat oder zum noch zu zahlenden Betrag (F 100a).

Current cost

Assets sind nach dem *current cost principle* zu dem Betrag anzusetzen, der für ein entsprechendes oder gleichartiges *asset* zum gegenwärtigen Zeitpunkt aufgewendet werden müsste (F 100b). *Liabilities* sind entsprechend in Höhe des Betrags anzusetzen, der dem Nominalwert der liquiden oder sonstigen Mittel, die gegenwärtig zur Begleichung der Verpflichtung aufzuwenden wären, entspricht (F 100b).

Historical cost vs. current cost

Als vorherrschend kann das Prinzip der *historical cost* bezeichnet werden. In den jeweiligen IAS/IFRS ist durchweg die Bewertung zu Anschaffungskosten die bevorzugte Methode (*benchmark treatment*). Die Bewertung zu Wiederbeschaffungskosten kommt hingegen im Rahmen der Neubewertung (*revaluation*) zur Anwendung, dabei aber lediglich als *allowed alternative treatment*.

Realisable (settlement) value

Werden *assets* zu ihrem realisierbaren Betrag angesetzt, so ist auf den Betrag abzustellen, der der Summe der liquiden oder sonstigen Mittel entspricht, die bei einer Veräußerung des *asset* im Rahmen eines gewöhnlichen Veräußerungsgeschäfts zum gegenwärtigen Zeitpunkt erzielt werden könnten (F 100c). Bei *liabilities* ist als realisierbarer Betrag die nicht abgezinste Summe aller liquiden oder sonstigen Mittel anzusetzen, die bei gewöhnlichem Geschäftsverlauf zur Begleichung der Verpflichtung aufgewendet werden müsste (F 100c).

Present value

Erfolgt die Bewertung von *assets* zum Barwert, so ist der Barwert aller zukünftigen Netto-Einzahlungsströme (*net cash inflows*), die im Rahmen eines ordnungsgemäßen Geschäftsverlaufs voraussichtlich durch das *asset* entstehen werden, anzusetzen (F 100d). *Liabilities* werden dementsprechend mit dem Barwert der bei gewöhnlichem Geschäftsverlauf voraussichtlich anfallenden Netto-Auszahlungsströme, die zur Begleichung der Verpflichtung notwendig sind, angesetzt (F 100d).

Bewertungsprinzipien nach US-GAAP

Nach US-GAAP sind die Mehrzahl der *assets* und *liabilities* zu Anschaffungs- bzw. Herstellungskosten anzusetzen; dieser Grundsatz wird auch hier als *historical cost principle* bezeichnet. Allerdings existieren weitere Maßstäbe zur Bewertung von *assets* und *liabilities*. Grundlegende Bewertungsmaßstäbe neben den *historical costs* sind: Wiederbeschaffungskosten (*current* bzw. *replacement cost*), realisierbarer Betrag (*current market value* und *net realizable* (*settlement*) *value*) und Barwert (*present* (*or discounted*) *value of future cash flows*) (CON 5.67). Diese Bewertungsmaßstäbe sind grundsätzlich genauso definiert wie bereits nach IAS/IFRS erläutert.

1. Anschaffungskosten

Begriff und Bedeutung der Anschaffungskosten

Die Anschaffungskosten sind der originäre Wertmaßstab für alle vom Unternehmen fremdbezogenen Gegenstände. In § 255 Abs. 1 HGB werden die Anschaffungskosten rechtsformunabhängig definiert als die Aufwendungen, die geleistet werden, um einen Vermögensgegenstand zu erwerben und ihn in einen betriebsbereiten Zustand zu versetzen, soweit sie dem Vermögensgegenstand einzeln zugerechnet werden können. Diese Definition entspricht auch der steuerrechtlichen Begriffsauslegung durch die Rechtsprechung. In den IAS 2.7 f. und 16.16 findet sie ebenfalls eine inhaltlich äquivalente Entsprechung; dies gilt auch nach US-GAAP. Trotz des Begriffs »Anschaffungskosten« handelt es sich um einen pagatorischen Wertmaßstab, d. h., für eine Einbeziehung kommen ausschließlich aufwandsgleiche Kosten in Frage. Wird zu Kontrollzwecken festgestellt, welche Anschaffungskosten bei erneuter Beschaffung eines bereits vorhandenen Vermögensgegenstandes entstehen würden, so spricht man von Wiederbeschaffungskosten.

Anschaffungskosten nach HGB

Gem. § 255 Abs. 1 HGB setzen sich die Anschaffungskosten aus folgenden Bestandteilen zusammen:

Anschaffungspreis
– Anschaffungspreisminderungen
\+ Anschaffungsnebenkosten, sofern einzeln zurechenbar
\+ nachträgliche Anschaffungskosten

= handels- und steuerrechtliche Anschaffungskosten

Anschaffungskosten nach IAS/IFRS und US-GAAP

Nach internationalen Rechnungslegungsnormen gibt es keine übergreifende allgemeine Definition des Anschaffungskostenbegriffs. Allerdings bestehen hinsichtlich der Bestandteile der Anschaffungskosten keine materiellen Unterschiede zwischen den Bestimmungen nach IAS/IFRS, US-GAAP und den Bestimmungen des HGB.

Anschaffungspreis, Mehrwertsteuer

In die Anschaffungskosten gehen nur Nettopreise (Bruttopreise – Mehrwertsteuer) ein, wenn der Unternehmer zum Vorsteuerabzug berechtigt ist, d. h. gegenüber dem Finanzamt einen Rechtsanspruch auf Erstattung der Mehrwertsteuer besitzt. Bei in fremder Währung valutierten Anschaffungskosten ist der Wechselkurs der Verbindlichkeit (zum Zeitpunkt des Eingehens der Verbindlichkeit) auch für die Ermittlung der Anschaffungskosten des Aktivums maßgebend. Werden Anzahlungen getätigt, so sind die Anschaffungskosten durch die Kurse der Anzahlungen jeweils anteilig festgelegt.

Fremdwährungsdifferenzen nach IAS/IFRS

Im Gegensatz zu den deutschen GoB können gemäß *allowed alternative treatment* aus IAS 21.21 f. i. V. m. SIC 11 unter besonderen, sehr eng zu fassenden Umständen Fremdwährungsdifferenzen bei wesentlichen Abwertungen der eigenen Währung als Anschaffungskosten berücksichtigt werden. Die Fremdwährungsdifferenzen zählen dann zu den Anschaffungskosten, sofern sie unmittelbar Fremdwährungsverbindlichkeiten aus Käufen von *assets* betreffen, deren Begleichung, zum Beispiel aufgrund von Devisenbeschränkungen, nicht möglich ist, und ein praktikabler Schutz durch Hedging-Geschäfte ausscheidet (IAS 2.9).

Anschaffungspreisminderungen nach HGB, IAS/IFRS und US-GAAP

Aus dem Grundsatz der Erfolgsneutralität des Beschaffungsvorganges folgt, dass zu den Anschaffungskosten nur die Beträge zählen, die das Unternehmen für die Anschaffung tatsächlich aufwenden musste. Dementsprechend sind Subventionen und Zuschüsse Dritter sowie erhaltene Rabatte, Boni und Skonti als Anschaffungspreisminderungen abzuziehen (vgl. dazu im Einzelnen: Beck'scher

Bilanzkommentar [1999], § 255 Anm. 61 ff.; R 34 EStR; IAS 2.8; ARB 43 ch. 4).

Anschaffungsnebenkosten nach deutschem Handels- und Steuerrecht

Zu den handels- und steuerrechtlich aktivierungspflichtigen Anschaffungsnebenkosten gehören insbesondere die Kosten des Transports und der Transportversicherung, Aufwendungen für das Aufstellen und die Montage, Funda-mentierungskosten, Gebühren für die Beurkundung von Kaufverträgen, Provisionen und Vermittlungsgebühren sowie Zölle, Steuern (mit Ausnahmen der abzugsfähigen Mehrwertsteuer) und sonstige Abgaben. Voraussetzung für die Aktivierung ist jedoch, dass die Anschaffungsnebenkosten dem Vermögensgegenstand einzeln zugerechnet werden können. Aus diesem Grund dürfen z. B. Verwaltungsgemeinkosten – etwa für umfangreiche Arbeiten im Zusammenhang mit der Feststellung des günstigsten Angebots – grundsätzlich nicht in die Anschaffungskosten einbezogen werden.

Anschaffungsnebenkosten nach IAS/IFRS und US-GAAP

Die Anschaffungskosten umfassen gemäß IAS 16.16 neben dem Kaufpreis einschließlich Einfuhrzölle und der nicht erstattungsfähigen Erwerbssteuer alle direkt zurechenbaren Kosten, die notwendig sind, das *asset* in betriebsbereiten Zustand zu versetzen. Beispielhaft werden u. a. aufgezählt: Transportkosten und Installationskosten. Verwaltungkosten sind dagegen nicht Bestandteil der Anschaffungskosten (IAS 16.18). Nach US-GAAP sind in die Anschaffungskosten sämtliche Kosten einzubeziehen, die notwendig sind, um das *asset* in einen betriebsbereiten Zustand zu versetzen und an seinen Einsatzort zu verbringen (ARB 43 ch. 4).

Fremdkapitalzinsen nach deutschem Handels- und Steuerrecht

Die Kosten der Geldbeschaffung dürfen grundsätzlich nicht als Anschaffungsnebenkosten aktiviert werden. Ausnahmen bestehen allerdings für die Fälle, in denen Kredite als Anzahlungen oder Vorauszahlungen zur Finanzierung von Neuanlagen mit längerer Bauzeit verwendet werden. Hier ersetzen die (vom Bilanzierenden) aufgenommenen Kredite Betriebskapital des Lieferanten und führen deshalb zu einer Verminderung der produktionsbedingten Kosten beim Lieferanten und entsprechend zu einer Verminderung des Preises, d. h. der Anschaffungskosten der Anlage. In diesen Fällen dürfen die Kreditzinsen handels- und steuerrechtlich in die Anschaffungskosten einbezogen werden.

Fremdkapitalzinsen nach IAS/IFRS

Auch nach der vom IASB (ehemals IASC) empfohlenen Vorgehensweise scheidet die Aktivierung von Fremdkapitalzinsen grundsätzlich aus (IAS 23.7). Unabhängig vom Einsatz der geliehenen Geldmittel sind etwaige Fremdkapitalzinsen als Aufwand der Periode zu verrechnen (IAS 23.8). Als sog. *allowed alternative treatment* ist es jedoch gem IAS 23.11 i. V. m. SIC 2 unter bestimmten Umständen bei sog. *qualifying assets* auch die Aktivierung direkt zurechenbarer Aufwendungen für Fremdkapital möglich (IAS 23.11). *Qualifying assets* werden definiert als *assets*, deren Vorbereitung für die geplante Nutzung im Unternehmen oder für den Verkauf zwingend eine erhebliche Zeitdauer in Anspruch nimmt (IAS 23.4). Dazu zählen unter Umständen Anlagen, die in einem langfristigen Fertigungsprozess erstellt werden, wie zum Beispiel Produktionsanlagen oder Gas-Pipelines, sowie Waren, die einem langwierigen Reifungsprozess unterliegen, wie zum Beispiel hochwertige Rotweine, Whisky oder Tabak. Zu den direkt zurechenbaren Fremdkapitalkosten zählen alle diejenigen Fremdkapitalkosten, die hätten vermieden werden können, falls keine Ausgaben für das *qualifying asset* gemacht worden wären (IAS 23.13). Falls das erforderliche Fremdkapital direkt im Zusammenhang mit dem *asset* aufgenommen wurde, so sind die tatsächlich angefallenen Fremdkapitalkosten, gekürzt um etwaige Zinserträge, die mit dem Fremdkapital bis zur vollständigen Verausgabung erwirtschaftet werden konnten, als Anschaffungskosten ansetzbar (IAS 23.15 f.). Für den Fall, dass das benötigte Fremdkapital für das *asset* aus der allgemeinen Fremdfinanzierung der Unternehmung stammt, ist der gewichtete Durchschnitt aller Fremdkapitalkosten des Unternehmens ausschließlich des speziell für andere *qualifying assets* aufgenommenen Fremdkapitals anzusetzen (IAS 23.17), falls von dem Wahlrecht der Aktivierung Gebrauch gemacht wird. Im Allgemeinen wird der durchschnittliche Buchwert des *qualifying asset* während der Periode inklusive der aus Vorperioden aktivierten Fremdkapitalkosten als Bezugsbasis für die Berechnung der zu aktivierenden Fremdkapitalkosten angenommen (IAS 23.21). Dieses Wahlrecht ist gem. SIC 2.3 einheitlich auf alle *qualifying assets* anzuwenden.

Fremdkapitalzinsen nach US-GAAP, qualifying asset

Nimmt das Versetzen in betriebsbereiten Zustand eines *asset* einen längeren Zeitraum in Anspruch (= *qualifying asset*), sind Fremdkapitalzinsen, die direkt der Anschaffung zurechenbar sind, nach US-GAAP zu aktivieren. Im Gegensatz zur Regelung nach IAS/IFRS, die für Fremdkapitalzinsen in diesem Fall ein Wahlrecht vorsehen, besteht hier eine Aktivierungspflicht, es sei denn, die Beträge sind nicht wesentlich oder nur durch hohen Aufwand ermittelbar, der in einem ungleichgewichtigen Zusammenhang zur Information steht; für diesen Fall sind Fremdkapitalzinsen nicht zu aktivieren (vgl. FAS 34.8). Die Ermittlung der Fremdkapitalzinsen für ein *qualifying asset* erfolgt analog zur Vorgehensweise nach IAS/IFRS (vgl. dazu ausführlich FAS 34.12 ff.)

Nachträgliche Anschaffungskosten

§ 255 Abs. 1 Satz 2 HGB bestimmt, dass die im Rahmen von Um- oder Ausbauarbeiten anfallenden Kosten als nachträgliche Anschaffungskosten dieser Vermögensgegenstände zu aktivieren sind. Die Abgrenzung dieser Kosten von den sofort abzugsfähigen Aufwendungen erfolgt nach den gleichen Kriterien, nach denen Erhaltungsaufwand von Herstellungsaufwand unterschieden wird, auch nach IAS/IFRS und US-GAAP gelten die Ausführungen zu *subsequent expenditures* (IAS/IFRS) bzw. *costs subsequent to acquisition* (US-GAAP) (vgl. Abschnitt A IV dieses Kapitels).

Tausch nach Handels- und Steuerrecht

Bei der Ermittlung der Anschaffungskosten bei Tauschgeschäften gehen handels- und steuerrechtliche Auffassung auseinander. Steuerrechtlich ist das eingetauschte Wirtschaftsgut mit dem Verkehrswert des hingegebenen Gegenstandes anzusetzen, d. h., die in den Wirtschaftsgütern enthaltenen stillen Reserven sind aufzulösen und wie ein Veräußerungsgewinn zu versteuern (vgl. R 32a Abs. 2 Satz 3 EStR). Der Buchwert darf dagegen fortgeführt werden, wenn die getauschten Wirtschaftsgüter wert-, art- und funktionsgleich sind. In der Handelsbilanz ist eine Gewinnrealisierung (Ansatz zum Verkehrswert) nicht vorgeschrieben, aber möglich, sofern der Tausch nicht nur aus bilanzpolitischen Gründen erfolgte (vgl. ADS [1995], § 255 Tz. 91). Auch eine teilweise Aufdeckung der stillen Reserven zur Neutralisierung der Ertragssteuer wird im Handelsrecht für zulässig erachtet.

Tausch nach IAS/IFRS

Das IASB unterscheidet bei Tauschvorgängen im Sachanlagevermögen ebenfalls danach, ob die ausgetauschten *assets* gleichartig oder verschiedenartig sind.

Für den Fall, dass das hingegebene *asset* hinsichtlich Art und Wert äquivalent zum erhaltenen *asset* ist, entsprechen die Anschaffungskosten des neuen *asset* dem Buchwert des ausgeschiedenen *asset* (IAS 16.22). Sofern nicht Hinweise für eine außerordentliche Abschreibung auf einen evtl. niedrigeren *fair value* (vgl. Abschnitt B I 5 dieses Kapitels) bestehen, ist damit der Tauschvorgang erfolgsneutral zu behandeln. Unterscheiden sich die ausgetauschten *assets*, so ist das erhaltene *asset* mit seinem *fair value* anzusetzen (IAS 16.21). Dieser entspricht im Allgemeinen dem *fair value* des hingegebenen *asset* korrigiert um zusätzlich geleistete oder erhaltene Zahlungen. Wird ein *investment* durch Tausch gegen ein *asset* oder Ausgabe von Anteilen erworben, so stellt der *fair value* die Bezugsbasis für die Bestimmung der Anschaffungskosten des Investments dar (IAS 25.16). Im Falle unterschiedlicher ausgetauschter *assets* ist die Differenz zwischen dem aktivierten *fair value* und dem Buchwert des ausgeschiedenen *asset* erfolgswirksam zu behandeln. Auch für die übrigen Aktivposten wird u. E. eine zu den obigen Bestimmungen analoge Vorgehensweise sachgerecht im Sinne des IASB sein (so auch IDW [1995], S. 51).

Tausch nach US-GAAP

Wie bereits nach IAS/IFRS wird auch nach US-GAAP zwischen dem Tausch gleichartiger (*similar*) *assets* und nicht gleichartiger (*dissimilar*) *assets* unterschieden (APB 29.7). Die Behandlung der getauschten *asset* erfolgt im Wesentlichen wie bereits nach IAS/IFRS geschildert (zur Regelung der Behandlung vgl. APB 29). Strenge Sonderregeln gelten allerdings für Tauschgeschäfte im Zusammenhang mit Umsatzgeschäften, deren Vorschriften finden sich in EITF 99.12.

Unentgeltlicher Erwerb

Bei unentgeltlichem Erwerb gilt in Handels- und Steuerbilanz als Anschaffungskosten der Betrag, der normalerweise für die Anschaffung des Gegenstandes hätte aufgewendet werden müssen (vgl. IDW [1996], S. 224; § 7 Abs. 2 EStDV). Für unentgeltlich erworbene immaterielle Vermögensgegenstände des Anlagevermögens besteht allerdings handels- wie steuerrechtlich ein Aktivierungsverbot (§§ 248 Abs. 2 HGB, 5 Abs. 2 EStG). Bei der unentgeltlichen Übertragung eines Betriebs, Teilbetriebs oder Mitunternehmeranteils gelten steuerrechtlich die Buchwerte als Anschaffungskosten des Rechtsnachfolgers (§ 7 Abs. 1 EStDV).

Behandlung von Investitionszuschüssen nach deutschem Handels- und Steuerrecht

Erhält ein Unternehmen zur Anschaffung bestimmter Vermögensgegenstände nicht rückzahlbare Zuwendungen von Dritten (Investitionszulagen, -zuschüsse), so mindern diese grundsätzlich die Anschaffungskosten, da wirtschaftlich davon auszugehen ist, dass derartige Zuwendungen mit dem Ziel gewährt werden, die Mittel zu vermindern, die das Unternehmen selbst für die Anschaffung aufzubringen hat (vgl. ADS [1995], § 255 Tz. 56; a. A. Beck'scher Bilanzkommentar [1999], § 255 Anm. 115 ff.). Daneben wird in der Handelsbilanz auch ein erfolgsneutraler Ausweis der Zuschüsse in einem gesonderten Passivposten für zulässig erachtet. Bei umfangreichen Zuschussfinanzierungen ist dieser indirekten Darstellung wegen des dadurch vergrößerten Einblicks in die Vermögens-, Finanz- und Ertragslage sogar der Vorzug zu gewähren. Ein solcher passiver Sonderposten ist i. d. R. parallel zu den Abschreibungen des entsprechenden Vermögensgegenstandes aufzulösen. Steuerrechtlich besitzt der Bilanzierende bei Investitionszuschüssen ein Wahlrecht, einen gewährten Zuschuss erfolgswirksam als Ertrag zu erfassen oder ihn von den Anschaffungskosten des jeweiligen erworbenen Wirtschaftsgutes abzusetzen (R 34 Abs. 2 EStR).

Behandlung von Investitionszuschüssen nach IAS/IFRS und US-GAAP

Zur bilanziellen Behandlung von Zuwendungen der öffentlichen Hand für *assets* (*government grants related to assets*) existiert gem. IAS 20.24 ein Wahlrecht: Die Zuschüsse können entweder in Form eines passiven Abgrenzungspostens (*deferred income*) angesetzt werden oder sind bei der Ermittlung des Buchwerts des *asset* abzusetzen. Beide Alternativen sind dabei gleichwertig, d. h. es gibt kein *benchmark treatment*. Wird der Ansatz eines Abgrenzungspostens gewählt, so ist dieser während der wirtschaftlichen Nutzungsdauer des *asset* auf einer planmäßigen und vernünftigen Grundlage (*on a systematic and rational basis*) als Ertrag aufzulösen (IAS 20.26). Erfolgt eine Absetzung vom Buchwert des *asset*, so ergibt sich automatisch eine abschreibungsproportionale Verteilung durch die niedrigeren Abschreibungen (IAS 20.27). Wie nach IAS/IFRS bestehen auch nach US-GAAP die Möglichkeiten der Kürzung des Buchwerts oder der passivischen Abgrenzung (vgl. FAS 115, ARB 43 ch. 11a, ARB 45, APB 29).

2. Herstellungskosten

Herstellungskosten nach Handels- und Steuerrecht

Die Herstellungskosten sind der ursprüngliche Wertmaßstab für alle vom Unternehmen hergestellten, am Bilanzstichtag noch nicht verkauften Gegenstände des Anlage- und Umlaufvermögens (unfertige und fertige Erzeugnisse sowie eigenbetrieblich genutzte selbsterstellte Anlagen). Für das Handelsrecht werden die Herstellungskosten in § 255 Abs. 2 HGB rechtsformunabhängig definiert als die Aufwendungen, die durch den Verbrauch von Gütern und die Inanspruchnahme von Diensten für die Herstellung eines Vermögensgegenstandes, seine Erweiterung oder für eine über seinen ursprünglichen Zustand hinausgehende wesentliche Verbesserung entstehen. Für das Steuerrecht enthält R 33 Abs. 1 Satz 1 EStR eine ähnlich lautende Definition.

Herstellungskosten nach IAS/IFRS

Zu den Herstellungskosten nach IAS/IFRS zählen Kosten des Herstellungsvorgangs sowie sonstige Kosten, die dafür angefallen sind, die *assets* in ihren gegenwärtigen Zustand zu versetzen bzw. sie an ihren gegenwärtigen Ort zu transportieren (IAS 2.7 und 16.16).

Herstellungskosten nach US-GAAP

Gemäß ARB 43 ch. 4 sind neben den Kosten des Herstellungsvorgangs (*costs of conversion*) auch sonstige Kosten einzubeziehen, die notwendig waren, um das *asset* in einen betriebsbereiten Zustand zu versetzen und an seinen Einsatzort zu verbringen. Darunter fallen Material- und Fertigungseinzelkosten sowie sämtliche Material- und Fertigungsgemeinkosten auf Basis einer normalen Kapazitätsauslastung einschließlich anteiliger Abschreibungen (vgl. KPMG [1999a], S. 27).

Ableitung aus der Kostenrechnung

Während die Anschaffungskosten aufgrund vorliegender Rechnungen leicht bestimmt werden können, bestehen bei der Ermittlung der Herstellungskosten Schwierigkeiten, weil sie aus der Kostenrechnung abgeleitet werden müssen, diese aber andere Ziele verfolgt als die Bilanz und folglich an den Kostenrechnungswerten Korrekturen notwendig sind.

Beschränkung auf aufwandsgleiche Kosten

Der bilanzielle Herstellungskostenbegriff weicht in wesentlichen Punkten von dem der Kostenrechnung (Herstellkosten) ab, da er auf die aufwandsgleichen Kosten beschränkt ist. Kalkulatorische Kosten dürfen – soweit ihnen keine entsprechenden Aufwendungen gegenüberstehen – weder handels- noch steuerrechtlich in die Herstellungskosten eingehen. Die Abschreibungen dürfen z. B. nicht von den Wiederbeschaffungskosten ausgehen, sondern sind auf Grundlage der Anschaffungskosten zu berechnen. Ebenso ist der Materialverbrauch zu historischen Einstandspreisen, nicht etwa zu Wiederbeschaffungspreisen anzusetzen.

Umfang der Herstellungskosten

Der Umfang der Herstellungskosten ergibt sich in erster Linie aus dem Grundsatz der sachlichen Abgrenzung, nach dem alle in der Periode hergestellten, aber noch nicht verkauften Gegenstände mit den ihnen zuzurechnenden Aufwendungen angesetzt werden müssen. Da jedoch über die Zurechenbarkeit bestimmter Aufwendungen unterschiedliche Auffassungen bestehen können, bedarf der Grundsatz der sachlichen Abgrenzung in diesem Zusammenhang der gesetzlichen Konkretisierung. Für das Handelsrecht enthält § 255 Abs. 2 HGB eine abschließende Aufzählung der einbeziehungspflichtigen (Pflicht-) und einbeziehungsfähigen (Wahl-) Herstellungskostenbestandteile. Der davon abweichende Umfang der steuerrechtlichen Herstellungskosten ergibt sich dagegen aus den Richtlinien der Finanzverwaltung (R 33 EStR), die nach herrschender Meinung zur Ermittlung der zu aktivierenden Herstellungskosten in der Steuerbilanz bindende Wirkung besitzen.

	HGB	EStR	IAS/ IFRS	US-GAAP
Materialeinzelkosten	Pflicht	Pflicht	Pflicht	Pflicht
Fertigungseinzelkosten	Pflicht	Pflicht	Pflicht	Pflicht
Sondereinzelkosten der Fertigung	Pflicht	Pflicht	Pflicht	Pflicht
Variable Material- und Fertigungsgemeinkosten	Wahlrecht	Pflicht	Pflicht	Pflicht
Fixe Material- und Fertigungsgemeinkosten	Wahlrecht	Pflicht	Pflicht	Pflicht
Allgemeine Verwaltungskosten (herstellungsbezogen)	Wahlrecht	Wahlrecht	Pflicht	Pflicht
Allgemeine Verwaltungskosten (nicht herstellungsbezogen)	Wahlrecht	Wahlrecht	Verbot	Verbot
Sondereinzelkosten des Vertriebs	Verbot	Verbot	Verbot	Verbot
Vertriebskosten	Verbot	Verbot	Verbot	Verbot

Abb. 2.5: Pflicht- und Wahlbestandteile der Herstellungskosten nach Handels- und Steuerrecht sowie nach IAS/IFRS und US-GAAP

Die in die Herstellungskosten nach IAS/IFRS einzubeziehenden Kostenbestandteile ergeben sich aus IAS 2.10 ff., nach US-GAAP ist ARB 43 heranzuziehen. Abbildung 2.5 zeigt – nach Kostenarten gegliedert – die Pflicht- und Wahlbestandteile der Herstellungskosten nach Handels- und Steuerrecht sowie nach IAS/IFRS und US-GAAP.

In der Literatur wird häufig die Auffassung vertreten, dass aufgrund einer fehlenden Definition der Herstellungskosten im Einkommensteuergesetz der mögliche steuerliche Bewertungsspielraum bei den Herstellungskosten jenem des § 255 Abs. 2 HGB entsprechen würde, da das Maßgeblichkeitsprinzip der Handelsbilanz für die Steuerbilanz Vorrang vor der bloßen, aus traditioneller Finanzrechtsprechung abgeleiteten Verwaltungsanweisung des R 33 EStR besitze (Küting, K./Haeger, B. [1988]; Wilhelm, S. [1991]). In einem Urteil des BFH ist diese Streitfrage zumindest hinsichtlich der Material- und Fertigungsgemeinkosten eindeutig entschieden worden (vgl. BFH Urteil vom 21.10.1993 – IV R 87/92, in: BB 1994, S. 113-115). Demnach fordert § 6 Abs. 1 Nr. 1 Satz 1 und Nr. 2 Satz 1 EStG den Ansatz der dort bezeichneten Wirtschaftsgüter mit den Herstellungs-kosten, was bedeutet, dass die Wirtschaftsgüter grundsätzlich mit allen Aufwendungen anzusetzen sind, die ihrer Art nach Herstellungskosten sind. Gemäß der auch für das Steuerrecht geltenden Begriffsbestimmung des § 255 Abs. 2 HGB sind Material- und Fertigungsgemeinkosten ihrer Art nach Herstellungskosten und somit steuerrechtlich einbeziehungspflichtig. Unabhängig von diesem Urteil würde eine Definition der Herstellungskosten und die Aufnahme deren Pflicht- und Wahlbestandteile in das EStG durch den Gesetzgeber Klarheit bringen.

Sondereinzelkosten der Fertigung und des Vertriebs nach HGB und EStR

Bei Unternehmen mit langfristiger Auftragsfertigung fallen üblicherweise noch vor Beginn des eigentlichen Herstellungsprozesses Kosten für Vorleistungen in teilweise erheblichem Umfang an (z. B. Kosten für Modelle, Spezialwerkzeuge, Lizenzgebühren). Soweit diese Kosten einem (bereits erhaltenen) Auftrag als Einzelkosten direkt zugerechnet werden können, sind sie als Sondereinzelkosten der Fertigung zu aktivieren. Ist eine direkte Zurechnung nicht möglich, so ist ihre Aktivierung unter den Fertigungsgemeinkosten zulässig. Die bilanzielle Behandlung der Sondereinzelkosten des Vertriebs ist dagegen nicht unumstritten. Trotz des generellen Aktivierungsverbotes für Vertriebskosten (§ 255 Abs. 2 Satz 6 HGB) wird eine Aktivierung von Aufwendungen für bereits verkaufte, aber noch nicht abgesetzte Waren (z. B. Provisionen) – entgegen der h. M. – insbesondere im Fall langfristiger Fertigungsaufträge teilweise für zulässig erachtet (vgl. Herrmann, C./Heuer, G./Raupach, A. [1999], § 6 Anm. 1 000 »Vertriebskosten«). Darüber hinaus stellt sich auch die Frage, inwieweit bestimmte Aufwendungen, wie z. B. Aufwendungen der Auftragserlangung und -vorbereitung bei Auftragsfertigung, im Einzelfall nicht als Sondereinzelkosten des Vertriebs, sondern als aktivierungspflichtige Fertigungseinzelkosten zu qualifizieren sind.

Sondereinzelkosten der Fertigung und des Vertriebs nach IAS/IFRS und US-GAAP

Da gemäß IAS 2.10 sämtliche Kosten, die sich den einzelnen Produkteinheiten direkt zurechnen lassen sowie alle fixen und variablen Gemeinkosten (*production overhead*), die im Zusammenhang mit der Herstellung anfallen, anzusetzen sind, besteht eine Aktivierungspflicht für Sondereinzelkosten der Fertigung, falls diese direkt zurechenbar sind (vgl. Jacobs, O. H. [2002], S. 13 ff.). Sondereinzelkosten des Vertriebs sind dagegen von der Aktivierung ausgeschlossen (IAS 2.14 (d)). Es bestehen bezüglich der Behandlung von Sondereinzelkosten der Fertigung und des Vertriebs keine Unterschiede zwischen IAS/IFRS und US-GAAP.

Allgemeine Verwaltungskosten nach HGB und EStR

Verwaltungskosten, die im Material- oder Fertigungsbereich anfallen, gehören entsprechend zu den Material- oder Fertigungsgemeinkosten. Für Kosten der allgemeinen Verwaltung besteht gemäß § 255 Abs. 2 Satz 4 HGB ein Ansatzwahlrecht. Diese Abgrenzung zwischen Verwaltungskosten im Material- und Fertigungsbereich und allgemeinen Verwaltungskosten hat lediglich steuerlich eine Bedeutung, da für letztere keine Ansatzpflicht besteht (R 33 Abs. 1 Satz 3 EStR). Als allgemeine Verwaltungskosten sind bspw. Löhne und Gehälter des Verwaltungsbereichs und die entsprechenden Abschreibungen ansatzfähig.

Allgemeine Verwaltungskosten nach IAS/IFRS und US-GAAP

Nach IAS/IFRS muss für sämtliche Verwaltungskosten ermittelt werden, welchen betrieblichen Funktionen diese im Einzelnen zuzurechnen sind. Der Teil, der auf den Produktionsbereich entfällt, ist aktivierungspflichtig. Da auch bezüglich der allgemeinen Verwaltung eine Zurechnung nach betrieblichen Funktionen vorzunehmen ist, bezieht sich das Ansatzverbot für allgemeine Verwaltungskosten nur auf den Teil dieser Kosten, der nicht der Produktion zugerechnet wird (vgl. Jacobs, O. H. [2002], S. 170). Beispielsweise wird aus dem Kostenstellenbereich Buchhaltung, Jahresabschlusserstellung und Finanzplanung ein Teil der Kosten dem Funktionsbereich Produktion zuzurechnen sein (z. B. Lohn- und Gehaltsabrechnung des Produktionsbereichs), der dann aktivierungspflichtig ist (vgl. Beck'scher Bilanzkommentar [1999], § 255 Anm. 587). Auch nach US-GAAP müssen Verwaltungskosten angesetzt werden, wenn sie das Kriterium der Herstellungsbezogenheit erfüllen (vgl. Pellens, B. [2001], S. 218), ansonsten besteht ein Ansatzverbot.

Fremdkapitalzinsen nach HGB und EStR

Als Ausnahmen vom generellen Aktivierungsverbot für Geldbeschaffungskosten gewährt § 255 Abs. 3 Satz 2 HGB die Möglichkeit, Zinsen für Fremdkapital, das zur Finanzierung der Herstellung eines Vermögensgegenstandes verwendet wird, in die Herstellungskosten mit einzubeziehen, soweit sie auf den Zeitraum der Herstellung entfallen. Die Einbeziehung ist gem. § 284 Abs. 2 Nr. 5 HGB im Anhang anzugeben. Das Steuerrecht setzt für die Aktivierung von Fremdkapitalzinsen zusätzlich voraus, dass sich die Herstellung des Wirtschaftsgutes über einen Zeitraum von mehr als einem Jahr erstreckt (R 33 Abs. 7 EStR).

Fremdkapitalzinsen nach IAS/IFRS

Ebenso wie im Fall von Anschaffungskosten ist auch bei Herstellungskosten eine Aktivierung von Aufwendungen für die Beschaffung von Fremdkapital nach der Benchmark-Methode nicht zugelassen (IAS 23.7). Nach der Alternativ-Methode ist jedoch eine Aktivierung bei Vorliegen eines *qualifying assets* unter bestimmten Voraussetzungen zulässig (IAS 23.11) (vgl. Abschnitt B I 1 dieses Kapitels).

Fremdkapitalzinsen nach US-GAAP

Liegt ein *qualifying asset* vor, besteht nach US-GAAP eine Aktivierungspflicht für die Fremdkapitalzinsen, ist das Vorliegen eines *qualifying asset* zu verneinen, so ist die Aktivierung von Fremdkapitalzinsen verboten (vgl. Ausführungen im vorstehenden Abschnitt 1).

Wertuntergrenze nach HGB und EStR, unechte Gemeinkosten

Das HGB stellt bei der Bestimmung der Wertuntergrenze (Summe der Pflichtbestandteile) allein darauf ab, welche Kosten den Produkten direkt als Einzelkosten zugerechnet werden können und verzichtet auf eine Unterscheidung in fixe und variable Kosten. Dies ergibt sich indirekt aus § 255 Abs. 2 Satz 3 HGB, der für die Material- und Fertigungsgemeinkosten ausdrücklich lediglich ein Einbeziehungswahlrecht vorsieht. In der Praxis ist es oft üblich, aus Gründen der Wirtschaftlichkeit der Rechnungslegung bestimmte Einzelkosten (z. B. Verbrauch von Wasser, Strom, Kleinmaterial usw.) als (unechte) Gemeinkosten zu erfassen (vgl. Riebel, P. [1994], S. 14 f.). Da diese Kosten den Erzeugnissen prinzipiell direkt zurechenbar sind, zählen sie – innerhalb der Grenzen des Grundsatzes der Wesentlichkeit – zu den Pflichtbestandteilen der handelsrechtlichen Herstellungskosten. Anderenfalls wäre die Wertuntergrenze von der Organisation der Kostenrechnung abhängig. Das Steuerrecht zieht die Wertuntergrenze weiter und bestimmt für alle (variablen und fixen) Kosten des Material- und Fertigungsbereiches Aktivierungspflicht.

Wertuntergrenze nach HGB, Prozesskostenrechnung

Zur Ermittlung der Herstellungskosten wird i. d. R. die Zuschlagskalkulation herangezogen, allerdings schreibt der Gesetzgeber dieses Verfahren nicht ausdrücklich vor. Da im internen Rechnungswesen inzwischen die prozessorientierte Kostenrechnung weit verbreitet ist, liegt es nahe, diese auch zur Bemessung der Herstellungskosten für die externe Rechnungslegung zu verwenden (vgl. Fischer, T. M./Klein, G. A. [1995], S. 12). Ziel der Prozesskostenrechnung ist es, die den Kostenträgern durch die Zuschlagskalkulation zugeordneten Gemeinkosten verursachungsgerechter zuzurechnen, die Kostenträgereinzelkosten verändern sich dagegen nicht. Durch die Anwendung der Prozesskostenrechnung kann sich daher die handelsrechtliche Wertuntergrenze nicht verändern (vgl. Baetge, J./ Sell, K. [1998], S. 284; Kirsch, H. [1999], S. 284).

Wertuntergrenze nach IAS/IFRS und US-GAAP

Auch das IASB stellt bei der Bestimmung der Wertuntergrenze auf die direkte Zurechenbarkeit der entstandenen Aufwendungen auf die produzierten Einheiten ab (IAS 2.10). Im Gegensatz zum HGB ist hierbei jedoch die Unterscheidung in Einzel- und Gemeinkosten unerheblich. Herstellungskosten nach IAS/IFRS und US-GAAP umfassen alle Kosten des Material- und Fertigungsbereichs als Pflichbestandteile und entsprechen damit dem steuerlichen Mindestumfang, sieht man von den herstellungsbezogenen allgemeinen Verwaltungkosten einmal ab.

Wertobergrenze nach HGB und EStR

Hinsichtlich der Wertobergrenze (Summe aus Pflicht- und Wahlbestandteilen) bestehen zwischen Handels- und Steuerbilanz keine Unterschiede. Aufgrund der Wirkung des Maßgeblichkeitsprinzips bzw. des umgekehrten Maßgeblichkeitsprinzips besteht für die Ermittlung der Herstellungskosten in der Steuerbilanz folgender Grundsatz: Befindet sich der handelsbilanzielle Wertansatz im steuerlich zulässigen Wahlrechtsbereich, so ist der handelsbilanzielle Wertansatz auch für die Steuerbilanz maßgeblich. Liegt der handelsbilanziell gewählte Wertansatz unter der steuerrechtlich zulässigen Wertuntergrenze, so ist in der Steuerbilanz die steuerliche Wertuntergrenze anzusetzen (vgl. Küting, K./Weber, C.-P. [1995], § 255 Tz. 245).

Wertobergrenze nach IAS/IFRS und US-GAAP

Abgesehen von der Möglichkeit der Aktivierung von Fremdkapitalzinsen nach IAS/IFRS existieren für die Herstellungskosten nach IAS/IFRS und US-GAAP keine Wahlrechte. Deshalb ist die Wertobergrenze gleich der Wertuntergrenze der Herstellungskosten; sie liegt unterhalb der Wertobergrenze der Herstellungskosten gemäß deutschem Handels- und Steuerrecht.

Stetigkeitsgebot

Das HGB gewährt dem Bilanzierenden bei der Herstellungskostenermittlung einen erheblichen bilanzpolitischen Spielraum, da grundsätzlich jeder Bilanzansatz zwischen Wertunter- und Wertobergrenze gewählt werden kann und diese Entscheidung den Vermögens- und Erfolgsausweis unmittelbar beeinflusst. Dieser bilanzpolitische Spielraum erfährt jedoch Einschränkungen durch das Stetigkeitsgebot (§ 252 Abs. 1 Nr. 6 HGB), das ein Abweichen von den angewandten Bewertungsmethoden nur in Ausnahmefällen zulässt (vgl. 1. Kapitel D II 2). Die im Zeitablauf unterschiedliche Ausnutzung von Aktivierungswahlrechten bei der Bestimmung der Herstellungskosten ist somit nur in sachlich begründeten Ausnahmefällen möglich.

Grundsatz der Angemessenheit

Aus der im HGB sowie im Steuerrecht verbindlichen Forderung nach Angemessenheit der einbezogenen Material- und Fertigungsgemeinkosten sowie – explizit erwähnt – Abschreibungen (§ 255 Abs. 2 Satz 3 HGB) folgt, dass Aufwendungen, die das normale Maß wesentlich übersteigen, nicht in die Herstellungskosten einzubeziehen sind. Der Grundsatz der Angemessenheit findet sich auch in den Vorschriften der IAS/IFRS wieder, die explizit ein Ansatzverbot für Ausschuss-, Lohn- und andere Produktionskosten vorsehen, sofern diese das übliche Maß überschreiten (IAS 2.14), ebenso sind überhöhte Ausschuss-, Arbeits- und Produktionskosten nicht in die Herstellungskosten nach US-GAAP einzubeziehen (vgl. KPMG [1999a], S. 27). So ist es z. B. nicht zulässig, neben den normalen Abschreibungen auch noch besondere Abschreibungen für Katastrophenverschleiß oder die Kosten stillliegender Produktionsanlagen zu berücksichtigen. Dies ergibt sich bereits aus dem Grundsatz der sachlichen Abgrenzung, da zwischen diesen Kosten und den Erträgen der hergestellten Erzeugnisse eindeutig kein sachlicher Zusammenhang besteht. Darüber hinaus stellt § 255 Abs. 2 Satz 5 HGB klar, dass Material-, Fertigungs- und Verwaltungsgemeinkosten nur insoweit bei der Herstellungskostenberechnung berücksichtigt werden dürfen, als sie auf den Zeitraum der Herstellung entfallen.

Voll- und Teilkostenbewertung

Bei der Ermittlung der Herstellungskosten besteht handelsrechtlich die Wahl zwischen den Verfahren der Voll- und Teilkostenbewertung. In der Steuerbilanz ist aufgrund der weiter gezogenen Wertuntergrenze dagegen ausschließlich die Vollkostenbewertung möglich, ebenso für Bilanzen nach IAS/IFRS und US-GAAP. In allen Fällen sind jedoch – wie bereits erwähnt – Korrekturen an den Kostenrechnungswerten notwendig.

Beschäftigungsschwankungen

Werden Fixkosten, die definitionsgemäß unabhängig von der tatsächlichen Kapazitätsauslastung anfallen, im Rahmen der Vollkostenbewertung einzelnen Produkten zugerechnet, so ergeben sich je nach Beschäftigungslage unterschiedliche Gemeinkostenzuschläge. Ein bei Unterbeschäftigung erstellter Vermögensgegenstand würde dann mit einem höheren Wert angesetzt als ein gleichartiger bei Vollbeschäftigung. Aus dem Grundsatz der Angemessenheit folgt in diesem Zusammenhang, dass nur der Teil der Fixkosten, der der tatsächlich genutzten Kapazität zuzurechnen ist (Nutzkosten), in die Herstellungskosten einbezogen werden darf.

Nutz- und Leerkosten

Für den auf die nicht genutzte Kapazität entfallenden Teil der Fixkosten (Leerkosten) gilt dagegen ein Einbeziehungsverbot (vgl. Wohlgemuth, M. [1990], Rn. 87), welches auch in den IAS/IFRS in einer entsprechenden Vorschrift niedergelegt ist (IAS 2.11) und ebenso nach US-GAAP gilt. Die Aufteilung der fixen Kosten in Nutz- und Leerkosten setzt die Festlegung des Niveaus der Vollbeschäftigung voraus. Dabei kann grundsätzlich von einer maximalen, optimalen und normalen Kapazitätsauslastung ausgegangen werden (vgl. ADS [1995], § 255 Tz. 220 ff.). Aufgrund der Schwierigkeiten, diese Beschäftigungsgrade in der Praxis exakt zu bestimmen, lässt sich i. d. R. nur eine betriebsindividuelle Bandbreite festlegen, innerhalb derer jedes Beschäftigungsniveau als Vollbeschäftigung gelten muss (vgl. Wohlgemuth, M. [1990], Rn. 93). Nur sofern dieses Beschäftigungsintervall unterschritten wird, sind handels- und steuerrechtlich (vgl. R 33 Abs. 8 EStR) nicht aktivierungsfähige Leerkosten zu eliminieren. Wird das Beschäftigungsintervall dagegen überschritten, so ist für die Herstellungskostenermittlung die tatsächliche Kapazitätsauslastung maßgebend, da die bilanziellen Herstellungskosten grundsätzlich nur aufwandsgleiche Kosten enthalten dürfen.

Nachträgliche Herstellungskosten

Gem. § 255 Abs. 2 Satz 1 HGB zählen zu den aktivierungspflichtigen Herstellungskosten auch die Aufwendungen für die Erweiterung oder für die über den ursprünglichen Zustand hinausgehende wesentliche Verbesserung eines Vermögensgegenstandes. Hinsichtlich der Abgrenzung dieser nachträglichen Herstellungskosten von den sofort abzugsfähigen Erhaltungsaufwendungen vgl. Abschnitt A IV dieses Kapitels.

Umfang der Herstellungskosten nach HGB, EStG und IAS/IFRS

Vergleicht man zusammenfassend den Umfang der Herstellungskosten nach Handels- und Steuerrecht mit den Regelungen der IAS/IFRS und der US-GAAP, so ist festzuhalten, dass der Ansatz der Herstellungskosten nach IAS/IFRS bzw. US-GAAP relativ strikt auf dem Vollkostenprinzip beruht. Ausgehend von der Grundannahme der periodengerechten Erfolgsermittlung (*accrual basis*) verlangt er den Ansatz aller Kosten, die dem Produktionsprozess zugerechnet werden können. Dementsprechend sehen die IAS/IFRS und die US-GAAP ein Aktivierungsverbot für nicht herstellungsbezogene allgemeine Verwaltungskosten vor. Ein für bilanzpolitische Maßnahmen einsetzbares Aktivierungswahlrecht besteht lediglich bei den Fremdkapitalzinsen (falls ein *qualifying asset* vorliegt) nach IAS/IFRS.

3. Erfüllungsbetrag

Beim Erfüllungsbetrag handelt es sich um den sicheren oder wahrscheinlichen Betrag, welchen der Schuldner zur Erfüllung der Verpflichtung aufwenden muss (vgl. Beck'scher Bilanzkommentar [1999], § 253 Anm. 51).

Rückzahlungsbetrag nach Handels- und Steuerrecht

Verbindlichkeiten, mit Ausnahme von Rentenverpflichtungen, sind gemäß § 253 Abs. 1 Satz 2 HGB mit ihrem Rückzahlungsbetrag anzusetzen. Da eine Rückzahlung im eigentlichen Sinne nur bei Darlehensverbindlichkeiten vorkommt, ist die Verwendung des Begriffs Erfüllungsbetrag angemessener. Bei Geldleistungsverpflichtungen entspricht grundsätzlich der Nennbetrag dem Erfüllungsbetrag (vgl. BFH-Urteil v. 04.03.1976, BStBl. II 1976, S. 380), bei Sachleistungsverpflichtungen ist der voraussichtlich aufzuwendende Geldbetrag als Erfüllungsbetrag anzusetzen (vgl. BFH-Urteil v. 13.12.1972, BStBl. II 1973, S. 217). In der Steuerbilanz sind Verbindlichkeiten mit ihren Anschaffungskosten oder ihrem höherem Teilwert anzusetzen (vgl. § 6 Abs. 1 Nr. 3 EStG i. V. m. § 6 Abs. 1 Nr. 2 EStG; Beck'scher Bilanzkommentar [1999], § 253 Anm. 52).

Rückstellungen sind gem. § 253 Abs. 1 Satz 2 HGB mit dem Betrag anzusetzen, der nach vernünftiger kaufmännischer Beurteilung benötigt wird um die (mögliche) Verpflichtung zu begleichen.

Settlement value nach IAS/IFRS und US-GAAP

Zum Begriff des Erfüllungsbetrag nach IAS/IFRS und US-GAAP, *settlement value* genannt, wird an dieser Stelle auf die Ausführungen unter Gliederungspunkt B I dieses Kapitels hingewiesen.

4. Barwert

Ein weiteres Bewertungskonzept stellt der Barwert dar. Als Barwert bezeichnet man den heutigen Zeitwert einer zukünftigen Zahlungsreihe. Man erhält ihn durch Abzinsung der Zahlungsströme mit einem Diskontierungsfaktor auf den heutigen Zeitpunkt. Der Barwert wird also durch die zukünftigen Zahlungsströme, die Laufzeit und den Diskontierungssatz bestimmt.

Barwert nach Handels- und Steuerrecht

Nach § 253 Abs. 1 Satz 2 HGB sind Rentenverpflichtungen, für die eine Gegenleistung nicht mehr zu erwarten ist, zu ihrem Barwert anzusetzen. Bezüglich des zu verwendenden Diskontierungssatzes existiert allerdings im Handelsrecht keine einheitliche Meinung, die h. M. befürwortet den fristadäquaten Marktzinssatz (vgl. Beck'scher Bilanzkommentar [1999], § 253 Tz. 85). Steuerrechtlich sind generell unverzinsliche Verbindlichkeiten und Rückstellungen bei einer mehr als einjährigen Laufzeit mit einem Zinssatz von 5,5 % abzuzinsen (§ 6 Abs. 1 EStG). Eine Ausnahme stellt die Berechnung des Barwertes von Pensionsrückstellungen dar, hier ist ein Zinssatz von 6 % anzuwenden (vgl. § 6a Abs. 3 Satz 3 EStG).

Barwert nach IAS/IFRS und US-GAAP

Der Barwert gehört für die Bewertung von *assets* und *liabilities* nach IAS/IFRS zu den konzeptionellen Grundlagen (vgl. F 100). Das gilt in gleicher Weise nach US-GAAP; zudem wird in vielen neueren FAS (z. B. FAS 141, 142 und 144) auf ihn zurückgegriffen. Das Barwertkonzept wird v. a. bei der Bewertung von langfristig bzw. niedrig verzinslichen Forderungen und Verbindlichkeiten sowie bei dauernder Wertminderung von Anlagevermögen angewandt. Auch in CON 7 „*Using Cash Flow Information and Present Value in Accounting Measurements*“ stellt die Barwertermittlung das zentrale Konzept dar.

5. Beizulegender Zeitwert: Fair Value

Fair value

Als Oberbegriff aller marktnahen Wertansätze ist der sog. *fair value* (beizulegender Zeitwert) zu interpretieren. Unter dem *fair value* eines Vermögenswertes oder einer Schuld wird allgemein der Betrag verstanden, zu dem zwei voneinander unabhängige Parteien mit Sachverstand und Abschlusswillen bereit wären, das *asset* zu tauschen bzw. die *liability* zu begleichen (vgl. z. B. IAS 17.3 oder CON 7). Vorausgesetzt wird hierbei, dass die Transaktion unter marktüblichen Konditionen (*arm's length transaction*) und ohne Abschlusszwang erfolgt. Ziel der *fair value* Bewertung ist die Bündelung der am Markt bezüglich des Bewertungsobjektes vorhandenen Informationen in der Rechnungslegung.

Fair value-Konzepte

Entsprechend dieser Definition orientiert sich die Ermittlung des *fair value* an dem jeweiligen Verwendungszweck des Vermögenswertes oder der Schuld. Als mögliche Ermittlungsmaßstäbe können hierfür sowohl die Marktwerte auf dem Beschaffungs- oder Absatzmarkt maßgeblich sein, wie auch der unternehmensspezifische Ertragswert (*value in use*). Allerdings lässt sich der Marktpreis bei der Ermittlung des *fair value* anhand von Marktwerten nur bei marktgängigen Sachverhalten (*mark-to-market*) heranziehen, bei nicht gehandelten Vermögensgegenständen oder Schulden erfolgt die Ermittlung anhand von anerkannten finanzmathematischen Bewertungsverfahren (*mark-to-model*). Eine Übersicht hierüber gibt Abbildung 2.6.

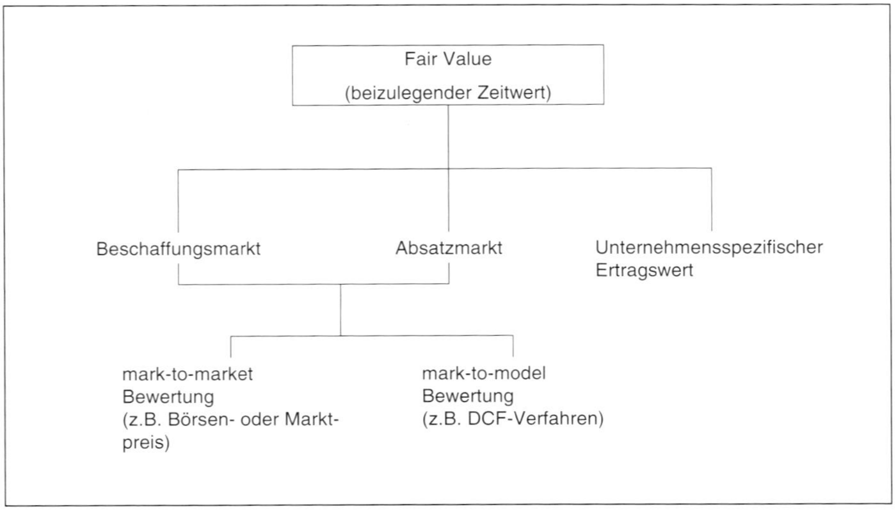

Abb. 2.6: Fair Value-Konzeptionen

Da die *fair value* Ermittlung in den verschiedenen Rechnungslegungsstandards unterschiedliche Bedeutung und Vorschriften findet, werden diese im Folgenden dargestellt.

a) Beizulegender Zeitwert nach HGB

Anlagevermögen: Wiederbeschaffungskosten oder Ertragswert

Das deutsches Pendant zum international üblichen Begriff des *fair value* ist der »beizulegende Zeitwert«. Allerdings enthält das HGB keine Definition dieses Begriffes. In der deutschen Rechnungslegung dient der beizulegende Zeitwert ausschließlich als Korrekturwert. So wird in § 253 Abs. 2 Satz 3 HGB der beizulegende Wert als Korrekturwert für die Gegenstände des Anlagevermögens genannt. Als Maßstab für den beizulegenden Wert kommen die Wiederbeschaffungs- oder Reproduktionskosten in Betracht, d. h. die Anschaffungs- oder Herstellungskosten eines vergleichbaren Gegenstandes. Handelt es sich um abnutzbare Gegenstände, so ist dem Vergleich der Wiederbeschaffungszeitwert (= Wiederbeschaffungswert – planmäßige Abschreibung) zugrunde zu legen. Maßgeblich ist im Bereich des Anlagevermögens also der Beschaffungsmarkt. Sollen in Ausnahmefällen Gegenstände des Anlagevermögens in unmittelbarer Zukunft verkauft werden, so entspricht der beizulegende Wert dem Einzelverkaufspreis abzüglich aller noch entstehenden Aufwendungen. Bei Patenten, Beteiligungen und ähnlichen Rechten wird der beizulegende Wert häufig mit Hilfe von Bewertungsverfahren abzuleiten sein. So kann hierbei beispielweise das Ertragswertverfahren seine Anwendung finden, wobei der Ertragswert der Differenz der Barwerte aller künftigen Einnahmen und aller künftigen Ausgaben entspricht.

Umlaufvermögen:
- Wiederbeschaffungskosten oder Veräußerungserlös

Für Vermögensgegenstände des Umlaufvermögens, für die kein Börsen- oder Marktpreis vorhanden ist, ergibt sich der beizulegende Wert aus den Wiederbeschaffungs- oder Reproduktionskosten, falls diese noch nicht in die Produktion eingegangen sind (Roh-, Hilfs- und Betriebsstoffe, Handelswaren). Ist die Verwendbarkeit der Gegenstände eingeschränkt (z. B. infolge von Veraltung), so liegt der beizulegende Wert noch niedriger, evtl. sogar beim Schrottpreis. Für unfertige und fertige Erzeugnisse ergibt sich der Wert aus dem vorsichtig geschätzten Veräußerungserlös abzüglich der noch entstehenden Kosten wie z. B. für Verpackung, Vertrieb, Verwaltung und weitere Bearbeitung.

- Börsenpreis, Marktpreis

Ist ein Börsen- oder Marktpreis vorhanden, so wird dieser bei der Bestimmung des Korrekturwertes für Vermögensgegenstände des Umlaufvermögens herangezogen (§ 253 Abs. 3 Satz 1 HGB). Als Börsenpreis gilt der an einer Börse bei tatsächlichen Umsätzen im amtlichen Handel bzw. freien Verkehr festgestellte Preis. Marktpreis ist der zu einem bestimmten Zeitpunkt für Waren einer bestimmten Gattung von durchschnittlicher Qualität an einem Handelsplatz geforderte Betrag. Als Korrekturwert ergibt sich somit der Börsen- oder Marktpreis zuzüglich der Anschaffungsnebenkosten. Hierbei ist der Beschaffungsmarkt immer dann maßgeblich, wenn es sich um Roh-, Hilfs- und Betriebsstoffe oder um unfertige und fertige Erzeugnisse handelt, die auch von anderen Firmen bezogen werden könnten (vgl. ADS [1995], § 253 Tz. 488 ff.). Der Absatzmarkt ist maßgeblich für die übrigen unfertigen und fertigen Erzeugnisse, für Überbestände an Roh-, Hilfs- und Betriebsstoffen sowie für Wertpapiere. Bei Handelswaren und Überbeständen an fertigen und unfertigen Erzeugnissen ermittelt sich der beizulegende Zeitwert aus dem niedrigeren abgeleiteten Wert von Beschaffungs- oder Absatzmarkt.

Ein Sonderproblem ergibt sich für den am Bilanzstichtag beizulegenden Wert sowie für den aus dem Börsen- oder Marktpreis abgeleiteten Wert dann, wenn die Gegenstände in ausländischer Währung beschafft wurden. Können die Gegenstände auch im Inland wiederbeschafft werden, sind die Inlandspreise für den Korrekturwert maßgebend. Können sie jedoch nur im Ausland wiederbeschafft werden oder befinden sie sich im Ausland und werden normalerweise nur dort realisiert bzw. wiederbeschafft, so ist als Korrekturwert der Auslandspreis durch Umrechnung zum Stichtagskurs zu ermitteln.

b) Fair Value nach IAS/IFRS

Nach IAS/IFRS spielt der *fair value* nicht nur als Korrekturwert eine Rolle, vielmehr wird er hier auch als Bewertungsmaßstab für die Folgebewertung beispielsweise im Rahmen von *financial instruments* (vgl. 3. Kapitel C II) oder *investment properties* (vgl. 3. Kapitel C II) verwendet. Weiterhin ist der *fair value* in der Rechnungslegung nach IAS/IFRS häufig als Offenlegungsverpflichtungen in den *notes* verlangt. Eine zentrale Definition des *fair value* in dem *framework* des IASB fehlt jedoch, allerdings findet sich in den einzelnen Standards eine einheitliche Definition dieses Begriffs (vgl. IAS 16.7, IAS 18.7, IAS 21.7, IAS 32.5, IAS 38.7, IAS 39.8, IAS 40.4).

Market value

Sofern die zu bewertenden Positionen auf Märkten gehandelt werden (z. B. im Falle von Finanzierungsinstrumenten, *investment properties* oder immateriellen *assets*), wird häufig der *market value* als Anhaltspunkt für die Bestimmung des *fair value* herangezogen. Unter diesem Begriff versteht man den Betrag, der bei einer Veräußerung auf einem aktiven Markt (vgl. hierzu IAS 38.7) erzielt werden könnte bzw. bei einer Akquisition zu zahlen wäre (IAS 32.5). In Abwesenheit von Marktwerten fehlt den IAS/IFRS allerdings eine standardübergreifende Regelung zur Bestimmung des *fair value.*

Replacement cost

So sieht bspw. IAS 16.31 eine Bewertung zu fortgeführten Wiederherstellungskosten (*replacement cost*) vor, falls ein Rückgriff auf Marktwerte nicht möglich ist. Hierunter werden die Aufwendungen subsummiert, die nötig wären, um einen Vermögensgegenstand gleicher Qualität wiederherzustellen.

Bewertung durch finanzmathematische Modelle

IAS 39.96 verlangt im Rahmen der Bewertung von *financial instruments* bei einer Abwesenheit von brauchbaren Marktpreisen, dass bei einer Bewertung durch finanzmathematische Modelle zumindest die Inputparameter verlässlich aus aktiven Märkten abgeleitet werden müssen. Handelt es sich bei dem Finanzinstrument um *debt instruments,* so muss zusätzlich eine Bewertung durch eine externe Rating Agentur stattgefunden haben.

Vergleichswerte

Bei der Ermittlung des *fair value* von *investment properties* schreibt IAS 40.40 unter Abwesenheit von Marktpreisen zunächst Marktpreise von Vergleichsobjekten, sollten diese nicht gegeben sein, den Einsatz von Bewertungsmodellen vor.

c) *Fair Value nach US-GAAP*

Fair value gem. CON 7

Im Gegensatz zu den IAS/IFRS enthalten die US-GAAP seit der Verabschiedung des CON 7 *„Using Cash Flow Information and Present Value in Accounting Measurements"* im Jahre 2000 eine standardübergreifende, allerdings nicht verbindliche Verlautbarung bezüglich der *fair value*-Ermittlung. Gemäß CON 7.26 ergibt sich der *fair value* von *assets* und *liabilities* als der Preis, der sich durch das Zusammenspiel von Angebot und Nachfrage auf einem funktionierenden Markt ergibt.

- Market value

Primär wird der *fair value* eines Vermögensgegenstandes oder einer Schuld - falls vorhanden- durch den Börsen- oder Marktwert (*market value*) determiniert.

- Present value-Konzept

Falls jedoch kein zuverlässiger Preis auf einem aktiven Markt beobachtet werden kann, greift CON 7.17 auf das *present value*-Konzept (Barwertkonzept) zurück. Der *fair value* dieser Vermögenswerte und Schulden ermittelt sich dann durch eine Diskontierung sämtlicher mit dem Bewertungsobjekt verbundenden zukünftigen Zahlungsströme auf den Bewertungszeitpunkt. Somit werden auch in diesem Fall alle, in einem Marktprozess wertrelevanten Faktoren, berücksichtigt.

Fair value-Ermittlung gem. FAS

Allerdings folgen aus CON 7 keine Lösungen für die bilanzierungstechnischen Fragen, diese finden sich nach wie vor in den einzelnen Standards. Konform mit CON 7 und ähnlich der IAS/IFRS, ist auch in den einzelnen Standards zur *fair value*-Ermittlung primär der Marktwert des *asset* heranzuziehen, falls ein aktiver Markt dafür existiert (vgl. z. B. FAS 115.3).

In Abwesenheit von aktiven Märkten allerdings ist diese Konformität nicht mehr gegeben. So ist gem. FAS 115.111 bei der *fair value*-Ermittlung von Finanzinstrumenten das Barwertkonzept der DCF-Methode zwar zulässig, allerdings können auch Matrixpreismodelle, die Fundamentalanalyse oder andere finanzmathematische Bewertungsmethoden zur Wertfindung herangezogen werden. FAS 123 verlangt hingegen in Abwesenheit von Märkten zunächst ein Heranziehen von Marktwerten von vergleichbaren Bewertungsobjekten, FAS 142 lässt zur Ermittlung des *fair value* auch eine *multiple*-Bewertung zu, was einem Konformgehen mit CON 7 ebenso widerspricht.

6. Teilwert

Teilwertdefinition

Nach § 6 Abs. 1 Nr. 4, 5 EStG sind in der Steuerbilanz Entnahmen aus dem Betriebsvermögen und Einlagen in das Betriebsvermögen mit dem Teilwert anzusetzen. Der Teilwert dient gem. § 6 Abs. 1 Nr. 1 und 2 EStG auch als Korrekturwert zu den (evtl. um planmäßige Abschreibungen verringerten) Anschaffungs- oder Herstellungskosten von Wirtschaftsgütern des Anlage- und Umlaufvermögens. Teilwert ist der Betrag, »den ein Erwerber des ganzen Betriebes im Rahmen des Gesamtkaufpreises für das einzelne Wirtschaftsgut ansetzen würde. Dabei ist davon auszugehen, dass der Erwerber den Betrieb fortführt«. Der Teilwert ist seiner Konzeption nach ein ertragsabhängiger Wert. Er ist betriebswirtschaftlich betrachtet der Teil des Gesamtwertes einer Unternehmung, der durch den zu bewertenden Gegenstand erwirtschaftet wird.

Die Teilwertdefinition enthält drei Fiktionen:

- Ein fiktiver Käufer soll den Gesamtwert ermitteln.
- Die Ermittlung des Gesamtwertes soll unter dem Gesichtspunkt der Betriebsfortführung erfolgen.
- Der fiktive Käufer ist in der Lage, den Gesamtwert zutreffend auf die einzelnen Wirtschaftsgüter aufzuteilen.

Teilwertvermutungen

Die Finanzverwaltung musste nach Einführung des Teilwertes bald erkennen, dass dieser Wert nicht brauchbar war. Einerseits ist die Ermittlung des Gesamtwertes (= Ertragswert) von Unternehmen mit einem hohen Maß an Unsicherheit behaftet, andererseits ist eine Aufteilung des Gesamtwertes auf einzelne Wirtschaftsgüter kaum möglich. Aus diesem Grunde hat die Rechtsprechung sog. Teilwertvermutungen aufgestellt, die die Bestimmung des Teilwertes praktikabel machen und so lange gelten, wie sie nicht vom Steuerpflichtigen widerlegt werden (vgl. Herrmann, C./Heuer, G./Raupach, A. [1999], Anm. 589 ff. zu § 6 EStG; Biergans, E. [1992], S. 421 ff.). Für die laufende Bilanzierung gelten z. B. die folgenden Teilwertvermutungen:

- Im Zeitpunkt der Anschaffung oder Herstellung eines Wirtschaftsgutes entspricht der Teilwert den tatsächlichen Anschaffungs- oder Herstellungskosten.
- Bei abnutzbaren Wirtschaftsgütern des Anlagevermögens entspricht der Teilwert in späteren Jahren den um Abschreibungen verminderten Anschaffungs- oder Herstellungskosten.
- Bei nicht abnutzbaren Wirtschaftsgütern des Anlagevermögens entspricht der Teilwert auch in späteren Jahren den Anschaffungs- oder Herstellungskosten.
- Bei Wirtschaftsgütern des Umlaufvermögens entspricht der Teilwert in der Regel den Wiederbeschaffungskosten bzw. dem Börsen- oder Marktpreis am Bilanzstichtag.

Gründe, die zur Widerlegung der Teilwertvermutungen ausreichen, sind z. B.:

- gesunkene Wiederbeschaffungskosten,
- die Anschaffung bzw. Herstellung hat sich als Fehlentscheidung erwiesen,
- Absinken der Verkaufspreise von Vorräten unter die Selbstkosten zuzüglich eines durchschnittlichen Gewinns,
- Wertminderung durch Unmodernwerden, technisches Veralten oder ähnliches.

Angesichts der genannten Vermutungen und Widerlegungsgründe ist festzustellen, dass von der ursprünglichen Teilwertidee kaum etwas übrig geblieben ist. Der so ermittelte Wert ist nicht betriebs- und ertragsbezogen, sondern – bis auf den Sonderfall der Fehlinvestition – betriebs- und ertragsunabhängig und nur von objektiven Werten bestimmt.

II. Wertkorrekturen

1. Wertkorrekturen in der Handelsbilanz nach HGB

Niederstwertprinzip

Aus dem Imparitätsprinzip folgt für die Gegenstände des betrieblichen Vermögens das Niederstwertprinzip. Danach müssen Wertminderungen bei Gegenständen des Umlaufvermögens durch entsprechende Verminderung der Buchwerte (außerplanmäßige Abschreibung) berücksichtigt werden (strenges Niederstwertprinzip). Im Anlagevermögen sind solche Korrekturen dagegen nur zwingend vorgeschrieben, wenn eine voraussichtlich dauernde Wertminderung vorliegt (gemildertes Niederstwertprinzip). Entsprechend der langfristigen Nutzung des Anlagevermögens ist bei vorübergehenden Wertminderungen eine außerplanmäßige Abschreibung nicht unbedingt erforderlich. Eine Übersicht über das Niederstwertprinzip gibt Abbildung 2.7.

Zur Feststellung solcher Wertminderungen sind handelsrechtlich bestimmte Korrekturwerte zu ermitteln und mit den Buchwerten zu vergleichen. Darüber hinaus dürfen außerplanmäßige Abschreibungen unter bestimmten Umständen auch zur Vorwegnahme zukünftiger Wertminderungen sowie zur Angleichung von Handels- und Steuerbilanz vorgenommen werden. Die für diese Zwecke vorgesehenen Korrekturwerte sollen im Folgenden kurz charakterisiert werden. Ihre konkrete Anwendung wird dagegen im Zusammenhang mit der Bilanzierung des Anlagevermögens (vgl. 3. Kapitel C) bzw. Umlaufvermögens (vgl. 4. Kapitel C I) erörtert.

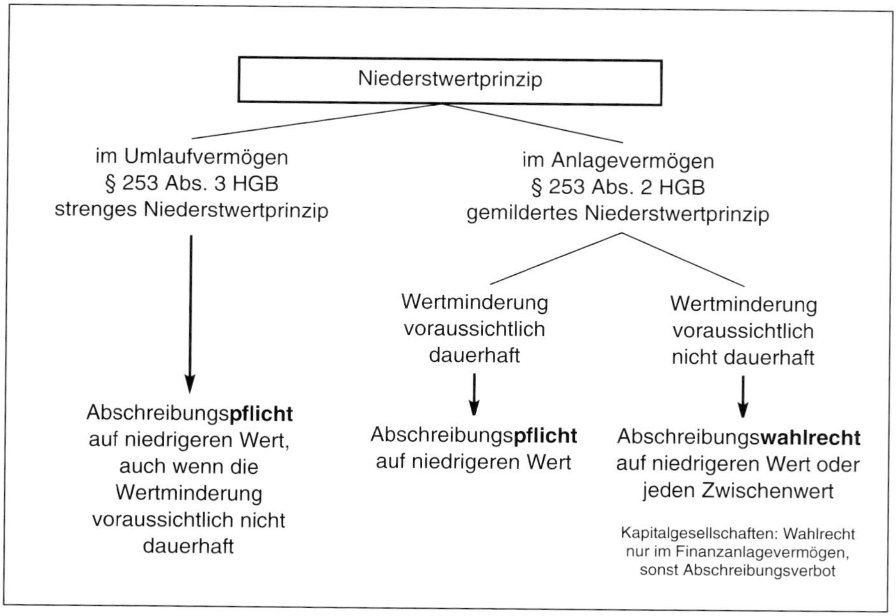

Abb. 2.7: Niederstwertprinzip

a) Der niedrigere, am Abschlussstichtag beizulegende Wert

Korrekturwert für die Gegenstände des Anlagevermögens sowie für Gegenstände des Umlaufvermögens, für die keine Börsen- oder Marktpreis festzustellen ist, ist der »beizulegende Wert« (§ 253 Abs. 2 Satz 3 HGB). Wie bereits in Kapitel 2 B I 5 erläutert, kommen als Maßstab für den beizulegenden Wert die Wiederbeschaffungs- oder Reproduktionskosten in Betracht.

b) Der aus dem Börsen- oder Marktpreis abgeleitete Wert

Börsenpreis, Marktpreis

Falls ein Börsen- oder Marktpreis vorhanden ist, so dient dieser als Korrekturwert für das Umlaufvermögen (§ 253 Abs. 3 Satz 1 HGB). Es ist jedoch nicht exakt festgelegt, wann für die Bewertung der Beschaffungsmarkt und wann der Absatzmarkt zugrunde zu legen ist, zu näheren Ausführungen vgl. 2. Kapitel B I 5.

c) Der bei vernünftiger kaufmännischer Beurteilung zur Vorwegnahme künftig nötiger Wertkorrekturen erforderliche Wert

Niedrigerer Zukunftswert

Dieser Korrekturwert gilt für solche Gegenstände des Umlaufvermögens, bei denen in der nächsten Zukunft mit Wertminderungen zu rechnen ist. Solche (erwarteten) Wertminderungen dürfen gem. § 253 Abs. 3 Satz 3 HGB bereits vor ihrem Eintritt durch außerplanmäßige Abschreibungen berücksichtigt werden. Voraussetzung ist, dass die Wertminderungen im Laufe der nächsten zwei Jahre nach vernünftiger kaufmännischer Beurteilung – also aufgrund objektiver Anhaltspunkte und unter angemessener Berücksichtigung der Risiken sowie auch der Chancen – zu erwarten sind. Ein niedrigerer Wertansatz nach dieser Vorschrift kommt vor allem bei erwartetem Preisverfall bei Roh-, Hilfs- und Betriebsstoffen, bei sinkenden Wertpapierkursen, bei Absatzschwierigkeiten aufgrund von Modeänderungen oder Nachfrageverschiebungen sowie bei Bonitätsschwankungen der Forderungen in Betracht.

Dieser Korrekturwert, der sich aus der vernünftigen kaufmännischen Beurteilung zur Vorwegnahme künftiger niedrigerer beizulegender Werte ergibt, ist in der Steuerbilanz aufgrund des im Steuerrecht gültigen stärkeren Objektivierungsgedankens nicht zulässig. Er ist in § 6 EStG als mögliche Teilwertabschreibung nicht enthalten.

d) Der im Hinblick auf die steuerliche Anerkennung notwendige Wert

Steuerliche Sonderabschreibungen

Das Steuerrecht gewährt den Steuerpflichtigen unter bestimmten Voraussetzungen steuerliche Vergünstigungen, die je nach Ausgestaltung die Unternehmen zu einem wirtschafts- oder konjunkturpolitisch erwünschten Verhalten motivieren sollen. Beispiele für nur steuerrechtlich zulässige Abschreibungen sind etwa die zur Begünstigung bestimmter Standorte (z. B. § 4 Fördergebietsgesetz) und

Betriebe (z. B. §§ 7f, 7g EStG) sowie die Übertragung stiller Reserven gem. § 6b EStG und R 35 EStR.

Umgekehrte Maßgeblichkeit

Die Anerkennung dieser Abschreibungen in der Steuerbilanz setzt aufgrund des Wortlautes des § 5 Abs. 1 Satz 2 EStG grundsätzlich einen entsprechenden Wertansatz in der Handelsbilanz voraus, da anderenfalls nach Ansicht des Gesetzgebers das Maßgeblichkeitsprinzip nicht gewahrt wäre. Dieser als umgekehrtes Maßgeblichkeitsprinzip bezeichnete Grundsatz wurde bereits vor seiner Kodifizierung im EStG von der Finanzverwaltung angewandt. Um nun den Unternehmen die Ausnutzung der nur steuerrechtlich zulässigen Abschreibungen, die über die handelsrechtlich zulässigen Abschreibungen hinausgehen, zu ermöglichen, gewährt das HGB einen weiteren Korrekturwert, d. h. ein zusätzliches Abschreibungswahlrecht.

Nach § 254 HGB dürfen Abschreibungen vorgenommen werden, um Vermögensgegenstände des Anlage- und Umlaufvermögens mit einem niedrigeren Wert anzusetzen, der auf einer nur steuerlich zulässigen Abschreibung beruht. Für Kapitalgesellschaften gilt dieses Abschreibungswahlrecht gem. § 279 Abs. 2 HGB nur dann, falls das Steuerrecht die Anerkennung des (niedrigeren) Wertes davon abhängig macht, dass sich dieser Wert aus der Handelsbilanz ergibt. Da aber, wie bereits erwähnt, das Steuerrecht die Anerkennung vom entsprechenden Handelsbilanzansatz abhängig macht, ist diese Einschränkung ohne materielle Bedeutung.

Verfälschung der Vermögens- und Ertragslage

Die umgekehrte Maßgeblichkeit kann zu erheblichen Verzerrungen des Einblicks in die Vermögens-, Finanz- und Ertragslage führen, da über sie Vermögensminderungen in den handelsrechtlichen Jahresabschluss eingehen, die den handelsrechtlichen Grundsätzen ordnungsmäßiger Buchführung nicht entsprechen. Diese Rückverkettung von Handels- und Steuerbilanz unterliegt deshalb heftiger Kritik (vgl. z. B. Küting, K. [1989]; Thiel, J. [1989]).

Indirekter Ausweis, Sonderposten mit Rücklageanteil

Das HGB (§ 281 Abs. 1) gewährt in diesem Zusammenhang Kapitalgesellschaften das Wahlrecht, nur steuerrechtlich zulässige Abschreibungen auch in der Form vorzunehmen, dass der Unterschiedsbetrag zwischen handelsrechtlich gebotener und steuerlich zulässiger Bewertung (Abschreibung) als Wertberichtigung in den Sonderposten mit Rücklageanteil (vgl. 5. Kapitel B III 2) eingestellt wird. Dabei sind jeweils in der Bilanz oder im Anhang die Vorschriften anzugeben, nach denen die Wertberichtigung gebildet wird. Die Wertberichtigung ist unbeschadet der steuerlichen Vorschriften über die Auflösung (erfolgswirksam) vorzunehmen, falls der betreffende Vermögensgegenstand aus dem Unternehmen ausscheidet bzw. die steuerlichen Abschreibungen durch handelsrechtliche ersetzt werden (vgl. 3. Kapitel D III). Nach § 281 Abs. 2 HGB sind Einstellungen in den Sonderposten unter den »sonstigen betrieblichen Aufwendungen« und Erträge aus der Auflösung des Sonderpostens unter den »sonstigen betrieblichen Erträgen« in der GuV gesondert auszuweisen oder im Anhang anzugeben. Durch dieses Ausweiswahlrecht soll Kapitalgesellschaften die Möglichkeit eingeräumt werden, die durch die umgekehrte Maßgeblichkeit verursachten Verfälschungen des Vermögensausweises zu beseitigen und die der Ertragslage offen zu legen.

Angabepflichten im Anhang

Da jedoch nicht alle Unternehmen von diesem Wahlrecht Gebrauch machen werden, löst die Inanspruchnahme nur steuerrechtlich zulässiger Abschreibungen auch umfangreiche Angabepflichten im Anhang aus (vgl. auch 11. Kapitel A IV). Diese sollen dem Bilanzleser eine – zumindest teilweise – Korrektur der genannten Verfälschungen ermöglichen. So ist im Anhang anzugeben:

- Der Betrag der im Geschäftsjahr allein nach steuerlichen Vorschriften vorgenommenen Abschreibungen, getrennt nach Anlage- und Umlaufvermögen, soweit er sich nicht aus der Bilanz oder GuV ergibt (§ 281 Abs. 2 Satz 1 HGB).
- Das Ausmaß, in dem das Jahresergebnis durch im Geschäftsjahr oder in früheren Geschäftsjahren vorgenommene nur steuerrechtlich zulässige Abschreibungen beeinflusst wurde, sowie das Ausmaß daraus resultierender erheblicher künftiger Belastungen (§ 285 Nr. 5 HGB). »Kleine« Kapitalgesellschaften sind nach § 288 HGB von dieser Angabepflicht befreit.

e) Zuschreibungen bei Wegfall des Grundes für eine außerplanmäßige Abschreibung

Stellt sich nach einer außerplanmäßigen Abschreibung in späteren Jahren heraus, dass die Gründe dafür nicht mehr bestehen, so ergibt sich die Frage, ob der niedrigere Buchwert beibehalten oder ob wieder zugeschrieben werden darf bzw. muss.

Beibehaltungswahlrecht für Personengesellschaften; Wertaufholungsgebot für Kapitalgesellschaften

Für Personenhandelsgesellschaften und Einzelunternehmen besteht nach § 253 Abs. 5 HGB ein uneingeschränktes Beibehaltungswahlrecht. In § 280 Abs. 1 HGB ist für Kapitalgesellschaften ein Wertaufholungsgebot vorgesehen, d. h., die Buchwerte sind um den Betrag der in früheren Jahren vorgenommenen außerplanmäßigen Abschreibung zu erhöhen, falls die Gründe dafür nicht mehr bestehen. Die ggf. um planmäßige Abschreibungen verminderten Anschaffungs- bzw. Herstellungskosten bilden dabei auch weiterhin die Obergrenze. Für Kapitalgesellschaften bestand bisher ein faktisches Wertaufholungswahlrecht aus § 280 Abs. 2 HGB i. V. m. § 6 Abs. 1 Nr. 1 Satz 4 und § 6 Abs. 1 Nr. 2 Satz 3 EStG a. F. (trotz des Wertaufholungsgebotes aus § 280 Abs. 1 HGB). Denn § 280 Abs. 2 HGB sieht vor, dass auf die Zuschreibung verzichtet werden kann, falls in der Steuerbilanz der (niedrigere) Wertansatz grundsätzlich beibehalten werden darf, aber aufgrund des Maßgeblichkeitsprinzips eine Zuschreibung in der Handelsbilanz auch für die Steuerbilanz verbindlich wäre. Materiell ist diese Regelung mit der Verabschiedung des Steuerentlastungsgesetztes 1999/2000/2002 irrelevant geworden. Denn nach der Neufassung des § 6 Abs. 1 Nr. 1, 2 EStG darf der niedrigere Teilwert weder für Wirtschaftsgüter des Anlagevermögens noch für Wirtschaftsgüter des Umlaufvermögens beibehalten werden, wenn der Steuerpflichtige nicht nachweisen kann, dass weiterhin eine voraussichtlich dauernde Wertminderung des Wirtschaftsgutes gegeben ist. Die Streichung des steuerlichen Wertbeibehaltungswahlrechts hat für Kapitalgesellschaften somit ein handelsrechtliches Wertaufholungsgebot zur Folge, falls die Gründe für die Abwertung weggefallen sind (vgl. Herzig, N./Rieck, U. [1999], S. 308).

Insgesamt ist festzustellen: Entfallen die Gründe für eine außerplanmäßige Abschreibung in späteren Jahren wieder, so gewährt § 253 Abs. 5 HGB nur Einzel- und Personengesellschaften ein handelsrechtliches Beibehaltungswahlrecht, für Kapitalgesellschaften besteht seit 01.01.1999 dagegen handelsrechtlich ein zwingendes Wertaufholungsgebot. Unabhängig von der Gesellschaftsform sieht das Steuerrecht dagegen ein zwingendes Wertaufholungsgebot vor und greift demnach weiter als das handelsrechtliche Wertaufholungsgebot.

Wertaufholungsrücklage

Im Falle von Zuschreibungen sieht das Gesetz die Möglichkeit einer Ausschüttungssperre vor, indem den Verwaltungsorganen der Kapitalgesellschaft ein Wahlrecht zur Bildung einer Rücklage in Höhe des Eigenkapitalanteils der Zuschreibung gewährt wird (§§ 58 Abs. 2a AktG, 29 Abs. 4 GmbHG; vgl. 5. Kapitel B III 1b (4)). Der Eigenkapitalanteil der Zuschreibung ergibt sich dabei aus dem Zuschreibungsbetrag abzüglich dem darauf entfallenden Steueraufwand.

2. Wertkorrekturen in der Steuerbilanz

Teilwertabschreibung

Der Teilwert dient in der Steuerbilanz nicht nur zur Bewertung von Entnahmen und Einlagen, sondern auch zur Korrektur unzutreffend hoher Buchwerte. Nach dem Wortlaut des § 6 Abs. 1 Nr. 1, 2 EStG kann der Buchwert von Wirtschaftsgütern auf den niedrigeren Teilwert reduziert werden (Teilwertabschreibung), wenn dieser aufgrund einer voraussichtlich dauernden Wertminderung niedriger ist. Ist der Teilwert nur wegen einer voraussichtlich vorübergehenden Wertminderung niedriger, so darf keine Teilwertabschreibung vorgenommen werden. Diese Regelung gilt erst seit der bereits oben erwähnten Neufassung des § 6 Abs. 1 EStG. Davor bestand in der Steuerbilanz ein Wahlrecht zur Teilwertabschreibung, unabhängig davon, ob die Wertminderung dauerhaft oder nur vorübergehend war.

Zuschreibung

Für Wirtschaftsgüter, die bereits am vorhergehenden Stichtag vorhanden waren, ist der Teilwert bei einer weiterhin voraussichtlich dauernden Wertminderung zum Bilanzstichtag neu zu ermitteln (§ 6 Abs. 1 Nr. 1 Satz 4, 2. Halbsatz EStG). Ist der Teilwert zum Bilanzstichtag höher als der am vorhergehenden Stichtag, erfolgt eine Erhöhung des Buchwertansatzes; die fortgeschriebenen Anschaffungs- und Herstellungskosten dürfen jedoch nicht überschritten werden (vgl. Beck'scher Bilanzkommentar [1999], § 253 Tz. 12c).

Wertaufholungsgebot

Sollte die Wertminderung am folgenden Bilanzstichtag voraussichtlich nur noch vorübergehend sein, so entfällt die Teilwertabschreibung. Der Bilanzierende hat eine Wertaufholung bis zu den fortgeschriebenen Anschaffungs- und Herstellungskosten vorzunehmen (vgl. ausführlich Beck'scher Bilanzkommentar [1999], § 253 Tz. 12d f.).

3. Wertkorrekturen nach IAS/IFRS

Die IAS/IFRS enthalten neben den Anschaffungs- bzw. Herstellungskosten eine Reihe weiterer Wertbegriffe bzw. Korrekturwerte. Ohne näher auf die konkreten Anwendungsfälle eingehen zu wollen, sollen im Folgenden einige wesentliche Begriffe kurz vorgestellt werden, um das Verständnis der weiteren Ausführungen zu erleichtern.

a) Korrekturwerte

Fair value

Als einer der meistverwendeten Korrekturwerte in der Rechnungslegung nach IAS/IFRS dient der *fair value* (vgl. z. B. IAS 39, IAS 40).

Revalued amount

Falls vom Wahlrecht einer Neubewertung bei Positionen des Sachanlagevermögens bzw. der langfristigen *investments* Gebrauch gemacht wird (*allowed alternative treatment*), werden diese zum *revalued amount* ausgewiesen (IAS 16.29, 25.23). Zum Zeitpunkt der Neubewertung stimmt der *revalued amount* mit dem *fair value* überein. In den Perioden bis zur nächsten Neubewertung entspricht er bei abnutzbaren *assets* dem *fair value* zum Zeitpunkt der Neubewertung gekürzt um die zwischenzeitlich angefallenen kumulierten Abschreibungen.

Realisable value

Ein vom Marktpreis abgeleiteter Bewertungsmaßstab ist der *realisable value*. Darunter wird der Betrag verstanden, der gegenwärtig durch den Verkauf eines *asset* im gewöhnlichen Geschäftsverkehr erzielt werden könnte (F 100 (c)). Sofern von diesem auf dem Absatzmarkt erzielbaren Verkaufserlös noch die geschätzten Kosten für die Fertigstellung des *asset* bzw. die Kosten des Verkaufs abgezogen werden, spricht man vom *net realisable value* (Nettoveräußerungserlös) (IAS 2.4). Er kommt als Korrekturwert vor allem im Bereich der unfertigen Erzeugnisse und bei Anwendung des *impairment test* (vgl. Kapitel II 3) in Betracht.

Folgende weitere Korrekturwerte finden durch den *impairment test* ihre Anwendung:

Value in use

Der *value in use* ist in IAS 36.5 definiert als der Barwert (*present value*) der künftigen Zahlungsströme, die durch die beständige Nutzung eines *asset* bzw. durch dessen Ausscheiden (*disposal*) am Ende der Nutzungsdauer erwartet werden. Die Ermittlung des *value in use* wird in zwei Schritten vollzogen: Zunächst ist die Zahlungsreihe zu schätzen (*best estimate*), die sich aufgrund der Nutzung und des Ausscheidens des *asset* voraussichtlich ergibt (vgl. IAS 36.27 (a)). Anschließend ist diese Zahlungsreihe mit einem angemessenen Diskontierungssatz (*appropriate discount rate*) abzuzinsen, um letztendlich den Barwert zu erhalten (vgl. IAS 36.26). Die Schätzung der Zahlungsreihe muss dabei auf vernünftige Annahmen gestützt werden und auf den aktuellsten Finanzplanungen, gebilligt von der Unternehmensleitung, beruhen (vgl. IAS 36.27). Als Diskontierungssatz ist ein Zinssatz vor Steuern zu verwenden (vgl. IAS 36.48). Dieser Zinssatz hat die gegenwärtigen Einschätzungen des Marktes bezüglich des Geldzeitwerts (*time value of money*) und des spezifischen Risikos, das mit dem *asset* verbunden ist, zu reflektieren (IAS 36.48).

Net selling price

Der Nettoveräußerungserlös ist in IAS 36.5 definiert als der aus einem marktüblichen Verkauf des *asset* zu erwartende Erlös, wobei die dem Verkauf zuzurechnenden Ausgaben (*cost of disposal*) abzuziehen sind.

recoverable amount

Vergleicht man diese beiden Wertansätze und ermittelt daraus den höheren von beiden, so erhält man dadurch einen Wertansatz der als *recoverable amount* bezeichnet wird.

b) *Impairment of assets nach IAS 36*

Impairment of assets

Der im April 1998 verabschiedete IAS 36 »*Impairment of Assets*« normiert die Durchführung von Niederstwerttests (*impairment tests*), die Berücksichtigung von Wertminderungen (*impairments*) und Wertaufholungen (*reversals of impairments*). Gemäß IAS 36.1 ist die Anwendung des IAS 36 für alle *assets* vorgeschrieben, mit Ausnahme der

- Vorräte (IAS 2)
- *assets* aus Fertigungsaufträgen (IAS 11)
- aktiven latenten Steuern (IAS 12)
- *assets* im Zusammenhang mit *employee benefits* (IAS 19) und
- *financial assets*, die in den Anwendungsbereich des IAS 32 fallen.

Anzeichen einer Wertminderung bei assets

Unternehmen haben nach IAS 36.8 an jedem Bilanzstichtag zu prüfen, ob Anzeichen für Wertminderungen ihrer *assets* vorliegen. Bei den Anzeichen, die bei der Beurteilung von möglicherweise vorliegenden Wertminderungen zu berücksichtigen sind, wird unterschieden zwischen unternehmensexternen und unternehmensinternen Anzeichen (IAS 36.9).

Unternehmensexterne Anzeichen (vgl. IAS 36.9) sind:

- wesentlicher Rückgang des Marktwerts eines *asset*,
- wesentliche Veränderung der technologischen, marktbezogenen, wirtschaftlichen oder rechtlichen Umwelt, in der sich das Unternehmen selbst bzw. das entsprechende *asset* befindet, mit negativer Auswirkung auf das Unternehmen,
- Anstieg des Marktzinssatzes oder anderer Marktrenditen, die geeignet sind, den verwendeten Diskontierungssatz zur Ermittlung des *value in use* (s. u.) zu beeinflussen und den *recoverable amount* des *asset* wesentlich zu verringern,
- die Buchwerte der Nettovermögenswerte (*net assets*) sind höher als die Marktkapitalisierung des Unternehmens.

Unternehmensinterne Anzeichen sind:

- Anzeichen einer Veralterung oder eines physischen Schadens eines *asset*,
- wesentliche Veränderungen mit nachteiliger Auswirkung auf das Unternehmen bezüglich des Umfangs oder der Art der Nutzung eines *asset*,

- Anzeichen einer schlechteren ökonomischen Leistung eines *asset* als ursprünglich erwartet.

Impairment test: Vergleich des recoverable amount mit dem carrying amount

Liegen Anzeichen für eine Wertminderung vor, sind für die entsprechenden *assets* sog. Niederstwerttests (*impairment tests*) durchzuführen. Dabei sind der Buchwert (*carrying amount*) und der erzielbare Betrag (*recoverable amount*) einander gegenüberzustellen (vgl. Abbildung 2.8). Stellt sich heraus, dass der Buchwert über dem *recoverable amount* liegt, ist eine außerplanmäßige Abschreibung auf den *recoverable amount* vorzunehmen. Dieser ist der höhere Wert des Nettoveräußerungserlöses (*net selling price*) und des Nutzwerts (*value in use*) eines *asset* (vgl. IAS 36.5). Grundsätzlich ist der *recoverable amount* für einzelne *assets* zu bestimmen. Führt die fortlaufende Nutzung eines *asset* allerdings nicht zu Einzahlungen, die überwiegend unabhängig von den Einzahlungen anderer *assets* sind, ist der *recoverable amount* für die *cash-generating unit* (Erläuterungen dazu s. u.) anzusetzen (vgl. IAS 36.19).

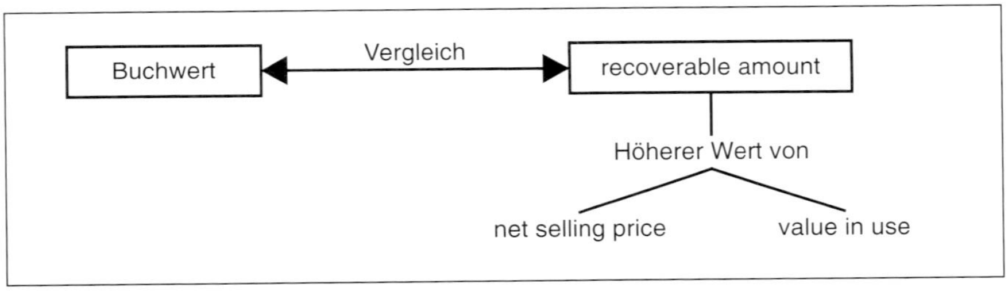

Abb. 2.8: Impairment test nach IAS 36

Berücksichtigung von Abwertungsverlusten

Stellt sich heraus, dass der *recoverable amount* eines *asset* unter seinem Buchwert liegt, so ist dieser auf den *recoverable amount* abzuschreiben. Die Differenz zwischen *recoverable amount* und Buchwert stellt in diesem Fall einen Abwertungsverlust (*impairment loss*) dar (vgl. IAS 36.58). Grundsätzlich ist dieser Verlust sofort erfolgswirksam als Aufwand in der GuV zu erfassen, es sei denn, das entsprechende *asset* wird zum *revalued amount* (z. B. nach IAS 16.29) in der Bilanz angesetzt. In diesem Fall ist der Abwertungsverlust mit der Neubewertungsrücklage (*revaluation surplus*) erfolgsneutral zu verrechnen (IAS 36.59). Ist der geschätzte Abwertungsverlust höher als der Buchwert des betroffenen *asset*, hat das Unternehmen eine *liability* anzusetzen, wenn dies ein anderer IAS/IFRS verlangt (vgl. IAS 36.61).

Definition einer cash-generating unit

Werden durch einzelne *assets* keine unmittelbaren Zahlungsströme erzeugt, so ist eine *cash-generating unit* zu bilden. Nach IAS 36.5 ist eine *cash-generating unit* die kleinste erkennbare Gruppe von *assets*, durch die Einzahlungen generiert werden, die überwiegend unabhängig von den Einzahlungen anderer *assets* sind (weitere Ausführungen zur Abgrenzung von *cash-generating units* vgl. KPMG [1999], S. 45 ff.).

Ermittlung des recoverable amount einer cash-generating unit

Liegt eine *cash-generating unit* vor, wird für diese ihr Buchwert mit dem *recoverable amount* verglichen. Zur Ermittlung des *recoverable amount* einer *cash-generating unit* sind die Vorschriften für einzelne *assets* heranzuziehen (IAS 36.73). In die Ermittlung des Buchwerts einer *cash-generating unit* fließen die Buchwerte derjenigen *assets* ein, die der *cash-generating unit* direkt oder mit Hilfe einer vernünftigen und konsistenten Zurechnungsregel zurechenbar sind (IAS 36.75).

Impairment test bei einer cash-generating unit

Wird für eine *cash-generating unit* ein *impairment test* durchgeführt, ist zusätzlich zu untersuchen, ob ein Geschäfts- oder Firmenwert (*goodwill*), der mit der *cash-generating unit* in Verbindung steht, in der Bilanz des Unternehmens aktiviert ist. Trifft dies zu, ist ein sog. *bottom-up test* durchzuführen. Im Rahmen dieses Tests ist zunächst zu überprüfen, ob sich der Buchwert des Geschäfts- oder Firmenwerts der betroffenen *cash-generating unit* vernünftig zurechnen lässt. Kann diese Zurechnung vorgenommen werden, ist der Buchwert der *cash-generating unit* um den anteilig zurechenbaren Geschäfts- oder Firmenwert zu erhöhen und mit dem *recoverable amount* der betrachteten *cash-generating unit* zu vergleichen (IAS 36.80 (a)). Ist eine anteilige Zurechnung des Geschäfts- oder Firmenwerts nicht möglich, wird der Buchwert der *cash-generating unit* ihrem *recoverable amount* gegenübergestellt, ohne dabei den Geschäfts- oder Firmenwert zu berücksichtigen. Weiterhin ist ein sog. *top-down test* durchzuführen, bei dem im ersten Schritt die nächstgrößere *cash-generating unit* zu identifizieren ist, die die betrachtete *cash-generating unit* umfasst und für die eine anteilige Zurechnung des Geschäfts- oder Firmenwerts vorgenommen werden kann. Im zweiten Schritt ist für diese identifizierte nächstgrößere *cash-generating unit* der *impairment test* durchzuführen, bei dem der Buchwert zuzüglich dem anteilig zurechenbaren Geschäfts- oder Firmenwert mit dem *recoverable amount* verglichen wird. Übersteigt der Buchwert den *recoverable amount*, ist ein Abwertungsverlust gem. IAS 36.88 zu erfassen (IAS 36.80 (b)).

Berücksichtigung von Abwertungsverlusten bei einer cash-generating unit

Die Erfassung des Abwertungsverlusts wird durch die Minderung der Buchwerte der einzelnen in der *cash-generating unit* enthaltenen *assets* um den errechneten Abwertungsverlust vollzogen. Dabei wird der Abwertungsverlust verteilt auf die einzelnen *assets*, und zwar entsprechend ihrem jeweiligen Buchwertanteil. Wurde dem Buchwert der betroffenen *cash-generating unit* anteilig der Geschäfts- oder Firmenwert zugerechnet, ist dieser zunächst um den Abwertungsverlust zu mindern; erst anschließend wird der Abwertungsverlust bei den *assets* der *cash-generating unit* erfasst. Der Buchwert der einzelnen *assets* darf dabei laut IAS 36.89 nicht unter dem höchsten der folgenden Beträge liegen:

- *net selling price*,
- *value in use*,
- Null.

Können Abwertungsverluste wegen dieser Wertuntergrenze nicht dem entsprechenden *asset* zugerechnet werden, sind die anderen *assets* der *cash-generating unit* proportional zu ihren Buchwerten zu mindern. Die Erfolgswirksamkeit der Erfassung von Abwertungsverlusten bei *cash-generating units* unterscheidet sich nicht von der bei einzelnen *assets*.

c) Wertaufholung nach IAS

Wertaufholung bei einzelnen assets

An jedem Bilanzstichtag ist zu prüfen, ob Gründe, die in früheren Perioden zur Abwertung eines *asset* geführt haben, noch vorliegen bzw. ob sie gemildert wurden (IAS 36.95). Anzeichen, die darauf hindeuten, werden, wie beim *impairment*, in IAS 36.96 unterteilt in unternehmensexterne und -interne Anzeichen.

Unternehmensexterne Anzeichen sind:

- wesentliche Erhöhung des Marktwerts eines *asset*,
- wesentliche Veränderung der technologischen, marktbezogenen, wirtschaftlichen oder rechtlichen Umwelt, in der sich das Unternehmen selbst bzw. das entsprechende *asset* befindet, mit vorteilhafter Wirkung für das Unternehmen,
- Verringerung des Marktzinssatzes oder anderer Marktrenditen, die geeignet sind, den verwendeten Diskontierungssatz zur Ermittlung des *value in use* zu beeinflussen und den *recoverable amount* des *asset* wesentlich zu erhöhen.

Unternehmensinterne Anzeichen sind:

- wesentliche Veränderungen mit vorteilhafter Auswirkung auf das Unternehmen bezüglich des Umfangs oder der Art der Nutzung eines *asset*,
- Anzeichen einer besseren ökonomischen Leistung eines *asset* als ursprünglich erwartet.

Falls Anzeichen vorliegen, ist für das betroffene *asset* der *recoverable amount* zu ermitteln (vgl. IAS 36.95). Gleichzeitig ist nach IAS 36.99 zu prüfen, ob eine Veränderung bei den Schätzungen zur Bestimmung des *recoverable amount* stattgefunden hat seit der Erfassung des letzten *impairment losses*. Ist dies der Fall, muss der Buchwert des *asset* auf den *recoverable amount* erhöht werden. Aufgewertet werden darf maximal bis zu dem Buchwert, der anzusetzen wäre, hätte es in den Vorperioden keine außerplanmäßige Abwertung gegeben (vgl. IAS 36.102). Analog zu den Vorschriften zur Abwertung ist auch die Aufwertung erfolgswirksam vorzunehmen, es sei denn, das *asset* wird zum *revalued amount* nach den Vorschriften eines anderen IAS/IFRS bilanziert, dann muss die Aufwertung erfolgsneutral über eine Erhöhung der Neubewertungsrücklage vorgenommen werden (vgl. IAS 36.104).

Wertaufholung bei einer cash-generating unit

Grundsätzlich gelten hinsichtlich der Ermittlung des Wertaufholungpotenzials für *cash-generating units* dieselben Vorschriften wie für einzelne *assets* (nämlich gem. IAS 36.94 die Paragraphen 95 bis 101 des IAS 36). Daneben werden zusätzliche Anforderungen zur Wertaufholung für *cash-generating units* in IAS 36.107 und 36.108 definiert. Demnach ist die Differenz zwischen dem höheren *recoverable amount* und dem Buchwert einer *cash-generating unit*, nachdem in einer Vorperiode eine außerplanmäßige Abschreibung vorgenommen wurde, auf die einzelnen *assets* der *cash-generating unit* aufzuteilen. Die Verteilung hat in einer festgelegten Reihenfolge zu erfolgen: Zuerst ist die Differenz auf die Buchwerte der einzelnen *assets* mit Ausnahme des Geschäfts- oder Firmenwerts proportional zu ihrem Buchwert zu verteilen. Ein verbleibender Restwert ist im nächsten Schritt auf den Geschäfts- oder Firmenwert zu verteilen, gemäß IAS 36.109 allerdings nur dann, wenn:

- der Abwertungsverlust des Geschäfts- oder Firmenwerts durch ein außergewöhnliches externes Ereignis verursacht wurde und ein erneuter Eintritt dieses Ereignisses nicht wieder erwartet wird; und
- in einer Periode nach diesem Ereignis andere externe Ereignisse eingetreten sind, die den Effekt des wertmindernden Ereignisses umkehren.

Der niedrigere der beiden folgenden Werte ist dabei als Obergrenze im Falle einer Wertaufholung bei den einzelnen *assets* der *cash-generating unit* gem. IAS 36.108 anzusetzen:

- der *recoverable amount* (falls bestimmbar),
- der Buchwert, der anzusetzen wäre, wenn in vorangegangenen Perioden kein Abwertungsverlust berücksichtigt worden wäre.

Kann aufgrund dieser Obergrenze das Wertaufholungspotenzial bei einem *asset* nicht berücksichtigt werden, so wird das Wertaufholungspotenzial gem. IAS 36.108 auf andere *assets* der *cash-generating unit* verteilt.

4. Wertkorrekturen nach US-GAAP

a) Korrekturwerte

Korrekturbedarf hinsichtlich der meistens auf dem *historical cost principle* beruhenden Ausgangswerte kann aufgrund allgemeiner Rechnungslegungsvorschriften entstehen oder sich aus Vorschriften für einzelne Bilanzposten zur Bestimmung der anzuwendenden Wertmaßstäbe ergeben.

Lower of cost or market principle

So gilt für Vorräte, dass vom *historical cost principle* abzuweichen ist, wenn der künftige Nutzen (= Fähigkeit, zu Erträgen zu führen) des *asset* nicht mehr so hoch ist wie die ursprünglichen Kosten (vgl. Kieso, D. E./Weygandt, J. J./Warfield, T. D. [2001], S. 450). Statt des *historical cost principle* greift das *lower of cost or market principle* (vgl. ARB 43 ch. 4.9). Demnach sind die Vorräte mit ihren Wiederbeschaffungskosten (*replacement cost*) bzw. den Reproduktionskosten (*reproduction cost*) anzusetzen, wenn diese unter den historischen Anschaffungs- oder Herstellungskosten liegen. Die *replacement* bzw. *reproduction cost* wiederum dürfen nicht über dem *net realizable value* bzw. dem *net realizable value* abzüglich einer normalen Gewinnspanne liegen.

Replacement bzw. reproduction cost

Als *replacement* bzw. *reproduction cost* sind Aufwendungen zu klassifizieren, die notwendig wären, um ein *asset* gleicher Qualität wieder herzustellen oder zu erwerben.

Net realizable value

Der *net realizable value* ist definiert als der geschätzte Veräußerungserlös im Rahmen eines gewöhnlichen Geschäftsablaufs abzüglich noch voraussichtlich anfallender Herstellungs- und Vertriebskosten. Bei der Bewertung von kurzfristig fälligen Forderungen wird der *net realizable value* auf Grundlage des erwarteten Nettoeinzahlungsbetrags bemessen.

Mark-to-market-Bewertung

Das Bewertungskonzept der *mark-to-market*-Bewertung soll eine zeitnahe Bewertung sicherstellen und ist vergleichbar mit dem Tageswertprinzip. Es bezieht sich sowohl auf Wertminderungen als auch auf Wertsteigerungen und ersetzt zunehmend das *historical cost principle* bzw. das *lower of cost or market principle*; beispielsweise ist es zur Bewertung von Fremdwährungsforderungen und -verbindlichkeiten (FAS 52), bestimmten Beständen an Wertpapieren (FAS 115) und derivativen Finanzinstrumenten (FAS 133) zum Teil verbindlich vorgeschrieben (vgl. KPMG [1999a], S. 24).

Da das Prinzip *lower of cost or market* für Vorräte, nicht aber für das Anlagevermögen anzuwenden ist, werden Wertminderungen von *long-lived assets* durch den *impairment test* in FAS 144 geregelt. Als Korrekturwert wird hierbei, wie auch bei einigen anderen Standards, der *fair value* herangezogen.

b) *Impairment of long-lived assets nach FAS 144*

Impairment of long-lived assets

Der für den Niederstwerttest nach den US-GAAP relevante FAS 144 »*Accounting for the impairment or disposal of long-lived assets*« wurde im August 2001 veröffentlicht und ersetzt den 1995 herausgegebenen Standard FAS 121 »*Accounting for the impairments of long-lived assets and for long-lived assets to be disposed of*« und den APB 30 »*Reporting the results of operations - reporting the effects of disposal of a segment of a business, and extraordinary, unusual and infrequently occuring events and transactions*« aus dem Jahre 1973.

Anwendungsbereich von FAS 144

Die Vorschriften des FAS 144 beschränken sich auf das langfristige materielle und auf das identifizierbare, abnutzbare immaterielle Vermögen. Ausgenommen von dieser Bewertung sind gemäß FAS 144.5 Finanzinstrumente, langfristige Kundenbeziehungen von Finanzinstituten, Hypotheken und andere Darlehensrechte, aktivierte Akquisitionskosten und aktive latente Steuern sowie der Goodwill und das nicht abnutzbare immaterielle Vermögen, wie auch bestimmte branchenspezifische Vermögenswerte der Unterhaltungs- und Softwarebranche.

Für das Vorgehen des *impairment test* ist zu differenzieren zwischen Vermögensgegenständen, die im Unternehmen verbleiben (*assets held for use)*, die in der nahen Zukunft das Unternehmen verlassen, allerdings nicht verkauft werden (*assets held for disposal other than by sale*), und solchen, die in der nahen Zukunft verkauft werden (*assets held for disposal by sale*).

Assets held for use

Handelt es sich um *assets held for use*, so gilt es an jedem Bilanzstichtag zu prüfen, ob Anhaltspunkte vorliegen, die darauf hinweisen, dass der Buchwert eines *asset* nicht mehr eingebracht werden kann. Verschiedenartige Ereignisse oder Änderungen der Verhältnisse können einen solchen Hinweis darstellen; beispielhaft werden in FAS 144.8 genannt:

- wesentlicher Rückgang des Marktwerts eines *asset*,
- wesentliche Veränderung bezüglich des Ausmaßes und der Art der Nutzung eines *asset*,

- wesentliche Veränderung der rechtlichen Rahmenbedingungen oder des wirtschaftlichen Klimas mit Auswirkungen auf den Wert eines *asset*,
- Auflaufen von Kosten, die wesentlich über den ursprünglich erwarteten Kosten zum Erwerb oder zur Herstellung eines *asset* liegen,
- Hinweise aufgrund von Hochrechnungen oder Vorhersagen über fortlaufende Verluste im Zusammenhang mit dem *asset*,
- Wahrscheinlichkeit eines Verkaufs oder anderweitigen Ersatzes des *asset* weit vor dem Ablauf der erwarteten Nutzungsdauer.

- Recoverability test

Sind aufgrund dieser Ereignisse oder Änderungen der Verhältnisse Anzeichen erkennbar, die darauf hinweisen, dass der Buchwert eines *asset* nicht mehr erzielbar ist, ist ein sog. *recoverability test* durchzuführen (vgl. Übersicht in Abbildung 2.9). Der *recoverability test* soll im Grunde Klarheit darüber verschaffen, ob tatsächlich eine Abwertung eingetreten ist. Dazu werden zunächst die künftigen Netto-Zahlungsströme (*net cash flows*) geschätzt, die aufgrund der Nutzung und einer eventuellen Entsorgung des *asset* fließen.

- Bemessung des Abwertungsverlusts

Die Summe dieser (undiskontierten) künftigen Netto-Zahlungsströme wird nun dem Buchwert des *asset* gegenübergestellt. Ist die Summe gleich oder höher als der Buchwert, so ist keine Abwertung eingetreten, andernfalls ist ein Wertminderungsverlust (*impairment loss*) in Form einer außerplanmäßigen Abschreibung zu berücksichtigen und zwar in Höhe der Differenz zwischen Buchwert und *fair value* des *asset*.

- Asset group

Ähnlich wie in den Vorschriften der IAS/IFRS ist es auch nach US-GAAP zulässig, *assets*, deren konkrete Netto-Zahlungsströme nicht bestimmt werden können, in einer Gruppe zusammenzufassen. Als Abgrenzungskriterium gilt auch hier wieder die Unabhängigkeit der Cashflows (FAS 144.10). Ist eine Abwertung der *asset group* vorzunehmen, so wird die Differenz zwischen den Buchwerten und den *fair values* der Bewertungseinheit als *impairment loss* angesetzt. Auch hier wird der Abwertungsverlust auf die einzelnen *assets*, entsprechend dem jeweiligen Buchwertanteil, verteilt (FAS 144.14).

Assets held for disposal other than by sale

Handelt es sich um *assets held for disposal other than by sale*, so sind diese Vermögenswerte bis zu ihrem tatsächlichen Abgang wie im Unternehmen verbleibende Vermögenswerte zu behandeln (FAS 144.27).

Handelt es sich dagegen um zur Veräußerung bestimmte Vermögenswerte oder Segmente (*assets held for disposal by sale*), die die Kriterien des FAS 144.30 f. erfüllen, so besteht ein Abwertungsbedarf immer dann, wenn der *fair value* abzüglich der anfallenden Verkaufskosten, wie beispielweise Kommissionsrechte oder Rechtsgebühren, den Buchwert des oder der zu veräußernden *assets* unterschreitet. In diesem Fall ist eine außerplanmäßige Abschreibung auf den niedrigeren Wert vorzunehmen. Handelt es sich um einzelne Vermögensgegenstände oder um eine Bewertungseinheit, die keine Wirtschaftseinheit darstellt, so ist die außerplanmäßige Abschreibung innerhalb des Ergebnisses der gewöhnlichen Geschäftstätigkeit in der Gewinn- und Verlustrechnung auszuweisen (FAS 144.45), handelt es sich dagegen um Wirtschaftseinheiten bzw. Segmente, die veräußert werden, so ist ein Ausweis unter den *discontinued operations* erforderlich (FAS 144.43). Von planmäßigen Abschreibungen ist in beiden Fällen in der Folge abzusehen (FAS 144.34). In Abb. 2.9 wird noch einmal der *impairment test* gem. den Vorschriften des FAS 144 dargestellt.

c) Wertaufholung nach FAS 144

Wertaufholung

Kommt es nach erfolgter Abwertung eines *asset held for use* zu einem Anstieg des *fair value*, darf der erfasste Abwertungsverlust nicht wieder rückgängig gemacht werden. Eine Wertaufholung ist somit grundsätzlich verboten (FAS 144.15). Handelt es sich bei der Wertminderung um die einer *asset group* so ist auch hier eine Wertaufholung im Regelfall verboten.

Eine andere Behandlung erfahren diesbezüglich *assets held for disposal by sale*: Hier besteht die Pflicht zur Zuschreibung bis zum Buchwert vor der Abwertung (vgl. FAS 144.37).

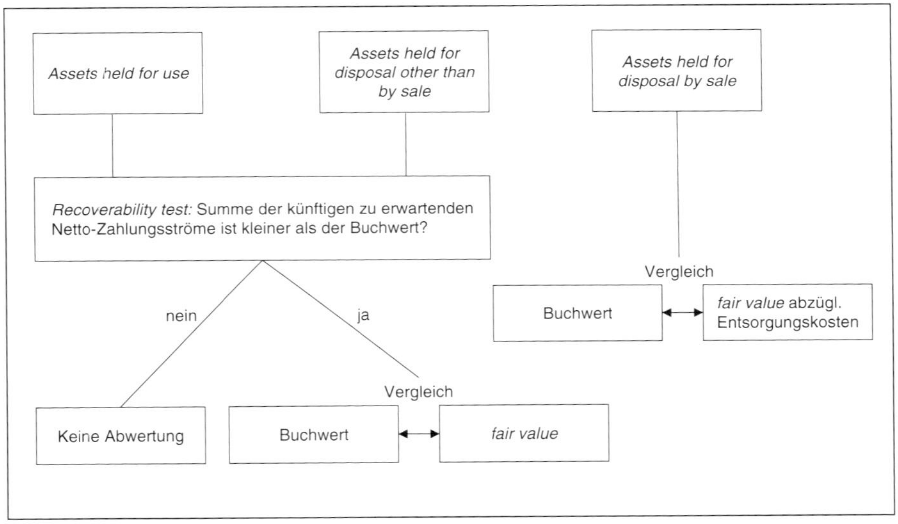

Abb. 2.9: Impairment test nach FAS 144 (vgl. Keller, K. [2002], S. 115)

C. Bilanzausweis

Steht fest, welche Posten zu welchen Werten in eine Bilanz aufzunehmen sind, ist eine Gliederung dieser Posten vorzunehmen. Die Bilanzgliederung dient der übersichtlichen Darstellung aller in der Bilanz enthaltenen Informationen. Die in die Bilanz aufzunehmenden Positionen sollen durch die Gliederung in eine sinnvolle Abfolge gebracht werden. Wichtige Gliederungskriterien sind in diesem Zusammenhang das Liquiditätsgliederungsprinzip, die Gliederung nach Rechtsverhältnissen und das Ablaufgliederungsprinzip.

Gliederung nach Liquidität und Fälligkeit

Aufgrund des Liquiditätsgliederungsprinzips werden Aktivposten nach dem Grad ihrer Liquidierbarkeit, die Posten der Passivseite nach ihrer Fälligkeit zusammengestellt. Dadurch soll wenigstens näherungsweise ersichtlich werden, in welcher zeitlichen Folge die Aktivposten durch den Umsatzprozess wieder zu Geld werden und in welcher zeitlichen Folge die einzelnen Teile des Kapitals dem Betrieb wieder entzogen werden.

Gliederung nach Rechtsverhältnissen

Bei einer Gliederung nach Rechtsverhältnissen werden die Vermögens- und Kapitalpositionen ihrer Rechtsnatur entsprechend zusammengestellt. Das Vermögen könnte beispielsweise in Sachen und Rechte, Mobilien und Immobilien sowie danach aufgeteilt werden, ob die Vermögensgegenstände sich zur Sicherung von Verbindlichkeiten eignen oder nicht und ob sie zum juristischen Eigentum des Betriebes gehören. Auf der Passivseite unterscheidet man Eigen- und Fremdkapital.

Ablaufgliederungsprinzip

Die Einteilung nach dem Ablaufgliederungsprinzip ist vor allem für die Vermögenspositionen von Bedeutung. Sie stellt auf den innerbetrieblichen Leistungsprozess ab. Nach diesem Prinzip unterscheidet man Anlage- und Umlaufver-mögen, Roh-, Hilfs- und Betriebsstoffe, unfertige und fertige Erzeugnisse sowie Finanz- und Sachanlagen.

Gliederungsvorschriften des HGB

Gemäß der allgemeinen Systematik der Vorschriften des dritten Buches des HGB gibt es auch im Bereich der Gliederung allgemeine Vorschriften, die für alle Kaufleute (§ 243 HGB) gelten und Bestimmungen, die sich darüber hinaus speziell auf Kapitalgesellschaften (§ 265 HGB) beziehen.

Bilanzgliederung von Einzelkaufleuten und Personenhandelsgesellschaften

Für Einzelkaufleute und Personengesellschaften sind die GoB die Richtschnur der Bilanzgliederung (§ 243 Abs. 1 HGB). Die Aufzählung in § 247 Abs. 1 HGB zeigt dabei nur auf, welche Posten bei ihnen grundsätzlich für einen Bilanzausweis in Betracht kommen (Anlage- und Umlaufvermögen, Rechnungsabgrenzungsposten, Schulden und Eigenkapital); als Gliederungsvorschrift ist sie streng genommen nicht zu verstehen. Vielmehr wird eine Bilanzgliederung, die nur diese Posten gesondert enthält, in der Regel den GoB noch nicht entsprechen. Um dies klarzustellen, wird in § 247 Abs. 1 HGB zusätzlich eine hinreichende Aufgliederung der Positionen gefordert.

Bilanzgliederung von Kapitalgesellschaften

Über diese allgemein für alle Kaufleute geltende, nur auf den GoB basierende Gliederung hinaus sieht das Handelsrecht in § 266 HGB für alle Kapitalgesellschaften (AG, KGaA, GmbH, Genossenschaft) und über § 5 Abs. 1 PublG auch für alle nach PublG rechnungslegungspflichtigen Unternehmen eine wesentlich detailliertere Mindestgliederung in Kontoform vor (vgl. die normalgedruckten Positionen des Gliederungsschemas in Abbildung 2.10).

Die Tiefe der Bilanzgliederung hängt dabei jedoch noch davon ab, ob das Unternehmen als große oder mittelgroße bzw. kleine Kapitalgesellschaft qualifiziert wird (zu den Unterscheidungsmerkmalen vgl. 1. Kapitel D I 1).

Für große und mittelgroße Unternehmen gilt die ausführliche Gliederung des § 266 Abs. 2 und 3 HGB als Mindestgliederung.

Für kleine Kapitalgesellschaften beschränkt sich gemäß § 266 Abs. 1 HGB die gesetzliche Gliederungstiefe auf den Ausweis der im Gliederungsschema des § 266 Abs. 2 und 3 HGB mit Buchstaben und römischen Ziffern bezeichneten Positionen, wobei aus dem Wortlaut dieser Vorschrift zu schließen ist, dass außerhalb des Gliederungsschemas nach § 266 im HGB vorgeschriebene Sonderpositionen auch von kleinen Kapitalgesellschaften getrennt auszuweisen sind.

Bilanzgliederungsgrundsätze des HGB

Die Gliederung des § 266 Abs. 2 und 3 HGB ist nicht streng nach einem der eingangs erwähnten Gliederungsprinzipien aufgebaut. Es wird vielmehr eine Anlehnung an alle drei Kriterien sichtbar, wobei der Schwerpunkt jedoch auf der Liquiditätsdarstellung liegt. Dieser Akzent wird vor allem dadurch deutlich, dass z. B. Forderungen mit einer Restlaufzeit von mehr als einem Jahr bzw. Verbindlichkeiten mit einer Restlaufzeit bis zu einem Jahr gesondert in der Bilanz auszuweisen sind. Die Gliederung nach Rechtsverhältnissen zeigt sich im § 266 HGB u. a. dadurch, dass Ausleihungen wie auch Forderungen bzw. Verbindlichkeiten gegenüber verbundenen Unternehmen bzw. Unternehmen, mit denen ein Beteiligungsverhältnis besteht, gesondert auszuweisen sind.

- Mindestgliederung

Die Gliederung nach § 266 Abs. 2 und 3 HGB ist prinzipiell eine zwingende Mindestgliederung; getrennt aufgeführte Positionen dürfen daher nicht zusammengezogen werden. Als Ausnahme hierzu ist allerdings § 265 Abs. 7 HGB zu nennen, der es unter bestimmten Umständen ermöglicht, die mit arabischen Zahlen versehenen Bilanzpositionen zusammenzufassen. Eine über die Mindestgliederung hinausgehende weitere Aufspaltung bereits vorgesehener und die Aufnahme zusätzlicher Posten – soweit deren Inhalt durch die Mindestgliederung nicht abgedeckt ist – ist jedoch zulässig, solange dies nicht zu Lasten der Klarheit und Übersichtlichkeit geht (§ 265 Abs. 5 HGB).

- Mitzugehörigkeit zu anderen Bilanzpositionen

Fällt ein Vermögensgegenstand oder eine Schuld unter mehrere Bilanzpositionen, so ist bei der Position, unter der der Ausweis erfolgt, die Mitzugehörigkeit zu anderen Posten zu vermerken, soweit dies die Klarheit und Übersichtlichkeit fördert (§ 265 Abs. 3 HGB).

- Abweichende Gliederungsvorschriften

Da das Gliederungsschema des HGB auf Industriebetriebe zugeschnitten ist, müssen für bestimmte Branchen Spezialregelungen getroffen werden. Deshalb kann der Bundesjustizminister gemäß § 330 HGB für Kapitalgesellschaften, deren Geschäftszweig eine abweichende Gliederung erfordert, Formblätter oder eine vom Schema des § 266 Abs. 2 und 3 HGB abweichende Gliederung vorschreiben. Die abweichende Gliederung hat dabei derjenigen für große Kapitalgesellschaften gleichwertig zu sein. Betroffen hiervon sind z. B. Kreditinstitute und Versicherungsunternehmen, deren Gliederung sich aus den jeweiligen Spezialgesetzen ergibt.

- Mehrere Geschäftszweige

Bei Vorhandensein mehrerer Geschäftszweige, die abweichende Gliederungen bedingen, ist die für einen Geschäftszweig vorgeschriebene Gliederung zugrunde zu legen und um die dann noch fehlenden, für die anderen Geschäftszweige geltenden Positionen zu ergänzen (§ 265 Abs. 4 HGB).

- Stetigkeit
- Vorjahresbeträge
- Anpassung von Gliederung und Postenbezeichnung
- Keine Leerpositionen

§ 265 HGB enthält einige weitere Bestimmungen zur Gliederung. So unterliegt diese dem Stetigkeitsgebot (§ 265 Abs. 1 HGB). Darüber hinaus sind die entsprechenden Vorjahresbeträge bei jeder Bilanzposition explizit auszuweisen. Zusätzlich ist die Gliederung sowie die Bezeichnung der mit arabischen Zahlen versehenen Posten zu ändern, soweit dies wegen Unternehmensbesonderheiten für einen klaren und übersichtlichen Jahresabschluss erforderlich ist (§ 265 Abs. 6 HGB).

Schließlich bestimmt § 265 Abs. 8 HGB, dass betragslose Positionen weggelassen werden können, soweit nicht wegen eines Vorjahresbetrages ein Ausweis erforderlich ist.

Ergänzung zum handelsrechtlichen Gliederungsschema

In einigen Fällen sieht das HGB den Ausweis zusätzlicher, nicht in dem Gliederungsschema enthaltener Positionen vor. Diese Positionen sind in Abbildung 2.10 enthalten und – soweit der zusätzliche Ausweis nur in der Bilanz erfolgen kann – durch einen Stern (*) gekennzeichnet. Eine wahlweise Aufnahme des Zusatzpostens in Bilanz oder Anhang wird durch 2 Sterne (**) verdeutlicht.

Außerdem ist die Bilanz durch zusätzliche Angaben in Vorspalten oder Fußnoten zu ergänzen. Sie sind in den abgebildeten Gliederungen durch Fettdruck hervorgehoben. Soweit auch hier ein Ausweiswahlrecht in Bilanz oder Anhang gegeben ist, wird dies durch (**) verdeutlicht. Durch die im Gesetz vollzogene Gleichstellung zwischen Anhang und Bilanz (und GuV) werden in den Anhang viele nützliche Zusatzinformationen (Erläuterungen, Begründungen) verlagert (vgl. 11. Kapitel A II).

Bilanzvermerke

Unter der Bilanz müssen nach § 251 HGB alle Kaufleute Verbindlichkeiten aus der Begebung und Übertragung von Wechseln, aus Bürgschaften, Wechsel- und Scheckbürgschaften und aus Gewährleistungsverträgen sowie Haftungsverhältnisse aus der Bestellung von Sicherheiten für fremde Verbindlichkeiten vermerken. Für Kapitalgesellschaften wird diese Regelung durch § 268 Abs. 7 HGB dahingehend erweitert, dass sie diese Angaben nicht – wie in § 251 HGB vorgesehen – in einer Summe, sondern jeweils gesondert unter Angabe der gewährten Pfandrechte und sonstigen Sicherheiten anzugeben haben; außerdem können sie diese Angaben wahlweise auch in den Anhang verlegen. Bestehen solche Haftungsverhältnisse gegenüber verbundenen Unternehmen, so sind sie ebenfalls gesondert anzugeben.

Eigenkapitalausweis

Zusätzlich eröffnet das HGB dem Bilanzierenden Gestaltungsvarianten bezüglich des Eigenkapitals. Neben der im Gliederungsschema von § 266 Abs. 3 A HGB vorgesehenen Darstellung des Eigenkapitals vor Gewinnverwendung (in Position Passiva A. V. ist der unverteilte Jahresüberschuss bzw. Jahresfehlbetrag aufgeführt) ermöglicht § 268 Abs. 1 HGB auch eine Darstellung nach vollständiger oder teilweiser Verwendung des Jahresergebnisses. Bei einem Eigenkapitalausweis nach teilweiser Ergebnisverwendung tritt der Posten »Bilanzgewinn/Bilanzverlust« an die Stelle der Positionen »Jahresüberschuss/Jahresfehlbetrag« (Passiva A. V.) und »Gewinnvortrag/Verlustvortrag« (Passiva A IV). Ausgewiesen wird also nur noch der zur Verwendung der Hauptversammlung gedachte Teil des Ergebnisses (vgl. auch 5. Kapitel B IV).

Ausführliche Bilanzgliederung für Kapitalgesellschaften nach dem HGB

AKTIVA

A. *Ausstehende Einlagen auf das gezeichnete Kapital (*)*
Davon eingefordert (*)
B. *Aufwendungen für die Ingangsetzung und Erweiterung des Geschäftsbetriebes* (*)
C. Anlagevermögen
I. Immaterielle Vermögensgegenstände
1. Konzessionen, gewerbliche Schutzrechte und ähnliche Rechte und Werte sowie Lizenzen an solchen Rechten und Werten;
2. Geschäfts- oder Firmenwert;
3. Geleistete Anzahlungen;
II. Sachanlagen
1. Grundstücke, grundstücksgleiche Rechte und Bauten einschließlich der Bauten auf fremden Grundstücken;
2. Technische Anlagen und Maschinen;
3. Andere Anlagen, Betriebs- und Geschäftsausstattung;
4. Geleistete Anzahlungen und Anlagen im Bau;
III. Finanzanlagen
1. Anteile an verbundenen Unternehmen;
2. Ausleihungen an verbundene Unternehmen;
Davon mit einer Restlaufzeit von mehr als 1 Jahr (*)
3. Beteiligungen;
4. Ausleihungen an Unternehmen, mit denen ein Beteiligungsverhältnis besteht;
Davon mit einer Restlaufzeit von mehr als 1 Jahr (*)
5. Wertpapiere des Anlagevermögens;
6. Sonstige Ausleihungen;
Davon mit einer Restlaufzeit von mehr als 1 Jahr (*)
D. Umlaufvermögen
I. Vorräte
1. Roh-, Hilfs- und Betriebsstoffe;
2. Unfertige Erzeugnisse, unfertige Leistungen;
3. Fertige Erzeugnisse und Waren;
4. Geleistete Anzahlungen;
II. Forderungen und sonstige Vermögensgegenstände
1. Forderungen aus Lieferungen und Leistungen;
Davon mit einer Restlaufzeit von mehr als 1 Jahr (*)
2. Forderungen gegen verbundene Unternehmen;
Davon mit einer Restlaufzeit von mehr als 1 Jahr (*)
3. Forderungen gegen Unternehmen, mit denen ein Beteiligungsverhältnis besteht;
Davon mit einer Restlaufzeit von mehr als 1 Jahr (*)
4. Sonstige Vermögensgegenstände;
Davon mit einer Restlaufzeit von mehr als 1 Jahr (*)
III. Wertpapiere
1. Anteile an verbundenen Unternehmen;
2. Eigene Anteile;
3. Sonstige Wertpapiere;
IV. Schecks, Kassenbestand, Bundesbank- und Postgiroguthaben, Guthaben bei Kreditinstituten
E. Rechnungsabgrenzungsposten
Disagio (**)
F. *Abgrenzungsposten für aktive latente Steuern* (*)
G. *Nicht durch Eigenkapital gedeckter Fehlbetrag* (*)

Legende: Kursivgedruckt: zusätzliche, im Mindestgliederungsschema nicht enthaltene Positionen
Fettgedruckt : zusätzlich vorgeschriebener Vorspaltenvermerk
* : Ausweis nur in der Bilanz zulässig
** : Ausweiswahlrecht zwischen Bilanz und Anhang

PASSIVA

A. Eigenkapital
I. Gezeichnetes Kapital
II. Kapitalrücklage
III. Gewinnrücklagen
1. Gesetzliche Rücklage;
2. Rücklage für eigene Anteile;
3. Satzungsmäßige Rücklagen;
4. Andere Gewinnrücklagen;
IV. Gewinnvortrag/Verlustvortrag
V. Jahresüberschuss/Jahresfehlbetrag
B. *Sonderposten mit Rücklageanteil (*) gemäß Vorschrift (**)*
C. Rückstellungen
1. Rückstellungen für Pensionen und ähnliche Verpflichtungen;
2. Steuerrückstellungen;
3. Rückstellungen für latente Steuern (**);
4. Sonstige Rückstellungen;
D. Verbindlichkeiten
1. Anleihen;
Davon konvertibel
Davon fällig vor Ablauf eines Jahres (*)
Davon mit einer Restlaufzeit von mehr als 5 Jahren (**) (1)
Davon (durch anzugebende Rechte) gesichert (**) (1)
2. Verbindlichkeiten gegenüber Kreditinstituten;
Davon fällig vor Ablauf eines Jahres (*)
Davon mit einer Restlaufzeit von mehr als 5 Jahren (**) (1)
Davon (durch anzugebende Rechte) gesichert (**) (1)
3. Erhaltene Anzahlungen auf Bestellungen;
Davon fällig vor Ablauf eines Jahres (*)
Davon mit einer Restlaufzeit von mehr als 5 Jahren (**) (1)
Davon (durch anzugebende Rechte) gesichert (**) (1)
4. Verbindlichkeiten aus Lieferungen und Leistungen;
Davon fällig vor Ablauf eines Jahres (*)
Davon mit einer Restlaufzeit von mehr als 5 Jahren (**) (1)
Davon (durch anzugebende Rechte) gesichert (**) (1)
5. Verbindlichkeiten aus der Annahme gezogener Wechsel und der Ausstellung eigener Wechsel;
Davon fällig vor Ablauf eines Jahres (*)
Davon mit einer Restlaufzeit von mehr als 5 Jahren (**) (1)
Davon (durch anzugebende Rechte) gesichert (**) (1)
6. Verbindlichkeiten gegenüber verbundenen Unternehmen;
Davon fällig vor Ablauf eines Jahres (*)
Davon mit einer Restlaufzeit von mehr als 5 Jahren (**) (1)
Davon (durch anzugebende Rechte) gesichert (**) (1)
7. Verbindlichkeiten gegenüber Unternehmen, mit denen ein Beteiligungsverhältnis besteht;
Davon fällig vor Ablauf eines Jahres (*)
Davon mit einer Restlaufzeit von mehr als 5 Jahren (**) (1)
Davon (durch anzugebende Rechte) gesichert (**) (1)
8. Sonstige Verbindlichkeiten;
Davon aus Steuern
Davon im Rahmen der sozialen Sicherheit
Davon fällig vor Ablauf eines Jahres (*)
Davon mit einer Restlaufzeit von mehr als 5 Jahren (**) (1)
Davon (durch anzugebende Rechte) gesichert (**) (1)
E. Rechnungsabgrenzungsposten

Verbindlichkeiten aus der Begebung und Übertragung von Wechseln, aus Bürgschaften, Wechsel- und Scheckbürgschaften und aus Gewährleistungsverträgen sowie Haftungsverhältnisse aus der Bestellung von Sicherheiten für fremde Verbindlichkeiten (**) (jeweils gesonderter Ausweis unter Angabe gewährter Pfandrechte und sonstiger Sicherheiten; gesonderter Ausweis, falls solche Verpflichtungen gegenüber verbundenen Unternehmen bestehen)
(1) Nicht vorgeschrieben für kleine Kapitalgesellschaften

Abb. 2.10: Handelsrechtliche Mindestgliederung der Bilanz

Ausstehende Einlagen

Daneben können die nicht eingeforderten ausstehenden Einlagen offen von dem Posten »Gezeichnetes Kapital« abgesetzt werden (§ 272 Abs. 1 HGB). An die Stelle der Position »Gezeichnetes Kapital« tritt dann der Posten »Eingefordertes

Kapital« als Saldo, während auf der Aktivseite der eingeforderte, aber noch nicht einbezahlte Betrag mit entsprechender Bezeichnung unter den Forderungen auszuweisen ist (vgl. auch 5. Kapitel B II).

Rechtsformspezifische Erweiterungen

Ausweispflichten über die Anforderungen des HGB hinaus ergeben sich für Unternehmen unterschiedlicher Rechtsform aus den jeweiligen Spezialgesetzen:

So müssen Aktiengesellschaften nach § 152 AktG beim gezeichneten Kapital den auf jede Aktiengattung entfallenden Betrag des Grundkapitals und die Verteilung der Stimmenzahl auf Mehrstimmrechts- und andere Aktien darstellen sowie die Entwicklung der Kapital- und Gewinnrücklagen während der abgelaufenen Rechnungsperiode. Die GmbH hat zusätzlich zu den Vorschriften des HGB gemäß § 42 GmbHG ihr Recht auf Nachschüsse der Gesellschafter zu aktivieren, soweit deren Einziehung beschlossen ist und dem keine Einrede entgegensteht. Der Ausweis erfolgt als »Eingeforderte Nachschüsse« gesondert unter den Forderungen, wobei im Gegenzug ein entsprechender Betrag innerhalb der Kapitalrücklage gesondert auszuweisen ist. Ausleihungen, Forderungen und Verbindlichkeiten gegenüber Gesellschaftern sind in der Regel gesondert auszuweisen oder im Anhang anzugeben.

Branchenspezifische Erweiterungen

Sämtliche unternehmensspezifischen Erweiterungen des gesetzlich vorgeschriebenen Gliederungsschemas, die zu einer besseren Erfüllung der Generalnorm des § 264 Abs. 2 HGB beitragen, sollten vom jeweiligen Unternehmen durchgeführt werden. Als Beispiele für solche branchen- bzw. unternehmensspezifischen Besonderheiten seien hier u. a. der gesonderte Ausweis von »Vermietete Erzeugnisse« etwa im Umlaufvermögen eines Leasinggebers oder von »Noch nicht abgerechnete Lieferungen und Leistungen« bzw. »... Bauten« oder »In Arbeit befindliche Aufträge« als zusätzlicher Position im Vorratsvermögen oder zwischen »Vorräte« und »Andere Gegenstände des Umlaufvermögens« bei Unternehmen mit langfristiger Auftragsfertigung erwähnt.

Bilanzgliederung nach IAS/IFRS

IAS 1 *»Presentation of Financial Statements«* von 1997 schreibt für die Bilanz kein detailliertes Mindestgliederungsschema wie beispielsweise das HGB vor; es müssen dennoch bestimmte Posten in der Bilanz gesondert ausgewiesen werden (IAS 1.66). Dabei werden allerdings weder Reihenfolge noch Struktur der einzelnen Positionen verpflichtend vorgegeben (IAS 1.68). IAS 1.66 ist lediglich als eine Liste von Posten zu verstehen, die in ihrem Wesen oder ihrer Funktion so unterschiedlich sind, dass ein getrennter Ausweis innerhalb der Bilanz zur Erreichung der Zielsetzung einer *fair presentation* erforderlich wird (IAS 1.68). So dürfen die verwendeten Bezeichnungen und die Reihenfolge der Posten dem Wesen des Unternehmens und seinen Geschäftsvorfällen entsprechend angepasst werden, wenn dies zu einem besseren Verständnis der Vermögens-, Finanz- und Ertragslage nötig wird (IAS 1.68 (b)). Verlangt ein anderer IAS/IFRS den Ausweis eines weiteren Posten, ist dieser zusätzlich zu den in IAS 1.66 genannten Posten in der Bilanz darzustellen (IAS 1.68 (a)). IAS 1.66 nennt folgende, in der Bilanz mindestens auszuweisende Positionen (*line items*):

- *property, plant and equipment* (Sachanlagen),
- *intangible assets* (immaterielle *assets*),
- *financial assets* (finanzielle *assets*),

- *investments accounted for using the equity method* (nach der Equity-Methode bilanzierte Finanzanlagen),
- *inventories* (Vorräte),
- *trade and other receivables* (Forderungen aus Lieferungen und Leistungen und sonstige Forderungen),
- *cash and cash equivalents* (Zahlungsmittel und Zahlungsmitteläquivalente),
- *trade and other payables* (Verbindlichkeiten aus Lieferungen und Leistungen und sonstige Verbindlichkeiten),
- *tax liabilities and assets as required by IAS 12, Income Taxes* (Steuerschulden und -guthaben wie nach IAS 12 erforderlich),
- *provisions* (Rückstellungen),
- *non-current interest-bearing liabilities* (kurzfristige verzinsliche Verbindlichkeiten),
- *minority interest* (Minderheitenanteile),
- *issued capital and reserves* (gezeichnetes Kapital und Rücklagen).

Im Rahmen des *improvment project* soll es auch zu einer Überarbeitung des IAS 1 kommen. Die Informationen, die gem. IAS 1.66 in der Bilanz darzustellen sind, werden dann um als Finanzinvestitionen gehaltene Immobilien, den sog. *investment properties* (IAS 40), um biologische Vermögenswerte (IAS 41) sowie um Steuerschulden und Steuererstattungsansprüche gem. IAS 12 erweitert.

Die Anordnung dieser vorgeschriebenen Mindestgliederungsposten bleibt grundsätzlich dem Bilanzersteller überlassen, v. a. wird kein bestimmtes Format, also weder eine Bilanz in Konto- noch in Staffelform, vorgeschrieben. Allerdings ist die einmal getroffene Wahl im Sinne der Stetigkeit möglichst beizubehalten.

Dem IAS 1 ist ein Appendix angehängt, der Beispielformate für die einzelnen Jahresabschlussbestandteile und damit auch für die Bilanz enthält. Er dient lediglich der Veranschaulichung und ist nicht Teil der Vorschriften. Anhand dieses Appendixes soll aufgezeigt werden, wie die Anforderungen an die Darstellung der einzelnen Jahresabschlussbestandteile erfüllt werden können. Insbesondere soll dadurch eine einheitlichere Strukturierung der Jahresabschlüsse und somit eine verbesserte Vergleichbarkeit auf freiwilligem Wege gefördert werden (vgl. Achleitner, A.-K./Kleekämper, H. [1997], S. 119), denn das IASB hofft, dass ein Großteil der nach IAS/IFRS bilanzierenden Unternehmen ihre Jahresabschlüsse unter Verwendung der beispielhaften Präsentationsformate aufstellen werden (vgl. Johnson, T. [1996], S. 10; Kleekämper, H./Harding, T. [1997], S. 17). Abbildung 2.11 stellt das Beispielformat im Appendix des IAS 1 für die Bilanz dar.

Kurz- und langfristige Positionen

Gemäß IAS 1.53 hat jedes Unternehmen bei Erstellung der Bilanz die Wahl, *assets* und *liabilities* in kurz- (*current*) und langfristige (*non-current*) Positionen zu untergliedern. Positionen gelten als kurzfristig, wenn sie sich innerhalb eines Geschäftszyklus oder innerhalb eines Jahres umschlagen (IAS 1.57 ff.). Wird dagegen auf eine solche Untergliederung verzichtet, müssen *assets* und *liabilities* grob nach ihrer Liquidierbarkeit geordnet werden (vgl. IAS 1.53). In beiden

Fällen sind jedoch alle *assets* und *liabilities* mit einer Laufzeit von mehr als zwölf Monaten getrennt auszuweisen (vgl. IAS 1.54).

ASSETS (Vermögen)	**EQUITY AND LIABILITIES (Eigenkapital und Schulden)**
Non-current assets (Langfristiges Vermögen) – Property, plant and equipment (Sachanlagevermögen) – Goodwill (Positiver Firmenwert) – Manufacturing licences (Lizenzen) – Investments in associates (Finanzanlagen in assoziierte Unternehmen) – Other financial assets (Sonstiges finanzielles Vermögen) **Current assets (Kurzfristiges Vermögen)** – Inventories (Vorräte) – Trade and other receivables (Forderungen aus Lieferungen und Leistungen sowie sonstige Forderungen) – Prepayments (Geleistete Anzahlungen) – Cash and cash equivalents (Liquide Mittel)	**Capital and reserves (Gezeichnetes Kapital und Rücklagen)** – Issued capital (Gezeichnetes Kapital) – Reserves (Rücklagen) – Accumulated profits/losses (Gewinn- oder Verlustvorträge) **– Minority interest (Minderheitenanteile)** **Non-current liabilities (Langfristige Schulden)** – Interest bearing borrowing (Verzinsliche Verbindlichkeiten) – Deferred tax (Latente Steuern) – Retirement benefit obligation (Aufgelaufene Rentenverpflichtungen) **Current liabilities (Kurzfristige Schulden)** – Trade and other payables (Verbindlichkeiten aus Lieferung und Leistung sowie sonstige Verbindlichkeiten) – Short-term borrowings (Kurzfristige Verbindlichkeiten) – Current portion of interest-bearing borrowings (Anteil der verzinslichen Verbindlichkeiten) – Warranty provision (Garantierückstellungen)

Abb. 2.11: Beispielformat einer IAS/IFRS-Bilanz (vgl. IAS 1 Appendix)

Bilanzgliederung nach US-GAAP

Auch nach US-GAAP ist kein festes Gliederungsschema für die Erstellung der Bilanz vorgeschrieben. Die Darstellung erfolgt üblicherweise entweder in Kontoform (*account form*) oder in Staffelform (*report form*); auch andere Darstellungsweisen sind denkbar, aber in der Praxis nicht üblich (vgl. Kieso, D. E./Weygandt, J. J./Warfield, T. D. [2001], S. 200).

Liquiditätsgliederungsprinzip

Unabhängig von der gewählten Darstellungsform erfolgt die Bilanzgliederung nach dem Liquidititätsgliederungsprinzip. Die Aktiva werden entsprechend ihrer Umwandelbarkeit in liquide Mittel in der Bilanz von oben nach unten angeordnet. Aus diesem Grund sind liquide Mittel (*cash and cash items*) die erste und immaterielle *assets* die letzte Position auf der Aktivseite. Im Unterschied zu einer nach HGB aufgestellten Bilanz wird somit das Umlaufvermögen (*current assets*) vor dem Anlagevermögen (*non-current assets*) ausgewiesen und auch innerhalb der einzelnen Hauptgliederungspunkte werden die Positionen nach dem Liquidititätsgliederungsprinzip angeordnet. Auf der Passivseite werden die Positionen nach zunehmender Restlaufzeit gegliedert; somit erfolgt der Ausweis der *current liabilities* vor dem der *non-current liabilities* und diese wiederum werden vor dem Eigenkapital ausgewiesen.

ASSETS **(Vermögen)**	**EQUITY AND LIABILITIES** **(Eigenkapital und Schulden)**
Current assets **(Kurzfristiges Vermögen)** – Cash and cash equivalents (Liquide Mittel) – Marketable securities (Wertpapiere des Umlaufvermögens) – Accounts and notes receivable (Forderungen und Besitzwechsel) – minus: allowance for doubtful accounts (Wertberichtigungen auf zweifelhafte Forderungen) – Inventories (Vorräte) – Prepaid expenses (Aktive transitorische Rechnungsabgrenzungsposten) – Other current assets (Sonstige Gegenstände des Umlaufvermögens) **Non-current assets** **(Langfristiges Vermögen)** – Securities and indebtedness of related parties (Wertpapiere und Beteiligungen an verbundenen Unternehmen) – Property, plant and equipment (Sachanlagevermögen) – Accumulated depreciation, depletion and amortization of property, plant and equipment (Kumulierter Betrag der Abschreibungsaufwendungen der Anlagegegenstände) – Intangible assets (Immaterielles Anlagevermögen) – Accumulated depreciation and amortization of intangible assets (Kumulierter Betrag des Amortisationsaufwandes des immateriellen Anlagevermögen) – Other assets (Sonstige langfristige Posten)	**Current liabilities** **(Kurzfristige Schulden)** – Accounts and notes payable (Kurzfristige Verbindlichkeiten) – Other current liabilities (Andere kurzfristige Verbindlichkeiten) **Non-current liabilities** **(Langfristige Schulden)** – Bonds, mortgages and other long-term debts (Langfristige Darlehen) – Indebtedness to related parties - noncurrent (Langfristige Verbindlichkeiten gegenüber verbundenen Unternehmen oder Personen) – Other liabilities (Sonstige langfristige Verbindlichkeiten) – Commitments and contingent liabilities (Ungewisse Verpflichtungen) – Deferred credit (Rückstellungen mit längerfristigem Charakter) – Minority interests in consolidated subsidiaries (Anteile von Minderheitsgesellschafter) **Equity** **(Eigenkapital)** – Preferred stocks - redeemable (Mit Kündigungsrecht ausgestattete Vorzugsaktien) – Preferred stocks - non-redeemable (Vorzugsaktien ohne Kündigungsrecht) – Common stocks (Stammaktien) – Other stockholders´ equity (Sonstiges Eigenkapital)

Abb. 2.12: Mindestgliederung einer US-GAAP-Bilanz nach Regulation S-X

Anhand der Gliederung der Bilanz nach Liquiditätskriterien kann man erkennen, dass die Bilanz im Rahmen eines US-GAAP-Abschlusses nicht als reine Vermögensaufstellung verstanden wird, sondern dass sie im Sinne der Zielsetzung der *decision usefulness* Anhaltspunkte bezüglich der Liquidität, der finanziellen Flexibilität sowie der möglichen Entwicklung der künftigen Cashflows des Unternehmens liefert (vgl. Haller, A. [1994], S. 298).

Mindestgliederung nach SEC

Die SEC hat außerdem in ihren Regelungen vorgeschrieben, welche Posten gesondert in der Bilanz ausgewiesen werden müssen (Regulation S-X, Rule 5-02), wobei auch hier viele Wahlrechte hinsichtlich des Ausweises in der Bilanz oder in den *notes* bestehen. Das Gliederungsschema der SEC (vgl. Abbildung 2.12) ist für alle börsennotierten Unternehmen verpflichtend vorgeschrieben und wird außerdem von den meisten anderen Gesellschaften freiwillig befolgt.

Kontrollfragen:

1. Nennen Sie die Kriterien für die Bilanzansatz-Entscheidung in der Handelsbilanz!
2. Durch welche Merkmale sind die Begriffe »Vermögensgegenstand«, »Schuld« und »positives Wirtschaftsgut« gekennzeichnet?
3. Welche Unterschiede bestehen zwischen den Begriffen »Vermögensgegenstand« und »positives Wirtschaftsgut«?
4. Welchen Zwecken dienen handelsrechtliche Bilanzierungshilfen, und konkurrieren diese mit dem Gläubigerschutzprinzip der Handelsbilanz?
5. Wie werden *assets* im Framework gem. IASB (ehemals IASC) definiert? Worin unterscheidet sich diese Definition von der eines Vermögensgegenstandes?
6. Nennen Sie die Ansatzkriterien für ein *asset* nach IAS/IFRS und US-GAAP!
7. Welchen unterschiedlichen Einfluss übt der Wahrscheinlichkeitsgrad, mit dem eine Verpflichtung bzw. eine *liability* realisiert wird, auf die bilanzielle Behandlung gemäß HGB bzw. IAS/IFRS aus?
8. Wann müssen Vermögensgegenstände trotz fehlenden juristischen Eigentums in der Bilanz einer Unternehmung aufgeführt werden?
9. Was versteht man unter Operating-Leasing, was unter Finanzierungs-Leasing?
10. Unter welchen Umständen stimmt bei Eigentumsvorbehalt oder Sicherungsübereignung das juristische Eigentum mit der bilanziellen Behandlung der fraglichen Vermögensgegenstände überein?
11. Was versteht man unter gewillkürtem Betriebsvermögen?
12. Was sind Einlagen und Entnahmen?
13. Was versteht man unter Herstellungsaufwand und wie wird er im Steuerrecht vom Erhaltungsaufwand unterschieden?

14. Unter welchen Voraussetzungen sind nach IAS/IFRS *subsequent expenditures* für bereits aktivierte *assets* des Sachanlagevermögens zu aktivieren?
15. Nennen Sie die Gruppen, in die *costs subsequent to acquisition* nach US-GAAP eingeteilt werden!
16. Nennen Sie die handelsrechtlichen Bilanzierungsverbote, -wahlrechte und -hilfen!
17. Wie werden handelsrechtliche Bilanzierungswahlrechte und Bilanzierungshilfen im Steuerrecht behandelt?
18. Erläutern Sie das in den IAS/IFRS verwendete *historical cost principle*!
19. Nennen Sie die Komponenten der bilanziellen Anschaffungskosten!
20. Ist die Mehrwertsteuer immer von den Anschaffungskosten eines Gegenstandes abzuziehen?
21. Wie werden handels- und steuerrechtlich bzw. nach IAS/IFRS und US-GAAP die Anschaffungskosten bei Tauschgeschäften ermittelt?
22. Was versteht man unter nachträglichen Anschaffungskosten?
23. Was versteht man gem. IAS/IFRS und US-GAAP unter einem *qualifying asset*? Nennen Sie Beispiele!
24. Welche Bilanzierungsmöglichkeiten bestehen gem. IAS/IFRS für Fremdkapitalzinsen, die auf *qualifying assets* entfallen? Wie sind diese nach US-GAAP zu behandeln?
25. Welche in der Kostenrechnung unter anderem erfassten Kosten dürfen nicht in die bilanziellen Herstellungskosten eingerechnet werden?
26. Nennen Sie die Pflicht- und Wahlbestandteile der Herstellungskosten nach Handels- und Steuerrecht!
27. Wie setzen sich die Herstellungskosten gem. IAS 2.10 ff. sowie ARB 43 ch. 4 zusammen?
28. Was versteht man unter »unechten« Gemeinkosten und wie sind sie bei der Herstellungskostenberechnung zu berücksichtigen?
29. Welche Auswirkungen ergeben sich aus dem Einsatz der Prozesskostenrechnung zur Herstellungskostenbestimmung hinsichtlich der handels- und steuerrechtlichen Wertuntergrenze?
30. Unter welchen Bedingungen dürfen handels- und steuerrechtlich Fremdkapitalzinsen in die Herstellungskosten einbezogen werden?
31. Was ist zu beachten, falls im Rahmen der Bestandsbewertung fixe Kosten auf die Erzeugnisse verrechnet werden?
32. Was versteht man unter dem Teilwert?
33. Nennen Sie die vom BFH entwickelten Teilwertvermutungen!
34. Nennen Sie Beispiele für Fälle, in denen die Teilwertvermutungen widerlegt werden können!
35. Was besagt das Niederstwertprinzip?
36. Welche Funktionen haben die handels- und steuerbilanziellen Korrekturwerte?

37. Wie wird der niedrigere, am Abschlussstichtag beizulegende Wert nach HGB ermittelt?
38. Unter welchen Umständen gilt nach HGB für den aus dem Börsen- oder Marktpreis abgeleiteten Wert der Preis des Beschaffungsmarkts und wann gilt der Preis des Absatzmarkts?
39. Welche Funktion hat der steuerlich zulässige bzw. der im Hinblick auf die steuerliche Anerkennung notwendige Wert?
40. Inwieweit wird die Handelsbilanz durch steuerliche Sonderabschreibungen verfälscht und welche Möglichkeiten bestehen für Kapitalgesellschaften, diesen Verfälschungen entgegenzuwirken?
41. Wie sind Wertminderungen von Gegenständen des Anlage- oder Umlaufvermögens in der Handelsbilanz zu behandeln und welche Folgen hat dieser handelsbilanzmäßige Ansatz für die Steuerbilanz?
42. Wie ist in der Handelsbilanz und wie ist in der Steuerbilanz zu verfahren, wenn der Grund für die außerordentliche Abschreibung von Gegenständen des Anlage- und Umlaufvermögens nachträglich wegfällt?
43. Was versteht man unter einer Wertaufholungsrücklage?
44. Wann ist im Rahmen einer Bilanzierung nach IAS/IFRS ein *impairment test* durchzuführen?
45. Welcher Wert wird bei der Durchführung eines *impairment test* nach IAS/IFRS mit dem Buchwert eines *assets* verglichen? Wie ist ein *impairment loss* zu behandeln?
46. Wann ist eine *cash-generating unit* zu bilden? Wie läuft ein *impairment test* für diese ab?
47. Erläutern Sie den *recoverability test* nach FAS 144!
48. Analysieren Sie die handelsrechtliche Bilanzgliederung für Kapitalgesellschaften in Bezug auf die ihr zugrunde liegenden Gliederungskriterien!
49. Inwieweit ist das Mindestgliederungsschema für Kapitalgesellschaften flexibel?
50. Ist bei der Erstellung einer Bilanz nach IAS/IFRS zwingend zwischen kurz- und langfristigen Positionen zu unterscheiden?
51. Nach welchem Gliederungsprinzip werden die Posten in einer US-GAAP-Bilanz angeordnet?

3. Kapitel: Bilanzierung des Anlagevermögens

A. Begriff des Anlagevermögens

Anlagevermögen nach HGB: Zweckbestimmung

Unter den Positionen des Anlagevermögens sind gem. § 247 Abs. 2 HGB nur die Gegenstände auszuweisen, die dazu bestimmt sind, dauernd dem Geschäftsbetrieb des Unternehmens zu dienen. Den Ausschlag für die Zuordnung eines Gegenstandes zum Anlagevermögen gibt seine Zweckbestimmung. Sieht diese vor, dass der Vermögensgegenstand im Rahmen des Produktionsprozesses weiterverarbeitet und umgesetzt werden soll, so ist die Zugehörigkeit zum Anlagevermögen ausgeschlossen. Das Anlagevermögen ist unbeschadet einer späteren Veräußerung dafür vorgesehen, Nutzungen über eine gewisse Zeit abzugeben. Die Entscheidung über den Einsatz und damit indirekt über den Ausweis in der Bilanz trifft die Unternehmensleitung. Die Maschine, die in einer Maschinenfabrik hergestellt wird, um sie selbst in der Produktion zu verwenden, gehört zum Anlagevermögen, die gleiche für den Verkauf produzierte Maschine zum Umlaufvermögen.

Non-current assets nach IAS/IFRS und US-GAAP

Vergleichbar zur Differenzierung zwischen Anlagevermögen und Umlaufvermögen unterscheiden auch IAS/IFRS und US-GAAP zwischen *non-current assets* und *current assets*. *Non-current assets* bezeichnen *assets*, welche typischerweise nicht innerhalb eines Jahres oder eines längeren Geschäftszyklus verkauft oder verbraucht werden und somit dem Unternehmen eher langfristig zur Verfügung stehen (Negativdefinition in IAS 1.57; ARB 43).

B. Positionen des Anlagevermögens

Gliederung nach HGB

Nach § 266 Abs. 2 HGB gliedert sich das Anlagevermögen nach einer vorgegebenen Reihenfolge in die drei Hauptpositionen

1. Immaterielle Vermögensgegenstände,
2. Sachanlagen,
3. Finanzanlagen.

Diese Untergliederung entspricht gleichzeitig der Mindestgliederung der »kleinen« Kapitalgesellschaft (§ 266 Abs. 1 Satz 3 HGB).

Gliederung nach IAS/IFRS

Die Untergliederung in *non-current* und *current*-Positionen ist nach IAS/IFRS in das Ermessen des bilanzierenden Unternehmens gestellt (Wahlrecht). Sofern das Unternehmen eine derartige Unterscheidung nicht vornimmt, hat sich die Reihenfolge der ausgewiesenen Positionen am Liquiditätsgrad (aufsteigend oder absteigend) zu orientieren (IAS 1.53). Ein den handelsrechtlichen Vorschriften vergleichbares Gliederungsschema ist – abgesehen von einem Mindestumfang der auszuweisenden Positionen – nach IAS/IFRS nicht vorgesehen (IAS 1.66 ff.). Im Anhang zu IAS 1 findet sich jedoch ein unverbindliches Illustrationsbeispiel, welches die Bilanzierungspraxis im Sinne des IASB prägen soll.

Gliederung nach US-GAAP

Im Gegensatz zum HGB werden nach US-GAAP die Aktiva der Bilanz grundsätzlich nach absteigender Liquidität geordnet. D. h. die eher langfristigen *non-current assets* folgen hier im Ausweis erst an zweiter Stelle nach den *current assets*. Hinsichtlich der weiteren Untergliederung der Positionen ergeben sich keine allgemeinen Formatvorschriften, solange der gewählte Ausweis zur Klarheit beiträgt und stetig beibehalten wird (vgl. Kieso, D. E./Weygandt, J. J./Warfield, T. D. [2001], S. 190 ff.). Für Abschlüsse börsennotierter Unternehmen, die bei der SEC einzureichen sind, existieren allerdings weitere Mindestgliederungsvorschriften (vgl. Regulation S-X, Rule 5-02). Wahlweise können diese zum Teil auch durch entsprechende Angaben im Anhang (*notes*) erfüllt werden.

I. Immaterielle Vermögensgegenstände

1. Grundlagen

Gliederung nach HGB

Die erste Position des Anlagevermögens bilden die immateriellen Vermögensgegenstände (§ 266 Abs. 2 A. I. HGB). Die Bilanzposition ist dabei zu untergliedern in die begrifflich und wirtschaftlich konkret erfassbaren Rechte und Werte, die darauf geleisteten Anzahlungen sowie den Geschäfts- oder Firmenwert.

Handels- und steuerrechtliche Aktivierung

In Übereinstimmung mit § 5 Abs. 2 EStG enthält der für alle Kaufleute gültige § 248 Abs. 2 HGB ein Aktivierungsverbot für immaterielle Vermögensgegenstände des Anlagevermögens, die nicht entgeltlich erworben, sondern vom Unternehmen selbst geschaffen wurden. Aus dem Vollständigkeitsgebot (§ 246 Abs. 1 HGB), das die Bilanzierung sämtlicher Vermögensgegenstände fordert, sofern gesetzlich nichts anderes bestimmt ist, folgt andererseits eine Aktivierungspflicht für entgeltlich erworbene immaterielle Vermögensgegenstände des Anlagevermögens. Diese Aktivierungspflicht besteht auch in der Steuerbilanz (§ 5 Abs. 2 EStG).

Beispiele für immaterielle Anlagewerte

Zu den immateriellen Anlagewerten zählen bspw. Konzessionen (öffentlich-rechtliche Befugnisse, wie z. B. Verkehrskonzessionen), gewerbliche Schutzrechte (z. B. Patente, Warenzeichen, Urheber- und Verlagsrechte), ähnliche Rechte (z. B. Nutzungs-, Belieferungs- und Bezugsrechte) und Werte (z. B. Geheimverfahren, ungeschützte Erfindungen) sowie Lizenzen an solchen Rechten und Werten. Voraussetzung für eine Aktivierung dieser Werte ist jedoch neben dem entgeltlichen Erwerb, dass überhaupt aktivierungsfähige Vermögensgegenstände, d. h. einzelverkehrsfähige Güter, vorliegen.

Fehlende Körperlichkeit

Zu den immateriellen Vermögensgegenständen werden in der Regel alle Vermögensgegenstände gerechnet, die nicht körperlich erfasst werden können. Sie sind somit weder beweglich noch unbeweglich. Die Vereinfachungsregel zur halbjährlichen Abschreibung im Zugangsjahr aus R 44 Abs. 2 Satz 3 EStR gilt somit nicht (vgl. Abschnitt D II 2).

Abgrenzung zu materiellen Anlagewerten

Bilden körperliche Gegenstände mit immateriellen Werten eine Einheit (z. B. bei EDV-Programmen), so ist eine Aufspaltung in zwei Positionen grundsätzlich nicht zulässig. Bei der Zuordnung ist vielmehr auf den Einzelfall, insbesondere auf das Wertverhältnis zwischen den Produktionskosten des körperlichen Gegenstandes und dem eigentlichen immateriellen Wert abzustellen (vgl. Richter, M. [1990], Rn. 25 ff.). Aufwendungen für immaterielle Werte, die in unmittelbarem Zusammenhang mit einer Sachanlage stehen (z. B. Kosten der Baugenehmigung eines Gebäudes), zählen dagegen zu den Anschaffungsnebenkosten bzw. Herstellungskosten der Sachanlage.

Immaterielle Vermögenswerte nach IAS/IFRS

Die grundsätzliche bilanzielle Behandlung immaterieller Vermögenswerte (*intangible assets*) wurde vom (damaligen) IASC in IAS 38 umfassend geregelt. Vom Geltungsbereich des im September 1998 veröffentlichten Standard sind diejenigen Bereiche ausgeschlossen, welche durch einen eigenen, spezifischen IAS/IFRS geregelt sind. Im Einzelnen sind dies insbesondere immaterielle Vermögenswerte, die zum Umlaufvermögen gerechnet werden (Vorräte (IAS 2), Fertigungsaufträge (IAS 11)) sowie latente Steuern (IAS 12), Leasingverträge (IAS 17), Vermögenswerte aus Versorgungsansprüchen (IAS 19), derivativer Goodwill (IAS 22) und finanzielle Vermögenswerte (IAS 32).

Definition nach IAS/IFRS (abstrakte Bilanzierungsfähigkeit)

Gemäß IAS 38.7 werden unter dem Begriff der *intangible asset*s alle identifizierbaren, nicht monetären, körperlosen Vermögensgegenstände verstanden, die für die Herstellung von Erzeugnissen, die Erbringung von Diensteistungen, die Vermietung an Dritte oder in der eigenen Verwaltung genutzt werden. Weiterhin sind für immaterielle Vermögenswerte vor allem drei Eigenschaften konstituierend: Identifizierbarkeit (*identifiability*), Kontrolle durch das bilanzierende Unternehmen (*control*) und Existenz eines zukünftigen wirtschaftlichen Nutzens (*future economic benefit*).

- Identifizierbarkeit

Hintergrund der Forderung nach einer klaren Identifizierbarkeit ist die unerlässliche objektive Abgrenzung immaterieller Vermögenswerte vom allgemeinen Goodwill (IAS 38.10). Eine notwendige, jedoch nicht hinreichende Bedingung für die Identifizierbarkeit ist die eigenständige Verwertbarkeit (*separability*) des *asset* (IAS 38.11 f.). Diese ist gegeben, falls das Unternehmen den besonderen zukünftigen ökonomischen Nutzen des Objekts verwerten kann (z. B. durch Vermietung, Verkauf oder Tausch), ohne dadurch den zukünftigen Nutzen anderer Ressourcen aufzugeben, die in der gleichen gewinnbringenden Aktivität eingesetzt werden. Daneben kann ein immaterieller Vermögenswert beispielsweise auch durch Bezugnahme auf ein subjektives Recht (z. B. Eigentumsrecht) identifiziert werden.

- Kontrolle

Ein Unternehmen verfügt über die Kontrolle eines *asset*, wenn es die Macht besitzt, den zukünftigen wirtschaftlichen Nutzen aus der zugrunde liegenden Ressource zu ziehen, und darüber hinaus Dritten den Zugriff auf diesen Nutzen verwehren kann (IAS 38.13). Die Fähigkeit eines Unternehmens, diese Kontrolle auszuüben, kann aus einem gerichtlich durchsetzbaren subjektiven Recht (*enforceable legal right*) stammen. Das Vorliegen eines subjektiven Rechts ist jedoch wiederum lediglich eine notwendige, jedoch keine hinreichende Bedingung für den Nachweis der Kontrolle.

- Wirtschaftlicher Nutzen

Der zukünftige wirtschaftliche Nutzen kann sich ergeben aus der Umsatzerzielung im Zusammenhang mit dem Verkauf von Produkten oder Dienstleistungen, aus Kosteneinsparungen oder aus anderen Vorteilen durch den internen Gebrauch des *asset* im Unternehmen (IAS 38.17).

Aktivierung nach IAS/IFRS

Die Frage, ob ein immaterieller Vermögenswert nach IAS/IFRS bilanzierungspflichtig ist, wird anhand eines zweistufigen Prüfungsprozesses entschieden: Ein *intangible asset* ist demnach in die Bilanz aufzunehmen, wenn er (1) die Definition immaterieller Vermögenswerte erfüllt (abstrakte Bilanzierungsfähigkeit) und (2) den Ansatzkriterien für immaterielle Vermögenswerte (konkrete Bilanzierungsfähigkeit) gerecht wird (IAS 38.18). Wenn nicht gleichzeitig abstrakte und konkrete Bilanzierungsfähigkeit erfüllt werden, ist der Aufwand für diese *intangible items* in der Periode erfolgswirksam zu verrechnen, in der er entstanden ist (IAS 38.58). Eine nachträgliche Aktivierung von in früheren Perioden erfolgswirksam verrechneten Aufwendungen ist ausgeschlossen (IAS 38.59).

Ansatzkriterien nach IAS/IFRS (konkrete Bilanzierungsfähigkeit)

Ein immaterieller Vermögenswert ist nach Erfüllung der Definitionskriterien ausschließlich dann zu aktivieren, wenn folgende Ansatzkriterien kumulativ eingehalten werden (IAS 38.19):

1. Es ist wahrscheinlich (*probable*), dass der mit dem *asset* verbundene wirtschaftliche Nutzen dem Unternehmen zufließen wird.
2. Die Anschaffungs- oder Herstellungskosten des *asset* lassen sich zuverlässig ermitteln (*measured reliably*).

Bei der Einschätzung der Wahrscheinlichkeit des zukünftigen wirtschaftlichen Nutzens soll sich das Unternehmen auf vernünftige und belegbare Annahmen stützen, um die bestmögliche Prognose der zukünftigen wirtschaftlichen Rahmenbedingungen für den Zeitraum der Nutzung des *asset* zu repräsentieren (IAS 38.20).

Immaterielle Vermögenswerte nach US-GAAP

Die Vorschriften zur Bilanzierung immaterieller Vermögenswerte ist nach US-GAAP stark durch fallweise Regelungen (z. B. für Tonträgerrechte, Filmrechte und Software) oder Bilanzierungspraxis geprägt (vgl. Kieso, D. E./Weygandt, J. J./Warfield, T. D. [2001], S. 603 ff.). Mit der Verabschiedung der neuen Standards FAS 141 und FAS 142 wurde das Ziel verfolgt, transparente und operationale Ansatzkriterien für immaterielle Vermögensgegenstände zu schaffen. In diesem Rahmen wurden Teile der Regelungen zu *intangible assets* in APB 16 und APB 17 außer Kraft gesetzt.

Definition nach US-GAAP

Die Definition eines *intangible asset* nach US-GAAP als Vermögensgegenstand, der dadurch gekennzeichnet ist, dass er eindeutig identifizierbar, ohne physische Substanz und nicht monetär ist (FAS 142, Appendix F), unterscheidet sich nicht von der Definition gemäß IAS/IFRS.

Aktivierung nach US-GAAP

Ein eigenständiger Ausweis eines immateriellen Vermögensgegenstandes erfolgt gemäß US-GAAP, wenn der Vermögensgegenstand aus vertraglichen oder anderen Rechten entstanden oder separiert und verwertet werden kann (FAS 141.39). Um einen bilanzierungsfähigen und -pflichtigen Vermögensgegenstand handelt es sich nur dann, wenn mindestens eines dieser beiden Kriterien erfüllt ist. Dies gilt unabhängig davon, ob der immaterielle Vermögensgegenstand selbst erstellt oder erworben wurde (FAS 141.39; FAS 142.4).

Ergänzende Regelung durch DRS

Dem Ansatz, der Bewertung und der Berichterstattung widmet sich auch das DRSC in DRS 12 zu immateriellen Vermögenswerten des Anlagevermögens. Die im DRS 12 getroffenen Regelungen ersetzten dabei nicht die vorrangig anzuwendenden Regelungen in den DRS zu spezifischen immateriellen Vermögenswerten, sodass bspw. die Bilanzierung des erworbenen Goodwill (DRS 4) unberührt bleibt.

Definition gemäß DRS 12

Die Definition immaterieller Vermögenswerte in DRS 12.7 lehnt sich eng an die Definitionen der IFRS und US-GAAP an. Immaterielle Vermögensgegenstände sind dementsprechend alle identifizierbaren, in der Verfügungsmacht des Unternehmens stehenden, nicht-monetären Vermögensgegenstände ohne physische Substanz, welche entweder bei der Herstellung von Produkten oder Dienstleistungen oder die entgeltliche Überlassung an Dritte verwandt werden können.

Aktivierung nach DRS

In Übereinstimmung mit den handelsrechtlichen Bestimmungen, müssem auch gem DRS 12.8 entgeltlich erworbene Vermögensgegenstände aktiviert werden, während nicht entgeltlich erworbene immaterielle Vermögenswerte des Analgevermögens einem Aktivierungsverbot unterliegen. Ein Ansatz darf zudem bei entgeltlich erworbenen nur dann erfolgen, wenn es als wahrscheinlich anzusehen ist, dass dem Unternehmen ein diesem Vermögensgegenstand zuordenbarer zukünftiger Nutzen zufließt und der Vermögenswert zuverlässig bewertbar ist (DRS 12.8).

2. Selbstgeschaffene immaterielle Vermögenswerte

Entgeltlicher Erwerb als Ansatzvoraussetzung nach HGB

Hintergrund der Ansatzvoraussetzung »entgeltlicher Erwerb« ist der Wunsch des deutschen Gesetzgebers nach einer Wertobjektivierung beim Ansatz immaterieller Vermögensgegenstände in der Bilanz. Ein »entgeltlicher Erwerb« liegt demnach nicht schon dann vor, wenn dem Bilanzierenden Aufwendungen entstanden sind, sondern setzt den Erwerb von einem Dritten voraus. Im Einzelfall kann es sich dabei um einen Kauf- und/oder Tauschvorgang oder um gesellschaftsrechtliche Vorgänge (Einbringung) handeln (vgl. Beck'scher Bilanzkommentar [1999], § 248 Tz. 9 ff.). Entsprechend dem Grundsatz der vorsichtigen Vermögensdarstellung soll der Wertansatz der immateriellen Anlagewerte, die vom Gesetzgeber als schwer schätzbar und unsicher beurteilt werden, durch den Markt objektiviert werden. Als Bewertungsmaßstab kommen somit nur Anschaffungskosten, nicht jedoch Herstellungskosten in Frage. Erfindervergütungen an Arbeitnehmer für im Unternehmen genutzte Erfindungen und Patente können als entgeltlicher Erwerb beurteilt werden (vgl. Beck'scher Bilanzkommentar [1999], § 247 Tz. 391). Die Aktivierungsvoraussetzung »entgeltlicher Erwerb« bezieht sich ausdrücklich nur auf immaterielle Vermögensgegenstände des Anlagevermögens. Sind im Ausnahmefall immaterielle Vermögensgegenstände dem Umlaufvermögen zuzurechnen (z. B. bei Auftragsforschung), so besteht aufgrund der damit verbundenen Voraussetzung einer in absehbarer Zeit zu erwartenden Veräußerung keine Notwendigkeit für eine entsprechende Aktivierungsbeschränkung.

Bilanzansatz nach IAS/IFRS

Im Gegensatz zur deutschen Rechnungslegung ist nach IAS/IFRS ein entgeltlicher Erwerb nicht zwingend Voraussetzung für den Bilanzansatz. Da das IASB verhältnismäßig strenge Maßstäbe an die Aktivierung von *intangible assets* anlegt, erscheint es unwahrscheinlich, dass selbstgeschaffene *intangible assets* in großem Umfang in die Bilanz aufgenommen werden können.

Anders als die Bilanzierung nach deutschem Recht, welche ein allgemeines Aktivierungsverbot für alle selbsterstellten immateriellen Vermögensgegenstände des Anlagevermögens vorsieht (§ 248 Abs. 2 HGB), differenziert IAS 38 deutlich weiter: Namentliche Aktivierungsverbote bestehen nur für den selbstgeschaffenen (originären) Firmenwert (IAS 38.36 ff.) und für selbstgeschaffene Markennamen, Schriftzüge, Publikationstitel, Kundenlisten und substanziell ähnliche Posten (IAS 38.51 f.).

Bilanzansatz nach US-GAAP

Für selbsterstellte immaterielle Vermögenswerte des Anlagevermögens wird durch die neuen Standards APB 17 ohne Anpassungen übernommen (FAS 142.2). Dementsprechend sind selbsterstellte immaterielle Vermögenswerte des Anlagevermögens nach US-GAAP zu aktivieren (vgl. z. B. Pellens [2001]), sofern die *assets* identifizierbar sind, ihre begrenzte Nutzungsdauer verlässlich bestimmt werden kann und sie vom übrigen Unternehmen getrennt werden können. Wird eines dieser drei Kriterien nicht erfüllt, besteht nach übereinstimmender Meinung ein Aktivierungsverbot (FAS 142.10 mit Verweis auf APB 17.24).

Bilanzansatz nach DRS

DRS 12 sieht für sämtliche selbsterstellten immateriellen Vermögensgegenstande des Analgevermögens ein Aktivierungsverbot vor (DRS 12.8). Für die immateriellen Vermögensgegenstände, die den Aktivierungskriterien nicht entsprechen, wird zum einen empfohlen im Rahmen der Berichterstattung über die Entwicklung des Konzenrs (§ 315 Abs. 2 Nr. 2 HGB) auf die Aufwendungen für nicht aktivierte immaterielle Vermögenswerte einzugehen (DRS 12.32). Zum anderen sollten bei Konzernen alle immateriellen Vermögenswerte in einen Bericht zum intellektual Capital aufgenommen werden (DRS 12.33). Im Anhang (de lege ferenda) enthält der DRS 12 Empfehlungen für eine zukünftige Anpassung der Regelungen an die IFRS und würde dann in Abhängigkeit von den Ansatzkriterien auch eine Aktivierung selbsterstellter Vermögenswerte vorschreiben (DRS 12.A3).

Im Folgenden werden ausgewählte Einzelfragen selbstgeschaffener immaterieller Vermögenswerte dargestellt.

F&E-Kosten - HGB/DRS

Für Forschungs- und Entwicklungskosten besteht aufgrund des allgemeinen Ansatzverbots für selbstgeschaffene immaterielle Vermögensgegenstände des Anlagevermögens (§ 248 Abs. 2 HGB) im deutschen Handelsrecht keine Möglichkeit der Aktivierung. Dieser Regelung schließt sich auch der DRS 12 an.

Nach dem Entstehungsprozess unterscheidet das IASB für den Bilanzansatz eine Forschungsphase und eine Entwicklungsphase (IAS 38.40 f.). Unter Forschung (*research*) werden nach IAS/IFRS eigenständige und planmäßige Untersuchungen zur Erlangung neuer wissenschaftlicher oder technologischer Erkenntnisse verstanden. Unter Entwicklung (*development*) wird demgegenüber die Anwendung von Forschungsergebnissen und anderem Wissen auf die Planung oder Gestaltung der Produktion neuer oder wesentlich verbesserter Materialien, Vorrichtungen, Produkte, Prozesse, Systeme oder Dienstleistungen verstanden, sofern die Anwendung vor Beginn der kommerziellen Fertigung oder der betriebsinternen Nutzung stattfindet (IAS 38.7). *- IAS/IFRS*

Für Ausgaben im Forschungsbereich besteht – ebenso wie nach HGB – ein Aktivierungsverbot (IAS 38.42 ff.). Naturgemäß sind Forschungskosten wegen der unzureichenden Wahrscheinlichkeit des mit ihnen verbundenen zukünftigen wirtschaftlichen Nutzens nicht als *assets* zu qualifizieren und deshalb als Aufwand der Periode zuzurechnen, in der sie entstanden sind.

Entwicklungskosten entstehen in Projekten, die im Verhältnis zu reinen Forschungsprojekten weiter fortgeschritten und damit marktnäher sind (IAS 38.46). In manchen Fällen wird es deshalb möglich sein, die notwendige Wahrscheinlichkeit des zukünftigen Nutzens zu bestimmen. Immaterielle Vermögenswerte aus der Entwicklung sind zu aktivieren (Aktivierungspflicht), wenn das Unternehmen die Erfüllung aller sechs folgenden zusätzlichen Ansatzkriterien demonstriert (IAS 38.45):

- Die technische Realisierbarkeit bis zur Markt- oder Gebrauchsreife;
- die Absicht, den immateriellen Vermögenswert weiterzuentwickeln und selbst zu nutzen bzw. zu vermarkten;
- die Fähigkeit, den immateriellen Vermögenswert selbst zu nutzen bzw. zu vermarkten;
- die Erläuterung der Art und Weise, in welcher der immaterielle Vermögenswert zukünftige wirtschaftliche Nutzen generiert (dazu gehört u. a. der Nachweis eines Marktes oder – bei interner Nutzung – der Brauchbarkeit für das Unternehmen);
- die Verfügbarkeit adäquater technischer, finanzieller und anderer Mittel zum Abschluss der Entwicklung und zur Vermarktung bzw. Nutzung; und
- die Fähigkeit des Unternehmens, die dem immateriellen Vermögenswert zurechenbaren Ausgaben während der Entwicklungsphase verlässlich (*reliably*) bestimmen zu können.

Forschungs- und Entwicklungskosten sind, sofern sie nicht im Rahmen eines Auftrags für Dritte vorgenommen werden, nach US-GAAP grundsätzlich als Periodenaufwand zu behandeln (FAS 2.12). Ausschlaggebend hierfür ist insbesondere die hohe Unsicherheit der in der Zukunft zu erwartenden Rückflüsse aus diesen Aktivitäten. Eine Ausnahme hiervon besteht lediglich für bestimmte Softwareentwicklungskosten (FAS 86, SOP 98-1). *- US-GAAP*

Originärer Firmenwert - HGB

Beim Geschäfts- bzw. Firmenwert (Goodwill) unterscheidet man – entsprechend der Differenzierung selbstgeschaffene und entgeltlich erworbene immaterielle Vermögensgegenstände – den originären und derivativen Firmenwert. Hat sich während der Geschäftstätigkeit aufgrund von Vorteilen hinsichtlich Organisation, Know-how, Kundenstamm, Qualität des Managements, Standort usw. ein originärer, d. h. selbstgeschaffener Firmenwert gebildet, so besteht weder handels- noch steuerrechtlich eine Möglichkeit, diesen nicht objektivierbaren Wert in der Bilanz zu aktivieren.

- IAS/IFRS

Auch nach IAS/IFRS besteht für den selbstgeschaffenen Firmenwert ein explizites Aktivierungsverbot (IAS 38.36).

- US-GAAP

Eine Aktivierung des selbstgeschaffenen Firmenwerts wird nach US-GAAP, da er nicht einzeln identifiziert und seine Nutzungsdauer nicht bestimmt werden kann, gleichfalls ausgeschlossen (FAS 142.10).

Derivativer Firmenwert - HGB

Übersteigt bei der Übernahme eines Unternehmens im Rahmen eines sog. *asset deal* die Gegenleistung die Zeitwerte der aktivierungsfähigen Vermögensgegenstände abzüglich der Schulden, so darf gemäß § 255 Abs. 4 HGB dieser Unterschiedsbetrag als (derivativer) Geschäfts- oder Firmenwert in der Einzelbilanz aktiviert werden. Steuerrechtlich besteht Aktivierungspflicht für den die Teilwerte der erworbenen Wirtschaftsgüter übersteigenden Kaufpreisanteil (§ 5 Abs. 2 EStG).

Da der derivative wie auch originäre Firmenwert naturgemäß grundsätzlich nicht einzeln, d. h. losgelöst vom Gesamtunternehmen, veräußerbar ist, kann das handelsrechtliche Aktivierungswahlrecht für den derivativen Firmenwert sinnvollerweise nur als Bilanzierungshilfe qualifiziert werden. Darüber hinaus unterscheidet sich die Aktivierung des derivativen Firmenwertes weder hinsichtlich der zugrunde liegenden Zielsetzung (Periodisierung einmaliger, grundsätzlich nicht aktivierungsfähiger Ausgaben) noch hinsichtlich der damit verbundenen Gläubigerschutzgefährdung von der Aktivierung der Ingangsetzungs- und Erweiterungsaufwendungen. Es ist deshalb kaum einsichtig, warum der Gesetzgeber beim derivativen Firmenwert auf eine entsprechende Kodifizierung als Bilanzierungshilfe und der damit verbundenen Ausschüttungssperrvorschriften verzichtet und den derivativen Firmenwert unter den immateriellen Vermögensgegenständen erfasst (vgl. dazu Treiber, K. [1993], S. 11 ff.).

- IAS/IFRS

Für den derivativen Firmenwert besteht nach IAS 22.41 f. eine Aktivierungspflicht. Obwohl sich der Geltungsbereich des IAS 22 von seinem Charakter her eigentlich auf die Goodwillbehandlung im Rahmen der Konzernrechnungslegung erstreckt, finden seine Vorschriften auch ausnahmsweise Anwendung im Einzelabschluss, sofern zuvor ein Unternehmenszusammenschluss durch Kauf der einzelnen Nettovermögensgegenstände (*asset deal*) und nicht durch Kauf der Anteile (*share deal*) erfolgt ist (vgl. IAS 22.1, 22.4 und 22.6).

- US-GAAP

Ein derivativer Firmenwert stellt nach US-GAAP ebenfalls einen zu bilanzierenden Vermögenswert dar (FAS 141.43). Bevor der Goodwill jedoch bilanziert wird, sind in ihm enthaltene immaterielle Vermögensgegenstände, die die Kriterien zur Aktivierung immaterieller Vermögensgegenstände erfüllen, herauszulösen und gesondert als *other intangible asset* zu aktivieren.

Bilanzierungshilfe - HGB

Gemäß § 269 HGB dürfen Kapitalgesellschaften die Aufwendungen für die Ingangsetzung und Erweiterung des Geschäftsbetriebes, soweit sie nicht bilanzierungsfähig sind, als Bilanzierungshilfe aktivieren. Dies gilt nicht für die Steuerbilanz. Obwohl diese Bilanzierungshilfe (gesondert) vor dem Anlagevermögen auszuweisen ist, soll sie aufgrund der Ähnlichkeiten zum Geschäfts- oder Firmenwert in diesem Zusammenhang kurz dargestellt werden. Aktivierbar sind neben den Aufwendungen für die erstmalige Aufnahme des eigentlichen Geschäftsbetriebs (sog. Anlaufkosten) auch entsprechende Aufwendungen für eine Betriebserweiterung und/oder -umstellung. Dazu zählen insbesondere die Aufwendungen für den Auf- bzw. Ausbau der Betriebs-, Verwaltungs- und Vertriebsorganisation, aber z. B. auch für die Beschaffung von Arbeitskräften, für Marktstudien oder für Einführungswerbung (vgl. Beck'scher Bilanzkommentar [1999], § 269 Tz. 2 ff.).

Zweck der Bilanzierungshilfe

Die Inanspruchnahme der Bilanzierungshilfe (d. h. Aktivierung der Aufwendungen und Abschreibung über mehrere Perioden) soll die Periodisierung einmaliger, grundsätzlich nicht aktivierungsfähiger, aber in der Zukunft erfolgswirksamer Ausgaben ermöglichen und entspricht somit dem dynamischen Bilanzierungsziel, nach dem die Aufwendungen denjenigen Perioden zugerechnet werden sollen, in denen sie zu entsprechenden Erträgen führen. Es wird teilweise auch die Auffassung vertreten (vgl. BT-Drs. 10/4268, S. 106), durch die Aktivierung von Ingangsetzungs- und Erweiterungsaufwendungen könne eine insbesondere in der Anfangsphase des Unternehmens sonst eventuell eintretende Überschuldung – neben der Zahlungsunfähigkeit Konkursgrund bei Kapitalgesellschaften (vgl. § 92 AktG, § 64 GmbHG, § 98 GenG) – vermieden werden. Der Überschuldungstatbestand – das Vermögen deckt nicht mehr die Schulden – ist jedoch nach einhelliger Meinung nicht anhand der regulären Jahresbilanz, sondern anhand einer speziellen Überschuldungsbilanz festzustellen, in der Bilanzierungshilfen nicht zu berücksichtigen sind, da sie kein verwertbares Gläubigerzugriffsvermögen verkörpern. Zumindest im geltenden Bilanzrecht kann die Bilanzierungshilfe deshalb den Zweck der Überschuldungsverhinderung nicht erfüllen.

Abgrenzung der Bilanzierungshilfe

Insbesondere aufgrund des unbestimmten Begriffs der »Erweiterung des Geschäftsbetriebs« ergeben sich erhebliche Probleme bei der Abgrenzung der aktivierbaren Erweiterungsaufwendungen gegenüber den Aufwendungen des laufenden Geschäftsbetriebes (z. B. Werbungskosten). Unter Berücksichtigung der der Bilanzierungshilfe zugrunde liegenden Zielsetzung erscheint eine Aktivierung von Erweiterungsaufwendungen nur dann vertretbar, wenn es sich im Vergleich zum bisherigen Geschäftsumfang um eine wesentliche Erweiterung oder auch Umstellung des Produktions- oder Vertriebspotenzials (z. B. Erschließung neuer Märkte oder Abnehmergruppen, Einführung neuer Produkte oder Produktgruppen) handelt und die sofortige erfolgswirksame Behandlung der Aufwendungen zu einem erheblich unter dem bisherigen und sonst möglichen Niveau liegenden Gewinnausweis führen würde. Die Aktivierung setzt grundsätzlich voraus, dass die Aufwendungen – unter angemessener Berücksichtigung aller Risiken dieser Investitionen – zu zukünftigen Erträgen führen, wobei es genügt, wenn die mit den Erweiterungsmaßnahmen verbundenen Aufwendungen als Ursache für zukünftig anfallende Erträge qualifiziert werden können. Bei der Abgrenzung der aktivierbaren Aufwendungen ist darüber hinaus auch das Aktivierungsverbot für selbstgeschaffene immaterielle Vermögensgegenstände des Anlagevermögens zu beachten. Zwar soll die Bilanzierungshilfe gerade die Aktivierung grundsätzlich nicht aktivierungsfähiger Ausgaben ermöglichen, diese Möglichkeit darf jedoch nicht über eine extensive Begriffsabgrenzung zu einer völligen Aufhebung dieses Aktivierungsverbotes führen, da dies nicht mit dem ursprünglichen Willen des Gesetzgebers zu vereinbaren wäre. Investitionen in originäre Immaterialgüter, die nicht auf eine erhebliche Ausweitung des Produktions- oder Vertriebspotenzials abzielen (z. B. unternehmensübliche Forschungs- und Entwicklungskosten), zählen daher nicht zu den aktivierbaren Aufwendungen.

Ausschüttungs-sperre

Der mit einer Aktivierung grundsätzlich nicht aktivierungsfähiger Werte verbundenen Beeinträchtigung des Gläubigerschutzes wird durch die Kodifizierung einer Ausschüttungssperre begegnet (§ 269 Satz 2 HGB). Danach dürfen im Fall der Aktivierung Gewinne nur ausgeschüttet werden, wenn die nach der Ausschüttung verbleibenden jederzeit auflösbaren Gewinnrücklagen zuzüglich (abzüglich) eines Gewinnvortrags (Verlustvortrags) dem angesetzten Betrag mindestens entsprechen. Darüber hinaus ist die Position im Anhang zu erläutern. Da die Ingangsetzungs- bzw. Erweiterungsaufwendungen in der Steuerbilanz nicht aktivierungsfähig sind, ist im Fall ihrer Aktivierung in der Handelsbilanz eine Rückstellung für latente Steuern zu bilden (vgl. 6. Kapitel D).

- IAS/IFRS

Ingangsetzungs- und Erweiterungsaufwendungen (*pre-operating costs*) sind nach IAS 38.57 (a) Aufwand der Periode, in der sie angefallen sind, sofern sie nicht aktivierungspflichtiger Bestandteil der Anschaffung- und Herstellungskosten von bilanzierten Gegenständen des Sachanlagevermögens sind.

- US-GAAP

Nach US-GAAP besteht für Ingangsetzungs- und Erweiterungsaufwendungen (*cost of start up activities*) gemäß dem neuen SOP 98-5 ein Aktivierungsverbot. Alle derartigen Aufwendungen z. B. im Zusammenhang mit dem Aufbau neuer Betriebsstätten, Produkteinführungen oder Vertriebsnetzerweiterungen sind als Aufwand der Periode zu erfassen (vgl. KPMG [1999a], S. 81).

Gründungs-/ Eigenkapital-beschaffungs-kosten
- HGB

Von den Ingangsetzungs- bzw. Erweiterungsaufwendungen zu unterscheiden sind die Aufwendungen für die (rechtliche) Gründung des Unternehmens und die Beschaffung des Eigenkapitals, die weder handels- noch steuerrechtlich aktiviert werden dürfen (§ 248 Abs. 1 HGB). Hierunter fallen die Gerichts- und Notariatskosten, die Kosten für Aktien und Prospekte (Emmissionskosten) usw., wie sie bei der Gründung bzw. Kapitalerhöhung, der Ausgabe von Schuldverschreibungen und der Gewährung von Genussrechten entstehen.

- IAS/IFRS

Hinsichtlich der Gründungskosten (*pre-opening costs*) besteht auch nach IAS 38.57 ein Aktivierungsverbot. Zur Bilanzierung von Kosten der Eigenkapitalbeschaffung enthalten die IAS/IFRS keine expliziten Regelungen. Die ungenügende Wahrscheinlichkeit und die mangelnden Bestimmbarkeit des konkret mit den Ausgaben verbundenen zukünftigen Nutzens stehen u. E. jedoch einer Aktivierung von Kosten für die Beschaffung von Eigenkapital entgegen (vgl. auch Beck'scher Bilanzkommentar [1999], § 248 Tz. 31).

- US-GAAP

Anwaltsgebühren für die Ausfertigung von Urkunden und Satzungen, Ausgaben für die Gründungsversammlung, Kosten für die Zusammenkünfte der Geschäftsleitung und der Eigentümer vor der eigentlichen Gründung des Unternehmens und sonstige Gründungskosten werden nach gängiger US-GAAP-Bilanzierungspraxis als *asset* aktiviert, sofern die Gründung realistischerweise zu erwarten ist. Regelmäßig werden die aktivierten Gründungskosten über eine Nutzungsdauer von 5 bis 10 Jahren (maximal 40 Jahren) abgeschrieben (vgl. Kieso, D. E./Weygandt, J. J./Warfield, T. D. [2001], S. 616; KPMG [1999a], S. 79).

II. Sachanlagen

Sachanlagen nach HGB

Das Sachanlagevermögen bildet die zweite Position des Anlagevermögens (§ 266 Abs. 2 HGB). Die Bilanzposition ist dabei zu untergliedern in »Grundstücke, grundstücksgleiche Rechte und Bauten einschließlich der Bauten auf fremden Grundstücken«, »Technische Anlagen und Maschinen«, »Andere Anlagen, Betriebs- und Geschäftsausstattung« und »geleistete Anzahlungen und Anlagen im Bau«.

Grundstücke, Gebäude

Grundstücke und grundstücksgleiche Rechte werden handelsrechtlich unabhängig von ihrer Bebauung in einer Sammelposition ausgewiesen. Insbesondere die Zusammenfassung von bebauten und unbebauten Grundstücken sowie Bauten auf fremden Grundstücken ist mit einem erheblichem Nachteil für den externen Bilanzleser verbunden. Der Bilanzwert setzt sich aus dem Wert der Grundstücke, die keiner Abnutzung unterliegen, und dem der Gebäude, die der Abnutzung unterliegen, zusammen. Ein freiwilliger getrennter Ausweis von Grundstücks- und Gebäudewerten zur Steigerung des Informationsnutzens ist deshalb zulässig. Für die Berechnung der Gebäudeabschreibung erfolgt zumindest in der Buchführung eine Trennung der Werte.

Grundstücksgleiche Rechte, Bauten auf fremden Grundstücken

Grundstücksgleiche Rechte (Erbbaurecht, Wohnungs-, Bergwerkseigentum) werden einschließlich der Bauten wie eigene Grundstücke bilanziert. Bei Bauten auf fremden Grundstücken handelt es sich meist um solche auf gepachtetem Grund. Dabei ist es für den Bilanzausweis unerheblich, ob das Gebäude gem. den §§ 93 ff. BGB als wesentlicher Bestandteil des Grund und Bodens in das Eigentum des Verpächters übergeht. Gerade aber die Tatsache, dass das Gebäude beim Übergang in das Eigentum des Verpächters gleichzeitig für alle auf dem Grundstück ruhenden Lasten haftet, macht die Problematik des undifferenzierten Bilanzausweises deutlich.

Selbständige Gebäudeteile

Die Gebäude umfassen auch die der Benutzung dienenden Einrichtungen wie Heizungs-, Beleuchtungsanlagen, Personenaufzüge usw. Bei der Abgrenzung gegenüber der Position »Technische Anlagen und Maschinen« (II. 2.) entscheidet primär die Zweckbestimmung. Was direkt der Fabrikation dient (Betriebsvorrichtung), wird unter der Position II. 2. ausgewiesen, unabhängig davon, ob es sich um bewegliche Vermögensgegenstände handelt oder um solche, die fest mit dem Gebäude oder Grundstück verbunden und damit rechtlich wesentlicher Bestandteil des Grundstücks sind (§ 94 BGB). Diese Unterscheidung ist insofern von Bedeutung, als die zum Gebäude gehörenden Teile zusammen mit diesem und entsprechend dessen Lebensdauer abgeschrieben werden müssen, soweit sie mit dem Gebäude in einem einheitlichen Nutzungs- und Funktionszusammenhang stehen. Gebäudebestandteile, die jedoch unmittelbar besonderen Zwecken dienen und mit der eigentlichen Gebäudenutzung in keinem direkten Funktionszusammenhang stehen, werden als gegenüber der Gebäudeeinheit selbständige Wirtschaftsgüter bilanziert und abgeschrieben (R 42a Abs. 4 und 5 EStR).

Technische Anlagen und Maschinen

Zur Position »Technische Anlagen und Maschinen« (II. 2.) zählen alle Anlagen und Maschinen, die unmittelbar der Produktion dienen. In diesem Zusammenhang sei noch einmal auf den Grundsatz der wirtschaftlichen Zugehörigkeit hingewiesen (vgl. 2. Kapitel A II). Er bestimmt, dass unter II. 2. auch technische Anlagen und Maschinen ausgewiesen werden, die wesentlicher Bestandteil eines fremden Grundstückes oder sicherungsübereignet oder unter Eigentumsvorbehalt geliefert sind, obwohl sie rechtlich zum Eigentum eines Dritten gehören bzw. wesentlicher Bestandteil des Grundstückes sind. Auch Anlagen, bei denen Gebäude und technische Vorrichtung eine Einheit bilden, wie Hochofen, Kühlturm und Transformatorenhaus, werden hier ausgewiesen.

Betriebs- und Geschäftsausstattung

Zur Position »Andere Anlagen, Betriebs- und Geschäftsausstattung« (II. 3.) zählen z. B. die Einrichtung der Werkstatt, der Fuhrpark, Werkzeuge, die Büroausstattung inkl. Telefonanlage, soweit sie nicht unter II. 2. ausgewiesen werden oder Betriebsstoffe (Umlaufvermögen) sind.

Anlagen im Bau, Anzahlungen auf Anlagen

Unternimmt das bilanzierende Unternehmen während einer Abrechnungsperiode Investitionen im Anlagevermögen, die am Bilanzstichtag noch nicht vollendet sind, so sind die Ausgaben dafür unter »geleistete Anzahlungen und Anlagen im Bau« (II. 4.) zu aktivieren, um eine erfolgsmäßige Neutralisierung dieser Ausgaben zu erreichen. Dabei werden Eigen- wie Fremdleistungen berücksichtigt. Die erste Phase einer Investition ist gegebenenfalls eine Anzahlung auf Anlagen. Um diesen Schritt des Vermögens vom Umlauf- in Richtung Anlagevermögen deutlich zu machen, werden derartige Vorleistungen ebenfalls unter diesem Posten des Anlagevermögens aktiviert. Besondere Bilanzklarheit wird dadurch erreicht, dass (freiwillig) zwischen in Bau befindlichen Anlagen und Anzahlungen unterschieden wird.

Sachanlagen nach IAS/IFRS

Die Bilanzierungsvorschriften zum Sachanlagevermögen sind in IAS 16 unter dem Stichwort *property, plant and equipment* geregelt. Darunter werden materielle Vermögenswerte verstanden, die vom Unternehmen zum Zwecke der Herstellung oder Lieferung von Gütern und Dienstleistungen, zur Vermietung an Dritte oder für Verwaltungszwecke gehalten werden, und deren Nutzung voraussichtlich länger als eine Periode dauert (IAS 16.6). Eine verbindliche Mindestuntergliederung ist nicht vorgegeben.

Positionen des Sachanlagevermögens sind als *assets* zu aktivieren, wenn sie folgende Ansatzkriterien erfüllen (IAS 16.7; vgl. auch die Ausführungen zum Begriff *asset* nach IAS/IFRS im 2. Kapitel A):

- Es muss wahrscheinlich sein, dass der mit den *assets* verbundene zukünftige Nutzen dem Unternehmen zugute kommt; und
- die Anschaffungs- und Herstellungskosten der *assets* müssen sich zuverlässig bestimmen lassen.

Entscheidend für die Bilanzierung des Sachanlagevermögens ist nach IAS das wirtschaftliche Eigentum. Das rechtliche Eigentum ist in diesem Zusammenhang unerheblich (IAS F 57).

Sachanlagen nach US-GAAP

Unter *property, plant and equipment* sind nach US-GAAP die *assets* auszuweisen, die im Rahmen der Produktion oder der Erstellung von Dienstleistungen eingesetzt werden, sofern deren betriebsgewöhnliche Nutzungsdauer länger als der *operating cycle* oder grundsätzlich länger als ein Jahr ist. Nur das betriebsnotwendige Sachanlagevermögens ist unter dieser Position aufzuführen. Nicht betriebsnotwendige Posten sind unter *other assets* innerhalb des Umlaufvermögens (*non-current assets*) auszuweisen (vgl. KPMG [1999a], S. 82). Die Untergliederung hat zweckmäßig zu erfolgen.

Nach US-GAAP besteht für das Sachanlagevermögen eine Aktivierungspflicht, sofern es durch Kauf, Tausch, Finanzierungsleasing, Rentenzahlung, Schenkung oder Eigenerstellung in das wirtschaftliche Eigentum übergegangen ist (vgl. KPMG [1999a], S. 82).

III. Finanzanlagen

Sachanlagen und immaterielle Anlagewerte dienen unmittelbar dem Geschäftsbetrieb des eigenen Unternehmens; durch ihren Einsatz wird der betriebliche Erfolg erwirtschaftet. Wird in fremde Unternehmen investiert oder langfristig Geld ausgeliehen, so resultiert aus diesen Finanzanlagen ein Teil des neutralen Erfolges (»Finanzergebnis«) der Unternehmung.

Finanzanlagen nach HGB

Die bilanzielle Aufgliederung der Finanzanlagen (vgl. § 266 Abs. 2 A. III. 1-6 HGB) soll zunächst die unterschiedlichen, mit ihnen verbundenen Möglichkeiten der Einflussnahme auf die Unternehmen, in die investiert wurde, erkennen lassen. So ist mit einer Beteiligung, insbesondere falls es sich dabei um Anteile an verbundenen Unternehmen handelt, grundsätzlich mehr Einflussnahme verbunden als mit anderen Wertpapieren des Anlagevermögens. Voraussetzung ist jedoch, dass die genannten Finanzinvestitionen als Teil des Anlagevermögens dazu bestimmt sind, dauernd dem Geschäftsbetrieb der Unternehmung zu dienen; anderenfalls sind sie im Umlaufvermögen auszuweisen. Um darüber hinaus das Ausmaß der finanziellen Verflechtung der Unternehmung mit anderen Gesellschaften deutlich zu machen, erfolgt eine entsprechende Untergliederung der Ausleihungen in solche an verbundene Unternehmen, an Unternehmen, mit denen ein Beteiligungsverhältnis besteht, und in sonstige Ausleihungen. In Tabelle 3.1 ist die Untergliederung der Finanzanlagen im HGB nochmals dargestellt.

Finanzanlagen	Daueranlagen	(1) Anteile an verbundenen Unternehmen	↑ Möglichkeiten der Einflussnahme
		(3) Beteiligungen	
		(5) Wertpapiere des Anlagevermögens	
	Ausleihungen	(2) Ausleihungen an verbundene Unternehmen	↑ Ausmaß der finanziellen Verflechtung
		(4) Ausleihungen an Unternehmen, mit denen ein Beteiligungsverhältnis besteht	
		(6) Sonstige Ausleihungen	

Tab. 3.1: Aufgliederung der Finanzanlagen nach § 266 Abs. 2 A. III HGB

Beteiligungen

Beteiligungen werden in § 271 Abs. 1 Satz 1 HGB definiert als Anteile an anderen Unternehmen, die bestimmt sind, dem eigenen Geschäftsbetrieb durch Herstellung einer dauerhaften Verbindung zu jenen Unternehmen zu dienen. Voraussetzung für das Vorliegen einer Beteiligung ist somit neben der Zweckbestimmung als Daueranlage die Beteiligungsabsicht der Gesellschaft. Die Form der Beteiligung ist dabei unerheblich (§ 271 Abs. 1 Satz 2 HGB). Demnach können Aktien ebenso zu dieser Position zählen wie Anteile an einer GmbH, Komplementär- und Kommanditeinlagen und Beteiligungen als stiller Gesellschafter. Ausdrücklich nicht als Beteiligungen gelten dagegen gem. § 271 Abs. 1 Satz 5 HGB Mitgliedschaften in eingetragenen Genossenschaften. Ansprüche aus Interessengemeinschaften werden unter den sonstigen Vermögensgegenständen des Umlaufvermögens erfasst.

Beteiligungsabsicht, Beteiligungsvermutung

Beteiligungsabsicht liegt dabei in denjenigen Fällen vor, in denen die Gesellschaft mit der Beteiligung mehr verfolgt als die Absicht einer (dauernden) Kapitalanlage gegen angemessene Verzinsung. Indizien hierfür können z. B. personelle Verflechtungen, interdependente Produktionsprogramme, gemeinsame Forschungs- und Entwicklungsaktivitäten, gegenseitige Lieferungs- und Abnahmeverträge ebenso wie Branchenverwandtschaft sein. Das Kriterium der Absicht unternehmerischer Einflussnahme muss dabei nicht erfüllt sein (vgl. ADS [1995], § 271 Tz. 15–17).

Entscheidend ist die Beteiligungsabsicht, nicht die Beteiligungshöhe. Allerdings gilt gem. § 271 Abs. 1 Satz 3 HGB bei Anteilen an einer Kapitalgesellschaft, deren Nennbeträge 20 % des Nennkapitals dieser Gesellschaft übersteigen, die – widerlegbare – Vermutung einer Beteiligung. Eine Mitunternehmerschaft, d. h. eine Beteiligung bei einer KG oder OHG sowie als stiller Gesellschafter, gilt steuerlich und auch handelsrechtlich stets als Beteiligung. Bei diesen Gesellschaftsverhältnissen wird berücksichtigt, dass mit der Position des Gesellschafters große Möglichkeiten der Einflussnahme auf die Gesellschaften verbunden sind.

Widerlegung der Beteiligungsvermutung

Wird die Beteiligungsabsicht widerlegt, so sind die Anteile unter den »Wertpapieren des Anlagevermögens« (A. III. 5.) auszuweisen. Kann in Ausnahmefällen eine Beteiligungsabsicht beim Erwerb von GmbH-Anteilen widerlegt werden, ist der Ausweis nur unter einem besonderen Posten des Anlagevermögens möglich, da es sich bei GmbH-Anteilen nicht um »Wertpapiere« handelt. Dies gilt auch für Genossenschaftsanteile, die nach § 271 Abs. 1 Satz 5 HGB grundsätzlich nicht als Beteiligungen gelten. Wird auch die Vermutung einer Daueranlage widerlegt, so erfolgt der Ausweis im Umlaufvermögen unter den »sonstigen Wertpapieren« (B. III. 3.) bzw. – bei GmbH- und Genossenschafts-Anteilen – »sonstigen Vermögensgegenständen« (B. II. 4.).

Anteile an verbundenen Unternehmen

Einen Unterfall der Beteiligungen bilden in der Regel die gesondert auszuweisenden »Anteile an verbundenen Unternehmen«. Verbundene Unternehmen sind nach § 271 Abs. 2 HGB Unternehmen, die gem. § 290 HGB aufgrund einheitlicher Leitung einer Beteiligung (Abs. 1) oder konzerntypischer Merkmale (Abs. 2) als Mutter- oder Tochterunternehmen in einen Konzernabschluss einzubeziehen sind (vgl. dazu 8. Kapitel C IV). Der Gesetzgeber greift somit nicht auf den Begriff der verbundenen Unternehmen i. S. d. §§ 15 ff. AktG zurück, sondern schafft für Kapitalgesellschaften innerhalb des Geltungsbereiches des dritten Buches des HGB einen eigenständigen Begriff der verbundenen Unternehmen. Abbildung 3.1 gibt einen Überblick über den Begriff der verbundenen Unternehmen nach § 271 Abs. 2 HGB im Vergleich zu dem für Aktiengesellschaften außerhalb des HGB geltenden Begriffs der verbundenen Unternehmen. Kann im Ausnahmefall die dauerhafte Besitzabsicht widerlegt werden, so sind die Anteile an verbundenen Unternehmen im Umlaufvermögen unter gleichlautender Position auszuweisen (B. III. 1.).

Wertpapiere

Unter »Wertpapieren des Anlagevermögens« sind diejenigen Wertpapiere auszuweisen, die zwar auf Dauer angelegt sind, bei denen jedoch die Beteiligungsabsicht bzw. die Beteiligungsvermutung nach § 271 Abs. 1 Satz 3 HGB fehlt. Hierzu zählen insbesondere Kapitalmarktpapiere wie Aktien, Investmentanteile und festverzinsliche Wertpapiere (z. B. Obligationen, Pfandbriefe, Bundes- und Länderanleihen) oder wertpapierähnliche Rechte, wie Bundesschatzbriefe. Die auf sie entfallenden Zins- und Dividendenforderungen sind unter den »sonstigen Vermögensgegenständen des Umlaufvermögens« (B. II. 4.) auszuweisen.

Ausleihungen

Unter »Ausleihungen« (A. III. 2., 4., 6.) sind langfristige Finanzforderungen auszuweisen, die dazu bestimmt sind, dauernd dem Geschäftsbetrieb zu dienen (z. B. Hypotheken, Grund- und Rentenschulden, langfristige Darlehen). Das HGB verzichtet dabei auf die Angabe einer bestimmten Mindestlaufzeit. Für den Nachweis der Daueranlageabsicht wird jedoch in Übereinstimmung mit der internationalen Bilanzierungspraxis eine Gesamtlaufzeit von wenigstens einem Jahr zu fordern sein (vgl. ADS [1995], § 266 Tz. 76). Als Ausleihungen sind grundsätzlich nur Finanzforderungen auszuweisen. Waren- oder Leistungsforderungen sind dagegen unabhängig von ihrer Laufzeit keine Ausleihungen (vgl. ADS [1995], § 266 Tz. 77).

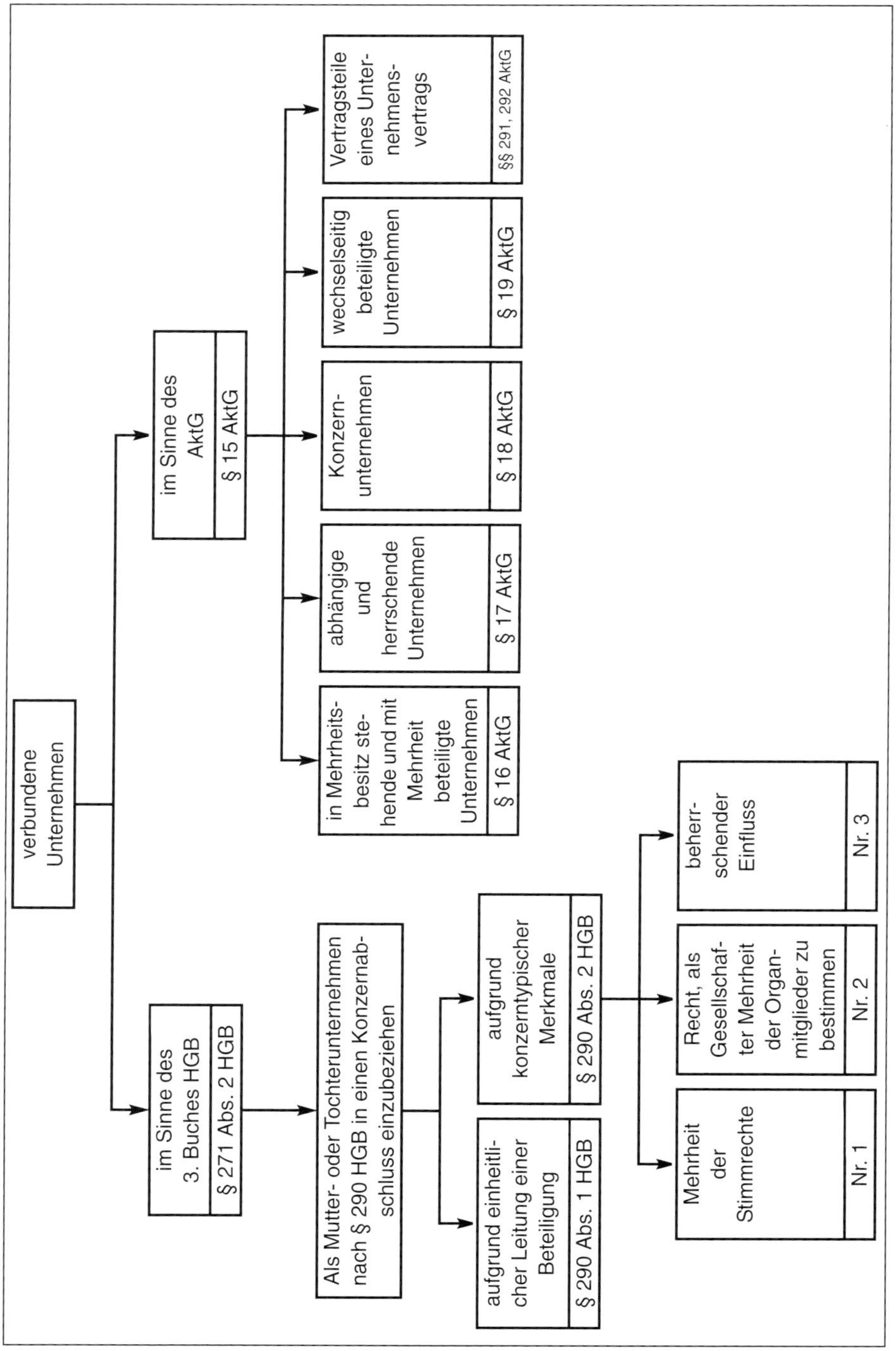

Abb. 3.1: Begriff der verbundenen Unternehmen nach HGB und AktG

Die Ausleihungen sind zu untergliedern in solche an verbundene Unternehmen, an Unternehmen, mit denen ein Beteiligungsverhältnis besteht, und in sonstige Ausleihungen. Der Grund für diese Unterscheidung ist – wie bereits angedeutet – darin zu sehen, dass bei Unternehmen, mit denen ein Beteiligungsverhältnis besteht, andere Überlegungen hinsichtlich gewährter Konditionen und zukünftiger Verwertungsabsichten der Ausleihungen ausschlaggebend sein können als bei anderen Unternehmen. Insbesondere beim Spezialfall der verbundenen Unternehmen können übergeordnete Konzerninteressen maßgebenden Einfluss auf die zu treffenden Entscheidungen ausüben. *Untergliederung der Ausleihungen*

Dem Begriff der Finanzanlagen umfasst in der Terminologie von IAS/IFRS Wertpapiere (*financial instruments*) und Finanzinvestionen in Immobilien (*investment property*) zur Vermögensmehrung. *Finanzanlagen nach IAS/IFRS*

Das (damalige) IASC hat sich in IAS 39 »*Financial Instruments: Recognition and Measurement*« der begrifflichen Abgrenzung von Finanzinstrumenten sowie den Anforderungen an deren Ansatz und Bewertung angenommen. Mit IAS 39 existiert somit ein eigener Standard, der die Bilanzierung von Finanzinstrumenten umfassend regelt. IAS 39.8 definiert sämtliche Verträge, die bei einem Unternehmen einen finanziellen Anspruch (*financial asset*) begründen und gleichzeitig bei einem anderen Unternehmen zu einer finanziellen Verpflichtung (*financial liability*) bzw. zu Eigenkapital (*equity instrument*) führen, als ansatzpflichtige *financial instruments*. *Financial instruments*

Von den Regelungen des IAS 39 sind folgende Positionen ausgenommen:

Geltungsbereich von IAS 39

- Leasingverträge (IAS 17).
- Beteiligungsverhältnisse (IAS 27, 28 und 31).
- Verpflichtungen und Forderungen der Unternehmung aus Mitarbeitervergütung (IAS 19).
- Versicherungsverträge. Derivate, die als *embedded derivatives* in Versicherungsverträgen integriert sind, fallen unter die Regelung von IAS 39.
- Von der berichtenden Unternehmung begebene Eigenkapitalinstrumente, die dem Eigenkapital der Unternehmung zuzuordnen sind.
- Finanzielle Garantien wie z. B. Bürgschaften und Akkreditive u. ä., die durch IAS 37 geregelt werden. IAS 39 regelt allerdings finazielle Garantien in Bezug auf einen spezifizierten Basiswert (*underlying*) wie z. B. Zinssätze, Wechselkurse usw.
- Verträge mit bedingten Gegenleistungen im Rahmen von Unternehmenszusammenschlüssen (IAS 22).
- Wetterderivate.

Immobilien, d. h. Grundstücke, Gebäude, bzw. Gebäudeteile oder beides, die von einem Unternehmen als Eigentum oder im Rahmen eines Finanzierungsleasings (*finacial lease*) gehalten werden, um Einkünfte durch Vermietung, Verpachtung oder Wertzuwächsen oder Kombinationen aus diesen zu erzielen, sind Finanzanlagen in Immobilien. Sie qualifizieren sich dann als nicht betriebsnotwendiges Vermögen (*investment property*), wenn sie ausschließlich zu den zuvor aufgeführten Zwecken gehalten werden und nicht der Erstellung von Gütern und *Nicht betriebsnotwendiges Vermögen (Investment property)*

Dienstleistungen dienen und auch nicht zum Verkauf im Rahmen der gewöhnlichen Geschäftstätigkeit stehen (z. B. bei Immobilienhändlern) (vgl. IAS 40.4). Die Bilanzierung dieses nicht betriebsnotwendigen Vermögens wird durch IAS 40 »*Investment Property*« geregelt.

Leasingverträge nach IAS/IFRS

Bestehende Rechte und Pflichten aus Leasingverträgen fallen unter die Regelungen des IAS 17 (vgl. Abschnitt F dieses Kapitels). Davon ausgenommen sind Leasingverhältnisse im Rahmen eines *financial lease*, die *investment property* betreffen. Diese werden nach IAS 40 als *assets* des Leasingnehmers bilanziert (vgl. IAS 40.4).

Beteiligungsverhältnisse

Gem. IAS 39.1 i. V. m. IAS 39.3 fallen Beteiligungsverhältnisse nicht unter die Regelungen des IAS 39. Ausschlaggebend für die Bilanzierung eines Beteiligungsverhältnisses ist das aus ihm erwachsende Maß der Einflussnahme. Liegt ein konsolidierungspflichtiges Beteiligungsverhältnis vor, so hat die Bilanzierung nach IAS 27 »*Consolidated Financial Statements and Accounting for Investments in Subsidiaries*« zu erfolgen. IAS 28 »*Accounting for Investments in Associates*« regelt die Bilanzierung assoziierter Unternehmen. Joint Ventures sind schließlich gem. IAS 31 »*Financial Reporting of Interests in Joint Ventures*« zu bilanzieren. Beteiligungsverhältnisse sind gem. IAS 39.4 allerdings nach IAS 39 zu bilanzieren, sofern weder eine Equity Konsolidierung noch eine anteilige Konsolidierung für das aus strategischen Gründen geschlossene Beteiligungsverhältnis in Betracht kommt oder die in IAS 27.13 und IAS 27.24 dargestellten Ausnahmeregelungen erfüllt sind.

Gläubiger- und Wertpapiere

Unter die Regelungen des IAS 39 fallen somit primär Gläubigerpapiere sowie eigenkapitalverbriefende Wertpapiere des Anlagevermögens, die kein Beteiligungsverhältnis begründen.

Vergleich HGB und IAS/IFRS

Im Gegensatz zum handelsrechtlichen Verständnis von Finanzanlagen umfassen diese nach IAS/IFRS nicht nur finanzielle Rechte (Anteile, Ausleihungen etc.), sondern auch materielle Vermögenswerte wie nicht betriebsnotwendige Grundstücke und Gebäude (*investment property*), sofern sie zu Anlagezwecken gehalten werden. Entscheidend für die Klassifikation als *investment property* ist demnach die von dem Unternehmen beabsichtigte Nutzung der Immobilien. Bei Vorliegen von *investment property* besteht ein explizites Wahlrecht, diese wie Finanzanlagen erfolgswirksam zum *fair value* zu bilanzieren oder sie als Sachanlagevermögen nach dem *benchmark treatment* von IAS 16 zu behandeln.

Finanzanlagen nach US-GAAP

Der Begriff des Finanzanlagevermögens nach US-GAAP ist ähnlich dem nach IAS/IFRS zu interpretieren, wenn es sich um Wertpapiere handelt. Finanzanlagen in Immobilien (*investment property*) erfahren hier keinen gesonderten Ausweis. Von besonderer Bedeutung ist FAS 115, der die Bilanzierung von gläubiger- und eigenkapitalverbriefenden Wertpapieren regelt. Dabei kommt unter den *non-current assets* lediglich der Ausweis von Wertpapieren in Betracht, die in die Kategorien

- »*available-for-sale*« oder
- »*held-to-maturity*« fallen (vgl. unten C II).

Wertpapiere der Kategorie »*trading securities*« werden regelmäßig im Umlaufvermögen (*current assets*) auszuweisen sein. Nicht unter FAS 115 fallen auch

Beteiligungen an Unternehmen, auf die ein maßgeblicher (= assoziierte Unternehmen) oder ein beherrschender (= verbundene Unternehmen) Einfluss ausgeübt wird.

C. Bewertungsgrundlagen für das Anlagevermögen

I. Allgemeine Grundsätze

Bewertungsgrundlage in Handels- und Steuerbilanz

Für die Vermögensgegenstände des Anlagevermögens (und Umlaufvermögens, vgl. 4. Kapitel B) bilden die Anschaffungs- und Herstellungskosten den Ausgangspunkt und gleichzeitig die Obergrenze der Bewertung (§ 253 Abs. 1 Satz 1 HGB). Soweit ihre Nutzung zeitlich begrenzt ist (= abnutzbares Anlagevermögen), sind die Anschaffungs- oder Herstellungskosten um planmäßige Abschreibungen zu vermindern (§ 253 Abs. 2 Satz 1 HGB).

- Gemildertes Niederstwertprinzip

Außerplanmäßige Abschreibungen müssen bei allen Vermögensgegenständen des Anlagevermögens vorgenommen werden, um sie mit dem niedrigeren Wert anzusetzen, der ihnen aufgrund einer voraussichtlich dauernden Wertminderung beizulegen ist. Bei voraussichtlich nicht dauernder Wertminderung dürfen Kapitalgesellschaften außerplanmäßige Abschreibungen nur bei Vermögensgegenständen des Finanzanlagevermögens vornehmen (§ 253 Abs. 2 Satz 3 i. V. m. § 279 Abs. 1 Satz 2 HGB). Darüber hinaus dürfen Vermögensgegenstände mit einem im Hinblick auf die steuerliche Anerkennung notwendigen (noch) niedrigeren Wert angesetzt werden (§ 254 i. V. m. § 279 Abs. 2 HGB).

- Wertaufholung

Falls die Gründe für eine außerplanmäßige Abschreibung in späteren Jahren entfallen, müssen Kapitalgesellschaften gemäß § 280 Abs. 1 HGB Zuschreibungen vornehmen. Die (fortgeführten) Anschaffungs- bzw. Herstellungskosten dürfen dabei jedoch nicht überschritten werden (Obergrenze). Das früher über die umgekehrte Maßgeblichkeit bestehende faktische Wertaufholungswahlrecht (§ 280 Abs. 2 HGB) ist mit Wirkung des Steuerentlastungsgesetz 1999/2000/2002 aufgehoben. Ausgenommen hiervon sind lediglich bestimmte »Altfälle«. Für Geschäftsjahre, die nach dem 31.12.1998 enden, gilt somit grundsätzlich das handelsrechtliche Wertaufholungsgebot. Damit wird eine wesentliche durch die umgekehrte Maßgeblichkeit bedingte Einschränkung der Informationsfunktion des handelsrechtlichen Jahresabschlusses rückgängig gemacht (vgl. auch Herzig, N./Rieck, U. [1999], S. 309). Für Einzelkaufleute und Personengesellschaften besteht jedoch – ungeachtet des Wegfalls des steuerlichen Wertaufholungswahlrechts – das handelsrechtliche Beibehaltungswahlrecht gemäß § 253 Abs. 5 HGB weiter.

- Einzelunternehmen und Personengesellschaften

Für Personenhandelsgesellschaften und Einzelkaufleute gelten die im HGB vorgesehenen Wertansätze nur als Höchstgrenzen, die durch (zusätzliche) Abschreibungen im Rahmen vernünftiger kaufmännischer Beurteilung unterschritten werden dürfen (§ 253 Abs. 4 HGB).

- Maßgeblichkeit der Handels- für die Steuerbilanz

Die Steuerbilanz ist über das Maßgeblichkeitsprinzip grundsätzlich an die Handelsbilanzansätze gebunden, sofern nicht steuerliche Vorschriften eine abweichende Bewertung erzwingen (§ 5 Abs. 1 Satz 2 EStG).

In Abbildung 3.2 ist die Bewertung des Anlagevermögens, wie sie das HGB für Kapitalgesellschaften vorschreibt, zusammengefasst.

<table>
<tr><th></th><th>Abnutzbares Anlagevermögen</th><th>Nicht abnutzbares Anlagevermögen</th></tr>
<tr><td>Ausgangswert/Wertobergrenze</td><td colspan="2">Anschaffungs- und Herstellungskosten § 253 Abs. 1 Satz 1 HGB</td></tr>
<tr><td rowspan="2">Abschreibungspflichten</td><td>Planmäßige Abschreibung § 253 Abs. 2 Satz 1 HGB</td><td></td></tr>
<tr><td colspan="2">Außerplanmäßige Abschreibung bei voraussichtlich dauernder Wertminderung § 253 Abs. 2 Satz 3 HGB</td></tr>
<tr><td rowspan="2">Abschreibungswahlrechte</td><td></td><td>Außerplanmäßige Abschreibung bei voraussichtlich nicht dauernder Wertminderung nur bei Finanzanlagen § 253 Abs. 2 Satz 3 i. V. m. § 279 Abs. 1 Satz 2 HGB</td></tr>
<tr><td colspan="2">Außerplanmäßige Abschreibung auf den im Hinblick auf die steuerliche Anerkennung notwendigen Wert § 254 i. V. m. § 279 Abs. 2 HGB</td></tr>
<tr><td>Wertaufholung</td><td colspan="2">Wertaufholungsgebot bis maximal zu den Anschaffungs- oder Herstellungskosten § 280 Abs. 1 HGB</td></tr>
</table>

Abb. 3.2: Bilanzierung des Anlagevermögens bei Kapitalgesellschaften nach HGB

Übertragung stiller Reserven

Ist es in der Steuerbilanz erlaubt, die bei der Veräußerung oder dem Untergang von Wirtschaftsgütern des Anlagevermögens aufgelösten stillen Reserven von den Anschaffungs- oder Herstellungskosten der neu angeschafften Wirtschaftsgüter abzuziehen (§ 6b EStG, R 35 EStR), so geschieht dies in der Handelsbilanz durch die Vornahme einer außerplanmäßigen Abschreibung auf den zur steuerlichen Anerkennung notwendigen Wert (§ 254 i. V. m. § 279 Abs. 2 HGB). Für Veräußerungen, die nach dem 31.12.1998 erfolgen, ist der Kreis der begünstigten Anlagegüter jedoch durch das Steuerentlastungsgesetz 1999/2000/2002 beschränkt worden. Künftig ist nur noch der Gewinn aus der Veräußerung von Grund und Boden, Aufwuchs auf Grund und Boden mit dem dazugehörigen Grund und Boden (bei Betrieben der Land- und Forstwirtschaft) oder Gebäuden begünstigt, wenn die Veräußerungsgewinne auf Wirtschaftsgüter der gleichen Kategorie oder einer Kategorie mit tendenziell kürzerer Nutzungsdauer übertragen werden (vgl. Tabelle 3.2).

Bewertungsgrundlagen nach IAS/IFRS

Die Bestimmungen für die Bewertung des Anlagevermögens finden sich in den einzelnen für die jeweilige Position relevanten IAS/IFRS.

Grundsätzlich werden Positionen des Sachanlagevermögens bzw. immaterielle Vermögenswerte im Zeitpunkt ihres Zugangs zunächst mit ihren Anschaffungs- bzw. Herstellungskosten (*cost*) angesetzt. Dieser Ansatz bildet auch nach IAS/IFRS die wertmäßige Obergrenze (*benchmark treatment*), sofern nicht von der in Einzelfällen ebenfalls zulässigen Neubewertungsmethode (*allowed alternative treatment*) Gebrauch gemacht wird. Die Wertminderung abnutzbarer *assets* ist durch planmäßige Abschreibungen zu berücksichtigen. Rein steuerrechtliche Abschreibungen sind nach IAS/IFRS unzulässig.

- *Sach-AV/ immaterielles AV*

Übertragung stiller Reserven auf / Veräußerung von	Grund und Boden	Aufwuchs auf Grund und Boden mit Grund und Boden	Gebäude
Grund und Boden	+	+	+
Aufwuchs auf Grund und Boden mit Grund und Boden		+	+
Gebäuden			+

Tab. 3.2: Übertragungsmöglichkeit stiller Reserven

Im Rahmen der Folgebewertung ist für immaterielle Vermögenswerte und Positionen des Sachanlagevermögens – wie bereits angedeutet – auch ein Ansatz auf Basis einer Neubewertung (*revalued amounts*) zulässig (*allowed alternative treatment*) (IAS 38.64 und IAS 16.29). Für *intangible assets* ist dabei die Existenz eines aktiven Marktes für den immateriellen Vermögenswert Voraussetzung, sodass die Anwendungsmöglichkeit in der Praxis auf seltene Einzelfälle beschränkt sein wird. Im Rahmen dieser Bewertungsmethode können auch Wertansätze oberhalb der historischen Anschaffungs- und Herstellungskosten resultieren. Der Wertansatz ergibt sich dabei aus dem beizulegenden Wert (*fair value*) zum Zeitpunkt der Neubewertung abzüglich aller nach der Neubewertung angefallenen plan- und außerplanmäßigen Abschreibungen. Kommt es durch die Neubewertung zu einer Erhöhung des Buchwertes, so ist der Differenzbetrag direkt erfolgsneutral in das Eigenkapital unter der Position Neubewertungsrücklage (*revaluation surplus*) gegenzubuchen, sofern er nicht zuvor erfolgswirksam erfasste Abwertungen rückgängig macht (IAS 38.76 und IAS 16.37). Führt dagegen die Neubewertung zu einer Verminderung des Buchwertes, so ist der Betrag des Rückgangs erfolgswirksam als Aufwand zu erfassen, sofern nicht für diesen Gegenstand noch eine Neubewertungsrücklage besteht (IAS 38.77; IAS 16.38).

- *Neubewertung*

Die Kosten für Wartung, Überholung und Instandhaltung (*major inspection and overhaul costs*) sind prinzipiell als Aufwand der jeweiligen Periode zu behandeln. Sind diese in regelmäßigen Intervallen vorzunehmen und für den zukünftigen Nutzen unerlässlich, müssen diese aktiviert werden (z. B. bei Raffinerierevisionen), wenn sich die Aufwendungen als separate Komponente des *asset* identifizieren lassen, sich daraus ein wahrscheinlicher ökonomischer Nut-

- *Major inspection and overhaul costs (SIC 23)*

zen ergibt und die Kosten verlässlich ermittelbar sind. Die aktivierten Aufwendungen müssen über den Zeitraum bis zur nächsten Überholung abgeschrieben werden (SIC 23).

- Finanz-AV

Positionen des Finanzanlagevermögens sind zum Zugangszeitpunkt in Höhe ihrer Anschaffungskosten zu aktivieren (27.29 und 27.30, 28.12 und 28.14, 39.66 sowie 40.4). Die Anschaffungskosten bilden bei der Bilanzierung des Finanzanlagevermögen nur bei *held-to-maturity investments* und der Bilanzierung von nicht betriebsnotwendigem Vermögen nach dem *benchmark treatment* gemäß IAS 16.28 die wertmäßige Obergrenze; Wertansätze über den Anschaffungskosten sind in allen anderen Fällen möglich bzw. Pflicht.

- Außerplanmäßige Abschreibung

Grundlage für die Prüfung der Notwendigkeit einer außerplanmäßigen Abschreibung und ihre konkrete Umsetzung ist der im Juni 1998 veröffentlichte IAS 36 (vgl. 2. Kapitel B II 3). Danach hat das bilanzierende Unternehmen zu jedem Bilanzstichtag zu prüfen, ob Anzeichen (*indications*) dafür vorliegen, dass es zu einer Wertminderung (*impairment*) gekommen ist (IAS 36.8). Eine Wertminderung liegt vor, sobald der Buchwert (*carrying amount*) eines *asset* über seinem erlösbaren Betrag (*recoverable amount*) liegt. In diesem Fall ist unabhängig von der Dauer der Wertminderung eine außerplanmäßige Abschreibung vorzunehmen (Abschreibungspflicht).

Außerplanmäßige Abschreibungen des Finanzanlagevermögens sind vorzunehmen, sofern ein *impairment* vorliegt. Die Abschreibung ist erfolgswirksam zu berücksichtigen (IAS 28.23, IAS 39.111 und IAS 39.117). Ausgenommen hiervon sind außerplanmäßige Wertminderungen, die lediglich eine zuvor erfolgsneutral vorgenommene Zuschreibung wieder aufheben. Sie sind erfolgsneutral mit der gebildeten Neubewertungsrücklage (*revaluation surplus*) zu verrechnen (IAS 36.59).

- Wertaufholung

Sofern die Gründe, die zu einer außerplanmäßigen Abschreibung geführt haben, entfallen, ist nach IAS/IFRS grundsätzlich eine Zuschreibung vorzunehmen (IAS 36.99).

Fällt der Abschreibungsgrund für eine ehemals als dauerhaft eingeordnete Abschreibung bei Wertpapieren weg und ist die Wertsteigerung auf ein erst nach der Abschreibung auftretendes Ereignis zurückzuführen, so sind diese gem. IAS 39.119 allgemein erfolgswirksam auf den beizulegenden Wert bzw. den *recoverable amount* aufzustocken. Bei *held-to-maturity securities* muss die Zuschreibung auf die fortgeführten Anschaffungskosten erfolgen, d. h. diese stellen die Wertobergrenze dar. Die Zuschreibung kann ergebniswirksam beim Vermögensgegenstand oder in einem *allowance account* (= Wertberichtigungskonto) erfolgen (IAS 39.114).

Bewertungsgrundlagen nach US-GAAP

Auch nach US-GAAP sind die Positionen des Anlagevermögens grundsätzlich mit ihren Anschaffungs- bzw. Herstellungskosten vermindert um planmäßige Abschreibungen zu bilanzieren. Eine Neubewertung im Sinne der IAS/IFRS ist nach US-GAAP unzulässig.

Wert- und Gläubigerpapiere sind gem. FAS 115 bei Zugang in Höhe ihrer Anschaffungskosten zu aktivieren.

Nach FAS 144 sind im Sachanlagevermögen die langfristig genutzten materiellen und die identifizierbaren abnutzbaren immateriellen Vermögenswerte Objekt möglicher außerplanmäßiger Abschreibungen. Wie nach IAS/IFRS ist auch nach US-GAAP ein *impairment test* zu jedem Bilanzstichtag notwendig. Dabei wird zwischen zur Nutzung gehaltenen Vermögenswerten (*assets held for use*) bzw. Vermögenswerten, die aus dem Unternehmen aussscheiden aber nicht verkauft werden sollen (*assets held for disposal other than by sale*) und zur Veräußerung bestimmten Vermögenswerten unterschieden. Liegen Anzeichen für eine Wertminderung vor, ist für erstere ein *recoverability test* durchzuführen: die undiskontierten künftigen Netto-Zahlungsströme (*net cash flows*) aus *assets held for use* und *assets held for disposal other than sale* werden ihrem Buchwert gegenübergestellt. Ist der Buchwert größer als die *net cash flows,* besteht die Pflicht zur außerplanmäßigen Abschreibung. Bei *assets held for disposal by sale* ist ein *impairment* durch eine außerplanmäßige Abschreibung auf den *fair value* des *asset* abzüglich etwaiger Entsorgungskosten dann vorzunehmen, wenn der Buchwert über diesem liegt (vgl. 2. Kapitel B II 4).

- Außerplanmäßige Abschreibung

Wertminderungen von voraussichtlich dauerhafter Natur bei Wert- und Gläubigerpapieren der Kategorie *held-to-maturity* müssen gem. FAS 115.16 in der laufenden Periode erfolgswirksam berücksichtigt werden. Bei Wertpapieren der Kategorien *available-for-sale* und *trading* wird Wertminderungen im Rahmen des *fair value accounting* im ersten Falle erfolgsneutral bzw. im zweiten Falle erfolgswirksam Rechnung getragen (vgl. 3. Kapitel C II). Hierbei handelt es sich nicht um außerplanmäßige Abschreibungen.

Der erfasste Abwertungsverlust darf nicht wieder rückgängig gemacht werden, auch wenn der *fair value* eines *asset held for use* wieder steigt. Eine Wertaufholung ist somit verboten (FAS 144.15). Dies gilt auch für Wert- und Gläubigerpapiere der Kategorie *held-to-maturity* (FAS 115.16). Anders bei *assets held for disposal by sale*: Hier muss bei Anstieg des *fair value* eine erfolgswirksame Wertaufholung erfolgen. Obergrenze für die Zuschreibung ist der Buchwert vor der Abwertung (vgl. FAS 144.37).

- Wertaufholungsverbot

II. Einzelfragen der Bewertung

In diesem Abschnitt werden Besonderheiten bei der Zugangs- und Folgebewertung für einzelne Positionen des Anlagevermögens dargestellt. Die grundsätzliche Vorgehensweise bei Wertkorrekturen durch planmäßige und außerplanmäßige Abschreibungen sind Gegenstand des folgenden Abschnitts D.

Orginäre immaterielle Vermögenswerte kommen grundsätzlich nicht nach HGB und nur unter sehr eingeschränkten Bedingungen nach IAS/IFRS/US-GAAP zum Ansatz. Unter den in Abschnitt B I 2 dieses Kapitels genannten Voraussetzungen können aktivierungspflichtige orginäre immaterielle Vermögenswerte aus Entwicklungsausgaben im IAS/IFRS-Abschluss entstehen. Für diese ergeben sich die aktivierungspflichtigen Kosten aus der Summe der unmittelbar und mittelbar zurechenbaren Ausgaben für die Schaffung, Produktion und Bereit-

Orginäre immaterielle Vermögenswerte:
- nach IAS/IFRS

stellung des *asset* vom Zeitpunkt der Erfüllung der Ansatzkriterien (IAS 38.53 ff.). Einmal in Jahresabschlüssen oder Zwischenberichten als Aufwendungen verrechnete Ausgaben sind von einer nachträglichen Aktivierung ausgeschlossen (IAS 38.53 und IAS 38.59).

- nach US-GAAP

Die wichtigsten Ausnahmen vom Aktivierungsverbot für selbst erstellte immaterielle Vermögensgegenstände des Analgevermögens nach US-GAAP sind Software zur internen Nutzung (SOP 98-1), die Entwicklung von Websites (EITF 00-02) sowie Erdöl- und Erdgasexplorationen (FAS 19, FAS 25, FAS 69). Bei Software wie Websites (SOP 98-1.24) sind in der Regel die Aufwendungen für Entwicklung sowie nutzenstiftende Modifikationen zu aktivieren.

Derivativer Firmenwert nach HGB

Sofern ein derivativer Geschäfts- oder Firmenwert in der Bilanz aktiviert wird, ist dieser gem. § 255 Abs. 4 HGB in jedem auf die Aktivierung folgenden Geschäftsjahr zu mindestens einem Viertel abzuschreiben. Alternativ ist auch eine planmäßige Abschreibung über seine voraussichtliche Nutzungsdauer zulässig. In der Bilanzierungspraxis wird die steuerlich festgelegte Nutzungsdauer von 15 Jahren nur selten überschritten. Der Beginn der Abschreibung bereits im Zugangsjahr ist nach herrschender Meinung durchaus zulässig (vgl. ADS [1995], § 255 Tz. 279; Beck'scher Bilanzkommentar [1999], § 255 Tz. 519).

Derivativer Firmenwert nach IAS/IFRS

Die Bestimmung des Abschreibungszeitraums des derivativen Firmenwertes richtet sich gemäß IAS 22.44 nach der voraussichtlichen wirtschaftlichen Nutzungsdauer. Hinsichtlich der Obergrenze besteht eine widerlegbare Vermutung von maximal 20 Jahren. Als Abschreibungsverfahren ist grundsätzlich die lineare Abschreibung anzuwenden, sofern nicht überzeugende Argumente für einen anderen wirtschaftlichen Abschreibungsverlauf vorgebracht werden können (IAS 22.45). Vgl. hierzu im Einzelnen die Ausführungen zum Goodwill im Zusammenhang mit der Konzernrechnungslegung (vgl. 9. Kapitel A III 1c).

Derivativer Firmenwert nach US-GAAP

Mit dem 2001 verabschiedeten FAS 142 wurde die planmäßige Abschreibung des *goodwill* abgeschafft. Stattdessen ist nunmehr der *goodwill* auf einzelne sog. *reporting units* aufzuteilen und auf dieser Ebene mindestens einem jährlichen *impairment test* zu unterziehen. Als *reporting unit* gelten dabei die nach FAS 131 identifizierten *operating segments* bzw. unter bestimmten Voraussetzungen die einem *operating segment* direkt untergeordnete Managementebene (vgl. auch 10. Kapitel B III 2).

Ausgangsbasis für die Durchführung des zweistufigen *impairment tests* ist jeweils der *fair value* der betreffenden *reporting unit*. In der ersten Stufe des *impairment tests* wird dieser *fair value* mit den Buchwerten der *assets* – einschließlich des *goodwill* – und *liabilities* der *reporting unit* verglichen. Übersteigt der *fair value* die Buchwerte, ist keine außerplanmäßige Abschreibung erforderlich, der *impairment test* gilt als abgeschlossen. Andernfalls ist der Test in Stufe 2 fortzusetzen. Hier wird nunmehr der Buchwert des *goodwill* mit dem *fair value* des *goodwill* verglichen. Ist der *fair value* niedriger, ist in Höhe der Differenz eine außerplanmäßige Abschreibung auf den Buchwert des *goodwills* notwendig (im Einzelnen vgl. 9. Kapitel A III 5b).

Ingangsetzung und Erweiterung nach HGB

Sofern von der handelsrechtlichen Bilanzierungshilfe für Aufwendungen für die Ingangsetzung oder Erweiterung des Geschäftsbetriebs Gebrauch gemacht wird, sind die aktivierten Beträge in jedem folgenden Geschäftsjahr zu mindestens einem Viertel abzuschreiben (§ 282 HGB).

Grundstücke, Gebäude nach HGB/ EStR

Zu den Anschaffungsnebenkosten bei Grundstücken und grundstücksgleichen Rechten sowie Gebäuden zählen auch die Kosten für die besondere Herrichtung des Grundstückes, wie Entwässerung und Parzellierung, ferner die Grundbuch- und Notariatsgebühren, die Maklerprovision und Grunderwerbsteuer (vgl. R 33a Abs. 1-4 EStR).

- Abbruchkosten, Gebäuderestwert

Wird ein schon länger zum Betriebsvermögen gehörendes Gebäude abgebrochen, z. B. um Platz für einen Neubau zu schaffen, so werden handels- und steuerrechtlich der Restbuchwert außerplanmäßig abgeschrieben und die Abbruchkosten als sonstiger betrieblicher Aufwand (Betriebsausgabe) behandelt. Wird dagegen ein Gebäude alsbald nach dem Erwerb abgebrochen, so ist lediglich die steuerbilanzielle Behandlung aufgrund höchstrichterlicher Rechtsprechung festgelegt (vgl. R 33a Abs. 5 EStR). Danach ist in der Steuerbilanz eine außerplanmäßige Abschreibung des Restbuchwertes und die Behandlung der Abbruchkosten als Betriebsausgabe nur zulässig, falls das Gebäude ohne Abbruchabsicht erworben wurde.

- Erwerb mit Abbruchabsicht

Wird ein wirtschaftlich noch nicht verbrauchtes Gebäude erworben, um es abzureißen, so erhöhen Restbuchwert und Abbruchkosten die Herstellungskosten des neuen Gebäudes oder sonstigen Wirtschaftsgutes bzw. die Anschaffungskosten des Grund und Bodens. War das Gebäude im Zeitpunkt des Erwerbs bereits objektiv wertlos, so entfällt der volle Anschaffungspreis auf den Grund und Boden. Bei einem Abbruch des Gebäudes innerhalb von drei Jahren nach dem Erwerb gilt die (widerlegbare) Vermutung einer bereits bei Erwerb bestehenden Abbruchabsicht. Gegen die Übernahme dieser steuerrechtlichen Regelung ins Handelsrecht werden in der Literatur allerdings erhebliche Einwände vorgebracht (vgl. z. B. Beck'scher Bilanzkommentar [1999], § 255 Tz. 373 f.).

- Schnellbaukosten

Schnellbaukosten werden in der Regel als vermehrte Herstellungskosten wegen des Vorteils der früheren Fertigstellung in Kauf genommen. Nach herrschender Meinung (vgl. ADS [1995], § 255 Tz. 136) können sie in der Handelsbilanz als Herstellungskosten aktiviert und in dem Zeitraum abgeschrieben werden, in dem sich die vorgezogene Inbetriebnahme vorteilhaft auswirkt. Steuerlich sind Schnellbaukosten aktivierungspflichtig als Teil der Herstellungskosten (vgl. Herrmann, C./Heuer, G./Raupach, A. [1999], § 7 Anm. 137).

- Nachträgliche Herstellungskosten

Werden bei Gebäuden nachträgliche Herstellungskosten (vgl. 2. Kapitel B I 2) aktiviert, so erfolgt in der Steuerbilanz die Abschreibung analog der Regelung in § 7 Abs. 4 und 5 EStG: Die Anschaffungs- oder Herstellungskosten werden um den Herstellungsaufwand erhöht und die Absetzung weiterhin nach dem maßgebenden Prozentsatz bemessen. In den Fällen des § 7 Abs. 4 Satz 2 EStG ist es auch gestattet, den um die nachträglichen Herstellungskosten vermehrten Restbuchwert auf die Restnutzungsdauer zu verteilen (vgl. R 42a Abs. 1 EStR).

Festwert bei Betriebs- und Geschäftsausstattung nach HGB

Von dem Grundsatz der Einzelbewertung (vgl. 2. Kapitel B I) darf aus Vereinfachungsgründen bei Massengütern des Sachanlagevermögens, insbesondere der Betriebs- und Geschäftsausstattung, wie z. B. Werkzeug, Gleisanlagen, Schreibmaschinen, Gerüst- und Schalungsteilen, Hotelgeschirr, wie auch bei Roh-, Hilfs- und Betriebsstoffen des Vorratsvermögens (vgl. 4. Kapitel B II 1) abgewichen und das Festwertverfahren (vgl. § 240 Abs. 3 HGB) angewandt werden. Voraussetzung hierfür ist insbesondere, dass ihr Gesamtwert für das bilanzierende Unternehmen von nachrangiger Bedeutung ist und die Anlagegüter nicht bereits als geringwertige Wirtschaftsgüter voll abgeschrieben wurden. Diesem Verfahren liegt die Annahme zugrunde, dass sich der Verbrauch und die Neuzugänge der zu bewertenden Gegenstände ungefähr entsprechen, sodass die Zugänge (Ersatzbeschaffungen) sofort als Aufwand verbucht werden. Die Erleichterung für den Bilanzierenden besteht darin, dass eine jährliche körperliche Bestandsaufnahme und Einzelbewertung entfällt. Allerdings muss alle drei Jahre eine körperliche Bestandsaufnahme durchgeführt werden. Das Festwertverfahren ist auch steuerlich zulässig.

Unzulässigkeit nach IAS/ US-GAAP

Der Ansatz von Festwerten für Gegenstände des Sachanlagevermögens im Sinne von § 240 Abs. 3 HGB ist nach IAS/IFRS und US-GAAP nicht zulässig (vgl. Arbeitskreis »Externe Unternehmensrechnung« der Schmalenbach-Gesellschaft [1999], S. 65;). Jedoch existiert in beiden Rechnungslegungsnormen der Grundsatz der *materiality*, durch den sich eine Anwendung der Festbewertung für *assets* von nachrangiger Bedeutung rechtfertigen lässt (vgl. Jacobs, O. H. [2002], S. 27; Born, K. [2002], S. 569, 610).

Beteiligungen nach HGB

Nach HGB werden Beteiligungen bei Zugang zu Anschaffungskosten bewertet. Zu den Anschaffungsnebenkosten von Beteiligungen zählen insbesondere Notariatskosten, Provisionen und Spesen, nicht dagegen die Kosten der Entscheidungsvorbereitung (z. B. für ein Bewertungsgutachten). Bei einer Neugründung bestimmen die Einlagen zuzüglich der Nebenkosten die Höhe der Anschaffungskosten. Werden Zu- oder Nachschüsse geleistet, so können sie nur aktiviert werden, wenn nachhaltig der Wert der Beteiligung erhöht wird. Zugänge in Form von jungen Aktien werden wie Zukäufe behandelt. Gratisaktien erhöhen zwar den mengenmäßigen, nicht aber den wertmäßigen Bestand.

- Einbehaltene Gewinne

Für die bilanzielle Behandlung nicht ausgeschütteter Gewinne von Beteiligungsunternehmen ist zwischen der Beteiligung an einer Kapitalgesellschaft und einer Personengesellschaft zu unterscheiden: Thesaurierte Gewinne von Kapitalgesellschaften können im Einzelabschluss entsprechend dem Realisationsprinzip nach herrschender Meinung nicht zu einer Erhöhung des Beteiligungsbuchwertes bei dem beteiligten Unternehmen führen, es sei denn, es werden aus diesem Grund Abschreibungen vergangener Jahre rückgängig gemacht. Dagegen ist mit Ablauf des Geschäftsjahres einer Personenhandelsgesellschaft ein Anteil am Gewinn dieser Gesellschaft beim beteiligten Unternehmen regelmäßig bilanzierungspflichtig, da der Gewinn den Gesellschaftern unmittelbar zusteht. Der Gewinnanspruch ist übertragbar und somit ein verkehrsfähiger Vermögensgegenstand. Eine Nichtausschüttung von Gewinnen bei Personenhandelsgesellschaften stellt demnach eine Kapitalerhöhung aus Gewinnen dar; die Anschaffungskosten der Beteiligung erhöhen sich nachträglich entsprechend, weshalb eine Aktivierung des anteiligen Gewinns auch keinen Verstoß gegen das Anschaffungskostenprinzip darstellt.

Verlustanteile an einer Personenhandelsgesellschaft können durch Abschreibungen auf den Beteiligungsbuchwert berücksichtigt werden, soweit dadurch der beizulegende Wert (§ 253 Abs. 2 S. 3 HGB) nicht unterschritten wird. Unabhängig vom Vorliegen eines Jahresverlustes muss eine Abschreibung vorgenommen werden, soweit eine voraussichtlich dauernde Wertminderung eingetreten ist.

Beteiligungen nach IAS/IFRS

Die Folgebewertung eines Beteiligungsverhältnisses hängt wesentlich von dem aus ihm erwachsenden Grad der Einflussnahme ab. *Investments in subsidiaries* sowie *investments in associates* können wahlweise zu Anschaffungskosten, nach der Equity Methode oder als *available-for-sale* Vermögensgegenstand in Einklang mit IAS 39 bilanziert werden (IAS 27.29 und 27.30 sowie IAS 28.12 und .14). *Interests in joint ventures* können hingegen wahlweise zu Anschaffungskosten oder in Einklang mit IAS 39 bilanziert werden. Erfolgt die Bewertung nach der Equity Methode, so ist der Buchwert der Beteiligung um etwaige Gewinne und Verluste aus dem Beteiligungsverhältnis zu- bzw. abzuschreiben (IAS 28.6). Erhaltene Zahlungen sind vom Buchwert abzuschreiben. Erfolgt die Bilanzierung nach IAS 39, so entspricht die Folgebewertung der eines Wertpapiers des Anlagevermögens (vgl. weiter unten).

Zugangsbewertung investment property

Bei Finanzanlagen in nicht betriebsnotwendiges Vermögen umfassen die Anschaffungskosten den Kaufpreis der Immobilie sowie die Anschaffungsnebenkosten, wie z. B. Maklergebühren oder Steuern, die bei der Übertragung von Immobilien fällig werden (vgl. IAS 40.18). Wird eine nicht betriebsnotwendige Immobilie selbst erstellt, ist sie zu Herstellungskosten in der Bilanz anzusetzen. Die Herstellungskosten entsprechen den Kosten zum Fertigstellungszeitpunkt. Bis dahin ist eine nicht betriebsnotwendige Immobilie nach IAS 16 zu bilanzieren (vgl. IAS 40.51 und 40.59). In der Folge kann *investment property* entweder erfolgswirksam zum *fair value* oder zu fortgeführten Anschaffungskosten nach IAS 16.28 bewertet werden.

Folgebewertung investment property

Die Methode zur Folgebewertung von *investment property* muss einheitlich für alle dieser Kategorie zugerechneten Immobilien gewählt werden (vgl. IAS 40.24). Eine Änderung der Bewertungsmethodik ist nur dann zulässig, wenn dadurch Geschäftsvorfälle besser abgebildet werden (vgl. IAS 8.42). Es wird als sehr unwahrscheinlich erachtet, dass dies bei einem Wechsel von der *fair value* Methode zur *amortized cost* Methode nach IAS 16 zutrifft (vgl. IAS 40.25). Wird die *fair value* Methode zur Bilanzierung gewählt, ist dieser im Idealfall durch aktuelle Marktpreise zu bestimmen. Ist dies nicht möglich, sollten vergangene Marktpreise mit entsprechenden Anpassungen herangezogen werden. Sollten sich auch diese nicht ermitteln lassen, sind DCF-Verfahren zur Bewertung heranzuziehen. Dabei müssen sich allerdings die Inputparameter verlässlich bestimmen lassen. Der verwendete Diskontierungszinssatz soll die Risiken bezüglich Zeitpunkt und Höhe der erwarteten *cash flows* berücksichtigen (IAS 40.40). Obwohl nicht auf DCF-Methoden fußend, kann im deutschen Rechtsraum der *fair value* einer Immobilie mit ihren Verkehrswert nach § 194 Baugesetz (BauG) gleichgesetzt werden (vgl. Böckem, H./Schurbohm, A. [2001], S. 45 f.).

Beteiligungen nach US-GAAP

Nach dem Grad der Einflussnahme sind auch nach US-GAAP die *equity-investments* für Zwecke der Bilanzierung in verschiedene Kategorien zu unterteilen: Anteile von weniger als 20 % am Kapital des Beteiligungsunternehmens werden prinzipiell nach den selben Regeln bewertet wie Wertpapiere (s. u.). Anteile an assoziierten Unternehmen (20 - 50 %) werden mittels der Equity-Methode bewertet (APB 18.17). Anteile an verbundenen Unternehmen (mehr als

50 %) führen zur Vollkonsolidierung des Tochterunternehmens (FAS 94.2). Dabei ist zu beachten, dass der US-GAAP-Abschluss regelmäßig der Konzernabschluss ist, dem Einzelabschluss kommt unter US-GAAP keine eigenständige Bedeutung zu.

Wertpapiere nach HGB

Für die (anderen) Wertpapiere des Anlagevermögens gelten die gleichen Bewertungsgrundsätze im HGB-Abschluss wie für Beteiligungen. Wertpapiere der gleichen Gesellschaft, die zu unterschiedlichen Zeitpunkten und Kursen gekauft wurden, werden gewöhnlich handels- und steuerrechtlich zu Durchschnittsanschaffungskosten bewertet. Bei einem Nachweis der individuellen Anschaffungskosten anhand der Wertpapiernummern kann handelsrechtlich auch die Einzelbewertung erfolgen. Beim Verkauf einzelner Aktien hat die Gesellschaft dann das Wahlrecht, vom Durchschnittswert oder von individuellen Anschaffungskosten auszugehen, und somit die Möglichkeit, den Buchgewinn zu beeinflussen. In der Steuerbilanz wird überwiegend nur die Durchschnittsmethode für zulässig gehalten (vgl. allerdings zu den divergierenden Auffassungen: Herrmann/Heuer/Raupach [1992], § 6 EStG, Anm. 1107 f.). Werden Anteile am eigenen Unternehmen erworben, so erfolgt die Bewertung wie im 5. Kapitel in Abschnitt B IV beschrieben.

Wertpapiere nach IAS/ US-GAAP

Die Bewertung von Gläubiger- und eigenkapitalverbriefenden Wertpapieren, die nicht zugleich ein Beteiligungsverhältnis begründen, wird durch IAS 39 und FAS 115 geregelt. Entscheidend für die Bewertung ist die Zwecksetzung der Investition. Drei Kategorien werden unterschieden, wobei die erste Kategorie nur für Gläubigerpapiere, die beiden anderen Kategorien dagegen auch für eigenkapitalverbriefende Wertpapiere relevant sind:

- *held-to-maturity securities*: Wertpapiere, bei denen sowohl die Absicht wie auch die Fähigkeit besteht, sie bis zur Fälligkeit zu halten. Ist mit einem Verkauf kurz vor der Fälligkeit zurechnen (in etwa 3 Monate vorher), so ist das Gläubigerpapier trotzdem als *held-to-maturity* zu klassifizieren (IAS 39.10, FAS 115.9). Nach IAS ist in seltenen Ausnahmefällen, in denen der *fair value* eines *financial asset* nicht zuverlässig zu ermitteln ist, dieses auch zu fortgeführten Anschaffungskosten zu bilanzieren (IAS 39.69).
- *trading securities*: Wertpapiere, die mit der Absicht erworben und gehalten werden, sie in der nächsten Zukunft weiterzuveräußern und damit eine höchstmöglich Rendite zu erzielen (IAS 39.10, FAS 115.12 (a)).
- *available-for-sale securities*: Sind Wertpapiere weder zu den *held-to-maturity* noch zu den *trading securities* zuzuordnen, so werden sie zu der Kategorie *available-for-sale* gezählt (IAS 39.10, FAS 115.12 (b)).

Die Bewertung von *held-to-maturity* Wertpapieren hat in Höhe der fortgeführten Anschaffungskosten (inkl. *premium* oder *discount*) zu erfolgen, während *held-for-trading* und *available-for-sale securities* mit ihrem beizulegenden Wert auszuweisen sind. Als *fair value* kommt hierbei nach FAS 115.3 nur ein repräsentativer Marktwert in Betracht, während nach IAS 39.96 der *fair value* auch anhand eines Bewertungsmodells ermittelt werden kann. Wertschwankungen des beizulegenden Wertes von *held-for-trading securities* sind nach FAS 115.13 und IAS 39.103 unmittelbar in der laufenden Periode erfolgswirksam zu erfassen.

Wertschwankungen bei *available-for-sale securities* können nach IAS 39.103 wahlweise in der laufenden Periode unmittelbar ergebniswirksam erfasst oder erfolgsneutral ins Eigenkapital (*statement of changes in equity*) eingestellt werden. Eine ergebniswirksame Erfassung der Wertschwankungen ist bei *available-for-sale securities* nach FAS 115.13 nicht zulässig. Vielmehr müssen sie zwingend erfolgsneutral ins *other comprehensive income* eingestellt werden.

Eine Zuordnung zu den *non-current assets* hängt immer davon ab, ob die jeweiligen *securities* innerhalb des nächsten Jahres fällig sind oder verkauft werden sollen. Demnach sind *held-to-maturity securities* grundsätzlich dem Anlagevermögen zuzuordnen, außer sie werden innerhalb des kommenden Geschäftsjahres fällig. Bei den *available-for-sale securities* hängt die Zuordnung davon ab, ob das Unternehmen plant diese im kommenden Jahr zu verkaufen. *Trading securities* dagegen werden nie unter den *non-current assets* ausgewiesen.

Reklassifizierungen von Wertpapieren - held-to-maturity nach available-for-sale

Werden Wertpapiere neu zugeordnet, sind diese Umgruppierungen stets zum *fair value* vorzunehmen. Werden *held-to-maturity securities* in *available-for-sale securities* umgruppiert, sind nach US-GAAP die dabei auszuweisenden unrealisierten Gewinne oder Verluste erfolgsneutral ins Eigenkapital (*other comprehensive income*) zu übertragen (vgl. FAS 115.15c). Bei einer solchen Umgruppierung nach IAS/IFRS richtet sich die Behandlung der unrealisierten Erfolge für *available-for-sale financial assets* nach der für diese Wertpapiergruppe gewählten Ausweismethode: Werden die Wertschwankungen dieser Wertpapiere erfolgswirksam erfasst, sind die bei einer Umgruppierung aus *held-to-maturity* anfallenden unrealisierten Gewinne oder Verluste ebenfalls erfolgswirksam zu behandeln. Werden *available-for-sale* Wertänderungen erfolgsneutral verbucht, geschieht dies auch mit den unrealisierten Erfolgen bei der Umgruppierung (IAS 39.90).

- available-for-sale nach held-to-maturity

Bei dem Wechsel von *available-for-sale* nach *held-to-maturity* wird der *fair value* zum Zeitpunkt der Umgruppierung zu den anzusetzenden fortgeführten Anschaffungskosten. Nach FAS 115 und bei einer erfolgsneutralen Behandlung der Wertänderungen nach IAS 39 verbleiben die bis dahin im Eigenkapital verbuchten unrealisierten Erfolge zunächst in den entsprechenden Positionen (US-GAAP: *other comprehensive income*; IAS/IFRS: *statement of changes in equity*). Diese Positionen sind erfolgswirksam als Anpassung der Einkünfte aus diesen Wertpapieren über die Restlaufzeit der umgruppierten Wertpapiere aufzulösen (vgl. IAS 39.92; FAS 115.15d). Sind die Wertänderungen des *available-for-sale financial asset* nach IAS bis dahin erfolgswirksam vereinahmt worden müssen keine Anpassungen vorgenommen werden.

- von und nach trading

Werden *held-to-maturity* Wertpapiere zu *trading* Wertpapieren umklassifiziert, sind die anfallenden unrealisierten Gewinne oder Verluste erfolgswirksam zu erfassen (vgl. IAS 39.107; FAS 115.15b). Bei *available-for-sale* Wertpapieren, die nach *trading* transferiert werden, sind die nach US-GAAP und bei erfolgsneutraler Behandlung nach IAS/IFRS direkt im Eigenkapital verbuchten unrealisierten Gewinne oder Verluste erfolgswirksam aufzulösen. Werden diese nach IAS/IFRS bei *available-for-sale financial assets* erfolgswirksam behandelt, sind keine Anpassungen nötig. Bei einer Umgruppierung aus den *trading securities* in eine andere Kategorie bleiben nach US-GAAP die bereits erfolgswirksam verbuchten Gewinne oder Verluste bestehen (vgl. FAS 115.15a). Die IAS/IFRS lassen eine Umgruppierung nur nach *trading* zu. Einmal als *trading* klassifiziert können *financial assets* nicht mehr in andere Kategorien transferiert werden (vgl. IAS 39.107). Dabei ist anzumerken, dass eine Umgruppierung in die *trading* Kategorie i. d. R. den Wechsel des Wertpapiers vom Anlage- in das Umlaufvermögen mit sich bringt.

Zero-Bonds - HGB

Festverzinsliche Wertpapiere, bei denen die Zinszahlung erst am Ende der Laufzeit in einem Betrag erfolgt (sog. Null-Kupon-Anleihen oder Zero-Bonds), sind beim Erwerber im Zeitpunkt der Ausgabe mit dem für sie verausgabten Betrag (= Anschaffungskosten) anzusetzen. Die aufgrund der kapitalabhängigen Effektivzinsberechnung ermittelten Zinsforderungen sind sodann den Wertpapieren jährlich zuzuschreiben (vgl. 6. Kapitel A II).

- IAS/IFRS/ US-GAAP

Die Bewertung von Zero-Bonds folgt der Bewertung von Gläubigerpapieren. Zero-Bonds des Anlagevermögens können als *held-to-maturity* abgegrenzt werden, sofern das Unternehmen beabsichtigt, sie bis zur Endfälligkeit zu halten. In diesem Fall hat die Bilanzierung unter Verwendung der *effective interest rate* Methode zu fortgeführten Anschaffungskosten zu erfolgen (IAS 39.73 und FAS 115.7). Beabsichtigt das Unternehmen hingegen eine Veräußerung des Zero-Bonds vor Endfälligkeit, so ist die Position zum beizulegenden Wert auszuweisen (IAS 39.69 und FAS 115.12).

Ausleihungen - HGB

Als Anschaffungskosten von Ausleihungen gilt der an den Darlehensnehmer ausgegebene Betrag. Liegt dieser unter dem Rückzahlungsbetrag, so ist der Unterschiedsbetrag als zusätzlicher Zinsertrag (Disagio) über die Laufzeit der Ausleihung zu vereinnahmen. Der Buchwert der Ausleihung ist dementsprechend durch Zuschreibungen zu erhöhen.

Bei unverzinslichen oder besonders niedrig verzinslichen langfristigen Forderungen würde der Ansatz des Auszahlungsbetrages eine Überbewertung bedeuten. Deshalb ist hier der Barwert als Anschaffungskosten anzusetzen (vgl. IDW [1996], Abschnitt F, Tz. 88). In der Steuerbilanz ergibt sich der Barwert für unverzinsliche Forderungen unter Verwendung des Diskontsatzes, des allgemeinen Zinsniveaus oder des Kreditzinssatzes (vgl. Herrmann/Heuer/Raupach [1992], § 6 EStG Anm. 936). Der Unterschiedsbetrag zwischen Auszahlungsbetrag und niedrigerem Barwert wird im Zeitpunkt der Auszahlung als sonstiger betrieblicher Aufwand unter der Position Nr. 8 der GuV nach dem Gesamtkostenverfahren ausgewiesen, da anderenfalls im Anlagespiegel der volle Zugang ausgewiesen werden müsse; er muss sodann, über die Laufzeit der Ausleihung verteilt, als Zinsertrag (Nr. 10 der GuV nach dem Gesamtkostenverfahren) vereinnahmt werden.

- IAS/IFRS/ US-GAAP

Ausleihungen gehören der Kategorie *held-to-maturity* an. Es ergeben sich keine prinzipiellen Unterschiede ihrer Bewertung im IAS/IFRS-/US-GAAP-Abschluss im Vergleich zum HGB-Abschluss.

D. Abschreibung des Anlagevermögens

I. Aufgaben und Arten der Abschreibung

Abschreibungen zur Wertangleichung

Gegenstände des Anlagevermögens können während ihrer Nutzung im Betrieb Wertminderungen unterliegen. Maschinen, Kraftwagen, Grundstücke, Gebäude, Werkzeuge, Büroeinrichtungen beispielsweise erleben durch Abnutzung, Verschleiß, technischen Fortschritt, fallende Preise oder Veränderungen der Nutzungsmöglichkeit eine Entwertung. Dieser Umstand muss berücksichtigt werden, wenn im Jahresabschluss die Vermögens- und Ertragslage des Unternehmens korrekt dargestellt werden soll. Der Wertansatz der im Wert gesunkenen Vermögensgegenstände wird mittels Abschreibungen – im Rahmen der gesetzlichen Vorschriften – korrigiert und diese Wertminderung als Aufwand in der GuV verbucht. Man kann demnach Abschreibungen als ein Mittel zur Wertangleichung der Werte des Anlagevermögens bezeichnen (statische Interpretation).

Abschreibungen zur Ausgabeverteilung

Andererseits kann man Abschreibungen primär als Mittel einer periodengerechten Erfolgsermittlung interpretieren. Ausgaben für Investitionen, die über mehrere Rechnungsperioden im Unternehmen genutzt werden, müssen entsprechend ihrem periodischen Beitrag zur Erfolgsentstehung den einzelnen Rechnungsperioden als Aufwand zugerechnet werden (dynamische Interpretation). Man kann insoweit von einer Verteilungsabschreibung sprechen.

Statische und dynamische Interpretation im geltenden Bilanzrecht: HGB/ EStR

In den geltenden bilanzrechtlichen Bestimmungen zur Abschreibung spiegeln sich beide Interpretationen wider: So folgen die für die abnutzbaren Gegenstände des Anlagevermögens handelsrechtlich vorgesehene planmäßige Abschreibung und die mit dieser korrespondierende steuerliche Absetzung für Abnutzung (AfA) und Absetzung für Substanzverringerung (AfS) der dynamischen Interpretation. Dies geht deutlich aus dem Wortlaut des § 253 Abs. 2 Satz 2 HGB (vgl. § 7 Abs. 1 Satz 1 EStG) hervor: Der Abschreibungsplan »muss die Anschaffungs- oder Herstellungskosten auf die Geschäftsjahre verteilen, in denen der Vermögensgegenstand voraussichtlich genutzt werden kann«. Demgegenüber dienen die für alle Anlagegegenstände handelsrechtlich vorgesehene außerplanmäßige Abschreibung und die mit dieser korrespondierende steuerliche Absetzung für außergewöhnliche Abnutzung bzw. die Teilwertabschreibung der Wertangleichung an einen niedrigeren, zum Bilanzstichtag beizulegenden Wert; sie beruhen demnach auf der statischen Interpretation.

Steuerliche Sonderabschreibungen

Nicht in diese Systematik einordnen lässt sich die außerplanmäßige Abschreibung auf den steuerlich zulässigen bzw. auf den zur steuerlichen Anerkennung notwendigen Wert (vgl. 2. Kapitel B II 1d) und die ihr zugrunde liegenden steuerlichen Sonderabschreibungen, da diese weder als Mittel zur periodengerechten Erfolgsermittlung noch zur Berücksichtigung eingetretener Wertminderungen charakterisiert werden können. Steuerliche Sonderabschreibungen dienen vielmehr wirtschafts- und konjunkturpolitischen Zielen und finden ausschließlich über das (umgekehrte) Maßgeblichkeitsprinzip Eingang in die Handelsbilanz.

Abschreibungsarten

Abschreibungen lassen sich lassen sich nach verschiedenen Gesichtspunkten untergliedern. Hier seien nur einige Einteilungen genannt:

Bilanzielle – kalkulatorische Abschreibungen

Neben der im weiteren zu behandelnden handels- und steuerbilanziellen Abschreibung, die ein Instrument der Finanzbuchhaltung ist, kennt man in der Kostenrechnung die kalkulatorischen Abschreibungen. Im Interesse der Substanzerhaltung wird bei den kalkulatorischen Abschreibungen vielfach von den Tageswerten der Anlagegüter ausgegangen, während die bilanziellen Abschreibungen die Anschaffungs- oder Herstellungskosten auf die Nutzungsdauer verteilen. In der Kostenrechnung können demnach mehr Abschreibungen verrechnet werden, als Anschaffungskosten angefallen sind.

Direkte – indirekte Abschreibungen

Ausweistechnisch ist zwischen direkter und indirekter Abschreibung zu unterscheiden. Setzt man die Abschreibung unmittelbar von dem Wert der Anlagegüter auf der Aktivseite ab, so spricht man von direkten Abschreibungen. Indirekte Abschreibungen liegen dann vor, wenn die Anlagegüter auf der Aktivseite mit den Anschaffungs- oder Herstellungskosten bewertet und auf der Passivseite wertberichtigt werden.

Wertberichtigungen

Die Wertberichtigungen haben den Charakter eines Korrekturpostens zu dem unveränderten Ansatz der Anschaffungs- bzw. Herstellungskosten des Vermögensgegenstandes. Scheidet der Vermögensgegenstand aus, so werden unter den Aktiva die vollen Anschaffungs- bzw. Herstellungskosten und unter den Wertberichtigungen die bisher angefallenen Abschreibungen ausgebucht. Durch den Ausweis sowohl der ursprünglichen Anschaffungs- bzw. Herstellungskosten als auch der bisher angefallenen Abschreibungen liefert das indirekte Verfahren dem Bilanzleser zwar mehr Informationen als das direkte, es führt aber auch zu einer Aufblähung der Bilanz. Ein Kompromiss besteht darin, die kumulative Abschreibung auf der Aktivseite von den ursprünglichen Anschaffungs- bzw. Herstellungskosten offen abzusetzen. Ein passivischer Ausweis der Wertberichtigungen ist für Kapitalgesellschaften nach HGB ohnehin unzulässig (vgl. Abschnitt E dieses Kapitels).

Planmäßige Abschreibungen – außerplanmäßige Abschreibungen

Betrachtet man die zugrunde liegenden Abschreibungsursachen, so bietet sich die Klassifizierung in planmäßige Abschreibungen und in außerplanmäßige Abschreibungen an. Diese Unterscheidung ist – wenn auch unter verschiedenen Bezeichnungen – sowohl im Handels- und Steuerrecht wie auch in internationalen Rechnungslegungsstandards verwirklicht. Im Folgenden wird ein Katalog möglicher Abschreibungsursachen gegeben und eine tabellarische Zuordnung der jeweils wichtigsten Ursachen zu den handels- und steuerrechtlich vorgesehenen planmäßigen Abschreibungen und außerplanmäßigen Abschreibungen vorgenommen. Dabei ist zu beachten, dass die planmäßigen Abschreibungen nur für abnutzbare Wirtschaftsgüter anzuwenden sind, während die außerplanmäßigen Abschreibungen mit Ausnahme der Absetzung für außergewöhnliche Abnutzung sowohl für abnutzbare als auch für nicht abnutzbare Vermögensgegenstände angesetzt werden können. Die Grenzen zwischen den Abschreibungsarten bezüglich der ihnen zugeordneten Ursachen in der Tabelle 3.3 sind fließend, da dieselbe Wertminderungsursache sowohl durch eine Absetzung für außergewöhnliche Abnutzung als auch durch eine Teilwertabschreibung berücksichtigt werden kann, ohne dass die Ergebnisse wesentlich voneinander abweichen.

Abschreibung des Anlagevermögens		
Abschreibungsursachen Entwertungsgrund	Handelsrecht	Steuerrecht
Normaler technischer Verschleiß, ruhender Verschleiß, Fristablauf	Planmäßige Abschreibung § 253 Abs. 2 Satz 1 und 2 HGB	Absetzung für Abnutzung (AfA) § 7 Abs. 1 Satz 1–4 EStG
Substanzverringerung		Absetzung für Substanzverringerung (AfS) § 7 Abs. 6 EStG
Katastrophenverschleiß, versteckte Mängel, erhöhte Inanspruchnahme, unterlassene Instandhaltung, Abbruch, techn. Fortschritt, sinkende Rentierlichkeit	Außerplanmäßige Abschreibung auf den niedrigeren, am Abschlussstichtag beizulegenden Wert § 253 Abs. 2 Satz 3 HGB	Außerplanmäßige Absetzung für außergewöhnliche technische oder wirtschaftliche Abnutzung (AfaA) § 7 Abs. 1 Satz 5 EStG
Voraussichtl. dauerhaftes Fallen der Wiederbeschaffungspreise, Fehlmaßnahme		Teilwertabschreibung § 6 Abs. 1 EStG
Voraussichtl. nicht dauerhaftes Fallen der Wiederbeschaffungspreise		–
Wirtschaftspolitische Gründe	Außerplanmäßige Abschreibung auf den zur steuerlichen Anerkennung notwendigen Wert § 254 HGB	• Steuerrechtliche Sonderabschreibung, z. B. § 7g EStG • Erhöhte Absetzung, z. B. § 7 i EStG • Bewertungsabschläge, z. B. § 6b EStG, R 35 EStR

Tab. 3.3: Abschreibung des Anlagevermögens nach Handels- und Steuerrecht

II. Planmäßige Abschreibung

Planmäßige Abschreibung nach HGB/EStR

Die planmäßige Abschreibung und die ihr steuerrechtlich entsprechende Absetzung für Abnutzung (AfA) und Absetzung für Substanzverringerung sind, wie schon erwähnt, Verteilungsabschreibungen. Daraus ergibt sich zwangsläufig, dass diese Abschreibungen lediglich bei denjenigen Anlagegütern vorgenommen werden können, deren Nutzung zeitlich begrenzt ist (§ 253 Abs. 2 Satz 1 HGB; § 7 Abs. 1 und 6 EStG), also nicht auf Grundstücke und Finanzanlagen.

Abschreibungsplan

Der Abschreibungsplan muss enthalten:

- die zu verteilenden Anschaffungs- bzw. Herstellungskosten,
- die voraussichtliche Nutzungsdauer des Anlagegegenstandes und
- die ausgewählte Abschreibungsmethode.

Durch den Grundsatz der Planmäßigkeit der Abschreibungen und der Stetigkeit der Bewertung (§ 252 Abs. 1 Nr. 6 HGB) soll die Vergleichbarkeit aufeinanderfolgender Jahresabschlüsse gewährleistet werden. Die Änderung des Abschreibungsplanes ist handels- wie steuerrechtlich jedoch zulässig, wenn sachliche Gründe wie etwa eine Änderung der Nutzungsdauer dies rechtfertigen. Planänderungen ergeben sich weiterhin bei einem (erlaubten) Wechsel der Abschreibungsmethode, bei nachträglichen Anschaffungs- oder Herstellungskosten sowie bei außerplanmäßigen Abschreibungen und Zuschreibungen (vgl. Abschnitt D III dieses Kapitels).

Werden die gesamten Anschaffungs- bzw. Herstellungskosten (ggf. zuzüglich nachträglicher Anschaffungs- oder Herstellungskosten) auf die Nutzungsdauer verteilt, so wird für den Vermögensgegenstand ein Wert von 0 EUR am Ende der Nutzungsdauer unterstellt. Deshalb ist es handelsrechtlich erlaubt, einen (vorsichtig) geschätzten Rest- oder Veräußerungswert (Veräußerungserlös/ Schrottwert abzüglich anfallender Abbruch- oder Veräußerungskosten) zu berücksichtigen. In der Praxis kommt dies jedoch nur sehr selten vor. Nach herrschender Meinung ist der Schrottwert sowohl in der Handels- als auch in der Steuerbilanz nur bei Gegenständen von großem Gewicht oder aus wertvollem Material zu berücksichtigen, sofern dieser im Vergleich zu den Anschaffungs- oder Herstellungskosten und absolut gesehen erheblich ist (Herrmann, C./Heuer, G./Raupach, A. [1999], § 7, Anm. 155).

Amortization und depreciation nach IAS/ IFRS und US-GAAP

IAS/IFRS und US-GAAP unterscheiden je nach zugrunde liegendem *asset* zwei Arten planmäßiger Abschreibung: Abschreibungen auf immaterielle Vermögenswerte (*intangible assets*) werden mit »*amortization*« bezeichnet, während Abschreibungen auf Gegenstände des Sachanlagevermögens mit »*depreciation*« benannt werden.

Nach IAS/IFRS ist wie nach HGB nur ein bedeutender Restwert (*residual value*) bei der Bestimmung des abzuschreibenden Betrages zu berücksichtigen (IAS 16.46). Nach der herrschenden Praxis bleibt auch nach US-GAAP ein etwaiger vorhandener Restwert (*salvage value*) regelmäßig unberücksichtigt, sofern er nicht von wesentlicher Bedeutung ist (vgl. Kieso, D. E./Weygandt, J. J./ Warfield, T. D. [2001], S. 555; KPMG [1999a], S. 83)

1. Schätzung der Nutzungsdauer

Nutzungsdauer nach HGB/ EStR

Der Wahl des Abschreibungsverfahrens geht die Schätzung der voraussichtlichen Nutzungsdauer voraus. Entscheidend ist hierbei nicht die technische Nutzungsdauer. Wenn z. B. eine Maschine 10 Jahre genutzt werden kann, ehe die Leistungsfähigkeit an Präzision eine gewisse Grenze unterschreitet, so ist es innerhalb dieser 10 Jahre durchaus möglich, dass die Maschine nicht mehr wirtschaftlich zu nutzen ist: Es kann das auf ihr gefertigte Produkt nicht mehr verkauft werden oder dieses Produkt auf einer neueren Anlage zu geringeren Kosten hergestellt werden. Für den HGB-Abschluss ist daher grundsätzlich die wirtschaftliche Nutzungsdauer relevant. Diese gilt es anhand von Erfahrungswerten zu schätzen.

AfA-Tabellen

Die Finanzverwaltung hat für die steuerlichen Abschreibungen Tabellen (AfA-Tabellen) herausgegeben, in denen die »betriebsgewöhnliche Nutzungsdauer von Anlagegütern« festgestellt ist. In begründeten Fällen kann von diesen Tabellen abgewichen werden. In aller Regel liegen die Nutzungsdauern gemäß AfA-Tabellen niedriger als die wirtschaftlichen Nutzungsdauern. Über die umgekehrte Maßgeblichkeit sind sie im HGB-Einzelabschluss i. d. R. die Grundlage der Bemessung der Abschreibungen.

Substanzverringerung

Für Rohstoffvorkommen spielen die substanzbedingten Wertminderungen eine Rolle. Es ist nicht immer einfach, die Gesamtnutzung von Erzflözen, Steinbrüchen und Kiesgruben zu schätzen. Bei dieser Art von Gegenständen des Anlagevermögens wird man weniger von einer Nutzungszeit als von einer Nutzung nach Maßgabe des Abbaues von Rohstoffen ausgehen und dementsprechend Abschreibungen vornehmen (steuerlich: Absetzung für Substanzverringerung gem. § 7 Abs. 6 EStG).

Vertragslaufzeit

Für Lizenzen und Rechte lässt sich anhand der Laufzeit der Verträge die Nutzungsdauer bestimmen, wenn nicht die wirtschaftliche Nutzungsdauer kürzer ist.

Nutzungsdauer nach IAS/IFRS und US-GAAP

Nach IAS/IFRS und US-GAAP ist die wirtschaftliche Nutzungsdauer im Unternehmen (*useful life*) für die Bestimmung des Abschreibungszeitraums ausschlaggebend. Aufgrund der im internationalen Kontext fehlenden steuerlichen Anlehnungsnotwendigkeit finden sich regelmäßig keine verbindlich vorgegebenen, standardisierte Nutzungsdauern (vgl. z. B. IAS 16.41 ff.; KPMG [1998], S. 83 f.). Durch die Abhängigkeit der bilanziellen Nutzungsdauer vom erwarteten Nutzungszeitraum im Unternehmen kommt der Unternehmenspolitik hinsichtlich der Einsatzdauer von *assets* eine entscheidende Bedeutung zu. Werden beispielsweise neue Firmenfahrzeuge des Fuhrparks grundsätzlich nach zwei Jahren weiterverkauft, so ist ihre Nutzungsdauer mit zwei Jahren anzusetzen. Insoweit kann die für Abschreibungszwecke ermittelte Nutzungsdauer erheblich kürzer sein als die wirtschaftliche Lebensdauer (*economic life*) des *asset*. In diesen Fällen ist ein mit dem *asset* verbundener Restwert entsprechend höher anzusetzen. Regelmäßig ergeben sich jedoch im Vergleich zu den relativ vorsichtigen handels- und steuerrechtlichen Vorschriften längere Abschreibungszeiträume mit korrespondierend niedrigeren jährlichen Abschreibungsbeträgen.

2. Wahl des Abschreibungsverfahrens

Abschreibungsverfahren nach HGB/EStR

Nach § 243 HGB hat der Jahresabschluss und damit auch das zu wählende Abschreibungsverfahren den Grundsätzen ordnungsmäßiger Buchführung zu entsprechen. Demnach ist beispielsweise die Wahl einer Methode unzulässig, wenn deren Abschreibungsverlauf dem Nutzungsverlauf offensichtlich widerspricht. Ebenfalls unzulässig sind Abschreibungen, die nach Maßgabe des Gewinns bemessen werden. Im Sinne einer periodengerechten Aufwandserfassung und der Bewertungsstetigkeit soll mit der Forderung nach Planmäßigkeit der Abschreibungen gerade diese Abschreibungsform unterbunden werden. Grundsätzlich sind für die Handelsbilanz sowohl die Abschreibungen nach Maßgabe der Inanspruchnahme wie auch die verschiedenen zeitbedingten Abschreibungsverfahren

– lineare, degressive und progressive Abschreibung – zulässig. Besonders häufige Anwendung finden in der Bilanzierungspraxis die lineare und degressive Abschreibungsmethode sowie eine Kombination beider, bei der zu einem im vornherein bestimmten Zeitpunkt planmäßig von der degressiven zur linearen Abschreibung übergegangen wird. Steuerlich ist der Ermessensspielraum bei der Wahl und dem Wechsel der Abschreibungsverfahren stärker eingeschränkt als handelsrechtlich. Die steuerlichen Besonderheiten werden bei der Behandlung der Abschreibungsverfahren dargestellt.

Berichtspflicht im Anhang

Die gewählten Abschreibungsverfahren sind im Rahmen der Berichterstattung über die angewandten Bilanzierungs- und Bewertungsmethoden nach § 284 Abs. 2 Nr. 1 HGB im Anhang anzugeben. Ebenso sind gem. Nr. 3 dieser Vorschrift Änderungen der Abschreibungsmethoden im Anhang anzugeben und zu begründen sowie ihr Einfluss auf die Vermögens-, Finanz- und Ertragslage darzustellen (vgl. 11. Kapitel).

Abschreibung im Zugangsjahr

Im Wirtschaftsjahr des Zugangs sind grundsätzlich nur die auf den Zeitraum zwischen Anschaffungs- oder Herstellungszeitpunkt und dem Bilanzstichtag entfallenden planmäßigen Abschreibungen zu verrechnen, wobei auf volle Monate aufgerundet werden kann. Nach R 44 Abs. 2 Satz 3 EStR durfte jedoch aus Vereinfachungsgründen bei beweglichen Anlagegütern (also nicht im Bereich des immateriellen Vermögens), die in der ersten Jahreshälfte angeschafft bzw. hergestellt wurden, die volle Jahresabschreibung, bei Zugang in der zweiten Jahreshälfte die halbe Jahresabschreibung angesetzt werden. Dieses steuerliche Wahlrecht soll jedoch im Zuge der Steueränderungen (Stand 1. Dezember 2002) abgeschafft werden.

Abschreibung im Abgangsjahr

Die Abschreibungen im Abgangsjahr sind immer zeitanteilig vorzunehmen, auch bei Gültigkeit der Vereinfachungsregel war diese auf Abgänge nicht anzuwenden (vgl. R 44 Abs. 9 Satz 1 EStR).

Abschreibungsverfahren nach IAS/IFRS /US-GAAP

Nach IAS/IFRS und US-GAAP ist grundsätzlich jede systematische Abschreibungsmethode zulässig, die den Verbrauch des wirtschaftlichen Nutzenpotenzials über die Nutzungsdauer auf rationaler Basis widerspiegelt (vgl. z. B. IAS 16.47; Kieso, D. E./Weygandt, J. J./Warfield, T. D. [2001], S. 557). Die Zweckmäßigkeit der angewandten Abschreibungsmethode ist regelmäßig zu überprüfen und gegebenenfalls anzupassen (vgl. z. B. IAS 16.52; Kieso, D. E./Weygandt, J. J./ Warfield, T. D. [2001], S. 556).

Zugang/Abgang innerhalb einer Periode nach IAS/IFRS

Die IAS/IFRS enthalten keine expliziten Regelungen für den Zugang bzw. Abgang von *assets* innerhalb einer Berichtsperiode. Nach dem Prinzip der periodengerechten Erfolgsermittlung (*accrual basis*) ist grundsätzlich eine ratierliche Erfassung angebracht.

Zugang/Abgang innerhalb einer Periode nach US-GAAP

Nach US-GAAP wird üblicherweise ebenfalls eine ratierliche Verrechnung der Abschreibungen vorgenommen. Andere Varianten sind zulässig, sofern sie stetig angewandt werden. Beispielsweise ist es zulässig, »im Jahr der Anschaffung pauschal eine Halbjahresabschreibung (*half-year-convention*) zu verrechnen und eine weitere Halbjahresabschreibung im letzten Jahr« (KPMG [1999a], S. 84; vgl. auch Niehus, R. J./Thyll, A. [2000], S. 249).

3. Abschreibung nach Maßgabe der Inanspruchnahme

Leistungsbedingte Abschreibung

Die Abschreibung nach Maßgabe der Inanspruchnahme kommt dann in Betracht, wenn die Abschreibungsursachen in der Inanspruchnahme des Gegenstandes begründet liegen, also weitgehend zeitunabhängig sind. Bei diesem Verfahren ist also nicht die Nutzungsdauer, sondern die mögliche Leistungs- bzw. Nutzungsabgabe zu schätzen, z. B. zu fahrende Kilometer, Maschinenstunden, zu produzierende Stücke. Die Anschaffungs- oder Herstellungskosten werden dann entsprechend der jährlichen Leistungsabgabe auf die einzelnen Nutzungsjahre verteilt (vgl. Beispiel in Tabelle 3.4). Der Vorteil dieser Abschreibungsmethode liegt darin, dass Jahre mit geringerer Beschäftigung nicht mit überhöhten Abschreibungen belastet werden, während der Nachteil darin besteht, dass der natürliche Verschleiß und die wirtschaftliche Entwertung keine Berücksichtigung finden.

Steuerrechtliche Zulässigkeit

Dieses handelsrechtlich erlaubte Verfahren wird für die Steuerbilanz zugelassen (§ 7 Abs. 1 Satz 4 EStG i. V. m. R 44 Abs. 5 Satz 2-4 EStR),

1. wenn es wirtschaftlich begründet ist, d. h., wenn die Leistungen des Wirtschaftsgutes in der Regel erheblich schwanken und der Verschleiß dementsprechend wesentliche Unterschiede aufweist und
2. wenn der pro Jahr anfallende Umfang der Leistung nachgewiesen werden kann, z. B. durch ein Zählwerk.

Absetzung für Substanzverringerung

Eine spezifische Anwendungsform dieser Abschreibungsmethode stellt die Absetzung für Substanzverringerung (AfS) dar, die nach § 7 Abs. 6 EStG für Abbauunternehmen, z. B. Bergbauunternehmen, Steinbrüche und Kiesgruben, vorgesehen ist, bei denen ein Verzehr der Substanz erfolgt.

Anschaffungswert des Lkw 30.000 EUR, Fahrleistung des Lkw 100.000 km Abschreibungssatz 30.000 / 100.000 = 0,30 EUR/km				
Jahr	Buchwert alt	gefahrene km	Abschreibungsbetrag	Buchwert neu
01	30.000	20.000	6.000	24.000
02	24.000	30.000	9.000	15.000
03	15.000	25.000	7.500	7.500
04	7.500	25.000	7.500	0

Tab. 3.4: Beispiel zur leistungsbedingten Abschreibung

Terminologie nach IAS/IFRS bzw. US-GAAP

In der Terminologie der IAS/IFRS wird die Leistungsabschreibung als *sum-of-the-units method* bezeichnet (IAS 16.47). In Kontext der US-GAAP spricht man inhaltsgleich von der *units-of-production method* oder von *activity method* (vgl. Kieso, D. E./Weygandt, J. J./Warfield, T. D. [2001], S. 552 f.).

4. Lineare Abschreibung

Konstanter Abschreibungsbetrag

Die Praxis arbeitet vorwiegend mit Abschreibungen, die nach Maßgabe der Zeit bemessen sind. Die einfachste Art der zeitlichen Abschreibung ist die, bei der man die Anschaffungs- oder Herstellungskosten durch die Nutzungsdauer teilt und so einen für alle Jahre der Nutzung gleichen Abschreibungsbetrag ermittelt (vgl. Beispiel in Tabelle 3.5). Gemäß § 7 Abs. 1 EStG ist die lineare Abschreibung auch in der Steuerbilanz zulässig, wobei sich der Abschreibungsbetrag durch das Maßgeblichkeitsprinzip aus dem handelsrechtlich gewählten Abschreibungssatz ergibt. Lediglich für Gebäude legte der Steuergesetzgeber generell fixierte Abschreibungssätze in Abhängigkeit vom Verwendungszweck der Gebäude fest (§ 7 Abs. 4 EStG). Die lineare Abschreibung entspricht dann der Wertänderung pro Periode, wenn eine völlig gleichmäßige Verschleißabnutzung des Vermögensgegenstandes von Anfang bis Ende der Nutzungsdauer erfolgt, was jedoch unrealistisch ist. Bei Anlagen, deren Nutzungsfähigkeit bis zum Ende der Nutzungszeit nahezu konstant bleibt und erst dann schlagartig absinkt, entspricht der Verlauf der tatsächlichen Wertminderung nicht den durch die Abschreibung ermittelten und ausgewiesenen Wertminderungen: Der Buchwert sinkt schneller als der tatsächliche Wert. Ferner berücksichtigt diese Abschreibungsmethode nicht, dass oft der Marktwert erheblich sinkt, sobald ein Vermögensgegenstand einmal in Gebrauch genommen worden ist und ebenso nicht, dass gerade in den ersten Nutzungsjahren die Gefahr der Wertminderung durch den technischen Fortschritt am größten ist. Dem Prinzip der Vorsicht entsprechen also eher Abschreibungsbeträge, die zu Beginn der Nutzung höher sind als in späteren Jahren, was bei der degressiven Abschreibung der Fall ist.

Anschaffungswert des Lkw 30.000 EUR, Nutzungsdauer des Lkw 4 Jahre Abschreibungssatz 30.000 / 4 = 7.500 EUR/Jahr			
Jahr	Buchwert alt	Abschreibungsbetrag	Buchwert neu
01	30.000	7.500	22.500
02	22.500	7.500	15.000
03	15.000	7.500	7.500
04	7.500	7.500	0

Tab. 3.5: Beispiel zur linearen Abschreibung

Terminologie nach IAS/IFRS bzw. US-GAAP

IAS/IFRS und US-GAAP sprechen bei der linearen Abschreibung von der *straight-line method.*

5. Degressive Abschreibung

Fallender Abschreibungsbetrag

Bei den degressiven Abschreibungsverfahren werden die Anschaffungs- oder Herstellungskosten eines Anlagegutes mittels sinkender Abschreibungsbeträge auf die Nutzungsdauer verteilt. In den ersten Jahren der Nutzung sinkt der Buchwert stärker als gegen Ende der Nutzungsdauer. Für diese Vorgehensweise spricht, wie ausgeführt, die Beachtung des Vorsichtsprinzips bei der Bilanzierung. Die Risiken des technischen Fortschritts sind hier – wenn auch schematisch – im Abschreibungsplan berücksichtigt, so dass außerplanmäßige Abschreibungen seltener nötig sind als bei linearer Abschreibung. Der Gesamtaufwand einer Anlage wird bei degressiver Abschreibung gleichmäßiger über die Jahre der Nutzung verteilt, weil sinkende Abschreibungsbeträge in späteren Jahren durch erhöhte Reparaturaufwendungen ausgeglichen werden. Stärker als bei der linearen Abschreibung ist allerdings hier die Diskrepanz zwischen Gebrauchswert und Buchwertentwicklung bei den Anlagegütern, deren Gebrauchswert erst gegen Ende der Nutzungsdauer rasch abfällt. In den Jahren der geringsten Abnutzung werden dann nämlich die höchsten Abschreibungsbeträge verrechnet. Wenn die Nutzungsabgabe während der Nutzungsdauer konstant ist, bewirkt die degressive Abschreibung – verglichen mit der linearen – eine Gewinnverlagerung in die Zukunft.

Steuerstundungseffekt

Soweit die degressive Abschreibung steuerlich zulässig ist, bewirkt sie in den ersten Nutzungsjahren aufgrund vergleichsweise höherer Abschreibungen geringere Steuerzahlungen als die lineare Abschreibung und in späteren Jahren aufgrund niedrigerer Abschreibungen höhere Steuerzahlungen. Dieser Steuerstundungseffekt ist um so größer, je größer der Barwert der verrechneten Abschreibungsbeträge im Zeitpunkt des Abschreibungsbeginns ist. Die Wahl der Abschreibungsmethode ist deshalb sowohl ein Instrument der Bilanz- als auch Finanzpolitik.

Geometrisch-degressive Abschreibung

Bei den degressiven Abschreibungsmethoden unterscheidet man die geometrische und die arithmetische. Bei der geometrisch-degressiven Abschreibung (Buchwertabschreibung) wird mittels eines festgelegten Abschreibungsprozentsatzes vom Buchwert abgeschrieben. Diese Methode führt besonders bei kurzer Nutzungsdauer zu einem relativ hohen Restwert, der zusammen mit der letzten Abschreibungsrate oder – bei weiterer Nutzung – mit Hilfe der linearen Methode abgeschrieben wird. Wegen des relativ hohen Restbuchwertes am Ende der planmäßigen Nutzungsdauer geht man meist schon während der Nutzungsdauer zur linearen Methode über. Damit wird erreicht, dass der Vermögensgegenstand mit möglichst hohen Abschreibungsbeträgen restlos abgeschrieben wird. Im Zeitpunkt des Übergangs bemisst sich die lineare Abschreibung nach Restbuchwert und Restnutzungsdauer des Anlagegegenstandes (vgl. Beispiel in Tabelle 3.6).

Terminologie nach IAS/IFRS bzw. US-GAAP

IAS/IFRS bzw. US-GAAP bezeichnen die geometrisch-degressive Abschreibung als *deminishing balance method* (IAS/IFRS) bzw. *declining balance method* (US-GAAP).

Abschreibung auf einen Restwert

Bei der reinen degressiven Abschreibungsmethode kommt es nicht zur vollständigen Abschreibung auf 0 EUR. Soll auf einen vorgegebenen Restwert abgeschrieben, d. h., die Differenz zwischen Anschaffungskosten (A) und Restwert am Ende der Nutzungsdauer (R_n) auf die Jahre der Nutzungsdauer (n) verteilt werden, so errechnet man den Abschreibungssatz (p) nach folgender Formel:

$$p = 100 \times \left(1 - \sqrt[n]{\frac{R_n}{A}}\right)$$

Steuerliche Zulässigkeit

In der Steuerbilanz ist die geometrisch-degressive Abschreibung für bewegliche Anlagegegenstände zugelassen (§ 7 Abs. 2 EStG). Allerdings begrenzt § 7 Abs. 2 Satz 2 EStG den Abschreibungsprozentsatz für bewegliche Anlagegüter

1. auf das Doppelte desjenigen Satzes, der sich bei linearer Abschreibung ergibt, und unabhängig davon
2. auf maximal 20 v. H.

Anschaffungskosten 100.000 EUR, Nutzungsdauer 10 Jahre							
Abschreibung: geometrisch-degressiv				Restbuchwert bei optimaler Vorgehensweise	Berechnung des Übergangs zur linearen Abschreibung		
Jahr	Buchwert alt	Satz	geometrisch degressiver Abschreibungsbetrag		Buchwert aus geom.-degress. Abschreibung	Restnutzungsdauer	linearer Abschreibungsbetrag: $\frac{\text{Buchwert}}{\text{Restnutzungsdauer}}$
01	100.000	20 %	20.000	80.000	100.000	10 Jahre	10.000
02	80.000	20 %	16.000	64.000	80.000	9 Jahre	8.889
03	64.000	20 %	12.800	51.200	64.000	8 Jahre	8.000
04	51.200	20 %	10.240	40.960	51.200	7 Jahre	7.314
05	40.960	20 %	8.192	32.768	40.960	6 Jahre	6.827
06	32.768	20 %	6.554	26.214	32.768	5 Jahre	6.554
07	26.214	20 %	5.243	19.660		4 Jahre	6.554
08	19.660	20 %	3.932	13.106		3 Jahre	6.554
09	13.106	20 %	2.621	6552		2 Jahre	6.554
10	6.552	20 %	1.310	0			6.552
Fazit: Ab Jahr 06 ist der Abschreibungsbetrag aus linearer Abschreibung erstmals höher als der (bzw. gleich dem) aus geometrisch-degressiver Abschreibung. Die größtmögliche Steuerstundung erfolgt daher bei einem Wechsel der Abschreibungsart im Jahr 06.							

Tab. 3.6: Beispiel zur Kombination degressiver und linearer Abschreibung

Kombination von geometrisch-degressiver mit linearer Abschreibung

Der Übergang von der geometrisch-degressiven zur linearen Abschreibung ist auch steuerrechtlich zulässig, nicht jedoch umgekehrt (§ 7 Abs. 3 EStG). Im Hinblick auf die größtmögliche Steuerstundung ist es üblich, von der geometrisch-degressiven Abschreibung dann zur linearen überzugehen, wenn der Abschreibungsbetrag (max. 20 % vom Restbuchwert) unter den der linearen (Restbuchwert/Restnutzungsdauer) sinkt.

Bei Anwendung der geometrisch-degressiven Abschreibung ist eine Absetzung für außergewöhnliche technische oder wirtschaftliche Abnutzung (AfaA) nicht zulässig (§ 7 Abs. 2 Satz 4 EStG).

Degressive Gebäudeabschreibung

Von der geometrisch-degressiven Abschreibung zu unterscheiden ist die sog. degressive Gebäudeabschreibung, bei der mittels fallender Prozentsätze von den Anschaffungs- oder Herstellungskosten abgeschrieben wird (§ 7 Abs. 5 EStG, R 42a Abs. 7 EStR). Diese vom Steuergesetzgeber eingeräumte alternative Abschreibungsmethode stellt ein Bewertungswahlrecht dar und ist deshalb aufgrund des umgekehrten Maßgeblichkeitsprinzips gemäß § 5 Abs. 1 Satz 2 EStG in der Steuerbilanz nur dann zulässig, wenn sie auch entsprechend in der Handelsbilanz Anwendung findet.

Arithmetisch-degressive Abschreibung

Bei der arithmetisch-degressiven Abschreibung fallen die jährlichen Abschreibungsbeträge jeweils um denselben Betrag (Degressionsbetrag). Dieser kann in Abhängigkeit von dem gewünschten Restbuchwert am Ende der planmäßigen Nutzungsdauer und der ersten Abschreibungsrate bestimmt werden. Soll der Vermögensgegenstand genau mit der letzten Rate restlos abgeschrieben werden, so bedient man sich der digitalen Abschreibung, einer Sonderform der arithmetisch-degressiven Methode (vgl. Beispiel in Tabelle 3.7).

Terminologie nach US-GAAP

Die arithmetisch-degressive Abschreibung wird im US-GAAP Kontext als *sum-of-the-years'-digits method* bezeichnet.

Anschaffungswert: 20.000 EUR, Nutzungsdauer 4 Jahre Degressionsbetrag = 20.000 / (1+2+3+4) = 2.000			
Jahr	Buchwert alt	Abschreibungsbetrag	Buchwert neu
01	20.000	4 x 2.000 = 8.000	12.000
02	12.000	3 x 2.000 = 6.000	6.000
03	6.000	2 x 2.000 = 4.000	2.000
04	2.000	1 x 2.000 = 2.000	0

Tab. 3.7: Beispiel zur digitalen Abschreibung

Steuerliche Zulässigkeit

In der Steuerbilanz sind neben der geometrisch-degressiven Abschreibung keine anderen degressiven Verfahren, wie etwa die digitale Abschreibung, zulässig.

6. Progressive Abschreibung

Steigende Abschreibungsbeträge

Bei dem Verfahren der Abschreibung mit steigenden Jahresbeträgen (progressive Abschreibung) werden die ersten Jahre der Nutzung weniger mit Abschreibungen belastet als die letzten Jahre. Die Abschreibungsbeträge können in arithmetischer oder geometrischer Folge steigen. Diese Methode wird z. B. bei Anlagegütern angewandt, die bis zu ihrer Nutzung eine längere Anlaufzeit benötigen, wie z. B. Obstplantagen, Verkehrs- und Versorgungsbetriebe.

Zulässigkeit

Soweit die Grundsätze ordnungsmäßiger Buchführung (insbesondere die zutreffende Erfassung des Werteverzehrs und das Vorsichtsprinzip) beachtet werden, ist eine progressive Abschreibung handelsrechtlich erlaubt, sie ist aber in der Praxis äußerst selten zu finden. Auch in IAS/IFRS und US-GAAP-Abschlüssen ist sie unüblich. In der Steuerbilanz ist die progressive AfA nicht zulässig.

III. Außerplanmäßige Abschreibung

Außergewöhnliche Wertminderungen nach HGB

Im Gegensatz zur planmäßigen Abschreibung erstreckt sich der Anwendungsbereich der außerplanmäßigen Abschreibung auf das gesamte Anlagevermögen, also sowohl auf abnutzbare als auch nicht abnutzbare Anlagegegenstände. Die außerplanmäßige Abschreibung auf den beizulegenden Wert (vgl. 2. Kapitel B II 1a) dient dabei der Berücksichtigung außergewöhnlicher Wertminderungen und soll die Überbewertung von Vermögensgegenständen verhindern. Diese Wertminderungen können ihren Grund z. B. darin haben, dass die technische Kapazität einer Anlage überschätzt wurde oder unvorhergesehen nachgelassen hat. Als weitere Ursachen einer außerplanmäßigen Wertminderung sind gesunkene Wiederbeschaffungspreise, Katastrophenverschleiß sowie die durch technischen Fortschritt oder Nachfragerückgang bedingte mangelnde Verwendbarkeit eines Vermögensgegenstandes zu nennen.

Gemildertes Niederstwertprinzip

Für die Gegenstände des Anlagevermögens gilt dabei das gemilderte Niederstwertprinzip. Danach müssen Wertminderungen bei Vermögensgegenständen nur dann durch außerplanmäßige Abschreibungen berücksichtigt werden, falls die Wertminderungen voraussichtlich von Dauer sind (§ 253 Abs. 2 Satz 3 HGB). Bei voraussichtlich nicht dauerhafter Wertminderung dürfen Kapitalgesellschaften diese außerplanmäßigen Abschreibungen nur bei Gegenständen des Finanzanlagevermögens vornehmen (§ 279 Abs. 1 Satz 2 HGB). Für Einzelkaufleute und Personenhandelsgesellschaften gilt dagegen das Abschreibungswahlrecht für das gesamte Anlagevermögen.

Dauerhaftigkeit der Wertminderung

Als dauerhaft gilt eine Wertminderung beim abnutzbaren Anlagevermögen dann, wenn während eines erheblichen Teils der Restnutzungsdauer der beizulegende Wert des Vermögensgegenstandes unter dem Wert liegt, der sich bei planmäßiger Abschreibung ergibt (vgl. Beck'scher Bilanzkommentar [1999], § 253 Tz. 295). Bei nicht abnutzbaren Vermögensgegenständen ist die Wertminderung besonders sorgfältig zu prüfen und im Zweifel eher eine dauerhafte Wertminderung anzunehmen, da hier ein möglicher Bewertungsfehler nicht automatisch durch planmäßige Abschreibungen im Zeitablauf korrigiert wird (vgl. ADS [1995], § 253 Tz. 478).

Planmäßige Abschreibung nach außerordentlicher Wertminderung

Werden bei abnutzbaren Vermögensgegenständen außerplanmäßige Abschreibungen vorgenommen, so besteht handelsrechtlich die Pflicht, danach wieder planmäßig abzuschreiben. Die Vorgehensweise richtet sich dabei nach der Ursache der Wertminderung. Der Restbuchwert ist auf die unverkürzte Restnutzungsdauer zu verteilen, wenn die Nutzungsmöglichkeiten des Vermögensgegen-standes nur wertmäßig und nicht mengenmäßig abgenommen haben. Die Restnutzungsdauer wird dagegen verkürzt, wenn der Nutzungsvorrat auch mengenmäßig abgenommen hat (vgl. Beispiel in Tabelle 3.8).

Anschaffungswert 120.000 EUR, Nutzungsdauer 12 Jahre. Lineare Abschreibung. Außerordentliche Wertminderung im 6. Jahr um 20.000 EUR und Verkürzung der Nutzungsdauer auf insgesamt 8 Jahre.			
Jahr	Buchwert alt	Abschreibungsbetrag	Buchwert neu
01	120.000	10.000	110.000
02	110.000	10.000	100.000
03	100.000	10.000	90.000
04	90.000	10.000	80.000
05	80.000	10.000	70.000
06	70.000	30.000	40.000
07	40.000	20.000	20.000
08	20.000	20.000	0

Tab. 3.8: Beispiel zur außerplanmäßigen Abschreibung und Verkürzung der Nutzungsdauer

Steuerrechtlich bedingte Mehrabschreibungen

Im Unterschied zur außerplanmäßigen Abschreibung auf den (niedrigeren) beizulegenden Wert, durch die Überbewertungen verhindert werden sollen, führt die außerplanmäßige Abschreibung auf den zur steuerlichen Anerkennung notwendigen Wert (§ 254 i. V. m. § 279 Abs. 2 HGB) zu einer Unterbewertung in der Handelsbilanz. Sie dient nicht der Erfassung von Wertminderungen, sondern soll den Unternehmen die Inanspruchnahme steuerrechtlich bedingter Mehrabschreibungen ermöglichen, die aufgrund des (umgekehrten) Maßgeblichkeitsprinzips einen entsprechenden Wertansatz in der Handelsbilanz voraussetzen. Die steuerrechtlich bedingte Mehrabschreibung ergibt sich als Differenz zwischen handelsrechtlich begründbarer Abschreibung (§ 253 HGB) und der nur steuerrechtlich zulässigen Abschreibung. Als nur steuerrechtlich zulässige Abschreibungen gelten in diesem Zusammenhang:

- Steuerrechtliche Sonderabschreibungen, die zusätzlich zur linearen AfA (die degressive AfA ist bei diesen steuerrechtlichen Sonderabschreibungen nicht zulässig, vgl. § 7a Abs. 4 EStG) gewährt werden, z. B. § 7g EStG (vgl. ADS [1995], § 254 Tz. 21),
- erhöhte Absetzungen, die an Stelle der normalen AfA nach § 7 EStG gewährt werden, z. B. § 7i EStG (vgl. ADS [1995], § 254 Tz. 18 ff.) sowie
- Bewertungsabschläge von den Anschaffungs- oder Herstellungskosten z. B. § 6b EStG, R 35 EStR (vgl. Küting, K./Weber, C.-P. [1995], § 254 Tz. 37).

Das Ziel dieser steuerlichen Vergünstigungen besteht darin, die Steuerpflichtigen über eine Verschiebung des Steuerbilanzgewinnes in spätere Perioden und der damit verbundenen zinslosen Steuerstundung zu wirtschafts- und sozialpolitisch erwünschten Investitionen anzuregen.

Wahlrecht zum Ausweis im Sonderposten mit Rücklageanteil

Neben der Möglichkeit der direkten Absetzung auf der Aktivseite gewährt § 281 Abs. 1 HGB Kapitalgesellschaften das Wahlrecht, diese Abschreibungen auch indirekt in der Weise vorzunehmen, dass der Unterschiedsbetrag zwischen handelsrechtlich gebotener und steuerlich zulässiger Abschreibung als Wertberichtigung in den Sonderposten mit Rücklageanteil eingestellt wird (vgl. 2. Kapitel B II 1d). Die Wertberichtigung ist unbeschadet der steuerlichen Vorschriften aufzulösen, falls der betreffende Vermögensgegenstand aus dem Unternehmen ausscheidet bzw. die steuerlichen Abschreibungen durch handelsrechtliche ersetzt werden (vgl. Beispiel in Tabelle 3.9). Nach § 281 Abs. 2 Satz 2 HGB sind die Einstellungen in den Sonderposten unter den sonstigen betrieblichen Aufwendungen und die Erträge aus der Auflösung des Sonderpostens unter den sonstigen betrieblichen Erträgen der GuV gesondert auszuweisen oder im Anhang anzugeben. Durch das Ausweiswahlrecht wird somit Kapitalgesellschaften die Möglichkeit gegeben, die durch steuerrechtliche Mehrabschreibungen bedingte Verfälschung des Vermögensausweises zu vermeiden bzw. die der Ertragslage offen zu legen.

Darüber hinaus lösen steuerliche Mehrabschreibungen umfangreiche Berichtspflichten im Anhang aus (vgl. 2. Kapitel B II 1d).

Anschaffungskosten 120.000 EUR; Nutzungsdauer 6 Jahre; lineare Abschreibung; Bewertungabschlag im Zugangsjahr i. H. v. 60.000 EUR; Verkauf am Ende des 4. Jahres zum Restbuchwert						
Jahr	handelsrechtliche Abschreibung[1)]	steuerlich zulässige AfA[2)]	Einstellung in bzw. Auflösung(–) Sonderposten	Buchwert »Maschine« 31.12.	Buchwert »Sonderposten« 31.12.	In der GuV erfasste Ergebnisminderung(–) bzw. -erhöhung
01	20.000	70.000	50.000	100.000	50.000	–70.000
02	20.000	10.000	–10.000	80.000	40.000	–10.000
03	20.000	10.000	–10.000	60.000	30.000	–10.000
04	20.000	10.000	–30.000	0	0	+10.000

1) $\frac{120.000}{6} = 20.000$ p.a.

2) 60.000 EUR Bewertungsabschlag im 1. Jahr; zusätzlich planmäßige Abschreibung in Höhe von $\frac{120.000 - 60.000}{6} = 10.000$ p.a.

Tab. 3.9: Beispiel zum indirekten Ausweis eines Bewertungsabschlages in Form einer übertragenen stillen Reserve gemäß R 35 EStR

Geringwertige/ kurzlebige Wirtschaftsgüter

Nach § 6 Abs. 2 EStG (R 40 EStR) dürfen geringwertige Wirtschaftsgüter (kurz: GWG), die abnutzbar und einer selbständigen Nutzung fähig sind, im Jahr des Zugangs voll abgeschrieben werden, wenn die Anschaffungs- oder Herstellungskosten, vermindert um die darin enthaltene Umsatzsteuer, für das einzelne Anlagegut 410,- EUR nicht übersteigen. Beispiele sind Schreib-, Rechenmaschinen, Werkzeuge usw. Dieses Bewertungswahlrecht ist durch die im § 5 Abs. 1 Satz 2 EStG verankerte umgekehrte Maßgeblichkeit in Handels- und Steuerbilanz identisch auszuüben. Anlagegüter mit Anschaffungs- oder Herstellungskosten unter 60,- EUR sowie kurzlebige Anlagegüter (Nutzungsdauer allenfalls unwesentlich länger als ein Jahr) müssen überhaupt nicht als Zugang erfasst werden, sondern dürfen sofort als Aufwand verbucht werden.

Wertaufholung

Falls die Gründe für eine außerplanmäßige Abschreibung in späteren Jahren wieder entfallen, gewährt das Handelsrecht (§ 253 Abs. 5 HGB) nur Einzelkaufleuten und Personenhandelsgesellschaften ein uneingeschränktes Beibehaltungswahlrecht. Kapitalgesellschaften müssen dagegen bei abnutzbaren Vermögensgegenständen im Umfang der entfallenen Wertminderung Zuschreibungen vornehmen, um danach wieder planmäßig abzuschreiben (§ 280 Abs. 1 HGB). Als Höchstgrenze der möglichen Zuschreibung gelten dabei die Anschaffungs- oder Herstellungskosten abzüglich der planmäßigen Abschreibungen, die bis zu diesem Zeitpunkt vorzunehmen gewesen wären. Zuschreibungen sind grundsätzlich nur zur Rückgängigmachung außerplanmäßiger Abschreibungen zulässig. Zuschreibungen zur Korrektur überhöhter planmäßiger Abschreibungen sind dagegen nicht möglich, da im Rahmen einer Änderung des Abschreibungsplanes nur künftige, nicht jedoch bereits verrechnete Abschreibungen geändert werden können (vgl. ADS [1995], § 253 Tz. 605). Das handelsrechtliche Wertaufholungsgebot korrespondiert mit der steuerrechtlichen Vorschrift, dass Teilwertabschreibungen nur beibehalten werden dürfen, wenn auch weiterhin eine voraussichtlich dauerhafte Wertminderung gegeben ist (vgl. nächster Absatz).

Teilwertabschreibung

Der außerplanmäßigen Abschreibung auf den niedrigeren beizulegenden Wert entspricht im Steuerrecht die Absetzung für außergewöhnliche technische oder wirtschaftliche Abnutzung (§ 7 Abs. 1 Satz 6 EStG) für abnutzbare Wirtschaftsgüter sowie die Teilwertabschreibung (§ 6 Abs. 1 Nr. 1 und 2 EStG) für abnutzbare und nicht abnutzbare Wirtschaftsgüter. Die Absetzung für außergewöhnliche Abnutzung (AfaA) hat dabei Vorrang vor der Teilwertabschreibung, d. h., der Teilwert darf erst dann angesetzt werden, falls er niedriger als der Wert ist, der sich bei Vornahme einer außergewöhnlichen Absetzung ergeben würde. Dies ergibt sich aus § 6 Abs. 1 Nr. 1 EStG, wo bei der Definition des mit dem Teilwert zu vergleichenden Buchwerts die erhöhte Absetzung explizit genannt ist. Mit dem Steuerentlastungsgesetz 1999/2000/2002 hat sich bezüglich der Teilwertabschreibung jedoch eine gewichtige Änderung ergeben (§ 6 Abs. 1 EStR). War bisher eine Teilwertabschreibung bei unter dem Buchwert liegendem Teilwert generell möglich, gilt für alle nach dem 31.12.1998 endende Wirtschaftsjahre das Wahlrecht zur Teilwertabschreibung nur noch bei voraussichtlich dauernder Wertminderung. Außerdem ist zur Beibehaltung des niedrigeren Teilwerts in Folgejahren jeweils ein unter dem Buchwert liegender Teilwert erneut nachzuweisen.

Absetzung für außergewöhnliche Abnutzung (AfaA)

Ebenfalls an Bedeutung gewonnen hat die Unterscheidung zwischen AfaA und Teilwertabschreibung, da die Absetzung für außergewöhnliche technische oder wirtschaftliche Abnutzung auch bei nur vorübergehender Wertminderung vorgenommen werden darf. Außergewöhnliche Abnutzungen sind gegeben, wenn – entsprechend den o. g. Ursachen außerordentlicher Wertminderungen – durch technische oder wirtschaftliche Einwirkungen auf das Wirtschaftsgut dessen Nutzung oder Nutzungsdauer beeinträchtigt wird. Die Berücksichtigung der außergewöhnlichen Abnutzung erfolgt ebenfalls je nach den Ursachen durch einmalige Abschreibung und/oder Verkürzung der Restnutzungsdauer. Alle Umstände, die zu einer außergewöhnlichen Abnutzung führen, beeinflussen auch den Teilwert, sofern nicht die Wiederbeschaffungskosten gestiegen sind. Ein niedrigerer Teilwert ergibt sich insbesondere bei sinkenden Wiederbeschaffungskosten oder falls sich die Anschaffung als Fehlinvestition herausstellt (zur Ermittlung des Teilwertes vgl. 2. Kapitel B I 6).

Maßgeblichkeit der Handels- für die Steuerbilanz

Gem. § 5 Abs. 1 EStG ist für die Steuerbilanz der Handelsbilanzansatz maßgeblich, sofern nicht eine abweichende Bewertung zwingend vorgeschrieben ist. Das im Steuerrecht vorgesehene Wahlrecht zur Vornahme von Absetzungen für außergewöhnliche Abnutzungen bzw. Teilwertabschreibungen (bei voraussichtlich dauernder Wertminderung) wird deshalb zur Abschreibungspflicht, falls in der Handelsbilanz aufgrund einer voraussichtlich dauerhaften Wertminderung eine außerplanmäßige Abschreibung vorgenommen werden muss. Andererseits können aufgrund des Maßgeblichkeitsprinzips die »außerordentlichen« Abschreibungen in der Steuerbilanz auch nicht höher sein als die in der Handelsbilanz.

Außerplanmäßige Abschreibung nach IAS/IFRS und US-GAAP

Wie bereits dargestellt, ist nach IAS/IFRS und US-GAAP eine eingetretene Wertminderung (*impairment*) zwingend durch eine außerplanmäßige Abschreibung zu berücksichtigen. Dabei ist die voraussichtliche Dauer der Wertminderung unerheblich.

Verminderte Wertansätze, die auf rein steuerrechtlich zulässige Abschreibungen zurückzuführen sind, dürfen nach IAS/IFRS und US-GAAP nicht in den Jahresabschluss übernommen werden. Eine Verkettung von Steuerbilanz und Handelsbilanz durch die umgekehrte Maßgeblichkeit ist diesen Normensystemen fremd.

Geringwertige Wirtschaftsgüter
- nach IAS/IFRS

In den IAS/IFRS ist die Behandlung von geringwertigen Wirtschaftsgütern nicht explizit festgelegt. Als *assets* unterliegen sie grundsätzlich der allgemeinen Aktivierungspflicht, wobei ihre Abnutzung durch planmäßige Abschreibungen über die Nutzungsdauer zu erfassen ist. Ausgehend von der Berücksichtigungsschwelle in Form des Grundsatzes der Wesentlichkeit (*materiality*) wird jedoch auch nach IAS/IFRS eine sofortige Aufwandsverbuchung zulässig sein, sofern dadurch nicht die wirtschaftliche Entscheidungsfindung des Bilanzlesers beeinflusst wird.

- nach US-GAAP

Aus Vereinfachungsgründen wird auch in der Bilanzierungspraxis nach US-GAAP eine sofortige Aufwandsverrechnung von *assets* mit einem verhältnismäßig geringem Wert (z. B. zwischen $ 100 und $ 2.000) als zulässig angesehen (vgl. KPMG [1999a], S. 82).

Sofern die Gründe, die zu einer außerplanmäßigen Abschreibung geführt haben, voraussichtlich dauerhaft entfallen, ist nach IAS/IFRS – wie bereits dargestellt – grundsätzlich eine Zuschreibung vorzunehmen (IAS 36.99).

Wertaufholung - nach IAS/IFRS

Im Gegensatz hierzu besteht nach US-GAAP grundsätzlich ein Wertaufholungsverbot, auch wenn der *fair value* eines *asset held for use* wieder steigt (FAS 144.15). Anders bei *assets held for disposal by sale*: Hier muss bei einem Anstieg des *fair value* eine erfolgswirksame Wertaufholung erfolgen. Die Obergrenze für die Zuschreibung ist der Buchwert vor der Abwertung (vgl. FAS 144.37).

- nach US-GAAP

E. Anlagespiegel

Anlagespiegel nach HGB

Im Interesse der Bilanzklarheit müssen Kapitalgesellschaften gem. § 268 Abs. 2 HGB in der Bilanz oder im Anhang die Entwicklung der im Anlagevermögen gesondert auszuweisenden Positionen sowie der Position »Aufwendungen für die Ingangsetzung und Erweiterung des Geschäftsbetriebs« in einem sog. Anlagespiegel darstellen. Ausgehend von den gesamten (historischen) Anschaffungs- und Herstellungskosten sind die Zugänge, Abgänge, Umbuchungen und Zuschreibungen des Geschäftsjahres sowie die Abschreibungen in ihrer gesamten Höhe gesondert auszuweisen. Unter Einbeziehung des Endbestandes des Geschäftsjahres bzw. des Vorjahres (Angabepflicht nach § 265 Abs. 2 HGB) und der ebenfalls gesondert anzugebenden Abschreibung des Geschäftsjahres ergibt sich die aus Abbildung 3.10 ersichtliche, als direkte Bruttomethode bezeichnete Darstellungsform des Anlagespiegels (vgl. ADS [1995], § 268 Tz. 45).

Anschaffungs-/ Herstellungskosten	Zugänge +	Abgänge -	Umbuchungen +/-	Zuschreibungen +	Abschreibungen (kumuliert) -	Restbuchwert 31.12...	Restbuchwert Vorjahr	Abschreibungen im Geschäftsjahr 20...

Tab. 3.10: Darstellungsform des Anlagespiegels bei direkter Bruttomethode

Im Anlagespiegel sind zunächst sämtliche im Unternehmen vorhandenen Anlagegegenstände mit ihren historischen (ursprünglichen) Anschaffungs- oder Herstellungskosten auszuweisen. Dies gilt auch für bereits vollständig abgeschriebene Vermögensgegenstände.

Zugänge

»Zugang« ist jeder tatsächliche, d. h. mengenmäßige und nicht nur wertmäßige Zugang von Vermögensgegenständen. Entsprechendes gilt für den »Abgang«. Die Zu- und Abgänge beziehen sich nur auf das jeweilige Geschäftsjahr und werden im folgenden Geschäftsjahr mit den »Anschaffungs- und Herstellungskosten« saldiert. Ein Ausweis als Zugang ist auch dann erforderlich, wenn Gegenstände– wie z. B. die geringwertigen Wirtschaftsgüter – bereits im Jahr des Zugangs in voller Höhe abgeschrieben werden. Anlagegüter mit Anschaffungs- oder Herstellungskosten unter 60,– EUR und sog. kurzlebige Anlagegüter (Nutzungsdauer allenfalls unwesentlich länger als ein Jahr) dürfen dagegen sofort als Aufwand verbucht werden und müssen nicht als Zugang erfasst werden.

Festwert

Dies gilt auch für Ersatzbeschaffungen von Vermögensgegenständen des Sachanlagevermögens, die gem. § 240 Abs. 3 HGB mit einem Festwert bewertet werden (vgl. Abschnitt. C II dieses Kapitels). Die Verbuchung eines Zugangs bzw. Abgangs wird erst dann erforderlich, wenn der Festwert aufgrund wesentlicher Veränderungen des tatsächlichen Bestandes neu festgesetzt werden muss. Reine Wertminderungen sind unter den Abschreibungen zu erfassen (vgl. ADS [1995], § 268 Tz. 78).

Abgänge

Im Fall des körperlichen Ausscheidens von Vermögensgegenständen aus dem Unternehmen werden nicht nur die jeweiligen Restbuchwerte, sondern statt dessen die ursprünglich aktivierten historischen Anschaffungs- oder Herstellungskosten in voller Höhe unter den Abgängen erfasst. Die auf die ausgeschiedenen Vermögensgegenstände entfallenden kumulierten Abschreibungen müssen deshalb im Jahr des Abgangs aus der entsprechenden Spalte des Anlagespiegels eliminiert werden.

Geringwertige Wirtschaftsgüter, immaterielle Anlagewerte

Werden geringwertige Wirtschaftsgüter im Jahr des Zugangs in voller Höhe abgeschrieben, müssten die dabei angefallenen Anschaffungs- bzw. Herstellungskosten und entsprechenden Abschreibungen gleichwohl bis zu ihrem Ausscheiden im Anlagespiegel ausgewiesen werden. Da der damit verbundene Kontroll- und Buchungsaufwand im Widerspruch zur ursprünglich beabsichtigten Vereinfachungsregelung steht, ist es zulässig, im Jahr der Vollabschreibung gleichzeitig den Abgang des geringwertigen Wirtschaftsgutes zu buchen. Bei aktivierten immateriellen Vermögensgegenständen und den als Bilanzierungshilfe aktivierten »Aufwendungen für die Ingangsetzung und Erweiterung des Geschäftsbetriebes« erfolgt grundsätzlich kein körperlicher Abgang. Um zu verhindern, dass diese Positionen über die gesamte Lebensdauer der Unternehmung ausgewiesen werden müssen, kann der Abgang im Jahr der letzten Abschreibung auf die betreffende Position fingiert und gebucht werden.

Umbuchungen

Umbuchungen erfolgen nicht aufgrund von Mengen- oder Wertänderungen des Anlagevermögens, sondern beinhalten lediglich die Umgliederung bereits vorhandener Anlagewerte auf andere Positionen des Anlagespiegels. So sind z. B. Anlagen im Bau nach ihrer Fertigstellung auf die entsprechende Position des Anlagevermögens umzubuchen. Die Umbuchungen beziehen sich wie die Zu- und Abgänge nur auf das jeweilige Geschäftsjahr. Da in der Umbuchungsspalte – dem Bruttoausweis entsprechend – die historischen Anschaffungs- bzw. Herstellungskosten des umzubuchenden Vermögensgegenstandes erfasst werden, sind die ggf. darauf entfallenden kumulierten Abschreibungen ebenfalls auf die entsprechende Position umzugliedern.

Zuschreibungen

Zuschreibungen dienen der Korrektur von in früheren Jahren vorgenommenen außerplanmäßigen Abschreibungen (vgl. 2. Kapitel B II 1e). Abnutzbare Vermögensgegenstände sind in diesem Fall in der Schlussbilanz mit dem Wert anzusetzen, der sich bei Anwendung des ursprünglichen Abschreibungsplanes zum Endes des Geschäftsjahres ergeben hätte. Wird lediglich die Differenz zwischen den jeweiligen Restbuchwerten als Zuschreibung erfasst, so führt dies zu dem wenig sinnvollen Ergebnis, dass für den betreffenden Vermögensgegenstand trotz stattgefundener Abnutzung keine Jahresabschreibung ausgewiesen wird. Deshalb ist aus den Abschreibungsbeträgen vor und nach Zuschreibung entsprechend dem Zeitpunkt der Werterhöhung die Jahresabschreibung zu berechnen und der Zuschreibungsbetrag dementsprechend zu erhöhen. Unter den Zuschreibungen ist auch die erstmalige Aktivierung (z. B. aufgrund einer steuerlichen Betriebsprüfung) von Vermögensteilen zu erfassen, deren Aktivierung im Jahr des Zugangs unterlassen wurde (vgl. ADS [1995], § 268 Tz. 55); derartige Nachaktivierungen sind aber in der Folgeperiode nicht mit den kumulierten Abschreibungen zu verrechnen, sondern müssen in die Spalte der historischen Anschaffungs- und Herstellungskosten übernommen werden. Im Unterschied dazu sind Aufwendungen für bereits aktivierte Anlagewerte, die als nachträgliche Herstellungsaufwendungen zu aktivieren sind, unter den Zugängen zu erfassen, da hier eine mengenmäßige Ausweitung des Anlagevermögens stattfindet (vgl. ADS [1995], § 268 Tz. 54 f.).

Saldierung der Zuschreibungen

Die Zuschreibungen sind im folgenden Geschäftsjahr mit den kumulierten Abschreibungen zu saldieren. Obwohl diese Vorgehensweise bei wörtlicher Auslegung dem Saldierungsverbot des § 246 Abs. 2 HGB widerspricht, ist sie vom Gesetzgeber ausdrücklich vorgesehen und soll das sonst mögliche Ergebnis verhindern, dass die kumulierten Abschreibungen die historischen Anschaffungs- und Herstellungskosten übersteigen.

Kumulierte Abschreibungen

Die kumulierten Abschreibungen umfassen sämtliche in früheren Jahren und im laufenden Geschäftsjahr vorgenommenen planmäßigen und außerplanmäßigen Abschreibungen (soweit nicht durch Zuschreibungen korrigiert) auf die am Jahresende noch vorhandenen Vermögensgegenstände des Anlagevermögens sowie »Aufwendungen für die Ingangsetzung und Erweiterung des Geschäftsbetriebes«. Nicht erfasst werden lediglich die steuerlichen Sonderabschreibungen, die als Wertberichtigung in den Sonderposten mit Rücklageanteil eingestellt werden (vgl. Abschnitt. D III dieses Kapitels). Die kumulierten Abschreibungen lassen sich für jede einzelne Position des Anlagevermögens wie folgt berechnen:

	kumulierte Abschreibungen des Vorjahres
–	Zuschreibungen des Vorjahres
+	Abschreibungen des Geschäftsjahres
–	auf Abgänge entfallende kumulierte Abschreibungen
+/–	auf Umbuchungen entfallene kumulierte Abschreibungen
=	kumulierte Abschreibungen des Geschäftsjahres

Abschreibungen des Geschäftsjahres

Die Abschreibungen des Geschäftsjahres sind nicht zwingender Bestandteil des Anlagespiegels und können auch im Anhang in einer dem Anlagevermögen entsprechenden Gliederung angegeben werden (§ 268 Abs. 2 Satz 3 HGB).

Anlagespiegel nach IAS/IFRS

IAS 16.60 enthält für das Sachanlagevermögen im Vergleich zu § 268 Abs. 2 HGB eine etwas ausführlichere Darstellungspflicht. Die Entwicklung der Buchwerte jeder Unterposition (*class*) im Anlagevermögen ist unter Angabe der folgenden Größen darzustellen:

- Bruttobuchwert und kumulierte Abschreibungen zu Beginn und zum Ende des Geschäftsjahres,
- eine Überleitungsrechnung des Buchwertes von Beginn bis zum Ende des Geschäftsjahres mit Ausweis der
  1. Zugänge (*additions*),
  2. Abgänge (*disposals*),
  3. Erwerbe durch Unternehmenszusammenschlüsse (*acquisitions through business combinations*),
  4. Erhöhungen oder Verminderungen aufgrund von Neubewertungen (*revaluations*),
  5. Verminderungen des Buchwertes aufgrund von *impairment losses* nach IAS 36,
  6. Zuschreibungen aufgrund der Aufholung von *impairment losses* nach IAS 36,
  7. Abschreibungen (*depreciation*),
  8. Nettoumrechnungsdifferenzen aufgrund der Umrechnung von Abschlüssen von wirtschaftlich selbständigen ausländischen Teileinheiten und
  9. sonstigen Veränderungen.

Anlagespiegel nach US-GAAP

Die US-GAAP enthalten keine vergleichbaren Vorschriften zur Aufstellung eines Anlagespiegels. Im Anhang sind jedoch u. a. Angaben zu historischen Anschaffungs- bzw. Herstellungskosten, kumulierten Abschreibungen, Abschreibungen des Geschäftsjahres und den außerplanmäßigen Abschreibungen zu machen (vgl. KPMG [1999a], S. 86).

F. Sonderprobleme der Bilanzierung von Leasingverträgen

Eine zeitlich begrenzte Nutzung von Investitionsgütern (und damit eher langfristig im Unternehmen verbleibender Gegenstände) gegen Entgelt, ohne dabei zivilrechtliches Eigentum an diesen Gegenständen zu erwerben, ist i. d. R. Grund für den Abschluss von Leasingverträgen. Je nachdem, welcher Vertragspartner das Investitionsrisiko trägt, wird grundsätzlich zwischen Finanzierungsleasing (Leasingnehmer trägt Risiko) und Operating Leasing (Leasinggeber trägt Risiko) unterschieden (vgl. dazu die Ausführungen im 2. Kapitel A II).

Zurechnung von Leasinggegenständen nach HGB/EStR

Handelsrechtlich ist die Bilanzierung von Leasingverhältnissen aufgrund fehlender eindeutiger Zuordnungskriterien nicht vollständig geklärt; feststeht jedenfalls, dass der wirtschaftliche Eigentümer den Leasinggegenstand zu bilanzieren hat. In der Praxis orientiert man sich deshalb an den praktikablen Regeln zur wirtschaftlichen Zurechnung, die im Rahmen der steuerrechtlichen Leasingerlasse entwickelt wurden (vgl. ADS [1995], § 246 Tz. 392). Diese unterscheiden zwischen Vollamortisationsverträgen, bei denen bereits während der unkündbaren Grundmietzeit eine Amortisation der gesamten Kosten des Leasinggebers erfolgt, und Teilamortisationsverträgen, in denen eine vollständige Amortisation während der Grundmietzeit unterbleibt.

Vollamortisationsverträge

Bei Vollamortisationsverträgen über bewegliche Wirtschaftsgüter und Gebäude wird in den folgenden drei Fällen Finanzierungsleasing unterstellt und die Zurechnung des Leasinggegenstandes erfolgt entsprechend beim Leasingnehmer (vgl. Bundesminister der Finanzen [1971], S. 264 ff.):

- Die Grundmietzeit beträgt weniger als 40 % oder mehr als 90 % der betriebsgewöhnlichen Nutzungsdauer.
- Die Grundmietzeit beträgt zwischen 40 % und 90 % der betriebsgewöhnlichen Nutzungsdauer und es wurde zusätzlich entweder eine Kaufoption vereinbart, wobei der Kaufpreis kleiner ist als der Restbuchwert bei linearer Abschreibung bzw. als der niedrigere gemeine Wert zum Zeitpunkt der Veräußerung, oder es liegt eine Vereinbarung über eine Mietverlängerungsoption vor, wobei die vereinbarte Anschlussmiete den Werteverzehr nach linearer AfA oder den niedrigeren gemeinen Wert nicht deckt.
- Der Leasinggegenstand wurde speziell auf die Bedürfnisse des Leasingnehmers ausgerichtet und ist nach Ablauf der Grundmietzeit nur noch für diesen ökonomisch verwertbar; man spricht bei dieser Konstellation von Spezialleasing.

Die Einzelheiten der Zurechnung von Leasinggegenständen bei Vollamortisationsverträgen sind Tabelle 3.11 zu entnehmen.

Teilamortisationsverträge

Eine dem dargestellten Finanzierungsleasing verwandte Form liegt vor, wenn die Leasingraten während der Grundmietzeit zwar nicht die Anschaffungskosten inkl. Finanzierungs- und Nebenkosten decken (Teilamortisationsverträge), jedoch die volle Amortisation durch besondere Vertragsklauseln gesichert wird, die nach der Grundmietzeit greifen, die normalerweise 40 % bis 90 % der Nutzungsdauer umfasst. Die Zurechnung des Leasingobjektes in der Steuerbilanz richtet sich in diesem Falle nach der Art des Vertrags (vgl. Bundesminister der Finanzen [1976], S. 172 ff.):

1. Im Falle eines Andienungsrechts des Leasinggebers erklärt sich dieser bereit, nach Ablauf der Grundmietzeit über eine Mietverlängerung zu verhandeln. Kommt es nicht zur Mietverlängerung, muss der Leasingnehmer das Objekt auf Verlangen des Leasinggebers zu einem bei Vertragsabschluss festgelegten Betrag kaufen. Die Verlängerungsmiete bzw. der Kaufpreis werden so bemessen, dass sie die Vollamortisation gewährleisten. Dieses Vertragsmodell führt stets zur Bilanzierung beim Leasinggeber.

Die Zurechnung von Leasinggegenständen auf die Vertragspartner (Leasing-)Nehmer und (Leasing-)Geber im Falle des Finanzierungsleasing

<table>
<tr><td colspan="3" rowspan="2">Art des Leasing-gegenstandes →
Art des Leasingvertrages ↓</td><td colspan="2">Bewegliche Wirtschaftsgüter und Gebäude</td><td rowspan="2">Boden</td></tr>
<tr><td>Grundmietzeit 40-90 % der Nutzungsdauer*</td><td>Grundmietzeit < 40 % oder > 90 % der Nutzungsdauer</td></tr>
<tr><td rowspan="2">Ohne Mietverlängerungs- oder Kaufoption</td><td colspan="2">Spezialleasing</td><td>Nehmer</td><td rowspan="2">Nehmer</td><td rowspan="2">Geber</td></tr>
<tr><td colspan="2">Kein Spezialleasing</td><td>Geber</td></tr>
<tr><td rowspan="3">Mit Kaufoption</td><td colspan="2">Spezialleasing</td><td rowspan="2">Nehmer</td><td rowspan="3">Nehmer</td><td rowspan="3">Wie Gebäude</td></tr>
<tr><td rowspan="2">Kein Spezialleasing</td><td>Kaufpreis < Buchwert bei Verkauf</td></tr>
<tr><td>Kaufpreis ≥ Buchwert bei Verkauf</td><td>Geber</td></tr>
<tr><td rowspan="3">Mit Mietverlängerungsoption</td><td colspan="2">Spezialleasing</td><td rowspan="2">Nehmer</td><td rowspan="3">Nehmer</td><td rowspan="3">Geber</td></tr>
<tr><td rowspan="2">Kein Spezialleasing</td><td>Anschlussmiete < Wertverzehr**</td></tr>
<tr><td>Anschlussmiete ≥ Wertverzehr**</td><td>Geber</td></tr>
</table>

* Die Nutzungsdauer wird bei beweglichen Wirtschaftsgütern nach den Tabellen für die betriebsgewöhnliche Nutzungsdauer ermittelt, bei Gebäuden wird gewöhnlich eine Nutzungsdauer von 50 Jahren zugrunde gelegt.

** Der Wertverzehr wird bei beweglichen Wirtschaftsgütern aus Restbuchwert und Restnutzungsdauer ermittelt, bei Gebäuden aus 75 % der marktüblichen Miete für vergleichbare Gebäude.

Tab. 3.11: Zurechnung von Leasinggegenständen bei Vollamortisationsverträgen

2. Ein anderer Vertragstyp sieht eine Restzahlung des Leasingnehmers vor, soweit der aus dem Verkauf nach Ablauf der Grundmietzeit erzielte Verkaufserlös den Restamortisationsbetrag nicht deckt. Soweit er ihn übersteigt, wird die Differenz zwischen Leasinggeber und Leasingnehmer aufgeteilt. Wenn der Anteil des Leasinggebers wenigstens 25 % beträgt, gilt er als wesentlich am wirtschaftlichen Ertrag des Objektes beteiligt. Die Zuordnung des Leasingobjektes erfolgt in diesem Falle beim Leasinggeber, sonst beim Leasingnehmer.

3. Eine weitere Vertragsform sieht nach Ablauf der Grundmietzeit die Kündigung durch den Leasingnehmer vor. Auf die vom Leasingnehmer zu leistende Schlusszahlung zur Abdeckung der Restamortisation wird dann normalerweise ein aus der Veräußerung erzielter Verkaufserlös angerechnet. Die Zurechnung erfolgt bei diesem Vertragstyp stets auf den Leasinggeber.

Bilanzierung von Finanzierungsleasing nach HGB/ EStR
- Leasingnehmer

Werden Vermögensgegenstände im Wege des Finanzierungsleasing beschafft und aufgrund der Vertragsgestaltung dem Leasingnehmer zugerechnet, so hat dieser den Leasinggegenstand im Anlagevermögen auszuweisen und ggf. planmäßig abzuschreiben; korrespondierend dazu ist eine Leasingverbindlichkeit in der entsprechenden Höhe anzusetzen. Bei der Ermittlung der Anschaffungskosten des Leasinggegenstandes sowie der Bewertung der zu passivierenden Leasingverbindlichkeit gehen Finanzverwaltung (vgl. Bundesminister der Finanzen [1971], S. 265) und das Institut der Wirtschaftsprüfer (vgl. IDW [1973], S. 102) allerdings unterschiedliche Wege. In der Steuerbilanz gelten als Anschaffungskosten des Leasingnehmers die Anschaffungs- bzw. Herstellungskosten des Leasinggebers, die der Berechnung der Leasingraten zugrunde gelegt wurden, zuzüglich weiterer Nebenkosten, die nicht in den Leasingraten enthalten sind. Der Leasingnehmer hat ferner in Höhe der Anschaffungs- bzw. Herstellungskosten des Leasinggebers eine Verbindlichkeit zu passivieren, die der entsprechenden Forderung des Leasinggebers entspricht.

Wohl deshalb, weil der Leasinggeber seine Anschaffungs- bzw. Herstellungskosten nicht immer preisgeben wird, richten sich dagegen nach Ansicht des Instituts der Wirtschaftsprüfer die Anschaffungskosten des Leasingnehmers grundsätzlich nach dem als Verbindlichkeit zu passivierenden Barwert derjenigen Teile der Leasingzahlungen, die kein Entgelt für künftige besondere Leistungen des Leasinggebers darstellen. Bei der Ermittlung des Barwertes der Leasingverpflichtungen ist von einem angemessenen (marktüblichen) Zinssatz auszugehen. Ergeben sich danach wesentlich höhere Anschaffungskosten als bei einer unmittelbaren Anschaffung durch den Leasingnehmer, so ist eine außerplanmäßige Abschreibung auf den beizulegenden Wert (Marktwert) vorzunehmen.

Die vom IdW vorgeschlagene, in der Literatur jedoch kritisierte (vgl. Baetge, J./Ballwieser, W. [1978], S. 14) Bilanzierungsmethode führt zwar in der Regel zu höheren Anschaffungskosten, da die abzuzinsenden Leasingraten neben den Anschaffungs- bzw. Herstellungskosten des Leasinggebers noch weitere Kostenteile enthalten (z. B. Verwaltungskosten, Risiko-, Gewinnzuschlag), aufgrund der in diesem Fall bestehenden Abschreibungspflicht ergeben sich jedoch kaum materielle Unterschiede zwischen den Wertansätzen in Handels- und Steuerbilanz. Zudem ist die Bewertung von Leasingobjekten beim Leasingnehmer kaum mehr von praktischer Bedeutung, da die Leasingverträge in der Regel so gestaltet werden, dass eine Zurechnung zum Leasingnehmer handels- und auch steuerrechtlich nicht in Frage kommt.

- Leasinggeber

Rechtlich ist der Leasinggeber zwar weiterhin Eigentümer des Leasingobjektes, aber aufgrund der vertraglichen Gestaltung ist beim Finanzierungsleasing das wirtschaftliche Eigentum auf den Leasingnehmer übergegangen. Aus diesem Grund weist der Leasinggeber den Leasinggegenstand nicht in seiner Bilanz aus.

Das Leasinggeschäft stellt sich für den Leasinggeber vielmehr als An- und Verkauf des Leasinggegenstandes dar, bei i. d. R. gleichzeitiger Abwicklung von Absatz- und Beschaffungsgeschäft, sodass der Leasinggeber bei Lieferung und Leistung Umsatzerlöse in der GuV sowie einen Forderungszugang in der Bilanz ausweist, die dem Barwert der Netto-Leasingzahlungen entsprechen (vgl. ADS [1995], § 250 Tz. 120).

Bilanzierung von Operating Leasing nach HGB/EStR
- Leasingnehmer

Liegt das wirtschaftliche Eigentum am Leasinggegenstand beim Leasinggeber, so ist das Leasingobjekt nicht in der Bilanz des Leasingnehmers auszuweisen. Das Leasinggeschäft stellt für den Leasingnehmer ein schwebendes Geschäft dar, das nach den Grundsätzen über die Behandlung von schwebenden Geschäften nicht zu bilanzieren ist. Der Leasingnehmer hat die vereinbarten Leasingentgelte grundsätzlich bei Anwendung des Gesamtkostenverfahrens unter der Position »Sonstige betriebliche Aufwendungen« erfolgswirksam zu verbuchen bzw. bei Anwendung des Umsatzkostenverfahrens je nach Zuordnung des Leasingvertrages unter den Posten Aufwendungen für Herstellung, Vertrieb oder Verwaltung.

- Leasinggeber

Ist das wirtschaftliche Eigentum dem Leasinggeber zuzurechnen, hat dieser den Leasinggegenstand in seinem Anlage- oder Umlaufvermögen auszuweisen, je nachdem ob der Leasinggegenstand dazu bestimmt ist, dauerhaft dem Geschäftsbetrieb zu dienen oder nicht. In den meisten Fällen erfolgt wohl eine Zuordnung zum Anlagevermögen. Der Leasinggegenstand ist mit seinen Anschaffungs- oder Herstellungskosten entsprechend den Bestimmungen in § 253 Abs. 1 HGB anzusetzen und planmäßig bzw. außerplanmäßig abzuschreiben. Da es sich bei einem Leasingvertrag um ein Dauerrechtsverhältnis handelt, das durch die Erbringung der vertraglich vereinbarten Leistung über einen längeren Zeitraum hinweg gekennzeichnet ist, dürfen nach dem Realisationsprinzip (§ 252 Abs. 1 Nr. 4 2. Halbsatz HGB) keine Gewinne berücksichtigt werden, die bis zum Bilanzstichtag noch nicht realisiert wurden. Deshalb erfolgt die Vereinnahmung der Leasingraten und sonstiger vereinbarter Entgelte in den jeweiligen Perioden entsprechend den vertraglichen Vereinbarungen (weitere Ausführungen zur Bilanzierung von Leasinggeschäften nach deutschem Handelsrecht vgl. Findeisen, K.-D. [1998], S. 463 ff.).

Zurechnung von Leasinggegenständen nach IAS/IFRS/US-GAAP

Im Gegensatz zum HGB enthalten die internationalen Rechnungslegungsvorschriften umfangreiche Regelungen zur Bilanzierung von Leasingverhältnissen; in den IAS/IFRS finden sich die Regelungen in IAS 17, in den US-GAAP sind die wesentlichen Vorschriften in FAS 13, FAS 28 und FAS 98 enthalten. Bevor auf die Bilanzierung von Leasing nach IAS/IFRS/US-GAAP eingegangen wird, sollten zunächst die Zurechnungsregeln behandelt werden.

Bezüglich der Zurechnung von Leasinggegenständen wird auch nach IAS/IFRS und US-GAAP zwischen *finance lease* (IAS/IFRS) bzw. *capital lease* (US-GAAP) und *operating lease* unterschieden, wobei auch hier wiederum von entscheidender Bedeutung ist, ob das wirtschaftliche Eigentum am Leasingobjekt dem Leasingnehmer oder dem Leasinggeber zuzurechnen ist. Werden aufgrund eines Leasingvertrags alle Risiken und Chancen, die sich aus dem Eigentum am entsprechenden *asset* ergeben, auf den Leasingnehmer übertragen, so handelt es sich um ein *finance lease* (IAS 17.6; Kieso, D. E./Weygandt, J. J./Warfield, T. D. [2001], S. 1193), bei allen anderen um ein *operating lease*. Der Leasinggegen-

stand wird im Falle eines *finance lease* dem Leasingnehmer zugeordnet. Da beim *operating lease* die Risiken und Chancen, die mit dem Leasinggegenstand verbunden sind, im Wesentlichen beim Leasinggeber verbleiben, ist diesem hier der Leasinggegenstand zuzurechnen. Um das Vorliegen eines *finance lease* bestimmen zu können, enthalten IAS 17.8 und FAS 13.7 eine Reihe von Kriterien, die aber nach IAS/IFRS und US-GAAP einen unterschiedlichen Stellenwert einnehmen. Gemäß FAS 13.7 erfolgt die Zurechnung des Leasinggegenstandes nur dann beim Leasingnehmer, wenn eines oder mehrere der im Folgenden dargestellten Kriterien erfüllt sind. IAS 17.8 kann dagegen eine ähnlich starke Bindungswirkung nicht entnommen werden, wobei die dort aufgeführten Kriterien dennoch von großer Bedeutung für die Praxis sind (vgl. Küting, K./Hellen, H.-H./ Brakensiek, S. [1998], S. 1468).
Kriterien zur Klassifikation als *finance lease*:

(a) *Transfer of ownership test*
Es handelt sich um ein *finance lease*, wenn am Ende der Vertragslaufzeit (= Grundmietzeit + Zeitraum, der durch eine Mietverlängerungsoption in Anspruch genommen werden kann) das rechtliche Eigentum am Leasinggegenstand auf den Leasingnehmer übertragen wird (IAS 17.9 (a); FAS 13.7 (a)).

(b) *Bargain purchase option test*
Der Leasingvertrag enthält eine günstige Kaufoption (*bargain option*), die dem Leasingnehmer einräumt, den Leasinggegenstand zu einem Preis zu erwerben, der unter dem erwarteten *fair value* zum Zeitpunkt der Ausübung der Option liegt, sodass die Ausübung der Option damit als hinreichend sicher betrachtet werden kann (IAS 17.9 (b); FAS 13.7 (b)).

(c) *Economic life test*
Selbst wenn das Eigentum nach Ablauf der Vertragslaufzeit nicht auf den Leasingnehmer übergegangen ist, liegt ein *finance lease* vor, wenn die Vertragslaufzeit (einschließlich einem eventuellen Zeitraum einer Mietverlängerungsoption, sofern die Inanspruchnahme der Option hinreichend wahrscheinlich ist):
- dem überwiegenden Teil der wirtschaftlichen (Rest-)Nutzungsdauer des Leasinggegenstandes entspricht (IAS 17.8 (c)), bzw.
- mindestens 75 % der wirtschaftlichen (Rest-)Nutzungsdauer des Leasinggegenstandes ausmacht.

(d) *Recovery of investment test*
Ebenfalls unabhängig davon, ob ein Eigentumsübergang am Ende der Vertragslaufzeit erfolgt, liegt ein *finance lease* vor, wenn zu Beginn des Leasingverhältnisses der Barwert der Mindestleasingzahlungen
- mindestens im Wesentlichen dem *fair value* des Leasinggegenstandes entspricht (IAS 17.8 (d)), bzw.
- mindestens 90 % des *fair value* beträgt (FAS 13.7 (d)).

Der Ablauf zur Prüfung der Zurechnung nach IAS/IFRS/US-GAAP kann Abbildung 3.3 entnommen werden.

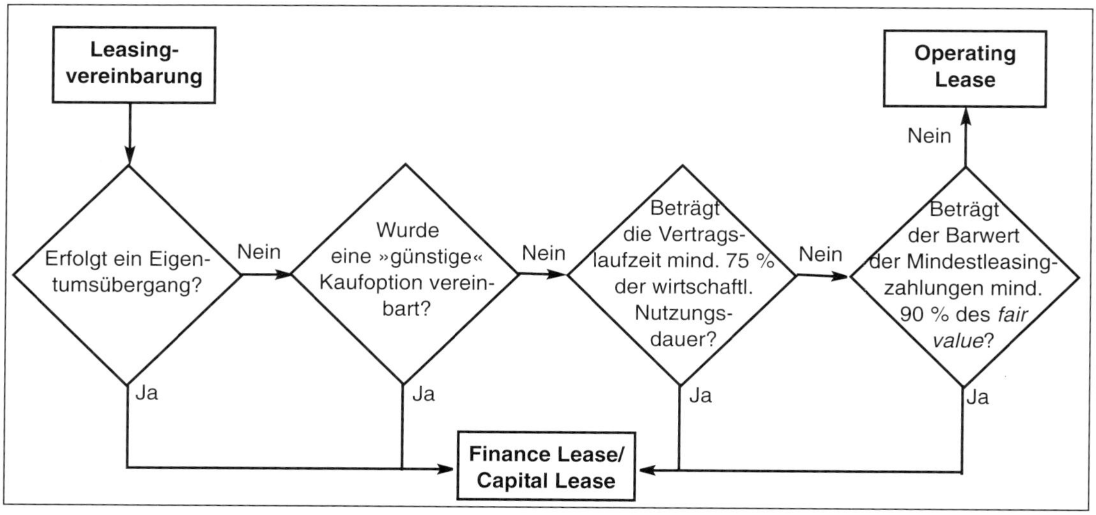

Abb. 3.3: Zurechnung von Leasinggegenständen nach IAS/IFRS/US-GAAP

Weitere Zurechnungskriterien für capital leases beim Leasinggeber nach US-GAAP

Ist eines der o. g. Kriterien erfüllt, so muss zur Bilanzierung beim Leasinggeber nach US-GAAP weiter unterschieden werden zwischen *sales-type leases*, *direct financing leases* und *leveraged leases*. Falls eines oder mehrere der o. g. Zurechnungskriterien (a) bis (d) erfüllt sind und zusätzlich die beiden folgenden Kriterien (e) und (f) (kumulativ), handelt es sich bei dem Leasingverhältnis aus Sicht des Leasinggebers um ein *sales-type lease* oder um ein *direct financing lease*.

(e) Der Eingang der künftigen Leasingzahlungen scheint sicher zu sein.

(f) Es bestehen seitens des Leasinggebers keine bedeutenden Unsicherheiten bezüglich nicht an den Leasingnehmer weiterbelastbarer Kosten aus dem Leasingvertrag.

Diese zusätzliche Unterscheidung soll sicherstellen, dass auch wirklich die Risiken und Chancen auf den Leasingnehmer übertragen wurden, denn alle Leasingverhältnisse, die diese beiden Kriterien nicht erfüllen, sind aus Sicht des Leasinggebers als *operating lease* zu klassifizieren (vgl. Abbildung 3.4). Die Abgrenzung von *sales-type leases* und *direct financing leases* ist davon abhängig, ob der Leasinggeber einen Gewinn oder Verlust realisiert: Ist dies der Fall, so handelt es sich um ein *sales-type lease*, ansonsten liegt ein *direct financing lease* vor. Der dabei maßgebliche Gewinn/Verlust ergibt sich aus der Differenz zwischen *fair value* und Buchwert des Leasinggegenstandes bei Abschluss des Leasingvertrags. *Sales-type leases* kommen häufig dann vor, wenn Hersteller oder Händler Leasing als Marketinginstrument zur Absatzförderung ihrer Produkte einsetzen. Hingegen sind Leasinggeschäfte von Leasinggesellschaften, Banken und Versicherungen meist als *direct financing lease* zu klassifizieren, da der Leasinggeber primär die Finanzierung durchführt. Ist ein *direct financing lease* weiterhin durch die im Folgenden aufgeführten Kennzeichen charakterisiert, dann spricht man von einem *leveraged lease* (FAS 13.42):

- wenigstens 3 Parteien sind beteiligt: ein Leasingnehmer, ein Kreditgeber und ein Leasinggeber;
- dabei ist die Finanzierung durch den Kreditgeber langfristig;
- der Kreditgeber hat kein Rückgriffsrecht auf den Leasinggeber; er kann lediglich als Sicherheit ein Rückgriffsrecht auf den Leasinggegenstand oder die daraus entstehenden Zahlungen erhalten;
- die vertragliche Gestaltung ermöglicht dem Leasinggeber einen wesentlichen Hebeleffekt (*leverage*);
- das *net investment* des Leasinggebers sinkt während den ersten Vertragsjahren und steigt anschließend wieder an.

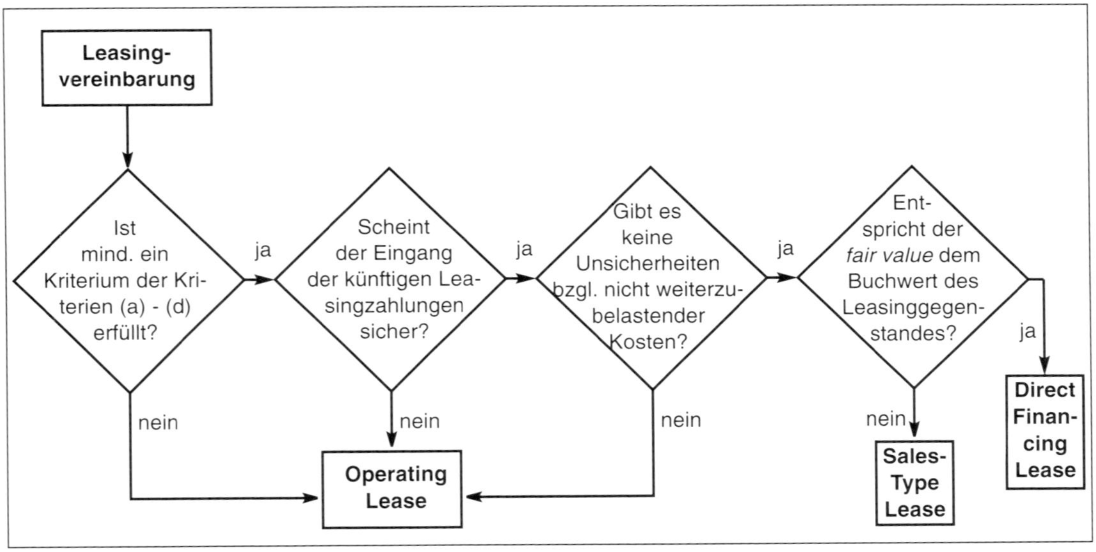

Abb. 3.4: Weitere Zurechnungskriterien aus Sicht des Leasinggebers nach US-GAAP

Vor dem Hintergrund dieser Zurechnungsregeln soll nun die Bilanzierung von Leasinggeschäften nach IAS/IFRS und anschließend nach US-GAAP behandelt werden:

Bilanzierung von finance leases nach IAS/ IFRS
- Leasingnehmer

Bei Leasingverträgen in Form eines *finance lease* erfolgt die bilanzielle Behandlung im IAS/IFRS-Abschluss ähnlich einem fremdfinanzierten Erwerb des *assets*, d. h. der Leasinggegenstand wird mit Beginn des Leasingverhältnisses beim Leasingnehmer aktiviert. Der anzusetzende Wert ist entweder der *fair value* des Leasinggegenstandes, korrigiert um dem Leasinggeber zustehende Zuschüsse und Steuergutschriften oder der niedrigere Barwert der vertraglich garantierten Leasingzahlungen an den Leasinggeber (IAS 17.12). Der Leasingnehmer hat gleichzeitig mit der Aktivierung des Leasinggegenstandes eine *liability* in gleicher Höhe auszuweisen. Der Leasinggegenstand ist anschließend analog den anderen nicht geleasten abnutzbaren Vermögensgegenständen des Unternehmens in Übereinstimmung mit IAS 4 und IAS 16 über seine Nutzungsdauer abzuschreiben (IAS 17.19). Falls über den Eigentumsübergang zum Ende des Leasingvertrages keine hinreichende Sicherheit besteht, ist das geleaste *asset* über die Dauer des Leasingvertrages oder einer evtl. kürzeren Nutzungsdauer abzuschreiben.

- Leasinggeber

Entsprechend den Intentionen eines *finance lease* weist der Leasinggeber den Leasinggegenstand nicht in seiner Bilanz unter dem Anlagevermögen aus, sondern bilanziert eine Forderung zu einem Betrag, der dem *net investment in the lease* entspricht (IAS 17.28). Dieser Betrag errechnet sich aus der Summe der Barwerte der *minimum lease payments* (Mindestleasingzahlungen) und des *unguaranteed residual value* (nicht vom Leasingnehmer bzw. nicht durch fremde Dritte garantierter Restwert).

Bilanzierung vonoperating leases nach IAS/IFRS
- Leasinggeber

Verbleibt aufgrund der Vertragsgestaltung das wirtschaftliche Eigentum am Leasingobjekt beim Leasinggeber, so wird das Leasinggeschäft bei den Vertragspartnern in Anlehnung an die Bilanzierung von Mietverhältnissen abgebildet. Der Leasinggegenstand bleibt weiterhin in der Bilanz des Leasinggebers seiner Eigenart entsprechend (als *current* oder *non-current asset*) aktiviert. Handelt es sich um ein abnutzbares *asset*, so ist es mit der gleichen Abschreibungsmethode wie andere vergleichbare *assets* abzuschreiben. Dabei sind die Abschreibungen nach den Vorschriften in IAS 4 und IAS 16 vorzunehmen (IAS 17.45). Die Erlöse aus den Leasingraten sind linear über die Vertragslaufzeit zu vereinnahmen, es sei denn, die Periodisierung der Erträge, wie sie in der Vertragsgestaltung vorgesehen ist, führt nicht durch ein anderes systematisches Verfahren zu einer periodengerechteren Erfolgsermittlung (IAS 17.42).

- Leasingnehmer

Da bei Vorliegen eines *operating lease* der Leasingnehmer nicht wirtschaftlicher Eigentümer des Leasinggegenstandes wird, weist er kein *asset* in seiner Bilanz aus. Die zu zahlenden Leasingraten sind von ihm als Aufwand zu verbuchen, wobei die zeitliche Verteilung des Aufwands dem Nutzenverlauf, der sich für den Leasingnehmer aus dem Leasingobjekt ergibt, entsprechen muss. Selbst wenn die tatsächlichen Zahlungen nach einem anderen Muster erfolgen, ist nach diesem Verfahren vorzugehen (IAS 17.24 f.).

Bilanzierung von capital leases nach US-GAAP
- Leasingnehmer

Handelt es sich um ein *capital lease*, muss der Leasingnehmer in seiner US-GAAP-Bilanz den Barwert der künftigen Mindestleasingraten, abzüglich der in den Leasingraten enthaltenen Kosten für Versicherung, Instandhaltung und Steuern und des enthaltenen Gewinns, aktivieren. Ist dieser Barwert höher als der *fair value* des Leasinggegenstandes, so ist der *fair value* anzusetzen. Außerdem ist in gleicher Höhe eine *liability* gegenüber dem Leasinggeber zu passivieren (FAS 13.10). Erfolgt die Klassifizierung des Leasingverhältnisses als *capital lease* aufgrund einer Eigentumsübertragung (vgl. obige Ausführungen zum *transfer of ownership test*, Kriterium (a); Abbildung 3.3) oder aufgrund einer günstigen Kaufoption (vgl. obige Ausführungen zum *bargain purchase option test*, Kriterium (b)), dann ist der aktivierte Leasinggegenstand über die betriebsgewöhnliche Nutzungsdauer nach den beim Leasingnehmer angewandten Grundsätzen abzuschreiben. Führen dagegen Kriterium (c) oder (d) zur Zurechnung beim Leasingnehmer, so ist der Leasinggegenstand über die Vertragsdauer abzuschreiben (vgl. Kieso, D. E./Weygandt, J. J./Warfield, T. D. [2001], S. 1197).

- Leasinggeber, sales type lease

Zur Bilanzierung eines *capital lease* beim Leasinggeber muss wie bereits oben erläutert, weiter unterschieden werden zwischen *sales-type leases*, *leveraged leases* und *direct financing leases*. Kann ein Leasingverhältnis aus der Sicht des Leasinggebers als *sales-type lease* eingeordnet werden, so hat der Leasinggeber in Höhe der vereinbarten Mindestleasingraten und des Restwerts eine Bruttoforderung (*gross investment*) auszuweisen (FAS 13.17 (a)). Die Differenz zwischen dieser Bruttoforderung und dem Marktwert des *assets* (= Verkaufspreis inkl. Gewinnaufschlag bzw. Barwert der Leasingraten) ist als unrealisierte Zinseinnahme abzugrenzen (*unearned deferred income*) und über die Vertragsdauer aufzulösen (FAS 13.17 (b); KPMG S. 89). Der Barwert der Mindestleasingraten ist unter der Position Umsatzerlöse in der GuV zu verbuchen, die Anschaffungskosten (inkl. der Abschlusskosten des Leasingvertrags (*initial direct cost*) und abzüglich des Barwerts des geschätzten Restwerts zum Vertragsende) bzw. der Buchwert des Leasingobjekts werden innerhalb der Herstellungskosten des Umsatzes in der GuV ausgewiesen (FAS 13.17 (c); weitere Ausführungen vgl. Kieso, D. E./Weygandt, J. J./Warfield, T. D. [2001], S. 1214 ff.).

- Leasinggeber, direct financing lease

Im Unterschied zur Bilanzierung eines *sales-type lease* wird bei einem *direct financing lease* in der GuV des Leasinggebers kein einem Verkaufsgeschäft ähnlicher Umsatzerlös, sondern lediglich ein Zinsertrag in jeder Periode ausgewiesen. Weiterhin werden die Abschlusskosten des Leasingvertrags nicht bei Vertragsbeginn als Aufwand erfasst, sondern erhöhen die zu verbuchende Forderung und werden über die Laufzeit des Leasingvertrags erfolgswirksam aufgelöst (vgl. Kieso, D. E./Weygandt, J. J./Warfield, T. D. [2001], S. 1186; KPMG [1999a], S. 90).

- Leasinggeber, leveraged lease

Kann das Leasingverhältnis aus der Sicht des Leasinggebers als *leveraged lease* klassifiziert werden, erfolgt die Bilanzierung fast wie beim *direct financing lease*; der wesentliche Unterschied besteht darin, dass die Forderung netto, d. h. abzüglich des unkündbaren Kredits auszuweisen ist (FAS 13.43).

Bilanzierung von operating leases nach US-GAAP

- Leasinggeber

Gemäß FAS 13.19 hat der Leasinggeber bei einem *operating lease* den Leasinggegenstand unter der Position *property, plant and equipment* zu aktivieren und über die betriebsgewöhnliche Nutzungsdauer abzuschreiben; daneben sind die eingehenden Leasingraten erfolgswirksam zu erfassen. Die Abschlusskosten des Leasingvertrages sind abzugrenzen und über die Vertragslaufzeit erfolgswirksam aufzulösen. Handelt es sich nur um unwesentliche Beträge, kann auch eine sofortige Aufwandsverbuchung vorgenommen werden.

- Leasingnehmer

Beim *operating leasing* wird der Leasinggegenstand nicht beim Leasingnehmer bilanziert; die Leasingraten stellen für ihn Aufwand des Geschäftsjahrs dar und fließen entsprechend in die GuV ein.

Kontrollfragen:

1. Wozu gehört das Werkzeug in einer Werkzeugfabrik: zum Anlagevermögen oder zum Umlaufvermögen (HGB), zu *current* oder *non-current assets* (IAS/IFRS/US-GAAP)?
2. Wie sind immaterielle Vermögensgegenstände, Wirtschaftsgüter bzw. *assets* in der Handels- und Steuerbilanz bzw. im Abschluss nach IAS/IFRS/US-GAAP zu behandeln?
3. Welche Zielsetzung liegt der Aktivierungsvoraussetzung »entgeltlicher Erwerb« zugrunde? Gilt dieses Kriterium auch nach IAS/IFRS/US-GAAP?
4. Worin besteht der Unterschied zwischen den Aufwendungen für die Gründung und Kapitalbeschaffung und den Aufwendungen für die Ingangsetzung und Erweiterung des Geschäftsbetriebes?
5. Was verkörpert der Firmen- oder Geschäftswert, und wie ist er zu behandeln?
6. Wie ist der Firmenwert abzuschreiben? Erläutern Sie die Unterschiede gem. HGB, IAS/IFRS und US-GAAP
7. Welcher Unterschied ergibt sich bei der Behandlung der Forschungs- und Entwicklungskosten gem. IAS/IFRS im Vergleich zum HGB und US-GAAP?
8. Werden Grund und Boden und die aufstehenden Gebäude getrennt ausgewiesen?
9. Wo wird die Belüftungsanlage einer Fabrikhalle aktiviert: bei den technischen Anlagen und Maschinen, zusammen mit dem Grundstück und dem Gebäude oder unter Betriebs- und Geschäftsausstattung?
10. Dem Bilanzierenden gehört ein Haus auf fremdem Grund; in wessen Bilanz erscheint dieses Gebäude, in der des Eigentümers des Gebäudes oder in der des Grundeigentümers?
11. An welchen Kriterien orientiert sich die Untergliederung der Finanzanlagen gem. HGB?
12. Was versteht man unter einem »verbundenen Unternehmen« im Sinne des § 271 Abs. 2 HGB?
13. Kann nach HGB eine Beteiligung an einer anderen Gesellschaft vorliegen, wenn der Beteiligungswert unter 20 % liegt?
14. Was sind Finanzanlagen i. S. v. IAS/IFRS und US-GAAP?
15. Was versteht man unter *investment property* nach IAS/IFRS?
16. Wie wird *investment property* nach IAS/IFRS bilanziert?
17. Was besagt das gemilderte Niederstwertprinzip gemäß HGB und welche Einschränkung gilt dabei für Kapitalgesellschaften?
18. Wie werden die Abbruchkosten eines Gebäudes behandelt, das zusammen mit dem Grundstück in der Absicht erworben wurde, darauf ein neues Gebäude zu errichten?

19. Worin besteht die Erleichterung für den Bilanzierenden bei der Anwendung des Festwertverfahrens, und welche Voraussetzungen müssen dabei erfüllt sein?
20. Welche Auswirkungen haben nicht ausgeschüttete Gewinne von Beteiligungsunternehmen auf den Buchwert der Beteiligung nach HGB?
21. Wie sind unverzinsliche Ausleihungen zu bewerten?
22. Erhöhen Gratisaktien den Wert einer Beteiligung?
23. Wie sind Beteiligungen nach IAS/IFRS, wie nach HGB zu bilanzieren?
24. Welche Wertpapiere sind nach IAS/IFRS/US-GAAP zu unterscheiden?
25. Nennen Sie die Bewertungsregeln für Wertpapiere nach IAS/IFRS und US-GAAP!
26. Worin besteht der Unterschied zwischen der statischen und dynamischen Interpretation der Abschreibung?
27. Was sind kalkulatorische Abschreibungen?
28. Welche Abschreibungsmethode liefert mehr Informationen für den Bilanzleser: die direkte oder die indirekte Abschreibung?
29. Nach welchen Kriterien lassen sich die verschiedenen Abschreibungsarten unterscheiden?
30. Was ist eine planmäßige Abschreibung i. S. d. HGB? Welche Bestandteile muss der Abschreibungsplan enthalten?
31. Muss bei der Abschreibungsberechnung ein geschätzter Restwert berücksichtigt werden?
32. Worin besteht der Unterschied zwischen technischer und wirtschaftlicher Nutzungsdauer?
33. Erläutern Sie die wichtigsten Abschreibungsverfahren, und nehmen Sie zu ihrer handels- und steuerrechtlichen Zulässigkeit Stellung!
34. Welche Abschreibungsverfahren sind nach IAS/IFRS bzw. US-GAAP zulässig?
35. Muss der durch das gewählte Abschreibungsverfahren sich ergebende Buchwert genau dem jeweiligen Abnutzungswert entsprechen?
36. Wie wird die Abschreibung im Jahr des Zugangs eines Anlagegegenstandes berechnet?
37. Was versteht man unter der degressiven Gebäudeabschreibung?
38. Wie wird der Zerstörung einer Maschine durch Brand Rechnung getragen?
39. Was versteht man unter geringwertigen Wirtschaftsgütern, und wie werden sie bilanziell behandelt?
40. Warum verbessert der indirekte Ausweis steuerlicher Sonderabschreibungen den Einblick in die Vermögens-, Finanz- und Ertragslage eines Unternehmens?
41. Wie ist in der Handelsbilanz von Kapitalgesellschaften zu verfahren, wenn nachträglich der Grund für eine außerplanmäßige Abschreibung eines Anlagegegenstandes entfällt?

42. Wie ist die Frage unter Ziffer 39 nach den Regeln von IAS/IFRS und US-GAAP zu beantworten?
43. Erläutern Sie die grundlegenden Merkmale des Anlagespiegels gem. § 268 Abs. 2 HGB!
44. Unter welchen Bedingungen dürfen Gegenstände, die ein Betrieb im Wege des Finanzierungsleasing beschafft hat, nicht in der Steuerbilanz des betreffenden Unternehmens ausgewiesen werden?
45. Was versteht man unter Vollamortisations- bzw. Teilamortisationsverträgen?
46. Welche steuerrechtlichen Konsequenzen hat die Vereinbarung einer Kauf- bzw. Mietverlängerungsoption im Rahmen von Leasingverträgen?
47. Welche Kriterien eines Leasingvertrages führen gem. IAS/IFRS zu *finance lease*, welche zusätzliche Kriterien sind nach US-GAAP zur Definition von *capital lease* anzuwenden?
48. Wie sind Leasingverträge in der Handelsbilanz zu behandeln?
49. Wie sind Leasingverträge im IAS/IFRS- bzw. US-GAAP-Abschluss zu berücksichtigen?

4. Kapitel: Bilanzierung des Umlaufvermögens

A. Positionen des Umlaufvermögens

Begriff des Umlaufvermögens nach HGB

Was unter Umlaufvermögen zu verstehen ist, wird im HGB nicht exakt beschrieben. Man definiert den Begriff deshalb in der Weise, dass er jene Vermögensteile umfasst, die nicht zum Anlagevermögen gehören und keine Posten der Rechnungsabgrenzung darstellen. Damit sind im Umlaufvermögen die Vermögensgegenstände auszuweisen, die dem Geschäftsbetrieb einer Unternehmung nicht dauernd dienen sollen.

Gliederung nach HGB

Das Umlaufvermögen gliedert sich gem. § 266 Abs. 2 B. I-IV HGB in die vier Hauptpositionen

1. Vorräte
2. Forderungen und sonstige Vermögensgegenstände
3. Wertpapiere
4. Liquide Mittel

Diese Untergliederung entspricht gleichzeitig der Mindestgliederung für die »kleine« Kapitalgesellschaft.

Begriff des Umlaufvermögens nach IAS/IFRS

Nach IAS/IFRS ist nicht zwingend zwischen Vermögensgegenständen des Anlage- und Umlaufvermögen zu unterscheiden, gemäß IAS 1.53 können Unternehmen wählen, ob sie eine Einteilung in Anlagevermögen (*non-current assets*) und Umlaufvermögen (*current assets*) vornehmen. Machen Unternehmen von dieser Unterscheidung Gebrauch, dann bestimmt IAS 1.57, wann ein *asset* als Umlaufvermögen klassifizierbar ist, nämlich wenn:

- zu erwarten ist, dass das *asset* umgesetzt wird oder gehalten wird zu Zwecken des Verkaufs oder des Verbrauchs innerhalb des normalen Geschäftszyklus des Unternehmens im Produktionsprozess, oder
- das *asset* in erster Linie zu Zwecken des Handels oder für eine kurze Frist gehalten wird und es zu erwarten ist, dass er innerhalb der nächsten 12 Monate nach dem Bilanzstichtag realisiert wird, oder
- das *asset* ein Zahlungsmittel oder ein Zahlungsmitteläquivalent ist, das in der Verwendung nicht beschränkt ist.

Alle *assets*, auf die diese Klassifikation als Umlaufvermögen nicht zutrifft, sind dann als Anlagevermögen einzustufen.

Gliederungsbeispiel für das Umlaufvermögen nach IAS/IFRS

Im Anhang des IAS 1 ist eine Übersicht der Gliederung des Umlaufvermögens abgebildet (quasi als Versuch, trotz des fehlenden Formats in IAS 1 selbst eine Struktur für die Praxisanwendung zu prägen):

- Vorräte (*inventories*)
- Forderungen aus Lieferungen und Leistungen und sonstige Forderungen (*trade and other receivables*)
- Anzahlungen (*prepayments*)
- Flüssige Mittel (*cash and cash equivalents*).

Begriff des Umlaufvermögens nach US-GAAP

Nach den Vorschriften der US-GAAP werden unter dem Begriff des Umlaufvermögens (*current assets*) die Vermögensgegenstände zusammengefasst, die innerhalb eines Jahres oder eines längeren Geschäftszyklus (*operating circle*) verkauft, verbraucht oder in Geld umgewandelt werden (ARB 43 ch. 3A.4).

Gliederung des Umlaufvermögens nach US-GAAP

Für die einzelnen Posten des Umlaufvermögens ist nach US-GAAP kein festes Gliederungsschema vorgeschrieben. Börsennotierte Unternehmen haben sich jedoch an die Vorschriften der SEC bezüglich der Bilanzgliederung zu halten (Regulation S-X, Rule 5-02). Hierbei werden die Positionen des Umlaufvermögens in der Reihenfolge ihrer Liquidierbarkeit gegliedert. Im Gegensatz zum HGB beginnt man mit der am leichtesten zu liquidierenden Position. Es werden folgende Hauptpositionen gefordert:

- Flüssige Mittel (*cash and cash equivalents*)
- marktfähige Wertpapiere (*marketable securities*)
- Forderungen (*receivables*)
- Vorräte (*inventories*)
- kurzfristiger Rechnungsabgrenzungsposten (*prepaid expense*)
- sonstige Vermögensgegenstände (*other current assets*).

I. Vorräte

Vorräte nach HGB

Die Vorräte sind nach HGB weiter zu untergliedern in

1. Roh-, Hilfs- und Betriebsstoffe
2. Unfertige Erzeugnisse, unfertige Leistungen
3. Fertige Erzeugnisse, Waren
4. Geleistete Anzahlungen

Besonders bei mehrstufigen Verarbeitungsbetrieben kann die Abgrenzung der einzelnen Gruppen fließend sein, sofern diese ihre Erzeugnisse in verschiedenen Stadien der Fabrikation verkaufen, teils selbst herstellen und teils kaufen. In einem derartigen Fall ist ein gesonderter Ausweis mit der in dem betreffenden Geschäftszweig gebräuchlichen Bezeichnung zweckmäßig.

Roh-, Hilfs- und Betriebsstoffe

Zu den Rohstoffen zählen alle Stoffe, die unmittelbar in das Fertigprodukt eingehen und dessen Hauptbestandteil bilden. Hilfsstoffe gehen ebenfalls in das fertige Erzeugnis ein, stellen jedoch nur einen untergeordneten Bestandteil dar (z. B. Nägel). Betriebsstoffe bilden keinen Bestandteil des fertigen Erzeugnisses. Vielmehr werden sie bei der Herstellung unmittelbar oder mittelbar verbraucht (z. B. Brennstoffe, Schmiermittel).

Unfertige Erzeugnisse, unfertige Leistungen

Zu den unfertigen Erzeugnissen rechnet man alle Vorräte an noch nicht verkaufsfähigen Produkten, für die durch Be- oder Verarbeitung im eigenen Betrieb bereits Aufwendungen entstanden sind. Unfertige Leistungen fallen dementsprechend insbesondere bei Dienstleistungsunternehmen an. Rechtlich sind diese unfertigen Leistungen im Gegensatz zu den unfertigen Erzeugnissen keine Sachen, sondern Forderungen. Eine Zusammenfassung von unfertigen Erzeugnissen und Leistungen in einer Position erscheint deshalb wegen der unterschiedlichen Zugriffsmöglichkeiten der Gläubiger der Gesellschaft bedenklich.

Langfristige Fertigungsaufträge

In Arbeit befindliche langfristige Fertigungsaufträge stellen bis zur Übernahme durch den Kunden (sog. Abnahme) und Endabrechnung unfertige Erzeugnisse des Herstellers dar (vgl. B VI dieses Kapitels). Im Interesse einer verbesserten Klarheit und Übersichtlichkeit der Bilanz und um für externe Bilanzleser ersichtlich zu machen, welchen Anteil diese spezielle Art »unfertiger Erzeugnisse« an den Vorräten hat, kann es bei Unternehmen mit langfristiger Fertigung sinnvoll sein, solche angearbeiteten langfristigen Aufträge gesondert unter den Vorräten auszuweisen (als »in Arbeit befindliche Aufträge« oder »noch nicht abgerechnete Aufträge«).

Unfertige Bauten auf fremdem Grund und Boden

Ein besonderes Problem stellt die Errichtung von Bauwerken, Großanlagen u. ä. auf einem Grundstück des Auftraggebers dar (sog. Bauten auf fremdem Grund und Boden). Wirtschaftlich gesehen sind sie bis zur Fertigstellung unfertige Erzeugnisse des Herstellers, rechtlich sind jedoch gemäß § 94 BGB die mit dem Grund und Boden fest verbundenen Sachen, also Gebäude und fest eingebaute Produktionsanlagen, wesentliche Bestandteile des Grundstücks und als solche (gemäß §§ 93, 946 BGB) juristisches Eigentum des Auftraggebers. Da jedoch bei der bilanziellen Beurteilung der Grundsatz der wirtschaftlichen Zugehörigkeit im Vordergrund steht, sind bilanzrechtlich auch unfertige Bauten auf fremdem Grund und Boden als unfertige Erzeugnisse des Herstellers zu behandeln. Um ihre besondere rechtliche Stellung zu verdeutlichen, ist jedoch ein gesonderter Ausweis unter entsprechender Bezeichnung (z. B. »in Arbeit befindliche Bauaufträge«) innerhalb der Vorräte geboten.

Fertigerzeugnisse, Waren

Als Fertigerzeugnisse bzw. Waren werden die selbstgefertigten und gekauften Vorräte bezeichnet, die das Stadium der Versandfertigkeit erreicht haben. Hier sind also auch solche Fertiggüter auszuweisen, die von anderen Unternehmen bezogen und ohne wesentliche Weiterverarbeitung im eigenen Betrieb als Zubehör zu den eigenen Fertigerzeugnissen weiterveräußert werden (z. B. Lichtanlagen für Automobile).

Vermietete Erzeugnisse

Zur Vermietung bestimmte Erzeugnisse (z. B. EDV- und Telefonanlagen oder Maschinen), die im Rahmen des Operating-Leasing vermietet werden sollen, sind ebenfalls unter den fertigen Erzeugnissen zu bilanzieren. Sobald diese Gegenstände vermietet werden, könnten sie – sofern kein Ausweis als Sonderposition im Anlagevermögen oder zwischen Anlage- und Umlaufvermögen erfolgt – in einer zusätzlichen Bilanzposition »Vermietete Erzeugnisse« im Umlaufvermögen im Anschluss an die fertigen Erzeugnisse ausgewiesen werden (vgl. Reithmeier, H. [1979], S. 125 ff.). Ein derartiges Vorgehen dient auch der Bilanzklarheit.

Geleistete Anzahlungen

Geleistete Anzahlungen stellen Vorleistungen eines Vertragspartners auf schwebende Geschäfte dar. Unter dieser Position werden folglich Zahlungen der Gesellschaft an Dritte aufgrund abgeschlossener Lieferungs- oder Leistungsverträge bilanziert, für die Lieferung oder Leistung noch ausstehen. Anzahlungen auf Sachanlagen bzw. auf immaterielle Vermögensgegenstände sind nicht hier, sondern im Anlagevermögen unter A. II. 4. bzw. A. I. 3. auszuweisen.

Erhaltene Anzahlungen

Erhaltene Anzahlungen auf Bestellungen dürfen gem. § 268 Abs. 5 Satz 2 HGB von der Position »Vorräte« offen abgesetzt werden, sofern der Ausweis nicht unter den Verbindlichkeiten erfolgt. Eine derartige Saldierung ist insoweit zweckmäßig, wie die Anzahlungen bearbeitete, aber noch nicht abgerechnete Vorräte betreffen.

Eigentumsvorbehalt, Sicherungsübereignung

Entsprechend der bereits erörterten Abgrenzung des Betriebsvermögens nach wirtschaftlichen Gesichtspunkten (2. Kapitel A II) bleibt bei gekauften und verkauften Vorräten der Eigentumsvorbehalt (§ 455 BGB) so lange unberücksichtigt, wie er nicht (z. B. bei Zahlungsverzug) geltend gemacht wird. Entsprechendes gilt auch für den verlängerten Eigentumsvorbehalt, der dem Lieferanten ein Eigentumsrecht an solchen Forderungen gewährt, die durch Weiterverkauf der gelieferten Ware erworben werden. Auch eine Sicherungsüber-eignung schließt den Ausweis des betreffenden Gegenstandes unter den Vorräten nicht aus (§ 246 Abs. 1 HGB). Trotz Lagerung bei der Gesellschaft sind jedoch solche Waren nicht mehr auszuweisen, die nicht zur Sicherheit, sondern beispielsweise durch Konnossement (= Seefrachtbrief) oder Lagerschein (§ 363 HGB) bereits endgültig übereignet sind.

Unterwegs-Ware

Der Zeitpunkt der Bilanzierung von Waren wird grundsätzlich durch ihren Ein- oder Ausgang bestimmt. In Zusammenhang mit dem Ausweis von Waren tauchen allerdings verschiedene Bilanzierungsprobleme auf. Wurden gekaufte Waren noch nicht geliefert und noch nicht bezahlt, so entspricht es den Grundsätzen ordnungsmäßiger Buchführung, sie nicht in die Bilanz aufzunehmen. Bei bereits erfolgtem Gefahrenübergang können unterwegs befindliche Waren jedoch im Warenbestand des Käufers auch dann verbucht werden, wenn der Käufer noch nicht seine Verfügungsmacht mittels Konnossement, Lagerschein etc. nachweisen kann. Soll sich auf dem Transport befindende Ware (Unterwegs-Ware) in die Bilanz aufgenommen werden, so ist zur Vermeidung von Gewinnverzerrungen die entsprechende Verbindlichkeit gleichzeitig zu bilanzieren. Verkaufte Waren erlauben im Allgemeinen erst nach Erfüllung der vertraglichen Verpflichtungen durch den Verkäufer und erfolgtem Gefahrenübergang auf den Käufer den Ausweis einer entsprechenden Forderung.

Kommissions-Ware

In Kommission gegebene Waren sind unter Waren und nicht als Forderungen auszuweisen. Analog dürfen in Kommission genommene Waren nicht aktiviert werden (vgl. 2. Kapitel A II).

Vorräte nach IAS/IFRS

Vorräte werden vom IASB als *assets* definiert, die entweder im Rahmen des normalen Geschäftsablaufs zum Verkauf gehalten werden, die sich im Herstellungsprozess für einen derartigen Verkauf befinden oder die im Herstellungsprozess von Gütern und Dienstleistungen verbraucht werden (IAS 2.4).

In den momentan gültigen IAS/IFRS ist kein starres Gliederungsschema für die Unterpositionen des Vorratsvermögens vorgegeben. Eine nach IAS 1.73 i. V. m. IAS 2.35 gebräuchliche Aufschlüsselung unterscheidet jedoch in Handelswaren (*merchandise*), Hilfs- und Betriebsstoffe (*production supply*), Rohstoffe (*materials*), unfertige Erzeugnisse/Leistungen (*work in progress*) und Fertigerzeugnisse (*finished goods*). Handelt es sich allerdings um Betriebsstoffe, die nicht direkt dem Produktionsprozess zuzuordnen sind, so sind diese nach IAS/IFRS unter den sonstigen Vermögensgegenständen auszuweisen (Arbeitskreis »Externe Unternehmensrechnung« der Schmalenbach-Gesellschaft [1999], S. 70).

Hinsichtlich der Ansatzkriterien ist mangels konkreter Vorschriften in IAS 2 auf die Ausführungen des Framework zum Begriff des *asset* zurückzugreifen.

Erhaltene Anzahlungen auf Vorräte nach IAS/IFRS

Im Gegensatz zum deutschen Recht besteht nach IAS/IFRS ein generelles Saldierungsverbot, das auch die Saldierung von erhaltenen Anzahlungen auf Vorräte mit diesen verbietet. Erhaltene Anzahlungen müssen demnach als kurzfristige Verbindlichkeiten auf der Passivseite ausgewiesen werden. Von diesem Saldierungsverbot kann nur abgesehen werden, wenn dies aufgrund eines anderen IAS/IFRS erforderlich oder erlaubt ist (IAS 1.33).

Geleistete Anzahlungen nach IAS/IFRS

Geleistete Anzahlungen sind auch nach IAS/IFRS aktivierungspflichtig. Gemäß IAS/IFRS sind diese jedoch nicht, wie nach HGB, als Unterposition der Vorräte, sondern in einem separaten Posten (*prepayments*) innerhalb des Umlaufvermögen auszuweisen.

Vorräte nach US-GAAP

Die Abgrenzung des Vorratsvermögens nach US-GAAP (ARB 43 ch. 4.2) entspricht nahezu der Definition der Vorräte nach IAS 2.4. Ist das Vorratsvolumen allerdings außergewöhnlich hoch, sodass es das im normalen Produktionsablauf benötigte Maß weit übersteigt, so ist die überschüssige Menge im Anlagevermögen (*non-current assets*) auszuweisen.

US-GAAP empfiehlt gemäß ARB 43 ch. 4.3 eine Aufschlüsselung der Vorräte nach Rohstoffen (*raw materials*), Hilfs- und Betriebstoffen (*supplies*), unfertigen Erzeugnissen (*work in process*) und Fertigerzeugnissen (*finished goods*) bzw. Handelswaren (*merchandise*). Diese Aufgliederung der Vorräte muss nicht verbindlich in der Bilanz erfolgen, vielmehr kann sie auch in den *notes* vorgenommen werden.

Wesentliche Hilfs- und Betriebsstoffe, die nicht für den Produktionsprozess vorgesehen sind, dürfen nach den Vorschriften der US-GAAP, genauso wie nach IAS/IFRS, nicht in den Vorräten enthalten sein. Diese werden unter den sonstigen Vermögenswerten (*other assets*) ausgewiesen.

Anzahlungen nach US-GAAP

Geleistete Anzahlungen sind nach US-GAAP ebenfalls nicht unter den Vorräten auszuweisen. Diese werden, genauso wie nach den Vorschriften der IAS/IFRS, in einem separaten Posten des Umlaufvermögens erfasst (*prepaid expenses*). Auch für erhaltene Anzahlungen gelten nach US-GAAP dieselben Regeln wie nach IAS/IFRS, sodass ein offenes Absetzen von den Vorräten auf der Aktivseite verboten ist. Der Ausweis dieser erhaltenen Zahlungen erfolgt getrennt unter den Verbindlichkeiten.

II. Forderungen und sonstige Vermögensgegenstände

Forderungen und sonstige Vermögensgegenstände nach HGB

Die Forderungen und sonstigen Vermögensgegenstände werden gemäß § 266 Abs. 2 HGB in folgende Unterpositionen gegliedert:

1. Forderungen aus Lieferungen und Leistungen
2. Forderungen gegen verbundene Unternehmen
3. Forderungen gegen Unternehmen, mit denen ein Beteiligungsverhältnis besteht
4. Sonstige Vermögensgegenstände

Forderungen aus Lieferungen und Leistungen

Zu den Forderungen aus Lieferungen und Leistungen zählen Ansprüche aus gegenseitigen Verträgen (Lieferungs-, Werks- oder Dienstleistungsverträge), die vom bilanzierenden Unternehmen durch Lieferung oder Leistung bereits erfüllt sind, deren Erfüllung durch den Schuldner (Zahlung des Kaufpreises) aber noch aussteht (vgl. ADS [1995), § 266 Tz. 120). Dazu gehören auch die Forderungen des Leasing-Gebers aus solchen Verträgen, bei denen der Leasing-Gegenstand aufgrund der Vertragsgestaltung beim Leasing-Nehmer zu bilanzieren ist (vgl. 3. Kapitel F).

Zession, Factoring

Werden im Rahmen der Sicherungsabtretung bzw. Zession Forderungen zur Sicherung von Krediten an den Kreditgeber (Zessionar) abgetreten, so hat der Sicherungsgeber (Zedent) als der wirtschaftliche Eigentümer diese auch weiterhin (unter der bisherigen Position) zu bilanzieren. Beim Factoring (Forderungsverkauf durch Abtretung i. S. d. §§ 433, 398 BGB) scheiden dagegen die verkauften Forderungen aus dem Vermögen und der Bilanz des Forderungsverkäufers aus, und an ihre Stelle tritt – sofern der Betrag nicht bar ausgezahlt wird – eine Forderung gegenüber dem Factor, die unter Beachtung der im Einzelfall vereinbarten Konditionen als »Sonstiger Vermögensgegenstand« zu bilanzieren ist. Verbleibt das Delkredererisiko beim Forderungsverkäufer (unechtes Factoring), so hat dieser gem. § 251 HGB Verbindlichkeiten aus Bürgschaften unter der Bilanz zu vermerken oder – falls mit dem Ausfall der verkauften Forderung zu rechnen ist – eine Rückstellung für ungewisse Verbindlichkeiten zu bilden.

Offenlegung der finanziellen Verflechtung

Entsprechend der Untergliederung der Ausleihungen (vgl. 3. Kapitel B III) ist auch bei den Forderungen des Umlaufvermögens ein gesonderter Ausweis der Forderungen gegen verbundene Unternehmen und der gegen Unternehmen, mit denen ein Beteiligungsverhältnis besteht (soweit sie nicht zu den Forderungen gegen verbundene Unternehmen zählen), vorgeschrieben, um das Ausmaß der finanziellen Verflechtung der Gesellschaft mit diesen Unternehmen offen zu legen. Im Einzelnen kann es sich dabei um Forderungen aus Waren-, Leistungs- oder Finanzgeschäften, aus Beteiligungen (Dividenden und andere Gewinnausschüttungen) oder aus Unternehmensverträgen (§§ 291, 292 AktG) handeln. Der Ausweis unter den genannten Positionen geht dabei dem Ausweis unter den anderen Forderungspositionen grundsätzlich vor. Zum Begriff der »verbundenen Unternehmen« im Sinne des § 271 Abs. 2 HGB und der §§ 15 ff. AktG vgl. 3. Kapitel B III.

Sonstige Vermögensgegenstände

Bei der Position »Sonstige Vermögensgegenstände« handelt es sich um einen Misch- und Sammelposten für all jene Vermögensgegenstände, die von keiner anderen Bilanzposition des Umlaufvermögens erfasst werden. Insbesondere sind hier auszuweisen: Darlehen und Gehaltsvorschüsse (soweit kein anderer Ausweis vorgeht), GmbH- und Genossenschaftsanteile ohne Beteiligungs- oder Daueranlageabsicht, Schadensersatzansprüche, Kautionen etc.

Antizipative Rechnungsabgrenzungsposten

Unter den sonstigen Vermögensgegenständen sind auch die zu den sonstigen Forderungen zählenden antizipativen aktiven Rechnungsabgrenzungsposten zu erfassen, die dadurch charakterisiert sind, dass der Ertrag vor, die entsprechende Einnahme jedoch nach dem Bilanzstichtag liegt. Beträge mit größerem Umfang sind nach § 268 Abs. 4 Satz 2 HGB im Anhang zu erläutern.

Ausstehende Einlagen

Wird von dem Wahlrecht Gebrauch gemacht, die nicht eingeforderten ausstehenden Einlagen vom »Gezeichneten Kapital« offen abzusetzen (vgl. 5. Kapitel B II), so sind die eingeforderten, aber noch nicht eingezahlten Einlagen unter den Forderungen gesondert auszuweisen (§ 272 Abs. 1 Satz 3 letzter Halbsatz HGB).

Saldierungsverbot

Bei der Bilanzierung von Forderungen ist insbesondere das Saldierungsverbot (§ 246 Abs. 2 HGB) zu beachten, das die Verrechnung von Forderungen und Verbindlichkeiten grundsätzlich ausschließt. Nur in Ausnahmefällen, in denen sich gleichartige Ansprüche und Verbindlichkeiten etwa gleicher Fälligkeit gegen gleiche Personen aufrechenbar gegenüberstehen (vgl. § 387 BGB), ist eine Verrechnung möglich.

Restlaufzeitangabe

Um den Einblick in die Liquiditätslage der Gesellschaft zu erleichtern, ist nach § 268 Abs. 4 Satz 1 HGB bei jeder gesondert ausgewiesenen Forderungsposition (d. h. auch bei den eingeforderten Einlagen und den unter den sonstigen Vermögensgegenständen erfassten Forderungen) der Betrag der Forderungen mit einer Restlaufzeit von mehr als einem Jahr anzugeben. Entscheidend für die Bestimmung der angabepflichtigen Beträge ist nicht die ursprünglich vereinbarte Gesamtlaufzeit, sondern die Zeitspanne zwischen dem Bilanzstichtag und voraussichtlichem Eingang der Forderungen.

Wechsel

Die im Bestand der Gesellschaft befindlichen Besitzwechsel sind nicht gesondert auszuweisen, sondern den zugrunde liegenden Forderungen zuzuordnen. Eine freiwillige Angabe der durch Wechsel gesicherten Forderungen wäre allerdings im Hinblick auf die durch das Wechselrecht begründete schnellere Verwertungsmöglichkeit durch die Gesellschaft zu begrüßen. Reine Finanzierungswechsel (z. B. Schatzwechsel des Bundes, der Länder und der Bundesbahn) sind dagegen, da wirtschaftlich der Wertpapiercharakter überwiegt, unter den sonstigen Wertpapieren des Umlaufvermögens auszuweisen.

Forderungen an Mitglieder von Gesellschaftsorganen

Gem. § 285 Nr. 9c HGB sind Forderungen der Gesellschaft aus Krediten an Mitglieder des Geschäftsführungsorgans, Aufsichtsrates oder Beirates (vgl. §§ 89 und 115 AktG) im Anhang anzugeben. Forderungen der GmbH an ihre Gesellschafter sind nach § 42 Abs. 3 GmbHG jeweils gesondert auszuweisen oder im Anhang anzugeben. Eingeforderte Nachschüsse sind als solche immer gesondert auszuweisen (§ 42 Abs. 2 Satz 2 GmbHG; vgl. 5. Kapitel B III 1a).

Forderungen nach IAS/IFRS

Auf eine explizite Definition der kurzfristigen Forderungen wird in den derzeit gültigen IAS/IFRS verzichtet. Nach IAS 1.72 sollte jedoch eine sachgerechte

Untergliederung der Forderungen (*receivables*) entweder in der Bilanz oder im Anhang erfolgen. In IAS 1.73 (b) wird beispielhaft dargestellt, wie eine solche Untergliederung erfolgen kann, nämlich: Forderungen gegenüber Handelspartnern (*trade customers*), Forderungen gegenüber Unternehmen des Konzernverbundes (*other members of the group*) und anderen nahestehenden Unternehmen (*related parties*), Anzahlungen (*prepayments*) und sonstige Beträge (*other amounts*).

Unter der Position *receivables* nach IAS/IFRS können auch Forderungen enthalten sein, die im Rahmen des gewöhnlichen Geschäftsprozesses entstanden sind, aber voraussichtlich nicht innerhalb eines Jahres bzw. eines Geschäftszyklus realisiert werden (IAS 1.57 ff). Jedoch sind diese dann gemäß IAS 1.54 im Anhang anzugeben (Beck'scher Bilanzkommentar [1999], § 253 Tz. 697).

Forderungen nach US-GAAP

Nach US-GAAP ist folgende Differenzierung der Forderungen (*receivables*) vorzunehmen: Forderungen gegenüber Handelspartnern (*customers, trade*), Forderungen gegenüber nahe stehenden Unternehmen (*related parties*), Forderungen gegenüber Versicherern, Förderern und Angestellten (*underwriters, promoters, and employees other than related parties*), die außerhalb des normalen Geschäftsbetriebs entstehen und andere Forderungen (*others*). Außerdem sind Wechselforderungen (*notes receivables*) separat auszuweisen falls diese 10 % oder mehr der Gesamtforderungen betragen (Regulation S-X, Rule 5-02.). Haben Forderungen eine Restlaufzeit von mehr als einem Jahr bzw. von mehr als einem normalen Geschäftszyklus, so sind diese nach US-GAAP im Anlagevermögen (*non-current assets*) auszuweisen.

Sonstige Vermögensgegenstände nach US-GAAP

Die Sammelposition »sonstige Vermögensgegenstände des Umlaufsvermögens« (*other current assets*) ist nach den Vorschriften der Regulation S-X, Rule 5-02 entweder innerhalb der Bilanz oder in den *notes* aufzugliedern, falls diese mehr als 5 % des gesamten Umlaufvermögens beträgt.

Prepaid expenses nach US-GAAP

Unter der Bilanzpostion *prepaid expenses* erfolgt nach US-GAAP im Wesentlichen ein Ausweis der vorausbezahlten Aufwendungen, die sich auf einen Zeitraum in der Zukunft von höchstens einem Jahr bzw. einem Geschäftszyklus beziehen und für das Unternehmen dann zu *probable future economic benefits* führen. Handelt es sich um einen längeren Zeitraum, so sind diese im Anlagevermögen unter der Bilanzposition *deferred charges* auszuweisen (Niehus, R. J./ Thyll, A. [2000], S. 282 ff.; Förschle, G/Holland, B../Kroner, M. [2001], S. 29).

III. Wertpapiere

Wertpapiere nach HGB

§ 266 Abs. 2 HGB sieht eine Untergliederung der Wertpapiere des Umlaufvermögens in folgende Unterpositionen vor:

1. Anteile an verbundenen Unternehmen
2. Eigene Anteile
3. Sonstige Wertpapiere

Anteile an verbundenen Unternehmen

Die Anteile an verbundenen Unternehmen, für die keine dauerhafte Besitzabsicht besteht, sind im Umlaufvermögen gesondert auszuweisen.

Eigene Anteile, Rücklage für eigene Anteile

Eigene Anteile der Gesellschaft, deren Erwerb durch die §§ 71 ff. AktG und 33 GmbHG geregelt wird, haben eine Doppelnatur: Betrachtet man etwa die Möglichkeit der Ausgabe von Belegschaftsaktien (§ 71 Abs. 1 Nr. 2 AktG), der Abfindung außenstehender Aktionäre (§ 305 Abs. 2 AktG) oder der Eingliederung (§ 320 Abs. 5 AktG), so verkörpern sie echte Vermögenswerte. Eigene Anteile können jedoch auch wie im Fall des Rückkaufs zur Herabsetzung des Eigenkapitals, der Liquidation oder Sanierung reine Korrekturposten zum Eigenkapital darstellen. Je nach Zielsetzung des Erwerbs eigener Aktien sieht nach dem KonTraG § 272 Abs. 1 Satz 4 HGB vor, dass eigene Aktien, die zur Einziehung erworben werden (d. h. nach § 71 Abs. 1 Nr. 6 oder Nr. 8 AktG), offen in der Vorspalte mit dem Nennwert vom gezeichneten Kapital abzusetzen sind. Der Unterschiedsbetrag zwischen Nennbetrag und Kaufpreis ist mit den anderen Gewinnrücklagen zu verrechnen (§ 272 Abs. 1 Satz 6 HGB). Findet der Erwerb eigener Aktien zwar nicht zur Einziehung statt, wird aber die spätere Veräußerung von einem Hauptversammlungsbeschluss, in entsprechender Anwendung des § 182 Abs. 1 Satz 1 AktG, abhängig gemacht, ist ebenfalls nach der genannten Vorgehensweise zu bilanzieren. Werden eigene Aktien nicht zur Einziehung erworben, d. h. der Erwerb erfolgt nach § 71 Abs. 1 Nr. 1 - bzw. Nr. 7 AktG, und die spätere Veräußerung wird auch nicht von einem Hauptversammlungsbeschluss abhängig gemacht, so werden diese nach § 266 Abs. 2 HGB i. V. m. § 265 Abs. 3 HGB im Umlaufvermögen des Unternehmens bilanziert. Zum Schutz der Gläubiger bestimmt § 272 Abs. 4 HGB dann die Bildung einer Rücklage für eigene Anteile in Höhe des aktivierten Betrages. Ihre Dotierung kann aus frei verfügbaren Gewinnrücklagen vorgenommen werden. Sie ist nach § 272 Abs. 4 Satz 4 HGB auch für Anteile an einem herrschenden oder einem mit Mehrheit beteiligten Unternehmen zu bilden.

Sonstige Wertpapiere

Unter der Position «Sonstige Wertpapiere« sind die Wertpapiere zu erfassen, die zur vorübergehenden Anlage flüssiger Mittel bestimmt sind und die nicht als eigene Anteile oder Anteile an verbundenen Unternehmen auszuweisen sind. Im Einzelnen kann es sich dabei um öffentliche Anleihen, Pfandbriefe, Industrieobligationen, Aktien, Zins- und Dividendenscheine etc. handeln.

Wertpapiere und Gläubigerpapiere nach IAS/IFRS und US-GAAP

Wertpapiere und Gläubigerpapiere werden sowohl nach IAS/IFRS wie auch nach US-GAAP in drei Kategorien eingeteilt. Man unterteilt die Wertpapiere gemäß IAS 39 bzw. FAS 115 entsprechend dem Verwendungszweck in (vgl. 3. Kapitel C II):

- *held-to-maturity securities* (Gläubigerpapiere, die bis zu ihrer Fälligkeit im Unternehmen bleiben)
- *trading securities* (Handelspapiere)
- *available-for-sale securities* (veräußerungsfähige Papiere).

Sind die Gläubigerpapiere innerhalb des nächsten Jahres fällig, so handelt es sich um Gläubigerpapiere des Umlaufvermögens, ansonsten sind *held-to-maturity securities* grundsätzlich dem Anlagevermögen zuzuordnen. *Trading securities* sind Gläubigerpapiere und Wertpapiere, die zum baldigen Verkauf gehalten werden, und demnach immer im Umlaufvermögen auszuweisen. Bei den *available-for-sale securities* hängt die Zuordnung davon ab, ob das Unternehmen plant, diese im kommenden Jahr zu verkaufen. Eine Überprüfung der Einordnung und eine evtl. Umgruppierung hat zu jedem Bilanzstichtag zu erfolgen.

Eigene Anteile nach IAS/IFRS und US-GAAP

Ein Ausweis von eigenen Anteilen im Umlaufvermögen ist weder nach IAS/IFRS noch nach US-GAAP möglich. Nach den Regelungen der IAS/IFRS sind diese vom Eigenkapital abzusetzen (SIC 16.4) und nach IAS 1.74 (a) entweder in der Bilanz oder in den *notes* gesondert auszuweisen. Nach den Vorschriften der US-GAAP sind eigene Anteile (*treasury stock*) grundsätzlich offen innerhalb des Eigenkapitals abzusetzen (ARB 43 ch. 1A.).

IV. Flüssige Mittel

Flüssige Mittel nach HGB

Die flüssigen Mittel der Gesellschaft setzen sich insbesondere aus Schecks, Kassenbestand, Bundesbank- und Postgiroguthaben sowie Guthaben bei Kreditinstituten zusammen.

Zum Kassenbestand zählen neben dem am Bilanzstichtag in Haupt- und Nebenkassen vorhandenen Bargeld einschließlich ausländischer Sorten auch nicht verbrauchte Francotypwerte (Wertstreifen der Bundespost für Frankiermaschinen). Als Guthaben bei Kreditinstituten (vgl. § 1 KWG) gelten alle Guthaben oder Forderungen in Form von täglich fälligen Geldern oder Festgeldern (Bankeinlagen mit fest vereinbarter Laufzeit) bei Kreditinstituten im In- und Ausland. Guthaben bei Bausparkassen sind dagegen als sonstige Vermögensgegenstände auszuweisen.

Flüssige Mittel nach IAS/IFRS

Kassenbestände und Bankguthaben sind nach den IAS/IFRS in der Position *cash and cash equivalents* zu zeigen (IAS 1.57 (c)). Außerdem sind unter diesen Posten Wertpapiere auszuweisen, die kurzfristig in einen heute schon bekannten Geldbetrag umgewandelt werden können, wie z. B. öffentliche Anleihen, Commercial Papers oder Geldmarktfondsanteile. Dabei muss die Restlaufzeit der Wertpapiere so kurz sein, dass kein Risiko aus einer Zinsänderung zu erwarten ist. In der Regel soll sie im Erwerbszeitpunkt nicht größer als drei Monate sein (IAS 7.6 ff.).

Sind liquide Mittel nicht sofort frei verfügbar – etwa im Falle von Guthaben auf ausländischen Konten, die aufgrund von Devisenbeschränkungen eingefroren sind – so sind die zugehörigen Beträge im Umkehrschluss zur Definition des Umlaufvermögens in IAS 1.57 im Anlagevermögen (*non-current assets*) auszuweisen.

Flüssige Mittel nach US-GAAP

Nach den Vorschriften der US-GAAP sind unter dem Posten *cash and cash equivalents* all die liquiden Anlagen zusammenzufassen, die innerhalb kürzester Zeit in einen heute schon bekannten Geldbetrag umgewandelt werden können und deren Restlaufzeit so kurz ist, dass kein Risiko aus der Änderung des Zinssatzes zu erwarten ist (FAS 95.8). Hierunter werden also Schecks, Kassenbestände und Bankguthaben, wie auch kurzfristige liquidierbare Wertpapiere verstanden. Grundsätzlich sind unter dieser Position, genauso wie nach IAS/IFRS, nur Wertpapiere auszuweisen, deren Restlaufzeit im Erwerbszeitpunkt drei Monate nicht übersteigt.

Handelt es sich bei den liquiden Mitteln allerdings um solche, die in ihrer Verfügung beschränkt sind, so sind diese getrennt auszuweisen. Auch bei zweckgebundenen Mitteln wird nach US-GAAP ein separater Ausweis verlangt. Hierbei muss zusätzlich noch unterschieden werden, ob nicht, je nach Zweckbindung, ein Ausweis innerhalb des Anlagevermögens erforderlich ist (Regulation S-X, Rule 5-02).

B. Bewertung des Umlaufvermögens

I. Bewertungsgrundlagen

Anschaffungswertprinzip nach HGB

Die Anschaffungs- oder Herstellungskosten bilden auch für die Gegenstände des Umlaufvermögens den Ausgangspunkt und gleichzeitig die Höchstgrenze der Bewertung (§ 253 Abs. 1 Satz 1 HGB). Entsprechend dem Vorsichtsprinzip wird dadurch der Ausweis unrealisierter Gewinne verhindert.

Strenges Niederstwertprinzip in der HB

Für die Bewertung des Umlaufvermögens gilt darüber hinaus in der Handelsbilanz das aus dem Imparitätsprinzip resultierende strenge Niederstwertprinzip. Danach müssen Wertminderungen im Umlaufvermögen auch dann durch Abschreibungen berücksichtigt werden, falls sie voraussichtlich nicht von Dauer sind. Zur Erfassung der Wertminderung dient dabei der aus dem Börsen- oder Marktpreis abgeleitete Wert bzw. – falls ein solcher nicht feststellbar ist – der beizulegende Wert (vgl. 2. Kapitel B II 1a). Dieser ist nach § 253 Abs. 3 Satz 1 und 2 HGB zwingend anzusetzen, falls er am Bilanzstichtag unter den Anschaffungs- oder Herstellungskosten liegt.

Niedrigerer Zukunftswert

Ausnahmen vom Fixwertprinzip, nach dem die vorgeschriebenen Wertansätze von Kapitalgesellschaften weder über- noch unterschritten werden dürfen, gewährt das Handelsrecht in Form von zwei zusätzlichen Abschreibungswahlrechten. Nach § 253 Abs. 3 Satz 3 HGB dürfen Abschreibungen vorgenommen werden, um zu verhindern, dass in der nächsten Zukunft der Wertansatz von Vermögensgegenständen des Umlaufvermögens aufgrund von Wertschwankungen geändert werden muss. Voraussetzung für die Inanspruchnahme dieses Abschreibungswahlrechtes (Verlustantizipation) ist, dass nach vernünftiger kaufmännischer Beurteilung im Laufe der nächsten 2 Jahre mit Wertminderungen zu rechnen ist (vgl. 2. Kapitel B II 1c). Der Betrag der aus diesem Grund vorgenommenen Abschreibungen ist in der GuV gesondert auszuweisen oder im Anhang anzugeben (§ 277 Abs. 3 Satz 1 HGB).

Umgekehrte Maßgeblichkeit

Darüber hinaus erlaubt § 254 HGB auch im Umlaufvermögen den Ansatz eines niedrigeren Wertes, der auf einer nur steuerrechtlich zulässigen Abschreibung beruht. Die in § 279 Abs. 2 HGB für Kapitalgesellschaften enthaltene

Beschränkung auf nur steuerrechtlich zulässige Abschreibungen, bei denen das Steuerrecht die Anerkennung in der Steuerbilanz von einem parallelen Vorgehen in der Handelsbilanz abhängig macht, ist seit der generellen Verankerung der umgekehrten Maßgeblichkeit in § 5 Abs. 1 Satz 2 EStG ohne materielle Bedeutung. Demnach bedingt die Ausübung von steuerlichen Abschreibungswahlrechten auch bei Kapitalgesellschaften ein entsprechendes Vorgehen im handelsrechtlichen Einzelabschluss (vgl. 2. Kapitel B II 1d).

Wertaufholungsgebot bei Kapitalgesellschaften

Sind die Gründe für eine in früheren Jahren vorgenommene außerplanmäßige Abschreibung zwischenzeitlich entfallen, so haben Kapitalgesellschaften nach § 280 Abs. 1 HGB im Umfang der Werterhöhung – jedoch maximal bis zu den Anschaffungs- oder Herstellungskosten – eine Zuschreibung vorzunehmen. § 280 Abs. 2 HGB hat keine Bedeutung, da das Steuerrecht prinzipiell ein Wertaufholungsgebot vorsieht (§ 6 Abs. 1 Nr. 2 EStG).

Wertaufholungswahlrecht bei Einzelunternehmen und Personengesellschaften

Für Einzelunternehmen und Personenhandelsgesellschaften gelten die in § 253 HGB als Ausprägungen des strengen Niederstwertprinzipes vorgeschriebenen Wertansätze lediglich als Höchstgrenzen, die durch zusätzliche Abschreibungen im Rahmen vernünftiger kaufmännischer Beurteilung unterschritten werden dürfen (§ 253 Abs. 4 HGB). Darüber hinaus gewährt § 253 Abs. 5 HGB diesen Unternehmen ausdrücklich ein Beibehaltungswahlrecht.

Maßgeblichkeit der Handels- für die Steuerbilanz

In der Steuerbilanz erfolgt die Bewertung der Wirtschaftsgüter des Umlaufvermögens nach den auch für das nicht abnutzbare Anlagevermögen geltenden Grundsätzen des § 6 Abs. 1 Nr. 2 EStG. Die Anschaffungs- oder Herstellungskosten bilden danach ebenfalls die Wertobergrenze. Das Wahlrecht zur Vornahme von Teilwertabschreibungen bei dauerhaften Wertminderungen (§ 6 Abs. 1 Nr. 2 Satz 2 EStG) wird allerdings über das Maßgeblichkeitsprinzip zur Abschreibungspflicht. Entfallen die Gründe für eine in früheren Jahren vorgenommene Teilwertabschreibung, d. h. kann die Dauerhaftigkeit der Wertminderung nicht mehr nachgewiesen werden, so ist nach § 6 Abs. 1 Nr. 2 Satz 3 EStG eine Zuschreibung bis maximal zu den Anschaffungs- oder Herstellungskosten vorzunehmen. Handelt es sich allerdings um nicht dauerhafte Wertminderungen, so ist in der Steuerbilanz gemäß § 6 Abs. 1 Nr. 2 EStG keine Grundlage für eine Teilwertabschreibung gegeben.

Bewertung des Umlaufvermögens nach IAS/IFRS und US-GAAP

Genauso wie nach HGB stellen für die Gegenstände des Umlaufvermögens auch nach IAS/IFRS und US-GAAP die Anschaffungs- oder Herstellungskosten die Ausgangsbasis für die Bewertung dar. Jedoch ist hier eine Bewertung über diese hinaus bei bestimmten *current assets*, wie z. B. bei einem Teil der Wertpapiere, in den Folgejahren geboten. Näher wird hierauf bei den jeweiligen Bilanzpositionen eingegangen.

Sowohl nach IAS/IFRS als auch nach US-GAAP gilt im Bereich des Umlaufvermögens das strenge Niederstwertprinzip. Es wird also, unabhängig davon, ob der Wertverlust des *asset* dauerhaft oder nur kurzfristig ist, der niedrigere Wertansatz gewählt.

Ist am Bilanzstichtag der Grund für eine in früheren Jahren vorgenommene außerplanmäßige Abschreibung weggefallen, so gilt nach den Vorschriften der IAS/IFRS ein Wertaufholungsgebot. Die oberste Grenze stellen dabei gewöhnlich die fortgeführten Anschaffungs- und Herstellungskosten dar.

Nach US-GAAP dagegen besteht in den meisten Bereichen des Umlaufvermögens in solchen Fällen ein Wertaufholungsverbot. Eine einmal vorgenommene Abschreibung zieht also dauerhaft den niedrigeren Bilanzansatz nach sich.

Außerplanmäßige Abschreibungen auf einen niedrigeren Zukunftswert oder auf einen niedrigeren steuerlichen Wert sind weder nach IAS/IFRS noch US-GAAP zulässig.

II. Bewertung der Vorräte

Bewertung von Roh-, Hilfs-, Betriebsstoffen, Waren

Zu den Anschaffungskosten (vgl. 2. Kapitel B I 1) als dem ursprünglichen Wertmaßstab für alle vom Unternehmen nicht selbst erstellten Güter (Roh-, Hilfs-, Betriebsstoffe, Waren) zählen neben dem Anschaffungspreis abzüglich der Anschaffungspreisminderungen (Rabatte, Boni, Skonti etc.) alle Anschaffungsnebenkosten bis zum Abschluss des Beschaffungsvorganges, sofern sie den Vermögensgegenständen einzeln zugerechnet werden können. Diese umfassen somit auch die aus Wirtschaftlichkeitsgründen als Gemeinkosten verrechneten Einzelkosten (unechte Gemeinkosten). Gleichzeitig wird dadurch klargestellt, dass eine früher für vertretbar angesehene Aktivierung von echten Materialgemeinkosten (z. B. innerbetriebliche Transportkosten) unzulässig ist.

Bewertung von unfertigen und fertigen Erzeugnissen

Durch den Transformationsprozess von Roh-, Hilfs- und Betriebsstoffen entstehen Herstellungskosten. Diese sind der Bewertungsmaßstab für die unfertigen und fertigen Erzeugnisse (vgl. im Einzelnen 2. Kapitel B I 2)

Niederstwertprinzip nach HGB/Verlustfreie Bewertung

Liegt der beizulegende Wert am Bilanzstichtag unter den Anschaffungs- oder Herstellungskosten, so ist in der Handelsbilanz der niedrigere Wertansatz zu wählen. Maßgeblich für den beizulegenden Wert ist für Roh-, Hilfs- und Betriebsstoffe sowie für unfertige und fertige Erzeugnisse für die auch Fremdbezug möglich ist, der Beschaffungsmarkt. Handelt es sich dagegen um Überbestände an Roh-, Hilfs- und Betriebsstoffen oder um unfertige oder fertige Erzeugnisse, für die kein Fremdbezug möglich ist, so ist für deren beizulegenden Wert der Absatzmarkt maßgeblich. Eine niedrigere Bewertung ist demnach dann geboten, wenn die voraussichtlichen Verkaufserlöse abzüglich der Erlösminderungen und aller noch anfallenden Aufwendungen (z. B. Verwaltungs-, Verpackungs- oder Vertriebskosten) unter den Herstellungskosten liegen (Grundsatz der verlustfreien Bewertung). Steuerlich ist es außerdem zulässig, einen Gewinnzuschlag in Abzug zu bringen (R 36 Abs. 2 Satz 3 EStR). Ein solches Vorgehen ist jedoch in der Handelsbilanz nach herrschender Literaturmeinung nicht zulässig (ADS [1995), § 253 Tz. 526; Beck'scher Bilanzkommentar [1999], § 253 Tz. 523). Bei Handelswaren und bei Überbeständen von unfertigen und fertigen Erzeugnissen wird sowohl der Absatzmarkt wie auch der Beschaffungsmarkt berücksichtigt.

Bewertung der Vorräte nach IAS/IFRS

Vorräte sind auch nach IAS/IFRS grundsätzlich zu Anschaffungs- und Herstellungskosten (einschließlich direkter Nebenkosten) zu bewerten, es sei denn, der realisierbare Nettoveräußerungserlös (*net realizable value*) ist niedriger

(IAS 2.6). Unter dem realisierbaren Nettoveräußerungserlös (*net realizable value*) wird der voraussichtliche, unter normalen Geschäftsbedingungen erzielbare Verkaufspreis abzüglich der geschätzten Kosten, die bis zur endgültigen Fertigstellung und für den Verkauf noch anfallen werden, verstanden (IAS 2.4). Maßgeblich für die Bestimmung des beizulegenden Wertes ist nach IAS/IFRS also der Absatzmarkt. Zur Bestimmung der Anschaffungs- und Herstellungskosten des Vorratsvermögens sind auch Kalkulationsverfahren, wie etwa die Standardkostenmethode, zulässig.

Niederstwertprinzip nach IAS/IFRS

Sofern nach IAS/IFRS der realisierbare Nettoveräußerungserlös (*net realizable value*) niedriger ist als die Anschaffungs- und Herstellungskosten der einzelnen Position, ist zwingend eine außerplanmäßige Abschreibung auf diesen niedrigeren Wert geboten (IAS 2.6 und 2.25). Damit soll der Idee einer verlustfreien Bewertung gefolgt werden. Eine Ausnahme von dieser Art strengen Niederstwertprinzips existiert für Vorräte, die in ein Endprodukt eingehen, das voraussichtlich zu einem Preis oberhalb seiner Herstellungskosten verkauft werden kann (IAS 2.29). Liegen jedoch aufgrund der gesunkenen Preise für die Einsatzstoffe Hinweise dafür vor, dass die Kosten des Endproduktes den Nettoveräußerungserlös überschreiten, so sind die Vorräte auf ihren Nettoveräußerungserlös abzuschreiben (IAS 2.29). Im Rahmen der Prüfung, ob eine Abschreibung nötig ist, können auch Bewertungseinheiten gebildet werden, falls die Vorräte einer Produktgruppe angehören oder für den gleichen Absatzmarkt bestimmt sind (IAS 2.26). Weitere Abwertungswahlrechte, wie sie vom HGB vorgesehen sind, wie z. B. zur Vorwegnahme zukünftiger Wertschwankungen, im Hinblick auf steuerliche Werte oder nach vernünftiger kaufmännischer Beurteilung (im Fall von Personengesellschaften), sind nach IAS/IFRS nicht zulässig.

Wertaufholungsgebot nach IAS/IFRS

Sofern der Grund für eine außerplanmäßige Abschreibung auf den niedrigeren Nettoveräußerungserlös in späteren Perioden wieder entfällt – beispielsweise durch einen wieder gestiegenen Nettoveräußerungserlös – besteht ein Wertaufholungsgebot auf den revidierten Nettoveräußerungserlös, maximal jedoch bis zur Grenze der historischen Anschaffungs- und Herstellungskosten (IAS 2.30).

Bewertung der Vorräte nach US-GAAP

Auch nach US-GAAP stellen die Anschaffungs- und Herstellungskosten üblicherweise die Wertobergrenze dar. Jedoch darf gem. ARB 43 ch. 4.9 im Rahmen des *mark-to-market value* in Ausnahmefällen auch eine Bewertung zu Marktwerten vorgenommen werden. Dies gilt immer dann, wenn es sich um Gegenstände des Vorratsvermögens handelt, für die eine unmittelbare Verwendbarkeit am Absatzmarkt zu bekannten Markt- oder Börsenpreisen gegeben ist (z. B. Edelmetall, Agrar- und Mineralprodukte). Auch nach US-GAAP ist, genauso wie nach IAS/IFRS, bei der Bestimmung der Anschaffungs- bzw. Herstellungskosten die Standardkostenmethode zulässig, sofern sich die so ermittelten Kosten nicht wesentlich von denen, durch eine andere zulässige Methode bestimmten Kosten unterscheiden (vgl. KPMG [1999a], S. 42).

Niederstwertprinzip nach US-GAAP

Bei der Bewertung der Vorräte sind nach US-GAAP im Rahmen der *lower of cost or market*-Methode sowohl die Verhältnisse am Absatzmarkt wie auch am Beschaffungsmarkt entscheidend (ARB 43 ch. 4.10). Es werden hierbei zunächst die Anschaffungs- und Herstellungskosten mit den Wiederbeschaffungskosten (*replacement costs*) verglichen. Die Wiederbeschaffungskosten dürfen jedoch die

Nettoveräußerungserlöse als Wertobergrenze (*ceiling*) nicht überschreiten und die Nettoveräußerungserlöse abzüglich einer üblichen Gewinnmarge als Wertuntergrenze (*floor*) nicht unterschreiten. Sollten die Wiederbeschaffungskosten außerhalb dieser Spanne liegen, so wird jeweils der am nächsten liegende Wert, also entweder *ceiling* oder *floor*, als Vergleichswert zu den Anschaffungs- und Herstellungskosten verwendet. Der niedrigere von beiden Werten wird dann für die Bewertung der Vorräte verwendet.

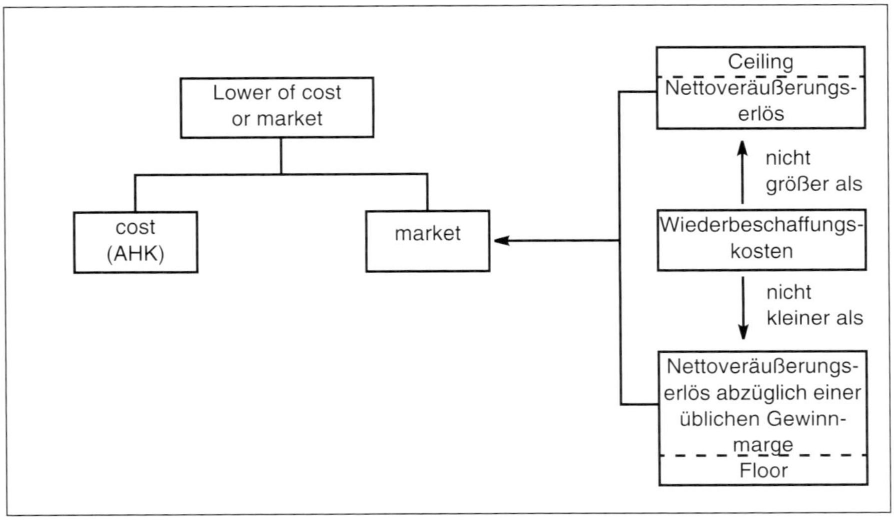

Abb. 4.1: Lower of cost or market-Methode (vgl. Kieso, D. E./Weygandt, J. J./ Warfield, T. D. [2001], S. 452 Illustr. 9-2)

Üblicherweise muss die *lower of cost or market*-Methode auf die einzelnen Vermögensgegenstände des Vorratsvermögens angewandt werden. Jedoch ist es nach US-GAAP, genauso wie nach IAS/IFRS und im Gegensatz zu den Regelungen des HGB, auch möglich, diese Methode auf eine oder mehrere fiktive Bewertungseinheiten von Vorrats- oder Produktgruppen anzuwenden, wenn dadurch das Ergebnis klarer ermittelt wird (ARB 43 ch. 4.13).

Wertaufholungsverbot nach US-GAAP

Eine spätere Zuschreibung, auch nach Wegfall des Abschreibungsgrundes, ist nach US-GAAP unzulässig.

Tabelle 4.1 fasst noch einmal die Ableitung des beizulegenden Wertes nach HGB (§ 253 HGB), IAS/IFRS (IAS 2.4, 2.6) und US-GAAP (ARB 43 ch. 4.9) zusammen.

Bewertungsvereinfachungen nach HGB

Im Verlauf der Lagerung und Produktion von Vorräten kommt es oft zu einer Vermischung (z. B. bei Flüssigkeiten, Gasen, Schüttgütern). Die Ermittlung ihrer Anschaffungs- oder Herstellungskosten nach dem Grundsatz der Einzelbewertung ist bei sich ändernden Preisen schwierig oder manchmal sogar unmöglich, weil allenfalls nur mit großem Aufwand festgestellt werden kann, welche Partien verbraucht und welche noch im Bestand sind. Die §§ 240 und 256 HGB lassen deshalb aus Gründen der Wirtschaftlichkeit bei der Bewertung von Vorräten in weitem Umfang vom Grundsatz der Einzelbewertung abweichende Vereinfachungen zu. Die Vereinfachung liegt in der Bildung von Gütergruppen, welche summarisch statt einzeln bewertet werden (Gruppenbewertung), in der Schätzung der zugrunde zu legenden Gütermengen (Festbewertung) und in der Verwendung von Verbrauchsfiktionen anstelle genauer Aufzeichnungen über den Abgang von Vorratsgütern (Sammelbewertung).

	HGB			IAS/IFRS	US-GAAP
	Roh-, Hilfs- und Betriebsstoffe (Normalbestand), fertige und unfertige Erzeugnisse (Fremdbezug möglich)	Roh-, Hilfs- und Betriebsstoffe (Überbestand), fertige und unfertige Erzeugnisse (Fremdbezug nicht möglich)	Handelsware (Überbestand), fertige und unfertige Erzeugnisse		
Maßgeblichkeit	Beschaffungsmarkt	Absatzmarkt	Beschaffungs- und Absatzmarkt	Absatzmarkt	Beschaffungs- und Absatzmarkt
Wertuntergrenze, beizulegender Wert	Wiederbeschaffungswert	Nettoveräußerungswert	niedrigerer Wert von Wiederbeschaffungswert und Nettoveräußerungserlös	*net realizable value* (Nettoveräußerungserlös)	mittlerer Wert aus Wiederbeschaffungswert, *net realizable value* und *net realizable value* abzüglich einer gewöhnlichen Gewinnmarge

Tab. 4.1: Maßgeblichkeit des Absatz-/Beschaffungsmarktes (in Anlehnung an Arbeitskreis »Externe Unternehmensrechnung« der Schmalenbach-Gesellschaft [1999], S. 78 f.)

Gleichartigkeit

Voraussetzung für die Anwendung z. B. der Gruppen- oder Sammelbewertung ist, dass es sich um gleiche oder gleichartige Güter handelt (vgl. ADS [1995], § 256 Tz. 80 ff. und Beck'scher Bilanzkommentar [1999], § 240 Tz. 135 f.). Tabelle 4.2 fasst die wesentlichen Anwendungsvoraussetzungen nach HGB zusammen.

Zu einer Warengattung gehören bspw. Strümpfe verschiedener Farben und Größen, Tischdecken unterschiedlicher Form und Farbe oder Herrenanzüge einer Preislage. Funktionsgleich sind etwa Schrauben, Nägel und Krampen. Die Grenzen der noch als gleichartig anzusehenden Gütergruppen können jedoch nach den Verhältnissen des Einzelfalles unterschiedlich sein.

<table>
<tr><th colspan="3">Voraussetzungen für die Anwendung der Bewertungsvereinfachungsverfahren</th></tr>
<tr><th>Festbewertung
(§ 240 Abs. 3 HBG)</th><th>Gruppenbewertung
(§ 240 Abs. 4 HGB)</th><th>Sammelbewertung
(§ 256 HGB)</th></tr>
<tr><td rowspan="2">• Vermögensgegenstände des Sachanlagevermögens
• Roh-, Hilfs- und Betriebsstoffe
• regelmäßiger Ersatz
• nachrangige Bedeutung
• geringe Veränderungen des Bestandes bzgl. Größe, Wert und Zusammensetzung
• körperliche Bestandsaufnahme i. d. R. alle drei Jahre</td><td>• gleichartige Vermögensgegenstände des Vorratsvermögens
• sonstige gleichartige oder annähernd gleichwertige bewegliche Vermögensgegenstände</td><td>• gleichartige Vermögensgegenstände des Vorratsvermögens</td></tr>
<tr><td colspan="2">wobei Gleichartigkeit konkretisiert wird durch

• Zugehörigkeit zur gleichen Warengattung und annähernde Preisgleichheit
oder
• Funktionsgleichheit und annähernde Preisgleichheit

Preisgleichheit bzw. Gleichwertigkeit:
Preisabweichung innerhalb der Gütergruppe ≤ 20 %</td></tr>
</table>

Tab. 4.2: Bewertungsvereinfachungen nach HGB

Beachtung des Niederstwertprinzips

Mit der Schätzung von Gütermengen und Vorratsabgängen erfolgt gleichzeitig die Bestimmung der zugrunde liegenden Wertansätze. Bei den Bewertungsvereinfachungen handelt es sich jedoch nur um Verfahren zur vereinfachten Ermittlung der Anschaffungs- oder Herstellungskosten und nicht um eigenständige Bewertungsmaßstäbe. Deshalb ist auch bei Anwendung dieser Verfahren das strenge Niederstwertprinzip in der Handelsbilanz zu beachten, d. h. es ist an jedem Bilanzstichtag zu prüfen, ob nicht anstelle der so ermittelten Anschaffungs- oder Herstellungskosten ein niedrigerer Wertansatz (Börsen- oder Marktpreis, beizulegender Wert) angesetzt werden muss.

Angabepflichten im Anhang nach HGB

Ergeben sich bei Anwendung der Gruppen- oder Sammelbewertung erhebliche Unterschiede im Vergleich zu einer (höheren) Bewertung mit dem Börsen- oder Marktpreis, so sind nach § 284 Abs. 2 Nr. 4 HGB die Unterschiedsbeträge pauschal für jede Gruppe im Anhang anzugeben. Diese Angaben sollen trotz Anwendung von Bewertungsvereinfachungen ein den tatsächlichen Verhältnissen entsprechendes Bild der Vermögens-, Finanz- und Ertragslage gewährleisten.

Bewertungsvereinfachungen nach IAS/IFRS

Im Allgemeinen sind die Vorräte nach IAS/IFRS einzeln zu bewerten. Dies gilt im Speziellen für bedeutende Objekte, die nicht direkt austauschbar sind oder die in ein spezielles Projekt eingebunden sind (IAS 2.19). Für gleichartige *assets*, die austauschbar (*interchangeable*) sind und bei denen es sich um große Stückzahlen von Vorratsgegenständen handelt, sind aus Vereinfachungsgründen auch hier Sammelbewertungsverfahren vorgesehen (IAS 2.20).

Bewertungsvereinfachungen nach US-GAAP

Nach US-GAAP sind neben der Einzelbewertung ebenso bestimmte Sammelbewertungsverfahren zulässig. Dies gilt immer dann, wenn es sich um identische (*identical*), austauschbare (*interchangeable*) Gegenstände des Vorratsvermögens handelt (ARB 43 ch. 6). Im Folgenden werden die Verfahren in ihrer reinen Form erläutert. In der Praxis kommen jedoch auch Mischformen vor.

1. Festbewertung

Festwert

Die Ermittlung von Gütermengen muss grundsätzlich durch genaues Zählen, Messen oder Wiegen erfolgen. Roh-, Hilfs- und Betriebsstoffe ebenso wie Vermögensgegenstände des Sachanlagevermögens, deren Gesamtwert für das Unternehmen von nachrangiger Bedeutung ist und deren Bestand in seiner Größe, seinem Wert und seiner Zusammensetzung nur geringen Schwankungen unterliegt, weil sich erfahrungsgemäß Verbrauch und Neuzugänge bei weitgehend unveränderten Preisen in etwa entsprechen, dürfen nach § 240 Abs. 3 HGB mit einem Festwert angesetzt werden. Dieser Festwert ist in der Regel nur alle drei Jahre durch eine körperliche Bestandsaufnahme zu überprüfen. Im Übrigen bleibt der Wertansatz unverändert, während die Zugänge als Materialaufwand verbucht werden. Das Festwertverfahren darf nicht dem Ausgleich von Preisschwankungen dienen (vgl. R 36 Abs. 5 EStR).

Zulässigkeit der Festbewertung

Ein solches Vorgehen bei der Bewertung der Vorräte ist sowohl in der Handels- wie auch in der Steuerbilanz unter den oben genannten Voraussetzungen zulässig. Weder nach US-GAAP noch nach IAS/IFRS ist eine Bewertung mit Hilfe des Festwertverfahrens vorgesehen. Jedoch ist in beiden Rechnungslegungsnormen der Grundsatz der Wesentlichkeit verankert, womit sich eine Anwendung der Festbewertung für *assets* von nachrangiger Bedeutung rechtfertigen lässt (vgl. Jacobs, O. H. [2002], S. 27; Born, K. [2002], S. 546, 586). In mancher Literatur wird allerdings auch die Meinung vertreten, dass eine Festbewertung bei einer Bilanzierung nach IAS/IFRS oder US-GAAP nicht vertretbar ist (vgl. Achleitner, A.-K/Behr, G. [2000], S. 164).

2. Gruppenbewertung

Gruppenbewertung

Bei gleichartigen Vermögensgegenständen des Vorratsvermögens und anderen gleichartigen oder annähernd gleichwertigen beweglichen Vermögensgegenständen darf nach § 240 Abs. 4 HGB die Gruppenbewertung durchgeführt werden. Die Gleichwertigkeit von Vermögensgegenständen, auf die im HGB ausdrücklich hingewiesen wird, genügt nach herrschender Auffassung zumindest dann nicht den GoB, wenn völlig unterschiedliche Vermögensgegenstände nur deshalb zu einer Gruppe zusammengefasst werden sollen, weil sie zufällig annähernd gleiche Anschaffungskosten haben. Vielmehr müssen auch bei gleichwertigen beweglichen Vermögensgegenständen noch andere gemeinsame Merkmale für eine Gruppenbewertung sprechen (z. B. gleicher Verwendungszweck) (vgl. Beck'scher Bilanzkommentar [1999], § 240 Tz. 135 ff.).

Gewogener Durchschnittswert

Bei unterschiedlichen Preisen der zusammengefassten Güter reicht es nach § 240 Abs. 4 HGB nicht aus, einen auf Schätzungen oder Erfahrungen vergangener Jahre beruhenden Durchschnittswert zu verwenden und somit auf eine exakte Einzelrechnung zu verzichten. Vielmehr wird die Bewertung mit dem gewogenen Durchschnittspreis gefordert. Da somit auch die Gruppenbewertung die Erfassung der einzelnen Anschaffungsmengen und -preise voraussetzt, bestehen – abgesehen vom größeren Anwendungsbereich – u. E. keinerlei Unterschiede mehr zur im Folgenden darzustellenden Durchschnittsmethode (a. A. Hömberg, R. [1986a]).

Zulässigkeit der Gruppenbewertung

Ein solches Vorgehen ist sowohl im Handels- wie auch im Steuerrecht zulässig. Weder nach IAS/IFRS noch nach US-GAAP ist jedoch das Zusammenfassen von lediglich gleichwertigen *assets* zu einer Bewertungseinheit gestattet. Demnach wird also in diesen beiden Rechnungslegungsnormen eine Bewertung mit dem Gruppenverfahren nicht anerkannt.

3. Sammelbewertung

Die Bewertung von Vorräten mit Hilfe der Verfahren der Sammelbewertung setzt voraus, dass es sich um gleichartige Vermögensgegenstände handelt.

Die nach Handelsrecht zulässigen Verfahren dürfen immer dann angewandt werden, wenn sie nicht im krassen Widerspruch zur Wirklichkeit stehen oder absolut undenkbar sind (vgl. ADS [1995], § 256 Tz. 18 und Beck'scher Bilanzkommentar [1999], § 256 Tz. 20 f.). Die nach IAS/IFRS zulässigen Verbrauchsfolgefiktionen sind dagegen unabhängig von den tatsächlichen Verhältnissen zu verwenden. Nach US-GAAP spielen die tatsächlichen Verhältnisse des Warenflusses eine untergeordnete Rolle, vielmehr sollte jenes Verfahren zur Sammelbewertung gewählt werden, welches das Periodenergebnis am objektivsten wiedergibt (ARB 43 ch. 4.6).

Den Beispielen zu den folgenden Ausführungen liegen die jeweils gleichen Ausgangsdaten zugrunde. Es handelt sich dabei um das Materialbestandskonto einer Unternehmung, das die folgenden Bewegungen aufweist:

01.01.	Anfangsbestand	150 kg	à EUR 40,–/kg
19.01.	Zugang	250 kg	à EUR 42,–/kg
01.02.	Abgang	100 kg	
05.07.	Zugang	200 kg	à EUR 38,–/kg
25.07.	Abgang	400 kg	
12.09.	Zugang	150 kg	à EUR 43,–/kg
22.11.	Abgang	50 kg	

Der Preis am Bilanzstichtag beträgt EUR 42,80/kg.

a) Durchschnittsmethode

Die Durchschnittsmethode zählt zu den verbreitetsten Bewertungsvereinfachungsverfahren in der Praxis. Aus den Anfangsbeständen und den Zugängen während des Geschäftsjahres wird ein gewogener Durchschnittspreis gebildet, mit dem sowohl die Abgänge als auch der Endbestand bewertet werden (vgl. Gruppenbewertung).

Beispiel: Gewogene Durchschnittsmethode

Gewogene Durchschnittsmethode

Anfangsbestand	150 kg à EUR 40,–	= EUR 6.000,–
+ Zugang	250 kg à EUR 42,–	= EUR 10.500,–
+ Zugang	200 kg à EUR 38,–	= EUR 7.600,–
+ Zugang	150 kg à EUR 43,–	= EUR 6.450,–
	750 kg	= EUR 30.550,–
– Abgänge	550 kg à EUR 40,73	= EUR 22.403,33
Endbestand	200 kg à EUR 40,73	= EUR 8.146.67
Durchschnittspreis: 30.550 : 750 = 40,73/kg		

Eine Verfeinerung lässt sich erreichen, wenn nach jedem Zugang sofort ein neuer Durchschnittspreis errechnet und jeder Abgang bis zum nächsten Zugang jeweils damit bewertet wird (gleitende Durchschnittsmethode). Die Anwendung der gleitenden Durchschnittsmethode setzt somit die genaue Erfassung der einzelnen Abgänge voraus.

Zulässigkeit der Durchschnittsmethode

Sowohl die gewogene wie auch die gleitende Durchschnittsmethode ist gleichermaßen in der Handels- und Steuerbilanz zulässig. IAS 2.21 empfiehlt die Anwendung der Durchschnittsmethode als eine der beiden Benchmark-Methoden. Auch US-GAAP lässt eine Bewertung der Vorräte mit dem Durchschnittsverfahren zu (ARB 43 ch. 4.6). In beiden Rechnungslegungsnormen kann die Ermittlung des Durchschnittspreises sowohl mit dem gewogenen wie auch mit dem gleitenden Durchschnittsverfahren erfolgen.

Beispiel: Gleitende Durchschnittsmethode

Gleitende Durchschnitts-methode

01.01.	Anfangsbestand	150 kg à EUR 40,–	= EUR 6.000,–
19.01.	Zugang	250 kg à EUR 42,–	= EUR 10.500,–
	Bestand	400 kg	= EUR 16.500,–
	Durchschnittspreis	$\frac{\text{EUR } 16.500,–}{400}$	= EUR 41,25
01.02.	Abgang	100 kg à EUR 41,25	= EUR 4.125,–
	Bestand	300 kg	= EUR 12.375,–
05.07.	Zugang	200 kg à EUR 38,–	= EUR 7.600,–
	Bestand	500 kg	= EUR 19.975,–
	Durchschnittspreis	$\frac{\text{EUR } 19.975,–}{500}$	= EUR 39,95
25.07.	Abgang	400 kg à EUR 39,95	= EUR 15.980,–
	Bestand	100 kg	= EUR 3.995,–
12.09.	Zugang	150 kg à EUR 43,–	= EUR 6.450,–
	Bestand	250 kg	= EUR 10.445,–
	Durchschnittspreis	$\frac{\text{EUR } 10.445,–}{250}$	= EUR 41,78
22.11.	Abgang	50 kg à EUR 41,78	= EUR 2.089,–
	Endbestand	200 kg à EUR 41,78	= EUR 8.356,–

b) *Fifo-Verfahren (first in – first out)*

Fifo-Verfahren

Beim Fifo-Verfahren wird unterstellt, dass die jeweils ältesten Bestände zuerst verbraucht oder veräußert werden. Am Jahresende befinden sich entsprechend dieser Fiktion nur noch die Bestände der zuletzt eingetroffenen Lieferungen auf Lager, die mit ihren Einstandspreisen bewertet werden. Wird die unterstellte Verbrauchsfolge eingehalten, so entspricht das Fifo-Verfahren dem Prinzip der Einzelbewertung zu Anschaffungskosten.

Zulässigkeit des Fifo-Verfahrens

Handelsrechtlich wird das Fifo-Verfahren i. d. R. immer anerkannt. Steuerlich ist seine Anwendung grundsätzlich verboten. Eine Ausnahme wird nur dann zugelassen, wenn die tatsächliche Verbrauchsfolge dem Fifo-Verfahren entspricht und dies vom Kaufmann glaubhaft gemacht werden kann (z. B. Silo-Lagerung).

Nach IAS 2.21 ist das Fifo-Verfahren, neben dem Durchschnittsverfahren, die empfohlene Benchmark-Methode bei der Sammelbewertung. Auch in den Vorschriften der US-GAAP ist das Fifo-Verfahren als Verbrauchsfolgeverfahren akzeptiert (ARB 43 ch. 4.6).

Beispiel: Fifo-Verfahren

Anfangsbestand	150 kg	à EUR 40,–		
+ Zugang	250 kg	à EUR 42,–		
+ Zugang	200 kg	à EUR 38,–		
+ Zugang	150 kg	à EUR 43,–		
	750 kg			
– Verbrauch	550 kg			
Endbestand	200 kg	150 kg à EUR 43,–	= EUR 6.450,–	
		50 kg à EUR 38,–	= EUR 1.900,–	
	200 kg		= EUR 8.350,–	(41,75 EUR/kg)

c) *Lifo-Verfahren (last in – first out)*

Lifo-Verfahren

Im Gegensatz zur Fifo-Methode geht das Lifo-Verfahren davon aus, dass die zuletzt beschafften Waren oder Bestände als erste die Unternehmung wieder verlassen. Der Bestand am Jahresende wird deshalb mit den Preisen der zuerst beschafften Mengen bewertet.

Permanentes Lifo, Perioden-Lifo

Man unterscheidet zwei Formen des Lifo-Verfahrens, Perioden-Lifo und permanentes Lifo. Während beim permanenten Lifo-Verfahren der Materialverbrauch fortlaufend mengen- und wertmäßig während des ganzen Jahres erfasst und nach der Methode last in – first out bewertet wird, bewertet man beim Perioden-Lifo den Bestand lediglich zum Ende des jeweiligen Geschäftsjahres. Für das Perioden-Lifo-Verfahren bedeutet dies, dass die verbrauchte Menge nur pauschal bekannt sein muss.

Zulässigkeit des Lifo-Verfahrens

Handelsrechtlich ist die Lifo-Verfahren als Sammelbewertungsverfahren zulässig. Steuerrechtlich wird das Lifo-Verfahren gem. § 6 Abs. 1 Nr. 2a EStG auch dann anerkannt, wenn die unterstellte Verbrauchsfolge der tatsächlichen nicht voll entspricht. Steht sie allerdings im krassen Widerspruch zur tatsächlichen Verbrauchsfolge, so darf sie nicht angewandt werden (R 36a Abs. 1 Satz 2 EStR). Im Rahmen der von der Bundesregierung geplanten Steueränderung (Stand 1. Dezember 2002) ist eine vollständige Abschaffung des Lifo-Verfahrens in der Steuerbilanz vorgesehen.

Nach IAS/IFRS ist das Lifo-Verfahren lediglich als *allowed alternative treatment* vorgesehen (IAS 2.23). Sofern diese Methode angewendet wird, ergibt sich eine Angabepflicht für die Differenz zwischen dem in der Bilanz angesetzten Wert und entweder

- dem niedrigeren Wert von einem Verfahren der Benchmark-Methode und dem realisierbaren Nettoveräußerungswert (*net realisable value*) oder
- dem niedrigeren Wert von Wiederbeschaffungskosten zum Zeitpunkt des Bilanzstichtags und dem realisierbaren Nettoveräußerungswert (IAS 2.36).

Im Rahmen des *improvement project* wird beim IASB momentan auch eine völlige Abschaffung der Lifo-Methode diskutiert, da diese, nach Ansicht des *boards,* in vielen Fällen zu einer Verzerrung der *financial statements* führt.

Beispiel: Perioden-Lifo-Verfahren

Anfangsbestand	150 kg	à EUR 40,–		
+ Zugang	250 kg	à EUR 42,–		
+ Zugang	200 kg	à EUR 38,–		
+ Zugang	150 kg	à EUR 43,–		
	750 kg			
– Verbrauch	550 kg			
Endbestand	200 kg	150 kg à EUR 40,–	= EUR 6.000,–	
		50 kg à EUR 42,–	= EUR 2.100,–	
	200 kg		= EUR 8.100,–	(40,50 EUR/kg)

Beispiel: Permanentes Lifo-Verfahren

01.01.	Anfangsbestand	150 kg à EUR 40,–	= EUR 6.000,–	
19.01.	Zugang	250 kg à EUR 42,–	= EUR 10.500,–	
			= EUR 16.500,–	
01.02.	Abgang	100 kg à EUR 42,–	= EUR 4.200,–	
			= EUR 12.300,–	
05.07.	Zugang	200 kg à EUR 38,–	= EUR 7.600,–	
			= EUR 19.900,–	
25.07.	Abgang 400 kg	200 kg à EUR 38,–	= EUR 7.600,–	
		150 kg à EUR 42,–	= EUR 6.300,–	
		50 kg à EUR 40,–	= EUR 2.000,–	
			= EUR 4.000,–	
12.09.	Zugang	150 kg à EUR 43,–	= EUR 6.450,–	
			= EUR 10.450,–	
22.11.	Abgang	50 kg à EUR 43,–	= EUR 2.150,–	
31.12.	Endbestand	200 kg	= EUR 8.300,–	(41,50 EUR /kg)

Nach US-GAAP wird das Lifo-Verfahren in ARB 43 ch. 4.6 als eines der möglichen Sammelbewertungsverfahren genannt. Auch nach US-Steuerrecht ist das

Lifo-Verfahren anerkannt, falls es in der Handelsbilanz angewandt wird. Hier handelt es sich um einen der wenigen Fälle in der amerikanischen Rechnungslegung, in denen eine Art umgekehrte Maßgeblichkeit gilt (Pellens, B. [2001], S. 226 f.).

Dollar-Value-Lifo-Methode

Nach den Vorschriften der US-GAAP sind außerdem noch Abwandlungen dieser Bewertungsmethode, die sog. *Dollar-Value*-Lifo-Verfahren, zulässig. Bei diesen Verfahren werden unterschiedliche Vorratsgüter zu sog. *pools* zusammengefasst. Eine Veränderung im Bestand dieses *pools* wird jedoch nicht durch einen Vergleich an pysikalischen Einheiten festgestellt, vielmehr wird der zu Kosten am Ende des Geschäftsjahres bewertete *pool* auf einen *pool* zu Basispreisen umgerechnet und mit dem Vorjahresbestand zu Basispreisen verglichen. Ein Mehrbestand wird auf die Preise des Geschäftsjahres hochgerechnet und zu dem Lifo-Wertansatz aus dem Vorjahr addiert, ein Minderbestand dagegen wird hoch gerechnet auf die aktuellen Preise und von dem Vorjahreswertansatz abgezogen. Die verschiedenen Verfahren der *Dollar-Value*-Lifo-Methode unterscheiden sich durch die Auswahl und Ermittlung der Indizes zur Umrechnung der aktuellen Wertansätze auf solche zu Basispreisen. Als gängigste Methoden sind hierbei zu nennen die *double extension method*, die *link chain method* sowie die *index method* (vgl. Kieso, D. E./Weygandt, J. J./Warfield, T. D. [2001], S. 412 ff.; KPMG [1999a], S. 22).

d) Hifo-Verfahren (highest in – first out)

Hifo-Verfahren

Das Hifo-Verfahren geht von der Unterstellung aus, dass die zu den höchsten Preisen erworbenen Vorratsgüter zuerst verbraucht werden. Da der Bestand am Jahresende auf diese Weise mit den niedrigsten Anschaffungskosten bewertet wird, kommt es zu einer extrem vorsichtigen Bilanzierung des Vorratsvermögens.

Permanentes Hifo

Ähnlich wie beim Lifo-Verfahren kennt man auch beim Hifo-Verfahren zwei Formen: Beim permanenten Hifo-Verfahren wird jeder einzelne Zugang fortlaufend aufgezeichnet und der jeweils nächste Abgang entsprechend der unterstellten Verbrauchsfolge bewertet. Für jeden einzelnen Abgang ist also gesondert der in Betracht kommende höchste Einkaufswert festzustellen. Dies setzt voraus, dass sämtliche Lagerveränderungen mengen- und wertmäßig aufgezeichnet werden.

Perioden-Hifo

Beim Perioden-Hifo-Verfahren erfolgt die Bewertung in der Weise, dass der Verbrauch aus den teuersten Zugängen resultiert und der Bestand am Jahresende mit den niedrigsten Beschaffungspreisen bewertet wird.

Zulässigkeit des Hifo-Verfahrens

Handelsrechtlich wird das Hifo-Verfahren als zulässig angesehen (vgl. ADS [1995], § 256 Tz. 67 ff.), da sich dieses und die in den nächsten beiden Abschnitten erörterten Verfahren auf die in § 256 HGB erwähnte Fiktion einer sonstigen bestimmten Verbrauchsfolge stützen. Steuerrechtlich dagegen wird das Hifo-Verfahren, das ja eine bestimmte wertmäßige Verbrauchsfolge unterstellt, als reines Mittel der Gewinnpolitik betrachtet und deshalb nicht anerkannt.

Nach IAS/IFRS handelt es sich bei dem Hifo-Verfahren um eine Verbrauchsfolge, die nach den Vorschriften des IAS 2 nicht zulässig ist. US-GAAP lässt eine Bewertung der Vorräte mit dem Hifo-Verfahren dann zu, wenn es sich um die tatsächliche Verbrauchsfolge handelt (ARB 43 ch. 4.6).

Beispiel: Perioden-Hifo-Verfahren

Anfangsbestand	150 kg	à EUR 40,–	
+ Zugang	250 kg	à EUR 42,–	
+ Zugang	200 kg	à EUR 38,–	
+ Zugang	150 kg	à EUR 43,–	
	750 kg		
– Verbrauch	550 kg		
Endbestand	200 kg:	200 kg à EUR 38,–	= EUR 7.600,–

e) *Lofo-Verfahren (lowest in – first out)*

Lofo-Verfahren

Auch das Lofo-Verfahren unterstellt eine wertmäßige Verbrauchsfolge. Es geht von der Annahme aus, dass die Güter mit den niedrigsten Anschaffungs- oder Herstellungskosten zuerst verbraucht oder veräußert werden, sodass der Endbestand stets mit den höchstmöglichen Wertansätzen bilanziert wird. Bei monoton steigenden Preisen entspricht der mit Hilfe des Lofo-Verfahrens ermittelte Wertansatz dem Wertansatz bei Anwendung des Fifo-Verfahrens, bei monoton fallenden Preisen deckt er sich mit dem bei Lifo-Bewertung. Man kann auch beim Lofo-Verfahren zwischen einer permanenten und einer periodenweisen Lofo-Berechnung unterscheiden.

Beispiel: Perioden-Lofo-Verfahren

Anfangsbestand	150kg	à EUR 40,–		
+ Zugang	250 kg	à EUR 42,–		
+ Zugang	200 kg	à EUR 38,–		
+ Zugang	150 kg	à EUR 43,–		
	750 kg			
– Verbrauch	550 kg			
Endbestand	200 kg:	150 kg à EUR 43,–	= EUR 6.450,–	
		50 kg à EUR 42,–	= EUR 2.100,–	
	200 kg		= EUR 8.550,–	(42,75 EUR/kg)

Zulässigkeit des Lofo-Verfahrens

Handelsrechtlich wird das Lofo-Verfahren überwiegend abgelehnt, da es dem Prinzip der kaufmännischen Vorsicht widerspricht (vgl. ADS [1995], § 256 Tz. 73 m. w. N.). In der Steuerbilanz ist eine Sammelbewertung mit dem Lofo-Verfahren unzulässig, genauso wie in einer Bilanz, die nach den Vorschriften der IAS/IFRS aufgestellt wird. Nach US-GAAP ist eine Bewertung der Vorräte mit dem Lofo-Verfahren genau dann zulässig, wenn die tatsächliche Verbrauchsfolge der fiktiven entspricht (ARB 43 ch. 4.6). Ansonsten ist auch nach US-GAAP das Lofo-Verfahren unzulässig.

Niederstwerttest

In allen drei Rechnungslegungsnormen ist jedoch, unabhängig davon, welches Bewertungsvereinfachungsverfahren gewählt wurde, stets zu überprüfen, ob am Bilanzstichtag der beizulegende Wert der Vorräte niedriger ist als der ermittelte und somit eine außergewöhnlich Abschreibung vorzunehmen wäre. Nach IAS/IFRS und US-GAAP ist es im Rahmen der Vorratsbewertung auch zulässig, bei Anwendung des Niederstwertprinzips eine Bewertungsgruppe ähnlicher oder miteinander verbundener Vorräte zu bilden (Haller, A. [1994], S. 326; KPMG [1999], S. 100).

Tabelle 4.3 zeigt, ob die für unterschiedliche Preisentwicklungen mit Hilfe der Sammelbewertungsverfahren ermittelten Wertansätze angesetzt werden können und wann Korrekturen gemäß dem strengen Niederstwertprinzip vorgenommen werden müssen.

4. Retrograde Wertermittlung

Rückrechnung

Für bestimmte Unternehmen, z. B. Einzelhandelsgeschäfte, ist es häufig nicht oder nur schwer möglich, die Anschaffungskosten von Waren aus den Unterlagen festzustellen. Da sämtliche Waren schon beim Einkauf mit den Verkaufspreisen ausgezeichnet werden, ist es zulässig, zur Feststellung der Anschaffungskosten vom Verkaufspreis auszugehen. Dieser ist um den für jede Warengruppe einheitlichen Rohgewinnaufschlag (Handelsspanne) zu kürzen (vgl. R 32a Abs. 3 Satz 3 EStR; ADS [1995], § 255 Tz. 114). Die so ermittelten Anschaffungskosten verringern sich noch um erhaltene Preisnachlässe (Skonti, Boni, Rabatte).

Auch nach IAS/IFRS ist eine retrograde Wertermittlung erlaubt, sofern sich die Ergebnisse den tatsächlichen Kosten annähern (IAS 2.17). Speziell im Handel ist es zulässig, von den Verkaufserlösen eine angemessene prozentuale Gewinnspanne in Abzug zu bringen (IAS 2.18).

Grundsätzlich ist auch nach US-GAAP eine retrograde Wertermittlung möglich, falls angemessene Gewinnabschläge vorgenommen werden (ARB 43 ch. 4.6). Es ist jedoch nicht zulässig, Vorräte durch dieses Verfahren abzuwerten um zukünftige Verluste aufzufangen.

Preis-entwicklung	Durchschnitts-methode	Fifo-Methode	Lifo-Methode	Hifo-Methode	Lofo-Methode
konstant	Wertansatz zulässig	Wertansatz zulässig	Wertansatz zulässig	Wertansatz zulässig	Wertansatz zulässig
monoton steigend	Wertansatz zulässig (stille Reserven entstehen)	Wertansatz zulässig (Es entstehen stille Reserven, wenn die Bestände am Bilanzstichtag größer als der letzte Zugang sind).	Wertansatz zulässig (stille Reserven entstehen)	Wertansatz zulässig (stille Reserven entstehen)	Wertansatz zulässig (Es entstehen stille Reserven, wenn die Bestände am Bilanzstichtag größer als der letzte Zugang sind).
monoton fallend	Wertansatz unzulässig: Korrektur auf den niedrigeren Börsen- oder Marktpreis erforderlich!	Wertansatz zulässig, wenn der letzte Zugang größer oder gleich Bestand am Bilanzstichtag* Wertansatz unzulässig, wenn der letzte Zugang kleiner als Bestand: Korrektur auf den niedrigeren Börsen- oder Marktpreis erforderlich!	Wertansatz unzulässig: Korrektur auf den niedrigeren Börsen- oder Marktpreis erforderlich!	Wertansatz zulässig, wenn Bestand kleiner oder gleich letzter Zugang* Wertansatz unzulässig, wenn Bestand größer als der letzte Zugang: Korrektur auf den niedrigeren Börsen- oder Marktpreis erforderlich!	Wertansatz unzulässig: Korrektur auf den niedrigeren Börsen- oder Marktpreis erforderlich!
schwankend	Es ist immer zu prüfen, ob nicht eine Sonderabschreibung gemäß dem Niederstwertprinzip erforderlich geworden ist.				

Tab. 4.3: Sammelbewertung bei unterschiedlichen Preisentwicklungen

*) Diese Aussage gilt nur für den Fall, dass sich der Börsen- oder Marktpreis vom Tag des letzten Zugangs bis zum Bilanzstichtag nicht mehr verändert hat.

III. Bewertung der Forderungen des Umlaufvermögens

Nennwert

Die Forderungen des Umlaufvermögens sind unter Beachtung des strengen Niederstwertprinzips handels- und steuerrechtlich grundsätzlich mit dem Nennbetrag (»Anschaffungs- bzw. Herstellungskosten« der Forderung) zu bilanzieren (§ 253 Abs. 1 und 3 HGB; § 6 Abs. 1 Nr. 2 EStG). Rabatte und Umsatzprämien, nicht jedoch Skonti, sind vom Nennbetrag abzusetzen (Beck'scher Bilanzkommentar [1999], § 247 Tz. 75). Noch zu zahlende Provisionen müssen dagegen durch Passivierung einer entsprechenden Rückstellung oder Verbindlichkeit berücksichtigt werden (vgl. ADS [1995], § 266 Tz. 235; Herrmann, C./Heuer, G./Raupach, A. [1999], § 6 Anm. 1500 »Provison«).

Zweifelhafte und uneinbringliche Forderungen

Zweifelhafte Forderungen sind unter Berücksichtigung der jeweiligen Umstände mit ihrem wahrscheinlichen Wert anzusetzen; uneinbringliche Forderungen sind vollständig abzuschreiben. Obgleich es im Ermessen des Bilanzierenden liegt, eine Forderung als zweifelhaft anzusehen, rechtfertigen bloße Vermutungen, für die am Bilanzstichtag noch kein greifbarer Anhalt vorliegt, noch keine Abschreibung. Das Ausmaß der Abschreibung bestimmt sich vielmehr danach, mit welchen Ausfällen bei vernünftiger kaufmännischer Beurteilung aufgrund der besonderen wirtschaftlichen Verhältnisse des Schuldners zu rechnen ist. Darüber hinaus sind Umstände, die eine Wertminderung ganz oder teilweise ausgleichen (Aufrechnungsmöglichkeit, Bürgschaften, Sicherungen, Delkredereversicherung), bei der Bewertung der Forderungen zu berücksichtigen (vgl. ADS [1995], § 253 Tz. 534).

Unverzinsliche und besonders niedrig verzinsliche Forderungen

Unverzinsliche oder besonders niedrig verzinsliche Forderungen müssen mit dem Barwert (Abzinsung mit einem fristenadäquaten Marktzins) angesetzt werden. Soweit es sich um kurzfristig fällige Forderungen mit einer Restlaufzeit bis zu einem Jahr handelt, kann die Abzinsung aus Vereinfachungsgründen unterbleiben (vgl. ADS [1995], § 253 Tz. 532). Abschreibungen und Abzinsungen von Forderungen des Umlaufvermögens werden unter den sonstigen betrieblichen Aufwendungen (Nr. 8 der GuV nach dem Gesamtkostenverfahren) erfasst, soweit sie nicht das unternehmensübliche Maß überschreiten (in diesem Fall sind sie unter Position Nr. 7b der GuV nach dem Gesamtkostenverfahren zu erfassen).

Leasing-Forderungen

Soweit bei Leasingverträgen der Leasinggegenstand dem Leasingnehmer zuzurechnen ist (vgl. 3. Kapitel F), hat der Leasinggeber eine entsprechende Forderung aus Lieferungen und Leistungen zu bilanzieren, die grundsätzlich der Leasingverbindlichkeit des Leasingnehmers entspricht. Bei Vertragsbeginn werden solche Forderungen in Höhe der Anschaffungs- oder Herstellungskosten des Leasinggegenstandes angesetzt. Die Leasingraten sind in einen Zins- und Kostenanteil sowie einen Tilgungsanteil aufzuspalten (vgl. Bundesminister der Finanzen [1971], S. 268; vgl. zur Aufteilung nach der Zinsstaffel- und Barwertvergleichsmethode: Biergans, E. [1992], S. 244 ff.). Die Tilgungsanteile, die so bemessen sind, dass die Forderung mit Ablauf der Grundmietzeit erlischt, werden nach Eingang erfolgsneutral von der jeweiligen Forderung abgesetzt. Die Zins- und Kostenanteile sind dagegen erfolgswirksam zu verbuchen (als sonstige betriebliche Erträge bzw. bei Leasinggesellschaften als Umsatzerlöse).

Valuta-Forderungen

Forderungen in ausländischer Währung (Währungsforderungen, Valutaforderungen) sind mit dem Geldkurs am Tag ihrer Begründung zu bewerten, soweit nicht die Umrechnung zum Kurs des Bilanzstichtages einen niedrigeren Wert ergibt. Aus Valutaforderungen resultierende Kursgewinne können dem Realisationsprinzip entsprechend im Allgemeinen erst nach Eingang der Forderungen ausgewiesen werden. Für kurzfristige Forderungen (RLZ $\leq$ 1 Jahr) wird aus Vereinfachungsgründen allerdings eine generelle Umrechnung zum Bilanzstichtagskurs für zulässig angesehen, auch wenn somit eine Bewertung über die Anschaffungskosten hinaus erfolgt (vgl. ADS [1995], § 253 Tz. 92). Die Stichtagskursumrechnung ist darüber hinaus immer dann zulässig, wenn sich innerhalb einer Währung Ansprüche und Verpflichtungen betrags- und fristenmäßig aus deckungsfähigen Aktiv- und Passivpositionen (= geschlossene Devisenposition) ausgleichen. Fristengleichheit wird auch dann angenommen, wenn es für die unterschiedlichen Laufzeiten entsprechende Maßnahmen zur Überbrückung gibt (vgl. ADS [1995], § 253 Tz. 103 ff. m. w. N.; IDW [1986b], S. 664 ff.).

Lieferungen auf Probe

Forderungen aus Lieferungen zur Probe, die dem Abnehmer ein Rückgaberecht einräumen, sind – sofern das Niederstwertprinzip keinen niedrigeren Wertansatz erfordert – höchstens zu den Anschaffungs- oder Herstellungskosten der gelieferten Waren zu bewerten. Eine Gewinnrealisation ist erst nach Ablauf des Rückgaberechts möglich (vgl. IDW [1985], S. 606).

Einzelwertberichtigung, pauschale Ermittlung spezieller Risiken

Der Grundsatz der Einzelbewertung gilt auch für Forderungen. Soweit sich spezielle Risiken erkennen lassen, werden einzelne Forderungen neu bewertet und der vermutliche Ausfall abgesetzt. Bei größeren Forderungsbeständen mit zahlreichen kleineren Forderungen ist es manchmal unmöglich oder zumindest sehr zeitraubend, sämtliche Forderungen einzeln zu bewerten. Aus diesem Grunde ist es in der Praxis üblich, die entsprechenden speziellen Risiken vereinfacht zu errechnen. Dies geschieht pauschal in der Weise, dass ein bestimmter Prozentsatz vom Nennbetrag der jeweiligen Forderungen aktivisch abgesetzt wird. Die Höhe des prozentualen Abschlags richtet sich nach den Erfahrungen des jeweiligen Wirtschaftszweiges und den individuellen Verhältnissen der Unternehmung.

Pauschalwertberichtigung zu Forderungen

Von der pauschal errechneten Abschreibung aufgrund spezieller Risiken ist die Pauschalwertberichtigung wegen des allgemeinen Kreditrisikos (z. B. allgemeines Konjunkturrisiko) zu unterscheiden. Bemessungsgrundlage für die Pauschalwertberichtigung ist der gesamte Forderungsbestand zum Ende des Geschäftsjahres abzüglich der bereits einzelwertberichtigten Forderungen. Auf diese Bemessungsgrundlage ist ein unter Berücksichtigung von Erfahrungswerten und sich bereits abzeichnender Entwicklungen geschätzter Prozentsatz anzuwenden. In der Steuerbilanz ist die Pauschalwertberichtigung auf Forderungen zulässig.

Direkte Abschreibung bei speziellen Risiken

Spezielle Risiken sowie das allgemeine Kreditrisiko sind durch direkte Abschreibung vom Buchwert der Forderungen zu berücksichtigen. Der Ausweis einer passivischen Wertberichtigung ist für Kapitalgesellschaften nicht zulässig. Die Möglichkeit, diese Abschreibungen in der Buchführung direkt oder indirekt zu verbuchen, wird dadurch nicht berührt.

Zusammenfassend wird die Berücksichtigung von Risiken bei der Forderungsbewertung in Abb. 4.2 dargestellt:

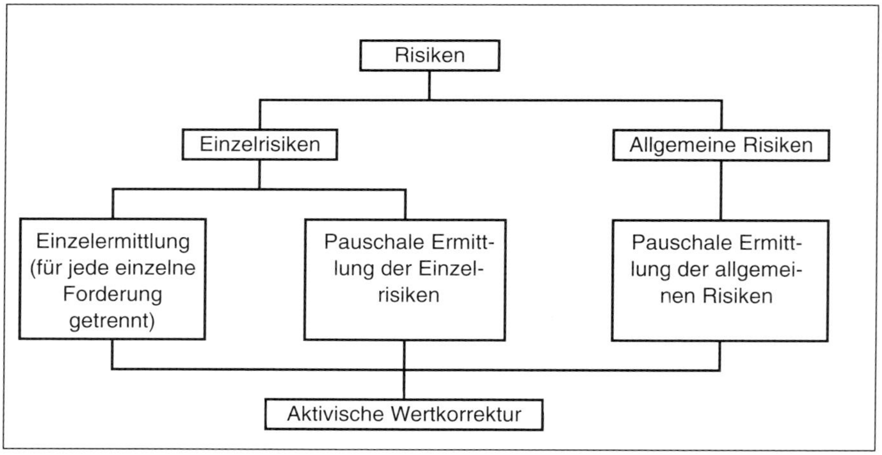

Abb. 4.2: Berücksichtigung von Risiken bei der Forderungsbewertung

Bewertung der Forderungen nach IAS/IFRS

Die Regelungen zur Bewertung von Forderungen nach IAS/IFRS findet man bei den Vorschriften zu *financial instruments* in IAS 39. Die dort enthaltenen Regelungen sind für Geschäftsjahre, die nach dem 31. 12. 2000 beginnen, verpflichtend anzuwenden.

Demnach sind alle Forderungen, die das Unternehmen im Rahmen seiner Geschäftstätigkeit selbst geschaffen hat und die nicht für Handelszwecke bestimmt sind, mit ihren fortgeführten Anschaffungskosten (*amortised cost*) zu bewerten (IAS 39.73 i. V. m. IAS 39.10). Handelt es sich jedoch um Forderungen, bei denen von Anfang an die Absicht der Weiterveräußerung bestand, so sind diese in die Kategorie der *trading securities* einzustufen und wie diese zu bewerten (vgl. Abschnitt B IV in diesem Kapitel).

Eine Abzinsung von unverzinslichen oder niedrig verzinslichen Forderungen ist auch nach den IAS/IFRS sachgerecht (IDW [1995], S. 166). Forderungen in Fremdwährung werden als monetäre Posten erfolgswirksam zum Stichtagskurs umgerechnet (IAS 21.11 und 21.15).

Wertberichtigung auf Forderungen nach IAS/IFRS

Auch nach IAS 39.109 ff. ist in dem Fall, dass der Buchwert einer Forderung über dem geschätzten Wiederbeschaffungswert liegt, also ein Teil der Forderung vermutlich uneinbringbar ist, eine Wertberichtigung zu bilden. Ebenso sind gemäß IAS 39.110 (g) Pauschalwertberichtigungen vorzunehmen, deren Höhe auf Erfahrungswerten aus der Vergangenheit basiert. Gem. IAS 39.111 ist sowohl der passivische Ausweis einer Wertberichtigung wie auch eine direkte Reduzierung des Buchwertes zulässig.

Bewertung der Forderungen nach US-GAAP

Nach den Vorschriften der US-GAAP sind kurzfristige Forderungen mit dem *net realizable value*, also dem im Zahlungszeitpunkt vermutlich erzielbaren Geldbetrag zu bewerten und langfristige Forderungen mit dem *present value*. Wurde beim Verkauf Skonto gewährt, so kann nach US-GAAP der Netto-Betrag der Forderung angesetzt werden. Alternativ ist daneben auch der in Deutschland übliche Bruttoausweis zulässig (vgl. Kieso, D. E./Weygandt, J. J./Warfield, T. D. [2001], S. 343). Eine Abzinsung unverzinster oder niedrig verzinster Forderungen ist nach APB 21.3 erforderlich. Dies gilt nicht für Forderungen die innerhalb eines Jahres fällig sind, die gegenüber Tochter- bzw. Mutterunternehmen bestehen, die zu einem unbestimmten Zukunftszeitpunkt fällig sind, oder die Sicherheitseinbehalte, Kautionen bzw. Vorauszahlungen darstellen. Fremdwährungsforderungen werden generell mit dem Wechselkurs am Bilanzstichtag umgerechnet, sodass es zu einem erfolgswirksamen Ausweis der unrealisierten Gewinne oder Verluste kommt (FAS 52.16).

Wertberichtigung auf Forderungen nach US-GAAP

Handelt es sich um eine zweifelhafte Forderung, so ist auch nach US-GAAP eine Wertberichtigung vorzunehmen. Diese ist dann zu bilden, wenn die Abwertung wahrscheinlich ist und der Betrag des Verlustes hinreichend genau ermittelt werden kann. Somit kann bei einer Einzelwertberichtigung die Wertminderung meist erst in dem Jahr erfasst werden, in dem sicher ist, dass eine bestimmte Forderung uneinbringbar ist. Eine ausschließliche Wertkorrektur erst zu diesem Zeitpunkt entspricht jedoch nicht dem *matching principle* nach US-GAAP, deshalb wird üblicherweise die Pauschalwertberichtigung angewandt. Die Höhe der Pauschalwertberichtigung wird durch einen Prozentsatz des Umsatzes (*percentage of sales*) bestimmt oder, wie im HGB, durch einen Prozentsatz aller ausstehenden Forderungen (*percentage of outstanding receivables*). Bei beiden Methoden muss der Wertberichtigungsabschlag allerdings durch Erfahrungswerte aus früheren Jahren und einer spezifischen Beurteilung der Kreditsituation der Kunden ermittelt werden. In der Bilanz wird die Wertberichtigung auf der Aktivseite offen von dem Bruttowert der Forderungen abgesetzt oder es werden die Netto-Forderungen in der Bilanz ausgewiesen und der Betrag der Wertberichtigung in den *notes* offen gelegt (vgl. Haller, A. [1994], S. 318 f.; Kieso, D. E./Weygandt, J. J./Warfield, T. D. [2001], S. 345).

IV. Bewertung der Wertpapiere im Umlaufvermögen

Anschaffungskosten

Die Bewertung der im Umlaufvermögen ausgewiesenen Wertpapiere erfolgt grundsätzlich zu den Anschaffungskosten (inkl. der Nebenkosten wie Maklergebühr, Courtage, Provision). Wertpapiere der gleichen Art werden handels- und steuerrechtlich i. a. zu Durchschnittsanschaffungskosten bewertet (vgl. 3. Kapitel C II »Wertpapiere des Anlagevermögens«; ADS [1995], § 255 Tz. 111; Beck'scher Bilanzkommentar [1999], § 255 Tz. 300 ff.; Herrmann, C./Heuer, G./Raupach, A. [1999], § 6 Anm. 1108).

Das strenge Niederstwertprinzip erfordert zwingend den Ansatz des Börsenkurses in der Handelsbilanz, falls dieser am Bilanzstichtag unter den Anschaffungskosten liegt (§ 253 Abs. 3 Satz 1 und 2 HGB). Bei später gestiegenen Kursen ist für Kapitalgesellschaften eine Wertaufholung bis zu den ursprünglichen Anschaffungskosten vorgeschrieben (§ 280 Abs. 1 HGB). Einzelunternehmen und Personengesellschaften dagegen können auch den niedrigeren Vorjahreswert beibehalten (§ 253 HGB). Erwartete Kursverluste der nächsten Zukunft (im Allgemeinen ein Zeitraum bis zu 2 Jahren) dürfen durch Abschreibungen antizipiert werden (§ 253 Abs. 3 Satz 3 HGB).

Bewertung der kurzfristigen Finanzanlagen nach IAS/IFRS und US-GAAP

Bezüglich der Bewertung der Wertpapiere des Umlaufvermögens nach IAS/IFRS und US-GAAP wird auf die Bewertung der Wertpapiere des Anlagevermögens (vgl. 3. Kapitel C II) verwiesen, da nach IAS/IFRS und US-GAAP bei der Bewertung der *securities* nicht zwischen *current* und *non-current assets* unterschieden wird, sondern ausschlaggebend hierfür die Klassifizierung in einer der drei Kategorien - *held-to-maturity, trading* oder *available-for-sale* - ist.

V. Bewertung der liquiden Mittel

Nennwert

Die Bewertung der flüssigen Mittel (Schecks, Kassenbestand, Bundesbank- und Postgiroguthaben, Guthaben bei Kreditinstituten einschließlich der nachträglich verbuchten Zinsen) erfolgt zum Nennwert, solange das strenge Niederstwertprinzip nicht einen niedrigeren Wertansatz erzwingt (z. B. bei Schecks oder Bankguthaben wegen mangelnder Zahlungsfähigkeit des Schuldners).

Schecks

Schecks sind unabhängig von der Eintragung einer Laufzeit stets bei Vorlage fällig (Art. 28 ScheckG). Im Gegensatz zu Wechseln ist deshalb auch kein Diskontabzug vorzunehmen.

Sorten, Valuta-Guthaben

Sorten (ausländische Zahlungsmittel) und täglich fällige Valuta-Guthaben bei ausländischen Kreditinstituten sind mit dem Geldkurs (Ankaufskurs) am Bilanzstichtag anzusetzen. Sofern mit einer Abwertung der ausländischen Währung gerechnet wird, ist eine niedrigere Bewertung zulässig (§ 253 Abs. 3 Satz 3 HGB).

Bewertung der liquiden Mittel nach IAS/IFRS

Die Bewertung der liquiden Mittel erfolgt in Ermangelung besonderer IAS/IFRS-Vorschriften zum Nennwert bzw. zum *current value*, dem Gegenwartswert. Insoweit ergeben sich keine materiellen Unterschiede zu den handels- bzw. steuerrechtlichen Vorschriften.

Bewertung der liquiden Mittel nach US-GAAP

Auch nach US-GAAP sind *cash and cash equivalents* (liquide Mittel) zum Nennwert zu bewerten. Fremdwährungsposten sind, genauso wie nach HGB und IAS/IFRS, mit dem Stichtagskurs umzurechnen. Außerdem ist es nach US-GAAP zulässig, kurzfristige Bankverbindlichkeiten mit kurzfristigen Bankguthaben zu verrechnen, auch wenn diese bei unterschiedlichen Kreditinstituten bestehen. Dieses Vorgehen ist weder nach HGB noch nach IAS/IFRS zulässig, da es ein Verstoß gegen das Saldierungsverbot darstellt (vgl. Arbeitskreis »Externe Unternehmensrechnung« der Schmalenbach-Gesellschaft [1999], S. 111).

VI. Sonderprobleme der Bewertung langfristiger Fertigungsaufträge

Umsatz- und Ergebnisrealisation

Mit dem Verkaufsakt und der Rechnungserteilung (= Realisationszeitpunkt, vgl. 1. Kapitel D I 3a (4)) findet üblicherweise der Abgang von Fertigerzeugnissen und Waren (zu Herstellungskosten) aus dem Vorratsvermögen statt in Höhe der Nettoerlöse. Die Gegenbuchung erfolgt bei Kasse/Bank im Falle von Bargeschäften oder bei den Forderungen aus Lieferungen und Leistungen im Falle von Zielverkäufen und bei erhaltenen Anzahlungen, soweit der Auftraggeber bereits Vorauszahlungen geleistet hat. Gleichzeitig werden in der Gewinn- und Verlustrechnung Umsatzerlöse in Höhe der Nettoerlöse sowie Umsatzaufwendungen bzw. Bestandsminderungen zu Herstellungskosten erfasst; die Differenz zwischen Nettoerlös und Herstellungskosten geht als Gewinn oder Verlust des Einzelgeschäfts in das Periodenergebnis ein.

Langfristige Fertigung

Dieses übliche Vorgehen kann zu Informationsverzerrungen führen, wenn der Verkaufsakt Wochen oder sogar Monate vor Beginn der Herstellung eines Gutes liegt und die Herstellung selbst mehr als ein Geschäftsjahr umfasst (= langfristige Auftragsfertigung). Zur Bilanzierung dieser langfristigen Fertigungsaufträge werden folgende Bewertungsalternativen diskutiert:

Completed-Contract-Methode

(a) *Completed-Contract*-Methode: Als Realisationszeitpunkt gilt die Übergabe des Gesamtwerkes an den Auftraggeber, der dessen Funktionsfähigkeit durch die sog. Abnahme anerkennt, verbunden mit einer Endabrechnung. Erst zu diesem Zeitpunkt darf für diesen Auftrag ein Umsatzausweis mit entsprechender Ergebnisrealisation durchgeführt werden. Diese strenge Anwendung des Realisationsprinzips ist bei langfristiger Fertigung deshalb umstritten, da während der Leistungserstellung, die mehrere Jahre umfassen kann, der unfertige Auftrag zu handels- bzw. steuerrechtlichen Herstellungskosten zu aktivieren ist. Dies kann dazu führen, dass in Höhe der nicht aktivierten bzw. nicht aktivierungsfähigen Selbstkostenbestandteile (z. B. Kosten der Grundlagenforschung, Vertriebskosten) sog. »Auftrags-Zwischenverluste« entstehen, die das Ergebnis der entsprechenden Perioden belasten, obwohl aus dem Gesamtauftrag Gewinne zu erwarten sind. Im Jahr der Fertigstellung und Endabrechnung müssen dann Gewinne ausgewiesen werden, die nicht nur den »eigentlichen« Auftragsgewinn als Differenz zwischen Selbstkosten und Erlösen umfassen, sondern darüber hinaus auch noch die in den Vorjahren (zwangsweise) als Aufwand gebuchten Selbstkostenbestandteile. Angesichts dieser Konsequenzen des strengen Realisationsprinzips wird von Literatur und Praxis kritisiert, dass die einzelnen Periodenabschlüsse bei langfristiger Fertigung nur einen unzureichenden Einblick in die tatsächliche Ertragslage der Unternehmen gewähren und die Vergleichbarkeit der Abschlüsse beeinträchtigt ist.

Percentage-of-Completion-Methode

(b) Bewertung entsprechend dem Leistungsfortschritt (anteilige Gewinnrealisierung): Diese als *Percentage-of-Completion*-Methode bekannte Bewertungsmethode sieht bei langfristiger Fertigung die erfolgswirksame

Vereinnahmung der vereinbarten Gesamterlöse entsprechend dem Fertigstellungsgrad der Aufträge in jeder Periode der Auftragsabwicklung vor. Der Gewinnanteil je Periode lässt sich nach folgender Formel errechnen.

$$\text{Perioden-Gewinnanteil} = \text{Leistungsfortschritt der Periode} \times \text{erwarteter Auftrags-Gesamterfolg}$$

Der Bilanzwert des unfertigen Auftrags umfasst dann in jeder Periode der Leistungserstellung die Summe aus den bisher angefallenen und aktivierten Herstellungskosten plus Gewinnanteilen und den Herstellungskosten plus Gewinnanteil der betrachteten Periode. Nach Fertigstellung und Endabrechnung werden dann (im Normalfall eines Zielverkaufs) in Höhe des tatsächlichen Verkaufserlöses Forderungen aus Lieferungen und Leistungen sowie eine Bestandsverminderung in Höhe der aktivierten Herstellungskosten und Gewinnanteile verbucht.

Der ausgewiesene Erfolg der Abrechnungsperiode, in der der Erlös realisiert wird, ergibt sich dabei aus:

	tatsächlicher Verkaufserlös
–	bisher aktivierte Herstellungskosten und Gewinnanteile
–	als Aufwand der Periode verbuchte Auftrags-Restkosten
=	Auftragserfolg in der Abrechnungsperiode

Es kommt also zu keinem kumulierten Gewinnausweis wie bei einer strengen Anwendung des Realisationsprinzips.

Die Anwendung der anteiligen Gewinnrealisierung entspricht einer Glättung des Erfolgsausweises über die Auftragsdauer, wobei aber eine eventuelle Ausschüttung der nicht tatsächlich bzw. endgültig realisierten Gewinne einen Entzug von Haftungssubstanz darstellen und damit Aktionärs- und Gläubigerschutzinteressen verletzen kann. Zudem verstößt die Methode gegen das im HGB fixierte Anschaffungswertprinzip sowie gegen das Realisationsprinzip.

Selbstkostenansatz

(c) Erfolgsneutrales Vorgehen: Eine Möglichkeit, um zumindest eine erfolgsneutrale Behandlung der langfristigen Aufträge während der Leistungserstellung zu ermöglichen, ist, über die handels- und steuerrechtliche Wertobergrenze der Herstellungskosten hinaus auch aufwandsgleiche Selbstkostenbestandteile zu aktivieren (Selbstkosten-Aktivierung). Eine weitere Möglichkeit stellt die Bilanzierung mit der *Percentage-of-Completion*-Methode, die auf einer *zero-profit-marge* (kein Gewinnausweis) aufbaut, dar. Den in der Abrechnungsperiode entstandenen Aufwendungen werden hierbei Erträge in der gleichen Höhe gegenübergestellt. Es kommt dann bereits, im Gegensatz zur Selbstkosten-Aktivierung, zu einem Umsatzausweis.

(d) Bewertung nach dem Teilabnahmeprinzip (»echte« Teilgewinnrealisierung): Diese auch in der Praxis anzutreffende Bewertungsalternative besteht darin, den Gesamtauftrag in Teilleistungen (*milestones*) zu zerlegen, diese jeweils nach Erbringung abzurechnen und die entsprechenden Teilgewinne auszuweisen. Eine solche Teilabrechnung ist jedoch nur möglich bei technisch in sich geschlossenen und auch wirtschaftlich abgrenzbaren Teilen des Gesamtauftrags; ein Gesamtfunktionsrisiko darf also nicht vereinbart sein. Als weitere Voraussetzungen für die Anerkennung der Methode werden genannt: eine Anerkennung der Teilleistungen durch den Kunden mittels Teilabnahme sowie die vertragliche Vereinbarung von Teilabnahmen und -abrechnungen. Im Gegensatz zur anteiligen Gewinnrealisierung werden mit der Teilabrechnung die entsprechenden Teilerlöse auch als Umsatz bzw. Forderung verbucht und der Bilanzansatz des unfertigen Auftrags um die zugehörigen Herstellungskosten vermindert; die Differenz entspricht dann (nach Berücksichtigung eventueller weiterer Periodenaufwendungen) dem ausgewiesenen Teilgewinn.

Teilabnahmeprinzip, milestones-Abrechnung

1. Langfristige Fertigungsaufträge nach HGB

Da sich sowohl im Handels- wie auch im Steuerrecht keine explizite Regelung für die Bilanzierung von langfristigen Fertigungsaufträgen findet, werden hierfür die allgemein gültigen Grundsätze wie das Realisations- und das Vorsichtsprinzip zugrunde gelegt.

Bei der *Completed-Contract*-Methode handelt es sich um die handels- wie auch steuerrechtlich anerkannte und zulässige Methode, da durch die strenge Form des Realisationsprinzips im HGB ein Umsatzausweis mit entsprechender Ergebnisrealisation erst zum Zeitpunkt der Übergabe des Gesamtwerkes durchgeführt werden darf.

Completed-Contract-Methode nach HGB

Einer Bilanzierung mit der *Percentage-of-Completion*-Methode steht prinzipiell das Vorsichts- und Realisationsprinzip entgegen, jedoch ist es eine Auslegungsfrage, ob es sich bei langfristigen Fertigungsaufträgen, unter bestimmten Voraussetzungen, um einen begründeten Ausnahmefall i. S. v. § 252 Abs. 2 HGB handelt. Solche Ausnahmefälle liegen immer dann vor, wenn das Ziel des Jahresabschlusses, ein den tatsächlichen Verhältnissen entsprechendes Bild der Vermögens-, Finanz- und Ertragslage darzustellen, beeinträchtigt ist. In der neuen Literatur wird es strittig diskutiert, ob eine Teilgewinnrealisierung unter einer Reihe von restriktiven Voraussetzungen zulässig ist. Hierbei wird u. a. verlangt, dass ein wesentlicher Teil der Tätigkeit des Unternehmens langfristige Fertigungsaufträge sind und es im Falle einer Bilanzierung mit der *Completed-Contract*-Methode zu einer nicht unerheblichen Beeinträchtigung des Einblickes in die Vermögens-, Finanz- und Ertragslage kommt (vgl. ausführlich ADS [1995], § 252 Tz. 88; Arbeitskreis »Externe Unternehmensrechnung« der Schmalenbach-

Percentage-of-Completion-Methode nach HGB

Gesellschaft [1999], S. 88). Steuerrechtlich ist eine Bilanzierung mit der *Percentage-of-Completion*-Methode nicht möglich.

Selbstkostenansatz nach HGB

In der Handelsbilanz scheint es außerdem vertretbar, wahlweise eine Erhöhung der Herstellungskosten bis zu den jeweiligen Selbstkosten vorzunehmen, falls am Bilanzstichtag sichergestellt ist, dass aus dem Fertigungsauftrag kein Verlust entsteht und dieser sich über mehr als zwei Geschäftsjahre erstreckt (Beck'scher Bilanzkommentar [1999], § 255 Tz. 459).

Echte Teilgewinnrealisierung nach HGB

Die Methode der echten Teilgewinnrealisierung durch Teilabrechnung stellt keine Durchbrechung, sondern allenfalls nur eine Erweiterung des Realisationsprinzips dar und da das Anschaffungswertprinzip bezüglich des Bilanzansatzes des unfertigen Restauftrags beachtet wird, gilt sie – unter Berücksichtigung der oben genannten Voraussetzungen – handels- und steuerrechtlich ebenfalls als zulässig.

Verlustantizipation nach HGB

Sobald die Gesamterlöse die Gesamtkosten unterschreiten, ist aufgrund des Imparitätsprinzips eine sofortige Verlustantizipation in Form einer Drohverlustrückstellung vorzunehmen.

2. Langfristige Fertigungsaufträge nach IAS/IFRS

Die Bewertung langfristiger Fertigungsaufträge (*construction contracts*) ist in IAS 11 explizit geregelt und orientiert sich vom Grundsatz her am Prinzip der periodengerechten Erfolgsermittlung (*accrual basis*). Ziel ist die Bereitstellung entscheidungsrelevanter Informationen über Umfang und Stand der Aktivitäten im Bereich der Auftragsfertigung (IAS 11.25). Das im deutschen Bilanzrecht vorherrschende (strenge) Realisationsprinzip wird in den Hintergrund gedrängt.

Abgrenzung des Bewertungsobjekts nach IAS/IFRS

Grundsätzlich erfolgt die Bewertung für jeden einzelnen Fertigungsauftrag getrennt (IAS 11.7). Um den tatsächlichen wirtschaftlichen Verhältnissen gerecht zu werden, kann es unter bestimmten Voraussetzungen nötig sein, Fertigungsaufträge für mehrere *assets* weiter aufzutrennen bzw. einzelne zusammengehörige Fertigungsaufträge zu einem zusammenzufassen (IAS 11.8 ff.).

Anteilige Gewinnrealisierung nach IAS/IFRS

Entscheidend für die bilanzielle Behandlung von langfristigen Fertigungsaufträgen ist der Zuverlässigkeitsgrad, mit dem das Ergebnis (*outcome*) des Auftrags geschätzt werden kann. Sofern das Ergebnis des Fertigungsauftrags zuverlässig geschätzt werden kann, sind die mit dem Fertigungsauftrag verbundenen Aufwendungen und Erträge zwingend nach der *Percentage-of-Completion*-Methode zu behandeln (IAS 11.22).

Gewinnneutrale Umsatzrealisation in Höhe der Fertigungskosten nach IAS/IFRS

Falls dies nicht der Fall ist (z. B. zu Beginn eines Fertigungsprojektes), sind die Fertigungskosten in der Periode ihrer Entstehung sofort als Aufwand zu berücksichtigen (IAS 11.32). Sofern trotz der Unsicherheit davon ausgegangen werden kann, dass die zukünftigen Erträge die angefallenen Kosten decken werden, ist die erfolgswirksame Vereinnahmung der Erträge auf die Höhe der angefallenen Kosten beschränkt. Ein Gewinnausweis wird durch diese Vorgehensweise vermieden (IAS 11.33). Sofern in späteren Perioden die Unsicherheiten entfallen und damit das Ergebnis des Fertigungsauftrages zuverlässig bestimmt werden kann, ist eine anteilige Gewinnrealisation entsprechend dem Grad der Fertigstellung nach IAS 11.22 vorzunehmen (IAS 11.35).

Abgrenzung der Fertigungserlöse nach IAS/IFRS

Die nach IAS 11 zu behandelnden Erlöse bei langfristigen Fertigungsaufträgen setzen sich aus folgenden Positionen zusammen, sofern diese verlässlich bestimmt werden können (IAS 11.11 ff.):

	Ursprünglich vertraglich vereinbarter Kaufpreis
+	Erhöhungen des Kaufpreises aufgrund von Änderungswünschen des Kunden (*variations*), z. B. bei geänderten Designwünschen
+	Erhöhungen des Kaufpreises aufgrund von vom Kunden zu vertretenden Mehrkosten (*claims*), z. B. in Folge falscher Spezifikationsvorgaben
+	Anreizzahlungen (*incentive payments*), z. B. für die Einhaltung von Leistungsvorgaben oder für die Unterschreitung von Zeitvorgaben
=	Gesamterlös aus langfristigem Fertigungsauftrag

Die Fertigungskosten langfristiger Aufträge setzen sich aus folgenden Komponenten zusammen (IAS 11.16 ff.):

	Direkte Kosten des Fertigungsauftrags, wie z. B. Lohnkosten, Materialkosten, Abschreibungen der eingesetzten Maschinen usw.
+	Allgemeine Kosten der Auftragsfertigung, die dem einzelnen Fertigungsauftrag zurechenbar sind, wie z. B. Versicherungen, auftragsunabhängige Kosten für Entwürfe und technische Unterstützung, Fertigungsgemeinkosten
+	sonstige Kosten, die aufgrund vertraglicher Vereinbarungen dem Kunden in Rechnung gestellt werden können
=	Gesamtkosten aus langfristigem Fertigungsauftrag

Kosten, die nicht mit den langfristigen Fertigungsaufträgen in Verbindung stehen und diesen auch nicht zugerechnet werden können, zählen nicht zu den Fertigungskosten des Auftrags (IAS 11.20).

Vertragstypen

Das IASB unterscheidet bei der langfristigen Fertigung idealtypisch zwischen Festpreis-Verträgen (*fixed price contract*) und Kosten-plus-Verträgen (*cost plus contract*) (IAS 11.3). Festpreis-Verträge vereinbaren einen fixen Auftragspreis, der unter Umständen noch durch spezielle Preisgleitklauseln zur Berücksichtigung von Kostensteigerungen erweitert werden kann. Bei Kosten-plus-Verträgen werden dem Auftragsnehmer die angefallenen Kosten (Zielkosten oder anderweitig definierte Kosten) einschließlich eines prozentualen oder absoluten Gewinnaufschlags erstattet.

- Festpreis-Verträge

Das Ergebnis eines Fertigungsauftrages mit Festpreisvereinbarung lässt sich verlässlich schätzen, falls alle im Folgenden dargestellten Voraussetzungen gleichzeitig erfüllt sind (IAS 11.23):

- Der gesamte Fertigungserlös kann zuverlässig bestimmt werden.
- Der Zufluss des mit dem Auftrag verbundenen wirtschaftlichen Nutzens ist wahrscheinlich.
- Sowohl die bis zur Fertigstellung des Auftrags noch anfallenden Kosten als auch der Fertigstellungsgrad können zum Bilanzstichtag verlässlich bestimmt werden.
- Die Kosten des Fertigungsauftrags können eindeutig abgegrenzt und zuverlässig bestimmt werden, um die bislang angefallenen Kosten mit früheren Schätzungen vergleichen zu können.

- Kosten-plus-Verträge

Die Voraussetzungen für die verlässliche Schätzung des Ergebnisses bei Kosten-plus-Verträgen sind demgegenüber etwas weniger streng (IAS 11.24):

- Der Zufluss des mit dem Auftrag verbundenen wirtschaftlichen Nutzens ist wahrscheinlich.
- Die Kosten des Fertigungsauftrags können eindeutig abgegrenzt und zuverlässig bestimmt werden.

- Mischverträge

Sofern ein Vertrag Charakteristika beider Vertragstypen in sich vereint – etwa im Falle eines Kosten-plus-Vertrages mit vereinbartem Höchstpreis – sind alle Voraussetzungen nach IAS 11.23 und 11.24 zu prüfen (IAS 11.6). Im Ergebnis gelten in diesem Fall also die strengeren Anforderungen der Festpreis-Verträge.

Bestimmung des Fertigungsgrads nach IAS/IFRS

Das Ermittlungsverfahren für den Fertigstellungsgrad ist grundsätzlich in das Ermessen des Unternehmens gestellt und wird von der konkreten Vertragsausgestaltung abhängen (IAS 11.30). Die gewählte Methode hat jedoch den Fertigstellungsgrad verlässlich zu bestimmen. Beispielhaft können dabei folgende Verfahren zum Einsatz kommen:

- Verhältnis der bisher angefallenen Kosten zu den geschätzten Gesamtkosten (*cost-to-cost*-Methode);
- Verhältnis der bisher erbrachten Leistung zu der geschätzten Gesamtleistung (*efforts-expended*-Methode);
- Verhältnis des physikalischen Anteils des bisher erstellten Fertigungsauftrags zu der vereinbarten Gesamtleistung.

Verlustantizipation nach IAS/IFRS

Unabhängig von der Art der Fertigungsverträge, des gegenwärtigen Fertigstellungsgrads und der zur Anwendung kommenden Bilanzierungsmethode sind erwartete Gesamtverluste aus Fertigungsaufträgen sofort als Aufwand zu verbuchen und nicht erst bei ihrer Realisation (IAS 11.22 bzw. IAS 11.32 i. V. m. IAS 11.36).

Langfristige Dienstleistungsaufträge nach IAS/IFRS

Langfristige Dienstleistungsaufträge werden im Grundsatz analog den Bestimmungen des IAS 11 für langfristige Fertigungsaufträge behandelt (IAS 18.20 ff.). Für die anteilige Gewinnvereinnahmung nach der *Percentage-of-Completion*-Methode sind ähnliche Voraussetzungen zu erfüllen wie für Festpreis-Verträge (IAS 18.20).

3. Langfristige Fertigungsaufträge nach US-GAAP

Die allgemein gültigen Bilanzierungsmethoden für langfristige Fertigungsaufträge (*long-term construction-type contracts*) sind nach US-GAAP in den Vorschriften des ARB 45 geregelt, die durch die SOP 81-1 ergänzt wurden. Demnach spricht man immer dann von langfristiger Auftragsfertigung, wenn Beginn und Beendigung eines Auftrags in zwei unterschiedliche Abrechnungsperioden fallen.

Percentage-of-Completion-Methode nach US-GAAP

Auch nach US-GAAP steht, genauso wie nach IAS/IFRS, die periodengerechte Gewinnermittelung (*matching principle*) im Vordergrund. Demnach gelten für die Bilanzierung der langfristigen Fertigungsaufträge nach US-GAAP und IAS/IFRS auch nahezu deckungsgleiche Regelungen. So empfiehlt US-GAAP alle die Aufträge mit der *Percentage-of-Completion*-Methode zu bilanzieren, deren Gesamterlös, Gesamtkosten und Fertigstellungsgrad sich verlässlich ermitteln lassen und den folgenden Bedingungen genügen (SOP 81-1.23):

- Im Vertrag sind die zu liefernden Produkte oder Leistungen sowie die Zahlungsbedingungen und die Art und Weise der Abwicklung klar und eindeutig definiert.
- Die Bezahlung durch den Käufer ist wahrscheinlich (*can be expected*).
- Die Erfüllung der vertraglich vereinbarten Leistung durch den Verkäufer ist wahrscheinlich (*can be expected*).

Completed-Contract-Methode nach US-GAAP

Im Gegensatz zu den Regelungen der IAS/IFRS ist nach US-GAAP neben der *Percentage-of-Completion*-Methode auch die *Completed-Contract*-Methode zulässig und sogar geboten, falls die oben genannten Bedingungen nicht erfüllt sind (ARB 45.15). Handelt es sich allerdings um Aufträge, die so gestaltet sind, dass sie zumindest verlustfrei abgewickelt werden können, so ist, wie nach IAS/IFRS, die *Percentage-of-Completion*-Methode mit *zero-profit-marge* der *Completed-Contract*-Methode vorzuziehen. Dies ist z. B. bei *cost plus* Verträgen erwünscht. Sobald jedoch verlässliche Schätzungen möglich sind, sollte ein Wechsel zur *Percentage-of-Completion*-Methode erfolgen.

Fertigstellungsgrad nach US-GAAP

Der Fertigstellungsgrad kann mit diversen Methoden ermittelt werden, wobei es sich bei der *cost-to-cost*-Methode und der *efforts-expended*-Methode um die in der Praxis am gebräuchlichsten handelt. (Kieso, D. E./Weygandt, J. J./Warfield, T. D. [2001], S. 1005 f.).

Verlustantizipation nach US-GAAP

Bezüglich der Verlustantizipation gibt es nach US-GAAP keine Unterschiede zu den Regelungen nach IAS/IFRS und HGB. Auch hier erfolgt, unabhängig von der Bilanzierungsmethode, eine sofortige Erfassung des Verlustes in der laufenden Berichtsperiode (Kieso, D. E./Weygandt, J. J./Warfield, T. D. [2001], S. 981).

Angabepflichten nach IAS/IFRS und US-GAAP

Im Zusammenhang mit der Bilanzierung langfristiger Fertigungsaufträge ergeben sich eine Reihe von Angabepflichten, u. a. zu der verwendeten Methode, zu den anteilig berücksichtigten Erlösen, zu den Verfahren der Ermittlung des Fertigstellungsgrades und zu noch nicht abgeschlossenen Aufträgen (IAS 11.39 ff.; ARB 45.15, SOP 81-1.21). Für Unternehmen, die nach den Regelungen der SEC bilanzieren, sind noch weitere Angaben nötig.

C. Finanzinstrumente

I. Originäre und derivative Finanzinstrumente

Originäre und derivative Finanzinstrumente

Finanzinstrumente umfassen das gesamte Spektrum der finanzwirtschaftlichen Instrumente, also sowohl die klassischen originären Finanz(ierungs)instrumente als auch die innovativen derivativen Finanzinstrumente. Originäre Finanzinstrumente unterteilen sich in eigenkapital- und fremdkapitalbezogene Finanzinstrumente. Eigenkapitalbezogene Finanzinstrumente sind z. B. Aktien, Stille Einlagen, Genussscheine, fremdkapitalbezogene originäre Finanzinstrumente sind bspw. Forderungen, Verbindlichkeiten und Zerobonds. Der Begriff »derivative Finanzinstrumente« ist nicht exakt definiert; hierunter werden vor allem neuere Kapitalmarktprodukte (Optionen, Futures, Swaps usw.) subsumiert. Häufig werden derivative Finanzinstrumente aus originären Finanzinstrumenten wie z. B. Aktien und Schuldverschreibungen abgeleitet. Weiter gibt es eine Vielzahl innovativer derivativer Finanzinstrumenten, die sich durch erneute Kombination derivativer Finanzinstrumente ergeben. Besonders in jüngerer Zeit wurde eine Vielzahl rekombinierter Instrumente entwickelt. Nach wie vor stellen jedoch bedingte (z.B. Optionen) sowie unbedingte Terminkontrakte (Futures, Forwards) und Swaps die gängigsten derivativen Finanzinstrumente dar (vgl. Abbildung 4.3).

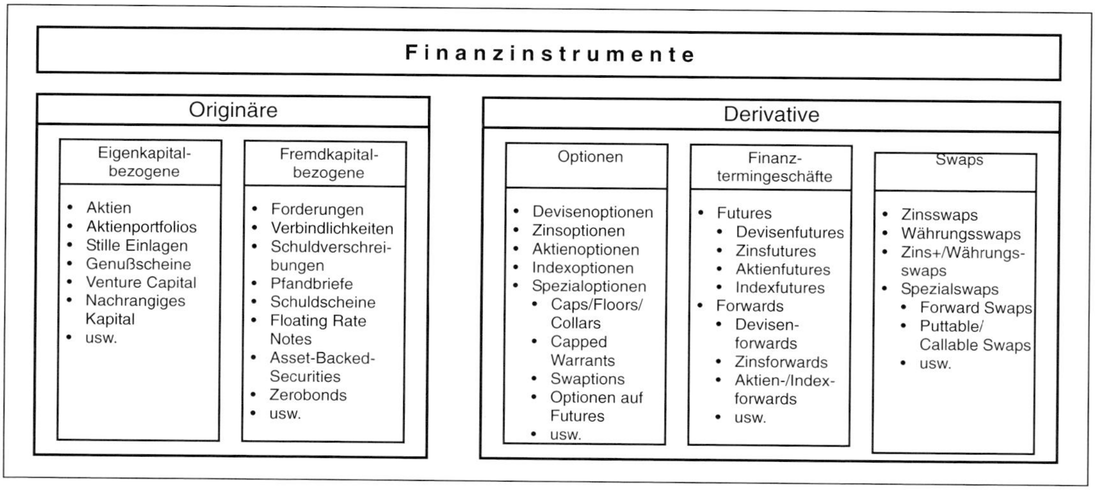

Abb. 4.3: Originäre und derivative Finanzinstrumente (vgl. Herzig, N. [1997], S. 8)

Funktionale Abgrenzung

Derivative Finanzinstrumente können nach ihrem Einsatzbereich im Unternehmen funktional in Sicherungs-, Spekulations- und Handelsinstrumente abgegrenzt werden. Für die Unternehmen ist vor allem das Motiv der Absicherung (auch *hedging* genannt) von Risikopositionen gegen nachteilige Entwicklungen von Warenpreisen, Währungskursen, Zinssätzen oder auch Aktienkursen von Bedeutung. So wird beispielsweise häufig das in einer Valutaforderung beinhaltete Währungsrisiko durch den Abschluss einer Verkaufsoption abgesichert. Die Option verbrieft das Recht, die entsprechenden Fremdwährung zu einem bestimmten Zeitpunkt und einem im voraus vereinbarten Basiskurs zu verkaufen. Im Falle einer negativen Wechselkursentwicklung würde der Erwerber das Optionsrecht ausüben und der Währungstausch zum Sicherungs- bzw. Basiskurs erfolgen.

II. Bilanzierung von Finanzinstrumenten nach HGB

1. Bilanzansatz derivativer Finanzinstrumente nach HGB

Der Bilanzansatz originärer Finanzinstrumente wurde bereits an anderer Stelle ausführlich behandelt (vgl. 3. Kapitel B III; sowie im vorliegenden Kapitel A III). Im Folgenden wird daher nur auf derivative Finanzinstrumente eingegangen werden (Verbindlichkeiten aus Stillhalterverpflichtungen werden separat im 6. Kapitel E. behandelt).

Bedingte und unbedingte Termingeschäfte

Derivative Finanzinstrumente werden in bedingte und unbedingte Finanzinstrumente unterschieden. Bedingte Finanzinstrumente (z. B. Optionen) beinhalten ein Ausübungswahlrecht, während unbedingte Finanzinstrumente (z. B. Futures) am Ende der Laufzeit unmittelbar zu einem Erfüllungsanspruch bzw. einer Erfüllungsverpflichtung führen. Bedingte und unbedingte Finanztermingeschäfte unterscheiden sich in ihrem Bilanzansatz nicht. Sie werden daher gemeinsam behandelt.

Derivative Finanzinstrumente sind schwebende Geschäfte, die den Erwerb eines nicht bilanzierungsfähigen Rechts beinhalten. Wird das Recht aus dem Termingeschäft entgeltlich erworben, so ist es zunächst in Höhe der gezahlten Prämie zzgl. der Nebenkosten zu aktivieren (vgl. IDW [1995], S. 421). Berechtigt das Termingeschäft zum Erwerb eines Vermögensgegenstandes, so ist die Prämie bei der Ausübung als Bestandteil der Anschaffungskosten des Vermögensgegenstandes bzw. als Minderung des Ausgabebetrages einer Verbindlichkeit zu berücksichtigen. Berechtigt das Termingeschäft zum Verkauf, so ist die Prämie mit dem Verkaufserlös zu verrechnen, sofern die Ausübung des Optionsrechts zu einem Abgang eines Vermögensgegenstandes führt. Ergibt sich aus der Ausübung des Termingeschäfts keiner der beiden angeführten Fälle (z. B. Indexoptionen), so ist die Prämie in der laufenden Periode erfolgswirksam zu erfassen. Die in der Praxis gebräuchliche erfolgswirksame Erfassung der Prämie zum Zeitpunkt der Ausübung des Termingeschäfts ist ebenfalls zulässig, sofern dies nicht zu einem Verstoß gegen den Wesentlichkeitsgrundsatz führt (vgl. IDW [1995], S. 421).

Initial und variation Margins

Die bei Abschluss des Termingeschäfts anfallende *initial margin* Zahlung an die Eurex ist nach h. M. erfolgsneutral zu behandeln. Die *initial margin* Zahlung ist als Sicherheitsleistung oder Anzahlung zu interpretieren und stellt somit eine Forderung gegenüber der Eurex dar. Die *initial margin* Zahlung ist als sonstiger Vermögensgegenstand zu aktivieren bzw. als sonstige Verbindlichkeit zu passiveren (vgl. ADS [1995], § 266 Tz. 134). Umstritten ist hingegen die Berücksichtigung der *variation margin* Zahlungen, die während der Laufzeit des Terminkontrakts anfallen. Die bei Abschluss eines Termingeschäfts zu entrichtende *initial margin* wird in den Folgeperioden durch die Eurex in Form einer Gut- oder Lastschrift (*variation margins*) dem veränderten Basiswert angepasst. *Variation margins* sind erfolgsneutral als sonstiger Vermögensgegenstand bzw. als sonstige Verbindlichkeit zu bilanzieren. Eine erfolgswirksame Erfassung kommt nicht in Betracht, da eine Veränderung des Kursniveaus dazu führen kann, dass erhaltene *variation margins* zurückgefordert resp. gezahlte *variation margins* wieder gutgeschrieben werden müssen. Somit beinhaltet das Vertragsverhältnis nach wie vor einen latenten Rückzahlungsanspruch bzw. eine latente Rückzahlungsverpflichtung. Das Imparitätsprinzip verlangt jedoch die erfolgswirksame Berücksichtigung drohender Verluste. Folglich ist darüber hinaus für die geleisteten *variation margins* an die Eurex noch eine Rückstellung für drohende Verluste in gleicher Höhe zu bilden. Der doppelte Ausweis der Nachzahlungen an die Eurex führt zwar zu einer Bilanzverlängerung, diese ist jedoch notwendig, um den Sachverhalt bilanziell richtig abzubilden (vgl. Scheffler, J. [1994], S. 198).

Swap Geschäfte - Tausch der Kapitalien

Der Bilanzansatz von Swap Geschäften unterscheidet sich von den übrigen derivativen Finanzinstrumenten vor allem durch den Austausch von Zahlungsströmen und/oder Kapitalien. Beinhaltet das Swap Geschäft eine Anfangs- und Schlusstransaktion, so führt das Swap Geschäft bei Vertragsabschluss zu einem Aktiv- bzw. Passivtausch und ist somit bilanzwirksam. Der verliehene Betrag ist als sonstiger Vermögensgegenstand oder als sonstige Ausleihe zu berücksichtigen. Der empfangene Betrag ist als sonstige Verbindlichkeit zu passivieren.

Swap Geschäfte - Tausch der Zahlungsströme

Beinhaltet das Swap Geschäft den Austausch von Zahlungsströmen, so stellen diese zwei Dauerschuldverhältnisse dar. Die zukünftigen Leistungen aus den Schuldverhältnissen sind als schwebende Geschäfte einzuordnen und somit bei Ausgeglichenheit der Leistungen und Gegenleistungen bilanzunwirksam. Decken sich Leistung und Gegenleistung betragsmäßig nicht, so sind sie abzugrenzen und aufgrund ihres Zinscharakters über die Laufzeit zu verteilen (vgl. Scheffler, J. [1994], S. 205).

2. Bewertung derivativer Finanzinstrumente nach HGB

Spekulations- und Handelsgeschäfte

Die funktionale Abgrenzung derivativer Finanzinstrumente ist maßgeblich für ihre bilanzielle Bewertung. Wurde ein derivatives Finanzinstrument aus Spekulations- oder Handelsmotiven erworben, so entspricht seine Bewertung der des übrigen Umlaufvermögens. Verluste sind dementsprechend erfolgswirksam durch Abschreibung der Position oder Bildung einer Rückstellung zu berücksichtigen, während unrealisierte Gewinn unberücksichtigt bleiben. Eine Zuschreibung der Position ist auf die Anschaffungskosten begrenzt.

Sicherungsgeschäfte

Die Bewertung von Sicherungsgeschäften ist hingegen strittig. Grundsätzlich lassen sich drei Bewertungsmodelle unterscheiden: die strenge Einzelbewertung, die kompensatorische Bewertung und die Marktbewertung.

a) Strenge Einzelbewertung

Die strenge Einzelbewertung erfolgt analog zur Bewertung von Spekulations- und Handelsgeschäften. Ein bestehender Sicherungszusammenhang zwischen Grund- und Sicherungsgeschäft wird bilanziell nicht erfasst. Die strenge Einzelbewertung geht von einer strikten Anwendung des Einzelbewertungsgrundsatzes aus § 252 Abs. 1 Nr. 3 HGB in Verbindung mit dem Imparitäts- und dem Realisationsprinzip des § 252 Abs. 1 Nr. 4 HGB aus. Da ein etwaiger Sicherungszusammenhang nicht berücksichtigt wird, kommt es zu einer Situation, in der zwangsläufig entstehende Wertverluste des Absicherungsinstruments (Sicherungsgeschäft) oder der Risikoposition (Grundgeschäft) in die GuV eingehen, während Gewinne, die dann in der jeweils anderen Position entstehen, nicht vor der Realisierung der jeweils zugrunde liegenden Lieferung oder Leistung erfasst werden dürfen. Somit kann es zu einer verfälschten Darstellung des Unternehmenserfolges und zu einem Verstoß gegen die Generalnorm aus § 264 Abs. 2 Satz 1 HGB kommen. Eine zutreffende Darstellung des Unternehmenserfolges kann somit nur unter Berücksichtigung der kompensatorischen Effekte aus den Grund- und Sicherungsgeschäften gewährleistet werden.

b) Kompensatorische Bewertung

(1) Allgemeine Rechtsgrundlagen

Gemilderte Einzelbewertung

Absicherungszusammenhängen kann durch die so genannte kompensatorische Bewertung Rechnung getragen werden. Sie geht von einer zweckadäquaten Anwendung des Realisations- und Imparitätsprinzips sowie des Anschaffungskosten-, Niederst- bzw. Höchstwertprinzips auf die Gesamtposition aus. Eine imparitätische Abwertung oder Rückstellungsbildung wird nach diesem Ansatz erst notwendig, wenn der Marktwert der Gesamtposition unter deren ursprüngliche Anschaffungskosten fällt (analog ist auf der Passivseite vorzugehen, vgl. Franke, G./Menichetti, M. J. [1994], S. 202 f.). An Stelle des strengen Einzelbewertungsgrundsatzes tritt der gemilderte Einzelbewertungsgrundsatz.

Handelsrechtliche Zulässigkeit

Eine Abweichung vom Einzelbewertungsgrundsatz kann sich aus § 252 Abs. 2 HGB ergeben, sofern dadurch ein den tatsächlichen Verhältnissen entsprechendes Bild der Vermögens-, Finanz- und Ertragslage vermittelt wird. Angesichts der hohen Zahl derivativer Finanzinstrumente erscheint es fraglich, inwieweit hier eine Regelung für begründete Ausnahmefälle anwendbar ist. Ergibt sich eine kompensatorische Bewertung nicht zwingend aus § 264 HGB, so ist dennoch bei weiterer Auslegung eine kompensatorische Bewertung zumindest für zulässig zu erachten. Die zweckentsprechende Auslegung des Imparitätsprinzips sieht keine antizipative Berücksichtigung einzelgeschäftsbezogener Verluste vor, die aufgrund von Sicherungsgeschäften faktisch nicht vorliegen. Eine kompensatorische Bewertung ergibt sich somit aus der wirtschaftlichen Auslegung des Einzelbewertungsgrundsatzes und des Imparitätsprinzips und entspricht der laufenden Rechtsprechung (vgl. Anstett, C. W./Husmann, R. [1998], S. 1526).

Abgrenzung von Bewertungseinheiten

Die Zusammenfassung von Grund- und Sicherungsgeschäften zu Bewertungseinheiten ist nach Auffassung des Arbeitskreises »Externe Unternehmensrechnung« der Schmalenbach-Gesellschaft (vgl. Arbeitskreis »Externe Unternehmensrechnung« der Schmalenbach-Gesellschaft [1997], S. 638 f.) möglich, wenn folgende Voraussetzungen erfüllt werden:

- Grund- und Sicherungsgeschäfte stehen objektiv in einem einheitlichen Nutzungs- und Funktionszusammenhang.
- Der Nutzungs- und Funktionszusammenhang ist vom Bilanzierenden über den Bewertungsstichtag hinaus gewollt (Durchhalteabsicht).
- Der Wille des Bilanzierenden kommt durch eine vor dem Bilanzstichtag durchgeführte Zuordnung nachprüfbar zum Ausdruck (Dokumentation, vgl. auch Küting, K./Weber, C.-P. [1995]], Tz. 857, Steiner, M./Tebroke, H./Wallmeier, M. [1995], S. 535).

Ein einheitlicher Nutzungs- und Funktionszusammenhang liegt vor, wenn Risiken durch Grund- und Sicherungsgeschäfte eliminiert bzw. gezielt verändert werden können. Nutzungs- und Funktionszusammenhänge können in unterschiedlichem Umfang vorliegen. Auf die einzelnen Kompensationsebenen soll nun eingegangen werden.

(2) Abgrenzung der Kompensationsebenen

Micro-Hedges

Je nach Umfang der gewählten Kompensationsebene wird zwischen *Micro-*, *Macro-* und *Portfolio-Hedges* unterschieden. Bei einem *Micro-Hedge* werden einzelne, genau definierte Geschäfte oder Vermögens- bzw. Schuldpositionen abgesichert. Grund- und Sicherungsgeschäft können bei dieser Absicherung einander eindeutig zugeordnet werden. Dies ist z. B. der Fall, wenn Fremdwährungsforderungen durch gleich hohe Devisenterminverkäufe in derselben Währung abgesichert werden. Wenn die oben angeführten Voraussetzungen erfüllt werden, besteht nach Ansicht des Arbeitskreises »Externe Unternehmensrechnung« der Schmalenbach-Gesellschaft eine Pflicht zur Bildung von Bewertungseinheiten (vgl. Arbeitskreis »Externe Unternehmensrechnung« der Schmalenbach-Gesellschaft [1997], S. 639). Grund- und Sicherungsgeschäfte werden kompensatorisch bewertet. Das bedeutet, dass unrealisierte Gewinne stets unberücksichtigt bleiben, unrealisierte Verluste dagegen antizipiert werden, soweit sie nicht mit unrealisierten Gewinnen aus dem Gegengeschäft verrechnet werden können (vgl. Steiner, M./Tebroke, H./Wallmeier, M. [1995], S. 537).

Macro-Hedges

Als *Macro-Hedge* werden Sicherungstransaktionen auf der Ebene des Gesamtunternehmens bezeichnet (vgl. Arbeitskreis »Externe Unternehmensrechnung« der Schmalenbach-Gesellschaft [1997], S. 638; Scharpf, P./Luz, G. [2000], S. 296). Ein *Macro-Hedge* entsteht, wenn ein oder mehrere Grundgeschäfte durch ein oder mehrere Sicherungsgeschäfte gesichert werden. Anders als bei einem *Micro-Hedge* weicht somit die segregierte Sichtweise auf Ebene eines einzelnen Geschäfts einer aggregierten Sichtweise auf Basis mehrere risikobehafteter Positionen. Eine genaue Zuordnung eines Sicherungsgeschäfts zu einem Grundgeschäft ist nicht mehr möglich. Eine einmal gebildete Bewertungseinheit wird folglich selbst nicht mehr aufgelöst, sondern verändert sich über den Zeitablauf lediglich in ihrer Zusammensetzung. *Macro-Hedges* werden z. B. bei Kreditinstituten eingesetzt, um mit derivativen Zinsinstrumenten eine Absicherung gegen potenzielle Zinsänderungsrisiken zu erreichen.

Portfolio-Hedges

Ein *Portfolio-Hedge* stellt, anders als *Micro-* und *Macro-Hedges*, nicht auf den Gedanken der Sicherungsintention ab, sondern auf die Risikoreduktion geführter Handelsportfolios. Handelsgeschäfte werden daher gezielt in Hinblick auf die Risikoposition des Portfolios unter Vermeidung großer offener Positionen eingegangen. Die Ausgliederung des Handelsportfolios erfolgt dabei anhand einer homogenen Größe. Als homogene Größen sind z. B. Produktarten, Risikofaktoren und die organisationsbezogene Verantwortlichkeit im Risikomanagement denkbar. Das bestehende Portfolio wird dann unter Berücksichtigung des firmeninternen Risikoprofils verwaltet. Ziel des Portfolio-Ansatzes ist dabei üblicherweise nicht eine 1:1 Absicherung von Marktpreisrisiken, sondern eine Absicherung offener Risikopositionen nach dem Prinzip der kostengünstigsten Eindekkung (vgl. Herzig, N./Mauritz, P. [1997], S. 153). Tritt innerhalb des ausgegliederten Portfolios ein unkompensiertes Risiko auf, so wird dieses zunächst durch kostengünstige, wenn möglich sogar durch mit Zusatzerträgen verbundene Gegengeschäfte kompensiert. Das gegenläufige Geschäft kann sich dabei weitreichend vom Grundgeschäft in der Laufzeit, dem Volumen usw. unterscheiden. Erst wenn eine Absicherung durch Gegengeschäfte nicht möglich ist, wird das ungedeckte Portfoliorisiko unter Berücksichtigung des verfolgten Risikoprofils gegebenenfalls durch den Einsatz von Sicherungsinstrumenten abgesichert. Die firmeninterne Verwaltung erfolgt i. d. R. durch eigenständige und eigenverantwortliche Profit-Center.

Nach Ansicht des Arbeitskreises »Externe Unternehmensrechnung« der Schmalenbach-Gesellschaft ist bei *Macro-* und *Portfolio-Hedges* eine Zusammenfassung nur möglich, wenn die Absicherung dokumentiert und durch organisatorische Regelungen zur Erfassung der Risikopositionen und zur Limitierung offener Positionen dauerhaft sichergestellt ist (vgl. Arbeitskreis »Externe Unternehmensrechnung« der Schmalenbach-Gesellschaft [1997], S. 639). Zur Diskussion über die genaue Behandlung sei unter anderem auf folgende Beiträge verwiesen: Brachert, G./Prahl, R./Naumann, T. [1995], S. 544 ff.; Gebhardt, G. [1995], S. 609 ff.; Küting, K./Weber, C.-P. [1995], S. 341 ff.; Steiner, M./ Tebroke, H./Wallmeier, M. [1995]; Elkart, W. [1996]; Scharpf, P./Luz, G. [2000]; Arbeitskreis »Externe Unternehmensrechnung« der Schmalenbach-Gesellschaft [1997] und die dort angegebene Literatur).

(3) Bewertung von Micro-, Macro- und Portfolio-Hedges

Bewertungskonzeptionen

Die Unterscheidung der einzelnen Kompensationsebenen in *Micro-, Macro-* und *Portfolio-Hedges* erfolgt nach finanzwirtschaftlichen Gesichtspunkten. Obwohl die finanzwirtschaftliche Abgrenzung von weitreichender Bedeutung für den Umfang des Absicherungszusammenhangs und die Art der Sicherungsstrategie ist, werden bisher für die eigentliche Bewertung der Kompensationsebenen im Wesentlichen nur zwei Bewertungskonzepte diskutiert. Hierbei wird vor allem die Frage erörtert, wie im konkreten Fall die zweckadäquate Anwendung des Realisations- und Imparitätsprinzips auf die Gesamtposition erfolgen soll. Es sollen nun die beiden wichtigsten Bewertungskonzepte, die globale Festbewertung und die eingeschränkte Marktbewertung, dargestellt werden. Die Darstellung beschränkt sich auf aktivische Grundgeschäfte. Für Passivposten ist unter Berücksichtigung des Höchstwertprinzips analog vorzugehen.

Globale Festbewertung

Bei der globalen Festbewertung werden derivative Sicherungsgeschäfte bilanziell nicht berücksichtigt, während die Grundgeschäfte in Höhe des Sicherungskurses eingebucht werden. Der Einbuchungskurs bildet gleichzeitig den Höchstwert der Bewertungseinheit und wird beim Grundgeschäft bis zum Verkauf oder zur Abwicklung beibehalten. In den Folgeperioden leitet sich ein etwaiger Rückstellungs- oder Abschreibungsbedarf aus dem Marktwert der Gesamtposition ab. Die Sicherungsgeschäfte sind daher in separaten Büchern zu führen. Sind die Sicherungsgeschäfte nicht dazu geeignet, Kursverluste aus dem Grundgeschäft vollständig zu kompensieren, so ist die Differenz entweder durch Bildung einer Rückstellung für drohende Verluste oder eine aktivische Abwertung erfolgswirksam zu berücksichtigen. Gleicht sich der Verlust in der Folgeperiode wieder aus, so ist eine gebildete Rückstellung aufzulösen. Wurde die Position abgeschrieben, so besteht nach § 253 HGB ein Beibehaltungswahlrecht, für Kapitalgesellschaften allerdings gemäß § 280 Abs. 1 HGB ein Wertaufholungsgebot. Steigt der Marktwert der Gesamtposition über deren Anschaffungskosten, so bilden die Anschaffungskosten die Wertobergrenze der Gesamtposition. Die globale Festbewertung hat somit den Vorteil, dass sie kompensierte Verluste und unrealisierte Gewinne nicht berücksichtigt.

Beispiel

Im dem, in Tabelle 4.4 dargestellten Beispiel soll eine Fremdwährungsforderung über 100 Dollar abgesichert werden. Als Sicherungsinstrument wurde ein Dollar Put gewählt, dessen Basispreis von 1,50 mit dem aktuellen Dollarkurs übereinstimmt.

Eingeschränkte Marktbewertung

Ein weiterer Ansatz zur Berücksichtigung von Absicherungszusammenhängen stellt die so genannte eingeschränkte Marktbewertung dar (vgl. zu den folgenden Ausführungen Franke, G./Menichetti, M. J. [1994], S. 202 ff.). Die eingeschränkte Marktbewertung bucht zunächst Grund- und Sicherungsgeschäft einzeln und ergebniswirksam zu Marktwerten ein. In den Folgeperioden werden nur Wertminderungen berücksichtigt, sofern der Marktwert der Gesamtposition unterhalb der Anschaffungskosten der Gesamtposition liegt. Folglich wird die Abnahme des Zeitwerts der Option periodengerecht erfasst. Die Einzelwertansätze der Bewertungseinheit sollen dem Postulat der materiellen Bilanzkontinuität, der einfachen Bewertung und der Vermeidung von Zuschreibungen über die Anschaffungskosten hinaus genügen.

Periode	t_0	t_1	t_2	t_3
Dollarkurs	1,50	1,30	1,90	1,10
Marktwert der Verkaufsoption	1,00	17,00	0,20	43,00
Bilanz (Aktiva)				
Forderung	150,00	147,00	150,00	150,00
Bewertungseinheit	150,00	147,00	150,00	150,00
GuV				
Gewinn/Verlust	0,00	-3,00	+3,00	0,00

Tab. 4.4: Beispiel globale Festbewertung

Daher wird der Gewinn- und Verlustausgleich innerhalb der Position durch eine Zuschreibung bis auf die Einzelanschaffungskosten der jeweiligen Position begrenzt. Verluste, die durch Kursgewinne der gegenläufigen Position ausgeglichen werden, sind nicht zu berücksichtigen. Ein Nettoverlust kann dabei wahlweise durch die Bildung einer Rückstellung für drohende Verluste oder durch eine aktivische Abwertung berücksichtigt werden.

Beispiel

Die eingeschränkte Marktbewertung soll anhand des bereits oben dargestellten Beispiels verdeutlicht werden. Auftretende Nettoverluste sollen durch eine aktivische Abwertung Berücksichtigung finden.

Periode	t_0	t_1	t_2	t_3
Dollarkurs	1,50	1,30	1,90	1,10
Marktwert der Verkaufsoption	1,00	17,00	0,20	43,00
Bilanz (Aktiva)				
Forderung	150,00	146,00	150,00	150,00
Option	1,00	1,00	1,00	1,00
Bewertungseinheit	151,00	147,00	151,00	151,00
GuV				
Gewinn/Verlust	0,00	-4,00	+4,00	0,00

Tab. 4.5: Eingeschränkte Marktbewertung

Die eingeschränkte Marktbewertung hat insbesondere den Nachteil, dass sie zu extern nur schwer nachvollziehbaren Wertansätzen führt. So entspricht die Höhe der Bewertung der einzelnen Positionen des Sicherungszusammenhangs weder den Anschaffungskosten noch den tatsächlichen Marktwerten.

Dynamisches Hedging

Die bisherigen Darstellungen berücksichtigen nicht die Möglichkeiten einer dynamischen Sicherungsstrategie. Bei einer dynamischen Sicherungsstrategie steht eine Wertkompensation und nicht die Risikokompensation im Vordergrund. Das Kriterium einer Mindestkorrelation wird durch das Kriterium eines bestimmten *hedge ratios* ersetzt. Das *hedge ratio* wird über den Zeitablauf dynamisch an die Marktgegebenheiten angepasst. Hierzu werden laufend Sicherungsgeschäfte erworben und veräußert. Ein Halten der Sicherungsgeschäfte bis zur Endfälligkeit ist regelmäßig nicht gegeben. Es stellt sich die Frage, wie die Ergebniswirkungen aus den realisierten Geschäften abgegrenzt werden können. »Franke/Menichetti« neutralisieren die Ergebniswirkungen durch Fortführung der Anschaffungskosten. Hiernach sind die Ergebniswirkungen direkt der auch nach der Umschichtung bestehenden Bewertungseinheit zuzurechnen und als Teil der Anschaffungskosten zu berücksichtigen. Dementsprechend sind Einzahlungen von den Anschaffungskosten der Bewertungseinheiten abzuziehen, während Auszahlungen als Teil der Anschaffungskosten zu aktivieren sind.

c) *Mark-to-Fair-Value Bewertung*

Marktbewertung

Die Einführung der *Mark-to-Fair-Value* Bewertung in die deutschen Rechnungslegungsnormen wird in jüngerer Zeit zunehmend diskutiert. Die *mark-to-fair-value* Bewertung in ihrer weitesten Form geht von einem Ansatz sämtlicher Finanzinstrumente zu Marktwerten aus (allerdings gehen bisher weder IAS 39 noch FAS 133 von einer konsequenten *mark-to-fair-value* Bewertung für alle Finanzinstrumente aus).

Handelsrechtliche Zulässigkeit

Problematisch dabei ist, dass handelsrechtlich eine Zuschreibung der Bilanzpositionen über die Anschaffungskosten hinaus unzulässig ist. Erschwerend kommt hinzu, dass das Anschaffungskostenprinzip auch auf der theoretischen Ebene der Gesamtposition »Finanzinstrumente« nicht gewahrt bleibt, wenn die Marktwertänderungen aller Finanzinstrumente zu einem Nettogewinn führen. Eine Aufhebung des Anschaffungskostenprinzips für alle Finanzinstrumente wäre zwingend erforderlich.

Auswirkungen auf die Bilanz

Der Ansatz bestimmter Positionen zu Marktwerten in der Bilanz führt zu einer zeitnahen Bewertung der Vermögenslage des Unternehmens. Stille Reserven werden unmittelbar aufgedeckt, eine Verzerrung der Erfolgslage der Unternehmung wird erschwert. Durch die Erfassung sämtlicher originärer und derivativer Finanzinstrumente zu Zeitwerten wird das aktuelle Schuldendeckungspotenzial der Unternehmung besser in der Bilanz abgebildet (vgl. generell zur Marktbewertung auch Siegel, T. [1998], S. 593 ff). Marktwerte in der Bilanz sind somit sowohl für Anleger als auch für Gläubiger transparenzerhöhend. Allerdings sind Zuschreibungen bei derivativen Finanzinstrumenten häufig nur flüchtiger Natur, da die Volatilität der Marktpreise dieser Positionen ausgesprochen hoch ist. Das ermittelte Schuldendeckungspotenzial stellt somit für Kreditentscheidungen nur eine wenig aussagefähige Momentaufnahme der Vermögenslage dar. Darüber hinaus haben Zeitwerte den Nachteil, dass die Bilanz quasi mit dem Markt »atmet« und damit ausgesprochen anfällig für Marktbewegungen wird.

Auswirkungen auf die GuV

Eine durchgebuchte Marktbewertung würde darüber hinaus direkten Einfluss auf das Unternehmensergebnis haben. Gewinne und Verluste aus Marktwertänderungen werden in der laufenden Periode erfolgswirksam berücksichtigt und gleichen sich unmittelbar innerhalb der GuV aus. Durch die Marktbewertung erübrigt sich folglich die Abgrenzung von Sicherungszusammenhängen und Kompensationsebenen. Gleichen sich die kompensatorischen Effekte aufgrund einer Über- oder Untersicherung nicht aus und kommt es zu einem Nettoverlust oder -gewinn, so wäre dieser unmittelbar ergebniswirksam. Allerdings verstößt die Berücksichtigung unrealisierter Bewertungsgewinne gegen das Realisationsprinzip.

Fazit

Der HGB-Abschluss dient unter anderem der Ermittlung des ausschüttungsfähigen Gewinns. Ein Ansatz zur Marktbewertung nach HGB müsste somit von einer bilanzwirksamen Markbewertung ausgehen, gleichzeitig jedoch die Ausschüttungsbemessungsgrundlage dahingehend modifizieren, dass weiterhin unrealisierte Bewertungsgewinne nicht ausgeschüttet werden. Zur Diskussion über die genaue Behandlung sei unter anderem auf folgende Beiträge verwiesen: Gebhardt, G. [1996], S. 578 ff.; Herzig, N. [1997], S. 2 ff.; Schildbach, Th. [1998a], S. 581 ff.; Siegel, T. [1998], S. 593 ff.; Steiner, M./Wallmeier, M. [1998], S. 322 ff.

3. Erläuterungspflichten nach HGB

Die Vielzahl der Methoden zur Berücksichtigung von Sicherungszusammenhängen in der Bilanz und GuV sowie die häufig divergierenden Ansichten zu den einzelnen Methoden machen Anhangsangaben über die angewendeten Bilanzierungs- und Bewertungsmethode gem. § 284 Abs. 2 HGB unumgänglich. Dabei sollte insbesondere darauf eingegangen werden, in welchem Umfang Grund- und Sicherungsgeschäfte zusammengefasst wurden. Ferner sollte verdeutlicht werden, nach welchen Kriterien diese zusammengefasst wurden. Inwieweit sich aus § 284 Abs. 2 Nr. 3 HGB eine Erläuterungspflicht für Sicherungszusammenhänge ergibt, hängt von der Interpretation des Grundsatzes der Einzelbewertung bzw. dessen zweckentsprechenden Vorschriften ab. Ist die Summe der für Finanzinstrumente gebildeten Rückstellung von einem »nicht unerheblichen Umfang«, so sind weitere Angaben nach § 285 Nr. 12 HGB notwendig.

III. Bilanzierung von Finanzinstrumenten nach IAS/IFRS

1. Ansatz und Bewertung von Finanzinstrumenten

Definition »financial instruments«

Mit IAS 39 existiert ein eigener Standard, der die Bilanzierung von *financial instruments* und *hedge accounting* Strategien umfassend regelt. IAS 39.8 definiert sämtliche Verträge, die bei einem Unternehmen einen finanziellen Anspruch (*financial asset*) begründen und gleichzeitig bei einem anderen Unternehmen zu einer finanziellen Verpflichtung (*financial liability*) resp. zu Eigenkapital (*equity instrument*) führen, als ansatzpflichtige *financial instruments*. Nach IAS 39.27 f. sind alle Finanzinstrumente, einschließlich derivativer Finanzinstrumente, bilanzwirksam zu berücksichtigen.

Bilanzansatz zum fair value

Zum Zeitpunkt des Zugangs sind Finanzinstrumente gem. IAS 39.66 in Höhe ihres *fair values* zu aktivieren bzw. zu passivieren. Der *fair value* der Finanzinstrumente wird durch den Betrag bestimmt, der für ihren Erwerb gezahlt (*asset*) oder erhalten (*liability*) wurde. Darüber hinaus sind sämtliche Transaktionskosten Bestandteil des ursprünglichen *fair values*. Der *fair value* der Gegenleistung wird unmittelbar durch den Transaktionspreis bestimmt. Liegen keine Marktpreise vor, so ist der *fair value* aus dem Barwert der zukünftigen Ein- und Auszahlungen zu ermitteln.

Folgebewertung zum fair value/ amortised cost

Die Folgebewertung von *financial assets* und *financial liabilities* hängt wesentlich von ihrer funktionalen Abgrenzung ab. Je nach Zuordnung der *financial instruments* erfolgt die Folgebewertung anhand des *fair value* oder der *amortised cost*. Die *amortised cost* eines *financial asset* oder einer *financial liability* ergeben sich aus ihren Anschaffungskosten abzüglich sämtlicher geleisteter Vorauszahlungen und erfolgten Abschreibungen zuzüglich bzw. abzüglich der Differenz aus den Anschaffungskosten und dem Nennwert des *financial asset* oder der *financial liability*. Die Berücksichtigung der Differenz aus den Anschaffungskosten und dem Nennwert führt zu einer Verteilung des Unterschiedsbetrags auf die Laufzeit. Die Differenz stellt ein *premium* oder *discount* auf das *asset* oder die *liability* dar. Die folgenden *financial instruments* sind in Höhe ihres *fair value* anzusetzen:

Financial assets held for trading

- *financial assets held for trading*: sämtliche *financial assets*, die zur Erzielung kurzfristiger Gewinne gehalten werden. Derivative Finanzinstrumente gehören grundsätzlich dieser Gruppe an, sofern sie nicht der Absicherung (*hedging*) dienen.

Financial assets available for sale

- *financial assets available for sale*: alle verbleibenden *financial assets*, die nicht zu *amortised cost* bilanziert werden müssen (siehe unten).

Financial liabilities held for trading

- *financial liabilities held for trading*: hierzu zählen sämtliche derivative *financial liabilities* sowie alle *financial liabilities*, die der kurzfristigen Gewinnerzielung dienen. Ausgenommen sind Sicherungsinstrumente.

Die Folgebewertung der angeführten *financial assets* erfolgt grundsätzlich zum *fair value* (ohne Berücksichtigung etwaiger Transaktionskosten). Die genannten *financial liabilities* werden ebenfalls in Höhe ihres *fair values* angesetzt, sofern dieser bestimmbar ist, ansonsten werden sie in Höhe ihrer *cost* ausgewiesen.

Ergebniswirkung

Veränderungen des *fair values* eines *financial asset* oder einer *liability held for trading* sind unmittelbar erfolgswirksam in der laufenden Periode zu berücksichtigen (IAS 39.103 (a)). Ausgenommen hiervon sind *available for sale financial assets*. Für sie besteht nach IAS 39.103 (b) ein Bewertungswahlrecht: entweder können die Erfolgsbeiträge der laufenden Periode ebenfalls unmittelbar erfolgswirksam berücksichtigt werden oder direkt mit dem Eigenkapital verrechnet werden. Im letzteren Fall sind die kumulierten Erfolgsbeiträge mit dem Verkauf oder Übergang des *asset* in der laufenden Periode ergebniswirksam zu berücksichtigen. Ebenso sind Verluste aus als sicher einzustufende *asset impairments* erfolgswirksam zu realisieren. Die gewählte Methode ist einheitlich auf alle *financial asset held for trading* anzuwenden (IAS 39.104).

Bewertung zu amortised cost

Die Bewertung der folgenden Finanzinstrumente erfolgt grundsätzlich in Höhe ihrer *amortised cost*:

Held to maturity investments

- *held to maturity investments*: alle *financial assets*, die über eine feste Laufzeit sowie feste resp. genau bestimmbare Zahlungsströme verfügen und bei denen das Unternehmen beabsichtigt, sie bis zur Endfälligkeit zu halten (*not held for trading*). Hiervon ausgeschlossen sind sämtliche Forderungen und Ausleihungen, die originär aus dem Unternehmen entstanden sind.
- *financial assets* i. S. v. Forderungen und Ausleihungen, die originär aus dem Unternehmen entstanden sind. Sie entstehen aus Transaktionen, die zu einer unmittelbaren Bereitstellung von Liquidität, Waren oder Dienstleistungen beim Schuldner führen. Ausgenommen sind Forderungen und Ausleihungen, die von Anfang an nur zur kurzfristigen Veräußerung gehalten werden. Sie sind mit ihrem *fair value* anzusetzen.
- *financial assets*, deren *fair value* nicht zuverlässig bestimmt werden kann.
- *financial liabilities*, die nicht der Kategorie *held for trading* angehören.

Folgebewertung und Ergebniswirkung

In den Folgeperioden wird der Bilanzansatz zu *amortised cost* beibehalten. Die Bewertung zu *amortised cost* führt erst zu ergebniswirksamen Beiträgen, wenn sich die *amortised cost* des *asset* oder der *liability* ändern, das zugrunde liegende *financial instrument* ganz oder teilweise bilanziell ausgebucht wird oder ein *impairment* vorliegt (IAS 39.108). *Financial assets* können nur zu *amortised cost* bewertet werden, sofern sie über eine feste Laufzeit verfügen. Ist die Laufzeit nicht fixiert, so erfolgt die Bewertung zu Anschaffungskosten.

2. Hedge accounting

Anforderungen

Die Bewertung von *financial instruments* hat nach IAS 39.121 ff. zu erfolgen, sofern es sich um *hedge items*, also um Sicherungsinstrumente handelt. *Hedge accounting* führt zu einer symmetrischen Erfassung der *fair value* Änderungen beim Grund- und Sicherungsgeschäft (IAS 39.136). Absicherungszusammenhänge werden entsprechend IAS 39.142 nur anerkannt, sofern der Absicherungszusammenhang genau abgegrenzt (*Micro-Hedges*) und bewertet werden kann sowie als effektiv einzustufen ist. Darüber hinaus darf die Absicherung nur über derivative Finanzinstrumente erfolgen. Ausgenommen hiervon sind *noncash hedging instruments*, die zur Absicherung von Währungsrisiken verwendet werden dürfen.

Folgebewertung und Ergebniswirkung

Die Folgebewertung und Berücksichtigung der Erfolgsbeiträge aus dem Sicherungszusammenhang hängt wesentlich von der Art des Sicherungszusammenhanges ab. IAS 39.137 unterscheidet drei Arten von Absicherungszusammenhängen: *fair value hedges, cash flow hedges* und *foreign currency hedges*.

Fair value hedges

Unter den Begriff des *fair value hedges* werden alle Sicherungsgeschäfte subsumiert, die Bilanzpositionen gegen Wertschwankungen absichern. Grund- und

Sicherungsgeschäft werden zum *fair value* bilanziert. Wertschwankungen werden unmittelbar ergebniswirksam. Der ineffektive Teil eines *hedge* führt somit zu einem Nettoverlust oder -gewinn.

Cashflow hedges

Cashflow hedges sichern das Risiko schwankender Cashflows, die entweder direkt einzelnen Bilanzpositionen zugeordnet werden können oder aus geplanten Transaktionen stammen. Die Cashflow-Schwankungen müssen darüber hinaus Auswirkungen auf das Ergebnis haben. Der Gewinn oder Verlust aus dem effektiven Teil eines derivativen Sicherungsgeschäft wird erfolgsneutral mit dem Eigenkapital verrechnet. Die abgegrenzten Erfolgsbeiträge werden zum Zeitpunkt der Realisierung des Grundgeschäfts bzw. der geplanten Transaktion ergebniswirksam. Dient das Sicherungsinstrument der Absicherung eines zukünftigen Erwerbs oder Verkaufs eines *asset* oder einer *liability*, so sind die abgegrenzten Ergebnisbeiträge mit dem *carrying amount* zu verrechnen. Ein Nettogewinn oder -verlust aus dem ineffektiven Teil eines *hedges* ist generell in der laufenden Periode erfolgswirksam zu berücksichtigen.

Foreign currency hedges

Die bilanzielle Berücksichtigung von *hedges of net investment in a foreign entity* erfolgt analog zur Vorgehensweise bei *cash flow hedges*. Die Bilanzierung originärer Sicherungsinstrumente hat allerdings nach IAS 21.19 zu erfolgen.

3. Erläuterungspflichten

IAS 39.166 verweist auf die Ausweispflichten aus IAS 32. Nach IAS 32 sind Angaben über die Vertragsbedingungen und die angewandten Bilanzierungs- und Bewertungsmethoden (IAS 32.47 ff.), das Zinsrisiko (IAS 32.56 ff.) und das Kreditrisiko (IAS 32.66 ff.) zu machen. Für Finanzinstrumente, die zu *amortised cost* bilanziert werden, sind ferner der *fair value* (IAS 32.77 ff.) sowie erweiterte Erläuterungen zu Finanzinstrumenten, die in der Bilanz mit einem höheren als dem Verkehrswert angesetzt sind, anzugeben (IAS 32.88 ff). Zusätzliche Angaben sind auch dann erforderlich, wenn Finanzinstrumente zur Absicherung von Risiken aus erwarteten Transaktionen dienen (IAS 32.92 ff.)

4. Überarbeitung von IAS 39

Seit Ende 1997 arbeitet die *Financial Instrument Joint Working Group of Standard Setters* (JWG, Gegründet durch das IASC und nationale Standard Setter) an einen international konsensfähigen Standard für eine zeitwertorientierte Bilanzierung von Finanzinstrumenten (siehe hierzu auch Breker, N./Gebhardt, G./Pape J. [2000], S. 729 ff). Dieser Entwurf ist die Grundlage für die Überarbeitung von IAS 39 (vgl. IASB [2002b], im Folgenden E-39 genannt). Sollte der Entwurf unverändert Bestandteil der IAS werden, so dürfen zukünftig sämtliche Finanzinstrumente erfolgswirksam zum *fair value* bewertet werden. Voraussetzung für eine *fair value* Bewertung ist lediglich, dass die jeweiligen Finanzinstrumente bei ihrem Zugang als *held for trading* klassifiziert werden (vgl. E-39.17A). Die Abgrenzung von Finanzinstrumenten als *held for trading* ist dabei an keine Voraussetzung gebunden. Demnach können auch originäre Finanzinstrument, wie bspw. Forderungen und Verbindlichkeiten zu Zeitwerten bilanziert werden. Ein Wechsel der Bewertungsmethode ist nach erfolgter Abgrenzung als *held for trading* Finanzinstrument unzulässig. Wertänderungen aus *availabe for sale assets* dürfen gem. E-39.103b zukünftig nicht mehr erfolgswirsam erfasst werden, sondern sind zwingend erfolgsneutral im Eigenkapital abzugrenzen.

Die Bewertung originärer und derivativer Finanzinstrumente zu Marktwerten ermöglicht die bilanzielle Abbildung nahezu jeder Kompensationsebene, ohne die Abgrenzung von Bewertungseinheiten zu verlangen. Lediglich die Absicherung von erwarteten zukünftigen Tansaktionen verlangt einen klar abgegrenzten Sicherungszusammenhang. Liegen die Kriterien für eine Bewertungseinheit vor, sind etwaige Gewinne und Verluste aus dem Sicherungsgeschäft bei Abwicklung des Grundgeschäfts nicht in den Wertansatz des *asset* oder der *liability* einzubeziehen, sondern erfolgsneutral im Eigenkapital fortzuführen. Die abgegrenzten Beiträge folgen der Bewertung des Grundgeschäfts. Lediglich wenn davon auszugehen ist, dass erfolgsneutral abgegrenzte Verluste auch in zukünftigen Perioden keine Wertaufholung erfahren, müssen diese unmittelbar ergebniswirksam berücksichtigt werden (vgl. auch E-39.160).

IV. Bilanzierung von Finanzinstrumenten nach US-GAAP

1. Bilanzansatz und Bewertung

Die Bilanzierung von *financial instruments* wird in FAS 133 behandelt. Während IAS 39 die Bilanzierung sämtlicher Finanzinstrumente umfassend regelt, beschränkt sich FAS 133 ausschließlich auf »*derivative instruments and hedging activities*«. Die Bilanzierung originärer Finanzinstrumente, die nicht Bestandteil einer *hedging activity* sind, wird nach wie vor in einer Vielzahl von US-GAAP-Standards erfasst.

Ansatz/ Bewertung

Eine Ansatzpflicht für alle derivativen Finanzinstrumente ergibt sich aus FAS 133.17. Obwohl es sich bei derivativen Finanzinstrumenten i. d. R. um schwebende Geschäfte handelt, erfüllen sie laut FAS 133.218 dennoch den Tatbestand eines *asset* bzw. einer *liability*. Derivative Finanzinstrumente und *hedged items* sind gem. FAS 133.17 mit ihrem *fair value* anzusetzen. Der *fair value* eines Derivativs oder *hedged item* ist nach FAS 107 zu ermitteln. Liegen keine Marktpreise vor, so ist der *fair value* anhand der zukünftigen Ein- und Auszahlungen zu ermitteln.

Folgebewertung

Die Folgebewertung derivativer Finanzinstrumente wird auch nach FAS 133 wesentlich durch die funktionale Abgrenzung des jeweiligen Derivativs bestimmt. FAS 133.18 unterscheidet zwischen folgenden Funktionszusammenhängen (vgl. auch Abbildung 4.4):

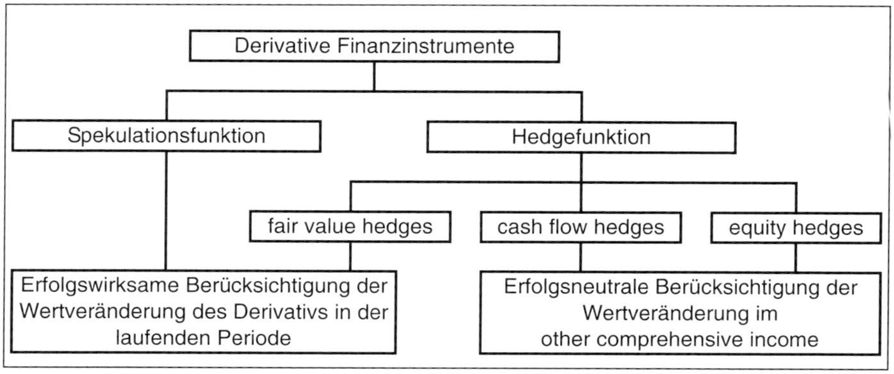

Abb. 4.4: Funktionale Abgrenzung derivativer Finanzinstrumente nach FAS 133

No hedging designation

- *no hedging designation* (Spekulationsfunktion): alle derivativen Finanzinstrumente, die nicht zu Absicherung von Grundgeschäften dienen. Etwaige *fair value* Änderungen werden unmittelbar erfolgswirksam im Jahresergebnis berücksichtigt.

Fair value hedges

- *fair value hedges*: einem Derivativ wird die Funktion eines *fair value hedges* zugeordnet, sofern es den *fair value* anderer Bilanzpositionen (*assets* und *liabilities*) oder so genannter *firm commitments* absichert. Wertveränderungen werden beim Sicherungsgeschäft unmittelbar erfolgswirksam berücksichtigt. Wertveränderungen beim Grundgeschäft werden nur zu dem Teil erfolgswirksam, der sich auf das gesicherte Risiko bezieht.

Cashflow hedges

- *cashflow hedges*: in diesem Fall werden die Risiken einer Änderung der erwarteten Cashflows aus einer geplanten Transaktion abgesichert. Die Wertveränderungen aus dem Derivativ werden erst erfolgswirksam berücksichtigt, wenn das abgesicherte Grundgeschäft ergebniswirksam wird. Bis dahin werden die Wertänderungen des Derivativs erfolgsneutral außerhalb des Jahresergebnisses als sonstige Einkommensbestandteile (*other comprehensive income*) ausgewiesen.

Equity hedges

- *equity hedges*: werden Derivative eingesetzt, um Investitionen in das Eigenkapital ausländischer Tochtergesellschaften oder Betriebsstätten gegen Fremdwährungsrisiken abzusichern, so wird von *equity hedges* gesprochen. Auch hier werden Wertveränderungen des Derivativs erfolgsneutral in das *other comprehensive income* eingestellt. Hierdurch wird die Veränderung der bilanziellen Umrechnungsdifferenz aus der Anwendung der Stichtagsmethode kompensiert.

Aufgrund des in FAS 133 hervorgehobenen Stellenwerts der *fair value* Bewertung ist es absehbar, dass schon in naher Zukunft auch die Bilanzierung von ungesicherten Finanzinstrumenten in Höhe der jeweiligen *fair values* vorgeschrieben werden wird (siehe insbesondere FAS 133.3 (b) und 133.220).

2. Erläuterungspflichten

Qualitative Angaben

FAS 133 schreibt sowohl die Offenlegung qualitativer als auch quantitativer Angaben vor. Hält ein Unternehmen derivative Finanzinstrumente oder originäre Sicherungsinstrumente, so hat es im Anhang seine Beweggründe für diesen Einsatz, alle für das Verständnis der Beweggründe notwendigen Sachverhalte sowie die verfolgte Strategie zur Realisierung dieser Beweggründe darzustellen (FAS 133.44). Die Darstellung ist entsprechend der funktionalen Abgrenzung (*non hedging designation, fair value hedges, cash flow hedges, equity hedges*) des Derivativs oder originären *hedging instruments* im Anhang zu gliedern. Ferner ist für jede Sicherungsart auf die mit ihr verfolgte Risikomanagement Politik des Unternehmens einzugehen. Die Positionen des Sicherungszusammenhangs sind darzustellen. Steht ein Derivativ nicht in einem Sicherungszusammenhang, so ist der Einsatzzweck des Derivativs zu erläutern.

Quantitative Angaben

Die quantitativen Anhangsangaben umfassen gem. FAS 133.45 ff. Angaben über den Nominal- bzw. Kontraktwert der einzelnen Instrumente sowie Angaben über den Gesamtbetrag der *fair value* Änderungen. Die *fair value* Änderungen sind in erfolgswirksam erfasste, abgegrenzte oder in den Ausgleichsposten des *other comprehensive income* eingestellte Wertänderungen aufzuschlüsseln und darzustellen. Gewinne und Verluste aus ineffektiven *hedges* sind auszuweisen. Ferner ist offen zu legen, in welchen Bilanz- und GuV-Positionen Ergebnisbeiträge enthalten sind.

SAR 7386

Darüber hinaus müssen alle Unternehmen die weitergehenden Offenlegungsvorschriften des Securities Act Release (SAR) Nr. 7386 beachten, sofern sie der SEC-Publizitätspflicht und einem materiellen Marktrisiko unterliegen. SAR 7386 schreibt neben den bereits in FAS 133 vorgesehenen Ausweispflichten auch quantitative Angaben zu den Marktrisiken aus Derivativen vor (zu den einzelnen Ausweispflichten vgl. Laupenmühlen, M./Münz, S. M. [1998], S. 2027 ff).

Kontrollfragen:

1. Welche Vermögensteile sind im Umlaufvermögen nach HGB auszuweisen?
2. In welche Hauptpositionen gliedert sich das Umlaufvermögen gem. § 266 HGB?
3. Wie ist das Umlaufvermögen nach IAS/IFRS und US-GAAP definiert und in welche Bestandsteile gliedert es sich?
4. Welche Unterpositionen enthalten die Vorräte?
5. Wie sind unfertige Bauten auf fremdem Grund und Boden bilanzrechtlich zu behandeln?
6. Welche Bedenken bestehen gegen eine Zusammenfassung von unfertigen Erzeugnissen und unfertigen Leistungen zu einer Bilanzposition?
7. Wo werden geleistete bzw. erhaltene Anzahlungen nach HGB ausgewiesen? Wo nach IAS/IFRS und US-GAAP?

8. Wie wird bei Bilanzierung gekaufter Vorräte der Eigentumsvorbehalt berücksichtigt?
9. Werden zur Sicherheit eines Bankkredits übereignete Vorräte beim sicherheitsgebenden Unternehmen bilanziert?
10. Wie definiert IAS 2 das Vorratsvermögen und in welche Unterpositionen wird das Vorratsvermögen gegliedert?
11. Von welchem Zeitpunkt an werden verkaufte Waren als ausgegangen betrachtet und als Forderungen bilanziert?
12. In welcher Bilanzposition sind die in Kommission genommenen Warenvorräte enthalten?
13. Welche Aufgliederung der Forderungen ist nach HGB erforderlich und welche Informationen soll der externe Bilanzleser durch diese Aufgliederung erhalten? Gilt diese Aufgliederung auch nach IAS/IFRS bzw. US-GAAP?
14. Welche Unterschiede bestehen zwischen der Zession und dem Factoring hinsichtlich des Ausweises der zugrunde liegenden Forderung?
15. Können Forderungen und Verbindlichkeiten saldiert werden?
16. Bei welchen Bilanzpositionen sind die im Bestand der Gesellschaft befindlichen Wechsel auszuweisen?
17. Wann müssen Wertpapiere im Umlaufvermögen ausgewiesen werden?
18. Was ist bei der Bilanzierung eigener Aktien zu beachten? Wo werden sie nach HGB, IAS/IFRS bzw. US-GAAP ausgewiesen?
19. Wie sind die Wertpapiere des Umlaufvermögens gem. den Vorschriften des IASB und des FASB zu behandeln?
20. Welche Vermögensgegenstände werden nach HGB zu den »flüssigen Mitteln« der Gesellschaft zusammengefasst? Welche Unterschiede bestehen zu der Bilanzposition *cash and cash-equivalents* nach IAS/IFRS bzw. US-GAAP?
21. Welche Wertansätze sieht das HGB für die Gegenstände des Umlaufvermögens vor?
22. Was besagt das strenge Niederstwertprinzip?
23. Gilt das strenge Niederstwertprinzip auch für die steuerliche Bewertung des Umlaufvermögens?
24. Welche Ausnahmen vom Fixwertprinzip werden Kapitalgesellschaften bei der Bewertung des Umlaufvermögens eingeräumt?
25. Zwei Wochen nach dem Ende des Geschäftsjahres fallen die Preise für im Lager befindliche Rohstoffe außergewöhnlich stark. Hat der Preissturz noch Einfluss auf den Wertansatz der Rohstoffe in der Handelsbilanz des vergangenen Geschäftsjahres?
26. Können Betriebs- und Verwaltungskosten bei länger lagernden Waren aktiviert werden?
27. Dürfen in die Herstellungskosten von selbsterstellten Vorräten anteilige Zusatzkosten eingerechnet werden?

28. Bei welchen Positionen des Vorratsvermögens ist der Absatz- bzw. der Beschaffungsmarkt maßgeblich bei der Bestimmung des beizulegenden Wertes?
29. Nach welchem Prinzip sind Vorräte gem. IAS/IFRS zu bewerten?
30. Was versteht man unter dem Prinzip *lower of cost or market* ?
31. In welchen Fällen kann vom Grundsatz der Einzelbewertung für Vorräte abgegangen werden? Wann gilt dies nach IAS/IFRS und US-GAAP?
32. Welche vom Grundsatz der Einzelbewertung abweichenden Bewertungsverfahren für Vorräte kennen Sie?
33. Wann liegt Gleichartigkeit von Vermögensgegenständen vor?
34. Mit welchem Wert sind die zu einer Gruppe zusammengefassten Vermögensgegenstände zu bewerten?
35. Unter welchen Voraussetzungen werden die Sammelbewertungsverfahren steuerrechtlich anerkannt?
36. Kann der mit Hilfe der Durchschnittswertmethode ermittelte Wert bei monoton fallenden Preisen in der Handelsbilanz angesetzt werden?
37. Erklären Sie den Unterschied zwischen dem Perioden- und dem permanenten Lifo-Verfahren!
38. Verstoßen die bei monoton steigenden Preisen mit Hilfe der Fifo-, Lifo-, Hifo- oder Lofo-Methode ermittelten Wertansätze gegen das strenge Niederstwertprinzip?
39. Eignet sich das Lifo-Verfahren bei steigenden Preisen zur Legung stiller Reserven im Vorratsvermögen?
40. Deckt sich der bei monoton steigenden Preisen mit Hilfe des Lofo-Verfahrens ermittelte Wertansatz mit dem bei Fifo-Bewertung?
41. Ist das Lofo-Verfahren mit dem Vorsichtsprinzip zu vereinbaren?
42. Auf welche Weise ermittelt man bei retrograder Wertermittlung die Anschaffungskosten?
43. Welche Verbrauchsfolgeverfahren sind nach IAS/IFRS zulässig? Welche nach US-GAAP?
44. Wie ist nach IAS/IFRS im Falle eines Preisverfalls auf dem Rohstoffmarkt bei der Bewertung der Vorräte vorzugehen?
45. Wie ist das Vorgehen nach HGB, IAS/IFRS bzw. US-GAAP, wenn am Bilanzstichtag der Grund für eine in früheren Jahren vorgenommene außerplanmäßige Abschreibung entfällt?
46. Welche Grundsätze gelten für die Bewertung der Forderungen des Umlaufvermögens?
47. Ist bei Lieferungen auf Probe eine Gewinnrealisierung möglich?
48. Mit welchem Wert werden Valuta-Forderungen in der Handelsbilanz ausgewiesen? Welcher Wert wird ihnen nach IAS/IFRS bzw. US-GAAP zugeordnet?

49. Wie sind die Kreditrisiken bei der Bewertung von Forderungen zu erfassen und auszuweisen?
50. Wie sind nach h. M. zweifelhafte Forderungen gem. IAS/IFRS zu behandeln?
51. Welche Möglichkeiten gibt es nach US-GAAP, zweifelhafte Forderungen zu berücksichtigen?
52. Wie werden Wertpapiere nach IAS/IFRS bzw. US-GAAP bewertet?
53. Welche Möglichkeiten gibt es Langfristige Fertigungsaufträge zu bilanzieren? Wie sind diese Bewertungsalternativen im Hinblick auf Ihre handelsrechtliche und steuerrechtliche Zulässigkeit zu beurteilen.
54. Welche Regelungen bei der Bilanzierung langfristiger Fertigungsaufträge gelten nach IAS/IFRS und US-GAAP? Wo liegen die Unterschiede?
55. In welche zwei Hauptgruppen unterteilen sich Finanzinstrumente und worin unterscheiden sie sich?
56. Erläutern Sie den Unterschied zwischen derivativen und originären Finanzinstrumenten.
57. Wie können derivative Finanzinstrumente im Unternehmen nach HGB, IAS/IFRS und US-GAAP funktional abgegrenzt werden und welche Konsequenzen hat die funktionale Abgrenzung für die Bewertung?
58. Zwingende Unterschiede zwischen den deutschen, internationalen und US-amerikanischen Rechnungslegungsvorschriften treten bei der Berücksichtigung von unrealisierten Bewertungsgewinnen auf. Wie sind diese nach HGB, IAS/IFRS und US-GAAP zu behandeln?
59. Welchen Nutzen hat eine *fair value* Bewertung für den externen Bilanzadressaten? Inwieweit führt eine *fair value* Bewertung zu einem Konflikt mit dem handelsrechtlichen Gläubigerschutzprinzip?
60. Was bedeutet *Micro-Hedge*, *Macro-Hedge*, *Portfolio-Hedge*?
61. Worin unterscheiden sich *fair value hedges*, *cash flow hedges* und *foreign currency hedges* bzw. *equity hedges*?
62. Wie werden derivative Finanzinstrument nach HGB, IAS/IFRS und US-GAAP bilanziert?

5. Kapitel: Bilanzierung des Eigenkapitals

A. Begriff des Eigenkapitals

Eigenkapital-Definition

Das Eigenkapital umfasst die der Unternehmung von ihren Eigentümern ohne zeitliche Begrenzung zur Verfügung gestellten Mittel, die dem Unternehmen durch Zuführung von außen oder durch Verzicht auf Gewinnausschüttung von innen zufließen. Bilanziell lässt es sich als Differenz von Vermögen und Fremdkapital (= Reinvermögen) definieren. Dem entspricht auch die Eigenkapital-Definition im Framework des IASB: Dort wird Eigenkapital (*equity*) als eine Residualgröße beschrieben, die sich aus der Summe der *assets* abzüglich aller *liabilities* des Unternehmens ergibt (F 49). Eine dem Inhalt nach identische Definition von *equity* (bzw. von *net assets*) findet sich in CON 6.49 für die Bilanzierung nach US-GAAP.

Variables und konstantes Eigenkapital nach deutschem Handelsrecht

Die Darstellungsform des Eigenkapitals in der Bilanz hängt aufgrund bürgerlichrechtlicher, handelsrechtlicher und gesellschaftsrechtlicher Bestimmungen von der Unternehmensrechtsform ab. Nach der Veränderlichkeit der Kapitalkonten und damit der Form des Bilanzausweises lassen sich variable und konstante Eigenkapitalkonten unterscheiden. Das variable Eigenkapital(-konto) ist im Wesentlichen gekennzeichnet durch die von Jahr zu Jahr auftretenden Schwankungen seines Bestandes. Denn auf dieses Konto werden in der Regel alle in einem Geschäftsjahr unternommenen Einlagen und Entnahmen sowie die erwirtschafteten Gewinne und Verluste verbucht. Diese Art der Eigenkapitalverbuchung auf einem Konto – und damit verbunden – des Bilanzausweises in einer Gliederungsposition findet vor allem bei Einzelkaufleuten und Personenhandelsgesellschaften Anwendung.

Das konstante Eigenkapital tritt grundsätzlich bei sämtlichen Unternehmensrechtsformen mit Haftungsbeschränkung auf und besitzt primär die Funktion, Haftungsvermögen in der im Gesellschaftsvertrag vereinbarten Höhe zu binden. Konstante Kapitalkonten finden sich deshalb vor allem bei Kapitalgesellschaften, vereinzelt jedoch auch bei anderen Rechtsformen mit Haftungsbeschränkungen; so z. B. bei der KG, der stillen Gesellschaft und der Genossenschaft (siehe hierzu Abschnitt D dieses Kapitels).

Gezeichnetes Kapital

Das konstante Eigenkapital der Kapitalgesellschaft heißt nach HGB (§ 266 Abs. 3) »Gezeichnetes Kapital«. Bei der Aktiengesellschaft trägt es den Namen »Grundkapital«, während es bei der GmbH als »Stammkapital« bezeichnet wird.

Es ist dadurch charakterisiert, dass es aufgrund gesetzlicher Vorschriften (§ 283 HGB, §§ 6 ff., 152 Abs. 1 AktG, §§ 5 Abs. 1, 42 Abs. 1 GmbHG) in seiner Höhe stets voll ausgewiesen wird und so lange unverändert bleibt, wie nicht durch die Hauptversammlung (bei Aktiengesellschaften) oder die Gesellschafterversammlung (bei Gesellschaften mbH) eine Erhöhung oder Herabsetzung beschlossen wird. Veränderungen des Eigenkapitals, die von innen durch Verluste und nicht ausgeschüttete Gewinne bewirkt werden, müssen offen gesondert auf variablen Eigenkapitalkonten (Rücklagen, Gewinn- bzw. Verlustvortrag) in der Bilanz ausgewiesen werden. Entsprechend der Höhe des einbehaltenen Gewinns bzw. der Höhe des erlittenen Verlustes ändert sich der Bestand der variablen Eigenkapitalkonten einer Kapitalgesellschaft mit jedem neuen Jahresabschluss, während die Höhe des Grund- bzw. Stammkapitals – falls keine Kapitalerhöhung/-herabsetzung durchgeführt wurde – konstant bleibt.

Je nach Zusammenfassung der unterschiedlichen Eigenkapitalkomponenten in der Bilanz unterscheidet man bei Kapitalgesellschaften folgende Begriffe, die großteils analog auch auf andere Unternehmensrechtsformen angewendet werden können.

Nominalkapital, rechnerisches und effektives Eigenkapital

Das konstante Eigenkapital (Grund- bzw. Stammkapital, bzw. im Bilanzausweis Gezeichnetes Kapital) bezeichnet man auch als Nominalkapital. Die Zusammenfassung des Nominalkapitals mit sämtlichen variablen Eigenkapitalkonten stellt das »rechnerische Eigenkapital« eines Unternehmens dar. Werden zum »rechnerischen Kapital« die aus einer Unternehmensbilanz nicht unmittelbar ersichtlichen Teile des Eigenkapitals, die sog. stillen Rücklagen (vgl. B III 3) addiert, so erhält man das »effektive Eigenkapital«.

Bilanzielles Eigenkapital

Einen weiteren Eigenkapitalbegriff, der vor allem in der Bilanzanalyse Verwendung findet (vgl. 12. Kapitel B), stellt das »bilanzielle Eigenkapital« dar. Man erhält es, wenn man vom »rechnerischen Eigenkapital« die ausstehenden Einlagen auf das Nominalkapital und bei Aktiengesellschaften den Bestand an eigenen Aktien, falls dieser für Zwecke der Herabsetzung des Grundkapitals gehalten wird, subtrahiert.

Nominalkapital, rechnerisches Eigenkapital und effektives Eigenkapital entsprechen sich in der Regel der Höhe nach nicht. Das rechnerische Eigenkapital ist im Allgemeinen größer als das Nominalkapital, es sei denn, dass erlittene Verluste sämtliche Rücklagen kompensieren oder übersteigen. Da die gesetzlichen Bilanzierungsvorschriften die Bildung stiller Reserven nicht ausschließen, übersteigt das effektive Eigenkapital in den meisten Fällen auch das rechnerische Eigenkapital. Eine zusammenfassende Übersicht gibt Abbildung 5.1.

Da die Bilanzierung des Eigenkapitals nach deutschem Handels- und Steuerrecht grundsätzlich lediglich für Kapitalgesellschaften gesetzlich geregelt ist, wird im Folgenden auf diese Unternehmensform ausführlich eingegangen. Die Besonderheiten der bilanziellen Darstellung des Eigenkapitals anderer Unternehmensrechtsformen wird in Abschnitts D dieses Kapitels erläutert.

Aufgrund des im April 2001 verabschiedeten DRS 7 ist neben dem bilanziellen Ausweis des Eigenkapitals die Aufstellung einer Eigenkapitalveränderungsrechnung erforderlich.

NOMINALKAPITAL:	Gezeichnetes Kapital			
RECHNERISCHES EIGENKAPITAL:	Gezeichnetes Kapital	Rücklagen	Gewinn (– Verlust)	
EFFEKTIVES EIGENKAPITAL:	Gezeichnetes Kapital	Rücklagen	Gewinn (– Verlust)	stille Reserven

Abb. 5.1: Bestandteile des Nominalkapitals, des rechnerischen und des effektiven Eigenkapitals

Darstellungsform des Eigenkapitals nach IAS/IFRS

Die o. g. Definition des Eigenkapitals nach IAS/IFRS als Residualgröße gilt rechtsformunabhängig (F 68). Nach dem Wortlaut des Frameworks (F 48 i. V. m. F 65) ist das Eigenkapital in einer IAS/IFRS-Bilanz unter Beachtung des Grundsatzes der *decision usefulness* zu untergliedern; dies führt einerseits zu unterschiedlichen Eigenkapitalgliederungen abhängig v. a. von der Rechtsform, und andererseits entsteht dem Bilanzersteller ein gewisser Entscheidungsspielraum. Dieser wird eingeschränkt durch die verbindlichen Vorgaben des IAS 1.72 bezüglich weiterer Untergliederungen (*sub-classifications*) des Eigenkapitals und auch IAS 1.74 enthält weitere, das Eigenkapital betreffende Offenlegungsvorschriften. Beiden Vorschriften (IAS 1.72 und 1.74) kann entweder in der Bilanz oder im Anhang nachgekommen werden und somit kann durch sie die Gliederung des Eigenkapitals beeinflusst werden.

Gem. IAS 1.86 ist weiterhin eine Eigenkapitalveränderungsrechnung (*statement of changes in equity*) als eigenständiger Bestandteil des Jahresabschlusses (IAS 1.7 (c)) zu erstellen. In dieser werden Gewinne und Verluste ausgewiesen, die nicht sofort in die GuV (*income statement*) aufgenommen werden. (Zur ausführlichen Darstellung der Eigenkapitalveränderungsrechnung nach IAS/IFRS vgl. 7. Kapitel E II).

Da die Anwendung des IAS 1 für alle Unternehmen, die nach IAS/IFRS bilanzieren, vorgeschrieben ist (IAS 1.3), gelten die folgenden Ausführungen zur Darstellung des Eigenkapitals nach IAS/IFRS grundsätzlich für alle Unternehmensformen. Weil aber die Informationsinteressen der Rechnungslegungsadressaten die Gliederung des Eigenkapitals maßgeblich beeinflussen, kann die Gliederung des Eigenkapitals je nach Rechtsform unterschiedlich ausfallen (vgl. Achleitner, A.-K./Wollmert, P./Hulle, K. van [2002], S. 43). Bei der Beschreibung der Eigenkapitalkomponenten wird lediglich von der Bilanzierung bei Kapitalgesellschaften ausgegangen.

Darstellungsform des Eigenkapitals nach US-GAAP

Wie nach HGB hängt die Darstellungsform und Gliederung des Eigenkapitals in einer Bilanz nach US-GAAP stark von der Rechtsform des bilanzierenden Unternehmens, aber auch von den gesellschaftsrechtlichen Regelungen des jeweiligen Einzelstaates (dem sog. *state corporate law*), in dem sich der Sitz des Unternehmens befindet, ab. Lediglich FAS 129 »*Disclosure on information about capital structure*« schreibt einheitliche Erläuterungspflichten zum Ausweis der Eigenkapitalstruktur für sämtliche Rechtsformen vor. Die sog. *corporation* (in etwa vergleichbar mit dem deutschen Verständnis einer Aktiengesellschaft) ist nach Umsatz und Beschäftigtenzahl die vorherrschende Unternehmensform, bspw. sind alle Industrieunternehmen innerhalb der »*Fortune 500*« *corporations* (vgl. Kieso, D. E./Weygandt, J. J./Warfield, T. D. [2001], S. 770 f.). Aus diesem Grund und da auch deutsche Unternehmen, die nach US-GAAP bilanzieren, i. d. R. Aktiengesellschaften sind, beschränken sich die folgenden Ausführungen bezüglich der Bilanzierung des Eigenkapitals nach US-GAAP auf die Vorschriften für *corporations*.

Statement of changes in stockholders´ equity

Auch US-GAAP-Abschlüsse haben als zusätzlichen Jahresabschlussbestandteil eine Aufstellung über die Veränderungen des Eigenkapitals (*statement of changes in stockholders´ equity*) zu enthalten, deren Funktion es ist, die Entwicklung des Eigenkapitals im Geschäftsjahr abzubilden (eine Beschreibung des *statement of changes in stockholders´ equity* erfolgt im 7. Kapitel, Abschnitt E II).

B. Bilanzierung des Eigenkapitals

In den folgenden Punkten I bis V wird die Bilanzierung des Eigenkapitals bei Kapitalgesellschaften beschrieben, Besonderheiten im HGB-Abschluss von Nicht-Kapitalgesellschaften werden in Abschnitt D dargestellt.

I. Darstellung des Eigenkapitals in der Bilanz

Darstellung des Eigenkapitals nach HGB

Die Hauptgliederungsposition »Eigenkapital« ist gemäß § 266 Abs. 3 HGB die erste Abschlusskategorie auf der Passivseite. Trotz der vom Gesetzgeber angestrebten Zusammenfassung sämtlicher Eigenkapitalbestandteile unter dem Posten »Eigenkapital« gibt es dennoch eine Reihe von Positionen in der Bilanz, die Einfluss auf die Höhe des Eigenkapitals nehmen und gleichwohl an anderer Stelle als unter dem Abschlussposten »Eigenkapital« ausgewiesen werden. Auch diese Eigenkapitalkomponenten sind bei der Analyse des Eigenkapitals eines Unternehmens, vor allem bei der Bestimmung des »bilanziellen Eigenkapitals«, neben den unter der Abschlussgruppe »Eigenkapital« zusammengefassten Positionen, die dem »rechnerischen Eigenkapital« entsprechen, zu beachten. Abbildung 5.2 zeigt, unter welchen Positionen Teile des Eigenkapitals in der Bilanz einer Kapitalgesellschaft ausgewiesen werden.

Aktivseite	Passivseite
A. Ausstehende Einlagen auf das gezeichnete Kapital – davon eingefordert	A. Eigenkapital
–	I. Gezeichnetes Kapital (§ 272 Abs. 1 HGB; s. a. § 152 Abs. 1 AktG; § 42 Abs. 1 GmbHG)
– –	II. Kapitalrücklage (§ 272 Abs. 2 HGB; s. a. § 152 Abs. 2 AktG)
–	1. Eingefordertes Nachschusskapital bei der GmbH (§ 42 Abs. 2 Satz 3 GmbHG)
D. Umlaufvermögen	
II. Forderungen und sonstige Vermögensgegenstände	III. Gewinnrücklagen (§ 272 Abs. 3 HGB)
4. Eingeforderte ausstehende Einlagen auf das gezeichnete Kapital (§ 272 Abs. 1 Satz 3 HGB)	1. gesetzliche Rücklage (§ 150 AktG) 2. Rücklage für eigene Anteile (§ 272 Abs. 4 HGB) 3. satzungsmäßige Rücklagen
oder	4. andere Gewinnrücklagen
Eingeforderte Nachschüsse von Gesellschaftern einer GmbH (§ 42 Abs. 2 GmbHG)	IV. Gewinnvortrag/Verlustvortrag (§ 266 Abs. 3 HGB)
III. Wertpapiere	V. Jahresüberschuss/Jahresfehlbetrag (§ 266 Abs. 3 HGB)
2. eigene Anteile	VI. Bilanzgewinn/Bilanzverlust - davon Ergebnisvortrag; gemäß § 268 Abs. 1 HGB (als Alternative zu IV. und V. oben)
–	
–	B. Sonderposten mit Rücklageanteil; gemäß § 273 i. V. m. § 247 Abs. 3 HBG
E. Nicht durch Eigenkapital gedeckter Fehlbetrag (§ 268 Abs. 3 HGB)	C. –

Abb. 5.2: Ausweis des Eigenkapitals nach HGB

Darstellung des Eigenkapitals nach IAS/IFRS

Im Gegensatz zu den Regelungen des HGB enthalten die IAS/IFRS keine allgemein gültige Darstellung des Eigenkapitals und seiner Bestandteile. Die beispielhafte Bilanz im Appendix des IAS 1 enthält folgende Eigenkapitalgliederung:

Capital and reserves Issued capital Reserves Accumulated profits/(losses)

Dem *issued capital* nach IAS/IFRS entspricht im Wesentlichen das gezeichnete Kapital nach HGB, die *reserves* wiederum lassen sich untergliedern in *capital and revenue reserves* und sind vergleichbar mit den Kapital- und Gewinnrücklagen nach HGB.

Mindestangaben

Allerdings enthält IAS 1.74 folgende Mindestangaben, denen entweder in der Bilanz oder in den *notes* nachzukommen ist:

(a) für jede Aktiengattung ist anzugeben:

(i) die Anzahl der Anteile, die das genehmigte (*authorised*) Kapital repräsentieren;

(ii) die Anzahl der ausgegebenen und voll eingezahlten (*fully paid*) Anteile und der ausgegebenen, aber nicht voll eingezahlten Anteile;

(iii) der Nennwert je Anteil oder Angabe, dass Anteile keinen Nennwert haben;

(iv) eine Überleitungsrechnung der Anzahl der im Umlauf befindlichen (*outstanding*) Anteile vom Beginn zum Ende des Jahres;

(v) die Rechte, Vorzugsrechte und Beschränkungen der jeweiligen Gattung einschließlich der Beschränkungen bezüglich der Verteilung von Dividenden und der Rückzahlung des Kapitals;

(vi) eigene Anteile, die das Unternehmen oder Tochterunternehmen hält oder assoziierte Unternehmen halten; und

(vii) die Anteile, die zur Ausgabe aufgrund von Optionen und Verkaufskontrakten vorbehalten sind, einschließlich der Vertragsbedingungen und Beträge;

(b) eine Beschreibung des Wesens und der Zielsetzung für jede Rücklage (*reserve*) innerhalb des Eigenkapitals;

(c) vorgeschlagene Dividenden, die aber formell noch nicht zur Auszahlung genehmigt sind;

(d) die Höhe des Betrages jeglicher kumulativer Vorzugsdividenden, die nicht angesetzt wurden.

Darstellung des Eigenkapitals nach US-GAAP

Das Eigenkapital einer *corporation* nennt man *stockholders´ equity*, *shareholders´ equity* oder *corporate capital*. Üblicherweise werden im Rahmen des *stockholder´s equity* drei Positionen ausgewiesen:

- *capital stock*
- *additional paid-in capital*
- *retained earnings.*

Die ersten beiden Kategorien stellen eingezahltes Kapital (*contributed capital*) dar, die *retained earnings* dagegen vom Unternehmen einbehaltenes Kapital (vgl. Kieso, D. E./Weygandt, J. J./Warfield, T. D. [2001], S. 774 f.). Weitere Komponenten des Eigenkapitals stellen eigene Anteile und das sog. *other comprehensive income* dar. Die Position *capital stock* entspricht im Wesentlichen dem gezeichneten Kapital nach HGB, das *additional paid-in capital* den Kapitalrücklagen und die *retained earnings* den Gewinnrücklagen.

Mindestangaben

Für alle Unternehmensrechtsformen enthält FAS 129 folgende Angabe- und Erläuterungspflichten hinsichtlich der Eigenkapitalstruktur (vgl. FAS 129.4-129.8):

- Informationen über Wertpapiere (*information about securities*), d. h. Erläuterungen zu bestehenden Vorrechten bei ausstehenden Aktien/Wertpapieren;
- Informationen zu Vorrechten am Liquidationserlös von Vorzugsaktionären (*liquidation preference of preferred stock*);
- Informationen zu Aktien mit Kündigungsrecht (*redeemable stock*) seitens des Aktionärs.

II. Gezeichnetes Kapital

Definition »gezeichnetes Kapital«, Haftungsvermögen

Das »gezeichnete Kapital« ist die erste Position der Abschlussgruppe »Eigenkapital«. Es umfasst gemäß § 272 Abs. 1 HGB den Teil des Eigenkapitals, auf den die »Haftung der Gesellschafter für die Verbindlichkeiten der Kapitalgesellschaft gegenüber den Gläubigern beschränkt ist«. Diese gesetzliche Definition darf nicht darüber hinwegtäuschen, dass es sich bei dem »gezeichneten Kapital« lediglich um eine abstrakte und formelle Rechengröße handelt, die nicht mit dem Gesamtwert bzw. Vermögen einer Gesellschaft verwechselt werden darf. Zur Haftung der Gesellschaft gegenüber ihren Gläubigern und zur Ermittlung der Beteiligungswerte der Gesellschafter ist das Gesamtvermögen der Gesellschaft heranzuziehen, unabhängig von der Höhe des gezeichneten Kapitals.

Gezeichnetes Kapital = Grund- bzw. Stammkapital

Die Position »gezeichnetes Kapital« ist nichts anderes als das Nominalkapital (konstantes Eigenkapital) einer Kapitalgesellschaft und repräsentiert somit in der Bilanz einer Aktiengesellschaft bzw. KGaA das »Grundkapital« (§ 152 Abs. 1 Satz 1 AktG) und in der Bilanz einer GmbH das »Stammkapital« (§ 42 Abs. 1 GmbHG).

Grundkapital = konstantes Eigenkapital einer Aktiengesellschaft

Das Grundkapital einer Aktiengesellschaft wird durch die Nennbeträge aller ausgegebenen Aktien bestimmt. Nach § 7 AktG beträgt das Grundkapital mindestens 50.000,– Euro. Es ist in Aktien unterteilt, deren kleinster Nennbetrag, soweit es sich um Nennbetragsaktien handelt, sich auf 1,– Euro beläuft (§ 8 AktG). Höhere Nennbeträge müssen auf volle Euro lauten. Sofern verschiedene Aktiengattungen ausgegeben wurden, sind die Gesamtnennbeträge jeder Aktiengattung in der Bilanz gesondert auszuweisen (§ 152 Abs. 1 Satz 2 AktG) und die Zahl der Aktien jeder Gattung wahlweise in Bilanz oder Anhang anzugeben (§ 160 Abs. 1 Nr. 3 AktG). Da eine Änderung der Höhe des Grundkapitals eine

Satzungsänderung darstellt, ist hierzu, wie bei jeder Satzungsänderung, eine 3/4-Mehrheit der in der Hauptversammlung anwesenden Stimmen notwendig (§§ 182 Abs. 1 und 222 Abs. 1 AktG).

Nennwertlose Stückaktien

Außer der üblichen Nennbetragsaktie ist seit April 1998 auch die Zulassung von nennwertlosen Aktien (in Form von Stückaktien, nicht aber als Quotenaktien) möglich, allerdings nur anstelle von Nennbetragsaktien und nicht daneben (§ 8 Abs. 1 AktG). Die Gesellschaft verfügt dabei wie bisher auch über ein nennbetragsmäßig festgelegtes Grundkapital, das in Aktien zerlegt ist, da es sich um sog. unechte nennwertlose Aktien handelt. (Bei echten nennwertlosen Aktien verfügt die Gesellschaft entweder nicht über ein Grundkapital oder hat zwar ein solches, dieses ist aber nicht in Aktien zerlegt. Echte nennwertlose Aktien werden aber auch weiterhin in Deutschland nicht zulässig sein). Eine »Stückaktie« verkörpert zwar auch einen Anteil am Grundkapital, lautet aber nicht auf einen Nennbetrag. Die Berechnung des fiktiven Nennbetrags ist dennoch möglich (Grundkapital dividiert durch die Anzahl ausgegebener Aktien). Man spricht deshalb von einer unechten nennwertlosen Aktie. Dieser fiktive (bzw. rechnerische) Nennbetrag darf einen Euro nicht unterschreiten (§ 9 Abs. 1 AktG).

Stammaktien

Nach dem Umfang der mit der Aktie verbundenen Rechte des Aktieninhabers unterscheidet man Stamm- und Vorzugsaktien. Die Stammaktie ist die gewöhnliche Form der Aktie. Sie gewährt ihrem Inhaber die normalen Mitgliedschaftsrechte (Stimm- und Dividendenrecht, Anteil am Liquidationserlös, Bezugsrecht).

Vorzugsaktien

Mit besonderen Rechten ausgestattet sind dagegen die Vorzugsaktien. Ihre Bevorrechtigung kann sich auf die Verteilung des Bilanzgewinns und des Gesellschaftsvermögens bei Liquidation sowie auf das Stimmrecht erstrecken. Die Vorrechte hinsichtlich der Gewinnverteilung können sein:

1. Die Inhaber von Vorzugsaktien erhalten eine bestimmte Dividende vorweg; der verbleibende Rest entfällt auf die Stammaktien.
2. Die Inhaber von Vorzugsaktien erhalten nach Verteilung einer gleichen Dividende an sämtliche Aktieninhaber eine zusätzliche Ausschüttung aus dem verbleibenden Gewinn.
3. Die Inhaber von Vorzugsaktien erhalten ein Nachbezugsrecht, das eine spätere Nachzahlung von Dividenden bewirkt, falls in einem Jahr keine Dividenden bzw. ein die vereinbarte Mindestdividende unterschreitender Betrag ausgeschüttet wurden.

Mehrstimmrechtsaktien

Mehrstimmrechtsaktien sind mit einem mehrfachen Stimmrecht ausgestattete Aktien. Nach § 12 Abs. 2 Satz 1 AktG dürfen sie nicht mehr ausgegeben werden. Bereits vor dem Inkrafttreten des AktG 1965 bestehende Mehrstimmrechte bleiben aufrechterhalten (§ 5 EGAktG). Die Gesamtstimmenzahl der Mehrstimmrechtsaktien ist in der Bilanz beim gezeichneten Kapital gesondert zu vermerken (§ 152 Abs. 1 Satz 4 AktG).

Stimmrechtslose Vorzugsaktien

Stimmrechtslose Vorzugsaktien gewähren dem Aktionär mit Ausnahme des Stimmrechts jedes aus der Aktie zustehende Recht (§§ 139, 140 Abs. 1 AktG) und darüber hinaus ein Nachbezugsrecht für Dividenden. Für die emittierende Gesellschaft stellen sie eine Quelle zur Aufnahme zusätzlichen Eigenkapitals dar, ohne dass die bestehenden Mehrheitsverhältnisse verändert werden. Stimmrechtslose Vorzugsaktien können bis zum Gesamtnennbetrag der anderen Aktien ausgegeben werden (§ 139 Abs. 2 AktG).

Nach dem Grad der Übertragbarkeit der Aktien unterscheidet man Inhaber- und Namensaktien (§ 10 AktG):

Inhaberaktien

Bei Inhaberaktien, der in Deutschland vorherrschenden Aktienform, wird der Aktionär nicht namentlich auf dem Wertpapier oder bei der Gesellschaft vermerkt. Wer im Besitz der Aktie ist, kann die damit verbundenen Aktionärsrechte geltend machen. Inhaberaktien werden formlos durch Einigung und Übergabe übereignet.

Namensaktien

Bei der Namensaktie ist dagegen der Name des Aktionärs bei der Gesellschaft, gegebenenfalls sogar auch auf der Aktie, eingetragen. Sie stellt ein Orderpapier dar. Ihre Übereignung erfolgt dementsprechend durch Indossament und Umschreibung im Aktienbuch. Namensaktien sind in den letzten Jahren von vielen Gesellschaften eingeführt worden, um direkten Kontakt zu ihren namentlich bekannten Aktionären pflegen zu können. Sie müssen ausgegeben werden, wenn bei Aktienausgabe der Nennbetrag der Aktien nicht voll eingezahlt werden soll. Der Mindesteinzahlungsbetrag beläuft sich auf 25 % des Nennwertes; das Agio, d. h. der Unterschiedsbetrag zwischen dem Ausgabebetrag und dem Nennwert der Aktie, ist stets voll einzuzahlen (§ 36a Abs. 1 AktG). Die Übertragung nicht voll eingezahlter Namensaktien wird häufig von der Zustimmung der Gesellschaft abhängig gemacht. In diesem Fall spricht man von vinkulierten Namensaktien.

Grundkapital einer KGaA

Die Kommanditgesellschaft auf Aktien (§§ 278 - 290 AktG; §§ 161 - 177 HGB) stellt aus rechtlicher Sicht eine Mischform zwischen einer Kommandit- und einer Aktiengesellschaft dar. Ihrem Wesen nach ist sie jedoch zu den Kapitalgesellschaften zu rechnen. Sie ist dadurch gekennzeichnet, dass mindestens ein Gesellschafter den Gläubigern der Gesellschaft unbeschränkt haftet (persönlich haftender Gesellschafter) und die übrigen Gesellschafter an dem in Aktien zerlegten Grundkapital beteiligt sind, ohne jedoch persönlich für die Verbindlichkeiten der Gesellschaft zu haften (Kommanditisten).

Im Grundkapital der Kommanditaktionäre verfügt die Kommanditgesellschaft auf Aktien (KGaA) über konstantes Eigenkapital. Für den Komplementär besteht jedoch keine ausdrückliche Verpflichtung, sich mit einer Einlage an der KGaA zu beteiligen (§ 278 Abs. 2 AktG). Der Kapitalanteil des Komplementärs ist in der Bilanz nach dem gezeichneten Kapital gesondert auszuweisen und stellt variables Eigenkapital dar. § 286 Abs. 2 Satz 2 AktG verlangt nämlich, dass ein auf den Komplementär entfallender Verlust direkt von dessen Kapitalanteil abgebucht wird.

Stammkapital = konstantes Eigenkapital einer GmbH

Das Stammkapital der GmbH setzt sich aus den Anteilen – den sog. Stammeinlagen – der Gesellschafter (auch nur ein Gesellschafter ist möglich) zusammen, deren Nennbeträge durch hundert teilbar sein müssen und 100,– Euro nicht unterschreiten dürfen. Die Mindesthöhe des Stammkapitals wird durch § 5 Abs. 1 GmbHG auf 25.000,– Euro festgelegt. Die Gesellschaft kann erst dann rechtswirksam gegründet werden, wenn 12.500,– Euro (Mindesteinlage) im Zeitpunkt der Handelsregistereintragung von den Gesellschaftern bereits einbezahlt worden sind (§ 7 Abs. 2 GmbHG). Jeder Gesellschafter kann bei der Gründung der

Gesellschaft nur eine Stammeinlage übernehmen. Wie bei der Aktiengesellschaft auch kann die Höhe des Stammkapitals nur dann geändert werden, wenn diese Änderung von mindestens 3/4 der in der Gesellschafterversammlung anwesenden Stimmen beschlossen wurde.

Nach § 283 HGB ist das gezeichnete Kapital mit dem zum Bilanzstichtag im Handelsregister eingetragenen Nennbetrag des Nominalkapitals anzusetzen. Es darf grundsätzlich nicht mit anderen Größen saldiert werden.

Bilanzierung ausstehender Einlagen

Wie jedoch die Bezeichnung »gezeichnetes Kapital« besagt, muss es sich hierbei nicht notwendigerweise auch um das eingezahlte Kapital handeln, da wie oben erwähnt sowohl das Grundkapital der Aktiengesellschaft bzw. KGaA wie auch das Stammkapital der GmbH nicht immer voll einbezahlt zu werden braucht. Wird das Eigenkapital nicht voll einbezahlt, so bezeichnet man die ausstehenden Teile des Eigenkapitals als »ausstehende Einlagen«. Diese ausstehenden Einlagen besitzen einen Doppelcharakter. Zum einen stellen sie einen Anspruch der Gesellschaft an die Gesellschafter auf volle Zahlung der Einlage dar, d. h., sie haben Forderungscharakter; zum anderen sind sie ein Korrekturbetrag, der bei der Berechnung des tatsächlich einbezahlten Nominalkapitals zu berücksichtigen ist. Dieser Doppelnatur wird auch in § 272 Abs. 1 HGB Rechnung getragen, der zwei von Kapitalgesellschaften alternativ anwendbare Bilanzierungsmöglichkeiten ausstehender Einlagen vorsieht.

Gemäß der ersten in § 272 Abs. 1 Satz 2 HGB enthaltenen Ausweisalternative sind die ausstehenden Einlagen auf der Aktivseite vor dem Anlagevermögen mit Vermerk der davon eingeforderten Einlagen gesondert auszuweisen und entsprechend zu bezeichnen, wobei das gezeichnete Kapital in voller Höhe (Nennbetrag) zu passivieren ist. Die zweite Alternative (§ 272 Abs. 1 Satz 3 HGB) liegt darin, die nicht eingeforderten Einlagen offen, d. h. in der Vorspalte der Bilanz vom Nennbetrag des gezeichneten Kapitals abzusetzen und den dabei entstehenden Saldo als »eingefordertes Kapital« in der Hauptspalte auszuweisen. Weichen das eingeforderte und das einbezahlte Kapital voneinander ab, so ist die Differenz gesondert unter die Forderungen einzustellen und entsprechend zu bezeichnen. Diese Darstellungstechnik der ausstehenden Einlagen hat nicht nur formelle, sondern auch materielle Auswirkungen auf die Bilanz, da sie zu einer Verkürzung der Bilanzsumme führt. Zur Verdeutlichung der beiden Ausweismöglichkeiten diene das nachfolgende Beispiel.

Beispiel

In einer Kapitalgesellschaft ergibt sich folgende Konstellation:

• gezeichnetes Kapital	2.000.000,– EUR
• eingefordertes Kapital	1.500.000,– EUR
• nicht einbezahltes Kapital	800.000,– EUR

Unter Anwendung des § 272 Abs. 1 HGB bestehen folgende Ausweisalternativen:

ALTERNATIVE I (§ 272 Abs. 1 Satz 2 HGB)

Lösung 1: A. Ausstehende Einlagen auf das gezeichnete Kapital 800.000,- – davon eingefordert 300.000,- **Lösung 2:** A. Ausstehende Einlagen auf das gezeichnete Kapital – eingefordert 300.000,- – nicht eingefordert 500.000,- 800.000,-	A. Eigenkapital I. Gezeichnetes Kapital 2.000.000,-

ALTERNATIVE II (§ 272 Abs. 1 Satz 3 HGB)

B. Umlaufvermögen II. Forderungen und sonstige Vermögensgegenstände 4. Eingefordertes, noch nicht eingezahltes Kapital 300.000,-	A. Eigenkapital I. Gezeichnetes Kapital 2.000.000,- – nicht eingeforderte Einlagen 500.000,- eingefordertes Kapital 1.500.000,-

Ausstehende Einlagen erfüllen ihrer Art nach nicht die Voraussetzungen für eine Zuordnung zum Anlagevermögen nach § 247 Abs. 2 HGB, da sie nicht dauernd dem Geschäftsbetrieb zu dienen bestimmt sind. Folglich sind sie im Hinblick auf ihre Bewertung analog den im Bereich des Umlaufvermögens geltenden Grundsätzen zu behandeln. Somit ist eine ausstehende Einlage gemäß dem bestehenden Einzelrisiko abzuschreiben, falls die mangelhafte Bonität eines Aktionärs dazu Anlass gibt, an der Erfüllung seiner Verpflichtung zur vollständigen Einzahlung zu zweifeln. Eine pauschale Berücksichtigung bestehender Einzelrisiken kommt für ausstehende Einlagen regelmäßig nicht in Frage (vgl. ADS [1995], § 272 Tz. 66 ff.). Neben dem um die Abschreibung verringerten Betrag ist der Nominalbetrag der ausstehenden Einlage in der Vorspalte der Bilanz zu vermerken.

Issued share capital nach IAS/IFRS, Aktienarten

Auch in einer IAS/IFRS-Bilanz ist das gezeichnete Kapital (*issued share capital*) typischerweise der erste Posten innerhalb des Eigenkapitals (*capital and reserves*). Welche Aktienarten ein Unternehmen ausgeben kann, ist abhängig von der nationalen Gesetzgebung des Landes, in dem das Unternehmen seinen Firmensitz innehat. Regelungen zum Ausweis unterschiedlicher Aktienarten finden sich in IAS 1 und IAS 32. Danach kann sich das gezeichnete Kapital aus Aktien bzw. Anteilsrechten mit Nennwert (*par value*) oder ohne Nennwert (IAS 1.74 (a) (iii)) sowie aus Vorzugsaktien zusammensetzen. Für jede Aktienart müssen die bereits in diesem Abschnitt unter B I dargestellten Angaben nach IAS 1.74 gemacht werden.

Bilanzierung ausstehender Einlagen

Für ausstehende Einlagen (*capital not yet paid in*) regelt IAS 1.74 (a) (ii), dass entweder in der Bilanz oder in den *notes* die Anzahl der ausgegebenen und voll eingezahlten Aktien und die Anzahl der ausgegebenen, aber nicht voll eingezahlten Aktien anzugeben ist. Ansonsten existiert keine weitere Vorschrift zum Ausweis ausstehender Anteile. Ein Ausweis auf der Aktivseite ist u. E. nicht aus den IAS/IFRS-Vorschriften herleitbar, eher scheint es angebracht, die noch nicht eingezahlten Einlagen offen vom gezeichneten Kapital abzusetzen, wie es bspw. auch in einer HGB-Bilanz nach § 272 Abs. 1 Satz 3 HGB zulässig ist (vgl. Beck'scher Bilanzkommentar [1999], § 272 Tz. 236).

Gezeichnetes Kapital (capital stock) nach US-GAAP

Der *capital stock* (auch *legal capital* genannt) nach US-GAAP kommt dem gezeichneten Kapital einer Bilanz nach HGB gleich und umfasst somit den Gesamtbetrag des Nennwertes der ausgegeben Aktien. Er kann wiederum aus Nennbetragsaktien (*par value stock*) oder aus nennwertlosen Aktien (*no-par stock* bzw. *stated value shares*) bestehen, die in den meisten Bundesstaaten der USA zugelassen sind. Für Nennbetragsaktien existiert kein Mindestnennwert.

Common stock

Als Aktienarten existieren *common stock* (Stammaktien) und *preferred stock* (Vorzugsaktien); für beide Aktiengattungen ist bei börsennotierten Unternehmen die Angabe der Anzahl aller zur Ausgabe zugelassenen (*authorized shares*), aller ursprünglich ausgegebenen (*issued shares*) sowie aller im Umlauf befindlichen Aktien (*outstanding shares*) vorgeschrieben (Regulation S-X, Rule 5-02.30).

Preferred stock

Preferred stocks weisen meist folgende Merkmale auf (vgl. Kieso, D. E./Weygandt, J. J./Warfield, T. D. [2001], S. 786 f.):

- Bevorrechtigung bezüglich Dividenden (*preference as to dividends*),
- Bevorrechtigung bezüglich der Verteilung des Gesellschaftsvermögen im Falle einer Liquidation (*preference as to assets in the event of liquidation*),
- Umwandelbar in Stammaktien (*convertible into common stock*),
- Rückkaufrecht der Unternehmung (*callable at the option of the corporation*),
- Kein Stimmrecht (*nonvoting*).

Ausweis des capital stock

Derzeit schreibt das FASB keine Untergliederung des *capital stock* in *preferred stock* und anderen Aktienarten vor; allerdings sind in den Anhang jegliche Kündigungsrechte von ausgegebenen Vorzugsaktien aufzunehmen (FAS 47). Die Ausweisanforderungen der SEC bezüglich des *capital stock* sind etwas strenger: Die Menge der ausgegebenen Vorzugsaktien jeweils mit und ohne Kündigungsrecht sowie die Menge der Stammaktien sind getrennt voneinander anzugeben. Sogenannte *redeemable preferred stocks* (Vorzugsaktien mit beiderseitigem Kündigungsrecht) sind bei börsennotierten Unternehmen nicht im Eigenkapital, sondern als *long-term debt* anzusetzen (Regulation S-X, Rule 5-02.28), da sie eher an ein Gläubigerpapier als an ein Eignerpapier erinnern (vgl. Kieso, D. E./

Weygandt, J. J./Warfield, T. D. [2001], S. 777). Folgende Angaben zur Kapitalstruktur müssen (bspw. in den *notes*) bereitgestellt werden:

- Angaben zu Eigenkapital- und Gläubigerpapieren, z. B. Dividenden- und Liquidationsbevorrechtigungen, Wandlungsrechte und -preise, unübliche Stimmrechtskonditionen (FAS 129.4),
- Liquidationsbevorrechtigungen des *preferred stock* (FAS 129.6 und 7),
- Rückzahlungsbeträge und -konditionen des *redeemable stock* (FAS 129.8).

Bilanzierung ausstehender Einlagen

Der Betrag der ausstehenden Einlagen ist entweder in der Bilanz oder in den *notes* anzugeben. Es ist dabei üblich, die noch nicht eingezahlten Einlagen offen vom gezeichneten Kapital abzusetzen.

1. Erhöhung des gezeichneten Kapitals

Voraussetzung bei Aktiengesellschaften

Das gezeichnete Kapital (Grundkapital) einer Aktiengesellschaft bzw. KGaA erhöht sich in der Bilanz erst dann, wenn durch die Hauptversammlung mit Dreiviertelmehrheit der anwesenden Stimmen eine Kapitalerhöhung beschlossen wurde, der Vorstand sie durchgeführt hat und im Handelsregister eine entsprechende Eintragung vorgenommen wurde. Die Satzung kann allerdings eine andere zur Kapitalerhöhung notwendige Stimmenmehrheit bestimmen (§§ 182 Abs. 1, 193 Abs. 1, 202 Abs. 2, 207 Abs. 2 AktG).

Keine Unterpari-Emission

§ 9 Abs. 1 AktG verbietet, Aktien zu einem geringeren Betrag als dem Nennbetrag auszugeben. Überpari-Emissionen sind jedoch möglich. Der den Nennbetrag übersteigende Betrag, das sog. Agio oder Aufgeld, ist ungekürzt in die Kapitalrücklage unabhängig von deren Höhe einzustellen (§ 272 Abs. 2 Nr. 1 HGB i. V. m. § 36a Abs. 1 AktG).

Die mit der Kapitalerhöhung verbundenen Emissionskosten (Kosten der Aktienherstellung, Gerichts- und Notariatskosten u. ä.) müssen unmittelbar als Aufwand verrechnet werden (vgl. ADS [1995], § 272 Tz. 93).

Formen

Für Aktiengesellschaften sind laut Aktiengesetz vier Formen der satzungsmäßigen Grundkapitalerhöhung durch Ausgabe neuer Aktien möglich:

Kapitalerhöhung gegen Einlagen

Bei der Kapitalerhöhung gegen Einlagen, der sog. ordentlichen Kapitalerhöhung, werden der Aktiengesellschaft neue Mittel in Form von Geld- oder Sacheinlagen zugeführt. Erst nach Zeichnung sämtlicher neuen Aktien (§ 185 AktG) und Leistung der geforderten Einlagen kann die Durchführung der Kapitalerhöhung im Handelsregister zur Eintragung gemeldet werden (§ 188 AktG).

Bedingte Kapitalerhöhung

Bei der bedingten Kapitalerhöhung soll das Grundkapital gegen Einlagen nur insoweit erhöht werden, als von einem unentziehbaren Umtausch- oder Bezugsrecht auf neue Aktien (sog. Bezugsaktien) Gebrauch gemacht wird. Der Nennbetrag des bedingten Kapitals darf dabei die Hälfte des Grundkapitals nicht überschreiten. Die bedingte Kapitalerhöhung soll nur für die folgenden Zwecke beschlossen werden (§ 192 Abs. 2 AktG):

- zur Gewährung von Umtausch- oder Bezugsrechten an Gläubiger von Wandelschuldverschreibungen

- zur Vorbereitung des Zusammenschlusses mehrerer Unternehmen
- zur Gewährung von Bezugsrechten an Arbeitnehmer und Mitglieder der Geschäftsführung der Gesellschaft oder eines verbundenen Unternehmens im Wege des Zustimmungs- oder Ermächtigungsbeschlusses.

Die Zahl und die Gattung der Aktien, die im Rahmen einer bedingten Kapitalerhöhung im Geschäftsjahr ausgegeben wurden, sind im Anhang anzugeben (§ 160 Abs. 1 Nr. 3 AktG).

Genehmigtes Kapital

Beim genehmigten Kapital handelt es sich um eine satzungsmäßige Ermächtigung des Vorstands, das Grundkapital um einen bestimmten Nennbetrag (= genehmigtes Kapital) durch Ausgabe neuer Aktien gegen Einlagen zu erhöhen. Das grundsätzlich auf die Hauptversammlung beschränkte Recht, über eine Kapitalerhöhung zu entscheiden, wird damit auf die Geschäftsleitung übertragen. Die Ermächtigung, die für höchstens 5 Jahre erteilt werden kann (§ 202 Abs. 2 AktG), soll dem Vorstand mehr Dispositionsfreiheit bei der Kapitalbeschaffung durch Ausgabe neuer Aktien geben. Das genehmigte Kapital selbst stellt noch kein Grundkapital dar. Es ist deshalb nur im Anhang zu vermerken (§ 160 Abs. 1 Nr. 4 AktG). § 202 Abs. 4 AktG sieht vor, dass das genehmigte Kapital auch zur Ausgabe von neuen Aktien an Belegschaftsmitglieder verwendet werden kann.

Kapitalerhöhung aus Gesellschaftsmitteln

Bei der Kapitalerhöhung aus Gesellschaftsmitteln wird das Grundkapital nicht durch Einlagen, sondern durch Umwandlung von Kapital- und/oder Gewinnrücklagen in Grundkapital (= Ausgabe von Gratisaktien) erhöht. Neue Mittel fließen der Aktiengesellschaft damit nicht zu. Eine Umwandlung der Rücklagen ist nur möglich, soweit in der zugrunde liegenden Bilanz kein Verlust ausgewiesen wird. Sind Gewinnrücklagen für einen definierten Zweck bestimmt, so dürfen sie nur im Sinne der Zweckbestimmung umgewandelt werden. Kapitalrücklagen und gesetzliche Rücklagen können nur insoweit in Grundkapital überführt werden, wie sie zusammen den zehnten oder den in der Satzung bestimmten höheren Teil des bisherigen Grundkapitals überschreiten (§ 208 AktG). Weitere rechtliche und bilanzielle Besonderheiten, die bei den einzelnen Formen der Kapitalerhöhung zu beachten sind, können aus Tabelle 5.1 entnommen werden.

Kapitalerhöhung bei einer GmbH

Wie bei der Aktiengesellschaft bedarf auch bei der GmbH eine Erhöhung des gezeichneten Kapitals (Stammkapital), da sie eine Satzungsänderung darstellt, einer Mehrheit von drei Vierteln der abgegebenen Stimmen der Gesellschafter und einer Eintragung im Handelsregister (§ 53 Abs. 2 bzw. § 54 Abs. 1 GmbHG). Der GmbH bieten sich für die Erhöhung ihrer Stammeinlagen lediglich zwei Möglichkeiten, nämlich die Kapitalerhöhung gegen Einlagen und die Kapitalerhöhung aus Gesellschaftsmitteln. Diese beiden Formen der Kapitalerhöhung werden in Tabelle 5.2 kurz charakterisiert.

	Kapitalerhöhung gegen Einlagen	bedingte Kapitalerhöhung	genehmigtes Kapital	Kapitalerhöhung aus Gesellschaftsmitteln
gesetzliche Regelung	§§ 182-191 AktG	§§ 192-201 AktG	§§ 202-206 AktG	§§ 207-220 AktG
Zuführung	neuer Mittel in Form von Geld- oder Sacheinlagen	neuer Mittel in Form von Geld- oder Sacheinlagen	neuer Mittel in Form von Geld- oder Sacheinlagen	keine
Wirksamwerden der Kapitalerhöhung (Ausweis des erhöhten Grundkapitals in der Bilanz)	bei Eintragung der Durchführung der Kapitalerhöhung in das Handelsregister (§ 189 AktG)	bei Ausgabe der Bezugsaktien (§§ 199, 201 AktG)	bei Eintragung der Durchführung der Kapitalerhöhung in das Handelsregister (§ 203 Abs. 1 AktG i. V. m. § 189 AktG)	bei Eintragung des Hauptversammlungsbeschlusses über die Kapitalerhöhung aus Gesellschaftsmitteln in das Handelsregister (§ 211 Abs. 1 AktG)
Ausgabe der neuen Aktien	nach Eintragung der Durchführung der Kapitalerhöhung in das Handelsregister (§ 191 AktG)	nach Eintragung des Hauptversammlungsbeschlusses über die bedingte Kapitalerhöhung (§ 197 AktG) und voller Leistung des Gegenwertes (§ 199 Abs. 1 AktG)	nach Eintragung der Durchführung der Kapitalerhöhung in das Handelsregister (§ 203 Abs. 1 AktG i. V. m. § 191 AktG)	nach Eintragung des Hauptversammlungsbeschlusses in das Handelsregister (§ 214 Abs. 1 AktG)
Obergrenze des Nennbetrages der Kapitalerhöhung	keine	Hälfte des Grundkapitals bzw. 10 % des nach § 192 Abs. 2 Nr. 3 beschlossenen Kapitals zum Zeitpunkt der Beschlussfassung über die bedingte Kapitalerhöhung (§ 192 Abs. 3 AktG)	Hälfte des Grundkapitals zum Zeitpunkt der Beschlussfassung über das genehmigte Kapital (§ 202 Abs. 3 AktG)	Kapitalrücklagen und gesetzliche Rücklagen, soweit sie 10 % des Grundkapitals oder den lt. Satzung höheren Betrag übersteigen, sowie andere Gewinnrücklagen unbegrenzt (§ 208 Abs. 1 AktG)

Tab. 5.1: Kapitalerhöhung bei Aktiengesellschaften

	Kapitalerhöhung gegen Einlagen	Kapitalerhöhung aus Gesellschaftsmitteln
gesetzliche Regelung	§§ 55-57b GmbHG	§§ 1-17 KapErhG
Zuführung	neuer Mittel in Form von Geld- oder Sacheinlagen	keine
Wirksamwerden der Kapitalerhöhung (Ausweis des erhöhten Grundkapitals in der Bilanz)	bei Eintragung der Durchführung der Kapitalerhöhung in das Handelsregister (§ 54 Abs. 3 GmbHG)	bei Eintragung der Durchführung der Kapitalerhöhung in das Handelsregister (§ 8 Abs. 1 KapErhG)
Durchführung der Kapitalerhöhung	erfolgt durch Übernahme neuer Stammeinlagen mit notarieller Beurkundung durch bisherige oder neue Gesellschafter. Vor Anmeldung ins Handelsregister ist mindestens ein Viertel der Stammeinlagen einzuzahlen.	erfolgt durch Umwandlung der Rücklagen in Stammkapital. Dabei werden entweder neue Stammeinlagen gebildet oder bisherige werden erhöht.

Tab. 5.2: Kapitalerhöhung bei einer GmbH

2. Herabsetzung des gezeichneten Kapitals

Herabsetzung des gezeichneten Kapitals bei Aktiengesellschaften

Eine Herabsetzung des Grundkapitals (gezeichneten Kapitals) einer Aktiengesellschaft bzw. KGaA ist nur nach den vom Aktiengesetz ausdrücklich vorgesehenen Vorschriften möglich. Wie die Kapitalerhöhung stellt auch die Kapitalherabsetzung eine Satzungsänderung dar und kann deshalb nur mit Dreiviertelmehrheit der auf der Hauptversammlung vertretenen Stimmen beschlossen werden (Ausnahme: § 237 Abs. 3-5 AktG, wo die einfache Stimmenmehrheit genügt). Es ist jedoch möglich, dass die Satzung eine größere Mehrheit und weitere Erfordernisse bestimmt (§§ 222 Abs. 1; 229 Abs. 3; 237 Abs. 2 AktG). Im Beschluss der Hauptversammlung ist jeweils der mit der Kapitalherabsetzung verfolgte Zweck anzugeben (§ 222 Abs. 3 AktG).

Nominelle und effektive Kapitalherabsetzung

Mit Hilfe einer Kapitalherabsetzung kann sowohl ein bestehender Bilanzverlust beseitigt als auch überflüssiges Kapital verteilt werden. Während die Beseitigung des Verlustes meist durch eine rein buchmäßige Herabsetzung des Grundkapitals erfolgt (sog. nominelle Kapitalherabsetzung), ist die zweite Möglichkeit der Kapitalherabsetzung mit der Ausschüttung liquider Mittel an die Aktionäre verbunden (sog. effektive Kapitalherabsetzung). Aufgrund des unmittelbaren Vermögensabflusses sind die Interessen der Gläubiger bei der effektiven Kapitalherabsetzung besonders zu schützen.

Beträge aus der Kapitalherabsetzung

Der aus der Kapitalherabsetzung gewonnene Betrag ist in der GuV gesondert als »Ertrag aus der Kapitalherabsetzung« im Anschluss an die Entnahmen aus den Gewinnrücklagen auszuweisen und im Anhang unter Angabe von Zweck und Höhe der Kapitalherabsetzung zu erläutern (§ 240 AktG). Das Aktienrecht kennt drei Arten der Kapitalherabsetzung (vgl. auch Tabelle 5.3):

Ordentliche Kapitalherabsetzung

Die ordentliche Kapitalherabsetzung kann für jeden Zweck einer Kapitalherabsetzung (Beseitigung von Verlusten oder Rückzahlung von überflüssigem Kapital) verwendet werden. Da bei einer eventuellen Kapitalrückzahlung die Interessen von Gläubigern betroffen werden, ist Gläubigern von bestimmten Forderungen auf Verlangen bis zu 6 Monaten nach Bekanntmachung des Herabsetzungsbeschlusses Sicherheit zu leisten. Bevor diese Forderungen nicht beglichen sind bzw. entsprechende Sicherheit nicht geleistet wurde, darf eine Rückzahlung von Kapital an die Aktionäre vor Ablauf von 6 Monaten nach Bekanntmachung der Eintragung nicht erfolgen (§ 225 AktG).

Vereinfachte Kapitalherabsetzung

Die vereinfachte Kapitalherabsetzung kann nur für die im AktG ausdrücklich genannten Zwecke verwendet werden (§ 229 Abs. 1 AktG). Im Gegensatz zu den anderen Formen der Kapitalherabsetzung ist die vereinfachte Kapitalherabsetzung nur dann zulässig, wenn die Gewinnrücklage vollständig verbraucht ist und Kapitalrücklage und gesetzliche Rücklage zusammen nicht 10 % des nach der Herabsetzung verbleibenden Betrages des Grundkapitals übersteigen (§ 229 Abs. 2 Satz 1 AktG). Zudem darf kein Gewinnvortrag bestehen. Da es bei dieser Form zu keiner Kapitalrückzahlung an die Aktionäre kommt, sind bei Durchführung dieser Kapitalherabsetzung nur vergleichsweise gemäßigte Bestimmungen des Gläubigerschutzes (§§ 230, 233 AktG) zu beachten. Abweichend von den beiden anderen Formen der Kapitalherabsetzung ist es gemäß § 234 Abs. 1 AktG möglich, bereits in dem letzten Jahresabschluss vor Beschlussfassung über die

Kapitalherabsetzung das gezeichnete Kapital sowie die Kapital- und Gewinnrücklagen in der Höhe so auszuweisen, wie sie nach der Kapitalherabsetzung bestehen sollen. Diese Rückwirkung gilt auch für eine gleichzeitig durchgeführte Kapitalerhöhung (§ 235 Abs. 1 AktG).

	ordentliche Kapitalherabsetzung	vereinfachte Kapitalherabsetzung	Kapitalherabsetzung durch Einbeziehung von Aktien
gesetzliche Regelung	§§ 222-228 AktG	§§ 229-236 AktG	§§ 237-239 AktG
Zweck der Kapitalherabsetzung	Ausgleich von Verlusten oder Rückzahlung von Kapital	Ausgleich von Werminderungen, Deckung von sonstigen Verlusten oder Einstellung von Beträgen in die gesetzlichen Rücklagen (§ 229 Abs. 1 AktG)	Ausgleich von Verlusten oder Rückzahlung von Kapital
Wirksamwerden der Kapitalherabsetzung	mit Eintragung des Herabsetzungsbeschlusses in das Handelsregister (§ 224 AktG)	kann bereits im Jahres-Abschluss für das letzte vor der Beschlussfassung über die Kapitalherabsetzung liegende Geschäftsjahr berücksichtigt werden (§ 234 Abs. 1 AktG); ansonsten mit Eintragung des Herabsetzungsbeschlusses in das Handelsregister (§ 229 Abs. 3 AktG i. V. m. § 224 AktG)	mit Eintragung des Herabsetzungsbeschlusses der Hauptversammlung in das Handelsregister bei bereits erworbenen Aktien; bei noch zu erwerbenden Aktien mit ihrer Einbeziehung; bei Zwangseinziehung aufgrund von Satzungsvorschriften mit der Zwangseinziehung der Aktien (§ 238 AktG)
Technische Durchführung der Kapitalherabsetzung	durch Verringerung des Nennbetrags der Aktien (Abstempelung) oder durch Zusammenlegung von Aktien (§ 222 Abs. 4 AktG)	durch Verringerung des Nennbetrags der Aktien (Abstempelung) oder durch Zusammenlegung von Aktien (§ 229 Abs. 3 AktG i. V. m. § 222 Abs. 4 AktG)	durch zwangsweises Einziehen eigener Aktien oder Rücklauf eigener Aktien (§ 237 Abs. 1 AktG)
Gläubigerschutz	durch Leistung von Sicherheiten für all jene Gläubiger, die sich innerhalb von 6 Monaten nach Bekanntmachung des Kapitalherabsetzungsbeschlusses melden und keine Befriedigung verlangen können (§ 225 Abs. 1 AktG); Zahlungen an die Aktionäre dürfen erst nach Ablauf von 6 Monaten geleistet werden (§ 225 Abs. 2 AktG)	durch eine Gewinnausschüttungssperre, solange die gesetzliche Rücklage kleiner als 10 % des Grundkapitals (§ 233 Abs. 1 AktG); durch Verbot einer höheren Dividende als 4 % in den 2 auf die Beschlussfassung über die Kapitalherabsetzung folgenden Geschäftsjahren (§ 233 Abs. 2 AktG)	durch Leistung von Sicherheiten für all jene Gläubiger, die sich innerhalb von 6 Monaten nach Bekanntmachung des Kapitalherabsetzungsbeschlusses melden und keine Befriedigung verlangen können; durch Verbot von Zahlungen an die Aktionäre vor Ablauf von 6 Monaten nach Bekanntmachung der Eintragung (§ 237 Abs. 2 AktG i. V. m. § 225 Abs. 2 AktG)

Tab. 5.3: Kapitalherabsetzung bei Aktiengesellschaften

Kapitalherabsetzung durch Einziehen von Aktien

Die Kapitalherabsetzung durch Einziehen von Aktien ist sowohl zur Beseitigung von Verlusten als auch zur Rückzahlung von Kapital verwendbar. Eigene Aktien können zwangsweise oder nach Erwerb durch die Gesellschaft eingezogen werden. Das zwangsweise Einziehen eigener Aktien ist nur zulässig, wenn dies in der ursprünglichen Satzung oder durch eine Satzungsänderung vor Übernahme oder Zeichnung angeordnet oder gestattet war (§ 237 Abs. 1 AktG). Von der Gesellschaft erworbene eigene Aktien können immer zu einer Kapitalherabsetzung verwendet werden. Die für den Erwerb von eigenen Aktien bestehende Höchstgrenze von 10 % des Grundkapitals (§ 71 Abs. 2 AktG) hat keine Gültigkeit. Die Rücksichtnahme auf die Gläubigerschutzinteressen ist aufgrund der

Pflicht zur Bildung einer entsprechenden Rücklage (§ 272 Abs. 4 HGB) sowie der Vorschriften über die ordentliche Kapitalherabsetzung sichergestellt.

Herabsetzung des gezeichneten Kapitals bei einer GmbH

Auch die Kapitalherabsetzung einer GmbH kann nur mit einer Dreiviertelmehrheit der in der Gesellschafterversammlung vorhandenen Stimmen sowie einer Eintragung ins Handelsregister wirksam durchgeführt werden und dient in der Regel zur Beseitigung einer Unterbilanz. Das Mindestkapital von 25.000,- Euro darf bei einer Stammkapitalminderung nicht unterschritten werden. Zum Schutz der Gläubiger sind bei der Kapitalherabsetzung die besonderen Bestimmungen des § 58 GmbHG zu beachten, die unter anderem aufgrund ihrer komplizierten Formerfordernisse die Durchführung einer Kapitalherabsetzung vor Ablauf eines Jahres unmöglich machen und dadurch die Verwendbarkeit der Kapitalherabsetzung als Instrument der Abwendung einer Überschuldung für eine GmbH stark beeinträchtigen.

III. Rücklagen

Funktion der Rücklagen

Bei Kapitalgesellschaften erscheint das variable Eigenkapital, von dem erwirtschafteten Jahresergebnis (Jahresüberschuss/-fehlbetrag bzw. Bilanzgewinn/-verlust) bzw. dem Gewinn-/Verlustvortrag abgesehen, in Form von Rücklagen. Zum einen dienen Rücklagen dazu, auftretende Verluste ausgleichen zu können, ohne dass das konstante Nominalkapital angegriffen wird. Zum anderen wird durch ihre Bildung die Eigenkapitalbasis der Gesellschaft über das Nominalkapital hinaus verstärkt und somit die Widerstandsfähigkeit des Unternehmens gegenüber wirtschaftlichen Krisen verbessert, was zur Sicherung des Unternehmensbestandes maßgeblich beiträgt. Darüber hinaus bewirken Rücklagen, die zumeist im Rahmen der Gewinnverwendung gebildet werden und somit den an die Anteilseigner ausschüttbaren Gewinn verringern, eine Erhöhung der Haftungsbasis (Schutz der Gläubiger) und verbessern die Unternehmensliquidität.

Keine besonderen Gegenposten auf der Aktivseite

Wie alle Kapitalpositionen der Passivseite verfügen auch die Rücklagen über keinen gesonderten Gegenposten auf der Aktivseite der Bilanz. Sie werden deshalb durch sämtliche Vermögenswerte gedeckt. Die laienhafte Vorstellung, Rücklagen seien Bargeld oder ein eigens gebildeter Fonds aus der Vermögensmasse der Unternehmung, stimmt nicht. Sie zeigen lediglich an, dass das Eigenkapital (Reinvermögen) aufgrund gesetzlicher, statutarischer oder freiwilliger Ausschüttungssperren bzw. wegen Sonderzahlungen von Anteilseignern oder Dritten größer ist als das Grundkapital.

Ausweis der Rücklagen im HGB-Abschluss

Entsprechend ihrer Ersichtlichkeit in der Bilanz lassen sich Rücklagen in offene Rücklagen und stille Rücklagen (stille Reserven) unterteilen. Obwohl die Rücklagen, analog zum anglo-amerikanischen Bilanzrecht, unterteilt in Kapital- und Gewinnrücklagen ausgewiesen werden (§ 266 Abs. 3 HGB) und somit der Begriff »offene Rücklagen« in der handelsrechtlichen Bilanz ausdrücklich keine Verwendung findet, gilt er dennoch als Terminus technicus, vor allem bei der Bilanzanalyse, um einerseits die Gesamtheit der in der Bilanz offen ersichtlichen Rücklagen zu bezeichnen und diese andererseits von den nicht offen in der

Bilanz gezeigten und damit für einen externen Bilanzleser nicht ersichtlichen stillen Rücklagen begrifflich abzugrenzen. Die Trennung der offenen Rücklagen in Kapitalrücklage und Gewinnrücklagen wurde vom Gesetzgeber vorgeschrieben, um für einen externen Bilanzleser den Einblick in die Eigenkapitalstruktur einer Kapitalgesellschaft zu erhöhen. Dadurch ist aus der Bilanz nämlich jederzeit ersichtlich, welcher Teil des Eigenkapitals durch über die Jahre hinweg erwirtschaftete Gewinne und welcher Teil durch Einzahlungen der Anteilseigner von außen dem Unternehmen zugeführt wurde.

Sonderposten mit Rücklageanteil

Die in einem HGB-Abschluss von den Rücklagen getrennt auszuweisenden Sonderposten mit Rücklageanteil sind aufgrund ihres Charakters und ihrer Beschaffenheit grundsätzlich weder den offenen Rücklagen noch den stillen Reserven zuzurechnen.

Abbildung 5.3 gibt eine Übersicht über die verschiedenen Rücklagen im HGB-Abschluss.

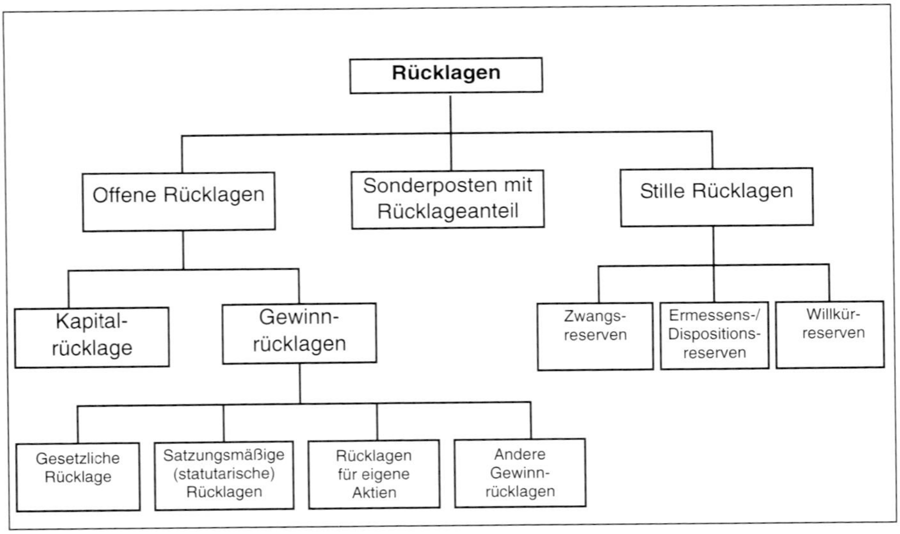

Abb. 5.3: Klassifizierung der Rücklagen im HGB-Abschluss

Rücklagen im IAS/IFRS- und US-GAAP-Abschluss

Auch nach IAS/IFRS und US-GAAP können offene und stille Rücklagen unterschieden werden. Bezüglich der Arten von stillen Rücklagen besteht kein Unterschied zur HGB-Rechnungslegung, allerdings sind die Möglichkeiten zur Bildung stiller Reserven nach IAS/IFRS und US-GAAP stärker eingeschränkt. Für die offenen Rücklagen schreibt IAS 1.74 (c) Angaben über Art und Zweck der jeweiligen Rücklage innerhalb des Eigenkapitals vor, und im Sinne des Grundsatzes der *fair presentation* ist i. d. R. eine Untergliederung in *revenue reserves*, *capital reserves* und *other reserves* vorzunehmen. In einer Bilanz nach US-GAAP sind die Rücklagen in *additional paid-in capital*, *retained earnings* und *accumulated other comprehensive income* zu unterteilen. Die Klassifizierung der offenen Rücklagen nach IAS/IFRS ist Abbildung 5.4 und nach US-GAAP Abbildung 5.5 zu entnehmen.

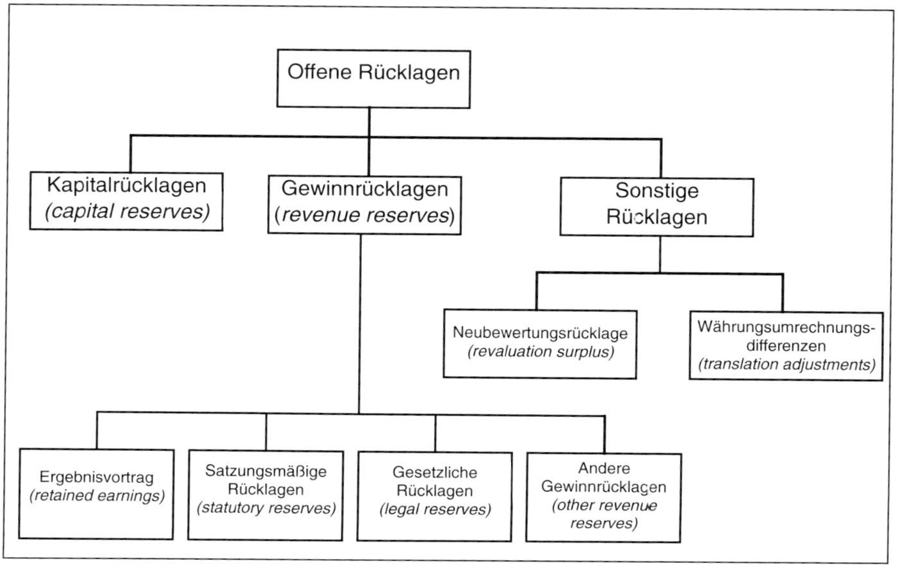

Abb. 5.4: Klassifizierung der offenen Rücklagen im IAS/IFRS-Abschluss

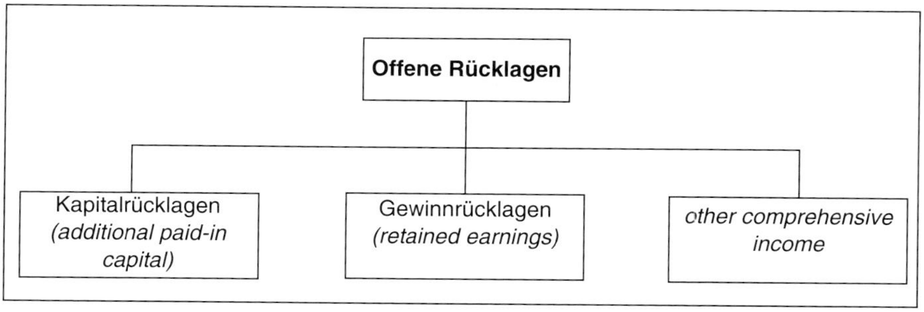

Abb. 5.5: Klassifizierung der offenen Rücklagen im US-GAAP-Abschluss

1. Die offenen Rücklagen

a) Die Kapitalrücklage

Kapitalrücklage nach HGB

Die Kapitalrücklage umfasst die einer Kapitalgesellschaft von ihren Eignern neben dem Nominalkapital von außen zugeführten Eigenkapitalteile. Hierin unterscheiden sich die Kapital- von den Gewinnrücklagen, die durch im Unternehmen einbehaltene Teile des Jahresüberschusses gebildet werden.

Einstellungen

Gemäß § 272 Abs. 2 HGB sind der Kapitalrücklage folgende Beträge zuzuführen:

1. Der Betrag, der bei der Ausgabe von Anteilen einschließlich von Bezugsanteilen über den Nennbetrag bzw. den rechnerischen Betrag hinaus erzielt wird. Dieses Agio (Aufgeld) umfasst den gesamten Erlös aus der Ausgabe von Anteilen, der den Nennbetrag dieser Anteile übersteigt; die Ausgabekosten sind unmittelbar zu Lasten des jeweiligen Jahresergebnisses zu verrechnen.
2. Der Betrag, der bei der Ausgabe von Schuldverschreibungen für Wandlungsrechte und Optionsrechte zum Erwerb von Anteilen erzielt wird (eine solche Emission ist nur bei einer Aktiengesellschaft möglich; § 221 AktG).
3. Die Zuzahlungen, die Gesellschafter gegen Gewährung eines Vorzugs für ihre Anteile leisten.
4. Andere Zuzahlungen, die Gesellschafter in das Eigenkapital leisten. Hierunter fallen bei einer Aktiengesellschaft bzw. einer KGaA vor allem diejenigen Beträge, die bei einer vereinfachten Kapitalherabsetzung gemäß § 229 AktG oder einer Kapitalherabsetzung durch Einziehung von Aktien gemäß § 237 Abs. 5 i. V. m. Abs. 3 AktG frei geworden sind oder bei Bestehen von Beherrschungsverträgen gebildet werden können. Zu den Zuzahlungen nach § 272 Abs. 2 Nr. 4 HGB zählen auch die bei Gesellschaften mbH vorkommenden Gesellschafterbeiträge, die aufgrund von Satzungsbestimmungen bei Erfordernis nach ihrer Eintragung ins Handelsregister über den Betrag der Stammeinlage hinaus in Form von Geldeinlagen zur Vermehrung des Gesellschaftsvermögens zu leisten sind. Diese sog. »Nachschüsse« sind, sobald ihre Einzahlung beschlossen ist, auf der Passivseite unter den »Kapitalrücklagen« gesondert auszuweisen. Zwar eingeforderte, aber noch nicht einbezahlte Nachschüsse sind analog den eingeforderten ausstehenden Einlagen unter den Forderungen gesondert zu aktivieren (§ 42 Abs. 2 GmbHG).

Einstellungen in die Position »Kapitalrücklage« sowie entsprechende Auflösungen müssen bei Aufstellung der Bilanz vorgenommen werden (§ 270 Abs. 1 HGB).

Auflösung von Kapitalrücklagen bei einer GmbH

Gesellschaften mit beschränkter Haftung unterliegen bezüglich der Auflösung ihrer Kapitalrücklagen keinen rechtlichen Bestimmungen. Abgesehen von dem durch Nachschüsse angesammelten Kapital, das nur zur Rückzahlung an die Gesellschafter (§ 30 Abs. 2 GmbHG), zur Tilgung eines Bilanzverlustes bzw. zur Kapitalerhöhung aus Gesellschaftsmitteln verwendet werden kann, dürfen die Gesellschafter über die Verwendung der Kapitalrücklagen frei bestimmen.

Auflösung von Kapitalrücklagen bei einer Aktiengesellschaft bzw. KGaA

Aktiengesellschaften und Kommanditgesellschaften aA dagegen haben bei Auflösung der Kapitalrücklagen die Vorschriften des § 150 Abs. 3 und 4 AktG zu beachten. Demnach darf über die Beträge, die nicht unter § 272 Abs. 2 Nr. 1-3 HGB fallen (vgl. vorige Seite), ohne Einschränkung verfügt werden; die Rücklageanteile des § 272 Abs. 2 Nr. 1-3 HGB jedoch dürfen nur unter den nachfolgend genannten Bedingungen für die im Gesetz genau festgelegten Zwecke aufgelöst werden. Dabei ist die Zulässigkeit der Auflösung nicht allein von der Höhe der Kapitalrücklage, sondern von der Summe aus Kapitalrücklage plus gesetzlicher Rücklage abhängig.

Übersteigen demnach die Kapitalrücklage nach § 272 Abs. 2 Nr. 1-3 HGB und die gesetzliche Rücklage zusammen nicht den zehnten oder einen in der Satzung bestimmten höheren Teil des Grundkapitals, so darf die Kapitalrücklage lediglich zum Ausgleich eines Jahresfehlbetrages oder eines Verlustvortrages verwandt werden, soweit diese nicht durch einen Gewinnvortrag bzw. Jahresüberschuss gedeckt sind und nicht durch Auflösung anderer Gewinnrücklagen (vgl. Abschnitt 1 b (4)) ausgeglichen werden können (§ 150 Abs. 3 AktG).

Ist die Summe aus Kapitalrücklagen nach § 272 Abs. 2 Nr. 1-3 HGB und gesetzlicher Rücklage größer als der zehnte bzw. der durch die Satzung bestimmte höhere Teil des Grundkapitals, so kann der übersteigende Betrag unabhängig vom Bestehen anderer Gewinnrücklagen zum Ausgleich eines Jahresfehlbetrages bzw. Verlustvortrages verwandt werden. Eine solche Verwendung ist nicht zulässig, soweit der Jahresfehlbetrag durch einen Gewinnvortrag bzw. der Verlustvortrag durch einen Jahresüberschuss gedeckt ist oder wenn gleichzeitig Gewinnrücklagen zur Gewinnausschüttung aufgelöst werden. Darüber hinaus kann der übersteigende Betrag auch zur Kapitalerhöhung aus Gesellschaftsmitteln nach den §§ 207 bis 220 AktG herangezogen werden.

Einen zusammenfassenden Überblick der Möglichkeiten der Auflösung der Kapitalrücklage und gesetzlichen Rücklage gibt Abbildung 5.6.

Die Beträge, die während eines Geschäftsjahres in den Posten »Kapitalrücklage« eingestellt bzw. entnommen wurden, hat eine Aktiengesellschaft im Anhang anzugeben (§ 152 Abs. 2 AktG).

Capital reserves nach IAS/IFRS

Bei den *capital reserves* handelt es sich um Rücklagen, die niemals Ergebnisbestandteil waren. Da *capital reserves*, die zumeist aus Aktienaufgeldern bestehen, weder dem gezeichneten Kapital noch den Gewinnrücklagen zuzuordnen sind, ist für sie ein gesonderter Posten innerhalb des *stockholder's equity* zu bilden. Neben Aktienaufgeldern können auch Beträge der anderen Zuzahlungen (wie sie nach § 272 Abs. 2 Nr. 4 HGB geregelt sind) und in das Eigenkapital geleistete Beträge zur Erlangung von Vorzügen (analog zu § 272 Abs. 2 Nr. 3 HGB) dem Posten der *capital reserves* zuzuordnen sein (vgl. Beck'scher Bilanzkommentar [1999], § 272 Tz. 251 f.).

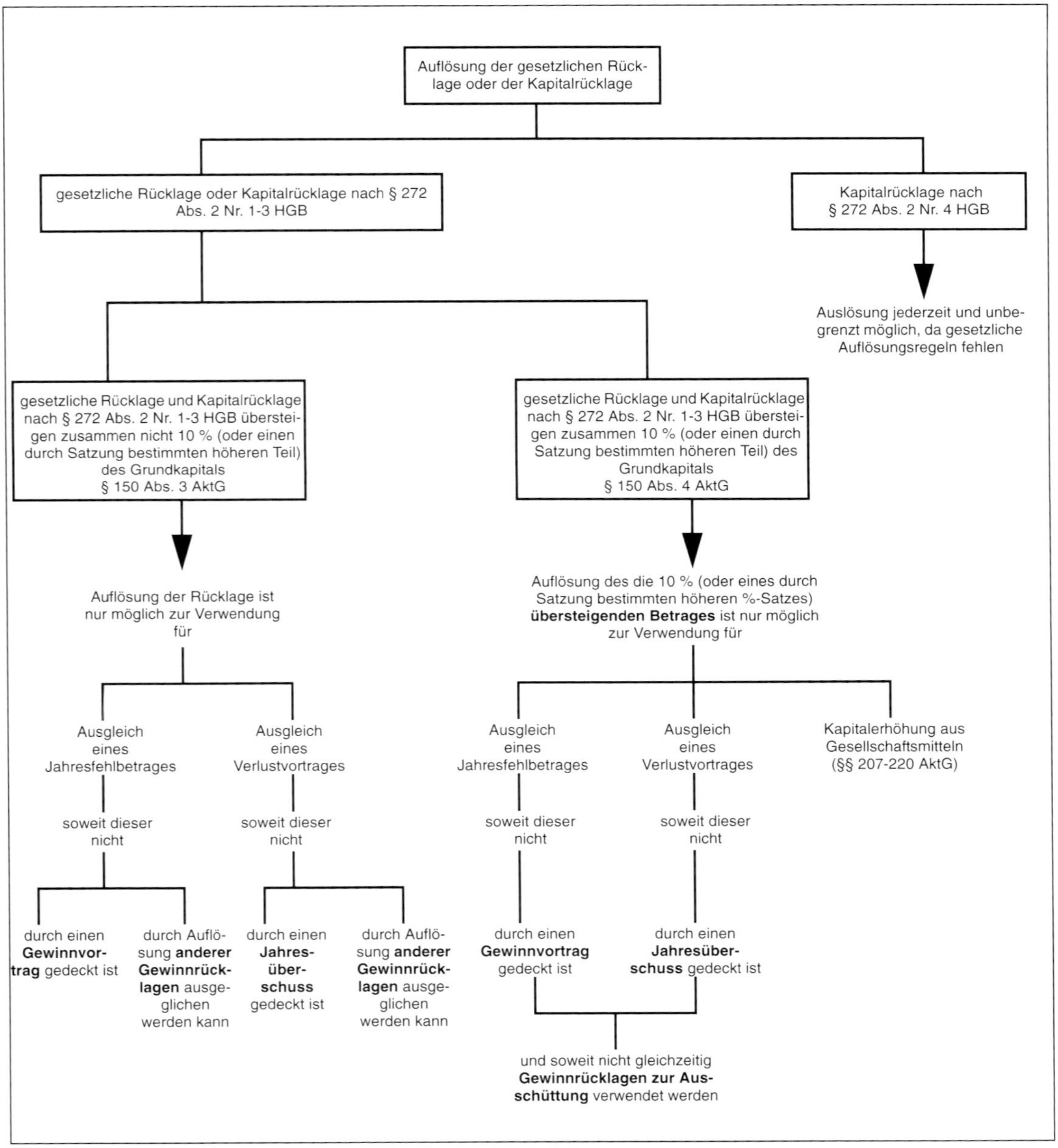

Abb. 5.6: Möglichkeiten der Auflösung der gesetzlichen Rücklage oder der Kapitalrücklage

Additional paid-in capital nach US-GAAP

Das *additional paid-in capital* nach US-GAAP entspricht im Wesentlichen den Kapitalrücklagen des § 272 Abs. 2 HGB, da in diese Position alle Zahlungen der Aktionäre über Nennwert für ursprünglich ausgegebene Aktien eingestellt werden. Insbesondere folgende Geschäftsvorfälle führen zu einer Erhöhung des *additional paid-in capital*:

- Aufschläge auf ausgegebene Anteile.
- Aufschläge bei der Ausgabe von Aktienkaufoptionen gem. APB-14.16 oder Schuldverschreibungen für Wandlungs- und Optionsrechte.
- Verkauf von eigenen Anteilen über Anschaffungskosten.
- Zusätzlich geschaffenes Kapital bei einer *recapitalization* im Falle einer *quasi-reorganization* (vgl. dazu die Ausführungen im folgenden Punkt (b)).
- Andere Zuzahlungen.

Zu einer Verringerung des *additional paid-in capital* kommt es v. a. durch:

- Abschläge auf ausgegebene Anteile.
- Verkauf von eigenen Anteilen unter Anschaffungskosten.
- Aufnahme eines Defizits bei einer *recapitalization* im Falle einer *quasi-reorganization* (vgl. dazu die Ausführungen im folgenden Punkt (d)).

b) Die Gewinnrücklagen nach HGB

Gewinnrücklagen nach HGB

Im Gegensatz zu der Kapitalrücklage, die, wie im vorigen Abschnitt dargestellt, sich aus Mitteln zusammensetzt, die von außen dem Unternehmen zufließen, enthalten die Gewinnrücklagen Beträge, die im Unternehmen, d. h. durch Einbehalten von Teilen des Unternehmensergebnisses, gebildet wurden (§ 272 Abs. 3 HGB). Unter der Position »Gewinnrücklagen« sind nach § 266 Abs. 3 HGB folgende Rücklagen gesondert auszuweisen:

1. gesetzliche Rücklage
2. Rücklage für eigene Anteile
3. satzungsmäßige Rücklagen
4. andere Gewinnrücklagen

(1) Gesetzliche Rücklage

Wesen der gesetzlichen Rücklage

Unter der gesetzlichen Rücklage versteht man den Teil der Gewinnrücklagen, der aufgrund gesetzlicher Vorschriften gebildet wurde. Demnach kann diese Bilanzposition lediglich bei der Aktiengesellschaft oder KGaA auftreten, da nur das AktG durch § 150 Abs. 1 die Bildung einer solchen Rücklage vorsieht. Eine GmbH hat keine gesetzliche Rücklage in die Bilanz aufzunehmen, da eine dem § 150 AktG ähnliche Vorschrift im GmbHG fehlt.

Einstellung in die gesetzliche Rücklage

Gemäß § 150 Abs. 2 AktG sind so lange 5 % des Jahresüberschusses in die gesetzliche Rücklage einzustellen, bis diese zusammen mit den Beträgen, die nach § 272 Abs. 2 Nr. 1-3 des HGB in die Kapitalrücklage eingestellt wurden,

10 % des Grundkapitals oder einen von der Satzung bestimmten höheren Prozentsatz erreicht hat. Besteht ein Verlustvortrag aus dem Vorjahr, so ist der Jahresüberschuss vorher entsprechend zu kürzen. Der der gesetzlichen Rücklage zuzuweisende Betrag schmälert den Bilanzgewinn und mindert somit den zur Ausschüttung an die Gesellschafter zur Verfügung stehenden Gewinn.

Wird die Bilanz unter Berücksichtigung der vollständigen oder teilweisen Verwendung des Jahresergebnisses aufgestellt, so sind sowohl Einstellungen in die gesetzliche Rücklage als auch deren Auflösung vor Aufstellung der Bilanz zu berücksichtigen (§ 270 Abs. 2 HGB).

Auflösung der gesetzlichen Rücklage

Nicht nur die Bildung, sondern auch die Auflösung der gesetzlichen Rücklage ist gesetzlich geregelt. Die Absätze 3 und 4 des § 150 AktG bestimmen, unter welchen Bedingungen und in welcher Höhe eine Auflösung der gesetzlichen Rücklage möglich ist.

Die Auflösung der gesetzlichen Rücklage unterliegt den gleichen Vorschriften wie die Kapitalrücklage; deshalb wird auf die Ausführungen zur Kapitalrücklage und auf Abbildung 5.6 verwiesen. Bei der Frage, ob Teile einer dieser beiden Rücklagearten verwendet werden können, wird nicht auf die Höhe der einzelnen Rücklagen, sondern auf die Summe aus Kapitalrücklage und gesetzlicher Rücklage abgestellt.

Die Vorschriften über die Bildung und Auflösung der gesetzlichen Rücklage nach § 150 AktG sind zwingend einzuhalten. Ihre Nichtbeachtung führt zur Nichtigkeit des Jahresabschlusses (§ 256 Abs. 1 Nr. 4 AktG). Die gesetzlichen Regelungen können auch durch entsprechende Satzungsbestimmungen nicht eingeschränkt, sondern allenfalls erweitert werden.

Angabepflicht im Anhang

Die Beträge, die aus dem Jahresüberschuss des Geschäftsjahres in die gesetzliche Rücklage eingestellt bzw. im Geschäftsjahr aus der gesetzlichen Rücklage entnommen wurden, sind in der Bilanz oder im Anhang anzugeben (§ 152 Abs. 3 Nr. 2 und 3 AktG).

(2) Rücklage für eigene Anteile

Einstellung in die Rücklage für eigene Anteile

Besitzt eine Kapitalgesellschaft eigene Anteile, die nicht zur Einziehung erworben wurden und deren spätere Veräußerung nicht von einem Hauptversammlungsbeschluss abhängig ist (d. h. Erwerb nach § 71 Abs. 1 Nr. 1 - 5 und Nr. 7 AktG), so hat sie für diese gemäß § 266 Abs. 3 HGB eine »Rücklage für eigene Anteile« zu bilden, die in ihrer Höhe dem nach § 266 Abs. 2 HGB auf der Aktivseite der Bilanz für eigene Anteile auszuweisenden Betrag entspricht (§ 272 Abs. 4 Satz 1 HGB) (zum Erwerb und zur Bilanzierung eigener Aktien vgl. nachfolgenden Punkt IV. dieses Kapitels). Diese Rücklage hat eine Gesellschaft auch dann zu bilden, wenn sie Aktien eines herrschenden oder eines mit Mehrheit beteiligten Unternehmens besitzt (§ 272 Abs. 4 Satz 4 HGB). Die Zuführung zu dieser Rücklage muss bei der Aufstellung der Bilanz erfolgen und kann aus dem Jahresüberschuss oder aus vorhandenen, frei verfügbaren Gewinnrücklagen erfolgen.

Funktion der Rücklage für eigene Anteile

Durch die Bildung dieser Rücklage soll verhindert werden, dass durch die Aktivierung eigener Anteile, die im gewissen Sinn einen Korrekturposten zum gezeichneten Kapital darstellen, der entsprechende Gegenwert an die Anteilseigner ausgeschüttet wird. Die Rücklage für eigene Anteile hat folglich eine Ausschüttungssperrfunktion und dient somit dem Gläubigerschutz.

Auflösung der Rücklage für eigene Anteile

Die Rücklage für eigene Anteile darf nur aufgelöst werden, wenn die Aktien ausgegeben, veräußert oder eingezogen werden. Ferner ist eine teilweise Auflösung erforderlich, wenn gemäß § 253 Abs. 3 HGB die eigenen Aktien auf der Aktivseite mit einem niedrigeren Betrag (Niederstwertprinzip) anzusetzen sind (§ 272 Abs. 4 Satz 2 HGB).

Angabepflicht im Anhang

Die Beträge, die aus dem Jahresüberschuss des Geschäftsjahres in die Rücklage für eigene Anteile eingestellt bzw. aus dieser entnommen wurden, sind in der Bilanz oder im Anhang anzugeben (§ 152 Abs. 3 Nr. 2 und 3 AktG).

(3) Satzungsmäßige Rücklagen

Statutarische Rücklagen

Satzungsmäßige Rücklagen – häufig auch statutarische Rücklagen genannt – umfassen all diejenigen Gewinnrücklagen, zu deren Bildung eine Kapitalgesellschaft aufgrund des Gesellschaftsvertrages bzw. ihrer Satzung verpflichtet ist. Satzungs- oder Gesellschaftsvertragsbestimmungen, die lediglich eine Ermächtigung zur Bildung von Gewinnrücklagen enthalten, führen nicht zu einer Dotierung der statutarischen, sondern der anderen Gewinnrücklagen (vgl. ADS [1995], § 272 Tz. 151). Sofern sich die Satzungsbestimmungen jedoch auf die gesetzliche Rücklage nach § 150 AktG beziehen, sind auch die Beträge, die 10 % des Grundkapitals übersteigen, Bestandteil der gesetzlichen Rücklage und zählen nicht zu den satzungsmäßigen Rücklagen, obwohl ihre Bildung auch auf eine verpflichtende Satzungsbestimmung zurückzuführen sein kann. Statutarische Rücklagen sind somit sämtliche aufgrund der Satzung (bzw. des Gesellschaftsvertrags) obligatorisch einzustellenden Gewinnrücklagen mit Ausnahme der statutarisch festgelegten höheren Zuführungen zu den gesetzlichen Rücklagen.

Einstellung und Auflösung statutarischer Rücklagen

Die satzungsmäßigen Rücklagen können zweckgebunden oder zweckfrei, d. h. ohne eine Zweckbestimmung eingestellt werden. Zweckgebunden sind die Rücklagen dann, wenn sie zu einem in der Satzung festgelegten Zweck dotiert werden. Hierzu zählen u. a. Substanzerhaltungsrücklagen (vgl. 17. Kapitel C), Werkerneuerungsrücklagen, Rücklagen für Rationalisierungsarbeiten sowie Rücklagen für den Ausbau der Vertriebsorganisation und Werbung.

Die Auflösung der satzungsmäßigen Rücklagen bestimmt sich wie deren Bildung nach den jeweiligen Vorschriften der Satzung; es bestehen hierzu weder für die Aktiengesellschaft noch für die GmbH gesetzliche Regelungen. Die Satzungsbestimmungen sind jedoch für Vorstand und Aufsichtsrat einer Aktiengesellschaft zwingend. Wird nämlich bei der Feststellung des Jahresabschlusses gegen Vorschriften der Satzung bezüglich der statutarischen Rücklagen verstoßen, so hat dies die Nichtigkeit des Jahresabschlusses zur Folge (vgl. § 256 Abs. 1 AktG). Für die GmbH fehlt eine entsprechende Nichtigkeitsvorschrift.

Die Beträge, die aus dem Jahresüberschuss des Geschäftsjahres in die satzungsmäßigen Rücklagen eingestellt oder aus diesen entnommen wurden, sind bereits bei der Aufstellung der Bilanz zu berücksichtigen sowie in der Bilanz oder im Anhang anzugeben (§§ 270 Abs. 2 HGB, 152 Abs. 3 Nr. 2 und 3 AktG).

(4) Andere Gewinnrücklagen

Die Position »andere Gewinnrücklagen« umfasst all diejenigen Rücklagen, die aus dem Jahresüberschuss eingestellt werden, die jedoch gemäß § 266 Abs. 3 HGB nicht gesondert auszuweisen sind. Sie stellt somit eine Sammelposition dar.

Wie bei den statutarischen, so unterscheidet man auch bei den anderen Rücklagen solche mit und solche ohne Zweckbindung. Zu den anderen Rücklagen mit Zweckbindung zählen z. B. die Erneuerungsrücklage und die Dividendenergänzungsrücklage.

Zuführung und Auflösung der anderen Gewinnrücklagen

Die Gesellschafter einer GmbH unterliegen bezüglich der Höhe der Zuführung und der Auflösung anderer Gewinnrücklagen keiner gesetzlichen Regelung. Sie können folglich den Jahresüberschuss ganz, nur teilweise oder gar nicht in die »anderen Gewinnrücklagen« einstellen.
Für Aktiengesellschaften bzw. KGaA existiert dagegen in § 58 AktG eine explizite gesetzliche Vorschrift, die die Einstellung von Teilen des Jahresüberschusses in die »anderen Gewinnrücklagen« regelt.

Demnach können andere Gewinnrücklagen sowohl durch die Hauptversammlung als auch durch Vorstand und Aufsichtsrat gebildet werden. Stellt die Hauptversammlung den Jahresabschluss fest, dann kann die Satzung vorsehen, dass bis zu 50 % des Jahresüberschusses in andere Gewinnrücklagen einzustellen sind (§ 58 Abs. 1 Satz 1 und 2 AktG). Der Jahresüberschuss ist jedoch vorab um einen bestehenden Verlustvortrag (ein Gewinnvortrag bleibt unberücksichtigt) und um die Beträge zu kürzen, die in die gesetzliche Rücklage einzustellen sind (§ 58 Abs. 1 Satz 3 AktG). Werden Rücklagen für eigene Anteile bzw. statutarische Rücklagen aus dem Jahresüberschuss dotiert, so dürfen diese den Bemessungsbetrag für die Ermittlung des maximal in die anderen Gewinnrücklagen einzustellenden Betrages nicht mindern (vgl. Haller, A. [1987], S. 646 ff.).

Stellen Vorstand und Aufsichtsrat den Jahresabschluss fest, dann können diese einen Teil des Jahresüberschusses, höchstens jedoch dessen Hälfte, den anderen Gewinnrücklagen zuführen (§ 58 Abs. 2 Satz 1 AktG). Die Satzung kann Vorstand und Aufsichtsrat allerdings ermächtigen, mehr oder weniger als die Hälfte des Jahresüberschusses in die anderen Gewinnrücklagen einzustellen (§ 58 Abs. 2 Satz 2 AktG). Bei Gesellschaften, deren Aktien zum Handel an einer Börse zugelassen sind, kann die Satzung Vorstand und Aufsichtsrat dagegen nur ermächtigen, mehr als die Hälfte des Jahresabschlusses in die anderen Gewinnrücklagen einzustellen. Von dieser Ermächtigung können sie nur insoweit Gebrauch machen, wie die anderen Gewinnrücklagen weder vor noch nach Einstellung die Hälfte des Grundkapitals übersteigen (§ 58 Abs. 2 Satz 3 AktG). Die Möglichkeit der Verwaltung, maximal die Hälfte des Jahresüberschusses in die anderen Gewinnrücklagen einzustellen (§ 58 Abs. 2 Satz 1 AktG), wird dadurch jedoch nicht eingeschränkt. Nach ADS ([1995], § 58 AktG Tz. 52) kann aufgrund einer Satzungsermächtigung auch der gesamte Jahresüberschuss in die anderen Gewinnrücklagen eingestellt werden. Grundsätzlich ist in diesem Zusammenhang auch der aktienrechtliche Gedanke des Minderheitsaktionärschutzes zu beachten (§ 254 AktG). Wie oben bereits erwähnt, muss der Jahresüberschuss vor Errechnung des den anderen Gewinnrücklagen zuführbaren Teils um die Pflichtzuführungen zu der gesetzlichen Rücklage und um einen etwaigen Verlustvortrag gekürzt werden (§ 58 Abs. 2 Satz 4 AktG).

Wertaufholungsrücklage

Unabhängig davon, ob die Hauptversammlung oder Vorstand und Aufsichtsrat den Gewinn feststellen, können Vorstand und Aufsichtsrat aufgrund § 58 Abs. 2a AktG zwei gesetzlich genau definierte Beträge, ohne von der Satzung oder der Hauptversammlung dazu ermächtigt zu sein, in die anderen Gewinnrücklagen einstellen. Dies ist zum einen der Eigenkapitalanteil von Wertaufholungen im Bereich des Anlage- und Umlaufvermögens. Durch Wertzuschreibungen, die bei Wegfall des Grundes für den Ansatz eines niedrigeren Buchwertes vom Unternehmen freiwillig oder aufgrund der gesetzlichen Verpflichtung des Wertaufholungsgebotes gemäß § 280 Abs. 1 HGB erfolgen (vgl. 2. Kapitel B II 1 (e)), wird das Jahresergebnis erhöht; stille Reserven werden aufgedeckt, die Gefahr laufen, im Zuge der Gewinnausschüttung aus dem Unternehmen zu fließen. Aufgrund des Wegfalls des faktischen Wertaufholungswahlrechts des § 280 Abs. 2 HGB i. V. m. § 6 Abs. 1 Nr. 1 Satz 4 und § 6 Abs. 1 Nr. 2 Satz 3 EStG a. F. mit der Verabschiedung des Steuerentlastungsgesetzes 1999/2000/2002 hat die Wertaufholungsrücklage materiell an Bedeutung gewonnen. Durch die mit § 58 Abs. 2a AktG eingeräumte Möglichkeit, den auf der Aktivseite zugeschriebenen Betrag (unter Abzug der darauf entfallenden Ertragsteuern) im Rahmen der Gewinnverwendung in die Gewinnrücklagen einzustellen, können Vorstand und Aufsichtsrat den Zuschreibungsbetrag von der Ausschüttung sperren (Ausschüttungssperrfunktion).

Steuerfreie Rücklagen ohne Maßgeblichkeit

Zum anderen können Vorstand und Aufsichtsrat auch den Eigenkapitalanteil von steuerlich abzugsfähigen Rücklagen, für die die umgekehrte Maßgeblichkeit nicht gilt, bei der Gewinnverwendung in die Rücklagen einstellen (§ 58 Abs. 2a AktG).

Durch die seit 1990 generelle Gültigkeit des umgekehrten Maßgeblichkeitsprinzips gemäß § 5 Abs. 1 EStG ist diese Rücklage weitgehend irrelevant geworden.

Zusätzliche Einstellungen in die anderen Gewinnrücklagen

Zusätzlich zu den nach § 58 Abs. 1 bis 2a AktG aus dem Jahresüberschuss gebildeten anderen Gewinnrücklagen kann die Hauptversammlung mit einfacher Stimmenmehrheit beim Beschluss über die Verwendung des Bilanzgewinns weitere Beträge, gegebenenfalls auch den gesamten Bilanzgewinn, in die anderen Gewinnrücklagen einstellen (§ 58 Abs. 3 AktG). Eine Beschränkung ergibt sich allerdings durch § 254 Abs. 1 AktG, wonach ein entsprechender Hauptversammlungsbeschluss angefochten werden kann, sofern die Rücklageneinstellung übermäßig hoch ist und keine 4 %ige Mindestdividende ausgeschüttet wurde. Die unterschiedlichen Möglichkeiten der Dotierung anderer Gewinnrücklagen gemäß § 58 AktG verdeutlicht Abbildung 5.7

Andere Gewinnrücklagen können nur bei Feststellung des Jahresabschlusses von dem jeweils zuständigen Organ, Verwaltung (§ 172 AktG) bzw. Hauptversammlung (§ 173 AktG), aufgelöst werden. Sofern Vorstand und Aufsichtsrat den Jahresabschluss feststellen, liegt es in deren freiem Ermessen – soweit keine Zweckbindung vorliegt – andere Gewinnrücklagen aufzulösen. Auch die Hauptversammlung ist – sofern sie den Jahresabschluss feststellt – grundsätzlich in ihrer Entscheidung über andere Gewinnrücklagen frei, soweit keine besonderen Satzungsbestimmungen vorliegen. Diese grundsätzliche Freiheit bei der Auflösung der anderen Gewinnrücklagen bezieht sich auch auf jene Beträge, die aufgrund von § 58 Abs. 2a AktG eingestellt wurden (vgl. Haller, A. [1987], S. 650).

Auflösung anderer Gewinnrücklagen

Unabhängig von der Feststellung des Jahresabschlusses durch die Verwaltung ist der Hauptversammlung das Recht vorbehalten, andere Gewinnrücklagen im Wege der Kapitalerhöhung aus Gesellschaftsmitteln in Grundkapital umzuwandeln.

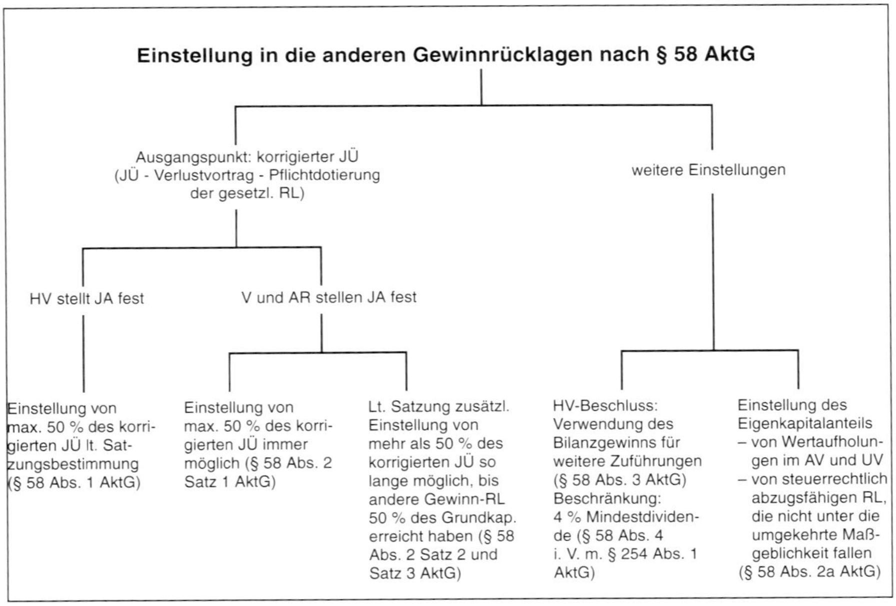

Abb. 5.7: Einstellungsmöglichkeiten in die anderen Gewinnrücklagen nach § 58 AktG

Die Beträge, die aus dem Jahresüberschuss des Geschäftsjahres in die anderen Gewinnrücklagen eingestellt bzw. aus diesen entnommen wurden, sind gemäß § 152 Abs. 3 AktG in der Bilanz oder im Anhang gesondert anzugeben. Dabei sind die Zuführungen nach § 58 Abs. 2a AktG (Eigenkapitalanteil von Wertaufholung und steuerfreier Rücklage) gesondert aufzuführen (§ 58 Abs. 2a Satz 2 AktG bzw. § 29 Abs. 4 GmbHG).

Angabenpflichten im Anhang

Abbildung 5.8 zeigt die Reihenfolge der Dotierung sämtlicher Rücklagen im Rahmen der Gewinnverwendungsrechnung einer Aktiengesellschaft.

Jahresüberschuss – Verlustvortrag = Bemessungsgrundlage 1 – Pflichtdotierung der **gesetzlichen Rücklage** (so lange 5 % der Bemessungsgrundlage 1, bis gesetzliche Rücklage und Kapitalrücklage zusammen 10 % des Grundkapitals erreicht haben)
= Bemessungsgrundlage 2 (korrigierter JÜ) Fallunterscheidung a) Hauptversammlung stellt JA fest: – Lt. Satzungsbestimmung Einstellung von max. 50 % des korrigierten JÜ in die **anderen Gewinnrücklagen** b) Vorstand und Aufsichtsrat stellen JA fest: – Einstellung von max. 50 % des korrigierten JÜ in die **anderen Gewinnrücklagen** immer möglich – Lt. Satzung mögliche zusätzliche Einstellung von mehr als 50 % des korrigierten JÜ in die **anderen Gewinnrücklagen** so lange zulässig, bis diese 50 % des Grundkapitals erreicht haben
= Bemessungsgrundlage 3 – Einstellung in die **Rücklagen für eigene Anteile** – Einstellung in die **satzungsmäßigen Rücklagen** – Einstellung des Eigenkapitalanteils von – Wertaufholungen im AV und UV – steuerrechtlich abzugsfähigen Rücklagen, die nicht unter die umgekehrte Maßgeblichkeit fallen[1)] in die **anderen Gewinnrücklagen**
= Bemessungsgrundlage 4 + Gewinnvortrag
= Bemessungsgrundlage für den Gewinnverwendungsbeschluss der Hauptversammlung 1) Aufgrund der generellen Gültigkeit des umgekehrten Maßgeblichkeitsprinzips durch die Formulierung des § 5 Abs. 1 Satz 2 EStG ist diese Rücklagendotierung faktisch nicht mehr möglich

Abb. 5.8: Rücklagendotierung in der Gewinnverwendungsrechnung einer Aktiengesellschaft

c) Die Gewinnrücklagen im IAS/IFRS-Abschluss

Inhalt der revenue reserves im IAS/IFRS-Abschluss

Die Bildung von *revenue reserves* erfolgt aus dem Ergebnis des Geschäftsjahres. Nach IAS/IFRS kann zwischen folgenden Gewinnrücklagen unterschieden werden:

1. *retained earnings*
2. *statutory reserves*
3. *legal reserves*
4. *other revenue reserves*

Eine gesonderte Rücklage für eigene Anteile, wie sie nach HGB existiert, ist nach IAS/IFRS nicht zu bilden.

(1) Retained earnings

Bildung von retained earnings

Bestandteile der *retained earnings* sind grundsätzlich die thesaurierten Vorjahresergebnisse (*accumulated profits/losses*) sowie das Ergebnis des Geschäftsjahres (*net profit / loss for the period*). Das Geschäftsjahresergebnis ist deshalb Bestandteil der *retained earnings*, da nach IAS/IFRS keine Gewinnverwendungsrechnung i. S. d. § 158 AktG existiert (vgl. 7. Kapitel E II). Lediglich die vorgeschlagene oder beschlossene Dividende je Aktie ist gem. IAS 1.85 in der Bilanz oder in den *notes* auszuweisen. Die *retained earnings* stellen damit das Ausschüttungspotential des Unternehmens dar; daneben dienen sie auch als Verrechnungspotential. Hervorzuheben ist dabei v. a. IAS 8, der es zulässt, einige Bilanzberichtigungen erfolgsneutral durchzuführen, wie z. B. die Korrektur wesentlicher Vorjahres-Fehler (IAS 8.34) oder die Verrechnung der Auswirkungen von Änderungen der Bilanzierungs- und Bewertungsmethoden (IAS 8.49).

(2) Statutory reserves

Bildung von statutory reserves

Der Teil des *stockholder's equity*, der auf vertraglichen Bestimmungen der Satzung beruht, wird als *statutory reserves* bezeichnet. Eine Zuführung zu den *statutory reserves*, wie auch zu den im Folgenden beschriebenen *legal reserves* und *other revenue reserves,* erfolgt als Minderung der *retained earnings* (vgl. Beck'scher Bilanzkommentar [1999], § 272 Tz. 246 f.).

(3) Legal reserves

Bildung von legal reserves

Legal reserves nach IAS/IFRS sind nach den gleichen Prinzipien zu bilden wie gesetzliche Rücklagen in einem HGB-Abschluss. Ein deutsches Unternehmen beispielsweise, das einen befreienden Konzernabschluss nach IAS/IFRS erstellt, hat, wenn es aufgrund von § 150 AktG zur Bildung einer gesetzlichen Rücklage verpflichtet ist, eine solche innerhalb des Eigenkapitals in seinem IAS/IFRS-Abschluss auszuweisen.

(4) Other revenue reserves

Alle sonstigen Rücklagen, die i. d. R. aus vertraglichen Verpflichtungen resultieren, werden als *other revenue reserves* verbucht.

d) Die Gewinnrücklagen im US-GAAP-Abschluss

Retained earnings nach US-GAAP

Basis der *retained earnings* ist das *income from operations*. Insgesamt enthalten sie alle nicht ausgeschütteten Gewinne, falls keine Einschränkungen durch die Satzung oder durch eine zweckgebunde Verwendung bestehen. Veränderungen der *retained earnings* können sich im einzelnen aufgrund folgender Geschäftsvorfälle ergeben:

- aus dem *net income/loss*: Die Erstellung einer US-GAAP-Bilanz erfolgt stets nach vollständiger Gewinnverwendung (vgl. Abschnitt B V dieses Kapitels), entsprechend fließt das in der GuV ermittelte Jahresergebnis in die *retained earnings* ein;
- aus *prior period adjustment*: Nach US-GAAP besteht die Möglichkeit, den Vorjahresendbestand der *retained earnings* erfolgsneutral zu verändern, falls sich Rechnungslegungsvorschriften oder -methoden geändert haben (APB 20) oder falls eine Korrektur von Fehlern aus früheren Geschäftsjahren nach FAS 16 notwendig ist;
- aus der Gewährung von Dividenden;
- aus dem Kauf/Verkauf eigener Anteile und
- aus dem Verfahren der *quasi-reorganization* (vgl. dazu die folgenden Ausführungen).

Abbildung 5.9 fasst die wesentlichen Geschäftsvorfälle, die zu einer Erhöhung (linke Spalte)/Verringerung (rechte Spalte) der *retained earnings* führen, zusammen.

Retained Earnings	
1. Net loss 2. Prior period adjustments (error corrections) and certain changes in accounting principles 3. Cash or scrip dividends 4. Stock dividends 5. Property dividends 6. Some treasury stock transactions	1. Net income 2. Prior period adjustments (error corrections) and certain changes in accounting principle 3. Adjustments due to quasi-reorganization

Abb. 5.9: Erhöhung und Verringerung der retained earnings nach US-GAAP

Quasi-reorganization

In vielen Bundesstaaten der USA ist es den Unternehmen untersagt, Dividenden auszuschütten, solange bspw. durch Verluste in früheren Perioden negative *retained earnings* vorliegen, d. h. das eingezahlte Kapital durch ein sog. *deficit* gemindert wird. Um einem Unternehmen trotz eines aufgelaufenen *deficits* die Möglichkeit zu geben, Dividenden auszuschütten, hat sich das Verfahren der *quasi-reorganization* etabliert. Dabei wird das aus den Vorperioden akkumulierte *deficit* eliminiert, wodurch das Unternehmen dieselbe Ausgangsbasis hat wie ein rechtlich neu organisiertes Unternehmen, ohne aber auf die i. d. R. damit verbundenen Schwierigkeiten zu stoßen und die dadurch entstehenden Kosten tragen zu müssen.

Methoden zur bilanziellen Behandlung einer quasi-reorganization

Das Verfahren der *quasi-reorganization*, auch *concept of an accounting fresh start* genannt, kann nach zwei Methoden erfolgen: der *deficit reclassification* oder der *accounting reorganization*. Bei der Methode der *deficit reclassification*, die für börsennotierte Unternehmen nicht zulässig ist, werden die negativen *retained earnings* (= *deficit*) umgegliedert in das *additional paid-in capital*; die *retained earnings* werden entsprechend mit Null ausgewiesen. Im Rahmen einer *accounting reorganization* erfolgt im ersten Schritt eine Neubewertung der *assets* des Unternehmens zum *fair value* und der *liabilities* zum *present value*, wobei die Anpassungen erfolgsneutral das bestehende *deficit* erhöhen bzw. verringern. Insgesamt dürfen dabei die Neubewertungen nicht zu einer Nettozuschreibung (*net asset writeup*) führen. Im zweiten Schritt werden die dann bestehenden *retained earnings* mit dem *additional paid-in capital* saldiert, wodurch die *retained earnings* letztendlich wiederum mit Null ausgewiesen werden (vgl. Kieso, D. E./Weygandt, J. J./Warfield, T. D. [2001], S. 834 ff.).

Voraussetzungen zur Durchführung einer quasi-reorganization

Um das Verfahren der *quasi-reorganization* durchführen zu können, müssen folgende Voraussetzungen erfüllt werden (vgl. Wübben, B. [2000], S. 15):

- Vor Umsetzung der *quasi-reorganization* müssen die Anteilseigner der vorgeschlagenen *quasi-reorganization* zustimmen.
- Eine zukünftig positive Ertragslage des Unternehmens muss wahrscheinlich sein.
- Bei börsennotierten Unternehmen muss ein Ausweis des Durchführungsdatums der *quasi-reorganization* über einen Zeitraum von 10 Jahren erfolgen; außerdem ist die Höhe des verrechneten *deficits* über einen Zeitraum von 3 Jahren auszuweisen (Regulation S-X, Rule 5-02.31).

Appropriation of retained earnings

Wie nach HGB ist es auch in einem US-GAAP-Abschluss möglich, *retained earnings* von der Ausschüttung auszuschließen (vgl. Haller, A. [1994], S. 308). Dabei werden *retained earnings* umklassifiziert in solche, die zu einem bestimmten Zweck bestehen; man spricht bei dieser Umklassifizierung von *appropriation of retained earnings*. Folgende Gründe können zur *appropriation of retained earnings* führen (vgl. Kieso, D. E./Weygandt, J. J./Warfield, T. D. [2001], S. 812):

1. Gesetzliche Bestimmungen.
2. Vertragliche Bestimmungen.
3. Vorhandensein eines möglichen oder erwarteten Verlustes.
4. Schutz der Position »*working capital*«.

Kann über *retained earnings* aufgrund einer solchen Umklassifizierung nicht frei verfügt werden, ist dies in der Bilanz oder in den *notes* anzugeben.

Statement of changes in retained earnings

Der Endbestand der *retained earnings* im *statement of changes in retained earnings*, das nach US-GAAP zu erstellen ist (vgl. die Ausführungen im 7. Kapitel E II), muss dem in der Bilanz ausgewiesenen Bestand entsprechen. Im o. g. *statement* ist die Entwicklung der *retained earnings* darzustellen und da in ihm Bilanzpositionen (eben die *retained earnings*) mit GuV-Zahlen (dem Jahresüberschluss bzw. -fehlbetrag) kombiniert werden, spricht man auch vom Bindestück zwischen Bilanz und GuV (vgl. Haller, A. [1994], S. 308).

e) Weitere offene Rücklagen nach internationalen Vorschriften

Translation adjustments nach IAS/IFRS

Die Methode der funktionalen Währung ist in IAS 21 zur Umrechnung der ausländischen Jahresabschlüsse in die Konzernwährung für ein Mutterunternehmen mit Tochterunternehmen im Ausland vorgeschrieben (vgl. 8. Kapitel D IV 4.). Die daraus resultierenden Umrechnungsdifferenzen (*translation adjustments*) sind separat als Bestandteil des Konzern-Eigenkapitals auszuweisen. Solange das Tochterunternehmen in den Konsolidierungskreis einzubeziehen ist, muss der Posten *translation adjustments* im Konzern-Eigenkapital fortgeführt werden (IAS 21.17). Beim Ausscheiden eines Tochterunternehmens aus dem Konsolidierungskreis sind die entsprechenden *translation adjustments* erfolgswirksam aufzulösen.

Revaluation surplus nach IAS/IFRS

Für *intangible assets* und Positionen des Sachanlagevermögens ist als *allowed alternative treatment* ein Ansatz auf Basis einer Neubewertung (*revalued amount*) möglich (IAS 38.64 und IAS 16.29; vgl. dazu die Ausführungen im 3. Kapitel C I). Macht der Bilanzierende Gebrauch von dieser Möglichkeit und führt die Neubewertung zu einer Erhöhung des Buchwertes, so ist der Differenzbetrag erfolgsneutral in das Eigenkapital unter der Position Neubewertungsrücklage (*revaluation surplus*) einzubuchen, sofern er nicht zuvor erfolgswirksam erfasste Abwertungen rückgängig macht (IAS 38.76 und IAS 16.37). Kommt es durch die Neubewertung zu einer Verminderung des Buchwertes, so ist der Betrag des Rückgangs erfolgswirksam als Aufwand zu erfassen, sofern nicht für diesen Gegenstand noch eine Neubewertungsrücklage besteht (IAS 38.77 und IAS 16.38).

Other comprehensive income nach US-GAAP

Comprehensive income, das sich aus dem in der GuV ermittelten Periodenergebnis (*net income*) und dem *other comprehensive income* zusammensetzt, wird als Veränderung des *stockholder's equity* innerhalb einer Abrechnungsperiode aufgrund von Geschäftsvorfällen oder anderen Vorgängen mit Ausnahme von Einzahlungen von und Auszahlungen an Anteilseigner definiert (CON 6.70). Die Bilanzposition *other comprehensive income* innerhalb des *stockholders´ equity* nimmt dabei bestimmte Sachverhalte auf, für die ergebnisneutrale Verrechnungen mit dem Eigenkapital möglich bzw. geboten sind (vgl. KPMG [1999a], S. 134). In FAS 130.17 ist geregelt, welche Komponenten im *other comprehensive income* gesondert auszuweisen und zu erläutern sind:

- Währungsumrechnungsdifferenzen (FAS 52; vgl. 8. Kapitel),
- *minimum pension liability adjustments* (FAS 87, vgl. 6. Kapitel),

- unrealisierte Gewinne und Verluste im Zusammenhang mit *debt* bzw. *equity securities* (FAS 115; vgl. 4. Kapitel).

Statement of comprehensive income

Das Format der Berichterstattung über das *comprehensive income* ist in FAS 130 nicht festgelegt; es bestehen drei Möglichkeiten, die Bestandteile des *other comprehensive income* auszuweisen (vgl. Kieso, D. E./Weygandt, J. J./Warfield, T. D. [2001], S. 166 f.):

1. Ausweis in einem separaten *second income statement* neben dem traditionellen *income statement*;
2. Ausweis in einem *combined income statement*, d. h. eine Kombination aus dem traditionellen *income statement* und dem *statement of comprehensive income*;
3. Ausweis innerhalb des *statement of stockholders´ equity*.

Das FASB schlägt in der beispielhaften Darstellung im Appendix B des FAS 130 für ein *second income statement* folgende Gliederung vor:

Statement of Comprehensive Income
Net income
Other comprehensive income, net of tax:
Foreign currency translation adjustments
Unrealized gains on securities:
Unrealized holding gains arising during period
Less: reclassification adjustment for gains included in net income
Minimum pension liability adjustment
Other comprehensive income
Comprehensive income

Innerhalb der Bilanz sind die Komponenten des *other comprehensive income* (= *accumulated other comprehensive income*) zusammenzufassen und in der Sektion *stockholders´ equity* neben den Positionen *common stock* und *retained earnings* auszuweisen (vgl. Kieso, D. E./Weygandt, J. J./Warfield, T. D. [2001], S. 168).

2. Sonderposten mit Rücklageanteil

Inhalt des Sonderpostens mit Rücklageanteil

Die Position »Sonderposten mit Rücklageanteil« umfasst zwei Komponenten. Zunächst haben Kapitalgesellschaften Rücklagen, die aufgrund steuerlicher Vorschriften den steuerpflichtigen Gewinn mindern und erst bei ihrer Auflösung zu versteuern sind (sog. »steuerfreie Rücklagen«), unter dem Sonderposten mit Rücklageanteil auszuweisen (§ 273 HGB). Darüber hinaus wird den Kapitalgesellschaften auch das Wahlrecht eingeräumt, unter dieser Position als eine Art Wertberichtigung (steuerrechtliche Sonderabschreibungen und erhöhte Absetzungen) Beträge, die über die rein handelsrechtlich gebotenen Abschreibungen hinausgehen, aufzunehmen (§ 281 HGB).

Doppelcharakter des Sonderpostens mit Rücklageanteil

Der Sonderposten mit Rücklageanteil weist somit einen Doppelcharakter auf. Einerseits enthält er Rücklagen aus noch nicht versteuertem Gewinn, die nach den Vorschriften der Steuergesetze aufzulösen sind. Andererseits können unter ihm Abschreibungsbeträge ausgewiesen werden, die gleichmäßig über die Nutzungsdauer des entsprechenden Vermögensgegenstandes aufzulösen sind.

Diese beiden Komponenten, aus denen sich der Sonderposten mit Rücklageanteil zusammensetzt, werden nachfolgend näher erläutert.

a) Steuerlich abzugsfähige Rücklagen

»Steuerfreie Rücklagen«

Im Allgemeinen werden Rücklagen aus bereits versteuertem Gewinn gebildet. In einigen vom Steuergesetzgeber ausdrücklich vorgesehenen Fällen sind Zuführungen zu Rücklagen jedoch ertragsteuerlich abzugsfähig, d. h., die den Rücklagen zugeführten Beträge unterliegen nicht der Ertragsbesteuerung; sie mindern die ertragsteuerliche Bemessungsgrundlage. Da diese Rücklagen jedoch alle innerhalb unterschiedlicher, vom Gesetzgeber vorgegebener Fristen aufzulösen sind oder auf Wirtschaftsgüter übertragen werden und damit durch niedrigere jährliche Abschreibungen während der Nutzungsdauer aufgelöst werden, wird die Ertragsteuerlast nicht endgültig aufgehoben, sondern nur für eine bestimmte Dauer hinausgeschoben. Durch die Bildung dieser Rücklagen erreicht der Steuerpflichtige keine Steuerersparnis, sondern lediglich eine Steuerstundung. Die weitverbreitete Bezeichnung dieser Rücklagen als »steuerfreie Rücklagen« ist somit grundsätzlich nicht korrekt, sondern nur in bezug auf den Zeitraum bis zur Auflösung vertretbar. Dennoch soll auch hier an dieser Stelle aufgrund seiner Popularität dieser Begriff nachfolgend Verwendung finden.

Mischcharakter

Diese Rücklagen stellen folglich eine Mischposition dar, die aus einem Eigenkapitalanteil und in Höhe der bei ihrer Auflösung einsetzenden Steuerverpflichtung aus einem Fremdkapitalanteil besteht und somit Rücklagen- und Rückstellungscharakter aufweist. Besonders deutlich zeigt sich der Rückstellungscharakter darin, dass der genaue Zeitpunkt der Auflösung und damit der Versteuerung sowie die Höhe der Steuerverbindlichkeit ungewiss sind (vgl. hierzu 6. Kapitel B I). Wegen dieses Mischcharakters der steuerfreien Rücklagen werden diese in der Bilanz als Sonderposten mit Rücklageanteil bezeichnet.

Bilanzanalytische Behandlung der steuerfreien Rücklagen

Eine präzise Aufteilung zwischen dem Eigen- und Fremdkapitalanteil ist wegen der Abhängigkeit der Gewerbeertragsteuer vom Hebesatz nicht möglich. Für bilanzanalytische Zwecke kann man diese Rücklagen durch die Berechnung der effektiven Steuerlast (vgl. 7. Kapitel D III 1) zu 60 % dem Eigenkapital und zu 40 % dem Fremdkapital zurechnen. Eine Aufteilung aus Vereinfachungsgründen je zur Hälfte zum Eigen- und zum Fremdkapital dürfte jedoch auch als zulässig erachtet werden.

Die gemäß § 266 Abs. 3 HGB in der Bilanz auszuweisende Position »Sonderposten mit Rücklageanteil« besitzt somit in zweifacher Hinsicht einen Doppelcharakter. Zum einen nimmt sie – wie schon festgestellt – sowohl der Besteuerung entzogene Rücklagen als auch Wertberichtigungen aufgrund steuerrechtlicher Sonderabschreibungen sowie erhöhten Absetzungen in sich auf. Zum anderen ist sie zum Teil dem Eigenkapital und zum Teil dem Fremdkapital zuzurechnen.

Während § 247 Abs. 3 HGB dem Kaufmann gestattet, alle »steuerfreien Rücklagen« in der Handelsbilanz unter dem »Sonderposten mit Rücklageanteil« aufzunehmen, schränkt § 273 HGB für Kapitalgesellschaften den Ausweis dieser Rücklagen ein. Nach dieser Vorschrift darf eine solche Rücklage in der Handelsbilanz einer Kapitalgesellschaft nur dann gebildet werden, wenn das Steuerrecht für die steuerliche Anerkennung des Sonderpostens mit Rücklageanteil voraussetzt, dass eine entsprechende Rücklage auch in der Handelsbilanz gebildet wird, also die umgekehrte Maßgeblichkeit der Steuer- für die Handelsbilanz vorliegt. Diese Einschränkung ist wegen der inzwischen eingeführten generellen Formulierung des umgekehrten Maßgeblichkeitsprinzips in § 5 Abs. 1 Satz 2 EStG praktisch gegenstandslos geworden.

Behandlung der steuerfreien Rücklagen in der GuV und im Anhang

Die steuerlich abzugsfähigen Rücklagen, bei denen die umgekehrte Maßgeblichkeit vorliegt, werden über die GuV-Position Nr. 8 (bei Anwendung des Gesamtkostenverfahrens) bzw. Nr. 7 (bei Anwendung des Umsatzkostenverfahrens) des § 275 Abs. 2 und 3 HGB »sonstige betriebliche Aufwendungen« eingestellt. Sie sind in der Handelsbilanz in dem Geschäftsjahr aufzulösen, in dem sie auch in der Steuerbilanz aufgelöst werden. Auch der Auflösungsbetrag bestimmt sich nach der Steuerbilanz. Die Auflösung erfolgt über die GuV-Position »sonstige betriebliche Erträge« (§ 275 Abs. 2 Nr. 4 bzw. Abs. 3 Nr. 6 HGB). Sowohl die Auflösung als auch die Einstellung in den Sonderposten mit Rücklageanteil sind gesondert unter den oben genannten entsprechenden GuV-Positionen auszuweisen oder im Anhang anzugeben (§ 281 Abs. 2 Satz 2 HGB). Darüber hinaus müssen die steuerlichen Vorschriften, nach denen die jeweiligen steuerfreien Rücklagen gebildet wurden, in der Bilanz oder im Anhang vermerkt werden (§ 273 S. 2 HGB).

Nachfolgend werden die in der Praxis häufigsten steuerlich abzugsfähigen Rücklagen näher erläutert.

(1) Rücklage für Ersatzbeschaffung (R 35 EStR)

Übertragung stiller Reserven bei Ausscheiden eines Vermögensgegenstandes aufgrund höherer Gewalt

Die Rücklage für Ersatzbeschaffung wird nicht in einem Steuergesetz geregelt, sondern in den Einkommensteuerrichtlinien (R 35), die interne Verwaltungsanweisungen der Finanzbehörde darstellen.

Durch die Rücklage für Ersatzbeschaffung werden Gewinne der Besteuerung entzogen, die dadurch entstanden sind, dass Wirtschaftsgüter gegen die Absicht des Steuerpflichtigen aus dem Betriebsvermögen ausgeschieden sind. Die stillen Reserven, die in Höhe der Differenz zwischen gewährter Entschädigung und Buchwert im Zeitpunkt des Ausscheidens aufgedeckt werden, können gemäß R 35 EStR auf ein Ersatzwirtschaftsgut übertragen werden. Dabei sind folgende Voraussetzungen zu erfüllen:

(a) Ausscheiden des Wirtschaftsgutes aufgrund höherer Gewalt (Brand, Diebstahl) oder behördlicher Eingriffe (Enteignung).
(b) Die Entschädigungszahlung hat für das Wirtschaftsgut selbst zu erfolgen.

(c) Das Ersatzwirtschaftsgut muss dem ausgeschiedenen Wirtschaftsgut in seiner Funktion gleich sein.

Ist eine Ersatzbeschaffung für das dem Ausscheiden folgende Wirtschaftsjahr ernstlich geplant, so kann in Höhe des Differenzbetrages (= stille Reserve) eine steuerfreie Rücklage für Ersatzbeschaffung gebildet werden. Sie ist erst gewinnerhöhend aufzulösen, wenn bis zum Schluss des ersten (bei Immobilien des zweiten) nach Bildung der Rücklage folgenden Wirtschaftsjahres das Ersatzwirtschaftsgut weder angeschafft oder hergestellt noch bestellt worden ist. Da Zugänge in der Handelsbilanz mit Anschaffungs- oder Herstellungskosten zu bilanzieren sind, erfolgt die Übertragung des Sonderpostens mit Rücklageanteil durch Vornahme eines Bewertungsabschlages gemäß § 254 HGB, dessen Betrag ebenfalls unter den Sonderposten mit Rücklageanteil ausgewiesen werden kann. Somit tritt bei Ersatzbeschaffung des Vermögensgegenstandes – vorausgesetzt, die bilanzierende Gesellschaft entscheidet sich für die indirekte Verbuchung der steuerlichen Sonderabschreibung – innerhalb des Sonderpostens bezüglich des übertragenen Betrages eine Wesensänderung von der steuerlich abzugsfähigen Rücklage zur steuerlichen Sonderabschreibung ein.

Übersteigt die erhaltene Entschädigung die Wiederbeschaffungskosten des Ersatzgutes, so ist zu beachten, dass nur ein Teil der Rücklage in Form einer Abschreibung übertragen werden kann.

(2) Rücklage für Veräußerungsgewinne bei bestimmten Gütern des Anlagevermögens (§ 6b EStG)

Rücklage für Veräußerungsgewinne nach § 6b EStG

Buchgewinne aus dem Verkauf von Immobilien und Aufwuchs auf Grund und Boden, wenn der Aufwuchs zu einem land- und forstwirtschaftlichen Betriebsvermögen gehört, können gem. § 6b EStG im Wirtschaftsjahr der Veräußerung in der Regel in vollem Umfang

(a) von den Anschaffungs- oder Herstellungskosten bestimmter in der gleichen oder in der vorangegangenen Periode angeschaffter oder hergestellter Wirtschaftsgüter abgesetzt (§ 6b Abs. 1) oder
(b) in eine den steuerlichen Gewinn mindernde Rücklage (§ 6b Abs. 3) eingestellt und später übertragen werden.

Die Übertragung des Veräußerungsgewinns bzw. die Bildung der Rücklage ist allerdings an eine Reihe von in § 6b Abs. 4 EStG näher genannten Voraussetzungen gebunden. So werden z. B. nur solche Steuerpflichtige begünstigt, die ihren Gewinn nach § 4 Abs. 1 oder § 5 EStG ermitteln (§ 6b Abs. 4 Nr. 1 EStG). Außerdem ist zu beachten, dass nur Gewinne aus solchen Wirtschaftsgütern übertragen werden können, die mindestens 6 Jahre ununterbrochen zum Anlagevermögen einer inländischen Betriebsstätte gehört haben (§ 6b Abs. 4 Nr. 2 EStG).

Wird der Veräußerungsgewinn auf ein Wirtschaftsgut übertragen, das im Wirtschaftsjahr vor der Veräußerung angeschafft oder hergestellt worden ist, so mindert dieser den Buchwert des Wirtschaftsgutes, der sich am Schluss des Wirtschaftsjahres der Anschaffung oder Herstellung ergibt.

Auflösung der Rücklagen für Veräußerungsgewinne

Die Frist für die Übertragung der Rücklage auf Reinvestitionsgüter beträgt im Allgemeinen vier Jahre (§ 6b Abs. 3 EStG). Sie verlängert sich jedoch bei neu hergestellten Gebäuden auf sechs Jahre, sofern mit deren Herstellung vor Ende des vierten auf die Bildung der Rücklage folgenden Wirtschaftsjahres begonnen worden ist. Der noch nicht beanspruchte Teil der Rücklage ist nach Fristablauf gewinnerhöhend aufzulösen. Dabei ist der steuerliche Gewinn um 6 % p. a. des Auflösungsbetrags außerhalb der Bilanz zu erhöhen (§ 6b Abs. 7 EStG).

Tabelle 5.4 ist zu entnehmen, dass gemäß § 6b EStG lediglich Veräußerungsgewinne bei bestimmten Anlagegütern auf die Anschaffungs- oder Herstellungskosten bestimmter Reinvestitionsgüter übertragen werden können. Für Gewinne aus Veräußerungen von Wirtschaftsgütern zum Zwecke der Vorbereitung oder Durchführung von städtebaulichen Sanierungs- oder Entwicklungsmaßnahmen sehen die Abs. 8 und 9 des § 6b EStG besondere Regelungen vor.

	können übertragen werden auf Anschaffungs- oder Herstellungskosten von		
Gewinne aus der Veräußerung von	Grund und Boden	Gebäuden*	Aufwuchs auf oder Anlagen im Grund und Boden mit dem dazugehörigen Grund und Boden, soweit sie zu einem land- und forstwirtschaftlichen Betriebsvermögen gehören
Grund und Boden	ja	ja	ja
Gebäuden	–	ja	–
Aufwuchs auf oder Anlagen im Grund und Boden mit dem dazugehörigen Grund und Boden, soweit sie zu einem land- und forstwirtschaftlichen Betriebsvermögen gehören	–	ja	ja

* Bei Gebäuden ist die Übertragung auch auf Aufwendungen für ihre Erweiterung, ihren Ausbau oder ihren Umbau zulässig.

Tab. 5.4: Übertragungsmöglichkeiten von Gewinnen

(3) Weitere steuerfreie Rücklagen

Zusätzlich zu den oben bereits erwähnten sind noch folgende steuerfreie Rücklagen zu nennen:

- Rücklage für Zuschüsse aus öffentlichen Mitteln gem. R 34 EStR
- Rücklage nach dem Gesetz über steuerliche Maßnahmen bei der Stillegung von Steinkohlebergwerken
- Umwandlungsrücklage nach § 8 UmwStG

- Rücklage nach § 6 Fördergebietsgesetz (seit dem 01.01.2000 keine entsprechende Rücklagenbildung mehr möglich)

b) *Wertberichtigungen aufgrund steuerrechtlicher Sonderabschreibungen und erhöhter Absetzungen*

Direkte vs. indirekte Abschreibung

§ 254 i. V. m. § 279 Abs. 2 HGB gewährt dem Kaufmann die Möglichkeit, Abschreibungen auf Vermögensgegenstände über das in § 253 HGB handelsrechtlich gebotene Maß hinaus vorzunehmen, um der umgekehrten Maßgeblichkeit zu genügen.

Nimmt eine Kapitalgesellschaft dieses Abschreibungswahlrecht in Anspruch, so bieten sich ihr zwei Möglichkeiten des Bilanzausweises: die direkte Abschreibung oder die indirekte Wertberichtigung über den Sonderposten mit Rücklageanteil. Die indirekte Methode deckt stille Reserven auf, die bei direkter Abschreibung aus der Bilanz nicht ersichtlich sind.

Auswirkung des indirekten Bilanzausweises auf GuV und Anhang

Im Anhang allerdings ist der gesamte Betrag der allein nach steuerlichen Vorschriften vorgenommenen Abschreibungen, soweit er sich nicht aus Bilanz oder GuV ergibt, getrennt nach Anlage- und Umlaufvermögen anzugeben und zu begründen; die entsprechenden Paragraphen der Steuergesetze müssen der Bilanz oder dem Anhang zu entnehmen sein (§ 281 HGB). Darüber hinaus ist der Unterschiedsbetrag zwischen steuerlicher und handelsrechtlich gebotener Abschreibung, der bei indirekter Abschreibung über die GuV-Position »sonstige betriebliche Aufwendungen« (§ 275 Abs. 2 Nr. 8 bzw. Abs. 3 Nr. 7 HGB) im Geschäftsjahr in den Sonderposten mit Rücklageanteil eingestellt wird, zusammen mit den neu eingestellten steuerfreien Rücklagen unter der GuV-Position Nr. 8 respektive Nr. 7 des § 275 HGB oder im Anhang gesondert auszuweisen. Der Betrag, der der handelsrechtlich gebotenen Abschreibung entspricht, wird in der GuV über die Position »Abschreibungen« verbucht.

Auflösung bei indirektem Bilanzausweis

Die indirekt ausgewiesenen Abschreibungsbeträge sind in den Folgejahren aufzulösen. Dies geschieht jeweils in der Höhe, in der die handelsrechtlich gebotenen Abschreibungen die steuerlichen Abschreibungen übersteigen. Daneben führt auch ein Ausscheiden des jeweiligen Vermögensgegenstandes aus dem Betriebsvermögen zur Auflösung der Wertberichtigung (§ 281 Abs. 1 Satz 3 HGB). Die Auflösungsbeträge eines Geschäftsjahres sind zusammen mit jenen, die aus »steuerfreien Rücklagen« resultieren, in der GuV gesondert unter der Position »sonstige betriebliche Erträge« (§ 275 Abs. 2 Nr. 4 bzw. Abs. 3 Nr. 6 HGB) auszuweisen oder im Anhang anzugeben.

Mischung aus Eigen- und Fremdkapital

Wie die steuerfreien Rücklagen, so besitzt auch der nach § 281 HGB eingestellte Unterschiedsbetrag einen Zwittercharakter. Da bei seiner Einstellung in den Sonderposten mit Rücklageanteil das Jahresergebnis und damit die Bemessungsgrundlage für die Ertragsteuern gemindert wird, die daraus resultierende geringe Steuerbelastung aufgrund geringerer Abschreibungsbeträge sich in den Folgejahren aber durch höhere Steuerzahlungen wieder ausgleicht, besteht auch die im Sonderposten mit Rücklageanteil enthaltene Wertberichtigungskomponente nicht nur aus einem Eigenkapital-, sondern auch aus einem Fremdkapitalanteil.

Im Sinne des Informationsziels des Jahresabschlusses ist es wünschenswert, dass die Praxis von der indirekten Verbuchung steuerrechtlicher Sonderabschreibungen sowie erhöhter Absetzungen Gebrauch macht. Aus Sicht des bilanzierenden Unternehmens besteht jedoch der Nachteil, dass durch die Verpflichtung zur jährlichen korrekten Auflösung des Sonderpostens mit Rücklageanteil ein indirekter Ausweis der Abschreibungen einen erheblich höheren Verwaltungsaufwand bei den Jahresabschlussarbeiten bedingt als ein direkter.

3. Die stillen Rücklagen

Wesen der stillen Reserven

Stille Rücklagen oder stille Reserven sind Teile des Eigenkapitals, deren Höhe jedoch – wie ihre Bezeichnung ausdrückt – aus der Bilanz nicht ersichtlich ist (vgl. auch 14. Kapitel A I). Neben dieser Eigenschaft unterscheiden sie sich von den offenen Rücklagen durch zwei weitere Merkmale. Zum einen unterliegen sie bei ihrer Auflösung im Allgemeinen der Besteuerung, zum anderen sind sie sowohl auf der Aktiv- als auch auf der Passivseite der Bilanz enthalten. Auf der Aktivseite entstehen sie durch zu niedrige Bewertung bzw. durch Nicht-Aktivierung von Vermögensgegenständen, auf der Passivseite durch zu hohe Wertansätze. Die Höhe der stillen Reserven einer Unternehmung ergibt sich aus der Differenz zwischen den Buchwerten und den höheren »tatsächlichen» Werten von Aktiva bzw. aus der Differenz zwischen den Buchwerten und den niedrigeren »tatsächlichen« Werten von Passiva. Je nach Interpretation des Begriffs »tatsächlicher Wert« kann man marktwert- und anschaffungswertorientierte stille Reserven unterscheiden.

Arten stiller Reserven

Darüber hinaus differenziert man nach der Art ihrer Entstehung in gesetzliche Zwangsreserven, Dispositions- und Ermessensreserven sowie Willkürreserven. Gesetzliche Zwangsreserven sind marktwertorientierte, Dispositions-, Ermessens- und Willkürreserven sind dagegen anschaffungswertorientierte stille Reserven.

Zwangsreserven

Gesetzliche Zwangsreserven entstehen zwangsläufig bei Beachtung der gesetzlichen Bilanzierungs- und Bewertungsvorschriften. Dies zeigt sich besonders bei langfristigen Investitionen wie Grundstücken, Beteiligungen und Wertpapieren des Anlagevermögens, die nach HGB, aber auch i. d. R. nach internationalen Bestimmungen bei Wertsteigerungen über die Anschaffungskosten hinaus nicht höher bewertet werden können. Ferner entstehen sie im deutschen Handelsrecht z. B. durch das Aktivierungsverbot originärer immaterieller Vermögensgegenstände (vgl. § 248 Abs. 2 HGB).

Dispositions- / Ermessensreserven

Die Beachtung des Vorsichtsprinzips bzw. des *prudence principle,* dem in der Rechnungslegung nach HGB eine wesentlich bedeutendere Rolle zukommt als nach internationalen Grundsätzen, führt zum Entstehen von Dispositions- und Ermessensreserven. Die Ursachen für Ermessensreserven liegen in der Ungewiss- heit von Schätzungen, die Ursachen für Dispositionsreserven in den eingeräumten Wahlrechten für Bilanzierung, Bewertungsverfahren und Wertansätze.

Beispiele für Schätzungsunsicherheiten, die zu Ermessensreserven führen können, sind: Schätzung der Nutzungsdauer des abnutzbaren Anlagevermögens, Bemessung von Beteiligungsabschreibungen, Bemessung von Rückstellungen.

Beispiele für handelsrechtliche Bilanzierungs- und Bewertungswahlrechte, die zu Dispositionsreserven führen können, sind: Verfahren der Vorratsbewertung (Festwert-, Lifo-, Fifo-, Hifo-Verfahren), niedrigerer Zukunftswert, gemildertes Niederstwertprinzip bei Finanzanlagen, aktive Bilanzierungshilfen, Goodwillbilanzierung, Aufwandsrückstellungen.

Rechtsformspezifische Dispositionsreserven

Kapitalgesellschaften sind durch § 279 Abs. 1 HGB in dem Umfang der Legung von Dispositionsreserven gegenüber Nicht-Kapitalgesellschaften beschränkt. § 253 Abs. 4 HGB gestattet es dem Kaufmann konkret, durch im Rahmen vernünftiger kaufmännischer Beurteilung vorgenommene Unterbewertungen von Vermögensgegenständen stille Reserven zu legen. Für Kapitalgesellschaften gilt diese Vorschrift gemäß § 279 Abs. 1 HGB nicht.

Willkürreserven

Willkürreserven sind nach allen drei Rechnungslegungssystemen unzulässig. Sie entstehen bei Verstößen gegen zwingende Bilanzierungsvorschriften, z. B. durch völliges oder teilweises Unterlassen der Aktivierung von aktivierungspflichtigen Vermögensgegenständen, durch Verbuchung von Anlagezugängen als Aufwand oder durch Bildung fiktiver Rückstellungen. Darüber hinaus zählen im HGB-Abschluss auch diejenigen stillen Reserven zu den Willkürreserven, die bei Einzelkaufleuten und Personenhandelsgesellschaften durch Unterbewertung von Vermögensgegenständen über das im Rahmen kaufmännischer Beurteilung vertretbare Maß hinausgehen.

Durch die im Gesetz verankerte Androhung von Sonderprüfungen und die bei unzulässiger Über- oder Unterbewertung eintretende Nichtigkeit des Jahresabschlusses (§§ 256, 258 ff. AktG) wird der Bildung von Willkürreserven seitens des Gesetzgebers entgegengewirkt.

Auflösung der stillen Reserven

Stille Reserven, die durch Unterbewertung im Umlaufvermögen entstanden sind, lösen sich automatisch bei Veräußerung der unterbewerteten Gegenstände auf. Die Auflösung stiller Reserven im abnutzbaren Anlagevermögen erfolgt von dem Augenblick an, wo der durch die Nutzung eintretende Werteverzehr die bilanziellen Abschreibungen übersteigt. Bei Gegenständen des Anlagevermögens, die vorzeitig verkauft werden und deren Verkaufspreis über dem Buchwert liegt, kommt es ebenfalls zu einer (bewussten) Auflösung stiller Reserven.

Steuerstundung

Das Bilden von stillen Reserven bewirkt, dass der Gewinn bzw. das Eigenkapital (Reinvermögen) geringer erscheinen, als es der Wirklichkeit entspricht (Instrument der Gewinnpolitik). Abgesehen von einigen Ausnahmen, bemüht sich der Steuergesetzgeber um eine weitgehende Einschränkung der Möglichkeiten zur Bildung stiller Reserven. Stille Reserven wirken bei ihrer Auflösung gewinnerhöhend. Sie stellen daher, soweit sie steuerlich überhaupt zulässig sind, keine Steuerersparnis, sondern nur eine Steuerstundung dar (vgl. auch R 35 Abs. 1 Satz 3 und 4 EStR).

Bedeutung stiller Reserven

Theorie und Praxis beurteilen stille Reserven sehr unterschiedlich. Besonders in der Praxis fordert man immer wieder, stille Reserven zuzulassen. Dazu werden u. a. folgende Argumente vorgetragen:

- Angemessene stille Reserven verleihen einem Unternehmen Widerstandskraft und dienen der Substanzerhaltung.
- Stille Reserven stehen im Dienst der Gewinnregulierung (Verluste können ohne Inanspruchnahme offener Rücklagen abgedeckt werden; das Vertrauen von Gläubigern und Öffentlichkeit in die Unternehmung erfährt somit keine Schwächung).

Durch die Schaffung des § 253 Abs. 4 HGB, der durch Unterbewertung von Aktiva es einem Kaufmann gestattet, stille Reserven im Rahmen kaufmännischer Beurteilung zu legen, zeigte der Gesetzgeber, dass auch er den stillen Rücklagen eine gewisse Notwendigkeit zuerkennt. Zu beachten ist jedoch, dass gemäß § 279 Abs. 1 HGB die Regelung des § 253 Abs. 4 HGB – wie bereits erwähnt – für Kapitalgesellschaften keine Gültigkeit besitzt.

Kritik stiller Reserven

Die betriebswirtschaftliche Theorie steht den stillen Reserven kritisch, wenn nicht sogar – wie im Fall der Willkürreserven – ablehnend gegenüber, weil durch sie die Aussagefähigkeit der Bilanz wesentlich beeinträchtigt wird. Stille Reserven erschweren nicht nur die Vergleichbarkeit von Jahresabschlüssen, sondern auch die richtige Darstellung der Vermögenslage am Bilanzstichtag. Darüber hinaus ist die Auflösung stiller Reserven oft der Grund dafür, dass Unternehmenskrisen von externen Bilanzlesern nicht rechtzeitig erkannt werden und deshalb Maßnahmen, wie z. B. die Einleitung eines Insolvenzverfahrens, häufig zu spät ergriffen werden. Diese kritische Haltung zu den stillen Reserven wird von nationalen wie internationalen *Standard Setters* ohne Einschränkung geteilt. Sie bemühen sich deshalb, durch eindeutige Rechnungslegungsregeln, das *income management* bzw. *income smoothing* durch Legung und Auflösung stiller Reserven soweit wie möglich zu verhindern. Soweit dennoch stille Reserven vorhanden sind, ist deren Abschätzung eine der Aufgaben der erfolgswirtschaftlichen Bilanzanalyse (vgl. 14. Kapitel A I).

IV. Rückkauf eigener Anteile

Gründe für den Rückkauf eigener Aktien

Seit einigen Jahren hat der Rückkauf eigener Aktien (und somit auch die Bilanzierung eigener Aktien) weltweit, insbesondere in den USA, stark an Bedeutung gewonnen. Hauptsächlich folgende Gründe veranlassen Unternehmen, ihre eigenen Aktien zu erwerben (vgl. Kieso, D. E./Weygandt, J. J./Warfield, T. D. [2001], S. 781 f.; Kröner, M./Hadzic, E. [1998], S. 2133 ff.):

- zur Ausgabe von Belegschaftsaktien bzw. um vertraglich vereinbarte *stock option*-Pläne mit Mitarbeitern erfüllen zu können,
- als Alternative zur Dividendenzahlung,
- um Anforderungen für Merger erfüllen zu können,

- zur Erhöhung des Ergebnisses je Aktie (bzw. der *earnings per share*), indem die Anzahl ausgegebener Aktien vermindert wird,
- zur Kapitalanlage,
- zur Abwehr von Übernahmeversuchen oder um den Kreis der Anteilshaber zu verringern,
- zur Etablierung eines Marktes ihrer Anteile bzw. zur Börsenkurspflege.

Liberalisierung des Rückkaufs eigener Aktien durch KonTraG

Mit der Verabschiedung des Gesetzes zur Kontrolle und Transparenz im Unternehmensbereich (KonTraG) am 28.04.1998 kam der deutsche Gesetzgeber dieser Entwicklung nach und es erfolgte eine Liberalisierung des zuvor stark eingeschränkten Rückkaufs eigener Aktien. Gleichzeitig wurde die bilanzielle Behandlung eigener Aktien in bestimmten Fällen der internationalen Praxis angeglichen.

Regelungen in §§ 71 ff. AktG

In §§ 71 ff. AktG ist der Erwerb eigener Aktien geregelt. Dabei wird grundsätzlich zwischen drei Sachverhalten unterschieden (vgl. Rosen, R. v./Helm, L. [1996], S. 435 ff.; Arbeitskreis »Externe Unternehmensrechnung« der Schmalenbach-Gesellschaft [1999a], S. 1674 ff.).

Grundsätzliches Verbot des Erwerbs eigener Aktien

1. Grundsätzliches Verbot des Erwerbs eigener Aktien (§ 71 Abs. 1 AktG): Dem Grundsatz nach ist es Unternehmen verboten, eigene Aktien zu erwerben. Zur Durchsetzung dieses Verbots bestehen Rechtsfolgen, wie die Unwirksamkeit des Verpflichtungsgeschäfts (§ 71 Abs. 4 AktG), die Verpflichtung zur Veräußerung bzw. Einziehung der eigenen Aktien (§ 71c AktG) sowie die Sanktionierung als Ordnungswidrigkeit (§ 405 Abs. 1 Nr. 4 AktG).

Eingeschränkter Erwerb in Ausnahmefällen

2. Eingeschränkter Erwerb in den Ausnahmefällen der §§ 71 Abs. 1 Nr. 1 - 4 und Nr. 7 - 8 AktG: Unter besonderen Bedingungen ist eine Durchbrechung des grundsätzlichen Verbots möglich. In § 71 Abs. 1 AktG werden folgende Ausnahmen genannt:
   - Der Erwerb ist nötig, einen schweren Schaden von der Gesellschaft abzuwenden (Nr. 1).
   - Der Erwerb erfolgt, um die Aktien an die Belegschaft auszugeben (Nr. 2).
   - Die erworbenen eigenen Aktien sollen zur Abfindung von Minderheitsaktionären dienen (Nr. 3).
   - Der Erwerb erfolgt unentgeltlich (Nr. 4).
   - Der Erwerb findet durch ein Kreditinstitut in Kommission für Bankkunden statt (Nr. 4).
   - Bei dem Unternehmen handelt es sich um eine Bank, die im eigenen Namen eigene Aktien als Handelsbestand erwirbt (Nr. 7).
   - Der Unternehmensleitung ist es gestattet, eigene Aktien zu erwerben, wenn eine entsprechende Ermächtigung durch die Hauptversammlung vorliegt; diese Ermächtigung kann maximal für 18 Monate erteilt werden (Nr. 8). Diese Möglichkeit wurde durch KonTraG neu geschaffen.

Für den Großteil dieser Fälle ist der Erwerb eigener Aktien mengenmäßig eingeschränkt auf insgesamt 10 % des Grundkapitals (§ 71 Abs. 1 Satz 1 AktG). Außerdem muss es dem Unternehmen möglich sein, eine Rücklage für eigene Anteile (vgl. B III 1b (2) dieses Kapitels) zu bilden, ohne dabei das Grundkapital oder eine nicht ausschüttbare Rücklage zu mindern (§ 71 Abs. 1 Satz 2 AktG).

3. Uneingeschränkter Erwerb in den Ausnahmefällen der §§ 71 Abs. 1 Nr. 5 - 6 AktG: Erfolgt ein Erwerb durch Gesamtrechtsnachfolge (Nr. 5) oder dienen die Aktien dazu, eine Kapitalherabsetzung durchzuführen (Nr. 6), so sind an den Erwerb eigener Aktien keine weiteren Bedingungen geknüpft. *Uneingeschränkter Erwerb in Ausnahmefällen*

Bilanzierung eigener Aktien nach deutschem Handelsrecht

Bis zur Verabschiedung des KonTraG wurden eigene Aktien einheitlich bilanziert. Aufgrund der Änderungen sind nun eigene Aktien abhängig vom Erwerbszweck zu bilanzieren. Dabei wird unterschieden zwischen eigenen Aktien, die zur Einziehung, und eigenen Aktien, die nicht zur Einziehung erworben wurden. Unter zur Einziehung erworbenen eigenen Aktien fallen diejenigen, die nach § 71 Abs. 1 Nr. 6 AktG durch Hauptversammlungsbeschluss zur Einziehung erworben wurden und die nach § 71 Abs. 1 Nr. 8 AktG aufgrund einer Ermächtigung der Hauptversammlung zurückgekauft wurden. Alle zu anderen Zwecken erworbene eigene Aktien sind dementsprechend nicht zur Einziehung erworbene.

Nicht zur Einziehung erworbene Aktien

Handelt es sich um nicht zur Einziehung erworbene eigene Aktien (§ 71 Abs. 1 Nr. 1 - 5 und Nr. 7 AktG), so sind diese nach dem Konzept des Vermögensgegenstandes »eigene Aktien« zu bilanzieren, d. h. es erfolgt eine imparitätische Bilanzierung der eigenen Aktien im Umlaufvermögen (§ 266 Abs. 2 HGB i. V. m. § 265 Abs. 3 HGB). Da der Kauf eigener Aktien wirtschaftlich betrachtet einer teilweisen Kapitalrückzahlung gleichkommt (vgl. ADS [1995], § 272 Tz. 183), können eigene Aktien auch als Korrekturposten zum Eigenkapital betrachtet werden. Entsprechend ist auf der Passivseite gem. § 272 Abs. 4 HGB eine Rücklage für eigene Anteile in Höhe des aktivierten Betrags zu bilden (weitere Ausführungen zu Rücklagen für eigene Anteile unter Abschnitt B III 1b (2)).

Zur Einziehung erworbene Aktien

Nach dem neu gefassten § 272 Abs. 1 Satz 4 HGB sind zur Einziehung erworbene eigene Aktien bilanziell nicht mehr als Vermögensgegenstände zu behandeln, vielmehr besteht für sie ein Aktivierungsverbot (vgl. Thiel, J. [1998], S. 1584). Stattdessen ist ihr Nennbetrag, oder falls es sich um nennwertlose Stückaktien handelt, ihr rechnerischer Wert in der Vorspalte offen von dem Posten »Gezeichnetes Kapital« als Kapitalrückzahlung abzusetzen. Liegt der Kaufpreis über dem Nennwert bzw. rechnerischen Wert, so ist der übersteigende Betrag mit den anderen Gewinnrücklagen zu verrechnen.

Erwerb eigener Aktien nach IAS/IFRS

Der Erwerb eigener Aktien hängt vom geltenden Recht des Landes ab, in dem sich das erwerbende Unternehmen befindet. Für ein deutsches Unternehmen, das nach IAS/IFRS bilanziert, gelten die oben dargestellten Möglichkeiten des Erwerbs eigener Aktien, geregelt im Aktiengesetz.

Bilanzierung eigener Aktien nach IAS/IFRS

Einzige Vorschrift zur Bilanzierung eigener Aktien (*treasury shares*) in den IAS/IFRS stellt IAS 1.74 (a) (iv) dar. Hier ist geregelt, dass *shares in the enterprise held by the enterprise itself* gesondert zu zeigen sind, entweder in der Bilanz oder in den *notes*. In welcher Form eigene Aktien zu bilanzieren sind, regeln die IAS/IFRS nicht, allerdings behandelt SIC 16 diesen Problemkreis. Nach SIC 16.4 sind *treasury shares* vom Eigenkapital abzusetzen, die Möglichkeit ein *asset* anzusetzen besteht folglich nicht. Ungeregelt ist bislang gänzlich, in welcher Form der Abzug vorzunehmen ist. Grundsätzlich bieten sich die beiden international gebräuchlichen Methoden, die *par value method* und die *cost method* an, die in den folgenden Ausführungen zur Bilanzierung eigener Aktien nach US-GAAP beschrieben werden.

Erwerb eigener Aktien in den USA

Die Regelung des Gesellschaftsrechts ist in den USA den einzelnen Bundesstaaten überlassen. Die wenigen bestehenden Einschränkungen des Erwerbs eigener Aktien sind allerdings nahezu unbedeutend. Damit ist der Erwerb eigener Aktien in den USA grundsätzlich erlaubt (vgl. Rosen, R. v./Helm, L. [1996], S. 437). Bei von einem Unternehmen zurückerworbenen Aktien spricht man von *treasury stock* oder *treasury shares*. Sie können der Einziehung oder einer erneuten Ausgabe dienen.

Aktienrückkauf gem. SEA

Die Durchführung des Aktienrückkaufs ist durch das Kapitalmarktrecht des Bundes, dem *Securities Exchange Act* (SEA) von 1934 geregelt. Dabei wird im Wesentlichen zwischen zwei Grundformen unterschieden: den *open market repurchases* und den *self tender offers*. Im Falle der *open market repurchases* erwirbt das Unternehmen nach öffentlicher Ankündigung kleinere Aktienmengen regulär an der Börse. Dies geschieht anonym und zum Börsenkurs ohne zusätzliche Verkaufsprämie. Bei einem *self tender offer* bietet das Unternehmen seinen Aktionären den Aktienrückkauf öffentlich zu einem bestimmten Preis an, der sich üblicherweise aus dem Kurswert und einer Verkaufsprämie zusammensetzt. Neben diesen üblichen Formen des Aktienrückerwerbs werden auch Rückkäufe nach Verhandlungen mit einzelnen Aktionären bzw. Aktionärsgruppen (sog. *negotiated repurchases*) überwiegend für zulässig erachtet (vgl. Rosen, R. v./ Helm, L. [1996], S. 437).

Bilanzierung eigener Aktien nach US-GAAP

Werden eigene Aktien zurückerworben, stellt dies einerseits eine Verminderung der *assets* und andererseits eine Verringerung des *stockholder´s equity* dar. Zwar können die eigenen Aktien wieder veräußert werden und somit in liquide Mittel transformiert werden, dennoch werden sie nicht als *asset* betrachtet, da das Unternehmen durch die eigenen Aktien bspw. keine Stimmrechte und keinen Anspruch auf Dividendenzahlung erhält. Damit sind die eigenen Aktien eher mit nicht ausgegebenen Aktien vergleichbar, die ebensowenig als *asset* bilanziert werden (vgl. Kieso, D. E./Weygandt, J. J./Warfield, T. D. [2001], S. 782 f.). Aufgrund dessen werden eigene Aktien in einem US-GAAP-Abschluss nach APB 6.12 grundsätzlich nicht als *asset* ausgewiesen, sondern vom Eigenkapital abgesetzt (eine Ausnahme dazu ist in APB 6.12b geregelt) (vgl. ARB 43 ch. 1A). Wie nach HGB werden eigene Aktien auch nach US-GAAP in Abhängigkeit von der Zielsetzung des Rückerwerbs bilanziert. Werden eigene Aktien zur Einziehung zurückgekauft, sollte bevorzugt die *par value method* angewandt werden, andernfalls die *cost method* (vgl. Arbeitskreis »Externe Unternehmensrechnung« der Schmalenbach-Gesellschaft [1999a], S. 1673). APB 6.12 empfiehlt allerdings generell die Anwendung der *cost method*, gleich welche Zielsetzung mit dem Aktienrückkauf verfolgt wird. Entsprechend ist die *cost method* auch die am weitesten verbreitete Methode in der amerikanischen Bilanzierungspraxis.

Par value method

Findet eine Bilanzierung nach der *par value method* statt, ist der *common stock* in Höhe des Nennwerts der erworbenen eigenen Aktien zu verringern. Übersteigt der Kaufpreis den Nennwert, wird der übersteigende Betrag (*paid-in capital in excess of par*) soweit von der Kapitalrücklage abgezogen, wie der Kaufpreis nicht über dem ursprünglichen Ausgabekurs liegt. Übersteigt der Kaufpreis den ursprünglichen Ausgabekurs, ist der Unterschiedsbetrag mit den Gewinnrücklagen (*retained earnings*) zu verrechnen. Werden die eigenen Aktien zu einem Preis erworben, der unter dem Nennwert liegt, ist der Differenzbetrag zwischen Kaufpreis und Ausgabekurs der Kapitalrücklage auf eigene Aktien (*paid-in capital from treasury stock*) zuzurechnen (vgl. Arbeitskreis »Externe Unternehmensrechnung« der Schmalenbach-Gesellschaft [1999a], S. 1673). Folgendes Beispiel soll die Bilanzierung nach der *par value method* verdeutlichen:

Beispiel:

1. 1.000 Aktien zum Nennwert von 10 GE werden zu 20 Geldeinheiten ursprünglich ausgegeben.

Buchung:	cash	20.000	an	common stock	10.000
				paid-in capital	10.000

2. 100 Aktien werden zum Preis von 25 GE zurückerworben.

Buchung:	common stock (treasury stock)	1.000			
	paid-in capital	1.000			
	retained earnings	500	an	cash	2.500

3. 100 Aktien werden zum Preis von 5 GE zurückerworben.

Buchung:	common stock (treasury stock)	1.000			
	paid-in capital	1.000			
			an	cash	500
				paid-in capital (treasury stock)	1.500

4. 100 Aktien werden zum Preis von 15 GE zurückerworben.

Buchung:	common stock (treasury stock)	1.000			
	paid-in capital	1.000			
			an	cash	1.500
				paid-in capital (treasury stock)	500

Bilanzausweis nach den ersten beiden Geschäftsvorfällen und unter der Annahme von retained earnings in Höhe von 20.000 GE:

stockholders´ equity

paid-in capital	
common stock	10.000
less treasury stock	– 1.000
common stock outstanding	9.000
additional paid-in capital	9.000
total paid-in capital	18.000
retained earnings	19.500
total stockholders´ equity	37.500

Cost method

Wird die *cost method* angewandt, sind die Anschaffungskosten der erworbenen Aktien einziger Bewertungsmaßstab zur erstmaligen Erfassung. Bei der Bilanzierung werden die Anschaffungskosten der eigenen Aktien insgesamt vom *total paid-in capital and retained earnings* abgezogen.

Beispiel:

1. 1.000 Aktien zum Nennwert von 10 GE werden zu 20 GE ursprünglich ausgegeben.

Buchung:	cash	20.000	an	common stock	10.000
				paid-in capital	10.000

2. 100 Aktien werden zum Preis von 25 GE zurückerworben.

Buchung:	common stock (treasury stock)	2.500			
			an	cash	2.500

Bilanzausweis unter der Annahme von *retained earnings* in Höhe von 20.000 GE:

stockholders´ equity	
paid-in capital	
common stock	10.000
additional paid-in capital	10.000
total paid-in capital	20.000
retained earnings	20.000
total paid-in capital and retained earnings	40.000
less cost of treasury stock	– 2.500
total stockholders´ equity	37.500

Insgesamt lässt sich feststellen, dass sich die beiden Methoden nur hinsichtlich des Ausweises unterscheiden, nicht in ihrer materiellen Auswirkung, da das *stockholders´ equity* in beiden Fällen in gleicher Höhe ausgewiesen wird.

V. Bilanzergebnis (Jahresüberschuss/-fehlbetrag, Gewinn-/ Verlustvortrag, Bilanzgewinn/-verlust)

Möglichkeiten des Ausweises des Unternehmensergebnisses in der HGB-Bilanz

Das HGB gewährt drei unterschiedliche Möglichkeiten des Ausweises des Unternehmensergebnisses in der Bilanz, da grundsätzlich die Bilanz entweder unter Berücksichtigung der vollständigen oder der teilweisen Verwendung des Jahresergebnisses, aber auch ohne Berücksichtigung der Ergebnisverwendung aufgestellt werden kann (§ 268 Abs. 1 HGB). Die zu wählende Darstellung in der Bilanz ist nach h. M. von der tatsächlichen Situation der Ergebnisverwendung zum Zeitpunkt der Bilanzerstellung abhängig zu machen. Als Ergebnisverwendung gelten dabei Einstellungen bzw. Auflösungen von Rücklagen sowie Ausschüttungen an Gesellschafter aufgrund von Gesellschafterbeschlüssen, die vor der Bilanzerstellung gefasst wurden. Nicht zu den Ergebnisverwendungen zählen ergebnisabhängige Aufwendungen wie Vorstands- und Aufsichtsratstantiemen sowie spezifische Verpflichtungen, die aus dem Bilanzgewinn bzw. Jahresüberschuss zu decken sind (z. B. Genuss- und Besserungsscheine, stille Beteiligungen etc.) (vgl. ADS [1995], § 268 Tz. 15 ff.).

Ausweis des Unternehmensergebnisses in der IAS/IFRS- und US-GAAP-Bilanz

Im Gegensatz zur HGB-Regelung existiert nach US-GAAP keine Wahlmöglichkeit beim Ausweis des Unternehmenserfolgs in der Bilanz. Wie bereits beschrieben (vgl. Abschnitt B III 1c) und d) dieses Kapitels), wird das Geschäftsjahresergebnis grundsätzlich in voller Höhe in die *retained earnings* verbucht; Dividenden, die an die Aktionäre auszuschütten sind werden dabei aus den *retained earnings* ausgebucht und als *other liability* in der Bilanz ausgewiesen. In HGB-Terminologie ausgedrückt, erfolgt der Ausweis in der Bilanz folglich stets nach vollständiger Gewinnverwendung (vgl. Haller, A. [1994], S. 308). Einem IAS/IFRS-Abschluss ist bezüglich der Gewinnverwendung lediglich die vorgeschlagene oder beschlossene Dividende je Aktie zu entnehmen (IAS 1.85). Das *statement of retained earnings* (vgl. dazu die Ausführungen im 7. Kapitel E II) eines US-GAAP-Abschlusses enthält Informationen über die Gewinnverwendung.

Ergebnisausweis vor Gewinnverwendung

Das gesetzliche Gliederungsschema des § 266 Abs. 3 HGB geht von der Aufstellung des Jahresabschlusses vor jeglicher Gewinnverwendung – sei es durch Vorstand und Aufsichtsrat oder sei es durch die Haupt- bzw. Gesellschafterversammlung – aus. Bei Aufstellung der Bilanz vor Gewinnverwendung hat eine Kapitalgesellschaft den Jahresüberschuss bzw. -fehlbetrag (entspricht dem Ergebnis der GuV) und den Gewinn- bzw. Verlustvortrag – hierbei handelt es sich um den Teil des Jahresergebnisses, der in den Vorjahren weder zur Ausschüttung noch zur Rücklagenzuführung oder auf sonstige Weise verwendet wurde – als gesonderte Größen unter der Abschlussgruppe »Eigenkapital« auszuweisen. Dieser Ausweis des Ergebnisses ist nur dann möglich, wenn für die bilanzerstellenden Organe keine gesetzliche oder satzungsmäßige bzw. gesellschaftsvertragliche Verpflichtung zur Einstellung oder Auflösung einer Rücklage besteht.

Ergebnisausweis nach teilweiser Gewinnverwendung

Wird die Bilanz unter Berücksichtigung teilweiser Gewinnverwendung erstellt, so tritt an die Stelle der Posten »Gewinn- bzw. Verlustvortrag« und »Jahresüberschuss bzw. -fehlbetrag« die Position »Bilanzgewinn bzw. -verlust«. Die Höhe des in den »Bilanzgewinn/-verlust« eingeflossenen Gewinn-/Verlustvortrages ist in der Bilanz oder im Anhang gesondert anzugeben (§ 268 Abs. 1 HGB). Für Aktiengesellschaften ist die Bilanzerstellung nach teilweiser Gewinnverwendung der übliche Fall, da zumeist gesetzliche bzw. statutarische Verpflichtungen zur Einstellung von Rücklagen bestehen (vgl. § 150 Abs. 2 AktG, § 272 Abs. 4 HGB).

Ergebnisausweis nach vollständiger Gewinnverwendung

Stellt die Kapitalgesellschaft ihre Bilanz nach vollständiger Gewinnverwendung auf, so verschwinden die Positionen »Jahresüberschuss« bzw. »Bilanzgewinn« völlig, da die jeweiligen Ergebnisbeträge den entsprechenden Bilanzpositionen zugeschrieben werden. Diejenigen Teile, die in die Rücklagen eingestellt wurden, werden dort ausgewiesen, und jene Teile, die zur Ausschüttung bestimmt sind, stellen Verbindlichkeiten der Gesellschaft gegenüber ihren Anteilseignern dar und werden somit unter der Position »sonstige Verbindlichkeiten« verbucht.

Die drei Ausweismethoden verdeutlicht nachfolgendes Beispiel.

Ein Unternehmen verfügt über:

Aktiva:	100 GE		
Passiva:	EK:	gezeichnetes Kapital	10 GE
		Kapitalrücklage	3 GE
		Gewinnrücklagen	12 GE
		Jahresüberschuss	3 GE
		Gewinnvortrag	2 GE
	Fremdkapital:		70 GE

a) Aufstellung des Jahresabschlusses vor Gewinnverwendung

Bilanz			
		A. Eigenkapital	
Aktiva	100	I. gezeichnetes Kapital	10
		II. Kapitalrücklage	3
		III. Gewinnrücklagen	12
		IV. Gewinnvortrag	2
		V. Jahresüberschuss	3
		Fremdkapital	70
	100		100

b) Aufstellung des Jahresabschlusses nach teilweiser Gewinnverwendung

Vorstand und Aufsichtsrat stellen 1 GE in die Gewinnrücklagen ein. Der verbleibende Jahresüberschuss und Gewinnvortrag sollen als Bilanzgewinn der Beschlussfassung durch die Hauptversammlung unterliegen.

Bilanz			
		A. Eigenkapital	
Aktiva	100	I. gezeichnetes Kapital	10
		II. Kapitalrücklage	3
		III. Gewinnrücklagen	13
		IV. Bilanzgewinn	4
		Fremdkapital	70
	100		100

c) Aufstellung des Jahresabschlusses nach vollständiger Gewinnverwendung

Einstellung in die Rücklagen von 3 GE, Ausschüttung 2 GE.

Bilanz			
		A. Eigenkapital	
Aktiva	100	I. gezeichnetes Kapital	10
		II. Kapitalrücklage	3
		III. Gewinnrücklagen	15
		Fremdkapital	72
	100		100

Gewinnverwendungsrechnung, Änderungen der Gewinnverwendungsrechnung

Aktiengesellschaften haben unabhängig davon, welche bilanzielle Darstellungsform des Jahresergebnisses gewählt wird, gemäß § 158 Abs. 1 AktG im Anschluss an die GuV oder im Anhang eine Gewinnverwendungsrechnung (vgl. auch Kapitel 7 E I) aufzustellen, um die Verwendung des Jahresüberschusses zu verdeutlichen. Gesellschaften mbH haben einen solchen Gewinnverwendungsnachweis nicht zu erbringen. Ergeben sich in der Hauptversammlung nach teilweiser Gewinnverwendung durch Vorstand und Aufsichtsrat Änderungen bezüglich der Gewinnverwendung, weil z. B. die Aktionäre unter Verzicht auf Ausschüttung Beträge in Gewinnrücklagen einstellen oder einen Gewinnvortrag bilden, so darf diese Änderung nicht mehr im festgestellten Jahresabschluss berücksichtigt werden, sondern ist erst im Jahresabschluss des Folgejahres auszuweisen (§ 174 Abs. 3 AktG).

Nicht durch Eigenkapital gedeckter Fehlbetrag

Übersteigen die erwirtschafteten Verluste das Eigenkapital einer Kapitalgesellschaft und ergibt sich somit ein Überschuss der Passivposten über die Aktivposten (buchmäßige Überschuldung), so ist der Differenzbetrag am Schluss der Bilanz auf der Aktivseite unter der Bezeichnung »Nicht durch Eigenkapital gedeckter Fehlbetrag« gesondert auszuweisen (§ 268 Abs. 3 HGB). Durch diesen Aktivposten soll ein negativer Ausweis der Abschlussgruppe »Eigenkapital« verhindert werden. Liegt eine solche buchmäßige Überschuldung vor, so darf diese Situation nicht mit einer Überschuldung im Sinne des Konkurstatbestandes gleichgesetzt werden. Denn zur Ermittlung der Überschuldung nach Insolvenzrecht sind nicht die für den Jahresabschluss geltenden Bewertungsbestimmungen, sondern ist das Ergebnis einer nach Zeitwerten bewerteten Vermögensbilanz heranzuziehen. Die buchmäßige Überschuldung führt folglich erst dann zu einer Überschuldung im Sinne des Insolvenzrechts, wenn das Unternehmen nicht mehr über ausreichende stille Reserven verfügt.

Da bei der Existenz einer buchmäßigen Überschuldung eine Konkursfolge zumeist droht, sollte die Position »Nicht durch Eigenkapital gedeckter Fehlbetrag« im Anhang besonders erläutert werden. Dabei sollte insbesondere dargestellt werden, warum keine Überschuldung im Sinne des Insolvenzrechts vorliegt, d. h., in welchen Bereichen noch Vermögensreserven vorhanden sind.

Nicht durch Vermögenseinlagen gedeckter Verlustanteil persönlich haftender Gesellschafter

Bei einer KGaA ist der auf die persönlich haftenden Gesellschafter (Komplementäre) für das Geschäftsjahr entfallende Verlust von deren offen unter dem »gezeichneten Kapital« ausgewiesenen Kapitalanteilen abzusetzen. Übersteigt der Verlust den Kapitalanteil eines Komplementärs, so ist der Differenzbetrag unter der Bezeichnung »Nicht durch Vermögenseinlagen gedeckter Verlustanteil persönlich haftender Gesellschafter« analog zu § 268 Abs. 3 HGB gesondert in die Aktivseite der Bilanz aufzunehmen. Besteht eine Zahlungsverpflichtung zum Ausgleich des Unterschiedsbetrages, ist dieser unter den Forderungen als »Einzahlungsverpflichtung persönlich haftender Gesellschafter« auszuweisen (§ 286 Abs. 2 AktG).

C. Bilanzierung von vergütungshalber gewährten Aktienoptionen und ähnlichen Entgeltformen

Entgeltsysteme, die an die Wertentwicklung von Unternehmen gekoppelt sind, haben in den letzten Jahren erheblich an Bedeutung gewonnen. Man kann zwischen Instrumenten mit Eigenkapitalbeteiligung, wie z. B. Aktienoptionen (*Stock Options*) und Instrumenten mit Fremdkapitalbeteiligung, wie z. B. Wandelschuldverschreibungen unterscheiden. Bei den populären eigenkapitalorientierten

Entgeltformen findet man i. d. R. zwei Ausgestaltungsformen: „echte“ Aktienoptionen (*Stock Options*) und virtuelle Aktienoptionen (*Stock Appreciation Rights*).

Definition Stock Option/Stock Appreciation Right

Stock Options (SO) räumen den Begünstigten das Recht ein, innerhalb eines bestimmten Zeitraums eine bestimmte Menge an Aktien zu einem festgelegten Preis (Basispreis/Ausübungspreis) zu beziehen. Die Laufzeit eines Aktienoptionsplans wird normalerweise in eine Sperrfrist, in der die Optionen nicht ausgeübt werden können, und einen Ausübungszeitraum aufgeteilt. Dies soll den langfrsitigen Anreizcharakter von Aktienoptionsplänen unterstreichen.

Stock Appreciation Rights (SARs) sind virtuelle Optionen auf Aktien des Unternehmens. Anders als bei echten Stock Options wird dem Begünstgten die Differenz zwischen einem festgelegten Basispreis und dem aktuellen Martpreis der Aktie bei Ausübung bar ausbezahlt. Dies entspricht der Ausübung einer echten *Stock Option* mit sofortigem Verkauf der Aktie. Wie bei echten *Stock Options* sind auch hier die Zahl der gewährten Rechte und die Laufzeit derselben vertraglich festgelegt. Meist findet man ebenfalls eine Unterteilung der Laufzeit in Sperrfrist und Ausübungszeitraum vor.

Die Beschaffung der durch einen Aktienoptionsplan zugesagten Aktien kann durch eine Kapitalerhöhung, durch den Rückkauf eigener Aktien oder eine Kooperation mit einem Dienstleister vollzogen werden.

Bedienung der Aktienoptionen durch bedingte Kapitalerhöhung

Durch das KonTraG sind die §§ 192, 193 AktG dahingehend geändert worden, dass die Bedienung von Aktienoptionsplänen mittels junger Aktien durchgeführt werden kann. Nach § 192 Abs. 2 Nr. 3 AktG kann die Hauptversammlung eine bedingte Kapitalerhöhung zu diesem Zweck beschließen. Dies kann als Zustimmungs- oder Ermächtigungsbeschluss erfolgen. Ist die Form eines Zustimmungsbeschlusses gewählt worden, besteht für den Vorstand die Pflicht zur Durchführung des Aktienoptionsplans. Bei einer Ermächtigung durch die Hauptversammlung ist die Entscheidung über die Durchführung des Aktienoptionsplans in das pflichtgemäße Ermessen des Vorstands gestellt. § 192 Abs. 3 Satz 1 AktG sieht vor, dass der Nennbetrag des bedingten Kapitals zur Bedienung von Aktienoptionsplänen 10 % des zum Zeitpunkt der Beschlussfassung existierenden Grundkapitals nicht überschreiten darf. Der Beschluss muss ferner auch die Modalitäten des Aktienoptionsplans festlegen. Diese umfassen die Aufteilung der Bezugsrechte auf Arbeitnehmer und Vorstand, Erfolgsziele des Plans (z. B. zu erreichender Aktienkurs, Outperformance zu einer Vergleichsgruppe o. ä.), die Laufzeit des Plans und deren Aufteilung in Erwerbs- und Ausübungszeitraum sowie eine mindestens zweijährige Sperrfrist bevor die Optionen erstmals ausgeübt können (§ 193 Abs. 2 Nr. 4 AktG). Gemäß § 193 Abs. 2 Nr. 1 - 3 AktG ist bei jeder bedingten Kapitalerhöhung zur Begebung von aktienkursabhängigen Entlohnungsformen der Zweck, der Kreis der Bezugsberechtigten und der Basispreis der Optionen oder dessen Berechnungsgrundlagen, wenn dieser nicht bei Gewährung der Optionen explizit festgelegt wird, ebenfalls von der Hauptversammlung zu beschließen.

Bedienung der Aktienoptionen durch genehmigtes Kapital

Um einen Aktienoptionsplan mit neuen Aktien zu bedienen, ist es auch möglich, eine genehmigte Kapitalerhöhung nach § 202 Abs. 4 AktG vorzunehmen. Danach kann der Vorstand in der ursprünglichen Satzung oder durch eine Satzungsänderung ermächtigt werden, die erforderlichen Aktien neu zu emittieren.

Ein entsprechender Beschluss der Hauptversammlung muss dazu eine Regelung zum Bezugsrecht oder dem Ausschluss eines Bezugsrechts für die Aktionäre beinhalten. Dabei gilt die Ausgabe von Aktien an Mitarbeiter als materieller Grund für einen Bezugsrechtsausschluss (§ 203 Abs. 4 AktG). Der Nachteil der Beschaffung junger Aktien zur Bedienung von Aktienoptionsplänen durch genehmigtes Kapital liegt darin, dass die entsprechende Ermächtigung des Vorstandes gem. § 202 Abs. 1 AktG höchstens fünf Jahre nach der Eintragung der Satzungsänderung gültig ist. Damit müssten alle Aktienoptionen eines Plans innerhalb von fünf Jahren ausgeübt sein, was einer langfristigen Anreizgewährung nicht förderlich ist.

Bedienung der Aktienoptionen durch ordentliche Kapitalerhöhung

Die Schaffung neuer Aktien durch eine ordentliche Kapitalerhöhung um einen Akteinoptionsplan zu bedienen, ist zwar prinzipiell möglich, aber nicht sinnvoll. Zum einen müssen alle Modalitäten der Kapitalerhöhung definitiv von der Hauptversammlung beim Beschluss bestimmt werden, was der Unternehmensleitung die Möglichkeit nimmt, den Aktienoptionsplan anreizoptimal zu gestalten. Zum anderen existiert keine Möglichkeit zum Bezugsrechtsausschluss gemäß § 203 Abs. 4 AktG, was zu einem erheblichen Verwaltungsaufwand bei jeder Ausübung einer Aktienoption durch einen begünstigten Mitarbeiter führen würde.

Bedienung der Aktienoptionen durch Erwerb eigener Aktien

Aktienoptionspläne können auch durch den Erwerb eigener Aktien bedient werden. Das deutsche Aktienrecht sieht zum Zweck der Gewährung von Aktienoptionen für Mitarbeiter in § 71 Abs. 1 Nr. 2 AktG eine Ausnahme zum grundsätzlichen Verbot des Rückkaufs eigener Aktien gemäß § 57 Abs. 1 Satz 1 AktG vor. Im Zuge des KonTraG ist der § 71 Abs. 1 AktG um den Punkt Nr. 8 erweitert worden. Dieser gestattet es der Hauptversammlung, eine 18 Monate gültige Ermächtigung des Vorstand zum Rückerwerb eigener Aktien zu beschließen. Der Beschluss muss neben dem niedrigsten und dem höchsten zulässigen Kaufpreis der eigenen Anteile auch den Anteil am Grundkapital, der zurückgekauft werden soll, umfassen. Grundsätzlich muss die Veräußerung zurückerworbener eigener Aktien dem Gleichbehandlungsgrundsatz genügen. Die Ausgabe zu Entlohnungszwecken ausschließlich an Mitarbeiter ist Ausnahme von diesem Gleichbehandlungsgrundsatz, daher wird in § 71 Abs. 1 Nr. 8 Satz 5 AktG auf § 186 Abs. 3 - 4 und § 193 Abs. 2 Nr. 4 AktG verwiesen: Analog zur bedingten Kapitalerhöhung sind von der Hauptversammlung ebenfalls die Aufteilung der Bezugsrechte auf Arbeitnehmer und Vorstand, Erfolgsziele, die Laufzeit des Plans und deren Aufteilung in Erwerbs- und Ausübungszeitraum sowie eine mindestens zweijährige Sperrfrist zu beschließen. Obwohl nicht explizit im Gesetzestext vorgeschrieben, wird davon ausgegangen, dass, ebenso wie bei der bedingten Kapitalerhöhung erforderlich, eine Regelung des Basispreises und des Bezugsberechtigtenkreises durch Beschlussfassung der Hautversammlung nötig ist (vgl. Thoma, G. F./Leuering, D. [2002], S. 198). Das Gesamtvolumen aller erworbenen und gehaltenen eigenen Aktien darf 10 % des Grundkapitals nicht übersteigen. Die Ermächtigungsfrist von 18 Monaten gilt nur für Erwerb, nicht für das Halten der eigenen Aktien. Diese unterliegen keiner Limitierung hinsichtlich des Verbleibs im Unternehmen. Um einen exisitierende Aktienoptionsplan zu bedienen, können Ermächtigungen zum Erwerb wiederholt erteilt werden (vgl. Thoma,

G. F./Leuering, D. [2002], S. 195 f.). So wird vermieden, dass alle zur Bedienung notwendigen Aktien auf einmal erworben und gehalten werden müssen. Nur voll eingezahlte Aktien können zurückerworben werden (§ 71 Abs. 2 Satz 3 AktG).

Um eigene Aktien erwerben zu können, muss die Gesellschaft zudem in der Lage sein, eine Rücklage aus frei verfügbaren Gewinnrücklagen zu bilden, die als passiver Gegenposten zu den auf der Aktivseite der Bilanz ausgewiesenen eignen Aktien dient, diesen also betragsmäßig entspricht. Dies bestimmt § 71 Abs. 2 Satz 2 AktG i. V. m. § 272 Abs. 4 HGB zur Verwirklichung des Gläubigerschutzgedankens, da so eine Verminderung des Haftungskapitals duch den Rückkauf von Aktien vermieden wird (vgl. Thoma, G. F./Leuering, D. [2002], S. 196).

Abwicklung durch einen dritten Dienstleister

Eine weitere Möglichkeit, Aktienoptionspläne zu bedienen, ist die Abwicklung über dritte Dienstleister. Dabei kann u. U. die gesamte Organisation des Aktienoptionsplans, von der Ausgestaltung des Plans über die Beschaffung und das Vorrätighalten der zugesagten Aktien, durch diese vorgenommen werden. Bei dieser Art der Durchführung ist keine Einbeziehung der Hauptversammlung von Nöten, und eine Bilanzierung der Aktienoptionspläne kommt nicht in Betracht. Die Durchführung ist jedoch kostspielig und bringt für das Unternehmen eine Liquiditätsbelastung mit sich.

I. Bilanzierung und Bewertung von Aktienoptionen

Keine herrschende Meinung nach HGB

Die bilanzielle Erfassung von Aktienoptionen nach HGB, die durch Neuemission von Aktien bedient werden, ist ein kontrovers diskutiertes Thema, da es keine spezifischen Vorschriften dazu gibt. Trotz nunmehr mehrjähriger Diskussion hat sich noch keine herrschende Meinung herausgebildet. Deshalb werden die beiden Haupttendenzen und ein diese Tendenzen in einer Fallunterscheidung kombinierender Ansatz dargestellt.

Kein Ausweis in der Bilanz

Werden Aktienoptionspläne durch die Ausgabe neuer Aktien bedient, ist nach Ansicht von Naumann und Rammert auf eine Darstellung in der Bilanz zu verzichten (vgl. Naumann, T. K. [1998], S. 1428 ff.; Rammert, S. [1998], S. 766 ff.). Der Verzicht auf eine Erfassung in der Bilanz wird damit begründet, dass die Emission neuer Aktien keinen Vermögensabfluss der Gesellschaft darstellt, sondern lediglich ein Vermögensverlust der gegenwärtigen Anteilseigner, da diese auf ihre Bezugsrechte nach § 192 Abs. 2 Nr. 3 AktG i. V. m. § 186 AktG verzichten. Damit tragen allein die Gesellschafter die Lasten der Gewährung von Aktienoptionen an Mitarbeiter, nicht aber die Gesellschaft selbst. Dies schließt die Bilanzierung der Gewährung von Aktienoptionen aus.

Auch Herzig spricht sich gegen einen Ausweis von Aktienoptionen in der Bilanz aus, allerdings mit einer anderen Argumentation: Da die Option dem Mitarbeiter als Entgelt für zu erbringende Arbeitsleistungen gewährt wird und die Einlage von Dienstleistungsverpflichtungen gem. § 27 Abs. 2 AktG nicht gestattet sind, dürfen Aktienoptionen für Mitarbeiter nicht in der Bilanz ausgewiesen werden (vgl. Herzig, N. [1999], S. 1 ff). Im Zeitpunkt der Ausübung der Aktienoptionen werden die neu geschaffenen Aktien dann wie bei jeder Kapitalerhöhung verbucht, wobei der Ausübungskurs der Aktienoption den Emmissionspreis darstellt.

Erfolgswirksame Bilanzierung

Andere Meinungen befürworten eine erfolgswirksame Bilanzierung von Aktienoptionen. Dabei lassen sich drei Methoden zur bilanziellen Behandlung unterscheiden.

Pellens/Crasselt plädieren für eine erfolgswirksame Verbuchung mit der Begründung, dass Aktienoptionen einen Entgeltbestandteil der Begünstigten darstellen und damit in direktem Zusammenhang mit der Leistungserstellung der Gesellschaft stehen. Dies begründet die Verpflichtung zum Ausweis in Bilanz und GuV. Dabei stellt der Verzicht der Altaktionäre auf ihre Bezugsrechte eine Einlage derselben dar. Die Bezugsrechte werden seitens der Unternehmung an die designierten Mitarbeiter als Entgeltbestandteil weitergegeben. Sie sind somit Personalaufwand. Nach dem Beschluss der Hauptversammlung zur Durchführung eines solchen Aktienoptionsplans fallen diese beiden Vorgänge quasi zusammen, so dass die Buchungen auch zusammengefasst werden können (vgl.Pellens, B./Crasselt, N. [1998], S. 125 ff.).

In Anlehnung an die Vorschriften der US-GAAP sollen dabei alle Bezugsrechte, d. h. die Aktienoptionen zum Zeitpunkt der Gewährung durch finanztheoretische Modelle wie z. B. das Modell von Black/Scholes bewertet werden. Der Gesamtbetrag ist über die Sperrfrist zu verteilen, da in dieser i. d. R. das Recht zur Ausübung der Aktienoptionen erwoben wird. Die Aktienoption kann somit als Entgelt für diese Perioden angesehen werden.

Bildung eines SoPo mit Rücklageanteil

Mit der einmaligen Bewertung zum Gewährungszeitpunkt wird ein Schwanken der Kapitalrücklage vermieden, die in der deutschen Rechnungslegung unüblich ist. Erfolgt eine Feststellung des Wertes einer Aktienoption nicht bei der Gewährung würde genau dies der Fall sein, da bei steigendem Wert der Option zusätzliche Dotierungen der Kapitalrücklage nötig wären und bei fallendem Wert der Option die Kapitalrücklage ebenfalls erfolgswirksam vermindert werden müsste. Um dies zu vermeiden, wird die Bildung eines Sonderpostens mit Rücklageanteil vorgeschlagen, in den bis zur endgültigen Feststellung des Optionswertes der Personalaufwand gegengebucht werden kann (vgl. Sigloch, J./Egner, T. [2000], S. 1881 f.).

Rückstellungsbildung bis Erfüllung

Eine dritte Auffassung bejaht auch die erfolgswirksame Erfassung von Aktienoptionen als Personalaufwand, trennt aber zwischen der gesellschaftsrechtlichen Ebene der Beschaffung der zugesagten Aktien und der schuldrechtlichen Ebene der Entlohnung von Arbeitsleistungen. Dies hat zur Folge, dass unabhängig von der Bedienung des Aktienoptionsplans ein Erfüllungsrückstand der Gesellschaft aus dem Arbeitsverhältnis besteht, für das eine Rückstellung für ungewisse Verbindlichkeiten nach § 249 Abs. 1 Satz 1 HGB zu bilden ist. Die Rückstellung wird aufgelöst, wenn das Bezugsrecht ausgeübt wird, d. h. die Schuld des Unternehmens erfüllt ist oder die Option verfällt.

Die Rückstellung ist in Höhe des vorraussichtlichen späteren effektiven Entgelts zu dotieren. Damit wird hier auf den intrinsischen Wert der Option abgestellt. Das hat zur Folge, dass es je nach Aktienkursentwicklung zu erfolgswirksamen Zuführungen in die Rückstellungen kommen kann, aber auch zu erfolgswirksamen Reduzierungen als sonstiger betrieblicher Ertrag (vgl. Beck'scher

Bilanzkommentar [1999], § 266 Tz. 280). Andere Meinungen negieren die Möglichkeit zur teilweisen Auflösung der Rückstellungen, solange der Grund für die Rückstellung nicht endgültig weggefallen ist, mit dem Verweis auf das Auflösungsverbot von Rückstellungen nach § 249 Abs. 3 Satz 2 HGB (vgl. Pellens, B./ Crasselt, N. [1998], S. 125).

Bedienung durch Rückkauf eigener Anteile

Einigkeit herrscht über die Bilanzierung von Aktienoptionen, die durch den Rückkauf eigener Aktien bedient werden sollen. Diskutiert wird jedoch die Bewertung. Teilweise wird für eine Rückstellung für ungewisse Verbindlichkeiten nach § 249 Abs. 1 Satz 1 HGB in Höhe des intrinsischen Wertes der Optionen analog dem zuvor beschriebenen Fall plädiert (vgl. Beck'scher Bilanzkommentar [1999]; § 266 Tz. 285). Andere Ansichten befürworten die Bewertung anhand von finanzwirtschaftlichen Modellen. Dabei soll der zum Gewährungszeitpunkt ermittelte Optionswert als Personalaufwand gleichmäßig über die Sperrfrist verteilt werden (vgl. Pellens, B./Crasselt, N. [1998], S. 135).

Möglichkeit zur Bildung von Bewertungseinheiten bei Aktienoptionen

Befinden sich bereits eigene Aktien im Bestand des Unternehmens, die zur Bedienung der Aktienoptionspläne vorgesehen sind, können Bewertungseinheiten in Form von Mikro-Hedges gebildet werden. Dies bewirkt, dass bei vollständiger Deckung des Aktienoptionsplans durch im Bestand befindliche eigene Aktien keine Rückstellungen vorgenommen werden müssten, wenn der Buchwert der eigenen Aktien kleiner oder gleich dem Ausübungspreis der Option ist. Liegt der Buchwert darüber, ist der Aufwand bei vollständiger anzahlmäßiger Deckung bereits determiniert; es muss nur eine Rückstellung für diesen fixierten Betrag vorgenommen werden. Analog gilt dies für eine Besicherung durch vom Unternehmen erworbene Call-Optionen (vgl. Beck'scher Bilanzkommentar [1999], § 266 Tz. 285).

Bilanzierung von SARs

Ähnlich gestalten sich die Meinungen zur bilanziellen Behandlung von SARs. Da hier für das Unternehmen ein Aufwand entsteht, der auch tatsächlich zahlungswirksam wird, ist eine Bilanzierung vorzunehmen und dabei eine Rückstellung für ungewisse Verbindlichkeiten nach § 249 Abs. 1 Satz 1 HGB zu bilden. Auch hier existieren zwei Ansichten zur Bewertung der SARs: Einerseits wird die Einstellung des intrinsischen Wertes im Zeitraum der Sperrfrist, andererseits die Bewertung anhand von Optionspreismodellen zum Gewährungszeitpunkt befürwortet. Dieser Gesamtwert ist dann ebenfalls über die Sperrfrist zu verteilen (vgl. Pellens, B./Crasselt, N. [2002], S. 182 ff.).

Bildung von Bewertungseinheiten bei SARs

Auch bei der Begebung von SARs existiert die Möglichkeit, Bewertungseinheiten zu bilden. Es muss ein Sicherungsgeschäft z. B. durch die Deckung mit Optionen auf die eigene Aktie bestehen, die denselben Ausübungskurs aufweisen wie die begebene Aktienoption. In diesem Fall kann eine Rückstellungsbildung unterbleiben.

Bilanzierung nach IAS/IFRS

In den IAS/IFRS existieren z. Zt. keine expliziten Vorschriften zur Bilanzierung von aktienkursabhängigen Entlohnungsformen. Sowohl IAS 19 *»Employee Benefits«* als auch IAS 32 *»Financial Instruments: Disclosure and Presentation und IAS 39 Financial Instruments: Recognition and Measurement«* schließen diesen Sachverhalt explizit aus ihrem Reglungsumfang aus (vgl. IAS 19.145, IAS 32.1e, IAS 39.1e). IAS 19 regelt lediglich aus der Begebung von Aktienoptionen an Mitarbeiter erfoderliche Anhangsangaben (IAS 19.146 ff.). Zur

Begründung dieser Regelungslücke führt das IASB an, dass angesichts eines mangelnden Konsenses über die geeignete Weise der Bestimmung eines *fair values* von *Stock Options*, ein Unternehmen diesen nicht darstellen müsse. Es ist daher nicht abschließend geklärt, ob eine ausschließliche Berichterstattung im Anhang der Rechnungslegung nach IAS/IFRS genügt (vgl. Oser, P./Vater, H. [2001], S. 1267).

- Regelungen nur zu Anhangsangaben

Geht man davon aus, dass eine Berichterstattung nur im Anhang nicht konform mit einer ordnungsgemäßen Rechnungslegung nach IAS/IFRS ist, muss auf IAS 1 zurückgegriffen werden, der Bestimmungen zum Umgang mit Regelungslücken bereithält. Demnach muss das Management in solchen Fällen Bilanzierungs- und Bewertungsmethoden entwickeln, die verlässliche und entscheidungsrelevante Informationen im Abschluss vermitteln (IAS 1.20). Dabei sind zunächst IAS/IFRS-Regelungen zu vergleichbaren Fällen, danach das IAS/IFRS Framewok und, wenn diese Möglichkeiten nicht greifen, die Verlautbarungen anderer Standardsetter oder anerkannte Branchenpraktiken hinzuzuziehen, wenn diese mit dem IAS/IFRS-Framework vereinbar sind (IAS 1.22).

- Orientierung an den Vorschriften der US-GAAP

Somit kann auf die Regelungen nach US-GAAP zurückgegriffen werden. Dabei ist davon auszugehen, dass diese nicht insgesamt zu übernehmen sind, sondern nur als Orientierungshilfe dienen, da eine vollständige Übernahme fremder Rechnungslungsvorschriften über das in IAS 1 und dem IAS/IFRS Framework anvisierte Ziel hinausginge (vgl. Wollmert, P./Hey, J. [2002], S. 165; Oser, P./ Vater, H. [2001], S. 1268). Dabei stehen bei den Kommentaren zur Anwendung der US-GAAP meist die Regelungen nach FAS 123 im Vordergrund, der eine erfolgswirksame Bilanzierung zum *fair value* der Aktienoptionen vorsieht. Andere Meinungen sprechen sich für ein Wahlrecht zwischen einer erfolgsneutralen und einer erfolgswirksamen Bilanzierung von Stock Options aus (vgl. Oser, P./Vater, H. [2001], S. 1268 m. w. N.). Als legitim wird auch eine Orientierung an APB 25 *»Accounting for Stock Issued to Employees«* angesehen, welches prinzipiell die Bilanzierung des intrinsischen Wertes der Option vorsieht (vgl. Oser, P./Vater, H. [2001], S. 1268). Erfüllt ein Aktienoptionsplan die Kriterien eines sog. *fixed plans*, wird dieser bilanziell nicht erfasst (s. dazu die Ausführungen zu den Vorschriften der US-GAAP in diesem Abschnitt). Dieses Vorgehen käme einer Berichterstattung ausschließlich im Anhang gleich.

ED 2 Share based Payment

Um bei der Bilanzierung von Aktienoptionen Klarheit zu schaffen, hat das IASB ein Projekt zur Schaffung eines International Financial Reporting Standards (IFRS) zu diesem Thema initiiert. Der im November 2002 veröffentlichte ED 2 *»Share based Payment«* sieht die erfolgswirksame Erfassung von SOP als Personalaufwand vor, unterscheidet sich jedoch in einigen Punkten von FAS 123.

Bilanzierung nach US-GAAP

Die Bilanzierung von Aktienoptionen war eines der meist diskutierten Themen in der US-amerikanischen Rechnungslegung. Das Resultat der Kontroverse ist ein explizit bestehendes Wahlrecht zwischen zwei unterschiedlichen Vorschriften in den US-GAAP: APB 25 *»Accounting for Stock Issued to Employees«* und *FAS 123 »Accounting for Stock Based Compensation«*. Dabei ist dieses Wahlrecht so ausgelegt, dass die Unternehmen entweder nach APB 25 oder nach FAS 123 Rechnung legen können. Ein Wechsel von APB 25 zu FAS 123 ist jederzeit möglich, ein Rückwechsel nach erstmaliger Anwendung von FAS 123 allerdings nicht mehr (vgl. FAS 123.5).

APB 25

APB 25 wurde 1972 veröffentlicht, stammt also aus der Zeit, bevor das Modell von Black/Scholes zur Bewertung von Optionen (1973) oder andere Optionspreismodelle zur Verfügung standen. Daher stellt APB 25 auf den intrinsischen Wert der gewährten Aktienoption ab (vgl. APB 25.10). Der gesamte intrinsiche Wert der gewährten Aktienoptionen wird dann als Personlaufwand gleichmäßig über die *service period* verteilt (vgl. APB 25.12). Das ist der Zeitraum, in dem die der Entgeltgewährung durch Optionen zugrundeliegende Arbeitsleistung zu erbringen ist. Geht aus den Planbedingungen nicht eindeutig hervor, was als *service period* anzusehen ist, gilt die Vermutung, dass diese der Sperrfrist (*vesting period*) entspricht. Als *vesting period* gilt der Zeitraum von Gewährung der Aktienoption bis zu dem Zeitpunkt, an dem die Aktien ausgeübt weden können, da alle Planbedingungen erfüllt sind (vgl. FIN 28.3). Bemessungszeitpunkt (*measurement date*) des intrinsichen Wertes der Aktienoptionen ist der Zeitpunkt, an dem sowohl der Ausübungspreis der Option als auch die Anzahl der begebenen Aktien endgültig feststehen (vgl. APB 25.10b). Änderungen des intrinsischen Wertes nach dem *measurement date* haben keine bilanziellen Auswirkungen mehr.

- fixed plan

Stehen diese beiden Parameter bereits bei Gewährung (*grant date*) der Aktienoptionen fest, so handelt es sich um einen Plan mit fixierten Bedingungen (*fixed plan*) (vgl. APB 25.24). Entspricht am *grant date* der Ausübungspreis der Aktienoption dem Marktpreis der Aktie, erfolgt keine bilanzielle Erfassung des Aktienoptionsplans, da die Aktienoptionen am *measurement date* (= *grant date*) keinen inneren Wert besitzen.

- variable Plan

Stehen Ausübungspreis und Anzahl der gewährten Aktienoptionen am *grant date* noch nicht fest, so handelt es sich um einen Plan mit variablen Bedingungen (*variable plan*) (vgl. APB 25.29). Dies ist dann der Fall wenn Erfolgsziele an die Ausübung der Aktienoptionen geknüpft sind. Dann ist die Bilanzierung wie oben beschrieben vorzunehmen. Es ergibt sich das Problem, dass bei *variable plans* die genauen Planbedingungen erst bei Ausübung der Optionen festestehen. Damit kann der Wert auch erst dann ermittelt werden. Aus diesem Grund ist der Personalaufwand (der intrinsische Wert der Aktienoptionen) am Ende der ersten *service period* auf Basis des Aktienkurses am Bilanzstichtag zu schätzen und über die gesamte *service period* zu verteilen. Ändert sich der intrinsische Wert in den Folgeperioden, ist eine Anpassung des Personalaufwands erfoderlich. Dabei muss dieser bei steigendem Aktienkurs erhöht werden. Bei fallendem Aktienkurs ist der Personalaufwand zu reduzieren, ggf. auf den Minimalwert Null (vgl. FIN 28.4). Am Ende jeder Berichtsperiode hat der bereits erfasste Personalaufwand dem intrinsischen Wert aller Optionen am Bilanzstichtag multpliziert mit dem Anteil der verstrichenen *service period* zu entsprechen. Anpassungen des Personalaufwands sind bis zum *measurement date* vorzunehmen, auch wenn dieses nach der *service period* liegt (vgl. Kieso, D. E./Weygandt, J. J./Warfield, T. D. [2001], S. 889).

Wenn auch die Anzahl der zu bedienenden Aktienoptionen bei einem solchen Fall nicht im vornherein feststeht, muss auch diese geschätzt werden. Spätere

Anpassungen an diese Schätzungen sind als *changes in accounting estimates* nach APB 20 »*Accounting Changes*« erfolgswirksam vorzunehmen. Verfallen Optionsrechte durch Beendigung des Arbeitsverhältnisses oder weil Planbedingungen nicht erfüllt worden sind, ist ebenfalls eine erfolgswirksame Anpassung des Personalaufwandes durchzuführen (vgl. APB 25.15). Dies gilt nicht, wenn Begünstigte ihre Rechte z. B. wegen mangelnder ökonomischer Vorteilhaftigkeit verfallen lassen (vgl. FAS 123.166 f.).

Die Gegenbuchung zu dem ermitteltеten Personalaufwand kann im Eigenkapital erfolgen, wenn Aktienoptionen als Entgelt für Arbeitsleistungen in der Zukunft gewährt werden. Dabei ist die Kapitalrücklage um den geschätzten Wert der aus dem Aktienoptionsplan resultierenden Personalaufwendungen zu reduzieren. Dieser Betrag ist über die *service period* erfolgswirksam durch Personalaufwand dem Eigenkapital wieder zuzuführen (vgl. APB 25.14). Stellen die gewährten Optionen eine Entlohnung vergangener Leistungen dar, ist der gesamte Personalaufwand bei Gewährung der Aktienoptionen erfolgswirksam zu behandeln (vgl. FIN 28.3).

Beispiel variable plan APB 25

Die folgende Tabelle 5.5 zeigt beispielhaft die Berechnung der im Eigenkapital zu berücksichtigenden Beträge für einen Aktienoptionsplan (*variable plan*) der über zehn Jahre läuft. Die Gesamtlaufzeit teilt sich in eine Sperrfrist von vier Jahren und eine Ausübungsphase von sechs Jahren auf. Die Sperrfrist entspricht hier der *service period*. In der Tabelle werden allerdings nur die ersten zwei Jahre der Ausübungsphase gezeigt, in der keine Optionen ausgeübt werden. Der Aktienkurs bei Gewährung der Aktienoptionen (*grant date*) betrug 100 GE und entspricht damit dem Ausübungspreis. In Periode 2 und Periode 5 verfallen fünf bzw. zehn Aktienoptionen unwiderruflich. Dem entsprechend wird der Personalaufwand der Periode angepasst. Es vermischen sich in der Anpassung des Personalaufwands Effekte aus der Änderung des intrinsischen Wertes der Aktienoptionen und der Reduzierung der Anzahl der zu bedienenden Aktienoptionen. Die letzte Zeile der Tabele (*Δ paid-in capital*) zeigt die aus dem Aktienoptionsplan resultierende Veränderung des *paid-in capital*.

FAS 123

Die Möglichkeit den bilanziellen Ausweis von Aktienoptionsplänen durch die Ausgestaltung derselben als *fixed plans* zu unterlassen, ist von amerikanischen Unternehmen weidlich genutzt worden. Dies ist dahingehend kritisiert worden, dass die Bilanzierungsweise für *fixed plans* kein den tatsächlichen Verhältnissen entsprechendes Bild der Vermögens- und Ertragslage generiert. Daher ist FAS 123 entwickelt worden, der im Jahr 1995 verabschiedet wurde. Nach FAS 123 stellen Aktienoptionen prinzipiell ein Entgelt für die Arbeitsleistung des Begünstigten dar, unbelassen ob diese in der Vergangenheit erbracht wurde oder noch in der Zukunft zu erbringen ist. Damit sind Aktienoptionen weder gratis noch wertlos, auch wenn die Option zum Zeitpunkt der Zusage noch nicht im Geld ist, d. h. keinen intrinsischen Wert besitzt, so dass eine Bilanzierung grundsätzlich zu erfolgen hat . Es kommt unabhängig von der Plangestaltung immer zu Personalaufwand (vgl. FAS 123.75 ff.).

Nach FAS 123 hat die Bewertung der Aktienoptionen am *grant date* zu erfolgen. Angesetzt werden soll der *fair value* der Aktienoption, der sich aus dem intrinsischen Wert und dem Zeitwert der Option zusammen setzt. Daher hat die Bewertung der Optioenen im Zeitpunkt der Gewährung anhand von finanztheoretischen Bewertungsmodellen wie dem Modell von Black/Scholes (1973) oder dem Binomialmodell (1979) zu erfolgen (vgl. dazu Steiner, M./Bruns, C. [2000], S. 296 ff.).

Berwertung am grant date durch Optionspreismodelle

	service period				Ausübungszeitraum	
Periode	1	2	3	4	5	6
Bilanzstichtag	31.12.01	31.12.02	31.12.03	31.12.04	31.12.05	31.12.06
Aktienkurs	105	120	110	115	120	130
Ausübungskurs	100	100	100	100	100	100
Intrinsischer Wert	5	20	10	15	20	30
Anzahl gewährter Aktienoptionen	100	100	100	100	100	100
Anzahl verfallener Aktienoptionen	0	5	0	0	10	0
Anzahl zu bedienender Aktienoptionen	100	95	95	95	85	85
% der service period abgelaufen	25 %	50 %	75 %	100 %	100 %	100 %
Personalaufwand (sonst. betr. Ertrag)	125	825	(238)	713	275	850
Δ paid-in capital	125	950	713	1.425	1.700	2.550

Tab. 5.5: Berechnung und Periodisierung des Personalaufwands gem. APB 25

Demnach sind die Parameter, die den Wert einer Aktienoption determinieren (vgl. FAS 123.19):

- der Ausübungspreis der Option,
- die Laufzeit der Option,
- der Marktpreis des zugrundeliegenden Wertpapiers (Aktie) am *grant date*,
- die erwartete Volatilität des zugrundeliegenden Wertpapiers,
- die erwarteten Dividendenzahlungen und
  der laufzeitadäquate risikolose Zinsatz

Diese Parameter sind am *grant date* zu schätzen. Spätere Änderungen haben dann keine Auswirkungen mehr auf die Bewertung der Aktienoption (vgl. FAS 123.19). Somit ist der Wert der Aktienoptionen und der Personalaufwand bereits bei Zusage fest determiniert und für das Unternehmen eine größere Planbarkeit als bei einer Bilanzierung nach APB 25 gewährleistet.

Schätzung der erwarteten Optionslaufzeit

Da das Modell von Black/Scholes nur solche Optionen bepreisen kann, die erst am Ende ihrer Laufzeit ausgeübt werden können (sog. europäische Optionen, Steiner, M./Bruns, C. [2000], S. 322), muss dies durch eine Schätzung der Haltedauer bis zur Ausübung der Option berücksichtigt werden (vgl. FAS 123.169). Dabei sind die durchschnittlichen Laufzeiten vorangegangener Aktienoptionspläne zu Hilfe zu nehmen. Gegebenenfalls können homogene Gruppen mit unterschiedlichem Ausübungsverhalten für die Bewertung gebildet werden (vgl. FAS 123.281). Die erwartete Haltedauer hat jedoch mindestens die *vesting period* zu umfassen (vgl. FAS 123.280).

Schätzung der erwarteten Volatilität

Neben der Haltedauer ist auch die erwartete Volatilität des Basispapiers der Aktienoption zu schätzen. Wenn möglich soll die in vergleichbaren, gehandelten Optionen angenommene Volatilität approximiert werden (vgl. FAS 123.274). Dazu sind historische Werte für die Volatilität der zugrundegelegten Aktie heranzuziehen (vgl. FAS 123.284 f.).

Schätzung der erwarteten Dividenden

Die Schätzung der aus der zugrundeliegenden Aktie resultierenden Dividendenzahlungen hat auf Basis von Informationen zu erfolgen, die öffentlich zugänglich sind (vgl. FAS 123.287). Darunter sind z. B. die gewöhnlichen Dividendenzahlungen der letzten Jahre zu subsumieren, sofern diese konstant waren. Hat eine Unternehmen in den letzten Jahren vor Auflage des Aktienoptionsplans ständig steigende Dividenden gezahlt, so ist die Steigerungsrate in den Dividenden zu berücksichtigen. Werden z. Zt. keine Dividenden gezahlt, ist aber ein Dividendenzahlung in der Laufzeit des Aktienoptionsplans vorgesehen, so soll ein Durchschnitt aus den eigenen Dividendenzahlungen (entspricht Null) und dem Durchschnitt der Dividenenzahlungen von Vergleichsunternehmen herangezogen werden (vgl. FAS 123.286). Zur Berücksichtigung von Dividenden ist anzumerken, dass diese nicht im Originalmodell von Black/Scholes vorgesehen ist. Allerdings existieren inzwischen Erweiterungen des Modells, die diese miteinbeziehen können (vgl. Steiner, M./Bruns, C. [2000], S. 330 ff.).

Risikoloser Zinssatz

Der risikolose Zinssatz ist für US-amerikanische Unternehmen der effektive Zinssatz von *zero-coupon U. S. government issues* (US-amerikanische Staatsanleihen) mit einer Laufzeit die der erwarteten Optionslaufzeit entspricht (vgl. FAS 123.19). Unternehmen außerhalb der USA müssen den effektiven Zinssatz vergleichbarer Staatsanleihen ihres Landes heranziehen (vgl. Oser/Vater [2001], S. 263).

Verwendung des besten Schätzwertes

Bei den Schätzungen der Optionspreisdeterminanten ist, wenn verschiedene Ergebnisse vorliegen, der Wert heranzuziehen, der am zuverlässigsten geschätzt werden kann. Zeigt sich keine Schätzung als zutreffender oder überlegen, so kann bei Volatilität und erwarteter Laufzeit der Aktienoption der niedrigste geschätzte Wert, bei Dividendenzahlungen der höchste Wert angesetzt werden (vgl. FAS 123.275).

Schätzung der Anzahl der zu bedienenden Aktienoptionen

Ist der *fair value* einer Aktienoption mit den zuvor genannten Parametern geschätzt worden, ergibt sich der Gesamtwert der zugesagten Optionen und damit der gesamte Personalaufwand aus der Multiplikation des Optionswertes mit der Anzahl der Optionen. Zur Ermittlung des Personalaufwands am *grant date* können dabei alle gewährten Optionen herangezogen werden. Verfallen Optionen durch das Ausscheiden von Mitarbeitern oder der Nichterfüllung von

Ausübungsbedingungen, muss der Personalaufwand nachträglich angepasst werden. Das Unternehmen kann jedoch auch die Zahl der tatsächlich zu bedienenden Optionen am *grant date* schätzen und diesen Wert als Personalaufwand ansetzen. Eine Anpassung an die tatsächliche Anzahl zu bedienender Optionen erfolgt dann bei Ausübung durch die Begünstigten (vgl. FAS 123.26 ff.). Der Personalaufwand muss nicht angepasst werden, wenn ausübbare Optionen aus wirtschaftlichen Kalkülen der Begünstigten nicht wahrgenommen werden oder sich die zur Bewertung der Aktienoption verwandten Parameter ändern (vgl. FAS 123.26).

Ratierliche Erfassung des Personalaufwands

Der so ermittelte Personalaufwand ist dann proportional über die *service period* zu verteilen. Wenn nicht anders definiert, ist die service period der Zeitraum zwischen Gewährung der Aktienoptionen und dem Zeitpunkt, an dem eine erstmalige Ausübung möglich ist und die Ausübungsmöglichkeit nicht vom weiteren Verbleib des Begünstigten in der Unternehmung abhängt. Damit dürfte die *service period* in den meisten Fällen mit der Sperrfrist gleichzusetzen sein. Die Gegenposition bei der Buchung des Personalaufwandes ist dabei die Kapitalrücklage (*paid-in capital*), wenn die Aktienoptionen ein Entgelt für zukünftig zu erbringende Leistungen darstellen. Stellen Aktienoptionen ein Entgelt für bereits erbrachte Leistungen dar, so ist der gesamte Personalaufwand direkt in der Berichtsperiode der Gewährung zu erfassen (vgl. FAS 123.30).

Beispiel FAS 123

In der folgenden Tabelle 5.6 wird auf das zuvor verwandte Beispiel zurückgegriffen. Dabei hat das bilanzierende Unternehmen Hinweise darauf, dass die Aktienoptionen im Durchschnitt über sechs Perioden gehalten werden. Der risikolose Zinssatz für diesen Zeitraum beträgt 6 %. In der Vergangenheit hat die Aktie eine Volatilität von 15 % gezeigt. Es werden keine Dividenden gezahlt. Damit wird anhand des Modells von Black/Scholes ein Gesamtwert einer Aktienoption von 30 Euro errechnet. Auch hier verfallen in Periode 2 und Periode 5 fünf bzw. zehn Aktienoptionen unwiderruflich. Dem entsprechend wird der Personalaufwand der Periode angepasst. Die Anpassung des Personalaufwands resultiert hier allein aus der Reduzierung der Anzahl der zu bedienenden Aktienoptionen

Bilanzierung von SARs nach US-GAAP

Das Vorgehen bei der Bilanzierung von SARs nach US-GAAP entspricht weitgehend dem Vorgehen zur Bilanzierung von Aktienoptionen nach APB 25. Dabei gelten SAR-Pläne allerdings immer als Pläne mit variablen Vertragsbedingungen, so dass ein bilanzieller Ausweis zwingend erfolgen muss (vgl. FIN 28.2 Fn. 1). Die Gegenbuchung erfolgt hier nicht in einer Eigenkapitalposition, sondern wird durch die Bildung einer Rückstellung vorgenommen

E-DRS 11 »Bilanzierung von Akienoptionen und ähnlichen Entlohnungsformen«

Der DSR hat im Juni 2001 den E-DRS 11 »Bilanzierung von Aktienoptionen und ähnlichen Entlohnungsformen« veröffentlicht. Dieser orientiert sich sehr stark an dem zuvor beschriebenen FAS 123. Genau wie dieser sieht auch E-DRS 11 die Bewertung der begebenen Aktienoptionen bei Zusage durch Optionspreismodelle vor, um deren beizulegenden Zeitwert (*fair value*) zu ermiteln. Dieser ist dann gleichmäßig über den Leistungszeitraum, i. d. R. der Sperrfrist, zu verteilen. Die Gegenbuchung erfolgt in der Kapitalrücklage. E-DRS 11 besitzt noch keinerlei Rechtskraft. Es wird jedoch erwartet, dass er womöglich schon jetzt klärend bei Fragestellungen zur Bilanzierung von Aktienoptionen nach deutschem Recht wirken kann (vgl. Haarmann, W. [2002], S. 125).

	service period				Ausübungszeitraum	
Periode	1	2	3	4	5	6
Bilanzstichtag	31.12.01	31.12.02	31.12.03	31.12.04	31.12.05	31.12.06
Aktienkurs	105	120	110	115	120	130
Ausübungskurs	100	100	100	100	100	100
Wert einer Aktienoption nach B/S-Modell	30	30	30	30	30	30
Anzahl gewährter Aktienoptionen	100	100	100	100	100	100
Anzahl verfallener Aktienoptionen	0	5	0	0	10	0
Anzahl zu bedienender Aktienoptionen	100	95	95	95	85	85
% der service period abgelaufen	25 %	50 %	75 %	100 %	100 %	100 %
Personalaufwand (sonst. betr. Ertrag)	750	675	713	713	(300)	0
Δ paid-in capital	750	1.425	2.138	2.850	2.550	2.550

Tab. 5.6: Berechnung und Periodisierung des Personalaufwands gem. FAS 123

II. Erläuterungspflichten zu Aktienoptionsplänen

Anhangsangaben nach HGB

Wie die Bilanzierung und Bewertung von Aktienoptionsplänen ist auch der Umfang der Anhangsangaben nicht abschließend geklärt. Dabei richtet sich die Pflicht zur Offenlegung von Informationen nach der gewählten Methode der Bilanzierung und der Art der Bedienung der gewährten Optionen.

Die gewährten Aktienoptionen gehören nach Ansicht allgemeiner Literaturmeinung als Nebenleistungen zu den angabepflichtigen Gesamtbezügen nach § 285 Nr. 9a Satz 1 HGB (vgl. ADS: Adler, H./Düring, W./Schmaltz, K. [1995 ff.], § 285 HGB Tz. 7; Beck'scher Bilanzkommentar [1999], § 285 HGB Tz. 170). Als Bezüge gelten sowohl Geld-, Sach- oder Naturalbezüge als auch die Gewährung geldwerter Vorteile (vgl. Beck'scher Bilanzkommentar [1999], § 285 HGB Tz. 167). Dabei ist die Gewährung der Aktienoptionen das zugrundeliegende Rechtsgeschäft (vgl. ADS: Adler, H./Düring, W./Schmaltz, K. [1995 ff.], § 285 HGB Tz. 9).

Anhangsangaben bei Bedienung durch neu emittierte Aktien und unterlassener Bilanzierung

Strittig sind Zeitpunkt und Höhe der Angabe. Werden die gewährten Aktienoptionen nicht in der Bilanz dargestellt, soll der innere Wert der Bezugsrechte entweder zum Zeitpunkt der Gewährung der Optionen oder zum Ablauf der Sperrfrist angegeben werden. In ersterem Fall käme es zu keiner Anhangsangabe, wenn der Marktwert der Aktie dem Baisispreis bei Gewährung der Option entspricht. Eine Verpflichtung zur Offenlegung von Informationen im Anhang bei Aktienoptionsplänen, die durch die Ausgabe junger Aktien bedient werden sollen, wird teilweise auch negiert. Um Bezüge nach § 285 HGB zu konstituieren, müssen Leistungen vorliegen, die das Unternehmen „aufwandsmäßig belasten" (ADS: Adler, H./Düring, W./Schmaltz, K. [1995 ff.], § 285 HGB, Tz. 17). Unterbleibt eine Bilanzierung des Aktienoptionsplans, geschieht dies mit dem Argument, dass die Gesellschaft von diesem nicht berührt wird. Damit entsteht kein Aufwand, und die Pflicht zur Angabe im Anhang erlischt (vgl. Roß, N./Pommerening, S. [2002], S. 374).

Anhangsangaben bei Bedienung durch neu emittierte Aktien und erfolgswirksame Bilanzierung

Werden Aktienoptionspläne erfolgswirksam in Bilanz und GuV erfasst, so wird eine analoge Angabe des durch optionspreistheoretische Verfahren ermittelten Gesamtwertes der gewährten Aktienoptionen zum Zeitpunkt der Gewährung verlangt. Dabei soll der Gesamtbetrag analog des Ausweises in Bilanz und GuV über die Sperrfrist verteilt werden (vgl. ADS: Adler, H./Düring, W./Schmaltz, K. [1995 ff.], § 285 HGB, Tz. 19).

Unabhängig von der Angabe der Bezüge gem. § 285 HGB, der sich auch nur auf die Bezüge der Organmitglieder bezieht, müssen nach § 160 Abs. 1 Nr. 5 AktG die Anzahl der gewährten Aktienoptionen bei Plänen nach § 192 Abs. 2 Nr. 3 AktG offengelegt werden. Dies hat für Mitglieder der Geschäftsführung und Angstellte getrennt unter der Angabe der zugrundeliegenden Rechte zu geschehen. Dazu zählen Erwebszeiträume, Erfolgsziele, Sperrfristen und Ausübungszeiträume.

Anhangsangaben bei Bedienung durch Rückkauf eigener Aktien

Wird ein Aktienoptionsplan durch eigene Anteile bedient, spricht sich ein Teil der Literaturmeinungen für eine Fallunterscheidung aus (vgl. Roß, N./Pommerening, S. [2002], S. 376 f. m. w. N.). Sind die Anteile bereits erworben, soll die Differenz zwischen dem Rückkaufspreis der eigenen Aktien und dem Ausübungspreis der Aktienoptionen in die Angabe nach § 285 Nr. 9a HGB einfließen, wobei der Gesamtbetrag über die Sperrfrist zu verteilen ist . Entsprechen sich diese Werte, kommt es zu keiner Anhangsangabe. Müssen die Aktien erst noch beschafft werden, soll der zu bildende Rückstellungsbetrag der Berichtsperiode in die Anhangsangabe einbezogen werden (vgl. ADS: Adler, H./Düring, W./Schmaltz, K. [1995 ff.], § 285 HGB, Tz. 23). Andere Meinungen fordern ein analoges Vorgehen zu den Anhangsangaben im Fall von Aktienoptionsplänen, die durch neue Aktien bedient werden, unbelassen ob die eigenen Aktien bereits im Bestand des Unternehmens sind oder nicht (vgl. Beck'scher Bilanzkommentar [1999], § 285 HGB Tz. 170).

Anhangsangaben zu SARs

SARs gelten als Bezüge im Sinne von § 285 Nr. 9a HGB und sind damit angabepflichtig (vgl. ADS: Adler, H./Düring, W./Schmaltz, K. [1995 ff.], § 285 HGB, Tz. 19; Beck'scher Bilanzkommentar [1999], § 285 HGB Tz. 170). Dabei wird die Offenlegung des in der jeweiligen Berichtsperiode zurückgestellten Betrages bevorzugt, es wird im Allgemeinen aber auch als zulässig erachtet, den tatsächlich ausbezahlten Betrag in der Periode der Ausübung anzugeben (vgl. Roß, N./Pommerening, S. [2002], S. 379 m. w. N.).

Änderungen durch das TranPuG

Das TransPuG hat den § 285 Nr. 9a HGB dahingehend geändert, dass „sonstige aktienbasierte Vergütungen“ explizit in Satz 1 aufgenommen wurden. Dies sollte der Klarstellung etwaiger Fragestellungen dienen. Materiell ändert dies allerdings nichts an der momentanen Unklarheit bezüglich der Verpflichtung zur Offenlegung, da die zuvor aufgeführten Argumente für und wider eine Angabe nach § 285 Nr. 9a auch mit dieser Erweiterung bestehen bleiben. Des Weiteren schreibt § 285 HGB auch nur die Angabe der Bezüge der Geschäftsführung vor, so dass damit auch nur Teile von Aktienoptionsplänen offengelegt würden, wenn diese auch weitere Mitarbeiter einbeziehen (vgl. Roß, N./Pommerening, S. [2002], S. 380 f.).

Behandlung von Aktienoptionen im Ergebnis nach DVFA/SG

Zur Ermittlung des Ergebnisses nach DVFA/SG ist vorgesehen, dass Personalaufwand aus Aktienoptionsplänen in der jeweiligen Periode berücksichtigt wird. Dabei soll der Personalaufwand nach FAS 123 berechnet werden, wenn keine erfolgswirksame Bilanzierung der Aktienoptionen vorgenommen wurde. Dies gilt auch, wenn APB 25 bei der Bilanzierung zur Anwendung kam. Da durch SARs immer ein Personalaufwand entsteht, sind in diesem Fall keine Anpassungen vorzunehmen.

Neben dem regulären Ergebnis je Aktie ist auch das verwässerte Ergebnis je Aktie anzugeben, das auch potentielle Verwässerungseffekte durch die Ausübung von Aktienoptionen und einer damit verbundenen Kapitalerhöhung berücksichtigt. Die Anzahl der zu berücksichtigenden Aktien ist dabei nach der *treasury stock method* zu bestimmen, die davon ausgeht, dass alle im Laufe einer Berichtsperiode ausübbaren Optionen (d. h. die keiner Sperrfrist unterliegen und für die die Ausübungsbedingungen erfüllt sind) tatsächlich ausgeübt werden. Potenzielle Aktien sind nur dann zu berücksichtigen, wenn das Ergebnis nach DVFA/SG je Aktie durch ihre Umwandlung vermindert wird (vgl. DVFA/SG [2000a], S. 395 f.).

Anhangsangaben nach IAS/IFRS

Nach den IAS/IFRS sind angesichts des Fehlens von Vorschriften zur Bilanzierung von *Stock Options* umfangreiche Anhangsangaben zu machen. Diese umfassen die Anagbe von (IAS 19.147) :

- Art und Regelungsinhalten der Aktienoptionspläne, inklusive etwaiger Unverfallbarkeitsregelungen.
- Angewandter Bilanzierungsmethode zum Ausweis der Aktienoptionspläne und im Abschluss ausgewiesene Beträge, die auf Aktienoptionspläne zurückzuführen sind.
- Anzahl von eigenen Eigentkapitalinstrumenten, die im Rahmen von Kapitalbeteiligungsplänen am Anfang und am Ende der Berichtsperiode gehalten werden, einschließlich der Bedingungen zu denen diese gehalten werden. Falls zutreffend schliesst dies Dividenden-, Stimm- und Umwandlungsrechte, die Ausübungszeitpunkte und -preise sowie die Verfalltermine ein. Die Anzahl der unverfallbaren Rechte ist dabei für den Anfang und das Ende der Berichtsperiode gesondert anzugeben.

- Anzahl der Eigentkapitalinstrumente, die im Rahmen von Kapitalbeteiligungsplänen während der Berichtsperiode an Mitarbeiter ausgegeben oder Kapitalbeteiligungsplänen zugeführt wurden, einschliesslich der Bedingungen zu denen diese übertragen wurden. Falls zutreffend schliesst dies Dividenden-, Stimm- und Umwandlungsrechte, die Ausübungszeitpunkte und -preise sowie die Verfalltermine ein. Dabei ist der *fair value* der Eigentkapitalinstrumente anzugeben, die Kapitalbeteiligungsplänen zugeführt worden sind oder die von Mitarbeitern erbrachte Gegenleistung für den Erhalt der Eigenkapitalinstrumente.
- Anzahl, Ausübungszeitpunkte und -kurse der in der Berichtsperiode im Rahmen von Kapitalbeteiligungsplänen ausgeübten Aktienoptionen, sowie die Anzahl der in der Berichtsperiode endgültig verfallenen Aktienoptionen.
- Höhe und wesentliche Bedingungen der von der berichtenden Unternehmung im Rahmen von Kapitalbeteiligungsplänen gewährten Krediten oder Sicherheiten.
- Weitere Angaben sind zum *fair value* von eigenen Eigenkapitalinstrumenten, die im Rahmen von Kapitalbeteiligungsplänen am Anfang und am Ende der Berichtsperiode gehalten werden, zu machen. Dies gilt nicht für Aktienoptionen. Der *fair value* zum Zeitpunkt der Ausgabe der im Rahmen von Kapitalbeteiligungsplänen in der Berichtsperiode ausgegebenen eigenen Eigenkapitalinstrumente ist außerdem im Anhang zu zeigen. Dies betrifft widerum Aktienoptionen nicht (IAS 19.148).

Anhangsangaben nach US-GAAP

Auch die US-GAAP verlangen ausführliche Anhangsangaben zu Aktienoptionsplänen. Dabei ist es unerheblich, ob die Bilanzierung nach FAS 123 oder APB 25 vorgenommen worden ist. Wird APB 25 angewendet, sind zusätzlich ein pro forma *net income* und bei Angabe der *earnings per share* ein pro forma Ergbnis pro Aktie zu zeigen. Diese pro forma Ergebnisse sollen Informationen geben, als sei nach FAS 123 bilanziert worden (vgl. FAS 123.45).

Im Anhang sind die Aktienoptionspläne generell zu beschreiben. Dazu müssen Informationen über Sperrfristen, Laufzeiten und Erfolgsziele gegeben werden, die Ausübungsbeschränkungen und die maximale Anzahl der gewährten Optionen sind darzulegen. Dazu müssen Angaben über gehaltene eigenen Aktien und andere Eigenkapitalinstrumente gemacht werden, die der Bedienung von Aktienoptionsplänen dienen (vgl. FAS 123.46):

- Für die zum Beginn und am Ende der Berichtsperiode ausstehenden Optionen, die am Ende der Berichtsperiode ausübbaren Optionen und die im Laufe des Geschäftsjahres gewährten, ausgeübten, verwirkten und verfallenen Option sind die Anzahl und der gewichtete durchschnittliche Ausübungspreis anzugeben (vgl. FAS 123.47a).
- Der gewichtete Durchschnitt des *fair value* der in der Berichtsperiode ausgegebenen Optionen ist anzugeben. Für den Fall, dass der Ausübungspreis nicht dem Marktpreis bei Zusage der Aktienoptionen entspricht, sind für folgende Gruppen von Optionen der gewichtete durchschnittliche *fair value* und der gewogene durchschnittliche Ausübungspreis anzugeben: für Optionen, deren

Ausübungspreis dem Marktpreis der Aktie zum Zusagezeitpunkt entspricht, deren Ausübungspreis niedriger als der Marktpreis der Aktie zum Zusagezeitpunkt ist und deren Ausübungspreis über dem Marktpreis der Aktie zum Zeitpunkt der Zusage liegt (vgl. FAS 123.47b).

- Die Anzahl und der gewichtete durchschnittliche *fair value* der übrigen in der Berichtsperiode gewährten Eigenkapitalinstrumente ist anzugeben (vgl. FAS 123.47c).
- Die zur Ermittlung des *fair value* der Optionen eingesetzten Methoden und deren zugrunde liegenden Annahmen müssen dargelegt werden. Dabei ist besonders auf den angesetzten risikolosen Zinssatz, die erwartete Laufzeit der Optionen, die erwartete Volatilität der Aktie und die erwarteten Dividendenzahlungen einzugehen (vgl. FAS 123.47d).
- Die gesamten aus Aktienoptionsplänen resultierenden Personalaufwendungen, die in der GuV der Berichtsperiode erfasst wurden, sind anzugeben (vgl. FAS 123.47d).
- Sind wesentliche Änderungen in den Vertragsbedingungen noch ausstehender Optionen vorgenommen worden, sind diese offenzulegen und zu erläutern (vgl. FAS 123.47e).

Begibt ein Unternehmen mehrere Aktienoptionspläne, sind diese Angaben für jede Art von Aktienoptionsplan anzugeben. Unterschieden werden kann hierbei z. B. zwischen echten und virtuellen Aktienoptionen, fixen oder variablen Plänen (vgl. FAS 123.47). Für alle noch ausstehenden Optionen sind die Bandbreiten der Ausübungspreise, der gewichtete durchschnittliche Ausübungspreis und die gewichtete durchschnittliche Restlaufzeit darzustellen (vgl. FAS 123.48).

Anhangsangaben nach E-DRS 11

Wie auch der Vorschlag zur Bilanzierung und Bewertung von Aktienoptionen des DSR orientieren sich auch die vorgesehenen Vorschriften zu Offenlegungspflichten stark an den US-GAAP. Unabhängig von der Durchführung und der Art der Bedienung der Optionen sind folgende Anhangsangaben zu machen (E-DRS 11.40, hier wörtlich übernommen):

a) eine generelle Beschreibung der einzelnen Programme mit wichtigen Eckdaten. Dazu zählen insbesondere der Bezugskurs, ggf. Erfolgsziele, die Anzahl der Rechte, die Laufzeit, die Sperrfrist, ggf. Ausübungsbedingungen sowie der rechnerische Wert der Rechte bei Gewährung;

b) die Summe des insgesamt in der Periode aus den Programmen entstandenen Aufwands. Der auf Organmitglieder des Unternehmens bzw. des Mutterunternehmens entfallende Betrag ist hierbei gesondert anzugeben. Existieren mehrere Programme, ist der Aufwand für die einzelnen Programme getrennt anzugeben;

c) für jedes Programm die Anzahl der Optionsrechte und der durchschnittliche Bezugskurs getrennt für alle (1) zu Jahresbeginn ausstehenden, (2) innerhalb des Jahres gewährten, (3) ausgeübten, (4) aufgrund von Ausübungsbedingungen erloschenen und (5) am Ende der Laufzeit verfallenen sowie (6) am Jahresende ausstehenden und (7) am Jahresende ausübbaren Rechte;

d) der Gesamtwert (innerer Wert plus Zeitwert) aller innerhalb des Jahres als Entgelt gewährten Optionsrechte. Der Wert der Optionsrechte, die Organmitgliedern des Unternehmens bzw. des Mutterunternehmens gewährt wurden, ist hierbei gesondert anzugeben;

e) die Methode zur Bewertung der Optionsrechte sowie die dabei verwendeten Parameter. Insbesondere sind die Annahmen über die Volatilität, die Dividendenrendite und den risikolosen Zinsfuß anzugeben sowie die vorgenommenen Modifikationen zur Berücksichtigung der eingeschränkten Handelbarkeit und von Erfolgszielen offenzulegen;

f) die durch eine Neufestsetzung des Bezugskurses entstehende Werterhöhung von bereits gewährten Optionsrechten.

Der DSR hat im Kontext mit den Anhangsangaben nach E-DRS 11 keine Gesetzesänderungen gefordert. Dies wird dahingehend interpretiert, dass der DSR davon ausgeht dass schon die momentane Gesetzeslage diese Angaben erfoderlich macht, was aber aus den Gestzestexten nicht explizit zu erkennen sei (vgl. Roß, N./Pommerening, S. [2002], S. 378).

D. Besonderheiten der Bilanzierung des Eigenkapitals bei Nicht-Kapitalgesellschaften im HGB-Abschluss

Keine gesetzliche Regelung

Die Bilanzierung des Eigenkapitals ist für Einzelkaufleute und Personenhandelsgesellschaften im Gegensatz zu Kapitalgesellschaften gesetzlich nicht geregelt. Für diese Unternehmen bestehen somit unterschiedliche Möglichkeiten des Eigenkapitalausweises. Sie haben lediglich die GoB (hier vor allem die Grundsätze der Klarheit, Übersichtlichkeit und Wahrheit und Vollständigkeit) zu beachten. Trotz der mangelnden gesetzlichen Regelung haben sich durch die praktische Übung weitgehend einheitlich anerkannte Ausweismethoden des Eigenkapitals für Einzelkaufleute und Personenhandelsgesellschaften herausgebildet.

Variable Kapitalkonten

Einzelkaufmann, Offene Handelsgesellschaften (OHG), Kommanditgesellschaft (KG) und stille Gesellschaft führen i. d. R. nur variable Eigenkapitalkonten, auf denen sämtliche Veränderungen verbucht werden, so dass sich das Einrichten eines Rücklagekontos erübrigt. Das bilanzierte Kapital entspricht somit dem gesamten rechnerischen Eigenkapital.

Negatives Kapitalkonto

Ergibt sich bei der Führung variabler Eigenkapitalkonten ein Habensaldo auf dem Kapitalkonto, so besteht ein sog. negatives Kapitalkonto. Es entsteht immer dann, wenn die Verluste das variable Eigenkapital übersteigen. Das negative Eigenkapital kann auch durch überhöhte Entnahmen bewirkt werden.

Einzelkaufmann

Beim Einzelkaufmann ist dem Kapitalkonto häufig ein Privatkonto vorgeschaltet, auf dem die Privatentnahmen und -einlagen während des Geschäftsjahres verbucht werden. Am Ende des Geschäftsjahres wird sein Saldo auf das Kapitalkonto übertragen.

OHG

Auch bei der Offenen Handelsgesellschaft (§§ 105-160 HGB) können den variablen Kapitalkonten der Gesellschafter gesonderte Privatkonten vorgeschaltet werden. Es besteht aber auch die Möglichkeit, konstante Kapitalkonten bei der OHG zu führen. Neben den eigentlichen Kapitalkonten mit festen Beträgen für jeden Gesellschafter (Kapitalkonten I) besteht dann jeweils ein Sonderkonto (auch Kapitalkonto II, Reserve-, Rücklagen- oder Darlehenskonto genannt), auf dem die spezifischen Kapitalbewegungen (Entnahmen, weitere Einlagen, nicht entnommene Gewinne, anteilige Verluste) des betreffenden Gesellschafters verbucht werden. Eine solche Trennung wird häufig im Interesse konstanter Gewinnquoten durchgeführt.

Durch anteilige Verluste bzw. erhöhte Entnahmen kann es vorkommen, dass das variable Eigenkapitalkonto eines OHG-Gesellschafters negativ wird (negatives Kapitalkonto). In diesem Fall ist es auf der Aktivseite der Bilanz auszuweisen. Das negative Eigenkapitalkonto stellt jedoch nur ein Scheinaktivum dar, da ohne besondere vertragliche Regelung weder eine Verzinsung noch ein sofortiger Ausgleich des Kontos verlangt werden kann.

KG

Bei der Kommanditgesellschaft (§§ 161-177a HGB) wird das Kapitalkonto des (beschränkt haftenden) Kommanditisten immer in der Höhe der bedungenen Einlage geführt. Noch nicht voll geleistete Einlagen sind unter der Position »Noch ausstehende Einzahlungen auf die Kommanditeinlage« zu aktivieren. Für den Bilanzausweis ist der im Handelsregister eingetragene Betrag entscheidend. Der auf dem Kapitalkonto ausgewiesene Betrag bleibt nach erfolgter Einlage konstant und wird nur durch im Handelsregister einzutragende vertragliche Erhöhungen oder Verminderungen oder durch Verluste verändert. Sobald die Kommanditeinlage voll geleistet ist, werden die darauf entfallenden Gewinne als Darlehen behandelt und unter den »sonstigen Verbindlichkeiten« ausgewiesen.

Das Kapitalkonto des (voll haftenden) Komplementärs, der in der Kommanditgesellschaft die gleiche Stellung wie der Gesellschafter einer OHG einnimmt, kann sowohl in rein variabler Form (mit oder ohne Vorschaltung eines Privatkontos) als auch in fixer Höhe verbunden mit einem die Veränderungen aufnehmenden Sonderkonto (Kapitalkonto II) geführt werden.

Stille Gesellschaft

Die Ausführungen über die bilanzielle Behandlung des Eigenkapitals der OHG-Gesellschafter gelten ebenfalls für das Kapital der nach außen auftretenden Gesellschafter der stillen Gesellschaft (§§ 230-237 HGB). Die Einlage des stillen Gesellschafters – dem Charakter der stillen Gesellschaft entsprechend tritt er persönlich nach außen nicht in Erscheinung – stellt Fremdkapital dar, das gemäß § 230 HGB in das Vermögen des Firmeninhabers übergeht. Wirtschaftlich gesehen hat die Einlage des stillen Gesellschafters aber eigenkapitalähnlichen Charakter.

Typische und atypische stille Gesellschaft

Man unterscheidet zwischen der typischen und der atypischen stillen Gesellschaft. Bei der typischen stillen Gesellschaft ist der stille Gesellschafter am Gewinn (bei entsprechender vertraglicher Regelung auch am Verlust) beteiligt. Bei der atypischen Gesellschaft dagegen ist der stille Gesellschafter zusätzlich auch am Vermögen der Gesellschaft beteiligt.

In der Regel wird die Einlage des stillen Gesellschafters mit dem Nennwert auf einem eigenen Darlehenskonto verbucht und als Fremdkapital unter den sonstigen langfristigen Verbindlichkeiten in der Bilanz ausgewiesen. Wie beim Kommanditisten werden auch beim stillen Gesellschafter, der seine Einlage noch nicht voll bezahlt hat, die Gewinnanteile bis zur vollen Leistung seinem Einlagekonto gutgeschrieben. Von da an verbucht man sie jedoch unter den »sonstigen Verbindlichkeiten«.

Genossenschaften

Das Eigenkapital von Genossenschaften (§ 7 GenG) ist variabel. Es besteht aus den Geschäftsguthaben der Genossen. Durch Zuzahlungen oder nicht entnommene Gewinne werden sie erhöht, durch anteilige Verluste verringert. Von dem Geschäftsguthaben ist der Geschäftsanteil zu unterscheiden. Er gibt den Betrag an, bis zu dem sich die Genossen mit Einlagen an der Genossenschaft beteiligen können (§ 7 Nr. 1 GenG). Zum Eigenkapital der Genossenschaft ist auch eine gesetzliche Rücklage zu rechnen. Die Art ihrer Bildung sowie ein bestimmter Mindestbetrag müssen gemäß § 7 Nr. 2 GenG in den Statuten gesondert geregelt werden. Eine über den Geschäftsanteil hinausgehende Haftpflicht der Genossen kann sich aus dem Statut ergeben, das gemäß § 6 Nr. 3 GenG Bestimmungen darüber enthalten muss, ob im Konkursfall der Genossenschaft und bei Nichtbefriedigung der Gläubiger die Genossen unbeschränkt, bis zu einer bestimmten Summe (Haftsumme) oder überhaupt nicht haften.

Genossenschaften haben ihr Eigenkapital in Anlehnung an die Bestimmungen für Kapitalgesellschaften zu bilanzieren (§§ 336, 337 HGB). Dabei werden die Geschäftsguthaben der Genossen, die ja variablen Charakter haben, anstelle des gezeichneten Kapitals ausgewiesen. Der Betrag der Geschäftsguthaben der mit Ablauf des Geschäftsjahres ausgeschiedenen Genossen ist gesondert anzugeben.

Für rückständige fällige Einzahlungen auf Geschäftsanteile gelten die Regelungen über den Ausweis von ausstehenden Einlagen gemäß § 272 Abs. 1 HGB analog. An die Stelle der Gewinnrücklagen tritt bei Genossenschaften die Position »Ergebnisrücklage«, die in die Posten »Gesetzliche Rücklage« und »andere Ergebnisrücklagen« aufzugliedern ist. Die Rücklagenzuführungen bzw. -entnahmen sind gesondert aufzuführen (§ 337 HGB). Die Einstellungsbeträge in die Rücklagen sowie die Ausschüttungsbeträge ergeben sich aus dem Statut und den Beschlüssen der Generalversammlung (§ 7 Nr. 2 und § 48 Abs. 1 GenG.).

Bildung stiller Reserven »im Rahmen kaufmännischer Beurteilung«

Über die durch die im Gesetz enthaltenen Ansatz- und Bewertungswahlrechte bestehenden Möglichkeiten zur Bildung von Ermessensreserven hinaus wurde Nicht-Kapitalgesellschaften die Möglichkeit eingeräumt, durch Unterbewertung von Vermögensgegenständen zusätzlich stille Reserven zu legen. Eine solche Unterbewertung gemäß § 253 Abs. 4 HGB ist jedoch nur zulässig, soweit sie im »Rahmen vernünftiger kaufmännischer Beurteilung« erfolgt.

Tabelle 5.7 verdeutlicht noch einmal zusammenfassend, welche Typen von Eigenkapitalkonten in den einzelnen Unternehmensrechtsformen geführt werden.

	EIGENKAPITAL	
RECHTSFORM	konstant	variabel
Einzelunternehmen		Kapitalkonto des Einzelkaufmanns [1)]
Offene Handelsgesellschaft (OHG)		Kapitalkonten der OHG-Gesellschafter mit den jeweiligen Einlagen[1,2)]
Kommanditgesellschaft (KG)	Kapitalkonto(-en) mit der Einlage des/der Kommanditisten	Kapitalkonto(-en) mit der Einlage des/der jeweiligen Komplementärs(-e)[1,2)]
stille Gesellschaft	Einlage des/der stillen Gesellschafter(s)	Kapitalkonto mit der Einlage des Firmeninhabers[1,2)]
Genossenschaft		Geschäftsguthaben, Ergebnisrücklage
Gesellschaft mit beschränkter Haftung (GmbH)	gezeichnetes Kapital (Stammkapital)	Reservekonten (Rücklagen), Nachschüsse, Gewinn- und Verlust (-vortrag)
Aktiengesellschaft (AG)	gezeichnetes Kapital (Grundkapital)	Rücklagen, Gewinn- und Verlust-(-vortrag)
Kommanditgesellschaft auf Aktien (KGaA)	gezeichnetes Kapital (Grundkapital)	Einlage des Komplementärs, Rücklagen, Gewinn- und Verlust (-vortrag)

1) Dem Kapitalkonto kann ein Privatkonto vorgeschaltet werden, das die Veränderungen des Kapitals aufgrund von Entnahmen und Einlagen während des Geschäftsjahres aufnimmt. Das Privatkonto ist über das Kapitalkonto abzuschließen.

2) Es ist möglich, konstante Kapitalkonten (Kapitalkonto I) mit einem vorgeschalteten (variablen) Sonderkonto (Kapitalkonto II) zu führen.

Tab. 5.7: Typen von Eigenkapitalkonten verschiedener Unternehmensrechtsformen

E. Eigenkapitalveränderungsrechnung

Sowohl nach den Vorschriften des DRS als auch nach IAS/IFRS und US-GAAP ist, wenn auch mit inhaltlichen Unterschieden, eine Darstellung der Entwicklung des gesamten Eigenkapitals in einem gesonderten Rechenwerk zu zeigen. Da die DRS sich als ergänzende Grundsätze des Konzernabschlusses verstehen, bezieht sich die Eigenkapitalveränderungsrechnung nach DRS auf das Konzerneigenkapital. Da die Eigenkapitalveränderungsrechnung wesentlich auch die Ergebnisverwendung beinhaltet, wird sie im Zusammenhang mit der Gewinn- und Verlustrechnung erörtert (vgl. 7. Kapitel E II).

Kontrollfragen:

1. Was versteht man unter dem Eigenkapital?
2. Charakterisieren Sie den Unterschied zwischen konstantem und variablem Eigenkapital!
3. Aus welchen Bestandteilen setzt sich das rechnerische, das effektive und das bilanzielle Eigenkapital zusammen?
4. Was versteht man unter dem gezeichneten Kapital?
5. Können eigene Aktien und ein Bilanzverlust mit dem Grundkapital verrechnet werden?
6. Welche Arten von Aktien kann man zum einen hinsichtlich der Rechtsnatur und zum anderen hinsichtlich der mit ihnen verbundenen Rechte unterscheiden?
7. Was versteht man unter dem Aktienagio?
8. Erläutern Sie die Möglichkeiten der Bilanzierung ausstehender Einlagen nach HGB.
9. Charakterisieren Sie das Wesen ausstehender Einlagen!
10. Aus welchen Bestandteilen kann sich das *issued share capital* nach IAS/IFRS und der *capital stock* nach US-GAAP zusammensetzen?
11. Welche Arten der Kapitalerhöhung bei Aktiengesellschaften kennen Sie, und wodurch unterscheiden sie sich?
12. Wie sind Emissionskosten und das Aktienagio in der HGB-Bilanz zu behandeln?
13. Welche Vorteile für die Aktiengesellschaft weist das genehmigte Kapital verglichen mit der ordentlichen Kapitalerhöhung auf?
14. Fließen bei der Kapitalerhöhung aus Gesellschaftsmitteln der Gesellschaft neue finanzielle Mittel zu?
15. Welche Arten der Kapitalherabsetzung bei einer Aktiengesellschaft kennen Sie?
16. Weshalb sind bei einer Kapitalherabsetzung die Gläubigerinteressen besonders zu beachten?
17. Von welchem Zeitpunkt ab ist das Grundkapital einer Aktiengesellschaft bei den verschiedenen Formen der Kapitalherabsetzung herabgesetzt und dementsprechend in der Bilanz auszuweisen?
18. Können bei der Kapitalherabsetzung Buchgewinne entstehen?
19. Welche Aufgabe haben Rücklagen?
20. Nennen Sie die in der HGB-Bilanz einer Kapitalgesellschaft auszuweisenden Rücklagearten und charakterisieren Sie diese!
21. Wodurch unterscheiden sich die offenen von den stillen Rücklagen?
22. Welche Beträge sind in die Kapitalrücklage einer Kapitalgesellschaft einzustellen?
23. Wann und in welcher Höhe können Kapitalrücklagen aufgelöst werden?

24. Charakterisieren Sie die *capital reserves* nach IAS/IFRS!
25. Welche Geschäftsvorfälle führen zu einer Erhöhung, welche zu einer Minderung des *additional paid-in capital* nach US-GAAP?
26. Worin unterscheidet sich die Kapitalrücklage von den Gewinnrücklagen?
27. Welche Beträge müssen nach aktienrechtlichen Vorschriften in die gesetzliche Rücklage eingestellt werden?
28. Zu welchem Zweck und in welcher Höhe darf die gesetzliche Rücklage aufgelöst werden?
29. Warum wird in einem HGB-Abschluss eine Rücklage für eigene Anteile gebildet?
30. In welcher Höhe sind Vorstand und Aufsichtsrat gemäß § 58 AktG ermächtigt, Teile des Jahresüberschusses in die anderen Gewinnrücklagen einzustellen?
31. Welcher Zweck wird durch die Einstellung einer Wertaufholungsrücklage gemäß § 58 Abs. 2a AktG verfolgt?
32. Nennen Sie die Bestandteile der *retained earnings* nach IAS/IFRS!
33. Welche Geschäftsvorfälle können einen Einfluss auf die Höhe der *retained earnings* in einem US-GAAP-Abschluss haben?
34. Aus welchem Grund existiert in den USA das Verfahren der *quasi-reorganization*?
35. Beschreiben Sie den Vorgang der *appropriation of retained earnings* nach US-GAAP!
36. Wann erfolgt nach IAS/IFRS eine Einstellung in die Neubewertungsrücklage?
37. Welche Sachverhalte werden nach US-GAAP in die Bilanzposition *other comprehensive income* aufgenommen?
38. Was versteht man unter einem Sonderposten mit Rücklageanteil?
39. Inwiefern stellen die steuerlich abzugsfähigen Rücklagen einen Mischposten auf der Passivseite der Bilanz dar?
40. Nennen Sie die wichtigsten und bekanntesten steuerlich abzugsfähigen Rücklagen!
41. Welche Möglichkeiten besitzt eine Kapitalgesellschaft, steuerfreie Rücklagen, die die umgekehrte Maßgeblichkeit nicht bedingen, in ihrer Handelsbilanz zu berücksichtigen?
42. In welcher Form kann eine Kapitalgesellschaft steuerliche Sonderabschreibungen in ihrer Bilanz vornehmen? Nennen Sie die Vor- und Nachteile beider Ausweisformen!
43. Wodurch können stille Reserven entstehen?
44. Zu welchem Zeitpunkt erfolgt die Auflösung stiller Reserven?
45. Aus welchen Gründen erwerben Unternehmen eigene Anteile?
46. Erläutern Sie die Bilanzierung des Erwerbs von nicht zur Einziehung erworbenen eigenen Aktien im HGB-Abschluss!

47. Dürfen eigene Anteile in einem US-GAAP-Abschluss als *asset* ausgewiesen werden?
48. Welche Methoden werden zur Bilanzierung eigener Aktien nach US-GAAP angewandt?
49. In welchem Maße ist der bilanzielle Ausweis des Jahresergebnisses vom Zeitpunkt der Bilanzerstellung abhängig?
50. Ist eine Kapitalgesellschaft, die in ihrer Bilanz einen nicht durch Eigenkapital gedeckten Fehlbetrag ausweist, grundsätzlich verpflichtet, einen Konkursantrag zu stellen?
51. Welche Verfahren zur Bedienung eines Aktienoptionsplans gibt es nach HGB?
52. Müssen Aktienoptionspläne nach HGB in jedem Fall in der Bilanz ausgewiesen werden?
53. Wie regeln die IAS/IFRS die Bilanzierung von Aktienoptionsplänen?
54. Was versteht man unter einem *fixed plan*, was unter einem *variable plan*?
55. Welche zwei Verfahren zur Bilanzierung von Aktienoptionen gibt es nach US-GAAP?
56. Was versteht man unter einem negativen Kapitalkonto?
57. Wodurch unterscheidet sich eine typische von einer atypischen stillen Gesellschaft?
58. Wie erfolgt die Bilanzierung des Eigenkapitals in einer OHG, KG bzw. einer stillen Gesellschaft?
59. Inwiefern unterscheidet sich die Personengesellschaft von der Kapitalgesellschaft bezüglich ihrer Möglichkeiten, stille Reserven zu legen?

6. Kapitel: Bilanzierung des Fremdkapitals

Zum Fremdkapital rechnen alle Kapitalbeträge, die in absehbarer Zukunft benötigt werden, um Verpflichtungen des Unternehmens gegenüber Dritten abzudekken. Das Fremdkapital steht somit – im Gegensatz zum Eigenkapital – dem Unternehmen nur zeitlich begrenzt zur Verfügung. In der handelsrechtlichen Bilanz wird das Fremdkapital durch folgende Positionen ausgewiesen:

- Verbindlichkeiten
- Rückstellungen
- passive Rechnungsabgrenzungsposten

Nach IAS/IFRS werden Verbindlichkeiten und passive Rechnungsabgrenzungsposten unter dem Begriff *liabilities* zusammengefasst. Rückstellungen werden als *provisions* bezeichnet und bilden eine Untergruppe der *liabilities*. Das FASB berücksichtigt diese verfeinerte Untergliederung nicht und schließt in den Begriff *liability* auch die Rückstellungen mit ein.

Wie schon im 5. Kapitel B III 2 erläutert, stellen auch die Sonderposten mit Rücklageanteil in Höhe des in ihnen enthaltenen Steueranteils Fremdkapital dar. Auf die Bilanzierung der Verbindlichkeiten, Rückstellungen und Rechnungsabgrenzungsposten wird im Folgenden näher eingegangen. Da die latenten Steuern einen eigenen, inhaltlich abgegrenzten Problembereich darstellen, werden sie in Gliederungspunkt D ausführlich erörtert. Wegen der sachlichen Zugehörigkeit werden bei den Rechnungsabgrenzungsposten und bei den latenten Steuern auch die aktiven Positionen mitbehandelt, obgleich nur die passiven Rechnungsabgrenzungsposten und die passiven latenten Steuern zum Fremdkapital zählen.

A. Verbindlichkeiten

I. Wesen und bilanzieller Ausweis der Verbindlichkeiten

Definition und Bilanzierung der Verbindlichkeiten nach HGB

Verbindlichkeiten sind Verpflichtungen eines Unternehmens, die am Bilanzstichtag ihrer Höhe und Fälligkeit nach feststehen. Demnach werden als Verbindlichkeiten Leistungen erfasst,

- zu denen das Unternehmen mit juristischen Mitteln gezwungen werden kann,
- deren Wert eindeutig feststellbar ist
- und die zum Abschlusszeitpunkt eine wirtschaftliche Belastung für das Unternehmen darstellen.

Verbindlichkeiten sind juristisch erzwingbar, wenn eine Schuld besteht und der Schuldner ihr keine wirksame Einrede entgegensetzen kann. Verbindlichkeiten sind eine wirtschaftliche Belastung, wenn der Gläubiger dem Schuldner nicht aus demselben Sachverhalt zu einer mindestens gleichwertigen Gegenleistung verpflichtet ist. Eine Leistung im obigen Sinne ist nicht nur die Zahlung von Geldbeträgen, sondern ebenso die Lieferung von Produkten oder die Ausführung von Dienstleistungen.

Gliederung der Verbindlichkeiten

Verbindlichkeiten stehen gemäß dem Gliederungsschema des § 266 HGB auf der Passivseite nach den Rückstellungen. Sie sind von mittleren und großen Kapitalgesellschaften in die nachfolgenden Positionen zu untergliedern (kleine Kapitalgesellschaften wie auch Einzelkaufleute und Personenhandelsgesellschaften brauchen diese Untergliederung nicht vorzunehmen, sondern können sämtliche Verbindlichkeiten unter einer Bilanzposition zusammenfassen):

1. Anleihen
2. Verbindlichkeiten gegenüber Kreditinstituten
3. erhaltene Anzahlungen auf Bestellungen
4. Verbindlichkeiten aus Lieferungen und Leistungen
5. Verbindlichkeiten aus der Annahme gezogener Wechsel und der Ausstellung eigener Wechsel
6. Verbindlichkeiten gegenüber verbundenen Unternehmen
7. Verbindlichkeiten gegenüber Unternehmen, mit denen ein Beteiligungsverhältnis besteht
8. sonstige Verbindlichkeiten

Wie zu erkennen ist, wählte der Gesetzgeber im HGB eine Gliederung der Verbindlichkeiten nach Gläubigern bzw. Gläubigergruppen. Um den Einblick eines externen Bilanzadressaten in die Liquiditätssituation einer Kapitalgesellschaft zu erhöhen, ist jede Gesellschaft verpflichtet, unter den jeweiligen Verbindlichkeitspositionen den Betrag der Verbindlichkeiten mit einer Restlaufzeit von bis zu einem Jahr zu vermerken (§ 268 Abs. 5 HGB). Dabei gilt als Restlaufzeit die Zeit zwischen dem jeweiligen Bilanzstichtag und dem vertraglich vereinbarten oder tatsächlichen Zeitpunkt der Begleichung der Verbindlichkeit. Liegt ein Kreditverhältnis mit vereinbarter Ratenzahlung vor, so ist die Verbindlichkeit entsprechend der innerhalb eines Jahres fälligen Ratenbeträge aufzuteilen.

Saldierungsverbot

Verbindlichkeiten dürfen aufgrund des Verrechnungsverbotes des § 246 Abs. 2 HGB grundsätzlich nicht mit Forderungen saldiert werden. Ausnahmen bestehen nur für unverbriefte gemäß § 387 BGB aufrechenbare Forderungen und Verbindlichkeiten. Eine Aufrechenbarkeit ist gegeben, wenn ein und dieselbe Person Gläubiger und Schuldner ist, die Forderungen und Verbindlichkeiten gleichartig sind und die Forderungen des Unternehmens am Stichtag fällig sind, die Verbindlichkeit zwar noch nicht fällig, aber erfüllbar ist (vgl. Küting, K./ Weber, C.-P. [1995], § 246 Tz. 22).

Angabepflichten im Anhang

Neben dem Vermerk der Verbindlichkeiten mit einer Restlaufzeit von maximal einem Jahr in der Bilanz haben Kapitalgesellschaften bezüglich ihrer Verbindlichkeiten im Anhang zusätzliche Angaben zu machen. § 285 Nr. 1 HGB verpflichtet alle Kapitalgesellschaften, den Gesamtbetrag der Verbindlichkeiten im Anhang anzugeben, die mit einer Restlaufzeit von mehr als fünf Jahren ausgestattet sind. Darüber hinaus ergibt sich aus diesem Paragraphen die Verpflichtung, den Betrag der Verbindlichkeiten, die durch Pfandrechte oder ähnliche Rechte gesichert sind, ebenfalls im Anhang auszuweisen. Dabei ist auf die Art und Form der eingeräumten Sicherheiten (wie z. B. Pfandbestellung, Sicherungsübereignung, Eigentumsvorbehalt) einzugehen. Für große und mittelgroße Kapitalgesellschaften erweitern sich diese Verpflichtungen nach § 285 Nr. 1 HGB noch dahingehend, dass eine Aufgliederung der genannten Angaben auf die einzelnen Verbindlichkeitspositionen in der Bilanz oder im Anhang erforderlich ist (§§ 285 Nr. 2 i. V. m. § 288 HGB).

Aufgrund der Angabe- und Vermerkpflichten in Anhang und Bilanz ist es für den Bilanzleser möglich, die Verbindlichkeiten eines Unternehmens in drei Fristigkeitsgruppen einzuteilen:

- kurzfristige Verbindlichkeiten (Restlaufzeit < 1 Jahr)
- mittelfristige Verbindlichkeiten (Restlaufzeit zwischen einem und fünf Jahren)
- langfristige Verbindlichkeiten (Restlaufzeit > 5 Jahre)

Verbindlichkeitenspiegel

Die Informationen, die bezüglich der Verbindlichkeiten veröffentlicht werden müssen, können im Anhang in tabellarischer Form mit Hilfe eines so genannten Verbindlichkeitenspiegels zusammengefasst werden. Durch eine Gegenüberstellung der allerdings nur nach dem Kriterium der 1jährigen Restlaufzeit klassifizierten Forderungen erhält der externe Bilanzleser durch diese Verbindlichkeitsgruppierung einen Einblick in die Finanz- und Liquiditätssituation des Unternehmens.

Eventualverbindlichkeiten

Außer den in der Bilanz auszuweisenden Schulden sind des weiteren gemäß § 251 HGB bestehende Haftungsverhältnisse im Jahresabschluss offen zu legen. Diese Haftungsverhältnisse, die auch als Eventualverbindlichkeiten bezeichnet werden, sind nicht in die Bilanz aufzunehmen, sondern in einem Betrag unter (d. h. außerhalb) der Bilanz zu vermerken. Für Kapitalgesellschaften und die

Unternehmen, die unter das KapCoRiLiG fallen (vgl. Kapitel 1) ist die Ausweispflicht der Haftungsverhältnisse erweitert (§ 268 Abs. 7 HGB). Sie haben die Beträge der verschiedenen Eventualverbindlichkeiten gesondert und unter Angabe der mit ihnen in Verbindung stehenden gewährten Pfandrechte und sonstigen Sicherheiten auszuweisen. Der Ausweis kann unter der Bilanz oder im Anhang erfolgen. Bestehen Haftungsverhältnisse gegenüber verbundenen Unternehmen, so muss dies aus den Angaben erkennbar sein.

Die unter der Bilanz zu vermerkenden Eventualverbindlichkeiten sind durch § 251 HGB abschließend aufgezählt; dies sind:

- Verbindlichkeiten aus der Begebung und Übertragung von Wechseln
- Verbindlichkeiten aus Bürgschaften, Wechsel- und Scheckbürgschaften
- Verbindlichkeiten aus Gewährleistungsverträgen
- Haftungsverhältnisse aus der Bestellung von Sicherheiten für fremde Verbindlichkeiten.

Bei Eventualverbindlichkeiten handelt es sich somit um Risiken, die nur möglicherweise (eventuell) eine Belastung für das Unternehmen darstellen, mit deren Eintritt jedoch nicht gerechnet wird. Hierdurch unterscheiden sie sich von zu passivierenden Verbindlichkeiten oder Rückstellungen, bei denen eine Inanspruchnahme des Unternehmens in Zukunft sicher bzw. wahrscheinlich ist. Der Zweck der Vermerkspflicht der Haftungsverhältnisse besteht darin, den externen Bilanzleser über mögliche Risiken zu informieren, die auf das Unternehmen zukommen können. § 251 HGB bestimmt, dass diese Eventualverbindlichkeiten auch selbst dann auszuweisen sind, wenn ihnen eine entsprechende Rückgriffsforderung an Dritte gegenübersteht. Bestehen solche Rückgriffsforderungen, so ist es nach herrschender Meinung nicht erforderlich, diese analog den entsprechenden Eventualverbindlichkeiten auf der Aktivseite unter der Bilanz zu vermerken (vgl. IDW [1996], Abschnitt F, Tz. 245). Sobald mit einer Inanspruchnahme aus diesen Eventualverbindlichkeiten zu rechnen ist, muss eine Rückstellung gebildet werden. Ist die Inanspruchnahme sicher, so muss eine sonstige Verbindlichkeit gebildet werden.

Angabe sonstiger finanzieller Verpflichtungen im Anhang

Für Kapitalgesellschaften (mit Ausnahme der kleinen Gesellschaften; vgl. § 288 HGB) bestimmt § 285 Nr. 3 HGB, dass sämtliche finanziellen Verpflichtungen, die zur Beurteilung der Finanzlage des Unternehmens von Bedeutung sind und sich nicht bereits aus der Bilanz oder den Angaben gemäß § 251 HGB ergeben, im Anhang in einem Gesamtbetrag aufzuzeigen sind. Hierzu gehören insbesondere schwebende Rechtsgeschäfte, die sich in der Bilanz noch nicht ausgewirkt haben, die aber in Zukunft die Finanzlage (Liquidität) wesentlich belasten. Verpflichtungen, die gegenüber verbundenen Unternehmen bestehen, sind gesondert zu kennzeichnen. Der Aussagegehalt dieser Angabe ist dadurch sehr stark eingeschränkt, dass lediglich ein Gesamtbetrag anzugeben ist. Denn hierdurch ist eine Aussage externer Bilanzleser über Fristigkeit bzw. Risikointensität der Verpflichtungen, die für die Beurteilung der Liquiditätssituation des Unternehmens wichtig wäre, nicht möglich. Darüber hinaus ist nicht eindeutig bestimmt, welche »finanziellen Verpflichtungen« im Detail unter die Angabepflicht des § 285 Nr. 3 HGB fallen. Denn zum einen hatte es der Gesetzgeber unterlassen, gewisse Verpflichtungstypen im Gesetz zu nennen, und zum anderen ist nicht allgemein und generell für jeden Einzelfall klärbar, wann eine finanzielle Verpflichtung zur Beurteilung der Finanzlage von Bedeutung ist und wann nicht.

Bilanzierung von Verbindlichkeiten nach IAS/IFRS / liabilities

Liabilities stellen nach IAS/IFRS gegenwärtige Verpflichtungen eines Unternehmens dar, die aufgrund eines Ereignisses in der Vergangenheit entstanden sind. Ihre Begleichung wird voraussichtlich einen Abfluss wirtschaftlicher Ressourcen zur Folge haben (F 49 (b), 62). Diese Verpflichtungen können sowohl auf rechtlich durchsetzbaren Ansprüchen beruhen als auch auf Anforderungen, denen sich das Unternehmen aus wirtschaftlichen Gründen nicht entziehen kann (z. B. Kulanzleistungen). Der Abfluss wirtschaftlicher Ressourcen (Zahlungen, Leistungen) muss zumindest wahrscheinlich sein und sein Wert muss sich verlässlich ermitteln lassen (F 91).

Current liabilities / non-current liabilities

Liabilities können in kurzfristige (*current*) und langfristige (*non-current*) Verpflichtungen unterteilt werden. Wird eine derartige Unterteilung vorgenommen, gelten als kurzfristige Verpflichtungen die Posten, die innerhalb eines Jahres oder im Verlauf des normalen Geschäftszyklus beglichen werden (IAS 1.60). Der Teil der langfristigen Verpflichtungen, der im Ablauf des nächsten Geschäftsjahres fällig wird, ist nicht in die kurzfristigen Verpflichtungen umzugliedern, wenn die ursprüngliche Laufzeit mehr als zwölf Monate betrug und wenn hinreichend sichere langfristige Refinanzierungsabsichten bestehen (IAS 1.63). Der Betrag solcher nicht umgegliederten Verpflichtungen muss in den *notes* angegeben werden. Das Wahlrecht einer Einteilung in kurz- und langfristige Verpflichtungen gilt jedoch, genau wie bei den *assets*, nur bei der ersten Aufstellung des Jahresabschlusses nach IAS/IFRS. Danach ist die gewählte Unterteilung im Sinne der Stetigkeit beizubehalten.

Eine Saldierung (*offsetting*) von *liabilities* mit *assets* ist nach IAS 1.33 grundsätzlich verboten, es sein denn in einem anderen IAS/IFRS findet sich eine abweichende Regelung. Ein Beispiel hierfür wäre IAS 32.33, der unter bestimmten Voraussetzungen eine Saldierung von *financial assets* und *financial liabilities* vorschreibt.

Angabepflichten nach IAS/IFRS

Nach IAS 1.53 bleibt es den Unternehmen im Hinblick auf die Art ihrer Geschäfte überlassen, ob sie *current* und *non-current liabilities* getrennt ausweisen. Es muss jedoch auf jeden Fall die Höhe der Verbindlichkeiten ausgewiesen werden, deren Laufzeit mehr als zwölf Monate beträgt (IAS 1.54). Unabhängig von der Unterscheidung in lang- und kurzfristige Verpflichtungen verlangt IAS 1.66 den separaten Ausweis der langfristigen verzinslichen Verbindlichkeiten als Mindestangabe im Abschluss.

Bilanzierung von Verbindlichkeiten nach US-GAAP

Eine *liability* weist nach US-GAAP drei wesentliche Merkmale auf (CON 6.36):

- Es besteht eine gegenwärtige Verpflichtung (*present obligation*) gegenüber einem Dritten, die bei Eintreten eines bestimmten Ereignisses oder bei Geltendmachung eines Anspruches durch einen künftigen Abfluss von Ressourcen erfüllt werden muss.

- Die Verpflichtung ist bindend und läßt dem Unternehmen somit keinen oder nur einen geringen Ermessensspielraum, sich der Vermögensbelastung zu entziehen.
- Das verpflichtende Ereignis ist bereits eingetreten.

Damit können *liabilities* nicht nur auf rechtlich bereits entstandenen, in ihrer Höhe nach feststehenden und einklagbaren Verpflichtungen beruhen, sondern sich auch auf ungewisse, rechtlich noch nicht eingetretene aber wirtschaftlich bereits verursachte Verpflichtungen gründen. So ist eine Rückstellung nach deutschem Verständnis als spezielle Ausprägung einer *liability* aufzufassen.

Da aus US-Sicht Liquiditätsfragen eine hohe Bedeutung zukommt, erscheinen kurz- und langfristige Verpflichtungen auf der Passivseite der Bilanz als eigenständige Positionen, wobei zuerst die kurzfristigen Verpflichtungen aufgeführt werden. Trennendes Kriterium ist das Geschäftsjahr bzw. ein eventuell länger dauernder Geschäftszyklus (ARB 43.2 ff.). Unter den kurzfristigen Verpflichtungen werden z. B.:

- Verbindlichkeiten gegenüber Kreditinstituten (*notes payable to banks*),
- Verbindlichkeiten aus Lieferungen und Leistungen (*notes payable to creditors*),
- kurzfristiger Anteil langfristiger Verbindlichkeiten (*current portion of long-term debt*) und
- Steuerzahlungen (*income tax payable*) ausgewiesen.

Für börsennotierte Unternehmen wird verlangt, dass Posten, die mehr als 5 % der *current liabilities* betragen, gesondert in der Bilanz oder im Anhang anzugeben sind. Da jedoch keine Nomenklatur mitgeliefert wird, existiert eine Fülle unterschiedlicher Bezeichnungen, die die einzelnen rechnungslegenden Unternehmen jeweils für sachgerecht halten (vgl. Niehus, R. J./Thyll, A. [2000], S. 327 f.).

Zu den langfristigen Verbindlichkeiten gehören in erster Linie Finanzierungs- und Leasingverbindlichkeiten. Alle anderen Verpflichtungen werden meist als *other non-current liabilities* zusammengefasst. Langfristige Verpflichtungen sind entweder in der Bilanz oder im Anhang nach Gläubigergruppen aufzuteilen und ihre Konditionen (z. B. Zinssatz, Tilgungsraten, Fälligkeit, Sicherheiten, Wandlungsrechte, Nachrangigkeit) müssen näher erläutert werden.

Im Folgenden werden die gemäß § 266 Abs. 3 HGB auszuweisenden Verbindlichkeitspositionen näher erläutert.

1. Anleihen

Inanspruchnahme des Kapitalmarktes

Anleihen sind durch Inanspruchnahme des öffentlichen Kapitalmarktes entstandene Verbindlichkeiten. Diese Möglichkeit der Beschaffung von Fremdkapital steht in der Regel nur Aktiengesellschaften oder größeren Gesellschaften anderer Rechtsform offen, die einen guten Ruf und entsprechende Bonität aufzuweisen haben. Langfristige Darlehen (z. B. Schuldscheindarlehen), die nicht am Kapitalmarkt aufgenommen wurden, zählen nicht zu den Anleihen. Sie sind – soweit nicht ein Kreditinstitut der Gläubiger ist – unter den sonstigen Verbindlichkeiten auszuweisen. Zu den Anleihen gehören Teilschuldverschreibungen, Wandelschuldverschreibungen, Optionsanleihen und Gewinnschuldverschreibungen nach § 221 AktG sowie Genußscheine, soweit die Genußscheinbedingungen eine Rückzahlung der überlassenen Beträge vorsehen und diese deshalb Fremdkapital darstellen. § 266 Abs. 3 HGB bestimmt, dass konvertible Anleihen – hierunter fallen insbesondere Wandelschuldverschreibungen – als »Davon-Vermerk« von den anderen Anleihen getrennt auszuweisen sind. Die herrschende Meinung geht sogar über diese gesetzliche Bestimmung hinaus und fordert – aufgrund ihres besonderen Charakters – einen solchen »Davon-Vermerk« auch bei Genußscheinen (vgl. ADS [1995], § 266 Tz. 197).

Aktiengesellschaften haben die Zahl der Wandelschuldverschreibungen bzw. mit ihnen vergleichbaren Wertpapiere (z. B. Optionsanleihen) sowie der Genußscheine unter Angabe der Rechte, die sie jeweils verbriefen, im Anhang zu zeigen (§ 160 Abs. 1 Nr. 5 und 6 AktG). Anleihen werden erst mit der Begebung passivierungspflichtig. Sie gelten bilanzmäßig als getilgt und sind dementsprechend auf der Passivseite der Bilanz auszubuchen, wenn sie vernichtet worden sind oder ein Umlauf der Anleihestücke in sonstiger Weise endgültig ausgeschlossen wurde. Soweit zurückerworbene Anleihestücke noch nicht endgültig aus dem Verkehr gezogen sind, dürfen sie nicht auf der Passivseite ausgebucht werden. Sie sind vielmehr auf der Aktivseite unter den Wertpapieren des Anlage- oder Umlaufvermögens auszuweisen (vgl. ADS [1995], § 266 Tz. 219).

2. Verbindlichkeiten gegenüber Kreditinstituten

Passivierung des tatsächlich in Anspruch genommenen Betrages

Bankkredite sind nur in Höhe des tatsächlich in Anspruch genommenen Betrages auszuweisen. Es ist also unzulässig, einen zwar eingeräumten, aber nicht in voller Höhe in Anspruch genommenen Bankkredit bis zur Höhe des Kreditlimits als Verbindlichkeit zu passivieren. Auch ein Bankkredit, der zwar zugesagt, aber bis zum Bilanzstichtag noch nicht in Anspruch genommen wurde, darf in der Bilanz nicht erscheinen. Soweit Wechsel einer Bank lediglich zur Sicherung eines eingeräumten Kredits in Kaution gegeben werden (Depotwechsel oder Kautionswechsel), sind diese nicht als Wechselverbindlichkeit auszuweisen. Vielmehr ist der Betrag, mit dem der so gesicherte Kredit in Anspruch genommen wurde, als Verbindlichkeit gegenüber Kreditinstituten anzusetzen. Zu den Verbindlichkeiten gegenüber Kreditinstituten zählen auch an Kreditinstitute begebene Schuldverschreibungen sowie Verbindlichkeiten gegenüber Bausparkassen.

3. Erhaltene Anzahlungen auf Bestellungen

Anzahlungen

Anzahlungen werden von Kunden häufig zur Vorfinanzierung von Aufträgen, die erhebliche finanzielle Mittel binden (z. B. Schiffsbau, Brückenbau, Hochhäuser), bzw. als Sicherheitsleistung für bestellte Waren oder Dienstleistungen, ausbedungen. Für den Ausweis der Anzahlung kommt es nicht darauf an, ob die noch zu erbringende Leistung aktivierbar ist oder nicht. Eine Saldierung erhaltener Anzahlungen mit am Bilanzstichtag noch nicht abgerechneten Leistungen ist gemäß § 246 Abs. 2 HGB unzulässig; einer zusätzlichen Erwähnung solcher Leistungen in der Bilanz steht aber nichts im Wege. Neben der Passivierung besteht auch die Möglichkeit, erhaltene Anzahlungen auf der Aktivseite offen von den Vorräten abzusetzen (§ 268 Abs. 5 Satz 2 HGB). Der Zusatz »auf Bestellungen« in der Positionsbezeichnung soll klarstellen, dass Vorauszahlungen von Kunden nur dann in diese Position aufgenommen werden dürfen, wenn zwischen dem Unternehmen und seinen Kunden bezüglich der späteren Lieferung oder Leistung bereits ein Vertrag geschlossen wurde.

4. Verbindlichkeiten aus Lieferungen und Leistungen

Lieferantenkredit

Bei den Verbindlichkeiten aus Lieferungen und Leistungen handelt es sich um Verpflichtungen, die daraus resultieren, dass das Unternehmen Lieferungen oder Leistungen jeglicher Art (d. h. diese müssen nicht in unmittelbarem Zusammenhang mit dem betrieblichen Produktions- oder Leistungsprozeß stehen) erhalten bzw. in Anspruch genommen hat, ohne dafür die Gegenleistung erbracht zu haben. Verpflichtungen aus Verträgen, die noch von keiner Seite erfüllt worden sind (schwebende Verträge), dürfen nicht bilanziert werden. Soweit die empfangenen Waren unter Eigentumsvorbehalt stehen oder sonst dinglich gesichert sind, ist – wie bereits erwähnt – nach § 285 Nr. 1b HGB ein Vermerk der Besicherung im Anhang erforderlich. Zu den Verbindlichkeiten aus Lieferungen und Leistungen gehören auch die Verbindlichkeiten des Leasing-Nehmers aus solchen Leasing-Verträgen, bei denen der Leasing-Gegenstand nach wirtschaftlichen Gesichtspunkten beim Leasing-Nehmer zu bilanzieren ist (vgl. 2. Kapitel A II). Im Falle der Begleichung von Lieferantenrechnungen durch Wechselakzept und im Falle der Lieferantenschulden gegenüber verbundenen Unternehmen geht der Ausweis unter den entsprechenden Passivpositionen C 5 bzw. C 6 (§ 266 HGB) dem Ausweis unter den »Verbindlichkeiten aus Lieferungen und Leistungen« vor.

5. Verbindlichkeiten aus der Annahme gezogener oder eigener Wechsel

Wechselakzept, Wechselindossament

Diese Position erfasst sowohl die auf die bilanzierende Gesellschaft gezogenen und von ihr akzeptierten Wechsel als auch eigene, von der Gesellschaft ausgestellte Wechsel (sog. Solawechsel). Hat eine Gesellschaft einen auf sie gezogenen Wechsel noch nicht akzeptiert, so wird die Schuld nicht als Wechselverbindlichkeit ausgewiesen, sondern unter einer entsprechenden anderen Verbindlichkeitenposition (z. B. »Verbindlichkeiten aus Lieferungen und Leistungen«) verbucht. Der Bezogene eines Wechsels ist der primär aus dem Wechsel Verpflichtete. Wer neben dem Bezogenen seine Unterschrift auf einen Wechsel setzt (Wechselindossament), haftet darüber hinaus den nachfolgenden Inhabern der

Wechselurkunde auf Zahlung der Wechselsumme, wenn der Bezogene bei Fälligkeit des Wechsels zur Zahlung nicht in der Lage ist. Geht ein Unternehmen derartige Eventualverbindlichkeiten ein, so sind diese (Wechselobligo) nicht als Verbindlichkeiten auszuweisen, sondern – wie bereits erwähnt – lediglich unter der Bilanz oder im Anhang (bei Kapitalgesellschaften) zu vermerken (§§ 251, 268 Abs. 7 HGB).

Bei einem Wechselgeschäft darf die Verbindlichkeit aus dem Schuldverhältnis, das dem Wechsel zugrunde liegt, nicht zusätzlich unter einer anderen Verbindlichkeitsposition (z. B. »Verbindlichkeiten aus Lieferungen und Leistungen«) passiviert werden. Handelt es sich bei dem Gläubiger der Wechselschuld um ein verbundenes Unternehmen, so ist die Verbindlichkeit nicht unter der Bilanzposition C 5, sondern unter C 6 (§ 266 Abs. 3 HGB) auszuweisen.

6. Verbindlichkeiten gegenüber verbundenen Unternehmen

Verbundene Unternehmen

Gemäß § 266 Abs. 3 HGB sind grundsätzlich sämtliche Verbindlichkeiten gegenüber verbundenen Unternehmen unabhängig von ihren Entstehungsursachen im Interesse einer Offenlegung der wirtschaftlichen Verflechtungen zwischen diesen Unternehmungen (zur Definition der verbundenen Unternehmen, siehe 3. Kapitel Abschnitt B III) gesondert auszuweisen, auch wenn diese Verbindlichkeiten normalerweise unter anderen Positionen der Bilanz aufzuführen wären. Verbindlichkeiten gegenüber verbundenen Unternehmen müssen nicht notwendig aus dem Geschäftsverkehr resultieren. Es kann sich dabei auch um Finanzierungsschulden handeln, die eventuell sogar Ausdruck einer Beteiligung sind. Verbindlichkeiten gegenüber verbundenen Unternehmen sind in ihrer Höhe zu einem großen Teil von der Geschäftspolitik abhängig. Dies gilt insbesondere, weil in Konzernen durch die Festlegung der Preise, der Rabatte, durch die Übernahme von Transportkosten usw. Gewinne in großem Umfang von einem Konzernunternehmen in ein anderes verlagert werden können.

7. Verbindlichkeiten gegenüber Beteiligungsunternehmen

Beteiligung

Ob zwischen Unternehmen ein Beteiligungsverhältnis besteht oder nicht, ergibt sich aus der Definition der Beteiligung in § 271 Abs. 1 HGB. Demnach sind Beteiligungen Anteile an Unternehmen, die dazu bestimmt sind, durch Herstellung einer dauernden Verbindung zu diesen Unternehmen dem Geschäftsbetrieb zu dienen (vgl. auch 1. Kapitel B III). Unter den Verbindlichkeiten gegenüber Unternehmen, mit denen ein Beteiligungsverhältnis besteht, sind nicht nur Verbindlichkeiten gegenüber Unternehmen auszuweisen, an denen das bilanzierende Unternehmen eine Beteiligung hält, sondern auch solche gegenüber Unternehmen, die an dem bilanzierenden Unternehmen im Sinne des § 271 Abs. 1 HGB beteiligt sind. In der Praxis kann es für das Unternehmen, an dem eine Beteiligung gehalten wird, möglicherweise schwierig sein, eine dem beteiligten Unternehmen gegenüber bestehende Verbindlichkeit korrekt auszuweisen, da es für dieses oft nicht erkennbar ist, ob ein Beteiligungsverhältnis im Sinne des § 271 HGB vorliegt oder nicht. Hierbei ist jedoch zu beachten, dass Aktiengesellschaften gemäß § 20 Abs. 1 AktG prinzipiell verpflichtet sind, eine Beteiligung von mehr als 25 % der Gesellschaft, an der die Beteiligung gehalten wird, anzuzeigen. In diesem Zusammenhang führen ggf. auch die Vorschriften des § 21 WpHG zu einer Meldepflicht.

Festzuhalten ist, dass die Positionen C 6 und C 7 des § 266 Abs. 3 HGB streng zu trennen sind. Unter den Verbindlichkeiten gegenüber Unternehmen, mit denen ein Beteiligungsverhältnis besteht (Position 7) dürfen nur Verbindlichkeiten gegenüber solchen Unternehmen ausgewiesen werden, die nicht mit dem bilanzierenden Unternehmen verbunden sind.

8. Sonstige Verbindlichkeiten

Sammelposition

Bei der Position »sonstige Verbindlichkeiten« handelt es sich um einen Sammelposten, in dem all die Verbindlichkeiten aufgenommen werden, die nicht unter den anderen Verbindlichkeitsposten (Positionen C 1-7) auszuweisen sind. Hierunter fallen z. B. Steuerschulden der Gesellschaft, Quellenabzugsteuer (Lohnbzw. Kapitalertragsteuer etc.), Sozialabgaben, nicht abgehobene Dividenden und Darlehen- bzw. Zinsschulden gegenüber Nichtbanken oder Unternehmen, mit denen das Unternehmen weder verbunden ist noch in einem Beteiligungsverhältnis steht. Zu den sonstigen Verbindlichkeiten gehört auch ein Großteil der antizipativen passiven Rechnungsabgrenzungsposten.

Vermerk der Steuerschulden und der Verbindlichkeiten aus der sozialen Sicherung

Haben diese Rechnungsabgrenzungsbeträge einen größeren Umfang, so sind sie im Anhang zu erläutern (§ 268 Abs. 5 Satz 3 HGB). Gemäß § 266 Abs. 3 HGB müssen die in den »sonstigen Verbindlichkeiten« enthaltenen Steuerschulden sowie die Verbindlichkeiten, die im Rahmen der sozialen Sicherheit entstanden sind, gesondert vermerkt werden. Als Steuern gelten dabei nicht nur solche, die in der GuV als Steuern vom Einkommen und Ertrag sowie als sonstige Steuern auszuweisen sind, sondern auch diejenigen, die die Gesellschaft für Dritte abführt (z. B. Lohn- und Kapitalertragsteuer), die sie aktiviert (z. B. Grunderwerbsteuer) oder die bei ihr durchlaufende Posten darstellen (z. B. Mehrwertsteuer).

Die Verbindlichkeiten im Rahmen der sozialen Sicherheit entsprechen all den Beträgen, die in der GuV unter der Position 6b des § 275 Abs. 2 HGB (»soziale Abgaben und Aufwendungen für Altersversorgung und für Unterstützung«) ausgewiesen werden, sofern sie nicht als Pensionsrückstellungen oder sonstige Rückstellungen zu passivieren sind oder bereits von dem Unternehmen bezahlt wurden.

Verbindlichkeiten gegenüber GmbH-Gesellschaftern

Bestehen Verbindlichkeiten einer GmbH gegenüber einem oder mehreren Gesellschaftern, so sind diese nicht als sonstige Verbindlichkeiten, sondern unter einer eigenen entsprechend bezeichneten Bilanzposition in der Bilanz auszuweisen oder im Anhang anzugeben. Werden sie dennoch unter den »sonstigen Verbindlichkeiten« oder einer anderen Verbindlichkeitsposition bilanziert, so ist dies an entsprechender Stelle in der Bilanz zu vermerken (§ 42 Abs. 3 GmbHG).

II. Bewertung der Verbindlichkeiten

Bewertung von Verbindlichkeiten nach HGB

Verbindlichkeiten sind in der Handelsbilanz grundsätzlich mit dem Rückzahlungsbetrag zu bewerten (§ 253 Abs. 1 Satz 2 HGB). Der Rückzahlungsbetrag ist der Geldbetrag, der zur Tilgung der Verbindlichkeit aufgewendet werden muss. Dies ist in der Regel der Betrag, mit dem die Verbindlichkeit eingegangen wird. Handelt es sich bei der Verbindlichkeit um eine Rentenverpflichtung (Rentenschuld, Leibrente), so hat die Bewertung zum versicherungsmathematischen Barwert zu erfolgen. Dabei ist zu beachten, dass gemäß § 253 Abs. 1 Satz 2 HGB der volle Barwert nur für Rentenverpflichtungen zu bilanzieren ist, für die eine Gegenleistung aus Sicht des Schuldners nicht mehr zu erwarten ist. Stehen noch Gegenleistungen aus, so ist der Barwert nur anteilig zu bilanzieren.

Höchstwertprinzip

Ändert sich während der Laufzeit eine Verbindlichkeit in ihrer Höhe, so ist das Vorsichts- bzw. Imparitätsprinzip zu beachten. Demnach darf eine Minderung des Rückzahlungsbetrages in der Bilanz nicht berücksichtigt werden. In Analogie zum strengen Niederstwertprinzip bei Forderungen jedoch sind Verbindlichkeiten bei Erhöhung des Rückzahlungsbetrages zu dem entsprechenden höheren Wert in die Bilanz aufzunehmen. In diesem Zusammenhang spricht man deshalb häufig vom sog. »Höchstwertprinzip«. Dieses Prinzip gilt unabhängig von der Laufzeit der Verbindlichkeit.

Disagio, Damnum

Ist der Rückzahlungsbetrag höher als der Ausgabebetrag (z. B. bedingt durch ein Disagio bei einer Anleihenaufnahme oder ein Damnum bei Hypotheken- und Grundschulden), so darf der Unterschiedsbetrag in der Handelsbilanz unter die Rechnungsabgrenzungsposten der Aktivseite aufgenommen werden. Der Betrag ist durch planmäßige jährliche Abschreibungen, die auf die gesamte Laufzeit verteilt werden dürfen, zu tilgen (§ 250 Abs. 3 HGB). Kapitalgesellschaften haben das Disagio bzw. Damnum entweder gesondert in der Bilanz auszuweisen oder im Anhang anzugeben (§ 268 Abs. 6 HGB). Das Disagio (Damnum) ist seinem Charakter nach eine einmalige Zinszahlung für die Kapitalüberlassung, die wirtschaftlich betrachtet sich auf die gesamte Laufzeit der Verbindlichkeit bezieht. Eine Aktivierung ist nur im Jahre der Begründung der Verbindlichkeit möglich. Ist sie unterblieben, so darf sie zu einem späteren Zeitpunkt nicht nachgeholt werden. Steuerlich ist das Disagio bzw. Damnum aktivierungspflichtig, d. h. es ist eine Verteilung auf die Laufzeit des Darlehens zwingend geboten.

Ausnahmsweise kann sich der Fall ergeben, dass der Ausgabebetrag den Rückzahlungsbetrag überschreitet. In diesem Falle muss der Unterschiedsbetrag nach herrschender Meinung als Rechnungsabgrenzungsposten passiviert und auf die Laufzeit der Verbindlichkeit verteilt werden.

Un- bzw. niederverzinsliche Darlehen

Unverzinsliche oder niedrig verzinsliche Darlehen müssen ebenfalls zum Rückzahlungsbetrag bilanziert werden. Eine Abzinsung ist aufgrund des Realisationsprinzips nicht zulässig. Für ein unverzinslich in Anspruch genommenes Lieferantendarlehen ist in Höhe des Zinsanteils ein aktiver Rechnungs-abgrenzungsposten zu bilden, da die der Verbindlichkeit entsprechende Gegenleistung mit den Anschaffungskosten, die keinen Zinsanteil enthalten dürfen, zu aktivieren ist. Der Abgrenzungsposten ist über die Laufzeit verteilt abzuschreiben.

Zero-Bonds

Festverzinsliche Anleihen, die erst am Ende der Laufzeit zu einer Zinszahlung führen (sog. Null-Kupon-Anleihen bzw. Zero-Bonds), sind mit dem niedrigeren Ausgabebetrag zu passivieren. Die während der Jahre sich ansammelnde Zinsverbindlichkeit ist gemäß einer kapitalabhängigen Effektivzinsberechnung jährlich dem Ausgabebetrag zuzuschreiben. Eine vor Ablauf der Laufzeit vorgenommene Bewertung zum Rücknahmebetrag entspricht nicht der herrschenden Meinung, da die Schuld zu Beginn der Laufzeit geringer ist und sich erst durch die jährlich anfallenden Zinsen erhöht. Darüber hinaus entspricht bei einem Zero-Bond der Ausgabebetrag und nicht der Rücknahmebetrag dem Begriff »Rückzahlungsbetrag« des § 253 Abs. 1 Satz 2 HGB, da genau genommen nur dieser zurückbezahlt wird. Die im Rücknahmebetrag enthaltenen Zinsen werden bezahlt und nicht zurückbezahlt (vgl. IDW [1986]; ferner Kußmaul, H. [1998]).

Valutaverbindlichkeiten

Verbindlichkeiten, die in fremden Währungseinheiten zurückzuzahlen sind (Valutaverbindlichkeiten), sind ebenfalls mit dem Rückzahlungsbetrag anzusetzen. Dieser ergibt sich bei Valutaverbindlichkeiten aus dem Preis in eigener Währung, der für den geschuldeten Betrag in ausländischer Währung bezahlt werden muss (Briefkurs). Dabei ist der Briefkurs des Tages anzusetzen, an dem die Verbindlichkeit zu einer wirtschaftlichen Belastung für das Unternehmen wird, also normalerweise an dem Tag, an dem die Gegenleistung eingeht. Wurde der Rückzahlungskurs durch ein Devisentermingeschäft abgesichert, so ist die Verbindlichkeit zum Terminkurs zu passivieren. Ist der Briefkurs am Bilanzstichtag höher, so muss wegen des Imparitätsprinzips der höhere Kurs angesetzt werden (Höchstwertprinzip). Sinkt der Briefkurs bis zum nächsten Bilanzstichtag wieder ab, so kann eine Abwertung der Verbindlichkeit vorgenommen werden, jedoch nur bis zu ihrem Ursprungsbetrag. Der bei der Begründung der Verbindlichkeit ermittelte Rückzahlungsbetrag stellt grundsätzlich die Bewertungsuntergrenze dar (vgl. ADS [1995], § 253 Tz. 97). Ein niedrigerer Stichtags- bzw. Terminkurs darf grundsätzlich nicht angesetzt werden, da andernfalls unrealisierte Gewinne ausgewiesen würden. Verbreitet wird in der Literatur die Auffassung vertreten (vgl. ADS [1995], § 253 Tz. 92), dass bezüglich der kurzfristigen Valutaverbindlichkeiten (Laufzeit bis zu einem Jahr) – wie auch bei den Valutaforderungen – das Realisationsprinzip eine weite Auslegung erfahren kann und demnach bei solchen Verbindlichkeiten eine generelle Umrechnung mit dem Briefkurs am Bilanzstichtag zulässig sei.

Eine Sonderstellung nehmen geschlossene Devisenpositionen (d. h. Verbindlichkeiten, denen währungsidentische, betragsidentische und fristenkongruente Forderungen gegenüberstehen) ein. Denn diese können unabhängig von der Kursentwicklung stets zum Stichtagskurs umgerechnet werden (vgl. ADS [1995], § 253 Tz. 107 ff.).

Leasing-Verbindlichkeiten

Hat bei Leasingverträgen der Leasingnehmer eine Verbindlichkeit anzusetzen, weil der Leasinggegenstand ihm zugerechnet wird (vgl. 2. Kapitel A II), so muss er sie bei Vertragsbeginn in Höhe der aktivierten Anschaffungs- oder Herstellungskosten ausweisen. Die Raten sind wie beim Geber in einen Zins- und Kosten-, sowie einen Tilgungsanteil aufzuspalten. Die geleisteten Tilgungsanteile werden dann erfolgsneutral von der Leasingverbindlichkeit abgesetzt, sodass sie am Ende der Grundmietzeit voll getilgt ist. Dazu ist an jedem Bilanzstichtag der

Barwert der restlichen Leasingraten neu zu bestimmen. Die Differenz zum vorhergehenden Barwert entspricht dann dem Tilgungsanteil der in der entsprechenden Periode geleisteten Zahlungen. Die Differenz zwischen den geleisteten Zahlungen und dem Tilgungsanteil kann der Leasingnehmer als Zins- (GuV-Pos. 13, § 275 Abs. 2 HGB bzw. GuV-Pos. 12, § 275 Abs. 3 HGB) und Kostenanteile (GuV-Pos. 8, § 275 Abs. 2 HGB bzw. GuV-Pos. 7, § 275 Abs. 3 HGB) ebenso erfolgswirksam als Aufwand verbuchen wie die entsprechend der betriebsgewöhnlichen Nutzungsdauer verrechneten Abschreibungsbeträge. Die getrennte Erfassung der Kostenanteile entfällt allerdings, wenn die Anschaffungskosten durch Diskontierung der Leasingraten ermittelt wurden.

Bewertung von Verbindlichkeiten in der Steuerbilanz

Durch die Neuregelungen des Steuerentlastungsgesetzes vom 24.03.1999 sind Verbindlichkeiten steuerlich grundsätzlich mit dem abgezinsten Nennwert zu bewerten (§ 6 Abs. 1 Nr. 3 EStG). Dabei ist ein Zinssatz von 5,5 % maßgebend. Die Abzinsung entfällt, wenn die Laufzeit der Verbindlichkeit am Bilanzstichtag weniger als 12 Monate beträgt oder die Verbindlichkeit verzinslich ist. Verbindlichkeiten, die auf Anzahlungen oder Vorausleistungen beruhen, sind generell von der Abzinsungsverpflichtung ausgenommen. Diese Vorschrift ist erstmals für Wirtschaftsjahre anzuwenden, die nach dem 31.12.1998 enden.

Gemäß Abschnitt 37 Abs. 2 EStR dürfen in der Steuerbilanz unter dem zum Zeitpunkt der Aufnahme der Verbindlichkeit herrschenden Kurswert gesunkene Kurse bei der Bewertung von Valutaverbindlichkeiten grundsätzlich nicht berücksichtigt werden. Für ein Disagio besteht steuerlich eine Aktivierungspflicht, wobei der Betrag über die Laufzeit zu verteilen ist (H 37 Abs. 4 EStR).

Bewertung von Verbindlichkeiten nach IAS/IFRS

Verbindlichkeiten sind nach IAS/IFRS mit dem Rückzahlungsbetrag zu bewerten, wobei weder in den einzelnen Standards noch im Framework angegeben ist, ob der Rückzahlungsbetrag auf Basis historischer Kosten, zu Marktpreisen oder zum Barwert ermittelt werden soll. Einzelregelungen finden sich z. B. zu Pensionsverpflichtungen (IAS 19), zu Steuerverpflichtungen (IAS 12), zur Währungsumrechnung (IAS 21), zu Verbindlichkeiten aus *investment property* (IAS 40) und zu ungewissen Verpflichtungen (IAS 37). IAS 39 „*Financial Instruments*" beinhaltet konkrete Regelungen zu *financial liabilities*, die einen Großteil der Verbindlichkeiten abdecken. In IAS 32.5 werden *financial liabilities* definiert als jede vertragliche Verpflichtung,

1. flüssige Mittel oder andere finanzielle Vermögenswerte an ein anderes Unternehmen zu übergeben oder
2. Finanzinstrumente unter möglicherweise nachteiligen Bedingungen mit einem anderen Unternehmen austauschen zu müssen.

IAS 32.9 und IAS 32.12–14 grenzen dazu diverse Sonderfälle ab. Gemäß IAS 39 ist der Großteil des Finanzvermögens zum beizulegenden Zeitwert zu bewerten. *Financial liabilities* hingegen werden weiterhin zu fortgeführten Anschaffungskosten angesetzt. Bei erstmaligen Ansatz werden alle *financial instruments* zu Anschaffungskosten, also dem *fair value* bewertet, was bei den Finanzverbindlichkeiten dem erhaltenen Gegenwert entspricht (IAS 39.66). Sind die Anschaffungskosten nicht zuverlässig ermittelbar, so ist der *fair value* der Position gemäß IAS 39.67 durch Abzinsung der über die Laufzeit erwarteten Zahlungsströme zu

errechnen. Als Abzinsungsfaktor ist dabei die Verzinsung von Verbindlichkeiten gleicher Art zu verwenden. Entsteht daraus nur ein unwesentlicher Effekt, so kann die Abzinsung unterbleiben. Aus diesem Grund sind auch kurzfristige Verbindlichkeiten nicht abzuzinsen (vgl. Baetge, J./Kirsch, H.-J./Thiele, S. [2001], S. 353). In den Folgejahren sind *financial liabilities*, mit Ausnahme von Derivaten und zu Handelszwecken gehaltenen Verbindlichkeiten, zu fortgeführten Anschaffungskosten anzusetzen (IAS 39.93).
Nach IAS 21.9–10 sind Fremdwährungsverbindlichkeiten bei Zugang mit der *spot rate* (Kassakurs) des Transaktionszeitpunktes umzurechnen. Treten unwesentliche Kursschwankungen auf, so kann auf einen Näherungswert zurückgegriffen werden. In den Folgejahren wird zur *closing rate* am Bilanzstichtag umgerechnet (IAS 21.11 (a)).

Bewertung von Verbindlichkeiten nach US-GAAP

Verbindlichkeiten, deren Laufzeit ein Jahr überschreitet, sind nach US-GAAP mit ihrem Barwert anzusetzen (APB 21). Dabei ist als Zinssatz im Regelfall der aktuell gültige Marktzins heranzuziehen. Zur Diskontierung sollte derjenige Zinssatz benutzt werden, den unabhängige und gleichberechtigte Kreditgeber und -nehmer unter ähnlichen Bedingungen ausgehandelt hätten, was im Allgemeinen dem Marktzins entspricht. Entspricht der vereinbarte Zinssatz nicht dem Marktzins, so entsteht entweder ein so genannter *discount* (bei nicht zu verzinsenden bzw. niedriger zu verzinsenden Verbindlichkeiten) oder ein *premium* (bei höher verzinslichen Verbindlichkeiten). Ein *discount* ist von der Verbindlichkeit abzusetzen, ein *premium* hinzuzurechnen. Über die Laufzeit der Verbindlichkeit ist der Unterschiedsbetrag entweder als Zinsaufwand oder als Zinsertrag erfolgswirksam zu verteilen.

Beispiel:

Eine Maschine (AK 2.000 GE) wird zum Jahresbeginn 01 erworben, die Rechnung ist jedoch erst Ende 03 zzgl. einer jährlichen Verzinsung von 5 % (Marktzins 10 %) zu begleichen (planmäßige Abschreibungen der Maschine werden nicht berücksichtigt).

Rückzahlungsbetrag zu 5 %: $2.000 \times 1{,}05^3 = 2.315{,}25$

Discount in 01 = Rückzahlungsbetrag – Barwert des Rückzahlungsbetrages auf Basis des Marktzinses = $2.315{,}25 - 2.315{,}25 : 1{,}1^3 = 575{,}77$

Anschaffungskosten der Maschine in 01 = Barwert des Rückzahlungsbetrages auf Basis des Marktzinses = $2.315{,}25 : 1{,}1^3 = 1.739{,}48$

Buchungssatz in 01:

Property, plant, equipment	1.739,48	an	*long term debt*	2.315,25
less unamortized discount	575,77			

Discount in 02 = $2.315{,}25 - 2.315{,}25 : 1{,}1^2 = 401{,}82$

Discount in 03 = $2.315{,}25 - 2.315{,}25 : 1{,}1^1 = 210{,}48$

Die Verringerung des *discounts* wird jeweils über den Zinsaufwand verbucht.

Fremdwährungsverbindlichkeiten werden zum Stichtagskurs umgerechnet, auch wenn dieser niedriger sein sollte als der Wechselkurs beim Entstehen der Schuld. Somit kann es zum Ausweis unrealisierter Gewinne kommen, da die Kursdifferenzen als Gewinne bzw. Verluste erfolgswirksam in der GuV zu erfassen sind (FAS 52).

Disagio nach IAS/IFRS und US-GAAP

Über die Behandlung eines Disagios macht das IASB keine näheren Angaben. Aus den Gedanken zur periodengerechten Erfolgsermittlung läßt sich jedoch eine erfolgswirksame Verteilung über die Laufzeit der zugrunde liegenden Verbindlichkeit ableiten (IAS 23.5 (b) i. V. m. IAS 23.7, vgl. IDW [1995], Satz 176). Das Disagio stellt durch den Unterschied zwischen Auszahlungs- und Rückzahlungsbetrag eine vorweggenommene Zinszahlung dar. Es wird nach US-GAAP nicht wie eine eigenständige Bilanzposition behandelt, sondern muss auf der Passivseite von der Verbindlichkeit abgezogen werden. Dabei ist entweder in der Bilanz selber oder im Anhang die Höhe des Disagios sowie der Effektivzins anzugeben (APB 21.16).

B. Rückstellungen

I. Wesen und bilanzieller Ausweis der Rückstellungen

Rückstellungsbegriff ist abhängig vom Bilanzzweck

Bei den Rückstellungen handelt es sich um eine bezüglich ihres Inhalts umstrittene und deshalb in der Literatur intensiv diskutierte Bilanzposition. Dies liegt daran, dass der Umfang des Begriffs »Rückstellung« entscheidend davon abhängt, welches Ziel bzw. welchen Zweck man einer Bilanz zugrunde legt. Grundsätzlich lassen sich zwei Beweggründe für die Bilanzierung von Rückstellungen und damit zusammenhängend auch zwei verschiedene Rückstellungstypen unterscheiden. Zum einen läßt sich die Rechtfertigung der Rückstellungsbildung aus dem Bilanzzweck der korrekten Darstellung des Reinvermögens eines Unternehmens ableiten (Rückstellungen aufgrund einer Verpflichtung gegenüber Dritten), zum anderen ergibt sich die Notwendigkeit der Rückstellungen aber auch aus dem Zweck, den Unternehmenserfolg in der Bilanz periodengerecht auszuweisen (Aufwandsrückstellungen bzw. Rückstellungen ohne Verpflichtung gegenüber Dritten).

Statische Rückstellungsinterpretation

Soll die Bilanz das Vermögen eines Unternehmens ausweisen, das den Gläubigern zur Befriedigung ihrer Ansprüche zur Verfügung steht (statische Bilanzauffassung), so sind in ihr sämtliche Verpflichtungen des Unternehmens aufzunehmen, die das Haftungsvermögen schmälern. Zu diesen Verpflichtungen gehören auch all diejenigen, die bezüglich ihrer Höhe, ihres zeitlichen Eintretens und/oder ihres Bestandes ungewiß sind, aber hinreichend sicher erwartet werden.

Rückstellungen für ungewisse Verbindlichkeiten

Diese Rückstellungen bezeichnet man deshalb auch als Rückstellungen für ungewisse Verbindlichkeiten. Sie stellen folglich Schulden des Unternehmens dar, die sich jedoch letztendlich noch nicht konkretisiert haben. Für die Rückstellungsbildung genügt nicht die bloße Möglichkeit einer Inanspruchnahme durch einen Dritten; diese muss vielmehr dem Grunde nach mit einiger Wahrscheinlichkeit zu erwarten sein. Dabei ist zu beachten, dass es sich bei den ungewissen Verbindlichkeiten nicht nur um rechtlich erzwingbare (d. h. einklagbare) Leistungsverpflichtungen handeln muss, sondern darunter auch solche Verpflichtungen fallen, denen sich der Kaufmann aus wirtschaftlichen Gründen faktisch gegenübersieht.

Rückstellungen ohne rechtliche Verpflichtung

Ein Beispiel hierfür sind die so genannten Kulanzrückstellungen. Häufig kann sich ein Unternehmen Kundenansprüchen auf Kulanzleistungen unter bestimmten Voraussetzungen nicht entziehen ohne auf Dauer nachhaltige wirtschaftliche Nachteile zu erleiden. Ist deshalb damit zu rechnen, dass die Unternehmung künftig solchen Ansprüchen nachkommt, so kann man diesen Fall ebenfalls zu den Rückstellungen für ungewisse Verbindlichkeiten (allerdings ohne rechtliche Verpflichtung) zählen.

Diese Verpflichtungen gegenüber Dritten sind uneingeschränkt als Fremdkapital zu betrachten, da sie das zur Deckung der Gläubigeransprüche zur Verfügung stehende Vermögen mindern.

Rückstellungsbildung aufgrund des Imparitätsprinzips

Die Notwendigkeit einer Bildung von Rückstellungen für ungewisse Verbindlichkeiten ergibt sich vor allem aus dem für die Bilanzierung zentralen Grundsatz der Vorsicht und dem daraus abgeleiteten Imparitätsprinzip. Demnach hat nämlich ein Kaufmann am Bilanzstichtag abzusehende, aber noch nicht eingetretene Lasten bereits – auch wenn diese rechtlich noch nicht entstanden sind – in die Bilanz aufzunehmen. Zeichnet sich deshalb aus einem schwebenden Geschäft – d. h. einem Rechtsgeschäft, das von beiden Seiten noch unerfüllt ist – für den Kaufmann ein künftiger Verlust ab, so hat er diesen aufgrund des Vorsichtsprinzips bereits zum Abschlussstichtag in Form einer Rückstellung (Rückstellung für drohende Verluste aus schwebenden Geschäften) zu erfassen.

Dynamische Rückstellungsinterpretation

Sieht man den Zweck einer Bilanz primär in der periodengerechten Erfolgsermittlung, d. h. den in einer Periode erzielten Erfolg auszuweisen, was der Auffassung der sog. dynamischen Bilanztheorie entspricht (vgl. 16. Kapitel C), so wird der Umfang des Rückstellungsbegriffes erweitert. Danach sind Rückstellungen Abgrenzungsposten, die die Aufgabe haben, die Aufwendungen, die erst in einer späteren Periode zu einer in ihrer Höhe und ihrem genauen Fälligkeitstermin am Bilanzstichtag noch nicht feststehenden Vermögensminderung führen, der Periode ihrer wirtschaftlichen Verursachung zuzurechnen. Diese Interpretation schließt einerseits die auch aus der statischen Interpretation ableitbaren Rückstelllungen für ungewisse Verbindlichkeiten ein; denn deren Bildung dient neben dem korrekten Schuldenausweis zugleich der richtigen Periodenabgrenzung der Aufwendungen. Die dynamische Interpretation umschließt aber ferner reine Aufwandsrückstellungen, die nicht zu Verbindlichkeiten gegenüber Dritten führen, sondern innerbetriebliche Vorsorgemaßnahmen wie z. B. Instandhaltungen betreffen.

Aus diesem Grunde zählen Aufwandsrückstellungen bei enger Interpretation nicht zum Fremdkapital der Unternehmung, da sie keine eventuellen Verpflichtungen der Gesellschaft gegenüber Dritten darstellen. Sie sind deshalb – im Gegensatz zu den Rückstellungen für ungewisse Verbindlichkeiten – nicht dazu bestimmt, die bestehenden Verpflichtungen der Gesellschaft richtig darzustellen (statische Interpretation der Rückstellungen); sie dienen vielmehr in erster Linie dem periodengerechten Erfolgsausweis (dynamische Interpretation der Rückstellungen). Es handelt sich bei diesen Fällen um künftige innerbetriebliche Maßnahmen, die zu künftigen Vermögensverminderungen führen, aber in vergangenen Perioden realisierte Erträge betreffen. Aufwandsrückstellungen stellen eine Art Innenverpflichtung des Unternehmens dar, eine betriebswirtschaftliche Verpflichtung gegenüber sich selbst. Die Begleichung dieser Verpflichtung kann entweder durch eine innerbetriebliche Leistungserstellung des Unternehmens oder durch Leistungen externer Dritter erfolgen. Nach dem Prinzip der sachlichen Abgrenzung müssen diese künftigen Vermögensverminderungen deshalb als Aufwendungen vorverrechnet werden. Dies geschieht über die Bildung von Rückstellungen.

Bei dieser dynamischen Rückstellungsinterpretation bestimmen sich die Notwendigkeit und der Zeitpunkt der Rückstellungsbildung allein nach der wirtschaftlichen Verursachung. Der Zeitpunkt der mit dem Aufwand verbundenen Ausgabe bzw. die rechtliche Entstehung eines Anspruchs eines Dritten sind völlig irrelevant.

Statische vs. dynamische Rückstellungs-interpretation

Der wesentliche Unterschied zwischen den Rückstellungen aufgrund einer Verpflichtung gegenüber Dritten und Rückstellungen aufgrund einer periodengerechten Aufwandsverteilung liegt darin, dass Rückstellungen mit Verpflichtungscharakter aufgrund des Schuldendeckungsprinzips dem Aktivvermögen, das sie belasten, gegenübergestellt werden müssen. Aufwandsrückstellungen dagegen werden für künftig eintretende Verpflichtungen des Unternehmens sich selbst gegenüber gebildet. Sie belasten das Schuldendeckungsvermögen im Zeitpunkt der Bilanzerstellung nicht, da sie im Krisenfall (Konkurs, Unternehmenszerschlagung) nicht mehr anfallen. Bei der dynamischen Rückstellungsinterpretation ist folglich die Unterstellung der Unternehmensfortführung (Going-Concern-Prinzip, § 252 Abs. 1 Nr. 2 HGB) unabdingbare Voraussetzung.

Trotz der eben gezeigten Unterschiede haben die zwei aus den beiden unterschiedlichen Bilanzzwecken abgeleiteten Rückstellungstypen dennoch zwei wesentliche Gemeinsamkeiten. Erstens sind beide – wenn man es genau betrachtet – aus dem Vorsichtsprinzip abgeleitet, das sich durch das Realisations- und das Imparitätsprinzip konkretisiert. Der Unterschied liegt nur darin, dass die Rückstellungen aufgrund einer Verpflichtung gegenüber Dritten sich aus der Anwendung des Imparitätsprinzips ergeben, während die Aufwandsrückstellungen ihre Begründung aus dem Realisationsprinzip i. V. m. dem Grundsatz der sachlichen Abgrenzung herleiten. Zweitens beziehen sich beide auf zukünftige Aktivitäten des Bilanzierenden, die jedoch aufgrund der eben genannten Grundsätze nicht in der Periode ihres Auftretens, sondern in der Periode ihrer rechtlichen bzw. wirtschaftlichen Verursachung ergebniswirksam in der Bilanz erfasst werden. Demnach läßt sich für den Begriff »Rückstellung« auch eine umfassende und allgemeine Definition formulieren, die beiden Rückstellungstypen gleichzeitig gerecht wird.

Definition der Rückstellungen

Rückstellungen sind Passivposten, die solche Wertminderungen der Berichtsperiode als Aufwand zurechnen, die durch zukünftige Handlungen (Zahlungen, Dienstleistungen, Eigentumsübertragungen an Sachen und Rechten) bedingt werden und deshalb bezüglich ihres Eintretens oder ihrer Höhe nicht völlig, aber dennoch ausreichend sicher sind. Sie dienen dabei nicht zur Korrektur des Bilanzansatzes bestimmter Vermögensgegenstände.

Einen schematischen Überblick über die nach betriebswirtschaftlichen Gesichtspunkten unterscheidbaren Rückstellungstypen gibt Abbildung 6.1.

Bilanzierung von Rückstellungen nach HGB

Im HGB wird der Passivposten »Rückstellungen« nicht definiert. § 249 HGB zählt lediglich den Kreis der handelsrechtlich zulässigen Rückstellungen abschließend auf. Hierbei ist zu erkennen, dass sich der Gesetzgeber nicht auf einen engen Rückstellungsbegriff festlegte, sondern sowohl die statische als auch die dynamische Rückstellungsbegründung als berechtigt anerkennt.

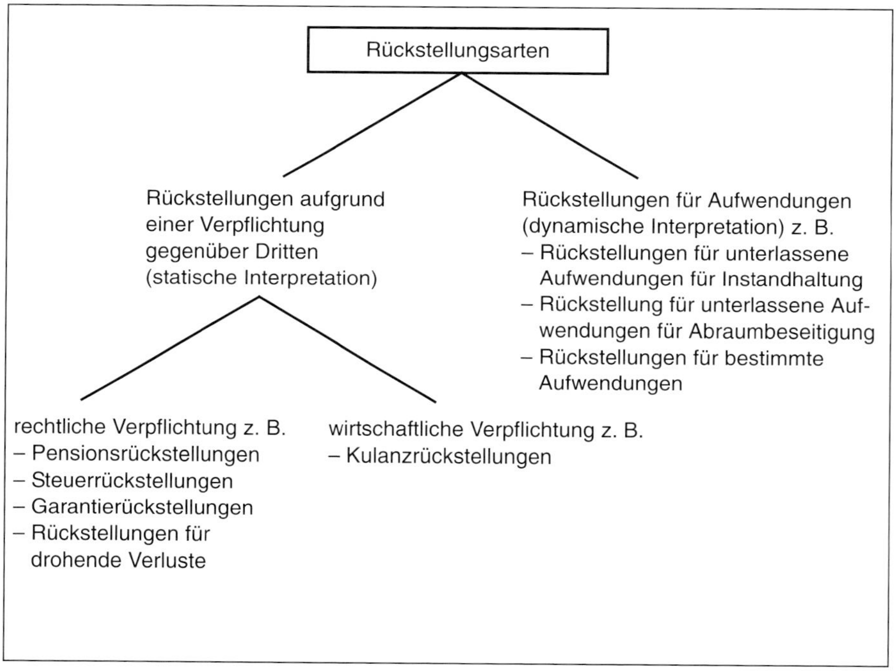

Abb. 6.1: Rückstellungsarten

Gemäß § 249 Abs. 1 HGB hat jeder Kaufmann für ungewisse Verbindlichkeiten und drohende Verluste aus schwebenden Geschäften Rückstellungen zu bilden. Neben den auf rechtlichen Verpflichtungen beruhenden ungewissen Verbindlichkeiten sind auch all jene künftigen Verbindlichkeiten aus Gewährleistungen (Kulanzleistungen) vom Kaufmann in die Bilanz aufzunehmen, zu denen der

Kaufmann zwar rechtlich nicht verpflichtet ist, die er aber gleichwohl übernimmt.

In der Handelsbilanz unterliegen somit sämtliche Rückstellungen, die aufgrund einer Verpflichtung einem Dritten gegenüber bestehen, einer Passivierungspflicht. Die Rückstellung für drohende Verluste aus schwebenden Geschäften wird im Gesetzestext des § 249 HGB explizit erwähnt, obwohl diese Verluste ungewisse Verbindlichkeiten sind. Dadurch wird ihre Wichtigkeit, besonders im Hinblick auf eine korrekte Erfüllung des Imparitätsprinzipes (§ 252 Abs. 1 Nr. 4 HGB) betont. Die in der Handelsbilanz zu erfassenden ungewissen Verbindlichkeiten ohne rechtliche Verpflichtung werden durch § 249 Abs. 1 Nr. 2 HGB auf die Gewährleistungen beschränkt. Für diese besteht ebenfalls eine Rückstellungspflicht (Kulanzrückstellung).

Nach HGB sind folglich sämtliche Rückstellungen mit Schuldcharakter (abgesehen von der Beschränkung der Rückstellungen für ungewisse Verbindlichkeiten ohne rechtliche Verpflichtung auf die Gewährleistungsrückstellung) in die Bilanz aufzunehmen. Der statischen Bilanzauffassung wurde somit im hohen Maße durch den Gesetzgeber Rechnung getragen.

Handelsrechtlich zulässige Aufwandsrückstellungen

Neben diesen am Imparitätsprinzip orientierten Rückstellungen enthält § 249 HGB aber auch dynamisch ausgeprägte Rückstellungen. Die zulässigen Aufwandsrückstellungen werden durch den Gesetzgeber jedoch eingeschränkt. So werden in § 249 HGB drei Arten von Aufwandsrückstellungen unterschieden, nämlich Rückstellungen für Instandhaltungsmaßnahmen, für Abraumbeseitigung sowie für ihrer Eigenart nach genau umschriebene Aufwendungen.

So bestimmt § 249 Abs. 1 Satz 2 Nr. 1 HGB, dass ein Kaufmann für im abgelaufenen Geschäftsjahr unterlassene Aufwendungen für Instandhaltung, die innerhalb der ersten drei Monate im folgenden Geschäftsjahr nachgeholt werden, eine Rückstellung zu bilden hat. Das gleiche gilt für Aufwendungen für im Geschäftsjahr unterlassene Abraumbeseitigungen, die im folgenden Geschäftsjahr nachgeholt werden. Werden die Instandhaltungsarbeiten im nachfolgenden Geschäftsjahr erst nach Ablauf von drei Monaten durchgeführt, so besteht für den Kaufmann ein Wahlrecht, ob er diese Aufwendungen im abgelaufenen Geschäftsjahr durch eine Rückstellung bilanziell erfassen möchte oder nicht. § 249 Abs. 2 HGB beinhaltet eine Möglichkeit der Rückstellungsbildung, die erst durch die Umsetzung der 4. EG-Richtlinie im Rahmen des BiRiLiG in deutsches Bilanzrecht aufgenommen wurde. Gemäß dieser Vorschrift kann ein Kaufmann für betriebliche Aufwendungen, die gewisse gesetzlich definierte Bedingungen erfüllen, Rückstellungen bilden (vgl. unten Abschnitt B II 2c).

Die Vorschriften des § 249 HGB sind für alle Kaufleute verbindlich. Für andere als in diesem Paragraphen genannte Zwecke dürfen keine Rückstellungen gebildet werden.

Bildung / Auflösung der Rückstellungen

Die Bildung von Rückstellungen erfolgt durch eine Gegenbuchung auf einem sachlich zugehörigen Aufwandskonto. Ist im Zeitpunkt der Rückstellungsbildung noch nicht erkennbar, welche Aufwandsarten in welchem Umfang betroffen sind (z. B. bei Reparaturen), so wird die GuV-Position »sonstiger betrieblicher Aufwand« belastet. Rückstellungen dürfen erst dann aufgelöst werden, wenn der Grund für ihre Existenz entfallen ist (§ 249 Abs. 3 HGB). Wird der Kaufmann in den Folgeperioden in Höhe der Rückstellung in Anspruch genommen, so wird die GuV von der Auflösung der Rückstellung nicht berührt, d. h. die Inanspruchnahme ist erfolgsneutral. Dies muss auch so sein, da der Sinn und Zweck der Rückstellungsbildung ja gerade darin liegt, die Erfolgsminderung zeitlich vorzuverlagern. Ist die Inanspruchnahme des Kaufmanns in den Folgeperioden geringer als der Wert der gebildeten Rückstellung oder fällt der Grund für die Rückstellungsbildung völlig weg (z. B. eine ungewisse Verbindlichkeit entfaltet im nachhinein keine rechtliche Wirkung), so werden die nicht mehr benötigten Rückstellungswerte durch eine Gegenbuchung über die GuV-Position »sonstige betriebliche Erträge« (§ 275 Abs. 2 Nr. 4 bzw. § 275 Abs. 3 Nr. 6 HGB) erfolgswirksam ausgebucht.

Ausweis der Rückstellungen

Der bilanzielle Ausweis der Rückstellungen ist lediglich für Kapitalgesellschaften geregelt. Diese haben gemäß § 266 Abs. 3 HGB die Rückstellungen unterteilt in drei Unterpositionen auszuweisen. Kleine Kapitalgesellschaften können sämtliche Rückstellungen unter einer Position ausweisen (§ 266 Abs. 1 Satz 2 HGB). Die Rückstellungen für Pensionen und ähnliche Verpflichtungen und die Steuerrückstellungen, beides Rückstellungen für ungewisse Verbindlichkeiten, sind gesondert unter eigenen Positionen zu bilanzieren. Alle anderen zum Abschlussstichtag gebildeten Rückstellungen sind unter der Sammelposition »sonstige Rückstellungen« zusammenzufassen. Auf die einzelnen in dieser Bilanzposition enthaltenen Rückstellungen ist gemäß § 285 Nr. 12 HGB im Anhang näher einzugehen, soweit diese einen nicht unerheblichen Umfang haben. Die Position »sonstige Rückstellungen« enthält sowohl Rückstellungen mit Schuldcharakter als auch Aufwandsrückstellungen. Die Aussagefähigkeit der Bilanz und damit ihr Informationsgehalt wird durch diesen zusammengefassten Ausweis wesentlich eingeschränkt. Die auferlegte Erläuterungspflicht im Anhang kann dieses Defizit nicht aufheben, da sie von der Wesentlichkeit des Umfanges der Rückstellungen abhängig ist und diese i. d. R. der subjektiven Beurteilung des Bilanzierenden unterliegt. Abbildung 6.2 verdeutlicht zusammenfassend die Passivierungsfähigkeit von Rückstellungen nach dem HGB.

Bilanzierung von Rückstellungen in der Steuerbilanz

§ 5 Abs. 1 EStG bestimmt, dass alle buchführungspflichtigen Kaufleute ihre Steuerbilanzen nach den GoB zu erstellen haben, soweit das Steuergesetz nichts anderes vorschreibt (Maßgeblichkeitsprinzip). Demnach gelten, da im Steuerrecht bis auf wenige Ausnahmen keine Rückstellungsbestimmungen enthalten sind, grundsätzlich die in § 249 HGB enthaltenen Vorschriften über die Bilanzierung von Rückstellungen auch für die Steuerbilanz. Einschränkungen ergeben sich lediglich durch die Finanzrechtsprechung, die im Laufe der Jahre folgende Kriterien zur Abgrenzung des Rückstellungsbegriffs entwikkelte (vgl. Küting, K./Weber, C.-P. [1995], § 249 Tz. 26):

1. Es muss sich um eine Schuld handeln, d. h. um eine **Verbindlichkeit gegenüber einem Dritten.** Dazu gehört auch eine öffentlich-rechtliche Verpflichtung, wenn sie hinreichend konkretisiert ist und an ihre Verletzung Sanktionen geknüpft sind.
2. Die Verbindlichkeit muss am Bilanzstichtag entstanden oder zumindest wirtschaftlich verursacht sein. Letzteres setzt voraus, dass der Tatbestand, der die

Verpflichtung auslöst, **im Wesentlichen verwirklicht** ist. Der Tatbestand ist wirtschaftlich zu verstehen i. S. d. Ereignisse, die zum Entstehen der Verpflichtung führen. Diese müssen dem abgelaufenen Geschäftsjahr zuzurechnen bzw. wirtschaftlich mit diesem verknüpft sein.

3. Die **Inanspruchnahme** des Steuerpflichtigen muss **wahrscheinlich** sein.

Damit entspricht der steuerrechtliche Rückstellungsbegriff weitestgehend dem handelsrechtlichen. Folglich sind grundsätzlich alle Rückstellungen, die nach HGB rückstellungspflichtig sind, auch in der Steuerbilanz zu passivieren, wenn kein konkretes steuerrechtliches Verbot greift. So dürfen seit dem 01. 01. 1997 keine Rückstellungen für drohende Verluste aus schwebenden Geschäften gebildet werden. Rückstellungen, die einem handelsbilanziellen Passivierungswahlrecht (Rückstellung für unterlassene Instandhaltung bei Nachholung innerhalb von 4-12 Monaten; Rückstellungen gemäß § 249 Abs. 2 HGB) unterliegen, dürfen gemäß der Finanzrechtsprechung in der Steuerbilanz nicht gebildet werden. Natürlich können in die Steuerbilanz auch keine Rückstellungen übernommen werden, die sich auf steuerlich nicht abzugsfähige Aufwendungen (§ 10 KStG) beziehen.

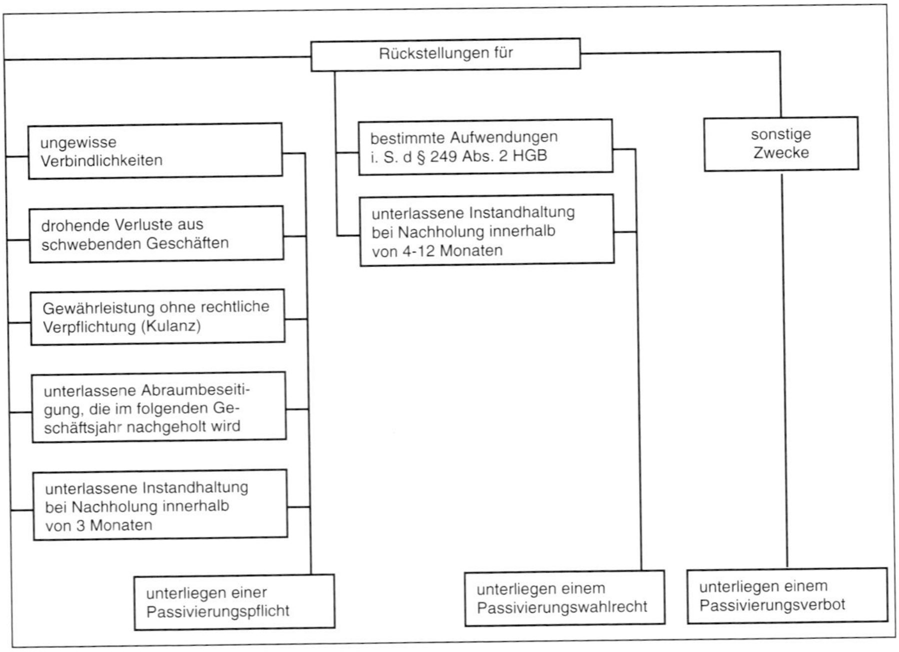

Abb. 6.2: Passivierungsfähigkeit von Rückstellungen nach HGB

Rückstellungen nach IAS/IFRS

IAS 37 regelt Bilanzierung und Angabe von Rückstellungen (*provisions*), Eventualschulden (*contingent liabilities*) und Eventualforderungen (*contingent assets*).

Dabei kürzt IAS 37.1 den Geltungsbereich des IAS 37 um die Rückstellungen, Eventualverbindlichkeiten und –forderungen,

- die aus zum *fair value* bilanzierten Finanzinstrumenten resultieren;
- die aus noch zu erfüllenden Verträgen resultieren, auf belastende Verträge ist der Standard jedoch nicht anwendbar;
- die Versicherungsunternehmen aus Verträgen mit Versicherungsnehmern entstehen und
- die durch einen anderen IAS/IFRS abgedeckt werden.

Provisions sind genau wie im deutschen Recht eine besondere Art von Verpflichtungen, die sich durch Ungewißheit bezüglich ihrer Höhe oder bezüglich ihres Eintrittes auszeichnen (IAS 37.10). Als Unterart der Verpflichtungen haben die Rückstellungen auch die gleichen Kriterien zu erfüllen, d. h. es muss eine aus der Vergangenheit resultierende gegenwärtige Verpflichtung des Unternehmens vorliegen, deren Begleichung zu einem meßbaren Abfluss ökonomischer Ressourcen führen wird und der sich das Unternehmen nicht entziehen kann. Zur Leistung kann ein Unternehmen zum einen gesetzlich verpflichtet werden. Zum anderen führen aber auch so genannte *constructive obligations* zu einem Leistungszwang des Verpflichteten. Eine *constructive obligation* beruht nicht auf einer rechtlichen Verpflichtung, ist aber dennoch dem Grunde nach sicher, da sich das Unternehmen aufgrund faktischer Zwänge der Leistung nicht entziehen kann.

Accruals nach IAS/IFRS

Die *accruals* stellen eine weitere Untergruppe der Schulden dar. Von Rückstellungen unterscheiden sie sich durch einen wesentlich höheren Grad der Sicherheit hinsichtlich Höhe und Zeitpunkt der Erfüllung der Verpflichtung (IAS 37.11 (b)). Es handelt sich dabei um Schulden, die sich aus der Lieferung von Gütern oder dem Erbringen von Dienstleistungen ergeben. Ein Leistungstausch hat zwar bereits stattgefunden, wurde aber noch nicht in Rechnung gestellt oder über dessen Entgelt konnte noch keine endgültige Einigkeit mit dem Leistungserbringer erzielt werden.

Im Gegensatz zu den *provisions* werden *contingent liabilities* nicht bilanziell berücksichtigt (IAS 37.27). Es handelt sich hierbei zum einen um Verpflichtungen, bei denen nicht sicher ist, ob sie eine gegenwärtige Verpflichtung des Unternehmens darstellen, d. h. die Existenz der Verpflichtung muss erst noch durch den Eintritt eines oder mehrerer ungewisser Ereignisse bestätigt werden, die außerhalb des Einflussbereichs des Unternehmens liegen (IAS 37.10). Zum anderen fallen unter diesen Begriff Verpflichtungen, die wahrscheinlich nicht zu einem Abfluss wirtschaftlicher Ressourcen führen werden oder um solche, deren Wert nicht verläßlich genug geschätzt werden kann (IAS 37.13). *Contingent liabilities* führen zwar zu keiner Aufwandsbuchung, sie sind aber zu beschreiben und mit weiteren Angaben zu versehen (IAS 37.86). *Contingent assets* stellen das Äquivalent auf der Aktivseite zu den *contingent liabilities* dar, d. h. es handelt sich um mögliche Vermögenszugänge, die jedoch noch von zukünftigen Ereignissen abhängen, die nicht im Ermessen des Bilanzierenden liegen. Sie sind ebenfalls anzugeben und zu beschreiben, jedoch vor ihrer tatsächlichen Realisierung nicht zu erfassen (IAS 37.89). Verbindlichkeiten, die nach diesem Standard als *contingent liabilities* lediglich offen zu legen sind, müssen gegebenenfalls in einem Jahresabschluss nach HGB als Rückstellungen für ungewisse Verbindlichkeiten passiviert werden (vgl. Förschle, G./Heddäus, B./Kroner, M. [1999], S. 52).

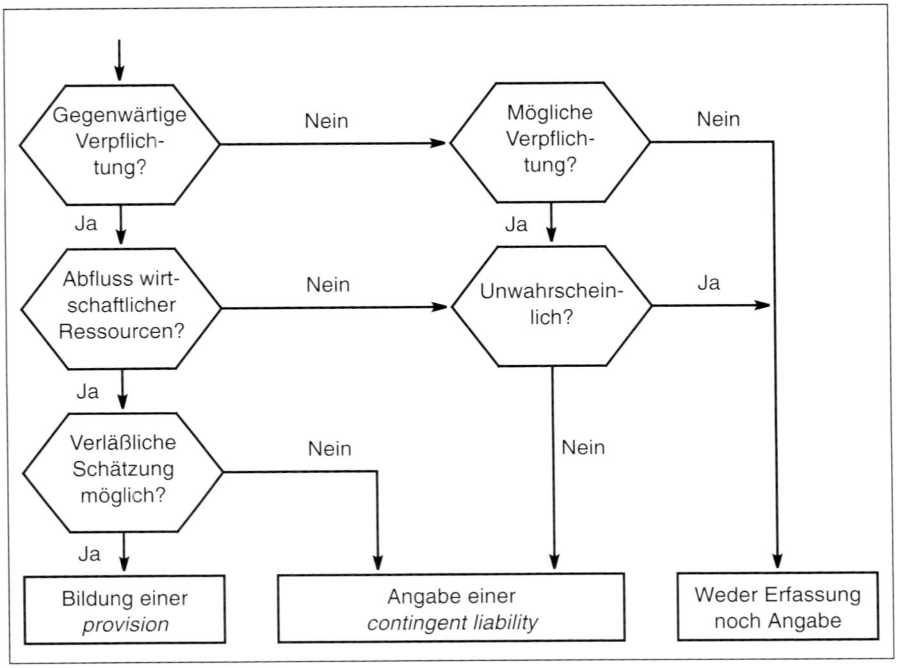

Abb. 6.3: Unterscheidung zwischen provisions und contingent liabilities

Umfassende Angabepflichten ergänzen die Vorschriften des IAS 37. So sind gemäß IAS 37.84 f. die folgenden Angaben für jede Rückstellungsgattung offenzulegen:

- der Buchwert (*carrying amount*) zum Periodenbeginn und –ende,
- die Erhöhung bestehender und der Betrag neuer Rückstellungen,
- verwendete und nicht verwendete Rückstellungsauflösungen der Periode,
- bei abgezinsten Rückstellungen die aus dem Zeitablauf und aus Änderungen des Abzinsungssatzes resultierenden Rückstellungserhöhungen,
- eine Kurzbeschreibung der Art der Rückstellung und der erwarteten Fälligkeit der Abflüsse aus Inanspruchnahme,
- Angaben zu Unsicherheiten bzgl. Höhe oder Fälligkeit dieser Abflüsse und
- die erwarteten Rückgriffs– und Erstattungsansprüche.

Für *contingent liabilities* sind folgende Offenlegungen erforderlich, soweit der Vermögensabgang nicht als unwahrscheinlich einzuschätzen ist:

- eine kurze Beschreibung der möglichen Verpflichtung,

- eine Schätzung des möglichen Erfüllungsbetrages unter Berücksichtigung der Bewertungsgrundsätze,
- Hinweise zur Ungewißheit hinsichtlich Höhe und Zeitpunkt des Vermögensabganges,
- Hinweise über etwaige Rückgriffsansprüche (vgl. Förschle, G./Heddäus, B./ Kroner, M. [1999], S. 51).

Abbildung 6.3 dient der Zusammenfassung der vorher dargestellten Unterschiede zwischen *provisions* und *contingent liabilities* (IAS 37 Appendix B).

Rückstellungen nach US-GAAP

Wie bereits erwähnt, existiert nach US-GAAP keine eigenständige Bilanzposition »Rückstellungen«, sondern diese werden unter den *liabilities* ausgewiesen und müssen deshalb auch deren Voraussetzungen erfüllen. So finden sich in Jahresabschlüssen nach US-GAAP sowohl Verpflichtungen, deren Höhe nicht sicher ist (*accrued liabilities*) als auch solche, bei denen zusätzlich der Eintritt mit Unsicherheit behaftet ist (*contingent liabilities*). Die Existenz von Unsicherheiten stellt also keinen Grund dar, eine Verpflichtung nicht in die Bilanz aufzunehmen. FAS 5.3 definiert drei Kategorien von Wahrscheinlichkeiten, die für die Behandlung der Verpflichtungen maßgeblich sind:

- *Probable*: Das Eintreten der Verpflichtung ist wahrscheinlich. Ist sie zudem vernünftig schätzbar, so ist eine Rückstellung zu bilden (FAS 5.8).
- *Reasonably possible*: Das Eintreten der Verpflichtung wird als möglich, jedoch nicht als sehr wahrscheinlich angesehen. In diesem Fall unterbleibt die Bilanzierung, es sind jedoch die Art der möglichen Verpflichtung und die potenzielle Höhe des Vermögensabflusses im Anhang anzugeben (FAS 5.10).
- *Remote*: Das Eintreten der Verpflichtung wird als eher unwahrscheinlich angesehen. Hier unterbleiben, abgesehen von einigen Ausnahmefällen, sowohl Bilanzierung als auch Anhangsangaben (FAS 5.10, 5.12).

II. Einzelne Rückstellungsarten

1. Rückstellungen aufgrund einer Verpflichtung gegenüber Dritten

Im Folgenden werden einige in der Praxis wichtige Arten von Rückstellungen behandelt, die auf eine Verpflichtung gegenüber Dritten zurückzuführen sind. Die Aufzählung erhebt jedoch keinen Anspruch auf Vollzähligkeit.

a) Pensionsrückstellungen

Formen der betrieblichen Altersversorgung

Möchte ein Unternehmen einzelnen Arbeitnehmern zukünftige Versorgungsleistungen (Alters-, Invaliden-, Hinterbliebenenversorgung) gewähren, so stehen ihm hierzu mehrere Möglichkeiten zur Verfügung:

1. Abschluss einer Direktversicherung:
   Hierbei wird der Arbeitnehmer durch eine Lebens- bzw. Invaliditätsversicherung, die der Arbeitgeber bei einer betriebsfremden Versicherungsgesellschaft für ihn abschließt, versichert. Die vom Unternehmen periodisch gezahlten Versicherungsbeiträge sind Aufwand der jeweiligen Periode. Tritt der Versorgungsfall ein, so ist das Versicherungsunternehmen Träger der Versorgungsleistungen.
2. Zuweisungen zu einer Pensions- oder Unterstützungskasse:
   Unternehmen besitzen die Möglichkeit, rechtlich selbständige Versorgungseinrichtungen (Unterstützungs- bzw. Pensionskassen) zu gründen oder sich an ihnen zu beteiligen. Diese Versorgungsgesellschaften werden aus Zahlungen der an ihnen beteiligten Unternehmen, die bezüglich der Anzahl und Höhe von den mit den Arbeitnehmern abgeschlossenen Versorgungsverträgen abhängen, finanziert. Träger der Versorgung ist nicht der Arbeitgeber, sondern die Unterstützungs- bzw. Pensionskasse. Die in einer Periode an ein Versorgungsunternehmen gezahlten Beträge sind für das beitragszahlende Unternehmen Aufwendungen der Periode.
3. Unmittelbare Versorgungszusage:
   Gibt das Unternehmen selbst eine Versorgungszusage, so ist es bei Eintritt des Versorgungsfalles selbst der Verpflichtete. In Höhe der während der Laufzeit des Versorgungsvertrages entstehenden Ansprüche sind Rückstellungen zu bilden.

Einen Überblick der Gestaltungsmöglichkeiten in der betrieblichen Altersversorgung gibt Abbildung 6.4.

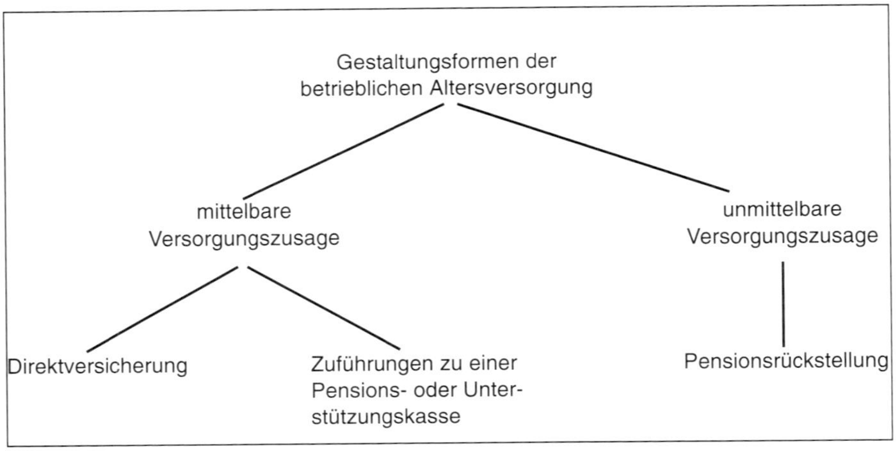

Abb. 6.4: Gestaltungsformen der betrieblichen Altersvorsorge

Pensionsrückstellungen nach HGB

Die bei einer unmittelbaren Versorgungszusage entstehenden Verpflichtungen stellen Verbindlichkeiten dar, die bezüglich ihrer Fälligkeit und Höhe ungewiß sind. Darüber hinaus geht man allgemein davon aus, dass die bei Eintritt des Versorgungsfalles gewährten Leistungen vom Arbeitnehmer während seiner Tätigkeit im Unternehmen verdient werden und somit wirtschaftlich betrachtet Lohn- und Gehaltsaufwendungen darstellen, die gemäß dem Prinzip der sachlichen Abgrenzung den Perioden zuzuordnen sind, in denen die Arbeitsleistung erbracht wird. Die von einem Arbeitnehmer erworbenen Pensionsansprüche erfüllen somit sowohl die Kriterien eines statisch als auch die eines dynamisch interpretierten Rückstellungsbegriffs. Ihre Eigenschaft als ungewisse Verbindlichkeit führt dazu, dass für Verpflichtungen aus unmittelbaren Versorgungszusagen gemäß § 249 Abs. 1 HGB eine Rückstellungspflicht besteht.

Pensionsrückstellungen in der Steuerbilanz

In der Steuerbilanz besteht für Pensionsrückstellungen aufgrund des § 6a EStG formal ein Bilanzierungswahlrecht, das jedoch aufgrund des Maßgeblichkeitsprinzips zur Bilanzierungspflicht wird. Steuerlich ist die Bildung einer Pensionsrückstellung jedoch an eine Reihe von in § 6a Abs. 1 und Abs. 2 EStG festgelegten Voraussetzungen gebunden. Demnach muss die Pensionszusage schriftlich erteilt worden sein, sie muss dem Berechtigten einen einklagbaren Rechtsanspruch einräumen, und sie darf keine Vorbehalte enthalten, die den Arbeitgeber ermächtigen, nach freiem Belieben, ohne Rücksicht auf die Interessen des Pensionsberechtigten, die Zusage zu widerrufen. Darüber hinaus darf eine Rückstellung vor Eintritt des Versorgungsfalles erst dann gebildet werden, wenn der Pensionsberechtigte das 30. Lebensjahr vollendet hat. Steuerlich unschädlich sind Vorbehalte, die vereinbart werden, weil Pensionszusagen weit in die Zukunft reichen und der Betrieb sich gegen die Gefahr absichern muss, dass sich die bei Erteilung der Pensionszusage bestehenden Verhältnisse entscheidend geändert haben. Allerdings muss bei derartigen Vorbehalten sichergestellt sein, dass nicht einseitig nur die Interessen des Betriebes, sondern auch die Interessen des Arbeitnehmers berücksichtigt werden.

Pensionszusagen an Gesellschafter

Rückstellungen für Pensionszusagen an geschäftsführende Gesellschafter von Personengesellschaften dürfen nach Ansicht des BFH (vgl. R 41 Abs. 8 EStR) in der Steuerbilanz nicht gebildet werden. Bei Kapitalgesellschaften ist die Bildung solcher Rückstellungen dagegen steuerlich zulässig, wenn die Zusage nicht vor Erreichen des 65. Lebensjahres des Gesellschafters zu Pensionsleistungen führt (vgl. R 41 Abs. 10 EStR i. V. m. Abschnitt 36 KStR).

Rückstellungen für Leistungspflichten einer Unterstützungskasse

Für andere Formen der betrieblichen Altersversorgung als die unmittelbare Versorgungszusage kommt die Bildung einer Rückstellung grundsätzlich nicht in Betracht, da das Unternehmen pro Periode dem Versicherungsanspruch entsprechende Zahlungen an das Versorgungsunternehmen leistet. Lediglich bei der Finanzierung der betrieblichen Altersversorgung über eine Unterstützungskasse kann eine Rückstellung in Frage kommen; nämlich dann, wenn das Vermögen der Unterstützungskasse nicht ausreicht, um die Pensionsverpflichtungen zu dekken. In einem solchen Fall hat das Trägerunternehmen für die Verbindlichkeiten der Unterstützungskasse einzustehen. Ist mit einer Inanspruchnahme des Trägerunternehmens mit großer Wahrscheinlichkeit zu rechnen, so hat es hierfür eine Rückstellung zu bilden.

Ausweis, Bildung und Auflösung von Pensionsrückstellungen

Pensionsrückstellungen sind von Kapitalgesellschaften (mit Ausnahme der kleinen Gesellschaften) gesondert in der Bilanz auszuweisen. Die Rückstellungsbildung erfolgt über die GuV-Position »soziale Abgaben und Aufwendungen für Altersversorgung und Unterstützung« (§ 275 Abs. 2 Nr. 6b HGB beim Gesamtkostenverfahren). Die im Geschäftsjahr zur Altersversorgung aufgewendeten Beträge (hierunter fallen auch die Zuführungen zu den Pensionsrückstellungen) sind in der GuV (§ 275 Abs. 2 Nr. 6b HGB) bzw. im Anhang (§ 285 Nr. 8b HGB) gesondert anzugeben.

Wie alle anderen Rückstellungen auch, können Pensionsrückstellungen nur dann aufgelöst werden, wenn der Grund entfallen ist (§ 249 Abs. 3 Satz 2 HGB), d. h. wenn der Versorgungsfall eingetreten ist (vgl. hierzu Abschnitt B III dieses Kapitels).

Versorgungsverträge vor 1987

Die Passivierungspflicht von Pensionsverpflichtungen wurde erst mit der Reform des HGB aufgrund der 4. EG-Richtlinie ab 1987 wirksam. Für Verpflichtungen aus Verträgen, die vor dem 01.01.1987 geschlossen wurden, besteht auch weiterhin ein Passivierungswahlrecht.

Pensionsverpflichtungen nach IAS/IFRS

Die Probleme eines Ansatzes von Pensionsverpflichtungen ergeben sich nicht nur in Deutschland. Nach einer über Jahre hinweg geführten Diskussion wurde vom FASB im Jahre 1985 FAS 87 *Employers' Accounting for Pensions* verabschiedet. Es hat die im Folgenden verabschiedeten Standards von Großbritannien und Kanada genauso geprägt wie die Arbeit des IASB (ehemals IASC) auf diesem Gebiet, das zu dem 2000 überarbeiteten IAS 19 *Employee Benefits* führte.

Nach IAS/IFRS sind innerhalb der Rückstellungen für Pensionen beitragsorientierte (*defined contribution plans*) und leistungsorientierte Versorgungszusagen (*defined benefit plans*) zu unterscheiden (IAS 19.25, 19.27).

»Defined contribution plans«

Bei beitragsorientierten Versorgungszusagen (*defined contribution plans*) verpflichtet sich das Unternehmen dazu, Einzahlungen in festgelegter Höhe an einen separaten Versorgungsträger zu leisten, der seinerseits dem anspruchsberechtigten Arbeitnehmer gegenüber leistungspflichtig ist. Die Versorgungsleistungen an den Arbeitnehmer bestimmen sich nach den an den Fonds geleisteten Beiträgen und den hiermit durch den Fonds erwirtschafteten Ergebnissen. Diese Form der betrieblichen Altersversorgung entspricht der auch in Deutschland gebräuchlichen Form der mittelbaren Zusage durch Pensionskassen und Direktversicherungen.

Bei beitragsorientierten Versorgungszusagen stellen die in einer Periode abgeführten Beträge Aufwand und Auszahlungen der Periode dar. Daher entfällt die Notwendigkeit einer Rückstellungsbildung. Offen zu legen ist in diesem Fall nur der Periodenaufwand (IAS 19.46).

»Defined benefit plans«

Bei leistungsorientierten Versorgungszusagen (*defined benefit plans*) wird dem Arbeitnehmer durch das Unternehmen eine bestimmte Betriebsrente zugesagt. Das Unternehmen selbst ist also dem anspruchsberechtigten Arbeitnehmer gegenüber direkt leistungspflichtig. Zur Ansammlung der nötigen Beträge kann das Unternehmen auf mehrere Möglichkeiten zurückgreifen. Bei den in Deutschland vorherrschenden unmittelbaren Zusagen mit Rückstellungsbildung werden die zur Deckung der späteren Rentenzahlungen nötigen Mittel im Unternehmen angesammelt. Eine Auslagerung von zweckdienlich angelegten Vermögenswerten, die den Pensionsverpflichtungen gegenüberstehen und die in Deutschland faktisch bei der Einschaltung von Unterstützungskassen angetroffen werden kann, ist ebenfalls nach den Vorschriften der IAS/IFRS abgedeckt und wird als *funding* bezeichnet (IAS 19.49).

Pensionsverpflichtungen nach US-GAAP

Abgesehen von unterschiedlichen Bezeichnungen ähneln sich IAS 19 und FAS 87 sehr stark, was nicht verwundert, da der amerikanische Standard weltweit starken Einfluss auf die Bilanzierung von Pensionsverpflichtungen genommen hat. Auch hier wird zwischen *defined benefit plans* (FAS 87.11) und *defined contribution plans* (FAS 87.63) unterschieden. Insoweit wird auf die vorstehenden Ausführungen zu den Pensionsverpflichtungen nach IAS/IFRS verwiesen. Gemäß FAS 87.264 (Appendix D) sind alle Pensionspläne, die nicht als *defined contribution plans* einzuordnen sind, *defined benefit plans*. Die Regelungen zur Behandlung von *defined contribution plans* finden sich in FAS 87.63–66. Die Vorschriften zur Behandlung der *defined benefit plans* sind um einiges umfangreicer, was sich auch in höheren Angabeerfordernissen zeigt. (FAS 87.54).

b) *Steuerrückstellungen*

Steuerrückstellungen in der Handelsbilanz

Steuern und Abgaben, die bis zum Ende des Geschäftsjahres wirtschaftlich entstanden sind, deren Höhe aber noch nicht feststeht (z. B. wegen des fehlenden Gewinnverteilungsbeschlusses bei einer AG), müssen in der Handelsbilanz durch eine Rückstellung abgedeckt werden. Auch Rückstellungen für das Betriebsprüfungsrisiko, d. h. für Steuern, die möglicherweise aufgrund einer Betriebsprüfung nachzuzahlen sind, müssen in die Bilanz eingestellt werden, wenn mit einer Nachveranlagung zu rechnen ist. Hiervon grundsätzlich zu unterscheiden sind zum Bilanzstichtag zwar bereits fällige, aber noch nicht entrichtete Steuervorauszahlungen. Da deren Fälligkeit sowie deren Höhe aufgrund ergangener Steuerbescheide feststehen, sind diese unter den sonstigen Verbindlichkeiten zu verbuchen.

Steuerrückstellungen in der Steuerbilanz

In der Steuerbilanz sind Rückstellungen nur für solche Steuerarten zulässig, die als Betriebsausgaben abzugsfähig sind. Dazu gehören z. B. die Gewerbesteuer, die Grundsteuer für Betriebsgrundstücke sowie spezielle betriebliche Steuern, wie etwa die Vergnügungssteuer und die zahlreichen Arten der Verbrauchsteuern (Biersteuer, Tabaksteuer, Mineralölsteuer, Branntweinsteuer). Einkommen- und Körperschaftsteuer sind nicht als Betriebsausgabe abzugsfähig. Eine Rückstellungsbildung würde hier zur Verringerung der steuerlichen Bemessungsgrundlage führen.

Betriebsprüfungsrisiko

Rückstellungen für das Betriebsprüfungsrisiko werden steuerlich nicht schon dann anerkannt, wenn nach allgemeiner Erfahrung eine Betriebsprüfung zu Steuernachzahlungen führt, vielmehr müssen Einzelsachverhalte nachgewiesen werden können, aufgrund derer mit einer Steuernachforderung gerechnet werden mussmuss. Auch bei der Rückstellung für eine erwartete Steuernachzahlung wird in der Steuerbilanz vorausgesetzt, dass es sich dabei um eine Nachzahlung von Steuern handelt, die als Betriebsausgabe abzugsfähig sind.

Latente Steuerrückstellungen

Neben den dargestellten Rückstellungen für entstandene Steuerverbindlichkeiten sind in der Handelsbilanz auch Rückstellungen für sog. latente Steuerverbindlichkeiten anzusetzen. Ist z. B. in der Steuerbilanz eine steuerfreie Rücklage gebildet worden, für die keine umgekehrte Maßgeblichkeit besteht und die deshalb bei einer Kapitalgesellschaft auch nicht zu einer entsprechenden Dotierung eines Sonderpostens mit Rücklageanteil in der Handelsbilanz führt, so entsteht eine latente Steuerverbindlichkeit, für die keine entsprechende Position in der Handelsbilanz vorgesehen ist. In diesem Falle läßt sich eine Rückstellung für latente Steuern bereits aus den Verpflichtungen ableiten, für bestehende ungewisse Verbindlichkeiten eine Rückstellung bilden zu müssen. § 274 Abs. 1 HGB dehnt die Verpflichtung zur Bildung latenter Steuerrückstellungen jedoch auf alle Fälle aus, in denen sich aus einer zeitlich unterschiedlichen Erfassung von Erträgen oder Aufwendungen in Handels- und Steuerbilanz ein zunächst niedrigeres und später höheres steuerliches Ergebnis und somit ein zunächst zu niedriger und später zu hoher veranlagter Steueraufwand resultiert.

Aktive latente Steuern

Analog der Bildung von Rückstellungen für latente Steuern ist auch der umgekehrte Fall einer aktivischen Abgrenzung für latente Steuern denkbar. Sie entsteht insbesondere aus einer zeitlich früheren Verrechnung von Aufwendungen in der Handelsbilanz als in der Steuerbilanz. Die Folge ist, dass der veranlagte Steueraufwand, gemessen am handelsrechtlichen Ergebnis, zu hoch ist. Folglich liegt es nahe, diesen zu hohen Steueraufwand durch eine aktive latente Steuerabgrenzung so lange zu neutralisieren, bis der Aufwand auch in der Steuerbilanz und somit steuermindernd wirksam wird. Die aktiven latenten Steuern stellen eine Bilanzierungshilfe dar und unterliegen somit gemäß § 274 Abs. 2 HGB einem Bilanzierungswahlrecht. Die Bilanzierungshilfe ist dabei in Höhe eines Überschusses der aktiven über die passiven latenten Steuern zu definieren.

Da die Bilanzierung latenter Steuern eine Fülle von Einzelfragen aufwirft, werden die latenten Steuern in Abschnitt D dieses Kapitels ausführlich – auch nach IAS/IFRS und US-GAAP – gesondert erörtert.

c) Rückstellungen für Garantieverpflichtungen

Garantieverpflichtungen

Soweit Unternehmen sich vertraglich verpflichten, innerhalb einer bestimmten Zeit auftretende Schäden an verkauften Erzeugnissen auf eigene Kosten zu beheben, sind nach dem Grundsatz der sachlichen Abgrenzung diese Ausgaben derjenigen Periode als Aufwand anzulasten, in der die Lieferung oder Leistung erfolgte. Für erwartete, am Abschlussstichtag noch nicht geltend gemachte Ansprüche ist deshalb eine Rückstellung zu bilden. Solche Rückstellungen für Garantieverpflichtungen müssen sowohl in der Handels- als auch in der Steuerbilanz angesetzt werden, da sie zu den ungewissen Verbindlichkeiten zählen, die gemäß § 249 Abs. 1 HGB passivierungspflichtig sind. Auch nach IAS/IFRS und US-GAAP sind Garantieverpflichtungen entweder als *provision* oder als *contingent liability* zu erfassen, da eine gegenwärtige Verpflichtung besteht, die aus einem vergangenen Tatbestand – nämlich dem Verkauf – herrührt. Aufgrund von Vergangenheitsdaten können für Gruppen von Garantieverpflichtungen wahrscheinlichkeitstheoretisch fundierte Aussagen über Höhe und Wahrscheinlichkeit der Inanspruchnahme getroffen werden.

Besondere Bedeutung kommt der gewissenhaften Bemessung einer solchen Rückstellung bei der Endabrechnung langfristiger Fertigungsaufträge zu, da hier Gewährleistungen und Garantien in beträchtlichem Umfang üblich sind. Eine eventuell außerdem zu bildende Rückstellung für Restkosten der Auftragsabwicklung zählt ebenfalls zu den Rückstellungen für ungewisse Verbindlichkeiten.

d) *Rückstellungen für drohende Verluste aus schwebenden Geschäften*

Rückstellungen für drohende Verluste aus schwebenden Geschäften - HGB

Die Rückstellungen für drohende Verluste aus schwebenden Geschäften werden in § 249 Abs. 1 HGB ausdrücklich neben den Rückstellungen für ungewisse Verbindlichkeiten erwähnt, obwohl sie – wie bereits erläutert – als ein Unterfall der Rückstellungen für ungewisse Verbindlichkeiten gelten. Sie müssen nämlich für den Betrag gebildet werden, um den die aus einem schwebenden Geschäft resultierende Verbindlichkeit die korrespondierende Forderung übersteigt. Da in Höhe der Differenz eine wirtschaftliche Belastung des Unternehmens gegeben ist, die zudem noch juristisch erzwungen werden kann, liegt nach der eingangs formulierten Definition eine ungewisse Verbindlichkeit mit rechtlicher Verpflichtung vor.

Schwebende Geschäfte

Als schwebende Geschäfte werden hier zweiseitig verpflichtende Verträge bezeichnet, die noch von keinem der beiden Vertragspartner erfüllt wurden. Sie werden in der Regel buchhalterisch nicht erfasst, da zunächst davon auszugehen ist, dass sich Leistung und Gegenleistung zumindest ausgleichen. Ist dies nicht mehr gegeben, so droht dem Unternehmen ein Verlust, für den es, um dem Grundsatz der Vorsicht zu genügen, eine Rückstellung zu bilden hat. Die theoretische Möglichkeit eines Verlustes ist nahezu bei jedem schwebenden Geschäft gegeben, sie genügt indessen nicht. Vielmehr müssen konkrete Anzeichen dafür vorliegen, dass aus dem fraglichen schwebenden Geschäft wahrscheinlich ein Verlust resultieren wird.

Beispiele

Verluste aus schwebenden Geschäften können etwa bei Kauf-, Arbeits- oder Mietverträgen auftreten, wenn die daraus resultierenden Ausgaben für den Betrieb aufgrund einer Änderung der wirtschaftlichen Verhältnisse über dem zu erwartenden Gegenwert liegen. Dies ist der Fall, wenn z. B. der Marktpreis von gekauften Waren bereits vor der Lieferung unter den vertraglich vereinbarten Preis sinkt oder ein auf längere Zeit unkündbarer Facharbeiter aufgrund einer Änderung des Beschäftigungsgrades nur mehr als Hilfsarbeiter beschäftigt werden kann oder wenn eine gemietete Fabrikhalle nicht mehr benutzt werden kann, weil der Betrieb an einen kostengünstigeren Standort gezogen, der Mietvertrag aber noch für einen bestimmten Zeitraum unkündbar ist und die Halle auch anderweitig nicht vermietet werden kann. Als weiteres Beispiel sei ein langfristiger Fertigungsauftrag genannt, bei dem unerwartete Kostensteigerungen aufgrund einer Festpreisvereinbarung nicht auf den Auftraggeber überwälzt werden können. Verluste aus schwebenden Geschäften, die über mehrere Jahre laufen (z. B. vereinbarte Mietzeit beträgt 5 Jahre), sind in dem Jahr erfolgswirksam zu erfassen, in dem die Änderung der wirtschaftlichen Verhältnisse auftritt bzw. bekannt wird.

Steht ein schwebendes Geschäft im Zusammenhang mit am Bilanzstichtag aktivierten Vermögensgegenständen, so stellt sich die Frage, ob ein aus diesem Geschäft drohender Verlust zunächst durch eine (außerplanmäßige) Abschreibung der jeweiligen Vermögensgegenstände zu erfassen und nur für den darüber hinausgehenden Verlustanteil eine Rückstellung zu bilden ist. Da Vermögensgegenstände, die unmittelbar Gegenstand eines schwebenden Absatzgeschäftes sind, im Allgemeinen dem Umlaufvermögen zuzurechnen sind, ist ihr Wert nach dem strengen Niederstwertprinzip auf den niedrigeren Börsen- oder Marktpreis oder auf den niedrigeren beizulegenden Wert abzuschreiben. Nur für einen darüber hinausgehenden Verlustanteil ist eine Drohverlustrückstellung zu bilden.

- Steuerbilanz

Gemäß § 5 Abs. 4a EStG ist nach der Fassung des Gesetzes zur Fortsetzung der Unternehmenssteuerreform die Bildung von Rückstellungen für drohende Verluste aus schwebenden Geschäften steuerlich für Wirtschaftsjahre, die nach dem 31. 12. 1996 enden, nicht mehr möglich. Die bereits gebildeten Rückstellungen sind in dem ersten nach dem 31. 12. 1996 endenden Wirtschaftsjahr mit mindestens 25 % und in den darauf folgenden Wirtschaftsjahren zu mindestens 15 % gewinnerhöhend aufzulösen (§ 52 Abs. 6a EStG). Durch diese Regelung entfernt sich die Steuerbilanz einen Schritt weiter von der Handelsbilanz.

- IAS/IFRS / US- GAAP

Rückstellungen für drohende Verluste aus schwebenden Geschäften sind auch nach IAS 37.66 ff. zu bilden. Jedoch ist hier ebenfalls zuerst zu überprüfen, ob eine Abschreibung von aktivierten Vermögensgegenständen nach IAS 36 in Frage kommt. Nach US-GAAP sind auch derartige Rückstellungen zu bilden, sofern es wahrscheinlich ist, dass dem Unternehmen ein Ressourcenabfluss droht. Dabei dürfen bei schwebenden Absatzgeschäften nur die Materialeinzel- und -gemeinkosten, die Fertigungseinzel- und -gemeinkosten sowie die Einzelkosten des Vertriebs in die Rückstellungsermittlung einbezogen werden (SOP 81-1.87).

Finanzinstrumente

Die Problematik der schwebenden Geschäfte wurde durch die Diskussion um die derivativen Finanzierungsinstrumente neu belebt. Zu näheren Ausführungen siehe Abschnitt E dieses Kapitels sowie 4. Kapitel C.

e) Rückstellungen für Gewährleistungen ohne rechtliche Verpflichtung

Kulanzrückstellungen
- HGB

Rückstellungen für übernommene Gewährleistungen ohne rechtliche Verpflichtung (Kulanzrückstellungen) gehören, wie bereits ausgeführt, ebenfalls zu den Rückstellungen für ungewisse Verbindlichkeiten. Gewährleistungen ohne rechtliche Verpflichtung (auch Kulanzleistungen genannt) sind Garantieleistungen, die nach Ablauf der vereinbarten oder gesetzlichen Garantiefrist erbracht werden oder über das gesetzlich erforderliche Maß hinausgehen. Für solche Leistungen, auf die der Empfänger an sich keinen Anspruch hat, die aber der Behebung eines Fehlers oder sonstigen Mangels einer früheren Lieferung oder Leistung dienen, ist zum Bilanzstichtag eine Rückstellung zu bilden. Damit wird erreicht, dass die künftig entstehenden Aufwendungen der Periode zugerechnet werden, in der der

Ertrag realisiert wurde (Grundsatz der sachlichen Abgrenzung). Daher ist es auch ohne Bedeutung, ob der auf dem Kulanzwege beseitigte Schaden auf einem Produktions- oder Materialfehler oder auf falscher Behandlung durch den Abnehmer beruht, denn aus der Sicht des bilanzierenden Unternehmens kommt es nicht auf die technische Ursache, sondern auf den wirtschaftlichen Zusammenhang an. Es mussmuss grundsätzlich ein Zusammenhang mit einem früheren Rechtsgeschäft bestehen. Reine Gefälligkeitsarbeiten für Dritte, die nicht eine frühere Lieferung oder Leistung betreffen, können nicht durch Kulanzrückstellungen abgegrenzt werden.

- Steuerbilanz

Auch in der Steuerbilanz sind Rückstellungen für Gewährleistungen ohne rechtliche Verpflichtung zu bilden, wenn am Bilanzstichtag unter Berücksichtigung des pflichtgemäßen Ermessens des vorsichtigen Kaufmanns damit zu rechnen ist, dass solche Leistungen in Zukunft bewilligt werden müssen.

- IAS/IFRS / US- GAAP

Stellen Kulanzleistungen faktische Verpflichtungen dar, d. h. das Unternehmen kann sich den daraus resultierenden Ansprüchen nicht ohne negative Folgen entziehen, so sehen auch IAS/IFRS und US-GAAP die bilanzielle Berücksichtigung derartiger Verpflichtungen vor, wenn sie wahrscheinlich sind und ihre Höhe angemessen geschätzt werden kann.

f) Rückstellungen für Umweltschutzmaßnahmen

Umweltschutzrückstellungen in Handels- und Steuerbilanz

Eine zunehmende Sensibilisierung der Öffentlichkeit sowie hohe Kosten der Beseitigung von – häufig nicht oder nicht ausreichend versicherbaren – Umweltschäden lenken die Aufmerksamkeit auf die unternehmensinterne Risikovorsorge. Als klassische Instrumente zur Erfassung dieses Risikos kommen die Rückstellungsbildung sowie die außerplanmäßige Abschreibung in Betracht.

Im Hinblick auf den Umweltschutz sind Vorschriften aus dem öffentlichen Recht, dem Zivilrecht und dem Strafrecht zu beachten, wobei jedoch das öffentliche Recht hier eine dominierende Rolle spielt.

Unter die öffentlich-rechtlichen Umweltschutzverpflichtungen fallen (in Anlehnung an Bartels, P. [1992]) Anpassungsverpflichtungen, periodisch anfallende Abfallbeseitigungs- und Verwertungsverpflichtungen, aperiodisch anfallende Rekultivierungs- und Entsorgungsverpflichtungen sowie Verpflichtungen zur Altlastensanierung.

(1) Anpassungsverpflichtungen

Anpassungsverpflichtungen

Anpassungsverpflichtungen entstehen, wenn als Folge fortschreitender Technik kritische Grenzwerte angehoben werden (z. B. TA Luft) und somit in der Vergangenheit genehmigte Anlagen nicht mehr den gesetzlichen Anforderungen entsprechen. Zur Erfüllung der neuen Grenzwerte wird den bestehenden genehmigungspflichtigen Anlagen eine Übergangsfrist eingeräumt.

Unstrittig ist dabei der Fall, dass die Anpassungsverpflichtungen zu nachträglichen Anschaffungs- oder Herstellungskosten führen. Hier sind die anfallenden Aufwendungen zu aktivieren.

Fraglich ist dagegen die Behandlung von Erhaltungsaufwand während der Übergangsfrist. Rechtlich entsteht die Anpassungsverpflichtung mit Inkrafttreten der Vorschriften. Die Anpassungsfrist schiebt lediglich die Fälligkeit der Verpflichtungen hinaus (Bartels, P. [1992], S. 187). Es stellt sich jedoch die Frage, ob die rechtliche Verursachung allein ausreicht, um eine Rückstellung zu passivieren. Weite Teile der Literatur sind der Ansicht, dass zusätzlich zur rechtlichen die wirtschaftliche Verursachung für eine Rückstellungsbildung nötig ist. Da jedoch die wirtschaftliche Verursachung in diesen Fällen in der Zukunft liegt, wären die Voraussetzungen für die Bildung einer Rückstellung nicht gegeben (vgl. Herzig, N. [1993], Herzig, N. [1994], Ballwieser, W. [1994]; a. A. Bartels, P. [1994]).

(2) Periodisch anfallende Abfallbeseitigungs- und Verwertungsverpflichtungen

Abfallbeseitigungs- und Verwertungsverpflichtungen

Soweit am Bilanzstichtag ein Entsorgungsrückstand besteht, ist eine Rückstellung zu bilden (Reinhard, H. [1998], S. 713). Der Rückstellungsbetrag ist dabei um die Herstellungskosten der im Rahmen der Verwertung neu entstehenden Vermögensgegenstände zu kürzen.

(3) Aperiodisch anfallende Rekultivierungs- und Entsorgungsverpflichtungen

Rekultivierungs- und Entsorgungsverpflichtungen

Aperiodisch anfallende Rekultivierungs- und Entsorgungsverpflichtungen ergeben sich unter anderem im Bereich des Bergbaus bzw. bei der Entsorgung von Kernkraftwerken. Über die Notwendigkeit, eine Rückstellung für diese Verpflichtungen anzusetzen, besteht im Schrifttum Übereinstimmung. Diskutiert wird jedoch die Bilanzierung der Höhe nach, d. h., ob eine Vollrückstellung (so z. B. Siegel, T. [1993], S. 333; Bartels, P. [1994], S. 17) oder eine Ansammlungsrückstellung zu bilden ist (vgl. Kupsch, P. [1992], S. 2327; Herzig, N. [1994], S. 55).

Rückstellungen für Verpflichtungen, ein Kernkraftwerk stillzulegen, sind in der Steuerbilanz nach § 6 Abs. 1 Nr. 3a ab dem Zeitpunkt der erstmaligen Nutzung bis zum Zeitpunkt, in dem mit der Stillegung begonnen werden muss, zeitanteilig in gleichen Raten anzusammeln. Steht der Zeitpunkt der Stillegung nicht fest, beträgt der Zeitraum für die Ansammlung 25 Jahre. Diese Rückstellung ist in der Steuerbilanz mit 5,5 % abzuzinsen.

(4) Verpflichtungen zur Altlastensanierung

Altlastensanierung

Das Abfallgesetz des Bundes stellt neben dem Wasserhaushaltsgesetz die zentrale spezialgesetzliche Regelung zur Sanierung von Altlasten dar. Ihre Anwendbarkeit ist jedoch auf die Altlastenfälle beschränkt, die nach Inkrafttreten der Gesetze verursacht wurden. Somit verbleibt für die Sanierung der anderen Fälle nur der Rückgriff auf das allgemeine Polizei- und Ordnungsrecht. Die Behörde ist nach diesem Recht jedoch nicht zum Tätigwerden verpflichtet, sondern die Entscheidung über ein Einschreiten ist in ihr pflichtgemäßes Ermessen gestellt.

Somit schafft erst ein Verwaltungsakt der Ordnungsbehörde Handlungspflicht (Groh, M. [1994], S. 99). Deshalb müssen insbesondere die Kriterien »hinreichende Konkretisierung« bzw. »Wahrscheinlichkeit der Inanspruchnahme« näher untersucht werden. Vor diesem Hintergrund ist die Rechtsprechung des BFH verständlich, der den Ansatz von Rückstellungen für Altlastensanierung davon abhängig macht, dass die zuständige Behörde Kenntnis vom Vorhandensein der Altlast hat (BFH-Urteil v. 19.10.1993 – VII R 14/92). Diese Sonderregelung zur Rückstellungsbildung für öffentlich-rechtliche Verpflichtungen wird in der Literatur überwiegend ablehnend beurteilt (vgl. Bartels, P. [1994], S. 21; Herzig, N. [1994], S. 62 und die dort angegebene Literatur). Danach hängt die Verpflichtung zur Bildung einer Rückstellung nicht davon ab, ob die zuständige Behörde Kenntnis von der Altlast erlangt hat, sondern es kommt darauf an, ob eine Inanspruchnahme wahrscheinlich ist. Bei zunehmender Bedeutung des Umweltschutzes müssen Unternehmen aber verstärkt damit rechnen, dass Altlasten bekannt werden und somit eine Sanierungsverpflichtung besteht.

Neben die Möglichkeit der Rückstellungsbildung tritt bei Wertminderungen im Anlagevermögen die außerplanmäßige Abschreibung bzw. die Teilwertabschreibung. Wenn eine wertmindernde Schadstoffverunreinigung vorliegt, die gleichzeitig eine Sanierungsverpflichtung begründet, ist die Voraussetzung für die Anwendung beider Instrumente gegeben. Das Schrifttum ist einhellig der Auffassung, dass keine Doppelerfassung des Tatbestandes „Altlast“ erfolgen darf. Auf die Diskussion, ob der Rückstellung oder der Abschreibung der Vorrang eingeräumt wird, soll hier nicht näher eingegangen werden. Es wird dazu auf die einschlägige Literatur verwiesen (vgl. Herzig, N. [1993a]; Siegel, T. [1993], Bartels, P. [1994]; Ballwieser, W. [1994]).

Umweltschutzrückstellungen nach IAS/IFRS/US-GAAP

Zum Bereich der Bilanzierung von Umweltlasten und -maßnahmen sind in den USA u. a. die EITF 89-13 „*Accounting for the Cost of Asbestos Removal*“, 90-8 „*Capitalization of Costs to Treat Environmental Contamination*“, 93-5 „*Accounting for Environmental Liabilities*“, 95-23 „*Treatment of Certain Site Restoration/Environmental Exit Costs when Testing a Long-Lived Asset for Impairment*“ zu beachten. Das IASB hat keinen eigenen Standard zu diesem Thema verabschiedet, geht aber in den Beispielen zum IAS 37 (Appendix C) kurz darauf ein.

g) *Weitere Verbindlichkeitsrückstellungen*

Die nachfolgende Aufstellung weiterer Rückstellungen mit Verpflichtungscharakter dient dazu, die Vielzahl möglicher Rückstellungen aufzuzeigen. Ein Anspruch auf Vollständigkeit wird dabei jedoch nicht erhoben (vgl. IDW [1996], Abschnitt E, Tz. 95 ff.).

- Provisionen:
  Nach Ausführung des vermittelten Geschäftes sind Provisionsverpflichtungen handels- wie auch steuerrechtlich passivierungspflichtig.

- Jahresabschluss- und Prüfungskosten:
  In der Handelsbilanz sind Jahresabschluss- und Prüfungskosten, soweit sie aufgrund einer öffentlich-rechtlichen oder privatrechtlichen Verpflichtung entstanden sind, passivierungspflichtig.
  Ausnahme: Kosten für die Hauptversammlung dürfen nicht einer Rückstellung zugeführt werden. Steuerrechtlich wird die Rückstellungsbildung auf die Kosten beschränkt, die aufgrund einer öffentlich-rechtlichen Verpflichtung entstehen.
- Prozessrisiko:
  Für in Aussicht stehende und für bereits schwebende Prozesse ist eine Rückstellung zu bilden. Steuerlich beschränkt ist die Rückstellungsmöglichkeit auf Prozesse, die bereits anhängig sind.
- Sozialplanverpflichtungen:
  Rückstellungen für Sozialplanverpflichtungen sind zu bilden, sobald ernsthaft mit einer Betriebsänderung (Stillegung, Betriebseinschränkung) zu rechnen ist, die nach §§ 111, 112 BetrVerfG eine Pflicht zur Aufstellung eines Sozialplanes zur Folge hat (auch in der Steuerbilanz).
- Urlaubsverpflichtungen:
  Urlaubsansprüche aus dem Berichtsjahr sind, soweit eine Abfindung in Geld oder Urlaub im folgenden Geschäftsjahr vorgenommen wird, am Bilanzstichtag in Form von Rückstellungen zu passivieren (in Handels- und Steuerbilanz).
- Bergschäden:
  Entstehen durch den Bergbau unmittelbar oder mittelbar an der Erdoberfläche Sachschäden, so hat das schadenstiftende Unternehmen gemäß den §§ 114 ff. BBergG (BGBl. I 1980, S. 1310) dafür zu haften. Für diese Art von Schadensersatzverpflichtung sind in Handels- und Steuerbilanz Rückstellungen erforderlich.
- Ausgleichsanspruch eines Handelsvertreters:
  Nach Beendigung des Vertragsverhältnisses hat ein Handelsvertreter gegenüber seinem Unternehmen i. d. R. gemäß § 89b HGB einen Ausgleichsanspruch. Für aus solchen Ausgleichsansprüchen resultierende Verpflichtungen hat das Unternehmen in der Handelsbilanz eine Rückstellung zu bilden. Nach der Auffassung des BFH ist steuerlich eine Rückstellungsbildung vor Beendigung des Vertretervertrages unzulässig (vgl. BFH-Urteil vom 14.10.1980, BStBl. II 1981, S. 97; auch BFH-Urteil vom 20.01.1983, BStBl. II 1983, S. 375).

2. Rückstellungen ohne Verpflichtung gegenüber Dritten (Aufwandsrückstellungen)

Aufwandsrückstellungen nach HGB

Wie schon erwähnt, läßt das HGB unterschiedliche Formen von Aufwandsrückstellungen zu, die im Folgenden erörtert werden.

a) *Rückstellung für unterlassene Aufwendungen zur Instandhaltung*

Unterlassene Instandhaltung

Produktionsanlagen müssen innerhalb ihrer Nutzungsdauer zur Aufrechterhaltung ihrer Betriebsfähigkeit im Normalfall regelmäßig gewartet und unter Umständen auch repariert werden. Soweit diese Reparatur- und Wartungsarbeiten in der Periode erfolgen, in der sie aufgrund des Instandhaltungsplanes oder des aufgetretenen Defekts erforderlich waren, sind sie als Aufwand der betreffenden Periode zuzurechnen. Muss eine fällige Reparatur- oder Wartungsmaßnahme aber in eine der folgenden Perioden verschoben werden, so ist der Verschleiß dennoch eingetreten, die Ausgabe wird nur auf einen späteren Zeitpunkt verschoben.

In solchen Fällen kommt eine Rückstellung für unterlassene Instandhaltung in Betracht. Gemäß § 249 Abs. 1 Satz 3 HGB kann für Instandhaltungsmaßnahmen, die innerhalb eines Jahres nachgeholt werden, eine Rückstellung gebildet werden, andererseits besteht nach § 249 Abs. 1 Nr. 1 HGB für unterlassene Instandhaltungsmaßnahmen, die innerhalb von 3 Monaten nach dem Bilanzstichtag nachgeholt werden, für alle Kaufleute eine Passivierungspflicht. Erfolgt die Nachholung innerhalb eines Jahres, aber nach drei auf den Bilanzstichtag folgenden Monaten, so besitzt der Kaufmann ein Passivierungswahlrecht.

Die Rückstellungsbildung unterliegt folgenden Voraussetzungen (vgl. Küting, K./Weber, C.-P. [1995], § 249 Tz. 75 ff.):

- Es muss eine im Geschäftsjahr unterlassene Aufwendung für Reparaturen, Inspektionen oder Wartungsarbeiten (d. h. Maßnahmen zur Erhaltung der Funktionsfähigkeit der betrieblichen Vermögensgegenstände) vorliegen. Als unterlassen gilt eine Aufwendung dann, wenn die Maßnahme aus betriebswirtschaftlicher Sicht (d. h. unter normalen Umständen) notwendig gewesen wäre, aber nicht durchgeführt wurde.
- Die Rückstellung darf nicht dem Zweck dienen, künftigen Reparaturaufwand zurückzustellen.
- Die Instandhaltungsmaßnahmen müssen innerhalb der Fristen (drei Monate bei Passivierungspflicht; ein Jahr, bei Passivierungswahlrecht) nicht nur begonnen, sondern im Wesentlichen beendet sein.

Nach h. M. läßt § 249 Abs. 1 Satz 2 Nr. 1 und Satz 3 HGB auch für in früheren Geschäftsjahren unterlassene Aufwendungen für Instandhaltung eine Rückstellungsbildung zu (vgl. ADS [1995], § 253 Tz. 282; Küting, K./Weber, C.-P. [1995], § 249 Tz. 78).

Rückstellung nicht durch Abschreibung ersetzbar

Die Rückstellung für unterlassene Instandhaltung kann und darf nicht durch eine Abschreibung auf den niederen beizulegenden Wert (bzw. Teilwert) (§ 253 Abs. 2 Satz 3 HGB) ersetzt werden. Denn zum einen sind Rückstellungen kein Wertberichtigungsposten für einzelne Vermögensgegenstände, sondern stehen für künftige, aber im vergangenen Geschäftsjahr verursachte Aufwendungen; zum anderen ist – zumindest für Kapitalgesellschaften – die Anwendung einer Abschreibung wegen einer nur vorübergehenden Wertminderung bei Gegenständen des Anlagevermögens nur im Bereich der Finanzanlagen möglich (§ 279 Abs. 1 HGB).

Steuerliche Behandlung

Obwohl der BFH mit seinem Urteil vom 23.11.1983 – IR 216/78 die steuerliche Zulässigkeit der Rückstellung für unterlassene Aufwendungen für Instandhaltungen ablehnte, hat sich als herrschende Meinung herausgebildet, dass die handelsrechtliche Bestimmung des § 249 Abs. 1 Nr. 1 HGB aufgrund des Maßgeblichkeitsprinzips auch auf die Steuerbilanz anzuwenden ist (vgl. hierzu auch das BdF-Schreiben vom 11.04.1984). Für Instandhaltungsmaßnahmen, die erst ab dem 3. Monat nach Bilanzstichtag nachgeholt werden, besteht in der Steuerbilanz aufgrund des handelsrechtlichen Bilanzierungswahlrechts ein Bilanzierungsverbot.

Inwieweit eine Passivierungspflicht für Aufwendungen für Instandhaltung aus betriebswirtschaftlicher Sicht geboten ist oder nicht, hierüber bestehen in der Literatur zum Teil kontroverse Auffassungen (vgl. Dziadkowski, D./Runge, C. [1984], Siegel, T. [1985b]), auf die hier jedoch nicht näher eingegangen werden kann.

b) Rückstellung für unterlassene Abraumbeseitigung

Abraumkosten

Bei der Förderung von Bodenschätzen im Tagebau ist es nötig, die über den Bodenschätzen liegenden Erd- und Gesteinsschichten abzuräumen und sie nach dem Abbau der Rohstoffe wieder aufzutragen, um das Landschaftsbild nicht zu beeinträchtigen. Die zur Beseitigung des Abraumes anfallenden Kosten müssen nach dem Grundsatz der sachlichen Abgrenzung der Periode zugerechnet werden, in der die entsprechenden Erträge erzielt werden. Durch besondere Bodenbeschaffenheiten und Abbautechniken kommt es häufig vor, dass trotz bereits begonnener Abbauarbeiten der Abraum noch nicht beseitigt wurde. In diesen Fällen ist der Unternehmer nach § 249 Abs. 1 Nr. 1 HGB verpflichtet, am Bilanzstichtag in Höhe der zu erwartenden Abraumkosten eine Rückstellung zu bilden, wenn die Abraumbeseitigung innerhalb des nächsten Geschäftsjahres erfolgt.

Zur Wiederherstellung des Landschaftsbildes nach der Förderung ist der Unternehmer in der Regel durch öffentlich-rechtliche Bestimmungen verpflichtet. Die dabei entstehenden Kosten sind sachlich den Perioden der Förderung zuzurechnen. Folglich sind für die durch den Abbau verursachten sog. Rekultivierungskosten Rückstellungen zu bilden. Bei diesen Rückstellungen handelt es sich jedoch nicht um Aufwandsrückstellungen, sondern wegen der zumeist bestehenden rechtlichen Verpflichtungen um Rückstellungen für ungewisse Verbindlichkeiten. Demnach ist auf sie auch die Jahresfrist des § 249 Abs. 1 Nr. 1 HGB nicht anzuwenden.

c) Aufwandsrückstellungen nach § 249 Abs. 2 HGB

Rückstellungen für bestimmte Aufwendungen

Nach § 249 Abs. 2 HGB kann jeder Kaufmann für ihrer Eigenart nach genau umschriebene, dem Geschäftsjahr oder einem früheren Geschäftsjahr zuzuordnende Aufwendungen, die am Abschlussstichtag wahrscheinlich oder sicher, aber hinsichtlich ihrer Höhe oder des Zeitpunkts ihres Eintritts unbestimmt sind,

Rückstellungen bilden. Diese Möglichkeit der Rückstellungsbildung wurde direkt aus den Bestimmungen der 4. EG-Richtlinie übernommen. Um den Bilanzierenden durch die Zulässigkeit von Aufwandsrückstellungen kein grenzenloses Instrument der Bilanzpolitik in die Hand zu geben, hat der Gesetzgeber versucht, durch Festlegung einiger Voraussetzungen die Rückstellungsmöglichkeiten nur auf eindeutig bestimmbare und überprüfbare Aufwendungen zu begrenzen. Demnach müssen

Voraussetzungen

- die Aufwendungen ihrer Eigenart nach genau umschrieben sein. D. h., die den Aufwendungen zugrunde liegenden zukünftigen Maßnahmen müssen am Bilanzstichtag bereits nach Art, Menge und Objekt konkretisiert sein.
- die Aufwendungen so gut wie sicher anfallen. Somit müssen die entsprechenden Maßnahmen ernsthaft geplant sein und aller Wahrscheinlichkeit nach durchgeführt werden. Ein Ansatz von nur vagen zukünftigen Aufwendungen ist auch unter Berufung auf das Vorsichtsprinzip nicht möglich.
- die Aufwendungen bezüglich ihrer Höhe bzw. des Zeitpunktes ihres Eintrittes unbestimmt sein. Hierbei handelt es sich um ein charakteristisches Rückstellungskriterium.
- die Aufwendungen dem Geschäftsjahr oder einem früheren Geschäftsjahr zuzuordnen sein. Folglich können künftige innerbetriebliche Maßnahmen, die künftigen Erträgen zuzurechnen sind und deshalb zu den künftigen Aufwendungen zählen, nicht zurückgestellt werden. Durch die Zulässigkeit, auch künftige Aufwendungen zurückzustellen, die nicht dem Geschäftsjahr, sondern einem früheren Geschäftsjahr zuzuordnen sind, wird der Gedanke der dynamischen Bilanztheorie durch den Gesetzgeber überinterpretiert. Denn eine Aufwandsverrechnung früherer Perioden ist mit einer periodengerechten Gewinnermittlung im Grunde nicht vereinbar. Sie ist lediglich aufgrund des Vorsichtsprinzips zu vertreten.

Anwendungsfälle

Als Anwendungsfälle der Aufwandsrückstellung nach § 249 Abs. 2 HGB gelten z. B. geplante Großreparaturen (maschinelle Anlagen, Kraftwerke usw.), Gebäuderenovierungen, Generalüberholungen von Flugzeugen, Schiffen etc. (sofern Nachholung erst nach Ablauf des folgenden Geschäftsjahres), Instandhaltungen (sofern unterlassen und Nachholung erst nach Ablauf des folgenden Geschäftsjahres) (vgl. Küting, K./Weber, C.-P. [1995], § 249 Tz. 240). Nicht rückstellungsfähig dagegen sind nach h.M. die in diesem Zusammenhang gelegentlich genannten Maßnahmen für Forschungs- und Entwicklungsvorhaben sowie Reklamemaßnahmen und Werbefeldzüge, denn diese sind – von seltenen Ausnahmen abgesehen – nicht realisierten Erträgen des laufenden oder früheren Geschäftsjahres zuzuordnen. Aus ähnlichen Überlegungen heraus sind Aufwandsrückstellungen auch nicht zum Zwecke der Substanzerhaltung ansetzbar (vgl. Coenenberg, A. G. [1986b]), wie dies zum Teil in der Literatur vorgeschlagen wurde (vgl. Biener, H. [1979], Maul, K.-H. [1986]). Auch scheidet eine Rückstellungsbildung für solche Aufwendungen aus, die zu aktivierungspflichtigen Zugängen führen werden (z. B. Herstellungsaufwand bei Gebäudeerweiterungen) (vgl. ADS [1995], § 253 Tz. 293).

Aufgrund ihres Charakters als Bilanzierungshilfe dürfen Aufwandsrückstellungen nach § 249 Abs. 2 HGB in der Steuerbilanz nicht gebildet werden.

Aufwandsrückstellungen nach IAS/IFRS und US-GAAP

Die nach § 249 Abs. 2 HGB zulässigen Aufwandsrückstellungen sowie Rückstellungen für unterlassene Instandhaltung und für unterlassene Abraumbeseitigung dürfen nach IAS/IFRS grundsätzlich nicht passiviert werden, da das IASB in seiner Definition der *liabilities* und somit auch der *provisions* voraussetzt, dass diese zu gegenwärtigen Verpflichtungen führen, die zukünftig in einem Abfluss (*outflow*) von Ressourcen resultieren (F 49). Einer Rückstellung nach den IAS/IFRS muss also eine Außenverpflichtung zugrunde liegen. Die Aufwandsrückstellungen nach § 249 Abs. 2 HGB, die Rückstellungen für unterlassene Instandhaltung und für unterlassene Abraumbeseitigung stellen Innenverpflichtungen dar, bei denen keine unmittelbare Verpflichtung gegenüber einem Dritten besteht. Somit liegt keine *liability* vor und es darf nicht zu einem Ansatz von Verpflichtungen kommen. Auch nach US-GAAP muss die Verpflichtung nach außen gerichtet sein, um zu einem Bilanzansatz zu führen.

III. Bewertung der Rückstellungen

Bewertung von Rückstellungen nach HGB

Nach § 253 Abs. 1 Satz 2 HGB sind Rückstellungen in Höhe des Betrages anzusetzen, der nach vernünftiger kaufmännischer Beurteilung notwendig ist. Demnach sind sie in Höhe der wahrscheinlichen Inanspruchnahme des Unternehmens (d. h. mit dem Betrag, für den die größte Wahrscheinlichkeit besteht) und unter Berücksichtigung der bestehenden Risiken zu bilanzieren. Bewertung nach kaufmännischer Beurteilung bedeutet auch, dass das Vorsichtsprinzip zu beachten ist, wobei jedoch die Bemessung der Rückstellungen trotz des Vorsichtsgrundsatzes immer den tatsächlichen wirtschaftlichen Verhältnissen entsprechen muss.

Soweit der Betrag einer Rückstellung unbekannt ist, muss durch Schätzungen möglichst genau festgestellt werden, wie hoch die zukünftige Wertminderung sein wird.

Vertrauenswürdige Daten

Wenn annähernd sichere Werte (vertrauenswürdige Daten) ermittelt werden können, sind diese anzusetzen. Das ist z. B. bei Steuerrückstellungen der Fall, die aufgrund der steuerlichen Vorschriften eindeutig berechnet werden können. Die Unsicherheit besteht hier in dem Risiko, dass das Finanzamt oder die Betriebsprüfung Zweifelsfälle anders behandeln als der Bilanzierende.

Statistische Daten

Können aufgrund bestehender Erfahrungen und Daten statistische Wahrscheinlichkeiten ermittelt werden, so sind die daraus resultierenden Erwartungswerte anzusetzen. Dies tritt unter anderem bei den Pensionsrückstellungen und den Rückstellungen für Garantie- und Kulanzleistungen auf.

Glaubwürdige Daten

Soweit weder vertrauenswürdige noch statistische Werte bestimmt werden können, muss nach den individuellen Gegebenheiten des Einzelfalls die zukünftige Wertminderung möglichst genau geschätzt werden. So ist die Unternehmung hinsichtlich der Rückstellungen für Garantieverpflichtungen und Kulanzleistungen bei neu eingeführten Produkten lediglich auf Vermutungen angewiesen, die sich insbesondere an dem konstruktiven und fertigungstechnischen Ausreifungsgrad des betreffenden Produktes orientieren können. Demzufolge sind solche Rückstellungen für neu eingeführte Produkte im Allgemeinen höher zu bemessen als entsprechende Rückstellungen für bereits jahrelang verkaufte Produkte.

Schätzintervall

Kann bei den zuletzt genannten Fällen die erwartete zukünftige Wertminderung nicht mit einem einzigen Wert, sondern nur mit einem Schätzintervall bestimmt werden, so ist nach dem Grundsatz der Vorsicht normalerweise der höchste Wertansatz anzusetzen. Werden aber mehrere Risiken gleicher Beschaffenheit durch derartige Rückstellungen abgedeckt, so würde die bloße Addition der Höchstbeträge zu einer überhöhten Rückstellung führen, da im Allgemeinen nicht angenommen werden kann, dass bei jedem Risiko der betrachteten Art die ungünstigste Alternative eintritt.

Bewertung von Rückstellungen in der Steuerbilanz

In der Steuerbilanz sind Rückstellungen für Geld- und Sachleistungsverpflichtungen abzuzinsen. Dabei ist, ebenso wie bei Verbindlichkeiten, ein Zinssatz von 5,5 % maßgeblich. Der Abzinsungszeitraum endet bei Rückstellungen für Sachleistungsverpflichtungen mit dem Beginn der Erfüllung (§ 6 Abs. 1 Nr. 3a EStG).

Bewertung von Rückstellungen nach IAS/IFRS / US-GAAP

Auch nach IAS/IFRS sind Rückstellungen mit dem wahrscheinlichsten Wert anzusetzen (IAS 37.36). Umfasst eine Rückstellung sehr viele einzelne Geschäftsvorfälle, wie z. B. eine Garantierückstellung, für die eine Wahrscheinlichkeitsverteilung möglicher Erfüllungsbeträge existiert, so ist der Erwartungswert anzusetzen (IAS 37.39). Rückstellungen sind abzuzinsen, wenn die Diskontierung einen wesentlichen Effekt auf die Ausweishöhe der Verpflichtung hat (IAS 37.45), also unabhängig davon, ob die ihnen zugrunde liegenden Verbindlichkeiten einen Zinsanteil enthalten, wie dies nach § 253 Abs. 1 Satz 2 HGB gefordert wird. Rückgriffs- und Erstattungsansprüche, die so gut wie sicher sind, werden auf der Aktivseite separat ausgewiesen. In der GuV können sie von der Aufwandsbuchung für die Rückstellung abgezogen werden (IAS 37.53, 54). Existieren mehrere gleich wahrscheinliche Werte so wird weder der niedrigste noch der höchste, sondern ein mittlerer Wert aus der Bandbreite gewählt (IAS 37.39). Der wahrscheinlichste Wert einer Bandbreite kommt auch nach US-GAAP zum Ansatz. Existieren mehrere gleich wahrscheinliche Ansatzmöglichkeiten, so wird hier die Verpflichtung mit dem niedrigsten Wert bilanziert (FIN 14.3). Ist die Verpflichtung nicht unwesentlich, werden weitere Erläuterungen dazu im Anhang notwendig, wie der die Rückstellung möglicherweise übersteigende Betrag sowie eine Einschätzung der Unsicherheit bezüglich der Höhe der Verpflichtung.

Einzel- oder Pauschalbewertung

Rückstellungen können sowohl zur Abdeckung einzelner Risiken wie auch zur pauschalen Deckung einer Gruppe gleichartiger Risiken gebildet werden. Insoweit besteht also eine Ausnahme von dem allgemeinen Grundsatz der Einzelbewertung. Dies ist beispielsweise bei gleichen Rückstellungen der Fall, die mit Hilfe statistischer Methoden gebildet werden. Diese Methoden erlauben nämlich eine weitgehend sichere Aussage nur bei Gruppen gleichartiger Fälle (z. B. Garantie- und Kulanzrückstellungen).

Bewertung von Pensionsrückstellungen nach HGB

Bei der Bewertung der Pensionsrückstellungen ist zu unterscheiden, ob sich die Rückstellung auf eine bereits laufende Rente oder auf eine Rentenanwartschaft bezieht. Eine Rückstellung für eine bereits laufende Rente (d. h. der Versorgungsfall ist eingetreten) ist mit dem nach versicherungsmathematischen

Grundsätzen ermittelten Barwert zu bewerten (§ 253 Abs. 1 Satz 2 HGB); d. h. bei der Bewertung sind Zinsen, Zinseszinsen und Sterbewahrscheinlichkeiten zu berücksichtigen. Der Barwert ist der Wert der diskontierten zu erwartenden Pensionsleistungen.

Handelt es sich um Rückstellungen für Pensionsanwartschaften (d. h. Versorgungsverträge, bei denen der Versorgungsfall noch nicht eingetreten ist) so ist bei der Bewertung zu beachten, dass die Rückstellung in dem Jahr, in dem die Altersgrenze erreicht wird, dem kapitalisierten Wert der zu erwartenden Pensionsleistungen zu entsprechen hat. Dieser Betrag ist in der Zeit von der Entstehung der Versorgungsverpflichtung bis zum vertraglichen Eintritt des Versorgungsfalles versicherungsmathematisch gleichverteilt über entsprechende Rückstellungszuführungen anzusammeln. Der zu bilanzierende Rückstellungswert ergibt sich somit aus dem Anwartschaftsbarwert – dieser entspricht dem versicherungsmathematisch ermittelten Wert der gesamten Pensionszahlung zum Zeitpunkt der Rückstellungsbildung – abzüglich der auf die restliche Vertragslaufzeit entfallenden Annuitäten.

Gegenwartswert- und Teilwertmethode

Zur Ermittlung der Rückstellungswerte und der erforderlichen Rückstellungszuführungen (d. h. der zu verrechnenden Annuitäten) gibt es zwei verschiedene Verfahren: die Gegenwartswertmethode und die Teilwertmethode. Die Gegenwartswertmethode unterstellt eine gleichmäßige Verteilung des Aufwandes für die Pensionsleistungen vom Zeitpunkt der Pensionszusage bis zum voraussichtlichen Eintritt des Versorgungsfalles, die Teilwertmethode hingegen eine Verteilung vom Zeitpunkt des Diensteintritts des Pensionsberechtigten bis zum Versorgungsfall. Durch beide Methoden werden folglich die zu erwartenden Pensionszahlungen gleichmäßig auf die Perioden vor Eintritt des Versorgungsfalles verteilt. Dabei geht man allgemein davon aus, dass sich der Pensionsberechtigte den Pensionsanspruch während seiner aktiven Tätigkeit im Unternehmen verdient, die künftigen Pensionsleistungen somit Aufwendungen dieser Geschäftsjahre darstellen. Die beiden Verfahren dienen folglich neben der Ermittlung des Rückstellungswertes auch gleichzeitig dazu, eine periodengerechte Aufwandsverteilung zu approximieren. Gegenwartswert- und Teilwertmethode unterscheiden sich lediglich darin, dass sie von unterschiedlichen Zeiträumen bei der Verteilung des Barwertes der künftigen Pensionsleistungen ausgehen. Das Teilwertverfahren unterstellt, dass sich der Arbeitnehmer seinen Pensionsanspruch vom Diensteintritt ab verdient, während die Gegenwartsmethode dies erst ab dem Zeitpunkt der Pensionszusage annimmt.

Fallen Diensteintritt und Pensionszusage zeitlich zusammen, so stimmen beide Verfahren folglich überein. Liegt die Zusage zeitlich später, so sind beim Teilwertverfahren die laufenden Zuführungen wegen der längeren Berechnungsdauer geringer als beim Gegenwartswertverfahren. Statt dessen muss beim Teilwertverfahren zum Bilanzstichtag nach der Zusage zusätzlich der Anwartschaftsbarwert eingestellt werden (Einmalrückstellung), der sich aus der Zeitspanne zwischen Diensteintritt und Zusagezeitpunkt ergibt. Betriebswirtschaftlich erscheint das Teilwertverfahren konsequenter, da in der Regel davon auszugehen ist, dass die Pensionsleistungen und damit auch die Pensionszusage sich auch auf die Tätigkeit des Arbeitnehmers vor Abschluss des Versorgungsvertrages beziehen.

Beim Teilwertverfahren ergibt sich der jährliche Zuführungsbetrag zu einer Rückstellung aus der Differenz zwischen dem Teilwert am Schluss des Geschäftsjahres und dem Teilwert am Schluss des vorangegangenen Geschäftsjahres. Analog hierzu errechnen sich die Rückstellungszuführungen beim Gegenwartswert-verfahren aus der Differenz der beiden Gegenwartswerte.

Da die Gegenwartswertmethode die Berechnung der Pensionsrückstellungen grundsätzlich auf den Zeitpunkt der Zusage abstellt, muss während der Anwartschaft jede Erhöhung eines bereits bestehenden Vertrages als eigene Zusage behandelt werden. Bei der Teilwertmethode hingegen kommt es im Jahr der Erhöhung der vertraglichen Versicherungsleistung lediglich zu einer Erhöhung der Rückstellung.

Die Abbildung 6.5 zeigt schematisiert den Unterschied zwischen der Gegenwartswert- und der Teilwertmethode.

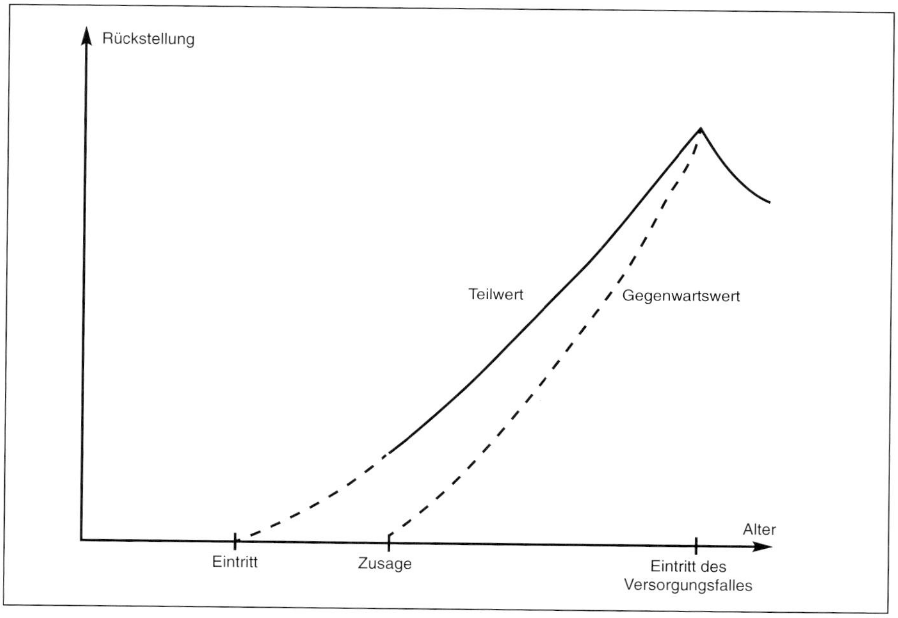

Abb. 6.5: Rückstellungsberechnung für Pensionen

Pensionsrückstellungen in der Steuerbilanz

Handelsrechtlich sind beide Verfahren zulässig. Als Diskontierungssatz für die Barwertbildung ist in der Handelsbilanz gemäß vernünftiger kaufmännischer Übung ein Zinssatz von mindestens 3 % und höchstens 6 % zugrunde zu legen. Steuerlich ist ausschließlich das Teilwertverfahren zulässig (§ 6a EStG). Der Diskontierungssatz ist für die Steuerbilanz auf 6 % gesetzlich festgelegt (§ 6a Abs. 3 Satz 3 EStG). Die Rückstellungszuführungen in der Steuerbilanz können in einem Geschäftsjahr die bei der Handelsbilanz vorgenommenen Zuführungen überschreiten.

Liegt der Diensteintritt des Berechtigten vor Vollendung des 30. Lebensjahres, so beginnt die steuerliche Rückstellungsberechnung erst mit dem Jahr, bis zu dessen Mitte der Berechtigte das 30. Lebensjahr vollendet hat (R 41 Abs. 11 EStR). Die beim Teilwertverfahren zwangsläufig entstehende Einmalrückstellung kann in Handels- und Steuerbilanz auf 3 Jahre gleichmäßig verteilt werden.

Auflösung von Pensionsrückstellungen

Es wird allgemein als zulässig anerkannt, die jährlichen Pensionszahlungen nach Eintritt des Versicherungsfalles voll von den Rückstellungen abzuziehen (buchhalterische Methode). Sollte eine Pensionsrückstellung jedoch exakt aufgelöst werden, so darf der Rückstellungsbetrag nur in Höhe der Differenz zwischen dem versicherungsmathematischen Barwert am Schluss des Wirtschaftsjahres und am Schluss des vorangegangenen Wirtschaftsjahres gemindert werden. Der Restbetrag ist der abgelaufenen Periode zu belasten.

Bewertung von Pensionsverpflichtungen nach IAS/IFRS

Zwingend vorgeschrieben ist - in Anlehnung an FAS 87 und im Gegensatz zu der früheren Regelung - nun die unter die *accrued benefit valuation methods* zu fassende *projected unit credit method* (IAS 19.50 (b), 64). Sie kann man als Verfahren der laufenden Einmalprämien bezeichnen. Der Aufwand für die betriebliche Altersversorgung wird auf der Basis der bis zum Zeitpunkt der Erstellung des versicherungsmathematischen Gutachtens verdienten Ansprüche bestimmt. Den einzelnen Dienstjahren werden jeweils verdiente Teilansprüche auf Versorgungsleistungen zugeordnet. Deren Barwert (»Einmalprämie«) ist im Jahr des Erdienens in voller Höhe zurückzustellen und erhöht somit die *defined benefit obligation.*

Der für die Diskontierung zu verwendende Zins ist aus dem Marktzins für langfristige Industrieschuldverschreibungen zum Bilanzstichtag abzuleiten (IAS 19.78). Ist der Markt für Industrieobligationen vergleichsweise unterentwickelt, sollen ersatzweise langfristige Schuldverschreibungen der öffentlichen Hand herangezogen werden. Ebenso müssen im Gegensatz zum deutschen Recht Annahmen über die zukünftige Gehaltsentwicklung unter Berücksichtigung von Inflation, Karrieretrends und Fluktuation getroffen werden (IAS 19.84). Da bewertungstechnische Annahmen und die tatsächlich eingetretenen Entwicklungen jedoch nicht zwangsläufig übereinstimmen müssen, ergeben sich die so genannten *actuarial gains and losses*, die zum einen sowohl die Höhe der Verpflichtung als auch die Wertentwicklung der zur Deckung vorgesehenen Vermögenswerte betreffen können. Diese Gewinne oder Verluste sind zumindest dann als Ertrag oder Aufwand zu erfassen, wenn sie saldiert zu einer 10%igen Abweichung vom Barwert der *defined benefit obligation* zum Stichtag oder zu einer 10%igen Abweichung vom *fair value* der zur Deckung zugeordneten Vermögenswerte führen (IAS 19.92). Die Berücksichtigung erfolgt linear über die durchschnittliche Restarbeitszeit der vom Versorgungsplan erfassten Arbeitnehmer. Es kann jedoch auch eine andere systematische Vorgehensweise gewählt werden, die in einer schnelleren Erfassung resultiert (IAS 19.93).

Auch die *past service costs* sind ein Bestandteil der Pensionsrückstellung. Hierunter versteht man die zusätzlichen Kosten, die sich zwar auf vergangene Geschäftsjahre beziehen, die aber erst durch eine Planänderung oder Neueinführung entstehen. Hat der Arbeitnehmer bereits einen Anspruch auf diese Leistungen erworben, so ist der zusätzliche Aufwand sofort zu erfassen. Ansonsten sind die *past service costs* linear über die Jahre zu verteilen, bis der Anspruch unwiderruflich erworben wurde. Demgegenüber ist die Verteilung der beim Teilwertverfahren zwangsläufig entstehenden Einmalrückstellung nach steuerlichen Bilanzierungsvorschriften auf drei Jahre beschränkt (§ 6a Abs. 4 Satz 2 EStG).

Angabepflichten

Unter anderem sind im Abschluss folgende Angaben bereitzustellen (IAS 19.120-125):

- eine allgemeine Beschreibung des Versorgungsplanes,
- die Tilgungsmethode für versicherungstechnische Gewinne und Verluste,
- die einzelnen Aufwandskomponenten,
- die wesentlichen versicherungsmathematischen Berechnungsparameter am Bilanzstichtag.

Bewertung von Pensionsverpflichtungen nach US-GAAP

Zur Ermittlung der Pensionsverpflichtung nach US-GAAP ist bei *defined benefit plans* zunächst ein Leistungsplan (*pension benefit formula*) zu erstellen, der die Berechnung der künftigen Pensionen enthält. Die auf dem Leistungsplan basierende Pensionsverpflichtung darf allein nach dem Anwartschaftsbarwertverfahren (*projected unit credit method*) berechnet werden. In die Ermittlung der künftigen Pensionszahlungen fließen neben den üblichen versicherungsmathematischen Annahmen auch Trendannahmen ein. Zur Berechnung des Barwerts der Pensionsverbindlichkeit ist derjenige Zinssatz zu verwenden, auf dessen Basis eine effektive Abfindung der Pensionsverpflichtungen oder eine Übertragung derselben auf eine Versicherungsgesellschaft stattfinden könnte. Dieser Zinssatz, der in jeder Periode aktualisiert werden muss, wird als *settlement rate* bezeichnet. Der auf diese Weise ermittelte Wert wird als *projected benefit obligation* (*PBO*) bezeichnet; er ist folglich der Barwert aller von aktiven und inaktiven Arbeitnehmern bzw. Leistungsempfängern zum Stichtag verdienten Pensionsansprüche unter Berücksichtigung dynamischer Rechnungsgrundlagen.

Nettoversorgungsaufwand

Als Periodenaufwand ist der Nettoversorgungsaufwand (*net periodic pension cost*) zu erfassen, der den Saldo folgender Komponenten bildet:

- *Service cost*: Dienstzeitaufwand, d. h. Barwert der im betrachteten Wirtschaftsjahr aufgrund des Leistungsplans hinzuverdienten Pensionsansprüche.
- *Interest cost*: Zinsaufwand, der dem Produkt aus unterstelltem Zinssatz, der *settlement rate* und der *PBO* am Anfang der betrachteten Periode entspricht.
- *Actual return on plan assets, if any*: tatsächlicher Erfolg aus dem Planvermögen inklusive unrealisierter Kurssteigerungen.
- *Amortization of unrecognized prior service cost, if any*: anteilige Aufwendungen aufgrund nachträglicher bzw. veränderter Altersversorgungszusagen.
- *Gain or loss (including the effects of changes in assumptions) to the extent recognized*: der laufenden Periode zugerechnete Mehr- oder Minderbelastungen aus Altersversorgungsverpflichtungen.
- *Amortization of the unrecognized net obligation (and loss or cost) or unrecognized net asset (and gain) existing at the date of initial application of this Statement*: anteilige Differenz aus der Umstellung von APB Opinion 8 auf SFAS 87.

Diese Bestandteile werden miteinander saldiert, der daraus resultierende Betrag ist in der Gewinn- und Verlustrechnung zu erfassen.

Unfunded accrued pension cost und prepaid pension cost

In der Bilanz kommt der kumulierte Unterschiedsbetrag zwischen der tatsächlich vorgenommenen Zuweisung zu den *plan assets* und dem in der Periode erfolgswirksam zu erfassenden Nettoversorgungsaufwand zum Ansatz. Übersteigt der Nettoversorgungsaufwand die Zuweisungen, dann muss der überschüssige Aufwand als *unfunded accrued pension cost* passiviert werden; liegen die Zuweisungen dagegen wertmäßig über dem Nettoversorgungsaufwand, ist eine Aktivierung unter der Postenbezeichnung *prepaid pension cost* geboten.

Additional minimum liability

Weiterhin gilt es zu überprüfen, ob der Ansatz einer *additional minimum liability* geboten ist. Dazu ist zunächst die *accumulated benefit obligation* (*ABO*) zu ermitteln, die den Barwert der erdienten Anwartschaften ohne Berücksichtigung von Trendannahmen darstellt. Anschließend ist zu prüfen, ob die *ABO* mindestens dem Marktwert der *plan assets* zuzüglich des möglicherweise entstandenen Postens *unfunded accrued pension cost,* bzw. abzüglich des gegebenenfalls entstandenen Postens *prepaid pension cost*, entspricht. Bei einer Unterdeckung ist in entsprechender Höhe eine *additional minimum liability* zu passivieren. Als Gegenbuchung erfolgt bis zur Höhe der *unrecognized prior service cost* und der *initial unrecognized net obligation* der Ansatz eines *intangible asset*. Darüber hinausgehende Beträge werden im *other comprehensive income* erfasst (FAS 87.37 i. V. m. FAS 130.31a).

Angabepflichten

Es sind umfangreiche Angabepflichten zu berücksichtigen (FAS 87.54), z. B.

- eine Beschreibung der einzelnen Pensionspläne des Unternehmens,
- Vermögenswerte des Fonds,
- Pensionsaufwand, saldiert und nach den einzelnen Komponenten aufgeschlüsselt,
- *projected benefit obligation,* sowie
- der benutzte Zinssatz.

Bewertung von Garantierückstellungen

Die Rückstellungsbeträge für Garantie- und Kulanzleistungen können einzeln oder pauschal ermittelt werden. Ihre Höhe richtet sich nach den voraussichtlich zu erbringenden Gewährleistungen. Diese sind aus Erfahrungen der Vergangenheit zu schätzen. In der Regel erfolgt die Bemessung der Rückstellung pauschal in Höhe der durchschnittlichen Gewährleistungsaufwendungen der letzten Jahre, gemessen am betroffenen Umsatzvolumen. Unterschiedliche Garantiefristen und produktspezifische Risiken sind bei der Berechnung zu berücksichtigen.

Bewertung von Rückstellungen für drohende Verluste aus schwebenden Geschäften

Rückstellungen für drohende Verluste aus schwebenden Geschäften können grundsätzlich nur einzeln bewertet werden. Die Höhe entspricht dem Unterschiedsbetrag zwischen dem Wert der eigenen Leistung und dem Wert der Gegenleistung. So ergibt sich bei Beschaffungsverträgen der Rückstellungsbetrag aus der Differenz des vertraglich fixierten Preises und der gesunkenen Wiederbeschaffungskosten. Handelt es sich bei dem beschafften Vermögensgegenstand um Anlagevermögen, so ist eine Rückstellung nur dann obligatorisch, wenn die Wertminderung (Preissenkung) zum Bilanzstichtag voraussichtlich von Dauer ist. Bei drohenden Verlusten aus Absatzgeschäften (z. B. wegen Faktorpreissteigerungen oder Mehrverbrauch an Faktoren) hingegen errechnet sich die Rückstellung grundsätzlich aus der zu Vollkosten (Selbstkosten) bewerteten Leistung und dem vereinbarten Verkaufspreis. Ein kalkulatorischer Gewinn darf dabei nicht berücksichtigt werden. Aus betriebswirtschaftlicher Sicht kann der Vollkostenansatz zur Bemessung des Verlustes unbefriedigend sein, wenn zur Erreichung einer besseren Kapazitätsauslastung bewußt Aufträge abgeschlossen werden, die zwar keine Vollkostendeckung, aber doch positive Deckungsbeiträge erbringen. In Ausnahmefällen wird auch eine Bewertung der Leistung zu variablen Kosten zugelassen (vgl. ADS [1995], § 253 Tz. 254).

Zur Bewertung der Rückstellungen für drohende Verluste gibt IAS 37.68 den Hinweis, dass der Ansatz die Kosten berücksichtigen sollte, die bei Vertragserfüllung entstehen oder etwaige Kompensationszahlungen bzw. Strafen bei Nichterfüllung. Der niedrigere Wert ist zurückzustellen. Nach US-GAAP dürfen in die Bewertung der Rückstellungen für drohende Verluste aus schwebenden Absatzgeschäften keine allgemeinen Vertriebs- und Verwaltungskosten sowie keine Forschungs– und Entwicklungskosten einbezogen werden, da sie den Produkten nicht direkt zugerechnet werden können (SOP 81-1.87). Der Drohverlust bei schwebenden Beschaffungsgeschäften ist entsprechende der verlustfreien Bewertung von Vorräten (vgl. ARB No. 43–4.5 und 6) zu ermitteln (vgl. Pellens, B. [2001], S. 233).

Bewertung von Aufwandsrückstellungen

Die Höhe der Aufwandsrückstellungen bemisst sich nach den aufgrund von Erfahrungswerten geschätzten Kosten, die in der nachfolgenden Periode entstehen. Die Schätzung muss glaubwürdig sein und auf einer Einzelbewertung beruhen. In ihr können wahrscheinliche Preissteigerungen mit berücksichtigt werden. Der zurückzustellende Betrag errechnet sich grundsätzlich aus der Summe der zukünftig anfallenden Aufwendungen, aufgeteilt (zeit- oder leistungsproportional) im Verhältnis der bisherigen Nutzung zur Gesamtnutzung.

C. Rechnungsabgrenzungsposten

Transitorische und antizipative Rechnungsabgrenzungsposten

Die Posten der Rechnungsabgrenzung dienen ähnlich wie die Rückstellungen und die Abschreibungen der periodengerechten Verteilung von Vermögensänderungen (vgl. Übersicht in Abbildung 6.6). Man unterscheidet zwei Arten von Rechnungsabgrenzungsposten, die transitorischen und die antizipativen. Bei den transitorischen Posten handelt es sich um Ausgaben bzw. Einnahmen des Unternehmens, die Aufwand bzw. Ertrag für eine bestimmte Zeit nach dem Bilanzstichtag darstellen. Antizipative Posten sind dagegen Aufwendungen bzw. Erträge der Abrechnungsperiode, die jedoch erst nach dem Bilanzstichtag zu Ausgaben bzw. Einnahmen führen.

Rechnungsabgrenzungsposten nach HGB

In die Bilanzposition »Rechnungsabgrenzungsposten« dürfen in der Handelsbilanz – diese Regelung gilt für die Steuerbilanz analog (§ 5 Abs. 4 EStG) – lediglich die transitorischen Abgrenzungsposten aufgenommen werden (§ 250 HGB). Die antizipativen Posten sind im Falle einer zukünftigen Ausgabe unter den »sonstigen Verbindlichkeiten« und im Falle einer zukünftigen Einnahme unter den »sonstigen Vermögensgegenständen« auszuweisen. In der Bilanz sind die aktiven von den passiven Rechnungsabgrenzungsposten zu unterscheiden. Als aktive Rechnungsabgrenzungsposten sind Ausgaben vor dem Bilanzstichtag auszuweisen, soweit sie Aufwand für eine bestimmte Zeit nach diesem Tag darstellen. Analog dazu sind unter den passiven Rechnungsabgrenzungsposten vor dem Bilanzstichtag erfolgte Einnahmen aufzunehmen, soweit diese einen Ertrag für eine bestimmte Zeit nach dem Bilanzstichtag darstellen (§ 250 Abs. 1 und 2 HGB).

Eindeutige Festlegung des Zeitraumes

Die in § 250 Abs. 1 und 2 HGB genannte Bindung der Erfolgswirksamkeit für eine bestimmte Zeit nach dem Abschlussstichtag stellt die wesentlichste Einschränkung des Kreises der zulässigen Rechnungsabgrenzungsposten dar. Nach herrschender Meinung muss sich das Merkmal des bestimmten Zeitraumes aus dem Sachverhalt ergeben und genau abgesteckt und definiert sein. Grundsätzlich müssen Anfang und Ende des Zeitraums eindeutig festliegen, d. h. kalendermäßig bestimmt sein. Dem zeitlichen Bestimmtheitserfordernis ist bereits dann ausreichend Rechnung getragen, wenn der Vereinbarung der Vertragsparteien ein »(Mindest-)Zeitraum« zu entnehmen bzw. ein solcher errechenbar ist (vgl. Beck'scher Bilanzkommentar [1999], § 250 Tz. 21 ff.). Der Zeitraum kann mehrere Jahre betragen. Rechnungsabgrenzungsposten resultieren somit praktisch nur aus solchen Vorgängen, in denen die Einnahmen oder Ausgaben von vornherein einem bestimmten Zeitabschnitt nach dem Abschlussstichtag zugeordnet werden können. Es handelt sich also bei dem Rechnungsabgrenzungsposten um streng zeitraumbezogene Einnahmen oder Ausgaben, die nicht unbedingt zum Abgang oder Zugang eines bilanzierungsfähigen Vermögensgegenstandes oder einer Verbindlichkeit führen müssen. Typische Beispiele für transitorische Rechnungsabgrenzungsposten sind erhaltene oder getätigte Vorauszahlungen von Miete, Pacht, Versicherungsprämien, Beiträgen, Zinsen, Kfz-Steuern und Honoraren. Auch Werbeaufwendungen können abgegrenzt werden, wenn sie für eine bestimmte Zeit nach dem Bilanzstichtag geleistet wurden. Ein solcher Fall liegt vor, wenn auf regelmäßige wiederkehrende Maßnahmen (z. B. Erscheinen von Anzeigen) Vorauszahlungen geleistet werden.

Anzahlungen

Der strenge Zeitraumbezug ist zugleich ein Abgrenzungsmerkmal zu den geleisteten und erhaltenen Anzahlungen. Ein weiterer Unterschied zu diesen besteht darin, dass die Rechnungsabgrenzungsposten aus dem Wert der Gesamtleistung durch zeitliche Aufspaltung abgeleitet werden, während Anzahlungen Teilzahlungen auf eine im Allgemeinen noch unbestimmte künftige Forderung oder Verbindlichkeit aus einer Lieferung oder Leistung sind.

Disagio

In den aktiven Rechnungsabgrenzungsposten ist auch ein eventuell gebildetes Disagio (Unterschiedsbetrag zwischen dem Ausgabe- und dem Rückzahlungsbetrag einer Verbindlichkeit) aufzunehmen (§ 250 Abs. 3 HGB). Kapitalgesellschaften haben diesen Betrag gesondert auszuweisen oder im Anhang anzugeben (§ 268 Abs. 6 HGB).

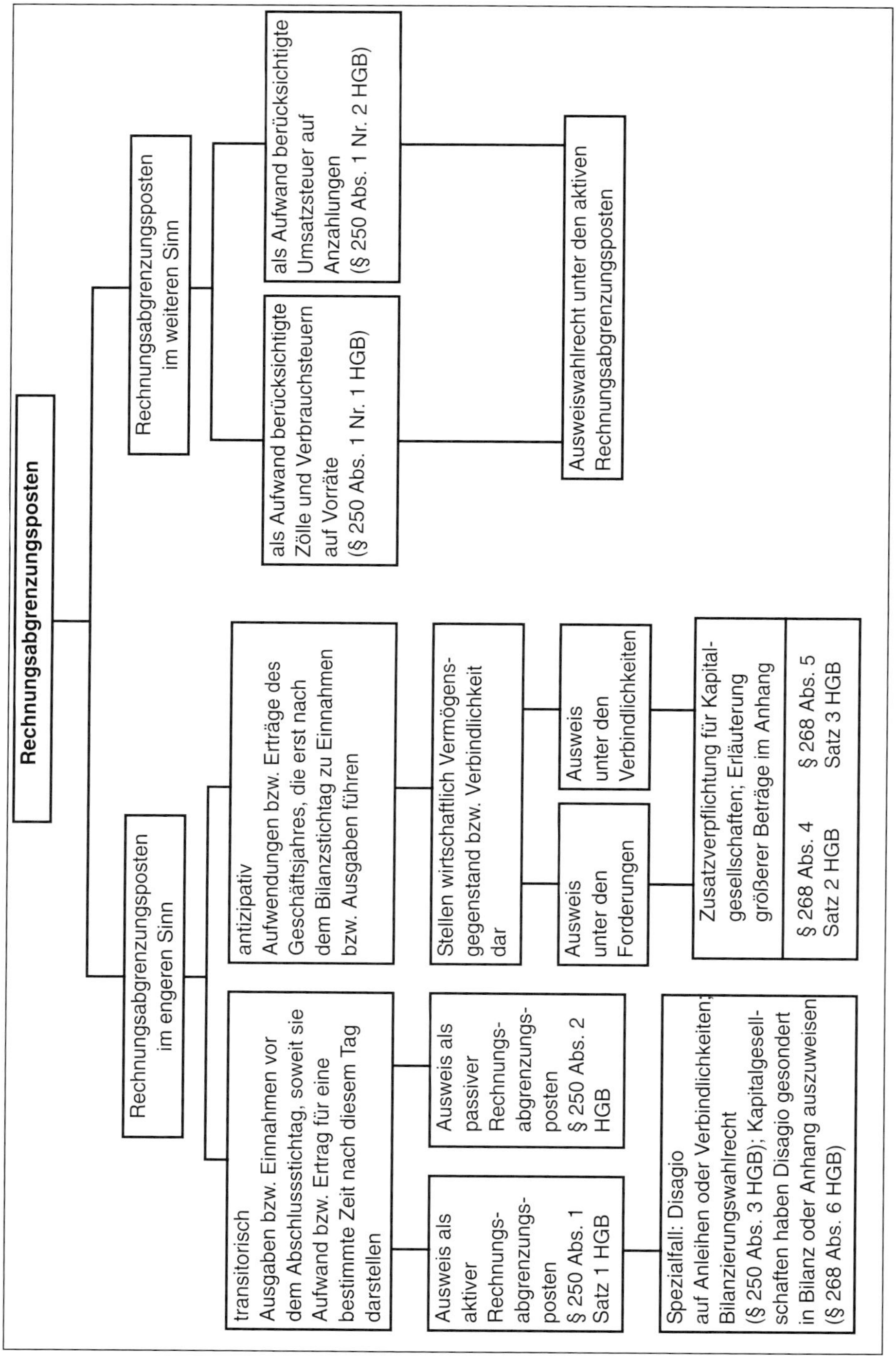

Abb. 6.6: Rechnungsabgrenzungsposten nach HGB

Zölle, Verbrauchsteuern, Umsatzsteuer auf erhaltene Anzahlungen

Neben den aktiven transitorischen Rechnungsabgrenzungsposten »im engeren Sinn« räumte der Gesetzgeber in Anlehnung an die steuerlichen Vorschriften des § 5 Abs. 4 EStG dem Bilanzierenden durch § 250 Abs. 1 HGB die Möglichkeit ein, weitere Beträge unter den aktiven Rechnungsabgrenzungsposten in der Bilanz auszuweisen, obwohl diese die Voraussetzung des strengen Zeitbezuges im Grunde nicht erfüllen. Gemäß § 250 Abs. 1 Nr. 1 HGB können als Aufwand verrechnete Zölle und Verbrauchsteuern, soweit sie auf am Abschlussstichtag auszuweisende Vermögensgegenstände des Vorratsvermögens entfallen, ebenfalls in die aktiven Rechnungsabgrenzungsposten aufgenommen werden. Durch diese Aktivierung wird die im abgelaufenen Geschäftsjahr vorgenommene Aufwandsbuchung wieder ausgeglichen. Wurden die Zölle bzw. Verbrauchsteuern bei den Vorräten im Rahmen der Anschaffungskosten aktiviert oder entfallen diese nicht auf Gegenstände des Vorratsvermögens, so ist eine Aktivierung unter den Rechnungsabgrenzungsposten nicht zulässig. § 250 Abs. 1 Nr. 2 HGB räumt darüber hinaus noch die Möglichkeit ein, als Aufwand berücksichtigte Umsatzsteuern auf erhaltene Anzahlungen unter den Rechnungsabgrenzungsposten auszuweisen. Diese Aktivierung soll lediglich sicherstellen, dass die Umsatzsteuer auf erhaltene Anzahlungen ergebnisneutral verbucht wird. Sie ist deshalb nur dann möglich, wenn die Anzahlung brutto (d. h. einschließlich Umsatzsteuer) passiviert wurde. Bei einer Nettoverbuchung der Anzahlung (d. h. ohne Umsatzsteuer) ist eine Bilanzierung unter den Rechnungsabgrenzungsposten nicht zulässig, da ansonsten das Ergebnis ungerechtfertigterweise erhöht würde. Da diesen den aktiven Rechnungsabgrenzungsposten im engeren Sinne zuzuweisenden Beträgen das zentrale Charakteristikum der genauen Zeitraumgebundenheit fehlt, werden sie in der Literatur häufig als »Aktivposten eigener Art« oder als »transitorische Rechnungsabgrenzungsposten im weiteren Sinne« bezeichnet (vgl. Hüttemann, U. [1988], S. 18 ff.).

Angabepflicht antizipativer Abgrenzungsposten

Kapitalgesellschaften haben die unter den sonstigen Vermögensgegenständen bzw. den Verbindlichkeiten bilanzierten antizipativen Abgrenzungsposten, soweit diese einen größeren Umfang haben, im Anhang anzugeben und zu erläutern (§ 268 Abs. 4 Satz 2 bzw. Abs. 5 Satz 3 HGB).

Rechnungsabgrenzungsposten in der Steuerbilanz

Da die Formulierung des § 250 HGB den Vorschriften des Steuergesetzes entnommen wurde, besteht bezüglich der steuerlichen Behandlung der Rechnungsabgrenzungsposten kein Unterschied zu den HGB-Regelungen. Eine Ausnahme ist das Disagio, für das in der Steuerbilanz eine Bilanzierungspflicht besteht.

Einen zusammenfassenden Überblick über den Ausweis der Rechnungsabgrenzungsposten in der Handelsbilanz gibt Abbildung 6.6.

Rechnungsabgrenzungsposten nach IAS/IFRS und US-GAAP

Auch nach IAS/IFRS sind aufgrund der im *accrual*-Prinzip (F 22, IAS 1.25) verankerten Überlegungen zur periodengerechten Erfolgsermittlung Rechnungsabgrenzungen sowohl auf der Aktiv- als auch auf der Passivseite vorzunehmen. Gemäß IAS 1.53 soll eine Unterteilung der Bilanzpositionen in *current* und *non–current assets* erfolgen. Wird eine Ausgabe innerhalb von zwölf Monaten oder innerhalb eines länger andauernden „normalen" Geschäftszyklus als Aufwand verrechnet, so ist ein aktivischer Rechnungsabgrenzungsposten als *current asset* auszuweisen, in allen anderen Fällen als *non–current asset* (IAS 1.57). Nach IAS 2.8 sind als Aufwand verrechnete Zölle und Verbrauchsteuern bei den *inven-*

tories zu aktivieren, Umsatzsteuern werden unter IAS/IFRS erfolgsneutral behandelt.

IAS 23.5 (b) i. V. m. IAS 23.7 regelt die erfolgswirksame Aufteilung eines Unterschiedsbetrages, z. B. eines Disagios, über die Laufzeit der entsprechenden Verbindlichkeit. Passivische Rechnungsabgrenzungsposten werden, sofern die Passivseite der Bilanz in *current* und *non–current liabilities* unterteilt wurde, nach IAS 1.60 zugeordnet. Auch nach US-GAAP führt selbstverständlich der Gedanke des *matching-principle* zum Ansatz von Abgrenzungsposten auf der Aktiv- bzw. der Passivseite der Bilanz. Je nach Länge der zugrunde liegenden Abgrenzungsperioden sind die Posten dem lang- oder kurzfristig gebundenen Vermögen bzw. den lang- oder kurzfristig zu begleichenden Schulden zuzuordnen. Ist die Höhe der Position wesentlich, so wird ein separater Ausweis nötig. So werden unter den *current assets* u. a. Miet- oder Versicherungsvorauszahlungen als *prepaid expenses* ausgewiesen. Ein Disagio wird nicht aktiviert, sondern reduziert den Betrag der zu passivierenden Darlehensverbindlichkeit. Unter den *deferred charges* können unter bestimmten Bedingungen Kosten für Werbekampagnen oder Instandsetzungskosten aktiviert werden, wenn sie unzweifelhaft zu *future economic benefits* führen.

D. Latente Steuern

Latente Steuern im nationalen und internationalen Bilanzrecht

§ 274 HGB sieht für den Einzelabschluss der Kapitalgesellschaft das Konzept der latenten Steuerabgrenzung vor. Im Falle einer passiven latenten Steuer ist eine Abgrenzung als Rückstellung zwingend vorzunehmen (§ 274 Abs. 1 HGB), im Falle einer aktiven latenten Steuer kann eine Abgrenzung als Bilanzierungshilfe vorgenommen werden (§ 274 Abs. 2 HGB). Diese explizite Vorschrift zur Abgrenzung latenter Steuern ist in das deutsche Bilanzrecht erstmals durch das HGB 1985 eingeführt worden. Die Abgrenzung latenter Steuern wurde bis dahin als nicht bedeutsam erachtet. Der Grund liegt in der Verkettung von Handels- und Steuerbilanz durch das Maßgeblichkeitsprinzip (§ 5 Abs. 1 EStG). Dieses führt zu einer erheblich weitergehenden Anpassung der Handels- an die Steuerbilanz als in den angelsächsischen Ländern, in denen das Konzept der latenten Steuerabgrenzung entwickelt wurde. So hat der *Accounting Principles Board* (APB) des *American Institute of Certified Public Accountants* (AICPA) bereits 1967 in seiner *Opinion No. 11* zum Konzept der latenten Steuern eine wegweisende Stellungnahme abgegeben und Begriff, Inhalt und Behandlung latenter Steuern für die amerikanische Rechnungslegungspraxis festgelegt. Dieses Konzept wurde inzwischen durch den Financial Accounting Standards Board weiterentwickelt und in der Richtlinie FASB No. 109 verbindlich für Geschäftsjahre, die nach dem 15.12.1992 beginnen, vorgeschrieben. Dieses Statement ist zugleich richtungsweisend für die überarbeitete und im September 1996 verabschiedete Richtlinie No. 12 des IASB (ehemals IASC). Inzwischen haben sich auch in Deutschland Schrifttum und Rechtsauslegung intensiv mit latenten Steuern beschäftigt.

Von diesen Grundlagen ausgehend wird im Folgenden zunächst die grundsätzliche Konzeption der Verrechnung latenter Steuern dargelegt (vgl. insbes. Coenenberg, A. G./Hille, K. [1979], Coenenberg, A. G./Hille, K. [1994], Coenenberg, A. G./Hille, K. [1997], Coenenberg, A. G./Hille, K. [2002]). Im Anschluss daran wird die Verankerung des Konzeptes der latenten Steuerverrechnung in HGB und IAS/IFRS/US-GAAP erörtert und interpretiert.

I. Konzeption der Verrechnung latenter Steuern

1. Definition latenter Steuern und Entstehungsursachen

Ergebnisdifferenzen zwischen Handels- und Steuerbilanz

Das Problem der Abgrenzung latenter Ertragsteuern stellt sich, wenn Handelsbilanzgewinn und Steuerbilanzgewinn voneinander abweichen und somit die aus dem steuerlichen Ergebnis resultierenden Ertragsteuerverbindlichkeiten in der Handelsbilanz in keinem sinnvollen und erklärbaren Zusammenhang zum veröffentlichten handelsrechtlichen Ergebnis stehen. Latente Steuern resultieren demnach prinzipiell aus der Steuerschuld aufgrund des steuerlichen Gewinns und einer fiktiven Steuerschuld aufgrund eines nicht durch steuerliche Bilanzierungsvorschriften verfälschten Handelsbilanzgewinns. Dieser Betrag kann entweder positiv oder negativ sein und bei einer bilanziellen Berücksichtigung somit entweder zu einem Aktiv- oder Passivposten für latente Steuern führen.

Für die Ermittlung latenter Steuern gibt es im Wesentlichen zwei unterschiedliche Konzepte: das Timing- und das Temporary-Konzept.

Die Abgrenzung latenter Ertragsteuern erfolgt in der deutschen Bilanzierungspraxis gemäß HGB (vgl. Abschnitt D II) – in Anlehnung an die früher gültige US-amerikanische Richtlinie APB-Opinion No. 11. – nach dem Timing-Konzept, während IAS 12 (vgl. Abschnitt D III) sowie FAS 109 (vgl. Abschnitt D IV) das umfassendere Temporary-Konzept anwenden. Zunächst werden die Konzepte und Methoden der latenten Steuerabgrenzung erörtert, bevor auf die konkreten Bilanzierungsregeln zur latenten Steuerabgrenzung eingegangen wird.

a) Abgrenzung latenter Steuern nach dem Timing-Konzept

Timing-Konzept

Das Timing-Konzept zur Verrechnung latenter Steuern ist GuV-orientiert, d. h. es werden nur diejenigen Bilanzierungs- und Bewertungsunterschiede zwischen Handelsbilanz und Steuerbilanz in die Steuerabgrenzung einbezogen, die sich sowohl bei ihrer Entstehung als auch bei ihrer Umkehrung in der Gewinn- und Verlustrechnung niederschlagen. So werden beispielsweise bei einer erfolgsneutralen Neubewertung des Anlagevermögens keine latenten Steuern abgegrenzt, auch wenn sich infolge der Abschreibungsdifferenzen Ergebnisunterschiede zwischen Handels- und Steuerbilanz (nur) in späteren Perioden ergeben.

Nach dem Timing-Konzept werden die Differenzen zwischen Handelsbilanz und Steuerbilanz in zeitlich unbegrenzte Differenzen (*permanent differences*) und zeitlich begrenzte Differenzen (*timing differences*) unterschieden.

Zeitlich unbegrenzte Differenzen

Zeitlich unbegrenzte Differenzen betreffen Unterschiede zwischen Handels- und Steuerbilanz, die in einer Periode entstehen und in folgenden Perioden nicht wieder ausgeglichen werden. Sie entstehen dadurch, dass Aufwendungen oder Erträge entweder nur im handelsrechtlichen oder nur im steuerrechtlichen Abschluss erfasst werden, z. B. weil Aufwendungen steuerlich generell nicht als Betriebsausgaben anerkannt werden oder bestimmte Erträge nicht steuerpflichtig sind. Die daraus resultierende Abweichung zwischen Handels- und Steuerbilanz wird auch in späteren Perioden nicht ausgeglichen. Die Unterschiede bleiben dauernd bestehen. Hieraus resultieren nach dem Timing-Konzept keine latenten Steuern, da der Steueraufwand anderer Perioden nicht beeinflusst wird. Eine Steuerabgrenzung ist deshalb auch nicht geboten.

Zeitlich begrenzte Differenzen

Zeitlich begrenzte Differenzen sind dadurch gekennzeichnet, dass Erfolgskomponenten zwar sowohl im handelsrechtlichen als auch im steuerrechtlichen Abschluss erfasst werden, jedoch zu verschiedenen Zeitpunkten. Dadurch schlagen sich die steuerlichen Auswirkungen in späteren Perioden ins Gegenteil um: Unterschiede, die zu einer momentanen Reduzierung des Steueraufwands führen, bewirken in späteren Perioden eine Erhöhung des Steueraufwands und umgekehrt. Die Unterschiede zwischen Handels- und Steuerbilanz aufgrund zeitlich unterschiedlicher Erfassung von Erfolgskomponenten gleichen sich im Zeitablauf wieder aus. Dies führt jedoch dazu, dass mit dem Entstehen von Differenzen Auswirkungen auf den Steueraufwand späterer Perioden begründet werden.

Auf diese zeitlich begrenzten Differenzen bezieht sich das Konzept der latenten Steuerabgrenzung nach dem Timing-Konzept. Ist infolge zeitlich begrenzter Differenzen der Steuerbilanzgewinn zunächst niedriger und später entsprechend höher als der Handelsbilanzgewinn, so hat dies einen – gemessen am Handelsbilanzgewinn – zunächst zu niedrigen und später zu hohen Steueraufwand zur Folge. Durch das Konzept der latenten Steuerabgrenzung wird dies durch die Bildung einer passiven latenten Steuerposition ausgeglichen, die später bei Umkehrung aufgelöst wird. Entsprechend kommt es zu einer aktiven latenten Steuerabgrenzung, wenn der Steuerbilanzgewinn aufgrund zeitlich begrenzter Differenzen zunächst höher und später niedriger als der Handelsbilanzgewinn ist. Ohne latente Steuerabgrenzung würde der Steueraufwand sonst zunächst zu hoch und später zu niedrig ausgewiesen.

Ursachen zeitlich begrenzter Differenzen

Die soeben betrachteten Fälle zeitlich begrenzter Differenzen und daraus resultierende Steuerabgrenzungen lassen sich bei Betrachtung der einzelnen Erfolgskomponenten in vier typische Fälle untergliedern:

(1) Erträge werden handelsrechtlich früher erfasst als steuerrechtlich.

(2) Aufwendungen werden steuerlich früher anerkannt, als sie handelsrechtlich angesetzt werden.

(3) Erträge werden früher versteuert, als sie handelsrechtlich vereinnahmt werden.

(4) Aufwendungen werden handelsrechtlich früher erfasst als steuerrechtlich.

Die Fälle (1) und (2) führen zu einer passiven latenten Steuerabgrenzung, da sie einen zunächst höheren Handelsbilanzgewinn und somit einen zunächst zu geringen Steueraufwand zur Folge haben. Die Fälle (3) und (4) hingegen bewirken einen zunächst niedrigeren Handelsbilanzgewinn und somit einen zunächst zu hohen Steueraufwand, sodass eine aktivische latente Steuerabgrenzung erforderlich erscheint.

Quasi zeitlich unbegrenzte Differenzen

Außer den bisher erwähnten zeitlich unbegrenzten und zeitlich begrenzten Differenzen läßt sich eine weitere Gruppe von Unterschieden zwischen Handels- und Steuerbilanz unterscheiden, die sich eindeutig weder der einen noch der anderen Kategorie zuordnen läßt. Damit sind Differenzen zwischen Handels- und Steuerbilanz gemeint, die sich formal im Zeitablauf zwar aufheben, deren Umkehrung jedoch über die Zweischneidigkeit der Bilanzierung nicht gleichsam automatisch erfolgt, sondern einer unternehmerischen Disposition bedarf. Im Extremfall kann es in solchen Fällen zur Umkehrung erst mit der Liquidation des Unternehmens bzw. der betreffenden Vermögensposition kommen. Eine latente Ertragsteuerabgrenzung für Differenzen, die sich erst mit der Liquidation aufheben, widerspricht aber dem Going-Concern-Prinzip. Es handelt sich faktisch um zeitlich unbegrenzte Differenzen. Sie sind deshalb ebenso wie zeitlich unbegrenzte Differenzen zu behandeln.

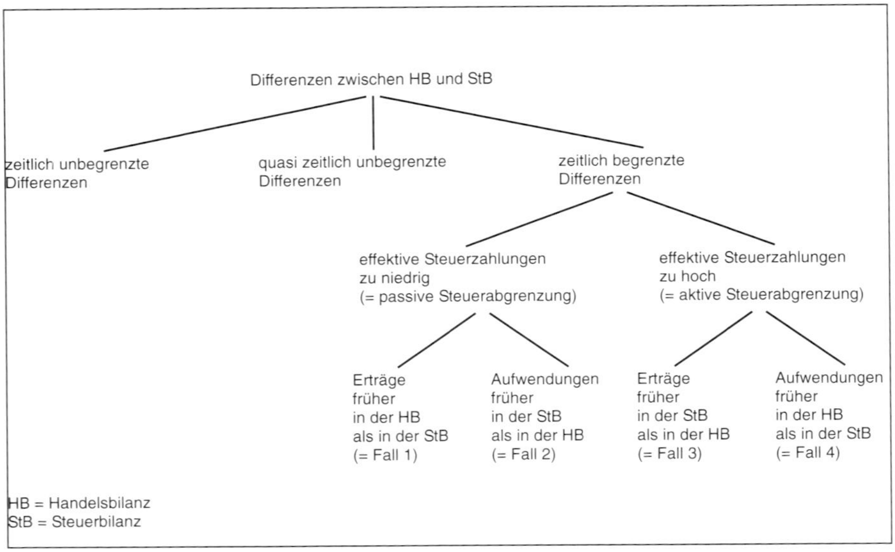

Abb. 6.7: Timing-Konzept

Allerdings können aus quasi zeitlich unbegrenzten Differenzen zeitlich begrenzte Differenzen werden. Sie sind deshalb jährlich daraufhin zu überprüfen, »ob sie sich aufgrund der gesetzlichen Regelungen, etwa eintretender veränderter Verhältnisse oder der geplanten unternehmerischen Disposition in der überschaubaren Zukunft nicht noch ausgleichen werden« (vgl. IDW [1988b], Tz. 3). Dabei ist von den am Bilanzstichtag erkennbaren Entwicklungen auszugehen. Die vorstehenden Ausführungen sind – aus Gründen der Veranschaulichung – in Abbildung 6.7 zusammengefasst.

Die folgenden Beispiele sollen die Auswirkungen von zeitlich begrenzten Differenzen auf den Jahresabschluss veranschaulichen. Es wird dabei in beiden Fällen unterstellt, dass eine periodenverschobene Aufwandsverrechnung in Handels- und Steuerbilanz erfolgt. Die Erträge abzüglich der übrigen Aufwendungen sollen 1000 GE betragen. Die Ertragsteuerbelastung wird mit 60 % angenommen:

Beispiel 1a:

Zu Beginn der Geschäftsperiode wurde eine Anleihe begeben mit einer Gesamtlaufzeit von 5 Jahren. Das Disagio beträgt 500 GE. In der Handelsbilanz wird das Disagio in vollem Umfang bei Begebung als Aufwand verrechnet und in der Steuerbilanz ist eine Verteilung über 5 Perioden zwingend. Ohne latente Steuerabgrenzung stellt sich der Fall wie in Tabelle 6.1 gezeigt dar:

	steuerliche Gewinnermittlung	handelsrechtliche Gewinnermittlung
Periode 1:		
Erträge – übrige Aufw.	1.000	1.000
Disagioabschreibung/Aufwand	– 100	– 500
Ergebnis vor Steuern	900	500
Ertragsteuern (60 %)	– 540	– 540
Ergebnis nach Steuern	360	– 40
Periode 2–5:		
Erträge – übrige Aufw.	1.000	1.000
Abschreibung/Aufwand	– 100	–
Ergebnis vor Steuern	900	1.000
Ertragsteuern (60 %)	– 540	– 540
Ergebnis nach Steuern	360	460

Tab. 6.1: Berechnungsschema zu Beispiel 1a

Bezogen auf den handelsbilanziellen Gewinn wurden in der ersten Periode 240 GE zu hohe Steuern verrechnet, die sogar zu einem Verlust nach Steuern führen. In den Perioden 2 bis 5 gleicht sich diese Differenz wieder aus, indem jährlich ein um 60 GE zu niedriger Steuerbetrag ausgewiesen wird.

Beispiel 2a:

Die Kosten der Ingangsetzung und Erweiterung des Geschäftsbetriebs müssen steuerlich im ersten Jahr in voller Höhe (500 GE) als Aufwand verrechnet werden. In der Handelsbilanz wird von der Möglichkeit Gebrauch gemacht, die Kosten der Ingangsetzung und Erweiterung des Geschäftsbetriebs in Form einer Bilanzierungshilfe zu aktivieren (§ 269 HGB) und diesen Betrag ab dem folgenden Geschäftsjahr zu je einem Viertel abzuschreiben (§ 282 HGB). Es ergeben sich folgende Daten:

	steuerliche Gewinnermittlung	handelsrechtliche Gewinnermittlung
Periode 1:		
Erträge – übrige Aufw.	1.000	1.000
Disagioabschreibung/Aufwand	– 500	–
Ergebnis vor Steuern	500	1.000
Ertragsteuern (60 %)	– 300	– 300
Ergebnis nach Steuern	200	700
Periode 2–5:		
Erträge – übrige Aufw.	1.000	1.000
Abschreibung/Aufwand	–	– 125
Ergebnis vor Steuern	1.000	875
Ertragsteuern (60 %)	– 600	– 600
Ergebnis nach Steuern	400	275

Tab. 6.2: Berechnungsschema zu Beispiel 2a

In diesem Beispiel wirken sich die Differenzen umgekehrt aus: In der Periode 1 wird der effektive Steueraufwand bezogen auf das Handelsbilanzergebnis um 300 GE zu gering ausgewiesen. Diese Differenz gleicht sich in den 4 Folgeperioden gleichmäßig wieder aus. Die Schlüsse, die ein externer Bilanzleser aus dem Ergebnis nach Steuern in Periode 1 bei sonst gleichbleibenden Ertrags-/Aufwandsverhältnissen ziehen würde, wären jedoch falsch: Das Ergebnis nach Steuern sinkt in den Folgeperioden von 700 auf 275 GE. Der Grund ist, dass die tatsächliche Steuerbelastung wegen der steuerwirksamen Vorverrechnung der Ingangsetzungs- und Erweiterungsaufwendungen in der ersten Periode zu niedrig ausgewiesen wird.

In den Beispielen 1a und 2a sind latente Steuerverrechnungen nicht vorgenommen worden, als Steueraufwand wurde in die handelsrechtliche Ergebnisrechnung der veranlagte Steueraufwand aufgrund der steuerlichen Jahresabschlussrechnung eingestellt. Diese Ausweismethode führt offensichtlich nicht zu einer – gemessen am handelsbilanziellen Ergebnis – periodengerechten Zuordnung von Ertragsteueraufwendungen. Aus diesem Grunde sind latente Steuerabgrenzungen erforderlich. Bezogen auf die vorstehenden Beispiele ergeben sich danach folgende Ergebnisausweise:

	steuerliche Gewinnermittlung	handelsrechtliche Gewinnermittlung
Periode 1:		
Erträge – übrige Aufw.	1.000	1.000
Disagioabschreibung/Aufwand	– 100	– 500
Ergebnis vor Steuern	900	500
Ertragst., davon – zahlbar	– 540	– 540
– latent	–	240
Ergebnis nach Steuern	360	200
Periode 2–5:		
Erträge – übrige Aufw.	1.000	1.000
Abschreibung/Aufwand	– 100	–
Ergebnis vor Steuern	900	1.000
Ertragst., davon – zahlbar	– 540	– 540
– latent	–	– 60
Ergebnis nach Steuern	360	400

Tab. 6.3: Berechnungsschema zu Beispiel 1b

	steuerliche Gewinnermittlung	handelsrechtliche Gewinnermittlung
Periode 1:		
Erträge – übrige Aufw.	1.000	1.000
Disagioabschreibung/Aufwand	– 500	–
Ergebnis vor Steuern	500	1.000
Ertragst., davon – zahlbar	– 300	– 300
– latent	–	– 300
Ergebnis nach Steuern	200	400
Periode 2–5:		
Erträge – übrige Aufw.	1.000	1.000
Abschreibung/Aufwand	–	– 125
Ergebnis vor Steuern	1.000	875
Ertragst., davon – zahlbar	– 600	– 600
– latent	–	75
Ergebnis nach Steuern	400	350

Tab. 6.4: Berechnungsschema zu Beispiel 2b

Der im handelsrechtlichen Abschluss ausgewiesene Steueraufwand entspricht dem Saldo aus zahlbaren und latenten Ertragsteuern. Im Beispiel 1b ist in der Handelsbilanz eine aktive Steuerabgrenzung von 240 GE in der ersten Periode erforderlich, die in den Perioden 2 bis 5 wieder aufgelöst wird. Im Fall 2b ist in der ersten Periode eine passive latente Steuerabgrenzung von 300 GE zu bilden, die ebenfalls in den folgenden vier Perioden aufgelöst wird.

b) *Abgrenzung latenter Steuern nach dem Temporary-Konzept*

Temporary-Konzept

Das Temporary-Konzept zur Abgrenzung latenter Steuern ist (anders als das GuV-orientierte Timing-Konzept) bilanzorientiert. Demnach wird grundsätzlich jede Bilanzierungs- und Bewertungsdifferenz zwischen Handels- und Steuerbilanz in die latente Steuerabgrenzung einbezogen. Dies gilt auch dann, wenn die Bilanzierungs- und Bewertungsdifferenz erfolgsneutral entstanden ist und lediglich bei ihrer Auflösung in späteren Perioden zu Ergebnisdifferenzen zwischen Handels- und Steuerbilanz führt. Ferner gilt dies auch unabhängig davon, wann sich die Bewertungsunterschiede ausgleichen.

Temporary differences

Der Begriff der *temporary differences* ist deshalb umfassender als der Begriff der *timing differences*. Das Temporary-Konzept umfasst das Timing-Konzept, geht aber noch weit über dies hinaus und erweitert den Kreis der zu berücksichtigenden Differenzen. Es lassen sich folgende Grundfälle unterscheiden:

(1) Vermögensgegenstände sind in der Handelsbilanz höher bewertet als in der Steuerbilanz bzw. Vermögensgegenstände sind in der Handelsbilanz, nicht dagegen in der Steuerbilanz angesetzt.

(2) Verbindlichkeiten sind in der Handelsbilanz niedriger bewertet als in der Steuerbilanz bzw. Verbindlichkeiten sind in der Steuerbilanz, nicht dagegen in der Handelsbilanz angesetzt.

(3) Vermögengegenstände sind in der Handelsbilanz niedriger bewertet als in der Steuerbilanz bzw. Vermögensgegenstände sind in der Steuerbilanz, nicht dagegen in der Handelsbilanz angesetzt.

(4) Verbindlichkeiten sind in der Handelsbilanz höher bewertet als in der Steuerbilanz bzw. Verbindlichkeiten sind in der Handelsbilanz, nicht dagegen in der Steuerbilanz angesetzt.

Die Fälle (1) und (2) führen zu einer passiven latenten Steuerabgrenzung, da sich bei Auflösung der Differenzen (z. B. über höhere Abschreibungen oder über einen höheren Buchwert bei Verkauf eines Vermögensgegenstandes) zu einem (im Vergleich zur Steuerbilanz) niedrigeren handelsrechtlichen Ergebnis führen. Die passive steuerliche Abgrenzungsposition ist dann anteilig erfolgswirksam aufzulösen und gegen den (aus handelsrechtlicher Sicht) zu hohen tatsächlichen Steueraufwand der Periode aufzurechnen.

Umgekehrt führen die Fälle (3) und (4) zu einer aktiven latenten Steuerabgrenzung, die bei ihrer Auflösung den aus handelsrechtlicher Sicht zu niedrigen Steueraufwand in der handelsrechtlichen Erfolgsrechnung erhöht.

Temporary- umfassender als Timing-Konzept

Damit sind die nach dem Timing-Konzept nicht abzugrenzenden quasi zeitlich unbegrenzten Differenzen in die latente Steuerabgrenzung nach dem Temporary-Konzept einzubeziehen, da unzweifelhaft eine Bewertungsdifferenz zwischen Handels- und Steuerbilanz vorliegt und es auf den Zeitpunkt der Auflösung bzw. Umkehrung nicht ankommt. Die *temporary differences* umfassen auch diejenigen permanenten Differenzen, die bei ihrer Auflösung zu Ergebnisunterschieden zwischen Handels- und Steuerbilanz führen, deren Entstehung jedoch keine Ergebnisdifferenzen zwischen Handels- und Steuerbilanz verursacht.

Nicht in die latente Steuerabgrenzung einbezogen werden nach dem Temporary-Konzept grundsätzlich nur noch solche Differenzen zwischen tatsächlicher Steuerschuld und dem aus dem handelsrechtlichen Ergebnis abgeleiteten Steueraufwand, wenn diese auf außerbilanziellen Hinzurechnungen oder Kürzungen bei der steuerlichen Einkommensermittlung beruhen oder aus unmittelbaren Kürzungen der Steuerschuld resultieren.

2. Methoden der Abgrenzung latenter Steuern

In der amerikanischen Literatur und Praxis sind drei verschiedene Methoden der Abgrenzung latenter Steuern entwickelt worden:

- die Liability-Methode
- die Deferred-Methode
- die Net-of-Tax-Methode

Diese drei Methoden werden im Folgenden erörtert und im Hinblick auf ihre Prämissen analysiert.

a) Liability-Methode

Liability-Methode

Die Liability-Methode ist bilanzorientiert: Die richtige Darstellung der Forderungen und Verbindlichkeiten des Unternehmens steht im Vordergrund. Latente Steuern werden entweder als Verbindlichkeiten für zukünftig zu zahlende Steuern oder als Vermögensgegenstand, der auf Steuervorauszahlungen beruht, betrachtet (vgl. Black, H. A. [1966], S. 13). Da die Höhe der Verbindlichkeit bzw. der Forderung gegenüber dem Fiskus vom zukünftigen Steuersatz abhängig ist, sieht die Liability-Methode auch die Berücksichtigung zukünftiger Steuersätze für die Bemessung des Steuereffekts vor. Bei nachträglichen Steuersatzänderungen müssen die latenten Steuern angepaßt werden. In der Erfolgsrechnung wird der angepaßte Steueraufwand ausgewiesen.

b) Deferred-Methode

Deferred-Methode

Diese Methode stellt die Erfolgsrechnung in den Vordergrund: Ziel ist eine dem *matching principle* folgende Relation von ausgewiesenem Erfolg und Steueraufwand. Dazu muss gegebenenfalls der Steueraufwand um latente Steuerbeträge korrigiert werden. Dies führt in der Bilanz im Fall einer Erhöhung des Steueraufwands zu *deferred charges*, im Fall einer aktivischen Abgrenzung zu *deferred credits* (vgl. Black, H. A. [1966], S. 13). Dem Charakter einer derartigen steuerlichen Rechnungsabgrenzung entspricht es, den Steuersatz der Abrechnungsperiode für die Berechnung der latenten Steuerbeträge zugrunde zu legen. Auch bei Steuersatzänderungen erfolgt keine Anpassung der abgegrenzten Steuerbeträge.

c) *Net-of-Tax-Methode*

Net-of-Tax-Methode

Die Vertreter dieser Methode gehen von der Überlegung aus, dass der Wert eines Vermögenspostens (1) von seinem Gebrauchswert und (2) von seiner steuerlichen Absetzbarkeit bestimmt ist: Ein Vermögensgegenstand, dessen Abnutzung nicht zu steuerlich anerkannten Absetzungen führt, ist ceteris paribus weniger wert als ein Vermögensgegenstand, dessen Abnutzung als steuerlicher Aufwand anerkannt wird. Weiterhin wird unterstellt, dass jedem Vermögensgegenstand der entsprechende Steuereffekt exakt zugeordnet und eine Korrektur jeweils direkt an diesem Vermögensgegenstand vorgenommen werden kann. D. h. der Vermögensgegenstand wird *net-of-tax* bewertet. Aus der Konzeption dieser Methode ergibt sich, dass der Steuereffekt aufgrund zukünftiger Steuersätze berechnet werden muss. Aus Gründen der Praktikabilität werden jedoch auch die jeweils gültigen Steuersätze verwendet (vgl. Black, H. A. [1966], S. 23). In der Erfolgsrechnung wird der tatsächlich zu zahlende Betrag als Steueraufwand ausgewiesen.

Beispiel:

Beispiel mit konstantem Steuersatz

Im Folgenden werden anhand eines Zahlenbeispiels die drei beschriebenen Methoden der Berücksichtigung latenter Steuern gegenübergestellt und verdeutlicht, wobei nur auf den Fall einer passivischen Abgrenzung eingegangen wird. Dazu wird unterstellt, dass aus fiskalischen Gründen ein Wirtschaftsgut im Wert von 800 GE in der Periode 1 (P_1) steuerlich voll abgeschrieben werden kann, während handelsrechtlich eine Abschreibung über 2 Jahre (P_1 und P_2) erfolgt. Die Erträge abzüglich der übrigen Aufwendungen sollen wiederum 1000 GE betragen. Der Steuersatz wird mit 60 % angenommen; er soll konstant bleiben. Die folgenden Tabellen 6.5 bis 6.7 zeigen die Auswirkungen der latenten Steuerabgrenzung auf Bilanz und Ergebnisrechnung bei Verwendung der verschiedenen Methoden.

Die Liability-Methode weist als Steueraufwand nur den aus handelsbilanzieller Sicht entstandenen Steuerbetrag in einer Summe aus. Dagegen wird dieser Betrag bei der Deferred-Methode aufgespalten in die in der jeweiligen Periode fällige und in die latente Steuer. Der insgesamt ausgewiesene Steueraufwand steht sowohl bei der Liability- als auch bei der Deferred-Methode zum handelsrechtlichen Ergebnis in einem sinnvollen Zusammenhang.

Dagegen weist die Net-of-Tax-Methode nur die fällige Steuer als Steueraufwand aus. Der Steuereffekt aus der zeitlichen Differenz zwischen Handels- und Steuerbilanz wird direkt bei den Abschreibungen berücksichtigt: In P_1 wird zusätzlich zur normalen Abschreibung der Steuervorteil aus der zusätzlichen Abschreibung in der Steuerbilanz berücksichtigt (400 GE × 60 % = 240 GE), während in P_2 dieser Betrag nicht mehr abgeschrieben werden kann. Die Ergebnisse nach Steuern sind bei allen Methoden identisch.

	Periode 1		Periode 2	
	steuerlich	handelsrechtlich	steuerlich	handelsrechtlich
Aktiva				
Anlage	800	800	800	800
Abschreibungen (kum.)	800	400	800	800
Buchwert	–	400	–	–
Passiva				
Verbindlichkeiten für latente Steuern	–	240	–	–
Erträge – übr. Aufw.	1.000	1.000	1.000	1.000
Abschreibungen	– 800	– 400	–	– 400
Ergebnis vor Steuern	200	600	1.000	600
Ertragsteuern (60 %)	– 120	– 360	– 600	– 360
Ergebnis nach Steuern	80	240	400	240

Tab. 6.5: Steuerabgrenzung nach der Liability-Methode

	Periode 1		Periode 2	
	steuerlich	handelsrechtlich	steuerlich	handelsrechtlich
Aktiva				
Anlage	800	800	800	800
Abschreibungen (kum.)	800	400	800	800
Buchwert	–	400	–	–
Passiva				
Verbindlichkeiten für latente Steuern	–	240	–	–
Erträge – übr. Aufw.	1.000	1.000	1.000	1.000
Abschreibungen (kum.)	– 800	– 400	–	– 400
Ergebnis vor Steuern	200	600	1.000	600
Ertragsteuern (60 %) fällig in P_1 bzw. P_2	– 120	– 120	– 600	– 600
Steuervorteil in P_1		– 240		
Auflösung des Vorteils in P_2				240
Ergebnis nach Steuern	80	240	400	240

Tab. 6.6: Steuerabgrenzung nach der Deferred-Methode

	Periode 1		Periode 2	
	steuerlich	handels-rechtlich	steuerlich	handels-rechtlich
Aktiva				
Anlage	800	800	800	800
Abschreibungen (kum.)	800	640	800	800
Buchwert	–	160	–	–
Erträge – übr. Aufw.	1.000	1.000	1.000	1.000
Abschreibungen	– 800	– 640	–	– 160
Ergebnis vor Steuern	200	360	1.000	840
Ertragsteuern (60 %)	– 120	– 120	– 600	– 600
Ergebnis nach Steuern	80	240	400	240

Tab. 6.7: Steuerabgrenzung nach der Net-of-Tax-Methode

Beispiel mit verändertem Steuersatz

Eine Voraussetzung dafür, dass alle drei Methoden zum gleichen Ergebnis führen, ist die Konstanz des Steuersatzes. Bei Änderungen des Steuersatzes weist die Deferred-Methode andere Ergebnisse aus als die Liability- und die Net-of-Tax-Methode, da letztere mit zukünftigen Steuersätzen rechnen. Die folgende Tabelle verdeutlicht die Auswirkungen einer Steuersatzänderung nach den verschiedenen Methoden auf die Handelsbilanz und GuV. Dabei wird in P_2 eine Steueränderung von 60 % auf 50 % angenommen, die bereits in P_1 bekannt ist.

	Liability		Deferred		Net-of-Tax	
	P1	P2	P1	P2	P1	P2
Aktiva						
Anlage	800	800	800	800	800	800
Abschreibungen (kum.)	400	800	400	800	600	800
Buchwert	400	–	400	–	200	–
Passiva						
Rückst. bzw. Verb. f. lat. St.	200	–	240	–	–	–
Erträge – übr. Aufw.	1.00	1.00	1.00	1.00	1.00	1.00
Abschreibungen	0	0	0	0	0	0
	–	–	–	–	–	–
	400	400	400	400	600	200
Ergebnis vor Steuern	600	600	600	600	400	800
Ertragsteuer	–	–				
fällig in P_1 bzw. P_2	320	300	–	–	–	–
Steuervorteil in P_1			120	500	120	500
Auflösung des Vorteils in P_2			–			
			240	240		
Ergebnis nach Steuern	280	300	240	340	280	300

Tab. 6.8: Steuerabgrenzung bei variablem Steuersatz

Über beide Perioden stimmen die Ergebnisse wieder überein. Bei der Deferred-Methode wird der Vorteil der Steuersenkung in P_2 jedoch auch erst in dieser Periode ergebniswirksam ausgewiesen (10 % von 400 GE).

d) Kritik und Kompatibilität der Steuerabgrenzungsmethoden

Die drei genannten Konzepte zur Steuerperiodisierung führen bei gleichbleibenden Steuersätzen zum gleichen Ergebnis, weshalb das Ziel eines richtigen Erfolgsausweises bei allen als erfüllt angesehen werden kann. Unterschiedliche Ergebnisse werden jedoch bei sich ändernden Steuersätzen ausgewiesen. Dies liegt daran, dass bei der Deferred-Methode die Steuersatzänderung erst im Jahr der Änderung auch tatsächlich ergebniswirksam ist, während die beiden anderen Konzepte die Steuersatzänderung antizipieren.

Entsprechung von Steueraufwand und Ergebnis

Unterschiedliche Wege gehen die drei Methoden in der Form der Berücksichtigung der latenten Steuern. In der Erfolgsrechnung führt dies dazu, dass bei konstanten Steuersätzen nur die Liability- und die Deferred-Methode einen dem handelsrechtlichen Ergebnis sinnvoll entsprechenden Ertragsteueraufwand zeigen, wobei die Deferred-Methode diesen weiter aufspaltet. Bei der Net-of-Tax-Methode stehen Ergebnis und Steueraufwand in keiner erklärbaren Beziehung zueinander, da hier der richtige Ergebnisausweis über einen Bewertungsvorgang angestrebt wird. Dieses ist unbefriedigend, denn die Herstellung einer funktionalen Relation zwischen Ergebnis und Steueraufwand in der Handelsbilanz ist neben dem richtigen Erfolgsausweis das Ziel der *interperiod tax allocation*. Eine Steuersatzänderung führt bei der Liability- und bei der Deferred-Methode im Jahr ihrer Berücksichtigung zu einer gestörten Beziehung zwischen Ergebnis und Steueraufwand. So führt die Liability-Methode in Periode 1 zu einer Steuerbelastung von 53,3 % des handelsrechtlichen Ergebnisses vor Steuern, die sich als Mischsatz aus der 60%igen Belastung des steuerlichen Ergebnisses und der 50%igen Belastung (= zukünftiger Steuersatz) der Timing-Differenz ergibt. Dadurch stellt sich die steuerliche Aufwandsbelastung des handelsrechtlichen Ergebnisses vor Steuern in Periode 2 mit 50 % dar. Im Gegensatz dazu führt die Deferred-Methode zu einer Steueraufwandsbelastung des handelsbilanziellen Ergebnisses in Periode 1 von 60 %. Daraus resultiert eine Steueraufwandsbelastung in Periode 2 von 43,3 %, die sich als Mischsatz aus der 50%igen Belastung des steuerlichen Ergebnisses der Periode 2 und aus der Auflösung der latenten Steuerrückstellung aus Periode 1 in Höhe von 60 % der Timing-Differenz ergibt.

Bilanztheoretische Begründung latenter Steuerabgrenzung

Wesentliche Unterschiede zwischen den drei Methoden liegen insbesondere auch in ihrer bilanztheoretischen Begründung und der daraus folgenden Darstellung in der Bilanz. Die Liability-Methode folgt der statischen Bilanztheorie und betrachtet latente Steuern als Verbindlichkeiten bzw. Forderungen gegenüber dem Fiskus. Die Deferred-Methode betrachtet die latente Steuerabgrenzung ausschließlich unter dem Gesichtspunkt der periodengerechten Zurechnung der ertragsabhängigen Steueraufwendungen. Ist danach der veranlagte Steueraufwand zu niedrig, müssen Steueraufwendungen vorverrechnet werden; ist der veranlagte Steueraufwand dagegen zu hoch, müssen latente Steueraufwendungen nachverrechnet werden. Durch diese Abgrenzungen des Aufwandes entstehen automatisch in der Bilanz Abgrenzungspositionen für latente Steuern. Das Konzept der Deferred-Methode entspricht somit der dynamischen Bilanztheorie.

Die Net-of-Tax-Methode ist eine Bewertungsmethode. Sie verknüpft die steuerlichen Konsequenzen aus der Bewertung mit dem Bewertungsvorgang selbst. Hier findet eine Vermischung von Ursache und Wirkung statt. Als Verfahren der latenten Steuerabgrenzung erscheint die Net-of-Tax-Methode deshalb nicht zweckmäßig. Hinzu kommt, dass diese Methode zu Verstößen gegen das Bruttoprinzip und das Saldierungsverbot führt: Wird beispielsweise in die Handelsbilanz eine Rückstellung eingestellt, die steuerlich nicht anerkannt ist, so würde nach der Net-of-Tax-Methode die steuerlich nicht anerkannte Rückstellung in der Handelsbilanz um den steuerlichen Effekt (= aktive latente Steuer) verkürzt gebildet werden. Eine derartige Verrechnung ist nach geltenden Rechnungslegungsnormen als unzulässig zu betrachten. Die Net-of-Tax-Methode spielt in der Praxis der latenten Steuerabgrenzung deshalb keine Rolle.

Zuordnung von Methoden und Konzepten

Auch die Deferred-Methode hat in der Praxis der latenten Steuerabgrenzung an Bedeutung verloren. Sie ist ihrem dynamischen Charakter entsprechend wesensgemäß mit der GuV-orientierten Steuerabgrenzung nach dem Timing-Konzept verbunden. Das Timing-Konzept läßt sich andererseits durchaus auch mit einer Steuerabgrenzung nach der Liability-Methode verbinden, so wie es im Grundsatz auch das HGB vorsieht. Demgegenüber ist mit dem bilanzorientierten Temporary-Konzept allein die Liability-Methode kompatibel. Abbildung 6.8 stellt die Methoden und Konzeptionen der Abgrenzung latenter Steuern nochmals gegenüber.

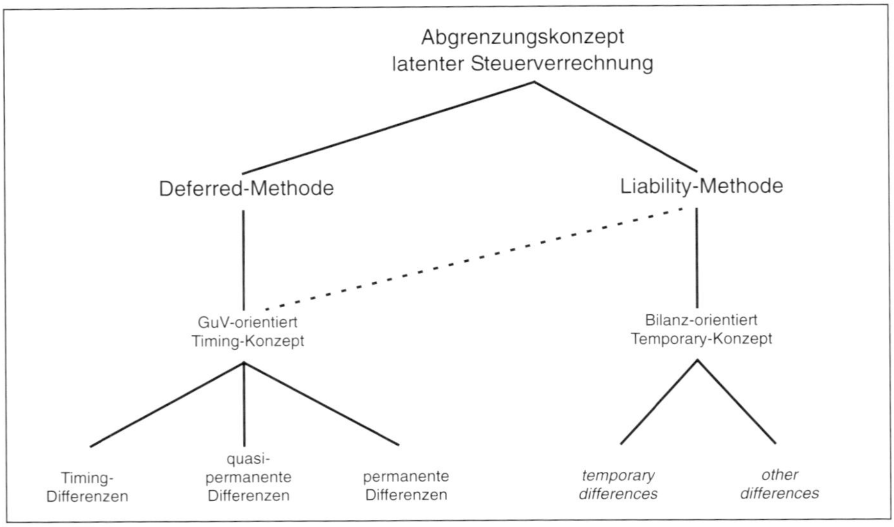

Abb. 6.8: Methoden und Konzepte latenter Steuerverrechnung

3. Bewertung latenter Steuern

a) Wahl des Steuersatzes

Aktueller versus zukünftiger Steuersatz

Die Frage, ob aktuelle oder zukünftige Steuersätze für die Ermittlung latenter Steuern herangezogen werden sollen, wird durch die Wahl der Methode entschieden: Liability- und Net-of-Tax-Methode erfordern zukünftige, die Deferred-Methode aktuelle Steuersätze.

Unterschiedliche Steuersätze

Darüber hinaus stellt sich die Frage, wie bei in einer Periode gültigen unterschiedlichen Steuersätzen verfahren werden soll. Für deutsche Kapitalgesellschaften sind in die Ertragsteuerabgrenzung die Gewerbeertragsteuer und die Körperschaftsteuer einzubeziehen. Für Einzelunternehmen und Personenhandelsgesellschaften kommt i. A. nur die Gewerbeertragsteuer in Betracht, da die Einkommensteuer den Privatbereich des Eigners oder der Gesellschafter betrifft und deshalb ihre Berücksichtigung in der Handelsbilanz nicht zwingend ist. Unterschiedliche Steuersätze ergeben sich für die Gewerbeertragsteuer aufgrund der zwischen den Gemeinden variierenden Hebesätze. Entsprechend dem für das Unternehmen gültigen Zerlegungsmaßstab (i. A. Lohnsumme) gemäß § 29 GewStG ist von einem durchschnittlichen Gewerbeertragsteuerbelastungssatz auszugehen.

Tarifbelastung versus Ausschüttungsbelastung im Anrechnungssystem

Unter dem bis zum Jahr 2000 gültigen Anrechnungssystem der Körperschaftsteuer stellte sich die Frage, ob von der Tarifbelastung (40 %) oder von der Ausschüttungsbelastung (30 %) auszugehen war (vgl. 6. Kapitel D III 3 c). Diese Fragestellung ist mit der Einführung des Halbeinkünfteverfahrens entfallen. Unter dem deutschen Körperschaftsteuersystem kommt nun mehr der einheitliche Tarif von 25 % in Ansatz.

b) Einzel- und Gruppenbewertung

Der Wertansatz der latenten Steuerpositionen hängt naturgemäß auch davon ab, ob von einer Einzelbetrachtung oder von einer zusammenfassenden Betrachtung aller in einer Periode sich ergebenden und verändernden Differenzen ausgegangen wird. Bei Einzelbewertung wird jede einzelne Differenz getrennt über ihre »Lebensdauer« fortgeführt. Bei Gruppenbewertung können zwei Verfahren unterschieden werden. Diese beiden Methoden werden im Folgenden am Beispiel zeitlich begrenzter Differenzen erläutert:

(1) Brutto-Methode (Gross-Change-Method)

Brutto-Methode zur Verrechnung latenter Steuern

Die Brutto-Methode betrachtet Neubildungen und Auflösungen von zeitlich begrenzten Differenzen getrennt. Latente Steuern aufgrund neuentstehender Differenzen werden – bei Anwendung der Deferred-Methode – zum aktuellen Steuersatz ermittelt. Bei schwankenden Steuersätzen bildet sich so ein Posten aus unterschiedlichen Steuersätzen, bei dessen Auflösung eine »Verbrauchsfolge«

unterstellt werden muss. Das folgende Beispiel verdeutlicht die Brutto-Methode (nach Hille, K. [1982], S. 223):

	Periode 1 (Steuersatz 40 %)	Periode 2 (Steuersatz 50 %)	Periode 3 (Steuersatz 60 %)
a) **Zeitlich begrenzte Differenzen:**			
Periode 1:	1.000	– 200	– 200
Periode 2:	–	1.000	– 200
Periode 3:	–	–	1.000
Nettoänderungen	+ 1.000	+ 800	+ 600
Stand	1.000	1.800	2.400
b) **Latente Steuerabgrenzung:**			
Periode 1:	400	– 80 (40 %)	– 182 (45,55 %)
Periode 2:	–	500	
Periode 3:	–	–	600
Nettoänderungen	+ 400	+ 420	+ 418
Stand	400 (40 %)	820 (45,55 %)	1.238 (51,58 %)

Tab. 6.9: Beispiel zur Brutto-Methode

In der zweiten Periode ergibt sich ein Mischsatz von 45,55 %, der in der dritten Periode für die Auflösung latenter Steuern verwendet wird. Die Zuführungen der Periode 3 werden mit dem aktuellen Steuersatz von 60 % verrechnet, sodass sich in Periode 3 der Mischsatz von 51,58 % ergibt.

(2) Netto-Methode (Net-Change-Method)

Netto-Methode zur Verrechnung latenter Steuern

Bei der Netto-Methode werden Neubildungen und Auflösungen von Differenzen gleicher Entstehungsursache zunächst saldiert, bevor sie der latenten Steuerabgrenzung unterworfen werden. Die saldierten Zuführungen bzw. Abgänge der *timing differences* werden mit dem Steuersatz der laufenden Periode bewertet. Dadurch wird in Kauf genommen, dass bei im Zeitablauf veränderten Steuersätzen im Rahmen der Deferred-Methode latente Steuern mit einem anderen Steuersatz aufgelöst werden, als mit dem sie gebildet wurden. Das folgende Beispiel veranschaulicht die Vorgehensweise (nach Hille, K. [1982], S. 225):

	Periode 1 (Steuersatz 40 %)	Periode 2 (Steuersatz 50 %)	Periode 3 (Steuersatz 60 %)
a) **Zeitlich begrenzte Differenzen:**			
Periode 1:	1.000	– 200	– 200
Periode 2:	–	1.000	– 200
Periode 3:	–	–	1.000
Nettoänderungen	+ 1.000	+ 800	+ 600
Stand	1.000	1.800	2.400
b) **Latente Steuerabgrenzung:**			
Neubildung:	+ 400	+ 400	+ 360
Stand	400 (40 %)	800 (44,44 %)	1.160 (48,33 %)

Tab. 6.10: Beispiel zur Netto-Methode

II. Latente Steuern nach HGB

1. Timing-Konzept als Grundlage

Latente Steuern im Einzelabschluss nach HGB

Für den Einzelabschluss gemäß HGB ist die latente Steuerabgrenzung in § 274 verankert. Die Regelung läßt sich wie folgt charakterisieren:

- Beschränkung auf Kapitalgesellschaften, Genossenschaften und Unternehmen i. S. d. PublG. Die sinngemäße Anwendung auch für andere Unternehmen wird allerdings für zulässig gehalten (vgl. IDW [1988b]; ADS [1995], § 274 Tz. 7).
- Nach der Definition gemäß § 274 HGB entstehen passive bzw. aktive latente Steuern unter folgenden Voraussetzungen: Der dem Geschäftsjahr und früheren Geschäftsjahren zuzurechnende Steueraufwand ist zu niedrig bzw. zu hoch, weil der steuerliche Gewinn niedriger bzw. höher als der handelsrechtliche Gewinn ist, und der zu niedrige bzw. zu hohe Steueraufwand gleicht sich in späteren Geschäftsjahren voraussichtlich aus.
- Im Falle einer passiven latenten Steuer ist »eine Rückstellung nach § 249 Abs. 1 Satz 1 HGB zu bilden«, im Falle einer aktiven latenten Steuer darf ein Abgrenzungsposten als Bilanzierungshilfe eingestellt werden.
- Der Höhe nach ist ein passiver latenter Steuerposten nach der voraussichtlichen Steuerbelastung, ein aktiver latenter Steuerposten nach der voraussichtlichen Steuerentlastung nachfolgender Geschäftsjahre zu bemessen.
- Ein gebildeter passiver bzw. aktiver latenter Steuerposten ist aufzulösen, sobald die Steuerbelastung bzw. Steuerentlastung eintritt oder mit ihr voraussichtlich nicht mehr zu rechnen ist.

Über diese Grundsätze hinaus enthält das Gesetz keine weiteren Regelungen für Abgrenzung, Ermittlung und Ausweis latenter Steuern. In den folgenden Abschnitten werden deshalb entsprechende Regelungen aus dem Wortlaut und Wortsinn des Gesetzes abgeleitet. Dabei wird deutlich, dass § 274 HGB sowohl Elemente dynamischer als auch Elemente statischer Betrachtungsweise enthält. Dem Grunde nach entstehen latente Steuern nach § 274 HGB zur periodengerechten Steueraufwandsabgrenzung. Sie haben insoweit dynamischen Charakter. Ihre Entstehung entspricht dem GuV-orientierten Timing-Konzept; die diesem Konzept am besten entsprechende Methode der Verrechnung wäre die Deferred-Methode. Der statische Charakter der latenten Steuern nach § 274 HGB wird an folgenden Regelungen deutlich: Aktive latente Steuern unterliegen einem Bilanzierungswahlrecht in Form einer Bilanzierungshilfe, da ihnen die Eigenschaft eines Vermögensgegenstandes fehlt. Im Hinblick auf die Bewertung des Abgrenzungspostens wird auf künftige Zahlungen, nämlich voraussichtliche Steuerbe- und -entlastung künftiger Geschäftsjahre, abgestellt. Insoweit verbindet § 274 HGB das Timing-Konzept mit der Liability-Methode.

Timing-Konzept, Liability-Methode

2. Fälle passiver und aktiver latenter Steuerabgrenzungen in der Handelsbilanz

Der Wortlaut von § 274 HGB stellt auf zeitbedingte Differenzen zwischen dem Ergebnis der Handelsbilanz und dem Ergebnis der Steuerbilanz und die daraus resultierenden zeitlichen Verschiebungen des Steueraufwandes ab. Damit ist zunächst klargestellt, dass zeitlich unbegrenzte Ergebnisdifferenzen nicht zu einer latenten Steuerabgrenzung führen können, da es bei ihnen an der Voraussetzung fehlt, dass sich der zu niedrige bzw. zu hohe Steueraufwand in späteren Geschäftsjahren wieder ausgleicht. Unter der *going-concern*-Annahme gilt dies ebenfalls für die quasi zeitlich unbegrenzten Differenzen, die sich aus einer handels- und steuerrechtlich unterschiedlichen Bewertung nicht abnutzbarer Vermögensgegenstände des Anlagevermögens (z. B. unbebaute Grundstücke, Beteiligungen) ergeben können. Sie sind in die latente Steuerabgrenzung nur einzubeziehen, wenn aufgrund einer hinreichend konkretisierbaren Verkaufsabsicht mit dem Ausgleich der zu hohen oder zu niedrigen Steuerbelastung in künftigen Geschäftsjahren zu rechnen ist.

Nur zeitbedingte Differenzen

Im Folgenden wird eine stichwortartige Übersicht über wesentliche Fälle zeitlich begrenzter Differenzen zwischen Handelsbilanz und Steuerbilanz gegeben, die gemäß § 274 HGB zu latenten Steuerabgrenzungen führen können.

Aktive latente Steuerabgrenzungen:

- Nichtaktivierung des Disagios nach § 250 Abs. 3 HGB in der Handelsbilanz, Aktivierungspflicht in der Steuerbilanz. *Disagio*
- Nichtaktivierung des derivativen Firmenwertes nach § 255 Abs. 4 HGB in der Handelsbilanz, Aktivierungspflicht gemäß § 6 Abs. 1 Nr. 2 Satz 1 EStG und Abschreibungsmöglichkeit gemäß § 7 Abs. 1 Satz 3 EStG in der Steuerbilanz. *Firmenwert*

- Abschreibung des derivativen Firmenwertes nach § 255 Abs. 4 HGB über die vier folgenden Jahre in der Handelsbilanz, Abschreibung über 15 Jahre in der Steuerbilanz gemäß § 7 Abs. 1 Satz 3 EStG.

Herstellungskosten

- Ansatz der Herstellungskosten für fertige und unfertige Erzeugnisse oder für Eigenleistungen in der Handelsbilanz nach § 255 Abs. 2 HGB mit den Einzelkosten, in der Steuerbilanz sind dagegen auch Material- und Fertigungsgemeinkosten in die Herstellungskosten einzubeziehen.

Verlustantizipation

- Abwertung von Vorräten in der Handelsbilanz nach § 253 Abs. 3 Satz 3 HGB auf den niedrigeren Zukunftswert, in der Steuerbilanz bildet gemäß § 6 Abs. 1 Nr. 2 Satz 2 EStG der niedrigere Teilwert die Untergrenze.
- Steuerliches Wertaufholungsgebot bei nicht dauerhafter Wertminderung (§ 6 Abs. 1 Nr. 1 Satz 4, Nr. 2 Satz 3; § 7 Abs. 1 Satz 6 EStG), handelsrechtlich dagegen niedrigerer Wert, bei Finanzanlagen auch bei vorübergehender Wertminderung zulässig (§ 253 Abs. 2 Satz 3 i. V. m. § 279 Abs. 1 Satz 2 HGB), beim Umlaufvermögen geboten (§ 253 Abs. 3 HGB).
- Steuerliche Teilwertabschreibung nur bei dauerhafter Wertminderung (§ 6 Abs. 1 Nr. 1 Satz 2 EStG), handelsrechtlich niedrigerer Zeitwert bei vorübergehender Wertminderung bei Finanzanlagen zulässig (§ 253 Abs. 2 Satz 3 i. V. m. § 279 Abs. 1 Satz 2 HGB) bzw. beim Umlaufvermögen geboten (§ 253 Abs. 3 HGB).

Bildung stiller Reserven durch Nicht-Kapitalgesellschaften

- Bildung stiller Reserven durch Unterbewertungen nach § 253 Abs. 4 HGB von Vorräten oder abnutzbaren Vermögensgegenständen des Anlagevermögens in der Handelsbilanz von Personenhandelsgesellschaften oder Einzelkaufleuten; in der Steuerbilanz nicht zulässig.

Rückstellungen

- Bewertung von Pensionsrückstellungen unter Verwendung eines niedrigeren als des gemäß § 6a Abs. 3 EStG steuerlich zulässigen Satzes von 6 %.
- Bildung von Rückstellungen nach § 249 HGB in der Handelsbilanz, soweit diese steuerlich nicht anerkannt werden (z. B. Rückstellung für drohende Verluste aus schwebenden Geschäften, die steuerlich nach § 5 Abs. 4a EStG nicht zulässig ist; Rückstellung für unterlassene Instandhaltung, die in der Zeit von Beginn des 4. Monats bis zum Ende des folgenden Geschäftsjahres nachgeholt wird; Aufwandsrückstellungen nach § 249 Abs. 2 HGB; Rückstellungen für die Abfindung des Handelsvertreters nach § 89b HGB).
- Steuerliches Abzinsungsgebot von Rückstellungen für Geld- und Sachleistungsverpflichtungen sowie von unverzinslichen Rückstellungen mit einer Laufzeit am Bilanzstichtag von mehr als 12 Monaten mit einem Zinssatz von 5,5 % (§ 6 Abs. 1 Nr. 3, 3 a EStG), handelsrechtlich dagegen grundsätzlich Verbot der Abzinsung von Rückstellungen und Verbindlichkeiten, soweit sie keinen Zinsanteil enthalten oder Renten darstellen (§ 253 Abs. 1 Satz 2 HGB).

Wie in Abschnitt D I 1a dieses Kapitels dargestellt, entstehen aktive latente Steuern nach dem Timing-Konzept dadurch, dass entweder Erträge in der Steuerbilanz früher als in der Handelsbilanz (= Fall 3) oder Aufwendungen in der Handelsbilanz früher als in der Steuerbilanz (= Fall 4) ausgewiesen werden. Die vorstehende Auflistung macht deutlich, dass im deutschen Bilanzrecht nur der Fall 4 vorkommt.

Passive latente Steuerabgrenzungen:

Bilanzierungshilfe

- Aktivierung von Aufwendungen für die Ingangsetzung und Erweiterung des Geschäftsbetriebes nach § 269 HGB in der Handelsbilanz, Aktivierungsverbot in der Steuerbilanz.

Fremdkapitalzinsen

- Aktivierung von Fremdkapitalzinsen nach § 255 Abs. 3 HGB in der Handelsbilanz, soweit deren Aktivierung gemäß R 33 Abs. 7 EStR verboten ist.

Fifo-Verfahren

- Bewertung von Vorräten in der Handelsbilanz bei steigenden Preisen mit dem Fifo-Verfahren, Bewertung in der Steuerbilanz mit dem Durchschnittsverfahren.

Wie in Abschnitt D I 1a dieses Kapitels erörtert, entstehen passive latente Steuern bei Betrachtung der einzelnen Erfolgskomponenten nach dem Timing-Konzept daraus, dass Erträge in der Handelsbilanz früher als in der Steuerbilanz (= Fall 1) oder dass Aufwendungen in der Steuerbilanz früher als in der Handelsbilanz (= Fall 2) erfasst werden. Nach derzeitiger Rechtslage sind sämtliche Fälle passiver latenter Steuern im deutschen Handelsbilanzrecht auf den Fall 2 zurückzuführen (a. A. Siegel, T. [1984], S. 1910).

3. Ermittlung, Ausweis und Bewertung latenter Steuern

a) Einzel- und Gesamtdifferenzenbetrachtung

Saldierungsmöglichkeit aktiver und passiver latenter Steuern

Die Nichtübernahme des im Regierungsentwurf eines Bilanzrichtlinien-Gesetzes verankerten Verrechnungsverbots aktiver und passiver latenter Steuern in Verbindung mit der Einräumung aktiver latenter Steuern als Bilanzierungshilfe soll es ermöglichen, bei der Ermittlung der latenten Steuerpositionen von einer Gesamtbetrachtung auszugehen (Begründung zu § 274 HGB). Man kann daraus trotz des Wortlauts von § 274 HGB nicht den Umkehrschluss ziehen, dass im Hinblick auf Ermittlungsweise und bilanziellen Ausweis der latenten Steuern ein Saldierungsgebot besteht. Das Gesamtvolumen der passivierungspflichtigen und/oder aktivierungsfähigen latenten Steuern ergibt sich dagegen stets aus einer Gesamtbetrachtung. Somit läßt § 274 HGB drei verschiedene Verfahren zur Ermittlung latenter Steuerpositionen zu:

- Einzeldifferenzenbetrachtung mit unsaldiertem Ausweis aktiver und passiver latenter Steuern
- Gesamtdifferenzenbetrachtung mit saldiertem Ausweis einer aktiven oder passiven latenten Steuerposition
- Gesamtdifferenzenbetrachtung mit saldiertem Ausweis gegebenenfalls einer passiven, nicht aber einer aktiven latenten Steuerposition

Einzeldifferenzenbetrachtung

Bei der Einzeldifferenzenbetrachtung wird für jeden Geschäftsvorfall die resultierende fiktive Steuerwirkung dem tatsächlich zurechenbaren Steueraufwand gegenübergestellt. Dies ermöglicht es, durch Summierung aller aktiven latenten Steuerabgrenzungen einerseits und aller passiven latenten Steuerabgrenzungen andererseits die aktive und passive latente Steuerposition getrennt zu ermitteln. Keinesfalls ist das Aktivierungswahlrecht des § 274 Abs. 2 HGB so zu interpretieren, dass die gesamte unsaldiert ermittelte aktive latente Steuerposition unberücksichtigt bleiben kann. Dem Aktivierungswahlrecht unterliegt nur der Überhang der aktiven über die passiven latenten Steuern.

Gesamtdifferenzenbetrachtung

Demgegenüber werden bei der Gesamtdifferenzenbetrachtung die latenten Steuern unmittelbar aus der Differenz zwischen dem handelsrechtlichen Ergebnis vor Ertragsteuern und der Steuerbemessungsbasis, beide bereinigt um permanente und quasi zeitlich unbegrenzte Differenzen, ermittelt. Diese Methode führt folglich stets zu einer saldierten Betrachtung aktiver und passiver latenter Steuern.

Die Wirkungsweisen der drei Ermittlungsmethoden werden im Folgenden anhand von einfachen Beispielen verdeutlicht (vgl. Tabellen 6.11 bis 6.13).

Im Beispiel 1 führt die Gesamtdifferenzenbetrachtung ohne Aktivierung latenter Steuern überhaupt nicht zum Ausweis latenter Steuern: In P_1 und P_2 deshalb nicht, weil die aktiven latenten Steuern überwiegen, in P_3 kann deshalb kein latenter Steueraufwand gezeigt werden, weil bei Entstehung der Differenz keine aktive latente Steuer abgegrenzt wurde. Im Beispiel 2 führen die beiden Varianten der Gesamtdifferenzenbetrachtung zum selben Ergebnis, weil bei Entstehung die passiven latenten Steuern überwiegen. In Beispiel 3 schließlich kommt es in P_2 zu einem Überhang der aktiven über die passiven latenten Steuern. Wird keine aktive latente Steuer gebildet, so bedeutet dies, dass die passive latente Steuer aus P_1 in P_2, in vollem Umfang als durch aktive latente Steuern kompensiert gilt.

Fristenkongruenz aktiver und passiver latenter Steuern

Die hier vertretene Auffassung, dass das Gesamtvolumen der passivierungspflichtigen bzw. aktivierungsfähigen latenten Steuern aus einer Gesamtbetrachtung resultiert, wird in der Literatur überwiegend vertreten und kann als herrschende Meinung interpretiert werden (vgl. IDW [1988b], S. 684; Siegel, T. [1986], S. 590; Baumann, K. H. [1995], § 274 Tz. 6, 53; ADS [1995], § 274 Tz. 21; Beck'scher Bilanzkommentar [1999], § 274 Tz. 54 ff.). Allerdings wird zu Recht auch darauf hingewiesen, dass die Saldierung aktiver und passiver latenter Steuerbeträge dann dem Vorsichtsprinzip widerspricht, wenn die künftigen Steuerentlastungen zeitlich hinter den künftigen Steuerbelastungen liegen (vgl. Weyand, S. [1986], S. 1189). Die gezogenen Schlussfolgerungen sind allerdings teilweise sehr kontrovers: Einerseits besteht die Auffassung, dass die Saldierung aktiver und passiver latenter Steuern trotz des Wortlautes von § 274 HGB an der Fristenkongruenz ihre Grenze findet (vgl. Forster, K.-H. [1986], S. 13 f.; Matschke, M. J. [1995], § 274 Tz. 20, 32). Andererseits wird aber auch die Auffassung vertreten, dass die Tatsache unterschiedlicher Fälligkeiten von Steuerbe- und -entlastung nach dem Wortlaut von § 274 HGB für Zwecke der latenten Steuerverrechnung völlig unbeachtlich sei (vgl. Beck'scher Bilanzkommentar [1999], § 274 Tz. 15).

		P_1	P_2	P_3
Zeitbegrenzte Differenz				
	Aktivierungshilfe	+ 200	– 100	– 100
	Rückstellung	– 500	–	+ 500
	Änderung	– 300	– 100	+ 400
	Stand	– 300	– 400	–
Einzeldifferenzenbetrachtung				
GuV:	lat. Steueraufwand	100	–	250
	lat. Steuerertrag	250	50	50
Bilanz:	akt. lat. Steuer	250	250	–
	pass. lat. Steuer	100	50	–
Gesamtdifferenzenbetrachtung mit Aktivierung				
GuV:	lat. Steueraufwand	–	–	200
	lat. Steuerertrag	150	50	–
Bilanz:	akt. lat. Steuer	150	200	–
	pass. lat. Steuer	–	–	–
Gesamtdifferenzenbetrachtung ohne Aktivierung				
GuV:	lat. Steueraufwand	–	–	–
	lat. Steuerertrag	–	–	–
Bilanz:	akt. lat. Steuer	–	–	–
	pass. lat. Steuer	–	–	–

Tab. 6.11: Beispiel 1 zur Einzel- und Gesamtdifferenzenbetrachtung. In P_1 Aktivierungshilfe, Abschreibung in P_2 und P_3. In P_1 steuerlich nicht anerkannte Rückstellung, die in P_3 in Anspruch genommen wird. Steuersatz 50 %.

Diese beiden gegensätzlichen Auffassungen werden der Sachlage allerdings nicht gerecht. Einerseits kann man an der Tatsache nicht vorbei, dass nach dem Wortlaut von § 274 HGB passive latente Steuern im Falle wenigstens gleich hoher aktiver latenter Steuern kompensiert werden. Andererseits ist davon auszugehen, dass bei Weglassen wesentlicher latenter Steuerrückstellungen aufgrund erst zeitlich später zu erwartender Steuerentlastungen ein den tatsächlichen Verhältnissen entsprechendes Bild der Vermögens-, Finanz- und Ertragslage nicht vermittelt wird. Gemäß §§ 264 Abs. 2 und 285 Nr. 3 HGB sind in diesem Falle zusätzliche Angaben im Anhang erforderlich, sodass trotz Saldierung das den tatsächlichen Verhältnissen entsprechende Bild gegeben wird. Darüber hinaus wird in der Kommentierung auf die Möglichkeit einer Rückstellungsbildung nach den allgemeinen Grundsätzen hingewiesen, falls erkennbar ist, »dass die voraussichtliche Steuerbelastung nachfolgender Geschäftsjahre bereits wirksam wird, ehe eine im Grundsatz erwartete Steuerentlastung eintritt« (IDW [1988], S. 380; ferner ADS [1995], § 274 Tz. 22).

		P_1	P_2	P_3
Zeitbegrenzte Differenz				
	Aktivierungshilfe	+ 200	– 100	– 100
	Rückstellung	– 50	–	+ 50
	Änderung	+ 150	– 100	– 50
	Stand	+ 150	+ 50	–
Einzeldifferenzenbetrachtung				
GuV:	lat. Steueraufwand	100	–	25
	lat. Steuerertrag	25	50	50
Bilanz:	akt. lat. Steuer	25	25	–
	pass. lat. Steuer	100	50	–
Gesamtdifferenzenbetrachtung mit Aktivierung				
GuV:	lat. Steueraufwand	75	–	–
	lat. Steuerertrag	–	50	25
Bilanz:	akt. lat. Steuer	–	–	–
	pass. lat. Steuer	75	25	–
Gesamtdifferenzenbetrachtung ohne Aktivierung				
GuV:	lat. Steueraufwand	75	–	–
	lat. Steuerertrag	–	50	25
Bilanz:	akt. lat. Steuer	–	–	–
	pass. lat. Steuer	75	25	–

Tab. 6.12: Beispiel 2 zur Einzel- und Gesamtdifferenzenbetrachtung. Daten wie in Beispiel 1, aber Rückstellung nur in Höhe von 50 in P_1.

In die gleiche Richtung, aber erheblich weiter zielend geht die Ansicht, dass sich die aus § 274 HGB ergebende Gesamtbetrachtung nur auf die sog. abgrenzungsorientierten, nicht aber auf die zahllastorientierten passiven latenten Steuern beziehen könne, die auch ohne spezielle Regelung einer latenten Steuerabgrenzung als Rückstellungen für ungewisse Verbindlichkeiten zu erfassen wären (vgl. Schulze-Osterloh, J. [1986], S. 551 ff.; ähnlich, wenn auch im Detail unterschiedlich, Kupsch, P./Eder, D. [1988], S. 521 ff.). Für zahllastorientierte passive latente Steuern komme dementsprechend eine Saldierung mit aktiven latenten Steuern nicht in Betracht. U. E. läßt sich diese Interpretation weder zwingend aus dem Gesetzeswortlaut ableiten, noch entspricht sie der Zielsetzung der periodengerechten Erfolgsabgrenzung, die dem Konzept der latenten Steuerabgrenzung inhärent ist.

		P_1	P_2	P_3
Zeitbegrenzte Differenz				
	Aktivierungshilfe	+ 200	– 100	– 100
	Rückstellung	–	– 500	+ 500
	Änderung	+ 200	– 600	+ 400
	Stand	+ 200	– 400	–
Einzeldifferenzenbetrachtung				
GuV:	lat. Steueraufwand	100	–	250
	lat. Steuerertrag	–	300	50
Bilanz:	akt. lat. Steuer	–	250	–
	pass. lat. Steuer	100	50	–
Gesamtdifferenzenbetrachtung mit Aktivierung				
GuV:	lat. Steueraufwand	100	–	200
	lat. Steuerertrag	–	300	–
Bilanz:	akt. lat. Steuer	–	200	–
	pass. lat. Steuer	100	–	–
Gesamtdifferenzenbetrachtung ohne Aktivierung				
GuV:	lat. Steueraufwand	100	–	–
	lat. Steuerertrag	–	100	–
Bilanz:	akt. lat. Steuer	–	–	–
	pass. lat. Steuer	100	–	–

Tab. 6.13: Beispiel 3 zur Einzel- und Gesamtdifferenzenbetrachtung. Daten wie in Beispiel 1, aber Rückstellung erst in P_2.

b) Ausweis latenter Steuern in Bilanz und GuV

Bilanzausweis latenter Steuern

Eine klare Vorschrift für den Ausweis latenter Steuern besteht nur im Hinblick auf eine passive latente Steuerposition in der Bilanz. Nach § 274 Abs. 1 HGB ist »eine Rückstellung nach § 249 Abs. 1 Satz 1 HGB zu bilden und in der Bilanz oder im Anhang gesondert anzugeben«. Passive latente Steuern sind also unter der Position »Steuerrückstellungen« mit gesondertem Bilanz- oder Anhangsvermerk oder unterhalb der Steuerrückstellungen als eigene Position »Rückstellung für latente Steuern« zu erfassen.

Für die aktiven latenten Steuern sieht § 274 Abs. 2 HGB einen »Abgrenzungsposten als Bilanzierungshilfe auf der Aktivseite der Bilanz« vor. »Dieser Posten ist unter entsprechender Bezeichnung gesondert auszuweisen und im Anhang zu erläutern.« Es liegt nahe, aktive latente Steuern vor oder nach der aktiven Rechnungsabgrenzung als eigenständigen Posten zu erfassen.

GuV-Ausweis latenter Steuern

Für den Ausweis latenter Steueraufwendungen und -erträge sieht das Gesetz keine konkreten Vorschriften vor. Es ist jedoch herrschende Meinung, dass eine Zusammenfassung latenter Steueraufwendungen und -erträge mit der Position »Steuern vom Einkommen und vom Ertrag« geboten ist. Andererseits ist die untrennbare Vermischung von manifesten und latenten Steuern im Sinne des Klarheitsgrundsatzes außerordentlich unbefriedigend (vgl. Greeß, W. [1980], S. 170). Es würde der Klarheit dienen, unterhalb der Position »Steuern vom Einkommen und vom Ertrag« zwei zusätzliche Positionen bzw. Vermerkzeilen vorzusehen: »Latente Steueraufwendungen« und »Latente Steuererträge«. Da die latenten Steuern zu den Steuern vom Einkommen und vom Ertrag zählen, sind sie auch in die im Anhang gebotene Aufgliederung auf das Ergebnis der gewöhnlichen Geschäftstätigkeit und das außerordentliche Ergebnis einzubeziehen (§ 285 Nr. 6 HGB).

Fraglich kann sein, ob außerplanmäßige Auflösungen latenter Steuerpositionen in die »Steuern vom Einkommen und vom Ertrag« einzubeziehen sind. Einerseits findet sich die Auffassung, diese aperiodischen Aufwendungen bzw. Erträge sollten entsprechend der Systematik der Gliederung der Gewinn- und Verlustrechnung gemäß § 275 HGB unter den sonstigen betrieblichen Aufwendungen bzw. Erträgen erfasst werden (vgl. IDW [1988b], S. 684). Nach der als herrschend zu betrachtenden gegenteiligen Auffassung kommt ausschließlich ein Ausweis in der Steuerposition in Betracht (vgl. ADS [1995], § 274 Tz. 54).

c) *Steuersatz zur Bewertung latenter Steuern*

Aktueller oder zukünftiger Steuersatz

Obwohl die latente Steuerabgrenzung nach § 274 HGB dem Grunde nach ein dynamisches Konzept ist, folgt die Bewertung nach § 274 HGB grundsätzlich dem Liability-Konzept, von dem auch IAS 12 (1996) sowie FAS 109 ausgehen (vgl. auch nachfolgende Abschnitte D III und IV).

Gemäß § 274 HGB soll die Höhe der latenten Steuern nach der voraussichtlichen Steuerbelastung bzw. Steuerentlastung nachfolgender Geschäftsjahre bemessen werden. Tatsächlich muss nach dem Wortlaut des Gesetzes also grundsätzlich von den künftigen Steuersätzen ausgegangen werden, die in denjenigen Perioden gelten, in denen sich die zugrunde liegenden *timing differences* wieder umkehren (vgl. IDW [1988b], S. 684; ADS [1995], § 274 Tz. 23). Für die Bilanzierungspraxis ist eine solche Verfahrensweise aber i. a. nicht gangbar, weil nur in sehr seltenen Ausnahmefällen hinreichend konkrete Erwartungen über Steuersatzänderungen gegeben sein werden. Es ist deshalb als zulässig zu betrachten, für die Bewertung von Neuzuführungen grundsätzlich vom aktuellen Steuersatz auszugehen.

Anpassung an Steuersatzänderungen

Bei tatsächlich eingetretener Änderung des Steuersatzes würde es der dynamischen Konzeption der latenten Steuern am besten entsprechen, keine Änderungen des Bestands an latenten Steuern vorzunehmen, Neuzuführungen zum neuen Steuersatz, Auflösungen dagegen zum alten Steuersatz (der bei ihrer Zuführung galt) anzusetzen. Da § 274 HGB aber auf die künftigen Steuerbelastungen bzw. -entlastungen abstellt, muss bei einer tatsächlichen Steuersatzänderung eine Anpassung der Bestände an latenten Steuern erfolgen. Das Imparitätsprinzip legt nahe, bei gestiegenem Steuersatz nur passive und bei gesunkenem Steuersatz nur aktive latente Steuern anzupassen. Da § 274 HGB eine Saldierung aktiver und passiver latenter Steuern beinhaltet, die latenten Steuern also als geschlossene

Position betrachtet, ist auch eine jeweilige Anpassung des Gesamtbestandes der latenten Steuern an einen veränderten Steuersatz als zulässig zu betrachten.

Mit der jeweiligen Anpassung des Bestandes der latenten Steuern an den aktuellen Steuersatz sind verschiedene Vorteile verbunden: Von den permanenten und den quasi zeitlich unbegrenzten Differenzen abgesehen wird erreicht, dass der Steueraufwand in jeder Periode in einem erklärbaren Zusammenhang zum ausgewiesenen Jahresergebnis steht. Auch würden sich keine Unterschiede zwischen der Einzelbewertung und zwischen den Verfahren der Gruppenbewertung (Brutto-Methode, Netto-Methode) ergeben. Letzteres sei anhand des Beispiels aus Tabelle 6.9 bzw. 6.10 für die Brutto-Methode und die Netto-Methode gezeigt (vgl. Tabelle 6.14; vgl. hierzu Hille, K. [1982], S. 226 f.).

	Periode 1 (Steuersatz 40 %)	Periode 2 (Steuersatz 50 %)	Periode 3 (Steuersatz 60 %)
Zeitlich begrenzte Differenz			
Periode 1	+ 1.000	– 200	– 200
Periode 2	–	+ 1.000	– 200
Periode 3	–	–	+ 1.000
Nettoänderungen	+ 1.000	+ 800	+ 600
Stand	1.000	1.800	2.400
Brutto-Methode			
latente Steuer auf Jahresänderung P1	+ 400	– 100 (50 %)	– 240 (60 %)
P2	–	+ 500	
P3	–	–	600
auf Vorjahresstand	–	+ 100	180
Nettoänderungen	+ 400	+ 500	+ 540
Stand	400 (40 %)	900 (50 %)	1.440 (60 %)
Netto-Methode			
latente Steuer auf Jahresänderung	+ 400	+ 400	+ 360
auf Vorjahresstand	–	+ 100	+ 180
Nettoänderungen	+ 400	+ 500	+ 540
Stand	400 (40 %)	900 (50 %)	1.440 (60 %)

Tab. 6.14: Beispielrechnung mit verschiedenen Steuersätzen

Körperschaftsteuer- und Gewerbeertragsteuersatz zur Bewertung latenter Steuern

In die Bildung des Steuersatzes zur Verrechnung latenter Steuern ist die Körperschaftsteuer und die Gewerbeertragsteuer einzubeziehen. Die Körperschaftsteuer beträgt 25 % (Veranlagungszeitraum 2003: 26,5 %). Für die Gewerbeertragsteuer ist von einem durchschnittlichen Belastungssatz gemäß § 29 GewStG auszugehen. Sieht man von gewerbesteuerlichen Hinzurechnungen und Kürzungen ab und geht man von einem durchschnittlichen Hebesatz von 400 % aus, so ergibt sich der Gesamtsteuersatz (s) nach folgender Überlegung: Wegen der Abzugsfähigkeit der Gewerbeertragsteuer vom Gewerbeertrag ist der effektive Gewerbeertragsteuersatz 16,67 %. Da die Gewerbeertragsteuer das körperschaftsteuerpflichtige Einkommen mindert, folgt bei Normierung auf eine *timing difference* von 100

$s = 0{,}1667 + 0{,}25 \times (1 - 0{,}1667)$

$s = 0{,}375$

In der Literatur und Kommentierung wurde diskutiert, ob latente Steuern diskontiert oder zum Nominalwert angesetzt werden sollen. Überwiegend wird eine Diskontierung abgelehnt (vgl. ADS [1995], § 274 Tz. 33).

d) Bewertung latenter Steuern bei Verlustvortrag und -rücktrag

Nach § 274 HGB bemißt sich die Höhe der latenten Steuern am Betrag der mit der zeitlich begrenzten Differenz verbundenen voraussichtlichen Steuerbelastung bzw. Steuerentlastung nachfolgender Geschäftsjahre. Eine latente Steuerposition ist aufzulösen, sobald die Steuerbelastung bzw. Steuerentlastung eintritt bzw. mit ihr nicht mehr zu rechnen ist. Steuerpflichtige Gewinne während der Perioden des Entstehens und der Umkehrung von *timing differences* sind folglich grundsätzlich Voraussetzung für den Ansatz latenter Steuern. Liegen keine steuerpflichtigen Gewinne vor und sind künftig auch keine zu erwarten, kann es nicht zum Ansatz latenter Steuern kommen. Ist nach Ansatz einer latenten Steuer wider Erwarten nicht mehr mit steuerpflichtigen Gewinnen zu rechnen, so ist die latente Steuerposition außerplanmäßig aufzulösen.

Verlustrücktrag

Die vorstehenden Ausführungen sind zu modifizieren, soweit das Steuerrecht es zuläßt, steuerliche Verluste rück- oder vorzutragen (vgl. Coenenberg, A. G./ Hille, K. [1979], S. 607 ff.; Hille, K. [1982], S. 72 ff.; Siegel, T. [1984], S. 1911). § 10d EStG sieht seit dem Jahr 2001 einen auf 511.500 EUR begrenzten Verlustrücktrag (bis zu dem Jahr 2001 auf 2 Mio. DM begrenzt) auf das vorangegangene Wirtschaftsjahr vor. Liegen während der Periode der *timing differences* Verluste vor, die in vollem Umfang rückgetragen werden können, so haben die steuerlichen Verluste keinen Einfluss auf die Bewertung der latenten Steuern. Dies sollen die Zahlenbeispiele in Tabelle 6.15 verdeutlichen. Fall 1 bzw. Fall 2 zeigen das Entstehen einer passiven bzw. aktiven latenten Steuer während der Verlustperiode P_0, Fall 3 bzw. Fall 4 zeigen die Auflösung einer passiven bzw. aktiven latenten Steuer während der Verlustperiode P_1. Als Steuersatz wird 50 % angenommen.

	P_0		P_1	
	HB	StB	HB	StB
Fall1				
Ergebnis vor Steuern	0	– 100	100	200
Steuern effektiv	+ 50	+ 50	– 100	– 100
latent	– 50	–	+ 50	–
Ergebnis nach Steuern	0	– 50	+ 50	+ 100
Fall 2				
Ergebnis vor Steuern	– 200	– 100	+ 300	+ 200
Steuern effektiv	+ 50	+ 50	– 100	– 100
latent	+ 50	–	– 50	–
Ergebnis nach Steuern	– 100	– 50	+ 150	+ 100
Fall 3				
Ergebnis vor Steuern	300	200	– 200	– 100
Steuern effektiv	– 100	– 100	+ 50	+ 50
latent	– 50	–	+ 50	–
Ergebnis nach Steuern	150	+ 100	– 100	– 50
Fall 4				
Ergebnis vor Steuern	100	200	0	– 100
Steuern effektiv	– 100	– 100	+ 50	+ 50
latent	+ 50	–	– 50	–
Ergebnis nach Steuern	+ 50	+ 100	0	– 50

Tab. 6.15: Beispiel zum Verlustrücktrag

Problematisch könnte der Fall 2 sein, dann nämlich, wenn der handelsrechtliche Verlust den steuerlich maximal rücktragbaren Verlust überschreitet. Die in Fall 2 aktivierte latente Steuer von 50 rechtfertigt sich ja aus der Überlegung, dass im Falle einer der Handelsbilanz folgenden Bilanzierung in der Steuerbilanz der Erstattungsanspruch aufgrund des Verlustrücktrags um 50 gestiegen wäre. Insoweit wie der handelsrechtliche Verlust den steuerlich maximal rücktragbaren Verlust übersteigt, ist folglich keine latente Steuerabgrenzung vorzunehmen. In jedem Falle sollte das Vorliegen einer Verlustsituation zu der Prüfung veranlassen, ob künftig überhaupt mit Gewinnen und folglich mit künftigen Steuerwirkungen der *timing differences* zu rechnen ist.

Verlustvortrag

§ 10d EStG sieht einen zeitlich unbefristeten steuerwirksamen Vortrag für diejenigen Verluste vor, die nicht durch einen Verlustrücktrag abgedeckt werden können. Dies führt dazu, dass trotz Verlust während der Periode(n) der Umkehrung von *timing differences* eine Bildung und planmäßige Auflösung latenter Steuern im Hinblick auf den steuerlichen Verlustvortrag in Betracht kommen kann. Dies sei anhand eines Beispiels verdeutlicht: Bei Entstehung der *timing difference* in P_0 liegt ein rücktragbarer Verlust vor. Bei Umkehrung der *timing difference* in P_2 liegt ein vortragsfähiger Verlust vor. Der Steuersatz beträgt 50 % (vgl. Tabelle 6.16):

	P_0		P_1		P_2		P_3	
	HB	StB	HB	StB	HB	StB	HB	StB
Fall 1: passive latente Steuern								
Ergebnis vor Steuern	– 100	– 200	0	0	– 300	– 200	+ 500	+ 500
Steuern effektiv	+ 100	+ 100	0	0	0	0	– 150	– 150
latent	– 50	–	–	–	–	–	+ 50	–
Ergebnis nach Steuern	– 50	– 100	0	0	– 300	– 200	+ 400	+ 350
Fall 2: aktive latente Steuern								
Ergebnis vor Steuern	– 200	– 100	0	0	– 100	– 200	+ 500	+ 500
Steuern effektiv	+ 50	+ 50	0	0	0	0	– 150	– 150
latent	+ 50	–	–	–	–	–	– 50	–
Ergebnis nach Steuern	– 100	– 50	0	0	– 100	– 200	+ 300	+ 350

Tab. 6.16: Beispiel zum Verlustvortrag

In Fall 1 bzw. Fall 2 entsteht in P_0 eine passive bzw. aktive latente Steuer, falls davon ausgegangen werden kann, dass sich die Differenz später umkehrt und es dadurch zu einer Steuerentlastung bzw. -belastung kommt. Die Umkehrung erfolgt in P_2. Eine planmäßige Auflösung der latenten Steuerpositionen kommt aber nicht in Betracht, da kein steuerpflichtiges Einkommen erwirtschaftet wird und aus dem möglichen Verlustvortrag kein eindeutig bestimmbarer Steuererstattungsanspruch in P_2 entsteht. Dies folgt aus dem Abgrenzungscharakter der latenten Steuern. Ist nicht hinreichend begründbar damit zu rechnen, dass in entsprechendem Umfang mit kompensierenden Gewinnen zu rechnen ist, muss die latente Steuerposition in P_2 außerplanmäßig aufgelöst werden. Im Beispiel wird unterstellt, dass hinreichende Anhaltspunkte für einen kompensierenden steuerpflichtigen Gewinn in P_3 vorliegen. In P_3 kommt es folglich zum Eintritt der höheren Steuerbelastung bzw. -entlastung, sodass gem. § 274 HGB in P_3 die planmäßige Auflösung erfolgt. Dass es in Fall 1 in P_3 zur höheren Steuerbelastung kommt, ist wie folgt begründbar (analoge Überlegungen gelten für Fall 2): Wäre die handelsrechtliche Bilanzierung auch in der Steuerbilanz realisiert, hätte sich in P_2 ein steuerlicher Verlust von – 300 ergeben, der nach Verlustabzug in P_3 zu einer Steuerbelastung von – 100 anstatt – 150 geführt hätte. Aus Sicht der Handelsbilanz ist die effektive Steuerbelastung von – 150 also zu hoch, sie wird durch planmäßige Inanspruchnahme der passiven latenten Steuer um 50 in der Handelsbilanz reduziert.

Der Verlustvortrag kann auch für die Neubildung einer latenten Steuerposition Bedeutung haben. Entsteht die *timing difference* in einer Verlustsituation ohne Verlustrücktragsmöglichkeit, so kann keine latente Steuerabgrenzung vorgenommen werden, da keine Ertragsteuer anfällt und somit auch keine zu niedrige oder zu hohe Steuerbelastung vorliegen kann. Kommt es aber vor Umkehrung der *timing difference* zur Gewinnsituation und zur Verrechnung des Verlustvortrags, so wird die *timing difference* nunmehr steuerwirksam, sodass dann die latente Steuerabgrenzung vorzunehmen ist. In dem nachfolgenden Beispiel einer passiven Steuerabgrenzung auf eine Bilanzierungshilfe ist dies in P_1 der Fall. In P_2 kommt es annahmegemäß zur Auflösung des latenten Steuerpostens. Der Steuersatz beträgt wiederum 50 %:

		P_0		P_1		P_2	
		HB	StB	HB	StB	HB	StB
Ergebnis vor Steuern		– 200	– 300	+ 500	+ 500	+ 500	+ 600
Steuern	effektiv	0	0	– 100	– 100	– 300	– 300
	latent	–	–	– 50	–	+ 50	–
Ergebnis nach Steuern		– 200	– 300	+ 350	+ 400	+ 250	+ 300

Tab. 6.17: Beispiel zum Verlustvortrag bei der Neubildung einer latenten Steuer

Über die Frage des Einflusses von Verlustrücktrag- und -vortrag auf die Bewertung latenter Steuern aus *timing differences* hinaus bleibt zu klären, ob Verlustrücktrag- oder -vortrag unmittelbar zum Entstehen latenter Steuerabgrenzungen führen können. Ein steuerlicher Verlustrücktrag führt in der Periode des Verlustes zur Realisierung eines Steuererstattungsanspruches, der zur Bilanzierung einer Forderung führt. Ein aktiver latenter Steuerabgrenzungsposten entsteht aus dem Verlustrücktrag selbst also nicht. Bei einem Verlustvortrag hingegen kommt es zu einer Verschiebung der wirtschaftlich entstandenen, aber erst in einer späteren Periode realisierten Steuerminderung. Man kann deshalb von einer speziellen latenten Steuer sprechen (vgl. Black, H. A. [1966], S. 91), die zu einer Minderung bestehender passiver latenter Steuern, nach handelsrechtlichen Grundsätzen aber wohl nicht zu einer darüber hinausgehenden aktiven latenten Steuer führen dürfen (vgl. ADS [1995], § 274 Tz. 28; Feldhoff, M./Langermeier, C. [1991]).

III. Latente Steuern nach IAS/IFRS

1. Temporary-Konzept als Grundlage

Latente Steuern nach IAS 12

Steuerwert

Die im September 1996 neu gefasste und im Oktober 2000 ergänzte Richtlinie IAS 12 beruht auf dem bilanzorientierten Temporary-Konzept in Verbindung mit der Liability-Methode. Danach wird jedem *asset* (IAS 12.7) und jeder *liability* (IAS 12.8) grundsätzlich ein »Steuerwert« (*tax-base*) insofern zugeordnet, als dass die Realisierung des *asset* bzw. die Bezahlung der *liability* in Abhängigkeit von der steuerlichen Absetzbarkeit Auswirkungen auf die Höhe der Steuerbemessungsgrundlage hat. Ist der Buchwert eines *asset* in der Handelsbilanz größer als sein Steuerwert, so führt die Realisierung des *asset* handelsbilanziell zu geringeren Gewinnen als steuerrechtlich. Dies wird folglich zu einer höheren steuerlichen Bemessungsgrundlage und zu entsprechend höheren Steuerbelastungen führen. Hierfür ist aus handelsbilanzieller Sicht eine latente Steuerverbindlichkeit zu passivieren. Entsprechendes gilt, wenn der Steuerwert einer Schuld den Buchwert in der Handelsbilanz übersteigt.

Umgekehrt führt die niedrigere Bewertung eines *asset* in der Handelsbilanz im Vergleich zum Steuerwert bei Realisierung des *asset* zu einem höheren Handelsbilanzgewinn im Vergleich zum steuerlichen Gewinn. Zur Berücksichtigung dieses, dem *asset* zugerechneten Steuereffektes, ist dementsprechend nach IAS 12 ein Aktivposten für latente Steuern zu bilden. Entsprechendes gilt wiederum, wenn in der Handelsbilanz Schulden des Unternehmens durch einen den Steuerwert übersteigenden Buchwert berücksichtigt sind.

»Temporary differences«

Nach IAS 12.5 sind *temporary differences* definiert als Unterschiede zwischen dem handelsbilanziellen Buchwert eines *asset* bzw. einer *liability* und deren Steuerwert. Sie führen grundsätzlich zur Verrechnung latenter Steuern (IAS 12.10). Nach dieser rein bilanziellen Betrachtungsweise werden zunächst sämtliche Differenzen aus unterschiedlichen Wertansätzen in Handels- und Steuerbilanz unabhängig von ihrer Entstehungsursache erfasst.

D. h. es gehören auch solche Differenzen zu den *temporary differences*, die erfolgsneutral entstanden sind und erst bei ihrer Auflösung zu Erfolgsunterschieden im handels- und steuerrechtlichen Abschluss führen. Neben den *timing differences* gehören folglich auch Teile der permanenten Differenzen zu den *temporary differences*.

»Taxable/ deductable temporary differences«

Weiter wird unterschieden in *taxable temporary differences* und in *deductable temporary differences*. *Taxable temporary differences* führen bei ihrer späteren Auflösung zu einer höheren Steuerbelastung und erfordern somit eine passive latente Steuerverbindlichkeit; *deductable temporary differences* führen bei ihrer Auflösung zu Steuerentlastungen und erfordern deshalb eine aktive latente Steuerabgrenzung im handelsrechtlichen Jahresabschluss. Eine zeitliche Einschränkung der latenten Steuergestaltung derart, dass der zu realisierende Steuereffekt innerhalb eines bestimmten Zeitrahmens erfolgen muss, besteht nicht. Außerdem ist es unerheblich, ob die Auflösung der Differenzen automatisch oder dispositionsabhängig erfolgt. Damit fallen auch die sog. quasi-permanenten Differenzen (vgl. Abschnitt D I 1a) unter das Konzept der *temporary differences*. Als nicht abgrenzbare Differenzen (im Entwurf zu IAS 12 revised 1996 *other differences* genannt) gelten gemäß IAS 12 grundsätzlich nur diejenigen Differenzen zwischen tatsächlicher Steuerschuld und dem aus dem handelsrechtlichen Ergebnis abgeleiteten Steueraufwand, die aus außerbilanziellen Hinzurechnungen und Kürzungen bei der steuerlichen Einkommensermittlung oder aus unmittelbaren Kürzungen der Steuerschuld resultieren.

2. Fälle passiver und aktiver latenter Steuern

a) Passive latente Steuern – »taxable temporary differences«

»Taxable temporary differences«

Nach IAS 12.15 ist grundsätzlich eine passive latente Steuerabgrenzung in allen Fällen erforderlich, in denen *temporary differences* bei ihrer Auflösung zu einer höheren Steuerbelastung führen, als aus handelsbilanzieller Sicht gerechtfertigt wäre. Die Fälle, in denen das Entstehen der *taxable temporary differences* bereits mit Ergebnisunterschieden und somit steuerlichen Konsequenzen verbunden war und die bei der Auflösung der Unterschiede wieder umgekehrt werden (sog. *timing differences*), führen auch nach § 274 HGB zu einer Passivierung latenter Steuerverbindlichkeiten. Diese *timing differences* stellen deshalb insoweit lediglich einen Unterfall der umfassenderen *taxable temporary differences* dar (vgl. zu derartigen passiven latenten Steuern Abschnitt D II 2).

Erfolgsneutrale Neubewertungen

Ein Beispiel für eine über *timing differences* hinausgehende *taxable temporary difference* gemäß IAS 12.18-20 ist etwa die erfolgsneutrale Neubewertung von *assets*, die steuerlich nicht mitvollzogen wird. Dies kann sich z. B. bei einer Fusion/Akquisition ergeben, die steuerlich in Form einer Buchwertverknüpfung vollzogen wird. Außerdem kann sich dieser Fall in den Ländern ergeben, in denen eine erfolgsneutrale Neubewertung von Vermögensgegenständen zum Zwecke einer inflationsbereinigten Rechnungslegung ohne entsprechende Wirkung in der Steuerbilanz zulässig ist (vgl. beispielsweise IAS 16 und IAS 25). Ein weiterer Fall ist beispielsweise die Bewertung von *„available for sale"*-Wertpapieren zum höheren Marktpreis, wenn von der Möglichkeit der erfolgsneutralen Erfassung der Aufwendung gemäß IAS 39.103 Gebrauch gemacht wird (vgl. 4. Kapitel C II 2). Im Falle derartiger Neubewertungen entstehen *taxable temporary differences*, für die nach IAS 12 eine passive latente Steuerabgrenzung zu erfolgen hat. Hierbei handelt es sich allerdings nicht um eine *timing difference* mit einer Umkehrung früherer steuerlicher Effekte. Vielmehr ist die *temporary difference* ohne eigenen Steuereffekt entstanden; eine latente Steuerabgrenzung erfolgt im Hinblick auf die mit der »künftigen Auflösung« verbundenen steuerlichen Konsequenzen.

Vom grundsätzlichen Gebot der passiven latenten Steuerabgrenzung bei *taxable temporary differences* macht IAS 12 Ausnahmen, auf die im Folgenden kurz hingewiesen wird:

Goodwill

Zu einer *taxable temporary difference* kommt es auch dann, wenn im Rahmen einer Fusion oder eines Unternehmenskaufs ein Goodwill bezahlt wird, der handelsrechtlich aktiviert und abgeschrieben wird, für steuerliche Zwecke dagegen nicht aktiviert wird bzw. nicht zu Abschreibungen führt. In diesen Fällen hat der Goodwill einen Steuerwert von 0, entsprechend ergibt sich eine *temporary difference* in Höhe des handelsrechtlichen Buchwertansatzes des Goodwills. Als Ausnahme verbietet in diesem Fall IAS 12.15 (a), 21 gleichwohl die Berücksichtigung der daraus resultierenden passiven latenten Steuer mit der Begründung, dass es sich bei dem Goodwill um eine Residualgröße handelt und folglich der Ansatz einer passiven latenten Steuer die Residualgröße Goodwill unnötig aufblähen würde (vgl. auch 9. Kapitel E II).

Erfolgsneutrale Unterschiede bei Erstverbuchung

Ein Ansatzverbot für passive latente Steuern gilt auch für erfolgsneutrale Unterschiede bei Erstverbuchung eines *asset* oder einer *liability* (IAS 12.15 (b), 22), falls diese Unterschiede nicht aus einer Unternehmensakquisition resultieren.

Differenzen bei Beteiligungen

Schließlich besteht ein Ansatzverbot bei Differenzen aus Beteiligungen an Tochterunternehmen, assoziierten Unternehmen und Gemeinschaftsunternehmen in all den Fällen, in denen das die Beteiligung haltende Unternehmen, die Auflösung der *temporary difference* bestimmen kann und die Auflösung wahrscheinlich nicht in der nächsten Zukunft zu erwarten ist (IAS 12.15, 39).

b) *Aktive latente Steuern – »deductable temporary differences«*

»Deductable temporary differences«

Grundsätzlich erfordert IAS 12.24 eine aktive latente Steuerabgrenzung in allen Fällen von *deductable temporary differences*, in denen es wahrscheinlich ist, dass steuerliche Gewinne verfügbar sein werden, um die gebildeten aktiven latenten Steuern in den späteren Perioden ihrer Auflösung steuerlich wirksam nutzen zu können. Unter dieser Voraussetzung sind zwei Fälle für die Entstehung aktiver latenter Steuern ursächlich: Schulden sind in der Handelsbilanz durch höhere Verbindlichkeitsposten berücksichtigt als in der Steuerbilanz und/oder Vermögensposten sind in der Handelsbilanz durch einen niedrigeren Wertansatz erfasst als in der Steuerbilanz. Soweit diese Bilanzdifferenzen zugleich *timing differences* sind, kann auf die Beispielsfälle für aktive latente Steuerabgrenzungen in Abschnitt D II 2 verwiesen werden.

Erfolgsneutrale Neubewertung

Darüber hinaus gehören zu den *deductable temporary differences* aber auch solche Bilanzpositionsdifferenzen, die ohne steuerliche Wirksamkeit entstanden sind, aber bei ihrer Auflösung steuerliche Wirkungen zur Folge haben. Als Beispiel kommt – wie schon bei den *taxable temporary differences* (vgl. vorstehenden Abschnitt a) – die erfolgsneutrale Neubewertung von Vermögensposten oder Schuldposten nach einer Fusion/Akquisition oder zum Zwecke der inflationsbereinigten Rechnungslegung in Betracht. Zu *deductable temporary differences* kommt es in diesen Fällen beispielsweise dann, wenn Schuldpositionen höher bewertet werden, ohne dass dies steuerlich mitvollzogen wird. Nach IAS 12 ist im Falle derartiger erfolgsneutraler Neubewertungen auf die entstandenen *deduc-*

table temporary differences grundsätzlich eine aktive latente Steuer zu verrechnen.

Ausnahmen von Aktivierungspflicht latenter Steuern

Analog den Ausnahmen von der Passivierungspflicht latenter Steuern (vgl. vorheriger Abschnitt a) kennt IAS 12.24 Ausnahmen vom generellen Aktivierungsgebot latenter Steuern. Es handelt sich um *deductable temporary differences* aus einem Badwill (IAS 12.24 (a), 32), aus einem erfolgsneutralen Unterschied bei Erstverbuchung (IAS 12.24 (b), 33) sowie aus einer Beteiligung, wenn die Gesellschaft die temporäre Differenz aus der Beteiligung bestimmen kann und diese wahrscheinlich nicht in der nächsten Zukunft aufgelöst wird (IAS 12.44).

Steuerfreie Investitionszulage

Ein Beispielsfall einer erfolgsneutralen Differenz bei Erstverbuchung ist eine gewährte steuerfreie Investitionszulage. Im Falle einer solchen steuerfreien Investitionszulage sieht IAS 20 als eine Möglichkeit vor, dass die Investitionszulage von den Anschaffungskosten des *asset* in der Handelsbilanz abgezogen wird. Da die Investitionszulage steuerfrei gewährt wird, bleibt der Steuerbilanzansatz des *asset* von der Kürzung in der Handelsbilanz unberührt. Diese Bilanzierungsweise führt folglich zu einer *deductable temporary difference*. Aufgrund des erhöhten steuerlichen Abschreibungspotenzials resultiert hieraus in den Folgejahren ein den Steueraufwand mindernder Effekt. Grundsätzlich wäre dieser Vorteil in Form einer aktivischen Steuerabgrenzung zu berücksichtigen, wenn nicht das Ansatzverbot bei erfolgsneutralen Unterschieden aus der Erstverbuchung existierte (IAS 12.24 (b), 33). Die in IAS 20 empfohlene Bilanzierungsweise soll erreichen, dass die steuerfreie Investitionszulage pro rata temporis über die Laufzeit der Anlage im handelsrechtlichen Jahresabschluss durch den niedrigeren Abschreibungseffekt vereinnahmt wird. Die Buchung einer aktiven latenten Steuer würde diesen Effekt aber gerade konterkarieren.

Aktive latente Steuer auf Verlustvorträge

Über die *deductible temporary differences* hinaus gilt die Bilanzierungspflicht für aktive latente Steuern grundsätzlich auch für steuerlich vortragbare Verluste (IAS 12.34). Es liegt zwar kein Vermögensgegenstand im handelsrechtlichen Sinne vor, es besteht aber durch die Vortragsfähigkeit im Falle künftiger steuerlicher Gewinne ein ökonomischer Vorteil, dessen Realisierbarkeit sich aus dem in der vergangenen Periode entstandenen Verlust begründet. Somit ist ein aktivierbarer Vermögensposten (= *asset*) im Sinne der IAS/IFRS gegeben.

Wahrscheinliche künftige Gewinne

Mit einem Verlustvortrag ist allerdings eine künftig niedrigere Steuerbelastung und somit ein gegenwärtiger ökonomischer Vorteil nur verbunden, wenn in den künftigen Perioden der Realisation ausreichende steuerpflichtige Gewinne erwirtschaftet werden. Konsequenterweise sieht IAS 12.24, 27 – wie oben erwähnt – deshalb vor, dass aktive latente Steuern nur zu verrechnen sind, wenn künftige steuerpflichtige Gewinne wahrscheinlich sind, gegen die die aktivierte latente Steuer verrechnet werden kann.

Was unter »wahrscheinlichem« Vorliegen künftiger steuerpflichtiger Gewinne zu verstehen ist, läßt sich nicht allgemeinverbindlich festlegen und bedarf im Einzelfall sorgfältiger Abwägung. IAS 12 nennt Objektivierungskriterien, bei deren Vorliegen von wahrscheinlichen steuerpflichtigen Gewinnen auszugehen ist:

(1) Von wahrscheinlichen künftigen Gewinnen ist auszugehen, wenn beim betreffenden steuerpflichtigen Unternehmen passive latente Steuern vorliegen, die Verpflichtungen gegen dieselbe Steuerbehörde beinhalten, gegenüber der Ansprüche aus aktiven latenten Steuern begründet sind, und wenn die passiven latenten Steuern mit den betreffenden aktiven latenten Steuern zeitkongruent sind. Zeitkongruent heißt, dass sich die passiven latenten Steuern in den gleichen Perioden auflösen werden, in denen die aktiven latenten Steuern aufzulösen sind, oder dass die passiven latenten Steuern sich in Perioden auflösen, in die ein aus der Auflösung der betreffenden aktiven latenten Steuern entstehender Verlust vorgetragen oder rückgetragen werden kann (IAS 12.28). In diesen Fällen ist die aktive latente Steuer in der Periode zu bilden, in der die entsprechenden *deductible temporary differences* auftreten.

(2) Ein weiteres Objektivierungskriterium liegt in der Möglichkeit des Unternehmens, durch steuerbilanzpolitische Maßnahmen (*tax planning opportunities*) künftige steuerliche Gewinne zu erzeugen. Zu denken ist beispielsweise an die Auflösung steuerfreier stiller Reserven durch Veräußerung unter dem Zeitwert angesetzter Vermögensgegenstände oder – soweit zulässig – der Wechsel von der degressiven Abschreibung auf die lineare Abschreibung (IAS 12.29 (b), 30).

(3) Sind die Kriterien nach den Punkten (1) und (2) nicht gegeben, so muss auf die Wahrscheinlichkeit künftiger steuerlicher Gewinne unmittelbar abgestellt werden (IAS 12.29 (a), 36 (b)). An die Abschätzung künftiger steuerlicher Gewinne ohne Vorliegen der Objektivierungskriterien nach den Punkten (1) und (2) sind hohe Anforderungen zu stellen. Insbesondere sind gewinnerhöhende Wirkungen aus künftigen aktiven latenten Steuern außer Ansatz zu lassen, weil diese ihrerseits nachfolgende steuerliche Gewinne voraussetzen. Eine Begründung für wahrscheinliche künftige steuerliche Gewinne mag beispielsweise darin liegen, dass das Unternehmen auch in der Vergangenheit beständig und nachhaltig steuerliche Gewinne erwirtschaftet hat und aufgrund der finanziellen wettbewerblichen Position des Unternehmens nicht mit einer Umkehr dieser Entwicklung zu rechnen hat. Hat das Unternehmen dagegen eine Verlusthistorie, dann wird die Annahme wahrscheinlicher künftiger steuerlicher Gewinne besonders sorgfältiger Begründung bedürfen. IAS 12.35 fordert in diesem Falle als Voraussetzung für eine aktive latente Steuer auf den Verlustvortrag einen »überzeugenden Nachweis« (*convincing other evidence*) dafür, dass ausreichende steuerliche Gewinne künftig verfügbar sein werden. D. h. es bedarf des Nachweises, dass die vergangenen Verluste auf identifizierbare Ursachen zurückzuführen sind, mit deren künftigen Eintreten wahrscheinlich nicht mehr zu rechnen ist. Ein Beispiel sind Anlaufverluste eines in der Anlaufphase sich befindenden neuen Geschäftsbereiches, dessen break-even Punkt mit hinreichender Gewißheit in Sicht ist. Im Falle aktivierter latenter Steuern auf Verlustvorträge sieht IAS 12 darüber hinaus eine besondere Berichterstattungspflicht über den Umfang derartiger aktiver latenter Steuern und über die erbrachten Nachweise wahrscheinlicher zukünftiger steuerlicher Gewinne vor.

Nachaktivierung latenter Steuern

Ist nach Prüfung der vorstehenden Kriterien (1) bis (3) nicht davon auszugehen, dass wahrscheinliche künftige steuerliche Gewinne gegeben sind, so kommt insoweit der Ansatz aktiver latenter Steuern auf *deductable temporary differences* der Berichtsperiode oder auf Verlustvorträge nicht in Betracht. In den nachfolgenden Berichtsperioden ist allerdings jeweils zu prüfen, ob aufgrund veränderter Verhältnisse oder einer veränderten Einschätzung der zukünftigen Ergebnissituation die Voraussetzungen der Nichtaktivierung entfallen und folglich eine Nachaktivierung vorgenommen werden muss (IAS 12.37). Eine veränderte Wettbewerbsposition oder der Verkauf bzw. die Stillegung eines Verlustbereiches mögen Indikatoren für eine derartige veränderte künftige Ergebnissituation sein. Grundsätzlich ist anhand der vorstehenden Kriterien (1) bis (3) in jedem Jahr zu prüfen, ob Nachaktivierungen von in vergangenen Perioden nicht aktivierten latenten Steuern erforderlich sind. In gleicher Weise sind natürlich auch an jedem Bilanzstichtag die Voraussetzungen für die in der Vergangenheit vorgenommenen aktiven latenten Steuern auf ihre Gültigkeit hin zu untersuchen (IAS 12.56). Eine aktivierte latente Steuer ist insoweit aufzulösen, wie nicht länger mit wahrscheinlichen ausreichenden steuerpflichtigen Gewinnen in der Zukunft zu rechnen ist, gegen die die aktivierten latenten Steuern sich in den zukünftigen Perioden ausgleichen.

c) Synoptische Gegenüberstellung der Fälle latenter Steuerabgrenzung nach HGB und IAS/IFRS

Die vorstehenden Ausführungen haben deutlich gemacht, dass das den IAS/IFRS zugrunde liegende Temporary-Konzept zu einer erheblich weitergehenden latenten Steuerabgrenzung führt als das dem HGB zugrunde liegende Timing-Konzept. Auf der Grundlage einer erweiterten *asset* Definition sind darüber hinaus nach IAS/IFRS den latenten Steuern ähnliche Steuerabgrenzungen auf Verlustvorträge und gegebenenfalls für Körperschaftsteuerminderungsansprüche bzw. -erhöhungsverpflichtungen bei gespaltenem Körperschaftsteuersatz vorzunehmen. Die Unterschiede zwischen der latenten Steuerabgrenzung nach HGB und nach IAS/IFRS sind in Tabelle 6.18 nochmals zusammengefasst.

Differenz zwischen Handelsbilanz und Steuerbilanz	Latente Steuern nach HGB	Latente Steuern nach IAS/IFRS	Beispiele
zeitlich begrenzte Differenz	ja	ja	unterschiedliche Abschreibung abnutzbarer Anlagen in Handels- und Steuerbilanz
quasi zeitlich unbegrenzte Differenz	nein	ja	Abschreibung nicht abnutzbarer Anlagen nur in der Handelsbilanz
zeitlich unbegrenzte Differenz a) infolge erfolgsneutraler Vermögensdifferenzen	nein	ja	Neubewertung von Vermögengegenständen nur in der Handelsbilanz
b) infolge außerbilanzieller steuerlicher Berücksichtigung	nein	nein	steuerlich nicht abzugsfähiger Teil der Aufsichtsratsvergütung
Verlustvorträge	nein	ja	steuerlich vortragsfähiger Verlust, aber voraussichtlich künftige steuerliche Gewinne

Tab. 6.18: Latente Steuern nach HGB und IAS/IFRS

3. Ermittlung, Ausweis und Bewertung latenter Steuern

a) Erfolgswirksame und erfolgsneutrale Ermittlung latenter Steuern

Latente Steuern sind – ebenso wie die aktuellen, laufenden Steuern – konsistent zu den Transaktionen bzw. Ereignissen zu erfassen, aus denen sie resultieren. Im Grundsatz bedeutet dies, dass erfolgswirksame Transaktionen bzw. Ereignisse zur erfolgswirksamen Erfassung und erfolgsneutrale Transaktionen bzw. Ereignisse zur erfolgsneutralen Erfassung latenter Steuern führen (IAS 12.57).

Erfolgswirksame Ermittlung latenter Steuern

Die häufigsten Fälle latenter Steuerverrechnung resultieren auch unter dem Temporary-Konzept von IAS 12 aus Fällen, in denen Erträge bzw. Aufwendungen im handelsrechtlichen und im steuerrechtlichen Abschluss zeitverzögert verrechnet werden (= *timing differences*). Da es sich hierbei um automatisch umkehrbare erfolgswirksame Transaktionen handelt, gilt gemäß IAS 12.58 als generelle Regel die erfolgswirksame Verrechnung aktiver und passiver latenter Steuern. Ist eine latente Steuer erfolgswirksam zu verrechnen, so gilt die Regel der erfolgswirksamen Verrechnung auch für alle nachfolgend vorzunehmenden Korrekturen an der betreffenden aktiven oder passiven latenten Steuerposition (IAS 12.60). Beispiele für derartige Korrekturbedarfe sind Änderungen des Steuersatzes, Änderungen der Steuergesetzgebung oder Änderungen in der Einschätzung der Wahrscheinlichkeit künftiger steuerpflichtiger Gewinne als Voraussetzung für die Bildung aktiver latenter Steuern.

Erfolgsneutrale Ermittlung latenter Steuern

Die Generalregel der erfolgswirksamen Verrechnung latenter Steuern wird in den Ausnahmefällen durchbrochen, in denen die latente Steuer aus erfolgsneutralen Transaktionen resultiert. Es handelt sich im Wesentlichen um latente Steuern aus erfolgsneutralen Neubewertungen von Vermögensgegenständen und Schulden (IAS 12.61-65) sowie latente Steuern auf Neubewertungen von Vermögensgegenständen und Schulden eines Tochterunternehmens im Zusammenhang mit der Kapitalkonsolidierung (IAS 12.66-68; vgl. außerdem 9. Kapitel E II). Sie werden bei Entstehung erfolgsneutral, bei späterer planmäßiger Auflösung erfolgswirksam verrechnet.

b) Ausweis latenter Steuern

Bilanzieller Ausweis

IAS 12.69 fordert grundsätzlich einen getrennten Ausweis latenter Steuerpositionen von anderen Vermögensgegenständen und Schulden. Dabei sind aktive latente Steuern und passive latente Steuern getrennt auszuweisen; eine Saldierung ist nur unter sehr engen Voraussetzungen zulässig (IAS 12.71). Eine Saldierungsvoraussetzung ist beispielsweise, dass die latenten Steuerverbindlichkeiten und Steuerforderungen gegenüber derselben Steuerbehörde bestehen.

GuV-Ausweis

Gemäß IAS 12.76 sind Steueraufwendungen und -erträge, die dem ordentlichen Geschäftsergebnis zuzurechnen sind, in der Gewinn- und Verlustrechnung grundsätzlich als solche gesondert kenntlich zu machen.

Erläuterungen

Darüber hinaus enthält IAS 12 eine Fülle von Erläuterungs- und Angabepflichten zu den latenten Steuern (vgl. IAS 12.79-88). So besteht beispielsweise die Verpflichtung zur Veröffentlichung einer Überleitungsrechnung, mit der der Unterschied zwischen der tatsächlichen Steuerbelastung und dem für das Unternehmen maßgebenden durchschnittlichen gesetzlichen Gewinnsteuersatz erklärt wird. Zu den weiteren Angabepflichten sei auf die Spezialliteratur verwiesen (Coenenberg, A. G./Hille, K. [2002]).

c) Bewertung latenter Steuern

Künftiger Steuersatz

Entsprechend der IAS 12 zugrunde liegenden Liability-Methode sind für die Bewertung latenter Steuerpositionen grundsätzlich künftige Steuersätze anzuwenden, sofern konkrete Anhaltspunkte dafür vorliegen (*substantially enacted*), dass im Zeitpunkt der Auflösung der *temporary differences* andere Steuersätze gelten werden (IAS 12.47). Für den Fall eines von der Gewinnhöhe abhängigen Steuersatzes ist ein durchschnittlicher Steuersatz zu verwenden (IAS 12.49).

Differenzierte Steuersätze

Gelten je nach Gewinnentstehung unterschiedliche Steuersätze (z. B. für laufenden Gewinn und Kapitalgewinn), so ist grundsätzlich die jeweilige Gewinnentstehungsursache maßgebend (IAS 12.51). Desgleichen sind Steuervergünstigungen zu berücksichtigen (vgl. SIC 21).

Keine Diskontierung

Gemäß IAS 12.53 ist ausdrücklich vorgesehen, dass latente Steuerverbindlichkeiten zum Nominalwert und nicht mit ihrem Barwert angesetzt werden müssen.

Stichtagsprinzip

Latente Steuerpositionen sind nicht nur dem Grunde nach, sondern auch im Hinblick auf die Bewertung zu jedem Bilanzstichtag zu überprüfen (IAS 12.56). Dies gilt sowohl hinsichtlich möglicherweise geänderter Steuersätze als auch im Hinblick auf revidierte Pläne und Absichten des Unternehmens, soweit diese auf die Bewertung Einfluss haben (z. B. Verkauf eines Anlagegutes anstelle dessen weiterer Nutzung).

Gewerbeertrag- und Körperschaftsteuersatz

Unter dem deutschen Steuersystem sind die für die latente Steuerverrechnung relevanten Steuern die Gewerbeertrag- und die Körperschaftsteuer. Für die Gewerbeertragssteuer ist von einem durchschnittlichen Belastungssatz gemäß § 29 GewStG auszugehen. Beispielsweise sei unterstellt, dass der Hebesatz durchschnittlich 400 % betrage. Von Hinzurechnungen und Kürzungen sei abgesehen. Dann ergibt sich wegen der Abzugsfähigkeit der Gewerbeertragssteuer vom Gewerbeertrag ein effektiver Gewerbeertragsteuersatz von 16,67 %. Der Körperschaftsteuersatz beträgt nach Inkrafttreten zum 1.1.2001 des Gesetzes zur Senkung der Steuersätze und zur Reform der Unternehmensbesteuerung (StSenkG) einheitlich 25 % (Veranlagungszeitraum 2003: 26,5 %). Da die Gewerbeertragsteuer die körperschaftsteuerliche Bemessungsgrundlage mindert, ergibt sich im Beispiel ein Steuersatz zur Bewertung der latenten Steuer von (vgl. auch oben D II 3 c):

$$s = 0{,}1667 + 0{,}25 \times (1 - 0{,}1667)$$

$$s = 37{,}5\ \%.$$

Bewertung latenter Steuern bei gespaltenem Körperschaftsteuersatz

Ein Problem stellt sich allerdings im Zusammenhang mit dem zugrunde liegenden Körperschaftsteuersatz in den Fällen, in denen ein gespaltener Steuersatz für thesaurierte Gewinne einerseits und ausgeschüttete Gewinne andererseits besteht. Dies war in dem bis zum Ende des Jahres 2000 gültigen körperschaftsteuerlichen Anrechnungssystem mit einer 40%igen Thesaurierungsbelastung und einer 30%igen Ausschüttungsbelastung der Fall. Zwar ist das Anrechnungssystem, wie erwähnt, aufgrund des StSenkG 2000 durch das Halbeinkünfteverfahren mit einem generellen Körperschaftsteuersatz von 25 % ersetzt worden. Gleichwohl ist das Anrechnungssystem für die Verrechnung latenter Steuern aufgrund der Nachwirkung bestehender steuerlicher Anrechnungsansprüche bis längstens zum Jahre 2015 noch relevant. Deshalb ist die Frage der Bewertung latenter Steuern bei gespaltenem Körperschaftsteuersatz im Folgenden zu erörtern. Ob der Thesaurierungssatz, der Ausschüttungssatz oder ein Mischsatz zu wählen ist, hängt davon ab, inwieweit bei der Bewertung der latenten Steuern das künftige Ausschüttungsverhalten zu berücksichtigen ist. IAS 12 (*revised* 1996) sah hierfür keine ausdrückliche Regelung vor. Diese Regelungslücke wurde zunächst durch die Stellungsnahme IDW RS HFA 2, 1999 »Einzelfragen zur Anwendung von IAS/IFRS« und weitere Kommentierungen geschlossen. Durch das am 16.10.2000 durch den Board verabschiedete E68 *Income Tax Consequences of Dividends* hat IAS 12 (*revised* 2000) in Bezug auf die Wirkungen eines gespaltenen Steuersatzes eine verbindliche Regelung erhalten. Zunächst wird auf die Kommentierungen vor der Neuregelung, und sodann auf die Neuregelung gemäß IAS 12 (*revised* 2000) eingegangen.

Körperschaftsteuer-Minderungsansprüche und -Erhöhungsverpflichtungen

Die Stellungsnahme IDW RS HFA 2 geht davon aus, dass mit dem Entstehen und Thesaurieren eines körperschaftsteuerpflichtigen Gewinns unter dem Anrechnungsverfahren ein *tax asset* entsteht, da in Form eines Körperschaftsteuer-Minderungsanspruchs bei späterer Ausschüttung ein wirtschaftlicher Nutzen vorliegt, der der Verfügungsmacht des Bilanzierenden unterliegt und dessen Höhe verlässlich ermittelbar ist. Entsprechend liegt eine *liability* vor, wenn

Gewinne einbehalten werden, die nicht oder unterhalb der Ausschüttungsbelastung mit Köperschaftsteuer belastet sind, da bei künftigen Ausschüttungen die Ausschüttungsbelastung herzustellen ist. In analoger Anwendung von IAS 12 gemäß der Ermessenregel in IAS 1.22 ist es deshalb auch nach IDW RS HFA 2 geboten, Körperschaftsteuer-Minderungsansprüche als aktive latente Steuer und Körperschaftsteuer-Erhöhungsverpflichtungen als passive latente Steuer abzugrenzen (IDW [1999] Tz. 56-59; vgl. auch Förschle, G./Hoffmann, K. [1998], S. 2115 ff.). Dies kommt einer Bewertung latenter Steuern - soweit die Körperschaftsteuer betroffen ist - mit dem Ausschüttungssatz gleich.

Dem steht grundsätzlich nicht entgegen, dass die Realisierung von Minderungsansprüchen und Erhöhungsverpflichtungen bei gespaltenem Körperschaftsteuertarif von einer zu treffenden Ausschüttungsentscheidung abhängt. Denn nach dem in IAS 12 verwirklichten Temporary-Konzept ist der zeitliche Horizont von aktiven und passiven latenten Steuern unerheblich. Ist doch bei allen *temporary differences*, die quasi zeitlich unbegrenzt sind, die Realisierung von einer zu treffenden Ausführungsentscheidung abhängig.

Berücksichtigung des zukünftigen Ausschüttungsverhaltens

Da die Behandlung von Minderungsansprüchen und Erhöhungsverpflichtungen bei gespaltenem Körperschaftsteuertarif nicht explizit in IAS 12 (revised 1996) geregelt war, lässt sich die von der streng analogen Anwendung von IAS 12 abweichende Auffassung vertreten, dass die Bewertung latenter Körperschaftsteuerminderungsansprüche und -erhöhungsverpflichtungen unter Berücksichtigung des künftigen Ausschüttungsverhaltens vorzunehmen ist. Danach wäre eine latente Steuerabgrenzung für Körperschaftsteuerminderungsansprüche bzw. -erhöhungsverpflichtungen nur geboten, wenn konkrete Ausschüttungsbeschlüsse vorliegen (so Arbeitskreis „Externe Unternehmensrechnung" der Schmalenbach Gesellschaft, Grundsatz 8.5). In diesem Falle sollte der Gesamtbetrag der Körperschaftsteuerminderungsansprüche und -erhöhungsverpflichtungen allerdings im Sinne von IAS 12.81 (e) in den *notes* angegeben werden (IDW [1999], Tz. 62). Diese restriktive Auslegung der Abgrenzung latenter Körperschaftsteuerminderungsansprüche bzw. -erhöhungsverpflichtungen ist insbesondere dann angemessen, wenn sie aus thesaurierten Ergebnissen assoziierter Unternehmen resultieren, weil deren Dividendenpolitik durch das Mutterunternehmen im Allgemeinen nicht kontrolliert wird (vgl. IDW [1999], Tz. 81).

Thesaurierungssatz gemäß IAS 12 (revised 2000)

Wie erwähnt hat sich die Regelungslage bezüglich der Bewertung latenter Steuern bei gespaltenem Körperschaftsteuersatz mit der Verabschiedung am 16.10.2000 von E68 *Income Tax Consequences of Dividends* geändert. Das IDW hat dieser geänderten Regelungslage durch den Aufhebungsbeschluss IDW RH HFA 1.002 »Auswirkungen des gespaltenen Körperschaftsteuersatzes auf die Bilanzierung latenter Steuern« Rechnung getragen. Nach der Neuregelung gemäß IAS 12.52 A (revised 2000) ist im Falle eines gespaltenen Körperschaftsteuertarifs für den Ansatz laufender und latenter Steuern stets der Thesaurierungssatz anzuwenden. Nach IAS 12.52 B (revised 2000) führt ein mit einer Ausschüttung verbundener Steuerminderungsanspruch oder eine mit einem steuerfreien Gewinn verbundene Steuererhöhungsverpflichtung erst dann zum Ansatz eines *tax asset* bzw. einer *tax liability*, wenn auch die Ausschüttungsverpflichtung zu passivieren ist, d. h. erst nach Vorliegen eines Auschüttungsbeschlusses.

Die dann anzusetzenden *tax assets* und *liabilities* sind erfolgswirksam im *income statement* zu erfassen.

Die so entstandene neue Regelungslage hat Konsequenzen sowohl für den Ansatz laufender als auch für den Ansatz latenter Steuern. Nach den handelsrechtlichen GoB war es bisher üblich, den laufenden Steueraufwand auf der Grundlage eines Gewinnverwendungsvorschlags zu bemessen. Diese Vorgehensweise ist nach IAS 12.52 B im IAS/IFRS-Abschluss nicht mehr zulässig. Der Ansatz latenter Steuern auf alle aus *temporary differences* ableitbaren künftigen Steuerminderungsansprüche und Steuererhöhungsverpflichtungen führt nach IAS 12.52 B - entgegen der früheren Empfehlung nach IDW RS HFA 2 - nicht mehr zum Ansatz latenter Steuern. Als Begründung dafür gilt, dass die Entstehung der Steuerminderungsansprüche bzw. Steuererhöhungsverpflichtungen mit einem künftigen Ergebnis, nämlich der Ausschüttung, verbunden sei, und deshalb erst mit der Ausschüttungsverbindlichkeit bilanziell zu berücksichtigen sei. Dem kann man entgegen halten, dass der Minderungsanspruch bzw. die Erhöhungsverpflichtung wirtschaftlich mit der Gewinnrealisierung begründet wird, die Ausschüttungsentscheidung legt aber lediglich den Zeitpunkt der Realisierung des Minderungsanspruchs bzw. der Erhöhungsverpflichtung fest. Die Regelung in IAS 12.52 B steht insofern dem Grundgedanken des Temporary-Konzepts entgegen. Dies ändert allerdings nichts an ihrer Gültigkeit.

Übergangsregelung

Das körperschaftsteuerliche Anrechnungssystem mit gespaltenem Körperschaftsteuersatz ist durch das StSenkG mit Wirkung vom 1.1.2001 durch das Halbeinkünfteverfahren ersetzt worden. Aufgrund der zum Zeitpunkt des Übergangs auf das Halbeinkünfteverfahren bestehenden Positionen des verwendbaren Eigenkapitals können sich Steuerminderungsansprüche bzw. -erhöhungsverpflichtungen ergeben haben. Für diese sieht das StSenkG als Übergangsregelung vor, dass das aus EK 40 begründbare Steuerminderungspotenzial bis max. 15 Jahre zu jeweils einem Sechstel (gem. den neuen Plänen der Bundesregierung (Stand 1. Dezember 2002) nur noch zu jeweils einem Siebtel) der Ausschüttung auf die Körperschaftsteuer angerechnet wird. Entsprechend ist eine Nachbelastung von EK 02 vorgesehen, soweit dieses zur Ausschüttung verwendet wird. Nach IDW RS HFA 2 wäre dieses Minderungs- bzw. Erhöhungspotenzial mittels einer aktiven bzw. passiven latenten Steuer abzugrenzen. Soweit dies geschehen ist, sind diese Positionen mit der Gültigkeit von IAS 12.52 A, B (revised 2000) wahlweise - da ein *change in accounting policy* vorliegt (IAS 8.48) - ergebniswirksam oder ergebnisneutral aufzulösen (vgl. auch IDW [2000], Tz. 8). Es stellt sich die Frage, ob aufgrund dieser Übergangsregel die Bildung eines *tax asset* bzw. einer *tax liability* mit IAS 12 (revised 2000) vereinbar ist. Dies ist zu verneinen, da Minderungsansprüche und Erhöhungsverpflichtungen gemäß IAS 12.52 B erst mit dem Auschüttungsbeschluss als realisiert und dann als laufender Steueraufwand erfasst werden (vgl. auch Ernsting, I. [2001], S. 18).

IV. Latente Steuern nach US-GAAP

Temporary-Konzept

Die Bilanzierung latenter Steuern nach US-GAAP ist in FAS 109 von 1992 *Accounting for Income Taxes* geregelt. Mit FAS 109 (bzw. seinem vorübergehenden Vorgänger FAS 96) wurde das vorher gültige Timing-Konzept durch das umfassende bilanzorientierte Temporary-Konzept sowohl für den Einzel- wie auch für den Konzernabschluss ersetzt. Diese umfassenden Regelungen für latente Steuern nach FAS 109 bildeten zugleich das Vorbild für die Überarbeitung der Richtlinie IAS 12 im Jahre 1996. Die Regelungssysteme von FAS 109 und IAS 12 stimmen deshalb weitgehend überein. Insofern gelten die Ausführungen zum IAS 12 vor allem im Hinblick auf das umfassendere Temporary-Konzept (vgl. vorstehender Abschnitt III) sinngemäß auch für die Bilanzierung latenter Steuern nach US-GAAP. Auf diese Ausführungen wird deshalb ausdrücklich verwiesen. im Folgenden wird nur auf Besonderheiten und Unterschiede von FAS 109 im Vergleich zu IAS 12 eingegangen.

Aktive latente Steuer

Ein besonderes Gewicht ist nach den Regeln der US-GAAP auf die Prüfung zu legen, dass im Falle aktiver latenter Steuern (sei es auf Temporary-Differences oder sei es auf einen Verlustvortrag) der künftige ökonomische Nutzen in Form geringerer Steuerzahlungen auch tatsächlich eintritt. Entsprechend der *asset* Definition des Conceptual Framework gilt als Kriterium eine Eintrittswahrscheinlichkeit von mehr als 50 %. Dieses Kriterium ist auch auf die Bewertung einer angesetzten aktiven latenten Steuer zu übertragen. Soweit mit einer Wahrscheinlichkeit von mehr als 50 % (*more likely than not*) künftig nicht in voller Höhe mit der Steuerentlastung zu rechnen ist, ist ein entsprechender Sicherheitsabschlag (*valuation allowance*) vorzunehmen (FAS 109.17). Dieser Sicherheitsabschlag kann folglich zwischen 0 % und 100 % betragen. Er wird auf die gesamte aktive latente Steuer berechnet, d. h. bevor eine eventuell zulässige Saldierung mit einer entsprechenden Passivposition erfolgt. Änderungen des Sicherheitsabschlags aufgrund veränderter Einschätzungen der Wahrscheinlichkeit künftiger Steuerentlastungen führen zu erfolgswirksamen Veränderungen der latenten Steuerposition.

Körperschaftsteuerminderungsansprüche

Eine eher vorsichtige Haltung wird auch im Hinblick auf Körperschaftsteuerminderungsansprüche bei gespaltenem Körperschaftsteuertarif eingenommen (vgl. vorstehenden Abschnitt D III 3). Gemäß den Ergänzungsbestimmungen in EITF Issue 95-10 »*Accounting for tax credits related to dividend payments in accordance with FASB statement No. 109*« kommt die Bilanzierung eines Körperschaftsteuerminderungsanspruchs erst in Betracht, wenn der Anspruch in der Steuererklärung geltend gemacht worden ist (vgl. auch Niehus, R. J./Thyll, A. [2000], Tz. 678 f.; Förschle, G./Hoffmann, K. [1998], S. 2126).

Bewertung latenter Steuern

Im Hinblick auf den Steuersatz folgt FAS 109 ähnlich wie IAS 12 dem Liability-Prinzip; die Restriktion des Stichtagsprinzips ist nach FAS 109.8, 109. 27 allerdings dadurch noch stärker ausgeprägt, als von aktuellen Steuersätzen abweichende künftige Steuersätze nur anzuwenden sind, wenn entsprechende Änderungen der Steuergesetze zum Stichtag beschlossen und bekannt sind. Korrekturen gebildeter latenter Steuern sind nach FAS 109 grundsätzlich ergebniswirksam zu verrechnen; im Gegensatz dazu sind nach IAS 12 Korrekturen latenter Steuern ergebnisneutral zu verrechnen in all den Fällen, in denen die korrigierten latenten

Steuern bei ihrer Bildung erfolgsneutral gebucht wurden (beispielsweise im Falle der Neubewertung von Aktiva).

Für den Fall unterschiedlicher Steuersätze für ausgeschüttete und einbehaltene Gewinne enthält FAS 109 keine besonderen Regelungen. Insofern ist der Steuersatz nach den allgemeinen Bilanzierungsprinzipien, die den US-GAAP zugrunde liegen, zu bestimmen. Für SEC-registrierte ausländische Unternehmen ist allerdings im Falle eines gespaltenen Steuersatzes aufgrund besonderer Vorschriften zwingend der Thesaurierungssatz für die Bewertung latenter Steuern anzuwenden.

E. Stillhalterverpflichtungen

Optionen

Stillhalterverpflichtungen entstehen aus Optionen. Die Ausgabe von Optionen durch einen Emittenten birgt zahlreiche Risiken. Der Emittent wird »Stillhalter« genannt, da er abwarten muss, ob der Käufer das verbriefte Recht aus der Option umsetzt oder das Recht verfallen läßt. Der Stillhalter übernimmt mit Ausgabe eines solchen derivativen Finanzinstruments das Risiko der weiteren Kursentwicklung des Basiswertes. Sein Verlustrisiko ist dabei theoretisch unbegrenzt. Für die Übernahme des Risikos muss der Käufer des Finanzinstruments einen Preis an den Stillhalter entrichten, die so genannte Optionsprämie. Die entrichtete Optionsprämie bildet gleichzeitig die Verlustobergrenze für den Inhaber des Finanzinstruments und die Gewinnobergrenze für den Stillhalter (asymmetrische Risiko-Chancen-Verteilung).

Ansatz

Die Optionsprämie ist als Vorauszahlung für die vom Stillhalter zukünftig zu erbringende Leistung zu interpretieren. Die Optionsprämie muss nach dem Realisationsprinzip folglich bis zum Verfall, der Ausübung oder der Glattstellung durch ein gegenläufiges Geschäft erfolgsneutral als sonstige Verbindlichkeit (*other liability*) passiviert werden.

Folgebewertung

In den Folgeperioden hat der Stillhalter eine Rückstellung für drohende Verluste zu bilden, sofern die Differenz zwischen dem Marktwert der Stillhalterverpflichtung und der passivierten Optionsprämie negativ ist. Verpflichtet die Option den Stillhalter zum Erwerb eines *asset*, so ist sie von den Anschaffungskosten abzuziehen. Beinhaltet die Option die Verpflichtung, einen *asset* zu verkaufen, so ist die passivierte Optionsprämie folglich dem Veräußerungserlös zuzuschlagen. Begründet die Option eine Verbindlichkeit des Stillhalters, so ist der Ausgabebetrag um die passivierte Optionsprämie zu erhöhen. Generell darf die Optionsprämie erfolgswirksam zum Zeitpunkt der Ausübung erfasst werden, wenn keine Verletzung des Wesentlichkeitsgrundsatzes vorliegt (vgl. IDW [1995a], S. 422).

IAS 39 und FAS 133

Stillhalterverpflichtungen sind nach IAS 39.27 und FAS 133.17 aktivierungs- bzw. passivierungspflichtig. Sie sind aufgrund ihrer asymmetrischen Risiko-Chancen-Verteilung nicht als Sicherungsinstrument geeignet. Stillhalterverpflichtungen sind als alleinstehende *financial asset or liability held for trading* zu klassifizieren. Ihre Bewertung entspricht somit der eines *financial asset or liability held for trading* (vgl. 4. Kapitel C III und IV).

Kontrollfragen:

1. Aus welchen Bilanzpositionen setzt sich das Fremdkapital zusammen?
2. Wie unterscheiden sich die Verbindlichkeiten von den Rückstellungen?
3. Wie unterscheiden sich der deutsche Begriff »Verbindlichkeit« und der Begriff der *liabilities* gemäß IAS/IFRS und US-GAAP inhaltlich voneinander?
4. Nach welchen Kriterien werden die *liabilities* in kurz- und langfristig unterteilt?
5. Wirkt sich die Höhe eines eingeräumten Kontoüberziehungskredits unabhängig von dem tatsächlich in Anspruch genommenen Kredit auf die ausgewiesenen Verbindlichkeiten gegenüber Kreditinstituten aus?
6. Welche Verbindlichkeiten sind nicht zu passivieren, und wie sind diese im Jahresabschluss zu behandeln?
7. Wie wird die Weitergabe eines in Zahlung genommenen Wechsels an einen Lieferanten in der Bilanz berücksichtigt?
8. Wie sind Valutaverbindlichkeiten im HGB-Abschluss und wie im steuerrechtlichen Abschluss zu bewerten?
9. Wie sind Zero-Bonds zu bilanzieren?
10. Wie sind Valutaverbindlichkeiten zu bewerten?
11. Wie sind Verbindlichkeiten nach IAS/IFRS und US-GAAP zu bewerten?
12. Inwieweit läßt sich die Rückstellungsbildung sowohl aus dem Prinzip der sachlichen Abgrenzung als auch aus dem Prinzip der Vorsicht ableiten?
13. Nennen Sie die wichtigsten Rückstellungsarten!
14. Für welche Rückstellungen besteht handelsrechtlich bzw. steuerrechtlich eine Bilanzierungspflicht bzw. ein Bilanzierungswahlrecht, für welche ein Bilanzierungsverbot?
15. Was versteht das IASB unter *contingencies*?
16. Wie werden *contingencies* im Rahmen der IAS/IFRS bei der Bilanzierung berücksichtigt?
17. Unter welchen Voraussetzungen sind Rückstellungen nach US-GAAP zu bilden?
18. Welche Formen der betrieblichen Altersversorgung kennen Sie?
19. Warum besteht gemäß IAS/IFRS für Rückstellungen für unterlassene Instandhaltung oder unterlassene Abraumbeseitigung ein Passivierungsverbot?
20. Sind sämtliche unmittelbaren Versorgungszusagen, die ein Unternehmen seinen Arbeitnehmern gewährt, rückstellungspflichtig?

21. Wodurch unterscheiden sich Pensionsrückstellungen von den Rückstellungen für Leistungspflichten einer Unterstützungskasse?
22. Was versteht man unter *defined contribution plans* und wie werden sie im Rahmen der IAS/IFRS behandelt?
23. Was versteht man unter *defined benefit plans*?
24. Beschreiben Sie die *accrued benefit valuation method* zur Bewertung der *defined benefit plans*!
25. Welche Arten von Steuerrückstellungen kennen Sie, und worin unterscheiden sich diese?
26. Warum werden Rückstellungen für Gewährleistungen mit und ohne rechtliche Verpflichtung identisch behandelt?
27. Was ist ein schwebendes Geschäft? Was ist eine Rückstellung für drohende Verluste aus schwebendem Geschäft?
28. Wie wird Erhaltungsaufwand im Rahmen der Anpassungsverpflichtungen behandelt?
29. Warum sind bei der Bildung von Rückstellungen für Altlastensanierung die Kriterien »hinreichende Konkretisierung« und »Wahrscheinlichkeit der Inanspruchnahme« näher zu untersuchen?
30. Sind für Jahresabschluss- und Prüfungskosten Rückstellungen zu bilden?
31. Wie wird ein Ausgleichsanspruch eines Handelsvertreters in der Handels- bzw. in der Steuerbilanz behandelt?
32. Müssen Aktiengesellschaften Rückstellungen für unterlassene Aufwendungen zur Instandhaltung bilden, die erst nach dem dritten auf den Bilanzstichtag folgenden Monat anfallen?
33. Welche Voraussetzungen müssen Aufwendungen erfüllen, damit für sie eine Rückstellungsbildung nach § 249 Abs. 2 HGB in Frage kommt?
34. Sind Aufwandrückstellungen nach IAS/IFRS und US-GAAP bilanzierungsfähig?
35. Wodurch unterscheidet sich die Gegenwartswertmethode von der Teilwertmethode bei der Bewertung von Pensionsrückstellungen?
36. Wie unterscheidet sich die Bewertung von Pensionsrückstellungen nach IAS/IFRS und nach US-GAAP von der Bewertung nach HGB?
37. Für welche Vorgänge dürfen in der Bilanz Rechnungsabgrenzungsposten gebildet werden?
38. Worin besteht der Unterschied zwischen dem Timing-Konzept und dem Temporary-Konzept zur Ermittlung latenter Steuern?
39. Was versteht man unter Liability-Methode, was unter Deferred-Methode?
40. In welchem Verhältnis stehen Liability- und Deferred-Methode zum Timing- bzw. Temporary-Konzept zur Ermittlung latenter Steuern?
41. Nennen Sie Fälle zeitlich begrenzter Differenzen, quasi zeitlich unbegrenzter Differenzen sowie zeitlich unbegrenzter Differenzen!
42. Sind latente Steuern auf Bilanzierungshilfen zu verrechnen?

43. Was versteht man unter Gesamtdifferenzenbetrachtung, was unter Einzeldifferenzenbetrachtung zur Ermittlung latenter Steuern?
44. Inwieweit können aktive und passive latente Steuern nach § 274 HGB saldiert werden?
45. Welche grundsätzlichen Probleme stellen sich bei der Bewertung latenter Steuern?
46. Wodurch unterscheidet sich die Verrechnung latenter Steuern nach IAS 12 grundsätzlich von der Verrechnung latenter Steuern nach § 274 HGB?
47. Nennen Sie die Gebote und die Verbote zur Bildung aktiver und passiver latenter Steuern nach IAS 12!
48. Unter welchen Veränderungen gebietet IAS 12 die Aktivierung latenter Steuern auf Verlustvorträge?
49. Welche Wirkung hat ein gespaltener Körperschaftsteuertarif auf die Bildung latenter Steuern nach IAS/IFRS?
50. Sind nach IAS 12 latente Steuern erfolgswirksam oder erfolgsneutral zu bilden?
51. Wie sind latente Steuern nach IAS 12 auszuweisen?
52. Nennen Sie die Regeln zur Bewertung latenter Steuern nach IAS 12!
53. Inbezug auf welche Punkte unterscheidet sich die Verrechnung latenter Steuern nach US-GAAP von der Verrechnung nach IAS 12?

7. Kapitel: Gewinn- und Verlustrechnung

GuV als Zeitraumrechnung

Während die Bilanz den Stand des Vermögens (einschließlich des Gesamterfolges) der Periode zu einem bestimmten Stichtag darstellt (Zeitpunktrechnung), gibt die GuV Auskunft über die Art, Höhe und Quellen des Unternehmenserfolges der Periode (Zeitraumrechnung). Als Erfolgsrechnung steht die handelsrechtliche GuV in engem Zusammenhang mit der Bilanz, da der in der GuV ermittelte Periodenerfolg stets dem Saldo des Vermögensvergleichs in der Bilanz zwischen zwei Stichtagen entspricht. Anders dagegen in der angloamerikanischen Rechnungslegung, bei der unterschiedliche Gewinngrößen in Bilanz und GuV möglich sind. Insofern hat die Erfolgsrechnung in der anglo-amerikanischen Bilanzierungspraxis eine weitaus größere Bedeutung als in Deutschland, zumal die Erfolgsrechnung als Instrument zur Darstellung der Ertragslage in der angloamerikanischen Philosophie dem primären Ziel der Informationsvermittlung, und hier vor allem der Abschätzung zukünftiger Zahlungsströme, in besonderem Maße Rechnung trägt.

Neben der Ermittlung des Periodenergebnisses haben Aktiengesellschaften alternativ im Anhang oder im Anschluss an die Ergebnisermittlungsrechnung die Verwendung des Ergebnisses darzustellen (Ergebnisverwendungsrechnung). Diese Darstellung zur Ermittlung des zur Verfügung stehenden Ausschüttungspotenzials für die Anteilseigner erfolgt nach internationalen Vorschriften üblicherweise im Rahmen der Eigenkapitalveränderungsrechnung (*statement of changes in equity*). Eine weitere Besonderheit nach IAS/IFRS und US-GAAP besteht in der verpflichtenden Angabe des Ergebnisses je Aktie im Anschluss an die GuV.

A. Abgrenzung der Erfolgsbegriffe

Erträge und Aufwendungen

Die GuV stellt eine Aufwands- und Ertragsrechnung und keine Ausgaben- und Einnahmenrechnung dar. Erträge stellen die gesamte Wertentstehung aus der Geschäftstätigkeit dar. Entsprechend resultieren Aufwendungen aus dem Werteverzehr durch den Verbrauch von Gütern und die Inanspruchnahme von Dienstleistungen. Erträge und Aufwendungen sind damit Mehrungen bzw. Minderungen des betrieblichen Vermögens in einer Rechnungsperiode, die nicht durch Ein- und Auszahlungen von bzw. an Anteilseigner bedingt sind. Die Vermögensänderungen können sich dabei sowohl auf Nominalgüter (liquide Mittel, Forderungen, Verbindlichkeiten) als auch auf Realgüter (Sachvermögen) beziehen. Sie können Einnahmen bzw. Ausgaben der gleichen Periode, aber auch einer früheren oder späteren Periode sein. Die Periodisierung der Einnahmen und Ausgaben erfolgt nach den Abgrenzungsgrundsätzen (vgl. 1. Kapitel D I 3a). Da sich sämtliche Vermögensänderungen der Bilanz – außer Transaktionen mit Anteilseignern – in der GuV widerspiegeln, ist der durch Vermögensvergleich in der Bilanz ermittelte Gesamtperiodenerfolg stets mit dem Periodenergebnis der GuV als Saldo der Erträge und Aufwendungen identisch.

Erträge und Aufwendungen nach IAS/IFRS

Nach IAS/IFRS werden Erträge (*income*) als Nutzenmehrungen der Periode, die aus dem Zufluss oder der Wertsteigerung von Vermögenswerten (*assets*) oder der Abnahme von Schulden (*liabilities*) resultieren, qualifiziert (F 70 (a)). Korrespondierend zu den Erträgen werden Aufwendungen (*expenses*) als Minderungen des wirtschaftlichen Nutzens der Rechnungsperiode in Form einer Eigenkapitalreduzierung, die durch direkten Abfluss, Wertminderung von *assets* oder Anstieg der *liabilities* bedingt sind, definiert (F 70 (b)). Allerdings stellen Auszahlungen an Anteilseigner keine Aufwendungen dar.

- Revenues / gains

Zu unterscheiden sind Erträge, die in unmittelbarem Zusammenhang mit der Geschäftstätigkeit stehen (*revenues*), wie zum Beispiel Umsatzerlöse, Gebühren, Zinsen, Dividenden, Lizenz- und Mieteinnahmen, und Erträge der sonstigen Unternehmenstätigkeit (*gains*), die aus Wertsteigerungen von *assets* oder Wertminderungen von *liabilities* resultieren (vgl. F 74 ff.).

- Expenses / losses

Analog dazu sind Aufwendungen, die in direktem Zusammenhang mit der Geschäftstätigkeit stehen (*expenses*), wie beispielsweise Herstellungskosten, Gehälter und Abschreibungen, und Aufwendungen der sonstigen Geschäftstätigkeit (*losses*), wie zum Beispiel Verluste aus dem Abgang von Vermögenswerten des Anlagevermögens, außerplanmäßige Abschreibungen auf Vermögenswerte und außerordentliche Aufwendungen, zu unterscheiden (vgl. F 78 ff.).

Die Erfüllung der vorgenannten Definitionskriterien führt jedoch nicht zwangsläufig zu einer Erfassung in der Erfolgsrechnung. Aufwendungen und Erträge haben hierfür zusätzlich gewisse Ansatzvoraussetzungen (*recognition criteria*) zu erfüllen (F 71). Diese entsprechen den Kriterien für den Ansatz von *assets* und *liabilities* (F 92 und 94). So erfolgt der Ansatz in der Erfolgsrechnung nur dann, wenn die Nutzenabnahme bzw. -zunahme, die an eine Vermögensänderung geknüpft ist, zumindest wahrscheinlich eintritt und verlässlich ermittelt werden kann. Sind die entsprechenden Kriterien erfüllt, besteht grundsätzlich Ansatzpflicht (F 82). Der Zeitpunkt der Erfassung wird dabei durch die Abgrenzungsgrundsätze bestimmt.

Unabhängig von den Ansatzkriterien werden gewisse Aufwendungen und Erträge ergebnisneutral mit dem Eigenkapital verrechnet. Dies führt dazu, dass das in der GuV ermittelte Periodenergebnis (*net income*) nicht mit dem Gesamtperiodenerfolg der Bilanz (*non-owner movements in equity*) übereinstimmt. Insofern ist zwischen ergebniswirksamen Vermögensänderungen (*recognised gains and losses*) und ergebnisneutralen Erfolgen (*gains and losses not recognised in the income statement*) zu unterscheiden. Die ergebnisneutrale Erfassung ist beispielsweise bei der Behandlung von Währungsumrechnungsdifferenzen möglich und ergibt sich zwangsläufig bei der Anwendung der Neubewertungsmethode, die für die Bewertung von bestimmten *assets* alternativ zulässig ist.

Erträge und Aufwendungen nach US-GAAP

In der US-amerikanischen Rechnungslegung werden die begrifflichen Abgrenzungen für Erträge und Aufwendungen noch weiter gefasst. Hier wird prinzipiell eine definitorische Trennung zwischen den in die GuV eingehenden Ergebnisgrößen (*earnings*) und der Gesamtheit der eigenkapitalverändernden Erfolge der Rechnungsperiode, die nicht aus Transaktionen mit Anteilseignern (Einzahlungen und Ausschüttungen) resultieren (*comprehensive income*), vorgenommen (CON 5.30 ff.). Den unterschiedlichen Erfolgsbegriffen liegen verschiedene Konzeptionen der Ergebnisermittlung zugrunde. Während die in die Erfolgsrechnung eingehenden *earnings* dem *current operating performance concept* Rechnung tragen, folgt die Ermittlung des *comprehensive income* dem *all-inclusive concept* (vgl. Kuhlewind, A.-M. [2000], S. 301 f.). Gemäß dem *current operating performance concept* werden lediglich regelmäßig wiederkehrende Erfolge der Geschäftstätigkeit in der GuV erfasst und unregelmäßige Erfolge in Umgehung der GuV direkt mit dem Eigenkapital verrechnet; entsprechend dem *all-inclusive concept*, das für die Aufstellung der GuV nach US-GAAP in modifizierter Form angewandt wird, sind dagegen grundsätzlich alle Erfolge der Unternehmenstätigkeit in der GuV zu berücksichtigen (vgl. Kieso, D. E./Weygandt, J. J./Warfield, T. D. [2001], S. 138 f.).

- Earnings

In die *earnings* gehen entsprechend dem (*modified*) *all-inclusive concept* neben den Erträgen und Aufwendungen der primären Geschäftstätigkeit (*revenues* bzw. *expenses*) auch die Erträge und Aufwendungen der sonstigen Unternehmenstätigkeit (*gains* bzw. *losses*) ein (CON 5.38). Dem *current operating performance concept* wird dabei durch die Verpflichtung zum separaten Ausweis der ungewöhnlichen Erfolgsbestandteile Rechnung getragen (vgl. KPMG [1999a], S. 134).

- Net income

Der Unterschied zwischen dem Saldo der *earnings* und dem in der GuV ermittelten Periodenergebnis (*net income*) ergibt sich durch die in der Erfolgsrechnung zu berücksichtigenden kumulativen Auswirkungen der Änderung von Bilanzierungsmethoden (*cumulative effect of changes in accounting principles*), die nicht unter die Definition der *earnings* zu subsumieren sind (CON 5.34).

- Comprehensive Income

In der jüngsten Vergangenheit erfolgte eine zunehmende Abweichung von dem grundsätzlich für die Erfolgsrechnung anzuwendenden *all inclusive concept*, da im Rahmen der Änderung einiger Bilanzierungsregeln für bestimmte Sachverhalte nunmehr eine ergebnisneutrale Verrechnung mit dem Eigenkapital möglich bzw. sogar geboten ist (vgl. KPMG [1999a], S. 134). Dies trifft insbesondere auf unrealisierte Bewertungserfolge bestimmter *assets* zu. In diesem Zusammenhang sind beispielsweise die Bilanzierung von Währungsumrechnungsdifferenzen (FAS 52), Pensionsverpflichtungen (FAS 87), Wertpapieren (FAS 115) und Sicherungsgeschäften (FAS 133) zu nennen. Mit der Herausgabe des FAS 130 »*Reporting Comprehensive Income*« im Jahre 1997 wurde dieser Problematik durch die Verpflichtung zur Offenlegung solcher ergebnisneutraler Erfolgskomponenten Rechnung getragen. Die ergebnisneutral erfassten Sachverhalte sind in eine gesonderte Eigenkapitalposition (*other comprehensive income*) einzustellen.

Der Gesamterfolg der Rechnungsperiode (*comprehensive income*) setzt sich damit aus dem in der GuV ermittelten Ergebnis (*net income*) und den übrigen direkt mit dem Eigenkapital verrechneten Geschäftsvorfällen (*other comprehensive income*) zusammen, d. h. der aus der Bilanz ersichtliche Gesamterfolg der Unternehmenstätigkeit weicht von dem in der GuV ermittelten Ergebnis um die Komponente *other comprehensive income* ab (FAS 130.15).

Nachfolgende Darstellung gibt eine Übersicht über die unterschiedlichen Erfolgsbegriffe nach HGB, IAS/IFRS und US-GAAP.

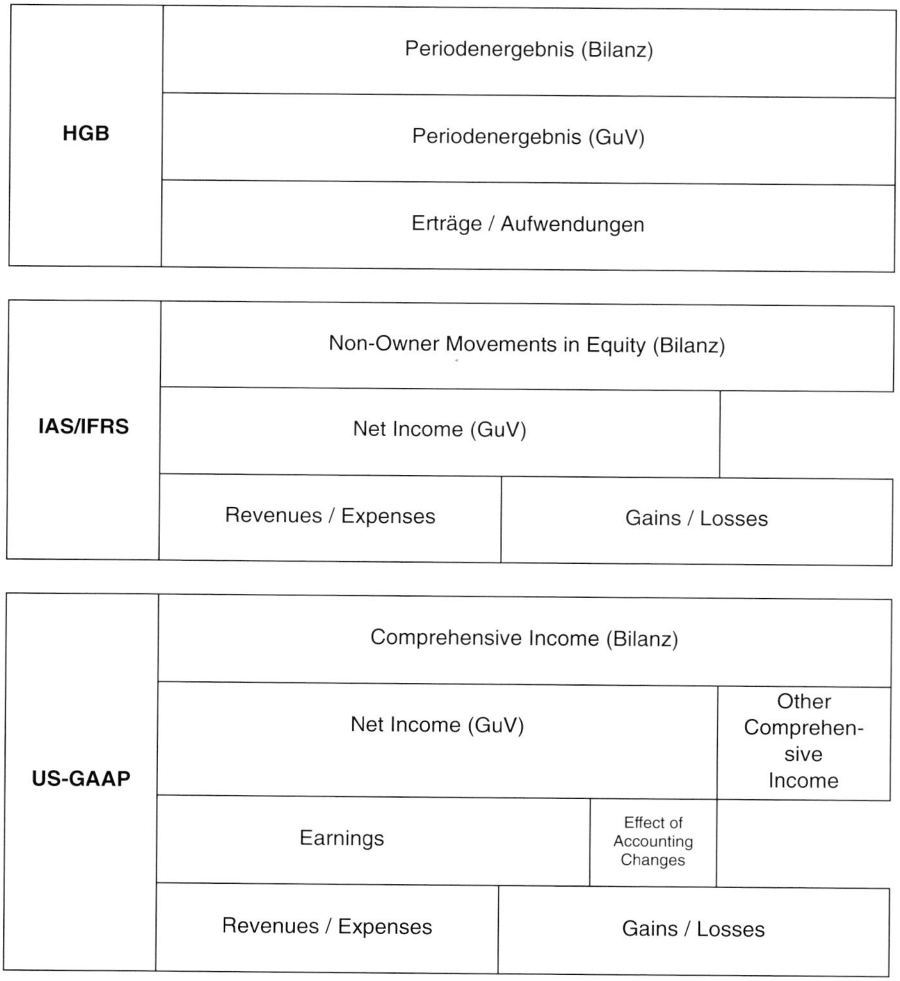

Abb. 7.1: Erfolgsbegriffe nach HGB, IAS/IFRS und US-GAAP

B. Gestaltungsmöglichkeiten für die Erfolgsrechnung

Unabhängig vom anzuwendenden Regelwerk unterliegt die GuV grundsätzlich unterschiedlich denkbaren Gestaltungsmöglichkeiten. Hierunter fallen insbesondere die formale Struktur, der saldierte oder unsaldierte Ausweis von Vermögensänderungen sowie alternative Verfahren im Rahmen der Aufstellung der Erfolgsrechnung.

I. Konto- oder Staffelform

Bei der Kontoform der GuV stehen sich Aufwendungen und Erträge gegenüber. Übersteigt die Summe der Erträge die Summe der Aufwendungen, so ergibt sich ein Gewinn. Er erscheint als Saldo auf der »Soll«- oder Aufwandsseite. Sind die Aufwendungen jedoch größer als die Erträge, dann ergibt sich ein Verlust, der auf der »Haben«- oder Ertragsseite ausgewiesen wird.

Bei der Staffelform der GuV werden Aufwendungen und Erträge in einer skontrierten (d. h. fortschreibenden) Aufstellung angeordnet. Von den Umsatzerlösen ausgehend erreicht man über mehrere Zwischenstufen den Jahresgewinn oder -verlust. Diese Zwischenstufen, die (wenn auch nur mit zusätzlichem Arbeitsaufwand) zwar auch aus einer entsprechenden GuV in Kontoform abgeleitet werden können, verbessern die Aussagekraft der Erfolgsrechnung erheblich.

II. Brutto- oder Nettorechnung

Bei der Brutto-Erfolgsrechnung werden Aufwendungen und Erträge unsaldiert ausgewiesen. Anders bei der Netto-Erfolgsrechnung. Hier werden bestimmte Aufwendungen und Erträge miteinander aufgerechnet, sodass nur einzelne Salden erscheinen. Im Grenzfall ist die Saldierung von sämtlichen Aufwendungen und Erträgen möglich, was zum alleinigen Ausweis des sich ergebenden Gewinnes oder Verlustes führt. Da die Nettorechnung das wahre Erfolgsbild verdeckt, ist ihre Aussagefähigkeit im Vergleich zur Bruttorechnung wesentlich beeinträchtigt. Nur der Brutto-Ausweis von Vermögensänderungen ermöglicht einen weitgehenden Einblick in die Erfolgsquellen.

III. Gesamtkosten- oder Umsatzkostenverfahren

Betriebsergebnis, Unternehmensergebnis

Der in der Gewinn- und Verlustrechnung ausgewiesene Erfolg setzt sich aus dem Betriebsergebnis und dem neutralen Unternehmensergebnis (Finanz- und außerordentliches Ergebnis) zusammen. Während das Betriebsergebnis durch die eigentliche Betriebstätigkeit (Herstellung und Verkauf der betriebstypischen Produkte) entsteht, wird das neutrale Unternehmensergebnis durch über den Betriebsbereich hinausgehende Aufwendungen und Erträge (z. B. Beteiligungsaufwendungen und -erträge, Steuern) bestimmt (vgl. im Einzelnen Abschnitt C II dieses Kapitels, sowie 14. Kapitel A II 1).

Voraussetzungen zur Ermittlung des Betriebserfolges

Um den Betriebserfolg einer bestimmten Periode ermitteln zu können, sind vergleichbare Größen gegenüberzustellen. Erträge und Aufwendungen müssen sich demnach auf dasselbe Mengengerüst beziehen. Den Umsatzerlösen dürfen neben den zeitlich abzugrenzenden Aufwendungen nur die auf die abgesetzte Produktionsmenge entfallenden Herstellungsaufwendungen gegenübergestellt werden. Der Betriebserfolg kann nur dann durch Subtraktion aller in der Periode angefallenen Aufwendungen von den in derselben Periode erzielten Erträgen errechnet werden, wenn Produktions- und Absatzmenge in der Rechnungsperiode übereinstimmen, wenn sich also die Lagerbestände an fertigen und unfertigen Erzeugnissen in der betrachteten Periode nicht verändert haben. Da in der Regel produzierte und verkaufte Mengen nicht übereinstimmen, müssen Aufwendungen und Erträge zur Ermittlung des Betriebserfolgs rechnerisch einander angeglichen werden. Dies lässt sich dadurch erreichen, dass entweder die Erträge an das Mengengerüst der Periodenaufwendungen oder umgekehrt die Aufwendungen an das Mengengerüst der Periodenumsatzerträge angeglichen werden. Den ersten Weg beschreitet das Gesamtkostenverfahren, den zweiten das Umsatzkostenverfahren.

Gesamtkostenverfahren

Beim Gesamtkostenverfahren werden den in der betrachteten Periode angefallenen Erträgen sämtliche Aufwendungen gegenübergestellt, die bei Erbringung der Betriebsleistungen angefallen sind. Da auf der Aufwandsseite die gesamten Periodenaufwendungen erfasst werden, ist das Gesamtkostenverfahren mit einer primären Gliederung der Aufwandsarten verbunden, d. h. die betrieblichen Aufwendungen werden in Material- und Personalaufwand, Abschreibungen und sonstige betriebliche Aufwendungen aufgegliedert. Die rechnerische Angleichung von Aufwand und Ertrag gelingt dadurch, dass Mehrungen des Bestandes an unfertigen und fertigen Erzeugnissen und Eigenleistungen mit ihren Herstellungskosten den Umsatzerlösen hinzugerechnet und Minderungen des Bestandes an unfertigen und fertigen Erzeugnissen mit ihren Herstellungskosten von den Umsatzerlösen abgezogen werden.

Umsatzkostenverfahren

Beim Umsatzkostenverfahren werden dem effektiven Umsatz der betrachteten Periode nicht die gesamten Aufwendungen der Periode, sondern außer den zeitlich abzugrenzenden nur diejenigen sachlich abzugrenzenden Aufwendungen gegenübergestellt, welche für die verkauften Produkte angefallen sind (sog. Umsatzaufwendungen). Dadurch bedingt folgt der Ausweis der betrieblichen Aufwendungen einer sekundären Gliederung, die zwischen den sachlich abgegrenzten Herstellungskosten des Umsatzes und den zeitlich abgegrenzten Forschungs- und Entwicklungskosten, Vertriebskosten, Verwaltungskosten und sonstigen betrieblichen Aufwendungen unterscheidet.

Der Vorteil des Umsatzkostenverfahrens liegt darin, dass es zu einem aussagefähigeren Betriebsergebnis, insbesondere für die kurzfristige (z. B. monatliche) Erfolgsrechnung, führt. Denn es zeigt einerseits das Bruttoergebnis in Form der Differenz des Umsatzes und der Herstellungskosten des Umsatzes, andererseits die Kosten der übrigen Funktionen Forschung und Entwicklung, Vertrieb und Verwaltung. Bei einer entsprechenden Gliederung der Aufwendungen nach Produktarten ermöglicht das Umsatzkostenverfahren, ohne großen rechnerischen Aufwand das Betriebsergebnis für die einzelnen Produktarten zu ermitteln. Andererseits hat das Umsatzkostenverfahren den Nachteil, dass es die Struktur der ursprünglichen Aufwandsarten, gegliedert nach Materialaufwand, Personalaufwand und Abschreibungsaufwand, nicht zeigt.

Sowohl Umsatz- als auch Gesamtkostenverfahren errechnen immer denselben Jahresüberschuss, es sei denn, die Bestände an fertigen und unfertigen Erzeugnissen sowie bezogenen Waren werden in den Verfahren unterschiedlich bewertet. Dies verdeutlicht folgendes Schaubild (es wird hierbei unterstellt, dass das Produktionsvolumen das Verkaufsvolumen der Abrechnungsperiode übersteigt):

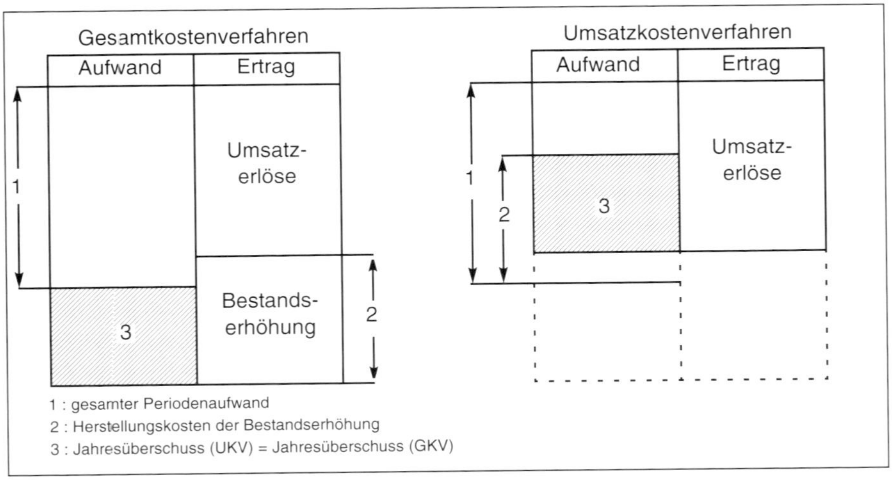

Abb. 7.2: Darstellung des Periodenerfolges bei Gesamtkosten- und Umsatzkostenverfahren

C. Grundlegende Merkmale der Gewinn- und Verlustrechnung

Zur Erfüllung der ihr obliegenden Funktion, die Ertragslage des Unternehmens darzustellen, d. h. Auskunft über Höhe und Quellen des Periodenergebnisses zu geben, unterliegt die GuV bestimmten grundlegenden Merkmalen. Diese beinhalten insbesondere Vorgaben zur Form und Gliederung, Differenzierung der erfassten Erfolge sowie zusätzliche für die Interpretation des Periodenergebnisses wichtige Informationen.

I. Gliederung

Staffelform nach HGB

Gemäß § 275 Abs. 1 Satz 1 HGB hat die Aufstellung der GuV zwingend in der Staffelform zu erfolgen (vgl. unten die Gliederungsschemata des § 275 Abs. 2 und 3 HGB in Tabellen 7.1 und 7.2). Da die Gliederung der GuV nur in Ausnahmefällen geändert werden darf (§ 265 Abs. 1 HGB) und der Grundsatz der Bewertungsstetigkeit (§ 252 Abs. 1 Nr. 6 HGB) auch auf eine Verstetigung des Erfolgsaus-weises hinwirkt (z. B. Abschreibungsaufwendungen), sind die einzelnen GuV-Positionen immer in derselben Weise zu ermitteln und auszuweisen. Insoweit können diese Zwischenstufen als betriebswirtschaftliche Kennzahlen für den zwischenbetrieblichen und interperiodischen Vergleich herangezogen werden.

Formale Anforderungen nach IAS/IFRS und US-GAAP

In der internationalen Rechnungslegung sind die formalen Anforderungen an die Erfolgsrechnung vergleichsweise gering. So ist die formale Struktur des Erfolgsausweises in IAS 1 überhaupt nicht geregelt. Gleichwohl wird vom IASB die Staffel- gegenüber der Kontoform präferiert (vgl. Beck'scher Bilanzkommentar [1999], § 275 Tz. 332). Auch den US-amerikanischen Rechnungslegungsvorschriften mangelt es grundsätzlich an Vorgaben zur formalen Struktur der GuV. Lediglich für börsennotierte Unternehmen wird der Erfolgsrechnung die Staffelform zugrunde gelegt (Regulation S-X, Rule 5-03). Die Darstellung der Vermögensänderungen wird hierbei in der amerikanischen Rechnungslegungspraxis abhängig vom Detaillierungsgrad der ausgewiesenen Erfolge ein- oder mehrstufig vorgenommen (vgl. Kieso, D. E./Weygandt, J. J./Warfield, T. D. [2001], S. 134 ff.). In Abgrenzung zur mehrstufigen (*multiple-step*) wird der Jahresüberschuss bei der einstufigen (*single-step*) Erfolgsrechnung durch den Saldo der jeweils in einer Gruppe zusammengefassten Erträge und Aufwendungen ermittelt.

Umsatz- bzw. Gesamtkostenverfahren nach HGB

Die Aufstellung der GuV kann gemäß § 275 Abs. 1 Satz 1 HGB wahlweise nach dem Umsatz- oder Gesamtkostenverfahren erfolgen (vgl. unten die Gegenüberstellung der Gliederungsschemata). Die Verfahren unterscheiden sich – wie oben in Abschnitt B III ausführlich erläutert – insbesondere durch die unterschiedliche Behandlung der Bestandsveränderungen. Bei Anwendung des in § 275 Abs. 2 HGB dargestellten Gesamtkostenverfahrens werden die Bestandsmehrungen und aktivierten Eigenleistungen den Umsatzerlösen hinzuaddiert, die Bestandsminderungen von den Umsatzerlösen subtrahiert. Insofern werden die auf die Lagerproduktion (Bestandszunahme) im Rahmen der Herstellungskosten-Bewertung zugerechneten Aufwendungen unter Position Nr. 2 »Erhöhung oder Verminderung des Bestandes an fertigen und unfertigen Erzeugnissen« (§ 275 Abs. 2 HGB) ergebnismäßig neutralisiert. Die Bestandserhöhung bildet mit dem Umsatz und den aktivierten Eigenleistungen zusammen die »Gesamtleistung«.

Bei Anwendung des Umsatzkostenverfahrens gemäß § 275 Abs. 3 HGB werden lediglich die am Markt abgesetzten betrieblichen Leistungen als Periodenertrag ausgewiesen. Bestandsveränderungen und aktivierte Eigenleistungen werden wie folgt berücksichtigt: Im Falle einer Produktion auf Lager werden die im Rahmen der Herstellungskosten-Bewertung den selbsterstellten Lager- und Anlagezugängen zugerechneten Aufwendungen aus dem Periodengesamtaufwand herausgerechnet, da den Umsatzerlösen nur die zur Erzielung der Absatzleistung erforderlichen Aufwendungen gegenübergestellt werden sollen (§ 275 Abs. 3 Nr. 2 HGB). Soweit die Lagerbestände in die abgesetzten Produktionsleistungen eingehen, werden die in den Lagerzugangsperioden aktivierten Herstellungskosten als umsatzbezogener Herstellungsaufwand verrechnet. Unter der Prämisse, dass die Herstellungskosten-Bewertung der unfertigen und fertigen Erzeugnisse sowie der Eigenleistungen in beiden Verfahren auf dieselbe Weise erfolgt, führen beide Verfahren zum selben Ergebnis.

Umsatz- bzw. Gesamtkostenverfahren nach IAS/IFRS / US-GAAP

Auch nach IAS/IFRS besteht die Möglichkeit, die GuV alternativ nach dem Umsatz- oder Gesamtkostenverfahren aufzustellen (IAS 1.77). Die US-amerikanischen Rechnungslegungsgrundsätze (US-GAAP) schreiben für börsennotierte Unternehmen in der Regulation S-X dagegen zwingend das Umsatzkostenverfahren vor (Regulation S-X, Rule 5-03). Für nicht bei der SEC registrierte Gesellschaften lässt sich die ausschließliche Anwendung des Umsatzkostenverfahrens in den USA aus dem *matching principle* ableiten (vgl. CON 6.145 f.).

Mindestgliederungen für Kapitalgesellschaften nach HGB

Die in § 275 Abs. 2 und 3 HGB niedergelegten Gliederungsschemata (vgl. Tabellen 7.1 und 7.2) der wahlweise anzuwendenden Gesamt- bzw. Umsatzkostenverfahren sind als Mindestgliederungen von allen Kapitalgesellschaften anzuwenden, soweit der Geschäftszweig keine andere Gliederung vorschreibt und soweit nicht im Falle kleiner und mittlerer Kapitalgesellschaften von den Gliederungsverkürzungen des § 276 HGB Gebrauch gemacht wird. Die Gliederungen umfassen die folgenden in Staffelform gesondert auszuweisenden Aufwendungen und Erträge sowie Gewinnverwendungspositionen. Bei allen mit (*) versehenen Positionen handelt es sich um gesetzlich vorgeschriebene Gliederungserweiterungen, bei allen mit (**) versehenen Positionen um vorgeschriebene Angaben, die wahlweise als Gliederungserweiterung, Vorspaltenvermerk oder im Anhang vorgenommen werden müssen.

GuV-Gliederungsschema gemäß § 275 Abs. 2 HGB (Gesamtkostenverfahren)

1. Umsatzerlöse
2. Erhöhung oder Verminderung des Bestandes an fertigen und unfertigen Erzeugnissen
3. andere aktivierte Eigenleistungen
4. sonstige betriebliche Erträge
   4a. Erträge aus der Auflösung des Sonderpostens mit Rücklageanteil (**)
5. Materialaufwand
   5a. Aufwendungen für Roh-, Hilfs- und Betriebsstoffe und für bezogene Waren
   5b. Aufwendungen für bezogene Leistungen
6. Personalaufwand
   6a. Löhne und Gehälter
   6b. soziale Abgaben und Aufwendungen für Altersversorgung und für Unterstützung, davon für Altersversorgung
7. Abschreibung
   7a. auf immaterielle Vermögensgegenstände des Anlagevermögens und Sachanlagen sowie auf aktivierte Aufwendungen für die Ingangsetzung und Erweiterung des Geschäftsbetriebs
   7b. auf Vermögensgegenstände des Umlaufvermögens, soweit diese die in der Kapitalgesellschaft üblichen Abschreibungen überschreiten
   7c. außerplanmäßige Abschreibungen auf immaterielle Vermögensgegenstände des Anlagevermögens und Sachanlagen (**)
   7d. Abschreibungen auf Vermögensgegenstände des Umlaufvermögens zur Vorwegnahme künftiger Wertschwankungen (**)
8. sonstige betriebliche Aufwendungen
   8a. Einstellungen in den Sonderposten für Rücklageanteil
9. Erträge aus Beteiligungen, davon aus verbundenen Unternehmen
10. Erträge aus anderen Wertpapieren und Ausleihungen des Finanzanlagevermögens, davon aus verbundenen Unternehmen
    10a. Erträge aus Gewinngemeinschaften, Gewinnabführungs- und Teilgewinnabführungsverträgen (*)
    10b. Erträge aus Verlustübernahme (*)
11. sonstige Zinsen und ähnliche Erträge, davon aus verbundenen Unternehmen
12. Abschreibungen auf Finanzanlagen und auf Wertpapiere des Umlaufvermögens
    12a. Abschreibungen auf Finanzanlagen (**)
    12b. Abschreibungen auf Wertpapiere des Umlaufvermögens zur Vorwegnahme künftiger Wertschwankungen (**)
    12c. aufgrund einer Gewinngemeinschaft, eines Gewinnabführungs- und Teilgewinnabführungsvertrages abgeführte Gewinne (*)
    12d. Aufwendungen aus Verlustübernahme (*)
13. Zinsen und ähnliche Aufwendungen, davon an verbundene Unternehmen
14. Ergebnis der gewöhnlichen Geschäftstätigkeit
15. außerordentliche Erträge
16. außerordentliche Aufwendungen
17. außerordentliches Ergebnis
18. Steuern vom Einkommen und vom Ertrag
    18a. latente Steueraufwendungen (***)
    18b. latente Steuererträge (***)
19. sonstige Steuern
20. Jahresüberschuss/Jahresfehlbetrag
21. Gewinnvortrag/Verlustvortrag aus dem Vorjahr
22. Entnahmen aus der Kapitalrücklage
    22a. Einstellung in die Kapitalrücklage nach den Vorschriften über die vereinfachte Kapitalherabsetzung (*)

23. Entnahmen aus Gewinnrücklagen
    23a. aus der gesetzlichen Rücklage
    23b. aus der Rücklage für eigene Aktien
    23c. aus satzungsmäßigen Rücklagen
    23d. aus anderen Gewinnrücklagen (1)
    23e. Ertrag aus der Kapitalherabsetzung
24. Einstellung in Gewinnrücklagen
    24a. in die gesetzliche Rücklage
    24b. in die Rücklage für eigene Aktien
    24c. in satzungsmäßige Rücklagen
    24d. in andere Gewinnrücklagen (1)
25. Bilanzgewinn/Bilanzverlust
26. Ertrag aufgrund höherer Bewertung gemäß Sonderprüfung oder gerichtlicher Entscheidung

(***): Der Gesetzgeber regelt den Ausweis der latenten Steueraufwendungen und -erträge nicht explizit (vgl. die Erläuterungen in Abschnitt 7 D I zur Position Steuern)

(1): Hierunter fallen auch die Zuführungen und Auflösungen nach § 58 Abs. 2a AktG (Eigenkapitalanteil der Wertaufholungen).

Tab. 7.1: GuV-Gliederungsschema nach § 275 Abs. 2 HGB (Gesamtkostenverfahren)

GuV-Gliederungsschema nach § 275 Abs. 3 HGB (Umsatzkostenverfahren)

1. Umsatzerlöse
2. Herstellungskosten der zur Erzielung der Umsatzerlöse erbrachten Leistungen
3. Bruttoergebnis vom Umsatz
4. Vertriebskosten
5. allgemeine Verwaltungskosten
6. sonstige betriebliche Erträge
    6a. Erträge aus der Auflösung des Sonderpostens mit Rücklageanteil (**)
7. Sonstige betriebliche Aufwendungen
    7a. außerplanmäßige Abschreibungen auf immaterielle Vermögensgegenstände des Anlagevermögens und Sachanlagen (§ 277 Abs. 3 Satz 1 HGB) (**)
    7b. Abschreibungen auf Vermögensgegenstände des Umlaufvermögens zur Vorwegnahme künftiger Wertschwankungen (§ 277 Abs. 3 Satz 1 HGB) (**)
    7c. Einstellungen in den Sonderposten mit Rücklageanteil (§ 281 Abs. 2 Satz 2 HGB)(**)
8. Erträge aus Beteiligungen, davon aus verbundenen Unternehmen
9. Erträge aus anderen Wertpapieren und Ausleihungen des Finanzanlagevermögens
    9a. Erträge aus Gewinngemeinschaften, Gewinnabführungs- und Teilgewinnabführungsverträgen (§ 277 Abs. 3 Satz 2 HGB) (*)
    9b. Erträge aus Verlustübernahme (§ 277 Abs. 3 Satz 2 HGB) (*)
10. Sonstige Zinsen und ähnliche Erträge, davon aus verbundenen Unternehmen
11. Abschreibungen auf Finanzanlagen und auf Wertpapiere des Umlaufvermögens
    11a. Abschreibungen auf Finanzanlagen (**)
    11b. Abschreibungen auf Wertpapiere des Umlaufvermögens zur Vorwegnahme künftiger Wertschwankungen (**)
    11c. aufgrund einer Gewinngemeinschaft, eines Gewinnabführungs- oder eines Teilgewinnabführungsvertrages abgeführte Gewinne (§ 277 Abs. 3 Satz 2 HGB) (*)
    11d. Aufwendungen aus Verlustübernahme (*)
12. Zinsen und ähnliche Aufwendungen, davon an verbundene Unternehmen
13. Ergebnis der gewöhnlichen Geschäftstätigkeit

14. außerordentliche Erträge
15. außerordentliche Aufwendungen
16. außerordentliches Ergebnis
17. Steuern vom Einkommen und vom Ertrag
    17a. latente Steueraufwendungen (***)
    17b. latente Steuererträge (***)
18. sonstige Steuern
19. Jahresüberschuss/Jahresfehlbetrag
20. Gewinnvortrag/Verlustvortrag aus dem Vorjahr
21. Entnahmen aus der Kapitalrücklage
    21a. Einstellung in die Kapitalrücklage nach den Vorschriften über die vereinfachte Kapitalherabsetzung (*)
22. Entnahmen aus Gewinnrücklagen
    22a. aus der gesetzlichen Rücklage
    22b. aus der Rücklage für eigene Aktien
    22c. aus satzungsmäßigen Rücklagen
    22d. aus anderen Gewinnrücklagen (1)
    22e. Ertrag aus der Kapitalherabsetzung
23. Einstellung in Gewinnrücklagen
    23a. in die gesetzliche Rücklage
    23b. in die Rücklage für eigene Aktien
    23c. in satzungsmäßige Rücklagen
    23d. in andere Gewinnrücklagen (1)
24. Bilanzgewinn/Bilanzverlust
25. Ertrag aufgrund höherer Bewertung gemäß Sonderprüfung oder gerichtlicher Entscheidung

(***): Der Gesetzgeber regelt den Ausweis der latenten Steueraufwendungen und -erträge nicht explizit (vgl. die Erläuterungen in Abschnitt 7 D I zur Position Steuern)

(1): Hierunter fallen auch die Zuführungen und Auflösungen nach § 58 Abs. 2a AktG (Eigenkapitalanteil der Wertaufholungen).

Zusätzliche Pflichtangaben (§ 285 Nr. 8 HGB) zur Vergleichbarkeit mit der GuV-Gliederung nach dem Gesamtkostenverfahren:

- Personalaufwand aufgegliedert in (1) Löhne und Gehälter und (2) soziale Abgaben und Aufwendungen für Altersversorgung und für Unterstützung, davon für Altersversorgung
- Materialaufwand aufgegliedert in (1) Aufwendungen für Roh-, Hilfs- und Betriebsstoffe und bezogene Waren und (2) Aufwendungen für bezogene Leistungen

Tab. 7.2: GuV-Gliederungsschema nach § 275 Abs. 3 HGB (Umsatzkostenverfahren)

Bruttoausweis

Die GuV-Gliederungen des § 275 Abs. 2 und 3 HGB folgen weitgehend dem Bruttoprinzip. Demnach sind die Aufwendungen und Erträge grundsätzlich unsaldiert auszuweisen. Eine unzulässige Saldierung liegt immer dann vor, wenn die tatsächlichen Aufwendungen und Erträge durch Verrechnung außerhalb der GuV gekürzt werden.

- Gliederungsverkürzungen

Abweichend vom Bruttoprinzip dürfen kleine und mittelgroße Kapitalgesellschaften (vgl. zu den Größenklassifizierungen § 267 Abs. 1 und 2 HGB sowie 1. Kapitel D I 1) gemäß § 276 HGB bestimmte Aufwendungen und Erträge saldieren: Bei Anwendung des Gesamtkostenverfahrens können die Positionen Nr. 1 bis 5, bei Anwendung des Umsatzkostenverfahrens die Positionen Nr. 1 bis 3 und 6 zu einem Posten unter der Bezeichnung »Rohergebnis« zusammengefasst werden. Dieser Saldo ist aufgrund der im Gesamtkosten- und Umsatzkostenverfahren teilweise unterschiedlichen Abgrenzung der zusammengefassten Positionen nicht vergleichbar. Daneben ist gemäß § 265 Abs. 7 HGB bei allen Unternehmen, für die nicht besondere Formblätter vorgeschrieben sind, eine Gliederungsverkürzung durch Zusammenfassung der mit arabischen Zahlen versehenen Bilanz- und GuV-Positionen dann möglich, wenn

1. sie betragsmäßig für die Vermittlung eines den tatsächlichen Verhältnissen entsprechenden Bildes unwesentlich sind oder wenn
2. dadurch die Klarheit der GuV vergrößert wird.

Im zweiten Fall sind diese Posten jedoch dann im Anhang gesondert aufzuführen. Dadurch soll erreicht werden, dass Bilanz und GuV durch die Verlagerung von Detailangaben in den Anhang entlastet werden und an Klarheit und Übersichtlichkeit gewinnen können. Im Rahmen von § 265 Abs. 7 HGB sind insbesondere Zusammenfassungen bei den Unterpositionen des Material- und Personalaufwandes sowie den Positionen des Finanzbereiches denkbar.

- Gliederungserweiterungen

Eine tiefere Untergliederung der einzelnen Positionen ist nach § 265 Abs. 5 HGB zulässig, sofern dadurch nicht gegen das Klarheits- und Übersichtlichkeitsgebot (§ 243 Abs. 2 HGB) verstoßen wird. Neue Posten dürfen hinzugefügt werden, wenn ihr Inhalt nicht bereits von anderen Pflichtpositionen abgedeckt wird.

Gliederungsvorschriften des PublG

Grundsätzlich gelten die Gliederungsschemata des § 275 Abs. 2 und 3 HGB auch für die unter das PublG fallenden Unternehmen (§ 5 Abs. 1 Satz 2 PublG). Allerdings können Personenhandelsgesellschaften und Einzelkaufleute gemäß § 5 Abs. 5 PublG auf eine Veröffentlichung der GuV verzichten, wenn sie in einer Anlage zur Bilanz folgende Angaben machen (§ 5 Abs. 5 Satz 3 i. V. m. § 9 Abs. 2 PublG):

- Umsatzerlöse
- Beteiligungserträge
- Löhne, Gehälter, soziale Abgaben sowie Aufwendungen für Altersversorgung und Unterstützung
- Bewertungs- und Abschreibungsmethoden sowie wesentliche Änderungen dieser Methoden
- Zahl der Beschäftigten

Mindestgliederungsvorschriften nach IAS/IFRS

Die formalen Anforderungen an die Gestaltung der Gewinn- und Verlustrechnung nach IAS/IFRS sind dagegen vergleichsweise gering. IAS 1.75 fordert lediglich dem Gesamt- oder Umsatzkostenverfahren entsprechende Mindestgliederungsvorgaben, die ggf. um weitere separate Angabepflichten übriger IAS/IFRS bzw. zur Gewährung einer *fair presentation* zu erweitern sind. Die Mindestgliederungen nach dem Gesamtkosten- bzw. verfahren können wie folgt dargestellt werden:

Gesamtkostenverfahren	Umsatzkostenverfahren
Revenue (Umsatzerlöse)	Revenue (Umsatzerlöse)
Other operating income (Sonstige betriebliche Erträge)	Cost of sales (Kosten der umgesetzten Leistung)
Changes in inventories of finished goods and work in progress (Bestandsveränderungen)	**Gross profit (Bruttoergebnis vom Umsatz)**
Raw materials and consumables used (Materialaufwand)	Other operating income (Sonstige betriebliche Erträge)
Staff costs (Personalaufwand)	Distribution costs (Vertriebskosten)
Depreciation and amortization expense (Abschreibungen)	Administrative expenses (Sonstige Verwaltungskosten)
Other operating expenses (Sonstige betriebliche Aufwendungen)	Other operating expenses (Sonstige betriebliche Aufwendungen)
Profit or loss on sale of discontinuing operations (Ergebnis aus der Aufgabe von Geschäftsbereichen)	Profit or loss on sale of discontinuing operations (Ergebnis aus der Aufgabe von Geschäftsbereichen)
Operating profit (Betriebsergebnis)	**Operating profit (Betriebsergebnis)**
Finance costs (Finanzergebnis ohne Equity-Gesellschaften)	Finance costs (Finanzergebnis ohne Equity-Gesellschaften)
Income from associates (Ergebnisbeiträge aus Equity-Gesellschaften)	Income from associates (Ergebnisbeiträge aus Equity-Gesellschaften)
Profit or loss before tax (Ergebnis vor Steuern)	**Profit or loss before tax (Ergebnis vor Steuern)**
Income tax expense (Ertragsteuern)	Income tax expense (Ertragsteuern)
Profit or loss after tax (Ergebnis nach Steuern)	**Profit or loss after tax (Ergebnis nach Steuern)**
Minority interest (Anteil der Minderheitsgesellschafter am Ergebnis)	Minority interest (Anteil der Minderheitsgesellschafter am Ergebnis)
Profit or loss from ordinary activities (Ergebnis der gewöhnlichen Geschäftstätigkeit)	**Profit or loss from ordinary activities (Ergebnis der gewöhnlichen Geschäftstätigkeit)**
Extraordinary items (Außerordentliches Ergebnis)	Extraordinary items (Außerordentliches Ergebnis)
Net profit or loss for the period (Ergebnis der Periode)	**Net profit or loss for the period (Ergebnis der Periode)**
Earnings per share (Ergebnis je Aktie)	Earnings per share (Ergebnis je Aktie)

Abb. 7.3: GuV-Mindestgliederungsvorschriften nach IAS/IFRS

Obwohl die Aufwandsgliederung entsprechend dem Gesamtkosten- bzw. Umsatzkostenverfahren vorzugsweise in der GuV zu erfolgen hat, ist eine Offenlegung im Anhang alternativ möglich (IAS 1.77). Gestaltungshinweise für die vorzunehmende Aufwandsgliederung enthalten IAS 1.80 (Gesamtkostenverfahren) bzw. IAS 1.82 (Umsatzkostenverfahren).

Mindestgliederungsvorschriften nach US-GAAP

Auch nach US-GAAP sind die Anforderungen nur wenig formalisiert. Lediglich in Rule 5-03 der Regulation S-X wird für börsennotierte Unternehmen ein nach betrieblichen Funktionsbereichen gegliedertes Gerüst vorgegeben, welches dem Schema des Umsatzkostenverfahrens gemäß § 275 Abs. 3 HGB ähnelt. Allerdings ist der US-amerikanischen Rechnungslegung ein den handelsrechtlichen Vorschriften entsprechendes, detailliert vorgegebenes Gliederungsschema ebenso fremd wie den IAS/IFRS. Vielmehr werden mit den Angabepflichten lediglich die grundsätzlich in der GuV gesondert offen zu legenden Posten vorgegeben. Für die darüber hinausgehenden zahlreichen Offenlegungsvorschriften (*disclosures*) einzelner Standards besteht weitgehend die Möglichkeit, diese Angaben alternativ auch als ergänzende Tabellen (*schedules*) bzw. im Anhang (*notes*) darzustellen. Nachfolgend werden die Mindestgliederungsvorschriften der GuV nach Regulation S-X dargestellt (vgl. Regulation S-X, Rule 5-03):

Operating Section (Betriebstätigkeit)

Net sales and gross revenues (Umsatzerlöse)

Costs and expenses applicable to sales (Kosten der umgesetzten Leistung)

Other operating costs and expenses (Sonstige betriebsbedingte Aufwendungen)

Selling, general and administrative expenses (Vertriebs- und allgemeine Verwaltungskosten)

Provision for doubtful accounts and notes (Aufwand für zweifelhafte Forderungen)

Other general expenses (Sonstige Gemeinkosten)

Non-Operating Section (Betriebsfremde Tätigkeit)

Non-operating income (Sonstige (nicht-)betriebliche Erträge)

Interest and amortization of debt discount and expense (Zinserträge und -aufwendungen)

Non-operating expenses (Sonstige (nicht-)betriebliche Aufwendungen)

Income or loss before income tax expenses and appropriate items below (Ergebnis vor Steuern und anderen abzugrenzenden Positionen)

Income tax expense (Ertragsteuern)

Minority interest in income of consolidated subsidiaries (Anteil der Minderheitsgesellschafter am Ergebnis)

Equity in earnings of unconsolidated subsidiaries and 50 % or less owned persons (Anteil nicht konsolidierter Tochterunternehmen am Ergebnis)

Income or loss from continuing operations (Ergebnis der gewöhnlichen Geschäftstätigkeit)

Discontinued operations (Ergebnis aus der Aufgabe von Geschäftsbereichen)

Income or loss before extraordinary items and cumulative effects of changes in accounting principles
(Ergebnis vor außerordentlichen Einflüssen und Auswirkungen durch den Wechsel der Bewertungsmethoden)

Extraordinary items, less applicable tax
Außerordentliches Ergebnis (abzüglich der gesondert auszuweisenden Ertragsteuern)

Cumulative effects of changes in accounting principles
(Gesamtauswirkung durch den Wechsel der Bewertungsmethoden)

Net income or loss (Ergebnis der Periode)

Earnings per share (Ergebnis je Aktie)

Tab. 7.3: GuV-Mindestgliederungsvorschriften nach US-GAAP

Leerposten und Vorjahresbeträge

Das HGB sieht keine grundsätzliche Ausweispflicht für Leerposten vor. Ihr Ausweis ist jedoch dann zwingend notwendig, wenn im abgelaufenen gegenüber dem vorangegangenen Geschäftsjahr (oder umgekehrt) die entsprechende GuV-Position entfällt, da gemäß § 265 Abs. 2 HGB Vorjahresbeträge stets mit auszuweisen sind. Die Angabepflicht der Vorjahresbeträge gemäß § 265 Abs. 2 HGB erstreckt sich auch auf Bilanz- und GuV-Positionen, die unter Berufung auf § 265 Abs. 7 HGB in den Anhang aufgenommen wurden (vgl. ADS [1995], § 265 Tz. 94). Soweit die gegenübergestellten Beträge nicht vergleichbar sind, müssen im Anhang auch dann Angaben und Erläuterungen erfolgen, wenn die Vorjahresbeträge angepasst werden.

Leerposten und Vorjahresbeträge nach IAS/IFRS und US-GAAP

Die Behandlung der Leerposten nach IAS/IFRS und US-GAAP steht im Einklang mit der handelsrechtlichen Vorgehensweise. Gemäß den internationalen Rechnungslegungsstandards sind ebenfalls Vergleichsangaben zum Vorjahr bereitzustellen (IAS 1.38). Die Verpflichtung zur Offenlegung von Vergleichsangaben gewährleistet eine verbesserte Beurteilungsmöglichkeit der aktuellen Zahlen durch den Leser. Die US-amerikanischen Vorschriften gehen sogar noch weiter. Sie sehen sogar die Offenlegung der Gewinn- und Verlustrechnungen der vergangenen drei Jahre vor (Regulation S-X, Rule 3-02). Unter dem Primat der *decision usefulness* sind nach IAS/IFRS und US-GAAP gleichermaßen zusätzliche Informationen zur Gewährleistung der Vergleichbarkeit bereitzustellen.

II. Erfolgsspaltung

Erfolgsspaltung nach HGB

Die Gliederung der GuV gemäß HGB ist bei Anwendung beider Verfahren erfolgsspaltungsorientiert aufgebaut. Im Rahmen der Gewinnermittlung wird der Jahresüberschuss explizit in das Ergebnis aus gewöhnlicher Geschäftstätigkeit (Gesamtkostenverfahren: Pos. 14; Umsatzkostenverfahren: Pos. 13) und das außerordentliche Ergebnis (Gesamtkostenverfahren: Pos. 17; Umsatzkostenverfahren: Pos. 16) aufgespalten.

- Ergebnis aus gewöhnlicher Geschäftstätigkeit

In das Ergebnis aus gewöhnlicher Geschäftstätigkeit gehen nach den GuV-Schemata des HGB alle Aufwendungen und Erträge ein, die im Sinne einer weitgezogenen Abgrenzung für den Geschäftsbereich des Unternehmens als typisch anzusehen sind. Dazu zählen sowohl die aus der Leistungssphäre (Leistungserstellung und Leistungsverwertung) als auch die aus der finanziellen Sphäre (Finanzanlagen und Finanzierung) resultierenden Ertrags- und Aufwandskomponenten.

- Betriebsergebnis

Das Ergebnis der gewöhnlichen Geschäftstätigkeit wird im Handelsrecht durch die Einhaltung einer entsprechenden Reihenfolge der GuV-Positionen implizit in das Betriebs- und Finanzergebnis aufgegliedert (vgl. Abbildung 7.3). Das Betriebsergebnis beinhaltet alle diejenigen (betriebstypischen) Positionen, die den eigentlichen, satzungsmäßig bestimmten Leistungserstellungsprozess betreffen. Es bestimmt sich aus dem Saldo der Posten des § 275 Abs. 2 Nr. 1 bis 8 HGB (Gesamtkostenverfahren) bzw. des § 275 Abs. 3 Nr. 1 bis 7 HGB (Umsatzkostenverfahren).

- Finanzergebnis

Das Finanzergebnis gemäß HGB umfasst diejenigen Positionen, die zwar auch zur regelmäßigen gewöhnlichen Geschäftstätigkeit gehören, aber Nebengeschäfte (Finanzierungs-, Kapitalanlagegeschäfte) betreffen und insoweit als betriebsfremd zu qualifizieren sind. Die Positionen Betriebs- und Finanzergebnis werden weder bei Anwendung des Gesamt- noch bei Anwendung des Umsatzkostenverfahrens gesondert in das GuV-Gliederungsschema aufgenommen, obwohl dies im Vorentwurf vom 05.02.1980 zur Umsetzung der 4. EG-Richtlinie zunächst vorgesehen war. Mit dem Herauslassen der Saldogrößen »Betriebsergebnis« und »Finanzergebnis« wollte der Gesetzgeber offenbar dem Umstand Rechnung tragen, dass mit den vorgesehenen Gliederungsschemata eine exakte Zuordnung der einzelnen GuV-Positionen nicht erreichbar ist. Beispielsweise kann fraglich sein, ob die Sammelposition »sonstige betriebliche Erträge« in vollem Umfang dem Leistungserstellungs- und -verwertungsprozess zurechenbar ist. Auch müssten im Schema des Gesamtkostenverfahrens Teile der Personalaufwendungen dem Finanzergebnis zugerechnet werden.

- Außerordentliches Ergebnis

Alle unternehmensfremden Aufwendungen und Erträge werden im außerordentlichen Ergebnis zusammengefasst. Als unternehmensfremd gelten alle Erfolgsbestandteile, die außerhalb der gewöhnlichen Geschäftstätigkeit anfallen (§ 277 Abs. 4 HGB). Das außerordentliche Ergebnis nach handelsrechtlicher Auffassung enthält somit insbesondere ungewöhnliche und seltene Geschäftsvorfälle. Hervorzuheben ist, dass im Handelsrecht die Einordnung von Erfolgskomponenten in das Ergebnis aus gewöhnlicher Geschäftstätigkeit oder in das außerordentliche Ergebnis unabhängig davon erfolgt, ob sie sachlich der abgelaufenen oder einer früheren Periode zuzurechnen sind. Das außerordentliche Ergebnis ist nach der Intention des Gesetzgebers folglich eng abgegrenzt; es enthält nicht die aus aperiodischen Erfolgskomponenten resultierenden Ergebnisse, die sachlich dem Geschäftsbereich zuzuordnen sind. So sind beispielsweise durch Verkauf von Anlagen aufgedeckte stille Reserven im Ergebnis aus gewöhnlicher Geschäftstätigkeit und nicht im außerordentlichen Ergebnis zu erfassen, sofern diese Anlagenverkäufe der gewöhnlichen Geschäftstätigkeit zuzuordnen sind. Welche Geschäftsvorfälle dabei als unternehmensüblich angesehen werden können, muss unternehmensindividuell entschieden werden. Eine Trennung der regelmäßig (gewöhnliche Geschäftstätigkeit) und der unregelmäßig wiederkehrenden Erfolgsquellen ist auf der Grundlage einer derartigen Ergebnisspaltung somit nur sehr begrenzt möglich. Allerdings sind alle Kapitalgesellschaften gemäß § 277 Abs. 4 Satz 2 und 3 HGB verpflichtet, im Anhang neben den außerordentlichen auch die aperiodischen Aufwendungen und Erträge hinsichtlich ihrer Art und ihres Betrages zu erläutern (Beispiel: Erträge und Verluste aus Anlagenabgängen), »soweit die ausgewiesenen Beträge für die Beurteilung der Ertragslage nicht von untergeordneter Bedeutung sind«. Insoweit können unter Heranziehung der Anhangsinformationen nicht nur die außerordentlichen Erfolgskomponenten i. S. d. HGB (außerhalb der gewöhnlichen Geschäftstätigkeit), sondern auch die aperiodischen Aufwendungen und Erträge aus dem Jahresüberschuss ausgegrenzt werden (vgl. hierzu auch die Erläuterungen zu den Positionen »außerordentliche Erträge« und »außerordentliche Aufwendungen« in Abschnitt D I dieses Kapitels).

GEWINN- und VERLUSTRECHNUNG nach dem					
GESAMTKOSTEN-VERFAHREN	UMSATZKOSTEN-VERFAHREN	GESAMTKOSTEN-VERFAHREN	UMSATZKOSTEN-VERFAHREN	GESAMTKOSTEN-VERFAHREN	UMSATZKOSTEN-VERFAHREN
1. Umsatzerlöse 2. Erhöhung oder Verminderung des Bestands an fertigen und unfertigen Erzeugnissen 3. andere aktivierte Eigenleistungen 4. sonstige betriebliche Erträge 5. Materialaufwand: a) Aufwendungen für Roh-, Hilfs- und Betriebsstoffe und für bezogene Waren b) Aufwendungen für bezogene Leistungen 6. Personalaufwand: a) Löhne und Gehälter b) soziale Abgaben und Aufwendungen für Altersversorgung und für Unterstützung, davon für Altersversorgung 7. Abschreibungen: a) auf immaterielle Vermögensgegenstände des Anlagevermögens und Sachanlagen sowie auf aktivierte Aufwendungen für die Ingangsetzung und Erweiterung des Geschäftsbetriebs 8. sonstige betriebliche Aufwendungen 19. sonstige Steuern	1. Umsatzerlöse 2. Herstellungskosten der zur Erzielung der Umsatzerlöse erbrachten Leistungen 3. Bruttoergebnis vom Umsatz 4. Vertriebskosten 5. allgemeine Verwaltungskosten 6. sonstige betriebliche Erträge 7. sonstige betriebliche Aufwendungen 18. sonstige Steuern	9. Erträge aus Beteiligungen, davon aus verbundenen Unternehmen 10. Erträge aus anderen Wertpapieren und Ausleihungen des Finanzanlagevermögens, davon aus verbundenen Unternehmen 11. sonstige Zinsen und ähnliche Erträge, davon aus verbundenen Unternehmen 12. Abschreibungen auf Finanzanlagen und auf Wertpapiere des Umlaufvermögens 13. Zinsen und ähnliche Aufwendungen, davon an verbundene Unternehmen	8. Erträge aus Beteiligungen, davon aus verbundenen Unternehmen 9. Erträge aus anderen Wertpapieren und Ausleihungen des Finanzanlagevermögens, davon aus verbundenen Unternehmen 10. sonstige Zinsen und ähnliche Erträge, davon aus verbundenen Unternehmen 11. Abschreibungen auf Finanzanlagen und auf Wertpapiere des Umlaufvermögens 12. Zinsen und ähnliche Aufwendungen, davon an verbundene Unternehmen	15. außerordentliche Erträge 16. außerordentliche Aufwendungen 7b. Abschreibungen auf Vermögensgegenstände, soweit diese die in den Kapitalgesellschaften üblichen Abschreibungen überschreiten	14. außerordentliche Erträge 15. außerordentliche Aufwendungen
= BETRIEBSERGEBNIS	= BETRIEBSERGEBNIS	= FINANZERGEBNIS	= FINANZERGEBNIS	= AUSSERORDENTLICHES ERGEBNIS	= AUSSERORDENTLICHES ERGEBNIS

Abb. 7.4: Erfolgsspaltung im Rahmen der GuV-Gliederung gemäß § 275 Abs. 2 und 3 HGB

Den handelsrechtlichen GuV-Schemata liegt damit erkennbar die Absicht zugrunde, wenigstens näherungsweise in die Ergebnisbereiche »Betriebsergebnis«, »Finanzergebnis« und »außerordentliches Ergebnis« zu trennen, um somit zur Transparenz der Erfolgsursachen beizutragen. Die kritischen Anmerkungen zeigen indessen, dass die Erfolgsspaltung mit vielfältigen Problemen behaftet ist. Eine tiefergehende Analyse dieser Probleme, insbesondere im Hinblick auf die gliederungstechnischen Unterschiede des Gesamtkosten- und Umsatzkostenverfahrens, erfolgt jedoch ausführlich im Rahmen der Bilanzanalyse (vgl. 14. Kapitel A II 1).

Erfolgsspaltung nach IAS/ IFRS bzw. US-GAAP

Die Erfolgsrechnungen nach IAS/IFRS und US-GAAP unterliegen ebenfalls der Erfolgsspaltungsintention. So sind nach beiden Regelwerken explizit das Ergebnis der gewöhnlichen Geschäftstätigkeit und das außerordentliche Ergebnis getrennt auszuweisen (IAS 8.10 und APB 30.8 ff.). Allerdings gibt es hinsichtlich der Zuordnung der Erfolge zum Ergebnis aus gewöhnlicher Geschäftstätigkeit und außerordentlichen Ergebnis divergierende Auffassungen zwischen deutschem Handelsrecht und internationalen Rechnungslegungsstandards, die insbesondere auf eine unterschiedliche Abgrenzung der außerordentlichen Erfolge zurückzuführen sind. Eine vergleichende Gegenüberstellung der Erfolgsspaltung nach IAS/IFRS und US-GAAP erfolgt in Abbildung 7.5.

- Ergebnis der gewöhnlichen Geschäftstätigkeit

Hinsichtlich der Einbeziehung der Erfolgskomponenten in das Ergebnis aus gewöhnlicher Geschäftstätigkeit bestehen mit dem *profit or loss from ordinary activities* und *income from continuing operations* nach IAS/IFRS bzw. US-GAAP kaum Abgrenzungsprobleme. Die in der internationalen Rechnungslegung als *continuing operations* bezeichneten gewöhnlich im Unternehmen anfallenden Erfolge entsprechen weitestgehend der handelsrechtlichen Auffassung.

Nach IAS/IFRS ist eine Trennung in Betriebs- und Finanzergebnis möglich (IAS 1.75 (b) und (c)). Dabei entspricht das *operating profit* dem handelsrechtlichen Verständnis des Betriebsergebnisses (vgl. Beck'scher Bilanzkommentar [1999], § 275 Tz. 332). Insoweit sind das Betriebsergebnis und das *operating profit* weitgehend identisch. Allerdings können sich im Detail inhaltliche Abgrenzungsprobleme ergeben, die daraus resultieren, dass entsprechend IAS/ IFRS (nach handelsrechtlicher Auffassung) betriebsfremde Aufwendungen und Erträge teilweise als betriebsbedingt qualifiziert werden und umgekehrt (vgl. hierzu auch die Erläuterungen zu den sonstigen betrieblichen Erträgen und Aufwendungen in Abschnitt D I dieses Kapitels). Der Ausweis des Finanzergebnisses (*finance costs*) erfolgt ohne die Ergebnisbeiträge aus Equity-Beteiligungen und Joint Ventures, die einer separaten Offenlegung unterliegen (IAS 1.75 (c) und (d)). Letztere lassen sich mit den *finance costs* zum Finanzergebnis zusammenfassen. Im Rahmen des »*Improvements Project*« rückt das IASB allerdings von dieser Erfolgsspaltungskonzeption ab. Der Entwurf des neuen IAS 1 sieht weder eine gesonderte Angabe des Betriebsergebnisses noch des Ergebnisses der gewöhnlichen Geschäftstätigkeit mehr vor (IAS 1.76 [ED]). Gleichwohl lässt sich eine entsprechende Aufspaltung basierend auf den geforderten Einzelangaben zur GuV weiterhin erschließen.

Nach US-GAAP dagegen ist eine Untergliederung in Betriebs- und Finanzergebnis nur ansatzweise möglich. Das *operating income* entspricht hierbei nur näherungsweise dem handelsrechtlichen Betriebsergebnis. Beispielsweise werden unter die betriebsfremden Aufwendungen und Erträge (*non-operating income and expenses*) wesentliche Veräußerungsgewinne bzw. -verluste von *assets* sowie seltene oder für die Geschäftstätigkeit ungewöhnliche Erfolge ausgewiesen, die handelsrechtlich fast ausschließlich den sonstigen betrieblichen Aufwendungen und Erträgen zuzuordnen sind. Die Erfolge des Finanzbereichs müssen aus den sehr weitgefassten betriebsfremden Erfolgskomponenten *non-operating income* und *non-operating expenses* herausgerechnet werden, um das Finanzergebnis zu erhalten (vgl. Kuhlewind, A.-M. [2000], S. 303 f.).

- Außerordentliches Ergebnis

Nach IAS/IFRS und US-GAAP sind die Voraussetzungen für eine Zuordnung zum außerordentlichen Ergebnis (*extraordinary items*) noch restriktiver als im Handelsrecht. Es erfolgt grundsätzlich eine Beschränkung auf einige wenige Sachverhalte. Das IASB nennt beispielsweise Enteignungen und Naturkatastrophen (IAS 8.14). Im Rahmen des Improvements Project des IASB ist zudem beabsichtigt, die Position »außerordentliche Posten« zu streichen, sodass dieser Erfolgskomponente faktisch keine Bedeutug mehr beizumessen sein wird (IAS 1.78 [ED]). Die US-GAAP legen ebenfalls sehr enge Maßstäbe an die Qualifizierung außerordentlicher Erfolge an. Ähnlich den handelsrechtlichen Voraussetzungen erfüllen nur im Rahmen der Geschäftstätigkeit ungewöhnliche und selten auftretende Erfolge das Kriterium der Außerordentlichkeit (APB 30.20). Als zusätzliche Einschränkung werden allerdings bestimmte Sachverhalte davon explizit ausgegrenzt. Hieraus ergeben sich auch die wesentlichen Unterschiede zum Handelsrecht. So dürfen zum Beispiel die gesondert auszuweisenden *discontinued operations* nicht zu den *extraordinary items* hinzugezählt werden (FAS 144.43). Nach IAS/IFRS stellen diese Erfolge ebenfalls keinen Bestandteil des außerordentlichen Ergebnisses dar (IAS 35.41).

- Aufgabe von Geschäftsbereichen

In der internationalen Rechnungslegung wird unter *discontinued* bzw. *discontinuing operation* allgemein die bereits vollzogene oder hinreichend sicher geplante Aufgabe eines Geschäftsbereiches verstanden. Nach US-GAAP werden entsprechend Regulation S-X sämtliche Erfolge aus der Veräußerung bzw. Stillegung von Teilbetrieben und wesentlichen Unternehmensteilen getrennt vor dem außerordentlichen Ergebnis, aber nach dem Ergebnis der gewöhnlichen Geschäftstätigkeit unter der Position *discontinued operations* zusammengefasst (Regulation S-X, Rule 5-03.15). Dies gilt auch allgemein für nicht börsennotierte Unternehmen (FAS 144.43). Mit dem getrennten Ausweis sind zudem umfangreiche Offenlegungsvorschriften verbunden (FAS 144.43 f., 144.46 und 144.47 f.). Nach IAS/IFRS sind die Offenlegungsvorschriften inhaltlich vergleichbar und ähnlich umfangreich. Bis auf den (Vorsteuer-)Gewinn bzw. Verlust aus dem Verkauf von *assets* oder der Schuldentilgung, der zwingend in der GuV getrennt auszuweisen ist, dürfen die geforderten Angaben auch in den Anhang verlagert werden (IAS 35.39). Allerdings sind die entsprechend IAS 35.2 als *discontinuing operations* auszuweisenden Erfolge im Gegensatz zu US-GAAP im Allgemeinen Bestandteil der gewöhnlichen Geschäftstätigkeit und fließen in das Betriebsergebnis ein (IAS 35.41). Handelsrechtlich werden diese Erfolge überwiegend als ungewöhnliche und selten auftretende Ereignisse zu qualifizieren und somit entgegen der internationalen Sichtweise unter das außerordentliche Ergebnis zu subsumieren sein (vgl. Beck'scher Bilanzkommentar [1999], § 275 Tz. 341). Ist allerdings der Verkauf der *assets* für die Geschäftstätigkeit des Unternehmens nicht untypisch, dann ist eine Zuordnung zum Ergebnis der gewöhnlichen Geschäftstätigkeit geboten.

IAS/IFRS			
Revenue		Betriebsergebnis	Ergebnis der gewöhnlichen Geschäftstätigkeit
Other operating income	Cost of sales		
Changes in inventories and finished goods and work in progress	Gross profit		
Raw materials and consumables used	Other operating income		
Staff costs	Distribution costs		
Depreciation and amortisation expense	Administrative expenses		
Other operating expenses	Other operating expenses		
Profit or loss on sale of discontinuing operations			
Finance costs		Finanzergebnis	
Income from associates			
Income tax expense		Ertragsteuern	
Minority interest		Minderheitenanteile	
Extraordinary items		Außerordentliches Ergebnis	

US-GAAP		
Net sales and gross revenues	Betriebsergebnis	Ergebnis der gewöhnlichen Geschäftstätigkeit
Costs and expenses applicable to sales		
Other operating costs and expenses		
Selling, general and administrative expenses		
Provision for doubtful accounts and notes		
Other general expenses		
Non-operating income	Betriebsfremdes Ergebnis	
Interest and amortization of debt discount and expense		
Non-operating expenses		
Income tax expense		
Minority interest in income of consolidated subsidiaries		
Equity in earnings of unconsolidated subsidiaries and 50 % or less owned persons		
Discontinued operations	Ergebnis aus der Aufgabe von Geschäftsbereichen	
Extraordinary items	Außerordentliches Ergebnis	
Cumulative effects of changes in accounting principles	Ergebnis aus dem Wechsel der Bewertungsmethoden	

Abb. 7.5: Erfolgsspaltung nach IAS/IFRS und US-GAAP

Einen weiteren wesentlichen Unterschied zur handelsrechtlichen Erfolgsrechnung bilden die Minderheitenanteile konzernfremder Gesellschafter (*minority*

- Minderheitenanteile

interest). Sie sind entsprechend IAS/IFRS und US-GAAP als Bestandteil der Erfolgsermittlung innerhalb der GuV getrennt auszuweisen. Im Handelsrecht wird das auf konzernfremde Gesellschafter entfallende Ergebnis dagegen im Anschluss an die Erfolgsermittlung als separater Posten ausgewiesen (vgl. § 307 Abs. 2 HGB).

- Änderungen der Bewertungsmethoden

Nach US-GAAP werden die Änderungen der Bewertungsmethoden gesondert nach dem außerordentlichen Ergebnis ausgewiesen, während nach HGB und IAS/IFRS die Korrekturen bei den Posten gezeigt werden, bei denen die ursprüngliche Bewertung vorgenommen wurde.

III. Zusätzliche Angaben

Geschäftstätigkeit mit verbundenen Unternehmen

Zur weiteren Erhöhung der Aussagefähigkeit der GuV müssen bestimmte Erfolgsbestandteile aus den Geschäftsbeziehungen mit verbundenen Unternehmen gesondert ausgewiesen werden. Unter Zugrundelegung der Gliederungen des § 275 HGB handelt es sich hierbei um Positionen, die in das Finanzergebnis eingehen. Auf der Ertragsseite fallen hierunter folgende Positionen: Erträge aus Beteiligungen, Erträge aus anderen Wertpapieren und Ausleihungen des Finanzanlagevermögens, Erträge aus Gewinngemeinschaften, Gewinnabführungs- und Teilgewinnabführungsverträgen und Erträge aus Verlustübernahmen (§ 277 Abs. 3 Satz 2 HGB) sowie Erträge aus sonstigen Zinsen und ähnliche Erträge. Auf der Aufwandsseite handelt es sich um die folgenden Positionen: aufgrund einer Gewinngemeinschaft, eines Gewinnabführungs- oder Teilgewinnabführungsvertrages abgeführte Gewinne sowie Aufwendungen aus Verlustübernahme (§ 277 Abs. 3 Satz 2 HGB) und Zinsen und ähnliche Aufwendungen. Diese zusätzlichen Aufgliederungen einzelner GuV-Positionen haben vor allem in Anbetracht der ständig zunehmenden Verflechtungen der Unternehmen besondere Bedeutung.

Related party transactions

In der internationalen Rechnungslegung ist ein gesonderter Ausweis von Erfolgen aus Geschäftsbeziehungen mit nahestehenden Unternehmen bzw. Personen (*related party transactions*) in der GuV nicht vorgeschrieben. Dafür sehen sowohl die IAS/IFRS als US-GAAP umfangreiche Offenlegungsvorschriften in den *notes* vor (IAS 24.18 ff. bzw. FAS 57.2 ff.). Gegebenenfalls sind sogar die Beziehungen anzugeben, ohne dass diesen Transaktionen zugrunde liegen. Mit dem ab dem 01.07. 2002 anzuwendenden DRS 11 finden entsprechende Angabeerfordernisse nunmehr auch Eingang in die deutsche Rechnungslegung. Demnach werden zumindest kapitalmarktorientierte Mutterunternehmen dazu verpflichtet, im Rahmen des Konzernanhangs wesentliche Geschäftsvorfälle mit nahe stehenden Personen anzugeben und zu erläutern (DRS 11.3 i. V. m. 11.11). Die Berichtspflicht beinhaltet u. a. die Beschreibung des zugrunde liegenden Geschäftsvorfalls und die Angabe des wertmäßigen Umfangs der Transaktion (DRS 11.12).

Ergebnisverwendungsrechnung

Die Gewinn- und Verlustrechnungen gemäß § 275 HGB lassen sich grundsätzlich in zwei wesensverschiedene Bestandteile zerlegen: Die Positionen, beginnend mit »Umsatzerlöse« bis einschließlich »Jahresüberschuss«, dienen der Ergebnisermittlung. Der Jahresüberschuss selbst spiegelt den Erfolg der Unternehmenstätigkeit in der Rechnungsperiode wider. Die sich anschließenden Positionen (Zuführungen zu und Entnahmen aus den offenen Rücklagen, Bilanzgewinn) ergeben sich aus dem i. d. R. vom Vorstand vorgenommenen vorläufigen Gewinnverwendungsvorschlag. Im Gegensatz zum Jahresüberschuss gibt der Bilanzgewinn denjenigen Betrag an, welcher der Hauptversammlung im Rahmen des nach § 174 Abs. 1 AktG festgestellten Jahresabschlusses zur weiteren Verfügung steht (§ 58 AktG). Die Differenz zwischen Jahresüberschuss und Bilanzgewinn lässt erkennen, welche Gewinnverwendungspolitik von der Geschäftsleitung verfolgt wird. Die Mindestgliederungen nach § 275 HGB enden grundsätzlich mit dem Jahresüberschuss bzw. Jahresfehlbetrag, der als Eigenkapitalbestandteil in die Bilanz aufzunehmen ist (§ 266 Abs. 3 A.V. HGB). Aktiengesellschaften müssen den Ergebnisverwendungsteil entweder den Mindestgliederungen nach § 275 HGB unter Fortführung der Postennumerierung anhängen oder in den Anhang aufnehmen (§ 158 Abs. 1 AktG).

Eigenkapitalveränderungsrechnung nach IAS/IFRS, US-GAAP und DRS

Eine Ergebnisverwendungsrechnung im aktienrechtlichen Sinne ist den IAS/IFRS und US-GAAP unbekannt. Dennoch werden nach US-GAAP die Veränderungen in den Gewinnrücklagen vereinzelt auch in einem *statement of changes in retained earnings* im Anschluss an die GuV dargestellt, wobei dieses üblicherweise einen Bestandteil des gesondert aufzustellenden Eigenkapitalspiegels (*statement of changes in equity*) bildet (vgl. Niehus, R. J./Thyll, A. [2000], Tz. 1070). Auch nach IAS/IFRS werden die Bewegungen der Eigenkapitalpositionen – und damit auch die Gewinnverwendung – in einem Spiegel als eigenes Jahresabschlusselement gezeigt (IAS 1.7). Eine Trennung der GuV in Ergebnisermittlung und -verwendung ist nach internationalen Vorschriften somit grundsätzlich nicht vorgesehen (vgl. zur Ergebnisverwendung Abschnitt E II in diesem Kapitel). Mit DRS 7 fand mittlerweile auch hinsichtlich der Darstellung der Eigenkapitalentwicklung eine Anpassung an internationale Gepflogenheiten statt. Der entsprechend DRS 7 aufgestellte Eigenkapitalspiegel bildet gemäß § 297 Abs. 1 Satz 2 HGB (i. d. F. TransPuG) ein eigenes Element des Konzernabschlusses. Die aktienrechtliche Verpflichtung zur Bereitstellung einer Ergebnisverwendungsrechnung bleibt davon allerdings unberührt.

D. Ergebnisermittlungsrechnung

Gesamtkostenverfahren/ Umsatzkostenverfahren

Die Erfolgsrechnung gemäß HGB lässt sich, wie ausgeführt, in die zwei grundverschiedenen Bestandteile Ergebnisermittlung und Ergebnisverwendung unterteilen. Im Rahmen der Ergebnisermittlung können für die Bestimmung des Jahresüberschusses nach HGB und IAS/IFRS das Gesamtkosten- oder das Umsatzkostenverfahren zugunde gelegt werden. Die einzelnen Posten der GuV werden entsprechend handelsrechtlicher und internationaler Regelung dargestellt. Soweit die relevanten Positionen bei beiden Ergebnisermittlungsverfahren identisch sind, erfolgt die Erläuterung nach HGB und IAS/IFRS lediglich im Zusammenhang mit dem Gesamtkostenverfahren. Nach US-GAAP ist lediglich das Umsatzkostenverfahren zulässig. Die Behandlung nach US-GAAP erfolgt daher ausschließlich im Rahmen der Darstellung der einzelnen Positionen des Umsatzkostenverfahrens. Ausgehend von der handelsrechtlichen Regelung werden jeweils Gemeinsamkeiten und Unterschiede zu den internationalen Vorschriften erläutert.

I. Ergebnisrechnung nach dem Gesamtkostenverfahren

Umsatzerlöse = Erlöse aus dem eigentlichen Betriebszweck

Der Umsatzbegriff des § 275 Abs. 2 und 3 HGB ist enger als der des Umsatzsteuerrechts, nach dem alle Lieferungen und sonstigen Leistungen, die gegen Entgelt von einem Unternehmer erbracht werden, als Umsatz gelten. Für einen Ausweis unter den Umsatzerlösen ist vielmehr zu prüfen, ob es sich um Erlöse aus der Realisation der eigentlichen Betriebsleistung (= Betriebszweck) oder um Erträge aus mit dem Betrieb nur in einem weiteren Sinne zusammenhängenden Nebengeschäften und Nebenverwertungen handelt. § 277 Abs. 1 HGB bestimmt, dass nur die Erlöse aus dem Verkauf und der Vermietung und Verpachtung von für die gewöhnliche Geschäftstätigkeit des Unternehmens typischen Erzeugnissen und Waren sowie Dienstleistungen als Umsatzerlöse ausgewiesen werden dürfen. Erträge aus betriebsfremden Nebengeschäften (z. B. Erlöse aus Kantinen, Werksküchen, Werkswohnungen, Erholungsheimen oder Gutsverwaltungen) zählen dagegen zu den sonstigen betrieblichen Erträgen (Gesamtkostenverfahren: Pos. Nr. 4; Umsatzkostenverfahren: Pos. Nr. 6). Eine Subsumierung dieser Erträge unter dem außerordentlichen Ergebnis scheidet aus, da es ihnen an den Merkmalen der Ungewöhnlichkeit und Seltenheit fehlt. Ein Ausweis unter den Umsatzerlösen richtet sich somit im Wesentlichen nach dem betriebswirtschaftlichen Charakter der Umsatzerlöse, die für den jeweiligen Geschäftszweig typisch sind.

Nettoausweis der Umsatzerlöse

Nach § 277 Abs. 1 HGB sind die Bruttoumsatzerlöse nach Abzug der Erlösschmälerungen (Skonti, Rabatte oder Umsatzvergütungen sowie rückgewährte Entgelte für Rückware oder Gewichtsmängel) und der Umsatzsteuer auszuweisen.

Umsatzerlöse nach IAS/IFRS

Der in der IAS/IFRS-Rechnungslegung verwandte Begriff *revenue* umfasst im Wesentlichen alle für die Geschäftstätigkeit gewöhnlichen Erträge, geht somit grundsätzlich über die handelsrechtliche Definition der Umsatzerlöse hinaus. Nach IAS/IFRS wird hierunter allgemein der Bruttozufluss wirtschaftlichen Nutzens im Rahmen der gewöhnlichen Geschäftstätigkeit, der zu einer operativ bedingten Erhöhung des Reinvermögens führt, verstanden (IAS 18.7). Neben den Umsatzerlösen werden unter *revenue* grundsätzlich Gebühren, Zinsen, Dividenden, Lizenz- und Mietzahlungen subsumiert (F 74). Insgesamt ist der in IAS 1 verwandte Begriff *revenue* (im Sinne von *sales*) inhaltlich weitestgehend mit den handelsrechtlichen Umsatzerlösen gleichzusetzen (vgl. Beck'scher Bilanzkommentar [1999], § 275 Tz. 333). Detaillierte Regelungen zur Konkretisierung des Umsatzbegriffs und dessen Abgrenzung finden sich in verschiedenen Standards. Zu den Umsatzerlösen nach US-GAAP vgl. folgenden Abschnitt D II.

Zeitpunkt der Umsatzrealisation

Das handelsrechtliche Realisationsprinzip bestimmt, dass Umsatzerlöse und damit verbundene Leistungserträge erst nach Erbringung und Abrechnung der betrieblichen Lieferungen und Leistungen ausgewiesen werden (vgl. 1. Kapitel D I 3a). Eine Leistung gilt hierbei erst ab dem Zeitpunkt des Gefahrenübergangs als erbracht. Deshalb müssen Zahlungen, welche die Unternehmung für betriebliche Leistungen vor diesem Zeitpunkt von Kunden erhält, erfolgsneutral als erhaltene Anzahlungen verbucht werden. Dieser Grundsatz kann im Fall langfristiger Auftragsfertigung zu wenig informativen Ergebnisinformationen führen. Deshalb sind für langfristige Aufträge alternative Bewertungsmethoden entwickelt worden (vgl. 4. Kapitel B VI), von denen jedoch nur die Bewertung nach dem Teilabnahmeprinzip im HGB-Abschluss zu einem vorzeitigen Ausweis von (abgerechneten) Teilerlösen führt.

Zeitpunkt der Umsatzrealisation nach IAS/IFRS

Das *realization principle* entspricht weitgehend der handelsrechtlichen Definition. Allerdings ergeben sich Unterschiede hinsichtlich des Zeitpunktes der Gewinnrealisierung (*recognition of revenue*). Nach IAS/IFRS gelten neben den tatsächlich realisierten (*realized*) ggf. auch hinreichend sicher realisierbare (*realizable*) Erträge als realisiert. Die Realisationskriterien sind damit weniger streng als im Handelsrecht (zu den einzelnen Kriterien vgl. IAS 18.14 ff.). Die Unterschiede zum anglo-amerikanischen Verständnis führen insbesondere bei langfristigen Fertigungsaufträgen zu unterschiedlicher Gewinnvereinnahmung in einer Rechnungsperiode. So hat bei Vorliegen der Voraussetzungen nach IAS/IFRS (und US-GAAP; vgl. II) eine Teilgewinnrealisierung nach dem Grad der Fertigstellung (*percentage of completion*) zu erfolgen, während diese Vorgehensweise dem vorsichtigeren Verständnis des Handelsrechts widerspricht.

Bestandsveränderungen der fertigen und unfertigen Erzeugnisse

Die Erhöhung oder Verminderung des Bestandes an fertigen und unfertigen Erzeugnissen ist im handelsrechtlichen Gliederungsschema unter Position Nr. 2 auszuweisen. Ihre Höhe ergibt sich aus der Differenz der Bilanzansätze zu Beginn und am Ende der betrachteten Periode der zu Herstellungskosten bewerteten fertigen und unfertigen Erzeugnisse. In die Berechnung der Bilanzansatzdifferenz gehen Mengen- und Wertänderungen (zu Herstellungskosten) ein. Bei der Interpretation dieser Position sind zwei wesentliche Aspekte zu beachten:

1. Die in die Wertdifferenzen eingehenden Abschreibungen berühren die Bestandsveränderungen nur insoweit, als sie die in dem Unternehmen üblichen Abschreibungen nicht überschreiten (§ 277 Abs. 2 HGB). Die über das unternehmensübliche Maß hinausgehenden Wertminderungen sind in der GuV nach dem Gesamtkostenverfahren unter der Position 7b gesondert auszuweisen.
2. Der Umfang der Bestandsveränderungen hängt u. a. auch davon ab, ob die Lagerbestände zu Voll- oder Teilkosten bewertet werden (§ 255 Abs. 2 Satz 2 HGB; vgl. ferner 2. Kapitel B I 2).

Dem zugrunde liegenden Gesamtkostenverfahren entsprechend (vgl. Abschnitt A dieses Kapitels) werden Bestandsminderungen von den Umsatzerlösen abgezogen, da die Leistung für diese Erzeugnisse im Vorjahr oder früheren Perioden erbracht worden ist. Analog muss eine Bestandserhöhung zu den Umsatzerlösen hinzuaddiert werden, da es sich um Leistungen des Betriebes in der betrachteten Periode handelt, für die Aufwendungen verrechnet wurden. Bestandsänderungen an Waren werden – trotz des gemeinsamen Ausweises in der Bilanz – nicht hier, sondern unter dem Materialaufwand verrechnet. Unter den Bestandsveränderungen werden auch die nach dem handelsrechtlich zulässigen Teilabnahmeprinzip abgerechnete Teilerlöse der langfristigen Auftragsfertigung ausgewiesen.

Bestandsveränderungen nach IAS/IFRS

Bei den Bestandsveränderungen (*changes in inventories of finished goods and work in progress*) gemäß IAS/IFRS ergeben sich hinsichtlich der Ermittlung grundsätzlich keine Unterschiede zum HGB. Allerdings umfassen die Herstellungskosten nach IAS/IFRS zwingend die produktionsbezogenen Vollkosten. Daher können sich im Umfang der in die Bestandsveränderungen eingehenden Kostenbestandteile Abweichungen ergeben, wenn die handelsrechtliche Wahlrechtsausübung nicht der Herstellungskostendefinition nach IAS/IFRS entspricht, die neben den Einzelkosten sämtliche für die Versetzung in einen betriebsbereiten Zustand notwendigen Gemeinkosten zugrunde legt (IAS 2.7 und 2.10 ff.). Zudem werden außerplanmäßige Abschreibungen auf unfertige und fertige Erzeugnisse unabhängig von der Höhe den Bestandsveränderungen zugerechnet, während handelsrechtlich ungewöhnlich hohe Abschreibungen unter die Pos. 7b fallen (vgl. hierzu auch die Erläuterungen zur Pos. 7). Die nach dem Grad der Fertigstellung abgerechneten Erfolgsbeiträge aus der langfristigen Auftragsfertigung einschließlich der anteiligen Auftragsgewinne sind dagegen – anders als im Handelsrecht – unter den Umsatzerlösen (*revenue*) auszuweisen (vgl. Beck'scher Bilanzkommentar [1999], § 275 Tz. 333).

Andere aktivierte Eigenleistungen

Die Ermittlung der Gesamtleistung der Periode erfordert eine weitere Korrektur der Umsatzerlöse um »andere aktivierte Eigenleistungen« (Position 3 der GuV gemäß HGB). Hierbei handelt es sich im Wesentlichen um folgende Positionen (vgl. Beck'scher Bilanzkommentar [1999], § 275 Tz. 80 ff.):

- selbsterstellte Anlagen,
- mit eigenen Arbeitskräften durchgeführte Großreparaturen sowie
- gemäß § 269 Satz 1 HGB als Bilanzierungshilfe aktivierte Aufwendungen der Ingangsetzung und Erweiterung des Geschäftsbetriebes.

Andere aktivierte Eigenleistungen nach IAS/IFRS

Die anderen aktivierten Eigenleistungen (*work performed by the enterprise and capitalised*) sind nach IAS/IFRS nur im Falle der Wesentlichkeit separat auszuweisen (vgl. zum Wesentlichkeitskriterium F 29 sowie IAS 1.29 ff.). Hinsichtlich des Umfangs der in die anderen aktivierten Eigenleistungen einzubeziehenden Aufwendungen ist zu prüfen, ob diese auch den Anforderungen für den Ansatz als *asset* genügen. Bei Vorliegen der geforderten Kriterien sind hierunter beispielsweise die aktivierten Entwicklungskosten, für die handelsrechtlich ein generelles Aktivierungsverbot besteht, auszuweisen.

Gesamtleistung

Addiert man die Positionen 1 bis 3 der GuV-Gliederung des handelsrechtlichen Gesamtkostenverfahrens, gelangt man zu der Gesamtleistung des Unternehmens, wobei diese Größe nicht eigens in das gesetzliche Gliederungsschema aufgenommen wurde. Obwohl diese Position bzw. Größe zentrale Bedeutung für die Aufwandsstrukturanalyse besitzt (vgl. 14. Kapitel A II 2), ist deren Aussagekraft kritisch zu beurteilen:

1. So unterliegen die Positionen Nr. 2 und 3 (Bestandsveränderungen, aktivierte Eigenleistungen) der Herstellungskostenbewertung, für die der Bilanzierende gemäß § 255 Abs. 2 HGB einen erheblichen Bewertungsspielraum hat.
2. Die Position »Gesamtleistung« vereinigt zwei wesensverschiedene Erfolgsarten. Bei den Umsatzerlösen (Pos. 1) handelt es sich um abgesetzte, eindeutig realisierte Leistungen, bei den Positionen Nr. 2 und 3 hingegen nur um buchungstechnische, in der Systematik des Gesamtkostenverfahrens begründete Ausgleichsposten, die letztlich noch keine marktlich realisierten Erträge darstellen.
3. In die Gesamtleistung gehen nur die aktivierbaren Leistungen ein; folglich bleiben die gesamten Forschungs- und Entwicklungsaufwendungen unberücksichtigt, obwohl sie bei Unternehmen mit hohen Forschungsaufwendungen (z. B. Chemieindustrie) einen erheblichen Teil der betriebswirtschaftlichen (immateriellen) Leistung darstellen.

Gesamtleistung nach IAS/IFRS

Für die Ermittlung der Gesamtleistung nach IAS/IFRS sind analog zur Vorgehensweise nach HGB die Positionen »Umsatzerlöse« (*revenue*), »Bestandsveränderungen« (*changes in inventories of finished goods and work in progress*) und ggf. »andere aktivierte Eigenleistungen« (*work performed by the enterprise and capitalised*) zu addieren. Der gesonderte Ausweis der Gesamtleistung ist auch nach IAS/IFRS nicht vorgesehen.

Sonstige betriebliche Erträge

Die Position »sonstige betriebliche Erträge« nimmt alle diejenigen Erträge der gewöhnlichen Geschäftstätigkeit auf, die nicht bereits in den anderen Ertragspositionen enthalten sind. Hier werden vor allem folgende Komponenten einbezogen: Erlöse aus betriebsleistungsfremden Umsätzen, Zahlungseingänge auf bereits als uneinbringlich ausgebuchte Forderungen, Buchgewinne aus dem Verkauf von Wertpapieren des Umlaufvermögens, Währungsgewinne, Schuldnachlässe, Kostenerstattungen oder Rückvergütungen und Gutschriften für frühere Perioden, Schadenersatzleistungen (soweit nicht ein Verlust oder Gewinn aus dem Abgang auszuweisen ist), Erträge aus Sozialeinrichtungen der Gesellschaft, ferner – soweit nicht ein Ausweis unter den Umsatzerlösen vorgeht – Patent- und Lizenzgebühren, Magazinverkäufe und ähnliche Erträge (vgl. ADS [1995], § 275 Tz. 71).

- Liquidations- und Bewertungserfolge

Außerdem gehen folgende Erfolgskomponenten mit ein:

- Erträge aus dem Abgang von Gegenständen des Anlagevermögens und Zuschreibungen auf Gegenstände des Anlagevermögens,
- Erträge aus der Herabsetzung der Pauschalwertberichtigung zu Forderungen und
- Erträge aus der Auflösung von Rückstellungen.

Bei diesen Erfolgskomponenten handelt es sich um Liquidations- bzw. Bewertungserträge, deren erfolgsspaltungsmäßige Einordnung schwierig ist. Sie können einerseits dem ordentlichen Bereich, andererseits jedoch – soweit selten und in ungewöhnlicher Höhe anfallend – auch als außerhalb der gewöhnlichen Geschäftstätigkeit anfallend qualifiziert werden. Da sie insbesondere auch zur Ergebnisglättung herangezogen werden können, besteht bei den Jahresabschlussadressaten ein erhebliches Interesse an einem getrennten Ausweis. Insoweit erschwert der summarische Ausweis dieser Erfolgsbestandteile die Vornahme einer externen Erfolgsspaltung, da ordentliche und außerordentliche Erfolgskomponenten für den externen Informationsempfänger untrennbar miteinander vermischt werden (vgl. IDW [1985], S. 541; Hauschildt, J./Grenz, T./Gemünden, H. G. [1985], S. 884). Dieser Nachteil kann jedoch durch die Berichtspflicht im Anhang gemäß § 277 Abs. 4 Satz 2 und 3 HGB kompensiert werden, wonach diese Erfolge im Falle, dass sie als aperiodisch zu beurteilen sind, hinsichtlich ihres Betrages und ihrer Art erläutert werden müssen, wenn dies für die Beurteilung der Ertragslage von Bedeutung ist.

Nicht unter den sonstigen betrieblichen Erträgen auszuweisen ist die bestimmungsgemäße Auflösung der Rückstellungen. Die GuV wird davon nicht mehr betroffen, da die Inanspruchnahme direkt zu Lasten der Rückstellungen verbucht wird (vgl. 6. Kapitel B I).

Gegenüber der Position »Umsatzerlöse« können sich Abgrenzungsprobleme ergeben. Unternehmensübliche Erlöse aus dem Verkauf nicht mehr benötigter Roh-, Hilfs- und Betriebsstoffe können grundsätzlich immer unter den sonstigen betrieblichen Erträgen erfasst werden. Soweit diese Erträge nicht als unregelmäßig und außergewöhnlich zu betrachten sind, kann auch ein Ausweis unter den Umsatzerlösen erfolgen (vgl. ADS [1995], § 277 Tz. 10; Beck'scher Bilanzkommentar [1999], § 275 Tz. 54). Sofern diese Veräußerungen das unternehmensübliche Maß übersteigen (z. B. Notverkäufe aufgrund unvorhergesehener Produktionsanlagenausfälle), erscheint ein Ausweis unter den außerordentlichen Erträgen geboten. Die korrespondierenden Aufwendungen müssen dann unter den außerordentlichen Aufwendungen (und nicht unter Position Nr. 5a) erfasst werden, um das Ergebnis aus gewöhnlicher Geschäftstätigkeit nicht zu verzerren.

Die »Erträge aus der Auflösung von Sonderposten mit Rücklageanteil« sind innerhalb der Position »sonstige betriebliche Erträge« gesondert auszuweisen oder im Anhang anzugeben (§ 281 Abs. 2 Satz 2 HGB). Gemäß der Doppelnatur des Sonderpostens mit Rücklageanteil (vgl. 5. Kapitel B III 2) können Erträge aus der Auflösung von Sonderposten mit Rücklageanteil zum einen bedingt sein durch den gemäß § 281 Abs. 1 Satz 1 HGB wahlweise möglichen passivischen Ausweis von allein steuerrechtlichen Abschreibungen gemäß § 254 HGB. Auflösungserträge fallen in diesem Zusammenhang dann an, wenn (a) der Vermögensgegenstand aus dem Unternehmen ausscheidet oder wenn (b) die der Sonderabschreibung zeitlich folgenden planmäßigen Abschreibungen in der Steuerbilanz niedriger ausfallen als die handelsrechtlichen Abschreibungen. Dies verdeutlicht folgendes Beispiel.

Zum anderen fallen Erträge aus der Auflösung von Sonderposten mit Rücklageanteil an, wenn steuerfreie Rücklagen auf Aktivposten im Wege einer außerplanmäßigen Abschreibung gemäß § 254 HGB übertragen werden (vgl. 5. Kapitel B III 2a).

Anschaffungskosten einer Maschine					100.000
Nutzungsdauer lt. AfA-Tabelle:					5 Jahre
Handelsrechtlich gebotene Abschreibung p.a.:					20.000
Steuerliche Abschreibung (inkl. Sonderabschreibung) in Periode 1:					50.000
Abschreibung HB:	20.000	20.000	20.000	20.000	20.000
Abschreibung StB:	50.000	12.500	12.500	12.500	12.500
Bilanzansatz der Maschine in der Handelsbilanz:	80.000	60.000	40.000	20.000	0
Sonderp. m. Rücklageanteil:	30.000	22.500	15.000	7.500	0
Erfolgsausweis in der GuV gemäß § 275 Abs. 2 HGB:					
Position 8a der GuV:	– 30.000				
Position 4a der GuV:		+ 7.500	+ 7.500	+ 7.500	+ 7.500
Abschreibungen Position 7a der GuV:	– 20.000	– 20.000	– 20.000	– 20.000	– 20.000
Wirkung auf den JÜ:	– 50.000	– 12.500	– 12.500	– 12.500	– 12.500

Tab. 7.4: Beispielrechnung zum Sonderposten mit Rücklageanteil

Dem strengen Bruttoprinzip entsprechend ist eine Aufrechnung von Zuführungs- und Auflösungsbeträgen prinzipiell nicht zulässig (vgl. ADS [1995], § 273 Tz. 24). Dies gilt insbesondere in den Fällen, in denen ein Vermögensgegenstand ausscheidet, auf den in Vorperioden eine steuerfreie Rücklage passivisch in Form einer Wertberichtigung gemäß § 281 Abs. 1 Satz 1 HGB übertragen wurde, und diese steuerfreie Rücklage in derselben Periode auf eine Neuinvestition ebenfalls in Form einer passivischen Wertberichtigung übertragen werden soll. Bei zeitverschobenem Neuerwerb und passivischem Ausweis der zu übertragenden steuerfreien Rücklage gemäß § 281 Abs. 1 Satz 1 HGB ist jedoch in der Übertragungsperiode keine (erneute) ertragswirksame Auflösung des Sonderpostens bzw. der steuerfreien Rücklage und parallel aufwandswirksame Einstellung einer Wertberichtigung in den Sonderposten notwendig; es genügt eine interne Umbuchung innerhalb des Sonderpostens. In diesem Fall berührt die Verschiebung zwischen steuerfreien Rücklagen hin zu passivisch ausgewiesenen Abschreibungen die GuV nicht (vgl. ADS [1995], § 281 Tz. 48; Haeger, B. [1987], S. 449).

Sonstige betriebliche Erträge nach IAS/IFRS

Die sonstigen betrieblichen Erträge (*other operating income*) umfassen nach IAS/IFRS sowohl direkt der betrieblichen Tätigkeit zuordenbare Erträge (*revenues*), sofern sie nicht als Umsatzerlöse zu qualifizieren sind, als auch teilweise nur indirekt den Betriebsbereich betreffende Erträge (*gains*), die aus Wertsteigerungen von *assets* oder Wertminderungen von *liabilities* resultieren (vgl. F 74 ff.). Der Umfang der einzubeziehenden Posten ist weitgehend mit den handelsrechtlich hierunter zu subsumierenden Erträgen identisch. Allerdings können sich gegenüber dem HGB Abgrenzungsprobleme ergeben. So können hierunter die handelsrechtlich zwingend dem Finanzergebnis zuzuordnenden »Erträge aus anderen Wertpapieren und Ausleihungen des Finanzanlagevermögens« (Gesamtkostenverfahren: Pos. Nr. 10; Umsatzkostenverfahren: Pos. Nr. 9) sowie Gewinne aus zu Anschaffungskosten bewerteten Beteiligungen gefasst werden, soweit ihre Bedeutung nicht einen gesonderten Ausweis erfordert (vgl. Beck'scher Bilanzkommentar [1999], § 275 Tz. 335 und Tz. 339). Im Sinne der Erfolgsspaltung sind diese Erträge allerdings zusammen mit den sonstigen Zinsen und ähnlichen Erträgen sowie Währungskursgewinnen vorzugsweise unter der Position *»finance costs«* auszuweisen (IAS 1.75 (c)). Ergebnisbeiträge aus Equity-Beteiligungen sind stets dem Finanzbereich zuzuordnen und dort gesondert zu zeigen (IAS 1.75 (d) i. V. m. IAS 28.28). Insgesamt werden unter die sonstigen betrieblichen Erträge neben den bereits genannten Positionen beispielsweise Gebühren, Provisionen, Lizenzeinnahmen, Honorare sowie Miet- und Leasingzahlungen gefasst, sofern diese nicht Umsatzerlöse darstellen (F 74 sowie IAS 18.30).

Eine Aufgliederung der wesentlichen in der Position *»other operating income«* enthaltenen Beträge ist im Sinne einer *fair presentation* im Anhang offen zu legen (vgl. IAS 1.30 und 1.91 (c)).

Materialaufwand: Roh-, Hilfs- und Betriebsstoffe und bezogene Waren, bezogene Leistungen

Den Positionen Nr. 1 bis 4 des § 275 Abs. 2 HGB wird der Materialaufwand gegenübergestellt, wobei die Aufwendungen für Roh-, Hilfs- und Betriebsstoffe und für bezogene Waren unter Position 5a und die Aufwendungen für bezogene Leistungen gesondert unter Position 5b auszuweisen sind. Der Umfang der einzubeziehenden Aufwendungen ist umstritten, da der Gesetzgeber nicht festgelegt hat, ob nur der auf den Fertigungsbereich oder der gesamte, auch auf den Verwaltungs- und Vertriebsbereich entfallende Materialverbrauch einbezogen werden muss. Dadurch ergeben sich gegenüber der Position 8 »sonstige betriebliche Aufwendungen« erhebliche Abgrenzungsprobleme.

Abgrenzung des Materialaufwands nach dem Kongruenzprinzip

Knüpft man an der logischen Reihenfolge und dem Inhalt der einzelnen GuV-Positionen an, ist es naheliegend, unter den Positionen 5a und 5b nur die mit den Positionen 1 bis 4 kongruenten Aufwendungen zu erfassen (Kongruenzprinzip). Die Positionen Nr. 1 bis 3 sind betrieblicher Natur und stellen rein fertigungsprozessbezogene Erträge dar. Die »sonstigen betrieblichen Erträge« (Position 4) hingegen enthalten darüber hinaus Erfolgskomponenten mit außerordentlichem Charakter, wie Bewertungs- und Liquidationserfolge, die mit dem eigentlichen betrieblichen Leistungserstellungsprozess direkt nichts zu tun haben; sie sind primär Ausfluss administrativer Entscheidungen. Danach wäre der Materialaufwand auf den Fertigungsbereich einzugrenzen.

Materialverbrauch des Fertigungs-, Verwaltungs- und Vertriebsbereichs

Da andererseits die gesamte GuV-Gliederung des § 275 Abs. 2 HGB auf das »Ergebnis aus gewöhnlicher Geschäftstätigkeit« abstellt, kann auch nur diese Position als Orientierungslinie für den ertragskongruenten Ausweis der Aufwendungen dienen. Im Sinne des Kongruenzprinzips ist deshalb unter der Position »Materialaufwand« der gesamte Materialverbrauch des Fertigungs-, Verwaltungs- und Vertriebsbereichs auszuweisen (vgl. Jonas, H. H. [1980], S. 132). Zudem erscheint eine Beschränkung der Position 5 auf den Materialverbrauch des Fertigungsbereichs aufgrund der primärkostenorientierten GuV-Gliederung nach dem Gesamtkostenverfahren nicht sinnvoll (vgl. ADS [1995], § 275 Tz. 84 m. w. N. und Glade, A. [1991], § 275 Tz. 91 ff., der lediglich für die Einbeziehung des fertigungsbezogenen Materialaufwandes plädiert).

Materialverbrauch des Finanzbereichs

Stellenweise wird aus Gründen einer erfolgsspaltungsorientierten GuV-Gliederung die Ausgliederung des finanzbereichsbezogenen Materialverbrauchs gefordert (vgl. Biener, H. [1979], S. 88 f.). Ein Ausweis käme dann unter der Position Nr. 8 »sonstige betriebliche Aufwendungen« in Frage. Da der auf den Finanzbereich entfallende Materialverbrauch sich im Wesentlichen auf Büromaterial beschränkt, beeinträchtigt u. E. ein zusammenfassender Ausweis mit dem unter Position 5a ausgewiesenen Materialaufwand den Einblick in die Erfolgslage gemäß § 264 Abs. 2 HGB nicht.

Mengen- und wertmäßiger Verbrauch an Roh-, Hilfs- und Betriebsstoffen

Im Einzelnen sind der gesamte mengenmäßige Verbrauch an Roh-, Hilfs- und Betriebsstoffen (RHB), Brenn- und Heizungsmaterial und anderen Energien, Reinigungsmaterial, Reparaturstoffen, Baumaterial (für aktivierte Eigenleistungen) und die Aufwendungen für verkaufte Handelswaren unter Position 5a auszuweisen.

Der unter Position 5a auszuweisende Materialaufwand berechnet sich wie folgt:

Anfangsbestand an RHB
\+ Zugänge an RHB
– Endbestand an RHB

= Materialverbrauch (Pos. 5a)

Neben dem rein mengenmäßigen Verzehr an Roh-, Hilfs- und Betriebsstoffen fallen unter Position 5a auch die unternehmensüblichen Inventur- und Bewertungsdifferenzen, die ihre Ursache z. B. in Schwund, Qualitätsverlusten oder rückläufigen Marktpreisen haben. Auch die Auswirkungen aus dem Übergang von einer zulässigen Bewertungsmethode zu einer anderen Methode schlagen sich hier nieder (vgl. 4. Kapitel B II).

Festwerte im Umlaufvermögen

Sofern für Vermögensgegenstände des Umlaufvermögens Festwerte angesetzt wurden, sind die den Abgängen entsprechenden laufenden Zugänge sowie die unternehmensüblichen Wertminderungen ausschließlich unter der Position Nr. 5a auszuweisen (vgl. 4. Kapitel B II 1). Wurde ein Festwert für Vermögensgegenstände des Sachanlagevermögens angesetzt, so sind die Zugänge unter der Position »sonstige betriebliche Aufwendungen« zu verrechnen; Wertminderungen an festbewerteten Anlagevermögensgegenständen sind unter der Position 7a zu erfassen (vgl. 3. Kapitel C).

Aufwendungen für bezogene Leistungen

Die Aufwendungen für bezogene Leistungen sind getrennt von den Aufwendungen für Roh-, Hilfs- und Betriebsstoffe sowie für bezogene Waren auszuweisen. Dadurch wird der vielfach erhobenen Forderung Rechnung getragen, die i. a. umfangreiche Position Materialaufwand in aussagefähige Ergebniskategorien zu unterteilen.

Materialaufwand nach IAS/IFRS

Analog zum HGB sind im Materialaufwand (*raw materials and consumables used*) nach IAS/IFRS Aufwendungen für Roh-, Hilfs- und Betriebsstoffe sowie für bezogene Waren und Leistungen auszuweisen. Als Ausdruck der periodengerechten Zuordnung von Aufwendungen zu den korrespondierenden Erträgen (*matching of costs and revenues*) werden die Buchwerte der verkauften Waren im Zeitpunkt der Ertragsrealisation als Aufwand erfasst (IAS 2.31). Daneben ist der gesamte bewertete Verbrauch an Roh-, Hilfs- und Betriebsstoffen hierunter auszuweisen. Die zur Anpassung an den Nettoveräußerungserlös (*net realisable value*) vorgenommenen Abschreibungen bzw. Zuschreibungen sowie die Verluste aus der Vorratsbewertung (ohne fertige und unfertige Erzeugnisse) werden ebenfalls als Materialaufwand qualifiziert (vgl. zur Ermittlung des Nettoveräußerungserlöses 4. Kapitel B II). Sie werden entsprechend dem *matching principle* in der Periode aufwandswirksam, in der die Bewertungsänderung des *asset* eingetreten ist (vgl. F 94). Im Gegensatz zum HGB erfolgt nach IAS/IFRS grundsätzlich die Zuordnung zum Materialaufwand unabhängig von der Höhe des Anpassungsbetrages. Ungewöhnlich hohe Beträge werden allerdings einen separaten Ausweis erforderlich machen. Weitere Abgrenzungsprobleme können sich bei den Betriebsstoffen ergeben, die neben der Fertigung auch anderen betrieblichen Bereichen dienen, wie z. B. Heizmaterial und Treibstoffe für Transportmittel. Diese gehören handelsrechtlich zu den Betriebsstoffen, während nach IAS/IFRS eine Zuordnung zu den Vorräten ausgeschlossen wird (vgl. Jacobs, O. H. [2002], Tz. 6). Korrespondierend kommt in diesen Fällen auch keine Zuordnung zum Materialaufwand, sondern vielmehr zu den sonstigen betrieblichen Aufwendungen in Frage.

Rohertrag/ Rohaufwand, Rohergebnis

Kleine und mittelgroße Kapitalgesellschaften dürfen die Positionen 1 bis 5 zum »Rohergebnis« saldieren (§ 276 HGB). Personengesellschaften und Einzelkaufleute, die dem PublG unterliegen, müssen jedoch die Umsatzerlöse in jedem Falle angeben, selbst wenn sie von der Möglichkeit der Nichtveröffentlichung der GuV Gebrauch machen (§ 9 Abs. 2 i. V. m. § 5 Abs. 5 Satz 3 PublG).

Löhne und Gehälter

Unter »Löhne und Gehälter« (Position Nr. 6a) sind alle Geld- und Sachleistungen an Mitarbeiter der Unternehmung auszuweisen, soweit sie während des Geschäftsjahres als Arbeitsentgelt angefallen sind. Dabei sind stets die Bruttobezüge zu berücksichtigen, d. h. die Arbeitnehmeranteile der Sozialversicherung sowie die Lohnsteuer, für die zwar der Arbeitnehmer Steuerschuldner ist, die aber die Gesellschaft einbehält und abführt, sind ebenso der Position 6a zuzuschlagen. Unerheblich ist auch, ob die Beträge bereits bezahlt oder als Rückstellung oder Verbindlichkeit passiviert wurden. Nicht durch Rückstellungen abgedeckte Nachzahlungen früherer Perioden sind als laufender Aufwand zu verbuchen. Vorschüsse auf Löhne und Gehälter stellen wirtschaftlich und rechtlich eine Forderung des Arbeitgebers gegenüber dem Arbeitnehmer dar und sind entsprechend in der Bilanz unter Position Nr. B. II. 4. (§ 266 Abs. 2 HGB) auszuweisen.

Da die gewählte Form oder Bezeichnung der Löhne und Gehälter unwesentlich ist, müssen auch Nebenbezüge (z. B. Vergütungen für Verbesserungsvorschläge durch Mitarbeiter), in Sachwerten gewährte Bezüge (z. B. mietfreie Dienstwohnungen oder kostenlose Dienstfahrzeuge), Abfindungen, soweit sie als

Nachzahlungen für bereits geleistete Dienste anzusehen sind, und dergleichen ebenfalls unter der Position 6a ausgewiesen werden (vgl. ADS [1995], § 275 Tz. 102 ff.; IDW [1985], S. 667 f.; Förschle, G./Kropp, M. [1984], S. 16 f.). Nicht zu den Löhnen und Gehältern zählen jedoch Pensionen und Renten (Ausweis unter Position Nr. 6b), erstattete Barauslagen und Auslagen von Belegschaftsmitgliedern für Dienstreisen sowie Aufsichtsratsbezüge, die – da sie nicht aufgrund eines Angestellten- oder Dienstverhältnisses gezahlt werden – unter den »sonstigen betrieblichen Aufwendungen« (Position Nr. 8) auszuweisen sind.

Soziale Abgaben und Aufwendungen für Altersversorgung und Unterstützung

Die sozialen Abgaben und Aufwendungen für Altersversorgung und Unterstützung fallen gemeinsam unter die Position Nr. 6b. Die Aufwendungen für soziale Abgaben umfassen nur die gesetzlichen Pflichtabgaben, die von der Gesellschaft als Arbeitgeberanteil zu tragen sind. Es handelt sich dabei um Beiträge zur Sozialversicherung (z. B. Renten-, Kranken- und Arbeitslosenversicherung) oder Berufsgenossenschaft (vgl. ADS [1995], § 275 Tz. 116). Die von der Gesellschaft im Abzugsverfahren abzuführenden Arbeitnehmerbeiträge sind Teil der Bruttolöhne und werden dementsprechend unter den Aufwendungen für Löhne und Gehälter erfasst.

Als Aufwendungen für Altersversorgung und Unterstützung werden Aufwendungen für tätige und nicht mehr tätige Betriebsangehörige erfasst. Spenden und Unterstützungszahlungen an einen anderen Personenkreis sind daher nicht hier, sondern unter der Position »sonstige betriebliche Aufwendungen« auszuweisen. Zu den Aufwendungen für Altersversorgung rechnen Pensionszahlungen, Zuführungen zu Pensionsrückstellungen und Zuweisungen an Unterstützungs- und Pensionskassen. Unter den Aufwendungen für Altersversorgung können auch Pensionsrückstellungszuführungen ausgewiesen werden, die lediglich der Verzinsung bereits angesammelter Pensionsrückstellungen aus Vorperioden dienen. Ein Ausweis dieser Verzinsungsbeträge unter der Position Nr. 13 »Zinsen und ähnliche Aufwendungen« erscheint aufgrund der Bedeutung dieser Rückstellungen sinnvoll (vgl. auch ADS [1995], § 275 Tz. 121). Pensionszahlungen sind hier nur in dem Maße zu erfassen, wie die Zahlungen nicht erfolgsneutral zu Lasten der Pensionsrückstellungen erfolgen. Die Altersvorsorgeaufwendungen sind in einer Vorspalte gesondert auszuweisen. Als Unterstützung für tätige und nicht mehr tätige Betriebsangehörige kommen alle Aufwendungen der Gesellschaft in Betracht, die nicht für eine Leistung der Empfänger gezahlt werden. Beispielsweise sind hier auszuweisen: Aufwendungen für Verunglückte, Unterstützungszahlungen für Invaliden, Heirats- und Geburtshilfen und dergleichen (vgl. ADS [1995], § 275 Tz. 122; IDW [1985], S. 668 f.).

Vorruhestandsgelder

Einen Sonderfall der Unterstützungsleistungen stellen die Vorruhestandsgelder gemäß VRG vom 13.04.1984 dar, die vom Arbeitgeber im Rahmen von Individual- oder Kollektivvereinbarungen als Abfindung für die Aufgabe des Arbeitsplatzes gezahlt werden müssen. Vorruhestandszahlungen stellen kein Arbeitsentgelt dar, da ihnen keine Arbeitsleistung des Empfängers unmittelbar gegenübersteht. Da dem Arbeitgeber mit deren Zahlung kein wirtschaftlicher Vorteil erwächst (= Anspruch auf Arbeitsleistung), haben sie Unterstützungscharakter und sind deshalb der Position Nr. 6b zuzuordnen.

Personalaufwand nach IAS/IFRS

Nach IAS/IFRS besteht keine ausdrückliche Verpflichtung, die Sozialabgaben im Personalaufwand (*staff costs*) getrennt auszuweisen, es sei denn, der separate Ausweis ist für eine *fair presentation* unerlässlich (vgl. IAS 1.75). Dagegen ist eine gesonderte Angabe der Gesamtaufwendungen für Altersversorgungspläne mit Beitrags- und Leistungsprimat (*defined contribution plans* bzw. *defined benefit plans*) entweder in der GuV oder in einer *note* im Anhang vorgeschrieben (IAS 19.46 bzw. 19.120 (f)). Zu *defined contribution plans* gehören beispielsweise Beitragszahlungen an Direktversicherungen und Pensionskassen. Unter *defined benefit plans* fallen Direktzusagen und Zahlungen an Unterstützungskassen.

Der Pensionsaufwand nach IAS/IFRS setzt sich grundsätzlich aus den folgenden Komponenten zusammen (vgl. IAS 19.61):

	Current Service Cost
+	Interest Cost
– (+)	positiver (negativer) Expected Return on Any Plan Assets
– (+)	Actuarial Gains (Losses)
+	Past Service Cost
+/–	Effect of Any Curtailments or Settlements
=	Pensionsaufwand der Periode

Der Dienstzeitaufwand (*current service cost*) entspricht den erdienten Ansprüchen der begünstigten Arbeitnehmer im Geschäftsjahr. Aus der Aufzinsung der Vorjahresverpflichtung ergibt sich der Zinsaufwand (*interest cost*) der aktuellen Periode. Der Pensionsaufwand der Periode wird bereinigt um den erwarteten Erfolgsbeitrag aus dem Planvermögen (*expected return on any plan assets*), das der Deckung der leistungsbedingten Pensionsverpflichtung dient. Der erwartete Erfolgsbeitrag unterliegt bestimmten Markterwartungen am Anfang der Periode und berechnet sich unter Berücksichtigung der Gesamtlaufzeit der Verpflichtung (IAS 19.106). In die Berechnung werden erwartete Rückflüsse aus Dividenden und Zinsen sowie (realisierte und unrealisierte) Erfolgsbeiträge aus *fair value*-bedingten Veränderungen des Planvermögens einbezogen (vgl. Beispielrechnung zu IAS 19.106). Die Auswirkungen der Veränderung versicherungsmathematischer Annahmen (als *actuarial gains and losses*) errechnen sich aus der Differenz aus erwartetem und tatsächlichem Erfolgsbeitrag des Planvermögens (IAS 19.105). Sofern die Veränderung des Erfolgsbeitrages 10 % des höheren Wertes aus Barwert der Pensionsverpflichtung (vor Abzug des Planvermögens) und *fair value* des Planvermögens zu diesem Zeitpunkt übersteigt, ist der übersteigende Betrag auf Basis der durchschnittlich erwarteten Restarbeitszeit der begünstigten Arbeitnehmer anteilig im Pensionsaufwand der Periode zu berücksichtigen (IAS 19.92 f.). Der aperiodische Dienstzeitaufwand (*past service cost*) ergibt sich aus Neueinrichtungen und nachträglichen Änderungen im Versorgungsplan bzw. aus Einmalzahlungen (IAS 19.96 ff.). Dieser wird bei aktiven Arbeitnehmern auf die durchschnittliche Restarbeitszeit verteilt, während die Ergebnisbelastung bei bereits pensionierten Arbeitnehmern in voller Höhe im

Jahr der Beitragserhöhung erfolgt. Die Reduzierung des Leistungsumfangs wegen Plankürzungen (*curtailments*), beispielsweise aufgrund einer Betriebsvereinbarung, und Ablösung von Pensionsverpflichtungen (*settlements*), z. B. durch Abfindungszahlungen stellen ebenfalls Aufwand der Periode dar.

Aufgrund der unterschiedlichen Bewertungsmethoden bei der Ermittlung der Pensionsverpflichtungen ergeben sich in der Regel Unterschiede in der Höhe des Pensionsaufwandes nach IAS/IFRS und Handelsrecht (vgl. zu den einzelnen Bewertungsmethoden 6. Kapitel B III).

Der Gesamtbetrag aus der Rückstellungszuführung aufgrund leistungsbezogener Versorgungspläne ist in die einzelnen Kostenkomponenten aufzugliedern (IAS 19.119 (f)). Die Aufgliederung sollte dabei sinnvollerweise in den Anhang verlagert werden. Der IASB lässt offen, ob die Kostenkomponenten (periodischer und aperiodischer) Dienstzeitaufwand, Zinsanteil (aus der Aufzinsung der Pensionsverpflichtung) und Kapitalerträge des Planvermögens, unter *»staff costs«* oder einer anderen GuV-Position auszuweisen sind (IAS 19.119). Im Sinne der *fair presentation* ist bei einem wesentlichen Zinsanteil der Pensionsverpflichtung der Ausweis im Finanzbereich unter der Position *»finance costs«* dem Ausweis unter *»staff costs«* vorzuziehen. Werden die geforderten Angaben in den Anhang verlagert, so ist darauf hinzuweisen, in welcher GuV-Position die Kostenkomponenten enthalten sind. Zuführungen zu sonstigen langfristigen Personalverpflichtungen (*other long-term employee benefits*) sowie kündigungsbedingte Erhöhungen der Versorgungsleistungen (*termination benefits*) sind nur im Falle der Wesentlichkeit gesondert offen zu legen (IAS 19.131 bzw. 19.142).

Abschreibungen und Wertminderungen des Anlagevermögens

Bei der Erfassung der Abschreibungen und Wertminderungen des Anlagevermögens muss zwischen den Finanzanlagen und den übrigen Vermögensgegenständen des Anlagevermögens unterschieden werden. Position Nr. 7a enthält alle planmäßigen und außerplanmäßigen Abschreibungen auf das Sachanlagevermögen, das immaterielle Anlagevermögen sowie auf die aktivierten Aufwendungen der Ingangsetzung und Erweiterung des Geschäftsbetriebes.

- Abschreibungen auf den niedrigeren Stichtagswert

Die außerplanmäßigen Abschreibungen auf den niedrigeren Stichtagswert (§ 253 Abs. 2 Satz 3 HGB) sind dabei nach § 277 Abs. 3 HGB in einer Vorspalte zu vermerken oder in eine gesonderte GuV-Position Nr. 7c einzustellen oder im Anhang anzugeben. Unter den Vorspaltenvermerk oder die Position Nr. 7c fallen jedoch nicht die außerplanmäßigen Abschreibungen auf Finanzanlagen, da diese –soweit nicht im Anhang angegeben – ohnehin in einer Vorspalte unter Position Nr. 12 oder in einer gesonderten Position Nr. 12a zu verbuchen sind. Soweit Abschreibungen auf den niedrigeren, für steuerliche Zwecke notwendigen Wert (§ 254 HGB) vorgenommen werden, müssen diese Beträge im Anhang angegeben werden (§ 281 Abs. 2 Satz 1 HGB), sofern sie sich nicht aus der GuV ergeben. Die Summe der o. g. Abschreibungsarten stimmt i. d. R. mit den Abschreibungsbeträgen des Geschäftsjahres der jeweiligen Aktiva im Anlagespiegel überein.

- Wertminderungen des Umlaufvermögens

Bei den Wertminderungen auf das Umlaufvermögen ist einerseits zwischen unternehmensüblichen und über das übliche Maß hinausgehenden Abschreibungen, andererseits zwischen dem Vorratsvermögen, den Wertpapieren und den restlichen Positionen des Umlaufvermögens zu unterscheiden. Die unternehmensüblichen Wertminderungen auf Vorräte sind – wie bereits erläutert – unter der Position 2 »Erhöhung oder Verminderung des Bestandes an fertigen und unfertigen Erzeugnissen« oder unter Position Nr. 5a zu verbuchen. Die unternehmensüblichen Abschreibungen auf die restlichen Vermögensgegenstände des Umlaufvermögens mit Ausnahme der Wertpapiere sind grundsätzlich unter der Position Nr. 8 »sonstige betriebliche Aufwendungen« auszuweisen (vgl. die Erläuterungen zu Position Nr. 8). Die Abschreibungen auf Wertpapiere fallen unter Position Nr. 12 (vgl. die Erläuterungen zu Position Nr. 12).

- Abschreibungen auf das Umlaufvermögen, die das unternehmensübliche Maß überschreiten

Abschreibungen auf Vermögensgegenstände des Umlaufvermögens, die das unternehmensübliche Maß überschreiten, sind gesondert unter der Position Nr. 7b auszuweisen. Zu erfassen sind hier in jedem Fall die unternehmensunüblichen Abschreibungen auf Vorräte (Bilanzposition Aktiva B. I.), Forderungen und sonstige Vermögensgegenstände (Bilanzposition Aktiva B. II.) und liquide Mittel (Bilanzposition Aktiva B. IV.). Die Einbeziehung der analogen Abschreibungen auf Wertpapiere des Umlaufvermögens ist strittig. Im Interesse der vom Gesetzgeber intendierten Trennung des Betriebs- und Finanzergebnisses sollten u. E. unternehmensunübliche Abschreibungen nicht unter Position Nr. 7b, sondern zusammen mit den unternehmensüblichen Abschreibungen unter Position Nr. 12 erfasst werden (vgl. ADS [1995], § 275 Tz. 169 und die divergierenden Meinungen von Hömberg, R. [1986] und Borchert, D. [1995], § 275 Tz. 65 ff.).

Nach welchen Abgrenzungskriterien die unternehmensunüblichen Abschreibungen von den üblichen ausgesondert werden sollen, kann u. E. nur unternehmensindividuell entschieden werden; die in der Literatur teilweise diskutierte generelle Subsumierung der steuerlichen Sonderabschreibungen und der Abschreibungen auf den niedrigeren Zukunftswert unter Position Nr. 7b (vgl. Glade, A. [1991], § 275 Tz. 176) scheidet somit aus. Als operationale Abgrenzungskriterien können beispielsweise die Höhe des Abschreibungsbetrages im interperiodischen Vergleich (z. B. geglättete, durchschnittliche Abschreibungen) oder die Abschreibungsursache (ungewöhnliche und seltene Abschreibungsfälle) herangezogen werden (vgl. auch ADS [1995], § 275 Tz. 133 ff.). Abgesehen von extremen Fällen, wie z. B. Vorrätevernichtung durch Brand, wird es im Einzelfall schwierig sein, unternehmensunübliche Abschreibungen von den üblichen zu trennen.

- Abschreibungen zur Vorwegnahme zukünftiger Wertschwankungen

Sofern nach § 253 Abs. 3 Satz 3 HGB auf Vermögensgegenstände des Umlaufvermögens Abschreibungen zur Vorwegnahme künftiger Wertschwankungen vorgenommen werden, müssen diese Abschreibungsbeträge ebenfalls gesondert ausgewiesen (Vorspaltenvermerk bei Position Nr. 2, 5a, 8 oder 12 oder gesonderte GuV-Position Nr. 7d bzw. Nr. 12b) oder im Anhang angegeben werden. Abschreibungen auf den niedrigeren steuerlichen Wert (§ 254 HGB) im Umlaufvermögen müssen ebenso wie die entsprechenden Abschreibungen im Anlagevermögen – aber getrennt von diesen – im Anhang betragsmäßig angegeben werden, sofern sie sich nicht aus der GuV oder der Bilanz ergeben (§ 281 Abs. 2 HGB). In Tabelle 7.5 werden die einzelnen Ausweismöglichkeiten für Abschreibungen auf Vermögensgegenstände des Anlage- und Umlaufvermögens schematisch gegenübergestellt (vgl. auch unten die Erläuterungen zu

Position Nr. 12 »Abschreibungen auf Finanzanlagen und Wertpapiere des Umlaufvermögens«).

Abschreibungen nach IAS/IFRS

Nach IAS/IFRS umfassen die Abschreibungen (*depreciation and amortisation expense*) planmäßige und außerplanmäßige Wertminderungen des Sachanlagevermögens (*property, plant and equipment*) und der immateriellen Vermögenswerte (*intangible assets*). Hierzu gehören auch die Abschreibungen auf aktivierte *assets* aus Finanzierungs- bzw. Operating-Leasingverhältnissen (IAS 17.19 bzw. 17.45). Nicht unter diese Position fallen dagegen die handelsrechtlich dem Finanzbereich zuzuordnenden »Abschreibungen auf Finanzanlagen und auf Wertpapiere des Umlaufvermögens« (Gesamtkostenverfahren: Pos. 12; Umsatzkostenverfahren: Pos. 11). Diese Wertminderungen werden unter den sonstigen betrieblichen Aufwendungen auszuweisen sein, sofern ihre Bedeutung nicht einen getrennten Ausweis erfordert (vgl. Beck'scher Bilanzkommentar [1999], § 275 Tz. 335). Eine dem Handelsrecht entsprechende Zuordnung zum Finanzbereich erscheint u. E. im Sinne der *fair presentation* allerdings sinnvoller.

Sonstige betriebliche Aufwendungen

Die Position Nr. 8 »sonstige betriebliche Aufwendungen« stellt eine Sammelposition dar, die alle Aufwendungen enthält, die nicht unter die Positionen Nr. 5 (Materialaufwand), 6 (Personalaufwand) und 7 (Abschreibungen) fallen; ausgeschlossen sind in jedem Fall die außerordentlichen Aufwendungen. Da die Mindestgliederung der GuV für den Finanzbereich keine eigenständige Sammelposition vorsieht, müssen ebenso alle nicht in den Positionen Nr. 12 und 13 erfaßbaren Aufwendungen unter den sonstigen betrieblichen Aufwendungen ausgewiesen werden. Der Materialaufwand des Finanzbereichs ist – wie bereits in den Erläuterungen zu der Position »Materialaufwand« angedeutet – der Position 5a zuzuordnen.

- Überschneidungen mit den Aufwendungen für bezogene Leistungen

Besondere Überschneidungen ergeben sich auch mit Position Nr. 5b »Aufwendungen für bezogene Leistungen«: Je nach Interpretation der Position Nr. 5b fällt die Position »sonstige betriebliche Aufwendungen« unterschiedlich umfangreich aus. Soweit unter Position Nr. 5b – wie hier befürwortet – nur die materialintensiven Drittleistungen für sämtliche funktionalen Unternehmensbereiche erfasst werden, fallen unter Position Nr. 8 beispielsweise die folgenden Aufwendungen:

Werbeaufwendungen, Ausgangsfrachten, Reisespesen, Provisionen, je nach Abgrenzung der Position Nr. 5a auch das Büromaterial, Gründungskosten, Fernmeldekosten, Gebühren, Spenden, Ausbildungs-, Bewirtungs- und Betreuungskosten, Kosten des Aufsichtsrats (einschließlich der Tantiemen) und der Hauptversammlung, Mieten und Pachten, Lagerungskosten, Zuschüsse zu Kantinen und Sportanlagen, Kosten des Zahlungsverkehrs, Abwertungsverluste bei Valutaschulden etc. (vgl. ADS [1995], § 275 Tz. 141; IDW [1985], S. 674; Glade, A. [1991], § 275 Tz. 194).

Darüber hinaus sind folgende Beträge mitzuerfassen:

(a) Verluste aus Wertminderungen oder dem Abgang von Gegenständen des Umlaufvermögens (außer Vorräten) und Einstellungen in die Pauschalwertberichtigung zu Forderungen und

(b) Verluste aus dem Abgang von Gegenständen des Anlagevermögens.

Vermögensgegenstand	GuV-Position[1)]	Vorspaltenvermerk bei Position	betragsmäßige Angabepflicht im Anhang
1. Anlagevermögen:			Angabe des Gesamtbetrages der Abschreibungen auf den niedrigeren Stichtagswert bei Vermögensgegenständen des Anlagevermögens
a) Sachanlagen und immaterielle Vermögensgegenstände			
– planmäßige Abschreibungen	7a	–	
– außerplanmäßige Abschreibungen auf den niedrigeren Stichtagswert (§ 253 Abs. 2 S. 3 HGB)	7c	7a	
– außerplanmäßige Abschreibungen auf den zur steuerlichen Anerkennung notwendigen Wert (§ 254 HGB)	7a	mit Vorspaltenvermerk oder gesonderter Angabe im Anhang[2)]	
b) Finanzanlagen			
– außerplanmäßige Abschreibung auf den niedrigeren Stichtagswert (§ 258 Abs. 2 HGB)	12a	12	
– außerplanmäßige Abschreibungen auf den zur steuerlichen Anerkennung notwendigen Wert (§ 254 HGB)	12a	mit Vorspaltenvermerk oder gesonderter Angabe im Anhang[2)]	
2. Umlaufvermögen:			Angabe des Gesamtbetrages der Abschreibungen auf den niedrigeren Stichtagswert bei Vermögensgegenständen des Anlagevermögens
a) Vorräte			
– unternehmensübliche Abschreibungen	2 bzw. 5a		
– unternehmensunübliche Abschreibungen	7b		
– Abschreibungen auf den niedrigeren Zukunftswert (§ 253 Abs. 3 S. 3 HGB)	7d	2 bzw. 5a	
– Abschreibungen auf den zur steuerlichen Anerkennung notwendigen Wert (§ 254 HGB)	2 bzw. 5a	mit Vorspaltenvermerk oder gesonderter Angabe im Anhang[2)]	
b) Wertpapiere			
– unternehmensübliche Abschreibungen	12		
– unternehmensunübliche Abschreibungen	7b	12	
– Abschreibungen auf den niedrigeren Zukunftswert (§ 253 Abs. 3 S. 3 HGB)	12b	12	
c) Forderungen und sonstige Vermögensgegenstände, flüssige Mittel			
– unternehmensübliche Abschreibungen	8		
– unternehmensunübliche Abschreibungen	7b		
– Abschreibungen auf den niedrigeren Zukunftswert (§ 253 Abs. 3 S. 3 HGB)	7d	8	

1) Die Positionsnummern beziehen sich auf das ausführliche Gliederungsschema der GuV nach dem Gesamtkostenverfahren in Abschnitt C dieses Kapitels.

2) Soweit diese Abschreibungen gemäß § 281 Abs. 1 HGB in den Sonderposten mit Rücklageanteil eingestellt werden, ist der entsprechende Aufwand unter der Position Nr. 8 »sonstige betriebliche Aufwendungen« zu erfassen

Tab. 7.5: Ausweismöglichkeiten der Abschreibungen in der Gewinn- und Verlustrechnung nach dem Gesamtkostenverfahren

Zu (a): Unter den sonstigen betrieblichen Aufwendungen sind alle unternehmensüblichen Abschreibungen auf Forderungen und sonstige Vermögensgegenstände des Umlaufvermögens sowie liquide Mittel zu erfassen. Die Abschreibungen auf Wertpapiere des Umlaufvermögens sind zusammen mit den Wertberichtigungen auf Finanzanlagen unter Position Nr. 12 auszuweisen. Bei den unter Position Nr. 8 zu erfassenden Aufwendungen kann es sich beispielsweise um Abschreibungen auf geleistete Anzahlungen oder Forderungen aus Lieferungen und Leistungen aufgrund von Unverzinslichkeit oder Niedrigverzinslichkeit handeln. Dabei ist es unerheblich, ob die Wertberichtigung einzeln oder pauschal vorgenommen wird, d. h. die Einstellungen in die Pauschalwertberichtigung zu Forderungen sind auch unter den sonstigen betrieblichen Aufwendungen zu verbuchen. Bei der wegen des allgemeinen Kreditrisikos gebildeten Pauschalwertberichtigung zu Forderungen ist zu beachten, dass sie auch auf Forderungen des Anlagevermögens gebildet werden kann. Die entsprechende Aufwandsbuchung erfolgt nur dann unter den sonstigen betrieblichen Aufwendungen, sofern es sich um Forderungen des Umlaufvermögens, Wechsel, sonstige Vermögensgegenstände, Schecks sowie Geld- und Bankbestände handelt (vgl. Borchert, D. [1995], § 275 Tz. 73 f.). In Analogie zu der Behandlung der Erträge aus der Herabsetzung der Pauschalwertberichtigung erscheint es u. E. sinnvoll, die Einstellungen in die Pauschalwertberichtigung auf Forderungen des Finanzanlagevermögens zumindest in einer Vorspalte zu Position Nr. 8 abzusetzen oder unter Position Nr. 12 zu verbuchen (vgl. Borchert, D. [1995], § 275 Tz. 82 und die Erläuterungen zu Position Nr. 12). Sofern die Bilanzposition »sonstige Vermögensgegenstände« mit der gewöhnlichen Geschäftstätigkeit nicht in Verbindung zu bringen ist, sind die darauf vorgenommenen Abschreibungen nicht unter Position Nr. 7b, sondern unter den außerordentlichen Aufwendungen zu verbuchen.

- Verluste aus Wertminderungen oder dem Abgang von Gegenständen des Umlaufvermögens

Unter die in Position »sonstige betriebliche Aufwendungen« zu verbuchenden Abgangsverluste fallen nicht die Verluste bei Vorratsverkäufen; sie werden im Rahmen der Bestandsveränderungen erfasst, oder – sofern nicht mehr der gewöhnlichen Geschäftstätigkeit zurechenbar – unter die außerordentlichen Aufwendungen eingestellt.

Zu (b): Abgangsverluste des Anlagevermögens ergeben sich aus der Differenz zwischen niedrigerem Verkaufserlös und höherem Buchwert des betreffenden Vermögensgegenstandes. Diese Verluste fallen nur dann unter Position Nr. 8, wenn es sich um Anlageveräußerungen handelt, die im Rahmen der gewöhnlichen Geschäftstätigkeit anfallen (z. B. Verkauf von Anlagevermögensgegenständen bei Vornahme von Ersatz- bzw. Modernisierungsinvestitionen). Ist das Unternehmen jedoch aufgrund außergewöhnlicher und seltener Ereignisse gezwungen, Anlagevermögen unter Verlust zu veräußern (z. B. bei teilweiser bzw. totaler Beschädigung von Anlagen durch unsachgemäße Bedienung oder in Katastrophenfällen), so kann dies nicht mehr der gewöhnlichen Geschäftstätigkeit zugeordnet werden. Diese Verluste fallen dann unter die Position »außerordentliche Aufwendungen«.

- Verluste aus dem Abgang von Vermögensgegenständen des Anlagevermögens

- Einstellungen in den Sonderposten mit Rücklageanteil

Einstellungen in den Sonderposten mit Rücklageanteil sind gemäß § 281 Abs. 2 Satz 2 HGB gesondert in der Position »sonstige betriebliche Aufwendungen« auszuweisen oder im Anhang anzugeben (siehe Position Nr. 8a des Gliederungsschemas nach dem Gesamtkostenverfahren auf S. 439). Sie werden z. B. dann erforderlich, wenn aufgedeckte stille Reserven nicht unmittelbar auf noch zu beschaffende Wirtschaftsgüter übertragen werden sollen (vgl. 5. Kapitel B III 2). Darüber hinaus kann diese Position auch die Differenz zwischen dem handelsrechtlich gebotenen und dem um die steuerliche Sonderabschreibung zusätzlich geminderten Wertansatz in der Handelsbilanz in den Fällen aufnehmen, in denen der Bilanzierende von dem Wahlrecht gemäß § 281 Abs. 1 HGB Gebrauch macht. Demzufolge kann man die über die handelsrechtlich notwendigen Abschreibungen hinausgehenden steuerlichen Sonderabschreibungen direkt von den Vermögensgegenständen absetzen oder indirekt in den Sonderposten mit Rücklageanteil einstellen und den Vermögensausweis in der Handelsbilanz nur um die übliche planmäßige Abschreibung mindern (vgl. hierzu das Buchungsbeispiel auf S. 457).

Sonstige betriebliche Aufwendungen nach IAS/IFRS

Nach IAS/IFRS stellt die Position »sonstige betriebliche Aufwendungen« (*other operating expenses*) ebenfalls eine Sammelposition dar. Den sonstigen betrieblichen Aufwendungen sind alle betrieblich bedingten Vermögensminderungen (*expenses* und *losses*) zuzuweisen, die für sich genommen relativ unbedeutend sind und daher nicht gesondert gezeigt werden müssen (vgl. IAS 1.29 ff.). Insgesamt fallen hierunter im Wesentlichen die handelsrechtlich dieser Position zuzuordnenden Aufwendungen. Zu den *other operating expenses* gehören beispielsweise folgende Aufwendungen:

Verluste aus dem Abgang von *assets* (außer von Vorräten), die der gewöhnlichen Geschäftstätigkeit zuzuordnen und nicht gemäß IAS 35.2 als *discontinuing operation* zu qualifizieren sind, sowie Leasingraten, Mieten und Pachten. Außerplanmäßige Abschreibungen auf Vorräte und Verluste aus dem Abgang von diesen werden den Bestandsveränderungen bzw. dem Materialaufwand zugeordnet. Weiterhin können hierunter auch außerplanmäßige Abschreibungen (*impairment*) auf Finanzanlagen und Wertpapiere des Umlaufvermögens sowie aus zu Anschaffungskosten bewerteten Beteiligungen gefasst werden, soweit ihre Bedeutung nicht einen gesonderten Ausweis erforderlich macht. Diese Erfolge sind allerdings im Sinne der Erfolgsspaltung bzw. *fair presentation* vorzugsweise im Finanzbereich auszuweisen. Zuführungsbeträge zu Wertberichtigungen (Einzel- und Pauschalwertberichtigungen, Sonderposten mit Rücklageanteil) sind den IAS/IFRS unbekannt, da Abwertungen durch aktivische Herabsetzung der *assets* vorgenommen werden. Wertkorrekturen auf Forderungen erfolgen in der GuV durch eine außerplanmäßige Abschreibung. Der Ausweis wird im Allgemeinen hier erfolgen. Wesentliche Abwertungen auf Ausleihungen sind allerdings vorzugsweise dem Finanzbereich zuzuordnen.

Eine Aufgliederung der wesentlichen in den *other operating expenses* enthaltenen Posten hat im Sinne der *fair presentation* im Anhang zu erfolgen (vgl. IAS 1.30 und 1.91 (c)).

Erfolge aus der Aufgabe von Geschäftsfeldern nach IAS/IFRS

Als *discontinuing operation* wird die entsprechend einem Plan beschlossene Aufgabe eines eindeutig abgrenzbaren Geschäftszweiges eines Unternehmens (*major line of business*) oder eines regionalen Tatigkeitsfeldes (*geographical area of operations*) durch (teilweisen) Verkauf, Abspaltung oder durch Stillegung qualifiziert (IAS 35.2). Die definitorische Abgrenzung eines Geschäftszweiges oder eines regionalen Tätigkeitsfeldes steht dabei in engem Zusammenhang mit den Voraussetzungen für die Bildung von Segmenten gemäß IAS 14 (IAS 35.9). Mit der Einstellung eines Segmentes sind umfangreiche Offenlegungsvorschriften verbunden, die wahlweise in der Bilanz bzw. GuV oder im Anhang vorzunehmen sind (IAS 35.39). Allerdings ist der (Vorsteuer-)Gewinn bzw. Verlust aus dem Abgang von *assets* oder der Schuldentilgung jeder *discontinuing operation* zwingend in der GuV gesondert auszuweisen. Der Abgangserfolg ist im Allgemeinen der gewöhnlichen Geschäftstätigkeit zuzuordnen und stellt einen Bestandteil des Betriebsergebnisses dar (IAS 35.41). Handelsrechtlich wird auf diese Erfolge überwiegend das Kriterium der Außergewöhnlichkeit zutreffen. Sie sind daher i. d. R. im außerordentlichen Ergebnis zu zeigen (vgl. Beck'scher Bilanzkommentar [1999], § 275 Tz. 341).

Erträge aus Beteiligungen

Zu den Erträgen aus Beteiligungen (Position Nr. 9 der GuV nach dem Gesamtkostenverfahren) zählen nur die laufenden Erträge aus Beteiligungen. Im Einzelfall kann es sich beispielsweise handeln um Dividenden von Kapitalgesellschaften, Gewinnanteile von Personengesellschaften und stillen Gesellschaften, Erträge aus Beherrschungsverträgen gemäß § 291 Abs. 1 AktG, soweit nicht gleichzeitig die volle oder teilweise Gewinnabführung vorgesehen ist. Die Beteiligungserträge aus verbundenen Unternehmen müssen dabei in einer Vorspalte gesondert ausgewiesen werden.

Realisationszeitpunkt

Erträge aus Beteiligungen an Personenhandelsgesellschaften gelten mit Ablauf des Geschäftsjahres der Beteiligungsgesellschaft als realisiert und den Gesellschaftern als zugeflossen. Die Erträge aus Beteiligungen an Kapitalgesellschaften hingegen gelten nicht in der Periode als realisiert, in der sie erwirtschaftet werden, sondern dürfen grundsätzlich erst mit Vorliegen des Ausschüttungsbeschlusses vereinnahmt werden. Bei einer Mehrheitsbeteiligung an einer Kapitalgesellschaft ist der Beteiligungsertrag gemäß BGH-Urteil vom 12.01.1998 zwingend phasengleich zu bilanzieren, wenn das Geschäftsjahr der Tochtergesellschaft nicht nach dem Bilanzstichtag der Muttergesellschaft endet, wenn der Jahresabschluss der Tochtergesellschaft vor Abschluss der Prüfung der Muttergesellschaft festgestellt wird, wenn ein den Beteiligungserträgen entsprechender Gewinnverwendungsvorschlag vorliegt und wenn dieser von der Muttergesellschaft alleine durchgesetzt werden kann (vgl. Beck'scher Bilanzkommentar [1999], § 266 Tz. 120 und § 275 Tz. 177). In den übrigen Fällen besteht gemäß BGH-Urteil vom 03.11.1975 weiterhin ein Bilanzierungswahlrecht. Wird von dieser Möglichkeit Gebrauch gemacht, so gilt der Ansatz auch steuerlich. In der Bilanz werden die entsprechenden Beteiligungserträge unter Aktiva B. II. 2. oder 3. (§ 266 HGB) ausgewiesen.

Bruttoausweis

Beteiligungserträge sind grundsätzlich in voller Höhe, d. h. ohne Abzug der Kapitalertragsteuer, die unter Position Nr. 18 erfasst wird, auszuweisen. Das Bruttoprinzip gilt gemäß HFA-Stellungnahme 2/1977 auch für Anrechnungsbeträge gemäß § 36 Satz 2 Nr. 3 EStG; gleichzeitig wird der unter Position Nr. 18 zu erfassende Körperschaftsteueraufwand nicht um die Anrechnungsbeträge gekürzt, sondern ebenfalls brutto ausgewiesen. Der Bruttoausweis gilt jedoch nicht für Personengesellschaften (vgl. HFA 2/1993).

Gewinne aus der Veräußerung von Beteiligungen erscheinen unter Position Nr. 4 »sonstige betriebliche Erträge«, Abschreibungen auf Beteiligungen unter Position Nr. 12 »Abschreibungen auf Finanzanlagen und Wertpapiere des Umlaufvermögens« und Verluste aus Beteiligungsverkäufen unter Position Nr. 8 »sonstige betriebliche Aufwendungen«. Im Sinne einer erfolgsspaltungsorientierten GuV-Gliederung wäre es wünschenswert, die Gewinne und Verluste aus der Veräußerung von Beteiligungen bei den Positionen Nr. 4 und 8 gesondert zu vermerken.

Erfolgsbeiträge aus Beteiligungen nach IAS/IFRS

Die IAS/IFRS verlangen für Erfolgsbeiträge von assoziierten Unternehmen und Joint-Ventures, die nach der Equity-Methode bilanziert werden, einen separaten Ausweis im Finanzbereich der GuV (IAS 28.28). Diese in IAS 1.75 (d) als *»share of profits and losses of associates and joint ventures accounted for using the equity method«* bezeichnete Position enthält somit lediglich die Erfolgsbeiträge von at equity bewerteten Beteiligungen und Joint-Ventures. Korrespondierend werden die diesen Erfolgsbeiträgen zugrunde liegenden Beteiligungen in der Bilanz als (langfristige) Finanzanlagen gesondert ausgewiesen (IAS 28.28). Alle übrigen Beteiligungserfolge, insbesondere die vereinnahmten Ergebnisse von zu Anschaffungskosten bewerteten Beteiligungen, sind dagegen, sofern ihre Bedeutung nicht einen gesonderten Ausweis erforderlich macht, in der Sammelposition *»finance costs«* (IAS 1.75 (c)) auszuweisen. Für die handelsrechtlich unter das Finanzergebnis fallenden Erfolge aus zu Anschaffungskosten bewerteten Beteiligungen kann alternativ auch ein Ausweis unter den sonstigen betrieblichen Erträgen (*other operating income*) bzw. sonstigen betrieblichen Aufwendungen (*other operating expenses*) in Frage kommen (vgl. hier auch die Erläuterungen zu den sonstigen betrieblichen Erträgen und Aufwendungen nach IAS/IFRS auf S. 457 bzw. S. 468). Im Sinne der Erfolgsspaltung ist jedoch der Ausweis dieser Beteiligungserfolge unter *»finance costs«* vorzuziehen.

Erträge aus anderen Wertpapieren und Ausleihungen des Finanzanlagevermögens

Die Position Nr. 10 »Erträge aus anderen Wertpapieren und Ausleihungen des Finanzanlagevermögens, davon aus verbundenen Unternehmen«, stellt einen Sammelposten für alle regelmäßigen Erträge aus den Vermögensgegenständen des Finanzanlagevermögens dar, sofern es sich nicht um Beteiligungen handelt. Die laufenden Erträge aus Wertpapieren des Umlaufvermögens fallen unter Position Nr. 11 »sonstige Zinsen und ähnliche Erträge«. Die Erträge sind brutto (d. h. inkl. Kapitalertragsteuer und eventueller Körperschaftsteuer-Anrechnungsbeträge) zu verbuchen. Neben Zinsen, Dividenden und ähnlichen Ausschüttungen werden auch die periodisch erfolgenden Aufzinsungen langfristiger Ausleihungen hier verbucht, die in der Bilanz abgezinst werden mussten (vgl. 3. Kapitel C »Ausleihungen«).

Erträge und Aufwendungen aus Gewinngemeinschaften u. ä.

Haben zwei Unternehmungen sich zu einer Gewinngemeinschaft zusammengeschlossen oder Gewinnabführungs-, Teilgewinnabführungs- bzw. Verlustübernahmeverträge abgeschlossen, so sind die daraus resultierenden Erträge und Aufwendungen bzw. Gewinne und Verluste gemäß § 277 Abs. 3 Satz 2 HGB »jeweils gesondert unter entsprechender Bezeichnung auszuweisen«. § 277 Abs. 3 HGB lässt jedoch offen, an welchen Stellen der GuV die Positionen eingefügt werden sollen. Diese Positionen gehören analog zu den Erträgen und Aufwendungen aus dem Halten von Beteiligungen und anderen Finanzanlagen zu den Erfolgskomponenten des Finanzergebnisses. Die Erträge bzw. Gewinne gehören deshalb sachlich zu den GuV-Positionen Nr. 9 bis 11, die Aufwendungen bzw. Verluste zu den GuV-Positionen Nr. 12 und 13. Hier wird vorgeschlagen, die Erträge bzw. Gewinne im Anschluss an Position Nr. 10, die Aufwendungen bzw. Verluste im Anschluss an Position Nr. 12 auszuweisen. Die folgende Übersicht verdeutlicht den getrennten Ausweis im Sinne des § 277 Abs. 3 HGB:

Sachverhalt	Untergesellschaft	Obergesellschaft
Gewinnabführung	Position Nr. 12c »auf Grund einer Gewinngemeinschaft, eines Gewinnabführungs- und eines Teilgewinnabführungsvertrags abgeführte Gewinne«	Position Nr. 10a »Erträge aus Gewinngemeinschaften, Gewinnabführungs- und Teilgewinnabführungsverträgen«
Verlustübernahme	Position Nr. 10b »Erträge aus Verlustübernahme«	Position Nr. 12d »Aufwendungen aus Verlustübernahme«

Abb. 7.6: Erträge und Aufwendungen aus Gewinngemeinschaften

In Gewinngemeinschaftsverträgen verpflichten sich zwei oder mehrere Aktiengesellschaften oder Kommanditgesellschaften auf Aktien, ihren Gewinn oder Teile davon zusammenzulegen und aufzuteilen. In Gewinnabführungs- oder Teilgewinnabführungsverträgen dagegen wird vertraglich vereinbart, dass der eine Vertragspartner seinen gesamten Gewinn, einen Teil des Gewinns oder den einzelner Betriebe ganz oder teilweise an den anderen abführt.

Sonstige Zinsen und ähnliche Erträge

Unter die Position »sonstige Zinsen und ähnliche Erträge« fallen alle Erträge, die nicht bereits unter den Positionen Nr. 9 und 10 auszuweisen sind. Zinsaufwendungen und Zinserträge dürfen dabei nicht miteinander saldiert werden (Bruttoprinzip). Im Einzelnen sind hier beispielsweise folgende Erfolgskomponenten zu erfassen (vgl. Beck'scher Bilanzkommentar [1999], § 275 Tz. 191):

(a) Zinsen für Einlagen bei Kreditinstituten und Forderungen an Dritte (Bankguthaben, Darlehen und Hypotheken – soweit nicht unter den Finanzanlagen zu erfassen –, Wechselforderungen, andere Außenstände),

(b) Zinsen und Dividenden auf Wertpapiere des Umlaufvermögens einschließlich der Körperschaftsteuer-Anrechnungsbeträge und

(c) Aufzinsungsbeträge für unverzinsliche und niedrig verzinsliche Forderungen des Umlaufvermögens einschließlich der Zero-Bonds.

Bei den zinsähnlichen Erträgen handelt es sich um Erfolgskomponenten, die – ohne als Zinserträge bezeichnet werden zu können – mit der Vergabe von Krediten in Verbindung stehen. Beispielhaft kann es sich hierbei um Erträge aus einem Agio, Disagio oder Damnum, Kreditprovisionen etc. handeln. Nicht zu den zinsähnlichen Erträgen zählen dagegen Gebühren für Leistungen, die im Zusammenhang mit Krediten erbracht werden, wie z. B. Kreditbearbeitungsgebühren, Spesen oder Mahnkosten (vgl. ADS [1995], § 275 Tz. 158). Letztere fallen unter die Position »sonstige betriebliche Erträge«.

Abschreibungen auf Finanzanlagen und Wertpapiere des Umlaufvermögens

Unter der Position Nr. 12 sind alle Abschreibungen des Anlage- und Umlaufvermögens zu erfassen, die im Gegensatz zur Position Nr. 7a den Finanzbereich betreffen. Im Einzelnen fallen unter diese Position folglich alle Wertberichtigungen auf das Finanzanlagevermögen (Anteile an verbundenen Unternehmen, Ausleihungen an verbundene Unternehmen, Beteiligungen, Ausleihungen an Unternehmen, mit denen ein Beteiligungsverhältnis besteht, Wertpapiere des Anlagevermögens und sonstige Ausleihungen) und die Wertpapiere des Umlaufvermögens. Soweit die Pauschalwertberichtigungen auf Ausleihungen des Finanzanlagevermögens vorgenommen und die entsprechenden Aufwendungen zusammen mit den pauschalen Wertkorrekturen auf Vermögensgegenstände des Umlaufvermögens ausgewiesen werden, sollten im Interesse eines klaren erfolgsspaltungsorientierten Gliederungsaufbaus der GuV die pauschalen Wertberichtigungen auf Finanzanlagen zumindest in einer Vorspalte zu Position Nr. 8 offen abgesetzt oder unter Position Nr. 12 ausgewiesen werden (vgl. Borchert, D. [1995], § 275 Tz. 200 ff. und die Erläuterungen zu Position Nr. 8).

Gemäß § 277 Abs. 3 HGB müssen bei Finanzanlagen die Abschreibungen auf den niedrigeren Stichtagswert und bei Wertpapieren des Umlaufvermögens die Abschreibungen zur Vorwegnahme künftiger Wertschwankungen gesondert unter den Positionen Nr. 12a und 12b erfasst werden, sofern auf einen Vermerk in einer Vorspalte zu Position Nr. 12 oder eine Angabe im Anhang verzichtet wird (vgl. auch die Erläuterungen zu der Position »Abschreibungen«).

Zinsen und ähnliche Aufwendungen

Da Zinsaufwendungen und -erträge nicht miteinander saldiert werden dürfen, sind »Zinsen und ähnliche Aufwendungen« gesondert unter der Position Nr. 13 auszuweisen. Diejenigen Aufwendungen, die an verbundene Unternehmen zu leisten sind, müssen in einer Vorspalte gesondert vermerkt werden. Unter diese Position fallen im Einzelnen (vgl. ADS [1995], § 275 Tz. 174):

(a) Zinsen für geschuldete Kredite (gleich welcher Art) und Verzugszinsen für verspätete Zahlungen,

(b) Diskontbeträge für Wechsel und Schecks, Kredit- und Überziehungsprovisionen, Verwaltungskostenbeiträge, Kreditbereitstellungsgebühren, Bürgschaftsprovisionen,

(c) Abschreibungen auf aktiviertes Agio, Disagio oder Damnum und eventuell

(d) der Zinsanteil bei Zuführungen zu Pensionsrückstellungen.

Nicht hier zu erfassen sind die Kosten des Zahlungsverkehrs (z. B. Bankspesen, Einlösungsprovisionen für Schuldverschreibungen) und Kreditvermittlungsprovisionen und -überwachungsgebühren; sie fallen unter die Position Nr. 8 »sonstige betriebliche Aufwendungen«.

Erfolge der Finanzierungstätigkeit nach IAS/IFRS

Sofern nicht eine gesonderte Angabe erforderlich ist, werden – außer den Erfolgsbeiträgen aus Equity-Beteiligungen und Joint-Ventures, die stets gesondert auszuweisen sind – zumindest alle wesentlichen (Brutto-)Erfolge der Finanzierungstätigkeit in der Sammelposition *»finance costs«* (IAS 1.75 (c)) zusammengefasst. Die Bezeichnung *finance costs* ist insofern unpräzise, da hier neben den Finanzierungsaufwendungen auch Erträge aus der Finanzierungstätigkeit auszuweisen sind. Insgesamt gehören grundsätzlich folgende Erfolgskomponenten hierunter:

Erfolgsbeiträge aus Finanzanlagen, aus zu Anschaffungskosten bewerteten Beteiligungen und aus Wertpapieren des Umlaufvermögens, sowie Zins- und Währungumrechnungsserfolge. Darüber hinaus fallen auch Abgangsverluste/-gewinne und Abwertungsverluste bzw. Zuschreibungsgewinne auf Finanzanlagen und Wertpapiere des Umlaufvermögens unter diese Position. Für die handelsrechtlich unter das Finanzergebnis fallenden »Erträge aus anderen Wertpapieren und Ausleihungen des Finanzanlagevermögens« (Gesamtkostenverfahren: Pos. 10; Umsatzkostenverfahren: Pos. 9), »Abschreibungen auf Finanzanlagen und auf Wertpapiere des Umlaufvermögens« (Gesamtkostenverfahren: Pos. 12; Umsatzkostenverfahren: Pos. 11) sowie Erfolgsbeiträgen aus *at equity* bewerteten Beteiligungen kann auch ein Ausweis unter den sonstigen betrieblichen Erträgen (*other operating income*) bzw. sonstigen betrieblichen Aufwendungen (*other operating expenses*) in Frage kommen (vgl. hierzu die Erläuterungen zu den sonstigen betrieblichen Erträgen und Aufwendungen nach IAS/IFRS auf S. 457 bzw. S. 468). Im Interesse einer möglichst transparenten Erfolgsspaltung ist allerdings der generelle Ausweis dieser Finanzierungserfolge im Finanzbereich vorzunehmen. Die Aufgliederung der Einzelkomponenten ist aufgrund der umfangreichen Angabe- und Erläuterungspflichten zumindest im Anhang ersichtlich.

Das Finanzergebnis ermittelt sich aus der Summe der Erfolgsbeiträge der Equity-Beteiligungen und den übrigen Erfolgen der Finanzierungstätigkeit. Werden Erfolge der Finanzierungstätigkeit nicht hier, sondern unter den sonstigen betrieblichen Aufwendungen bzw. -erträgen ausgewiesen, müssen die für die Berechnung des Finanzergebnisses notwendigen Angaben dem Anhang entnommen werden.

Ergebnis der gewöhnlichen Geschäftstätigkeit

Die Zwischensumme »Ergebnis der gewöhnlichen Geschäftstätigkeit« (Position Nr. 14) zeigt den Bruttoerfolg, den das Unternehmen in der Rechnungsperiode im Rahmen seiner gewöhnlichen (= ordentlichen) Geschäftstätigkeit vor Steuern erzielt hat. Diese Position wurde vom Gesetzgeber in das Mindestgliederungsschema der GuV aufgenommen, um den Jahresabschlussadressaten Informationen über die Zusammensetzung des Gesamterfolges (Jahresüberschuss/-fehlbetrag) zu vermitteln. Der Gesetzgeber wählte bewusst den Begriff »Geschäftstätigkeit«, da die Erfolge aus dem rein betrieblichen (= fertigungsbezogenen) Bereich und dem Finanzbereich (Kapitalanlage- und Finanzierungsbereich) miteinbezogen werden. Ausgeklammert werden somit die außerordentlichen (= unternehmensfremden) Erfolgskomponenten und die Steueraufwendungen. Im Anhang ist anzugeben, in welchem Umfang die Steuern vom Einkommen und vom Ertrag das Ergebnis aus der gewöhnlichen Geschäftstätigkeit betreffen (vgl. § 285 Nr. 6 HGB), sodass auch ein Nach-Steuern-Ergebnis berechenbar ist.

Ergebnis der gewöhnlichen Geschäftstätigkeit nach IAS/IFRS

Nach IAS/IFRS erfolgt der Ausweis »Ergebnis der gewöhnlichen Geschäftstätigkeit« (*profit or loss from ordinary activities*) im Gegensatz zum Handelsrecht bereits nach Steuern. Es zeigt den Jahreserfolg vor außerordentlichen Einflüssen und vor den Minderheitenanteilen, die nach IAS/IFRS Bestandteil der Gewinnermittlung und nicht wie im Handelsrecht Teil der Gewinnverwendung sind. Im Rahmen des *Improvements Project* ist kein gesonderter Ausweis des Ergebnisses der gewöhnlichen Geschäftstätigkeit mehr vorgesehen (IAS 1.76 [ED]).

Außerordentliches Ergebnis

Unter den Positionen Nr. 15 »außerordentliche Erträge« und Nr. 16 »außerordentliche Aufwendungen« sind alle Erfolgskomponenten zu erfassen, die außerhalb der gewöhnlichen Geschäftstätigkeit des Unternehmens angefallen sind. Sie werden unter der Position Nr. 17 zum außerordentlichen Ergebnis zusammengefasst, das zusammen mit dem Ergebnis aus gewöhnlicher Geschäftstätigkeit (Position Nr. 14) das Gesamtergebnis vor Steuern ergibt.

Betriebswirtschaftliches Erfolgsspaltungskonzept

Die mit diesen beiden Ergebniskategorien in der GuV eingeführte Form der Erfolgsspaltung weicht im Hinblick auf die Abgrenzung der außerordentlichen Erträge und Aufwendungen von der in der betriebswirtschaftlichen Analyse eingeführten Erfolgsspaltung (vgl. auch 14. Kapitel A II 1) ab. Abbildung 7.7 verdeutlicht dies.

Erfolgsspaltungskriterien:
– Betriebszugehörigkeit
– Regelmäßigkeit

In der betriebswirtschaftlichen Analyse geht man von einer Erfolgsspaltung aus, die zwei Kriterien folgt: Nach dem Kriterium der Betriebszugehörigkeit unterscheidet man den Betriebserfolg und den Finanzerfolg, nach dem Kriterium der Regelmäßigkeit den ordentlichen und außerordentlichen Erfolg. Dem außerordentlichen Ergebnisbereich rechnet man alle unregelmäßig anfallenden, d. h. außergewöhnlichen und periodenfremden Erfolgskomponenten zu, die dementsprechend, soweit sie Betriebs- oder Finanzerfolg sachlich betreffen, aus diesen herauszurechnen sind; im Betriebs- und Finanzerfolg sind also nur periodenzugehörige Erfolgskomponenten erfasst.

Verwirklichung der Erfolgsspaltung im HGB

Gegenüber dem betriebswirtschaftlichen Konzept des außerordentlichen (= außergewöhnlichen und periodenfremden) Erfolges ist das »außerordentliche Ergebnis« (Position Nr. 17) des GuV-Schemas gemäß § 275 Abs. 2 HGB enger abgegrenzt. Das ergibt sich bereits daraus, dass vielfältige periodenfremde Erfolgskomponenten – wie ausgeführt – unter den Positionen der gewöhnlichen Geschäftstätigkeit zu erfassen sind (vgl. die Positionen »sonstige betriebliche Aufwendungen bzw. Erträge«). Die außerordentlichen Erträge und Aufwendungen im Sinne des HGB beschränken sich auf außergewöhnliche Erfolgskomponenten. Periodenfremde Erfolgskomponenten können also nicht wegen ihrer Periodenabweichung, sondern nur dann zum außerordentlichen Ergebnis zählen, wenn sie zugleich außergewöhnlich sind.

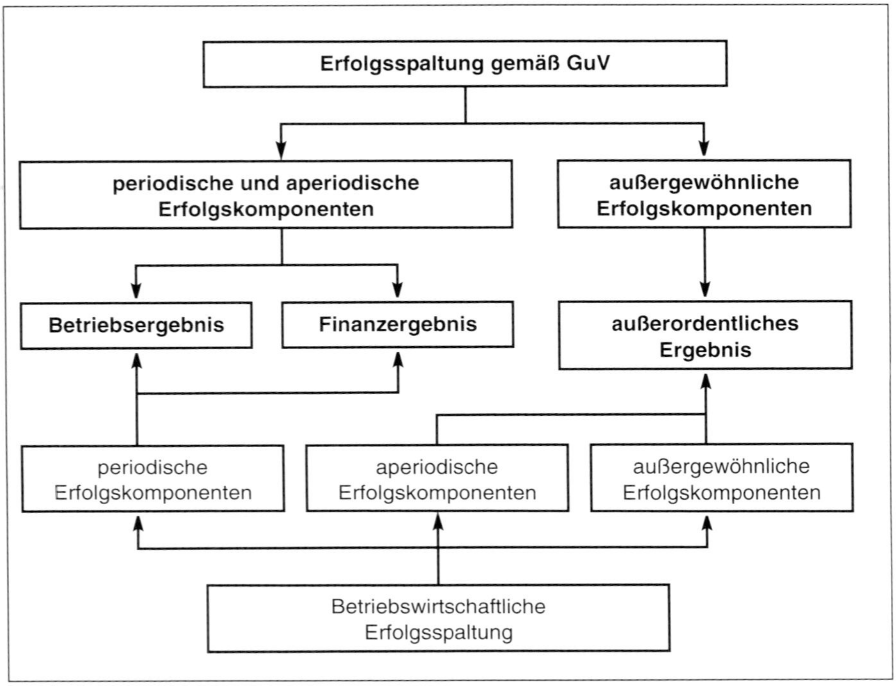

Abb. 7.7: Schematische Gegenüberstellung des betriebswirtschaftlichen Erfolgsspaltungskonzepts und der Erfolgsspaltung im HGB

Beispiele für außerordentliche Erfolgskomponenten

Typische Beispiele für außerordentliche Erträge sind u. E. die Erträge aus unregelmäßig und selten auftretenden Anlageverkäufen aufgrund von Kapazitätsabbaumaßnahmen (Stillegungen von Teilbetrieben) oder unregelmäßige und seltene Erträge aus dem Verkauf von Vorratsbeständen aufgrund einer Umstellung des Produktionsprogrammes; hierbei handelt es sich um periodenfremde Erträge (aufgedeckte stille Reserven), die zugleich außergewöhnlich sind. Nicht hier, sondern unter der Position »sonstige betriebliche Erträge« sind die unternehmensüblichen (regelmäßigen) Erträge aus Anlageverkäufen auszuweisen, die beispielsweise wegen Ersatz- oder Rationalisierungsmaßnahmen vorgenommen werden müssen. Dies gilt auch für die Erträge aus Vorratsverkäufen. Für außerordentliche Aufwendungen können als typische Fälle in Analogie zu den o. a. Erträgen z. B. selten oder unregelmäßig anfallende Abgangsverluste anlässlich des Verkaufs von Produktionsanlagen genannt werden (= periodenfremde und zugleich außergewöhnliche Aufwendungen). Abgangsverluste im Rahmen regelmäßiger Rationalisierungs- oder Ersatzinvestitionen sind jedoch – da im Rahmen der gewöhnlichen Geschäftstätigkeit anfallend – unter den »sonstigen betrieblichen Aufwendungen« zu erfassen. Im Einzelfall wird es jedoch schwierig sein, zwischen außergewöhnlichen bzw. seltenen und regelmäßig anfallenden

Abgangserträgen bzw. -verlusten zu unterscheiden, sodass letztlich die unternehmensindividuellen Umstände für den Ausweis im Rahmen der gewöhnlichen Geschäftstätigkeit oder unter dem außerordentlichen Ergebnis entscheidend sind. Als Unterscheidungsmerkmal könnten z. B. die absolute und relative Höhe oder die Häufigkeit dieser Aufwendungen bzw. Erträge herangezogen werden.

Trotz der engen Abgrenzung des außerordentlichen Ergebnisses gemäß HGB ist eine Approximation des außerordentlichen Ergebnisses im betriebswirtschaftlichen Sinne grundsätzlich möglich, da laut § 277 Abs. 4 Satz 3 HGB die aperiodischen Erfolge im Anhang »hinsichtlich ihres Betrages und ihrer Art« erläutert werden müssen, sofern dies für die Beurteilung der Ertragslage nicht von unwesentlicher Bedeutung ist.

Außerordentliche Erfolge nach IAS/IFRS

Die Qualifizierung als außerordentliche Erfolge (*extraordinary items*) wird nach IAS/IFRS sehr restriktiv gehandhabt. Die Sachverhalte, welche die Bildung eines außerordentlichen Postens rechtfertigen, liegen außerhalb der gewöhnlichen Geschäftstätigkeit (IAS 8.6). Die Zuordnung zum außerordentlichen Ergebnis erfolgt daher nur in wenigen Ausnahmefällen. Als Beispiele hierfür werden Enteignungen und Naturkatastrophen genannt (IAS 8.14). Dagegen werden Erfolge aus der Aufgabe von Unternehmensbereichen (*discontinuing operations*) im Gegensatz zum Handelsrecht grundsätzlich nicht als außerordentlich qualifiziert (IAS 35.41). Es erfolgt vielmehr ein separater Ausweis im betrieblichen Bereich.

Die Aufgliederung der außerordentlichen Erfolgskomponenten hat wahlweise in der Erfolgsrechnung oder im Anhang zu erfolgen. Falls eine Verlagerung in den Anhang vorgenommen wird, ist das außerordentliche Ergebnis nach Steuern in der GuV zumindest als Gesamtsumme anzugeben (IAS 8.15 i. V. m. IAS 12.81 (b)). Zukünftig ist von einer Streichung der außerordentlichen Posten innerhalb der GuV auszugehen (IAS 1.78 [ED]).

Steuern

Unter den Positionen Nr. 18 »Steuern vom Einkommen und vom Ertrag« und Nr. 19 »sonstige Steuern« sind alle von der Unternehmung zu entrichtenden Steuern zu erfassen.

Steuern vom Einkommen und vom Ertrag

Im Einzelnen sind unter der Position Nr. 18 »Steuern vom Einkommen und vom Ertrag« die Körperschaftsteuer einschließlich der von der Gesellschaft für erhaltene Gewinnausschüttungen zu zahlenden Kapitalertragsteuern vor Berücksichtigung etwaiger Anrechnungsbeträge (vgl. auch die Erläuterungen zu Beteiligungserträgen) sowie die Gewerbeertragsteuer zu erfassen.

Fraglich ist, wie Steueraufwendungen für Vorjahre, Steuererstattungen für Vorjahre und Erträge aus der Auflösung von Steuerrückstellungen in ihrer Eigenschaft als aperiodische Erfolgskomponenten zu behandeln sind. Grundlage für die Ausweisgestaltung ist die Intention des Gesetzgebers, mit der Position »Ergebnis der gewöhnlichen Geschäftstätigkeit« eine Ergebnisgröße vor Steuern zur betriebswirtschaftlichen Beurteilung der Ertragskraft des bilanzierenden Unternehmens zu schaffen (vgl. ADS [1995], § 275 Tz. 188) und Steueraufwendungen und -erträge grundsätzlich auch unter den dafür eigens in die GuV-Gliederungsschemata aufgenommenen Positionen zu sammeln (vgl. Borchert, D. [1995], § 275 Tz. 93 ff.). Dementsprechend sind sämtliche Steueraufwendungen und -erträge, unabhängig davon, ob sie das abgelaufene Geschäftsjahr oder Vorperioden betreffen, unter Pos. Nr. 18 auszuweisen; ein Ausweis der aperiodischen Steueraufwendungen bzw. -erträge unter den sonstigen betrieblichen Aufwendungen bzw. Erträgen würde den Ausweis des Ergebnisses der gewöhnlichen Geschäftstätigkeit als reine Vor-Steuerngröße beeinträchtigen (vgl. Beck'scher Bilanzkommentar [1999], § 275 Tz. 246). Im Ergebnis weist die Position Nr. 18 – soweit Nachzahlungen, Erstattungen oder Auflösungen von Steuerrückstellungen einbezogen sind – den auf das laufende Jahr entfallenden Steueraufwand zu- bzw. abzüglich von Korrekturen der Steueraufwendungen der Vorperioden aus.

Körperschaftsteuerliche Erhöhungs- und Minderungsbeträge

Derartige Korrekturen ergeben sich häufig durch die Erhöhungs- und Minderungsbeträge gemäß § 27 Abs. 1 KStG, die aus der Herstellung der Ausschüttungsbelastung resultieren, wenn entweder EK 0 oder z. B. ehemaliges EK 40 zur Ausschüttung gelangt. Sofern in Ausnahmefällen aperiodische Steuererträge (z. B. aus Verlustrückträgen, aus der Auflösung einer Steuerabgrenzung gemäß § 274 Abs. 1 HGB oder aus der Körperschaftsteuer-Minderung aufgrund von Ausschüttungen für Vorjahre) den laufenden Aufwand übersteigen, erscheint ein getrennter Ausweis der Steuererträge und -aufwendungen (vgl. Borchert, D. [1995], § 275 Tz. 96) oder bei Saldierung eine Umbenennung der Position Nr. 18 in »erstattete Steuern vom Einkommen und vom Ertrag« mit u. U. gemäß § 277 Abs. 4 HGB erforderlichen Angaben zum Betrag der aperiodischen Steuererträge geboten (vgl. ADS [1995], § 275 Tz. 189).

Nicht zu den Steueraufwendungen zählen Steuerstrafen und Säumniszuschläge, die ihrem Charakter nach als sonstige betriebliche Aufwendungen oder zinsähnliche Aufwendungen auszuweisen sind (vgl. ADS [1995], § 275 Tz. 186).

Zusätzlicher Aufwand, zusätzlicher Ertrag

Weicht die Hauptversammlung bzw. Gesellschafterversammlung von dem Gewinnverwendungsvorschlag ab, kann sich ein zusätzlicher Aufwand oder Ertrag (EK 0 wurde in den Gewinnverwendungsvorschlag einbezogen) ergeben. Eine Änderung des Jahresabschlusses ist in diesen Fällen nicht notwendig. Der hier anfallende zusätzliche Aufwand erscheint weder im Steueraufwand des Geschäftsjahres, über das beschlossen wurde, noch in dem des laufenden Geschäftsjahres; er wird erfolgsneutral mit den Steuerrückstellungen bzw. mit den Steuererstattungsforderungen gegenüber dem Finanzamt verrechnet. Erträge, die nicht in die Ausschüttung einbezogen werden, dürfen nicht am Ende der laufenden Periode als Gewinnvortrag ausgewiesen werden. Sie sind in der Folgeperiode durch teilweise Auflösung der Steuerrückstellung zu vereinnahmen (vgl. ADS [1995], § 275 Tz. 196 m. w. N.).

Latente Steueraufwendungen und -erträge

Mit unter Position Nr. 18 auszuweisen sind auch sämtliche Aufwendungen aus den Einstellungen in passive latente Steuern bzw. aus Auflösungen eventuell als Bilanzierungshilfe aktivierter latenter Steuern und die Erträge aus Auflösungen passiver latenter Steuern bzw. Einstellungen in aktive latente Steuern (vgl. ADS [1995], § 275 Tz. 190; Beck'scher Bilanzkommentar [1999], § 275 Tz. 244 ff.). Ein gesonderter Ausweis der latenten Steueraufwendungen unter Position Nr. 18a und der latenten Steuererträge unter Position Nr. 18b erscheint sinnvoll, da effektive und fiktive Steuern des abgelaufenen Geschäftsjahres ohne Rückgriff auf die Angabe der aktiven und passiven latenten Steuern in der Bilanz oder im Anhang extern nicht erkennbar sind. Ungeklärt ist der Umfang der bei dieser Methodik auszuweisenden latenten Steuern; er richtet sich dabei sinnvollerweise nach der gewählten Ermittlungs- und Ausweismethodik (vgl. 6. Kapitel D II): Bei der Einzeldifferenzenbetrachtung mit dem Ausweis einer aktiven und passiven latenten Steuer sind die vollen latenten Steueraufwendungen bzw. -erträge auszuweisen, bei den Methoden der Gesamtdifferenzenbetrachtung lediglich deren Saldo; letzteres dürfte die Regel sein, da die Gesamtdifferenzenbetrachtung der h. M. entspricht (vgl. ADS [1995], § 274 Tz. 21; Baumann, K. H. [1995], § 274 Tz. 53 und Beck'scher Bilanzkommentar [1999], § 274 Tz. 10).

Sonstige Steuern

Unter die Position Nr. 19 »sonstige Steuern« fallen alle Steuern, die nicht unter Position Nr. 18 (bzw. Nr. 18a »latente Steueraufwendungen« oder Nr. 18b »latente Steuererträge«) auszuweisen sind. Hierzu gehören insbesondere die Steuern vom Vermögen (Grund-, Erbschaft- und Schenkungsteuer). Ferner kommen in Betracht: Ausfuhrzölle, Beförderungs-, Kraftfahrzeug-, Mineralöl-, Versicherungsteuer etc. Nicht hier auszuweisen sind jene Steuern, die als Anschaffungsnebenkosten (z. B. Eingangszölle) gelten und als solche aktiviert werden (z. B. Grunderwerbsteuer).

Steuern nach IAS/IFRS

Der Steueraufwand (*tax expense*) bzw. -ertrag (*tax income*) bezieht sich nach IAS/IFRS im Gegensatz zum Handelsrecht lediglich auf das Ergebnis der gewöhnlichen Geschäftstätigkeit (IAS 12.77). Das außerordentliche Ergebnis wird dagegen ebenso wie die Minderheitenanteile nach Abzug der Ertragsteuern (*net of tax*) ausgewiesen. Der Steueranteil des außerordentlichen Ergebnisses ist allerdings gesondert im Anhang offen zu legen (IAS 12.81 (b)). Gleichsam sind zumindest die wesentlichen Komponenten des Steueraufwandes bzw. -ertrages zu zeigen (IAS 12.79 ff.). Zu den umfangreichen Offenlegungspflichten gehört insbesondere auch die Angabe der latenten Steueraufwendungen bzw. -erträge.

Ein gesonderter Ausweis sonstiger Steuern analog zum Handelsrecht erfolgt nach IAS/IFRS nicht. Sonstige Steuern werden – sofern möglich – den korrespondierenden Aufwandsposten oder anderenfalls den sonstigen betrieblichen Aufwendungen bzw. -erträgen zugeordnet (vgl. Beck'scher Bilanzkommentar [1999], § 275 Tz. 344).

Besonderheiten nach IAS/IFRS:

Die Erfolgsrechnung nach IAS/IFRS weist gegenüber der handelsrechtlichen GuV einige Besonderheiten auf:

- Minderheitenanteile

Zum einen stellen Minderheitenanteile am (Konzern-)Jahresergebnis (*minority interest*) anders als im Handelsrecht einen Bestandteil der Ergebnisermittlung dar.

- Änderungen der Bilanzierungsannahmen

Daneben sind die Auswirkungen aufgrund der Änderung von Bilanzierungsannahmen (*changes in accounting estimates*) im Rahmen der Ergebnisermittlung zu berücksichtigen (IAS 8.26). Hierbei sind die Änderungen analog zum Handelsrecht der GuV-Position zuzuordnen, in der die ursprüngliche Schätzung erfasst wurde (IAS 8.28).

- Bilanzierungs- und Bewertungsfehler

Die Berücksichtigung schwerwiegender Bilanzierungs- und Bewertungsfehler (*fundamental errors*) vergangener Jahre sollte dagegen vorzugsweise durch eine erfolgsneutrale Verrechnung mit den Gewinnrücklagen am Anfang des Geschäftsjahres erfolgen, in dem der Fehler entdeckt wurde (IAS 8.34). Alternativ ist auch eine erfolgswirksame Erfassung im Rahmen der Ermittlung des Jahresergebnisses möglich (IAS 8.38).

Gleichsam sind die Auswirkungen aus der Änderung von Bilanzierungs- und Bewertungsmethoden (*changes in accounting policies*), die als Abweichung vom Grundsatz der Stetigkeit nur bei einer Verbesserung der Darstellung der Unternehmenslage bzw. bei Änderungen in der Normengrundlage möglich sind, vorzugsweise erfolgsneutral zu erfassen (IAS 8.42 f. und 8.49). Dabei ist der Gesamteffekt der Änderung, der sich bei rückwirkender Anwendung der entsprechenden Methode ergeben hätte, mit den Gewinnrücklagen zu Beginn des Geschäftsjahres zu verrechnen, sofern der Effekt für die Vorjahre zuverlässig bestimmbar ist. Anderenfalls wird lediglich die Auswirkung seit erfolgter Änderung berücksichtigt. Alternativ zur erfolgsneutralen Behandlung darf auch hier der (Gesamt-)Effekt der Änderung erfolgswirksam behandelt werden (IAS 8.54). Allerdings ist dann der Unterschied zur erfolgsneutralen Methode offen zu legen.

- Wechsel der Bilanzierungs- und Bewertungsmethoden

Im Jahresüberschuss/Jahresfehlbetrag (Gesamtkostenverfahren: Position Nr. 20; Umsatzkostenverfahren: Position Nr. 19) erscheint der im Geschäftsjahr erwirtschaftete Gewinn oder Verlust. Der jeweilige Betrag – er ergibt sich als Differenz der ausgewiesenen Erträge und Aufwendungen – berücksichtigt die von der Geschäftsleitung oder Hauptversammlung (§ 58 AktG) im Rahmen der Gewinnverwendung bewirkten Veränderungen der Rücklagen noch nicht (vgl. 5. Kapitel B III 1). Der Jahresüberschuss stellt u. a. auch die Ausgangsbasis zur Berechnung der Gewinnbeteiligung der Vorstandsmitglieder gemäß § 86 Abs. 2 AktG dar.

Jahresüberschuss/ -fehlbetrag

Analog zum HGB wird nach IAS/IFRS mit der Saldogröße »Jahresüberschuss« (*net profit*) bzw. »Jahresfehlbetrag« (*net loss*) die Ergebnisermittlung des Geschäftsjahres abgeschlossen.

Jahresüberschuss/-fehlbetrag nach IAS/ IFRS

II. Ergebnisrechnung nach dem Umsatzkostenverfahren

Wie eingangs in Abschnitt D ausgeführt, werden hier die Regelungen nach HGB und IAS/IFRS nur noch insoweit erörtert, wie sie nicht beim Gesamtkostenverfahren (Abschnitt D I) behandelt wurden. Zusätzlich stehen insbesondere die Gestaltungsregeln der GuV nach US-GAAP im Vordergrund.

Umsatzerlöse nach US-GAAP

Bei den Umsatzerlösen nach US-GAAP ergeben sich gegenüber dem Gesamtkostenverfahren gemäß § 275 Abs. 2 HGB und nach IAS/IFRS keine Unterschiede (vgl. die Erläuterungen zum Gesamtkostenverfahren). Die der handelsrechtlichen Umsatzdefinition entsprechenden *net sales* sind nach Regulation S-X unter den *revenues* gesondert auszuweisen (Regulation S-X, Rule 5-03.1). Im Falle mehrerer bedeutender und heterogener Einnahmequellen sollten diese durch einen separaten Ausweis kenntlich gemacht werden (vgl. KPMG [1999a], S. 135 f.).

Das *realization principle* gemäß US-GAAP stimmt zwar grundsätzlich mit dem handelsrechtlichen Realisationsprinzip überein. Die Kriterien der Gewinnvereinnahmung (*recognition of revenue*) unterliegen allerdings einer weniger strengen Interpretation (vgl. zu den einzelnen Kriterien CON 5.83 f.). Analog den IAS/IFRS sind neben den realisierten auch teilweise realisierbare Erträge in der

Zeitpunkt der Umsatzrealisation nach US-GAAP

GuV zu vereinnahmen. Daraus ergibt sich beispielsweise auch nach US-GAAP die zwingende Anwendung der im Handelsrecht grundsätzlich verbotenen Teilgewinnrealisierung nach dem Grad der Fertigstellung (*percentage of completion*), sofern die hierfür erforderlichen Voraussetzungen zutreffen (vgl. zur langfristigen Auftragsfertigung 4. Kapitel B VI).

Umsatzbezogene Herstellungskosten/ Umsatzkosten

Die »Herstellungskosten der zur Erzielung der Umsatzerlöse erbrachten Leistungen« (kurz: umsatzbezogene Herstellungskosten oder Umsatzkosten) enthalten die gesamten auf die Absatzleistung entfallenden Herstellungsaufwendungen des laufenden Geschäftsjahres und die in früheren Perioden im Rahmen der Vorratsbewertung aktivierten Aufwendungen, soweit diese Vorräte (fertige Erzeugnisse ohne Weiterverarbeitung, unfertige Erzeugnisse nach Weiterverarbeitung) in das abgesetzte betriebliche Leistungsvolumen eingehen. Im Falle des Lagerabbaues, bei dem die Vorräte dem marktlichen Absatzprozess zugeführt werden, ist zu berücksichtigen, dass der Umfang der unter Position Nr. 2 zu verrechnenden Aufwendungen davon abhängt, welche Aufwendungen bzw. Kosten im Zeitpunkt des Lageraufbaus in der Bilanz aktiviert wurden. Der hier zu veranschlagende Bewertungsspielraum reicht (in der Handelsbilanz) von den direkt zurechenbaren Kosten als Aktivierungsminimum bis zu den aktivierbaren Einzel-, Gemein- und Verwaltungskosten als Aktivierungsmaximum (vgl. 2. Kapitel B II). Unter Position Nr. 2 erscheinen somit

1. die in früheren Perioden des Lageraufbaus im Rahmen der Vorratsbewertung tatsächlich aktivierten Aufwendungen – soweit die Produktion der abgesetzten Leistungen durch Vorräteabbau bestritten wird – und
2. die gesamten fertigungs- und materialbezogenen laufenden Aufwendungen des abgelaufenen Geschäftsjahres, soweit sie auf die Absatzleistung entfallen.

Der Umfang der unter der Position Nr. 2 einzubeziehenden Aufwendungen des abgelaufenen Geschäftsjahres wurde vom Gesetzgeber nicht eindeutig festgelegt. Zwei grundsätzlich unterschiedliche Positionsabgrenzungen sind betriebswirtschaftlich denkbar (vgl. Übersicht in Abbildung 7.8):

Variante 1:

Umsatzbezogene Herstellungskosten i. S. d. gesetzlichen Herstellungskostendefinition des § 255 Abs. 2 HGB

Geht man davon aus, dass der Herstellungskostenbegriff des § 255 Abs. 2 HGB identisch ist mit den »Herstellungskosten der zur Erzielung der Umsatzerlöse erbrachten Leistungen« (vgl. auch Ballwieser, W. [1987a], S. 63; Beck'scher Bilanzkommentar [1999], § 275 Tz. 266 ff.; Emmerich, G. [1986], S. 705 und Selchert, F. W. [1986a]), so fallen unter Position Nr. 2 lediglich die aktivierbaren Aufwendungen; Vertriebskosten, Kosten der Unterbeschäftigung, nicht aktivierbare außerplanmäßige Abschreibungen und steuerliche Sonderabschreibungen sowie Aufwendungen für Forschung und Entwicklung fallen dann – je nach Kostenart und Kostenverrechnung – unter die Position Nr. 4 »Vertriebskosten«, Position Nr. 5 »allgemeine Verwaltungskosten« und Position Nr. 7 »sonstige betriebliche Aufwendungen« (vgl. die Erläuterungen zu diesen Positionen).

Bei dieser Interpretation richtet sich der Umfang der in Position Nr. 2 zu verrechnenden Aufwendungen nach der vom jeweiligen Unternehmen gewählten Herstellungskostendefinition für die bilanzielle Beständebewertung. Dabei ist zwischen Vollkosten- und Teilkostenrechnung zu unterscheiden. (1) Bei reiner Einzelkostenrechnung erscheinen unter Position Nr. 2 nur die absatzbezogenen Fertigungslöhne und Einzelmaterialkosten sowie Sondereinzelkosten der Fertigung. Gemeinkosten des Fertigungs- und Materialbereichs erscheinen unter Position Nr. 7, Verwaltungskosten unter Position Nr. 5. (2) Wird zu Grenzkosten bewertet, werden die variablen Fertigungs- und Materialgemeinkosten nicht unter Position Nr. 7 ausgewiesen, sondern – soweit sie auf die Absatzleistungen entfallen – zusätzlich in den Herstellungskosten des Umsatzes erfasst. Sowohl im Rahmen einer Einzelkosten- als auch Grenzkostenrechnung ist die bei Anwendung des Umsatzkostenverfahrens notwendige Aufteilung des laufenden Aufwandes in die umsatz- und lagerzugangsbezogenen Bestandteile unproblematisch (Ausnahme: Kuppelproduktion). (3a) Häufig werden in der Praxis neben den Grenzkosten auch angemessene Teile der fixen Fertigungs- und Materialgemeinkosten in die Herstellungskosten einbezogen. In diesem Falle müssen auch die fixen Gemeinkosten in einen der Lagerproduktion und einen der Absatzproduktion zuzurechnenden Teil aufgespalten werden. (3b) Schließlich ist auch zulässig, angemessene Teile der Verwaltungskosten in die Herstellungskosten einzubeziehen. Die einbezogenen Verwaltungskosten sind dann nicht unter Position Nr. 5, sondern – soweit auf die abgesetzten Leistungen entfallend – unter den Herstellungskosten des Umsatzes auszuweisen. Die Position Nr. 2 steht somit in Ausweiskonkurrenz zu den Positionen Nr. 5 und 7: Je mehr Kostenbestandteile in die Herstellungskosten einbezogen werden, um so mehr verlagert sich der Ausweis von den Positionen Nr. 5 und 7 zur Position Nr. 2 und umgekehrt.

Variante 2:

Umsatzbezogene Herstellungskosten i. S. d. »costs of goods sold«

Die überwiegende Literaturmeinung geht von einer Unabhängigkeit der Herstellungskostenbegriffe des § 255 Abs. 2 HGB für die bilanzielle Beständebewertung und des § 275 Abs. 3 Nr. 2 HGB für die Abgrenzung der Umsatzkosten aus (vgl. ADS [1995], § 275 Tz. 220 ff. m. w. N. und die Übersicht bei Baetge, J./Fischer, T. R. [1987] und Mayer, A. [1989], S. 240 ff.). Sie folgt damit einer weiten Interpretation, wie sie für die »*costs of goods sold*« gemäß US-GAAP üblich ist. Als richtungweisend gilt hier die Stellungnahme des Sonderausschusses Bilanzrichtlinien-Gesetz des IDW (vgl. IDW [1987], S. 143 ff.). Dieser Stellungnahme nach sollen in die umsatzbezogenen Herstellungsaufwendungen sämtliche Einzel- und Gemeinkosten des Fertigungs- und Materialbereiches einbezogen werden, soweit diese nicht im Rahmen der bilanziellen Beständebewertung in die Herstellungskosten gemäß § 255 Abs. 2 HGB miteinbezogen werden. Die darüber hinaus anfallenden außerplanmäßigen Abschreibungen auf das Anlage- und Umlaufvermögen sowie die Abschreibungen i. S. d. § 254 HGB sind funktional dem Herstellungs- (Position Nr. 2), dem Verwaltungs- (Position Nr. 5) und dem Vertriebsbereich (Position Nr. 4) zuzuordnen. Dabei ist jedoch zu beachten, dass für beide Abschreibungsarten unter bestimmten Voraussetzungen (§§ 277 Abs. 3

Satz 1, 281 Abs. 2 Satz 1 HGB) auch ein Sonderausweis in Form eines Davon-Vermerks oder einer Positionsuntergliederung notwendig ist, sofern kein Ausweis im Anhang erfolgt. Insoweit wären unter Position Nr. 2 auch die oben genannten, im Rahmen des Herstellungskostenbegriffs nach § 255 Abs. 2 HGB nicht aktivierbaren Aufwendungen mitzuerfassen.

Mit zu den Umsatzkosten zählen auch die bei bilanzieller Beständebewertung zu Teilkosten anfallenden Differenzbeträge zu Vollkosten (vgl. ADS [1995], § 275 Tz. 223). Allerdings erscheint u. E. auch ein Ausweis dieser Beträge unter den sonstigen betrieblichen Aufwendungen zulässig und sinnvoll, da vermieden wird, dass im Zeitvergleich in der Lagerzugangsperiode die Umsatzkosten zu hoch, in der Lagerabgangsperiode zu niedrig ausgewiesen werden (vgl. auch Baetge, J./Fischer, T. R. [1987], S. 193; Baetge, J./Fischer, T. R. [1988], S. 17 und Mayer, A. [1989], S. 245). Für den Ausweis dieser Differenzen unter den Umsatzkosten spricht jedoch die internationale Übung, wodurch die Ergebnisrechnung nach dem Umsatzkostenverfahren international vergleichbarer würde (vgl. ADS [1995], § 275 Tz. 223). Für die praktische Erstellung der GuV nach dem Umsatzkostenverfahren kann davon ausgegangen werden, dass die beschriebene Variante 2 maßgebend ist. Abb. 7.8 gibt einen Überblick über die Abgrenzung als umsatzbezogene Herstellungskosten nach HGB.

Umsatzbezogene Herstellungskosten nach IAS/IFRS, cost of sales

Nach IAS/IFRS enthalten die Umsatzkosten (*cost of sales*) stets die produktionsbezogenen Vollkosten, die den bilanzierten Herstellungskosten entsprechen. Sämtliche dem Produktionsvorgang zuzurechnenden Einzel- und Gemeinkosten des Material- und Fertigungsbereichs sind als Herstellungskosten verpflichtend den Umsatzerlösen gegenüberzustellen (IAS 2.10 ff.). Hierzu gehören u. a. auch außerplanmäßige Abschreibungen auf Vorräte, nicht dagegen auf Vermögenswerte des Anlagevermögens, Versicherungsbeiträge und Substanzsteuern. Allgemeine Verwaltungskosten, die nicht mit dem Produktionsprozess in Verbindung stehen, sind dagegen nicht unter den Herstellungskostenbegriff zu fassen und stellen als »allgemeine Verwaltungskosten« (*administrative expenses*) stets Aufwand der Periode dar (IAS 2.14 (c)). Vertriebskosten sind analog zur handelsrechtlichen Vorgehensweise Periodenaufwand (*distribution costs*). Ein Wahlrecht besteht lediglich für die Finanzierungskosten bei *assets*, die einem längeren Herstellungszeitraum unterliegen (*qualifying assets*) und in direktem Zusammenhang mit der Produktion stehen (vgl. hierzu auch die Erläuterungen im 4. Kapitel B II). Diese dürfen gemäß IAS 23.11 aktiviert und bei Umsatzrealisierung den Erlösen gegenübergestellt werden. Allerdings sind mit der Aktivierung weitere Angabepflichten im Anhang verbunden, insbesondere der Umfang der aktivierten Finanzierungskosten (IAS 23.29). Vorzugsweise stellen diese Kosten allerdings Finanzierungsaufwand (*finance costs*) der Periode dar (IAS 23.7).

<table>
<tr><td>VARIANTE 1:</td><td colspan="4"></td><td>VARIANTE 2:</td></tr>
<tr><td rowspan="2">Einbeziehungsmöglichkeiten von Kostenbestandteilen in die umsatzbezogenen Herstellungskosten (Pos. 2 der GuV nach dem Umsatzkostenverfahren)

Kostenarten</td><td>1</td><td>2</td><td>3a</td><td>3b</td><td rowspan="2">Einbeziehung der gesamten Kosten des Material- und Fertigungsbereiches</td></tr>
<tr><td>Einbeziehung der Einzelkosten</td><td>Einbeziehung der variablen Kosten</td><td>Einbeziehung der variablen Kosten und angemessener Teile der Fixkosten des Material- und Fertigungsbereiches</td><td>Einbeziehung der variablen Kosten sowie angemessener Teile der fixen Material-, Fertigungs- und Verwaltungskosten</td></tr>
<tr><td>Materialeinzelkosten
(= variable Materialkosten)</td><td colspan="4">Position 2</td><td rowspan="7">Position 2</td></tr>
<tr><td>Material-
gemeinkosten
fix</td><td colspan="2" rowspan="2">Position 7:
»sonstige betriebliche Aufwendungen«</td><td colspan="2">Position 2</td></tr>
<tr><td>variabel</td><td colspan="2">Position 2</td></tr>
<tr><td>Fertigungseinzelkosten
(= variable Fertigungskosten)</td><td colspan="4">Position 2</td></tr>
<tr><td>Fertigungs-
gemeinkosten
fix</td><td colspan="2" rowspan="2">Position 7:
»sonstige betriebliche Aufwendungen«</td><td colspan="2">Position 2</td></tr>
<tr><td>variabel</td><td colspan="2">Position 2</td></tr>
<tr><td>Sondereinzelkosten der Fertigung</td><td colspan="4">Position 2</td></tr>
<tr><td>Verwaltungskosten</td><td colspan="3">Position 5: »allgemeine Verwaltungskosten«</td><td>Position 2</td><td>Position 5:
»allgemeine Verwaltungskosten«</td></tr>
<tr><td>Vertriebskosten</td><td colspan="4">Position 4: »Vertriebskosten«</td><td>Position 4:
»Vertriebskosten«</td></tr>
</table>

Abb. 7.8: Abgrenzung der Position 2 der GuV nach dem Umsatzkostenverfahren

Umsatzbezogene Herstellungskosten nach US-GAAP, cost of goods sold

Entsprechend den US-amerikanischen Rechnungslegungsvorschriften umfassen die umsatzbezogenen Herstellungskosten analog zu den IAS/IFRS alle produktionsbezogenen Vollkosten (ARB 43.4). Im Unterschied zu IAS/IFRS sind allerdings die Finanzierungskosten bei *qualifying assets* zwingend Bestandteil der aktivierten Anschaffungs- oder Herstellungskosten und im Zeitpunkt der Umsatzrealisierung den Erlösen gegenüberzustellen (FAS 34.6). Somit bestehen nach US-GAAP im Gegensatz zu HGB und IAS/IFRS keine Wahlrechte hinsichtlich des Umfangs der umsatzbezogenen Herstellungskosten.

Bruttoergebnis vom Umsatz

Das »Bruttoergebnis vom Umsatz« (Position Nr. 3) ergibt sich aus der Differenz zwischen den »Umsatzerlösen« (Position Nr. 1) und den »Herstellungskosten der zur Erzielung der Umsatzerlöse erbrachten Leistungen« (Position Nr. 2). Es hängt einerseits wesentlich davon ab, ob die Vorräte zu Vollkosten oder Teilkosten bewertet werden. Für den Ausnahmefall, dass die Abgrenzung der Umsatzkosten entsprechend Variante 1 Fall (2) erfolgt, entspricht das fertigungsbezogene Bruttoergebnis dem Deckungsbeitrag.

Bruttoergebnis vom Umsatz nach IAS/IFRS und US-GAAP

Nach IAS/IFRS und US-GAAP sind, wie aufgeführt, den Umsatzerlösen sämtliche direkt und indirekt zurechenbaren Kosten der Produktion als *costs of goods sold* gegenüberzustellen. Diese Konzeption deckt sich mit der Variante 2 der Umsatzkostenermittlung, d. h. das Bruttoergebnis entspricht nicht dem Deckungsbeitrag, sondern einem vollkostenorientierten fertigungsbezogenen Ergebnis.

Vertriebskosten

Unter die Vertriebskosten fallen grundsätzlich alle Personal-, Material- und Abschreibungsaufwendungen sowie sonstige Aufwendungen des Vertriebsbereichs. Im Einzelnen werden der Position Nr. 4 »Vertriebskosten« beispielsweise Kosten der Fertig- und Vertriebsläger, der gesamten Vertriebsabteilungen einschließlich der Kosten der Verkaufsbüros sowie Kosten der Werbung und Marktforschungskosten zugeordnet. Da die Vertriebskosten nicht aktivierbar sind (§ 255 Abs. 2 Satz 6 HGB), ist der Gesichtspunkt des Umsatzbezuges für die inhaltliche Abgrenzung dieser Position ohne Bedeutung, d. h. die Vertriebskosten werden stets zeitlich abgegrenzt (vgl. ADS [1995], § 275 Tz. 236).

Vertriebskosten nach IAS/IFRS und US-GAAP

Nach IAS/IFRS und US-GAAP sind die Vertriebskosten (*distribution costs* bzw. *selling expenses*) ebensowenig aktivierungsfähig wie nach HGB. Sie sind zeitlich abzugrenzen und stellen Periodenaufwand dar. Hinsichtlich des Umfangs der einzubeziehenden Kostenbestandteile gibt es keine Unterschiede zum HGB (vgl. bspw. Kieso, D. E./Weygandt, J. J./Warfield, T. D. [2001], S. 135 und 137).

Allgemeine Verwaltungskosten

Die nicht dem Herstellungsbereich zuzurechnenden (allgemeinen) Verwaltungskosten werden unter der Position Nr. 5 »allgemeine Verwaltungskosten« erfasst (Variante 2). Dagegen können im Rahmen der Variante 1 angemessene Teile der Verwaltungskosten auch unter den umsatzbezogenen Herstellungsaufwendungen erscheinen (vgl. auch Abbildung 7.8, Möglichkeit 3b). Die Position Nr. 5 »allgemeine Verwaltungskosten« enthält dann nur diejenigen Verwaltungsaufwendungen, die unter Position Nr. 2 nicht erfasst werden. Hierunter fallen alle Verwaltungsaufwendungen, die zwar kostenrechnerisch den auf Lager produzierten Leistungen zugeschlüsselt sein mögen, aber bilanziell bei den Vorräten nicht aktiviert werden. Im Einzelnen fallen hierunter ebenso Personal-, Material- und Abschreibungsaufwendungen sowie sonstige Aufwendungen des Verwaltungsbereichs (z. B. Vorstandsgehälter ohne die des Vertriebsvorstandes, Löhne und Gehälter des Rechnungswesenbereiches, Abschreibungen auf EDV-Anlagen und auf Verwaltungsgebäude).

Allgemeine Verwaltungskosten nach IAS/IFRS und US-GAAP

Die nicht dem Herstellungsbereich zuzurechnenden (allgemeinen) Verwaltungskosten werden nach IAS/IFRS und US-GAAP in Analogie zur Variante 2 unter der Position »allgemeine Verwaltungskosten« (*administrative expenses*) ausgewiesen und stellen Aufwand der Periode dar (vgl. Jacobs, O. H. [2002], Tz. 28 ff. bzw. Kieso, D. E./Weygandt, J. J./Warfield, T. D. [2001], S. 149 ff.). Unter Zugrundelegung der Variante 1 weicht der Umfang der handelsrechtlichen Verwaltungsaufwendungen von dem nach IAS/IFRS und US-GAAP je nach handelsrechtlicher Wahlrechtsausübung mehr oder weniger ab. Zu den Verwaltungskosten nach IAS/IFRS und US-GAAP gehören insbesondere Abschreibungen auf *assets*, die der Verwaltung dienen, Gehälter für Angestellte des Verwaltungsbereichs und des Managements, Post- und Telefongebühren, sowie Rechts- und Beratungskosten, nichtfertigungsbezogene Lizenzen und sonstige Gebühren.

Sonstige betriebliche Erträge

In Analogie zu der Position Nr. 4 der GuV nach dem Gesamtkostenverfahren enthält die Position »sonstige betriebliche Erträge« bei Anwendung des Umsatzkostenverfahrens die Erträge aus Anlageabgängen, aus der Herabsetzung der Pauschalwertberichtigung zu Forderungen, der Auflösung von Rückstellungen und aus Zuschreibungen auf das Anlage- und Umlaufvermögen außer Vorräten (vgl. die Erläuterungen in Abschnitt D I dieses Kapitels).

Werden Eigenleistungen des jeweiligen Unternehmens im Anlagevermögen aktiviert, so werden die entsprechenden Aufwendungen im Gesamtkostenverfahren in voller Höhe unter den jeweiligen Aufwandsarten ausgewiesen; gleichzeitig wird ein gleich hoher Betrag unter Pos. Nr. 3 (andere aktivierte Eigenleistungen) eingestellt. Da letztere Position im Umsatzkostenverfahren fehlt, stellt sich die Frage, ob im Umsatzkostenverfahren zu aktivierende Eigenleistungen direkt von den jeweiligen Aufwandspositionen auf das Bilanzkonto umgebucht werden müssen oder die Aufwendungen in der GuV unter gleichzeitiger Einstellung eines entsprechenden Ausgleichspostens unter den sonstigen betrieblichen Erträgen auszuweisen sind. Obwohl die erste Möglichkeit der Systematik des Umsatzkostenverfahrens eher entspricht, werden beide Möglichkeiten für zulässig erachtet (vgl. ADS [1995], § 275 Tz. 241 ff.; Beck'scher Bilanzkommentar [1999], § 275 Tz. 300).

Sonstige betriebliche Erträge nach IAS/IFRS und US-GAAP

Der Umfang der sonstigen betrieblichen Erträge (*other operating income*) nach IAS/IFRS deckt sich bei Anwendung des Umsatzkostenverfahrens mit dem Inhalt unter Zugrundelegung des Gesamtkostenverfahrens. Insofern kann auf die Erläuterungen zum Gesamtkostenverfahren verwiesen werden (vgl. Abschnitt D I dieses Kapitels).

In Abgrenzung zu den mit der betrieblichen Tätigkeit direkt in Verbindung stehenden Erträgen (*revenues*) werden nach US-GAAP unter die sonstigen betrieblichen Erträge (*non-operating income*) nur indirekt mit der gewöhnlichen Geschäftstätigkeit in Verbindung stehende Vermögensmehrungen (*gains*) ausgewiesen (vgl. KPMG [1999a], S. 136 f.). Unter diese Sammelposition fallen insbesondere die handelsrechtlich hier auszuweisenden Gewinne aus Anlagenabgängen, Erträge aus der Auflösung von Rückstellungen und Währungskursgewinne, aber auch die handelsrechtlich dem Finanzbereich zuzuordnenden Zinserträge und sonstigen Finanzerträge, sowie generell alle ungewöhnlichen oder selten auftretenden Erträge der Periode (vgl. Niehus, R. J./Thyll, A. [2000], Tz. 1039 ff.). Auch hier gilt, dass wesentliche Posten im Sinne einer *fair presentation* separat offen zu legen und die Bestandteile der Sammelposition im Anhang angemessen aufzugliedern und zu erläutern sind. Börsennotierte Unternehmen müssen gemäß Regulation S-X stets Dividendenerträge sowie sonstige Erfolgsbeiträge aus der Nutzung oder dem Verkauf von Wertpapieren gesondert zeigen (vgl. Regulation S-X, Rule 5-03.7).

Sonstige betriebliche Aufwendungen

Die Position Nr. 7 »sonstige betriebliche Aufwendungen« wurde vom Gesetzgeber in das GuV-Gliederungsschema des § 275 Abs. 3 HGB aufgrund der Überlegung aufgenommen, die bei Teilkostenbewertung der Lagerzugänge entstehenden Differenzbeträge zu Vollkosten aufzunehmen (vgl. BT-Drs. 10/4268, S. 108, vgl. oben Ausführungen zu den umsatzbezogenen Herstellungskosten). Eine entsprechende Basisvorschrift in der 4. EG-Richtlinie fehlt. Diese Tatsache und die Systematik des Umsatzkostenverfahrens, alle Aufwendungen soweit als möglich den Unternehmensfunktionsbereichen Herstellung, allgemeine Verwaltung und Vertrieb zuzuordnen, legt nach h. M. eine enge Abgrenzung der Position »sonstige betriebliche Aufwendungen« nahe (vgl. ADS [1995], § 275 Tz. 227 und 244; Borchert, D. [1995], § 275 Tz. 141 und IDW [1987], S. 143).

Folgende Aufwendungen kommen grundsätzlich für diese Position in Frage:

- Verluste aus dem Abgang von Gegenständen des Anlagevermögens
- Verluste aus Wertminderungen oder dem Abgang von Gegenständen des Umlaufvermögens (außer Vorräten) und Einstellungen in die Pauschalwertberichtigung (u. E. zulässig)
- Zuführungen zu Aufwandsrückstellungen gemäß § 249 Abs. 2 HGB, Kulanz- und Instandhaltungsrückstellungen

Allerdings wird der Ausweis dieser Aufwendungen nur dann unter Position Nr. 7 des Umsatzkostenverfahrens für zulässig gehalten, sofern eine Zuordnung zu den Funktionsbereichen nicht möglich ist (vgl. Borchert, D. [1995], § 275 Tz. 141 und tendenziell auch ADS [1995], § 275 Tz. 246).

Eindeutig unter Position Nr. 7 auszuweisen sind sämtliche Einstellungen in den Sonderposten mit Rücklageanteil. Das gilt auch für Abschreibungen gemäß § 254 HGB, die gemäß § 281 Abs. 1 Satz 1 HGB passivisch als Sonderposten mit Rücklageanteil (hier: Wertberichtigung) ausgewiesen werden. Bei aktivischem Ausweis wird teilweise unter Hinweis auf die Generalnorm des § 264 Abs. 2 HGB ebenfalls ein obligatorischer Ausweis unter den sonstigen betrieblichen Aufwendungen gefordert (vgl. Borchert, D. [1995], § 275 Tz. 143). Im übrigen sind Abschreibungen funktional aufzuteilen und unter den Positionen Nr. 2, 4 und 5 auszuweisen; bei Abschreibungen auf das Umlaufvermögen, die über das unternehmensübliche Maß hinausgehen und im Rahmen des Gesamtkostenverfahrens gesondert unter Position Nr. 7b auszuweisen sind, wird ein genereller Ausweis unter den sonstigen betrieblichen Aufwendungen für zulässig gehalten (vgl. Borchert, D. [1995], § 275 Tz. 143).

Die Position »sonstige betriebliche Aufwendungen« im Umsatzkostenverfahren ist mit der gleichlautenden Position im Gesamtkostenverfahren nicht vergleichbar, da vor allem erhebliche Teile der sonstigen betrieblichen Aufwendungen im Gesamtkostenverfahren unter die Position »allgemeine Verwaltungskosten« im Umsatzkostenverfahren fallen und die beim Gesamtkostenverfahren unter den sonstigen betrieblichen Aufwendungen auszuweisenden Liquidations- und Bewertungsverluste – soweit funktional zuordenbar – unter den Positionen Nr. 2, 4 oder 5 auszuweisen sind.

Sonstige betriebliche Aufwendungen nach IAS/IFRS

Auch nach IAS/IFRS unterscheiden sich die sonstigen betrieblichen Aufwendungen (*other operating expenses*) im Rahmen des Umsatzkostenverfahrens von denen des Gesamtkostenverfahrens. Der Umfang ist bei Anwendung des Umsatzkostenverfahrens erheblich eingeschränkt, da die Aufwendungen soweit wie möglich den Funktionskosten zuzuordnen sind. Somit stellt diese Position ein Sammelbecken für alle betrieblich bedingten Aufwendungen, die funktional nicht zuordenbar sind, sowie nur indirekt mit der gewöhnlichen Geschäftstätigkeit verbundenen Aufwendungen dar, soweit diese nicht zwingend dem Finanzbereich zuzuordnen sind. Hierunter fallen beispielsweise planmäßige und außerplanmäßige Abschreibungen auf den Goodwill, Verluste aus dem Abgang von *assets* (außer von Vorräten sowie Finanzanlagen und Wertpapieren des Umlaufvermögens), Miet- und Pachtaufwendungen für betrieblich nicht genutzte *assets*, Prozesskosten und Umweltschutzauflagen. Allerdings gehören zu den sonstigen betrieblichen Aufwendungen auch außerplanmäßige Abschreibungen auf *assets* (außer auf Vorräte sowie Finanzanlagen und Wertpapiere des Umlaufvermögens, die den Umsatzkosten bzw. dem Finanzbereich zuzuordnen sind), sofern sie aufgrund ihrer Bedeutung nicht gesondert auszuweisen sind. Im Gegensatz zur Variante 2 nach HGB sind somit außerplanmäßige Abschreibungen auf Sachanlagen und immateriellen Vermögensgegenständen generell den sonstigen betrieblichen Aufwendungen zuzuordnen, auch wenn die *assets* mit dem Herstellungsbereich in Verbindung stehen. Analog zum Gesamtkostenverfahren ist im Anschluss an die betriebsbedingten Aufwendungen und Erträge die Saldogröße *profit from operating activities* zu zeigen.

Sonstige betriebliche Aufwendungen nach US-GAAP

In Abgrenzung zu den mit der betrieblichen Tätigkeit direkt in Verbindung stehenden Aufwendungen (*expenses*) des Herstellungs-, Vertriebs- und Verwaltungsbereiches stellen die sonstigen betrieblichen Aufwendungen nach US-GAAP ein Sammelbecken für alle nur indirekt mit der gewöhnlichen Geschäftstätigkeit verbundenen Aufwendungen (*losses*) dar (vgl. KPMG [1999a], S. 136 f.). Deshalb wird diese Position auch dem *non-operating* Bereich zugeordnet (vgl. Kieso, D. E./Weygandt, J. J./Warfield, T. D. [2001], S. 136). Hierzu gehören auch Impairment-Abschreibungen auf den Goodwill (vgl. SFAS 142.43). Diese als *impairment loss* bezeichnete Position ist regelmäßig gesondert innerhalb des Ergebnisses der fortlaufenden Geschäftstätigkeit (*income from continuing operations*) darzustellen, es sei denn die Abwertung entfällt auf eine einzustellende Einheit (*discontinued operation*). Neben den genannten Aufwendungen im Rahmen der IAS/IFRS sind unter den sonstigen betrieblichen Aufwendungen (*non-operating expenses*) auch weitestgehend die handelsrechtlich dem Finanzbereich zuzuordnenden Vermögensminderungen auszuweisen, da den US-GAAP anders als nach HGB und IAS/IFRS eine schematische Trennung von Betriebs- und Finanzbereich unbekannt ist. Konkret fallen hierunter damit grundsätzlich »Abschreibungen auf Finanzanlagen und auf Wertpapiere des Umlaufvermögens« (Gesamtkostenverfahren: Pos. 12; Umsatzkostenverfahren: Pos. 11) sowie »Zinsen und ähnliche Aufwendungen« (Gesamtkostenverfahren: Pos. 13; Umsatzkostenverfahren: Pos. 12), sofern diese nicht im Einzelfall als betrieblich bedingt qualifiziert werden können. Börsennotierte Unternehmen, die den Berichterstattungspflichten der SEC unterliegen, haben gemäß Regulation S-X den Zinsaufwand stets in einer separaten Position im Anschluss an den *operating* Bereich auszuweisen (vgl. Regulation S-X, Rule 5-03.8). Weiterhin sind ungewöhnliche oder selten auftretende Vermögensminderungen unter den sonstigen betrieblichen Aufwendungen gesondert zu zeigen. Sind beide Kriterien simultan erfüllt, so ist ein Ausweis im außerordentlichen Ergebnis geboten. Nicht hierunter gefasst werden dagegen Forschungs- und Entwicklungsaufwendungen, Erhaltungsaufwendungen und Zuführungen zu Wertberichtigungen auf Forderungen, da diese als betriebsbedingte Aufwendungen (*expenses*) dem *operating* Bereich zuzuordnen und ggf. gesondert auszuweisen sind (vgl. Niehus, R. J./ Thyll, A. [2000], Tz. 1046 ff.). Börsennotierte Unternehmen haben Zuführungen zu Wertberichtigungen auf Forderungen zwingend in einer eigenen Position auszuweisen (vgl. Regulation S-X, Rule 5-03.5). Der Begriff *non-operating expenses* ist insgesamt deutlich weiter gefasst als die korrespondierende Position »sonstige betriebliche Aufwendungen« des HGB bzw. *other operating expenses* nach IAS/IFRS.

Im Sinne einer *fair presentation* ist sowohl nach IAS/IFRS als auch US-GAAP im Anhang eine angemessene Aufgliederung und Erläuterung der wesentlichen in den sonstigen betrieblichen Aufwendungen enthaltenen Posten erforderlich.

Rechenbeispiel

Das folgende stark vereinfachte Rechenbeispiel (Einproduktbetrieb, keine Erträge und Verluste aus dem Abgang von Vermögensgegenständen des Anlage- und Umlaufvermögens) veranschaulicht die Auswirkungen der zuvor beschriebenen zwei alternativen Abgrenzungsmöglichkeiten der umsatzbezogenen Herstellungskosten auf die Positionen Nr. 3 »Bruttoergebnis vom Umsatz«, Nr. 4 »Vertriebskosten«, Nr. 5 »allgemeine Verwaltungskosten« und Nr. 7 »sonstige betriebliche Aufwendungen«. Gegeben seien folgende Daten:

1. Allgemeine Angaben

Produktionsmenge	1.000
Absatzmenge	700
Absatzpreis pro Einheit	640
Fertigungslöhne pro Einheit (= Fertigungseinzelkosten)	100
Fertigungsmaterial pro Einheit (= Materialeinzelkosten)	150

2. Angaben zur Kostenstruktur

Gegeben sei weiterhin die folgende Kostenstruktur, dargestellt anhand eines vereinfachten Betriebsabrechnungsbogens:

Kostenarten		Kostenstellen			
EINZELKOSTEN		Fertigung	Material	Verwaltung	Vertrieb
Fertigungslöhne:	100.000	100.000			
Fertigungsmaterial:	150.000		150.000		
Summe EK:	250.000				
GEMEINKOSTEN					
sonstige Personalkosten:	110.000	30.000	20.000	40.000	20.000
Betriebsstoffe:	50.000	30.000	5.000	5.000	10.000
Abschreibungen planmäßig:	50.000	20.000	5.000	15.000	10.000
außerplanmäßig:	20.000				
Summe GK:	230.000	80.000	30.000	60.000	40.000
davon außerplanmäßige AfA:	20.000				
Gesamtkosten:	480.000				

Im Folgenden werden die handelsrechtlichen Gewinn- und Verlustrechnungen nach dem Gesamtkosten- und Umsatzkostenverfahren aufgestellt. Dabei wird bei der Lagerzugangsbewertung zwischen den beiden Extremfällen einer Bewertung zu Einzelkosten (Fall 1) und Vollkosten (Fall 2) unterschieden. Bei zwischen diesen Extremen liegenden Herstellungskostenansätzen gestaltet sich die GuV jeweils analog. Die Berücksichtigung der IAS/IFRS und US-GAAP erfolgt nur für den Fall 2, da nach internationalen Grundsätzen die Bewertung zu Einzelkosten nicht erlaubt ist.

3. Aufstellung der Gewinn- und Verlustrechnungen

Fall 1: Lagerzugangsbewertung zu EINZELKOSTEN

Die Herstellungskosten je Einheit errechnen sich wie folgt:

Fertigungslöhne	100
Fertigungsmaterial	150
= Herstellungskosten	250

GuV nach dem Gesamtkostenverfahren

1. Umsatzerlöse		448.000
2. Bestandserhöhung		75.000
5. Materialaufwand	200.000	
6. Personalaufwand	210.000	
7. Abschreibungen davon außerplanmäßig 20.000	70.000	
8. Sonstige betriebliche Aufwendungen	0	
15. Ergebnis der gewöhnlichen Geschäftstätigkeit		43.000

Die Bestandserhöhung errechnet sich aus den Einzelkosten pro Stück: 250 × 300 = 75.000.

GuV nach dem Umsatzkostenverfahren

Hier ergeben sich die zwei zuvor diskutierten Möglichkeiten:

Variante 1:

In die Position Nr. 2 werden nur die mit dem Herstellungskostenbegriff nach § 255 Abs. 2 HGB deckungsgleichen Aufwendungen (175.000) einbezogen. Die Verwaltungs- und Vertriebskosten werden wie bei Variante 2 unter den Positionen Nr. 4 und 5 ausgewiesen. Die gesamten Material- und Fertigungsgemeinkosten (110.000), die in Fall 1 nicht in die Herstellungskosten einbezogen sind, und die außerplanmäßigen Abschreibungen (20.000) werden unter der Position Nr. 7 »sonstige betriebliche Aufwendungen« erfasst.

Variante 2:

In die umsatzbezogenen Herstellungskosten werden sämtliche Umsatzkosten einbezogen; dementsprechend enthält die Position Nr. 2 in Fall 1 neben den Einzelkosten auch diejenigen Fertigungs- und Materialgemeinkosten (= 110.000 = 80.000 + 30.000), die in die für die Bestandsbewertung festgesetzten Herstellungskosten nicht einbezogen wurden. Zudem fallen unter die umsatzbezogenen Herstellungsaufwendungen die dem Fertigungs- und Materialbereich funktional zuzuordnenden außerplanmäßigen Abschreibungen (20.000). Insoweit weicht der Herstellungskostenbegriff im Rahmen des § 275 Abs. 3 HGB von demjenigen in § 255 Abs. 2 HGB ab. Die Vertriebskosten und allgemeinen Verwaltungskosten werden dabei grundsätzlich nicht in die umsatzbezogenen Herstellungskosten miteinbezogen.

GuV nach dem Umsatzkostenverfahren

	(Variante 1)		(Variante 2)	
1. Umsatzerlöse		448.000		448.000
2. umsatzbezogene Herstellungskosten – HK = Einzelkosten: 700 × 250 = 175.000 (Variante 1)	175.000		175.000	
– sonstige Kosten außer Vertrieb/ Verwaltung			110.000	
– außerplanmäßige Abschreibungen			20.000	
(Variante 2)			305.000	
3. Bruttoergebnis vom Umsatz		273.000		143.000
4. Vertriebskosten	40.000		40.000	
5. Verwaltungskosten	60.000		60.000	
7. Sonstige betriebliche Aufwendungen	130.000		0	
14. Ergebnis der gewöhnlichen Geschäftstätigkeit		43.000		43.000

Fall 2: Lagerzugangsbewertung zu VOLLKOSTEN

Die Herstellungskosten je Einheit errechnen sich nach HGB, IAS/IFRS und US-GAAP wie folgt. Dabei wird für die HGB-Lösung von der Herstellungskostenobergrenze inkl. anteiliger Verwaltungskosten ausgegangen. Falls Verwaltungskosten – wie i. a. üblich – nicht aktiviert werden, gelten die IAS/IFRS- bzw. US-GAAP-Lösungen auch nach HGB.

	HGB	IAS/IFRS/ US-GAAP
Fertigungslöhne	100	100
Materialeinzelkosten	150	150
Fertigungsgemeinkosten	80	80
Materialgemeinkosten	30	30
Verwaltungskosten	60	–
= Herstellungskosten	420	360

Vollkosten je fertiges Erzeugnis 420 mit anteiligen Verwaltungskosten bzw. 360 ohne anteilige Verwaltungskosten.

GuV nach dem Gesamtkostenverfahren

	HGB		IAS/IFRS	
1. Umsatzerlöse		448.000		448.000
2. Bestandserhöhung		126.000		108.000
5. Materialaufwand	200.000		200.000	
6. Personalaufwand	210.000		210.000	
7. Abschreibungen davon außerplanmäßig 20.000	70.000		70.000	
8. Sonstige betriebliche Aufwendungen	0			
15. Ergebnis der gewöhnlichen Geschäftstätigkeit		94.000		76.000

Die handelsrechtliche Bestandserhöhung errechnet sich aus den Vollkosten pro Stück: 420 × 300 = 126.000. Der Bestandserhöhung nach IAS/IFRS werden lediglich die produktionsbedingten Vollkosten (= 360) zugrunde gelegt. Die allgemeinen Verwaltungskosten, die nicht dem Produktionsbereich zugerechnet werden können, fallen folglich nicht unter die Herstellungskosten.

GuV nach dem Umsatzkostenverfahren

Wie bei Fall 1 erfolgt handelsrechtlich eine entsprechende Differenzierung in Variante 1 und 2 (vgl. oben). Dabei wird wieder von einer Aktivierung der Verwaltungskosten im Rahmen der Herstellungskosten ausgegangen. Zusätzlich wird die Aufstellung der GuV nach IAS/IFRS und US-GAAP dargestellt; diese gilt zugleich auch gemäß HGB, wenn Verwaltungskosten – wie i. a. üblich – nicht in die Herstellungskosten einbezogen werden.

Zu Variante 1:

In der Position Nr. 2 werden die Herstellungskosten i. S. d. § 255 Abs. 2 HGB verrechnet (420 × 700 = 294.000); die außerplanmäßigen Abschreibungen fallen aufgrund ihrer Nichtaktivierbarkeit unter die Position »sonstige betriebliche Aufwendungen« (20.000).

Zu Variante 2:

Position Nr. 2 enthält alle Einzel- und Gemeinkosten des Material- und Fertigungsbereiches, die anteilig auf die abgesetzten Produkte entfallen (360 × 700 = 252.000). Da auch die lagerzugangsbezogenen Material- und Fertigungsgemeinkosten im Rahmen der Vollkostenbewertung mit aktiviert wurden und die auf den Material- und Fertigungsbereich entfallenden außerplanmäßigen Abschreibungen (20.000) mit unter der Position Nr. 2 zu erfassen sind, geht die Position Nr. 7 »sonstige betriebliche Aufwendungen« leer aus.

Bei der Position Nr. 5 ist zu beachten, dass die auf die Lagerzugänge entfallenden anteiligen Verwaltungskosten in Höhe von 18.000 den Vorratsbeständen zugerechnet sind (60.000 – 18.000 = 42.000).

Nach IAS/IFRS und US-GAAP – und bei entsprechender Herstellungskostenabgrenzung auch nach HGB – stellen die allgemeinen Verwaltungsaufwendungen, die nicht dem Produktionsbereich zugerechnet werden, keine Herstellungskosten dar. Sie sind in voller Höhe (60.000) Aufwand der Periode. Weiterhin sind die außerplanmäßigen Abschreibungen – im Unterschied zur Variante 2 – nicht den Umsatzkosten, sondern den sonstigen betrieblichen Aufwendungen zuzuordnen.

	(Variante 1)		(Variante 2)		IAS/IFRS/US-GAAP	
1. Umsatzerlöse		448.000		448.000		448.000
2. umsatzbezogene Herstellungskosten						
a) Variante 1:						
– volle Herstellungskosten: 420 × 700 = 294.000	294.000					
b) Variante 2:						
– Herstellungskosten ohne Verwaltungskosten: 360 × 700 = 252.000			252.000		252.000	
– außerplanmäßige Abschreibungen:			20.000			
			272.000			
3. Bruttoergebnis vom Umsatz		154.000		176.000		196.000
4. Vertriebskosten	40.000		40.000		40.000	
5. Allgemeine Verwaltungskosten	0		42.000		60.000	
7. Sonstige betriebliche Aufwendungen (hier: außerplanmäßige AfA)	20.000		0		20.000	
14. Ergebnis der gewöhnlichen Geschäftstätigkeit		94.000		94.000		76.000

Übrige GuV-Positionen

Hinsichtlich der restlichen Positionen des gesetzlichen Mindestgliederungsschemas gemäß § 275 Abs. 3 Nr. 8 bis 19 HGB und der übrigen gesondert ausweispflichtigen Positionen (Aufwendungen und Erträge aus Einstellungen und Auflösungen des Sonderpostens mit Rücklageanteil, aus Verlustübernahmen und Gewinngemeinschaften, Gewinnabführungs- und Teilgewinnabführungsverträgen und die Gewinnverwendungspositionen) ergeben sich grundsätzlich gegenüber der GuV nach dem Gesamtkostenverfahren keine Unterschiede. Gleiches gilt für die übrigen im Rahmen des Gesamtkostenverfahrens erläuterten Positionen nach IAS/IFRS. Insoweit sei auf die Erläuterungen zu den einzelnen Positionen in Abschnitt D I dieses Kapitels verwiesen.

Betragsmäßige Abweichungen können sich nach HGB jedoch bei den Positionen »Abschreibungen auf Finanzanlagen und Wertpapiere des Umlaufvermögens«, »Zinsen und ähnliche Aufwendungen« und »sonstige Steuern« ergeben.

Wie bereits in Abschnitt D I dieses Kapitels dargestellt, bestehen unterschiedliche Auffassungen zu der Abgrenzung der Pos. Nr. 7b des Gesamtkostenverfahrens gegenüber der Position »Abschreibungen auf Finanzanlagen und Wertpapiere des Umlaufvermögens« (Gesamtkostenverfahren: Pos. Nr. 12; Umsatzkostenverfahren: Pos. Nr. 11). Position Nr. 11 fällt im UKV höher aus als die gleichlautende Position Nr. 12 im GKV, sofern der Bilanzierende – entgegen der hier vertretenen Auffassung – sämtliche unternehmensunüblichen Abschreibungen im Umlaufvermögen, also auch diejenigen, die Wertpapierbestände betreffen, im Gesamtkostenverfahren unter Position Nr. 7b sammelt. Diese Abschreibungsbeträge sind im Umsatzkostenverfahren zwingend unter der Position »Abschreibungen auf Finanzanlagen und Wertpapiere des Umlaufvermögens« auszuweisen.

Ergebnis der gewöhnlichen Geschäftstätigkeit nach US-GAAP

Das Ergebnis der gewöhnlichen Geschäftstätigkeit (*income or loss from continuing operations*) umfasst nach US-GAAP alle betrieblich bedingten Aufwendungen (*expenses*) und Erträge (*revenues*) des *operating* Bereiches sowie alle nur indirekt mit der betrieblichen Tätigkeit des Unternehmens in Verbindung stehenden Aufwendungen (*losses*) und Erträge (*gains*) des *non-operating* Bereiches. Hierzu gehören neben den angesprochenen Positionen die getrennt auszuweisenden Ertragsteuern (*income taxes*) der gewöhnlichen Geschäftstätigkeit, die Anteile der Minderheitsgesellschafter (*minority interest*), sowie die Erfolgsbeiträge von nichtkonsolidierten Tochterunternehmen und Minderheitsbeteiligungen.

Discontinued operations nach US-GAAP

Ähnlich wie nach IAS/IFRS ist der Begriff der *discontinued operations* eng mit der Segmentberichterstattung verbunden (FAS 144.41). Allerdings sind nach US-GAAP Gewinne bzw. Verluste aus der Aufgabe eines *segment of a business* im Gegensatz zu den IAS/IFRS nach dem Ergebnis der gewöhnlichen Geschäftstätigkeit auszuweisen (FAS 144.43). Sie werden vor dem außerordentlichen Ergebnis in einer separaten Position gezeigt. Gleiches gilt auch für börsennotierte Unternehmen (vgl. Regulation S-X, Rule 5-03). Nach IAS/IFRS sind diese Erfolge im Allgemeinen Bestandteil der gewöhnlichen Geschäftstätigkeit und fließen in das Betriebsergebnis ein (IAS 35.41). Nach US-GAAP sind unter dieser Position neben dem Abgangserfolg vor Ertragsteuern auch das Betriebsergebnis des aufgegebenen Geschäftsfeldes separat zu zeigen (FAS 144.43). Dabei besteht sowohl nach IAS/IFRS als auch nach US-GAAP die Möglichkeit, den Ergebnisausweis in den Anhang zu verlagern (IAS 35.39 bzw. FAS 144.47 (b)). Sofern die Aufgabe des Geschäftsbereiches erst im folgenden Geschäftsjahr erfolgt, sind erwartete Verluste aus dem Abgang bereits am Tag der Beschlussfassung (*measurement date*) durch eine Rückstellungsbildung zu berücksichtigen, während (erwartete) Gewinne erst bei Realisierung erfasst werden. Das Betriebsergebnis dieses Geschäftsfeldes ist auch dann im abgelaufenen Geschäftsjahr unter *discontinued operations* auszuweisen, wenn die Beschlussfassung erst nach dem Bilanzstichtag, aber noch vor Bekanntgabe des Jahresabschlusses erfolgte. Hinsichtlich der zusätzlichen Offenlegungsvorschriften im Anhang sind die US-GAAP ebenfalls mit den IAS/IFRS vergleichbar.

Außerordentliche Erfolge nach US-GAAP

Die Qualifizierung als außerordentliche Erfolge (*extraordinary items*) wird nach US-GAAP ähnlich restriktiv gehandhabt wie nach IAS/IFRS. Die anglo-amerikanischen Rechnungslegungsvorschriften verstehen unter den außerordentlichen Positionen für das Unternehmen ungewöhnliche (*unusual*) und zugleich selten auftretende (*infrequent*) Aufwendungen und Erträge (APB 30.20). Zusätzlich werden bestimmte Sachverhalte davon explizit ausgegrenzt (APB 30.23). Hierzu gehören u. a. Wertberichtigungen auf Forderungen, außerplanmäßige Abschreibungen auf bestimmte *assets*, Erfolge aus Währungsgeschäften und die gesondert auszuweisenden *discontinued operations*. Letztere sind dagegen nach handelsrechtlicher Auffassung regelmäßig unter das außerordentliche Ergebnis zu subsumieren (vgl. auch Beck'scher Bilanzkommentar [1999], § 275 Tz. 341). Obwohl die anglo-amerikanischen Rechnungslegungsvorschriften bei den Formulierungen der 4. EG-Richtlinie stellenweise starken Niederschlag gefunden haben, werden die außerordentlichen Erfolge nach US-GAAP weitaus enger ausgelegt als nach Handelsrecht. Ähnlich wie nach IAS/IFRS verbleiben nur einige wenige Sachverhalte, die eine Qualifizierung als außerordentlichen Erfolg rechtfertigen (vgl. APB 30.23). Unter Berücksichtigung des Grundsatzes der Wesentlichkeit gehören hierzu beispielweise Enteignungen, Unfallschäden und Sanierungsgewinne (vgl. Niehus, R. J./Thyll, A. [2000], Tz. 1063). Die Zusammensetzung der außerordentlichen Erfolge ist (abzüglich auf sie entfallender Ertragsteuern) vorzugsweise gesondert in der GuV zu zeigen, alternativ ist aber auch eine Verlagerung in den Anhang möglich (APB 30.11). In diesem Fall ist zumindest das außerordentliche Ergebnis als Gesamtsumme in der Erfolgsrechnung auszuweisen.

Ausweis der sonstigen Steuern

Einen Sonderfall, der die GuV nach dem Umsatzkostenverfahren zusätzlich von der GuV nach dem Gesamtkostenverfahren abhebt, ist die im Rahmen des Umsatzkostenverfahrens (Variante 2) diskutierte Behandlung der sonstigen Steuern: Bezüglich Position Nr. 18 (sonstige Steuern) kollidiert das dem Umsatzkostenverfahren zugrunde liegende Sekundärgliederungsprinzip mit dem aus dem Primärgliederungsprinzip abgeleiteten gesonderten Ausweis der sonstigen Steuern. Dementsprechend wird es für zulässig erachtet, die im Gesamtkostenverfahren und normalerweise auch im Umsatzkostenverfahren unter der Position »sonstige Steuern« auszuweisenden Kostensteuern – soweit den einzelnen Unternehmensbereichen kostenrechnerisch zugeschlüsselt – auf die Positionen Nr. 2, 4 und 5 im Umsatzkostenverfahren aufzuteilen (vgl. ADS [1995], § 275 Tz. 232 f. m. w. N.). Da das Mindestgliederungsschema die Position »sonstige Steuern« jedoch ausdrücklich vorsieht, liegt bei dieser Vorgehensweise die gesonderte Angabe des Gesamtbetrages der »sonstigen Steuern« im Anhang nahe. Auch nach US-GAAP werden die sonstigen Steuern analog zur Variante 2 den einzelnen Bereichen funktional zugeordnet, d. h. es gibt keine gesonderte Position für sonstige Steuern.

Besonderheiten nach US-GAAP

Ähnlich wie die IAS/IFRS weisen auch die US-GAAP einige Besonderheiten gegenüber der Erfolgsermittlung nach HGB auf:

- Minderheitenanteile

Die Minderheitenanteile am (Konzern-)Jahresergebnis (*minority interest*) sind analog zu den IAS/IFRS und im Gegensatz zum Handelsrecht Bestandteil der Erfolgsermittlung und zumindest für börsennotierte Unternehmen in einer eigenen Position im Rahmen der gewöhnlichen Geschäftstätigkeit auszuweisen (vgl. Regulation S-X, Rule 5-03).

- Bilanzierungsänderungen

Die Bilanzierungsänderungen (*accounting changes*) setzen sich zusammen aus Änderungen der Bilanzierungs- und Bewertungsmethoden (*changes in accounting principles*), Änderungen der Bilanzierungsannahmen (*changes in accounting estimates*) und Änderungen im Konsolidierungskreis (*changes in accounting entity*). Unterschiedlich ist allerdings deren Behandlung:

Der kumulative (Netto-)Effekt aus dem Wechsel der Bilanzierungs- und Bewertungsmethoden ist in der Periode der eingetretenen Änderung im Anschluss an das außerordentliche Ergebnis in einer separaten Position zu zeigen (vgl. APB 20.18 ff. und Regulation S-X, Rule 5-03). Hierbei wird unterstellt, dass die geänderte Methode von Anfang an verwendet worden wäre (APB 20.20). Im Unterschied zu der bevorzugten Methode der IAS/IFRS sind die Auswirkungen stets erfolgswirksam zu behandeln, d. h. die Gesamtauswirkung der Änderung der Vorjahre wird in der Erfolgsrechnung des laufenden Jahres gezeigt.

Dagegen werden Änderungen der Bilanzierungsannahmen nicht rückwirkend berücksichtigt, sondern es findet lediglich eine erfolgswirksame Korrektur der Auswirkungen auf das laufende Geschäftsjahr statt. Ein gesonderter Ausweis ist nicht geboten, allerdings sind die Auswirkungen im Anhang zu erläutern.

Die Auswirkungen durch Änderungen im Konsolidierungskreis werden durch eine rückwirkende Anpassung der Vorjahreszahlen erfasst und sind im Abschluss zu erläutern (APB 20.34 f.).

- Bilanzierungs- und Bewertungsfehler

Nicht zu den *accounting changes* gehören dagegen Korrekturen von Bilanzierungs- und Bewertungsfehlern (*correction of errors*) vergangener Jahre (Williams, J. R. [2001], S. 1.04 f.). Die sich ergebenden Auswirkungen werden analog zu den Änderungen im Konsolidierungskreis durch eine rückwirkende Anpassung der Vorjahreszahlen berücksichtigt (APB 20.36).

III. Sonderprobleme der handels- und steuerrechtlichen Ergebnisermittlung

Neben den ergebnisabhängigen Aufwendungen ist bei der Ermittlung des Periodenergebnisses zu berücksichtigen, dass bei der Berechnung der Bemessungsgrundlage für die Ertragsteuerermittlung nicht sämtliche handelsrechtlichen Aufwendungen abzugsfähig sind.

Wären alle Aufwendungen vom Jahresüberschuss unabhängig, so ließe sich dieser ohne Schwierigkeit ermitteln. Aufgrund handels- und steuerrechtlicher Vorschriften gibt es aber einige Arten von Aufwendungen, z. B. Aufsichtsrats- und Vorstandstantiemen sowie ertragsabhängige Steuern, die einerseits bei der Ermittlung des Jahresüberschusses abzusetzen sind, deren Höhe aber andererseits von der Höhe des Jahresüberschusses abhängt. Wegen dieser Interdependenzen ist die exakte Bestimmung solcher Aufwendungen sowie des Jahresüberschusses nur mit Hilfe eines simultanen Gleichungssystems möglich. Auf die Entwicklung eines solchen Gleichungssystems soll hier verzichtet werden. Im Folgenden werden die wichtigsten ergebnisabhängigen Aufwendungen und steuerlich nicht abzugsfähigen Aufwendungen erörtert.

1. Ergebnisabhängige Aufwendungen

Im Rahmen des nach handelsrechtlichen Vorschriften aufzustellenden Jahresabschlusses zählen zu den ergebnisabhängigen Aufwendungen gewinnabhängige Aufsichtsrats- und Vorstandstantiemen, Gewerbesteuer und Körperschaftsteuer.

Gewinnabhängige Tantiemen

Da jedoch nach herrschender handelsrechtlicher Auffassung die Tantiemen auch bei gewinnabhängiger Bemessung als Aufwand zu betrachten sind und insoweit ihre eigene Bemessungsgrundlage kürzen, kann ihre Bestimmung nur simultan vorgenommen werden. Dabei ist zu berücksichtigen, dass die Vorstands- und die Hälfte der Aufsichtsratstantiemen als abzugsfähige Betriebsausgabe die Bemessungsgrundlagen der Gewerbe- und Körperschaftsteuer mindern, was zur Folge hat, dass die Tantieme den Jahresüberschuss nur insoweit mindert, wie nicht gleichzeitig Ertrag- und Einkommensteuerersparnisse durch sie entstehen. Die Hälfte der Aufsichtsratstantiemen ist dagegen nach § 10 Nr. 4 KStG steuerlich nicht abzugsfähig. Sie kürzt daher die Bemessungsgrundlagen der Körperschaft- und Gewerbesteuer nicht.

Körperschaftsteuer, Gewerbesteuer

Die Körperschaftsteuerbelastung beträgt einheitlich für Ausschüttung bzw. Thesaurierung 25 % (für 2003: 26,5 %). Bei ihrer Berechnung ist zu berücksichtigen, dass die hebesatzabhängige Gewerbesteuerlast die körperschaftsteuerliche Bemessungsgrundlage mindert. Die effektive Gesamtsteuerbelastung S, die sich additiv aus Gewerbesteuer (GSt), Körperschaftsteuer (KSt) und Solidaritätszuschlag (SolZ) zusammensetzt, lässt sich im Rahmen einer Teilsteuerrechnung wie folgt ermitteln (vgl. hierzu Wotschofsky, S. [2001], S. 652 ff.):

$$
\begin{aligned}
S &= GSt + KSt + SolZ \\
&= \frac{s_{GSt}}{1+s_{GSt}} \times G + s_{KSt} \times \left(1 - \frac{s_{GSt}}{1+s_{GSt}}\right) \times G + \ldots \\
&\quad \ldots + s_{SolZ} \times s_{KSt} \times \left(1 - \frac{s_{GSt}}{1+s_{GSt}}\right) \times G
\end{aligned}
$$

$$
S = \left[\frac{s_{GSt}}{1+s_{GSt}} + s_{KSt}(1+s_{SolZ}) \times \left(1 - \frac{s_{GSt}}{1+s_{GSt}}\right)\right] \times G
$$

Setzt man hierfür die aktuell gültigen Steuersätze für KSt (= 25 %) und SolZ (= 5,5 %) ein und unterstellt einen lokalen gewerbesteuerlichen Hebesatz von 400 %, der multipliziert mit der Steuermesszahl i. H. v. 5 % zu einer Gewerbesteuerbelastung von 20 % führt, so ergibt sich eine effektive Gesamtsteuerbelastung von S = 38,65 %. Unter Berücksichtigung des für den Veranlagungszeitraum 2003 gültigen Körperschaftsteuersatzes von 26,5 % erhöht sich die Gesamtbelastung entsprechend auf S = 39,97 %.

2. Steuerlich nicht abzugsfähige Aufwendungen

GuV auch steuerlich vorgeschrieben

Für den steuerlichen Jahresabschluss hat die GuV weit geringere Bedeutung als für die Handelsbilanz, denn der Fiskus ist letztlich nur daran interessiert, die Höhe des Gewinns festzustellen. Dazu genügt aber der nach § 4 Abs. 1 EStG vorgeschriebene Betriebsvermögensvergleich, d. h. die Bilanz, völlig. § 60 Abs. 2 EStDV schreibt jedoch vor, dass der Steuerpflichtige neben der Bilanz auch eine GuV beim Finanzamt einzureichen hat, da mit Hilfe der GuV leichter festzustellen ist, ob bei der Gewinnermittlung Aufwendungen abgezogen wurden, die zwar handelsrechtlich, aber nicht in der Steuerbilanz gewinnmindernd berücksichtigt werden dürfen.

Abweichung von der Maßgeblichkeit aufgrund zwingender steuerlicher Bilanzierungs- und Bewertungsvorschriften

Die handelsrechtlichen Aufwendungen mindern zwar grundsätzlich auch den Steuerbilanzgewinn (Maßgeblichkeitsprinzip), aus den steuerrechtlichen Vorschriften ergibt sich jedoch ein genau bestimmter Kreis steuerlich nicht abzugsfähiger Aufwendungen. Dazu gehören zunächst alle handelsrechtlichen Aufwendungen, die aufgrund zwingender steuerlicher Bilanzierungs- und Bewertungsbestimmungen abweichend von der Maßgeblichkeit nicht steuerlich berücksichtigungsfähig sind. Beispiele sind die Sofortabschreibung des Firmenwerts oder die außerplanmäßige Abschreibung von Anlagen bei nicht dauerhafter Wertminderung. Auf derartige Abweichungen wurde bei der Behandlung der einzelnen Bilanzpositionen detailliert eingegangen. Bei Personengesellschaften sind darüber hinaus alle Zuwendungen an die Gesellschafter nicht abzugsfähig, die Aufwand wären, wenn sie an dritte Personen geleistet würden. Beispiele sind Tätigkeitsvergütungen, Zinsen, Mieten, Pachten und Lizenzgebühren. Die in § 15 Abs. 1 Nr. 2 EStG enthaltene Regel soll die Gesellschafter von Personengesellschaften in der steuerlichen Behandlung den Einzelkaufleuten gleichstellen. Weiterhin sind Ausgaben, die mit steuerfreien Einnahmen in Zusammenhang stehen, steuerlich nicht abzugsfähig (§ 3c EStG). Diese Vorschrift gilt z. B. für Depotgebühren für steuerfreie verzinsliche Wertpapiere. Auch bestimmte Aufwendungen, z. B. für Werbegeschenke, für Bewirtung, für Gästehäuser etc., sind gem. § 4 Abs. 5 EStG nur sehr beschränkt abzugsfähig.

Dienen die Ausgaben der zuletzt beschriebenen Arten jedoch unmittelbar der Gewinnerzielung, wie das etwa bei Hotels oder Reedereien der Fall sein kann, so sind sie ausnahmsweise abzugsfähig. § 4 Abs. 5 EStG ist die Kodifizierung des Rechtsprechungsgrundsatzes, dass alle Aufwendungen nicht abzugsfähig sind, die nicht klar dem Betriebsbereich zugerechnet und von den nach § 12 Nr. 1 EStG nicht abzugsfähigen Aufwendungen der privaten Lebensführung getrennt werden können.

Steuern, Spenden, Aufsichtsratsvergütungen und Zahlungen an ungenannte Empfänger

Nicht abzugsfähig sind gemäß §§ 12 Nr. 3 EStG bzw. 10 Nr. 2 KStG auch die Steuern vom Einkommen und sonstige Personensteuern sowie die Umsatzsteuer auf den Eigenverbrauch (z. B. Entnahmen des Geschäftsinhabers oder der Gesellschafter); das gilt auch für die auf diese Steuern entfallenden Nebenleistungen mit Ausnahme der Zinsen auf Steuerforderungen nach den §§ 233a, 234 und 237 der Abgabenordnung. Nicht abzugsfähig sind auch die in der handelsrechtlichen GuV angesetzten Aufwendungen für latente Steuerverpflichtungen. In entsprechender Weise erhöhen auch eventuell ausgewiesene aktive latente Steuern nicht den steuerbilanziellen Gewinn. Hierbei handelt es sich nur um rechnerische Ausgleichsposten, die auf der Prämisse beruhen, nicht die Steuerbilanz, sondern die Handelsbilanz verkörpere die richtige Steuerbemessungsgrundlage (vgl. 6. Kapitel). Die Nichtabzugsfähigkeit der Umsatzsteuer soll Unternehmer den anderen Konsumenten gleichstellen, die ebenfalls die Mehrwertsteuer auf die von ihnen verbrauchten Güter voll tragen müssen. Schließlich ist noch zu erwähnen, dass solche Beträge vom Finanzamt nicht als abzugsfähig anerkannt werden, deren Empfänger der Steuerpflichtige trotz Verlangen des Finanzamtes nicht bekannt gibt (§ 160 AO), und dass Kapitalgesellschaften Aufwendungen für Spenden nur bis zu einer bestimmten Höhe (§ 9 Nr. 2 KStG), Aufsichtsratsvergütungen nur zur Hälfte (§ 10 Nr. 4 KStG) und Aufwendungen für satzungsmäßige Zwecke überhaupt nicht als Betriebsausgaben ansetzen dürfen (§ 10 Nr. 1 KStG). Auch gelten Kosten der Emission bis zur Höhe des Agios nicht als Betriebsausgaben, sondern sind mit diesem zu verrechnen.

E. Ergebnisverwendungsrechnung und sonstige Informationen

Die Ermittlung des zur weiteren Disposition stehenden Gewinns bzw. die Veränderung der Gewinnrücklagen erfolgt unabhängig von der Gewinnermittlung. Die Darstellungen erfolgen international in unterschiedlicher Gestaltung, nach IAS/IFRS und US-GAAP sogar als eigene Jahresabschlussbestandteile in Form einer Eigenkapitalveränderungsrechnung. Eine weitere Besonderheit besteht nach IAS/IFRS und US-GAAP in der verpflichtenden Angabe des Ergebnisses je Aktie.

I. Ergebnisverwendungsrechnung nach HGB

Darstellung in der GuV oder im Anhang

Die GuV-Gliederungen nach § 275 Abs. 2 und 3 HGB enden zwar mit der Position »Jahresüberschuss/Jahresfehlbetrag«, gemäß § 275 Abs. 4 HGB darf die GuV jedoch nach dem Posten »Jahresüberschuss/Jahresfehlbetrag« um eine Eigenkapitalverwendungsrechnung ergänzt werden. Das bietet sich dann an, wenn das Eigenkapital nach teilweiser oder vollständiger Ergebnisverwendung bilanziert wird (§ 268 Abs. 1 HGB). Für Aktiengesellschaften besteht gemäß

§ 158 Abs. 1 AktG die Verpflichtung, entweder die Ergebnisverwendungsrechnung der Mindestgliederung der GuV unter Fortführung der Numerierung anzuhängen oder in den Anhang mit aufzunehmen.

Gewinn- und Verlustvortrag

Der Gewinnvortrag oder Verlustvortrag aus dem Vorjahr (Gesamtkostenverfahren: Position Nr. 21; Umsatzkostenverfahren: Position Nr. 20) beeinflusst den Bilanzgewinn unterschiedlich. Wurde ein Teil des Bilanzgewinns der Vorperiode nicht ausgeschüttet (§ 174 AktG), so ergibt sich ein Gewinnvortrag. Ein eventuell dabei auftretender zusätzlicher Steueraufwand (oder -ertrag) führt, wie erläutert, zu keiner Änderung des Jahresabschlusses. Er wird auch nicht in der nachfolgenden GuV ausgewiesen. Schloss das Vorjahr mit einem Bilanzverlust ab, so erscheint dieser in der darauffolgenden GuV als Verlustvortrag unter Position Nr. 21 (Gesamtkostenverfahren) bzw. Nr. 20 (Umsatzkostenverfahren). Ein Verlustvortrag wirkt bilanzgewinnmindernd, ein Gewinnvortrag dagegen bilanzgewinnerhöhend.

Entnahmen aus den Kapital- und Gewinnrücklagen

Unter den Positionen Nr. 22 (Gesamtkostenverfahren) bzw. Nr. 21 (Umsatzkostenverfahren) müssen die »Entnahmen aus der Kapitalrücklage« gesondert ausgewiesen werden.

Entnahmen aus den Gewinnrücklagen, die im Gegensatz zu der Kapitalrücklage im abgelaufenen oder in einem früheren Geschäftsjahr aus dem Ergebnis gebildet wurden (§ 272 Abs. 3 HGB), müssen unter den Positionen Nr. 23 (Gesamtkostenverfahren) bzw. Nr. 22 (Umsatzkostenverfahren) ausgewiesen und gemäß § 158 Abs. 1 AktG untergliedert werden in:

(a) Entnahmen aus der gesetzlichen Rücklage
(b) Entnahmen aus der Rücklage für eigene Aktien
(c) Entnahmen aus satzungsmäßigen Rücklagen
(d) Entnahmen aus anderen Gewinnrücklagen

Sollen Entnahmen aus den Kapital- oder gesetzlichen Rücklagen getätigt werden, so sind die in § 150 Abs. 3 und 4 AktG genannten Bedingungen zu beachten (vgl. ADS [1995], § 158 AktG Tz. 9 und 5. Kapitel B III 1).

Die Entnahmen für eine Kapitalerhöhung aus Gesellschaftsmitteln und für die Übertragung satzungsmäßiger und anderer Rücklagen auf die gesetzlichen Rücklagen müssen nicht unbedingt über die GuV erfolgen. Es genügt, diese Verschiebungen zwischen den Bilanzpositionen in der Bilanz darzustellen und kenntlich zu machen (vgl. ADS [1995], § 158 AktG Tz. 10 und 12 ff.).

Ertrag aus Kapitalherabsetzung

§ 240 Satz 1 AktG schreibt vor, dass die bei einer ordentlichen und vereinfachten Kapitalherabsetzung anfallenden Buchgewinne als Sonderposten »Ertrag aus der Kapitalherabsetzung« (Nr. 23e (Gesamtkostenverfahren) bzw. 22e (Umsatzkostenverfahren)) im Anschluss an die Entnahmen aus anderen Gewinnrücklagen auszuweisen sind (vgl. ADS [1995], § 158 AktG Tz. 23). Ein bei der Kapitalherabsetzung durch Einziehung von Aktien anfallender Betrag ist dagegen gemäß § 237 Abs. 5 AktG ohne Berührung der GuV der Kapitalrücklage zuzuführen.

Zuführungen zu den Kapitalrücklagen

Bei den Zuführungen zu den offenen Rücklagen ist zwischen Kapital- und Gewinnrücklagen zu unterscheiden. Die Zuführungen zu den Kapitalrücklagen sind – mit Ausnahme der Einstellung nach den Vorschriften über die vereinfachte Kapitalherabsetzung – nicht in der GuV, sondern wahlweise in der Bilanz oder im Anhang auszuweisen (§ 152 Abs. 2 AktG). Hierzu zählen gemäß § 272 Abs. 2 HGB:

- der Betrag, der bei Ausgabe von Anteilen einschließlich von Bezugsanteilen über den Nennbetrag hinaus erzielt wird (Agio)
- der Betrag, der bei Ausgabe von Schuldverschreibungen für Wandlungsrechte und Optionsrechte zum Erwerb von Anteilen erzielt wird (Agio)
- der Betrag von Zuzahlungen, die Gesellschafter gegen Gewährung eines Vorzugs für ihre Anteile leisten
- der Betrag von anderen Zuzahlungen, die Gesellschafter in das Eigenkapital leisten

§ 152 Abs. 2 AktG verlangt keinen gesonderten Ausweis dieser Zuführungsbeträge. Da es sich hier um extern zugeführtes und nicht um vom Unternehmen selbst erwirtschaftetes Kapital handelt, ist ein Ausweis außerhalb der Erfolgsrechnung geboten.

Einstellungen aus dem Jahresüberschuss in die Gewinnrücklagen

Die Einstellungen aus dem Jahresüberschuss in die Gewinnrücklagen (= selbst erwirtschaftete Mittel) sind zwingender Bestandteil der Ergebnisverwendungsrechnung und erscheinen mit dieser wahlweise in der GuV oder im Anhang (§ 158 Abs. 1 Nr. 4 und Satz 2 AktG). Dabei sind die Einstellungen in die gesetzliche Rücklage (Pflichtzuführungen gemäß § 150 Abs. 2 AktG), in die Rücklage für eigene Aktien, in die satzungsmäßigen Rücklagen und andere Gewinnrücklagen gesondert aufzuführen.

Einstellungen in die Kapitalrücklage bei einer vereinfachten Kapitalherabsetzung

Als Sonderposten vor dem Bilanzergebnis ist die »Einstellung in die Kapitalrücklage nach den Vorschriften über die vereinfachte Kapitalherabsetzung« (Position Nr. 22a Gesamtkostenverfahren bzw. 21a Umsatzkostenverfahren) auszuweisen. Ein Ausweis innerhalb der Ergebnisverwendungsrechnung ist notwendig, weil die entsprechenden Dotierungsbeträge unter »Ertrag aus der Kapitalherabsetzung« erfasst sind. Die angesprochene Einstellungsposition wird dann erforderlich, wenn mit Hilfe der vereinfachten Kapitalherabsetzung Beträge in die Kapitalrücklage eingestellt werden sollen (§ 229 Abs. 1 AktG) oder bei einer Durchführung zu Zwecken des Ausgleichs von Wertminderungen oder der Abdeckung von sonstigen Verlusten sich diese kleiner als angenommen erweisen (§ 232 AktG).

Bilanzgewinn/ Bilanzverlust

Die Mindestgliederungsschemata der GuV und der Bilanz nach HGB (§§ 275 Abs. 2 und 3 bzw. 266 Abs. 3) enthalten lediglich die Positionen Jahresüberschuss bzw. -fehlbetrag. Sofern die Bilanz unter Berücksichtigung der teilweisen Gewinnverwendung des Jahresergebnisses aufgestellt wird (i. a. der Regelfall), werden die Positionen »Jahresüberschuss/Jahresfehlbetrag« und »Gewinn-/Verlustvortrag« durch die Positionen »Bilanzgewinn/Bilanzverlust« ersetzt. Der Bilanzgewinn (-verlust) bzw. der Jahresüberschuss (-fehlbetrag) sind lt. HGB unter die Eigenkapitalpositionen aufzunehmen (vgl. auch 5. Kapitel B V).

Erträge aufgrund höherer Bewertung gemäß Sonderprüfung

Kam es aufgrund einer Sonderprüfung wegen unzulässiger Unterbewertung (§§ 258, 259 AktG) oder einer daran anschließenden gerichtlichen Entscheidung (§ 260 AktG) zu einer Abänderung der zu niedrigen aktiven bzw. zu hohen passiven Bilanzansätze, dann ist in der GuV die Summe dieser Wertänderungen als »Ertrag aufgrund höherer Bewertung gemäß Sonderprüfung oder gerichtlicher Entscheidung« als Sonderposten Nr. 26 (Gesamtkostenverfahren) bzw. Nr. 25 (Umsatzkostenverfahren) auszuweisen.

II. Eigenkapitalveränderungsrechnung

Nach internationalen Grundsätzen ist eine Darstellung der Entwicklung des gesamten Eigenkapitals in einem gesonderten Rechenwerk zu zeigen. Lediglich bei den inhaltlichen Anforderungen sind Unterschiede zwischen den IAS/IFRS und den US-amerikanischen Rechnungslegungsvorschriften festzustellen. Entsprechendes gilt mittlerweile auch für Mutterunternehmen, die eine Darstellung der Konzerneigenkapitalentwicklung und des Konzerngesamtergebnisses innerhalb ihres gemäß § 290 HGB bzw. § 11 PublG aufzustellenden konsolidierten Abschlusses aufzunehmen gaben.

Eigenkapitalspiegel nach IAS/IFRS

Den IAS/IFRS ist eine dem deutschen Bilanzrecht entsprechende Ergebnisverwendungsrechnung im Anschluss an die Erfolgsrechnung im Sinne des § 158 Abs. 1 AktG unbekannt. Lediglich die vorgeschlagene (*proposed*) bzw. beschlossene (*declared*) Dividende je Aktie ist in der GuV oder alternativ im Anhang anzugeben (IAS 1.85). Allerdings werden die Unternehmen zusätzlich dazu verpflichtet, einen Ausweisspiegel der Eigenkapitalveränderungen (*statement of changes in equity*) offen zu legen. Diese Aufstellung ist verpflichtender Bestandteil des Jahresabschlusses und hat alternativ die Entwicklung sämtlicher Eigenkapitalpositionen (*statement of all changes in equity*) oder lediglich die Eigenkapitalveränderungen, die nicht durch Kapitaltransaktionen mit Anteilseignern bedingt sind (*statement of recognised gains and losses*), zu zeigen (IAS 1.7). Im letzteren Fall wird zusätzlich zum Gewinn eine Aufstellung sämtlicher ergebnisneutraler Eigenkapitalveränderungen vorgenommen (IAS 1.86 f.). Diese können beispielsweise aus Neubewertungen von bestimmten *assets* oder aus Erfolgen im Rahmen von Fremdwährungsgeschäften resultieren.

Die Aufstellung der Eigenkapitalveränderungen hat insgesamt folgende Bestandteile zu beinhalten (IAS 1.86):

- das Ergebnis der Berichtsperiode;
- jeder direkt mit dem Eigenkapital verrechnete Posten der Erfolgsrechnung sowie die Gesamtsumme dieser Posten;
- der Gesamteffekt von Änderungen der Bilanzierungs- und Bewertungsmethoden und der Korrektur grundlegender Fehler, die entsprechend der bevorzugten Methode in IAS 8 behandelt werden;
- die Kapitaltransaktionen mit Anteilseignern und Ausschüttungen an Anteilseigner;

- die Entwicklung der Gewinnrücklagen ausgehend vom Beginn bis zum Stichtag der Geschäftsperiode und
- eine Überleitung der einzelnen Eigenkapitalpositionen ausgehend vom Beginn bis zum Stichtag der Geschäftsperiode, unter Berücksichtigung des Ausgabeagios und sämtlicher Rücklagen.

Diesen Angaben sind als Vergleichsmaßstab die entsprechenden Vorjahreszahlen gegenüberzustellen (IAS 1.86 i. V. m. IAS 1.38). Die Kapitaltransaktionen mit den Anteilseignern, die Entwicklung der Gewinnrücklagen sowie die Überleitung der einzelnen Eigenkapitalpositionen ausgehend vom Beginn bis zum Stichtag der Geschäftsperiode können dabei entweder in den Eigenkapitalspiegel integriert (erste Darstellungsalternative) oder in den Anhang verlagert werden (zweite Darstellungsalternative) (IAS 1.89). Die erste Präsentationsalternative hat den Vorteil, dass sämtliche in IAS 1.86 geforderten Informationen in einer Darstellung gezeigt werden können und keine Verlagerung von Angaben in den Anhang notwendig ist.

Durch die Eigenkapitalveränderungsrechnung wird die Ermittlung des gesamten Periodenerfolgs in einer Darstellung gezeigt. In der GuV dagegen sind nur die ergebniswirksamen Erfolgsbestandteile ersichtlich. Insofern trägt dieser Bestandteil des Jahresabschlusses der verbesserten Darstellung der Ertragskraft Rechnung (vgl. KPMG [1999], S. 129). Dabei ist anzumerken, dass diese Darstellung vor allem die Aussagefähigkeit von nach internationalen Grundsätzen aufgestellten Jahresabschlüssen erhöht, da ergebnisneutrale Verrechnungen mit dem Eigenkapital anders als im handelsrechtlichen Jahresabschluss möglich sind.

Die Präsentationsform der Eigenkapitalveränderungsrechnung wurde nicht geregelt. Allerdings gibt der Anhang zu IAS 1 Gestaltungshinweise für beide Darstellungsalternativen (vgl. IAS 1 Appendix).

Eigenkapitalspiegel nach US-GAAP

Die Eigenkapitalveränderungsrechnung ist auch nach US-amerikanischen Rechnungslegungsvorschriften Bestandteil des Jahresabschlusses und alternativ als eigenes Rechenwerk zu präsentieren oder in den Anhang aufzunehmen (vgl. APB 12.10 und Regulation S-X, Rule 3-04).

- Statement of changes in stockholders' equity

Analog zu den IAS/IFRS ist bei der Eigenkapitalveränderungsrechnung (*statement of changes in stockholders' equity*) jede einzelne Eigenkapitalposition ausgehend vom Stand zu Beginn auf den Stand am Ende der Periode überzuleiten. Zusätzlich ist die Entwicklung der Anzahl der Aktien anzugeben. Börsennotierte Unternehmen haben darüber hinaus im Eigenkapitalspiegel die Dividende je Aktie für jede einzelne Aktiengattung offen zu legen (vgl. Regulation S-X, Rule 3-04).

- Statement of changes in retained earnings

Daneben ist in der US-amerikanischen Rechnungslegung eine der aktienrechtlichen Ergebnisverwendungsrechnung ähnelnde Darstellung der Entwicklung der Gewinnrücklagen (*statement of changes in retained earnings*) zu präsentieren. Diese wird üblicherweise in die Eigenkapitalveränderungsrechnung integriert, sie kann aber auch als separates Rechenwerk gezeigt werden (vgl. Niehus, R. J./ Thyll, A. [2000], Tz. 1070). Im letzteren Fall erfolgt die Darstellung analog zum handelsrechtlichen Jahresabschluss im Anschluss an die Erfolgsrechnung (CON 5.14).

- *Statement of comprehensive income*

Die Verpflichtung zur Präsentation einer Eigenkapitalveränderungsrechnung ist vor allem in jüngster Zeit eng mit dem Begriff *comprehensive income* verknüpft (vgl. zu *comprehensive income* die Erläuterungen in Abschnitt A in diesem Kapitel). So müssen Unternehmen sämtliche Eigenkapitalveränderungen in der Abrechnungsperiode, die nicht aus Einzahlungen von und Ausschüttungen an Anteilseigner resultieren (*comprehensive income*), gemäß FAS 130 *»Reporting Comprehensive Income«* aus dem Jahre 1997 in einem separaten Rechenwerk darstellen. Mit der Verpflichtung, solche ergebnisneutral erfassten Sachverhalte in eine gesonderte Eigenkapitalposition (*other comprehensive income*) einzustellen und über deren Entwicklung in einer gesonderten Darstellung zu berichten, wird dem berechtigten Interesse der Abschlussadressaten, Einsicht in den Gesamterfolg der Periode zu erhalten und zukünftige Cashflows abschätzen zu können, Rechnung getragen (FAS 130.11 f.).

Der Gesamterfolg der Rechnungsperiode (*comprehensive income*) setzt sich letztlich aus dem in der Erfolgsrechnung ermittelten Ergebnis (*net income*) und den übrigen direkt mit dem Eigenkapital verrechneten Geschäftsvorfällen (*other comprehensive income*) zusammen (FAS 130.15). Der Erfolg der Unternehmenstätigkeit weicht folglich von dem in der GuV ermittelten Ergebnis um die Komponente *other comprehensive income* ab. Gerade die ergebnisneutralen Erfolgsbestandteile des *other comprehensive income* sind Gegenstand der Berichterstattung, da diese nicht aus der Erfolgsrechnung ersichtlich sind.

Hinsichtlich der Präsentationsform des *comprehensive income* gibt es von Seiten des FASB keine genauen Vorgaben. Es wird lediglich verlangt, das Ergebnis der Periode (*net income*) innerhalb des Rechenwerks als gesonderte Komponente auszuweisen (FAS 130.22). Im Anhang zu FAS 130 werden Gestaltungshinweise für die möglichen Darstellungsalternativen gegeben (vgl. FAS 130 Appendix B). Demnach kann gemäß dem *one-statement approach* das Rechenwerk entweder in die Erfolgsrechnung integriert werden, indem die Aufstellung der einzelnen Bestandteile des *other comprehensive income* direkt im Anschluss an das Ergebnis der Periode erfolgt (*statement of income and comprehensive income*), oder die Darstellung wird gemäß dem *two-statement approach* direkt unter der Erfolgsrechnung als eigenes Rechenwerk gezeigt (*statement of comprehensive income*). Denkbar ist weiterhin, das *statement of comprehensive income* in die Eigenkapitalveränderungsrechnung zu integrieren (*statement-of-changes-in-equity-approach*). Der Vorteil dieser Alternative ist, dass sämtliche geforderte Angaben zur Eigenkapitalentwicklung innerhalb eines einzigen Rechenwerkes zusammengefasst werden können.

Eigenkapitalspiegel nach DRS

Der Verpflichtung zur Aufstellung eines gesonderten Eigenkapitalspiegels hat sich auch der Deutsche Standardsetzer für den Konzernabschluss angeschlossen. Unternehmen, die gemäß § 290 HGB oder § 11 PublG zur Aufstellung eines Konzernabschlusses verpflichtet sind, müssen nach DRS 7.1 die Entwicklung des Konzerneigenkapitals als eigenen Abschlussbestandteil darstellen. Diese als Konzerneigenkapitalspiegel bezeichnete Darstellung hat die in der Tabelle 7.6 genannten Posten des Konzerneigenkapitals zum Inhalt.

Bei Mutterunternehmen, die nicht in der Rechtsform einer Kapitalgesellschaft firmieren, hat eine entsprechende Anpassung der Posten des Konzerneigenkapitals zu erfolgen (DRS 7.8 f. auch i. V. m. § 264c Abs. 2 HGB). Dies schließt auch die Berücksichtigung branchenspezifischer Besonderheiten mit ein (DRS 7.10). Die Anschaffungskosten für den Erwerb eigener Anteile sind offen von dem Eigenkapital, das dem Mutterunternehmen zuzurechnen ist, abzusetzen (DRS 7.11). Die Überleitung des Konzernjahresüberschusses bzw. -fehlbetrags ist jeweils gesondert für das Mutterunternehmen und die Minderheitsgesellschafter unter Einbeziehiehung des (kumulierten) übrigen Konzernergebnisses vorzunehmen (DRS 7.14). Letzteres entspricht seinem Charakter nach dem US-amerikanischen Pendant des *other comprehensive income*.

- Besonderheiten bei der Eigenkapitaldarstellung

- Darstellung der Eigenkapitalentwicklung

	Gezeichnetes Kapital des Mutterunternehmens
-	Nicht eingeforderte ausstehende Einlagen des Mutterunternehmens
+	Kapitalrücklage
+	Erwirtschaftetes Konzerneigenkapital
-	Eigene Anteile, die zur Einziehung bestimmt sind
+	Kumuliertes übriges Konzernergebnis, soweit es auf die Gesellschafter des Mutterunternehmens entfällt
=	Eigenkapital des Mutterunternehmens gemäß Konzernbilanz
-	Eigene Anteile, die nicht zur Einziehung bestimmt sind
=	Eigenkapital des Mutterunternehmens
+	Eigenkapital der Minderheitsgesellschafter - davon: Minderheitenkapital - davon: Kumuliertes übriges Konzernergebnis, soweit es auf Minderheitsgesellschafter entfällt
=	Konzerneigenkapital

Tab. 7.6: Posten des Konzerneigenkapitalspiegels nach DRS 7.7

Neben der Darstellung der Konzerneigenkapitalentwicklung bestehen folgende Informationserfordernisse (DRS 7.17 f.):

- Ergänzende Angaben

- Angabe des am Stichtag zur Ausschüttung an die Gesellschafter zur Verfügung stehenden Betrags;
- Angabe des Betrags, der einer Ausschüttungssperre unterliegt (aufgrund einer gesetzlichen bzw. satzungsmäßigen Betsimmung oder gemäß Gesellschaftervertrag);
- Angabe und Erläuterung der »übrigen Veränderungen« sowie des »übrigen Konzernergebnisses«, falls diese das Kriterium der Wesentlichkeit erfüllen.

III. Ergebnis je Aktie

Sowohl nach IAS/IFRS als auch nach US-GAAP ist die Kennzahl »Ergebnis je Aktie« im Anschluss an die Erfolgsrechnung anzugeben. Die handelsrechtlichen Vorschriften sehen eine vergleichbare Offenlegungspflicht dagegen nicht vor. Dennoch wird auch zunehmend von deutschen Unternehmen das Ergebnis je Aktie beispielsweise nach DVFA/SG zur Beurteilung der Ertragskraft und des Ausschüttungspotenzials präsentiert (vgl. Beck'scher Bilanzkommentar [1999], § 275, Tz. 351 sowie die Erläuterungen im 14. Kapitel B II 1 zum Ergebnis je Aktie nach DVFA/SG).

Ergebnis je Aktie nach IAS/IFRS

Börsennotierte Unternehmen sowie Unternehmen, die im Begriff sind, Stammaktien an einer Wertpapierbörse zu emittieren, haben entsprechend IAS 33 seit dem 01.01.1998 verpflichtend das Ergebnis je Aktie anzugeben. Hierbei erstreckt sich die Angabepflicht auf das unverwässerte Ergebnis je Aktie (*basic earnings per share*) und das verwässerte Ergebnis je Aktie (*diluted earnings per share*).

- Unverwässertes Ergebnis je Aktie

Das unverwässerte Ergebnis je Aktie (*basic earnings per share*) gibt das auf die ausstehenden ordentlichen Stammaktien entfallende Jahresergebnis nach Steuern (*net profit for the period*) an (IAS 33.10). Hierfür wird zunächst das auf die Vorzugsaktionäre entfallende Ergebnis aus dem Jahresergebnis herausgerechnet. Im Gegensatz zum Ergebnis je Aktie nach DVFA/SG findet jedoch nach IAS/IFRS keine Bereinigung des Jahresergebnisses um ungewöhnliche und dispositionsabhängige Ergebnisbestandteile statt. Für die Ermittlung der ins Verhältnis zu setzenden Aktien wird der gewichtete Mittelwert sämtlicher in der Periode ausstehender Stammaktien zugrunde gelegt. Die Ermittlung des gewichteten Mittelwertes der Aktienzahl ergibt sich dabei aus dem Verhältnis zwischen dem Zeitraum, in dem sich die entsprechenden Aktien im Umlauf befanden, und dem Zeitraum der Berichtsperiode (IAS 33.14 f.). Neuemittierte Aktien erhöhen die Aktienzahl durch Multiplikation mit dem Gewichtungsfaktor, während Aktienrückkäufe zu einer entsprechenden Minderung führen. Folgendes Beispiel verdeutlicht die Ermittlung der gewichteten Aktienzahl einer Periode (das Beispiel ist entnommen aus IAS 33.15):

		Ausgegebene Aktien	Eigene Aktien	Ausstehende Aktien
1. Januar 20X1	Bestand zu Jahresbeginn	2.000	300	1.700
31. Mai 20X1	Emission neuer Aktien	800	-	2.500
1. Dezember 20X1	Kauf von eigenen Aktien	-	250	2.250
31. Dezember 20X1	Bestand am Jahresende	2.800	550	2.250
Berechnung des gewichteten Durchschnitts: (1.700 × 5/12) + (2.500 × 6/12) + (2.250 × 1/12) = 2.146 Aktien (1.700 × 12/12) + (800 × 7/12) - (250 × 1/12) = 2.146 Aktien				

Tab. 7.7: Beispiel zur Ermittlung der gewichteten Durchschnittszahl der Aktien

Somit lässt sich das unverwässerte Ergebnis je Aktie (*basic earnings per share*) wie folgt bestimmen:

$$\text{Ergebnis pro Aktie} = \frac{\text{Jahresergebnis}}{\text{gewichtete Durchschnittszahl der Aktien}}$$

- Verwässertes Ergebnis je Aktie

Diese Kennzahl trägt der Tatsache Rechnung, dass sich die Anzahl der Aktien durch Ausübung von Bezugsrechten verändern kann (Verwässerungseffekt). Für die Ermittlung des verwässerten Ergebnisses je Aktie (*diluted earnings per share*) sind weitere Korrekturen sowohl im Zähler als auch im Nenner erforderlich. Der Zähler ist um die (Nachsteuer-)Auswirkungen auf das Jahresergebnis, die aus der Ausübung der Bezugsrechte resultieren, zu bereinigen. Hierzu gehören Zinsaufwendungen von Wandelanleihen oder sonstige Aufwendungen und Erträge, die sich aus der Inanspruchnahme der Bezugsrechte ergeben. Im Nenner sind in die gewichtete Durchschnittszahl der Stammaktien alle potenziell verwässernd wirkenden Einflüsse, wie beispielsweise Wandel- und Optionsanleihen, miteinzubeziehen (IAS 33.24). Der Verwässerungseffekt tritt dann auf, wenn Bezugsrechte zu einem niedrigeren Ausübungskurs als dem beizulegenden Zeitwert (*fair value*) ausgegeben worden sind (IAS 33.35). Der beizulegende Zeitwert ist in diesem Zusammenhang als der Periodendurchschnittskurs der Stammaktie definiert (IAS 33.34).

Die Berechnung des Verwässerungseffektes erfordert zunächst die Bestimmung der potenziellen neuen Aktien. Anschließend wird die Zahl der Aktien ermittelt, die unter Zugrundelegung des beizulegenden Zeitwertes aus dem Gesamtbetrag der Zuzahlung (= Ausübungskurs × durchschnittliche Zahl der Aktien, die mit einem Bezugsrecht ausgestattet sind) bezogen werden könnten. Für die positive Differenz der Aktien wird unterstellt, dass eine unentgeltliche Ausgabe erfolgt (IAS 33.35 (b)). Sie entspricht der Korrektur des Nenners. Dieses Verfahren zur Ermittlung des Verwässerungseffektes ist mit der in einigen Ländern verwandten *treasury stock method* gleichzusetzen (IAS 33.36). Nachfolgendes, in Tabelle 7.8 dargestellte Beispiel verdeutlicht die Ermittlung des verwässerten Ergebnisses je Aktie (das Beispiel ist entnommen aus IAS 33.35).

Dieses Beispiel verdeutlicht den gemäß der *treasury stock method* berechneten Verwässerungseffekt bedingt durch eine fiktive unentgeltliche Ausgabe von 25.000 Aktien (= 100.000 × [20,00 – 15,00] / 20,00). Für die Ermittlung des verwässerten Ergebnisses je Aktie ist daher die gewichtete durchschnittliche Anzahl der in Umlauf befindlichen Stammaktien von 500.000 auf 525.000 zu korrigieren.

Periodengewinn für das Jahr 20X1	1.200.000		
Gewichtete Durchschnittszahl der in 20X1 in Umlauf befindlichen Aktien	500.000		
Periodendurchschnittskurs der Stammaktie in 20X1	20,00		
Gewichtete Durchschnittszahl der in 20X1 mit einem Bezugsrecht ausgestatteten Aktien	100.000		
Ausübungskurs der in 20X1 mit einem Bezugsrecht ausgestatteten Aktien	15,00		
Berechnung des Ergebnisses je Aktie:			
	je Aktie	**Ergebnis**	**Aktien**
Periodengewinn für das Jahr 20X1		1.200.000	
Gewichtete Durchschnittszahl der in 20X1 in Umlauf befindlichen Aktien			500.000
Unverwässertes Ergebnis je Aktie	**2,40**		
Gewichtete Durchschnittszahl der in 20X1 mit einem Bezugsrecht ausgestatteten Aktien			100.000
Anzahl der Aktien, die zum Periodendurchschnittskurs ausgegeben worden wären: (100.000 × 15,00) / 20,00		1.200.000	-75.000
Verwässertes Ergebnis je Aktie	**2,29**	**1.200.000**	**525.000**

Tab. 7.8: Beispiel zur Ermittlung des verwässerten Ergebnisses je Aktie

Ergebnis je Aktie nach US-GAAP

Ebenso wie die IAS/IFRS und im Gegensatz zum Vorschlag des DVFA/SG konzentrieren sich die US-amerikanischen Vorschriften bei der Berechnung des Ergebnisses je Aktie auf die zu berücksichtigende Aktienzahl (vgl. Pellens, B. [2001], S. 346). Hinsichtlich der Ermittlung der Kennzahlen unverwässertes Ergebnis je Aktie (*basic earnings per share*) und verwässertes Ergebnis je Aktie (*diluted earnings per share*) ergeben sich zur Vorgehensweise nach IAS/IFRS keine Unterschiede, da die Vorschrift des IAS 33 in Zusammenarbeit mit dem FASB erfolgte und dem US-amerikanischen Pendant des FAS 128 weitestgehend entspricht (vgl. Pellens, B. [2001], S. 515 f.). Die Erläuterungen zur Berechnung des Ergebnisses je Aktie gelten daher analog.

Im Gegensatz zu den IAS/IFRS erfordern die US-GAAP neben den Zahlen zum Jahresergebnis je Aktie auch die Angaben bezogen auf das Ergebnis der gewöhnlichen Geschäftstätigkeit innerhalb der Erfolgsrechnung (FAS 128.36). Unternehmen mit einfacher Kapitalstruktur können allerdings auf die Angabe des verwässerten Ergebnisses je Aktie verzichten. Gegebenenfalls sind zusätzlich entsprechende Angaben jeweils bezogen auf das außerordentliche Ergebnis, auf das Ergebnis aus der Aufgabe von Unternehmensbereichen sowie auf das Ergebnis aus der Änderung von Bilanzierungsmethoden entweder in der GuV oder im Anhang zu präsentieren (FAS 128.37). Für die Ergebniszahlen je Aktie sind die entsprechenden Vergleichsangaben verpflichtend. Hierfür sind die Berichtszeiträume der GuV maßgebend (FAS 128.38).

Kontrollfragen:

1. Welche Informationen vermittelt die Gewinn- und Verlustrechnung?
2. Nennen und erklären Sie die unterschiedlichen Erfolgsbegriffe nach HGB, IAS/IFRS und US-GAAP?
3. Welche grundsätzlichen formalen Gestaltungsmöglichkeiten sind für die Erfolgsrechnung denkbar?
4. Welche Vorteile weist eine in Staffelform erstellte Gewinn- und Verlustrechnung auf?
5. Was versteht man unter einer Brutto-Erfolgsrechnung?
6. Wodurch unterscheiden sich Ergebnisrechnungen nach dem Gesamtkosten- bzw. Umsatzkostenverfahren?
7. Unter welchen Bedingungen errechnen Gesamtkosten- und Umsatzkostenverfahren denselben Jahresüberschuss?
8. Für welche Rechtsformen gelten die Mindestgliederungen gemäß § 275 Abs. 2 und 3 HGB; gibt es auch nach IAS/IFRS und US-GAAP Mindestgliederungen?
9. Unter welchen Bedingungen sind Gliederungserweiterungen bzw. -verkürzungen zulässig?
10. Grenzen Sie das Ergebnis aus der gewöhnlichen Geschäftstätigkeit vom außerordentlichen Ergebnis nach HGB ab; bestehen dabei Unterschiede zu IAS/IFRS und US-GAAP?
11. Interpretieren Sie das außerordentliche Ergebnis!
12. Was versteht man unter *discontinued operations*?
13. Welche Arten von Erlösen sind als Umsatzerlöse auszuweisen?
14. Enthalten die Umsatzerlöse Mehrwertsteuer und Preisnachlässe?
15. Wann gilt ein Umsatzerlös als realisiert; berücksichtigen Sie Unterschiede zu IAS/IFRS und US-GAAP?

16. Wird im Rahmen der GuV nach dem Gesamtkostenverfahren eine Erhöhung des Bestandes an fertigen und unfertigen Erzeugnissen bei den Umsatzerlösen subtrahiert oder addiert?
17. Unter welchen Positionen der GuV nach dem Gesamtkostenverfahren sind Bewertungsdifferenzen und Abschreibungen auf fertige und unfertige Erzeugnisse zu erfassen? Ist bei dem Ausweis der entsprechenden Abschreibungen zu differenzieren?
18. Was versteht man unter aktivierten Eigenleistungen?
19. Nennen Sie die wichtigsten Erfolgskomponenten, die unter »sonstige betriebliche Erträge« der Ergebnisrechnung nach dem Gesamtkostenverfahren auszuweisen sind!
20. Unter welcher Position sind die Erträge aus der Auflösung des Sonderpostens mit Rücklageanteil auszuweisen, unter welcher Position die entsprechenden Aufwendungen aus der Einstellung?
21. Wodurch unterscheidet sich die Position Nr. 5b »Aufwendungen für bezogene Leistungen« von dem übrigen unter Position Nr. 5 erfassten Materialaufwand in der GuV nach dem Gesamtkostenverfahren?
22. Unter welcher Position werden Abschreibungen auf Roh-, Hilfs- und Betriebsstoffe erfasst? Ist bei der Erfassung der Abschreibungen zu differenzieren?
23. Unter welche Positionen fallen die handelsrechtlichen Abschreibungen auf das Anlage- und Umlaufvermögen?
24. Welche Besonderheiten hat das bilanzierende Unternehmen in der GuV bei dem Ausweis der Abschreibungen auf den niedrigeren für die steuerliche Anerkennung notwendigen Wert (§ 254 HGB) zu beachten? Welche Ausweismöglichkeiten bestehen hier? Besteht diese Abschreibungsmöglichkeit auch nach IAS/IFRS und US-GAAP?
25. Welche Erfolgskomponenten fallen unter die Position »sonstige betriebliche Aufwendungen« der GuV nach dem Gesamtkostenverfahren?
26. Wann gilt ein Beteiligungsertrag als realisiert?
27. Unter welchen Positionen werden Gewinne aus der Veräußerung von Beteiligungen und Abschreibungen auf Beteiligungen ausgewiesen?
28. Wie sind die Kapitalertragsteuer und die körperschaftsteuerlichen Anrechnungsbeträge bei Gewinnausschüttungen in der GuV ausweistechnisch zu behandeln?
29. Unter welchen Positionen der GuV erscheinen Zins- und Dividendenerträge aus im Umlaufvermögen aktivierten Wertpapieren? Worunter werden Sie nach IAS/IFRS und US-GAAP gefasst?
30. In welchen Fällen entstehen Erträge beim Abgang von Gegenständen des Anlagevermögens?
31. Kann eine für einen bestimmten Zweck gebildete und nicht mehr benötigte Rückstellung für einen anderen Zweck verwendet werden?

32. Erklären Sie die Liquiditätswirksamkeit der Bildung und Auflösung von Rückstellungen!
33. In welchen Positionen der Ergebnisrechnungen gemäß § 275 Abs. 2 und 3 HGB erscheinen Aufwendungen für die Bildung von Rückstellungen?
34. Unter welchen Positionen der Ergebnisrechnung nach dem Gesamtkostenverfahren ist der in der Unternehmung angefallene Personalaufwand der Periode auszuweisen?
35. Wie wird in der GuV die Realisation eines Buchgewinns und dessen Übertragung auf ein neu beschafftes Wirtschaftsgut (z. B. gemäß § 6b EStG) buchtechnisch behandelt? Gibt es die Möglichkeit der Übertragung stiller Reserven auch nach IAS/IFRS bzw. US-GAAP?
36. Beschreiben Sie die Unterschiede zwischen dem außerordentlichen Erfolg im betriebswirtschaftlichen Sinne und dem außerordentlichen Ergebnis im Sinne des § 275 Abs. 2 und 3 HGB (Position Nr. 17 der GuV nach dem GKV, Position Nr. 16 der GuV nach dem UKV)!
37. Ergeben sich unter Zuhilfenahme der Angabepflichten im Anhang Möglichkeiten, das außerordentliche Ergebnis i. S. d. HGB dem außerordentlichen Ergebnis im betriebswirtschaftlichen Sinne rechnerisch anzunähern?
38. Versuchen Sie anhand von Beispielen, Abgrenzungsprobleme zwischen dem sonstigen betrieblichen Ergebnis und dem außerordentlichen Ergebnis zu erläutern!
39. Wie sind die latenten Steueraufwendungen und Steuererträge auszuweisen?
40. Müssen sämtliche Einstellungen aus dem Jahresüberschuss in die Rücklagen im Gewinnverwendungsteil der Ergebnisrechnung gezeigt werden?
41. Nennen Sie einige Möglichkeiten der Hauptversammlung, über die Verwendung des Bilanzgewinns zu entscheiden!
42. Welche zwei extremen Abgrenzungsmöglichkeiten sind für die Position »Herstellungskosten der zur Erzielung der Umsatzerlöse erbrachten Leistungen« der GuV nach dem Umsatzkostenverfahren denkbar? Welcher Variante folgen IAS/IFRS und US-GAAP?
43. Unter welchen Positionen werden Wertminderungen auf Lagerbestände an fertigen und unfertigen Erzeugnissen sowie Roh-, Hilfs- und Betriebsstoffe erfasst?
44. Inwieweit hängt die Größe »Bruttoergebnis vom Umsatz« von der Bewertungs- und Ausweispolitik des bilanzierenden Unternehmens ab?
45. Unter welcher Position der GuV nach dem Umsatzkostenverfahren werden wertmäßige Erhöhungen auf bereits in Vorperioden auf Lager befindliche fertige und unfertige Erzeugnisse sowie auf aktivierte Eigenleistungen erfasst?
46. Werden bei Anwendung des Umsatzkostenverfahrens die Liquidations- und Bewertungserträge wie in der GuV nach dem Gesamtkostenverfahren unter den sonstigen betrieblichen Erträgen gebucht?

47. Inwieweit unterscheidet sich die Position Nr. 7 »sonstige betriebliche Aufwendungen« der GuV nach dem Umsatzkostenverfahren von der korrespondierenden Position Nr. 8 der GuV nach dem Gesamtkostenverfahren?
48. Welche Positionen müssen bei einer GuV nach IAS/IFRS mindestens angegeben werden?
49. Nennen sie einige Arten ergebnisabhängiger Aufwendungen!
50. Wodurch unterscheidet sich der Bilanzgewinn vom Jahresüberschuss?
51. Wann fällt im Rahmen der Gewinnverwendung ein zusätzlicher Aufwand an?
52. Ist der Gewinnverwendungsanteil zwingender Bestandteil der gesetzlichen Mindestgliederung gemäß § 275 Abs. 2 und 3 HGB?
53. Beschreiben Sie das anglo-amerikanische Berichtsinstrument *statement of changes in equity*; berücksichtigen Sie dabei die einzelnen Gestaltungsmöglichkeiten!
54. Vergleichen Sie die Eigenkapitalveränderungsrechnung gem. DRS mit den Eigenkapitalveränderungsrechnungen nach IAS/IFRS und US-GAAP!
55. Ist das Ergebnis je Aktie in der GuV nach HGB, IAS/IFRS und US-GAAP anzugeben?
56. Wie ermittelt sich das »Ergebnis je Aktie« (unverwässert und verwässert)?

8. Kapitel: Grundlagen des Konzernabschlusses

Bedeutung des internationalen Konzernabschlusses

Aufgrund der mit der Globalisierung einhergehenden Konzentrationstendenzen und der resultierenden Häufung von Unternehmenszusammenschlüssen bei zunehmender dezentraler Organisation der entstehenden Weltunternehmen gewinnen internationale Konzernabschlüsse immer mehr an Bedeutung (vgl. 1. Kapitel C III). Wegen der fehlenden Maßgeblichkeit des Einzelabschlusses für den Konzernabschluss kann dieser losgelöst von bilanzpolitischen Maßnahmen in den Einzelabschlüssen gestaltet werden. Deshalb ist der Konzernabschluss als eigenständiger Abschluss der wirtschaftlichen Einheit Konzern zu betrachten. Er unterliegt einer eigenständigen Konzernbilanzpolitik. Da der konsolidierte Abschluss zudem aus steuerlicher Sicht irrelevant ist, können sich Einzel- und Konzernabschluss insofern auseinanderentwickeln, als steuerliche Verzerrungen des Einzelabschlusses für den Konzernabschluss rückgängig gemacht werden. Der Konzernabschluss hat demgemäß an Bedeutung für die externe Bilanzanalyse zugenommen. Wegen seiner Unabhängigkeit und seiner steuerlichen Irrelevanz kann der Konzernabschluss auch nach internationalen Rechnungslegungsnormen wie IAS/IFRS oder US-GAAP aufgestellt werden, ohne dabei nationale Vorschriften für den Einzelabschluss zu beeinträchtigen.

Befreiender Konzernabschluss nach internationalen Rechnungslegungsgrundsätzen

Deshalb gewährt der Gesetzgeber mit dem durch das Kapitalaufnahmeerleichterungsgesetz eingeführten § 292a HGB börsennotierten Mutterunternehmen die bis 2004 befristete Möglichkeit, anstelle eines Konzernabschlusses bzw. -lageberichts nach deutschem HGB einen solchen nach international anerkannten Rechnungslegungsgrundsätzen aufzustellen, die im Einklang mit der 7. EG-Richtlinie stehen. Als solche international anerkannten Rechnungslegungsgrundsätze gelten die IAS und US-GAAP. Durch das KapCoRiLiG wird der Anwendungsbereich des § 292a erweitert auf alle Mutterunternehmen, die selbst oder über ein Tochterunternehmen an einem organisierten Markt i. S. d. § 2 Abs. 5 WpHG teilnehmen oder die Zulassung zu einem solchen beantragt haben. Dabei bezieht sich die Inanspruchnahme des Kapitalmarkts auf die Ausgabe von Wertpapieren i. S. d. § 2 Abs. 1 Satz 1 WpHG, was z. B. auch Schuldverschreibungen einschließt.

Diese Befreiungsregelung betrifft jedoch nur die Vorschriften, nach denen der Konzernabschluss aufzustellen ist, nicht die Aufstellungspflicht selbst. Die Befreiung setzt voraus, dass »das Mutterunternehmen und seine Tochterunternehmen in den befreienden Konzernabschluss unbeschadet der §§ 295, 296 einbezogen worden sind« (§ 292a Abs. 2 Nr. 1 HGB). Insofern sind auch in einem nach internationalen Vorschriften erstellten, befreienden Konzernabschluss die Vorschriften des HGB für die Aufstellungspflicht und die Abgrenzung des Konsolidierungskreises zu beachten (vgl. DRS 1.4). Obwohl nach IAS/IFRS, US-GAAP und HGB im Detail unterschiedliche Regeln für die Abgrenzung des Konsolidierungskreises bestehen, die vor allem im Bereich der abweichenden Tätigkeit (§ 295 HGB) zu Abweichungen zwischen IAS/IFRS/US-GAAP einerseits und HGB/7. EG-Richtlinie andererseits führen können, besteht in der praktischen Anwendung eine weitgehende Übereinstimmung der Vorschriften (vgl. DRS 1.5; Arbeitskreis »Externe Unternehmensrechnung« der Schmalenbach-Gesellschaft [1999], S. 19 f.).

EU-Richtlinie

Die Erstellung eines befreienden Abschlusses nach § 292a HGB ist jedoch nur bis zum Jahr 2004 möglich. Für die Zeit danach ist die Aufstellung des Konzernabschlusses für deutsche Unternehmen in einer EU-Verordung geregelt, die durch den jeweilgen Gesetzgeber in nationales Recht umgesetzt werden muss. Demnach müssen alle Unternehmen, die an einem organisierten Kapitalmarkt tätig sind oder an einem Börsenprospekt für die Zulassung an einen solchen arbeiten, ihren Konzernabschluss ab 2005 verpflichtend nach IAS/IFRS erstellen. Für Unternehmen, die lediglich Schuldtitel handeln oder die an einer Börse außerhalb der EU notiert sind und bisher einen Konzernabschluss nach US-GAAP erstellen, ist in der EU-Verordnung eine Erleichterung enthalten. Diese sind bis 2007 von der Bilanzierungspflicht nach IAS/IFRS befreit. Für den Konzernabschluss aller nicht an einem organisierten Markt teilnehmende Unternehmen, sowie für den Einzelabschluss erhalten die Mitgliedstaaten der Europäischen Union (EU) ein Gestaltungswahlrecht; eine verpflichtende Bilanzierung nach IAS/IFRS ist in der EU-Verordnung nicht enthalten. In Deutschland ist es bisher noch ungewiss (Stand 1. Dezember 2002) wie diese Umsetzung ausfallen wird (vgl. 1. Kapitel C III).

Regelungen für den Konzernabschluss gem. DRS

Neben der Möglichkeit internationale Abschlüsse zu erstellen, haben auch Regelungen für die Konzernabschlüsse nach HGB eine wesentliche Erweiterung erfahren. Durch die Einführung des KonTraG wurde im März 1998 in Deutschland ein Rechnungslegungsgremmium, das Deutsche Rechnungslegungs Standard Committee (DRSC), gegründet. Dessen Aufgabe besteht u. a. darin, Empfehlungen zur Anwendung der Grundsätze über die Konzernrechnungslegung zu entwickeln. Hierzu erarbeitet das DRSC, in Anlehnung an internationale Konventionen, Standards, die sog. Deutschen Rechnungslegungsstandards (DRS), in denen jeweils wesentliche Sachverhalte thematisch abgehandelt werden. Durch diese Standards sollen zum einen formell und inhaltlich ungeregelte Bereiche des Konzernabschlusses ausgestalltet, zum anderen sollen bestehende Wahlrechte und Ermessensspielräume eingeschränkt werden (vgl. 1. Kapitel III). Die DRS können allerdings keine Vorschriften enthalten, die zu denen des HGB im Widerspruch stehen. Im Rahmen der Konzernrechnungslegung haben diese den Charaker von GoBs. Der Grundtenor der DRS geht dahin, die deutschen Konzernabschlussregeln internationalen Standards anzugleichen. Im Folgenden werden die Regelungen nach DRS, falls vorhanden, jeweils im Anschluss an die internationalen Standards dargestellt.

A. Grundlagen und Grundsätze des Konzernabschlusses

I. Aufgaben des Konzernabschlusses

Gefahren der Unternehmensverflechtungen

Der Konzernabschluss stellt die Zusammenfassung der Einzelabschlüsse rechtlich selbständiger, wirtschaftlich jedoch von einer übergeordneten Einheit dominierter Unternehmen dar. Diese wirtschaftliche Abhängigkeit bewirkt, dass durch Gestaltung der Transaktionen zwischen den Konzernunternehmen deren Einzelabschlüsse ohne Verletzung der Bilanzierungsvorschriften beeinflusst werden können. Außerdem können so die Intentionen der auf rechtlich und wirtschaftlich selbständige Unternehmen zugeschnittenen Rechtsregelungen unterlaufen werden. Durch diese bilanzpolitische Gestaltung des Einzelabschlusses aus übergeordneten konzernpolitischen Gesichtspunkten verlieren die Einzelabschlüsse der in den Konzernabschluss einbezogenen Unternehmen viel von ihrer Aussagekraft. Die hieraus resultierenden Informationsdefizite der Einzelabschlüsse sollen durch den zusätzlich zur Verfügung gestellten Konzernabschluss beseitigt werden.

Aber auch ohne bilanzpolitische Maßnahmen würden die Einzelabschlüsse der Konzernunternehmen nur ein unvollständiges Bild ergeben. Die einzelnen Konzernunternehmen sind in ihrer wirtschaftlichen Entwicklung in starkem Maße voneinander abhängig. Diese wirtschaftlichen Zusammenhänge werden durch den getrennten Ausweis bestimmter Konzernsonderpositionen (z. B. Forderungen an und Verbindlichkeiten gegenüber verbundenen Unternehmen) nicht genügend deutlich gemacht; es bedarf auch aus diesem Grund der zusammenfassenden Darstellung des Gesamtkonzerns.

Informationsfunktion des Konzernabschlusses nach HGB

Der Konzernabschluss nach HGB hat deshalb die Aufgabe, ein den tatsächlichen Verhältnissen entsprechendes Bild der Vermögens-, Finanz- und Ertragslage einer wirtschaftlich als geschlossene Einheit zu betrachtenden Gruppe rechtlich selbständiger Unternehmen zu vermitteln (§ 297 Abs. 3 Satz 1 HGB) und beschränkt sich damit auf eine reine Informationsfunktion. Der Konzernabschluss kann die Einzelabschlüsse der rechtlich selbständigen Konzernunternehmen nicht ersetzen, sondern tritt – wenn auch mit zunehmenden Gewicht – ergänzend neben diese. Die dem Einzelabschluss neben der Informationsvermittlung zukommende Funktion der Zahlungsbemessung – Grundlage der Ansprüche sowohl der Eigner als auch des Staates an das Unternehmen – findet im deutschen Rechtskreis auf den Konzernabschluss keine Anwendung, da der Konzern als Rechtsperson nicht existiert und insofern auch nicht Träger von Rechten und Pflichten sein kann. Der Konzernabschluss bedarf somit keiner Feststellung durch Vorstand und Aufsichtsrat bzw. Hauptversammlung oder Gesellschafterversammlung, sondern es genügt die Vorlage an das jeweilige Gremium. Allerdings wird zunehmend diskutiert, ob die Gewinnverteilungskompetenz von Vorstand/Aufsichtsrat und Hauptversammlung des Mutterunternehmens nicht an den Konzernabschluss gebunden werden sollte (vgl. Pellens, B. [1995]).

Informationsfunktion nach IAS/IFRS

Auch nach IAS/IFRS dient der Konzernabschluss der Information der Abschlussadressaten. Die Adressaten des Einzelabschlusses eines in den Konzernabschluss einzubeziehenden Unternehmens sind von der wirtschaftlichen Lage des Konzerns und nicht nur von der des Unternehmens abhängig (IAS 27.9). Gemäß IAS 27.9 soll der Konzernabschluss deshalb Informationen über den Unternehmenszusammenschluss so vermitteln, als wäre dieser ein einziges Unternehmen ohne Berücksichtigung der rechtlichen Selbständigkeit der einzelnen Tochterunternehmen. Der Informationsumfang ergibt sich für nach IAS/IFRS erstellte Konzernabschlüsse ebenfalls aus IAS 27.9 und bezieht sich auf *»the financial position, results of operations and changes in financial position«* und ist somit mit den Informationspflichten gemäß § 297 Abs. 2 Satz 2 HGB vergleichbar.

Informationsfunktion nach US-GAAP

In den USA steht im Gegensatz zu den Vorschriften nach IAS/IFRS und HGB der Konzernabschluss im Mittelpunkt des Interesses. So wird dem Konzernabschluss eines Mutterunternehmens eine wesentlich größere Bedeutung beigemessen als seinem Einzelabschluss. In ARB 51.1 wird festgestellt, dass es sich bei dem konsolidierten Abschluss eines Mutterunternehmens grundsätzlich um den gegenüber dem Einzelabschluss aussagefähigeren handelt. Das nach CON 1.28 bestehende Hauptziel des amerikanischen Abschlusses, die externe Informationsfunktion, wird durch einen konsolidierten Abschluss des Mutterunternehmens wesentlich besser erfüllt als durch den entsprechenden Einzelabschluss (FAS 94.61). Eine tatsachengetreue Darstellung der zugrunde liegenden Sachverhalte (*fair presentation*) kann nach US-GAAP nur durch den Konzernabschluss erreicht werden. Dieser steht in den USA nicht ergänzend neben dem Einzelabschluss des Mutterunternehmens, sondern ersetzt diesen völlig. Ein Mutterunternehmen (*parent company*) mit einem oder mehreren Tochterunternehmen (*subsidiary*) kann dementsprechend nur dann von einem Abschlussprüfer einen uneingeschränkten Bestätigungsvermerk erhalten, wenn es einen konsolidierten Abschluss erstellt (vgl. Niehus, R. J./Thyll, A. [2000], S. 27 f.). Nur in Ausnahmefällen hat ein Mutterunternehmen als Ergänzung zum Konzernabschluss zusätzlich einen Einzelabschluss aufzustellen (vgl. ARB 51.24; Eisolt, D. [1992], S. 120).

Zahlungsbemessungsfunktion der US-amerikanischen Konzernrechnungslegung

Neben der Informationsfunktion dient der Konzernabschluss in den USA auch zur Ermittlung des ausschüttungsfähigen Betrages. Jedoch existiert kein rechtlich festgelegter, sondern lediglich ein faktischer Zusammenhang zwischen dem Konzernbilanzgewinn und der ausgeschütteten Dividende, zumal bei Kapitalgesellschaften das Leitungsorgan alleine über die auszuschüttende Dividende bestimmt, dieses aber den Forderungen der Kapitalgeber gemäß dem Prinzip des *Shareholder Value* gerecht werden muss. Auch steuerrechtlich spielt der Gedanke der wirtschaftlichen Einheit des Konzerns eine wesentlich Rolle. So besteht für verbundene Unternehmen ab einer Beteiligungsquote von mehr als 80 % ein Wahlrecht, entweder Einzelsteuererklärungen oder konsolidierte Steuererklärungen einzureichen (vgl. Gingele, R. [1989], S. 48). Diese konsolidierte Steuererklärung kann jedoch nicht mit dem Maßgeblichkeitsgrundsatz im deutschen Steuerrecht verglichen werden, da eine Verknüpfung von handelsbilanzieller und steuerrechtlicher Bilanzierung damit nicht verbunden ist (vgl. Küting, K. [1993], S. 359).

II. Theorien des Konzernabschlusses

Die theoretische Basis und damit auch den übergeordneten Bezugspunkt für eine sachgerechte Lösung bei Zweifelsfragen im Rahmen der konsolidierten Rechnungslegung bilden verschiedene Theorien des Konzernabschlusses, von denen vor allem die »Einheitstheorie« (*entity theory*) und die die »Interessentheorie« (*parent company theory*) von praktischer Bedeutung sind.

Einheitstheorie

Die Einheitstheorie betrachtet die Gesamtheit der Konzernunternehmen als eine eigenständige wirtschaftliche Einheit, in der die einzelnen Unternehmen die wirtschaftliche Stellung unselbständiger Betriebsstätten einnehmen. Der so definierte Konzern ist also ein separat neben den Konzernunternehmen existierendes wirtschaftlich definiertes Unternehmen, das mit dem Konzernabschluss auch einen eigenständigen Abschluss vorlegt. Durch die einheitstheoretische Betrachtung werden alle am Konzern beteiligten Anteilseigner als gleichgestellt betrachtet, wodurch auch die Minderheitsgesellschafter der einbezogenen Tochterunternehmen als Anteilseigner und damit als Eigenkapitalgeber des Konzerns betrachtet werden. Ihre Anteile werden deshalb auch innerhalb des Eigenkapitals ausgewiesen und der ihnen zustehende Jahreserfolg wird innerhalb der Gewinnverwendungsrechnung gezeigt.

Interessentheorie

Dagegen wird nach der Interessentheorie der Konzernabschluss lediglich als erweiterter Abschluss des Mutterunternehmens betrachtet. Die Interessen des Mutterunternehmens, also i. d. R. der Mehrheitsaktionäre am Nettovermögen der Unternehmensgruppe sollen abgebildet werden (vgl. hierzu ausführlich Baetge, J./Kirsch, H.-J./Thiele, S. [2002], S. 10 ff.). Demnach werden Minderheitenaktionäre der Tochterunternehmen als Konzernaußenstehende betrachtet und deren Anteile nicht als Eigenkapital klassifiziert. Auch ihre Anteile am Jahreserfolg werden nicht als Gewinn ausgewiesen, sondern wie Zinsaufwand davon abgesetzt. Auch ihre Anteile an den stillen Reserven oder einem Goodwill werden nicht bilanziert bzw. getrennt ausgewiesen.

Einheitstheorie als theoretische Grundlage des Konzernabschlusses nach HGB

Der deutschen Konzernrechungslegung liegt, bis auf wenige Ausnahmen, die Einheitstheorie zugrunde, die in § 297 Abs. 3 HGB explizit zur Rechtsgrundlage der konsolidierten Rechnungslegung gemacht ist:

»Im Konzernabschluss ist die Vermögens-, Finanz- und Ertragslage der einbezogenen Unternehmen so darzustellen, als ob diese Unternehmen insgesamt ein einziges Unternehmen wären.«

Die Einheitstheorie wird im Gesetz jedoch nicht vollständig nachvollzogen, sondern es finden sich in den Vorschriften des HGB auch Elemente der Interessentheorie, wie z. B. die Quotenkonsolidierung und die Konsolidierungswahlrechte und -verbote zur Einbeziehung von Tochterunternehmen in den Konsolidierungskreis (vgl. Niehus, R. J./Thyll, A. [2000], S. 28 f.).

Einheitstheorie als überwiegende Grundlage des Konzernabschlusses nach IAS/IFRS

Auch nach IAS/IFRS soll der Unternehmensverbund so ausgewiesen werden, als ob es sich um ein einziges Unternehmen handle (IAS 27.6), wobei die rechtliche Selbständigkeit der einzelnen Unternehmen aus dem Verbund in den Hintergrund tritt (IAS 27.9). Somit ist auch der Konzernabschluss nach IAS/IFRS von der Einheitstheorie geprägt. Allerdings finden sich in den IAS/IFRS auch eine Reihe interessenstheoretisch geprägter Vorschriften. Beispielsweise stehen als Adressaten für den Konzernabschluss die Anteilseigner und die sonstigen Adressaten des Einzelabschlusses des Mutterunternehmens im Vordergrund (F 9 und IAS 27.9). Außerdem ist der Minderheitenanteil, im Gegensatz zum HGB, separat zwischen Eigen- und Fremdkapital auszuweisen, da es sich hierbei nicht um Konzerneigenkapital handle. Dementsprechend ist auch das auf die Minderheitsgesellschafter entfallende Ergebnis vom Konzernergebnis abzuziehen und gesondert davon auszuweisen. Eine eindeutige Zuordnung zur Einheitstheorie kann also nicht erfolgen, jedoch überwiegt diese Komponente in einem Konzernabschluss nach IAS/IFRS (vgl. Baetge, J./Kirsch, H.-J./Thiele, S. [2002], S. 77 f.).

Interessentheorie als überwiegende Grundlage des Konzernabschlusses nach US-GAAP

Grundsätzlich steht in der US-amerikanischen Rechnungslegung die *parent company theory* im Vordergrund. In ARB 51.1 wird die Information der Gesellschafter und Gläubiger des Mutterunternehmens über die Lage des Mutterunternehmens und dessen Tochterunternehmen als Zweck des amerikanischen Konzernabschlusses benannt. Der Konzernabschluss wird gemäß der Interessenstheorie als eine Erweiterung des Einzelabschlusses angesehen, bei dem der Informationsbedarf der Minderheitsaktionäre außer Acht gelassen wird. Andererseits ist nach ARB 51.1 der Konzernabschluss so zu erstellen, als ob es sich um ein einziges Unternehmen mit mehreren Divisionen handeln würde. Auch ist in den US-GAAP keine Regelung enthalten, an welcher Stelle der Minderheitenanteil auszuweisen ist oder ob der Anteil der Konzerndritten im Konzernergebnis enthalten sein oder davon in Abzug gebracht werden soll.

Obgleich sich in der US-amerikanischen Rechnungslegungspraxis die *parent company theory* weitestgehend durchgesetzt hat, sind von Seiten des FASB in den letzten Jahren Bestrebungen in Richtung der Einheitstheorie zu beobachten, wie etwa im 1995 veröffentlichten Exposure Draft *»Consolidated Financial Statements: Policy and Procedures«*, der sich an diversen Stellen für Lösungen nach der *entity theory* ausspricht. Allerdings folgte diesem Exposure Draft bisher noch kein Standard und in den jüngst verabschiedeten Standards, die die Konzernrechnungslegung betreffen, wurde eine Umsetzung der Einheitstheorie nicht forciert.

III. Grundsätze der Konzernrechnungslegung

Grundsätze als Bindeglied zwischen konkreter Vorgehensweise und Generalnorm

Obwohl die Vorschriften für den Konzernabschluss im HGB relativ umfassend dargestellt werden, verbleiben für den Abschlussersteller eine Vielzahl von gesetzlich eingeräumten alternativen Vorgehensweisen und Ermessensspielräumen, die eine zielbezogene, aufgabenorientierte Entscheidung bedingen. Zwischen die naturgemäß sehr allgemeine Generalnorm des § 297 Abs. 3 Satz 1 HGB und die einzelnen konkreten Konzernrechnungsregelungen müssen deshalb als Zwischenziele die Grundsätze der Konzernrechnungslegung treten. Unter ihnen sind einerseits Konkretisierungen der Generalnorm, andererseits Generalisierungen der Einzelregelungen zu verstehen.

Grundsatz der Vollständigkeit

Von wesentlicher Bedeutung für die Erfüllung der Generalnorm ist dabei die vollständige Wiedergabe der wirtschaftlichen Einheit Konzern. Der Grundsatz der Vollständigkeit besagt deshalb, dass alle Unternehmen, die den Konzern konstituieren, auch in den Konzernabschluss Eingang finden müssen. Die einen Einbezug bedingenden Sachverhalte – generell das Faktum oder die Möglichkeit der Beherrschung eines anderen Unternehmens – sind in § 290 HGB enthalten. Die in einem Mutter-Tochter-Verhältnis sich gegenüberstehenden Unternehmen werden als Konzernunternehmen bezeichnet und sind generell in den Konzernabschluss einzubeziehen. Nur so ist eine zutreffende Darstellung der Vermögens-, Finanz- und Ertragslage des Konzerns möglich. Die im Gesetz ebenfalls enthaltenen Wahlrechte bzw. Verbote für den Einbezug bestimmter Konzernunternehmen sind deshalb eng auszulegen.

Grundsatz der Fiktion der rechtlichen Einheit

Der Grundsatz der Fiktion der rechtlichen Einheit der einbezogenen Unternehmen ist die zentrale Leitidee zur Erstellung des Abschlusses der wirtschaftlichen Einheit Konzern. Im HGB ist er in § 297 Abs. 3 Satz 1 HGB verankert. Der Konzernabschluss ist also so aufzustellen, dass er mit dem Einzelabschluss eines großen Unternehmens übereinstimmt, das alle Konzernunternehmen als unselbständige Teilbetriebe umfasst. Damit wird dem Konzern eine fiktive Rechtspersönlichkeit beigemessen, in der fiktiv die Rechtspersönlichkeiten der einbezogenen Konzernunternehmen aufgehen. Alle einbezogenen Konzernunternehmen werden somit als rechtlich unselbständige Unterabteilungen der fiktiven Rechtsperson »Konzern« interpretiert.

Diese Betrachtungsweise des Konzerns als ein eigenes Unternehmen bedingt, dass eine reine Addition der Bilanz- und GuV-Positionen der Konzernunternehmen zum Zweck der Erstellung des Konzernabschlusses nicht ausreicht, sondern bestimmte Konsolidierungsmaßnahmen mit dem Ziel der Darstellung des Konzerns als eine Einheit vorgenommen werden müssen. Sämtliche zahlenmäßig sich niederschlagenden Beziehungen zwischen den Konzernunternehmen müssen deshalb unter diesem Gesichtspunkt analysiert und evtl. korrigiert – konsolidiert – werden. Dies führt zu den konzerntypischen Maßnahmen der Kapitalkonsolidierung, der Schuldenkonsolidierung sowie der Zwischenerfolgs- und Innenumsatzkonsolidierung. Als weitere Auswirkung dieses Prinzips resultiert, dass auch der Konzernabschluss sich an die für den Einzelabschluss entwickelten materiellen wie formellen Regelungen anpassen muss und sich aus denselben Bestandteilen wie dieser – also Bilanz, Gewinn- und Verlustrechnung, Anhang, ggf. einschließlich Kapitalflussrechnung und Segmentberichterstattung, sowie Lagebericht – zusammensetzt. Die besondere Bedeutung des Mutterunternehmens für den Konzernabschluss zeigt sich darin, dass die für dessen Einzelabschluss angewandten Vorschriften und Vorgehensweisen prinzipiell auch auf den Konzernabschluss Anwendung finden sollen.

Grundsatz des einheitlichen Konzernabschlussstichtages

Aus der Einheitstheorie leitet sich auch die Notwendigkeit einer konzerneinheitlichen Abrechnungsperiode und damit eines einheitlichen Konsolidierungsstichtages ab. Alle Konzernunternehmen sollen auf der Basis eines auf den Konzernabschlussstichtag hin erstellten Einzelabschlusses in den konsolidierten Abschluss einbezogen werden. In Ergänzung zu dem Grundsatz der Vollständigkeit sollen dadurch Vermögens- und Erfolgsverlagerungen zwischen den einbezogenen Unternehmen ausgeschaltet werden. Grundsätzlich muss also ein Unternehmen bei einer Abweichung zwischen seinem Einzelabschlussstichtag und dem Stichtag des Konzernabschlusses auf der Basis eines Zwischenabschlusses auf den Konzernabschlussstichtag hin einbezogen werden. Aus Vereinfachungsgründen durchbricht das Gesetz diesen Grundsatz und verzichtet auf die Verpflichtung zur Erstellung eines Zwischenabschlusses, wenn der Stichtag des Einzelabschlusses nicht mehr als 3 Monate vor dem des Konzernabschlusses liegt (§ 299 Abs. 2 HGB). Auf den Zwischenabschluss sind alle Regelungen bezüglich des Einzelabschlusses analog anzuwenden. Auch die IAS/IFRS und US-GAAP sehen analoge Vereinfachungsregeln vor (vgl. Abschnitt D II in diesem Kapitel).

Grundsatz der einheitlichen Bilanzierung und Bewertung (HB II)

Nach der Einheitstheorie und der Fiktion der rechtlichen Einheit des Konzerns ist der Konzernabschluss als der Einzelabschluss des Unternehmensverbundes zu betrachten. Bezüglich dieses Abschlusses lässt sich die Generalnorm demnach nur einhalten, wenn für ihn auch nur einheitliche Vorschriften bezüglich Ansatz und Bewertung zur Anwendung kommen, wie dies für jedes selbständig bilanzierende Unternehmen selbstverständlich ist. Andererseits müssen sich für den konsolidierten Abschluss deshalb aber auch dieselben Spielräume bezüglich Ansatz und Bewertung ergeben wie für den Einzelabschluss. Soweit die Bilanz eines einbezogenen Unternehmens nach abweichenden Vorschriften oder einer im Sinne der sachlichen Stetigkeit (= Einheitlichkeit) abweichenden Methode erstellt wurde, muss von diesem Unternehmen zum Zwecke des Einbezugs eine an die konzerneinheitliche Vorgehensweise angepasste so genannte Handelsbilanz II (HB II) erstellt werden, die dann zum Ausgangspunkt sämtlicher Konsolidierungsmaßnahmen wird.

Grundsatz der Stetigkeit der Konsolidierungsmethoden

Die Vorschriften zur Erstellung des Konzernabschlusses beinhalten eine Vielzahl von Wahlrechten. Um dennoch eine materielle Einheitlichkeit und zeitliche Vergleichbarkeit zu gewährleisten, muss dem Grundsatz einer stetigen Anwendung der Konsolidierungsmethoden besonderes Gewicht beigemessen werden. Die eingeräumten Wahlrechte sind also nach einheitlichen, sachlichen Kriterien auszuüben und im Zeitablauf kontinuierlich anzuwenden. Zu den Konsolidierungsmethoden gehören dabei die Formen der Kapitalkonsolidierung, die Schulden-, Zwischenerfolgs- sowie Ertrags- und Aufwandskonsolidierung. Ebenso wird davon die Methode der Währungsumrechnung sowie die Abgrenzung des Konsolidierungskreises erfasst.

Grundsatz der Wirtschaftlichkeit

Die Erstellung des Konzernabschlusses bedingt einen hohen technischen Aufwand. Da sich mit dem Konzernabschluss keine Rechtsfolgen, vor allem keine Ausschüttungsrechte verknüpfen, kann eine strikte Anwendung der Grundsätze im Einzelfall zu einem im Verhältnis zum Informationsergebnis unangemessen hohen Rechnungslegungsaufwand führen. Der Grundsatz der Wirtschaftlichkeit und Wesentlichkeit hat für die Erstellung des konsolidierten Abschlusses deshalb einen sehr hohen Stellenwert. Seine Anwendung muss dabei jedoch aus der Situation des Einzelfalles heraus vorgenommen werden.

B. Verpflichtung zur Aufstellung des Konzernabschlusses

Eine Verpflichtung zur Aufstellung eines Konzernabschlusses besteht prinzipiell für alle Mutterunternehmen, die einen beherrschenden Einfluss auf wenigstens ein Tochterunternehmen ausüben. Sowohl das deutsche Recht (HGB/DRS) als auch IAS/IFRS und US-GAAP definieren ein solches Über- bzw. Unterordnungsverhältnis als Ausgangspunkt der Verpflichtung zur Konzernrechnungslegung. Diese grundsätzliche Verpflichtung wird jedoch in den drei Normensystemen unterschiedlich konkretisiert. Nach HGB existieren zudem für verschiedene Rechtsformen unterschiedliche Regelungen und einige Ausnahmetatbestände.

I. Generelle Verpflichtung zur Konzernrechnungslegung

Konzernabschlusspflicht nach HGB

Die Verpflichtung zur Konzernrechnungslegung ergibt sich in Deutschland auf Grund der Vorschriften des HGB oder des Publizitätsgesetzes (vgl. Übersicht in Abbildung 8.1). Hierbei kommen jedoch jeweils unterschiedliche Kriterien zur Anwendung und es werden jeweils unterschiedliche Rechtsformen von Unternehmen angesprochen. So regelt § 290 HGB für alle Kapitalgesellschaften die Verpflichtung zur Konzernabschlusserstellung, während dies für alle anderen Rechtsformen durch die Vorschriften des § 11 PublG geschieht.

Einheitliche Leitung oder Beherrschungsrechte (»Control«)

In § 290 HGB werden alle Kapitalgesellschaften zur Erstellung eines Konzernabschlusses verpflichtet, soweit diese über ein anderes Unternehmen – unabhängig von dessen Rechtsform – die mit einer Beteiligung verbundene einheitliche Leitung ausüben (§ 290 Abs. 1 HGB) oder ihm in einem so genannten »Control«-Verhältnis (§ 290 Abs. 2 HGB) gegenüberstehen. Bei diesen beiden Kriterien handelt es sich um zwei theoretisch sehr unterschiedliche Konzepte zur Definition dessen, was als Konzern verstanden werden soll. Das HGB arbeitet also implizit mit zwei unterschiedlichen Konzernbegriffen, ohne den Begriff »Konzern« – der häufig benutzt wird – explizit zu definieren.

Während das Konzept der einheitlichen Leitung das theoretisch sinnvollere, im praktischen Einzelfall jedoch schwierig zu konkretisierende Kriterium darstellt, beinhaltet das aus dem anglo-amerikanischen Bereich übernommene »Control«-Kriterium eindeutiger bestimmbare und damit auch leicht nachprüfbare Abgrenzungskriterien. Aus seiner Übernahme ergibt sich für den zum Konzernabschluss Verpflichteten wie den betroffenen Prüfer eine Erleichterung und damit auch größere Rechtssicherheit.

Inlandssitz

Neben diese Einfluss- oder Beherrschungsmöglichkeit tritt als weitere Voraussetzung, dass die Kapitalgesellschaft auch ihren Sitz im Inland hat. Ein hiervon abweichender Sitz der Geschäftsführung ist unerheblich. Eine Kapitalgesellschaft mit Sitz im Ausland, deren Unternehmensleitung jedoch vom Inland aus agiert, fällt damit nicht unter die Verpflichtung zur Konzernrechnungslegung.

Konzernunternehmen, Mutterunternehmen Tochterunternehmen

Jede aufgrund dieser Kriterien zur Konzernrechnungslegung verpflichtete Kapitalgesellschaft wird als »Mutterunternehmen«, jedes grundsätzlich in den Konzernabschluss einzubeziehende Unternehmen, auch wenn es aufgrund eines Wahlrechtes (§ 296 HGB) oder eines Verbotes (§ 295 HGB) nicht einbezogen wird, wird als »Tochterunternehmen« bezeichnet. Mutter- wie Tochterunternehmen fallen gemeinsam unter den Begriff der »Konzernunternehmen«.

Konzernabschlusspflicht nach PublG

Das PublG verpflichtet in § 11 Abs. 1 alle Unternehmen anderer Rechtsformen als der der Kapitalgesellschaft zur Aufstellung eines Konzernabschlusses, wenn das entsprechende Unternehmen die einheitliche Leitung über ein anderes Unternehmen ausübt, seinen Sitz im Inland hat und auf den von ihm zu erstellenden Konzernabschluss für drei aufeinanderfolgende Stichtage jeweils mindestens zwei der drei folgenden Merkmale zutreffen (wobei es sich jedoch nicht immer um die zwei selben Merkmale handeln muss):

Konzernbilanzsumme	**> 65 Mio. EUR**
Konzernumsatzerlöse	**> 130 Mio. EUR**
Zahl der Arbeitnehmer der inländischen Konzernunternehmen	**> 5.000**

Zur Prüfung, ob eine Verpflichtung zur konsolidierten Rechnungslegung nach PublG vorliegt, muss folglich im Grenzfall jährlich zumindest ein näherungsweiser Konzernabschluss erstellt werden.

Abweichende Größenmerkmale wurden gemäß § 11 Abs. 4 in Verbindung mit § 1 Abs. 3 und 4 PublG für Kreditinstitute und Versicherungen getroffen.

Unterordnungs-, Gleichordnungskonzern

Sowohl die Kriterien des HGB wie auch des PublG definieren ein Über- bzw. Unterordnungsverhältnis als Verpflichtungstatbestand zur Konzernrechnungslegung und zur Definition der Mutter-Tochter-Beziehung. Die Erstellung eines Abschlusses für einen sog. Gleichordnungskonzern kommt somit nicht in Betracht. Abbildung 8.1 verdeutlicht die Kriterien der Konzernrechnungslegungspflicht nach deutschem Recht.

Konzernabschlusspflicht nach IAS/IFRS und US-GAAP

Die Pflicht zur Erstellung eines Konzernabschlusses gemäß IAS/IFRS und US-GAAP besteht unabhängig von der Rechtsform eines Unternehmens. Etwaige rechtsformspezifische Besonderheiten für die Konzernrechnungslegung können sich deshalb nicht ergeben. Die Aufstellungspflichten nach IAS/IFRS und US-GAAP werden hier nur der Vollständigkeit halber wiedergegeben. Für deutsche Konzerne ergibt sich die Aufstellungspflicht trotz der Befreiungsregelung des § 292a HGB grundsätzlich aus den dargestellten Vorschriften des HGB und PublG.

Eine Verpflichtung zur Konzernrechnungslegung nach IAS/IFRS resultiert aus IAS 27.7 für alle Mutterunternehmen, wobei das hierfür zugrunde liegende Mutter-Tochter-Verhältnis ausschließlich durch ein »Control«-Verhältnis begründet wird (IAS 27.12). Das Konzept der einheitlichen Leitung gemäß § 290 Abs. 1 HGB spielt in den IAS/IFRS-Vorschriften keine Rolle.

»Control«-Verhältnis

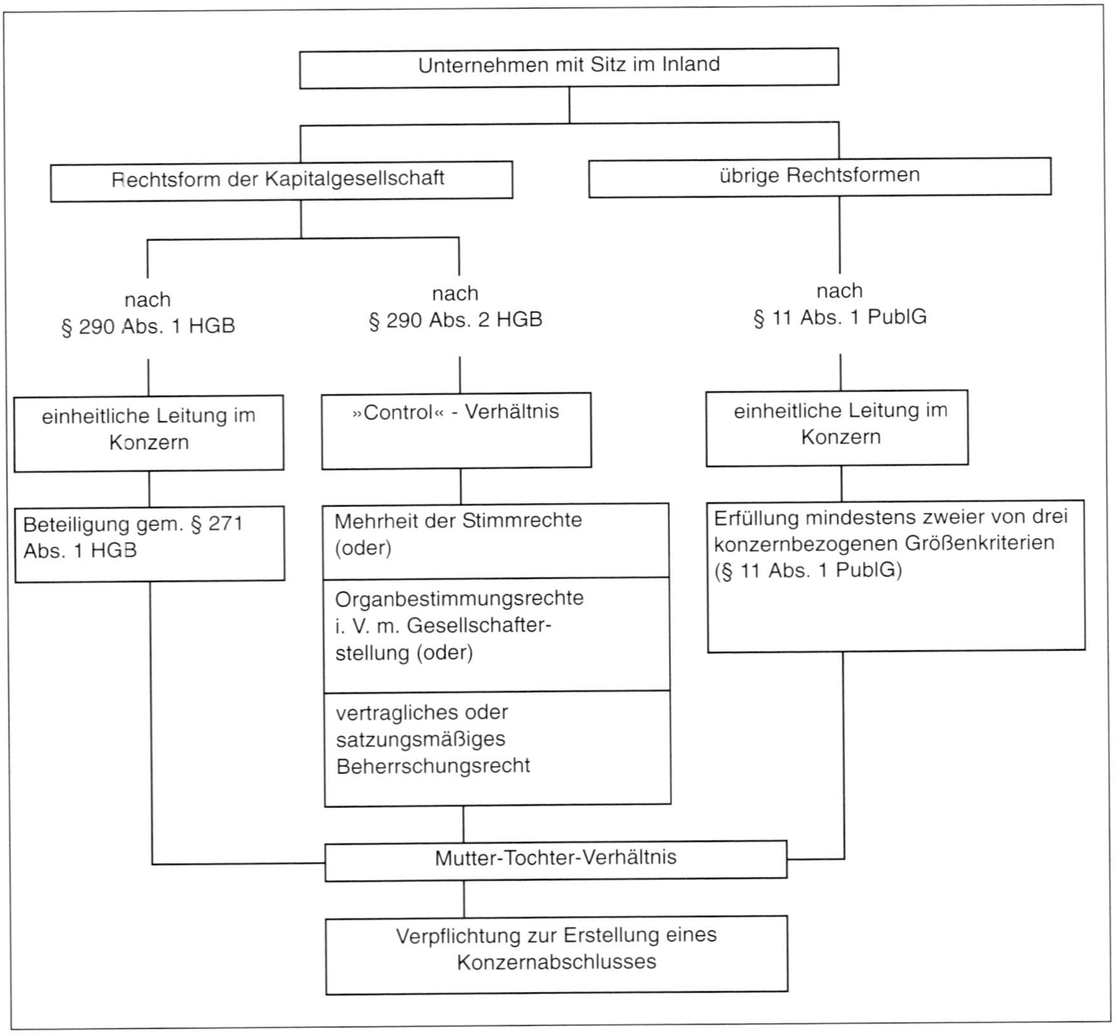

Abb. 8.1: Aufstellungspflicht nach deutschen Vorschriften

Das US-amerikanische Recht hingegen kennt keine gesetzliche Verpflichtung zur Konzernrechnungslegung. Diese ergibt sich lediglich faktisch durch die mit einer SEC-Rechnungslegungspflicht und einer Abschlussprüfung verbundenen Forderung nach der *fair presentation*, die lediglich konsolidierten Abschlüssen zugesprochen wird. Daraus resultiert der praktische Zwang zur Erstellung eines Konzernabschlusses für alle Mutterunternehmen, die zumindest gegenüber einem anderen Unternehmen in einem *parent-subsidiary*-Verhältnis stehen. Die Identifikation eines solchen Verhältnisses erfolgt ebenfalls ausschließlich über das »Control«-Konzept.

Konzernabschlusspflicht nach DRS

Die Vorschriften zur Aufstellung eines Konzernabschlusses nach DRS sind in Rechnungslegungsstandardentwurf E-DRS 16 (vormals E-DRS 10) »Aufstellung des Konzernabschlusses und Konsolidierungskreis« enthalten. Gem. E-DRS 16.1 sind diese Regelungen für alle Unternehmen, die zur Konzernrechnungslegung verpflichtet sind oder einen freiwilligen Abschluss erstellen, anzuwenden. Die Verpflichtung zur Konzernrechnungslegung gem. der DRS resultiert aus dem Vorliegen eines Beherrschungsverhältnisses zwischen zwei Unternehmen (E-DRS 16.3).

1. Konzept der »einheitlichen Leitung«

Einheitliche Leitung

Sowohl das HGB (in § 290 Abs. 1) als auch das PublG (in § 11 Abs. 1) sehen die »einheitliche Leitung« als Kriterium zur Erstellung eines Konzernabschlusses und Konzernlageberichtes vor. Das HGB fordert zusätzlich noch das Vorliegen einer Beteiligung.

Weder im AktG noch im HGB findet sich dabei eine nähere Umschreibung und Konkretisierung des Begriffes »einheitliche« Leitung. Die vielfältigen denkbaren Formen der Leitung lassen eine allgemein gültige Definition im Rahmen des Gesetzes wohl auch als nicht sinnvoll erscheinen, sodass jeweils vom konkreten Einzelfall auszugehen ist. Auch wenn das HGB bei den Begriffen »Konzern« bzw. »einheitliche Leitung« nicht auf § 18 AktG Bezug nimmt, so ist doch von einem identischen Begriffsinhalt auszugehen, sodass die von der Literatur bereits entwickelten Anhaltspunkte für das Vorliegen einheitlicher Leitung auch auf das HGB – und damit alle Kapitalgesellschaften – übertragen werden können.

Abstimmung der Geschäftspolitik, tatsächliche Ausübung

Demnach ist generell von einer einheitlichen Leitung auszugehen, wenn die Konzernspitze die Geschäftspolitik der Tochterunternehmen und sonstige grundsätzliche Fragen ihrer Geschäftsführung aufeinander abstimmt und im Konfliktfall das Konzerninteresse überwiegt. Konkret könnte hierunter z. B. die Entwicklung von Grundsätzen für die Unternehmenspolitik – z. B. bezüglich Beschaffung, Forschung und Entwicklung oder Investition und Finanzierung – verstanden werden. Unumgängliches Merkmal der einheitlichen Leitung ist jedoch, dass sie tatsächlich ausgeübt wird. Nur die Möglichkeit ihrer Ausübung reicht nicht aus; vielmehr würde die fehlende faktische Ausübung zu einer Widerlegung dieses Kriteriums führen.

Unteilbarkeit

Ein weiteres Merkmal der einheitlichen Leitung ist ihre Unteilbarkeit. Sie kann nur von der Konzernspitze ausgeübt werden, nicht von einem untergeordneten Tochterunternehmen. Somit entfällt die Erstellungspflicht für ein inländisches Unternehmen, wenn die einheitliche Leitung durch ein Unternehmen mit Sitz im Ausland ausgeübt wird und für Kapitalgesellschaften des Inlandskonzerns eines der Merkmale nach § 290 Abs. 2 HGB greift.

Beteiligungsbegriff

Nach § 290 Abs. 1 HGB muss bei Kapitalgesellschaften neben die einheitliche Leitung noch das Bestehen einer Beteiligung nach § 271 Abs. 1 HGB treten. Neben der Beteiligungsvermutung bei einem Anteilsbesitz von mehr als 20 % des Nennkapitals muss mit der Anlage also eine dauernde Verbindung beabsichtigt sowie der Wille zur Einflussnahme auf das Beteiligungsunternehmen zum Zwecke der Herstellung einer wirtschaftlichen Verbindung verknüpft sein. Dient der Erwerb der Anteile nur dem Zweck der Vermögensanlage, nicht der Herstellung einer dauerhaften wirtschaftlichen Verbindung, so ist das die Aufstellungspflicht nach § 290 Abs. 1 HGB auslösende Kriterium nicht gegeben.

Das Publizitätsgesetz koppelt die Konzernabschlusspflicht nicht zusätzlich an das Bestehen einer Beteiligung. Deshalb ergibt sich für jede Nicht-Kapitalgesellschaft – soweit sie die Größenkriterien des § 11 Abs. 1 PublG erfüllt – aus einer einheitlichen Leitung heraus die Verpflichtung zur Erstellung eines konsolidierten Abschlusses und Lageberichtes.

2. »Control«-Konzept

»Control«-Konzept nach HGB

§ 290 Abs. 2 HGB gibt für inländische Kapitalgesellschaften einen Katalog von Rechtspositionen vor, bei deren Vorliegen – unabhängig von der Existenz einer einheitlichen Leitung – durch die berechtigte Kapitalgesellschaft immer ein Konzernabschluss und Konzernlagebericht erstellt werden muss. Hierfür hat sich in Anlehnung an den angloamerikanischen Sprachgebrauch der Terminus »Control«-Verhältnis eingebürgert. Eine hierzu parallele Regelung ist im PublG nicht vorgesehen.

Rechte nach § 290 Abs. 2 HGB

Ob die Kapitalgesellschaft (Mutterunternehmen) dabei von den hierin begründeten Möglichkeiten zur Ausübung beherrschenden Einflusses auf ein anderes Unternehmen (Tochterunternehmen) auch tatsächlich Gebrauch macht, ist – im Gegensatz zum Konzept der einheitlichen Leitung – irrelevant. Somit ist auch eine auf reine Vermögensverwaltung beschränkte Kapitalgesellschaft bei Vorliegen dieser Rechte zum Konzernabschluss verpflichtet. Andererseits greift die Erstellungspflicht nicht, wenn sich die Kapitalgesellschaft durch vertragliche Vereinbarungen dieser Rechte soweit begibt, dass sie diese nicht mehr ausüben kann (z. B. durch Stimmrechtsbindungs- oder Überlassungsverträge). Bei der Definition des »Control«-Verhältnisses werden dem Mutterunternehmen auch Rechte zugerechnet, die einem Tochterunternehmen oder einer für dessen Rechnung handelnden dritten Person zustehen. Abzuziehen sind Rechte aus Anteilen, die für Rechnung einer anderen Person oder als Sicherheit von dem Mutter- oder Tochterunternehmen gehalten werden. Hier wird also auf die wirtschaftliche Inhaberschaft abgestellt.

- Stimmrechtsmehrheit

§ 290 Abs. 2 Nr. 1 HGB geht von der Mehrheit der Stimmrechte aus, womit nicht unbedingt eine Beteiligung oder gar eine Anteilsmehrheit des Mutterunternehmens einhergehen muss. Abgestellt wird hierbei auf eine Einflussnahme in den entsprechenden Gremien, wobei jedoch nicht »faktische« Verhältnisse (z. B. zufällige Hauptversammlungsmehrheit), sondern rechtlich gesicherte Positionen vorliegen müssen. Vor der Berechnung des Stimmenanteils sind von der Gesamtstimmenzahl des Tochterunternehmens die Stimmrechte abzuziehen, die dem Tochterunternehmen aus eigenen Anteilen zustehen (§ 290 Abs. 4 HGB, vgl. auch § 16 Abs. 1 und 2 AktG).

- Besetzungs- und Abberufungsrechte

§ 290 Abs. 2 Nr. 2 HGB stellt auf Besetzungs- und Abberufungsrechte bezüglich der Mehrheit der Mitglieder des Verwaltungs-, Leitungs- oder Aufsichtsorgans der Mutterunternehmung an dem Tochterunternehmen ab, wobei das Mutterunternehmen gleichzeitig Gesellschafterstellung bei dem Tochterunternehmen haben muss. Eine Kapitalbeteiligung des Gesellschafters wird nicht vorausgesetzt. Neben der Stimmrechtsmehrheit ist hier an Entsendungsrechte oder Vereinbarungen mit anderen Gesellschaftern zu denken.

- Recht auf beherrschenden Einfluss

§ 290 Abs. 2 Nr. 3 HGB knüpft die Erstellungspflicht an die Möglichkeit herrschenden Einflusses. Darunter ist zu verstehen, dass das herrschende Unternehmen dem beherrschten hinsichtlich dessen Geschäftsführung seinen Willen aufzuzwingen vermag; als Mittel hierzu werden relativ eng – dafür gut nachprüfbar – Beherrschungsvertrag oder entsprechende Satzungsbestimmung definiert (wobei wiederum nicht von einer Beteiligung ausgegangen wird).

»Control«-Konzept nach IAS/IFRS

Ein beherrschender Einfluss (*control*) liegt nach IAS/IFRS dann vor, wenn ein Unternehmen die Macht hat, die finanziellen und betrieblichen Entscheidungsprozesse eines anderen Unternehmens so zu beherrschen, dass es den Nutzen aus der Geschäftstätigkeit des beherrschten Unternehmens ziehen kann (IAS 22.9, 27.6, 28.3). Während es nach § 290 Abs. 2 HGB nur darauf ankommt, dass dem Mutterunternehmen die Stimmenmehrheit zusteht – ohne Nachweis der tatsächlichen Ausübung –, liegt gemäß IAS 27.12 bei Mehrheit der Stimmrechte nur die widerlegbare Vermutung eines beherrschenden Einflusses vor. Kann z. B. durch einen so genannten Entherrschungsvertrag nachgewiesen werden, dass kein beherrschender Einfluss vorliegt, so entsteht trotz einer Mehrheit der Stimmrechte kein Mutter-Tochter-Verhältnis.

Auch ohne Mehrheit der Stimmrechte ist ein Control-Verhältnis dann unwiderlegbar gegeben, wenn ein Mutterunternehmen

- über mehr als die Hälfte der Stimmrechte aufgrund von vertraglichen Vereinbarungen mit anderen Anteilseignern verfügen kann, oder
- die Möglichkeit hat, einen beherrschenden Einfluss aufgrund vertraglicher oder satzungsmäßiger Bestimmungen auszuüben, oder
- die Möglichkeit hat, die Mehrheit der Leitungsorgane des Unternehmens zu bestellen oder abzurufen, oder
- die Möglichkeit hat, die Mehrheit der Stimmen bei Versammlungen der Leitungsorgane zu beeinflussen (IAS 27.12).

In der Praxis werden diese Unterschiede zum HGB jedoch nur in seltenen Fällen zu Abweichungen bei der Bestimmung von verbundenen Unternehmen führen.

Im geplanten *improvement project* ist eine Änderung von IAS 27 dahingehend geplant, dass das Beherrschungskonzept erweitert wird und so potenzielle Stimmrechte durch Aktienoptionsscheine, Kaufoptionen auf Aktien oder in Aktien konvertible Eigen- und Fremdkapitalinstrumente zu berücksichtigen sind. Der momentan hierfür gültig SIC 33 soll daraufhin gestrichen werden.

»Control«-Konzept nach US-GAAP

Das Vorliegen eines Control-Verhältnisses nach US-GAAP begründet sich traditionell mit dem Bestehen von *legal control*, also der direkten oder indirekten Mehrheit der Stimmrechte (ARB 51.2, FAS 94.13). Nach FAS 94.13 sind alle im Mehrheitsbesitz befindlichen *subsidiaries* zu konsolidieren, es sei denn, *control* liegt nur vorübergehend vor bzw. das Mutterunternehmen ist in der Ausübung der Kontrolle behindert. Zwar schließt FAS 94 solche Fälle nicht von der Konsolidierung aus, in denen weniger als 50 % der Anteile gehalten werden, doch erfahren sie in der amerikanischen Konsolidierungspraxis bislang wenig Anwendung. Unternehmen, die gegenüber der SEC berichtspflichtig sind, haben unter besonderen Voraussetzungen, wie bspw. Unternehmensverträge, auch solche Unternehmen zu konsolidieren, an denen sie keine Stimmrechtsmehrheit halten.

Zu Gunsten einer Annäherung an das international breiter definierte »Control«-Konzept arbeitet das FASB derzeit an der Definition eines umfassenderen Begriffes der *effective control,* der sich auf die Fähigkeit des Mutterunternehmens bezieht, die Geschäftspolitik des anderen Unternehmens so zu beeinflussen, dass ihm der Nutzen aus dessen Geschäftstätigkeit zufließt (vgl. Baker, R. E./ Lempke, V. C./King, T. E. [1999], S. 129 ff.). Nach dem im Februar 1999 vorgelegten revised Exposure Draft *»Proposed Statement of Financial Accounting Standards - Consolidated Financial Statements: Purpose and Policy«* wird Control definiert als die ungeteilte Befähigung des Mutterunternehmens, die Geschäftstätigkeit des Tochterunternehmens so zu lenken, dass es den Nutzen aus dieser Tätigkeit erhöhen und einen Schaden begrenzen kann (E 194 b.10). Allerdings wurde ein Standard bis dato nicht verabschiedet.

»Control«-Konzept nach DRS

Beherrschung (*control*) wird in E-DRS 16.2 als die rechtliche Möglichkeit definiert, die Geschäftspolitik eines anderen Unternehmens mittelbar oder unmittelbar zu bestimmen. Als Kriterien werden hierbei neben den in § 290 Abs. 2 HGB enthaltenen noch die tatsächliche Ausübung der einheitlichen Leitung über ein Unternehmen, mit dem ein Beteilungsverhältnis besteht, genannt. Faktisch ergibt sich demnach zu der Verpflichtung der Erstellung eines Konzernabschluss gem. § 290 HGB durch den E-DRS 16 keine Änderung.

II. Ausnahmen von der Verpflichtung zur Konzernrechnungslegung

Einschränkung der Aufstellungspflicht

Die eben dargestellte grundsätzliche Aufstellungspflicht eines Konzernabschlusses wird durch zwei Ausnahmen eingeschränkt. Zum einen kann durch einen übergeordneten befreienden Konzernabschluss die Aufstellungspflicht untergeordneter Teilkonzerne aufgehoben werden, zum anderen können kleinere Konzerne durch größenabhängige Befreiungen von der Aufstellungspflicht befreit werden (vgl. Übersicht in Abbildung 8.2 auf Seite 531).

1. Befreiende Abschlüsse

Teilkonzernabschluss (»Tannenbaum-Prinzip«)

Die Kriterien des § 290 Abs. 2 HGB führten – würden sie nicht eingeschränkt – in einem tief gegliederten Unternehmensverbund auf jeder Stufe zu einem Teil-Konzernabschluss (sog. Tannenbaumprinzip oder Stufenabschluss). Die einheitliche Leitung (§ 290 Abs. 1 HGB) ist nach herrschender Meinung unteilbar und kann deshalb nur von einer Stufe – der obersten – ausgeübt werden. Die in § 290 Abs. 2 HGB aufgeführten Möglichkeiten beherrschenden Einflusses hingegen sind in der Regel von Stufe zu Stufe gegeben, da jedes Tochterunternehmen in der Rechtsform der Kapitalgesellschaft den unter ihm stehenden Konzernunternehmen wiederum als Mutterunternehmen i. S. v. § 290 Abs. 2 HGB gegenübersteht. Um dieser exzessiven Regelung die Spitze zu nehmen, wurde aus Gründen der Wirtschaftlichkeit wie auch einer Skepsis dem Informationsgehalt von Teilkonzernabschlüssen gegenüber die Möglichkeit befreiender Abschlüsse (§§ 291, 292 HGB) auf höherer Konzernebene geschaffen.

Befreiender Konzernabschluss

Eine solche Befreiung ist möglich, wenn ein Mutterunternehmen (MU_x), das nach § 290 HGB einen Abschluss erstellen muss, selbst wieder Tochterunternehmen eines anderen Mutterunternehmens (MU_o) ist und von diesem ein den folgenden Vorschriften entsprechender Konzernabschluss erstellt und nach den für den entfallenden Konzernabschluss maßgeblichen deutschen Vorschriften in deutscher Sprache offen gelegt wird. Eine Umrechnung in Inlandswährung bei einem im Ausland angesiedelten Mutterunternehmen ist dabei nicht vorgeschrieben.

Sitzt MU_o in einem Mitgliedsstaat der EU, so muss der von ihm erstellte Abschluss

- das zu befreiende MU_x und dessen TU prinzipiell einbeziehen (unbeschadet der Ausnahmeregelungen von §§ 295, 296 HGB) und
- dem Recht des Sitzstaates von MU_o und den Normen der 7. EG-Richtlinie entsprechen und von einer berechtigten Person geprüft worden sein. Zudem ist im Anhang von MU_o Name und Sitz von MU_x anzugeben und ein Hinweis auf die Befreiung von der Erstellungspflicht aufzunehmen.

Hat MU_o seinen Sitz nicht in einem EU-Mitgliedsstaat, so muss der befreiende Abschluss nach dem mit den Anforderungen der 7. EG-Richtlinie übereinstimmenden Recht eines Mitgliedsstaates erstellt oder einem nach solchem Recht erstellten Abschluss zumindest gleichwertig sein. Außerdem muss der befreiende Konzernabschluss in dem Land veröffentlicht werden, nach dessen Vorschriften er erstellt wurde oder mit dessen Vorschriften er gleichwertig sein soll. Des weiteren ist nach § 291 HGB die Offenlegung im Land des MU_x, dessen Abschluss entfällt, vorgesehen. Damit soll verhindert werden, dass das Recht des EU-Staates mit den geringsten Anforderungen gewählt wird.

Die Befreiungen beziehen sich dabei nicht nur auf das jeweils unmittelbare, sondern auch auf mittelbare MU_o-MU_x-Verhältnisse. Unter Informationsaspekten zu begrüßen ist auch die Regelung in § 291 Abs. 1 Satz 2 HGB, dass ein solcher befreiender Abschluss nicht von einer bestimmten Rechtsform des MU_o abhängt, sondern von jedem Unternehmen erstellt werden kann, solange dieses in der

Rechtsform der Kapitalgesellschaft geführt werden könnte und in diesem Falle zur Konzernrechnungslegung verpflichtet wäre (Privatpersonen, Bund, Länder und Gemeinden sind somit von der Erstellung eines befreienden Abschlusses ausgeschlossen).

Teilkonzernabschluss bei Minderheitenvotum

Ein befreiender Abschluss ist nach § 291 Abs. 3 HGB trotz Vorliegens oben geschilderter Voraussetzungen nicht möglich, wenn Gesellschafter, denen bei AG und KGaA mindestens 10 %, bei der GmbH mindestens 20 % der Anteile des zu befreienden Unternehmens gehören, dem beabsichtigten Verzicht auf die Erstellung des Teilkonzernabschlusses spätestens 6 Monate vor Ablauf des Konzerngeschäftsjahres widersprechen. Besitzt MU_o an MU_x mindestens 90 % der Anteile, so ist ein übergeordneter Abschluss mit befreiender Wirkung nur mit Zustimmung der anderen Gesellschafter möglich. Diese Regelung dient dem Schutz der Informationsinteressen von Minderheitsgesellschaftern.

Befreiender Konzernabschluss nach IAS/IFRS

Die Regelungen des IAS 27.8 legen die Befreiungsregeln deutlich enger aus als die Vorschriften des § 291 Abs. 1 HGB. Demnach kann eine Befreiung von der Konzernabschlusserstellungspflicht nur dann gewährt werden, wenn das zu befreiende Mutterunternehmen zu 100 % oder nahezu vollständig im Besitz des übergeordneten Mutterunternehmens steht (*virtually wholly owned*) und wenn in letzterem Falle die Zustimmung der übrigen Gesellschafter eingeholt wurde. Von dem befreiten Unternehmen werden jedoch weitere Angaben verlangt. Darzustellen sind im Einzelabschluss die Gründe für die Befreiung, die Bewertungsgrundlagen der Tochterunternehmen im Einzelabschluss sowie Name und Sitz des Mutterunternehmens, das den befreienden Konzernabschluss erstellt (IAS 27.8). Aus den Standards geht nicht hervor, ob ein Abschluss, der nicht gemäß den IAS/IFRS aufgestellt wurde, befreiende Wirkung haben kann.

Auch hier plant das IASB im Rahmen des *improvement project* eine Änderung dahingehend, dass auch Mutterunternehmen mit einem größeren Minderheitenanteil von der Aufstellung befreit werden können, falls alle Minderheitsaktionäre zustimmen und das übergeordnete Mutterunternehmen einen Abschluss gem. IAS/IFRS aufstellt. Ausgeschlossen von dieser Befreiung wären dann allerdings Unternehmen, deren Wertpapiere öffentlich gehandelt werden oder in öffentliche Märkte emittiert werden.

Kein befreiender Konzernabschluss nach US-GAAP

Die US-GAAP sehen keine Befreiung vor, da nach amerikanischem Verständnis der Konzernabschluss als der sachgerechtere und allein aussagefähige Abschluss eines Mutterunternehmens angesehen wird. Es gilt hier also das Tannenbaumprinzip, was sich aus der vorrangigen Stellung der Interessentheorie heraus begründet.

Befreiender Konzernabschluss nach DRS

Nach. E-DRS 16.5 ist eine Befreiung durch einen übergeordneten Konzernabschluss gem. §§ 291, 292 HGB immer dann, aber auch nur dann, möglich, wenn es sich nicht um ein kapitalmarktorientiertes Mutterunternehmen handelt, dass zugleich Tochterunternehmen ist. Unter einem kapitalmarktorientierten Unternehmen versteht man hierbei Unternehmen, die einen organisierten Markt i. S. d. § 2 Abs. 5 WpHG durch eigene oder durch ein Tochterunternehmen ausgegebene Wertpapiere in Anspruch nehmen. Für nicht kapitalmarktorientierte Unternehmen stellt der E-DRS keine Einschränkung dar.

2. Größenabhängige Befreiungen

Um die Belastung der Unternehmen durch Rechnungslegungsvorschriften möglichst niedrig zu halten, werden nach HGB kleinere Konzerne von der Abschlusserstellungspflicht befreit.

Größenkriterien

Kriterium hierzu ist das Nichtüberschreiten von zwei aus insgesamt drei Größenkriterien am aktuellen und vorhergehenden Bilanzstichtag. Für die Berechnung der Schwellenwerte, die durch das KapCoRiLiG im Jahr 2000 überarbeitet wurden, kann die Nettomethode (Konzernabschluss) oder die Bruttomethode (Summenabschluss) verwendet werden. Die Größenkriterien sind in Tabelle 8.1 wiedergegeben.

Größenkriterien	Bruttomethode	Nettomethode
Bilanzsumme (Mio. EUR)	16,5	13,75
Umsatzerlöse (Mio. EUR)	33	27,5
Arbeitnehmer	250	250

Tab. 8.1: Größenkriterien des § 293 Abs. 1 HGB nach dem KapCoRiLiG

Wegfall der Befreiungsregelung

Eine Befreiung von der Erstellungspflicht ist trotz Vorliegen der Tatbestände von § 293 Abs. 1 HGB nicht möglich, wenn Aktien oder andere emittierte Wertpapiere des Mutter- oder eines oder mehrerer Tochterunternehmen an einem organisierten Markt i. S. d. § 2 Abs. 5 WpHG teilnehmen oder den Antrag für die Zulassung an einem solchen gestellt haben (§ 293 Abs. 5 HGB). Die zusätzlichen Informationen eines Konzernabschlusses sollen also den Besitzern und Käufern dieser Wertpapiere nicht vorenthalten werden.

Die Ausnahmen von der Erstellungspflicht nach HGB und ihre Voraussetzungen zeigt zusammengefasst Abbildung 8.2.

Größenkriterien nach IAS/IFRS und US-GAAP

Eine Befreiung von der Konzernabschlusserstellung aufgrund des Unterschreitens bestimmter Größenkriterien – wie es das HGB den Unternehmen ermöglicht – sehen die IAS/IFRS und US-GAAP nicht vor. Jedoch wird die Belastung der kleinen Unternehmen in den USA dadurch verringert, dass Unternehmen auf Grund der Wesentlichkeit des Konzernabschlusses keine zwei Abschlüsse zu erstellen haben, da der Konzernabschluss nach den Regeln der US-GAAP den Einzelabschluss ersetzt (vgl. Eisolt, D. [1992], S. 153.).

Größenabhängige Befreiung nach DRS

Eine Befreiung von der Aufstellungspflicht eines Konzernabschlusses aufgrund einer Unterschreitung der Größenkriterien des § 293 HGB ist nach E-DRS 16.5 identisch zu den Vorschriften des HGB geregelt. Von dieser Befreiung ausgeschlossen sind ebenso alle kapitalmarktorientierten Unternehmen.

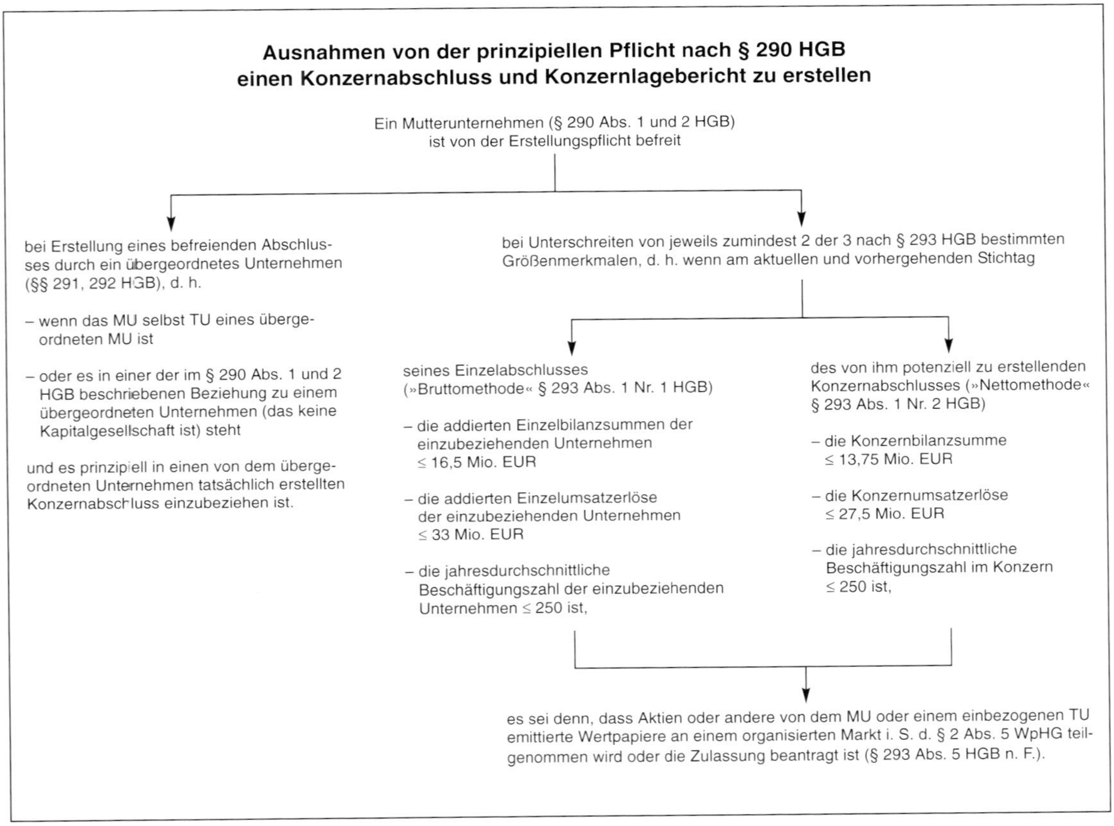

Abb. 8.2: Ausnahmen von der Aufstellungspflicht nach HGB

C. Konsolidierungskreis

Durch die Regelung des Konsolidierungskreises werden die in den Konzernabschluss eingehenden Tochterunternehmen definiert. Das HGB regelt diesen Teil der konsolidierten Rechnungslegung in den §§ 294–296. Die in § 294 HGB niedergelegte grundsätzliche Einbeziehungspflicht wird dabei durch ein Einbeziehungsverbot (§ 295 HGB) sowie bestimmte Einbeziehungswahlrechte (§ 296 HGB) durchbrochen. Im Hinblick auf den Konsolidierungskreis sind die Regelungen von IAS/IFRS und US-GAAP mit den HGB-Regelungen vergleichbar, im Hinblick auf Einbeziehungsverbote und -wahlrechte dagegen restriktiver. In den DRS wird der Konsolidierungskreis durch E-DRS 16 geregelt. Dieser orientiert sich stark an den internationalen Vorschriften und schränkt die im HGB enthaltenen Konsoldierungswahlrechte stark ein.

I. Grundsätzliche Einbeziehungspflicht

Einbeziehungspflicht nach HGB

Grundsätzlich muss ein Mutterunternehmen all seine Tochterunternehmen in den konsolidierten Abschluss einbeziehen. Ist also einer der in § 290 HGB definierten Sachverhalte gegeben, so tritt neben eine Pflicht zur Erstellung eines Konzernabschlusses und Konzernlageberichtes durch das Mutterunternehmen gleichzeitig prinzipiell auch eine Einbeziehungspflicht für das betreffende Tochterunternehmen. Einzubeziehen sind dabei nicht nur die unmittelbaren Tochterunternehmen, sondern auch die mittelbaren Tochterunternehmen.

Vollkonsolidierung

In den Konsolidierungskreis aufgenommene Tochterunternehmen sind mittels einer »Vollkonsolidierung« in den Konzernabschluss einzubeziehen. Vollkonsolidierung bedeutet, dass ein Konzernunternehmen prinzipiell mit all seinen Aktiva und Passiva sowie Aufwendungen und Erträgen in den konsolidierten Abschluss einfließt, soweit diese nicht durch spezielle Konsolidierungsmaßnahmen modifiziert oder eliminiert werden. Im Rahmen der Vollkonsolidierung sind gleichzeitig sämtliche innerkonzernlichen Beziehungen unter dem Gesichtspunkt des Konzernabschlusses als des Abschlusses auch einer rechtlichen Einheit darzustellen.

Einbeziehungsverbot für alle Nicht-Tochterunternehmen

Im Umkehrschluss aus dieser Einbeziehungspflicht ergibt sich, dass Nicht-Konzernunternehmen – Unternehmen also, zu denen kein in § 290 HGB geregeltes Konzernverhältnis besteht – auch nicht in den Konzernabschluss einbezogen werden dürfen. Ein freiwilliger, weitergehender Einbezug anderer Unternehmen in den konsolidierten Abschluss ist damit nicht möglich. Eine Zwischenstufe zwischen Konzernunternehmen und Nicht-Konzernunternehmen sind die so genannten »assoziierten Unternehmen«, auf die kein beherrschender, wohl aber ein maßgeblicher Einfluss ausgeübt werden kann und die deshalb nach einer Sonderform, nämlich der so genannten Equity-Methode in den Konzernabschluss einbezogen werden (vgl. 9. Kapitel A IV 2.). Damit wird im HGB den abgestuften Einflussmöglichkeiten auf ein anderes Unternehmen auch durch die Form der Rechnungslegung Rechnung getragen.

Weltabschluss

Aus dieser generellen Einbeziehungsregelung des § 294 HGB ergibt sich auch implizit, dass der Sitz des Tochterunternehmens für den Einbezug unerheblich ist. Es gilt das »Weltabschlussprinzip«.

Änderungen des Konsolidierungskreises

Die Definition des Konsolidierungskreises hat wesentlichen Einfluss auf den Informationsgehalt des konsolidierten Abschlusses. Änderungen in seiner Zusammensetzung sind ohne weitere Erläuterungen für den externen Abschlussadressaten nicht nachvollziehbar. § 294 Abs. 2 HGB enthält deshalb für den Fall wesentlicher Änderungen des Konsolidierungskreises eine Verpflichtung zur Aufnahme zusätzlicher Angaben, die dann einen sinnvollen Vergleich mit den vorhergehenden Abschlüssen ermöglichen sollen. Explizit wird dabei als Beispiel eine entsprechende Anpassung der Beträge im Vorjahresabschluss aufgeführt. Dies dürfte bei einem Ausscheiden eines Tochterunternehmens aus dem Konsolidierungskreis wohl die sinnvollste Lösung sein. Bei der Neuaufnahme eines Tochterunternehmens in den Konsolidierungskreis andererseits jedoch dürfte diese Vorgehensweise mit Schwierigkeiten verbunden sein. In diesem Fall empfehlen sich entsprechende Angaben im Anhang. Im Hinblick auf das Kriterium der Wesentlichkeit wird auf die Ausführungen in Abschnitt C III 4 dieses Kapitels verwiesen.

Stetigkeit der Abgrenzung

Vor dem Hintergrund der beträchtlichen Auswirkungen auf den Informationsgehalt des konsolidierten Abschlusses muss auch die Anwendung des Stetigkeitsgrundsatzes auf die Abgrenzung des Konsolidierungskreises gesehen werden. Obwohl sich die Methodenstetigkeit nach dem Wortlaut von § 297 Abs. 3 HGB nur auf die Konsolidierungsmethoden bezieht, geht die einhellige Meinung der Literatur dahin, dass das Stetigkeitsgebot wegen der besonderen Bedeutung des Konsolidierungskreises auch hier gilt. Das Mutterunternehmen ist folglich auch für die Folgeperioden an ein einmal ausgeübtes Einbeziehungswahlrecht gebunden und kann nur aus triftigen Gründen später eine andere Entscheidung treffen.

Einbeziehungspflicht nach IAS/IFRS

Grundsätzlich gibt es bezüglich der Einbeziehungspflichten in- und ausländischer Tochterunternehmen in den Konzernabschluss keine Unterschiede zwischen den Regelungen des HGB und der IAS/IFRS. Das Weltabschlussprinzip gilt ebenso in beiden Normensystemen (§ 294 Abs. 1 HGB und IAS 27.11) wie auch das Einbeziehungsverbot für alle nicht verbundenen Unternehmen (IAS 27.24).

Einbeziehungspflicht nach US-GAAP

Auch nach US-GAAP gilt das Weltabschlussprinzip. Weder die Standards von APB bzw. FASB noch die Vorschriften der SEC machen explizite Aussagen über den Sitz des Tochterunternehmens. Zwar bestand nach ARB 43.12 ein Konsolidierungswahlrecht für ausländische Tochterunternehmen. Dieses wurde jedoch mit der Einführung von FAS 94 aufgehoben (vgl. Williams, J. R. [2001], S. 8.04 f.). Somit gilt eine Konsoldierungspflicht für alle in direktem oder indirektem Mehrheitsbesitz befindlichen inländischen und ausländischen *subsidiaries* (FAS 94.13).

Einbeziehungspflicht gem. DRS

Ebenso wie nach HGB und den internationalen Regelungen ist auch nach DRS das Weltabschlussprinzip gültig. Gem. E-DRS 16.6 sind neben dem Mutterunternehmen grundsätzlich alle Tochterunternehmen unabhängig von ihrem Sitz und ihrer Rechtsform einzubeziehen.

II. Einbeziehungsverbot wegen unvereinbarer Geschäftstätigkeit

Einbeziehungsverbot nach HGB

Das HGB normiert nur einen Sachverhalt, der für ein Tochterunternehmen zu einem absoluten Einbeziehungsverbot in den Konsolidierungskreis führt. Dieses gilt auch für Konzernabschlüsse und Konzernlageberichte nach dem PublG.

»Konzernuntypische« Tätigkeit

Ein Tochterunternehmen darf nach § 295 Abs. 1 HGB dann nicht in den Konzernabschluss einbezogen werden, wenn sich seine Tätigkeit von der Tätigkeit der anderen einbezogenen Unternehmen derart unterscheidet, dass die Einbeziehung in den Konzernabschluss die Vermittlung eines den tatsächlichen Verhältnissen entsprechenden Bildes der Vermögens-, Finanz- und Ertragslage des Konzerns unmöglich macht.

Ein im Einzelfall vermuteter Konflikt zwischen der Erfüllung der Generalnorm nach § 297 Abs. 3 HGB und dem Grundsatz der Vollständigkeit des Konzernabschlusses wird damit im Sinne der übergeordneten Generalnorm entschieden. Diese Regelung ist jedoch äußerst umstritten und schwer zu konkretisieren. Nach § 295 Abs. 2 HGB lässt sich eine solche Gefährdung nicht allein daraus herleiten, dass die in den Konzernabschluss einbezogenen Unternehmen teils Industrie-, teils Handels- und teils Dienstleistungsunternehmen sind, unterschiedliche Erzeugnisse herstellen, mit unterschiedlichen Erzeugnissen Handel treiben oder Dienstleistungen unterschiedlicher Art erbringen. Daraus kann man ableiten, dass das Einbeziehungsverbot eng auszulegen ist. Ist es doch geradezu das Wesen des Konzerns, die verschiedensten Arten von Unternehmen unter seinem Dach zu vereinen. Die vielfältigen Diversifikationsbemühungen der Unternehmen belegen dies deutlich.

Das gesetzliche Einbeziehungsverbot des § 295 Abs. 1 HGB scheint sich am Vorbild eines weitgehend homogenen Geschäftsfeldes eines Unternehmens auszurichten, sodass auch von einem »konzerntypischen« Geschäftsfeld gesprochen werden kann. Diese Sichtweise des Unternehmens jedoch ist heute nicht mehr adäquat. Die zeitgerechtere Betrachtung eines Unternehmens hat sich gerade in letzter Zeit auch in den USA durchgesetzt und dort bereits zu einer entsprechenden Aufhebung der Vorschrift geführt, an die sich § 295 Abs. 1 HGB anlehnt. Mit dem FAS 94 vom Oktober 1987 wurde die § 295 Abs. 1 HGB entsprechende Vorschrift in den USA ersatzlos fallengelassen. Ein Nichteinbezug wegen abweichender Geschäftstätigkeit ist dort folglich nicht mehr zulässig. Die in der deutschen Literatur geforderte sehr enge Auslegung dieser Vorschrift hat damit eine nachhaltige Rechtfertigung erlangt.

Anwendungsfälle

Der Anwendungsbereich dieses Einbeziehungsverbotes ist demnach auf Ausnahmefälle zu beschränken. Als solche werden in der Literatur praktisch nur rechtlich selbständige gemeinnützige Unterstützungskassen oder ähnliche Einrichtungen aufgeführt, deren Einbezug zu einer unter Umständen nicht unerheblichen Verschiebung der Bilanzrelationen führen und die Vermögenslage des Konzerns zu günstig ausweisen würde (vgl. IDW [1996], S. 873 f.).

Bei Verbot: Equity-Bewertung

Unterliegt im Einzelfall ein Tochterunternehmen diesem Einbeziehungsverbot, so bedeutet dies, dass es zwar weiterhin seinen Status als Tochterunternehmen beibehält – die Kriterien nach § 290 HGB bestehen unverändert fort –, jedoch nicht mehr nach der Methode der Vollkonsolidierung einbezogen werden darf. Es ist jedoch zu prüfen, ob dann nicht eine Einbeziehung nach der Equity-Methode (vgl. 9. Kapitel A IV 2) in Frage kommt, da der hierfür erforderliche »maßgebliche« Einfluss bei einem Tochterunternehmen immer gegeben sein dürfte (vgl. auch weiter unten Abschnitt C III 5).

Begründung des Verbotes

Des Weiteren ist die Nichteinbeziehung anzugeben und zu begründen (§ 295 Abs. 3 HGB), wobei jedoch ein bloßer Hinweis auf die gesetzliche Vorschrift nicht ausreicht (vgl. IDW [1988a], S. 184). Es ist zu begründen, warum und in welchen Posten des Konzernabschlusses ein Einbezug dieses Unternehmens den Einblick in die Vermögens-, Finanz- und Ertragslage des Konzerns beeinträchtigen würde.

Publizität des nicht einbezogenen Abschlusses

Soweit der Jahresabschluss eines solchen dem Konsolidierungsverbot unterliegenden Tochterunternehmens im Geltungsbereich des HGB nicht offen gelegt wird, muss er gemeinsam mit dem Konzernabschluss zum Handelsregister eingereicht werden (§ 295 Abs. 3 HGB). Diese Einreichungspflicht gilt auch für die Abschlüsse ausländischer Tochterunternehmen.

Abbildung 8.3 fasst die Inhalte des Konsolidierungsverbotes nach § 295 HGB nochmals zusammen:

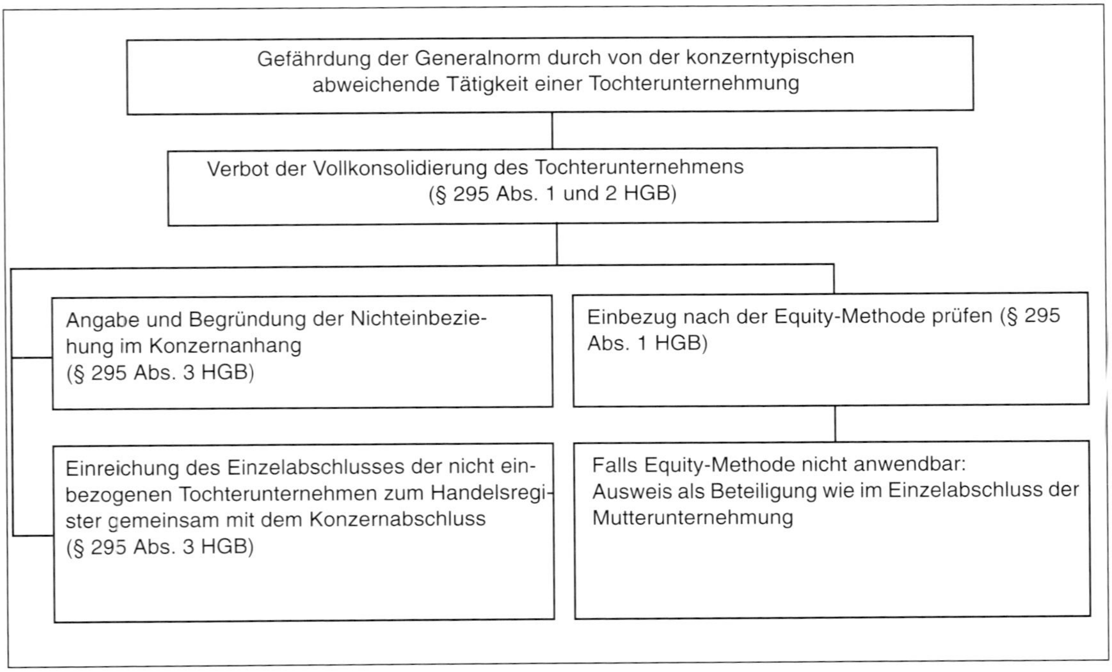

Abb. 8.3: Das Einbeziehungsverbot nach § 295 HGB

Kein Einbeziehungsverbot nach IAS/IFRS

Anders als im § 295 Abs. 1 HGB sind Tochterunternehmen gemäß IAS 27.14 explizit auch dann in den Konsolidierungskreis einzubeziehen, wenn deren Geschäftstätigkeit sich sehr stark von der anderer Konzernunternehmen unterscheidet. Eine Konsolidierung solcher Tochterunternehmen mit zusätzlichen Angaben über deren Geschäftstätigkeit erfüllt nach Ansicht des IASB die Informationsfunktion des Konzernabschlusses besser als der Verzicht auf eine Konsolidierung.

Kein Einbeziehungsverbot nach US-GAAP

Bis zur Verabschiedung des FAS 94 im Jahre 1987 war auch in den USA die Nichteinbeziehung von Tochterunternehmen mit abweichender Tätigkeit möglich. So war zwar in ARB 51.3 die Empfehlung enthalten, Tochterunternehmen auch bei einer abweichenden Tätigkeit einzubeziehen, jedoch durfte davon abgesehen und mittels Einzelabschluss über die Tätigkeit des Tochterunternehmens berichtet werden, falls die jeweilige Gesellschaft es für informativer für ihre

Anteilseigner und Gläubiger hielt. Diese Befreiungsmöglichkeit wurde jedoch zum Zwecke des *off-balance-sheet financing* überbeansprucht, sodass sich das FASB gezwungen sah, diese Regelung aufzuheben, um die Vergleichbarkeit der Konzernabschlüsse zu gewährleisten (FAS 94.5 ff.). Somit müssen alle Tochterunternehmen, unabhängig von der Art ihrer Tätigkeit, konsolidiert werden (FAS 94.13). Es kann dadurch zwar zu einer Vermischung von Vermögensgegenständen und Schulden aus verschiedenen Tätigkeitsbereichen kommen, jedoch kann zu deren Aufschlüsselung der Segmentbericht herangezogen werden.

Einbeziehungsverbot nach DRS

Nach DRS zieht eine abweichende Tätigkeit des Tochterunternehmens von der des Konzernunternehmens noch immer eine Konsolidierungsverbot nach sich (E-DRS 16.9). Allerdings wird in E-DRS 16.10 explizit darauf hingewiesen, dass dieses Verbot eng auszulegen ist und demnach nur in einigen seltenen Ausnahmefällen Anwendung findet. In den Empfehlungen de lege ferenda spricht sich das DRSC zusätzlich für einen völlige Streichnung dieser Regelung aus, da diese die Aussagefähigkeit eines Konzernabschlusses reduziert und zudem international unüblich ist.

III. Einbeziehungswahlrechte

Neben dem generellen Einbeziehungsgebot für alle Tochterunternehmen und dem soeben dargestellten Einbeziehungsverbot gewährt das HGB in § 296 in bestimmten Fällen auch Einbeziehungswahlrechte, die in Abbildung 8.4 zusammengefasst sind. Der Gliederung des HGB folgend werden im Folgenden die dort angesprochenen Fälle auch nach IAS/IFRS und US-GAAP diskutiert, auch wenn diese Normensysteme in solchen Fällen keine Einbeziehungswahlrechte vorsehen. Anschließend wird die Behandlung der aufgrund dieser Vorschriften nicht vollkonsolidierten Tochterunternehmen aufgezeigt.

1. Beschränkung bestimmter Rechte des MU

- HGB

Falls eine erhebliche und andauernde Beschränkung der Rechte des Mutterunternehmens in Bezug auf Vermögen oder Geschäftsführung eines Tochterunternehmens besteht, sieht § 296 Abs. 1 Nr. 1 HGB ein Wahlrecht für den Einbezug dieses Tochterunternehmens vor. Bei den Voraussetzungen ist zu beachten, dass die Beschränkungen sowohl erheblich als auch von Dauer sein müssen (sie dürfen also nicht nur alternativ vorliegen), sie sich andererseits aber nur entweder auf das Vermögen oder die Geschäftsführung zu beziehen haben. Die Dauer der Beschränkung muss sich dabei nicht über mehrere Geschäftsjahre erstrecken, sondern während des Geschäftsjahres bestanden haben und am Abschlussstichtag noch bestehen. Eine solche Einschränkung kann etwa durch politische Verhältnisse in einem Land, in dem das betreffende Tochterunternehmen ansässig ist, gegeben sein, falls die ausländische Regierung die Rechte des Mutterunternehmens so einschränkt, dass eine tatsächliche Einflussnahme auf das Vermögen und die Ressourcen des Tochterunternehmens nur eingeschränkt möglich ist.

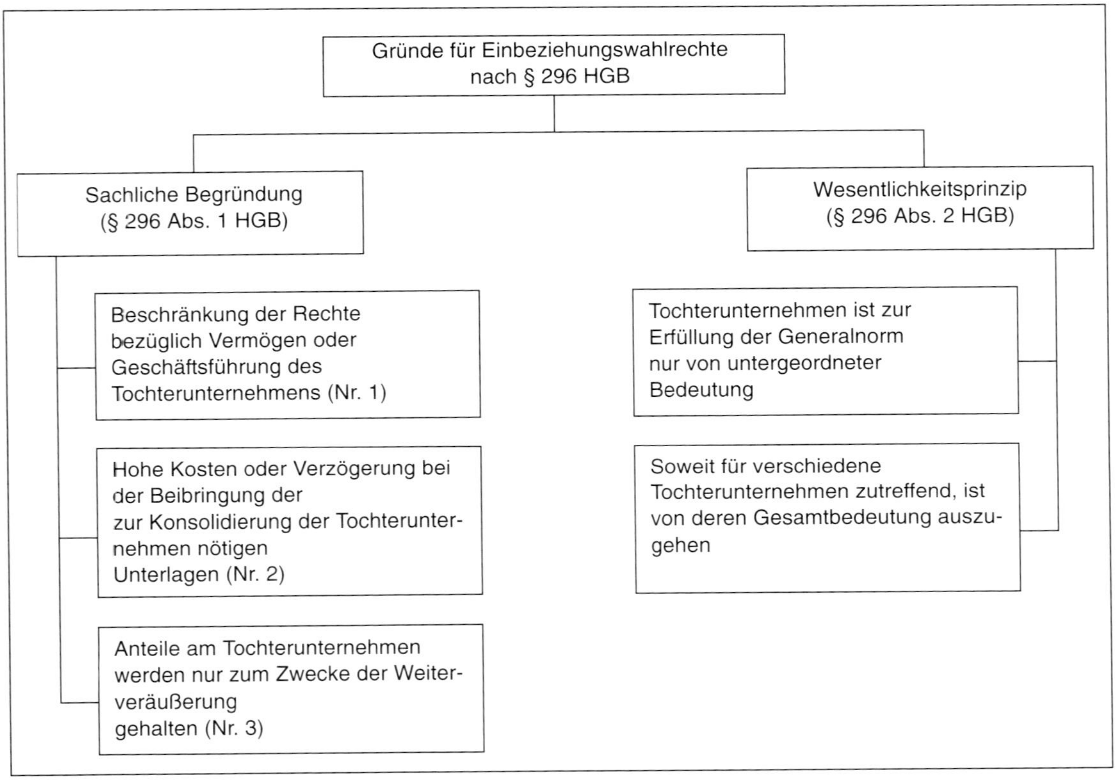

Abb. 8.4: Einbeziehungswahlrechte nach § 296 HGB

Anstelle eines Wahlrechts für Fälle der dauernden Beschränkung der Rechte des Tochterunternehmens besteht nach IAS/IFRS ein Verbot zur Konsolidierung. IAS 27.13 (b) verbietet das Einbeziehen eines Tochterunternehmens in den Konzernabschluss, falls das Tochterunternehmen unter erheblichen und langfristigen Beschränkungen operiert, die die Fähigkeit zum Mitteltransfer an das Mutterunternehmen wesentlich beeinträchtigen. *- IAS/IFRS*

Nach den geplanten Änderungen im Rahmen des *improvement project* wird in der Neufassung des IAS 27 dieses Verbot nicht mehr enthalten sein. Formal entfällt damit das Verbot bei beeinträchtigter Beherrschung zwar, tatsächlich hat das IASB hier aber schon immer auf schwerwiegende, langfristige Restriktionen abgezielt, sodass es in diesen Situation nicht wahrscheinlich ist, dass das Mutterunternehmen ein Control-Verhältnis ausüben kann und somit eine Konsolidierung untersagt ist.

Auch nach US-GAAP besteht bei einer fehlenden Möglichkeit zur Ausübung des Control-Verhältnisses ein striktes Konsolidierungsverbot (ARB 51.2). Laut *- US-GAAP*

FAS 94.4 ist ein Control-Verhältnis nicht mehr gegeben, falls sich das Tochterunternehmen in Konkurs oder Sanierung befindet, wenn es unter dem Einfluss von Devisenbewirtschaftung oder anderen Beschränkungen durch die ausländische Regierung steht, die schwerwiegende Zweifel an der tatsächlichen Fähigkeit zur Ausübung der Kontrolle hervorrufen. Damit sind die Voraussetzung zur Zurechnung des Vermögens der Tochter zu dem des Mutterunternehmens nicht mehr erfüllt und damit auch sein Ausweis nicht mehr angebracht.

- DRS

Gem. den Vorschriften der DRS ist eine Konsolidierung in dem Fall, dass es bei der Ausübung der Rechte erhebliche und andauernde Beschränkungen gibt, untersagt (E-DRS 16.11a).

2. Unverhältnismäßig hohe Kosten oder Verzögerungen

- HGB

Das Kostenkriterium in § 296 Abs. 1 Nr. 2 HGB konkretisiert den Grundsatz der Wirtschaftlichkeit des Konzernabschlusses. Gleichzeitig jedoch steht es in Widerspruch zum Grundsatz der Vollständigkeit und ist deshalb nur anzuwenden, wenn sich ein – wie auch immer zu bestimmendes – sehr krasses Mißverhältnis zwischen entstehenden Kosten für den Einbezug des Tochterunternehmens und den Kosten für die Aufstellung des Konzernabschlusses insgesamt sowie dem zusätzlichen Informationsgewinn ergibt.

Soweit Verzögerungen bei der Beibringung zur Konsolidierung nötiger Unterlagen nicht auf objektiv von außerhalb des Konzernverbundes kommende, von ihm nicht zu vertretende bzw. mit angemessenem Aufwand zu verhindernde Ursachen zurückzuführen sind, sondern auf mangelnder konzerninterner Organisation beruhen, ist ein solches Konsolidierungswahlrecht nicht gegeben.

- IAS/IFRS

IAS enthält keine explizite Regelung für die Einbeziehung bei unverhältnismäßig hohen Kosten oder zeitlicher Verzögerung. Jedoch gilt in allen Bereichen der Rechnungslegung das Prinzip der *»balance between benefit and costs«* des Frameworks (F 44). Dieses rechtfertigt einen Verzicht auf die Einbeziehung, wenn es in seltenen Ausnahmefällen zu einem groben Mißverhältnis zwischen den zusätzlichen Informationen eines Konzernabschlusses und den entstehenden Kosten der Konsolidierung kommt oder eine rechtzeitige Informationsbeschaffung nicht möglich ist.

- US-GAAP

Auch nach US-GAAP findet sich kein dem HGB entsprechendes Wahlrecht. Es gilt zwar auch hier in allen Bereichen der Rechnungslegung das *cost/benefit*-Prinzip, das eine Nichtkonsolidierung wegen zu hoher Kosten oder der nicht fristgerechten Fertigstellung des Konzernabschlusses rechtfertigen würde, jedoch wird von dieser Möglichkeit nur in seltenen Ausnahmefällen Gebrauch gemacht. Ein Grund dafür ist wohl die nach US-GAAP großzügigere Stichtagsregelung für die in den Konzernabschluss einzubeziehenden Einzelabschlüsse. Die *cost/benefit*-Betrachtung scheint also in diesem Bereich der Rechnungslegung nur von geringer Bedeutung zu sein (vgl. Niehus, R. J./Thyll, A. [2000], S. 58).

- DRS

Nach den Vorschriften der DRS begründen Verzögerungen oder unverhältnismäßige Kosten bei der Datenbeschaffung keine Ausnahme von der Konsolidierung (E-DRS 16.8).

3. Anteile zur Weiterveräußerung

Das Konsolidierungswahlrecht des § 296 Abs. 1 Nr. 3 HGB bei Halten der Anteile des Tochterunternehmens nur zum Zweck der Weiterveräußerung entspricht herrschender Auffassung, soweit damit ein befristetes Halten gemeint ist. Aus der Bedingung, dass dies der ausschließliche Zweck sein muss, lässt sich schließen, dass die Veräußerung intensiv betrieben und innerhalb angemessener Zeit vollzogen sein muss. Ist dies nicht der Fall, ist unter Fortfall des Wahlrechts von einer Konsolidierungspflicht auszugehen. *- HGB*

Die IAS/IFRS sehen hier ein striktes Konsolidierungsverbot vor. So gilt nach IAS 27.13 (a), dass ein Tochterunternehmen in den Konzernabschluss nicht einbezogen werden darf, wenn die Beherrschung nur vorübergehend ist, weil das Tochterunternehmen zum Zweck des baldigen Verkaufs erworben und gehalten wird. Das IASB versteht also unter einer temporären Konzernzugehörigkeit explizit eine mit Wiederverkaufsabsicht erworbene Beteiligung an einem Tochterunternehmen. *- IAS/IFRS*

Nach US-GAAP gilt für alle Unternehmen ein Konsolidierungsverbot, an denen das Control-Verhältnis wahrscheinlich nur vorübergehend besteht („*if control is likely to be temporary*" FAS 94.13). Im Gegensatz zu der Regelung nach IAS/IFRS hält US-GAAP keine weiteren Erläuterungen bereit, d. h. es wird hier nicht explizit auf eine Wiederverkaufsabsicht abgestellt. Dies wurde jedoch in dem im Februar 1999 neu vorgelegten revised Exposure Draft *»Proposed Statement of Financial Accounting Standards - Consolidated Financial Statements: Purpose and Policy«* aufgegriffen. Hier wird explizit auf Pläne bzw. äußere Zwänge abgestellt, die zu einem Wiederverkauf führen (E194b.24). *- US-GAAP*

Angelehnt an die internationalen Vorschriften ist auch nach DRS eine Konsoldierung von Tochterunternehmen, deren Anteile ausschließlich mit der Absicht der Weiterveräußerung in naher Zukunft erworben worden, verboten. E-DRS 16.12 konkretisiert die »nahe Zukunft« insofern, als dass die Entscheidung gefallen sein muss, dass die Anteile innerhalb eines Jahres veräußert werden. Eine Überschreitung der zwölf Monatsfrist ist dann zulässig, wenn die Verkaufsabsichten öffentlich bekannt gemacht wurden oder der Verkauf endgültig eingeleitet wurde. *- DRS*

4. Wesentlichkeit des Tochterunternehmens

Dem in Abs. 2 von § 296 HGB normierten 4. Kriterium des Konsolidierungswahlrechts liegt der Grundsatz der Wesentlichkeit zugrunde. Ist der Einbezug eines Tochterunternehmens zur Erfüllung der Generalnorm von untergeordneter Bedeutung, so muss es nicht einbezogen werden. Trifft dies auf mehrere Tochterunternehmen zu, die in Summe dann jedoch wieder von Bedeutung für die Aussagefähigkeit des Abschlusses sind, so entfällt konsequenterweise das Wahlrecht. Eine konkrete gesetzliche Regelung für die praktische Umsetzung der Frage nach der Wesentlichkeit existiert nicht. Die Praxis behilft sich meist mit Erfahrungswerten und betrachtet als Grenze für die Unwesentlichkeit den Fall, wenn der *- HGB*

Einbezug zu einer Veränderung der einzelnen Komponenten des Abschlusses von mehr als 10 % führen würde.

- IAS/IFRS

In den IAS/IFRS ist ein solches Wahlrecht nicht explizit in die Rechnungslegungsvorschriften aufgenommen worden. Jedoch kann man aus dem Grundsatz der *materiality* (P 12, F 29, 30) auf ein Wahlrecht zur Einbeziehung von Tochterunternehmen von untergeordneter Bedeutung schließen. Auch das IASB hat die *materiality* nicht durch quantitative Grenzwerte definiert, sondern die Frage der Wesentlichkeit als eine Einzelentscheidung dargestellt, die jedes Mal neu getroffen werden muss. Das entscheidende Kriterium hierfür ist, ob eine Nichtveröffentlichung der Information eine auf dem veröffentlichten Abschluss basierende Entscheidung des Abschlussadressaten verändern oder revidieren könnte.

- US-GAAP

Auch in den US-GAAP ist ein Konsolidierungswahlrecht auf Grund der Unwesentlichkeit des Tochterunternehmens nicht explizit enthalten. Jedoch gilt auch hier der Grundsatz der *materiality*, der besagt, dass Informationen immer dann unwesentlich sind, wenn sie die *fair presentation* des Jahresabschlusses nicht beeinträchtigen. Die SEC hat in der Regulation S-X Rule 3-09 (a) bestimmte Grenzwerte definiert, durch welche die Wesentlichkeit überprüft werden kann, die in der Praxis verbreitet Anwendung finden. So handelt es sich um ein wesentliches Tochterunternehmen, falls durch dessen Einbeziehung die Summe der Konzernbilanz um 5-10 % und der Konzernumsatz um 10-20 % steigt.

- DRS

In den DRS dagegen ist das Wahlrecht aufgrund der untergeordneten Bedeutung eines Tochterunternehmens explizit aufgeführt (E-DRS 16.7). Zusätzlich wird darauf hingewiesen, dass für den Fall, dass mehrere Tochterunternehmen gleichzeitig für die Vermittlung einer den tatsächlichen Verhältnissen entsprechenden Vermögens-, Finanz- und Ertragslage von untergeordneter Bedeutung sind, das Kriterium der untergeordnete Bedeutung in Summe erfüllt sein muss.

5. Behandlung von aufgrund von Einbeziehungswahlrechten und -verboten nicht einbezogenen Tochterunternehmen

Bewertung von nicht vollkonsolidierten Tochterunternehmen nach HGB

Tochterunternehmen, die auf Grund der oben angeführten Ausnahmeregelungen nicht vollkonsolidiert werden, müssen dennoch im Konzernabschluss berücksichtigt werden. Nach HGB ist bei einem Nichteinbezug des Tochterunternehmens durch Vollkonsolidierung für jeden Fall zu überprüfen, ob das Mutterunternehmen auf das Tochterunternehmen einen maßgeblichen Einfluss ausübt. Ist dies der Fall, so ist das Tochterunternehmen mit der Equity-Methode im Konzernabschluss zu bewerten (vgl. 9. Kapitel A IV 2). Ist dies nicht der Fall, so ist das Tochterunternehmen wie eine Beteiligung mit den Anschaffungskosten zu bewerten.

Equity-Bewertung

Während § 295 Abs. 1 HGB bei Gültigkeit des Konsolidierungsverbotes die Prüfung auf Einbeziehung des Tochterunternehmens nach der Equity-Methode explizit vorgibt, ist eine vergleichbare Vorschrift in § 296 HGB für die Konsolidierungswahlrechte nicht vorhanden. Auch wenn sich daraus schließen lässt, dass der Gesetzgeber damit die Absicht verbindet, im Falle der Ausübung eines Konsolidierungswahlrechtes auf die Anwendung der Equity-Methode für das betreffende Konzernunternehmen zu verzichten, muss aus systematischen Gründen doch davon ausgegangen werden, dass auch für solche Tochterunternehmen zuerst der Einbezug nach dieser Methode geprüft werden muss. Von einer automatischen Einbeziehungspflicht nach dieser Methode jedoch kann dabei keinesfalls ausgegangen werden, sondern es müssen auch hier zuerst die jeweiligen Voraussetzungen für jedes einzelne Unternehmen geprüft werden. Folgende Sachverhalte sprechen gegen einen Einbezug nach der Equity-Methode:

- Die nachhaltige Beeinträchtigung der Rechtsposition des Mutterunternehmens ist so umfangreich, dass auch von einem maßgeblichen Einfluss auf dieses Tochterunternehmen nicht mehr gesprochen werden kann. Die Voraussetzung zu einer Konsolidierung nach der Equity-Methode ist damit nicht mehr gegeben.
- Das Tochterunternehmen wird nur zum Zwecke der Weiterveräußerung gehalten. Da die Equity-Konsolidierung prinzipiell vom Bestehen einer Beteiligung und damit einer auf Dauer angelegten finanziellen Beziehung zwischen Mutter- und Tochterunternehmen ausgeht, scheidet auch in diesem Falle die Anwendung der Equity-Methode aus. Außerdem dürfte in diesem Falle auch der Aufbau eines »maßgeblichen Einflusses« in dem zur Verfügung stehenden kurzen Zeitraum kaum möglich sein.
- Wird ein Tochterunternehmen wegen untergeordneter Bedeutung nicht in den Konsolidierungskreis aufgenommen, so besteht dasselbe Wahlrecht auch für eine Konsolidierung nach der Equity-Methode (§ 311 Abs. 2 HGB). Ein freiwilliger Einbezug jedoch bleibt unbenommen.

Angabe und Begründung im Konzernanhang

Der Verzicht auf die Konsolidierung eines Tochterunternehmens aufgrund eines solchen Konsolidierungswahlrechtes ist im Konzernanhang anzugeben und zu begründen, wobei ein bloßer Verweis auf die gesetzliche Vorschrift als nicht ausreichend zu betrachten ist (§ 296 Abs. 3 HGB; vgl. IDW [1988a], S. 184).

Stetigkeit bei Einbeziehungswahlrechten

Die Anwendung eines Konsolidierungswahlrechtes kann im Einzelfall durchaus beträchtliche Auswirkungen haben auf die Bilanz- bzw. GuV-Positionen des konsolidierten Abschlusses. Ein willkürlicher Wechsel von Jahr zu Jahr würde die Aussagefähigkeit dieses Rechnungslegungsinstrumentes erheblich beeinträchtigen, weshalb die über die Zeit hinweg stetige Anwendung eines einmal ausgeübten Wahlrechtes von großer Wichtigkeit ist. Das Mutterunternehmen ist deshalb an seine einmal getroffene Entscheidung in den Folgeperioden gebunden, soweit nicht eine tatsächliche Änderung der zugrunde liegenden Sachverhalte ein Abweichen hiervon rechtfertigt. Ein willkürliches Abweichen von der einmal getroffenen Entscheidung ist nicht zulässig.

Tritt durch die Anwendbarkeit des Einbeziehungsverbotes oder die Auswirkung eines Einbeziehungswahlrechts der Fall auf, dass dem prinzipiellen Abschlusserstellungsgebot des Mutterunternehmens kein zu konsolidierendes Tochterunternehmen gegenübersteht, so läuft die Erstellungspflicht ins Leere. Trotz gültiger Erstellungspflicht ist dann kein Konzernabschluss und -lagebericht zu erstellen.

Bewertung von nicht vollkonsolidierten Tochterunternehmen nach US-GAAP

In APB 18 war lange Zeit die Equity-Methode als Konsolidierungsersatz für nicht vollkonsolidierte Tochterunternehmen vorgeschrieben. FAS 94 erneuerte die Vorschriften zur Bilanzierung dieser Tochterunternehmen, indem es diese Mussvorschrift entfernte. An deren Stelle steht nun eine Empfehlung, die Equity-Methode nicht prinzipiell anzuwenden, ohne jedoch eine Alternative zu nennen. Es ist demnach zu überprüfen, ob es dem Mutterunternehmen trotz fehlendem oder nur temporärem Control-Verhältnis noch möglich ist, einen maßgeblichen Einfluss auszuüben. Ist die Möglichkeit zur Ausübung eines maßgeblichen Einflusses nicht gegeben, so wird die Beteiligung mit der *fair value/cost*-Methode in den Konzernabschluss einbezogen (vgl. hierzu 9. Kapitel A). Handelt es sich bei der Beteiligung um Anteile, die nicht marktfähig sind, so werden diese *at cost*, also mit den Anschaffungskosten, in der Konzernbilanz geführt. Sind die Anteile dagegen marktfähig, so werden sie nach den Vorschriften von FAS 115 *»Accounting for Certain Investments in Debt and Equity Securities«* entweder als *trading securities*, wenn sie zum Zweck der Weiterveräußerung erworben wurden oder andernfalls als *available for sale securities* klassifiziert. In beiden Fällen schreibt FAS 115 eine Bewertung mit den beizulegenden Zeitwerten, also mit den *fair values* vor. Handelt es sich um *trading securities* so werden Wertsteigerungen/-minderungen erfolgswirksam erfasst, während bei *available for sale securities* diese unrealisierten Gewinne und Verluste erfolgsneutral in einem gesonderten Eigenkapitalposten als *other comprehensive income* ausgewiesen werden (vgl. 3. Kapitel C II).

Bewertung von nicht vollkonsolidierten Tochterunternehmen nach IAS/IFRS

Tochterunternehmen, die unter oben dargestellte die Konsolidierungsverbote oder -wahlrechte nach IAS/IFRS fallen, sind nach IAS 27.13 nicht mittels Equity-Bewertung in den Konzernabschluss einzubeziehen, sondern müssen in Übereinstimmung mit IAS 39 erfasst werden. Die dortige Regelung entspricht der nach FAS 115, bis auf die Tatsache, dass nach IAS/IFRS ein Wahlrecht besteht, unrealisierte Gewinne und Verluste bei *available for sale securities* erfolgswirksam oder erfolgsneutral auszuweisen (vgl. 3. Kapitel C II).

IV. Exkurs: Verbundene Unternehmen nach § 271 Abs. 2 HGB

Die Vorschriften zur Rechnungslegung im Einzelabschluss nach dem HGB zielen unter dem Stichwort »verbundene Unternehmen« in hohem Maße darauf ab, die finanziellen Beziehungen innerhalb von Unternehmensverbindungen transparent zu machen. Dabei gilt aber nicht der Begriff der verbundenen Unternehmen nach § 15 AktG, der Bedeutung im Rahmen der Schutzvorschriften des 3. Buches des AktG hat.

Verbundene Unternehmen sind MU und TU

Die Definition des verbundenen Unternehmens für Zwecke der Rechnungslegung im HGB erfolgt vielmehr in § 271 Abs. 2 HGB. Dieser verweist auf die Definition von Mutter- und Tochterunternehmen und deren Einbeziehungspflicht in einen von einem Mutterunternehmen nach § 290 HGB zu erstellenden oder nach §§ 291, 292 HGB freiwillig erstellbaren befreienden Abschluss. Auch

Tochterunternehmen, die nach § 295 oder § 296 HGB nicht einbezogen werden, gehören zu den verbundenen Unternehmen.

MU nach § 290 HGB sind nur Kapitalgesellschaften

Dabei tauchen, auch wenn die Vorschrift sich auf den ersten Blick recht eindeutig liest, etliche Definitionsprobleme auf. So verweist § 271 Abs. 2 HGB auf die Definition von Mutter- bzw. Tochterunternehmen in § 290 Abs. 1 und 2 HGB. Dort jedoch ist – streng formal ausgelegt – ein Mutterunternehmen nur eine Kapitalgesellschaft, die zu einem anderen Unternehmen bestimmte, in § 290 Abs. 1 und 2 HGB beschriebene Beziehungen unterhält und deshalb prinzipiell einen Konzernabschluss und -lagebericht zu erstellen hat.

Ein Unternehmen, das nach § 11 PublG die in § 290 Abs. 1 HGB beschriebene Beziehung zu einem untergeordneten Unternehmen unterhält und deshalb abschlusspflichtig ist, würde damit als Nicht-Kapitalgesellschaft mit all seinen zu konsolidierenden Unternehmen nicht als verbundenes Unternehmen i. S. v. § 271 Abs. 2 HGB gelten. Dies kann nicht beabsichtigt sein, zumal dieses Mutterunternehmen (und eventuelle Tochterunternehmen in der Rechtsform der Kapitalgesellschaft) u. U. nach den §§ 264 ff. HGB rechnungslegungspflichtig ist (sind) und somit auch mit den speziellen Ausweispflichten für verbundene Unternehmen konfrontiert wird (werden).

Zu einem weiteren grotesken Ergebnis bei Anwendung dieser rein formalen Auslegung kommt man dann auch beim Lesen des 2. Halbsatzes von Satz 1 in § 271 Abs. 2 HGB, wo es heißt »oder das einen befreienden Konzernabschluss aufstellt oder aufstellen könnte«. Da sich »das« wiederum auf das Mutterunternehmen – hier aber nur als Kapitalgesellschaft gesehen – bezieht, könnten damit nur befreiende Abschlüsse von Mutterunternehmen in der Rechtsform der Kapitalgesellschaft gemeint sein. § 291 Abs. 1 Satz 2 HGB stellt jedoch ausdrücklich klar, dass befreiende Abschlüsse (nach §§ 291, 292 HGB) unter bestimmten Bedingungen von Gesellschaften jedweder Rechtsform erstellt werden können. Trotz Erstellung eines solchen befreienden Abschlusses durch ein Unternehmen, das nicht als Kapitalgesellschaft betrieben wird, würden die konsolidierten Unternehmen dann nicht als verbundene Unternehmen gelten. Auch dieses Ergebnis ist nicht akzeptabel.

Lösung i. S. d. 7. EG-Richtlinie

Als Lösung bietet sich eine sinnbezogene, auch eindeutig am Wortlaut von Art. 41 der 7. EG-Richtlinie – der die Definition des verbundenen Unternehmens enthält – orientierte Interpretation an. Verbundene Unternehmen i. S. v. Art. 41 der 7. EG-Richtlinie sind Unternehmen, die sich in den konzerntypischen Beziehungen des Art. 1 (umgesetzt durch § 290 Abs. 1 und 2 HGB) gegenüberstehen und deshalb – primär unabhängig von der Rechtsform des Mutterunternehmens – als Mutter- bzw. Tochterunternehmen bezeichnet werden; aus dieser Beziehung heraus wird das Mutterunternehmen – unter den Einschränkungen des Art. 4 der 7. EG-Richtlinie – zur Erstellung eines Konzernabschlusses unter Einbezug aller Tochterunternehmen verpflichtet. Jedes Unternehmen also, das einem anderen Unternehmen in einer solchen Beziehung gegenübersteht, die gleichzeitig zur Abschlusserstellung durch eines der Unternehmen unter Einbezug aller Mutter- und Tochterunternehmen verpflichtet, ist als Mutter- bzw. Tochterunternehmen zu klassifizieren und gilt als verbundenes Unternehmen.

Übertragen auf § 271 Abs. 2 HGB bedeutet dies, dass »verbundene Unternehmen« alle Unternehmen sind, zwischen denen Beziehungen in der in § 290 Abs. 1 und 2 HGB aufgeführten Form bestehen und die entweder

- in den nach zwingendem Recht von einer Kapitalgesellschaft (§ 290 HGB) oder von einem Unternehmen beliebiger Rechtsform (§ 11 PublG) erstellten Konzernabschluss und -lagebericht einzubeziehen sind (auch wenn die prinzipielle Erstellungspflicht wegen Anwendung der §§ 291 und 292 HGB nicht zur Anwendung kommt oder Unternehmen wegen der §§ 295 und 296 HGB nicht in den Konsolidierungskreis aufgenommen werden)

  oder
- in einen nach den §§ 291 und 292 HGB freiwillig erstellten oder zumindest erstellbaren befreienden Abschluss eines Unternehmens mit beliebiger Rechtsform prinzipiell einzubeziehen sind.

D. Vorbereitung der Einzelabschlüsse für den Einbezug in den Konzernabschluss

Der Konzernabschluss stellt die Zusammenfassung der Einzelabschlüsse rechtlich selbständiger, wirtschaftlich jedoch von einer übergeordneten Einheit dominierter Unternehmen dar. Deshalb sind vor der Zusammenfassung der nach den für die einbezogenen Tochterunternehmen gültigen Vorschriften erstellten Einzelabschlüsse verschiedene Maßnahmen notwendig, um die Zusammenfassung sinnvoll vornehmen zu können und im Ergebnis einen aussagefähigen Abschluss zu erhalten.

I. Gemeinsame Vorschriften für Einzel- und Konzernabschluss

Gemäß § 298 Abs. 1 HGB gelten die für den Einzelabschluss maßgebenden Vorschriften zu Bilanzansatz, Bewertung und Gliederung auch für den Konzernabschluss. Darüber hinaus sind auch rechtsform- oder geschäftszweigspezifische Vorschriften des Einzelabschlusses auf den Konzernabschluss anzuwenden.

Abweichungen von der konzerneinheitlichen Bilanzierung

Abweichungen von diesen einzelabschlussbezogenen Vorschriften sind für den Konzernabschluss dann vorzunehmen, wenn dessen Eigenart dies bedingt oder die konzernabschlussspezifischen Vorschriften dies erfordern (§ 298 Abs. 1, 1. Halbsatz HGB). Da grundsätzlich auch für spezielle Rechtsformen bzw. Geschäftszweige erlassene Sondervorschriften bei den einzelnen Konzernunternehmen mit in den konsolidierten Abschluss zu übernehmen sind (§ 298 Abs. 1 HGB), wird es sich hierbei vor allem um Fragen des Ausweises, aber auch des Ansatzes und der Bewertung handeln.

Erleichterungen beim Ausweis der Vorräte

Erleichternd wird für die Erstellung des Konzernabschlusses erlaubt, die Vorräte in einem Posten zusammenzufassen, soweit deren Aufgliederung wegen besonderer Umstände mit einem unverhältnismäßigen Aufwand verbunden wäre (§ 298 Abs. 2 HGB). Ein hoher Aufwand allein – auch wenn er auf Dauer mit dem getrennten Ausweis der Vorräte verbunden ist – reicht als Begründung für eine Zusammenfassung also nicht aus. Er muss zusätzlich noch auf besonderen Umständen beruhen.

Erleichterungen bezüglich des Anhangs

Als weitere Erleichterung ist es zulässig, den Anhang im Jahresabschluss des Mutterunternehmens mit dem Konzernanhang zusammenzufassen. Sie müssen dann allerdings auch gemeinsam offen gelegt werden (§ 298 Abs. 3 Satz 1 und 2 HGB).

Erleichterungen beim Konzernabschluss nach PublG

Prinzipiell sind die für große Kapitalgesellschaften geltenden Vorschriften auch für den Konzernabschluss nach PublG anzuwenden (§ 13 Abs. 2 PublG). Gegenüber einem durch eine Kapitalgesellschaft zu erstellenden Konzernabschluss ergeben sich jedoch bei einem Konzernabschluss nach PublG folgende Erleichterungen:

- ggf. eine Gliederungsvereinfachung (§ 13 Abs. 2 Satz 1, 2. Halbsatz PublG)
- erweiterte Abschreibungsmöglichkeiten durch Verzicht auf die Anwendung des § 279 Abs. 1 HGB (§ 13 Abs. 3 Satz 1 PublG)
- Verzicht auf das Wertaufholungsgebot des § 280 HGB (§ 13 Abs. 3 Satz 1 PublG)
- Verzicht auf bestimmte Anhangsangaben nach § 314 Abs. 1 Nr. 5 und 6 HGB (§ 13 Abs. 3 Satz 1 PublG)

Zusätzliche Erleichterungen gelten für Mutterunternehmen in der Rechtsform der Personengesellschaft bzw. des Einzelkaufmanns (§ 13 Abs. 3 Satz 2 PublG):

- Erstellung der GuV nach den für das Mutterunternehmen geltenden (im Vergleich zu den Kapitalgesellschaften weniger strengen) Vorschriften (§ 5 Abs. 5 Satz 1 PublG)
- Aufnahme der Steuern unter die »sonstigen Aufwendungen« (§ 5 Abs. 5 Satz 2 PublG)
- keine Verpflichtung zur Offenlegung der GuV (§ 5 Abs. 5 Satz 3 PublG)

Einschränkungen der Erleichterungen

Befreiende Wirkung hinsichtlich des Konzernabschlusses eines untergeordneten Tochterunternehmens, das seinerseits wiederum als Mutterunternehmen prinzipiell zur Erstellung eines solchen verpflichtet wäre, hat ein nach PublG unter Inanspruchnahme (auch nur einer einzigen) der erwähnten Erleichterungen erstellter Konzernabschluss jedoch nur dann, wenn das untergeordnete Mutterunternehmen seinerseits ebenfalls zur Inanspruchnahme dieser Erleichterungen in seinem Konzernabschluss berechtigt wäre. Dies ist nicht der Fall, wenn das untergeordnete Mutterunternehmen die Rechtsform der Kapitalgesellschaft hat. In diesem Fall muss sich das übergeordnete Mutterunternehmen entscheiden zwischen der konzernweiten Anwendung der Erstellungserleichterungen nach PublG und der daraus sich ableitenden (möglichen) Verpflichtung zur Erstellung von Teilkonzernabschlüssen durch einzelne Tochterunternehmen oder einem Verzicht auf die Erleichterungen nach PublG.

Bestandteile des Konzernabschlusses

Während das HGB sich bezüglich Ansatz, Bewertung und Gliederung auf die Vorschriften des Einzelabschlusses bezieht, regelt es den Inhalt getrennt in § 297 HGB. Gemäß § 297 Abs. 1 HGB besteht der Konzernabschluss aus der Konzernbilanz, der Konzern-GuV sowie dem Konzernanhang. Handelt es sich um ein börsennotiertes Mutterunternehmen, so ist des Weiteren eine konsolidierte Kapitalflussrechnung und eine Segmentberichterstattung zu veröffentlichen.

IAS/IFRS und US-GAAP

Im Gegensatz zum HGB treffen IAS/IFRS und US-GAAP keine Unterscheidung zwischen Vorschriften für Einzel- und Konzernabschluss. Die gemeinsame Gültigkeit der Vorschriften ergibt sich dort also zwangsläufig. Die IAS/IFRS gelten grundsätzlich sowohl für Einzel- als auch für Konzernabschlüsse (IAS 1.2), abgesehen von den Spezialvorschriften für die Konsolidierung. Zumal ein Konzernabschluss in den USA sogar den vorrangigen Abschluss darstellt, betreffen die US-GAAP primär den Konzernabschluss (vgl. 1. Kapitel D II 2c).

DRS

Die Vorschriften der DRS haben gem. § 342 Abs. 2 HGB ihre Gültigkeit lediglich für Konzernabschlüsse.

II. Abstimmung des Stichtages für den Konzernabschluss mit den Stichtagen der einbezogenen Konzernunternehmen

Konzernabschlussstichtag nach HGB

Bei der Wahl des Stichtages für den Konzernabschluss kann sich das Mutterunternehmen entscheiden zwischen dem Stichtag seines eigenen Einzelabschlusses und dem Stichtag der bedeutendsten oder der Mehrzahl seiner zu konsolidierenden Tochterunternehmen (§ 299 Abs. 1 HGB). Ein Abweichen vom Stichtag des Mutterunternehmens ist dabei jedoch im Konzernanhang anzugeben und zu begründen.

Zwischenabschluss

Diese Möglichkeit der Verlagerung des Abschlussstichtages ist vor allem für solche Konzerne hilfreich, bei denen viele wichtige oder große Tochterunternehmen stark abweichende Stichtage haben oder Saisonbetriebe sind. Liegen die Abschlussstichtage einbezogener Konzernunternehmen nämlich mehr als drei Monate vor dem Stichtag des Konzernabschlusses, so müssen sie zum Zwecke der Konsolidierung einen Zwischenabschluss auf den Konzernabschlussstichtag hin erstellen. Da hiermit in aller Regel eine erhebliche Mehrbelastung des betroffenen Unternehmens einhergeht, wird es in solch einem Falle sinnvoll sein, die Abschlussstichtage der Einzelabschlüsse mit dem des Konzernabschlusses zu harmonisieren, sodass sie idealerweise terminlich identisch sind oder doch zumindest in den Dreimonatszeitraum fallen.

Vorgänge von besonderer Bedeutung

Wird bei Einhaltung der Dreimonatsfrist ein Zwischenabschluss nicht erstellt, so müssen Vorgänge von besonderer Bedeutung für die Vermögens-, Finanz- und Ertragslage des betreffenden Unternehmens in der Konzernbilanz und Konzern-GuV berücksichtigt oder im Konzernanhang angegeben werden (§ 299 Abs. 3 HGB). Die Bedeutung der Vorgänge wird also nach dem Gesetzeswortlaut nicht auf den Konzern bezogen, sondern auf das jeweilige Konzernunternehmen. Für den Konzern unbedeutende Sachverhalte können für das Einzelunternehmen durchaus besondere Bedeutung haben und somit zu berücksichtigen sein.

Konzernabschlussstichtag nach IAS/IFRS

Im Gegensatz zu § 299 Abs. 1 HGB, der den Unternehmen Wahlmöglichkeiten bei der Bestimmung des Abschlussstichtages bietet, ist nach IAS 27.19 der Konzernabschluss zum Abschlussstichtag des Mutterunternehmens aufzustellen. Eine Zwischenabschlusspflicht für Tochterunternehmen besteht nur dann, wenn die Abschlussstichtage um mehr als 3 Monate auseinanderfallen. In jedem Fall sind bei abweichenden Abschlussstichtagen innerhalb der Dreimonatsfrist im Konzernabschluss Berichtigungen z. B. in Bezug auf die Auswirkungen von wesentlichen Geschäftsvorfällen, die sich zwischen den abweichenden Stichtagen der Tochterunternehmen und dem Konzernabschlussstichtag ereignet haben, vorzunehmen.

Konzernabschlussstichtag nach US-GAAP

Auch die US-GAAP lassen kein Wahlrecht zur Bestimmung des Abschlussstichtages zu. Ohne dies explizit zu regeln, wird davon ausgegangen, dass der Konzernabschluss zum Abschlussstichtag des Mutterunternehmens aufgestellt wird. Dies ist insofern einsichtig, da hier der Konzernabschluss an die Stelle des Einzelabschlusses tritt und somit auch an dessen Stichtag zu erstellen ist (vgl. Niehus, R. J./Thyll, A. [2000], S. 74).

Die US-GAAP sehen ebenfalls eine Dreimonatsfrist in dem Sinne vor, dass der Abschlussstichtag des Tochterunternehmens sowohl drei Monate vor wie auch nach dem Abschlussstichtag der Mutter liegen darf ohne dass ein Zwischenbericht erstellt werden muss, oder eine Angleichung des Geschäftsjahrs der Tochter an das des Mutterunternehmens zu erfolgen hat. In ARB 51.04 ist diesbezüglich lediglich die Verpflichtung enthalten, die zwischen den Stichtagen entstehenden Ereignisse, die wesentlich für die finanzielle Lage des Unternehmens sind, im Anhang zu erläutern. Dies gilt auch für die nach den Vorschriften der SEC (Regulation S-X) erstellten Abschlüsse. Im Anhang sollten außerdem noch Angaben zu dem vom Tochterunternehmen verwendeten Stichtag, sowie zur Notwendigkeit der Abweichung enthalten sein.

Konzernabschlussstichtag nach DRS

Am stringentesten gehen hierbei die DRS vor. Gem. E-DRS 16.15 ist der Konzernabschluss auf den Stichtag des Jahresabschlusses des Mutterunternehmens zu erstellen. Das DRSC fordert in seinem Standardentwurf außerdem, dass bei abweichenden Stichtag des einzubeziehenden Tochterunternehmens von dem des Mutterunternehmens, ein Zwischenabschluss auf den Stichtag und den Zeitraum des Konzerngeschäftsjahres zu erstellen ist (E-DRS 16.16).

III. Vereinheitlichung der Bilanzinhalte der einbezogenen Konzernunternehmen

Einheitliche Bilanzierung und Bewertung nach HGB

Da der konsolidierte Abschluss nicht wie der Einzelabschluss aus einer eigenen »Konzern«-Buchhaltung abgeleitet, sondern durch Zusammenfassung der jeweiligen Abschlüsse der einbezogenen Konzernunternehmen erstellt wird, ergäbe sich ein mit dem Gedanken der Einheitstheorie unverträgliches Wertekonglomerat, wenn die u. U. auf völlig unterschiedlichen Vorschriften basierenden Positionen der einzelnen Unternehmen unkorrigiert übernommen würden. Nach dem Recht für Nicht-Kapitalgesellschaften erstellte Abschlüsse würden mit solchen vermengt, die dem strengeren Recht für Kapitalgesellschaften unterliegen. Des weiteren würden einerseits bei den einzelnen Konzernunternehmen auf gleichartige Sachverhalte unterschiedlich angewandte Wahlrechte vermischt, andererseits im deutschen Bilanzrecht unbekannte und unzulässige Methoden über die einbezogenen Abschlüsse ausländischer Tochterunternehmen in den konsolidierten Abschluss Eingang finden. Der Konzernabschluss würde dadurch nicht mehr interpretierbar und somit als Informationsinstrument nutzlos. Dem begegnet der Gesetzgeber, indem er die Vereinheitlichung von Ansatz (§ 300 Abs. 2 HGB) und Bewertung (§ 308 HGB) explizit vorschreibt.

Handelsbilanz II (HB II)

Soweit eine Vereinheitlichung vorzunehmen ist, erfolgt diese zweckmäßigerweise durch Erstellung einer Ergänzungsrechnung neben dem Jahresabschluss des jeweiligen Tochterunternehmens. Diese Ergänzungsrechnung wird als Handelsbilanz II (HB II) bezeichnet. Damit erfolgt diese Korrektur bereits im Vorfeld der eigentlichen konzerntypischen Konsolidierungsmaßnahmen in den Einzelabschlüssen der einbezogenen Konzernunternehmen. Man muss also unterscheiden zwischen dem nach gesetzlichen Vorschriften zu erstellenden Einzelabschluss eines solchen Konzernunternehmens und einem (u. U.) gesondert zu erstellenden Abschluss dieses Unternehmens (HB II), der dann die Grundlage für dessen Einbezug in den konsolidierten Abschluss darstellt. Das durch §§ 300, 308 HGB ermöglichte Konzept der HB II bietet die Möglichkeit, eine den Zahlungsbemessungsinteressen folgende »vorsichtige« Bilanzierung und Bewertung im jeweiligen Einzelabschluss zu kombinieren mit einer dem Informationszweck folgenden »realistischen« Bilanzierung und Bewertung. Dieser Zusammenhang ist in Abbildung 8.5 verdeutlicht.

Einheitliche Bilanzierung und Bewertung nach IAS/IFRS und US-GAAP

Auch nach IAS 27.21 liegt der Erstellung eines Konzernabschlusses die einheitliche Bilanzierung und Bewertung zugrunde. Die US-GAAP hingegen kennen eine solche explizite Verpflichtung nicht. Da aber ein Konzernabschluss nach den Vorschriften der US-GAAP zu erstellen ist, sind zuvor nicht GAAP-konforme einzubeziehende Abschlüsse, wie etwa nach ausländischen Vorschriften erstellte, an die US-GAAP anzupassen. Solange die Einzelabschlüsse bereits GAAP-konform sind, besteht keine Notwendigkeit einer Anpassung, weshalb auch das Konzept der HB II in den USA weitgehend unbekannt ist (vgl. Niehus, R. J./Thyll, A. [2000], S. 145 f.).

Einheitliche Bilanzierung und Bewertung nach DRS

Auch gem. dem Standardentwurf des DRSC sind in den Abschlüssen der einzubeziehenden Tochterunternehmen einheitliche Bilanzierungs- und Bewertungsmethoden anzuwenden (E-DRS 16.17).

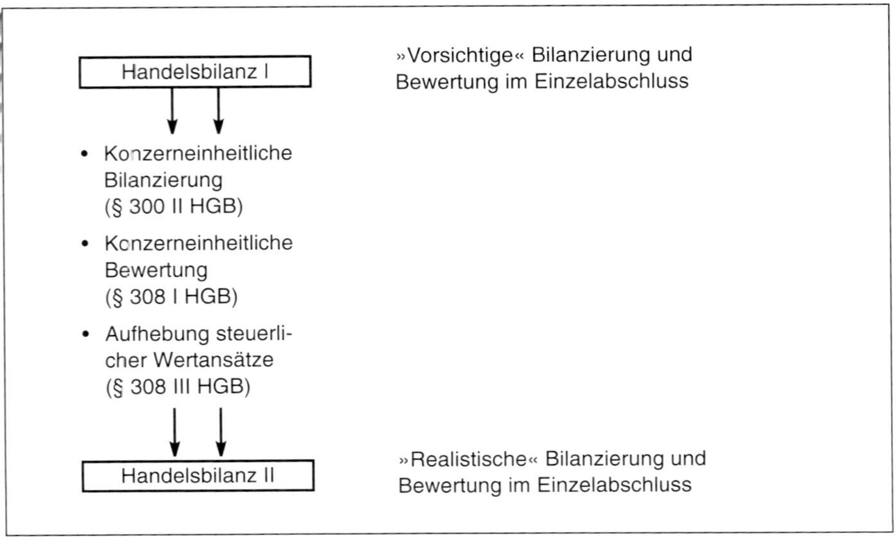

Abb. 8.5: Neuausübung von Bilanzierungs- und Bewertungswahlrechten in der HB II

1. Konzerneinheitliche Bilanzansatzregeln

Bilanzansatzvorschriften des Mutterunternehmens maßgebend

Nach § 300 Abs. 2 HGB sind die Vermögensgegenstände, Schulden und Rechnungsabgrenzungsposten sowie die Erträge und Aufwendungen der in den Konzernabschluss einbezogenen Unternehmen vollständig in den konsolidierten Abschluss aufzunehmen, soweit nach dem Recht des Mutterunternehmens dem nicht ein Bilanzierungsverbot oder ein Bilanzierungswahlrecht entgegensteht.

Die für das deutsche Mutterunternehmen geltenden deutschen Rechnungslegungsvorschriften definieren damit konzernweit, d. h. also mit Gültigkeit auch für alle einbezogenen Tochterunternehmen, die Bilanzansatzgebote, -verbote und -wahlrechte. Ist das Mutterunternehmen eine Kapitalgesellschaft, sind dies die Ansatzvorschriften der §§ 246-251, 255 Abs. 4, 269 und 274 HGB. Somit kann auch ein Tochterunternehmen, das keine Kapitalgesellschaft ist, in seiner Handelsbilanz II eine der ansonsten nur Kapitalgesellschaften vorbehaltenen Bilanzierungshilfen (z. B. Aufwendungen für die Ingangsetzung und Erweiterung des Geschäftsbetriebs nach § 269 HGB) zum Ansatz bringen.

Diese Ansatzvorschriften des HGB gelten für den Gesamtkonzern auch dann, wenn das Mutterunternehmen keine Kapitalgesellschaft ist. Dies ergibt sich aus der allgemeinen Regelung des § 298 Abs. 1 HGB, der die Vorschriften für große Kapitalgesellschaften auch für den Konzernabschluss allgemein vorschreibt. Betroffen hiervon sind Nicht-Kapitalgesellschaften, die als Mutterunternehmen einen befreienden Konzernabschluss nach § 291 HGB aufstellen wollen oder nach dem PublG als Mutterunternehmen zur Konzernrechnungslegung verpflichtet sind.

Beispiele

Da die Spielräume beim Bilanzansatz im HGB nicht allzu groß sind, wird die Bedeutung dieser Vorschrift vor allem bei der Konsolidierung von ausländischen Tochterunternehmen Geltung erlangen. Hat z. B. ein ausländisches Tochterunternehmen in Anwendung der ihm vorgegebenen Bilanzierungsvorschriften die Aufwendungen für selbsterstellte immaterielle Vermögensgegenstände aktiviert, so muss dies im Rahmen der Aufstellung einer HB II rückgängig gemacht werden, da die Aktivierung nach deutschem Bilanzrecht nicht zulässig ist (§ 300 Abs. 2 i. V. m. § 248 Abs. 2 HGB). Wurde andererseits in einem ausländischen Tochterunternehmen nach dem hierfür geltenden Recht ein entgeltlich erworbener immaterieller Vermögensgegenstand nicht aktiviert, so ist dies im Rahmen der HB II nachzuholen, da das Vollständigkeitsgebot des HGB auch den Ansatz entgeltlich erworbener immaterieller Vermögensgegenstände verpflichtend vorsieht (§ 300 Abs. 2 HGB i. V. m. § 246 Abs. 1 HGB).

Neuausübung von Bilanzierungswahlrechten

Bilanzierungswahlrechte, die das für das Mutterunternehmen geltende Recht eröffnet, können für den Konzernabschluss unabhängig von ihrer Ausübung in den Einzelabschlüssen der Konzernunternehmen neu ausgeübt werden. Dies ist konsequent im Sinne der einheitstheoretischen Betrachtung des konsolidierten Abschlusses als eines eigenständigen, von den zugrunde liegenden Einzelabschlüssen völlig losgelösten Abschlusses. Die Wahlrechte können also im Sinne einer eigenständigen Konzernbilanzpolitik unbeeinflusst von der Vorgehensweise in den zugrunde liegenden Einzelabschlüssen einschließlich dem des Mutterunternehmens neu ausgeübt werden.

Keine Stetigkeit bei Bilanzansatzwahlrechten

Nach allgemeiner Auffassung der Literatur gilt das Gebot der Stetigkeit nicht für die Ausübung von Bilanzansatzwahlrechten. Bezüglich des Einzelabschlusses leitet sich dies daraus her, dass die Ausübung eines Bilanzansatzwahlrechtes nicht als Bewertungsmethode gedeutet wird (i. S. d. § 252 Abs. 1 Nr. 6 HGB), für den Konzernabschluss nicht als Konsolidierungsmethode (§ 297 Abs. 3 Satz 2 HGB). Die Maßstäbe sind insofern für den konsolidierten Abschluss nicht strenger zu setzen als für den Einzelabschluss. Da die Ausübung eines Bilanzansatzwahlrechtes als Entscheidung im jeweiligen konkreten Einzelfall betrachtet wird, kann man im Konzern demnach durchaus auch bei gleichgelagerten Sachverhalten das Ansatzwahlrecht unterschiedlich ausüben. Ein konzerneinheitliches Vorgehen ist diesbezüglich also nicht gefordert.

2. Konzerneinheitliche Bewertungsregeln

Bewertungsvorschriften des Mutterunternehmens maßgebend

Die Betrachtung des Konzerns als eine einzige große Unternehmung verlangt auch die Vereinheitlichung der Bewertung. Dem trägt § 308 Abs. 1 HGB Rechnung, wonach die in den Konzernabschluss übernommenen Vermögensgegenstände und Schulden der einbezogenen Unternehmen nach den auf den Jahresabschluss des Mutterunternehmens anwendbaren Bewertungsmethoden einheitlich zu bewerten sind. Wie bereits bei den Ansatzvorschriften definiert, ist auch im Bereich der Bewertungsvorschriften das Recht des Mutterunternehmens die konzernweit anzuwendenden oder anwendbaren Bewertungsmethoden. Das Gesetz stellt allerdings ausdrücklich klar, dass die hierunter zu subsumierenden Methoden keineswegs nach Gutdünken von den jeweiligen Unternehmen angewandt werden dürfen; vielmehr ist »einheitlich« vorzugehen.

»Einheitliche« Bewertung = sachliche Stetigkeit

Das heißt, dass gleiche Sachverhalte nicht unterschiedlich behandelt werden dürfen. Soweit Wahlrechte vorhanden sind, dürfen diese nebeneinander nur dann angewendet werden, falls dieses Vorgehen auch im Einzelabschluss möglich wäre. Dies setzt eine sachliche Begründung, also real vorliegende Unterschiede in den Gegebenheiten, voraus. Für gleiche Sachverhalte, d. h., wenn die gleichen Umstände auf art- und funktionsgleiche Vermögensgegenstände zutreffen, ist demnach eine unterschiedliche Ausübung von Bewertungswahlrechten unzulässig (vgl. IDW [1988], S. 483).

Neuausübung von Bewertungswahlrechten

Bei der Ausübung der Wahlrechte besteht keinerlei Bindung an die Vorgehensweise in den jeweiligen Einzelabschlüssen. Die Konzernleitung kann folglich losgelöst von bilanzpolitischen Überlegungen der Einzelabschlüsse bezüglich der Bewertung eine völlig eigenständige Konzernbilanzpolitik betreiben. Soweit allerdings bei der Auswahl der einheitlich anzuwendenden Bewertungswahlrechte für den Konzernabschluss von der im Einzelabschluss des Mutterunternehmens gewählten Vorgehensweise abgewichen wird, ist dies im Konzernanhang anzugeben und zu begründen (§ 308 Abs. 1 Satz 3 HGB). Dies lässt erkennen, dass das gesetzliche Ideal eine Anlehnung des Konzernabschlusses an die Wahlrechtsausübung im Einzelabschluss des Mutterunternehmens darstellt.

Diejenige Bewertungsmethode, die das Mutterunternehmen für einen bestimmten Sachverhalt in seiner Handelsbilanz II wählt, definiert für den Gesamtkonzern die bei gleichen Sachverhalten anzuwendende Methode. Aus der Gesamtmenge der theoretisch zur Verfügung stehenden Bewertungsmöglichkeiten gibt das Mutterunternehmen durch seine Wahlrechtsausübung unter Umständen nur eine Teilmenge für den Konzern vor. Bewertet das Mutterunternehmen etwa eine bestimmte Gütergruppe nach Fifo, eine andere zum gewogenen Durchschnitt, so können die Tochterunternehmen gleichartige Güter bei gleichartigen Umfeldbedingungen nicht mehr nach anderen Verfahren bewerten (§ 308 Abs. 2 Satz 1 HGB). Da jedoch dem Mutterunternehmen alle Wahlrechte für die HB II neu offen stehen, kann dadurch eine Anpassung an die Vorgehensweise der größten oder der Mehrzahl der einbezogenen Unternehmen erfolgen. Die auf den Konzernabschluss anzuwendenden Bewertungsmethoden werden demnach definiert durch

- die gesetzlichen Ge- bzw. Verbote bezüglich der Wertansätze und
- die Auswahl von Bewertungswahlrechten durch das Mutterunternehmen.

Soweit die Wertansätze einbezogener Konzernunternehmen von den so vorgegebenen Bewertungsmethoden abweichen, sind sie im Rahmen einer Handelsbilanz II auf die vorgegebenen Möglichkeiten hin zu korrigieren (§ 308 Abs. 2 Satz 1 HGB).

Beispiel:

Beispiel

Ein Mutterunternehmen bewertet eine bestimmte Vorratsgattung in seinem Einzelabschluss nach der Fifo-Methode. Ebenso verfährt Tochterunternehmen A. Aus bilanzpolitischen Gründen jedoch entschließt sich das Mutterunternehmen, für den Konzernabschluss diese Vorräte nach dem gewogenen Durchschnitt zu bewerten. Dadurch ist Tochterunternehmen A gezwungen, die Vorräte in seiner Handelsbilanz II ebenfalls nach der Durchschnittsmethode zu bewerten, obwohl prinzipiell natürlich auch die Fifo-Methode zu den auf das Mutterunternehmen anwendbaren Bewertungsmethoden gehört. Aufgrund des Erfordernisses der einheitlichen Bewertung ist das Tochterunternehmen aber gezwungen, sich an die Vorgehensweise des Mutterunternehmens anzupassen. Kann das Tochterunternehmen für die Anwendung der Fifo-Methode sachliche Gründe – wie z. B. leichte Verderblichkeit der Ware – vorbringen, so ist ein vom konzerneinheitlichen Vorgehen abweichend ausgeübtes Wahlrecht sachlich begründet.

Konzernbewertungsvorschriften im HGB

Als einschlägige Bewertungsvorschriften kommen für ein Mutterunternehmen in der Rechtsform der Kapitalgesellschaft die §§ 252–256 und 279–283 HGB zur Anwendung. Denselben Vorschriften ist auch ein von einer Nicht-Kapitalgesellschaft erstellter befreiender Abschluss unterworfen (§ 291 Abs. 1 Satz 1 HGB) und grundsätzlich der Konzernabschluss nach dem PublG. Letzteres allerdings schließt als »lex specialis« die Anwendung von § 279 Abs. 1 HGB (Aussetzung der Bewertungserleichterungen des § 253 Abs. 4 und Abs. 2 Satz 3 HGB) und von § 280 HGB (Wertaufholung) aus.

Grundsatz der Wesentlichkeit

Dem Grundsatz der Wesentlichkeit wird bei der Bewertungsvereinheitlichung entsprochen, indem eine Wertanpassung dann nicht erfolgen muss, wenn deren Auswirkung für die Vermittlung eines den tatsächlichen Verhältnissen entsprechenden Bildes der Vermögens-, Finanz- und Ertragslage des Konzerns nur von untergeordneter Bedeutung ist (§ 308 Abs. 2 Satz 3 HGB). Liegt der Tatbestand der Unwesentlichkeit bei mehreren Wertansätzen vor, so sind diese nicht mehr isoliert zu betrachten, sondern als Beurteilungsmaßstab gilt dann die kumulierte Auswirkung der einzelnen Sachverhalte.

3. Aufhebung steuerlicher Wertansätze

Steuerlich bedingte Wertansätze

Eine Ausnahme von der Verpflichtung zur Vereinheitlichung der Wertansätze ergibt sich für diejenigen Wertansätze in den Einzelbilanzen, die auf den Auswirkungen der »umgekehrten Maßgeblichkeit« beruhen; denn diese dürfen unverändert in den Konzernabschluss übernommen werden (§ 308 Abs. 3 Satz 1 HGB). Soweit solche steuerlich bedingten Wertansätze in den Einzelabschlüssen jedoch nicht enthalten sind, ist ihre nachträgliche Inanspruchnahme zum Zwecke der Konzernbilanzierung nicht zulässig (vgl. IDW [1988], S. 484). Die umgekehrte Maßgeblichkeit ist weitgehend eine Besonderheit der deutschen Rechnungslegung, sodass diese Befreiungsvorschrift überwiegend nur für deutsche Konzernunternehmen Anwendung finden dürfte. Dadurch kann es vorkommen, dass für alle Auslandsgesellschaften lineare Abschreibungen angesetzt sind, für die Inlandsgesellschaft die Abschreibungen dagegen degressiv in Anlehnung an die steuerlich zulässigen Sätze verrechnet werden. Finden im Ausnahmefall auch für ein ausländisches Tochterunternehmen Vorschriften Anwendung, die der deutschen umgekehrten Maßgeblichkeit vergleichbar sind, so trifft der Befreiungstatbestand auch auf dieses ausländische Tochterunternehmen zu.

Angabepflichten

Soweit ein solcher steuerlicher Wertansatz in den Konzernabschluss übernommen wird, sind im Konzernanhang der Betrag der im Geschäftsjahr in den Einzelabschlüssen vorgenommenen steuerlichen Abschreibungen, Wertberichtigungen und Einstellungen in Sonderposten mit Rücklageanteil sowie der Betrag der unterlassenen Zuschreibungen anzugeben und diese Maßnahmen zu begründen (§ 308 Abs. 3 Satz 2 HGB). Dabei genügt ein Verweis auf die steuerlichen Vorschriften und die Inanspruchnahme des Beibehaltungswahlrechtes.

Verzicht auf steuerliche Wertansätze

Da gemäß § 308 Abs. 3 HGB steuerlich zulässige Wertansätze in die HB II übernommen werden dürfen, gilt im Konzernabschluss, dass sie für Zwecke der Konzernbilanzierung aufgehoben werden können. D. h. der Konzernabschluss nach HGB kann aufgrund dieser gesetzlichen Regelung von der umgekehrten steuerlichen Maßgeblichkeit gelöst werden. Zusammen mit der zulässigen Neuausübung von Bilanzansatz und Bewertungswahlrechten wird so die Möglichkeit eröffnet, den Konzernabschluss über das Konzept der HB II auch im Rahmen des HGB weitgehend internationalen Bilanzierungsregeln anzupassen. Von dieser Möglichkeit haben die meisten international tätigen Unternehmen, die ihren veröffentlichten Konzernabschluss nach HGB erstellen, in den letzten Jahren Gebrauch gemacht.

4. Konzerneinheitliche Bilanzierung und Bewertung nach internationalen Vorschriften

Konzerneinheitliche Bilanzierung und Bewertung nach IAS/IFRS

Auch nach den Vorschriften des IASB sind auf gleichartige Sachverhalte in der Konzernbilanz grundsätzlich einheitliche Bilanzierungs- und Bewertungsmethoden anzuwenden (IAS 27.21). Demnach sind Ansatz-, Bewertungs- und Ausweiswahlrechte bei gleichartigen Sachverhalten konzerneinheitlich auszuüben. Außerdem wird in IAS 8.41 i. V. m. IAS 27.4 ausdrücklich gefordert, dass die im Vorjahres-Abschluss angewandten Rechnungslegungsgrundsätze beizubehalten sind.

Tochterunternehmen, die ihren Einzelabschluss nicht nach IAS/IFRS erstellen, müssen eine Anpassung an die konzerneinheitlichen Rechnungslegungsgrundsätze vornehmen. Die Forderung nach Einheitlichkeit rührt nicht zuletzt daher, dass die IAS/IFRS durch die Formulierung von Standard- und Alternativverfahren abweichende Interpretationsmöglichkeiten, Wahlrechte sowie parallel zulässige Bewertungsmethoden ermöglichen. Andererseits bedeutet die Anwendung von IAS/IFRS in den Einzelabschlüssen verschiedener ausländischer Tochterunternehmen und deren Angleichung an die IAS/IFRS des Mutterunternehmens gegenüber der alternativen Angleichung diverser verschiedener nationaler Rechnungslegungsnormen eine enorme Arbeitserleichterung, was oft einen der Hauptanwendungsgründe für die IAS/IFRS darstellt.

Mögliche Abweichungen von der einheitlichen Bilanzierung und Bewertung sieht IAS 27.21 nur vor, wenn etwa aufgrund von Sondervorschriften für Kreditinstitute die Anwendung einheitlicher Vorschriften nicht praktikabel erscheint. Jedoch müssen die angewandten Sondervorschriften IAS/IFRS-konform sein. In einem solchen Fall ist der Umstand und der Anteil der nicht einheitlich bewerteten Posten im Anhang offen zu legen. Des Weiteren kommt auch hier der Grundsatz der Wesentlichkeit zum Tragen.

Konzerneinheitliche Bilanzierung und Bewertung nach US-GAAP

Das FASB vertritt die Meinung, dass in ihren Vorschriften zur Rechnungslegung für den Einzelabschluss lediglich geringer Spielraum beinhaltet ist, sodass die im Konzernabschluss zu übernehmenden Sachverhalte bereits in den Einzelabschlüssen relativ einheitlich abgebildet sind. Deshalb sehen die US-GAAP keine Vorschriften zur Vereinheitlichung vor, wenn ein Einzelabschluss bereits GAAP-konform ist. Im Konzerabschluss kann es folglich innerhalb der gegebenen Spielräume der US-GAAP durchaus zu unterschiedlichen Ansätzen und Bewertungen innerhalb einer Konzerbilanzposition kommen, wie etwa die parallele Anwendung von FIFO und LIFO auf identische Vermögensgegenstände des Vorratsvermögens verschiedener Töchter (vgl. Hayn, S. [1997], S. 504.).

Eine Abweichung von der im Einzelabschluss gewählten Bilanzierungsweise nur für Konsolidierungszwecke ist nicht zulässig. Nach den Vorschriften der US-GAAP sollten vielmehr die Bewertungsmethoden im Einzelabschluss des Tochterunternehmens denen des Mutterunternehmens angeglichen werden. Meistens erfolgt eine Anpassung der Bilanzierungs- und Bewertungsmethoden des Tochterunternehmens an die des Mutterunternehmens im Rahmen des Unternehmenserwerbs, obwohl weder nach US-GAAP noch nach den Vorschriften der SEC ein solches Vorgehen erforderlich ist. Falls ein Unternehmenserwerb stattgefunden hat, ist eine Durchbrechung der Stetigkeit und damit ein Methodenwechsel nach ARB 20 zulässig, da es zu einem Wechsel der *reporting entity* kommt. Findet eine solche Anpassung statt, müssen außerdem rückwirkend die Einzelabschlüsse für die letzten fünf Jahre umbewertet werden, um eine Vergleichbarkeit zu schaffen (APB 20.34) (vgl. Williams, J. R. [2001], S. 1.04 f., 1.14).

Keine Beibehaltung steuerlicher Ansätze

Weder nach US-GAAP noch nach IAS/IFRS existiert die Möglichkeit der Beibehaltung von steuerlich anerkannten Bilanzierungs- und Bewertungsansätzen. Diese Ausnahme von konzerneinheitlichen Ansatz- und Bewertungsvorschriften besteht lediglich nach HGB, zumal auch nur hier der Einzelabschluss des Tochterunternehmens durch die umgekehrte Maßgeblichkeit an die Steuerbilanz gekoppelt ist.

Konzerneinheitliche Bilanzierung und Bewertung nach DRS

Auch in den Vorschriften der DRS ist die Forderung nach einheitlich angewandten Bilanzierungs- und Bewertungsmethoden enthalten. Die Abschlüsse der Tochterunternehmen müssen zudem in Einklang mit den Vorschriften des HGB und der DRS erstellt sein (E-DRS 16.17). Da die DRS ihre Gültigkeit lediglich im Bereich des Konzernabschlusses haben, kann es ggf. zu Anpassungen der Einzelabschlüsse an diese Regelungen kommen. Über die Beibehaltung von steuerlichen Wertansätzen enthalten die DRS keine Aussage, sodass hier die Regelungen des HGB, und damit die Akzeptanz von steuerlichen Wertansätzen, soweit sie an die umgekehrte Maßgeblichkeit gekoppelt sind, Gültigkeit besitzen.

IV. Währungsumrechnung

1. Alternative Umrechnungskurse

Aufstellung in Euro

§ 244 i. V. m. § 298 Abs. 1 HGB schreibt die Aufstellung des Konzernabschlusses in Euro vor. Bis zum 31. 12. 2001 konnten Abschlüsse in DM, ab dem 1. 1. 2002 müssen Abschlüsse nun in Euro aufgestellt werden. Für ein Mutterunternehmen mit Tochterunternehmen im Ausland stellt sich somit das Problem der Umrechnung ausländischer Jahresabschlüsse in die Konzernwährung.

Währungsumrechnung im Einzel- und Konzernabschluss

Allerdings ist die Währungsumrechnung keineswegs ein für den internationalen Konzernabschluss spezifisches Problem. Für Zwecke der Erstellung des Einzelabschlusses bzw. eines nationalen Konzernabschlusses führt jede Transaktion der bilanzierenden Unternehmung bzw. der Konzernunternehmen mit ausländischen Kapital-, Beschaffungs- oder Absatzmärkten zu der Notwendigkeit, den entsprechenden auf Auslandswährung lautenden Betrag in inländische Währungseinheiten umzurechnen.

Bei Erstellung internationaler Konzernabschlüsse gewinnt das Problem der Währungsumrechnung allerdings erheblich an Gewicht, weil außer den direkten Auslandstransaktionen der betroffenen inländischen Unternehmen zusätzlich die Einzelabschlüsse der einzubeziehenden ausländischen Konzernunternehmen in Inlandswährung umzurechnen sind. Es ist deshalb kaum verwunderlich, dass das Problem der Währungsumrechnung vor allem im Rahmen der Diskussion über die Erstellung aussagefähiger multinationaler Konzernabschlüsse behandelt worden ist.

Geldkurs oder Briefkurs

Die Frage nach der Auswahl eines geeigneten Umrechnungskurses erstreckt sich einerseits auf die Art des Umrechnungskurses und andererseits auf den Zeitbezug des Umrechnungskurses. Hinsichtlich der Art des Umrechnungskurses stellt sich zunächst die Frage, ob der Geldkurs (Ankaufskurs der Bank) oder Briefkurs (Verkaufskurs der Bank) verwendet werden soll. Eine naheliegende Zuordnung bietet sich für diejenigen Positionen an, die zu Zahlungen zwischen Inland und Ausland führen: Posten, die künftige Zahlungen an das Inland verkörpern, werden zum Geldkurs, und Posten, die Zahlungen inländischer Unternehmen an das betreffende ausländische Unternehmen verkörpern, werden zum Briefkurs umgerechnet. Für Posten, die sich nicht diesen beiden Kategorien zuordnen lassen, bietet sich der Mittelkurs an. Aus Vereinfachungsgründen erscheint es aber auch akzeptabel, alle Positionen zum Mittelkurs umzurechnen.

Offizieller oder freier Kurs

Eine weitere Frage hinsichtlich der Art des zu wählenden Kurses ergibt sich, wenn in Ländern mit nicht frei konvertierbarer Währung neben dem offiziellen Kurs inoffizielle (freie) Kurse bestehen. Hier liegt es nahe, den im Einzelfall realistischsten Kurs, d. h. denjenigen Kurs zu wählen, zu dem die geschäftlichen Transaktionen mit dem betreffenden ausländischen Konzernunternehmen überwiegend abgewickelt werden (vgl. ADS [1995], § 298 Tz. 60).

Historischer Kurs, Stichtagskurs, Durchschnittskurs

Die Bestimmung des Zeitbezugs des zu verwendenden Umrechnungskurses stellt das eigentliche Kernproblem der Währungsumrechnung dar. Die diskutierten und praktizierten Umrechnungsmethoden verwenden – in unterschiedlicher Kombination – insbesondere die folgenden Umrechnungskurse:

- Historischer Kurs: Er entspricht dem Wechselkurs zum Zeitpunkt der Anschaffung, Herstellung bzw. Entstehung eines Wertes oder der Abwicklung eines Geschäftes, längstens aber zum Zeitpunkt der Entstehung des Mutter-Tochter-Verhältnisses.
- Stichtagskurs: Dies ist der Wechselkurs am Stichtag des Konzernabschlusses.
- Durchschnittskurs: Hierbei handelt es sich um einen ungewichteten oder gewichteten Monats- oder Jahresdurchschnittskurs. Der Durchschnittskurs ist ein Unterfall des historischen Wechselkurses.

Für die Auswahl einer geeigneten Umrechnungsmethode, die den verschiedenen Bilanz- und GuV-Positionen jeweils einen der genannten Wechselkurse zuordnet, sieht das HGB keine Regelung vor. Insofern wundert es nicht, dass in der Praxis unterschiedliche Methoden der Währungsumrechnung bei der Einbeziehung ausländischer Unternehmen in den Konzernabschluss angewendet werden. Es erscheint deshalb sinnvoll, zunächst nach Kriterien für die Wahl der Umrechnungsmethode zu suchen.

2. Kriterien für die Wahl einer Umrechnungsmethode

Währungsumrechnung als Bewertungs- oder Transformationsvorgang

Für die Beantwortung der Frage der Auswahl eines geeigneten Umrechnungskurses stellt sich die weitere grundsätzliche Frage, ob man die Währungsumrechnung als einen Bewertungsvorgang interpretiert, der somit den gültigen Bewertungsvorschriften des Mutterunternehmens unterliegt oder ob man ihn lediglich als einen Transformationsvorgang betrachtet, der dazu dient, die in ausländischer Währung erstellten Einzelabschlüsse für den Einbezug in den Konzernabschluss gleichnamig zu machen.

Rechnungslegungsäquivalenz

Interpretiert man die Umrechnung als Bewertungsvorgang, dann ist das Prinzip der Rechnungslegungsäquivalenz (vgl. Lorensen, L. [1972]) zu beachten. Es folgt konsequent der Einheitstheorie, derzufolge der Konzernabschluss so aufzustellen ist, als wären die Konzernunternehmen rechtlich unselbständige Betriebsstätten der Mutterunternehmung. Dementsprechend muss die Umrechnung unter der Fiktion erfolgen, als würden alle Transaktionen der ausländischen Tochtergesellschaften unmittelbar bei der Mutterunternehmung und in deren Währung verbucht und bilanziert. Die Zahlen des umgerechneten ausländischen Abschlusses können dann analog zu denen eines unmittelbar in Inlandswährung erstellten Abschlusses interpretiert werden, weil die unter der Fiktion der Rechtseinheit des Konzerns für den Gesamtkonzern gültigen Bilanzierungsregeln des Sitzlandes der Mutterunternehmung durch diese Währungsumrechnung nicht beeinträchtigt werden.

Ist die Rechnungslegungsäquivalenz gewahrt, dann kommt dem internationalen Konzernabschluss prinzipiell die gleiche Aussagefähigkeit zu wie dem Einzelabschluss eines den gesamten Konzernkreis umfassenden Einzelunternehmens. Umrechnungsdifferenzen ergeben sich aus der Anwendung differenzierter Wechselkurse auf die umzurechnenden Bestands- und Erfolgspositionen (vgl. im Einzelnen Busse von Colbe, W./Ordelheide, D. [1993], S. 161 ff.). Die bilanzielle Umrechnungsdifferenz führt bei Wahrung der Rechnungslegungsäquivalenz zu einer entsprechenden Erhöhung bzw. Minderung des Eigenkapitals. Unterschiedsbeträge, die aus der Anwendung unterschiedlicher Wechselkurse auf die Ertrags- und Aufwandsposten resultieren, sind bei Wahrung der Rechnungslegungsäquivalenz ein natürlicher Bestandteil des Konzernerfolges.

Organisatorische Beziehungen als Maß für Bewertung oder Transformation

Allerdings hängt es von den organisatorischen Beziehungen zwischen Mutter- und Tochterunternehmen ab, ob durch Wechselkursveränderungen tatsächlich Erfolgsbeiträge entstehen, die als Ertrag oder Aufwand des Konzerns zu berücksichtigen sind und dementsprechend der Umrechnungsvorgang als Bewertungsvorgang zu interpretieren ist oder ob diese Umrechnungserfolge faktisch nicht entstanden sind, da die Aktivitäten des betreffenden Tochterunternehmens so in sich abgeschlossen sind, dass sich die Effekte der Währungskursveränderungen in sich aufheben bzw. bereits im Einzelabschluss des Tochterunternehmens enthalten sind (vgl. IDW [1988], S. 278 f.).

Man unterscheidet diesbezüglich zwei Arten ausländischer Operationen: eigenständige Teileinheiten (*foreign entities*) im Sinne der lokalen Theorie und integrierte Betriebsstätten (*foreign operations*) im Sinne der globalen Theorie (vgl. Busse von Colbe, W./Ordelheide, D. [1993], S. 123 ff.; Lachnit, L./Ammann, H. [1998], S. 755 ff.).

Lokale Theorie: Eigenständige, abgegrenzte ausländische Teileinheiten

Übt ein ausländisches Tochterunternehmen seine Geschäfte relativ eigenständig und auf den jeweiligen nationalen Markt begrenzt aus, sodass seine Lieferungs- und Leistungsbeziehungen unabhängig von Wechselkursänderungen sind, so wird der dem Mutterunternehmen zur Verfügung stehende Jahreserfolg in Fremdwährung c. p. unverändert bleiben. Durch eine reine (lineare) Transformation bleibt die Struktur des Vermögens und der Erfolgsbestandteile des Einzelabschlusses des ausländischen Tochterunternehmens erhalten und es wird, unter diesen Bedingungen, ein besserer Einblick in die Vermögens-, Finanz- und Ertragslage des Konzerns gewährt. Die Beteiligung wird als Finanzinvestition in Fremdwährung betrachtet, die als Ganzes am Stichtag in Inlandswährung übersetzt wird (vgl. Baetge, J./Kirsch, H.-J./Thiele, S. [2002], S. 189; Wysocki, K. v./Wohlgemuth, M. [1996], S. 241 f.).

Globale Theorie: Integrierte Betriebsstätten

Ist hingegen das betrachtete Tochterunternehmen integraler Bestandteile der Wertschöpfungskette des Konzerns, so bedeutet jede Wechselkursänderung eine Veränderung des Wertes der ausländischen Vermögensgegenstände und Schulden mit direkter Auswirkung auf die Ertragslage des Konzerns. Deshalb sind die einzelnen Positionen nach dem Äquivalenzprinzip wie originäre Bestandteile des Mutterunternehmens zu behandeln.

3. Umrechnungsmethoden

a) Währungsumrechnung nach dem Zeitbezug

Eine dem Prinzip der Rechnungslegungsäquivalenz genügende Umrechnungsmethode muss bilanzierungs- und bewertungspolitisch neutral sein, d. h. die jeweils gültigen Rechnungslegungsprinzipien für Einzelabschluss und Konzernabschluss unberührt lassen.

Zeitpunktprinzip, temporal principle

Im Einzelabschluss werden die auf jeweils einen bestimmten Zeitpunkt bezogenen Geldäquivalente von Beständen und Transaktionen abgebildet. Als wesentlichste Kategorien zeitpunktbezogener Geldäquivalente kommen historische Werte (Anschaffungs- und Herstellungskosten) und Gegenwartswerte (Markt- oder Börsenpreis, Wert am Bilanzstichtag) in Betracht. Die Forderung nach bilanzierungs- und bewertungspolitisch neutraler Transformation der zeitpunktbezogenen Geldäquivalente ausländischer Unternehmen in inländische Währungseinheiten führt konsequenterweise zum Zeitpunktprinzip der Währungsumrechnung (vgl. Lück, W. [1974]; Busse von Colbe, W./Ordelheide, D. [1993]), das in den USA unter der Bezeichnung »*temporal principle of translation*« (vgl. Lorensen, L. [1972]) bekannt ist:

Historische Werte sind mit dem historischen Kurs und Gegenwartswerte mit dem Stichtagskurs umzurechnen.

Soweit einzelne Jahresabschlusspositionen mittels zukunftsbezogener Geldäquivalente gemessen werden (z. B. Bewertung von Verbindlichkeiten zum Rückzahlungsbetrag), kommt grundsätzlich auch die Anwendung eines zukunftsbezogenen Wechselkurses in Betracht. Allerdings gilt dies nur für die seltenen Ausnahmefälle, dass der künftige Wechselkurs hinreichend sicher geschätzt werden kann und dass die Anwendung des zukünftigen Kurses keine Verletzung des Realisations- oder des Niederstwertprinzips bedeutet.

Erweitertes Niederstwertprinzip

Gemäß der Einheitstheorie erfolgt die Zusammenfassung der Einzelabschlüsse zum Konzernabschluss unter der Fiktion der Rechtseinheit des Konzerns. Daraus können sich bei Paritätsänderungen Konsequenzen für die zu verwendende Wertkategorie und somit für den anzuwendenden Umrechnungskurs ergeben.

Beispiel

Beispiel:

Der Anschaffungswert eines Vorratspostens betrage 100 Fremdwährungseinheiten (FW), der Wiederbeschaffungswert am Bilanzstichtag ist 150 FW. Der Wechselkurs EUR: FW beträgt zum Zeitpunkt der Anschaffung 4:1 und zum Bilanzstichtag 2:1. Gemäß dem Niederstwertprinzip ist der Vorratsposten im Einzelabschluss der ausländischen Konzernunternehmung mit dem Anschaffungswert von 100 FW einzustellen, da der Wiederbeschaffungspreis für das bilanzierende ausländische Konzernunternehmen höher liegt. Nach dem Zeitpunktprinzip der Umrechnung ist der Anschaffungswert mit dem historischen Kurs umzurechnen, sodass sich ein Umrechnungswert von 400 EUR ergibt. Unter der Fiktion des Konzerns als Rechtseinheit beläuft sich der Wiederbeschaffungswert aber nur auf 300 EUR, denn dies ist der EUR-Betrag, den die inländische Muttergesellschaft beim derzeitigen Wechselkurs aufwenden müsste, um den Vorratsposten zu 150 FW im Ausland zu beschaffen. Im Konzernabschluss ist der Vorratsposten deshalb – folgt man streng der Einheitstheorie – zum niedrigeren Tageswert von 300 EUR anzusetzen. Diese Überlegung führt zum erweiterten Niederstwertprinzip (vgl. Busse von Colbe, W. [1972], S. 306 ff.):

Für umzurechnende Vermögensposten ergibt sich der Niederstwert aus dem Vergleich des zum historischen Kurs umzurechnenden historischen Wertes und des zum Stichtagskurs umzurechnenden Gegenwartswertes.

Aus dem Zeitpunktprinzip der Umrechnung in Verbindung mit dem erweiterten Niederstwertprinzip leiten sich im Einzelnen folgende Umrechnungsregeln für die wesentlichsten Jahresabschlusspositionen ab (vgl. Busse von Colbe, W./ Ordelheide, D. [1993], S. 146 ff.):

Sachvermögen

Immaterielle Vermögensgegenstände und Sachanlagen, Anteile an verbundenen Unternehmen, Beteiligungen, Wertpapiere, Vorräte: Für Vorräte und Wertpapiere des Umlaufvermögens gilt das strenge, für Anteile an verbundenen Unternehmen, Beteiligungen und Wertpapiere des Anlagevermögens das gemilderte Niederstwertprinzip. Dementsprechend ist der maßgebende bzw. zulässige Wert und damit der Umrechnungskurs gemäß dem erweiterten (strengen bzw. gemilderten) Niederstwertprinzip zu bestimmen. Die Anwendung des erweiterten strengen Niederstwertprinzips auf das Vorratsvermögen würde allerdings in der Regel zu einem erheblichen Rechnungslegungsaufwand führen. Aus Gründen der Wirtschaftlichkeit der Rechnungslegung erscheint deshalb die Umrechnung des Vorratsvermögens generell zum Stichtagskurs gerechtfertigt, es sei denn, dass die Vorräte nach dem Lifo-Verfahren bewertet worden sind. Diese Vereinfachungsregel ändert aber nicht den Grundsatz, dass der zutreffende EUR-Wert sich nach dem erweiterten Niederstwertprinzip ergibt.

Kapital

Gezeichnetes Kapital, Rücklagen: Das Eigenkapital ergibt sich als Differenz der umgerechneten Vermögens- und Fremdkapitalposten. Bilanzielle Umrechnungsdifferenzen wirken sich also als Erhöhung oder Verminderung des Eigenkapitals aus. Ein getrennter Ausweis der durch bilanzielle Währungsumrechnung entstehenden Eigenkapitaländerung kann erreicht werden, indem gezeichnetes Kapital und Kapitalrücklagen mit den historischen Kursen zum Zeitpunkt des Erwerbs bzw. der Einzahlung, Gewinnrücklagen mit dem Stichtagskurs des Jahres der Zuführung umgerechnet werden.

Bilanzgewinn

Bilanzgewinn: Der aus dem Jahresergebnis stammende Bilanzgewinn, der für Ausschüttungen zur Verfügung steht, ist mit dem Stichtagskurs umzurechnen.

Forderungen/ Verbindlichkeiten

Forderungen, Verbindlichkeiten: Forderungen beziehen sich hinsichtlich der Bilanzbewertung auf ihren Entstehungszeitpunkt, es sei denn, dass der Liquidationswert unter dem Betrag im Zeitpunkt der Entstehung liegt. Dementsprechend sind auch Valutaforderungen grundsätzlich zum Umrechnungskurs des Tages ihrer Begründung zu bewerten, soweit nicht die Umrechnung zum Kurs des Bilanzstichtages einen niedrigeren Wert ergibt.

Für die Währungsumrechnung lässt sich daraus folgende Regel ableiten: Im Falle der EUR-Aufwertung (bzw. Abwertung der Fremdwährung) sind Forderungen zum Stichtagskurs umzurechnen. Im Falle der EUR-Abwertung (bzw. Aufwertung der Fremdwährung) würde die Anwendung des Stichtagskurses allerdings zum Ausweis unrealisierter Gewinne führen. Hier gilt deshalb grundsätzlich der historische Kurs, es sei denn, dass infolge eines gesunkenen Liquidationswertes der Forderung die Anwendung des erweiterten Niederstwertprinzips zu einem niedrigeren Wertansatz führt.

Für Verbindlichkeiten gelten analoge Überlegungen: Im Falle der EUR-Abwertung (bzw. der Aufwertung der Fremdwährung) kommt der Stichtagskurs zur Anwendung, im Falle der EUR-Aufwertung (bzw. der Abwertung der Fremdwährung) ist zur Vermeidung unrealisierter Gewinne der historische Kurs anzuwenden.

Eine Modifikation der vorstehend abgeleiteten Regeln erscheint zunächst in Bezug auf kurzfristige Forderungen und Verbindlichkeiten in Analogie zur Behandlung kurzfristiger Valutaforderungen und -verbindlichkeiten im Einzelabschluss vertretbar. So wird es für zulässig erachtet, kurzfristige Valutaforderungen (bzw. -verbindlichkeiten) auch dann zum Kurs am Bilanzstichtag zu bewerten, wenn eine EUR-Abwertung (bzw. EUR-Aufwertung) vorliegt. Daraus lässt sich analog herleiten: Kurzfristige Forderungen und Verbindlichkeiten können zum Stichtagskurs umgerechnet werden.

Unabhängig von der Fristigkeit kann man den Stichtagskurs für alle diejenigen Forderungs- und Verbindlichkeitspositionen vertreten, bei denen es sich um Dekkungsgeschäfte handelt, also eine Verschuldung durch entsprechende Forderungen abgesichert ist. Darüber hinausgehend lässt sich auch die Auffassung rechtfertigen, dass alle Forderungen und Verbindlichkeiten generell zum Stichtagskurs umgerechnet werden sollen, weil man in Erweiterung des Gedankens des Dekkungsgeschäftes generell Forderungen und Verbindlichkeiten der rechtlich selbständigen ausländischen Konzernunternehmen als zur gegenseitigen Deckung bestimmt ansieht. Eine solche Verfahrensweise hat zudem den Vorteil, dass sich keine zusätzlichen Differenzen aus der Schuldenkonsolidierung infolge der Anwendung unterschiedlicher Kurse auf innerkonzernliche Forderungen und die ihnen entsprechenden innerkonzernlichen Verbindlichkeiten ergeben.

Liquide Mittel

Liquide Mittel: Sie beziehen sich auf einen bestimmten Geldwert zum Bilanzstichtag und sind dementsprechend zum Stichtagskurs umzurechnen.

Aufwendungen/ Erträge

Aufwendungen, Erträge: Aufwendungen aus dem Verbrauch von Vermögensgegenständen (Abschreibungen, Materialverbrauch) sind mit denselben Kursen wie die betreffenden Bestandspositionen umzurechnen. Für die übrigen Aufwendungen und Erträge gilt der historische Kurs zum Zeitpunkt des Entstehens bzw. aus Vereinfachungsgründen der monatliche oder jährliche Durchschnittskurs.

Beispiel Zeitbezugsmethode

MU gründet zum 01. 01. 01 ein Tochterunternehmen. Im Folgenden sind jeweils die FW-Bilanz sowie die umgerechneten EUR-Bilanzen gegeben. AV sowie das EK werden zu historischen Kursen umgerechnet, die Forderungen und das Fremdkapital zum Stichtagskurs, da diese kurzfristiger Natur sind.

Kursentwicklung:	01. 01. 01:	EUR : FW = 2 : 1
	31. 12. 01:	EUR : FW = 3 : 1
	31. 12. 02:	EUR : FW = 4 : 1

FW-Bilanz				EUR-Bilanz				
AV	2.500	EK	2.000	AV	5.000	EK	4.000	*Zeitpunkt 01.01.01*
Ford.	500	FK	1.000	Ford.	1.000	FK	2.000	
AV	2.500	EK	2.000	AV	5.000	EK	4.000	*31.12.01*
						AP	– 500	
Ford.	500	FK	1.000	Ford.	1.500	FK	3.000	
AV	2.500	EK	2.000	AV	5.000	EK	4.000	*31.12.02*
						AP	–1.000	
Ford.	500	FK	1.000	Ford.	2.000	FK	4.000	

Wie obiges Beispiel zeigt, fällt in der umgerechneten EUR-Bilanz durch die ständigen Aufwertungen der Fremdwährung gegenüber dem EUR durch die damit verbundene Höherbewertung von Forderungen und Fremdkapital das Eigenkapital in der Bilanz des Tochterunternehmens um dem Ausgleichsposten (AP). Dies führt bei erfolgswirksamer Berücksichtigung der Währungsumrechnungsdifferenz zu einer analogen Belastung in der EUR-Erfolgsrechnung. Zum einen ist jedoch keineswegs sicher, dass der Verminderung des Eigenkapitals tatsächlich ein Verlust zugrunde liegt. Zum anderen kann das Mutterunternehmen mit höheren EUR-Zuflüssen durch Ausschüttungen rechnen, weil das Ergebnis des Tochterunternehmens wegen des geänderten Kurses zu einem höheren Gegenwert in EUR führt. Die rein umrechnungstechnisch bedingte Ergebnisminderung entspricht damit kaum der Realität.

Allgemeingültigkeit des Zeitpunktprinzips

Das Zeitpunktprinzip ist eine allgemeine Regel für die Währungsumrechnung, die nicht an bestimmte, etwa die derzeit gültigen deutschen Rechnungslegungsnormen gebunden ist. Im Falle der Einführung des Wiederbeschaffungswertprinzips für die Vermögensbewertung würde das Zeitpunktprinzip die Umrechnung aller Vermögensgüter mit dem Stichtagskurs verlangen. Das Zeitpunktprinzip der Währungsumrechnung in Verbindung mit dem erweiterten Niederstwertprinzip entspricht einer strengen Befolgung der Einheitstheorie in Verbindung mit der »globalen« Theorie. D. h. die Tochterunternehmen werden als rechtlich unselbständige (Einheitstheorie) und integrierte Betriebsstätten (globale Theorie) des Mutterunternehmens betrachtet.

b) Stichtagskursmethode

Die »Stichtagskursmethode« (*closing rate method*) tritt in zwei Varianten auf.

Reine Stichtagskursmethode

Als »reine« Stichtagskursmethode werden prinzipiell sämtliche Positionen von Bilanz und GuV mit dem am Bilanzstichtag gültigen Devisenmittelkurs umgerechnet. Dadurch ergeben sich weder in Bilanz noch in GuV Währungsumrechnungsdifferenzen. Diese Vorgehensweise hat zweifellos das Argument der einfachen Handhabung auf ihrer Seite. Sie hat jedoch den Nachteil, dass sie zu mit den Wechselkursänderungen schwankenden und damit ökonomisch nicht mehr sinnvoll interpretierbaren EUR-Wertansätzen der einzelnen Vermögensgegenstände und Schulden führt. So bedeutet etwa eine EUR-Abwertung (bzw. Aufwertung der Fremdwährung) eine prozentual gleiche Zuschreibung zu allen Vermögensposten, umgekehrt kommt eine EUR-Aufwertung (bzw. Abwertung der Fremdwährung) einer prozentual gleichen Abschreibung auf alle Vermögensposten gleich. Im ersten Falle wird es zu einer Verletzung des Anschaffungswertprinzips bzw. Realisationsprinzips kommen, während der zweite Fall quasi zu Sonderabschreibungen führt. Außerdem werden die Wertänderungen nicht als Aufwand oder Ertrag in der GuV erfasst, sondern werden sofort erfolgsneutral gegen das Eigenkapital verbucht. Vor allem auch in Hochinflationsländern mit ständigen starken Währungsabwertungen führt diese Methode innerhalb kurzer Zeit zu völlig unrealistischen Wertansätzen. Dies soll folgendes Beispiel verdeutlichen.

Beispiel zur reinen Stichtagskursmethode

Ein MU gründet zum 01. 01. 01 ein Tochterunternehmen in einem Hochinflationsland. Die FW-Eröffnungsbilanz sowie die in diesem Zeitpunkt umgerechnete EUR-Eröffnungsbilanz ist im Folgenden wiedergegeben:

Kursentwicklung:	01. 01. 01:	EUR : FW = 1 : 10
	31. 12. 01:	EUR : FW = 1 : 20
	31. 12. 02:	EUR : FW = 1 : 50

Zeitpunkt	FW-Bilanz				EUR-Bilanz			
01. 01. 01	AV	1.000	EK	500	AV	100	EK	50
	UV	2.000	Fk	2.500	UV	200	FK	250
31. 12. 01	AV	1.000	EK	500	AV	50	EK	25
	UV	2.000	FK	2.500	UV	100	FK	125
31. 12. 02	AV	1.000	EK	500	AV	20	EK	10
	UV	2.000	FK	2.500	UV	40	FK	50

Möglichkeit der Kollision mit der Generalnorm

Wie man sieht, ist das Eigenkapital innerhalb von nur zwei Jahren auf ein Fünftel seines ursprünglichen EUR-Wertes gesunken. Dies entspricht zwar der Entwicklung des Außenwertes der Fremdwährung, sicherlich nicht jedoch den tatsächlichen Wertverhältnissen. Damit ist ein Verstoß gegen die Generalnorm des Konzernabschlusses gegeben.

Modifizierte Stichtagskursmethode

Diese Mängel der reinen Stichtagskursmethode versucht die »modifizierte« Stichtagskursmethode zu beseitigen, indem sie das Eigenkapital zum historischen Kurs umrechnet und die damit notwendigerweise auftretende bilanzielle Umrechnungsdifferenz erfolgsneutral als Sonderposten beim Eigenkapital ausweist. Der Ausweis des EUR-Eigenkapitals in obigem Beispiel würde sich dadurch folgendermaßen verändern: Das EUR-Eigenkapital wird in jeder Bilanz mit dem ursprünglichen (»historischen«) Kurs umgerechnet und deshalb mit 50 EUR angesetzt. Zum Bilanzstichtag 31. 12. 01 jedoch wird in der Eigenkapitalposition zusätzlich ein negativer Sonderposten in Höhe von 25 EUR, zum 31. 12. 02 in Höhe von 40 EUR eingesetzt. Damit wird deutlich gemacht, wie sich das Eigenkapital rein aufgrund der angewandten Umrechnungsmethode verändert hat.

Unvereinbarkeit mit der Einheitstheorie

Eine theoretische Begründung der Stichtagskursmethode beruht auf der bereits erwähnten, von der Einheitstheorie in Verbindung mit der »globalen« Perspektive abweichenden »lokalen« Perspektive (vgl. FASB [1974], Part II, Chapter 1, Tz. 12–16). Nach der Einheitstheorie in Verbindung mit der »globalen« Theorie werden die Transaktionen der ausländischen Konzernunternehmen als Geschäfte wirtschaftlich unselbständiger Niederlassungen der inländischen Muttergesellschaften betrachtet, die dementsprechend auch in Währungseinheiten des Sitzlandes der Muttergesellschaft zu erfassen sind. Die »lokale« Perspektive betont demgegenüber die wirtschaftliche Selbständigkeit der ausländischen Konzernunternehmen, deren Transaktionen demgemäß in Fremdwährungseinheiten abgebildet werden sollen. Die in jeweils lokaler Währungseinheit erfassten Bestands- und Erfolgsgrößen gelte es unverzerrt zum Konzernabschlussstichtag in Währungseinheiten des Sitzlandes der Muttergesellschaft zu übertragen. Nur die einheitliche Umrechnung aller Positionen zum Stichtagskurs gewährleistet aber, dass die als Erfolgsindikatoren benutzten Jahresabschlusskennzahlen der ausländischen Konzernunternehmen nicht verändert werden (vgl. Lippmann, K./Schäfer, W. [1976]; Wysocki, K. v. [1971]). Diese Begründung trägt dem Gedanken Rechnung, dass Vermögen und Schulden der ausländischen Tochtergesellschaften nicht transferiert, sondern in Landeswährung abgewickelt werden. Aus der Sicht der Muttergesellschaft wird nur die auf das Eigenkapital entfallende Kursdifferenz von Bedeutung. Diese Begründung steht im Gegensatz zur Einheitstheorie in Verbindung mit der »globalen« Theorie: Die unveränderte Übertragung der Bilanzrelationen bedeutet nichts anderes als die unveränderte Übertragung von aus der Sicht der Einheitstheorie (und der »globalen« Theorie) verzerrten Messwerten (vgl. Busse von Colbe, W. [1972]).

c) Umrechnung nach dem Konzept der funktionalen Währung

Funktionale Währungsumrechnung nach US-GAAP

Eine Kombination von Zeitbezugs- und Stichtagskursmethode ist in den USA entwickelt und 1981 als FAS 52 verbindlich vorgeschrieben worden. Damit wurde die bis 1981 durch FAS 8 vorgeschriebene ausschließliche Anwendung der Zeitbezugsmethode abgelöst.

Entscheidend für die Anwendung von Zeitbezugs- bzw. Stichtagskurs ist nach FAS 52 die Festlegung der »funktionalen« Währung, in der die für die Konsolidierung maßgebende Bilanz der Tochtergesellschaft aufzustellen ist. Damit ist die vorherrschende Währung des wirtschaftlichen Umfeldes gemeint, in dem das Unternehmen seine Geschäftstätigkeit ausübt.

»lokale« Theorie

Dies ist die Währung des Sitzlandes der Tochterunternehmung, sofern deren geschäftliche Transaktionen in sich geschlossen sind und vorwiegend innerhalb dieses Landes abgewickelt werden (lokale Perspektive). Die Umrechnung erfolgt in diesem Falle mit der (erfolgsneutralen) Stichtagskursmethode.

»globale« Theorie

Ist die Tochtergesellschaft dagegen integraler Teil der Aktivitäten und quasi verlängerter Arm der Muttergesellschaft (globale Perspektive), so gilt die Währung des Sitzlandes der Muttergesellschaft als die maßgebende funktionale Währung. Der zunächst in Fremdwährung aufgestellte Einzelabschluss der Tochtergesellschaft ist für Zwecke der Konsolidierung in diesem Falle mittels der (erfolgswirksamen) Zeitbezugsmethode in die funktionale (Mutter-)Währung umzustellen.

Kritik

Das dargestellte Umrechnungsverfahren versucht, die gegensätzlichen Standpunkte von Zeitbezugs- und Stichtagskursmethode, nämlich Einheitstheorie und »globale« Theorie versus »lokale« Theorie, zu vereinen. Gerade in diesem Bemühen liegt aber auch die Schwäche des Verfahrens. So dürfte es außerordentlich schwierig sein, die nach der Einheitstheorie umzurechnenden Tochterunternehmen von den nach der lokalen Theorie umzurechnenden Tochterunternehmen willkürfrei zu trennen (vgl. zur funktionalen Methode im Detail Abschnitt D IV 4b in diesem Kapitel). Es besteht die Gefahr, dass durch Unschärfen in der Definition der funktionalen Währung Möglichkeiten der Konzernbilanzpolitik eröffnet werden.

Neben den bisher dargestellten Methoden kennen Praxis und Literaturdiskussion einige weitere Umrechnungsmethoden, die im Folgenden kurz dargestellt werden. In Abschnitt D IV 4 wird sodann die Frage nach der rechtlichen Zulässigkeit der verschiedenen Methoden aufgeworfen.

d) Kursdifferenzierung nach der Fristigkeit der Positionen

Darstellung

Nach dem ältesten, im Jahre 1931 vom amerikanischen Institut der Wirtschaftsprüfer (AICPA) empfohlenen Verfahren der Währungsumrechnung wird zwischen historischem Kurs und Stichtagskurs nach der Fristigkeit der Bilanzpositionen entschieden (vgl. AICPA [1931]): Langfristige Positionen sind zum historischen Kurs, kurzfristige Positionen zum Stichtagskurs umzurechnen. Eine spätere Modifikation dieser Methode lässt wahlweise die Umrechnung auch der langfristigen Forderungen und Verbindlichkeiten mit dem Stichtagskurs zu (vgl. AICPA [1965]).

Begründung

Die Kursdifferenzierung nach der Fristigkeit der Abschlusspositionen wurde offenbar unter relativ stabilen Wechselkursverhältnissen entwickelt, die lediglich Schwankungen um einen stabilen Kurs kannten. So beruht dieses Verfahren auf der Annahme, dass die langfristigen Vermögensgüter von den laufenden Kursänderungen nicht beeinflusst werden. Deshalb gilt für sie der historische Kurs. Für die kurzfristigen Vermögensgüter wird der Tageskurs als die beste Schätzung des für den Zeitpunkt der Liquidierung bzw. Fälligkeit gültigen Kurses betrachtet; für sie ist deshalb der Stichtagskurs vorgesehen.

Irrealität der zugrunde liegenden Prämisse

Diese Prämisse lediglich oszillativer Schwankungen des Wechselkurses um eine feste Parität trifft indessen heute weitgehend nicht mehr zu. Häufige Währungsanpassungen und langfristige Inflationstrends führen zu ständigen Paritätsänderungen.

Unvereinbarkeit mit dem Prinzip der Rechnungslegungsäquivalenz

Darüber hinaus kann die Kursdifferenzierung nach der Fristigkeit der Positionen dem aus der Einheitstheorie und der globalen Perspektive begründeten Prinzip der Rechnungslegungsäquivalenz widersprechen. Im Falle einer voraussichtlich dauerhaften EUR-Auf- bzw. der Fremdwährungsabwertung führt die Anwendung des historischen Kurses auf Anlageinvestitionen nur dann nicht zu einer Verletzung des erweiterten gemilderten Niederstwertprinzips, wenn der Tageswert in Fremdwährung so stark gestiegen ist, dass die Paritätsänderung wenigstens kompensiert wird. Andernfalls ist gemäß dem Prinzip der Rechnungslegungsäquivalenz der zum Stichtagskurs umgerechnete Tageswert maßgebend. Im Falle der EUR-Ab- bzw. der Fremdwährungsaufwertung führt die Umrechnung des Anlagevermögens zum historischen Kurs im Allgemeinen nicht zu einer Verletzung des erweiterten gemilderten Niederstwertprinzips, wenn man von dem Fall starker, die Paritätsänderung überkompensierender außerplanmäßiger Wertminderungen absieht.

Analoge Überlegungen gelten hinsichtlich der Umrechnung kurzfristiger Positionen zum Stichtagskurs. Im Falle der EUR-Auf- bzw. der Fremdwährungsabwertung ist der Ansatz zum Stichtagskurs im Sinne des Prinzips der Rechnungslegungsäquivalenz richtig, solange der Tageswert dem Anschaffungswert entspricht. Bei steigenden Tageswerten kann der zutreffende Umrechnungsbetrag nur mittels des erweiterten Niederstwertprinzips gefunden werden. Die Anwendung des Stichtagskurses auf den niedrigeren Anschaffungswert würde eine unzulässige Unterbewertung bedeuten; der so gewonnene Wert wäre zudem weder als historischer Anschaffungswert noch als Tageswert interpretierbar, da er aus einer vergangenheitsbezogenen und aus einer gegenwartsbezogenen Wertkomponente zusammengesetzt ist. Im Falle der EUR-Ab- bzw. der Fremdwährungsaufwertung führt der Tageskurs zu einer Aufwertung der kurzfristigen Vermögenspositionen über ihren Anschaffungswert und somit zur Verletzung des Realisationsprinzips.

e) *Kursdifferenzierung nach dem Geldcharakter der Positionen*

Darstellung

Zeitlich später wurde eine Kursdifferenzierung nach dem Geldcharakter der Abschlusspositionen vorgeschlagen (vgl. Hepworth, S. R. [1956]), die in den USA große praktische Verbreitung gefunden hatte: Nach diesem Verfahren sind monetäre Vermögensposten (z. B. liquide Mittel, Forderungen, Verbindlichkeiten) zum Stichtagskurs, nichtmonetäre Posten (z. B. Sachanlagen, Vorräte) zum historischen Kurs umzurechnen.

Begründung

Dieses Verfahren der Währungsumrechnung wurde vor allem im Hinblick auf Tochtergesellschaften in Ländern mit starker Inflation und dementsprechend laufender Währungsabwertung gegenüber dem US-Dollar entwickelt. Von diesen Geldwertänderungen seien monetäre Vermögenspositionen unmittelbar betroffen; durch die Umrechnung zum Stichtagskurs werde dieser Geldwertverlust erfasst. Sachwerte seien von der Währungsänderung im Allgemeinen nicht betroffen, da die Preise und die Ertragsfähigkeit der Anlagen und Vorräte im Allgemeinen – parallel mit der Änderung des Außenwertes der Währung – nominell anstiegen. Mit der Anwendung des historischen Kurses für die Umrechnung von Sachwerten würde deshalb zugleich eine Neutralisierung der Geldwertänderung im Jahresabschluss erreicht.

Irrealität der zugrunde liegenden Prämisse

Gegen dieses Verfahren liegen eine ganze Reihe von Einwänden nahe. Zunächst ist unbefriedigend, dass die Währungsumrechnung mit einem Bewertungsvorgang gekoppelt wird. Für eine adäquate Berücksichtigung der Geldentwertung müssen die Bewertungsgrundsätze selbst geändert werden. Mit der Anwendung der historischen Kurse auf Sachwerte lässt sich nur unter der wenig realistischen (empirische Kritik in Aliber, R. Z./Stickney, C. P. [1975], S. 44 ff.) Prämisse eines vollkommenen Gleichschritts von Inflation und Abwertung lediglich eine Eliminierung allgemeiner Geldwertänderungen erreichen. Spezielle Preisänderungen werden dagegen nicht erfasst (vgl. 17. Kapitel C II 1). Die Jahresabschlüsse der inländischen Konzernunternehmen bleiben bei diesem Verfahren zudem von Geldwertänderungen unbereinigt.

Unvereinbarkeit mit dem Prinzip der Rechnungslegungsäquivalenz

Schließlich widerspricht die Kursdifferenzierung nach dem Geldcharakter der Positionen in vielen Fällen der Rechnungslegungsäquivalenz; da sich dieses Verfahren lediglich hinsichtlich der Umrechnung der Vorräte sowie der langfristigen monetären Aktiva und Passiva von der Kursdifferenzierung nach der Fristigkeit der Positionen unterscheidet, kann auf die diesbezüglichen Ausführungen verwiesen werden.

f) Umrechnung mit Kaufkraftparitäts- und Ertragskraftparitätskursen

Darstellung

In der Literatur finden sich gelegentlich Empfehlungen, mit von den tatsächlichen Wechselkursen abweichenden Umrechnungskursen zu rechnen. Ein Vorschlag (vgl. Hieke, M. [1975], S. 113 ff.) geht von der Zielsetzung einer kaufkraftäquivalenten Konzernrechnungslegung aus und sieht vor, den jeweiligen Stichtagskurs um die Unterschiede in der Entwicklung des inländischen und ausländischen Preisniveaus zu korrigieren (= Kaufkraftparitätskurs). Ein anderer Vorschlag beruht auf dem Gedanken, dass im Falle einer Paritätsänderung der umgerechnete Buchwert einer Position nur insoweit geändert werden darf, wie sich die Ertragskraft dieser Position infolge der Paritätsänderung verändert hat (= Ertragskraftparitätskurs).

Kritik

Von der Frage der Anwendbarkeit abgesehen, vermögen beide Vorschläge vom Ansatz her nicht zu befriedigen, da beide darauf gerichtet sind, geltende Bewertungsprinzipien über eine entsprechende Manipulation der Umrechnungskurse zu verändern. Die damit bezweckte Erhöhung der Aussagefähigkeit der Abschlüsse lässt sich aber nur durch eine Neukonzeption der Bewertungsprinzipien selbst erreichen. Weder das mit dem Kaufkraftparitätskurs angesprochene Konzept der Neutralisierung allgemeiner Geldwertänderungen vgl. 17. Kapitel C I) noch das mit dem Ertragskraftparitätskurs angesprochene Konzept der Bilanzierung nach der Ertragskraft (vgl. 17. Kapitel C III) bieten dafür eine geeignete Grundlage.

4. Zulässigkeit von Umrechnungsmethoden

a) Umrechnungsmethoden nach HGB

Währungsumrechnung nach HGB

Das HGB enthält keinerlei Vorschrift darüber, nach welchem Verfahren die Abschlüsse einbezogener ausländischer Konzernunternehmen in EUR umzurechnen sind. Lediglich die Grundlagen der Währungsumrechnung sind nach § 313 Abs. 1 Nr. 2 HGB im Konzernanhang anzugeben.

Grundsätze der Währungsumrechnung nach IdW

Der Arbeitskreis »Weltbilanz« des Instituts der Wirtschaftsprüfer kommt dabei zu dem Ergebnis, dass für die Währungsumrechnung grundsätzlich Methodenfreiheit besteht, soweit folgende Grundsätze beachtet werden (vgl. IDW [1977] S. 3 f.):

- Es ist eine in ihrer theoretischen Konzeption bestimmte Methode anzuwenden (Methodenbestimmtheit).
- Grundsätzlich ist für alle Abschlüsse eine einzige Umrechnungsmethode anzuwenden, sofern nicht bestimmte Umstände die Anwendung mehrerer Methoden erfordern (Methodeneinheitlichkeit).
- Eine gewählte Methode ist grundsätzlich beizubehalten, sofern nicht gewichtige Gründe für einen Wechsel dieser Methode sprechen (Methodenstetigkeit).
- Zudem sollte die gewählte Umrechnungsmethode ausführlich und allgemeinverständlich im Anhang erläutert werden.

Verlautbarung des IdW/HFA

Auch der Hauptfachausschuss des Instituts der Wirtschaftsprüfer (vgl. IDW [1986b]; IDW [1998a]) hat sich mehrfach zu diesem Problemkomplex geäußert, allerdings noch keine abschließende Verlautbarung hierzu erlassen. In seinem vorliegenden Entwurf einer Stellungnahme zur Währungsumrechnung im Konzernabschluss empfiehlt er die Anwendung der Methode der funktionalen Währung: »In Abhängigkeit von den tatsächlichen Verhältnissen des einzelnen betroffenen Tochterunternehmens ist die Umrechnung entweder zu Stichtagskursen als Transformationsvorgang oder nach dem Zeitbezug als Bewertungsvorgang vorzunehmen.« (IDW [1998a], S. 279.) Andere gebräuchliche Verfahren erachtet er als nicht mehr sachgerecht.

Empfehlungen des Arbeitskreises »Externe Unternehmensrechnung«

Auch der Arbeitskreis »Externe Unternehmensrechnung« der »Schmalenbach-Gesellschaft für Betriebswirtschaft« hat Empfehlungen zur Währungsumrechnung gegeben (vgl. Arbeitskreis »Externe Unternehmensrechnung« der Schmalenbach-Gesellschaft [1989], S. 51 ff.). Er präferiert eindeutig die Umrechnung mit differenzierten Kursen nach der Zeitbezugsmethode, deren Anwendung allerdings unter Beachtung des Gebotes der Wirtschaftlichkeit der Rechnungslegung erfolgen soll. Da er andererseits andere Methoden der Währungsumrechnung nicht grundsätzlich ausschließen möchte, empfiehlt er dann jedoch zumindest die Anwendung eines einheitlichen Umrechnungsverfahrens für alle ausländischen

TU eines Mutterunternehmens. Da er bei der Zeitbezugsmethode eine klare Gewichtung der Argumente für eine erfolgswirksame bzw. erfolgsneutrale Verrechnung von Umrechnungsdifferenzen als abschließend nicht für möglich erachtet, lässt er beide Vorgehensweisen als akzeptabel zu. Das Umrechnungsverfahren sowie die Behandlung der Umrechnungsdifferenzen sind jedoch im Anhang zu erläutern.

b) Umrechnungsmethoden nach IAS/IFRS

Funktionale Umrechnungsmethode nach IAS/IFRS

Im Gegensatz zum HGB ist in den IAS/IFRS das Problem der Währungsumrechnung eindeutig geregelt. So wird in IAS 21 »*The Effects of Changes in Foreign Exchange Rates*« die Methode der funktionalen Währung vorgeschrieben. Nach IAS 21.23 wird zwischen ausländischen Teileinheiten, die integraler Bestandteil des Geschäftsbetrieb des Mutterunternehmens sind (*foreign operations*) und wirtschaftlich selbständigen ausländischen Teileinheiten (*foreign entities*) unterschieden, wobei unter einer Teileinheit sowohl Tochterunternehmen, Gemeinschaftsunternehmen, assoziierte Unternehmen, als auch Zweigniederlassungen der berichtenden Gesellschaft verstanden werden. Hinweise für eine derartige Unterscheidung liefern die sechs folgenden Kriterien, deren Erfüllung das untersuchte Unternehmen als selbständig qualifiziert (IAS 21.26):

- Trotz der bestehenden Möglichkeit der Kontrolle durch das Mutterunternehmen werden die Aktivitäten des Tochterunternehmens weitgehend selbständig durchgeführt.
- Die internen Leistungsbeziehungen mit dem Mutterunternehmen sind nicht wesentlich.
- Das Tochterunternehmen finanziert sich weitgehend unabhängig vom Mutterunternehmen.
- Die Lohn- und Materialausgaben sowie darüber hinausgehende Ausgaben für die Erstellung der Produkte und Dienstleistungen des Tochterunternehmens werden zum überwiegenden Teil nicht in der Währung des Mutterunternehmens geleistet.
- Die Erlöse des Tochterunternehmens werden zum überwiegenden Teil nicht in der Währung des Mutterunternehmens getätigt.
- Die Cashflows des Mutterunternehmens sind weitgehend unabhängig von den operativen Aktivitäten des Tochterunternehmens.

Integrierte Tochterunternehmen: Zeitbezugsmethode

Wird ein Unternehmen als integriertes Unternehmen klassifiziert, so ist der Jahresabschluss dieses Unternehmens nach der Zeitbezugsmethode umzurechnen, d. h. alle Aktivitäten des Tochterunternehmens sind so zu behandeln, als wären es von Anfang Fremdwährungsaktivitäten des Mutterunternehmens gewesen (IAS 21.27). Für die Umrechnung des Abschlusses des integrierten Tochterunternehmens gelten die Vorschriften für die Umrechnung von Fremdwährungstransaktionen im Einzelabschluss (IAS 21.27, der auf die Regelungen für den Einzelabschluss verweist).

Selbständige Tochterunternehmen: Stichtagskursmethode

Für selbständige Tochterunternehmen ist die Stichtagskursmethode anzuwenden. Sie ist dahingehend zu modifizieren, dass alle Vermögenswerte und Schulden zum Stichtagskurs und alle Erträge und Aufwendungen mit dem Kurs am Tage des Geschäftsvorfalles umzurechnen sind (IAS 21.30 (a), (b)). Aus praktischen Gründen kann bei der Umrechnung von Aufwendungen und Erträgen auch ein dem tatsächlichen Kurs sehr nahe kommender Kurs verwendet werden, wie z. B. der Durchschnittskurs der Periode (IAS 21.31). Die entstehenden Umrechnungsdifferenzen sind erfolgsneutral zu behandeln (IAS 21.30 (c)); im Zeitpunkt des Abgangs der Beteiligung werden die aufgelaufenen Währungsumrechnungsdifferenzen erfolgswirksam erfasst (IAS 21.37). Besitzt das Mutterunternehmen weniger als 100 % der Anteile des Tochterunternehmens, so werden die Umrechnungsdifferenzen anteilig im Ausgleichsposten für Anteile anderer Gesellschafter im Konzernabschluss erfasst (IAS 21.32).

Wechsel der Klassifikation

Durch eine veränderte Beziehung des Tochterunternehmens zum Mutterunternehmen kann ein Wechsel in der Klassifikation als integriertes bzw. selbständiges Tochterunternehmen notwendig werden. Ist ein solcher Wechsel vorzunehmen, so muss ab dem Zeitpunkt des Wechsels die jeweils neue Vorgehensweise zur Währungsumrechnung angewendet werden (IAS 21.39). Dabei werden – bei einem Wechsel von einem integrierten zu einem selbständigen Tochterunternehmen – Differenzen aus der Umrechnung nicht monetärer Posten erfolgsneutral im Eigenkapital erfasst. Muss die Klassifikation eines Unternehmens von integriert auf selbständig verändert werden, gelten die zum Wechselstichtag umgerechneten Beträge für nicht monetäre Posten ab diesem Zeitpunkt als die historischen Anschaffungskosten dieser Güter. Die bis dahin erfolgsneutral erfassten Währungsumrechnungsdifferenzen sind erst beim Abgang der Beteiligung erfolgswirksam zu erfassen (IAS 21.40).

c) Umrechnungsmethoden nach US-GAAP

Funktionale Umrechnungsmethode nach US-GAAP

Bis zum Jahr 1973 gab es in den USA keine Regelung für die Umrechnung ausländischer Einzelabschlüsse. Mit FAS 1 ließ das FASB weiterhin die Wahl der Umrechnungsmethode offen, jedoch verlangte es als Anhangsangabe die Offenlegung der Umrechnungsmethode sowie Angaben über die Verrechnung der Umrechnungsdifferenz. Diese Regelung wurde bereits 1975 von FAS 8 abgelöst, worin die Zeitbezugsmethode als einziges Umrechnungskonzept zugelassen und eine erfolgswirksame Verrechnung der Umrechnungsdifferenz geforderte wurde. Seit 1982 ist FAS 52 »*Foreign Currency Translation*« die Grundlage für die Währungsumrechnung nach US-GAAP, welches das Konzept der funktionalen Währung vorgeschreibt (FAS 52.5).

Auch nach FAS 52 wird für die Bestimmung der funktionalen Währung des Tochterunternehmens, wie in den Vorschriften der IAS/IFRS, zwischen *foreign entities* und *foreign operations* unterschieden. Handelt es sich um ein Tochterunternehmen, das wirtschaftlich weitgehend selbständig ist (*foreign entities*), dann ist dessen funktionale Währung die des wirtschaftlichen Umfeldes, in dem die Gesellschaft in erster Linie tätig ist (FAS 52.5). Ist das Tochterunternehmen dagegen der verlängerte Arm des Mutterunternehmens (*foreign operations*), so ist die Währung der Mutter in der Regel die funktionale Währung der Tochter (FAS 52.6). In diesem Fall ist zur Umrechnung des ausländischen Einzelabschlusses die Zeitbezugsmethode anzuwenden (FAS 52.10), ansonsten erfolgt die Umrechnung mit der modifizierten Stichtagsmethode (FAS 52.12). Hier liegt also kein Unterschied zu den Vorschriften nach IAS/IFRS vor.

Die funktionale Währung lässt sich oft nur unter Schwierigkeiten bestimmen, besonders wenn das betreffende Tochterunternehmen in verschiedenen Währungen Geschäfte abwickelt (vgl. KPMG [1999a], S. 145). Deshalb enthalten auch die US-GAAP eine Reihe von Indikatoren, die bei der Bestimmung der funktionalen Währung des jeweiligen Tochterunternehmens behilflich sein sollen. Diese sind in Tabelle 8.2 wiedergegeben (vgl. auch Baker, R. E./Lempke, V. C./King, T. E. [1999], S. 699; Hoyle, J. B./Schaefer, T. F./Doupnik, T. S. [2001], S. 479 ff.; Niehus, R. J./Thyll, A. [2000], S. 167).

Kriterien für die funktionale Währung nach US-GAAP

Funktionale Währung ist die Währung der Indikator	Muttergesellschaft	Tochtergesellschaft
Cashflow	Berührt den Cashflow des MUs direkt	Überwiegend in Fremdwährung, berührt Cashflow des MUs nicht
Verkaufspreise	Verkaufspreise sind stark wechselkursabhängig, ändern sich mit weltweitem Wettbewerb und Preisen	Kurzfristige Preisänderungen durch lokale Einflüsse, nicht durch Wechselkursschwankungen
Verkaufsmärkte	Der Absatzmarkt ist hauptsächlich im Land des MUs, Verträge werden hauptsächlich in der Währung des MUs abgeschlossen	Das TU hat einen aktiven lokalen Absatzmarkt, kann auch zusätzlich noch Export haben
Aufwendungen	HK und Kosten für das Erbringen einer Dienstleistung bestehen im Wesentlichen aus Kosten für Einkäufe im Land der Mutter	HK und Kosten für das Erbringen einer Dienstleistung sind in lokaler Währung zu bezahlen
Finanzierung	Die Finanzierung wird im Wesentlichen aus den Mitteln des MUs oder in US-Dollars bestritten, die erwirtschafteten Mittel des TUs reichen nicht aus	Die Finanzierung erfolgt in lokaler Währung aus den erwirtschafteten Mitteln des TUs
Innerkonzernliche Transaktionen	Extensive Verbindungen der Geschäftstätigkeit von MU und TU mit zahlreichen innerkonzernlichen Transaktionen	Innerkonzernliche Transaktionen sind sehr gering, jedoch kann sowohl TU wie auch MU die Wettbewerbsvorteile des anderen mit nutzen

Tab. 8.2: Kriterien für die funktionale Währung nach SFAS 52 Appendix A.

Wechsel der Klassifikation

Ein Wechsel der Klassifikation erfolgt bei US-GAAP wie nach IAS/IFRS.

d) Umrechnungsmethode nach DRS

Funktionale Umrechnungsmethode nach DRS

Auch das DRSC hat sich inzwischen mit der Währungsumrechnung im Konzernabschluss beschäftigt. Hierzu wurde am 16.10.2002 der Standardentwurf E-DRS 18 »Währungsumrechnung« veröffentlicht, der sich sehr stark an den Vorschriften der IAS/IFRS und den der US-GAAP orientiert. Als Konzeption der Währungsumrechnung schlägt das DRSC, ähnlich den internationalen Vorschriften, das Konzept der funktionalen Währung vor. Entscheidungskriterium ist hierbei die funktionale Währung des Tochterunternehmens. Für die Bestimmung der funktionalen Währung ist das Gesamtbild der wirtschaftlichen Verhältnisse maßgebend (E-DRS 18.8), zudem enthält E-DRS 18 Hinweise für die Bestimmung der funktionalen Währung (E-DRS 18.9 f.), die sich allerdings kaum von denen nach IAS/IFRS unterscheiden.

Ist die funktionale Währung eines Tochterunternehmen, die des Mutterunternehmens - der Abschluss des Tochterunternehmens ist demnach nicht in seiner funktionalen Währung aufgestellt - so gelten bezüglich der Umrechnung der einzelnen Abschlussposten des Tochterunternehmens die Regelungen für Fremdwährungsgeschäfte. Die Umrechnungen in die funktionale Währung des Unternehmens erfolgt generell mithilfe der Zeitbezugsmethode (E-DRS 18.16-19). Ist dagegen die funktionale Währung eines Tochterunternehmens gleich deren Berichtswährung, so muss für die Konsolidierung lediglich ein Fremdwährungsabschluss in die Berichtswährung des Konzerns umgerechnet werden. Die Umrechnung in die Berichtswährung des Konzerns erfolgt dann mithilfe der modifizierten Stichtagsmethode (E-DRS 18.27-30).

5. Verrechnung von Währungsumrechnungsdifferenzen

a) Ursache von Währungsumrechnungsdifferenzen

Werden die Bilanz- und GuV-Positionen eines Fremdwährungsabschlusses mit verschiedenen Kursen (historischer Kurs, Stichtagskurs, Durchschnittskurs) umgerechnet, so ergeben sich in der umgerechneten Bilanz und GuV so genannte Währungsumrechnungsdifferenzen.

Der Gesamtbestand der bilanziellen Umrechnungsdifferenz zu einem bestimmten Bilanzstichtag ergibt sich als Saldo gemäß der folgenden Gleichung (vgl. Busse von Colbe, W./Ordelheide, D. [1993], S. 129):

$$D = \sum_{i=1}^{m} A_i \times w_i - \sum_{i=1}^{n} P_j \times w_j$$

Dabei bedeuten:
A_i = i-tes Aktivum (1 = 1,2,..., m)
P_j = j-tes Passivum (j = 1,2,..., n)
w_i, w_j = Umrechnungskurs des i-ten Aktivums bzw. j-ten Passivums
D = Bestand der bilanziellen Umrechnungsdifferenz

Eine aktive ($D < 0$) oder passive ($D > 0$) bilanzielle Umrechnungsdifferenz kann also nur ausgewiesen werden, wenn die Bilanzpositionen mit differenzierten Kursen umgerechnet werden. Dies bedeutet aber nicht, dass bei ausschließlicher Umrechnung zum Stichtagskurs keine Umrechnungsdifferenzen entstehen. Im Gegenteil: Umrechnungsdifferenzen entstehen gerade durch Anwendung sich ändernder Tageskurse; die Tageskursmethode führt aber dazu, dass Abwertungen (bzw. Aufwertungen) der Aktiva gerade durch entsprechende Abwertungen (bzw. Aufwertungen) der Passiva kompensiert werden. D. h., bilanzielle Aufwertungsverluste bzw. -gewinne werden bei der reinen Stichtagskursmethode unmittelbar im Eigenkapital verrechnet; dagegen wird die Umrechnungsdifferenz auch bei dieser Methode sichtbar, wenn das Eigenkapital zu historischen Kursen fortgeführt wird.

Änderungen der bilanziellen Umrechnungsdifferenz

Eine bilanzielle Umrechnungsdifferenz ändert sich, wenn erneut eine Währungsparitätsverschiebung eintritt (Beispiel 1). Bei Umrechnung mit differenzierten Kursen ändert sie sich ferner dadurch, dass zu historischen Kursen umgerechnete Bilanzpositionen durch Umschlag (z. B. Abschreibung oder Verkauf von Anlagen) in Bilanzpositionen eingehen, die zum Stichtagskurs umgerechnet werden (Beispiel 2).

Beispiel 1

Beispiele

Der Wechselkurs EUR:FW ändert sich nacheinander von 4:1 (= historischer Kurs) auf 3:1 und 2:1. Es finden keine Geschäftsvorfälle statt. Anlagen und Eigenkapital werden zum historischen Kurs, die übrigen Positionen zum Stichtagskurs umgerechnet.

Positionen	Bilanz in FW	Bilanz in EUR beim Stichtagskurs	
		3 : 1	2 : 1
	(1)	(2)	(3)
Anlagevermögen	200	800	800
Umlaufvermögen	100	300	200
Eigenkapital	100	400	400
Verbindlichkeiten	200	600	400
Umrechnungsdifferenz	–	**100**	**200**

Beispiel 2

Der Wechselkurs EUR:FW ändert sich von 4:1 (= historischer Kurs) auf 2:1. Die ausländische Konzernunternehmung hat aus Beispiel 1 Anlagen zum Buchwert von 20 FW verkauft. Anlagevermögen und Eigenkapital werden zum historischen Kurs, die übrigen Positionen zum Stichtagskurs umgerechnet.

Positionen	Bilanz in FW	Bilanz in EUR	
		vor Anlagen-verkauf	nach Anlagen-verkauf
	(1)	(2)	(3)
Anlagevermögen	180	800	720
Umlaufvermögen	120	200	240
Eigenkapital	100	400	400
Verbindlichkeiten	200	400	400
Umrechnungsdifferenz	–	**200**	**160**

Auswirkungen auf Konzernbilanz

Die bilanzielle Umrechnungsdifferenz stellt eine Korrektur des in EUR umgerechneten Eigenkapitals der ausländischen Konzernunternehmung dar. Ein gesonderter Ausweis dieser Komponente im Konsolidierungsausgleichsposten bzw. in den Konzernrücklagen ist wünschenswert (vgl. IDW [1977], S. 87). Es erfolgt keine unmittelbare Berücksichtigung der Umrechnungsdifferenz bei der Kapitalkonsolidierung.

Umrechnungsdifferenz in der GuV

In der Bilanz wird der aus dem laufenden Ergebnis stammende Bilanzgewinn, der für Ausschüttungen zur Verfügung steht, gewöhnlich mit dem Stichtagskurs umgerechnet. Dies gilt somit auch für den entsprechenden in der GuV ausgewiesenen Bilanzgewinn. Damit die Gleichheit vom Bilanzgewinn in der umgerechneten Bilanz und GuV erreicht wird, weist die GuV bei Umrechnung der GuV-Posten mit differenzierten Kursen eine Umrechnungsdifferenz auf, die sich – für Gewinnermittlungs- und Gewinnverwendungsteil der GuV zusammengefasst – gemäß folgender Gleichung ergibt (vgl. Busse von Colbe, W./Ordelheide, D. [1993], S. 129):

$$U = \sum_{i=1}^{k} E_i \times w_i - \sum_{j=1}^{l} A_j \times w_j \pm \Delta R \times w_R - B \times w_B$$

Dabei bedeuten:

E_i	=	i-ter Ertragsposten (i = 1,2,...,k)
A_j	=	j-ter Aufwandsposten (j = 1,2,...,l)
ΔR	=	Zuführung zu (–) und Entnahme (+) aus Rücklagen
B	=	Bilanzgewinn
w_i, w_j, w_R, w_B	=	Umrechnungskurs des i-ten Ertragspostens, des j-ten Aufwandspostens, der Rücklagenzuführung und -entnahme bzw. des Bilanzgewinns
U	=	Umrechnungsdifferenz in der GuV

Beispiel 3

Es soll alternativ eine Umrechnung der GuV einer ausländischen Konzernunternehmung nach der Stichtagskursmethode und nach der Zeitbezugsmethode vorgenommen werden. Der Stichtagskurs EUR:FW beträgt 2:1, der Jahresdurchschnittskurs 3:1 und der historische Kurs 4:1.

Positionen	GuV in FW	GuV in EUR	
		nach der Stichtagskursmethode	nach der Zeitbezugsmethode
	(1)	(2)	(3)
Umsatzerlöse	300	600	900
Abschreibungen	– 20	– 40	– 80
andere Aufwendungen	– 200	– 400	– 600
Jahresüberschuss (Saldo)	80	160	220
Rücklagenzuführung	– 50	– 100	– 100
Umrechnungsdifferenz	–	–	– 60
Bilanzgewinn	30	60	60

Bei Stichtagsumrechnung aller GuV-Positionen ergibt sich keine Umrechnungsdifferenz in der GuV. Bei differenzierter Umrechnung resultiert im Beispiel eine Umrechnungsdifferenz von 60 EUR aus den gegenüber der Umrechnung zum Stichtagskurs abweichenden Werten, die die Zuführung zur Eigenkapitalposition erhöht. Sie ergibt sich aus einem positiven Umrechnungseffekt von 100 EUR der Umsatzerlöse über die übrigen Aufwendungen (900 EUR - 600 EUR) – (600 EUR - 400 EUR) und aus einem negativen Umrechnungseffekt von 40 EUR (-80 EUR + 40 EUR), der zwangsläufige Folge der Umrechnung von Abschreibungen zum historischen Kurs ist. Zusätzliche Differenzen können dann auftreten, wenn die einzelnen Erträge und übrigen Aufwendungen nicht mit einem einheitlichen Jahresdurchschnittskurs, sondern mit unterschiedlichen Monatsdurchschnittskursen umgerechnet werden.

b) *Erfolgswirksame oder erfolgsneutrale Verrechnung von Währungsumrechnungsdifferenzen*

Erfolgswirksame Verrechnung

Bei erfolgswirksamer Verrechnung von Währungsumrechnungsdifferenzen führt die Änderung einer bilanziellen Umrechnungsdifferenz zu einer entsprechenden Veränderung des Jahresüberschusses. Dies geschieht entweder zwangsläufig (z. B. durch Umrechnung der Abschreibungen zu historischen Kursen) oder dadurch, dass der Änderungsbetrag als Sonderposten oder unter die sonstigen betrieblichen Aufwendungen bzw. Erträge eingestellt wird. Der Jahresüberschuss wird in der umgerechneten GuV sodann als Saldo ermittelt, sodass zusätzlich auch die aus differenzierten Monatsdurchschnittskursen resultierenden Differenzen der Ertrags- und Aufwandsposten ergebniswirksam werden.

Beispiele

In Beispiel 1 wäre bei erfolgswirksamer Verrechnung in der zur Spalte (2) zugehörigen GuV (als Sonderposition oder unter den sonstigen Erträgen) ein Umrechnungsertrag von 100 EUR und in der zur Spalte (3) zugehörigen GuV ebenfalls ein Umrechnungsertrag von 100 EUR auszuweisen. In Beispiel 2 wäre in der zur Spalte (2) zugehörigen GuV ein Umrechnungsertrag von 200 EUR, in der zur Spalte (3) zugehörigen GuV dagegen (als Sonderposition oder unter den sonstigen Aufwendungen) ein Umrechnungsverlust von 40 EUR auszuweisen. In Höhe der erfolgswirksam verbuchten bilanziellen Umrechnungsdifferenz muss dann noch im Gewinnverwendungsteil der GuV eine entsprechende Einstellung in oder Entnahme aus den Rücklagen erfolgen. In Beispiel 3 entspricht Spalte (3) einer GuV mit erfolgswirksamer Behandlung der GuV-Umrechnungsdifferenz.

Erfolgsneutrale Verrechnung

Bei erfolgsneutraler Verrechnung erscheint die bilanzielle Umrechnungsdifferenz ohne Berührung der GuV in der umgerechneten Bilanz als aktivischer oder passivischer Korrekturposten zum Eigenkapital. Der Jahresüberschuss der ausländischen Konzernunternehmung wird zum Stichtagskurs umgerechnet. Die aus einer differenzierten Umrechnung von Aufwendungen und Erträgen resultierende Umrechnungsdifferenz der GuV wird als Sonderposition oder unter den sonstigen betrieblichen Aufwendungen bzw. Erträgen ausgewiesen.

Beispiele

In den Beispielen 1 und 2 würden sich die Änderungen der bilanziellen Umrechnungsdifferenzen ausschließlich in der Bilanz, nicht dagegen im Jahresüberschuss niederschlagen. In Beispiel 3 würde sich bei erfolgsneutraler Verrechnung die GuV gemäß Spalte (3) wie folgt verändern: Der Jahresüberschuss betrüge 160 EUR. Die GuV-Umrechnungsdifferenz von 60 EUR ist zum Ausgleich als Sonderposition oder unter den sonstigen betrieblichen Aufwendungen vor Jahresüberschuss einzustellen, sie entfällt demnach im Gewinnverwendungsteil.

Aussagefähigkeit von erfolgswirksamer und erfolgsneutraler Verrechnung

Für eine erfolgswirksame Verrechnung von Währungsumrechnungsdifferenzen spricht, dass im Jahresüberschuss Gewinne und Verluste aus allen Quellen und Ursachen der Geschäftstätigkeit, also auch Währungsgewinne und Währungsverluste, zusammengefasst werden sollen. Die erfolgswirksame Verrechnung von Währungsumrechnungsdifferenzen entspricht ferner der Umrechnung von Bilanz und GuV nach dem Zeitpunktprinzip. Wie ausgeführt, erfolgt die Umrechnung hiernach im Grundsatz unter der Fiktion, als würden die ausländischen Konzernunternehmen alle Transaktionen unmittelbar in der Währung der Obergesellschaft bilanzieren. Umrechnungsdifferenzen einzelner Aktiv- und Passivpositionen sind daher wie Abschreibungen oder Zuschreibungen zu interpretieren. Wie diese werden sie somit im Zeitpunkt ihrer Entstehung jahresüberschusswirksam. Deshalb wird in der Regel bei Anwendung der funktionalen Methode für die Umrechnung integrierter Konzernunternehmen nach dem Zeitpunktprinzip die erfolgswirksame Verrechnung von Währungsumrechnungsdifferenzen, hingegen für lokal operierende Gesellschaften zum Stichtagskurs die erfolgsneutrale Behandlung vorgesehen.

Gegen eine erfolgswirksame Verrechnung von Währungsumrechnungsdifferenzen für dezentral organisierte und somit der lokalen Theorie entsprechende Konzerne lässt sich anführen (vgl. FAS 52.98, 52.110 ff.), dass Beschaffung, Herstellung, Absatz und Finanzierung in den ausländischen Konzernunternehmen größtenteils in der jeweiligen Landeswährung abgewickelt werden, sodass Umrechnungsdifferenzen aus Sicht des Konzerns erst dann als realisiert betrachtet werden können, wenn sie sich in der Höhe der an die Obergesellschaft zu transferierenden Ergebnisse niederschlagen. Unter dem Ergebnisverwendungsgesichtspunkt liegt somit eine erfolgsneutrale Verrechnung von Währungsumrechnungsdifferenzen nahe, denn für die Obergesellschaft erscheint der zum Stichtagskurs umgerechnete Bilanzgewinn als verwendbares Ergebnis. Dieser Gesichtspunkt erlangt vor allem dann Bedeutung, wenn ein in lokaler Währung ausgewiesener Gewinn durch die Umrechnung der Bilanzpositionen mit differenzierten Wechselkursen zu einem Verlust in Konzernwährung wird oder umgekehrt.

c) *Zulässigkeit der Verrechnung von Währungsumrechnungsdifferenzen*

Verrechnung von Währungsumrechnungsdifferenzen nach HGB

Nach HGB existiert keine Regelung für die Behandlung von Umrechnungsdifferenzen. Der Hauptfachausschuss des Instituts der Wirtschaftsprüfer (vgl. IDW [1998a]) schlägt vor, unabhängige Teileinheiten als Transformation zu Stichtagskursen umzurechnen und entstehende Umrechnungsdifferenzen erfolgsneutral zu behandeln. Die durch Wechselkursveränderungen bewirkten Veränderungen des Eigenkapitals sind erfolgsneutral in einem gesonderten Posten, z. B. »Eigenkapitaldifferenz aus Währungsumrechnung« innerhalb des Eigenkapitals auszuweisen (vgl. IDW [1998a], S. 279).

Bei Anwendung der Zeitbezugsmethode auf unselbständige Betriebsstätten empfiehlt er eine erfolgswirksame Behandlung der bilanziellen Umrechnungsdifferenz, wobei jedoch das Realisations- und Imparitätsprinzip zu beachten ist. Deshalb dürfen Aufwendungen jederzeit, hingegen Erträge nur insoweit realisiert werden, wie sie aus der Minderung von negativen Differenzen resultieren. Solche Erträge, die aus der Entstehung bzw. Erhöhung einer positiven Umrechnungsdifferenz stammen, sind in der GuV zu neutralisieren. Dies kann z. B. durch aufwandswirksame Bildung einer Rückstellung für Währungsrisiken geschehen, deren Auflösung bei Minderung einer positiven Umrechnungsdifferenz erfolgt (vgl. IDW [1998a], S. 280).

Verrechnung von Währungsumrechnungsdifferenzen nach IAS/IFRS

Handelt es sich um eigenständige Teileinheiten (*foreign entities*), so stellt nach IAS 21.30 die Währungsumrechnung ebenfalls einen reinen Transformationsvorgang dar. Demnach werden die entstehenden Umrechnungsdifferenzen auch nicht erfolgswirksam erfasst. Vielmehr werden sowohl die Differenzen, die das Eigenkapital betreffen, wie auch diese, die sich aus der Verwendung unterschiedlicher Kurse in der GuV ergeben, in einen gesonderten Rücklageposten eingestellt, der erst bei Veräußerung erfolgswirksam aufzulösen ist (IAS 21.32).

Bei *foreign operations* ist auch nach IAS 21.27 die Währungsumrechnung als ein Bewertungsvorgang anzusehen. Deshalb ist die Umrechnung nach den Prinzipien von IAS 21.8-22 durchzuführen, wie sie für die Behandlung von Währungstransaktionen im Einzelabschluss gültig sind. Nach IAS 21.11 sind alle monetären Positionen mit dem Stichtagskurs, alle nichtmonetären Werte, die zu historischen Kosten bewertet werden, mit dem historischen Kurs und alle nicht-monetären Werte, die zu *fair values* bewertet werden, mit dem Kurs am Tag der Ermittlung der *fair values* anzusetzen. Kursdifferenzen, die aus dem Ansatz von monetären Werten zu geänderten Kursen resultieren, sind nach IAS 21.15 erfolgswirksam zu behandeln (*benchmark*). Ausgenommen sind lediglich Umrechnungsdifferenzen, die aus monetären Positionen resultieren, die Bestandteile einer Beteiligung des ausländischen Tochterunternehmens an einem anderen selbständigen, ausländischen Unternehmen sind. Diese Differenzen sollen bis zur Veräußerung der Beteiligung erfolgsneutral im Eigenkapital erfasst werden (IAS 21.17).

Für die Bewertung des Vorratsvermögens sieht IAS 21.28 einen Niederstwerttest in der Weise vor, dass der Wertansatz aus dem niedrigeren Wert aus Anschaffungskosten zu historischen Kursen und dem *recoverable amount* bzw. *realisable value* zu Stichtagskursen ermittelt wird.

Die alternativ zulässige Methode gemäß IAS 21.21 ermöglicht darüberhinaus, Währungsverluste, gegen die keine Möglichkeit der Kurssicherung besteht, als nachträgliche Anschaffungskosten dem Vermögensgegenstand zuzurechnen, aus dessen Erwerb die Währungsverbindlichkeit resultiert. Jedoch gilt dies nur, solange der Buchwert nicht höher als der niedrigere Wert aus Wiederbeschaffungswert und *recoverable amount* ist. Im Rahmen des *improvement project* soll es allerdings zu einer Abschaffung diese alternativen Verrechnungsmethode kommen.

Existieren an dem Tochterunternehmen Minderheitsbeteiligungen, so werden die auf andere Gesellschafter entfallenden Umrechnungsdifferenzen gemäß der Beteiligungsquote im Ausgleichsposten für Anteile anderer Gesellschafter ausgewiesen. Dies gilt sowohl nach IAS 21.34 wie auch nach FAS 52.101.

Angaben im Anhang nach IAS/IFRS

Zusätzlich sind nach IAS 21.42 folgende Anhangsangaben zu machen:

- Gesamtbetrag der erfolgswirksam verrechneten Umrechnungsdifferenzen,
- Gesamtbetrag der erfolgsneutralen Umrechnungsdifferenz, die als Eigenkapital klassifiziert und als Sonderposten ausgewiesen ist, sowie eine Überleitungsrechnung von Anfangs- zu Schlussbestand dieser Position in der Periode,
- Gesamtbetrag der Umrechnungsdifferenz, die sich aus der Anwendung des *alternative treatment* des IAS 21.21 ergibt.

Des Weiteren sind evtl. noch Angaben gem. SIC 19 »*Reporting Currency - Measurement and Presentation of Financial Statements under IAS 21 and IAS 29*« sowie SIC 30 »*Reporting Currency - Translation from Measurement Currency to Presentation Currency*« zu leisten, wobei letztere Anhangsangaben im neuen Standardentwurf bereits enthalten sind.

Verrechnung von Währungsumrechnungsdifferenzen nach US-GAAP

FAS 52 sieht für die Umrechnung von *foreign entities* nach der Stichtagskursmethode die erfolgsneutrale Verrechnung von Währungsumrechnungsdifferenzen vor, wobei diese als *translation adjustments* im Eigenkapital ausgewiesen werden (FAS 52.13).

Für die Umrechnung von *foreign operations* gelten dieselben Grundsätze wie für einzelne Fremdwährungstransaktionen. Die Umrechnungsdifferenzen werden demnach erfolgswirksam behandelt. Ausgenommen hiervon sind lediglich diejenigen Differenzen, die aus Sicherungsgeschäften entstehen und solche, die aus langfristigen innerkonzernlichen Fremdwährungsgeschäften resultieren. Solche sind nach FAS 52.15 und 52.20 ebenfalls als »*translation adjustments*« im Eigenkapital zu erfassen.

Angaben im Anhang nach US-GAAP

US-GAAP erfordert folgende Angaben im Anhang oder im *Statement of Changes in Stockholders' Equity* bezüglich der erfolgsneutralen Verrechnung der Umrechnungsdifferenz (FAS 52.31):

- Anfangs- und Endbestand des separaten Eigenkapitalpostens,
- Gesamtbetrag der Veränderung während des Geschäftsjahres,
- Steueraufwand auf die direkt mit dem Eigenkapital verrechneten Währungsumrechnungen,
- aus dem Abgang der ausländischen Beteiligungen resultierende Veränderungen,
- Gesamtbetrag der erfolgswirksamen Gewinne und Verluste aus der Umrechnung (FAS 52.30).

Verrechnung von Währungsumrechnungsdifferenzen nach DRS

Dem Vorschlag des DRSC zufolge sind Währungsumrechnungsdifferenzen, die aus der Umrechnung von Fremdwährungsgeschäften in die funktionale Währung des Unternehmens mithilfe der Zeitbezugsmethode entstehen, identisch den internationalen Vorschriften, erfolgswirksam zu erfassen (E-DRS 18.20). Differenzen, die bei der Umrechnung eines Abschlusses einer Unternehmenseinheit aus ihrer funktionalen Währung in die Berichtswährung mithilfe der modifizierten Stichtagskursmethode entstehen, sind den Vorschlägen des E-DRS 18.31 nach in einem Ausgleichsposten im Eigenkapital auszuweisen.

Angaben im Anhang nach DRS

Als zusätzliche Anhangsangaben fordert E-DRS 18.39 u. a.:

- die Beträge, die erfolgswirksam im Periodenergebnis erfasst wurden,
- die Beträge, die erfolgsneutral in das Eigenkapital gestellt wurden, sowie die Veränderungen dieser Posten in der Berichtsperiode,
- die funktionale Währung des Mutterunternehmens.

6. Umrechnung von Abschlüssen aus Hochinflationsländern

Umrechnung von Abschlüssen aus Hochinflationsländern nach HGB

Handelt es sich bei dem Sitz des Tochterunternehmens um ein Hochinflationsland, so gelten dafür nach IAS/IFRS und US-GAAP konkrete Vorschriften, während hierfür, wie für die Währungsumrechnung allgemein, nach HGB keine Regelung existiert. Das IDW geht in seinem neuesten Entwurf einer Stellungnahme davon aus, dass auch in Hochinflationsländern, definiert durch eine kumulative Inflationsrate von über 100 % in drei Jahren, die funktionale Umrechnungsmethode grundsätzlich zur Anwendung kommt. Bei solchen Teileinheiten, die zu Stichtagskursen umgerechnet werden, muss jedoch zuvor eine Inflationsbereinigung vorgenommen werden, da sonst die nichtmonetären Vermögenswerte starken Unterbewertungen ausgesetzt wären. Dagegen ist bei Anwendung der Zeitbezugsmethode keine Inflationsbereinigung notwendig, da hier durch Anwendung historischer Kurse auf die nichtmonetären Werte eine Unterbewertung unterbleibt (vgl. IDW [1998a], S. 282 f.).

Umrechnung von Abschlüssen aus Hochinflationsländern nach IAS/IFRS

Nach IAS 21.36 muss der Einzelabschluss des Tochterunternehmens mit Sitz in einem Hochinflationsland inflationsbereinigt werden und erst dann kann eine Umrechnung des Abschlusses des Tochterunternehmens zum Stichtagskurs erfolgen. Die Bereinigung der Inflation ist unabhängig davon vorzunehmen, ob nach Anschaffungskosten oder Tageswerten bilanziert wird. Die Anpassung betrifft grundsätzlich nur nichtmonetäre Posten, da diese bei Inflation zu niedrig bewertet sind. Demnach werden diese Werte um die entsprechende Veränderung des allgemeinen Preisindex zwischen Anschaffungsdatum und Bilanzstichtag erhöht. Dabei sind auch Schätzungen zulässig, falls ein derartiger Index nicht vorhanden ist (IAS 29.14). Kommt es zu einer Erhöhung der Bilanzpositionen, so sind die Vorjahres-Zahlen anzupassen (IAS 29.8). Der so entstandene Gewinn oder Verlust ist in die GuV einzubeziehen und gesondert auszuweisen (IAS 29.9). Ist die Hochinflation beendet, so ist die Basis für die Anschaffungskosten der Vermögensgegenstände und Schulden deren Ansatz im letzten Abschluss (IAS 29.38). IAS enthält ein Reihe Indikatoren, die auf Hochinflation hinweisen (IAS 29.3):

- Flucht in Sachwerte bzw. Umtausch von heimischer Währung in harte Auslandswährung,
- stabile Parallelwährung, in der auch die Preise angegeben werden,
- Indizierung selbst kurzfristiger Kredite,
- Koppelung von Zinsraten, Löhnen und Preisen an den Preisindex,
- die kumulierte Inflationsrate beträgt über drei Jahre mehr als 100 %.

Umrechnung von Abschlüssen aus Hochinflationsländern nach US-GAAP

Nach US-GAAP ist für Tochterunternehmen in Hochinflationsländern die Zeitbezugsmethode zwingend vorgeschrieben (FAS 52.11). Es gilt hier also die Währung des Mutterunternehmens als funktionale Währung des Tochterunternehmens. Die bei dieser Umrechnung entstehenden Differenzen werden, wie bei nicht-hochinflationären Ländern, erfolgswirksam verrechnet (FAS 52.11). Nach FAS 52.10 handelt es sich um Hochinflation, wenn in einem Zeitraum von drei Jahren die kumulative Inflationsrate annähernd 100 % oder mehr beträgt.

Umrechnung von Abschlüssen aus Hochinflationsländern gem. DRS

Die Regelungen, die das DRSC bezüglich der Umrechnung von Abschlüssen in Hochinflationsländern vorsieht, lehnt sich stark an alle Regelungen der IAS/IFRS an. Demnach sind nach E-DRS 18.34 in Hochinflationsländern Abschlüsse um die Inflationseffekte zu bereinigen, sodass alle Abschlussposten in Kaufkrafteinheiten des Stichtagskurs bewertet werden können. Als eine Möglichkeit, die Inflationseffekte zu bereinigen, nennt E-DRS 18 die Aufstellung der Abschlüsse in einer Hartwährung, bspw. in der funktionalen Währung des Mutterunternehmens. Über die Umrechnungsmethode und die Erfassung der Umrechnungsdifferenzen, macht E-DRS 18 allerdings keine Aussagen. Als eine andere Möglichkeit der Bereinigung nennt das DRSC, ähnlich dem IASB, die Anpassung der nicht monetären Posten bspw. mit einem Index, der die Geldentwertung widerspiegelt, sodass dann die Umrechnung mit der Stichtagskursmethode erfolgen kann. Allerdings sind gem. E-DRS 18.38 auch alle anderen Methoden, die zu einem aussagefähigen Ergebniss führen, zulässig.

Die Indikatoren, die gem. E-DRS 18.35 auf ein Hochinflationsland hinweisen sind nahezu identisch zu denen in IAS 29.3.

Kontrollfragen:

1. Was versteht man unter einem Konzern?
2. Welche Aufgaben hat der Konzernabschluss?
3. Was besagt die Einheits-, was die Interessentheorie?
4. Wann muss ein Konzernabschluss erstellt werden?
   Wer muss ihn erstellen?
   Kann sich eine Erstellungspflicht auch aus anderen Gesetzen herleiten?
5. Welche Möglichkeiten eines beherrschenden Verhältnisses sind in den IAS/IFRS vorgesehen?
6. Wie wird ein »Control«-Verhältnis nach US-GAAP begründet?
7. Wie nach DRS?
8. Unter welchen Bedingungen besteht nach HGB eine Ausnahme von der generellen Pflicht zur Erstellung eines Konzernabschlusses? Wie werden diese durch die DRS eingeschränkt?
9. Unter welchen Bedingungen kann gem. IAS/IFRS eine Befreiung vom Konzernabschluss erfolgen?
10. Geben Sie jeweils an,
    a) welche Unternehmen in den Konzernabschluss einbezogen werden müssen,
    b) welche Unternehmen in den Konzernabschluss einbezogen werden können,
    c) welche Unternehmen nicht in den Konzernabschluss einbezogen werden dürfen!
11. Was ist unter »einheitlicher Bewertung« im Konzern zu verstehen?
12. Definieren Sie: Historischer Kurs, Stichtagskurs, Durchschnittskurs!
13. Erläutern Sie das Zeitpunktprinzip der Währungsumrechnung!
14. Begründen Sie im Einzelnen, warum das Zeitpunktprinzip der Währungsumrechnung dem Kriterium der Rechnungslegungsäquivalenz entspricht!
15. Was besagt das erweiterte Niederstwertprinzip und warum wird dieses Prinzip benötigt, um eine dem Prinzip der Rechnungslegungsäquivalenz adäquate Umrechnungsmethode abzuleiten?
16. Skizzieren Sie kurz die Umrechnung nach dem Konzept der »funktionalen Währung«!
17. Erläutern Sie die Entstehungsursachen von Umrechnungsdifferenzen in Bilanz und GuV!
18. Wie unterscheiden sich erfolgswirksame und erfolgsneutrale Verrechnung von Umrechnungsdifferenzen voneinander?
19. Nennen Sie Gründe für eine erfolgswirksame bzw. für eine erfolgsneutrale Verrechnung von Umrechnungsdifferenzen!
20. Welche Vorschrift zur Währungsumrechnung finden Sie im HGB?

21. Welche Umrechnungsmethoden sind nach IAS/IFRS, US-GAAP und DRS vorgeschrieben?

9. Kapitel: Konsolidierungsmaßnahmen im Rahmen des Konzernabschlusses

Die konzernweite Vereinheitlichung von Ansatz und Bewertung in den Bilanzen der einzubeziehenden Tochterunternehmen sowie ggf. die Umrechnung von Fremdwährungsabschlüssen in Euro dienen der Vorbereitung der Einzelabschlüsse für die Aggregation in den Konzernabschluss.

Konsolidierung

Die Zusammenfassung der so vorbereiteten Einzelabschlüsse zum Konzernabschluss wird als »Konsolidierung« bezeichnet. Bei dieser Konsolidierung werden an den Werten der HB II im Rahmen einer Kapital-, Zwischenerfolgs- und Schuldenkonsolidierung nochmals Veränderungen vorgenommen, um einen der Einheitstheorie entsprechenden Konzernabschluss zu erstellen.

Kapitalkonsolidierung

Kapitalkonsolidierung (§§ 301, 302, 310 und 312 HGB, vgl. Abschnitt A) bedeutet die Aufrechnung der Beteiligung an Tochterunternehmen aus dem Einzelabschluss des Mutterunternehmens oder anderer Konzernunternehmen mit den hierauf entfallenden anteiligen Eigenkapitalposten in den Bilanzen der einbezogenen Tochterunternehmen. Beide Bestandteile der jeweiligen Einzelbilanzen tauchen in der Konzernbilanz nicht mehr auf (Ausnahme: Equity-Bewertung, vgl. Abschnitt A IV 2).

Schuldenkonsolidierung

Im Rahmen der Schuldenkonsolidierung (§ 303 HGB, vgl. Abschnitt B) werden die zwischen den einbezogenen Unternehmen bestehenden Forderungen und Verbindlichkeiten gegeneinander aufgerechnet, da ein einheitliches Unternehmen gegen sich selbst keine Forderungen und Verbindlichkeiten haben und bilanzieren kann.

Zwischenerfolgseliminierung

Die Zwischenerfolgseliminierung (§ 304 HGB, vgl. Abschnitt C) stellt das Bindeglied dar zwischen den Konsolidierungsvorgängen in der Bilanz und in der GuV. Zwischenerfolge aus Lieferungen und Leistungen zwischen den einbezogenen Unternehmen, die sich in den Bilanzpositionen der Einzelbilanzen niedergeschlagen haben, müssen vor dem Hintergrund des Einheitsgedankens eliminiert werden. Soweit eine Veränderung des Zwischenerfolgsbestandes, d. h. der Summe der im Anlage- und Umlaufvermögen enthaltenen Zwischenerfolge, der abgelaufenen Rechnungsperiode zuzurechnen ist, ist die Elimination erfolgswirksam.

Konsolidierung der GuV

Schließlich sind noch in der GuV innerkonzernliche Aufwendungen und Erträge sowie Umsätze zu bereinigen (§ 305 HGB, vgl. Abschnitt D).

Diese verschiedenen Maßnahmen werden in den folgenden Abschnitten behandelt.

A. Kapitalkonsolidierung

I. Bilanzierung von Unternehmenserwerben

Die Notwendigkeit der Kapitalkonsolidierung resultiert aus der Art der Abbildung eines Unternehmenserwerbes im Einzelabschluss. Ein solcher Unternehmenskauf kann durch Erwerb der einzelnen Vermögensgegenstände und Schulden (sog. *asset deal*) oder durch Anteilserwerb (sog. *share deal*) vollzogen werden.

Asset Deal

Bei einem *asset deal* werden alle erworbenen Vermögensgegenstände und Schulden einzeln in die Bücher des erwerbenden Unternehmens, d. h. in dessen Einzelabschluss übernommen. Durch die Zahlung eines Kaufpreises für das übernommene Unternehmen werden die Anschaffungskosten für die einzelnen Vermögensgegenstände und Schulden auf eine neue Basis gestellt, sodass etwaige stille Reserven aufgelöst werden können. Auch werden bisher nicht bilanzierungsfähige Vermögensgegenstände, wie z. B. vom übernommenen Unternehmen selbst erstellte immaterielle Werte wie etwa Patente, durch den Erwerb aktivierbar. Daraus resultiert ein höheres Abschreibungsvolumen, das auch steuerlich wirksam werden kann. Eine verbleibende positive Differenz aus bezahltem Kaufpreis und neubewertetem bilanzierungsfähigem Nettovermögen kann gem. § 255 Abs. 4 HGB als entgeltlich erworbener Geschäfts- oder Firmenwert aktiviert werden. Nach Steuerrecht (§ 5 Abs. 2, § 7 Abs. 1 EStG) besteht eine Pflicht zur Aktivierung und anschließenden Abschreibung über 15 Jahre.

Share Deal

Bei einem *share deal* erfolgt die Übernahme durch Kauf der Anteile an einer juristischen Person. Der Kaufpreis wird im Einzelabschluss des Erwerbers als Beteiligung, also als ein einziger Vermögensgegenstand, ausgewiesen.

Erwerbsmethode

Nur in diesem zweiten Fall besteht die Notwendigkeit der Konzernrechnungslegung und damit der Konsolidierung, denn nur hier liegt eine wirtschaftliche Einheit rechtlich selbständiger Unternehmen vor. Um die wirtschaftliche Einheit Konzern so abzubilden, als wäre sie auch rechtlich eine Einheit, werden im Konzernabschluss sämtliche Vermögensgegenstände und Schulden so dargestellt, wie dies bei einem *asset deal* der Fall wäre. Der vollständige Einbezug aller Vermögensgegenstände und Schulden wird als Vollkonsolidierung bezeichnet. Dies ist der theoretische Hintergrund von § 301 HGB, der das methodische Vorgehen bei der Kapitalkonsolidierung von Tochterunternehmen regelt und dieses Vorgehen zutreffend als »Erwerbsmethode« bezeichnet. Dem entspricht die im angloamerikanischen Raum als *purchase*-Methode bezeichnete Vorgehensweise.

Interessenzusammenführungsmethode

Die Erwerbsmethode basiert auf der Annahme, dass dem Unternehmenserwerb tatsächlich ein Kaufakt zugrunde liegt, der es rechtfertigt, die bisherigen Wertansätze der Vermögensgegenstände und Schulden auf eine neue Basis zu stellen. Handelt es sich dagegen bei einem Unternehmenszusammenschluss nicht um einen Erwerb, sondern um eine Zusammenlegung der Aktivitäten ohne einen Abfluss von Finanzmitteln und ohne ein Ausscheiden von Alteigentümern, dann wäre eine Neubewertung nicht gerechtfertigt, sondern die bisherigen Wertansätze müssten beibehalten werden (Buchwertfortführung). Dies sind die Überlegungen, die der sog. »Interessenzusammenführungsmethode« des § 302 HGB bzw. dem *uniting of interests* nach IAS/IFRS zugrunde liegen. Nach US-GAAP wurde diese Methode als *pooling of interests-Methode* bezeichnet, die aber seit Verabschiedung von FAS 141 nicht mehr zulässig ist. Unternehmenszusammenschlüsse können seither nach US-GAAP nur noch mit der *purchase methode* erfasst werden.

Consolidation, business combination

Im angloamerikanischen Sprachraum wird, entgegen der eben dargestellten ausschließlichen Anwendung des Begriffs Konsolidierung auf die Konzernrechnungslegung, unter *consolidation* ganz allgemein die Behandlung von Unternehmenszusammenschlüssen (*business combinations*) im Rechnungswesen verstanden. Deshalb wird in den betreffenden Standards sowohl die Vorgehensweise für Einzel- als auch für Konzernabschlüsse geregelt. Dem Prinzip der *substance over form* entsprechend besteht kein Unterschied in der Behandlung eines *asset deal* und eines *share deal*, soweit die ökonomischen Fakten identisch sind (IAS 22.3) (vgl. Fischer, P. M./Taylor, W. J./Cheng, R. H. [1998], S. 1-4 ff.; Niehus, R. J./Thyll, A. [2000], S. 145 f.). Ein Unterschied besteht ökonomisch insofern, als bei einem *share deal* die Kontrolle auch mit weniger als 100 % der Anteile erworben werden kann. Die Behandlung der in den Händen Dritter befindlichen Minderheitenanteile stellen daher ein für die Konzernrechnungslegung typisches Problemfeld dar.

II. Differenzierung nach Beteiligungsverhältnissen

Bilanzierung von Unternehmensverbindungen nach HGB

Die bisher angesprochenen Ansätze der Kapitalkonsolidierung setzen voraus, dass durch den Anteilserwerb ein beherrschender Einfluss auf das Tochterunternehmen entsteht, der zu einem vollständigen Einbezug aller Vermögensgegenstände und Schulden führt. Die hier durch Vollkonsolidierung einzubeziehenden Unternehmen wurden im 8. Kapitel C unter dem Begriff »Konsolidierungskreis« behandelt. Durch den Anteilserwerb sind aber verschiedene Grade des Einflusses des Mutterunternehmens auf das Beteiligungsunternehmen möglich. Bei der Behandlung von Beteiligungen im Konzernabschluss ist es sinnvoll, die Unternehmensverbindungen nach der Intensität des Einflusses des Mutterunternehmens zu differenzieren.

Den Zusammenhang zwischen der Intensität der Beziehung, zwischen den durch eine Beteiligung verbundenen Unternehmen und der Behandlung im Konzernabschluss nach HGB zeigt Abbildung 9.1.

Intensität der Beziehung	Stellung der beteiligten Unternehmen	Einbeziehung im Konzernabschluss	Konsolidierungs- bzw. Bewertungsmethode
Beherrschender Einfluss	Tochterunternehmen	Vollkonsolidierung	Erwerbsmethode (»Purchase-Methode«) § 301 HGB Interessenzusammenführungsmethode § 302 HGB
Gemeinschaftliche Leitung mit anderen Unternehmen § 310 HGB	Gemeinschaftsunternehmen	Teilkonsolidierung	Quotenkonsolidierung § 310 HGB (Wahlrecht: »Equity-Methode«)
Maßgeblicher Einfluss § 311 HGB	assoziierte Unternehmen	konsolidierungsähnliche Bewertung	»Equity-Methode« § 311 HGB
Herstellung einer dauernden (wirtschaftlichen) Verbindung § 271 Abs. 1 HGB	Beteiligung	keine Konsolidierung, Ausweis der Beteiligung wie in HB II	Anschaffungswertprinzip

Abb. 9.1: Zusammenhang von Konsolidierungsmethode und Intensität der Beziehung von Mutter- und Tochterunternehmen

Während Tochterunternehmen durch Einbezug aller Vermögensgegenstände und Schulden (Vollkonsolidierung) einbezogen werden, wird nach HGB bei Gemeinschaftsunternehmen nur der dem Mutterunternehmen zustehende Anteil berücksichtigt (Quotenkonsolidierung). Assoziierte Unternehmen, auf die lediglich ein maßgeblicher Einfluss gegeben ist, werden nicht durch Einbezug deren Vermögensgegenstände und Schulden, sondern durch eine spezielle konsolidierungsähnliche Bewertung der Beteiligung berücksichtigt. Ist hingegen nicht einmal ein solcher maßgeblicher Einfluss gegeben, dann ist die Beteiligung wie im Einzelabschluss zu Anschaffungskosten anzusetzen. Abbildung 9.2 fasst die verschiedenen Methoden der Kapitalkonsolidierung bzw. kapitalkonsolidierungsähnlichen Bewertungsmethoden nach HGB und deren Anwendung auf die Beteiligungsformen zusammen.

Nach den Standards des DRSC bleibt die obige grundsätzliche Behandlung der verschiedenen Grade von Unternehmensverflechtungen erhalten. Die DRS schränken lediglich die diesbezüglichen Methodenwahlrechte des HGB ein. So darf die Vollkonsolidierung nach der Erwerbsmethode nur noch mit der Neubewertungsmethode erfolgen und die Equity-Konsolidierung nur noch mit der Buchwertmethode.

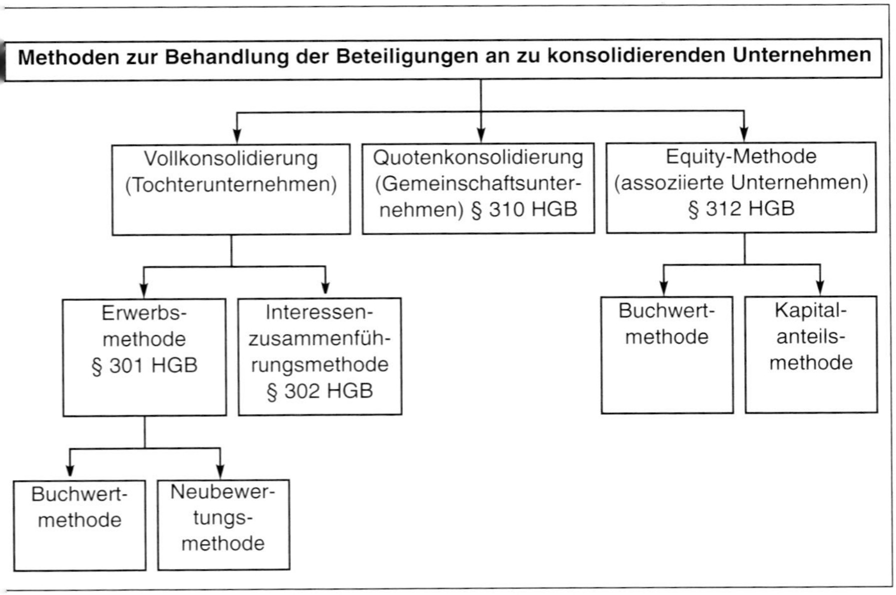

Abb. 9.2: Methoden zur Behandlung von Beteiligungen im Konzernabschluss

Die Behandlung verschiedener Grade der Einflussnahme unterscheiden sich nach IAS/IFRS und US-GAAP von der skizzierten Vorgehensweise des HGB.

Bilanzierung von Unternehmensverbindungen nach IAS/IFRS und US-GAAP

Nach IAS/IFRS und US-GAAP werden Tochterunternehmen (*subsidiaries*) ebenfalls durch Vollkonsolidierung erfasst. Für Gemeinschaftsunternehmen (*joint ventures*) sehen die IAS/IFRS ein Wahlrecht zwischen der Quotenkonsolidierung und Equity-Methode vor, während die US-GAAP die Equity-Methode vorschreiben. Assoziierte Unternehmen (*associates*) werden nach der Equity-Methode einbezogen, wobei in der Regel bei einer Beteiligungsquote von 20 bis 50 % von einem maßgeblichen Einfluß (*significant influence*) ausgegangen wird (IAS 28.4 bzw. APB 18.17). Liegt kein maßgeblicher Einfluss vor oder wurde die Beteiligung mit Wiederverkaufsabsicht erworben, ist sie nach IAS 39 bzw. FAS 115 mit der *fair value/cost method* zu bilanzieren (IAS 28.8 bzw. APB 18). Demnach werden diese entweder den *trading securities* zugeordnet, wenn sie zum Zweck der Weiterveräußerung erworben wurden, oder andernfalls als *available for sale securities* klassifiziert. In beiden Fällen schreiben IAS 39.69 und FAS 115.12 eine Bewertung mit den *fair values* vor. Existiert kein Marktpreis, so werden diese mit Anschaffungskosten bewertet (IAS 39.73 bzw. FAS 115.12).

Die Abbildung 9.3 fasst diese Behandlung zusammen (vgl. Pellens, B. [2001], S. 288):

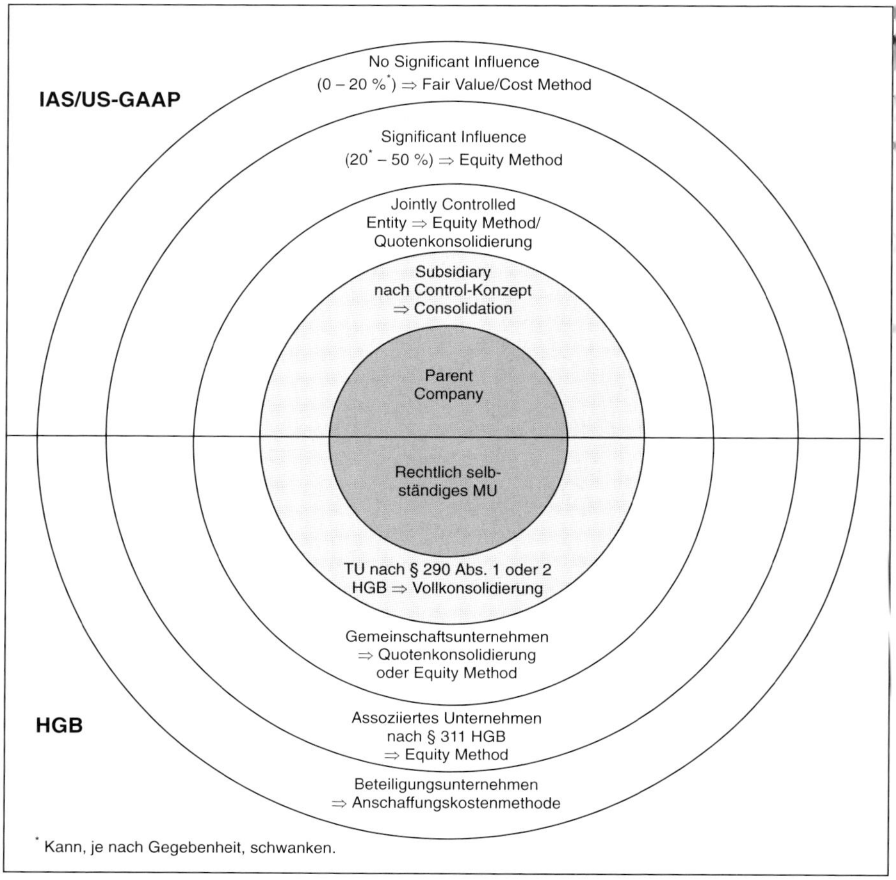

Abb. 9.3: Art der Einbeziehung in den Konzernabschluss in Abhängigkeit vom Grad der Einflussnahme

III. Vollkonsolidierung

1. Vollkonsolidierung nach HGB

a) Erstkonsolidierung von Tochterunternehmen nach der Erwerbsmethode des HGB

Fiktion des Einzelerwerbs

Ein Tochterunternehmen geht in den Konzernabschluss mit allen Vermögens- und Schuldpositionen seiner Einzelbilanz (HB II) ein (Vollkonsolidierung).

Buchtechnisch geschieht dies dadurch, dass nach vollzogenem *share deal* bei der Ableitung des Konzernabschlusses aus dem Summenabschluss die erworbene Beteiligung gegen das anteilige Eigenkapital des Beteiligungsunternehmens aufgerechnet wird. Die dadurch bewirkte erstmalige Aufnahme der Bilanzpositionen des Tochterunternehmens in den Konzernabschluss erfolgt dabei unter der Fiktion, dass alle Vermögensgegenstände und Schulden durch den Konzern einzeln erworben wurden. Man spricht deshalb auch von Erwerbsmethode oder *purchase method.* Jede Vermögens- und Schuldposition aus dem Einzelabschluss des Tochterunternehmens ist deshalb in der Konzernbilanz mit Konzernanschaffungskosten anzusetzen, die grundsätzlich dem Tageswert (*fair value*) der jeweiligen Position zum Zeitpunkt der erstmaligen Konsolidierung entsprechen. Da die Buchwerte in den Einzelbilanzen der Tochterunternehmen regelmäßig von ihren Tageswerten abweichen, kommt es dadurch zu gegenüber dem Einzelabschluss (HB II) veränderten Wertansätzen.

Pagatorisches Prinzip der Kapitalkonsolidierung

Eine Umstellung der Bilanzpositionen des Tochterunternehmens auf Tageswerte kommt jedoch nur bis zu einer in § 301 HGB definierten Obergrenze in Betracht, die sich am Kaufpreis der Beteiligung orientiert (= pagatorisches Prinzip). Dementsprechend darf das neubewertete Vermögen abzüglich der Schulden (= neubewertetes Eigenkapital) die Anschaffungskosten, also die Höhe des Beteiligungsbuchwertes im Einzelabschluss des Mutterunternehmens nicht überschreiten. Eine Eigenkapitalerhöhung bei einem Tochterunternehmen infolge Neubewertung ist damit nur soweit möglich, wie das anteilige Eigenkapital nach Neubewertung kleiner oder höchstens gleich dem entsprechenden Beteiligungswert in der Bilanz des Mutterunternehmens ist. Die Aufrechnung von Beteiligung und Eigenkapital – die den eigentlichen Kernpunkt der Kapitalkonsolidierung darstellt – ist nötig, weil es sonst bei der Addition der Bilanzpositionen des Tochterunternehmens zu den Positionen der Konzernbilanz zu einer Doppelrechnung käme. Der Beteiligungswert beim Mutterunternehmen repräsentiert einen bestimmten Anteil am Eigenkapital des Tochterunternehmens, sodass es sich um korrespondierende Größen handelt, die zu eliminieren sind.

Erfolgswirksame Erstkonsolidierung

Da Anschaffungswerte nur einmal entstehen – und zwar bei Anschaffung der entsprechenden Position –, kann die Aufrechnung des Beteiligungsbuchwertes auch in Folgeperioden nur jeweils gegen das Kapital erfolgen, das in der Bilanz des Tochterunternehmens zum Zeitpunkt der Erstkonsolidierung vorhanden war. Die zu diesem Zeitpunkt ermittelten Wertansätze der einzelnen Vermögensgegenstände und Schulden des Tochterunternehmens stellen – gemäß der Fiktion des Einzelerwerbs – für den Konzern Anschaffungskosten dar. Sie sind deshalb in der Folgezeit wie jeder andere Wertansatz fortzuführen. Soweit sich die Neubewertung auf abnutzbare Anlagegüter bezog, entsteht so eine Differenz zwischen der Abschreibung im Einzelabschluss und der Abschreibung dieses Vermögenswertes aus Sicht des Konzerns. Diese Differenz wird in der Konzern-Gewinn- und Verlustrechnung erfolgswirksam. Hieraus resultiert die Bezeichnung der Erwerbsmethode auch als »erfolgswirksame Erstkonsolidierung«. Veränderungen des Eigenkapitals beim Tochterunternehmen in Folgeperioden werden als vom Konzern erwirtschaftet betrachtet und deshalb in das Konzerneigenkapital übernommen. Sie werden also nicht im Rahmen der Kapitalkonsolidierung bei Folgekonsolidierungen aufgerechnet.

Buchwertmethode/ Neubewertungsmethode

§ 301 HGB lässt mit der Buchwertmethode (§ 301 Abs. 1 Nr. 1 HGB) bzw. der Neubewertungsmethode (§ 301 Abs. 1 Nr. 2 HGB) zwei alternative Vorgehensweisen zu. Materielle Unterschiede bezüglich der Wertansätze in der Konzernbilanz ergeben sich dabei nur bei Beteiligungsprozentsätzen von unter 100 %. Fraglich ist hierbei, ob beide Methoden nebeneinander angewandt werden können. Das HGB schreibt eine einheitliche Anwendung nicht explizit vor. Da eine sachliche Begründung für den Einsatz beider Methoden auf verschiedene Tochterunternehmen nur schwer zu finden sein wird, sich zwischen den Methoden jedoch im Einzelfall durchaus erhebliche Bewertungsunterschiede ergeben können, ist prinzipiell von einer sachlichen Stetigkeit, d. h. der Verpflichtung zur einheitlichen Anwendung nur einer Methode auszugehen. Diese Methode ist auch in zeitlicher Hinsicht stetig anzuwenden.

Stichtag der Erstkonsolidierung

Nach § 301 Abs. 2 Satz 1 HGB ist die Erstkonsolidierung grundsätzlich auf der Grundlage der Wertansätze zum Zeitpunkt des Erwerbs der Anteile durchzuführen. Da es aber schwierig sein kann, diese zu ermitteln, lässt der Gesetzgeber alternativ auch den Ansatz der Werte zum Zeitpunkt der Ersteinbeziehung des Tochterunternehmens in den Konzernabschluss zu. Bei sukzessivem Erwerb zählen die Wertansätze zu dem Zeitpunkt, zu dem das Unternehmen Tochterunternehmen wird.

Komponenten der Kapitalkonsolidierung

Bei der Kapitalkonsolidierung sind nach § 301 Abs. 1 Satz 1 HGB die dem »Mutterunternehmen gehörenden Anteile an einem in den Konzernabschluss einbezogenen Tochterunternehmen ... mit dem auf diese Anteile entfallenden Betrag des Eigenkapitals des Tochterunternehmens« zu verrechnen.

»Dem Mutterunternehmen gehörende Anteile«

»Dem Mutterunternehmen gehörende Anteile« sind dabei nicht nur im juristischen Eigentum des Mutterunternehmens stehende Anteile, sondern auch die von Tochterunternehmen oder von einem Dritten für Rechnung eines Konzernunternehmens gehaltenen Anteile. Dies ergibt sich aus § 271 Abs. 1 Satz 4 HGB sowie einer Analogie zu § 290 Abs. 4 HGB. Werden die Anteile von einem nichtkonsolidierten Tochterunternehmen gehalten, so dürfen diese dem Mutterunternehmen allerdings nicht zugerechnet werden. Der Begriff des Anteils ist in diesem Zusammenhang weit zu interpretieren, sodass darunter alle kapitalmäßig begründeten Anteilsrechte unabhängig von ihrem jeweiligen Bilanzpositionsausweis beim Mutterunternehmen zu verstehen sind.

Die einzubeziehenden Anteile können z. B. in folgenden Positionen nach dem Gliederungsschema des § 266 Abs. 2 HGB enthalten sein:

- Anteile an verbundenen Unternehmen (Pos. A. III. 1.)
- Beteiligungen (Pos. A. III. 3.)
- Wertpapiere des Anlagevermögens (Pos. A. III. 5.)
- Wertpapiere des Umlaufvermögens (Pos. B. III. 1.)
- Sonstige Vermögensgegenstände (Pos. B. II. 4.)

Beteiligungen der Tochterunternehmen an ihrem Mutterunternehmen (»Rückbeteiligungen«) werden nicht gegen dessen Eigenkapital aufgerechnet, sondern als eigene Anteile im Umlaufvermögen der Konzernbilanz ausgewiesen (§ 301 Abs. 4 HGB).

Eigenkapital des Tochterunternehmens

Das aufzurechnende Eigenkapital des Tochterunternehmens setzt sich bei Kapitalgesellschaften aus den Eigenkapitalpositionen gemäß dem Gliederungsschema des § 266 Abs. 3 A HGB zusammen:

- gezeichnetes Kapital
- Kapitalrücklagen
- Gewinnrücklagen
- Gewinn- bzw. Verlustvortrag
- Jahresüberschuss bzw. Jahresfehlbetrag

Vom Jahresüberschuss/Jahresfehlbetrag ist nur der Teil in die Aufrechnung einzubeziehen, der auf die Zeit entfällt, in der das Unternehmen während der abgelaufenen Rechnungsperiode nicht Konzernunternehmen war. Soweit ein Tochterunternehmen nicht die Rechtsform der Kapitalgesellschaft hat und sich eines anderen Ausweises der Kapitalpositionen bedient, sind die inhaltlich § 266 Abs. 3 A HGB entsprechenden Positionen wie Pflichteinlagen, Rücklagen und entsprechende Sonderkonten in die Aufrechnung einzubeziehen. Der Sonderposten mit Rücklageanteil wird nicht in die Konsolidierung mit einbezogen, obwohl auch er Eigenkapitalanteile beinhaltet.

Ausstehende Einlagen

Sind Dritten gegenüber bestehende ausstehende Einlagen eingefordert, so sind sie unverändert in die Konzernbilanz zu übernehmen; ebenso sollte verfahren werden, wenn die ausstehenden Einlagen nicht eingefordert sind. Eingeforderte ausstehende Einlagen gegenüber einem einbezogenen Tochterunternehmen sind im Rahmen der Schuldenkonsolidierung mit den entsprechenden Verbindlichkeiten aufzurechnen. Soweit sie nicht eingefordert sind, wird auch eine Verrechnung mit dem gezeichneten Kapital als zulässig erachtet (vgl. Wysocki, K. v./Wohlgemuth, M. [1996], S. 94).

Eigene Aktien

Von Tochterunternehmen gehaltene eigene Aktien müssten in strenger Anlehnung an den Wortlaut des § 301 Abs. 1 Satz 1 HGB den Mutterunternehmen zugerechnet und damit in die Konsolidierung mit einbezogen werden. Unter dem Gesichtspunkt der Einheitstheorie jedoch sind sie wie »eigene Anteile« des Gesamtkonzerns zu betrachten und deshalb in die Konzernbilanz zu übernehmen. Aus Gründen der Klarheit jedoch empfiehlt sich u. U. ein getrennter Ausweis von den eigenen Anteilen des Mutterunternehmens.

Im Folgenden wird der Ablauf der Kapitalkonsolidierung – getrennt nach den Verfahren der Buchwertmethode (Abschnitt 1) und der Neubewertungsmethode (Abschnitt 2) – behandelt. Sodann wird in Abschnitt 3 die bilanzielle Behandlung von Goodwill und Badwill erörtert. Einen schematischen Überblick über den Ablauf der Kapitalkonsolidierung gibt Abbildung 9.4 auf Seite 600.

(1) Erstkonsolidierung nach der Buchwertmethode

Buchwertmethode

Bei der Buchwertmethode wird der Beteiligungsbuchwert aus dem Einzelabschluss des Mutterunternehmens gegen das anteilige Eigenkapital des Tochterunternehmens aufgerechnet, das sich in dessen Einzelbilanz bzw. HB II aus der Gegenüberstellung der Buchwerte der Vermögensgegenstände, Schulden, Rechnungsabgrenzungsposten, Bilanzierungshilfen und Sonderposten ergibt. Da sich hierbei im Regelfall Beteiligungswert und anteiliges Eigenkapital nicht entsprechen, ergibt sich eine Aufrechnungsdifferenz (Konsolidierungsausgleichsposten, KAP), die aktiver (Beteiligungsbuchwert > anteiliges Eigenkapital) oder passiver (Beteiligungsbuchwert < anteiliges Eigenkapital) Natur sein kann, wie folgendes Beispiel verdeutlicht.

Konsolidierungsausgleichsposten (KAP)

Beteiligungsbuchwert a) 1.000 b) 500
Beteiligungsquote 80 %
Eigenkapital des Tochterunternehmens 800

a) aktiver Konsolidierungsausgleichsposten:

$$1.000 - (0{,}8 \times 800) = 360$$

b) passiver Konsolidierungsausgleichsposten:

$$500 - (0{,}8 \times 800) = -140$$

Interpretation des aktiven KAP

Da bei einem aktiven Konsolidierungsausgleichsposten für den Anteil mehr bezahlt wurde, als ihm an Buchwerten gegenübersteht, ist anzunehmen, dass mit dem Anschaffungspreis für den Anteil

- stille Reserven in den bilanzierten Vermögensgegenständen abgegolten wurden und/oder
- nicht bilanzierte oder nicht bilanzierungsfähige Vermögensgegenstände bezahlt wurden und/oder
- positive Zukunftschancen des Unternehmens (Geschäftswert, Goodwill) abgegolten wurden.

Interpretation des passiven KAP

Umgekehrt wurde bei einem passiven Konsolidierungsausgleichsposten ein geringerer Preis für das anteilige Eigenkapital bezahlt, als ihn die entsprechenden Buchwerte im Einzelabschluss des Tochterunternehmens ergeben würden. Dies kann herrühren aus

- einer Überbewertung von Aktiva bzw. Unterbewertung von Passiva im Einzelabschluss des Tochterunternehmens und/oder
- negativen Zukunftschancen des erworbenen Unternehmens (Badwill) und/oder
- einem Erwerb unter tatsächlichem Wert, z. B. durch geschickte Verhandlungen seitens des Erwerbers (lucky buy).

Verteilung der stillen Reserven

Nach § 301 Abs. 1 Satz 3 HGB ist der sich ergebende Unterschiedsbetrag »den Wertansätzen von in der Konzernbilanz anzusetzenden Vermögensgegenständen und Schulden des jeweiligen Tochterunternehmens insoweit zuzuschreiben oder mit diesen zu verrechnen, als deren Wert höher oder niedriger ist als der bisherige Wertansatz«. Die per Saldo auflösbaren stillen Reserven bzw. stillen Lasten sind bei der Buchwertmethode also an den sich aus der Kapitalkonsolidierung ergebenden Differenzbetrag gebunden.

Beispiel

In Fortführung des obigen Beispiels mit aktivem KAP sei angenommen, dass die Summe der stillen Reserven in der Bilanz des Tochterunternehmens gleich 510, die der stillen Lasten gleich 150 sei.

Werden sämtliche stillen Reserven und stillen Lasten aufgelöst, so ergibt sich per Saldo eine Erhöhung des Eigenkapitals in der Tochterbilanz von 510 – 150 = 360. Dies entspricht genau dem aktiven Konsolidierungsausgleichsposten, sodass also eine Vollauflösung möglich ist. Wären die stillen Reserven im Beispiel größer als 510, so wäre der darüber hinausgehende Betrag nicht auflösbar, da das anteilige Eigenkapital dann den Beteiligungsbuchwert übersteigen würde und das pagatorische Prinzip verletzt wäre.

Keine gesetzliche Regelung der Verteilung

Das Gesetz beinhaltet jedoch keine Regelung, wie bei der Verteilung bzw. Aufrechnung im einzelnen vorzugehen ist. Bei der Aufteilung des Konsolidierungsausgleichspostens ist man unter dem Gesichtspunkt der Erwerbsfiktion auch keineswegs an das im Einzelabschluss des Tochterunternehmens vorgefundene Mengengerüst gebunden. So können z. B. vor Konzernzugehörigkeit selbsterstellte immaterielle Vermögensgegenstände, für die im Einzelabschluss des Tochterunternehmens ein Bilanzierungsverbot besteht, im Rahmen des Verkaufs des Tochterunternehmens von dem Konzern als »erworben« gelten und somit bilanzierungspflichtig werden. Ebenso kann die Neubewertung im Rahmen der Kauffiktion sogar dazu führen, dass die Vermögensgegenstände aus den Abschlüssen der Tochterunternehmen für den Konzernabschluss mit Werten versehen werden, die über den von den jeweiligen Tochterunternehmen aufgewandten Anschaffungs- oder Herstellungskosten liegen. Hierzu siehe nachstehendes Beispiel.

Beispiel

	Anschaffungskosten des Tochterunternehmens	1.000
–	verrechnete Abschreibungen seit Anschaffung	300
=	Buchwert in HBII	700
	Beizulegender Wert des Vermögensgegenstandes	1.200

Soweit der aktive KAP zu einer vollständigen Auflösung der stillen Reserven ausreicht, ist der Vermögensgegenstand in der Konzernbilanz mit 1.200 anzusetzen.

Verteilung bei Beteiligung von 100 %

Bei der Aufteilung stiller Reserven ist zu differenzieren zwischen Beteiligungen von 100 % und solchen Beteiligungen an einem Tochterunternehmen, bei denen von nicht zum Konzernverbund gehörenden Dritten Anteile an dem Tochterunternehmen gehalten werden (»andere Gesellschafter«).

Unproblematisch ist die Vorgehensweise bei einer 100%igen Beteiligung, wenn die Summe der per Saldo aufzulösenden stillen Reserven kleiner ist als der aktive Konsolidierungsausgleichsposten.

Stille Reserven < KAP

Dann werden die stillen Reserven zur Gänze aufgelöst und den Vermögenswerten zugeordnet, die dann tatsächlich mit ihren realistischen Zeitwerten als Anschaffungswerte in die Konzernbilanz eingehen. Von diesem Sachverhalt geht das folgende Beispiel aus.

Beispiel

Die MU-AG erwirbt und konsolidiert die TU-GmbH zum 31. 12. 01. Die MU- und TU-Bilanzen zu den beiden abschlussstichtagen sind in Tabelle 9.1 vorgegeben; für TU ist außerdem zum 31. 12. 01 die Bilanz zu aktuellen Zeitwerten vorgegeben, die unter Beachtung der Einzelerwerbsfiktion und der Auflösungsbegrenzung für stille Reserven auf den aktiven Unterschiedsbetrag aus der Kapitalkonsolidierung die Konzernanschaffungskosten darstellen.

Bilanzposition	MU-Bilanz		TU-Bilanz zu Buchwerten (HB I bzw. HB II)		TU-Bilanz zu Zeitwerten	
	A	P	A	P	A	P
Sonstige Aktiva	5.000		1.600		1.660	
Beteiligung	1.000					
Summe	6.000		1.600		1.660	
Gezeichnetes Kapital		1.000		300		300
Rücklagen/Bilanzgewinn		1.500		600		600
Neubewertungsdifferenz		–		–		80
Verbindlichkeiten		3.500		700		680
Summe		6.000		1.600		1.660

Tab. 9.1: Beispiel Kapitalkonsolidierung, Bilanzen 31. 12. 01

Kapitalkonsolidierung: 1.000 – 1,0 × (300 + 600) = 100

Da die Summe der vorhandenen stillen Reserven (60 + 20 = 80) kleiner ist als der aktive KAP, können sie vollständig aufgelöst und auf die entsprechenden Bilanzpositionen verteilt werden. Der nichtverteilbare Restbetrag von 20 ist als Geschäftswert zu interpretieren und entsprechend zu behandeln (vgl. Abschnitt A III a3 dieses Kapitels).

Bilanzposition	MU		TU		Summenbilanz		Konsolidierungsspalte		Konzernbilanz	
	A	P	A	P	A	P	S	H	A	P
Sonstige Aktiva	5.000		1.600		6.600		60		6.660	
KAP	–		–		–		100	100	–	
Geschäftswert	–				–		20		20	
Beteiligung	1.000		–		1.000			1.000	–	
Summe			1.600		7.600				6.680	
Gezeichnetes Kapital		1.000		300		1.300	300			1.000
Rücklagen/Bilanzgewinn		1.500		600		2.100	600			1.500
Verbindlichkeiten		3.500		700		4.200	20			4.180
Summe		6.000		1.600		7.600	1.100	1.100		6.680

Tab. 9.2: Beispiel Kapitalkonsolidierung, Erstkonsolidierung 31. 12. 01 mit Buchwertmethode

Übersteigen jedoch die insgesamt vorhandenen stillen Reserven den aktiven Konsolidierungsausgleichsposten, so entsteht ein Verteilungsproblem, da stille Reserven maximal bis zur Höhe des Konsolidierungsausgleichspostens aufgelöst werden dürfen.

Stille Reserven > KAP

So könnte etwa im vorigen Beispiel der Gesamtwert der vorhandenen stillen Reserven 150 (anstatt 80) betragen und damit den Konsolidierungsausgleichsposten von 100 um 50 übersteigen. Hier könnten folglich nur zwei Drittel der gesamten stillen Reserven aufgelöst werden.

Beispiel

Als Kriterien zur Entscheidung, welche stille Reserven dabei aufgelöst werden sollen, schlägt die Literatur die Bestimmtheit des Vorhandenseins, die Liquidierbarkeit oder eine proportionale Auflösung vor. Nach dem Kriterium der Bestimmtheit wären bevorzugt die Positionen zu wählen, in denen das Vorhandensein stiller Reserven mit hohen Sicherheitsgrad nachweisbar ist. Nach der Liquidierbarkeit sind die stillen Reserven nach der Verweildauer der Bilanzposition zu behandeln. Die Zuordnung zu Bilanzpositionen mit kurzer Verweildauer führt zu baldigen Belastungen des Konzernergebnisses und umgekehrt! Das folgende Beispiel zeigt die proportionale und die liquiditätsorientierte Verteilung.

Verteilungsmöglichkeiten stiller Reserven

Aktiver KAP = maximale Erhöhung des ant. Eigenkapitals = 100
Vorhandene stille Reserven = 150

	Stille Reserven	Verteilung		
		proportional	Liquidierbarkeit	
			bald	spät
Grundstücke	90	60	40	90
Maschinen	45	30	45	10
Vorräte	15	10	15	–
	150	100	100	100

Jede der vorgeschlagenen Vorgehensweisen impliziert eine unterschiedliche Periodisierung der aufgelösten stillen Reserven. Soweit damit nach einer bestimmbaren Methode vorgegangen und nicht willkürlich verteilt wird, ist davon auszugehen, dass mangels eines Verstoßes gegen Bilanzierungsvorschriften oder -prinzipien Unternehmen in der Wahl des jeweiligen Verteilungsmodus frei sind. Die angewandte Zurechnungsmethode stiller Reserven bestimmt jedoch den Ansatz wie die Bewertung im Konzernabschluss maßgeblich mit. Sie ist deshalb im Konzernanhang anzugeben (§ 313 Abs. 1 Satz 2 Nr. 1 HGB).

Wahlfreiheit bei Verteilung der stillen Reserven

Auch wenn das Mutterunternehmen keine 100%ige Beteiligung an einem Tochterunternehmen hält, werden die Vermögensgegenstände und Schulden des Tochterunternehmens in voller Höhe – nicht nur mit dem Konzernanteil – in die Konzernbilanz übernommen (Vollkonsolidierung). Die Verrechnung des Beteiligungsbuchwertes erfolgt allerdings nur gegen das anteilig auf den Konzern entfallende Eigenkapital.

Beteiligungen unter 100 %

Zum Bilanzausgleich wird das anteilig auf andere Gesellschafter entfallende Eigenkapital des Tochterunternehmens in die Konzernbilanz übernommen und ist »unter entsprechender Bezeichnung innerhalb des Eigenkapitals gesondert

Fremdanteile

aufzuführen« (»Vollkonsolidierung mit Minderheitenausweis«, § 307 Abs. 1 Satz 1 HGB). Damit wird dokumentiert, dass auch das auf außenstehende Anteilseigner entfallende Eigenkapital eines Tochterunternehmens als Eigenkapital des Gesamtkonzerns betrachtet wird. Der Anteil kann dabei in einer Summe, aber auch als Anteil an den jeweiligen Unterpositionen der Eigenkapitalposition im Konzern ausgewiesen werden. Eine solche Aufgliederung könnte jedoch auch im Konzernanhang vorgenommen werden.

Quotale vs. volle Auflösung stiller Reserven

Bezüglich der Auflösung stiller Lasten bzw. stiller Reserven stellt sich bei Existenz »anderer Gesellschafter« die Frage, ob ihre Auflösung nur in Höhe des Konzernanteils erfolgen soll oder ob auch eine höhere Auflösung – im Einzelfall bis zu 100 % – zulässig ist. Da beide Methoden zu unterschiedlichen Wertansätzen führen können, ergeben sich hieraus Konsequenzen für den Vermögensausweis und die Ertragsdarstellung des Konzerns in den Folgeperioden. Folgendes Beispiel soll dies verdeutlichen:

- Konzernanteil 70 %
- Beteiligungsbuchwert 1.000
- anteiliges Eigenkapital 700
- stille Reserven 400

Der Konsolidierungsausgleichsposten beträgt im obigen Beispiel 300 (1.000 – 700).

Da das anteilige Eigenkapital nach Neubewertung den Beteiligungsbuchwert nicht überschreiten darf, ist die Auflösung stiller Reserven auf maximal 300 beschränkt. Bei nur beteiligungsproportionaler Auflösung könnten in diesem Falle nur $0{,}7 \times 400 = 280$ stille Reserven aufgelöst werden. Die Differenz von 20 Geldeinheiten müsste dann als Geschäftswert interpretiert werden.

Wird andererseits eine über die Beteiligungsquote hinausgehende Auflösung vorgenommen, könnte der gesamte Konsolidierungsausgleichsposten in Höhe von 300 auf stille Reserven verteilt werden mit der Konsequenz, dass der Ausweis eines Geschäftswertes entfällt.

Nach Ansicht des IdW ist nur die beteiligungsproportionale Auflösung der stillen Reserven zulässig (vgl. IDW [1996], S. 921). Dies entspricht auch der international üblichen Vorgehensweise (vgl. Abschnitt A III 2 dieses Kapitels).

(2) Erstkonsolidierung nach der Neubewertungsmethode

Neubewertungsmethode

Alternativ zur Erstkonsolidierung nach der Buchwertmethode lässt das HGB in § 301 Abs. 1 Nr. 2 HGB auch eine Erstkonsolidierung nach der sog. Neubewertungsmethode zu.

Während bei der Buchwertmethode die Kapitalkonsolidierung gegen das aus den Buchwerten der HB II resultierende Eigenkapital des Tochterunternehmens erfolgt mit anschließender Verteilung des Unterschiedsbetrages, wird bei der Neubewertungsmethode der Wertansatz des zu konsolidierenden Kapitals bereits durch die beizulegenden Werte der Bilanzpositionen des Tochterunternehmens bestimmt (§ 301 Abs. 1 Satz 2 Nr. 2 HGB). Die Umbewertung ist im Anschluss an die Erstellung der HB II oder im Rahmen der Kapitalkonsolidierung durchzuführen. Sie führt grundsätzlich zu einer vollständigen Aufdeckung stiller Lasten bzw. stiller Reserven und damit zu einer Bewertung aller Bilanzpositionen mit Tageswerten. Die Kapitalkonsolidierung ist mit einem gegenüber der HB II veränderten Eigenkapital vorzunehmen, wobei diese Veränderung im Rahmen der Gewinnrücklagen des Tochterunternehmens oder eines Sonderpostens zum Eigenkapital ausgewiesen wird.

Pagatorisches Prinzip

Die Höherbewertung des Eigenkapitals des Tochterunternehmens im Rahmen der Neubewertung auf Tageswerte wird jedoch aufgrund des Anschaffungswertprinzips insoweit begrenzt, als das anteilig auf den Konzern entfallende Eigenkapital nach Neubewertung die Anschaffungskosten für die Anteile nicht überschreiten darf (§ 301 Abs. 1 Satz 4 HGB). D. h. auch hier gilt die Begrenzung durch das pagatorische Prinzip.

Passiver KAP

Diese Vorschrift des HGB könnte so interpretiert werden, dass bei der Neubewertungsmethode ein passivischer Unterschiedsbetrag infolge Neubewertung nicht entstehen darf. Streng genommen gilt dies aber nur, wenn der aktuelle Beteiligungsbuchwert in der Einzelbilanz des Mutterunternehmens gleich seinen ursprünglichen Anschaffungskosten ist. Waren diese jedoch infolge zwischenzeitlicher Abschreibungen ursprünglich höher als der aktuelle Wertansatz, so kann das anteilige Eigenkapital bis zu diesen ursprünglichen Anschaffungskosten erhöht werden und somit zu einem passiven KAP auch bei der Neubewertungsmethode führen.

Für den Fall, dass das anteilig auf das Mutterunternehmen entfallende Eigenkapital aufgrund der Auflösung sämtlicher stiller Reserven größer ist als die Anschaffungskosten der Beteiligung, sind so lange anteilige Abschläge auf die stillen Reserven vorzunehmen, bis sich anteiliges Eigenkapital und Beteiligungsanschaffungskosten entsprechen.

Wenn also der Beteiligungsbuchwert den ursprünglichen Anschaffungskosten der Beteiligung entspricht, führen Buchwertmethode wie Neubewertungsmethode bei 100%igen Beteiligungen im Vermögensausweis zum selben Ergebnis, da bei beiden Methoden das anteilige Eigenkapital nach Verteilung der stillen Reserven den Beteiligungsbuchwert nicht überschreiten darf.

Beispiel

Das folgende Beispiel einer Kapitalkonsolidierung nach der Neubewertungsmethode basiert auf den Daten des Beispiels in Tabelle 9.1 (vgl. Abschnitt A III a1 dieses Kapitels).

(a) Anteiliges Eigenkapital vor Neubewertung: $1{,}0 \times (300 + 600) = 900$

(b) Maximal zulässiges EK nach Neubewertung (= Beteiligungsbuchwert): Beteiligungsquote × EK des TU nach Neubewertung (Y) = Beteiligungsbuchwert

$$1{,}0 \times Y = 1.000$$

$$Y = 1.000$$

(c) Maximal auflösbare stille Reserven:
Max. zulässiges EK nach Neubewertung – EK vor Neubewertung = max. auflösbare stille Reserven
1.000 – 900 = 100
Vorhandene stille Reserven: 60 + 20 = 80
Kapitalkonsolidierung: 1.000 – 1,0 × (300 + 680) = 20

Die vorhandenen stillen Reserven werden also bereits im Vorfeld der eigentlichen Kapitalaufrechnung aufgelöst und in das aufzurechnende Eigenkapital des Tochterunternehmens mit einbezogen. Der Differenzbetrag zwischen anteiligem Eigenkapital nach Neubewertung und dem Beteiligungsbuchwert ist als Geschäftswert anzusehen und entsprechend zu behandeln (vgl. Abschnitt b unten). Lägen in obigem Fall die vorhandenen stillen Reserven über 100, so dürften sie nur bis zu diesem Betrag hin aufgelöst werden. Die Konsolidierung ist in Tabelle 9.3 dargestellt.

Bilanzposition	MU		Bilanz TU zu Zeitwerten		Summenbilanz		Konsolidierungsspalte		Konzernbilanz	
	A	P	A	P	A	P	S	H	A	P
Sonstige Aktiva	5.000		1.660		6.660				6.660	
Geschäftswert	–		–		–		20		20	
Beteiligung	1.000		–		1.000			1.000	–	
Summe	6.000		1.660		7.660				6.680	
Gezeichnetes Kapital		1.000		300		1.300	300			1.000
Rücklagen/Bilanzgewinn		1.500		680		2.180	680			1.500
Verbindlichkeiten		3.500		680		4.180				4.180
Summe		6.000		1.660		7.660	1.000	1.000		6.680

Tab. 9.3: Beispiel Kapitalkonsolidierung, Erstkonsolidierung 31. 12. 01 mit Neubewertungsmethode

Buchwertmethode ≠ Neubewertungsmethode bei Beteiligungen < 100 %

Unterschiede im Vermögens- und Kapitalausweis zur Buchwertmethode ergeben sich jedoch dann, wenn an dem Tochterunternehmen auch noch andere Gesellschafter beteiligt sind. Im Gegensatz zur Buchwertmethode – wo stille Reserven/stille Lasten nur mit ihren auf den Konzern entfallenden Anteilen aufgelöst wurden – sind im Rahmen der Neubewertungsmethode auch die auf die anderen Gesellschafter entfallenden Anteile aufzulösen und hieraus resultierende Eigenkapitalbeträge in den Ausgleichsposten für die Anteile der anderen Gesellschafter einzubeziehen (§ 307 Abs. 1 Satz 2 HGB). Zur Verdeutlichung siehe nachfolgendes Beispiel.

Beispiel

• Konzernbeteiligungsquote	70 %
• Beteiligungsbuchwert	1.400
• Eigenkapital TU vor Neubewertung	1000
• Vorhandene stille Reserven TU	1.200

Lösung des Beispiels:

(a) Anteiliges Eigenkapital vor Neubewertung:
$0{,}7 \times 1.000 = 700$

(b) Maximal zulässiges Eigenkapital nach Neubewertung:
$0{,}7 \times Y = 1.400$

$$Y = \frac{1.400}{0{,}7} = 2.000$$

(c) Maximal auflösbare stille Reserven:
Maximal zulässiges EK nach Neubewertung - EK vor Neubewertung
2.000 - 1.000 = 1.000

Von den insgesamt 1.200 stille Reserven können nur 1.000 aufgelöst und den Vermögens- und Schuldposten zugerechnet werden. Dabei bezieht sich die Auflösung stiller Reserven durch Neubewertung sowohl auf den Konzernanteil als auch auf den Fremdanteil das Eigenkapitals.

Stille Reserven auf Fremdanteil

Der Anteil der anderen Gesellschafter am Eigenkapital des Tochterunternehmens beträgt $0{,}3 \times 2.000 = 600$ und ist in dieser Höhe in der Konzernbilanz auszuweisen. Bei der Buchwertmethode wäre er aus dem Eigenkapital vor Neubewertung errechnet ($0{,}3 \times 1.000 = 300$) und in dieser Höhe ausgewiesen worden, mit der Folge, dass sowohl Vermögen als auch Eigenkapital im Konzern um den Differenzbetrag (600 – 300 = 300) niedriger dargestellt würden.

Keine Hochrechnung des Goodwill um Anteile anderer Gesellschafter

Hätte der Gesamtbetrag der vorhandenen stillen Reserven anstelle von 1.200 nur 800 betragen, also weniger als der maximal auflösbare Betrag von 1.000, so hätten die stillen Reserven zur Gänze aufgelöst werden können. Die Differenz von 200 (1000 – 800) wäre als Geschäftswert interpretierbar, wovon aber nur der auf das MU entfallende Anteil von 70 %, entsprechend dem bei der Kapitalkonsolidierung sich ergebenden Konsolidierungsausgleichsposten von 140 ($1.400 - 0{,}7 \times (1.000 + 800)$), als solcher angesetzt wird. Eine Hochrechnung des Geschäftswertes um die Anteile der anderen Gesellschafter ($600 - 0{,}3 \times (1.000 + 800) = 60$) wird also im Gegensatz zu den sonstigen Bilanzpositionen auch bei der Neubewertungsmethode nicht vorgenommen.

Abbildung 9.4 fasst den Ablauf der Kapitalkonsolidierung nochmals zusammen.

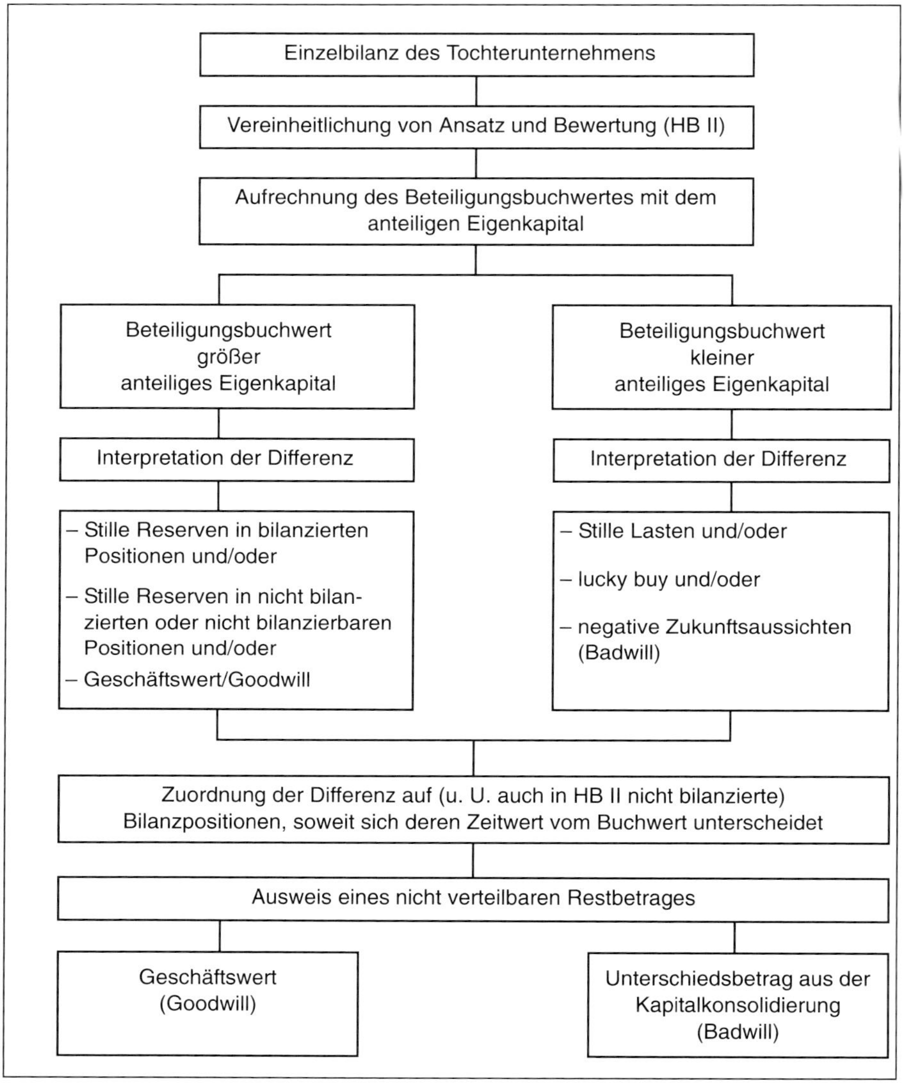

Abb. 9.4: Ablauf der Kapitalkonsolidierung

(3) Behandlung nicht verteilbarer Unterschiedsbeträge aus der Kapitalkonsolidierung (Goodwill/Badwill)

Soweit sich ein aktiver Konsolidierungsausgleichsposten bei der Buchwertmethode nicht vollständig auf stille Reserven zurückführen und somit diesen zuordnen lässt bzw. bei der Neubewertungsmethode das anteilige Eigenkapital nach Neubewertung kleiner als der Beteiligungswert des Mutterunternehmens ist, wird die Differenz als ein über den Substanzwert des Unternehmens hinaus bezahlter Bestandteil des Kaufpreises interpretiert, mit dem positive Zukunftschancen des Tochterunternehmens abgegolten wurden.

Geschäftswert (»Goodwill«)

Ein solcher auf der Aktivseite entstehender Unterschiedsbetrag ist in der Konzernbilanz als Geschäfts- oder Firmenwert auszuweisen (§ 301 Abs. 3 Satz 1 HGB). In Deutschland hat sich hierfür ebenfalls die international gebräuchliche Bezeichnung »Goodwill« eingebürgert.

Unterschiedsbetrag aus der Kapitalkonsolidierung (»Badwill«)

Übersteigt hingegen bei der Buchwertmethode der Wert des anteiligen Eigenkapitals den Wert des damit korrespondierenden Beteiligungsansatzes und kann diese Differenz nicht auf sog. stille Lasten in der Bilanz des Tochterunternehmens verteilt werden (z. B. zu geringe Dotierung von Pensions- oder anderen Rückstellungen), so ist dieser auf der Passivseite entstehende Differenzbetrag als »Unterschiedsbetrag aus der Kapitalkonsolidierung« in der Konzernbilanz auszuweisen (§ 301 Abs. 3 Satz 1 HGB). Anstelle dieser wenig glücklichen Formulierung wird international die Bezeichnung »Badwill« verwandt.

Zuordnung des Badwill

Da das Gesetz eine Zuordnung des Badwill zu einer bestimmten Bilanzposition der Passivseite nicht vorschreibt, muss diese seinem Charakter entsprechend von Fall zu Fall definiert werden. Kommt in dem Badwill ein Preisabschlag wegen erwarteter künftiger Verluste oder Ertragseinbußen zum Ausdruck, so hat er insofern Rückstellungscharakter und sollte gesondert unter den Rückstellungen ausgewiesen werden. Manifestiert sich hingegen in dem verhältnismäßig geringen Einstandspreis für den Anteil ein günstiger Einkauf (»*lucky buy*«), so ist der Unterschiedsbetrag eher als Kapitalbestandteil zu sehen und gesondert bei den Kapitalrücklagen auszuweisen.

Anhangspflichten

Die als Goodwill bzw. Badwill ausgewiesenen Beträge sowie ihre Veränderungen gegenüber dem Vorjahr sind im Anhang zu erläutern (§ 301 Abs. 3 Satz 2 HGB). Da der Goodwill vom Ausweis her dem immateriellen Anlagevermögen zuzurechnen und deshalb in den Anlagespiegel aufzunehmen ist, woraus sich seine wesentlichen Veränderungen ablesen lassen, können sich die Erläuterungen auf Neuzugänge, Abgänge sowie die Abschreibungspolitik beschränken. Hinsichtlich des Badwill beinhaltet die Zuordnung zu einer der beiden Bilanzpositionen Rückstellungen oder Rücklagen bereits eine wesentliche materielle Interpretation, sodass sich die Erläuterungen hier auf wesentliche Veränderungen begrenzen lassen.

Saldierung von Goodwill und Badwill

Liegen beim Einbezug mehrerer Tochterunternehmen sowohl ein Geschäftswert als auch ein Badwill vor (wobei die einzelnen Goodwill- bzw. Badwill-Beträge zusammengefasst werden können), ist eine Saldierung der aktivisch mit den passivisch auszuweisenden Unterschiedsbeträgen zulässig (§ 301 Abs. 3 Satz 3 HGB). In diesem Falle sind die verrechneten Beträge allerdings im Anhang anzugeben. Außerdem bezieht sich die Saldierung nur auf den Ausweis, wie sich aus den unterschiedlichen Auflösungsmöglichkeiten für den Goodwill bzw. Badwill ergibt.

Verrechnung des Goodwill mit den Rücklagen

Eine weitere Alternative bei der Behandlung des Geschäftswertes im Konsolidierungszeitpunkt stellt die Möglichkeit dar, diesen offen von den Rücklagen des Konzerns abzusetzen (§ 309 Abs. 1 Satz 3 HGB). Hierbei handelt es sich nicht um eine ausweistechnische Variante. Im Gegensatz zu ansonsten nötigen

Abschreibungen des Geschäftswertes wird durch diese Vorgehensweise der Firmenwert ohne eine kontinuierliche Ertragsbelastung in den Folgeperioden aus der Bilanz entfernt. Die offene Verrechnung ist mit den Gewinnrücklagen des Konzerns vorzunehmen und nur im Jahr der Erstkonsolidierung offen zu zeigen. In den Folgejahren kommt nur noch das um den Firmenwert gekürzte Konzerneigenkapital zum Ausweis.

Abschreibung des Goodwill

Soweit der Geschäftswert nicht gegen die Rücklagen des Konzerns aufgerechnet wird, ist er in jedem auf die Erstkonsolidierung folgenden Geschäftsjahr entweder planmäßig zu mindestens einem Viertel abzuschreiben, kann jedoch auch über die Jahre seiner voraussichtlichen Nutzungsdauer abgeschrieben werden (§ 309 Abs. 1 Satz 1 und 2 HGB). Hierbei bietet sich eine Anlehnung an die steuerliche Abschreibung des Geschäftswertes über 15 Jahre an (§ 7 Abs. 1 Satz 3 EStG). Die zulässige Obergrenze ist gemäß internationalen Gepflogenheiten wohl bei einer Abschreibungsdauer von 20 Jahren zu sehen.

Daneben wird es als zulässig angesehen,

- einen Teil des Goodwill sofort offen mit den Rücklagen zu verrechnen, während der Restbetrag abgeschrieben wird, oder
- den Goodwill zunächst planmäßig abzuschreiben und einen späteren Restwert offen mit den Rücklagen aufzurechnen.

Stetigkeit bei der Behandlung des Goodwill

Bei der Anwendung dieser unterschiedlichen Möglichkeiten zur Behandlung eines Geschäftswertes ist das Gebot der sachlichen Stetigkeit zu beachten. Eine willkürliche Anwendung unterschiedlicher Vorgehensweisen nebeneinander ist damit nicht zulässig, vielmehr sind gleichartige Sachverhalte grundsätzlich nach derselben Methode abzuhandeln, soweit nicht sachliche Gründe eine unterschiedliche Vorgehensweise rechtfertigen (vgl. IDW [1996], S. 925).

Behandlung des Badwill

Ein passiver Unterschiedsbetrag (Badwill) ist prinzipiell unverändert fortzuführen (§ 309 Abs. 2 HGB). Er ist nach § 309 Abs. 2 HGB jedoch dann aufzulösen, wenn

- eine zum Zeitpunkt des Erwerbs der Anteile oder der erstmaligen Konsolidierung erwartete ungünstige Entwicklung der künftigen Ertragslage des Unternehmens eingetreten ist oder zu diesem Zeitpunkt erwartete Aufwendungen zu berücksichtigen sind oder
- am Abschlussstichtag feststeht, dass er einem realisierten Gewinn entspricht.

Abbildung 9.4 fasst den Ablauf der Kapitalkonsolidierung (am Beispiel der Buchwertmethode) zusammen.

b) Folgekonsolidierung

Die aus der Erstkonsolidierung nach der Erwerbsmethode resultierenden Wertansätze in der Bilanz des Tochterunternehmens sind aus der Sicht des Konzerns die Anschaffungskosten für die jeweiligen Bilanzpositionen. Sie beinhalten demnach die im Konzernabschluss in der Folgezeit fortzuführenden Wertansätze.

Die aufgelösten und zugeordneten stillen Reserven bzw. stillen Lasten teilen dabei »das Schicksal« der Positionen, denen sie zugeordnet wurden. Beim abnutzbaren Anlagevermögen stellen die so geänderten Wertansätze für den Konzern die künftige Abschreibungsbasis dar, für Einsatzfaktoren wie z. B. Vorräte, fertige oder unfertige Erzeugnisse den zu verrechnenden Materialeinsatz. Da sich die so definierten Konzernanschaffungskosten in der Folgezeit nicht mehr ändern dürfen, die Konzernbilanz jedoch jedes Jahr wieder aus der Summe der Einzelbilanzen erstellt wird und somit eine Aufrechnung des Beteiligungsbuchwertes mit dem anteiligen Eigenkapital erfolgt, muss diese immer gegen das im Erstkonsolidierungszeitpunkt bei dem Tochterunternehmen vorhanden gewesene Eigenkapital durchgeführt werden.

Erfolgswirksamkeit

Der erste Schritt einer Folgekonsolidierung ist deshalb prinzipiell identisch mit der Vorgehensweise bei Erstkonsoliderung. In einem zweiten Schritt werden die zwischen Erst- und Folgekonsolidierung erfolgten Wertänderungen an den ursprünglich aufgelösten stillen Reserven bzw. stillen Lasten berücksichtigt. Soweit diese Wertänderungen die gerade abgelaufene Rechnungsperiode betreffen, sind sie erfolgswirksam zu verbuchen und beeinflussen hierdurch den Bilanzgewinn oder die Gewinnrücklagen. Wertänderungen an verteilten Unterschiedsbeträgen hingegen, die bereits in Vorperioden verrechnet wurden, werden erfolgsneutral mit den Gewinnrücklagen saldiert.

Erfolgsneutralität

Die Verrechnung des Beteiligungsbuchwertes bei Folgekonsolidierungen mit dem anteiligen Eigenkapital aus der Erstkonsolidierung bewirkt, dass alle nach der Erstkonsolidierung – also nach Einbezug des Tochterunternehmens in den Konzernverbund – realisierten Eigenkapitaländerungen nicht in die Verrechnung einfließen, sondern im Konzerneigenkapital ihren Niederschlag finden.

Konzerneigenkapital

Soweit an dem Tochterunternehmen auch Beteiligungen anderer Gesellschafter bestehen, wird deren Eigenkapitalanteil jeweils aus dem aktuellen Eigenkapital zum Bilanzstichtag in der Einzelbilanz des Tochterunternehmens errechnet.

Anteile anderer Gesellschafter/ Fremdanteile

Beispiel

Zur Veranschaulichung wird das Beispiel aus Tabelle 9.1 fortgeführt. Zum Abschlussstichtag 31. 12. 02 hat sich das Eigenkapital der Mutterunternehmung und des Tochterunternehmens durch Gewinne um 500 bzw. 100 GE erhöht. Der Geschäftswert soll mit jährlich einem Viertel abgeschrieben werden. Die bei Erstkonsolidierung den sonstigen Aktiva zugeschriebenen stillen Reserven in Höhe von 60 GE teilen bezüglich der Wertfortführung deren Schicksal; hierzu sei unterstellt, dass es sich bei diesen sonstigen Aktiva um abnutzbares Anlagevermögen handelt mit einer Restnutzungsdauer per 31. 12. 01 von fünf Jahren. Im Konzernabschluss sind also bei linearer Abschreibung zusätzlich zur Abschreibung im Einzelabschluss des Tochterunternehmens 60/5 = 12 GE an zusätzlichen Abschreibungen zu verrechnen. Die stillen Reserven in Höhe von 20 GE in den Verbindlichkeiten werden in 02 im Einzelabschluss des Tochterunternehmens durch Rückzahlung realisiert und müssen aus dem Konzernergebnis eliminiert werden. Die Lösung ist in Tabelle 9.4 wiedergegeben.

Bilanzposition	MU		TU		Summen-bilanz		Konsolidie-rungs-spalte		erfolgswirk-same Buchungen		Konzern-bilanz	
	A	P	A	P	A	P	S	H	S	H	A	P
Sonstige Aktiva	5.500		1.650		7.150		60			12	7.198	
Geschäftswert	–		–		–		20			5	15	
Beteiligung	1.000		–		1.000			1.000			–	
Summe	6.500		1.650		8.150						7.213	
Gezeichnetes Kapital		1.000		300		1.300	300					1.000
Rücklagen/Bilanzgewinn		2.000		700		2.700	600		37			2.063
Verbindlichkeiten		3.500		650		4.150	20			20		4.150
Summe		6.500		1.650		8.150	1.000	1.000	37	37		7.213

Tab. 9.4: Beispiel Kapitalkonsolidierung, Folgekonsolidierung 31. 12. 02

Neben der Aufteilung des Konsolidierungsausgleichspostens von 100 auf sonstige Aktiva, Geschäftswert, Verbindlichkeiten (vgl. Konsolidierungsspalte) müssen entsprechende Wertänderungen an den Bilanzwerten erfolgswirksam verbucht werden (vgl. Spalte »erfolgswirksame Buchungen«). Wie man sieht, schlagen die bei den Konzernunternehmen thesaurierten Gewinne (100 + 500) auf das konsolidierte Konzerneigenkapital durch, verringert allerdings um die Goodwilabschreibung und die Abschreibung bzw. Realisierung der aufgelösten stillen Reserven (5 + 12 + 20 = 37).

c) *Entkonsolidierung*

Entkonsolidierung

Die Entkonsolidierung, im Schrifttum auch als »End«-konsolidierung bezeichnet, umfasst die Schritte, die im Falle einer Beteiligungsveräußerung notwendig werden (vgl. im Folgenden u. a. Baetge [1995], S. 421 ff.; Busse von Colbe, W./ Ordelheide, D. [1993], S. 251 ff.; Küting, K./Weber, C.-P. [1998], § 301 Tz. 362 ff.). Mit Veräußerung der Beteiligung ist das verkaufte Unternehmen nicht mehr Bestandteil des Konzernverbundes und darf im Konzernabschluss somit nicht mehr berücksichtigt werden.

Veräußerungserfolg im Konzern

Während sich der Verkauf im Einzelabschluss als Abgang der Beteiligung darstellt, müssen dem Konzernabschluss alle nach der Fiktion des Einzelerwerbs übernommenen Vermögens- und Schuldpositionen entnommen werden. Im Einzelabschluss wird der Veräußerungspreis dem Buchwert der Beteiligung gegenübergestellt und eine positive Differenz als Veräußerungsgewinn, eine negative Differenz als Veräußerungsverlust verbucht. Im Konzernabschluss ist der Veräusserungserlös mit den Wertansätzen der einbezogenen Vermögens- und Schuldpositionen zu vergleichen, wobei sich diese im Verlauf der Konsolidierung, z. B. durch höhere Abschreibungen aufgrund aufgedeckter stiller Reserven, verändert haben können. Deshalb kann sich der aus dem Verkauf erzielte Gewinn oder Verlust im Einzel- und Konzernabschluss unterscheiden. Der im Rahmen des Einzelabschlusses ermittelte Entkonsolidierungserfolg darf also nicht unmittelbar in den Konzernabschluss übernommen werden, sondern er ist mit Hilfe der Entkonsolidierung um ansonsten doppelt verrechnete Anteile der Aufwendungen und Erträge zu bereinigen.

Das Beispiel zur Kapitalkonsolidierung gemäß Tabellen 9.1 – 9.4 soll im weiteren zur Veranschaulichung der Vorgehensweise dienen. Dabei sollen zunächst die notwendigen Schritte bei Anwendung der Buchwertmethode erläutert werden.

Entkonsolidierung bei Buchwertmethode

Das Mutterunternehmen verkauft zum 31. 12. 03 die Beteiligung am Tochterunternehmen zu einem Preis von 1.500 GE. Das Tochterunternehmen hat in der Periode 03 keinen Gewinn mehr erzielt, der in Periode 02 erwirtschaftete Erfolg wurde in voller Höhe an das Mutterunternehmen ausgeschüttet. Die Lösung ist in Tabelle 9.5 gezeigt..

Bilanzposition	MU		TU		Summenbilanz		Konsolidierungsspalte		erfolgswirksame Buchungen		Entkonsolidierung		Konzernbilanz	
	A	P	A	P	A	P	S	H	S	H	A	P	A	P
Sonstige Aktiva	[1]5.800		1.550		7.350		60			24	1.500	1.586	7.300	
Geschäftswert	–		–		–		20			10		10	–	
Beteiligung	1.000		–		1.000			1.000					–	
Summe	6.800		1.550		8.350								7.300	
Gezeichnetes Kap.		1.000		300		1.300	300							1.000
Rücklagen/ Bilanzgewinn		2.300		600		2.900	600		54			554		2.800
Verbindlichkeiten		3.500		650		4.150	20			20	650			3.500
Summe		6.800		1.550		8.350	1.000	1.000	54	54	2.150	2.150		7.300

[1] Enthält den Vorjahresgewinn des TU in Höhe von 100.

Tab. 9.5: Beispiel Kapitalkonsolidierung, Entkonsolidierung 31. 12. 03

Der Veräußerungsgewinn im Einzelabschluss beträgt 1.500 – 1.000 = 500 GE. Der Veräußerungsgewinn im Konzernabschluss errechnet sich auf direktem Wege wie folgt:

Direkte Ermittlung des Veräußerungserfolges im Konzernabschluss

Veräußerungserlös für die Beteiligung	1.500
– Vermögenswerte des Tochterunternehmens zu Buchwerten in der HB II	1.550
+ Schulden des Tochterunternehmens zu Buchwerten in der HB II	650
– noch nicht erfolgswirksam verrechnete stille Reserven aus der Erstkonsolidierung	36
+ noch nicht erfolgswirksam verrechnete stille Lasten aus der Erstkonsolidierung	–
– noch nicht erfolgswirksam verrechneter Geschäftswert aus der Erstkonsolidierung	10
+ noch nicht erfolgswirksam aufgelöster Badwill aus der Erstkonsolidierung	–
Entkonsolidierungsgewinn im Konzern	554

Der Veräußerungserfolg im Konzernabschluss lässt sich auch indirekt – ausgehend vom Veräußerungsgewinn im Einzelabschluss des Mutterunternehmens – ermitteln:

Indirekte Ermittlung des Veräußerungserfolges im Konzernabschluss

Veräußerungsgewinn/-verlust aus dem Einzelabschluss	500
– kumulierte außerplanmäßige Abschreibungen der Beteiligung im Einzelabschluss unter Verrechnung der kumulierten Zuschreibungen	–
+ bereits erfolgswirksam verrechnete aufgedeckte stille Reserven	44
– bereits erfolgswirksam verrechnete aufgedeckte stille Lasten	–
+ bereits erfolgswirksam verrechneter Geschäftswert aus der Erstkonsolidierung	10
– bereits erfolgswirksam verrechneter Badwill aus der Erstkonsolidierung	–
+ Rücklagenminderungen im TU seit Beteiligungserwerb	–
– Rücklagenzuführungen im TU seit Beteiligungserwerb	–
+ Jahresfehlbetrag des TU im Veräußerungszeitpunkt	–
– Jahresüberschuss des TU im Veräußerungszeitpunkt	–
+/– bereits erfolgswirksam verrechnete Aufwendungen/Erträge aus der Währungsumrechnung	–
Entkonsolidierungsgewinn im Konzern	554

Der Unterschied zum Veräußerungsgewinn im Einzelabschluss ergibt sich aus der Rückgängigmachung solcher Vorfälle, die sich nicht im Beteiligungsbuchwert des Einzelabschlusses niederschlagen. Das sind die im Vergleich zum Einzelabschluss zusätzlichen Abschreibungen von Aktiva und Goodwill in Höhe von 54 GE, die im Konzernabschluss den Bilanzgewinn vermindert haben und somit wieder rückgängig zu machen sind. Somit ergibt sich mit der folgenden Aufschlüsselung 500 GE + 54 GE = 554 GE der Veräußerungserlös im Konzernabschluss.

Entkonsolidierung bei Neubewertungsmethode

Bei Anwendung der Neubewertungsmethode ergeben sich, wie auch im Rahmen der Erst- und Folgekonsolidierung, bei der Entkonsolidierung nur Abweichungen im Vergleich zur Buchwertmethode, wenn das Mutterunternehmen nicht über einen Anteil von 100 % verfügt, wenn also Anteile in Fremdbesitz vorhanden sind. In diesem Fall ist der Veräußerungsgewinn oder -verlust auf Basis anteiliger Vermögenswerte und Schulden des Tochterunternehmens zu berechnen. Da bei der Buchwertmethode der Anteil der fremden Gesellschafter nicht an der Auflösung stiller Reserven und Lasten partizipiert, sind noch nicht erfolgswirksam verrechnete stille Reserven und Lasten, bzw. ein Goodwill oder Badwill in voller Höhe in die Berechnung des Veräußerungserfolges einzubeziehen. Bei Anwendung der Neubewertungsmethode dagegen enthält der Anteil der Minderheitengesellschafter anteilige stille Reserven und Lasten, sodass in diesem Fall zur Ermittlung des Veräußerungserfolges alle Bestandteile außer dem noch nicht erfolgswirksam verrechneten Goodwill oder Badwill anteilig in die Berechnung eingehen.

Behandlung der Konzern-GuV

In die Konzern-GuV sind die noch während der Konzernzugehörigkeit entstandenen Aufwendungen und Erträge des Tochterunternehmens zu übernehmen. Im Einzelabschluss wird der Veräußerungserfolg unter dem außerordentlichen Ergebnis oder unter dem Finanzergebnis ausgewiesen. Da aus Konzernsicht keine Beteiligung, sondern Vermögensgegenstände und Schulden veräußert werden, ist ein Ausweis des Veräußerungserfolges im Rahmen des Finanzergebnisses unzutreffend, vielmehr ist die Veräußerung wie eine Teilbetriebsveräußerung auszuweisen (vgl. Baetge, J./Herrmann, D. [1995], S. 229). Stellt die Veräußerung einen nach den Regeln des Einzelabschlusses als außerordentlich einzustufenden Vorgang dar, so ist der daraus resultierende Erfolg im Rahmen des außerordentlichen Ergebnisses zu zeigen. Sind in einem Konzern Beteiligungsveräußerungen dagegen keine Seltenheit, ist der daraus resultierende Erfolg im sonstigen betrieblichen Ergebnis auszuweisen.

Uneinigkeit herrscht in der Literatur über die Behandlung eines ursprünglich erfolgsneutral gegen die Rücklagen verrechneten Geschäfts- oder Firmenwertes. Überwiegend wird die Auffassung vertreten, dass diese erfolgsneutrale Behandlung im Rahmen der Entkonsolidierung rückgängig gemacht wird, d. h. dass der Geschäftswert aktiviert und die Rücklagen um den entsprechenden Betrag erhöht werden. Der aktivierte Geschäftswert vermindert so als »noch nicht ergebniswirksam verrechneter Geschäftswert aus der Erstkonsolidierung« den Entkonsolidierungserfolg des Konzerns (vgl. Busse von Colbe, W./Ordelheide, D. [1993], S. 257; a. A. Küting, K./Weber, C.-P. [1998], § 301 Tz. 371).

d) *Kapitalkonsolidierung von Tochterunternehmen nach der Interessenzusammenführungsmethode (»Pooling of Interests«)*

Interessenzusammenführungsmethode/ Pooling of Interests-Methode

Während die Erwerbsmethode den überwiegend zur Anwendung kommenden Regelfall der Kapitalkonsolidierung bei einem Tochterunternehmen darstellt, wird als alternative Vorgehensweise unter bestimmten Bedingungen durch § 302 HGB eine weitere Methode zugelassen. Sie basiert auf einem anderen theoretischen Hintergrund, der auch in der – allerdings etwas unglücklichen – Bezeichnung als »Methode der Interessenzusammenführung« zum Ausdruck kommt.

Diese aus den USA stammende Methode war dort wegen ihrer Vorzüge gegenüber der Erwerbsmethode unter der Bezeichnung »*Pooling of Interests*« eine begehrte Alternative.

Die Charakteristika dieser Kapitalkonsolidierungsmethode sind:

- Der Beteiligungsbuchwert wird gegen das anteilige gezeichnete Kapital des Tochterunternehmens aufgerechnet.
- Die Buchwerte werden unverändert aus der Einzelbilanz (HB II) des Tochterunternehmens in die Konzernbilanz übernommen.
- Eine entstehende Aufrechnungsdifferenz wird erfolgsneutral gegen das Konzernkapital verrechnet.

Merger of Equals

Diese Methode baut theoretisch auf der Überlegung auf, dass bei einem Unternehmenszusammenschluss durch Anteilstausch – der allerdings noch weiter präzisiert werden muss – nicht ein Unternehmen durch das andere erworben wird (Fiktion des Einzelerwerbs), sondern die ihre Anteile tauschenden Aktionäre aus freien Stücken ihre Unternehmen zu einem zusammenschließen und dieses künftig gemeinsam fortführen (*merger of equals*). Voraussetzung hierfür ist aber, dass sich die Aktionäre des dann zusammengeschlossenen Unternehmens praktisch gleichberechtigt gegenüberstehen, was die Vereinigung von zwei in etwa gleichwertigen Unternehmen bedingt. Dies rechtfertigt die Fortführung der Buchwerte im Konzernabschluss und auch die Aufrechnung des Beteiligungsbuchwertes nur gegen das gezeichnete Kapital des »Tochterunternehmens«.

Voraussetzungen nach HGB

Nach § 302 HGB darf die Interessenzusammenführungsmethode unter folgenden Bedingungen angewendet werden:

- Dem Mutterunternehmen gehören mindestens 90 % des Kapitals des Tochterunternehmens, wobei eigene Anteile des Tochterunternehmens zuvor abzusetzen sind.
- Die Gegenleistung des Mutterunternehmens für die Anteile an dem Tochterunternehmen besteht in eigenen Anteilen des Mutterunternehmens oder eines anderen Konzernunternehmens. Dem Erwerb der Anteile liegt also prinzipiell kein Kauf-, sondern ein Tauschvorgang in Anteilen zugrunde.
- Eine eventuell zusätzlich geleistete Barabgeltung darf nicht 10 % des Nennbetrages oder des rechnerischen Wertes der ausgegebenen Anteile übersteigen.

Erfolgsneutrale Kapitalkonsolidierung

Ergibt die Verrechnung des Beteiligungsbuchwertes mit dem anteiligen gezeichneten Kapital des Tochterunternehmens eine Aufrechnungsdifferenz, so ist diese, soweit sie auf der Aktivseite entsteht, mit den Rücklagen zu verrechnen, wenn sie auf der Passivseite entsteht, den Rücklagen hinzuzurechnen (§ 302 Abs. 2 HGB). Da es somit bei dieser Methode in der Konzernbilanz weder zu einer Neubewertung der Bilanzpositionen noch zum Ausweis eines Goodwill oder Badwill kommt, entfallen für die Folgezeit die Abschreibungen oder sonstige Auflösungen dieser Beträge.

Die Kapitalkonsolidierung nach der Interessenzusammenführungsmethode ist somit im Gegensatz zur Erwerbsmethode erfolgsneutral. Sie wird deshalb auch als erfolgsneutrale Kapitalkonsolidierung bezeichnet.

Im Anhang sind anzugeben:

- die Anwendung der Methode selbst,
- die sich aus ihrer Anwendung ergebende Veränderung der Rücklagen,
- Name und Sitz des nach der Interessenzusammenführungsmethode einbezogenen Tochterunternehmens.

Aus der Sicht des Konzerns kann diese Methode durch die ihr fehlende Belastung künftiger Erträge mit den Abschreibungen aufgelöster stiller Reserven bei Vorliegen der Voraussetzungen durchaus eine attraktive Alternative zur Erwerbsmethode sein. Hohe Aufwendungen aus der Abschreibung u. U. bedeutender Goodwill-Beträge entfallen ebenfalls.

Beispiel

Zur Veranschaulichung wird auf das Beispiel in Tabelle 9.1 auf Seite 594 zurückgegriffen. Das Mutterunternehmen hat, so sei unterstellt, 100 % der Anteile durch Anteilstausch erworben. Die Lösung zeigt Tabelle 9.6.

Bilanzposition	MU		TU		Summenbilanz		Konsolidierungsspalte		Konzernbilanz	
	A	P	A	P	A	P	S	H	A	P
Sonstige Aktiva	5.000		1.600		6.600				6.600	
Beteiligung	1.000				1.000			1.000	–	
Summe	6.000		1.600		7.600				6.600	
Gezeichnetes Kapital		1.000		300		1.300	300			1.000
Rücklagen/Bilanzgewinn		1.500		600		2.100	700			1.400
Verbindlichkeiten		3.500		700		4.200				4.200
Summe		6.000		1.600		7.600	1.000	1.000		6.600

Tab. 9.6: Beispiel Kapitalkonsolidierung, Erstkonsolidierung 31. 12. 01 mit Interessenzusammenführungsmethode

Die Kapitalkonsolidierung ist nur gegen das gezeichnete Kapital durchzuführen.

$1.000 - (1,0 \times 300) = 700$

Der KAP wird weder auf seine Bestandteile (stille Reserven/Lasten, Goodwill/Badwill) untersucht noch in irgendeiner Form auf die Bilanzpositionen verteilt, sondern sofort mit den Konzernrücklagen verrechnet.

2. Vollkonsolidierung nach IAS/IFRS

Die Kapitalkonsolidierung wird in den Vorschriften des IAS 22 »*business combinations*« geregelt, der 1998 neu überarbeitet wurde und für Geschäftsjahre, die ab dem 01. 07. 1999 beginnen, Gültigkeit hat. Die Änderungen betreffen im Wesentlichen die Behandlung des negativen Goodwill.

Acquisitions vs. Unitings of Interests

IAS 22.9 unterscheidet bei Unternehmenszusammenschlüssen zwischen *acquisitions*, bei denen ein Mutter-Tochter- bzw. ein Käufer-Verkäufer-Verhältnis vorliegt und *unitings of interests*, bei denen kein Erwerber identifiziert werden kann, sondern sich der Unternehmenszusammenschluss als gegenseitige Beteiligung an den Risiken und Chancen der neuen wirtschaftlichen Einheit darstellt (IAS 22.13). Liegen bei einem Unternehmenszusammenschluss folgende Indikatoren vor (IAS 22.15), so ist der Vorgang als ein *uniting of interests* anzusehen und es ist zwingend die *pooling of interests*-Methode anzuwenden (IAS 22.77):

Pooling of interests-Methode

- Die überwiegende Mehrzahl, wenn nicht sogar alle stimmberechtigten Aktien der zusammengeführten Unternehmen werden ausgetauscht oder zusammengefasst;
- die *fair values* der beiden Unternehmen unterscheiden sich nicht wesentlich;
- die Anteilseigner der beiden Unternehmen behalten im Verhältnis zueinander nach dem Zusammenschluss im Wesentlichen die gleiche Position hinsichtlich Stimmrechts- und Kapitalanteil wie vorher.

Grundsätzlich besteht in der Anwendung dieser Methode zwischen HGB und IAS/IFRS kein wesentlicher Unterschied.

Purchase-Methode

Handelt es sich dagegen bei dem Zusammenschluss um eine *acquisition,* so ist diese nach der *purchase method* gem. IAS 22.19 ff. zu konsolidieren (IAS 22.17).

Für die Verteilung der Anschaffungskosten sowie der darin enthaltenen stillen Reserven bestehen nach IAS/IFRS zwei Methoden:

Benchmark: Buchwertmethode

Das *benchmark treatment* gemäß IAS 22.32 sieht eine beteiligungsproportionale Zuordnung der stillen Reserven zu den identifizierbaren übernommenen Vermögensgegenständen und Schulden vor. Der Anteil, der auf die Minderheitsgesellschafter entfällt, ist zu Buchwerten anzusetzen. Somit werden nur die auf die Anteile des Mutterunternehmens entfallenden stillen Reserven aufgelöst. Dies entspricht der Vorgehensweise der Buchwertmethode.

Alternative: Neubewertungsmethode

Entsprechend IAS 22.34 ist als *allowed alternative treatment* die Neubewertungsmethode vorgesehen. Danach wird das gesamte übernommene Reinvermögen zum *fair value* angesetzt und die darin enthaltenen stillen Reserven und Lasten aufgelöst. Somit entfallen auf die Anteile von Drittgesellschaftern beteiligungsproportional stille Reserven und Lasten sowie Goodwill.

Kein pagatorisches Prinzip

Da bei beiden zugelassenen Verfahren der Erwerbsmethode die Auflösung stiller Reserven nach oben hin nicht begrenzt ist, also kein pagatorischer Deckel vorgesehen ist, kommt es im Vergleich zum HGB häufiger zum Ansatz eines negativen Goodwill (Badwill).

Vermögenswerte und Schulden zum fair value

Zur Verteilung des Kaufpreises müssen zunächst Vermögensgegenstände und Schulden des Tochterunternehmens identifiziert und mit ihren beizulegenden Zeitwerten bewertet werden. Es sind *assets* und *liabilities* dann anzusetzen, wenn es wahrscheinlich ist, dass der damit verbundene zukünftige ökonomische Nutzen dem Mutterunternehmen zufließt bzw. von ihm abfließt, und wenn das erwerbende Unternehmen die Kosten oder den *fair value* der Position zuverlässig bestimmen kann (IAS 22.26). Für die Ermittlung der *fair values* liefert IAS 22.39 für eine Reihe von Vermögenswerten und Schulden (z. B. Wertpapiere, Forderungen, Vorräte, Grundstücke und Bauten, immaterielle Vermögenswerte) explizite Bewertungsvorschriften. In den Erläuterungen zu IAS 22.28 wird explizit darauf hingewiesen, dass auch Vermögensgegenstände, die vormals nicht beim Tochterunternehmen angesetzt waren, gegebenenfalls in die Konzernbilanz aufgenommen werden müssen.

Goodwill

Übersteigen die Anschaffungskosten der Beteiligung den Wert des anteiligen, zu *fair values* bewerteten Nettovermögens, so ist die Differenz als Goodwill zu aktivieren (IAS 22.41) und über die Nutzungsdauer von in der Regel maximal 20 Jahren erfolgswirksam planmäßig abzuschreiben (IAS 22.44). Steht der Goodwill in direktem Zusammenhang mit einem oder mehreren *assets*, die eine längere Nutzungsdauer als 20 Jahre versprechen, so ist eine entsprechend längere Nutzungsdauer anzusetzen (IAS 22.50). Der Wert des Goodwill ist dann einem jährlichen *impairment*-Test gem. IAS 36 zu unterziehen (IAS 22.56). In den übrigen Fällen ist ein solcher Test nur erforderlich, wenn Anhaltspunkte dafür vorliegen, dass der Wertansatz zu hoch ist (IAS 22.53). Die Abschreibungsmethode und die Nutzungsdauer sind jedoch in jedem Falle einer jährlichen Überprüfung und gegebenenfalls einer Anpassung zu unterziehen (IAS 22.54). Im Regelfall ist die lineare Abschreibung anzuwenden, wenn nicht überzeugende Gründe für die Anwendung einer anderen Methode sprechen (IAS 22.45).

Negativer Goodwill/ Badwill

Übersteigt hingegen der Wert des anteiligen, zu *fair values* bewerteten Nettovermögens die Anschaffungskosten der Beteiligung, so ist die Differenz als *negative goodwill* (IAS 22.59) zu aktivieren, d. h. von den *assets* innerhalb der Position Goodwill offen abzusetzen (IAS 22.64). Dabei ist sicherzustellen, dass das Nettovermögen nicht fälschlich überbewertet wurde (IAS 22.60). Eine Saldierung von positiven und negativen Goodwills, wie sie nach § 301 Abs. 3 Satz 3 HGB erlaubt ist, ist weder nach IAS/IFRS noch nach US-GAAP zulässig, vielmehr folgen beide Rechnungslegungsnormen streng dem Bruttoprinzip.

Soweit sich der negative Goodwill auf erwartete künftige Verluste bzw. Aufwendungen bezieht, die in der Akquisitionsplanung und Kaufpreisbestimmung berücksichtigt wurden und messbar, aber nicht als *liabilities* ansetzbar sind, sind diese Beträge bei ihrem künftigen tatsächlichen Eintreten als Ertrag zu Lasten der negativen Aktivposition zu verbuchen (IAS 22.61). Hierdurch werden die künftigen Verluste bei ihrem Eintreten innerhalb der GuV annulliert und der Badwill amortisiert.

Treten die erwarteten Verluste tatsächlich nicht ein oder lässt sich der negative Goodwill nicht verlässlich auf künftige erwartete Verluste beziehen, so ist dieser Teil des Badwill nach folgender Unterscheidung zu behandeln (IAS 22.62): Soweit er den Wert der angesetzten nichtmonetären *assets* des erworbenen Tochterunternehmens nicht überschreitet, ist er erfolgswirksam über die durchschnittliche Nutzungsdauer dieser *assets* zu vereinnahmen. Ein darüber hinausgehender Badwill ist sofort als Ertrag zu verbuchen.

Minderheitenanteile, Fremdanteil

Der Minderheitenanteil ist als gesonderter Posten zwischen Eigen- und Fremdkapital (IAS 27.26) und nicht, wie nach § 307 Abs. 1 HGB, im Eigenkapital auszuweisen. Diese Position beinhaltet die Anteile Dritter am Nettovermögen (IAS 27.15 (c)). Ebenso sind innerhalb der GuV die Minderheitenanteile am Jahresergebnis (*net income*) von diesem abzusetzen, sodass im Resultat nur der den Eigentümern des Mutterunternehmens zustehende Erfolg ausgewiesen wird (IAS 27.15 (b)). Diese Behandlung widerspricht einer einheitstheoretischen Sichtweise und bringt an dieser Stelle die Interessentheorie, wenn auch nicht mit letzter Konsequenz, ins Konsolidierungsgebäude der IAS/IFRS.

Restrukturierungsrückstellungen

Eine wesentlichen Änderung, die sich durch die Überarbeitung des IAS 22 ergeben hat, ist ein ausdrückliches Verbot für den Ansatz von *liabilities*, soweit sie aus den Plänen oder Handlungen des Käufers mit dem übernommenen Unternehmen resultieren und soweit sie auf erwartete künftige Verluste oder Aufwendungen im Zusammenhang mit der Akquisition zurückzuführen sind (IAS 22.29). Es dürfen nur bestimmte Rückstellungen, die nicht schon eine Verpflichtung des erworbenen Tochterunternehmens waren, angesetzt werden, wenn sie bestimmte Voraussetzungen erfüllen. Darunter fallen beispielsweise Kosten für Sozialpläne und andere in IAS 22.31 (a) genannte Kosten für die (Teil-)Stillegung von Aktivitäten des übernommenen Unternehmens, soweit bereits zum Zeitpunkt des Erwerbs bzw. zuvor konkrete Pläne hierfür bestanden und durch die Bekanntmachung bei den Betroffenen die Erwartung geweckt wurde, dass der Plan auch tatsächlich realisiert werden würde. Spätestens innerhalb von drei Monaten nach dem Erwerb bzw. nach Verabschiedung des Jahresabschlusses muss außerdem ein detaillierter Plan vorgelegt werden, der z. B. die betroffenen Standorte benennt.

Wird die Rückstellung später nicht in vollem Umfang in Anspruch genommen oder ist mit ihrer Inanspruchnahme nicht mehr zu rechnen, so ist der Firmen- oder Geschäftswert entsprechend des verbleibenden Betrages anzupassen (IAS 22.75).

Folgekonsolidierung

Unterschiede bezüglich der Folgekonsolidierung bestehen zwischen HGB und IAS/IFRS nicht. Sowohl die mit den *fair values* angesetzten Vermögenswerte als auch die Schulden werden in den Folgeperioden unter Berücksichtigung von eventuellen Abschreibungen fortgeführt oder bei Ausscheiden aus dem Konzernverbund ausgebucht.

3. Vollkonsolidierung nach US-GAAP

a) Erwerbsmethode

Mit Verabschiedung im Juni 2001 der Bilanzierungsrichtlinien FAS 141 »*Business Combinations*« und FAS 142 »*Goodwill and Other Intangible Assets*«

hat das *Financial Accounting Standards Board* (FASB) die Bilanzierung von Unternehmenserwerben revolutioniert. Zu den wesentlichen Neuerungen zählen die Abschaffung der *pooling-of-interest*-Methode (PoI), die Definition und Bilanzierung von immateriellen Vermögenswerten sowie insbesondere die Behandlung des Goodwill.

Hintergrund der Entwicklung: Kritik der pooling of interest-Methode

Hintergrund dieser Reform ist die zunehmend kritische Haltung gegenüber der PoI. Vor Durchführung der Reform war in den USA die Zahl der Unternehmenszusammenschlüsse, die nach der PoI konsolidiert wurden, stark angestiegen. Gerade die großen Zusammenschlüsse waren fast ausschließlich mit der PoI bilanziert worden. Nach einer Studie des Wall Street Journal wurden seit 1992 von allen Zusammenschlüssen, die die $ 100 Millionen Grenze überstiegen, 357 mit der PoI und nur 43 mit der Erwerbsmethode durchgeführt (vgl. Hoyle, J. B./ Schaefer, T. F./Doupnik, T. S. [2001] S. 68; Wagenhofer, A. [2001]). In der Praxis ist die Methode deshalb so beliebt, weil das gesamte Jahresergebnis des Tochterunternehmens mit in das Ergebnis nach Zusammenschluss einfließt. Dadurch kann das Jahresergebnis eines Unternehmens sehr leicht durch einen Zusammenschluss aufgebessert werden. Weiterhin kommt es in den Folgeperioden durch die Buchwertfortführung zu keinen erhöhten Abschreibungen stiller Reserven und des Goodwill, sodass künftige Ergebnisse nicht belastet werden.

In der Literatur wird die PoI bereits seit geraumer Zeit rege diskutiert (vgl. IASC [1998]) Als wesentliches Argument für die Abschaffung der PoI wird angeführt, dass es im Grunde genommen unwesentlich sei, ob die Gegenleistung in Aktien, Vermögensgegenständen oder in Bargeld erfolgt. Es solle nur eine einzige Art der Bilanzierung von Unternehmenszusammenschlüssen geben, unabhängig von der Art ihrer Durchführung (vgl. Hoyle, J. B./Schaefer, T. F./Doupnik, T. S. [2001], S. 65). Dieses aus dem Prinzip der *substance over form* abgeleitete Argument wurde durch die Kritik bestärkt, dass die wirtschaftliche Substanz des Unternehmenszusammenschlusses bei der PoI nicht treffend wiedergegeben würde. Vielmehr blieben dort die Anschaffungskosten unberücksichtigt sowie stille Reserven verdeckt. Die vom FASB formulierten zwölf Voraussetzungen für die Anwendung der PoI wurden zudem als willkürlich, unverständlich und unzureichend kritisiert (vgl. APB 16.36 ff.; Eisolt, D. [1992], S. 287; Mujkanovic; R. [1999], S. 536ff.).

Purchase-Methode nach US-GAAP

Nach der Reform der Standards zur Kapitalkonsolidierung sind nunmehr alle Unternehmenszusammenschlüsse, die nach dem 30. 06. 2001 initiiert wurden, gem. FAS 141.13 mit der Erwerbsmethode (*purchase method*) zu bilanzieren. Die für den Erwerb aufgewendeten Anschaffungskosten des Mutterunternehmens werden auf das anteilige, zu *fair value* bewertete, Nettovermögen des Tochterunternehmens zum Erwerbszeitpunkt verteilt. Darüber hinaus verlangt FAS 141.39 eine vom Goodwill gesonderte Bilanzierung aller identifizierbaren immateriellen Vermögenswerte. Ein verbleibender positiver Restbetrag wird als Goodwill aktiviert.

Wertansatz des übernommenen Nettovermögens

Die beim Erwerb übernommenen Vermögenswerte und Schulden werden für die Kapitalkonsolidierung neubewertet. FAS 141.37 regelt detailliert, mit welchem Wertansatz die einzelnen *assets* und *liabilities* angesetzt werden müssen. Übersteigt der Wert des Nettovermögens den bezahlten Kaufpreis, so ist gem.

FAS 141.44 die Differenz durch eine proportionale Reduktion der stillen Reserven aufzulösen. Von dieser Reduktion werden sämtliche *current assets*, *deferred tax assets*, mit Verkaufsabsicht gehaltene *assets* sowie *financial assets* ausgenommen. Verbleibt nach vollständiger Reduktion aller stillen Reserven noch immer ein Unterschiedsbetrag, so ist dieser in der Periode der Akquisition gem. FAS 141.45 erfolgswirksam als *extraordinary gain* aufzulösen.

Identifikation immaterieller Vermögenswerte

Neben der Neubewertung aller bilanzierten Nettovermögenswerte ist die Identifikation bisher nicht bilanzierter, durch den Erwerb aber entgeltlich erworbener Vermögenswerte erforderlich. Auch nach FAS 142.10 sind selbsterstellte immaterielle Werte generell nicht aktivierungsfähig, wenn sie nicht identifizierbar sind, ihre Lebensdauer nicht bestimmbar ist oder sie untrennbar mit dem Geschäftsprozess verbunden sind. Dagegen gelten nach FAS 141.39 immaterielle Werte dann als identifizierbar und damit als aktivierungspflichtig, wenn sie aus vertraglichen oder anderen gesetzlichen Rechten herrühren oder vom übernommenen Unternehmen separiert werden und somit losgelöst verkauft, lizensiert, vermietet oder anderweitig verwertet werden können. Übernommene, identifizierbare Werte sind gem. FAS 142.9 zu ihrem *fair value* anzusetzen. Ist ein bei Unternehmenserwerb übernommener immaterieller Wert nach diesen Vorschriften nicht identifizierbar, so ist er gem. FAS 141.43 als Bestandteil des Goodwill zu aktivieren (vgl. Abb. 9.5).

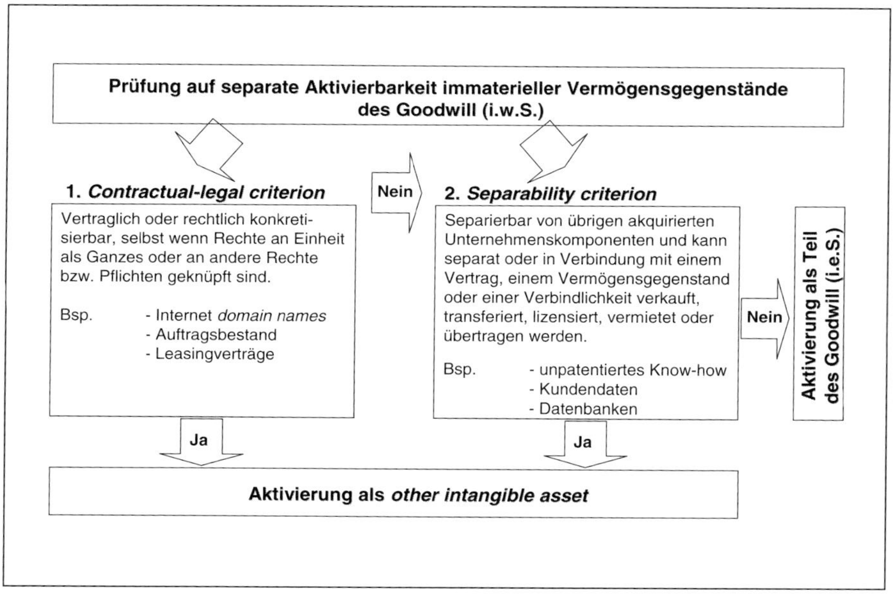

Abb. 9.5: Kriterien zur Identifizierung immaterieller Werte (Quelle: Alvarez, M./Biberacher, J. [2002], S. 347

Impairment-only-Approach zur Behandlung des Goodwill

Seit dem 1. 07. 2001 ist der Goodwill nicht mehr planmäßig über die Nutzungsdauer abzuschreiben sondern einem jährlichen Werthaltigkeitstest zu unterziehen (sog. *impairment-only-approach* (IOA)). Dabei ist gem. 142.34 der bei Unternehmenserwerben entstehende Goodwill auf diejenigen Geschäftsbereiche (*reporting units*) aufzuteilen, die den ökonomischen Nutzen aus dem Zusammengehen der beiden Unternehmen erhalten. *Reporting unit* (RU) im Sinne dieser Vorschrift ist ein operatives Segment bzw. eine Ebene darunter. Der *impairment test* erfolgt in den Folgeperioden auf der Ebene dieser Geschäftsbereiche. Ein dabei evtl. entstehender Abwertungsverlust (*impairment loss*) wird gem. FAS 142.43 als Bestandteil des operativen Ergebnisses (*income from continuing operations*) in der Gewinn- und Verlustrechnung separat ausgewiesen.

Zweistufiger Impairment test

Der *impairment test* nach FAS 142 sieht prinzipiell eine jährliche Neubewertung des Goodwill und damit des Unternehmens bzw. des Geschäftsbereichs (*reporting unit*) vor. Dieser jährliche Niederstwert-Test des bei einem Unternehmenserwerb entstehenden Goodwill vollzieht sich auf der Grundlage einer Unternehmensbewertung und umfasst zwei Schritte.

Erste Stufe des Impairment-Tests

Im ersten Schritt wird gem. FAS 142.19 zunächst geprüft, ob grundsätzlich ein Abwertungsbedarf vorliegt. Dies ist dann der Fall, wenn der *fair value* einer RU, verstanden als sein Markt- bzw. Unternehmenswert, kleiner ist als sein bilanzielles Eigenkapital einschließlich Goodwill. Von einer Ermittlung des *fair value* kann nach FAS 142.27 abgesehen werden, wenn sich die Zusammensetzung der RU nicht signifikant geändert hat, die letzte Neubewertung zu einem signifikanten Überschreiten des Marktwerts über den Buchwert der RU geführt hat und die Umstände und Ereignisse seit der letzten Neubewertung darauf hindeuten, dass die Wahrscheinlichkeit, dass eine Wertminderung vorliegt, gering (*remote*) ist. Andererseits kann nach FAS 142.28 in bestimmten Fällen, wie dem Verlust von wichtigen Mitarbeitern, dem Auftreten unvorhergesehener Konkurrenz oder Verschlechterungen des Marktumfeldes, auch ein *impairment test* zwischen den jährlichen Bewertungszeitpunkten angezeigt sein. Die *fair value*-Ermittlung der RU vollzieht sich nach FAS 142.23-25. FAS 142.23 erachtet Marktpreise grundsätzlich als beste Schätzwerte für den *fair value* von *assets*. Da im Börsenwert aber keine Kontrollprämie für die Übernahme des Gesamtunternehmens bzw. Unternehmensteils enthalten ist, ist er meist jedoch nicht aussagefähig genug (vgl. FAS 142.B155.). Deshalb ist eine »*present-value-technique*« nach CON 7 meist die beste existierende Bewertungsmethodik für eine RU. Die Vorgehensweise nach CON 7 entspricht primär der Discounted-Cashflow-Methodik der Unternehmensbewertung, ist methodisch aber mit anderen Bewertungsverfahren wie der Ertragswertmethode oder den Residualgewinnmodellen vereinbar. Dieser in Abwesenheit von Börsenwerten hilfsweise gerechnete Zukunftserfolgswert ist allerdings auf der Grundlage marktbezogener Annahmen zu ermitteln. Nur in Ausnahmefällen dürfen eigene Schätzungen zugrunde gelegt werden (FAS 142.24; B155). FAS 142.25 erlaubt explizit aber auch die Anwendung des Multiplikatorverfahrens, wenn die dafür benötigten Informationen über Vergleichsunternehmen vorhanden sind. Während dies aus Wirtschaftlichkeitsgründen überlegenswert erscheinen mag, kann die Methodik aus Theoriesicht jedoch nicht befriedigen (vgl. Coenenberg, A. G./Schultze, W. [2002b]) und ist auch mit dem Fair-Value-Begriff des *conceptual framework* nicht vereinbar (vgl. 2. Kapitel B II 5).

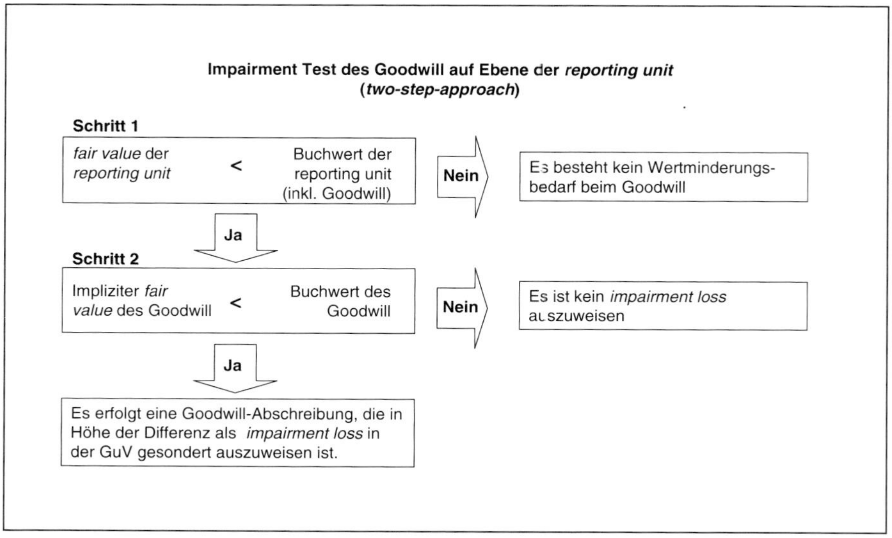

Abb. 9.6: Zweistufiger Impairment-Test (Quelle: Alvarez, M./Biberacher, J. [2002], S. 349))

Zweite Stufe des impairment test

Im zweiten Schritt des *impairment test* wird gem. FAS 142.20 der implizite *fair value* des Goodwill mit dem bisherigen Buchwert verglichen. Ist er geringer, so ist der Buchwert auf diesen niedrigeren Wert abzuschreiben. Eine spätere Wertaufholung ist nicht erlaubt. Die Ermittlung des impliziten *fair value* des Goodwill erfolgt gem. FAS 142.21 nach den selben Regeln wie bei der Erstkonsolidierung. Der neubewertete Goodwill entspricht somit dem ermittelten Unternehmenswert der RU abzüglich dem Wert des Nettovermögens, das für den *impairment test* erneut neubewertet wird und alle zum Bewertungszeitpunkt identifizierbaren immateriellen Vermögenswerte beinhaltet. Die stillen Reserven und neu identifizierten Vermögenswerte werden jedoch nicht tatsächlich in der Bilanz angesetzt, sondern ausschließlich in die Berechnung des impliziten *fair value* des Goodwill einbezogen.

Interpretation des Goodwill

Der Goodwill-Bilanzierung liegen zwei grundlegende Interpretationen zugrunde (vgl. Pellens, B./Sellhorn, T. [2001a], S. 718 m. w. N.; Pellens, B./Sellhorn, T. [2001b], S. 1685): Nach der, der Behandlung nach HGB zugrunde liegenden Auffassung, stellt der Goodwill eine nicht weiter zerlegbare und wirtschaftlich nicht interpretierbare Restgröße dar, die somit nur als Bilanzierungshilfe vorübergehend Eingang in die Bilanz finden kann - und deshalb, wie auch andere Bilanzierungshilfen, prinzipiell über die folgenden vier Jahre abzuschreiben ist. Die neue Goodwill-Bilanzierung des FAS 141/142 basiert hingegen auf der Interpretation, der Goodwill stelle einen Vermögenswert nach CON 6 dar, der die Ansatzkriterien des CON 5 erfülle (vgl. FAS 142.B67 ff.). Da die Bestandteile und die Lebensdauer des Goodwill jedoch wegen der Schwierigkeit seiner ökonomischen Interpretation nur unzuverlässig bestimmbar seien, wird von einer planmäßigen Abschreibung abgesehen (vgl. FAS 142.B75 f., B82 f.). Betrachtet man hingegen die verschiedenen, in den Goodwill eingehenden Bestandteile, so setzt sich dieser aus drei Komponenten zusammen, die allerdings nicht überschneidungsfrei abgrenzbar sind (vgl. Wöhe, G. [1980]:, S. 99; Alvarez, M./Biberacher, J. [2002], S. 350 f. m. w. N.):

1. Synergien und Restrukturierungspotenziale,
2. nicht einzeln bilanzierungsfähige immaterielle Vermögenswerte,
3. Zahlungen "à fond perdu".

Kritik des IOA

Die Interpretation des Goodwill als nicht-abnutzbarer Vermögenswert durch das FASB ist folglich bedenklich. Weitere Kritik resultiert aus der Ausgestaltung des IOA. Werden die Unterschiedsbeträge vor allem solchen RU zugeordnet, die hohe originäre Firmenwerte tragen, dann werden künftige Abwertungen der bezahlten Firmenwerte durch diese kompensiert. Es kommt zu einer schrittweisen Substitution von derivativem durch originären Firmenwert (vgl. Pellens, B./ Sellhorn, T. [2001a], S. 717). Andererseits führen neu enstandene stille Reserven durch die bei der Ermittlung des impliziten *fair value* des Goodwill notwendige Neubewertung der *assets* bei ansonsten unveränderten Bedingungen zu einer Abwertung des Goodwill und damit zu einem *impairment loss*, das ökonomisch nicht sinnvoll ist, da hier wirtschaftlich lediglich eine Umgruppierung von Goodwillbestandteilen in andere Vermögenswerte vorliegt, die bilanziell nicht nachvollzogen wird (vgl. Coenenberg, A. G./Schultze, W. [2002a]).

Internationale Weiterentwicklung

Nach Verabschiedung von FAS 141/142 hat sich auch das neu strukturierte IASB entschlossen, die Bilanzierung von Unternehmenserwerben in seine Agenda des *improvement projects* aufzunehmen. Die geplante Reform des IAS 22 sieht vor, nach US-amerikanischem Vorbild die Bilanzierung von Unternehmenszusammenschlüssen auf die Erwerbsmethode zu beschränken und die planmäßige Abschreibung des Goodwill durch einen Impairment-Test zu ersetzen (vgl. IASB [2001a], S. 6 f.). In einer zweiten Phase des Projekts sollen weitere Anstrengungen in Kooperation mit dem FASB unternommen werden, um eine internationale Konvergenz für die Bilanzierung von Unternehmenszusammenschlüssen zu erzielen. Hierbei soll vor allem eine seit längerem diskutierte weitere Alternative weiterverfolgt werden: die sog. *fresh-start*-Methode. Sie beruht auf der Fiktion, dass durch den Zusammenschluss eine gänzlich neue Einheit entsteht, weshalb die Posten beider zusammengeführter Unternehmen mit ihren beizulegenden Zeitwerten bewertet werden (vgl. IASB [2002a], S. 13).

Minderheitenanteile/ Fremdanteile

Im Falle einer 100%igen Beteiligung entsprechen sich grundsätzlich die Vorgehensweisen von Buchwert- und Neubewertungsmethode. Lediglich bei einer geringeren Beteiligungsquote kann es zu Unterschieden im Ausweis der Minderheitenanteile kommen. In den Vorschriften der US-GAAP existiert keine einheitliche Regelung, wie die Minderheitenanteile auszuweisen sind. Inwieweit die stillen Reserven vollständig oder nur beteiligungsproportional auf die Buchwerte der Vermögensgegenstände und Schulden aufgerechnet werden, hängt mit der dem Konzernabschluss zugrunde gelegten Theorie zusammen.

Entity Theory

Wird der Konzernabschluss im Sinne der *Entity Theory* erstellt, so gelten alle Gruppen von Eigenkapitalgebern als gleichgestellt. Deshalb wird auch den Minderheitenanteilen ein Anteil an den stillen Reserven und dem Goodwill zugewiesen und es kommt zu einer 100%igen Auflösung der stillen Reserven. Hierzu ist eine Hochrechnung des Goodwill um die Minderheitenanteile notwendig, wie sie nach deutschen GoB grundsätzlich nicht erfolgt (vgl. hierzu die Ausführungen auf Seite 599). Im übrigen entspricht die Vorgehensweise konzeptionell der deutschen Neubewertungsmethode. Der Minderheitenanteil wird im Eigenkapital als gesonderter Posten ausgewiesen. Der Ergebnisanteil der Minderheitsaktionäre ist Bestandteil des Konzernjahresergebnisses und wird in der Gewinnverwendung ausgewiesen.

Parent Company Theory

Ist die dem Konzernabschluss zugrunde liegende Theorie die *Parent Company Theory*, so dient der Konzernabschluss überwiegend als Informationsinstrument für die Aktionäre des Mutterunternehmens. Es kommt nur zu einer beteiligungsproportionalen Auflösung der stillen Reserven und die Minderheitenanteile beinhalten keine stillen Reserven, sondern ergeben sich quotal aus dem Buchwert des Eigenkapitals des Tochterunternehmens. Dies entspricht grundsätzlich der deutschen Buchwertmethode. Die Minderheitenanteile werden dann allerdings getreu der Interessentheorie als Teil des Fremdkapitals oder zwischen Eigen- und Fremdkapital als Sonderposten ausgewiesen. Das auf die Minderheitenanteile entfallende Ergebnis stellt Aufwand dar, der den Eignern des Mutterunternehmens nicht zur Verfügung steht und deshalb vor dem konsolidierten Jahresüberschuss ausgewiesen wird. Diese Vorgehensweise ist die dominierende in der US-amerikanischen Praxis, auch wenn vom FASB die Lösung nach der *Entity Theory* favorisiert wird, jedoch nicht explizit vorgeschrieben ist (vgl. Baker, R. E./Lempke, V. C./King, T. E. [1999]Baker, R. E./Lempke, V. C./King, T. E. [1999], S. 144).

b) *Push Down Accounting*

Rückwirkung auf den Einzelabschluss/ Push Down Accounting

Nach den Vorschriften der US-GAAP kann es zu einer Rückwirkung des Unternehmenserwerbs auf den Einzelabschluss des erworbenen Tochterunternehmens kommen. Da im Rahmen der Erstkonsolidierung die Vermögensgegenstände und Schulden neu bewertet werden und in einer Neubewertungsbilanz eingestellt werden, liegen zwei unterschiedliche Einzelabschlüsse für das Tochterunternehmen vor. Dies ist zum einen der unter Beachtung des Anschaffungskostenprinzips und der Buchwertfortführung erstellte Einzelabschluss des Tochterunternehmens (in Deutschland mit der HB I vergleichbar), zum anderen die Neubewertungsbilanz, welche durch Aufdeckung der stillen Reserven entstanden ist. In den USA wird nun diskutiert, welcher der beiden Abschlüsse der maßgebliche ist. Bei der Frage der Zulässigkeit bzw. der Verpflichtung, den neubewerteten Jahresabschluss (*Push down bases of Accounting*) als den wesentlichen darzustellen, wird darauf abgestellt, inwieweit das Mutterunternehmen die Möglichkeit hat, das Eigentum des Tochterunternehmens nach seinen Zielsetzungen zu gestalten. Im Jahre 1983 setzte die SEC dieses Thema in eine Vorschrift um. In seinem Staff

Accounting Bulletin No. 54 (SAB 54) und Staff Accounting Bulletin No. 73 (SAB 73) fordert die SEC, für *substantially wholly owned subsidiaries* die Neubewertungsbilanz zu verwenden, also *Push Down Accounting* zu betreiben. Es kommt hier zu einer Unterbrechung der Bilanzstetigkeit, da durch den Unternehmenserwerb und den daraus folgenden Eigentumswechsel eine neue Abrechnungs- und Berichtsbasis aufgestellt wird. Zumal das FASB noch keine dem SAB 54 und SAB 73 entsprechende Vorschrift in seine Richtlinien aufgenommen hat, ist *Push Down Accounting* nur für Tochterunternehmen, die gegenüber der SEC berichtspflichtig sind, verbindlich anzuwenden.

Voraussetzungen

Mangels einer genauen Definition von Seiten der SEC wird nach herrschender Literaturmeinung von *substantially wholly owned subsidiaries* ab einer Mindestbeteiligung von 90 % gesprochen. Bei einer Beteiligungsquote zwischen 80 % und 89 % besteht nach der Auffassung des Schrifttum ein Wahlrecht. Ist die Beteiligungsquote kleiner als 80 %, so ist das *Push Down Accounting* nicht anwendbar.

Weder die Vorschriften des IAS/IFRS noch die des HGB enthalten Vergleichbares.

4. Vollkonsolidierung nach DRS

Interessenzusammenführungsmethode

Die Regelungen für die Vollkonsolidierung in Übereinstimmung mit den Deutschen Rechnungslegungsstandards finden sich für die Erwerbsmethode in DRS 4 »Unternehmenserwerb im Konzernabschluss«, die Kapitalkonsolidierung nach der Interessenzusammenführungsmethode wird hierin nicht weiter geregelt. Sind die Kriterien gem. § 302 HGB erfüllt, so ist eine Kapitalkonsolidierung nach der Interessenzusammenführungsmethode folglich auch nach DRS zulässig.

Vollständige Neubewertungsmethode

Handelt es sich dagegen um einen Unternehmenserwerb, so ist dieser nach DRS 4.8 im Konzernabschluss nach der Erwerbsmethode zu bilanzieren. Allerdings wird hier, im Gegensatz zu den Regelungen des HGB, gem. DRS 4.23 nur die vollständige Neubewertungsmethode zugelassen. Weder die Buchwertmethode noch die beteiligungsproportionale Neubewertungsmethode entsprechen den DRS, das pagatorische Prinzip behält seine Gültigkeit (DRS 4.24).

Erstmalige Einbeziehung

Das nach HGB bestehende Wahlrecht, die erstmalige Einbeziehung des Unternehmens entweder zum Erwerbszeitpunkt oder wahlweise zu einem späteren Konzernabschlussstichtag vorzunehmen, wird durch DRS 4.10 außer Kraft gesetzt. Grundlage für die erstmalige Einbeziehung sind die Wertansätze zum Erwerbszeitpunkt. Ein Zwischenabschluss muss allerdings nicht erstellt werden (DRS 4.11).

Ansatz von Bilanzpositionen des erwerbenden Unternehmens

Das erwerbende Unternehmen hat beginnend mit dem Erwerbszeitpunkt alle Erträge und Aufwendungen in die Konzern-GuV sowie alle Vermögenswerte und Schulden des erworbenen Unternehmens in die Konzernbilanz aufzunehmen. Hierbei sind alle Vermögenswerte und Schulden vollständig und einzeln zu erfassen, auch wenn diese beim erworbenen Unternehmen aufgrund von Bilanzierungsverboten nicht angesetzt waren (DRS 4.9, 4.17).

Goodwill

Übersteigen die Anschaffungskosten der Beteiligung, die sich an der Gegenleistung des erwerbenden Unternehmens bemessen (DRS 4.12), den anteiligen Wert des neubewerteten Nettovermögens, so ist die Differenz als Goodwill zu aktivieren (DRS 4.27). Dieser ist in der Folgezeit planmäßig über die vorraussichtliche Nutzungsdauer abzuschreiben, wobei eine längere Nutzungsdauer als 20 Jahre nur in begründeten Ausnahmefällen zulässig ist (DRS 4.31). DRS 4.33 enthält mögliche Anhaltspunkte für die Schätzung der Nutzungsdauer. Als Abschreibungsmethode sieht der DRS 4 die lineare vor, lässt aber auch andere Methoden unter der Prämisse zu, dass überzeugende Gründe dafür vorliegen, dass diese Methoden den Abnutzungsverlauf besser treffen. An jedem Konzernabschlussstichtag ist der Goodwill auf seine verbleibende Restnutzungsdauer sowie auf seine Werthaltigkeit zu überprüfen. Gegebenenfalls unterliegt der Goodwill einer außerplanmäßigen Abschreibung, die bei einem Wegfall der Gründe auch wieder rückgängig gemacht werden muss (DRS 4.34 ff.).

Besteht das erworbene Unternehmen aus mehreren Geschäftsfeldern, so ist der Goodwill den betreffenden Geschäftsfeldern zuzuordnen (DRS 4.30). Die Nutzungsdauern sind dann für die einzelnen Teilbereiche des Goodwills gesondert zu ermitteln (DRS 4.32), ebenso ist die Werthaltigkeit des jeweiligen Teilbetrags gesondert zu prüfen (DRS 4.35).

Eine erfolgsneutrale Verrechnung mit den Rücklagen des Konzerns, wie sie das HGB zulässt, ist gem. DRS 4.28 nicht zulässig.

Negativer Unterschiedsbetrag/Badwill

Übersteigt jedoch das neubewertete Nettovermögen des erworbenen Unternehmens die Anschaffungskosten, so ist die Differenz als negativer Unterschiedsbetrag anzusetzten (DRS 4.38). Dieser ist als gesonderter Posten in der Konzernbilanz auszuweisen und ggf. von einem, aus einem anderen Unternehmenserwerb resultierenden Goodwill offen abzusetzten.

Die Auflösung des negativen Unterschiedsbetrags entspricht dem Vorgehen nach IAS (DRS 4.40 f.):

Der Teil, der durch negative Zukunftsaussichten begründet ist, ist bei deren Auftreten erfolgswirksam aufzulösen. Der verbleibende Betrag - bis zur Höhe der erworbenen nicht monetären Vermögenswerte - ist planmäßig über die durchschnittliche Restnutzungsdauer der erworbenen abnutzbaren Vermögenswerte aufzulösen. Der darüberhinaus verbleibende negative Unterschiedbetrag, der die erworbenen nicht monetären Vermögenswerte übersteigt, ist zum Zeitpunkt der Erstkonsolidierung erfolgswirksam aufzulösen. Die Behandlung der nichtverteilbaren Unterschiedsbeträge aus der Kapitalkonsolidierung wird durch Abb. 9.7 nochmals verdeutlicht.

Minderheitenanteile, Fremdbesitz

Das auf konzernfremde Gesellschafter entfallende Kapital ist, identisch zu dem Vorgehen des HGB, als gesonderter Posten innnerhalb des Konzerneigenkapitals zu zeigen und in den Folgejahren um das anteilige Ergbnis fortzuschreiben. In der Konzern-GuV ist diese Ergebnis gesondert zu zeigen (DRS 4.42 f.).

Folgekonsolidierung

Bezüglich der Folgekonsolidierung erfährt das HGB, abgesehen von der Goodwill-Behandlung, durch die DRS keine Einschränkungen, sodass auf die Ausführungen dort verwiesen wird (vgl. Kapitel A III 1 b).

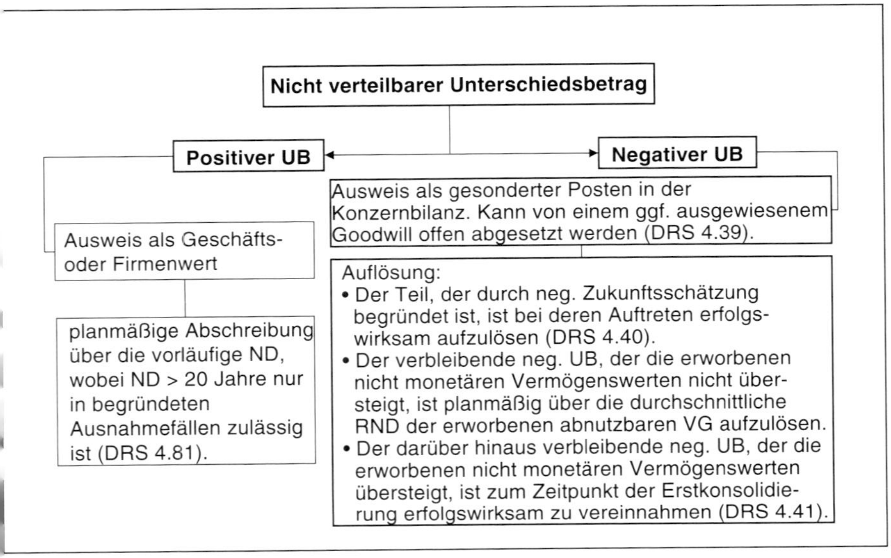

Abb. 9.7: Ausweis und Behandlungsmöglichkeiten des nichtverteilbaren Unterschiedsbetrages aus der Kapitalkonsolidierung nach DRS 4

IV. Konsolidierung gemeinschaftlich geführter oder assoziierter Unternehmen

Der Grad der Einflussnahme, den ein Mutterunternehmen auf ein gemeinschaftlich geführtes oder assoziiertes Unternehmen ausüben kann, reicht nicht aus, um einen Einbezug mit den Methoden der Vollkonsolidierung zu rechtfertigen. Der besondere Einfluss jedoch, den diese Art von Unternehmensverbindung über den Einfluss aus einer normalen Beteiligung hinaus dem beteiligten Unternehmen gewährt, soll dennoch im Rahmen der Kapitalkonsolidierung zum Ausdruck kommen.

1. Konsolidierung von Gemeinschaftsunternehmen

Für Gemeinschaftsunternehmen (»Joint Ventures«) wird international entweder ein Einbezug mit der Quotenkonsolidierung oder aber eine Behandlung gleich der von assoziierten Unternehmen mit der Equity-Methode vorgesehen. Die Vorgehensweise der Equity-Methode wird im Rahmen der Darstellung der assoziierten Unternehmen behandelt (vgl. Abschnitt A IV 2 in diesem Kapitel).

a) *Konsolidierung von Gemeinschaftsunternehmen nach HGB und DRS*

Für Gemeinschaftsunternehmen sieht § 310 HGB sowie DRS 9.4 als Wahlrecht die Quotenkonsolidierung vor. Die Alternative besteht im Einbezug als assoziiertes Unternehmen nach § 311 ff. HGB (vgl. dazu weiter unter Abschnitt A IV 2a in diesem Kapitel).

Gemeinschaftsunternehmen

Ein Gemeinschaftsunternehmen i. S. v. § 310 HGB bzw. DRS 9 liegt dann vor, wenn ein in einen Konzernabschluss einbezogenes Unternehmen gemeinsam mit einem oder mehreren nicht einbezogenen Unternehmen ein anderes Unternehmen führt. Der Tatbestand der gemeinsamen Führung ist dabei das Abgrenzungsmerkmal zur Definition des Tochterunternehmens, bei dem die Beherrschungsmöglichkeit einzig dem Mutterunternehmen zukommt und von diesem mit keinem anderen Unternehmen geteilt wird. Wenn also einem der beteiligten Unternehmen besondere Rechte eingeräumt sind, die es zur alleinigen Führung des Beteiligungsunternehmens befähigen, so liegt kein Gemeinschaftsunternehmen i. S. v. § 310 HGB vor, sondern ein Tochterunternehmen nach § 290 HGB, auf das die Regeln der Vollkonsolidierung anzuwenden sind. Die Definitionen von Gemeinschafts- und Tochterunternehmen schließen sich also gegenseitig aus.

Quotenkonsolidierung

Bei der Quotenkonsolidierung, deren theoretischen Hintergrund die Interessentheorie, nicht die dem deutschen Konzernabschluss eigentlich zugrunde liegende Einheitstheorie (vgl. Abschnitt A III dieses Kapitels) bildet, werden die Jahresabschlussposten des Beteiligungsunternehmens nicht in voller Höhe, sondern nur entsprechend dem Konzernanteil in die Konzernbilanz übernommen; mit dem Ausweis der auf andere Anteilseigner entfallenden Anteile an den Vermögensgegenständen und Schulden des Gemeinschaftsunternehmens entfällt auch der Ausweis der ihnen – nach der Einheitstheorie – zuzurechnenden Anteile an dessen Kapital und Ertrag. Neben dieser Besonderheit jedoch ist die Kapitalkonsolidierung ansonsten nach den für die Vollkonsolidierung geltenden Vorschriften durchzuführen (§ 310 Abs. 2 HGB).

Konsolidierungsschritte

Die Konsolidierung von Gemeinschaftsunternehmen lässt sich demnach wie folgt charakterisieren:

(a) Die Bilanzpositionen müssen der konzerneinheitlichen Bilanzierung und Bewertung entsprechen (§§ 300, 308 HGB).

(b) Die Abschlusspositionen werden nur proportional der Beteiligungsquote des Konzerns in den Konzernabschluss übernommen.

(c) Die anteiligen EK-Positionen werden nach § 301 HGB mit dem Beteiligungswert des Gesellschafterunternehmens aufgerechnet – wobei sich dieselbe Aufrechnungsdifferenz wie bei Vollkonsolidierung ergibt – und ein daraus entstehender oder nach Verteilung auf stille Reserven und stille Lasten verbleibender Unterschiedsbetrag nach § 309 HGB behandelt. Die Auflösung stiller Reserven bzw. stiller Lasten kann dabei auch bei Anwendung der Neubewertungsmethode nur entsprechend dem Konzernanteil vorgenommen werden.

(d) Konzerninterne Schuldverhältnisse, Zwischenerfolge, Innenumsätze sowie Aufwendungen und Erträge aus Geschäften zwischen den Konzern- und dem Gemeinschaftsunternehmen werden nur proportional zur Beteiligungsquote eliminiert, da nach der Interessentheorie hier konsequent proportional zur Beteiligungshöhe anderer Teilhaber eine Realisierung der Transaktionen unterstellt werden muss (vgl. Maas, U./Schruff, W. [1986], S. 244).

Quotenkonsolidierung nach DRS

Nach DRS 9.4 ist wie nach HGB für Gemeinschaftsunternehmen sowohl die Quotenkonsolidierung wie auch die Anwendung der Equity-Methode zugelassen. Die Vorgehensweise entspricht dann der oben beschriebenen. Kapital- und Schuldenkonsolierung, Zwischenerfolgselimierung und GuV-Konsolidierung sind gem. DRS 9.10 entsprechend der Beteiligungsquote anteilig durchzuführen.

Kritik an der Quotenkonsolidierung

Trotz einiger positiver Stimmen zur Quotenkonsolidierung wird diese von der überwiegenden Literaturmeinung abgelehnt. Als auf der Interessentheorie beruhende Vorgehensweise stellt sie im einheitstheoretisch ausgerichteten Konzernabschluss einen Fremdkörper dar. Außerdem werden durch sie Positionen in die Konzernbilanz eingeführt, über die die Konzernspitze nur gemeinschaftlich mit anderen Unternehmen verfügen kann und deren Bewertung sich darüber hinaus nicht an betriebswirtschaftlichen Normen orientiert. Die Fiktion der Rechtseinheit (§ 297 Abs. 3 HGB) wird in Frage gestellt. Es entsteht u. U. ein nur schwer zu interpretierendes Wertekonglomerat.

b) Konsolidierung von Gemeinschaftsunternehmen nach IAS/IFRS

»joint venture«

Ein *joint venture* entsteht, wenn zwei oder mehr Parteien vertraglich vereinbaren, wirtschaftliche Vorhaben unter gemeinsamer Kontrolle durchzuführen (IAS 31.2). In Abhängigkeit von der unterschiedlichen Intensität der Zusammenarbeit der Gesellschafter unterscheidet man drei mögliche Kooperationsformen, die zu unterschiedlichen Angabepflichten führen.

(1) Bei einer *jointly controlled operation* werden eigene Ressourcen für ein gemeinsames Ziel zur Verfügung gestellt, wobei jedoch keine eigene Rechtspersönlichkeit entsteht (IAS 31.8 ff.). Anzugeben sind in diesem Fall die Vermögenswerte, die unter der Kontrolle des eigenen Unternehmens stehen und die Verpflichtungen, die für das eigene Unternehmen aus der Kooperation entstehen, sowie ferner der Aufwand und der anteilige Erlös.

(2) Benutzen die kooperierenden Partner Vermögenswerte gemeinsam, entstehen so genannte *jointly controlled assets* (IAS 31.13 ff.), wobei auch in diesem Fall wieder anteilige Vermögenswerte, Schulden, Aufwendungen und Erlöse anzugeben sind.

(3) Nur bei der Bildung von *jointly controlled entities* entstehen eigenständige Rechtspersönlichkeiten, also können auch nur sie als Gemeinschaftsunternehmen qualifiziert werden (IAS 31.19).

Benchmark: Quotenkonsolidierung

Auch nach IAS/IFRS besteht, wie nach HGB, das Wahlrecht, Gemeinschaftsunternehmen durch Quotenkonsolidierung oder durch eine Konsolidierung mit Hilfe der Equity-Methode (IAS 31.32) in den Konzernabschluss einzubeziehen. Als Benchmark-Methode ist nach IAS 31.25 die Quotenkonsolidierung vorgesehen. Für den Ausweis der beteiligungsproportional in den Konzernabschluss zu übernehmenden Vermögenswerte und Schulden sowie der Aufwendungen und Erträge stehen dem Bilanzersteller zwei Möglichkeiten zur Verfügung (IAS 31.28). Er kann entweder die einzubeziehenden Vermögenswerte oder Schulden zu den entsprechenden Positionen im Konzernabschluss hinzuaddieren (*on a line-by-line basis*) oder sie gesondert innerhalb der jeweiligen Position ausweisen (*separate line items*).

Angabepflichten

Die Angabepflichten gemäß IAS 31.45 und IAS 31.46 gehen über die des § 313 Abs. 2 Nr. 3 HGB deutlich hinaus und betreffen z. B. ungewisse Verpflichtungen für das Gemeinschaftsunternehmen oder den einzelnen Teilhaber und Verpflichtungen im Zusammenhang mit dem Anteil am Gemeinschaftsunternehmen (*commitments*).

IAS 31.35 schreibt außerdem explizit zwei Fälle vor, in denen weder die Quotenkonsolidierung noch die Equity-Bewertung vorzunehmen ist, sondern die Beteiligungen als Finanzinvestitionen nach den Regeln des IAS 25 in den Konzernabschluss einzubeziehen ist. Dies gilt für Gemeinschaftsunternehmen, wenn

(a) die Anteile nur zum Zweck der Weiterveräußerung gehalten werden, und
(b) die Fähigkeit des Gemeinschaftsunternehmens, Mittel an das Mutterunternehmen zu transferieren, langfristig erheblich beschränkt ist.

c) *Konsolidierung von Gemeinschaftsunternehmen nach US-GAAP*

In den USA spielt die Quotenkonsolidierung (*pro rata consolidation*) eine eher untergeordnete Rolle. Die Behandlung von *joint ventures* hängt dort von Rechtsform und Branche der Gemeinschaftsunternehmen ab.

Einbezug nach der Equity-Methode

Die Bilanzierung von *Corporate Joint Ventures*, also Gemeinschaftsunternehmen in der Rechtsform einer Körperschaft, wird in APB 18 »*The Equity-Method of Accounting for Investments in Common Stock*« explizit geregelt. Demnach ist die vorgeschriebene Form der Einbeziehung in den Konzernabschluss die Equity-Methode (APB 18.16). Eine quotale Einbeziehung ist nicht zulässig. Ausnahmen von der Bewertung nach der Equity-Methode liegen nur dann vor, wenn der Investor keinen oder voraussichtlich nur einen vorübergehenden Einfluss auf das Gemeinschaftsunternehmen hat. Die Bilanzierung von *Unincorporated Joint Ventures*, die keine Körperschaften und somit auch nicht haftungsbeschränkt sind, wird nicht von APB 18 geregelt, jedoch hat sich das AICPA dafür ausgesprochen, auch diese Gemeinschaftsunternehmen mit der Equity-Methode einzubeziehen.

Quotenkonsolidierung in Ausnahmefällen

Eine Ausnahmeregelung hält das AICPA lediglich für Gemeinschaftsunternehmen in der Form von *Unincorporated Joint Ventures* bereit, die einer bestimmten Branche angehören. Diese können, falls es für die betreffende Branche üblich ist, mit der Quotenkonsolidierung in den Konzernabschluss einbezogen werden. Typisch hierfür sind etwa die Öl- und Gasbranche, die Immobilien- und Baubranche sowie der Bergbau (vgl. AICPA, AIN-APB 18, No. 2.).

Kann ein maßgeblicher Einfluss auf ein Gemeinschaftsunternehmen nicht ausgeübt werden, so sind weder Equity-Methode noch Quotenkonsolidierung anzuwenden. Die Beteiligung muss dann mit der *cost/fair value*-Methode bilanziert werden.

2. Konsolidierung assoziierter Unternehmen nach der Equity-Methode

Mit der Equity-Methode sind Unternehmen in den Konzernabschluss einzubeziehen, zu denen das Mutterunternehmen eine Beziehung hält, die schwächer als ein beherrschender Einfluss (*control*), aber stärker als ein reiner finanzieller Anteilsbesitz ist. Ein solcher maßgeblicher Einfluss (*significant influence*) soll dadurch zum Ausdruck gebracht werden, dass das betreffende assoziierte Unternehmen nicht mit den Anschaffungskosten, sondern *at equity* zum anteiligen Eigenkapitalwert abgebildet wird.

Das entscheidende Charakteristikum der Equity-Methode ist, dass nicht die Abschlusspositionen des assoziierten Unternehmens in die Konzernbilanz übernommen werden, sondern lediglich eine Modifizierung des Beteiligungswertes erfolgt (*one-line-consolidation*). Dieser wird, ausgehend von den Anschaffungskosten der Beteiligung, entsprechend der Entwicklung des Eigenkapitals des assoziierten Unternehmen angepasst. Die Vorgehensweise ist bei den drei betrachteten Normensystemen weitgehend identisch, lediglich die Anwendungsvoraussetzungen können im Detail geringfügig differieren.

a) Equity-Methode nach HGB und DRS

(1) Anwendungsvoraussetzungen

Maßgeblicher Einfluss

Übt ein in den Konzernabschluss einbezogenes Unternehmen einen maßgeblichen Einfluss auf die Geschäfts- und Finanzpolitik eines nicht einbezogenen Unternehmens aus, so ist dieses als assoziiertes Unternehmen zu qualifizieren (§ 311 HGB bzw. DRS 8.3) und die an ihm bestehende Beteiligung nach der Equity-Methode (§ 312 HGB bzw. DRS 8.4) zu bewerten sowie gesondert mit entsprechender Bezeichnung in der Konzernbilanz auszuweisen.

Da diese Voraussetzung prinzipiell auf alle TU zutrifft, muss bei Nichteinbeziehung eines solchen – z. B. in Ausübung eines Konsolidierungswahlrechtes – geprüft werden, ob dann ein Einbezug nach der Equity-Methode angezeigt ist. Zu denken ist hier vor allem an das (Voll-)Konsolidierungsverbot des § 295 HGB sowie die Einbeziehungswahlrechte des § 296 HGB. Trotz eines eventuellen Einbezuges dieser Unternehmen dann nach der Equity-Methode sind diese jedoch weiterhin als Tochter- und damit als verbundene Unternehmen i. S. v. § 271 Abs. 2 HGB zu klassifizieren.

Beherrschender vs. maßgeblicher Einfluss

Das Kriterium zur Unterscheidung zwischen Tochterunternehmen (§ 290 HGB) und assoziierten Unternehmen liegt also darin, dass das beteiligte Unternehmen seinen assoziierten Unternehmen gegenüber eine schwächere Position innehat als gegenüber seinem Tochterunternehmen (maßgeblicher vs. beherrschender Einfluss). DRS 8.3 definiert maßgeblichen Einfluß als die Mitwirkung an der Geschäfts- und Finanzpolitik eines Beteiligungsunternehmens ohne dass damit eine Beherrschung verbunden ist.

Als Indikatoren für das Vorliegen eines maßgeblichen Einflusses werden im Schrifttum z. B. die Vertretung im Vorstand oder Aufsichtsrat, die Teilnahme an unternehmenspolitischen Entscheidungen, der Austausch von Führungspersonal, intensive Lieferungs- und Leistungsbeziehungen, finanzielle und technologische Abhängigkeiten, Bereitstellung von wesentlichem Know-How oder Mitspracherechte bei der Bestellung der Mitglieder der Leitungs- und Aufsichtsorgane genannt (vgl. Baetge, J./Kirsch, H.-J./Thiele, S. [2002], S. 426 f.; Busse von Colbe, W./Ordelheide, D. [1993], S. 474; DRS 9.3). Da im Einzelfall die Feststellung trotzdem mit Schwierigkeiten verbunden sein dürfte, begründet § 311 Abs. 1 Satz 2 HGB eine widerlegbare Vermutung auf maßgeblichen Einfluss, wenn sich die Beteiligung auf mindestens 20 % der Stimmrechte des Beteiligungsunternehmens erstreckt.

Widerlegbare Assoziierungsvermutung

Da die Verpflichtung zur Equity-Bilanzierung nach § 311 HGB an der tatsächlichen Ausübung des maßgeblichen Einflusses anknüpft, ist die Vermutung dann widerlegt, wenn es nachweislich an dessen faktischer Ausübung mangelt. Als ebenfalls widerlegt anzusehen ist die Vermutung, wenn die für die Anwendung dieser Methode erforderlichen Angaben nicht zu erhalten sind oder die Rechte aus der Beteiligung nicht geltend gemacht werden können (Begr. zu § 292 des RegE HGB v. 12. 4. 85).

Ausnahmeregelungen

Ausnahmsweise von der Verpflichtung zur Equity-Bilanzierung befreit sind diejenigen assoziierten Unternehmen, die

(a) zusätzlich als Gemeinschaftsunternehmen zu qualifizieren sind und in Ausübung des Konsolidierungswahlrechtes nach § 310 HGB bzw. DRS 9 quotenkonsolidiert werden oder
(b) im Rahmen des Konzernabschlusses von untergeordneter Bedeutung sind (§ 311 Abs. 2 HGB bzw. DRS 8.5), wobei jedoch – wenn dies auf mehrere Unternehmen zutrifft – auf eine Gesamtbetrachtung abzustellen ist oder
(c) der maßgebliche Einfluß nur vorübergehend ausgeübt wird (DRS 8.6).

(2) Wertkorrekturen nach der Equity-Methode

Bewertungsverfahren

Die Equity-Methode ist eine besondere Form der Bestimmung des Wertansatzes einer Beteiligung. In die Konzernbilanz werden also nicht wie bei der Vollkonsolidierung die Aktiva und nichtaufgerechneten Passiva des assoziierten Unternehmens übernommen. Es wird lediglich der Wertansatz der Beteiligung aus dem

Einzelabschluss des vollkonsolidierten Unternehmens zur Übernahme in die Konzernbilanz modifiziert.

Ziel der Equity-Bewertung

Durch die Equity-Methode soll die Beteiligung in der Konzernbilanz möglichst zeitnah und letztendlich nur mit dem anteiligen Eigenkapital bewertet werden. Dies wird durch zwei Maßnahmen erreicht, deren Ausgangspunkt die erstmalige Anwendung der Equity-Methode ist. Dabei nämlich ist der aus dem Einzelabschluss des beteiligten Unternehmens in die Summenbilanz eingehende Globalwert Beteiligung aufzuspalten in seine Bestandteile anteiliges Eigenkapital, anteilige stille Reserven und/oder einen Geschäftswert.

- Elimination »stiller« Eigenkapitalanteile

Als erste Maßnahme werden in einer Nebenrechnung die stillen Reserven auf die Vermögensgegenstände des assoziierten Unternehmens verteilt und entsprechend deren Lebensdauer fortgeschrieben. Auch der Geschäftswert ist – analog der Regelung bei Vollkonsolidierung – zu behandeln, d. h. er ist entweder abzuschreiben oder mit den Rücklagen zu verrechnen. Durch die Fortschreibung der stillen Reserven und – wenn von der Möglichkeit der Rücklagenverrechnung des Goodwill abgesehen wird – durch die Goodwillabschreibung verringert sich der Beteiligungswert während der Folgezeit in der Konzernbilanz hin auf das anteilige Eigenkapital des assoziierten Unternehmens.

- Fortschreibung des Equity-Wertes um anteilige Erfolge

Die zweite Maßnahme besteht darin, den Wert der Beteiligung an dem assoziierten Unternehmen in der Konzernbilanz zu jedem Bilanzstichtag an die in der abgelaufenen Rechnungsperiode erfolgten Eigenkapitaländerungen des assoziierten Unternehmens anteilig anzupassen. Die dadurch bewirkte zeitnahe Bewertung soll die Nachteile der konventionellen Beteiligungsbewertung ausgleichen, indem sie

Zeitnahe Beteiligungsbewertung

(a) eine erfolgswirksame Vermögensänderung beim Beteiligungsunternehmen sofort als Wertänderung der Beteiligung erfasst und

(b) zugleich einen entsprechenden Erfolg ausweist.

Dies erfordert, dass Eigenkapitalveränderungen des Beteiligungsunternehmens sich anteilig in Höhe des Beteiligungsprozentsatzes auf den Beteiligungswertansatz auswirken. Zusammenfassend ergibt sich folgendes Korrekturschema unter Berücksichtigung der Maßnahmen 1 und 2:

	Anschaffungskosten der Beteiligung	
–/+	Fortschreibung stille Reserven/ stille Lasten	Anpassung auf Grund Maßnahme 1
–	Abschreibung Goodwill	
+	anteiliger Jahresüberschuss des assoz. Unternehmens	Anpassung auf Grund Maßnahme 2
–	anteiliger Jahresfehlbetrag des assoz. Unternehmens	
–	vereinnahmte Gewinnausschüttung vom assoz. Unternehmen	
–	außerplanmäßige Abschreibung	
+	Zuschreibung	
=	Equity-Wertansatz der Beteiligung	

In Durchbrechung des AK-Prinzips werden im Einzelabschluss des assoziierten Unternehmens erfolgswirksame Eigenkapital-Zuwächse im Konzernabschluss anteilig dem Beteiligungswert erfolgswirksam zu-, entsprechende Eigenkapital-

Minderungen von ihm abgeschrieben. Fallen bei Dividendenausschüttungen das Jahr der Gewinnerwirtschaftung und das Jahr der Ausschüttung auseinander, so müssen die Beteiligungserträge erfolgswirksam gegen den Beteiligungswert verrechnet werden, da sie in der Ausschüttungsperiode auch im Einzelabschluss des beteiligten Unternehmens – und damit auch in der Summen-GuV – als Beteiligungsertrag erfasst sind. Der Konzern jedoch hat den Ertrag des assoziierten Unternehmens bereits im Jahr der Erwirtschaftung anteilig ergebniswirksam vereinnahmt. Durch die ergebniswirksame Verrechnung wird also eine Doppelerfassung vermieden. Falls der auf diese Weise angepasste Beteiligungswert den beizulegenden Wert überschreitet, kommt ggf. eine außerplanmäßige Abschreibung in Betracht, die bei Wegfall des Grundes ggf. eine Zuschreibung auslösen kann.

Weitere Wertkorrekturen

Als weitere Korrekturen im Rahmen der Equity-Bewertung sieht § 312 Abs. 5 HGB die Einbeziehung des assoziierten Unternehmens in die konzerneinheitliche Bewertung sowie die Eliminierung von Zwischenergebnissen aus Lieferungen und Leistungen mit den assoziierten Unternehmen vor. Die konzerneinheitliche Bewertung ist dabei zur Wahl gestellt. Bezüglich der Zwischenergebniseliminierung (vgl. Abschnitt C) schränkt das Gesetz die Pflicht auf den Fall ein, dass »die für die Bewertung maßgeblichen Sachverhalte bekannt oder zugänglich sind«. Sie hat deshalb in der Praxis keine wesentliche Bedeutung.

(3) Buchwert- und Kapitalanteilsmethode

Basis des Equity-Wertansatzes

Auf dem geschilderten Grundprinzip aufbauend lässt § 312 HGB alternativ zwei Vorgehensweisen zu: die sog. Buchwert- und Kapitalanteilsmethode. Nach DRS 8.17 f. ist nur die international übliche Buchwertmethode zugelassen. Beide unterschieden sich jedoch nur in einem – zudem vorübergehend – unterschiedlichen Ausweis der aufgespaltenen Bestandteile des »Globalwertes« Beteiligung. Beide Methoden können nach HGB nebeneinander auf verschiedene assoziierte Unternehmen angewandt werden, wobei die gewählte Methode im Anhang anzugeben ist (§ 312 Abs. 1 Satz 4 HGB). Einem späteren Methodenwechsel jedoch steht das Gebot der Methodenstetigkeit entgegen.

Ausweismöglichkeiten

Abbildung 9.8 zeigt überblicksartig den Unterschied zwischen der »Buchwertmethode« (§ 312 Abs. 1 Nr. 1 HGB und DRS 8.18 ff.) und der »Kapitalanteilsmethode« (§ 312 Abs. 1 Nr. 2 HGB). Der wesentliche Unterschied besteht darin, dass bei der Kapitalanteilsmethode der Geschäftswert getrennt vom Beteiligungswert gezeigt wird. Da bei beiden Alternativen dieselben Bestandteile mit demselben Wert nur unterschiedlich im Ausweis zum Ansatz kommen, sind die Konzernbilanzsumme wie auch das Konzernergebnis bei beiden Alternativen identisch. Wie aus der Übersicht ebenfalls erkennbar, fallen Ausweis wie Wertansatz der Position »Beteiligung an assoziierten Unternehmen« bei beiden Alternativen in dem Moment zusammen, wo Geschäftswert und stille Reserven vollständig abgeschrieben sind.

Zusammenfassung und Ausweis nach der	Bestandteile des Globalwertes Beteiligungen aus dem Einzelabschluss des beteiligten Unternehmens		
	anteiliges Eigenkapital	anteilige stille Reserven	Geschäftswert
Buchwertmethode			
Beteiligungen an assoziierten Unternehmen	X	X	X
– davon Unterschiedsbetrag	–	X	X
Kapitalanteilsmethode			
Beteiligungen an assoziierten Unternehmen	X	X	–
Geschäftswert	–	–	X

Abb. 9.8: Ausweis der Beteiligung nach Buchwert- und Kapitalanteilsmethode

Zeitbasis der erstmaligen Equity-Bewertung

Der Wertansatz der Beteiligung ist bei der Erstkonsolidierung zu berechnen auf der Basis des Zeitpunktes des Anteilserwerbs, der erstmaligen Einbeziehung des assoziierten Unternehmens in den Konzernabschluss oder – bei sukzessivem Anteilserwerb – des Zeitpunktes, zu dem das Unternehmen zum assoziierten Unternehmen wurde (§ 312 Abs. 3 HGB und DRS 8.14). Während nach § 312 Abs. 6 HGB lediglich vom letzten Jahresabschluss des assoziierten Unternehmens (bzw. dessen Konzernabschluss, falls das assoziierte Unternehmen zur Erstellung eines solchen verpflichtet ist) auszugehen ist, verlangt DRS 8.12 grundsätzlich die Aufstellung eines Zwischenabschlusses. Dieser muss gem. DRS 8.13 nur dann nicht aufgestellt werden, wenn nur bis zu drei Monate seit der Aufstellung des Abschlusses des assoziierten Unternehmens vergangen sind.

Eine Anpassung der Bewertung im Abschluss des assoziierten Unternehmens an konzerneinheitliche Normen muss nicht vorgenommen werden, die angewandten Bilanzierungsregeln müssen allerdings den Vorschriften des HGB und DRS entsprechen (vgl. DRS 8.8) und sind im Konzernanhang anzugeben (§ 312 Abs. 5 Satz 1 und 2 HGB bzw. DRS 8.49).

Buchwertmethode

Nach der Buchwertmethode wird die Beteiligung mit dem Buchwert aus dem Einzelabschluss des beteiligten verbundenen Unternehmens in den Konzernabschluss übernommen. Sie ist als eigener Posten unter entsprechender Bezeichnung in der Konzernbilanz zu führen (DRS 8.44).

Aufteilung des KAP

Der Unterschiedsbetrag (KAP) zwischen den Anschaffungskosten der Beteiligung und dem anteiligen bilanziellen Eigenkapital des assoziierten Unternehmens ist in einer Nebenrechnung »den Wertansätzen von Vermögensgegenständen und Schulden des assoziierten Unternehmens insoweit zuzuordnen, als deren Wert höher oder niedriger ist als der bisherige Wertansatz« (§ 312 Abs. 2 Satz 1 HGB bzw. DRS 8.19). Für die Auflösung der stillen Reserven und stillen Lasten gelten dieselben Regeln wie bei der Vollkonsolidierung nach der Buchwertmethode (Abschnitt III 1a dieses Kapitels). Diese zugeordneten Beträge sind in der

Folgezeit entsprechend den Positionen, auf die sie verteilt wurden, fortzuführen, d. h. abzuschreiben oder aufzulösen (§ 312 Abs. 2 Satz 2 HGB bzw. DRS 8.20). Damit vermindert sich der Equity-Wert der Beteiligung entsprechend.

Goodwill/ Badwill

Für die weitere Behandlung eines nach Zuordnung verbleibenden Rest-KAP, der dann als Goodwill oder Badwill zu interpretieren ist, finden die auch für Vollkonsolidierung geltenden Vorschriften des § 309 HGB Anwendung. Nach DRS 8.23 ist der Goodwill entsprechend über eine maximale Nutzungsdauer von 20 Jahren abzuschreiben. Auch die Regeln zur Behandlung eines negativen Unterschiedsbetrages gelten entsprechend sinngemäß (vgl. Abschnitt A III a3).

Ausweis

Im Jahr der erstmaligen Einbeziehung ist der Unterschiedsbetrag (KAP) zwischen den Anschaffungskosten der Beteiligung und dem anteiligen bilanziellen Eigenkapital des assoziierten Unternehmens in der Konzernbilanz zu vermerken oder im Anhang anzugeben (§ 312 Abs. 1 Satz 2 HGB bzw. DRS 8.47). In den Folgejahren ist nach DRS 8.49 die Summe aller positiven und negativen Goodwills im Anhang anzugeben, die auf alle assoziierten Unternehmen entfällt.

Beispiel zur Buchwertmethode:

Beispiel

Kauf einer 30 %-Beteiligung, die als Beteiligung an einem assoziierten Unternehmen zu qualifizieren ist, am 31. 12. 01 zu 1.000 GE. Das anteilige EK des assoziierten Unternehmens beträgt 400 GE. In dem resultierenden Unterschiedsbetrag von 600 GE sind anteilige stille Reserven in Höhe von 400 GE enthalten. 300 GE davon werden einer Maschine zugeordnet, deren Restnutzungsdauer bei linearer Abschreibung noch drei Jahre beträgt. 100 GE entfallen auf ein Grundstück. Die verbleibenden 200 GE des KAP werden als Geschäftswert (Goodwill) angesehen. Zum 31. 12. 02 weist das assoziierte Unternehmen einen Jahresüberschuss von 100 GE aus. Im Konzernverbund werden Geschäftswerte einheitlich über zwei Jahre abgeschrieben.

Lösung:
In der Konsolidierungsspalte zum 31. 12. 01 muss lediglich eine Umgliederung aus der Position »Beteiligungen« des Summenabschlusses auf die Konzernbilanzposition »Beteiligungen an assoziierten Unternehmen« erfolgen.

Konzernbilanzausweis per 31. 12. 01

Beteiligungen an assoziierten Unternehmen 1.000 Davon Unterschiedsbetrag 600

In der Nebenrechnung jedoch muss der Unterschiedsbetrag zur Verfolgung der stillen Reserven und des Geschäftswertes genau aufgeschlüsselt werden.

Nebenrechnung zum Unterschiedsbetrag per 31. 12. 01

Geschäftswert		200
Stille Reserven		400
davon		
– Maschinen	300	
– Grundstücke	100	

Nebenrechnung zum Unterschiedsbetrag per 31. 12. 02

Position	AK	Abschreibung lfd. GJ	Zuschreibung	Restbuchwert	Abschreibung kumuliert
Geschäftswert	200	100	–	100	100
Stille Reserven					
– Maschinen	300	100	–	200	100
– Grundstücke	100	–	–	100	–
Summe	600	200	–	400	200

Nebenrechnung zur Fortschreibung des Beteiligungswertes per 31. 12. 02

AK der Beteiligung	1.000
– Abschreibung Geschäftswert	100
– Abschreibung stille Reserven	100
+ anteiliger JÜ des assoz. Unternehmens (erfolgswirksam)	30
Stand 31. 12. 02	830

Maßnahmen in der Konsolidierungsspalte zum 31.12.02

Die Konsolidierungsspalte zum Abschlusszeitpunkt 31. 12. 02 bietet dadurch bei der Buchwertmethode das folgende Bild:

Position	Summenbilanz		Konsolidierungsspalte		Konzernbilanz	
	A	P	S	H	A	P
Beteiligungen	1.000			1.000		
Beteiligungen an assoziierten Unternehmen			1.000	170	830	
Bilanzergebnis			170			– 170

Die gesonderte Angabe des im Beteiligungswert enthaltenen Unterschiedsbetrages von 400 GE ist nicht mehr nötig, sie ist nur im Jahr der erstmaligen Bewertung mit dem Equity-Ansatz erforderlich.

Kapitalanteils-methode

Bei der Kapitalanteilsmethode wird in der Konzernbilanz als »Beteiligung an assoziierten Unternehmen« nur das anteilige Kapital des assoziierten Unternehmens ausgewiesen, das zudem nicht auf Basis der Buchwerte, sondern der beizulegenden Werte der Bilanzpositionen errechnet wird (§ 312 Abs. 1 S. 1 Nr. 2 und S. 3 HGB). Wie bei der Neubewertungsmethode zur Vollkonsolidierung von Tochterunternehmen jedoch darf dieses anteilige Kapital dabei nicht den Buchwert der Beteiligung übersteigen (§ 312 Abs. 1 S. 3 HGB). Der Test, in welcher Höhe die stillen Reserven dabei aufgelöst werden dürfen, um diese (pagatorische) Grenze nicht zu überschreiten, läuft folglich identisch mit dem in Abschnitt A III a2 dieses Kapitels dargestellten Verfahren ab. Im Unterschied zum Vollkonsolidierungsverfahren jedoch, bei dem bei Existenz von anderen Gesellschaftern Unterschiede im Vermögensausweis zur Buchwertmethode auftreten, sind hier beide Methoden materiell identisch, da die auf diese anderen Gesellschafter entfallenden stillen Reserven bei der Equity-Methode keinen Eingang in den Konzernabschluss finden. Ein Unterschied besteht – wie ausgeführt – lediglich im Ausweis. Die Differenz zwischen dem – im Vergleich zur Buchwertmethode um anteilige stille Reserven höheren – anteiligen Eigenkapital und dem Beteiligungswert aus dem Einzelabschluss des beteiligten Unternehmens ist in der Konzernbilanz gesondert auszuweisen oder im Anhang anzugeben. Dies gilt jedoch nur bei erstmaliger Anwendung (§ 312 Abs. 1 Satz 3 HGB).

Geschäftswert, Firmenwert, Goodwill

Der Ausweis eines aktivischen Unterschiedsbetrages – der hier nur als Geschäftswert interpretiert werden kann – kann nach der Gliederungssystematik des § 266 HGB nur im immateriellen Anlagevermögen als Geschäfts- oder Firmenwert erfolgen. Dabei ist ein gesonderter Ausweis entweder in der Bilanz oder im Konzernanhang erforderlich (§ 312 Abs. 1 Satz 3 HGB).

Ein passivischer Unterschiedsbetrag kann bei dieser Methode nicht ausgewiesen werden, da nach dem Wortlaut des Gesetzes das anteilige Eigenkapital den Beteiligungswert aus dem Einzelabschluss des beteiligten Unternehmens nicht überschreiten darf (§ 312 Abs. 1 Satz 3, 2. Halbsatz HGB).

Beispiel zur Kapitalanteilsmethode:

Beispiel

Es gelten dieselben Daten wie im vorstehenden Beispiel zur Buchwertmethode.

Lösung:

EK des assoziierten Unternehmens vor Bewertung mit dem beizulegenden Wert:

	$\frac{400}{30} \times 100$ = 1.333 GE
+ stille Reserven	$\frac{400}{30} \times 100$ = 1.333 GE
EK nach Neubewertung	2.666 GE
anteiliges EK: 30 % von 2.666 GE	= 800 GE

In der Konsolidierungsspalte muss jetzt bei erstmaliger Equity-Bewertung der Beteiligungswert von 1.000 aus der Summenbilanz umgegliedert werden auf die Konzernbilanzpositionen »Beteiligungen an assoziierten Unternehmen« (800) und »Geschäftswert« (200).

Konzernbilanzausweis per 31. 12. 01

Geschäfts- oder Firmenwert	
a) an assoziierten Unternehmen	200
b) an sonstigen Unternehmen	–
Beteiligungen an assoziierten Unternehmen	800

Wird der Geschäftswert an dem assoziierten Unternehmen in Höhe von 200 nicht gesondert, sondern zusammen mit den Geschäftswerten an sonstigen Unternehmen nur in einer Summe ausgewiesen, so ist er bei erstmaliger Anwendung im Konzernanhang anzugeben (§ 312 Abs. 1 Satz 3 HGB).

Da bei der Kapitalanteilsmethode zwei Posten in der Konzernbilanz ausgewiesen werden, sind in den Folgejahren beide Posten auch fortzuschreiben.

Die Position »Beteiligungen an assoziierten Unternehmen« muss fortgeschrieben werden:

Anteiliges Eigenkapital des assoziierten Unternehmens per 31. 12. 01	800
+ anteiliger Jahresüberschuss des assoziierten Unternehmens per 31. 12. 02	+ 30
– Abschreibung der stillen Reserven bei Position Maschinen	– 100
Equity-Ansatz der Beteiligung 31. 12. 02	730

Der ausgegliederte Geschäftswert ist ebenfalls fortzuschreiben:

Geschäftswert per 31. 12. 01	200
– Abschreibung auf Geschäftswert in 02	– 100
Geschäftswert 31. 12. 02	100

In der Konsolidierungsspalte ist folgendermaßen vorzugehen:

Position	Summenbilanz		Konsolidierungs-spalte		Konzernbilanz	
	A	P	S	H	A	P
Beteiligungen	1.000			1.000		
Geschäftswert			200	100	100	
Beteiligungen an assoziierten Unternehmen			800	70	730	
Bilanzergebnis			170			– 170

Ein gesonderter Ausweis des Geschäftswertes aus assoziierten Unternehmen ist bei Folgekonsolidierungen weder in Bilanz noch im Konzernanhang vorgeschrieben (§ 312 Abs. 1 S. 3 HGB).

Verrechnung kumulierter Wertänderungen der Vorperioden

Da bei beiden Methoden bei Folgekonsolidierung in der Konsolidierungsspalte immer von dem Beteiligungswert aus dem Einzelabschluss des beteiligten Unternehmens ausgegangen werden muss, müssen bei Folgekonsolidierungen die in Vorperioden erfolgswirksamen Änderungen kumuliert erfolgsneutral den Ansätzen der Konzernbilanz zu- oder abgeschrieben werden. Die Gegenbuchung ist in den Konzernrücklagen vorzunehmen.

Kein Ausweis eines negativen Beteiligungswertes

Dabei kann die Situation auftreten, dass anteilige Verluste den Beteiligungswert übersteigen, sodass nach streng methodischer Vorgehensweise ein negativer Beteiligungswert auszuweisen wäre. Um dies zu vermeiden, ist die Absetzung anteiliger Verluste dann auszusetzen, wenn diese den Beteiligungswert übersteigen. Nur wenn aus den Verlusten Verpflichtungen für das beteiligte Unternehmen entstehen, kann eine entsprechende Verbindlichkeit oder Rückstellung passiviert werden.

Falls vor der Equity-Bewertung der Abschluss des assoziierten Unternehmens an die konzerneinheitliche Bewertung angepasst wurde, sind auch die hieraus sich ergebenden Unterschiede weiterzuverfolgen.

(4) Equity-Bewertung im Anlagespiegel

Die Wertfortschreibung im Rahmen der Equity-Methode ist nicht ohne weiteres auf die Definitionen der einzelnen Spalten des Anlagespiegels zu übertragen.

Die historischen Anschaffungskosten sind bei der Buchwertmethode identisch mit dem Beteiligungswert aus dem Einzelabschluss des beteiligten Unternehmens, bei der Kapitalanteilsmethode sind es die jeweils abgespaltenen Werte.

Abschreibungen stiller Reserven und des Geschäftswertes

Unproblematisch ist auch der Ausweis von Abschreibungen auf aufgedeckte stille Reserven sowie den abgespaltenen Geschäftswert – sie sind auch im Anlagespiegel als Abschreibungen zu zeigen – und von Käufen bzw. Verkäufen von Beteiligungen an assoziierten Unternehmen, die als Zu- bzw. Abgang zu erfassen sind.

Wertfortschreibung durch anteilige Erfolge

Nicht in die Definition der Spalten des Anlagespiegels jedoch passen Wertänderungen aufgrund anteiliger Gewinne bzw. Verluste des assoziierten Unternehmens. Sie sind prinzipiell keine mengenmäßigen Ausweitungen oder Minderungen des Anlagevermögens – können also keine Zu- bzw. Abgänge sein –, machen, soweit es sich um Gewinne handelt, andererseits jedoch auch keine vorhergegangenen außerplanmäßigen Abschreibungen rückgängig, sind also strenggenommen auch keine Zuschreibungen. Gleichwohl erscheint es sinnvoll, anteilige Gewinne bzw. Verluste des assoziierten Unternehmens in die Spalten Abschreibungen/Zuschreibungen aufzunehmen. Die Zugangs-/Abgangsspalten blieben dann tatsächlichen Mengenänderungen vorbehalten.

Interpretationsprobleme

Durch die Eigenschaft der Equity-Methode, u. U. den Wertansatz auch über die historischen Anschaffungskosten hinaus anwachsen zu lassen, kann dabei auch die Situation entstehen, dass die Zuschreibungen nach Saldierung von Zu- und Abschreibungen des Vorjahres die kumulativen Abschreibungen übersteigen und somit negative Abschreibungen auszuweisen sind. Dies kann dazu führen, dass die Jahresabschreibungen größer als die kumulativen Abschreibungen sind. Diese im Anlagespiegel des Einzelabschlusses nicht mögliche Konstellation kann für Interpreten des Konzernabschlusses zu Mißverständnissen führen.

Um dies zu verhindern, ließe sich auch eine nur für Zwecke der Equity-Bewertung aufzunehmende Spalte denken, die die Equity-Korrekturbuchungen erfasst.

b) Konsolidierung assoziierter Unternehmen nach IAS/IFRS

Assoziierte Unternehmen nach IAS/IFRS

Ein Unternehmen, das weder als Tochter- noch als Gemeinschaftsunternehmen zu qualifizieren ist, wird dann als assoziiertes Unternehmen (*associate*) bezeichnet, wenn der Investor über einen maßgeblichen Einfluss (*significant influence*) verfügt. Die Equity-Bewertung ist nach IAS/IFRS auch im Einzelabschluss zulässig, falls das berichtende Unternehmen die Möglichkeit besitzt, auf das Beteiligungsunternehmen einen maßgeblichen Einfluss auszuüben (IAS 28.14). Maßgeblicher Einfluss ist dann gegeben, wenn der Investor an finanziellen oder betrieblichen Entscheidungsprozessen teilnehmen kann, ohne jedoch die Kontrolle darüber auszuüben (IAS 28.3). Bei einer direkten oder indirekten Beteiligung von mindestens 20 % wird widerlegbar das Vorliegen eines maßgeblichen Einflusses vermutet (IAS 28.4). Treffen auf einen Investor eines oder mehrere der folgenden Merkmale zu, kann im Regelfall von einem maßgeblichen Einfluss ausgegangen werden: Vertretung im *board of directors* bzw. einem äquivalenten Leitungsorgan, Beteiligung an Grundlagenentscheidungen, wesentliche Geschäftsbeziehungen, Austausch von Führungskräften oder technologische Abhängigkeit (IAS 28.5). Die Vorschriften der IAS/IFRS verlangen nicht, dass der maßgebliche Einfluss tatsächlich ausgeübt wird. Um als assoziiertes Unternehmen qualifiziert zu werden, genügt schon die Möglichkeit einer Einflussnahme.

Buchwertmethode

Assoziierte Unternehmen sind nach der Equity-Methode einzubeziehen, es sei denn, die Beteiligung wurde zum Zwecke des baldigen Wiederverkaufs erworben oder der Kapitaltransfer zum Investor ist dauerhaft beeinträchtigt. In diesem Fall erfolgt die Bewertung zu Anschaffungskosten (IAS 28.11). Im Rahmen einer Bewertung *at equity* lässt IAS 28.6 nur die Buchwertmethode zu (»... *the investment is initially recorded at cost* ...«), während § 312 Abs. 1 HGB zusätzlich die Kapitalanteilsmethode gestattet, die aber nach DRS 8.17f. ebenfalls nicht mehr zulässig ist.

Auch hier bilden die Anschaffungskosten die Basis der Bewertung. Grundsätzlich verweist IAS 28.17 bei der Equity-Bewertung auf das Vorgehen bei der Vollkonsolidierung nach IAS 22. Dies gilt auch für die Auflösung der stillen Reserven wie auch für einen evtl. entstehenden Goodwill bzw. Badwill. Demnach sind die stillen Reserven im Gegensatz zu den deutschen Vorschriften nicht durch die Anschaffungskosten begrenzt (vgl. Wagenhofer, A. [2001], S. 352).

Als Zeitpunkt für die Ermittlung der Werteverhältnisse ist der Zeitpunkt zu verwenden, an dem das Unternehmen erstmals als assoziiertes Unternehmen zu klassifizieren ist (IAS 28.17).

Bilanzierung in den Folgeperioden

In den Folgeperioden ist gemäß IAS 28.6 der Wertansatz der nach der Equity-Methode bilanzierten Beteiligung sowohl um anteilige Gewinne oder Verluste als auch um weitere anteilige Veränderungen des Eigenkapitals des assoziierten Unternehmens zu erhöhen bzw. zu vermindern. Im Gegensatz zu § 312 Abs. 2 Satz 3 HGB (Behandlung des Unterschiedsbetrages gemäß § 309 HGB) sieht IAS 28.17 bei Vorliegen eines Goodwill nur eine lineare Abschreibung von maximal 5 Jahren (in Ausnahmefällen maximal 20 Jahren) vor. Unterschiedlich zwischen beiden Regelungssystemen ist der Beginn der erstmaligen Abschreibung: Während gemäß Handelsrecht der Abschreibungsbeginn erst in dem auf die Aktivierung folgenden Geschäftsjahr erfolgen muss, besteht in Anlehnung an IAS 28.17 bereits noch im selben Geschäftsjahr eine Abschreibungspflicht. Ein eventuell bestehender Badwill wird ebenfalls gemäß IAS 28.17 in Übereinstimmung mit den Vorschriften des IAS 22 behandelt (vgl. Abschnitt A III 2 (2)). Diese Unterschiede werden durch die Vorschriften des DRS 8 behoben.

einheitliche Bilanzierungs- und Bewertungsmethoden

IAS 28.20 fordert grundsätzlich eine konzerneinheitliche Bilanzierung und Bewertung auch für assoziierte Unternehmen. Sind solche Berechnungen nicht durchführbar, so muss diese Tatsache im Anhang offen gelegt werden (IAS 28.20). Für die Anwendung der Equity-Methode ist jeweils der letzte verfügbare Abschluss des assoziierten Unternehmens zu verwenden. Dieser ist gewöhnlich zum selben Stichtag aufzustellen wie der des Konzerns. Ist dies nicht möglich, so erstellt das assoziierte Unternehmen einen Zwischenabschluss, von dem nur dann abgesehen werden kann, wenn dies auf Grund der fehlenden Leitungsmacht des Mutterunternehmens nicht durchführbar oder nicht praktikabel ist. Jedoch sind dann die wesentlichen Ereignisse zwischen dem Anteilseigner und dem assoziierten Unternehmen nachträglich zu berücksichtigen (IAS 28.19). IAS 28 enthält keine Regelung über eine maximale Abweichung des Stichtags. Lediglich die Länge der Berichtsperiode des assoziierten Unternehmens sollte auf Grund des Stetigkeitsprinzips unverändert bleiben.

Angaben im Anhang

Nach den Vorschriften der IAS/IFRS ist bei der Anwendung der Equity-Methode folgendes im Anhang anzugeben (IAS 28.27):

- Auflistung und Beschreibung der bedeutendsten assoziierten Unternehmen,

- deren Kapitalanteil und, falls abweichend, deren Anteile an den Stimmrechten,
- die jeweils angewandte Methode (Equity bzw. Anschaffungskostenmethode).

c) *Konsolidierung assoziierter Unternehmen nach US-GAAP*

Assoziierte Unternehmen nach US-GAAP

Die Equity-Bewertung ist in den USA in APB 18 »*The Equity-Method of Accounting for Investments in Common Stock*« geregelt. Dort werden als die zwei wesentlichen Methoden der Bilanzierung von Beteiligungen das Anschaffungswertprinzip und alternativ die Equity-Bewertung aufgezählt. Die Equity-Bewertung ist in den USA sowohl für den Konzernabschluss als auch für den Einzelabschluss zulässig. Im Konzernabschluss ist sie neben den beschriebenen Joint Ventures auch auf assoziierte Unternehmen anzuwenden. Unter *associates* werden nach US-GAAP solche Unternehmen gefasst, bei denen der Erwerber der Beteiligungen befähigt ist, einen maßgeblichen Einfluss auf die Geschäfts- und Finanzpolitik auszuüben, obwohl er weniger als 50 % der Stimmrechtsanteile hält (APB 18.17). Nach den Vorschriften der US-GAAP genügt, wie nach IAS/IFRS, das bloße Vorliegen der Möglichkeit der Einflussnahme.

APB 18.17 enthält eine Auflistung von Indikatoren für die Identifikation eines maßgeblichen Einflusses, die sich nicht wesentlich von denen des IAS 28.5 unterscheiden. Ein erwähnenswerter zusätzlicher Aspekt ist das Vorliegen eines maßgeblichen Einflusses, falls das Mutterunternehmen in Relation zu den Anteilen anderer Gruppen am betreffenden Unternehmen einen wesentlichen Anteil besitzt. Das Vorliegen einer Mehrheitsbeteiligung eines Dritten schließt nicht grundsätzlich das Bestehen eines maßgeblichen Einflusses aus, sondern diese Frage ist nach der Meinung des APB im Einzelfall zu beurteilen (vgl. Scherrer, G. [2000], S. 370 f.). Daneben besteht zwischen 20 und 50 % der Stimmrechte die widerlegbare Vermutung des Vorliegens eines maßgeblichen Einflusses. Bei Stimmrechten von weniger als 20 % gilt die widerlegbare Vermutung, dass ein maßgeblicher Einfluss nicht möglich ist. (APB 18.17).

Unabhängig von der Höhe der Beteiligung gilt die Assoziierungsvermutung als widerlegt, falls einer der folgenden Punkte erfüllt ist (FIN 35.4):

- das Beteiligungsunternehmen agiert öffentlich gegen den Investor (Prozess, Anzeige an die Behörde),
- es existiert eine Vereinbarung zwischen dem Beteiligungsunternehmen und dem Investor, in der der Investor auf wesentliche Aktionärsrechte verzichtet,
- das Beteiligungsunternehmen wird offensichtlich von anderen Gesellschaftern ohne Rücksicht auf die Interessen des Investors geführt,
- es ist dem Investor nicht möglich, die zur Equity-Bewertung nötigen Informationen zu erhalten,
- es gelingt dem Investor nicht, einen Sitz im Leitungsorgan zu erhalten.

Diese Auflistung wird explizit als nicht abschließend bezeichnet (Fin 35.4). Kommt es zu einem Verlust des maßgeblichen Einflusses, so ist ein Ausweis mit der Equity-Methode nicht mehr zulässig. Vielmehr muss die Beteiligung nun zu

Anschaffungskosten bilanziert werden, die dem Equitybuchwert zum Zeitpunkt des Verlustes des maßgeblichen Einflusses entsprechen (APB 18.19).

Buchwertmethode

Auch nach den US-amerikanischen Vorschriften ist der Ausweis der Equity-Bewertung lediglich durch die Buchwertmethode möglich. Die Vereinheitlichung von Ansatz und Bewertung wird nach den Vorschriften des US-GAAP nicht explizit gefordert. Auch eine Stichtagsanpassung ist nach US-GAAP nicht nötig. Vielmehr ist es nach APB 18.19 zulässig, falls es zu zeitlichen Verzögerungen bei dem assoziierten Unternehmen kommt, dessen letzten Abschluss zu verwenden. Dann jedoch sollte die Verzögerung von Periode zu Periode gleich sein. Den Ausgangspunkt der Bewertung des assoziierten Unternehmens stellen die Anschaffungskosten dar, jedoch ist in der Folgezeit ein die Anschaffungskosten übersteigender Wertansatz zulässig (APB 18.19). Die stillen Reserven werden, falls vorhanden, anteilig aufgelöst und den entsprechenden Vermögenswerten und Schulden hinzugerechnet. Ein evtl. entstehender Goodwill oder Badwill wird in den Folgeperioden gemäß den Vorschriften der Vollkonsolidierung aufgelöst. Dementsprechend wird seit Einführung von FAS 141/142 auch ein nach der Equity-Methode entstehender Goodwill nicht mehr planmäßig abgeschrieben. Nach FAS142.40 ist auf diesen jedoch kein Impairment-Test nach den Vorschriften von FAS 142 vorzunehmen, sondern lediglich eine mögliche außerplanmäßige Aschreibung nach APB 18.19 zu prüfen.

Auch nach den Vorschriften der US-GAAP gilt bei der Anwendung der Equity-Methode der Grundsatz der Wesentlichkeit. Somit gilt hier, wie auch nach IAS/IFRS und HGB, dass von der Bewertung einer Beteiligung mit der Equity-Methode abgesehen werden kann, falls diese nicht wesentlich für den Informationsgehalt des Konzernabschlusses ist.

Angaben im Anhang

Die Angaben, die nach den Vorschriften der US-GAAP zu machen sind, ergeben sich aus APB 18.20:

- Name des assoziierten Unternehmens,
- prozentualer Anteil,
- angewandte Bilanzierungs- und Bewertungsmethoden,
- Unterschied zwischen Buchwert der Beteiligung und dem anteiligen Eigenkapital, sowie die bilanzielle Behandlung dieser Differenz im Jahresabschluss,
- anteiliger Marktwert, soweit es kein Tochterunternehmen ist,
- falls es sich um eine wesentliche Beteiligung handelt, ist eine Zusammenstellung der Vermögenswerte, Schulden und des Betriebsergebnisses entweder durch Fußnoten oder als Anlage darzustellen; mehrere wesentliche Beteiligungen dürfen zusammengefasst werden,
- die materiellen Auswirkungen von Wandelschuldverschreibungen des assoziierten Unternehmens auf den Investor,
- Angaben der Gründe, warum eine Beteiligung unter 20 % mit der Equity-Methode bewertet wurde und warum eine Beteiligung über 20 % nicht mit der Equity-Methode bewertet wurde.

B. Konsolidierung von Forderungen und Verbindlichkeiten

Keine »innerkonzernlichen« Forderungen/Verbindlichkeiten

Ein rechtlich selbständiges Unternehmen kann in seiner Bilanz keine Forderungen oder Verbindlichkeiten gegen sich selbst ausweisen. Überträgt man dieses Faktum unter dem Gesichtspunkt des Konzerns als einheitlichem Unternehmen auf die Konzernbilanz, so dürfen in dieser nur die gegenüber nicht einbezogenen Unternehmen bestehenden Forderungen und Verbindlichkeiten zum Ausweis kommen. Aus den in die Konzernbilanz zusammenfließenden Einzelbilanzen der einbezogenen Tochterunternehmen sind also alle Bilanzpositionen mit Forderungs- und Verbindlichkeitscharakter gegenüber anderen einbezogenen Unternehmen zu eliminieren.

I. Vorschriften zur Schuldenkonsolidierung

Im Folgenden werden zunächst die normativen Grundlagen nach HGB, IAS/IFRS und US-GAAP besprochen, bevor auf die Durchführung der Schuldenkonsolidierung eingegangen wird. In beiden Bereichen bestehen keine wesentlichen Unterschiede zwischen den drei Rechnungslegungsnormen.

1. Regelung nach HGB

Rechtsgrundlage im HGB

Der theoretischen Forderung nach einer Eliminierung aller konzerninternen Schuldverhältnisse wird durch das HGB in § 303 Abs. 1 Rechnung getragen: »Ausleihungen und andere Forderungen, Rückstellungen und Verbindlichkeiten zwischen den in den Konzernabschluss einbezogenen Unternehmen sowie entsprechende Rechnungsabgrenzungsposten sind wegzulassen.« Diese Aufzählung ist nicht erschöpfend. Vielmehr sind sämtliche Bilanzposten mit Forderungscharakter gegenüber anderen einbezogenen Konzernunternehmen mit den ihnen gegenüberstehenden Verbindlichkeitspositionen aufzurechnen, um so dem Gedanken der Einheitstheorie in vollem Umfang Rechnung zu tragen. Soweit es sich bei den beteiligten Parteien um einbezogene Konzernunternehmen handelt, kommen für eine Aufrechnung in Frage:

Betroffene Bilanzpositionen

- eingeforderte ausstehende Einlagen
- geleistete bzw. erhaltene Anzahlungen
- Ausleihungen an verbundene Unternehmen
- Forderungen gegen verbundene Unternehmen
- sonstige Vermögensgegenstände
- sonstige Wertpapiere
- Rechnungsabgrenzungsposten
- Rückstellungen

- Verbindlichkeiten gegenüber verbundenen Unternehmen
- Verbindlichkeiten gegenüber Unternehmen, mit denen ein Beteiligungsverhältnis besteht
- Eventualverbindlichkeiten oder Haftungsverhältnisse
- finanzielle Verpflichtungen, soweit sie sich nicht aus der Bilanz ergeben und auch nicht nach § 251 HGB anzugeben sind

Rückstellungen

Rückstellungen aus Geschäftsverbindungen mit anderen einbezogenen Konzernunternehmen stellen aus Sicht des Konzerns Ansprüche gegen sich selbst dar und sind somit prinzipiell »wegzulassen«. Eine andere Behandlung kann jedoch geboten sein, wenn diese Rückstellungen aus Sicht des Konzerns nur ihren Charakter wechseln, prinzipiell jedoch aus Konzernsicht rückstellungsfähig oder rückstellungspflichtig sind. Hier lässt sich an Garantierückstellungen gegenüber einem anderen einbezogenen Unternehmen denken, die aus Konzernsicht als unterlassene Reparaturaufwendungen oder Wertberichtigungen interpretiert werden können und insofern für den Konzernabschluss lediglich umzuqualifizieren sind.

Eventualverbindlichkeiten und Haftungsvermerke

Die Eliminierungspflicht von Eventualverbindlichkeiten – als Untergruppe der Verbindlichkeiten allgemein – ergibt sich aus § 303 Abs. 1 HGB. Die anderen Haftungsverhältnisse sowie die sonstigen finanziellen Verpflichtungen nach § 314 Abs. 1 Nr. 2 HGB sind auf der Grundlage des in § 297 Abs. 3 HGB festgehaltenen Einheitsgedankens des Konzerns zu eliminieren. Wie bereits bei den Bilanzpositionen sind bei den Vermerken unter dem Bilanzstrich nur die Ansprüche Dritter gegen das Gesamtunternehmen Konzern festzuhalten. Im Einzelfall können hiervon betroffen sein

- das Wechselobligo sowie
- Bürgschaften und Gewährleistungsverträge sowie Vermerke wegen Sicherungsübertragungen und (Grund-)Pfandrechtsbestellungen.

Drittschuldverhältnisse

Auch bei aufrechnungsfähigen Drittschuldverhältnissen kann sich eine Aufrechnung von Forderungen und Verbindlichkeiten ergeben. Damit ist der Fall gemeint, dass den Verbindlichkeiten eines einbezogenen Konzernunternehmens gegenüber einem nicht einbezogenen dritten Unternehmen eine an dieses dritte Unternehmen gerichtete Forderung eines anderen einbezogenen Konzernunternehmens gegenübersteht. Wie für den Einzelabschluss setzt die Saldierung hier voraus, dass die entsprechenden Forderungen und Verbindlichkeiten als gleichartig, gleichfristig und gleichwertig zu betrachten sind (vgl. § 387 BGB). Sind diese Voraussetzungen vorhanden, so kann eine Aufrechnung durchgeführt werden. Vorgeschrieben ist dies durch das HGB jedoch nicht, da § 303 Abs. 1 HGB nur von einer Elimination von Forderungen und Verbindlichkeiten »zwischen einbezogenen Unternehmen« spricht.

Schuldenkonsolidierung bei Gemeinschafts- und assoziierten Unternehmen

Auch bei Quotenkonsolidierung bildet § 303 Abs. 1 HGB die Rechtsgrundlage für die Schuldenkonsolidierung, jedoch wird diese auf den Anteil am Kapital des Gemeinschaftsunternehmens beschränkt. Demnach werden Aufrechnungsdifferenzen und Schuldverhältnisse nur quotal eliminiert (vgl. auch DRS 9.9). Bestehen Ansprüche oder Verpflichtungen zwischen einem Konzernunternehmen und einem assoziierten Unternehmen, so ist auf eine gegenseitige Aufrechnung zu verzichten. Der Gesetzgeber schreibt bei der Bilanzierung *at equity* lediglich die Zwischenerfolgseliminierung als Konsolidierungsvorgang verpflichtend vor (§ 312 Abs. 5 Satz 3 HGB). Auch nach DRS 8 wird diese nicht gefordert. Gegen eine freiwillige Ausdehnung der Konsolidierungstätigkeit im Rahmen der Schuldenkonsolidierung ist nichts einzuwenden.

Ausnahmeregelung

Dem Prinzip der Wesentlichkeit entsprechend kann eine Aufrechnung der Forderungen und Verbindlichkeiten innerhalb des Konzerns unterbleiben, »wenn die wegzulassenden Beträge für die Vermittlung eines den tatsächlichen Verhältnissen entsprechenden Bildes der Vermögens-, Finanz- und Ertragslage des Konzerns nur von untergeordneter Bedeutung sind« (§ 303 Abs. 2 HGB). Damit wird der Tatsache Rechnung getragen, dass eine konsequente Durchführung der Schuldenkonsolidierung im Einzelfall mit einem Aufwand verbunden sein kann, der im Verhältnis zur dadurch bewirkten Mehrinformation unangemessen hoch ist.

Auch hier ist im Einzelfall zu prüfen, wann Wesentlichkeit bzw. Unwesentlichkeit vorliegt. Als Maßstab darf jedoch nicht der errechnete Saldo aus der betreffenden Forderung und Verbindlichkeit herangezogen werden. Maßgebend ist vielmehr die jeweilige Summe der Verbindlichkeiten bzw. Forderungen, die in die Aufrechnung eingehen sollten.

2. Regelung nach IAS/IFRS

Grundlagen nach IAS/IFRS

Nach IAS 27.17 sind im Konzernabschluss Ansprüche und Verpflichtungen zwischen einbezogenen Unternehmen vollständig zu eliminieren, unabhängig davon, ob Minderheitsaktionäre existieren oder nicht. Dabei enthält IAS 27.17 keine Aufzählung der davon betroffenen Bilanzpositionen, vielmehr wird die Schuldenkonsolidierung nur kursorisch angesprochen.

Schuldenkonsolidierung bei Gemeinschafts- und assoziierten Unternehmen

Für Gemeinschaftsunternehmen gilt, dass nach IAS 31.27 die Regeln zur Vollkonsolidierung analog anzuwenden sind. Demnach kommt es zu einer quotalen Eliminierung der Ansprüche und Verpflichtungen der Konzernunternehmen untereinander. Für assoziierte Unternehmen enthält IAS 28 bezüglich der Schuldenkonsolidierung keine expliziten Vorschriften. Vielmehr gilt auch hier, wie bei der Zwischenerfolgseliminierung, der Verweis von IAS 28.16 auf die Regeln der Vollkonsolidierung, die Eliminierung soll auch hier gemäß der Höhe der Beteiligungsquote am assoziierten Unternehmen erfolgen. Dies führt zu einer anteiligen Aufrechnungspflicht, während HGB und US-GAAP von einer Verpflichtung hierzu absehen.

3. Regelung nach US-GAAP

Grundlagen nach US-GAAP

Nach ARB 51 gehört zur Eliminierung aller innerkonzernlichen Transaktionen auch die Eliminierung von Forderungen und Verbindlichkeiten zwischen Unternehmen des Konsolidierungskreises. Darunter fallen z. B. zwischen den Konzernunternehmen bestehende Wechsel- und Zinsforderungen bzw. -verbindlichkeiten, andere Forderungen und Verbindlichkeiten sowie erhaltene und geleistete Anzahlungen. Bei der Schuldenkonsolidierung sind alle betroffenen Positionen vollständig zu eliminieren, unabhängig von der Existenz konzernfremder Minderheitsaktionäre.

Schuldenkonsolidierung bei Gemeinschafts- und assoziierten Unternehmen

Da die Quotenkonsolidierung in den USA eher selten Anwendung findet, mangelt es an hierfür geltenden Regeln. Deshalb liegen für diesen Anwendungsfall der Schuldenkonsolidierung keine expliziten Regelungen vor, jedoch lässt sich vermuten, dass ähnlich wie nach HGB und IAS/IFRS eine anteilige Schuldenkonsolidierung in Höhe der Beteiligungsquote vorzunehmen ist. In den Vorschriften des APB 18, das die Rechtsgrundlage für die Equity-Bewertung bildet, findet man lediglich Vorschriften über die Zwischenerfolgseliminierung. Über weitere Konsolidierungsmaßnahmen schweigt sich APB 18 aus und solche werden im Regelfall wohl auch nicht vorgenommen (vgl. Niehus, R. J./Thyll, A. [2000], S. 137).

Auch nach US-GAAP ist wie nach IAS/IFRS und HGB im Falle einer untergeordneten Bedeutung der Forderungen und Verbindlichkeiten ein Verzicht auf die Schuldenkonsolidierung nach dem allgemein gültigen Grundsatz der Wesentlichkeit zulässig.

II. Durchführung der Schuldenkonsolidierung

Soweit einer konzerninternen Forderung bei einem anderen Konzernunternehmen eine Verbindlichkeit in gleicher Höhe gegenübersteht, werden die beiden Positionen im Rahmen der Konsolidierung lediglich gegeneinander aufgerechnet (»weggelassen«). Eine Erfolgswirkung ist damit nicht verbunden. Es erfolgt lediglich eine Bilanzverkürzung.

Aufrechnungsdifferenzen formeller Natur

Nicht immer jedoch stehen sich die aufzurechnenden Positionen in gleicher Höhe gegenüber. Eine Ursache für solche Differenzen können buchungstechnische Unterschiede sein, die sich zum einen aus gegenüber dem Bilanzstichtag vor- oder nachgelagerten Buchungen, aber auch aus Fehlbuchungen ergeben können. So kann z. B. bei einem Konzernunternehmen eine Forderung aus Warenlieferung gegenüber einem anderen Konzernunternehmen bereits verbucht sein, während das andere Unternehmen die Warenlieferung bis zum Bilanzstichtag noch nicht erhalten und dementsprechend eine Verbindlichkeit noch nicht verbucht hat. Derselbe Sachverhalt kann sich aus längeren Laufzeiten für Überweisungen ergeben: Die Verbindlichkeit ist bereits getilgt, der Geldeingang beim Gläubiger steht aber noch aus. Da die hieraus resultierenden Differenzen nicht auf materiellen, sondern nur formellen Unterschieden basieren, werden sie als so genannte »unechte Aufrechnungsdifferenzen« nicht erfolgswirksam behandelt, sondern im Rahmen der Konsolidierungsmaßnahmen berichtigt.

Aufrechnungsdifferenzen materieller Natur

Neben diesen buchungstechnischen Unterschieden können sich jedoch auch materielle Unterschiede aus verschieden hohen Wertansätzen von Forderungen und Verbindlichkeiten in den jeweiligen Einzelbilanzen ergeben. Durch das grundlegende Prinzip der vorsichtigen Bewertung wird dabei im Regelfall per Saldo der Wert der Verbindlichkeiten den Wert der Forderungen übersteigen. Im Einzelnen sind hier – unter anderem – folgende Ursachen denkbar:

- Bildung einer Rückstellung für ungewisse Verbindlichkeiten gegenüber einem einbezogenen Konzernunternehmen. Dieser Rückstellung entspricht keine Forderung bei einem anderen einbezogenen Unternehmen, gegen die sie aufgerechnet werden könnte.
- Abzinsung einer Forderung gegenüber einem anderen Konzernunternehmen, wogegen dessen Verbindlichkeit nach wie vor mit dem Rückzahlungsbetrag angesetzt wird.
- Abschreibung einer Forderung gegenüber einem anderen Konzernunternehmen, dessen Verbindlichkeit weiterhin zum Rückzahlungsbetrag bilanziert wird.
- Darlehen mit Disagio zwischen Konzernunternehmen, falls das verpflichtete Konzernunternehmen das Disagio nicht aktiviert hat.
- Unterschiedliche Wertansätze bzw. Umrechnungskurse bei Forderungen bzw. Verbindlichkeiten zwischen in- und ausländischen einbezogenen Konzernunternehmen.

Fremdwährungsforderungen bzw. -verbindlichkeiten

Speziell für die Umrechnung konzerninterner Fremdwährungsforderungen bzw. -verbindlichkeiten wird die generelle Anwendung des Tageskurses zum Bilanzstichtag vorgeschlagen (vgl. Arbeitskreis »Externe Unternehmensrechnung« der Schmalenbach-Gesellschaft [1989], S. 88). Die hiermit verbundene Verletzung des Imparitätsprinzips lässt sich aus dem Gedanken der innerkonzernlichen gegenseitigen Deckung von Forderungen und Verbindlichkeiten begründen. Hieraus sich ergebende Erträge bzw. Aufwendungen sind erfolgswirksam zu verrechnen. Außerdem kann durch die Änderung der Währungsparitäten eine Abschreibung auf Währungsforderungen bzw. eine Zuschreibung zu Währungsverbindlichkeiten nötig werden.

Elimination von Aufrechnungsdifferenzen

Da Bilanzpositionen mit dem Charakter konzerninterner Forderungen bzw. Verbindlichkeiten – unabhängig davon, ob ihnen ein aufrechenbarer Gegenposten gegenübersteht bzw. in welcher Höhe er angesetzt ist – »wegzulassen« sind, muss zusätzlich eine Elimination der hieraus entstehenden Unterschiedsbeträge erfolgen. Wie dies zu erfolgen hat, ist gesetzlich nicht vorgegeben. Unter dem Gedanken der rechtlichen Einheit des Konzerns muss eine Methode angewandt werden, die bewirkt, dass sich der Konzernabschluss nach der Schuldenkonsolidierung so darstellt, als sei niemals eines dieser Schuldverhältnisse entstanden.

Erstmalige vs. wiederholte Elimination

Hierbei ist zwischen der erstmaligen Elimination der entsprechenden Bilanzpositionen und ihrem »Weglassen« in Folgeperioden zu unterscheiden. Nur bei erstmaliger Elimination der Aufrechnungsdifferenzen haben die Unterschiede auch in den Gewinn- und Verlustrechnungen der einbezogenen Konzernunternehmen ihren Niederschlag gefunden und sind somit erfolgswirksam für die

Konzern-GuV rückgängig zu machen. Soweit also einmal eliminierte Aufrechnungsdifferenzen in Folgeperioden vorhanden sind, dürfen sie deshalb das Konzernergebnis nicht mehr beeinflussen, sondern sind erfolgsneutral zu verrechnen.

Erstmalige Elimination

Bei erstmaliger Schuldenkonsolidierung müssen Aufrechnungsdifferenzen, die in den Einzelabschlüssen erfolgswirksam sind, unter gleichzeitiger Beseitigung dieser Erfolgswirkung verrechnet werden. Dies geschieht in Verbindung mit der GuV-Konsolidierung, die Zinsaufwendungen und -erträge aus dem Innenschuldverhältnis beseitigt (vgl. Abschnitt D dieses Kapitels). Das aus dem Innenschuldverhältnis resultierende Zinsergebnis in der Bilanz wird im Rahmen der Schuldenkonsolidierung beseitigt, welche die Bereinigungen innerhalb der Konzernbilanz vornimmt. Durch die erfolgswirksame Verrechnung einer passivischen Aufrechnungsdifferenz resultiert ein zusätzlicher Ertrag, der ein negatives Zinsergebnis aufhebt.

Wiederholte Elimination

In den Folgeperioden würde eine erneute erfolgswirksame Auflösung der passiven Aufrechnungsdifferenz zu keinem Ausgleich der GuV bzw. des JÜ führen, da der korrespondierende Zinsaufwand bereits in den Einzelabschlüssen der Vorperiode realisiert wurde. Dieses Zinsergebnis des Vorjahres ist jedoch in Abhängigkeit von den Ergebnisverwendungsentscheidungen der Konzernunternehmen weiterhin in den Eigenkapital-Positionen der Einzelabschlüsse enthalten, aus denen der Konzernabschluss gebildet wird. Es kann sich dort in verschiedenen Positionen verbergen. Im Falle einer ursprünglich passiven Aufrechnungsdifferenz und einem korrespondierenden negativen Zinsergebnis ist das Summeneigenkapital aus den Einzelabschlüssen entsprechend reduziert und das Eigenkapital der Einheit Konzern zu gering ausgewiesen. Es muss in der Folgekonsolidierung um die Differenz des Vorjahres erhöht werden.

Somit ist in Folgeperioden nur der Veränderungsbetrag der Aufrechnungsdifferenz, der sich per Saldo aus der Schuldenkonsolidierung gegenüber der Vorperiode ergibt, erfolgswirksam zu berücksichtigen.

Erfolgsneutrale Verrechnung

Bezüglich der zur Verrechnung ansprechbaren Positionen (Bilanzgewinn, Gewinnrücklagen bzw. »Sonstiger Ausgleichsposten«) wird auf die Ausführungen zur Zwischenerfolgselimination in Abschnitt C III dieses Kapitels verwiesen. Wegen des sehr gleichartigen Charakters der Restbeträge aus der Zwischenerfolgseliminierung und der Schuldenkonsolidierung steht einer Zusammenfassung der jeweiligen Beträge in einer Position nichts entgegen.

Folgendes Beispiel soll den Sachverhalt verdeutlichen:

Beispiel zur Schuldenkonsolidierung

Die M-AG gibt ihrer Tochtergesellschaft T-AG zum Beginn des Geschäftsjahres ein Darlehen in Höhe von 1 Mio. GE mit einer Laufzeit von fünf Jahren. Das Darlehen wird mit einem Disagio von 10 % ausbezahlt, das die T-AG sofort als Aufwand erfasst, während die M-AG den Betrag über die Laufzeit vereinnahmt. Die Lösung findet sich in Tabelle 9.7.

	01	02	03	04	05
Bilanz M-AG: Ford. T-AG: Verb.	 920 1.000	 940 1.000	 960 1.000	 980 1.000	 1.000 1.000
Aufrechnungsdifferenz	+ 80	+ 60	+ 40	+ 20	–
GuV M-AG: T-AG: Summenergebnis	 + 20 – 100 – 80	 + 20 – + 20	 + 20 – + 20	 + 20 – + 20	 + 20 – + 20
Bestände im EK M-AG: Ek T-AG: Ek Summen-EK	 0 0 0	 + 20 – 100 – 80	 + 40 – 100 – 60	 + 60 – 100 – 40	 + 80 – 100 – 20
Korrekturen: Summenergebnis Summen-Ek Aufrechnungsdifferenz	 + 80 – – 80	 – 20 + 80 – 60	 – 20 + 60 – 40	 – 20 + 40 – 20	 – 20 + 20 –

Tab. 9.7: Beispiel zur Schuldenkonsolidierung

Durch diese Vorgehensweise ist gewährleistet, dass aus der Konzernbilanz jeweils sämtliche innerkonzernlichen Forderungs- und Schuldverhältnisse eliminiert sind und nur noch die diesbezüglichen Beziehungen des Gesamtunternehmens Konzern zu außerhalb des Konzerns stehenden Dritten in der Konzernbilanz zum Ausweis kommen. Im Konzernergebnis werden dabei nur die im Konzerngeschäftsjahr eingetretenen Veränderungen im Bestand der Aufrechnungsdifferenz aus der Schuldenkonsolidierung erfolgswirksam erfasst.

C. Eliminierung von Zwischenerfolgen

Zwischen Konzernunternehmen bestehen häufig intensive Lieferungs- und Leistungsbeziehungen. Unter der Fiktion der Rechtseinheit Konzern dürfen in dessen Abschluss aber nur Geschäftsvorfälle mit Konzernexternen abgebildet werden. Die aus Geschäftsvorfällen mit den Unternehmen des Konsolidierungskreises resultierenden Erträge und Aufwendungen werden im Zuge der Konsolidierung der Gewinn- und Verlustrechnung eliminiert (vgl. Abschnitt D dieses Kapitels).

Begriff der Zwischenerfolgseliminierung

Insoweit die Bilanzen der Konzernunternehmen aber Vermögensgegenstände beinhalten, die unter Entstehung eines Gewinnes (bzw. Verlusts) von einem Konzernunternehmen an ein anderes geliefert wurden, so ist aus Konzernsicht sowohl der Wertansatz dieser Vermögensgegenstände, als auch das Konzernergebnis um den entstandenen Zwischengewinn zu hoch (bzw. um den Zwischenverlust zu niedrig) ausgewiesen. Die Korrektur der Bilanzwerte um die Zwischenerfolge auf die für den Konzern zulässigen Werte wird als »Zwischenerfolgseliminierung« bezeichnet.

Im Folgenden wird zunächst auf die Hintergründe der Zwischenerfolgseliminierung und die notwendige Verrechnungstechnik eingegangen, bevor die normativen Grundlagen nach HGB, IAS/IFRS und US-GAAP besprochen werden. In beiden Bereichen bestehen nur geringfügige Unterschiede zwischen den drei Rechnungslegungsnormen.

I. Grundlagen

Realisationsprinzip im Einzel- und Konzernabschluss

Liefert ein Konzernunternehmen an ein anderes Unternehmen aus demselben Konsolidierungskreis einen Vermögensgegenstand, so realisiert das liefernde Unternehmen aus diesem Geschäft einen Erfolg (Realisationsprinzip), für das empfangende Unternehmen ergeben sich hieraus die anzusetzenden Anschaffungskosten des Vermögensgegenstandes (Anschaffungskostenprinzip). Aus Sicht des Konzerns jedoch, in dem nach der Einheitstheorie alle Konzernunternehmen als unselbständige Betriebsstätten aufgehen, hat eine Umsatzrealisation nicht stattgefunden, da die Lieferung das Unternehmen »Konzern« nicht verlassen hat. Aus innerkonzernlichen Transaktionen stammende und am Konzernbilanzstichtag noch im Konzernkreis bilanzierte Vermögensgegenstände sind damit aus Konzernsicht um die in den Einzelabschlüssen realisierten Transaktionsgewinne zu hoch, um die dort realisierten Transaktionsverluste zu gering bewertet. Diese Wertansätze sind folglich vor der Übernahme in die Konzernbilanz um die in ihnen enthaltenen, aus Konzernsicht jedoch nicht realisierten Erfolge zu bereinigen.

Definition des Zwischenerfolges

Zwischenerfolg lässt sich damit definieren als Differenz zwischen

- dem Wertansatz eines konzernintern gelieferten Vermögensgegenstandes im Einzelabschluss (HB II) eines einbezogenen Konzernunternehmens und
- dem Wert, der diesem Gegenstand aus Konzernsicht gemäß Einheitstheorie zukommt.

Auswirkungen auf Konzernbilanz und -GuV

In Höhe dieses Zwischenerfolges werden dabei die Aktiva in der Konzernbilanz gegenüber der Summenbilanz verringert (Zwischengewinn) bzw. erhöht (Zwischenverlust). Korrespondierend damit ist gegebenenfalls in der Erfolgsrechnung des Konzerns das Jahresergebnis anzupassen.

Zwischengewinn

Der Begriff der Zwischenerfolgseliminierung beinhaltet sowohl die Bereinigung von Zwischengewinnen als auch von Zwischenverlusten. Ein Zwischengewinn liegt dann vor, wenn das liefernde Konzernunternehmen aus der innerkonzernlichen Transaktion einen Gewinn realisiert. Der beim empfangenden Konzernunternehmen ausgewiesene Wertansatz ist damit um den entstandenen Zwischengewinn höher als die Anschaffungs- oder Herstellungskosten des liefernden Unternehmens und damit aus Konzernsicht überhöht. Er muss um diesen Zwischengewinn vermindert werden.

Beispiel zum Zwischengewinn

Konzernunternehmen A liefert einen mit Kosten von 300 erstellten Vermögensgegenstand zu einem Verkaufspreis von 500 an Konzernunternehmen B. Konzernunternehmen B setzt den gekauften Vermögensgegenstand in seiner Einzelbilanz mit 500 an, während Konzernunternehmen A aus dem Geschäftsvorfall einen Gewinn von 200 realisiert. Aus Konzernsicht liegt jedoch kein realisierter Verkaufsakt vor, vielmehr wurde lediglich ein Vermögensgegenstand von einer Betriebsstätte auf eine andere übertragen. Der Vermögensgegenstand ist demnach in der Konzernbilanz mit Herstellungskosten von 300 zu bilanzieren. Der Wertansatz aus der Einzelbilanz von Konzernunternehmen B ist folglich um den Zwischengewinn von 200 auf die Konzernherstellungskosten von 300 zu reduzieren und mit diesem Betrag dort anzusetzen. Gleichzeitig müssen auch aus Konzernsicht der Jahresüberschuss und Bilanzgewinn um den bei Konzernunternehmen A realisierten Zwischengewinn von 200 bereinigt werden.

Zwischenverlust

Realisiert das liefernde Konzernunternehmen hingegen in seinem Einzelabschluss aus der konzerninternen Transaktion einen Verlust (HK z. B. in obigem Beispiel 600 anstelle von 300), so ist der im Einzelabschluss ausgewiesene Wertansatz geringer als der aus Konzernsicht anzusetzende Wert. Folglich muss der Wertansatz für die Konzernbilanz um den Zwischenverlust erhöht werden, wenn der Verkaufspreis nicht dem niedrigeren beizulegenden Wert entspricht.

1. Komponenten des Zwischenerfolges

Wie gezeigt, errechnet sich der Zwischenerfolg aus der Gegenüberstellung des Einzelbilanzwertes eines konzernintern gelieferten Vermögensgegenstandes mit dem sich aus der Fiktion der Rechtseinheit des Konzerns ergebenden Wert.

Während sich der jeweilige Einzelbilanzwert unproblematisch aus der jeweiligen Einzelbilanz bzw. HB II entnehmen lässt, gestaltet sich die Bestimmung des aus der Konzernsicht richtigen Wertes erheblich schwieriger. Er ist aus der Definition der Herstellungskosten unter Berücksichtigung der Fiktion der Rechtseinheit abzuleiten. Da der Begriff der Herstellungskosten in den verschiedenen Regelungssystemen unterschiedlich definiert ist (vgl. 2. Kapitel B I 2), muss der aus Konzernsicht richtige Wert regelungssystemspezifisch bestimmt werden. Im Folgenden steht die Definition des Konzernwertes nach HGB im Vordergrund. Der nach IAS/IFRS bzw. US-GAAP zutreffende Wert lässt sich aus diesen Überlegungen leicht ableiten.

Definition des Konzernwertes nach HGB

Das HGB gibt hierzu keine konkreten Vorgaben, sondern formuliert in § 304 Abs. 1 HGB, dass »in den Konzernabschluss zu übernehmende Vermögensgegenstände, die ganz oder teilweise auf Lieferungen oder Leistungen zwischen in den Konzernabschluss einbezogenen Unternehmen beruhen, in der Konzernbilanz mit einem Betrag anzusetzen (sind), zu dem sie in der auf den Stichtag des Konzernabschlusses aufgestellten Jahresbilanz dieses Unternehmens angesetzt werden könnten, wenn die in den Konzernabschluss einbezogenen Unternehmen auch rechtlich ein einziges Unternehmen bilden würden«. Bei der Bestimmung der Konzernanschaffungskosten (KAK) bzw. Konzernherstellungskosten (KHK) ist damit auf die allgemeinen Regeln zurückzugreifen (vgl. § 298 Abs. 1 HGB).

Konzern-anschaffungs-kosten

Die Konzernanschaffungskosten sind demnach in analoger Anwendung des § 255 Abs. 1 HGB zu ermitteln und umfassen somit sämtliche Aufwendungen, die der Unternehmensgesamtheit »Konzern« entstanden sind, um einen Vermögensgegenstand zu erwerben und ihn in einen betriebsbereiten Zustand zu versetzen. Wie für den Einzelabschluss gilt hierbei als Voraussetzung, dass diese Aufwendungen dem erworbenen Vermögensgegenstand einzeln zugeordnet werden können. Ermessensspielräume sieht das Gesetz bei der Bestimmung der Anschaffungskosten nicht vor, sodass auch die Konzernanschaffungskosten eindeutig bestimmt sind.

Konzern-herstellungs-kosten (KHK)

Wurden konzernintern gelieferte Gegenstände im Konzernverbund hergestellt, be- oder verarbeitet, sind sie im Konzern mit Konzernherstellungskosten (KHK) anzusetzen. Bei ihrer Festlegung ist Rückgriff zu nehmen auf die einschlägigen Bestimmungen für den Einzelabschluss in § 255 Abs. 2 und 3 HGB. Das hier normierte Wertansatzwahlrecht zwischen den angefallenen Einzelkosten als Mindestwertansatz und der Summe von Einzel- und Gemeinkosten als obere Wertgrenze gilt damit ebenso für den Konzernabschluss. Die Vorgabe, welche Kostenbestandteile in den Wertansatz der Herstellungskosten im Konzern einfließen sollen, ist grundsätzlich bereits bei der Erstellung der HB II im Rahmen der konzernweiten Vereinheitlichung der Bilanzierung zu treffen. Der konzernspezifische Korrekturwert »Konzernherstellungskosten« ist somit im Gegensatz zu den Konzernanschaffungskosten nicht eindeutig bestimmt, sondern ist innerhalb des Ermessensspielraums zwischen dem »Konzernmindestwert« (ansatzpflichtige Herstellungskostenbestandteile) und dem »Konzernhöchstwert« (Bewertungsobergrenze der Herstellungskosten) zu suchen. Allerdings gilt für die Bewertung der Herstellungskosten der Grundsatz der Stetigkeit (§ 298 Abs. 1 i. V. m. § 252 Abs. 1 Nr. 6 HGB).

Eliminierungs-fähige und eliminierungs-pflichtige Zwischen-gewinne

Da sich der Zwischenerfolg definitionsgemäß aus der Differenz zwischen HB II-Ansatz und Konzernwert errechnet, lässt sich der Zwischenerfolg wegen des bestehenden Ermessensspielraums bei der Festlegung der Konzernherstellungskosten grundsätzlich aufspalten in einen eliminierungspflichtigen und einen eliminierungsfähigen Bestandteil. Der eliminierungspflichtige Bestandteil eines Zwischengewinnes ist dabei die positive Differenz zwischen dem höheren Einzelbilanzwert und dem niedrigeren Konzernhöchstwert. Allerdings vermindert sich der eliminierungspflichtige Zwischengewinn, falls der beizulegende Wert am Bilanzstichtag (= Tageswert) unter dem Konzernverrechnungspreis liegt. Als eliminierungsfähigen Zwischengewinn bezeichnet man den Unterschied zwischen dem Konzernhöchstwert der Konzernherstellungskosten und den darunter – bis zumindest zum Konzernmindestwert – angesetzten Kostenbestandteilen. Dieser Sachverhalt ist in Abbildung 9.9 veranschaulicht (vgl. Küting, K./Weber, C.-P. [2001], S. 296).

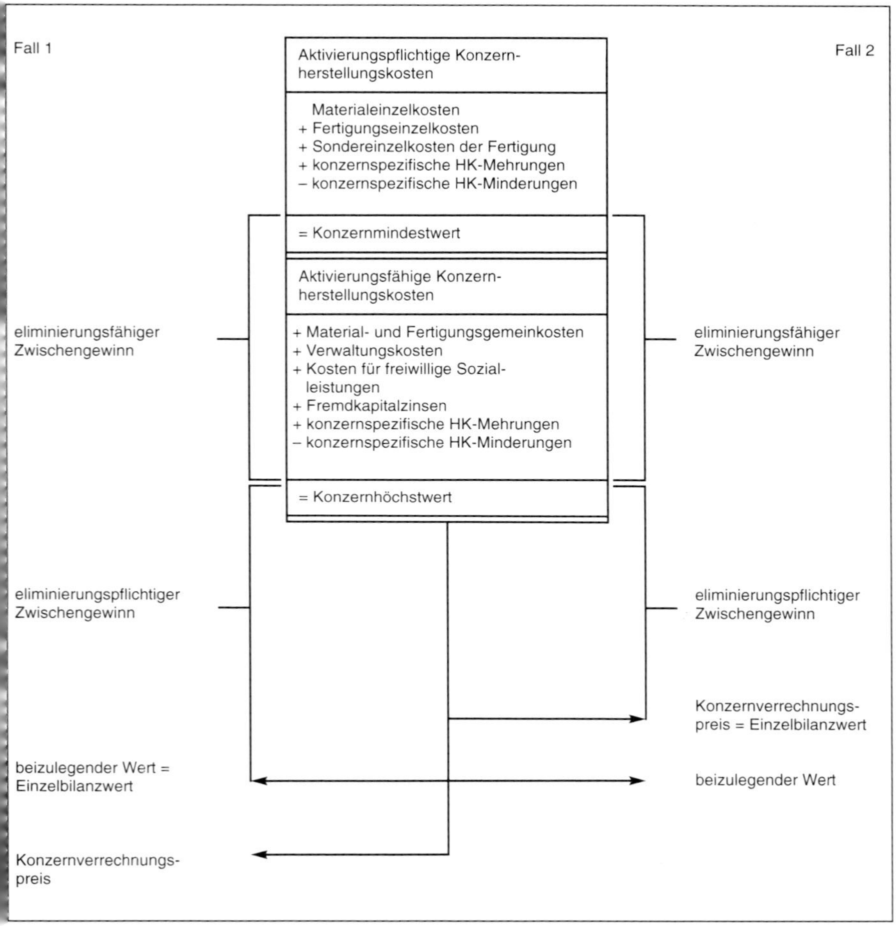

Abb. 9.9: Schematische Darstellung des Zwischengewinns nach HGB

Eliminierungspflichtige Zwischenerfolge nach IAS/IFRS und US-GAAP

IAS/IFRS (IAS 2.7) und US-GAAP (ARB 43.4) stellen bei den Herstellungskosten im Gegensatz zum möglichen Teilkostenansatz nach § 255 Abs. 2 HGB generell auf den Vollkostenansatz ab, ohne Wahlrechte für die Höhe der Herstellungskosten zu bieten. Deshalb entstehen in diesen beiden Rechnungslegungsnormen lediglich eliminierungspflichtige Zwischenerfolge. Die Behandlung von Konzernanschaffungsnebenkosten ist identisch (vgl. Baker, R. E./Lempke, V. C./King, T. E. [1999], S. 390 f.).

Beispiel zur Definition des Zwischengewinns:

Beispiel

Konzernunternehmen A liefert an Konzernunternehmen B eine selbsterstellte Maschine zum Preis von 1 Mio. GE (Fall 1) bzw. 900.000 GE (Fall 2). An Einzelkosten fallen dabei 300.000 GE an. Die Gemeinkosten des Material-, Fertigungs- und Verwaltungsbereiches betragen 550.000 GE. Als Gewinn weist A

150.000 GE (Fall 1) bzw. 50.000 GE (Fall 2) aus. Am Bilanzstichtag beträgt der beizulegende Wert der Maschine 950.000 GE. B aktiviert die Maschine zu 950.000 GE (Fall 1) bzw. 900.000 GE (Fall 2).

Aus Konzernsicht wurde kein Außenumsatz getätigt. Deshalb darf kein Erfolg realisiert und muss die Maschine zu KHK bilanziert werden.

	Fall 1	Fall 2
Bilanzansatz bei B	950.000	900.000
Maximale KHK	– 850.000	– 850.000
Eliminierungspflichtiger ZG	100.000	50.000
Maximale KHK	850.000	850.000
Minimale KHK	– 300.000	– 300.000
Zusätzlicher eliminierungsfähiger ZG	550.000	550.000

Eliminierungsfähige und eliminierungspflichtige Zwischenverluste

Ein eliminierungspflichtiger Zwischenverlust liegt vor bei einer positiven Differenz zwischen dem Konzernmindestwert der Konzernherstellungskosten und einem niedrigeren Einzelbilanzwert. Allerdings vermindert sich der eliminierungspflichtige Zwischenverlust, falls der beizulegende Wert (= Tageswert) unter dem Konzernmindestwert liegt. Der eliminierungsfähige Teil eines Zwischenverlustes ist dann die Differenz zwischen dem Konzernmindestwert der Konzernherstellungskosten und einem darüber – bis höchstens zum Konzernhöchstwert – angesetzten Wert. Dieser Sachverhalt wird durch die folgende Abbildung 9.10 verdeutlicht (vgl. Küting, K./Weber, C.-P. [2001], S. 300).

Beispiel zur Definition des Zwischenverlustes:

Beispiel

Verkauft – ausgehend von dem vorherigen Beispiel – A an B anstelle zum Preis von 1.000.000 GE nun zu 250.000 GE, so errechnet sich ein Zwischenverlust, wenn der beizulegende Wert der Maschine 280.000 GE (Fall 1) bzw. 900.000 GE (Fall 2) beträgt.

	Fall 1	Fall 2
Konzernmindestwert	280.000	300.000
Bilanzansatz bei B	– 250.000	– 250.000
Eliminierungspflichtiger ZV	30.000	50.000
Maximale KHK		850.000
Minimale KHK		– 300.000
Zusätzlicher eliminierungsfähiger ZV		550.000

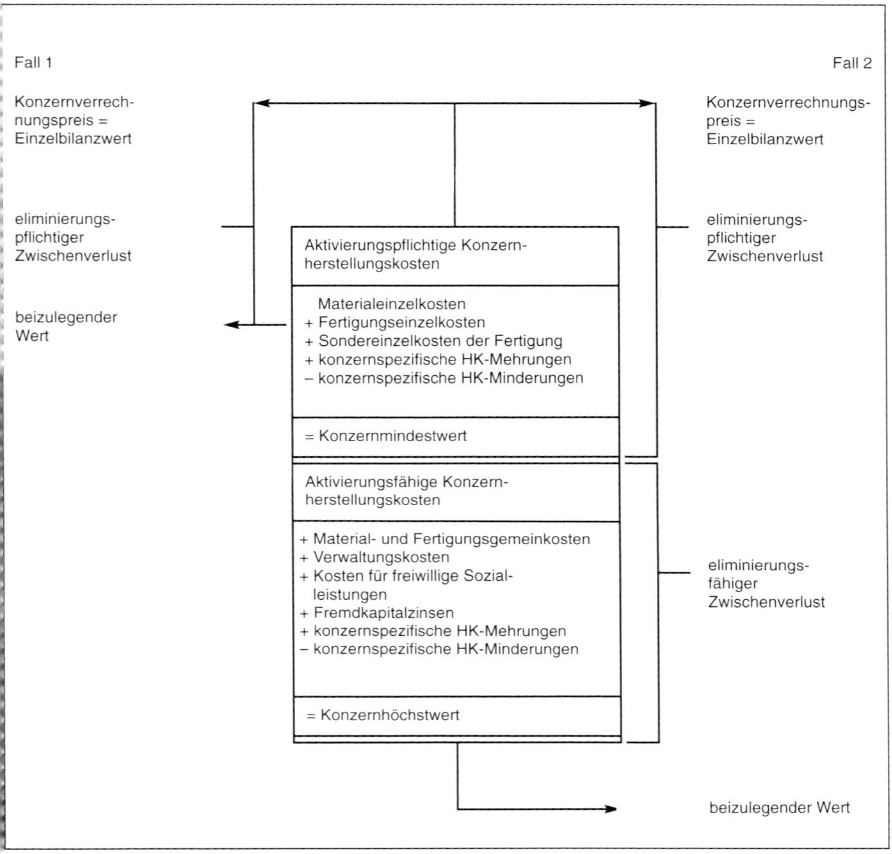

Abb. 9.10: Schematische Darstellung des Zwischenverlustes nach HGB

Zwischenverlust und Imparitätsprinzip

Vor der Eliminierung eines Zwischenverlustes muss allerdings geprüft werden, ob der unter den Konzernherstellungskosten liegende Wertansatz des Vermögensgegenstandes in der Einzelbilanz (HB II) des Konzernunternehmens in einer außerplanmäßigen Abschreibung auf den niedrigeren beizulegenden Wert begründet ist. Da das Imparitätsprinzip auch auf den Konzernabschluss voll anzuwenden ist, muss in einem solchen Fall in der Konzernbilanz dieser niedrigere Wertansatz zur Anwendung kommen. Eine Zwischenverlusteliminierung ist insoweit nicht zulässig.

Zwischenerfolge und konzerneinheitliche Bewertung

Der Ermessensspielraum zwischen dem Konzernhöchst- bzw. -mindestwert der Konzernherstellungskosten und damit eines zu eliminierenden Zwischengewinnes bzw. Zwischenverlustes wird durch den Grundsatz der konzerneinheitlichen Bewertung eingeengt. Die vorzunehmende Zwischengewinn- bzw. Zwischenverlusteliminierung muss immer dazu führen, dass der Vermögensgegenstand mit den konzernweit für diese Gattung von Vermögensgegenständen vorgegebenen Kosten angesetzt wird. Es ist also nicht möglich, im Konzernverbund hergestellte Vermögensgegenstände gleicher Art nach einer durchgeführten Zwischenerfolgseliminierung bei Konzernunternehmen A nur mit Einzelkosten, bei Konzernunternehmen B mit der Summe aus Einzelkosten und Gemeinkosten und bei Konzernunternehmen C mit einem Mittelwert anzusetzen. Dies würde dem Grundsatz der sachlichen Stetigkeit sowie der einheitlichen Bilanzierung im Konzern widersprechen.

Konzernspezifische HK-mehrungen und -minderungen

Ausgangspunkt der Bestimmung der Konzernherstellungskosten sind grundsätzlich die beim liefernden Unternehmen angefallenen Herstellungskosten. Diese aus der Sicht des Einzelabschlusses definierten Bestandteile der Herstellungskosten müssen darauf überprüft werden, ob sie

- Kosten umfassen, die aus Konzernsicht als nicht aktivierungsfähig gelten, bzw.
- um Bestandteile zu ergänzen sind, die aus Konzernsicht aktivierungspflichtig bzw. aktivierungsfähig, im Einzelabschluss jedoch mit einem Aktivierungsverbot belegt sind.

Kosten-minderungen

Als konzernspezifische Herstellungskostenminderungen kommen dabei an andere Konzernunternehmen gezahlte Fertigungslizenzen sowie Miet-, Pacht- oder Leasingzahlungen für Fertigungsanlagen in Betracht, da diese Aufwendungen aus Sicht der Gesamtunternehmung Konzern nicht aktivierungsfähig sind.

Kosten-mehrungen

Den Herstellungskosten des einzelnen Konzernunternehmens hinzuzurechnen sind solche Kosten, die aus Sicht des einzelnen Konzernunternehmens nicht aktivierungsfähig, aus der umfassenden Sicht des Konzerns jedoch als aktivierbar oder aktivierungspflichtig zu qualifizieren sind. Als Beispiel hierfür können die Kosten für die Lieferung des Vermögensgegenstandes von einem Konzernunternehmen zu einem anderen genannt werden, die aus Sicht des herstellenden Unternehmens als nicht aktivierungsfähige Vertriebskosten, aus der Sicht des Konzerns jedoch zu den aktivierungspflichtigen Herstellungskostenbestandteilen (innerbetriebliche Transportkosten) zählen.

Zwischen-erfolge bei abnutzbaren Vermögens-gegenständen

Durch die Zwischenerfolgseliminierung werden die Wertansätze der Vermögensgegenstände aus den Einzelbilanzen (HB II) der einbezogenen Konzernunternehmen vor der Übernahme in die Konzernbilanz verändert. Soweit es sich um abnutzbare Anlagegegenstände handelt, haben diese deshalb eine unterschiedliche Abschreibungsgrundlage im Einzel- und Konzernabschluss. Neben der bei jeder Konzernabschlusserstellung durchzuführenden Wertkorrektur des Bilanzwertes muss demzufolge für den Einbezug in den Konzernabschluss eine Korrektur der entsprechenden Abschreibungen des Einzelabschlusses durchgeführt werden.

Beispiel:

Beispiel

Der im Einzelabschluss vom Konzernunternehmen A mit 500 angesetzte Vermögensgegenstand wird im Rahmen einer Zwischenverlustelimination in der Konzernbilanz mit 700 angesetzt. Die Abschreibungsdauer beträgt bei linearer Abschreibung fünf Jahre. Der Abschreibungsbetrag von 100 im Einzelabschluss ist folglich für den Konzernabschluss auf 140 zu erhöhen. Die höhere Abschreibung im Konzern führt dazu, dass sich der zu eliminierende Zwischenverlustbestand in dem Vermögensgegenstand im Laufe der Zeit verringert. Ebenso gleicht sich der ursprüngliche Ergebnisunterschied zwischen dem Einzelabschluss von Konzernunternehmen A und dem Konzernabschluss (Ergebnis im Konzern + 200 durch Eliminierung des Zwischenverlustes bei erstmaliger Zwischenverlusteliminierung) durch die höheren Abschreibungen im Konzern in den Folgejahren (Konzernabschreibung 140, Abschreibung im Einzelabschluss 100) aus.

Dies hat auch entsprechende Konsequenzen für den Ansatz latenter Steuern im Konzern (vgl. Abschnitt E dieses Kapitels).

2. Ermittlung konzernintern gelieferter Vermögensgegenstände

Vor der Ermittlung zu eliminierender Zwischenerfolge muss festgestellt werden, welche am Bilanzstichtag in der Konzernbilanz zu bilanzierenden Vermögensgegenstände ganz oder teilweise aus konzerninternen Lieferungen bzw. Leistungen stammen und somit für eine Zwischenerfolgseliminierung in Frage kommen.

Homogene Bestände

Unproblematisch ist dies, wenn bestimmte Gütergruppen generell nur von anderen einbezogenen Konzernunternehmen geliefert werden. Die hierfür angesetzten Werte aus den Einzelbilanzen kann man dann sofort den korrespondierenden Konzernwerten gegenüberstellen und so den Zwischenerfolg ermitteln.

Gemischte Bestände

Häufig jedoch werden auch gleichartige Vermögensgegenstände von verschiedenen Lieferanten bezogen und müssen deshalb in einen konzernintern und einen von konzernfremden Unternehmen gelieferten Teil differenziert werden. Vor allem im Vorratsvermögen empfiehlt es sich, hierbei auf vereinfachende Verbrauchsfiktionen zurückzugreifen.

Kifo-Methode

Nach der sog. Kifo-Fiktion (»Konzern in – first out«) wird unterstellt, dass die aus Konzernlieferungen stammenden Vermögensgegenstände auch als erste wieder umgeschlagen wurden. Dadurch werden die aus Konzernlieferungen stammenden Bestände mengenmäßig so gering wie möglich angesetzt, womit der Aufwand zur Durchführung der Zwischenerfolgseliminierung so gering wie möglich gehalten wird. Soweit die Konzernlieferungen nicht wesentlich höher als die konzernexternen Lieferungen sind und kein hoher Lagerbestand besteht, können sich die Lager nach der Kifo-Fiktion durchaus nur aus konzernexternen Lieferungen zusammensetzen. Eine Zwischenerfolgseliminierung ist damit bei diesen Beständen unnötig. Da die Kifo-Fiktion jedoch nur eine mengenmäßige Zuordnung zu konzernexternen bzw. konzerninternen Lieferungen trifft, müssen bei Lieferungen zu unterschiedlichen Preisen im Anschluss hieran noch die Wertansätze der Vermögensgegenstände bestimmt werden. Hierbei kann auf die aus dem Einzelabschluss bekannten Sammelbewertungsverfahren zurückgegriffen werden (Durchschnitts-, Fifo-, Lifo-, Hifo- und Lofo-Methode).

Kilo-Methode

Ein anderes Verfahren, Konzernlieferungen von externen Lieferungen zu unterscheiden, ist die so genannte Kilo-Methode (»Konzern in – last out«). Dieses Verfahren fingiert im Gegensatz zur Kifo-Methode, dass zuerst alle konzernextern gelieferten Vorräte in den Umsatzprozess eingeflossen sind, sodass der aus Konzernlieferungen bestehende Teil der Bestände möglichst hoch angesetzt wird. Dies kann dazu führen, dass sich die Konzernläger nur aus Konzernlieferungen zusammensetzen. Gerade unter dem letzten Gesichtspunkt bewirkt auch dieses Verfahren eine Vereinfachung insoweit, als für die Konzernbilanz nicht mehr differenziert werden muss zwischen konzernintern bzw. konzernextern gelieferten Vermögensgegenständen. Im Gegensatz zur Kifo-Methode lässt sich jedoch eine Zwischenerfolgseliminierung nicht vermeiden. Allerdings führt das Kilo-Verfahren unter der Annahme, dass überwiegend Gewinne aus konzerninternen Lieferungen zu eliminieren sind, zumindest tendenziell zu einem geringeren Wertansatz des Vorratsvermögens in der Konzernbilanz. Insofern kann die Wahl zwischen diesen beiden Methoden durchaus mit bilanzpolitischen Überlegungen für den Konzern verbunden sein. Es ist jedoch zu beachten, dass einem willkürlichen Wechsel der Methoden in Folgeperioden das Gebot der zeitlichen Stetigkeit entgegensteht.

Pauschalierungen bei Massengütern

Bei Massengütern lässt sich eine individuelle Ermittlung der jeweiligen Zwischenerfolge aufgrund des damit verbundenen Aufwands kaum rechtfertigen. Als angemessene Form einer Zwischenerfolgseliminierung werden deshalb von der Literatur pauschalierende Vorgehensweisen präferiert (vgl. Busse von Colbe, W./ Ordelheide, D. [1993], S. 368 ff.).

Durchschnittliche Zwischenerfolge pro Lieferzeit

So wird z. B. die Ermittlung von Jahresdurchschnittssätzen vorgeschlagen, mit denen eine durchschnittliche Zwischenerfolgsspanne für einen oder eine Gruppe konzerninterner Lieferanten errechnet wird. Aus der Gegenüberstellung der Umsatzerlöse mit den hierfür angefallenen Kosten der während der Abrechnungsperiode ausgetauschten Lieferungen und Leistungen wird ein durchschnittliches Zwischenergebnis pro Liefer- bzw. Leistungseinheit errechnet, das der Zwischenerfolgseliminierung in den jeweiligen Konzernbeständen zum Jahresende zugrunde gelegt wird. Eine stückbezogene Berechnung entfällt somit.

Beispiel

Beispiel:

Ein Konzernunternehmen bezahlte an ein anderes Konzernunternehmen für empfangene Lieferungen in der abgelaufenen Periode insgesamt einen Betrag von 1.000 GE. Diesen 1.000 GE stehen aufseiten des liefernden Konzernunternehmens 600 GE an Herstellungskosten gegenüber. Wurden in der betreffenden Abrechnungsperiode insgesamt 100 Stück eines bestimmten Gegenstandes geliefert, so belaufen sich die durchschnittlichen Zwischengewinne auf 4 GE pro Stück. Wenn der konzernintern gelieferte Bestand zum Jahresende mit 25 Stück ermittelt wird, so ergibt sich hieraus ein zu eliminierender Gewinn von 25 × 4 GE = 100 GE.

Durchschnittliche Zwischenerfolge pro Produkt

Daneben kann sich auch die Bildung von Produktgruppen anbieten, wobei für die verschiedenen konzerninternen Lieferanten ein einheitlicher Durchschnittssatz für die Zwischenerfolge errechnet wird. Den aufsummierten Umsatzerlösen der konzerninternen Lieferanten werden dabei deren entsprechende Herstellungskosten gegenübergestellt. Die Errechnung des durchschnittlichen Zwischenerfolges ist dann analog dem vorherigen Beispiel durchzuführen.

Retrograde Ermittlung

Ein weiterer Weg ist die retrograde Ermittlung des Zwischenerfolges, wobei die bilanzierten Konzernlieferungen um die durchschnittliche Handelsspanne des liefernden Konzernunternehmens gekürzt werden. Auch hier kann wieder pauschalierend eine Berechnung für eine Lieferantengruppe oder eine bestimmte Produktgruppe vorgenommen werden.

Durch diese pauschalierenden Maßnahmen lässt sich der Aufwand für die Zwischenerfolgselimination in Grenzen halten, ohne dass dadurch eine Darstellung des Konzerns im Sinne der Einheitstheorie gefährdet oder der Informationsgehalt des Konzernabschlusses unter der Generalnorm unzulässig eingeschränkt würde. Gleichzeitig wird sich auch die Anwendung des Befreiungskriteriums »unverhältnismäßiger Aufwand« (vgl. unten III 1 in diesem Abschnitt) an der Inanspruchnahme solcher Methoden messen lassen müssen.

II. Verrechnung von Zwischenerfolgen

Erstmalige vs. wiederholte Eliminierung

Die Vorgehensweise bei der Eliminierung von Zwischenerfolgen unterscheidet sich im Jahr der Entstehung von der in den Folgeperioden. Da Konzernbilanz und Konzern-GuV in jeder Periode aus der Zusammenfassung der Einzelabschlüsse der Konzernunternehmen entstehen, muss auch bei der Zwischenerfolgseliminierung in den Folgeperioden ein aus den Vorperioden verbliebener Zwischenerfolg erneut eliminiert werden.

Erfolgswirksame Verrechnung

Tritt ein Zwischenerfolg erstmalig auf, so steht den aus Konzernsicht überhöhten (Zwischengewinn) bzw. zu geringen (Zwischenverlust) Wertansätzen in der Summenbilanz ein entsprechend zu hoher bzw. zu niedriger Jahreserfolg in der Summen-GuV gegenüber, da die Erfolge in den Einzelabschlüssen während der abgelaufenen Rechnungsperiode realisiert wurden. Aus Konzernsicht sind die Erfolge aber erst in dem Augenblick realisierbar, in dem die betrachteten Vermögensgegenstände an Dritte außerhalb des Konsolidierungskreises veräußert werden. In der Konzernbilanz werden deshalb die Wertansätze der Vermögensgegenstände durch Verrechnung der Zwischenergebnisse mit dem Jahreserfolg an die Konzern-AHK angepasst (Buchungssatz bei Zwischengewinn: per Konzernergebnis an Anlage-/Umlaufvermögen). Die entstandenen Innenumsätze und die korrespondierenden Aufwendungen werden im Zuge der GuV-Konsolidierung mit dem Jahresergebnis innerhalb der GuV verrechnet.

Erfolgsneutrale Verrechnung

Die Zwischenerfolge werden lediglich im Konzernabschluss eliminiert, bleiben jedoch in den Einzelabschlüssen der Konzernunternehmen enthalten. Ist ein Zwischengewinn (-verlust) in der Folgeperiode noch nicht realisiert, muss er erneut eliminiert werden, da der Wertansatz der Vermögensgegenstände in den Aktiva der Einzelbilanzen erneut überhöht (zu gering) ist. Der korrespondierende Erfolg wurde in den Einzelabschlüssen jedoch bereits in der Vorperiode realisiert und im Rahmen der Gewinnverwendung in unterschiedliche Eigenkapitalpositionen eingestellt. Er ist deshalb in der betrachteten Folgeperiode nicht erfolgswirksam und muss erfolgsneutral ausgebucht werden.

Differenzierte Aufrechnung

Die Verrechnung der Wertdifferenz der Vermögensgegenstände muss deshalb theoretisch richtig mit den einzelnen Eigenkapitalpositionen erfolgen, um den Sachverhalt im Konzernabschluss so darzustellen, als sei es nie zu einem Zwischenerfolg gekommen. Zur Veranschaulichung mag folgendes Beispiel dienen, dessen rechnerische Lösung in Tabelle 9.8 gezeigt ist, wobei hier eine Kapitalkonsolidierung außer Acht bleibt:

Beispiel

Das Mutterunternehmen MU liefert in Periode 01 an ein Tochterunternehmen TU Waren mit Herstellungskosten von 800 zum Preis von 1000 (Buchung 1)), die diese erst in Periode 03 zum Preis von 1300 weiterverkauft (Buchung 3)). Im Einzelabschluss des Mutterunternehmens entsteht in Periode 01 ein Zwischengewinn von 200, beim Tochterunternehmen ein Erfolg von 300 in Periode 03. Aus Konzernsicht entsteht erst in Periode 03 ein Gewinn von 500.

Periode 01	MU		TU		Summenbilanz		Konsolidierung		Konzernbilanz	
	S	H	S	H	S	H	S	H	S	H
sonst. VG	10.000		3.000		13.000				13.000	
Vorräte	2.000		0		3.000			200	2.800	
			1)+1.000							
Bank	3.000	1) 800	2.000	1) 1.000	4.200				4.200	
	1)+1000									
Gezeichn. Kapital		10.000		3.000		13.000				13.000
Gewinnrücklagen		4.500		2.000		6.500				6.500
Ergebnisvortrag		500				500				500
Jahresüberschuss		1) 200		0		200	200			0
Summe	16.000	16.000	6.000	6.000	20.200	20.200	200	200	20.000	20.000

Periode 02	MU		TU		Summenbilanz		Konsolidierung		Konzernbilanz	
	S	H	S	H	S	H	S	H	S	H
sonst. VG	10.000		3.000		13.000				13.000	
Vorräte	2.000		1.000		3.000			200	2.800	
Bank	3.200		1.000		4.200				4.200	
Gezeichn. Kapital		10.000		3.000		13.000				13.000
Gewinnrücklagen		4.600		2.000		6.600	100			6.500
Ergebnisvortrag		600				600	100			500
Jahresüberschuss										0
Summe	15.200	15.200	5.000	5.000	20.200	20.200	200	200	20.000	20.000

Periode 03	MU		TU		Summenbilanz		Konsolidierung		Konzernbilanz	
	S	H	S	H	S	H	S	H	S	H
sonst. VG	10.000		3.000		13.000				13.000	
Vorräte	2.000		1.000	3) 1000	2.000				2.000	
Bank	3.200		1.000		5.500				5.500	
			3) +1.300							
Gezeichn. Kapital		10.000		3.000		13.000				13.000
Gewinnrücklagen		4.600		2.000		6.600	100			6.500
Ergebnisvortrag		600				600	100			500
Jahresüberschuss				3) 300		300		200		500
Summe	15.200	15.200	6.300	6.300	20.500	20.500	200	200	20.500	20.500

Tab. 9.8: Beispiel Eliminierung von Zwischenerfolgen

In Periode 01 muss deshalb der Zwischenerfolg von 200 eliminiert werden, wobei der Wertansatz des Vorratsvermögens um 200 überhöht ist und durch die Buchung »per Jahresüberschuss 200 an Vorräte 200« erfolgswirksam reduziert wird.

In Periode 02 muss die Zwischenerfolgseliminierung wiederholt werden, wobei diese von der Gewinnverwendung des Mutterunternehmens abhängt. Wurde beispielsweise der Zwischengewinn zur Hälfte in Gewinnrücklagen und Ergebnisvortrag eingestellt, muss die Eliminierung nun durch die Buchung »per Gewinnrücklagen 100 und Ergebnisvortrag 100 an Vorräte 200« erfolgsneutral erfolgen.

In Periode 03 wird der Zwischenerfolg der Periode 01 aus Konzernsicht realisiert und muss aus den Eigenkapitalpositionen der Einzelabschlüsse in das Konzernergebnis umgegliedert werden. Dies geschieht durch die Buchung »per Gewinnrücklagen 100 und Ergebnisvortrag 100 an Jahresüberschuss 200«.

Globale Verrechnung

Die differenzierte Zwischenerfolgseliminierung in den Folgeperioden – im Beispiel zu Lasten von Ergebnisvortrag und Rücklagen – setzt die genaue Kenntnis der Gewinnverwendungsentscheidungen der Konzernunternehmen voraus. Nur wenn bekannt ist, in welcher Eigenkapitalposition die Zwischenerfolge enthalten sind, ist ihre exakte Eliminierung in der Folgekonsolidierung realisierbar. Wegen der großen Zahl der Einzelfälle stößt eine solche Vorgehensweise in der Praxis an die Grenzen der Durchführbarkeit. Deshalb erfolgt statt einer differenzierten Aufrechnung meist eine globale Verrechnung mit Hilfe des Ergebnisvortrags, der Gewinnrücklagen oder eines speziellen Ausgleichspostens. Bei einer solchen globalen Verrechnung kommt es zu keiner perfekten Eliminierung der Zwischenerfolge in jeder einzelnen Eigenkapitalposition, sondern es wird lediglich das Eigenkapital insgesamt in richtiger Höhe ausgewiesen.

Periode 02	MU		TU		Summenbilanz		Konsolidierung		Konzernbilanz	
	S	H	S	H	S	H	S	H	S	H
sonst. VG	10.000		3.000		13.000				13.000	
Vorräte	2.000		1.000		3.000			200	2.800	
Bank	3.200		1.000		4.200				4.200	
Gezeichn. Kapital		10.000		3.000		13.000				13.000
Gewinnrücklagen		4.600		2.000		6.600				6.600
Ergebnisvortrag		600				600				600
sonst. APO							200		200	
Jahresüberschuss										
Summe	15.200	15.200	5.000	5.000	20.200	20.200	200	200	20.200	20.200

Tab. 9.9: Beispiel Eliminierung von Zwischenerfolgen, globale Verrechnung

Geschieht die globale Verrechnung über den Ergebnisvortrag, dann führt ein Zwischengewinn aus Vorperioden zur Reduktion eines Gewinnvortrages bzw. Erhöhung eines Verlustvortrages. Ein solcher Verlustvortrag dient jedoch lediglich der Aufrechnung bereits verwendeter Zwischengewinne und nicht dem Übertrag von Ergebnisspitzen. Den in dieser Position enthaltenen Aufrechnungsdifferenzen wird damit ein falscher Charakter zugewiesen. Ähnlich verhält es sich bei der globalen Verrechnung über die Gewinnrücklagen, da auch die durch die Aufrechnung eingestellten Differenzen ihrem Charakter nach keinen Verlust, sondern Gewinnkorrekturen darstellen. Deshalb ist die globale Verrechnung über einen speziellen Ausgleichsposten – im Falle eines Zwischengewinns als aktivischem Korrekturposten zum Eigenkapital – der den Charakter der in ihm enthaltenen Mittel klar deklariert, vorzuziehen (vgl. Baetge, J./Kirsch, H.-J./Thiele, S. [2002], S. 358). In dem in Tabelle 9.8 gezeigten Beispiel würde sich die Verrechnung in der Periode 2 dann wie in Tabelle 9.9 angegeben verändern.

Veränderung des Zwischenerfolgsbestandes

Die Notwendigkeit zur Zwischenerfolgseliminierung stellt sich nur dann, wenn Vermögensgegenstände aus einer konzerninternen Lieferungs- und Leistungsbeziehung nicht in derselben Abrechnungsperiode weiterveräußert werden. Werden alle solche Vermögensgegenstände in späteren Perioden an Konzerndritte veräußert und der enthaltene Zwischenerfolg aus Konzernsicht realisiert, dann hat die Zwischenerfolgseliminierung lediglich eine Verlagerungsfunktion. Um den Konzernjahresüberschuss richtig darstellen zu können, müssen in Vorperioden eliminierte Zwischengewinne in der Periode ihrer Realisation das Summenergebnis erhöhen, während realisierte Zwischenverluste es verringern. Andererseits müssen unrealisierte, in den Einzelabschlüssen erfolgswirksame Zwischengewinne der Periode das Summenergebnis verringern, Zwischenverluste es erhöhen.

Diese Vorgänge werden sich in der Praxis überlagern, sodass lediglich die Veränderung des Zwischerfolgsbestandes, gemessen durch die Differenz aus dem aus Konzernsicht zulässigen Wertansatz intern gelieferter Vermögensgegenstände und ihrem tatsächlichen Wertansatz, für die Anpassung des Konzernjahresüberschusses von Relevanz ist. Da nur die Veränderung in der jeweils abgelaufenen Abrechnungsperiode in den Einzelabschlüssen realisiert wird und deshalb in der Summen-GuV enthalten ist, kann folglich auch nur diese erfolgswirksam mit dem Konzernergebnis verrechnet werden. Der Zwischenerfolgsbestand des Vorjahres muss hingegen erfolgsneutral in der oben dargestellten Weise eliminiert werden.

Beispiel

Im folgenden Beispiel, das an das Beispiel in Tabellen 9.8 bzw. 9.9 anknüpft, wird von der Bildung eines sonstigen Ausgleichspostens (APO) als Korrekturposten zum Eigenkapital ausgegangen.

	Periode 00	Periode 01	Periode 02	Periode 03
Zwischenerfolgsbestand	0	200	400	200
erfolgswirksame Veränderung des Zwischenerfolgsbestandes	0	+ 200	+ 200	– 200
erfolgswirksame Verrechnung der Veränderung	0	– 200	– 200	+ 200
erfolgsneutrale Verrechnung des alten Zwischenerfolgsbestandes	0	0	200	400

Kommt es in der Periode 02 zu einer erneuten internen Lieferung zum Preis von 1.000 und Kosten von 800 (Buchung [1)]), so erhöht sich der Zwischenerfolgsbestand von 200 auf 400, wobei die Erhöhung erfolgswirksam ist und deshalb erfolgswirksam zu eliminieren ist: »per Jahresüberschuss an Vorräte 200«. Der alte Zwischenerfolgsbestand von 200 muss wie oben erfolgsneutral durch die Buchung »per sonstiger Ausgleichsposten an Vorräte 200« verrechnet werden.

In Periode 03 wird die Ware zum Preis von 1.300 verkauft und somit der Zwischenerfolg aus der Periode 01 nun realisiert. Der Zwischenerfolgsbestand aus Periode 02 von 400 wird reduziert auf 200. Diese Verringerung ist erfolgswirksam zu verrechnen und erhöht das Konzernergebnis um 200: »per Vorräte an Jahresüberschuss 200«. Der alte Zwischenerfolgsbestand von 400 ist noch immer im Eigenkapital der Konzernunternehmen enthalten und muss durch die Buchung: »per sonstiger Ausgleichsposten an Vorräte 400« erfolgsneutral eliminiert werden. Durch diese Verrechnung wird gewährleistet, dass Jahreserfolg, Vermögen und Konzerneigenkapital in richtiger Höhe ausgewiesen werden, wie aus dem in Tabelle 9.10 wiedergegebenen Konsolidierungsschema ersichtlich wird.

Ergebnisverwendung im Konzernabschluss

Im Rahmen der einzelgesellschaftlichen Rechnungslegung (§§ 266 Abs. 3, § 268 Abs. 1 HGB) ist es freigestellt, den Jahresabschluss vor oder nach Gewinnverwendung aufzustellen. Dies ist gemäß § 298 Abs. 1 auch im Konzernabschluss möglich. Aktiengesellschaften müssen jedoch gemäß §§ 150 Abs. 1, 300 AktG die gesetzliche Rücklage bereits in der Bilanz der Abrechnungsperiode bilden; die Berücksichtigung der Rücklagendotierung in der Bilanz setzt jedoch die Ausübung des Wahlrechts nach § 268 Abs. 1 HGB zur Aufstellung der Bilanz nach teilweiser oder vollständiger Gewinnverwendung voraus und macht diese zur Pflicht (vgl. ADS [1995], § 268 HGB Tz. 21). Unabhängig davon, welche Darstellungsform gewählt wurde, müssen Aktiengesellschaften in Bilanz oder Anhang die in die einzelnen Positionen der Gewinnrücklagen fließenden Beträge angeben (§ 152 Abs. 3 AktG) und in GuV oder Anhang eine Gewinnverwendungsrechnung aufstellen (§ 158 Abs. 1 AktG). Insofern trifft diese Verpflichtung auch alle Konzerne, die Aktiengesellschaften und KGaA in den Konzernabschluss einbeziehen (vgl. Baetge, J./Kirsch, H.-J./Thiele, S. [2002], S. 531 f.).

Konzerngewinn

Wird die Konzernbilanz nach teilweiser Ergebnisverwendung aufgestellt, so wird der Bilanzgewinn des Konzerns (= »Konzerngewinn«) ausgewiesen. Für die Ermittlung der Ergebnisverwendungsrechnung des Konzerns können die Verwendungsrechnungen der Einzelabschlüsse nicht einfach nur addiert werden, sondern auch hier müssen Aufrechnungen erfolgen. Diese sind abhängig davon, welchen Zweck man dem Bilanzgewinn des Konzerns beimißt, der im Rechtssinne keine Ausschüttungsbemessungsfunktion hat.

Periode 01	MU		TU		Summenbilanz		Konsolidierung		Konzernbilanz	
	S	H	S	H	S	H	S	H	S	H
sonst. VG	10.000		3.000		13.000				13.000	
Vorräte	2000		0		3.000			200	2.800	
			1) +1000							
Bank	3000	1) 800	2.000	1) 1.000	4.200				4.200	
	1) +1000									
Gezeichn. Kapital		10.000		3.000		13.000				13.000
Gewinnrücklagen		4.500		2.000		6.500				6.500
Ergebnisvortrag		500				500				500
Jahresüberschuss		1) 200		0		200	200			0
Summe	16.000	16.000	6.000	6.000	20.200	20.200	200	200	20.000	20.000

Periode 02	MU		TU		Summenbilanz		Konsolidierung		Konzernbilanz	
	S	H	S	H	S	H	S	H	S	H
sonst. VG	10.000		3.000		13.000				13.000	
Vorräte	2.000		1.000		4.000			400	3.600	
			1) +1.000							
Bank	3.200	1) 800	1.000	1) 1.000	3.400				3.400	
	1) +1.000									
Gezeichn. Kapital		10.000		3.000		13.000				13.000
Gewinnrücklagen		4.600		2.000		6.600				6.600
Ergebnisvortrag		600				600				600
sonst. APO							200		200	
Jahresüberschuss		1) 200				200	200			0
Summe	16.200	16.200	6.000	6.000	20.400	20.400	400	400	20.200	20.200

Periode 03	MU		TU		Summenbilanz		Konsolidierung		Konzernbilanz	
	S	H	S	H	S	H	S	H	S	H
sonst. VG	10.000		3.000		13.000				13.000	
Vorräte	2.000		2.000	3) 1.000	3.000		200	400	2.800	
Bank	3.400		3) +1.300		4.700				4.700	
Gezeichn. Kapital		10.000		3.000		13.000				13.000
Gewinnrücklagen		4.700		2.000		6.700				6.700
Ergebnisvortrag		700				700				700
sonst. APO							400		400	
Jahresüberschuss				3) 300		300		200		500
Summe	15.400	15.400	6.300	6.300	20.700	20.700	600	600	20.900	20.900

Tab. 9.10: Beispiel Eliminierung von Zwischenerfolgen, Veränderung des Zwischenerfolgsbestandes

Beispiel

Zur Veranschaulichung wird auf die Daten des Beispiels in Tabelle 9.10 für die Perioden 2 und 3 zurückgegriffen. Das Beispiel ist in Tabelle 9.11 dargestellt.

Periode 01	MU		TU		Summenbilanz		Konsolidierung		Konzernbilanz	
	S	H	S	H	S	H	S	H	S	H
sonst. VG	10.000		3.000		13.000				13.000	
Vorräte	2.000		0		3.000			200	2.800	
			1) +1.000							
Bank	3.000	2) 800	2.000	1) 1.000	4.200				4.200	
	1) +1.000									
Gezeichn. Kapital		10.000		3.000		13.000				13.000
Gewinnrücklagen		4.500		2.000		6.900				6.900
		4) +400								
Bilanzgewinn		5) 300				300	200			100
Summe	16.000	16.000	6.000	6.000	20.200	20.200	200	200	20.000	20.000
Umsatzerlöse		1) 1.000				1.000	6) 1.000			0
Bestandsveränd.								6) 800		800
HK d. Ums.	2) 800				800				800	0
JÜ	3) 200				200			6) 200		0
Summe	1.000	1.000			1.000	1.000	1.000	1.000	0	0
JÜ		3) 200				200	5) 200			0
Ergebnisvortrag		500				500				500
Einst. in RL	4) 400				400				400	
Bilanzgewinn	5) 300				300			5) 200	100	
Summe	700	700			700	700	200	200	500	500

Periode 02	MU		TU		Summenbilanz		Konsolidierung		Konzernbilanz	
	S	H	S	H	S	H	S	H	S	H
sonst. VG	10.000		3.000		13.000				13.000	
Vorräte	2.000		1.000		4.000			4) 400	3.600	
			1) +1.000							
Bank	2.900	2) 800	1.000	1) 1.000	3.100				3.100	
	1) +1.000									
Gezeichn. Kapital		10.000		3.000		13.000				13.000
Gewinnrücklagen		4.900		2.000		7.100				7.100
		3) +200								
sonst. APO							4) 200		200	
Bilanzgewinn		0					4) 200		200	0
Summe	15.900	15.900	6.000	6.000	20.100	20.100	400	400	20.100	20.100
Umsatzerlöse		1) 1.000				1.000	6) 1.000			0
Bestandsveränd.								6) 800		800
HK d. Ums.	2) 800				800				800	0
JÜ	200				200			6) 200		0
Summe	1.000	1.000			1.000	1.000	1.000	1.000	0	0
JÜ		200				200	5) 200			0
Ergebnisvortrag		0				0				0
Einst. in RL	3) 200				200				200	
Einst. in/Entn. aus so. APO					0					
Bilanzgewinn	0				0			5) 200	0	200
Summe	200	200			200	200	200	200	200	200

Tab. 9.11: Beispiel Eliminierung von Zwischenerfolgen, Einbeziehung Erfolgsermittlung und Erfolgsverwendung

In Periode 01 wird die erfolgswirksame Zwischenerfolgseliminierung nun gegen den Bilanzgewinn durchgeführt. Dieser beträgt zunächst 300, bestehend aus 200 Jahresüberschuss, 500 Gewinnvortrag und 400 Einstellung in die Rücklagen, die in der Ergebnisverwendungsrechnung ausgewiesen sind. Er wird um den Zwischenerfolg von 200 reduziert auf einen Konzerngewinn von 100 (durch die Buchung: »per Bilanzgewinn an Vorräte 200«). Gleichzeitig erfolgt innerhalb der GuV die Eliminierung der aus der internen Lieferung resultierenden Umsätze, Umsatzkosten und des Erfolges (Buchung 6)).

In Periode 02 wird der neu entstandene Zwischenerfolg gegen den Bilanzgewinn und der alte ZE-Bestand gegen den APO eliminiert (Buchung 4)). Auch innerhalb der Ergebnisverwendungsrechnung ist jeweils eine Reduktion des Jahresüberschusses und Bilanzgewinns um 200 erforderlich (Buchung 5)). Durch die Eliminierung entsteht ein Bilanzverlust von 200. Aus Konzernsicht kommt er dadurch zustande, dass ein Ergebnis von Null erzielt wurde und dennoch 200 in die Rücklagen eingestellt wurden.

Identität von Konzerngewinn und Bilanzgewinn des Mutterunternehmens

Um jedoch auch auf Konzernebene als Bilanzgewinn einen Betrag auszuweisen, der zur Ausschüttung an die Eigentümer zur Verfügung steht, wird sehr oft eine Verrechnungstechnik angewandt, die den Konzerngewinn mit dem Bilanzgewinn des Mutterunternehmens angleicht. Um dieses Ziel zu erreichen, sind alle Einzelbilanzgewinne, die an Konzernunternehmen ausgeschüttet werden sollen, zu eliminieren und in die Gewinnrücklagen umzugliedern, da diese Beträge aus Konzernsicht keine Ausschüttungen darstellen. Werden weiterhin in der Ergebnisverwendungsrechnung in der Position »Konzernfremden Gesellschaftern zustehender Gewinn« alle Beträge vom KonzernJahresüberschuss abgezogen, die an Konzerndritte ausgeschüttet werden sollen, dann entspricht der nach Dotierung der Rücklagen und Verrechnung von Ergebnisvorträgen resultierende Konzernbilanzgewinn dem Bilanzgewinn des Mutterunternehmens.

Erfolgswirksame Verrechnung über den sonstigen Ausgleichsposten

Dabei kann auch der sonstige Ausgleichsposten dazu benutzt werden, um die Bilanzgewinne der Tochterunternehmen aufzunehmen. Gleichzeitig werden dann sowohl alle erfolgswirksamen, als auch erfolgsneutralen Konsolidierungsdifferenzen hier erfasst. Innerhalb des Ausgleichspostens gleichen sich damit Konsolidierungs- und Ergebnisverwendungsmaßnahmen in ihrer Wirkung auf den Konzerngewinn aus.

Beispiel

Zur Veranschaulichung wird das Beispiel aus Tabelle 9.11 für die Periode 02 verwendet (vgl. Tabelle 9.12). Die erfolgsneutrale und erfolgswirksame Eliminierung erfolgt gegen sonst. APO (Buchung 4)). In der Ergebnisverwendungsrechnung wird der Jahresüberschuss gegen die Einstellungen/Entnahmen aus dem APO reduziert (Buchung 5)) und so im Ergebnis ein Konzerngewinn entsprechend dem Bilanzgewinn des Mutterunternehmens von Null, bei Einstellungen in die Rücklagen und gleichzeitiger Entnahme aus dem APO von 200, ausgewiesen.

Obwohl dieses Modell in der Praxis sehr beliebt ist (vgl. Küting, K. [1998], S. 938 ff.), wird es in der Literatur weitgehend abgelehnt, da hier versucht wird, der Größe Konzerngewinn, die selbst mit keiner Ausschüttungsfunktion verbunden ist, einen materiellen Inhalt zu geben (Baetge, J./Kirsch, H.-J./Thiele, S. [2002], S. 358). Zudem entspringt eine solche Vorgehensweise der Denkweise der Interessentheorie und nicht der dem deutschen Konzernabschluss zugrunde liegenden Einheitstheorie.

Periode 02	MU		TU		Summenbilanz		Konsolidierung		Konzernbilanz	
	S	H	S	H	S	H	S	H	S	H
sonst. VG	10.000		3.000		13.000				13.000	
Vorräte	2.000		1.000		4.000			4) 400	3.600	
			1) +1.000							
Bank	2.900	2) 800	1.000	1) 1.000	3.100				3.100	
	1) +1.000									
Gezeichn. Kapital		10.000		3.000		13.000				13.000
Gewinnrücklagen		4.900		2.000		7.100				7.100
		3) +200								
sonst. APO							4) 400		400	
Bilanzgewinn		0								0
Summe	15.900	15.900	6.000	6.000	20.100	20.100	400	400	20.100	20.100
Umsatzerlöse		1) 1.000				1.000	1.000			0
Bestandsveränd.									0	
HK d. Ums.	2) 800				800			800		0
Jahresüberschuss	200				200			200		0
Summe	1.000	1.000			1.000	1.000	1.000	1.000	0	0
Jahresüberschuss		200				200	5) 200			0
Ergebnisvortrag		0				0				0
Einst. in RL	3) 200				200				200	
Einst. in/Entn. aus so. APO					0			5) 200		200
Bilanzgewinn	0				0				0	0
Summe	200	200			200	200	200	200	200	200

Tab. 9.12: Beispiel Eliminierung von Zwischenerfolgen, Konzerngewinn = Bilanzgewinn des Mutterunternehmens

»Erwirtschaftetes Kapital« im Sinne von »retained earnings«

Deshalb wird der Verzicht auf eine Konzern-Ergebnisverwendungsrechnung und damit auf den Ausweis eines »z. T. irreführenden, mit Sicherheit aber funktionslosen und in diesem Sinne überflüssigen Postens »Konzerngewinn« bzw. »Konzernverlust«« (Küting, K./Weber, C.-P. [2001], S. 404) als weitere Möglichkeit angesehen. In diesem Modell wird der Posten »Eigenkapital« in »Eingezahltes Kapital« und »Erwirtschaftetes Kapital« unterteilt. Das »Erwirtschaftete Kapital« umfasst die Gewinnrücklagen, den Ergebnisvortrag und den Jahreserfolg. Dadurch enthält diese Position alle Zwischenerfolge, unabhängig von der Ergebnisverwendung in den Einzelabschlüssen der Konzernunternehmen. Konsolidierungsdifferenzen sind somit durch Verrechnung gegen das »erwirtschaftete Kapital« auch in der Folgekonsolidierung leicht eliminierbar. Da die Position mit dem angloamerikanischen Begriff der *»retained earnings«* weitestgehend übereinstimmt, gegen die auch die Eliminierung nach IAS/IFRS und US-GAAP vorgenommen wird, stellt diese Vorgehensweise eine im Zuge der internationalen Harmonisierung der Konzernrechnungslegung praktikable Alternative dar.

Für das Beispiel aus Tabelle 9.11 stellt sich dieses Modell wie in Tabelle 9.13 dargestellt dar.

Periode 01	MU		TU		Summenbilanz		Konsolidierung		Konzernbilanz	
	S	H	S	H	S	H	S	H	S	H
sonst. VG	10.000		3.000		13.000				13.000	
Vorräte	2.000		0		3.000			200	2.800	
			[1] +1.000							
Bank	3.000	[1] 800	2.000	[1] 1.000	4.200				4.200	
	[1] +1.000									
Eingezahltes Kapital		10.000		3.000		13.000				13.000
Erwirtschaftetes Kapital		5.000 +[1] 200		2.000		7.200	200			7.000
Summe	16.000	16.000	6.000	6.000	20.200	20.200	200	200	20.000	20.000

Periode 02	MU		TU		Summenbilanz		Konsolidierung		Konzernbilanz	
	S	H	S	H	S	H	S	H	S	H
sonst. VG	10.000		3.000		13.000				13.000	
Vorräte	2.000		1.000		3.000			200	2.800	
Bank	3.200		1.000		4.200				4.200	
Eingezahltes Kapital		10.000		3.000		13.000				13.000
Erwirtschaftetes Kapital		5.200		2.000		7200	200			7.000
Summe	15.200	15.200	5.000	5.000	20.200	20.200	200	200	20.000	20.000

Tab. 9.13: Beispiel Eliminierung von Zwischenerfolgen, keine Ergebnisverwendungsrechnung

III. Zwischenerfolgseliminierung bei Vollkonsolidierung

Die Pflicht zur Zwischenerfolgseliminierung bezieht sich primär auf den Konsolidierungskreis im engeren Sinne, d. h. auf vollkonsolidierte Konzernunternehmen. Darüber hinaus ist auch bei quotal konsolidierten Unternehmen sowie bei assoziierten Unternehmen grundsätzlich eine Zwischenerfolgseliminierung durchzuführen.

1. Verpflichtung zur Zwischenerfolgseliminierung nach HGB

Nach den Regeln des § 304 Abs. 1 HGB sind Zwischenerfolge bei der Vollkonsolidierung stets in voller Höhe zu eliminieren. Es wird hier nicht unterschieden, ob Minderheitenanteile vorhanden sind.

Keine quotale Eliminierung im Konsolidierungskreis

Da nach der Einheitstheorie auch die anderen Gesellschafter von Tochterunternehmen als Gesellschafter des Gesamtunternehmens Konzern gelten, sind auch die anteilig auf sie entfallenden Zwischenerfolge als im Konzernverbund nicht realisiert zu betrachten. Damit sind Zwischenerfolge – auch wenn dem Konzern keine 100%ige Beteiligung an einem Tochterunternehmen gehört – stets in voller Höhe zu eliminieren. Der zu eliminierende Zwischenerfolgsbestand kann dabei in konsequenter Anwendung der Einheitstheorie anteilig dem Konzern bzw. den anderen Gesellschaftern zugerechnet werden; vereinfachend jedoch wird auch eine Verrechnung nur mit dem Konzerneigenkapital befürwortet (vgl. IDW [1996], S. 909 f.).

Ausnahmen von der Pflicht zur Zwischenerfolgseliminierung

Die unbeschränkte Verpflichtung, sämtliche aus innerkonzernlichen Lieferungen und Leistungen resultierenden Zwischenerfolgsbestände bei den einbezogenen Konzernunternehmen zu eliminieren, wird vom Gesetzgeber in § 304 Abs. 2 und 3 HGB durch zwei Ausnahmeregelungen gemildert.

Nach dem ersten Ausnahmetatbestand kann gemäß § 304 Abs. 2 HGB von der grundsätzlich vorgeschriebenen Zwischenerfolgseliminierung abgesehen werden, wenn

- die Lieferung oder Leistung, die in den betreffenden Einzelabschlüssen zu einer Zwischenerfolgsrealisation führte, zu marktüblichen Bedingungen abgewickelt wurde und zugleich
- die Ermittlung des aus Konzernsicht richtigen Wertes einen unverhältnismäßig hohen Aufwand erfordern würde.

Soweit ein Unternehmen auf diesen Befreiungstatbestand zurückgreift, ist dies im Konzernanhang anzugeben. Hat dieser Verzicht auf die Zwischenerfolgseliminierung einen wesentlichen Einfluss auf die Vermögens-, Finanz- und Ertragslage des Konzerns, so ist dies zusätzlich zu erläutern (§ 304 Abs. 2 Satz 2 HGB).

Würdigung der Befreiungsregelung

Der Befreiungstatbestand der »Marktüblichkeit« wird von der Literatur kritisiert, da in der Praxis häufig konzernintern Marktpreise als Verrechnungspreise herangezogen werden und somit ein erhebliches Potential an Zwischenerfolgen von dieser Befreiungsregelung erfasst wird. Auch unter dem – gesetzlich vorgegebenen – Gesichtspunkt der einheitstheoretischen Behandlung des Konzernabschlusses ist diese Regelung als systemwidrig zu betrachten. Sieht man in einem Konzernabschluss jedoch auch ein Mittel schützender Informationspolitik für außenstehende Anteilseigner oder Gläubiger, durch das konzerninterne Vorgänge mit Auswirkungen auf die jeweiligen Einzelabschlüsse der Konzernunternehmen transparent gemacht werden sollen, so lässt sich diese Vorschrift erklären. Den Geschäften zwischen den Konzernunternehmen liegen bei Marktüblichkeit der Transaktion keine durch die beherrschende Stellung des Mutterunternehmens bewirkte Verzerrungen zu Gunsten bzw. zu Lasten eines oder mehrerer der einbezogenen Unternehmen zugrunde. Eine Zwischenerfolgseliminierung ist deshalb unter dem Gesichtspunkt des Schutzes externer Abschlussadressaten nicht nötig. Diese Überlegung kann indessen nicht verhindern, dass sich aus einheitstheoretischer Sicht ein Verstoß gegen die Generalnorm des Konzernabschlusses ergibt.

Zu beachten ist aber, dass nicht nur die »Marktüblichkeit« allein bereits als Befreiungskriterium ausreicht, sondern dass gleichzeitig noch die Feststellung der Konzernwerte mit einem unverhältnismäßig hohen Aufwand verbunden sein muss. Dieses Kriterium lässt sich nicht abstrakt festlegen, sondern nur im konkreten Einzelfall beurteilen. Zur Sicherung eines im Sinne der Einheitstheorie zutreffenden Konzernabschlusses ist es restriktiv auszulegen.

Wesentlichkeit der Zwischenerfolgseliminierung

Eine enge Interpretation der Unverhältnismäßigkeit des Aufwandes wird auch durch den zweiten Ausnahmetatbestand unterstützt. Nach dem zweiten Ausnahmetatbestand kann ohne Marktüblichkeit der innerkonzernlichen Transaktion auf eine Zwischenerfolgselimination gemäß § 304 Abs. 3 HGB immer dann verzichtet werden, wenn sie für die Vermittlung eines den tatsächlichen Verhältnissen entsprechenden Bildes der Vermögens-, Finanz- und Ertragslage des Konzerns von untergeordneter Bedeutung ist. Somit ist das Befreiungskriterium der Unverhältnismäßigkeit ohnehin nur auf wesentliche Sachverhalte anzuwenden, was eine entsprechend kritische Untersuchung gerechtfertigt erscheinen lässt. Bei der Prüfung, ob eine Zwischenerfolgselimination von untergeordneter Bedeutung für den Konzernabschluss ist, darf nicht auf den einzelnen mit Zwischenerfolgen behafteten Geschäftsvorfall abgestellt werden, sondern es ist die Summe der potenziell befreiten Zwischenerfolge in Relation zu den insgesamt zu eliminierenden Zwischenerfolgen zu würdigen. Dies setzt also voraus, dass der Gesamtbestand der zu eliminierenden Zwischenerfolge zumindest näherungsweise zuvor bereits bestimmt worden ist.

2. Zwischenerfolgseliminierung nach IAS/IFRS

Auch nach den Vorschriften der IAS/IFRS sind die aus Konzernsicht unrealisierten Erfolge zu eliminieren (IAS 27.17 f.). IAS 27.18 nennt dafür als Beispiel Lieferungen von Vorräten und Gegenständen des Sachanlagevermögens und fordert eine vollständige Eliminierung der Zwischenerfolge. IAS 27.17 schreibt grundsätzlich eine Zwischengewinn- und Zwischenverlusteliminierungspflicht aus konzerninternen Lieferungen und Leistungen vor, ohne explizit Bezug auf Konzernanschaffungskosten und -herstellungskosten zu nehmen.

Nur materiality als Ausnahmetatbestand

Während § 304 Abs. 2 Satz 1 HGB ein Wahlrecht zum Verzicht auf die Eliminierung im Fall marktüblicher Konditionen und unverhältnismäßiger Aufwendungen zur Ermittlung von Konzernanschaffungs- bzw. Konzernherstellungskosten einräumt, sehen die IAS/IFRS eine solche Möglichkeit nicht vor. Jedoch kann in so genannten unwesentlichen Fällen gemäß F 29 f. sowie IAS 1.5 und IAS 1.7 auf eine Zwischenerfolgseliminierung verzichtet werden (vgl. Wollmert, P. [1995], S. 77).

3. Zwischenerfolgseliminierung nach US-GAAP

Nach den Vorschriften des ARB 51 sind neben der Kapitalkonsolidierung noch weitere Konsolidierungsvorgänge notwendig, um aus dem Summenabschluss alle konzerninternen Transaktionen zu eliminieren. ARB 51 verlangt die Entfernung aller Positionen, die aus Vorgängen zwischen einbezogenen Unternehmen stammen (z. B. Forderungen, Verbindlichkeiten, Umsatzerlöse, Zinsen, Dividenden, konzerninterne Erfolge), sodass der konsolidierte Abschluss die Vermögens- und Ertragslage eines einheitlichen Unternehmens widerspiegelt (ARB 51.6). Demnach sind Zwischenerfolge (*unrealized intercompany profits*) grundsätzlich zu eliminieren (ARB 51.6), wobei in bestimmten Fällen auch eine proportionale Aufteilung zwischen dem Mutterunternehmen und den konzernfremden Dritten vorgenommen werden kann.

Zwischenerfolge der Minderheitsgesellschafter

Bei einem *downstream sale*, also einer Lieferung der Mutter an eine Tochter, fällt der Gewinn beim Mutterunternehmen an, weshalb er grundsätzlich vollständig zu eliminieren ist. Dagegen fällt der Zwischenerfolg bei einem *upstream sale* beim Tochterunternehmen an. Ist dieses teilweise in den Händen Dritter, dann entfällt ein Teil des Zwischenerfolgs auf die Minderheitenaktionäre. Diese gelten gemäß der *parent company theory* als Konzernaußenstehende und gemäß der *entity theory* als Miteigentümer des Konzerns. Deshalb besteht gem. ARB 51.14 ein Wahlrecht zur vollständigen oder anteiligen Zwischenergebniseliminierung. Wird der Konzernabschluss nach der *parent company theory* aufgestellt, dann wird der Teil des Zwischenerfolgs, der auf die Minderheitsgesellschafter entfällt, als realisiert angesehen. Soll der Konzernabschluss jedoch nach der *entity theory* aufgestellt werden, so werden die Zwischenerfolge vollständig eliminiert und reduzieren somit sowohl den Anteil des Mutterunternehmens wie auch den Fremdanteil.

Auch die US-GAAP sehen keine expliziten Ausnahmeregelungen von der Zwischenerfolgskonsolidierung vor. Jedoch gilt auch hier, wie in allen Bereichen der Rechnungslegung, der allgemeine Grundsatz der Wesentlichkeit. Demnach kann auf eine Eliminierung von unwesentlichen Zwischenerfolgen verzichtet werden.

IV. Zwischenerfolgseliminierung bei nicht vollkonsolidierten Unternehmen

Zwischenerfolgseliminierung bei Quotenkonsolidierung
- HGB
- DRS

Die Fragestellung lautet, ob eine Zwischenerfolgseliminierung auch im Falle der Quotenkonsolidierung und Equity-Bewertung vorzunehmen ist.

Nach § 310 Abs. 2 HGB ist eine Zwischenerfolgseliminierung im Rahmen der Quotenkonsolidierung entsprechend durchzuführen. »Entsprechende Anwendung« kann systemkonform nur so interpretiert werden, dass die Zwischenerfolge mit ihren auf den Konzern entfallenden Anteilen zu eliminieren sind. Nach DRS 9.9 ist bei quotenkonsolidierten sowie bei assozierten Unternehmen nach DRS 8.30 ff. grundsätzlich eine Zwischenerfolgseliminierung durchzuführen.

- IAS/IFRS

IAS 31 regelt das Vorgehen bei der Zwischenerfolgseleminierung, falls Gemeinschaftsunternehmen an der Geschäftsbeziehung beteiligt sind (IAS 31.39 und IAS 31.40). Demnach wird nach IAS/IFRS unterschieden, ob es sich um Zwischengewinne oder Zwischenverluste handelt. Zwischengewinne werden unabhängig davon, ob es sich um *upstream*- oder *downstream*-Geschäfte handelt, grundsätzlich nur quotal eliminiert. Handelt es sich allerdings um einen Zwischenverlust, so muss dieser in voller Höhe realisiert werden, falls durch die Transaktion eine Wertminderung bei Gegenständen des Umlaufvermögens bzw. eine nicht vorübergehende Wertminderung bei Gegenständen des Anlagevermögens erkennbar geworden ist. Ansonsten ist bei Zwischenverlusten genauso zu verfahren wie bei Zwischengewinnen.

- US-GAAP

Nach US-GAAP ist der Zwischenerfolg aus Transaktionen zwischen Gemeinschaftsunternehmen und vollkonsolidierten Konzernunternehmen wie nach HGB zu behandeln. Auch hier ist es also unwesentlich, ob es sich um *upstream*- oder *downstream*- Geschäfte handelt, es ist immer eine quotale Zwischenerfolgseliminierung erforderlich.

Zwischenerfolgseliminierung bei Equity-Methode
-HGB

Auch bei assoziierten Unternehmen ist eine nach § 304 HGB entsprechende Zwischenerfolgseliminierung durchzuführen, soweit die für die Beurteilung maßgeblichen Sachverhalte bekannt oder zugänglich sind (§ 312 Abs. 5 Satz 3 HGB).

Da § 304 Abs. 1 HGB jedoch die Zwischenerfolgseliminierung nur bei »in den Konzernabschluss zu übernehmenden Vermögensgegenständen« vorschreibt, entstehen bei der Equity-Methode Anwendungsprobleme, da anders als bei der Vollkonsolidierung hier die Bilanzpositionen des assoziierten Unternehmens keinen Eingang in die Konzernbilanz finden und dessen Aufwands- und Ertragspositionen nicht in die Konzern-GuV übernommen werden.

»downstream-Lieferung«

Liefert das beteiligte Konzernunternehmen an sein assoziiertes Unternehmen einen Vermögensgegenstand (*downstream*-Lieferung) unter Realisation eines Zwischenerfolges, so findet zwar der realisierte Zwischenerfolg über den Umsatzerlös und die betroffenen Aufwandspositionen der Einzel-GuV des beteiligten Unternehmens Eingang in die Summen-GuV, der mit dem Zwischenerfolg behaftete Vermögensgegenstand jedoch, der bei dem assoziierten Unternehmen bilanziert ist, wird im Konzernabschluss nicht ausgewiesen.

»upstream-Lieferung«

Im Falle der Lieferung eines assoziierten Unternehmens an das beteiligte Konzernunternehmen (*upstream*-Lieferung) taucht der Zwischenerfolg aus dem Einzelabschluss des Beteiligungsunternehmens indirekt über die Vereinnahmung des anteiligen Ergebnisses des assoziierten Unternehmens in der Konzern-GuV und im Rahmen der Anschaffungskosten in der Konzernbilanz auf.

Die Frage, ob bezüglich der Zwischenerfolgseliminierung zwischen *down*- und *upstream*-Lieferung unterschieden werden soll, ist danach zu beantworten, ob man die Equity-Methode als eine Methode der reinen Beteiligungsbewertung oder als eine verkürzte Konsolidierungsmethode betrachtet (vgl. Busse von Colbe, W./Ordelheide, D. [1993], S. 495 ff.). Unseres Erachtens ist die Equity-Methode lediglich als ein spezifizierter Bewertungsvorgang zu interpretieren (vgl. Arbeitskreis »Externe Unternehmensrechnung« der Schmalenbach-Gesellschaft [1989], S. 103).

Verrechnung gegen Equity-Wert und Equity-Ergebnis

Unter dieser Betrachtung ist die Zwischenergebniseliminierung lediglich in Form einer Wertkorrektur des Beteiligungswertes (»Beteiligungen an assoziierten Unternehmen«) vorzunehmen. Dabei werden nur der Bilanzwert der Equity-Beteiligung und das auf das assoziierte Unternehmen entfallende »Ergebnis aus assoziierten Unternehmen« durch die Zwischenerfolgseliminierung berührt. Es erfolgt also weder eine Veränderung der Summen-Umsatzerlöse im Rahmen einer *downstream*-Lieferung, noch werden bei einer *upstream*-Lieferung die Wertansätze der Vermögensgegenstände in der Summenbilanz geändert.

Zu klären ist, ob die Zwischenerfolgsbereinigung im Rahmen der Equity-Bewertung vollständig oder quotal vorgenommen werden soll. Das Gesetz lässt beide Möglichkeiten zu. Sachgemäß sollte die Entscheidung davon abhängig gemacht werden, welche Konzernbeziehung zu dem *at equity* bewerteten Beteiligungsunternehmen besteht.

Quotale Eliminierung

Soweit es sich um ein echtes assoziiertes Unternehmen handelt, also nicht um ein Tochterunternehmen, das nicht vollkonsolidiert werden soll oder darf, wird – wie auch beim Gemeinschaftsunternehmen – eine nur quotale Zwischenerfolgseliminierung für sachgerechter gehalten. Dem trägt auch § 312 Abs. 5 Satz 4 HGB Rechnung, der es erlaubt, die Zwischenerfolgseliminierung bei Assoziierungsverhältnissen auf den der Beteiligungsquote entsprechenden Anteil zu beschränken. Vor allem bei relativ geringen Konzernbeteiligungsquoten werden durch die anteilige Eliminierung Verzerrungen des Konzernergebnisses vermieden, zumal sich die Zwischenerfolgseliminierung bei assoziierten Unternehmen im Widerspruch befindet zu dem Gedanken der Einheitstheorie des Konzerns.

Vollständige Eliminierung

Soweit es sich bei den nach der Equity-Methode einbezogenen Unternehmen um nicht vollkonsolidierte Tochterunternehmen handelt, wird eine vollständige Zwischenerfolgseliminierung befürwortet. Dadurch würde sich das Ergebnis aus assoziierten Unternehmen dem Konzernergebnis bei Vollkonsolidierung dieser Tochterunternehmen praktisch angleichen, denn bei deren voller Einbeziehung wäre ebenfalls eine vollständige Zwischenerfolgseliminierung erforderlich. Der fehlenden Übernahme der Bilanzpositionen der nicht vollkonsolidierten Tochterunternehmen steht damit zumindest eine der Vollkonsolidierung analoge Ertragsdarstellung gegenüber.

DRS

Dagegen regelt DRS 8.30, dass eine quotale Zwischenerfolgseliminierung zwingend ist, unabhängig davon, ob es sich um eine *upstream*- oder *downstream*-Lieferung handelt. Eine Verrechnung mit den Bilanzposten, die Bestände aus Lieferungen von assoziierten Unternehmen enthalten, ist nicht zulässig. Vielmehr sind die zu eliminierenden Zwischenergebnisse mit dem Equity-Wert zu verrechnen (DRS 8.32).

Ausnahmen von der Zwischenerfolgseliminierung

Sämtliche Ausnahmemöglichkeiten zur Zwischenerfolgseliminierung, die für den Bereich der Vollkonsolidierung gelten, finden ebenso auf die Zwischenerfolgseliminierung im Rahmen der Equity-Methode und der Quotenkonsolidierung Anwendung (§ 312 Abs. 5 Satz 4 bzw. § 310 Abs. 2 i. V. m. § 304 Abs. 2 und 3 HGB).

Zwischenerfolgseliminierung bei Equity-Methode - IAS/IFRS

In den Vorschriften von IAS 28 »*Accounting for Investments in Associates*« findet sich kein Hinweis bezüglich der Behandlung von Zwischenerfolgen bei assoziierten Unternehmen. Es existiert in IAS 28.16 der generelle Verweis auf die Regeln der Vollkonsolidierung nach IAS 27, woraus sich eine Pflicht zur Zwischenerfolgseliminierung ableiten lässt. Detaillierter geregelt ist dieser Sachverhalt in der Interpretation SIC 3. Diese verlangt eine Eliminierung der Zwischenerfolge in Höhe der Beteiligungsquote des übergeordneten Unternehmens, unabhängig davon, ob es sich um eine *upstream*- oder *downstream*-Lieferung handelt (SIC 3.3).

- US-GAAP

Nach der »*Accounting Interpretation of APB 18*« aus dem Jahre 1971 sind Zwischenerfolge auch bei Lieferungen und Leistungen zwischen Unternehmen, die mit der Equity-Bewertung in den Konzernabschluss einbezogen werden, zu eliminieren. Die Zwischenerfolgseliminierung ist sowohl bei *downstream*- wie auch bei *upstream*-Geschäften grundsätzlich gemäß der Beteiligungsquote vorzunehmen. Eine vollständige Eliminierung ist dagegen geboten, falls das Mutterunternehmen das Beteiligungsunternehmen auf Grund der Mehrheit der Stimmrechte beherrscht und die Transaktion nicht zu *arm's length*-Bedingungen, also nicht zu marktüblichen Konditionen, sondern unter dem Einfluss von internen Verrechnungspreisen abgewickelt wurde. Dies gilt auch, falls das Beteiligungsunternehmen im Interesse des Mutterunternehmens gegründet wurde (vgl. Scherrer, G. [2000], S. 373 f.).

D. Konsolidierungsmaßnahmen in der Konzern-Gewinn- und Verlustrechnung

Realisationsprinzip im Konzern

Wie die Konzernbilanz, so entsteht auch die Konzern-GuV prinzipiell durch die Addition der Gewinn- und Verlustrechnungen aus den Einzelabschlüssen der in den Konzernabschluss einbezogenen Unternehmen. Zur Überführung dieser Summen-GuV in die Konzern-GuV müssen jedoch diejenigen Erträge und Aufwendungen eliminiert werden, die aus Transaktionen mit anderen einbezogenen Unternehmen stammen, da ein rechtlich einheitliches Unternehmen aus innerbetrieblichen Transaktionen keine Erfolge realisieren kann. Die Eliminierungsschritte müssen demzufolge bewirken, dass in der Konzern-GuV nur noch Erfolge aus Geschäftsvorfällen mit nicht einbezogenen dritten Unternehmen zum Ausweis kommen. Dies kann durch Aufrechnung korrespondierender Aufwendungen und Erträge und/oder Umgliederung in andere GuV-Positionen geschehen.

Rechtsgrundlage der GuV-Konsolidierung nach HGB

Rechtsgrundlage der Aufwands- und Ertragskonsolidierung ist § 305 HGB, der jedoch nur in relativ allgemeiner Form die Eliminierung konzerninterner Umsatzerlöse sowie anderer Erträge aus Lieferungen und Leistungen vorschreibt (§ 305 Abs. 1 Nr. 1 und 2 HGB). Unter dem Gesichtspunkt der Einheitstheorie wird diese Aufzählung in der Praxis noch durch die Konsolidierung von innerkonzernlichen Ergebnisübernahmen vervollständigt, sodass die Eliminierungsmaßnahmen für die Konzern-GuV sich in folgende Teilgebiete untergliedern lassen:

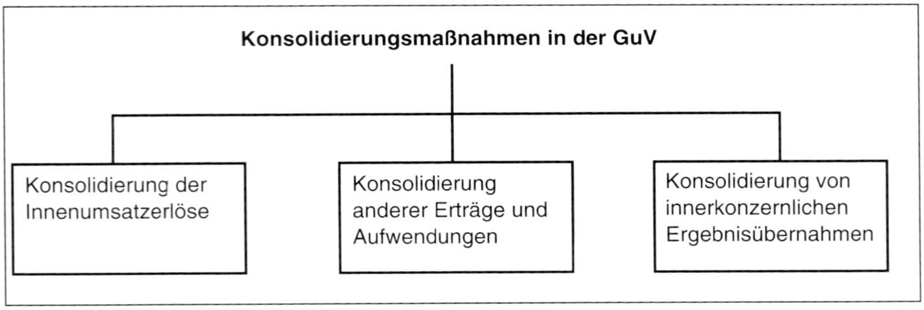

Abb. 9.11: Aufwands-/Ertragskonsolidierung

Grundlagen nach IAS/IFRS

Auch die IAS/IFRS sehen eine Konsolidierung innerkonzernlicher Transaktionen vor, jedoch ist dies in IAS 27 nur sehr allgemein geregelt. In IAS 27.17 f. wird lediglich vorgeschrieben, dass Aufwendungen und Erträge aus Geschäften zwischen Konzernunternehmen, sowie innerkonzernliche Dividendenzahlungen oder sonstige Gewinnvereinnahmungen vollständig zu eliminieren sind.

Grundlagen nach US-GAAP

Nach ARB 51.6 müssen konzerninterne Umsätze, Vergütungen wie auch andere Erträge sowie Gewinnausschüttungen mit den auf sie entfallenden Aufwendungen verrechnet werden. Unbeachtet von Minderheitsgesellschaftern sind die Aufwendungen und Erträge vollständig gegeneinander zu verrechnen.

Anwendung der Einzelabschlussvorschriften

Da das Gesetz keine speziellen Vorschriften zur Konzern-GuV normiert, ist auf die allgemeinen Vorschriften des § 298 Abs. 1 HGB Rückgriff zu nehmen, die wiederum generell die einschlägigen Vorschriften für den Einzelabschluss von Kapitalgesellschaften auch für den Konzernabschluss verbindlich machen, soweit nicht konzernspezifische Besonderheiten berücksichtigt werden müssen.

Größenabhängige Erleichterungen

Die Konzern-GuV ist demnach in ungekürzter Form nach dem Schema des § 275 Abs. 2 bzw. Abs. 3 HGB zu erstellen. Die Nichtanwendbarkeit der größenabhängigen Erleichterungen für kleine und mittelgroße Kapitalgesellschaften nach § 276 HGB ergibt sich aus den Dimensionen des Konzerns, die regelmäßig die Größenkriterien für große Kapitalgesellschaften erreichen werden (vgl. § 267 Abs. 3 HGB).

Umsatz-/Gesamtkostenverfahren -HGB

Die Konzern-GuV ist wahlweise nach dem Gesamtkosten- oder Umsatzkostenverfahren zu erstellen. Die Unterschiedlichkeit dieser beiden Erstellungsmöglichkeiten der Gewinn- und Verlustrechnung erlaubt es allerdings nicht, nach unterschiedlichen Verfahren erstellte Einzelabschluss-Gewinn- und Verlustrechnungen nebeneinander in die Summen-GuV bzw. Konzern-GuV einfließen zu lassen. Soweit also die Gewinn- und Verlustrechnungen der einbezogenen Konzernunternehmen nicht konzernweit nach einem einheitlichen Verfahren erstellt werden, muss vor der Zusammenführung eine Vereinheitlichung erfolgen (HB II), wobei der Konzern in der Wahl des Verfahrens nicht festgelegt ist. Da die Umstellung von der einen GuV-Art auf die andere im Regelfall mit einem erheblichen Aufwand verbunden ist, empfiehlt sich die konzernweite Anwendung der Methode, deren sich die meisten bzw. wichtigsten der einbezogenen Unternehmen bedienen.

Nach dem Gliederungsschema von § 275 HGB kommen vor allem die in Abbildung 9.12 aufgeführten Positionen für eine Konsolidierung in Frage (vgl. Arbeitskreis »Externe Unternehmensrechnung« der Schmalenbach-Gesellschaft [1989], S. 104).

Gesamtkostenverfahren	Umsatzkostenverfahren
– Umsatzerlöse	– Umsatzerlöse
– Veränderungen des Bestandes an fertigen und unfertigen Erzeugnissen	
– Andere aktivierte Eigenleistungen	
– Materialaufwand	– Herstellungskosten der zur Erzielung der Umsatzerlöse erbrachten Leistungen
– Sonstige betriebliche Erträge/ Aufwendungen	– Sonstige betriebliche Erträge/ Aufwendungen
– Erträge aus Beteiligungen – Erträge aus anderen Wertpapieren und Ausleihungen des Finanzanlagevermögens – Sonstige Zinsen und ähnliche Aufwendungen – Erträge und Aufwendungen aus Verlustübernahmen/Gewinnabführungen	

Abb. 9.12: Konsolidierungspositionen der GuV

Umsatz-/ Gesamtkostenverfahren -IAS/IFRS -US-GAAP Konzernspezifische GuV-Positionen

Auch nach IAS/IFRS ist für die Gewinn- und Verlustrechnung im Einzelabschluss wie auch im Konzernabschluss entweder das Umsatzkostenverfahren oder das Gesamtkostenverfahren zulässig. Auch hier muss im Rahmen der Vereinheitlichung eines der beiden Verfahren gewählt werden.

Nach den Regeln der US-GAAP ist nur das Umsatzkostenverfahren zulässig.

Durch den Verweis in § 298 Abs. 1 HGB auf die einschlägigen Vorschriften bzw. Gliederungspositionen des Einzelabschlusses zeigt die Konzern-GuV im Vergleich zur GuV des Einzelabschlusses praktisch keine Besonderheiten. Lediglich an zwei Stellen schreibt das HGB den gesonderten Ausweis konzernspezifischer Sachverhalte in der Konzern-GuV vor. So ist der im Jahresergebnis enthaltene, jedoch anderen Gesellschaftern zustehende Gewinn bzw. der auf sie entfallende Verlust nach den Posten »Jahresüberschuss/Jahresfehlbetrag« unter entsprechender Bezeichnung gesondert auszuweisen (§ 307 Abs. 2 HGB).

Außerdem ist der gesonderte Ausweis des auf assoziierte Beteiligungen entfallenden Ergebnisses vorgeschrieben (§ 312 Abs. 4 Satz 2 HGB). Eine weitere Aufspaltung dieser Position – z. B. nach Art der Erträge oder ein getrennter Ausweis der Aufwendungen und Erträge – ist nicht erforderlich. Insofern ist hier nur der Saldo der in die Wertfortschreibung des Equity-Beteiligungswertes eingehenden Komponenten (vgl. Abschnitt A IV 2a (2) dieses Kapitels) aufzunehmen.

Folglich entsprechen sich die Veränderung des Equity-Wertansatzes und der Ausweis des Ergebnisses aus assoziierten Unternehmen in der Konzern-GuV.

Gemeinschaftsunternehmen -HGB

Handelt es sich um Aufwendungen und Erträge zwischen vollkonsolidierten Unternehmen und quotal konsolidierten Gemeinschaftsunternehmen, so kommt es gemäß § 310 Abs. 2 i. V. m. § 305 Abs. 1 HGB zu einer anteilmäßigen Verrechnung der innerkonzernlichen Aufwendungen und Erträge. Der Anteil der Aufwendungen und Erträge, der auf Konzerndritte entfällt, bleibt also in der Konzern-GuV enthalten. Eine Ausnahme stellt hier lediglich die innerkonzernliche Gewinnausschüttung des Gemeinschaftsunternehmens dar. Diese sind vollständig zu eliminieren, da sie durch die Konsolidierung bereits im Vorjahr vereinnahmt wurden.

-IAS/IFRS

Nach IAS/IFRS leitet sich die Pflicht zur Konsolidierung von Aufwendungen und Erträge aus internen Transaktionen mit Gemeinschaftsunternehmen aus dem Generalverweis des IAS 31.27 auf die Regeln der Vollkonsolidierung nach IAS 27 ab. Es kommt zu einer beteiligungsproportionalen Eliminierung dieser Aufwendungen und Erträge. Für konzerninterne Dividendenzahlungen gilt die Regelung analog zu der des HGB.

-US-GAAP

Auf Grund der seltenen Anwendung der Quotenkonsolidierung enthalten die US-GAAP für diesen Fall keine spezifischen Regelungen für die Behandlung interner Erträge und Aufwendungen. Es wird davon ausgegangen, dass es auch hier zu einer quotalen Eliminierung der Aufwendungen und Erträge kommt (vgl. Niehus, R. J./Thyll, A. [2000], S. 119).

Assoziierte Unternehmen -HGB

Resultieren die Aufwendungen und Erträge aus Transaktionen zwischen assoziierten und vollkonsolidierten Unternehmen, so sieht der deutsche Gesetzgeber keine Verpflichtung zur Eliminierung vor. Gegen eine freiwillige beteiligungsproportionale Eliminierung ist jedoch nichts einzuwenden, auch wenn dies in der Praxis nicht gebräuchlich ist.

-IAS/IFRS

IAS 28.16 enthält einen Verweis auf die Anwendbarkeit der Vollkonsolidierungsgrundsätze, wonach eine quotale Eliminierung dieser Aufwendungen und Erträge vorzunehmen ist.

-US-GAAP

Wie das HGB enthält auch APB 18 keine Hinweise über vorzunehmende Konsolidierungsmaßnahmen bei konzerninternen Transaktionen zwischen vollkonsolidierten und assoziierten Unternehmen, abgesehen von der Zwischenerfolgseliminierung. Eine solche ist aber in der Praxis unüblich (vgl. Niehus, R. J./Thyll, A. [2000], S. 389).

Wahlrecht bei untergeordneter Bedeutung

Auf eine Konsolidierung innerkonzernlicher Aufwendungen und Erträge kann verzichtet werden, wenn diese für die Vermittlung eines den tatsächlichen Verhältnissen entsprechenden Bildes der Vermögens-, Finanz- und Ertragslage des Konzerns von untergeordneter Bedeutung sind (§ 305 Abs. 2 HGB). Nach IAS/IFRS und US-GAAP kann dies aus dem Wesentlichkeitsprinzip abgeleitet werden.

Die folgenden Ausführungen zu den konkreten Konsolidierungsmaßnahmen orientieren sich an den handelsrechtlichen Regelungen. Bei diesem Konsolidierungsmaßnahmen ergeben sich keine Unterschiede zur Vorgehensweise nach IAS/IFRS und US-GAAP.

I. Konsolidierung der Innenumsatzerlöse

Vom Standpunkt der Einheitstheorie sind die Umsatzerlöse in der Summen-GuV um solche Erlöse zu hoch, die Konzerngesellschaften durch Lieferungen und Leistungen an andere Konzerngesellschaften erzielt haben, denn ein umfassendes Einzelunternehmen weist keine Umsatzerlöse aus dem Transfer von Gütern und Dienstleistungen zwischen einzelnen Betriebsstätten aus. Diese Erlöse bezeichnet man als Innenumsatzerlöse. Sie werden zum Zweck der Konsolidierung buchungsmäßig von den Erlösen aus dem Verkauf an konzernfremde Abnehmer (Außenumsatzerlöse) getrennt. Weiterhin müssen die Konzerngesellschaften bei den Materialaufwendungen und gegebenenfalls bei anderen betroffenen Aufwandspositionen den Betrag feststellen, der durch den Verbrauch von Konzernleistungen entstanden ist. Die weitere Behandlung der Innenumsatzerlöse aus Lieferungen richtet sich danach, ob die Erzeugnisse im Konzernbereich erstellt wurden (Konzernerzeugnis) oder nicht (Fremderzeugnis) und ob die Lieferung zur Weiterveräußerung bestimmt ist (Lieferung ins Umlaufvermögen) oder nicht (Lieferung ins Anlagevermögen). Innenumsatzerlöse aus Leistungen werden genauso behandelt wie in anderen Ertragspositionen ausgewiesene innerkonzernliche Leistungen; auf diese wird in Abschnitt II gesondert eingegangen. Ziel der Konsolidierung ist es, die Vorgänge im Konzernabschluss so darzustellen, wie ein umfassendes Einzelunternehmen sie in seinem Abschluss behandeln würde. In den folgenden Beispielen wird aus Gründen der übersichtlicheren Darstellung angenommen, dass für Konzernerzeugnisse als Herstellungskosten nur Material- und Lohnaufwendungen verrechnet werden. Ferner wird von allen übrigen Erträgen und Aufwendungen abgesehen. Als Gliederungsschema wird das Gesamtkostenverfahren zugrunde gelegt.

1. Lieferungen von Konzernerzeugnissen in das Anlagevermögen

Analogie zur Behandlung im Einzelabschluss

Verwendet ein Einzelunternehmen eigene Erzeugnisse im Anlagevermögen, so sind diese Erzeugnisse in der GuV dieses Unternehmens als aktivierte Eigenleistung (§ 275 Abs. 2 Nr. 3 HGB) auszuweisen. Gewinne werden dabei nicht realisiert. Liefert nun ein Konzernunternehmen eigene Erzeugnisse in das Anlagevermögen eines anderen Konzernunternehmens, so muss dies nach der Einheitstheorie im Konzernabschluss ebenso behandelt werden wie die Verwendung von Fertigerzeugnissen im Anlagevermögen von Einzelunternehmen.

Beispiel

Beispiel:
Unternehmen A liefert an seine Schwestergesellschaft B zu nicht marktüblichen Konditionen eine Maschine aus eigener Produktion zum Preis von 10 Geldeinheiten (GE). An Produktionsaufwand (KHK) entstehen bei A 4 GE Löhne und 3 GE Materialaufwand. Die Lösung ergibt sich aus Tabelle 9.14.

	Einzel-GuV A		Einzel-GuV B		Konsolidierung		Konzern-GuV	
	S	H	S	H	S	H	S	H
Umsatzerlöse		10			10			
Aktivierte Eigenleistung			wird nicht berührt			7		7
Materialaufwand	3						3	
Löhne	4						4	
Jahresüberschuss	3					3		

Tab. 9.14: Beispiel Innenumsatzkonsolidierung, Lieferung von Konzernerzeugnissen in das Anlagevermögen

Umgliederung auf aktivierte Eigenleistungen

Innenumsatzerlöse aus Lieferungen von Konzernerzeugnissen in das Anlagevermögen sind in aktivierte Eigenleistungen umzugliedern. Zugleich müssen realisierte Zwischenerfolge mit dem Konzernjahresergebnis verrechnet werden. Die jährlichen Abschreibungen dieses Vermögensgegenstandes sind dann im Konzernabschluss um den anteiligen Zwischenerfolg geringer oder höher als im Einzelabschluss des betreffenden Konzernunternehmens, wodurch der Konzernjahresüberschuss erhöht oder vermindert wird. Auf diese Weise wird der zunächst eliminierte Zwischenerfolg während der Nutzungsdauer des Gegenstandes allmählich realisiert.

2. Lieferungen von Konzernerzeugnissen in das Umlaufvermögen

Analogie zur Behandlung im Einzelabschluss

Verkauft ein Einzelunternehmen in der Periode gefertigte eigene Erzeugnisse, so weist die GuV die Produktionsaufwendungen unter den jeweils betroffenen GuV-Positionen gem. § 275 Abs. 2 HGB aus, während die Erlöse aus dem Verkauf unter den Umsatzerlösen erscheinen. Wurden die Erzeugnisse dagegen auf Lager genommen, so wird dieser Lagerzugang in der GuV in Höhe der Herstellungskosten als Bestandsänderung (§ 275 Abs. 2 Nr. 2 HGB) aufgeführt. Ein Erfolg darf im letzten Fall nicht realisiert werden. In gleicher Weise sind nach der Einheitstheorie Konzernerzeugnisse rechnungsmäßig auszuweisen, die eine Konzerngesellschaft von anderen Konzernunternehmen gekauft und anschließend außerhalb des Konzernbereichs weiterveräußert oder auf Lager genommen hat.

Zwischenerfolge

In der Summen-GuV müssen daher die Innenumsatzerlöse aus dem Verkauf von Konzernerzeugnissen in das Umlaufvermögen anderer Konzerngesellschaften mit dem Materialeinsatz aus dem Verkauf dieser Erzeugnisse an Konzernfremde saldiert werden. Verbleiben danach Differenzen, so haben sich die Bestände an derartigen Erzeugnissen im Konzernbereich erhöht (Innenumsatzerlöse > Materialeinsatz) oder vermindert (Innenumsatzerlöse < Materialeinsatz). Diese Differenzen sind vom Standpunkt der Einheitstheorie als Bestandsänderungen an fertigen und unfertigen Erzeugnissen (§ 275 Abs. 2 Nr. 2 HGB) zu betrachten und in der Konzern-GuV auf diese Position umzugliedern.

Beispiel

Beispiel:
Unternehmen A liefert an seine Schwestergesellschaft B eigene Produkte für 20 GE, deren Produktion (Konzernherstellungskosten) 10 GE Materialaufwand und 5 GE Löhne erfordert. Tabelle 9.15 zeigt die Lösungen für verschiedene Fallvarianten.

	Einzel-GuV A		Einzel-GuV B		Konsolidierung		Konzern-GuV		
Fall 1	S	H	S	H	S	H	S	H	
Umsatzerlöse		20		30	20			30	Fall 1: B verkauft die Produkte in der gleichen Periode an Konzernfremde für 30 GE
Materialaufwand	10		20			20	10		
Löhne	5						5		
Jahresüberschuss	5		10				15		
Fall 2									
Umsatzerlöse		20	wird nicht berührt		20				Fall 2: Die Produkte befinden sich am Ende der Berichtsperiode noch unbearbeitet im Bestand von B
Bestandsänderung						15		15	
Materialaufwand	10						10		
Löhne	5						5		
Jahresüberschuss	5					5			
Fall 2a									
Umsatzerlöse	wird nicht berührt			30				30	Fall 2a: B verkauft die Produkte in der folgenden Periode an Konzernfremde für 30 GE
Bestandsänderung					20	5	15		
Materialaufwand			20			20			
Jahresüberschuss			10		5		15		
Fall 3									
Umsatzerlöse		20			20				Fall 3: B hat den Posten am Ende der Berichtsperiode bearbeitet unter seinen Beständen. Für die Bearbeitung fielen 15 GE Löhne an.
Bestandsänderung				35	5			30	
Materialaufwand	10		20			20	10		
Löhne	5		15				20		
Jahresüberschuss	5					5			

Tab. 9.15: Beispiel Innenumsatzkonsolidierung, Lieferung von Konzernerzeugnissen in das Umlaufvermögen

Wie Fall 1 zeigt, braucht man Zwischenerfolge nicht gesondert zu konsolidieren, soweit sie am Bilanzstichtag bereits durch Verkauf an Konzernfremde endgültig realisiert sind. Zwischenerfolge aus Innenumsatzerlösen, die auf Bestandsänderungen umgegliedert wurden, sind dagegen zu Lasten/Gunsten des Jahresüberschusses zu eliminieren (Fall 2). Bestandserhöhungen aus Einzel-Gewinn- und Verlustrechnungen, die durch bearbeitete, bezogene Konzernerzeugnisse bedingt sind, müssen ebenfalls zu Lasten des Jahresüberschusses um Zwischenerfolge korrigiert, d. h. um Zwischengewinne gekürzt, um Zwischenverluste erhöht werden (Fall 3). Sind bereits zu Beginn der Periode Bestände vorhanden, deren Zwischenerfolge folglich schon in früheren Perioden eliminiert wurden, so sind die Zwischenerfolge mit den Bestandsänderungen zu Gunsten/Lasten des Jahresüberschusses anzusetzen, wenn die Bestände an Konzernfremde veräußert und die Zwischengewinne/-verluste somit endgültig realisiert wurden (Fall 2a).

Bei zusammenfassender Betrachtung ist demnach nur die Änderung des Zwischenerfolgsbestandes in den Konzernvorräten bei den Bestandsänderungen zu berücksichtigen. Eine Zunahme des Zwischengewinnbestandes ist zu Lasten des Konzernjahresüberschusses als Minderung einer Bestandserhöhung oder Erhöhung einer Bestandsminderung zu berücksichtigen und entsprechend eine Abnahme des Zwischengewinnbestandes zu Gunsten eines Konzernjahresüberschusses als Vergrößerung einer Bestandserhöhung oder Verringerung einer Bestandsminderung. Für Zwischenerfolge ist entsprechend umgekehrt vorzugehen.

Nur die Änderung des Zwischenerfolgsbestandes ist erfolgswirksam

3. Lieferungen von Fremderzeugnissen in das Anlagevermögen

Erwirbt ein Einzelunternehmen Gegenstände des Anlagevermögens, so berührt ein solcher Erwerbsvorgang die GuV dieses Unternehmens nicht. Entsprechend dürfen Fremderzeugnisse, die von Konzernunternehmen gekauft und an andere Konzernunternehmen zur Verwendung im Anlagevermögen weiterveräußert werden, in der Konzern-GuV nicht erscheinen.

Analogie zur Behandlung im Einzelabschluss

Beispiel:
Unternehmen A hat an das Schwesterunternehmen B für 40 GE Maschinen geliefert, die B im Anlagevermögen verwendet. A hat die Maschinen für 30 GE von fremden Unternehmen bezogen. Die Lösung ist in Tabelle 9.16 gezeigt.

Beispiel

	Einzel-GuV A		Einzel-GuV B		Konsolidierung		Konzern-GuV	
	S	H	S	H	S	H	S	H
Umsatzerlöse		40			40			
Materialaufwand	30		wird nicht berührt			30		
Jahresüberschuss	10					10		

Tab. 9.16: Beispiel Innenumsatzkonsolidierung, Lieferung von Fremderzeugnissen in das Anlagevermögen

Die Transaktionen zwischen den liefernden und empfangenden Konzernunternehmen sind vollständig aus der GuV zu eliminieren. Die Innenumsatzerlöse müssen mit den aus der Lieferung resultierenden Materialaufwendungen des Lieferers verrechnet werden. Etwa vorhandene nicht eliminierungspflichtige Zwischenerfolge sind mangels einer geeigneten GuV-Position unter den aktivierten Eigenleistungen auszuweisen, bei größeren Beträgen kommt auch der Ausweis eines Sonderpostens mit entsprechender Bezeichnung in Betracht. Eliminierungspflichtige Zwischenerfolge sind zu Lasten/Gunsten des Konzernjahresüberschusses auszuschalten. Ihre Realisierung während der Abschreibungsdauer vollzieht sich in Form verringerter Abschreibungen im Konzernabschluss.

Verrechnung mit den Materialaufwendungen des Lieferers

4. Lieferungen von Fremderzeugnissen in das Vorratsvermögen

Erwirbt ein Einzelunternehmen Fremderzeugnisse, um sie mit oder ohne Be- oder Verarbeitung an andere Unternehmen zu veräußern, so bleibt der Erwerbsvorgang ohne Rückwirkung auf die GuV. Liefern Konzernunternehmen Fremderzeugnisse in das Vorratsvermögen von Schwestergesellschaften, dann dürfen diese Vorgänge auch in der Konzern-GuV nicht berücksichtigt werden. Rückwirkungen solcher Vorgänge auf die Einzel-Erfolgsrechnungen der beteiligten Konzerngesellschaften sind in der Summen-GuV zu eliminieren.

Beispiel

Beispiel:
Unternehmen A hat an sein Schwesterunternehmen B Fremderzeugnisse für 100 GE geliefert, die es selbst für 80 GE von konzernfremden Unternehmen beschafft hat. Die Lösung für verschiedene Fallvarianten zeigt Tabelle 9.17.

	Einzel-GuV A		Einzel-GuV B		Konsolidierung		Konzern-GuV		
Fall 1	S	H	S	H	S	H	S	H	
Umsatzerlöse Materialaufwand Jahresüberschuss	 80 20	100	 100 30	130	100	 100	 80 50	130	Fall 1: B hat den Posten für 130 GE an Konzernfemde weiterverkauft.
Fall 2									
Umsatzerlöse Materialaufwand Jahresüberschuss	 80 20	100	wird nicht berührt		100	 80 20			Fall 2: B hat den Posten unbearbeitet im Bestand.
Fall 2a									
Umsatzerlöse Materialaufwand Jahresüberschuss	wird nicht berührt		 100 30	130	 20	 20	 80 50	130	Fall 2a: B verkauft den Posten in der folgenden Periode an Konzernfremde für 130 GE
Fall 3									
Umsatzerlöse Bestandsänderung Materialaufwand Löhne Jahresüberschuss	 80 20	100	 100 30	 130	100 20	 100 20	 80 30	 110	Fall 3: B hat den Posten bearbeitet im Bestand, dabei fielen Löhne in Höhe von 30 GE an.

Tab. 9.17: Beispiel Innenumsatzkonsolidierung
Lieferung von Fremderzeugnissen in das Umaufvermögen

Verrechnung mit den Materialaufwendungen des Lieferers oder des Empfängers

Wie die Beispiele zeigen, werden die Innenumsatzerlöse mit den Materialaufwendungen des empfangenden Konzernunternehmens verrechnet, soweit die Güter bereits an Konzernfremde veräußert oder weiterverarbeitet im Bestand des empfangenden Konzernunternehmens sind (Fälle 1, 3). Liegen sie dagegen unverarbeitet auf Lager bei dem empfangenden Konzernunternehmen, so sind dort keine entsprechenden Materialaufwendungen angefallen, weshalb die Innenumsatzerlöse mit den Materialaufwendungen des liefernden Konzernunternehmens zu verrechnen sind (Fall 2). Zwischenerfolge brauchen nur eliminiert zu werden, soweit die Güter nicht wie in Fall 1 bereits endgültig an Konzernfremde verkauft sind. In diesen Fällen sind die Zwischenerfolge in den Innenumsatzerlösen (Fall 2) oder in den Bestandsänderungen (Fall 3) enthalten und müssen zu Lasten/Gunsten des Konzernjahresüberschusses eliminiert werden.

Während die Zwischengewinne (Zwischenverluste) in den Konzernzugängen von Fremderzeugnissen zu Lasten (zu Gunsten) des Konzernjahresüberschusses ausgeschaltet werden, erhöhen (vermindern) die Zwischengewinne (Zwischenverluste) aus den endgültig an Konzernfremde verkauften Fremderzeugnissen den Konzernjahresüberschuss durch entsprechende Kürzung (Erhöhung) der Materialaufwendungen (Fall 2a). Daher wirkt sich per Saldo nur die Veränderung des Zwischenerfolgsbestandes während der Berichtsperiode auf den Jahresüberschuss des Konzerns aus.

II. Konsolidierung anderer Erträge und Aufwendungen

»Andere Erträge«

Nach § 305 Abs. 1 Nr. 2 HGB sind auch »andere Erträge aus Lieferungen und Leistungen zwischen den in den Konzernabschluss einbezogenen Unternehmen mit den auf sie entfallenden Aufwendungen zu verrechnen, soweit sie nicht als andere aktivierte Eigenleistungen auszuweisen sind«. Unter »anderen Erträgen« sind dabei alle Ertragspositionen in den Gewinn- und Verlustrechnungen der einbezogenen Unternehmen zu verstehen, die aus Geschäften mit anderen einbezogenen Unternehmen herrühren.

Eliminierung auch innerkonzernlicher Verluste

Obwohl das Gesetz nur von der Konsolidierung »anderer Erträge« spricht und damit aus innerkonzernlichen Transaktionen herrührende Verluste zumindest dem Wortlaut nach nicht umfasst, müssen der Einheitsfiktion des Konzernabschlusses entsprechend auch die Verluste aus innerkonzernlichen Geschäftsvorfällen, die in anderen Positionen als den Umsatzerlösen zum Ausweis kommen, berücksichtigt werden.

Erträge/Verluste aus Lieferungen

Andere Erträge oder Verluste können sich aus der Lieferung von Gegenständen des Anlagevermögens (z. B. Grundstücksverkauf) oder des Umlaufvermögens (z. B. Wertpapierverkauf) ergeben. Angesprochen werden dabei die Positionen »sonstige betriebliche Erträge/Aufwendungen« oder »außerordentliche Erträge/Aufwendungen«. Die Konsolidierung dieser Erträge bzw. Aufwendungen erfolgt analog der Konsolidierung der Innenumsatzerlöse. Insofern kann auf die hierzu gemachten Ausführungen verwiesen werden.

Rückwirkungen bei Verzicht auf Zwischenerfolgseliminierung

Findet eine Zwischenerfolgselimination bei den aus innerkonzernlichen Lieferungen abgeleiteten Einzelbilanzwerten nicht statt, so ist ein Zwischengewinn als eine Zuschreibung zu dem betreffenden Vermögensgegenstand, ein Zwischenverlust als eine außerplanmäßige Abschreibung zu interpretieren. Eine Umgliederung der unter den sonstigen betrieblichen Erträgen ausgewiesenen Abgangsgewinne beim Lieferunternehmen ist deshalb nicht nötig, da Zuschreibungen unter der Position 4 des GuV-Gliederungsschemas »sonstige betriebliche Erträge« auszuweisen sind. Die Uminterpretation von Abgangsverlusten in außerplanmäßige Abschreibungen erfordert jedoch eine Umgliederung von den »sonstigen betrieblichen Aufwendungen« in »Abschreibungen«.

Erträge aus Leistungen

Unter die anderen Erträge aus Leistungen sind vor allem Miet-, Pacht- und Zinserträge zu subsumieren. Da ihnen in der Regel bei dem Leistungsempfänger Aufwendungen in gleicher Höhe gegenüberstehen, sind sie einfach durch Aufrechnung mit diesen zu eliminieren. Soweit die erbrachte Leistung beim Leistungsempfänger ohne Berührung der GuV aktiviert wird (z. B. in Rechnung gestellte Ingenieurleistungen bei einer Großreparatur oder der Erstellung eines Bauwerkes), müssen die entsprechenden Erträge in die Position »sonstige aktivierte Eigenleistungen« umgegliedert werden.

III. Konsolidierung innerkonzernlicher Ergebnisübernahmen

Unter dem Gesichtspunkt der Fiktion der rechtlichen Einheit des Konzernverbundes darf das Konzernergebnis keine Ergebnisübernahmen eines Konzernunternehmens von einem anderen enthalten. Für die vorzunehmende Korrektur muss unterschieden werden, ob die Gewinnentstehung beim Beteiligungsunternehmen und die Verbuchung der Ergebnisausschüttung beim beteiligten Unternehmen zeitlich zusammenfallen oder in verschiedenen Perioden erfolgen.

Periodenverschiedenheit von Gewinnentstehung und -vereinnahmung

Bei Periodenverschiedenheit wird in Periode 1 der Gewinnausweis bei dem Beteiligungsunternehmen als vom Konzern erwirtschaftet in den Konzernabschluss übernommen. Wird das Jahresergebnis in Periode 2 durch das Beteiligungsunternehmen ausgeschüttet und von dem beteiligten Unternehmen als Beteiligungsertrag verbucht, so würde die Übernahme dieses Beteiligungsertrages in die Konzern-GuV als Doppelerfassung (zuerst als originärer Gewinn bei dem Beteiligungsunternehmen in Periode 1 und nun als Ertrag aus Beteiligungen in Periode 2) ausgewiesen. Aus Konzernsicht handelt es sich bei den in Periode 2 vereinnahmten Beteiligungserträgen um Gewinne, die weder ausgeschüttet noch den Rücklagen zugeführt sind. Da sie folglich aus Konzernsicht den Charakter eines Gewinnvortrages haben, sind sie aus den betroffenen GuV-Positionen

- Erträge aus Beteiligungen (Vermerk: davon aus verbundenen Unternehmen),
- Erträge aus anderen Wertpapieren und Ausleihungen des Finanzanlagevermögens,
- sonstige Zinsen und ähnliche Erträge

zu Lasten des Konzernjahresüberschusses zu eliminieren und in den Gewinnvortrag einzustellen.

Periodenidentität von Gewinnentstehung und -vereinnahmung

Vereinnahmt hingegen das beteiligte Unternehmen die Beteiligungserträge im Jahr ihrer Entstehung z. B. aufgrund eines Ergebnisabführungsvertrages, sind die abzuführenden Ergebnisse bereits bei der abführenden Gesellschaft Jahresüberschusswirksam verrechnet worden. Folglich sind nur noch die Aufwendungen und Erträge aus dem Gewinntransfer bei den beteiligten Gesellschaften miteinander zu verrechnen. Bei der Beteiligungsgesellschaft kann es sich dabei um die Positionen

- Erträge aus Verlustübernahme,

- aufgrund einer Gewinngemeinschaft, eines Gewinnabführungs- und Teilgewinnabführungsvertrages abgeführte Gewinne,

bei der ergebnisübernehmenden Gesellschaft um die Positionen

- Aufwendungen aus Verlustübernahme oder
- Erträge aus Gewinngemeinschaften, Gewinnabführungs- und Teilgewinnabführungsverträgen

handeln.

Liegt ohne Bestehen eines Gewinnabführungsvertrages eine Periodenkongruenz von Gewinnentstehung und Gewinneinnahmen vor – z. B. wenn das Tochterunternehmen die Rechtsform der Personengesellschaft besitzt –, so sind die betreffenden Beteiligungserträge zu Lasten des Konzernjahresüberschusses zu eliminieren.

IV. Ergebnismäßige Auswirkungen von Konsolidierungsmaßnahmen

Fast sämtliche auf die Bilanz angewendeten Konsolidierungsmethoden haben potenziell zusätzliche Auswirkungen auf die Ertragsrechnung.

Rückwirkungen der Kapitalkonsolidierung

An erster Stelle ist hierbei die erfolgswirksame Kapitalkonsolidierung nach der Erwerbsmethode zu nennen. Die erstmalige Aufrechnung des Beteiligungsbuchwertes gegen das anteilige Eigenkapital ist zwar erfolgsneutral, durch die Veränderung der Bilanzwerte gegenüber der HB II jedoch, sowie den Ausweis eines Goodwill bzw. Badwill ergeben sich in den Folgeperioden zusätzliche Auswirkungen auf die Konzern-GuV über die aus den Einzelabschlüssen zu übernehmenden Aufwendungen bzw. Erträge hinaus. Im Einzelnen kann es sich dabei handeln um:

- zusätzlich zu verrechnende Abschreibungen auf den ausgewiesenen Geschäftswert
- zusätzliche Erträge aus der Vereinnahmung eines evtl. aufzulösenden Badwill
- zusätzliche Abschreibungen auf bei Erstkonsolidierung aufgelöste und abnutzbaren Vermögensgegenständen zugeschriebene stille Reserven
- verminderte Abschreibungen durch aufgelöste und abnutzbaren Vermögensgegenständen zugeschriebene stille Lasten
- die Verrechnung latenter Steuern aus Konsolidierungsvorgängen (vgl. Abschnitt E dieses Kapitels)
- eine Erhöhung (Verminderung) des Materialeinsatzes bei Verkauf von Vermögensgegenständen des Umlaufvermögens, denen bei Erstkonsolidierung stille Reserven (stille Lasten) zugeschrieben wurden.

Die Auswirkungen bei der Quotenkonsolidierung auf die Konzernergebnisrechnung sind zur Erwerbsmethode analog.

Da die Methode der Interessenzusammenführung im Rahmen der Kapitalkonsolidierung keine Auflösung stiller Reserven bzw. stiller Lasten und keinen Ausweis eines Goodwill bzw. Badwill beinhaltet, ergeben sich aus ihr bei Folgekonsolidierungen keine konzernspezifischen Auswirkungen auf das Ergebnis.

Equity-Bewertung

Ergebnismäßige Auswirkungen aus einer Equity-Bewertung sind in einem gesonderten Posten in der Konzern-GuV auszuweisen. Als Saldo sämtlicher Komponenten, die auf die Wertänderung des Equity-Wertansatzes in der Konzernbilanz Einfluss nehmen, kann er sowohl Ertrags- als auch Aufwandscharakter besitzen. Soweit von einem assoziierten Unternehmen an das beteiligte Unternehmen Ergebnisse ausgeschüttet wurden, sind diese aus der GuV-Position des Einzelabschlusses »Erträge aus Beteiligungen« mit in das »Ergebnis aus assoziierten Unternehmen« zu übernehmen.

Zwischenerfolgseliminierung

Da die Eliminierung von Zwischenerfolgen aus den Bestandswerten der HB II direkt verknüpft ist mit der Konsolidierung der Innenumsatzerlöse bzw. der Konsolidierung anderer konzerninterner Aufwendungen bzw. Erträge, soll hier auf die entsprechenden Ausführungen in den vorhergegangenen Abschnitten verwiesen werden.

Schuldenkonsolidierung

Soweit sich innerkonzernliche Forderungen und Verbindlichkeiten nicht in derselben Höhe gegenüberstehen, sind die auftretenden Differenzen mit erfolgsmäßigen Auswirkungen verbunden.

E. Latente Steuerabgrenzung aus Konsolidierungsvorgängen

Das Problem der latenten Ertragsteuerabgrenzung stellt sich nicht nur für den Einzelabschluss, sondern auch für den Konzernabschluss. Bei der Erörterung der latenten Steuerabgrenzung für den Einzelabschluss (vgl. 6. Kapitel Abschnitt D) wurde ausführlich dargestellt, dass die latente Steuerabgrenzung nach HGB auf dem Timing-Konzept, die latente Steuerabgrenzung nach IAS/IFRS und US-GAAP dagegen auf dem Temporary-Konzept beruht. Diese prinzipiell unterschiedlichen Konzeptionen beider Regelungssysteme gelten prinzipiell auch für den Konzernabschluss. Allerdings sind die Regeln zur Verrechnung latenter Steuern im Konzernabschluss für Kapitalgesellschaften durch DRS 10 an die Konzeptionen gemäß IAS/IFRS und US-GAAP angepasst worden (vgl. I 4.)

Im Folgenden wird auf die latente Steuerabgrenzung nur noch insoweit eingegangen, wie sich Besonderheiten aus Konsolidierungsvorgängen ergeben. Dabei wird zwischen der latenten Steuerabgrenzung nach HGB und der latenten Steuerabgrenzung nach IAS/IFRS und US-GAAP unterschieden.

I. Latente Steuern im Konzernabschluss nach HGB

1. Definition latenter Steuern im Konzernabschluss nach HGB

Latente Steuern im Konzernabschluss nach HGB

»Im Konzernabschluss ist die Vermögens-, Finanz- und Ertragslage der einbezogenen Unternehmen so darzustellen, als ob diese Unternehmen insgesamt ein einziges Unternehmen wären« (§ 297 Abs. 3 HGB). Diese gesetzliche Fiktion einer auch rechtlich bestehenden Einheit (Einheitstheorie) hat zur Konsequenz, dass alle Rechtsbeziehungen zwischen den einbezogenen Konzernunternehmen eliminiert werden müssen und das (einheitliche) Konzernergebnis um innerkonzernliche Bestandteile korrigiert werden muss.

Andererseits wird jedoch die handelsrechtliche Fiktion einer rechtlichen Einheit des Konzerns steuerlich nicht nachvollzogen: Steuersubjekte bleiben vielmehr die Einzelgesellschaften und Grundlage der Besteuerung die Steuerbilanzen der einzelnen Konzernunternehmen. Somit ändert sich an der insgesamt für den Konzern tatsächlich festgesetzten Steuer durch die Erstellung eines handelsrechtlichen Konzernabschlusses nichts. Durch die im Sinne der Einheitstheorie erfolgten Konsolidierungsmaßnahmen ändert sich zwar der Konzerngewinn, nicht aber der zugehörige Steueraufwand.

Damit wird deutlich, dass im Rahmen der Konzernabschlusserstellung zusätzlich Ergebnisunterschiede zwischen dem handelsrechtlichen Konzernabschluss und der für die Steuerbemessung relevanten Summe der jeweiligen Steuerbilanzen entstehen. Unter dem Primat einer periodengerechten Aufwands- und Ertragsverteilung ergibt sich somit die Notwendigkeit zusätzlicher latenter Steuerabgrenzungen, sofern diese Ergebnisunterschiede zeitlich begrenzt sind, d. h. sich im Zeitablauf wieder ausgleichen (*timing differences*).

Fiktion der Konzernbesteuerung

Damit wird zugleich der Fiktion einer Konzernbesteuerung Rechnung getragen (vgl. Busse von Colbe, W./Ordelheide, D. [1993], S. 34 ff.).

Folglich können die latenten Steuern im Konzernabschluss ihrer Ursache nach in zwei Gruppen unterteilt werden:

(a) Latente Steuern, die aus zeitlich begrenzten Differenzen zwischen den handels- und steuerrechtlichen Jahresabschlüssen der in den Konzernabschluss einbezogenen Konzernunternehmen herrühren und in den konsolidierten Abschluss übernommen werden.

(b) Latente Steuern aufgrund zeitlich begrenzter Differenzen, die im Zuge der Konzernabschlusserstellung zusätzlich entstehen.

Zeitbegrenzte Unterschiede zwischen Konzernergebnis und Summe der Einzelergebnisse

Bezüglich der aus den ursprünglichen Einzelbilanzen übernommenen latenten Steuern kann auf die Ausführungen im 6. Kapitel Abschnitt D verwiesen werden. Gegenstand der folgenden Überlegungen ist die zweite Gruppe von latenten Steuern, die ursächlich mit der Konzernabschlusserstellung verbunden ist. Diese ergeben sich nicht durch den Vergleich zwischen handels- (bzw. konzern-) rechtlichem Ergebnis und einem Steuerbilanzgewinn, sondern basieren auf dem Unterschied zwischen Konzernergebnis und den aufsummierten Ergebnissen der einbezogenen Einzelbilanzen, d. h. der Vergleich kann sich auf die zwei handelsrechtlichen Rechenwerte beschränken, da die Steuerbilanzgewinne als Basis unverändert bleiben. Hierbei gilt jedoch nach wie vor, dass nur für zeitlich begrenzte Unterschiede (*timing differences*) eine latente Steuerabgrenzung erfolgen kann.

Charakteristische Merkmale der bei der Konzernabschlusserstellung zusätzlich auftretenden zeitlich begrenzten Differenzen sind deshalb:

- Aufwendungen und/oder Erträge werden im Einzel- und Konzernabschluss periodenverschieden ergebniswirksam. Auf die der Steuerermittlung zugrunde liegenden Steuerbilanzgewinne hat die Ergebnisveränderung im Konzernabschluss keinen Einfluss, sodass daraus zusätzliche Differenzen zwischen dem festgesetzten und einem dem handelsrechtlichen Konzernergebnis entsprechenden Steueraufwand resultieren. Daneben werden Ergebnisunterschiede zwischen Einzelabschlüssen und Konzernabschluss auch durch Aufwendungen und Erträge verursacht, die im Einzelabschluss erfasst, im Rahmen der Konsolidierung aber eliminiert werden.
- Da die betreffenden Aufwendungen und/oder Erträge lediglich periodenverschoben ergebniswirksam werden oder sich die Einzelergebnisse im Zeitablauf in unterschiedliche Richtungen verändern, gleichen sich die Unterschiede im Zeitablauf wieder aus. In der Totalbetrachtung stimmen die Ergebnisse und ausgewiesenen Steueraufwendungen im Konzernabschluss und in den aufsummierten Einzelabschlüssen überein.

Für diese zeitlich befristeten Ergebnisdifferenzen sollten entsprechend dem Konzept der interperiodischen Ertragsteuerverteilung latente Steuern im Konzernabschluss abgegrenzt werden, damit auch hier der Zusammenhang zwischen Ergebnis und Steueraufwand in zeitlicher Übereinstimmung offen gelegt wird.

Ursachen latenter Steuern

Die Erstellung eines Konzernabschlusses erfolgt in mehreren Stufen, wobei auf jeder Stufe neuerliche Ergebnisunterschiede auf- oder abgebaut werden können (vgl. Abbildung 9.13).

Da die Einzelabschlüsse in den Konzernabschluss einfließen und die für den Einzelabschluss gegebenen Bilanzierungs- und Bewertungswahlrechte für den Konzernabschluss neu ausgeübt werden können, sind auch die im Einzelabschluss gebildeten latenten Steuern für den Konzernabschluss relevant. Unter Einschluss der latenten Steuern im Einzelabschluss lassen sich fünf Stufen unterscheiden, auf denen nach der theoretischen Konzeption der latenten Steuerabgrenzung zeitbegrenzte Differenzen und somit aktive oder passive latente Steuern im Konzernabschluss auftreten können.

2. Handelsrechtliche Vorschriften zur latenten Steuerabgrenzung im Konzernabschluss

Aktive und passive latente Steuern verpflichtend

Während § 274 HGB die latente Steuerabgrenzung für den Einzelabschluss regelt, finden sich die entsprechenden Bestimmungen für den Konzernabschluss in § 306 HGB. Im Vergleich beider Vorschriften spiegeln sich die unterschiedlichen Zielsetzungen und Aufgaben von Einzel- und Konzernabschluss wider. So unterscheidet § 274 HGB strikt zwischen dem Ansatz aktiver und passiver latenter Steuern und die Fixierung einer Ausschüttungssperre im Falle aktiver latenter Steuern stellt eine Konzession an die Ausschüttungsbemessungsfunktion des Einzelabschlusses dar. Anders dagegen die Vorschrift des § 306 HGB: In Anbetracht des rein informativen Charakters des Konzernabschlusses wurde eine Pflicht zur Abgrenzung sowohl aktiver wie auch passiver latenter Steuern – soweit sie aus Maßnahmen der Konsolidierung stammen – kodifiziert. Die Festlegung einer Ausschüttungssperre ist darüber hinaus im Konzernabschluss überflüssig. Entsprechend dem Charakter latenter Steuern im Konzernabschluss wird auch nicht auf einen Vergleich des Konzernabschlusses mit einem Steuerbilanzgewinn abgestellt, sondern eine Gegenüberstellung des Konzernergebnisses mit der Summe der Einzelergebnisse der in den Konzernabschluss einbezogenen Unternehmen genommen, das heißt, zwei handelsrechtliche Rechenwerke sind miteinander zu vergleichen.

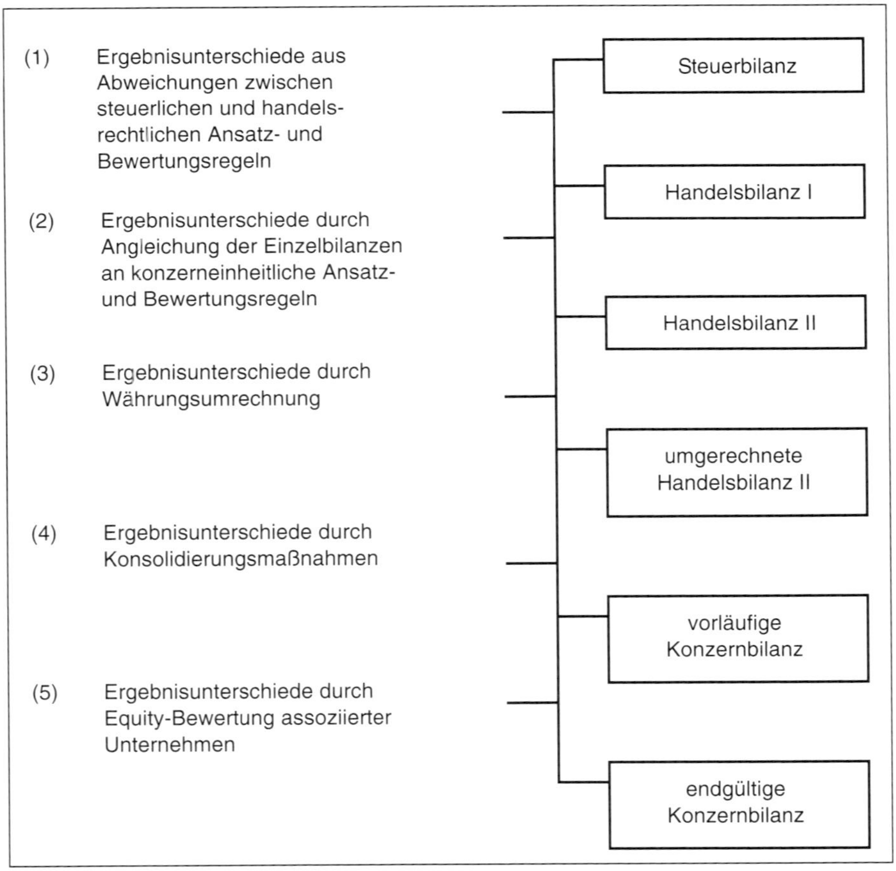

Abb. 9.13: Ursachen latenter Steuern im Konzernabschluss

Beschränkung auf Maßnahmen der Vollkonsolidierung

Im vorhergehenden Abschnitt wurde gezeigt, dass latente Steuern prinzipiell auf allen Stufen der Konzernabschlusserstellung entstehen können und sich nicht auf die eigentlichen Konsolidierungsmaßnahmen beschränken. Gleichwohl wird gemäß § 306 HGB die Pflicht zur Bilanzierung latenter Steuern auf diejenigen Maßnahmen beschränkt, »die nach den Vorschriften dieses Titels (vierter Titel, d. Verf.) durchgeführt worden sind«. Der vierte Titel des 2. Unterabschnitts über den Konzernabschluss (§§ 300 - 307 HGB) trägt die Überschrift »Vollkonsolidierung« und regelt im Wesentlichen die Konsolidierungsmaßnahmen im engeren Sinne. Damit fallen nach dem Gesetzeswortlaut alle diejenigen Maßnahmen im Rahmen der Konzernabschlusserstellung aus der Pflicht zur Bilanzierung latenter Steuern heraus, die im Vorfeld der eigentlichen Konsolidierung erfolgen.

Differenzen aus HB II, Währungsumrechnungen und Zwischenabschlüssen

Nicht unter die konzernspezifischen Vorschriften zur latenten Steuerabgrenzung fallen folglich die Maßnahmen der konzerneinheitlichen Bilanzierung und Bewertung (HB II), die Währungsumrechnung sowie die gegebenenfalls notwendige Erstellung von Zwischenabschlüssen, da sich diese Maßnahmen nicht auf Konsolidierungsvorgänge, sondern auf die Aufstellung von Einzelabschlüssen beziehen. Soweit aus den genannten Maßnahmen zusätzlich zeitbegrenzte Differenzen resultieren, kommen die für den Einzelabschluss zutreffenden Vorschriften zur latenten Steuerabgrenzung gemäß § 274 HGB zur Anwendung. Dies bedeutet im Ergebnis, dass aus diesen Maßnahmen resultierende zusätzliche passive latente Steuern passivierungspflichtig, zusätzliche aktive latente Steuern aktivierungsfähig sind.

Differenzen aus Vollkonsolidierungsmaßnahmen

Gegenstand der konzernspezifischen Vorschriften zur latenten Steuerabgrenzung gemäß § 306 HGB sind die zeitbegrenzten Differenzen aus Vollkonsolidierungsmaßnahmen. Diese schließen auch bei anteilmäßiger (quotaler) Einbeziehung die Konsolidierungsmaßnahmen gemeinschaftlich geleiteter Unternehmen ein (§ 310 Abs. 2 HGB).

Latente Steuern aus Zwischengewinneliminierung und Schuldenkonsolidierung

Wesentliche Ursachen für erfolgswirksame latente Steuerverrechnungen im Konzernabschluss sind die Zwischengewinneliminierung und die erfolgswirksame Schuldenkonsolidierung. Bei Eliminierung eines neu entstandenen Zwischengewinnes mindert sich der Konzernjahresüberschuss, folglich wäre nach dem Konzept der latenten Steuerverrechnung auch der gewinnabhängige Steueraufwand zu senken. Dies geschieht durch eine aktivische Abgrenzung für latente Steuern, die in der Periode aufgelöst wird, in der der Zwischengewinn aus Sicht des Konzerns realisiert wird. Der entgegengesetzte Fall einer passivischen Abgrenzung latenter Steuern ergibt sich bei zeitlichen Unterschieden im Ergebnisausweis zwischen Konzern- und Einzelabschluss, die aus Zwischenverlusteliminierungen sowie aus der erfolgswirksamen Schuldenkonsolidierung resultieren.

Keine latenten Steuern aus der Kapitalkonsolidierung

Zu den Methoden der Vollkonsolidierung zählt auch die Kapitalkonsolidierung nach der Erwerbsmethode. Trotz der Erfolgswirksamkeit der Erwerbsmethode kommt eine Verrechnung latenter Steuern nach dem Timing-Konzept nicht in Betracht, weil die erfolgswirksame Behandlung des Unterschiedsbetrages nach der Buchwert- und Neubewertungsmethode nicht zu zeitbegrenzten, sondern zu permanenten Ergebnisdifferenzen führt.

Im Zeitpunkt der erstmaligen Konsolidierung bleibt das Konzernergebnis unberührt, es findet lediglich ein Aktiv- bzw. Passivtausch zwischen dem Konsolidierungsausgleichsposten und den betroffenen Vermögens- und Schuldpositionen statt. In den Folgejahren wird dagegen das Konzernergebnis durch höhere Abschreibungen zusätzlich belastet. Das Konzernergebnis ist im Vergleich zur Summe der Einzelergebnisse kleiner, da von entsprechend höheren Buchwerten abgeschrieben wird. Nach vollständiger Abschreibung der Konsolidierungsdifferenz werden weder die Konzernbilanz noch die einzelnen Handelsbilanzen ergebniswirksam durch die Kapitalkonsolidierung beeinflusst. Die durch die erfolgswirksame Kapitalkonsolidierung bewirkten Ergebnisdifferenzen während der Abschreibung des Unterschiedsbetrages aus der erstmaligen Konsolidierung werden nicht wieder ausgeglichen; es handelt sich um zeitlich unbegrenzte Differenzen. Dasselbe gilt analog für die Abschreibungen auf einen verbleibenden Goodwill.

Gleichwohl wird gelegentlich die Verrechnung latenter Steuern im Rahmen der Neubewertung von Vermögensgegenständen und Schulden bzw. der Auflösung stiller Reserven und Lasten vorgeschlagen und für handelsrechtlich zulässig gehalten (vgl. ADS [1995], § 306 HGB Tz. 27). Begründet wird dies damit, dass der Wert eines Gegenstandes davon abhängig sei, ob die Anschaffungs- oder Herstellungskosten voll oder nur teilweise mit steuerlicher Wirkung als Aufwand verrechnet werden könnten. Außerdem findet sich auch die Auffassung, dass die ohne Steuerabgrenzung auf die stillen Reserven bewirkte zu hohe Bewertung von abnutzbaren Vermögenspositionen im Konzernabschluss zu überhöhten Abschreibungen führte, die einer Vorwegnahme von Aufwendungen und somit einer *timing-difference* gleichkäme. Insoweit seien latente Steuern auf die Abschreibungen der stillen Reserven zu verrechnen (vgl. Baumann, K. H. [1998], S. 1601).

Interessenzusammenführungsmethode

Die im Rahmen der Vollkonsolidierung wahlweise unter bestimmten Voraussetzungen anwendbare Kapitalkonsolidierung nach der Interessenzusammenführungsmethode (§ 302 HGB) ist völlig ergebnisneutral. Da somit naturgemäß aus ihrer Anwendung Ergebnisdifferenzen zwischen dem Summenergebnis der HB II und dem Konzernergebnis nicht resultieren können, bietet diese Methode keinerlei Ansatzpunkt für eine Anwendung des § 306 HGB.

Equity-Methode

Grundsätzlich können zeitbegrenzte Differenzen sich auch aus der Anwendung der Equity-Methode ergeben, wenn Ergebniszuschreibungen, die das Konzernergebnis erhöhen, durch spätere tatsächliche Ergebnisausschüttungen – die die HB II-Ergebnisse steigern – kompensiert werden. Außerdem können zeitbegrenzte Ergebnisdifferenzen dann entstehen, wenn im Rahmen der Equity-Bewertung Zwischenerfolge eliminiert werden. Da jedoch weder § 306 HGB die in § 311 HGB geregelte Equity-Methode explizit umfasst, noch die Vorschriften zur Equity-Methode auf den § 306 HGB verweisen, sind aus der Anwendung dieser Methode resultierende Ergebnisunterschiede zwischen Konzernergebnis und Summenergebnis bei formalrechtlicher Auslegung nicht durch die Bildung latenter Steuern zu berücksichtigen. Betriebswirtschaftlich erscheint dieses rechtlich abgeleitete Ergebnis allerdings unbefriedigend, da die Equity-Bewertung auf den gleichen Methoden wie die Vollkonsolidierung beruht. Deshalb ist im Sinne einer verbesserten Aussagefähigkeit eine über den gesetzlichen Zwang hinausgehende Erfassung von latenten Steuern im Rahmen der Equity-Bewertung als zulässig zu betrachten (vgl. Arbeitskreis »Externe Unternehmensrechnung« der Schmalenbach-Gesellschaft [1989], S. 142).

3. Einzelfragen latenter Steuern im Konzernabschluss nach HGB

Steuersatzproblematik

§ 306 HGB schreibt zwar zwingend die Abgrenzung aktiver bzw. passiver latenter Steuern auf konzernspezifische Ergebnisdifferenzen vor, sagt jedoch nichts darüber aus, welcher Steuersatz dieser Abgrenzung zugrunde gelegt werden soll. Prinzipiell gelten hier die gleichen Aussagen, die bereits für die Bewertung latenter Steuern im Einzelabschluss abgeleitet wurden (vgl. 6. Kapitel D II 3c). Darüber hinaus stellen sich einige konzernspezifische Fragen, auf die hier eingegangen werden soll. Dabei muss das übergeordnete Ziel des Konzerns, ein den tatsächlichen Verhältnissen entsprechendes Bild seiner Vermögens-, Finanz- und Ertragslage zu geben, beachtet werden. Angesichts der Komplexität der Materie muss dabei immer auch eine mit angemessenem Aufwand erreichbare praktische Durchführbarkeit angestrebt werden.

Steuersatz bei Erstellung der HB II

Soweit latente Steuern aus der Erstellung der HB II resultieren, ist zur Abgrenzung der Steuersatz des betroffenen Unternehmens heranzuziehen, da diese Differenzen im Rahmen der Erstellung der HB II noch den jeweiligen Einzelabschlüssen der einbezogenen Unternehmen zugeordnet werden.

Steuersatz bei konzernspezifischen Maßnahmen

Soweit latente Steuern im Rahmen des § 306 HGB aus konzernspezifischen erfolgswirksamen Maßnahmen der Vollkonsolidierung resultieren, schlägt die Literatur die Anwendung eines durchschnittlichen Konzernsteuersatzes vor (vgl. Coenenberg, A. G./Hille, K. [1997]; S. 64; Debus, C. [1997], Tz. 56; ADS [1995], § 306 Tz. 40). Die Anwendung eines solchen durchschnittlichen Steuersatzes auf die Ergebnisdifferenzen gemäß § 306 HGB soll die Schwierigkeiten bei einer anteiligen Steuerzurechnung auf das verursachende Konzernunternehmen vermeiden ohne die Darstellung des tatsächlichen Bildes der Ertragslage des Unternehmens in unzulässiger Weise zu beeinträchtigen.

Künftiger vs. aktueller Steuersatz

Da sich die Ergebnisdifferenzen immer in den Folgeperioden ausgleichen, unterliegen sie bei ihrer Auflösung dem zu diesem Zeitpunkt geltenden – und somit künftigen – Steuersatz. Grundsätzlich hat deshalb die Abgrenzung auf der Basis künftiger Steuersätze zu erfolgen. Um die Unsicherheit einer solchen Prognose zu umgehen, ist es als zulässig zu betrachten, die Abgrenzung anhand aktueller Steuersätze durchzuführen. Treten jedoch in Folgeperioden Steuersatzänderungen ein, so dürfte zumindest bei wesentlichen Auswirkungen hieraus eine Anpassung der bereits in Vorperioden gebildeten Abgrenzungsposten an die neue Steuerbelastung angezeigt sein (vgl. Arbeitskreis »Externe Unternehmensrechnung« der Schmalenbach-Gesellschaft [1989], S. 121).

Gesamtdifferenzenbetrachtung

Latente Steuern können sich im Konzernabschluss aus einer Vielzahl von einzelnen Differenzen ergeben. Deshalb bietet sich die Abgrenzung auf der Basis einer Gesamtbetrachtung an, von der auch § 306 HGB ausgeht. Die Steuerabgrenzung ist deshalb auf die zeitbedingte Gesamtdifferenz zwischen dem jeweiligen Ergebnis des Konzerns und den summierten Ergebnissen der HB II der einbezogenen Unternehmen vorzunehmen. Die Veränderungen der Differenz in den Folgeperioden ist durch eine entsprechende Veränderung des Abgrenzungspostens für latente Steuern nachzuvollziehen. Damit ergibt sich aus den konzernspezifischen Abgrenzungsvorgängen nur jeweils ein (aktiver oder passiver) Abgrenzungsposten, der sich aus dem Saldo sämtlicher einzelner aktiver bzw. passiver Abgrenzungsbeträge ergibt.

Stetigkeitsgebot

Unabhängig davon, wie man im Einzelnen die abzugrenzenden latenten Steuern ermittelt, unterliegt die hierfür gewählte Methode dem Gebot der Stetigkeit (§ 297 Abs. 3 Satz 2 bzw. § 298 Abs. 1 HGB i. V. m. § 252 Abs. 1 Nr. 6 HGB). Lässt sich im Einzelfall eine Durchbrechung des Stetigkeitsgebotes rechtfertigen, so ist hierüber im Konzernanhang Bericht zu erstatten. Zur Erfüllung der Generalnorm für den Konzern scheint es darüber hinaus geboten, die zur Abgrenzung latenter Steuern angewendete Methode im Konzernanhang generell anzugeben und ggf. zu erläutern.

Ausweis latenter Steuern

Keine eindeutigen Aussagen enthält das HGB bezüglich des Ausweises des Abgrenzungspostens für latente Steuern in der Konzernbilanz. Vorgeschrieben ist nur, dass er – unabhängig davon, ob ein aktiver und/oder ein passiver Ausgleichsposten ermittelt wurde – prinzipiell auszuweisen ist und mit dem Abgrenzungsposten nach § 274 HGB aus den summierten HB II der einbezogenen Unternehmen zusammengefasst werden darf. Somit können diese beiden Komponenten latenter Steuern im Konzernabschluss durch die Zusammenfassung aktiver und passiver Abgrenzungsposten in der Konzernbilanz in nur einem saldierten Posten ausgewiesen werden (vgl. IDW [1996], S. 1004).

Passive latente Steuern sind für den Konzernabschluss als Rückstellungen im Sinne von § 249 Abs. 1 Satz 1 HGB zu erfassen und in der Konzernbilanz innerhalb der Steuerrückstellungen (§ 266 Abs. 3 B.2. HGB) gesondert auszuweisen oder im Konzernanhang anzugeben (§ 306 S. 2 HGB). Die Positionierung eines aktiven Abgrenzungspostens für latente Steuern ist nicht eindeutig vorgegeben. Seiner Natur nach jedoch sollte er den aktiven Rechnungsabgrenzungsposten zugeordnet und gesondert – etwa unter der Bezeichnung »Ausgleichsposten für latente Steuern« – ausgewiesen werden.

Zusammenfassung der latenten Steuern mit dem effektiven Steueraufwand

Die Abgrenzung latenter Steuern soll den für die Periode ausgewiesenen Steueraufwand in einen sachgerechten Zusammenhang mit dem ausgewiesenen handelsrechtlichen Ergebnis bringen. Diesem Sachverhalt entspricht es am besten, wenn – wie bereits in der Einzel-GuV – auch in der Konzern-GuV die abzugrenzenden latenten Steuern mit dem aktuellen Steueraufwand zusammengefasst werden. Bei einer Abgrenzung passiver latenter Steuern wird folglich die Effektivsteuerbelastung um den latenten Steueraufwand erhöht, bei einer Abgrenzung aktiver latenter Steuern entsprechend vermindert.

4. Ergänzende Vorschriften zur Abrenzung latenter Steuern im Konzernabschluss von Kapitalgesellschaften nach DRS

Latente Steuern nach DRS 10

Am 13. Juli 2001 hat der DRSC den Entwurf einer ergänzenden Regelung zur Verrechnung latenter Steuern im Konzernabschluss (E-DRS 12) veröffentlicht, der am 18. 01. 2002 als DRS 10 verabschiedet worden ist. DRS 10 gilt für alle Unternehmen, die nach § 290 HGB zur Aufstellung eines Konzernabschlusses verpflichtet sind, also für alle Mutterunternehmen in der Rechtsform einer Kapitalgesellschaft. Für Unternehmen, die nach § 11 Publizitätsgesetz konzernabschlusspflichtig sind oder die freiwillig einen Konzernabschluss aufstellen, haben die Regeln von DRS 10 lediglich empfehlenden Charakter. DRS 10 ist erstmals auf das nach dem 31. Dezember 2001 beginnende Geschäftsjahr anzuwenden.

Mit DRS 10 werden die für den Konzernabschluss relevanten Regeln zur Verrechnung latenter Steuern an die nach IAS/IFRS (vgl. IAS 12) bzw. US-GAAP (vgl. FAS 109) gültigen und international akzeptierten Regeln angepasst. Für das Verständnis der im Folgenden kurz dargestellten Regelungen von DRS 10 ist deshalb die Kenntnis der Regelungen zur Verrechnung latenter Steuern im Konzernabschluss nach IAS/IFRS und US-GAAP hilfreich. Vor dem Studium der nachfolgenden Ausführungen zu DRS 10 ist deshalb als Vorablektüre der danach folgenden Abschnitte II „Latente Steuern im Konzernabschluss nach IAS/IFRS" und III „Latente Steuern im Konzernabschluss nach US-GAAP" empfehlenswert.

Konzeption von DRS 10

Die Grundkonzeption von DRS 10 lässt sich als eine Mischform von Timing- und Temporary-Konzept charakterisieren. Einerseits bemüht sich DRS 10 am Timing-Konzept des HGB anzuknüpfen, indem vorgeschrieben wird (DRS 10.4): „Latente Steuern sind auf zeitliche Differenzen anzusetzen, sofern sie ... ergebniswirksam entstanden sind und ihre Auflösung in künftigen Geschäftsjahren voraussichtlich zu steuerlichen Be- oder Entlastungen führt." Andererseits geht DRS 10 durch explizite Gebote über das Timing-Konzept in einem Maße hinaus, dass faktisch Regeln zur Verrechnung Latenter Steuern nach dem Temporary-Konzept resultieren, wie sie auch in IAS 12 und FAS 109 verwirklicht sind.

Quasi-permanente-Differenzen

So sieht DRS 10.5 ausdrücklich vor, dass auch quasi-permanente Differenzen in die latente Steuerabgrenzung einzubeziehen sind. D. h. DRS 10 stellt nicht auf die automatische Umkehr ergebniswirksam entstandener Differenzen ab, sondern bezieht auch alle solche ergebniswirksam entstandenen Differenzen ein, die erst durch eine ausdrückliche Disposition der Unternehmensleitung zur Auflösung gelangen. Darüber hinaus sieht DRS 10 durch ausdrückliches Gebot auch vor, dass latente Steuern auch auf solche Differenzen zu erfassen sind, die bei ihrer Entstehung ergebnisunwirksam waren, aber bei ihrer Auflösung zu steuerlichen Be- oder Entlastungen führen. Das ist bei der Aufdeckung stiller Reserven und stiller Lasten bei der Kapitalkonsolidierung der Fall, die bei ihrer späteren Auflösung zu entsprechenden steuerlichen Konsequenzen führen. Dementsprechend sieht DRS 10.16 die Erfassung latenter Steuern auf stille Reserven und stille Lasten im Rahmen der Kapitalkonsolidierung vor.

Goodwill

Konsolidierungsmaßnahmen

Auch die weiteren Vorschriften zur Erfassung latenter Steuern nach DRS 10 lassen die Angleichung der handelsrechtlichen Vorschriften an die einschlägigen Regelungen nach IAS/IFRS und US-GAAP erkennen. So sind latente Steuern auf den Goodwill oder den Badwill nicht anzusetzen (DRS 10.18). Auf Differenzen aus der Schuldenkonsolidierung, der Zwischenergebniseliminierung oder sonstiger erfolgswirksamer Konsolidierungsmaßnahmen sind hingegen latente Steuern zu verrechnen (DRS 10.19).

Verlustvorträge

DRS 10.11 sieht zwingen die Verrechnung aktiver latenter Steuern auf steuerliche Verlustvorträge vor. Der Ansatz steht allerdings unter dem Vorbehalt, dass der Steuervorteil aus dem Verlustvortrag mit hinreichender Wahrscheinlichkeit realisiert werden kann. In DRS 10.12 wird die Voraussetzung hinreichender Wahrscheinlichkeit durch zwei Kriterien präzisiert:

a) Es bestehen zu versteuernde zeitliche Differenzen derselben Steuerarten in ausreichender Höhe gegenüber demselben Steuerschuldner/-gläubiger, die sich zeitkongruent voraussichtlich auflösen.
b) Es ist wahrscheinlich, dass in den entsprechenden Geschäftsjahren gegenüber demselben Steuerschuldner/-gläubiger zu versteuernde Gewinne in ausreichender Höhe anfallen werden (ggf. auch durch steuerliche Sachverhaltsgestaltung)

Bilanzierungspflicht für latente Steuern nach DRS 10

Nach den Regeln des HGB beziehen sich die konzernrechtlichen Vorschriften zur Verrechnung latenter Steuern ausschließlich auf Maßnahmen der Vollkonsolidierung. Dementsprechend entsteht nur für diese latenten Steuern, unabhängig davon ob es sich um aktive oder passive latente Steuern handelt, eine Bilanzansatzpflicht. Alle latenten Steuern, die auf der Grundlage der einzelbilanziellen Vorschriften erfasst werden, also latente Steuern aus dem Einzelabschluss sowie latente Steuern aus Maßnahmen der konzerneinheitlichen Bilanzierung und Bewertung, unterliegen dagegen nur insoweit einer Bilanzansatzpflicht, wie die passiven latenten Steuern die aktiven übersteigen. Kommt es zu einem Überschuss der aktiven über die passiven latenten Steuern, besteht für diesen Saldo ein Aktivierungswahlrecht (vgl. auch vorstehende Abschnitte 1 und 2). Dieses Wahlrecht, das sich ausschließlich aus der Zahlungsbemessungsfunktion des handelsrechtlichen Einzelabschlusses ableitet, ist mit der Informationszielsetzung eines Konzernabschlusses nicht vereinbar. Als Konsequenz sieht DRS 10.10 ausdrücklich eine Bilanzansatzpflicht für alle latenten Steuern vor, den sie aus Differenzen zwischen Handelsbilanz I und steuerlichem Abschluss sowie zwischen Handelsbilanz II und Handelbilanz I ergeben.

Bewertung latenter Steuern nach DRS 10

Für die Bewertung latenter Steuern stellt DRS 10.20 auf unternehmensindividuelle Steuersätze ab. Im Falle der Zwischenergebniseliminierung ist der Steuersatz des Empfängerunternehmens maßgeblich (DRS 10.23). Anstelle unternehmensindividueller Steuersätze darf ein konzerneinheitlicher Steuersatz nur in begründeten Ausnahmefällen unter Kosten-Nutzen-Abwägungen angewendet werden (DRS 10.23,24). Nach dem auch für das HGB relevanten Liability-Prinzip ist dem Grunde nach auf künftige Steuersätze abzustellen. Wegen des Stichtagsprinzips sind Gesetzesänderungen aber erst zu berücksichtigen, wenn „die maßgebliche gesetzgebende Körperschaft die Änderung verabschiedet hat“

(DRS 10.25). Dann sind auch in der Vergangenheit gebildete latente Steuerabgrenzungen anzupassen.

Keine Diskontierung

Latente Steuern sind zum Buchwert, nicht zum Barwert anzusetzen (DRS 10.27). Der Buchwert ist an jedem Abschlussstichtag auf seine Werthaltigkeit zu überprüfen. Ggf. sind außerplanmäßige Abschreibungen vorzunehmen. Im Falle des Wegfalls der Gründe für eine außerplanmäßige Abschreibung ist eine Wertaufholung geboten (DRS 10.28).

Ergebniswirksame/ergebnisneutrale Erfassung latenter Steuern

Die Frage, ob die Bildung oder Auflösung latenter Steuern ergebnisneutral oder ergebniswirksam vorzunehmen ist, ist nach dem zugrunde liegenden Sachverhalt zu beantworten. Das Beispiel der Aufdeckung stiller Reserven im Rahmen der Kapitalkonsolidierung mag diesen Grundsatz verdeutlichen: die Aufdekkung stiller Reserven im abnutzbaren Anlagevermögen ist ein erfolgsneutraler Vorgang. Folglich werden auch die auf die stillen Reserven zu bildendenden passiven latenten Steuern ergebnisneutral gebucht. Die spätere Auflösung der stillen Reserven durch Mehrabschreibung im Konzernabschluss im Vergleich zum Einzelabschluss ist ein erfolgswirksamer Vorgang. Konsequenterweise werden die latenten Steuern auf diese stillen Reserven pro rata temporis erfolgswirksam aufgelöst (vgl. DRS 10.29-31).

Ausweis latenter Steuern nach DRS 10

Aktive und passive latente Steuern sind grundsätzlich unsaldiert und getrennt auszuweisen. Eine Saldierung kommt nur in Betracht, soweit die aktiven und passiven latenten Steuern dieselbe Steuerart betreffen, gegenüber demselben Steuerschuldner/-gläubiger bestehen und sich voraussichtlich im selben Geschäftsjahr umkehren werden (DRS 10.36,37). Der Klarheit des Ausweises dienen auch vielfältige Berichterstattungspflichten (DRS 10.39 ff.). So ist beispielsweise für jeden einzelnen ausgewiesenen Bilanzposten der Betrag der aktiven bzw. passiven latenten Steuern, der diesem Bilanzposten zuzurechnen ist, gesondert anzugeben. Diese besondere Berichterstattungspflicht entfällt allerdings für nicht kapitalmarktorientierte Mutterunternehmen. Außerdem ist der Unterschied zwischen dem aufgrund des geltenden Steuersatzes erwarteten Steueraufwand und dem tatsächlich ausgewiesenen Steueraufwand in einer Überleitungsrechnung darzustellen oder wenigstens zu erläutern (DRS 10.42).

II. Latente Steuern im Konzernabschluss nach IAS/IFRS

Latente Steuern im Konzernabschluss nach IAS/IFRS

Wie im 6. Kapitel D III im Einzelnen erörtert, folgt die latente Steuerabgrenzung nach IAS/IFRS dem Temporary-Konzept. Dieses beruht auf einem Vergleich der Buchwerte von Vermögensgegenständen und Schulden in der Handelsbilanz mit den korrespondierenden Steuerwerten. Nach ausdrücklicher Vorschrift von IAS 12.11 bedeutet dies, dass die Bilanzdifferenzen aufgrund eines Vergleichs von Konzernbilanz und den Steuerbilanzen der jeweiligen Einzelgesellschaften zu ermitteln sind. Der Steuerwert eines Vermögensgegenstandes bzw. einer Verbindlichkeit bestimmt sich anhand der für die Auflösung der *temporary difference* maßgeblichen steuerlichen Vorschrift in dem Staat, in dem die Versteuerung des zurechenbaren Ergebnisses tatsächlich erfolgt. Das Vorliegen solcher *temporary differences* führt grundsätzlich zum Aktivierungsgebot und Passivierungsgebot entsprechender latenter Steuerposten im Konzernabschluss.

Generelle Aktivierungs- und Passivierungspflicht nach IAS/IFRS

Die Pflicht zur Verrechnung latenter Steuern im Konzernabschluss nach IAS/IFRS geht demzufolge in zweifacher Hinsicht über die Regelungen im HGB hinaus: Nach der Regelung im HGB unterliegen die aktiven latenten Steuern im Einzelabschluss, d. h. bis zu der für den Konzernabschluss maßgeblichen Handelsbilanz II, nach Saldierung mit passiven latenten Steuern einem Ansatzwahlrecht. Nach den Regelungen der IAS/IFRS führen dagegen sämtliche *temporary differences* im Grundsatz zur Ansatzpflicht von latenten Steuern im Einzel- und im Konzernabschluss. Das Gebot zur Verrechnung latenter Steuern ist nach IAS/IFRS auch deshalb umfassender als nach HGB, weil das Temporary-Konzept den Kreis der zu berücksichtigenden Differenzen umfassender definiert als das Timing-Konzept (vgl. 6. Kapitel D III 2c). Da *timing differences* zugleich *temporary differences* sind, umfasst die Steuerabgrenzung nach IAS/IFRS zunächst einmal alle auch nach HGB in Betracht kommenden Fälle. Ferner umfasst das Temporary-Konzept auch die sog. quasi zeitlich unbegrenzten Differenzen. Darüber hinaus kommen aber auch als *temporary differences* diejenigen Bilanzdifferenzen in Betracht, die zwar bei ihrer Auflösung zu Differenzen zwischen Konzernergebnis und steuerlichem Ergebnis führen, bei ihrer Entstehung dagegen keine Ergebnisdifferenzen verursachen, da sie auf erfolgsneutralen Transaktionen beruhen. Diese Fälle werden im Folgenden unter Berücksichtigung der Besonderheiten des Konzernabschlusses erörtert.

Latente Steuern auf Währungsumrechnungsdifferenzen

Beispielsweise können sich Wertänderungen von Vermögensgegenständen und Schulden im Konzernabschluss aus der Währungsumrechnung von Bilanzen ausländischer Tochtergesellschaften in die Konzernwährung ergeben. Diese führen zu *temporary differences* und unterliegen folglich der latenten Steuerabgrenzung.

Latente Steuern aus Kapitalkonsolidierung

Ein weiterer, über das Timing-Konzept hinausreichender Fall von *temporary differences*, ergibt sich im Rahmen der Kapitalkonsolidierung (IAS 12.19, 22 (a), 26 (c)). Die Neubewertung von Vermögensgegenständen bzw. die Aufdeckung stiller Reserven und stiller Lasten im Rahmen der Kapitalkonsolidierung ist bei ihrer Entstehung erfolgsneutral, bei ihrer Auflösung dagegen erfolgswirksam. Nach dem Timing-Konzept kommt deshalb grundsätzlich keine Steuerabgrenzung in Betracht, nach dem Temporary-Konzept von IAS 12 unterliegen diese Differenzen dagegen dem Gebot der latenten Steuerabgrenzung. Das gilt in gleicher Weise auch bei Aufdeckung stiller Reserven oder stiller Lasten im Rahmen der Equity-Methode.

Die Abgrenzung latenter Steuern auf aufgedeckte stille Rücklagen führt zur Erhöhung des Goodwills. Das soll an einem Beispiel verdeutlicht werden.

Beispiel

Anschaffungspreis der (100%igen) Beteiligung = 100
Buchwert des Eigenkapitals = 50
stille Rücklagen = 30
Steuersatz= 40 %

Goodwillberechnung ohne latente Steuern		
Beteiligung		100
– Eigenkapital		
nominal	50	
stille Reserve	30	80
= Goodwill		20

Goodwillberechnung mit latenten Steuern			
Beteiligung			100
– Eigenkapital			
nominal		50	
stille Reserven	30		
– latente Steuern	12	18	68
= Goodwill			32

Tab. 9.18: Beispiel Wirkung latenter Steuern auf Goodwill

Wegen der zusätzlichen passiven latenten Steuern in Höhe von 12 steigt der Goodwill von 20 auf 32.

Keine latenten Steuern auf Goodwill/Badwill

Dem Grunde nach müsste das Gebot latenter Steuerabgrenzung auch für einen nach der Neubewertung von Vermögensgegenständen und Schulden verbleibenden Goodwill oder Badwill gelten. Hier sieht IAS 12 allerdings in Abweichung von der Grundregel ein ausdrückliches Verbot der Verrechnung latenter Steuern vor mit der Begründung, dass der Goodwill bzw. Badwill ein Residuum ist und die Verrechnung latenter Steuern auf dieses Residuum diese Position unnötig aufblähen würde (vgl. IAS 12.15 (a), 21, 24 (a), 32).

Das lässt sich wie folgt begründen: der Goodwill (G) entspricht der Differenz von Akquisitionspreis (P) und dem um stille Reserven bereinigten Eigenkapital (EK), in dem bereits die passiven latenten Steuern auf aufgelöste stille Reserven abgesetzt sind. Würde zusätzlich eine latente Steuer auf den Goodwill mit dem Steuersatz s abgegrenzt, so würde sich das Eigenkapital um diese latente Steuer ($s \times G$) vermindern. Für den Goodwill würde dann gelten:

$$G = P - (EK - s \times G)$$

und folglich:

$$G = \frac{P - EK}{1 - s}$$

$$P = 100$$

$$EK = 50$$

$$s = 40\ \%$$

$$G = \frac{100 - 50}{0,6} = 83,33$$

Der ursprüngliche Goodwill von 50 würde durch die Berücksichtigung von latenten Steuern auf den Goodwill auf 83,33 aufgebläht. Das soll mit dem Ansatzverbot latenter Steuern auf den Goodwill (bzw. Badwill) vermieden werden (vgl. Coenenberg, A. G./Hille, K. [2002]).

Latente Steuern aus Beteiligungen

Ebenfalls zu *temporary differences* kommt es, wenn der Beteiligungsbuchwert an einem Tochterunternehmen, assoziierten Unternehmen oder Gemeinschaftsunternehmen sich handelsrechtlich anders entwickelt als steuerrechtlich (IAS 12.18 (e)). Als Gründe hierfür nennt IAS 12.38 beispielsweise thesaurierte Gewinne beim Beteiligungsunternehmen (z. B. bei Anwendung der Equity-Methode) (vgl. Kom., IAS 28 Tz. 302) sowie Wechselkursschwankungen (vgl. Kom., IAS 21 Tz. 89 f.). *Tempororay differences* in unterschiedlicher Höhe können sich ferner zwischen Konzernabschluss und Einzelabschluss eines Mutterunternehmens in diesen Fällen dadurch ergeben, dass das Mutterunternehmen die Beteiligung im Einzelabschluss unverändert zu Anschaffungskosten fortführt.

Grundsätzlich unterliegen diese *temporary differences*, soweit es sich um *taxable temporary differences* handelt, der passiven latenten Steuerabgrenzung. Gemäß IAS 12.39 wird die Steuerabgrenzung für die Fälle ausgeschlossen, in denen

1. das Mutterunternehmen den Zeitpunkt der Auflösung der *temporary differences* bestimmen kann und
2. die Auflösung wahrscheinlich nicht in der nächsten Zukunft (*foreseeable future*) zu erwarten ist.

Beteiligungen an verbundenen Unternehmen

Im Falle eines verbunden Unternehmens kann das Mutterunternehmen die Dividendenpolitik bestimmen. Damit kann es zugleich die aus nicht ausgeschütteten Gewinnen (und damit zusammenhängenden Währungsumrechnungsdifferenzen) resultierenden *temporary differences* bezüglich ihres Auflösungszeitpunktes bestimmen. Eine latente Steuerabgrenzung kommt deshalb nicht in Betracht, wenn eine Dividendenausschüttung gemäß Weisung des Mutterunternehmens nicht vorgesehen ist (IAS 12.40).

Beteiligungen an assoziierten Unternehmen/ Gemeinschaftsunternehmen

Beim assoziierten Unternehmen ist das Mutterunternehmen nicht weisungsberechtigt. Bei Fehlen einer Thesaurierungsvereinbarung ist deshalb grundsätzlich eine passive latente Steuerabgrenzung erforderlich (IAS 12.42, vgl. Kom., IAS 28 Tz. 302, IDW [1999], Tz. 73). Es mag in manchen Fällen schwierig sein, die aus der zukünftigen Auflösung der *temporary differences* resultierende Steuerverpflichtung zu bestimmen. In diesen Fällen ist der geschätzte Mindestbetrag der künftigen Steuerpflicht anzusetzen. Im Falle eines Gemeinschaftsunternehmens kommt es auf die spezifischen Vereinbarungen an, ob eine Steuerabgrenzung erforderlich wird (IAS 12.43).

Die Bilanzierung einer Beteiligung an einem assoziierten Unternehmen im Konzernabschluss unter Berücksichtigung latenter Steuern soll im Folgenden an einem Beispiel verdeutlicht werden (vgl. auch Beispiel 3 in IAS 12 Appendix 2):

Beispiel

A erwirbt zum 1. 1. X01 50 % der Anteile von B für 10.000 GE. Der Buchwert (= Steuerwert) der Vermögensgegenstände abzüglich Schulden beträgt 10.000 GE, der Zeitwert 14.000 GE. Der Steuersatz von A ist 45 %, der Steuersatz von B 30 %. Ein entstehender Goodwill wird über 5 Jahre abgeschrieben. Eine steuerlich wirksame Abschreibung des Goodwill ist nicht möglich. In X01 erzielt B einen Gewinn von 3.000 GE. Mit einer Vollausschüttung des gesamten

Gewinns ist zu rechnen. Die Beteiligung an B wird im Konzernabschluss von A *at equity* nach der Equity-Methode gemäß IAS 28 bilanziert.

- *Bilanzierung zum 1. 1. X01:*

Zur Berechnung des Anteilswertes zum 1. 1. X01 ist zunächst der Goodwill zu bestimmen. Dazu wird der Anschaffungswert der Beteiligung dem anteiligen Zeitwert des Vermögens unter Einschluss latenter Steuern auf die Neubewertung des Vermögens gegenübergestellt:

Anteiliger Zeitwert des Vermögens vor latenter Steuer		7.000
Passive latente Steuer auf anteilige Neubewertung zum Steuersatz von B (30 % × (7.000-5.000))	–	600
Anteiliger Zeitwert des Vermögens nach latenter Steuer	=	6.400

Anschaffungspreis		10.000
Anteiliger Zeitwert des Vermögens nach latenter Steuer)	–	6.400
Goodwill	=	3.600

Daraus ergibt sich folgender Bilanzansatz:

Beteiligung an assoziierten Unternehmen	10.000
darin enthaltender Goodwill	3.600

- *Bilanzierung zum 31. 12. X01*:

Die Abschreibung des Goodwill ist vom Buchwert abzusetzen (20 % × 3.600):	720
Der erzielte Gewinn von B ist der Beteiligung anteilig zuzuschreiben (50 % × 3.000):	1.500
Da der erzielte Gewinn voraussichtlich in der nächsten Zukunft ausgeschüttet wird, ist eine passive latente Steuer zum Steuersatz von A zu bilanzieren (45 % × 1.500)	675

Daraus ergibt sich folgender Bilanzansatz:

Beteiligung an assoziierten Unternehmen			
1. 1. X01		10.000	
Abschreibung Goodwill	-	720	
Zuschreibung Gewinn	+	1.500	
	=	10.780	
Darin enthaltender Goodwill			2.880
Passive latente Steuer			675

Der Ansatz der passiven latenten Steuer würde gemäß IAS 12.39 und 42 unterbleiben, wenn eine bindende Vereinbarung getroffen wäre, dass der Gewinn von B nicht ausgeschüttet wird. In diesem Falle wäre gemäß IAS 12.81 ff. der Betrag der Gewinnzuschreibung (= *temporary difference*), für die keine latente Steuer gestellt wurde, anzugeben.

Über die HGB-Regelungen hinausgehend, sind nach IAS/IFRS im Rahmen der Equity-Methode Zwischenergebnisse sowie innerkonzernliche Forderungen und Schulden anteilig zu konsolidieren. Dementsprechend sind auf daraus entstehende *temporary differences* nach IAS/IFRS latente Steuern zu verrechnen (vgl. Schmidbauer, R. [2001], S. 1576).

Nachaktivierung latenter Steuern aufgrund Konsolidierung

Die grundsätzliche Pflicht gemäß IAS 12 zur Bilanzierung latenter Steuern findet im Hinblick auf aktive latente Steuern ihre Grenze in dem Erfordernis, dass mit hinreichender Wahrscheinlichkeit künftige steuerliche Gewinne erzielt werden, gegen die die aktivierte latente Steuer verrechnet werden kann (vgl. im Einzelnen 6. Kapitel D III 2b). Wurden aktive latente Steuern wegen nicht hinreichend wahrscheinlich erwarteter zukünftiger steuerlicher Gewinne unterlassen, so ist eine Nachaktivierung dann erforderlich, wenn sich die Einschätzung im Hinblick auf die Wahrscheinlichkeit künftiger steuerlicher Gewinne verändert. Im Hinblick auf diese Nachaktivierungspflicht können sich aus der Konsolidierung weitere latente Steuern ergeben. Beispielsweise wäre bei einer Erstkonsolidierung denkbar, dass durch die zu erwartenden Ergebnisse des Akquisitionsobjektes eine beim übernehmenden Mutterunternehmen bisher unterlassene aktive latente Steuer auf eine *temporary difference* oder auf einen Verlustvortrag nachaktivierungspflichtig wird. In diesem Falle ist die Aktivierung der latenten Steuer zum Zeitpunkt des Vollzugs der Akquisition nachzuholen; gleichzeitig ist folglich die aktivierte latente Steuer bei der Berechnung des Goodwills bzw. Badwills einzubeziehen (IAS 12.67).

Ein anderer Fall liegt beispielsweise darin, dass im Abschluss des Akquisitionsobjektes die Aktivierung einer latenten Steuer unterbleibt, weil die Voraussetzungen für eine Aktivierung aus der Sicht der Ergebniserwartung des Akquisitionsobjektes nicht gegeben sind. Falls aus der Sicht des Konzerns dagegen wegen zukünftig zu erwartender Gewinne des Mutterunternehmens beispielsweise die Voraussetzungen für die Nachaktivierung gegeben sind, ist die Nachaktivierung im Konzernabschluss erfolgswirksam vorzunehmen. Der Bruttowert des Goodwills und die aufgelaufene Abschreibung sind so anzupassen, als wäre die aktive latente Steuer von vornherein bilanziert worden (IAS 12.68). Die Nachaktivierung einer latenten Steuer kommt in diesem Fall allerdings nur bis zur Höhe eines vorhandenen Goodwills in Betracht; im Falle eines Badwills entfällt die Aktivierung (vgl. Coenenberg, A. G./Hille, K. [2002], Tz. 70 ff.).

Bewertung latenter Steuern im Konzernabschluss

Über die Probleme der Bewertung latenter Steuern im Einzelabschluss hinaus stellt sich im Konzernabschluss die weitergehende Frage, ob der Steuersatz des bilanzierenden Mutterunternehmens, des betroffenen Tochterunternehmens oder ein durchschnittlicher Konzernsteuersatz gewählt werden soll (vgl.Coenenberg, A. G./Hille, K. [2002], Tz. 102). IAS 12 enthält hierzu keine explizite Regelung. Da gemäß IAS 12.11 für die Berechnung der *temporary difference* der Steuerwert der Aktiv- bzw. Passivposten des jeweiligen Konzernunternehmens heranzuziehen ist, müsste konsequenterweise auch der jeweilige lokale Steuersatz des betroffenen Konzernunternehmens für die Bewertung der latenten Steuer maßgebend sein. Für die Zwischenergebniseliminierung beispielsweise bedeutet dies, dass jeweils der Steuersatz des Empfängerunternehmen der Vermögenswerte maßgebend ist, aus denen das Zwischenergebnis zu eliminieren ist. Soweit im Einzelfall die Identifikation des betroffenen Einzelunternehmens nicht unerhebliche praktische Probleme bereitet, sollte es vertretbar erscheinen, insoweit einen durchschnittlichen Konzernsteuersatz zu verwenden.

Steuervergünstigungen

Bestehen bei der Veräußerung einzelner Vermögensgegenstände, bei denen *temporary differences* auftreten, Steuervergünstigungen, z. B. bei der Veräußerung von Gegenständen das Anlagevermögens (*capital gains*), so ist diesem Tatbestand bei der Bewertung der latenten Steuern Rechnung zu tragen (vgl. bezüglich latenter Steuern bei Aufwertung von nicht abnutzbaren Vermögenswerten auch SIC 21).

Dispositionsabhängige Steuerbelastung

Dem Grundsatz folgend, dass in die Bewertung latenter Steuerverbindlichkeiten und latenter Steueransprüche grundsätzlich auch unterschiedliche Dispositionsmöglichkeiten der Unternehmung eingehen müssen, fordert IAS 12.51, dass die am Bilanzstichtag vorgesehene Verwendungsmöglichkeit von Vermögensgegenständen bzw. Verbindlichkeiten zu berücksichtigen ist. Dies ist dann von Bedeutung, wenn Steuerwert oder Steuersatz von der jeweiligen Art der Verwendung des zugrunde liegenden Vermögensgegenstandes bzw. der Verbindlichkeit abhängen. Abgesehen von Grenzfällen (teilweise steuerfreie Verwendung bei gemeinnützigen Unternehmen) dürften diese Fälle im deutschen Rechtskreis derzeit keine Rolle spielen. Gleichwohl ist denkbar, dass derartige Fallgestaltungen im Rahmen internationaler Konzernabschlüsse bedeutsam und damit für die Bewertung latenter Steuerpositionen in internationalen Konzernabschlüssen relevant werden. Aus diesem Grunde soll nachstehend ein Beispiel gegeben werden:

Beispiel

Bei einem handelsrechtlichen Buchwert von 100 GE und einem Steuerbilanzsatz (Steuerwert) von 60 GE errechnet sich eine *temporary difference* in Höhe von 40 GE. Unterstellt man nun, dass der Gewinn aus dem Verkauf der Anlage (z. B. zur Förderung des Strukturwandels) geringer besteuert würde als die Realisierung über die weitere Nutzung und Abschreibung, so ergeben sich dadurch unterschiedliche latente Steuerabgrenzungen je nach Art der vorgesehenen Verwendung. Würde beispielsweise ein Verkaufsgewinn lediglich mit 20 % zu versteuern sein, so errechnet sich bei einem geplanten Verkauf der Anlage eine latente Steuerverbindlichkeit in Höhe von 8 GE (40 GE × 20 %). Ist hingegen geplant, die Anlage weiterhin im Produktionsprozess zu nutzen und abzuschreiben, so sind die latenten Steuerverbindlichkeiten unter Verwendung des regulären Steuersatzes (z. B. 30 %) zu bewerten und belaufen sich damit auf 12 GE (40 GE × 30 %).

III. Latente Steuern im Konzernabschluss nach US-GAAP

Latente Steuern im Konzernabschluss nach US-GAAP

Auch der für die Bilanzierung latenter Steuern nach US-GAAP maßgebende FAS 109 folgt dem Temporary-Konzept. Insofern sind die Konzepte latenter Steuerverrechnung nach US-GAAP und nach IAS/IFRS weitgehend identisch. Auf Besonderheiten der latenten Steuerverrechnung nach FAS 109 im Vergleich zu IAS 12 wurde im Zusammenhang mit der Darstellung der latenten Steuern im Einzelabschluss bereits hingewiesen (vgl. 6. Kapitel D IV). Auf diese Ausführungen und die Ausführungen im vorstehenden Abschnitt II (Latente Steuern im Konzernabschluss nach IAS/IFRS) wird deshalb ausdrücklich verwiesen. Im Zusammenhang mit der Verrechnung latenter Steuern im Konzernabschluss soll auf die folgenden Besonderheiten der Regelungen nach US-GAAP kurz eingegangen werden.

Auch für alle im Zusammenhang mit der Erstellung des Konzernabschlusses (Vollkonsolidierung, Equity-Bewertung) entstehenden aktiven latenten Steuern gilt für den Bilanzansatz und die Bewertung das Wahrscheinlichkeitskriterium für die Realisierung des Steuervorteils von 50 % («*more likely than not*«). Insoweit, wie die Steuerentlastung mit einer Wahrscheinlichkeit von mehr als 50 % nicht in voller Höhe in der Zukunft eintreten wird, ist nach FAS 109.17 ein entsprechender Sicherheitsabschlag (*valuation allowance*) vorzunehmen. Dieser kann zwischen 0 % und 100 % betragen. Er ist auf die gesamte aktive latente Steuerposition vor einer eventuell zulässigen Saldierung mit entsprechenden Passivpositionen anzuwenden. Eine gegebenenfalls später notwendige Auflösung wegen veränderter Wahrscheinlichkeitsschätzung ist ergebniswirksam vorzunehmen.

Wie nach IAS 12 werden auch nach FAS 109 auf im Wege der Erstkonsolidierung aufgedeckte stille Reserven und stille Lasten, nicht dagegen auf einen verbleibenden Goodwill oder Badwill, latente Steuern abgegrenzt.

Soweit die im Konzernabschluss konsolidierten Unternehmen unterschiedlichen Steuerbelastungen unterliegen, ist jeweils der Steuersatz des Konzernunternehmens anzuwenden, bei dem die *taxable* oder *deductable difference* auftritt. Eine Ausnahme bildet allerdings die Zwischenergebniseliminierung. Die bilanzielle Differenz tritt zwar beim Empfängerunternehmen der Lieferung auf. Maßgebend ist aber hier der Steuersatz des liefernden Unternehmens, da die auf den Veräußerungsgewinn gezahlte Steuer Basis der im Falle eines Zwischengewinns notwendigen aktiven latenten Steuerabgrenzung ist (vgl. Schmidt, M. [2000], S. 269, S. 276).

Kontrollfragen:

1. Welche Formen der Kapitalkonsolidierung kennt das HGB?
2. Inwiefern unterscheidet sich die Art des Einbezugs in den Konzernabschluss nach IAS/IFRS/US-GAAP für unterschiedliche Grade der Verflechtung?

3. Warum wird die erfolgswirksame Kapitalkonsolidierung auch als »Purchase-Methode« bezeichnet?
4. Worin liegt der Unterschied zwischen den beiden nach § 301 HGB zulässigen Methoden der Vollkonsolidierung? Handelt es sich hierbei nur um einen formalen Unterschied?
5. Sind beide Methoden auch nach IAS/IFRS, US-GAAP und DRS zulässig?
6. Wie wird der bei Kapitalkonsolidierung nach HGB entstehende Unterschiedsbetrag behandelt?
7. Über welchen Zeitraum muss bzw. kann ein verbleibender Geschäftswert nach HGB, IAS/IFRS, DRS abgeschrieben werden?
8. Wie wird der Goodwill aus der Konsolidierung nach US-GAAP behandelt?
9. Wann darf ein Badwill aufgelöst werden?
10. Wie wird der Goodwill bzw. Badwill des akquirierten Unternehmens im Rahmen des Konzernabschlusses nach IAS/IFRS/US-GAAP behandelt?
11. Wie wird der Ausgleichsposten für »Anteile anderer Gesellschafter« errechnet? Gibt es hier Unterschiede zwischen HGB, IAS/IFRS und US-GAAP?
12. Welche Eigenheiten weist die Interessenzusammenführungsmethode (Pooling-of-Interests-Methode)
    Unter welchen Bedingungen kann sie angewandt werden?
13. Was versteht man unter einem assoziierten Unternehmen?
14. Wann besteht eine Vermutung auf ein Assoziierungsverhältnis und warum wurde diese Vermutung eingeführt?
15. Handelt es sich bei assoziierten Unternehmen um Tochterunternehmen?
16. Welche Konsolidierungsmethode kommt bei assoziierten Unternehmen zur Anwendung?
    Erläutern Sie diese Methode!
17. Worin liegt der grundlegende Unterschied zwischen der Vollkonsolidierung und einer Konsolidierung nach der Equity-Methode?
18. Erläutern Sie die Unterschiede zwischen HGB, IAS/IFRS und US-GAAP bei der Einbeziehung assoziierter Unternehmen!
19. Was sind Gemeinschaftsunternehmen?
20. Welche Möglichkeiten der Konsolidierung von Gemeinschaftsunternehmen gibt es?
21. Welches sind die wesentlichen Merkmale der Quotenkonsolidierung?
22. Würden Sie als externer Bilanzleser der Quotenkonsolidierung den Vorzug vor der Equity-Konsolidierung geben?
23. Definieren Sie den Begriff *joint venture* im Sinne der IAS/IFRS! Welche Ausprägungen in Abhängigkeit vom Intensitätsgrad der Zusammenarbeit werden bei *joint ventures* unterschieden?
24. Welche Vorgehensweise wird bei der Konsolidierung von Gemeinschaftsunternehmen gemäß DRS, IAS/IFRS und US-GAAP empfohlen? Welche Alternativen stehen dem Bilanzierenden beim Ausweis zur Verfügung?

25. Welche Bilanzposten sind in die Schuldenkonsolidierung einzubeziehen?
26. Inwiefern unterscheiden sich erstmalige und wiederholte Eliminierung einer Aufrechnungsdifferenz?
27. Was versteht man unter Zwischenerfolgen, und warum müssen sie bei Geltung der Einheitstheorie eliminiert werden?
28. Unter welchen Bedingungen besteht keine Verpflichtung zur Eliminierung von Zwischenerfolgen nach HGB?
29. Was sind Konzernanschaffungs- und Konzernherstellungskosten i. S. d. HGB bzw. nach IAS/IFRS/US-GAAP?
30. Was versteht man unter einem eliminierungsfähigen bzw. eliminierungspflichtigen Zwischenerfolg?
31. Beschreiben Sie den technischen Ablauf der Zwischenerfolgseliminierung!
32. Muss der gesamte Zwischenerfolgsbestand jährlich erfolgswirksam eliminiert werden?
33. Warum müssen Erträge aus Gewinnausschüttungen zwischen Konzerngesellschaften vom Konzernerfolg abgezogen werden?
34. Muss auch bei assoziierten Unternehmen bzw. bei Gemeinschaftsunternehmen eine Zwischenerfolgseliminierung durchgeführt werden?
35. Was versteht man unter Innenumsätzen und warum müssen diese eliminiert werden?
36. Wie sind die Innenumsatzerlöse im Zusammenhang mit Bestandsänderungen von selbsterstellten Konzernerzeugnissen zu konsolidieren?
37. Wie sind die Innenumsatzerlöse im Zusammenhang mit Bestandsänderungen bei Konzern-Handelswaren zu konsolidieren?
38. Beschreiben Sie das Zusammenspiel der Innenumsatzkonsolidierung und der Zwischengewinneliminierung bei Beständen an Konzernerzeugnissen!
39. Was ist im Rahmen der GuV als »andere Erträge« zu konsolidieren?
40. Wie sind latente Steuern im Konzernabschluss definiert?
41. Erläutern Sie im Einzelnen, welche Konsolidierungsmaßnahmen zu latenten Steuern im Konzernabschluss führen können!
42. Interpretieren Sie die gesetzliche Regelung bezüglich latenter Steuern im Konzernabschluss nach HGB!
43. Welche Abweichungen sehen die Vorschriften von DRS vor?
44. Inwiefern geht die Verrechnung latenter Steuern im Konzernabschluss nach IAS/IFRS bzw. US-GAAP über die Regelungen gemäß HGB hinaus?
45. Wie sind latente Steuern im Konzernabschluss nach HGB und nach IAS/IFRS bzw. US-GAAP zu bewerten?

10. Kapitel: Kapitalflussrechnung und Segmentberichterstattung

KonTraG

Im Rahmen der Verabschiedung des KonTraG im Jahr 1998 wurden erstmals die Rechnungslegungsinstrumente Kapitalflussrechnung (im Folgenden mit »KFR« abgekürzt) und Segmentberichterstattung als integrale Bestandteile des Konzernabschlusses vorgeschrieben. Diese Verpflichtung galt einst allerdings lediglich für »börsennotierte Mutterunternehmen«, die den Konzernanhang um eine KFR und Segmentberichterstattung ergänzen mussten (§ 297 Abs. 1 Satz 2 HGB a. F.).

TransPuG

Mit dem TransPuG aus dem Jahr 2002 ist eine Revidierung von § 297 Abs. 1 Satz 2 HGB vorgenommen worden. Danach sind KFR und Segmentberichterstattung nicht mehr Bestandteile des Anhangs, sondern eigenständige Berichtsinstrumente des Konzernabschlusses. Zudem wurde mit dem TransPuG der Anwendungsbereich ausgedehnt bzw. klargestellt. Nunmehr sind alle »kapitalmarktorientierten Mutterunternehmen«, die selbst oder durch eines ihrer Tochterunternehmen den Kapitalmarkt in Anspruch nehmen oder die Zulassung beantragt haben, zur Aufnahme einer KFR und Segmentberichterstattung in den Konzernabschluss verpflichtet.

Befreiender Konzernabschluss

Nutzt ein kapitalmarktorientiertes Mutterunternehmen die Möglichkeit eines befreienden Konzernabschlusses nach § 292a HGB, so muss dieser Abschluss u. a. nach »international anerkannten Rechnungslegungsgrundsätzen« – hiermit sind IAS/IFRS und US-GAAP gemeint – aufgestellt werden. Nach IAS/IFRS und US-GAAP werden die KFR und die Segmentberichterstattung seit längerem als obligatorische Teile der *financial statements* verlangt. Der befreiende Konzernabschluss umfasst damit auch eine auf internationalem Niveau aufgestellte KFR und Segmentberichterstattung.

Schließung der Gesetzeslücke durch DRS

Im § 297 Abs. 1 Satz 2 HGB fehlen allerdings Angaben zu Aufgaben, Inhalt und Gestaltung der KFR und der Segmentberichterstattung. Zur Erfüllung dieser Aufstellungsverpflichtungen hat das vom Bundesministerium der Justiz (BMJ) beauftragte DRSC durch seinen Standardisierungsrat (DSR) jeweils einen Deutschen Rechnungslegungsstandard Nr. 2 »Kapitalflussrechnung« (DRS 2) bzw. Nr. 3 »Segmentberichterstattung« (DRS 3) im Jahr 1999 vorgelegt und verabschiedet. Die Bekanntmachung der neuen Standards durch das BMJ erfolgte im Mai 2000. Damit gilt gemäß § 342 Abs. 2 HGB die Vermutung, dass die Standards den Grundsätzen ordnungsmäßiger Buchführung entsprechen.

Die beiden Standards des DSR zeichnen sich durch eine auffällige Annäherung an die international bestehenden Regelungen zur KFR (IAS 7; FAS 95) und zur Segmentberichterstattung (IAS 14; FAS 131) aus.

A. Kapitalflussrechnung

Rechenwerk zur Finanzlage

In den handelsrechtlichen Generalnormen (§§ 264 Abs. 2 Satz 1, 297 Abs. 2 Satz 2 HGB) wird seit dem BiRiLiG von 1985 – zusätzlich zu dem geforderten Einblick in die Vermögens- und Ertragslage – unter Beachtung der GoB auch ein den tatsächlichen Verhältnissen entsprechendes Bild der Finanzlage verlangt. Allerdings verzichtete der deutsche Gesetzgeber auf das in der 4. und 7. EG-Richtlinie gewährte Wahlrecht, bei der Umsetzung dieser EG-Richtlinien mittels des BiRiLiG Aufstellung und Offenlegung eines Rechenwerkes zur Finanzlage verbindlich vorzuschreiben. Mit Ausnahme der kapitalmarktorientierten Mutterunternehmen, die nach § 297 Abs. 1 Satz 2 HGB eine KFR als Bestandteil des Konzernabschlusses offen legen müssen, sind Erläuterungen zur Finanzlage im Einzelabschluss und für nicht kapitalmarktorientierten Mutterunternehmen auch im Konzernabschluss ausreichend. Allgemein wird der KFR die Fähigkeit zugesprochen, einen verbesserten Einblick in die (dynamische) Finanzlage eines Unternehmens zu gewähren, insbesondere wenn sie zusammen mit den übrigen Rechenwerken und Abschlussinformationen zur Beurteilung der wirtschaftlichen Lage eines Unternehmens herangezogen wird (vgl. Abbildung 10.1).

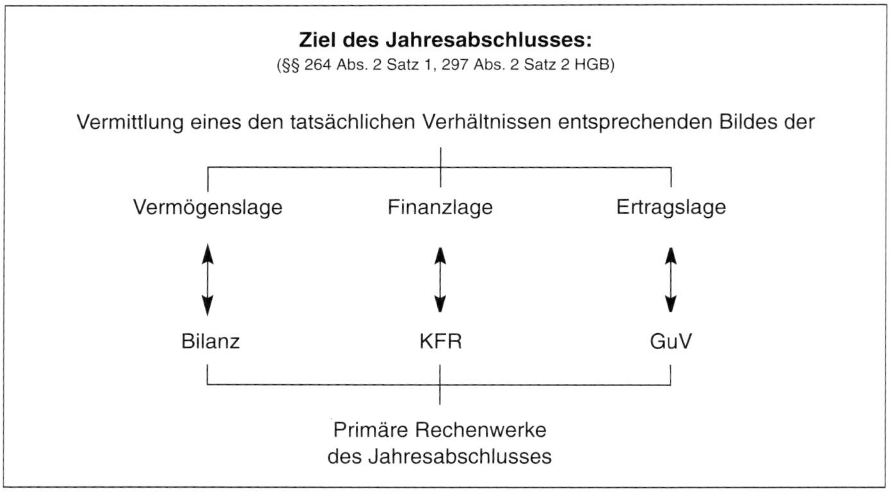

Abb. 10.1: Kapitalflussrechnung als Instrument zur Abbildung der Finanzlage

Abbildung von Zahlungsströmen

Im Rahmen der finanzwirtschaftlichen Bilanzanalyse steht die Finanzlage im Mittelpunkt. Von zentralem Interesse sind dabei die Kapitalstruktur und die Zahlungsströme (vgl. 13. Kapitel C II). Letztere werden in der KFR abgebildet und zeigen u. a. die Fähigkeit des Unternehmens, aus ihrer operativen Tätigkeit Geld zu erwirtschaften, das für Investitionen, für Zahlungen an Eigen- und Fremdkapitalgeber sowie zur Stärkung eines Finanzmittelfonds zur Verfügung steht. Dividenden und Schulden können bekanntlich nicht mit erzieltem Gewinn, sondern nur mit verfügbarem Geld bezahlt werden – gemäß dem Motto »*Cash is king*«!

I. Betriebswirtschaftliche Grundlagen

Bevor in Abschnitt A II dieses Kapitels auf die Normierung der KFR in der deutschen und internationalen Rechnungslegung (HGB/DRS, IAS/IFRS und US-GAAP) näher eingegangen wird, soll in diesem Abschnitt zunächst das Rechenwerk selbst ausführlich dargestellt werden. Im Einzelnen sind Begriff, Inhalt und Aufbau der KFR zu klären. Zudem ist sie in den übergeordneten Rahmen der betriebswirtschaftlichen Finanzierungsrechnungen einzuordnen und von anderen Typen von Finanzierungsrechnungen abzugrenzen. Auch werden Gestaltungsmöglichkeiten und Ermittlungstechniken der Finanzierungsrechnung bzw. KFR vorgestellt, da sie maßgeblich den Informationswert der Rechnung beeinflussen.

1. Begriff, Aufgaben und Anforderungen

Der Begriff »Kapitalflussrechnung« (KFR) wird für eine Vielzahl von unterschiedlichen Rechnungskonzepten in der betriebswirtschaftlichen Theorie und Praxis gebraucht, sodass eine regelrechte Verwirrung bezüglich Aufbau und Inhalt einer KFR vorherrscht.

a) Finanzierungsrechnung als Oberbegriff

KFR im weiteren Sinne

Im weiteren Sinne (i. w. S.) umfasst der Begriff der KFR alle Rechnungen, die Bewegungen von Finanzmitteln innerhalb einer Periode aufzeigen (vgl. Perridon, L./Steiner, M. [1999], S. 574 f.). Bei Zugrundelegung dieser weitgefassten begrifflichen Abgrenzung steht die KFR der Finanzierungsrechnung in nichts nach. Finanzierungsrechnungen dienen als rechnerisches Planungs- und Kontrollinstrument der Überwachung der Zahlungsfähigkeit (Liquidität) und bilden das liquiditätsbezogene Teilsystem des betriebswirtschaftlichen Rechnungswesens (vgl. Chmielewicz, K. [1993], S. 44; Dellmann, K. [1993], Sp. 2075).

Begriff der Finanzierungsrechnung

Zur eindeutigen Begriffsabgrenzung wird im Folgenden der Ausdruck KFR in einem spezifischen Kontext benutzt. In Anlehnung an die Begriffsbestimmungen in den Empfehlungen des Arbeitskreises »Finanzierungsrechnung« der Schmalenbach-Gesellschaft für Betriebswirtschaft e. V. (SG) bezeichnet der Ausdruck »Finanzierungsrechnung« das finanzwirtschaftliche oder liquiditätsorientierte Teilsystem des Rechnungswesens. Finanzierungsrechnung ist somit der Oberbegriff für wertmäßige Periodenrechnungen (z. B. Jahres- oder Monatsrechnung, mehrperiodische Planungsrechnung) zur Erfassung und Steuerung von Zahlungsströmen und Finanzmittelbeständen. Die Finanzierungsrechnung ist ein Informationsinstrument des Unternehmens und zeigt Ein- und Auszahlungen oder adäquate Näherungsgrößen während eines Zeitraums. Zugleich erklärt sie für den Fall der Fondsbildung die Veränderung des Bestandes an liquiden Mitteln für diesen Zeitabschnitt, die im Finanzmittelfonds zusammengefasst sind (vgl. Arbeitskreis »Finanzierungsrechnung« der Schmalenbach-Gesellschaft [1996], S. 2). Finanzierungsrechnungen werden in der Regel für das gesamte Unternehmen oder für Teilbereiche als Periodenplanungen durchgeführt. Die vergangenheitsbezogenen Ist-Finanzierungsrechnungen dienen der Dokumentation und Rechenschaftslegung wie auch der Kontrolle von Planrechnungen, die zur Prognose von Zahlungsüber- und -unterdeckung eingesetzt werden und dadurch die Aufrechterhaltung des finanziellen Gleichgewichts unter Rentabilitäts- und Risikoaspekten gewährleisten sollen (vgl. Coenenberg, A. G. [2003], Kapitel 1 C).

KFR im engeren Sinne

Die KFR wird in den Empfehlungen des Arbeitskreises »Finanzierungsrechnung« der SG als eine »Finanzierungsrechnung zur Information Außenstehender« definiert. Daraus folgt, dass man unter einer KFR ein Publizitätsinstrument des Unternehmens, also eine ganz bestimmte unternehmensexternorientierte retrospektive Finanzierungsrechnung versteht (vgl. Arbeitskreis »Finanzierungsrechnung« der Schmalenbach-Gesellschaft [1996], S. 1 und S. 116). Der Begriff der KFR – präziser KFR im engeren Sinne (i. e. S.) – bezeichnet somit im Folgenden die Form von Finanzierungsrechnungen, die als Rechenschaftsinstrument nach nationalen bzw. internationalen Rechnungslegungsnormen erstellt wird, mit Bilanz und GuV in einem engen Zusammenhang steht und gemeinsam mit diesen im Jahresabschluss veröffentlicht wird. Die KFR ermöglicht externen Adressaten einen Einblick in die Finanzlage des Unternehmens, indem laufende Geschäfts-, Investitions- und Finanzierungsvorgänge in Form von Ein- und Auszahlungen sowie deren Auswirkungen auf die Liquidität abgebildet werden.

Bezeichnung nach IAS/IFRS und US-GAAP

Im Regelwerk des IASB findet die im angelsächsischen Sprachraum übliche Bezeichnung »*Cash Flow Statement*« Verwendung (vgl. IAS 7). In den US-GAAP heißt die KFR »*Statement of Cash Flows*« (vgl. FAS 95).

b) *Finanzierungsrechnung als Informationsinstrument*

Es gibt viele Formen von Finanzierungsrechnungen. Ihre Ausgestaltung orientiert sich an den Informationszielen, den verfügbaren Daten und den Informationsempfängern.

Betrachtungszeitraum

Zunächst wird gemäß dem betrachteten Zeitraum zwischen »retrospektiven« und »prospektiven« Finanzierungsrechnungen unterschieden. Im Gegensatz zur retrospektiven Finanzierungsrechnung, die mit bereits getätigten Zahlungen vergangener Perioden rechnet, verwendet die prospektive Rechnung Planzahlen künftiger Perioden und wird im Rahmen der Finanzplanung eingesetzt.

Einsatzfelder

Finanzierungsrechnungen werden sowohl von Unternehmen zur internen und externen Informationsbereitstellung als auch von Dritten zur Finanzanalyse erstellt. Die Gestaltung der Rechnung hängt dabei jeweils von dem verfolgten

Zweck bzw. Einsatzgebiet ab, sodass die in Abbildung 10.2 gezeigte Einteilung vorgenommen werden kann.

- Planungs- und Kontrollinstrument

Die Finanzierungsrechnung kann unternehmensintern im Rahmen der strategischen Finanzplanung, des mittelfristigen Finanzierungsmanagements, der kurzfristigen Kassendisposition (Cash Management), von Soll-Ist-Vergleichen sowie zur Steuerung und Bewertung strategischer Einheiten (Projekt- oder Bereichsrechnungen) eingesetzt werden (vgl. vor allem Arbeitskreis »Finanzierungsrechnung« der Schmalenbach-Gesellschaft [1996]).

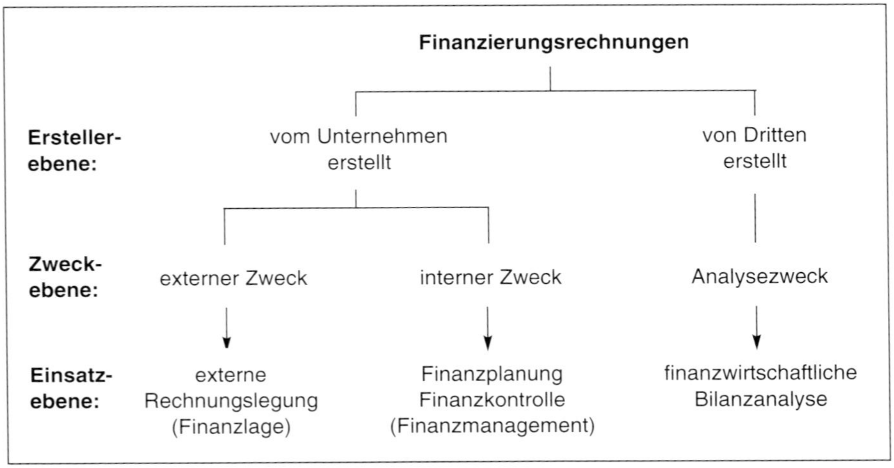

Abb. 10.2: Einsatzfelder von Finanzierungsrechnungen

- Rechenschaftsinstrument

Als relativ junges Rechenwerk der externen Rechnungslegung bildet die Finanzierungsrechnung die Finanzlage ab. Gemäß der obigen Begriffsfestlegung ist dies die KFR i. e. S. Eine solche retrospektive KFR zeigt die Zahlungen auslösenden laufenden Geschäfts-, Investitions- und Finanzierungsvorgänge, ermittelt den daraus resultierenden Finanzbedarf bzw. -überschuss und dokumentiert die sich ergebende Beeinflussung der Liquidität.

- Analyseinstrument

Von Dritten können Finanzierungsrechnungen zum Zweck der stromgrößenorientierten Liquiditätsanalyse aufgestellt werden. Solche von externen Adressaten erstellte Finanzierungsrechnungen werden im Schrifttum regelmäßig auch als KFR bezeichnet. Eine lediglich aus Bilanz und GuV abgeleitete Rechnung ist aber keine KFR i. e. S., da grundsätzlich wichtige Informationen für ihre Ermittlung aus einem veröffentlichten Jahresabschluss nicht zu entnehmen sind.

c) Anforderungen

Allgemein müssen Finanzierungsrechnungen eine Reihe grundlegender Anforderungen erfüllen. Dazu gehören zum einen bereits unter den »Grundsätzen ordnungsmäßiger Buchführung« (GoB) angesprochene Prinzipien und zum anderen konzeptionelle Regeln für die Aufstellung von Finanzierungsrechnungen.

Allgemeine Grundsätze

Finanzierungsrechnungen müssen zunächst den allseits anerkannten Grundsätzen wie Richtigkeit und Willkürfreiheit, Klarheit und Übersichtlichkeit, Vollständigkeit, Regelmäßigkeit und Vergleichbarkeit, Stetigkeit sowie Wirtschaftlichkeit und Wesentlichkeit genügen. Darüber hinaus sind bei Finanzierungsrechnungen im Konzern vor allem der Grundsatz der Vollständigkeit des Konsolidierungskreises, der Grundsatz der Fiktion der wirtschaftlichen Einheit und die Konsolidierungsgrundsätze zu berücksichtigen.

Konzeptionelle Grundsätze

Zudem sind bei der Erstellung von Finanzierungsrechnungen – analog zu den rechnungsspezifischen GoB bei der Aufstellung von Bilanz und GuV – folgende konzeptionellen Regeln zu beachten (vgl. Arbeitskreis »Finanzierungsrechnung« der Schmalenbach-Gesellschaft [1996], S. 6 f.):

- Zahlungen als Rechnungsbasis

- Zahlungen als Rechnungsbasis (bzw. Verzicht auf Periodisierung): Grundsätzlich sind Zahlungsvorgänge zum Zahlungszeitpunkt zu erfassen und damit eindeutig der dem Entstehungszeitpunkt zugrunde liegenden Berichtsperiode zuzurechnen. Zahlungen vorangegangener oder künftiger Perioden dürfen nicht enthalten sein. Periodisierungsmaßnahmen sind bei originärer Erstellung zu unterlassen bzw. bei derivativer Erstellung rückgängig zu machen.

- Periodenbezug

- Periodenbezug: Die Finanzierungsrechnung ist für den gleichen Berichtszeitraum wie Monats-, Jahres- bzw. Planabschluss aufzustellen. Damit bestimmt der Grundsatz des Periodenbezugs die Abgrenzung zwischen Vorgängen nach dem Kriterium der Zahlungswirksamkeit, also die Trennung der Zahlungsvorgänge von den nicht zahlungswirksamen Sachverhalten in einer Periode. Daraus folgt für die KFR als Instrument zur Darstellung der Finanzlage, dass sie die Liquiditätsentwicklung der vergangenen Periode zeigt; es ist nicht Aufgabe einer retrospektiven KFR, einen direkten Schluss auf die künftige Entwicklung der Liquidität zu ermöglichen, wie dies mittels der bilanziellen Jahresabschlussanalyse beabsichtigt wird (vgl. Coenenberg, A. G./Schmidt, F. [1978], S. 511).

- Stromgrößenkongruenz

- Stromgrößenkongruenz: Die kumulierten Zahlungen der Einzelperioden müssen den Zahlungen der Totalperiode entsprechen. Bei Beachtung dieser Forderung wird die Nicht- oder Doppelerfassung von Zahlungen ausgeschlossen sowie in der Totalperiode eine Übereinstimmung zwischen den unperiodisierten Zahlungsgrößen der KFR und den periodisierten Erfolgsgrößen der GuV hergestellt.

- Bruttoprinzip

- Bruttoprinzip (bzw. Bruttoausweis): Sämtliche Ein- und Auszahlungen sind unsaldiert auszuweisen. Das Bruttoprinzip entspricht dem für Bilanz und GuV geltenden »Saldierungsverbot«.

- Erläuterungspflicht

- Erläuterungspflicht: Unklare Sachverhalte, nur schwer nachvollziehbare Posten und Abweichungen von den genannten Grundsätzen sind zum besseren Verständnis seitens der Adressaten insbesondere im Sinne der Klarheit, Richtigkeit, Stetigkeit und Vollständigkeit zu erläutern.

Über diese Anforderungen hinaus sind für Finanzierungsrechnungen weitere Grundsätze formuliert worden. Allerdings bestehen abweichende Anforderungen für unterschiedliche Formen von Finanzierungsrechnungen. Grund hierfür ist die enge Wechselbeziehung zwischen den konzeptionellen Anforderungen und der jeweiligen Zielsetzung einer Finanzierungsrechnung (vgl. dazu ausführlich m. w. N. Pfuhl, J. [1994], S. 116 ff.; Küting, K./Weber, C.-P. [2001a], S. 152). An dieser Stelle werden spezielle Grundsätze für die Aufstellung einer zahlungsorientierten KFR als Rechenschaftsinstrument formuliert, da sie im Mittelpunkt der nachfolgenden Ausführungen dieses Kapitels steht.

Interdependenz zwischen Zielsetzung und Anforderungen

Das Rechnungsziel einer zahlungsorientierten KFR ist die Abbildung von zahlungswirksamen Geschäftsvorgängen und der Liquiditätsentwicklung. Mit Blick auf diese Zielsetzung sind bei der Gestaltung der KFR zusätzlich folgende zielkonformen konzeptionellen Anforderungen zu beachten, damit eine möglichst hohe Aussagefähigkeit für die finanzwirtschaftliche Unternehmensanalyse erreicht wird (vgl. Coenenberg, A. G./Schmidt, F. [1978], S. 509 ff.):

Zielkonforme Grundsätze einer zahlungsorientierten KFR

- Zielorientierung: Die KFR dient der Ergänzung des herkömmlichen Jahresabschlusses – bestehend aus Bilanz, GuV und Anhang – mit dem Ziel, einen möglichst sicheren Einblick in die Finanzlage zu gewähren. Diese Zielsetzung ist dann erfüllt, wenn die KFR relevante Informationen liefert, die von Dritten nicht indirekt aus dem übrigen Jahresabschluss ableitbar sind. Eine durch Aufbereitung und Umgliederung von bereits im Jahresabschluss vorhandenen Daten erstellte KFR i. w. S. (z. B. Veränderungsbilanz) genügt nicht.

- Zielorientierung

- Fondsabgrenzung: Während in der GuV die Erfolgslage anhand des Jahresergebnisses und seiner Bestimmung als (Erfolgs-) Saldo aller Aufwendungen und Erträge abgebildet wird, soll die KFR als Rechnung zur Finanzlage die Veränderung der Finanzmittel zeigen und diesen (Finanz-) Saldo anhand aller Ein- und Auszahlungen erklären. Somit kommt zur Darstellung der Finanzlage bloß eine KFR mit ausgeschiedenem Fonds in Frage. Eine enge Fondsabgrenzung führt zu finanzwirtschaftlichen Größen in Form von Ein- und Auszahlungen und ist wegen der Beschränkung auf Zahlungsvorgänge zu bevorzugen, da nur auf diese Weise die volle finanzwirtschaftliche Aussagekraft erreicht wird.

- Fondsabgrenzung

- Bewertungsunabhängigkeit: Fondsveränderungen werden wegen der engen Fondsabgrenzung fast ausschließlich durch Ein- und Auszahlungen erklärt. Nur diese Fondsabgrenzung garantiert eine weitgehende Bewertungsunabhängigkeit, da allein Zahlungsgrößen keinem Bewertungsspielraum wie auch keinen Periodisierungsüberlegungen unterliegen. Daraus folgt die Notwendigkeit einer unternehmensinternen Aufstellung der KFR, da die zu ihrer Erstellung benötigten Daten extern (im publizierten Abschluss) nicht verfügbar sind.

- Bewertungsunabhängigkeit

- Zusammenhang der Jahresabschlussrechnungen: Die KFR greift ebenso wie die anderen Jahresrechnungen auf die einzelnen, in der Finanzbuchhaltung erfassten Geschäftsvorfälle zurück. Damit ist sie für einen sachkundigen Dritten nachprüfbar. Außerdem sollen die in der KFR ausgewiesenen Fondsbestände mit den entsprechenden Bilanzposten übereinstimmen; andernfalls müssen sie auf diese Posten in einer Zusatzrechnung übergeleitet werden.

- Zusammenhang der Jahresabschlussrechnungen

- Gliederung und Ausweis

- Gliederung und Ausweis: Die KFR ist in einzelne Bereiche, die Ein- und Auszahlungen gleichartiger Geschäftsvorfälle enthalten, zu untergliedern und ausreichend zu erläutern, um Strukturanalysen der Liquiditätsentwicklung zu ermöglichen. Vor allem betriebsfremde und außerordentliche Zahlungsflüsse sowie Zahlungsvorgänge nicht fortgeführter Geschäftseinheiten sind gesondert auszuweisen, um im Rahmen der Analyse ihre kompensierenden oder verstärkenden Auswirkungen auf betriebsbezogene Ein- und Auszahlungen erkennen und künftige Zahlungsströme unbeeinflusst von diesen Sondereffekten richtig abschätzen zu können. Die KFR ist in Staffelform zwecks offener Saldierung von Ein- und Auszahlungen zu aussagefähigen Zwischensummen zu erstellen.

2. Ableitungszusammenhang zwischen Bilanz, Gewinn- und Verlustrechnung und Kapitalflussrechnung

Unterschied zwischen Bilanz, GuV und KFR

Während die Bilanz als Bestandsrechnung Vermögen und Kapital zu einem bestimmten Stichtag erfasst, sind GuV und KFR Stromgrößenrechnungen zur Abbildung von Erfolg und Liquidität. Der Unterschied zwischen den beiden Zeitraumrechnungen ergibt sich durch die jeweils zugrunde liegenden Zielgrößen und deren zugehörigen Rechengrößen (vgl. dazu Coenenberg, A. G. [2003], Kapitel 1 B).

Rechengrößen und Zielgröße der GuV

Durch die Gegenüberstellung von Erträgen und Aufwendungen eines Geschäftsjahres und deren anschließende Verrechnung wird in der GuV der Jahreserfolg ermittelt; er entspricht der Höhe der (erfolgswirksamen) Eigenkapitalveränderung in derselben Periode.

Rechengrößen und Zielgröße der KFR

Die KFR erfasst die Finanzmittelzuflüsse und -abflüsse einer Periode. Sie zeigt als Saldo einen (Netto-) Zufluss oder (Netto-) Abfluss an Finanzmitteln, die der finanzwirksamen Veränderung eines in der Bilanz enthaltenen Bestandes (Fonds) an Finanzmitteln entspricht. Wird ein zahlungsorientierter Finanzmittelfonds abgegrenzt, so gehören zu den Finanzmitteln nur liquide Mittel ersten Grades (z. B. Barmittel, Guthaben bei Kreditinstituten und kurzfristig als Liquiditätsreserve gehaltene, zinsbringende Geldanlagen), d. h. solche Bestände, die zur Liquiditätsdisposition gehalten und grundsätzlich nicht im Rahmen des operativen Geschäfts oder für Investitionsmaßnahmen eingesetzt werden. Die in der KFR gezeigten Finanzmittelbewegungen sind dann Ein- und Auszahlungen.

Ableitungszusammenhänge

Die Ableitungszusammenhänge der drei Rechenwerke werden anhand vereinfachter Schemata der KFR, Bilanz und GuV in der Abbildung 10.3 verdeutlicht (in Anlehnung an Dellmann, K. [1993], Sp. 2077).

Konten des dreiteiligen Rechnungswesens

Zur weiteren Veranschaulichung der Zusammenhänge dient ein – im deutschen Schrifttum erstmalig von Lehmann entwickeltes – dreiteiliges Rechnungswesen mit den vorgenannten Rechenwerken, denen jeweils folgende Kontentypen zugeordnet werden (vgl. Lehmann, M. R. [1925]):

(a) KFR mit Ein- und Auszahlungskonten (Zahlungskonten),

(b) Bilanz mit Vermögens- und Kapitalkonten (Bestandskonten),

(c) GuV mit Aufwands- und Ertragskonten (Erfolgskonten).

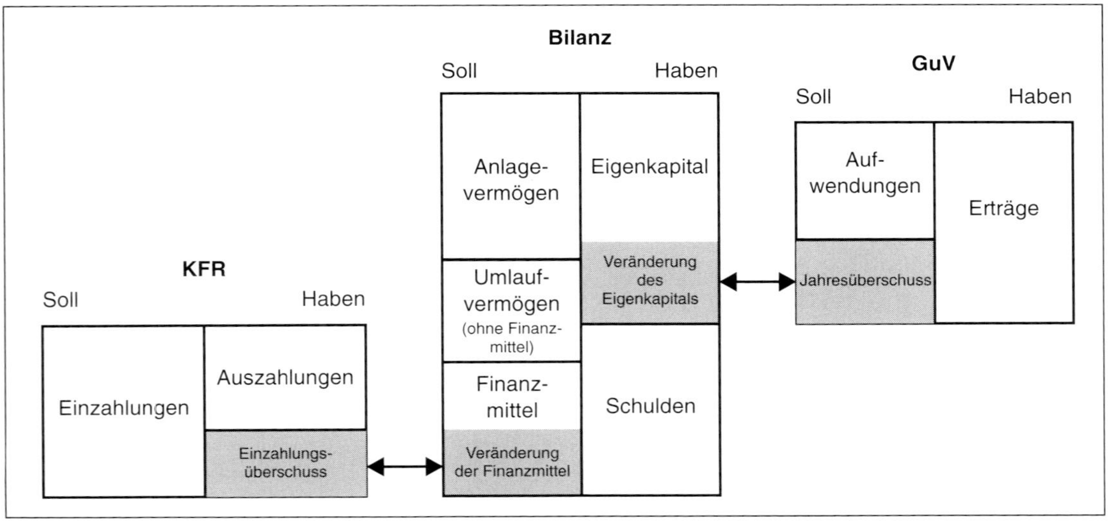

Abb. 10.3: Ableitungszusammenhänge der Rechenwerke Kapitalflussrechnung, Bilanz und Gewinn- und Verlustrechnung

Dreiteiliger Jahresabschluss

Nach Abschluss der Buchungen in einem solchen dreiteiligen Rechnungswesen ergibt sich ein dreiteiliger Jahresabschluss, d. h. die Salden der Zahlungs- und Erfolgskonten werden zu KFR und GuV verdichtet und aus den Schlussbeständen der Bestandskonten wird eine Bilanz erstellt (vgl. Abbildung 10.4 in Anlehnung an Dellmann, K./Amen, M. (2000), Tz. 49 f.).

Buchungskombinationen in einem dreiteiligen Rechnungswesen

Die Aufgabe der KFR liegt darin, zahlungswirksame Geschäftsvorfälle zu erfassen, die erfolgswirksam oder erfolgsneutral sein können. Insgesamt können vier unterschiedliche Arten von Geschäftsvorfällen auftreten, wobei jeder Vorfall nach dem Prinzip der doppelten Buchführung zwei Konten berührt. Die in Tabelle 10.1 erläuterten Buchungskombinationen verdeutlichen, dass jeder Geschäftsvorfall ein Zahlungskonto und ein Erfolgskonto anspricht, wenn keine Zahlungsfristen oder Lagerzeiten vorkommen. Erst wenn zeitliche Verschiebungen (z. B. durch Lagerung von Vorräten oder Gewährung von Zahlungszielen durch Lieferanten) eintreten, wird je ein Zahlungs- und Bilanzkonto berührt. Demzufolge stellt zeitlich gesehen die Bilanz ein Abgrenzungskonto zwischen KFR und Erfolgsrechnung dar (vgl. Dellmann, K./Amen, M. (2000), Tz. 51 f.).

In der KFR werden ausschließlich die zahlungswirksamen Buchungen erfasst (Zeile 1 und Zeile 2 in Tabelle 10.1). In der Finanzbuchhaltung wird aber bis heute üblicherweise nur zwischen Erfolgs- und Bestandskonten unterschieden (zweiteiliges Rechnungswesen). Würde darüber hinaus auch in Zahlungskonten gebucht, dann könnte man aus den Daten der Zahlungskonten unmittelbar eine KFR erstellen (vgl. Abschnitt A I 4a dieses Kapitels).

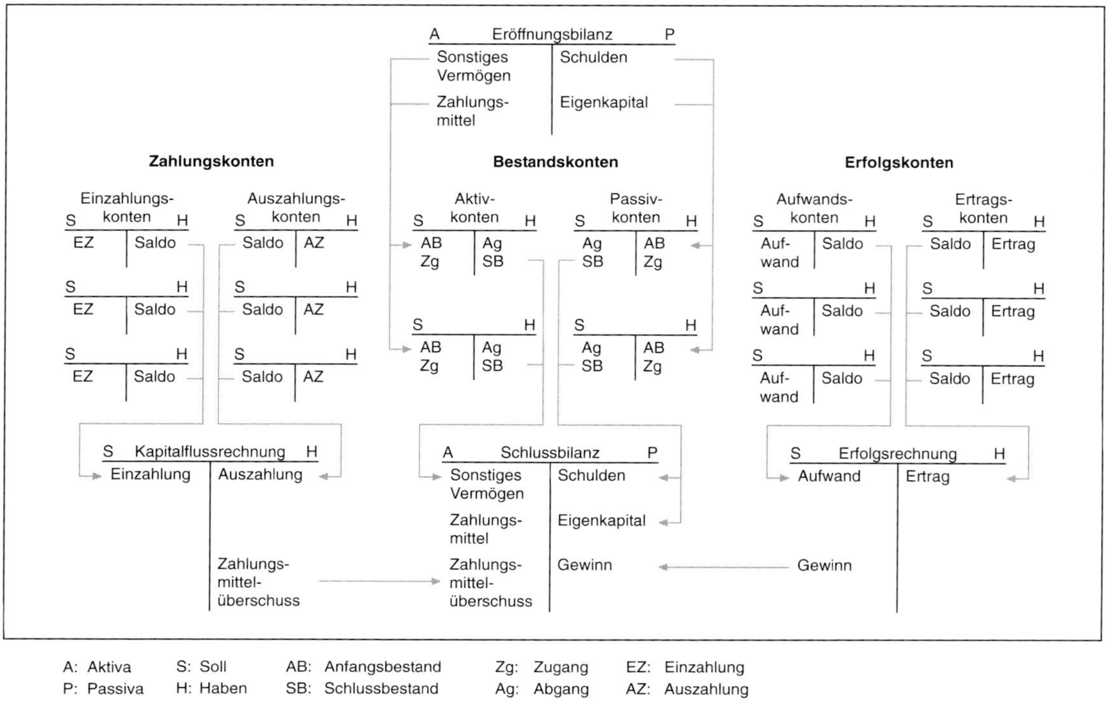

Abb. 10.4: Konzeption eines dreiteiligen Jahresabschlusses

Abgrenzungskriterien

Ursprünglich war die Rechnungslegung zahlungsorientiert (z. B. private Einnahmenüberschussrechnung). Erst durch bestimmte Annahmen, die festlegen, unter welchen Bedingungen Erträge (Wertzuwachs) und Aufwendungen (Werteverzehr) entstehen, wurde die Zahlungsrechnung in eine periodenbezogene Erfolgsrechnung transformiert (Abgrenzungsgrundsätze, wie z. B. Prinzip der zeitlichen und sachlichen Abgrenzung). Die der GuV bzw. der KFR zugrunde liegenden periodengerechten Abgrenzungskriterien sind:

- Erfolgswirksamkeit

(a) Erfolgswirksamkeit: Die in der GuV gezeigte Erfolgswirksamkeit der Geschäftsvorgänge ist eine Fiktion und dient der periodengerechten Erfolgsermittlung (z. B. Realisationsprinzip).

- Zahlungswirksamkeit

(b) Zahlungswirksamkeit: Die in der KFR abgebildete Zahlungswirksamkeit der Geschäftsvorfälle ist ein Faktum und dient der Liquiditätsmessung und der Beurteilung der finanziellen Situation.

Erfolgs-/Liquiditätssaldo

Das Prinzip der periodengerechten Erfolgsermittlung wird in der KFR anders interpretiert als in der GuV. Als »Erfolg« wird nicht ein Netto-Vermögenssaldo, sondern ein Saldo an Finanzmittelbewegungen betrachtet. Das bei der zahlungsorientierten KFR entscheidende Abgrenzungskriterium ist die Zahlungswirksamkeit eines Geschäftsvorfalls in der betreffenden Periode.

Arten von Geschaftsvorfällen	**KFR** (Zahlungs-konten)	**Bilanz** (Bestands-konten)	**GuV** (Erfolgs-konten)
1) erfolgs- und zahlungswirksam, (Ertrag und Einzahlung oder Aufwand und Auszahlung)	X		X
2) zahlungs- und bilanzwirksam (Einzahlung und kein Ertrag oder Auszahlung und kein Aufwand)	X	X	
3) erfolgs- und bilanzwirksam (Ertrag und keine Einzahlung oder Aufwand und keine Auszahlung)		X	X
4) nur bilanzwirksam (Aktivtausch, Passivtausch, Bilanzverlängerung oder Bilanzverkürzung)		X	

Tab. 10.1: Arten von Geschäftsvorfällen und ihre buchungsmäßige Erfassung im dreiteiligen Rechnungswesen

Die KFR basiert also auch auf Stromgrößen und ist eine liquiditätsbezogene Ergänzung zur erfolgsorientierten GuV, da die zeitliche Verteilung der mit den Aufwendungen und Erträgen verbundenen Ein- und Auszahlungen nicht aus der GuV hervorgeht. Erfolgs- und Liquiditätssaldo hängen eng zusammen und werden durch das Prinzip der periodengerechten Erfolgsermittlung bzw. der periodenbezogenen Zahlungswirksamkeit voneinander abgegrenzt. Die Abbildung 10.5 zeigt die mögliche Überleitung vom Jahreserfolg (Erfolgssaldo) – über die Zwischensumme des zahlungswirksamen Jahreserfolges – zur zahlungswirksamen Veränderung der Finanzmittel (Liquiditätssaldo) und umgekehrt.

Jahreserfolg	=	Erträge – Aufwendungen
	+	nicht zahlungswirksame Aufwendungen (z. B. Verbrauch von in Vorperioden bezahlten Vorräten, Abschreibungen)
	–	nicht zahlungswirksame Erträge (z. B. Erhöhung einer Forderung, Zuschreibungen)
	=	zahlungswirksamer Jahreserfolg
	+	nicht erfolgswirksame Einzahlungen (z. B. Bezahlung einer aus Vorperioden stammenden Forderung durch den Kunden, Aufnahme eines Darlehens)
	–	nicht erfolgswirksame Auszahlungen (z. B. Auszahlung an Anteilseigner, Tilgung von Krediten)
Zahlungswirksame Veränderung der Finanzmittel	=	Einzahlungen – Auszahlungen

Abb. 10.5: Überleitung des Jahreserfolges in die zahlungswirksame Veränderung der Finanzmittel

3. Grundsätzliche Ausgestaltungsalternativen

Gestaltung von Finanzierungsrechnungen

Für die Gestaltung von Finanzierungsrechnungen gibt es eine Vielzahl von unterschiedlichen Ansatzpunkten. Aufbauend auf der Zielsetzung und dem Informationsbedarf ist zunächst zu klären, ob eine Finanzierungsrechnung für das ganze Unternehmen (d. h. ohne Fondsbildung) oder für einen abgegrenzten Vermögensteil (Fonds) erstellt werden soll.

- ohne Fondsabgrenzung

Wird auf die Bildung eines Fonds verzichtet, so werden Mittelbeschaffung und -verwendung in Veränderungs- und Bewegungsbilanzen oder bisher wenig gebräuchlichen vollständigen Kapitalbeschaffungs- und -verwendungsbilanzen dargestellt (vgl. Weilenmann, P. [1998], S. 393).

- mit Fondsabgrenzung

Die heutzutage allgemein übliche Form der Finanzierungsrechnung enthält einen ausgegliederten Finanzmittelfonds. Dabei muss festgelegt werden, welche Finanzmittelgesamtheit als Fonds auszugrenzen ist.

Zum besseren Verständnis der in den Rechnungslegungsstandards zur KFR geregelten Fondsabgrenzung sollen nachfolgend ausgewählte alternative Fondskonzeptionen von Finanzierungsrechnungen (bzw. KFR i. w. S.) kurz vorgestellt werden. Anschließend ist der formale Aufbau der Rechnung festzulegen, damit sie informativ ist, aber auch übersichtlich bleibt.

a) Fondskonzeptionen

Begriff und Ziel

Ein Fonds ist grundsätzlich eine Zusammenfassung von mehreren Bilanzposten; er kann allerdings auch nur einen einzelnen Posten der Bilanz oder Teile von Bilanzposten (nach bestimmten Kriterien ausgewählte Bestandsgrößen) enthalten. In Abhängigkeit von der gewählten Fondsabgrenzung werden bei der Fondsbildung bestimmte Bilanzpositionen oder Teile davon in einer buchhalterischen Einheit gebündelt. Der Fonds kann dabei als eine Art »Finanzmittelbestand« betrachtet werden, der durch fondswirksame Investitions- und Finanzierungsmaßnahmen verändert wird. Ziel der Fondsbildung ist es, den Umfang der Fondsveränderung festzustellen und die Ursachen für die Fondsveränderung anhand der Herkunft und Verwendung der im Finanzmittelfonds zusammengefassten Mittel zu erklären (vgl. zur Fondsbildung Käfer, K. [1984], S. 41 ff.).

Bilanz- und zahlungsorientierte Fondstypen

Je nach Umfang beinhalten Fonds verschiedene Bestandsgrößen. Ausgangspunkt jedes Fonds ist der Geldfonds bzw. Zahlungsmittelfonds, der Bargeld und Sichtguthaben enthält. Dieser Fonds kann nun auf unterschiedliche Art und Weise erweitert werden (vgl. Dellmann, K. [1993], Sp. 2084 f.). Zum einen können weitere Bilanzposten in den Geldfonds miteinbezogen werden, sodass sog. »bilanzorientierte« Fondstypen entstehen. Zum anderen kann der Zahlungsmittelfonds lediglich um zahlungsmittelähnliche Bestände (z. B. verzinsliche, kurzfristig veräußerbare Wertpapiere) erweitert werden, sodass sich ein »zahlungsorientierter« Fonds ergibt.

Bruttofonds und Nettofonds

Werden den aktiven Fondsbeständen gleichartige passive Bestandsgrößen gegenübergestellt, so wird der »Bruttofonds« zu einem »Nettofonds«, da bei der

Berechnung des gesamten Fondsbestandes die passiven Fondsmittel negativ zu berücksichtigen sind.

Bilanz-orientierte Bruttofonds

Die Bandbreite der früher üblichen bilanzorientierten Fondstypen reicht vom Geldfonds bis hin zu solchen, die das gesamte Umlaufvermögen umfassen. Zwischen diesen beiden Varianten sind Fonds einzuordnen, die bei der Bruttofondsrechnung neben dem Bar- und Giralgeld sukzessiv um die leicht veräußerbaren Wertpapiere (Fonds der liquiden Mittel), die kurzfristigen Forderungen (Fonds des Geldvermögens) ergänzt werden oder das gesamte (kurzfristige) Umlaufvermögen (Fonds des Umlaufvermögens) umfassen.

Bilanz-orientierte Nettofonds

Aus fristensymmetrischen Überlegungen werden vom Fonds des Geldvermögens kurzfristige Verbindlichkeiten (Fonds des Netto-Geldvermögens), vom Fonds des Umlaufvermögens darüber hinaus noch kurzfristige Rückstellungen und kurzfristige transitorische Passiva abgezogen (Fonds des Netto-Umlaufvermögens).

Varianten bilanz-orientierter Fonds

In Tabelle 10.2 werden die genannten Varianten bilanzorientierter Fonds einschließlich der einbezogenen Bilanzpositionen veranschaulicht (in Anlehnung an Käfer, K. [1984], S. 49 ff.).

in den Fonds einbezogene Bilanzpositionen	**Bilanzorientierte Fondstypen**					
	Geld	liquide Mittel	Geld-vermögen	Netto-Geld-vermögen	Umlauf-vermögen	Netto-Umlauf-vermögen
Kasse, Schecks, Bankguthaben	x	x	x	x	x	x
leicht veräußerbare Wertpapiere		x	x	x	x	x
kurzfristige Forderungen			x	x	x	x
Vorräte					x	x
geleistete Anzahlungen					x	x
transitorische Aktiva					x	x
kurzfristige Verbindlichkeiten				x		x
kurzfristige Rückstellungen						x
transitorische Passiva						x

Tab. 10.2: Bilanzorientierte Fondskonzeptionen

Bedeutung des Fonds des »Netto-Umlaufvermögens«

Gleichwohl der Fonds des Netto-Umlaufvermögens seit Verabschiedung des US-amerikanischen Standards FAS 95 im Jahr 1987 keine bedeutende Rolle mehr in der externen Rechnungslegung spielt, soll er kurz dargestellt werden, da er implizit der vielbeachteten bilanzanalytischen Kennzahl »Cashflow« (auch sog. »Brutto-Cashflow«) zugrunde liegt (vgl. ausführlich Coenenberg, A. G./

Alvarez, M./Meyer, M. A. [2001], Sp. 481 ff.). Im Rahmen der indirekten Ermittlung des nachhaltigen, erfolgsnahen Cashflow wird der Jahreserfolg zwar um zahlungsunwirksame Abschreibungen und Zuschreibungen auf Gegenstände des Anlagevermögens sowie um Veränderungen der langfristigen Rückstellungen, nicht aber um die Veränderungen des Netto-Umlaufvermögens (z. B. Erhöhung der kurzfristigen Forderungen) korrigiert. Die Vernachlässigung der Bereinigung um Vorgänge im Netto-Umlaufvermögen kommt einer Fondsabgrenzung des Netto-Umlaufvermögens gleich (vgl. dazu ausführlich 13. Kapitel C II 1).

Zahlungsorientierte Fondsabgrenzung

Die zahlungsorientierte Fondsabgrenzung orientiert sich am Cash Management des Unternehmens, d. h. der Fonds soll die Mittel umfassen, die dem Unternehmen im Rahmen seiner Kassendisposition in bar oder in Form von kurzfristig einlösbaren Liquiditätsreserven zur Verfügung stehen. Im Wesentlichen beruht die Veränderung der im zahlungsorientierten Fonds zusammengefassten Bestandsgrößen auf reinen Zahlungsvorgängen. Im Gegensatz zu dem umfassenden Fonds des Netto-Umlaufvermögens haben zahlungsorientierte Fonds den Vorteil, keine oder nur wenige Bewertungseinflüssen unterliegende Bestandsgrößen zu enthalten. Auf dieser zahlungsorientierten Form der Fondsbildung basieren auch die derzeit gültigen Rechnungslegungsstandards zur KFR (vgl. Abschnitt A II 4a dieses Kapitels).

Varianten zahlungsorientierter Fonds

Außer nur den Zahlungsmitteln (Zahlungsmittelfonds) können auch sog. Zahlungsmitteläquivalente in den Finanzmittelfonds einbezogen werden (Fonds der Zahlungsmittel und Zahlungsmitteläquivalente). Des Weiteren können diese beiden zahlungsorientierten Fondstypen noch um passive Bestandsgrößen gekürzt werden, soweit sie in die tägliche Kassendisposition des Unternehmens einbezogen sind (Fonds der Netto-Zahlungsmittel bzw. Fonds der Netto-Zahlungsmittel und Zahlungsmitteläquivalente) (vgl. Tabelle 10.3).

	Zahlungsorientierte Fondstypen			
in den Fonds einbezogene Bestandsgrößen	Zahlungsmittel	Netto-Zahlungsmittel	Zahlungsmittel und Zahlungsmitteläquivalente	Netto-Zahlungsmittel und Zahlungsmitteläquivalente
Barmittel (Kasse, Schecks)	x	x	x	x
Sichteinlagen (jederzeit, ohne Wertabschläge abrufbare Bankguthaben)	x	x	x	x
kurzfristige, äußerst liquide Geldanlagen (mit einer RLZ ≤ 3 Monate und als Liquiditätsreserve gehalten)			x	x
jederzeit fällige Bankverbindlichkeiten		x		x

RLZ: Restlaufzeit

Tab. 10.3: Zahlungsorientierte Fondskonzeptionen

Zahlungsmittel

Zu den Zahlungsmitteln gehören neben dem Kassenbestand auch jederzeit und ohne Wertabschläge abrufbare Guthaben. Legt man die gesetzliche Mindestgliederung des § 266 Abs. 2 HGB zugrunde, so umfasst der reine Zahlungsmittelfonds Bar- und Giralgeld, das unter Position B. IV. »Kassenbestand, Bundesbankguthaben, Guthaben bei Kreditinstituten und Schecks« ausgewiesen wird. Folglich kann der Zahlungsmittelfonds dem bilanzorientierten Geldfonds entsprechen. Ungleich sind sie hingegen, sofern in dem betreffenden Bilanzposten z. B. Bankguthaben enthalten sind, die zur Deckung von Ansprüchen Dritter (z. B. aus Akkreditiven) dienen oder gesperrt sind (vgl. Gebhardt, G. [2001], Tz. 28). Solche nicht frei verfügbaren Guthaben sollten nicht in einen zahlungsorientierten Fonds einbezogen werden.

Zahlungsmitteläquivalente

Als Zahlungsmitteläquivalente gelten kurzfristige, äußerst liquide Geldanlagen, in die Zahlungsmittel, die kurzfristig für die Kassendisposition nicht benötigt werden, investiert werden (wie z. B. aus Renditegesichtspunkten getätigte Geldanlagen in verzinslichen, kurzfristigen Wertpapieren des Umlaufvermögens). Zudem müssen sie als Liquiditätsreserve gehalten werden, kurzfristig leicht veräußerbar sein und nur unwesentlichen Wertänderungsrisiken unterliegen. In der Regel besitzen Zahlungsmitteläquivalente eine Restlaufzeit von bis zu maximal drei Monaten ab dem Erwerbszeitpunkt. Wertpapiere, die zu spekulativen Handelszwecken gehalten werden, werden ebenso wie Eigenkapitalanteile nicht als Zahlungsmitteläquivalente akzeptiert.

Jederzeit fällige Bankverbindlichkeiten

Der Grund für die Bildung eines Nettofonds liegt in der Überlegung, dass die jederzeit fälligen Bankverbindlichkeiten regelmäßig Bestandteil des Cash Managements sind. Unter jederzeit fälligen Bankverbindlichkeiten werden im Allgemeinen lediglich Überziehungskredite aus Kontokorrentverhältnissen mit Kreditinstituten erfasst.

Fondsrechnung und Gegenbeständerechnung

Bei der Fondsausgliederung wird zwischen Bestandsgrößen, die den Fonds bilden (mit »f« indiziert), und allen anderen, die nicht im Fonds enthalten sind (sog. Gegenbestände, mit »g« indiziert), unterschieden (vgl. Abbildung 10.6). Die Fondsbildung führt zu einer Zweiteilung der Finanzierungsrechnung in eine Fonds(nachweis)rechnung (Fondsveränderungsrechnung) und eine Gegenbeständerechnung. Die Ausgliederung einzelner Bestandsgrößen und deren Zusammenfassung zu einem Fonds wird unter der Zielsetzung vorgenommen, die Fondsveränderung durch die Veränderungen der Gegenbestände zu erklären. Die Veränderungen auf den Gegenbestandskonten bilden dabei die Gegenbeständerechnung, die zumeist als »Ursachenrechnung« bezeichnet wird, da sie die Ursachen bzw. Gründe für die Fondsveränderung offen legt und damit erst Aussagen über Investitions- und Finanzierungsmaßnahmen ermöglicht. Vorgänge, die ein Gegenbestandskonto und ein Fondskonto berühren, sind entweder fondserhöhend oder fondsvermindernd (fondswirksam, fondsverändernd). Keine Fondsveränderung (fondsunwirksam, fondsneutral) bewirken dagegen Vorgänge innerhalb von Fondskonten (fondsintern) ebenso wie Geschäftsvorfälle, die nur Gegenbestandskonten betreffen (fondsextern, fondsfremd). Fondsinterne wie -externe besitzen keinen Erklärungsgehalt hinsichtlich der Veränderung des Fonds und werden daher in der Fonds- bzw. Gegenbeständerechnung nicht ausgewiesen.

Fondspositionen und Gegenbestände

In einer Finanzierungsrechnung mit Fondsausgliederung werden die Fondsmittelzunahmen und -abnahmen auf den Fondskonten (A_f = aktive Fondskonten; P_f = passive Fondskonten) durch fondswirksame Finanzmittelbewegungen auf den Gegenbestandskonten ausgelöst (A_g = aktive Gegenbestandskonten; P_g = passive Gegenbestandskonten). Die Fondsveränderung Δ F kann mittels beider Teilrechnungen bestimmt werden. Dabei kommt der Gegenbeständerechnung die wesentlichere Aufgabe zu, nämlich sämtliche Quellen und Verwendungen der Fondsmittel darzustellen. In Abbildung 10.6 (in Anlehnung an Perridon, L./Steiner, M. [1999], S. 583) wird der Zusammenhang zwischen der Gegenbeständerechnung und der Fondsnachweisrechnung verdeutlicht.

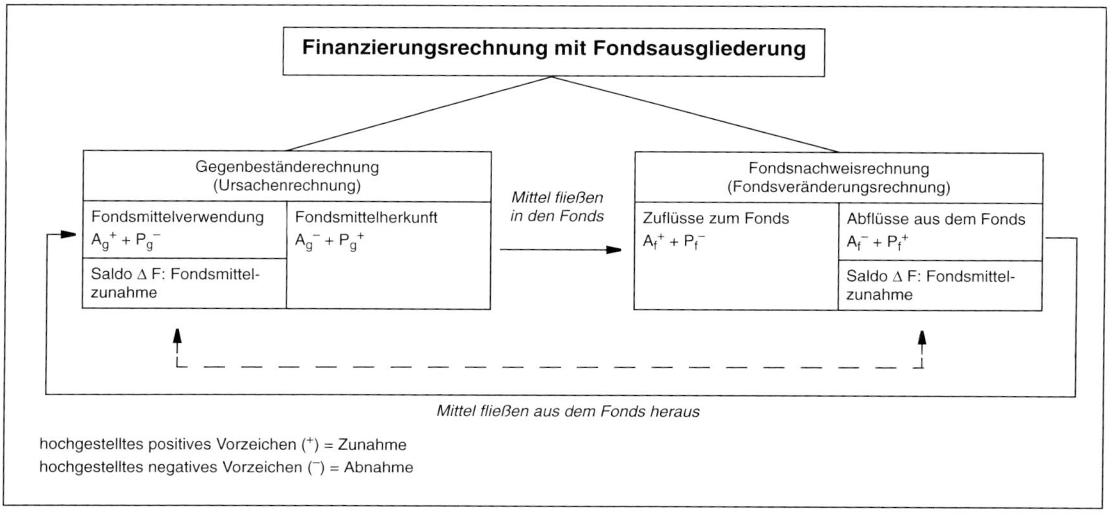

Abb. 10.6: Zusammenhang zwischen Gegenbeständerechnung und Fondsnachweisrechnung

Aussagefähigkeit von Fondsrechnungen

Finanzierungsrechnungen mit ausgeschiedenem Fonds lassen insbesondere bei mehrperiodischer Betrachtung tendenzielle Rückschlüsse auf die Liquiditätsentwicklung eines Unternehmens zu. Ein über mehrere Betrachtungsperioden negativer Fondssaldo, der mit einer kontinuierlichen Zunahme der kurzfristigen Verbindlichkeiten einhergeht, kann – ceteris paribus – als Indikator einer verschlechterten Liquiditätssituation interpretiert werden.

b) Formen der Gliederung und Darstellung

Formvielfalt

Für Finanzierungsrechnungen gibt es zahlreiche Gliederungsvarianten und Darstellungsmöglichkeiten, die sich durch verschiedene Gliederungskriterien und Darstellungsmethoden sowie durch den Detaillierungsgrad der auszuweisenden Posten voneinander unterscheiden. Wie bereits gezeigt, hängt der materielle Rechnungsinhalt von der gewählten Fondsabgrenzung und nicht von der gewählten Gliederung oder Darstellung ab. Allerdings beeinflussen formelle Gestaltungsaspekte wie Gliederung und Darstellung der Finanzmittelbewegungen maßgeblich die Aussagefähigkeit von Finanzierungsrechnungen (Küting, K./Weber, C.-P. [2001a], S. 165 f.). Nachfolgend beschränken sich die Erläuterungen zur Gliederung und Darstellung für Finanzierungsrechnungen auf die wesentlichsten und gängigsten Formen.

(1) Konto- oder Staffelform

Finanzierungsrechnungen können sowohl in Kontoform als auch in Staffelform aufgestellt werden.

Kontoform

Für die Kontoform spricht, dass die gesamten Mittelzuflüsse und die gesamten Mittelabflüsse einander gegenübergestellt werden und der verbleibende Saldo ein Finanzmittelüberschuss bzw. -defizit angibt. Ein weiterer Vorteil der Kontoform liegt in der Anlehnung an die dem Leser bekannte Gliederungssystematik der Bilanz, die ihm einen leicht verständlichen Überblick ermöglicht.

Staffelform

In Theorie und Praxis hat sich bei Finanzierungsrechnungen die Staffelform durchgesetzt und wird national wie international in den Rechnungslegungsstandards zur KFR vorgeschrieben. In der Staffelform werden die Mittelbewegungen in einer skontrierenden Aufstellung angeordnet. Die Staffelform bietet den Vorteil, dass finanzwirtschaftlich aussagekräftige Zwischensummen bzw. -differenzen gebildet werden können. So werden gleichartige Mittelbewegungen zu Teilbereichen (z. B. operativer Bereich, Investitions- und Finanzierungsbereich) zusammengefasst, die jeweils mit einem informativen Bereichssaldo abschließen. Darüber hinaus können weitere aufschlussreiche Zwischensummen eingefügt werden, wie etwa der Innenfinanzierungsüberschuss nach Investitionen (Free Cashflow).

(2) Gliederungsformate

Unterschieden wird bei Finanzierungsrechnungen vor allem zwischen der Gliederung nach Mittelherkunft und Mittelverwendung (»Finanzflussformat«) und der Gliederung nach betrieblichen Tätigkeitsbereichen (»Aktivitätsformat«).

Finanzflussformat

Bei der Gliederung nach dem Finanzflussformat (*sources and uses format*) werden Mittelveränderungen/-bewegungen zunächst entsprechend ihrer Richtung nach Mittelherkunft und Mittelverwendung (bzw. Mittelzuflüssen und Mittelabflüssen) voneinander getrennt. Anschließend werden die Vorgänge der Mittelherkunft (auch Mittelbeschaffung oder -quellen genannt) in Finanzierung und Desinvestition aufgespalten. Die Finanzierung kann wiederum in Innen- und Außenfinanzierung unterteilt werden. Die Mittelverwendung wird in Investitionen und Definanzierungen untergliedert.

Für den Fall der Fondsbildung kann die Rechnung noch um eine separate Fondsveränderungsrechnung ergänzt oder auch über die Veränderung der Fondsmittel – wie in Abbildung 10.7 dargestellt – mit ihr verknüpft werden (vgl. in Anlehnung an Weilenmann, P. [1998], S. 394 ff.).

Aktivitätsformat

Werden Finanzierungsrechnungen nach dem Aktivitätsformat (*activity format*) erstellt, so werden Mittelbewegungen zuerst betrieblichen Funktionsbereichen zugeordnet, bevor sie innerhalb dieser Bereiche nach Mittelzuflüssen und -abflüssen unterteilt werden. Das Aktivitätsformat ordnet also die Mittelbewegungen im Vergleich zum Finanzflussformat in umgekehrter Reihenfolge, d. h. sie werden zuerst betrieblichen Funktionsbereichen zugeordnet und anschließend der Stromrichtung gemäß ausgewiesen (vgl. Busse von Colbe, W. [1993], Sp. 1080 f.).

Teilrechnungen	Finanzflussformat
Ursachen-rechnung	Mittelherkunft Finanzierung: + Innenfinanzierungszuflüsse (Nettobeitrag aus der Betriebstätigkeit) + Außenfinanzierungszuflüsse + Desinvestitionszuflüsse = gesamter Fondsmittelzufluss (1)
	Mittelverwendung Investitionsabflüsse + Definanzierungsabflüsse = gesamter Fondsmittelabfluss (2)
Fondsveränderungsrechnung	Veränderung der Fondsmittel (Summe aus 1 und 2) + Anfangsbestand des Finanzmittelfonds = Endbestand des Finanzmittelfonds

Abb. 10.7: Grundaufbau einer Finanzierungsrechnung mit Fondsausgliederung in Staffelform nach dem Finanzflussformat

Der übliche Grundaufbau der Finanzierungsrechnung nach dem Aktivitätsformat teilt das Rechenwerk in den operativen Bereich, den Investitionsbereich und den Finanzierungsbereich auf, um die unterschiedliche finanzwirtschaftliche Bedeutung der Mittelbewegungen zum Ausdruck zu bringen (vgl. Busse von Colbe, W. [1966], S. 99 ff.). Bei Fondsausgliederung kann die Finanzierungsrechnung um den Finanzmittelbereich ergänzt werden, der die Fondsveränderungsrechnung beinhaltet und in der Regel über die Veränderung der Fondsmittel rechentechnisch mit der Ursachenrechnung verbunden ist (vgl. Abbildung 10.8).

Operativer Bereich

Der operative Bereich (Synonym: Bereich der laufenden Geschäftstätigkeit) enthält alle Mittelbewegungen im Zusammenhang mit Herstellung und Lieferung von Gütern sowie Erbringung von Dienstleistungen. Dazu zählen in erster Linie die Zuflüsse aus Kundenbeziehungen und die Abflüsse für Material und Personal. Der operative Bereichssaldo zeigt die Selbstfinanzierungskraft des Unternehmens aus seinem laufenden Geschäft.

Investitionsbereich

Der Investitionsbereich (Synonym: Bereich der Investitionstätigkeit) umfasst Mittelzuflüsse aus Desinvestitionen (z. B. Abgang von Sachanlagen) und Mittelabflüsse für Investitionen. Grundsätzlich sind hier Mittelbewegungen verbunden mit Erwerb und Veräußerung von Unternehmensressourcen auszuweisen. Der investive Bereichssaldo zeigt den Mittelüberschuss bzw. das Mitteldefizit aus Investitions- und Desinvestitionsmaßnahmen.

Finanzüberschuss/-bedarf

Werden die Salden des operativen und investiven Bereichs addiert, so ergibt sich der Finanzüberschuss der Innenfinanzierung nach Investitionen (Free Cashflow) bzw. der Finanzbedarf für die Außenfinanzierung.

Teilrechnungen	Aktivitätsformat
Ursachenrechnung	operativer Bereich: Mittelzuflüsse aus operativen Geschäften – Mittelabflüsse für operative Geschäfte = Mittelüberschuss/-defizit aus der laufenden Geschäftstätigkeit (operativer Bereichssaldo) (1)
	Investitionsbereich: Mittelzuflüsse aus Desinvestitionen – Mittelabflüsse für Investitionen = Mittelüberschuss/-defizit aus der Investitionstätigkeit (investiver Bereichssaldo) (2)
	Finanzierungsbereich: Mittelzuflüsse aus Finanzierungen – Mittelabflüsse für Definanzierungen = Mittelüberschuss/-defizit aus der Finanzierungstätigkeit (finanzieller Bereichssaldo) (3)
Fondsveränderungsrechnung	Finanzmittelbereich: Veränderung der Fondsmittel (Gesamtsaldo) (Summe aus 1, 2 u. 3) + Anfangsbestand des Finanzmittelfonds = Endbestand des Finanzmittelfonds

Abb. 10.8: Grundaufbau einer Finanzierungsrechnung mit Fondsausgliederung in Staffelform nach dem Aktivitätsformat

Finanzierungsbereich

Der (Außen-) Finanzierungsbereich (Synonym: Bereich der Finanzierungstätigkeit) setzt sich aus Zu- und Abflüssen zusammen, die aus Transaktionen mit Eigen- und Fremdkapitalgebern stammen. Der finanzielle Bereichssaldo stellt die Netto-Außenfinanzierung dar.

Gesamtsaldo

Der Saldo aller drei Teilbereiche ergibt insgesamt entweder einen Mittelüberschuss, der den Fondsbestand erhöht, oder ein Mitteldefizit, der aus dem Fondsanfangsbestand gedeckt werden muss. Der finanzwirksame Gesamtsaldo der drei Bereiche entspricht der Veränderung der Fondsmittel und wird zumeist im Finanzmittelbereich ausgewiesen.

Finanzmittelbereich

Der Finanzmittelbereich enthält eine Bestandsrechnung, die den Anfangsbestand des Finanzmittelfonds, seine Veränderung durch Zu- und Abflüsse während der Periode sowie seinen Schlussbestand zeigt.

Bewertungsbereich

Stimmt der finanzwirksame Gesamtsaldo der Ursachenrechnung nicht mit der Veränderung der Fondsmittel überein, dann liegen wechselkurs-, bewertungs- und/oder konsolidierungskreisbedingte Wertänderungen der Fondsmittel vor. Diese Wertänderungen, die für eine rechnerische Überleitung des fondswirksamen Mittelüberschusses/-defizits der Ursachenrechnung auf die gesamte Veränderung der Fondsmittel benötigt werden, können entweder in einem eigenen sog. Bewertungsbereich zwischen den beiden Teilrechnungen oder innerhalb der Fondsveränderungsrechnung gesondert angegeben werden.

Vergleich der Formate

Die beiden vorgestellten Formatalternativen stellen zwei Basismodelle dar, die durch weitere Abgrenzungskriterien modifiziert und tiefer untergliedert werden können. Der Vorteil des Finanzflussformats wird darin gesehen, dass der gesamte Mittelzufluss dem gesamten Mittelabfluss in der Periode gegenübergestellt wird. Die Höhe der gesamten Mittelherkunft bzw. -verwendung ist jedoch von geringem Interesse. Vielmehr kommt es auf die Mittelbewegungen auslösenden Vorgänge an. Eine Finanzierungsrechnung nach dem Aktivitätsformat ordnet Mittelbewegungen den betrieblichen Funktionsbereichen zu, durch die sie verursacht werden. Somit gewährt das Aktivitätsformat einen verbesserten Einblick in die Struktur der laufenden Geschäfts-, Investitions- und Finanzierungsvorgänge.

Die folgenden Ausführungen beschränken sich primär auf die Finanzierungsrechnung, die nach dem Aktivitätsformat in Staffelform mit (zahlungsorientierter) Fondsausgliederung aufgestellt wird, da sie die Form repräsentiert, der in der betriebswirtschaftlichen Theorie regelmäßig der höchste Aussagewert beigemessen und die gegenwärtig in der externen Rechnungslegung als KFR verbindlich vorgeschrieben wird (vgl. hierzu Abschnitt A II dieses Kapitels).

(3) Direkte oder indirekte Methode der Darstellung

In Finanzierungsrechnungen werden Mittelbewegungen ausgewiesen. In Abhängigkeit vom Rechnungszweck und den vorhandenen Daten können die Mittelbewegungen lediglich in Form von einfachen Bestandsdifferenzen oder unsaldierten Kontenumsätzen, aber auch als reine Zahlungsgrößen dargestellt werden.

Methoden zur Bestimmung der Bereichssalden

Bei zahlungsorientierten Finanzierungsrechnungen sind grundsätzlich sämtliche zahlungsunwirksamen Vorgänge zu eliminieren, sodass nur Zahlungsströme ausgewiesen werden, die nach dem Aktivitätsformat zu Zwischensummen saldiert werden (Bereichssalden). Diese Bereichssalden können innerhalb der Finanzierungsrechnung aber nicht nur durch Ausweis von Ein- und Auszahlung und anschließender Saldierung (»direkte Methode«), sondern auch durch sog. Überleitungsrechnungen bestimmt werden (»indirekte Methode«).

Kriterium der Zahlungswirksamkeit

Wie bereits oben gezeigt, sind im Rechnungswesen zum Zweck der periodengerechten Erfolgsermittlung nicht nur pagatorische Geschäftsvorfälle, sondern auch zahlungsunwirksame Vorgänge (z. B. Abschreibungen, Bildung von Rückstellungen) erfasst. Voraussetzung für eine ausschließlich auf Zahlungsströmen basierende Finanzierungsrechnung sind Informationen über die Zahlungswirksamkeit bzw. Zahlungsunwirksamkeit von Geschäftsvorfällen, damit sie voneinander getrennt werden können und nur die zahlungswirksamen Vorgänge ihren Niederschlag in der zahlungsorientierten Finanzierungsrechnung finden. Aufwendig ist diese Differenzierung bei Vorfällen, die teils zahlungswirksam und teils nicht zahlungswirksam sind (z. B. Kreditaufnahme mit Disagio oder Kauf einer Finanzanlage teils gegen Bargeld und teils gegen Abtretung einer Forderung).

Direkte Methode

Sind die Zahlungsvorgänge bestimmt worden (vgl. zur Datenermittlung Abschnitt A I 4 dieses Kapitels), so werden sie nach dem Aktivitätsformat den Funktionsbereichen zugeordnet und unter bestimmten Ein- und Auszahlungsposten ausgewiesen. Der ausschließliche Ausweis von Zahlungen wird als direkte Methode bezeichnet und ist für den Investitions- und Finanzierungsbereich üblich. Zudem werden nach dem Bruttoprinzip grundsätzlich Einzahlungen nicht mit den Auszahlungen verrechnet, sodass diese Ausweisform auch als »Bruttodarstellung nach der direkten Methode« bezeichnet wird (vgl. Gebhardt, G. [1999], S. 1317 ff.).

Indirekte Methode

Bei der indirekten Methode wird mithilfe einer Überleitungsrechnung der Bereichsaldo bestimmt. Innerhalb der Überleitungsrechnung werden – außer eventuell bestimmten Zahlungsvorgängen – vornehmlich Korrekturposten gezeigt, mit denen entweder buchungstechnische Vorgänge wegen fehlender Zahlungswirksamkeit rückgängig gemacht werden oder zahlungswirksame Geschäftsvorfälle infolge der zweckgerechten Bereichszuordnung in einen der beiden anderen Aktivitätsbereiche umgebucht werden. Die indirekte Darstellungsform wird häufig im operativen Bereich angewandt.

Typen von Korrekturposten

Wird die indirekte Darstellung für den Bereich der laufenden Geschäftstätigkeit gewählt, so wird der operative Bereichssaldo mittels einer Überleitungsrechnung retrograd aus dem Jahresergebnis (oder alternativ aus einem operativen Periodenerfolg wie dem Betriebsergebnis) abgeleitet. Die Rückrechnung umfasst folgende Typen von Korrekturposten:

- Bereinigungen um nicht zahlungswirksame Aufwendungen und Erträge, sodass die zur Ermittlung des Jahresergebnisses notwendigen Periodisierungsmaßnahmen wieder rückgängig gemacht werden (z. B. Abschreibungen, Bildung von Rückstellungen);
- Erweiterung um erfolgsneutrale, aber zahlungswirksame Investitionen und Desinvestitionen im operativen Netto-Umlaufvermögen (z. B. Barkauf von Roh-, Hilfs- und Betriebsstoffen);
- Umbuchungen vom operativen Bereich in den Investitions- oder Finanzierungsbereich, da die zugrunde liegenden Vorgänge einem der beiden anderen Bereiche zuzuordnen sind (z. B. Ertrag oder Verlust aus Anlagenabgängen, damit der Zahlungseingang aus der Desinvestition in voller Höhe – und nicht nur der Buchwert – im Investitionsbereich erfasst wird).

Da die ausgewiesenen Korrekturposten größtenteils keine Zahlungsvorgänge darstellen und zudem häufig saldierte Größen sind, verstößt die indirekte Methode gegen den eigentlichen Zweck einer zahlungsorientierten Rechnung wie auch gegen das Bruttoprinzip. Die indirekte Ausweisform wird zur Verdeutlichung ihres Charakters auch als »Nettodarstellung nach der indirekten Methode« bezeichnet (vgl. Gebhardt, G. [1999], S. 1317 ff.).

Ergebnisidentität

Im Ergebnis führen die zwei Darstellungsmethoden definitionsgemäß zum identischen Ein- bzw. Auszahlungsüberschuss. Bei Anwendung der indirekten Methode im operativen Bereich wird diese Übereinstimmung allerdings nur erzielt, wenn alle notwendigen Korrekturen vorgenommen werden. Dabei ist besonders darauf zu achten, dass die ins Jahresergebnis eingegangenen zahlungslosen Vorgänge mithilfe der Rückrechnung vollständig eliminiert werden.

Aussagefähigkeit

Der direkten Darstellungsmethode ist der Vorzug gegeben, da nur sie dem primären Informationsziel, Ein- und Auszahlungen abzubilden, nachkommt und Zahlungsgrößen aus finanzwirtschaftlicher Sicht aussagefähiger sind als Korrekturgrößen. Selbst wenn die Rückrechnungsposten der indirekten Methode ausführlich untergliedert werden, ist sie aus finanzieller Sicht von geringem Interesse. Allerdings ist eine detaillierte Differenzierung der Korrekturposten im operativen Bereich und damit implizit auch die indirekte Darstellung für die Beurteilung der Qualität des Jahreserfolges interessant. Je mehr der Erfolg auf operativen Einzahlungsüberschüssen (und nicht etwa auf Forderungszugängen) basiert, desto positiver wird er beurteilt. Außerdem können ebenso wie bei der direkten Methode aussagekräftige Zwischensalden gebildet werden (z. B. erfolgsnaher Brutto-Cashflow oder Cash Earnings nach DVFA/SG).

4. Ermittlungsmethoden

Unabhängigkeit der Ermittlung vom Zeitbezug

Die Datenermittlung im Rahmen der Erstellung von Finanzierungsrechnungen ist für den Informationsgehalt von besonderer Relevanz. Prospektive Finanzierungsrechnungen basieren auf Planzahlen, während retrospektive Rechnungen auf die Ist-Daten der Finanzbuchhaltung zurückgreifen. Unabhängig vom Zeitbezug werden »originäre Finanzierungsrechnungen« von »derivativen Finanzierungsrechnungen« unterschieden. Ausschlaggebend für diese Unterscheidung ist die Art und Weise, wie die zugrunde gelegten Daten gewonnen werden.

Der Unterschied zwischen den zwei Alternativen der Datengewinnung wird exemplarisch für alle unter dem Begriff Finanzierungsrechnung subsumierten Rechenwerke im Folgenden anhand der KFR verdeutlicht. Die KFR ist – wie bereits oben gesagt – eine externorientierte Finanzierungsrechnung, die Unternehmensaußenstehenden zur Information dient. Die ausführliche Erläuterung der Ermittlung einer zahlungsorientierten KFR sowie die Veranschaulichung an einem Beispiel soll die Grundkonzeption des Rechenwerkes verständlich machen.

a) Originäre Ermittlung

Ermittlung aus Fondsbestandskonten, Gegenbestandskonten oder reinen Zahlungskonten

Eine originäre Ermittlung liegt vor, wenn die zahlungswirksamen Geschäftsvorfälle im Rahmen einer nachträglichen Auswertung den Fondsbestandskonten oder alternativ den Gegenbestandskonten (Nicht-Fondsbestandskonten) in der Finanzbuchhaltung eines zweiteiligen Rechnungswesens entnommen werden. Im dreiteiligen Rechnungswesen können Ein- und Auszahlungen unmittelbar aus eigenständigen Zahlungskonten gewonnen werden (vgl. oben Abbildung 10.4). Anschließend sind die so ermittelten Zahlungsvorgänge den einzelnen Unternehmensaktivitäten laufendes Geschäft, Investition und Finanzierung sachgerecht zuzuordnen. Die Zahlungswirksamkeit eines Geschäftsvorfalls bestimmt, in welcher Periode der Vorgang erfasst wird, d. h. es wird auf eine erfolgsgerechte Periodisierung verzichtet.

Anforderungen an das Rechnungswesen

Das Rechnungswesen muss für die Erstellung einer originären Rechnung entsprechend organisiert sein. Buchungstechnisch gesehen müssen zwei zusätzliche Belegschlüssel eingeführt werden (vgl. Arbeitskreis »Finanzierungsrechnung« der Schmalenbach-Gesellschaft [1996], S. 16). Der erste Schlüssel bestimmt, ob ein Vorgang fondswirksam oder fondsneutral ist. Der zweite Schlüssel dient der Zuordnung zu einem der drei Aktivitätsbereiche. Eine originäre KFR kann aufgrund der benötigten Informationen nur vom Unternehmen selbst erstellt werden.

Beziehung zwischen Ermittlungs- und Darstellungsmethoden

Werden alle benötigten Daten originär ermittelt, so liegt es nahe, nicht nur im Investitions- und Finanzierungsbereich, sondern auch im operativen Bereich die direkte Darstellungsmethode zu verwenden. Eine originäre KFR bildet dann sämtliche Zahlungsvorgänge einer Periode ab und ist eine umfassende Ein- und Auszahlungsrechnung, die bei Vorhandensein eines entsprechend gestalteten Rechnungswesens auch als internes Steuerungsinstrument eingesetzt werden kann (vgl. Pfuhl, J. [1994], S. 56 f.). In der Rechnungspraxis hat sich bislang jedoch nicht nur die indirekte Darstellung des Cashflows aus der laufenden Geschäftstätigkeit, sondern auch die derivative Ermittlung der KFR durchgesetzt, vor allem aufgrund der bisher fehlenden Implementierung der KFR in den herkömmlichen EDV-Buchungssystemen (vgl. Gebhardt, G. [2001], Tz. 82 f.).

b) Derivative Ermittlung

Retrograde Vorgehensweise

Die derivative Ermittlung der KFR baut auf einem erstellten Jahresabschluss auf. Dabei werden die Zahlungsströme aus den Stromgrößen der GuV, den Bestandsveränderungen der Bilanz sowie weiterer notwendiger interner Informationen aus dem Rechnungswesen hergeleitet. Die derivative KFR wird somit auf retrogradem Wege ermittelt. Ziel hierbei ist vor allem die vollständige Eliminierung zahlungsunwirksamer Vorgänge. Letztendlich werden die zur Aufstellung von Bilanz und GuV notwendigen Periodisierungsschritte im Rahmen der derivativen Ermittlung wieder rückgängig gemacht, sodass im Ergebnis eine rein auf Zahlungen basierende KFR vorliegt.

Entwicklungsstufen

Das Vorgehen bei der derivativen Ermittlung wird in der Abbildung 10.9 veranschaulicht (in Anlehnung an Pfuhl, J. [1994], S. 63).

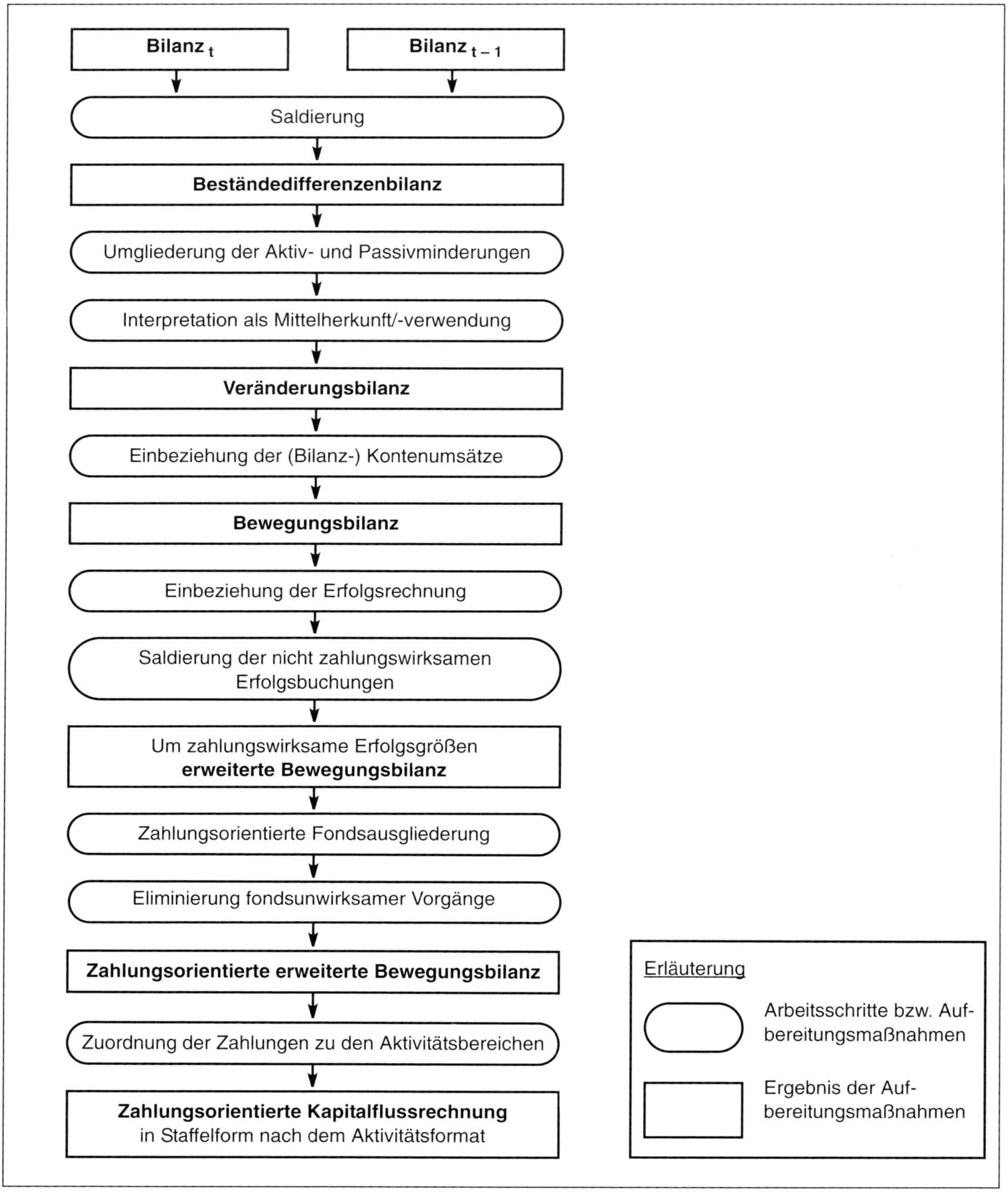

Abb. 10.9: Vorgehensweise bei der derivativen Ermittlung einer zahlungsorientierten Kapitalflussrechnung

Je nach Fortschritt auf dem Weg zur derivativen KFR wird zwischen den Entwicklungsstufen Beständedifferenzen-, Veränderungs- und (erweiterter) Bewegungsbilanz unterschieden, die unter die Formen der derivativen Finanzierungsrechnung zu subsumieren sind

(1) Beständedifferenzenbilanz

Ausweis von Beständedifferenzen

Ausgangspunkt der derivativen Ermittlung ist die Aufstellung einer so genannten Beständedifferenzenbilanz auf der Grundlage aufgestellter Bilanzen. Die Beständedifferenzenbilanz wird erzeugt durch Subtraktion der korrespondierenden Bilanzpositionen der Geschäftsjahresbilanz und der Vorjahresbilanz. In der Beständedifferenzenbilanz werden Bestandsmehrungen (positives Vorzeichen) und Bestandsminderungen (negatives Vorzeichen) für alle in der Bilanzgliederung enthaltenen Bilanzpositionen ausgewiesen. Die Summe der aktiven (passiven) Bestandsdifferenzen entspricht der Veränderung des Vermögens (Kapitals).

In der allgemeinen Form der Beständedifferenzenbilanz werden die Bestandsdifferenzen der einzelnen Bilanzposten jeweils zu aktiven bzw. passiven Bestandsmehrungen A^+ bzw. P^+ und aktiven bzw. passiven Bestandsminderungen A^- bzw. P^- zusammengefasst. Der Grundaufbau der Beständedifferenzenbilanz in Kontoform wird in Abbildung 10.10 gezeigt.

Beständedifferenzenbilanz	
Bestandsveränderungen der Aktiva	Bestandsveränderungen der Passiva
Aktivmehrungen (A^+) Aktivminderungen (A^-)	Passivmehrungen (P^+) Passivminderungen (P^-)
Saldo: Veränderung des Vermögens	Saldo: Veränderung des Kapitals

Abb. 10.10: Grundaufbau der Beständedifferenzenbilanz

Beispiel

Die einzelnen Stufen der derivativen Erstellung werden anhand eines vereinfachten Beispiels, das in den nachfolgenden Abschnitten fortgeführt wird, dargestellt. Für die originäre Ermittlung der KFR dieses Beispiels wird verwiesen auf Coenenberg, A. G. [2001], S. 241 ff.

Aufbauend auf Bilanz und Vorjahresbilanz (vgl. Abbildung 10.11), die in unserem Beispiel aus Vereinfachungsgründen vor Ergebnisverwendung aufgestellt wurden, wird zunächst die Beständedifferenzenbilanz für das Geschäftsjahr 02 in Mio. Geldeinheiten (GE) ermittelt (vgl. Abbildung 10.12).

Aussageinhalt

Der Saldo positiver und negativer Bestandsdifferenzen der Aktivposten (Passivposten) gibt die Vermehrung bzw. die Verminderung des gesamten Unternehmensvermögens (Unternehmenskapitals) an. Er entspricht der Differenz aus der Bilanzsumme des Geschäftsjahres und der Bilanzsumme des Vorjahres. Im Beispiel weist die Beständedifferenzenbilanz eine Erhöhung des Unternehmensvermögens bzw. -kapitals von 168 Mio. GE aus.

Auf dem Weg zur derivativen KFR wird im nächsten Schritt durch Umgliederung der Beständedifferenzen und durch Interpretation der Bestandsänderungen als Mittelherkunft bzw. -verwendung eine Veränderungsbilanz erstellt.

Bilanz									
Aktiva (in Mio. GE)			02	01	Passiva (in Mio. GE)			02	01
A.	Anlagevermögen				A.	Eigenkapital			
	I.	Sachanlagen	80	90		I.	Gezeichnetes Kapital	59	50
	II.	Finanzanlagen	65	75		II.	Kapitalrücklage	36	30
B.	Umlaufvermögen					III.	Gewinnrücklage	32	20
	I.	Vorräte	160	120		IV.	Jahresüberschuss	78	25
	II.	Forderungen aus LuL	205	105	B.	Rückstellungen		115	100
	III.	Wertpapiere	45	40	C.	Verbindlichkeiten			
	IV.	Zahlungsmittel	63	20		I.	Verbindlichkeiten gegenüber KI	150	100
						II.	Verbindlichkeiten aus LuL	70	100
						III.	Steuerverbindlichkeiten	78	25
		Bilanzsumme	618	450			Bilanzsumme	618	450

KI: Kreditinstituten
LuL: Lieferungen und Leistungen

Abb. 10.11: Bilanz zum 31. 12. 02 einschließlich der Vorjahreszahlen

Beständedifferenzenbilanz									
Bestandsveränderungen der Aktiva (in Mio. GE)					Bestandsveränderungen der Passiva (in Mio. GE)				
	A.	Anlagevermögen				A.		Eigenkapital	
Δ		I. Sachanlagen	– 10		Δ		I.	Gezeichnetes Kapital	+ 9
Δ		II. Finanzanlagen	– 10		Δ		II.	Kapitalrücklage	+ 6
	B.	Umlaufvermögen			Δ		III.	Gewinnrücklage	+ 12
Δ		I. Vorräte	+ 40		Δ		IV.	Jahresüberschuss	+ 53
Δ		II. Forderungen aus LuL	+ 100		Δ	B.		Rückstellungen	+ 15
Δ		III. Wertpapiere	+ 5			C.		Verbindlichkeiten	
Δ		IV. Zahlungsmittel	+ 43		Δ		I.	Verbindlichkeiten gegenüber KI	+ 50
					Δ		II.	Verbindlichkeiten aus LuL	– 30
					Δ		III.	Steuerverbindlichkeiten	+ 53
Saldo: Δ Vermögen			+ 168		Saldo: Δ Kapital				+ 168

KI: Kreditinstituten
LuL: Lieferungen und Leistungen

Abb. 10.12: Beständedifferenzenbilanz für das Geschäftsjahr 02

(2) Veränderungsbilanz

Interpretation der Bestandsänderungen als Mittelherkunft/-verwendung

Grundlage für die Darstellung der Veränderungsbilanz und die darauf aufbauende derivative KFR bildet die Überlegung, dass Aktivzunahmen und Passivabnahmen »Mittelverwendungen« sowie Passivzunahmen und Aktivabnahmen »Mittelquellen« darstellen. Für die Zunahme aktiver Bestandskonten A^+, z. B. Erhöhung des Bestandes an Grundstücken durch Zukauf, und die Abnahme passiver Bestandskonten P^-, z. B. Verringerung der kurzfristigen Verbindlichkeiten durch Rückzahlung, wird Kapital benötigt (Mittelverwendung). Umgekehrt wird durch die Zunahme passiver Bestandskonten P^+, z. B. Erhöhung der langfristigen Verbindlichkeiten aufgrund einer Emission von Wandelschuldverschreibungen, und die Abnahme aktiver Bestandskonten A^-, z. B. Verringerung der Warenvorräte, Kapital freigesetzt (Mittelherkunft oder Mittelbeschaffung).

Gliederung nach dem Finanzflussformat

Aus der Beständedifferenzenbilanz erhält man die Veränderungsbilanz durch bloße Umstellung der negativen Bestandsdifferenzen A^- und P^-. Die Mittelverwendungen A^+ und P^- stehen den Mittelquellen A^- und P^+ gegenüber (Finanzflussformat). Bei einer Darstellung in Kontoform ergibt sich das in Abbildung 10.13 gezeigte Schema für die Veränderungsbilanz, das auch der Grundform der Bewegungsbilanz – ohne Einbeziehung von Kontenumsätzen und GuV-Daten – entspricht.

Veränderungsbilanz	
Mittelverwendung	Mittelherkunft
Aktivmehrungen (A^+) Passivminderungen (P^-)	Passivmehrungen (P^+) Aktivminderungen (A^-)
Summe der (Netto-) Veränderungen	Summe der (Netto-) Veränderungen

Abb. 10.13: Grundaufbau der Veränderungsbilanz

Investition und Finanzierung

Die der Veränderungsbilanz zugrunde liegende Darstellungsweise stimmt auch mit den in der Theorie gebrauchten Investitions- und Finanzierungsbegriffen überein, wonach Investition und Finanzierung durch Zahlungsströme definiert sind, die mit einer Auszahlung (Investition) bzw. einer Einzahlung (Finanzierung) beginnen. Demgemäß entspricht jede Desinvestition einem Finanzierungsvorgang und jede Definanzierung (Tilgung) einer Investition.

Beispiel

Bei Fortführung unseres Beispiels ergibt sich aus den Bilanzzahlen bzw. Bestandsdifferenzen die in Abbildung 10.14 dargelegte Veränderungsbilanz.

Informationsmängel

Die Veränderungen der Bilanzpositionen werden als Finanzierungs- und Investitionsaktivitäten interpretiert. Zu beachten gilt allerdings, dass die Bestandsdifferenzen erstens nur saldierte Größen zeigen und zweitens Bewertungsunterschiede enthalten. Im ersten Fall können z. B. der Nettoveränderung bei den Wertpapieren im Umlaufvermögen Investitionen in Höhe von 205 Mio. GE (Zugänge) und Desinvestitionen in Höhe von 200 Mio. GE (Abgänge) zugrunde liegen. In der Veränderungsbilanz wird aber lediglich die Bestandsdifferenz von 5 Mio. GE, die dem Überhang der Desinvestitionstätigkeit entspricht, und nicht der volle Umfang der Investitions- bzw. Desinvestitionstätigkeiten gezeigt. Die zweite Schwäche der Veränderungsbilanz liegt darin, dass eine Bewertungsänderung als eine Finanzierungs- bzw. Investitionsaktivität ausgewiesen wird. So würde in unserem Beispiel die Verminderung des Sachanlagevermögens um 10 Mio. GE als eine Desinvestition (z. B. Barverkauf von Sachanlagen) gedeutet, obwohl – ceteris paribus – die Bestandsminderung bspw. lediglich auf Abschreibungen auf Sachanlagen in Höhe von 10 Mio. GE zurückzuführen ist und damit gar kein finanzwirksamer Desinvestitionsvorgang die Veränderung ausgelöst hat.

Veränderungsbilanz			
Mittelverwendung (in Mio. GE)		Mittelherkunft (in Mio. GE)	
Aktivmehrungen (A^+):		Passivmehrungen (P^+):	
B. Umlaufvermögen		A. Eigenkapital	
Δ I. Vorräte	40	Δ I. Gezeichnetes Kapital	9
Δ II. Forderungen aus LuL	100	Δ II. Kapitalrücklage	6
Δ III. Wertpapiere	5	Δ III. Gewinnrücklage	12
Δ IV. Zahlungsmittel	43	Δ IV. Jahresüberschuss	53
		Δ B. Rückstellungen	15
		C. Verbindlichkeiten	
		Δ I. Verbindlichkeiten gegenüber KI	50
		Δ III. Steuerverbindlichkeiten	53
Passivminderungen (P^-):		Aktivminderungen (A^-):	
C. Verbindlichkeiten		A. Anlagevermögen	
Δ II. Verbindlichkeiten aus LuL	30	Δ I. Sachanlagen	10
		Δ II. Finanzanlagen	10
Summe der (Netto-) Veränderungen	218	Summe der (Netto-) Veränderungen	218

KI: Kreditinstituten
LuL: Lieferungen und Leistungen

Abb. 10.14: Veränderungsbilanz für das Geschäftsjahr 02

Die Aussagefähigkeit der Veränderungsbilanz wird insofern stark eingeschränkt, weil es nur zum Ausweis der durch sämtliche Zu- und Abgänge der jeweiligen Bilanzposition bewirkten Bestandsdifferenzen (Nettoveränderungen) kommt. Ein großer Teil der finanziellen Bewegungen bleibt somit außerhalb der Betrachtung. Die zugrunde liegende Rechensystematik kann auch zum Ausweis nicht sinnvoller Werte führen, wie dies z. B. durch einen im Vergleich zum Vorjahr verringerten Jahresüberschuss/Bilanzgewinn als Mittelverwendung geschieht. Außerdem werden Bewertungsunterschiede, wie z. B. Abschreibungen, als Finanzbewegung fehlinterpretiert. Weitere Korrekturen sind aus diesen Gründen erforderlich.

Zunächst sollen diese Nachteile durch die Einbeziehung von (Bilanz-) Kontenumsätzen und anschließend durch die Einbeziehung der GuV beseitigt werden.

(3) Bewegungsbilanz

Ersetzen der Bestände-differenzen durch Soll- und Habenumsätze

Während in der Veränderungsbilanz die Kontenbewegungen saldiert dargestellt werden, bezieht die nächste Stufe einer derivativ ermittelten KFR, die allgemein als Bewegungsbilanz bezeichnet wird, die Kontenumsätze (Soll- und Habenumsätze) mit ein. Die Beständedifferenzen der einzelnen Bilanzpositionen werden vollständig in die sie verursachenden Kontenumsätze zerlegt, sodass für die einzelnen Bestandsposten sämtliche Soll- und Habenumsätze vorliegen. Die Sollumsätze der aktiven bzw. passiven Bestandskonten AU^+ bzw. PU^- entsprechen ex definitione der Verwendung von Mitteln. Die Habenumsätze der passiven bzw. aktiven Bestandskonten PU^+ bzw. AU^- stellen dagegen die Freisetzung von Mitteln dar. Mit diesem Schritt erfolgt eine Umwandlung der statisch orientierten Veränderungsbilanz in eine echte Stromgrößenrechnung. Die Aufspaltung der Bestandsänderungen in Zunahmen, Abnahmen, Umbuchungen und Wertkorrekturen – insbesondere Zuschreibungen und Abschreibungen – führen zu Bruttoausweisen auf den jeweiligen Konten. Eine exakte und vollständige Aufdeckung der Bruttobewegungen setzt jedoch voraus, dass auf jedem Konto – z. B. mittels einer Umsatzmatrix – alle Bewegungen bestimmt werden können.

Für die Kontenumsätze einbeziehende Bewegungsbilanz gilt das allgemeine Aufstellungsschema in Abbildung 10.15.

Bewegungsbilanz	
Mittelverwendung	Mittelherkunft
Sollumsätze der aktiven Bestandskonten (AU^+)	Habenumsätze der passiven Bestandskonten (PU^+)
Sollumsätze der passiven Bestandskonten (PU^-)	Habenumsätze der aktiven Bestandskonten (AU^-)
Summe der Sollumsätze (Brutto-Bewegungen)	Summe der Habenumsätze (Brutto-Bewegungen)

Abb. 10.15: Grundaufbau der Bewegungsbilanz

Kontenumsätze im Anlage-vermögen

Verbindlich vorgeschrieben ist die Offenlegung der Kontenumsätze nur für das Anlagevermögen, da gemäß § 268 Abs. 2 HGB im Anlagenspiegel die Veränderungen der im Anlagevermögen auszuweisenden Positionen durch Zugänge, Abgänge, Zuschreibungen und Abschreibungen sowie Umbuchungen kenntlich gemacht werden muss. Die Soll- und Habenumsätze der Bestandskonten des Anlagevermögens können folglich dem Anlagenspiegel entnommen werden. Dabei bilden die Zugänge und Zuschreibungen die Sollumsätze, die Abgänge und Abschreibungen des Geschäftsjahres die Habenumsätze der Bestandskonten des Anlagevermögens. Da die Abgänge im Bruttoanlagenspiegel zu historischen Kosten angesetzt sind, müssen sie noch um die in ihnen enthaltenen kumulierten Abschreibungen bereinigt werden, denn die Abgänge sind zunächst zu Restbuchwerten (RBW) – vgl. Abbildung 10.16 – anzusetzen. Darüber hinaus sind für alle übrigen aktiven und passiven Bestandsposten die Kontenumsätze auf Basis unternehmensinterner Informationen aus dem Rechnungswesen zu ermitteln.

Beispiel

Aus den Zahlen des Einführungsbeispiels soll nach Aufdeckung der Kontenumsätze die Bewegungsbilanz aufgestellt werden. Dafür ist unser Beispiel um folgende interne Informationen über Kontenumsätze für das Geschäftsjahr 02 zu erweitern.

	Klassifizierung der Bewegungen nach Soll- und Habenumsätzen	Anfangsbestand zum 01. 01. 02	Zugänge Soll	Abgänge (zu RBW) Haben	Umbuchungen Soll(+)/ Haben(–)	Abschreibungen Haben	Zuschreibungen Soll	Schlussbestand zum 31. 12. 02
Aktiva (in Mio. GE)	A. Anlagevermögen							
	I. Sachanlagen	90	10	5		15		80
	II. Finanzanlagen	75	10	25			5	65
	B. Umlaufvermögen							
	I. Vorräte	120	340	300				160
	II. Forderungen aus LuL	105	350	250				205
	III. Wertpapiere	40	205	200				45
	IV. Zahlungsmittel	20	1.023	980				63
	Summe	450	1.938	1.760		15	5	618

LuL: Lieferungen und Leistungen
RBW: Restbuchwerten

Abb. 10.16: Kontenumsätze aktiver Bestandskonten im Geschäftsjahr 02

Weitere Informationen über Kontenumsätze bzw. die zugrunde liegenden Geschäftsvorgänge zu den Aktiva sind:

zu A. I. »Sachanlagen«:

- Sachanlagen sind bar in Höhe von 10 Mio. GE gekauft worden.
- Der Barverkauf von Sachanlagen erbrachte einen Restverkaufserlös von 8 Mio. GE. Der Restbuchwert abgegangener Sachanlagen betrug 5 Mio. GE.
- Planmäßige Abschreibungen auf Sachanlagen wurden in Höhe von 15 Mio. GE vorgenommen.

zu A. II. »Finanzanlagen«:

- Finanzanlagen wurden in Höhe von 10 Mio. GE auf Ziel gekauft.
- Finanzanlagen wurden zum Restbuchwert von 25 Mio. GE (= Restverkaufserlös) in bar verkauft.
- Es wurden Zuschreibungen auf Finanzanlagen in Höhe von 5 Mio. GE vorgenommen, da die Gründe für die in früheren Perioden vorgenommenen außerplanmäßigen Abschreibungen entfallen sind.

zu B. I. »Vorräte«:

- Der Anfangsbestand an fertigen und unfertigen Erzeugnissen als Teil der Vorräte betrug 120 Mio. GE. Für den Endbestand an fertigen und unfertigen Erzeugnissen als Teil der Vorräte wurde ein Wert von 160 Mio. GE ermittelt, sodass sich der Bestand bei fertigen und unfertigen Erzeugnissen um 40 Mio. GE erhöht hat (Bestandsveränderung). Folglich enthalten die ausgewiesenen Vorratsbestände in unserem Beispiel aus Vereinfachungsgründen ausschließlich fertige und unfertige Erzeugnisse.

- Es waren weder zu Beginn noch am Ende der Periode Bestände an Roh-, Hilfs- und Betriebsstoffen als Teil der Vorräte vorhanden (Anfangs- und Endbestand = 0 Mio. GE), d. h. der Zugang der Roh-, Hilfs- und Betriebsstoffe als Teil der Vorräte in Höhe von 300 Mio. GE wurde im Laufe der Periode vollständig aufgebraucht und entspricht damit dem Materialaufwand. Die zugegangenen Roh-, Hilfs- und Betriebsstoffe sind in Höhe von 185 Mio. GE bar bezahlt worden. Der übrige Teil im Wert von 115 Mio. GE ist auf Ziel gekauft worden.

zu B. II. »Forderungen aus Lieferungen und Leistungen«:

- Die Zugänge bei Forderungen aus Lieferungen und Leistungen in Höhe von 350 Mio. GE resultieren aus Umsätzen.
- In der Periode sind Forderungen aus Lieferungen und Leistungen, die aus Vorgängen der laufenden Geschäftstätigkeit stammen, im Wert von 250 Mio. GE bezahlt worden.

zu B. III. »Wertpapiere«:

- Zahlungsmittel sind im Rahmen des Cash Managements in Wertpapieren angelegt worden. Im Lauf der Periode wurden mehrfach Wertpapiere gekauft und wieder verkauft. Insgesamt wurden Wertpapiere im Wert von 205 Mio. GE gekauft.
- Verkauft wurden in der Periode Wertpapiere im Wert von 200 Mio. GE.

zu B. IV. »Zahlungsmittel«:

- Kontenbewegungen bei den Zahlungsmitteln sind im Lauf der Periode durch alle zahlungsbasierten Geschäftsvorfälle verursacht worden. Die Zahlungseingänge erreichten eine Höhe von 1.023 Mio. GE.
- Die Zahlungsausgänge betrugen in der Periode 980 Mio. GE.

Weitere Informationen zu den Passiva – einschließlich Abbildung 10.17 – sind:

zu A. I. »Gezeichnetes Kapital«:

- Es wurde eine Kapitalerhöhung durch Ausgabe neuer Anteile gegen Bareinzahlung in Höhe von 10 Mio. GE durchgeführt, wobei der Nennwert der neuen Anteile insgesamt 4 Mio. GE beträgt.
- Eine Verbindlichkeit gegenüber einem Kreditinstitut in Höhe von 5 Mio. GE wurde in eine Eigenkapitalbeteiligung mit einem Nennwert von 5 Mio. GE umgewandelt.

zu A. II. »Kapitalrücklage«:

Das Aufgeld der Kapitalerhöhung beträgt 6 Mio. GE und wurde in die Kapitalrücklage eingestellt.

zu A. III. »Gewinnrücklage«:

Die Verwendung des Jahresüberschusses aus dem Vorjahr (25 Mio. GE) führte zu einer Einstellung in die Gewinnrücklage in Höhe von 12 Mio. GE.

	Klassifizierung der Bewegungen nach Soll- und Habenumsätzen	Anfangsbestand zum 01. 01. 02	Zugänge Haben	Abgänge Soll	Umbuchungen Haben(+)/ Soll(–)	Wertkorrektur (Senkung) Soll	Wertkorrektur (Erhöhung) Haben	Schlussbestand zum 31. 12. 02
Passiva (in Mio. GE)	A. Eigenkapital							
	I. Gezeichnetes Kapital	50	4		5			59
	II. Kapitalrücklage	30	6					36
	III. Gewinnrücklage	20			12			32
	IV. Jahresüberschuss	25	78	13	– 12			78
	B. Rückstellungen	100	15					115
	C. Verbindlichkeiten							
	I. Verbindlichkeiten gegenüber KI	100	80	25	– 5			150
	II. Verbindlichkeiten aus LuL	100	125	155				70
	III. Steuerverbindlichkeiten	25	78	25				78
	Summe	450	386	218	0			618

KI: Kreditinstituten
LuL: Lieferungen und Leistungen

Abb. 10.17: Kontenumsätze passiver Bestandskonten im Geschäftsjahr 02

zu A. IV. »Jahresüberschuss«:

- Der übrige Teil vom Jahresüberschuss aus dem Vorjahr (25 Mio. GE – 12 Mio. GE) wurde in Höhe von 13 Mio. GE an die Gesellschafter als Dividende ausgezahlt.
- Das Ergebnis der betrachteten Periode in Höhe von 78 Mio. GE wird in der Bilanzposition A. IV. »Jahresüberschuss« ausgewiesen. Es liegt bisher kein Gewinnverwendungsbeschluss für den Jahreserfolg aus Periode 02 vor.

zu B. »Rückstellungen«:

Eine neue Rückstellung wurde in Höhe von 15 Mio. GE gebildet. Es liegt keine Auflösung oder Inanspruchnahme von Rückstellungen vor.

zu C. I. »Verbindlichkeiten gegenüber Kreditinstituten«:

- Eine Verbindlichkeit gegenüber einem Kreditinstitut wurde in Eigenkapital von 5 Mio. GE umgewandelt (vgl. oben A. I. »Gezeichnetes Kapital«).
- Langfristige Bankkredite wurden in Höhe von 80 Mio. GE aufgenommen.
- Kredite wurden in Höhe von 25 Mio. GE getilgt.

zu C. II. »Verbindlichkeiten aus Lieferungen und Leistungen«:

- Die Zugänge bei Verbindlichkeiten aus Lieferungen und Leistungen (125 Mio. GE) resultieren aus dem Zielkauf von Finanzanlagen in Höhe von 10 Mio. GE und dem Bezug von Roh-, Hilfs- und Betriebsstoffen in Höhe von 115 Mio. GE auf Ziel.

- Während des Geschäftsjahres sind Verbindlichkeiten aus Lieferungen und Leistungen, die aus dem laufenden Geschäft stammen, in Höhe von 155 Mio. GE bezahlt worden.

zu C. III. »Steuerverbindlichkeit«:

- Nach dem vorläufigem Steuerbescheid betragen die Steuern vom Einkommen und Ertrag des Geschäftsjahres 78 Mio. GE; sie sind aber noch nicht entrichtet worden.
- Die Steuern vom Einkommen und Ertrag aus der letzten Periode (25 Mio. GE) sind beglichen worden.

Nach dem Ersetzen der bilanziellen Beständedifferenzen durch die Kontenumsätze ergibt sich für unser Beispiel die in Abbildung 10.18 dargestellte Bewegungsbilanz. Sie zeigt ebenso wie auch die Veränderungsbilanz eine Gleichheit zwischen Mittelherkunft und -verwendung. Allerdings werden in der Veränderungsbilanz Bestandsdifferenzen ausgewiesen, die in dem Beispiel in der Summe 218 Mio. GE ergeben, während in der Bewegungsbilanz die gesamten Kontenumsätze (Soll- und Habenbuchungen) offen gelegt werden. Die Mittelherkunft und -verwendung wird hier unsaldiert ausgewiesen und beträgt in dem Beispiel jeweils kumuliert 2.178 Mio. GE.

Einschränkung der Aussagefähigkeit

Durch die Einbeziehung der Kontenumsätze gelingt es, die nur auf bilanziellen Bestandsdifferenzen beruhende Veränderungsbilanz in eine Stromgrößenrechnung umzuwandeln. Die der Veränderungsbilanz anhaftenden Aussagemängel werden jedoch durch die Einbeziehung der Kontenumsätze nur zum Teil beseitigt. Wie das obige Beispiel zeigt, werden auch bei dieser Darstellungsform die Mittelquellen und -verwendungen durch zahlungsunwirksame Buchungen (zahlungsunwirksame Erfolgsbuchungen, zahlungsunwirksamer Aktiv- und Passivtausch sowie zahlungsunwirksame Bilanzverlängerungen) aufgebläht. Beispielsweise erhöhen die Zuschreibungen bei Finanzanlagen in Höhe von 5 Mio. GE die Mittelverwendung auf 15 Mio. GE, obwohl Investitionen in Finanzanlagen nur im Wert von 10 Mio. GE getätigt worden sind. Andererseits wird die nicht zahlungswirksame Zunahme des Eigenkapitals – z. B. Kapitalerhöhung durch Umwandlung von Verbindlichkeiten gegenüber Kreditinstituten in gezeichnetes Kapital in Höhe von 5 Mio. GE – als Mittelherkunft dargestellt. Diese Beeinträchtigungen liegen zum einen an der bisherigen Nichteinbeziehung der Erfolgsrechnung und zum anderen an der fehlenden Eliminierung von zahlungslosen bilanziellen Kontenumsätzen.

Bewegungsbilanz			
Mittelverwendung (in Mio. GE)		**Mittelherkunft (in Mio. GE)**	
Sollumsätze der aktiven Bestandskonten (AU^+):		Habenumsätze der passiven Bestandskonten (PU^+):	
A. Anlagevermögen		A. Eigenkapital	
I. Sachanlagen	10	I. Gezeichnetes Kapital	9
II. Finanzanlagen	15	II. Kapitalrücklage	6
B. Umlaufvermögen		III. Gewinnrücklage	12
I. Vorräte	340	IV. Jahresüberschuss ($JÜ_{02}$)	78
II. Forderungen aus LuL	350	B. Rückstellungen	15
III. Wertpapiere	205	C. Verbindlichkeiten	
IV. Zahlungsmittel	1.023	I. Verbindlichkeiten gegenüber KI	80
		II. Verbindlichkeiten aus LuL	125
		III. Steuerverbindlichkeiten	78
Sollumsätze der passiven Bestandskonten (PU^-):		Habenumsätze der aktiven Bestandskonten (AU^-):	
A. Eigenkapital		A. Anlagevermögen	
IV. Jahresüberschuss ($JÜ_{01}$)	25	I. Sachanlagen	20
C. Verbindlichkeiten		II. Finanzanlagen	25
I. Verbindlichkeiten gegenüber KI	30	B. Umlaufvermögen	
II. Verbindlichkeiten aus LuL	155	I. Vorräte	300
III. Steuerverbindlichkeiten	25	II. Forderungen aus LuL	250
		III. Wertpapiere	200
		IV. Zahlungsmittel	980
Summe der (Brutto-) Bewegungen auf Bilanzkonten	2.178	Summe der (Brutto-) Bewegungen auf Bilanzkonten	2.178

KI: Kreditinstituten
LuL: Lieferungen und Leistungen

Abb. 10.18: Bewegungsbilanz für das Geschäftsjahr 02

(4) Einbeziehung der Erfolgsrechnung

Einbeziehung der GuV-Umsätze mit anschließender Saldierung

Die Einbeziehung der Erfolgsrechnung in die Bewegungsbilanz und somit auch in die sich am Ende ergebende KFR beruht auf der Überlegung, dass im zweiteiligen Rechnungswesen alle erfolgswirksamen Buchungen ihr Pendant in Bestandsänderungen haben. Werden nun im ersten Schritt die GuV-Umsätze mit in die Bewegungsbilanz einbezogen, so kompensieren sich per saldo alle erfolgswirksamen, aber nicht zahlungswirksamen Buchungen, da sie zugleich im Soll und Haben erscheinen (vgl. Lachnit, L. [1972], S. 139). Im zweiten Schritt sind dann die sich gegenseitig kompensierenden zahlungslosen Erfolgsbuchungen miteinander zu verrechnen und damit aus der erweiterten Bewegungsbilanz zu eliminieren, denn sie besitzen aufgrund fehlender Zahlungswirksamkeit keinen liquiditätsbezogenen Erklärungsgehalt.

Substitution der Bilanzgewinndifferenz

Die Berücksichtigung der Erfolgsrechnung lässt sich bei Aufstellung der Bilanz nach teilweiser Gewinnverwendung systematisch durch Zurückführen der Bilanzgewinndifferenz ΔB auf die sie verursachenden Größen, Bilanzgewinn der betrachteten Periode B_t und Bilanzgewinn der Vorperiode B_{t-1}, darstellen:

Bilanzgewinndifferenz (ΔB)	
=	Bilanzgewinn in t (B_t)
–	Bilanzgewinn aus t – 1 (B_{t-1})

Aufspaltung des Bilanzgewinns

In einem zusätzlichen Schritt, der auch die Berücksichtigung der Gewinnausschüttungen D erlaubt, erfolgt eine weitere Zerlegung der beiden Bilanzgewinne. Der Bilanzgewinn der betrachteten Periode B_t wird in die ihn bewirkenden Erträge U_t und Aufwendungen AW_t sowie in den Gewinnvortrag der Vorperiode GV_{t-1} und in die Rücklagenbewegung, die sich aus Rücklagenauflösungen RLA_t und Rücklagenzuführungen aus dem Jahresüberschuss RLZ_t zusammensetzen, aufgespalten:

Bilanzgewinn der Periode t (B_t)	
=	Erträge in t (U_t)
–	Aufwendungen in t (AW_t)
–	Rücklagenzuführungen in t (RLZ_t)
+	Rücklagenauflösungen in t (RLA_t)
+	Gewinnvortrag aus t – 1 (GV_{t-1})

Aufspaltung des Bilanzgewinns der Vorperiode

Der Bilanzgewinn der Vorperiode B_{t-1} wird nach seiner Verwendung in Gewinnausschüttung D_{t-1} (Dividende), Gewinnvortrag GV_{t-1}, Rücklagenzuführungen aus dem Bilanzgewinn der Vorperiode $RLZB_{t-1}$ und den zusätzlichen Aufwand aufgrund des Verwendungsbeschlusses ZA_{t-1} (vgl. § 174 Abs. 2 Nr. 5 AktG) zerlegt:

Bilanzgewinn der Vorperiode t – 1 (B_{t-1})	
=	Gewinnausschüttung (D_{t-1})
+	Gewinnvortrag in t – 1 (GV_{t-1})
+	Rücklagenzuführung aus dem Bilanzgewinn der Vorperiode ($RLZB_{t-1}$)
+	zusätzlicher Aufwand aufgrund des Verwendungsbeschlusses (ZA_{t-1})

Im Ergebnis bedeutet die Einbeziehung der Erfolgsrechnung in die Bewegungsbilanz, dass die Bilanzgewinndifferenz ΔB durch die vorigen Bilanzgewinngleichungen ersetzt und damit in die Erträge U_t, die Aufwendungen AW_t, die Rücklagenbewegungen RLA_t und RLZ_t, die Gewinnausschüttung D_{t-1}, die Rücklagenzuführungen aus dem vorjährigen Bilanzgewinn $RLZB_{t-1}$ und den zusätzlichen Aufwand ZA_{t-1} aufgespalten wird. Der Gewinnvortrag GV_{t-1} ist erst gar nicht in die Bewegungsbilanz aufzunehmen, da er sich herauskürzt.

Integration der »Cashflow-Rechnung«

Die Integration der Erfolgsrechnung führt letztendlich dazu, dass die traditionelle »Cashflow-Rechnung« (i. S. v. Umsatzüberschuss) – bzw. die erfolgswirksamen Zahlungsvorgänge – Eingang in die Bewegungsbilanz und damit auch in die darauf aufbauende KFR finden. Zahlungswirksame Aufwendungen und Erträge sind später nahezu vollständig Teil des operativen Bereichs der KFR.

Kompensation zahlungsloser Erfolgsbuchungen

Nachdem die Einbeziehung der Erfolgsrechnung in die Bewegungsbilanz im ersten Schritt systematisch durch Zurückführen der Bilanzgewinndifferenz in ihre einzelnen Bestandteile erfolgt, müssen im zweiten Schritt noch die Kompensationen aus der erweiterten Bewegungsbilanz vollständig eliminiert werden, d. h. vor allem die zahlungsunwirksamen Aufwendungen und Erträgen sind mit den korrespondierenden Soll- und Habenumsätzen auf den Bestandskonten zu verrechnen.

Bei vollständiger Einbeziehung von Kontenumsätzen und Erweiterung um Erfolgsgrößen mit anschließender Bereinigung um zahlungslose Erfolgsgrößen gilt das in Abbildung 10.19 gezeigte allgemeine Aufstellungsschema für die erweiterte Bewegungsbilanz, wenn die Bilanz nach teilweiser Ergebnisverwendung (§ 268 Abs. 1 HGB) aufgestellt worden ist. Zudem ist bei diesem Schema davon ausgegangen worden, dass bei den betroffenen Positionen der Mittelverwendung notwendige Korrekturen um Rücklagenauflösungen RLA_t und bei den betroffenen Positionen der Mittelherkunft notwendige Korrekturen um Rücklagenzuführungen aus dem Jahresüberschuss RLZ_t, Rücklagenzuführungen aus dem Bilanzgewinn der Vorperiode $RLZB_{t-1}$ und den zusätzlichen Aufwand durch Verwendungsbeschluss ZA_{t-1} bereits vorgenommen wurden.

Um zahlungswirksame Erfolgsgrößen erweiterte Bewegungsbilanz	
Mittelverwendung	Mittelherkunft
Sollumsätze der aktiven Bestandskonten (AU^+), soweit nicht kompensiert Sollumsätze der passiven Bestandskonten (PU^-), soweit nicht kompensiert Aufwendungen (AW_t), soweit nicht kompensiert (= zahlungswirksame Sollumsätze der Erfolgskonten) Dividende (D_{t-1})	Habenumsätze der passiven Bestandskonten (PU^+), soweit nicht kompensiert Habenumsätze der aktiven Bestandskonten (AU^-), soweit nicht kompensiert Erträge (U_t), soweit nicht kompensiert (= zahlungswirksame Habenumsätze der Erfolgskonten)
Summe der Sollumsätze aus Bilanz und GuV, soweit nicht kompensiert	Summe der Habenumsätze aus Bilanz und GuV, soweit nicht kompensiert

Abb. 10.19: Grundaufbau der um zahlungswirksame Erfolgsgrößen erweiterten Bewegungsbilanz

Zur Fortführung unseres Beispiels sei von der folgenden GuV ausgegangen: *Beispiel*

Gewinn- und Verlustrechnung (in Mio. GE)		
1.	Umsatzerlöse	800
2.	Bestandsveränderungen	40
3.	Sonstige betriebliche Erträge	8
4.	Materialaufwand	– 300
5.	Personalaufwand	– 340
6.	Abschreibungen auf Sachanlagen	– 15
7.	Sonstige betriebliche Aufwendungen	– 15
8.	Zinsaufwendungen	– 22
9.	Steuern vom Einkommen und Ertrag	– 78
10.	Jahresüberschuss ($JÜ_{02}$)	78

Abb. 10.20: Gewinn- und Verlustrechnung für das Geschäftsjahr 02 nach dem Gesamtkostenverfahren

Die Einbeziehung zahlungswirksamer GuV-Positionen in die Bewegungsbilanz soll nun anhand unseres Beispiels verdeutlicht werden. Folgende weitere Informationen sind sowohl für die Erweiterung der Bewegungsbilanz um Erfolgsgrößen als auch für die anschließende Verrechnung der zahlungsunwirksamen Aufwendungen und Erträgen mit den zugehörigen Soll- und Habenumsätzen in den betreffenden Bilanzpositionen notwendig:

zu 1. »Umsatzerlöse«:
Die Umsatzerlöse setzen sich aus Umsatzeinzahlungen in Höhe von 450 Mio. GE und Umsätzen, bei denen den Kunden ein Kredit gewährt wurde, in Höhe von 350 Mio. GE zusammen (vgl. hierzu oben die Beispielangaben zu B. II. »Forderungen aus Lieferungen und Leistungen«).

zu 2. »Bestandsveränderungen«:
Der Anfangsbestand an fertigen und unfertigen Erzeugnissen als Teil der Vorräte betrug 120 Mio. GE. Für den Endbestand an fertigen und unfertigen Erzeugnissen als Teil der Vorräte wurde ein Wert von 160 Mio. GE ermittelt, sodass sich der Bestand bei fertigen und unfertigen Erzeugnissen um 40 Mio. GE erhöht hat (vgl. hierzu oben die Angaben zu B. I. »Vorräte«).

zu 3. »Sonstige betriebliche Erträge«:
Die sonstigen betrieblichen Erträge setzen sich aus dem Ertrag beim Abgang von Sachanlagen (3 Mio. GE) und aus Zuschreibungen auf Finanzanlagen zusammen (5 Mio. GE).

zu 4. »Materialaufwand«:
Der Anfangs- und Endbestand an Roh-, Hilfs- und Betriebsstoffen als Teil der Vorräte betrug 0 GE, d. h. der Zugang der Roh-, Hilfs- und Betriebsstoffe als Teil der Vorräte in Höhe von 300 Mio. GE wurde im Lauf der Periode

vollständig aufgebraucht und entspricht damit dem Materialaufwand (vgl. hierzu oben die Habenumsätze bei B. I. »Vorräte«).

zu 5. »Personalaufwand«:
Der Personalaufwand beträgt 340 Mio. GE; er ist in Periode 02 auch vollständig ausbezahlt worden.

zu 7. »Sonstige betriebliche Aufwendungen«:
Sonstige betriebliche Aufwendungen in Höhe von 15 Mio. GE basieren ausschließlich auf der zahlungsunwirksamen Bildung einer Rückstellung (vgl. hierzu oben den Zugang bei B. »Rückstellungen«).

zu 8. »Zinsaufwendungen«:
Der Zinsaufwand von 22 Mio. GE wurde in der Periode 02 voll bezahlt.

zu 9. »Steuern vom Einkommen und Ertrag«:
Laut vorläufigem Steuerbescheid betragen die Steuern vom Einkommen und Ertrag 78 Mio. GE für das Geschäftsjahr 02, die aber noch nicht entrichtet wurden (vgl. hierzu oben den Zugang bei C. III. »Steuerverbindlichkeiten«).

zu 10. »Jahresüberschuss«:
In der Periode 02 wurde bei der Gesellschafterversammlung die Ergebnisverwendung des Jahresüberschusses der Vorperiode $JÜ_{01}$ beschlossen, wonach eine Dividende D_{01} an die Anteilseigner in Höhe von 13 Mio. GE ausgeschüttet und eine Einstellung in die Gewinnrücklagen RLZ_{01} in Höhe von 12 Mio. GE vorgenommen wurde (vgl. Kontenumsätze bei A. III. »Gewinnrücklagen« bzw. A. VI. »Jahresüberschuss«). Über die Verwendung des in Periode 02 erwirtschafteten Jahresüberschusses $JÜ_{02}$ liegt noch kein Beschluss vor.

Im Unterschied zu der obigen allgemein formulierten, umfänglicheren Substitution der Bilanzgewinndifferenz ΔB zwecks Einbeziehung der Erfolgsrechnung wird hier aus Vereinfachungsgründen nur die Veränderung des Eigenkapitalpostens A. VI. »Jahresüberschuss« durch Soll- und Habenbuchungen der Erfolgsrechnung ersetzt, da die Bilanz und Vorjahresbilanz in unserem Beispiel vor Ergebnisverwendung aufgestellt worden ist. Das bedeutet, dass aus dem Jahresüberschuss der betrachteten Periode $JÜ_{02}$ noch keine Dividende bezahlt, keine Zuführung zu den Rücklagen vorgenommen worden ist und aus der Vorperiode auch kein Gewinnvortrag existiert. Allerdings ist im Lauf des Geschäftsjahres 02 der Jahresüberschuss der Vorperiode $JÜ_{01}$ teils als Dividende D_{01} ausgeschüttet und teils den Rücklagen RLZ_{01} zugeführt worden.

Die oben in der Beständedifferenzenbilanz ausgewiesene Bestandsdifferenz – bzw. in der Veränderungsbilanz ausgewiesene Veränderung – des Postens A. VI. »Jahresüberschuss« (ΔJÜ = 53 Mio. GE) entspricht der Differenz aus dem Jahresüberschuss der betrachteten Periode $JÜ_{02}$ und dem der Vorperiode $JÜ_{01}$ – wie es bereits in der Bewegungsbilanz in Abbildung 10.18 ersichtlich war:

$$\Delta JÜ = JÜ_{02} - JÜ_{01} = 78 \text{ Mio. GE} - 25 \text{ Mio. GE}$$

Der aus Periode 02 stammende Jahresüberschuss $JÜ_{02}$ wird in unserem Beispiel durch die Aufwendungen AW_{02} und Erträge U_{02} der gegebenen GuV ersetzt:

		(in Mio. GE)
Jahresüberschuss in 02 ($JÜ_{02}$ = 78 Mio. GE)		
= Erträge in 02 (U_{02} = 848 Mio. GE):		
1.	Umsatzerlöse	800
2.	Bestandsveränderungen	40
3.	Sonstige betriebliche Erträge	8
– Aufwendungen in 02 (AW_{02} = 770 Mio. GE):		
4.	Materialaufwand	– 300
5.	Personalaufwand	– 340
6.	Abschreibungen auf Sachanlagen	– 15
7.	Sonstige betriebliche Aufwendungen	– 15
8.	Zinsaufwendungen	– 22
9.	Steuern vom Einkommen und Ertrag	– 78

Der Jahresüberschuss der Vorperiode $JÜ_{01}$ wird in unserem Beispiel nach seiner Verwendung in der Periode 02 in die Gewinnausschüttung D_{01} und in die Gewinnrücklagenzuführung RLZ_{01} aufgeteilt:

	(in Mio. GE)
Jahresüberschuss in 01 ($JÜ_{01}$ = 25 Mio. GE)	
= Dividendenausschüttung (D_{01})	13
+ Gewinnrücklagenzuführung (RLZ_{01})	12

Werden nun der Jahresüberschuss der betrachteten Periode $JÜ_{02}$ durch die Aufwendungen AW_{02} und Erträge U_{02} sowie der Jahresüberschuss der Vorperiode $JÜ_{01}$ durch die Dividendenausschüttung D_{01} und die Gewinnrücklagenzuführung RLZ_{01} ersetzt (die ersetzten Soll- und Habenumsätze des Posten »Jahresüberschuss« sind in der Beispiel-Bewegungsbilanz durchgestrichen dargestellt), so gestaltet sich in unserem Beispiel die um sämtliche Erfolgsgrößen erweiterte Bewegungsbilanz wie in Abbildung 10.21.

Typen von Kompensationen

Die Einbeziehung der GuV-Umsätze führt zu einer Aufblähung der Bewegungsbilanz in Abbildung 10.21, soweit die Änderungen der Bilanzpositionen nicht zahlungswirksamen Aufwand und Ertrag darstellen. Diese erfolgs-, aber nicht zahlungswirksamen Bewegungen sind das Resultat der Periodisierung, die es im Rahmen der Herleitung einer derivativen KFR rückgängig zu machen gilt, und sind demzufolge mit den zahlungslosen Kontenumsätzen auf den zugehörigen Bilanzpositionen zu verrechnen.

Um Erfolgsgrößen
erweiterte Bewegungsbilanz

Mittelverwendung (in Mio. GE)		Mittelherkunft (in Mio. GE)	
Sollumsätze der aktiven Bestandskonten (AU^+):		Habenumsätze der passiven Bestandskonten (PU^+):	
A. Anlagevermögen		A. Eigenkapital	
I. Sachanlagen	10	I. Gezeichnetes Kapital	9
II. Finanzanlagen	15	II. Kapitalrücklage	6
B. Umlaufvermögen		III. Gewinnrücklage	12
I. Vorräte	340	~~IV. Jahresüberschuss ($JÜ_{02}$)~~	~~78~~
II. Forderungen aus LuL	350	B. Rückstellungen	15
III. Wertpapiere	205	C. Verbindlichkeiten	
IV. Zahlungsmittel	1.023	I. Verbindlichkeiten gegenüber KI	80
		II. Verbindlichkeiten aus LuL	125
		III. Steuerverbindlichkeiten	78
Sollumsätze der passiven Bestandskonten (PU^-):		Habenumsätze der aktiven Bestandskonten (AU^-):	
A. Eigenkapital		A. Anlagevermögen	
~~IV. Jahresüberschuss ($JÜ_{01}$)~~	~~25~~	I. Sachanlagen	20
Dividendenausschüttung (D_{01})	13	II. Finanzanlagen	25
Gewinnrücklagenzuführung (RLZ_{01})	12	B. Umlaufvermögen	
C. Verbindlichkeiten		I. Vorräte	300
I. Verbindlichkeiten gegenüber KI	30	II. Forderungen aus LuL	250
II. Verbindlichkeiten aus LuL	155	III. Wertpapiere	200
III. Steuerverbindlichkeiten	25	IV. Zahlungsmittel	980
Aufwendungen (AW_{02}) (= Sollumsätze der Erfolgskonten):		Erträge (U_{02}) (= Habenumsätze der Erfolgskonten):	
4. Materialaufwand	300	1. Umsatzerlöse	800
5. Personalaufwand	340	2. Bestandsveränderungen	40
6. Abschreibungen auf Sachanlagen	15	3. Sonstige betriebliche Erträge	8
7. Sonstige betriebliche Aufwendungen	15		
8. Zinsaufwendungen	22		
9. Steuern vom Einkommen und Ertrag	78		
Summe der (Brutto-) Bewegungen in Bilanz und GuV	2.948	Summe der (Brutto-) Bewegungen in Bilanz und GuV	2.948

KI: Kreditinstituten
LuL: Lieferungen und Leistungen

Abb. 10.21: Um Erfolgsgrößen erweiterte Bewegungsbilanz für das GJ 02

Bei vollständiger Zerlegung der einzelnen Positionen der GuV können sich folgende Kompensationen (vgl. zu den nachfolgenden Aufrechnungen die hochgestellten Ziffern bei den einzelnen Positionen in der Abbildung 10.22) zwischen den nicht zahlungswirksamen Mittelquellen und Mittelverwendungen ergeben (vgl. Käfer, K. [1984], S. 104 f.):

(a) Soweit die Sollumsätze der aktiven Bestandskonten AU^+ zahlungsunwirksame Erträge sind, kommt es zu einem Ausgleich mit den betreffenden Posten in den Erträgen U_t:

1) Im Beispiel ist demnach eine Verrechnung in Höhe von 5 Mio. GE zwischen den Sollumsätzen der Finanzanlagen infolge von Zuschreibungen (15 – 5 = 10) und den sonstigen betrieblichen Erträge (8 – 5 = 3) vorzunehmen.

2) Die Sollumsätze der Vorräte beinhalten eine nicht zahlungswirksame Bestandserhöhung bei fertigen und unfertigen Erzeugnissen in Höhe von 40 Mio. GE und sind mit diesen aufzurechnen (340 – 40 = 300).

3) Die Zunahme bei den Forderungen aus Lieferungen und Leistungen in Höhe von 350 Mio. GE ist zahlungsunwirksam und korrespondiert mit den Umsatzerlösen, die gegen Gewährung eines Kredits gegenüber dem Kunden erzielt wurden (800 – 350 = 450).

(b) Soweit Habenumsätze der passiven Bestandskonten PU^+ nicht zahlungswirksamen Aufwand verkörpern, führt dies zu einem Ausgleich mit den betreffenden Posten in den Aufwendungen AW_t:

4) Die in der Bewegungsbilanz enthaltene Rückstellungsbildung ist mit den sonstigen betrieblichen Aufwendungen in voller Höhe von 15 Mio. GE zu verrechnen (15 – 15 = 0).

5) Die Zunahme der Steuerverbindlichkeit geht auf den in Periode 02 noch nicht bezahlten Aufwand aus Steuern vom Einkommen und Ertrag in Höhe von 78 Mio. GE zurück. Die Positionen kürzen sich im Beispiel gegenseitig heraus (78 – 78 = 0).

(c) Soweit Sollumsätze der passiven Bestandskonten PU^- nicht zahlungswirksame Erträge sind, z. B. Schulderlass, kommt es zu einem Ausgleich mit den betreffenden Posten in den Erträgen U_t.

(d) Soweit die Habenumsätze der aktiven Bestandskonten AU^- nicht zahlungswirksamen Aufwand darstellen, kommt es zu einem Ausgleich mit den betreffenden Posten in den Aufwendungen AW_t. Dies ist insofern auch von Vorteil, als sich damit die Diskussion erübrigt, ob Abschreibungen Quellen oder Verwendung von Mitteln darstellen (vgl. Käfer, K. [1984], S. 110 ff.):

6) Die Bereinigung der Abschreibungen auf Sachanlagen in Höhe von 15 Mio. GE führen zu einer Verminderung der Habenumsätze bei Sachanlagen (20 – 15 = 5).

7) Der Verbrauch an Roh-, Hilfs- und Betriebsstoffen verursachte Habenumsätze bei den Vorräten in Höhe von 300 Mio. GE, die nicht zahlungswirksamen Materialaufwand darstellen. Beide Positionen werden in unserem Beispiel miteinander verrechnet (300 – 300 = 0).

(e) Soweit die Habenumsätze der passiven Bestandskonten PU^+ Passivzunahmen aufgrund der Verwendung des Vorjahresüberschusses $JÜ_{t-1}$ bzw. des Bilanzgewinns B_t sind, erfolgt ein Ausgleich durch Korrektur um Rücklagenzuführungen aus dem Jahresüberschuss RLZ_t bzw. zudem um Rücklagenzuführungen aus dem Bilanzgewinn der Vorperiode $RLZB_{t-1}$ und um den zusätzlichen Aufwand durch Verwendungsbeschluss ZA_{t-1}. Soweit die Sollumsätze der passiven Bestandskonten PU^- Passivabnahmen aufgrund der Auflösung von Rücklagen sind, erfolgt ein Ausgleich durch Korrektur um Rücklagenauflösungen RLA_t.

8) Der Habenumsatz auf dem passiven Bestandskonto der Gewinnrücklage ist eine nicht zahlungswirksame Passivzunahme aufgrund der Verwendung des Jahresüberschusses der Vorperiode, sodass ein Ausgleich durch Korrektur um die korrespondierende Zuführung zu den Gewinnrücklagen RLZ_{01} in Höhe von 12 Mio. GE erfolgt (12 – 12 = 0).

Passivtauschumsätze aus der Gewinnverwendung

Im letzten Fall (e) der vorigen Kompensationen werden zwar keine zahlungslosen Erfolgsbuchungen der Berichtsperiode wie in den Fällen (a) bis (d) korrigiert, sondern es geht vielmehr um die Verrechnung von zahlungsunwirksamen Bewegungen zwischen den passiven Bilanzkonten des Jahresüberschusses bzw. des Bilanzgewinns und den Gewinnrücklagen. Aber die Eliminierung dieser reinen Passivtauschumsätze erfolgt bereits an dieser Stelle, da es hierbei um zahlungslose Vorgänge der Gewinnverwendung bzw. des Ausgleichs eines Jahresfehlbetrages geht und diese eng mit dem Einbezug der Erfolgsrechnung verknüpft sind.

Werden die Periodisierungsmaßnahmen und die Gewinnrücklagenbewegungen durch Aufrechnung vollständig eliminiert (in voller Höhe zahlungsunwirksame Posten sind in der Beispiel-Bewegungsbilanz durchgestrichen dargestellt; teilweise zahlungsunwirksame Haben- und Sollumsätze sind um den nicht zahlungswirksamen Anteil gekürzt ausgewiesen), so ergibt sich in unserem Beispiel eine um zahlungswirksame Erfolgsgrößen erweiterte Bewegungsbilanz (vgl. Abbildung 10.22), d. h. sie ist frei von zahlungslosen Erfolgsgrößen und ihren zugehörigen zahlungslosen bilanziellen Kontenumsätzen sowie von passiven Umbuchungen in die Gewinnrücklagen.

Um zahlungswirksame Erfolgsgrößen erweiterte Bewegungsbilanz			
Mittelverwendung (in Mio. GE)		Mittelherkunft (in Mio. GE)	
Sollumsätze der aktiven Bestandskonten (AU^+), soweit nicht kompensiert:		Habenumsätze der passiven Bestandskonten (PU^+), soweit nicht kompensiert:	
A. Anlagevermögen		A. Eigenkapital	
I. Sachanlagen	10	I. Gezeichnetes Kapital	9
II. Finanzanlagen[1]	10	II. Kapitalrücklage	6
B. Umlaufvermögen		~~III. Gewinnrücklage~~[8]	~~12~~
I. Vorräte[2]	300	~~B. Rückstellungen~~[4]	~~15~~
~~II. Forderungen aus LuL~~[3]	~~350~~	C. Verbindlichkeiten	
III. Wertpapiere	205	I. Verbindlichkeiten gegenüber KI	80
IV. Zahlungsmittel	1.023	II. Verbindlichkeiten aus LuL	125
		~~III. Steuerverbindlichkeiten~~[5]	~~78~~
Sollumsätze der passiven Bestandskonten (PU^-), soweit nicht kompensiert:		Habenumsätze der aktiven Bestandskonten (AU^-), soweit nicht kompensiert:	
A. Eigenkapital		A. Anlagevermögen	
Dividendenausschüttung (D_{01})	13	I. Sachanlagen[6]	5
~~Gewinnrücklagenzuführung (RLZ_{01})~~[8]	~~12~~	II. Finanzanlagen	25
C. Verbindlichkeiten		B. Umlaufvermögen	
I. Verbindlichkeiten gegenüber KI	30	~~I. Vorräte~~[7]	~~300~~
II. Verbindlichkeiten aus LuL	155	II. Forderungen aus LuL	250
III. Steuerverbindlichkeiten	25	III. Wertpapiere	200
		IV. Zahlungsmittel	980
Aufwendungen (AW_{02}), soweit nicht kompensiert (= zahlungswirksame Sollumsätze der Erfolgskonten):		Erträge (U_{02}), soweit nicht kompensiert (= zahlungswirksame Habenumsätze der Erfolgskonten):	
~~4. Materialaufwand~~[7]	~~300~~	1. Umsatzerlöse[3]	450
5. Personalaufwand	340	~~2. Bestandsveränderungen~~[2]	~~40~~
~~6. Abschreibungen auf Sachanlagen~~[6]	~~15~~	3. Sonstige betriebliche Erträge[1]	3
~~7. Sonstige betriebliche Aufwendungen~~[4]	~~15~~		
8. Zinsaufwendungen	22		
~~9. Steuern vom Einkommen und Ertrag~~[5]	~~78~~		
Summe der (Brutto-) Bewegungen in Bilanz und GuV, soweit nicht kompensiert	2.133	Summe der (Brutto-) Bewegungen in Bilanz und GuV, soweit nicht kompensiert	2.133

KI: Kreditinstituten
LuL: Lieferungen und Leistungen

Abb. 10.22: Um zahlungswirksame Erfolgsgrößen erweiterte Bewegungsbilanz für das Geschäftsjahr 02

Identifikations- und Zuordnungs-schwierigkeiten

Um jeden einzelnen Kompensationseffekt identifizieren zu können, muss in großem Maße auf intern verfügbare Daten des Rechnungswesens zurückgegriffen werden. Vor allem die unterschiedlichen Gliederungs- und Ausweiskriterien, die bei der (Bewegungs-) Bilanz und der GuV Anwendung finden, erschweren die Zuordnung der zahlungsunwirksamen Erfolgsbuchungen zu den korrespondierenden zahlungslosen Bewegungen auf den Bestandskonten.

GuV nach dem Umsatzkosten-verfahren

Die vorstehende erweiterte Bewegungsbilanz kann auch bei Anwendung des Umsatzkostenverfahrens in der GuV aufgestellt werden. Die Bestimmung der Personal- und Materialaufwendungen, deren Ausweis im Bereich der betrieblichen Erfolgskomponenten nach dem Umsatzkostenverfahren sekundärgliederungsbedingt entfällt, ist zur Erfüllung der Anhangsangabe gemäß § 285 Nr. 8 HGB im Einzelabschluss ohnehin notwendig. Abschreibungen wie Zuschreibungen des Anlagevermögens sind dem Anlagespiegel zu entnehmen. Zudem entfallen die Korrekturen um Bestandsänderungen und aktivierte Eigenleistungen, da die hierin enthaltenen Aufwendungen beim Umsatzkostenverfahren nicht in die Erfolgsrechnung aufgenommen werden.

Notwendigkeit weiterer Korrekturen

Trotz der ausführlichen Verrechnung zahlungsunwirksamer Vorgänge können nach wie vor zahlreiche nicht zahlungswirksame Kontenumsätze in der bislang hergeleiteten Rechnung erfasst sein, wie etwa Umfinanzierungen (z. B. Umwandlung langfristiger Finanzkredite in Eigenkapital) oder Uminvestierungen (z. B. Umbuchung von Anlagen im Bau auf die Position »technische Anlagen«). So werden Mittelquellen und Mittelverwendungen durch Aktiv- oder Passivtausch aufgebläht. Außerdem können noch zahlungsunwirksame Kontenumsätze auf aktiven und passiven Bestandskonten vorhanden sein, die auf Bilanzverlängerungen (z. B. Lieferantenkredite oder Sacheinlagen) beruhen. Da diese Kontenumsätze auch im Zusammenhang mit der zahlungsorientierten Fondsausgliederung betrachtet und als fondsexterne qualifiziert werden, die es zu eliminieren gilt, werden sie im folgenden Abschnitt behandelt.

(5) Abgrenzung eines Fonds

Ziel der Fonds-abgrenzung

Die Ausgliederung einzelner Bilanzpositionen und deren Bündelung zu einem Fonds zielt darauf ab, die Veränderung des Fonds durch die fondswirksamen Bewegungen auf den nicht in den Fonds einbezogenen Gegenbestandskonten zu erklären. Die (Zahlungs-) Bewegungen auf den Gegenbestandskonten bilden die Grundlage für die informative Ursachenrechnung.

Fondsabhängige Kompensationen

Kontenbewegungen, die keine Fondsveränderung auslösen, haben in einer KFR mit Fondsausgliederung nichts zu suchen. Aus der Fondsabgrenzung folgt also, dass fondsunwirksame Vorgänge aus der bisherigen erweiterten Bewegungsbilanz zu bereinigen sind. Dafür sind folgende Bereinigungsschritte nötig:

- Eliminierung fondsexterner Vorgänge

(a) Eliminierung fondsexterner Vorgänge, d. h. fondsfremde Bewegungen auf den Bilanzkonten sind herauszurechnen. Hierunter fallen bei zahlungsorientierter Fondsabgrenzung die bereits zuvor angeführten zahlungsunwirksamen Uminvestierungs- und Umfinanzierungsbuchungen wie auch Bilanzverlängerungsbuchungen.

(b) Saldierung fondsinterner Vorgänge, d. h. sich kompensierende Bewegungen zwischen verschiedenen Fondsbestandskonten sind zu verrechnen. Dazu gehören in erster Linie Vorgänge zwischen dem Kassenbestand, den Sichtguthaben bei Kreditinstituten und kurzfristigen, äußerst liquiden Geldanlagen, sofern letztere im Fonds enthalten sind.

- Saldierung fondsinterner Vorgänge

Außerdem ist es üblich, lediglich die Netto-Veränderung des Fonds in der Fondsveränderungsrechnung auszuweisen. Denn nicht die gesamten Zu- und Abgänge auf den Fondsbestandskonten, sondern der strukturierte Bruttoausweis der – in den Gegenbestandskonten erfassten – Gegenbuchungen in der Ursachenrechnung ist von besonderem Interesse für die Einschätzung der Finanzlage. Für den Nettoausweis werden die gesamten Zugänge mit den gesamten Abgängen aller Fondsbestandskonten zur zahlungswirksamen Fondsveränderung verrechnet. Dieser Rechenschritt umfasst implizit die Saldierung der fondsinternen Vorgänge, außer es liegen gar keine internen Fondsbewegungen vor.

Nettoausweis in der Fondsrechnung

In unserem Beispiel sollen vorerst ausschließlich die Zahlungsmittel als Fonds abgegrenzt werden (Zahlungsmittelfonds).

Beispiel

Soweit zahlungsunwirksame Sollumsätze der Gegenbestandskonten zahlungsunwirksamen Habenumsätzen der Gegenbestandskonten – infolge eines zahlungslosen Aktiv- bzw. Passivtausches oder einer zahlungslosen Bilanzverlängerung – gegenüberstehen, sind sie durch Verrechnung zu eliminieren. Folgende Kompensationen (vgl. zu den nachfolgenden Aufrechnungen die hochgestellten Ziffern bei den einzelnen Positionen in der Abbildung 10.23) sind im vorliegenden Beispiel bei Abgrenzung der Zahlungsmittel als Fonds durchzuführen:

1) Im Beispiel ist die Zunahme bei Finanzanlagen über einen Lieferantenkredit finanziert worden und hat damit zur Erhöhung der Verbindlichkeiten aus Lieferungen und Leistungen von 10 Mio. GE geführt. Der Sollumsatz bei den Finanzanlagen ist mit dem Habenumsatz bei den Verbindlichkeiten aus Lieferungen und Leistungen zu verrechnen (125 – 10 = 115).

2) Der Zielkauf der Roh-, Hilfs- und Betriebsstoffe (Vorräte: 300 – 115 = 185) ist aufgrund fehlender Zahlungswirksamkeit mit den bereits um die Zunahme der Finanzanlagen gekürzten Verbindlichkeiten aus Lieferungen und Leistungen (115 – 115 = 0) in Höhe von 115 Mio. GE aufzurechnen. Die Habenumsätze (Erhöhungen) bei Verbindlichkeiten aus Lieferungen und Leistungen sind ebenso wie ihr Pendant (Sollumsätze bei den Forderungen aus Lieferungen und Leistungen) in der Regel zahlungsunwirksam.

3) Die Abnahme der Verbindlichkeiten gegenüber Kreditinstituten (30 Mio. GE) wurde nur in Höhe von 25 Mio. GE durch Rückzahlung getilgt. Die übrige Abnahme in Höhe von 5 Mio. GE resultiert aus der Umwandlung in Eigenkapital und ist damit zahlungsunwirksam (30 – 5 = 25). Die zugehörige Zunahme des gezeichneten Kapitals ist entsprechend zu kürzen (9 – 5 = 4).

Außerdem sind in unserem Beispiel die Kontenumsätze der Fondsbestände sprich die gesamten Zahlungseingänge mit den gesamten Zahlungsausgängen des Zahlungsmittelkontos zu saldieren, da für den Fonds der Nettoausweis gilt:

4) Die Soll- und Habenumsätze des aktiven Bestandskontos B. IV. »Zahlungsmittel« werden miteinander verrechnet und nur noch die Bestandsdifferenz wird als zahlungswirksame Fondsveränderung gezeigt (1.023 – 980 = 43).

Zahlungsorientierte erweiterte Bewegungsbilanz			
Mittelverwendung (in Mio. GE)		Mittelherkunft (in Mio. GE)	
Zahlungswirksame Sollumsätze der aktiven Bestandskonten:		Zahlungswirksame Habenumsätze der passiven Bestandskonten:	
A. Anlagevermögen		A. Eigenkapital	
I. Sachanlagen	10	I. Gezeichnetes Kapital[3]	4
~~II. Finanzanlagen~~[1]	~~10~~	II. Kapitalrücklage	6
B. Umlaufvermögen		C. Verbindlichkeiten	
I. Vorräte[2]	185	I. Verbindlichkeiten gegenüber KI	80
III. Wertpapiere	205	~~II. Verbindlichkeiten aus LuL~~[1), 2)]	~~125~~
Δ IV. Zahlungsmittel[4] **(= zahlungswirksame Fondsveränderung)**	43		
Zahlungswirksame Sollumsätze der passiven Bestandskonten:		Zahlungswirksame Habenumsätze der aktiven Bestandskonten:	
A. Eigenkapital		A. Anlagevermögen	
Dividendenausschüttung (D_{01})	13	I. Sachanlagen	5
C. Verbindlichkeiten		II. Finanzanlagen	25
I. Verbindlichkeiten gegenüber KI[3]	25	B. Umlaufvermögen	
II. Verbindlichkeiten aus LuL	155	II. Forderungen aus LuL	250
III. Steuerverbindlichkeiten	25	III. Wertpapiere	200
		IV. Zahlungsmittel[4]	980
Zahlungswirksame Aufwendungen:		Zahlungswirksame Erträge:	
5. Personalaufwand	340	1. Umsatzerlöse	450
8. Zinsaufwendungen	22	3. Sonstige betriebliche Erträge	3
Summe der Auszahlungen	1.023	Summe der Einzahlungen	1.023

KI: Kreditinstituten
LuL: Lieferungen und Leistungen

Abb. 10.23: Zahlungsorientierte erweiterte Bewegungsbilanz für das Geschäftsjahr 02

Werden in unserem Beispiel die angeführten zahlungsunwirksamen, fondsfremden Vorgänge verrechnet und wird die zahlungswirksame Fondsveränderung netto ausgewiesen, so entsteht aus der vorigen um zahlungswirksame Erfolgsgrößen erweiterten Bewegungsbilanz die in Abbildung 10.23 dargestellte Rechnung. Aufgrund der beibehaltenen Ausweis- und Gliederungskriterien ist sie eine zahlungsorientierte erweiterte Bewegungsbilanz (bzw. zahlungsorientierte Kapitalflussbilanz). Der in ihr enthaltene materielle Rechnungsinhalt entspricht bereits dem einer zahlungsorientierten KFR i. e. S., die sich durch bloße Umgliederung der Bruttozahlungen in ein staffelförmiges Aktivitätsformat ergibt.

Die Entwicklung des abgegrenzten Zahlungsmittelfonds wird in Abbildung 10.24 gezeigt, wobei in einer Fondsveränderungsrechnung regelmäßig nur die zahlungswirksame Fondsveränderung sowie der Anfangs- und Schlussbestand, nicht aber die Zu- und Abgänge ausgewiesen werden.

Finanzmittelfonds (in Mio. GE)	Anfangsbestand zum 01. 01. 02 (1)	Zugänge (2)	Abgänge (3)	Veränderung (Nettoausweis) (= 2 + 3)	Schlussbestand zum 31. 12. 02 (= 1 + 2 + 3)
B. IV Zahlungsmittel .	20	1.023	980	43	63

Abb. 10.24: Entwicklung des Zahlungsmittelfonds im Geschäftsjahr 02

Saldierung fondsinterner Zahlungsbewegungen

Fondsinterne Zahlungsbewegungen sind in einer KFR nicht auszuweisen, da sie nicht zur Beurteilung der wirtschaftlichen Lage eines Unternehmens beitragen. Sollumsätze der Fondsbestände sind mit den zugehörigen Habenumsätzen anderer Fondsbestände zu verrechnen. Um die Bereinigung fondsinterner Vorgänge und gleichfalls die Bedeutung der Fondsabgrenzung veranschaulichen zu können, ist der Fondsumfang im vorliegenden Beispiel geringfügig zu modifizieren.

Erweiterung des Fonds

Angenommen sämtliche in der Position B. III. »Wertpapiere« des Umlaufvermögens enthaltenen Wertpapiere sind verzinsliche, äußerst liquide und als Liquiditätsreserve gehaltene Geldanlagen, die eine Restlaufzeit von nicht mehr als drei Monaten ab dem Erwerbszeitpunkt besitzen, so erfüllen sie die Kriterien zur Klassifizierung als Zahlungsmitteläquivalente und werden daher in den Fonds eingestellt. Da nunmehr Zahlungsmittel und verzinsliche Wertpapiere des Umlaufvermögens im Fonds zusammengefasst werden, stellen die Soll- und Habenumsätze auf dem Bestandskonto der Wertpapiere fondsinterne Bewegungen dar und sind mit deren jeweiligen Gegenbuchungen auf dem Zahlungsmittelkonto zu den gesamten Fondszugängen (1.023 – 200 = 823) und Fondsabgängen (980 –205 = 775) zu verrechnen. Des Weiteren sind für den Nettoausweis des Fonds die so ermittelten Fondszuflüsse mit den -abflüssen zur gesamten zahlungswirksamen Fondsveränderung zu verdichten (823 – 775 = 48). Das identische Ergebnis ergibt sich rechentechnisch, wenn zunächst das Wertpapierkonto netto – in Form der Bestandsdifferenz (205 – 200 = 5) – ausgewiesen und anschließend mit der Veränderung der Zahlungsmittel (1.023 – 980 = 43) zur gesamten zahlungswirksamen Fondsveränderung (5 + 43 = 48) komprimiert wird (vgl. Abbildung 10.25).

Auch kann nur ein bestimmter Teil der Wertpapiere des Umlaufvermögens, da der übrige Teil nicht den an Zahlungsmitteläquivalenten gestellten Anforderungen genügt, mit den Zahlungsmitteln zusammen als Fonds abgegrenzt werden, sodass nur die Soll- und Habenumsätze der in den Fonds einbezogenen Wertpapiere fondsinterne Vorgänge darstellen und aufzurechnen sind. Die Soll- und Habenumsätze der nicht einbezogenen Wertpapiere – z. B. mit einer Restlaufzeit von mehr als drei Monaten ab Erwerbszeitpunkt – dürfen nicht saldiert ausgewiesen werden. Ausführlich zu diesen beiden erörterten Möglichkeiten der Fondserweiterung in unserem Beispiel und deren Auswirkung auf den Investitionsbereich und die Fondsveränderungsrechnung vgl. Coenenberg, A. G. [2001], S. 258 ff.

Fondskomponenten (in Mio. GE)	Anfangsbestand zum 01. 01. 02 (1)	Zugänge (2)	Abgänge (3)	Veränderung (Nettoausweis) (= 2 + 3)	Schlussbestand zum 31. 12. 02 (= 1 + 2 + 3)
B. III. Wertpapiere	40	205	200	5	45
B. IV. Zahlungsmittel	20	1.023	980	43	63
Summe	60	1.228	1.180	48	108
Finanzmittelfonds	60	823	775	48	108

Abb. 10.25: Entwicklung der Fondskomponenten und des erweiterten Finanzmittelfonds im Geschäftsjahr 02

Gefahren der umfassenderen Fondsabgrenzung

Allgemein gilt, dass mit weiter zunehmendem Fondsinhalt die KFR als Liquiditätsrechnung immer unbrauchbarer wird, da

- sich viele liquiditätswirksame Vorgänge dann fondsintern abspielen und somit für die Analyse außer Acht bleiben und
- die Veränderungen des Fondsbestands immer weniger nur auf finanzielle Sachverhalte zurückgeführt werden können. Denn sie können auch aus Bewertungsmaßnahmen (z. B. bilanzpolitische Wertbeeinflussungen bei Vorräten im Fall des Fonds des Netto-Umlaufvermögens) resultieren.

Daraus folgt, dass eine aussagefähige KFR möglichst liquiditätsnah erstellt sein soll und nur eine enge, zahlungsorientierte Fondsabgrenzung in Betracht kommt (vgl. zur bilanzanalytischen Aussagefähigkeit unterschiedlicher Fondsabgrenzungen 13. Kapitel C II).

Ausweis von Abschreibungen auf Fondsbestände

Bei der im Beispiel eingeführten Erfolgsrechnung wurde unterstellt, dass auf Wertpapiere des Umlaufvermögens, die nun zum Teil annahmegemäß als Zahlungsmitteläquivalente Fondsbestandteil sein sollen, keine Abschreibungen vorgenommen wurden. Dies entspricht aber nur in seltenen Fällen der Realität. Sobald die Erfolgsrechnung auch Abschreibungen auf in den Fonds einbezogene Wertpapiere des Umlaufvermögens (§§ 275 Abs. 2 Nr. 12, 275 Abs. 3 Nr. 11 HGB) enthält, müssen von dem GuV-Posten »Abschreibungen auf Finanzanlagen und auf Wertpapiere des Umlaufvermögens« die Abschreibungen auf

Finanzanlagen (angabepflichtig gemäß § 268 Abs. 2 Satz 3 HGB) sowie die Abschreibungen auf nicht in den Fonds einbezogene Wertpapiere des Umlaufvermögens mit ihren jeweils korrespondierenden aktiven Bestandsänderungen verrechnet werden, sodass nur die Abschreibungen auf die in den Fonds einbezogenen Wertpapiere als fondswirksame Mittelverwendung ausgewiesen werden. Da jedoch keine Fondsmittel abgeflossen sind, wird diese Größe im Rahmen der Veränderung der Fondsbestände gesondert als »bewertungsbedingte Änderung des Finanzmittelfonds« ausgewiesen (Bewertungsbereich). Allerdings dürfen Wertpapiere für die Qualifikation als Zahlungsmitteläquivalente nur unwesentlichen Wertschwankungen unterliegen, sodass Wertpapiere mit wesentlichen Werländerungsrisiken im Allgemeinen erst gar nicht in den Fonds einzubeziehen sind.

Hoher Informations- und Verrechnungsbedarf

Im Rahmen der Aufdeckung der Kontenumsätze, der Einbeziehung der Erfolgsrechnung sowie der Kompensation zahlungsunwirksamer und fondsinterner Bewegungen muss auf eine breite Informationsbasis zurückgegriffen werden. Neben dem Rechnungsziel bestimmen somit insbesondere die verfügbaren Informationen den Detaillierungsgrad hinsichtlich der Untergliederungen und die Richtigkeit der in einer derivativen KFR ausgewiesenen Größen bezüglich ihrer Zahlungswirksamkeit. Erst nach exakter Verrechnung der Periodisierungseinflüsse und weiterer zahlungsunwirksamer Vorgänge in der erweiterten Bewegungsbilanz gleicht diese Stromgrößenrechnung einer reinen Ein- und Auszahlungsrechnung.

(6) Kapitalflussrechnung

Aktivitätsformat und Staffelform

In den vorigen Stufen der derivativen Ermittlung ging es darum, retrograd die Vorgänge zu ermitteln, die zahlungswirksame Veränderungen des Finanzmittelfonds verursacht haben. Jetzt besteht die Aufgabe darin, die zahlungsorientierte erweiterte Bewegungsbilanz durch Umformung in eine KFR i. e. S. zu transformieren, d. h. die ermittelten Zahlungsvorgänge nach dem Aktivitätsformat in Staffelform zu gliedern.

Zuordnung und Ausweis

Zuerst ist über die aktivitätsabhängige Zuordnung der identifizierten Zahlungsvorgänge entsprechend ihres wirtschaftlichen Wesensgehalts zum operativen Bereich, Investitionsbereich und Finanzierungsbereich zu entscheiden, bevor die Form ihres Ausweises innerhalb dieser drei Teilbereiche zu klären ist. Abschließend ist die Fondsveränderungsrechnung aufzustellen.

Beispiel

Unsere Beispiel orientiert sich an den im DRS 2 vorgegebenen Mindestgliederungen für die KFR (vgl. DRS 2 Anlagen), die im nächsten Abschnitt II dieses Kapitels ausführlich erläutert wird. Außerdem wird der Bereich der laufenden Geschäftstätigkeit zunächst nach der direkten Methode dargestellt. Dort werden auch die gezahlten Zinsen und Ertragsteuern erfasst und gesondert ausgewiesen.

Zuordnung der Zahlungen

Die Zuordnung der in der zahlungsorientierten erweiterten Bewegungsbilanz (vgl. Abbildung 10.23) ermittelten Zahlungseingänge und -ausgänge zu den einzelnen Teilbereichen erfolgt im Allgemeinen nach der Art des zugrunde liegenden Geschäftsvorfalls und gestaltet sich in unserem Beispiel wie folgt.

- operativer Bereich

Der Cashflow aus der laufenden Geschäftstätigkeit umfasst Zahlungsvorgänge der auf Erlöserzielung ausgerichteten Aktivitäten im Produktions-, Verkaufs- und Servicebereich. Demnach sind die folgenden Ein- und Auszahlungen des gegebenen Beispiels dem operativen Bereich zuzuordnen:

- Sämtliche Einzahlungen aus dem Umsatzgeschäft in Höhe von 700 Mio. GE, d. h. Umsatzeinzahlungen (450 Mio. GE) und von Kunden beglichene operative Forderungen aus Lieferungen und Leistungen (250 Mio. GE);
- Auszahlungen an Lieferanten in Höhe von 340 Mio. GE, die sich aus den Barzahlungen der Roh-, Hilfs- und Betriebsstoffe (185 Mio. GE) und der Begleichung von operativen Verbindlichkeiten aus Lieferungen und Leistungen (155 Mio. GE) zusammensetzen;
- Auszahlungen an das Personal in Höhe von 340 Mio. GE;
- Gezahlte Zinsen in Höhe von 22 Mio. GE;
- Gezahlte Ertragsteuern in Höhe von 25 Mio. GE.

- Investitionsbereich

Der Cashflow aus der Investitionstätigkeit ist der Saldo aus Ein- und Auszahlungen im Zusammenhang mit Unternehmensressourcen. Zu den Zahlungen im Investitionsbereich zählen Zahlungsvorgänge aus Erwerb und Veräußerung von Gegenständen des Anlagevermögens, die im Rahmen des Umsatzprozesses eingesetzt werden. Zudem sind Zahlungen aus Investitionen und Desinvestitionen in längerfristige finanzielle Vermögenswerte (z. B. Ausleihungen) und in Finanzmittelbestände (z. B. nicht zu Handelszwecken gehaltene Wertpapiere des Umlaufvermögens) zu erfassen, die nicht in den Fonds einbezogen oder den beiden anderen Bereichen zuzuordnen sind. Daraus folgt, dass die nachstehenden Ein- und Auszahlungen des Beispiels dem Investitionsbereich zuzurechnen sind:

- Einzahlungen aus Abgängen von Sachanlagen in Höhe von 8 Mio. GE, die den Restbuchwert der ausgebuchten Sachanlagen (5 Mio. GE) und den als sonstigen betrieblichen Ertrag gebuchten Veräußerungsgewinn (3 Mio. GE) umfassen;
- Auszahlungen für Investitionen in Sachanlagen in Höhe von 10 Mio. GE;
- Einzahlungen aus Abgängen von Finanzanlagen in Höhe von 25 Mio. GE;
- Einzahlungen aus der Veräußerung von Wertpapieren des Umlaufvermögens im Rahmen der kurzfristigen Finanzdisposition in Höhe von 200 Mio. GE;
- Auszahlungen für den Erwerb von Wertpapieren des Umlaufvermögens im Rahmen der kurzfristigen Finanzdisposition in Höhe von 205 Mio. GE.

- Finanzierungsbereich

Der Cashflow aus der Finanzierungstätigkeit umfasst Zahlungstransaktionen, die sich auf den Umfang und die Zusammensetzung der Eigenkapitalposten und der Finanzschulden des Unternehmens auswirken. Im Finanzierungsbereich werden also sämtliche Zahlungsvorgänge zwischen dem Unternehmen und den Eigen- bzw. Fremdkapitalgebern, also die finanziellen Transaktionen der Außenfinanzierung, erfasst. Zum Bereich der Finanzierungstätigkeit gehören die folgenden Ein- und Auszahlungen des Beispiels:

- Einzahlungen aus der durchgeführten Kapitalerhöhung in Höhe von 10 Mio. GE, die den im gezeichneten Kapital erfassten Nennbetrag (4 Mio. GE) und das in der Kapitalrücklage erfasste Aufgeld (6 Mio. GE) umfassen;
- Gezahlte Dividenden an die Anteilseigner in Höhe von 13 Mio. GE;
- Einzahlungen aus der Kreditaufnahme bei Banken in Höhe von 80 Mio. GE;
- Auszahlungen für die Tilgung von Bankkrediten in Höhe von 25 Mio. GE.

- Finanzmittelbereich

Die Fondsveränderungsrechnung zeigt die zahlungswirksame Veränderung des Finanzmittelfonds, die zusammen mit dem Fondsanfangsbestand dessen Endbestand bildet, sofern keine Wertänderungen des Fonds hinzukommen. Die für den Finanzmittelbereich benötigten Daten sind für unser Beispiel aus der in Abbildung 10.24 gezeigten Entwicklung des Zahlungsmittelfonds zu entnehmen:

- Zahlungswirksame Fondsveränderung in Höhe von 43 Mio. GE;
- Anfangsbestand des Finanzmittelfonds in Höhe von 20 Mio. GE;
- Endbestand des Finanzmittelfonds in Höhe von 63 Mio. GE.

Nach der aktivitätsorientierten Zuordnung der Zahlungsvorgänge und Bestimmung der Fondsgrößen ist für Ausweisfragen die im DRS 2 gegebene Mindestgliederung (bei der Anwendung der direkten Methode im operativen Bereich) heranzuziehen, sodass sich die in Abbildung 10.26 aufgestellte KFR ergibt.

Erläuterungen zu ausgewählten Positionen der KFR in Abbildung 10.26:

zu »Auszahlungen an Lieferanten und Beschäftigte«:
In dieser Position werden die Auszahlungen an die Lieferanten (340 Mio. GE) und das Personal (340 Mio. GE) zu einer Größe zusammengefasst.

zu »Zahlungswirksame Veränderungen des Finanzmittelfonds«:
Die zahlungswirksame Fondsveränderung in Höhe von 43 Mio. GE ergibt sich auch durch die Addition der drei Bereichssalden. Hierbei ist anzumerken, dass zahlungsunwirksame Veränderungen des Finanzmittelfonds, die sich z. B. aus der Bewertung oder Währungsumrechnung von Fondsbeständen am Periodenende ergeben könnten, in diesem Beispiel nicht vorliegen.

zu »Finanzmittelfonds am Anfang der Periode« und »Finanzmittelfonds am Ende der Periode«:
Anfangs- und Schlussbestand des Finanzmittelfonds stimmen in diesem Beispiel mit den entsprechenden Beständen der Bilanzposition B. IV. »Zahlungsmittel« überein (vgl. vorne Abbildung 10.11).

	Kapitalflussrechnung (in Mio. GE)	
Ursachenrechnung	Operativer Bereich (»Direkte Methode«):	
	Einzahlungen von Kunden für den Verkauf von Erzeugnissen, Waren und Dienstleistungen	700
	– Auszahlungen an Lieferanten und Beschäftigte	– 680
	– Gezahlte Zinsen	– 22
	– Gezahlte Ertragsteuern	– 25
	= Cashflow aus der laufenden Geschäftstätigkeit (1)	– 27
	Investitionsbereich:	
	Einzahlungen aus Abgängen von Gegenständen des Sachanlagevermögens	8
	– Auszahlungen für Investitionen in das Sachanlagevermögen	– 10
	+ Einzahlungen aus Abgängen von Gegenständen des Finanzanlagevermögens	25
	+ Einzahlungen aufgrund von Finanzmittelanlagen im Rahmen der kurzfristigen Finanzdisposition	200
	– Auszahlungen aufgrund von Finanzmittelanlagen im Rahmen der kurzfristigen Finanzdisposition	– 205
	= Cashflow aus der Investitionstätigkeit (2)	18
	Finanzierungsbereich:	
	Einzahlungen aus Eigenkapitalzuführungen (Kapitalerhöhung)	10
	– Auszahlungen an Unternehmenseigner (Dividende)	– 13
	+ Einzahlungen aus der Aufnahme von (Finanz-) Krediten	80
	– Auszahlungen aus der Tilgung von (Finanz-) Krediten	– 25
	= Cashflow aus der Finanzierungstätigkeit (3)	52
Fondsveränderungsrechnung	Finanzmittelbereich:	
	Zahlungswirksame Veränderungen des Finanzmittelfonds (Summe aus 1, 2 und 3)	43
	+ Finanzmittelfonds am Anfang der Periode	20
	= Finanzmittelfonds am Ende der Periode	63

Abb. 10.26: Kapitalflussrechnung nach der direkten Methode für das Geschäftsjahr 02

Indirekte Methode

Häufig wird die KFR nach der indirekten Methode aufgestellt, d. h. im operativen Bereich wird ausgehend vom Periodenergebnis und unter Einbeziehung verschiedener Korrekturposten der Cashflow aus der laufenden Geschäftstätigkeit berechnet (zum Vorgehen vgl. Abschnitt A I 3b (3) dieses Kapitels). Für die Gliederung der indirekten Darstellungsform wird in unserem Beispiel abermals die im DRS 2 vorgegebene Mindestgliederung verwendet. Werden gezahlten Zinsen und Ertragsteuern wiederum dem operativen Teilbereich zugeteilt, dort aber nicht separat ausgewiesen, so ergibt sich der operative Cashflow wie in Abbildung 10.27. Für den Fall, dass die gezahlten Zinsen und Ertragsteuern der laufenden Geschäftstätigkeit nicht nur zugerechnet, sondern dort bei indirekter Darstellung auch gesondert ausgewiesen werden sollen, vgl. Coenenberg, A. G. [2001], S. 254 ff.

Operativer Bereich (»Indirekte Methode«):		
	Jahresüberschuss	78
+	Abschreibungen auf Gegenstände des Anlagevermögens (Saldo)*	10
+	Zunahme der Rückstellungen	15
+	Sonstige zahlungsunwirksame Aufwendungen	53
–	Gewinn aus dem Abgang von Sachanlagen	– 3
–	Zunahme der Vorräte und der Forderungen aus Lieferungen und Leistungen, die nicht der Investitions- oder Finanzierungstätigkeit zuzuordnen sind	– 140
–	Abnahme der Verbindlichkeiten aus Lieferungen und Leistungen, die nicht der Investitions- oder Finanzierungstätigkeit zuzuordnen sind	– 40
=	Cashflow aus der laufenden Geschäftstätigkeit	– 27

* Einschließlich Zuschreibungen auf Finanzanlagen in Höhe von 5 Mio. GE.

Abb. 10.27: Darstellung des operativen Bereichs nach der indirekten Methode für das Geschäftsjahr 02

Erläuterungen zu den Positionen des operativen Bereichs bei indirekter Darstellung in Abbildung 10.27:

zu »Jahresüberschuss«:
Die Ausgangsgröße der indirekten Methode ist der Jahresüberschuss der GuV (vgl. Abbildung 10.20). Diese Ergebnisgröße nach Zinsaufwendungen und nach Ertragsteueraufwendungen ist zu wählen, weil den Beispielangaben zufolge die gezahlten Zinsen und gezahlten Ertragsteuern zwar dem operativen Bereich zugerechnet, aber dort nicht gesondert gezeigt werden sollen.

zu »Abschreibungen auf Gegenstände des Anlagevermögens«:
Die Abschreibungen auf Sachanlagen (15 Mio. GE) sind nicht zahlungswirksame Aufwendungen und daher der Ausgangsgröße hinzuzurechnen. Hiervon sind allerdings die Zuschreibungen auf Finanzanlagen (5 Mio. GE) abzuziehen, da sie zahlungslosen Ertrag darstellen. Der Saldo der beiden zahlungslosen Erfolgsgrößen ergibt 10 Mio. GE.

zu »Zunahme der Rückstellungen«:
Die Erhöhung der Rückstellungen um 15 Mio. GE ist auszahlungsloser sonstiger betrieblicher Aufwand und somit der Ausgangsgröße hinzuzuzählen.

zu »Sonstige zahlungsunwirksame Aufwendungen«:
Unter dieser (Sammel-) Position werden zahlungslose Ertragsteueraufwendungen erfasst. Sie lassen sich bestimmen, indem von den gesamten, in der GuV ausgewiesenen Ertragsteueraufwendungen in Höhe von 78 Mio. GE die gezahlten Ertragsteuern in Höhe von 25 Mio. GE abgezogen werden. Der Korrekturposten beträgt somit 53 Mio. GE.

zu »Gewinn aus dem Abgang von Sachanlagen«:
Beim Verkauf von Sachanlagen wurde ein Gewinn von 3 Mio. GE (Restverkaufserlös von 8 Mio. GE abzüglich des Restbuchwertes von 5 Mio. GE)

erzielt, der als »sonstiger betrieblicher Ertrag« in den Jahresüberschuss eingegangen ist. Da es sich aber um einen Desinvestitionsvorgang (8 Mio. GE) handelt, der bereits in voller Höhe im Investitionsbereich (vgl. Position »Einzahlungen aus Abgängen von Gegenständen des Sachanlagevermögens« in Abbildung 10.26) erfasst ist, muss der Veräußerungsgewinn zur Vermeidung einer doppelten Berücksichtigung in der KFR aus dem operativen Bereich herausgerechnet werden, sodass er von der Ausgangsgröße abzuziehen ist.

zu »Zunahme der Vorräte und der Forderungen aus Lieferungen und Leistungen, die nicht der Investitions- oder Finanzierungstätigkeit zuzuordnen sind«:
Der Betrag von 140 Mio. GE setzt sich aus den Zunahmen bei den Aktivpositionen B. I. »Vorräte« in Höhe von 40 Mio. GE und B. II. »Forderungen aus Lieferungen und Leistungen« in Höhe von 100 Mio. GE zusammen (vgl. Abbildung 10.12).

zu »Abnahme der Verbindlichkeiten aus Lieferungen und Leistungen, die nicht der Investitions- oder Finanzierungstätigkeit zuzuordnen sind«:
Nach der in Abbildung 10.12 gezeigten Beständedifferenzenbilanz haben die C. II »Verbindlichkeiten aus Lieferungen und Leistungen« im Vergleich zum Vorjahr um 30 Mio. GE abgenommen. Diese Veränderung ist das Resultat sämtlicher Zugänge in Höhe von 125 Mio. GE und aller Abgänge in Höhe von 155 Mio. GE. Allerdings resultieren die Zugänge bei Verbindlichkeiten aus Lieferungen und Leistungen nicht nur aus solchen Geschäftsvorfällen, die dem operativen Bereich zuzurechnen sind, sondern auch aus dem Kauf von Finanzanlagen in Höhe von 10 Mio. GE auf Ziel, der als Investitionstätigkeit zu klassifizieren ist. Somit ergibt sich der Korrekturbetrag in Höhe von 40 Mio. GE aus den Zugängen bei den operativen Verbindlichkeiten aus Lieferungen und Leistungen in Höhe von 115 Mio. GE und deren Abgängen in Höhe von 155 Mio. GE.

zu »Cashflow aus der laufenden Geschäftstätigkeit«:
Die Summe aller Posten der operativen Rückrechnung ergibt einen Finanzmittelabfluss in Höhe von 27 Mio. GE und entspricht dem Bereichssaldo bei direkter Darstellung der laufenden Geschäftstätigkeit (vgl. Abbildung 10.26).

II. Regelungen zur Kapitalflussrechnung als Bestandteil des Jahresabschlusses

Im Rahmen der internationalen Harmonisierungsbestrebungen ist für die KFR eine für andere Teilgebiete der Rechnungslegung bisher noch nicht erreichte, fast weltweite Einigkeit über Aufstellungs- und Offenlegungsregeln erzielt worden. Welche nationalen und internationalen Entwicklungen zu dieser Angleichung geführt haben, soll kurz skizziert werden, bevor die Regelungen zur KFR nach HGB/DRS, IAS/IFRS und US-GAAP ausführlich dargestellt werden.

1. Nationale und internationale Entwicklung der Rechnungslegungsnormen zur Kapitalflussrechnung

KFR nach US-GAAP

International liegen weitgehend einheitliche Regeln zur Ausgestaltung einer KFR als Rechenschaftsinstrument im Jahresabschluss vor. Die gegenwärtig weltweit übliche Standardform einer KFR geht auf die US-amerikanische Regelung FAS 95 »*statement of cash flows*« aus dem Jahre 1987 zurück, die die bis dahin geltende APB Opinion No. 19 »*reporting changes in financial positions*« des Accounting Principles Board (APB) ablöste. Die in 1971 verabschiedete APB Opinion No. 19 schrieb erstmalig die KFR als Pflichtbestandteil der *financial statements* vor und stellte sie damit gleichberechtigt neben Bilanz und GuV. Mit FAS 95 wurde erstmals die begriffliche Konkretisierung des Cashflows und seine detaillierte Ausweispflicht im Rahmen einer zahlungsorientierten KFR kodifiziert. Nachträglich wurden Spezialfälle (z. B. Sicherungsgeschäfte), spezielle Ausweisänderungen (z. B. Nettoausweis) sowie Sonderregeln bezüglich Aufstellung bzw. Befreiung von der Aufstellung für Unternehmen bestimmter Branchen mit FAS 102, FAS 104, FAS 117 und FAS 133 erlassen. Außerdem werden gewisse Einzelfragen, insbesondere die Zuordnung von ganz speziellen Vorgängen zu den verschiedenen Teilbereichen, in Stellungnahmen des EITF geregelt (vgl. EITF 95-13, EITF 00-15 und EITF 02-6).

KFR nach IAS/IFRS

Mit der Revision von IAS 7 im Jahr 1992 hat das IASC den ursprünglichen Standard von 1977 aufgehoben und Regeln zur Erstellung von »*cash flow statements*« als Pflichtbestandteil des Jahresabschlusses vorgelegt, die sich unverkennbar an das US-amerikanische Vorbild FAS 95 anlehnen. Zeichen dieser weitgehenden Identität ist die offizielle Anerkennung einer nach IAS 7 erstellten KFR für eine Börsenzulassung in den USA durch die SEC, die sogar eine nach lokalen Vorschriften aufgestellte KFR akzeptiert, wenn die lokalen Vorschriften den in IAS 7 formulierten Anforderungen genügen (vgl. Form 20-F Item 18 (c) (2) (iii); KPMG [1999a], S. 196).

KFR nach UK-GAAP

Auch in anderen Ländern mit anglo-amerikanischer Rechnungslegungsauffassung bestehen verpflichtende Regelungen zur Erstellung einer KFR nach dem US-amerikanischen Muster. So z. B. in Kanada, Australien, Neuseeland und Großbritannien. Der britische Standard FRS 1 folgt dem Grundkonzept des FAS 95; zuletzt ist er jedoch im Jahr 1996 in überarbeiteter Form veröffentlicht worden und enthält einige interessante Neuerungen, vor allem die Einschränkung der Fondsabgrenzung ausschließlich auf *cash* und die Konkretisierung einer detaillierteren Gliederung mit insgesamt neun Bereichen (sog. *headings*) (vgl. FRS 1 (*revised* 1996) i. V. m. FRS 9). Der FRS 1 (*revised* 1996) kann als eine Fortentwicklung des FAS 95 bzw. IAS 7 betrachtet werden.

Vorschläge zur Überarbeitung von FAS 95 und IAS 7

Inwieweit die jeweils vom FASB und gemeinsam vom IASB mit dem britischen ASB im Jahr 2001 aufgelegten Projekte zum »Financial Performance Reporting« tatsächlich auch zu künftigen Änderungen der KFR nach FAS 95 und IAS 7 (und FRS 1) führen, kann noch nicht abgeschätzt werden und bleibt somit abzuwarten. In den Projektbeschreibungen werden Vorschläge zur Überarbeitung der Form (z. B. Ausgliederung der Eigenkapitaltransaktionen in einen eigenständigen Teilbereich) und zur Einschränkung von Wahlrechten (z. B. Abschaffung der bislang wahlweisen indirekten Methode und damit pflichtmäßige Anwendung der direkten Methode im operativen Bereich) unterbreitet. Es ist noch darauf hinzuweisen, dass zwecks der internationalen Harmonisierung der Rechnungslegung eine Zusammenarbeit zwischen beiden Projekte angestrebt wird.

KFR in Deutschland: HFA 1/1978 und HFA 1/1995

In Deutschland ist erst mit der Verabschiedung des KonTraG im Jahr 1998 die Aufstellung und Offenlegung einer Konzern-KFR für börsennotierte Konzern-Mutterunternehmen als zwingender Bestandteil des Konzernanhangs vorgeschrieben worden (§ 297 Abs. 1 Satz 2 HGB a. F.). Zuvor gab es lediglich Empfehlungen zur Aufstellung und Veröffentlichung einer KFR, von denen die im Jahr 1995 gemeinsam vom Arbeitskreis »Finanzierungsrechnung« der Schmalenbach-Gesellschaft (SG) und dem Hauptfachausschuss des Instituts der Wirtschaftsprüfer in Deutschland e. V. (HFA des IDW) vorgelegte Stellungnahme HFA 1/1995 zur Gestaltung von KFR hervorzuheben ist (vgl. IDW/SG [1995], S. 210 ff.). Ähnlich wie sich schon der Vorgänger HFA 1/1978 an der damaligen internationalen Regelung IAS 7 (1977) orientierte (vgl. IDW [1978], S. 207 f.), stellt auch die Stellungnahme HFA 1/1995 eine Transformation des IAS 7 (*revised* 1992) in eine nationale Empfehlung dar, die nahezu vollständig mit den Regeln von IAS 7 (*revised* 1992) übereinstimmt (vgl. Mansch, H./Stolberg, K./ Wysocki, K. v. [1995], S. 187). Allerdings handelte es sich bei den HFA-Stellungnahmen um nicht mehr als rechtlich unverbindliche Empfehlungen.

KFR nach KonTraG

Mit dem KonTraG ist ein Satz an den ursprünglichen § 297 Abs. 1 HGB angefügt worden. Danach mussten bis vor kurzem ausschließlich »börsennotierte Mutterunternehmen« für das nach dem 31. 12. 1998 beginnende Geschäftsjahr den Konzernanhang um eine KFR erweitern.

KFR nach TransPuG

Gemäß der Neufassung von § 297 Abs. 1 Satz 2 HGB durch das TransPuG vom 19. Juli 2002 ist die KFR nicht mehr nur Teil des Anhangs, sondern in Anlehnung an internationale Gepflogenheiten eigenständiger Bestandteil des Konzernabschlusses. Damit ist ihr Stellenwert innerhalb des Abschlusses aufgewertet worden. Zudem ist der Kreis auf »kapitalmarktorientierte Mutterunternehmen« ausgedehnt werden, d. h. alle Konzerne, die selbst oder durch eines ihrer Tochterunternehmen den Kapitalmarkt in Anspruch nehmen oder die Zulassung beantragt haben, sind zur Erweiterung des Konzernabschlusses um eine KFR verpflichtet. Die Novellierung von § 297 Abs. 1 Satz 2 HGB ist erstmals spätestens auf das nach dem 31. 12. 2002 beginnende Geschäftsjahr anzuwenden.

DRS 2 zur Schließung der Gesetzeslücke

Im Gesetzestext des HGB fehlen jedoch Angaben über Aufgaben, Inhalt und Gestaltung von KFR. Zur Erfüllung der gesetzlichen Aufstellungsverpflichtungen hat der DSR den Deutschen Rechnungslegungsstandard Nr. 2 »Kapitalflussrechnung« (DRS 2) im Jahr 1999 erarbeitet und verabschiedet. Mit seiner Bekanntmachung durch das BMJ im Mai 2000 gilt die Gesetzeslücke als geschlossen, da der DRS 2 umfassend die Gestaltung einer KFR vorgibt – und sich dabei bewusst stark an IAS 7 und FAS 95 anlehnt.

KFR nach § 292a HGB

§ 292a HGB gewährt kapitalmarktorientierten Mutterunternehmen die Möglichkeit eines befreienden Konzernabschlusses nach IAS/IFRS oder US-GAAP – allerdings befristet bis zum 31. 12. 2004. Da die KFR obligatorischer Teil der *financial statements* nach IAS/IFRS und US-GAAP ist, muss auch in einem Konzernabschluss mit befreiender Wirkung eine KFR nach IAS 7 oder FAS 95 aufgestellt werden.

Kompatibilität der Regelungen des DRS 2

Der DRS 2 soll in erster Linie deutschen kapitalmarktorientierten Mutterunternehmen Regeln zur Aufstellung und Offenlegung von KFR bereitstellen, damit sie ihrer Verpflichtung aus § 297 Abs. 1 Satz 2 HGB nachkommen können. Um aber auch den Konzern-Mutterunternehmen, die einen befreienden Konzernabschluss gemäß § 292a HGB nach IAS/IFRS oder US-GAAP aufstellen, gerecht zu werden, verfolgte der DSR das Ziel, dass die Regelungen des DRS 2 mit IAS 7 und FAS 95 kompatibel sind. Kompatibilität bedeutet, dass einerseits den Erstellern Wahlrechte eingeräumt wurden, damit sie gleichzeitig die Anforderungen des DRS 2 und des IAS 7 oder des FAS 95 erfüllen können, da IAS 7 und FAS 95 trotz des hohen Übereinstimmungsgrads auch sich gegenseitig ausschließende Bestimmungen enthalten. Andererseits wurden in den DRS 2 neben den übereinstimmenden Regelungen von IAS 7 und FAS 95 auch solche Vorschriften – vor allem bei ergänzenden Angaben und Sonderausweisen – übernommen, die sich nur in einem der beiden Referenzstandards befinden (vgl. Wysocki, K. v. [1999], S. 2377 f.).

Der DRS 2, der wie gesagt eine vermittelnde Position zwischen IAS 7 und FAS 95 einnimmt, bildet die Grundlage für die nachfolgenden Ausführungen. Wegen der weitgehenden Übereinstimmung der drei Standards werden die einzelnen Bestimmungen zusammen behandelt. Dabei wird auf die jeweils zugehörigen Textziffern in den Standards verwiesen. Treten vereinzelt Unterschiede zwischen den Standards auf, so werden die Abweichungen dargelegt.

2. Zwecke und Aufgaben

Beurteilung der Finanzlage

Für eine finanzwirtschaftliche Beurteilung eines Unternehmens werden Angaben darüber benötigt, wie und in welcher Höhe dem Unternehmen Finanzmittel zugeflossen sind sowie wozu sie verwendet worden sind (DRS 2.1). Die dafür relevanten Informationen liefert die KFR.

Rechnungszwecke nach DRS 2

Die KFR soll nach DRS 2 den Einblick in die Fähigkeit des Unternehmens verbessern, künftig (DRS 2.1):

- Finanzüberschüsse zu erwirtschaften,
- seine finanziellen Verpflichtungen zu erfüllen und
- Gewinnausschüttungen an Anteilseigner zu leisten.

Zur Erreichung dieser Ziele soll die KFR die innerhalb der Berichtsperiode geflossenen Zahlungen zeigen und relevante Informationen darüber bereitstellen:

- wie das Unternehmen finanzielle Mittel aus dem laufenden Geschäft erwirtschaftet hat und
- welche zahlungswirksamen Investitions- und Finanzierungsaktivitäten durchgeführt wurden.

Rechnungszwecke nach IAS 7

Informationen über Zahlungsvorgänge sind nach IAS 7 ebenfalls die relevanten (*useful*) Ausgangsdaten zur Beantwortung der Frage, ob ein Unternehmen fähig ist, Zahlungsmittel und Zahlungsmitteläquivalente (*cash and cash equivalents*) zu erwirtschaften und seinen Finanzbedarf aus Zahlungsvorgängen zu decken. Darüber hinaus dienen zahlungsorientierte Informationen den Adressaten als Anhaltspunkt bei ihrer Entscheidungsfindung (*economic decisions: buy, hold or sell*), die die Einschätzung der finanziellen Leistungsfähigkeit des Unternehmens sowie des Auftretens von Zahlungsströmen hinsichtlich Zeitpunkt (*timing*) und Wahrscheinlichkeit erfordert (IAS 7 Objective; vgl. auch F 15). Hierfür sind insbesondere »*cash flow information*« nützlich, die den Adressaten es ermöglicht, Modelle zu entwickeln, um verschiedene Unternehmen anhand des »*present value of the future cash flows*« zu bewerten und zu vergleichen (IAS 7.4). Dementsprechend lautet die Aufgabe des IAS 7, Informationen über die Bewegungen der Zahlungsmittel und Zahlungsmitteläquivalente während der vergangenen Periode mittels des *cash flow statements* bereitzustellen, und zwar unterteilt in die drei Bereiche laufende Geschäfts-, Investitions- und Finanzierungstätigkeit (IAS 7 Objective).

Rechnungszwecke nach FAS 95

Hauptzweck eines *statement of cash flows* nach FAS 95 ist es gleichfalls, entscheidungsrelevante Informationen über Ein- und Auszahlungen der vergangenen Periode zu liefern, die zusammen mit den übrigen Jahresabschlussinformationen die Adressaten (Investoren, Gläubiger und Öffentlichkeit) bei der Einschätzung unterstützen (FAS 95.5):

- inwieweit das Unternehmen die Fähigkeit besitzt,
  - in Zukunft Einzahlungsüberschüsse zu erwirtschaften,
  - seinen finanziellen Verpflichtungen fristgerecht nachzukommen und
  - Dividenden zu zahlen;
- wie hoch der Außenfinanzierungsbedarf ist;
- welche Gründe zu den Differenzen zwischen dem Jahresergebnis und dem Cashflow aus der laufenden Geschäftstätigkeit geführt haben;
- wie sich zahlungswirksame und nicht zahlungswirksame Investitions- und Finanzierungsentscheidungen auf die Finanzlage des Unternehmens in der Berichtsperiode ausgewirkt haben.

3. Anwendungsbereich

Pflicht für kapitalmarktorientierte Mutterunternehmen

Der DRS 2 ist für alle Unternehmen bindend, die gemäß § 297 Abs. 1 Satz 2 HGB zur Aufstellung einer KFR verpflichtet sind (DRS 2.2). Seit der Verabschiedung des TransPuG sind davon solche Mutterunternehmen betroffen, die einen organisierten Markt im Sinne des § 2 Abs. 5 WpHG durch von ihnen oder einem Tochterunternehmen ausgegebene Wertpapiere im Sinne des § 2 Abs. 1 Satz 1 WpHG in Anspruch nehmen oder die Zulassung solcher Wertpapiere zum Handel an einem organisierten Markt beantragt haben – Kriterium der Kapitalmarktorientierung. Letztlich ist mit dieser Ausdehnung auf kapitalmarktorientierte Mutterunternehmen eine Anpassung des Kreises der verpflichteten Konzerne an die bereits mit dem KapCoRiLiG erweiterte Fassung des § 292a Abs. 1 HGB vollzogen werden. Da also (bis auf weiteres) nur die kapitalmarktorientierten Mutterunternehmen dieser Pflicht unterliegen, beschränkt sich der verbindliche Geltungsbereich des DRS 2 auf diese Gesellschaften. Obwohl aus dem Gesetzeswortlaut nicht zu erkennen ist, ob eine Einzel- oder Konzern-KFR den gesetzlichen Anforderungen des § 297 Abs. 1 Satz 2 HGB genügt, unterstützt der Gesetzeskontext wie auch die für konsolidierte Abschlüsse geltende Einheitstheorie (§ 297 Abs. 3 HGB) die Annahme, dass eine Konzern-KFR aufzustellen ist. Weitere Indizien dafür finden sich im DRS 2, der vereinzelt Bestimmungen zur Aufstellung und Offenlegung von Konzern-KFR enthält (z. B. DRS 2.13 f.; DRS 2.51 ff.).

Beschränkung der Befreiungsmöglichkeiten nach HGB

Die Möglichkeit der größenabhängigen Befreiung gemäß § 293 HGB von der Aufstellungspflicht dürfen kapitalmarktorientierte Mutterunternehmen nach § 293 Abs. 5 HGB explizit nicht in Anspruch nehmen, sodass auch kleine kapitalmarktorientierte Mutterunternehmen einen Konzernabschluss einschließlich einer Konzern-KFR vorlegen müssen. Ferner können sich börsennotierte Mutterunternehmen seit dem TransPuG, die zugleich Tochterunternehmen eines übergeordneten Unternehmens sind, nicht mehr von der Aufstellungspflicht eines Teil-Konzernabschlusses und damit einer Teil-Konzern-KFR nach §§ 291, 292 HGB befreien (vgl. 8. Kapitel B II). Insoweit besitzen die im DRS 2 angeführten Befreiungsregelungen der §§ 291, 292 HGB keine Gültigkeit mehr (DRS 2.5).

Leitlinie für freiwillige KFR

Zudem wird Unternehmen, die freiwillig eine KFR aufstellen, nahe gelegt (Soll-Vorschrift), den Standard zu beachten (DRS 2.3). DRS 2 soll somit als Leitlinie für alle freiwillig erstellten KFR – Einzel-KFR und Konzern-KFR – dienen und löst insoweit die Stellungnahme HFA 1/1995 ab, die diese Aufgabe bisher erfüllt hat. Im Vergleich zur Stellungnahme HFA 1/1995 ergeben sich aus DRS 2 wesentliche Unterschiede lediglich bezüglich zusätzlicher Ausweisvorschriften und ergänzender Angaben (vgl. Wysocki, K. v. [1999], S. 2376 f.).

Branchenunabhängige Basisnorm

Der DRS 2 ist erstmalig auf das nach dem 31. 12. 1998 beginnende Geschäftsjahr anzuwenden (DRS 2.58). Zudem ist er branchenübergreifend als Basisnorm zu verwenden. Nicht nur Industrie- und Dienstleistungsunternehmen, sondern auch Unternehmen der Versicherungs- oder Kreditwirtschaft, Pensionsfonds und Investmentgesellschaften werden ausdrücklich aufgefordert, die Regeln des DRS 2 soweit zu beachten, wie in branchenspezifischen Standards nicht explizit etwas anderes vorgeschrieben wird (DRS 2.4).

Branchenstandards: DRS 2 - 10, DRS 2 - 20

Grund für branchenspezifische Bestimmungen ist die Eigenart der jeweiligen Geschäftstätigkeiten, die eine Erreichung der Ziele der KFR einschränken bzw. verhindern. Für Kreditinstitute und Versicherungen hat der DSR eigene Standards zur Aufstellung einer KFR vorgelegt. Der DRS 2 - 10 enthält branchenspezifische Regelungen zur KFR von Kreditinstituten und ergänzt den grundlegenden Standard DRS 2 (DRS 2 - 10.1 ff.). Gleiches gilt für den DRS 2 - 20, der spezielle Regeln für KFR von Versicherungen beinhaltet.

Geltungsbereich und Sonderregeln des IAS 7

IAS 7 schreibt für alle Unternehmen die Erstellung und Bekanntmachung einer KFR nach Maßgabe der im Standard formulierten Anforderungen vor (IAS 7.3) und ist erstmalig auf Jahresabschlüsse anzuwenden, deren Rechnungsperiode am oder nach dem 1. Januar 1994 beginnt (IAS 7.53). Befreiungsmöglichkeiten von der Aufstellungspflicht existieren nicht; allerdings ist allgemein die Anwendung der IASB-Standards und damit auch des IAS 7 nicht für *not-for-profit organizations* vorgesehen. Wenngleich auch *financial institutions* zur Aufstellung einer KFR ausdrücklich verpflichtet sind (IAS 7.3), so dürfen sie branchenspezielle Zahlungsströme netto ausweisen (IAS 7.24) sowie müssen Zinszahlungen und erhaltene Dividenden grundsätzlich der laufenden Geschäftstätigkeit zuordnen (IAS 7.33). Zudem wird mittels einer Beispiel-KFR im Appendix 2 die Gliederung der KFR für *financial institutions* veranschaulicht (IAS 7 Appendix 2).

Geltungsbereich und Sonderregeln nach US-GAAP

FAS 95 verlangt ebenso prinzipiell die Erstellung und Vorlage einer KFR von allen Unternehmen (*business enterprises*) und auch von *not-for-profit organizations* im Rahmen der *financial statements* nach US-GAAP, d. h. also auch von Einzelunternehmen und nicht gewinnorientierten Gesellschaften, die zur Berichterstattung verpflichtet sind (FAS 95.3 i. V. m. FAS 117.30 (a)). FAS 95 ist auf Jahresabschlüsse anzuwenden, deren Geschäftsjahr nach dem 15. Juli 1988 endet (FAS 95.34). Befreiungsregelungen existieren für bestimmte Pensionskassen (*defined benefit pension plans* gemäß FAS 35 und *certain other employee benefit plans*) und bestimmte Investmentgesellschaften (*highly liquid investment companies*) (FAS 102.10 (a)). Außerdem gewährt FAS 104 *banks, savings institutions* und *credit unions* bestimmte Ausweiserleichterungen (FAS 104.3). Auch FAS 95 enthält in den Anlagen ein Beispiel zur Gliederung einer KFR für Finanzinstitute (FAS 95.147 ff. i. V. m. FAS 102.30 ff.).

4. Ausgestaltungsregeln

Interdependenz zwischen Zwecken und Gestaltung

Die in den Standards geregelte Ausgestaltung der KFR knüpft an den verfolgten Zwecken an, sodass zwangsläufig die Abbildung von Ein- und Auszahlungen getrennt nach den Aktivitätsbereichen »laufendes Geschäft«, »Investition« und »Finanzierung« einerseits sowie von Zahlungsmittelbeständen und ihrer Veränderung innerhalb einer Periode anderseits verlangt wird (DRS 2.7; IAS 7.10 f.; FAS 95.6).

Definition des Begriffs »Cashflows« nach DRS 2

Zur Förderung des Verständnisses und der einheitlichen Auslegung der Regelungen sind im DRS 2 – in Anlehnung an IAS 7 – Definitionen einzelner Begriffe den Ausgestaltungsregeln vorangestellt (DRS 2.6; IAS 7.6). Dabei wird unter anderem der Begriff »Cashflows« definiert: Cashflows sind die einzelnen Netto-Zahlungsströme einer Periode aus laufenden Geschäftstätigkeiten, aus Investitions- sowie aus Finanzierungstätigkeit. Damit sind also die drei Zwischensummen der Aktivitätsbereiche gemeint. Bei dieser Begriffsbestimmung weicht der DRS 2 von IAS 7 und FAS 95 ab, wonach *cash flows* als *inflows/receipts and outflows/payments of cash and cash equivalents* definiert sind (IAS 7.6; FAS 95.4 ff.) und damit unter *cash flows* keine Zwischensummen (Netto-Größen), sondern allgemein alle zahlungswirksamen Veränderungen des Finanzmittelfonds (Brutto-Größen) verstanden werden. Diese begriffliche Definition wird dann auch in Tz. 8 des DRS 2 verwendet, sodass bei künftigen Überarbeitungen des DRS 2 eine Klarstellung des Begriffs »Cashflows« im Sinne einer in sich konsistenten Definition wünschenswert ist. Das IDW schlug bereits in seiner Stellungnahme zum E-DRS 2 eine Formulierung wie in IAS 7 vor: »Cash Flows sind die Zuflüsse und Abflüsse von Zahlungsmitteln und Zahlungsmitteläquivalenten« (IDW [1999a], S. 668). Folgerichtig müssten dann aber auch die Zwischensummen der drei Bereiche von »Cashflow ...« in »Netto-Cashflow ...« oder »Mittelzufluss ...« bzw. »Mittelabfluss ...« umbenannt werden.

a) Fondsabgrenzung und Fondsausweis

Zweck der engen Fondsabgrenzung

Sollen Liquiditätsentwicklungen gemessen werden, so muss zunächst definiert werden, aus welchen liquiden Mitteln sich der Finanzmittelfonds zusammensetzt. Die in den Standards formulierten Zwecke können nur mit einer engen Fondsabgrenzung erreicht werden. Ziel dieser Fondsbildung ist es, Bewertungsfragen aus der KFR soweit wie möglich auszuklammern und damit den bilanzpolitischen (Bewertungs-) Spielraum des aufstellenden Unternehmens weitgehend einzuschränken sowie die Einlöserisiken der Fondsbestandteile zu minimieren. Mit der Fondsabgrenzung wird auch der Inhalt der Ursachenrechnung, d. h. welche Zahlungsströme in ihr auszuweisen sind, und damit ihre Aussagekraft festgelegt.

Fondsbestandteile

Zulässige Fondsbestandteile sind ausschließlich Zahlungsmittel und Zahlungsmitteläquivalente (*cash and cash equivalents*). Die Fondsbestände sollen nur minimalen Wertänderungs- und unbedeutenden Einlöserisiken unterliegen (DRS 2.16; IAS 7.7 ff.; FAS 95.7 ff.).

- Zahlungsmittel

Zu den Zahlungsmitteln gehören Schecks und Kassenbestand als Barmittel (*cash on hand*) sowie Bundesbankguthaben und Guthaben bei Kreditinstituten als täglich fällige Sichteinlagen (*demand deposits*) (DRS 2.6; IAS 7.6; FAS 95.7). Als Zahlungsmittel gelten nach FAS 95 aber auch andere, den *demand deposits* vergleichbare Guthaben, die jederzeit ohne Kündigungsfrist und Zusatzgebühren zur Verfügung stehen (FAS 95.7 Fn. 1).

- Zahlungsmitteläquivalente

Voraussetzung für die Einstufung von Finanzmitteln als Zahlungsmitteläquivalente ist, dass sie als Liquiditätsreserve gehalten werden, ohne weiteres in Zahlungsmittel umgewandelt werden können und lediglich unwesentlichen Wertänderungsrisiken unterliegen (DRS 2.6 und DRS 2.18; IAS 7.6 f.; FAS 95.8). Liquiditätsreserven werden gehalten, um kurzfristigen Zahlungsverpflichtungen nachzukommen; sie werden im Allgemeinen nicht im Rahmen der laufenden Geschäfts-, Investitions- oder Finanzierungstätigkeit eingesetzt (vgl. KPMG [1999a], S. 160). In FAS 95 werden als Beispiele für Äquivalente *treasury bills, commercial paper* und *money market funds* genannt (FAS 95.9).

Statischer Restlaufzeitbegriff

Weiteres Merkmal der Zahlungsmitteläquivalente ist, dass sie grundsätzlich eine Restlaufzeit von drei Monaten oder weniger besitzen, wobei der Erwerbszeitpunkt – und nicht der Bilanzstichtag – ausschlaggebend für die Berechnung der Restlaufzeit (*original maturity*) ist (DRS 2.18; IAS 7.7; FAS 95.8 Fn. 2). Aus der statischen Betrachtung der Restlaufzeit mit dem Zugangszeitpunkt als Ausgangsgröße folgt, dass ein Wertpapier nur in den Fonds aufgenommen werden darf, wenn es beim Kauf eine (statische) Restlaufzeit von drei Monaten oder weniger hat, unabhängig davon welchen Zeitraum die ursprüngliche Laufzeit des Wertpapiers umfasste. Daraus folgt, dass ein Wertpapier nicht in den Fonds aufgenommen wird, wenn beim Kauf die »statische« Restlaufzeit z. B. vier Monate beträgt, aber am Bilanzstichtag das Papier eine »dynamische« Restlaufzeit von drei Monaten oder weniger aufweist. Die Anwendung des dynamischen Restlaufzeitbegriffs – wie im Jahres- und Konzernabschluss üblich – würde im Zeitablauf dazu führen, dass Nicht-Fondspositionen (z. B. Finanzanlagen) u. U. in einer späteren Periode bei Unterschreitung der dreimonatigen (dynamischen) Restlaufzeit zum Fonds gehören würden. Dies führt jedoch zu der Fehlinterpretation, dass angeblich Finanzmittel geflossen sind, obwohl die betroffenen Positionen mit der Zeit nur ihren Charakter von Nicht-Fonds- zu Fondsbestandteil gewechselt haben (vgl. Amen, M. [1995], S. 503 f.).

Fondsbildung gemäß Cash Management

Bei der Charakterisierung der Zahlungsmitteläquivalente wird deutlich, dass eine starre Abgrenzung von allen drei Standards nicht verfolgt wird. Vielmehr wird den aufstellenden Unternehmen die Möglichkeit gegeben, ihre Fondsabgrenzung entsprechend ihres individuellen Cash Managements vorzunehmen.

Einbeziehungswahlrecht für Zahlungsmitteläquivalente

So können z. B. Finanzmittel, die die Voraussetzungen zur Klassifizierung als Zahlungsmitteläquivalente erfüllen, aus unternehmensspezifischen Gründen auch der Investitionstätigkeit zugeordnet werden (Kann-Vorschrift in DRS 2.18; ausführlich dazu FAS 95.10 und FAS 95.56). Da von Unternehmen subjektiv festgelegt werden kann, welche Finanzmittel zu welchen Zwecken – vor allem welche Finanzmittel Liquiditätsreserven darstellen – gehalten werden, ist auch nach IAS 7 faktisch ein Wahlrecht für die Einbeziehung von *cash equivalents* in den Finanzmittelfonds gegeben (vgl. Wysocki, K. v. [2002], Tz. 24). Unter Beachtung des Grundsatzes der Stetigkeit liegt somit ein Einbeziehungswahlrecht für Zahlungsmitteläquivalente vor. Zum Zweck der zwischenbetrieblichen Vergleichbarkeit muss daher die Abgrenzung der Zahlungsmitteläquivalente in den Zusatzangaben erläutert werden (DRS 2.52; IAS 7.45 ff.; FAS 95.10).

Nettofonds nach DRS 2 und IAS 7

Die Standards DRS 2 (explizites Wahlrecht) und IAS 7 (implizites Wahlrecht) erlauben jederzeit fällige Bankverbindlichkeiten (Kontokorrentverhältnisse) von den aktiven Fondsbeständen abzuziehen, wenn sie in die Kassendisposition einbezogen werden (DRS 2.19; IAS 7.8). In diesem Fall wird als Fonds – in Anlehnung an die internationale Praxis des Cash Managements – eine Form der Netto-Liquidität gewählt, die kurzfristige Überziehungen auf Bankkonten, die auf Verlangen zurückzuzahlen sind, mit einschließen kann. Charakteristisches Beispiel für eine solche einzubeziehende Position ist ein Kontokorrentkonto bei einem Kreditinstitut, dessen Saldo häufig zwischen Soll und Haben schwanken kann (IAS 7.8).

Keine Regelung zum Nettofonds in FAS 95

In FAS 95 wird die Einbeziehung von negativen Beständen in den Fonds nicht thematisiert, sodass in Theorie und Praxis unklar ist, ob die Einbeziehung zulässig ist. Grundsätzlich stellen *bank overdrafts* kurzfristige Finanzierungsmaßnahmen dar und werden dementsprechend dem Finanzierungsbereich zugeordnet. Allerdings ist hierzu anzumerken, dass ein Unternehmen einen Überziehungskredit mit einem anderen positiven Saldo (*netted with another, positive, account balance*) bei derselben Bank verrechnen kann, wenn die Voraussetzung zur Saldierung gemäß FIN 39 erfüllt sind (FIN 39.5 f.). Ist nun der Verrechnungssaldo der beiden Konten positiv, dann kann dieser als *cash equivalent* angesehen und in den Fonds einbezogen werden (vgl. Clarke, C. M. [1999], Tz. 7 f.). Somit können auch nach US-GAAP bestimmte *overdrafts* Fondsbestandteil sein.

Fondsbezogene Kompatibilität des DRS 2

Die bereits angesprochene Kompatibilität des DRS 2 sowohl mit FAS 95 als auch mit IAS 7 zeigt sich auch bei der Fondsbildung, da der DRS 2 den Erstellern ein uneingeschränktes Wahlrecht bzgl. der Bildung eines Brutto- bzw. Nettofonds einräumt. Damit erhalten Unternehmen bzw. Konzerne, die einen befreienden Abschluss nach US-GAAP aufstellen, die Option, FAS 95 anzuwenden, und Unternehmen bzw. Konzerne, die einen befreienden Abschluss nach IAS/IFRS aufstellen, die Möglichkeit, davon abweichend IAS 7 anzuwenden (vgl. Wysocki, K. v. [1999], S. 2374).

Um die Saldierung von aktiven und passiven Fondsbeständen bei der Fondsbildung von der Verrechnung der Ein- und Auszahlungen beim Ausweis in der KFR begrifflich zu trennen, verwenden wir für den ersten Fall das Begriffspaar »Bruttofonds« und »Nettofonds«, für den zweiten Fall die Bezeichnung »Bruttoausweis« und »Nettoausweis« (Bruttoprinzip).

Verrechnung fondsinterner Zahlungen und Nettoausweis im Fonds

Fondsinterne Zahlungsbewegungen sind nicht Teil der Geschäfts-, Investitions- oder Finanzierungstätigkeit, sondern des Cash Managements, sodass sie weder für die Beurteilung der Finanzlage noch für die Einschätzung künftiger Zahlungsströme von Bedeutung sind. Infolgedessen werden fondsinterne Zahlungsbewegungen nicht innerhalb der Fondsrechnung ausgewiesen, sondern gegeneinander aufgerechnet (DRS 2 Anlage; IAS 7.9; FAS 95.9). Außerdem gilt in der Fondsrechnung der Nettoausweis für Fondszuflüsse und -abflüsse; sie sind in einer Summe als zahlungswirksame Veränderung des Finanzmittelbestandes anzugeben (DRS 2 Anlage; IAS 7 Appendix; FAS 95.26). Im Zuge dieser Saldierung werden implizit auch die fondsinternen Vorgänge verrechnet.

Wertänderungen der Finanzmittel:

Neben den angesprochenen zahlungswirksamen Fondsveränderungen können aber auch zahlungsunwirksame auftreten, die auf bewertungs-, konsolidierungskreis- oder wechselkursbedingte Änderungen zurückzuführen sind.

- bewertungsbedingt

Nicht zahlungswirksame, bewertungsbedingte Fondsveränderungen entstehen z. B. durch Abschreibung der im Fonds befindlichen verzinslichen Wertpapiere auf den niedrigeren beizulegenden Wert infolge von Zinsänderungen (strenges Niederstwertprinzip) (vgl. Wysocki, K. v. [1995], S. 823).

- wechselkursbedingt

Gemäß den drei Stellungnahmen sind bei der Aufstellung einer KFR Fremdwährungsbestände sowie Zahlungen in fremder Währung (Fremdwährungstransaktionen) nach der Zeitbezugsmethode umzurechnen (DRS 2.22; IAS 7.25 ff.; FAS 95.25). Danach werden die Fremdwährungstransaktionen mit dem Kurs des Zahlungszeitpunktes (Transaktionskurs), die Fremdwährungsbestände des Fonds zum jeweiligen Stichtagskurs umgerechnet. Beide Umrechnungsvorgänge verursachen nicht zahlungswirksame, wechselkursbedingte Veränderungen des Finanzmittelfonds und werden auch als »Wechselkurseffekt« bezeichnet. Der Wechselkurseffekt lässt sich in einen sog. »Basiseffekt« und »Bewegungseffekt« aufspalten (vgl. mit Beispielen dazu Siener, F. [1998], S. 57 ff.).

Basiseffekt

Beim Basiseffekt wird angenommen, dass der Finanzmittelbestand in der Berichtsperiode unverändert geblieben wäre. Der Fondsanfangsbestand wird zu den jeweiligen Bilanzstichtagskursen umgerechnet. Vorausgesetzt es liegen unterschiedliche Stichtagskurse vor, so wird der Fondsanfangsbestand der in fremder Währung gehaltenen Finanzmittel am Ende der Berichtsperiode je nach Entwicklung des Wechselkurses auf- oder abgewertet, sodass sich zahlungsunwirksame Fondsveränderungen ergeben (vgl. Amen, M. [1995], S. 507 f.).

Bewegungseffekt

Der Bewegungseffekt entsteht durch die Auf- oder Abwertung der während der Berichtsperiode vollzogenen Fremdwährungstransaktionen, da sie zunächst mit dem Transaktionskurs umgerechnet und anschließend mit dem am Ende der Periode geltenden Stichtagskurs bewertet werden. Hier entstehen Wertänderungen des Finanzmittelfonds, wenn Wechselkursdifferenzen zwischen den Zeitpunkten der Zuflüsse bzw. Abflüsse und dem Bilanzstichtag vorliegen (vgl. Gebhardt, G. [1994], S. 565 ff.). Der Bewegungseffekt umfasst den Einfluss der wechselkursbedingten Wertänderung des Finanzmittelbestandes, der aus der zahlungswirksamen, durch Fremdwährungstransaktionen verursachten Veränderung des Finanzmittelbestandes in der Berichtsperiode resultiert.

Möglichkeit der Kompensation

Da die einzelnen wechselkursbedingten Teileffekte generell zu einem gesondert auszuweisenden Posten zusammengefasst werden, können sich dabei Bewegungseffekte untereinander wie auch mit dem Basiseffekt kompensieren. Ein anschauliches Beispiel zur Berechnung dieses wechselkursbedingten Korrekturpostens findet sich im Appendix des US-amerikanischen Standards (FAS 95.146).

Gesonderter Ausweis der Wertänderungen

Die durch Bewertung bzw. Wechselkursdifferenzen entstehenden Wertänderungen des Fondsbestandes sind unrealisierte Erfolge und müssen getrennt von der Ursachenrechnung und der zahlungswirksamen Veränderung des Finanzmittelfonds in einer gesonderten Position angegeben werden (sog. Bewertungsbereich). Die wechselkursbedingte Wertänderung darf gemäß DRS 2 mit dem bewertungsbedingten Korrekturbetrag in einem Posten zusammengefasst werden, soweit sie unwesentlich ist (DRS 2.20 f.). IAS 7 und FAS 95 verlangen explizit den gesonderten Ausweis der wechselkursbedingten, nicht aber der bewertungsbedingten Fondsveränderungen (IAS 7.28; FAS 95.25). Dies ist damit zu erklären, dass grundsätzlich keine wesentlichen bewertungsbedingten Fondsveränderungen auftreten, da bekanntlich gemäß der Definition von Zahlungsmitteläquivalenten diese nur unwesentlichen Wertschwankungen unterliegen dürfen.

Art und Reihenfolge der Positionen im Fonds:
- nach DRS 2

Die Fondsrechnung wird im Allgemeinen unterhalb der Ursachenrechnung ausgewiesen (DRS 2 Anlage; IAS 7 Appendix; FAS 95.131 f.). Dabei wird gemäß DRS 2 die zahlungswirksame Veränderung des Finanzmittelfonds, die sich aus der Summe der Cashflows aus laufender Geschäfts-, Investitions- und Finanzierungstätigkeit ergibt, um eventuell auftretende wechselkurs-, konsolidierungskreis- und bewertungsbedingte Wertänderungen des Finanzmittelfonds korrigiert und anschließend dem Anfangsbestand der Finanzmittel hinzugerechnet. Der Bewertungsbereich wird somit in die Fondsveränderungsrechnung integriert (vgl. Abbildung 10.28). Das Ergebnis der Fondsrechnung ist der Finanzmittelbestand am Ende der Periode.

	Zahlungswirksame Veränderungen des Finanzmittelfonds
+/–	Wechselkurs-, konsolidierungskreis- und bewertungsbedingte Änderungen des Finanzmittelfonds
+	Finanzmittelfonds am Anfang der Periode
=	Finanzmittelfonds am Ende der Periode

Abb. 10.28: Auszuweisende Positionen des Fonds nach DRS 2

- nach FAS 95

Dagegen wird in dem Musterbeispiel zur Konzern-KFR nach FAS 95 der Bewertungsbereich von der Fondsveränderungsrechnung abgetrennt (FAS 95.136 ff.). Zunächst werden die wechselkursbedingten Wertänderungen der Fondsveränderungsrechnung vorangestellt und anschließend mit den drei darüberstehenden Bereichs-Cashflows zur gesamten Fondsveränderung aufaddiert. Damit wird der Bewertungsbereich gesondert vor der Fondsrechnung ausgewiesen und die Position *net change in cash and cash equivalents* enthält nicht ausschließlich zahlungswirksame, sondern auch nicht zahlungswirksame Fondsveränderungen.

- nach IAS 7

In den zwei Beispielen zu IAS 7 finden sich sowohl der integrierende wie auch der separierende Ansatz, wobei jedoch im Fall der integrierenden Variante der Fondsanfangsbestand in Höhe der wechselkursbedingten Fondsänderung rückwirkend angepasst wird. Die Anpassung des Vorjahresbestandes erfolgt nicht offen in der Fondsveränderungsrechnung, sondern in den Zusatzangaben (IAS 7 Appendix 1 und 2).

Angaben zur Abgrenzung des Fonds

In den ergänzenden Angaben (*notes*) zur KFR ist die Zusammensetzung des Fonds stets zu erläutern sowie über Änderungen der Fondsabgrenzung (*change in the policy for determining components of cash and cash equivalents*) und deren Auswirkungen auf die KFR zu berichten, da die Fondsabgrenzung von besonderer Relevanz für die Aussagefähigkeit und damit für die Interpretation der KFR ist. Dabei ist vor allem die vom Unternehmen gewählte Definition der Zahlungsmitteläquivalente von Bedeutung (DRS 2.52; IAS 7.45 ff.; FAS 95.10).

Überleitungsrechnung

Zusätzlich verlangen die Standards, dass eine Abstimmung der Fondskomponenten mit den entsprechenden Bilanzpositionen möglich ist (DRS 2.52 (c); IAS 7.45; FAS 95.7). Dafür ist nach DRS 2 »gegebenenfalls« und nach IAS 7 zwingend eine Überleitungsrechnung (*reconciliation*) zu erstellen, in der jede Bilanzposition, die Zahlungsmittel oder Zahlungsmitteläquivalente beinhaltet, in Fondsbestandteile und Nicht-Fondsbestandteile aufgespalten wird.

Die Berichtspflicht über die Fondszusammensetzung entfällt nach DRS 2, wenn der Finanzmittelfonds mit dem aktiven Bilanzposten »Kassenbestand, Bundesbankguthaben, Guthaben bei Kreditinstituten und Schecks« übereinstimmt (DRS 2.52 (c)).

Nach FAS 95 soll sich der Finanzmittelbestand des Fonds mit dem Bilanzposten »*cash and cash equivalents*« decken; andernfalls muss die Abstimmung durch entsprechende Zwischensummen in der Bilanz möglich sein (FAS 95.7; vgl. auch KPMG [1999a], S. 160).

Verfügungsbeschränkung der Finanzmittel

Sind im Finanzmittelfonds Zahlungsmittel und Zahlungsmitteläquivalente einbezogen, über die das Unternehmen (bzw. der Konzern) nicht frei oder lediglich eingeschränkt verfügen kann, so ist über ihre Bestände zu berichten (DRS 2.53; IAS 7.48 f.; Anwendung von ARB 43, Ch. 3A.6 und Regulation S-X, Rule 5-02.1 auf FAS 95). Die Verfügung ist beschränkt, wenn die Konvertierbarkeit von Fremdwährungen in andere Währungen, vor allem die Berichtswährung z. B. infolge von Devisenbeschränkungen durch nationale Regierungen nicht oder nur begrenzt möglich ist. Des Weiteren können gesellschaftsvertragliche Verfügungsbeschränkungen vorliegen, wie sie z. B. bei einem in die Konzern-KFR quotal einbezogenen Gemeinschaftsunternehmen (Joint Venture) auftreten, wenn die Konzernleitung keinen oder nur mit Zustimmung der übrigen Gesellschafter einen Einfluss auf die Verwendung der quotal in den Fonds einbezogenen Finanzmittel nehmen kann (vgl. Wysocki, K. v. [2002], Tz. 127).

b) Zuordnung und Darstellung der Ein- und Auszahlungen in den Aktivitätsbereichen

In dem ersten Unterabschnitt werden zunächst die sog. Aufstellungsgrundsätze der KFR erläutert, die in allen drei Standards zum Ausdruck kommen bzw. explizit vorgeschrieben sind, bevor in den nachfolgenden Unterabschnitten die einzelnen Positionen der KFR nach HGB, IAS/IFRS und US-GAAP näher betrachtet werden.

(1) Aufstellungsgrundsätze für Zuordnung und Ausweis

Zuordnung und Bereichsgliederung nach dem Aktivitätsformat

Zur Verbesserung der Informationsfunktion der KFR werden die liquiditätsgenerierenden bzw. -absorbierenden Aktivitäten nach betrieblichen Funktionsbereichen in die drei Tätigkeitsfelder »laufendes Geschäft«, »Investition« und »Finanzierung« unterteilt bzw. diesen zugeordnet – Aktivitätsformat (*activity format*). Die drei Bereiche der Ursachenrechnung werden wie folgt bezeichnet (DRS 2.7 f.; FAS 95.14 und FAS 95.26; IAS 7.10 f.):

1. Cashflows aus der laufenden Geschäftstätigkeit
   (*cash flows from operating activities*)
2. Cashflows aus der Investitionstätigkeit
   (*cash flows from investing activities*)
3. Cashflows aus der Finanzierungstätigkeit
   (*cash flows from financing activities*)

Die Summe der Cashflows aus den drei Teilbereichen ist gleich der zahlungswirksamen Veränderung des Finanzmittelfonds (DRS 2.7; IAS 7 Appendix 1; FAS 95.26).

Rechnungswesen als Ausgangsbasis

Ausgangspunkt der Aufstellung der KFR sind die im Rechnungswesen erfassten Geschäftsvorfälle, die auch der daraus nach handelsrechtlichen Vorschriften (HGB) oder nach international anerkannten Grundsätzen (IAS/IFRS, US-GAAP) erstellten Bilanz und GuV zugrunde liegen (DRS 2.11), sodass die Erstellung der KFR für einen sachverständigen Dritten nachzuvollziehen ist (Grundsatz der Nachprüfbarkeit) und im Einklang zum übrigen Jahresabschluss steht.

Aufstellungsschritte:

Bei der Aufstellung der KFR wird im DRS 2 nachdrücklich zwischen der Ermittlung und der Darstellung der Zahlungen unterschieden (DRS 2.12):

- Originäre oder derivative Ermittlung

1. Zunächst können die relevanten Daten originär oder derivativ ermittelt werden. Wird die KFR originär erstellt, so müssen sämtliche in der Finanzbuchhaltung erfassten Geschäftsvorfälle, die eine Veränderung des Finanzmittelfonds hervorrufen, einzelnen Zahlungsvorgängen zugeordnet werden. Dagegen bilden bei der derivativen Ermittlung die Bilanz und GuV sowie weitere Informationen aus dem Rechnungswesen den Ausgangspunkt für die retrograde Erstellung der KFR. Die vorliegenden Standards schreiben keinen der beiden Ermittlungswege verbindlich vor, sondern enthalten lediglich Anforderungen an das Endprodukt KFR.

- Direkte oder indirekte Darstellung

2. Anschließend kann die Darstellung des Cashflows (Bereichssaldo) aufbauend auf den ermittelten Daten direkt oder indirekt erfolgen. Bei Anwendung der direkten Methode sind Ein- und Auszahlungen in den drei Bereichen der Ursachenrechnung unsaldiert auszuweisen. Die Zahlungsströme sind im Investitions- und Finanzierungsbereich zwingend nach der direkten Methode darzustellen; lediglich für den operativen Bereich ist neben der direkten auch die indirekte Darstellungsform zugelassen. Bei der indirekten Methode im operativen Bereich wird das Periodenergebnis um nicht zahlungswirksame Aufwendungen und Erträge, nicht zahlungswirksame Bestandsänderungen bei Posten des Netto-Umlaufvermögens (ohne die in den Finanzmittelsfonds einbezogenen Posten) sowie um zahlungswirksame Vorgänge, die dem Investitions- bzw. Finanzierungsbereich zugehören, bereinigt (DRS 2.12 und DRS 2.24; IAS 7.18 ff.; FAS 95.27 ff.).

Staffelform

Die drei Stellungnahmen gliedern die KFR bzw. Ursachenrechnung in Staffelform (DRS 2.10; IAS 7 Appendix 1; FAS 95.131 ff.). Die Staffelrechnung besitzt die höchste Aussagefähigkeit, da Ersteller und Analysten informative Zwischensummen bilden können (z. B. Free Cashflow).

Die Untergliederung der Zahlungen nach dem Aktivitätsformat und die Berechnung des erwirtschafteten Liquiditätssaldos, der den gesamten finanzwirtschaftlichen Erfolg des Unternehmens in einer Periode darstellt, wird in Abbildung 10.29 gezeigt.

laufende Geschäftstätigkeit (*operating activities*)	operative Einzahlungen (*cash receipts/inflows from operating activities*) – operative Auszahlungen (*cash payments/outflows from operating activities*) = Cashflow aus der laufenden Geschäftstätigkeit (1) (*net cash from/provided by or used in operating activities*)
Investitionstätigkeit (*investing activities*)	(Des-) Investitionseinzahlungen (*cash receipts/inflows from investing activities*) – Investitionsauszahlungen (*cash payments/outflows from investing activities*) = Cashflow aus der Investitionstätigkeit (2) (*net cash from/provided by or used in investing activities*)
Finanzierungstätigkeit (*financing activities*)	Finanzierungseinzahlungen (*cash receipts/inflows from financing activities*) – Finanzierungsauszahlungen (*cash payments/outflows from financing activities*) = Cashflow aus der Finanzierungstätigkeit (3) (*net cash from/provided by or used in financing activities*)
Liquiditätssaldo	= Zahlungswirksame Veränderung des Finanzmittelbestandes (Summe aus 1, 2 und 3) (*net in-/decrease in cash and cash equivalents*)*

* Nach US-GAAP und IAS/IFRS eventuell bereits inklusive der nicht zahlungswirksamen Veränderungen des Finanzmittelfonds aufgrund des Wechselkurseffektes (IAS 7 Appendix 2; FAS 95.136 ff.).

Abb. 10.29: Direkte Darstellungsform der Ursachenrechnung nach dem Aktivitätsformat in Staffelform

Zuordnung und Ausweis

Bei der Aufstellung einer KFR muss zunächst die Zuordnung der Zahlungsströme auf die Aktivitätsbereiche entschieden werden, bevor die Form der Darstellung bzw. des Ausweises innerhalb der KFR zu klären ist. Bewertungsfragen entfallen infolge der engen Fondsabgrenzung für die in der KFR auszuweisenden Zahlungen. Ausnahme davon bilden nur die Bewertung von in den Fonds einbezogenen Finanzmittelbeständen und die Umrechnung von Fremdwährungstransaktionen und Fondsanfangsbeständen in fremder Währung.

Zuordnung nach der wirtschaftlichen Tätigkeit

Die Zuordnung der Zahlungseingänge und -ausgänge erfolgt im Allgemeinen nach der Art des zugrunde liegenden Geschäftsvorfalls und der ausgeübten wirtschaftlichen Hauptaktivität des Unternehmens. Gemäß DRS 2 erfolgt die Zurechnung der Zahlungen auf die drei Teilbereichen nach der jeweiligen wirtschaftlichen Tätigkeit des Unternehmens (DRS 2.8). IAS 7 schreibt für den Ausweis und damit faktisch auch für die Zuordnung vor, dass *cash flows* auf die Art und Weise darzustellen sind, die das jeweilige *business* am zutreffendsten widerspiegelt (IAS 7.11). Des Weiteren sind die in den Standards enthaltenen Abgrenzungshinweise wie auch Gliederungsempfehlungen zur Zuordnung von Zahlungsvorgängen heranzuziehen.

Behandlung von bereichsübergreifenden Zahlungsvorgängen

Im Einzelfall kann die Abgrenzung zwischen den drei Tätigkeitsbereichen problematisch sein, da einzelne Geschäftsvorfälle u. U. mehreren Bereichen zugehören. Beispielsweise treten Abgrenzungsprobleme bei Immobilienunternehmen auf, deren operative Tätigkeit die Vermietung und Veräußerung von Immobilien umfasst. Wird nun ein vermietetes Gebäude verkauft, ist fraglich, ob die Einzahlung als laufende Geschäftstätigkeit oder als Desinvestitionstätigkeit zu behandeln ist (vgl. Gebhardt, G. [2001], Tz. 101).

- nach DRS 2

Für bereichsübergreifende Zahlungsvorgänge sieht DRS 2 ein Wahlrecht vor. Sofern sich die Zahlungen eines Geschäftsvorfalls mehreren Aktivitätsbereichen zuordnen lassen, sind die Zahlungsbewegungen entweder auf die in Frage kommenden Teilbereiche nach vernünftiger kaufmännischer Beurteilung aufzusplitten oder dem primär betroffenen Bereich in voller Höhe zuzurechnen, außer der Standard verlangt oder bevorzugt die Zuordnung eines solchen Ereignisses zu einem bestimmten Bereich (DRS 2.9). Dieses Wahlrecht, das aus den gegensätzlichen Vorschriften zur Behandlung solcher Grenzfälle nach IAS 7 und FAS 95 resultiert, offenbart die oben genannte Kompatibilität des DRS 2.

- nach IAS 7

IAS 7 schreibt die Aufteilung einer einzelnen Zahlungstransaktion in die aktivitätsbezogenen Bestandteile vor und gibt dazu ein Beispiel an (IAS 7.12).

- nach FAS 95

Gemäß FAS 95 soll bei Grenzfällen diejenige Aktivität ausschlaggebend sein, die aller Wahrscheinlichkeit nach die Hauptquelle der Finanzmittelbewegung (*predominant source of cash flows*) ist (FAS 95.24 und FAS 95.84).

Fremdwährungstransaktionen

Zahlungen in fremder Währung sind grundsätzlich mit dem Wechselkurs des Zahlungszeitpunktes (Transaktionskurs) umzurechnen, also so, als ob sie unmittelbar zum Entstehungszeitpunkt in der Berichtswährung gebucht worden wären. Aus Vereinfachungsgründen kann auch eine Umrechnung mit einem Wechselkurs erfolgen, der dem tatsächlichen Kurs sehr nahe kommt, wenn wesentliche Abweichungen daraus nicht resultieren. Als ein solch möglicher Umrechnungskurs wird der gewogene Periodendurchschnittskurs angesehen (DRS 2.22; IAS 7.25 ff.; FAS 95.25). Durchschnittskurse führen dann zu keinen großen Verzerrungen, wenn die umzurechnenden Zahlungsströme regelmäßig anfallen und nur geringe Kursschwankungen vorliegen. Die Bedingung des kontinuierlichen Anfalls der Zahlungsvorgänge in fremder Währung wird wohl primär (nur) im Fall des operativen Bereichs erfüllt. Da Zahlungen im Investitions- und Finanzierungsbereich häufig nicht gleichmäßig in der Berichtsperiode auftreten und ihre Umrechnung mit einem Durchschnittskurs zu Verzerrungen führen würde, sollten (zumindest bedeutende) Fremdwährungsgeschäfte der Investitions- und Finanzierungstätigkeit mit den betreffenden Transaktionskursen umgerechnet werden (vgl. Auer, K. V. [2000], S. 883 f.). Bei Kursdifferenzen folgt aus der Umrechnung der Fremdwährungstransaktionen der in Abschnitt A II 4a dieses Kapitels gezeigte Bewegungseffekt.

Außerordentliche Zahlungen

Wesentliche Zahlungen aus außerordentlichen Vorgängen (*extraordinary items*) sind nach DRS 2 und IAS 7 in den drei Tätigkeitsbereichen der KFR separat auszuweisen (DRS 2.50; IAS 7.29). Die gesonderte Angabepflicht ermöglicht dem Interessenten, zwischen nachhaltigen Zahlungsvorgängen und außerordentlichen Zahlungsströmen zu differenzieren und damit eine bessere Einschätzung gegenwärtiger und künftiger Ein- und Auszahlungen vorzunehmen (IAS 7.30). In

IAS 7 wird für die Klassifizierung von Zahlungsvorgängen als außerordentlich indirekt auf die Voraussetzungen in IAS 8 verwiesen (IAS 7.30). Damit sind außerordentliche Posten noch enger gefasst als nach § 277 Abs. 4 HGB (vgl. 7. Kapitel C II), sodass außerordentliche Zahlungen nur selten in einer KFR nach IAS 7 auftreten dürften. Nach FAS 95 brauchen dagegen keine Zahlungsvorgänge aus *extraordinary items* separat gezeigt werden (FAS 95.26 Fn. 10), wenngleich sie aber auch hier in den jeweiligen Bereichen der KFR zu erfassen sind.

Zahlungen verbunden mit aufzugebenden Geschäften

Zur Behandlung von nicht fortgeführten bzw. nicht fortzuführenden Geschäftsbereichen (*discontinuing* bzw. *discontinued operations*) liegt bislang keine spezielle Regelung nach HGB/DRS vor. Im deutschen Handelsrecht wird die Aufgabe eines Geschäftsbereiches vorwiegend als ungewöhnliches und selten auftretendes Ereignis qualifiziert, sodass die Erfolge entgegen der internationalen Sichtweise im außerordentlichen Ergebnis der GuV zu erfassen sind (vgl. 7. Kapitel C II). Analog dazu sind Zahlungen verbunden mit nicht weiterzuführenden Geschäften in dem betreffenden Teilbereich unter den außerordentlichen Zahlungen zu erfassen. Nicht in IAS 7, sondern erst nachträglich in IAS 35 wurde festgelegt, dass die Gesamtbeträge jeweils für die drei Bereichs-Cashflows, die aus *discontinuing operations* stammen, gesondert anzugeben sind (IAS 35.27 (g)). Gleichfalls wird dazu ermuntert, diese Angaben nicht in den *notes*, sondern innerhalb der KFR zu zeigen (IAS 35.40). FAS 95 verzichtet nachdrücklich auf den gesonderten Ausweis von Zahlungen aus *discontinued operations*. Werden die operativen Zahlungsströme aus aufgegebenen Geschäften nichtsdestotrotz freiwillig separat dargestellt, so ist ihr gesonderter Ausweis so lange fortzuführen, wie Zahlungen aus diesen eingestellten Geschäften auftreten (FAS 95.26 Fn. 10). Entgegen dem üblichen handelsrechtlichen Vorgehen darf ein nicht weitergeführtes Geschäft nach IAS/IFRS wie US-GAAP nicht als *extraordinary item* dargestellt werden (IAS 35.40; FAS 144.43).

Sicherungsgeschäfte

Im Rahmen des Risikomanagements verwenden Unternehmen zunehmend auch derivative Finanzinstrumente, um sich zumindest teilweise gegen Wechselkurs-, Zins- und Preisrisiken abzusichern. Dient ein Geschäftsvorfall der Absicherung einer speziellen Position, sind die Zahlungen aus diesem Sicherungsgeschäft demselben Teilbereich wie die Zahlungen aus dem Grundgeschäft zuzuordnen (DRS 2.47; IAS 7.16; FAS 104.6), d. h. bei Devisentermingeschäften zur Sicherung von Vorratsein- und -verkäufen sind die entsprechenden Zahlungsströme im operativen Bereich zu erfassen (vgl. KPMG [1999a], S. 162). Es liegt im Ermessen des Unternehmens, ob es eine Absicherungsabsicht zugibt, sodass dadurch ein faktisches Wahlrecht gegeben ist. Die Zuordnung der Sicherungszahlungen zu den Zahlungen der abzusichernden Position ist nach IAS 7 und FAS 95 zudem davon abhängig, ob der Sicherungszusammenhang auch in der Bilanz Berücksichtigung findet. In IAS 7 wird die Zuordnungsvorschrift auf *contracts* eingeschränkt (IAS 7.16). Nach der neuen Fassung der Fn. 4 in FAS 95 muss es sich bei den Sicherungsinstrumenten um derivative Finanzinstrumente (*derivative instruments*) handeln, die als *fair value hedges or cash flow hedges* gemäß FAS 133 bilanziert werden (FAS 95.14 Fn. 4 i. V. m. FAS 104.7 (b) i. V. m. FAS 133.530). Diese beiden Einschränkungen finden sich nicht in DRS 2, sodass die gemeinsame Zuordnung der Zahlungen von Sicherungs- und

Grundgeschäft unabhängig von der bilanziellen Behandlung ist und sich nicht nur auf derivative Instrumente beschränkt. So kann – im Gegensatz zu den internationalen Regelungen – nach DRS 2 z. B. die Aufnahme eines Kredites in Fremdwährung bei vorliegender Absicherungsabsicht wie ein Sicherungsgeschäft behandelt werden (vgl. Gebhardt, G. [2001], Tz. 190 ff.).

Unbare Transaktionen

Unbare Transaktionen (*non-cash transactions*) sind zahlungsunwirksame Geschäftsvorfälle, die keine Veränderung des Finanzmittelfonds verursachen, und dürfen wegen fehlender Zahlungswirksamkeit nicht in die KFR aufgenommen werden (DRS 2.48; IAS 7.43; FAS 95.32). Eine Ausnahme davon bilden die wechselkurs-, konsolidierungskreis- und bewertungsbedingten Fondsveränderungen. Zu den fondsneutralen Transaktionen zählen insbesondere nicht zahlungswirksame Investitions- und Finanzierungsvorgänge wie Umfinanzierungen, Uminvestierungen und zahlungsunwirksame Bilanzverlängerungen. Beispielhaft werden für unbare Bilanzverlängerungen der Erwerb von Vermögenswerten mit unmittelbarer Kreditaufnahme beim Lieferanten, durch Tausch, durch Übernahme fremder Verbindlichkeiten oder durch Finanzierungsleasing wie auch der Erwerb eines Unternehmens durch Anteilstausch angeführt (DRS 2.49; IAS 7.44; FAS 95.32). Ist ein Vorgang teils zahlungswirksam und teils zahlungsunwirksam, so ist – nach FAS 95 ausdrücklich – nur der zahlungswirksame Teil in der KFR zu erfassen (FAS 95.32). Unbare Transaktionen können einen bedeutenden Einfluss auf die Kapital- und Vermögensstruktur haben, sodass darüber außerhalb der KFR zu berichten ist (DRS 2.52 (d); IAS 7.43; FAS 95.32).

Brutto-/Nettoausweis

Grundsätzlich ist bei der Darstellung der Zahlungsströme in einer KFR das Bruttoprinzip zu beachten, d. h. Ein- und Auszahlungen dürfen grundsätzlich nicht saldiert ausgewiesen werden (DRS 2.15; IAS 7.21; FAS 95.11). Der Nettoausweis ist in sämtlichen drei Aktivitätsbereichen ausnahmsweise für solche Posten zulässig, die eine hohe Umschlagshäufigkeit, große Beträge und kurze Restlaufzeiten (z. B. Kauf und Verkauf von Wertpapieren) aufweisen (DRS 2.15 (a); IAS 7.22 (b)).

Im Gegensatz zu DRS 2 und IAS 7 grenzt FAS 95 einen solchen Nettoausweis präziser auf Zahlungsvorgänge in Verbindung mit Geldanlagen, Kreditforderungen und Schulden mit einer Restlaufzeit von bis zu drei Monaten im Zugangszeitpunkt (*original maturity*) ein (FAS 95.13).

Kundenkonten

Darüber hinaus dürfen bei Zahlungsströmen für Rechnung von Dritten (auf sog. Kundenkonten) Ein- mit Auszahlungen verrechnet werden, wenn sie überwiegend die Aktivitäten der Dritten und nicht die des Unternehmens widerspiegeln (DRS 2.15 (b); IAS 7.22 (a); FAS 95.12). Das gilt z. B. für Mietzahlungen von Unternehmen, die für Dritte eingezogen und anschließend an diese weitergeleitet werden. Beim Bruttoausweis würde die KFR nur aufgebläht und damit verzerrt. Die Nettoangaben sind zur Beurteilung der Finanzlage ausreichend, da die Zahlungen mehr oder weniger nur durchlaufende Posten sind (FAS 95.12).

Mindestgliederungen

Mindestgliederungen für die Aktivitätsbereiche der KFR sind Bestandteil von DRS 2, die die Mindestaufschlüsselungen der einzelnen Bereiche darlegen. Eine verbindliche Mindestuntergliederung innerhalb der drei Teilbereiche ist in IAS 7 nicht enthalten. IAS 7 verlangt beim Ausweis in den drei Tätigkeitsbereichen lediglich, Ein- und Auszahlungen jeweils in Hauptposten (*major classes*) darzustellen (IAS 7.21). FAS 95 schreibt eine Mindestgliederung nur verbal für den operativen Bereich bei direkter Darstellung vor (FAS 95.27); bei Anwendung der indirekten Methode im operativen Bereich wird der gesonderte Ausweis von Hauptposten der Überleitung (*all major classes of reconciling items*) gefordert (FAS 95.29). Allerdings stellen die internationalen Standards in den Anlagen detaillierte Beispielgliederungen zur Verfügung, die den Erstellern Anhaltspunkte zur Gliederungsgestaltung geben (IAS 7 Appendix 1; FAS 95.131 ff.).

Vorjahreszahlen und Stetigkeit

Ferner müssen Vergleichszahlen der Vorperiode angegeben werden (DRS 2.10; F 42); die nach den SEC-Bestimmungen übliche Angabe der Vergleichszahlen für die zwei vorangegangenen Berichtsperioden gilt auch für das *statement of cash flows* der börsennotierten Unternehmen (Anwendung der Regulation S-X, Rule 3-02 (a) und Regulation 14 A, Rule 14a-3 (b) (1) auf FAS 95). Des Weiteren ist der Grundsatz der Stetigkeit auf die Gliederung der KFR anzuwenden (DRS 2.10; F 39 ff.; ARB 43 Ch. 2A).

(2) Cashflow aus der laufenden Geschäftstätigkeit

Definition und Abgrenzung der laufenden Geschäftstätigkeit

Der Bereich »laufende Geschäftstätigkeit« (*operating activities*) umfasst Zahlungsströme der auf Erlöserzielung ausgerichteten Aktivitäten im Produktions-, Verkaufs- und Servicebereich. Somit handelt es sich bei den Zahlungen aus laufender Geschäftstätigkeit grundsätzlich um zahlungswirksame Aufwendungen und Erträge aus Transaktionen und Ereignissen, die in die Ermittlung des Jahresergebnisses einfließen. Der operative Bereich wird negativ gegenüber dem Investitions- und Finanzierungsbereich abgegrenzt, d. h. sämtliche Zahlungsströme werden dem Bereich der laufenden Geschäftstätigkeit zugeordnet, soweit sie nicht unmittelbar der Investitions- oder Finanzierungstätigkeit zuzurechnen sind (DRS 2.6 und DRS 2.23; IAS 7.6 und IAS 7.14; FAS 95.21).

Der materielle Inhalt des Bereichs der laufenden Geschäftstätigkeit wird in IAS 7 und FAS 95 zunächst anhand einer nicht abschließenden Aufzählung konkretisiert und dadurch von den beiden anderen Bereichen abgegrenzt (IAS 7.13 ff.; FAS 95.21 ff.). Anschließend wird der formelle Inhalt und Aufbau verbal sowie mittels unverbindlicher, im jeweiligen Appendix angegebener Beispielgliederungen erläutert (IAS 7.18 ff. und IAS 7 Appendix 1; FAS 95.27 ff. und FAS 95.130 ff.).

Die dem operativen Bereich zugeordneten Zahlungsströme werden nach DRS 2 – in Anlehnung an die begriffliche Abgrenzung nach IAS 7 und FAS 95 – durch die Vorgabe einer Mindestgliederung näher bestimmt (DRS 2.26) (vgl. Abbildung 10.30).

	Einzahlungen von Kunden für den Verkauf von Erzeugnissen, Waren und Dienstleistungen
–	Auszahlungen an Lieferanten und Beschäftigte
+	Sonstige Einzahlungen, die nicht der Investitions- oder Finanzierungstätigkeit zuzuordnen sind
–	Sonstige Auszahlungen, die nicht der Investitions- oder Finanzierungstätigkeit zuzuordnen sind
+/–	Ein- und Auszahlungen aus außerordentlichen Posten
=	**Cashflow aus laufender Geschäftstätigkeit**

Abb. 10.30: Mindestgliederungsschema bei direkter Darstellung des operativen Bereichs nach DRS 2

Einzahlungen von Kunden

Zu den Einzahlungen von Kunden zählen sämtliche Zahlungseingänge aus dem Umsatzgeschäft (Einzahlungen von Kunden aus dem Verkauf von Produkten und aus der Erbringung von Dienstleistungen) einschließlich den Bareinnahmen aus dem Verkauf von operativen Forderungen aus Lieferungen und Leistungen und aus der Einlösung von Wechselkrediten im Rahmen von Zielverkäufen an Kunden, aber auch aus der Vergabe von Nutzungsrechten, Erhebung von Gebühren und aus Kommissionen (DRS 2.26; IAS 7.14; FAS 95.22).

Auszahlungen an Lieferanten und Beschäftigte

Zu den Auszahlungen an Lieferanten und Beschäftigte gehören alle Zahlungsausgänge für die Beschaffung von Material und Waren einschließlich der Barausgaben für die Begleichung von operativen Verbindlichkeiten aus Lieferungen und Leistungen, von Wechselverbindlichkeiten wie auch Lohn- und Gehaltszahlungen an Mitarbeiter, Pensionszahlungen, Auszahlungen für Steuern, Zölle, Gebühren und Strafzahlungen (DRS 2.26; IAS 7.14; FAS 95.23).

Sonstige Ein- und Auszahlungen

Die sonstigen Ein- und Auszahlungen, die nicht der Investitions- und Finanzierungstätigkeit zuzuordnen sind, stellen Sammelposten dar, die infolge der negativen Abgrenzung gegenüber dem Investitions- und Finanzierungsbereich dem operativen Bereich zugerechnet werden. Sonstige Ein- bzw. Auszahlungen resultieren z. B. aus Rechtsstreitigkeiten, Versicherungsentschädigungen, Spenden, Erstattungen von Lieferanten und Rückzahlungen an Kunden (vgl. Wysocki, K. v. [2002], Tz. 53; IAS 7.14; FAS 95.22 f.).

Außerordentliche Ein- und Auszahlungen

In der Mindestgliederung des DRS 2 sind die außerordentlichen Ein- und Auszahlungen im operativen Bereich gesondert ausgewiesen (DRS 2.26 f.). Daraus folgt aber nicht, dass sämtliche zahlungswirksamen außerordentlichen Vorgänge diesem Bereich zuzuordnen sind. Wie bereits im vorigen Abschnitt A II 4b (1) dieses Kapitels erwähnt, können Ein- und Auszahlungen im Zusammenhang mit außerordentlichen Geschäftsvorfällen (*extraordinary items*) in allen drei Teilbereichen der KFR auftreten (DRS 2.50; IAS 7.29).

Wertpapiere und Anleihen des Handelsbestandes

Zahlungen im Zusammenhang mit dem An- und Verkauf von Wertpapieren und Anleihen des Handelsbestandes (*securities and loans in a trading account*) sind ebenfalls dem operativen Bereich und nicht dem Investitionsbereich zuzuordnen, da sie zu Handelszwecken erworben und die damit einhergehenden Zahlungsvorgänge das Ergebnis gezielter und regelmäßiger Marktteilnahme sind. Diese Positionen sind gleichzusetzen mit Vorräten, die zum Zweck der Weiterveräußerung erworben wurden (DRS 2.6 und DRS 2.31; IAS 7.15; FAS 102.8 f.).

Zins-, Dividenden- und Ertragsteuerzahlungen

Ein grundlegender Unterschied zwischen DRS 2 und IAS 7 einerseits und FAS 95 andererseits betrifft die Zuordnung von geleisteten und erhaltenen Zinszahlungen, Einzahlungen aus Dividenden und Beteiligungserträgen sowie Ertragsteuerzahlungen. Da die unterschiedlichen Möglichkeiten der Zuordnung dieser Zahlungen von großer Bedeutung sind und bei den einzelnen Ausweisvorschriften für den Bereich der laufenden Geschäftstätigkeit – aber auch für die Bereiche der Investitions- und Finanzierungstätigkeit – zum Tragen kommen, wird in Tabelle 10.4 eine Übersicht über die Zuordnungspflichten bzw. -wahlrechte gegeben (bei in Klammern gesetzten Bereichen ist die Zuordnung an eine Bedingung geknüpft bzw. trotz einer bevorzugten Lösung zulässig).

Zahlungsvorgänge	**DRS 2 [Tz.]**	**IAS 7 [Tz.]**	**FAS 95 [Tz.]**
erhaltene Zinsen	operativer Bereich [36]/ (Investitionsbereich [39])	operativer Bereich [33]/ Investitionsbereich [33]	operativer Bereich [22 (b)]
gezahlte Zinsen:			
(a) nicht aktiviert	operativer Bereich [36]/ (Finanzierungsbereich [39])	operativer Bereich [33]/ Finanzierungsbereich [33]	operativer Bereich [23 (d)]
(b) aktiviert	operativer Bereich [36]/ (Investitionsbereich [39])/ (Finanzierungsbereich [39])	operativer Bereich [33]/ Finanzierungsbereich [33]	Investitionsbereich [17 (c) Fn. 7]
erhaltene Dividenden (und andere übernommene Ergebnisse)	operativer Bereich [36]/ (Investitionsbereich [39])	operativer Bereich [33]/ Investitionsbereich [33]	operativer Bereich [22 (b)]
gezahlte Dividenden	Finanzierungsbereich [37]	Finanzierungsbereich [34]/ operativer Bereich [34]	Finanzierungsbereich [20 a]
gezahlte Ertragsteuern	operativer Bereich [41]/ (Investitionsbereich [42])/ (Finanzierungsbereich [42])	operativer Bereich [35]/ (Investitionsbereich [35])/ (Finanzierungsbereich [35])	operativer Bereich [23 (c)]

Tab. 10.4: Zuordnung von Zins-, Dividenden- und Ertragsteuerzahlungen

- Zuordnung nach DRS 2

Grundsätzlich werden erhaltene und gezahlte Zinsen, erhaltene Dividenden und andere übernommene Ergebnisse wie auch gezahlte Ertragsteuern dem Bereich der laufenden Geschäftstätigkeit zugeordnet, da sie in der GuV als Aufwendungen und Erträge erfasst werden (DRS 2.36 und DRS 2.41). Gezahlte Dividenden stellen Eigenkapitalkosten dar und sind wie die zugehörigen Zahlungen aus Eigenkapitalveränderungen dem Finanzierungsbereich zuzuordnen (DRS 2.37).

Abweichend von diesen Grundregelungen sind folgende bedingte Wahlrechte gegeben. Erhaltene Zinsen und Dividenden können bei sachlicher Begründung (*return on investments*) ausnahmsweise der Investitionstätigkeit zugeordnet werden (DRS 2.39). Gezahlte (aktivierte und nicht aktivierte) Zinsen dürfen bei Vorliegen eines begründenden Sachverhalts (Fremdkapitalkosten) der Finanzierungstätigkeit zugeordnet werden (DRS 2.39). Werden Zinsen als Teil der Anschaffungskosten aktiviert, so dürfen sie auch im Investitionsbereich erfasst werden (DRS 2.39). Können gezahlte Ertragsteuern bestimmten Geschäftsvorfällen im Investitions- oder Finanzierungsbereich eindeutig zugerechnet werden, so dürfen sie ausnahmsweise diesen Bereichen zugeordnet werden (DRS 2.42).

- Zuordnung nach IAS 7

Gewöhnlich gelten erhaltene und gezahlte Zinsen, erhaltene Dividenden und Ertragsteuerzahlungen nach IAS 7 als Mittelflüsse aus laufender Geschäftstätigkeit. Aus den gleichen Überlegungen wie nach DRS 2 wird aber auch nach IAS 7 die Einordnung der erhaltenen Zinsen und Dividenden in den Investitionsbereich sowie der gezahlten Zinsen in den Finanzierungsbereich ermöglicht (IAS 7.33 ff.). Sie sollen jedoch im Zeitablauf an gleichbleibender Stelle (Grundsatz der Stetigkeit) ausgewiesen werden (IAS 7.31). Eine Besonderheit von IAS 7 ist, dass die gezahlten Dividenden statt dem Finanzierungsbereich auch dem operativen Bereich zugeordnet werden dürfen, um den Adressaten die Fähigkeit des Unternehmens zu signalisieren, inwieweit Dividenden aus dem laufenden Geschäft bezahlt werden können (IAS 7.34). Gezahlte Ertragsteuern dürfen auch dem Investitions- bzw. Finanzierungsbereich zugeordnet werden, wenn die die Steuern auslösenden Vorgänge in diesen Bereichen identifiziert werden können (IAS 7.35). So z. B. können Ertragsteuerzahlungen, die aufgrund eines zu versteuernden Gewinns bei Anlagenabgängen anfallen, dem Investitionsbereich zugerechnet werden. Grundsätzlich werden sie aber im operativen Bereich erfasst, da die Ertragsteuern verursachenden Zahlungsströme häufig nicht eindeutig identifiziert werden können (IAS 7.35 f.). Zudem fällt ein Teil der Steuerzahlungen regelmäßig in einer anderen Berichtsperiode als die ihr zugrunde liegenden Vorgänge an, sodass eine exakte Zuordnung zu den verursachenden Geschäftsvorfällen praktisch oft nicht mehr möglich ist (IAS 7.36).

- Zuordnung nach FAS 95

Nach FAS 95 werden dagegen keine Wahlrechte für die Zuordnung dieser Zahlungen gewährt. Erhaltene Zinsen, nicht aktivierte Zinsauszahlungen, erhaltene Dividenden wie auch Ertragsteuerzahlungen sind obligatorisch im operativen Bereich zu erfassen (FAS 95.22 f.). Denn die Zahlungen aus laufender Geschäftstätigkeit sollen soweit wie möglich die Auswirkungen derjenigen Posten beinhalten, die der Bestimmung des Jahresergebnisses zugrunde liegen (FAS 95.90). Die aktivierten Zinsauszahlungen (*interest capitalized*) sind dagegen im Investitionsbereich zu erfassen, da sie Teil der Anschaffungskosten sind (FAS 95.17 (c) Fn. 7). Der FASB hält die Aufteilung der Ertragsteuerzahlungen für zu komplex und willkürlich, sodass der resultierende Nutzen nicht die zusätzlichen Kosten rechtfertigt (FAS 95.92). Gezahlte Dividenden sind zwingend dem Finanzierungsbereich zuzuordnen (FAS 95.20 (a)).

Formen der Darstellung

Die drei Standards erlauben ausschließlich für den operativen Bereich neben der direkten auch die indirekte Methode der Darstellung (DRS 2.24 ff.; IAS 7.18 ff.; FAS 95.27 f.).

Direkte Methode der Darstellung

Der Bruttoausweis gilt für den operativen Bereich bei Anwendung der direkten Darstellungsmethode, sodass grundsätzlich Brutto-Einzahlungen den Brutto-Auszahlungen gegenüberstehen (DRS 2.24 (a); IAS 7.18 (a); FAS 95.27). Die direkte Darstellungsform entspricht der Grundidee der originär aus der Finanzbuchführung ermittelten KFR, da sie Zahlungsgrößen abbildet (IAS 7.19 (a)).

Allerdings können diese operativen Zahlungen auch derivativ durch Korrektur der erfolgswirksamen Vorgänge um ihre nicht zahlungswirksamen Bestandteile ermittelt werden (IAS 7.19 (b); FAS 95.115 ff.), wie es im Appendix C zu FAS 95 anhand eines Beispiels erläutert wird (FAS 95.135).

- nach DRS 2

Wie in der Mindestgliederung (vgl. Abbildung 10.30) bereits gezeigt, müssen nach DRS 2 bei der direkten Darstellungsmethode mindestens die »Einzahlungen von Kunden für den Verkauf von Erzeugnissen, Waren und Dienstleistungen«, die »Auszahlungen an Lieferanten und Beschäftigte«, die »sonstigen Einzahlungen, ...« wie auch die »sonstigen Auszahlungen, die nicht der Investitions- und der Finanzierungstätigkeit zuzuordnen sind« und schließlich saldiert die »außerordentlichen Ein- und Auszahlungen« jeweils getrennt ausgewiesen werden. Diese Aufgliederung des operativen Bereichs in fünf Positionen stellt die Mindestanforderung nach DRS 2 dar (DRS 2.26).

- nach IAS 7

Ein verbindliche Mindestuntergliederung wird in IAS 7 nicht verlangt. Für die Anwendung der direkten Darstellung wird lediglich verbal die Bildung von Hauptposten für die auszuweisenden Brutto-Einzahlungen und Brutto-Auszahlungen (*major classes of gross cash receipts and gross cash payments*) vorgeschrieben (IAS 7.18 (a)). Zur Veranschaulichung ist im Appendix 1 zu IAS 7 ein unverbindliches Beispiel für die direkte Darstellung der Zahlungsströme im operativen Bereich angegeben, in dem die Gliederungstiefe der Mindestgliederung nach DRS 2 entspricht. Zusätzlich werden aussagefähige Zwischensummen gezeigt (IAS 7 Appendix 1).

- nach FAS 95

Über die oben im Schema nach DRS 2 aufgeführten Ein- und Auszahlungen hinaus sollen nach FAS 95 bei der direkten Methode mindestens auch noch die erhaltenen Zinsen und Dividenden (*interest and dividends received*), die gezahlten Zinsen (*interest paid*) und die gezahlten Ertragsteuern (*income taxes paid*) separat gezeigt werden. Diese Ausweispflicht folgt daraus, dass diese Zahlungen obligatorisch dem operativen Bereich zuzuordnen sind. Zudem werden weitere Unterteilungen empfohlen, falls sie aussagekräftig und praktikabel sind (FAS 95.27). Wie bereits gesagt, müssen außerordentliche Zahlungsvorgänge im operativen Bereich nicht gesondert ausgewiesen werden (FAS 95.26 Fn. 10). Auch nach FAS 95 werden im Appendix C Beispielgliederungen zur Verfügung gestellt, die aber ebenso wie nach IAS 7 keinen verbindlichen Charakter besitzen (FAS 95.131, 136).

Indirekte Methode der Darstellung

Bei Anwendung der indirekten Methode (Überleitungsrechnung, *indirect or reconciliation method*) wird der Cashflow aus der laufenden Geschäftstätigkeit durch Rückrechnung bestimmt. Ausgangspunkt ist das Periodenergebnis (i. d. R. der Jahresüberschuss/-fehlbetrag), das zunächst um sämtliche aus Periodisierungsmaßnahmen resultierenden nicht zahlungswirksamen Aufwendungen und Erträge sowie um Bestandsveränderungen bei Posten des Netto-Umlaufvermögens (ohne Finanzmittelfonds) durch Zu- bzw. Abrechnung bereinigt wird. Des Weiteren sind alle Posten, die Zahlungsströme aus der Investitions- und Finanzierungstätigkeit darstellen, in diese beiden anderen Bereiche umzubuchen (DRS 2.24 (b); IAS 7.18 (b) und IAS 7.20; FAS 95.28). Umgekehrt sind die nicht in der GuV erfassten Zahlungsvorgänge aus laufender Geschäftstätigkeit zu ergänzen, also sämtliche Veränderungen von Aktiva und Passiva, die nicht der Investitions- und Finanzierungstätigkeit zuzuordnen sind.

Es wird in FAS 95 explizit gefordert, dass der Saldo des operativen Bereichs bei der indirekten Darstellungsform den gleichen Betrag zeigt wie bei der direkten. Bei vollständiger Rückrechnung ist dies gewährleistet (FAS 95.28).

Im DRS 2 ist ebenfalls für die indirekte Darstellungsform eine Mindestgliederung vorgegeben, die den materiellen Inhalt und die auszuweisenden Posten konkretisiert (DRS 2.27) (vgl. Abbildung 10.31).

	Periodenergebnis (einschließlich Ergebnisanteilen von Minderheitsgesellschaftern) vor außerordentlichen Posten
+/–	Abschreibungen/Zuschreibungen auf Gegenstände des Anlagevermögens
+/–	Zunahme/Abnahme der Rückstellungen
+/–	Sonstige zahlungsunwirksame Aufwendungen/Erträge (bspw. Abschreibung auf ein aktiviertes Disagio)
–/+	Gewinn/Verlust aus dem Abgang von Gegenständen des Anlagevermögens
–/+	Zunahme/Abnahme der Vorräte, der Forderungen aus Lieferungen und Leistungen sowie anderer Aktiva, die nicht der Investitions- oder Finanzierungstätigkeit zuzuordnen sind
+/–	Zunahme/Abnahme der Verbindlichkeiten aus Lieferungen und Leistungen sowie anderer Passiva, die nicht der Investitions- oder Finanzierungstätigkeit zuzuordnen sind
+/–	Ein- und Auszahlungen aus außerordentlichen Posten
=	**Cashflow aus der laufenden Geschäftstätigkeit**

Abb. 10.31: Mindestgliederungsschema bei indirekter Darstellung des operativen Bereichs nach DRS 2 – Überleitungsrechnung

In IAS 7 und FAS 95 werden wiederum zunächst verbal die auszuweisenden Hauptposten der Überleitung aufgeführt. So ist das Jahresergebnis um Periodisierungsmaßnahmen (*deferrals and accruals*) zu korrigieren. Als Korrekturposten werden alle nicht zahlungswirksamen Aufwendungen und Erträge, die Veränderungen bei den Vorräten und bei den kurzfristigen operativen Forderungen und Verbindlichkeiten (*operating receivables and payables*), d. h. die jeweils aus dem laufenden Geschäft resultieren (*pertaining to operating activities*), sowie alle Posten, die der Investitions- bzw. Finanzierungstätigkeit zugehören, aufgeführt (IAS 7.18 (b) und IAS 7.20; FAS 95.29). Zum Vergleich mit DRS 2 und zur Erläuterung der auszuweisenden Posten wird für IAS 7 und FAS 95 abermals auf die in den Beispielen angegebenen Gliederungen zurückgegriffen (IAS 7 Appendix 1; FAS 95.131 ff.).

Ausgangsgröße nach DRS 2

Die Überleitungsrechnung beginnt mit dem Periodenergebnis, das auch die Ergebnisanteile von Minderheitsgesellschaftern enthält. Zudem ist es eine Größe vor Berücksichtigung außerordentlicher Posten, um in der Überleitung den Saldo aus außerordentlichen Ein- und Auszahlungen abzubilden (DRS 2.27). Sollen die Zinszahlungen in der KFR gesondert ausgewiesen werden, so ist eine Ausgangsgröße vor Zinsaufwendungen auszuweisen (DRS 2.38). Sollen zudem die Ertragsteuerzahlungen in der KFR gesondert ausgewiesen werden, so muss die Rückrechnung von einer Größe vor Ertragsteuern ausgehen (DRS 2.43). Wird eine andere Ausgangsgröße gewählt (z. B. operatives Ergebnis oder *Cash Earnings* nach DVFA/SG), so ist diese Größe auf das Periodenergebnis überzuleiten, wobei diese Überleitung in den ergänzenden Angaben zur KFR gezeigt werden kann (DRS 2.28).

Ausgangsgröße nach IAS 7

Im Musterbeispiel von IAS 7 handelt es sich um eine Ausgangsgröße vor Steuern, vor außerordentlichen Posten (*net profit before taxation and extraordinary item*) und nach Zinsen. Als Ausgangsgröße wird eine Vorsteuergröße gewählt, um die ausgezahlten Ertragsteuern separat auszuweisen. Gleiches gilt für die operativen Zahlungen im Zusammenhang mit außerordentlichen Vorgängen; sie werden – wie bei DRS 2 – als Einzelposten im Bereich der laufenden Geschäftstätigkeit aufgeführt. Die Zinsaufwendungen werden offen im operativen Bereich in voller Höhe zurückgerechnet (IAS 7 Appendix 1). Dadurch soll erreicht werden, dass die dem operativen Bereich zuzuordnenden Zinszahlungen gesondert angegeben und zudem weitere, nicht das laufende Geschäft betreffende Zinszahlungen ggf. dem Investitions- bzw. dem Finanzierungsbereich zugeordnet werden können.

Ausgangsgröße nach FAS 95

Im Unterschied zu DRS 2 und IAS 7 beginnt das Beispiel im FAS 95 mit der Ausgangsgröße *net income* nach *extraordinary items*. Außerdem ist das *net income* eine Größe nach Steuern und nach Zinsen. Anschließend wird das *net income* in der Überleitungsrechnung um den nicht zahlungswirksamen Anteil an den Ertragsteueraufwendungen (*income taxes payable* und *increase in deferred taxes*) bereinigt. Zudem muss die Ausgangsgröße zwingend um die nicht zahlungswirksamen Zinserträge und -aufwendungen (*accruals for interest earned but not received and interest incurred but not paid*) korrigiert werden (FAS 95.28 Fn. 12 und FAS 95.131 f.). Daraus folgt, dass in der Rückrechnung nicht Zins- und Ertragsteuerzahlungen – wie ggf. nach IAS 7 und nach DRS 2 –, sondern die bilanzielle und damit nicht zahlungswirksame Veränderung der Zinsverbindlichkeiten bzw. -forderungen sowie der Steuerverbindlichkeiten/-rückstellungen und der latenten Steuern ausgewiesen wird. Die in der Periode gezahlten Zinsen (abzüglich der aktivierten Zinszahlungen) und Ertragsteuern sind bei Anwendung der indirekten Methode an anderer Stelle (*related disclosures*) zu zeigen (FAS 95.29 und FAS 95.131 ff.).

Abschreibungen und Zuschreibungen

Die planmäßigen wie außerplanmäßigen Abschreibungen auf Gegenstände des Anlagevermögens stellen nicht zahlungswirksamen Aufwand dar und sind demzufolge zu eliminieren. Die den Abschreibungen korrespondierenden Zuschreibungen auf Anlagegüter sind zahlungsunwirksame Erträge, die vom Periodenergebnis abzuziehen sind (DRS 2.27; IAS 7.20 (b); FAS 95.28 f.). Zu beachten ist, dass Abschreibungen auf Gegenstände des Umlaufvermögens unter den Veränderungen der Vorräte erfasst werden (vgl. Wysocki, K. v. [2002], Tz. 83).

Rückstellungen

Mit der Berücksichtigung der Veränderungen lang- und kurzfristiger Rückstellungen sollen die zugehörigen zahlungsunwirksamen Aufwendungen bzw. Erträge aus dem Periodenergebnis herausgerechnet werden (DRS 2.27; IAS 7.20 (b); FAS 95.28 f.). Als Aufwand (Ertrag) erfasste zahlungslose Rückstellungszuführungen (Rückstellungsauflösungen) haben das Periodenergebnis geschmälert (erhöht); da sie keine periodengleichen Auszahlungen (Einzahlungen) darstellen, werden sie durch die Berücksichtigung der Erhöhung (Verminderung) der Rückstellungen neutralisiert. Bei der erfolgsneutralen Auflösung von Rückstellungen als Folge von Inanspruchnahmen treten Auszahlungen auf, die wegen ihrer Zahlungswirksamkeit zurecht als Verminderungen in der Veränderungsgröße der Rückstellungen erfasst werden. Dagegen dürfen erfolgsneutrale, zahlungslose Veränderungen der Rückstellungen (z. B. konsolidierungskreisbedingte Veränderungen der Pensionsrückstellungen) in den Korrekturposten nicht aufgenommen werden, da sie weder das Ergebnis beeinflusst haben noch ihnen Zahlungen zugrunde liegen (vgl. Arbeitskreis »Finanzierungsrechnung« der Schmalenbach-Gesellschaft [1996], S. 137).

Sonstige zahlungsunwirksame Aufwendungen und Erträge

Der Korrekturposten »sonstige zahlungsunwirksame Aufwendungen und Erträge« stellt ein Sammelposten dar (DRS 2.27). Für das deutsche Handelsrecht typische zahlungsunwirksame Aufwendungen und Erträge sind z. B. Abschreibungen auf ein aktiviertes Disagio, Abschreibungen der Aufwendungen für die Ingangsetzung und Erweiterung des Geschäftsbetriebes, Erträge aus der Auflösung passivierter Investitionszuschüsse und Veränderungen des Sonderpostens mit Rücklageanteil (vgl. Wysocki, K. v. [2002], Tz. 86 ff.). Nach IAS 7 gehören zu diesen *non-cash items* z. B. nicht realisierte Währungserfolge (*unrealised foreign currency gains and losses*) – die in der Überleitungsrechnung des Beispiels einzeln ausgewiesen werden –, zahlungsunwirksame Beteiligungserträge von assoziierten Unternehmen (*undistributed profits of associates*) und Minderheitenanteile (*minority interests*) (IAS 7.20 (b) und IAS 7 Appendix 1). Nicht zahlungswirksame Beteilungserträge von einem *at equity* bilanzierten Unternehmen werden auch im Beispiel von FAS 95 zurückgerechnet (FAS 95.131 ff.).

Erfolge aus Anlagenabgängen

Gewinne und Verluste aus dem Abgang von Gegenständen des Anlagevermögens sind das Ergebnis von Desinvestitionen und deshalb dem Investitionsbereich zuzuordnen. Da sie aber in der Ausgangsgröße »Periodenergebnis« bei der indirekten Darstellung enthalten sind, müssen sie im Zuge der Überleitung auf den operativen Cashflow herausgerechnet werden (DRS 2.27; IAS 7.14 und IAS 7 Appendix 1; FAS 95.28 f. und FAS 95.131 f.).

Veränderungen bestimmter Aktiv- und Passivposten

Bedeutendes Merkmal der Überleitungsrechnung im operativen Bereich ist die Berücksichtigung der Veränderungen bestimmter Aktiv- und Passivposten, sofern sie durch Vorgänge der laufenden Geschäftstätigkeit begründet sind und nicht etwa der Investitions- oder Finanzierungstätigkeit angehören und auch nicht dem Finanzmittelfonds zuzuordnen sind. Hierzu zählen in erster Linie Bestandsänderungen bei Vorräten, operativen Forderungen aus Lieferungen und Leistungen wie auch operativen Verbindlichkeiten aus Lieferungen und Leistungen. Des Weiteren sind Veränderungen anderer Passiva und Aktiva zu berücksichtigen, sofern sie nicht der Investitions- und Finanzierungstätigkeit oder dem Fonds zuzurechnen sind. Mit der Erfassung operativer Bestandsänderungen werden zum einen die Auswirkungen von nicht zahlungswirksamen, aber erfolgswirksamen Vorgängen auf das Periodenergebnis rückgängig gemacht, da sie als zahlungslose Aufwendungen (z. B. Abschreibungen auf Vorratsbestände; Verbrauch von kreditierten Vorräten) und zahlungslose Erträge (z. B. Erhöhungen der Umsatzforderungen) in die Ausgangsgröße eingegangen sind und diese um solche zahlungsunwirksamen Erfolgsvorgänge zu korrigieren ist. Zum anderen werden mit diesem Schritt zahlungswirksame erfolgsneutrale Vorgänge (z. B. Anzahlungen; Erhöhungen der in bar erworbenen Vorräte; Verminderungen der Umsatzforderungen aufgrund von Kundeneinzahlungen; Verminderungen der operativen Verbindlichkeiten aus Lieferungen und Leistungen durch Auszahlungen an Lieferanten) im operativen Bereich erfasst. Dagegen sind zahlungsunwirksame erfolgsneutrale Bestandsänderungen, wie z. B. verursacht durch Sacheinlagen, Änderungen des Konsolidierungskreises oder Wechselkursdifferenzen, nicht in den Veränderungsbeträgen zu erfassen. Zudem können in den Veränderungen der Bilanzposten Vorgänge enthalten sein, deren Zahlungen entweder dem Investitions- (z. B. Erhöhung von Verbindlichkeiten aus Lieferungen und Leistungen durch Zielkauf von Sachanlagen; kurzfristige Finanzdisposition) oder Finanzierungsbereich zugehören oder die im Finanzmittelfonds erfasst sind. Solche Veränderungen sind aus den Veränderungsbeträgen der indirekten Methode auszuschließen; letztere enthalten nur Veränderungen von Aktiva und Passiva aus der laufenden Geschäftstätigkeit. Insofern stimmen die Veränderungsgrößen der indirekten Methode dem Umfang nach (z. B. operative versus bilanzielle Forderungen aus Lieferungen und Leistungen; Konzernkreisänderungen) und der Höhe nach (z. B. wechselkursbedingte Differenzen bei bestimmten monetären Posten wie Forderungen aus Lieferungen und Leistungen) nicht mit den in der Bilanz ausgewiesenen Veränderungen gleichnamiger (Bilanz-) Positionen überein.

Zu operativen Veränderungen gehören zum einen Veränderungen bei Vorräten, bei geleisteten und erhaltenen Anzahlungen, bei sonstigen Vermögensgegenständen und Verbindlichkeiten sowie bei aktiven und passiven Rechnungsabgrenzungsposten (*deferrals*). Zum anderen zählen dazu Zu- bzw. Abnahmen bei den kurzfristigen (operativen) Forderungen und Verbindlichkeiten (*accruals*), die aus dem laufenden Geschäft stammen (*operating receivables and payables*) (DRS 2.27; IAS 7.18 (b) und IAS 7.20; FAS 95.28 f. und FAS 95.132). Außerdem sind die Veränderungen der Wertpapiere des Umlaufvermögens (z. B. Handelsbestand) zu erfassen, sofern sie nicht als Zahlungsmitteläquivalente in den Finanzmittelfonds einzubeziehen oder sofern die zugehörigen Zahlungen nicht dem Investitions- oder Finanzierungsbereich zuzurechnen sind (vgl. Wysocki, K. v. [2002], Tz. 93 ff.).

- Ausweis nach DRS 2

Die betreffenden Bestandsveränderungen können nach DRS 2 jeweils zu Veränderungen der Aktivposten (»Zunahme/Abnahme der Vorräte, der Forderungen aus Lieferungen und Leistungen sowie anderer Aktiva, die nicht der Investitions- oder Finanzierungstätigkeit zuzuordnen sind«) und der Passivposten (»Zunahme/Abnahme der Verbindlichkeiten aus Lieferungen und Leistungen sowie anderer Passiva, die nicht der Investitions- oder Finanzierungstätigkeit zuzuordnen sind«) zusammengefasst werden (DRS 2.27).

- Ausweis nach IAS 7

Im Beispiel zu IAS 7 werden die Veränderungen der Forderungen aus Lieferungen und Leistungen und anderen Forderungen (*trade and other receivables*), der Vorräte (*inventories*) und der Verbindlichkeiten aus Lieferungen und Leistungen (*trade payables*) jeweils getrennt voneinander gezeigt (IAS 7 Appendix 1).

Nach FAS 95 sind mindestens Zunahme bzw. Abnahme der operativen Forderungen (*receivables pertaining to operating activities*), der operativen Verbindlichkeiten (*payables pertaining to operating activities*) sowie der Vorräte (*inventory*) auszuweisen (FAS 95.29). Weitere Untergliederungen werden empfohlen, z. B. können die Zunahmen bzw. Abnahmen der operativen Forderungen in die Veränderung der Forderungen aus Lieferungen und Leistungen und die Veränderung der sonstigen Forderungen unterteilt werden (FAS 95.29). In dem Beispiel zu FAS 95 wird darüber hinaus die erfolgsneutrale, aber zahlungswirksame Veränderung der geleisteten Anzahlungen (*prepaid expenses*) als gesonderter Posten vom *net income* abgezogen. Die zahlungsunwirksame Veränderung der antizipativen Passiva (*accrued expenses*) ist in einem Posten mit der Veränderung der operativen Verbindlichkeiten zusammengefasst (FAS 95.132). *- Ausweis nach FAS 95*

Im operativen Bereich ist der Saldo aus außerordentlichen Ein- und Auszahlungen nach DRS 2 und IAS 7 einzeln anzugeben (DRS 2.27 und DRS 2.50; IAS 7.29 f. und IAS 7 Appendix 1). Dementgegen verzichtet FAS 95 ausdrücklich auf die gesonderte Angabe von Zahlungen, die aus *extraordinary items* oder *discontinued operations* resultieren. Werden die operativen Zahlungen aus *discontinued operations* dennoch freiwillig gesondert ausgewiesen, so ist der Grundsatz der Stetigkeit zu beachten (FAS 95.26 Fn. 10). *Außerordentliche Ein- und Auszahlungen*

Alternativ kann der Cashflow aus der laufenden Geschäftstätigkeit nach IAS 7 auch durch Gegenüberstellung der diesem Bereich zurechenbaren, in der GuV ausgewiesenen betrieblichen Aufwendungen und Erträge (im Musterbeispiel mit Ausnahme der Abschreibungen und der Erträge aus Finanzinvestitionen) sowie durch Berücksichtigung der Veränderungen der Vorräte wie der operativen Forderungen und Verbindlichkeiten bestimmt werden (IAS 7.20 und Appendix 1). *Besonderheiten: - nach IAS 7*

Bei Anwendung der indirekten Darstellung hat gemäß FAS 95 das aufstellende Unternehmen die Wahl, die Überleitungsrechnung entweder innerhalb der KFR oder in einer separaten Nebenrechnung auszuweisen. Im letzteren Fall wird in der KFR nur der Bereichssaldo *net cash flow from operating activities* gezeigt. Wird dagegen von dem Ausweis innerhalb der KFR Gebrauch gemacht, so müssen alle Positionen der Rückrechnung eindeutig als Überleitungsposten (*reconciling items*) gekennzeichnet sein (FAS 95.30). *- nach FAS 95*

Eine weitere Besonderheit von FAS 95 ist, dass unabhängig von der Darstellungsmethode im operativen Bereich stets eine Überleitung vom *net income* (Jahresergebnis) auf den *net cash flow from operating activities* aufzustellen ist. Diese Überleitungsrechnung stimmt in der Regel mit der indirekten Darstellungsmethode im operativen Bereich überein, sodass die Praxis die Überleitungsrechnung im Allgemeinen an dieser Stelle in der KFR ausweist. Wird dagegen die direkte Methode im operativen Bereich angewendet, so muss die indirekte Überleitung zusätzlich in einer separaten Nebenrechnung (*separate schedule*) gezeigt werden (FAS 95.29 f.).

Das IASB und FASB bevorzugen die Anwendung der direkten Darstellungsmethode, da bei dieser Form Informationen bereitgestellt werden, die für die Prognose künftiger Zahlungsströme von größerem Nutzen sind als bei Anwendung der indirekten Methode (IAS 7.19; FAS 95.27 und FAS 95.106 ff.). Bei der indirekten Darstellung werden größtenteils keine Zahlungen für den operativen *Präferenz des FASB und IASB für die direkte Methode*

Bereich preisgegeben, sodass einzelne betriebliche Zahlungsvorgänge nicht oder nur unzulänglich ermittelt werden können und damit dem primären Ziel der KFR, den Adressaten Informationen über Zahlungsströme bereitzustellen, nicht nachgekommen wird. Vor allem sind weder die Einzahlungen von Kunden aufgrund von Umsatzprozessen noch die betrieblichen Auszahlungen für Materialkäufe und Personal ersichtlich, die mit zu den wichtigsten Mittelquellen bzw. Mittelverwendungen bei der Beurteilung des finanzwirtschaftlichen Erfolges gehören. Wie bereits erwähnt, wird in den gegenwärtigen Performance Reporting-Projekten des FASB und des IASB erneut diskutiert, die bislang wahlweise Anwendung der indirekten Methode zu verbieten und somit die direkte Darstellung künftig als einzig zulässige Methode für den operativen Bereich vorzuschreiben.

Indifferenz des DSR

Der DSR verzichtet ausdrücklich darauf, einer der beiden Darstellungsformen den Vorzug zu geben; er geht davon aus, dass der operative Cashflow derivativ ermittelt und indirekt dargestellt wird (DRS 2.12).

Praktische Dominanz der indirekten Methode

Trotz der Empfehlung des IASB und FASB dominiert in der nationalen wie auch internationalen Rechnungslegungspraxis fast ausnahmslos die indirekte Darstellungsmethode im operativen Bereich. In 1999 stellten gemäß der alljährlichen AICPA-Studie nur ca. 1 % bzw. sieben von 600 US-amerikanischen Unternehmen das *statement of cash flows* nach der direkten Methode auf (vgl. AICPA [2000], S. 523; für einen internationalen Vergleich siehe Wallace, R. S. O./ Choudhury, M. S. I./Pendlebury, M. [1997], S. 11). Auch in den Konzern-KFR der DAX-Unternehmen wird der Cashflow der laufenden Geschäftstätigkeit nach der indirekten Methode dargestellt.

(3) Cashflow aus der Investitionstätigkeit

Definition und Abgrenzung der Investitionstätigkeit

Der Cashflow aus der Investitionstätigkeit ist der Saldo aus Ein- und Auszahlungen im Zusammenhang mit Unternehmensressourcen, die langfristig – in der Regel länger als ein Jahr – dem Unternehmen zur Ertragserzielung dienen sollen (DRS 2.30; IAS 16; FAS 95.15).

Zu den Zahlungen im Investitionsbereich zählen Zahlungsvorgänge im Zusammenhang mit dem Erwerb und der Veräußerung von Gegenständen des Anlagevermögens, die im Rahmen des Umsatzprozesses beim jeweiligen Unternehmen eingesetzt werden. Außerdem sind Zahlungen aus Investitionen und Desinvestitionen in längerfristige finanzielle Vermögenswerte (z. B. Ausleihungen) und in Finanzmittelbestände (z. B. im Rahmen der kurzfristigen Finanzdisposition getätigte Geldanlagen in Wertpapiere des Umlaufvermögens) zu berücksichtigen, die nicht in den Finanzmittelfonds einbezogen werden und nicht als Handelsbestände fungieren (DRS 2.6 und DRS 2.31; IAS 7.6 und IAS 7.16; FAS 95.15).

Die Abgrenzung der Investitionstätigkeit wird nachfolgend anhand der nicht abschließenden Aufzählung von investiven Zahlungsströmen in IAS 7 und FAS 95 erläutert (IAS 7.16 (a)-(h); FAS 95.16 f.). Dabei wird auf die Zuordnung der Ein- und Auszahlungen aus der Investitionstätigkeit gemäß dem Gliederungsschema des DRS 2 Bezug genommen (DRS 2.32) (vgl. Abbildung 10.32), das die in den Beispielkatalogen der beiden internationalen Standards angegebenen investiven Ein- und Auszahlungen abdecken soll. Denn die Zuordnung der Investitionszahlungen wird in DRS 2 lediglich sehr allgemein in dem Gliederungsschema dargelegt und nicht verbal konkretisiert.

Sachanlagen, immaterielles und anderes langfristiges Vermögen

Im Investitionsbereich sind Einzahlungen aus dem Verkauf und Auszahlungen für den Erwerb von Grundbesitz, Maschinen, Betriebs- und Geschäftsausstattung, immateriellen und anderen langfristigen Vermögensgegenständen zu erfassen (DRS 2.6 und DRS 2.32; IAS 7.16 (a)-(b); FAS 95.16 (c) und FAS 95.17 (c)). Zu den Investitionsauszahlungen zählen auch Mittelabflüsse für aktivierte Entwicklungskosten und für selbst erstellte Sachanlagen (IAS 7.16 (a); FAS 95.87). Vom Bereich der Investitionstätigkeit sind Zahlungen in das Vorratsvermögen abzugrenzen, da diese zum operativen Bereich gehören (ausdrücklich erwähnt in FAS 95.15).

- Bemessung der Auszahlungen beim Erwerb

In FAS 95 wird die Bemessung der Auszahlungen bei der Beschaffung von Sachanlagen und sonstigen Produktionsgütern, die auch immaterielles Anlagevermögen umfassen, explizit geregelt. Danach gehören zu den Investitionsauszahlungen nur die Zahlungen in unmittelbarer zeitlicher Nähe des Erwerbvorgangs (FAS 95.17), d. h. Vorauszahlungen, Zahlungen bei Vertragsabschluss und Lieferung bzw. kurz vor oder nach dem Kauf einschließlich Auszahlungen für aktivierte Anschaffungsnebenkosten und aktivierte Zinsen (FAS 95.17 (c) Fn. 6 f.). Für die Einbeziehungspflicht der aktivierten Zinsen in die investiven Auszahlungen gemäß FAS 95 besteht nach DRS 2 ein Wahlrecht, da Zinszahlungen bei sachlicher Begründung der Investitionstätigkeit zugeordnet werden dürfen (DRS 2.39). Der Wortlaut des IAS 7 bestimmt dagegen lediglich, dass die gezahlten Zinsen im operativen Bereich oder im Finanzierungsbereich zu zeigen sind, ohne auf die Besonderheit der aktivierten Zinszahlungen einzugehen (IAS 7.33).

- Abgrenzungsprobleme bei (Des-) Investitionen mit gleichzeitiger Kreditgewährung

Abgrenzungsprobleme treten bei Vorgängen mit gleichzeitiger Kreditgewährung durch den Hersteller auf, die über das normale Zahlungsziel hinausgehen. Bei Investitionen gewährte Lieferantenkredite stellen Finanzierungstransaktionen dar, sodass anschließende Tilgungszahlungen dem Finanzierungsbereich zugerechnet werden (FAS 95.17 (c) Fn. 6). Diese aus pragmatischen Gründen gewählte Regelung führt dazu (FAS 95.96), dass in Bezug auf den erworbenen Vermögensgegenstand gleiche Investitionsvorgänge ungleich behandelt werden. Investive Barzahlungen werden dem Investitionsbereich, die aus investiven Erwerbsvorgängen resultierenden Tilgungszahlungen dem Finanzierungsbereich zugeordnet (kritisch dazu vgl. Gebhardt, G. [2001], Tz. 220 ff.). Der häufig als Free Cashflow bezeichnete Saldo aus dem Cashflow aus der laufenden Geschäftstätigkeit und dem Cashflow aus der Investitionstätigkeit wird dadurch für den Bilanzierenden beeinflussbar. Von daher ist unseres Erachtens zu fordern, dass sämtliche Zahlungen (einschließlich der Tilgungszahlungen) für den Aufbau von Kapazitäten, die Erhaltung und die Rationalisierung dem Investitionsbereich zugeordnet werden. Analog sollte dies für erhaltene Zahlungen aus Tilgungen, aus der Begleichung oder Diskontierung von Wechseln sowie aus dem Verkauf von marktgehandelten Fremd- und Eigenkapitalpapieren gelten, soweit ihnen

Desinvestitionsmaßnahmen im Investitionsbereich zugrunde liegen (vgl. dazu auch Gebhardt, G. [2001], Tz. 235 f.).

Finanzanlagevermögen und andere Finanzinvestitionen:
- Fremd-/ Eigenkapitalpapiere

Zur Investitionstätigkeit zählen des Weiteren Einzahlungen und Auszahlungen in Verbindung mit dem Erwerb und Verkauf von Ausleihungen (*making and collecting loans*), Anteilen und sonstigen Kapitalmarktpapieren (*debt or equity instruments*) anderer Unternehmen oder von Beteiligungen an Gemeinschaftsunternehmen (*Joint Ventures*) (DRS 2.32; IAS 7.16 (c)-(d); FAS 95.16 f.). Hierzu zählen auch Zahlungen für Investitionen bzw. Desinvestitionen in Anleihen und Wertpapiere des Umlaufvermögens, sofern sie nicht Bestandteil der Zahlungsmitteläquivalente sind oder nur zu Handelszwecken (*trading securities*) gehalten werden (DRS 2.31; IAS 7.16 (c)-(d); FAS 95.15 f. und FAS 95.17 i. V. m. FAS 102.10). Das FASB hat klargestellt, dass Ein- und Auszahlungen aus dem Kauf und Verkauf von Wertpapieren des Handelsbestandes im operativen Bereich (FAS 102.8 f.), während Zahlungen von *held-to-maturity securities* und *available-for-sale securities* im Investitionsbereich zu erfassen sind (FAS 115.18).

- Gewährung von Krediten und Darlehen an Dritte

Im Investitionsbereich werden außerdem Auszahlungen, die aus der Gewährung von Krediten und Darlehen an Dritte resultieren, und Einzahlungen, die aus der Rückzahlung aus Krediten und Darlehen an Dritte resultieren, erfasst (IAS 7.16 (e)-(f); FAS 95.16 f.). Davon zu unterscheiden sind die für die Finanzierungstätigkeit typischen Einzahlungen aus der Aufnahme von Krediten und Darlehen bei Kreditinstituten oder Dritten sowie diesbezügliche Rückzahlungen, die im Finanzierungsbereich berücksichtigt werden (DRS 2.6 und DRS 2.34; explizit in IAS 7.16 f.; FAS 95.19 f.).

- Konsolidierte Unternehmen und sonstige Geschäftseinheiten

Übereinstimmend verlangen die Standards, dass Zahlungsströme aus dem Kauf und Verkauf von konsolidierten Unternehmen und sonstigen Geschäftseinheiten dem Investitionsbereich zugeordnet werden (DRS 2.44; IAS 7.39; FAS 95.131). Die Zahlungen aus dem Erwerb bzw. der Veräußerung ergeben sich, indem die als Kaufpreis gezahlten bzw. als Verkaufspreis zugeflossenen Finanzmittel um die erworbenen bzw. verkauften Bestände an Zahlungsmitteln und Zahlungsmitteläquivalenten gekürzt werden (DRS 2.44; IAS 7.42; FAS 95.131).

- Termin-, Options-, Tauschgeschäfte

In IAS 7 werden explizit noch Zahlungen in Zusammenhang mit Termin-, Options- und Tauschgeschäften (*futures, forward, option and swap contracts*) aufgeführt, sofern sie nicht zu Handels- oder Absicherungszwecken gehalten und auch nicht dem Finanzierungsbereich zugeordnet werden (IAS 7.16 (g)-(h)).

Unbare Investitionstransaktionen

Falls die Beschaffung oder Veräußerung von Anlagevermögen oder von nicht dem operativen Bereich zuzuordnendem Umlaufvermögen keine Auszahlungen verursachen (z. B. beim Finanzierungsleasing, bei Tauschvorgängen oder bei Sacheinlagen), sind diese Vorgänge infolge fehlender Zahlungswirksamkeit nicht in der KFR zu erfassen. Über solche *non-cash transactions* ist in den ergänzenden Angaben zu berichten, wenn sie von Bedeutung sind (DRS 2.49 (a) und DRS 2.52 (d); IAS 7.43 f.; FAS 95.32). Anzumerken ist hier, dass die zahlungsunwirksamen Zugänge von Gegenständen des Anlagevermögens (z. B. Lieferantenkredit, Realtausch) zwar nicht in der KFR, aber im Anlagenspiegel erfasst werden. Da solche unbaren Anschaffungsvorgänge häufig auftreten, stimmen die im Investitionsbereich ausgewiesenen Auszahlungen für Investitionen in das Anlagevermögen in der Regel nicht mit den im Anlagenspiegel unter der Position »Zugänge« ausgewiesenen Beträgen überein.

Direkte Darstellung und Bruttoausweis

Alle drei Standards schreiben die direkte Darstellungsform unter Beachtung des Bruttoprinzips für die Zahlungen im Investitionsbereich vor (DRS 2.29; IAS 7.21; FAS 95.31). Nur unter den bereits genannten besonderen Bedingungen ist der Nettoausweis von Zahlungsströmen erlaubt. Die Anwendung dieser Ausnahmeregel ist ebenfalls für den Investitionsbereich zulässig.

- nach DRS 2

DRS 2 verlangt mindestens die in Abbildung 10.32 gezeigte Untergliederung. Zudem sind wesentliche Vorgänge einzeln zu zeigen (DRS 2.32).

	Einzahlungen aus Abgängen von Gegenständen des Sachanlagevermögens
–	Auszahlungen für Investitionen in das Sachanlagevermögen
+	Einzahlungen aus Abgängen von Gegenständen des immateriellen Anlagevermögens
–	Auszahlungen für Investitionen in das immaterielle Anlagevermögen
+	Einzahlungen aus Abgängen von Gegenständen des Finanzanlagevermögens
–	Auszahlungen für Investitionen in das Finanzanlagevermögen
+	Einzahlungen aus dem Verkauf von konsolidierten Unternehmen und sonstigen Geschäftseinheiten
–	Auszahlungen aus dem Erwerb von konsolidierten Unternehmen und sonstigen Geschäftseinheiten
+	Einzahlungen aufgrund von Finanzmittelanlagen im Rahmen der kurzfristigen Finanzdisposition
–	Auszahlungen aufgrund von Finanzmittelanlagen im Rahmen der kurzfristigen Finanzdisposition
=	**Cashflow aus der Investitionstätigkeit**

Abb. 10.32: Mindestgliederungsschema für den Investitionsbereich nach DRS 2

Für den Investitionsbereich gilt nach DRS 2 somit die obligatorische Aufgliederung der Zahlungsvorgänge nach Investitionen bzw. Desinvestitionen in:

- das Sachanlagevermögen,
- das immaterielle Anlagevermögen,
- das Finanzanlagevermögen,
- konsolidierte Unternehmen und sonstige Geschäftseinheiten sowie in
- Finanzmittelanlagen im Rahmen der kurzfristigen Finanzdisposition.

- gesonderter Ausweis der kurzfristigen Finanzdisposition nach DRS 2

Eine auffällige Besonderheit des DRS 2 ist die Brutto-Ausweispflicht von Zahlungsvorgängen aus »Finanzmittelanlagen im Rahmen der kurzfristigen Finanzdisposition«. In diesen Posten gehören z. B. Zahlungen aus dem Erwerb und Verkauf von Wertpapieren mit hohen Wertänderungsrisiken oder mit einer statischen Restlaufzeit von mehr als drei Monaten, die das Unternehmen als Liquiditätsreserve hält und zur Kassendisposition einsetzt. Wegen des Wertschwankungsrisikos oder der zu langen Restlaufzeit können sie aber nicht in den Finanzmittelfonds einbezogen werden. Da Unternehmen regelmäßig Wertpapiere, die einem hohen Wechselkursrisiko unterliegen oder im Erwerbszeitpunkt über eine Restlaufzeit von mehr als drei Monaten verfügen, im Rahmen des Cash Managements kaufen und verkaufen, soll mit dem gesonderten Ausweis dem Adressaten eine bessere Einschätzung der (mittelfristigen) Zahlungsfähigkeit ermöglicht werden. Neben Wertpapieren werden unter den Zahlungsströmen der Finanzmittelanlagen auch Geldanlagen (z. B. Festgeld) und ähnliche Posten erfasst, wenn sie Teil der kurzfristigen Finanzdisposition sind.

- nach IAS 7

IAS 7 schreibt lediglich vor, investive Zahlungsströme zu Hauptposten unter grundsätzlicher Beachtung des Bruttoausweises zusammenzufassen (IAS 7.21). Ebenso wie nach DRS 2 dürfen die Zahlungsvorgänge aus Veräußerungen von konsolidierten Unternehmen und sonstigen Geschäftseinheiten nicht mit den Zahlungsströmen der Erwerbsvorgänge saldiert werden und sind gesondert auszuweisen (DRS 2.44; IAS 7.39 und IAS 7.41). Im Beispiel zu IAS 7 werden im Investitionsbereich die Zahlungen nach der Zugehörigkeit zu Investitionsarten – Erwerb von Sachanlagen, Verkauf von Sachanlagen und Erwerb eines Tochterunternehmens – untergliedert sowie erhaltene Zinsen und Dividenden jeweils gesondert ausgewiesen (IAS 7 Appendix 1).

- nach FAS 95

In FAS 95 wird für die Darstellung im Investitionsbereich nur der Bruttoausweis – mit Ausnahme der zulässigen Saldierung für bestimmte Zahlungsströme – festgelegt. Als Beispiel wird der separate Ausweis der Auszahlungen aus der Beschaffung von Sachanlagen getrennt von den Einzahlungen aus dem Verkauf von Sachanlagen angeführt (FAS 95.31). In der unverbindlichen Beispielgliederung des FAS 95 werden die Zahlungen ebenfalls nach Investitionsarten untergliedert, und zwar in Zahlungseingänge aus der Veräußerung von Sachanlagen und aus der Tilgung eines aus dem Verkauf einer Sachanlage stammenden Schuldscheins sowie in Investitionsauszahlungen (*capital expenditures*) und Zahlungsausgänge für den Kauf eines Tochterunternehmens abzüglich der dabei erworbenen Fondsbestände (FAS 95.131 ff.).

Vergleich

IAS 7 und FAS 95 enthalten trotz der ausführlichen Aufzählung von zuzuordnenden Investitionseinzahlungen und -auszahlungen keine verbindliche Gliederung. Die Mindestanforderung des DRS 2 geht deutlich über die in den Beispielen der internationalen Standards angegebenen Untergliederungen hinaus.

(4) Cashflow aus der Finanzierungstätigkeit

Definition und Abgrenzung der Finanzierungstätigkeit

Finanzierungstätigkeiten sind zahlungswirksame Aktivitäten, die den Umfang und die Zusammensetzung der Eigenkapitalposten und der Finanzschulden des Unternehmens beeinflussen (DRS 2.6; IAS 7.6). Im (Außen-) Finanzierungsbereich werden sämtliche Zahlungsvorgänge aufgrund von Transaktionen mit Eigen- und Fremdkapitalgebern erfasst (DRS 2.34; IAS 7.17; FAS 95.18).

Die Zuordnung der Zahlungen zur Finanzierungstätigkeit wird in DRS 2 zunächst allgemein umschrieben. Danach sind im Finanzierungsbereich Zahlungen zu erfassen, die Transaktionen mit den Unternehmenseignern und Minderheitsgesellschaftern konsolidierter Tochterunternehmen darstellen oder die Aufnahme oder Rückzahlung von Finanzschulden betreffen (DRS 2.34). Etwas näher werden die Finanzierungszahlungen durch die in dem Mindestgliederungsschema für den Finanzierungsbereich aufgeführten Beispiele bestimmt (DRS 2.35). IAS 7 und FAS 95 erläutern die Abgrenzung der Finanzierungstätigkeit mit einer Aufzählung an Beispielen für finanzielle Zahlungsströme (IAS 7.17 (a)-(e); FAS 95.19 f.), die nahezu vollständig mit den in der Mindestgliederung des DRS 2 angegebenen Ein- und Auszahlungen aus der Finanzierungstätigkeit übereinstimmen. Mit Bezug auf die in allen drei Standards genannten Beispiele werden nun die einzelnen Ein- und Auszahlungen aus der Finanzierungstätigkeit dargestellt.

Transaktionen mit Eigenkapitalgebern

Zu den Zahlungen im Finanzierungsbereich zählen sämtliche Zahlungsvorgänge aus Beschaffungen und Rückzahlungen von Eigenkapital. Zu den Einzahlungen gehören Zahlungseingänge aus Kapitalerhöhungen, d. h. durch Ausgabe von Anteilen oder anderen Eigenkapitalinstrumenten (*equity instruments*) (DRS 2.35; IAS 7.17 (a); FAS 95.19 (a)). Hierzu zählen auch die zahlungswirksamen Erhöhungen des gezeichneten Kapitals und der Kapitalrücklagen einschließlich Zuschüssen und Nachschüssen der Gesellschafter (vgl. Wysocki, K. v. [2002], Tz. 47). Die Auszahlungen umfassen Eigenkapitalrückführungen, Dividendenzahlungen und andere Ausschüttungen an die Anteilseigner sowie Zahlungsausgänge zum Erwerb oder Rückkauf eigener Anteile (DRS 2.35; IAS 7.17 (b); FAS 95.20 (a)).

- Zahlungen für Eigenkapitalbeschaffung

Dem Finanzierungsbereich sind grundsätzlich ebenfalls die Auszahlungen für die Beschaffung von Eigenkapital zuzurechnen. In den drei Standards werden diese Finanzierungszahlungen nicht ausdrücklich erwähnt, sodass eine Umbuchung vom operativen Bereich bloß bei wesentlichen Zahlungsbeträgen vorzunehmen ist (vgl. Gebhardt, G. [2001], Tz. 253).

- Gezahlte Dividenden

Allen drei Standards zufolge gehören gezahlte Dividenden zu den Auszahlungen im Finanzierungsbereich, da sie die Kosten für das aufgenommene Eigenkapital darstellen (DRS 2.37; IAS 7.34; FAS 20 (a)). Alternativ lässt ausschließlich IAS 7 auch die Zuordnung der gezahlten Dividenden zum operativen Bereich zu (IAS 7.34).

Transaktionen mit Fremdkapitalgebern

»Finanzschulden«

Zu den Zahlungen im Finanzierungsbereich zählen ferner sämtliche Zahlungsvorgänge im Rahmen der Beschaffung und Rückzahlung von Finanzschulden (DRS 2.34; IAS 7.17; FAS 95.19 f.). In DRS 2 wird der Begriff »Finanzschulden« definiert und damit von den im *working capital* enthaltenen operativen Schulden, die dem Bereich der laufenden Geschäftstätigkeit zuzuordnen sind, abgegrenzt (DRS 2.6). Kritisiert wird am DRS 2 diesbezüglich, dass für die Klassifizierung der (operativen) Forderungen und Verbindlichkeiten des *working capital* nicht explizit auf die Unverzinslichkeit abgestellt wird. In der internationalen Analysepraxis wird nämlich die Unverzinslichkeit als Kriterium für die Abgrenzung der operativen Schulden von den zinsbringenden Finanzschulden herangezogen (vgl. Stahn, F. [2000], S. 234). Nach DRS 2 umfassen die Finanzschulden Anleihen und Schulden gegenüber Dritten (»Verbindlichkeiten gegenüber Banken, Kapitalsammelstellen und anderen Geldgebern«), nicht jedoch Lieferantenverbindlichkeiten oder sonstige Verbindlichkeiten aus dem laufenden Geschäft (DRS 2.6). Folglich resultieren Finanzierungseinzahlungen aus Kreditaufnahmen, z. B. Ausgabe von Anleihen, Schuldscheinen und Rentenpapieren, sowie aus der Aufnahme von Darlehen, Hypotheken und aus der Aufnahme anderer kurz- und langfristiger Verbindlichkeiten (DRS 2.35; IAS 7.17 (c); FAS 95.19 (b)). Als Auszahlungen gelten Zahlungsausgänge zur Tilgung von Krediten (DRS 2.35; IAS 7.17 (d); FAS 95.20 (b)). In FAS 95 werden explizit noch Zahlungen an Gläubiger zur Begleichung von langfristigen Lieferantenkrediten, die z. B. beim Erwerb von Sachanlagen oder sonstigen Produktionsgütern von den Lieferanten gewährt wurden, aufgeführt (FAS 95.20 (c) Fn. 8).

- Gezahlte Zinsen

Die Zinszahlungen dürfen – im Gegensatz zu FAS 95 – nach DRS 2 und IAS 7 bei sachlicher Begründung auch im Finanzierungsbereich erfasst werden (DRS 2.39; IAS 7.33; FAS 95.23 (d)). In diesem Fall enthält dann der Finanzierungsbereich sämtliche Zahlungen mit externen Kapitalgebern.

- Zahlungen aus Finanzierungsleasing

In IAS 7 werden außerdem die Einzahlungen von Leasingnehmern zur Ablösung von Verpflichtungen aus Finanzierungsleasingverträgen ausdrücklich dem Finanzierungsbereich zugeordnet (IAS 7.17 (e)). Gezahlte Leasingraten an den Leasinggeber werden zwar nicht ausdrücklich erwähnt, jedoch in den Beispielen zu IAS 7 und FAS 95 dem Finanzierungsbereich zugeordnet und gesondert ausgewiesen (IAS 7 Appendix 1; FAS 95.131 ff.).

Direkte Darstellung und Bruttoausweis

Zahlungen im Finanzierungsbereich müssen grundsätzlich unsaldiert nach der direkten Methode dargestellt werden (DRS 2.33; IAS 7.21; FAS 95.31). Auch für den Finanzierungsbereich ist der Nettoausweis nur in bestimmten Ausnahmefällen zulässig.

- nach DRS 2

DRS 2 verlangt wenigstens die in Abbildung 10.33 dargestellte Untergliederung im Finanzierungsbereich. Finanztransaktionen von wesentlicher Bedeutung sind stets einzeln zu zeigen (DRS 2.35).

	Einzahlungen aus Eigenkapitalzuführungen (Kapitalerhöhungen, Verkauf eigener Anteile, etc.)
–	Auszahlungen an Unternehmenseigner und Minderheitsgesellschafter (Dividenden, Erwerb eigener Anteile, Eigenkapitalrückzahlungen, andere Ausschüttungen)
+	Einzahlungen aus der Begebung von Anleihen und der Aufnahme von (Finanz-) Krediten
–	Auszahlungen aus der Tilgung von Anleihen und (Finanz-) Krediten
=	**Cashflow aus der Finanzierungstätigkeit**

Abb. 10.33: Mindestgliederungsschema für den Finanzierungsbereich nach DRS 2

Eine Besonderheit nach DRS 2 ist der als Soll-Vorschrift geforderte Sonderausweis der Einzahlungen aus Eigenkapitalzuführungen von Minderheitsgesellschaftern und der Auszahlungen (Dividenden, Eigenkapitalrückzahlungen und andere Ausschüttungen) an diese in der KFR oder in den ergänzenden Angaben (DRS 2.51).

- nach IAS 7

IAS 7 verlangt – wie für den Investitionsbereich – lediglich, dass die Zahlungsströme im Finanzierungsbereich grundsätzlich unsaldiert zu Hauptposten zusammengefasst werden (IAS 7.21). Im Beispiel zu IAS 7 werden im Finanzierungsbereich die Zahlungen nach der Zugehörigkeit zu Eigen- oder Fremdkapitalgebern – Einzahlungen aus der Ausgabe von Aktien und aus der Aufnahme langfristiger Kredite – untergliedert sowie Auszahlungen zur Tilgung von Verbindlichkeiten aus Finanzierungsleasingverträgen und gezahlte Dividenden jeweils gesondert ausgewiesen (IAS 7 Appendix 1).

- nach FAS 95

Für die Darstellung der Finanzierungstätigkeit schreibt FAS 95 allein den Bruttoausweis für Finanzierungszahlungen vor und gibt exemplarisch die Aufgliederung von Einzahlungen aus der Aufnahme von Fremdkapital und Auszahlungen für deren Tilgung sowie Einzahlungen aus der Beschaffung von Eigenkapital und Auszahlungen für den Rückkauf von Anteilen an (FAS 95.31). Im Beispiel zur KFR nach FAS 95 werden im Unterschied zu DRS 2 und IAS 7 die Zahlungstransaktionen zuerst mit Fremdkapitalgebern und anschließend mit Anteilseignern gezeigt. Bei der Wahl dieser Reihenfolge kann nach den Zahlungen von bzw. an die Fremdkapitalgeber eine Zwischensumme eingefügt werden, die die Residualansprüche der Anteilseigner auf den danach verbleibenden Einzahlungsüberschuss angibt (vgl. Gebhardt, G. [2001], Tz. 262). Des Weiteren wird in dem erläuternden Beispiel auch vom Nettoausweis Gebrauch gemacht, und zwar werden die Ein- und Auszahlungen aus einer Kreditlinien-Vereinbarung saldiert ausgewiesen (FAS 95.131 ff.).

c) *Ausweis spezieller Posten und ergänzende Angaben*

Sonderausweis/ ergänzende Angaben

Zusätzlich zu den in den vorstehenden Unterabschnitten dargestellten Zuordnungs- und Ausweisvorschriften regeln die Standards den Ausweis spezieller Zahlungsvorgänge und verlangen ergänzende Angaben über bestimmte Geschäftsvorfälle.

Grundregel nach DRS 2

DRS 2 trifft dazu die Grundregelung, dass Angaben über bestimmte Vorgänge auch im Anhang des Abschlusses erfolgen können, soweit ihr Ausweis nach DRS 2 nicht ausdrücklich innerhalb der KFR gefordert wird (DRS 2.55).

Zinsen, Dividenden und Ertragsteuern

Die Zuordnung der Zins-, Dividenden- und Ertragsteuerzahlungen ist in Abschnitt A II 4b (2) dieses Kapitels ausführlich dargestellt worden (vgl. auch Tabelle 10.4). Dabei war festzustellen, dass die Standards hinsichtlich der Zuordnung der genannten Zahlungen abweichende Regelungen treffen. Auch in Bezug auf den gesonderten Ausweis dieser Zahlungsströme bzw. der dazu geforderten ergänzenden Angaben unterscheiden sich die Standards voneinander. Der DRS 2 regelt die Offenlegung dieser Zahlungen in der Weise, dass der Bilanzierende die Zahlungsvorgänge IAS/IFRS- oder US-GAAP-konform ausweisen kann.

Zinszahlungen: - nach DRS 2

DRS 2 verlangt die Angabe des Gesamtbetrages der in der Berichtsperiode gezahlten Zinsen (DRS 2.38). Dabei ist es gleichgültig, ob gezahlte Zinsbeträge als Zinsaufwand in der GuV erfasst oder in der Bilanz aktiviert worden sind (DRS 2.38). Für den Ausweis der gezahlten Zinsen gewährt der DRS 2 faktisch ein Wahlrecht. Die Zinsauszahlungen können unabhängig von der im operativen Bereich gewählten Darstellungsmethode entweder je nach gewählter Zuordnung innerhalb der drei Aktivitätsbereiche oder alternativ in den ergänzenden Angaben gesondert gezeigt werden (DRS 2.38). Der gesonderte Ausweis von bzw. ergänzende Angaben zu aktivierten Zinsen und erhaltenen Zinsen wird in DRS 2 nicht verlangt.

- nach IAS 7

IAS 7 legt fest, dass erhaltene und gezahlte Zinsen einzeln anzugeben sind (IAS 7.31). In IAS 7 wird für erhaltene Zinsen ein Ausweiswahlrecht, für gezahlte Zinsen dagegen keines gewährt (a. A. Wysocki, K. v. [2002], Tz. 129). Der Gesamtbetrag der gezahlten Zinsen ist innerhalb der KFR zu zeigen, und zwar unabhängig davon, ob die Zinsauszahlungen als Zinsaufwand erfasst oder entsprechend dem gemäß IAS 23 zulässigen *alternative treatment* als Fremdkapitalkosten bei der Anschaffung bzw. Herstellung aktiviert worden sind (IAS 7.32). Unklar bleibt, ob die gezahlten Zinsen nur als Gesamtsumme entweder im operativen Bereich oder im Finanzierungsbereich zu zeigen sind oder ob sie auch auf beide Teilbereiche aufgeteilt und jeweils einzeln ausgewiesen werden dürfen.

- nach FAS 95

FAS 95 schreibt für nicht aktivierte Zinsauszahlungen und erhaltene Zinseinzahlungen die Zurechnung zum operativen Bereich verpflichtend vor. Der Ausweis ist nun von der Darstellungsform im Bereich der laufenden Geschäftstätigkeit abhängig. Wird die direkte Methode im operativen Bereich angewendet, so müssen die gezahlten nicht aktivierten Zinsen in einem Einzelposten gezeigt (FAS 95.27 (e)) und dürfen die erhaltenen Zinsen mit den erhaltenen Dividenden zu einem gesonderten Posten zusammengefasst werden (FAS 95.27 (b)). Bei Anwendung der indirekten Methode sollen hingegen keine Zinszahlungen, sondern nicht zahlungswirksame Zinsaufwendungen und -erträge im operativen

Bereich gezeigt werden (FAS 95.28 Fn. 12 und FAS 95.132). In diesem Fall soll der Betrag der nicht aktivierten Zinsauszahlungen (*net of amounts capitalized*) in den ergänzenden Angaben gezeigt werden (FAS 95.29), während für erhaltene Zinsen keine Angabepflicht besteht. Aktivierte Zinsauszahlung werden den Zahlungsausgängen für den Erwerb von *productive assets* zugerechnet (FAS 95.17 (c) Fn. 7); ein gesonderter Ausweis wird nicht gefordert.

Dividendenzahlungen:
- nach DRS 2

Gemäß DRS 2 sind gezahlte Dividenden dem Finanzierungsbereich zuzuordnen und gesondert anzugeben (DRS 2.37). Auch hier wird faktisch ein Ausweiswahlrecht eingeräumt, da ein gesonderter Ausweis innerhalb des Finanzierungsbereich nicht explizit verlangt wird. Die Angabe der gezahlten Dividenden kann somit auch in den ergänzenden Angaben vorgenommen werden (DRS 2.37 i. V. m. DRS 2.55), was vor allem die Mindestgliederung des Finanzierungsbereichs nahe legt, da die gezahlten Dividenden mit den anderen Zahlungen an die Eigentümer in einem Posten zusammengefasst werden (DRS 2.35). Erhaltene Dividenden und sonstige übernommene Beteiligungsergebnisse brauchen nicht gesondert aufgeführt werden.

- nach IAS 7

IAS 7 verlangt, dass gezahlte und erhaltene Dividenden gesondert angegeben werden (IAS 7.31). Angefallene Dividendenauszahlungen können gemäß dem Zuordnungs- und Ausweiswahlrecht entweder im Finanzierungsbereich oder im operativen Bereich wie auch gesondert in den Zusatzangaben ausgewiesen werden (IAS 7.34). Zugeflossene Dividenden sind je nach Ausübung des Zuordnungswahlrechts im operativen Bereich oder im Investitionsbereich bzw. gesondert in den Zusatzangaben offen zu legen (IAS 7.33).

- nach FAS 95

Gemäß FAS 95 sind gezahlte Dividenden zwingend dem Finanzierungsbereich zuzurechnen (FAS 95.20 (a)). Ein gesonderter Ausweis der ausbezahlten Dividenden wird indes nicht ausdrücklich verlangt, sondern lediglich in der unverbindlichen Beispielgliederung gezeigt (FAS 95.131 ff.). Wie bereits beim Ausweis der erhaltenen Zinsen nach FAS 95 erwähnt, dürfen bei Anwendung der direkten Darstellungsform im operativen Bereich die erhaltenen Dividenden mit den Zinseinzahlungen zu einem gesonderten Posten zusammengefasst werden (FAS 95.27 (b)). Wird dagegen die indirekte Methode für den Bereich der laufenden Geschäftstätigkeit herangezogen, so brauchen die erhaltenen Zinsen weder gesondert in der KFR ausgewiesen noch in den *related disclosures* angegeben werden.

Ertragsteuerzahlungen:
- nach DRS 2

Gezahlte Ertragsteuern werden im Allgemeinen dem operativen Bereich zugeordnet. Sie können aber auch dem Investitions- oder Finanzierungsbereich zugerechnet werden, wenn der zugrunde liegende Geschäftsvorfall diesen Bereichen eindeutig zugehört (DRS 2.41 f.). Für den Ausweis von ertragsteuerbedingten Zahlungsvorgängen wird den Unternehmen ein Wahlrecht eingeräumt; die Ertragsteuerzahlungen können gesondert in der KFR oder in den ergänzenden Angaben angegeben werden (DRS 2.40 und DRS 2.43).

- nach IAS 7

Ertragsteuerzahlungen werden durch Vorgänge in allen drei Teilbereichen der KFR ausgelöst, sodass IAS 7 die gleiche Zuordnungsregelung – bedingtes Wahlrecht – wie DRS 2 enthält (IAS 7.35 f.). Die Ertragsteuerzahlungen sind nach IAS 7 unabhängig von der Zuordnung in jedem Fall einzeln auszuweisen (IAS 7.35). Werden die ertragsteuerbedingten Zahlungseingänge und -ausgänge (*tax cash flows*) auf mehr als einen Aktivitätsbereich aufgeteilt, so muss die Gesamtsumme der gezahlten Ertragsteuern offen gelegt werden (IAS 7.36).

- nach FAS 95

FAS 95 schreibt die Zuordnung der gezahlten Ertragsteuern zum Bereich der laufenden Geschäftstätigkeit verbindlich vor. Bei Anwendung der direkten Methode im operativen Bereich sind die gezahlten Ertragsteuern in einem Einzelposten auszuweisen (FAS 95.27 f.). Wird dagegen von der indirekten Methode Gebrauch gemacht, so sollen die gezahlten Ertragsteuern nicht im operativen Bereich, sondern – genauso wie die gezahlten Zinsen – in den *related disclosures* angegeben werden, damit die Adressaten eine Approximation an die direkte Methode vornehmen können (FAS 95.29 und FAS 95.121).

Außerordentliche Zahlungen

Zahlungen, die aus außerordentlichen Vorgängen resultieren, sind nach DRS 2 und IAS 7 in einem gesonderten Posten in dem jeweils betroffenen Bereich der KFR zu zeigen, damit die Adressaten die Auswirkungen auf gegenwärtige und künftige Zahlungsströme und so die Nachhaltigkeit oder Einmaligkeit der Zahlungen beurteilen können (DRS 2.50; IAS 7.29 f.). Offen bleibt allerdings die Frage, ob die außerordentlichen Zahlungen brutto oder netto auszuweisen sind. Im Gliederungsschema für den operativen Bereich nach DRS 2 ist ein Netto-Posten für außerordentliche Zahlungsvorgänge bereits enthalten (DRS 2.26 f.). Im Gegensatz zu DRS 2 und IAS 7 verzichtet FAS 95 ausdrücklich darauf, den gesonderten Ausweis von außerordentlichen Zahlungen (*cash flows pertaining to extraordinary items*) verbindlich vorzuschreiben (FAS 95.26 Fn. 10).

Zahlungen aus aufgegebenen Geschäften

Obwohl konkrete Vorschriften zur Behandlung von aufgegebenen/aufzugebenden Geschäften im Abschluss nach HGB/DRS fehlen, müssten sie – analog zu ihrer Erfassung in der handelsrechtlichen GuV – unter den außerordentlichen Zahlungen in den betroffenen Teilbereichen erfasst und als solche ausgewiesen werden (siehe auch Abschnitt A II 4b (1) dieses Kapitels). Mit IAS 35 wurde die Angabe der Netto-Cashflows, die zu *discontinuing operations* gehören, für jeden der drei Teilbereiche angeordnet (IAS 35.27 (g)). Zugleich werden die Bilanzierenden aufgefordert, diesen Sonderausweis innerhalb der KFR nach IAS 7 und nicht in den *notes* zu tätigen (IAS 35.40). Dagegen brauchen die Zahlungen aus *discontinued operations* nach FAS 95 explizit nicht gesondert gezeigt werden. Sollten die operativen Zahlungen aus eingestellten Geschäften trotzdem in der KFR nach FAS 95 gesondert ausgewiesen werden, so ist der Sonderausweis für alle davon betroffenen Folgeperioden beizubehalten (FAS 95.26 Fn. 10).

Die Tabelle 10.5 gibt eine Übersicht über die Ausweismöglichkeiten bzw. ergänzenden Angaben zu den genannten Zahlungsvorgängen unterteilt nach den drei Standards.

Weitere ergänzende Angaben

Weitere ergänzende Angaben, die grundsätzlich im Anhang (*notes* bzw. *related disclosures*) aufzuführen sind, werden in den Standards zu bestimmten Sachverhalten verlangt. Allgemein sollen Zusatzangaben die aufgestellte KFR erläutern oder um wichtige Informationen ergänzen. Nach DRS 2 brauchen einzelne ergänzende Angaben im Zusammenhang mit der KFR nicht wiederholt werden, soweit sie bereits an anderer Stelle im Abschluss in der in diesem Standard vorgeschriebenen Weise aufgeführt werden und auf sie explizit verwiesen wird (DRS 2.54).

Unbare Transaktionen

Neben den bereits in Abschnitt A II 4a dieses Kapitels erwähnten Pflichtangaben zum Finanzmittelfonds müssen bedeutende unbare Transaktionen verbal oder zusammengefasst in einer Tabelle (*summarized in a schedule*) im Abschluss offen gelegt werden (DRS 2.52 (d); IAS 7.43; FAS 95.32). Nach IAS 7 sollen sie an einer anderen Stelle im Jahresabschluss auf eine Weise dargestellt werden, die alle relevanten, durch sie ausgelösten Vermögens- und Finanzierungsaspekte vermittelt (IAS 7.43).

Erwerb und Verkauf von Unternehmen und sonstigen Geschäftseinheiten

Zusätzlich zum Ausweis der Zahlungsströme aus dem Kauf und Verkauf von konsolidierten Unternehmen und sonstigen Geschäftseinheiten im Investitionsbereich sind weitere Angaben bei Unternehmens(teil)erwerben und -veräußerungen notwendig. DRS 2 und IAS 7 verlangen die Bekanntgabe von wesentlichen Informationen, vor allem für alle (Teil-) Erwerbs- und Veräußerungstransaktionen zusammen die Offenlegung der kumulierten Kauf- bzw. Verkaufsbeträge und den Gesamtbetrag der Kauf- bzw. Verkaufspreisanteile, die mit Zahlungsmitteln und Zahlungsmitteläquivalenten beglichen wurden. Außerdem ist der Gesamtbetrag aller mit jedem einzelnen Unternehmenskauf bzw. -verkauf erworbenen bzw. verkauften Bestände an Zahlungsmitteln und Zahlungsmitteläquivalenten sowie der weiteren Vermögensgegenstände und Schulden, gegliedert nach Hauptgruppen, anzugeben (DRS 2.52 (e); IAS 7.39 f.). Diese Angaben sind zwar nach FAS 95 nicht obligatorisch, aber mehr oder weniger vergleichbare Daten sind nach FAS 141 angabepflichtig (FAS 141.50 ff.); auch werden sie ohnehin im Beispiel zu FAS 95 aufgeführt (FAS 95.134 (g)).

Freiwillige Angaben nach IAS 7

IAS 7 empfiehlt in einem Katalog weitere freiwillige Angaben, die für den Adressaten zum Verständnis der Finanzlage und der Liquidität eines Unternehmens von besonderer Relevanz sind. Hierzu gehören nicht ausgeschöpfte Kreditlinien und deren Verfügbarkeit für die Geschäftstätigkeit oder zur Begleichung von Verpflichtungen sowie die drei Bereichssalden in jeweils kumulierter Form von quotal konsolidierten Gemeinschaftsunternehmen. Außerdem wird empfohlen, die aggregierten Investitionsauszahlungen, die der Erweiterung der operativen Kapazität dienen, getrennt von den Ersatzinvestitionen darzustellen. Schließlich wird nach IAS 7 wie auch nach IAS 14 eine Segmentierung der Bereichssalden nach Branchen und Regionen vorgeschlagen – (verkürzte) segmentierte KFR (IAS 7.50; IAS 14.62 f.), während die deutsche Regelung zur Segmentberichterstattung DRS 3 nur die Angabe des operativen Cashflows pro Segment empfiehlt (DRS 3.36) (vgl. Abschnitte B V 1, B V 2 dieses Kapitels).

Zahlungen	DRS 2 [Tz.]	IAS 7 [Tz.]	FAS 95 [Tz.]
gezahlte Zinsen	explizites Ausweiswahlrecht: Angabe des Gesamtbetrages der gezahlten Zinsen (einschließlich aktivierter) in der KFR oder alternativ in den ergänzenden Angaben [38]	Ausweis des Gesamtbetrages der gezahlten Zinsen (einschließlich aktivierter) in der KFR [32]: gesonderte Angabe im operativen Bereich und/ oder Finanzierungsbereich [31 i. V. m. 33]	• bei direkter Methode: gesonderter Ausweis der gezahlten nicht aktivierten Zinsen im operativen Bereich [27 e] • bei indirekter Methode: Angabe der gezahlten nicht aktivierten Zinsen in den *related disclosures* [29]
erhaltene Zinsen	–	faktisches Ausweiswahlrecht: gesonderter Angabe im operativen Bereich und/oder Investitionsbereich oder in den Zusatzangaben [31 i. V. m. 33]	• bei direkter Methode: Zusammenfassung mit den erhaltenen Dividenden zu einem gesonderten Posten im operativen Bereich erlaubt [27 b] • bei indirekter Methode: kein gesonderter Ausweis und auch keine ergänzende Angabe notwendig
gezahlte Dividenden	faktisches Ausweiswahlrecht: gesonderte Angabe im Finanzierungsbereich oder alternativ in den ergänzenden Angaben [37 i. V. m. 55]	faktisches Ausweiswahlrecht: gesonderte Angabe im operativen Bereich oder Finanzierungsbereich oder auch in den Zusatzangaben [31 i. V. m. 34]	kein gesonderter Ausweis und auch keine ergänzende Angabe gefordert, aber im Appendix Sonderausweis im Finanzierungsbereich [131 ff.]
erhaltene Dividenden (und andere übernommene Ergebnisse)	–	faktisches Ausweiswahlrecht: gesonderte Angabe im operativen Bereich oder Investitionsbereich oder auch in den Zusatzangaben [31 i. V. m. 33]	• bei direkter Methode: Bündelung mit den erhaltenen Zinsen zu einem gesonderten Posten im operativen Bereich erlaubt [27 b] • bei indirekter Methode: kein gesonderter Ausweis und auch keine ergänzende Angabe notwendig
(gezahlte) Ertragsteuern	explizites Ausweiswahlrecht: gesonderte Angabe in der KFR oder alternativ in den ergänzenden Angaben [40 und 43]	gesonderte Angabe im jeweils zugeordneten Bereich oder in den Zusatzangaben [35]: Angabe der Gesamtsumme der gezahlten Steuern bei Aufspaltung auf mehr als einen Bereich [36]	• bei direkter Methode: gesonderter Ausweis im operativen Bereich [27 f.] • bei indirekter Methode: Angabe in den *related disclosures* [29]
außerordentliche Zahlungen	gesonderter Ausweis im jeweils betroffenen Bereich [50]	gesonderter Ausweis im jeweils betroffenen Bereich [29 f.]	expliziter Verzicht auf gesonderten Ausweis [26 Fn. 10]
Zahlungen aus aufgegebenen Geschäften	–	gesonderter Ausweis nach IAS 35.27 (g), möglichst innerhalb der KFR [IAS 35.40]	expliziter Verzicht auf gesonderten Ausweis; sonst gilt Stetigkeitsgebot [26 Fn. 10]

Tab. 10.5: Gesonderter Ausweis von bzw. ergänzende Angaben zu speziellen Zahlungsvorgängen

d) Mindestgliederungen nach DRS 2

Mindestgliederungsschemata nach DRS 2

Die im DRS 2 enthaltene Mindestgliederung bei indirekter Darstellung des Cashflows aus der laufenden Geschäftstätigkeit wird in Abbildung 10.35 gezeigt. Im Falle der direkten Darstellungsmethode gilt die in Abbildung 10.34 wiedergegebene Gliederung für den Cashflow aus der laufenden Geschäftstätigkeit, der Cashflow aus Investitionstätigkeit und der Cashflow aus Finanzierungstätigkeit bleiben unverändert. Die beiden Mindestgliederungen in der Anlage zu DRS 2 fassen die im DRS 2 geforderten Untergliederungen für die Aktivitätsbereiche zusammen (DRS 2.26 f., DRS 2.32 und DRS 2.35) und enthalten zudem eine Fondsveränderungsrechnung. Die Mindestgliederungen nach DRS 2 sollen bzw. müssen ggf. weiter untergliedert werden (DRS 2.25, DRS 2.32 und DRS 2.35).

Beispielgliederungen nach IAS 7 und FAS 95

Für die Gliederungen nach IAS/IFRS und US-GAAP kann zur Orientierung auf die in den Standards enthaltenen, unverbindlichen Beispielgliederungen verwiesen werden. Trotz ihrer Vorbildfunktion ist anzumerken, dass sie nicht den Charakter einer Mindestgliederung besitzen und auch nicht zum Standard selbst gehören, sondern nur speziell für die dort angeführten Beispiele gestaltet sind (IAS 7 Appendix 1; FAS 95.130 ff.).

1.		Einzahlungen von Kunden für den Verkauf von Erzeugnissen, Waren und Dienstleistungen
2.	–	Auszahlungen an Lieferanten und Beschäftigte
3.	+	Sonstige Einzahlungen, die nicht der Investitions- oder Finanzierungstätigkeit zuzuordnen sind
4.	–	Sonstige Auszahlungen, die nicht der Investitions- oder Finanzierungstätigkeit zuzuordnen sind
5.	+/–	Ein- und Auszahlungen aus außerordentlichen Posten
6.	=	**Cashflow aus der laufenden Geschäftstätigkeit (Summe aus 1 bis 5)**

Abb. 10.34: Mindestgliederungsschema des Cashflows aus der laufenden Geschäftstätigkeit (»Direkte Methode«) nach DRS 2

1.		Periodenergebnis (einschließlich Ergebnisanteilen von Minderheitsgesellschaftern) vor außerordentlichen Posten
2.	+/–	Abschreibungen/Zuschreibungen auf Gegenstände des Anlagevermögens
3.	+/–	Zunahme/Abnahme der Rückstellungen
4.	+/–	Sonstige zahlungsunwirksame Aufwendungen/Erträge (bspw. Abschreibung auf ein aktiviertes Disagio)
5.	–/+	Gewinn/Verlust aus dem Abgang von Gegenständen des Anlagevermögens
6.	–/+	Zunahme/Abnahme der Vorräte, der Forderungen aus Lieferungen und Leistungen sowie anderer Aktiva, die nicht der Investitions- oder Finanzierungstätigkeit zuzuordnen sind
7.	+/–	Zunahme/Abnahme der Verbindlichkeiten aus Lieferungen und Leistungen sowie anderer Passiva, die nicht der Investitions- oder Finanzierungstätigkeit zuzuordnen sind
8.	+/–	Ein- und Auszahlungen aus außerordentlichen Posten
9.	=	**Cashflow aus laufender Geschäftstätigkeit (Summe aus 1 bis 8)**
10.		Einzahlungen aus Abgängen von Gegenständen des Sachanlagevermögens
11.	–	Auszahlungen für Investitionen in das Sachanlagevermögen
12.	+	Einzahlungen aus Abgängen von Gegenständen des immateriellen Anlagevermögens
13.	–	Auszahlungen für Investitionen in das immaterielle Anlagevermögen
14.	+	Einzahlungen aus Abgängen von Gegenständen des Finanzanlagevermögens
15.	–	Auszahlungen für Investitionen in das Finanzanlagevermögen
16.	+	Einzahlungen aus dem Verkauf von konsolidierten Unternehmen und sonstigen Geschäftseinheiten
17.	–	Auszahlungen aus dem Erwerb von konsolidierten Unternehmen und sonstigen Geschäftseinheiten
18.	+	Einzahlungen aufgrund von Finanzmittelanlagen im Rahmen der kurzfristigen Finanzdisposition
19.	–	Auszahlungen aufgrund von Finanzmittelanlagen im Rahmen der kurzfristigen Finanzdisposition
20.	=	**Cashflow aus der Investitionstätigkeit (Summe aus 10 bis 19)**
21.		Einzahlungen aus Eigenkapitalzuführungen (Kapitalerhöhungen, Verkauf eigener Anteile, etc.)
22.	–	Auszahlungen an Unternehmenseigner und Minderheitsgesellschafter (Dividenden, Erwerb eigener Anteile, Eigenkapitalrückzahlungen, andere Ausschüttungen)
23.	+	Einzahlungen aus der Begebung von Anleihen und der Aufnahme von (Finanz-) Krediten
24.	–	Auszahlungen aus der Tilgung von Anleihen und (Finanz-) Krediten
25.	=	**Cashflow aus der Finanzierungstätigkeit (Summe aus 21 bis 24)**
26.		**Zahlungswirksame Veränderungen des Finanzmittelfonds (Summe aus 9, 20, 25)**
27.	+/–	Wechselkurs-, konsolidierungskreis- und bewertungsbedingte Änderungen des Finanzmittelfonds
28.	+	Finanzmittelfonds am Anfang der Periode
29.	=	Finanzmittelfonds am Ende der Periode (Summe aus 26 bis 28)

Abb. 10.35: Mindestgliederungsschema der Kapitalflussrechnung (»Indirekte Methode«) nach DRS 2

5. Besonderheiten im Konzernverbund

Konzern-KFR nach HGB

In § 297 Abs. 1 Satz 2 HGB wird die Erweiterung des Konzernabschlusses um eine KFR verlangt, ohne allerdings wörtlich eine Konzern-KFR vorzuschreiben. Die neue Vorschrift steht in dem Abschnitt des HGB, in dem die Pflichtbestandteile des Konzernabschlusses behandelt werden, sodass die KFR für den Konzern und nicht nur ausschließlich für das Mutterunternehmen zu erstellen ist.

Konzern-spezifische Regelungen

Für die Konzern-KFR gelten die gleichen Aufstellungsregeln wie für eine KFR eines Einzelunternehmens (Einzel-KFR), jedoch sind unter dem Aspekt der wirtschaftlichen Einheit des Konzerns bei Ermittlung und Darstellung der Konzern-KFR einige Modifikationen und Ergänzungen gegenüber der Einzel-KFR vorzunehmen. Im Unterschied zu FAS 95 stellen DRS 2 und IAS 7 explizit Grundregeln zu typischen Besonderheiten der Konzern-KFR zur Verfügung. FAS 95 bietet lediglich Anhaltspunkte für konzernspezifische Besonderheiten in den im Appendix beigefügten Beispielrechnungen für Konzern-KFR (FAS 95.130 ff.; vgl. auch das Beispiel zu IAS 7 im Appendix 1).

a) Allgemeine Grundsätze für Konzernkapitalflussrechnungen

Einheitsgrundsatz und Abgrenzung des Konsolidierungskreises

Bei der Aufstellung einer Konzern-KFR ist die in § 297 Abs. 3 HGB kodifizierte Einheitstheorie zu befolgen. Der Einheitsgrundsatz spiegelt sich auch in der Bestimmung des DRS 2 wider, wonach für die Aufstellung der Konzern-KFR die Fiktion der wirtschaftlichen Einheit gilt (DRS 2.13). Die Konzernunternehmen sind folglich in die Konzern-KFR so einzubeziehen, als ob sie zusammen ein einziges Unternehmen darstellen. Daraus folgt für die Konzern-KFR als integraler Abschlussbestandteil, dass die Abgrenzung des Konsolidierungskreises wie auch die angewendeten Konsolidierungsmethoden im Konzernabschluss maßgeblich für die Aufstellung der Konzern-KFR sind (DRS 2.14).

Einbeziehung von Tochterunternehmen

Finanzmittelbestände bzw. Zahlungen der nach §§ 294 ff. HGB in den Konzernabschluss einbezogenen Tochterunternehmen sind vollständig in den Konzern-Finanzmittelfonds bzw. die Konzern-Ursachenrechnung aufzunehmen. Der Konzern-Finanzmittelfonds darf allerdings keine von einem einbezogenen Unternehmen emittierten Wertpapiere (z. B. *Commercial Paper*), die von einem anderen Unternehmen des Konsolidierungskreises als Zahlungsmitteläquivalente klassifiziert werden, enthalten (vgl. Gebhardt, G. [2001], Tz. 300 f.). Zahlungsströme zwischen einbezogenen Unternehmen sind aus einer Konzern-KFR auszuschließen; die Konzern-KFR darf nur Zahlungen mit konzernfremden Dritten berücksichtigen.

Zahlungsvorgänge mit Minderheiten

Zahlungen aus Geschäftsvorfällen mit Minderheitsgesellschaftern der einbezogenen Unternehmen sind wie Zahlungen mit Konzernfremden zu behandeln und demzufolge im jeweils betroffenen Aktivitätsbereich enthalten. Finanzierungseinzahlungen und -auszahlungen, die mit Minderheitsgesellschaftern von konsolidierten Unternehmen zusammenhängen, sind sachgerecht dem Finanzierungsbereich zuzuordnen (DRS 2.34). In Bezug auf den Ausweis von Finanzierungstransaktionen mit Minderheiten geht DRS 2 über die internationalen Standards hinaus und schreibt mittels einer Soll-Vorschrift für von Minderheitsgesellschaftern geleistete Eigenkapitalzuführungen und für an diese abgeführte Dividenden, Eigenkapitalrückzahlungen und sonstige Ausschüttungen den Bruttoausweis in der KFR oder im Rahmen der ergänzenden Angaben vor (DRS 2.51). Ein gesonderter Ausweis der Finanzierungszahlungen im Zusammenhang mit Minderheiten wird in IAS 7 und FAS 95 nicht gefordert.

Einbeziehung von quotenkonsolidierten Unternehmen

Finanzmittelbestände und Zahlungsströme von quotal konsolidierten Gemeinschaftsunternehmen (*jointly controlled entities*) (§ 310 HGB; *benchmark treatment* gemäß IAS 31.25 ff.) sind anteilig – in Höhe der Konzernbeteiligungsquote – in die Konzern-KFR zu übernehmen (DRS 2.14 und DRS 9.19; IAS 7.38), selbst wenn die Konzernleitung über deren Finanzmittelbestände und Zahlungsströme nicht beliebig verfügen kann. Die im Konzernfonds enthaltenen Finanzmittelbestände von quotal einbezogenen Unternehmen sind nach DRS 2 stets gesondert anzugeben (DRS 2.53). IAS 7 verlangt die Angabe der quotal einbezogenen Finanzmittelbestände bei eingeschränkter Disposition seitens der Konzernleitung (IAS 7.48). Wie bereits unter den ergänzenden Angaben erwähnt, empfiehlt IAS 7 als freiwillige Angabe auch noch die Offenlegung der drei Bereichssalden jeweils in kumulierter Form, die von quotenkonsolidierten Unternehmen stammen (IAS 7.50 (b)). Im Gegensatz zum HGB und zu den IAS/IFRS ist nach US-GAAP die Quotenkonsolidierung grundsätzlich nicht zulässig (vgl. 9. Kapitel A IV 1c). Demgemäß sind Finanzmittel und Zahlungsströme von Gemeinschaftsunternehmen wie die der übrigen nicht konsolidierten Unternehmen zu behandeln, d. h. sie sind nicht in die Konzern-KFR zu übernehmen.

Eine Angleichung der Behandlung von Gemeinschaftsunternehmen in einer KFR nach DRS 2 und nach FAS 95 ist gleichwohl möglich: einerseits dadurch, dass auf die Quotenkonsolidierung gemäß dem im § 310 HGB gewährten Wahlrecht verzichtet wird, andererseits durch Inanspruchnahme des Wesentlichkeitsprinzips; denn soweit die Anwendung der Quotenkonsolidierung einen nur unwesentlichen Einfluss auf die Darstellung der wirtschaftlichen Lage ausübt, ist sie auch nach US-GAAP zulässig (vgl. Siener, F. [1998], S. 80).

Behandlung von Beteiligungen

Sind im Konzernabschluss Beteiligungen nach der Equity-Methode oder nach dem Anschaffungskostenprinzip bilanziert (§§ 311, 312 HGB), so schreiben DRS 2 und IAS 7 vor, dass nur Zahlungsvorgänge zwischen den nicht konsolidierten Beteiligungsunternehmen und den einbezogenen Konzernunternehmen, wie z. B. erhaltene Dividenden, Barauszahlungen bei Kapitalerhöhungen sowie Ein- und Auszahlungen aus dem Kauf oder der Veräußerung solcher Beteiligungen, zu erfassen sind (DRS 2.14; IAS 7.37 f.). Erfolgswirksame Auswirkungen der im Konzernabschluss nach der Equity-Methode fortgeschriebenen Beteiligungen dürfen aufgrund fehlender Zahlungsvorgänge in der Konzern-KFR nicht enthalten sein. FAS 95 veranschaulicht dies im Beispiel durch die Bereinigung des *net income* um die zahlungsunwirksamen *undistributed earnings of affiliate* (FAS 95.131 f.).

b) *Ermittlungsmethoden der Konzernkapitalflussrechnung*

Alternative Ermittlungsmethoden der Konzern-KFR

Für die Ermittlung einer Konzern-KFR besteht neben der originären Ermittlung aus einer (Konzern-) Buchführung und der allgemein üblichen derivativen Ermittlung aus dem Konzernabschluss zusätzlich die dritte Möglichkeit, eine Konzern-KFR durch Konsolidierung von Einzel-KFR der einzubeziehenden Unternehmen zu gewinnen. Eine Übersicht gibt Abbildung 10.36 (vgl. Pfuhl, J. [1994], S. 377).

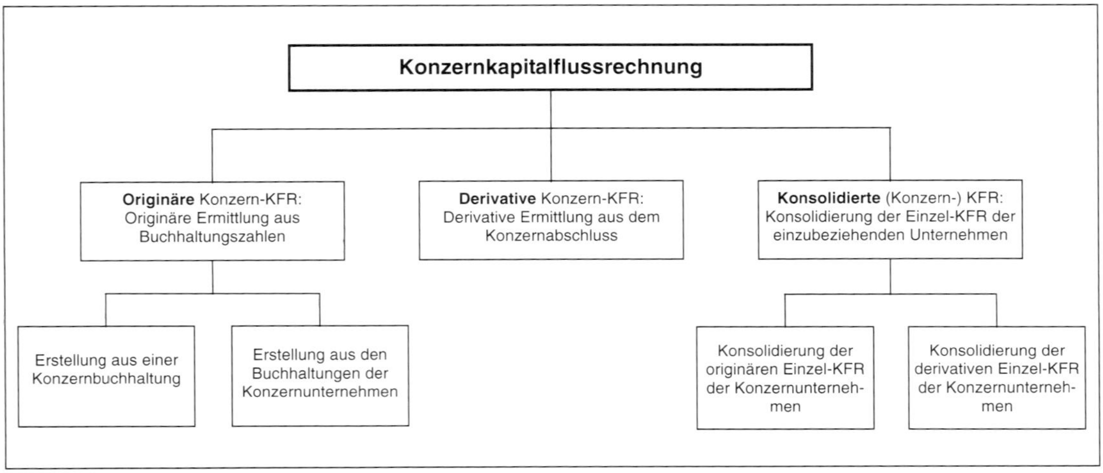

Abb. 10.36: Systematisierung von Konzernkapitalflussrechnungen nach der Vorgehensweise bei der Aufstellung

- Originäre Ermittlung

Zur originären Ermittlung einer Konzern-KFR werden Informationen über sämtliche Einzahlungen und Auszahlungen mit konzernfremden Dritten benötigt. Somit muss auf eine – in der Praxis bisher kaum relevante – Konzernbuchführung zurückgegriffen werden. Zumeist ist das Konzernrechnungswesen hierfür jedoch nicht ausreichend entwickelt. Alternativ können die benötigten Daten aus den Buchhaltungen der Einzelunternehmen gewonnen werden, wenn die Buchführungen der einzubeziehenden Unternehmen rechentechnisch zwischen konzerninternen Zahlungen und Zahlungsvorgängen mit Dritten unterscheiden können. Der Vorteil einer originären Erstellung liegt darin, dass sich die nachfolgenden Sonderprobleme größtenteils gar nicht erst ergeben (vgl. Gebhardt, G. [2001], Tz. 310).

- Derivative Ermittlung

Die in der Praxis bevorzugte Vorgehensweise ist die derivative Ableitung aus dem Konzernabschluss (FAS 95.102 ff.). Bei der derivativen Ermittlung aus Konzernbilanz und Konzern-GuV müssen jedoch zahlreiche zusätzliche interne Daten mit einfließen (vgl. Arbeitskreis »Finanzierungsrechnung« der Schmalenbach-Gesellschaft [1996], S. 123). Die derivativ erstellte Konzern-KFR ist um sämtliche zahlungsunwirksamen Erträge und Aufwendungen, die sich aus den Konsolidierungsmaßnahmen ergeben, zu bereinigen, wie z. B. Goodwillabschreibungen und latente Steuern aus Konsolidierungsvorgängen. Weitere notwendige

Korrekturen von zahlungsunwirksamen Vorgängen sind bei Änderungen des Konsolidierungskreises und bei Wechselkursänderungen vorzunehmen. In DRS 2 wird auf die Verwendung der Zusatzinformationen ausdrücklich hingewiesen (DRS 2.13), damit die Rechnung aus Konzernsicht überhaupt adäquate zahlungsorientierte Informationen liefern kann.

- Ermittlung durch Konsolidierung

Die Konzern-KFR kann letztlich auch durch Konsolidierung der Einzel-KFR der einbezogenen Konzernunternehmen, die ihrerseits die Einzel-KFR originär oder derivativ ermitteln können, aufgestellt werden. Die Konsolidierungsschritte sind dabei analog zur Aufstellung von Konzernbilanz und Konzern-GuV durchzuführen, d. h. konzerneinheitliche Einzel-KFR sind – gegebenenfalls nach Umrechnung in die Konzernwährung – zu summieren und anschließend um konzerninterne Zahlungsbewegungen zu bereinigen. Das Ergebnis ist dann eine Konzern-KFR, die ausschließlich Zahlungsvorgänge mit Konzernfremden zeigt und die daraus resultierenden Veränderungen des Konzernfinanzmittelfonds erklärt. Die durch Konsolidierung ermittelte Konzern-KFR kann als »konsolidierte KFR« bezeichnet werden. In der Literatur findet sich stattdessen auch die Bezeichnung »additive Konzern-KFR« (vgl. Pfuhl, J. [1994], S. 410 ff.). Auch wird der Begriff »konsolidierte KFR« gelegentlich mit dem Begriff der »Konzern-KFR« gleichgesetzt (vgl. Gebhardt, G. [2001], Tz. 310 ff.).

Kombination der Ermittlungsmöglichkeiten

Die erläuterten Ermittlungsalternativen können bei der Erstellung einer Konzern-KFR auch kombiniert eingesetzt werden. So ist es beispielsweise möglich, eine Teilkonzern-KFR originär zu erstellen und anschließend mit derivativ ermittelten Einzel-KFR der übrigen Konzernunternehmen zu einer Gesamtkonzern-KFR zu konsolidieren.

Genannte Ermittlungswege

DRS 2 weist explizit nur auf den derivativen Ermittlungsweg und auf die Konsolidierung von Einzel-KFR hin (DRS 2.13). IAS 7 und FAS 95 zeigen in den Beispielrechnungen die derivative Ableitung der Konzern-KFR (IAS 7 Appendix 1; FAS 95.131 ff.); FAS 95 erläutert an einem Beispiel auch die methodische Vorgehensweise bei der Konsolidierung von Einzel-KFR (FAS 95.136 ff.).

c) Änderungen des Konsolidierungskreises

Abkehr von der Einzelerwerbsfiktion und Beschränkung auf Zahlungsvorgänge

Der Konsolidierungskreis ändert sich durch Erst- oder Entkonsolidierung bzw. durch Erwerb oder Veräußerung von Unternehmen oder Anteilen. Verändert sich der Kreis der in den Konzernabschluss einzubeziehenden Unternehmen, so sind lediglich die dabei auftretenden Zahlungsbewegungen in der Konzern-KFR zu erfassen. Dies bedeutet eine Abkehr von der für Konzernbilanz und Konzern-GuV verbindlichen Einzelerwerbsfiktion, da die Veränderung des Konzernkreises nicht durch die mit ihr verbundenen Zu- bzw. Abgänge von Vermögensgegenständen und Schulden, sondern entsprechend ihrer finanzwirtschaftlichen Auswirkung als Investitionszahlung oder eventuell als unbare Transaktion in der Konzern-KFR zu berücksichtigen ist (DRS 2.45).

Änderung des Konsolidierungskreises:
- durch Kauf/ Verkauf von Unternehmen

Treten durch Erwerb von Anteilen Veränderungen im Konsolidierungskreis auf, so ist nur der Investitionsvorgang, d. h. der Kaufpreis abzüglich des erworbenen Bestandes an Zahlungsmitteln und Zahlungsmitteläquivalenten im Investitionsbereich der Konzern-KFR zu erfassen. Umgekehrt ist im Falle der Veräußerung und der damit einhergehenden Entkonsolidierung der um die abgegangenen Finanzmittel verminderte Verkaufspreis als Desinvestitionsvorgang auszuweisen. Beim Kauf bzw. Verkauf von Unternehmen oder Anteilen ist somit lediglich die Differenz aus Kauf- bzw. Verkaufspreis und erworbenen bzw. abgegebenen Finanzmittelbeständen als Zahlungsbewegung im Investitionsbereich gesondert auszuweisen (DRS 2.44; IAS 7.39 und IAS 7.42; FAS 95.131 f.). Vgl. zu den Ausweisvorschriften bei Erwerb und Veräußerung von konsolidierten Unternehmen und sonstigen Geschäftseinheiten die Abschnitte A II 4b (3), A II 4c dieses Kapitels.

- durch Einbeziehung/Ausscheiden von Unternehmen

Der Konsolidierungskreis kann sich des Weiteren ändern, wenn einerseits bereits in vorherigen Geschäftsjahren erworbene Tochterunternehmen erstmals – aufgrund einer geänderten Ausübung eines Einbeziehungswahlrechts – in den Konzernabschluss einbezogen werden. Andererseits können in Vorperioden einbezogene Konzernunternehmen in der Berichtsperiode erstmals aus dem Konsolidierungskreis ausscheiden, obwohl die Konzernbeteiligungsquote unverändert geblieben ist (vgl. Bieg, H./Regnery, P. [1993], S. 11 f.). Diese Änderungen des Konsolidierungskreises führen zwar zu Zu- bzw. Abgängen von Vermögensgegenständen und Schulden in der Konzernbilanz; aber sie sind nicht in der Konzern-KFR zu erfassen, da ihnen keine periodengleichen zahlungswirksamen Vorgänge zugrunde liegen (DRS 2.45). Die Zahlung an (von) Dritte(n) wirken sich in der Periode des Erwerbs (Verkaufs) auf die Konzern-KFR aus, sodass hier ausschließlich die Finanzmittelbestände der erstmals (nicht mehr) einbezogenen Unternehmen als Zugänge (Abgänge) im Finanzmittelfonds des Konzerns berücksichtigt werden. Die Veränderung des Konzernfonds wird allerdings nicht durch Zahlungsbewegungen in der Ursachenrechnung erklärt, sondern sie ist im Rahmen der Überleitung auf den Finanzmittelfonds zum Periodenende gesondert als »konsolidierungskreisbedingte Änderung des Finanzmittelfonds« in der Fondsveränderungsrechnung auszuweisen (vgl. Abschnitt A II 4a dieses Kapitels), die bei Unwesentlichkeit mit der bewertungs- und ggf. wechselkursbedingten Änderung des Finanzmittelfonds in einem Posten zusammengefasst werden darf (DRS 2.45). Die Behandlung solcher Erst- bzw. Entkonsolidierungen von Unternehmen und sonstigen Geschäftseinheiten, bei denen der Erwerbs- bzw. Verkaufszeitpunkt nicht in die Berichtsperiode fällt, wird in den internationalen Standards nicht geregelt (vgl. Wysocki, K. v. [2002], Tz. 111).

Veränderungen des Konsolidierungskreises dürfen sich also in der Konzern-KFR nur als Zahlungsvorgänge niederschlagen, wenn damit aus Sicht des Konzerns periodengleiche Zahlungsmittelbewegungen verbunden sind.

Erst- und Entkonsolidierungszeitpunkt

DRS 2 legt fest, dass der Erst- bzw. Entkonsolidierungszeitpunkt eines Tochterunternehmens im Konzernabschluss auch maßgeblich für die Konzern-KFR ist, d. h. ab bzw. bis zu welchem Zeitpunkt die Zahlungsströme in der Konzern-KFR zu berücksichtigen sind (DRS 2.46). IAS 7 und FAS 95 schreiben den Zeitpunkt der Erst- bzw. Entkonsolidierung dagegen nicht vor.

d) *Währungsumrechnung*

Umrechnung der Finanzmittel und der Zahlungsströme

Sind ausländische Tochterunternehmen in die Konzern-KFR einzubeziehen, so müssen deren Finanzmittelbestände und deren Zahlungsströme in die Konzernberichtswährung umgerechnet werden. Bei der Umrechnung der Finanzmittelbestände der ausländischen Tochterunternehmen in die Berichtswährung ist der jeweilige Stichtagskurs zugrunde zu legen. Bei der Umrechnung der Zahlungsvorgänge ausländischer Tochterunternehmen ist gemäß den Standards – wie bei Fremdwährungstransaktionen eines Einzelunternehmens – der Wechselkurs des jeweiligen Zahlungszeitpunktes anzuwenden (DRS 2.22; IAS 7.26; FAS 95.25). In IAS 7 wird die Anwendung des Stichtagskurses für die Umrechnung der Zahlungsströme von Tochterunternehmen sogar ausdrücklich untersagt (IAS 7.27).

Durchschnittskurs

Als Näherungslösung ist die Verwendung von gewogenen Durchschnittskursen nach DRS 2, IAS 7 und FAS 95 zulässig, sofern sich ihr Ergebnis mit dem der Transaktionskurse mehr oder weniger deckt (DRS 2.22; IAS 7.27; FAS 95.25, 105). Durchschnittskurse verursachen keine wesentlichen Verzerrungen, wenn die umzurechnenden Zahlungsströme stetig vorfallen und lediglich geringe Wechselkursbewegungen zu beobachten sind. Das kontinuierliche Auftreten von Zahlungsvorgängen gilt in der Regel für den operativen Bereich, weniger aber für den Investitions- und Finanzierungsbereich, sodass dort zumindest für die Umrechnung der bedeutenden Zahlungstransaktionen der Transaktionskurs verwendet werden sollte. Aus den angeführten Gründen werden im Musterbeispiel von FAS 95 nur die operativen Zahlungen mit einem gewichteten Durchschnittskurs umgerechnet, während die Investitions- und Finanzierungszahlungen der ausländischen Tochterunternehmen mit den jeweiligen Transaktionskursen in die Konzernberichtswährung transformiert werden (FAS 95.144).

Umrechnung bei originärer Konzern-KFR

Bei der originären Ermittlung der Konzern-KFR können die Einzahlungen und Auszahlungen aus einer (Konzern-) Buchhaltung mit dem im Zahlungszeitpunkt gültigen Wechselkurs umgerechnet werden, soweit der Transaktionskurs für jeden einzelnen Zahlungsvorgang bereitgestellt wird. Die Durchführung der Umrechnung bereitet dann Schwierigkeiten, wenn die Wechselkurse für jeden einzelnen Zahlungsvorgang nicht zur Verfügung stehen. Aus Gründen der Vereinfachung und Wirtschaftlichkeit ist die Umrechnung der Fremdwährungszahlungen mit gewogenen Periodendurchschnittskursen als Näherungslösung zulässig (DRS 2.22; IAS 7.27; FAS 95.25). Die Umrechnung der Finanzmittelbestände und Zahlungsbewegungen ausländischer Tochterunternehmen, die aus Konzernsicht Fremdwährungsbestände und Fremdwährungstransaktionen darstellen, führt zu denselben wechselkursbedingten Wertänderungen des Finanzmittelfonds (Wechselkurseffekt), wie sie in Abschnitt A II 4a dieses Kapitels für ein Einzelunternehmen dargestellt wurden. Als Folge ihrer Zahlungsunwirksamkeit sind die wechselkursbedingten Fondsveränderungen gesondert in der Überleitung zum Finanzmittelfonds des Konzerns zu zeigen.

Umrechnung bei derivativer Konzern-KFR

Für den Fall, dass die Konzern-KFR derivativ aus dem Konzernabschluss abgeleitet wird und in ihm ausländische Tochtergesellschaften einbezogen sind, muss die Konzern-KFR nicht nur um den Wechselkurseffekt, sondern auch um weitere Währungsumrechnungsdifferenzen (sog. globaler Umrechnungseffekt) bereinigt werden (vgl. Holzer, H. P./Häusler, H. [1989], S. 222 ff.). Die derivativ ermittelte Konzern-KFR übernimmt implizit die Lösungen der Währungsumrechnung aus dem Konzernabschluss, sodass zahlungsunwirksame Umrechnungsdifferenzen enthalten sind. Bei Anwendung der Stichtagskursmethode führen Wechselkursänderungen zu zahlungsunwirksamen Bestandsänderungen in der Bilanz (z. B. Wertänderung einer langfristigen Verbindlichkeit durch Stichtagskursumrechnung); bei Anwendung der Zeitbezugsmethode verursachen sie gegebenenfalls nicht realisierte, zahlungsunwirksame Umrechnungserfolge, die auf Änderungen der bilanziellen Umrechnungsdifferenzen beruhen (vgl. Wysocki, K. v. [2002], Tz. 116). Somit müssen bei der Ableitung der Konzern-KFR aus dem Konzernabschluss die durch die Umrechnung einzelner Bilanz- und GuV-Positionen auftretenden Umrechnungsdifferenzen als zahlungsunwirksame Komponenten aus der KFR herausgerechnet werden. In der Regel sind bei der derivativen Ermittlung aber nur die Zeitpunkte der Erfolgswirksamkeit bekannt, sodass für die Zahlungsvorgänge ausländischer einbezogener Unternehmen in fremden Währungen implizit die Kurse bei Erfolgswirksamkeit Verwendung finden (vgl. Arbeitskreis »Finanzierungsrechnung« der Schmalenbach-Gesellschaft [1996], S. 39 f.). Die vorliegenden Standards verlangen indes ausschließlich den Ausweis von zahlungswirksamen Vorgängen in der Konzern-KFR, sodass zumindest theoretisch die Zahlungsströme von ausländischen Konzernunternehmen rückwirkend mit den Transaktions- bzw. Periodendurchschnittskursen in die Konzernwährung umgerechnet werden müssten (DRS 2.22; IAS 7.26; FAS 95.25 und FAS 95.101). Da bei der derivativen Ermittlung der Konzern-KFR in der Regel aber nur die Zeitpunkte der Erfolgswirksamkeit bekannt sind und stark aggregierte Daten vorliegen, werden zahlungsunwirksame globale Umrechnungseffekte nur näherungsweise bestimmt und korrigiert werden können.

Umrechnung bei konsolidierter KFR

Die aufwendigen Korrekturmaßnahmen der derivativen Ermittlung können dadurch vermieden werden, dass Einzel-KFR in der fremden Währung erstellt und anschließend mit einem Periodendurchschnittskurs als Näherungslösung umgerechnet werden. Sodann werden sämtliche Einzel-KFR der in- und ausländischen Gesellschaften konsolidiert. Bei dieser Ermittlungsmethode tritt (lediglich) der oben genannte Wechselkurseffekt auf, der zu bereinigen und gesondert auszuweisen ist (vgl. das Beispiel dazu in FAS 95.136 ff.).

B. Segmentberichterstattung

Gründe für Segmentpublizität

Im Zuge zugenommener Diversifikations- und Globalisierungsbestrebungen von Unternehmen wuchs die Erkenntnis, dass die Aggregation unterschiedlicher unternehmerischer Tätigkeiten auf unterschiedlichen regionalen Märkten im Jahresabschluss oder Konzernabschluss häufig zu Informationsdefiziten und -verzerrungen bei externen Abschlussadressaten führt. Aufgrund der Aggregation von Daten werden die spezifischen Chancen und Risiken einzelner Unternehmensaktivitäten und somit die verschiedenen Einflüsse auf das Erfolgspotenzial und damit die Zukunftsaussichten des Gesamtunternehmens nivelliert. Somit kann die externe Rechnungslegung bei diversifizierten Unternehmen ihre Aufgabe als Instrument zur Bereitstellung verlässlicher und entscheidungsrelevanter Informationen durch die traditionellen Rechnungslegungsinstrumente nicht befriedigend erfüllen. Deshalb ist es notwendig, das Unternehmensgeschehen durch die Gewährung segmentspezifischer Daten in disaggregierter Form darzustellen. Noch deutlicher wird die Notwendigkeit disaggregierter Informationen auf Konzernebene. Durch die Aggregation verursacht der Konzernabschluss automatisch Informationsdefizite, die durch die Segmentierung von Unternehmensdaten als Zusatzinformation ausgeglichen werden können.

I. Aufstellungspflicht

Aufstellungspflicht nach HGB

Die Verpflichtung zur Aufstellung eines Segmentberichts im Anhang bzw. Konzernanhang besteht für große Kapitalgesellschaften (i. S. d. § 267 Abs. 3 HGB) und Konzerne seit dem Inkrafttreten des Bilanzrichtliniengesetzes im Zuge der Übernahme der 4. und 7. EG-Richtlinie ins deutsche Handelsrecht.

- Aufstellung gemäß § 285 Nr. 4 bzw. § 314 Abs. 1 Nr. 3 HGB

Die gesetzlichen Anforderungen im Rahmen der Erstellung der Segmentberichterstattung beschränkte sich gemäß § 285 Nr. 4 bzw. § 314 Abs. 1 Nr. 3 HGB bislang allerdings ausschließlich auf eine Disaggregation der (Außen-)Umsatzerlöse nach Tätigkeitsbereichen und geographisch bestimmten Märkten. In der jüngsten Vergangenheit hat diese Thematik allerdings einen Bedeutungswandel erfahren, da die Anforderungen an die handelsrechtliche Segmentberichterstattung verglichen mit dem internationalen Niveau äußerst gering geblieben sind. Eine Angleichung der Segmentberichterstattung an das international übliche Niveau war damit – insbesondere vor dem Hintergrund aktueller Entwicklungen in Richtung Kapitalmarktorientierung der Rechnungslegung – längst überfällig geworden.

- Aufstellung gemäß § 297 Abs. 1 HGB

Mit der Einführung des KonTraG hat der Gesetzgeber darauf reagiert und zumindest börsennotierte Mutterunternehmen gemäß § 297 Abs. 1 Satz 2 HGB a. F. nunmehr dazu verpflichtet, einen nicht näher konkretisierten Segmentbericht in den Konzernanhang aufzunehmen. Im Zuge des TransPuG wurde der Anwendungskreis ausgeweitet. Mittlerweile betrifft die Aufstellungspflicht alle Mutterunternehmen, die einen organisierten Markt i. S. d. § 2 Abs. 5 WpHG selbst oder über ein Tochterunternehmen i. S. d. § 2 Abs. 1 WpHG durch die Ausgabe von Wertpapieren in Anspruch nehmen oder die Zulassung zu einem solchen beantragt haben. Zudem wurde der Segmentbericht weiter aufgewertet, da er nicht mehr als ein Bestandteil des Anhangs, sondern als eigenständiges Berichtsinstrument des Konzernabschlusses anzusehen ist (§ 297 Abs. 1 Satz 2 HGB i. d. F. TransPuG). Zwar hat der Gesetzgeber damit den Begriff »Segmentberichterstattung« im HGB verankert, deren inhaltliche Gestaltung jedoch nicht konkretisiert. Mit dieser Aufgabe wurde das DRSC betraut, das mit dem Deutschen Rechnungslegungsstandard Nr. 3 (DRS 3), der vom DRSC am 20. 12. 1999 verabschiedet und vom Bundesministerium der Justiz gemäß § 342 Abs. 2 HBG am

31. 5. 2000 bekannt gemacht wurde, für eine weitgehend an den anglo-amerikanischen Vorbildern IAS 14 und FAS 131 angelehnte Vorschrift gesorgt hat. Die Anforderungen gehen damit weit über die bisherige Vorschrift des § 314 Abs. 1 Nr. 3 HGB hinaus. Die neue Regelung trat für nach dem 31. 12. 1998 beginnende Geschäftsjahre in Kraft (Art. 46 Abs. 1 EGHGB).

- Befreiung von der Aufstellung

Der DRS 3 sieht keine Befreiungsmöglichkeit analog zur Schutzklausel des § 286 Abs. 2 bzw. § 314 Abs. 2 HGB vor. Da diese Neuregelung auf kapitalmarktorientierte Mutterunternehmen beschränkt ist, bleibt die ursprüngliche Verpflichtung zur Aufgliederung der Umsatzerlöse in Einzel- und (für nicht-börsennotierte Mutterunternehmen auch im) Konzernabschluss weiterhin bestehen. Allerdings sind Mutterunternehmen, deren Konzernabschluss ein Segmentbericht gemäß § 297 Abs. 1 HGB enthält, von der Pflicht zur Umsatzaufgliederung nach § 314 Abs. 1 Nr. 3 HGB befreit (§ 314 Abs. 2 i. d. F. TransPuG).

- Aufstellung gemäß § 292a HGB

Kapitalmarktorientierte deutsche Mutterunternehmen, die von der im Rahmen der Einführung des KapAEG geschaffenen Möglichkeit Gebrauch machen und gemäß § 292a HGB einen befreienden Konzernabschluss nach international anerkannten Rechnungslegungsgrundsätzen aufstellen, sind auch zur Erstellung eines Segmentberichts entweder nach IAS/IFRS oder US-GAAP verpflichtet. Diese Möglichkeit ist an die (beabsichtigte) Inanspruchnahme eines organisierten Marktes (i. S. d. § 2 Abs. 5 WpHG) gebunden.

Aufstellungspflicht nach IAS/IFRS und US-GAAP

Nach IAS/IFRS und US-GAAP beschränkt sich die Verpflichtung zur Aufstellung eines Segmentberichts auf kapitalmarktorientierte Unternehmen. Mit dem Begriff »kapitalmarktorientiert« werden sämtliche Unternehmen erfasst, deren Wertpapiere (Eigen- oder Fremdkapitalinstrumente) öffentlich gehandelt oder in Kürze emittiert werden (IAS 14.3; FAS 131.9). Sofern es sich bei dem Unternehmen gleichzeitig um ein Mutterunternehmen eines Konzerns handelt, brauchen die zu veröffentlichenden Segmentinformationen lediglich auf konsolidierter Basis veröffentlicht werden (IAS 14.6; FAS 131.9). Konsolidierte Tochterunternehmen, assoziierte Unternehmen, die nach der Equity-Methode in den Konzernabschluss einbezogen werden, und *Joint Ventures* werden grundsätzlich von der Aufstellungspflicht befreit. Handelt es sich hierbei allerdings um kapitalmarktorientierte Einzelunternehmen, sind die entsprechenden Segmentinformationen in dem separat zu veröffentlichenden Abschluss zu präsentieren (IAS 14.7; FAS 131.9). Weitere Befreiungsregeln sind weder nach IAS/IFRS noch nach US-GAAP vorgesehen.

II. Zielsetzung der Segmentberichterstattung

Bereitstellung entscheidungsrelevanter Informationen

Die Zielsetzung der Segmentberichterstattung lässt sich allgemein aus den Informationsbedürfnissen der Adressaten ableiten. Insbesondere bei diversifizierten und globalisierten Unternehmen ist die Disaggregation von Rechnungslegungsdaten für die Erfüllung der Informationsfunktion der externen Rechnungslegung essentiell. Die jeweiligen Segmente unterliegen häufig unterschiedlichen Umwelteinflüssen (z. B. Konjunktur, technologischer Stand und Innovationsgeschwindigkeit, Währungs- und Transferrisiken, Marktzugang, Export-/Importbeschränkungen, politische und soziale Stabilität etc.), die deren Wachstumsaussichten, Risiken und Gewinnspannen determinieren (vgl. Baumann, K. H. [1987], S. 3). Das Bedürfnis nach segmentspezifischen Informationen über Produkte, Märkte und Regionen zur Abschätzung der Entwicklung des Gesamtunternehmens für die Rechnungslegungsadressaten steigt mit zunehmendem Differenzierungsgrad. Deshalb wird dem *»segmental reporting«* international einheitlich entscheidungsbeeinflussende Wirkung (*relevance*) und damit ein hoher Informationsnutzen zuerkannt (vgl. die Literaturangaben bei Intellectual Capital Bericht als Teil des Lageberichts, in: DB 2001, S. 1045 ff, S. 502). Dieser hohe Informationswert findet auch – unter Verwendung verschiedener methodischer Ansätze – in den Ergebnissen einer großen Anzahl empirischer Untersuchungen (vgl. u. a. die angegebenen Studien bei Bernards, O. [1994], S. 48 ff.; Haller, A./Park, P. [1994], S. 503 und Pacter, P. [1993], S. 131 ff.) sowie in theoretisch fundierten ökonomischen Analysen (vgl. z. B. Hacker, B. [2002]) seine Bestätigung.

Beitrag zur wertorientierten Unternehmenssteuerung

Besondere Bedeutung erlangt die Segmentberichterstattung auch im Zusammenhang mit der zunehmenden Fokussierung auf die Steigerung des Unternehmenswertes. Sie wird als Kernelement der wertorientierten Unternehmensbericht-erstattung gesehen (vgl. Alvarez, M. [2002], S. 2057). Der Erfolg des Unternehmens wird dabei weniger am erwirtschafteten Ergebnis als vielmehr an der Tatsache gemessen, ob das Unternehmen imstande ist, für die *Shareholder* Wert zu schaffen. Hierfür ist die Segmentberichterstattung das geeignete Medium, da die Steuerung und Beurteilung der einzelnen Geschäftsbereiche hinsichtlich ihres Wertbeitrages dem Investor transparent gemacht wird. Nicht zuletzt deswegen wird der Nutzen der Segmentberichterstattung von den Finanzanalysten so sehr betont: »*... disaggregated financial data ... is vital, essential, fundamental, indispensable, and integral to the investment analysis process*« (Association for Investment Management and Research [1993], S. 57).

Vermeidung von Wettbewerbsverzerrungen

Daneben spricht auch die Gewährleistung der Wettbewerbsneutralität für die Offenlegung von Segmentdaten. Sofern nämlich ein diversifiziertes Unternehmen keine Segmentinformationen veröffentlicht, kann dies wegen der besseren Einblicksmöglichkeit zu Wettbewerbsnachteilen für seine undiversifizierten, regional begrenzt tätigen Konkurrenten führen.

Zielsetzung der Segmentberichterstattung nach DRS 3

Vor diesem Hintergrund wird mit der Segmentberichterstattung nach DRS 3 das Ziel verfolgt, den Adressaten Informationen über die wesentlichen Geschäftsbereiche eines Unternehmens (Konzerns) an die Hand zu geben, um den Einblick in die Vermögens-, Finanz- und Ertragslage sowie die Beurteilung der Chancen und Risiken der einzelnen Segmente zu gewähren (DRS 3.1). Dadurch lässt sich schließlich eine bessere Abschätzung der Ertragsaussichten und Risiken des Gesamtunternehmens vornehmen (DRS 3.2).

Zielsetzung der Segmentberichterstattung nach IAS/IFRS und US-GAAP

Ähnlich zum DRS 3 liest sich auch die Zielsetzung der internationalen Segmentberichterstattung. Gemäß IAS 14 soll der Segmentbericht durch Angabe quantitativer und qualitativer Informationen zur differenzierten Analyse der Ertragslage, zur besseren Einschätzung der Chancen und Risiken und schließlich zur fundierteren Beurteilung des Unternehmens (Konzerns) in seiner Gesamtheit beitragen (IAS 14 Objective). Grundsätzlich geht diese Zielrichtung mit FAS 131 konform, allerdings liegt die Betonung dabei nicht auf der Identifizierung der Chancen und Risiken, sondern auf der Prognose zukünftiger Netto-Cashflows (FAS 131.3). Letzten Endes soll jedoch sowohl nach IAS/IFRS als auch nach US-GAAP der Konzernabschlussnutzer durch Bereitstellung disaggregierter Daten in die Lage versetzt werden, die zukünftigen Cashflows in betrags- und zeitmäßiger Hinsicht sowie hinsichtlich ihrer Eintrittswahrscheinlichkeit besser einschätzen zu können.

III. Bestimmung berichtspflichtiger Segmente

Die Bestimmung berichtspflichtiger Segmente erfordert zunächst eine definitorische Beschreibung eines Segments. Darauf aufbauend sind durch Abgrenzung einzelner Unternehmensteile ausweisfähige Segmente (*reportable segments*) zu identifizieren, die allerdings erst mit Erreichen gewisser Wesentlichkeitskriterien berichtspflichtig werden.

1. Segmentdefinition

Allgemeine Segmentdefinition

Unter Segment versteht man allgemein jeden isolierbaren Bereich wie z. B. Produktgruppe, Geschäftszweig, Profit Center, Region etc. innerhalb einer diversifizierten Wirtschaftseinheit (vgl. Haase, K. D. [1992], Sp. 1758).

Segmentdefinition nach DRS 3 / operatives Segment

Nach dem DRS 3 ist unter dem Begriff »Segment« ein »operatives Segment« zu verstehen. Dieses entspricht einem »Teil eines Unternehmens,

(a) der Geschäftsaktivitäten entfaltet, die potenziell oder tatsächlich zu Umsatzerlösen oder sonstigen Erträgen führen (einschließlich der Ergebnisse aus dem Leistungsaustausch mit anderen Unternehmensteilen), und
(b) der regelmäßig von der Unternehmensleitung überwacht wird, um seine Geschäftsentwicklung und wirtschaftliche Lage zu beurteilen und die Ressourcenallokation im Unternehmen zu steuern« (DRS 3.8).

- Produktorientiertes Segment

Zusätzlich wird eine Unterscheidung in produktorientierte und geographische (operative) Segmente vorgenommen. Ein »produktorientiertes Segment« wird definiert als eine Teileinheit eines Unternehmens, das (gegenüber anderen Teileinheiten) anhand einzelner oder ähnlicher Produkte oder Dienstleistungen abgrenzbar ist, wobei auch nach Kundengruppen abgegrenzte Segmente hierunter zu subsumieren sind (DRS 3.8).

- Geographisches Segment

Dagegen ist an den Begriff »geographisches Segment« die Abgrenzbarkeit einer Teileinheit aufgrund eines spezifischen regionalen Umfeldes anhand von Vermögen, Produkten oder Dienstleistungen geknüpft (DRS 3.8).

Segmentdefinition nach IAS/IFRS

Im Gegensatz zum DRS 3 verzichtet IAS 14 auf den Oberbegriff »operatives Segment«. In IAS 14 erfolgt lediglich eine Unterscheidung nach leistungsbezogenen, sachlichen Geschäftsfeldern (*business segments*), sog. »sektorale Segmentierung«, und nach regionalen Geschäftsfeldern (*geographical segments*), sog.

»regionale Segmentierung« (vgl. Bernards, O. [1994], S. 4). Diese Differenzierung entspricht im Wesentlichen DRS 3.

- *»Business segment«*

Ein *business segment* umfasst dabei einen abgrenzbaren Teilbereich eines Unternehmens bzw. Konzerns, der ein Produkt oder eine Dienstleistung bzw. eine Gruppe verwandter Produkte oder Dienstleistungen bereitstellt und der unter Risiko- und Chancengesichtspunkten von anderen Segmenten differenzierbar ist (IAS 14.9). Für die Bildung von (verwandten) Produkt- oder Dienstleistungsgruppen wird Gleichheit bei folgenden Bestimmungsfaktoren, die mehrheitlich zutreffen müssen, vorausgesetzt (IAS 14.9 i. V. m. IAS 14.11):

(a) Art der Produkte oder Dienstleistungen;
(b) Art der Produktions- und Leistungserstellungsprozesse;
(c) Kundengruppen;
(d) Vertriebsmethoden oder Methoden der Bereitstellung von Produkten und Dienstleistungen und
(e) soweit zutreffend, die Art des Regulierungsumfeldes (z. B. im Banken-, Versicherungs- und öffentlichen Versorgungsbereich).

- *»Geographical segment«*

Analog dazu erfolgt die Definition regionaler Segmente. Unter einem *geographical segment* ist ein abgrenzbarer Teilbereich eines Unternehmens bzw. Konzerns zu verstehen, der ein Produkt oder eine Dienstleistung bzw. eine Gruppe verwandter Produkte oder Dienstleistungen innerhalb eines bestimmten Wirtschaftsraums bereitstellt und der unter Risiko- und Chancengesichtspunkten von anderen Segmenten differenzierbar ist. Die Bestimmung regionaler Segmente (z. B. ein Land, eine Ländergruppe oder eine Region innerhalb eines Landes) erfordert dabei Homogenität hinsichtlich folgender Faktoren (IAS 14.9 i. V. m. IAS 14.12):

(a) Gleichartigkeit der wirtschaftlichen und politischen Rahmenbedingungen;
(b) enge Beziehungen zwischen den Geschäftsaktivitäten in unterschiedlichen geographischen Gebieten;
(c) räumliche Nähe der Geschäftsaktivitäten;
(d) spezielle Risiken der Geschäftsaktivitäten in bestimmten Gebieten;
(e) Gleichartigkeit der Devisenbestimmungen und
(f) Gleichartigkeit der zugrunde liegenden Fremdwährungsrisiken.

Dabei ist eine Segmentierung sowohl nach den Orten der Ausführung der Unternehmenstätigkeit (*location of operations*) als auch nach Absatzmärkten (*location of markets*) als charakteristisches Merkmal zulässig (IAS 14.13).

Insgesamt werden die Segmente nach IAS/IFRS weitaus genauer definiert und enger abgegrenzt als nach DRS 3. Der gegenüber DRS 3 geringere Ermessensspielraum zeigt sich beispielsweise darin, dass nach IAS/IFRS die sektorale Segmentierung ausschließlich nach Produktgruppen vorzunehmen ist; eine Differenzierung nach Kundengruppen – wie sie nach DRS 3 auch möglich ist – scheidet aus (vgl. Alvarez, M. [2002], S. 2058).

Nach US-GAAP ist – ähnlich der Begriffsdefinition nach DRS 3 – eine Segmentierung in operative Segmente (*operating segments*) erforderlich (FAS 131.10). Als ein *operating segment* wird hierbei ein Teilbereich eines Unternehmens bzw. Konzerns verstanden,

Segmentdefinition nach US-GAAP / »operating segment«

(a) dessen Geschäftsaktivitäten (zukünftig) zu Aufwendungen und Erträgen führen (einschließlich der Aufwendungen und Erträge zwischen den unterschiedlichen Teilbereichen),
(b) dessen operative Ergebnisse regelmäßig von der Geschäftsführung überwacht und als Grundlage für die segmentbezogene Ressourcenverteilung und Erfolgsbeurteilung dienen und
(c) für den gesonderte rechnungslegungsbezogene Informationen verfügbar sind.

Damit ist nicht jeder Unternehmensteilbereich zwangsläufig als ein operatives Segment zu qualifizieren; so werden gewisse Unternehmensteile, die keine Außenerträge erzielen, wie z. B. häufig bei einer Konzernzentrale, einer Pensionskasse oder bei anderen vergleichbaren Abteilungen, regelmäßig nicht die Kriterien für eine Einstufung als operatives Segment erfüllen (FAS 131.11). Eine zusätzliche Einordnung in produktorientierte (sektorale) und geographische (regionale) Segmente erfolgt nach FAS 131 im Unterschied zu DRS 3 und IAS 14 nicht.

Die in FAS 131 genannten Definitionskriterien werden auch – ausdrücklich bzw. implizit – vom DRS 3 vorausgesetzt, sodass von einem identischen Segmentbegriff ausgegangen werden kann.

2. Segmentabgrenzung

Im Rahmen der Abgrenzung einzelner Segmente eines Unternehmens bzw. Konzerns finden in der internationalen Rechnungslegung grundsätzlich der *»risk and reward approach«* und der *»management approach«* Anwendung.

Grundlegende Abgrenzungskonzeptionen:

- »Risk and reward approach«

Der *risk and reward approach* verlangt eine Segmentabgrenzung nach den Maßstäben Risiken und Chancen. Hierfür werden die einzelnen Geschäftsaktivitäten auf ihren Beitrag zum Unternehmensgesamterfolg und auf die jeweils korrespondierenden Risiken hin untersucht (vgl. Böcking, H.-J./Benecke, B. [1999], S. 97). Als grundlegende Kriterien gelten die interne und externe Segmenthomogenität, d. h. die in einem Segment zusammengefassten Aktivitäten sollten hinsichtlich ihres Erfolgsbeitrags bzw. Risikos vergleichbar, aber zugleich von jenen anderer Tätigkeiten verschieden sein.

- »Management approach«

Der *management approach* basiert auf der Überlegung, dass die im Rahmen der externen Finanzberichterstattung vorzunehmende Segmentierung entsprechend der für die interne Berichterstattung und operative Steuerung gebildeten Unternehmensbereiche erfolgt. Dieser Ansatz ist das Ergebnis der konsequenten Ausrichtung der Rechnungslegung an den Bedürfnissen des Kapitalmarktes, da die Kapitalmarktteilnehmer für ihre ökonomischen Entscheidungen Informationen benötigen, die eine möglichst hohe Entscheidungsrelevanz besitzen; die

Abschlussadressaten sind demzufolge insbesondere an den Informationen interessiert, die dem Management zur internen Planung, Kontrolle und Steuerung und damit letztlich zur Beurteilung der aktuellen und künftigen unternehmerischen Situation zur Verfügung stehen (vgl. Haller, A./Park, P. [1999], S. 60). Hierdurch wird einerseits erreicht, dass die unternehmensbezogenen Daten als Grundlage für interne und externe Entscheidungsfindungen homogenisiert werden (vgl. Küting, K./Pilhofer, J. [1999], S. 362 f.). Zudem ermöglicht die erzeugte Transparenz der unternehmensinternen Steuerungs- und Berichtsstruktur eine Beurteilung der Entscheidungen des Managements (vgl. Haller, A./Park, P. [1999], S. 60).

Beide Ansätze führen nur dann zu einer identischen Segmentabgrenzung, wenn ein Unternehmen seine interne Segmentabgrenzung anhand der Bildung von homogenen Chancen- und Risikoklassen vornimmt. Die objektive Nachprüfbarkeit der Segmentberichterstattung nach dem *management approach* ist ein wesentlicher Vorteil gegenüber der nach dem *risk and reward approach*, da die Abschlussprüfer ihre Beurteilung durch interne Aufzeichnungen des Managements und Aufsichtsrats sowie durch die vorhandene Berichts- und Organisationsstruktur fundamentieren können, wodurch ein höherer Zuverlässigkeitsgrad der kommunizierten Informationen erreicht wird (vgl. Böcking, H.-J./Benecke, B. [1999], S. 840). Negativ ist anzuführen, dass lediglich über intern vorhandene Segmente berichtet wird, d. h. anders ausgedrückt, wenn intern eine nur unzureichende Berichterstattung vorhanden ist, wirkt sich dies unmittelbar auf die externe Segmentberichterstattung aus.

Segmentabgrenzung nach DRS 3

Der DRS 3 stellt bei der Segmentabgrenzung grundsätzlich auf den *management approach* ab. Dieser Konzeption folgend sind operative Segmente nach denselben Kriterien zu bilden, nach denen die Geschäftsleitung Unternehmensteilein-heiten als Grundlage für ihre operativen Entscheidungen und wirtschaftlichen Beurteilungen bestimmt (DRS 3.9).

- Interne Segmentierung als Grundlage

Die Segmentierung erfolgt damit auf Basis der internen Organisations- und Berichtsstruktur, wobei unterstellt wird, dass dies die Chancen- und Risikostruktur der Unternehmensaktivitäten widerspiegelt; dadurch ergibt sich regelmäßig eine produktorientierte und/oder regionale Segmentierung (DRS 3.10). Diese Einschränkung trägt dem *risk and reward approach* Rechnung und unterstellt, dass beide Konzeptionen grundsätzlich zum gleichen Ergebnis führen.

- Besonderheit der Segmentabgrenzung

Sofern die Abgrenzung auf Basis der internen Organisations- und Berichtsstruktur jedoch zu mehreren Segmentierungsoptionen führt, hat die Geschäftsleitung im Rahmen der Segmentberichterstattung die Segmentierung zu wählen, die aus ihrer Sicht die Chancen- und Risikostruktur des Unternehmens am zutreffendsten widerspiegelt (DRS 3.11).

- Zusammenfassung operativer Segmente

Operative Segmente mit homogenen Chancen und Risiken dürfen zu einem Segment zusammengefasst werden, wenn damit eine verbesserte Klarheit und Übersichtlichkeit verbunden ist (DRS 3.13). Die Homogenität produktorientierter (operativer) Segmente ist gegeben, wenn sich die Segmente

- in der Art der Produkte und Dienstleistungen,
- in der Art der Produktions- und Leistungserstellungsprozesse,

- in den Kundengruppen,
- in den Vertriebsmethoden und
- im Regulierungsumfeld

gleichen (DRS 3.14 i. V. m. DRS 3.8). Die Homogenität geographischer Segmente hängt davon ab, ob die Kriterien

- Gleichartigkeit der wirtschaftlichen und politischen Rahmenbedingungen,
- enge Beziehungen zwischen den Geschäftsaktivitäten in unterschiedlichen geographischen Regionen,
- räumliche Nähe der Tätigkeiten,
- besondere Risiken von Geschäftsaktivitäten in einem bestimmten Gebiet,
- Gleichartigkeit der Devisenbestimmungen und
- Gleichartigkeit der zugrunde liegenden Währungsrisiken

überwiegend erfüllt sind (DRS 3.14 i. V. m. DRS 3.8). Die Kriterien für die Beurteilung der produktorientierten und geographischen Segmenthomogenität des DRS 3 sind identisch mit den Segmentdefinitionen von *business segments* und *geographical segments* in IAS 14.

Werden in Ausnahmefällen bei der Segmentierung verschiedenartige Risiken und Chancen in einem operativen Segment zusammengefasst, so ist eine entsprechende Angabe und Begründung erforderlich (DRS 3.28).

Segmentabgrenzung nach IAS/IFRS

Bei der Segmentabgrenzung nach IAS 14 steht der *risk and reward approach* im Vordergrund. Dem Adressaten soll primär ein Einblick in die Chancen- und Risikostruktur hinsichtlich der erwirtschafteten Erträge im Rahmen der unterschiedlichen Aktivitäten des Unternehmens gewährt werden. Hierfür ist nach Ansicht des IASB (ehemals IASC) grundsätzlich eine Segmentierung in Geschäftsbereiche (*business segments*) und geographische Regionen (*geographical segments*) mit jeweils homogenen Chancen und Risiken notwendig. Allerdings wird eine Unterscheidung in eine Segmentierungsebene mit einem höheren Offenlegungsumfang (primäres Berichtsformat) und in eine Segmentierungsebene mit geringeren Angabepflichten (sekundäres Berichtsformat) vorgenommen. Die Bestimmung beider Segmentierungsebenen ergibt sich dabei aus der Bedeutung der jeweiligen Ebene für den Ertrag und dem damit verbundenen Risiko des Unternehmens. Diese Art der Segmentierung wird als *two tier-segmentation* bezeichnet (vgl. Albrecht, W. D./Chipalkatti, N. [1998], S. 52; Pejic, P. [1997], S. 211).

- Primäre und sekundäre Segmentierungsebene

Bei der Festlegung, ob der Geschäftsbereich oder die geographische Region die primäre Segmentierungsebene (*primary reporting format*) darstellt, ist darauf abzustellen, welche der beiden Segmentierungskriterien das Ergebnis sowie das wirtschaftliche Risiko eines Unternehmens am stärksten beeinflusst hat (IAS 14.26). Das IASB geht dabei grundsätzlich davon aus, dass das wirtschaftliche Risiko sowie die Art und Höhe der Erträge am besten durch die für die interne Organisation, Steuerung und Berichterstattung vorgenommene Segmentierung abgebildet wird. Damit stellen die aus der internen Segmentierung erhaltenen *operating segments* die primäre Segmentierungsebene dar; insofern wird hier auf einen modifizierten *management approach* zurückgegriffen.

- Besonderheiten der Segmentabgrenzung

Diese grundsätzliche Regelung erfährt jedoch zwei Einschränkungen. Wenn in einem Unternehmen die Segmentierungsdimensionen Geschäftsbereich und geographische Region als gleich bedeutend angesehen werden (z. B. bei einer Matrixorganisation), stellen die Geschäftsbereiche das *primary segment* und die geographischen Regionen das *secondary segment* dar (IAS 14.27 (a)). In diesem Zusammenhang ist es auch zulässig, beide Segmentierungsdimensionen als primäres Berichtsformat zu qualifizieren, da die Adressaten dadurch umfangreichere Informationen erhalten (IAS 14.29).

Sofern die interne Segmentierung dagegen weder auf eine Einteilung in Produktbereiche noch in regionale Geschäftsfelder abstellt (z. B. wäre eine Segmentierung nach Kundengruppen oder juristischen Einheiten denkbar), hat das Management für die Bestimmung des primären und sekundären Berichtsformats zu entscheiden, welche der beiden Segmentierungsdimensionen eher geeignet sind, die tatsächliche Risiko- und Ertragssituation widerzuspiegeln (IAS 14.27 (b)).

- Bestimmung berichtspflichtiger Segmente (reportable segments)

Nach der Zuordnung der Tätigkeitsbereiche und geographischen Regionen zu den Segmentierungsebenen primäres und sekundäres Berichtsformat erfolgt die Bestimmung berichtspflichtiger Segmente (*reportable segments*) innerhalb der jeweiligen Ebene grundsätzlich auf Basis der internen Organisations- und Berichtsstruktur. Falls die interne Segmentierung jedoch weder auf Produktbereichen noch auf regionalen Geschäftsfeldern basiert (vgl. IAS 14.27 (b)), ist solange eine Disaggregation aller intern berichteter Segmente vorzunehmen, bis diese der in IAS 14.9 vorgegebenen Segmentdefinition genügen (IAS 14.32). Deshalb wird die Segmentabgrenzung nach IAS/IFRS auch als *»management approach with a risks-and-rewards safety net«* bezeichnet (vgl. McConnell, P./ Pacter, P. [1995], S. 36). Eine konsequente Umsetzung des *management approach* ist somit nicht gegeben.

- Zusammenfassung sektoraler und regionaler Segmente

Eine Zusammenfassung von zwei oder mehr intern berichteten Produktbereichen oder geographischen Regionen zu einem ausweisfähigen Segment ist zulässig, sofern diese wesentliche Gemeinsamkeiten aufweisen. Als Konkretisierung hierfür werden vom IASB die Kriterien gleiche langfristige finanzielle Performance und Gleichartigkeit hinsichtlich der in IAS 14.9 definierten Bestimmungsfaktoren eines Segments angeführt (vgl. zu den Bestimmungsfaktoren oben S. 810).

Segmentabgrenzung nach US-GAAP

Der *management approach* wird bei der Segmentabgrenzung nach US-GAAP konsequenter umgesetzt als nach IAS/IFRS (FAS 131.4). Die Unternehmenseinheiten (*operating segments*) sind grundsätzlich analog zum internen Berichtswesen abzugrenzen.

- Interne Segmentierung als Grundlage

Für die Bestimmung berichtspflichtiger Segmente (*reportable segments*) wird zunächst das von den zentralen Entscheidungsträgern (*chief operating decision maker*) intern als Beurteilungs- und Handlungsgrundlage eingerichtete Berichtssystem auf die externe Segmentpublizität übertragen (vgl. Fey, G./Mujkanovic, R. [1999], S. 263). Daraus ergeben sich für den Ersteller des Segmentberichts individuelle Ermessens- und Gestaltungsmöglichkeiten, da für die Implementierung der internen Berichtsstruktur völlig unterschiedliche Kriterien zugrunde gelegt werden können. So ist es möglich, die Segmentierung u. a. auf der Grundlage rechtlich selbständiger Teileinheiten, organisatorischer Teileinheiten (z. B. Geschäftsbereiche), leistungsbezogener Teileinheiten (z. B. einzelne Leistungsarten), regionaler Teileinheiten (z. B. Absatzmärkte oder Produktionsstandorte) oder einer Kombination einzelner Kriterien vorzunehmen (vgl. Fey, G./Mujkanovic, R. [1999], S. 263). Deshalb wird eine angemessene Erläuterung der individuell vorgenommenen Segmentabgrenzung im Anhang verlangt (FAS 131.26).

- Besonderheiten der Segmentabgrenzung

Sofern mehrere Segmentierungsmöglichkeiten offen stehen, ist der Unternehmensbereich, für den der *segment manager* gegenüber der Unternehmensleitung verantwortlich zeichnet, Maßstab für die Segmentierung (FAS 131.14). Wenn sich selbst danach keine eindeutige Segmentabgrenzung ergibt (z. B. bei einer Matrixorganisation), besteht die Verpflichtung zur Segmentierung entweder nach Produkten oder Dienstleistungen (FAS 131.15).

- Zusammenfassung operativer Segmente

Für die Zusammenfassung operativer Segmente nach FAS 131 gelten die gleichen Aggregationskriterien wie für die Beurteilung der Homogenität produktorientierter (operativer) Segmente gemäß DRS 3 (FAS 131.17). Danach werden Gemeinsamkeiten der Segmente in der Art der Produkte und Dienstleistungen, in der Art der Produktions- und Leistungserstellungsprozesse, in den Kundenmerkmalen, in den Vertriebsmethoden und im Regulierungsumfeld vorausgesetzt.

Unterschied in der Segmentabgrenzung nach FAS 131 und DRS 3 gegenüber IAS 14

Zusammenfassend lässt sich ein wesentlicher Unterschied bei der Segmentabgrenzung nach FAS 131 und DRS 3 gegenüber IAS 14 festhalten: Während nach FAS 131 und DRS 3 operative Segmente auf der Grundlage der internen Organisations- und Berichtsstruktur zu identifizieren sind, die regelmäßig entweder zu einer Segmentierung nach Geschäftsbereichen oder geographischen Regionen führen, ist nach IAS 14 eine Segmentabgrenzung nach Produktbereichen (*business segments*) und geographischen Regionen (*geographical segments*) basierend auf einem primären und sekundären Berichtsformat (mit unterschiedlich hohem Offenlegungsumfang) vorzunehmen.

3. Anzugebendes Segment

Anzugebendes Segment nach DRS 3

Die Qualifizierung als berichtspflichtiges Segment erfolgt nach DRS 3 schließlich durch Erfüllung quantitativer Wesentlichkeitsmerkmale. Dadurch soll erreicht werden, dass lediglich eine Offenlegung von Angaben für wesentliche Segmente erfolgt, um einen *information overload* durch Berichterstattung über sehr kleine und unbedeutende Segmente zu vermeiden (vgl. Böcking, H.-J./Benecke, B. [1999], S. 842). Anzugeben ist ein operatives Segment, ggf. nach einer Zusammenfassung mit anderen operativen Segmenten gemäß DRS 3.13, nur dann, wenn eines der folgenden Größenmerkmale gegeben ist (DRS 3.15):

- Größenmerkmale

1. Die Umsatzerlöse des Segments betragen – einschließlich der Innenumsätze mit anderen Segmenten – mindestens 10 % der gesamten externen und intersegmentären Umsatzerlöse, oder
2. Das Segmentergebnis beträgt mindestens 10 % des zusammengefassten Ergebnisses aller operativer Segmente, die einen Gewinn ausweisen, oder

aller operativen Segmente, die einen Verlust ausweisen, wobei der jeweils größere Gesamtbetrag zugrunde zu legen ist, oder

3. Das Segmentvermögen macht mindestens 10 % des gesamten Vermögens aller operativen Segmente aus.

- Sonderfälle

Darüber hinaus kann ein operatives Segment, das keines der oben genannten Größenkriterien erfüllt, als anzugebendes Segment bestimmt werden, sofern dadurch die Klarheit und Übersichtlichkeit der Segmentberichterstattung nicht beeinträchtigt wird (DRS 3.16). Für die Bestimmung als anzugebendes Segment ist zudem der Gesichtspunkt der stetigen Erfüllung der Größenkriterien maßgebend. So braucht ein Segment, das aufgrund besonderer Umstände einmalig die Größenmerkmale erfüllt, nicht offen gelegt zu werden (DRS 3.18). Andererseits ist ein bisher anzugebendes Segment, das die Wesentlichkeitskriterien gemäß DRS 3.15 nicht mehr erfüllt, weiterhin als anzugebendes Segment zu qualifizieren, sofern ihm die Konzernleitung weiterhin wesentliche Bedeutung beimisst (DRS 3.17).

- Sonstige Segmente

Die sonstigen (operativen) Segmente, welche die genannten Voraussetzungen nicht erfüllen und damit grundsätzlich nicht angabepflichtig sind, werden im Segmentbericht in einem »Sammelsegment« zusammengefasst. Dieses zeichnet sich dabei nicht durch Homogenität hinsichtlich sektoraler oder regionaler Kriterien, sondern lediglich in der Eigenschaft der Unwesentlichkeit für die Beurteilung der Ertrags- und Risikostruktur des Unternehmens aus. Die den sonstigen Segmenten zuzuordnenden Außenumsatzerlöse dürfen allerdings 25 % der konsolidierten Umsatzerlöse nicht übersteigen; anderenfalls sind solange weitere operative Segmente anzugeben, bis die Summe der Umsatzerlöse der einzeln ausgewiesenen Segmente mindestens 75 % der konsolidierten Umsatzerlöse (75 %-Regel) erreicht hat (DRS 3.12).

Anzugebendes Segment nach IAS/IFRS und US-GAAP

Nach IAS/IFRS und US-GAAP ist ein Segment nur dann im Segmentbericht anzugeben (*reportable segment*), wenn es für die wirtschaftliche Lage des Unternehmens als wesentlich zu betrachten ist. Dies deckt sich auch mit der entsprechenden Regelung nach DRS 3.

- Größenmerkmale

Auch hinsichtlich der Größenmerkmale ergeben sich keine Unterschiede, sodass grundsätzlich auf die entsprechenden Ausführungen zum DRS 3 verwiesen werden kann (vgl. IAS 14.35 bzw. FAS 131.18). Bei der Berechnung der Größenkriterien nach FAS 131 ergibt sich allerdings das Problem, dass für die Bestimmung der Umsatzerlöse (Merkmal Nr. 1) lediglich die Summe der Außen- und Innenumsatzerlöse aller berichtspflichtigen operativen Segmente heranzuziehen ist, während nach DRS 3 und IAS 14 die Umsätze aller Segmente – unabhängig von ihrer Berichtspflicht – zugrunde gelegt werden (vgl. Böcking, H.-J./Benecke, B. [1999], S. 843). Die Ermittlung der für die Bestimmung anzugebender Segmente erforderlichen Umsatzerlöse kann damit nur durch ein iteratives Vorgehen erfolgen.

- Sonderfälle

Hinsichtlich einzelner Sonderfälle bei Nichterfüllung bzw. einmaliger Erfüllung der Größenmerkmale ergeben sich nach IAS/IFRS und US-GAAP ebenfalls keine wesentlichen Unterschiede zu DRS 3 (vgl. IAS 14.36 bzw. FAS 131.22 f.). Daher kann auf die entsprechenden Ausführungen verwiesen werden.

Zur Vermeidung einer Berichterstattung über eine zu geringe Anzahl von Segmenten besteht auch nach IAS/IFRS und US-GAAP die Verpflichtung, dass die Außenumsatzerlöse der einzeln ausgewiesenen Segmente mindestens 75 % der konsolidierten Umsatzerlöse abbilden müssen (IAS 14.37 bzw. FAS 131.20). Anderenfalls sind weitere der grundsätzlich nicht berichtspflichtigen und in einer Sammelposition zusammengefassten sonstigen Segmente anzugeben. Zur Gewährleistung der Übersichtlichkeit sollten allerdings nicht mehr als zehn Segmente offen gelegt werden (FAS 131.24).

- Sonstige Segmente

Eine Besonderheit bei der Identifikation berichtspflichtiger Segmente ergibt sich für vertikal integrierte Segmente. Während nach FAS 131 auch über Segmente zu berichten ist, deren operative Erträge mehrheitlich aus Transaktionen mit anderen Unternehmensteilen stammen, besteht diese Verpflichtung nach IAS 14 nicht (vgl. Alvarez, M. [2002], S. 2059 f.; Küting, K./Pilhofer, J. [1999], S. 564). Unternehmen werden lediglich dazu aufgefordert, solche Segmente mit den zugrunde liegenden internen Verrechnungspreisen anzugeben (IAS 14.40).

- Vertikal integrierte Segmente

IV. Grundsätze der Segmentberichterstattung

Hinsichtlich der für die Ermittlung der Segmentdaten anzuwendenden Rechnungslegungsprinzipien und -methoden lassen sich Unterschiede zwischen den einzelnen Standards – insbesondere zwischen DRS 3 bzw. IAS 14 und FAS 131 – feststellen. Die Gründe hierfür liegen insbesondere in der mehr oder weniger konsequenten Umsetzung des *management approach*. Dagegen besteht hinsichtlich der Anwendung der Berichterstattungsgrundsätze durchweg Übereinstimmung zwischen den einzelnen Regelwerken.

1. Ermittlungsgrundsätze und -methoden für Segmentdaten

Entscheidend für die Interpretation der angewandten Ermittlungsgrundsätze und -methoden ist die der Segmentrechnungslegung zugrunde liegende Konzeption, da ihr ein maßgeblicher Einfluss für die Beurteilung der segmentierten Daten zugeschrieben wird (vgl. auch Husmann, R. [1997], S. 353). Sie spiegelt das Verhältnis zwischen aggregierten und disaggregierten Daten wider (vgl. Haller, A./Park, P. [1994], S. 511). Zu differenzieren sind hierbei der *autonomous entity approach* und der *disaggregation approach* (vgl. OECD [1990], S. 18 ff.):

Konzeptionen der Segmentrechnungslegung

Die Anwendung des *autonomous entity approach* ist an die Fiktion der wirtschaftlichen Unabhängigkeit der einzelnen Segmente geknüpft (vgl. Haller, A./Park, P. [1994], S. 511 f.). Die segmentierten Informationen der Unternehmenseinheiten werden demnach so ermittelt, als ob es sich bei diesen um jeweils eigenständige Unternehmen mit homogener Geschäftstätigkeit handeln würde. Dabei werden die Konzernsynergien und die Belastungen resultierend aus dem Konzernverbund eliminiert (vgl. Husmann, R. [1997], S. 353). Der Vorteil dieses Ansatzes besteht darin, dass er Informationen vermittelt, die einem zwischenbe-

- Autonomous entity approach

trieblichen Vergleich besser standhalten können. Allerdings beruhen die ermittelten Daten grundsätzlich auf Schätzungen und nicht auf den tatsächlich konsolidierten Bestands- und Erfolgsgrößen. Damit ist dieser Ansatz nicht im Einklang mit der Einheitsfiktion des Konzernabschlusses.

- Disaggregation approach

Dagegen werden beim *disaggregation approach* die aggregierten Werte des Konzernabschlusses disaggregiert, d. h. es erfolgt eine rechnerische Aufgliederung der in die bereits erstellten Abschlüsse eingegangenen konsolidierten Größen auf die einzelnen Segmente (vgl. Haller, A./Park, P. [1994], S. 511 f.). Demzufolge handelt es sich bei der Segmentdarstellung nicht um eine »Entkonsolidierung« oder gar um eine Darstellung der Einzelabschlüsse der Tochtergesellschaften, sondern um eine nach Teilbereichen gegliederte Erläuterung und Spezifizierung der Vermögens- und Ertragslage der wirtschaftlichen Einheit »Konzern«. Die Aufgliederung vollkonsolidierter Daten auf die einzelnen Segmente hat zur Folge, dass sämtliche buchmäßig erfasste intersegmentäre Transaktionen eliminiert sind (vgl. auch Ordelheide, D./Stubenrath, M. [2000], S. 288). Dieser Ansatz gewährleistet zwar die Konformität mit den allgemeinen Rechnungslegungskonventionen; allerdings ist die Vergleichbarkeit der Segmente eines Konzerns mit rechtlich selbständigen Unternehmen nicht gegeben.

Ermittlungsgrundsätze für Segmentdaten nach DRS 3

Die Ermittlung der berichtspflichtigen Segmentdaten hat entsprechend DRS 3 in Übereinstimmung mit den Rechnungslegungsgrundsätzen und -methoden des zugunde liegenden Jahresabschlusses und vor Konsolidierungsmaßnahmen zwischen den Segmenten zu erfolgen, wobei jeweils innerhalb eines Segments Konsolidierungen vorzunehmen sind (DRS 3.19). Das bedeutet, dass der *management approach*, der im Rahmen der Segmentabgrenzung eine zentrale Rolle spielt, bei der Ermittlung der Segmentdaten nach DRS 3 nicht weiter verfolgt wird.

- Kongruenz der Ermittlungsgrundsätze

Da der Segmentbericht als Teil des Jahresabschlusses angesehen wird, ist die Kongruenz der Bilanzierungs- und Bewertungsgrundsätze für das Verständnis der externen Adressaten unerlässlich (DRS 3.20). Das DRSC folgt mit dieser Sichtweise grundsätzlich dem Disaggregationsansatz, allerdings in einer abgeschwächten Form, da intersegmentäre Transaktionen nicht zu konsolidieren sind. Diese partielle Hinwendung zum *autonomous entity approach* ist als Ausdruck der intendierten segmentindividuellen Beurteilung zu werten (Alvarez, M. [2002], S. 2060). Hierdurch wird der Informationsgehalt der Segmentberichterstattung deutlich erhöht, da Abhängigkeiten zwischen den einzelnen Segmenten erkennbar werden. Unterstellt man marktgerechte Verrechnungspreise kann durch die Angabe unkonsolidierter Segmentdaten zudem eine verbesserte Vergleichbarkeit mit anderen Unternehmen derselben Branche erreicht werden, da Transaktionen zwischen Segmenten denen mit außenstehenden Dritten faktisch gleichgestellt werden.

- Symmetrische Zuordnung von Bestands- und Stromgrößen

Bei der Ermittlung der Segmentdaten besteht zudem die Verpflichtung, dass die in den einzelnen Segmenten ausgewiesenen Bestandsgrößen (Vermögensgegenstände und Schulden) mit den entsprechend zugehörigen Stromgrößen (Aufwendungen und Erträge) korrespondieren sowie auf einheitlichen Bilanzierungs- und Bewertungsgrundsätzen basieren (DRS 3.22). Die symmetrische Zuordnung erfordert weiterhin eine anteilige Zuordnung der von mehreren Segmenten genutzten Vermögenswerte, sofern dafür klare Maßstäbe identifiziert werden können und die korrespondierenden Stromgrößen nach den gleichen Kriterien (d. h. im selben Verhältnis) zugeordnet werden (DRS 3.23). Für die notwendige Transparenz der angegebenen Segmentdaten sorgt die Verpflichtung, deren Zusammensetzung sowie eine ggf. vorgenommene Aufteilung gemeinsam genutzter Vermögensgegenstände und zuzuordnender Schulden zu erläutern (DRS 3.44).

Ermittlungsgrundsätze für Segmentdaten nach IAS/IFRS

Auch nach IAS/IFRS basiert die Ermittlung der anzugebenden Segmentdaten auf der einheitlichen Anwendung der Rechnungslegungsgrundsätze und -methoden (*accounting policies*) im Jahresabschluss und Segmentbericht (IAS 14.44). Damit wird der *management approach* bei der Ermittlung der Segmentdaten ebenso wenig konsequent umgesetzt wie nach DRS 3.

- Kongruenz der Ermittlungsgrundsätze

Es wird grundsätzlich unterstellt, dass das Management des berichtenden Unternehmens bereits im Rahmen der Erstellung des (konsolidierten) Jahresabschlusses die angemessensten Rechnungslegungsgrundsätze und -methoden gewählt hat und diese daher am ehesten zum Verständnis der externen Adressaten beitragen (IAS 14.45). Dem Disaggregationsansatz folgend sind die Rechnungslegungsprinzipien dabei nicht in der Form auf die anzugebenden Segmente zu übertragen, als ob diese voneinander unabhängige Berichtseinheiten (*standalone reporting entities*) wären. Allerdings sind auch hier intersegmentäre Transaktionen nicht durch Konsolidierungsmaßnahmen zu eliminieren.

Im Gegensatz zu DRS 3 besteht nach IAS/IFRS explizit die Möglichkeit, zusätzliche Segmentinformationen, die nicht auf den im Jahresabschluss angewendeten Rechnungslegungsgrundsätzen basieren, offen zu legen. Bedingungen hierfür sind, dass solche intern berichteten Informationen der Unternehmensführung als Entscheidungsgrundlage dienen und deren Bewertungsgrundlagen klar beschrieben werden.

- Symmetrische Zuordnung von Bestands- und Stromgrößen

Analog zu der Vorschrift des DRS 3 sind die mehreren Segmenten zuzuordnenden Vermögenswerte und Schulden nur insoweit den jeweiligen Segmenten zuzuordnen, als eine symmetrische Verteilung der korrespondierenden Aufwendungen und Erträge gewährleistet ist (IAS 14.47 f.). Eine anteilige Zuordnung von Gemeinschaftskomponenten erfordert darüber hinaus einen sinnvollen, sachlich geeigneten und objektiv begründbaren Verteilungsmaßstab (IAS 14.48). Beispielsweise sind bei einem gemeinschaftlich genutzten Gebäude die Abschreibungen, Energie- und Reparaturkosten in der gleichen Weise auf die nutzenden Segmente aufzuteilen, wie das Gebäude selbst.

Ermittlungsgrundsätze für Segmentdaten nach US-GAAP

Im Gegensatz zu DRS 3 und IAS 14 verlangt FAS 131 eine konsequente Umsetzung des *management approach*. Demnach hat die Ermittlung der im Segmentbericht anzugebenden Daten auf der Grundlage intern angewendeter Grundsätze und Methoden zu erfolgen, auch wenn diese von den externen Rechnungslegungsgrundsätzen abweichen (FAS 131.29). Der fehlende Bezug zum (konsolidierten) Jahresabschluss steht dem Disaggregationsansatz entgegen, da der Segmentbericht hier keine Aufgliederung jahresabschlussbezogener Größen darstellt (vgl. Ordelheide, D./Stubenrath, M. [2000], S. 387 f.). Einschränkend ist jedoch bei mehreren intern vorhandenen Ermittlungsgrundsätzen auf diejenigen zurückzugreifen, welche die größte Konformität mit den US-GAAP aufweist (FAS 131.30).

- Anwendung interner Ermittlungs-grundsätze

Die Anwendung interner Ermittlungsgrundsätze ermöglicht externen Adressaten, eine Beurteilung der für die Entscheidungsfindung des Management aufbereiteten Daten vorzunehmen und dadurch das tatsächliche Unternehmensgeschehen zutreffender abschätzen zu können (vgl. Haller, A./Park, P. [1999], S. 63). Weiterhin besteht durch den Rückgriff auf das intern verwendete Zahlenmaterial Konsistenz zwischen den Segmentangaben und der vom Management anhand der Daten des internen Berichtswesens vorgenommenen Beurteilung des Gesamtunternehmens im MD&A (vgl. Alvarez, M. [2002], S. 2061; Fey, G./Mujkanovic, R. [1999], S. 269). Andererseits werden durch die fehlende Verpflichtung zur Anwendung standardisierter Grundsätze unternehmensindividuelle Gestaltungsspielräume eröffnet, die einer zwischenbetrieblichen Vergleichbarkeit hinderlich sind. Um diesen Nachteil zu mildern, sind die Unterschiede zu den im Jahresabschluss verwendeten Ermittlungsgrundsätzen ausführlich zu erklären (FAS 131.31). Zudem ist eine Verbindung des Segmentberichts zur Bilanz und GuV dergestalt herzustellen, dass die Summen der anzugebenden Segmentdaten auf die in den beiden anderen Rechnungslegungsinstrumenten ausgewiesenen Werte überzuleiten sind (FAS 131.32). In der Überleitungsrechnung (*reconciliation*) werden die Auswirkungen aus der Anwendung interner Ermittlungsgrundsätze (z. B. Verwendung kalkulatorischer Größen) transparent, zumal wesentliche Einzelkomponenten der Überleitungsrechnung betragsmäßig anzugeben und angemessen zu erläutern sind (vgl. Ordelheide, D./Stubenrath, M. [2000], S. 397 f.). Gleichzeitig wird dadurch dem Disaggregationsansatz Rechnung getragen.

- Keine Symmetrie zwischen Segmentvermögen und -ergebnis erforderlich

Die Anwendung interner Ermittlungsgrundsätze beinhaltet auch die Zuordnung gemeinschaftlich genutzter Vermögenswerte (*jointly used assets*) und Erfolgskomponenten auf die einzelnen Segmente entsprechend der für interne Berichts- und Steuerungszwecke verwendeten Allokation. Eine symmetrische Aufteilung sachlich zusammenhängender Vermögens- und Erfolgsgrößen – wie in DRS 3 und IAS 14 vorgeschrieben – ist nicht unbedingt erforderlich. Es wird lediglich verlangt, dass die Gemeinschaftskomponenten (*joint positions*) auf einer begründbaren Basis (*reasonable basis*) auf die Segmente zu verteilen sind (FAS 131.88). Denkbar ist auch, anstelle einer Aufteilung aggregierter Werte hypothetische Werte zugrunde zu legen. Den Unternehmen wird dadurch beispielsweise die Möglichkeit eröffnet, eine Zuordnung auf der Grundlage des *autonomous entity approach* vorzunehmen, d. h. es erfolgt keine Verteilung der Gemeinschaftskomponenten auf die einzelnen Segmente, sondern für jedes Segment werden die Leistungen isoliert ermittelt, als wären diese selbständig am Markt auftretende Unternehmen (vgl. Fey, G./Mujkanovic, R. [1999], S. 269).

2. Berichtsgrundsätze

Neben den Ermittlungsgrundsätzen finden – unabhängig vom anzuwendenden Regelwerk – für die Segmentberichterstattung die Berichtsgrundsätze der Wesentlichkeit sowie Stetigkeit und Vergleichbarkeit Anwendung.

Grundsatz der Wesentlichkeit

Als direkter Ausfluss des Rechnungslegungsgrundsatzes der Wesentlichkeit (*materiality*) ergibt sich, dass Segmente nur dann explizit im Segmentbericht ausgewiesen werden sollten, wenn sie für die wirtschaftliche Entwicklung des Unternehmens als wesentlich zu betrachten sind (Grundsatz der Segmentwesentlichkeit). Als Wesentlichkeitskriterien bei der Bildung berichtspflichtiger Segmente werden dabei wegen der einfachen Bestimmung Größenmerkmale zugrunde gelegt (vgl. Abschnitt B III 3 in diesem Kapitel).

Im Rahmen der Berichterstattung selbst zeigt sich der Wesentlichkeitsgrundsatz insbesondere dadurch, dass kein Regelwerk eine vollständige Segmentbilanz und -GuV fordert, sondern lediglich selektiv einige zentrale Segmentdaten anzugeben sind. Dadurch soll gewährleistet werden, dass die zentralen Aspekte nicht durch einen Überfluss an Informationen (sog. *information overload*) verschleiert werden (Grundsatz der Informationswesentlichkeit).

Grundsatz der Stetigkeit und Vergleichbarkeit

Zum Zwecke der temporären Vergleichbarkeit der Segmentinformationen hat die Segmentabgrenzung (-definition) sowie die Ermittlung der ausgewiesenen Segmentdaten grundsätzlich stetig zu erfolgen (vgl. Arbeitskreis »Externe Unternehmensrechnung« der Schmalenbach-Gesellschaft [1999], S. 195). Bei notwendigen Abweichungen vom Stetigkeits- bzw. Vergleichbarkeitsgrundsatz sind zum Segmentbericht entsprechende verbale und quantitative Angaben zu machen, um die Gründe sowie die Auswirkungen der Änderungen zu dokumentieren und zu erläutern.

Auch die Forderung der Segmenthomogenität ist eine Ausprägung des Grundsatzes der Vergleichbarkeit, da bei der Abgrenzung der Segmente darauf zu achten ist, dass die in einem Segment zusammengefassten Aktivitäten hinsichtlich bestimmter Kriterien vergleichbar sind. Gleiches gilt auch für die Zusammenfassung mehrerer Segmente.

V. Auszuweisende Segmentinformationen

Eine vollständige Segmentierung von Bilanz und GuV wird – unabhängig vom anzuwendenden Standard – nicht verlangt. Es wird lediglich gefordert, einzelne Rechnungslegungsgrößen pro Segment anzugeben und bestimmte Sachverhalte näher zu erläutern. Eine Übersicht der im Folgenden zu erörternden Berichtsinhalte gibt Tabelle 10.6 auf S. 834.

1. Segmentinformationen nach deutschen Vorschriften

Die mit dem DRS 3 verfolgte Zielsetzung, eine dem internationalen Standard genügende Segmentberichterstattung zu regeln, erforderte weitaus umfangreichere Informationspflichten, als die bisher vorzunehmende Segmentierung der Umsatzerlöse nach Tätigkeitsbereichen und geographisch bestimmten Märkten gemäß § 285 Nr. 4 HGB für den Einzelabschluss bzw. § 314 Nr. 3 HGB für den Konzernabschluss (vgl. hierzu auch 11. Kapitel A IV 1). Daher wurden auch die Ausweiserfordernisse mit dem deutschen Standardentwurf erheblich erweitert.

Segmentdaten (operative Segmente):

Folgende Daten sind nach DRS 3 jeweils für die anzugebenden operativen Segmente sowie die in einer Sammelposition zusammengefassten sonstigen Segmente offen zu legen (vgl. DRS 3.31):

- Segmentumsatzerlöse

- Segmentumsatzerlöse:
  Die Segmentumsatzerlöse beinhalten externe und intersegmentäre Erlöse (DRS 3.8). Sie sind dabei unterteilt nach Umsatzerlösen mit externen Dritten sowie nach Intersegmentumsatzerlösen auszuweisen.

- Segmentergebnis

- Segmentergebnis:
  Das Segmentergebnis errechnet sich aus der Differenz zwischen Segmenterträgen und Segmentaufwendungen. Bei den Segmenterträgen handelt es sich um die einem Segment direkt oder auf Basis eines sinnvollen Verteilungsschlüssels zugeordneten bzw. zuordenbaren (externen und intersegmentären) Erträge (DRS 3.8). Die Segmentaufwendungen sind analog zu den Segmenterträgen definiert und verstehen sich vor Abzug von Minderheitenanteilen (DRS 3.8). Eine Konkretisierung der Ergebnisgröße bleibt dem Management zur Berücksichtigung von geschäftszweigbedingten Besonderheiten vorbehalten (DRS 3.24). Unter dem Gesichtspunkt der Vergleichbarkeit wäre dies jedoch wünschenswert gewesen. Das Segmentergebnis ist einschließlich der darin enthaltenen Abschreibungen zusammen mit den anderen wesentlichen nicht zahlungswirksamen Posten, den Ergebnisbeiträgen von nach der Equity-Methode bilanzierten Beteiligungen des Segments und den Erträgen aus sonstigen Beteiligungen anzugeben. Wird das Segmentergebnis als Ergebnis der gewöhnlichen Geschäftstätigkeit aufgefasst, so sind zusätzlich die Zinserträge und -aufwendungen anzugeben (DRS 3.32). Bei einem als Periodenergebnis definierten Segmentergebnis sind darüber hinaus auch noch die Ertragsteuern auszuweisen (DRS 3.33). Ansonsten wird die Angabe der Ertragsteuern zumindest empfohlen (DRS 3.34).

- Segmentvermögen

- Segmentvermögen:
  Hierbei handelt es sich um die einem Segment direkt oder auf Basis eines sinnvollen Verteilungsschlüssels zugeordneten bzw. zuordenbaren Vermögenswerte (DRS 3.8). Das Segmentvermögen ist dabei einschließlich der darin enthaltenen, nach der Equity-Methode bilanzierten Beteiligungen und sonstigen Beteiligungen des Segments offen zu legen. Dies widerspricht allerdings dem Symmetrieerfordernis, da korrespondierend dazu das Segmentergebnis nicht definiert ist (vgl. Alvarez, M. [2002], S. 2061).

- Investitionen in das langfristige Segmentvermögen:
  Bei den Investitionen in das langfristige Segmentvermögen handelt es sich um die den einzelnen Segmenten zuordenbaren Auszahlungen für den Erwerb von Vermögensgenständen des Anlagevermögens in der Berichtsperiode.
- Segmentschulden:
  Diese sind die einem Segment direkt oder auf der Grundlage eines sinnvollen Verteilungsschlüssels zugeordneten bzw. zuordenbaren Schulden (DRS 3.8).

- Investitionen

- Segmentschulden

Neben dem Katalog der Pflichtangaben wird ausdrücklich empfohlen, für jedes Segment den Cashflow aus der laufenden Geschäftstätigkeit (sog. Netto-Cashflow) anzugeben (DRS 3.36). Sofern dieser Empfehlung gefolgt wird, brauchen die Abschreibungen sowie die anderen wesentlichen nicht zahlungswirksamen Posten nicht angegeben zu werden. Eine Verpflichtung zur Angabe des Segment-Cashflow wäre aufgrund des Informationsnutzens für die Segmentanalyse wünschenswert gewesen (ähnlich auch Strobel, W. [1999], S. 2019, der die unzureichende Verbindung zur KFR bemängelt).

Empfehlung zur Angabe des Segment-Cashflow

Um eine Verbindung zwischen den disaggregierten Daten des Segmentberichts und den aggregierten Daten der anderen Rechnungslegungsinstrumente herzustellen, ist jeweils die Summe

Überleitungsrechnung

- der Segmenterträge bzw. -umsatzerlöse,
- der Segmentergebnisse,
- der Segmentvermögen und -schulden sowie
- anderer wichtiger Segmentdaten

auf den korrespondierenden Ausweis des Jahresabschlusses überzuleiten (DRS 3.37). Zusätzlich wird verlangt, dass jeder wesentliche Überleitungsposten gesondert anzugeben und zu erläutern ist.

Zur Gewährleistung einer für externe Adressaten verständlichen Segmentberichterstattung werden zusätzliche Daten sowie sonstige Angaben und Erläuterungen gefordert. Zu den zusätzlichen Daten gehören (DRS 3.38 ff.):

Zusatzdaten:

- Produktorientierte Angaben:
  Sofern primär anzugebende Segmente nicht produktorientiert abgegrenzt wurden, sind die Umsatzerlöse, das Segmentvermögen und die Investitionen in das langfristige Segmentvermögen jeweils nach Produkt- und Dienstleistungsgruppen auszuweisen (DRS 3.38). Zudem sind die dem operativen Segment zuordenbaren Produkte und Dienstleistungen anzugeben (DRS 3.27).

- Produktorientierte Angaben

- Regionale Angaben:
  Bei nicht regional abgegrenzten Segmenten sind für die *unternehmensrelevanten* geographischen Regionen die Umsatzerlöse (nach dem Standort der Kunden) sowie das Segmentvermögen und die Investitionen in das langfristige Segmentvermögen (jeweils bezogen auf den Standort des Vermögens) auszuweisen (DRS 3.39). Als unternehmensrelevant gilt eine geographische Region, wenn mindestens 10 % der Umsatzerlöse des Unternehmens in ihr erzielt werden oder dort mindestens 10 % seines Vermögens belegen ist (DRS 3.40).

- Regionale Angaben

- Dominante Kunden

- Dominante Kunden:
  Sofern die Umsatzerlöse mit einem externen Dritten mindestens 10 % der gesamten Umsatzerlöse des Unternehmens (Konzerns) ausmachen (= dominanter Kunde), sind zumindest die Größenordnung und das betroffene Segment anzugeben. Konzerne (d. h. das Mutterunternehmen und sämtliche konsolidierten Tochterunternehmen) gelten dabei als ein Kunde.

Die genannten Zusatzdaten sind als unternehmensweite Informationspflichten zu interpretieren, sodass sie auch für Unternehmen mit lediglich einem Segment (= Einsegmentunternehmen) Relevanz besitzen (vgl. Alvarez, M. [2002], S. 2061).

Sonstige Angaben und Erläuterungen:

Die sonstigen Angabe- und Erläuterungspflichten setzen sich aus allgemeinen Hintergrundinformationen und spezifischen Erläuterungen zu bestimmten Sachverhalten bzw. Segmentdaten zusammen. Sie betreffen folgende Aspekte:

- Bestimmungsfaktoren der Segmentabgrenzung

- Segmentbeschreibung / Bestimmungsfaktoren der Segmentabgrenzung:
  Die anzugebenden Segmente sind zu beschreiben; zudem sind die Bestimmungsmerkmale der Abgrenzung und die Zusammenfassung der operativen Segmente zu erläutern (DRS 3.25 f.).

- Zusammenfassung heterogener Teilsegmente

- Zusammenfassung heterogener Segmente:
  Werden bei der Segmentabgrenzung ausnahmsweise innerhalb eines Segments heterogene Chancen und Risiken zusammengefasst, hat eine entsprechende Angabe und Begründung zu erfolgen (DRS 3.28).

- Ermittlung der Segmentdaten

- Ermittlung der Segmentdaten / Ergebnisdefinition:
  Die Zusammensetzung aller berichtspflichtigen Segmentdaten und die etwaige Aufteilung von Gemeinschaftskomponenten ist zu erläutern. Da keine Konkretisierung des Segmentergebnisses vorgegeben wurde, ist auch das gewählte Segmentergebnis zu definieren (DRS 3.44).

- Intersegmentverrechnungspreise

- Intersegmentverrechnungspreise:
  Die Bestimmung der Intersegmentverrechnungspreise ist näher zu konkretisieren und Veränderungen sind offen zu legen (DRS 3.45).

- Durchbrechung der Stetigkeit

- Durchbrechung der Stetigkeit:
  Die nur in Ausnahmefällen zulässige Durchbrechung der Stetigkeit ist zu begründen (DRS 3.47).

- Wegfall eines Segments

- Wegfall eines Segments:
  Der Wegfall eines Segments ist gesondert zu vermerken; wesentliche Posten bedürfen dabei der Erläuterung (DRS 3.48).

Vergleichsangaben

Grundsätzlich sollten die Angaben einen Vorjahresvergleich zulassen. Explizit gefordert werden entsprechende Vergleichsangaben für die Segmentdaten sowie die produktorientierten und regionalen Zusatzinformationen (DRS 3.43). Bei Durchbrechnung der Stetigkeit ist eine Anpassung der Vorjahresposten erforderlich (DRS 3.47). Bei Wegfall eines Segments sind die Daten der Berichtsperiode und des entsprechenden Vorjahreszeitraums anzupassen (DRS 3.48). Bei erstmaliger Aufstellung des Segmentberichts nach dem deutschen Standard ist die Angabe der Vergleichsdaten der Vorperiode allerdings nicht notwendig; wurde der Segmentbericht bisher nach einem anderen Standard erstellt, ist bei erstmaliger Anwendung des Standards die Bereitstellung von Vergleichswerten nur dann geboten, wenn eine entsprechende Anpassung erfolgte (DRS 3.49 f.).

2. Segmentinformationen nach IAS/IFRS

Abhängigkeit von der Segmentierungsebene

Nach IAS/IFRS ist der Umfang der auszuweisenden Informationen – anders als nach DRS 3 – abhängig von der Segmentierungsebene. Die Offenlegungspflichten für das primäre Berichtsformat (*primary reporting format*) sind dabei umfangreicher als für das sekundäre Berichtsformat (*secondary reporting format*). Allerdings werden die Unternehmen dazu ermuntert, die Angaben der primären Segmentebene auch für die sekundäre Segmentebene offen zu legen (IAS 14.49).

Segmentdaten (primary segments):
- Segmenterträge

Folgende Segmentdaten sind für das primäre Berichtsformat (*primary reporting format*) – unabhängig davon, ob es sich hierbei um *business segments* oder *geographical segments* handelt – auszuweisen (IAS 14.50 ff.):

- Segmenterträge (*segment revenues*):
  Zu den Segmenterträgen zählen nicht nur die Umsätze (*sales*), sondern auch andere Erträge, die der gewöhnlichen betrieblichen Tätigkeit eines Segments zuzurechnen sind (*other operating revenues*). Erträge, die aus für andere Segmente erbrachten Leistungserstellungen resultieren (sog. »Intersegmenterträge«), sind unter Berücksichtigung entsprechender Verrechnungspreise explizit im Segmentbericht gesondert auszuweisen. Die Grundlage der Verrechnungspreisermittlung (*inter-segment pricing*) ist dabei anzugeben (IAS 14.75). Nicht Bestandteil der Segmenterträge sind außerordentliche Positionen, Erträge aus Zinsen, Dividenden und Erträge aus dem Verkauf von Wertpapieren bzw. der Rückzahlung von Verbindlichkeiten (es sei denn, die Geschäftstätigkeit des Segments liegt im Finanzbereich) sowie grundsätzlich Ergebnisbeiträge aus der Beteiligung an assoziierten Unternehmen oder aus *Joint Ventures* (IAS 14.16). Letztere Komponenten sind in Ausnahmefällen einzurechnen, sofern diese auch in den aggregierten (konsolidierten) Erträgen enthalten sind.

- Segmentergebnis

- Segmentergebnis (*segment result*):
  Das Segmentergebnis errechnet sich aus der Differenz zwischen Segmenterträgen und -aufwendungen und ist anders als nach DRS 3 als segmentspezifisches Betriebsergebnis definiert (IAS 14.16). Dabei sind Segmentaufwendungen alle einem Segment direkt oder auf der Grundlage eines sinnvollen Verteilungsschlüssels (*on a reasonable basis*) zurechenbaren Aufwendungen, die mit der Geschäftstätigkeit des Segments und folglich mit den Segmenterträgen in sachlichem Zusammenhang stehen. Analog zur Definition der Segmenterträge beinhalten die Segmentaufwendungen keine außerordentlichen Positionen, Zinsaufwendungen und Verluste aus dem Verkauf von Wertpapieren bzw. aus der Begleichung von Schulden (es sei denn, die Geschäftstätigkeit des Segments liegt im Finanzbereich), Ertragsteuern, auf Minderheitsbeteiligungen entfallende Ergebnisbeiträge, Verwaltungsaufwendungen, die dem Konzern aufgrund des fehlenden Bezugs zu den Segmentaktivitäten in seiner Gesamt-

heit zuzurechnen sind (z. B. Verwaltungsaufwendungen der Holding) sowie grundsätzlich keine Verluste aus der Beteiligung an assoziierten Unternehmen, die nach der Equity-Methode bewertet werden. Da das Segmentergebnis primär als segmentspezifischer Leistungsindikator interpretiert wird, lässt sich implizit schließen, dass auch aperiodische Ergebniskomponenten, d. h. Gewinne und Verluste aus der Veräußerung von Gegenständen des Anlagevermögens nicht zum Segmentergebnis zu rechnen sind (vgl. Haller, A. [2002], Tz. 115).

- Segmentvermögen

- Segmentvermögen (*segment assets*):
  Hierzu zählen sämtliche, einem bestimmten Segment zurechenbare materielle und immaterielle Vermögensgegenstände (*assets*) des Anlage- und Umlaufvermögens, bewertet zu Buchwerten, soweit diese mit der Erzielung des Segmentergebnisses in Verbindung stehen. Finanzielles Vermögen sowie Steuerforderungen bzw. aktive latente Steuern, Anteile an assoziierten Unternehmen, die nach der Equity-Methode bewertet werden, sind damit grundsätzlich nicht zu den *segment assets* zu zählen (IAS 14.16). Ein Goodwill (mit Ausnahmen des originären Firmenwertes) zählt grundsätzlich zu den *segment assets*, soweit er sich einem einzelnen Segment konkret zurechnen lässt. Liegt ein Konzern vor, so sind die *assets* mit den Werten in den Segmentbericht aufzunehmen, mit denen sie im Konzernabschluss zu Buche stehen, d. h. im Falle einer Konsolidierung nach der Erwerbsmethode zu den entsprechend »neubewerteten« Beträgen (IAS 14.21).
  In Verbindung mit dem segmentspezifischen Ertrag sollte der Ausweis der *segment assets* eine approximative Ermittlung der segmentbezogenen Gesamtkapitalrendite (RoI) durch die Rechnungslegungsadressaten ermöglichen. Gerade deshalb sollte die Zuordnung des Vermögens auf die einzelnen Segmente – sowohl auf geschäftsfeldbezogener als auch regionaler Segmentierungsebene – analog zu jener der Erträge und Aufwendungen erfolgen, da ansonsten der Ressourcenertrag und der Ressourceneinsatz, die bei der Renditeermittlung einander gegenübergestellt werden, nicht in einem sinnvollen, sachlich begründeten Abhängigkeitsverhältnis stehen.

- Investitionen

- Investitionen in das langfristige Segmentvermögen (*cost incurred to acquire segment assets*):
  Zusätzlich zu der Angabe des buchmäßigen Segmentvermögens ist der Gesamtbetrag der für den Erwerb von Vermögenswerten (die länger als eine Periode genutzt werden sollen) in der Berichtsperiode aufgewendeten Kosten anzugeben. Hierunter fallen sämtliche immateriellen Vermögenswerte und Sachanlagen. Im Unterschied zu den nach DRS 3 anzugebenden Investitionen in das langfristige Segmentvermögen sind die Kosten allerdings nicht zahlungsbasiert (*cash basis*), sondern unter Zugrundelegung der periodengerechten Abgrenzung (*accrual basis*) auszuweisen.

- Segmentschulden

- Segmentschulden (*segment liabilities*):
  Korrespondierend zum Segmentvermögen (*segment assets*) handelt es sich bei den Segmentschulden (*segment liabilities*) um betrieblich bedingte Schulden, die dem Segment entweder direkt zuordenbar sind oder auf der Basis eines

sinnvollen Verteilungsschlüssels zugerechnet werden können. Steuerschulden fallen nicht hierunter. Verzinsliche Schulden sind symmetrisch zum Segmentergebnis zu behandeln (Grundsatz der symmetrischen Zuordnung von Bestands- und Erfolgsgrößen), d. h. sie sind nur dann zu berücksichtigen, wenn der korrespondierende Zinsaufwand Bestandteil des Segmentergebnisses ist (IAS 14.16).

- Segmentabschreibungen (*depreciation and amortisation of segment assets*): Anzugeben ist die Gesamtsumme der im Segmentergebnis enthaltenen Aufwendungen für Abschreibungen des Sachanlagevermögens und des immateriellen Vermögens der Berichtsperiode. *- Segmentabschreibungen*
- Zahlungsunwirksame Aufwendungen (*non-cash expenses*): Wesentliche zahlungsunwirksame Aufwendungen (*significant non-cash expenses*) außer den Segmentabschreibungen (z. B. Zuführungen zu Pensionsrückstellungen) sind in ihrer Gesamtsumme auszuweisen, sofern sie als Segmentaufwendungen Bestandteil des Segmentergebnisses sind. *- Zahlungsunwirksame Aufwendungen*
- Ergebnisbeiträge aus Equity-Beteiligungen (*share of net profit or loss of investments accounted for under the equity method*): Auszuweisen ist der aggregierte Ergebnisbeitrag von assoziierten Unternehmen, *Joint Ventures* oder anderen Beteiligungen, die nach der Equity-Methode einbezogen wurden, sofern sich deren Betriebstätigkeit überwiegend auf das jeweilige Segment erstreckt. *- Ergebnisbeiträge aus Equity-Beteiligungen*

Empfohlene Segmentdaten:

Die Unternehmen werden darüber hinaus ermuntert, die folgende Segmentdaten zumindest für die primäre Berichtsebene (*primary reporting format*) anzugeben (IAS 14.59 und 14.63):

- Ungewöhnliche Segmenterfolge (*unusual segment revenue and expenses*): Segmenterträge und -aufwendungen, die aufgrund ihrer Eigenart, Größe oder ihres Auftretens ungewöhnlich (*unusual segment revenue and expenses*) und daher geeignet sind, die Performance der einzelnen Segmente zu erklären, sollten offen gelegt werden (in Analogie zu IAS 8.16). *- Ungewöhnliche Segmenterfolge*
- Segment-Cashflow (*segment cash flow*): Analog zu der Empfehlung des DRS 3 ermuntert auch das IASB die berichtspflichtigen Unternehmen dazu, den Segment-Cashflow (*segment cash flow*) anzugeben. Wird dieser Empfehlung gefolgt, so brauchen die Segmentabschreibungen (*depreciation and amortisation of segment assets*) und zahlungsunwirksamen Aufwendungen (*non-cash expenses*) nicht gesondert angegeben zu werden. *- Segment-Cashflow*

Segmentdaten (secondary segments):

Die Offenlegungspflichten der sekundären Segmentierungsebene (*secondary segments*) richten sich danach, welche Segmentierungsdimension – *business segments* oder *geographical segments* – in der primären Segmentierungsebene dargestellt wird. Folgende Angaben sind für *business segments* bzw. *geographical segments* im sekundären Berichtsformat auszuweisen (IAS 14.68 ff.):

(1) Sekundäres Berichtsformat umfasst Produktbereiche (*business segments*) *- Business segments*

Sofern im primären Berichtsformat über geographische Regionen (*geographical segments*) berichtet wird, sind auf der sekundären Segmentierungsebene folgende Informationen für die Produktbereiche (*business segments*), deren Segmenterträge mit externen Kunden oder deren Segmentvermögen mindestens 10 % der entsprechenden aggregierten Werte des Gesamtunternehmens (bzw. -konzerns) ausmachen, offen zu legen:

- Segmenterträge mit fremden Dritten (*segment revenue from external customers*)
- Segmentvermögen (*segment assets*)
- Investitionen in das langfristige Segmentvermögen (*cost incurred to acquire segment assets*)

- *Geographical segments*

(2) Sekundäres Berichtsformat umfasst geographische Regionen (*geographical segments*)

Sofern im primären Berichtsformat über Produktbereiche (*business segments*) berichtet wird, sind auf der sekundären Segmentierungsebene folgende Informationen für geographische Regionen (*geographical segments*) offen zu legen:

- Segmenterträge mit externen Kunden auf Basis der Absatzmärkte, sofern der Segmentertrag mit externen Kunden mindestens 10 % der aggregierten Erträge mit fremden Dritten ausmacht
- Segmentvermögen basierend auf dem Standort der Vermögenswerte, sofern das Segmentvermögen mindestens 10 % des Gesamtvermögens des Unternehmens (bzw. Konzerns) ausmacht
- Investitionen in das langfristige Segmentvermögen basierend auf dem Standort der Vermögenswerte, sofern das Segmentvermögen mindestens 10 % des Gesamtvermögens des Unternehmens (bzw. Konzerns) ausmacht

Für alle diese Segmentdaten gilt die Voraussetzung, dass sie sich zuverlässig und eindeutig auf die jeweiligen Segmente zuordnen lassen müssen.

Zusatzinformationen

Zusätzlich zu den Segmentdaten für das primäre und sekundäre Berichtsformat werden weitere Angaben und Erläuterungen zu den folgenden Sachverhalten verlangt (IAS 14.74 ff.):

- Sofern der Anteil der Segmenterträge bzw. -umsatzerlöse mit fremden Dritten eines Teilsegments, das aufgrund überwiegender intersegmentärer Erträge nicht als gesondert anzugebendes Segment qualifiziert wurde, mehr als 10 % der gesamten Erträge des Unternehmens (Konzerns) ausmacht, sind die Segmenterträge dieses Teilsegments getrennt nach Erträgen mit externen Kunden und nach intersegmentären Erträgen auszuweisen.
- Bestimmung der Intersegmentverrechnungspreise (*pricing of inter-segment transfers*) sowie deren Veränderung
- Effekte aufgrund von Änderungen der Bilanzierungs- und Bewertungsmethoden (*changes in accounting policies*)

- Zusammensetzung der berichtspflichtigen Segmente (bei *business segments* nach Produkten und Dienstleistungen bzw. bei *geographical segments* nach geographischen Regionen)

Überleitungsrechnung

Innerhalb des Segmentberichts muss eine Überleitung (*reconciliation*) von einzelnen Segmentdaten zu den entsprechenden aggregierten Daten der anderen Rechnungslegungsinstrumente gewährt werden, d. h. die jeweilige Summe der Segmenterträge sowie der Segmentergebnisse müssen – unter Berücksichtigung eines jeweils auszuweisenden Korrekturbetrages – die entsprechenden Werte in der publizierten GuV ergeben und die ausgewiesenen Segmentvermögenswerte müssen sich – ebenfalls unter Einbeziehung eines Korrekturbetrages – zum in der Bilanz ausgewiesenen Vermögen aufaddieren lassen (IAS 14.67). Folgende Überleitungen sind dabei vorzunehmen:

- Segmenterträge bzw. -umsatzerlöse (*segment revenue*):
  Die Segmenterträge bzw. -umsatzerlöse sind getrennt nach Erträgen mit fremden Dritten und nach intersegmentären Erträgen auf den Gesamtertrag des Unternehmens (Konzerns) überzuleiten.
- Segmentergebnis (*segment result*):
  Das Segmentergebnis ist auf eine mit dem Betriebsergebnis des Unternehmens (Konzerns) vergleichbare Größe (*operating profit*) sowie auf das entsprechende Periodenergebnis (*net profit or loss*) des Jahresabschlusses überzuleiten.
- Segmentvermögen (*segment assets*):
  Das Segmentvermögen ist auf das im Jahresabschluss ausgewiesene Gesamtvermögen überzuleiten.
- Segmentschulden (*segment liabilities*):
  Die Segmentschulden sind auf die im Jahresabschluss ausgewiesenen Gesamtschulden überzuleiten.

Die notwendigen Überleitungs- bzw. Korrekturbeträge lassen sich im Wesentlichen auf zwei Ursachen zurückführen. Zum einen enthält die Segmentdarstellung Doppelrechnungen (beispielsweise aufgrund der Berücksichtigung von Intersegment-Transaktionen oder anderen unkonsolidierten Daten) und zum anderen werden Beträge nicht berücksichtigt, die überwiegend das Unternehmen (den Konzern) als Einheit betreffen und daher den einzelnen Segmenten nicht zuzurechnen sind (z. B. Segmentdaten, die der Holding zuzurechnen sind).

Vergleichsangaben

Auch nach IAS/IFRS haben die Informationen grundsätzlich einen Vergleich zur Vorperiode zu ermöglichen (F 42). Hinsichtlich der anzugebenden Vergleichsperioden sind die Erfordernisse für den Jahresabschluss entsprechend anzuwenden.

Unterjährige Segmentberichterstattung

Im Rahmen der Zwischenberichterstattung hat ebenfalls eine – wenn auch nicht so umfangreiche – Segmentberichterstattung zu erfolgen. Diese wird allerdings nicht im Rahmen von IAS 14, sondern nach IAS 34 *»Interim Financial Reporting«* verlangt (zu den Angabepflichten vgl. 11. Kapitel C III 1).

3. Segmentinformationen nach US-GAAP

Segmentdaten (operating segments):

Hinsichtlich Art und Umfang der auszuweisenden Segmentdaten weist FAS 131 deutliche Parallelen zu DRS 3 und IAS 14 auf. Konkret werden folgende Daten für alle berichtspflichtigen operativen Segmente (*operating segments*) verlangt:

- Segmentergebnis

(1) Angaben zum Segmentergebnis (*segment profit or loss*)

Ebenso wie in DRS 3 wird in FAS 131 keine Definition des Segmentergebnisses vorgegeben. Im Gegensatz zu IAS 14 sollte die Ergebnisgröße eines Segments ausgewiesen werden, die Gegenstand der internen Berichterstattung ist, auch wenn diese von der externen Rechnungslegung abweicht. Die Definition der Ergebnisgröße kann dabei für die einzelnen anzugebenden Segmente unterschiedlich erfolgen, sofern dies der internen Berichterstattung entspricht (z. B. Rohgewinn, Deckungsbeitrag, Betriebsergebnis oder Netto-Periodenergebnis). Zusätzlich zu dem Segmentergebnis sind die folgenden Segmentdaten gesondert anzugeben, sofern sie die Ergebnisgröße beeinflusst haben (FAS 131.27):

- Segmenterträge bzw. -umsätze mit externen Kunden (*revenues from external customers*)
- Intersegmentäre Segmenterträge bzw. -umsätze (*revenues from transactions with other operating segments of the same enterprise*)
- Zinserträge (*interest revenue*)
- Zinsaufwendungen (*interest expense*)
- Abschreibungen und Wertminderungen (*depreciation, depletion and amortization expense*)
- Ungewöhnliche Aufwendungen und Erträge (*unusual items* im Sinne von APB 30.26)
- Ergebnisbeiträge aus Equity-Beteiligungen (*equity in net income of investees accounted for by the equity method*)
- Ertragsteueraufwendungen bzw. -erträge (*income tax expense or benefit*)
- Außerordentliche Aufwendungen und Erträge (*extraordinary items*)
- Andere wesentliche zahlungsunwirksame Aufwendungen (außer Abschreibungen und Wertminderungen) und Erträge (*noncash items*)

Obwohl nach US-GAAP die Gewinn- und Verlustrechnung zwingend nach dem Umsatzkostenverfahren zu veröffentlichen ist, werden die auszuweisenden Segmentaufwendungen nicht funktional und absatzorientiert bestimmt, sondern wie bei Zugrundelegung des Gesamtkostenverfahrens kostenartenorientiert und periodenbezogen dargestellt (vgl. Ordelheide, D./Stubenrath, M. [2000], S. 397 f).

- Segmentvermögen

(2) Angaben zum Segmentvermögen (*segment assets*)

Die Ermittlung des Segmentvermögens hat mit der internen Berichterstattung übereinzustimmen. Eine Symmetrie zwischen Segmentergebnis und Segmentvermögen bei der Zuordnung von Gemeinschaftskomponenten wird dabei im Gegensatz zu DRS 3 und IAS 14 nach FAS 131 nicht vorgeschrieben (vgl. zu den Ermittlungsgrundsätzen IV 1 in diesem Kapitel). Neben dem Segmentvermögen sind folgende Einzelangaben auszuweisen, sofern diese Bestimmungsgrößen des Segmentvermögens darstellen (FAS 131.28):

- Nach der Equity-Methode bewertete Beteiligungen (*investment in equity method investees*)
- Investitionen in das langfristige Segmentvermögen ohne Finanzinstrumente, langfristige Geschäftsbeziehungen zu Finanzintermediären, Grundschulden und aktive latente Steuern (*expenditures to long-lived assets*)

Zusatzinformationen

Neben den genannten Segmentdaten für operative Segmente werden zusätzlich allgemeine erläuternde Informationen, produktorientierte und regionale Angaben sowie Angaben zu dominanten Kunden verlangt.

- Allgemeine Informationen

Die allgemeinen Informationen dienen insbesondere der Erläuterung der internen Organisationsstruktur und Berichterstattung, da diese – aufgrund der konsequenten Umsetzung des *management approach* – die Basis sowohl für die Abgrenzung der Segmente als auch für die Ermittlung der Segmentdaten darstellt. Dabei sind folgende allgemeine Informationen vorgeschrieben (FAS 131.26):

- Bestimmungsfaktoren der Segmentabgrenzung:
  Die grundlegenden Kriterien der Segmentabgrenzung und Zusammenfassung von Segmenten einschließlich der internen Organisationsstruktur sind zu beschreiben.
- Angabe der Produkte:
  Die Produkte bzw. Dienstleistungen, mit denen die operativen Segmente ihre Erträge erwirtschaften, sind anzugeben.

- Produktorientierte Angaben

Daneben werden ergänzend zu den Segmentdaten für operative Segmente zusätzliche Angaben über Produktbereiche, geographische Regionen und dominante Kunden verlangt. Für die einzelnen Produktbereiche besteht lediglich die Verpflichtung, die Segmenterträge bzw. -umsatzerlöse mit fremden Dritten (*revenues from external customers*) auszuweisen (FAS 131.37). Die Angabepflicht greift allerdings nur, wenn intern nicht nach Produktbereichen gesteuert wird. Die Ermittlung ist entsprechend dem Disaggregationsansatz ausnahmsweise basierend auf den externen Rechnungslegungsgrundsätzen vorzunehmen.

- Regionale Angaben

Hinsichtlich der geographischen Regionen werden die folgende Daten verlangt (FAS 131.38):

- Segmenterträge bzw. -umsatzerlöse mit fremden Dritten unterteilt nach Inland und gesamtem Ausland (betragsmäßig bedeutende Länder sind dabei gesondert auszuweisen)
- Langfristiges Segmentvermögen ohne Finanzanlagen, langfristige Geschäftsbeziehungen zu Finanzintermediären, Grundschulden und aktive latente Steuern (nach Inland und Ausland getrennt mit ggf. gesonderter Angabe betragsmäßig bedeutender Länder)

Auch hier gilt, dass diese Angaben auf den Grundsätzen der externen Rechnungslegung zu basieren haben und nur verpflichtend sind, wenn die interne Segmentierung nicht nach geographischen Regionen erfolgt. Die Verpflichtung zur

Offenlegung produktbezogener und regionaler Daten ermöglicht eine verbesserte Betriebs- und Branchenvergleichbarkeit und richtet sich insbesondere an Unternehmen, die lediglich aus einem *operating segment* bestehen (vgl. Küting, K./Pilhofer, J. [1999], S. 604 f.). Gleichzeitig erfolgt dadurch eine Annäherung an die Segmentberichterstattung nach IAS 14, da die zusätzlichen Segmentdaten für Tätigkeitsbereiche und geographische Regionen weitgehend mit den Angaben für die sekundäre Segmentierungsebene des IAS 14 übereinstimmen.

- Dominante Kunden

Nach US-GAAP hat ein Unternehmen Beziehungen zu dominanten Kunden darzustellen. Eine solche Offenlegung ermöglicht es außenstehenden Adressaten, eine Beurteilung der Abhängigkeit von einzelnen Kunden und damit des Absatzrisikos vorzunehmen (vgl. Ordelheide, D./Stubenrath, M. [2000], S. 402). Eine wesentliche Abhängigkeit ist gegeben, wenn das Unternehmen (Konzern) mit einem Kunden mindestens 10 % seiner Erträge erzielt. Dabei gilt nicht ein einzelnes Unternehmen als Kunde, sondern der gesamte Konzern, dem das Unternehmen angehört. Sofern Abhängigkeiten zu dominanten Kunden (*major customers*) bestehen, ist die Summe der mit solchen Kunden erwirtschafteten Erträge jeweils unter Angabe der Segmente, denen diese Erträge zugerechnet werden, offen zu legen. Die Namen der dominanten Kunden und die Höhe der mit diesen Kunden in den einzelnen Segmenten erwirtschafteten Erträge braucht allerdings nicht angegeben zu werden (FAS 131.39). Die Angabe dominanter Kunden wird auch von DRS 3, nicht aber von IAS 14 verlangt.

Überleitungsrechnung

Die Überleitungsrechnung ist für die Segmentberichterstattung nach FAS 131 – aufgrund fehlender standardisierter und transparenter Ermittlungsgrundsätze von Segmentdaten – von weitaus größerer Bedeutung als nach DRS 3 und IAS 14. Die konsequente Umsetzung des *management approach* führt insofern zu einer erheblichen Einschränkung der zwischenbetrieblichen Vergleichbarkeit. Mit der Verpflichtung zur Darstellung von Überleitungsrechnungen wird dieser Nachteil teilweise wieder behoben, da hierdurch eine Verbindung von den aus der internen Berichterstattung resultierenden disaggregierten Daten mit den im Jahresabschluss ersichtlichen aggregierten Daten hergestellt wird. Überleitungsrechnungen werden zumindest für folgende Segmentdaten vorgeschrieben (FAS 131.32):

- Segmenterträge bzw. -umsatzerlöse (*segment revenue*):
  Die Summe der Segmenterträge bzw. -umsatzerlöse ist auf die entsprechende Gesamtsumme des Unternehmens (Konzerns) überzuleiten.
- Segmentergebnis (*segment profit or loss*):
  Die Summe der Segmentergebnisse ist grundsätzlich auf das Jahresergebnis vor Steuern, außerordentlichen Positionen, Ergebnisbeiträgen aus der Aufgabe von Geschäftsfeldern und Effekten aufgrund von Änderungen der Bilanzierungs- und Bewertungsmethoden (*income before income taxes, extraordinary items, discontinued operations, and the cumulative effect of changes in accounting principles*) überzuleiten, sofern die genannten Posten auch die einzelnen Segmentergebnisse nicht beeinflusst haben.

- Segmentvermögen:
  Die Summe von Segmentvermögen ist auf das (konsolidierte) Gesamtvermögen des Unternehmens (Konzerns) überzuleiten.
- Andere wesentliche Segmentdaten:
  Zusätzlich sind weitere unternehmensindividuelle Segmentdaten wesentlicher Art auf den entsprechenden aggregierten Wert des Jahresabschlusses überzuleiten (z. B. Segmentverbindlichkeiten).

Die Segmentdaten aller nicht-berichtspflichtigen Segmente werden dabei gesondert in der Sammelposition *»all other«* vor der Überleitungsrechnung ausgewiesen (FAS 131.21).

Aufgrund der Verwendung von im Rahmen der internen Berichterstattung definierten Daten fallen die Überleitungsbeträge nach FAS 131 tendenziell höher aus, als nach DRS 3 und IAS 14. Daher kommt auch der Vorschrift zur gesonderten Angabe und Erläuterung einzelner wesentlicher Überleitungskomponenten (z. B. wesentliche Korrekturbeträge zur Anpassung des internen an das nach externen Grundsätzen ermittelte Segmentergebnis oder wesentliche Bestands- bzw. Erfolgsgrößen, die das Unternehmen als Einheit betreffen und somit nicht den Segmenten zugerechnet werden) eine zentrale Bedeutung zu.

Vergleichsangaben

Eine explizite Verpflichtung zur Angabe von Vergleichsdaten besteht zwar nach FAS 131 nicht, allerdings sind nach Regulation S-K Vergleichsangaben für die letzten beiden Perioden offen zu legen (Regulation S-K Item 101 (b)). Im Falle von Änderungen in der internen Organisationsstruktur, die zu einer Anpassung in der Zusammensetzung der berichtspflichtigen Segmente führt, sind grundsätzlich die entsprechenden Vergleichswerte zu berichtigen (FAS 131.34). Sofern keine Anpassung der Vergleichsdaten vorgenommen wird, sind in dem Abschluss, ab dem die Änderung wirksam werden, die auszuweisenden Informationen sowohl unter Zugrundelegung der alten als auch der neuen Struktur anzugeben (vgl. KPMG [1999a], S. 176).

Unterjährige Segmentberichterstattung

Aufgrund der in der anglo-amerikanischen Rechnungslegung relativ bedeutenden Zwischenberichterstattung (*interim reporting*) wird auch nach US-GAAP eine unterjährige Segmentberichterstattung verlangt (FAS 131.33), an die allerdings hinsichtlich der Offenlegungspflichten – ebenso wie nach IAS/IFRS – deutlich geringere Anforderungen gestellt werden (vgl. zu den Ausweiserfordernissen 11. Kapitel C III 1).

Eine vergleichende Übersicht der Segmentinformationen nach DRS 3, IAS 14 und FAS 131 wird in der Tabelle 10.6 dargestellt (vgl. dazu Alvarez, M. [2002], S. 2063).

Vergleichende Übersicht der Segmentinformationen

Auszuweisende Segmentinformationen	DRS 3	IAS 14	FAS 131
Segmentdaten	**Operative Segmente**	**Primary reporting format**	**Operating segments**
Segmentergebnis	X	X	X
Segmenterträge bzw. -umsatzerlöse mit fremden Dritten	X	X	X*
Intersegmentäre Segmenterträge bzw. -umsatzerlöse	X	X	X*
Abschreibungen	X	X	X*
Wesentliche zahlungsunwirksame Aufwendungen (außer Abschreibungen) und Erträge	X	X	X*
Ergebnisbeiträge aus Equity-Beteiligungen	X	X	X*
Ergebnisbeiträge aus sonstigen Beteiligungen	X	–	–
Ungewöhnliche Aufwendungen und -erträge	–	–	X*
Außerordentliche Aufwendungen und -erträge	–	–	X*
Zinsaufwendungen und -erträge	X*	–	X*
Steueraufwendungen bzw. -erträge	X*	–	X*
Segmentvermögen (ohne Finanzanlagen)	X	X	X**
Equity-Beteiligungen	–	X	X**
Segmentschulden	X	X	–
Segmentinvestitionen	X	X	X**
Überleitungsrechnungen	X	X	X
		Secondary reporting format	
Segmenterträge bzw. -umsatzerlöse mit fremden Dritten nach Produkten/Dienstleistungen bzw. Regionen***	X	X	X
Segmentvermögen nach Produkten/Dienstleistungen bzw. Regionen***	X	X	X
Investitionen in das langfristige Segmentvermögen nach Produkten/Dienstleistungen bzw. Regionen***	X	X	–
Zusatzinformationen			
Bestimmungsfaktoren der Segmentabgrenzung	X	–	X
Zusammensetzung der anzugebenden Segmente	X	X	X
Ermittlung der Segmentdaten	X	–	X
Intersegmentverrechnungspreise	X	X	X
Dominante Kunden	X	–	X
Segmenterträge bzw. -umsatzerlöse von Teilsegmenten mit einem Anteil von mindestens 10 % an den gesamten Unternehmenserträgen mit fremden Dritten	–	X	–
Wesentliche Überleitungskomponenten	X	–	X
Zusammenfassung von Geschäftsfeldern mit unterschiedlichen Chancen und Risiken	X	–	–
Abweichung vom Grundsatz der Stetigkeit bei Erstellung des Segmentberichts	X	X	X
Effekte aufgrund von Änderungen der Bilanzierungs- und Bewertungsmethoden	–	X	X
Wesentliche Posten bei Wegfall eines Segments	X	–	–
Vergleichsangaben	X	X	X

* Angaben sind nur verpflichtend, wenn sie Bestandteil des angegebenen Segmentergebnisses sind.

** Angaben sind nur verpflichtend, wenn Vermögensdaten auch für die interne Steuerung verwendet werden.

*** Die Angabe ist entweder für Produkte/Dienstleistungen oder Regionen vorgeschrieben; als ergänzende Angabe ist sie davon abhängig, welche Segmentierungsdimension das operative bzw. primäre Segment bildet.

Tab. 10.6: Vergleichende Übersicht der auszuweisenden Informationen im Segmentbericht nach DRS 3, IAS 14 und FAS 131

VI. Darstellung des Segmentberichts

Tabellarische Darstellung

Der Segmentbericht ist – obwohl nicht explizit vorgeschrieben und unabhängig vom anzuwendenden Regelwerk – sinnvollerweise in tabellarischer Form darzustellen. Dabei sind die Segmentdaten in absoluten Größen auszuweisen.

Tabellarischer Segmentbericht nach IAS 14 / Beispiel

Der tabellarische Segmentbericht wird nachfolgend am Beispiel des Segmentberichts nach IAS 14 dargestellt. Dabei wurde die Segmentierung nach Produktgruppen als primäres Berichtsformat und die Segmentierung nach geographischen Regionen als sekundäres Berichtsformat definiert.

Die Spalten »Andere Geschäftsfelder« bzw. »Andere Regionen« sind Sammelspalten, die keine einzelnen Segmente repräsentieren. Sie setzen sich aus unterschiedlichen Segmenten zusammen, die das Wesentlichkeitskriterium nicht erfüllen und deshalb nicht explizit als eigenständiges Segment ausgewiesen werden.

Sektorale Segmentberichterstattung (nach Produktgruppen) als primäres Berichtsformat (IAS 14.50 ff.)														
(in Mio. EUR)	Geschäftsfeld A		Geschäftsfeld B		Geschäftsfeld C		Geschäftsfeld D		Andere Geschäftsfelder		Überleitung		Unternehmen bzw. Konzern	
	02	01	02	01	02	01	02	01	02	01	02	01	02	01
Segmenterträge														
aus Transaktionen mit Unternehmensexternen	171	164	130	118	102	96	62	51	45	41			510	470
aus Transaktionen mit anderen Segmenten	37	38	33	31	18	15	12	9	10	7	-110	-100		
Summe	208	202	163	149	120	111	74	60	55	48	-110	-100	510	470
Operatives Segmentergebnis	41	36	29	24	4	-3	19	12	6	5	-9	-8	90	66
Zinserträge													8	6
Zinsaufwendungen													-23	-26
Ergebnisbeiträge aus Equity-Beteiligungen	12	10			-6	-12			4	3			10	1
Steueraufwendungen													-44	-24
Ergebnis der gewöhnlichen Geschäftstätigkeit													41	23
Außerordentliche Aufwendungen						-3								-3
Minderheitenanteile													-4	-2
Periodenergebnis													37	18
Segmentvermögen*	279	261	144	136	149	148	92	88	102	94	111	106	877	833
- davon Equity-Beteiligungen	42	35			10	16			16	12			68	63
Segmentschulden**	176	168	131	124	134	128	50	48	84	80	147	140	722	688
Investitionen in das langfristige Segmentvermögen***	50	48	22	20	17	16	12	10	11	10	17	16	129	120
Abschreibungen	23	22	15	14	14	13	9	9	8	8	12	11	81	77
Sonstige zahlungsunwirksame Aufwendungen	11	9	7	5	5	3	3	2	3	3	4	3	33	25

* Die Überleitung des Segmentvermögens enthält die nicht einzelnen Segmenten zuordenbaren Vermögenswerte.

** Die Segmentschulden enthalten lediglich unverzinsliche Verbindlichkeiten und Rückstellungen; die Finanzschulden werden in der Überleitung dargestellt.

*** Die Investitionen in das langfristige Segmentvermögen enthalten Investitionen in Sachanlagen und immaterielle Vermögenswerte; die Überleitung enthält die nicht einzelnen Segmenten zuordenbaren Investitionen sowie die Investitionen in das Finanzanlagevermögen.

Tab. 10.7: Tabellarischer Segmentbericht nach IAS 14 (primäres Berichtsformat - business segments)

Regionale Segmentberichterstattung als sekundäres Berichtsformat (IAS 14.68 ff.)														
(in Mio. DM)	Inland		Region 1		Region 2		Region 3		Andere Regionen		Überleitung		Unternehmen bzw. Konzern	
	02	01	02	01	02	01	02	01	02	01	02	01	02	01
Segmenterträge mit fremden Dritten (nach Standort der Kunden)	153	131	128	109	97	99	61	52	71	79			510	470
Segmentvermögen (nach Standort des Vermögens)	242	227	206	195	204	198	97	84	128	129			877	833
Investitionen in das langfristige Segmentvermögen*	34	35	36	32	17	16	21	18	10	9	11	10	129	120

* Die Investitionen in das langfristige Segmentvermögen enthalten Investitionen in Sachanlagen und immaterielle Vermögenswerte; die Überleitung enthält die Investitionen in das Finanzanlagevermögen.

Tab. 10.8: Tabellarischer Segmentbericht nach IAS 14 (sekundäres Berichtsformat - geographical segments)

Kontrollfragen:

1. Erläutern Sie den Begriff der Kapitalflussrechnung (KFR) und grenzen Sie ihn von der Finanzierungsrechnung ab!
2. In welchen Bereichen kann die Finanzierungsrechnung eingesetzt werden?
3. Erklären Sie die Ableitungszusammenhänge zwischen Bilanz, GuV und KFR!
4. Was versteht man unter einem Fonds?
5. Nennen Sie Fondstypen, und diskutieren Sie die Vor- und Nachteile verschiedener Fondsabgrenzungen im Hinblick auf die Analyse der Liquidität!
6. Welcher Zusammenhang besteht zwischen Fondsumfang, Fondsnachweisrechnung und Gegenbeständerechnung?
7. Worin besteht der Unterschied zwischen dem Finanzfluss- und Aktivitätsformat?
8. Welche Typen von Korrekturposten sind Bestandteil der indirekten Darstellung im Bereich der laufenden Geschäftstätigkeit?
9. Erklären Sie den Unterschied zwischen der originären und derivativen Ermittlung der KFR! Grenzen Sie die Vorgehensweisen bei der Ermittlung von den Darstellungsmethoden am Beispiel des operativen Bereichs ab!
10. Welche Unterschiede bestehen zwischen einer Beständedifferenzenbilanz und einer Veränderungsbilanz?
11. Welchen Mängeln unterliegt die Veränderungsbilanz?
12. Welche Unterschiede bestehen zwischen einer Veränderungsbilanz und einer Bewegungsbilanz?

13. Ordnen Sie die Sollumsätze und Habenumsätze aktiver und passiver Bestandskonten den Begriffen Mittelquellen und Mittelverwendung zu!
14. Mit welchem Ziel wird die Erfolgsrechnung in die Bewegungsbilanz einbezogen? Auf welche Weise können die Positionen der GuV in die KFR einbezogen werden?
15. Welche Kompensationen sind im Rahmen einer um Kontenumsätze und GuV-Positionen erweiterten Bewegungsbilanz vorzunehmen?
16. Weshalb wird eine Fondsausgliederung durchgeführt? Was sind fondsneutrale und was sind fondsinterne Vorgänge?
17. Welche Zwecke werden mit einer KFR nach HGB, IAS/IFRS und US-GAAP verfolgt?
18. Welche Unternehmen sind nach HGB, IAS/IFRS und US-GAAP zur Aufstellung einer KFR verpflichtet?
19. Wo liegen die Unterschiede in der Fondsabgrenzung nach DRS 2, IAS 7 und FAS 95?
20. Welche Wertänderungen können bei den in den Fonds einbezogenen Finanzmitteln auftreten?
21. Welche Gliederungskonzeption der KFR liegt den drei Standards zugrunde?
22. Nach welchen Kriterien werden Zahlungen den Bereichen zugeordnet? Wie werden bereichsübergreifende Zahlungsvorgänge in der KFR nach DRS 2, IAS 7 und FAS 95 behandelt?
23. Wie werden wesentliche zahlungsunwirksame Geschäftsvorfälle in der KFR nach DRS 2, IAS 7 und FAS 95 behandelt?
24. Erläutern Sie den Bereich der laufenden Geschäftstätigkeit! Gehen Sie dabei auf die Zuordnung der Zins-, Dividenden- und Ertragsteuerzahlungen nach DRS 2, IAS 7 und FAS 95 ein!
25. Erklären Sie den Unterschied zwischen der direkten und indirekten Darstellungsform für den operativen Bereich! Welche Positionen sind bei Anwendung der indirekten Darstellungsmethode im operativen Bereich nach DRS 2 zahlungsunwirksam?
26. Erläutern Sie Abgrenzung und Ausweis der Zahlungsvorgänge im Investitionsbereich!
27. Welche Zahlungen sind der Sonderposition »Finanzmittelanlagen im Rahmen der kurzfristigen Finanzdisposition« nach DRS 2 zuzurechnen? Welches Ziel wird mit diesem Sonderausweis verfolgt?
28. Erläutern Sie Abgrenzung und Ausweis der Zahlungsvorgänge im Finanzierungsbereich!
29. Welchem Bereich sind Zahlungsvorgänge im Zusammenhang mit Finanzierungsleasingverträgen nach den Standards zuzuordnen? Welche alternative Zuordnung dieser Zahlungen wäre auch sachgerecht?
30. Erläutern Sie den Zweck von Sonderausweisen und ergänzenden Angaben an Beispielen!

31. Welche zusätzliche Vorgehensweise gibt es bei der Ermittlung der Konzern-KFR im Vergleich zur Einzel-KFR?
32. Erklären Sie die Abkehr von der Einzelerwerbsfiktion im Rahmen der Konzern-KFR!
33. Welche Effekte und Probleme treten bei der Währungsumrechnung auf?
34. Welche Unternehmen sind nach HGB, IAS/IFRS und US-GAAP zur Aufstellung einer Segmentberichterstattung verpflichtet?
35. Welche Zielsetzung verfolgt die Segmentberichterstattung?
36. Wie sind die Segmente nach DRS 3, IAS 14 und FAS 131 definiert?
37. Welchen Konzeptionen folgt die Segmentabgrenzung nach DRS 3, IAS 14 und FAS 131?
38. Welche Wesentlichkeitsmerkmale gelten für anzugebende Segmente nach DRS 3, IAS 14 und FAS 131?
39. Welche Konzeptionen werden im Rahmen der Segmentrechnungslegung diskutiert?
40. Auf welchen Grundsätzen basiert die Ermittlung der Segmentdaten nach DRS 3, IAS 14 und FAS 131?
41. Welche Berichtsgrundsätze gelten für die Segmentberichterstattung?
42. Welche Segmentinformationen sind nach DRS 3, IAS 14 und FAS 131 auszuweisen?
43. In welcher Form ist der Segmentbericht grundsätzlich darzustellen?

11. Kapitel: Anhang, Lagebericht und Zwischenberichterstattung

Die Informationsfunktion der Rechnungslegung erfordert neben der Bilanz und GuV zusätzliche Instrumente, die eine Interpretation der Zahlenangaben des Jahresabschlusses und eine Beurteilung der wirtschaftlichen Lage des Unternehmens bzw. Konzerns als Ganzes ermöglichen. Diese Aufgaben werden vom Anhang und Lagebericht erfüllt. Daneben werden gerade von aktuellen und potenziellen Investoren auch regelmäßig unterjährige Informationen gefordert. Der Zwischenbericht trägt diesen Bedürfnissen durch eine zeitnahe Berichterstattung Rechnung. Während diese Informationsinstrumente in Deutschland bislang eine gegenüber den Rechenwerken Bilanz und GuV eher untergeordneten Stellenwert eingenommen haben, kommt ihnen in der internationalen Rechnungslegung aufgrund der stärkeren Ausrichtung an den Bedürfnissen der Investoren eine weitaus größere Bedeutung zu.

A. Anhang

Zusatzinformationen zum Jahresabschluss

Der Anhang bzw. Konzernanhang stellt ein Berichtsinstrument innerhalb des Jahresabschlusses dar. Er enthält Informationen quantitativer, aber insbesondere auch qualitativer Art, die der Erläuterung und Ergänzung der mit Hilfe der übrigen Bestandteile des Jahresabschlusses generierten Zahlenangaben dienen. Dem Anhang kommt im Hinblick auf das Informationsziel des Jahresabschlusses, die Vermögens-, Finanz- und Ertragslage entsprechend den tatsächlichen Verhältnissen darzustellen, wesentliche Bedeutung zu. Der Informationsumfang und das Informationsniveau ergeben sich dabei allgemein aus der Anforderung an den Jahresabschluss, die wirtschaftliche Lage zutreffend darzustellen.

I. Aufstellungspflicht

Erstellungspflicht für Kapitalgesellschaften nach HGB

Der Anhang tritt gemäß § 264 Abs. 1 HGB als dritter Bestandteil des Jahresabschlusses einer Kapitalgesellschaft gleichwertig neben die Informationsinstrumente »Bilanz« und »Gewinn- und Verlustrechnung«. Damit haben neben AG und KGaA auch Gesellschaften mbH den Jahresabschluss gemäß § 242 Abs. 3 HGB um einen Anhang zu erweitern (= erweiterter Jahresabschluss). Gleiches gilt für Genossenschaften (§ 336 HGB), allerdings mit den Kapitalgesellschaften analogen größenspezifischen Erleichterungen (§ 336 Abs. 2 HGB), sowie für Unternehmen, die unter das PublG fallen, soweit sie in der Rechtsform eines Einzelkaufmanns oder der Personenhandelsgesellschaft betrieben werden (§ 5 Abs. 1, 2 PublG). Entsprechend dem KapCoRiLiG wird auch die GmbH & Co. KG für nach dem 31. 12. 1999 beginnende Geschäftsjahre der Aufstellungspflicht unterliegen. Größenabhängige Erleichterungen gibt es für kleine und mittelgroße Kapitalgesellschaften (§ 288 HGB), wobei für letztere aus dem umfangreichen Angabenkatalog lediglich die Aufgliederung der Umsatzerlöse nach Tätigkeitsbereichen und geographisch bestimmten Märkten (§ 285 Nr. 4 HGB) entfällt. Die Erleichterungen für die kleinen Kapitalgesellschaften sowie die unternehmensspezifischen Zusatzangaben können der Tabelle der Anhangspflichten in Abschnitt A V entnommen werden.

Der Anhang großer und mittelgroßer Kapitalgesellschaften ist zusammen mit den anderen beiden Jahresabschlusselementen innerhalb der ersten drei Monate des Geschäftsjahres für das vergangene Geschäftsjahr aufzustellen. Bei kleinen Kapitalgesellschaften ist eine Verlängerung der Aufstellungsfrist bis zu höchstens sechs Monaten möglich. Der Anhang unterliegt mit Ausnahme der kleinen Kapitalgesellschaften auch der Prüfung (§ 316 Abs. 1 HGB) und ist bei großen Kapitalgesellschaften mit im Bundesanzeiger zu veröffentlichen (§ 325 Abs. 2 HGB). Der Anhang mittlerer und kleiner Kapitalgesellschaften muss hingegen nur zum Handelsregister eingereicht werden (§ 325 Abs. 1, 2 HGB).

Konzernanhang

Auch auf Konzernebene stellt der Anhang neben Konzernbilanz und -GuV den dritten Bestandteil des Konzernabschlusses dar (§ 297 Abs. 1 HGB). Zu seiner Erstellung ist jedes Mutterunternehmen verpflichtet, das zwingend nach dem HGB (§ 290 Abs. 1 und 2 HGB), dem PublG (§ 13 Abs. 2 PublG) oder freiwillig einen befreienden Abschluss (§§ 291, 292a HGB) erstellt. Der Konzernanhang kann allerdings gemäß § 298 Abs. 3 HGB mit dem Anhang des Mutterunternehmens zusammengefasst werden. Durch die damit ermöglichte zusammengefasste Darstellung der geforderten Sachverhalte lassen sich Wiederholungen im Einzel- bzw. Konzernabschluss vermeiden. Die Aufstellungsfrist für den Konzernanhang beträgt fünf Monate. Er unterliegt als Bestandteil des Konzernabschlusses der Prüfungspflicht (§ 316 Abs. 2 HGB) und ist entsprechend der Vorgehensweise großer Kapitalgesellschaften im Bundesanzeiger offen zu legen (§ 325 Abs. 3 HGB). Wird von der zusammengefassten Darstellung Gebrauch gemacht, sind der Konzernabschluss und der Jahresabschluss des Mutterunternehmens gemeinsam offen zu legen (§ 298 Abs. 3 Satz 2 HGB).

Erstellungspflicht nach IAS und US-GAAP

Im Gegensatz zum Handelsrecht ist die Aufstellungspflicht des Anhangs (*notes*) nach IAS und US-GAAP nicht auf Kapitalgesellschaften beschränkt. Vielmehr bildet er in der anglo-amerikanischen Rechnungslegung einen integralen und gleichwertigen Bestandteil des Jahresabschlusses aller Unternehmen. Anders als nach HGB gibt es für die Aufstellung des Anhangs auch keine größenabhängigen Erleichterungen. Allerdings können Unternehmen, die nicht börsennotiert sind, gewisse Angabepflichten unterlassen.

Der Anhang wird fast ausschließlich auf konsolidierter Basis aufgestellt, da in der internationalen Rechnungslegung der Konzern Berichtsgegenstand ist. Eine Aufstellungsfrist ist im Gegensatz zum HGB weder nach IAS noch nach US-GAAP geregelt. In den USA haben börsennotierte Unternehmen den geprüften Konzernabschluss innerhalb von 90 Tagen bei der SEC einzureichen (Form 10-K A.). Ausländische Emittenten können eine Fristverlängerung bis zu 180 Tage in Anspruch nehmen (Form 20-F A.).

II. Funktionen des Anhangs

Funktionen des Anhangs gemäß HGB

Da der Anhang einen integralen Bestandteil des Jahresabschlusses bildet, gilt für ihn gleichermaßen die informatorische Generalnorm des § 264 Abs. 2 HGB, die für den Jahresabschluss die Vermittlung eines den tatsächlichen Verhältnissen entsprechenden Bildes der Vermögens-, Finanz- und Ertragslage unter Beachtung der Grundsätze ordnungsmäßiger Buchführung fordert. Die analoge Vorschrift für den Konzernabschluss ist in § 297 Abs. 2 HGB geregelt. Bilanz und Gewinn- und Verlustrechnung gewähren im Hinblick auf das Informationsziel quantitative Angaben in Form von Bestandswerten (= Bilanzansätze) und Stromgrößen (= Aufwendungen und Erträge). Bilanz und GuV alleine sind jedoch nur sehr bedingt dazu geeignet, die tatsächlichen Verhältnisse einer Kapitalgesellschaft abzubilden. Zwei wesentliche Ursachen sind hierfür verantwortlich: Zum einen sind die von Bilanz und GuV gewährten quantitativen Informationen aufgrund von Wahlrechten und Ermessensspielräumen im Rahmen des Bilanzansatzes, der Bewertung und des Ausweises durch die unternehmensindividuelle Bilanzpolitik gefärbt; zwischenbetrieblich und zeitlich vergleichbare Informationen setzen folglich zusätzliche (verbale) Erläuterungen voraus, die eine eindeutige Interpretation der Bilanz- und GuV-Zahlen erst ermöglichen. Zum anderen lässt sich die wirtschaftliche Lage i. S. der Generalnorm des § 264 Abs. 2 HGB nicht ausschließlich und allumfassend mit Hilfe der Bilanzierungs- bzw. Gewinnermittlungskonventionen darstellen. Um den geforderten Einblick in die Vermögens-, Finanz- und Ertragslage zu erfüllen, sind im Anhang zusätzliche Informationen – insbesondere auch qualitativer Art – erforderlich, die das mit Hilfe von Bilanz- und GuV-Zahlen erzeugte Bild der wirtschaftlichen Lage ergänzen bzw. korrigieren. Bei der Informationsvermittlung durch den Jahresabschluss kommt dem Anhang somit eine Schlüsselrolle zu, da er die Mängel der Bilanz und GuV ausgleichen soll. Um diese Aufgabe erfüllen zu können, werden dem Anhang gleichermaßen wie dem Konzernanhang vier Funktionen, die in dem Abbildung 11.1

dargestellt sind, zugewiesen (vgl. auch ADS [1995], § 284 Tz. 12 ff., § 313 Tz. 10 ff.; Kupsch, P. [1998], Tz. 9 ff.).

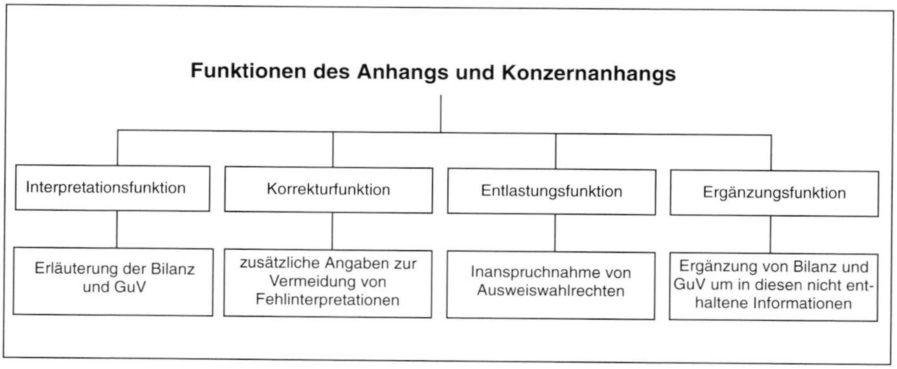

Abb. 11.1: Funktionen des Anhangs und Konzernanhangs

- Interpretationsfunktion

Die zutreffende Informationsvermittlung entsprechend der Generalnorm des Jahresabschlusses setzt eine Erläuterung der rein quantitativen Informationen der Bilanz und GuV voraus. Für eine adäquate Interpretation der Bilanz und GuV sind daher Erklärungen zum Inhalt, Entstehen und Charakter der dort angegebenen Beträge und Posten unerlässlich. Dabei unterstützen vor allem Erläuterungen zu den angewandten Bilanzierungs- und Bewertungsmethoden sowie Begründungen von Abweichungen von bisher angewandten Methoden das Verständnis von Bilanz und GuV und beugen damit insgesamt Fehldeutungen vor.

- Korrekturfunktion

Treten im Einzelfall besondere Umstände ein, die bei Einhaltung der Einzelvorschriften ein den tatsächlichen Verhältnissen entsprechendes Bild der Vermögens-, Finanz- und Ertragslage des Jahresabschlusses verhindern, so sind gemäß § 264 Abs. 2 Satz 2 HGB (§ 297 Abs. 2 Satz 3 HGB) zusätzliche Angaben im Anhang aufzunehmen. Entscheidendes Kriterium für die Notwendigkeit und den Umfang dieser korrigierenden Angaben ist die Verhinderung von Fehlinterpretationen der wirtschaftlichen Lage des Unternehmens durch den externen Jahresabschlussadressaten. Hierzu gehört die quantitative Berichterstattung über Abweichungen zum Vorjahr (z. B. Darstellung des Einflusses der Änderung von Bilanzierungs- und Bewertungsmethoden), die hauptsächlich einer zeitlichen und zwischenbetrieblichen Vergleichbarkeit dient. Eine generelle Korrektur unzutreffender Darstellungen in der Bilanz oder GuV durch Informationen im Anhang ist allerdings nicht möglich.

- Entlastungsfunktion

Durch die Gleichsetzung mit den beiden anderen Jahresabschlusselementen können bestimmte Informationen hieraus ohne Informationsverlust in den Anhang verlagert werden. Die zahlreichen Wahlrechte des Ausweises zwischen Bilanz bzw. GuV und Anhang unterstreichen die Intention des Gesetzgebers zur Entlastung der Rechenwerke. Die Verlagerung von bestimmten Informationen in den Anhang ermöglicht eine verbesserte Aussagefähigkeit und Übersichtlichkeit der Bilanz und GuV durch Reduzierung auf die wesentlichen Angaben. Hierdurch wird insbesondere dem Grundsatz der Klarheit und Übersichtlichkeit (§ 243 Abs. 2 HGB) Rechnung getragen (vgl. Russ, W. [1986], S. 62 ff.). Die Entlastungswahlrechte können der abgebildeten Tabelle der Angabepflichten entnommen werden (vgl. Abschnitt A V dieses Kapitels).

- Ergänzungsfunktion

Entsprechend der Ergänzungsfunktion des Anhangs sind Informationen, die sich nicht auf Zahlenangaben der Bilanz und GuV beziehen und damit keinen unmittelbaren Zusammenhang zu den Rechenwerken aufweisen, für die Beurteilung der Vermögens-, Finanz- und Ertragslage jedoch unerlässlich sind, den Jahresabschlussadressaten bereitzustellen. Hierunter fallen alle jene Informationen, die sich auf nicht bilanzierungsfähige Sachverhalte beziehen (z. B. künftige finanzielle Verpflichtungen aus Leasingverträgen, Zusammensetzung der Arbeitnehmerschaft).

Funktionen des Anhangs nach IAS und US-GAAP, notes

Das ehemalige IASC (jetzige IASB) hat die Anforderungen an den Anhang (*notes*) in dem 1997 neu überarbeiteten IAS 1 erstmals zusammenhängend dargestellt (IAS 1.91 ff.). Demnach werden dem Anhang die folgenden Aufgaben zugeschrieben (IAS 1.91):

- Bereitstellung von Informationen zu den Erstellungsgrundlagen des Jahresabschlusses sowie die Angabe der spezifischen Bilanzierungs- und Bewertungsgrundsätze (*accounting policies*) für wesentliche Geschäftsvorfälle und Ereignisse;
- Aufnahme sämtlicher Informationen, die von den einzelnen IAS verlangt werden, aber nicht bereits an einer anderen Stelle im Jahresabschluss zur Verfügung gestellt wurden;
- Angabe zusätzlicher Informationen, die zwar nicht von einem speziellen Standard gefordert werden, aber für eine *fair presentation* unerlässlich sind.

Folglich ist dem Anhang nach IAS ebenfalls die Interpretations-, Entlastungs- und Ergänzungsfunktion immanent. Gleiches gilt für den Anhang nach US-amerikanischen Rechnungslegungsvorschriften (vgl. Niehus, R. J./Thyll, A. [2000], Tz. 1144). So beschreibt CON 5.7(a) die Berichterstattung in Instrumenten wie den *notes* als unverzichtbar für das Verständnis der im Jahresabschluss veröffentlichten Daten. Allerdings kann dem Anhang nach internationaler Sichtweise keine Korrekturfunktion im handelsrechtlichen Sinne zugeordnet werden, da nicht den tatsächlichen Verhältnissen entsprechende Angaben, die aus der Einhaltung der Einzelvorschriften resultieren, in den Rechenwerken des Jahresabschlusses nicht durch korrekte Erläuterungen im Anhang geheilt werden dürfen. Dies widerspräche der *fair presentation* als grundlegende Anforderung an den Jahresabschluss. In solchen seltenen Fällen ist nach IAS ein Abweichen von der speziellen Einzelvorschrift (*true and fair view override*) geboten, wenn hierdurch eine *fair presentation* erreicht werden kann (IAS 1.13). Die US-GAAP gewähren diese Möglichkeit nicht. Wird dennoch in Sonderfällen von der speziellen Einzelvorschrift abgewichen, hat der Abschlussprüfer in seinem Prüfungsbericht zwingend darauf hinzuweisen und die Notwendigkeit des Abweichens sowie den daraus resultierenden Effekt zu dokumentieren; insbesondere ist der Hinweis erforderlich, dass ohne das Abweichen die zu testierende *fair presentation* nicht erreicht werden kann (AU 508.17 ff.). Die *fair presentation* stellt hier demnach das *overriding principle* dar. Generell folgen sowohl IAS/IFRS als auch US-GAAP dem Grundsatz der *substance over form*, der den materiellen Inhalt der Informationen über deren formale Darstellung stellt.

III. Gliederung des Anhangs

Gliederung des Anhangs nach HGB

Die der Tabelle der Anhangspflichten (vgl. Abschnitt A V dieses Kapitels) zu entnehmende Vielzahl und Unterschiedlichkeit der Einzelinformationen macht deutlich, dass im Sinne einer übersichtlichen und klaren Darstellung eine Strukturierung des Anhangs bzw. Konzernanhangs notwendig ist. Inwieweit der Gesetzgeber von einer Gültigkeit der Darstellungsstetigkeit des § 265 Abs. 1 HGB auch für den Anhang ausgeht, ist in der Literatur umstritten (vgl. z. B. ADS [1995], § 265 Tz. 7; § 284 Tz. 27; Emmerich, G. [1986], S. 699; Schülen, W. [1987], S. 224). Geht man von einer weniger strengen Bindung der Anhangsstrukturierung an den Grundsatz der Darstellungsstetigkeit aus, erscheint es u. E. in jedem Fall zweckmäßig, die einmal gewählte Darstellungsform beizubehalten (vgl. auch ADS [1995], § 284 Tz. 27). Das gilt auch für die Entscheidung des Ausweises einzelner Posten in der Bilanz bzw. GuV oder im Anhang (vgl. Janz, R./Schülen, W. [1986], S. 58).

Die Literatur hat eine Vielzahl von Gliederungsvorschlägen für den Anhang hervorgebracht (vgl. ADS [1995], § 284 Tz. 28 m. w. N.), wobei sich folgende allgemeinen Strukturierungsrichtlinien erkennen lassen (vgl. Mayer, A. [1989], S. 163; Weber, C.-P. [1988], S. 4):

- allgemeine Informationen zu den angewandten Bilanzierungs- und Bewertungsmethoden und Grundlagen der Währungsumrechnung;
- Erläuterungen der Bilanz- und GuV-Positionen jeweils in postennumerischer Abfolge;
- sonstige Angaben (insbesondere die Informationspflichten gemäß § 285 HGB, soweit diese aus sachlichen Zusammengehörigkeitsgründen nicht bereits bei den Positionserläuterungen erfolgen).

Der Gliederung des Konzernanhangs sind dabei allgemeine Angaben zum Konzernabschluss und zum Konsolidierungskreis hinzuzufügen (vgl. ADS [1995], § 313 Tz. 37).

Gliederung des Anhangs nach IAS/IFRS

Ähnlich den HGB-Vorschriften gibt IAS 1.91 allgemein gehaltene Strukturrichtlinien vor. Einige Angaben können dabei entweder im Anhang oder in den jeweiligen Rechenwerken offengelegt werden (IAS 1.72 ff.). Gemäß IAS 1.46 müssen die *notes*, als Teil des *financial statement*, deutlich als solche zu identifizieren sein. Die Angaben im Anhang sollten entsprechend den IAS systematisch strukturiert dargestellt werden. Grundsätzlich ist jeder Posten der Bilanz, GuV und Kapitalflussrechnung mit einem Querverweis zu weiterführenden Informationen im Anhang zu versehen (IAS 1.92). Um die intertemporäre und zwischenbetriebliche Vergleichbarkeit zu verbessern, sind die Anhangsangaben grundsätzlich in folgende Reihenfolge zu bringen (IAS 1.94):

(a) Übereinstimmung des Jahresabschlusses mit den IAS (*statement of compliance*);
(b) Bewertungsgrundlagen sowie Bilanzierungs- und Bewertungsmethoden (*measurement bases and accounting policies*);
(c) ergänzende Informationen zu den Angaben in Bilanz, GuV und Kapitalflussrechnung in entsprechender Reihenfolge (*supporting information*);
(d) sonstige Informationen finanzieller und nicht-finanzieller Art (*other financial and non-financial disclosures*).

Die Informationen zu den Grundlagen der Erstellung des Jahresabschlusses und den angewandten Rechnungslegungsgrundsätzen können dabei auch getrennt von den eigentlichen Anhangsangaben in einer gesonderten Darstellung gezeigt werden (IAS 1.96). Abschnitt A V enthält eine mögliche Gliederung der Anhangsangaben.

Gliederung des Anhangs nach US-GAAP

Im Gegensatz zu den IAS gibt es nach US-GAAP keine zentrale Vorschrift zu den formalen Anforderungen an den Anhang. Es kann allerdings eine Differenzierung der Angabepflichten in die folgenden Teilbereiche vorgenommen werden (vgl. Needles, B. E. [1986], S. 257 f.):

- Erläuterung der wesentlichen Bilanzierungs- und Bewertungsmethoden (*summary of significant accounting policies*)
- ergänzende Informationen zu den einzelnen Posten der übrigen Jahresabschlussbestandteile (*explanatory notes*)
- sonstige geforderte Informationen bzw. Angaben freiwilliger Art (*supplementary information notes*)

Eine Gliederung der Anhangsangaben ist dabei nicht geregelt. Allerdings sollte die Erläuterung der Bilanzierungs- und Bewertungsmethoden (*accounting policies*) analog zu den IAS den übrigen Angaben vorangestellt werden, vorzugsweise sogar in einer eigenen *note* (APB 22.15). Eine mögliche Gliederung der Anhangsangaben wird im Abschnitt A V dargestellt.

IV. Inhalt des Anhangs

Inhalt des Anhangs nach HGB

Die zentralen inhaltlichen Anforderungen an den Anhang ergeben sich im Wesentlichen aus den §§ 284 und 285 HGB, ergänzt durch zahlreiche Einzelvorschriften, sowie allgemein aus der Generalnorm des § 264 Abs. 2 HGB. Der Anhang bringt Informationen zur Bilanz und GuV oder zu einzelnen ihrer Posten, zu ihrem Inhalt, zu den angewandten Bewertungs- und Abschreibungsmethoden sowie zu Unterbrechungen der Ausweis- und Bewertungsstetigkeit. Das Informationsniveau hängt dabei davon ab, ob das HGB »Angaben, Aufgliederungen, Darstellungen, Erläuterungen oder Begründungen« fordert (vgl. ADS [1995], § 284 Tz. 24). Der Anhang enthält auch Informationen über wichtige finanzielle Daten, die keinen Niederschlag in der Bilanz gefunden haben, sowie über eine Reihe anderer Tatbestände (vgl. Forster, K.-H. [1982], S. 1578). Es handelt sich bei den Anhangsangaben allerdings lediglich um einen Mindestumfang an Informationspflichten. Neben den vorgeschriebenen Angaben können auch freiwillige Informationen in den Anhang aufgenommen werden. Daneben dürfen gewisse Angaben wahlweise in der Bilanz bzw. GuV oder im Anhang gemacht werden.

Die in den Konzernanhang aufzunehmenden oder aufnehmbaren Angaben ergeben sich im Wesentlichen aus den §§ 313 bzw. 314 HGB, ergänzt um die konzernspezifischen Vorschriften (§§ 290-312 HGB, § 313 Abs. 1 Satz 1 HGB) und die Vorschriften zum Einzelabschluss (§ 298 Abs. 1 HGB). Der Verweis in § 298 Abs. 1 HGB auf eine prinzipiell analoge Anwendung der Vorschriften des Einzelabschlusses beinhaltet jedoch nicht die einzelabschlussspezifischen Anhangsvorschriften der §§ 284 und 285 HGB. Sie werden durch die konzernspezifischen Anhangsvorschriften der §§ 313 und 314 HGB ersetzt. Betroffen von § 298 Abs. 1 HGB sind damit für den Konzernanhang nur solche Vorschriften des Einzelabschlusses, die dort bereits bei den einzelnen Regelungen zu Bilanz und GuV dargestellt sind. Trotz der Fülle der in den Konzernanhang aufzunehmenden Angaben kann es im Einzelfall durchaus sinnvoll sein, dem Leser darüber hinaus noch zusätzliche Informationen zu vermitteln. Soweit diese nicht im Konflikt mit den Zielen der Klarheit und Übersichtlichkeit stehen, ist eine solche freiwillige Erweiterung des Konzernanhangs zulässig. Eine übersichtliche Darstellung der konzernspezifischen Angabepflichten wird in Abschnitt A V dieses Kapitels gegeben.

Kapitalflussrechnung, Segmentberichterstattung

Eine Besonderheit ergibt sich für Mutterunternehmen, die durch Wertpapiere im Sinne des § 2 Abs. 1 Satz 1 WpHG einen organisierten Markt in Anspruch nehmen. Für diesen Anwendungskreis sind mit Einführung des TransPuG im Jahr 2002 die 1998 durch das KonTraG für börsennotierte Unternehmen im Konzernanhang verpflichtend geforderten Instrumente der Segmentberichterstattung und der Kapitalflussrechnung nun als eigenständige Bestandteile in den Konzernabschluss aufzunehmen. Aufgrund der zentralen Bedeutung dieser Berichtsinstrumente für den Abschlussleser erfolgt eine ausführliche Behandlung in Kapitel 10.

Inhalt des Anhangs nach IAS/IFRS und US-GAAP

Während die wesentlichen Anhangsangaben nach HGB in einigen zentralen Vorschriften geregelt sind, ergeben sich die Angabepflichten nach IAS und US-GAAP (*disclosures*) jeweils aus den einzelnen Rechnungslegungsstandards. In der Regel werden die Angabepflichten in diesen Regelwerken auch gesondert unter dem Punkt *Disclosures* angegeben. Eine Unterscheidung der Angabepflichten in den *notes* für Einzel– und Konzernabschluss gibt es nach IAS/IFRS bzw. US-GAAP nicht. In den USA haben börsennotierte Unternehmen auch die detaillierten Offenlegungsvorschriften der SEC zu berücksichtigen (vgl. Regulation S-X, Rule 4-08 ff.). Bedingt durch die alleinige Zielsetzung des Jahresabschlusses, den Investoren entscheidungsrelevante Informationen zur Verfügung zu stellen (*decision usefulness*), ist dem Anhang in der anglo-amerikanischen Rechnungslegung eine weitaus größere Bedeutung beizumessen als im deutschen Bilanzrecht. So sind neben den ohnehin umfangreichen Angabepflichten zusätzlich sämtliche Informationen in den Anhang aufzunehmen, die für den Investor Entscheidungsrelevanz besitzen. Dabei können zahlreiche Angaben und

Erläuterungen statt im Anhang auch wahlweise an der entsprechenden Position im Jahresabschluss erfolgen.

1. Erläuterung einzelner Anhangsangaben

Angabepflichten nach HGB:
- Zusatzangaben zur Erfüllung der Generalnorm

Nachfolgend werden einige der in der Tabelle des Abschnittes A V aufgelisteten Berichterstattungspflichten nach dem HGB erläutert:

Falls der Jahresabschluss trotz der Beachtung der Grundsätze ordnungsmäßiger Buchführung wegen besonderer Umstände ein den tatsächlichen Verhältnissen entsprechendes Bild der Vermögens-, Finanz- und Ertragslage nicht zu vermitteln vermag, so sind gemäß § 264 Abs. 2 Satz 2 HGB zusätzliche Angaben im Anhang zu machen. Der Gesetzgeber konkretisiert jedoch nicht explizit, in welchen Fällen derartige Angaben geboten sind. Als Orientierungslinie können lediglich das in der Generalnorm gemäß § 264 Abs. 2 Satz 1 HGB geforderte »den tatsächlichen Verhältnissen entsprechende Bild« und die Formulierung »besondere Umstände« herangezogen werden.

Prinzipiell ist davon auszugehen, dass die Einblicksforderung der Generalnorm mit Befolgung der gesetzlich kodifizierten Normen und der GoB regelmäßig erfüllt sein dürfte; insoweit wird der Anwendungsbereich dieser Vorschrift eng auszulegen sein. So löst z. B. die Befolgung des Anschaffungswertprinzipes bei einer Kapitalgesellschaft mit erheblichem Grund- und Bodenbesitz, der lediglich mit einem Buchwert von € 100.000,– bilanziert werden darf, aber einen Marktwert von € 10.000.000,– besitzt, typischerweise keine Angabepflichten gemäß § 264 Abs. 2 Satz 2 HGB aus. Derartige bilanzierungskonventionsbedingten Informationsverzerrungen, die dem kundigen Bilanzleser bekannt sind, stellen folglich keinen »besonderen Umstand« im Sinne des § 264 Abs. 2 Satz 2 HGB dar.

Maßstab für zusätzliche Angaben sind Abweichungen zwischen dem Gesamtbild, welches durch die Befolgung der einzelnen Normen bei den Jahresabschlussadressaten in Form von Erwartungen erzeugt wird, und der tatsächlichen wirtschaftlichen Entwicklung der Kapitalgesellschaft im Zeitablauf (vgl. Leffson, U. [1986], S. 96 ff.; Moxter, A. [1986], S. 98; Moxter, A. [1987], S. 369). Motiv für die Einführung der Regelung des § 264 Abs. 2 Satz 2 HGB ist folglich, dass das Gesamtbild der wirtschaftlichen Entwicklung mehr sein kann als die bei Anwendung der Einzelnormen ermittelte Summe von Teilaussagen des Jahresabschlusses. Angaben gemäß § 264 Abs. 2 Satz 2 HGB sind folglich nur dann geboten, wenn der Jahresabschluss für den kundigen Bilanzleser irreführend ist.

Als Beispiele für zusätzliche Angaben werden in der Literatur folgende Tatbestände genannt:

1. Als Korrekturen eines zu günstigen Bildes

- Angaben zu erheblichen, einmaligen Erfolgs- und Vermögensausweisverzerrungen durch Teilliquidationen (sofern nicht bereits gemäß § 277 Abs. 4 HGB im Anhang erfolgt);

- Angaben zu erheblichen Erfolgsausweisverzerrungen durch Scheingewinne bei ausländischen Betriebsstätten;
- Angaben zu ungewöhnlichen, rein bilanzpolitisch motivierten Maßnahmen, die wirtschaftlich nicht begründbar sind und lediglich der Verbesserung des Erscheinungsbildes am Bilanzstichtag dienen; derartige Angaben erscheinen vor allem dann geboten, wenn sich die Kapitalgesellschaft in angespannten wirtschaftlichen Verhältnissen befindet (vgl. ADS [1995], § 264 Tz. 117 ff. m. w. N.).

2. Als Korrektur eines zu ungünstigen Bildes kommen Angaben bei Unternehmen mit langfristigen Fertigungsaufträgen in Frage, die u. U. über mehrere Jahre aufgrund bilanzierungsrechtlicher Normen gezwungen sind, Verluste auszuweisen (vgl. ADS [1995], § 264 Tz. 122; Ordelheide, D./Hartle, J. [1986], S. 12).

Die entsprechende Regelung für den Konzernabschluss ist in § 297 Abs. 2 HGB verankert.

- Angabe der angewandten Bilanzierungs- und Bewertungsmethoden

§ 284 Abs. 2 Nr. 1 HGB schreibt die Angabe der auf die Posten von Bilanz und GuV angewandten Bewertungsmethoden, darüber hinausgehend jedoch auch der Bilanzierungsmethoden vor (zu den Begriffen der Bewertungs- und Bilanzierungsmethoden vgl. ADS [1995], § 284 Tz. 55 ff. und 60 ff.). Ein Verweis auf diesbezügliche Angaben in früheren Geschäftsberichten ist nicht erlaubt.

Zielsetzung dieser Vorschrift ist es, die Nutzung von Ansatz- und Bewertungswahlrechten durch das Unternehmen kenntlich zu machen, da hiervon naturgemäß erhebliche Auswirkungen auf die Darstellung der Vermögens- und Ertragslage ausgehen. So wird bei den Herstellungskosten die Angabe der in ihre Errechnung einbezogenen Bestandteile zur Erfüllung der Generalnorm des § 264 Abs. 2 HGB als unerlässlich erachtet (vgl. ADS [1995], § 284 Tz. 67).

Bei den (planmäßigen) Abschreibungen sind die angewandte Methode und die Höhe des Abschreibungssatzes anzugeben, wobei jedoch auch die Aussage als ausreichend erachtet wird, man schreibe nach den jeweils steuerlich zulässigen Höchstsätzen ab. Bezüglich der Vornahme außerplanmäßiger Abschreibungen gemäß § 253 Abs. 2 Satz 3 HGB im Anlagevermögen ist anzugeben, für welche Vermögensgegenstände derartige Abschreibungen vorgenommen und nach welchen Methoden diese Werte errechnet wurden. Dasselbe gilt im Umlaufvermögen bei Abschreibungen auf den niedrigeren Börsenkurs oder Marktpreis oder auf den niedrigeren beizulegenden Wert (§ 253 Abs. 3 Satz 1 und 2 HGB) ebenso wie bei Abschreibungen auf den niedrigeren Zukunftswert (§ 253 Abs. 3 Satz 3 HGB; vgl. ADS [1995], § 284 Tz. 81).

Werden Abschreibungen allein aufgrund steuerrechtlicher Vorschriften vorgenommen (§ 254 HGB), so ist dies – ungeachtet der nach § 281 Abs. 2 Satz 1 HGB gebotenen Angaben – anzugeben (vgl. ADS [1995], § 284 Tz. 75).

Bei den Roh-, Hilfs- und Betriebsstoffen ist anzugeben, ob sie nach dem Prinzip der Einzelbewertung oder einem der Verfahren zur Bewertungserleichterung (z. B. Fifo-, Festwert- oder Gruppenbewertungsverfahren) bewertet sind.

Im Rahmen der Angabe der Bilanzierungsmethoden ist die Ausnutzung von Ansatzwahlrechten (Firmenwert, Aufwendungen für die Ingangsetzung und

Erweiterung des Geschäftsbetriebes, aktive latente Steuern, Disagio, aktiver Rechnungsabgrenzungsposten für Zölle, Verbrauchsteuern und Umsatzsteuer, Sonderposten mit Rücklageanteil, bestimmte Rückstellungen) anzugeben.

Auf Konzernebene wird eine analoge Angabepflicht der Bilanzierungs- und Bewertungsmethoden in § 313 Abs. 1 Satz 2 Nr. 1 gefordert.

- Methodenabweichungen

Da nach § 252 Abs. 1 Nr. 6 HGB grundsätzlich Stetigkeit der Bewertungsmethoden gefordert wird, sind neben der Angabe der angewandten Methoden Abweichungen gegenüber den im Vorjahr angewandten Methoden im Anhang anzugeben und – wegen ihres Ausnahmecharakters – auch zu begründen (§ 284 Abs. 2 Nr. 3 HGB). Angesprochen sind hier neben den nur für Kapitalgesellschaften geltenden Bewertungsvorschriften und Bewertungswahlrechten insbesondere auch die allgemeinen Bewertungsgrundsätze des § 252 Abs. 1 HGB.

Ansatzwahlrechte unterliegen zwar nicht dem Stetigkeitsgebot, Abweichungen bei ihrer Nutzung im Vergleich zur Vorperiode müssen jedoch wegen ihrer expliziten Erwähnung im Gesetzestext ebenfalls angegeben werden.

Gemäß § 284 Abs. 2 Nr. 3 2. Halbsatz HGB ist über die Angabe und Begründung abweichender Bewertungs- und Bilanzierungsmethoden hinaus »deren Einfluss auf die Vermögens-, Finanz- und Ertragslage ... gesondert darzustellen«. Zielsetzung dieser Vorschrift ist es, sowohl den zeitlichen (unternehmensbezogenen) Vergleich gegenüber dem Vorjahr als auch die zwischenbetriebliche Vergleichbarkeit der Jahresabschlüsse von Kapitalgesellschaften zu gewährleisten (vgl. z. B. Schülen, W. [1987], S. 228).

Eine Regelung über die Art der Berichterstattung ist, wenn man von den Anforderungen der »Angabe, Begründung und Darstellung« absieht, vom Gesetzgeber nicht getroffen worden. Um die Auswirkungen auf die Vermögens-, Finanz- und Ertragslage erkennbar zu machen, erscheinen u. E. zahlenmäßige Angaben notwendig; dies wird tendenziell auch von der Literatur empfohlen (vgl. ADS [1995], § 284 Tz. 106).

Die vom Gesetzgeber geforderte »Begründung« einer Abweichung zielt darauf ab, durch sachfremde und willkürliche Erwägungen verursachte Abweichungen in der Darstellung gleicher wirtschaftlicher Sachverhalte zu unterbinden. Diese Vorgabe ist vor allem auch im Zusammenhang mit dem Gebot der Bewertungsstetigkeit gemäß § 252 Abs. 1 Nr. 6 HGB zu sehen (vgl. 1. Kapitel D I 3a); allerdings bezieht sich die Angabe- und Begründungspflicht nicht nur auf die Bewertungsmethoden, sondern auch auf die Bilanzierungsmethoden.

Gleiches gilt auch im Rahmen des Konzernabschlusses, wobei hier zusätzlich die Abweichung von Konsolidierungsmethoden anzugeben und zu begründen ist (§ 313 Abs. 1 Satz 2 Nr. 3 HGB).

- Währungsumrechnung

Bei Valutaforderungen ist dementsprechend anzugeben, ob sie mit dem Geldkurs am Tage ihrer Begründung bewertet sind (und somit bei gestiegenem Wert der Fremdwährung stille Reserven enthalten können) oder ob sie zum niedrigeren Kurs am Bilanzstichtag umgerechnet wurden. Auch die für zulässig erachtete generelle Umrechnung zum Bilanzstichtagskurs bei kurzfristigen Forderungen ist anzugeben.

Bei Valutaverbindlichkeiten ist anzugeben, ob diese generell mit dem Briefkurs am Tag der Begründung der Verbindlichkeit (Möglichkeit stiller Reserven bei gesunkenem Wert der Fremdwährung) bzw. dem am Bilanzstichtag geltenden höheren Kurs bewertet sind oder ob die auch hier zulässig erscheinende Umrechnung kurzfristiger Verbindlichkeiten generell zum Bilanzstichtagskurs durchgeführt wurde.

- Sonstige finanzielle Verpflichtungen

Mittelgroße und große Kapitalgesellschaften müssen im Anhang den Gesamtbetrag der sonstigen finanziellen Verpflichtungen, die nicht in der Bilanz erscheinen und auch nicht nach § 251 HGB anzugeben sind, ausweisen, sofern dies für die Beurteilung der Finanzlage von Bedeutung ist. Verpflichtungen gegenüber verbundenen Unternehmen sind dabei gesondert auszuweisen (§ 285 Nr. 3 HGB). Gleiches gilt auch auf Konzernebene, wobei als konzernspezifische Besonderheit die Verpflichtungen gegenüber nichtkonsolidierten Tochterunternehmen jeweils gesondert anzugeben sind (§ 314 Abs. 1 Nr. 2 HGB).

Angabepflichtig ist dabei nur der Gesamtbetrag, sofern dieser wesentlich ist; eine art-, betrags- und restlaufzeitenorientierte Untergliederung des Gesamtbetrages ist dabei nicht vorgeschrieben, aber zulässig (vgl. ADS [1995], § 285 Tz. 30).

Die Literatur klassifiziert die hier zu erfassenden Tatbestände im Wesentlichen wie folgt (vgl. u. a. ADS [1995], § 285 Tz. 43 ff.):

- Verpflichtungen aus abgeschlossenen Verträgen (z. B. aus Investitionsvorhaben, Miet- und Leasingverträgen, Pacht-, Lizenz-, Konzessions-, Versicherungs-, Wartungs-, Werbe- und Kreditverträgen u. ä.); Sachleistungs–verpflichtungen fallen prinzipiell nicht unter diese Angabepflicht.
- Verpflichtungen aus öffentlich-rechtlichen Rechtsverhältnissen (Auflagen). Hierunter fallen z. B. Verpflichtungen aus gesetzlich vorgeschriebenen, künftig durchzuführenden Umweltschutzmaßnahmen.
- Andere Verpflichtungen zu künftigen Aufwendungen, wie z. B. für wirtschaftlich notwendige Großreparaturen.

Deutlich wird anhand der obigen Beispiele, dass der angabepflichtige Gesamtbetrag Dritt- und gleichzeitig Innenverpflichtungen umfasst. Angabepflichtig ist der zu zahlende Betrag, d. h. der Erfüllungsbetrag. Verpflichtungen aus Dauerschuldverhältnissen oder anderen Verträgen, die erst in späteren Perioden fällig werden, können abgezinst werden (vgl. ADS [1995], § 285 Tz. 78; a. A. Beck'scher Bilanzkommentar [1999], § 285 Tz. 30).

- Pensionsrückstellungen

Gemäß Art. 28 Abs. 1 EGHGB nicht bilanzierungspflichtige Pensionsverpflichtungen, d. h. sämtliche mittelbaren Zusagen und diejenigen unmittelbaren Zusagen, die bis zum 31. 12. 1986 rechtsverbindlich erteilt wurden, sind laut Art. 28 Abs. 2 EGHGB ebenfalls im Anhang anzugeben (vgl. 6. Kapitel B II 1a); eine inhaltlich an die Angaben entsprechend § 285 Nr. 3 HGB angegliederte Berichterstattung erscheint sinnvoll.

- Segmentierung der Umsatzerlöse

Im Zuge der Übernahme der 4. und 7. EG-Richtlinie in das deutsche Recht im Jahre 1985 fanden u. a. auch Angabepflichten zu den einzelnen Geschäftssegmenten einer Unternehmung Einzug ins HGB. Gemäß § 285 Nr. 4 HGB haben Kapitalgesellschaften seitdem im prüfungspflichtigen Anhang zum Einzelabschluss die Aufgliederung der Umsatzerlöse nach Tätigkeitsbereichen sowie nach geographisch bestimmten Märkten anzugeben, soweit sich, unter Berücksichtigung der Organisation des Verkaufs von für die gewöhnliche Geschäftstätigkeit der Kapitalgesellschaft typischen Erzeugnissen und Dienstleistungen, die Tätigkeitsbereiche und geographisch bestimmten Märkte untereinander erheblich unterscheiden. Diese Angabe ist nur für große Kapitalgesellschaften zwingend (§ 288 HGB) und kann unter Berufung auf die Schutzklauseln des § 286 Abs. 1 und 2 HGB entfallen. Eine entsprechende Angabepflicht besteht auch für den Konzernanhang (§ 314 Abs. 1 Nr. 3 HGB), wobei unter gewissen Voraussetzungen ebenfalls auf die Aufgliederung verzichtet werden kann (§ 314 Abs. 2 HGB).

Zur Erfüllung der Generalnorm wird diese auf einzelne Geschäftsfelder bezogene Segmentierung der Umsatzerlöse als nötig erachtet, weil einmal durch die zunehmende Diversifikation der Unternehmen der globale, in der GuV ausgewiesene Wert »Umsatzerlöse« wesentlich weniger aussagefähig ist als derselbe Posten bei einem Unternehmen mit homogener Produktpalette und weil andererseits durch die Internationalisierung der Geschäftstätigkeit zusätzliche Risiken und Chancen auf die Unternehmen zukommen, deren Abschätzung für den Jahresabschlussadressaten durch eine solche Aufgliederung zumindest erleichtert wird (vgl. Selchert, F. W. [1986], S. 561; Baumann, K. H. [1987], S. 3).

Als charakteristisches Kriterium bei der Definition bzw. der Abgrenzung der Tätigkeitsbereiche gibt der Gesetzestext die Organisation des Verkaufs vor. Da die wirtschaftlichen Aktivitäten von Unternehmen intern vor allem produkt-/marktbezogen geplant, durchgeführt und kontrolliert werden, erscheint nach herrschender Kommentarmeinung eine Aufgliederung der Umsätze nach gegenseitig abgrenzbaren Marktsegmenten bzw. strategischen Geschäftsfeldern des Unternehmens zweckmäßig. Als Untergliederungsmerkmale können in diesem Zusammenhang unterschiedliche Produkte bzw. Produktgruppen, unterschiedliche Wirtschaftszweige oder Geschäftsbereiche herangezogen werden. Bei der Festlegung der ausgewiesenen Segmente wird grundsätzlich als wichtig erachtet, dass die darin zusammengefassten Tätigkeitsbereiche homogen und im Vergleich zu anderen heterogen sind (vgl. Selchert, F. W. [1986], S. 561 f.; Baumann, K. H. [1987], S. 11 ff.).

Relativ unproblematisch ist die Aufgliederung nach geographisch bestimmten Märkten, die i. d. R. als Absatzmärkte definiert werden. Eine Aufteilung nur in Inlands- und Auslandsumsatz dürfte allerdings den Informationsanforderungen regelmäßig nicht genügen (vgl. ADS [1995], § 285 Tz. 92). Eine kombinierte Anwendung der produkt-/marktbezogenen und geographischen Untergliederungsmerkmale erscheint wünschenswert, aber nicht zwingend (vgl. ADS [1995], § 285 Tz. 96 m. w. N.). Ebenso wird nach h. M. bereits eine prozentuale Angabe der segmentspezifischen Umsatzanteile als ausreichend erachtet (Dörner, D./ Wirth, M. [1995], Tz. 177 m. w. N.). Soweit sich erhebliche Unterschiede nur bezüglich einer Segmentierungsebene ergeben (z. B. unterschiedliche Tätigkeiten auf homogenen Märkten), so beschränkt sich die Segmentierung nur auf diese eine Ebene.

Segmentberichterstattung börsennotierter Unternehmen

Im Zuge der Internationalisierung der Rechnungslegung und der damit einhergehenden Bedeutung der IAS und US-GAAP für deutsche Großunternehmen gewann in den letzten Jahren die in der Rechnungslegungszielsetzung der Informationsvermittlung verwurzelte Segmentberichterstattung als Instrument einer auf einen globalen Adressatenkreis ausgerichteten Publizitätspolitik einen wesentlichen Stellenwert. Zur Erfüllung der internationalen Erwartungen im Hinblick auf die Segmentpublizität reicht allerdings eine bloße Erfüllung der HGB-Anhangsvorschriften nicht aus. Daher wurde die Segmentberichterstattung für börsennotierte Muttergesellschaften mit Einführung des KonTraG als verpflichtender Bestandteil des Konzernanhangs vorgeschrieben. Die Aufstellungsverpflichtung im Anhang gemäß § 297 Abs. 1 Satz 2 HGB trat für nach dem 31. 12. 1998 beginnende Geschäftsjahre in Kraft, wurde jedoch mit der Einführung des TransPuG im Jahr 2002 revidiert. Danach ist die Segmentberichterstattung nicht mehr Teil des Anhangs, sondern ein eigenständiger Bestandteil des Konzernabschlusses. Außerdem wurde mit dem TransPuG der Anwendungsbereich auf alle Mutterunternehmen ausgedehnt, die durch Wertpapiere im Sinne des § 2 Abs. 1 Satz 1 WpHG, die vom Mutterunternehmen selbst oder einem seiner Tochterunternehmen ausgegebenen werden, einen organisierten Markt in Anspruch nehmen. Zusätzlich wurden durch das TransPuG Mutterunternehmen, deren Konzernabschluss eine Segmentberichterstattung gemäß § 297 Abs. 1 HGB enthält, von der Angabepflicht des § 314 Abs. 1 Nr. 3 HGB (Aufgliederung der Umsatzerlöse) befreit. Die Konkretisierung der inhaltlichen Anforderungen eines Segmentberichts wurde vom DSR mit der Verabschiedung des Deutschen Rechnungslegungsstandards Nr. 3 »Segmentberichterstattung« (DRS 3) im Jahr 1999 und dessen Bekanntmachung durch das BMJ im Mai 2000 durchgeführt. Aufgrund des besonderen Stellenwertes dieser Thematik ist die Segmentberichterstattung im 10. Kapitel Abschnitt B ausführlich behandelt.

Kapitalflussrechnung

Zur Verstärkung des Einblicks in die Finanzlage ist, wie schon erwähnt, durch das KonTraG ebenfalls die Verpflichtung börsennotierter Muttergesellschaften zur Veröffentlichung einer Kapitalflussrechnung als Bestandteil des Konzernanhangs verankert worden (§ 297 Abs. 1 Satz 2 HGB). Auch diese wurde im Rahmen der Revidierung des § 297 Abs. 1 Satz 2 HGB durch das TransPuG im Jahr 2002 zu einem eigenständigen Bestandteil des Konzernabschlusses erklärt. Die Gestaltung der Kapitalflussrechnung ist für den HGB-Abschluss durch DRS 2 konkretisiert worden. Im Einzelnen wird auf das 10. Kapitel Abschnitt A verwiesen.

Ergebnisauswirkungen der umgekehrten Maßgeblichkeit

Aufgrund des Maßgeblichkeitsprinzips und der daraus resultierenden umgekehrten Maßgeblichkeit beeinflussen in nicht unerheblichem Umfang steuerliche Vorschriften zumindest den handelsrechtlichen Einzelabschluss. Um diese »Deformierung der Handelsbilanz« auszugleichen, sieht das HGB im Anhang eine detaillierte Berichterstattung über steuerliche Einflüsse vor. Kernpunkt dieser Berichterstattung ist § 285 Nr. 5 HGB, demzufolge im Anhang anzugeben ist: »das Ausmaß, in dem das Jahresergebnis dadurch beeinflusst wurde, dass bei Vermögensgegenständen im Geschäftsjahr oder in früheren Geschäftsjahren Abschreibungen nach §§ 254, 280 Abs. 2 HGB aufgrund steuerrechtlicher Vorschriften vorgenommen oder beibehalten wurden oder ein Sonderposten nach § 273 HGB gebildet wurde; ferner das Ausmaß erheblicher künftiger Belastungen, die sich aus einer solchen Bewertung ergeben«.

Diese Regelung bezieht sich vor allem auf die Möglichkeit, sowohl beim Anlage- wie auch beim Umlaufvermögen außerordentliche Wertberichtigungen vorzunehmen, die nicht handels-, sondern ausschließlich steuerrechtlich bedingt sind, sowie auf der Passivseite auf die Möglichkeit der Bildung von Sonderposten mit Rücklageanteil. Steuervorteile aus der Inanspruchnahme handelsrechtlicher Wertberichtigungen, insbesondere handelsrechtlicher Wahlrechte, sind nicht angabepflichtig, da sie nicht allein aufgrund steuerlicher Bewertungsvorschriften ermöglicht wurden; nicht angegeben zu werden brauchen auch steuerliche Sonderregelungen, die nur bei der steuerlichen Gewinnermittlung, nicht aber in der Handelsbilanz berücksichtigt wurden. Die Ergebnisauswirkung ist dabei netto, d. h. nach Steuern, darzustellen. Positive und negative Effekte werden dabei saldiert und nur der letztlich ergebniswirksame Saldo dargestellt. Die Angabe eines Betrages ist nicht immer zwingend erforderlich (vgl. ADS [1995], § 285 Tz. 102 ff. m. w. N.).

Da die Vorgehensweise bei Berechnung der Ergebnisauswirkungen in allen drei Fällen des § 285 Nr. 5 HGB analog abläuft, wird sie im Folgenden anhand der Auswirkungen eines Bewertungsabschlages nach § 6b EStG beispielhaft dargestellt (zur grundsätzlichen Ermittlung der Steuerwirkung vgl. Heinhold, M. [1996], S. 65 f.).

Ausgangsdaten:	Verkauf eines Gebäudes; Veräußerungsgewinn	€ 1 Mio.
	Kauf eines neuen Gebäudes im selben Jahr	€ 10 Mio.
	Übertragbarkeit des Veräußerungsgewinns gemäß § 6b EStG in Höhe von 100 %	
	Bilanzansatz nach Übertragung € 9 Mio.	
	Nutzungsdauer 25 Jahre	

a) Im Geschäftsjahr des Kaufs des neuen Gebäudes

Fiktive handelsrechtliche Abschreibung	400.000,–
Tatsächliche Abschreibung	1.360.000,–
Ergebnisauswirkung vor Steuern	– 960.000,–
Dadurch ausgelöster Steuereffekt*	+ 383.683,–
Ergebnisauswirkungen nach Steuern	– 576.317,–

* GewESt: 400 % Hebesatz bei 5 % Messzahl ergibt einen nominellen Steuersatz von 20 %. Wegen der Abzugsfähigkeit der Gewerbeertragsteuer vom Gewerbeertrag reduziert sich der Satz auf 0,2 / 1,2 = 16,67 %. Die KSt (s_k= 26,5 %) wird auf das Ergebnis nach Abzug der GewESt berechnet. Unter Berücksichtigung des derzeitigen SolZ (s_{solz} = 5,5 %) ergibt sich folgender Gesamtgrenzsteuersatz:
$s = s_k \times (1 + s_{solz}) + s_{ge} \times (1 - s_k \times [1 + s_{solz}]) = 0{,}265 \times 1{,}055 + 0{,}1667 \times (1 - 0{,}265 \times 1{,}055) = 39{,}97\ \%$

Im Anhang ist zu vermerken, dass das Ergebnis – falls dies der einzige nach § 285 Nr. 5 HGB angabepflichtige Sachverhalt ist – durch die Vornahme von Bewertungsabschlägen um € 576.317,– verringert wurde.

b) In den Folgejahren

Fiktive handelsrechtliche Abschreibung	400.000,–
Tatsächliche Abschreibung	360.000,–
Ergebnisauswirkung vor Steuern	+ 40.000,–
Dadurch ausgelöster Steuereffekt*	– 15.987,–
Ergebnisauswirkungen nach Steuern	+ 24.013,–

* siehe Fußnote zu a)

Im Anhang ist im Fall b) zu vermerken, dass das Ergebnis durch den in früheren Geschäftsjahren vorgenommenen Bewertungsabschlag im laufenden Geschäftsjahr um € 24.013,– erhöht wurde. Wie Beispiel b) jedoch ebenfalls zeigt, fallen ab dem 2. Nutzungsjahr (bis zur vollständigen Abschreibung nach dem 25. Nutzungsjahr) wegen Wegfall der Abschreibungsmöglichkeiten im Vergleich zum handelsrechtlichen Vorgehen um € 15.987,– höhere Steuern an. Ab dem Anschaffungsjahr des Gebäudes ist also darauf hinzuweisen, dass infolge der Ausnutzung der entsprechenden steuerlichen Sondervorschrift vom 2.–25. Nutzungsjahr des Gebäudes auf das Unternehmen eine um jährlich € 15.987,– höhere Steuerbelastung zukommt, als dies bei Vorgehen nach handelsrechtlichen Regelungen der Fall wäre.

Prognosen über solch lange Zeiträume sind naturgemäß sehr problematisch, da vor allem die Ertragssituation des Unternehmens auf so lange Sicht nicht vorhergesehen werden kann. Unter der Annahme von Ceteris-paribus-Bedingungen jedoch sowie dem Kriterium der Erheblichkeit dieser künftigen Belastungen als Voraussetzung für die Angabepflicht ergeben sich hieraus dennoch für den Leser wertvolle Hinweise auf künftige Belastungen.

Angabepflichten nach IAS

Die Angabepflichten nach IAS beschränken sich nicht nur auf die in IAS 1 angegebenen Sachverhalte, sondern erstrecken sich auch auf die in den übrigen IAS enthaltenen Offenlegungsverpflichtungen (*disclosures*). Diese können im Wesentlichen wie folgt zusammengefasst werden:

- Statement of compliance

In dem *statement of compliance* ist die Übereinstimmung des Jahresabschlusses mit den IAS zu bestätigen (IAS 1.94 und 1.11). Diese Angabe ist jedoch nur zulässig, wenn die Konformität der angewandten Rechnungslegungsvorschriften mit den IAS gegeben ist.

- Accounting policies

Die Entscheidung, inwiefern jeweils einzelne Bewertungsmaßstäbe, Bilanzierungs- und Bewertungsmethoden sowie die zugrunde liegenden Geschäftsvorfälle und Ereignisse im Anhang angegeben werden, ist vom Management unter dem Gesichtspunkt der Notwendigkeit für die Beurteilungsrelevanz des Bilanzlesers zu treffen. Als Beispiele für aufzunehmende *accounting policies* werden vom IASC u. a. Methoden der Währungsumrechnung und -sicherung, der Bilanzierung von Unternehmenszusammenschlüssen und der Berücksichtigung langfristiger Fertigungsaufträge genannt (IAS 1.99).

- Explanatory notes

Die *supporting information* bzw. *explanatory notes* beziehen sich auf entsprechende Positionen der einzelnen Jahresabschlussbestandteile. Es handelt sich hierbei um ergänzende Erläuterungen bzw. zusätzliche Aufgliederungen, die zu einem besseren Verständnis des Jahresabschlusses beitragen sollen. Sie können grundsätzlich fakultativ an der entsprechenden Stelle im Jahresabschluss oder in den *notes* erfolgen, sofern nicht explizit gefordert wird, dass die Angabe an der entsprechenden Stelle im Jahresabschluss zu machen ist. Werden solche Informationen in die *notes* verlagert, dann ist der Ausweis strukturiert und mit entsprechenden Querverweisen vorzunehmen (IAS 1.92 f.). Als verpflichtender Bestandteil des Jahresabschlusses ist die Eigenkapitalveränderungsrechnung (*statement of changes in equity*) zwar grundsätzlich als ein separates Abschluss–element auszuweisen (vgl. im Einzelnen 7. Kapitel E II). Es besteht jedoch die Möglichkeit, einen Teil dieses Eigenkapitalspiegels in die *notes* zu verlagern und dort gegebenenfalls zu erläutern (IAS 1.86 ff.).

- Supplementary information / schedules

Neben den *accounting policies* und den *explanatory notes* sind zusätzliche Informationen finanzieller und nicht-finanzieller Art (*other disclosures* bzw. *supplementary information*) sowie ergänzende Aufstellungen (*schedules*), die als entscheidungsrelevant angesehen werden und im Zusammenhang mit dem Jahresabschluss stehen offen zu legen. Die *supplementary information* und *schedules* können auch freiwillige Informationen beinhalten (vgl. F.7).

Angabepflichten nach US-GAAP

Die Anhangsangaben nach US-GAAP sind analog zu den IAS nicht vollumfänglich abgrenzbar. Die Angabepflichten sind zwar den einzelnen Rechnungslegungsvorschriften zu entnehmen, allerdings können zusätzliche Informationen geboten sein. Der Umfang dieser Angaben richtet sich dabei an der *decision usefulness* aus. Demnach sind entsprechend dem *full disclosure principle* sämtliche Informationen, die für den Bilanzleser Beurteilungsrelevanz besitzen, unter Berücksichtigung des Wirtschaftlichkeitsgrundsatzes offen zu legen. Insgesamt können die Angabe- und Erläuterungspflichten wie bei den IAS in die Bereiche *accounting policies*, *explanatory notes* und *supplementary information* eingeteilt werden.

- Accounting policies

Die *summary of accounting policies* enthalten analog zu den IAS Erläuterungen zu den angewandten Bilanzierungs- und Bewertungsmethoden, wie z. B. Konsolidierungsgrundsätze und Abschreibungsmethoden (APB 22.13).

- Explanatory notes

Bei den *explanatory notes* handelt es sich um ergänzende und erklärende Informationen zum Jahresabschluss. Sie beziehen sich auf einzelne Positionen bzw. dienen der Aufgliederung solcher innerhalb der *basic financial statements*. Beispielhaft können erläuternde Informationen zu den Vorräten, Sachanlagen und latenten Steuern genannt werden (vgl. Kieso, D. E./Weygandt, J. J./Warfield, T. D. [2001], S. 1386 f.). Auch die Analyse der Eigenkapitalentwicklung als zwingender Bestandteil des Jahresabschlusses ist, sofern sie nicht in einem gesonderten *statement of stockholders' equity* integriert ist, hierunter zu zeigen und zu erläutern. Grundsätzlich können die ergänzenden Informationen auch bei der entsprechenden Position selbst bzw. in Form einer Fußnote (*footnote*) erfolgen.

- Supplementary information / schedules

Die *supplementary information* sind zusätzliche Angaben, die zwar nicht Bestandteil der *basic financial statements* sind, aber für eine zu testierende *fair presentation* unabdingbar sind. Hierunter fallen z. B. wertbeeinflussende Informationen nach dem Ende des Bilanzstichtages (*subsequent events*), die im Jahresabschluss selbst nicht Eingang finden (vgl. Haller, A. [1994], S. 367). Weiterhin zählen u. a. Transaktionen mit nahestehenden natürlichen und juristischen Personen (*related party transactions*), die Segmentberichterstattung (*segment reporting*) und nichtbilanzierte ungewisse Verpflichtungen (*off-balance commitments and contingencies*) dazu. Grundsätzlich können solche Informationen im Rahmen der *notes* oder in Form von separaten Anlagen oder Aufstellungen (*schedules*) erfolgen. Insbesondere SEC-registrierte Unternehmen sind zur Offenlegung zusätzlicher Erläuterungspflichten in Form von *schedules* verpflichtet (vgl. KPMG [1999a], S. 15 f.).

Eine Auflistung der Angabe und Erläuterungspflichten nach US-GAAP wird in Abschnitt A V dargestellt.

2. Erweiterungen und Einschränkungen des Inhalts

Freiwillige Zusatzangaben

Freiwillige Zusatzangaben im Anhang sind – im Gegensatz zu ursprünglichen Absichten des Gesetzgebers – weder in quantitativer noch formeller Hinsicht bestimmten Restriktionen unterworfen. Eine Grenze setzt hier lediglich eine mögliche Beeinträchtigung der Aussagefähigkeit des Anhangs. Gleiches gilt nach IAS und US-GAAP.

Ausnahmen von der Angabepflicht nach HGB

Die Zusammenstellung der Anhangspflichten zeigt, dass der Gesetzgeber von den betroffenen Unternehmen eine sehr weitgehende Offenlegung ihrer Verhältnisse fordert. Die Kehrseite dieser Publizität ist jedoch, dass hieraus im Einzelfall nicht gewollte negative Konsequenzen für den Staat oder das Unternehmen – und damit alle an ihm Beteiligten – entstehen können. § 286 HGB sieht deshalb in einigen Fällen Ausnahmen von der Angabepflicht vor:

- Schutzklausel im Interesse der Allgemeinheit

§ 286 Abs. 1 HGB schreibt ein Verbot der Berichterstattung insoweit vor, »als es für das Wohl der Bundesrepublik oder eines ihrer Länder erforderlich ist«. Dies ist z. B. dann der Fall, wenn sich Unternehmen bei Verträgen mit der öffentlichen Hand zum Stillschweigen im Interesse der Sicherheit des Staates verpflichtet haben.

- Schutzklausel im Interesse der Gesellschaft

Zum anderen kann das Unternehmen bestimmte abschließend aufgeführte Angaben unterlassen:

- Die Aufgliederung der Umsatzerlöse nach § 285 Nr. 4 HGB kann unterbleiben, soweit die Aufgliederung nach vernünftiger kaufmännischer Beurteilung geeignet ist, der Kapitalgesellschaft oder einem Unternehmen, von dem die Kapitalgesellschaft mindestens den 5. Teil der Anteile besitzt, einen erheblichen Nachteil zuzufügen (§ 286 Abs. 2 HGB).
- Aus demselben Grund – oder wenn es für die Darstellung der Vermögens-, Finanz- und Ertragslage der Kapitalgesellschaft von untergeordneter Bedeutung ist – kann auf die Angabe von Name und Sitz anderer Unternehmen, von

deren Anteilen die Kapitalgesellschaft – oder eine für deren Rechnung handelnde andere Person – mindestens den 5. Teil besitzt, auf die Angabe der Höhe des Anteils am Kapital, das Eigenkapital und das Ergebnis des letzten vorliegenden Jahresabschlusses dieser Unternehmung verzichtet werden. Die Angabe des Eigenkapitals und des Jahresergebnisses kann hierbei immer unterbleiben, wenn das Beteiligungsunternehmen seinen Jahresabschluss nicht offen zu legen hat und die berichtende Kapitalgesellschaft weniger als die Hälfte der Anteile besitzt (§ 286 Abs. 3 HGB).

Entsprechend § 314 Abs. 2 HGB gilt diese Schutzklausel auch auf Konzernebene, wenn damit zu rechnen ist, dass durch die Aufgliederung der Umsatzerlöse einem in den Konzernabschluss einbezogenen Unternehmen ein erheblicher Nachteil entsteht. Wird von dieser Ausnahmeregelung Gebrauch gemacht, ist darauf im Konzernanhang hinzuweisen.

Keine Schutzklausel nach IAS und US-GAAP

Die Möglichkeit der Inanspruchnahme einer dem HGB entsprechenden Schutzklausel ist nach IAS und US-GAAP nicht gegeben. Dies ergibt sich auch implizit aus der Zielsetzung des Jahresabschlusses, den Investoren alle entscheidungsrelevanten Informationen zur Verfügung zu stellen. Insofern ist dem Schutzbedürfnis der Investoren und nicht dem der Unternehmen erste Priorität einzuräumen.

Größenabhängige Angabepflichten nach HGB

Gemäß § 288 HGB werden kleine Kapitalgesellschaften im Sinne des § 267 Abs. 1 HGB von zahlreichen Angabepflichten befreit. Diese brauchen beispielsweise keinen Anlagespiegel auszuweisen und können auf eine Erläuterung von bestimmten Jahresabschlusspositionen verzichten. Daneben dürfen mittelgroße Kapitalgesellschaften im Sinne des § 267 Abs. 2 HGB die Aufgliederung der Umsatzerlöse unterlassen. Diese Erleichterungsvorschrift findet auf Konzernebene allerdings keine Entsprechung.

Keine größenabhängige Angabepflichten nach IAS und US-GAAP

Anders als nach HGB unterliegen die Angabepflichten nach IAS und US-GAAP keinen Größenkriterien. Sie gelten vielmehr für alle rechnungslegenden Unternehmen. Allerdings sehen die Vorschriften der IAS und vor allem auch der US-GAAP für börsennotierte Unternehmen weitreichendere Angabepflichten vor. Gerade in den USA haben Unternehmen, die gegenüber der SEC berichtspflichtig sind, zusätzliche Informationen in den *notes* bzw. den SEC-spezifischen *schedules* offen zu legen. Ausländische Gesellschaften sind davon überwiegend ausgenommen (vgl. KPMG [1999a], S. 182).

Insgesamt gesehen sind die Angabe- und Erläuterungspflichten der US-GAAP und der anglo-amerikanisch geprägten IAS vor dem Hintergrund der kapitalmarktorientierten Informationsfunktion deutlich umfangreicher als nach HGB.

V. Tabellarische Übersicht der Pflichtangaben im Anhang

1. Angabepflichten nach HGB

a) Angabepflichten für alle Kapitalgesellschaften

Aufzunehmender Sachverhalt	Rechtsgrundlage	kleine Kapitalgesellschaften	große und mittelgroße Kapitalges.	vom PublG erfasste Ges.	Genossenschaften	Ausweis fakultativ in
1. Allgemeine Angaben zu Bilanzierung und Bewertung und Währungsumrechnung						
– Angabe der auf die Posten von Bilanz und Gewinn- und Verlustrechnung angewandten Bilanzierungs- und Bewertungsmethoden	§ 284 Abs. 2 Nr. 1	x	x	x	x	–
– Angabe von Begründung, falls von Bilanzierungs- und Bewertungsmethoden abgewichen wurde; gesonderte Darstellung des Einflusses auf die Vermögens-, Finanz- und Ertragslage	§ 284 Abs. 2 Nr. 3	x	x	x	x	–
– Angabe, falls Fremdkapitalzinsen in die Herstellungskosten einbezogen wurden	§ 284 Abs. 2 Nr. 5	x	x	x	x	–
– Angabe und Begründung bei Unterbrechung der Darstellungsstetigkeit	§ 265 Abs. 1 Satz 2	x	x	x	x	–
– Angabe und Begründung, falls aufgrund unterschiedlicher Geschäftszweige verschiedene Gliederungsvorschriften zu beachten sind	§ 265 Abs. 4 Satz 2	x	x	x	x	–
2. Informationen zum Jahresabschluss						
2.1 Informationen zur Bilanz						
– Angabe, wenn ein Vermögensgegenstand unter mehrere Posten fällt	§ 265 Abs. 3 Satz 1	x	x	x	x	Bilanz
– Gesonderter Ausweis in der Bilanz zur Erreichung größerer Klarheit zusammengefasster Posten	§ 265 Abs. 7 Nr. 2	x	x	x	x	–
– Angabe und Erläuterung, wenn in der Bilanz Vorjahresbeträge mit den aktuellen Beträgen nicht vergleichbar sind bzw. wenn der Vorjahresbetrag angepasst wurde;	§ 265 Abs. 2 Satz 2 bzw. 3	x	x	x	x	–
– Erläuterung von Beträgen größeren Umfanges unter den »Sonstigen Vermögensgegenständen«, wenn diese erst nach dem Abschlussstichtag rechtlich entstehen	§ 268 Abs. 4 Satz 2	–	x	x	x	–
– Erläuterung des als Bilanzierungshilfe aufgenommenen Postens »Aufwendung für die Ingangsetzung und Erweiterung des Geschäftsbetriebes«	§ 269 Satz 1	x	x	x	x	–
– Darstellung der Entwicklung der einzelnen Posten des Anlagevermögens (Anlagespiegel) und des Postens »Aufwendungen für die Ingangsetzung und Erweiterung des Geschäftsbetriebes«; wird der JA in Euro aufgestellt, sind auch die Vorjahreszahlen in Euro anzugeben	§ 268 Abs. 2 Satz 1 Art. 42 Abs. 2 Satz 3 EGHGB	–	x	x	x	Bilanz
– Gesonderte Angabe bestimmter Positionen, falls mittelgroße Kapitalgesellschaften von der Erleichterung des § 327 Abs. 1 Satz 1 HGB Gebrauch machen	§ 327 Abs. 1 Satz 2	–	nur für mittelgroße Kapitalges.	–	–	Bilanz
– Angabe der Abschreibungen des Geschäftsjahres auf die Posten des Anlagevermögens und des Postens »Aufwendungen für die Ingangsetzung und Erweiterung des Geschäftsbetriebes« in entsprechender Gliederung	§ 268 Abs. 2 Satz 3	x	x	x	x	Bilanz

Aufzunehmender Sachverhalt	Rechtsgrundlage	kleine Kapitalgesellschaften	große und mittelgroße Kapitalges.	vom PublG erfasste Ges.	Genossenschaften	Ausweis fakultativ in
– Angabe eines nach § 250 Abs. 3 in den aktiven Rechnungsabgrenzungsposten aufgenommenen Unterschiedsbetrags (Damnum, Disagio)	§ 268 Abs. 6	–	x	x	x	Bilanz
– Erläuterung eines als Bilanzierungshilfe gesondert ausgewiesenen aktiven Abgrenzungspostens für latente Steuern	§ 274 Abs. 2 Satz 2	x	x	x	x	–
– Angabe und hinreichende Begründung des Betrages der im Geschäftsjahr aus steuerlichen Gründen unterlassenen Zuschreibungen	§ 280 Abs. 3	x	x	–	–	–
– Angabe und hinreichende Begründung des Betrages der im Geschäftsjahr allein nach steuerrechtlichen Vorschriften vorgenommenen Abschreibungen, getrennt nach Anlage- und Umlaufvermögen	§ 281 Abs. 2 Satz 1	x	x	x	–	Bilanz, GuV
– Ausweis des Differenzbetrages zum Börsen- oder Marktwert, wenn dieser erheblich von dem mittels Durchschnittsbewertung oder Abgangsfiktion (z. B. Lifo, Fifo) ermittelten Wert abweicht	§ 284 Abs. 2 Nr. 4	–	x	x	x	–
– Angabe der Gründe für die planmäßige Abschreibung des Geschäfts- oder Firmenwertes, falls diese nicht linear zu mindestens einem Viertel erfolgt	§ 285 Nr. 13	x	x	x	x	–
– Erläuterung von Beträgen größeren Umfangs unter den »Verbindlichkeiten«, wenn diese erst nach dem Abschlussstichtag rechtlich entstehen	§ 268 Abs. 5 Satz 3	–	x	x	x	–
– Gesonderte Angabe eines Gewinn- oder Verlustvortrages bei Bilanzerstellung nach teilweiser Ergebnisverwendung	§ 268 Abs. 1 Satz 2	x	x	x	x	Bilanz
– Gesonderte Angabe der Rückstellungen für latente Steuern	§ 274 Abs. 1 Satz 1	x	x	x	x	Bilanz
– Angabe der Vorschriften, nach denen Sonderposten mit Rücklageanteil gebildet wurden	§ 273 Satz 2; § 281 Abs. 1 Satz 2	x	x	x	x	Bilanz
– Erläuterung von Rückstellungen, die unter den »Sonstigen Rückstellungen« nicht gesondert ausgewiesen wurden, wenn sie einen nicht unerheblichen Umfang haben	§ 285 Nr. 12	–	x	x	x	–
– Angabe des Gesamtbetrages der bilanzierten Verbindlichkeiten mit einer Restlaufzeit von mehr als 5 Jahren	§ 285 Nr. 1a	x	x	x	x	–
– Angabe des Gesamtbetrags der bilanzierten Verbindlichkeiten, die durch Pfandrechte oder ähnliche Rechte gesichert sind, unter Angabe von Art und Form der Sicherheit	§ 285 Nr. 1b	x	x	x	x	–
– Aufgliederung der in § 285 Nr. 1a und 1b (s.o.) geforderten Angaben für jeden Posten der Verbindlichkeit	§ 285 Nr. 2	–	x	x	x	Bilanz
– Angabe der Fehlbeträge von nach Art. 28 Abs. 1 EGHGB nicht passivierten Rückstellungen für laufende Pensionen, Anwartschaften auf Pensionen oder ähnliche Verpflichtungen in einem Betrag	Art. 28 Abs. 2 EGHGB	x	x	x	x	Bilanz
– Angabe des gezeichneten Kapitals in Euro	Art. 42 Abs. 3 Satz 3 EGHGB	x	x	x	x	Bilanz
2.2 Erläuterungen zur GuV						
– Gesonderter Ausweis von Posten, die in der GuV zur Verbesserung der Klarheit der Darstellung nur zusammengefasst ausgewiesen wurden	§ 265 Abs. 7 Nr. 2	x	x	x	x	–
– Angabe der außerplanmäßigen Abschreibungen beim Anlagevermögen (§ 253 Abs. 2 Satz 3) und beim Umlaufvermögen zur Vorwegnahme künftiger Wertschwankungen (§ 253 Abs. 3 Satz 3)	§ 277 Abs. 3 Satz 1	x	x	x	–	GuV

Aufzunehmender Sachverhalt	Rechtsgrundlage	kleine Kapitalgesellschaften	große und mittelgroße Kapitalges.	vom PublG erfasste Ges.	Genossenschaften	Ausweis fakultativ in
– Erläuterungen der ausgewiesenen außerordentlichen Aufwendungen und Erträge hinsichtlich Betrag und Art, soweit sie nicht für die Beurteilung der Ertragslage von untergeordneter Bedeutung sind	§ 277 Abs. 4 Satz 2	–	x	x	x	–
– Erläuterungen der aperiodischen Erträge und Aufwendungen hinsichtlich Betrag und Art, soweit sie nicht für die Beurteilung der Ertragslage von untergeordneter Bedeutung sind	§ 277 Abs. 4 Satz 3	–	x	x	x	–
– Angabe über das Ausmaß der Ergebnisbeeinflussung durch die Inanspruchnahme steuerlicher Sondervorschriften (Sonderabschreibungen nach § 254, Bildung eines Sonderpostens mit Rücklageanteil nach § 273), auch soweit früher getroffene Maßnahmen sich im Geschäftsjahr noch auswirken; außerdem Angaben über das Ausmaß erheblicher künftiger Belastungen, die aus diesen Maßnahmen resultieren	§ 285 Nr. 5	–	x	x	–	–
– Angabe der Erträge aus der Auflösung des Sonderpostens mit Rücklageanteil und der Aufwendungen aus der Einstellung in den Sonderposten mit Rücklageanteil	§ 281 Abs. 2 Satz 2	x	x	x	x	GuV
– Angabe, in welchem Umfang die Ertragsteuern auf das ordentliche und außerordentliche Ergebnis entfallen	§ 285 Nr. 6	–	x	–	–	–
– Angaben bei Anwendung des Umsatzkostenverfahrens:						
• Materialaufwand des Geschäftsjahres, gegliedert nach § 275 Abs. 2 Nr. 5	§ 285 Nr. 8a	–	x	x	x	–
• der Personalaufwand des Geschäftsjahres, gegliedert nach § 275 Abs. 2 Nr. 6	§ 285 Nr. 8b	x	x	x	x	–
– Aufgliederung der Umsatzerlöse nach Tätigkeitsbereichen sowie geographisch bestimmten Märkten, soweit sich, unter Berücksichtigung der Organisation des Verkaufs von für die gewöhnliche Geschäftstätigkeit der Kapitalgesellschaft typischen Erzeugnissen und der für die gewöhnliche Geschäftstätigkeit der Kapitalgesellschaft typischen Dienstleistungen, die Tätigkeitsbereiche und geographisch bestimmten Märkte untereinander erheblich unterscheiden	§ 285 Nr. 4	–	Angabepflicht nur für große Kapitalgesellschaft; bei drohendem Nachteil kann Angabe unterbleiben	x	Pflicht bei Erreichen der Größenmerkmale	–
2.3 Zusätzliche Angaben zur Erreichung der Generalnorm						
– Zusätzliche Angaben, wenn der Jahresabschluss trotz Beachtung der GoB ein den tatsächlichen Verhältnissen entsprechendes Bild der Vermögens-, Finanz- und Ertragslage nicht vermittelt	§ 264 Abs. 2 Satz 2	x	x	x	x	–
3. Sonstige Angaben						
3.1 Haftungsverhältnisse und sonstige finanzielle Verpflichtungen						
– Gesonderte Angabe von Verbindlichkeiten • aus der Begebung und Übertragung von Wechseln • aus Bürgschaften • aus Wechsel- und Scheckbürgschaften • aus Gewährleistungsverträgen Haftungsverhältnissen • aus der Bestellung von Sicherheiten für fremde Verbindlichkeiten jeweils unter Angabe gewährter Pfandrechte oder sonstiger Sicherheiten	§ 268 Abs. 7	x	x	x	x	gesondert unter der Bilanz

Aufzunehmender Sachverhalt	Rechtsgrundlage	kleine Kapitalgesellschaften	große und mittelgroße Kapitalges.	vom PublG erfasste Ges.	Genossenschaften	Ausweis fakultativ in
– Angabe des Gesamtbetrages der sonstigen finanziellen Verpflichtungen, die nicht in der Bilanz erscheinen und auch nicht nach § 251 (s.o.) anzugeben sind, sofern diese Angaben für die Beurteilung der Finanzlage von Bedeutung sind	§ 285 Nr. 3	–	x	x	x	–
3.2 Beziehungen zu verbundenen Unternehmen						
– Gesonderte Angabe der in § 251 (s.o.) bezeichneten Haftungsverhältnisse gegenüber verbund. Unternehmen	§ 268 Abs. 7	x	x	x	x	gesondert unter der Bilanz
– Angabe des Gesamtbetrages der sonstigen finanziellen Verpflichtungen, die nicht in der Bilanz erscheinen und nicht nach § 251 anzugeben sind, sofern diese Angabe für die Beurteilung der Finanzlage von Bedeutung ist	§ 285 Nr. 3	–	x	x	x	–
– Name und Sitz derjenigen Mutterunternehmen, die den Konzernabschluss mit dem jeweils größten bzw. kleinsten Konsolidierungskreis aufstellen	§ 285 Nr. 14	x	x	x	x	–
3.3 Organe, Organkredite und Aufwendungen für Organe						
– Angabe aller Mitglieder des Geschäftsführungsorgans und eines Aufsichtsrats. auch wenn sie im Geschäftsjahr oder später ausgeschieden sind, mit dem Familiennamen und mindestens einem ausgeschriebenen Vornamen, einschließlich des ausgeübten Berufs und bei börsennotierten Gesellschaften auch der Mitgliedschaften in Aufsichtsräten und anderen Kontrollgremien i. S. d. § 125 Abs. 1 Satz 3 AktG. Der Vorsitzende eines Aufsichtsrats, seine Stellvertreter und ein etwaiger Vorsitzende des Geschäftsführungsorgans sind als solche zu bezeichnen	§ 285 Nr. 10	x	x	x	x	–
– Angabe der Gesamtbezüge (inkl. Bezugsrechte) jeweils des • Geschäftsführungsorgans • Aufsichtsrats • Beirats oder • einer ähnlichen Einrichtung Hierzu gehören auch nicht ausbezahlte, sondern in andere Ansprüche umgewandelte oder zur Erhöhung anderer Ansprüche verwendete Bezüge	§ 285 Nr. 9a	–	x	x	–	–
– Angabe der Gesamtbezüge der früheren Mitglieder der oben bezeichneten Organe und ihrer Hinterbliebenen. Außerdem Angabe der für diesen Personenkreis gebildeten sowie der nicht gebildeten Pensionsrückstellungen	§ 285 Nr. 9b	–	x	x	–	–
– Angabe der Vorschüsse und Kredite an die Mitglieder der oben bezeichneten Organe, der wesentlichen Bedingungen, der gegebenenfalls im Geschäftsjahr zurückgezahlten Beträge sowie der zu Gunsten dieses Personenkreises eingegangenen Haftungsverhältnisse	§ 285 Nr. 9c	x	x	x	–	–
3.4 Angabe der – nach Gruppen getrennten – durchschnittlichen Zahl der während des Geschäftsjahres beschäftigten Arbeitnehmer	§ 285 Nr. 7	–	x	x	x	–
3.5 Angabe von Name, Sitz, Beteiligungsquote, Eigenkapital und letztem Jahresergebnis von Unternehmen, an denen die Kapitalgesellschaft oder eine für deren Rechnung handelnde Person mindestens den fünften Teil der Anteile besitzt; von börsennotierten Kapitalgesellschaften sind zusätzlich alle Beteiligungen an großen Kapitalgesellschaften anzugeben, die fünf vom Hundert der Stimmrechte überschreiten	§ 285 Nr. 11	x	x	x	x	gesonderte Darstellung (s.u. § 287)

Aufzunehmender Sachverhalt	Rechtsgrundlage	kleine Kapitalgesellschaften	große und mittelgroße Kapitalges.	vom PublG erfasste Ges.	Genossenschaften	Ausweis fakultativ in
– Diese Angabe kann unter den Bedingungen des § 286 Abs. 3 unterbleiben; die Anwendung dieser Ausnahmeregelung zu Schutzzwecken ist dann jedoch nach § 286 Abs. 3 Satz 3 im Anhang anzugeben						
– Diese Angabe des Eigenkapitals und des Jahresergebnisses kann unterbleiben, wenn das Unternehmen, über das zu berichten ist, seinen Jahresabschluss nicht offen zu legen hat und die berichtende Kapitalgesellschaft weniger als die Hälfte der Anteile besitzt	§ 286 Abs. 3 Satz 2					
– Die in § 285 Nr. 11 geforderten Angaben können auch gesondert in einer Aufstellung des Anteilsbesitzers gemacht werden, die dann Bestandteil des Anhangs ist. In den Anhang ist diesbezüglich ein Hinweis aufzunehmen	§ 287	x	x	x	x	–

b) *Rechtsformspezifische Angabepflichten*

Aufzunehmender Sachverhalt	Rechtsgrundlage	Ausweis fakultativ in
I. Aktiengesellschaften, KGaA		
– Angabe des nach § 58 Abs. 2a AktG in den Posten »andere Rücklagen« eingestellten Eigenkapitalanteils von Wertaufholungen	§ 58 Abs. 2a Satz 2 AktG	Bilanz
– Gesonderte Angabe des während des Geschäftsjahres in die »Kapitalrücklage« eingestellten oder aus ihr entnommenen Betrages	§ 152 Abs. 2 AktG	Bilanz
– Gesonderte Angabe zu den einzelnen Posten der Gewinnrücklagen • bezüglich der von der Hauptversammlung aus dem Bilanzgewinn des Vorjahres eingestellten Beträge • bezüglich der aus dem Jahresüberschuss des Geschäftsjahres eingestellten Beträge • bezüglich der für das Geschäftsjahr entnommenen Beträge	§ 152 Abs. 3 AktG	Bilanz
– Darstellung der Entwicklung vom »Jahresüberschuss/Jahresfehlbetrag« zum »Bilanzgewinn/ Bilanzverlust«	§ 158 Abs. 1 AktG	GuV
– Zusätzliche Vorschriften zum Anhang:	§ 160 Abs. 1 AktG	
• Angaben über Bestand und Zugang an Aktien, die ein Aktionär für Rechnung der Aktiengesellschaft oder eines von ihr abhängigen oder in Mehrheitsbesitz stehenden Unternehmens oder ein solches Unternehmen selbst übernommen hat; auch über die Verwertung solcher Aktien unter Angabe des Erlöses und seiner Verwendung ist zu berichten	Nr. 1	–
• Angaben über den Bestand an eigenen Aktien, die von der Kapitalgesellschaft selbst, von einem von ihr abhängigen oder in Mehrheitsbesitz stehenden Unternehmen oder für Rechnung der Aktiengesellschaft oder eines solchen Unternehmens von einem anderen erworben werden. Anzugeben sind: Zahl und Nennbetrag, Anteil am Grundkapital, Zeitpunkt und Gründe des Erwerbs. Dieselben Angaben sind zu machen bei Erwerb oder Veräußerung solcher Aktien im Geschäftsjahr, weiter über den Erwerbs- bzw. Veräußerungspreis und die Verwendung des Erlöses	Nr. 2	–
• Angaben über Zahl und Nennbetrag jeder Aktiengattung; hierbei gesonderte Angabe der im Geschäftsjahr durch bedingte Kapitalerhöhung oder genehmigtes Kapital gezeichneten Aktien	Nr. 3	Bilanz
• Angabe des genehmigten Kapitals	Nr. 4	–
• Angabe zur Zahl der Wandelschuldverschreibungen und vergleichbarer Wertpapiere unter Angabe der durch sie verbrieften Rechte	Nr. 5	–
• Angaben über Genußrechte, Rechte aus Besserungsscheinen und ähnliche Rechte	Nr. 6	–
• Angaben über das Bestehen einer wechselseitigen Beteiligung unter Angabe des Unternehmens	Nr. 7	–
• Angaben über eine Beteiligung an der Gesellschaft, die ihr nach § 20 Abs. 1 oder 4 mitgeteilt wurde	Nr. 8	–
– Erläuterung der Verwendung von bei Kapitalherabsetzung gewonnenen Beträgen	§ 240 Satz 3 AktG	–

Aufzunehmender Sachverhalt	Rechtsgrundlage	Ausweis fakultativ in
– Angabe von Gründen und Beifügung einer Sonderrechnung, falls eine bei einer Sonderprüfung festgestellte Unterbewertung nicht mehr zu einer entsprechenden Korrektur der Bilanzansätze führt	§ 261 Abs. 1 Satz 3 und 4 AktG	–
II. GmbH		
– Angabe des Betrags der Rücklagen, die aufgrund von Wertaufholungen und steuerlichen Rücklagen in Gewinnrücklagen eingestellt wurden	§ 29 Abs. 4 Satz 2 GmbHG	Bilanz
– Angabe der Ausleihungen, Forderungen und Verbindlichkeiten gegenüber Gesellschaftern	§ 42 Abs. 3 GmbHG	Bilanz
III. Eingetragene Genossenschaften		
– Angaben über die Zahl der im Laufe des Geschäftsjahres eingetretenen oder ausgeschiedenen sowie die Zahl der am Schluss des Geschäftsjahres der Genossenschaft angehörenden Genossen Angaben des Gesamtbetrages, um den sich Geschäftsguthaben und Haftsummen der Genossen vermehrt oder vermindert haben sowie der zum Ende des Geschäftsjahres bestehenden Haftsumme	§ 338 Abs. 1 HGB	–
– Angabe von Name und Anschrift des für die Genossenschaft zuständigen Prüfungsverbands	§ 338 Abs. 2 Nr. 1 HGB	–
– Angabe aller Mitglieder des Vorstandes und Aufsichtsrates, auch wenn sie im Geschäftsjahr ausgeschieden sind, mit Familien- und mindestens einem ausgeschriebenen Vornamen; ein etwaiger Vorsitzender des Aufsichtsrates ist als solcher zu bezeichnen	§ 338 Abs. 2 Nr. 2 HGB	–
– Anstelle der Angaben nach § 285 Nr. 9 HGB Angabe der Forderungen der Genossenschaft gegen Mitglieder des Vorstandes oder Aufsichtsrats. Die Beträge für jedes Organ können in einer Summe ausgewiesen werden	§ 338 Abs. 3 HGB	–

c) *Angabepflichten im Konzernanhang*

	Aufzunehmender Sachverhalt	Rechtsgrundlage	Bemerkung
I.	**Angabepflicht bei Inanspruchnahme der Befreiungswirkung**		
1.	**Angabe des TU, das von der Anwendung der §§ 264 ff. befreit ist**	§ 264 Abs. 3 Nr. 4	
2. a) b)	**Angabepflichten des zu befreienden Unternehmens bei Inanspruchnahme der befreienden Wirkung von EU/EWR-Konzernabschlüssen** Name und Sitz des Mutterunternehmens Hinweis auf die Befreiungsmöglichkeit	§ 291 Abs. 2 Nr. 3 a,b	
II.	**Angabepflicht und Begründung, wenn ein TU nach § 295 Abs. 1 nicht einbezogen wurde**		
1. a) b) c)	**Angabepflichten bezüglich aller in den Konzernabschluss einbezogenen Unternehmen** Name und Sitz Anteil am Kapital, der dem MU und einbezogenen TU gehört oder für deren Rechnung gehalten wird Zur Einbeziehung verpflichtender Sachverhalt, sofern dieser nicht aufgrund einer der Kapitalbeteiligung entsprechenden Stimmrechtsmehrheit erfolgt	§ 313 Abs. 2 Nr. 1 (*)(**)	Diese Angabepflicht gilt auch für solche TU, die nach den §§ 295, 296 nicht einbezogen wurden (§ 313 Abs. 2 Nr. 1 Satz 2)
2.	**Angabepflicht und Begründung, wenn ein TU nach § 295 Abs. 1 nicht einbezogen wurde**	§ 295 Abs. 3 Satz 1	Zu begründen ist, warum der Einbezug mit der Generalnorm nicht zu vereinbaren ist
3.	**Begründung, wenn ein TU nach § 296 Abs. 1 und 2 nicht einbezogen wurde**	§ 296 Abs. 3	Zu begründen ist, inwieweit die Kriterien der Abs. 1 und 2 von § 296 erfüllt sind
4.	**Angaben, die einen sinnvollen Vergleich mit vorhergehenden Konzernabschlüssen ermöglichen, wenn sich der Konsolidierungskreis wesentlich geändert hat**	§ 294 Abs. 2 Satz 1	Kann auch durch Anpassung der entsprechenden Beträge des vorhergehenden Abschlusses erfolgen (§ 294 Abs. 2 Satz 2)
5. a) b)	**Angabepflichten zu assoziierten Unternehmen** Name und Sitz Anteil am Kapital des assoz. Unternehmens, der dem MU und den einbezogenen TU gehört oder für deren Rechnung gehalten wird	§ 313 Abs. 2 Nr. 2 (*)(**)	
6. a) b) c)	**Angabepflichten zu quotenkonsolidierten Unternehmen** Name und Sitz Tatbestand, der die Quotenkonsolidierung ermöglicht Anteil am Kapital dieses Unternehmens, der dem MU und einbezogenen TU gehört oder für deren Rechnung getragen wird	§ 313 Abs. 2 Nr. 3 (*)(**)	

	Aufzunehmender Sachverhalt	Rechts-grundlage	Bemerkung
7. a) b) c) d)	**Angabepflichten zu Unternehmen, an denen das MU, ein TU oder für deren Rechnung ein Dritter mindestens 20 % der Anteile hält** Name und Sitz Anteil am Kapital Höhe des Eigenkapitals Letztes Abschlussergebnis	§ 313 Abs. 2 Nr. 4 (*)(**)	Keine Angabepflicht bei untergeordneter Bedeutung des Beteiligungsunternehmens. Verpflichtung erstreckt sich nicht auf die Unternehmen nach § 313 Abs. 2 Nr. 1–3. Keine Angabepflicht, wenn Beteiligungsunternehmen nicht offenlegungspflichtig ist und MU, TU oder Dritter unter 50 % der Anteile halten
III.	**Erläuterungs- und Angabepflichten zu Bilanzierung, Bewertung und Gliederung**		
1.	**Angabe eines aktivierten Disagios**	§ 298 Abs. 1 i. V. m. § 268 Abs. 6	Kann auch in Konzernbilanz erfolgen
2.	**Erläuterungen der aktivierten »Aufwendungen für die Ingangsetzung und Erweiterung des Geschäftsbetriebs«**	§ 298 Abs. 1 i. V. m. § 269 S. 1	
3.	**Angabe der Rechtsgrundlagen, nach denen Sonderposten mit Rücklageanteil gebildet wurden**	§ 298 Abs. 1 i. V. m. § 273 Satz 2, § 281 Abs. 1 Satz 2	Vermerk auch in Konzernbilanz möglich
4.	**Angabe und hinreichende Begründung des Betrages der im Geschäftsjahr allein nach steuerrechtlichen Vorschriften vorgenommenen Abschreibungen, getrennt nach Anlage- und Umlaufvermögen**	§281 Abs. 2 Satz 1	Vermerk auch in Konzernbilanz möglich
5.	**Angabe und Begründung, wenn die konzerneinheitliche Bewertung in Ausübung eines Wahlrechtes von den auf den Jahresabschluss der MU angewandten Methoden abweicht**	§ 308 Abs. 1 Satz 3	
6.	**Hinweis, wenn auf Sondervorschriften für Kreditinstitute und Versicherungen beruhende Wertansätze beibehalten wurden**	§ 308 Abs. 2 Satz 2 2. Halbsatz	
7.	**Angabe und Begründung, wenn in Ausnahmefällen neben dem Kriterium der untergeordneten Bedeutung keine Umbewertung auf eine einheitliche Bewertung hin stattfand**	§ 308 Abs. 2 Satz 4 2. Halbsatz	
8.	**Angabe der auf die Posten der Konzernbilanz und Konzern-GuV angewandten Bilanzierungs- und Bewertungsmethoden**	§ 313 Abs. 1 Satz 2 Nr. 1	
9.	**Angabe und Begründung bei Abweichung von Bilanzierungs- und Bewertungsmethoden; gesonderte Darstellung des Einflusses hieraus auf die Vermögens-, Finanz- und Ertragslage des Konzerns**	§ 313 Abs. 1 Satz 2 Nr. 3	
10.	**Angabe und Begründung, wenn die Darstellungsstetigkeit der Gliederung unterbrochen wird**	§ 298 Abs. 1 i. V. m. § 265 Abs. 1 Satz 2	
11.	**Angabe und Erläuterung, wenn Vorjahreszahlen der Gliederung nicht vergleichbar sind**	§ 298 Abs. 1 i. V. m. § 265 Abs. 2 Satz 2	
12.	**Angabe und Erläuterung, wenn Vorjahreszahlen angepasst werden**	§ 298 Abs. 1 i. V. m. § 265 Abs. 2 Satz 3	
13.	**Angabe, falls Mitzugehörigkeit zu anderen Gliederungsposten**	§ 298 Abs. 1 i. V. m. § 265 Abs. 3 Satz 1	Vermerk kann auch in Konzernbilanz erfolgen
14.	**Begründung, wenn Gliederung wegen Betreibens mehrerer Geschäftszweige ergänzt wurde**	§ 298 Abs. 1 i. V. m. § 265 Abs. 4 Satz 2	
15.	**Gesonderter Ausweis von in Konzernbilanz bzw. Konzern-GuV zusammengefassten Positionen**	§ 298 Abs. 1 i. V. m. § 265 Abs. 7 Nr. 2	
16.	**Angabe des Gewinn- oder Verlustvortrages bei Bilanzerstellung nach teilweiser Gewinnverwendung**	§ 298 Abs. 1 i. V. m. § 268 Abs. 1 Satz 2	Vermerk kann auch in Konzernbilanz erfolgen
17.	**Darstellung des Anlagespiegels**	§ 298 Abs. 1 i. V. m. § 268 Abs. 2 Satz 1	Kann auch in Konzernbilanz erfolgen
18.	**Angabe der im Geschäftsjahr vorgenommenen Abschreibungen**	§ 298 Abs. 1 i. V. m. § 268 Abs. 2 Satz 3	Kann auch in Konzernbilanz erfolgen
19.	**Erläuterung großer Beträge in »Sonstigen Vermögensgegenständen«, die erst nach Abschlussstichtag rechtlich entstehen**	§ 298 Abs. 1 i. V. m. § 268 Abs. 4 Satz 2	
20.	**Erläuterung großer Beträge in den Verbindlichkeiten, die erst nach Abschlussstichtag rechtlich entstehen**	§ 298 Abs. 1 i. V. m. § 268 Abs. 5 Satz 3	
21.	**Erläuterung der im befreienden EU/EWR-Konzernabschluss vom deutschen Recht abweichend angewandten Bilanzierungs-, Bewertungs- und Konsolidierungsmethoden**	§ 291 Abs. 2 Nr. 3 c	

	Aufzunehmender Sachverhalt	Rechts-grundlage	Bemerkung
22. a) b)	**Bei nach internationalen anerkannten Rechnungslegungsgrundsätzen aufgestellten Konzernabschlüssen mit befreiender Wirkung** Bezeichnung der angewandten Rechnungslegungsgrundsätze Erläuterung der vom deutschen Recht abweichenden Bilanzierungs-, Bewertungs- und Konsolidierungsmethoden	§ 292a Abs. 2 Nr. 4	
IV.	**Angaben zur GuV**		
1.	**Angabe außerplanmäßiger Abschreibungen nach § 253 Abs. 2 Satz 3 bzw. § 253 Abs. 3 Satz 3**	§ 298 Abs. 1 i. V. m. § 277 Abs. 3 Satz 1	Kann auch als gesonderter Ausweis in GuV erfolgen
2.	**Erläuterung »außerordentlicher Erträge« und »außerordentlicher Aufwendungen« nach Betrag und Art**	§ 298 Abs. 1 i. V. m. § 277 Abs. 4 Satz 2	Nicht erforderlich, wenn für die Beurteilung der Ertragslage von untergeordneter Bedeutung
3.	**Erläuterung von periodenfremden Erträgen nach Art und Betrag**	§ 298 Abs. 1 i. V. m. § 277 Abs. 4 Satz 3	w. o.
4.	**Angabe der Erträge aus der Auflösung von und Einstellung in Sonderposten mit Rücklageanteil**	§ 281 Abs. 2 Satz 2	Auch als gesonderter Ausweis in GuV möglich
5.	**Angabe zur Aufgliederung der Umsatzerlöse**	§ 314 Abs. 1 Nr. 3	Vgl. XI. 3. »Ausnahmeregelungen«
V.	**Erläuterungs- und Angabepflichten zur Konsolidierung**		
1. a) b)	**Stetigkeit** Angabe und Begründung, wenn von Konsolidierungsmethoden, die auf den vorhergehenden Konzernabschluss angewandt wurden, abgewichen wird Angabe des Einflusses der Abweichung auf die Vermögens-, Finanz- und Ertragslage	§ 297 Abs. 3 Satz 4 § 297 Abs. 3 Satz 5	
2. a) b)	**Abschlussstichtag** Angabe und Begründung, wenn der Abschlussstichtag des Konzerns und des MU auseinanderfallen Bei Einbezug eines Unternehmens auf Basis eines vom Konzernabschlussstichtag abweichenden Abschlussstichtages Angabe der dazwischenliegenden Vorgänge, soweit sie für die VFE-Lage des Unternehmens von besonderer Bedeutung sind	§ 299 Abs. 1 2. Halbsatz § 299 Abs. 3	Alternativ Berücksichtigung in Konzernbilanz und Konzern-GuV
3.	**Währungsumrechnung** Angabe der Grundlagen der Währungsumrechnung, soweit Abschlussposten aus einer Fremdwährung in Euro umgerechnet werden mussten	§ 313 Abs. 1 Satz 2 Nr. 2	
4. a) aa) ab) ac) ad) b) ba) bb) bc) c) d) da) db) dc) dd) de) df)	**Kapitalkonsolidierung** Erwerbsmethode Angabe der gewählten Kapitalkonsolidierungsmethode Angabe des als Grundlage der Wertansätze zur Kapitalkonsolidierung gewählten Zeitpunktes Erläuterung eines ausgewiesenen Goodwill und Badwill sowie deren wesentliche Veränderungen gegenüber dem Vorjahr Angabe der verrechneten Beträge, wenn Goodwill und Badwill aufgerechnet werden Interessenzusammenführungsmethode Angabe der Anwendung dieser Methode Angabe der sich aus der Anwendung dieser Methode ergebenden Rücklagenveränderung Name und Sitz des Unternehmens Quotenkonsolidierung Analog den Angaben unter Ziff. V. 1–4, VII. 4a Equity-Konsolidierung Angabe des Unterschiedsbetrages zwischen Beteiligungsbuchwert und ant. EK des assoz. Unternehmens bei erstmaliger Equity-Konsolidierung mit Buchwert-Ausweis Angabe des Unterschieds zwischen dem Buchwert der Beteiligung in der Einzelbilanz und dem auf die Beteiligung entfallenden Teil des EK des assoz. Unternehmens zum Zeitpunkt der erstmaligen Anwendung der Kapitalanteilsmethode Angabe der angewandten Variante der Equity-Methode Angabe der Grundlage der Wertansätze von Beteiligung und Unterschiedsbetrag Angabe, wenn das assoz. Unternehmen nicht an die konzerneinheitliche Bewertung angepasst wird Jeweils Angabe und Begründung, wenn aufgrund untergeordneter Bedeutung des assoz. Unternehmens weder ein gesonderter Bilanzausweis noch eine Equity-Bewertung stattfanden	 § 301 Abs. 1 S. 5 § 301 Abs. 2 S. 2 § 301 Abs. 3 S. 2 § 301 Abs. 3 S. 3 § 302 Abs. 3 § 302 Abs. 3 § 302 Abs. 3 § 310 Abs. 2 § 312 Abs. 1 S. 2 § 312 Abs. 1 S. 3 2. Halbsatz § 312 Abs. 1 S. 4 § 312 Abs. 3 S. 2 § 312 Abs. 5 S. 2 § 313 Abs. 2 Nr. 2 S. 2	 Kann auch als Vermerk in der Konzernbilanz erfolgen Kann auch als gesonderter Ausweis in der Konzernbilanz erfolgen Die Angaben unter da) und db) sind dennoch zu machen

Aufzunehmender Sachverhalt		Rechts-grundlage	Bemerkung
5.	**Zwischenerfolgseliminierung** Angabe, wenn die Zwischenerfolgseliminierung wegen des Kriteriums der untergeordneten Bedeutung unterlassen wurde; Erläuterung des hieraus resultierenden Einflusses auf die VFE-Lage des Konzerns, soweit er wesentlich ist	§ 312 Abs. 5 S. 3 i. V. m. § 304 Abs. 2 S. 2	
VI.	**Latente Steuern**		
1.	**Gesonderte Angaben des Abgrenzungspostens bzw. der Rückstellung für latente Steuern im Konzernabschluss**	§ 306 Satz 2	Alternativ gesonderter Ausweis in der Konzernbilanz
2.	**Erläuterung der aus den Einzelabschlüssen übernommenen aktiven latenten Steuern**	§ 298 Abs. 1 i. V. m. § 274 Abs. 2 Satz 2	
VII.	**Zusätzliche Angaben, falls der Konzernabschluss wegen besonderer Umstände die Generalnorm nicht erfüllt**	§ 297 Abs. 2 Satz 3	
VIII.	**Sonstige Angaben**		
1.	**Angabe des Gesamtbetrages in der Konzernbilanz ausgewiesener Verbindlichkeiten mit einer Restlaufzeit von mehr als 5 Jahren, soweit durch ein einbezogenes Unternehmen in bestimmter Form besichert**	§ 314 Abs. 1 Nr. 1	
2.	**Angabe zu sonstigen finanziellen Verpflichtungen**	§ 314 Abs. 1 Nr. 2	
3.	**Gesonderte Angabe der Haftungsverhältnisse gem. § 251 unter Angabe gewährter Pfandrechte und sonstiger Sicherheiten; gesonderte Angabe, soweit diese Haftung gegenüber verbundenen Unternehmen besteht**	§ 298 Abs. 1 i. V. m. § 268 Abs. 7	Alternativ gesonderter Ausweis in der Konzernbilanz
4.	**Angabe zu Personalbestand und Personalaufwendungen**	§ 314 Abs. 1 Nr. 4	
5.	**Angaben zur Vergütung für die Mitglieder des Geschäftsführungsorgans, eines Aufsichtsrates oder einer ähnlichen Einrichtung**	§ 314 Abs. 1 Nr. 6a, b	
6.	**Angaben zu Vorschüssen und Krediten an Mitglieder des Geschäftsführungsorgans, eines Aufsichtsrates oder einer ähnlichen Einrichtung**	§ 314 Abs. 1 Nr. 6c	
7.	**Angaben zum Bestand an Anteilen an dem MU**	§ 314 Abs. 1 Nr. 7	
IX.	**Ausnahmeregelungen**		
1.	**Die mit (*) gekennzeichneten Angaben müssen nicht gemacht werden, soweit daraus einem der bezeichneten Unternehmen Nachteile entstehen können. Die Anwendung dieser Ausnahmeregelung ist im Anhang anzugeben**	§ 313 Abs. 3 Satz 1 § 313 Abs. 3 Satz 2	
2.	**Die mit (**) gekennzeichneten Angaben können anstatt im Anhang auch in einer gesonderten Aufstellung des Anteilsbesitzes gemacht werden. Auf die gesonderte Aufstellung sowie den Ort ihrer Hinterlegung ist im Anhang hinzuweisen**	§ 313 Abs. 4 Satz 1 § 313 Abs. 4 Satz 3	
3.	**Eine Aufgliederung der Umsatzerlöse ist nicht nötig für Mutterunternehmen, deren Konzernabschluss eine Segmentberichterstattung gemäß § 297 Abs. 1 enthält.**	§ 314 Abs. 2	

(*)(**) vgl. IX. 1. und IX. 2. »Ausnahmeregelungen«

2. Angabepflichten nach IAS

Aufzunehmender Sachverhalt	Normengrundlage	börsennotierte Unternehmen	nicht börsennotierte Unternehmen	Ausweis fakultativ in
Bilanzierungs- und Bewertungsmethoden				
(1) Allgemeine Angaben				
• Aussage zur Übereinstimmung mit den IAS	IAS 1.11	X	X	–
• Anwendung neuer oder geänderter Rechungslegungsvorschriften	IAS 1.19	X	X	–
• Aufstellungsgrundsätze	IAS 1.46, 1.97	X	X	–
• Konsolidierungsgrundsätze und -methoden	IAS 1.99 (b), 27.32 (c), 28.27 (b)	X	X	–
• Unternehmenszusammenschlüsse	IAS 1.99 (c)	X	X	–

Aufzunehmender Sachverhalt	Normengrundlage	börsennotierte Unternehmen	nicht börsennotierte Unternehmen	Ausweis fakultativ in
• Berichtswährung	IAS 21.43	X	X	–
(2) Einzelne Bilanzierungs- und Bewertungsmethoden				
• Ertrags- und Aufwandsrealisierung	IAS 1.99 (a), 18.35 (a)	X	X	–
• Immaterielle Vermögenswerte und Sachanlagen sowie planmäßige und außerplanmäßige Abschreibungen auf diese Vermögenswerte	IAS 1.99 (e), 16.60 ff., 38.107 ff., 41.56 (b),(c), 41.47, 41.54	X	X	–
• Goodwill	IAS 21.45, 22.88, 22.91 (b)	X	X	–
• Leasingverhältnisse	IAS 1.99 (j)	X	X	–
• Finanzanlagen und Wertpapiere des Umlaufvermögens	IAS 1.99 (h), 25.49 (a)	X	X	–
• Joint Ventures	IAS 1.99 (d)	X	X	–
• Langfristige Fertigungsaufträge	IAS 1.99 (g)	X	X	–
• Vorratsbewertung	IAS 1.99 (l), 2.34 (a)	X	X	–
• Bilanzierung von Fremdkapitalzinsen	IAS 1.99 (f), 23.9, 23.29 (a)	X	X	–
• Finanzinstrumente und -investitionen	IAS 1.99 (i), 32.47 (b), 32.52, 32.54, 32.92, 39.167 (a)*, 40.66	X	X	–
• Währungsumrechnung und Kurssicherung	IAS 1.99 (p)	X	X	–
• Flüssige Mittel und Zahlungsmitteläquivalente	IAS 1.99 (r), 7.46	X	X	–
• Rückstellungen	IAS 1.99 (n)	X	X	–
• Zuwendungen an Arbeitnehmer	IAS 1.99 (o), 19.120 (a), 19.147 (b)	X	X	–
• Zuwendungen der öffentlichen Hand	IAS 1.99 (t), 20.39 (a)	X	X	–
• (Latente) Steuerposten	IAS 1.99 (m)	X	X	–
• Forschungs- und Entwicklungskosten	IAS 1.99 (k)	X	X	–
• Grundsätze der Segmentberichterstattung	IAS 1.99 (q)	X	–	–
• Bilanzierungs- und Bewertungsmethoden in Hochinflationsländern	IAS 1.99 (s), 29.39	X	X	–
• Sonstige wesentliche Bilanzierungs- und Bewertungsmethoden	IAS 1.101	X	X	–
• Änderungen der Schätzungsannahmen	IAS 8.30	X	X	–
• Änderungen der Schätzungsannahmen in der letzten Zwischenberichtsperiode	IAS 34.26	X	–	–
• Änderungen der Bilanzierungs- und Bewertungsmethoden	IAS 8.46 ff.	X	X	–
Erläuterungen zum Jahresabschluss				
Bilanz				
(1) Allgemeine Angaben	IAS 1.53 f., 1.72	X	X	Bilanz
(2) Immaterielle Vermögenswerte	IAS 22.88, 22.91, 22.101, 36.117 f., 38.107 f., 38.111, 38.113, 38.121	X	X	Bilanz
(3) Sachanlagen	IAS 1.73 (a), 4.14 ff., 16.60 f., 16.64, 17.23 f., 17.48, 21.42 (c), 23.29, 36.117 f., 40.66 ff., 41.41, 41.48 f., 41.50, 41.56 (a), 41.57	X	X	Bilanz
(4) Finanzanlagen und Wertpapiere des Umlaufvermögens	IAS 25.49, 32.54, 32.77, 39.166 ff.*	X	X	Bilanz
(5) Equity-Beteiligungen und Joint Ventures	IAS 28.27 f., 31.45 ff.	X	X	Bilanz
(6) Vorräte	IAS 1.73(c), 2.34, 2.36, 11.40, 23.29	X	X	Bilanz
(7) Forderungen	IAS 1.72, 1.73 (b), 11.42 (a)	X	X	Bilanz
(8) (Latente) Steuerforderungen	IAS 12.69 ff., 12.74, 12.81 f.	X	X	Bilanz
(9) Liquide Mittel	Siehe note (27)	X	X	Bilanz

Aufzunehmender Sachverhalt	Normengrundlage	börsennotierte Unternehmen	nicht börsennotierte Unternehmen	Ausweis fakultativ in
(10) Kurzfristige Verbindlichkeiten	IAS 1.72	X	X	Bilanz
(11) Rückstellungen	IAS 1.73 (d), 37.84 f., 37.92 f.	X	X	Bilanz
(12) Langfristige verzinsliche Schulden	IAS 1.63, 17.23, 17.27, 17.56, 32.23, 32.47, 32.54, 32.56, 32.60, 32.77, 39.166 ff.*	X	X	Bilanz
(13) Pensionsverpflichtungen	IAS .29 f., 19.120, 19.155	X	X	Bilanz
(14) (Latente) Steuerschulden	IAS 12.69 ff., 12.74, 12.81 f.	X	X	Bilanz
(15) Zuwendungen der öffentlichen Hand	IAS 20.39	X	X	Bilanz
(16) Eigenkapital	Siehe note (26)	X	X	Bilanz
Gewinn- und Verlustrechnung (GuV)				
(17) Umsatzerlöse	IAS 11.39 (a), 18.35 (b), 25.49 (b)	X	X	GuV
(18) Aufgabe von Geschäftsbereichen	IAS 7.40, 12.81 (h), 21.37, 35.27, 35.31 f.	X	X	GuV
(19) Betriebsergebnis (Darstellung der Betriebsaufwendungen nach Gesamtkosten- oder Umsatzkostenverfahren); bei Anwendung des Umsatzkostenverfahrens Angabe der Abschreibungen und der Personalaufwendungen	IAS 1.77, 1.80, 1.82 f., 2.37, 8.16, 17.27, 19.46, 19.120, 19.131, 19.142, 19.147 (c), 20.39, 22.88, 22.91, 35.39, 36.113, 38.107, 38.115, 41.40, 41.55	X	X	GuV
(20) Finanzergebnis (ohne Equity-Beteiligungen)	IAS 18.35 (b), 21.42 (a), 25.49 (b), 40.66 ff.	X	X	GuV
(21) Ergebnisbeiträge aus Equity-Beteiligungen und Joint Ventures	Siehe note (5)	X	X	GuV
(22) (Latente) Steuern	IAS 12.79, 12.81 (c) und (d), 28.28	X	X	GuV
(23) Außerordentliches Ergebnis	IAS 8.11 ff., 12.81 (b), 28.28	X	X	GuV
(24) Ergebnis pro Aktie	IAS 33.49 (a) und (b), 33.51	X	–	GuV
(25) Dividende pro Aktie	IAS 1.85, 10.31	X	–	GuV
(26) Eigenkapitalveränderungsrechnung (EKV)	IAS 1.74, 1.86, 1.89, 8.53, 12.81 (a), 16.39, 16.64, 21.42 (b), 25.49 (g), 36.113 (c) und (d)	X	X	EKV
(27) Kapitalflussrechnung (KFR)	IAS 7.10, 7.16 ff., 7.21 f., 7.29, 7.31, 7.33 ff., 7.39, 7.43, 7.45, 7.48	X	X	KFR
Zusätzliche Angaben				
(1) Allgemeine Angaben				
• Angaben zum berichterstattenden Unternehmen	IAS 1.102 (a)	X	X	–
• Angaben zur Geschäftstätigkeit	IAS 1.102 (b), 41.46	X	X	–
• Angaben zur Muttergesellschaft	IAS .102 (c)	X	X	–
• Anzahl der Mitarbeiter	IAS 1.102 (d)	X	X	–
(2) Haftungsverhältnisse und bilanzunwirksame Finanzinstrumente und finanzielle Informationen	IAS 1.94(d), 16.61(d), 17.27(a), 17.48(b), 19.125, 19.141, 32.47(a), 32.49 ff., 32.56, 32.60, 32.62 ff., 32.77, 32.88, 32.91, 37.86 ff., 38.111(e), 41.49 (b),(c)	X	X	–
(3) Ereignisse nach dem Bilanzstichtag	IAS 10.28, 10.33, 22.96, 35.29	X	X	–
(4) Segmentberichterstattung	IAS 14.3 ff., 14.9, 14.16, 14.21, 14.49 ff., 36.116	X	–	–
(5) Auswirkungen von Preisänderungen	IAS 15.21 ff.	X	X	–
(6) Angaben über Beziehungen zu nahestehenden Unternehmen und Personen	IAS 1.72, 19.47, 19.124, 19.131, 19.143, 24.3 f., 24.18 ff.	X	X	–
(7) Angaben zur Bilanzierung in Hochinflationsländern	IAS 29.9, 29.39 f.	X	X	Bilanz, GuV, EKV, KFR
(8) Angabe von Zwischenberichtsdaten	IAS 34.26 f.	X	–	–

3. Angabepflichten nach US-GAAP

Aufzunehmender Sachverhalt	Normengrundlage	börsennotierte Unternehmen	nicht börsennotierte Unternehmen	Ausweis fakultativ in
Bilanzierungs- und Bewertungsmethoden				
(1) Allgemeine Angaben				
• Konsolidierungsgrundsätze und -methoden	APB 22.13 / ARB 51.5 / Reg. S-X 3A-03(a), 4-08(a)	X	X	–
• Konsolidierungskreisänderungen	APB 20.35	X	X	–
• Währungsumrechnung	APB 22.13 / FAS 52.30 ff., 95.136 / Reg.S-X 3-20(e)	X	X	–
(2) Einzelne Bilanzierungs- und Bewertungsmethoden				
• Anlagevermögen	FAS 144.26(c)	X	X	–
• Abschreibungen des Anlagevermögens	APB 22.13	X	X	–
• Vorratsbewertung	APB 22.13	X	X	–
• Gewinnrealisierung bei langfristiger Fertigung	APB 22.13	X	X	–
• Realisierung von Erträgen bei Franchising- und Leasinggeschäften	APB 22.13	X	X	–
• Bilanzierung derivativer Finanzinstrumente	FAS 133.44 f. / Reg. S-X 4-08(n)	X	X	–
• Bilanzierung von Aktienoptionsplänen für Mitarbeiter	FAS 123.45 ff.	X	X	–
• Ertrags- und Aufwandsrealisierung	APB 22.12	X	X	–
• Forschungs- und Entwicklungskosten	APB 22.13	X	X	–
• Sonstige wesentliche Bilanzierungs- und Bewertungsmethoden	APB 22.8	X	X	–
• Änderungen der Bilanzierungs- und Bewertungsmethoden	APB 20.17, 20.19 ff., 20.24, 20.28, 20.38	X	X	GuV
• Änderungen der Schätzungsannahmen	APB 20.33	X	X	–
• Berichtigung von grundlegenden Fehlern	APB 20.37	X	X	–
Erläuterungen zum Jahresabschluss				
Bilanz				
(1) Allgemeine Angaben	ARB 43 Ch. 3A.4 ff. / APB 16.95 f. / FAS 6.15, 78.5, 79.1 / Reg. S-X 4-08(g), 5-04, 12-04	X	X	Bilanz
(2) Liquide Mittel	ARB 43 Ch. 3A.6 / Reg. S-X 5-0201, FAS 144.20(a),(b), Siehe auch note (48)	X	X	Bilanz
(3) Wertpapiere des Umlaufvermögens	FAS 115.19 ff. / Reg. S-X 5-0202	X	X	Bilanz
(4) Forderungen	Reg. S-X 5-0203	X	–	Bilanz
(5) Forderungen gegen nahe stehende Unternehmen und Personen	FAS 57.2 ff. / Reg. S-X 5-0203(a), 4-08 (k)	X	X	Bilanz
(6) Wertberichtigungen auf Forderungen	Reg. S-X 5-0204	X	–	Bilanz
(7) Sonstige kurzfristige Vermögenswerte	Reg. S-X 5-0205, 5-0208	X	–	Bilanz
(8) Vorräte	ARB 43 Ch. 3A.4, 43 Ch. 3A.9, 43 Ch. 4.6, 43 Ch. 4.14 ff., 45.15 f. / FAS 34.21 / Reg. S-X 5-0206	X	X	Bilanz
(9) Rechnungsabgrenzungsposten	Reg. S-X 5-0207	X	–	Bilanz
(10) Anteile an verbundenen Unternehmen	Reg. S-X 5-0210, 4-08(k), FAS 141.51, 141.53	X	–	Bilanz
(11) Ausleihungen an verbundene Unternehmen	Reg. S-X 5-0211	X	–	Bilanz
(12) Equity-Beteiligungen und Joint Ventures	APB 18.19 f.	X	X	Bilanz
(13) Sonstige Finanzanlagen	FAS 133.44 ff. / Reg. S-X 5-0212	X	X	Bilanz

Aufzunehmender Sachverhalt	Normengrundlage	börsennotierte Unternehmen	nicht börsennotierte Unternehmen	Ausweis fakultativ in
(14) Sachanlagen	APB 12.4 f. / Reg. S-X 5-0213, FAS 143.22(a)–(b), 144.26(a)	X	X	Bilanz
(15) Kumulierte Abschreibungen des Anlagevermögens	APB 12.4 f. / Reg. S-X 5-0214	X	X	Bilanz
(16) Immaterielle Vermögenswerte	APB 12.4 f., 17.30 f. / Reg. S-X 5-0215	X	X	Bilanz
(17) Goodwill	FAS 141.52, 142.44 ff.	X	X	Bilanz
(18) Kumulierte Abschreibungen der immateriellen Vermögenswerte	APB 12.4 ., 17.30 f. / Reg. S-X 5-0216	X	X	Bilanz
(19) Dinglich belastete Vermögenswerte	Reg. S-X 4-08(b)	X	–	Bilanz
(20) Leasinggeschäfte	FAS 13.13, 13.16, 13.23, 13.29, 13.47, 91.25, 98.17 f.	X	X	Bilanz
(21) Sonstige langfristige Vermögenswerte	Reg. S-X 5-0217	X	–	Bilanz
(22) Außerplanmäßige Abschreibungen des Anlagevermögens	FAS 118.6, 121.13 f., 121.18 f.	X	X	Bilanz
(23) Kurzfristige Verbindlichkeiten	Reg. S-X 5-0219	X	–	Bilanz
(24) Sonstige kurzfristige Schulden	Reg. S-X 5-0220	X	–	Bilanz
(25) Langfristige Verbindlichkeiten (inkl. Leasingverbindlichkeiten)	Reg. S-X 5-0222, 4-08(f)	X	–	Bilanz
(26) Verbindlichkeiten gegenüber nahe stehenden Unternehmen und Personen	Reg. S-X 5-0223	X	–	Bilanz
(27) Pensionsverpflichtungen	FAS 132.5 f., 132.8 f.	X	X	Bilanz
(28) Steuerschulden (inkl. latente Steuern)	FAS 109.41 ff.	X	X	Bilanz
(29) Sonstige langfristige Schulden	Reg. S-X 5-0224	X	–	Bilanz
(30) Drohverlustrückstellungen	FAS 5.9, 47.9 / Reg. S-X 5-0225	X	X	Bilanz
(31) Rechnungsabgrenzungsposten	Reg. S-X 5-0226	X	–	Bilanz
(32) Minderheitenanteile	Reg. S-X 5-0227	X	–	Bilanz
(33) Eigenkapital	FAS 123.45 ff., 129.4 f. / Reg. S-K 201 f., Reg. S-X 4-08(d), 4-08(e), 4-08(i), 5-0228 ff. Siehe auch note (47)	X	X	Bilanz
Gewinn- und Verlustrechnung (GuV)				
(34) Umsatzerlöse	FAS 141.55	X	X	GuV
(35) Forschungs- und Entwicklungskosten	FAS 2.13, 68.14	X	X	GuV
(36) Betriebsergebnis nach Forschungs– und Entwicklungskosten	FAS 141.54, 144.25, 144.26(a),(b), 146.20(c)	X	X	GuV
(37) Betriebsfremde Erträge	Reg. S-X 5-0307	X	–	GuV
(38) Betriebsfremde Aufwendungen	Reg. S-X 5-0309	X	–	GuV
(39) Steuern	FAS 109.45 . / Reg. S-X 4-08(h)	X	X	GuV
(40) Beteiligungserträge	Reg. S-X 5-0313	X	–	GuV
(41) Ungewöhnliche oder seltene Ereignisse	APB 30.26	X	X	GuV
(42) Aufgabe von Geschäftsbereichen	APB 30.8 f., 30.18, FAS 143.22, 144.47	X	X	GuV
(43) Ergebnis vor außerordentlichem Ergebnis	FAS 141.55	X	X	GuV
(44) Außerordentliches Ergebnis	APB 30.11, FAS 141.56	X	X	GuV
(45) Periodenergebnis	FAS 141.55	X	X	GuV
(46) Ergebnis pro Aktie	FAS 128.40 f.	X	–	GuV
(47) Eigenkapitalveränderungsrechnung (EKV)	APB 12.9 f. / FAS 52.13, 80.5, 87.37, 115.13, 129.8, 130.25 f. / Reg. S-X 3-04/4-08	X	X	EKV
(48) Kapitalflussrechnung (KFR)	FAS 95.6, 95.25 ff., 102.5 ff., 115.18	X	X	KFR

Aufzunehmender Sachverhalt	Normengrundlage	börsennotierte Unternehmen	nicht börsennotierte Unternehmen	Ausweis fakultativ in
Zusätzliche Angaben				
(1) Allgemeine Angaben				
• Entwicklung der Geschäftstätigkeit	Reg. S-K 101(a), 101(c), 101(d)	X	–	–
• Angaben zu den Geschäftsbereichen	Reg. S-K 101(b), 101(c), 101(d), FAS 143.22, 144.48	X	–	–
• Angaben zu den Produktionsanlagen	Reg. S-K 102	X	–	–
• Angaben zu bestehenden Rechtsstreitigkeiten	Reg. S-K 103	X	–	–
(2) Eventualverbindlichkeiten und bilanzunwirksame Finanzinstrumente und finanzielle Informationen	FAS 5.10 ff., 5.12, 13.16, 13.23, 47.7 f., 98.17 f., 146.20(e)	X	X	–
(3) Ereignisse nach dem Bilanzstichtag	FAS 5.11, 52.32, 141.57 / SAS 1.123 f. / AU 560	X	X	–
(4) Segmentberichterstattung	FAS 131.25 ff., 144.26(d), 146.20(d) / Reg. S-X 3-03(e)	X	–	–
(5) Auswirkungen von Preisänderungen	FAS 89.3 / Reg. S-X 3-20(c)	X	X	–
(6) Angaben über Beziehungen zu nahe stehenden Unternehmen und Personen	FAS 57.2 ff., 109.286(s) / Reg. S-K 404 / Reg. S-X 4-08(k)	X	X	–
(7) Angabe ausgewählter Zahlen der letzten 5 Jahre (5-Jahresvergleich)	Reg. S-K 301	X	–	–
(8) Angabe von Zwischenberichtsdaten	FAS 141.58, 142.60, Reg. S-K 302(a)	X	–	–
(9) Wechsel des Abschlussprüfers bzw. bestehende Unstimmigkeiten mit dem Abschlussprüfer	Reg. S-K 304	X	–	–
(10) Angaben zu quantitativen und qualitativen Marktrisiken	Reg. S-K 305	X	–	–
(11) Angaben zu Personen der Geschäftsführung und des Aufsichtsrates	Reg. S-K 401, 402, 403	X	–	–
(12) Übereinstimmung mit Section 16(a) des Exchange Act	Reg. S-K 405	X	–	–
(13) Ad hoc-Meldungen im letzten Quartal des Geschäftsjahres	Form 10-K Part IV 14(b)	X	–	–
(14) Liste der Angaben mit Index	Reg. S-K 601	X	–	–

4. Angabepflichten nach DRS

Aufzunehmender Sachverhalt	Normengrundlage	börsennotierte Mutterunternehmen	nicht börsennotierte Unternehmen	Ausweis fakultativ in
Bilanzierungs- und Bewertungsmethoden				
(1) Allgemeine Angaben				
• Bezeichnung angewendeter Rechnungslegungsstandards	DRS 1.52 (a)	X*	–	–
• Erläuterung der Bilanzierungsgrundsätze	DRS 13.28	X*	X	–
(2) Einzelne Methoden				
• Abweichungen der Bilanzierungs- und Bewertungsmethoden	DRS 1.52 (b)-(e)	X*	–	–
• Änderung der Bilanzierungsmethoden	DRS 13.28 ff.	X*	X	–
• Korrektur von Fehlern	DRS 13.32	X*	X	–
• Immaterielle Vermögenswerte des Anlagevermögens sowie Abschreibungen auf diese Werte	DRS 12.24 ff..	X*	X	–
• Konsolidierung nicht konsolidierungsfähiger Tochterunternehmen	DRS 1.52 f.	X*	–	–

Aufzunehmender Sachverhalt	Normengrundlage	börsennotierte Mutterunternehmen	nicht börsennotierte Unternehmen	Ausweis fakultativ in
• Bilanzierungs- und Bewertungsmethoden assoziierter Unternehmen	DRS 8.49 (a)	X*	X	–
Erläuterungen zum Jahresabschluss				
Bilanz				
(1) Equity-Beteiligungen	DRS 8.45, 8.47 ff.	X*	X	Bilanz
(2) Immaterielle Vermögenswerte	DRS 12.24 ff.	X*	X	Bilanz
(3) Goodwill	DRS 4.57 f., 8.49 (c), 9.23 .	X*	X	Bilanz
(4) Eigenkapital	Siehe note (13)	X*	–	Bilanz
Gewinn- und Verlustrechnung (GuV)				
(5) Umsatzerlöse	DRS 4.56	X*	X	GuV
(6) Aufwendungen für Forschung und Entwicklung	DRS 12.31	X*	X	GuV
(7) Ergebnisbeiträge aus Equity-Beteiligungen	Siehe note (1)	X*	–	GuV
(8) Ergebnis vor außerordentlichen Posten	DRS 4.56	X*	X	GuV
(9) außerordentliches Ergebnis	DRS 8.45	X*	X	GuV
(10) Latente Steuern	DRS 10.39 ff.	X*	X	GuV
(11) Jahresüberschuss	DRS 4.56, siehe note (13)	X*	–	GuV
(12) Ergebnis pro Aktie	DRS 4.56	X*	X	GuV
(13) Eigenkapitalsveränderungsrechnung (EKV)	DRS 7.6 f., 7.14 ff.	X*	–	EKV
(14) Kapitalflussrechnung (KFR)	DRS 2.51 ff., 2-20.20	X*	–	KFR
Zusätzliche Angaben				
(1) Allgemeine Angaben				
• Angaben zu erworbenen Unternehmen	DRS 4.54 ff.	X*	X	–
• Angaben zu assoziierten Unternehmen	DRS 8.47 ff.	X*	X	–
• Angaben zu Gemeinschaftsunternehmen	DRS 9.21 ff.	X*	X	–
(2) Segmentberichterstattung	DRS 3.25 ff., 3-10.26 ff., 3-20.15 ff.	X*	–	–
(3) Haftungsverhältnisse	DRS 8.49 (b)	X*	X	–
(4) Angaben über Beziehungen zu nahe stehenden Personen	DRS 11.11, 11.12	X*	–	–
(5) Angabe von Zwischenberichtsdaten	DRS 6.13 (d), 6.26 f., 12.24 ff., 13.28 ff.	X**	–	–

* börsennotierte Unternehmen im Sinne eines Emittenten von Eigen- und Fremdkapitalanteilen, die einen organisierten Markt i.S.d. § 2 Abs. 5 WpHG in Anspruch nehmen

** börsennotierte Unternehmen im Sinne des § 40 BörsG (i.d.F. von 2002)

B. Lagebericht

Lagebericht als ergänzendes Informationsinstrument

Neben den Jahresabschluss bzw. Konzernabschluss – bestehend aus Bilanz, GuV und Anhang – tritt als ergänzendes und eigenständiges Informationsinstrument der Lagebericht (§ 264 Abs. 1 HGB) bzw. Konzernlagebericht (§ 290 Abs. 1 HGB). Gemäß der Generalnorm wird allgemein die Vermittlung eines den tatsächlichen Verhältnissen entsprechenden Bildes des Geschäftsverlaufs und der Lage gefordert (§ 289 Abs. 1 bzw. § 315 Abs. 1 HGB). Mit In–Kraft–Treten des

KonTraG am 01.05.1998 hat der Gesetzgeber deutlich zum Ausdruck gebracht, dass er hierunter auch das Eingehen auf die Risiken der künftigen Entwicklung versteht. Eine solche Berichterstattung ist für Geschäftsjahre, die nach dem 31.12.1998 beginnen, zwingend vorzunehmen (Art. 46 Abs. 1 EGHGB). Die im Gegensatz zur Generalnorm des Jahresabschlusses fehlende Einschränkung durch die Grundsätze ordnungsmäßiger Buchführung verleiht dem Lagebericht die Möglichkeit, die wirtschaftliche Lage des Unternehmens bzw. Konzerns – insbesondere durch die Aufnahme prospektiver Angaben – umfassender darzustellen als es der Jahresabschluss vermag (vgl. IDW [1998], S. 319). Im Vordergrund der Lageberichterstattung steht damit die wirtschaftliche Gesamtbeurteilung des Unternehmens bzw. Konzerns. Der Deutsche Standardisierungsrat hat erstmals mit DRS 5 »Risikoberichterstattung« und DRS 12 »Immaterielle Vermögenswerte des Anlagevermögens« explizit Richtlinien für den Konzernlagebericht veröffentlicht.

Management´s Discussion and Analysis

In der internationalen Rechnungslegung stellt die US-amerikanische *Management's discussion and analysis of financial condition and results of operations* (*MD&A*) das Pendant zum Lagebericht dar. Für ausländische Emittenten wurden die *MD&A*-Regelungen 1999 formal durch die Vorschriften der IOSCO, die *Operating and Financial Review and Prospects (OFR)* ersetzt, die jedoch in den wesentlichen Punkten identisch mit den bisherigen *MD&A*-Regelungen für ausländische Emittenten sind. Nach *International Accounting Standards* besteht derzeit noch keine Pflicht zu Aufstellung eines derartigen Berichtsinstruments. Ein entsprechendes Projekt steht jedoch auf der Agenda des IASB.

I. Aufstellungs- und Offenlegungspflicht

Erstellungspflicht nach HGB

Lageberichterstellungspflichtig sind neben den großen und mittelgroßen Kapitalgesellschaften (AG, KGaA und GmbH) vor allem auch die Genossenschaften (§ 336 Abs. 1 HGB) sowie die nach Publizitätsgesetz rechnungslegungspflichtigen Unternehmen, soweit sie nicht in der Rechtsform der Personenhandelsgesellschaft oder des Einzelkaufmanns betrieben werden (§ 5 PublG). Kleine Kapitalgesellschaften sind nach § 264 Abs. 1 Satz 3 HGB von der Pflicht zur Aufstellung eines Lageberichts befreit. Entsprechend dem KapCoRiLiG wird die der Kapitalgesellschaft gleichgestellte GmbH & Co. KG für nach dem 31. 12. 1999 beginnende Geschäftsjahre der Aufstellungspflicht unterliegen, sofern die entsprechenden Größenkriterien des § 267 Abs. 2 bzw. 3 HGB erfüllt sind. Kapitalgesellschaften, die zur Erstellung eines Konzernabschlusses verpflichtet sind, haben auch einen Konzernlagebericht aufzustellen (§ 290 Abs. 1 oder 2 HGB). Allerdings hat das Mutterunternehmen die Möglichkeit, den Lagebericht und den Konzernlagebericht zusammenzufassen (§ 315 Abs. 3 HGB).

Der Lagebericht ist zusammen mit dem Jahresabschluss gemäß § 264 Abs. 1 HGB innerhalb der ersten drei Monate des Geschäftsjahres für das vergangene Geschäftsjahr aufzustellen. Für den Konzernlagebericht verlängert sich die Aufstellungsfrist auf fünf Monate (§ 290 Abs. 1 HGB).

Erstellungspflicht nach IAS und US-GAAP

Die IAS sehen keine Aufstellungspflicht für den Lagebericht vor. Die Unternehmen werden lediglich dazu ermuntert, einen nur wenig konkretisierten *financial review by management* zu erstellen (IAS 1.8). Nach US-GAAP sind börsennotierte Unternehmen dagegen verpflichtet, einen Konzernlagebericht (MD&A) aufzustellen (Regulation S-K, Item 303). Dieser ist anders als in Deutschland eigenständiger Bestandteil innerhalb des prüfungspflichtigen Jahresabschlusses börsennotierter Unternehmen. Eine Aufstellungsfrist ist allerdings nicht geregelt.

Offenlegungspflicht nach HGB

Der Lagebericht unterliegt der Prüfungspflicht (§ 316 Abs. 1 HGB) und ist bei großen Kapitalgesellschaften unmittelbar nach seiner Vorlage an die Gesellschafter, jedoch innerhalb von neun Monaten, zusammen mit dem Jahresabschluss im Bundesanzeiger zu veröffentlichen und anschließend zum Handelsregister einzureichen (§ 325 Abs. 2 HGB). Gleiches gilt für den Konzernlagebericht (§ 316 Abs. 2 und § 325 Abs. 3 HGB). Im Falle der Zusammenfassung von Lagebericht und Konzernlagebericht ist eine gemeinsame Offenlegung geboten.

Mittelgroße Kapitalgesellschaften haben den Lagebericht unter Einhaltung derselben Frist zum Handelsregister einzureichen, brauchen aber lediglich die Hinterlegung im Bundesanzeiger bekanntzugeben (§ 325 Abs. 1 HGB).

Einreichungsfrist bei der SEC

Der Konzernabschluss börsennotierter US-amerikanischer Unternehmen ist zusammen mit dem konsolidierten Lagebericht innerhalb von 90 Tagen bei der SEC einzureichen (Form 10-K A.). Ausländischen Emittenten wird eine Fristverlängerung bis zu 180 Tage eingeräumt (Form 20-F A.).

II. Funktionen des Lageberichts

Aufgaben des Lageberichts nach HGB

Dem Lagebericht wird eine Rechenschafts- und Informationsfunktion zugewiesen (vgl. ADS [1995], § 289 Tz. 17 ff.; Reitinger, W. J. [1994], Tz. 4). Während die Jahresabschlussinformationen an die handelsrechtlichen Rechnungslegungsnormen gebunden und aufgrund des Stichtagsprinzips überwiegend vergangenheitsbezogen sind, löst sich die Lageberichterstattung bei der Informationsvermittlung von diesem strengen Objektivierungsgedanken. Gleiches gilt für den Konzernlagebericht.

- Rechenschaftsfunktion

Im Rahmen der Darstellung der wirtschaftlichen Lage des Unternehmens wird der Unternehmensleitung die Aufgabe zuteil, gegenüber den Adressaten des Jahresabschlusses durch einen umfassenden Überblick über die wirtschaftliche Entwicklung im abgelaufenen Geschäftsjahr und Gesamtlage der Gesellschaft Rechenschaft abzulegen. Dieser Rechenschaftsbericht unterliegt dabei zwangsläufig auch subjektiven Einschätzungen.

- Informationsfunktion

Aufgrund der Zukunftsorientierung der Informationsbedürfnisse der externen (und auch internen) Adressaten, an denen sich die externe Rechnungslegung als Informationsinstrument aufgrund der Generalnorm des § 264 Abs. 2 Satz 1 HGB auszurichten hat (vgl. 1. Kapitel C I), wird dem Lagebericht zudem die Aufgabe zugewiesen, den durch Bilanz, GuV und Anhang vermittelten, aber gleichzeitig auch beschränkten Einblick in die wirtschaftliche Lage eines Unternehmens in sachlicher Hinsicht durch zusätzliche Angaben über das Unternehmen und dessen Umwelt und in zeitlicher Hinsicht durch zukunftsorientierte Informationen zu ergänzen (vgl. Wysocki, K. v. [1990], S. 261). Insofern ist die Informationsfunktion des Lageberichts im Sinne einer Ergänzungsfunktion zum Jahresabschluss zu interpretieren, die letztlich eine Darstellung des Gesamtbildes der Gesellschaft ermöglichen soll (vgl. ADS [1995], § 289 Tz. 12).

Dieser Ergänzungsfunktion kommt auf Konzernebene sogar noch größere Bedeutung zu, da die Beurteilung der gesamten wirtschaftlichen Geschäftsentwicklung global ausgerichteter und diversifizierter Konzerne ohne die zusätzlichen Informationen des Konzernlageberichts nicht zu erreichen ist. (vgl. ADS [1995], § 315 Tz. 12 ff.).

Aufgaben des Lageberichts nach IAS und US-GAAP

In den grundlegenden Funktionen unterscheiden sich die Lageberichte nach IAS und US-GAAP nicht von der handelsrechtlichen Lageberichterstattung. So ist dem internationalen Lagebericht ebenfalls ein Rechenschaftsbericht des Management zum Verlauf des Geschäftsjahres immanent. Mit der MD&A wird allerdings in erster Linie die Absicht verfolgt, den Investoren einen Einblick in die Finanzlage und nachhaltige Ertragskraft aus der Sicht des Management zu ermöglichen (Regulation S-K, Item 303 (a)). Im Rahmen der Konzernberichterstattung findet sowohl nach IAS als auch nach US-amerikanischen Rechnungslegungsvorschriften eine gegenüber dem handelsrechtlichen Lagebericht differenzierte Fokussierung der Informationsvermittlung statt. Im Vordergrund steht hier weniger die Ergänzung als vielmehr die Erklärung jahresabschlussbezogener Daten, die den Investoren das Verständnis der Finanz- und Ertragslage auf Konzernebene erleichtern sollen.

III. Formale Anforderungen an den Lagebericht

Grundsätze der Lageberichterstattung

Hinsichtlich der formalen Gestaltung unterliegt der Lagebericht grundsätzlich keinen Restriktionen. Trotz der bestehenden Freiheit, sind zur Erfüllung der Generalnorm des Lageberichts die allgemeinen Berichterstattungsgrundsätze zu beachten. Die Erfüllung der lageberichtsspezifischen Aufgaben setzt insbesondere eine vollständige, der Wahrheit entsprechende sowie verständliche und klar gegliederte Berichterstattung voraus. Dies muss auch für einen nach internationalen Grundsätzen aufgestellten Lagebericht Anwendung finden. Deshalb sind die nachfolgenden Ausführungen zum handelrechtlichen Lagebericht für die MD&A gleichermaßen zutreffend.

- Vollständigkeit

Der Grundsatz der Vollständigkeit erfordert für den Lagebericht, dass die Unternehmensleitung sämtliche aus ihrer Sicht für die Gesamtbeurteilung der wirtschaftlichen Geschäftsentwicklung und der Risiken der künftigen Entwicklung notwendigen Informationen präsentiert (vgl. IDW [1998], S. 320). Dabei kommt dem Management die Aufgabe zu, eine Selektion der für die Adressaten bedeutungsrelevanten und im Jahresabschluss nicht ersichtlichen Informationen vorzunehmen. Insofern wird der Vollständigkeitgrundsatz durch die Beschränkung auf die wesentlichen Sachverhalte eingegrenzt. Im Falle der untergeordneten Bedeutung ist sogar ein Unterlassen von in § 289 HGB geforderten Berichtselementen nicht zu beanstanden, falls anstelle dessen andere Angaben für die Beurteilung der Unternehmenslage wesentlich sind (vgl. IDW [1998], S. 320).

- Richtigkeit

Entsprechend dem Grundsatz der Richtigkeit sind die im Lagebericht enthaltenen Äußerungen der Geschäftsleitung wahrheitsgetreu darzustellen. Hierbei ist eine differenzierte Betrachtung dieses Grundsatzes notwendig. Die im Lagebericht enthaltenen Informationen beinhalten Tatsachen-, Beurteilungs- und Prognoseangaben, wobei Tatsachen mit der Realität übereinzustimmen haben, Beurteilungen der Überzeugung des Managements entsprechen müssen und prospektive Aussagen dem Plausibilitätspostulat unterliegen (vgl. Reitinger, W. J. [1994], Tz. 12).

- Klarheit

Unter dem Grundsatz der Klarheit wird die übersichtliche, eindeutige und für den Adressaten verständliche Berichterstattung verstanden. Gefordert wird in diesem Zusammenhang auch, dass der Lagebericht als solcher zu kennzeichnen und klar zu gliedern ist sowie wesentliche Sachverhalte hervorgehoben werden. Zudem sind die Ausführungen dergestalt zu präsentieren, dass eine intertemporäre und zwischenbetriebliche Vergleichbarkeit möglich ist. Dies wird insbesondere dadurch erreicht, dass ein im Zeitablauf kontinuierlicher Berichtsaufbau gewählt wird, betriebswirtschaftliche Kennzahlen einheitlich verwendet werden und den Zahlenangaben allgemein die entsprechenden Vergleichszahlen der letzten Periode(n) gegenübergestellt werden (IDW [1998], S. 321).

IV. Inhalt des Lageberichts

Inhalt des Lageberichts nach HGB

Im Lagebericht bzw. Konzernlagebericht ist zumindest der Geschäftsverlauf und die Lage der Gesellschaft bzw. des Konzerns darzustellen (Wirtschaftsbericht); in diesem Zusammenhang sind für Geschäftsjahre, die nach dem 31. 12. 1998 beginnen, auch die Risiken der künftigen Entwicklung zu berücksichtigen (§ 289 Abs. 1 bzw. § 315 Abs. 1 HGB). Neben dieser sehr allgemein gehaltenen »Muss«-Vorschrift »soll« der Lagebericht zusätzliche Einzelangaben enthalten. Es werden konkret Erläuterungen zu Vorgängen von besonderer Bedeutung, die nach dem Bilanzstichtag eingetreten sind (Nachtragsbericht), Beurteilungsangaben zur voraussichtlichen Entwicklung (Prognosebericht), Informationen zur Forschungs- und Entwicklungstätigkeit (Forschungs- und Entwicklungsbericht) und Angaben zu bestehenden Zweigniederlassungen (Zweigniederlassungsbericht) gefordert (§ 289 Abs. 2 Nr. 1-4 HGB). Letztere Angabe findet auf Konzernebene allerdings keine Entsprechung (§ 315 Abs. 2 Nr. 1-3 HGB). Die einzelnen Bestandteile des Lageberichts werden in Abbildung 11.2 übersichtlich dargestellt.

Aus der Formulierung der zusätzlichen Berichtsbereiche als »Soll«-Vorschrift darf nicht geschlossen werden, dass es sich hierbei um ein jeweils unternehmensindividuell frei ausübbares Wahlrecht handelt. Vielmehr ist bei diesen Berichtsbereichen von einer Informationspflicht auszugehen mit der Besonderheit, dass eine derartige Berichterstattung nur dann vorzunehmen ist, wenn die Kapitalgesellschaft auch dazu in objektiver Form in der Lage ist. Hiermit soll insbesondere der besonderen Problematik der Publizität von Prognoseinformationen Rechnung getragen werden: »Die Unternehmen sollten nicht veranlasst werden, Angaben zu machen, deren Grundlagen nicht genügend gesichert erscheinen« (ADS [1995], § 289 Tz. 95). Die Einteilung des handelsrechtlichen Lageberichts bzw. Konzernlageberichts in die einzelnen Berichtsbereiche wird in der Abbildung 11.2 systematisch dargestellt.

- Angaben zum Geschäftsverlauf

Im Rahmen der Darstellung des Geschäftsverlaufes hat das Management einen Überblick über die Unternehmensentwicklung der Periode zu geben und eine Beurteilung dieser Entwicklung vorzunehmen (IDW [1998], S. 322). Hierfür sind eine Reihe von Informationen über die Entwicklung des Unternehmens und seiner Umwelt im abgelaufenen Geschäftsjahr notwendig; eine Untergliederung der Berichtsinhalte in die klassischen funktionalen Unternehmensbereiche Beschaffung, Produktion, Absatz, Investitions- und Finanzierungsbereich sowie Personalbereich bietet sich dabei an (vgl. zu den wünschenswerten Einzelinformationen ADS [1995], § 289 Tz. 66 ff.; IDW [1998], S. 322 f.; Lück, W. [1995], Tz. 35; Stobbe, T. [1988], S. 308).

- Angaben zur Lage

Der Lagebericht hat daneben die wirtschaftliche Lage entsprechend den tatsächlichen Verhältnissen darzustellen. Die hier zu gewährenden Informationen sind naturgemäß vergangenheitsorientiert. Ergänzt werden die Angaben über den vergangenen Geschäftsverlauf durch eine Berichterstattung über künftige Tatbestände, die für die wirtschaftliche Lagebeurteilung relevant sind; hierzu zählen beispielsweise beabsichtigte bedeutende Investitionsvorhaben, schwebende Geschäfte, wesentliche von der Unternehmensleitung erwartete Entwicklungstendenzen bzgl. des Marktwachstums, des (relativen) Marktanteils, der Produktivität, der Rentabilität und weiterer Erfolgsfaktoren. Zu berücksichtigen ist, dass es sich bei diesen Informationen regelmäßig nur um auf bestimmten Prämissen beruhende, publizierte Prognosen bzw. Werturteile handeln kann. Die Erläuterungen zur Vermögens-, Finanz- und Ertragslage sind durch geeignete Kennzahlen zu untermauern.

- Risikobericht

Die Ausführungen zum Geschäftsverlauf und zur Lage der Gesellschaft werden seit der Einführung des KonTraG durch die Verpflichtung, auf die Risiken der künftigen Entwicklung einzugehen, ergänzt. In diesem Zusammenhang wird unter Risiko der mit einer erheblichen Wahrscheinlichkeit zu erwartende künftige Eintritt ungünstiger Entwicklungen verstanden. Die Qualifizierung als Risiko unterliegt dabei dem pflichtgemäßen Ermessen der Unternehmensleitung, die eine Bewertung der Risiken vorzunehmen und wesentliche Risiken darzulegen hat (vgl. Beck'scher Bilanzkommentar [1999], § 289 Tz. 28). Insbesondere im Sinne der Klarheit ist eine Beschränkung der Erläuterungen auf Risiken, die entweder das Kriterium der Bestandsgefährdung erfüllen oder die Vermögens-, Finanz- und Ertragslage erheblich beeinflussen können, sinnvoll (vgl. IDW [1998], S. 324). Im Rahmen der Risikoberichterstattung sind sämtliche Anhaltspunkte, die einen Fortbestand des Unternehmens als unsicher erscheinen lassen, darzustellen; die Bestandsgefährdung muss eindeutig aus den Erläuterungen hervorgehen (vgl. IDW [1998], S. 324 f.). Risiken mit erheblichen potenziellen Einfluss auf die Vermögens-, Finanz- und Ertragslage sind hinsichtlich ihrer Ursachen und Auswirkungen für einen absehbaren Zeitraum von ungefähr zwei Jah-

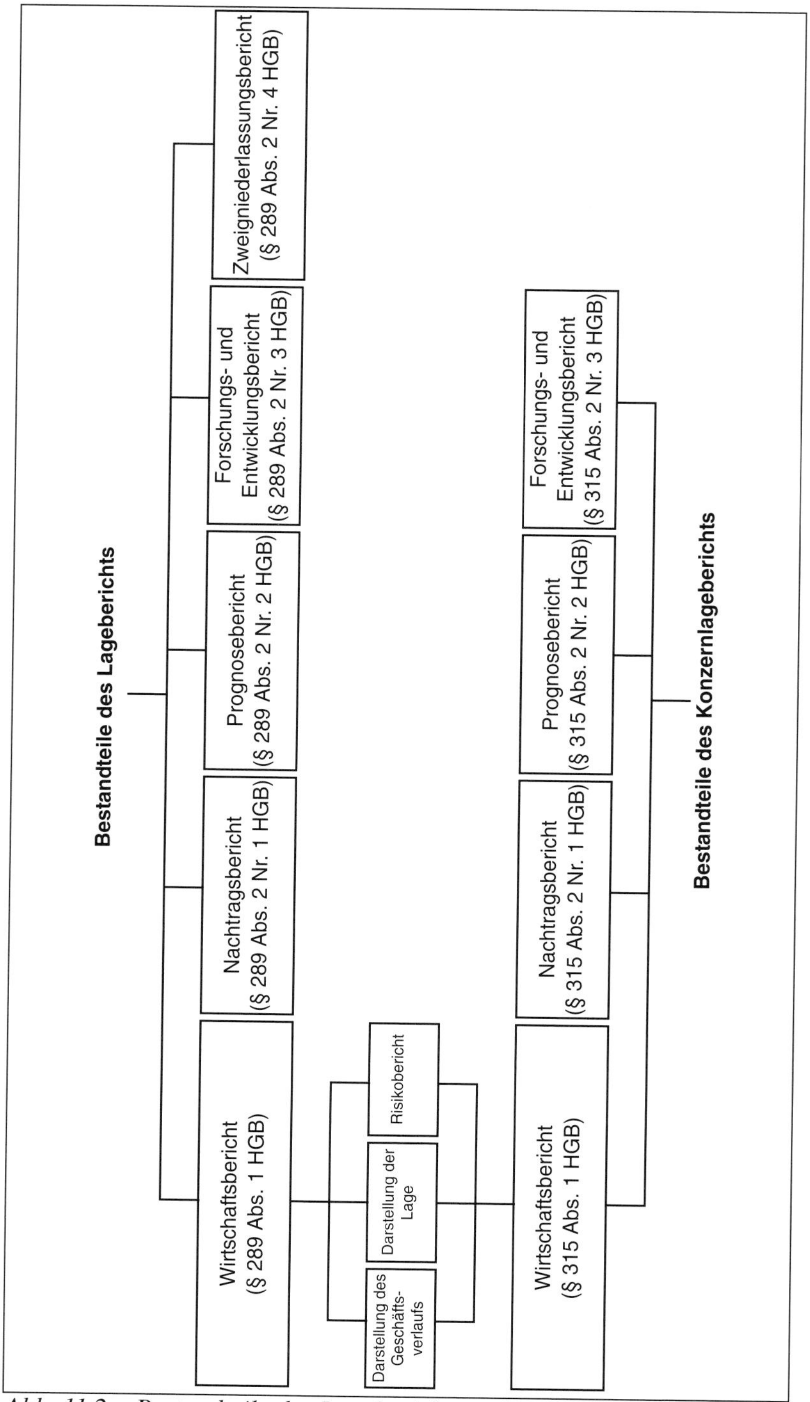

Abb. 11.2: Bestandteile des Lageberichts und Konzernlageberichts

ren eingehend zu analysieren (vgl. IDW [1998], S. 325). Als Beispiele solcher Entwicklungen kommen Negativabweichungen der möglichen von den geplanten Ergebnissen, die auf ungünstigen Preis-, Wechselkurs- und Zinsentwicklungen sowie auf Mengenabweichungen basieren, und sonstige durch betriebliche Funktionsbereiche oder externe Umweltfaktoren beeinflusste Verlustrisiken in Frage (vgl. Beck'scher Bilanzkommentar [1999], § 289, Tz. 28).

- Risikobericht nach DRS 5

Am 3. April 2001 wurde vom DSR der Deutsche Rechnungslegungsstandard Nr. 5 »Risikoberichterstattung« (DRS 5) verabschiedet und am 29. Mai 2001 vom BMJ bekannt gemacht. Dieser Standard gilt nicht nur für Mutterunternehmen, die gemäß § 315 Abs. 1 HGB über Risiken zu berichten haben, sondern auch für die Unternehmen, die gemäß § 292a HGB einen befreienden Konzernabschluss nach internationalen Vorschriten aufstellen (DRS 5.6), da weder nach IAS/IFRS noch nach US-GAAP eine vergleichbare Risikopublizität verlangt wird. Ähnlich dem DRS 3 ist auch dieser Standard um branchenspezifische Regelungen für Banken (DRS 5-10) und Versicherungsgesellschaften (DRS 5-20) erweitert. Der DRS 5 regelt die Berichterstattung über die Risiken der künftigen Konzernentwicklung im Lagebericht (DRS 5.1) und soll dem Adressaten sowohl entscheidungsrelevante als auch verlässliche Daten zur Risikoeinschätzung liefern. Entscheidungsrelevant sind dabei nach DRS 5.11 in erster Linie solche Risiken, die die Gefahr einer deutlichen Verschlechterung der wirtschaftlichen Lage des Konzerns oder Hinweise auf eine mögliche Bestandsgefährdung beinhalten. Den Schwerpunkt der Berichterstattung bilden laut DRS 5.12–14 markt–, branchen– und unternehmensspezifische Risiken, die aus der Konzentration auf einzelne Kunden, Lieferanten, Produkte, Patente oder Länder resultieren. Der DSR folgt bei der Konzeption des DRS 5 dem *management approach*, indem er in DRS 5.16 eine Risikokategorisierung verlangt, die sich an der intern verwendeten Zusammenfassung von Risiken orientiert. Der Risikoeinschätzung ist ein dem jeweiligen Risiko geeigneter Prognosezeitraum zugrunde zu legen (DRS 5.23). Die Risiken sind insoweit zu quantifizieren, wie dies nach anerkannten und verlässlichen Methoden möglich und wirtschaftlich vertretbar ist und den Adressaten dadurch entscheidungsrelevante Daten geliefert werden (DRS 5.20). Risiken sind grundsätzlich vor Bewältigungsmaßnahmen darzustellen. Sofern jedoch eine adäquate Risikokompensation sichergestellt ist, genügen gemäß DRS 5.21 Darstellung und Erläuterung des Restrisikos. Dabei dürfen Risiken jedoch nicht mit Chancen verrechnet werden (DRS 5.26). Zudem ist nach DRS 5.28 das Risikomanagement des Konzerns in angemessenem Umfang zu beschreiben. Formal hat die Risikoberichterstattung in geschlossener, vom Prognosebericht getrennter Darstellung zu erfolgen. Verweise auf Daten des Konzernabschlusses oder andere Teile des Konzernlageberichts sind laut DRS 5.31 zulässig, wenn die Transparenz der Risikoberichterstattung dadurch nicht beeinträchtigt wird. Wesentliche Veränderungen zum Vorjahr sind, falls für die Beurteilung der Risiken erforderlich, zu beschreiben (DRS 5.36). Der DRS 5 gilt erstmals für Geschäftsjahre nach dem 31. Dezember 2000.

- Nachtragsbericht

In den Nachtragsbericht sind Informationen über Tatbestände von besonderer Bedeutung aufzunehmen, die dem Jahresabschlussersteller zwischen Bilanzstichtag und Aufstellungsdatum bekannt geworden sind, wie beispielsweise erhebliche Produktionsausfälle bedingt durch Streiks, Insolvenzen großer Kunden u. ä.

- Prognosebericht

Im Prognosebericht ist auf die voraussichtliche Entwicklung der Kapitalgesellschaft einzugehen. Die hier zu publizierenden Informationen haben Prognosecharakter. Der Detaillierungsgrad dieser prospektiven Informationen ist gesetzlich nicht geregelt. Die Pflicht zu einer Publizierung von umfangreichen Planungsdaten wie z. B. internen Prognoserechnungen, Planbilanzen, Planerfolgsrechnungen und Finanzplänen, die gleichermaßen die Prognosegrundlagen bzw. -prämissen quantifizieren, und darauf aufbauenden Punkt- oder Intervallprognosen wird in der Literatur weitgehend abgelehnt; verbale, die Tendenzen umschreibende Erläuterungen mit einer dem Bericht über den Geschäftsverlauf vergleichbaren Untergliederung werden als ausreichend angesehen (vgl. ADS [1995], § 289 Tz. 104 ff. m. w. N.). Dies deckt sich auch mit der Auffassung, dass die auf den Anhang abstellende Schutzklausel des § 286 HGB, insbesondere des § 286 Abs. 2 HGB, auch auf den Lagebericht übertragbar ist (vgl. Lück, W. [1995], Tz. 55). So verbietet es sich bereits aus Konkurrenzschutzüberlegungen, die Erwartungen bzgl. der Präzision und des Detaillierungsgrades der Prognoseberichterstattung allzu hoch anzusetzen.

Auf Konzernebene empfiehlt der im Juli 2002 vom DSR verabschiedete DRS 12 »Immaterielle Vermögenswerte des Anlagevermögens« im Zusammenhang mit der nach § 315 Abs. 2 Nr. 2 HGB erforderlichen Prognoseberichterstattung, auf die Aufwendungen für nicht aktivierte immaterielle Vermögenswerte einzugehen (DRS 12.32).

- Forschungs- und Entwicklungsbericht

Die Informationspflicht über den Forschungs- und Entwicklungsbereich fußt auf der Überlegung, dass insbesondere Industrieunternehmen in hochtechnologischen Bereichen ohne ausreichende F&E-Anstrengungen langfristig nicht konkurrenzfähig sind (vgl. Kropff, B. [1980], S. 525). Als Berichtsinhalte kommen Informationen über die Bereiche der Grundlagenforschung, der angewandten Forschung und der experimentellen Entwicklung in Frage (vgl. Lück, W. [1995], Tz. 64 ff.). Die Angabe des Forschungs- und Entwicklungsaufwandes wird als wünschenswert erachtet, wohingegen eine detaillierte Aufteilung dieser Aufwendungen auf einzelne Forschungsprojekte bzw. -bereiche (vgl. Dellmann, K. [1982], S. 557 ff. und 587 ff.) nicht gefordert wird (vgl. ADS [1995], § 289 Tz. 117).

- Intellectual Capital-Bericht

Am 08. Juli 2002 wurde vom DSR der Deutsche Rechnungslegungsstandard Nr. 12 (DRS 12) »Immaterielle Vermögenswerte des Anlagevermögens« verabschiedet. Dieser empfiehlt in DRS 12.33 eine Berichterstattung über das im Konzern vorhandene intellektuelle Kapital. Dabei wird eine mögliche Aufteilung des intellektuellen Kapitals in folgende Kategorien skiziert (DRS 12.34):

- Humankapital (*human capital*),
- Kundenbeziehungen (*customer capital*),
- Lieferantenbeziehungen (*supplier capital*),
- Investor– und Kapitalmarktbeziehungen (*investor capital*),
- Organisations– und Verfahrensvorteile (*process capital*),
- Standortfaktoren (*location capital*) und

• Innovationskapital (*innovation capital*).

Der DRS 12 ist erstmals auf Geschäftsjahre nach dem 31. Dezember 2002 anzuwenden (DRS 12.35).

- Freiwillige Lageberichtinformationen

Mit der Formulierung des § 289 Abs. 1 HGB, »zumindest ... so darzustellen, dass ein den tatsächlichen Verhältnissen entsprechendes Bild vermittelt wird«, hat der Gesetzgeber klargestellt, dass der Lageberichtersteller zusätzliche Informationen auf freiwilliger Basis in einem Zusatzbericht mit in den Lagebericht aufnehmen darf (z. B. Wertschöpfungsrechnungen, Umweltberichte u. ä.; vgl. Wysocki, K. v. [1990], S. 263). Vielfach werden die den Sozialbereich betreffenden Angaben in einem so genannten Sozialbericht zusammengefasst. Hier werden soziale Verhältnisse und Leistungen der Gesellschaft erläutert. Üblich sind insbesondere folgende Angaben: Zahl und Zusammensetzung (Arbeiter, Angestellte; Geschlecht; Altersaufbau; Prozentsatz der Gastarbeiter; Fluktuation) der Belegschaft (Zahl und Zusammensetzung allerdings als Pflichtangabe bereits im Anhang enthalten), Veränderungen bei Lohn und Arbeitszeit, Weiterbildungsmaßnahmen, Nachwuchsschulung, Werkswohnungen, Fürsorgemaßnahmen auf dem Gebiet der Gesundheit und des Unfallschutzes usw. Im Rahmen der freiwilligen Zusatzangaben soll hier auch auf die Ausführungen zum *Value Reporting* am Ende dieses Abschnittes verwiesen werden.

Inhalt des Lageberichts nach IAS

Mit Ausnahme der Berichtspflicht zu wesentlichen Ereignissen nach dem Abschlussstichtag (IAS 10.28) besteht nach IAS keine explizite Verpflichtung, die im Lagebericht nach HGB geforderten Angaben zur Verfügung zu stellen. Nach F 7 gehört der Lagebericht auch nicht zu den *financial statement*s und damit nicht zum primären Regelungsbereich der IAS. Allerdings werden Unternehmen dazu ermuntert, die grundlegenden Merkmale und Risiken der Vermögens-, Finanz- und Ertragslage darzustellen. Der *financial review* sollte insbesondere folgende Angaben enthalten (vgl. IAS 1.8):

(a) wesentliche Bestimmungs- und Einflussfaktoren der aktuellen Ertragslage unter Berücksichtigung von Marktveränderungen und die Reaktion des Unternehmens auf die geänderten Gegebenheiten sowie die beabsichtigte Investitions- und Dividendenpolitik zur Sicherstellung und Steigerung der Ertragslage;
(b) Finanzierungsquellen und Einsatz von Risikomanagementinstrumenten;
(c) Stärken und Schwächen des Unternehmens, die nicht oder nicht in vollem Ausmaß in der Bilanz widergespiegelt werden.

Daneben werden Unternehmen dazu aufgefordert, neben dem Jahresabschluss auch zusätzliche Informationen, beispielsweise in Form von Umweltberichten oder Wertschöpfungsrechnungen offen zu legen, wenn sie den Nutzern des Jahresabschlusses Hilfestellung bei zu treffenden Entscheidungen bietet (IAS 1.9). Außerdem werden nach IAS 38 einzelne Angaben gefordert, die bestimmten Angabepflichten im Forschungs– und Entwicklungsbericht nach HGB ähneln. So fordert IAS 38.115 beispielsweise den Ausweis des Gesamtbetrages der als Periodenaufwand verrechneten Forschungs– und Entwicklungsangaben. Zudem wird nach IAS 38.117 (b) eine kurze Beschreibung wichtiger, nicht bilanzierter immaterieller Werte empfohlen.

Inhalt des Lageberichts nach US-GAAP

Einige der Berichtsinhalte des deutschen Lageberichts werden nach US-GAAP bereits innerhalb der *notes* dargestellt, so z. B. die Berichterstattung zu den besonderen Ereignissen nach dem Bilanzstichtag. Die Ausführungen der MD&A beziehen sich auf zentrale Aspekte der Finanz- und Ertragslage. Das Management soll vor allem die Liquidität, Kapitalstruktur sowie das Betriebsergebnis des Konzerns diskutieren (vgl. Regulation S-K, Item 303 (a)). Im Sinne einer größtmöglichen Transparenz für den Adressaten wird dabei sowohl eine Erörterung auf Segment- als auch auf Konzernebene gefordert. Die Angaben unterliegen grundsätzlich einem Vergleichszeitraum von drei Jahren. Trendentwicklungen sind sogar über einen Zeitraum von fünf Jahren darzustellen.

- Liquiditätslage

Im Rahmen der Berichterstattung über die Liquidität wird die Bereitstellung sämtlicher von der Geschäftsleitung für die Liquiditätslage als wesentlich erachteten Informationen, die auch auf die im Jahresabschluss enthaltenen Angaben – insbesondere der Kapitalflussrechnung – Bezug nehmen, verlangt. Aus den Ausführungen soll ersichtlich werden, inwieweit sich in der Berichtsperiode eine Veränderung in der Fähigkeit des Unternehmens, seinen künftigen Zahlungsverpflichtungen nachzukommen, ergeben hat. Folgende Angaben und Erläuterungen werden in diesem Zusammenhang verlangt (vgl. Regulation S-K, Item 303 (a) (1)):

- bekannte Trends, Verpflichtungen, Ereignisse oder Ungewissheiten, die vermutlich zu einer wesentlichen Veränderung der Liquiditätslage führen werden;
- im Falle einer wesentlichen Beeinträchtigung der Liquiditätssituation die bereits eingeleiteten oder beabsichtigten Maßnahmen zur Beseitigung des Liquiditätsmangels;
- unternehmensinterne und -externe Liquiditätsquellen;
- bisher nicht in Anspruch genommene Liquiditätsreserven.

- Kapitalstruktur

Die Erläuterungen zur Kapitalstruktur müssen nicht unbedingt in einem separaten Abschnitt vorgenommen werden, sondern können zusammen mit den Angaben zu den Liquiditätsverhältnissen dargestellt werden. Aufgrund der bestehenden Interdependenzen erscheint eine gemeinsame Erörterung für eine Gesamtbeurteilung der Finanzlage auch sinnvoll. Im Rahmen der Ausführungen zur Kapitalstruktur sind die eingetretenen und zu erwartenden Änderungen in diesem Bereich herauszustellen, um den Adressaten eine Abschätzung des zukünftigen Kapitalbedarfs und der Kapitalausstattung zu ermöglichen. Dies wird insbesondere durch die vorgeschriebenen Angaben deutlich (vgl. Regulation S-K, Item 303 (a) (2)):

- bis zum Geschäftsjahresende eingegangene wesentliche Verpflichtungen, die sich auf die Kapitalausstattung auswirken, deren Ursachen und die hierfür vorgesehenen Finanzierungsquellen;
- bekannte Entwicklungen in der Kapitalversorgung, die beabsichtigt oder unbeabsichtigt sind, die resultierenden Auswirkungen auf das Verhältnis von Eigen- zu Fremdkapital sowie die relativen Kapitalkosten der Eigen- und

Fremdfinanzierung unter Berücksichtigung bilanzunwirksamer Finanzierungsgeschäfte.

Aus den Erläuterungen zur Finanzlage wird deutlich, dass die darzustellenden Informationen nicht nur retrospektiven, sondern grundsätzlich auch prospektiven Charakter besitzen. Hervorgehoben wird die Bedeutung zukünftiger Angaben auch durch die Aufforderung der SEC, im Rahmen der Berichterstattung zur Liquiditätslage und Kapitalstruktur eine Kurzfristbetrachtung, die sich auf das folgende Geschäftsjahr erstreckt, und eine über diesen Zeitraum hinausgehende Langfristbetrachtung vorzunehmen (vgl. Selchert, F. W. [1998], S. 228.).

- Ertragslage

Obwohl die Erläuterungen zur Ertragslage ausdrücklich auf die Diskussion des Betriebsergebnisses beschränkt werden, lassen die konkreten Pflichtangaben auf eine umfassende Darstellung der Ertragslage schließen. Folgende Informationen sind in diesem Zusammenhang bereitzustellen (vgl. Regulation S-K, Item 303 (a) (3)):

- sämtliche ungewöhnliche oder seltene Ereignisse, Transaktionen und spürbare ökonomische Veränderungen, die zu einer wesentlichen Beeinflussung des Ergebnisses der gewöhnlichen Geschäftstätigkeit geführt haben;
- sonstige wesentliche Erträge und Aufwendungen, die nach Ansicht des Unternehmens für das Verständnis des Ergebnisses der gewöhnlichen Geschäftstätigkeit von Bedeutung sind;
- bekannte Entwicklungen oder Unsicherheiten, die zu einem maßgeblichen Einfluss auf die Umsatzerlöse, sonstigen Erträge oder das Ergebnis der gewöhnlichen Geschäftstätigkeit geführt haben oder voraussichtlich führen werden;
- Veränderungen in der Aufwands- und Ertragsstruktur, beispielsweise bedingt durch bereits bekannte künftige Steigerungen der Personal- oder Materialkosten, Einkaufspreise oder Vorratsabwertungen;
- Aufgliederung der Umsatzerlöse in Mengen- und Preiskomponente sowie Darstellung des Einflusses von Produkteinführungen, sofern die Umsatzerlöse erheblichen Schwankungen unterliegen;
- Einfluss der Preis- und Preisniveauänderungen auf die Umsatzerlöse, Erträge und das Ergebnis der gewöhnlichen Geschäftstätigkeit für die letzten drei Geschäftsjahre.

Neben diesen teilweise sehr detaillierten Angabepflichten werden zusätzlich statistische Daten gefordert, wenn dies für das Verständnis der Finanz- und Ertragslage förderlich ist.

Value Reporting

Im Zuge der zunehmenden Kapitalmarktorientierung der Rechnungslegung kommt in der Praxis der wertorientierten Zusatzberichterstattung (sog. *Value Reporting*) eine immer größere Bedeutung zu. Zwar kann das *Value Reporting* auch Bestandteil des nicht prüfungspflichtigen Teils des veröffentlichten Konzern-Geschäftsberichtes, d.h. außerhalb von Konzern-Lagebericht und Konzern-Jahresabschluss einschließlich Konzern-Anhang sein. Jedoch führt die Prüfung der (freiwilligen) Angaben zur wertorientierten Berichterstattung durch den Abschlussprüfer zu einer erhöhten Glaubwürdigkeit der gegebenen Informationen. Der Arbeitskreis Externe Unternehmensrechung der Schmalenbach-Gesellschaft empfiehlt deshalb in seinen Grundsätzen für das *Value Reporting*, die wertorientierte Berichterstattung in den prüfungspflichtigen Lagebericht zu integrieren (vgl. hierzu Arbeitskreis »Externe Unternehmensrechnung« der Schmalenbach-Gesellschaft [2002], S. 2340).

Die wertorientierte Zusatzberichterstattung erfolgt mit dem Ziel, durch die Bereitstellung bewertungsrelevanter Informationen die Unternehmensbewertung durch Unternehmensexterne zu erleichtern. Eine Information ist dann bewertungsrelevant, wenn sie die Bestimmung des fundamentalen (»inneren«) Unternehmenswertes erleichtert bzw. präzisiert. Das *Value Reporting* soll dazu beitragen, Differenzen zwischen dem bilanziellen Eigenkapital, der Börsenkapitalisierung sowie dem »inneren« Wert des Unternehmens zu erklären. Das *Value Reporting* trägt insofern zu einer Verbesserung der Kapitalmarkteffizienz durch eine Verringerung der Informationsasymmetrien zwischen Management und Investoren bei (vgl. ausführlichArbeitskreis »Externe Unternehmensrechnung« der Schmalenbach-Gesellschaft [2002]], S. 2337 ff. sowie Ruhwedel, F./ Schultze, W. [2002], S. 605 ff.).

Business Reporting

Diese Zielsetzung deckt sich mit der des sog. »*Business Reporting*«, das im angloamerikanischen Schrifttum breites Interesse findet. Vor dem Hintergrund der zunehmenden Orientierung der Rechnungslegung an den Informationsbedürfnissen der Investoren wurde vom AICPA eine Studie zu den Erfordernissen einer investororientierten Unternehmenspublizität in Auftrag gegeben. Eine wesentliche Erkenntnis der Studie ist die mangelnde Eignung des *Financial Accounting* als fundierte Grundlage für eine rationale Entscheidungsfindung (vgl. Haskins, M./ Ferris, K./Sack, R./Allen, B. [1997], S. 829 und Noll, D. J./Weygandt, J. J. [1997], S. 59). Deshalb empfiehlt das Committee, dass sich das traditionelle »*Financial Accounting*« zu einem umfassenden »*Business Reporting*« weiterentwickeln solle. Diese Weiterentwicklung vollzieht sich entlang zweier Dimensionen: es werden vermehrt sowohl nicht-finanzielle als auch zukunftsorientierte Informationen präsentiert. Aus den umfangreichen Studien des Jenkins-Committee über den Informationsbedarf der Investoren ging ein fünfstufiges *Business Reporting*-Modell hervor, das durch Rückgriff auf fundamentale Bewertungsmodelle und Befragung verschiedener Interessengruppen entstand. Im Rahmen des vom FASB durchgeführten »*Business Reporting Research Project*« wurde aufgrund der zunehmenden Bedeutung nicht bilanzierter immaterieller Vermögenswerte diesem Modell eine sechste Kategorie entsprechenden Inhalts hinzugefügt (vgl. FASB [2001], S 5).

Abgrenzung Financial Accounting, Value Reporting, Business Reporting

Die Zielsetzungen von *Value Reporting* und *Business Reporting*, die Weiterentwicklung der Rechnungslegung auf eine erhöhte Bewertungsrelevanz der Informationen, decken sich folglich. Anstatt beide als Synonyme zu betrachten, soll im Folgenden der Begriff *Business Reporting* das gesamte weiterentwickelte Rechnungslegungs-System bezeichnen, das sowohl die traditionellen als auch die ergänzenden Bestandteile enthält, um damit der dargestellten Mehrdimensionalität der Weiterentwicklung Rechnung zu tragen. *Value Reporting* ergänzt entsprechend das *Financial Accounting* um bewertungsorientierte Aspekte zu einem umfassenden *Business Reporting*. Das gegenwärtige System des *Financial*

Accounting bildet zusammen mit dem sich entwickelnden *Value Reporting*, das umfassende *Business Reporting* (vgl. Abb. 11.3).

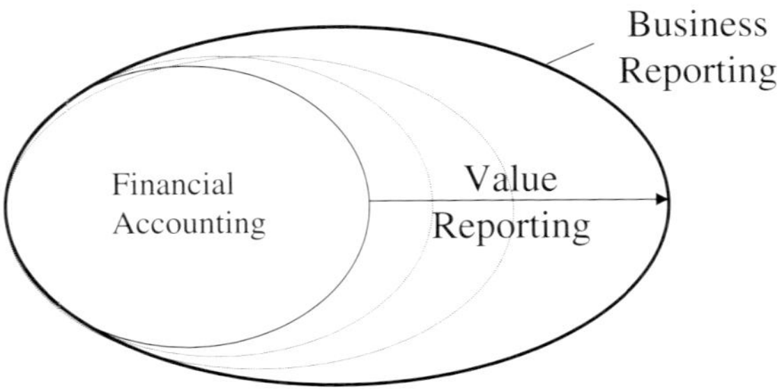

Abb. 11.3: Business vs. Value Reporting, (Quelle: Ruhwedel, F./Schultze, W. [2002], S. 608)

Inhalt des Value Reporting

Das *Value Reporting* soll es ermöglichen, im Rahmen der Analyse von Jahresabschluss und Lagebericht Aussagen über den nachhaltigen Wert des Unternehmens abzuleiten (vgl. auch 15. Kapitel »Strategische Bilanzanalyse«). Zur Bewertung eines Unternehmens gibt es drei Ansätze, die Substanzbewertung, die Marktbewertung und die Zukunftserfolgsbewertung. Dies definiert die drei Hauptbereiche der wertorientierten Informationsvermittlung (vgl. Arbeitskreis »Externe Unternehmensrechnung« der Schmalenbach-Gesellschaft [2002], S. 2338).

Aus Sicht der Investoren erfordert eine wertorientierte Berichterstattung zunächst zukunftsbezogene Informationen. Prognosen bedürfen aber auch des Abgleichs mit den eingetretenen Ist-Daten. Deshalb sind auch vergangenheitsbezogene Informationen im Rahmen des *Value Reporting* relevant. Entlang dieser beiden Dimensionen und der drei Bewertungsmethoden ergeben sich sechs Teilbereiche, die den Inhalt des *Value Reporting* definieren (vgl. Tabelle 11.1). Auf weitergehende Details des *Value Reporting* wird hier nicht eingegangen, sondern auf das Schrifttum verwiesen (vgl.Pellens, B./Hillebrandt, F./Tomaszewski, C. [2000]; Arbeitskreis »Externe Unternehmensrechnung« der Schmalenbach-Gesellschaft [2002]; Fischer, T. M./Wenzel, J./Kühn, C. [2001]; Ruhwedel, F./ Schultze, W. [2002]; vgl. ferner aus Sicht der Analyse 15. Kapitel).

	Substanzbewertung	Kapitalmarkt-bewertung (Multiplikatoren)	Zukunftserfolgsorien-tierte Bewertung („innerer Wert“)
Vergangenheitsbe-zug (Kontolle)	Bilanzdaten (historische AK/HK)	Externe Wertgenerie-rung (erzielte Aktien-rendite im Vergleich	Interne Wertgenerie-rung (Periodenerfolg, Cashflows, EVA etc.)
Zukunftsbezug (Planung)	Marktwertbilanz (Fair Value, Intangibles)	Multiplikatoren	Information zur Ermittlung des inneren Werts

Tab. 11.1: Dimensionen der wertorientierten Berichterstattung

C. Zwischenberichterstattung

Die Berichterstattung von großen Unternehmen gleicht immer häufiger einem fortdauernden Informationsfluss. Dabei ist der Jahresabschluss nur ein – wenn auch sehr wichtiger – Teilbereich im Veröffentlichungsprozess der Unternehmen; insbesondere bei börsennotierten Unternehmen wird er ergänzt durch die Zwischenberichterstattung, die Ad hoc-Publizität und sonstige Pressemitteilungen, die die verschiedenen Adressaten oder *stakeholder* des Unternehmens zusätzlich informieren.

Adressaten der Zwischenberichterstattung

Adressaten der Zwischenberichterstattung sind aktuelle und potenzielle Aktionäre des Emittenten, denen durch unterjährige Informationen über Ergebnis und Geschäftsgang ihres Unternehmens eine laufende und zeitnahe Beurteilung ihres finanziellen Engagements ermöglicht werden soll. Die an einem eher mittelfristigen Anlagehorizont ausgerichteten Informationen des Jahresabschlusses und des Lageberichts sind für diesen Zweck unzulänglich. Aus der Sicht des Investors ist es wichtig, anhand von wesentlichen Informationen bereits frühzeitig Entwicklungstrends der Geschäftstätigkeit und damit verbunden der Kurs- und Dividendenchancen zu erkennen. Der Zwischenbericht ist jedoch nicht etwa speziell auf spekulative Anleger zugeschnitten. Auch Investoren mit mittel- bis langfristigen Anlagezielen haben ein berechtigtes Interesse daran, auch während des Geschäftsjahres in einer Weise informiert zu werden, die sie befähigt, richtige Wertpapierdispositionen zu treffen, und sind daher auf eine kontinuierliche Transparenz angewiesen. Über eine Aktualisierung der Informationen des Jahresabschlusses und Lageberichts hinaus liefert eine geeignete Zwischen–berichterstattung zudem qualitativ neue Informationen über typische Aktivitätsmuster im Verlaufe des Geschäftsjahres und verhilft dem Aktionär damit zu einem verbesserten Verständnis der Geschäftstätigkeit seines Unternehmens.

Funktion der Zwischenberichterstattung

Die Funktion des Zwischenberichts ist somit primär in einer Stärkung des Aktionärsschutzes durch die Gewährleistung regelmäßiger, anlagerelevanter Informationen zwischen den Jahresabschlüssen zu sehen (vgl. hierzu

Alvarez, M./Wotschofsky, S. [2003]; Henes, F. [1995]; Coenenberg, A. G./Henes, F. [1995]; Federspieler, C. [1999]; Coenenberg, A. G./Federspieler, C. [1999a]).

I. Konzepte der unterjährigen Erfolgsermittlung

Unterjährige Erfolgsermittlung

Neben der Frage nach der Frequenz der Zwischenberichterstattung wird die Methodik der unterjährigen Erfolgsermittlung als die zentrale betriebswirtschaftliche Problematik im Rahmen der Erstellung eines Zwischenberichts angesehen (vgl. z. B. Coenenberg, A. G./Bridts, C. [1992], S. 181). Der Ausgangspunkt der unterjährigen Rechnungslegung und insbesondere der entsprechenden Rechnungslegungsprinzipien wurde in den USA gesetzt. Dort wurden die beiden fundamentalen Konzeptionen der integrativen (*integral view*) und der eigenständigen bzw. diskreten (*discrete view*) Erfolgsabgrenzung entwickelt. Durch die Implementierung des integrativen Ansatzes in der für die US-amerikanische Zwischenberichterstattung maßgebenden APB 28 und deren kontroversen Diskussion wurde in der Folgezeit der sog. kombinierte Ansatz (*combination view*) als Verbindung der beiden erstgenannten Ansätze entwickelt. Die unterschiedlichen Methoden tragen jeweils der Stellung des Zwischenberichts zum Jahresabschluss Rechnung.

Auf eine vereinfachte Formel gebracht, lässt sich der Unterschied von integrativem und eigenständigem Ansatz für den Fall der Halbjahresberichterstattung so formulieren: Nach dem integrativen Ansatz entspricht das Zwischenberichtergebnis dem »halben Jahresergebnis«, und nach dem eigenständigen Ansatz dem »Ergebnis des Halbjahres«.

1. Integrativer Ansatz

Integrativer Ansatz, integral view

Der integrative Ansatz sieht die unterjährige Berichtsperiode als einen integralen Bestandteil der Jahresperiode an; er unterstellt, dass der Jahresabschluss im Mittelpunkt des Informationsinteresses der Investoren steht. Daher dient der Zwischenbericht nur als Instrument der Überbrückung zweier aufeinanderfolgender Jahresabschlüsse (vgl. Köster, H. [1992], S. 67). Ihm kommt hauptsächlich die Aufgabe zu, den Anlegern eine möglichst verlässliche Prognose des Jahresergebnisses und der damit verbundenen Dividendenzahlungen zu ermöglichen. Die unterjährig veröffentlichten Erfolgszahlen haben sich deshalb an den erwarteten jährlichen Erfolgsgrößen zu orientieren und sind somit als Teil des Jahreserfolgs zu interpretieren (vgl. Kieso, D. E./Weygandt, J. J./Warfield, T. D. [2001], S. 1397 f.). Die Problematik dieses Ansatzes besteht jedoch in der methodischen Abgrenzung der unterjährigen Erfolgskomponenten.

Die extremste Umsetzung des integrativen Ansatzes sieht eine umfassende Glättung sämtlicher Ertrags- und Aufwandspositionen vor und führt damit zu einem zeitanteiligen Ausweis von Plangrößen (vgl. Bridts, C. [1990], S. 108).

Eine etwas gemäßigtere Umsetzung des Ansatzes sieht differenzierte Glättungen vor, wobei zumindest für die Umsatzerlöse das Realisationsprinzip Anwendung findet. Über integrative Abgrenzungen des Aufwands kann dann das Zwischenergebnis am Zwischenumsatz ausgerichtet werden, sodass bei Kenntnis eines »typischen« Umsatzmusters für den Adressaten das Jahresergebnis leicht zu prognostizieren ist (vgl. Green, D. [1964], S. 38 ff.). Die gängige Form der integrativen Aufwandsabgrenzung stellt damit den Umsatzerlösen die direkt zurechenbaren Aufwendungen gegenüber und schätzt die jährlich anfallenden Aufwendungen und Erträge umsatzanteilig, d. h. im Verhältnis des realisierten Umsatzes der Zwischenperiode zum geplanten Jahresumsatz (vgl. das folgende Beispiel; weitere Verteilungsmethoden bei Bridts, C. [1990], S. 109 ff.).

Auch das bereits angesprochene APB 28 befürwortet, trotz einer grundsätzlichen Präferenz des integrativen Ansatzes dessen gemäßigtere Form, indem es eine dem Realisationsprinzip entsprechende Ermittlung der Umsatzerlöse in par 11 verbindlich vorschreibt.

Kritik am integral view

Naheliegender Kritikpunkt des integrativen Ansatzes ist, dass er eine Beurteilung des Ergebnisses bzw. des Geschäftsverlaufs der Zwischenperiode nicht zulässt. Ein Einblick in die tatsächliche unterjährige Ergebnisentwicklung wird dem Leser des Zwischenberichts nicht gewährt. Darüber hinaus sind die anzuwendenden Abgrenzungsmethoden mit denjenigen des Jahresabschlusses unvereinbar, sodass nur die Hochrechnung des Zwischenergebnisses auf das Jahresergebnis unter Kenntnis der saisonalen Umsatzmuster möglich ist. Eine definitive Beurteilung der unterjährigen Periode und deren Vergleich mit dem vorangegangenen Jahresabschluss muss jedoch unterbleiben (vgl. Baetge, J./Schlösser, J. [1993], S. 229; Bridts, C. [1990], S. 114 ff.). Zusammengefasst ergeben sich für den integrativen Ansatz folgende Vor- und Nachteile:

Vorteile:

- Gewinne variieren in den einzelnen Zwischenperioden weniger als bei der diskreten Sichtweise.
- Die Aufwendungen der einzelnen Zwischenperioden werden den Zwischenumsätzen so gegenübergestellt, dass eine Prognose des Jahreserfolgs möglich ist.

Nachteile:

- Gewinnglättungen führen potenziell zu einer Verschleierung der tatsächlichen Entwicklung während der Zwischenperioden.
- Die Definition der Positionen des Zwischenabschlusses, wie z. B. Vermögensgegenstände, Verbindlichkeiten, Erträge und Aufwendungen, entspricht nicht der Definition dieser Positionen innerhalb des Jahresabschlusses.

2. Eigenständiger Ansatz

Eigenständiger Ansatz, discrete view

Dem integrativen Ansatz gegenüber steht der eigenständige oder diskrete Ansatz der Abgrenzung von unterjährigen Erfolgskomponenten. Die Zwischenperiode wird dabei als eine unabhängige Periode verstanden, zu deren Ende eine Erfolgsermittlung anhand der im Jahresabschluss Verwendung findenden Abgrenzungskriterien erfolgt (vgl. z. B. Busse von Colbe, W./Reinhard, H. (Hrsg.) [1989], S. 3; Kilgert, T./Großmann, P. [1990], S. 192;). Die Hauptaufgabe eines Zwischenberichts nach dem eigenständigen Ansatz besteht demzufolge darin, das Ergebnis und den Geschäftsverlauf der Zwischenperiode als *stand-alone-period* darzustellen (vgl. IASC (Hrsg.) [1996a], S. 19). Die Berichterstattung ist im Gegensatz zum integrativen Ansatz nicht prospektiv, sondern tendenziell retrospektiv. Die alleinige Betrachtung der unterjährigen Ergebniskomponenten kann zu der paradox anmutenden Situation führen, dass einem Verlust in der Zwischenperiode ein Gewinn im Jahresabschluss folgt oder umgekehrt; es kann damit zu größeren Ergebnisschwankungen innerhalb der unterjährigen Perioden kommen. Dadurch besteht die Gefahr einer Missinterpretation des Zwischenergebnisses im Hinblick auf das gesamte Geschäftsjahr. Gleichwohl sind es u. U. insbesondere die unterjährigen Schwankungen, die im Rahmen einer objektiven und vergleichbaren Ergebnisermittlung für den Investor nützlich sind. Bei Kenntnis des Geschäftszyklus eines Unternehmens ermöglicht ein diskret abgegrenztes Zwischenergebnis eine fundierte Beurteilung der Erfolgsaussichten, da beispielsweise auf Basis von Vorjahresberichten eindeutig die Entwicklung des Unternehmens nachvollzogen werden kann (vgl. Bridts, C. [1990], S. 118). Ebenso erleichtert der diskrete Ansatz das Erkennen von Wendepunkten im Geschäftsverlauf oder – bei entsprechenden Angaben – der Liquiditätssituation, die durch integrative Abgrenzungsmaßnahmen verschleiert werden würden (vgl. Federspieler, C. [1997], S. 946). Zusammenfassend ergeben sich für den diskreten Ansatz folgende Vor- und Nachteile:

Vorteile:

- Die Aufwandserfassung verändert sich nicht mit der Länge der Berichtsperiode.
- Die Zwischenberichterstattung kann auf identische Abschätzungs- und Abgrenzungsprinzipien zurückgreifen wie sie im Jahresabschluss zur Anwendung kommen.
- Die Definition der Positionen des Zwischenabschlusses, wie z. B. Vermögensgegenstände, Verbindlichkeiten, Erträge und Aufwendungen, entspricht der Definition dieser Positionen innerhalb des Jahresabschlusses.

Nachteile:

- Mit zunehmender Kürze der Berichtsperiode nimmt auch die Wahrscheinlichkeit zu, dass die Zwischenergebnisse Schwankungen unterliegen, die durch saisonale Einflüsse hervorgerufen wurden.
- Bei strikter Befolgung des diskreten Ansatzes kann die regelmäßige Überbelastung der letzten Teilperiode des Geschäftsjahres mit typischen Jahresendauf-

wendungen wie z. B. Ertragssteuern, Rückstellungen usw. auftreten (vgl. Dahl, G. [1995], S. 83).

3. Kombinierter Ansatz

Kombinierter Ansatz, combination view

Aufbauend auf den einzelnen Kritikpunkten des integrativen bzw. eigenständigen Ansatzes wurde als Kompromisslösung der kombinierte Ansatz (*combination view*) entwickelt. Dieser Ansatz geht zurück auf das *Discussion Memorandum* des FASB aus dem Jahr 1978 (vgl. FASB [1978]). Zielsetzung des kombinierten Ansatzes ist es, mit Hilfe der Zwischenberichterstattung sowohl eine Prognose des Jahresergebnisses zu ermöglichen als auch den Geschäftsverlauf und die Situation der Zwischenperiode objektiv darzustellen. Grundsätzlich erfolgt bei Anwendung dieses Ansatzes die Ertragsabgrenzung gemäß dem Realisationsprinzip und damit nach dem diskreten Ansatz. Die entsprechenden Aufwandskomponenten werden entsprechenden Kategorien zugewiesen und entweder integrativ oder eigenständig erfasst (vgl. FASB [1978], par. 92 ff., 151 ff. und 168).

Beispiel: Integrativer oder eigenständiger Ansatz der Quartalserfolgsermittlung

Modellunternehmen:

Das Unternehmen weist ein saisonal geprägtes Umsatzmuster auf mit der Umsatzstruktur 15:10:30:45. Dadurch sollen die Unterschiede der beiden Ansätze in der Varianz der Quartalsergebnisse akzentuiert hervortreten. Die ausgewählten Ergebniskomponenten beschränken sich im Sinne einer einfachen und übersichtlichen Darstellung bewusst auf den Bereich des Betriebsergebnisses.

Integrativer Ansatz:

Für Zwecke der Gegenüberstellung wird ein überwiegend integrativer Ansatz gewählt, der sich auf die umsatzanteilige Verrechnung der Gemeinkosten beschränkt, jedoch das Realisationsprinzip wahrt; die Proportionalisierung der Kosten lässt bei Kenntnis der Bedeutung des Quartals für das Gesamtjahr einen direkten Rückschluss auf das zu erwartende Jahresergebnis zu.

Eigenständiger Ansatz:

Das Beispiel geht im eigenständigen Ansatz davon aus, dass als sachlich abzugrenzende Aufwendungen im Rahmen der Herstellungskosten lediglich Einzelkosten angesetzt werden. Die ergebnismäßigen Unterschiede fallen bei Verwendung einer Vollkostenbewertung zwar geringer aus, sind grundsätzlich jedoch nur graduell davon abhängig, wie bewertet wird. Die der Periode zuzurechnenden Jahresendaufwendungen in Form von Abschreibungen und Rückstellungen werden zeitanteilig berücksichtigt.

Zur Veranschaulichung der Steuerproblematik (vgl. Coenenberg, A. G./Bridts, C. [1991]) wurde im

Fall a) davon ausgegangen, dass das Unternehmen in der Verlustperiode einen (fiktiven) Steuerertrag ausweist, nachdem für das Gesamtjahr ein Gewinn zu erwarten ist, im

Fall b) wurde unterstellt, dass erst dann Steuerrückstellungen gebildet werden, wenn das kumulierte Ergebnis positiv wird.

Weitere Annahmen:

- keine Bestandsveränderungen
- Ertragsteuersatz 50 %
- die Großreparatur führt nicht zu aktivierungsfähigem Herstellungsaufwand

	1. Quartal	2. Quartal	3. Quartal	4. Quartal	Gesamtjahr
Umsatz	1.500	1.000	3.000	4.500	10.000
sachlich abgrenzbarer Aufwand					
Material-EK	225	150	450	675	1.500
Direkte Löhne	180	120	360	540	1.200
Transportkosten	45	30	90	135	300
streng zeitraumbezogener Aufwand					
Mieten	50	50	50	50	200
Versicherungen	100	100	100	100	400
nicht streng zeitraumbezogener Aufwand zeitpunktbez. Verrechnung:					
Gehälter	450	450	450	650	2.000
Werbeaufwand	75	100	130	95	400
Großreparatur	–	150	450	–	600
zeitanteilig verrechnete Jahresaufwendungen:					
Pensionen	75	75	75	75	300
Abschreibungen	300	300	300	300	1.200
Ergebnis vor Steuern	–	– 525	545	1.880	1.900
Ertragsteuern					
a) mit positiven Steuereffekten	–	– 262,5	272,5	940	950
b) nur Steuerrückstellung	–	–	10	940	950
Ergebnis nach Steuern					
a)	–	– 262,5	272,5	940	950
b)	–	– 525	535	940	950
Umsatzrendite					
a)	0	– 26,3	9,1	20,9	9,5
b)	0	– 52,5	17,8	20,9	9,5

Tab. 11.2: Beispielrechnung zum eigenständigen Ansatz - »discrete view«

	1. Quartal	2. Quartal	3. Quartal	4. Quartal	Gesamtjahr
Umsatz	1.500	1.000	3.000	4.500	10.000
Einzelkosten					
Material-EK	225	150	450	675	1.500
Direkte Löhne	180	120	360	540	1.200
Transportkosten	45	30	90	135	300
umsatzanteilige Allokation der Gemeinkosten					
Mieten	30	20	60	90	200
Versicherungen	60	40	120	180	400
Gehälter	300	200	600	900	2.000
Werbeaufwand	60	40	120	180	400
Pensionen	45	30	90	135	300
Abschreibungen	180	120	360	540	1.200
umsatzanteilige Verrechnung seltener bzw. besonderer Aufwendungen					
Großreparatur	90	60	180	270	600
Ergebnis vor Steuern	285	190	570	855	1.900
Ertragsteuern	142,5	95	285	427,5	950
Ergebnis nach Steuern	142,5	95	285	427,5	950
Umsatzrendite	**9,5**	**9,5**	9,5	**9,5**	**9,5**

Tab. 11.3: Beispielrechnung zum integrativen Ansatz - »integral view«

Das Beispiel verdeutlicht, dass unterschiedliche Abgrenzungsmethoden zu extrem abweichenden Ergebnissen führen können. Der eigenständige Ansatz führt sowohl zu unterjährigen Gewinnen wie auch Verlusten, wohingegen der integrative Ansatz zu einer Ergebnisstruktur führt, die identisch zum Umsatzprofil ist (15:10:30:45).

II. Zwischenberichterstattung in Deutschland

Zwischenberichterstattung in Deutschland

Im Rahmen der europäischen Harmonisierungsbestrebungen, sowohl in Bezug auf die allgemeine externe Rechnungslegung als auch im Hinblick auf die Publizität börsennotierter Unternehmen, wurde 1982 die sog. EG-Zwischenberichtsrichtlinie erlassen (vgl. Europäische Gemeinschaft [1982]). Diese Richtlinie wurde in den darauf folgenden Jahren von den einzelnen Mitgliedstaaten in nationales Recht umgesetzt. Daneben erließ die EG vier weitere Richtlinien (Zulassungs-, Prospekt-, Insider- und Transparenzrichtlinie) im Bereich der Börsenpublizität, deren vollständige Umsetzung beispielsweise in Deutschland durch das II. Finanzmarktförderungsgesetz und damit durch das Wertpapierhandelsgesetz von 1995 vollzogen wurde.

1. Inhaltliche Anforderungen

Die inhaltlichen Anforderungen zur Zwischenberichterstattung ergeben aus den börsenrechtlichen Bestimmungen (§ 40 BörsG [i. d. F. 2002] i. V. m. §§ 53 ff. BörsZulV), die im Rahmen der Standardisierungsbestrebungen des DRSC zur Anpassung deutscher Rechnungslegungs- und Berichterstattungsgrundsätze an das international übliche Niveau durch den Deutschen Rechnungslegungsstandard Nr. 6 (DRS 6) »Zwischenberichterstattung« eine weitere Konkretisierung erfahren haben.

a) Börsenrechtliche Bestimmungen

Aufstellungspflicht und Berichtszeitraum

Die Aufstellungspflicht von Zwischenberichten beschränkt sich auf Emittenten zugelassener Aktien oder sie ersetzender Zertifikate (§ 40 Abs. 1 BörsG). Gemäß § 40 Abs. 1 BörsG i. V. m. § 53 S. 1 BörsZulV [i. d. F. 2002] müssen Emittenten, deren Aktien für den amtlichen Handel zugelassen sind, Berichte über das erste Halbjahr publizieren.

Zahlenangaben und Erläuterungen

§ 40 BörsG fordert als Generalnorm der Zwischenberichterstattung, dass der Halbjahresbericht grundsätzlich Zahlenangaben und Erläuterungen zu beinhalten hat; genauer spezifiziert werden die Inhalte in §§ 53 ff. BörsZulV. Folgende Angaben sind zu veröffentlichen (vgl. Alvarez, M./Wotschofsky, S. [2003], S. 26):

Zahlenangaben (§ 54 BörsZulV):	Erläuterungen (§ 55 BörsZulV):
• Umsatzerlöse • Ergebnis vor oder nach Steuern • Jeweils Vergleichszahlen zum entsprechenden Vorjahreszeitraum	• Aufgliederung der Umsatzerlöse • Auftragslage • Entwicklung der Kosten und Preise • Zahl der Arbeitnehmer • Investitionen • Vorgänge von besonderer Bedeutung, die sich auf das Ergebnis der Geschäftstätigkeit auswirken können • Besondere Umstände, die das Ergebnis des Berichtszeitraumes beeinflusst haben • Aussichten des Emittenten für das laufende Geschäftsjahr – soweit möglich • eigene Aktien und Bezugsrechte von Organmitgliedern und Arbeitnehmern (entsprechend § 160 Abs. 1 Nr. 2 und 5 AktG).

Tab. 11.4: Pflichtangaben der Zwischenberichterstattung gemäß börsenrechtlichen Bestimmungen

Konzernzwischenbericht

Der Zwischenbericht ist von Emittenten, die einen Konzernabschluss veröffentlichen, wahlweise als Einzel- oder Konzernzwischenbericht zu erstellen. Jedoch enthält § 56 Satz 2 BörsZulV die Einschränkung, dass die Zulassungsstelle die Veröffentlichung wichtiger, zusätzlicher Angaben fordern kann, wenn diese nicht in der gewählten Form enthalten sind.

Zwischenberichterstattung von Konzernunternehmen

Die Aufnahme in einen konsolidierten Zwischenbericht entbindet Konzernunternehmen prinzipiell nicht von der Verpflichtung, einen separaten Zwischenbericht zu veröffentlichen. Außenstehende Gesellschafter von Konzernunternehmen können die Lage ihres Unternehmens und damit auch die Kurs- und Dividendenchancen ihrer Aktie in der Regel nur identifizieren, wenn der Emittent selbst einen Zwischenbericht publiziert.

Befreiungstatbestände für Tochterunternehmen

Von einem Zwischenbericht für das Einzelunternehmen kann jedoch im Fall von Konzernunternehmen, deren Aktien sich zu 100 % im Besitz der Obergesellschaft bzw. anderer Konzerngesellschaften befinden, abgesehen werden, da keine außenstehenden Aktionäre vorhanden sind. Die Interessen der Anlegeröffentlichkeit an der Entwicklung der Gesellschaft werden unter diesen Umständen durch den mittelfristig orientierten Jahresabschluss ausreichend gewahrt.

Zwischendividende

Der Zwischenbericht hat keine Zahlungsbemessungsfunktion; am Ergebnis der Zwischenperiode werden weder Steuern noch Dividenden bemessen. § 54 Abs. 3 BörsZulV bestimmt zwar die Angabe einer vorgeschlagenen oder ausgeschütteten Zwischendividende. Durch das bestehende Verbot der Gewährung von Abschlagszahlungen gemäß § 59 Abs. 1 AktG, ist diese Vorschrift jedoch für die amtlich notierten deutschen Unternehmen nicht relevant. Sie richtet sich somit ausschließlich an ausländische, amtlich notierte Gesellschaften (vgl. BDO Deutsche Warentreuhand AG [1989], S. 24).

Publizität

Die Form der Publizität bestimmt § 61 BörsZulV. So kann der Zwischenbericht entweder in

- einem Börsenpflichtblatt oder
- im Bundesanzeiger oder
- als Druckschrift, die dem Publikum bei den Zahlstellen auf Verlangen kostenlos zur Verfügung gestellt wird, veröffentlicht werden.

Die Wahl der Veröffentlichungsform bleibt den Unternehmen freigestellt. Im Sinne der Adressaten ist eine Form zu wählen, die es einem möglichst großen Kreis von Interessierten erlaubt, unterjährige Informationen in ihr Investitionskalkül einzubeziehen.

Schutzklausel

Gemäß § 60 BörsZulV kann die Zulassungsstelle den Emittenten von der Veröffentlichung einzelner Angaben befreien, wenn eine Veröffentlichung dieser Angabe öffentlichen Interessen (§ 60 Nr. 1 BörsZulV) zuwiderliefe oder dem Emittenten erheblichen Schaden (§ 60 Nr. 2 BörsZulV) zufügt. Diese Regelung zum Schutz der öffentlichen Interessen entspricht weitgehend § 286 HGB.

Wenn der Emittent den Schutz von Eigeninteressen nach § 60 Nr. 2 BörsZulV geltend macht, ist regelmäßig abzuwägen zwischen dem potenziellen Schaden aus der Veröffentlichung der betreffenden Angabe und den Nachteilen, die dem Anlegerpublikum aus der Nichtveröffentlichung wesentlicher Tatsachen erwachsen können. Die schützenswerten Interessen sind dabei nur in mittelfristiger bzw. finaler Betrachtung als grundsätzlich identisch anzusehen. Sofern der Emittent die hohe Wahrscheinlichkeit eines Schadens glaubhaft machen kann und dieser als »erheblich« anzusehen ist, kann ihn die Zulassungsstelle prinzipiell auch von der Angabe der Zahlen nach § 54 Abs. 1 BörsZulV befreien. Dadurch reduzieren sich auch die Erläuterungspflichten auf die »unkritischen« Bereiche bzw. auf Ausführungen lediglich allgemeiner Natur.

Verstoß gegen Zwischenberichtspflicht

Emittenten, die den Zwischenbericht nicht, nicht richtig, nicht vollständig, nicht in der vorgeschriebenen Form oder nicht rechtzeitig veröffentlichen, handeln im Sinne des § 62 Abs. 1 Nr. 4 BörsG ordnungswidrig und können gemäß Abs. 3 der Vorschrift mit Bußgeldern bis zu EURO 100.000,– belegt werden.

b) Zwischenberichterstattung nach DRS

Zielsetzung

Die äußerst rudimentären börsenrechtlichen Bestimmungen zur Zwischenberichterstattung in Deutschland werden durch DRS 6 erheblich erweitert. Die Zielsetzung des DRS 6 besteht darin, »regelmäßige, zeitnahe und verlässliche Informationen über die Vermögens-, Finanz- und Ertragslage eines Unternehmens und die künftige Entwicklung des Geschäftsjahres« bereitzustellen (DRS 6.1).

Anwendungskreis

Der Anwendungskreis wird im Rahmen des DRS 6 nicht spezifiziert. Es wird auf die entsprechende börsenrechtliche Bestimmung verwiesen (vgl. § 40 Abs. 1 BörsG). Von der Pflicht zur Anwendung des DRS 6 ausgenommen werden Unternehmen, die einen befreienden Konzernabschluss nach international akzeptierten Rechnungslegungsstandards, d. h. IAS/IFRS bzw. US-GAAP, gemäß § 292 a HGB aufstellen, da für die Zwischen- und Jahresberichterstattung dieselben Bilanzierungsvorschriften zu verwenden sind (vgl. DRS 6.5). Damit wird erstmals die Ausstrahlungswirkung des § 292 a HGB auf die Zwischenberichterstattung kodifiziert (vgl. Alvarez, M./Wotschofsky, S. [2003], S. 30 f.).

Berichtszeitraum

Die Berichtsperiode umfasst ein Quartal; Zwischenberichte sind zumindest für die ersten drei Quartale offen zu legen (DRS 6.11). Durch die Quartalsberichterstattung kommt es zu einer Verkürzung des in den börsenrechtlichen Bestimmungen geforderten halbjährlichen Berichtszeitraumes.

Berichtsgegenstand

Die in den börsenrechtlichen Vorschriften gewährte Option, einen Zwischenbericht für die Einzelgesellschaft oder den Konzern bereitzustellen, wird durch DRS 6 eingeschränkt. So haben zur Aufstellung eines Konzernabschlusses verpflichtete Unternehmen auch unterjährig ihre Zwischenberichte auf konsolidierter Grundlage offen zu legen (vgl. DRS 6.8). Bei erstmaligem Vorliegen der Voraussetzungen zur Konzernabschlusspflicht wird ein konsolidierter Bericht empfohlen (vgl. DRS 6.9).

Zahlenangaben

Grundsätzlich hat der Zwischenbericht gemäß DRS 6.13 folgende Elemente zu enthalten:

- Bilanz;
- Gewinn- und Verlustrechnung;
- Kapitalflussrechnung;
- erläuternde Angaben;
- Angabe zum Geschäftsverlauf und zur voraussichtlichen Entwicklung des Geschäftsjahrs.

Vergleichsdaten

Die Bilanz ist zum Stichtag der Zwischenberichtsperiode und vergleichend zum Stichtag des vergangenen Geschäftsjahres, die Gewinn- und Verlustrechnung ist für das zum Stichtag endende Quartal und für den fortgeführten Zeitraum von Geschäftsjahresanfang bis zum gegenwärtigen Quartalsende mit den entsprechenden Vergleichsangaben für die korrespondierenden Zeiträume des vorigen Geschäftsjahres und die Kapitalflussrechnung ist für den fortgeführten Zeitraum vom Beginn des Geschäftsjahres bis zum Quartalsende mit dem entsprechenden Vergleichszeitraum des vergangenen Geschäftsjahres aufzustellen (vgl. DRS 6.13). Die Darstellung der Berichtsinstrumente kann in zusammengefasster Form erfolgen, sofern die unterjährige Bilanz, Gewinn- und Verlustrechnung sowie Kapitalflussrechnung sämtliche wesentlichen, im vergangenen Abschluss aufgeführten Posten und Zwischensummen enthalten (vgl. DRS 6.15).

Erläuterungen

Die Zahlenangaben sind um Erläuterungen zu ergänzen. Soweit nicht an einer anderen Stelle im Zwischenbericht aufgeführt, sind folgende Informationen als gesonderte Anhangsangaben auszuweisen (vgl. DRS 6.26):

- ergänzende Angaben zum Zwischenabschluss

- Beibehaltungserklärung für die im Zwischenbericht angewandten Bilanzierungs- und Bewertungsgrundsätze bzw. im Falle der Änderung eine Beschreibung der Art und betragsmäßigen Auswirkung;
- Vorgänge, die wegen ihrer Art oder ihres Ausmaßes von besonderer Bedeutung für die Vermögens-, Finanz- und Ertragslage des Konzerns sind;
- Eigenkapitaländerungen einschließlich der gezahlten oder vorgeschlagenen Zwischendividenden (aggregiert oder je Aktie), separat für Stammaktien und sonstige Aktien;
- Auswirkungen von Änderungen des Konsolidierungskreises, einschließlich Unternehmenszusammenschlüssen, dem Kauf oder Verkauf von Tochterunternehmen;
- Restrukturierungsmaßnahmen und Einstellungen von Geschäftsbereichen;
- bedeutende Investitionen sowie Forschungs- und Entwicklungsaktivitäten;
- Berechnungsmethode für das Ergebnis je Aktie;
- Segmentumsatzerlöse und Segmentergebnis für jedes auszuweisende Segment, für dieselben Zeiträume wie für die Gewinn- und Verlustrechnung;
- Änderungen in der Segmentberichterstattung;
- Zahl der Arbeitnehmer;
- Hinweis, ob der Zwischenbericht in Konformität mit DRS 6 erstellt wurde.

Ist der Quartalsbericht einer prüferischen Durchsicht duch den Abschlussprüfer unterzogen worden, so muss eine Berichterstattung über das Ergebnis der Prüfung erfolgen (vgl. DRS 6.27). Das Ergebnis je Aktie selbst wird nicht explizit gefordert. Es ist allerdings davon auszugehen, dass es sich hierbei um ein redaktionelles Versehen handelt und insofern die Angabe innerhalb der Gewinn- und Verlustrechnung für die entsprechenden Zeiträume anzugeben ist (vgl. Alvarez, M./Wotschofsky, S. [2003], S. 37).

- lageberichtsorientierte Angaben

Neben den ergänzenden Anhangsangaben zum Quartalsabschluss bestehen zusätzliche, dem handelsrechtlichen Lagebericht (§ 289 HGB) entlehnte Informationserfordernisse. So hat eine Darstellung des Geschäftsverlaufs und der Lage der Gesellschaft seit dem Beginn des Geschäftsjahres in der Weise zu erfolgen, dass eine Vermittlung eines den tatsächlichen Verhältnissen entsprechenden Bildes der Vermögens-, Finanz- und Ertragslage gewährleistet ist; weiterhin sind Ausführungen zu machen über nach dem Quartalsstichtag eingetretene Vorgänge von besonderer Bedeutung und die Aussichten für das laufende Geschäftsjahr (vgl. DRS 6.28). Auf die Risiken der künftigen Entwicklung ist im Falle wesentlicher Änderungen seit Geschäftsjahresanfang in zusammengefasster Form einzugehen (vgl. DRS 6.29).

Veröffentlichungsfrist

Hinsichtlich der Veröffentlichungsfrist ergeben sich keine Unterschiede zu den börsenrechtlichen Bestimmungen. Die Zwischenberichte sind innerhalb von 60 Tagen zu publizieren (vgl. DRS 6.30).

Prüfung

Eine Prüfungspflicht für den nach börsenrechtlichen Bestimmungen bzw. DSR 6 aufgestellten Zwischenbericht besteht nicht. Der Zwischenbericht wird lediglich durch die Zulassungsstelle geprüft, deren Aufgabe die Überwachung der Einhaltung der sich für Emittenten aus der Zulassung ergebenden Pflichten ist. Diese Prüfung beschränkt sich primär auf die Einhaltung formaler Vorschriften und prüft nicht die materielle Vermittlung eines den tatsächlichen Verhältnissen entsprechenden Bildes (vgl. Hebestreit, G. [1992], S. 282 f.). Dies geschieht vielmehr im Rahmen der nach § 54 Abs. 3 BörsZulV bzw. DRS 6.27 vorgesehenen freiwilligen Prüfung (*audit*) oder prüferischen Durchsicht (*review*), wobei eine prüferische Durchsicht, die sich im Gegensatz zur (Abschluss-)Prüfung vorwiegend auf Plausibilitätsprüfungen stützt, aufgrund des Erfordernisses der Zeitnähe zweckmäßiger erscheint (vgl. hierzu im Detail Alvarez, M./Wotschofsky, S. [2003], S. 51 ff; Coenenberg, A. G./Alvarez, M. [2002], Sp. 2771 ff.). Anhaltspunkte für deren Ausgestaltung liefert IDW PS 900 »Grundsätze für die prüferische Durchsicht von Abschlüssen«.

2. Unterjährige Erfolgsermittlung

Erfolgsermittlung nach dem kombinierten Ansatz

Die Vorschriften in Deutschland tendieren zu einer Zwischenberichterstattung nach dem kombinierten Ansatz. Wenngleich sich aus der Formulierung des Gesetzestextes in § 40 BörsG bzw. in den §§ 53 ff. BörsZulV keine verbindliche Vorschrift zur Anwendung einer bestimmten Abgrenzungsmethode findet, so können den genannten Normen dennoch Hinweise entnommen werden, die auf den kombinierten Ansatz schließen lassen. So spricht z. B. die Formulierung in § 40 Abs. 1 BörsG, dass der Zwischenbericht »ein den tatsächlichen Verhältnissen entsprechendes Bild der Finanzlage und des allgemeinen Geschäftsgangs des Emittenten **im Berichtszeitraum** (Hervorheb. des Verf.)« vermitteln soll, für den diskreten Ansatz. Gleiches ergibt sich aus § 54 Abs. 1 BörsZulV, der ausdrücklich bestimmt, dass die Zahlenangaben »im Sinne der für die Rechnungslegung geltenden handelsrechtlichen Vorschriften« zu erfolgen habe. Im Gegensatz hierzu lässt die in § 55 Satz 4 BörsZulV geforderte prospektive Darstellung der Aussichten des Emittenten für das laufende Geschäftsjahr – soweit dies möglich ist – jedoch eine eher integrative Auffassung der unterjährigen Berichterstattung zu. Jedoch ist die Prognosefunktion der Zwischenberichterstattung der Informationsfunktion unterzuordnen, da sie durch Bereitstellung erläuternder und damit zusätzlicher Angaben erfüllt wird (vgl. Bridts, C. [1990], S. 133). Dies ist auch dem DRS 6 zu entnehmen, der zwar grundsätzlich die Eigenständigkeit des Zwischenberichts im Blick hat, jedoch gleichzeitig den Bezug zur Jahresperiode herstellen will (vgl. DRS 6.2). Damit kommt es faktisch zu einer Kombination des diskreten und integrativen Ansatzes (*combination view*), die den eigenständigen Charakter des Zwischenberichts bewahrt und dennoch den Zusammenhang mit dem Jahresabschluss berücksichtigt (vgl. dazu bereits Busse von Colbe, W./Reinhard, H. (Hrsg.) [1989], S. 4).

Grundsätzliche Erfolgsabgrenzung nach dem kombinierten Ansatz

Für die kombinative Abgrenzung von Zwischenerfolgen in der börsenrechtlichen Zwischenberichterstattung haben sich Grundsätze herausgebildet, die sich wie folgt zusammenfassen lassen (vgl. im Folgenden Alvarez, M./Wotschofsky, S. [2003], S. 102 ff.; Busse von Colbe, W./Reinhard, H. (Hrsg.) [1989]; Henes, F. [1995], S. 300 ff.):

Leistungsbezogene Erfolge

Leistungsbezogene Erträge und Aufwendungen sind grundsätzlich nach dem diskreten Ansatz, d. h. nach dem Realisationsprinzip und dem Grundsatz der sachlichen Abgrenzung zu verrechnen.

Zeitraumbezogene Erfolge

Streng zeitraumbezogene Erträge und Aufwendungen, wie Mieten, Lizenzen u. ä. sind zeitanteilig zu verrechnen, d. h. sie sind in gleicher Weise wie auch im Jahresabschluss durch Abgrenzung auf die Teilperiode zu verteilen, so als wenn für jede Teilperiode ein eigenständiger Abschluss erstellt würde. Das entspricht dem diskreten Ansatz. Fallen streng zeitraumbezogene Aufwendungen erst am Jahresende an, wie z. B. planmäßige Abschreibungen und Pensionsaufwendungen, und sind diese relativ gut abschätzbar, so erfolgt eine zeitanteilige Abgrenzung bereits für die Zwischenperiode im Sinne des diskreten Ansatzes.

Nicht zeitraumbezogene Erfolge

Schwieriger gestaltet sich die Verrechnung nicht streng zeitraumbezogener Erträge und Aufwendungen. Beispiele sind die Auflösung von Rückstellungen, Gewinne bzw. Verluste aus Beteiligungen oder Anlageverkäufen, Instandhaltungsaufwendungen größeren Umfangs oder Werbe- und Verkaufsförderungskosten. Fallen diese Erfolgskomponenten kontinuierlich an, ist ihre Erfassung zum Zeitpunkt ihres Anfalls zu empfehlen; die Vergleichbarkeit des Zwischenabschlusses wird durch den kontinuierlichen Anfall nicht gemindert. Letzteres wäre allerdings bei diskontinuierlichem Anfall gegeben. Deshalb ist in all den Fällen, in denen sie hinreichend sicher vorhersehbar sind, eine integrative Abgrenzung im Sinne einer verbesserten Vergleichbarkeit zweckmäßig. Bei nicht hinreichend sicherer Vorhersehbarkeit sind sie bei Anfall zu erfassen.

Erfolgsabgrenzung gemäß DRS 6

DRS 6 trägt diesen Grundsätzen der Erfolgsabgrenzung entsprechend Rechnung und fordert lediglich für Erfolge der gewöhnlichen Geschäftstätigkeit, die keinen saisonalen Charakter aufweisen (d. h. unregelmäßig anfallen) und regelmäßig zum Geschäftsjahresende eintreten, sowie für die Erfassung der Ertragsteuern eine integrative Abgrenzung (vgl. DRS 6.18 ff.). Die vorstehenden Grundsätze der unterjährigen Erfolgsabgrenzung sind in Abbildung 11.4 zusammengefasst (vgl. auch Henes, F. [1995], S. 308):

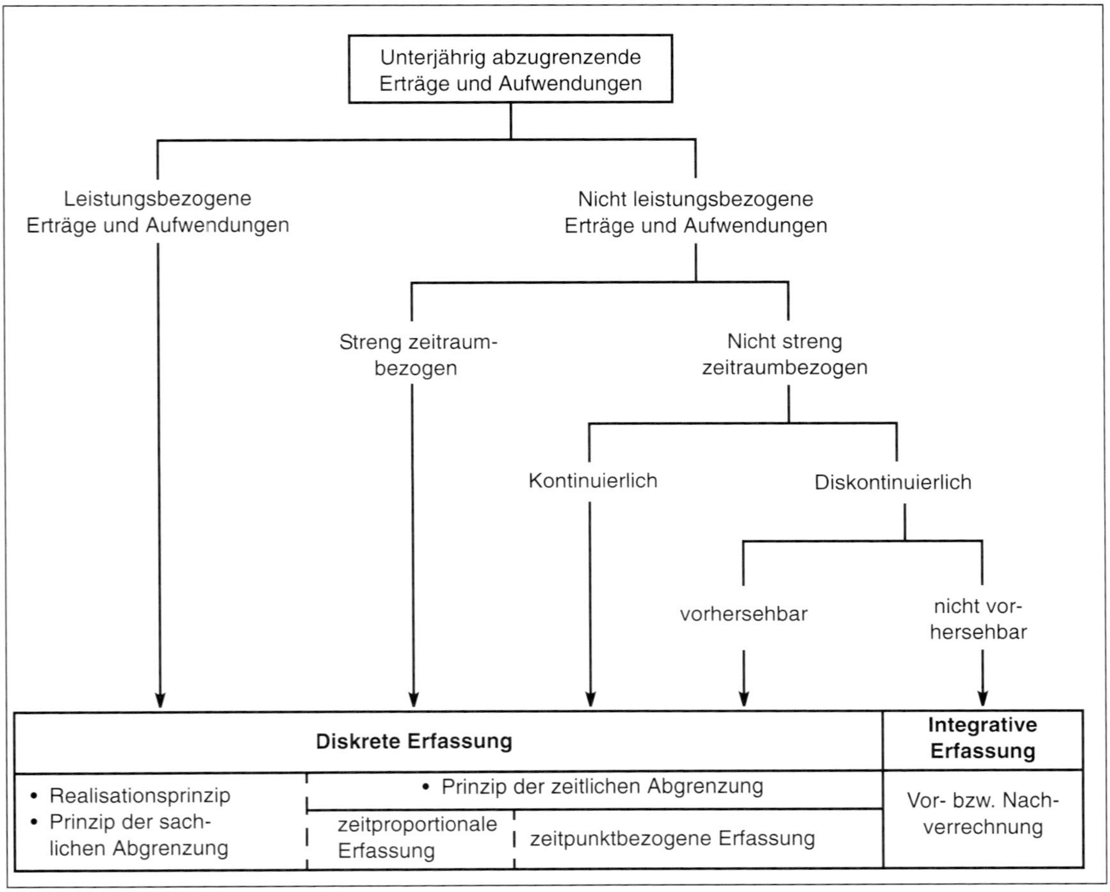

Abb. 11.4: Kombinierter Ansatz der unterjährigen Erfolgsabgrenzung

Ergänzende Informationen

Die vorstehenden Abgrenzungsprinzipien führen vor allem bei Unternehmen mit starken saisonalen Umsatzschwankungen und bei Unternehmen mit langfristiger Auftragsfertigung zu im Hinblick auf das Gesamtergebnis unvergleichbaren Zwischenergebnissen. Deshalb sind in diesen Fällen ergänzende Zahlenangaben notwendig.

Saisonunternehmen

Saisonunternehmen zeichnen sich durch weitgehend stabile unterjährige Ertrags- und/oder Aufwandszyklen mit z. T. beträchtlicher Schwankungsbreite aus. Eine realisationsbezogene Abgrenzung der Umsatzerlöse in Verbindung mit einer überwiegend eigenständigen Abgrenzung der Aufwendungen gibt bei alleinigem Ausweis von Umsatz und Ergebnis dieser Unternehmen kaum Anhaltspunkte für die Einschätzung des tatsächlichen Geschäftserfolgs der Periode. Hierfür sind vielmehr zusätzliche Angaben bspw. über die Bestandsveränderungen im Bereich der fertigen und unfertigen Erzeugnisse, über notwendige Abschreibungen auf Vorratsbestände, aber auch zu Produktion und Kapazitätsauslastung notwendig. Zudem sollten diese Unternehmen den saisonalen Charakter ihrer Geschäftstätigkeit in den Erläuterungen hervorheben und die typischen Umsatz- und Aktivitätsmuster erläutern. Sinnvoll wäre für eine Quartalsberichterstattung auch die Angabe kumulierter Zahlen für das laufende und das vorhergehende Geschäftsjahr.

Langfristige Auftragsfertigung

Mit ähnlichen Einschränkungen sind Umsatz und Ergebnis von Unternehmen mit erheblichen Anteilen langfristiger Fertigung zu interpretieren. Da die GoB im Gegensatz zu IAS/IFRS und US-GAAP keine Teilgewinnrealisierung zulassen, können sowohl Umsatz als auch Ergebnisausweis ganz entscheidend davon abhängen, ob in der Zwischenperiode ein Großauftrag abgerechnet wurde oder nicht. Auf die Abrechnung eines Großauftrags in der Zwischenperiode sollte daher hingewiesen werden. Der Berichtsleser muss darüber hinaus ergänzend Informationen über Auftragslage (§ 55 Satz 1 BörsZulV), Entwicklung des Auftragsbestands, Entwicklung des Bestands an unfertigen Aufträgen und etwaige voraussichtliche Verluste aus langfristigen Aufträgen erhalten. Daneben kann verbal erläutert werden, in welchem Umfang im Berichtsjahr noch Aufträge zur Realisation anstehen.

III. Zwischenberichterstattung nach IAS/IFRS

Zwischenberichterstattung nach IAS/IFRS

Das ehemalige International Accounting Standards Committee (IASC) hat im Februar 1998 »IAS 34: *Interim Financial Reporting*« zur Zwischenberichterstattung veröffentlicht (vgl. zu IAS 34 auch Alvarez, M./Wotschofsky, S. [2003], S. 57 ff.; Baetge, J./Bruns, C./Rolvering, A. [2002], Tz. 13 ff.; Coenenberg, A. G./Federspieler, C. [1999]; Rolvering, A. [2002], S. 42 ff.). IAS 34 enthält detaillierte Bestimmungen bzgl. der Inhalte von Zwischenberichten mit dem gesteckten Ziel, deren Aussagefähigkeit zu erhöhen und den Nutzen für die Investoren zu steigern. Besondere Bedeutung erlangt die Zwischenberichterstattung nach IAS/IFRS insbesondere für Unternehmen, die einen befreienden Konzernabschluss nach IAS gemäß § 292a HGB aufstellen. Obwohl eine analoge Vorschrift börsenrechtlich nicht normiert wurde, strahlt die befreiende Wirkung implizit auf den (konsolidierten) Zwischenbericht aus, da die Verbindungsfunktion zum Jahresabschluss eine einheitliche Anwendung der Rechnungslegungsgrundsätze erfordert. Im Rahmen des DRS 6 wurde eine entsprechende Bestimmung für Unternehmen aufgenommen, die den Befreiungstatbestand des § 292 a HGB in Anspruch nehmen (vgl. DRS 6.5).

1. Inhaltliche Anforderungen

Konsolidierter Zwischenbericht

Um den Adressaten ein möglichst vollständiges Bild des berichterstattenden Unternehmens zu geben, ist der Zwischenbericht für den Fall, dass ein Unternehmen zum Jahresende einen Konzernabschluss aufstellt, in konsolidierter Form zu veröffentlichen (IAS 34.14). Hier schließt sich das IASB der allgemein üblichen internationalen Praxis an, denn bis auf wenige Ausnahmen ist in den nationalen Bestimmungen ein konsolidierter Zwischenbericht verpflichtend gefordert.

Berichtszeitraum

Gemäß IAS 34 wird die halbjährliche Berichterstattung befürwortet (IAS 34.1 (a)). Den Unternehmen steht es aber frei, eine über den Standard hinausgehende vierteljährliche Berichterstattung vorzunehmen. Vereinzelte Vorschriften verweisen speziell auf veränderte Darstellungsmethoden im Falle einer Quartalsberichterstattung.

Veröffentlichungsfrist

IAS 34 verzichtet im Falle der Veröffentlichungsfrist ebenfalls auf eine verbindliche Regelung. Um jedoch der Zielsetzung der Zwischenberichterstattung zu entsprechen, kurzfristig entscheidungsrelevante Informationen bereitzustellen, sollte eine Veröffentlichungsfrist von 60 Tagen eingehalten werden (IAS 34.1 (b)).

Zahlenangaben

Grundsätzlich hat ein Zwischenbericht gemäß IAS 34.8 folgende Elemente eines nach den internationalen Vorschriften zu veröffentlichenden Jahresabschlusses zu enthalten:

- Bilanz;
- Gewinn- und Verlustrechnung;
- Kapitalflussrechnung;
- Darstellung der Eigenkapitalveränderungen.

Hinsichtlich des Umfangs der zu veröffentlichenden Elemente der externen Rechnungslegung lässt das IASB dem Emittenten großen Freiraum. So können entweder vollständige oder aber zumindest verkürzte Versionen offen gelegt werden. Um Anhaltspunkte bzgl. der in die Bilanz, GuV, Kapitalflussrechnung und in die Darstellung der Eigenkapitalveränderungen mindestens aufzunehmenden Positionen zu gewinnen, schlägt IAS 34.9 den Unternehmen vor, sich an IAS 1 *Presentation of Financial Statements* zu orientieren. Darüber hinaus verweist IAS 34.10 darauf, sich in den verkürzten Versionen an den im letzten Jahresabschluss ausgewiesenen Hauptgliederungspunkten in den einzelnen Elementen zu orientieren.

Folgende Abbildung gibt die Mindestangaben in den verkürzten Elementen zusammengefasst wieder. Einbezogen wurden insbesondere IAS 1, IAS 33, IAS 7 und IAS 12:

Bilanz:	**Gewinn- und Verlustrechnung:**	**Kapitalflussrechnung:**	**Eigenkapitalveränderungsrechnung:**
• Sachanlagen • immaterielle Vermögensgegenstände • Finanzanlagen • Vorräte • Forderungen aus L. u. L. und sonstige Forderungen • flüssige Mittel • Verbindlichkeiten aus L. u. L. und sonstige Verbindlichkeiten • Rückstellungen • langfristige verzinsliche Verbindlichkeiten • Minderheitenanteile • Eigenkapital inkl. Rücklagen	• Umsatzerlöse • operatives Ergebnis • Finanzergebnis • Ertragsteuern • Ergebnis der gewöhnlichen Geschäftstätigkeit • außerordentliches Ergebnis • Minderheitenanteile am Ergebnis • Ergebnis der Zwischenperiode • Ergebnis pro Aktie	• Cashflow aus der gewöhnlichen Geschäftstätigkeit • Cashflow aus der Investitionstätigkeit • Cashflow aus der Finanzierungstätigkeit	• Ergebnis der Zwischenperiode • jede einzelne erfolgsneutral mit dem Eigenkapital verrechnete Position sowie deren Summe • kumulierter Effekt aus Veränderungen der Bilanzierungs- und Bewertungsmethoden bzw. der Korrektur wesentlicher Fehler • Eigenkapitaltransaktionen mit den Anteilseignern sowie Ausschüttungen • Höhe und Veränderung der Gewinnrücklagen • Überleitung des Buchwerts jeder separaten Eigenkapitalposition

Abb. 11.5: Pflichtangaben der Zwischenberichterstattung nach IAS/IFRS

Erläuterungen

Die Zahlenangaben ergänzende Erläuterungen sind gemäß IAS 34.15 in Form von *selected explanatory notes* zu veröffentlichen. Folgende Informationen sollten darin enthalten sein:

- Erläuterung von wesentlichen Unterschieden in der Anwendung von Rechnungslegungsprinzipien oder Bewertungsmethoden im Zwischenbericht im Vergleich zum letzten Jahresabschluss;
- Angaben bzgl. der Saisonalität bzw. der Zyklizität der Geschäftstätigkeit in der Zwischenperiode;
- Informationen über Art und Umfang von Geschehnissen, die in ihrer Natur, ihrer Größe oder ihrem Vorkommen ungewöhnlich sind und das Ergebnis der Zwischenperiode wesentlich beeinflussen;
- Angaben über Art und Umfang von Anpassungen der Schätzgrößen in bereits veröffentlichten Zwischenberichten des laufenden Geschäftsjahres oder veröffentlichten Jahresabschlüssen, falls diese Anpassungen den aktuellen Zwischenbericht wesentlich beeinflussen;
- Angaben über Eigen- und Fremdkapitalmaßnahmen;
- Angaben über die zur Zwischenperiode oder zu früheren Zeitpunkten innerhalb des Geschäftsjahres ausbezahlten Dividenden, entweder als Gesamtsumme oder pro Aktie, getrennt nach Aktiengattungen;

- Segmentierung der Umsatzerlöse und Ergebnisse, entweder nach Geschäftsbereichen oder geographischen Regionen, je nach im Jahresabschluss verwendeter primärer Segmentierung;
- wesentliche Ereignisse, die nach dem Ende der Zwischenperiode eingetreten sind;
- Veränderungen im Konsolidierungskreis;
- Angaben über die Veränderungen der ungewissen Verbindlichkeiten bzw. Forderungen seit dem letzten Jahresabschluss.

Der Zwischenbericht hat zusätzlich zu den Angaben über die Berichtsperiode auch Vergleichsangaben des abgelaufenen Geschäftsjahres zu enthalten (IAS 34.20 und Appendix 1). Eventuelle Vorteile für die Aussagefähigkeit von Zwischenberichten stark saisonabhängiger Unternehmen werden dann gesehen, wenn diese Emittenten Angaben über die zum Zwischenberichtsdatum abgelaufene zwölfmonatige Periode veröffentlichen (IAS 34.21).

Prüfung

In IAS 34 ist keine Prüfung des Zwischenberichts durch einen Wirtschaftsprüfer vorgeschrieben. Dem steht jedoch nicht entgegen, den Zwischenbericht einer freiwilligen Prüfung bzw. prüferischen Durchsicht unterziehen zu lassen. International üblich ist eine zumindest formelle Prüfung durch die Börsenaufsichtsbehörden.

2. Rechnungslegungsprinzipien

Grundsätzlich ist es gemäß IAS 34.28 aus Gründen der besseren Vergleichbarkeit und zur Unterstützung der Prognostizierbarkeit des Jahresergebnisses sinnvoll, die Zwischenberichtsangaben in Übereinstimmung mit den im letzten Jahresabschluss angewandten Rechnungslegungsprinzipien aufzubereiten. Ausnahmen hiervon stellen Änderungen in den Rechnungslegungsvorschriften (z. B. aufgrund eines neuen IAS/IFRS) seit dem letzten Bilanzstichtag oder die Anwendung anderer Bilanzierungsmethoden dar. In diesen Fällen sind Anpassungen der bereits veröffentlichten Zwischenberichte des Geschäftsjahres vorzunehmen (IAS 34.43).

Materiality

Unter Kosten-/Nutzenaspekten und unter der beabsichtigten Zeitnähe des Zwischenberichts kann in der Genauigkeit der Daten unter Anwendung von Schätzgrößen bis zu einem gewissen Grad abgewichen werden. Das Prinzip der Wesentlichkeit (*materiality*) stellt dabei das entscheidende Beurteilungskriterium dar (IAS 34.41). Dieses Prinzip ist in der Zwischenberichterstattung von besonderer Bedeutung, da trotz der relativ knappen Darstellung dennoch die für eine fundierte Beurteilung des berichtenden Unternehmens notwendigen Informationen offen zu legen sind. IAS 34.23 schreibt vor, wesentliche Informationen auf Basis der Zwischenperiode zu ermitteln. Eine exemplarische Aufzählung einiger Vereinfachungsmöglichkeiten bei der Bewertung von einzelnen Vermögensgegenständen und Schulden unter Berücksichtigung der konträr zueinander stehenden Prinzipien der Verlässlichkeit (*reliability*) und Rechtzeitigkeit (*timeliness*) ist in IAS 34 Appendix 3 enthalten, die bzgl. der geforderten Genauigkeit von Zwischenberichtsangaben hilfreich ist.

Hier auszugsweise drei Beispiele:

1. Lagerbestand: Eine Inventur zum Zwischenberichtsstichtag ist nicht notwendig. Zur Abschätzung des wertmäßigen Lagerbestandes kann auf Absatzzahlen zurückgegriffen werden. Ebenso kann für Lifo-bewertete Lagerbestände auf repräsentative Stichproben zurückgegriffen werden.
2. Rückstellungen: Zur Bewertung von Rückstellungen kann auf Jahresabschlussangaben zurückgegriffen werden und mittels Interpolation oder anderer Schätzverfahren der geeignete Wert ermittelt werden. Auf die Involvierung von Experten zur Bewertung der Rückstellungen bzw. von Eventualverbindlichkeiten kann verzichtet werden. Gleiches gilt im Falle einer Neubewertung von Vermögensgegenständen des Anlagevermögens im Sinne von IAS 16.
3. Ertragssteuern: Die Schätzung des unterjährigen Steueraufwandes kann mittels des Durchschnittssteuersatzes aller in den Konzern einbezogenen Unternehmen durchgeführt werden.

Diskreter vs. Integrativer Ansatz

Das IASB entscheidet sich mit der Forderung, identische Bilanzierungs- und Bewertungsmethoden wie im Jahresabschluss auch in der Zwischenberichterstattung anzuwenden, in erster Linie für den diskreten Ansatz als Methodik der unterjährigen Erfolgsermittlung. Noch deutlicher wird dies in IAS 34.29, der die Zwischenperiode wie folgt charakterisiert: »... *that interim period measurements are made as if each interim period stands alone as an independent reporting period.*«

Nur in Ausnahmefällen, die die Nützlichkeit, die Verständlichkeit, die Verlässlichkeit oder die Zeitnähe der Zwischenberichterstattung verbessern, ist ein Abweichen von der diskreten Methodik zulässig. Verdeutlicht wird dies in den in IAS 34 Appendix 2 zahlreich gegebenen Anwendungsbeispielen, die jeweils die konkrete Umsetzung des diskreten Ansatzes aufzeigen. Dabei muss, um die Aussagekräftigkeit des Zwischenberichts zu erhöhen, teilweise auf integrative Abgrenzungsmethoden zurückgegriffen werden. So z. B. im Rahmen der Ermittlung des unterjährigen Steueraufwandes, der mittels des effektiven Steuersatzes auf den voraussichtlichen Jahreserfolg berechnet wird (IAS 34 Appendix 2.12).

IV. Zwischenberichterstattung nach US-GAAP

Die Zwischenberichterstattung in den Vereinigten Staaten ist einerseits durch detaillierte börsenrechtliche Anforderungen gekennzeichnet und andererseits auch hinsichtlich der unterjährigen Erfolgsermittlung durch eine entsprechende Regelung von Seiten des Standard-Setters reglementiert.

Zwischenberichterstattung nach US-GAAP

Die US-Börsenaufsichtsbehörde SEC fordert, dass notierte Gesellschaften ein sog. Form 10-Q einzureichen haben, das ausgewählte Quartalsinformationen beinhaltet, die dem Umfang nach dem Jahresabschluss ähnlich sind. Daneben hat das APB (Accounting Principles Board, der Vorgänger des FASB) bereits im Jahr 1973 seine Opinion No. 28 »*Interim Financial Reporting*« erlassen, die versucht, die bereits erwähnten Alternativen bzgl. der unterjährigen Erfolgsabgrenzung einzuschränken (vgl. Übersicht bei Coenenberg, A. G./Federspieler, C. [1999]).

1. Zwischenberichterstattung nach SEC-Vorschriften

Form 10-Q

Form 10-Q muss von allen amtlich notierten Unternehmen vierteljährlich bei der SEC eingereicht werden. Festgehalten ist dies in Section 13 des Securities and Exchange Act 1934. Die Einführung speziell dieser Bestimmung datiert aus dem Jahre 1970. Sie wurde allerdings mehrfach erweitert; besonders zu erwähnen sind die SEC Accounting Series Releases No. 177 und No. 286 aus den Jahren 1975 und 1981. Der Zwischenbericht nach heutigen Bestimmungen ist dadurch zu einem umfangreichen und mehrseitigen Bericht angewachsen (vgl. Baker, C. R./ Rapaccioli, D./Solomon, M. B. [1995], S. 3017).

Die Gesellschaften sind durch Form 10-Q verpflichtet, konsolidierte Quartalsberichte innerhalb von 45 Tagen jeweils nach dem Ende der ersten drei Quartale eines Geschäftsjahres einzureichen; ein eigener Zwischenbericht für das vierte Quartal ist nicht erforderlich, wird aber empfohlen. Die SEC hat vor kurzem beschlossen, die Einreichungsfrist auf 35 Tage herunterzusetzen.

Part I

Die vorgeschriebenen Inhalte des ersten Teils von Form 10-Q, in dem Informationen zur Vermögens-, Finanz- und Ertragslage veröffentlicht werden, umfassen folgende Punkte:

1. Financial Statements (Zwischenabschluss)
2. Management's Discussion and Analysis of Financial Condition and Results of Operations (Lagebericht)
3. Quantitative and Qualitative Disclosures About Market Risk (Einschätzung der Marktrisiken)

Der Zwischenabschluss setzt sich gemäß Regulation S-X, Rule 10-01 zumindest aus den in Abbildung 11.6 aufgeführten Bestandteilen zusammen.

In den verkürzten Versionen der jeweiligen Bestandteile des Quartalsberichts haben sich die Unternehmen an den im letzten Jahresabschluss ausgewiesenen Hauptgliederungspunkten zu orientieren. Unter Berücksichtigung des Wesentlichkeitskriteriums können allerdings gewisse Gliederungspunkte zusammengefasst werden.

Quantitative and Qualitative Disclosures About Market Risk

Angaben zur Einschätzung der Marktrisiken beziehen sich v. a. auf Zins- und Währungsrisiken, Rohstoffpreisrisiken und andere relevante Marktrisikopotenziale. Ebenso wie die MD&A sollen diesbezügliche Angaben auf die Periode zwischen letztem Jahresabschluss und Zwischenbericht fokussiert sein. Regulation S-K Item 305 erfordert die Veröffentlichung von sowohl quantitativen als auch qualitativen Angaben zur Einschätzung der Marktrisiken, die im Rahmen des Geschäftsbetriebs der Gesellschaft auftreten können.

- verkürzte Bilanz zum Stichtag der Zwischenperiode sowie Vergleichszahlen des letzten Jahresabschlusses
- verkürzte Gewinn- und Verlustrechnung für das abgelaufene Quartal sowie Vergleichsangaben für die kumulierten Quartale des Geschäftsjahres und das entsprechende Quartal des Vorjahres
- verkürzte Kapitalflussrechnung für die abgelaufenen Quartale des Geschäftsjahres sowie für die entsprechende Vorjahresperiode
- Zwischendividende und Gewinn pro Aktie
- Veränderungen im Konsolidierungskreis während der Berichtsperiode
- wesentliche bilanzpolitische Änderungen
- Verkauf/Stilllegung von Unternehmensteilen
- Anhangsangaben zu
  - wesentlichen Veränderungen im Geschäftsbetrieb seit Ende des letzten Geschäftsjahres
  - langfristigen Fertigungsaufträgen
  - Entwicklung der Fremdfinanzierung
  - Eventualverbindlichkeiten
- Angaben über im Zwischenbericht vorgenommene notwendige Anpassungen
- Anpassungen von Vergleichszahlen
- sehr saisonal abhängige Unternehmen sollten vergleichende Angaben über die abgelaufene Zwölf-Monatsperiode veröffentlichen

Abb. 11.6: Pflichtangaben der Zwischenberichterstattung nach SEC Form 10-Q/ Regulation S-X

Part II

In Form 10-Q, Part II, Other Information, werden folgende Angaben verlangt:

- laufende Gerichtsverfahren;
- wesentliche Veränderungen im Zusammenhang mit emittierten Wertpapieren;
- Zahlungsverzug bei langfristigen Bankverbindlichkeiten;
- Angaben zu Angelegenheiten, die den Aktionären zur Abstimmung vorgelegt wurden;
- andere wesentliche Vorkommnisse;
- Ad hoc-Mitteilungen auf Form 8-K (current reports), die während der Zwischenperiode veröffentlicht wurden.

Abb. 11.7: Pflichtangaben der Zwischenberichterstattung nach SEC Form 10-Q, Part II

Die zusätzlich zu den Standardangaben des externen Rechnungswesens zu veröffentlichenden Informationen runden den Zwischenbericht ab und zielen insbesondere auf besondere Vorkommnisse während der Berichtsperiode ab. So ist diesbezüglich retrospektiv auf bereits in Form der Ad hoc-Publizität (Form 8-K) offen gelegte Sachverhalte einzugehen.

Segmentangaben

Zusätzlich zu den SEC-Angabepflichten sind im Zwischenbericht gemäß FAS 131 auch Segmentinformationen auszuweisen (FAS 131.25 i. V. m. 131.33). Anzugeben sind hierbei die externen und intersegmentären Umsatzerlöse sowie das nach internen Grundsätzen ermittelte Segmentergebnis und Segmentvermögen. Das Segmentvermögen ist allerdings nur angabepflichtig, sofern sich im Vergleich zum letzten Jahresabschluss wesentliche Veränderungen ergeben haben. Darüber hinaus sind Änderungen in der Segmentabgrenzung und in den Ermittlungsgrundsätzen der Segmentergebnisse anzugeben; die Summe der

Segmentergebnisse ist schließlich zum konsolidierten Ergebnis vor Steuern und außerordentlichen Einflüssen überzuleiten.

2. Gestaltung der Zwischenberichterstattung nach APB 28

APB 28

Obwohl mittels SEC Form 10-Q umfangreiche Quartalsberichte veröffentlicht werden müssen, existiert seitens der SEC keine Vorschrift bzgl. zwischenberichtsspezifischen Rechnungslegungsvorschriften bzw. der unterjährigen Erfolgsermittlung. In den USA enthält deshalb die bereits angesprochene APB 28 die entsprechenden Regelungen. APB 28 stellt damit die wichtigste Regelung zur Zwischenberichterstattung aus »Rechnungslegungssicht« dar. Ziel der 1973 erlassenen »Opinion« war es, die verschiedenen Möglichkeiten der unterjährigen Erfolgsermittlung einzuschränken und eine einheitliche Vorgehensweise zu generieren, indem ein konzeptioneller Hintergrund für das *interim reporting* geschaffen wird (vgl. Kieso, D. E./Weygandt, J. J./Warfield, T. D. [2001], S. 1397). APB 28 besteht ebenfalls aus zwei Teilen, wobei sich Part I mit der Anwendung der GAAP auf die Bestimmung des Ergebnisses der Zwischenperiode beschäftigt und in Part II spezielle Veröffentlichungsanforderungen genannt werden, die jedoch weit hinter den Anforderungen des SEC Form 10-Q zurückbleiben und somit nicht weiter betrachtet werden müssen.

Diskreter vs. Integrativer Ansatz

APB 28 beruht seiner Zielsetzung nach überwiegend auf dem integrativen Ansatz; die konkreten Abgrenzungsempfehlungen enthalten aber auch Elemente des diskreten Ansatzes, sodass sich - ähnlich wie in der deutschen Berichterstattungspraxis (vgl. oben Abschnitt II) - ein kombinierter Ansatz ergibt. Dabei sollen die Ergebnisse für jede Zwischenperiode auf Basis der Rechnungslegungsvorschriften ermittelt werden, die im letzten Jahresabschluss angewandt wurden, es sei denn, dass in der Zwischenzeit Änderungen der angewandten Bilanzierungs- und Bewertungsmethoden vorgenommen wurden. Gleichwohl sieht APB 28.10 gewisse Modifikationen an den Jahresabschlussvorschriften vor, um im Sinne des integrativen Ansatzes einen besseren Bezug der Ergebnisse aus der Zwischenperiode auf das Jahresergebnis herstellen zu können. Demnach müssen die direkten Kosten den in der Zwischenperiode anfallenden Umsatzerlösen zugeordnet werden, während die indirekten Kosten in den Zwischenperioden zeitlich oder anhand des erwarteten Ergebnisanteils am gesamten Jahresergebnis oder eines anderen Aktivitätsmaßes abgegrenzt werden. Darüber hinaus sollen die Jahresendaufwendungen, wie z. B. Lagerbestandsschwund und Boni, sorgfältig abgeschätzt und den Zwischenperioden zugerechnet werden.

APB 28 nennt explizit folgende Beispiele:

- Umsatzerlöse sollen gemäß ihrer Realisation in den Zwischenperioden erfasst werden. Für Erträge aus der langfristigen Fertigung gilt die percentage-of-completion-Methode.
- Direkt den Umsatzerlösen zuordenbare Aufwendungen werden in den Perioden erfasst, in denen die Umsatzerlöse anfallen. Beispiel: Material, Löhne und Gehälter, Fertigungs- und Materialgemeinkosten, Garantieleistungen.

- Alle anderen Aufwendungen werden entweder (1) bei deren Anfall erfasst oder werden (2) in den Zwischenperioden zeitlich bzw. anhand des erwarteten Ergebnisanteils am gesamten Jahresergebnis oder eines anderen Aktivitätsmaßes abgegrenzt. Dabei wird Alternative (2) präferiert.

  Beispiele:

  - Belastung jeder Zwischenperiode, wenn Kosten eindeutig mehr als zwei Zwischenperioden (z. B. Großreparaturen) betreffen.
  - Anteilige Aufteilung von auf dem Jahresumsatz basierenden Rabatten auf die Zwischenperioden.
  - Verteilung von Vermögenssteuern, Zinsen und Mieten oder Pachten auf die einzelnen Zwischenperioden.
  - Verteilung von Werbeaufwendungen über das gesamte Jahr, wenn die daraus hervorgehenden Erträge eindeutig erst nach der Verausgabung der anfallenden Kosten auftreten.
- Steuerrückstellungen sind auf Basis des effektiven Steuersatzes unter Abschätzung des voraussichtlich für das gesamte Jahr anfallenden Steueraufwandes vorzunehmen.
- Veräußerungen von Geschäftseinheiten, außerordentliche Posten und Eventualverbindlichkeiten sollten separat veröffentlicht werden und zum Zeitpunkt ihres Anfalls oder Eintritts verbucht werden.

APB 28 ist nicht für bestimmte Unternehmen vorgeschrieben, wie SEC Form 10-Q für börsennotierte Firmen. Gleichwohl ist festgelegt, dass im Falle einer Veröffentlichung eines Zwischenberichts APB 28 beachtet werden muss.

V. Ad hoc-Publizität

Ad hoc-Publizität in Deutschland

Die Ad hoc-Publizität in Deutschland wird durch das Wertpapierhandelsgesetz geregelt. Der bis zur Einführung des Wertpapierhandelsgesetzes bestehende, inhaltlich nahezu identische § 44a BörsG a. F. wurde durch § 15 WpHG ersetzt. Gemäß § 15 Abs. 1 WpHG unterliegt der Emittent von Wertpapieren, die zum Handel an einer inländischen Börse zugelassen sind, der Verpflichtung, eine neue Tatsache, die in seinem Tätigkeitsbereich eingetreten ist und nicht öffentlich bekannt ist, unverzüglich zu veröffentlichen, falls sie aufgrund ihrer Auswirkungen auf die Vermögens- und Finanzlage oder auf den allgemeinen Geschäftsverlauf geeignet ist, erhebliche Änderungen im Börsenkurs hervorzurufen. Im Falle zugelassener Schuldverschreibungen gilt diese Pflicht, falls die Tatsache Auswirkungen auf die Fähigkeit des Emittenten hat, seinen Verpflichtungen nachzukommen.

Unter dem Begriff der »Tatsache« gemäß § 15 Abs. 1 WpHG wird in der Literatur »Geschehenes oder Bestehendes« (vgl. Pellens, B. [1991], S. 63) verstanden. Nicht-veröffentlichungspflichtig sind somit z. B. in die Zukunft gerichtete

Bewertungen sowie Erwartungen oder Prognosen. Veröffentlichungspflichtig sind u. a. folgende Sachverhalte (vgl. Deutsche Börse AG [1994], S. 20 f.):

- Veräußerung satzungsgemäßer Kernbereiche,
- Verschmelzungsverträge,
- Erwerb oder Veräußerung wesentlicher Beteiligungen,
- Kapitalmaßnahmen,
- Dividendenänderung,
- Erfindungen,
- Rohstofffunde,
- Abschluss, Änderung, Kündigung bedeutender Vertragsverhältnisse, usw.

Zielsetzung

Mit der Ad hoc-Publizität wurde vom Gesetzgeber die Zielsetzung verfolgt, eine Ergänzung zu den zu veröffentlichenden Jahresabschlüssen, Lageberichten und Zwischenberichten zu schaffen. Die Informationszeiträume werden dadurch verkürzt, gleichzeitig erfolgt eine Annäherung an die Forderung der US-Börsenaufsichtsbehörde SEC nach einer kontinuierlichen *»disclosure of all material information concerning publicly traded securities«* Abschnitt 3 des WpHG (§§ 12 - 20) steht unter der Überschrift »Insiderüberwachung«. Als weitere Aufgabe der Ad hoc-Publizität kann demnach die Prävention von Insidergeschäften durch zeitnahe Publizität abgeleitet werden. Im Sinne der Wirksamkeit dieser Aufgabe ist es ein wichtiges Anliegen zu überprüfen, inwieweit die Ad hoc-Publizität die Informationseffizienz des Kapitalmarktes fördert (vgl. Pellens, B./Fülbier, R. U. [1994], S. 1383; Röder, K. [1998], S. 23 f.).

Überwachung

Mit Einführung des neuen § 15 WpHG ergaben sich inhaltlich nahezu keine Unterschiede zu der bereits bestehenden Vorschrift des BörsG. Veränderungen ergaben sich jedoch in der Überwachung der Ad hoc-Publizitätspflicht durch das neu eingeführte Bundesaufsichtsamt für den Wertpapierhandel (BAWe). Gemäß § 15 Abs. 2 WpHG hat der Emittent die zu veröffentlichende Tatsache sowohl der Geschäftsführung der zuständigen Börsen als auch dem BAWe mitzuteilen. Erst daran anschließend ist gemäß § 15 Abs. 3 WpHG die Tatsache über mindestens ein überregionales Börsenpflichtblatt bzw. über ein elektronisches Informationsverarbeitungssystem zu veröffentlichen. Soweit es der Überwachung der Publizitätspflichten dient, ist das BAWe nach § 15 Abs. 5 WpHG berechtigt, sich Einblick in die Unterlagen des Emittenten zu verschaffen und Auskünfte zu verlangen. § 39 WpHG sieht eine drastische Verschärfung der Bußgeldvorschriften bei Verstößen gegen die Ad hoc-Publizität vor.

Ad hoc-Publizität in USA

Seit der Einführung der beiden Publizitätsmittel, Zwischenbericht und Ad hoc-Publizität, unterliegen auch deutsche Emittenten einer zeitnahen Unternehmenspublizität, wie sie z. B. in den USA über die entsprechenden Bestimmungen der SEC sowie durch Vorschriften der großen Börsen bereits seit langem selbstverständlich ist (vgl. Grosse, H.-W. [1988]). Die in den USA gültigen Vorschriften zur Ad hoc-Publizität haben über die EU-Richtlinie die deutschen Vorschriften sehr stark geprägt, sodass in diesem Bereich von einer weitgehenden Vereinheitlichung gesprochen werden kann.

Kontrollfragen:

1. Was ist die Aufgabe des Anhangs?
2. Welche Funktionen werden dem Anhang nach HGB, IAS/IFRS und US-GAAP zugeordnet?
3. Wann kann bzw. muss die Berichterstattung im Anhang unterbleiben?
4. Warum können so viele Informationen wahlweise im Anhang oder in der Bilanz bzw. GuV gegeben werden?
5. Wie ist der Anhang zu gliedern?
6. Welche Unternehmen müssen gemäß HGB eine Kapitalflussrechnung und Segmentberichterstattung in den Anhang aufnehmen? Nach welchen Vorschriften können diese Ergänzungsrechnungen aufgestellt werden? Welche Voraussetzungen müssen hierfür gegeben sein?
7. Welche Konsequenzen hat die umgekehrte Maßgeblichkeit für die Berichterstattung im Anhang nach HGB?
8. Was ist die Aufgabe des Lageberichts?
9. Welche Unternehmen müssen keinen Lagebericht erstellen nach HGB, IAS/IFRS, US-GAAP?
10. Worüber ist im Lagebericht zu berichten? Was versteht man unter dem Risikobericht?
11. Können in den Lagebericht auch subjektive Angaben einfließen? Inwieweit unterscheidet sich der handelsrechtliche Lagebericht von dem anglo-amerikanischen MD&A?
12. An welchen Adressatenkreis richtet sich die Zwischenberichterstattung?
13. Was versteht man unter dem eigenständigen und was unter dem integrativen Ansatz der unterjährigen Erfolgsermittlung?
14. Was sind die Vorteile bzw. Nachteile des eigenständigen bzw. integrativen Ansatzes?
15. Welches sind die Berichtsgegenstände der börsenrechtlichen Zwischenberichterstattung nach DRS, IAS/IFRS und US-amerikanischen Vorschriften?
16. Bezieht sich die börsenrechtliche bzw. DRS 6-konforme Zwischenberichterstattung auf Daten der Einzelgesellschaft oder Daten des Konzerns?
17. Beruht die in Deutschland börsenrechtlich bzw. gemäß DRS 6 verankerte Zwischenberichterstattung auf dem eigenständigen oder auf dem integrativen Ansatz?
18. Nennen Sie die Prinzipien zur unterjährigen Abgrenzung von Erträgen und Aufwendungen im Rahmen der börsenrechtlichen Zwischenberichterstattung!
19. Welche Besonderheiten für die Zwischenberichterstattung ergeben sich bei Saisonunternehmen und bei Unternehmen mit langfristiger Fertigung?

20. Unterliegt die Zwischenberichterstattung der Pflichtprüfung durch den Jahresabschlussprüfer?
21. Was sind die wesentlichen Unterschiede der Zwischenberichterstattung nach IAS/IFRS und US-GAAP im Vergleich zur Zwischenberichterstattung gemäß DRS 6?
22. Welche Funktionen hat die Ad hoc-Publizität?
23. Was ist Gegenstand der Ad hoc-Publizität?

Zweiter Teil
Analyse des Jahresabschlusses

12. Kapitel: Erkenntnisziele, Grenzen, Vorbereitung und Auswertungsmethoden der Bilanzanalyse

Jahresabschlussanalyse/ Bilanzanalyse

Mit Jahresabschluss- oder kurz Bilanzanalyse werden (die im Folgenden erörterten) Verfahren der Informationsgewinnung und -auswertung bezeichnet, mit deren Hilfe aus den Angaben des Jahresabschlusses (Bilanz, Gewinn- und Verlustrechnung, Kapitalflussrechnung und Anhang) und des Lageberichtes Erkenntnisse über die Finanz- und Ertragslage der Unternehmung gewonnen werden. Durch die unternehmensexterne Stellung des Analytikers unterscheidet sich die Bilanzanalyse von der Betriebs- oder Unternehmensanalyse, bei der dem Betrachter auch unternehmensinterne Daten (interner Abschluss, Kostenrechnung, Finanzplanung, Auftragsbestand, Kreditlinien u. ä.) zur Verfügung stehen. Die interne Analyse ist deshalb umfassender und zuverlässiger als die externe. Externe und interne Unternehmensanalyse gleichen sich in dem Maße einander an, wie die Unternehmen an einer umfassenden Information der externen Kapitalgeber Interesse gewinnen.

Im Folgenden werden zunächst die Erkenntnisziele und Grenzen der externen Bilanzanalyse behandelt. Sodann wird auf die wichtigsten Bereinigungsschritte von Bilanz und GuV als Vorbereitung der Bilanzanalyse eingegangen. Abschließend werden Auswertungsmethoden angesprochen, die für alle Teile der Bilanzanalyse relevant sind.

A. Erkenntnisziele und Grenzen der Bilanzanalyse

I. Unternehmensziele, Unternehmens- und Bilanzanalyse

Bilanzanalyse und Unternehmensanalyse

Die Bilanzanalyse gehört in den größeren Zusammenhang der Unternehmensanalyse (vgl. Abbildung 12.1). Die Unternehmensanalyse fragt, inwieweit das Unternehmen in der Lage war (retrospektiv) bzw. in der Lage sein wird (prospektiv), die gesetzten ökonomischen Ziele zu erreichen. Man unterscheidet drei betriebswirtschaftliche Ziele, nämlich Liquidität, Erfolg und Erfolgspotenzial (vgl. Coenenberg, A. G. [2002] und die dort angegebene Literatur).

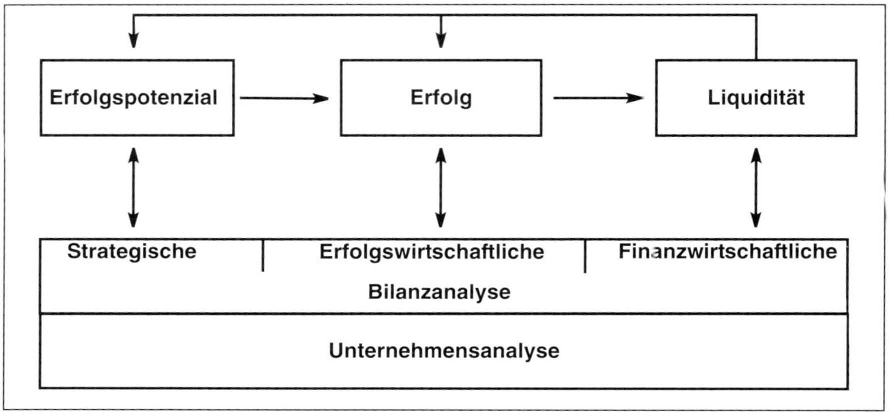

Abb. 12.1: Unternehmensziele, Unternehmens- und Bilanzanalyse

Liquidität, Erfolg

Als grundlegendes unternehmerisches Ziel ist die Liquidität zu betrachten, da ohne die Aufrechterhaltung der Zahlungsbereitschaft der Unternehmung trotz ansonsten guter Leistungseigenschaften (z. B. Personal, Technologie, Management) ein Fortbestand nicht möglich ist. Allerdings reicht in der Regel eine Unternehmenssteuerung nur über die Überwachung der Liquidität nicht aus, da dies abgrenzbare Geschäfte mit kurzen Durchlaufzeiten voraussetzen würde. Neben die Liquidität tritt deshalb als weitere ökonomische Zielgröße der Unternehmenserfolg, der als periodisierte Größe für das gesamte Unternehmen eine Vorsteuerungsfunktion für die Liquidität einnimmt, ohne jedoch die Aufgaben der Liquiditätssteuerung selbst lösen zu können. Neben die reine Geldsteuerung (Liquidität) tritt die güter- bzw. leistungswirtschaftliche Steuerung (Erfolg).

Erfolgspotenzial

In ähnlicher Weise wirkt das Erfolgspotenzial als Vorsteuerungsgröße für den Periodenerfolg, indem es als wesentliche Zielgröße der strategischen Führung des Unternehmens ungünstige Einflüsse auf die nachgelagerten Ziele als eine Art Frühwarnindikator anzeigt und so die Möglichkeit des problemadäquaten Ergreifens von Gegenmaßnahmen ermöglicht. Das Erfolgspotenzial eines Unternehmens lässt sich als ein Bündel nachhaltig wirksamer Wettbewerbsvorteile beschreiben, die im Zusammenhang mit Chancen und Risiken im Unternehmensumfeld sowie unternehmerischen Stärken und Schwächen rechtzeitig aufgebaut werden müssen, um in nachfolgenden Perioden Erfolge erzielen zu können.

Zielinterdependenzen

Erfolgspotenzial, Erfolg und Liquidität stehen einerseits - wie aufgeführt - in einem Vorsteuerungsverhältnis: Erfolgspotenzial ist notwendige Voraussetzung für Erfolg, der seinerseits notwendige Voraussetzung für die Liquiditätsrealisierung ist. Andererseits bestehen natürlich auch rückläufige Wirkungen: Ohne Liquidität ist die zukünftige Erfolgsrealisation und der Aufbau von Erfolgspotenzial in Frage gestellt und die Realisation gegenwärtiger Erfolge kann zu Lasten des Aufbaus von Erfolgspotenzialen gehen.

Unternehmensanalyse

Die Unternehmensanalyse beschäftigt sich mit der Lage und Entwicklung des Unternehmens unter allen drei Zielen. Sie umfasst dementsprechend eine strategische, erfolgswirtschaftliche und finanzwirtschaftliche Analyse. Wegen der internen Stellung des Analytikers, z. B. bei einer Due-Diligence zur Vorbereitung einer Unternehmensakquisition, ist die Unternehmensanalyse nicht auf die Daten des externen Rechnungswesen beschränkt.

Bilanzanalyse i. e. S. - Erfolg und Liquidität/ Finanz- und erfolgswirtschaftliche Bilabzanalyse

Die Jahresabschlussanalyse bezieht sich zunächst auf die Abschlussinstrumente Bilanz, GuV, Kapitalflussrechnung sowie Anhang. Insoweit könnte man von Jahresabschluss- oder Bilanzanalyse im engeren Sinne sprechen. Dieser Teil der Jahresabschlussanalyse hat die Aufgabe, das Unternehmen unter dem Gesichtspunkt von Erfolg und Liquidität zu analysieren.

Die Bilanzanalyse i. e. S besteht folglich aus der finanzwirtschaftlichen und erfolgswirtschaftlichen Bilanzanalyse.

Bilanzanalyse i. w. S. - Erfolgspotenzial

In den letzten Jahren hat sich die externe Rechnungslegung von kapitalmarktorientierten Unternehmen immer mehr von einer rein finanziellen Rechnungslegung zu einem umfassenden Business Reporting weiterentwickelt. Die immer umfangreichere Lageberichterstattung einschließlich Risikoberichterstattung, die Segmentberichterstattung sowie die zunehmende Tendenz zu freiwilliger Publizität i. S. eines Value Reporting gewähren den Analysten erhebliche Einblicke in das Erfolgspotenzial des Unternehmens. In einem weiteren Sinne ist die Bilanzanalyse in diesen Fällen deshalb auch auf die Analyse der Erfolgspotenziale auszudehnen.

Strategische Bilanzanalyse

Die strategische Bilanzanalyse, also die eher qualitative Analyse des Erfolgspotenzials, bedient sich grundsätzlich eigener Instrumente. Sie fragt auf der einen Seite nach den speziellen unternehmerischen Stärken und Schwächen im Wettbewerb, und auf der anderen Seite nach den Risiken und Chancen, denen das Unternehmen in seinen Umfeldern ausgesetzt ist. Die Abschlussinstrumente selbst geben hierzu keine unmittelbaren Erkenntnisse her. Ihnen kommt aber im Hinblick auf das Erfolgspotenzial insofern eine indirekte Bedeutung zu, als Erfolgspotenzial einerseits und Erfolg und Liquidität andererseits in einer Wechselbeziehung stehen.

Unternehmenswert

Die Zielgrößen Erfolgspotenzial, Erfolg und Liquidität sind - wie ausgeführt - die Ansatzpunkte für eine umfassende Bilanzanalyse. Seit geraumer Zeit ist als übergeordnete Zielgröße die Steigerung des Unternehmenswertes in den Vordergrund gerückt. In welcher Relation steht die Zielgröße »Unternehmenswert« (kurz: »Wert«) zum dreidimensionalen Zielsystem Erfolgspotenzial, Erfolg und Liquidität? Der Unternehmenswert ist die Reduktion dieser Zieldimensionen auf eine umfassende Zielgröße durch das Phasenkonzept der »Wertgenerierung«, wie in Abb. 12.2 veranschaulicht ist.

Phasenkonzept der »Wert«-Generierung

Das Phasenkonzept der »Wert«-Generierung spiegelt die Vor- und Rücksteuerungsdimension der Zielgrößen Erfolgspotenzial, Erfolg und Liquidität wider. Verfügbare Liquidität ermöglicht Investitionen in Sachkapital, intellektuelles Kapital und in Märkte. Aus den daraus generierbaren Erfolgspotenzialen entstehen bei entsprechend effizienter Umsetzung Erfolge, die schließlich wieder zur Liquidität beitragen. Der Unternehmenswert ist das Resultat aller im Phasenkonzept wirkender Komponenten; er hat somit eine strategische und operative Dimension. Die strategische Dimension des Unternehmenswertes wird durch die

Investitionen und die Erfolgspotenziale, die operative durch Erfolg und Liquidität bestimmt.

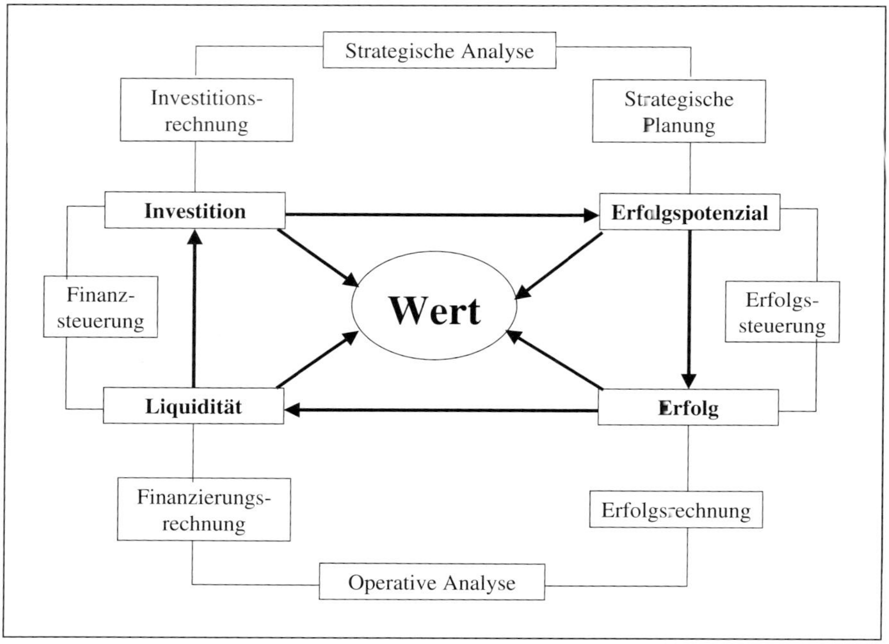

Abb. 12.2: Phasenkonzept der »Wert«-Generierung

Wertorientierte Bilanzanalyse

Insofern lässt sich die Bilanzanalyse auch als eine Analyse der Wertgenerierung verstehen. Die Analyse von Erfolg und Liquidität führt zur operativen Messung der erreichten Wertgenerierung abgeschlossener Perioden, die Analyse von Investition und Erfolgspotenzial zur strategischen Bewertung des auf die Zukunft bezogenen Unternehmenswertes.

II. Bilanzierungszwecke, Erkenntnisziele und Adressaten der Bilanzanalyse

Bilanzierungszwecke/ Erkenntnisziele der Bilanzanalyse
- HGB

Die Erkenntnisziele der Bilanzanalyse korrespondieren unmittelbar mit den Bilanzierungszwecken.

Gemäß § 264 Abs. 2 HGB hat der Jahresabschluss »unter Beachtung der Grundsätze ordnungsmäßiger Buchführung ein den tatsächlichen Verhältnissen entsprechendes Bild der Vermögens-, Finanz- und Ertragslage« zu vermitteln. Vermögens- und Finanzanlage sind so eng miteinander verknüpft, dass sie im Rahmen der Bilanzanalyse als ein zusammengehöriges Informationsziel betrachtet werden können. Die Bilanzanalyse ist dementsprechend - soweit sie sich auf den Jahresabschluss selbst bezieht - auf zwei Erkenntnisziele gerichtet: Im Rahmen der finanzwirtschaftlichen Bilanzanalyse steht die finanzielle Stabilität, im Rahmen der erfolgswirtschaftlichen Bilanzanalyse die Ertragskraft im Mittelpunkt.

- IAS/IFRS/US-GAAP

Auch nach IAS/IFRS (vgl. F 12) und US-GAAP (vgl. CON 5.13) stehen die beiden Informationsziele des Jahresabschlusses, nämlich die Finanz- und Ertragslage, im Vordergrund. Insofern ergeben sich für die Jahresabschlussanalyse dieselben Erkenntnisziele.

Externe Adressaten

In Anlehnung an die doppelte Informationszielsetzung lassen sich die externen Adressaten einer Bilanzanalyse schwerpunktmäßig danach aufteilen, ob sie primär Informationen über die finanzielle Stabilität oder über die Ertragskraft suchen.

Finanzielle Stabilität

Der ersten Adressatengruppe sind jene Personen zuzuordnen, deren Beziehungen zu dem Unternehmen primär durch ein vertraglich fixiertes Schuldner-Gläubiger-Verhältnis gekennzeichnet sind: Hierzu zählen aktuelle und potenzielle Gläubiger, Lieferanten, Kunden sowie Arbeitnehmer. Für diese Personengruppen gilt es, anhand der Jahresabschluss- und Lageberichtsinformationen das Risiko einzuschätzen, inwieweit finanzielle Instabilitäten des »Schuldner-Unternehmens« die planmäßige Erfüllung seiner Leistungsverpflichtungen gegenüber den Adressaten beeinträchtigen (Illiquiditätsrisiko). Zu diesen Leistungsverpflichtungen zählen insbesondere die termingerechte Begleichung von Schulden aus Kredit- und Warengeschäften (Lieferungen, Warenbestellungen) sowie die termingerechte Zahlung von Löhnen und Gehältern.

Ertragskraft

Die zweite Adressatengruppe verfolgt als Erkenntnisziel in erster Linie die Messung der Ertragskraft; hierzu zählen die Eigner (z. B. Aktionäre), Führungskräfte, die Gewerkschaften und die Konkurrenz, die sich bei ihren Entscheidungen von der Ertragslage des Unternehmens leiten lassen (Ertragsrisiko). Interessiert den Aktionär sowie die mit *stock options* ausgestattete Führungskraft die Ertragslage hauptsächlich im Hinblick auf das künftige Dividendenausschüttungs- und Kursentwicklungspotenzial, stellt die Ertragskraft für die Gewerkschaften einen Maßstab für die Durchsetzungsmöglichkeit von Lohn- und Gehaltsforderungen dar. Der Konkurrenz dienen Ertragskraftdaten als Vergleichsmaßstab für die Beurteilung der eigenen Ertragslage. So können beispielsweise Informationen gewonnen werden, ob das Produktionsprogramm der Konkurrenz einen höheren Ertrag abwirft als das eigene oder ob ein Preiskampf Aussicht auf Erfolg verspricht.

Erfolgspotenzial

Neben finanzieller Stabilität und Ertragskraft kommt als drittes Analyseziel das Erfolgspotenzial hinzu. Da das Erfolgspotenzial Voraussetzung für finanzielle Stabilität und Ertragskraft ist, erscheint dieses Erkenntnisziel für alle Adressatengruppen in gleicher Weise von Bedeutung. Alle drei Erkenntnisziele stehen in so enger Interdependenz, dass Bilanzanalysen stets ganzheitlich zu betrachten sind. Denn: Finanzielle Stabilität (Liquidität) ist eine notwendige Voraussetzung für die kontinuierliche Erwirtschaftung von Erträgen und den Aufbau von Erfolgspotenzialen, wie umgekehrt ohne hinreichende Erfolgspotenziale und Erträge das finanzielle Gleichgewicht zumindest langfristig gefährdet ist.

Interne Adressaten

Bilanzanalysen sind auch für interne Adressaten von Bedeutung. Im Rahmen des operativen und strategischen Controllings dienen sie den Verantwortlichen zur Schaffung von Transparenz über die aktuelle Situation. Bilanzanalysen sind außerdem Bestandteil einer ordnungsgemäßen Prüfungsberichterstattung. Über diesen Weg werden sie oft zu einer wichtigen Informationsgrundlage für Kontrollorgane wie Aufsichtsrat oder Beirat.

III. Grenzen der Bilanzanalyse

Grenzen der Bilanzanalyse

Die Grenzen der Bilanzanalyse ergeben sich dort, wo die verfügbaren Informationen nicht den aus den Erkenntniszielen abgeleiteten Informationserfordernissen entsprechen. Diese Erfordernisse des Informationsempfängers hängen von der Art seiner Beziehung zum betreffenden Unternehmen und den damit verbundenen Entscheidungen ab, z. B. Investitionsentscheidungen der Anteilseigner im Hinblick auf zukünftige Ausschüttungen und Kursgewinne, Kreditentscheidungen der Gläubiger im Hinblick auf künftige Tilgung und Verzinsung. All diesen Entscheidungen ist gemeinsam, dass sie zukunftsbezogene Informationen für die Beurteilung der finanz- und erfolgswirtschaftlichen Unternehmensentwicklung erfordern. Dabei gilt, dass das Risiko einer Fehlentscheidung mit dem Umfang der für die Beurteilung der künftigen Unternehmensentwicklung verfügbaren relevanten Daten sinkt. In diesen beiden Forderungen nach Zukunftsbezogenheit und möglichst weitgehender Vollständigkeit der Informationen zeigen sich unmittelbar die Grenzen der Aussagefähigkeit der Jahresabschlussinformationen.

Mangelnde Zukunftsbezogenheit der Daten

Die Abschlussinformationen selber beziehen sich auf einen abgeschlossenen, vergangenen Zeitraum, der meist ein Jahr umfasst. Aussagen über die zukünftige Entwicklung der Unternehmung, die durch den Vergleich mehrerer aufeinanderfolgender Jahresabschlüsse extern gewonnen werden können (Zeitvergleich), beruhen auf der Annahme, dass eine in der Vergangenheit sichtbare Tendenz in die Zukunft extrapoliert werden kann. Aufgrund der zunehmenden Marktdynamik und des sich ständig ändernden Unternehmensumfeldes kann von dieser Voraussetzung nur bedingt ausgegangen werden. Trendmäßige Entwicklungen ließen sich anhand von Kennzahlen (z. B. Entwicklung der Umsatzerlöse, Nettoinvestitionen, Material- und Personalintensität, Effektivverschuldung, Cashflow etc.) zutreffender feststellen, wenn man die Daten kürzerer vergleichbarer Zeiträume berücksichtigen könnte. Vierteljahres- oder Monatsabschlüsse werden jedoch oft lediglich zu Zwecken der internen Planung, Kontrolle und Steuerung erstellt. Extern ist nach der in Deutschland gültigen börsenrechtlichen Regelung lediglich eine Halbjahreszwischenberichterstattung mit nur wenigen quantitativen Angabepflichten vorgesehen (vgl. 11. Kapitel C II). Nach IAS/IFRS (vgl. 11. Kapitel C III) und US-GAAP (vgl. 11. Kapitel C IV) umfasst die Zwischenberichterstattungspflicht zwar einen vollständigen Abschluss, aber lediglich nach US-GAAP ist eine vierteljährliche Berichterstattungspflicht vorgeschrieben. Zusätzliche Informationen werden – wenn auch nur in begrenztem Umfang – durch den bei großen und mittleren Kapitalgesellschaften offenlegungspflichtigen Lagebericht gegeben, indem z. B. gemäß § 289 Abs. 2 Nr. 2 HGB auf die voraussichtliche Entwicklung der Kapitalgesellschaft eingegangen werden muss.

Aufgrund der mit der Offenlegung von unternehmensinternen Prognosen verbundenen Problematik, objektive Informationen zur Verfügung zu stellen, die gleichzeitig Konkurrenzschutzüberlegungen gerecht werden, wird sich jede Prognosepublizität jedoch in relativ engen Grenzen bewegen. Insoweit dürften die Möglichkeiten des externen Analytikers, unternehmensinterne Prognosen bei seiner Urteilsbildung zu verwerten, sehr begrenzt sein. Dies gilt in ähnlicher Weise auch für den Lagebericht im Sinne der IAS/IFRS bzw. US-GAAP (vgl. 11. Kapitel B). Allerdings zeichnet sich zunehmend ab, dass die vorgeschriebenen und freiwilligen Zusatzinformationen, die für eine strategische Jahresabschlussanalyse zur Verfügung stehen, umfangreicher und zuverlässiger werden.

Mangelnde Vollständigkeit der Daten

Die offenlegungspflichtigen Jahresabschlussbestandteile umfassen nicht alle für die finanz- und erfolgswirtschaftliche Unternehmensbeurteilung relevanten Daten. Zunächst ist zu beachten, dass der Jahresabschluss als eine die finanziellen Transaktionen des Unternehmens abbildende Rechnung ausschließlich in Geldeinheiten quantifizierbare Daten enthält. Das hat meist zur Folge, dass verlässliche Angaben über nicht monetär quantifizierbare, für die Unternehmensbeurteilung aber bedeutsame Daten wie z. B. Qualität des Managements, technisches Know-how, Entwicklungsprojekte, Marktstellung fehlen. Hinzu kommt, dass der Jahresabschluss - seiner primären Erfolgsermittlungsfunktion entsprechend - auf die Abbildung tatsächlicher Geschäftstransaktionen beschränkt ist; Informationen über bestimmte für die Unternehmensbeurteilung wichtige potenzielle Transaktionen, wie sie sich z. B. in Ab- und Aussonderungsrechten im Falle des Konkurses und in den zur Verfügung stehenden Kreditreserven manifestieren, bleiben somit weitgehend verborgen.

Vorsichtsprinzip

Zudem werden die Jahresabschlussinformationen im HGB-Abschluss gemäß § 252 Abs. 1 Nr. 4 HGB im Rahmen einer vorsichtigen Vermögensdarstellung und Erfolgsermittlung ausgewiesen, was zu Unterbewertungen des Reinvermögens bzw. Vorverrechnung von Aufwendungen führen kann. Zur Realisierung bilanzpolitischer Ziele besteht schließlich die Möglichkeit, die bei der Erstellung des Jahresabschlusses bestehenden Bilanzierungs- und Bewertungswahlrechte zu Lasten des Informationsgehaltes des Jahresabschlusses zu nutzen. Diese Einschränkungen gelten nicht für einen IAS/IFRS- oder US-GAAP-Abschluss, da hier das Vorsichtsprinzip nicht so stark im Vordergrund steht und Bilanzierungs- und Bewertungswahlrechte weitgehend nicht existieren.

B. Aufbereitung des Jahresabschlusses

Zusammenfassung und Saldierung von Positionen

Insbesondere gehören zur Aufbereitung des Jahresabschlusses die Zusammenfassung und Saldierung von Posten zu aussagefähigen und in der Kennzahlenanalyse sinnvoll verwendbaren Größen. Welche Zusammenfassungen und Saldierungen zweckmäßig sind, kann nicht allgemein gültig festgelegt werden. Die folgenden Ausführungen orientieren sich am HGB und beziehen sich nur auf die wichtigsten Positionen der handelsrechtlichen Mindestgliederungsschemata sowie der betragsmäßigen Angabepflichten im Anhang, soweit diese für die verschiedenen Bereiche der Jahresabschlussanalyse relevant sind. Sie orientieren sich an Verfahrensweisen, die sich in der Praxis der Bilanzanalyse weitgehend durchgesetzt haben. Weitere Zusammenfassungen und Saldierungen – vor allem innerhalb der GuV –werden bei Besprechung der einzelnen Kennzahlen angegeben. Auf Besonderheiten bei der Zusammenfassung und Saldierung von Positionen in IAS/IFRS- bzw. US-GAAP-Abschlüssen wird hingewiesen.

Große Kapitalgesellschaft als Ausgangspunkt

Da die Rechnungslegungsvorschriften des HGB einerseits zwischen Kapital- und Nicht-Kapitalgesellschaften, andererseits innerhalb der Kapitalgesellschaften zwischen großen, mittleren und kleinen Unternehmen (§ 267 HGB) differenzieren, ergeben sich für die Jahresabschlussanalyse unterschiedliche Ausgangsvoraussetzungen bzgl. des verfügbaren Informationsvolumens und der verfügbaren Informationsqualität. In den folgenden Ausführungen des 12., 13. und 14. Kapitels wird für den HGB-Abschluss die große Kapitalgesellschaft als Vorbild zugrunde gelegt. Sie unterliegt den detailliertesten Rechnungslegungsvorschriften, sodass das erfolgs- und finanzwirtschaftliche Analyseinstrumentarium in seiner Technik so dargestellt werden kann, wie es maximal in der Lage ist, Informationen für die Jahresabschlussadressaten zu liefern. Im Folgenden werden die Kennzahlen zunächst auf Basis des Einzelabschlusses definiert und bereinigt. Im Falle der Anwendung der Analyse auf den Konzernabschluss sind die spezifischen Besonderheiten des Konzernabschlusses zusätzlich zu berücksichtigen. Auf konzernspezifische Besonderheiten wird jeweils eingegangen. Bei nach IAS/IFRS oder US-GAAP erstellten Abschlüssen sind die Kennzahlen auf die Gliederungsschemata von IAS/IFRS bzw. US-GAAP entsprechend anzupassen. Diese Besonderheiten werden bei den betreffenden Kennzahlen jeweils behandelt.

Wertberichtigungen

Wertberichtigungen werden mit den korrespondierenden Aktivposten saldiert. Sie kommen bei der Kapitalgesellschaft - von steuerlichen Wertberichtigungen im Rahmen des Sonderpostens mit Rücklageanteil abgesehen - allerdings ohnehin nicht vor, da der Anlagespiegel gemäß § 268 Abs. 2 HGB nach der direkten Bruttomethode aufzustellen ist und auch beim Finanzanlage- und Umlaufvermögen Wertkorrekturen aktivisch vorzunehmen sind. Bei internationalen Abschlüssen sind passivisch ausgewiesene Wertberichtigungen ohnehin unüblich.

Umlaufvermögen

Für Zwecke der Analyse subsumiert man die aktiven Rechnungsabgrenzungsposten unter dem Umlaufvermögen. Unter Berücksichtigung erforderlicher Korrekturen ergibt sich folgendes Definitionsschema:

	Vorräte (Aktiva B I)
+	Forderungen und sonstige Vermögensgegenstände (Aktiva B II)
+	Wertpapiere (Aktiva B III)
+	Flüssige Mittel (Aktiva B IV)
+	Aktive Rechnungsabgrenzungsposten (Aktiva C)
–	Aktiviertes Disagio (Angabepflicht in Bilanz oder Anhang gemäß § 268 Abs. 6 HGB)
=	Umlaufvermögen

Monetäres Umlaufvermögen

Beim Umlaufvermögen fasst man einzelne Positionen zum so genannten monetären Umlaufvermögen zusammen, welches bei der Berechnung der Liquiditätskennzahlen und der Effektivverschuldung herangezogen wird:

	Forderungen und sonstige Vermögensgegenstände (Aktiva B II)
+	Wertpapiere (Aktiva B III)
+	Flüssige Mittel (Aktiva B IV)
+	Aktive Rechnungsabgrenzungsposten ohne Disagio (Aktiva C)
=	monetäres Umlaufvermögen

Das monetäre Umlaufvermögen stellt den Betrag am Bilanzstichtag dar, der sich kurz- bzw. mittelfristig in Form von Barliquidität umschlagen lässt.

Warenforderungen

Die Warenforderungen ergeben sich aus:

	Forderungen aus Lieferungen und Leistungen (Aktiva B II 1)
+	Forderungen gegen verbundene Unternehmen (soweit aus Lieferungen und Leistungen) (Aktiva B II 2)
+	Forderungen gegen Unternehmen, mit denen ein Beteiligungsverhältnis besteht (soweit aus Lieferungen und Leistungen) (Aktiva B II 3)
=	Warenforderungen

Nach IAS/IFRS bzw. US-GAAP sind das Umlaufvermögen und das monetäre Umlaufvermögen aus der Mindestgliederung der Bilanz gemäß IAS 1.66 bzw. Regulation S-X, Rule 5-02 eindeutig ableitbar. Auf Einzelheiten braucht deshalb hier nicht eingegangen werden. Den Warenforderungen entspricht im US-GAAP-

Abschluss die Position *trade receivables*; im IAS/IFRS-Abschluss werden diese allerdings mit den *other receivables* vermischt ausgewiesen.

Warenwechsel, denen ein Lieferungs- und Leistungsgeschäft zugrunde liegt, sind in den jeweiligen Forderungspositionen mit enthalten.

Liquide Mittel

Unter Liquiditätsgesichtspunkten ist die Position »Liquide Mittel« von Interesse. Sofern eine Kapitalflussrechnung gemäß DRS 2 bzw. gemäß IAS 7 oder FAS 95 vorliegt, kann auf den Endbestand des Finanzmittelfonds (Zahlungsmittel und Zahlungsmitteläquivalente) zurückgegriffen werden. Andernfalls empfiehlt sich die Zusammenfassung der Aktivpositionen B IV »Flüssige Mittel« und B III 3 »Wertpapiere« zur Position Liquide Mittel. Im IAS/IFRS- bzw. US-GAAP-Abschluss sind die *Cash and Cash Equivalents* unmittelbar aus der Bilanz ableitbar.

Langfristiges, kurzfristiges Vermögen

Im Rahmen der bestandsorientierten Liquiditätsanalyse (vgl. 13. Kapitel C I 1) ist eine Abgrenzung des langfristig und kurzfristig gebundenen Vermögens notwendig. Da die langfristigen Forderungen (Restlaufzeit > 5 Jahre) nicht wie die entsprechenden Verbindlichkeiten gesondert angegeben werden müssen, beschränkt sich das langfristig gebundene Vermögen auf das Anlagevermögen (Aktiva A). Zum kurzfristig gebundenen Vermögen wird analog das gesamte Umlaufvermögen gerechnet. Im Falle von IAS/IFRS- oder US-GAAP-Abschlüssen ist die Unterteilung in kurz- und langfristig durch die Aufgliederung in *non-current* und *current assets* gegeben.

Eigenkapital nach HGB

Bei den Passiva ist zwischen Eigen- und Fremdmitteln zu unterscheiden. Das Eigenkapital lässt sich für Zwecke der Analyse wiederum in bilanzielles und bereinigtes Eigenkapital untergliedern. Das bilanzielle Eigenkapital lässt sich durch Saldierung mit den als Wertberichtigungen zum Eigenkapital aufzufassenden Positionen ermitteln. Als solche Wertberichtigungen sind zu interpretieren ausstehende Einlagen, Ausschüttungen, eigene Anteile und der Eigenkapitalanteil des Sonderpostens mit Rücklageanteil, der aus Vereinfachungsgründen mit 50 % zu bemessen ist.

Für einen HGB-Abschluss, der wie üblich nach teilweiser Gewinnverwendung (§ 268 Abs. 1 HGB) aufgestellt ist, ergibt sich folgendes Ermittlungsschema für das bilanzielle Eigenkapital (Die Unterscheidung zwischen Saldo I und Saldo II ist wegen der unterschiedlichen Ausweismöglichkeiten der ausstehenden Einlagen erforderlich):

bilanzielles Eigenkapital

	Gezeichnetes Kapital
–	ausstehende Einlagen (falls gemäß § 272 Abs. 1 Satz 1 HGB vor dem Anlagevermögen gesondert ausgewiesen)
=	Saldo I

Soweit vom Ausweiswahlrecht gemäß § 272 Abs. 1 Satz 3 HGB Gebrauch gemacht wird, die nicht eingeforderten Einlagen vom gezeichneten Kapital offen abzusetzen, ergibt sich folgendes Schema:

	Gezeichnetes Kapital
–	nicht eingeforderte ausstehende Einlagen
=	eingefordertes Kapital (A I)
–	eingeforderte ausstehende Einlagen
=	Saldo II

	Saldo I bzw. II
+	Kapitalrücklage (Passiva A II)
+	Gewinnrücklagen (Passiva A III)
+	Bilanzgewinn (Passiva A IV)
(–	Bilanzverlust (Passiva A IV))
–	Ausschüttungsbetrag (auf der Grundlage des publizitätspflichtigen Gewinnverwendungsvorschlages (§ 170 Abs. 2 Nr. 1 AktG) oder des publizitätspflichtigen Gewinnverwendungsbeschlusses (§ 174 Abs. 2 Nr. 2AktG))
–	eigene Anteile (Aktiva B III 2)
+	Eigenkapitalanteil des Sonderpostens mit Rücklageanteil (§§ 273, 281 Abs. 1 Satz 1 HGB)
=	bilanzielles Eigenkapital

Eigenkapital nach IAS/IFRS/ US-GAAP

Bei Bilanzierung nach IAS (1.66, 74, 86) oder US-GAAP (vgl. FAS 129 sowie Kieso, D. E./Weygandt, J. J./Warfield, T. D. [2001], insbesondere S. 828 f.) setzt sich das bilanzielle Eigenkapital prinzipiell aus vergleichbaren Positionen wie in einem HGB-Abschluss zusammen. Allerdings kann das Eigenkapital im IAS/ IFRS/US-GAAP-Abschluss nicht realisierte Ergebnisbestandteile aus dem Ansatz von Marktwerten z. B. aufgrund der Neubewertungsmethode oder bei bestimmten Wertpapieren oder aus dem Ansatz latenter Steuern aus nicht ergebniswirksamen *temporary differences* beinhalten (sog. *other comprehensive income*). Diese sollten dann auch als Bestandteile des Eigenkapitals betrachtet werden.

Konzern-eigenkapital

Beim Konzernabschluss kommt als zusätzlicher Bestandteil des Eigenkapitals der Unterschied aus der Währungsumrechnung von Fremdwährungsabschlüssen hinzu. Außerdem stellt sich zusätzlich die Frage, ob der Fremdanteil als Bestandteil des Eigenkapitals zu betrachten ist. Die Antwort hängt von der Fragestellung ab, ob das Eigenkapital stärker unter dem Liquiditäts- oder Rentabilitätsgesichtspunkt analysiert wird.

(a) Unter der finanzwirtschaftlichen Frage, welche Mittel dem Unternehmen ohne Rückzahlungsverpflichtung auf Dauer zur Verfügung stehen, ist der Fremdanteil als Bestandteil des Eigenkapitals zu betrachten. In diesem Falle ist im HGB-Abschluss eine Korrektur nicht erforderlich, da der Fremdanteil gemäß HGB-Gliederung des Konzernabschlusses unter dem Eigenkapital ausgewiesen wird. Im IAS/IFRS bzw. US-GAAP-Abschluss wäre dagegen eine Umgliederung des Fremdanteils in das Eigenkapital vorzunehmen. In beiden Fällen ist jedoch der auf die Fremdanteile entfallende Ausschüttungsbetrag, hilfsweise der auf sie entfallende Gewinnanteil, vom Eigenkapital abzusetzen.

(b) Wird bilanzanalytisch dagegen nach der Eigenkapitalrendite aus der Sicht der Anteilseigner der Obergesellschaft gefragt, so wäre unter dieser speziellen Fragestellung der Fremdanteil nicht als Bestandteil des Eigenkapitals zu betrachten. Gleichzeitig darf in diesem Falle nur das auf die Anteilseigner der Obergesellschaft entfallende Ergebnis in die Analyse einbezogen werden.

Bereinigtes Eigenkapital

Das bilanzielle Eigenkapital sollte im Falle eines HGB-Abschlusses zusätzlich um die möglichen Verzerrungen aufgrund der steuerlichen Maßgeblichkeit und ihrer Rückwirkung bereinigt werden. Diese Bereinigung entfällt, wenn, wie gemäß § 308 Abs. 3 Satz 1 HGB zulässig, durch Neuausübung von Bilanzansatz- und Bewertungsmethoden die steuerlichen Verzerrungen bereits eliminiert sind. Sie entfällt außerdem in Abschlüssen nach IAS/IFRS- bzw. US-GAAP, da hier die steuerliche Maßgeblichkeit nicht gegeben ist. Andernfalls kann zur Bereinigung das folgende Schema verwendet werden:

- Um steuerliche Maßgeblichkeit bereinigtes Eigenkapital

	bilanzielles Eigenkapital
+	Eigenkapitalanteil der außerplanmäßigen Abschreibungen gemäß § 254 HGB
=	um steuerliche Maßgeblichkeit bereinigtes Eigenkapital

Steuerliche Sonderabschreibungen

Bei den Korrekturen des bilanziellen Eigenkapitals um die allein aus steuerlichen Gründen vorgenommenen Abschreibungen gemäß § 254 HGB handelt es sich um über die handelsrechtlich gebotenen Abschreibungen hinausgehende Abschreibungsbeträge. Diese Abschreibungen dürfen nur dann dem bilanziellen Eigenkapital hinzugerechnet werden, soweit sie nicht bereits im Rahmen des Sonderpostens mit Rücklageanteil mit erfasst wurden. Werden die Abschreibungen gemäß § 254 HGB im Sonderposten mit Rücklageanteil ausgewiesen, kann das Eigenkapital um die möglicherweise über mehrere Perioden bestehenden rein steuerlich bedingten Unterbewertungen korrekt bereinigt werden. Bei direktem Ausweis kann das Eigenkapital nur um die entsprechenden Abschreibungen des Geschäftsjahres bereinigt werden, da nur diese gemäß § 281 Abs. 2 HGB angabepflichtig sind. Dies führt im abnutzbaren Anlagevermögen zu Verzerrungen in den Folgeperioden, in denen die in der Handelsbilanz ausgewiesenen Folgeabschreibungen aufgrund der einmaligen Abschreibung gemäß § 254 HGB in der Ausgangsperiode zu niedrig ausfallen.

Bereinigung um Bilanzansatz- und Bewertungswahlrechte

Über die Bereinigung um steuerlich bedingte Verzerrungen hinaus wird gelegentlich empfohlen, das Eigenkapital zusätzlich um den Eigenkapitalanteil von wahrgenommenen Bilanzansatz- und Bewertungswahlrechten zu bereinigen, die gemäß HGB zulässig sind. Analog sind dann natürlich auch die entsprechenden Bilanzpositionen (Anlagevermögen, Umlaufvermögen, Fremdkapital) zu bereinigen, auf die sich die Wahlrechte beziehen. Auf diese Weise soll das Eigenkapital (und die entsprechende Bilanzposition) so bemessen werden, als ob die Wahlrechte nicht wahrgenommen worden wären, und somit die zwischenbetriebliche Vergleichbarkeit gefördert werden. Die in eine derartig erweiterte Bereinigung einbeziehbaren Wahlrechte sind insbesondere:

- außerplanmäßige Abschreibung des Umlaufvermögens auf den niedrigeren Zukunftswert (§ 253 Abs. 3 HGB)
- niedrigere Bewertung durch Anwendung der Bewertungsmethoden gemäß §§ 240 Abs. 4, 256 HGB
- unterlassene Pensionsrückstellungen (Art. 28 Abs. 2 Nr. 4 EGHGB)
- derivativer Firmenwert im Einzelabschluss (§ 255 Abs. 4 HGB) und Firmenwert aus der Erstkonsolidierung (§ 301 HGB)
- Ingangsetzungs- und Erweiterungsaufwendungen (§ 269 HGB)
- Disagio (§ 250 Abs. 3 HGB)
- aktive latente Steuern im Einzelabschluss (§ 274 Abs. 2 HGB)
- Aufwandsrückstellungen (§ 249 Abs. 2 HGB)

Die Bereinigungen des Eigenkapitals (und der entsprechenden Bilanzpositionen) in der dargestellten Form werden in dem Maße irrelevant, wie Unternehmen in ihren Jahresabschlüssen auf die Anwendung steuerlicher Wertansätze und die Nutzung der erwähnten Bilanzansatz- und Bewertungswahlrechte verzichten. So wurden, durch die Einführung der DRS, die Bilanzierungs- und Bewertungswahlrechte für Mutterunternehmen stark eingeschränkt. Insbesondere trifft die Irrelevanz der Bereinigung allerdings für die Konzernabschlüsse börsennotierter Unternehmen zu, die sich in den letzten Jahren in zunehmendem Maße an international üblichen Bilanzierungsstandards orientieren, wenn nicht sogar ein zusätzlicher oder gemäß § 292a HGB befreiender Konzernabschluss auf Basis internationaler Standards vorgelegt wird. In diesen Fällen ist als bilanzanalytisches Eigenkapital das bilanzielle Eigenkapital zu verwenden. Dies gilt analog für das Anlagevermögen, Umlaufvermögen und Fremdkapital.

Gesamtschulden, Fremdmittel

Im Rahmen der Analyse der Kapitalstruktur und der Liquidität können die Fremdmittel und Gesamtschulden entsprechend den Aufgliederungsvorschriften der §§ 268 Abs. 5 Satz 1 und 285 Nr. 1 und 2 HGB in langfristige, mittel- und kurzfristige Fremdmittel und Schulden unterteilt werden:

	Verbindlichkeiten mit einer Restlaufzeit ≤ 1 Jahr (Passiva C)
=	kurzfristige Schulden
+	Verbindlichkeiten mit einer Restlaufzeit > 1 Jahr und zugleich ≤ 5 Jahre
+	Fremdkapitalanteil des Sonderpostens mit Rücklageanteil
=	kurz- und mittelfristige Schulden
+	Verbindlichkeiten mit einer Restlaufzeit > 5 Jahre (= langfristige Schulden)
=	Gesamtschulden

	kurzfristige Schulden (s. o.)
+	Steuerrückstellungen (Passiva B 2)
+	sonstige Rückstellungen (gegebenenfalls abzüglich Aufwandsrückstellungen) (Passiva B 3)
+	Dividendenzahlungen
+	Passive Rechnungsabgrenzung (Passiva D)
+	Fremdkapitalanteile der Korrekturpositionen im Übergang vom bilanziellen zum um die steuerlichen Wirkungen bereinigten Eigenkapital
=	kurzfristige(s) Fremdmittel (Fremdkapital)
+	Verbindlichkeiten mit einer Restlaufzeit > 1 Jahr und zugleich ≤ 5 Jahre
+	Erhaltene Anzahlungen auf Bestellungen (Passiva C 3)
+	Fremdkapitalanteil des Sonderpostens mit Rücklageanteil
=	kurz- und mittelfristige(s) Fremdmittel (Fremdkapital)

+	Verbindlichkeiten mit einer Restlaufzeit > 5 Jahre
+	Rückstellungen für Pensionen und ähnliche Verpflichtungen (Aktiva B 1)
+	Fremdkapitalanteil der unterlassenen, nicht bilanzierungspflichtigen Pensionsrückstellungen (Art. 28 Abs. 2 EGHGB)
=	langfristige(s) Fremdmittel (Fremdkapital)

Die exakte Einordnung der sonstigen Rückstellungen (Passiva B 3) als lang-, mittel- oder kurzfristige Fremdmittel hängt wesentlich von dem Erläuterungsumfang im Anhang gemäß § 285 Nr. 12 HGB ab. Sofern sich hieraus Angaben über Rückstellungsart und Fristigkeiten ergeben, kann eine Zuordnung erfolgen. In Zweifelsfällen sollte jedoch i. S. der bilanzanalytischen Vorsicht eine Subsumierung unter den kurzfristigen Fremdmitteln erfolgen.

Die Fristengliederung der *liabilities* im IAS/IFRS- bzw. US-GAAP-Abschluss beruht auf der Trennung von *current* und *non-current liabilities* (IAS 1.57-65; Regulation S-X, Rule 5-02). Insofern ist hier nur eine Gliederung in kurzfristige und nicht-kurzfristige Schulden möglich.

Warenschulden

Die Warenschulden ergeben sich aus:

	Verbindlichkeiten aus Lieferungen und Leistungen (Passiva C 4)
+	Verbindlichkeiten aus der Annahme gezogener Wechsel und der Ausstellung eigener Wechsel (soweit aus Lieferungen und Leistungen) (Passiva C 5)
+	Verbindlichkeiten gegenüber verbundenen Unternehmen (soweit aus Lieferungen und Leistungen) (Passiva C 6)
+	Verbindlichkeiten gegenüber Unternehmen, mit denen ein Beteiligungsverhältnis besteht (soweit aus Lieferungen und Leistungen) (Passiva C 7)
=	Warenschulden

Im Abschluss nach IAS/IFRS bzw. US-GAAP entspricht den Warenschulden die Position *trade payables*, die im IAS/IFRS-Abschluss allerdings mit den *other payables* zusammengefasst ausgewiesen wird.

Bereinigtes Gesamtkapital

Aufgrund der beim Eigenkapital durchgeführten umfangreichen Korrekturen errechnet sich das Gesamtkapital (= Gesamtvermögen) wie folgt:

	bereinigtes Eigenkapital
+	kurz- und mittelfristige Fremdmittel
+	langfristige Fremdmittel
=	bereinigtes Gesamtkapital (= Gesamtvermögen)

Nettoinvestitionen

Für die Wachstumsanalyse werden die Nettoinvestitionen mit den Abschreibungen verglichen:

	Zugänge (Investitionen)
–	Abgänge (bewertet zu Restbuchwerten)
=	Nettoinvestitionen

Die Abgänge zu Restbuchwerten können dabei nicht dem Brutto-Anlagespiegel gemäß § 268 Abs. 2 HGB direkt entnommen werden, da die dort ausweispflichtigen Abgänge des Anlagevermögens zu historischen Anschaffungs- bzw. Herstellungskosten bewertet sind. Unter Zuhilfenahme der Vorjahresrestbuchwerte können die Abgänge zu Restbuchwerten jedoch errechnet werden. Dies lässt sich formelhaft wie folgt ableiten (vgl. Mayer, A. [1989], S. 256):

$$EB^{RBW} = AB^{RBW} + Zug.^{GJ} + UB^{+} - AfA^{GJ} - Abg.^{RBW} - UB^{-} + Z^{GJ}$$
$$Abg.^{RBW} = AB^{RBW} + Zug.^{GJ} + UB^{+} - AfA^{GJ} - UB^{-} - EB^{RBW} + Z^{GJ}$$

wobei die Symbole für folgende Inhalte stehen:

$Abg.^{RBW}$	=	Abgänge zu Restbuchwerten
EB^{RBW}	=	Bilanzendbestand zu Restbuchwerten
AB^{RBW}	=	Bilanzanfangsbestand zu Restbuchwerten
Zug^{GJ}	=	Zugänge des Geschäftsjahres
$UB^{+/-}$	=	Umbuchungen
Z^{GJ}	=	Zuschreibungen des Geschäftsjahres
AfA^{GJ}	=	Abschreibungen des Geschäftsjahres

Diese Nebenrechnung ist nicht erforderlich, sofern ein Abschreibungsspiegel aufgestellt und offen gelegt wird, aus dem die auf die Abgänge entfallenden kumulierten Abschreibungen direkt hervorgehen. Die Abgänge zu Restbuchwerten ermitteln sich dann als Differenzen zwischen Abgängen zu historischen Anschaffungs- bzw. Herstellungskosten und Abgängen des Abschreibungsspiegels.

Setzt man die Bestimmungsgleichung für die Abgänge zum Restbuchwert in die Ermittlungsformel für die Nettoinvestitionen ein, so lassen sich die Nettoinvestitionen (NI) (aus Vereinfachungsgründen unter Vernachlässigung von Umbuchungen und Zuschreibungen) mittels einer einfachen Bestimmungsgleichung ermitteln:

$$NI = Zug.^{GJ} - (AB^{RBW} + Zug.^{GJ} - AfA^{GJ} - EB^{RBW})$$
$$NI = EB^{RBW} - AB^{RBW} + AfA^{GJ}$$

D. h. die Nettoinvestitionen errechnen sich aus der Differenz der Buchwerte des Anlagevermögens im Geschäftsjahr zuzüglich der Abschreibungen des Geschäftsjahres. Diese Formel ist auf HGB-Abschlüsse sowie IAS/IFRS- und US-GAAP-Abschlüsse in gleicher Weise anwendbar, da die Buchwerte aus der Bilanz und die Abschreibungen des Geschäftsjahres unabhängig von der Gestaltung der GuV (UKV bzw. GKV) aus den *notes* zu entnehmen sind.

Umsatz

Soweit in der Jahresabschlussanalyse der Umsatz verwendet wird, kann die Position »Umsatzerlöse« übernommen werden, da gemäß § 277 Abs. 1 HGB die Umsatzerlöse stets um die Umsatzsteuer und Erlösschmälerungen zu kürzen sind.

Personalaufwand

Bei der GuV nach dem Gesamtkostenverfahren empfiehlt sich die Zusammenfassung aller personalbezogenen Aufwendungen, soweit dies nicht bereits vom bilanzierenden Unternehmen im Rahmen der Gliederungsverkürzungsmöglichkeit des § 265 Abs. 7 HGB vorgenommen wurde:

	Löhne und Gehälter (GuV 6a)
+	Soziale Abgaben und Aufwendungen für Altersversorgung und für Unterstützung, davon für Altersversorgung
=	Gesamtpersonalaufwand

Da die GuV nach dem Umsatzkostenverfahren nach sekundären Kostenarten gegliedert ist, sind die Personalaufwendungen der GuV in diesem Falle nicht zu entnehmen. Eine der GuV nach dem Gesamtkostenverfahren entsprechende Zusammenfassungsmöglichkeit ergibt sich jedoch aus der Anhangsberichtspflicht gemäß § 285 Nr. 8b HGB. Dies gilt auch im Falle des IAS/IFRS-Abschlusses, nicht jedoch im Falle des US-GAAP-Abschlusses, der eine Angabepflicht für die Löhne und Gehälter bzw. Personalkosten nicht kennt.

Materialaufwand

Der Materialaufwand ergibt sich bei der GuV nach dem Gesamtkostenverfahren aus den Positionen »Aufwendungen für Roh-, Hilfs- und Betriebsstoffe und für bezogene Waren« sowie »Aufwendungen für bezogene Leistungen«, bei der GuV nach dem Umsatzkostenverfahren im Rahmen des Einzelabschlusses aus der Anhangsberichtspflicht gemäß § 285 Nr. 8a HGB. Diese Angabepflicht gilt jedoch nicht für kleine Kapitalgesellschaften (§ 288 HGB) und – größenunabhängig – nicht für den Konzernabschluss. Die Angabe der Materialkosten ist ferner weder im IAS/IFRS-Abschluss (bei Wahl des Umsatzkostenverfahrens) noch im US-GAAP-Abschluss verpflichtend.

C. Auswertungsmethoden der Bilanzanalyse

I. Vergleichsmaßstäbe

Zeitvergleich

Die Beurteilung der Daten setzt Vergleichsmaßstäbe voraus. Vergleichsmaßstäbe können aus Daten früherer Perioden, anderer Betriebe oder aus Soll-Normen gewonnen werden. Dementsprechend kann zwischen dem Zeitvergleich, dem Betriebsvergleich und dem Soll-Ist-Vergleich unterschieden werden. Der Zeitvergleich hat den Vorteil, dass die Wirkungen bilanzpolitischer Maßnahmen, die eine Verschiebung oder Vorwegnahme von Ergebnissen bewirken, langfristig wieder aufgehoben werden: Die in einer Periode unter erhöhter Aufwandsverrechnung gebildeten stillen Reserven werden in den folgenden Perioden insoweit wieder aufgelöst, als dann die antizipierten Aufwendungen fehlen und umgekehrt.

Betriebsvergleich/ Benchmarking

Beim Betriebsvergleich werden Unternehmen gleicher Branche miteinander verglichen, wobei darauf zu achten ist, dass absolute Zahlen nur bei gleicher Größe der Unternehmungen vergleichbar sind und deshalb meist Verhältniszahlen angewendet werden müssen. Besonders aussagefähig ist hier der Vergleich mit dem stärksten Wettbewerber in der Branche (sog. *benchmarking*).

Soll-Ist-Vergleich

Ein Soll-Ist-Vergleich ist nur in Ausnahmefällen durchführbar, weil im Allgemeinen aussagefähige Soll-Daten nicht zur Verfügung stehen. Die im bilanztheoretischen Schrifttum gelegentlich geforderte Pflicht zur Veröffentlichung von Planabschlüssen würde die Möglichkeit zu systematischen Soll-Ist-Analysen eröffnen. Als einen ersten konkreten Schritt in diese Richtung kann die Vorschrift des § 289 Abs. 2 Satz 2 HGB aufgefasst werden, nach der der Lagebericht u. a. auch auf die voraussichtliche Entwicklung der Kapitalgesellschaft eingehen soll. Insbesondere vor dem Hintergrund der Prüfungsproblematik ist jedoch umstritten, ob der Lagebericht quantifizierbare Prognosen enthalten muss. Soweit Prognoseinformationen in rechenbarer Form gegeben werden, sollte sich die Bilanzanalyse stets auch auf die Überprüfung der Realisation der gegebenen Zielprojektionen sowie die Analyse eventueller Abweichungen erstrecken.

II. Kennzahlen

Grundzahlen

Neben der Art des Vergleichs müssen jeweils zweckentsprechende Auswertungs- und Darstellungstechniken gewählt werden, um die Bilanzanalyse zu einem geeigneten Instrument der Informationsgewinnung zu machen. In einfachster Form werden die Daten als absolute Zahlen (Grundzahlen), z. B. Einzelzahlen, Summen oder Differenzen, angegeben. Die Aussagekraft dieser Angaben ist gering, solange jeder Vergleichsmaßstab fehlt.

Kennzahl

Setzt man absolute Zahlen zueinander ins Verhältnis, so wird damit ein erster Vergleich dieser Zahlen vorgenommen und die Aussagekraft erhöht. Den Ausdruck dieser zueinander in Beziehung gesetzten betriebswirtschaftlich relevanten Größen nennt man Kennzahl.

Entsprechungsprinzip

Für die Bildung aussagefähiger Kennzahlen gilt das Entsprechungsprinzip, d. h. Zähler und Nenner der Kennzahl müssen in einem sinnvollen inneren Zusammenhang stehen. Man unterscheidet Gliederungs-, Beziehungs- und Indexzahlen:

Gliederungszahl

Werden Teilgrößen der Gesamtgröße gegenübergestellt, so spricht man von Gliederungszahlen, wie beispielhaft in Abbildung 12.3 dargestellt: Sie zeigen das relative Gewicht einzelner Größen im Verhältnis zum Ganzen (Strukturen z. B. des Vermögens, des Kapitals und der Aufwendungen) und machen Vergleiche von Betrieben unterschiedlicher Größe möglich. Um ein Bild von der wirklichen Größenordnung zu bekommen, sollten immer auch die Gesamtgrößen in absoluten Zahlen genannt werden.

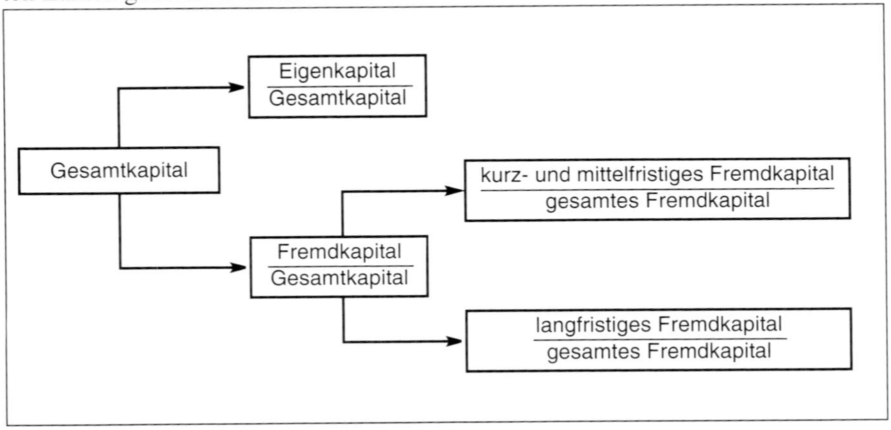

Abb. 12.3: Gliederungszahlen zum Gesamtkapital

Beziehungszahlen

Beziehungszahlen entstehen dadurch, dass verschiedenartige Gesamtheiten aufeinander bezogen werden, die in einem sachlogischen Zusammenhang, z. B. in einer Mittel-Zweck-Relation stehen. So stellt man z. B. den Gewinn als verursachte Größe dem Gesamtkapital als verursachende Größe gegenüber, um die Gesamtkapitalrentabilität zu messen. Zur Wahrung des Entsprechungsprinzips muss der Gewinn im Zähler dabei vor Fremdkapitalzinsen ermittelt werden, da in der Kennzahl Gesamtkapitalrentabilität das Kapital im Nenner sowohl das Eigenkapital als auch das Fremdkapital umfasst.

Bei dem Verhältnis

$$\frac{\text{Eigenkapital}}{\text{Anlagevermögen}}$$

beispielsweise liegt keine Mittel-Zweck-Relation vor, sondern es werden gleichgeordnete Teile (im Hinblick auf die Bindungsfrist) einer übergeordneten Gesamtheit (Unternehmung) in Beziehung zueinander gesetzt. Der Nachteil der Beziehungszahl ist, dass die Ursachen ihrer Veränderungen nicht festgestellt werden können, wenn man nicht die Veränderung der absoluten Größen kennt. So kann die Erhöhung der Kapitalrentabilität auf der Steigerung des Gewinnes bei konstantem Gesamtkapital beruhen oder auf einem Abbau des Gesamtkapitals bei konstantem Gewinn oder auch schließlich darauf zurückzuführen sein, dass der Gewinn relativ stärker gestiegen ist oder relativ schwächer gesunken ist, als das Kapital zu- bzw. abgenommen hat. Um Aufschluss über die Veränderungsursachen zu erhalten, bedient sich die Praxis zahlreicher Kennzahlensysteme. Mit Hilfe dieser Analyseinstrumente, die auch von besonderer Bedeutung für die betriebsinterne Steuerung von Unternehmen sind, versucht man die Ursachen für die Veränderung einer ausgewählten Spitzenkennzahl durch untergeordnete Kennzahlen zu erklären, die in einer direkten Ursache-Wirkungs-Beziehung zur jeweils übergeordneten Kennzahl stehen. Eines der bedeutendsten Kennzahlensysteme ist das *Return on Investment*-Kennzahlensystem (vgl. 14. Kapitel B V 2).

Indexzahlen

Index-(Mess-)Zahlen eignen sich zur Darstellung von zeitlichen Veränderungen bzw. Entwicklungen einer Größe. Der Wert eines Basiszeitpunktes wird gleich 100 % gesetzt und alle weiteren Werte verschiedener Zeitpunkte werden im Verhältnis zu diesem Basiswert gemessen; Beispiele sind die Aktien- und Preisindizes. Von der Wahl dieses Basiswertes hängt die Aussagekraft der Indexzahlen ab, denn bei extremen Basiswerten kann der Eindruck entstehen, dass an sich normale Folgewerte außergewöhnlich seien, obwohl die Verhältnisse umgekehrt sind.

III. Verdichtung von Kennzahlen

Die bisher genannten Darstellungstechniken der Bilanzanalyse ermöglichen es, Unterschiede und Entwicklungstendenzen nur im Hinblick auf eine oder mehrere Kennzahlen nebeneinander festzustellen. Es wird also z. B. ermittelt, dass Unternehmung A einen größeren Umsatz als B hat, dass B eine größere Eigenkapitalquote als A hat, usw.

Offen bleibt bei diesen Kennzahlenvergleichen,

- welche Kennzahlen ein Analyst für eine fundierte Beurteilung der Lage eines Unternehmens heranziehen soll,

- wie er diese Kennzahlen zu einer Gesamtaussage verdichten soll,
- ab welchem Wert diese Gesamtkennzahl eine Gefährdung des Unternehmens anzeigt.

In der bilanzanalytischen Literatur und in der Bilanzanalysepraxis haben sich verschiedene Verfahren zur Lösung dieser Fragestellungen entwickelt, die man in theoretische und praktische Ansätze einteilen kann. Diese Ansätze zur Verdichtung von Kennzahlen werden im Folgenden kurz erörtert.

Auf der Ebene hoch verdichteter Konzern-Jahresabschlüsse besteht insbesondere für interne Analysezwecke aber auch umgekehrt Bedarf, Kennzahlen und ihre Veränderung im Hinblick auf ihre Herkunft zu disaggregieren. Diesbezüglich sei auf die Literatur verwiesen (vgl. Jacobs, O. H./Oestreicher, A./Rheinboldt, R./Krahmer, E. [1999]).

1. Theoretische Ansätze

Klassifikation von Jahresabschlüssen

Theoretische Ansätze bedienen sich mathematisch orientierter Verfahren, um die aufgeworfenen Fragen zu beantworten. Ausgehend von einer empirischen Datenanalyse wird versucht, Trennwerte zur Klassifikation von Jahresabschlüssen zu ermitteln. Die grundlegende Vorgehensweise dieser Verfahren stellt sich wie folgt dar (vgl. Hauschildt, J./Leker, J. (Hrsg.) [2000], S. 119 ff.):

1. Schritt: Festlegung des Kriteriums für die Gruppenbildung

In einem ersten Schritt wird festgelegt, welches Kriterium zur Unterscheidung von »guten« und »schlechten« Unternehmen dienen soll. Dabei können als klassifizierende Elemente z. B. der Eintritt der Insolvenz oder aber auch eine allgemeinere Form der Leistungsstörung wie Konkursantrag, Vergleichsantrag, Stundungsvergleich etc. herangezogen werden.

2. Schritt: Einteilung in Gruppen

Anhand dieses festgelegten Kriteriums lassen sich die Unternehmen anhand der Jahresabschlüsse vergangener Perioden in zwei Gruppen einteilen, in die Gruppe der »guten« und in die der »schlechten« Unternehmen.

3. Schritt: Anwendung der Verfahren auf Stichprobengruppen

Es werden aus beiden Gruppen Stichproben gezogen, auf die die mathematischen Verfahren angewandt werden.

4. Schritt: Überprüfung der Ergebnisse

Die aus Schritt 3 gewonnenen Ergebnisse (Diskriminanzfunktionen, Einstellungen des neuronalen Netzes) werden an einer Vergleichsgruppe überprüft.

5. Schritt: Ziel

Zielsetzung der Verfahren ist, anhand von gewichteten Kennzahlen zu einer Gesamtaussage zu gelangen, die es ermöglicht, zukünftige Eintritte von Insolvenzen oder sonstigen Leistungsstörungen vorherzusagen.

Dabei können mathematisch-statistische Ansätze wie die Diskriminanzanalyse oder mit dem Einsatz von neuronalen Netzen auch Verfahren der künstlichen Intelligenz zur Anwendung kommen.

a) *Diskriminanzanalyse*

(1) Univariate Diskriminanzanalyse

Univariate Diskriminanzanalyse

Im Rahmen der univariaten Diskriminanzanalyse wird jede Kennzahl einzeln auf ihre Fähigkeit, Unternehmen als »gut« oder als »schlecht« zu bewerten, untersucht. Die Klassifikation von Unternehmen erfolgt mit derjenigen Kennzahl, die zum besten Trennergebnis führt. Dieses Verfahren wurde bereits 1966 von *William H. Beaver*, einem führenden amerikanischen Finanz- und Bilanztheoretiker, angewandt (Beaver, W. H. [1966]). Als trennschärfste Kennzahl erwies sich dabei der Quotient aus Cashflow zu Fremdkapital.

Die univariate Diskriminanzanalyse kann durch diese Einzelbetrachtung von Kennzahlen natürlich immer nur Teilaspekte näher beleuchten. Außerdem bleibt die Frage offen, wie divergierende Teilkennzahlen zu einer Gesamtaussage verdichtet werden können.

Abbildung 12.4 (vgl. Baetge, J./Huß, M./Niehaus, H.-J. [1986], S. 608) zeigt beispielhaft die Vorgehensweise bei einer zweimaligen univariaten Diskriminanzanalyse. An der Abszisse werden die Werte des Verschuldungsgrades und an der Ordinate die Werte für eine Cashflow-Rentabilität abgetragen. In das Koordinatensystem wurden die Kennzahlenwerte für 12 »gute« und 12 »schlechte« Unternehmen eingezeichnet. Die Häufigkeitsverteilungen der beiden Kennzahlenwerte sind ebenfalls an den Achsen abgetragen.

Unter den Annahmen, dass »schlechte« Unternehmen im Durchschnitt einen höheren Verschuldungsgrad als »gute« Unternehmen aufweisen und dass das Verhältnis bezüglich der Cashflow-Rentabilität genau umgekehrt ist, kann man anhand der Trenngeraden eine Klassifizierung der 12 Unternehmen vornehmen. Allerdings werden in Bezug auf den Verschuldungsgrad fünf Unternehmen falsch klassifiziert (vier eigentlich »schlechte« Unternehmen werden als »gut« eingeschätzt, ein »gutes« als »schlecht«). Hinsichtlich der Cashflow-Rentabilität kommt es zu einer Fehlklassifikation von zehn Unternehmen (vier »schlechte« als »gut«, sechs »gute« als »schlecht«). Diese Fehlklassifikationen werden auch schon in den Häufigkeitsverteilungen dadurch deutlich, dass die Mittelwerte »guter« und »schlechter« Unternehmen sehr nah beieinander liegen und die Einzelwerte sehr weit um ihren jeweiligen Mittelwert streuen. Dadurch ist der Überlappungsbereich der Verteilungen der beiden Kennzahlen recht groß. Das bedeutet, dass weder die Rentabilitätskennzahl noch die Kennzahl zur kurzfristigen Verschuldung univariat eine zufriedenstellende Gruppentrennung ermöglicht. allen Unternehmen auf, deren Kennzahlenkoordinaten im unteren linken oder im rechten oberen Quadranten des Koordinatensystems der Trennlinien liegen.

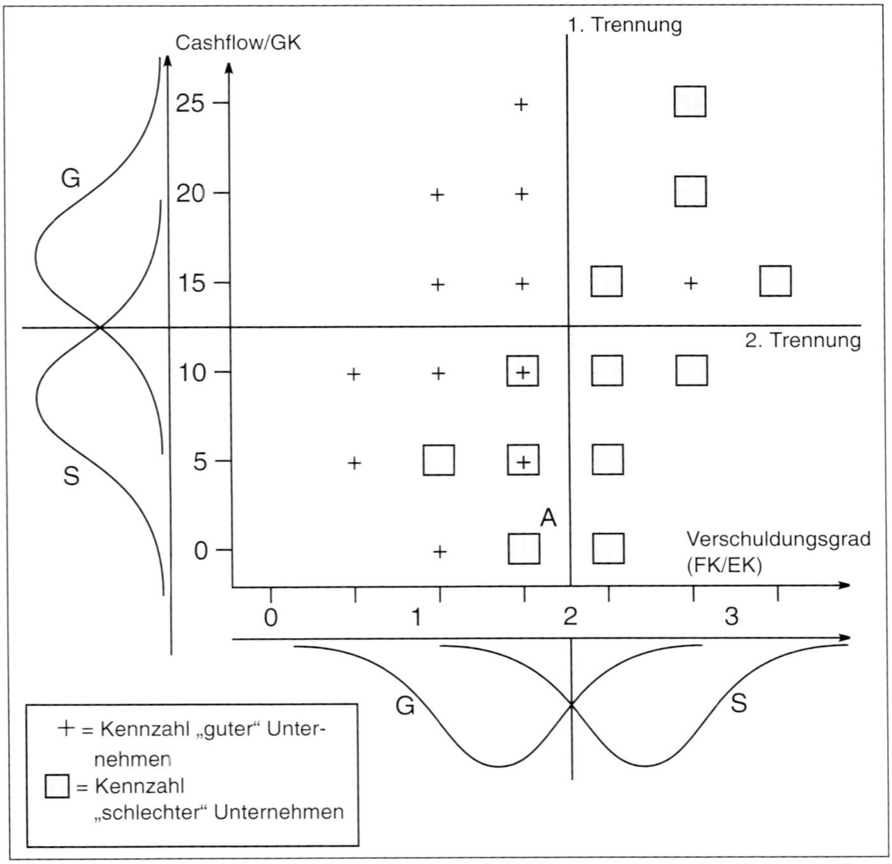

Abb. 12.4: Beispiel zur univariaten Diskriminanzanalyse

Hinsichtlich Unternehmen A beispielsweise ergibt sich zusätzlich noch ein Widerspruch, da es anhand des Verschuldungsgrades als »gut«, anhand der Cashflow-Rentabilität als »schlecht« eingestuft wird. Diese Widersprüche treten bei

Bei mehreren univariaten Trennungen weiß der Anwender der statistisch ermittelten Gesamtwerte also nicht, wie die divergierenden Teilurteile zu einem tragfähigen und empirisch zuverlässigen Gesamturteil zusammengefasst werden können. Dieses Dilemma versucht die multivariate Diskriminanzanalyse zu lösen.

(2) Multivariate Diskriminanzanalyse

Man kann in Abbildung 12.4 bereits mit Stift und Lineal eine einzige Trenngerade einzeichnen, die »gute« und »schlechte« Unternehmen besser, nämlich mit nur noch vier Fehlklassifikationen trennt. Diese Linie klassifiziert vor allem auch

Multivariate Diskriminanzanalyse

im Hinblick auf die widerspruchsfreie Trennung besser. Diese grafische Trennung ist eine bivariate Trennung, denn sie berücksichtigt gleichzeitig beide Kennzahlen. Das ist in der Abbildung 12.5 geschehen.

Es wird also versucht, mit einer einzigen Trenngeraden, statt mit zweien, die »guten« von den »schlechten« Unternehmen zu trennen. Eine solche bivariate Trennung lässt sich aber auch mathematisch-statistisch herleiten, indem zunächst eine Diskriminanzfunktion ermittelt wird. Es handelt sich dabei um die Gerade D, die die Kennzahlenwertkombinationen von x und y so gewichtet, dass die guten und schlechten Fälle fehlerminimal klassifiziert werden.

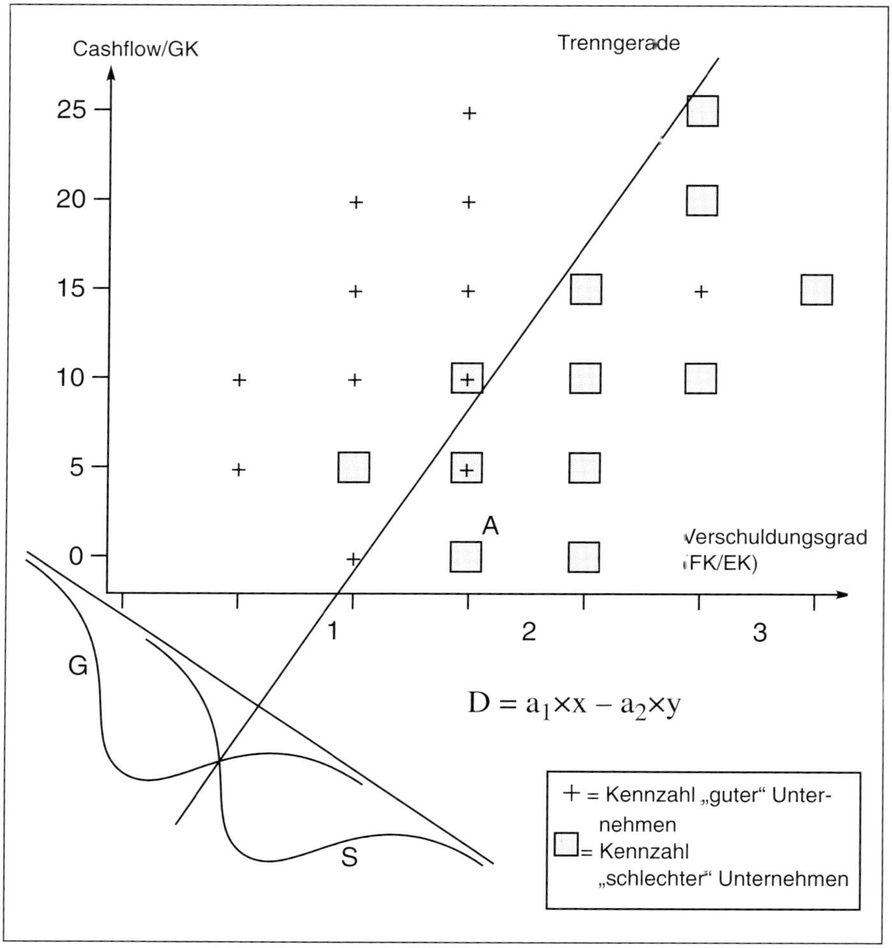

Abb. 12.5: Beispiel zur multivariaten Diskriminanzanalyse

(3) Empirische Untersuchungen

Die Anwendbarkeit der Diskriminanzanalyse wurde vor allem für den Bereich der Bonitätsbeurteilung von kreditnachfragenden Unternehmen im Banken- und Kreditgewerbe erforscht. *Edward I. Altmann* hat 1968 33 solvente und 33 insolvente US-amerikanische Unternehmen auf Basis der nachfolgenden sechs Kennzahlen miteinander verglichen:

- Cashflow/Fremdkapital
- Jahresüberschuss/Gesamtkapital
- Fremdkapital/Gesamtkapital
- Umlaufvermögen/kurzfristiges Fremdkapital
- Working capital/Gesamtkapital
- bald verfügbare Geldmittel minus kurzfristiges Fremdkapital/Betriebsaufwendungen vor Abschreibungen

Dabei konnte er eine Trefferquote von 95 % für die Kennzahlen im ersten und 72 % für die Kennzahlen im zweiten Jahr vor der Insolvenz errechnen.

Bei neueren Untersuchungen von *Jörg Baetge* (vgl. Baetge, J./Beuter, H./Feidicker, M. [1992] vgl. auch Baetge, J. [1998], S. 560 ff.) stellte sich heraus, dass mit vier verknüpften Kennzahlen ungefähr 86 % der Unternehmen drei Jahre vor dem Insolvenzeintritt korrekt als gefährdet klassifiziert werden konnten. Diese Quote steigert sich auf bis zu 89 % ein Jahr vor dem Insolvenzfall.

Verwendet wurden folgende Kennzahlen:

1) $\frac{\text{wirtschaftliches Eigenkapital}}{\text{Gesamtkapital}}$

2) $\frac{\text{Gesamtverschuldung}}{\text{Umsatz}}$

3) $\frac{\text{Cash Flow}}{\text{kurzfristiges Fremdkapital}}$

4) $\frac{\text{kurzfristige Verbindlichkeiten}}{\text{Fremdkapital}}$

wobei folgende Definitionen der Kennzahlen verwendet wurden:

	Haftendes Eigenkapital
+	50 % des Sonderpostens mit Rücklageanteil
+	Gesellschafterdarlehen
–	Forderungen an nicht persönlich haftende Gesellschafter
–	Ausstehende Einlagen
=	Wirtschaftliches Eigenkapital

	Betriebsergebnis
+	Normalabschreibungen
+	Zuführungen zu Pensionsrückstellungen
–	Betriebssteuern
±	Bestandserhöhungen/-minderungen
–	Andere aktivierte Eigenleistungen
+	Finanzwirksame außerordentliche Erträge
–	Finanzwirksame außerordentliche Aufwendungen
=	Cashflow

Generell lässt sich sagen, dass in den empirischen Untersuchungen immer jeweils ein Renditemaß und eine Kapitalstrukturkennzahl verwendet wurde. Eine dritte oder vierte Kennzahl wechselt hingegen.

Ein Vorteil der multivariaten Diskriminanzanalyse liegt darin, dass mit Hilfe des Gesamtindexes ein zusammengefasstes, widerspruchsfreies und intersubjektiv nachprüfbares Gesamturteil über die Finanz- und Ertragslage eines Unternehmens abgegeben werden kann. Dieses Ergebnis kann an einer empirisch getesteten Sollgröße, dem Diskriminanzwert, überprüft werden.

Die Ergebnisse der multivariaten Diskriminanzanalyse haben aufgezeigt, dass zu einer recht genauen Beurteilung der Unternehmenslage nicht eine Vielzahl von Kennzahlen benötigt werden. Die Klassifikationsleistung der Diskriminanzanalyse verbessert sich bei Hinzunahme weiterer Kennzahlen entweder nur noch marginal oder gar nicht mehr.

Allerdings führt eine solche Analyse lediglich zu einem pauschalen Urteil über eine mögliche Gefährdung; die Ursachen für eine mögliche Unternehmenskrise werden nicht hinreichend aufzeigt. Hierfür ist eine Betrachtung disaggregierter

Kennzahlen sowie weiterer quantitativer und qualitativer Informationen notwendig.

b) Neuronale Netze

Die neueste Weiterentwicklung in der Methodik der Kennzahlenverdichtung liegt im Einsatz von neuronalen Netzen (vgl. Baetge, J. [1994]; vgl. auch Baetge, J. [1998], S. 572 ff.).

Neuronale Netze, künstliche Intelligenz

Neuronale Netze sind ein Zweig der künstlichen Intelligenz, deren Funktionsweise dem der menschlichen Neuronen nachempfunden ist. Sie sind als lernende Systeme besonders für den Einsatz in schlecht strukturierten und komplexen Systemen geeignet. Als Ergebnisse der Anwendung neuronaler Netze lassen sich folgende Punkte festhalten:

- Neuronale Netze sind in der Lage, die Klassifikationsleistung der multivariaten Diskriminanzanalyse zu übertreffen.
- Neuronale Netze sind universeller einsetzbar als die multivariate Diskriminanzanalyse.

Als Kritikpunkt der Anwendung neuronaler Netze wird häufig die mangelnde Transparenz der Entscheidungsfindung angesehen. Das neuronale Netz als »*black box*« berechnet die Kennzahlenwerte für Unternehmen, ohne dass dem Anwender die zugrunde liegenden Entscheidungen transparent gemacht werden (vgl. Abbildung 12.6).

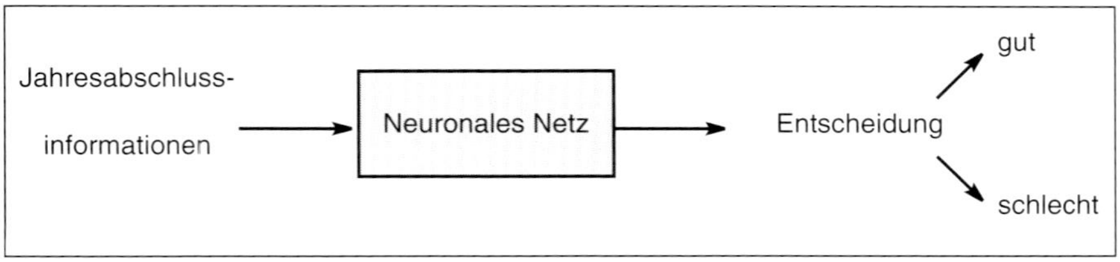

Abb. 12.6: Kennzahlenverdichtung mit neuronalen Netzen

Neuere Ansätze versuchen daher, neuronale Netze mit Expertensystemen zu verbinden und somit die zugrunde liegenden Entscheidungsregeln und ökonomischen Zusammenhänge aufzudecken.

c) Beurteilung der theoretischen Ansätze

Als gemeinsame Kritikpunkte dieser mathematisch-statistischen Verfahren bleibt anzumerken: Hinter der Ermittlung eines Diskriminanzwertes zur Krisenerkennung steht keine betriebswirtschaftlich-theoretische Fundierung. Als Vergleichsmaßstab steht lediglich ein empirisch gewonnener Sollwert von Unternehmen zur Verfügung, die in der Vergangenheit Leistungsstörungen aufwiesen. Dieser Wert stellt jedoch nur eine Symptombeschreibung der Unternehmenskrise dar. Die abgeleiteten Trennwerte gelten nur für den statistischen Durchschnitt der Unternehmen. Im Einzelfall kann keine konkrete Eintrittswahrscheinlichkeit für eine Insolvenz angegeben werden.

Auch bei der Anwendung dieser modernen Ansätze der Jahresabschlussanalyse stößt der Praktiker auf die gleichen Probleme, die in den traditionellen Analyseverfahren auftreten: Die Daten des Jahreabschlusses sind vergangenheitsorientiert und durch bilanzpolitische Maßnahmen beeinflussbar. Daher wird im Rahmen der Kennzahlenauswahl der Versuch gemacht, solche Werte herauszufiltern, die eine gewisse Zukunftsbezogenheit aufweisen oder stärker gegen Bilanzpolitik gefeit sind.

Zusammenfassend lässt sich festhalten, dass diese Verfahren eine erste Orientierung und eine Entlastung von Routinefällen ermöglichen. Zu ergänzen sind die mathematisch-statistischen Verfahren um weitere quantitative und qualitative Informationen.

2. Praktische Ansätze

Auch praktische Ansätze versuchen, die Fülle möglicher Kennzahlen auf wenige repräsentative Kennzahlen zu verdichten, für die dann in der Regel Grenzwerte vorgegeben werden. Die Auswahl der als repräsentativ angesehenen Kennzahlen erfolgt nach Plausibilitätsüberlegungen, Erfahrungen oder neuerdings auch auf Grundlage der Ergebnisse empirischer Untersuchungen, wie etwa der beschriebenen Diskriminanzanalysen.

BAV-Kreditleitfaden

Der verwendete Kennzahlenkatalog ist insbesondere abhängig von den Interessen, die ein Analyst mit dem Unternehmen verbindet. So stehen für den Anteilseigner Rentabilitätskennzahlen im Vordergrund, wie etwa der Gewinn je Aktie. Gläubiger sind eher an der finanziellen Stabilität des Unternehmens interessiert. Jedes Kreditinstitut, das Unternehmenskredite vergibt, verfügt in der Regel über ein eigenes standardisiertes Aufbereitungs- und Analyseschema. Eine weitere größere - potentielle - Gläubigergruppe stellen die Versicherungsunternehmen dar. Vor allem die Lebensversicherer gehören zu den größten Kapitalsammelstellen. Sie dürfen im Rahmen ihrer Geldanlage Kredite in Form von Schuldscheindarlehen an private Unternehmen vergeben, sind aber gesetzlich verpflichtet, deren Bonität zu überprüfen. Diese Bonitätsprüfung erfolgt, soweit sie sich auf Jahresabschlussinformationen stützt, aufgrund des Kreditleitfadens von 1992 anhand von insgesamt vier Jahresabschlusskennzahlen, für die jeweils Grenzwerte vorgegeben werden (vgl. Bald, E.-J. u. a. [2000]).

Die verwendeten Kennzahlen sind in Abbildung 12.7 zusammengefasst. Auf die Bedeutung der Kennzahlen und ihre inhaltliche Festlegung wird an den entsprechenden Stellen in Kapitel 13 und 14 eingegangen.

Kennzahlen zur Bonitätsbeurteilung		Darlehensvergabe mit Sicherheiten	Darlehensvergabe mit Negativklausel
Ertragslage	**Gesamtkapitalrendite** (Betriebsergebnis + Zinsaufwand)/ Gesamtkapital	≥ 6 %	≥ 6 %
Finanzlage	**Entschuldungsdauer** Bereinigtes Gläubigerkapital/ Cashflow	≤ 7 Jahre	≤ 7 Jahre
	Finanzierungskoeffizient Bereinigtes Gläubigerkapital/ (Bereinigtes Eigenkapital + Pensionsrückstellungen)	≤ 2	≤ 2
Nebenbedingungen	**Eigenkapitalquote** Bereinigtes Eigenkapital/Bereinigte Bilanzsumme	≥ 20 %	≥ 30 %
Kompensationsmöglichkeiten		Ja	Nein

Abb. 12.7: Kennzahlen zur Kreditwürdigkeitsbeurteilung nach BAV-Leitfaden

Rating

Eine über den Kreditleitfaden hinausgehende Verdichtung von Einzeldaten zu einem Bonitätsurteil wird von den Ratingagenturen praktiziert (vgl. Bonse, A./ Linnhoff, U./Pellens, B. [2003]). Besondere Verbreitung haben im Bereich großer Unternehmen die Ratings von Standard & Poor's und Moody's Investors Service. Außer Jahresabschlusskennzahlen gehen in die Analyse vor allem auch interne Planzahlen und die Ergebnisse ausführlicher Interviews über Managementfähigkeiten und Strategie ein. Alle Daten werden zu einem Bonitätsurteil verdichtet, das mit »Aaa« die höchste und mit »C« die niedrigste Bonität attestiert (vgl. Abbildung 12.8). Empirische Auswertungen zeigen, dass die verdichteten Bonitätsurteile tatsächlich mit der Insolvenzgefahr in einem engen Zusammenhang stehen (vgl. http://www.moodys.com). Beispielsweise sind von allen zwischen 1983 und 1998 mit B3 gerateten Firmen 12,4 % innerhalb eines Jahres insolvent geworden.

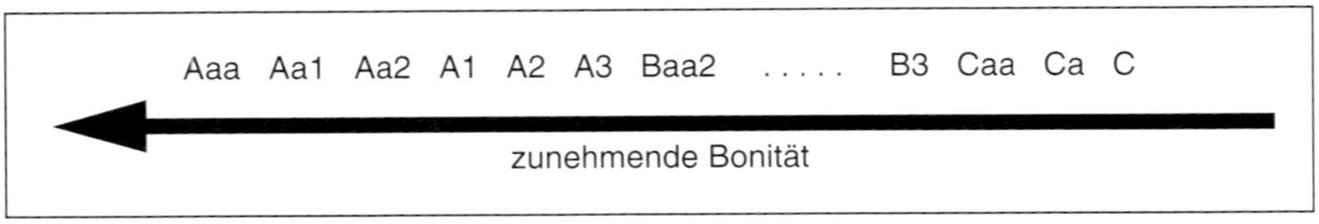

Abb. 12.8: Rating-scores nach Moody's Investors Service

Kontrollfragen:

1. Was versteht man unter Bilanzanalyse, was unter Unternehmensanalyse?
2. Grenzen Sie die Bilanzanalyse im engen und im weiten Sinne ab!
3. Was heißt „wertorientierte Bilanzanalyse"?
4. Welche Interessenten an einer Bilanzanalyse gibt es und welche Erkenntnisziele verfolgen diese mit der Bilanzanalyse?
5. Welche Mängel müssen jeder Bilanzanalyse zwangsläufig unter dem Gesichtspunkt der Forderung nach Zukunftsbezogenheit der Daten anhaften?
6. Charakterisieren Sie die Mängel der Bilanzanalyse unter dem Gesichtspunkt der Forderung nach Vollständigkeit der Daten!
7. Welche Konsequenzen ergeben sich für die Bilanzanalyse aus dem Vorsichtsprinzip?
8. Nennen Sie einige gesetzliche Regelungen, durch die das bilanzpolitische Instrumentarium zur Beeinflussung des Vermögens- und Erfolgsausweises eingeschränkt wird!
9. Wovon hängt die Aussagekraft und Verwertbarkeit einer extern durchgeführten Bilanzanalyse entscheidend ab?
10. Was versteht man unter dem monetären Umlaufvermögen?
11. Gehören die Sonderposten mit Rücklageanteil zum Eigenkapital oder zum Fremdkapital?
12. Gehört der Fremdanteil zum Eigen- oder zum Fremdkapital des Konzerns?
13. Welche Aussagekraft hat die Kennzahl »Bereinigtes Eigenkapital«?
14. Grenzen Sie das bilanzielle Eigenkapital von dem bereinigten Eigenkapital ab!
15. Wie grenzen sich die langfristigen Fremdmittel von den kurz- und mittelfristigen Fremdmitteln ab?
16. Wie lassen sich die Nettoinvestitionen ermitteln?
17. Welche Formen von Vergleichsmaßstäben kommen für die Beurteilung der Daten von Bilanz- und Erfolgsrechnung in Betracht?
18. Erläutern Sie die folgenden Begriffe: Grundzahl, Kennzahl, Gliederungszahl, Beziehungszahl, Indexzahl
19. Erläutern Sie die Methodik der univariaten und multivariaten Diskriminanzanalyse zur Verdichtung von Kennzahlen!
20. Welche Kennzahlenkombination wird laut Kreditleitfaden des BAV zur Bonitätsbeurteilung verwendet?

13. Kapitel: Finanzwirtschaftliche Bilanzanalyse: Investition, Finanzierung und Liquidität

Erkenntnisziel

Das Erkenntnisziel der finanzwirtschaftlichen Bilanzanalyse ist die Gewinnung von Informationen über die Kapitalverwendung (Investitionsanalyse), Kapitalaufbringung (Finanzierungsanalyse) und über die Beziehung zwischen Kapitalverwendung und -aufbringung (Liquiditätsanalyse). Die gewonnenen Erkenntnisse über die finanzielle Stabilität der Unternehmung bilden zugleich eine wichtige Grundlage für die anschließende Analyse der Ertragskraft.

Die folgende Abbildung gibt eine Übersicht über die Bausteine der finanzwirtschaftlichen Bilanzanalyse:

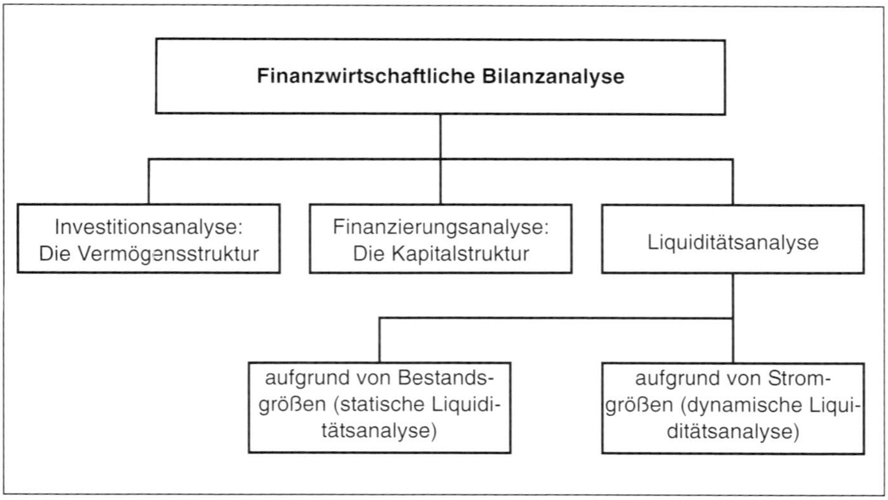

Abb. 13.1: Finanzwirtschaftliche Bilanzanalyse

A. Investitionsanalyse: Die Vermögensstruktur

Vermögensstruktur, Liquiditätspotenzial, Dispositionselastizität

Untersuchungsobjekt der Investitionsanalyse sind Art und Zusammensetzung des Vermögens sowie die Dauer der Vermögensbindung. Die Geschwindigkeit, mit der die Vermögensteile durch den Umsatzprozess monetisiert werden, ist für den Kapitalbedarf und damit bei gegebener Kapitalstruktur für die finanzielle Stabilität von entscheidender Bedeutung. Mit abnehmender Fristigkeit der Vermögensbindung wird einmal das Liquiditätspotenzial erhöht und damit die Gefahr der Illiquidität verringert, zum anderen die Dispositionselastizität der Unternehmensleitung erhöht und damit die Anpassungsfähigkeit an Beschäftigungs- und Strukturänderungen verstärkt.

I. Das Verhältnis von Anlage- zu Umlaufvermögen

Intensitätskennzahlen

Unter dem zuletzt erwähnten Aspekt des Zusammenhanges zwischen betrieblichem Liquiditätspotenzial und betrieblicher Dispositionselastizität einerseits sowie Fristigkeit der Vermögensbindung andererseits liegt es nahe, zunächst das Verhältnis von langfristig investiertem Vermögen zu kurzfristig investiertem Vermögen zu untersuchen. Dazu werden in der Bilanzanalyse im Allgemeinen folgende Vermögens-Intensitätskennzahlen gebildet:

$$\text{Anlage-/Umlaufintensität} = \frac{\text{Anlagevermögen}}{\text{Umlaufvermögen}}$$

$$\text{Anlageintensität} = \frac{\text{Anlagevermögen}}{\text{Gesamtvermögen}}$$

$$\text{Umlaufintensität} = \frac{\text{Umlaufvermögen}}{\text{Gesamtvermögen}}$$

Da das Gesamtvermögen aus dem Anlage- und Umlaufvermögen besteht, beinhalten alle drei Kennzahlen im Grundsatz die gleiche Information. Es genügt deshalb, eine der drei Kennzahlen zu betrachten.

Von diesen Intensitätskennzahlen werden im Schrifttum zur Bilanzanalyse im Allgemeinen zwei Aussagen erwartet:

Finanz- und leistungswirtschaftliche Stabilität

- Je größer der Anteil des Umlaufvermögens ist, desto größer ist die *Flexibilität* und somit auch die finanz- und erfolgswirtschaftliche Stabilität des Unternehmens in zweierlei Hinsicht:

(a) Dispositionselastizität: Je kurzfristiger das Vermögen gebunden ist, desto höher ist das Liquiditätspotenzial und desto größer ist die Anpassungsfähigkeit der Unternehmung an Beschäftigungs- und Strukturänderungen im Interesse der finanziellen Stabilität. *Dispositionselastizität*

(b) Erfolgselastizität: Mit der Kurzfristigkeit der Vermögensbindung sinkt ceteris paribus der Fixkostenanteil. Je geringer der Fixkostenanteil ist, um so weniger wirken sich Beschäftigungsänderungen erfolgsmäßig aus und um so geringer ist folglich das leistungswirtschaftliche Risiko. *Erfolgselastizität*

- Je kleiner der Anteil des Anlagevermögens am Gesamtvermögen ist, um so besser ist die *Kapazitätsausnutzung* und damit die Ertragslage. Dies wird damit begründet, dass steigende Kapazitätsausnutzung zu steigendem Umsatz und dieser zu steigendem Vorrats- und Forderungsbestand führt. *Kapazitätsausnutzung*

Unternehmensindividuelle und branchenbezogene Einflüsse

Diese Aussagen können jedoch nicht unter allen Umständen als gesichert angenommen werden. So sind z. B. folgende gravierende Einschränkungen denkbar: Beim Vergleich verschiedener Unternehmen muss berücksichtigt werden, dass insbesondere Branchenzugehörigkeit, Produktionsprogramm, Fertigungstiefe, Geschäftspolitik und Automatisierungsgrad das Verhältnis Anlage- zu Umlaufvermögen beeinflussen. Preisschwankungen wirken sich wegen der unterschiedlichen Umschlagsgeschwindigkeit anders auf das Umlaufvermögen als auf das Anlagevermögen aus: Wegen des schnelleren Umschlags ist das Umlaufvermögen stets auf annähernd aktuellem Preisniveau bewertet, während das Anlagevermögen mit den fortgeführten, je nach Alter der Anlagen mehr oder weniger weit zurückliegenden historischen Anschaffungskosten zu Buch steht. Bei Saisonbetrieben verändert sich unter Umständen das Verhältnis Anlage- zu Umlaufvermögen in Abhängigkeit von der Saison. Demnach ist der Bilanzierungszeitpunkt bei einer Analyse besonders zu beachten, wenn er nicht ohnehin schon sinnvollerweise an das Ende der Saison gelegt ist. Die Ursachen für unterschiedliche Vermögensstrukturzahlen können auch in der unterschiedlichen Abschreibungs- und Investitionspolitik der zu vergleichenden Unternehmen liegen.

Mehrdeutige Ursachen

Selbst wenn diese genannten Einschränkungen nicht wirksam werden, kann das Verhältnis Anlage- zu Umlaufvermögen sachlich auf unterschiedliche Ursachen zurückzuführen sein, sodass ohne weitere Informationen kein hinreichend gesicherter Schluss auf den Flexibilitätsgrad und die Kapazitätsausnutzung des Unternehmens möglich erscheint. Z. B. kann eine steigende Relation Anlage- zu Umlaufvermögen auf eine

(a) größere Investition in der Vergangenheit oder

(b) langfristige Verschlechterung der Beschäftigungslage oder

(c) Lagerhaltungsrationalisierung

zurückzuführen sein. Diese Mehrdeutigkeit der Aussage ist insofern besonders bedenklich, als je nach der tatsächlichen Ursache eine unterschiedliche Einschätzung der künftigen Unternehmensentwicklung geboten ist. Eine verfeinerte Vermögensstrukturanalyse mittels weiterer Kennzahlen erweist sich deshalb als notwendig.

Ergänzende Kennzahlen

Als ergänzende Kennzahlen kommen in Betracht: Umsatzrelationen (Abschnitt II.), Umschlagskoeffizienten (Abschnitt III.) sowie Kennzahlen zur Investitions- und Abschreibungspolitik (Abschnitt IV).

II. Umsatzrelationen

Vergleich von Beständen und Geschäftsvolumen

Besondere Bedeutung kommt den Umsatzrelationen zur Verfeinerung der Analyse zu, da sie am ehesten erkennen lassen, inwieweit eine Änderung einzelner Vermögenspositionen auf wachsende oder schrumpfende Geschäftstätigkeit zurückzuführen ist bzw. inwieweit andere Ursachen hierfür maßgebend sind.

Folgende Relationen können z. B. herangezogen werden:

$$\text{Sachanlagen-Bindung} = \frac{\text{Sachanlagevermögen}}{\text{Umsatzerlöse}}$$

$$\text{Vorräte-Bindung} = \frac{\text{Vorräte}}{\text{Umsatzerlöse}}$$

$$\text{Fertigerzeugnis-Bindung} = \frac{\text{Fertigerzeugnisse und Waren}}{\text{Umsatzerlöse}}$$

$$\text{Forderungs-Bindung} = \frac{\text{Forderungen aus Lieferungen und Leistungen}}{\text{Umsatzerlöse}}$$

Beispiel

Ein Beispiel soll die Anwendung dieser Kennzahlen erläutern: Trifft man auf den Fall, dass die Relation Anlage- zu Umlaufvermögen steigt, so könnte man auf eine verschlechterte Kapazitätsauslastung schließen, wenn man die Entwicklung des Umlaufvermögens als Indikator für die Beschäftigung nimmt. Stellt man dazu fest, dass die Kennzahl Sachanlagen-Bindung sinkt, so ist indessen zu vermuten, dass es sich nicht um einen Beschäftigungsrückgang handelt. Vielmehr wurde entweder bei gleichem Anlageeinsatz der Umsatz ausgedehnt oder der gleiche Umsatz mit weniger Anlagen erwirtschaftet, also eine bessere Auslastung der vorhandenen Anlagen erzielt. Gilt außerdem, dass die Kennzahl Vorräte-Bindung sinkt, lässt dies auf die Ursache für das relative Absinken des Umlaufvermögens schließen: Vermutlich wurde die Lagerhaltung rationalisiert und der Fertigungsdurchlauf verbessert.

Dieses Beispiel zeigt die Bedeutung von Umsatzrelationen für die Analyse von Veränderungen der Vermögensstruktur. Gleichzeitig wird deutlich, wie sehr es bei der Bilanzanalyse auf die Verwendung mehrerer sinnvoll miteinander in Zusammenhang stehender Kennzahlen ankommt.

III. Umschlagskoeffizienten

Umschlagshäufigkeit und -dauer

Die Umschlagskoeffizienten geben an, wie häufig ein Vermögensposten in der Periode umgeschlagen wurde (Umschlagshäufigkeit). Der jeweils reziproke Wert gibt Auskunft darüber, in welcher Zeit der Bestand einmal umgeschlagen wird (Umschlagsdauer bzw. Bestandsreichweite):

$$\text{Umschlagshäufigkeit} = \frac{\text{Abgang in der Periode}}{\text{durchschnittlicher Bestand}}$$

$$\text{Umschlagsdauer (in Tagen)} = \frac{\text{durchschnittlicher Bestand} \times 365}{\text{Abgang in der Periode}}$$

Diese Kennzahlen lassen im Zeitvergleich genauere Schlüsse über die Bindungsdauer des Vermögens und einzelner Vermögensteile zu und geben damit Hinweise auf den Kapitalbedarf. Beispiele für solche Umschlagskoeffizienten sind:

$$\begin{array}{c}\text{Umschlagshäufigkeit}\\ \text{des Anlagevermögens}\end{array} = \frac{\begin{array}{c}\text{Abschreibungen des Geschäftsjahres}\\ \text{auf das Anlagevermögen + Abgänge}\\ \text{(bewertet zu Restbuchwerten)}\end{array}}{\begin{array}{c}\text{durchschnittlicher Bestand des}\\ \text{Anlagevermögens zu historischen}\\ \text{Anschaffungs- oder Herstellungskosten}\end{array}}$$

$$\begin{array}{c}\text{Umschlagshäufigkeit}\\ \text{des Umlaufvermögens}\end{array} = \frac{\text{Umsatzerlöse}}{\begin{array}{c}\text{durchschnittlicher Bestand des}\\ \text{Umlaufvermögens}\end{array}}$$

$$\begin{array}{c}\text{Umschlagshäufigkeit}\\ \text{des Gesamtkapitals}\end{array} = \frac{\text{Umsatzerlöse}}{\text{durchschnittliches Gesamtkapital}}$$

Bei der Umschlagshäufigkeit des Anlagevermögens erscheint es im Rahmen eines HGB-Abschlusses zweckmäßig, die außerplanmäßigen Abschreibungen gemäß § 254 HGB zu eliminieren, soweit diese nicht ohnehin über den Sonderposten mit Rücklageanteil ausgewiesen werden; andernfalls wird im Jahr der Abschreibung eine zu hohe Umschlagshäufigkeit vorgetäuscht. Verzerrungen bei einer Mehrperiodenbetrachtung treten jedoch insoweit auf, als bei aktivischer Berücksichtigung der allein steuerlichen Betrachtung nach § 254 HGB die in den Folgeperioden ausgewiesenen Abschreibungsbeträge auf das abnutzbare Anlagevermögen in der Handelsbilanz gegenüber den handelsrechtlich gebotenen Abschreibungen zu niedrig ausfallen und entsprechend nach oben korrigiert werden müssten. Diese zeitsymmetrische Bereinigung ist jedoch nicht möglich, da der Unterschiedsbetrag zwischen höherer handelsrechtlicher und niedrigerer steuerrechtlich bedingter Abschreibung nicht offen gelegt werden muss (vgl. hierzu auch das Rechenbeispiel im 7. Kapitel D I). Zudem kann von um Unterbewertungen bereinigten Bestandsgrößen ausgegangen werden; sie wurden im 12. Kapitel B abgegrenzt.

Der durchschnittliche Bestand wird durch das arithmetische Mittel aus Anfangs- und Endbestand errechnet. Bestandsabgänge sind im Einzelnen nur für die Positionen des Anlagevermögens bekannt. Bei anderen Positionen tritt deshalb an die Stelle des Abgangs ersatzweise der Umsatz. Um den Ursachen für veränderte Umschlagshäufigkeiten nachzugehen, können diese Kennzahlen durch Aufgliederung der Bestandsgrößen in einzelne Vermögensposten verfeinert werden.

Kundenziel

Für die Beurteilung der finanziellen Stabilität einer Unternehmung ist die Durchschnittszeit in Tagen wichtig, in der die Kunden die Liefer- und Leistungsforderungen bezahlen. Das Kundenziel lässt sich annähernd durch folgende Relation berechnen:

$$\text{Kundenziel} = \frac{\text{durchschnittlicher Bestand an Warenforderungen} \times 365}{\text{Umsatzerlöse}}$$

Die Warenforderungen sind im 12. Kapitel B definiert. Verschlechterungen dieser Kennzahl deuten auf wirtschaftliche Schwierigkeiten bei wichtigen Kunden hin. Möglicherweise werden auch zur Verbesserung der Auftragslage Konditionenzugeständnisse gemacht oder zusätzliche Kundensegmente minderer Bonität beliefert. Schließlich ist ein erhöhtes Kundenziel häufig auch das Resultat von eigenen Qualitätsproblemen, die zu verzögerter Abnahme und Rechnungsbegleichung von Seiten der Kunden führen.

IV. Kennzahlen zur Untersuchung der Investitions- und Abschreibungspolitik

Ziel der Investitions- und Abschreibungsanalyse ist primär, ein Urteil über Unternehmenswachstumstendenzen zu gewinnen. An dieser Stelle ist einerseits das durchschnittliche Alter der Sachanlagen, andererseits die Frage von Interesse, in welcher Höhe sich die Bestandsveränderungen im Anlagevermögen auf Nettoinvestitionen und Abschreibungen zurückführen lassen.

Anlagenabnutzungsgrad

Grundlegende Voraussetzung für die langfristige Sicherung insbesondere des qualitativen Unternehmenswachstums sind moderne Fertigungsanlagen und -verfahren. Inwieweit diese Bedingung bei dem analysierten Unternehmen erfüllt ist, kann anhand der Kennzahl

$$\text{Anlagenabnutzungsgrad} = \frac{\text{kumulierte Abschreibungen auf das Sachanlagevermögen (SachAV)}}{\text{SachAV zu historischen Anschaffungskosten}}$$

zumindest tendenziell festgestellt werden. Die Informationen für diese Kennzahl können unmittelbar dem Anlagespiegel entnommen werden. Je höher (niedriger) diese Kennzahl ausfällt, desto höher (niedriger) ist das durchschnittliche Alter der Sachanlagen und desto größer (niedriger) der künftige Investitionsnachholbedarf für Modernisierungsmaßnahmen.

Investitionsquote

Als weiteres Kennzeichen des Unternehmenswachstums kann die Investitionsquote angesehen werden. Sie ergibt sich wie folgt:

$$\text{Investitionsquote} = \frac{\text{Nettoinvestitionen in SachAV}}{\text{Sachanlagen zu historischen Anschaffungskosten}}$$

Die Nettoinvestition wurden im 12. Kapitel B definiert. U. E. erscheint es zweckmäßiger, bei den Sachanlagen im Nenner der Kennzahl nicht von dem Endbestand der Vorperiode, sondern von den historischen Anschaffungskosten auszugehen. Hierdurch wird vermieden, dass bei abschreibungsbedingtem Sinken des Anfangsbestandes und gleichbleibender Nettoinvestition die Investitionsquote steigt, obwohl die Investitionen wertmäßig nicht zugenommen haben.

Wachstumsquote

Echtes Wachstum ist aber erst dann gegeben, wenn über die Abschreibung hinaus investiert wird. Die Kennzahl

$$\text{Wachstumsquote} = \frac{\text{Nettoinvestitionen in SachAV}}{\text{Abschreibungen des Geschäftsjahres auf SachAV}}$$

gibt darüber Auskunft. Bei einer dauerhaft beobachtbaren Wachstumsquote < 1 findet Substanzverzehr statt, d. h. es ist zu vermuten, dass die Unternehmenspolitik auf Abschöpfung und nicht auf Wachstum gerichtet ist. Bei dieser Interpretation ist allerdings vorausgesetzt, dass nicht eine Umstrukturierung des Unternehmens z. B. von einem produzierenden Unternehmen zu einem reinen Dienstleister stattfindet.

Die Kennzahl

Abschreibungs-quote

$$\text{Abschreibungsquote} = \frac{\text{Abschreibungen des Geschäftsjahres auf SachAV}}{\text{SachAV zu historischen Anschaffungs- oder Herstellungskosten}}$$

lässt langfristig erkennen, inwieweit durch planmäßige und außerplanmäßige Abschreibungen stille Reserven zu Lasten des Gewinnes gebildet (Quote steigt) oder zugunsten des Gewinnes aufgelöst wurden (Quote sinkt)

Die Aussagefähigkeit dieser Kennzahl hängt davon ab, ob der Abschluss steuerliche Sonderabschreibungen enthält und wie diese gegebenenfalls berücksichtigt sind. Kommen steuerliche Sonderabschreibungen wie im Abschluss nach IAS/IFRS, US-GAAP oder DRS nicht vor, oder werden die rein steuerrechtlich begründeten außerplanmäßigen Abschreibungen gemäß § 254 HGB über den Sonderposten mit Rücklageanteil ausgewiesen, basieren die o. g. Kennzahlen auf rein handelsrechtlichen Größen. Mit Hilfe der Abschreibungsquote kann dann – unabhängig von der Inanspruchnahme von Abschreibungen i. S. d. § 254 HGB – genauer abgeschätzt werden, inwieweit der Ergebnisausweis durch planmäßige Abschreibungsmethoden beeinflusst wurde.

B. Finanzierungsanalyse: Die Kapitalstruktur

Die Analyse der Kapitalstruktur soll über Quellen und Zusammensetzung nach Art, Sicherheit und Fristigkeit des Kapitals zum Zwecke der Abschätzung der Finanzierungsrisiken Aufschluss geben.

I. Verschuldungsgrad

Eigenkapitalquote, Verschuldungsgrad, Anspannungsgrad

Im Mittelpunkt der Kapitalstrukturanalyse steht zunächst der Verschuldungsgrad im statischen Sinne, der üblicherweise anhand einer der folgenden Kennzahlen gemessen wird:

$$\text{Eigenkapitalquote} = \frac{\text{Eigenkapital}}{\text{Gesamtkapital}}$$

$$\text{Statischer Verschuldungsgrad I} = \frac{\text{Fremdkapital}}{\text{Eigenkapital}}$$

$$\text{Anspannungsgrad I} = \frac{\text{Fremdkapital}}{\text{Gesamtkapital}}$$

Da das Gesamtkapital aus dem Eigen- und Fremdkapital besteht, sind alle drei Kennzahlen äquivalent. In der deutschen Analysepraxis wird üblicherweise die Eigenkapitalquote verwendet.

Finanzierungskoeffizient

Anstelle der Eigenkapitalquote oder des Verschuldungsgrades verwendet der Kreditleitfaden des Bundesaufsichtsamtes für das Versicherungswesen den sog. Finanzierungskoeffizienten (Fiko) (vgl. Bald, E.-J. u. a. [2000]):

$$\text{Fiko} = \frac{\text{Bereinigtes Gläubigerkapital}}{\text{Bereinigtes Eigenkapital} + \text{Pensionsrückstellungen}}$$

Das bereinigte Gläubigerkapital entspricht dem Fremdkapital abzüglich Pensionsrückstellungen, die als eigenkapitalähnliche Position dem Eigenkapital zugeordnet werden. Der Fiko soll einen Wert von ≤ 2 haben (vgl. 12. Kapitel C III 2).

Unter Erweiterung des Fremdkapitals um die gemäß § 285 Nr. 3 HGB gesondert angabepflichtigen sonstigen finanziellen Verpflichtungen können statischer Verschuldungsgrad bzw. Anpassungsgrad wie folgt modifiziert werden (vgl. Göllert, K./Ringling, W. [1986], S. 132):

$$\text{Statischer Verschuldungsgrad II} = \frac{\text{Fremdkapital} + \text{sonstige finanzielle Verpflichtungen}}{\text{Eigenkapital}}$$

$$\text{Anspannungsgrad II} = \frac{\text{Fremdkapital + sonstige finanzielle Verpflichtungen}}{\text{Gesamtkapital}}$$

Insbesondere bei der Kennziffer Anspannungsgrad I bzw. II erscheint zusätzlich eine den unterschiedlichen Restlaufzeiten entsprechende Staffelung des Fremdkapitals in kurzfristig, mittelfristig und langfristig sinnvoll Die Größen »Eigenkapital« und »Fremdkapital« wurden in bereinigter Form im 12. Kapitel B abgegrenzt.

Problematik der Aufwandsrückstellungen

Die unter der Position »sonstige Rückstellungen« auszuweisenden, im HGB-Abschluss zulässigen Aufwandsrückstellungen (insbesondere gem. § 249 Abs. 2 HGB) beeinträchtigen allerdings die Aussagekraft der Verschuldungskennziffern. Bei Aufwandsrückstellungen handelt es sich um Rückstellungen für so genannte Innenverpflichtungen, die bei enger Auslegung nicht als Fremdkapital betrachtet werden dürfen. Dasselbe gilt auch für unter den gem. § 285 Nr. 3 HGB angabepflichtigen sonstigen finanziellen Verpflichtungen auszuweisende Innenverpflichtungen, für die nicht bereits eine Aufwandsrückstellung nach § 249 HGB gebildet wurde (vgl. auch ADS [1995], § 285 Tz. 42 ff.). Dieser Kritik kann dann Rechnung getragen werden, wenn die Position »sonstige Rückstellungen« gem. § 285 Nr. 11 HGB betragsmäßig so aufgeschlüsselt wird, dass die Aufwandsrückstellungen quantifiziert werden können. Die dargelegte Problematik entfällt im IAS/IFRS-, US-GAAP- bzw. DRS-Abschluss, da hier Aufwandsrückstellungen nicht gebildet werden dürfen.

In der amerikanischen Analysepraxis wird der Verschuldungsgrad oft an der Relation des Fremdkapitals zum Börsenkurswert des Eigenkapitals gemessen. Mittels dieser Kennzahl wird auf die Fähigkeit geschlossen, gegebenenfalls durch Kapitalerhöhung die Eigenkapitalbasis zu erweitern.

Risiko, Rendite und Verschuldungsgrad

Wenn man anhand des Verschuldungsgrades ein Urteil über die finanzielle Stabilität eines Unternehmens fällen will, so muss man notwendigerweise eine Vorstellung über das optimale Verhältnis von Eigenkapital zu Fremdkapital haben. In der Literatur und Praxis sind solche Normvorstellungen entwickelt worden; sie reichen von der theoretischen Forderung nach ausschließlicher Eigenkapitalfinanzierung bis zu Vorstellungen über das optimale Verhältnis von Eigenkapital zu Fremdkapital von 2:1, 1:1 und 1:3 (vgl. auch die Literaturübersicht in Härle, D. [1961]). Die Unterschiedlichkeit dieser Auffassung zeigt bereits, dass es eine allgemein gültige Regel nicht geben kann. Zur Bestimmung des optimalen Verschuldungsgrades müssen nämlich zwei verschiedene Gesichtspunkte beachtet werden: der Gesichtspunkt der Rentabilität und der Gesichtspunkt des Risikos. Der Zusammenhang zwischen Kapitalstruktur, Rendite und Risiko lässt sich wie folgt zeigen, wenn EK = Eigenkapital, FK = Fremdkapital, GK = EK + FK = Gesamtkapital, r = Investitionsrendite (= Gesamtkapitalrendite), r_{EK} = Eigenkapitalrendite, p = Fremdkapitalzinsfuß und G = Gewinn bedeuten:

$$G = r \times EK + (r - p) \times FK$$

$$\frac{G}{EK} = r_{EK} = r + (r - p) \times \frac{FK}{EK}$$

Leverage-Effekt

Die Renditefunktion zeigt, dass r_{EK} für $r - p > 0$ mit wachsendem (sinkendem) Verschuldungsgrad zunimmt (abnimmt), und zwar

- proportional für EK = konstant (zusätzliche Fremdfinanzierung)
- progressiv für GK = konstant (Substitution von Eigenkapital durch Fremdkapital).

Beispiel

Dieser Gewinnchance steht das Risiko entgegen, dass die Investitionsrendite sinkt und/oder das Zinsniveau derart steigt, dass $r - p < 0$ wird. Die Eigenkapitalrendite sinkt dann unter die Gesamtkapitalrendite; u. U. kommt es zu Verlusten und somit zum Eigenkapitalverzehr. Dieses Risiko – in der angelsächsischen Literatur als *financial lerverage risk* bezeichnet – schlägt um so stärker zu Buche, je höher der Verschuldungsgrad ist, wie das folgende Beispiel veranschaulicht. Ein Investitionsvolumen von 1000 GE steht zur Diskussion. Drei alternative Finanzierungskonzepte werden untersucht, nämlich ein Verschuldungsgrad (FK/EK) von 0, 1 oder 9. Im best case ist eine Investitionsrendite (r) vor Finanzierungskosten von 12 %, im worst case von 6 % zu erwarten. Die Fremdfinanzierungskosten (p) betragen 10 %. Die Auswirkungen auf die Eigenkapitalrentabilität ist in Abb. 13.2 gezeigt.

$\frac{FK}{EK}$ \ r	r = 12 %	r = 6 %
$\frac{0}{1000} = 0$	r_{EK} = 12 %	r_{EK} = 6 %
$\frac{500}{500} = 1$	r_{EK} = 14 %	r_{EK} = 2 %
$\frac{900}{100} = 9$	r_{EK} = 30 %	r_{EK} = –30 %

Abb. 13.2: Beispiel zum Financial Leverage (GK = 1000; p = 10 %)

Im Falle einer Gesamtkapitalrendite von r = 12 % steigt die Eigenkapitalrendite mit zunehmender Verschuldung bis auf 30 % bei einer Verschuldung von 9:1 an. Wird aber nur eine Gesamtkapitalrendite von r = 6 % erwartet, führt das hohe Leverage von 9:1 zu einem Absinken der Eigenkapitalrendite auf –30 %.

Die vorstehende Analyse zeigt, dass es eine allgemeine Regel über das optimale Verhältnis von Eigenkapital zu Fremdkapital nicht geben kann. Generell kann man lediglich sagen: Da bei größerem Eigenkapitalanteil die finanzielle Stabilität höher ist, sollte bei größerem Ertragsrisiko auch der Eigenkapitalanteil entsprechend höher sein.

Operating leverage/ Geschäftsrisiko

Es geht bei der Leverage-Analyse also um die Abstimmung von zweierlei Risiken (vgl. Abb. 13.3): einerseits des Geschäftsrisikos (*operating leverage*) und andererseits des Finanzstrukturrisikos (*financial leverage*). Das Geschäftsrisiko (*operating leverage*) bemißt sich an der potenziellen Renditeschwankung des unverschuldeten Unternehmens. Im Beispiel entspricht dies dem Schwankungsbereich der Gesamtkapitalrendite von zwischen 12 % und 6 %. Bilanzanalytisch lässt sich das Geschäftsrisiko allenfalls über eine längere Zeitreihe statistisch durch die Streuung der Gesamtkapitalrendite messen. Fundamental hängt es von qualitativen Faktoren ab wie etwa

- Zyklität des Geschäftes
- Höhe der Fixkostenbelastung
- Kapitalintensität
- Marktposition
- Wachstumserwartungen.

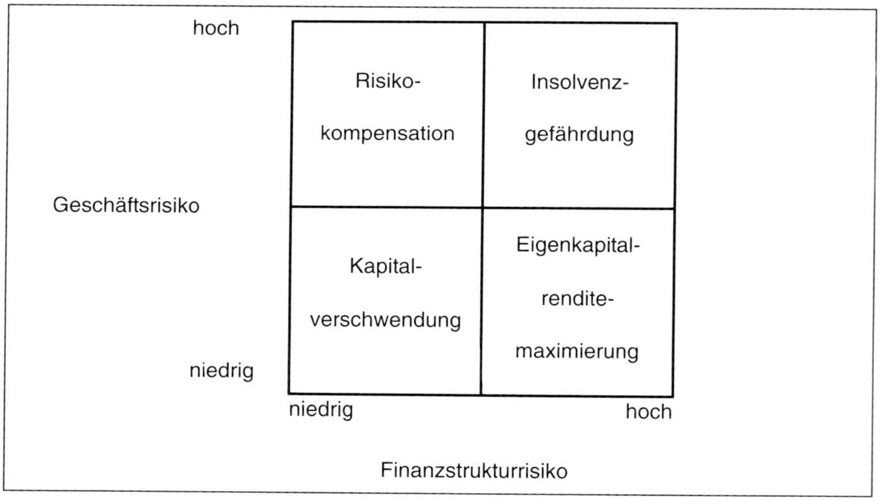

Abb. 13.3: Risikostrukturmatrix

Financial leverage/Finanzstrukturrisiko

Das Finanzstrukturrisiko (*financal leverage*) hängt von der Höhe der Zinskostenbelastung und folglich bei gegebenem Zinssatz vom Fremdkapitalanteil ab. Je niedriger das Fremdkapital und je höher folglich die Eigenkapitalquote, desto niedriger ist das Finanzstrukturrisiko. In der in Abb. 13.3 dargestellten »Risikostrukturmatrix« sind die »Eigenkapitalrenditemaximierung« und die »Risikokompensation« als symmetrische, risikoadäquate Positionen zu betrachten. Dagegen erscheinen die »Kapitalverschwendung« sowie die »Insolvenzgefährdung« als asymmetrische Risikopositionen.

Die Leverage-Formel und das dargestellte Beispiel machen deutlich, dass der Einfluss des Verschuldungsgrades auf Eigenkapitalrendite und Risiko entscheidend vom Verhältnis zwischen Investitionsrendite (= Gesamtkapitalrentabilität) und Fremdkapitalkostensatz abhängt. Es ist deshalb zu empfehlen, im Zusammenhang mit dem statischen Verschuldungsgrad diese beiden Faktoren zu analysieren. Folgende Kennzahlen sind dabei zu verwenden:

$$\text{Gesamtkapitalrentabilität (r)} = \frac{\text{Jahresüberschuss + Ertragsteuern + Zinsen und ähnliche Aufwendungen}}{\text{Gesamtkapital}}$$

Da die Eigenkapitalrentabilität als Nachsteuer-Größe definiert ist, ist es zur formelmäßigen Ableitung der Eigenkapitalrentabilität aus Gesamtkapitalrentabilität, Fremdkapitalzinslast und Verschuldungsgrad notwendig, die Gesamtkapitalrentabilität auch nach Steuern zu ermitteln. Außerdem sind das Eigenkapital sowie das Ergebnis für Zwecke der Leverage-Analyse unter Einschluss des Fremdanteils zu bemessen. Denn Eigenkapital und Ergebnis sollen hier ja den risikotragenden Anteil darstellen. Die Fremdanteilseigner stehen im Konzern in gleicher Weise im Risiko wie der Anteilseigner der Obergesellschaft.

$$\text{Fremdkapitalzinslast (p)} = \frac{\text{Zinsen und ähnliche Aufwendungen}}{\text{Fremdkapital}}$$

Die entwickelte Renditeformel lässt sich auch benutzen, um die Angemessenheit der Gesamtkapitalrentabilität zu beurteilen, wenn eine Normvorstellung über die verlangte Eigenkapitalrendite r_{EK} besteht (Helfert, E. A. [1972], S. 231 f.). Durch Umformung der Renditeformel ergibt sich für die Mindestrendite des Gesamtkapitals:

$$r = r_{EK} \times \frac{EK}{EK+FK} + p \times \frac{FK}{EK + FK}$$

WACC

Diese Überlegung zur Ermittlung einer Mindestrendite des eingesetzten Kapitals hat in der Finanzierungs- und Kapitalmarkttheorie über das Stichwort der gewichteten Kapitalkosten (*weighted average costs of capital,* WACC) besondere Bedeutung erfahren. Die WACC sind der Mindestrendite-Maßstab, jenseits dessen eine erzielte Rendite als unternehmenswertsteigernd betrachtet werden kann. Auf diesen Aspekt wird im 14. Kapitel A II 2, B IV näher eingegangen.

Leverage-Analyse auf Grundlage des verkürzten Gesamtkapitals

Die vorstehend dargestellte Leverage-Analyse gehört zu den Kernbestandteilen einer finazwirtschaftlichen Bilanzanalyse. Sie kann allerdings durch Bilanzausweisgestaltungen (z. B. aktivischer oder passivischer Ausweis von Kundenanzahlungen) oder bilanzstrukturelle Unterschiede (z. B. *Off-balance*-Finanzierungen, hohe Risikorückstellungen) für Zeit- und Betriebsvergleiche beeinträchtigt sein. Es ist deshalb empfehlenswert, die Leverage-Analyse zusätzlich auf der Grundlage einer verkürzten Gesamtkapitalbetrachtung durchzuführen. Als „Gesamtkapital" wird dabei die Summe aus bilanziellem Eigenkapital zuzüglich der verzinslichen (Netto-) Finanzschulden (vgl. in diesem Kapitel C I 2b) definiert. Eine auf dieser Basis durchgeführte bilanzielle Leverage-Analyse korrespondiert mit der in der internen Steuerung üblichen Definition der Kapitalrentabilität auf Grundlage des betriebsnotwendigen Vermögens (vgl. auch 14. Kapitel B IV).

II. Weitere Kennzahlen zur Kapitalstruktur

Zur Gewinnung zusätzlicher Aussagen über die Finanzierungsstruktur und die Kapitalbeschaffungsmöglichkeiten können eine Reihe von Kennzahlen herangezogen werden, von denen im Folgenden nur einige wichtige erörtert werden:

Die Kennzahl

Selbstfinanzierungsgrad

$$\text{Selbstfinanzierungsgrad} = \frac{\text{Gewinnrücklagen}}{\text{bilanzielles Eigenkapital}}$$

gibt Auskunft, wie hoch der Anteil des thesaurierten Kapitals ist und welcher Teil des Eigenkapitals dem Unternehmen von außen zugeführt wurde. Somit kann der Selbstfinanzierungsgrad als Maßstab für die Thesaurierungsfähigkeit und -bereitschaft betrachtet werden. Die Kennzahl zeigt außerdem das mögliche Ausschüttungspotenzial.

Quote des realisierbaren Eigenkapitals / other comprehensvie income

In einem IAS/IFRS- bzw. US-GAAP-Abschluss lässt sich aufgrund der Eigenkapitalveränderungsrechnung (vgl. 7. Kapitel E II) der Betrag der ergebnisneutralen Veränderungen des Eigenkapitals (*other comprehensive income*) feststellen, die nicht aus Kapitaleinzahlungen oder -auszahlungen resultieren. Es handelt sich um noch nicht realisierte, aber künftig realisierbare Teile des Eigenkapitals. Es lässt sich durch folgende Kennzahl ausdrücken:l

$$\begin{array}{c}\text{Quote des}\\ \text{realisierbaren}\\ \text{Eigenkapitals}\end{array} = \frac{\begin{array}{c}\text{Erfolgsneutrale Wert-}\\ \text{änderung des Eigenkapitlals}\end{array}}{\text{bilanzielles Eigenkapital}}$$

Höhe und Veränderung dieser Kennzahl spiegeln wieder, inwieweit aus getätigten Transaktionen künftig mit Veränderungen des realisierten Eigenkapitals zu rechnen ist.

Die Kennzahl

Bilanzkurs

$$\text{Bilanzkurs} = \frac{\text{bilanzielles Eigenkapital} \times 100}{\text{gezeichnetes Kapital}}$$

zeigt durch den Vergleich mit dem Börsenkurs, in welcher Höhe stille Reserven, Goodwill und andere Wertfaktoren der Unternehmung im Kurs an der Börse ihren Niederschlag gefunden haben. Sofern bei der Ermittlung des Bilanzkurses von dem bereinigten Eigenkapital ausgegangen wird, kann der Einfluss der stillen Reserven zumindest teilweise von den übrigen Wertfaktoren isoliert werden (vgl. im Einzelnen 14. Kapitel A I 2).

Minderheitenanteil

Im Rahmen der Kapitalstrukturanalyse eines Konzerns kann es relevant sein, die relative Bedeutung von Minderheiten am Konzernkapital zu erfassen (vgl. Küting, K./Weber, C.-P. [1998], S. 219). Das kann durch die folgende Kennzahl geschehen.

$$\text{Minderheitenanteil} = \frac{\text{Fremdanteil}}{\text{Konzerneigenkapital (einschl. Fremdanteil)}}$$

Die Kennzahl

Lieferantenziel

$$\text{Lieferantenziel} = \frac{\text{Durchschnittlicher Bestand an Warenschulden} \times 365}{\text{Wareneingang}}$$

gibt im Durchschnitt die Zeit in Tagen an, mit der der Lieferantenkredit in Anspruch genommen wurde. Dabei errechnet sich der Wareneingang näherungsweise wie folgt:

	Aufwendungen für Roh-, Hilfs- und Betriebsstoffe und für bezogene Waren
+	Zunahme (– Abnahme) des Bestandes an Roh-, Hilfs- und Betriebsstoffen
=	Wareneingang

Eine genaue Ermittlung scheitert an dem in der Bilanz mit den fertigen Erzeugnissen zusammengefassten Ausweis der Warenbestände. Der Materialaufwand ergibt sich im Falle einer Gesamtkostenrechnung unmittelbar aus der GuV, im Falle einer Umsatzkostenrechnung aus der Berichtspflicht des Materialaufwands im Anhang (§ 285 Nr. 8a), die allerdings weder für den Konzernabschluss nach HGB noch für den IAS/IFRS- oder US-GAAP-Abschluss gilt.

Diese Kennzahl wird zur Aussage über die Verhältnisse während eines Jahres herangezogen, wird aber aufgrund der am Bilanzstichtag herrschenden Verhältnisse gebildet. Dieser Umstand muss bei der Verwendung der Kennzahl in besonderem Maße beachtet werden.

C. Liquiditätsanalyse: Der Zusammenhang zwischen Investition und Finanzierung

Nach der vertikalen Analyse von Kapitalverwendung (Investition) und -herkunft (Finanzierung) wird mit der Liquiditätsanalyse der Zusammenhang zwischen Investition und Finanzierung untersucht.

Liquidität ist die Fähigkeit eines Unternehmens, jederzeit seinen Zahlungsverpflichtungen nachkommen zu können. Diese Fähigkeit hängt vom Grad der Abstimmung von Zahlungspotenzial und Zahlungsverpflichtung aufeinander ab.

Unternehmens-zerschlagung (Liquidation)

Die Liquiditätsanalyse kann von zwei unterschiedlichen Gesichtspunkten und dementsprechend von zwei unterschiedlichen Fragestellungen ausgehen: Unter dem Gesichtspunkt der Liquidation geht es um die Frage, welche Finanzmittel zur Schuldentilgung verfügbar sind, falls das Unternehmen wegen Zahlungsunfähigkeit oder mangelnder Ertragskraft liquidiert wird. Zur Beantwortung dieser Frage müssten Informationen

- über die Liquidationserlöse der einzelnen Vermögensposten zum Zeitpunkt einer eventuellen Liquidation der Unternehmung und
- über die Höhe etwa bevorrechtigter Ansprüche sowie
- über den Wert eventuell gewährter Kreditsicherheiten

zur Verfügung stehen. Diese Informationen sind im Jahresabschluss nicht enthalten. Folglich kann die Beantwortung dieser Fragestellung nicht Aufgabe der Analyse des laufenden Jahresabschlusses sein, der ja unter der *going concern* Prämisse aufgestellt ist. Sie setzt vielmehr die Aufstellung eines Kreditstatus voraus.

Unternehmens-fortführung (going concern)

Unter dem Gesichtspunkt der Unternehmensfortführung hat die Liquiditätsanalyse danach zu fragen, wie hoch die Wahrscheinlichkeit einzuschätzen ist, dass es überhaupt zur Zahlungsunfähigkeit und damit zum Risikofall der zwangsweisen Liquidation kommt. Da die Jahresabschlussinformationen auf der Hypothese der Unternehmensfortführung (*Going-Concern*-Prinzip) basieren, kann die Liquiditätsanalyse im Rahmen der Bilanzanalyse sinnvollerweise allein diese Fragestellung verfolgen. Im Folgenden muss also untersucht werden, inwieweit die Jahresabschlussinformationen Aussagen über dieses ablaufbedingte finanzielle Risiko ermöglichen. Letzteres hat seine Ursache in der nur befristeten Verfügbarkeit bestimmter Kapitalteile und in der Notwendigkeit, das aufgenommene und erwirtschaftete Kapital zur Erfüllung des Unternehmenszieles zu investieren. Je nach Art der verwendeten Daten sind zwei Vorgehensweisen für eine bilanzielle Liquiditätsanalyse denkbar: Die Liquiditätsanalyse aufgrund von Bestandsgrößen und die Liquiditätsanalyse aufgrund von Stromgrößen.

Statische/dynamische Liquiditätsanalyse

Die Liquiditätsanalyse aufgrund von Bestandsgrößen (statische Liquiditätsanalyse) knüpft an den Bestandsgrößen von Passiv- und Aktivseite der Bilanz an und fragt, ob Überlassungs- und Bindungsfristen in einem angemessenen Verhältnis zueinander stehen. Die stromgrößenorientierte Liquiditätsanalyse (dynamische Liquiditätsanalyse) bezieht zusätzlich den Rückfluss in Gestalt des Cashflow aus laufender Geschäftstätigkeit ein und untersucht diesen auf ein angemessenes Verhältnis zur Investition und Finanzierung. Abbildung 13.4 gibt eine Übersicht über beide Ansätze:

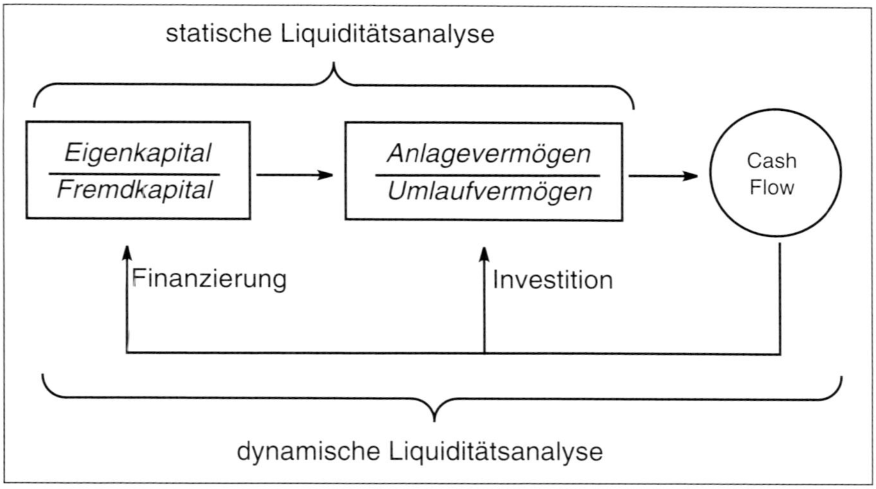

Abb. 13.4: Ansätze der Liquiditätsanalyse

I. Liquiditätsanalyse aufgrund von Bestandsgrößen

1. Grundsatz der Fristenkongruenz

Fristenkongruenz und Liquiditätssicherung

Die Liquiditätsanalyse aufgrund von Bestandsgrößen basiert auf dem Versuch, aus den aktuellen Beständen an Aktiva und Passiva auf die Höhe und den zeitlichen Anfall aller künftigen Einnahmen und Ausgaben zu schließen. Dabei wird folgende Interpretation zugrunde gelegt:

Aktiva	=	Erwartungen künftiger Einnahmen; je langfristiger ein Vermögensposten gebunden ist, um so später ergibt sich die entsprechende Einnahme.
Passiva	=	Erwartungen künftiger Ausgaben; je langfristiger das Kapital zur Verfügung steht, um so später wird die Ausgabe fällig.

Aus diesen Überlegungen folgt zunächst, dass die Liquidität gewahrt ist, sofern die Remonetisierung der Vermögensgegenstände mit den Fälligkeitsterminen der Verpflichtungen korrespondiert. Das bedeutet für die Erhaltung der Liquidität die Befolgung des Grundsatzes der Fristenkongruenz, demgemäß die Kapitalbindungsdauer nicht länger sein darf als der Kapitalüberlassungszeitraum. Diesen Überlegungen entsprechend gelten folgende Finanzierungsregeln und somit Beurteilungskriterien der Liquidität:

$$\frac{\text{langfristiges Vermögen}}{\text{langfristiges Kapital}} < 1 \;;\; \frac{\text{kurzfristiges Vermögen}}{\text{kurzfristiges Kapital}} > 1$$

Problematik des Grundsatzes der Fristenkongruenz:
- Maßproblem

Die Einzelkomponenten dieser Kennzahlen sind hierbei im 12. Kapitel B abgegrenzt. Inwieweit eignet sich nun der Grundsatz der Fristenkongruenz als Grundlage für die Liquiditätsanalyse aufgrund von Bestandsgrößen? Diese Fragestellung wirft zwei Probleme auf:
Das Maßproblem: Spiegelt die Bilanz die künftigen Einnahmen und Ausgaben betrags- und termingenau wider? Dazu müssten folgende Voraussetzungen gegeben sein:

(1) Die genauen Fälligkeitstermine der Schulden und die genauen Monetisierungstermine der Vermögensteile müssten bekannt sein. Die in der Bilanz gegebene Einteilung in Anlage- und Umlaufvermögen bzw. *non-current* und *current assets* sowie in lang-, mittel- und kurzfristiges Fremdkapital erfüllt diese Voraussetzung nur näherungsweise; ein Anlagegut kann morgen abgenutzt sein, ein Vorratsgut zum eisernen Bestand gehören oder Ladenhüter sein, eine Verbindlichkeit mit einer Restlaufzeit von bis zu einem Jahr kann morgen fällig sein.

(2) Zudem müssten die Bilanzansätze der Verbindlichkeiten und Vermögensposten der Höhe nach genau mit den späteren Aus- bzw. Einzahlungen übereinstimmen. Abgesehen von den möglichen Schätzungsfehlern ist diese Voraussetzung schon wegen der Gültigkeit des Imparitätsprinzips für die Bilanzbewertung jedenfalls nicht vollständig erfüllt.

(3) Weitere als die durch die Vermögens- und Schuldposten der Bilanz repräsentierten Einzahlungen und Auszahlungen dürfen nicht vorkommen oder müssten sich liquiditätsmäßig genau ausgleichen. Diese Voraussetzung ist ebenfalls nicht erfüllt, da die Bilanzpositionen künftige Einnahmen und Ausgaben lediglich innerhalb enger sachlicher und zeitlicher Grenzen repräsen-

tieren. Nicht berücksichtigt sind z. B. laufende Ausgaben für Löhne und Gehälter, ferner für künftige Ersatzbeschaffung von Anlagen und Vorräten und Verpflichtungen aufgrund von nicht bilanzierten Leasing-Verträgen.

Das Geldanschlussproblem: Der Grundsatz der Fristenkongruenz bezieht sich nur auf einen einmaligen Investitionszyklus, auf eine einmalige Freisetzung eines für eine bestimmte Frist gebundenen Kapitalbetrages. Abgesehen von der Problematik der Messung der Fristenkongruenz durch Bilanzkennzahlen könnte mit Hilfe des Bindungsgedankens eine gesicherte Liquiditätsaussage also nur abgeleitet werden für ein Unternehmen mit einer auf den Zeitpunkt der Kapitalfreisetzung begrenzten Lebensdauer. Für den realistischeren Fall eines auf Dauer geplanten Unternehmens ergibt sich hingegen das Problem des für die Reinvestition notwendigen Geldanschlusses in Form der Fremdkapitalprolongation oder -substitution, über das der Kongruenzgrundsatz aber keine Aussage enthält.

- Geldanschlussproblem

Der Kongruenzgrundsatz kann schließlich dem Rentabilitätsstreben entgegenstehen. Übersteigen die Einnahmen aus einer Investition die zur Tilgung und Verzinsung des für sie eingesetzten Fremdkapitals erforderlichen Ausgaben, so kann der Überschuss zur Rückzahlung anderer Fremdkapitalteile benutzt werden. D. h., die Fristigkeit des Fremdkapitals kann kürzer sein als die Bindung der Investition, sofern durch Überschüsse aus anderen Investitionen die Rückzahlung des Fremdkapitals bei Fälligkeit gesichert ist. Bei hohen Fremdkapitalkosten könnte hier eine Finanzierung nach dem Grundsatz der Fristenkongruenz unzweckmäßig sein.

Die vorstehenden Überlegungen machen deutlich, dass der bestandsorientierten, statischen Liquiditätsanalyse nur eine beschränkte Aussagekraft zukommen kann. Die verschiedentlich vertretene Auffassung, dass sie ohne jeglichen Aussagewert ist, erscheint aber überspitzt. Als Zustandsbild zeigt sie immerhin die Ausgangsbasis für die kommende Periode und lässt im Zeitvergleich gewisse Tendenzen erkennen. Hinzu kommt, dass die Kennzahlen der bestandsorientierten Liquiditätsanalyse weithin als Spielregeln soliden Finanzierungsgebarens akzeptiert werden (vgl. Wysocki, K. v. [1962]) und dass ihnen insofern eine *self-fulfilling-prophecy* zukommt. Damit wird ihre Einhaltung zur Voraussetzung für die Wahrung der Liquidität; ihre Analyse gewährt folglich wichtige Einblicke in die Liquiditätssituation des Unternehmens.

2. Kennzahlen zur bestandsorientierten Liquiditätsanalyse

Nach den grundsätzlichen Ausführungen zum Aussagegehalt bestandsorientierter Liquiditätsanalysen werden nun einige wichtige Kennzahlen im Rahmen dieser Analyse erörtert. Dabei soll zwischen lang- und mittelfristigen Deckungskennzahlen und kurzfristigen Liquiditätskennzahlen unterschieden werden.

Deckungsgrade

a) *Lang- und mittelfristige Kennzahlen*

Üblicherweise werden verschiedene Deckungsgrade errechnet.

$$\text{Deckungsgrad A} = \frac{\text{Eigenkapital}}{\text{Anlagevermögen}}$$

$$\text{Deckungsgrad B} = \frac{\text{Eigenkapital + langfristiges Fremdkapital}}{\text{Anlagevermögen}}$$

$$\text{Deckungsgrad des mittel- und langfristig gebundenen Vermögens} = \frac{\text{Eigenkapital + mittel- und langfristiges Fremdkapital}}{\text{Anlagevermögen + Forderungen mit einer Restlaufzeit} > 1 \text{ Jahr}}$$

Mit dem Deckungsgrad des mittel- und langfristig gebundenen Vermögens soll der Tatsache Rechnung getragen werden, dass sich nicht das gesamte Umlaufvermögen innerhalb eines Jahres umschlägt. Außerdem ist bei der obigen Berechnung der Kennzahl zu berücksichtigen, dass auch ein bestimmter »Bodensatz« an Vorräten länger als ein Jahr Kapital im Unternehmen bindet. Sofern auf branchenbezogene Erfahrungswerte zurückgegriffen werden kann, ist der Nenner entsprechend zu korrigieren.

Auf das Maßproblem bei der Untergliederung der Bilanzposten in den lang-, mittel- und kurzfristigen Bereich sei hier nochmals hingewiesen. Entsprechend der »goldenen Bilanzregel« sind vom Deckungsgrad B und dem des mittel- und langfristig gebundenen Vermögens Werte > 1 zu fordern. Bezüglich Deckungsgrad A sind nur branchenbezogene Aussagen ableitbar, da die Höhe der für notwendig gehaltenen Eigenkapitaldeckung des Anlagevermögens vom Geschäftsrisiko (vgl. Abschnitt B I dieses Kapitels) und von der Anlagenintensität abhängt. So wird z. B. für die Stromversorgungsindustrie ein Deckungsgrad A von 40 % und für die Chemieindustrie von 70 % als hinreichend zu betrachten sein.

Nach der kritischen Analyse des Grundsatzes der Fristenkongruenz braucht auf die Problematik derartiger Normvorstellungen nicht mehr besonders eingegangen zu werden. Wichtiger als der Vergleich mit dieser Normvorstellung ist deshalb für die Liquiditätsanalyse die Betrachtung der Entwicklung der Dekkungsrelationen im Zeitablauf.

b) *Kurzfristige Liquiditätskennzahlen*

Zur Charakterisierung der kurzfristigen Liquiditätssituation des Unternehmens verwendet man im Fall der bestandsorientierten Liquiditätsanalyse sog. Liquiditätsgrade, die sich durch die unterschiedliche Fristigkeit der einbezogenen Aktiv- und Passivposten voneinander unterscheiden: *Liquiditätsgrade*

$$\text{Liquidität 1. Grades (Barliquidität)} = \frac{\text{liquide Mittel}}{\text{kurzfristiges Fremdkapital}}$$

$$\text{Liquidität 2. Grades (Liquidität auf kurze Sicht)} = \frac{\text{monetäres Umlaufvermögen}}{\text{kurzfristig Fremdkapital}}$$

$$\text{Liquidität 3. Grades (Liquidität auf mittlere Sicht)} = \frac{\text{monetäres Umlaufvermögen + Vorräte}}{\text{kurzfristig Fremdkapital}}$$

Bezüglich der Komponenten »liquide Mittel«, »kurzfristiges Fremdkapital« sowie »monetäres Umlaufvermögen« wird auf 12. Kapitel B verwiesen.

Bei dieser Analyse werden - wie vorher erörtert - nicht die laufenden Zahlungsverpflichtungen in Form von Löhnen, Gehältern, Mieten usw. berücksichtigt. Bei der Beurteilung dieser Liquiditätsgrade ist weiterhin zu beachten, dass die Aussagefähigkeit mit der abnehmenden Fristigkeit der einbezogenen Vermögens- und Kapitalposten abnimmt, weil oft eine beträchtliche Frist zwischen Bilanzstichtag und Datenverfügbarkeit liegt. Außerdem sind die kurzfristigen Mittelpositionen zum Bilanzstichtag dispositiv beeinflussbar.

Aus ähnlichen Gründen ist oft, vor allem bei Betriebsvergleichen, die Darstellung der kurzfristigen Liquidität in Form absoluter Zahlen vorzuziehen, wie folgendes Beispiel zweier Unternehmen A und B veranschaulicht: *Kennzahlen gegen Überschussrechnung*

Auszug aus der Bilanz A

Vorräte	24	Warenschulden, davon mit RLZ ≤ 1 Jahr	30
Warenforderungen, davon mit RLZ ≤ 1 Jahr	40	Verbindlichkeiten gegenüber Kreditinstituten, davon mit RLZ ≤ 1 Jahr (kurzfristige Bankschulden)	10
Liquide Mittel	14		
	78		40

Auszug aus der Bilanz B

Vorräte	12	Warenschulden, davon mit RLZ ≤ 1 Jahr	18
Warenforderungen, davon mit RLZ ≤ 1 Jahr	60	Verbindlichkeiten gegenüber Kreditinstituten, davon mit RLZ ≤ 1 Jahr (kurzfristige Bankschulden)	22
Liquide Mittel	2		
	74		40

Kennzahlen	A	B
Liquidität 1. Grades	35 %	5 %
Liquidität 2. Grades	135 %	155 %
Liquidität 3. Grades	195 %	185 %

Darstellung in absoluten Zahlen	A	B
Liquide Mittel	14	2
- kurzfristige Bankschulden	- 10	- 22
Differenz	+ 4	- 20
Warenforderungen, RLZ ≤ 1 Jahr	+ 40	+ 60
Summe	+ 44	+ 40
Warenschulden, RLZ ≤ 1 Jahr	- 30	- 18
Saldo I	+ 14	+ 22
Vorräte	+ 24	+ 12
Saldo II	+ 38	+ 34

Dieses Beispiel verdeutlicht einmal mehr, dass Kennzahlen stets im Zusammenhang mit allen relevanten Daten zu werten sind. Während die Überschussdarstellung mittels absoluter Zahlen zu einer annähernd gleichen Beurteilung beider Unternehmen führt, schlägt die Beurteilung bei alleiniger Betrachtung der Liquidität 1. Grades zuungunsten von B aus.

Net Working Capital, Working Capital Ratio

Die Größe

Net Working Capital = Umlaufvermögen – kurzfristiges Fremdkapital

wird vielfach - ähnlich dem Cashflow - in erster Linie als Indikator für die Finanzkraft, in zweiter Linie auch für die Ertragskraft herangezogen. Sie entspricht - als Differenzgröße gemessen - im Grundsatz der Liquidität 3. Grades. In der Quotientendarstellung spricht man von der *working capital ratio*. Das kurzfristige Fremdkapital ergibt sich aus dem 12. Kapitel B. Das Umlaufvermögen sollte dabei (auch unter Berücksichtigung der internationalen Bilanzierungspraxis) alle sich innerhalb eines Jahres monetisierenden Vermögensgegenstände enthalten, auch wenn sie im Anlagevermögen ausgewiesen sind.

Da diese Kennziffer als Maßstab für das Liquiditätspotenzial herangezogen wird, erscheint es zweckmäßig, die betragsmäßig erkennbaren steuerlich bedingten Unterbewertungen (stille Reserven des Umlaufvermögens) hinzuzuaddieren (vgl. auch im 12. Kapitel B die Kennzahl »bereinigtes Umlaufvermögen«).

Effektivverschuldung I

Als letzte Kennzahl der bestandsorientierten Liquiditätsanalyse sei die Effektivverschuldung genannt, die sich wie folgt berechnet:

	kurz- und mittelfristige Fremdmittel (vgl. 12. Kapitel B)
+	Verbindlichkeiten mit einer Restlaufzeit > 5 Jahren
=	Gesamtschulden (einschl. kurzfristige Rückstellungen und Dividenden)
–	monetäres Umlaufvermögen (– Forderungen mit einer Restlaufzeit > 1 Jahr)
=	Effektivverschuldung I

Effektivverschuldung II

Diese im Rahmen der Bilanzanalyse wichtige Größe wird jedoch in der Literatur nicht einheitlich abgegrenzt (vgl. Schult, E. [1986], S. 63). Bei längerfristiger Betrachtung erscheint eine Berücksichtigung der langfristigen Rückstellungen zweckmäßig. Zudem können die im Anhang angabepflichtigen sonstigen finanziellen Verpflichtungen mit einbezogen werden (vgl. Göllert, K./Ringling, W. [1986], S. 132):

	Effektivverschuldung I
+	Rückstellungen für Pensionen und ähnliche Verpflichtungen (Passiva B 1)
+	sonstige finanzielle Verpflichtungen
=	Effektivverschuldung II

Netto-Finanzschulden

Alternativ kann eine andere Art der Effektivverschuldung, die auch Netto-Finanzschulden genannt wird (vgl. Arbeitskreis »Externe Unternehmensrechnung« der Schmalenbach-Gesellschaft [1996]), in folgender Weise ermittelt werden:

	Anleihen
+	Verbindlichkeiten gegenüber Kreditinstituten
+	Akzeptverbindlichkeiten
+	in den restlichen Schulden enthaltene verzinsliche Anteile (gewöhnlich ohne Pensionsrückstellungen)
=	verzinsliche Anteile des Fremdkapitals (Finanzschulden)
–	liquide Mittel
–	Wertpapiere des Umlaufvermögens
=	Netto-Finanzschulden

Eine so ermittelte Verschuldung weist die, um die liquiden Vermögensteile bereinigte, offen verzinsliche Schuldenlast eines Unternehmens aus.

II. Liquiditätsanalyse aufgrund von Stromgrößen

Prognose künftiger Zahlungsströme

Wie ausgeführt, stellt die bestandsorientierte Liquiditätsanalyse eine Momentaufnahme der Finanzmittel und Verbindlichkeiten am Bilanzstichtag dar; sie gibt somit naturgemäß keine Auskunft über Mittelherkünfte und -verwendungen. Demgegenüber geht die stromgrößenorientierte Liquiditätsanalyse der Frage nach, welche Finanzmittel aus dem Betriebsprozess erwirtschaftet und wie diese verwendet wurden. Während also die bestandsorientierte Liquiditätsanalyse die künftigen Zahlungsströme aus gegenwärtigen Beständen abzuleiten sucht, zielt die stromgrößenorientierte Liquiditätsanalyse auf eine Prognose künftiger Zahlungsströme aus den Zahlungsströmen der Vergangenheit ab.

Ein Ansatz der stromgrößenorientierten Liquiditätsanalyse besteht darin, den aus dem Jahresabschluss extern ableitbaren Cashflow im Hinblick auf die Innenfinanzierungskraft sowie die Verschuldungsfähigkeit des Unternehmens zu analysieren (vgl. unten Abschnitt C II 1). Zusätzliche Einblicke in die Liquiditätslage des Unternehmens sind dann möglich, wenn das Unternehmen eine zahlungsorientierte Kapitalflussrechnung, die den international üblichen Standards entspricht (IAS 7; FAS 95; DRS 2), als Bestandteil seines Jahresabschlusses veröffentlicht (vgl. unten Abschnitt C II 2).

1. Cashflow-Analyse

Gemäß dem Modell der zahlungsorientierten Kapitalflussrechnung lässt sich der gesamte Cashflow eines Unternehmens auf drei Bereiche zuordnen:

Operativer Cashflow

Der »operative Cashflow« entspricht dem aus der laufenden Geschäftstätigkeit des Unternehmens erzielten Zahlungsüberschuss. Dieser operative Cashflow ist im bilanzanalytischen Schrifttum gemeint, wenn der Terminus »Cashflow« ohne weiter eingrenzende Kennzeichnung verwendet wird.

Investitions-Cashflow

Der »Investitions-Cashflow« bezeichnet den Mittelabfluss für Investitionen abzüglich der aus Desinvestitionen erzielten Mittelzuflüsse.

Finanzierungs-Cashflow

Unter dem »Finanzierungs-Cashflow« versteht man schließlich den Mittelzu- und -abfluss aus der Außenfinanzierung mit Eigen- und Fremdkapital. Die Summe dieser drei Teil-Cashflows gibt den gesamten Mittelzu- bzw. -abfluss des Unternehmens in der Berichtsperiode wieder; er schlägt sich folglich in der Veränderung des sog. »Finanzmittelfonds« nieder. Dies ist in der folgenden Übersicht nochmals veranschaulicht:

	Operativer Cashflow
+	Investitions-Cashflow
+	Finanzierungs-Cashflow
=	Veränderung des Finanzmittelfonds

Finanzmittelfonds

Investitions- und Finanzierungs-Cashflow sind durch die zugrunde legenden Investitions- und Finanzierungsprozesse vorgegeben. Bei gegebenem Investitions- und Finanzierungs-Cashflow hängt die Messung des operativen Cashflow folglich von der Abgrenzung des Finanzmittelfonds ab.

Zahlungsorientierter Cashflow/Netto-Cashflow

Wird der Finanzmittelfonds eng, nämlich im Sinne von »Zahlungsmittel und Zahlungsmitteläquivalente« (*cash and cash equivalents*) abgegrenzt, dann entsteht ein exakter, weit vom Erfolgskonzept der GuV entfernter zahlungsorientierter operativer Cashflow-Begriff, wie er auch der nach internationalen Standards aufgestellten Kapitalflussrechnung zugrunde liegt. Änderungen des Netto-Umlaufvermögens sind bei dieser engen Abgrenzung Bestandteil des operativen Cashflow. Er wird deshalb oft auch als Netto-Cashflow bezeichnet. Seine Ermittlung ist i. a. nur unter Rückgriff auf interne Daten möglich. Seine Auswertung für die Liquiditätsanalyse kommt deshalb nur in Betracht, wenn der Jahresabschluss eine Kapitalflussrechnung nach international üblichen Standards enthält. Darauf wird im nachfolgenden Abschnitt 2 eingegangen.

Ertrags-Cashflow/Brutto-Cashflow / Cash Earnings

Wird der Finanzmittelfonds weit, nämlich im Sinne des Netto-Umlaufvermögens abgegrenzt, dann entsteht ein vereinfachter, eng am Erfolgskonzept der GuV orientierter operativer Cashflow-Begriff. Er entspricht der Differenz von einnahmewirksamen Erträgen und ausgabewirksamen Aufwendungen. Änderungen des Netto-Umlaufvermögens sind hierbei nicht Bestandteil des operativen Cashflows, sondern des Finanzmittelfonds. Man spricht deshalb auch von Brutto-Cashflow oder – wegen seiner Nähe zum Erfolg – von Ertrags-Cashflow oder von *Cash Earnings* (DVFA/SG [2000]). Dieser Cashflow-Begriff, der in diesem Abschnitt 1 betrachtet wird, ist in der externen Bilanzanalyse aus folgenden Gründen traditionell von besonderer Bedeutung:

Er lässt sich mit wenigen Korrekturen leicht aus dem Datenmaterial eines veröffentlichten Jahresabschlusses auch ohne Vorhandensein einer Kapitalflussrechnung ermitteln.

Durch den Rückgriff auf Ertragseinnahmen und Aufwandsausgaben abstrahiert dieser Cashflow-Begriff von periodischen Verschiebungen zwischen Einnahmen und Einzahlungen (z. B. Veränderung von Kundenforderungen) sowie Ausgaben und Auszahlungen (z. B. Veränderung von Lieferverbindlichkeiten und Vorräten, kurzfristigen Rückstellungen, Anzahlungen). Das verleiht ihm den Charakter einer eher periodendurchschnittlichen, nachhaltigen Ziffer, die von kurzfristigen periodischen Zahlungsverschiebungen unberührt ist. Er spiegelt nicht den exakten Innenfinanzierungsbeitrag der Berichtsperiode, sondern die periodendurchschnittliche Innenfinanzierungskraft wieder.

Da dieser Cashflow-Begriff erfolgsnah definiert ist, wird ihm auch eine gewisse Aussagekraft als Indikator der Ertragskraft zugemessen (vgl. 14. Kapitel A I 4).

a) Ermittlung des Cashflow

Der Cashflow als Indikator der Finanzkraft lässt sich aus den Daten des Jahresabschlusses auf zweierlei Weise ermitteln

Direkte Ermittlung

	einnahmewirksame Erträge
–	ausgabewirksame Aufwendungen
=	Cashflow

Bei der direkten Ermittlung werden – von den Umsatzerlösen ausgehend – progressiv die typisch einnahmewirksamen Erträge hinzuaddiert und die ausgabewirksamen Aufwendungen abgezogen. Im Falle einer dem Gesamtkostenverfahren folgenden GuV lässt sich dieser Ermittlungsweg im Rahmen der externen Analyse durchaus anwenden. Im Falle einer Umsatzkostenrechnung mit ihrer Funktionskostengliederung ist dagegen eine Isolierung ausgabewirksamer Aufwendungen nicht möglich. Deshalb wird im Rahmen der externen Analyse i. a. die indirekte Methode bevorzugt.

Indirekte Ermittlung

	Jahresüberschuss
+	ausgabeunwirksame Aufwendungen
–	einnahmeunwirksame Erträge
=	Cashflow

Bei der indirekten Methode wird der Jahresüberschuss um bestimmte in ihm enthaltene einnahme- bzw. ausgabeunwirksamen Erfolgskomponenten bereinigt.

Vereinfachter Cashflow

Die Umsetzung der indirekten Cashflow-Ermittlung auf einen konkreten Abschluss hängt von dem Ausmaß ab, in dem einnahme- bzw. ausgabeunwirksame Erfolgskomponenten bereinigt werden. In seiner einfachsten Grundform beschränkt sich die Bereinigung auf zwei Kategorien, nämlich die Anlagenabschreibungen und die Dotierung langfristiger Rückstellungen, sodass sich folgendes Ermittlungsschema ergibt:

	Jahresüberschuss/-fehlbetrag
+	Abschreibungen (– Zuschreibungen) auf Anlagevermögen
+	Erhöhungen (– Verminderungen) von langfristigen Rückstellungen
=	Cashflow

Im Rahmen der ausführlichen GuV-Gliederungsschemata gemäß HGB (vgl. 7. Kapitel B) lässt sich diese »Faustformel« durch folgende Positionen konkretisieren, wobei in Klammern an erster Stelle die jeweilige Positionsnummer der GuV nach dem Gesamtkostenverfahren, an zweiter Stelle die der GuV nach dem Umsatzkostenverfahren bezeichnet wird:

	Jahresüberschuss/-fehlbetrag (GuV 20/19)
+	Abschreibungen auf immaterielle Vermögensgegenstände des Anlagevermögens, Sachanlagen und aktivierte Ingangsetzungs- und Erweiterungsaufwendungen (GuV 7a/*)*
+	Abschreibungen auf Vermögensgegenstände des Umlaufvermögens, soweit diese die in der Kapitalgesellschaft üblichen Abschreibungen überschreiten (GuV 7b/*)**
+	Außerplanmäßige Abschreibungen gemäß § 253 Abs. 2 Satz 3 und Abs. 3 Satz 3 HGB (GuV 7c und 7d/7a und 7b)
+	Abschreibungen auf Finanzanlagen und auf Wertpapiere des Umlaufvermögens (GuV 12, 12a und 12b/11, 11a und 11b)
–	Zuschreibungen auf Vermögensgegenstände des Anlagevermögens (lt. Bilanz oder Anhang)
–	Zuschreibungen auf Vermögensgegenstände des Umlaufvermögens***
+	Zunahme der Rückstellungen für Pensionen und ähnliche Verpflichtungen (Passiva B 1)
–	Abnahme der Rückstellungen für Pensionen und ähnliche Verpflichtungen (Passiva B 1)
=	vereinfachter Cashflow

* Bei Anwendung des Umsatzkostenverfahrens können die Abschreibungen der Bilanz (Anlagespiegel) oder dem Anhang entnommen werden.

** Die Korrektur um diese Abschreibungen kann bei Anwendung des Umsatzkostenverfahrens nicht durchgeführt werden, da diese Beträge den einzelnen Kostenstellenbereichen funktional zugeordnet werden.

*** Eine entsprechende Korrektur ist dann möglich, wenn in Anlehnung an § 277 Abs. 3 Satz 1 HGB die Zuschreibungserträge für das Umlaufvermögen im Anhang gesondert angegeben werden.

Eine detaillierte Bereinigung empfiehlt das Berechnungsschema der Deutschen Vereinigung für Finanzanalyse/Schmalenbach-Gesellschaft (DVFA/SG [2000]). Es zielt auf die Ermittlung eines nachhaltigen Cashflows ab, der sich als langfristiger Indikator der Finanzkraft eignet. Da der DVFA/SG-Cashflow ertragsnah definiert ist, wird er von der DVFA/SG als *cash earnings* bezeichnet. Das Ermittlungsschema ist in der folgenden Übersicht wiedergegeben:

cash earnings nach DVFA/SG, Nachhaltiger Cashflow

	Jahresüberschuss/-fehlbetrag
+	Abschreibungen auf Gegenstände des Anlagevermögens
–	Zuschreibungen zu Gegenständen des Anlagevermögens
±	Veränderungen der Rückstellungen für Pensionen bzw. anderer langfristiger Rückstellungen
±	Veränderung der Sonderposten mit Rücklageanteil
±	Latente Ertragsteueraufwendungen bzw. -erträge
±	Andere nicht zahlungswirksame Aufwendungen und Erträge von wesentlicher Bedeutung
=	*cash earnings*
±	Bereinigung zahlungswirksamer Aufwendungen/ Erträge aus Sondereinflüssen
=	*cash earnings* nach DVFA/SG

Der *cash earnings*-Begriff nach dem DVFA/SG-Berechnungsschema geht durch zwei zusätzliche Bereinigungsschritte über den »vereinfachten Cashflow« hinaus. Einerseits wird die Veränderung eines gegebenenfalls vorhandenen Sonderpostens mit Rücklageanteil bereinigt. Auf diese Weise werden rein steuerliche Ergebniskorrekturen erfasst, soweit diese nicht durch direkte Abschreibungen verrechnet sind. Außerdem werden über Abschreibungen und Rückstellungsdotierungen hinausgehende, andere nicht zahlungswirksame Aufwendungen bzw. Erträge bereinigt, wenn sie wesentlich sind, d. h. wenn sie zusammen 5 % der durchschnittlichen *cash earnings* der drei vorhergehenden Berichtsjahre übersteigen. Dazu zählen die latenten Ertragsteueraufwendungen und -erträge, die im Schema als eigene Position genannt sind. Ferner zählt beispielsweise auch der Differenzbetrag zwischen dem Ergebnis aus *at equity* bewerteten assoziierten Unternehmen und der auf diese Beteiligungen entfallenden Ausschüttungen dazu. Die *cash earnings* werden durch zusätzliche Bereinigung um ungewöhnliche zahlungswirksame Aufwendungen und Erträge von wesentlicher Bedeutung zum »nachhaltigen« Cashflow, den sog. *cash earnings* nach DVFA/SG. Diese Größe eignet sich als nachhaltiger Indikator der Finanzkraft insofern, als sie um ungewöhnliche wesentliche Ereignisse bereinigt ist und als sie aufgrund der zugrunde liegenden weiten Fondsabgrenzung im Sinne des Netto-Umlaufvermögens von kurzfristigen Zahlungsmittelverschiebungen abstrahiert.

EBITDA

Eine dem vereinfachten Cashflow ähnliche ertragsorientierte Cashflow-Ziffer ist der so genannte EBITDA (= *Earnings before Interest, Taxes, Depreciation and Amortization*), der gelegentlich auch verkürzt als EBDIT (= *Earnings before Depreciation, Interest and Taxes*) bezeichnet wird. Er stammt aus der angelsächsischen Praxis der Finanzanalyse, hat sich aber mehr und mehr auch international als Kennzahl v. a. in Verbindung mit Aktienkursanalysen verbreitet (vgl. 14. Kapitel B III). Auf Basis einer handelsrechtlichen GuV-Gliederung ermittelt sich der EBITDA wie in Abb. 13.5 dargestellt. Bei einer GuV-Gliederung nach IAS/IFRS bzw. US-GAAP stellt sich die Ermittlung wie in Abb. 13.6 gezeigt dar.

EBIT

	Jahresüberschuss
±	Außerordentliches Ergebnis
±	Ertragsteuern
=	Ergebnis der gewöhnlichen Geschäftstätigkeit
+	Zinsaufwand
=	EBIT (ordentliches Ergebnis vor Zinsen und Steuern)
+	Abschreibungen auf Anlagevermögen
+	Abschreibungen auf aus Konsolidierung entstandenem Goodwill
=	EBITDA

Abb. 13.5: Berechnungsschema für den EBITDA auf Basis einer handelsrechtlichen GuV-Gliederung

Um die Vergleichsmöglichkeit zum EBITDA auf Basis einer handelsrechtlichen GuV-Gliederung herzustellen, sind für die Ermittlung des EBITDA auf der Grundlage nach IAS/IFRS und US-GAAP zwei zusätzliche Bereinigungsschritte notwendig:

Zum einen sind neben den *extraordinary items* auch Ergebniswirkungen aus der Aufgabe von Geschäftsfeldern (*discontinued operations*) zu bereinigen, da diese Erfolge handelsrechtlich weitestgehend dem außerordentlichen Ergebnis zuzurechnen sind. Zum anderen sind handelsrechtlich die den Minderheiten zustehenden Anteile am Konzernergebnis (*minority interest*) im Periodenergebnis enthalten, während diese nach IAS/IFRS und US-GAAP nicht Bestandteil des Konzernergebnisses sind. Da der EBITDA in Relation zum Bruttogesamtwert des Unternehmens zu sehen ist, muss die Eliminierung des Konzernergebnisses um die Minderheitenanteile für die Ermittlung des EBITDA nach IAS/IFRS und US-GAAP wieder rückgängig gemacht werden.

	Net income
±	*Extraordinary items*
±	*Discontinued operations*
=	*Income from continuing operations*
±	*Minority interest in income of consolidated subsidiaries*
±	*Income taxes*
+	*Interest expenses*
=	EBIT (*Earnings before Interest and Taxes*)
+	*Depreciation*
+	*Amortization*
=	EBITDA

Abb. 13.6: Berechnungsschema für den EBITDA auf Basis einer GuV-Gliederung nach IAS/IFRS bzw. US-GAAP

Im Vergleich zum vereinfachten Cashflow bzw. zur Größe *Cash Earnings* nach DVFA/SG weist der EBITDA folgende Unterschiede auf:

- Der EBITDA mißt approximativ den Cashflow des unverschuldeten Unternehmens. Analytisch ist er in Relation zum Bruttogesamtwert des Unternehmens (Wert des Eigen- und Fremdkapitals) zu sehen (vgl. 14. Kapitel B III).
- Der EBITDA ist eine Vorsteuergröße.
- Im EBITDA sind zur Ermittlung eines ertragsnahen Cashflows lediglich die Abschreibungen, nicht auch langfristige Rückstellungen oder andere zahlungsunwirksame Aufwendungen und Erträge bereinigt.

Mit dem Cashflow als Indikator der Finanzkraft sollen Aussagen über die Innenfinanzierungskraft und über die Verschuldungsfähigkeit des Unternehmens gewonnen werden. Auf diese beiden Analysezwecke wird in den folgenden Abschnitten b) und c) eingegangen.

b) Cashflow als Indikator der Innenfinanzierungskraft

Die Innenfinanzierungskraft wird anhand einer der beiden folgenden Kennzahlen gemessen:

Investitions-deckung

$$\text{Investitionsdeckung} = \frac{\text{Cash Flow}}{\text{Nettoinvestitionen in Anlagevermögen}}$$

Investitionsgrad des Cashflow

$$\begin{array}{c}\text{Investitionsgrad}\\\text{des Cash Flow}\end{array} = \frac{\text{Nettoinvestitionen in Anlagevermögen}}{\text{Cash Flow}}$$

Da der Cashflow in dieser Kennzahl nicht zahlungsorientiert, sondern ertragsnah gemessen ist, sollte auch der Nenner der Kennzahl nicht aus reinen Investitionsauszahlungen wie in der Kapitalflussrechnung, sondern aus den Buchwerten des Anlagespiegels abgeleitet werden. D. h. die Nettoinvestitionen sind aus der Differenz der Zugänge und der zum Restbuchwert bemessenen Abgänge zu ermitteln (vgl. 12. Kapitel B).

Free Cashflow

Grundsätzlich gilt, dass die finanzwirtschaftliche Situation um so günstiger zu beurteilen ist, je höher die Investitionsdeckung ausfällt. Eine Investitionsdeckung von z. B. 150 % besagt, dass der nachhaltige Cashflow ausreichte, die gesamten Nettoinvestitionen in das Anlagevermögen zu decken, und dass darüber hinaus ein verfügbarer Cashflow (= Free Cashflow) in Höhe von 150 % – 100 % = 50 % der Nettoinvestitionen verbleibt, der beispielsweise zur Schuldentilgung oder zum Rückkauf von Eigenkapitaltiteln eingesetzt werden kann.

Bei der Interpretation der Kennzahl Investitionsdeckung ist allerdings einschränkend zu beachten, dass ein hoher Kennzahlenwert auch aus der Minimierung der Nettoinvestition in das Anlagevermögen resultieren kann. Die Investitionsdeckung ist deshalb stets im Zusammenhang mit der in Abschnitt A IV bereits diskutierten Kennzahl

Wachstums-quote

$$\text{Wachstumsquote} = \frac{\begin{array}{c}\text{Nettoinvestitionen}\\\text{in Sachanlagevermögen}\end{array}}{\begin{array}{c}\text{Abschreibungen des Geschäftsjahres}\\\text{auf Sachanlagevermögen}\end{array}}$$

zu interpretieren. Für das Gesamtunternehmen wäre sicherlich erstrebenswert, dass beide Kennzahlen deutlich über 100 % liegen. Folgt man der aus der Portfoliobetrachtung oft üblichen Segmentierung von Geschäftsfeldern in Nachwuchs-, Star- und Cash-Geschäftsfelder, so lassen sich die in Abbildung 13.7 dargestellten geschäftsfeldbezogenen Kriterien für diese beiden Kennzahlen angeben:

Portfolioposition \ Kennzahlen	Wachstums-quote	Investitionsdeckung
Nachwuchs-geschäft	>> 100 %	<< 100 %
Star-geschäft	> 100 %	< 100 %
Cash-geschäft	≤ 100 %	>> 100 %

Abb. 13.7: Innenfinanzierungskraft, Wachstum und Portfolioposition

Segment-Analyse der Innenfinanzierungskraft

Diese Überlegungen lassen sich insbesondere für IAS/IFRS- bzw. US-GAAP-Abschlüsse nutzen, da nach IAS 14 bzw. FAS 131 eine Segmentberichterstattung verpflichtend ist. Diese Segmentberichterstattungspflicht gilt auch für HGB-Abschlüsse börsennotierter Unternehmen (§ 297 Abs. 1 Satz 2 HGB). Aufgrund der Segmentangabepflichten lassen sich wesentliche Kennzahlen der Investitionspolitik und Innenfinanzierungskraft auf Segmentebene näherungsweise ermitteln (vgl. Coenenberg, M. [1998], S. 290 ff.; Coenenberg, A. G. [2001b], S. 594 ff.; ferner 14. Kapitel A II 2). Als Segment-Cashflow ergibt sich:

Segment-Cashflow

	Operatives Segmentergebnis
+	Abschreibungen/Wertberichtigungen des Segments
+	Sonstige nicht zahlungswirksame Aufwendungen des Segments
=	Segment-Cashflow

Nimmt man die je Segment berichtspflichtigen Zugänge an langfristigem Vermögen als Indikator für die Nettoinvestitionen, dann lässt sich die Segment-Investitionsdeckung wie folgt bestimmen:

Segment-Investitionsdeckung

$$\text{Segment-Investitionsdeckung} = \frac{\text{Segment-Cash Flow}}{\text{Zugänge an langfristigem Segmentvermögen}}$$

Die Wachstumsquote errechnet sich näherungsweise wie folgt:

Segment-Wachstums-quote

$$\text{Segment-Wachstumsquote} = \frac{\text{Zugänge an langfristigem Segmentvermögen}}{\text{Abschreibungen/Wertberichtigungen des Segments}}$$

Portfolio-Analyse

Segment-Investitionsdeckung und Segment-Wachstumsquote lassen sich mittels der in Abb. 13.7 angegebenen Norm-Kriterien im Rahmen der strategischen Bilanzanalyse für die Analyse des Geschäftsportfolios nutzen (vgl. hierzu 15. Kapital D).

c) *Cashflow als Indikator der Verschuldungsfähigkeit*

Der Cashflow gilt auch als Indikator der Verschuldungsfähigkeit, da Verbindlichkeiten letztlich nur aus selbsterwirtschafteten Mitteln getilgt werden können. Bei dieser Verwendung der Cashflow-Ziffer wird implizit unterstellt, dass der Umfang der Verschuldung abgebaut wird. Dies ist tatsächlich selten der Fall, denn im Allgemeinen bleibt die Summe aller aufgenommenen Schulden gleich oder wächst mit der Ausweitung der Unternehmenstätigkeit. Daraus ist ersichtlich, dass auch hier eine Cashflow-Analyse nur im zeitlichen Vergleich von Aussagewert sein kann.

Die folgende Kennzahl dient als Maßstab der Verschuldungsfähigkeit:

Dynamischer Verschuldungs-grad, Tilgungs-dauer

$$\text{Dynamischer Verschuldungsgrad / Tilgungsdauer} = \frac{\text{Effektivverschuldung bzw. Netto-Finanzschulden}}{\text{Cash Flow}}$$

Diese Kennzahl gibt die Zahl der Jahre an, in denen ceteris paribus eine vollständige Tilgung der Effektivschulden bzw. der Netto-Finanzschulden aus dem selbsterwirtschafteten Cashflow möglich wäre. Je nach konkreter Berechnung der Effektivverschuldung bzw. Netto-Finanzschulden (vgl. Abschnitt C I 2 b dieses Kapitels) und des Cashflows ergeben sich natürlich unterschiedliche Ausprägungen dieser Kennzahl und somit unterschiedliche Interpretationen.

Anstelle der Tilgungsdauer verwendet das Bundesaufsichtsamt für das Versicherungswesen (vgl. Bald, E.-J. u. a. [2000]) aufgrund des 1992 herausgegebenen Leitfadens die folgende Kennzahl (vgl. auch 12. Kapitel C III 2):

Entschuldungs-dauer

$$\text{Entschuldungsdauer} = \frac{\text{bereinigtes Gläubigerkapital}}{\text{Cash Flow}}$$

Als Cashflow wird das Ergebnis der gewöhnlichen Geschäftstätigkeit abzüglich Steuern und zuzüglich Abschreibungen definiert. Veränderungen der langfristigen Rückstellungen dürfen zusätzlich berücksichtigt werden. Das bereinigte Gläubigerkapital entspricht dem Fremdkapital abzüglich Pensionsrückstellungen. Die Entschuldungsdauer soll einen Wert ≤ 7 haben.

d) Bedeutung und Einschränkungen des Cashflow als Indikator der Finanzkraft

Es sei hier nochmals auf die Einschränkung hingewiesen, dass es sich beim vereinfachten Cashflow (= Brutto-Cashflow) bzw. bei den *cash earnings* nach DVFA/SG nicht um den periodenbezogenen zahlungsorientierten Überschuss aus dem Geschäft (= Finanzierungsbeitrag, Netto-Cashflow), sondern um einen nur grob gemessenen ertragsnahen Indikator der Finanzierungskraft handelt. Diese Einschränkung ist zugleich die Stärke dieser Kennzahl:

Sie mißt die nachhaltige, periodendurchschnittliche Finanzkraft des Unternehmens. Sie eignet sich als einfach berechenbare, leicht verständliche und von kurzzeitigen Schwankungen des Netto-Umlaufvermögens freie Größe für Kennzahlenanalysen zur Innenfinanzierungskraft und Verschuldungsfähigkeit. Diese Vorteile erklären zugleich, warum in der Aktienkursanalyse die Größe EBITDA *(Earnings before Interest, Taxes, Depreciation and Amortization)* eine weite Verbreitung erfahren hat (vgl. auch oben Abschnitt a) sowie 14. Kapitel B III).

EBITDA

Ein vollständiger Einblick in die Einzahlungen und Auszahlungen aus der laufenden Geschäftstätigkeit, aus der Investitions- sowie der Finanzierungstätigkeit kann mittels der vereinfachten Cashflow-Analyse naturgemäß nicht gewonnen werden. Sie wird durch die Analyse des zahlungsorientierten Cashflows gewährt, die auf der Kapitalflussrechnung beruht.

2. Analyse der Kapitalflussrechnung

Zahlungsorientierte Kapitalflussrechnung

Die internationalen Standards (IAS 7; FAS 95; DRS 2) genügende Kapitalflussrechnung ist eine zahlungsorientierte Abbildung des unternehmerischen Geschehens nach den drei Kategorien laufendes Geschäft, Investitions- und Finanzierungstätigkeit. Mit ihrer Hilfe kann im Rahmen der Bilanzanalyse ein weitgehender Einblick in die Liquiditätsströme der Berichtsperiode gewonnen werden. Soweit der Abschluss keine Kapitalflussrechnung enthält, ist der Analytiker auf eine externe Ableitung einer Kapitalflussrechnung aus den Daten von GuV, Bilanz und Anhang angewiesen. Mittels einer derartigen externen Ableitung lässt sich eine unmittelbar zahlungsorientierte Kapitalflussrechnung aber allenfalls approximieren. Die folgenden Ausführungen gehen davon aus, dass eine zahlungsorientierte Kapitalflussrechnung vorliegt. Auf die Aufstellung einer solchen Kapitalflussrechnung bzw. auf deren Approximation aus externen Daten wird nicht eingegangen. Dazu wird auf das 10. Kapitel Abschnitt A I 4 verwiesen.

Cashflow-Analyse der Änderung des Finanzmittelfonds

Ein erster Ansatzpunkt der Analyse der Kapitalflussrechnung besteht darin, die Veränderung des Finanzmittelfonds aus den drei in der Kapitalflussrechnung dargestellten Cashflow-Bereichen zu erklären. Ein stark vereinfachtes Beispiel von vier Unternehmen A, B, C und D diene der Veranschaulichung:

Beispiel

Kapitalflussrechnung	A	B	C	D
Brutto-Cashflow (z. B. nach DVFA/SG)	20	10	20	10
Veränderung des Netto-Umlaufvermögens	0	10	-10	0
(1) Cashflow aus laufender Geschäftstätigkeit	20	20	10	10
(2) Cashflow aus Investitionstätigkeit	-15	-15	-15	-5
(3) Cashflow aus Finanzierungstätigkeit	5	5	15	5
(4) Veränderung der liquiden Mittel	10	10	10	10

Alle vier Beispielsunternehmen weisen eine Erhöhung der liquiden Mittel um 10 GE auf. Wie die Kapitalflussrechnungen zeigen, sind die dahinter liegenden Ursachen höchst unterschiedlich. A investiert 15 GE bei einem Cashflow aus laufender Geschäftstätigkeit von 20 GE. Zusammen mit der Außenfinanzierung von 5 GE führt dies zur Erhöhung der liquiden Mittel um 10 GE. Die Situation von B ist nur vordergründig mit der von A vergleichbar. Im Unterschied zu A ist der Cashflow aus laufender Geschäftstätigkeit bei B nur zur Hälfte auf einen nachhaltigen Cashflow zurückzuführen. In Höhe von 10 GE wurde die Mittelbindung im Netto-Umlaufvermögen verringert, sodass sich dadurch erst das Niveau von 20 GE beim Cashflow aus laufender Geschäftstätigkeit ergibt. Die Minderung der Mittelbindung im Netto-Umlaufvermögen ist allerdings ein Einmaleffekt, der sich in diesem Umfang kaum auf Dauer wiederholen lässt. Die Liquiditätsposition von B ist deshalb als schwächer einzuschätzen als die von A. C ist im Hinblick auf den nachhaltigen Cashflow mit A vergleichbar, hat allerdings eine Verschlechterung der Mittelbindung im Netto-Umlaufvermögen realisiert, die durch eine zusätzliche Außenfinanzierung kompensiert wurde. Hier ist die entscheidende Frage, ob die zusätzliche Mittelbindung im Netto-Umlaufvermögen auf strukturellen Schwächen (z. B. Ansteigen der Vorräte wegen nicht marktgerechter Produkte, Anstieg des Kundenziels wegen Qualitätsmängeln) beruht und sich deshalb in einem sinkenden nachhaltigen Cashflow niederschlagen wird. D schließlich hat einen niedrigeren nachhaltigen Cashflow als A realisiert. Die liquiditätsmäßige Kompensation wurde durch eine konsolidierte Investitionspolitik erreicht. Möglicherweise wurden aber auch Investitionsauszahlungen durch unbare Investitionen (z. B. Leasing) ersetzt.

Free Cashflow

Als Kennzahlen zur Analyse der zahlungsorientierten Cashflow-Position eignen sich eigenkapital- und gesamtkapitalbezogene »Free Cashflow-Raten«. Als Free Cashflow (frei verfügbarer Cashflow) lässt sich im Rahmen der Kapitalflussrechnung die Differenz des Cashflows aus laufender Geschäftstätigkeit und aus Investitionstätigkeit charakterisieren:

	Cashflow aus laufender Geschäftstätigkeit
–	Cashflow aus Investitionstätigkeit
=	Free Cashflow (frei verfügbarer Cashflow)

Die Standards zur Kapitalflussrechnung überlassen es z. T. dem Ermessen des Bilanzierenden, ob Zinsausgaben beim Cashflow aus der Finanzierungstätigkeit oder beim Cashflow aus laufender Geschäftstätigkeit erfasst werden. Im ersteren Falle bezeichnet der Free Cashflow den laufenden Cashflow, der nach Berücksichtigung der Investitionen des Geschäftsjahres zur Bedienung von Eigen- und Fremdkapital zur Verfügung steht (= gesamtkapitalbezogener Free Cashflow). Sind die Zinsausgaben hingegen im Cashflow aus laufender Geschäftstätigkeit abgesetzt, so handelt es sich beim Free Cashflow um den zur Bedienung des Eigenkapitals verfügbaren Cashflow (= eigenkapitalbezogener Free Cashflow). Durch Bezugnahme auf das durch den Free Cashflow zu bedienende Gesamtkapital und Eigenkapital entstehen die folgenden Free Cashflow-Raten:

Gesamtkapitalbezogene Free Cashflow-Rate

$$\text{Gesamtkapitalbezogene Free Cashflow-Rate} = \frac{\text{Free Cashflow vor Zinsen}}{\text{Eigenkapital + Finanzschulden}}$$

Bei den Finanzschulden (ohne Abzug liquider Aktivpositionen) handelt es sich um das verzinsliche Fremdkapital (vgl. C I 2 b dieses Kapitels).

Eigenkapitalbezogene free cash flow-Rate

$$\text{Eigenkapitalbezogene Free Cashflow-Rate} = \frac{\text{Free Cashflow nach Zinsen}}{\text{Eigenkapital}}$$

Gesamtkapital- und eigenkapitalbezogene Free Cashflow-Rate stehen in einer ähnlichen Hebelwirkung zueinander wie Gesamt- und Eigenkapitalrendite (vgl. oben Abschnitt B I). In Jahren besonders starken Wachstums können die Free Cashflow-Raten deutlich unter das Niveau von Gesamt- und Eigenkapitalrendite sinken oder sogar negativ ausfallen. Im langfristigen Durchschnitt müssen die Free Cashflow-Raten dem Niveau angemessener Gesamt- und Eigenkapitalrenditen entsprechen.

Über die beschriebenen Kennzahlen hinaus lassen sich auf der Grundlage der Kapitalflussrechnung die in Abschnitt 1 beschriebenen vereinfachten Cashflow-

Kennzahlen durch folgende zahlungsorientierte Kennzahlen ergänzen (vgl. auch Coenenberg, A. G. [2001a], S. 316 ff.):

$$\text{Zahlungsorientierte Investitionsdeckung} = \frac{\text{Cash Flow aus laufender Geschäftstätigkeit}}{\text{Cash Flow aus Investitionstätigkeit}}$$

$$\text{Zahlungsorientierte Wachstumsrate} = \frac{\text{Cash Flow aus Investitionstätigkeit}}{\text{Abschreibungen}}$$

$$\text{Zahlungsorientierter dynamischer Verschuldungsgrad} = \frac{\text{Effektivverschuldung}}{\text{Cash Flow aus laufender Geschäftstätigkeit}}$$

Ferner können wertvolle Einblicke in die Ursachen einer veränderten Kapitalbindung gewonnen werden, indem einzelne Positionen der Kapitalflussrechnung in Beziehung zur Veränderung des gesamten gebundenen Kapitals gesetzt werden. Ein Beispiel einer solchen Kennzahl ist (vgl. Arbeitskreis »Finanzierungsrechnung« der Schmalenbach-Gesellschaft [1996], S. 42):

$$\text{Kapitalbindung durch Kundenforderungen} = \frac{\text{Veränderung der Kundenforderungen}}{\text{Veränderung der Bilanzsumme}}$$

Sie zeigt, inwieweit durch zusätzliche Forderungen Kapital gebunden bzw. inwieweit durch Abbau von Kundenforderungen Kapital freigesetzt wird.

Cash Burn Rate Eine dem dynamischen Verschuldungsgrad verwandte Kennzahl für Unternehmen in der Start-up-Phase ist die sog. »*Cash Burn Rate*«:

$$\text{Cash Burn Rate} = \frac{\text{liquide Mittel + geldnahe Mittel}}{\text{(negativer) Cashflow aus laufender Geschäftstätigkeit}}$$

Sie misst die Überlebensfähigkeit von Unternehmen durch die Zeitdauer, in der die von Eigen- und Fremdkapitalgebern zur Verfügung gestellten Investitionsmittel durch die zunächst negativen Cashflows verbraucht (= verbrannt) wären (vgl. Coenenberg, A. G. [2001a], S. 318).

Kontrollfragen:

1. Welches Erkenntnisziel verfolgt die finanzwirtschaftliche Bilanzanalyse?
2. Welcher Zusammenhang besteht zwischen der Vermögensstruktur, der betrieblichen Flexibilität und der betrieblichen Kapazitätsausnutzung?
3. Inwieweit lassen sich aufgrund des Verhältnisses von Anlagevermögen zu Umlaufvermögen wertende Aussagen über die Vermögensstruktur ableiten?
4. Welche Umsatzrelationen können zweckmäßigerweise zur Verfeinerung der Vermögensstrukturanalyse herangezogen werden?
5. Unter welchen Bedingungen und in welchem Umfang kann man bei der Bildung von Umsatzrelationen von um steuerrechtlich und handelsrechtlich bedingte Unterbewertungen bereinigten Größen ausgehen?
6. Wie sind die Umschlagshäufigkeit und Umschlagsdauer einer Bestandsposition definiert?
7. Nennen Sie einige spezielle Umschlagskoeffizienten, und charakterisieren Sie deren Aussagegehalt!
8. Kann man anhand der Angaben im Anlagespiegel tendenzielle Aussagen über den Modernitätsgrad des Produktionsapparates des betrachteten Unternehmens treffen?
9. Mit Hilfe welcher Kennzahlen lassen sich Aussagen über das Unternehmenswachstum formulieren?
10. Charakterisieren Sie den Zusammenhang zwischen der Abschreibungsquote und dem Ausmaß stiller Reserven!
11. Welches Erkenntnisziel verfolgt die Kapitalstrukturanalyse?
12. Wie lässt sich der Verschuldungsgrad einer Unternehmung definieren?
13. Charakterisieren Sie den Zusammenhang zwischen der Eigenkapitalrentabilität und dem Verschuldungsgrad!
14. Ist ein steigender Verschuldungsgrad stets ungünstig zu beurteilen?
15. Definieren Sie das *operating-leverage*-Risiko!
16. Anhand welcher Kennzahlen lassen sich Aussagen über das *financial-leverage*-Risiko ableiten?
17. Anhand welcher Kennzahl lassen sich Aussagen über die Selbstfinanzierungskraft eines Unternehmens treffen?
18. Erläutern Sie die Kennzahlen: Bilanzkurs, Kreditanspannung und Minderheitenanteil!
19. Kann die Kennzahl Lieferantenziel auch dann gebildet werden, wenn die Ergebnisrechnung nach dem Umsatzkostenverfahren erstellt wurde?
20. Welches Erkenntnisziel verfolgt die Liquiditätsanalyse?
21. Worin bestehen die grundsätzlichen Unterschiede zwischen einer Liquiditätsanalyse auf der Basis von Bestandsgrößen und einer Liquiditätsanalyse auf der Basis von Stromgrößen?

22. Was besagt der Grundsatz der Fristenkongruenz, und inwieweit eignet er sich als Grundlage für eine bilanzielle Liquiditätsanalyse?
23. Welchen Aussagegehalt besitzen die so genannten Deckungskennzahlen?
24. Definieren Sie einige kurzfristige Liquiditätskennzahlen, und nehmen Sie zu ihrer Aussagefähigkeit kritisch Stellung!
25. Welches Aussageziel liegt der Kennzahl *Net Working Capital* zugrunde?
26. Definieren Sie die Effektivverschuldung sowie die Netto-Finanzschulden!
27. Erläutern Sie den Begriff Cashflow! Gehen Sie auf die Unterscheidung in Brutto- und Netto-Cashflow ein!
28. Was besagt die Größe EBITDA?
29. Wie unterscheidet sich der EBITDA vom vereinfachten Cashflow bzw. von den *Cash Earnings* nach DVFA/SG?
30. Welche Aussagen soll die Cashflow-Analyse ermöglichen?
31. Nennen Sie die Grenzen der Aussagefähigkeit der Cashflow-Analyse!
32. Erläutern Sie den Begriff der Kapitalflussrechnung!
33. Welche Aussagen lassen sich aus einer Kapitalflussrechnung ableiten?
34. Definieren Sie den Begriff des Free Cashflow im Zusammenhang mit der Kapitalflussrechnung?
35. Welche Aussagen beinhalten die sog. Free Cashflow-Raten?
36. Was besagt die sog. *Cash Burn Rate*?

14. Kapitel: Erfolgswirtschaftliche Bilanzanalyse: Die Ertragskraft

Darstellung der Ertragslage im Jahresabschluss
- HGB

Grundlage der erfolgswirtschaftlichen Bilanzanalyse ist der veröffentlichte Jahresabschluss. Dieser unterliegt im Falle von Kapitalgesellschaften u. a. der Forderung, »... unter Beachtung der Grundsätze ordnungsmäßiger Buchführung ein den tatsächlichen Verhältnissen entsprechendes Bild der ... Ertragslage ... zu vermitteln« (§ 264 Abs. 2 Satz 1 HGB). Dieser doch eher auf die Einhaltung der Rechnungslegungsvorschriften abzielende Leitsatz wird jedoch durch das aus dem angelsächsischen Bereich stammende *true and fair view*-Prinzip ergänzt: Soweit nämlich besondere Umstände dazu führen, dass bei Beachtung der Bilanzierungs- und Bewertungsnormen ein den tatsächlichen Verhältnissen entsprechendes Bild nicht vermittelt wird, müssen im Anhang zusätzliche Angaben erfolgen; als Beispiel sei die Verzerrung des Erfolges durch erhebliche Scheingewinne genannt (vgl. auch Beck'scher Bilanzkommentar [1999], § 264 Tz. 50). Ziel der Generalklausel ist folglich, die Beurteilung der betrieblichen Ertragskraft nicht nur im Rahmen der Bilanzierungs- und Bewertungsvorschriften für die Bilanz und GuV, sondern auch unter besonderer Berücksichtigung der umfangreichen Angabe- bzw. Erläuterungspflichten im Anhang soweit wie möglich sicherzustellen. Dabei können die tendenziell zukunftsorientierten Informationen des Lageberichts zusätzlich herangezogen werden (§ 289 HGB).

- IAS/IFRS/US-GAAP

Wie an früherer Stelle dargelegt (vgl. 1. Kapitel C III), steht die Rechnungslegung gemäß IAS/IFRS bzw. US-GAAP ganz im Dienste der Entscheidungsrelevanz der Information über die Vermögens-, Finanz- und Ertragslage für den Investor. Der einschränkende Hinweis fehlt, dass ein getreues Bild der Vermögens-, Finanz-und Ertragslage »unter Beachtung der Grundsätze ordnungsmäßiger Buchführung« zu geben ist. Gleichwohl gilt gerade auch für Abschlüsse nach IAS/IFRS/US-GAAP, dass der Auswertung der *notes* neben dem zahlenmäßigen Abschluss ein besonderes Gewicht zukommt. Das liegt darin begründet, dass die Gliederung des Abschlusses nach IAS/IFRS und US-GAAP nicht so detailliert geregelt ist wie nach HGB, andererseits aber der Umfang der *notes* die Angabepflichten des Anhangs gemäß HGB beträchtlich überschreitet.

Ertragskraft

Die Zielsetzung der erfolgswirtschaftlichen Bilanzanalyse besteht in der Gewinnung von Informationen zur Beurteilung der Ertragskraft des Unternehmens.

Unter der Ertragskraft einer Unternehmung versteht man die Fähigkeit dieses Unternehmens, in der Zukunft Erfolge zu erwirtschaften. Grundsätzlich werden also zukunftsbezogene Informationen benötigt. Der Jahresabschluss ist aber eine auf eine abgeschlossene, vergangene Periode gerichtete Rechnung. Zukunftsbezogene Informationen sind zwar für die Bewertung vieler Bilanzpositionen relevant, fließen aber nur begrenzt und häufig nur imparitätisch unmittelbar in das Zahlenwerk des Jahresabschlusses ein. Allenfalls fließen Informationen über die künftige Ergebnisentwicklung in den Lagebericht ein, da hier gemäß § 289 Abs. 2 Nr. 2 HGB über die zukünftige Entwicklung der Kapitalgesellschaft berichtet werden soll.

Ermittlungsfunktion, Erklärungsfunktion

Wegen der Zukunftsbezogenheit der Ertragskraft und der grundsätzlichen Vergangenheitsbezogenheit des Jahresabschlusses verbleibt im Allgemeinen nur der Schluss von der vergangenen auf die künftige Ergebnisentwicklung in Form approximativer Hochrechnungen. Zur Ermöglichung einer solchen Ergebnisprojektion stellen sich der erfolgswirtschaftlichen Bilanzanalyse eine Ermittlungs- und eine Erklärungsfunktion: Die Ermittlungsfunktion besteht in der Feststellung der in den vergangenen Perioden tatsächlich erwirtschafteten Erfolge als Ausgangsgrundlage für die Erfolgsprojektion. Die Erklärungsfunktion beinhaltet einerseits eine Untersuchung des Zustandekommens der erzielten Erfolge, andererseits eine Analyse der Ursachen einer Unter- bzw. Übererfüllung gesetzter Erfolgsziele oder einer geänderten Erfolgsentwicklung. Dieser Ermittlungs- und Erklärungsaufgabe dienen insbesondere die in den folgenden Abschnitten A. bis D. dargestellten Verfahren und Instrumente der erfolgswirtschaftlichen Bilanzanalyse. Eine Übersicht gibt Abbildung 14.1.

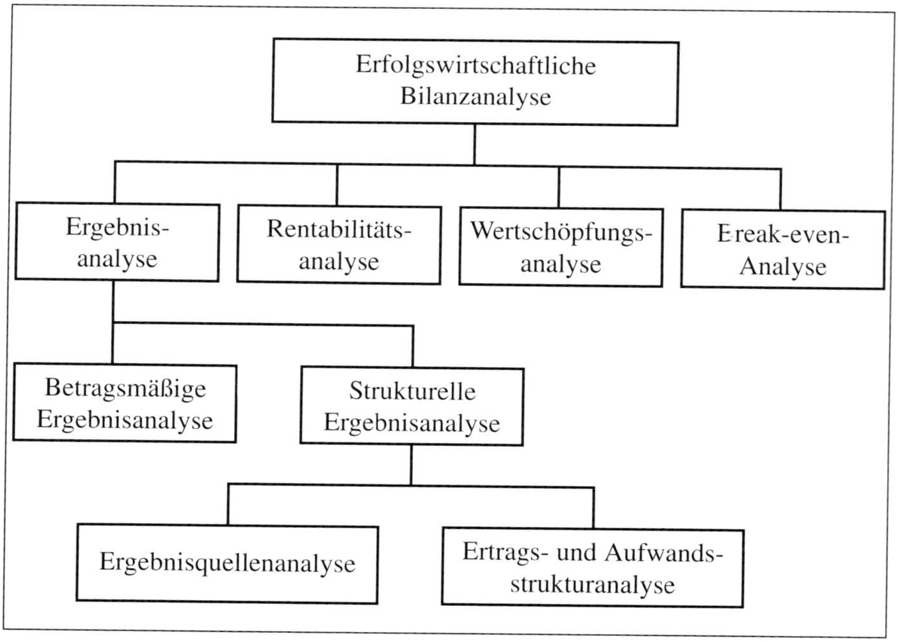

Abb. 14.1: Erfolgswirtschaftliche Bilanzanalyse

Abgrenzung zur strategischen Bilanzanalyse

Der Zukunftsbezug des Begriffs der Ertragskraft könnte den Eindruck erwecken, dass die erfolgswirtschaftliche Bilanzanalyse zugleich die strategische Bilanzanalyse mit umfasst (vgl. auch 12. Kapitel A I). Wie grenzt sich die Ertragskraft und damit die erfolgswirtschaftliche Bilanzanalyse vom Erfolgspotenzial und damit von der strategischen Bilanzanalyse ab? Ein wesentliches Merkmal der Ertragskraft ist der Bezug auf die gegenwärtige und vergangene Erfolgslage. Die erfolgswirtschaftliche Analyse ist deshalb im Wesentlichen Analyse der Ertragslage mit der Zielsetzung, Rückschlüsse auf die künftige Erfolgslage zu ermöglichen. Die erfolgswirtschaftliche Bilanzanalyse setzt deshalb an den Informationen des Jahresabschlusses selbest an. Die strategische Bilanzanalyse beruht in starkem Umfang auf der Analyse über den Jahresabschluss selbst hinausgehender Zusatzinfomationen über Stärken und Schwächen des Unternehmens und von umfeldbezogenen Informationen. Das Erfolgspotenzial äußert sich nicht im gegenwärtigen Ergebnis des Jahresabschlusses, sondern in den marktlichen Chancen und der wettbewerbshohen Position des Unternehmens sowie in den im Marktwert des Unternehmens reflektierten Erwartungen der Kapitalmarktteilnehmer (vgl. 16. Kapitel).

A. Ergebnisanalyse

Im Rahmen des Jahresabschlusses hat die GuV primär die Aufgabe, das Ergebnis der Unternehmenstätigkeit seiner Höhe und seinem Zustandekommen nach zu dokumentieren. Es liegt daher nahe, die erfolgswirtschaftliche Bilanzanalyse mit einer Analyse der in der GuV ausgewiesenen Ergebnisinformationen zu beginnen. Wir fassen diese Untersuchungen unter der Bezeichnung Ergebnisanalyse zusammen.

Jahresüberschuss/net profit/net income als Ausgangsgrundlage

In der handelsrechtlichen GuV nach § 275 Abs. 2 und 3 HGB geben die Positionen Nr. 20 (GuV nach dem Gesamtkostenverfahren) bzw. 19 (GuV nach dem Umsatzkostenverfahren) »Jahresüberschuss/Jahresfehlbetrag« das nach den handelsrechtlichen Bilanzierungs- und Bewertungsgrundsätzen ermittelte Ergebnis der gesamten Unternehmenstätigkeit einer Periode wieder. Insofern stellt der Jahresüberschuss (bzw. -fehlbetrag) einen globalen Erfolgsmaßstab dar. Nach der GuV-Mindestgliederung gemäß IAS 1.75 wird das Gesamtergebnis unter der Bezeichnung *net profit/net loss for the period* und nach US-GAAP (Regulation S-X) unter der Bezeichnung *net income/net loss* zusammengefasst. Jahresüberschuss bzw. *net profit/net income* bilden die Ausgangsgrundlage der Ergebnisanalyse. Wenn im Folgenden das Gesamtergebnis gemäß GuV angesprochen werden soll, wird vereinfachend gemäß der HGB-Terminologie die Bezeichnung »Jahresüberschuss/-fehlbetrag« verwendet.

Der Verwendung des Jahresüberschusses als Indikator der betrieblichen Ertragskraft sind jedoch aus zwei Gründen enge Grenzen gesetzt:

(1) Verzerrung des Jahresüberschusses durch inflationsbedingte Scheinerfolge und stille Reservenbildung und -auflösung

Scheinerfolge

Bei steigenden Wiederbeschaffungspreisen der Produktionsfaktoren führt die Orientierung der Jahresabschlussrechnung am Anschaffungswertprinzip zu einem vermischten Ausweis von echtem Erfolg und inflationsbedingtem Scheinerfolg (vgl. 17. Kapitel C II 1c). In der Literatur werden Methoden diskutiert, Scheinerfolge im Rahmen der externen Analyse näherungsweise zu bestimmen (vgl. Matschke, M. J. [1975]), die allerdings auf vielfältigen Annahmen beruhen. Der Hauptfachausschuss des Instituts der Wirtschaftsprüfer hat im Jahr 1975 eine Empfehlung herausgebracht (vgl. IDW [1975]), nach der die Unternehmen im Geschäftsbericht die Höhe des Scheingewinnes angeben sollten. Obwohl die in Art. 33 der 4. EG-Richtlinie verankerte inflationsbereinigte Bewertung für Gegenstände des abnutzbaren Anlagevermögens und Umlaufvermögens nicht in das HGB übernommen wurde, werden in der Literatur auf der Grundlage der Generalklausel (insbesondere § 264 Abs. 2 Satz 2 HGB) bei schwerwiegender Erfolgsverzerrung durch Inflation zusätzliche Angaben im Anhang gefordert (vgl. ADS [1995], § 264 Tz. 119 mit weiteren Nachweisen). Bei signifikanten inflationsbedingten Scheingewinnen kann deshalb auf die Angaben im Anhang zurückgegriffen werden. Deshalb kann auf die Darstellung von Näherungsverfahren zur externen Schätzung von Scheingewinnen verzichtet werden. Hinzu kommt, dass die Inflationsraten in der jüngeren Vergangenheit nur in wenigen Ländern bedeutsam waren.

Stille Reserven

Der Jahresüberschuss ist in seiner Höhe von den im Rahmen der handelsrechtlichen Bilanzierungs- und Bewertungswahlrechte vorgenommenen bilanzpolitischen Maßnahmen abhängig. Selbst in bilanziellen Regelungssystemen, die nur wenige oder keine Bilanzierungs- und Bewertungswahlrechte gewähren, sind bilanzpolitische Maßnahmen im Rahmen der notwendigen Ermessensentscheidungen bei Bilanzansatz und Bewertung nicht auszuschließen. Die Legung stiller Reserven führt bei externen Analysen zur Unterschätzung der Ertragskraft, die Auflösung stiller Reserven zur Überschätzung der Ertragskraft. Im Rahmen der Ergebnisanalyse gilt es deshalb, das Ausmaß der vorhandenen stillen Reserven so weit wie möglich abzuschätzen; der globale Erfolgsmaßstab »Jahresüberschuss« muss validiert werden, d. h., es ist eine betragsmäßige Ergebnisanalyse erforderlich (siehe unten Abschnitt I).

(2) Fehlende Informationen über die Erfolgsstruktur

Jahresüberschuss als globaler Erfolgsmaßstab

Von der Beeinträchtigung durch bilanzpolitische Maßnahmen abgesehen, zeigt der Jahresüberschuss das Ergebnis der gesamten Geschäftstätigkeit in einer zusammenfassenden Größe. Zur Erklärung der Ergebnisentwicklung als Basis für eine Ergebnisprognose ist es erforderlich, das Ergebnis in Bezug auf die verursachenden Faktoren zu analysieren. Der betragsmäßigen Ergebnisanalyse sollte also eine strukturelle Ergebnisanalyse folgen (siehe unten Abschnitt). Bei der strukturellen Ergebnisanalyse geht es dabei einerseits um eine Ergebnisspaltung nach betrieblichen, außerbetrieblichen und außerordentlichen Erfolgskomponenten (siehe unten I 1). Andererseits ist eine Analyse der Ergebnissegmentierung vorzunehmen (siehe unten I 2). Ferner sind die Anteile einzelner Erfolgskomponenten (Aufwendungen und Erträge) an der Ergebnisentstehung zu untersuchen (siehe unten I 3).

I. Betragsmäßige Ergebnisanalyse

Stille Reserven

Die Frage, inwieweit die Entwicklung des Jahresüberschusses die Entwicklung des tatsächlich erzielten Ergebnisses zuverlässig widerspiegelt, ist ein für die erfolgswirtschaftliche Unternehmensbeurteilung zentrales, gleichzeitig aber schwer lösbares Problem. Da das Ausmaß der vorhandenen stillen Reserven dem Analytiker definitionsgemäß nicht bekannt ist, kann eine betragsmäßige Validierung des ausgewiesenen Ergebnisses nur mittels näherungsweiser Schätzungen der stillen Reserven versucht werden. Im Hinblick auf die Notwendigkeit und die Möglichkeiten zur Erfassung stiller Reserven ist es nützlich, nach den Entstehungsursachen verschiedene Arten stiller Reserven zu unterscheiden.

Zwangsreserven

Stille Reserven entstehen aus einer gemessen an einem Vergleichswert niedrigeren Bewertung von Aktiva und höheren Bewertung von Passiva. Nach ihrer Entstehung unterscheidet man üblicherweise Zwangsreserven, Dispositions- und Ermessensreserven sowie Willkürreserven (vgl. auch 5. Kapitel B III 3). Zwangsreserven entstehen im HGB-Abschluss durch die strikte Gültigkeit des Realisations- und Imparitätsprinzips. Höhere Marktwerte von Aktiva und niedrigere Marktwerte von Passiva sind prinzipiell unzulässig. Derartige Zwangsreserven sind durch den Bilanzierenden nicht beeinflussbar. Sie sind auch durch den Bilanzanlytiker mittels externer Informationen kaum abschätzbar.

In IAS/IFRS- bzw. US-GAAP-Abschlüssen dagegen sind den *net profit* bzw. das *net income* beeinflussende Zwangsreserven insoweit in der Bilanzanalyse greifbar, wie eine ergebnisneutrale Bewertung zum *fair market value* auch dann erforderlich ist, wenn dieser die Anschaffungskostsen übersteigt. Derartige erfolgsneutrale Veränderungen des Eigenkapitals sind aus den nach IAS/IFRS und US-GAAP vorgeschriebenen Eigenkapitalveränderungsrechnungen unmittelbar zu entnehmen (vgl. 7. Kapitel E II). Gemäß FAS 130 ist ausdrücklich eine getrennte Berichterstattung über erfolgsneutrale Veränderungen des Eigenkapitals, die nicht aus der Außenfinanzierung resultieren, im Rahmen des *comprehensive income* vorgeschrieben. Bilanzanalytisch indizieren erfolgsneutrale bewertungsinduzierte Eigenkapitalveränderungen Ergebnispotenziale, die noch nicht in realisierten Ergebnissen ihren Niederschlag gefunden haben.

Comprehensive income

Dispositions- und Ermessensreserven

Zentraler Gegenstand der betragsmäßigen Ergebnisanalyse sind die Dispositions- und Ermessensreserven. Dispositionsreserven entstehen aus der Nutzung legal eingeräumter Bilanzansatz- und Bewertungswahlrechte. Ermessensreserven resultieren aus Unschärfen und damit Interpretationsspielräumen bei Bilanzansatz und Bewertung. Eine exakte und vollständige Erfassung aller Dispositions- und Ermessensreserven ist auch bei sorgfältigstem Vorgehen durch externe

Bilanzanalyse nicht möglich. Der Bilanzanalytiker ist, wie erwähnt, auf näherungsweise Schätzungen angewiesen.

Willkürreserven

Willkürreserven resultieren aus einer Niedrigerbewertung von Aktiva bzw. Höherbewertung von Passiva, die den Dispositions- oder Ermessensspielraum der gültigen Bilanzierungsgrundsätze überschreiten. Sie sind unzulässig und sollten in geprüften und uneingeschränkt bestätigten Jahresabschlüssen nicht enthalten sein. Sie können nicht Gegenstand der Jahresabschlussanalyse sein.

Im Folgenden werden einige in der Praxis gebräuchliche Methoden zur Abschätzung von Dispositions- und Ermessensreserven erörtert. Bezüglich ihrer Anwendung gilt die Forderung nach Methodenvielfalt: Es sollte nicht entweder das eine oder das andere Verfahren, sondern es sollten alle Verfahren nebeneinander verwendet werden, um ein möglichst abgesichertes Bild über die tatsächliche Ergebnisentwicklung zu erhalten.

1. Auswertung von Informationen des Anhangs bzw. der notes

Bedeutung des Anhangs

Eine wesentliche Grundlage zur Orientierung darüber, ob und gegebenenfalls in welchem Umfang mit der Bildung oder Auflösung stiller Reserven gerechnet werden muss, bilden die Berichterstattungspflichten im Anhang bzw. in den *notes*. Obgleich sowohl der Anhang gemäß HGB als auch die *notes* gemäß IAS/IFRS und US-GAAP zum Pflichtbestandteil des Jahresabschlusses gehören, ergeben sich erhebliche Unterschiede in den Angabepflichten. Deshalb soll im Folgenden auf die Regelungssysteme für den Anhang gem. HGB einerseits und die *notes* gem. IAS/IFRS/US-GAAP andererseits getrennt eingegangen werden.

Auswertung von Informationen des Anhangs gemäß HGB:

Analyse des Anhangs

Die Angabepflichten gemäß HGB sind im Wesentlichen in den §§ 284 Abs. 2 und 285 HGB und im Hinblick auf Besonderheiten des Konzernabschlusses in den §§ 313 und 314 HGB geregelt. Darüber hinaus enthalten eine Reihe von Sondervorschriften Regelungen zur Erläuterungspflicht im Anhang. Von den zahlreichen Erläuterungspflichten im Anhang sind für die betragsmäßige Ergebnisanalyse die Erläuterungen zu den Bewertungs- und Ansatzvorschriften von Bedeutung. Generell gilt: Je stärker ein Unternehmen von ergebnismindernden Bewertungs- und Ansatzoptionen Gebrauch macht, umso höher ist das Ausmaß stiller Reserven zu veranschlagen und umgekehrt. In Tabelle 14.1 sind die wichtigsten Angabepflichten zu Bewertungs- und Ansatzwahlrechten für eine betragsmäßige Ergebnisanalyse zusammengefasst.

Nur wenige der Angabepflichten zu den Bewertungswahlrechten lassen allerdings eine Quantifizierung des Ausmaßes stiller Reserven zu. Von Abwertungen auf niedrigere Zukunftswerte (Zeile 1.4) und Unterschiedsbeträgen aus Bewertungsvereinbarungen bei Vorräten (Zeile 1.5) abgesehen, ist eine betragsmäßige Quantifizierung bei den aus steuerrechtlichen Gründen vorgenommenen oder unterlassenen Ab- oder Aufwertungen möglich (Zeile 1.6). Für einen dem steuerlichen Maßgeblichkeitsprinzip folgenden Einzel- oder Konzernabschluss liegt deshalb folgende Bereinigungsrechnung für den Jahresüberschuss nahe:

Angabepflichten nach HGB zur Abschätzung stiller Reserven

1.	Bewertungswahlrechte	Rechtsgrundlage (HGB)
1.1	Methoden der Anschaffungs-/Herstellungskosten-Ermittlung	§§ 284 Abs. 2 Nr. 1, 313 Abs. 1 Nr. 1
	- speziell: Einbeziehung von Zinsen in die Herstellungskosten	§ 284 Abs. 2 Nr. 5
1.2	Abschreibungsmethoden	§§ 284 Abs. 2 Nr. 1, 313 Abs. 1 Nr. 1
1.3	Abschreibungswahlrecht auf den niedrigeren Stichtagswert bei vorübergehender Wertminderung im Finanzanlagevermögen	§ 277 Abs. 3 Satz 1
1.4	Abwertungswahlrecht zur Vorwegnahme künftiger Wertschwankungen im Umlaufvermögen	§ 277 Abs. 3 Satz 1
1.5	Unterschiedsbetrag bei Vorratsbewertung mittels Gruppen-, Durchschnitts- (§ 240 Abs. 4) oder Verbrauchsfolgeverfahren (§ 256) zum letzten Börsen- oder Marktpreis	§ 284 Abs. 2 Nr.4
1.6	Betrag der allein nach steuerrechtlichen Vorschriften vorgenommenen Abschreibungen.	§§ 281 Abs. 2 Satz 1, 285 Nr. 5, 314 Abs. 1 Nr. 5
	Wahlrecht zur direkten oder indirekten Abschreibung über den Sonderposten mit Rücklageanteil.	§ 281 Abs. 1 Satz 1
1.7	Abweichung von Bilanzierungs-, Bewertungs- und Konsolidierungsmethoden und Darstellung ihres Einflusses auf Vermögens-, Finanz- und Ertragslage	§§ 284 Abs. 2 Nr. 3, 313 Abs. 1 Nr. 3
1.8	Währungsumrechnungsmethode	§§ 284 Abs. 2 Nr. 2, 313 Abs. 1 Nr. 2
2.	**Ansatzwahlrechte**	**Rechtsgrundlage (HGB)**
2.1	Aktivierung/Nichtaktivierung bzw. Verrechnung des derivativen Firmenwerts im Einzelabschluss bzw. Konzernabschluss.	§§ 284 Abs. 2 Nr. 1, 313 Abs. 1 Nr. 1
	Veränderungen und Saldierungen von Goodwill und Badwill im Konzernabschluss.	§ 301 Abs. 3 Satz 2, 3
2.2	Aktivierung/Nichtaktivierung eines Disagio	§ 268 Abs. 6
2.3	Aktivierung/Nichtaktivierung von Aufwendungen für die Ingangsetzung und Erweiterung	§ 269 Satz 1
2.4	Aktivierung/Nichtaktivierung von die passiven latenten Steuern überschreitenden aktiven latenten Steuern im Einzelabschluss	§ 275 Abs. 2 Satz 2
2.5	Passivierung/Nichtpassivierung von Aufwandsrückstellungen	§§ 284 Abs. 2 Nr. 1, 314 Abs. 1 Nr. 1
2.6	Betrag nicht passivierter Pensionsrückstellungen (vor dem 1.1.1987)	Art. 28 Abs. 2 EGHGB

Tab. 14.1: Bewertungs- und Ansatzwahlrechte im Anhang gemäß HGB

Bereinigter Jahresüberschuss

(1) Bei indirektem Ausweis der allein auf steuerlichen Vorschriften beruhenden außerplanmäßigen Abschreibungen über den Sonderposten mit Rücklageanteil

	Jahresüberschuss
+	Erhöhung (– Minderung) des Sonderposten mit Rücklageanteil in Höhe des Eigenkapitalanteils (Zeile 1.6)
+	Erhöhung (– Minderung) des Unterschiedsbetrages bei Vorratssammelbewertung in Höhe des Eigenkapitalanteils* (Zeile 1.5)
+	Erhöhung (– Minderung) der außerplanmäßigen Abschreibungen im Umlaufvermögen auf den niedrigeren Zukunftswert (Zeile 1.3) in Höhe des Eigenkapitalanteils*
=	bereinigter Jahresüberschuss

* Maximal einjährige Umschlagsdauer im UV unterstellt.

Durch die Berücksichtigung der Veränderung der Sonderposten mit Rücklageanteil wird erreicht, dass sowohl die durch allein nach steuerrechtlichen Vorschriften vorgenommenen Abschreibungen im Anlage- und Umlaufvermögen als auch die durch die Bildung steuerfreier Rücklagen gebildeten stillen Reserven bei der Korrektur des Jahresüberschusses mitberücksichtigt werden.

In diesem Fall müssen die nach steuerlichen Vorschriften vorgenommenen Abschreibungen gesondert berücksichtigt werden, da im Rahmen der Sonderposten nur diejenigen stillen Reserven erfasst werden, die durch die Bildung steuerfreier Rücklagen bedingt werden.

(2) Bei direkter Berücksichtigung der allein auf steuerlichen Vorschriften beruhenden außerplanmäßigen Abschreibungen

Bei dieser Vorgehensweise kann das Jahresergebnis im Rahmen eines Mehrperiodenvergleiches allerdings nur asymmetrisch korrigiert werden, da lediglich die im abgelaufenen Geschäftsjahr vorgenommenen außerplanmäßigen Abschreibungen gemäß § 254 HGB jahresergebniserhöhend berücksichtigt werden.

Bilanzansatzwahlrechte

Über die Bereinigung des Jahresüberschusses um Bewertungswahlrechte hinaus wäre eine zusätzliche Bereinigung um Bilanzansatzwahlrechte denkbar. Der Jahresüberschuss wäre dann um den Eigenkapitalanteil nicht aktivierter Bilanzierungshilfen bzw. passivierter Aufwandsrückstellungen im Jahr ihrer Entstehung zu bereinigen. In den Folgejahren wären entsprechende Gegenbereinigungen erforderlich, die aus einer von Analysten zu erstellenden Ergänzungsrechnung abzuleiten wäre. Eine derartige Bereinigung wäre allerdings nur unvollständig möglich, da nicht in allen Fällen von Bilanzansatzwahlrechten über nicht vorgenommene Aktivierungen bzw. Passivierungen zu berichten ist.

	Jahresüberschuss
+	Erhöhung (– Minderung) des Sonderposten mit Rücklageanteil in Höhe des Eigenkapitalanteils (Zeile 1.6)
+	Erhöhung (– Minderung) des Unterschiedsbetrages bei Vorratssammelbewertung in Höhe des Eigenkapitalanteils* (Zeile 1.5)
+	Erhöhung (– Minderung) der außerplanmäßigen Abschreibungen im Umlaufvermögen auf den niedrigeren Zukunftswert (Zeile 1.3) in Höhe des Eigenkapitalanteils*
+	allein aus steuerlichen Gründen vorgenommene Abschreibungen auf das Anlagevermögen oder Umlaufvermögen (Zeile 1.6) in Höhe des Eigenkapitalanteils*
=	bereinigter Jahresüberschuss

* Maximal einjährige Umschlagsdauer im UV unterstellt.

Die Bereinigung des Jahresüberschusses um den Einfluss von Bewertungs- und Bilanzansatzwahlrechten wird in dem Maße irrelevant, wie die Unternehmen Bilanzierungsstandards unterliegen, die Bewertungs- und Bilanzansatzwahlrechte, insbesondere steuerrechtliche Optionen, weitgehend ausschließen. Das gilt z.B. für alle Mutterunternehmen, die den Konzernabschluss nach DRS aufstellen.

Auswertung von Informationen des Anhangs gemäß IAS/IFRS/US-GAAP:

Analyse des Anhangs (notes) nach IAS/IFRS/ US-GAAP

Die *notes* gemäß IAS/IFRS und US-GAAP überschreiten den Umfang der Angabepflichten des handelsrechtlichen Anhangs beträchtlich. Im Vergleich zum Anhang erfordern die *notes* keine Angaben zu den Wirkungen der steuerlichen Maßgeblichkeit und ihrer Umkehrung, da der IAS/IFRS/US-GAAP-Abschluss nicht auf dem Maßgeblichkeitsprinzip beruht. Außerdem entfallen die Angabepflichten zu den Bilanzierungshilfen und den handelsrechtlichen Bilanzansatz- und Bewertungswahlrechten, die gemäß IAS/IFRS bzw. US-GAAP nicht zulässig sind (z. B. Kosten der Ingangsetzung des Geschäftsbetriebs, Nichtaktivierung eines Goodwill, niedriger Zukunftswert für Vorräte). Eine Bereinigungsrechnung des Jahresüberschusses um die Wirkung stiller Reserven, wie sie für den handelsrechtlichen Abschluss vorgeschlagen wurde (s. obiger Abschnitt), ist deshalb in vergleichbarer Form für einen IAS/IFRS/US-GAAP-Abschluss weder notwendig noch möglich. Gleichwohl ist es bilanzanalytisch empfehlenswert, die *notes* qualitativ auszuwerten, um ein Urteil über den der Bilanzierung zugrunde liegenden Konservatismus bzw. Optimismus zu gewinnen.

Angabepflichten nach IAS/IFRS zur Abschätzung stiller Reserven

	Auswertung von *notes* für die betragsmäßige Ergebnisanalyse	IAS
1.	Bilanzierungs-, Bewertungs- und Konsolidierungsmethoden	1.91, 1.94, 1.97-.99
	- speziell Einbeziehung von Zinsen in die Herstellungskosten	23.11, 23.29
	- speziell Aktivierung von Entwicklungskosten	1.99, 38.45
	- speziell Bilanzierung und Bewertung von immateriellen Vermögenswerten	38.107
2.	Währungsumrechnungsmethode	1.99, 21.42-46
3.	Abweichung von einem IAS-Standard / Änderungen von Bilanzierungs- und Bewertungsmethoden	1.13, 8.53, 8.57
4.	Grundlegende Fehler und Änderungen von Schätzungen	8.30, 8.37, 8.40
5.	Ereignisse nach dem Bilanzstichtag	10.33
6.	Unterschiedsbetrag bei Anwendung der Lifo-Methode für die Vorratsbewertung	2.36
7.	Differenzbetrag zwischen Rückstellungshöhe und dem als Obergrenze eines Schätzintervalls maximal ansetzbaren Betrag	10.11
8.	Marktwert marktfähiger Finanzinvestitionen und als Finanzinvestitionen gehaltener Grundstücke	25.49 (c), (d)
9.	Bilanzierungs- und Bewertungsmethode von Finanzinstrumenten, insbesondere Informationen über Marktwerte	39.44, 166-170
10.	Erfolgsneutrale Eigenkapitalveränderungen	1.86-89
11.	Auswirkungen von Preisänderungen (freiwillig)	15.8, 15.21-24
12.	Rechnungslegung in Hochinflationsländern	29.9, 29.39
13.	Neubewertung von Anlagevermögen, falls dieses Verfahren angewandt wird	16.70, 25.49 (f), 38.64 ff.
14.	Nichtaktivierte bzw. aktivierte latente Steuern auf Verlustvorträge	12.81 (e), 12.82
15.	Anwendung nicht einheitlicher Bilanzierungs- und Bewertungsmethoden im Konzernabschluss	27.21
16:	Auswirkungen von Erst- oder Entkonsolidierungen auf das Ergebnis	27.32 (b) (IV)
17.	Erträge und Aufwendungen aus quotaler Konsolidierung von Gemeinschaftsunternehmen	31.46

Tab. 14.2: Notes gemäß IAS/IFRS für die betragsmäßige Ergebnisanalyse

Tabelle 14.2 und 14.3 zeigen die Angabepflichten nach IAS/IFRS (Tabelle 14.2; vgl. auch Beck'scher Bilanzkommentar [1999], §§ 284 Tz. 201 ff., 313 Tz. 240; Reinhart, A. [1998], S. 286 ff.) und US-GAAP (Tabelle 14.3; vgl. auch Kieso, D. E./Weygandt, J. J./Warfield, T. D. [2001], S. 1384 ff.), die für die betragsmäßige Ergebnisanalyse besonders bedeutsam erscheinen.

Angabepflichten nach US-GAAP zur Abschätzung stiller Reserven

	Auswertung von *notes* für die betragsmäßige Ergebnisanalyse	US-GAAP
1.	Bilanzierungs-, Bewertungs- und Konsolidierungsmethoden	APB 22.13
	- speziell Einbeziehung von Zinsen in die Herstellungskosten	FAS 34.21
2.	Währungsumrechnungsmethode	FAS 52.30 ff.
3.	Änderungen von Bilanzierungs- und Bewertungsmethoden	APB 20.17
4.	Grundlegende Fehler und Änderungen von Schätzungen	APB 20.37, 33
5.	Ereignisse nach dem Bilanzstichtag	FAS 5.11, 1.123 f.
6.	Anwendung von Sammelbewertungsverfahren für Vorräte	APB 22.13
7.	Marktwert marktfähiger (*trading / available-for-sale*) Wertpapiere	FAS 115.12 ff.
8	Finanzinstrumente, insbesondere Informationen über Marktwerte	FAS 107.10, 133.44 f.
9	Erfolgsneutrale Eigenkapitalveränderungen	FAS 130
10	Auswirkungen von Preisänderungen (freiwillig)	FAS 89.3
11.	Aktive latente Steuern auf Verlustvorträge	FAS 109.43 ff.

Tab. 14.3: Notes gemäß US-GAAP für die betragsmäßige Ergebnisanalyse

2. Vergleich von Börsen- und Bilanzwert

Börsenkurs, Bilanzkurs

Anhaltspunkte über das Ausmaß stiller Reserven versucht man in der Praxis der Bilanzanalyse ferner vielfach durch den Vergleich von Börsen- und Bilanzwert des gezeichneten Kapitals zu gewinnen. Für die zu schätzenden stillen Reserven ergibt sich dabei die Ermittlungsformel:

$$\text{stille Reserven} = \text{Zahl der Aktien} \times (\text{Börsenkurs} - \text{Bilanzkurs})$$

wobei der Börsenkurs dem Preis je Aktie entspricht und der Bilanzkurs wie folgt definiert ist:

$$\text{Bilanzkurs} = \frac{\text{bilanzielles Eigenkapital}}{\text{Zahl der Aktien}}$$

Der Bilanzkurs ist eine substanzorientierte Größe. Das bilanzielle Eigenkapital wird nach dem im 12. Kapitel B dargestellten Schema ermittelt. Dabei sollte im Rahmen der Konzernabschlussanalyse die Position »Anteile in Fremdbesitz« nicht im bilanziellen Eigenkapital erfasst werden, da der Vergleichswert, nämlich der Börsenwert des Eigenkapitals, sich nur auf die Aktien des Mutterunternehmens bezieht.

Der Börsenkurs zeigt, wie das Unternehmen am Kapitalmarkt bewertet wird. Sofern der Börsenkurs primär die Ertragserwartungen der Kapitalmarktteilnehmer reflektiert, entspricht der Börsenwert des gezeichneten Kapitals (= Marktkapitalisierung) dem marktmäßig objektivierten Ertragswert des Unternehmens. Diese Interpretation wird vor allem dann zutreffen, wenn nicht der Börsenkurs eines bestimmten Stichtages, sondern nach Eliminierung von Zufallsschwankungen ein gleitender durchschnittlicher Kurswert einer längeren Periode verwendet wird.

Originärer Firmenwert

Trifft die Interpretation des Börsenwertes als ertragsorientierter Marktwert des Unternehmens zu, so spiegelt die Differenz zwischen Börsenwert und Bilanzkurswert des gezeichneten Kapitals nicht nur die stillen Reserven, sondern über diese hinaus den (originären) Firmenwert des Unternehmens wider.

- stille Reserven im weiten Sinne

Zudem handelt es sich bei den enthaltenen stillen Reserven um stille Reserven in einem weiteren Sinne: Außer den durch bilanzpolitische Maßnahmen gelegten stillen Ermessens- und Dispositionsreserven, die durch die Ergebnisanalyse eigentlich aufgedeckt werden sollen, umfasst die Differenz von Börsen- und Bilanzwert des Eigenkapitals auch den Betrag der sog. stillen Zwangsreserven, die dadurch entstehen, dass günstige zukünftige Ertragserwartungen sich zwar im gegenwärtigen Ertragswert (Zukunftserfolgswert) des Unternehmens, wegen des Realisationsprinzips sich aber nicht auch schon im gegenwärtigen Jahresabschluss niederschlagen. Nur auf den Betrag der stillen Reserven in diesem weiten Sinne kann der Vergleich von Börsen- und Bilanzkurs Hinweise geben. Dieses sehr pauschale Verfahren zur Abschätzung des Betrages der stillen Reserven verliert seine Aussagefähigkeit, wenn die Börsenkursentwicklung nicht primär durch die Ertragserwartungen der Kapitalmarktteilnehmer, sondern durch andere Einflussgrößen bestimmt wird.

- Zwangsreserven

Eine Isolierung der aus der steuerlichen Maßgeblichkeit und ihrer Umkehrung resultierenden stillen Zwangsreserven in einem HGB-Abschluss kann dann erfolgen, wenn von dem um die rein steuerlich bedingten außerplanmäßigen Abschreibungen bereinigten Bilanzkurs ausgegangen wird und dieser zu dem vorstehenden Börsenkurs in Beziehung gesetzt wird. Der bereinigte Bilanzkurs ergibt sich aus:

$$\text{bereinigter Bilanzkurs} = \frac{\text{bereinigtes Eigenkapital}}{\text{Zahl der Aktien}}$$

Market-to-book ratio/Price-to-book ratio

Statt der oben als Differenz von Börsen- und Bilanzkurs angegebenen Ermittlungsformel für die vorhandenen stillen Reserven im weiten Sinne wird in der angloamerikanischen Praxis der Finanzanalyse das Verhältnis von Börsen- zu Bilanzkurs unter den Bezeichnungen *Market-to-book ratio* oder *Price-to-book ratio (P/B ratio)* verwendet (vgl. z. B. Brealey, R. A./Myers, S. C. [1996], S. 776 f.). Die Definition lautet:

$$\text{Market-to-book ratio} = \frac{\text{stock price}}{\text{book value per share}} = \frac{\text{Börsenkurs}}{\text{Bilanzkurs}}$$

Der Wert der Kennzahl indiziert den Wertzuwachs, den die durch die Eigentümer in der Vergangenheit getätigten Einlagen (einschl. den einbehaltenen Gewinnen) erfahren haben.

3. Geschätzter Steuerbilanzgewinn als Indikator der Ertragskraft

Eine weitere Möglichkeit zur Messung des Ausmaßes der gelegten stillen Reserven und des tatsächlich erzielten Gewinns stellt die Methode der Steuerbilanzgewinnschätzung aus den in der GuV ausgewiesenen gewinnabhängigen Steuern dar.

Bedeutung

Diese Methode ist in dem Maße von Bedeutung, wie davon auszugehen ist, dass die Ermessens- und Dispositionsspielräume für Bilanzansatz und Bewertung im veröffentlichten Jahresabschluss größer sind als im steuerlichen Abschluss. In diesem Falle kann aus der Höhe des Steueraufwands ein Schluss auf das tatsächliche, der Besteuerung zugrunde liegende Ergebnis gezogen werden. Hohe Ertragsteueraufwendungen induzieren hohe, niedrige Ertragsteueraufwendungen niedrige steuerliche Ergebnisse.

- im IAS/IFRS/ US-GAAP-Abschluss

Nach den Bilanzierungsregeln gemäß IAS/IFRS/US-GAAP sind die Dispositionsspielräume für Bilanzansatz und Bewertung durch den weitgehenden Verzicht auf explizite Wahlrechte – von reinen Ermessensentscheidungen abgesehen – stark begrenzt. Aus dem angewiesenen Ertragsteueraufwand lässt sich hier deshalb kaum ein verlässlicherer Einblick in die tatsächliche Ertragslage ableiten, als sie sich unmittelbar aus dem Abschluss ergibt. Die Steuerbilanzgewinnschätzung ist deshalb auf IAS/IFRS/US-GAAP-Abschlüsse nicht anwendbar.

- im HGB-Abschluss

Im HGB-Abschluss hatte das Verfahren der Steuerbilanzgewinnschätzung solange eine hohe Bedeutung, wie die allein an Obergrenzen orientierten Bewertungsvorschriften beliebige stille Reserven ermöglichten, die Steuerbilanz dagegen stärker auf die Ermittlung eines periodengerechten Erfolgs gerichtet war (vgl. Büschgen, H. E. [1962]).

Mit der Aktienrechtsreform im Jahre 1965 und dem Inkrafttreten der Einzelabschlussvorschriften des neuen HGB zum 1. 1. 1986 hat die Methode der Steuerbilanzgewinnschätzung zumindest für Kapitalgesellschaften jedoch ihre Bedeutung aus den folgenden Gründen erheblich eingebüßt:

(1) Mit der Einführung des Fixwertprinzips im Rahmen des AktG 1965 und der Kodifizierung des Stetigkeitsgrundsatzes im HGB (§ 252 Abs. 1 Nr. 6 HGB) wurden die Möglichkeiten zur Erfolgsglättung durch Bildung und Auflösung stiller Reserven für alle Kapitalgesellschaften erheblich eingeschränkt.

(2) Die umfangreichen Angabepflichten des Anhangs (vgl. Abschnitt A I 1a dieses Kapitels) ermöglichen zudem, die aufgrund steuer- und handelsrechtlicher Vorschriften gelegten stillen Reserven zumindest ansatzweise zu quantifizieren. Die steuerrechtlich bedingten stillen Reserven werden hingegen durch die Methode der Steuerbilanzgewinnschätzung nicht erkennbar.

Auswirkung des Konzeptes latenter Steuern

Mittels des Verfahrens der Steuergewinnschätzung soll von den veranlagten Steuern auf den veranlagten steuerlichen Gewinn geschlossen werden. Das Verfahren darf sich deshalb nur auf die effektiven, nicht die latenten Steuern beziehen. Falls latente und effektive Steuern in der GuV in einem Posten ausgewiesen werden, würde die Rückrechnung aus dem verrechneten Gesamtertragsteueraufwand zu einem falschen Ergebnis führen. Da die Zielsetzung des latenten Steuerkonzeptes gerade darin besteht, den Steueraufwand in der handelsrechtlichen

Ergebnisrechnung mit dem handelsrechtlichen und nicht mit dem steuerrechtlichen Erfolg in einen sinnvollen Erklärungszusammenhang zu bringen, wird im Verrechnungsfall der rechentechnische Zusammenhang zwischen Steuerbilanzgewinn und handelsbilanziellem Gewinnsteueraufwand durchbrochen. Eine sinnvolle Hochrechnung des steuerlichen Erfolges auf der Grundlage des GuV-Steuerausweises ist dann nicht mehr möglich. Folgendes Rechenbeispiel soll diese Zusammenhänge anhand einer Aktivierung von Ingangsetzungs- und Erweiterungsaufwendungen in Höhe von 400 (= *timing difference*) sowie einer Mehrabschreibung von 200 im handelsrechtlichen Jahresabschluss veranschaulichen:

Handelsrechtliche Erfolgsrechnung			
Aufwendungen		Erträge	
Material	3.000	Umsatzerlöse	10.000
Personal	3.000	aktivierte Eigenleistungen	400
Abschreibungen	1.600		
Jahresüberschuss vor Steuern	2.800		
	10.400		10.400

Steuerrechtliche Erfolgsrechnung			
Betriebsausgaben		Betriebseinnahmen	
Material	3.000	Umsatzerlöse	10.000
Personal	3.000		
Abschreibungen	1.400		
Steuerbilanzgewinn	2.600		
	10.000		10.000

Bei einer angenommenen Steuerbelastung von 60 % ergibt sich aufgrund der steuerlichen Erfolgsermittlung ein in die handelsrechtliche Erfolgsrechnung zu übernehmender Steueraufwand in Höhe von 2.600 × 0,6 = 1.560. Die Steuerbelastung, die sich aufgrund des handelsrechtlichen Erfolges (vor Steuern) ergibt, beträgt hingegen 2.800 × 0,6 = 1.680. Die handelsrechtliche Position »Steuern vom Einkommen und vom Ertrag« gestaltet sich bei Verrechnung des latenten Steuermehraufwandes in Höhe von 120 wie folgt:

	Gewinnsteuern auf Basis der steuerlichen Erfolgsermittlung	1.560	
–	latenter Steuerertrag aufgrund höherer Abschreibungen auf das Anlage- und Umlaufvermögen in der Handelsbilanz (200 × 0,6)	120	
+	latenter Steueraufwand aufgrund des handelsrechtlichen Mehrertrags durch die Aktivierung der Bilanzierungshilfe (in Höhe von 400 × 0,6)	240	
=	Steuern vom Einkommen und Ertrag		1.680

Die Hochrechnung des steuerlichen Erfolges von den summarisch ausgewiesenen Gewinnsteuern ergibt somit einen Betrag in Höhe von 2.800 (= handelsrechtlicher Erfolg) statt 2.600 (= 1.560 × 1/0,6), der aufgrund des latenten Steuerkonzeptes mit dem handelsrechtlichen Erfolg übereinstimmen muss. Eine isolierte Quantifizierung der durch die höheren handelsrechtlichen Abschreibungen im Anlage- und Umlaufvermögen gelegten stillen Reserven (= 200) ist nicht möglich.

Da jedoch gemäß § 274 HGB gebildete aktive oder passive latente Steuerpositionen in Bilanz oder Anhang betragsmäßig angegeben werden müssen, kann im obigen Verrechungsfalle über die jährliche Veränderung dieser Positionen der Steuerausweis in der GuV auf den effektiven Gewinnsteueraufwand zurückgeführt werden, sodass im Ergebnis die Steuerbilanzgewinn-Schätzmethode anwendbar bleibt.

Einschränkungen

Dennoch unterliegt das Verfahren der Steuergewinnschätzung weiteren Einschränkungen:

(1) Die steuerlichen, überwiegend wirtschaftspolitisch motivierten Bilanzierungs- und Bewertungsvorschriften weichen von den handelsrechtlichen, betriebswirtschaftlich »richtigeren« Rechnungslegungsvorschriften nicht unerheblich ab.

(2) Hinzu kommt, dass die Höhe der Körperschaftsteuerbelastung von evtl. bestehenden steuerlichen Verlustvorträgen abhängt.

Die vorstehenden Ausführungen zeigen, dass jeweils nach den Verhältnissen des Einzelfalls entschieden werden muss, ob eine Schätzung des Steuerbilanzgewinns aus dem ausgewiesenen Steueraufwand vorgenommen werden soll. Trotz der angeführten Schwächen des Verfahrens soll auf eine Darstellung der Grundlagen nicht verzichtet werden, da die Methode der Steuerbilanzgewinnschätzung insbesondere unter Berücksichtigung der umfangreichen Anhangsangaben über die rein steuerlich bedingten Erfolgsverzerrungen zur zusätzlichen Absicherung der Aussagefähigkeit des ausgewiesenen Jahreserfolges von Nutzen sein kann.

Prämissen

Im Folgenden soll von der vereinfachenden Annahme ausgegangen werden, dass keine Verluste oder Verlustverrechnungen, keine verdeckten Gewinnausschüttungen und keine steuerfreien oder steuerbegünstigten Gewinne vorliegen. Bei Aufhebung dieser Prämissen ist die Schätzformel entsprechend anzupassen.

Die Ermittlung des Steuerbilanzgewinns aus dem ausgewiesenen Steueraufwand ist an folgende Voraussetzungen gebunden:

- Kapitalgesellschaft

Zwischen der Höhe des Gewinns und dem Betrag der gewinnabhängigen Steuern muss eine für den Analytiker erkennbare eindeutige Relation bestehen, damit von der Höhe der Gewinnsteuer auf die Höhe des steuerpflichtigen Gewinns geschlossen werden kann. Für die Körperschaftsteuer ist dies gegeben, nicht dagegen für die Einkommensteuer, deren Höhe auch von den persönlichen Verhältnissen des Steuerpflichtigen abhängt und die zudem einem progressiven Tarif folgt. Die Methode der Schätzung des Steuerbilanzgewinns kommt somit nur für Kapitalgesellschaften in Betracht.

- Einzelabschluss

Die Voraussetzung einer eindeutigen Relation zwischen Steueraufwand und Gewinn wäre verletzt, wenn der Steueraufwand sich aus unterschiedlichen Steuersätzen verschiedener Länder zusammensetzt. Die Steuergewinnschätzung ist deshalb auf den Einzelabschluss einer deutschen Kapitalgesellschaft anwendbar. Für einen Konzernabschluss käme sie nur in Betracht, wenn alle Konzerngesellschaften ihren Sitz in Deutschland hätten.

- Isolierung der gewinnabhängigen Steuern

Der Betrag der gewinnabhängigen Steuern muss dem Analytiker bekannt sein. Diese Bedingung ist erfüllt, da die gewinnunabhängigen Steuern getrennt von den Steuern vom Einkommen und vom Ertrag auszuweisen sind. Bei der Hochrechnung kann folglich direkt an der Position »Steuern vom Einkommen und vom Ertrag« angesetzt werden.

Steuergewinnschätzung

Der Körperschaftsteuersatz beträgt 25 % auf den steuerpflichtigen Gewinn. Hinzu kommt der Solidaritätszuschlag, der mit einem Satz von 5,5 % auf die Körperschaftsteuer erhoben wird.

Bei einem Steuermessbetrag von 5 % und einem angenommenen Hebesatz von 400 % beträgt der Gewerbeertragsteuersatz 20 %, die Effektivbelastung beträgt dagegen wegen der Abzugsfähigkeit der Gewerbeertragsteuer nur

$$x = 0{,}2 \times (100 - x) = 16{,}67\ \%;$$

dabei werden Unterschiede zwischen körperschaftsteuerlichem Gewinn und Gewerbeertrag vereinfachungshalber vernachlässigt. Unter Berücksichtigung dieser Steuersätze und bei Verwendung der Symbole:

GSt	=	Gewerbesteuer
KSt	=	Körperschaftsteuer
SolZ	=	Solidaritätszuschlag
S	=	Gewinnabhängige Steuer (= GSt + KSt + SolZ)
s	=	Steuersatz
G	=	Steuerbilanzgewinn

ergibt sich folgende Gleichung zur Schätzung des Steuerbilanzgewinns:

$$S = GSt + KSt + SolZ$$

$$= \frac{s_{GSt}}{1 + s_{GSt}} \times G + s_{KSt} \times \left(1 - \frac{s_{GSt}}{1 + s_{GSt}}\right) \times G +$$

$$+ s_{SolZ} \times s_{KSt} \times \left(1 - \frac{s_{GSt}}{1 + s_{GSt}}\right) \times G$$

$$S = \left[\frac{s_{GSt}}{1 + s_{GSt}} + s_{KSt}(1 + s_{SolZ}) \times \left(1 - \frac{s_{GSt}}{1 + s_{GSt}}\right)\right] \times G$$

Setzt man die erläuterten Steuersätze ein, so folgt:

$$S = \left(\frac{0,2}{1,2} + 0,25(1,055) \times \frac{1}{1,2}\right) \times G$$

$$= 0,3865 \times G$$

Damit ergibt sich für den steuerlichen Gewinn:

$$G = 2,5873 \times S$$

Für Jahresabschlüsse des Geschäftsjahres 2003 mindert sich der Multiplikator wegen der Anhebung des Körperschaftsteuersatzes von 25 % auf 26,5 % auf 2,5021.

Durch Subtraktion der Steuern und des Jahresüberschusses vom geschätzten Steuerbilanzgewinn ergibt sich der Schätzbetrag der in der Periode gelegten stillen Reserven.

Aussagefähigkeit des geschätzten Steuerbilanzgewinnes

Es erhebt sich die Frage, inwieweit sich der geschätzte Steuerbilanzgewinn als Indikator der Ertragskraft eignet. Zunächst ist darauf hinzuweisen, dass die dargestellten Formeln nur unter den eingangs erläuterten Annahmen gelten. Vorteilhaft auf die Aussagekraft der Steuerbilanzgewinn-Schätzmethode wirkt sich aus, dass unter zusätzlicher Berücksichtigung der Angaben im Anhang bzgl. der allein aus steuerlichen Gründen vorgenommenen Abschreibungen der um allein steuerrechtlich begründete stille Reserven bereinigte Steuerbilanzgewinn geschätzt werden kann.

Gravierende Beeinträchtigungen der Aussagefähigkeit des geschätzten Steuerbilanzgewinns können sich jedoch daraus ergeben, dass die Höhe des Steueraufwandes erst durch die in Abständen von mehreren Jahren durchgeführten Betriebsprüfungen endgültig festgestellt wird. Der laufende Steueraufwand ergibt sich durch die Vorauszahlungen und die am Ende der Periode für die zu erwartenden Abschlusszahlungen gebildeten effektiven Steuerrückstellungen. Werden diese zu hoch veranschlagt, dann wird der Steuerbilanzgewinn zu hoch geschätzt. Spätere Erstattungen zu hoher Vorauszahlungen und die spätere Auflösung zu hoher Steuerrückstellungen wirken sich auf die Gewinnschätzung nicht aus, da diese Beträge nicht in der Steuerposition verrechnet, sondern als sonstige betriebliche Erträge auszuweisen sind. Zu niedrig bemessene Steueraufwendungen einer Periode führen in dieser Periode zur Unterschätzung des steuerlichen Gewinns; infolge der später fälligen Nachzahlungen kommt es, soweit diese die gebildeten Steuerrückstellungen überschreiten, in den späteren Perioden zu einer Überschätzung des Gewinns. Fehlbemessungen des gewinnabhängigen Steueraufwandes bewirken bei der Schätzung des Steuerbilanzgewinns also, dass eine sich ändernde Gewinntendenz erst mit einer unter Umständen erheblichen zeitlichen Verzögerung erkannt wird. Somit ist das dargestellte Schätzverfahren für die Darstellung der Gewinnentwicklung eines kürzeren Zeitraumes nur bedingt geeignet; es gestattet vornehmlich die Ermittlung der durchschnittlichen Ertragskraft während eines längeren Zeitraumes.

4. Cashflow als Indikator der Ertragskraft

Erkenntnisziele

Im 13. Kapitel C II 1 wurde der Cashflow als Instrument der finanzwirtschaftlichen Unternehmensanalyse erörtert. Neben diesem Hauptanwendungsbereich der Cashflow-Analyse wird – wie dort bereits angesprochen – aber auch versucht, den Cashflow als Indikator der Ertragsfähigkeit eines Unternehmens nutzbar zu machen. Gemeint ist in diesem Zusammenhang der »Vereinfachte Cashflow« oder der »Nachhaltige Cashflow« (auch Brutto-Cashflow oder Ertrags-Cashflow genannt), wie er im 13. Kapitel C II 1 definiert wurde. Im Rahmen der Ergebnisanalyse werden dem Cashflow zwei Aufgaben zugewiesen, die sich aus den zwei charakteristischen Merkmalen des Cashflow ableiten lassen:

- Der Cashflow ist von der Absicht her eine finanzwirtschaftliche und somit weitgehend bewertungsunabhängige Überschussgröße. Dementsprechend soll der Cashflow Aussagen über die Entwicklung der tatsächlichen Ertragslage in den vergangenen Perioden ermöglichen. Der Cashflow dient hier als retrospektiver Erfolgsmaßstab.
- Der Cashflow repräsentiert einen ausschließlich aus eigener Kraft erwirtschafteten finanzwirtschaftlichen Überschuss. Unter diesem Aspekt soll die Entwicklung des Cashflow Anhaltspunkte über die künftige Ertragskraft des Unternehmens geben. Der Cashflow dient hier als prospektiver Erfolgsmaßstab.

Cashflow als retrospektiver Erfolgsmaßstab

Als Grundlage der retrospektiven Ergebnisanalyse soll der Cashflow, wie oben ausgeführt, eine Maßgröße für die Entwicklung des tatsächlich erzielten Ergebnisses bieten, das aufgrund bilanzpolitischer Maßnahmen im Jahresüberschuss nicht immer zuverlässig wiedergegeben wird. Bildung und Auflösung stiller Reserven vollziehen sich im Wesentlichen durch bilanzpolitische Maßnahmen bei denjenigen Aufwendungen und Erträgen, die zeitlich von den ihnen entsprechenden Ausgaben und Einnahmen abweichen und deren Bemessung deshalb, soweit keine genauen gesetzlichen Normierungen Platz greifen, weitgehend dem Ermessen des Bilanzierenden unterliegen. Es handelt sich hier insbesondere um Abschreibungen bzw. Wertkorrekturen von Vermögensgütern, Zuschreibungen bzw. Wertaufholungen zu Gunsten des Ergebnisses, Zuführungen zu Rückstellungen sowie Auflösung von Rückstellungen zu Gunsten des Ergebnisses. Im Cashflow werden die wesentlichen Posten finanzunwirksamer und somit bilanzpolitisch beeinflussbarer Erfolgskomponenten mit dem Jahresüberschuss zu einer Bruttoüberschussgröße zusammengefasst. Der Cashflow enthält somit neben dem im Jahresüberschuss offen ausgewiesenen Gewinn auch die in den Abschreibungen, Zuschreibungen und Veränderungen langfristiger Rückstellungen in versteckter Form eventuell enthaltenen Erfolgsbestandteile (vgl. hierzu die Berechnungsschemata im 13. Kapitel C II 1). Es liegt deshalb nahe, aus der Entwicklung des Cashflow im Zeitablauf auf die Veränderungen des in den vergangenen Perioden tatsächlich erwirtschafteten Ergebnisses zu schließen.

Grenzen der Aussagefähigkeit:
- echte und unechte Aufwendungen

Inwieweit wird der Cashflow der retrospektiven Maßstabsfunktion gerecht? Zunächst ist nachdrücklich festzustellen, dass der Cashflow nicht mit dem erzielten Jahreserfolg identisch ist. Neben dem Jahresüberschuss und der Änderung der stillen Reserven enthält der Cashflow auch echte, wenn auch finanzunwirksame Aufwendungen. Der Cashflow kann deshalb nicht das Ergebnisniveau spiegeln, er kann sich allenfalls als Tendenzindikator eignen. Seine Veränderung kann eine entsprechende Änderung des erzielten Ergebnisses indizieren, die im Jahresüberschuss möglicherweise erst mit einer zeitlichen Verzögerung oder überhaupt nicht reflektiert wird.

- bilanzpolitisch beeinflussbare Erfolgskomponenten

Der Aufgabe als erfolgswirtschaftlicher Tendenzindikator könnte der Cashflow jedoch nur dann gerecht werden, wenn er den Jahresüberschuss um alle finanzunwirksamen und zugleich bilanzpolitisch motivierten zahlungsunwirksamen Aufwendungen und Erträge bereinigt.

Dazu müsste auf den Cashflow aus laufender Geschäftstätigkeit im Sinne der Kapitalflussrechnung (Netto-Cashflow, vgl. 13. Kapitel C II 2) anstatt auf den vereinfachten Cashflow (Brutto-Cashflow, vgl. 13. Kapitel C II 1) zurückgegriffen werden. Nur so wäre gewährleistet, dass alle bilanzpolitisch beeinflussbaren Größen im Cashflow erfasst sind. Das hätte andererseits den Nachteil, dass kurzfristige Schwankungen des Netto-Umlaufvermögens auf den Cashflow als Indikator der Ertragskraft durchschlagen. Im Rahmen der Ertragsanalyse wird deshalb im Sinne einer periodendurchschnittlichen Kennzahl der Ertragskraft der Mangel einer nicht vollständigen Bereinigung bewertungsabhängiger Aufwendungen und Erträge in Kauf genommen.

EBDIT/ EBITDA

Dem entspricht auch die aus der anglo-amerikanischen Finanzanalyse bekannte Kennzahl EBDIT (*Earnings before Depreciation, Interest and Taxes*) bzw. EBITDA (*Earnings before Interest, Taxes, Depreciation and Amortization*) (vgl. ausführlicher 13. Kapitel C II 1 a).

Cashflow-Komponenten, Verwendung des Brutto-Cashflow

Die vorstehenden Kritikpunkte zeigen, dass aus der Entwicklung des Cashflow kein eindeutiger Schluss auf die Entwicklung des erzielten Ergebnisses gezogen werden kann. Die retrospektive Cashflow-Analyse kann deshalb die bisher erörterten Verfahren der Ergebnisanalyse nicht ersetzen, sondern nur ergänzen. Sie verlangt ihrerseits eine detaillierte Analyse der Veränderungen der einzelnen Komponenten des Cashflow sowie der Veränderungen der nicht im Cashflow erfassten finanzunwirksamen Erfolgskomponenten.

Cashflow vor Steuern

Schließlich erweist es sich im Rahmen der ertragswirtschaftlichen Cashflow-Analyse stets als zweckmäßig, neben dem Nachsteuer-Cashflow auch den Vorsteuer-Cashflow (Cashflow zuzüglich der Steuern vom Einkommen und vom Ertrag) in die Analyse einzubeziehen. Durch Berücksichtigung der gewinnabhängigen Steuern als Teil des ertragsorientierten Cashflow erhält man eine von der Besteuerunghöhe und der Ausnutzung steuerlicher Sonderabschreibungen unabhängige, also für Zeit- und Betriebsvergleiche aussagefähigere Größe (vgl. Hauschildt, J./Rösler, J./Gemünden, H. G. [1984], S. 363).

Betriebsbedingter Cashflow

Dem Ziel der besseren zeitlichen und zwischenbetrieblichen Vergleichbarkeit sowie dem Ziel der Gewinnung eines Maßstabes der nachhaltigen Ertragskraft dient die Verwendung des betriebsbedingten Cashflow anstelle des gesamten Cashflow. Den betriebsbedingten Cashflow erhält man, indem der Cashflow um die betriebsfremden und außerordentlichen Aufwendungen und Erträge bereinigt wird. Einfacher berechnet sich der betriebsbedingte Cashflow, wenn man direkt vom ordentlichen Betriebsergebnis (vgl. Abschnitt A 1 dieses Kapitels) ausgeht. Auch hier kann aufgrund der Angabepflicht des § 285 Nr. 6 HGB der betriebsbedingte Nachsteuer-Cashflow berechnet werden:

	ordentliches Betriebsergebnis
+	Abschreibungen (– Zuschreibungen) auf immaterielle Vermögensgegenstände des Anlagevermögens und Sachanlagen sowie auf aktivierte Aufwendungen für die Ingangsetzung und Erweiterung
+	Erhöhung (– Verminderung) langfristiger Rückstellungen
=	betriebsbedingter Cashflow vor Steuern
–	Steuern vom Einkommen und vom Ertrag, die auf das Ergebnis der gewöhnlichen Geschäftstätigkeit entfallen
=	betriebsbedingter Cashflow nach Steuern

Die vorstehend genannten Abschreibungen und Zuschreibungen können bei Anwendung des Umsatzkostenverfahrens der Bilanz (= Anlagespiegel) oder dem Anhang entnommen werden.

Bei der Verwendung des obigen Berechnungsschemas zur Ermittlung des betriebsbedingten Nachsteuer-Cashflow ist kritisch anzumerken, dass in der Position »Steuern von Einkommen und Ertrag«, die auf das Ergebnis der gewöhnlichen Geschäftstätigkeit entfallen, auch Gewinnsteuern enthalten sein können, die auf das Finanzergebnis entfallen. Eine Trennung ist weder nach HGB noch nach IAS/IFRS/US-GAAP geboten. Insoweit wird der betriebsbedingte Nachsteuer-Cashflow u. U. zu niedrig berechnet. Diese Verzerrungseffekte können dadurch ausgeglichen werden, dass man den Nachsteuer-Cashflow aus gewöhnlicher Geschäftstätigkeit heranzieht. Dieser stimmt weitgehend mit den *Cash Earnings* nach DVFA/SG überein (vgl. 13. Kapitel C II 1a).

Cashflow als prospektiver Erfolgsmaßstab

Die auf die Beurteilung der zukünftigen Erfolgsentwicklung des Unternehmens gerichtete Cashflow-Analyse knüpft in erster Linie an die Funktion des Cashflow als Indikator der Innenfinanzierungskraft an (vgl. 13. Kapitel C II 1b). Der Cashflow soll indizieren, inwieweit Finanzmittel für zusätzliche Forschungs- und Wachstumsinvestitionen erwirtschaftet wurden, die zur Stärkung der Ertragsfähigkeit in der Zukunft führen.

Grenzen der Aussagefähigkeit

Die Aussagefähigkeit des Cashflow als prospektiver Erfolgsmaßstab hängt zunächst von der Zuverlässigkeit ab, mit der der Cashflow den Innenfinanzierungsspielraum des Unternehmens widerspiegelt; hier treffen also die bereits im

Rahmen der finanzwirtschaftlichen Bilanzanalyse erörterten Vor- und Nachteile verschiedener Cashflow-Berechnungen zu. Aber selbst wenn der Innenfinanzierungsspielraum zuverlässig im Cashflow zum Ausdruck kommt, ist ein Schluss auf die künftige Ertragsfähigkeit an bestimmte Voraussetzungen gebunden:

- Die erwirtschafteten Finanzmittel werden nicht ausschließlich für Ersatzinvestitionen, Schuldentilgungen und Gewinnausschüttungen benötigt.
- Es bieten sich gegenwärtig und in der Zukunft erfolgreiche Investitionsprojekte.
- Die Unternehmensleitung ist in der Lage, erfolgreiche Investitionschancen zu erkennen und zu verwirklichen.

Hierüber gibt der Cashflow eines vergangenen Zeitabschnitts keine Auskunft. Dementsprechend kann der Cashflow die ihm zugeschriebene Funktion als prospektiver Erfolgsmaßstab nur Hand in Hand mit den Ergebnissen einer detaillierten Finanzierungs- und Investitionsanalyse sowie einer Beurteilung der Qualität des Managements erfüllen.

Der Cashflow ist in erster Linie eine Finanzgröße. Für die Beurteilung der Ertragslage kann er allenfalls eine Hilfsfunktion haben. Diese Hilfsfunktion kann allerdings, wie empirische Datenanalysen zeigen, von großer Bedeutung sein (vgl. Baetge, J. [1998], S. 456, 484 ff.).

5. Ergebnis nach DVFA/SG als Indikator der Ertragskraft

Ergebnis nach DVFA/SG

Dem Ziel der Indikation der nachhaltigen Ertragsfähigkeit des Unternehmens dient auch das von der Methodenkommission der Deutschen Vereinigung für Finanzanalyse (DVFA) sowie dem Arbeitskreis externe Unternehmungsrechnung der Schmalenbach-Gesellschaft für Betriebswirtschaft erarbeitete Konzept des Ergebnisses nach DVFA/SG (DVFA/SG [1996]), das für nach dem 31. 12. 1998 endende Geschäftsjahre zur Berücksichtigung des Trends zur Übernahme internationaler Rechnungslegungsstandards revidiert wurde (DVFA/SG [1998], DVFA/SG [2000]). Es zielt auf die Kennzahl Ergebnis je Aktie und dient in erster Linie der Preiswürdigkeitsberechnung der Aktie (vgl. B I in diesem Kapitel). Das vorgeschlagene Berechnungsschema ist in der externen Jahresabschlussanalyse nur sehr begrenzt anwendbar; es dient vielmehr als Grundlage für die interne Ermittlung durch das Unternehmen selbst. Da das Ergebnis nach DVFA/SG bei börsennotierten Gesellschaften relativ starke Verbreitung gefunden hat und somit in vielen Fällen als zusätzlicher Indikator zur Verfügung steht, soll es in seinen Grundzügen kurz erläutert werden.

Aussagezwecke

Mit dem Ergebnis nach DVFA/SG werden drei Aussagezwecke verfolgt:

- Durch ein von Sondereinflüssen bereinigtes Ergebnis soll der Ergebnistrend im Zeitablauf aufgezeigt werden.
- Zugleich soll eine zuverlässige Ausgangsposition für Ergebnisprognosen geschaffen werden.

- Es sollen schließlich Vergleiche des wirtschaftlichen Erfolges zwischen verschiedenen Unternehmen ermöglicht werden.

Internationale Bilanzierungsregeln als Standard

Gerade die zuletzt erwähnte Zwecksetzung der zwischenbetrieblichen Vergleichbarkeit ist dann gefährdet, wenn neben den nationalen Rechnungslegungsstandards andere international anerkannte Rechnungslegungsstandards angewendet werden dürfen. Deutsche Unternehmen haben in den vergangenen Jahren in zunehmendem Maße die IAS/IFRS oder die US-GAAP für Zwecke des Konzernabschlusses übernommen. Die Neukonzeption des DVFA/SG-Ergebnisses zielt deshalb wesentlich stärker auf eine Orientierung an den international üblichen Bilanzierungsregeln ab. Sie bemüht sich deshalb, eine größtmögliche Gemeinsamkeit zwischen den Vorschriften des deutschen Handelsrechts, der IAS/IFRS und der US-GAAP bei der Definition des objektivierten Unternehmensergebnisses zu berücksichtigen.

Im Folgenden wird zunächst die Grundkonzeption des DVFA/SG-Ergebnisses erörtert. Sodann werden die zu bereinigenden Sondereinflüsse dargestellt. Schließlich wird das zusammenfassende Berechnungsschema zur Ermittlung des DVFA/SG-Ergebnisses wiedergegeben und erörtert.

a) Grundkonzeption des DVFA/SG-Ergebnisses

Konzernbezug

Das DVFA/SG-Ergebnis will den wirtschaftlichen Erfolg des Gesamtunternehmens messen. Folglich ist es auf den Konzernabschluss bezogen.

Ergebnis vor Ergebnisanteilen Dritter

Da das DVFA/SG-Ergebnis als Preiswürdigkeitsindikator für die Aktie des Unternehmens dienen soll, ist es als Ergebnis vor Ergebnisanteilen Dritter definiert. D. h. die Gewinn- und Verlustanteile anderer Gesellschafter sind bei der Ermittlung des Ergebnisses nach DVFA/SG abzuziehen bzw. hinzuzurechnen, soweit diese Bestandteil des Jahresergebnisses des Konzerns sind.

Ergebnis nach Steuern

Als Preiswürdigkeitsindikator für die Aktie dienen im Allgemeinen Nachsteuerergebnisse, so etwa bei der Berechnung von Kurs/Gewinnverhältnissen (vgl. unten B I). Das DVFA/SG-Ergebnis ist deshalb als Nachsteuerergebnis definiert. Sowohl effektive als auch latente Steuern sind deshalb bei der Berechnung des DVFA/SG-Ergebnisses zu berücksichtigen. Bei Jahresabschlüssen nach IAS/IFRS oder US-GAAP werden latente Steuern in vollem Umfang berücksichtigt, sodass hier keine weiteren Anpassungen vorzunehmen sind. Nach den Regeln des HGB werden latente Steuern dagegen nur teilweise erfasst. Prinzipiell sind deshalb hier entsprechende Anpassungen erforderlich, es sei denn, dass es sich um einen Konzernabschluss handelt, der nach den strengeren DRS aufgestellt wurde. Aus praktischen Erwägungen beschränkt die DVFA/SG-Richtlinie die Anpassung fehlender latenter Steuern auf zwei Fälle: Die Aktivierung latenter Steuern auf steuerlich nicht anerkannte Verbindlichkeitsrückstellungen (z. B. Rückstellungen für drohende Verluste aus schwebenden Geschäften oder Höherbewertung von Pensionsrückstellungen über dem Teilwert) sowie die Aktivierung latenter Steuern auf steuerlich berücksichtigungsfähige Verluste. Die Notwendigkeit zur Berücksichtigung latenter Steuern betrifft natürlich nicht nur das ausgewiesene Jahresergebnis, sondern auch alle erforderlichen Anpassungsmaßnahmen (vgl. den nächsten Abschnitt b).

Ergebnis je Aktie

Entsprechend seiner Funktion als Preiswürdigkeitsindikator ist das DVFA/SG-Ergebnis als Ergebnis je Aktie definiert. Dabei sind gegebenenfalls drei Ergebnisziffern zu unterscheiden: Das Ergebnis nach DVFA/SG je Aktie entspricht dem nach der DVFA/SG-Richtlinie bereinigten Ergebnis dividiert durch den gewichteten Durchschnitt der während des Geschäftsjahres ausstehenden Aktien.

- Adjustiertes Ergebnis

Darüber hinaus ergibt sich ein adjustiertes Ergebnis nach DVFA/SG je Aktie für den Fall, dass nach dem Bilanzstichtag Kapitalveränderungen stattgefunden haben.

- Voll verwässertes Ergebnis

Im Fall von ausstehenden Options- oder Wandlungsrechten ergibt sich schließlich noch ein voll verwässertes DVFA/SG-Ergebnis je Aktie.

Kernpunkt der Konzeption des DVFA/SG-Ergebnisses ist die Bereinigung des Jahresergebnisses des Konzerns um Sondereinflüsse, um zu einem objektivierten, wirtschaftlichen Ergebnis des Unternehmens zu kommen. Die Bereinigungstatbestände lassen sich auf zwei Grundkategorien zurückführen:

Ungewöhnliche Aufwendungen/Erträge

- Ungewöhnliche Aufwendungen und Erträge, d. h. solche Erfolgskomponenten, für die eine vorhersehbare Seltenheit besteht und die nicht aus kontinuierlichen Aktivitäten resultieren.

Dispositionsbedingte Aufwendungen/Erträge

- Dispositionsbedingte Aufwendungen und Erträge, d. h. solche Erfolgskomponenten, die aus der unterschiedlichen Nutzung von Bilanzierungs- und Bewertungswahlrechten resultieren.

Beide Kategorien lassen sich eng und weit auslegen; sie sind deshalb in dieser allgemeinen Form für die Definition von Bereinigungstatbeständen nicht operational. Die revidierte DVFA/SG-Richtlinie enthält deshalb eine erschöpfende Liste aller zu bereinigenden Sondereinflüsse.

Wesentlichkeit

Für jede Bereinigungsposition (vgl. im Einzelnen den nächsten Abschnitt b) gilt der Grundsatz der Wesentlichkeit. D. h. die Bereinigung kann so lange unterbleiben, »bis der Saldo der Bereinigungen 10 % des um steuerliche Auswirkungen angepassten Konzernergebnisses erreicht« (DVFA/SG [1998], S. 2538; DVFA/SG [2000], Tz. 42).

b) *Zu bereinigende Sondereinflüsse*

Im Folgenden werden die von der revidierten DVFA/SG-Richtlinie erschöpfend angegebenen Sondereinflüsse wiedergegeben und erörtert, die als ungewöhnliche bzw. dispositionsbedingte Erfolgskomponenten im DVFA/SG-Ergebnis zu bereinigen sind (DVFA/SG [2000], Tz. 43 ff.).

Konsolidierungskreis

1. Konsolidierungskreis:
   Das Grundprinzip ist, dass alle unter dem beherrschenden Einfluss bzw. der Kontrolle des Mutterunternehmens stehenden Unternehmen im DVFA/SG-Ergebnis abgebildet werden. Bei allen Abweichungen sind folglich Bereinigungen notwendig, z. B. dann, wenn neu erworbene Tochtergesellschaften noch nicht oder zum Verkauf stehende Tochtergesellschaften nicht mehr ein-

bezogen sind; ferner z. B. dann, wenn assoziierte Unternehmen nicht *at equity* bewertet sind.

Änderungen der Ansatz- und Bewertungsmethoden

2. Ergebniswirksame Änderungen der Ansatz- und Bewertungsmethoden:
   In diesen Fällen ist nicht die Ergebniswirkung des Berichtsjahres selbst zu bereinigen, sondern das Ergebnis nach DVFA/SG des Vorjahres ist entsprechend anzupassen. Ein Beispiel ist etwa der Übergang zu einer anderen Bewertung der Pensionsrückstellungen nach Übernahme internationaler Rechnungslegungsgrundsätze.

Erfolgsneutral erfasste Emissionskosten

3. Erfolgsneutral erfasste Aufwendungen für die erstmalige Börseneinführung oder für Kapitalerhöhungen:
   Derartige Aufwendungen, wie etwa Bankprovisionen, Kosten für Beratung und Prüfung, sind ergebniswirksam zu berücksichtigen.

Abgangserträge bzw. -verluste

4. Ergebnisse aus *Sale and Leaseback*-Transaktionen.
5. Erträge/Aufwendungen aus dem Verkauf oder der Stilllegung von Geschäftsbereichen und Produktlinien:
   Nicht erfasst werden sollen hier Restrukturierungsaufwendungen und -erträge, etwa aus der Stilllegung einzelner Werke oder aus der Ablösung von Produkten bei Fortführung der Geschäftstätigkeit mit den jeweiligen Produktgruppen.
6. Erträge/Aufwendungen aus der Veräußerung oder der Entkonsolidierung von Beteiligungen.
7. Gewinne/Verluste aus dem Abgang bedeutender Grundstücke und Gebäude, soweit diese nicht als Bestandteil der gewöhnlichen Geschäftstätigkeit zu betrachten sind.
   Bei den vorstehenden Positionen 4–7 handelt es sich um Spezialfälle von Abgangserträgen bzw. -verlusten. Eine Bereinigung hat nur in diesen besonderen genannten Fällen zu erfolgen. Alle anderen Abganggewinne bzw. -verluste gelten als Bestandteil des DVFA/SG-Ergebnisses, unabhängig davon, ob sie unter sonstigen betrieblichen Erträgen/Aufwendungen oder unter außerordentlichen Erträgen/Aufwendungen ausgewiesen sind.

Außergewöhnliche Schadensfälle

8. Aufwendungen aus außergewöhnlichen Schadensfällen sowie entsprechende Erträge aus Versicherungsleistungen.
   Ein Beispiel wäre etwa die außerplanmäßige Abschreibung einer Beteiligung wegen Enteignung. Dagegen sind außerplanmäßige Abschreibungen auf Finanzanlagen nicht zu bereinigen, wenn sie aufgrund einer nachhaltigen Wertminderung des betreffenden Vermögensgegenstandes vorgenommen werden. Dasselbe gilt für Abschreibungen auf Forderungen, wenn mit diesen erkennbare Verluste oder Wertminderungen nach dem Niederstwertprinzip berücksichtigt werden.

Sanierungsmaßnahmen

9. Erträge und Aufwendungen aus Sanierungsmaßnahmen, z. B. Gesellschafterzuschüsse.

10. Beteiligungserträge, die aus der Ausschüttung von Rücklagen resultieren, einschließlich der hieraus resultierenden steuerlichen Entlastungswirkungen. *Beteiligungserträge aus Rücklagenausschüttung*

11. Als Bilanzierungshilfe aktivierte Ingangsetzungs- und Erweiterungsaufwendungen: *Bilanzierungshilfen*
Wegen der Dispositionsabhängigkeit dieser Bilanzierungshilfe nach deutschem Handelsrecht ist eine Bereinigung vorgesehen; d. h. eine aktivierte Bilanzierungshilfe ist ergebnismindernd zu bereinigen, während die auf die Bilanzierungshilfe in den Folgejahren vorgenommenen Abschreibungen ergebniserhöhend im DVFA/SG-Ergebnis zu erfassen sind.

12. Von bei börsennotierten Gesellschaften üblichen Bilanzierungsgewohnheiten abweichende Bilanzansätze und Bewertungen: *Unübliche Bilanzansätze und Bewertungen*
Die Umsetzung dieser Bereinigungsvorschrift bedarf der Präzisierung, welche Bilanzierungs- und Bewertungsansätze als bei börsennotierten Unternehmen üblich zu betrachten sind.

   a) *Goodwill*: Als international üblich gilt die Aktivierung und Abschreibung über eine Nutzungsdauer von zwischen 5 und 20 Jahren. Unterschreitet die Nutzungsdauer den Minimumwert oder überschreitet sie den Maximumwert, ist auf den Minimumwert bzw. den Maximumwert anzupassen. Im Falle der Goodwill-Verrechnung gegen das Eigenkapital ist eine Bereinigung über einen 10-jährigen Zeitraum vorzunehmen. Dies gilt auch für in Vorperioden verrechnete Goodwills. Den Unternehmen ist allerdings auch erlaubt, als Zusatzangabe das DVFA/SG-Ergebnis vor Goodwill-Abschreibungen anzugeben. Resultiert ein Goodwill aus der Übernahme eines steuerlich nutzbaren Verlustvortrags, so sind die daraus resultierenden Goodwill-Abschreibungen um die zu erwartenden steuerlichen Entlastungen zu kürzen. *Goodwill*

   b) *Außerplanmäßige Abschreibung auf Sachanlagen und Finanzanlagen bei vorübergehender Wertminderung*: Diese gilt als bei börsennotierten Gesellschaften unübliche Abschreibung; sie ist deshalb zu bereinigen. *Außerplanmäßige Abschreibungen*

   c) *Herstellungskosten für selbsterstellte Anlagen und Erzeugnisse*: Als üblich gilt der Ansatz von Einzelkosten zuzüglich angemessener Teile der Material- und Fertigungsgemeinkosten. Bei nach deutschem Handelsrecht zulässigen Abweichungen nach oben oder unten sind dementsprechend Anpassungen vorzunehmen. Bei langfristigen Aufträgen gelten die aktivierungsfähigen Herstellungskosten bzw. bei abrechenbaren Teilleistungen darüber hinaus die vollen Selbstkosten inklusive Zinsaufwendungen als üblich. Die Vereinnahmung periodischer Gewinne kommt entsprechend der *percentage of completion*-Methode in Betracht, wenn die Realisierung der Gewinne sehr wahrscheinlich ist. *Herstellungskosten*

   d) *Wirkungen der Maßgeblichkeit und ihrer Umkehrungen*: Alle aus Gründen der steuerlichen Maßgeblichkeit erfassten Aufwendungen und Erträge sind grundsätzlich zu bereinigen. Beispiele sind außerplanmä- *Steuerliche Maßgeblichkeit* ßige Abschreibungen auf Anlagevermögen oder Vorräte zur Berücksichtigung eines für zulässig gehaltenen niedrigeren steuerlichen Wertansatzes sowie Veränderungen des Sonderpostens mit Rücklageanteil.

Investitionszulagen/-zuschüsse

e) *Investitionszulagen und -zuschüsse*: Für diese gilt als Norm die Verteilung über die Nutzungsdauer des bezuschussten Investitionsgutes. Bei abweichender Handhabung, z. B. durch erfolgswirksame Vereinnahmung der Zulage oder des Zuschusses, ist eine entsprechende Anpassung geboten.

Disagio

f) *Disagio*: Als Norm gilt die Verteilung des Disagios über die Laufzeit der Anleihe. Bei abweichender Handhabung etwa durch erfolgswirksame Erfassung des Disagios als Aufwand bei Entstehung ist eine entsprechende Anpassung notwendig.

Aufwandsrückstellungen

g) *Aufwandsrückstellungen*: International üblich sind Rückstellungen für ungewisse Verbindlichkeiten gegenüber Dritten. Im Falle vorhandener Aufwandsrückstellungen z. B. für unterlassene Instandhaltungen oder für Großreparaturen sind deshalb Bereinigungen erforderlich.

Ergebniswirksame Währungsumrechnungen

13. Abweichungen von der funktionalen Währungsumrechnungsmethode: Ergeben sich im Falle anderer Umrechnungsverfahren erfolgswirksame Unterschiede zur funktionalen Währungsumrechnungsmethode, so sind diese Unterschiede zu bereinigen.

Verschmelzungsergebnis

14. Gewinne aus Verschmelzungen sowie Verluste aus Verschmelzungen, sofern letztere einen Geschäfts- oder Firmenwert darstellen.

Stock Options

15. Nicht ergebniswirksam erfasste Mitarbeiterkompensationen durch Stock Options oder Wandelschuldverschreibungen sind im DVFA/SG-Ergebnis als Personalaufwand zu erfassen (vgl. DVFA-Methodenkommission [2001]).

c) Bereinigungsschema nach DVFA/SG

Bereinigungsschema nach DVFA/SG

Zur Ermittlung des Ergebnisses nach DVFA/SG wird ein Arbeitsschema verwendet, das die in Tabelle 14.4 dargestellten Positionen umfasst.

d) Künftige Bedeutung des Ergebnisses nach DVFA/SG

Aufgrund der zunehmenden Internationalisierung der Rechnungslegung - darauf wurde schon hingewiesen - nimmt die Bedeutung des DVFA/SG-Ergebnisses als Grundlage für ein prognosefähiges Ergebnis je Aktie ab. Spätestens mit der Gültigkeit der IAS für alle kapitalmarktorientierten Unternehmen wird es als Analysewerkzeug in der vorgestellten Form keine Rolle mehr spielen. Statt dessen stellen sich für eine zutreffende betragsmäßige Ergebnisanalyse als Grundlage einer Prognose dann folgende Fragen:

- Welche Ergebniseinflüsse sind als nicht regelmäßig wiederkehrend zu betrachten?
- Wie sind diese nicht wiederkehrenden Ergebniseinflüsse in der Prognose zu berücksichtigen?
- Wie sind verbleibende Unterschiede bei den angewandten Bilanzierungsmethoden (Wahlrechte, soweit vorhanden, sowie Unterschiede zwischen IAS/ IFRS und US-GAAP) in der Prognose zu berücksichtigen?

1.	Konzernergebnis
2.	Anpassungen aufgrund von Änderungen des Konsolidierungskreises
3.	Latente Steueranpassungen
4.	Bereinigung von Sondereinflüssen in den Aktiva
5.	Bereinigung von Sondereinflüssen in den Passiva
6.	Bereinigung von Sondereinflüssen, die nicht eindeutig zurechenbar sind
7.	Bereinigung von Fremdwährungseinflüssen
8.	DVFA/SG-Ergebnis für das Gesamtunternehmen
9.	Um anteilige Sondereinflüsse bereinigte Ergebnisanteile Dritter
10.	DVFA/SG-Ergebnis für Aktionäre der Muttergesellschaft
11.	Anzahl der zu berücksichtigenden Aktien
12.	Ergebnis nach DVFA/SG je Aktie
13.	Adjustiertes Ergebnis nach DVFA/SG je Aktie
14.	Voll verwässertes Ergebnis nach DVFA/SG
Als Zusatzangabe:	
DVFA/SG-Ergebnis für Aktionäre der Muttergesellschaft	
+	Abschreibungen auf erworbene Geschäfts- und Firmenwerte ohne Anteile Dritter
–	daraus berücksichtigte Ertragssteuerentlastungen
=	Ergebnis nach DVFA/SG vor Geschäftswertabschreibungen

Tab. 14.4: Berechnungsschema für das Ergebnis nach DVFA/SG

II. Sturkturelle Ergebnisanalyse

Erkenntnisziele

Die strukturelle Ergebnisanalyse soll die Komponenten und die Einflussfaktoren des Gesamtergebnisses offen legen. Zur Erklärung der Ergebnisentwicklung als Basis für eine Ergebnisprognose müssen, wie einleitend zu Abschnitt I dieses Kapitels ausgeführt, die Gesamtergebnisse des Betrachtungszeitraumes nach ihren Ursachen in Teilergebnisse zerlegt und die Struktur der Aufwands- und Ertragsgrößen analysiert werden. Die strukturelle Ergebnisanalyse besteht also aus einer Ergebnisquellenanalyse und aus einer Analyse der Aufwands- und Ertragsstruktur.

1. Ergebnisquellenanalyse

Die Ergebnisquellenanalyse lässt sich in zwei Bereiche untergliedern, nämlich die Ergebnis- oder Erfolgsspaltung und die Ergebnissegmentierung. Die Ergebnisspaltung kann wiederum in zwei Unterformen vorgenommen werden, sodass sich die Abb. 14.2 dargestellte Übersicht über die Methoden der Ergebnisquellenanalyse ergibt.

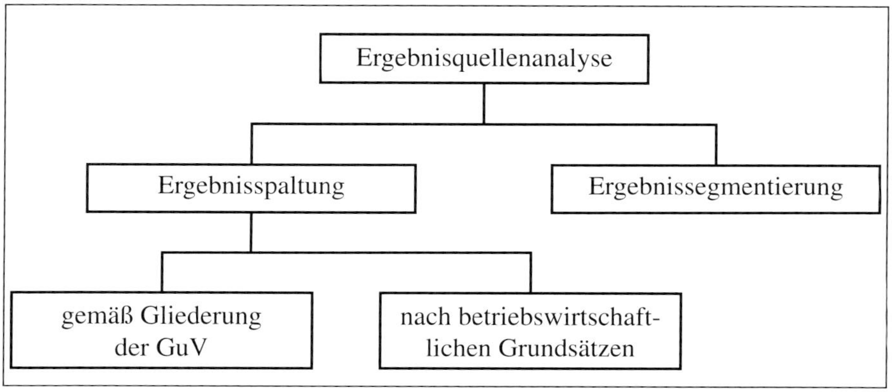

Abb. 14.2: Ergebnisquellenanalyse

a) Ergebnisspaltung

Kriterien der Erfolgsspaltung

Die Ergebnis- oder Erfolgsspaltung bezweckt, das in der GuV ausgewiesene Gesamtergebnis vor Steuern nach den Kriterien der Regelmäßigkeit und der Betriebszugehörigkeit in die drei Ergebniskategorien ordentliches Betriebsergebnis, Finanzergebnis und außerordentliches Ergebnis aufzuspalten, wie in Abbildung 14.3 gezeigt ist.

Zweck der Ergebnisspaltung ist es insbesondere, die nachhaltigen prognosefähigen Erfolgsbestandteile von den nicht nachhaltigen, kurzfristig starker Schwankung ausgesetzten Erfolgsbestandteilen zu trennen. Dem dient die Abspaltung der »außerordentlichen« Erfolgskomponenten von den »ordentlichen« betrieblichen und finanziellen Erfolgskomponenten. Ferner soll der betrieblich bedingte, operative Erfolgsbereich von den nicht unmittelbar operativen, vorwiegend aus dem finanziellen Geschehen resultierenden Erfolgsbestandteilen isoliert werden.

Regelmäßigkeit \ Betriebszugehörigkeit	Betriebliche Erfolgskomponenten	Betriebsfremde Erfolgskomponenten
Regelmäßig anfallende Erfolgskomponenten	Ordentliches Betriebsergebnis	Ordentliches betriebsfremdes Ergebnis (= Finanzergebnis)
Unregelmäßig anfallende Erfolgskomponenten	Außerordentliches Ergebnis	

Betriebsergebnis, Finanzergebnis, außerordentliches Ergebnis

Abb. 14.3: Kriterien der Erfolgsspaltung

Durch Verwendung weiterer Abgrenzungskriterien wären natürlich auch weitere Aufgliederungen des Erfolges denkbar, z. B. die Abtrennung eines Bewertungs-, Verbund- und Liquidationserfolges (vgl. z. B. Hauschildt, J. [1996], S. 29 ff.; Baetge, J. [1998], S. 342 ff.; Küting, K./Weber, C.-P. [2001], S. 221 ff.). Inwieweit zusätzliche Erfolgsspaltungskriterien angewendet werden, sollte im Einzelfalle entschieden werden. So erscheint es sinnvoll, bei einem sich stark umstrukturierenden Konzern den Liquidationserfolg getrennt zu messen. Auch für interne Controllingzwecke können zusätzliche Aufgliederungen des Erfolges zweckmäßig sein (vgl. Ziolkowsky, U. [1990], S. 181 ff.). In den meisten Fällen sollte eine Aufgliederung des Erfolges in die drei Elemente Betriebsergebnis, Finanzergebnis und außerordentliches Ergebnis ausreichen.

Die Unterschiedlichkeit der Gliederung der GuV und der Angabepflichten legt es nahe, die Ergebnisspaltung im Folgenden für den HGB-Abschluss und den IAS/IFRS- bzw. US-GAAP-Abschluss gesondert zu behandeln.

(1) Ergebnisspaltung im HGB-Abschluss

Erfolgsspaltung im HGB-Abschluss

Wie schon im 7. Kapitel C II ausgeführt, beruht die Gliederung der GuV gemäß HGB auf einem Erfolgsspaltungskonzept, das als außerordentliche Erfolgskomponenten lediglich außergewöhnliche, selten auftretende Erfolge erfasst. Dies sind solche Aufwendungen und Erträge, die »im Zusammenhang mit einer bedeutenden Änderung der Geschäftstätigkeit oder einer wesentlichen Änderung der Geschäftsgrundlage stehen« (Beck'scher Bilanzkommentar [1999], § 275 Tz. 217). Aperiodische Aufwendungen und Erträge gehören allein aufgrund ihrer Aperiodizität regelmäßig nicht dazu. Im Sinne des bilanzanalytisch zu ermittelnden nachhaltigen Ergebnisses kann es aber zweckmäßig sein, auch aperiodische Erfolgskomponenten vom ordentlichen Betriebsergebnis und vom Finanzergebnis zu isolieren. Es ist deshalb zwischen der Erfolgsspaltung gemäß GuV-Gliederung und der betriebswirtschaftlichen Erfolgsspaltung zu unterscheiden (vgl. auch die Abbildung 7.6 zur Erfolgsspaltung im 7. Kapitel und weiter unten Abbildung 14.5).

Erfolgsspaltung nach GuV-Gliederung

Die gemäß der Gliederungsvorschrift des § 275 Abs. 2, 3 HGB verwirklichte dreigliedrige Erfolgsspaltung, die in Abbildung 14.4 in Kurzform wiedergegeben ist, gewährt in vielen Fällen bereits einen hinreichenden Einblick in die strukturelle Zusammensetzung des Ergebnisses (ausführlicher vgl. Abbildung 7.4 im 7. Kapitel).

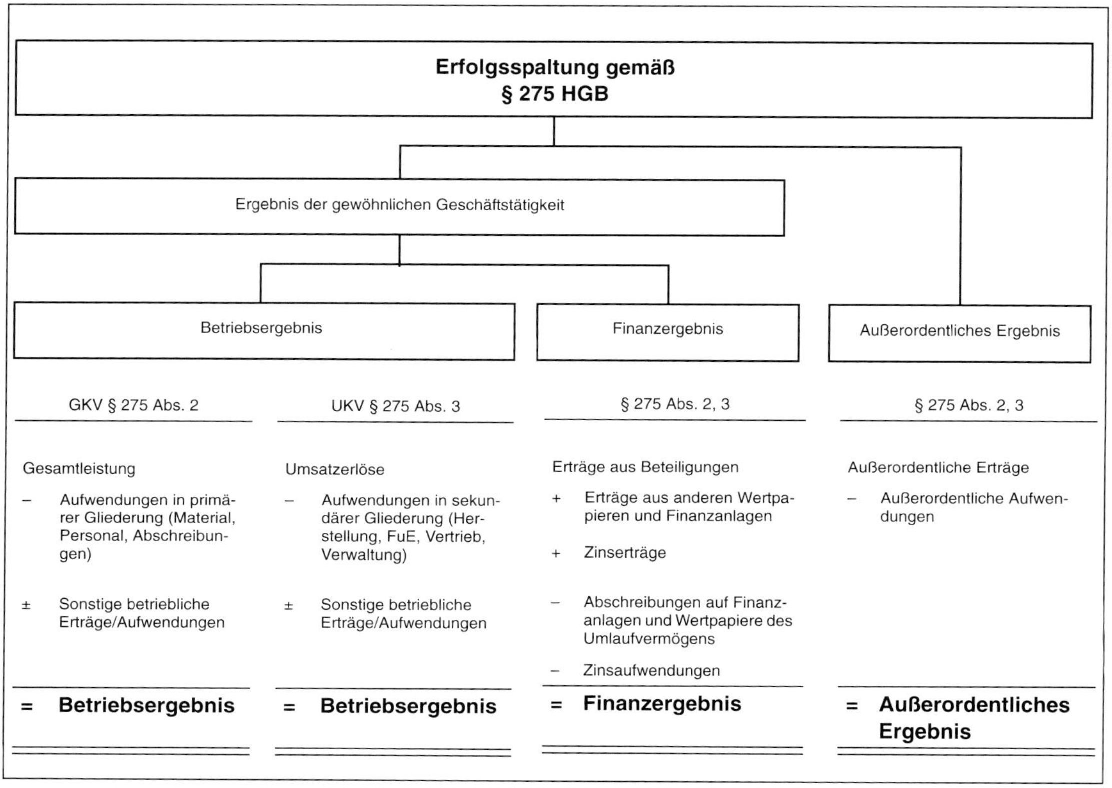

Abb. 14.4: Erfolgsspaltung gemäß § 275 HGB

Betriebswirtschaftliche Erfolgsspaltung

Wie ausgeführt, beruht die Erfolgsspaltung gemäß HGB Gliederungsvorschrift auf einer engen Interpretation des außerordentlichen Ergebnisses, in dem lediglich ungewöhnliche, nicht jedoch aperiodische Erfolgskomponenten erfasst sind. Da gerade aperiodische Erfolgskomponenten Ausdruck bilanzpolitischer Maßnahmen sein können (vgl. Coenenberg, A. G. [1985]), wird es in vielen Fällen zweckmäßig sein, eine detailliertere Erfolgsspaltung nach betriebswirtschaftlichen Grundsätzen vorzunehmen. Der wesentliche Unterschied zwischen beiden Konzeptionen ist in Abbildung 14.5 verdeutlicht (vgl. auch 7. Kapitel C II, D I).

Die Durchführung einer Erfolgsspaltung nach betriebswirtschaftlichen Grundsätzen im Rahmen des HGB-Abschlusses stößt insbesondere wegen der Sammelpositionen »sonstige betriebliche Erträge« und »sonstige betriebliche Aufwendungen« auf Zuordnungsprobleme.

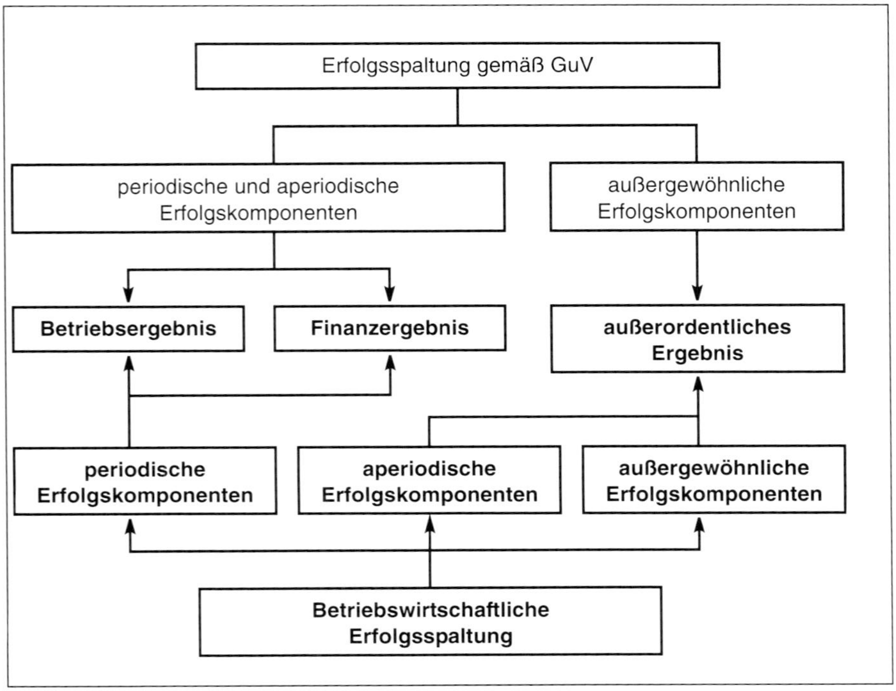

Abb. 14.5: Handelsrechtliche und betriebswirtschaftliche Erfolgsspaltung

Liquidations- und Bewertungserfolge

Dies gilt insbesondere deshalb, weil Liquidations- und Bewertungserfolge (Abgangs- und Zuschreibungserträge auf Vermögensgegenstände des Anlagevermögens, Erträge aus der Herabsetzung der Pauschalwertberichtigung zu Forderungen, Erträge aus der Auflösung von Rückstellungen, Verluste aus Wertminderungen oder dem Abgang von Gegenständen des Umlaufvermögens außer Vorräten und Einstellungen in die Pauschalwertberichtigung zu Forderungen sowie Abgangsverluste aus Anlagepositionen) mit anderen, weitgehend regelmäßig anfallenden Aufwendungen und Erträgen unter diesen Positionen zusammengefasst sind. Zuordnungsprobleme ergeben sich aber auch bei anderen, homogen erscheinenden Erfolgspositionen: So müssten beispielsweise die in der GuV nach dem Gesamtkostenverfahren ausgewiesenen Personalaufwendungen im Sinne einer genaueren Erfolgsspaltung auf den betrieblichen und neutralen Bereich aufgeteilt werden. Ähnliche Probleme bestehen bei der Position »allgemeine Verwaltungskosten« bei der GuV nach dem Umsatzkostenverfahren. Eine Zuordnung zu den hier vorgeschlagenen Ergebniskategorien kann im Einzelfall nur nach sorgfältiger Auswertung der Angaben im Anhang erfolgen. In allgemeiner Form kann hier nur eine Zuordnung nach der überwiegenden Zugehörigkeit vorgenommen werden, die im konkreten Einzelfall aufgrund von Angaben im Anhang zu modifizieren ist.

Wesentlich für die erfolgswirtschaftliche Analyse ist die Isolierung der mehr oder weniger unregelmäßig anfallenden Liquidations- und Bewertungserfolge. Sie müssen in den Fällen im Anhang betragsmäßig angegeben werden, in denen sie als aperiodisch zu betrachten sind (§ 277 Abs. 4 Satz 3 HGB) und für die Beurteilung der Ertragslage nicht von untergeordneter Bedeutung sind. Bei einer entsprechenden Aufgliederung der sonstigen betrieblichen Aufwendungen und Erträge kann die Erfolgsspaltung erheblich exakter durchgeführt werden. Andernfalls muss ebenfalls eine Zuordnung nach der überwiegenden Zugehörigkeit erfolgen (vgl. Hauschildt, J./Grenz, T./Gemünden, H. G. [1985], S. 883 ff.).

Im Folgenden wird für das ordentliche Betriebsergebnis, das ordentliche betriebsfremde Ergebnis (Finanzergebnis) und für das außerordentliche Ergebnis ein Abgrenzungsvorschlag (vgl. Tabellen 14.5 bis 14.8) dargestellt und erläutert, wobei auf die ausführlichen GuV-Gliederungsschemata im 7. Kapitel C I für die Ergebnisrechnung nach dem Gesamtkosten- und Umsatzkostenverfahren Bezug genommen wird.

Ordentliches Betriebsergebnis

Das ordentliche Betriebsergebnis umfasst die regelmäßig anfallenden Aufwendungen und Erträge aus der Erzeugung und dem Vertrieb der vom Unternehmen im Rahmen ihres jeweiligen Geschäftszweiges erzeugten und gelieferten Produkte. Da das ordentliche Betriebsergebnis den nachhaltigen Betriebserfolg angibt, ist auf seine möglichst genaue Abgrenzung besondere Sorgfalt zu verwenden. Relativ eindeutig dem Betriebsergebnis zuzurechnen sind bei Anwendung des Gesamtkostenverfahrens die Positionen 1, 2, 3, 5a und 5b, bei Anwendung des Umsatzkostenverfahrens die Positionen 1, 2, 4 und 5. In den übrigen Positionen können hingegen betriebliche und betriebsfremde Aufwendungen vermischt enthalten sein. Da über die Anteile betriebsfremder Aufwendungen an diesen Posten im Allgemeinen keine Angaben vorliegen, ist nach dem Kriterium der überwiegenden Zugehörigkeit eine Zuordnung zum Betriebsergebnis gerechtfertigt.

Sonstige betriebliche Erträge

Die sonstigen betrieblichen Erträge sind dem ordentlichen Betriebsergebnis nur zuzurechnen, wenn sie nicht auf Bewertungs- und Liquidationsergebnissen beruhen. Im Anhang angabepflichtig sind stets die Erträge aus der Auflösung von Sonderposten mit Rücklageanteil. Sie sind stets im außerordentlichen Ergebnis zu erfassen. Soweit über weitere hier ausgewiesene betriebsfremde Ergebnisse (z. B. Kursgewinne) sowie ungewöhnliche und aperiodische Erträge (z. B. Liquidationsgewinne, Zuschreibungen, Zuschüsse) quantitative Angaben vorliegen, ist eine Umgliederung in das außerordentliche Ergebnis vorzunehmen.

Imparitätische Behandlung

Besteht die Vermutung, dass erhebliche Teile der sonstigen betrieblichen Erträge auf ungewöhnlichen und aperiodischen Erfolgskomponenten beruhen, ohne dass entsprechende quantitative Angaben vorliegen, dann sind im Sinne imparitätischer Behandlung die sonstigen betrieblichen Erträge den außerordentlichen und die sonstigen betrieblichen Aufwendungen dem Betriebsergebnis zuzurechnen.

GuV-Position gemäß § 275 Abs. 2 HGB		Bezeichnung der Position
1		Umsatzerlöse
2	+	Erhöhung (– Verminderung) des Bestandes an fertigen und unfertigen Erzeugnissen
3	+	Andere aktivierte Eigenleistungen
4	+	Sonstige betriebliche Erträge*
5a	–	Aufwendungen für Roh-, Hilfs- und Betriebsstoffe und für bezogene Waren
5b	–	Aufwendungen für bezogene Leistungen
6a	–	Löhne und Gehälter
6b	–	Soziale Abgaben und Aufwendungen für Altersversorgung und für Unterstützung, davon für Altersversorgung
7a	–	Abschreibungen auf immaterielle Vermögensgegenstände des Anlagevermögens und Sachanlagen sowie auf aktivierte Aufwendungen für die Ingangsetzung und Erweiterung des Geschäftsbetriebs
7d	–	Abschreibungen auf Vermögensgegenstände des Umlaufvermögens zur Vorwegnahme künftiger Wertschwankungen
8	–	Sonstige betriebliche Aufwendungen*
19	–	Sonstige Steuern
	=	Ordentliches Betriebsergebnis

* Soweit nicht dem außerordentlichen Ergebnis zuzurechnen.

Tab. 14.5: Bestandteile des ordentlichen Betriebsergebnisses nach § 275 Abs. 2 HGB

Sonstige betriebliche Aufwendungen

Die Ausführungen zu den sonstigen betrieblichen Erträgen gelten analog auch für die sonstigen betrieblichen Aufwendungen. Soweit sich die unter der GuV-Position »sonstige betriebliche Aufwendungen« enthaltenen Liquidations- und Bewertungsverluste aufgrund von Angaben im Anhang (vgl. § 277 Abs. 4 Satz 3 HGB) nicht isolieren lassen, erscheint ein pauschaler Abzug dieser Position vom Betriebserfolg grundsätzlich gerechtfertigt. Dadurch wird vermieden, dass das Betriebsergebnis in Zweifelsfällen zu hoch ausgewiesen wird. Erfolgen entsprechende Angaben, ist zu Gunsten des Betriebsergebnisses eine Umgliederung in den außerordentlichen Erfolg vorzunehmen. Das gilt stets für die Einstellungen in den Sonderposten mit Rücklageanteil, die angabepflichtig sind.

Die Erträge aus Gewinngemeinschaften, Gewinnabführungsverträgen und Teilgewinnabführungsverträgen (GuV-Pos. 9) sowie die Erträge aus Beteiligungen (GuV-Pos. 10 a) sind im Ermittlungsschema des Betriebsergebnisses nicht enthalten. Es handelt sich dabei um Erträge, die außerhalb des Betriebes der betrachteten Unternehmung erwirtschaftet wurden, die aber je nach Unternehmenspolitik eng mit der eigentlichen Geschäftstätigkeit verbunden sind. Die Ausklammerung dieser Erfolgskomponenten bei der Abgrenzung des Betriebsergebnisses als Maßstab für den nachhaltigen Erfolg erscheint insoweit sinnvoll, als sie zur Verstetigung des Erfolgsausweises herangezogen werden können. Da sich hinter diesen Erfolgspositionen jedoch auch z. B. einzelne, auf Tochtergesellschaften ausgegliederte betriebliche Teilfunktionen des Unternehmens (Handelsgesellschaften, Zulieferer) verbergen können, ist die Vergleichbarkeit mit den Unternehmen nicht gegeben, bei denen diese betrieblichen Funktionen nicht ausgegliedert sind und bei denen die diesen Betriebsfunktionen zugehörigen Ergebnisse Teil des Betriebsergebnisses sind. Dies macht deutlich, dass neben der Analyse des Einzelabschlusses stets auch eine Analyse des Konzernabschlusses erforderlich ist.

GuV-Position gemäß § 275 Abs. 3 HGB		Bezeichnung der Position
1		Umsatzerlöse
2	–	Herstellungskosten der zur Erzielung der Umsatzerlöse erbrachten Leistungen
4	–	Vertriebskosten
5	–	Allgemeine Verwaltungskosten
6	+	Sonstige betriebliche Erträge*
7	–	Sonstige betriebliche Aufwendungen*
7b	–	Abschreibungen auf Vermögensgegenstände des Umlaufvermögens zur Vorwegnahme künftiger Wertschwankungen
18	–	Sonstige Steuern (soweit nicht unter Position 2, 4 oder 5 ausgewiesen)
	=	Ordentliches Betriebsergebnis

* Soweit nicht dem außerordentlichen Ergebnis zuzurechnen.

Tab. 14.6: Bestandteile des ordentlichen Betriebsergebnisses nach § 275 Abs. 3 HGB

Außerplanmäßige Abschreibungen

Nicht in das ordentliche Betriebsergebnis aufgenommen, sondern dem außerordentlichen Ergebnis zugerechnet, sind die außerplanmäßigen Abschreibungen auf immaterielle Vermögensgegenstände des Sachanlagevermögens und auf Sachanlagen (Pos. 7 c GKV und 7 a UKV). Soweit es sich um Wertminderungen handelt, die in der Berichtsperiode eingetreten sind, gehören sie zwar sachlich zum Betriebsergebnis, nach dem Kriterium der Regelmäßigkeit sind sie allerdings nicht nachhaltig und somit nicht dem »ordentlichen«, sondern dem »außerordentlichen« Ergebnisbereich zuzuordnen (vgl. auch Küting, K./Weber, C.-P. [2001], S. 238; Baetge, J. [1998], S. 376 f.). Dagegen handelt es sich bei den Abschreibungen zur Vorwegnahme künftiger Wertschwankungen von Umlaufvermögen (Pos. 7 d GKV und 7 b UKV) um kurzzeitige und im Allgemeinen geringfügige

Vorwegnahmen erwarteter Wertminderungen, die deshalb im ordentlichen Betriebsergebnis belassen werden.

Ordentliches betriebsfremdes Ergebnis, Finanzergebnis

Für das ordentliche betriebsfremde Ergebnis (= Finanzergebnis) wird – wiederum nach dem Kriterium der überwiegenden Zugehörigkeit – folgendes, auf die Ergebnisrechnung nach den Gesamtkosten- und Umsatzkostenverfahren einheitlich anwendbares Ermittlungsschema vorgeschlagen (siehe Tabelle 14.6).

GuV-Position gemäß			
§ 275 Abs. 2 HGB	§ 275 Abs. 3 HGB		Bezeichnung der Position
9	8		Erträge aus Beteiligungen, davon aus verbundenen Unternehmen
10	9	+	Erträge aus anderen Wertpapieren und Ausleihungen des Finanzvermögens, davon aus verbundenen Unternehmen
11	9a	+	Erträge aus Gewinngemeinschaften, Gewinnabführungs- und Teilgewinnabführungsverträgen
11	10	+	Sonstige Zinsen und ähnliche Erträge, davon aus verbundenen Unternehmen
12	11	–	Abschreibungen auf Finanzanlagen und auf Wertpapiere des Umlaufvermögens
12a	11a	–	Abschreibungen auf Finanzanlagen
12b	11b	–	Abschreibungen auf Wertpapiere des Umlaufvermögens zur Vorwegnahme künftiger Wertschwankungen
12d	11d	–	Aufwendungen aus Verlustübernahme
13	12	–	Zinsen und ähnliche Aufwendungen, davon an verbundene Unternehmen
		=	Ordentliches betriebsfremdes Ergebnis (Finanzergebnis)

Tab. 14.7: Bestandteile des Finanzergebnisses nach § 275 Abs 2, 3 HGB

Erträge und Aufwendungen aus Finanzinvestitionen

Beim ordentlichen betriebsfremden Ergebnis handelt es sich überwiegend um Erträge aus Finanzinvestitionen, von denen entsprechende Aufwendungen abgezogen werden. Das ordentliche betriebsfremde Ergebnis kann deshalb zu Recht auch als Finanzergebnis des Unternehmens bezeichnet werden. Besonderes Augenmerk ist hierbei auf diejenigen Ertrags- und Aufwandspositionen zu legen, die im Zusammenhang mit verbundenen Unternehmen i. S. d. §§ 15 AktG und 290 HGB anfallen. Es werden hier zwar die Erträge aus Gewinngemeinschaften, Gewinnabführungs- und Teilgewinnabführungsverträgen (GuV-Pos. 10 a bzw. 9 a)[1] und die Aufwendungen aus Verlustübernahme (GuV-Pos. 12 d bzw. 11 d) berücksichtigt, nicht aber die aufgrund einer Gewinngemeinschaft, eines

1 Bei den folgenden Positionsangaben werden an erster Stelle die des Gesamtkostenverfahrens, an zweiter Stelle die des Umsatzkostenverfahrens genannt.

Gewinnabführungs- und eines Teilgewinnabführungsvertrages abgeführten Gewinne (GuV-Pos. 12 c bzw. 11 c) und die Erträge aus Verlustübernahme (GuV-Pos. 10 b bzw. 9 b). Weist eine Gesellschaft derartige, nicht einzubeziehende Erfolgskomponenten aus, so handelt es sich um eine abhängige Gesellschaft oder um eine mit den anderen Vertragspartnern unter einheitlicher Leitung zusammengefasste Gesellschaft, deren Einzelabschluss ohne den zugehörigen Konzernabschluss wenig aussagefähig ist. Führt die Gesellschaft z. B. Gewinne aufgrund eines Gewinnabführungsvertrages ab, so kann bei der Beurteilung dieser Gesellschaft der in Position 12 c bzw. 11 c erfasste »Aufwand« nicht als Ergebnisminderung interpretiert werden, da eigentlich eine Gewinnverwendung vorliegt. Andererseits sollten die »Erträge« aus Verlustübernahme (GuV-Pos. 10 b bzw. 9 b) bei dem Empfängerunternehmen nicht berücksichtigt werden, wenn dessen Ertragslage betrachtet wird. Soweit diese Erfolgskomponenten aus wirtschaftlichen Verflechtungen zwischen den in den Konzernabschluss einbeziehungspflichtigen Unternehmen resultieren, muss im Konzernabschluss der Muttergesellschaft eine Saldierung vorgenommen werden (vgl. hierzu auch 9. Kapitel D III). Auf diesem Wege können aus Gründen der Erfolgsglättung vorgenommene Gewinn- und Verlustverschiebungen zwischen Konzernunternehmen betragsmäßig isoliert werden.

Zinsaufwand aus Pensionsrückstellungen

Eine Besonderheit ergibt sich im Hinblick auf die Aufwendungen zur Dotierung von Pensionsrückstellungen. Sie bestehen aus zwei Bestandteilen: der sog. Nettoprämie und dem Zinsanteil. Gelegentlich wird der Zinsanteil unter den Zinsaufwendungen und somit im Finanzergebnis ausgewiesen. Soweit der Ausweis unter den Personalaufwendungen (GKV) bzw. unter den betreffenden Funktionskosten (UKV) erfolgt, müsste bilanzanalytisch eine Umgliederung in das Finanzergebnis vorgenommen werden. Dafür fehlen allerdings im Allgemeinen die entsprechenden betragsmäßigen Angaben.

Außerordentliches Ergebnis

Zur Berechnung des außerordentlichen Ergebnisses wird das Ermittlungsschema in Tabelle 14.8 vorgeschlagen, das auf die GuV nach dem Gesamtkostenverfahren und die GuV nach dem Umsatzkostenverfahren anwendbar ist:

Zielsetzung der erfolgsspaltungstechnischen Abgrenzung des außerordentlichen Ergebnisses ist es, sämtliche außerordentlichen Aufwendungen und Erträge (in betriebswirtschaftlichem Sinne) zu isolieren. Mit dem Begriff der »Außerordentlichkeit im betriebswirtschaftlichen Sinne« werden in der Literatur folgende, nicht überschneidungsfrei definierte Ergebniskomponenten in Zusammenhang gebracht:

1. »Außergewöhnliche«, d. h. »ungewöhnliche« und zugleich »selten anfallende« Aufwendungen und Erträge (vgl. auch das Erfolgsspaltungsschema in Abb. 14.5). Der Einbezug dieser Erfolgskomponenten entspricht der Abgrenzung der *extraordinary items* nach IAS/IFRS/US-GAAP und der handelsrechtlichen Abgrenzung des außerordentlichen Ergebnisses.
2. Aperiodische Aufwendungen und Erträge.
3. Liquidationserfolge, die sich aus der Veräußerung von Gegenständen des Anlage- und Umlaufvermögens ergeben, und
4. Bewertungserfolge (Zuschreibungserträge).

GuV-Position gemäß		Bezeichnung der Position	
§ 275 Abs. 2 HGB	§ 275 Abs. 3 HGB		
15	14		Außerordentliche Erträge
4a	6a	+	Erträge aus der Auflösung des Sonderpostens mit Rücklageanteil
4	6	+	Sonstige betriebliche Erträge*
16	16	–	Außerordentliche Aufwendungen
7c	7a	–	Außerplanmäßige Abschreibungen auf immaterielle Vermögensgegenstände des Anlagevermögens und Sachanlagen
7b	Pos. fehlt	–	Abschreibungen auf Vermögensgegenstände des Umlaufvermögens, soweit diese die in der Kapitalgesellschaft üblichen Abschreibungen überschreiten
8a	7c	–	Einstellung in den Sonderposten mit Rücklageanteil
8	7	–	Sonstige betriebliche Aufwendungen*
		=	Außerordentliches Ergebnis

* Soweit nicht dem Betriebsergebis zuzurechnen.

Tab. 14.8: Bestandteile des außerordentlichen Ergebnisses nach § 275 Abs. 2, 3 HGB

Die Erfolgskategorien 2., 3. und 4. sind hierbei i. d. R. unter den sonstigen betrieblichen Erträgen bzw. Aufwendungen auszuweisen. Unter der Zwecksetzung der betriebswirtschaftlichen Erfolgsspaltung erscheint es angebracht, die Kategorie 1. so weit zu fassen, dass sie sämtliche Liquidations- und Bewertungserfolge enthält. Tatsächlich sind insbesondere Liquidationserfolge nicht immer außergewöhnlicher Natur, etwa dann, wenn Erträge und Verluste aus Anlagenverkäufen im Rahmen periodisch wiederkehrender Ersatzbeschaffungs- oder Erweiterungsinvestitionen anfallen, die betriebswirtschaftlich gesehen nicht als außerordentlich anzusehen sind und unter die sonstigen betrieblichen Aufwendungen und Erträge fallen.

Liquidations- und Bewertungserfolge

Die hier erfolgsspaltungstechnisch vorgeschlagene weite Abgrenzung des »außerordentlichen« Ergebnisses unter Berücksichtigung sämtlicher Liquidations- und Bewertungserträge (unabhängig davon, ob der gewöhnlichen Geschäftstätigkeit zuzurechnen oder nicht) rechtfertigt sich u. E. aus der Überlegung, dass nicht nur die streng außerordentlichen Liquidations- und Bewertungserfolge (i. S. v. außerhalb der gewöhnlichen Geschäftstätigkeit anfallend), sondern sämtliche derartigen Erfolgskomponenten in besonderem Maße zur Glättung des Erfolgsausweises herangezogen werden können (vgl. hierzu: Coenenberg, A. G. [1985], S. 111 ff.; Hauschildt, J./Grenz, T./Gemünden, H. G. [1985], S. 884 f.; Großfeld, B./Leffson, U. [1986]; Niehus, R. J. [1986]). Allerdings ist die Erfassung aller Liquidations- und Bewertungserfolge mangels quantitativer Angabepflichten nur selten möglich.

Gesamtergebnis vor Steuern

Die Summe der vorstehend dargestellten Ergebniskategorien entspricht dem Gesamtergebnis vor Steuern vom Einkommen und vom Ertrag. Zusammenfassend ergibt sich damit folgender Aufbau der Ergebnisquellenanalyse:

	ordentliches Betriebsergebnis
+	ordentliches betriebsfremdes Ergebnis (= Finanzergebnis)
+	außerordentliches Ergebnis
=	Gesamtergebnis vor Steuern7

Bereinigung des Gesamtergebnisses vor Steuern

Eine Bereinigung des Gesamtergebnisses vor Steuern um die steuerlich (und handelsrechtlich) erkennbaren Verzerrungen kann mit Hilfe derselben Korrekturschemata und unter Berücksichtigung der analogen Einschränkungen vorgenommen werden, wie sie in Abschnitt A I 1 dieses Kapitels für das Jahresergebnis dargestellt wurden. Dies erscheint im Hinblick auf die Ermittlung der Eigenkapital- und Gesamtkapitalrentabilität wünschenswert, wenn dort von entsprechend korrigierten Größen im Nenner ausgegangen werden soll (vgl. Abschnitt B dieses Kapitels). Eine Bereinigung der einzelnen Ergebniskategorien ist jedoch nur dann möglich, wenn die allein aus steuerlichen Gründen vorgenommenen Abschreibungen, die aus steuerlichen Gründen unterlassenen Zuschreibungen sowie die handelsrechtlich erkennbaren Unterbewertungen den einzelnen GuV-Positionsgruppen zugeordnet werden können. Bei einer Korrektur anhand dieser Beträge gelten aber die bereits in Abschnitt A I 1 dieses Kapitels geschilderten Aussageeinschränkungen. Eine exakte Korrektur auf der Basis der Anhangsberichtspflicht gem. § 285 Nr. 5 HGB ist nur dann durchführbar, sofern hier quantitative Angaben erfolgen. Diese Ausführungen legen es nahe, im Rahmen der Analyse der Aufwands- und Ertragsstruktur und der Rentabilitätsanalyse nur dann auf bereinigte Größen zurückzugreifen, wenn im Nenner und Zähler von korrigierten Zahlen ausgegangen werden kann.

(2) Ergebnisspaltung im IAS/IFRS-Abschluss

Mindestgliederung nach IAS/IFRS

Im Gegensatz zum HGB kennen die IAS/IFRS keine ausführliche bis ins Einzelne geregelte Gliederung für Bilanz und Gewinn- und Verlustrechnung. Die grundsätzlichen Gliederungsvorschriften beschränken sich vielmehr auf nur wenige Mindestangaben. Die nach IAS 1.75 vorgesehenen Mindestangaben im Rahmen der Gewinn- und Verlustrechnung haben mit der Gliederungsvorschrift gem. HGB für die GuV allerdings gemeinsam, dass eine Ergebnisspaltung in Betriebsergebnis, Finanzergebnis und außerordentliches Ergebnis vorgesehen ist. Für Zwecke der Bilanzanalyse ist diese aber ebenso wie bei HGB-Abschlüssen in eine betriebswirtschaftlichen Grundsätzen folgende verfeinerte Ergebnisspaltung zu überführen. Die Hauptschwierigkeit einer betriebswirtschaftlichen Erfolgsspaltung im IAS/IFRS-Abschluss besteht in der nur rudimentären Mindestgliederung gem. IAS 1.75. Allerdings gehen GuV-Gliederungen in der Praxis über diese Mindestgliederungsvorschriften im Allgemeinen hinaus, und zudem kann auf zahlreiche Erläuterungsvorschriften in den *notes* zurückgegriffen werden.

In den folgenden Ausführungen werden die wesentlichen Überlegungen zur betriebswirtschaftlichen Erfolgsspaltung im IAS/IFRS-Abschluss dargelegt. Im Anschluss an die verbalen Ausführungen zur Ermittlung von Betriebsergebnis, Finanzergebnis und außerordentlichem Ergebnis wird jeweils ein konkretes Ermittlungsschema (vgl. Tabellen 14.9 bis 14.11) angegeben (vgl. zu den folgenden Ausführungen Coenenberg, A. G./Reinhart, A. [1999], S. 563 ff.; Reinhart, A. [1998], S. 308 ff.).

Ordentliches Betriebsergebnis nach IAS/IFRS

Bei der Analyse von IAS/IFRS-Abschlüssen können dem ordentlichen Betriebsergebnis bei Anwendung des Gesamtkostenverfahrens (GKV) relativ eindeutig die Positionen »Umsatzerlöse«, »Erhöhung/Verminderung des Bestands an fertigen und unfertigen Erzeugnissen«, »andere aktivierte Eigenleistungen« sowie »Aufwendungen für Roh-, Hilfs- und Betriebsstoffe sowie bezogene Leistungen« zugerechnet werden. Aufgrund der Vorschriften von IAS 1.80 können diese Positionen direkt aus der GuV entnommen werden. Das gleiche gilt bei Anwendung des UKV (vgl. IAS 1.82) für die Positionen »Umsatzerlöse«, »Herstellungskosten der zur Erzielung der Umsatzerlöse erbrachten Leistungen« sowie »Vertriebskosten«, die ebenfalls relativ unproblematisch dem ordentlichen Betriebsergebnis zugeordnet werden können.

Auch die Positionen »Löhne und Gehälter« und »Sozialabgaben und Aufwendungen für Altersversorgung« (GKV) sowie die »allgemeinen Verwaltungskosten« (UKV) sollten aufgrund des allgemeinen Fehlens von Angaben über die Anteile betriebsfremder Aufwendungen an diesen Positionen nach dem Kriterium der »überwiegenden Zugehörigkeit« in die Berechnung des ordentlichen Betriebsergebnisses eingehen.

Die außerplanmäßigen Abschreibungen sind – wie bei der Erfolgsspaltung im HGB-Abschluss – dem außerordentlichen Ergebnis zuzuordnen.

Schwierig gestaltet sich die zutreffende Verteilung der »sonstigen betrieblichen Erträge« sowie der »sonstigen betrieblichen Aufwendungen«. Soweit diese aperiodische Erfolgskomponenten, Liquidationserfolge und/oder Bewertungserfolge umfassen, gehören sie bilanzanalytisch zum außerordentlichen Ergebnis. Soweit sich diese Komponenten nicht quantifizieren lassen und Grund zu der Annahme besteht, dass sie in erheblichem Maße auf ungewöhnlichen und aperiodischen Erfolgskomponenten beruhen, erscheint eine imparitätische Behandlung ähnlich der für diesen Fall empfohlenen Vorgehensweise bei HGB-Abschlussanalysen angebracht.

Auf der Grundlage vorstehender Überlegungen ergibt sich das in Tabelle 14.9 dargestellte Ermittlungsschema für das ordentliche Betriebsergebnis.

Angabepflicht gem. IAS		**Bezeichnung der Position**
GKV	**UKV**	
1.75 (a)		Umsatzerlöse
1.80	Positionen fehlen bei der Anwendung des Umsatzkostenverfahrens	+/(–) Erhöhung (Verminderung) des Bestands an fertigen und unfertigen Erzeugnissen
		+ Andere aktivierte Eigenleistungen
		– Aufwendungen für Roh-, Hilfs- und Betriebsstoffe sowie für bezogene Leistungen
		– Löhne und Gehälter
19.22 sowie .51		– Sozialabgaben und Aufwendungen für Altersversorgung
Positionen fehlen bei der Anwendung des GKV	1.82	– Herstellungskosten der zur Erzielung der Umsatzerlöse erbrachten Leistungen
		– Vetriebskosten
		– Allgemeine Verwaltungskosten
4.15 (c); 22.72 (d) (iii); 16.66 (e) (vii)	Position fehlt bei Anwendung des UKV	– Planmäßige Abschreibungen auf immaterielle *assets* einschließlich *goodwill* und auf Sachanlagen
1.80	1.82	+/(–) Sonstige betriebliche Erträge (Aufwendungen)*
		= Ordentliches Betriebsergebnis nach IAS/IFRS

* Soweit nicht dem außerordentlichen Ergebnis zuzuordnen.

Tab. 14.9: Bestandteile des ordentlichen Betriebsergebnisses nach IAS/IFRS

Finanzergebnis nach IAS/IFRS

Dem Finanzergebnis sind sowohl die Erträge und Aufwendungen aus *current investments* als auch aus *long-term investments* zuzuordnen. Bei *long-term investments* kann zwar eine enge Verbundenheit zur eigentlichen Geschäftstätigkeit vorliegen, allerdings erscheint bilanzanalytisch eine Ausklammerung dieser Erfolgskomponenten bei der Abgrenzung des ordentlichen Betriebsergebnisses als Maßstab für den nachhaltigen Erfolg sinnvoll, zumal diese Komponenten zur Verstetigung des Erfolgsausweises herangezogen werden könnten. Aus den gleichen Gründen werden hier auch Erträge bzw. Aufwendungen aus assoziierten Unternehmen erfasst, die mittels der Equity-Methode bilanziert werden. Da die Abschreibungen sowie die Zuschreibungen sowohl von *current investments* als auch von *long-term investments* aus den jeweiligen *investments* resultieren, sind die hierdurch hervorgerufenen erfolgswirksamen Aufwendungen bzw. Erträge ebenfalls i. R. d. Ermittlung des Finanzergebnisses zu berücksichtigen.

Bei der Analyse von Tochtergesellschaften mit Ergebnisabführungsverträgen ist bei IAS/IFRS-Abschlüssen auf die folgende Besonderheit hinzuweisen: Aufgrund von Gewinnabführungsverträgen abgeführte Aufwendungen sind nach IAS/IFRS nicht als Aufwand i. R. d. Ergebnisermittlung zu berücksichtigen, sondern vielmehr direkt erfolgsneutral als Ergebnisverwendung zu behandeln

(IAS 32.30). Das gleiche gilt für Zinsen auf Genussrechtskapital. Insofern sind diese Aufwendungen nicht i. R. d. Ergebnisspaltung nach IAS/IFRS zu bereinigen.

Die übrigen in das Ermittlungsschema des Finanzergebnisses nach IAS/IFRS (vgl. Tabelle 14.10) eingehenden Bestandteile werden diesem Teilergebnis anhand des Kriteriums der überwiegenden Zugehörigkeit zugeordnet, da eine Aufteilung dieser Positionen auf die drei Teilergebnisse nicht möglich ist.

Angabepflicht gem. IAS	Bezeichnung der Position
25.49 (b) (i)	+/(–) Erträge (Aufwendungen) aus *current* und *long-term investments*
28.28	+/(–) Erträge (Aufwendungen) aus assoziierten Unternehmen, die anhand der Equity-Methode bilanziert werden
18.35 (b) (iii); 25.49 (b) (i); 32.30, 39.170(c)	+ Zinsen und ähnliche Erträge
18.35 (b) (iv); 25.49 (b) (i)	+/(–) Erträge (Aufwendungen) aus Lizenzgebühren und Tantiemen
18.35 (b) (v); 25.49 (b) (i)	+ Dividenden
1.75 (c); 25.49 (b) (i); 32.30, 39.170(c)	– Zinsen und ähnliche Aufwendungen
	= Ordentliches betriebsfremdes Ergebnis (Finanzergebnis) nach IAS/IFRS

Tab. 14.10: Bestandteile des ordentlichen betriebsfremden Ergebnisses (Finanzergebnis) nach IAS/IFRS

Auch bei der Anwendung dieses Ermittlungsschemas sind etliche der hierin enthaltenen Größen aus den Angaben unterhalb der GuV oder den Angaben der *notes* zu entnehmen.

Außerordentliches Ergebnis nach IAS/IFRS

Analog der Vorgehensweise bei der Erfolgsspaltung im HGB-Abschluss (vgl. oben Abschnitt (1)) lässt sich das außerordentliche Ergebnis im IAS/IFRS-Abschluss wie in Tabelle 14.11 dargestellt ermitteln. Auf die Problematik der Zuordnung der sonstigen betrieblichen Erträge und Aufwendungen wurde schon bei der Abgrenzung des Betriebsergebnisses hingewiesen.

Auch wenn die IAS/IFRS die Erträge und Aufwendungen aus Geschäftsaufgaben bzw. der Veräußerung von Geschäftseinheiten im Regelfall dem Ergebnis aus gewöhnlicher Geschäftstätigkeit zurechnen (IAS 8.21), sind diese sowohl aufgrund ihres betriebsfremden und unregelmäßigen Charakters als auch aufgrund des Umstandes, dass es sich hierbei um Liquidationserfolge handelt, i. R. d. Erfolgsspaltung dem außerordentlichen Ergebnis zuzuordnen.

Angabepflicht gem. IAS		Bezeichnung der Position
GKV	UKV	
8.11 (a)		+ Außerordentliche Erträge
1.80	1.82	+ Sonstige betriebliche Erträge*
8.20 (e)		+/(–) Erträge (Aufwendungen) aus Geschäftsaufgaben bzw. der Veräußerung von Geschäftseinheiten
38.79 22.72 (d) (v)		– Außerplanmäßige Abschreibungen von immateriellen Anlagen einschließlich Goodwill
25.49 (b) (iii)		– (Außerplanmäßige) Abschreibungen von *long-term investments* auf den niedrigeren Wert aus Anschaffungskosten oder Marktwert
25.49 (b) (iii)		– (Außerplanmäßige) Abschreibungen von *current investments* auf den niedrigeren Wert aus Anschaffungskosten oder Marktwert bzw. bei reiner Marktbewertung auf den niedrigeren Stichtagswert
25.49 (b) (iii)		+ Zuschreibungen bei Wegfall der Gründe außerplanmäßiger Abschreibungen von *long-term investments*
25.49 (b) (iii)		+ Zuschreibung bei Wegfall der Gründe außerplanmäßiger Abschreibungen von *current investments*
16.66 (e) (v)		– Außerplanmäßige Abschreibungen von Sachanlagevermögen
21.42 (a)		+/(–) Erträge (Aufwendungen) aus Währungsumrechnungsdifferenzen
29.9		+/(–) Inflationsbedingte Erträge (Aufwendungen)
32.94; 39.170		+/(–) Ergebniswirksame Bewertungsgewinne/ -verluste von Finanzinstrumenten
8.11 (b)		– Außerordentliche Aufwendungen
1.80	1.82	– Sonstige betriebliche Aufwendungen*
		= Außerordentliches Ergebnis nach IAS/IFRS

* Soweit nicht dem ordentlichen Betriebsergebnis zuzurechnen

Tab. 14.11: Bestandteile des außerordentlichen Ergebnisses nach IAS/IFRS

Dem Bewertungserfolg sind die Erträge bzw. Aufwendungen aus Währungsumrechnungsdifferenzen sowie die inflationsbedingten Erträge und Aufwendungen zuzurechnen. Aus diesem Grund sind auch diese grundsätzlich in die Berechnungen des außerordentlichen Ergebnisses mit einzubeziehen.

(3) Ergebnisspaltung im US-GAAP-Abschluss

Das Gliederungsschema der GuV gemäß US-GAAP (vgl. 7. Kapitel C I; zum Folgenden vgl. auch Pellens, B. [2001], S. 85; Kieso, D. E./Weygandt, J. J./Warfield, T. D. [2001], S. 129 ff.) beruht ebenfalls auf der Ergebnisspaltung in Betriebsergebnis, Finanzergebnis und außerordentlichem Ergebnis, sodass auf diese Aufgliederung bilanzanalytisch zurückgegriffen werden kann. Die nach US-GAAP mögliche betriebswirtschaftliche Ergebnisspaltung zeigt Abbildung 14.6 in kondensierter Form. In ihr werden die in der Praxis der Abschlusserstellung gebräuchlichen und nicht die in Regulation S-X, Rule 5-03 (vgl. 7. Kapitel, Tabelle 7.3) enthaltenen Bezeichnungen verwendet.

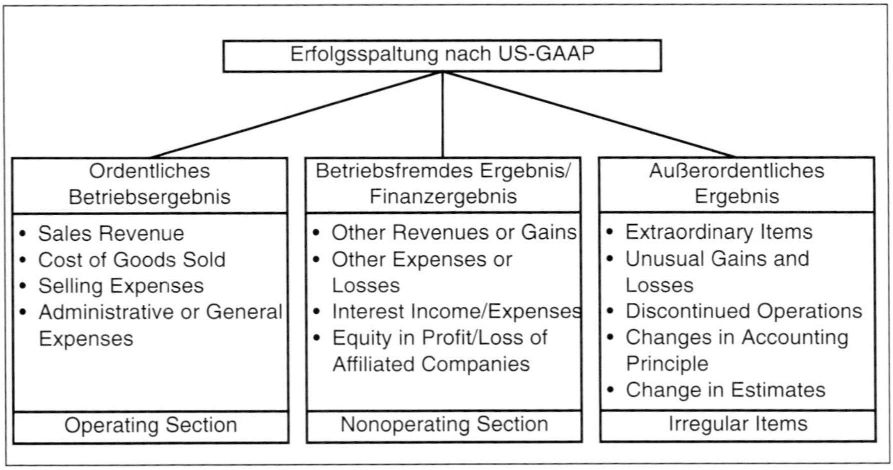

Abb. 14.6: Erfolgsspaltung nach US-GAAP

Betriebsergebnis/betriebsfremdes Ergebnis

Durch die Zuordnung der sonstigen betrieblichen Erträge/Aufwendungen (*other revenues or gains/expenses or losses*) zum betriebsfremden Ergebnis wird das Betriebsergebnis in der US-GAAP-GuV enger abgegrenzt als es bilanzanalytisch für den HGB-Abschluss (vgl. oben Abschnitt 1) bzw. IAS/IFRS-Abschluss (vgl. oben Abschnitt 2) abgeleitet wurde. Das Betriebsergebnis der US-GAAP-GuV ist deshalb zu Recht als ein operatives Ergebnis zu betrachten.

Außerordentliches Ergebnis

Wie bei der Ergebnisspaltung in HGB- und IAS/IFRS-Abschluss ist auch im US-GAAP-Abschluss bilanzanalytisch das außerordentliche Ergebnis im Sinne aller unregelmäßig auftretenden Erfolgskomponenten (*irregular items*) weit abzugrenzen. Es beinhaltet Erträge und Aufwendungen aus folgenden Vorgängen:

Extraordinary items

- *Extraordinary items*: Es handelt sich wie bei den IAS/IFRS um wesentliche, ungewöhnliche und seltene Erfolgskomponenten. Sie werden steuerbereinigt ausgewiesen.

Unusual gains and losses

- *Unusual gains and losses*: Es handelt sich um wesentliche Erfolgskomponenten, die ungewöhnlich oder selten sind, aber nicht zugleich beiden Kriterien genügen. Sie sind üblicherweise in Aufwendungen/Erträge des operativen bzw. nicht operativen Ergebnisses enthalten, sind bei Wesentlichkeit aber in den *notes* anzugeben. Beispiele wären etwa Restrukturierungsaufwendungen größeren Umfangs.

Discontinued operations

- *Discontinued operations*: Dazu gehören die laufenden operativen Ergebnisse und die Abgangsergebnisse von aufzugebenden bzw. aufgegebenen Geschäftseinheiten. Diese werden steuerbereinigt ausgewiesen. Wenn derartige Ergebnisse vorliegen, ist in der GuV eine Trennung des Ergebnisses nach *continuing operations* und *discontinued operations* zwingend.

Changes in accounting principle

- *Changes in accounting principle*: Die kumulative Ergebniswirkung beim Wechsel einer Rechnungslegungsmethode (z. B. von degressiver zu linearer Abschreibung) ist steuerbereinigt getrennt nach den *extraordinary items* in der GuV auszuweisen. Sie gehört bilanzanalytisch zum nicht nachhaltigen, außerordentlichen Ergebnis.

Changes in estimates

- *Changes in estimates*: Die gleiche Wirkung wie bei einem Wechsel der Rechnungslegungsmethode ergibt sich im Falle einer Änderung der bei der Bewertung von Aktiva und Passiva notwendigen Schätzungen. Solche Schätzungen betreffen beispielsweise die Nutzungsdauern der Anlagen, die Werthaltigkeit einer Forderung oder den Umfang einer Inanspruchnahme aus einer Verbindlichkeitsrückstellung.

b) Ergebnissegmentierung

Wie im 10. Kapitel B im Einzelnen dargestellt, hat die Segmentberichterstattung die Aufgabe, die Erfolgslage insbesondere von diversifizierten Unternehmen im Hinblick auf die Herkunft und Risiken der Erfolgskomponenten differenzierter darzustellen. Insofern kommt der Auswertung der Ergebnisdaten aus der Segmentberichterstattung für eine Ergebnisquellenanalyse (und für die strategische Portfolioanalyse, vgl. 15. Kapitel D II) besondere Bedeutung zu.

Segmentanalyse im HGB-Abschluss

Die Anhangsvorschriften für die große Kapitalgesellschaft nach HGB (§§ 285 Nr. 4; 314 Abs. 1 Nr. 3 HGB) sehen allerdings nur Umsatzsegmentierungen nach Tätigkeitsbereichen und geographisch bestimmten Märkten vor, sodass lediglich die Umsatzanteile je Geschäftsbereich und je Region betrachtet werden können, z. B. mittels folgender Kennzahlen:

$$\text{Umsatzanteil je Segment} = \frac{\text{Segmentumsatz}}{\text{Umsatz des Unternehmens oder Konzerns}}$$

$$\text{Exportquote} = \frac{\text{Auslandsumsatz}}{\text{Umsatz des Unternehmens oder Konzerns}}$$

Aufgrund des TransPuG ist mit § 297 Abs. 1 Satz 2 HGB i. d. F. des TransPuG die Verpflichtung eingeführt worden, dass jedes börsennotierte Unternehmen eine den übrigen Abschlussinstrumenten gleichrangige Segmentberichterstattung nach den Regeln von DRS 3 zu erstellen und zu publizieren hat.

Segmentanalyse nach DRS/IAS/IFRS/US-GAAP

Für die primären bzw. operativen Berichtssegmente sehen sowohl DRS als auch IAS/IFRS/US-GAAP umfangreiche und überwiegend deckungsgleiche Berichterstattungspflichten vor (vgl. 10. Kapitel B, insbes. Tabelle 10.6). Durch diese umfangreichen Angaben je Geschäftssegment ist die Segment-Analyse zu einem Kernbestandteil der Jahresabschlussanalyse geworden. Sie gibt Einblick in die Struktur des Geschäftsportfolios. Unter diesem Aspekt wird sie deshalb im Rahmen der strategischen Bilanzanalyse behandelt (vgl. 15. Kapitel D). Im Folgenden werden nur die wesentlichen Kennzahlen erörtert. Insbesondere die folgenden Pflichtangaben können für die Kennzahlenbildung im Rahmen der erfolgswirtschaftlichen Segmentanalyse genutzt werden (vgl. auch Coenenberg, A. G./Reinhart, A. [1999], S. 569 ff.; Reinhart, A. [1998], S. 322 ff; Coenenberg, A. G. [2001b], S. 593 ff):

Segment-Umsatzanteil

– **Segmentumsatz**, getrennt nach Segmentaußenumsatz (= Umsatz mit unternehmens- bzw. konzernexternen Dritten) und Intersegmentumsatz:

  Diese Angabepflicht ermöglicht eine umsatzbezogene Segmentanalyse anhand der beiden folgenden Kennzahlen:

$$\frac{\text{Segmentaußenumsatz}}{\text{Gesamtumsatz des Unternehmens bzw. Konzerns}}$$

$$\frac{\text{Intersegmentumsatz}}{\text{Gesamtumsatz des Segments}}$$

  Die erste Kennzahl gibt den Anteil des Segments am gesamten Geschäftsvolumen des Unternehmens bzw. Konzerns an. Die zweite Kennzahl gibt Einblick in die Abhängigkeit des Segments von Geschäftsvolumen des Unternehmens bzw. Konzerns.

Segment-Ergebnis

– **Segmentergebnis:**

  Nach DRS ist das Ergebnis als Überschuss der Segmenterträge über die dem Segment zurechenbaren Aufwendungen definiert. Die Konkretisierung wird dem Management überlassen. Man wird deshalb davon ausgehen können, dass es meist durch das Ergebnis vor Steuern und Zinsen (*Earnings Before Interest and Taxes, EBIT*) definiert ist. Sollte es als Ergebnis aus der gewöhnlichen Geschäftstätigkeit festgelegt werden, lässt sich der Zinsaufwand bereinigen, da er in diesem Falle angabepflichtig ist.

  Ähnliches gilt im Falle einer Segmentberichterstattung nach IAS. Nach IAS 14.16 ist das Segmentergebnis als Differenz von Segmenterträgen und Segmentaufwendungen definiert, die ihrerseits exklusive außerordentlichen Erfolgskomponenten, Zinserträgen und Zinsaufwendungen sowie Ertragsteuern und dem Segment nicht zurechenbaren zentralen Verwaltungsaufwendungen definiert sind. D. h., es handelt sich um ein operatives Ergebnis vor

Zinsen und Steuern (*EBIT*). Das wird üblicherweise auch bei einer Segmentberichterstattung nach FAS 131 anzunehmen sein, da hier entsprechend dem *Management Approach* als operatives Segmentergebnis das zur unternehmensinternen Steuerung verwendete Ergebnis zu veröffentlichen ist. Sollte für die unternehmensinterne Steuerung ein Ergebnis nach Steuern, Zinsen und inklusive außerordentlicher und ungewöhnlicher Erfolgskomponenten verwendet werden, so lässt sich dieses Segmentergebnis aufgrund der ausführlichen Angabepflichten von FAS 131 in ein operatives Segmentergebnis überführen. Aus der Segmentberichterstattung lässt sich folglich mittels folgender Kennzahl der Ergebnisbeitrag je Segment messen:

$$\frac{\text{Operatives Segmentergebnis}}{\text{Ordentliches Betriebsergebnis des Unternehmens bzw. Konzerns}}$$

Segment-Rentabilität

– **Segmentvermögen:**

Mit dem Segmentvermögen wird das für das laufende Geschäft des Segments genutzte und dem Segment direkt oder indirekt zurechenbare Anlage- und Umlaufvermögen erfasst. Durch Gegenüberstellung von operativem Segmentergebnis (vor Steuern und Zinsen) lässt sich die Segment-Gesamtkapitalrentabilität ermitteln:

$$\text{Segment-Gesamtkapitalrentabilität} = \frac{\text{Operatives Segmentergebnis}}{\text{Segmentvermögen}}$$

Der Segment-Gesamtkapitalrentabilität (SGKR) kommt insofern eine besondere Bedeutung für die Ergebnisquellenanalyse zu, als sie die Ergebniswirksamkeit des Unternehmensportfolios und ihrer Veränderung zeigt. Auf Segmentebene lassen sich bei diversifizierten Unternehmen außerdem bessere Vergleiche mit anderen Unternehmen anstellen.

Segment-Wertbeitrag

Aus der Segment-Gesamtkapitalrentabilität lässt sich durch den Vergleich mit den gewichteten Eigen- und Fremdkapitalkosten (*weighted average cost of capital,* WACC) der Wertbeitrag (bzw. die Wertvernichtung) der Segmente analysieren. Auf diese Weise werden wichtige Einsichten in den Restrukturierungsbedarf des Unternehmensportfolios gewonnen:

$$\text{Segment-Wertbeitrag} = (\text{SGKR} - \text{WACC}) \times \text{Segmentvermögen}$$

– **Abschreibungen/Wertberichtigungen, sonstige bedeutende nicht zahlungswirksame Aufwendungen:**

Segment-Cashflow

Auf der Grundlage dieser Angabepflichten lässt sich ein vereinfachter, erfolgsnaher Cashflow (Brutto-Cashflow) je Segment ermitteln:

	Operatives Segmentergebnis
+	Abschreibungen/Wertberichtigungen des Segmentes
+	Sonstige nicht zahlungswirksame Aufwendungen des Segmentes
=	Segment-Cashflow

Segment-Free Cashflow

Da zusätzlich auch die Investitionen je Segment sowohl nach DRS 3, IAS 14 als auch nach FAS 131 angabepflichtig sind, lässt sich ein näherungsweiser Free Cashflow wie folgt ermitteln:

	Segment-Cashflow
–	Segment-Investitionen
=	Näherungsweiser Segment-Free Cashflow

2. Analyse der Aufwands- und Ertragsstruktur

Struktur des Gesamtergebnisses

Neben der Erfolgsspaltung und Ergebnissegmentierung geht es im Rahmen der strukturellen Ergebnisanalyse auch darum, den Anteil einzelner Teilergebnisse und einzelner Erfolgskomponenten an der Ergebnisentstehung zu untersuchen. Von Theorie und Praxis ist zu diesem Zweck eine große Fülle von Strukturkennzahlen entwickelt worden. Hier werden nur einige für Zeit- und Betriebsvergleiche besonders wichtig erscheinende Strukturkennzahlen dargestellt.

Zunächst kann an die Resultate der Erfolgsspaltung angeknüpft werden und zur Überprüfung der Nachhaltigkeit und Stabilität der Ergebnisentwicklung die Struktur des Gesamtergebnisses in Bezug auf die verschiedenen Ergebnisquellen durch die Kennzahlen in nachfolgendem Schaukasten dargestellt werden.

Struktur des ordentlichen Betriebsergebnisses

Für die Beurteilung der nachhaltigen Ertragskraft ist das ordentliche Betriebsergebnis eine besonders relevante Größe. Zur Ermöglichung von Ergebnisprojektionen ist es deshalb wesentlich, nach Maßstäben für die Erklärung der Veränderungen des ordentlichen Betriebsergebnisses zu suchen. Als solche Maßstäbe eignen sich Strukturrelationen einzelner Komponenten des ordentlichen Betriebsergebnisses.

$$\frac{\text{Ordentliches Betriebsergebnis}}{\text{Gesamtergebnis vor Steuern}}$$

$$\frac{\text{Ordentliches betriebsfremdes Ergebnis}}{\text{Gesamtergebnis vor Steuern}}$$

$$\frac{\text{Außerordentliches Ergebnis}}{\text{Gesamtergebnis vor Steuern}}$$

Segmentstruktur des Betriebsergebnisses

Dazu wird einerseits auf die Kennzahlen aus der Ergebnissegmentierung zurückgegriffen (vgl. vorheriger Abschnitt 1 b). So ist es z. B. wichtig zu analysieren, ob ein sinkendes Betriebsergebnis auf konjunkturbedingte Ergebnisminderungen zurückzuführen und somit in allen gleichen Zyklen unterliegenden Segmenten zu beobachten ist, oder ob es sich um Verschlechterungen der Wettbewerbsposition in einzelnen Kernsegmenten des Unternehmens handelt. Das lässt sich durch einen Vergleich der Segmentrendite mit in den betreffenden Segmenten führenden Wettbewerbsunternehmen feststellen.

Aufwandsstruktur des Betriebsergebnisses

Andererseits ist zur Beurteilung der Nachhaltigkeit des Betriebsergebnisses eine Analyse der strukturellen Zusammensetzung der betrieblichen Aufwendungen aufschlussreich. Die Möglichkeiten der Aufwandsstrukturanalyse hängen dabei davon ab, ob die GuV nach dem Gesamt- oder nach dem Umsatzkostenverfahren gegliedert ist.

a) Aufwandsstrukturanalyse bei Gliederung der Gewinn- und Verlustrechnung nach dem Gesamtkostenverfahren

Im Rahmen der Analyse der Aufwandsstruktur bei Gliederung der GuV nach dem Gesamtkostenverfahren werden üblicherweise die folgenden Kennzahlen verwendet:

Personalintensität

$$\text{Personalintensität} = \frac{\text{Personalaufwand}}{\text{Gesamtleistung}}$$

Materialintensität

$$\text{Materialintensität} = \frac{\text{Materialaufwand}}{\text{Gesamtleistung}}$$

Die beiden Kennzahlen verdeutlichen den relativen Anteil der Aufwendungen für die beiden großen Produktionsfaktorgruppen »Arbeitsleistung« und »Material«. Material- und Personalintensität geben Auskunft über die in dem jeweiligen Unternehmen herrschenden Faktoreinsatzverhältnisse und indizieren damit gleichzeitig die Anfälligkeit gegenüber Änderungen der Mengen- und Wertgerüste des einzelnen Produktionsfaktors (Schwankungen der Materialmengen und

-preise bzw. der Mitarbeiterzahl und der Lohn- und Gehaltssätze). Insbesondere erscheint wichtig zu beobachten, inwieweit eventuell Steigerungen der einen Kennzahl durch Verringerung bei der anderen Kennzahl ergebnismäßig neutralisiert werden. Ein deutliches Ansteigen beider Kennzahlen ist stets als Signal für eine strukturell verschlechterte Ertragskraft zu werten.

Fertigungstiefe

Die Kennzahl »Materialintensität« ist insbesondere auch für die Analyse der Fertigungstiefe bzw. der vertikalen Integration von Bedeutung; eine hohe Fertigungstiefe bietet dabei tendenziell den Vorteil realisierbarer Synergiepotenziale, eine niedrige Fertigungstiefe den Vorteil höherer Flexibilität in der Gestaltung des Absatzprogrammes und zugehörigen Produktionsapparates. Je höher die Materialintensität ausfällt, desto höher ist der Anteil des zugekauften Materials und desto niedriger die Fertigungstiefe zu beurteilen. Steigende Materialintensität aufgrund sinkender Fertigungstiefe muss aber zwingend durch sinkende Personalintensität kompensiert werden, wenn sinkende Fertigungstiefe nicht zu Ergebnisminderungen führen soll.

Um die Kennzahl »Personalintensität« noch etwas näher analysieren zu können, kann man sie zweckmäßigerweise auch in der folgenden erweiterten Form ausdrücken:

$$\text{Personalintensität} = \frac{\text{Lohnniveau}}{\text{Produktivität der Belegschaft}}$$

mit:

Lohnniveau

$$\text{Lohnniveau} = \frac{\text{Gesamtpersonalkosten}}{\text{durchschnittliche Belegschaftsstärke (nach Angaben im Anhang)}}$$

Produktivität

$$\text{Produktivität} = \frac{\text{Gesamtleistung}}{\text{durchschnittliche Belegschaftsstärke}}$$

Beispiel

Die vorstehenden Überlegungen seien durch ein vereinfachtes Beispiel veranschaulicht.

Die Materialintensität steigt über die vier Perioden kontinuierlich, z. B. wegen einer Outsourcing-Strategie, an. Durch Absenken der Personalintensität konnte das Unternehmen die steigende Materialintensität gerade kompensieren. Dies gelang trotz steigender Personalkosten je Kopf (= Lohnniveau), weil die Produktintensität überproportional gesteigert werden konnte.

Perioden %	1	2	3	4
Materialintensität	40	45	50	60
Personalintensität	40	35	30	20
Lohnniveau	100	105	110	115
Produktivität	250	300	367	575

Aus dem vorstehend formelmäßig dargestellten Zusammenhang lassen sich die Ursachen für eine Veränderung der Personalintensität genauer spezifizieren: Sofern die Kennzahl der Produktivität der Belegschaft infolge Rationalisierungsmaßnahmen steigt, tritt ceteris paribus eine tendenzielle Verbesserung der Ertragslage nur insoweit ein, als parallel verlaufende Lohnniveauentwicklungen die Produktivitätssteigerungen nicht kompensieren. Unternehmen mit hoher Personalintensität sind gegenüber Lohnerhöhungen anfälliger als kapitalintensive Betriebe, die sich durch eine hohe durchschnittliche Abschreibungsquote auszeichnen:

Abschreibungsquote

$$\text{Abschreibungsquote} = \frac{\text{Abschreibungen des Geschäftsjahres auf Sachanlagen}}{\text{Gesamtleistung}}$$

Auch diese Kennzahl liefert Anhaltspunkte für den Rationalisierungsgrad eines Unternehmens. Je höher die Abschreibungsquote ausfällt, um so höher ist – ceteris paribus – der Rationalisierungsgrad des Unternehmens.

Weitere Strukturkennzahlen

Soweit eine Schätzung des Steuerbilanzgewinnes nicht durchgeführt wird bzw. nicht durchführbar ist (vgl. Abschnitt A I 3 dieses Kapitels), können aufgrund des gesonderten Ausweises der gewinnabhängigen Steuern anhand der langfristigen Entwicklung der Kennzahl

Steuerquote

$$\frac{\text{Steuern vom Einkommen und vom Ertrag}}{\text{Umsatz}}$$

Rückschlüsse auf die Entwicklung der Ertragslage gezogen werden. Da die gewinnabhängigen Steuern auch von außerordentlichen Erfolgskomponenten (i. S. d. HGB) abhängen, ist es sinnvoll, nur die auf das ordentliche Ergebnis entfallenden Gewinnsteuern zu berücksichtigen (vgl. die Angabepflicht im Anhang gemäß § 285 Nr. 6 HGB). Je größer der o. g. Quotient im Durchschnitt ausfällt, desto mehr steuerpflichtige Erträge wurden im jeweiligen Unternehmen erwirtschaftet. Bei Anwendung und Interpretation dieser Kennzahl ist jedoch zu beachten, dass der Zähler auch durch Erträge des Finanzbereiches und durch Liquidations- und Bewertungserträge (Position »sonstige betriebliche Erträge«) beeinflusst wird. Ferner hängt der gewinnabhängige Steueraufwand auch von eventuellen Verlustvorträgen ab.

Zinsergebnis/ Zins-Deckung/ Interest-Coverage-Ratio

Als weitere Kennzahl der Aufwands- und Ertragsanalyse sei der Saldo aus »sonstige Zinsen und ähnliche Erträge« und »Zinsen und ähnliche Aufwendungen« genannt (= Zinsergebnis), der die Finanzierungsanalyse ergänzt (Kreditanspannung). Gebräuchlich ist auch die so genannte Zins-Deckung oder *Interest-Coverage-Ratio*, die aus der Sicht der Kreditgeber das Risiko spiegelt, dass das Unternehmen die Zinsbedienung nicht mehr erbringen kann (vgl. Gray, S. J./ Needles, B. E. [1999], S. 456). Die Kennzahl entspricht dem Vielfachen des Ergebnisses vor Steuern und Zinsen bezogen auf den Zinsaufwand:

$$\text{Zins-Deckung} = \frac{\text{Jahresüberschuss vor Zinsen und Ertragsteuern (EBIT)}}{\text{Zinsaufwand}}$$

Entsprechungsprinzip

Bei der Bildung von Strukturkennzahlen im Rahmen der Ergebnisanalyse ist stets zu prüfen, ob die Vergleichsgrößen einander entsprechen. Dieses Entsprechungsprinzip, gegen das oft verstoßen wird, sei am Beispiel einiger der dargestellten Kennzahlen verdeutlicht: Nach dem Entsprechungsprinzip sollte man nicht den Umsatz, sondern die Gesamtleistung auf die Belegschaftsstärke beziehen. Ebenso entfallen die Personal- und Materialaufwendungen sowie die Abschreibungen einer Periode auf die Gesamtleistung und nicht nur auf den Umsatz. Die (gewinnabhängigen) Steuern sind dagegen zum Umsatz und nicht zur Gesamtleistung in Beziehung zu setzen, weil sie nicht in dem Ausmaß durch (erfolgsneutrale) Bestandsänderungen beeinflusst werden wie durch den Umsatz. Aus dem Entsprechungsprinzip ergibt sich zudem, bei der Kennzahlenbildung immer dann auf die Bereinigung um handels- und steuerrechtlich bedingte Verzerrungen zu verzichten, wenn diese Korrekturen nicht gleichermaßen im Nenner und Zähler vorgenommen werden können.

Gesamtkostenverfahren international unüblich

Die vorstehenden Kennzahlen beziehen sich, wie in der Überschrift zum Ausdruck gebracht, auf eine nach dem Gesamtkostenverfahren gegliederte GuV, aus der die Gesamtleistung, der Material-, der Personal- und der Abschreibungsaufwand zu entnehmen sind. Die zusätzlich notwendige Angabe der Belegschaftsstärke ist dem Anhang (§§ 85 Nr. 7, 314 Abs. 1 Nr. 4 HGB) bzw. im IAS/IFRS-Abschluss den *notes* (IAS 1.102 (d)) zu entnehmen. Das Gesamtkostenverfahren ist nach HGB (§ 275 Abs. 2 HGB) zulässig und vor allem bei kleineren Unternehmen auch weit verbreitet. Nach IAS/IFRS ist das Gesamtkostenverfahren ebenfalls zulässig (IAS 1.80), bei international tätigen Unternehmen, die IAS/ IFRS verwenden, aber weitgehend unüblich. Die US-GAAP kennen das Gesamtkostenverfahren nicht. Im Falle der Verwendung des Umsatzkostenverfahrens sind diese für die Ergebnisanalyse aufschlussreichen Kennzahlen nur sehr eingeschränkt anwendbar. Die Gesamtleistung ist nur approximativ zu ermitteln. Hilfsweise kann an ihrer Stelle der Umsatz verwendet werden. Der Materialaufwand ist weder im IAS/IFRS/US-GAAP-Abschluss noch im Konzernabschluss nach HGB angabepflichtig. Der Personalaufwand fehlt im US-GAAP-Abschluss.

Dagegen ist er sowohl nach HGB (§§ 285 Nr. 8, 314 Abs. 1 Nr. 4 HGB) als auch nach IAS/IFRS (IAS 1.82) angabepflichtig.

b) Aufwandsstrukturanalyse bei Gliederung der Gewinn- und Verlustrechnung nach dem Umsatzkostenverfahren

Funktionskosten

Wie im 7. Kapitel ausführlich dargestellt, folgt die GuV-Gliederung des Umsatzkostenverfahrens dem Sekundärprinzip, d. h., die Aufwendungen werden je nach Zuordnung zu den Kostenstellenbereichen bzw. Funktionen unterteilt in

- Herstellungskosten der zur Erzielung der Umsatzerlöse erbrachten Leistungen (*cost of goods sold*)
- Vertriebskosten (*selling expenses*)
- allgemeine Verwaltungskosten (*administrative or general expenses*)
- sonstige betriebliche Aufwendungen (*other expenses or losses*)

Forschungs- und Entwicklungskosten

Häufig wird darüber hinaus freiwillig die Position »Forschungs- und Entwicklungskosten« angegeben.

Wenn diese nicht freiwillig im Rahmen der GuV ausgewiesen werden, müssen sie im IAS/IFRS-Abschluss (IAS 1.99 (k)) und im US-GAAP-Abschluss (APB 22.13) in den *notes* angegeben werden. Nach HGB besteht keine entsprechende quantitative Angabepflicht, der Umfang der Forschungs- und Entwicklungsaktivitäten ist lediglich im Lagebericht verbal zu erläutern (§§ 289 Abs. 2 Nr. 3; 315 Abs. 2 Nr. 3 HGB); allerdings sieht DRS 12.31 die Angabe der Forschungs- und Entwicklungsaufwendungen vor. Die anderen funktional gegliederten Aufwendungen für Herstellung, Verwaltung und Vertrieb sind im IAS/IFRS-Abschluss (IAS 1.77 i. V. m. 1.82) und im US-GAAP-Abschluss (Regulation S-X, Rule 5-03) gesondert ausweispflichtig.

Analyse der Funktionskosten

Bei der Analyse der Kostenstruktur ist jedoch zu beachten, dass es sich bei diesen Positionen nicht um »Kosten« im betriebswirtschaftlichen Sinne handelt, sondern um Aufwendungen. Da jedoch im Allgemeinen die kostengleichen Aufwendungen überwiegen und in den meisten Unternehmen externes (pagatorisches) und internes (kalkulatorisches) Rechnungswesen immer stärker zusammenwachsen (vgl. Coenenberg, A. G. [1995]), geben die vorstehend genannten Aufwandspositionen verlässliche Hinweise auf die funktionale Kostenstruktur des betrachteten Unternehmens.

Funktionale Kostenstrukturkennzahlen

Zur Analyse der funktionalen Aufwands- bzw. Kostenstruktur bieten sich folgende Kennzahlen an:

$$\text{Herstellungsintensität} = \frac{\text{Herstellungskosten}}{\text{Umsatz}}$$

$$\text{FuE-Intensität} = \frac{\text{FuE-Kosten}}{\text{Umsatz}}$$

$$\text{Vertriebsintensität} = \frac{\text{Vertriebskosten}}{\text{Umsatz}}$$

$$\text{Verwaltungsintensität} = \frac{\text{Allgemeine Verwaltungskosten}}{\text{Umsatz}}$$

Benchmarking

Diese Kennzahlen sind im zwischenbetrieblichen Vergleich und im Zeitvergleich wichtige Indikatoren der Effizienz des Unternehmens. Zwischenbetrieblich liegt es nahe, die Funktionskostenintensitäten an Benchmarks von Wettbewerbsunternehmen zu vergleichen, um Anhaltspunkte für die Angemessenheit der Funktionskosten zu gewinnen. Liegen die Vertriebskosten z. B. bei 30 %, während ertragsstärkere Wettbewerber nur 20 % Vertriebskosten haben, so gibt dies Anlass zu zahlreichen Fragen, z. B. im Hinblick auf Nutzung von *economies of scale*, Wahl der geeigneten Vertriebskanäle und Vertriebsformen, Erlösschmälerungen, Installierung geeigneter vertrieblicher Incentive Systeme.

Zeitvergleich

Im Zeitvergleich sind insbesondere Veränderungen im relativen Anteil der Funktionskosten zu analysieren. Zum Beispiel: Beruhen sinkende FuE-Kostenanteile auf Vernachlässigung von Innovationen oder sind sie Ausdruck erhöhter FuE-Produktivität z. B. durch eine verstärkte Fokussierung des Unternehmensportfolios? Werden steigende Vertriebskostenanteile durch sinkende Anteile anderer Funktionskosten kompensiert?

Diese Frage nach der Kompensation ist deshalb von Bedeutung, weil gilt: die Summe der Fuunktionskostenintensitäten zeigt - von sonstigen Ergebnisbestandteilen abgesehen - den Spielraum für die (operative) Umsatzrentabilität des Unternehmens. Dies sei an einem einfachen Beispiel veranschaulicht:

Beispiel

Perioden %	1	2	3	4
Herstellungsintensität	60	60	60	60
F&E-Intensität	5	7,5	9	12
Vertriebsintensität	15	17,5	20	22
Verwaltungsintensität	6	6	5	4
Summe	86	91	94	98

In Periode 1 besteht ein Spielraum für eine Umsatzrentabilität von 100 % - 86 % = 14 %. Diese sinkt über 9 % und 6 % bis auf 2 %, weil steigende F&E-Intensität und Vertriebsintensität nicht durch sinkende Herstellungs- und Verwaltungsintensität kompensiert werden.

B. Rentabilitätsanalyse

Definition „Rentabilität“

Unter Rentabilität versteht man eine Beziehungszahl, bei der eine Ergebnisgröße zu einer dieses Ergebnis maßgebend bestimmenden Einflussgröße in Relation gesetzt wird. Als solche Einflussgrößen kommen für die Rentabilitätsanalyse einerseits das zur Ergebniserzielung eingesetzte Kapital oder Vermögen, andererseits der das Ergebnis bewirkende Umsatz in Betracht. Im ersten Fall spricht man von Kapitalrentabilität, Vermögensrentabilität, *return on investment* (ROI), *return on net assets* (RONA) oder *return on capital employed* (ROCE), im zweiten Fall von Umsatzrentabilität, *return on sales* (ROS) oder Gewinnspanne.

Notwendigkeit von Rentabilitätsanalysen

Mittels der Rentabilitätsanalyse wird eine in Bezug auf die jeweils gewählte Einflussgröße relativierte Erfolgsbeurteilung ermöglicht. Für eine solche relativierte Erfolgsanalyse sprechen insbesondere zwei Gründe: Die Beurteilung der Ertragslage eines Unternehmens erfordert den Vergleich mit Branchendurchschnitten oder - besser - mit den Ergebnissen einzelner Vergleichsunternehmen. Untersuchungsobjekt und Vergleichsobjekt können aber unterschiedliche Betriebsgrößen besitzen. Zur Herstellung der Vergleichbarkeit müssen hier die zu vergleichenden Ergebnisziffern mittels Rentabilitätskennzahlen relativiert werden. Die Notwendigkeit von Rentabilitätsanalysen ergibt sich ferner aus dem ökonomischen Prinzip, welches fordert, dass eine bestimmte Ertragszielgröße mit minimalem Faktoreinsatz erzielt werden soll. Daraus folgt, dass eine Erfolgsbeurteilung nicht allein anhand der absoluten Ergebnisse möglich ist, sondern darüber hinaus eine Betrachtung der Ergebnisse im Verhältnis zum Faktoreinsatz notwendig ist.

An eine Rentabilitätsanalyse im Rahmen der externen Unternehmensanalyse sind zwei Anforderungen zu stellen:

1. Die Rentabilitätsanalyse ist so aufzubauen, dass sie die Ursachen einer geänderten Rentabilität bzw. einer Abweichung der Rentabilität von einer Zielrendite erkennen lässt und die Interdependenzen zwischen den Einflussfaktoren der Rentabilität offen legt. Daraus ergibt sich die Forderung, die Rentabilitätsanalyse auf der Grundlage eines Systems von Kennzahlen vorzunehmen. Die hiermit zusammenhängenden Fragen werden in Abschnitt V. behandelt.
2. Die in der Analyse zu verwendenden Rentabilitätskennzahlen sind so zu bemessen, dass sie die tatsächlichen wirtschaftlichen Verhältnisse möglichst getreu widerspiegeln und dass sie den Analysezielen möglichst weitgehend gerecht werden.

Diese Frage wirft vielfältige Messprobleme auf, die sich im Wesentlichen auf drei Fragestellungen reduzieren lassen:

(a) Welcher Rentabilitätsbegriff bzw. welche Rentabilitätsbegriffe sollen der Analyse zugrunde gelegt werden?
Je nachdem, ob die Rentabilitätsanalyse ausschließlich auf die Interessenlage der Eigentümer oder aller Kapitalgeber bzw. des Unternehmens gerichtet ist, sind jeweils unterschiedlich weite oder enge Rentabilitätsbegriffe bedeutsam.

Aus Eigentümersicht stehen die Eigenkapitalrentabilität bzw. Aktienrentabilität aus Sicht aller Kapitalgeber und aus Sicht des Unternehmens insgesamt die Gesamtkapitalrentabilität und Umsatzrentabilität im Vordergrund.

(b) Wie soll das eingesetzte Vermögen bzw. Kapital bewertet werden, zum bilanziellen Wert oder zum Marktwert? Dementsprechend ist zwischen bilanzieller und marktorientierter Rentabilitätsanalyse zu unterscheiden.

(c) Analog der Problemstellung »Vollkosten- oder Teilkostenrechnung« ist vor allem für Rentabilitätsanalysen einzelner Produktbereiche oder einzelner Teilbetriebe zu prüfen: Soll die Rentabilität auf der Basis einer Vollgewinn- und -vermögensrechnung oder einer Teilgewinn- und -vermögensrechnung ermittelt werden?

Eine sachgerechte Lösung der unter Punkt (c) aufgeworfenen Fragestellung erfordert Informationen, die im Rahmen einer externen Bilanzanalyse nicht verfügbar sind. Diese Probleme brauchen deshalb hier nicht weiter verfolgt zu werden; es sei auf das Schrifttum verwiesen (vgl. Coenenberg, A. G. [2003], 20. Kapitel D). Mangels näherer Angaben muss die externe Rentabilitätsanalyse stets auf einer Vollrentabilitätsrechnung beruhen. Allerdings kann es sich im Rahmen der Segmentanalyse (vgl. oben A II 2 in diesem Kapitel) wegen des unter DRS und US-GAAP geltenden *Management Approach* durchaus auch um Teilrentabilitätskennzahlen handeln. Die unter den Punkten (a) und (b) angesprochenen Kriterien, nämlich Adressaten (Eigentümer/Kapitalgeber bzw. Unternehmen) und Bewertung (Buchwerte/Marktwert) führen zu verschiedenen Ansätzen einer Rentabilitätsanalyse, die im Folgenden erörtert werden. Abbildung 14.7 gibt eine Übersicht über die Ansätze der Rentabilitätsanalyse und die Zuordnung zu den folgenden Abschnitten.

Adressaten / Bewertung	Eigentümer	Kapitalgeber/Unternehmen
Buchwerte (bilanzielle Rentabilitätsanalyse)	I. Eigenkapitalrentabilität	IV. Gesamtkapitalrentabilität und Umsatzrentabilität V. Kennzahlensystem zur bilanziellen Rentabilitätsanalyse
Marktwert (marktorientierte Rentabilitätsanalyse)	II. Aktienrentabilität	III. Marktwertmultiples

Abb. 14.7: Ansätze zur Rentabilitätsanalyse

I. Eigenkapitalrentabilität

Aus der Sicht der Unternehmenseigner ist zunächst die bilanzielle Eigenkapitalrentabilität von Bedeutung:

Eigenkapitalrentabilität

$$\text{Eigenkapitalrentabilität} = \frac{\text{Jahresüberschuss}}{\text{durchschnittliches Eigenkapital}}$$

In einer Rentabilitätskennzahl sollte die Kapitalgröße stets als Durchschnittswert aus Jahresanfangs- und Endbestand erfasst werden, da ansonsten im Zähler eine (dynamische) Stromgröße zu einer (statischen) Bestandsgröße in Beziehung gesetzt wird. Aus Sicht des Anlegers zeigt die so ermittelte Eigenkapitalrentabilität die Verzinsung (Dividende und Thesaurierung, aber ohne Kurs- und Wertsteigerungen) des von den Eigentümern in das Unternehmen eingebrachten Eigenkapitals sowie der durch offene Thesaurierung im Unternehmen verbliebenen Gewinne. Die Höhe der Eigenkapitalrentabilität hängt wesentlich von der Gesamtkapitalrentabilität des Unternehmens, von der Zinsbelastung des Fremdkapitals sowie vom Verschuldungsgrad ab (= Leverage-Effekt). Auf diesen Zusammenhang wurde im 13. Kapitel B I schon eingegangen.

Sowohl der Jahresüberschuss als auch das Eigenkapital können dem HGB-Abschluss als auch dem IAS/IFRS- bzw. US-GAAP-Abschluss unmittelbar entnommen werden. Wird die Eigenkapitalrentabilität aus der Sicht der Eigentümer des Mutterunternehmens eines Konzerns betrachtet, so ist als Jahresüberschuss der um die Ergebnisanteile von Fremdgesellschaftern bereinigte Gewinn und das Eigenkapital ohne den Anteil von Fremdgesellschaftern zu erfassen. Die erforderlichen Daten ergeben sich sowohl aus dem HGB-Abschluss als auch aus dem IAS/IFRS- bzw. US-GAAP-Abschluss.

Vor allem im Falle eines HGB-Abschlusses, der auf der Grundlage der rückwirkenden steuerlichen Maßgeblichkeit erstellt wurde, liegt es nahe, sowohl den Jahresüberschuss als auch das Eigenkapital als bereinigte Größen zu erfassen. Der bereinigte Jahresüberschuss wurde in diesem Kapitel im Rahmen der betragsmäßigen Ergebnisanalyse (Abschnitt A I 1), das bereinigte Eigenkapital im 12. Kapitel B definiert. Außerdem können ergänzend auch die im Rahmen der betragsmäßigen Ergebnisanalyse (vgl. Abschnitt A I 3 und 4 dieses Kapitels) ermittelten Ersatzmaßstäbe der Erfolgswirksamkeit verwendet werden, sodass sich folgende weitere Kennzahlen zur Überprüfung der Eigenkapitalrentabilität ergeben:

$$\frac{\text{geschätzter Steuerbilanzgewinn nach Steuern}}{\text{durchschnittliches Eigenkapital}}$$

$$\frac{\text{Cash Flow nach Steuern}}{\text{durchschnittliches Eigenkapital}}$$

II. Aktienrentabilität

Aktienrentabilität/ Total Return to Shareholder

Die im vorigen Abschnitt dargestellte Eigenkapitalrentabilität bezieht sich auf den Buchwert des Eigenkapitals. Im Falle einer börsennotierten Aktiengesellschaft kommt es für den Eigner insbesondere auch auf den Marktwert des Eigenkapitals (Aktienkurs) und seine Veränderung an.

Die Aktienrentabilität (= Total Return to Shareholder, TRS) für eine Periode von t-1 bis t lässt sich wie folgt definieren:

$$TRS = \frac{p_t - p_{t-1} + d_{(t-1)\ \text{bis}\ t}}{p_{t-1}}$$

mit:
p = Aktienkurs
d = Dividende
TRS = Total Return to Shareholders, Aktienrentabilität

Die Aktienrentabilität kann unmittelbar durch Einsetzen der Aktienkurse zu Beginn und Ende der Periode (Jahr, Quartal) mit der in der Periode ausgeschütteten Dividende errechnet werden. Zusätzlich lassen sich aus der Gleichung indirekt einige fundamentale Bilanzkennzahlen der Aktienrentabilität ableiten.

Aus der Sicht des Aktionärs ist insbesondere das Verhältnis von Ergebnis und Gewinnausschüttung zum Marktwert des Eigenkapitals von Bedeutung. Die Gewinnausschüttung bezogen auf den Marktwert des Eigenkapitals entspricht der Dividendenrendite. Das Ergebnis in Relation zum Marktwert des Eigenkapitals spielt in der Aktienanalyse in der Umkehrrelation unter dem Terminus »Kurs-Gewinn-Verhältnis« (= *price earnings ratio*) eine wichtige Rolle. Die Dividende erklärt sich aus dem Gewinn je Aktie und der Ausschüttungsrate bzw. dem Kehrwert, dem Dividenden-Deckungsgrad. Wie in Abbildung 14.8 dargestellt, lassen sich diese Größen in einen Systemzusammenhang bringen, der das Konzept zur Analyse der Aktienrentabilität spiegelt (vgl. Reinhart, A. [1998], S. 380; Coenenberg, A. G./Reinhart, A. [1999], S. 575). Die zentralen Größen dieses aktienanalytischen Konzepts werden im Folgenden dargestellt.

1. Gewinn je Aktie/Earnings per Share

Gewinn je Aktie/Earnings per share

Eine zentrale Kennzahl der aktienanalytischen Rentabilitätsanalyse ist der Gewinn je Aktie bzw. *earnings per share*. Sowohl im IAS/IFRS- als auch im US-GAAP-Abschluss ist die Kennzahl *earnings per share* (EPS) anzugeben (IAS 33; FAS 128). Die Ermittlung wurde im 7. Kapitel E III dargestellt. Deutsche börsennotierte Unternehmen, die nicht nach IAS/IFRS oder US-GAAP bilanzieren, veröffentlichen im Allgemeinen auf freiwilliger Basis ein »Ergebnis je Aktie nach DVFA/SG« (vgl. in diesem Kapitel Abschnitt A I 5). Dieses ist mit den EPS nach IAS/IFRS bzw. US-GAAP allerdings nicht vollständig vergleichbar, da das DVFA/SG-Ergebnis ein um ungewöhnliche Erfolgskomponenten bereinigtes, nachhaltiges Ergebnis darstellt, während die EPS-Kennzahl auf dem *net income* der GuV beruht.

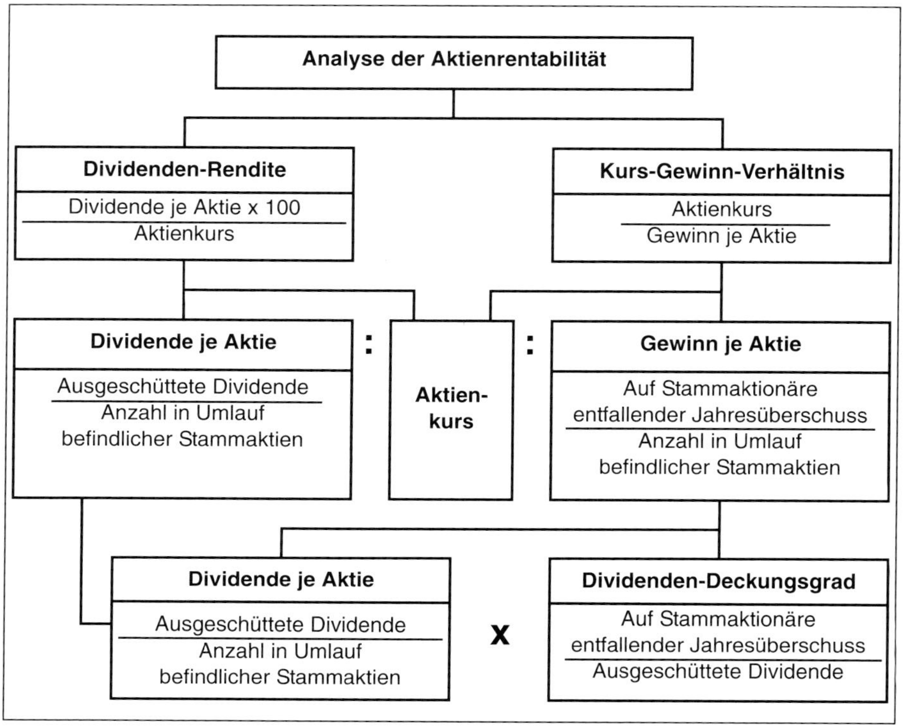

Abb. 14.8: Kennzahlensystem zur Aktienrentabilitätsanalyse

Soweit deutsche Unternehmen nach HGB bilanzieren und nicht freiwillig ein Ergebnis je Aktie veröffentlichen, lässt sich der Gewinn je Aktie relativ einfach aus dem veröffentlichten Jahresabschluss ableiten. Für den Fall ausgegebener Nennwertaktien lautet die Ermittlungsformel:

$$\text{Gewinn je Aktie} = \frac{\text{Jahresüberschuss} \times \text{Nennwert je Aktie}}{\text{durchschnittliches gezeichnetes Kapital}}$$

Das durchschnittliche gezeichnete Kapital dividiert durch den Nennwert je Aktie entspricht der Zahl der im Jahresdurchschnitt in Umlauf befindlichen Aktien. Im Falle nennwertloser Aktien muss zur Ermittlung des Gewinns je Aktie unmittelbar auf die Zahl der im Umlauf befindlichen Aktien zurückgegriffen werden.

Die Kennzahl »Gewinn je Aktie« ist, wie aus Abbildung deutlich wird, als Bestandteil der Aktienrentabilität von Bedeutung. Isoliert betrachtet, ist die Kennzahl allerdings wenig aussagefähig. Bei Betriebsvergleichen kann sie sogar leicht zu groben Fehlschlüssen verleiten. Folgendes vereinfachtes Zahlenbeispiel verdeutlicht, dass ein höherer Gewinn je Aktie nicht notwendig eine höhere Ertragskraft des Unternehmens reflektiert:

	Unternehmen A	Unternehmen B
Gezeichnetes Kapital	100 Mio.	150 Mio.
Rücklagen	100 Mio.	50 Mio.
Eigenkapital	200 Mio.	200 Mio.
Jahresüberschuss	30 Mio.	30 Mio.
Eigenkapitalrentabilität	15 %	15 %
Gewinn je Aktie (Nennwert = 5,-)	1,50	1,-

Diese Fehlurteile können – wie das vorstehende Beispiel veranschaulicht – durch eine Betrachtung der Eigenkapitalrentabilität im Rahmen der bilanziellen Rentabilitätsanalyse vermieden werden. Im Rahmen der marktwertorientierten Aktienanalyse ist der Gewinn je Aktie im Zusammenspiel mit dem Kurs-Gewinn-Verhältnis zu betrachten.

Cashflow je Aktie/Cash Earnings je Aktie

Neben dem Gewinn je Aktie hat als weiterer Indikator im Rahmen der Aktienrentabilitätsanalyse die Kennzahl Cashflow je Aktie Bedeutung. Dabei wird der Cashflow im Sinne eines Indikators der Ertragskraft, also im Sinne des vereinfachten, ertragsnahen Cashflows (= Brutto-Cashflow), z. B. im Sinne der *Cash Earnings* nach DVFA/SG ermittelt (vgl. 13. Kapitel C II 1a). Der wesentliche Vorteil dieser Kennzahl gegenüber dem Gewinn je Aktie wird darin gesehen, dass sie von der Abschreibungspolitik, insbesondere von unterschiedlichen Möglichkeiten der Behandlung des Goodwill aus der Konsolidierung unabhängig ist. Eine ergänzende finanzwirtschaftliche Aussage liefert der Free Cashflow je Aktie. Er indiziert, ob aktuell für die Bedienung der Aktionärsansprüche verfügbarer Cashflow generiert wird (vgl. Holmes, G./Sugden, A. [1998], S. 159).

2. Kurs-Gewinn-Verhältnis/price earnings ratio

price earnings ratio, Kurs-Gewinn-Verhältnis

Die Bezugnahme auf den Marktpreis des Eigenkapitals führt zu der unter dem Namen *price earnings ratio* (PER) oder Kurs-Gewinn-Verhältnis (KGV) bekannten Kennzahl:

$$\textit{price earnings ratio} = \frac{\text{Preis je Aktie (Börsenkurs)}}{\text{Gewinn je Aktie}}$$

Diese Kennzahl, die eine reziproke Rentabilitätskennzahl des Eigenkapitalmarktwertes darstellt, wird vor allem für Preiswürdigkeitsprüfungen verwendet. Aufgrund etwa branchendurchschnittlicher *price earnings ratios* lassen sich Vorstellungen über die vom zu analysierenden Unternehmen zu fordernde *price earnings ratio* gewinnen. Durch Multiplikation dieser Norm-*price earnings ratio* mit dem Gewinn je Aktie ergibt sich näherungsweise geschätzt der angemessene Preis je Aktie des Unternehmens. Für die Aktienanalyse stellt die *price earnings ratio* insofern eine wertvolle Ergänzung der bilanziellen Eigenkapitalrentabilität dar, als diese Kennzahl den Gewinn auf das investierte Kapital des Aktieninvestors (Kurswert der Aktie) und nicht auf das Unternehmenskapital (Eigenkapital) bezieht. Die folgende Fortführung des letzten Zahlenbeispiels zeigt, dass gleiche Eigenkapitalrentabilität nicht auf gleichwertige Investitionsgelegenheiten aus der Sicht eines Aktieninvestors schließen lassen muss.

	Unternehmen A	Unternehmen B
Preis je Aktie	21,-	12,-
Eigenkapitalrentabilität	15 %	15 %
price earnings ratio/ Kurs-Gewinn-Verhältnis	14	12

Im vorstehenden Beispiel ist – unter sonst gleichen Bedingungen – wegen des günstigeren Kurs-Gewinn-Verhältnisses eine Investition in Unternehmen B einer Investition in Unternehmen A vorzuziehen. Wird die Prämisse »sonst gleicher Bedingungen« aufgehoben, so kann der Unterschied im Kurs-Gewinn-Verhältnis von A und B aber auch auf folgende Ursachen zurückzuführen sein:

- Das erwartete Gewinnwachstum von Unternehmen A wird höher als das von B eingeschätzt; d. h. höhere erwartete Renditen werden im gegenwärtigen Kurs bereits reflektiert.
- Das (nicht diversifizierbare) Risiko von A wird geringer als das von B eingeschätzt; d. h. ein geringeres Risiko erfordert eine geringere Risikoprämie und somit eine geringere Rendite, sodass das Kurs-Gewinn-Verhältnis höher ausfällt.
- Die Unterschiede im Kurs-Gewinn-Verhältnis zwischen A und B mögen auch rein rechnerische Gründe haben, weil die Veröffentlichungszeitpunkte von A und B auseinanderfallen und der Gewinn je Aktie sich bei beiden Unternehmen folglich auf unterschiedliche Zeitabschnitte bezieht, während der Kurs Zukunftserwartungen reflektiert.

Price earnings growth factor (PEG)

Zum ersten und dritten Punkt seien noch Erläuterungen angefügt. Die im ersten Punkt angesprochene Abhängigkeit des PER vom erwarteten Gewinnwachstum hat in der Praxis der Aktienanalyse zu der Kennzahl »*price earnings growth factor*« (PEG) geführt (vgl. Holmes, G./Sugden, A. [1998], S. 148):

$$\text{PEG} = \frac{\textit{price earning ratio}}{\text{Erwartete Wachstumsrate des Gewinns je Aktie}}$$

PEG > 1 deutet auf eine Überbewertung, PEG < 1 auf eine Unterbewertung der Aktie hin. Allerdings ist kritisch darauf hinzuweisen, dass das erwartete Gewinnwachstum nicht die einzige Determinante der PER ist.

Der im ersten Punkt angesprochene Effekt unterschiedlicher Bezugszeitpunkte von Gewinn und Kurs sei an einem einfachen Beispiel verdeutlicht (siehe Abbildung 14.9).

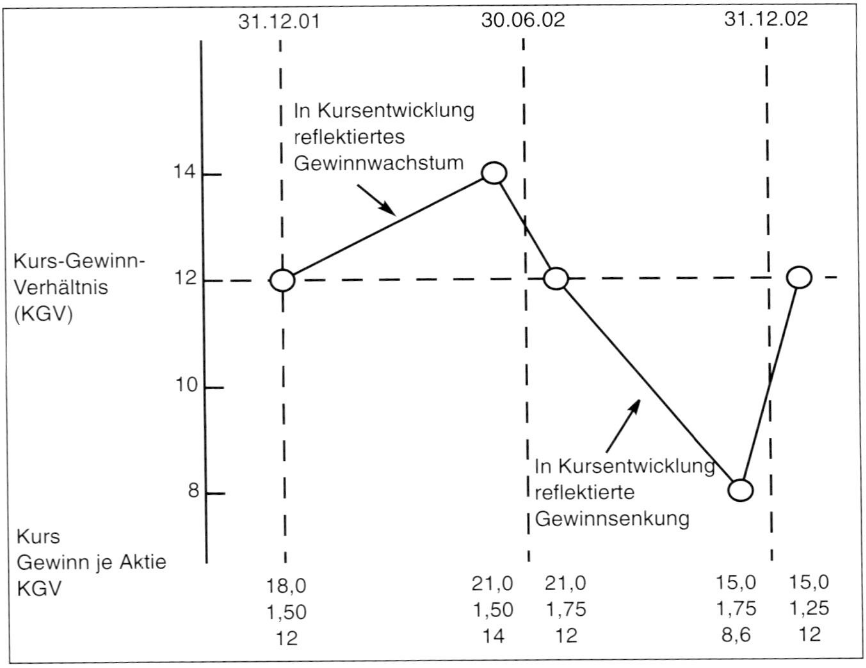

Abb. 14.9: Beispiel zur Entwicklung des KGV

Kurs-Cashflow-Verhältnis

Zum 31. 12. 01 ergibt sich beim veröffentlichten Gewinn je Aktie von 1,50 ein Kurs von 18,0 und somit ein KGV von 12. Aufgrund eines erwarteten Gewinnwachstums steigt der Kurs im ersten Halbjahr kontinuierlich auf 21,0. Aufgrund der zum 31. 12. 01 verwirklichten Gewinnhöhe von 1,50 je Aktie steigt das KGV auf 14. Mit der Veröffentlichung des tatsächlich entsprechend den Investorenerwartungen auf 1,75 gestiegenen Gewinns je Aktie sinkt das KGV auf 12 zurück. Der umgekehrte Fall ist im Beispiel für das zweite Halbjahr angenommen. Der auf 15,0 sinkende Kurs reflektiert sinkende Gewinnerwartungen. Auf der Grundlage des zum 30. 06. 02 veröffentlichten Gewinns von 1,75 sinkt das KGV folglich auf 8,6, steigt mit der Veröffentlichung des erwartungsgemäß auf 1,25 gesunkenen Gewinns je Aktie aber wieder auf das Niveau von 12.

So wie neben dem Gewinn je Aktie ein Cashflow je Aktie Verwendung findet, lässt sich das Kurs-Gewinn-Verhältnis (KGV) durch ein Kurs-Cashflow-Verhältnis (KCV) ergänzen. Grundlage ist hier wieder ein ertragsnaher Cashflow im Sinne des vereinfachten, nachhaltigen Cashflow, der als zusätzlicher Ertragsindikator betrachtet wird. Die Ermittlungsformel lautet:

$$\text{Kurs-»Cashflow«-Verhältnis} = \frac{\text{Preis je Aktie}}{\text{Cashflow je Aktie}}$$

3. Dividende je Aktie und Dividenden-Deckungsgrad

Dividendenrendite

Weitere Bestandteile der Aktienrentabilitätsanalyse sind die Dividendenrendite und der Deckungsgrad der Dividende durch den erzielten Gewinn. Beide Kennzahlen sind für den aktuellen und potenziellen Aktionär von Bedeutung und sind fester Bestandteil der anglo-amerikanischen Praxis der Bilanzanalyse (vgl. z. B. Ellis, J./Williams, D. [1993]; Walsh, C. [1996]).

Die Dividendenrendite ergibt sich wie folgt:

$$\text{Dividendenrendite} = \frac{\text{Dividende je Aktie}}{\text{Aktienkurs}}$$

Die Dividende je Aktie entspricht der für das Berichtsjahr durchgeführten oder vorgesehenen Ausschüttung je Aktie dividiert durch den Aktienkurs. Die Dividende je Aktie lässt sich im HGB-Abschluss durch die verpflichtende Angabe des an die Aktionäre auszuschüttenden Betrages (§ 174 Abs. 2 Nr. 2 AktG i. V. m. § 325 Abs. 1 HGB) und der Anzahl der Aktien je Gattung (§ 160 Abs. 1 Nr. 3 AktG) ermitteln. Hilfsweise wird bezüglich der Ausschüttung auf den Bilanzgewinn zurückgegriffen. Eine Verpflichtung zur Angabe der Dividende je Aktie besteht lediglich nach IAS/IFRS (IAS 1.85), nicht jedoch nach US-GAAP.

Dividenden-Deckungsgrad

Aus der Division des Ergebnisses je Aktie durch die Dividende je Aktie entsteht als resultierende weitere Kennzahl der Dividenden-Deckungsgrad:

$$\text{Dividenden-Deckungsgrad} = \frac{\text{Ergebnis je Aktie}}{\text{Dividende je Aktie}}$$

$$= \frac{\text{Auf Stammaktionäre entfallender Jahresüberschuss}}{\text{Ausgeschüttete Dividende}}$$

Diese Kennzahl, deren Kehrwert der Ausschüttungsrate entspricht, wird primär dazu verwendet, die Wahrscheinlichkeit von Dividendenzahlungen abschätzen zu können. Ein Dividenden-Deckungsgrad von zwei bedeutet bspw., dass sich der Jahresüberschuss halbieren müsste, ehe eine Dividendenausschüttung durch Rücklagen zu finanzieren wäre. Im Umkehrschluss wird unterstellt, dass je höher der Dividenden-Deckungsgrad ist, um so eher mit höheren Dividendenzahlungen zu rechnen ist.

III. Marktwertmultiples

Marktwert-multiples

Das im Rahmen der Aktienrenditeanalyse verwendete Kurs-Gewinn-Verhältnis entspricht dem Marktwertvielfachen einer Aktie bezüglich des Nachsteuergewinns, der auf diese Aktie entfällt. Ähnliche Vervielfältiger (Multiples) werden auch im Rahmen der Analyse des Marktwertes der gesamten Unternehmung verwendet. Dabei wird vor allem bei internationalen Vergleichen oft auf eine Vorsteuer-Größe zurückgegriffen. Dabei kann einerseits unterschieden werden, ob von einer Bruttobewertung des Unternehmens (Eigen- und Fremdkapital), auch *enterprise value* genannt, oder von einer Nettobewertung (Eigenkapital) ausgegangen wird. Andererseits kann danach differenziert werden, ob das Wertmultiple auf der Grundlage einer Gewinn- oder Cashflow-Größe ermittelt wird.

Da diese Analysen häufig aus internationalen Abschlüssen abgeleitet werden, wird zur Approximation des Cashflow im Allgemeinen auf den EBITDA und zur Ermittlung des Gewinns auf den EBT (*Earnings before Taxes*) bzw. EBIT (*Earnings before Interest and Taxes*) zurückgegriffen (vgl. 13. Kapitel C II 1a). In einem HGB-Abschluss ist das Ergebnis der gewöhnlichen Geschäftstätigkeit mit dem EBT vergleichbar.

Diese Überlegungen führen zu den in Abbildung 14.10 dargestellten Kennzahlen. Durch Vergleich mit Branchendurchschnittswerten oder mit Benchmarkmultiples lassen sich wichtige Anhaltspunkte für die Einschätzung des Marktes bezüglich des zu analysierenden Unternehmens gewinnen.

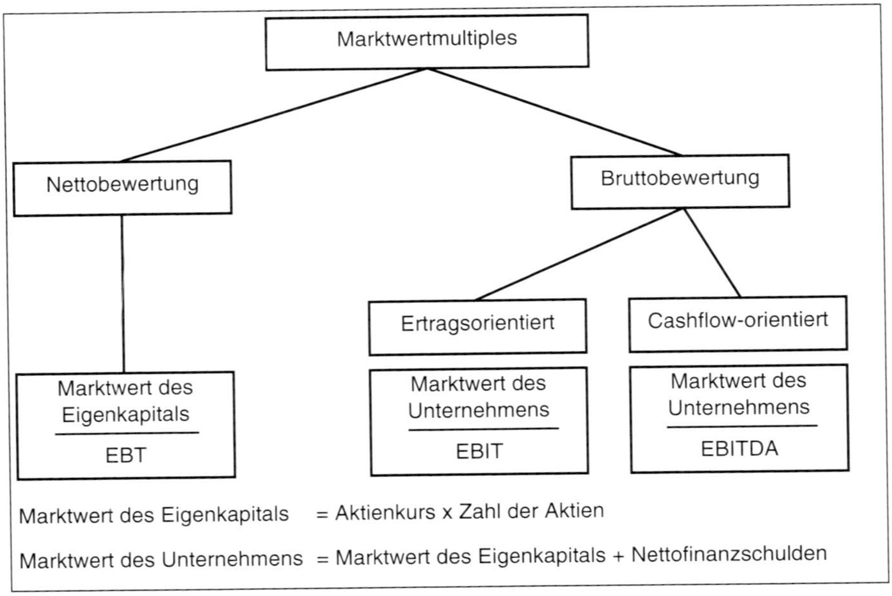

Abb. 14.10: Wertmultiplikatoren

Marktwert-Wachstums-Analyse

In den Marktwertmultiples, beispielsweise in der Kennzahl

$$\frac{\text{Marktwert}}{\text{EBIT}}$$

wird eine zukunftsbezogene Größe im Zähler einer gegenwartsbezogenen Größe im Nenner gegenübergestellt. Die Koppelung beider Größen geschieht über die Wachstumserwartungen der Investoren bezüglich des erwarteten Gewinns, die sich aus einem vergangenen oder künftigen Zeitraum (der Jahre $t = 0$ bis $t = n$) als *compound average growth rate* (cagr; kurz: g) wie folgt errechnen:

$$g = \sqrt[n]{\frac{\text{EBIT}_n}{\text{EBIT}_0}} - 1$$

Die Koppelung von Marktwert und Wachstumsrate g lässt sich wie folgt ableiten:

Bei konstanten Erwartungen bezüglich des jährlichen EBIT ergibt sich der Marktwert aus der Formel:

$$\text{Marktwert} = \frac{\text{EBIT}}{i}$$

mit i = risikoangepasster Kapitalkostensatz

Wird erwartet, dass der EBIT jährlich um die konstante Wachstumsrate g ansteigt, ergibt sich der Marktwert aus (vgl. z. B. Brealey, R. A./Myers, S. C. [1996], S. 62 ff.):

$$\text{Marktwert} = \frac{\text{EBIT}}{i - g}$$

Daraus lässt sich für das Marktwertmultiple ableiten:

$$\frac{\text{Marktwert}}{\text{EBIT}} = \frac{1}{i - g}$$

Der Marktwert und folglich das Marktwertmultiple sind bei gegebenem EBIT und gegebenem Kapitalkostensatz um so höher, je höher die Wachstumserwartungen der Investoren sind. Bei der Analyse vor allem von Unternehmen in Wachstumsbranchen sollte die Analyse der Marktwertmultiples deshalb immer im Zusammenhang mit der erwarteten Wachstumsrate vorgenommen werden.

Beispiel

Dies sei an einem vereinfachten Beispiel eines Unternehmens U verdeutlicht, das mit drei Unternehmen A, B und C der gleichen Branche verglichen werden soll:

	U	A	B	C
$\frac{\text{Marktwert}}{\text{EBIT}}$	25	10	12,5	20
Durchschnittliche Wachstumsrate g	8 %	5 %	7 %	10 %

Die graphische Analyse der Beispielzahlen wird in Abbildung 14.11 dargestellt.

Man sieht deutlich, dass das Unternehmen U offensichtlich überbewertet ist. Diese Aussage gilt natürlich nur insoweit, wie die Wachstumserwartungen als Haupteinflussgröße des Wertes wirken. Alle anderen wertbeeinflussenden Größen, insbesondere das Risiko, sind dabei als vergleichbar angenommen.

Wachstumsanalyse

Im vorstehenden Beispiel wurde unterstellt, dass das Wachstums des EBIT gegeben und bekannt ist. Auf Basis dieser Annahme wurde die Marktbewertung auf Über- oder Unterbewertung untersucht. Natürlich lässt sich auch umgekehrt aus der Formel für den Marktwert die in der Bewertung enthaltenen Wachstumsannahme ableiten:

$$g = i - \frac{\text{EBIT}}{\text{Marktwert}}$$

Die Wachstumserwartungen, die der Kapitalmarkt an das Unternehmen stellt, lassen sich dann mit den Wachstumspotenzialen des Unternehmens der Branche abgleichen (vgl. zur weitergehenden Analyse aus strategischer Sicht 15. Kapitel C II).

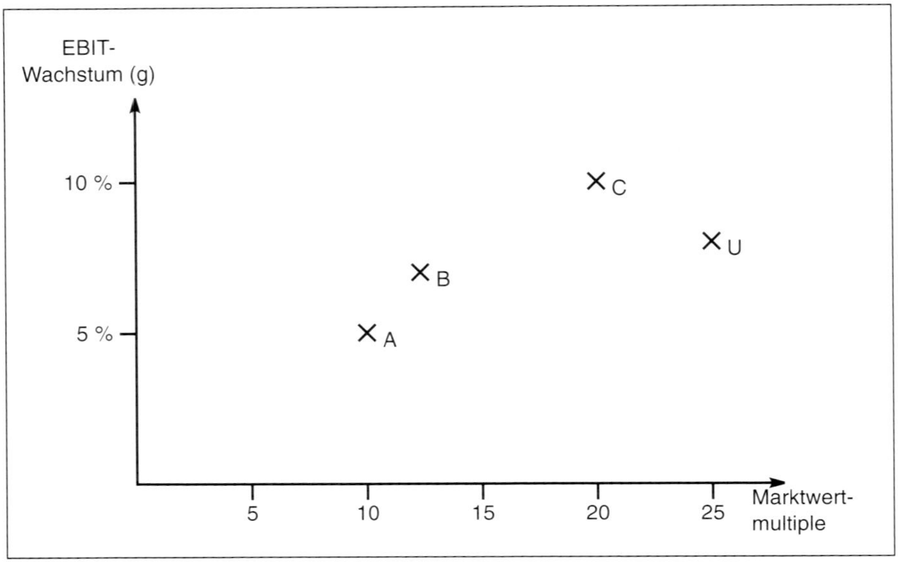

Abb. 14.11: Graphische Analyse

IV. Gesamtkapital- und Umsatzrentabilität

Außer der Analyse der Profitabilität des Eigenkapitals sind im Rahmen jeder Unternehmensanalyse die Gesamtkapitalrentabilität und die Umsatzrentabilität von Bedeutung. Diese Kennzahlen werden in Schrifttum und Analysepraxis zum Teil unterschiedlich abgegrenzt. Wir gehen zunächst von einer Grundversion aus. Varianten werden am Schluss dieses Abschnitts dargestellt.

Gesamtkapitalrentabilität (GKR)/return on investment (ROI)/return on assets (ROA)

Eine aus der Sicht aller Kapitalgeber (Eigen- und Fremdkapitalgeber) bedeutsame Kennzahl ist die Gesamtkapitalrentabilität (GKR) im angelsächsichen Sprachgebrauch als *return on investment* (ROI) oder *return on assets* (ROA) bezeichnet. Während bei der Eigenkapitalrentabilität der dem Eigenkapital zufließende Gewinn betrachtet wird, ist bei der Gesamtkapitalrentabilität zusätzlich der dem Fremdkapital zufließende Zinsaufwand mit einzubeziehen. Es wird also gleichsam das Gesamtergebnis einer Unternehmung unter der Annahme betrachtet, die Unternehmung sei unverschuldet. Da der Steueraufwand u. a. von der Verschuldung abhängt, liegt es nahe, die Gesamtkapitalrentabilität vor Abzug von Ertragsteuern zu ermitteln. Das führt zu folgender Grundversion der Gesamtkapitalrentabilität.

$$\text{Gesamtkapitalrentabilität (GKR)} = \frac{\text{Jahresüberschuss} + \text{Ertragsteuern} + \text{Zinsaufwand}}{\text{Durchschnittliches Gesamtkapital}}$$

Wertorientierte Gesamtkapitalrentabilität

Aus Sicht der Kapitalgeber ist die Gesamtkapitalrentabilität insofern von besonderer Bedeutung, als sie durch Vergleich mit den durchschnittlichen Kapitalkosten (*weighted average cost of capital*, WACC) indiziert, inwieweit der gesamte Kapital- bzw. Vermögenseinsatz in der Berichtsperiode Wert geschaffen oder Wert vernichtet hat. Bezeichnet man das Ergebnis vor Steuern und Zinsen (*earnings before interest and taxes*) kurz als EBIT, das durchschnittliche Kapital bzw. Vermögen kurz als V, die wertorientierte Gesamtkapitalrentabilität als WGKR und einen generierten Wertbeitrag als WB, dann gilt als Voraussetzung für die Schaffung von Wert:

$$\text{GKR} = \frac{\text{EBIT}}{\text{V}} \geq \text{WACC}$$

bzw:

$$\text{WGKR} = \frac{\text{EBIT}}{\text{V}} - \text{WACC} \geq 0$$

oder äquivalent:

$$\text{WB} = \text{EBIT} - \text{WACC} \times \text{V} \geq 0$$

Wertbeitrag/ Economic Value Added (EVA)

WB gibt in der hier dargestellten Form den (Vor-Steuer-)Überschuss über die (vor Steuern zu berechnenden) Kapitalkosten, d. h. den erzielten Wertbeitrag der Periode an. Er ist dem in der internen Steuerung häufig eingesetzten Konzept des *Economic Value Added* (EVA) ähnlich, das allerdings regelmäßig nach Ertragsteuern des Unternehmens gerechnet wird.

Umsatzrentabilität

Eine im zwischenbetrieblichen Vergleich und im Verbund mit der Gesamtkapitalrentabilität aussagefähige Kennzahl ist die Umsatzrentabilität. Sie gibt die durchschnittliche aus dem Umsatz erwirtschaftete Marge an. Zur Wahrung der Kompatibilität mit der Gesamtkapitalrentabilität wird sie wie folgt definiert:

$$\text{Umsatzrentabilität (UR)} = \frac{\text{Jahresüberschuss + Ertragsteuern + Zinsaufwand}}{\text{Umsatz}}$$

Kapitalumschlag

Gesamtkapitalrentabilität und Umsatzrentabilität sind über den Kapitalumschlag miteinander vernetzt. Die Kennzahl »Kapitalumschlag« mißt, wie häufig das in der Periode gebundene Kapital bzw. Vermögen durch den Umsatz der Periode umgeschlagen wird. Sie ist wie folgt definiert:

$$\text{Kapitalumschlag} = \frac{\text{Umsatz}}{\text{Durchschnittliches Kapital}}$$

Je höher der Kapitalumschlag, um so höher ist die Gesamtkapitalrentabilität bei vorgegebener Umsatzrentabilität. Dieser Systemzusammenhang zwischen Kapitalumschlag, Umsatz- und Gesamtkapitalrentabilität lässt sich dadurch aufzeigen, dass die Gesamtkapitalrentabilität mit dem Faktor »Umsatz/Umsatz« multipliziert und durch Umordnung von Zähler und Nenner in die beiden Unterkennzahlen Umsatzrentabilität und Kapitalumschlag zerlegt wird. Dies ist in Abbildung 14.12 dargestellt.

Beispiel

Diese Form der Aufgliederung der Gesamtkapitalrentabilität und ihre Weiterentwicklung zu einem Kennzahlensystem gewährt Aufschluss über die Ursachen einer veränderten Gesamtkapitalrentabilität oder einer Abweichung von den entsprechenden Kennzahlen von Wettbewerbsunternehmen. Das sei an einem sehr vereinfachten Beispiel dreier Unternehmen A, B und C veranschaulicht:

	Unternehmen A	Unternehmen B	Unternehmen C
Jahresüberschuss vor Steuern und Zinsen	10 Mio.	12 Mio.	8 Mio.
Gesamtkapital	50 Mio.	120 Mio.	80 Mio.
Gesamtkapitalrentabilität	20 %	10 %	10 %
Umsatz	100 Mio.	120 Mio.	160 Mio.
Umsatzrentabilität	10 %	10 %	5 %
Kapitalumschlag	2	1	2

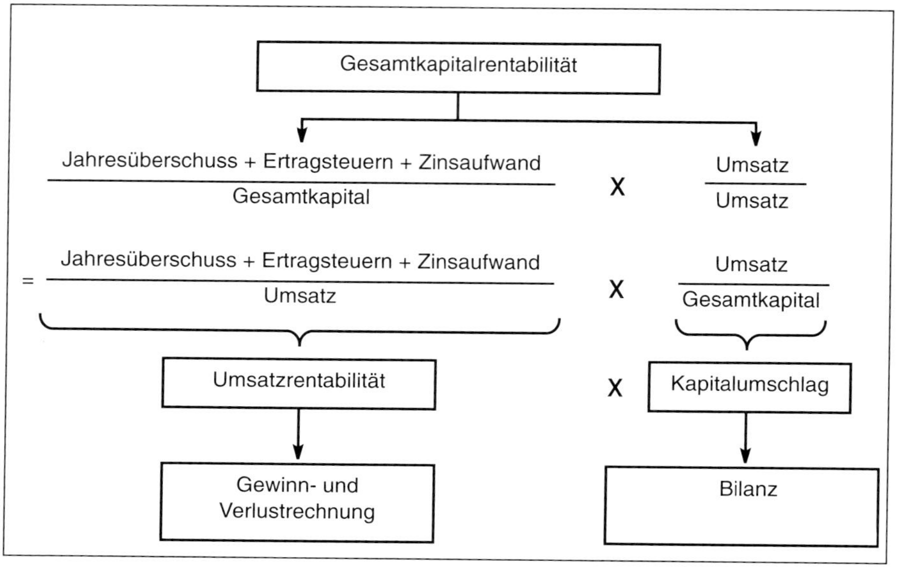

Abb. 14.12: Zusammenhang von Gesamtkapitalrentabilität, Umsatzrentabilität und Kapitalumschlag

Bei ausschließlicher Betrachtung der erzielten Ergebnisse vor Steuern und Zinsen wäre Unternehmen B als das ertragskräftigste Unternehmen einzustufen. Die Betrachtung der Gesamtkapitalrentabilität zeigt indessen, dass Unternehmen A deutlich in der Ertragskraft vor B und C rangiert. Die Ursachen für die ungünstigere Position von B und C im Vergleich zu A liegen allerdings sehr unterschiedlich. B besitzt die gleiche Umsatzrentabilität wie A, hat aber nur den halben Kapitalumschlag. C hat dagegen denselben Kapitalumschlag wie A, besitzt aber nur die halbe Umsatzrentabilität. Die Ansatzpunkte zur Verbesserung der Gesamtkapitalrentabilität und für tiefergehende Analysen des Bilanzanalytikers liegen für die Unternehmen B und C folglich auf unterschiedlichen Ebenen. Das wird durch die graphische Veranschaulichung des Beispiels in Abbildung 14.13 illustriert.

Die Iso-Rentabilitätskurven stellen jeweils Kombinationen von Kapitalumschlag und Umsatzrentabilität dar, die zum jeweils gleichen Niveau der Gesamtkapitalrentabilität führen. Das Beispiel macht deutlich: Für Unternehmen B liegt eine Verbesserung der Kapitalumschlagsgeschwindigkeit nahe. Das bedeutet, dass insbesondere an der Vermögensbindung, also an einem verbesserten Management der Aktiva angesetzt werden muss. Bilanzanalytisch ist die Struktur der Aktiva durch Intensitätskennzahlen genauer zu untersuchen. Bei Unternehmen C dagegen liegt es eher nahe, eine Verbesserung der Umsatzrentabilität anzustreben. Im Vordergrund der Betrachtung werden hier also eher die Produktivitäts- und Strukturkennzahlen stehen, wie sie im Rahmen der Aufwandsstrukturanalyse erörtert wurden.

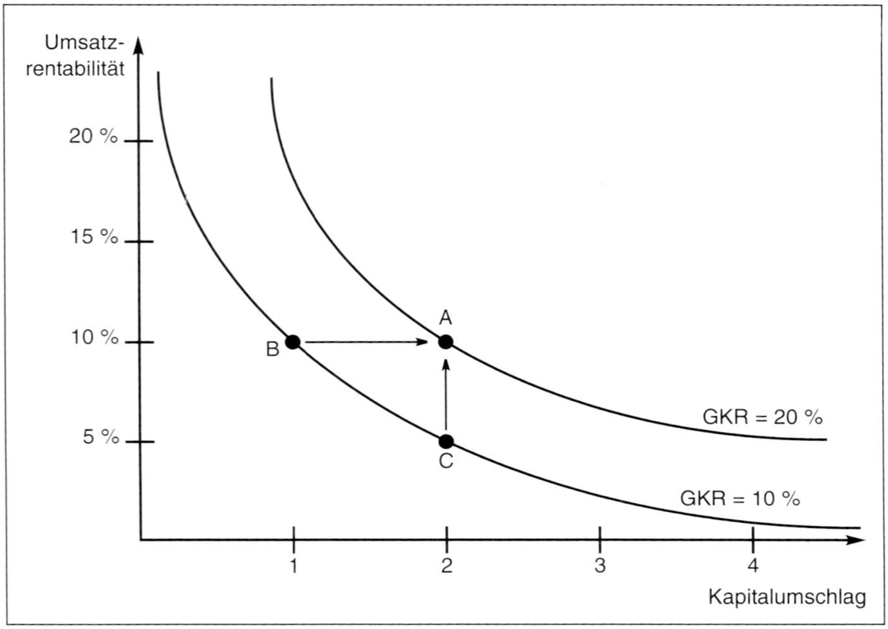

Abb. 14.13: Graphische Rentabilitätsanalyse

Varianten

Die bisher erörterten Grundversionen der Gesamtkapitalrentabilität, Umsatzrentabilität sowie des Kapitalumschlags sind aus veröffentlichten Jahresabschlüssen gemäß HGB, IAS/IFRS oder US-GAAP gleichermaßen unproblematisch ableitbar. Varianten der Rentabilitätskennzahlen erfordern gegebenenfalls Anpassungen, insbesondere beim Ergebnis bzw. beim Kapital.

Gesamtkapitalrentabilität nach Steuern

Eine erste Variante besteht darin, die Gesamtkapitalrentabilität nach Abzug von Ertragsteuern zu betrachten:

$$\text{Gesamtkapital-rentabilität (nach Steuern)} = \frac{\text{Jahresüberschss + Zinsaufwand}}{\text{Durchschnittliches Kapital}}$$

Ein möglicher Vorteil besteht darin, dass die Wirkungen der unternehmerischen Steuerpolitik in der Kennzahl mit zum Ausdruck kommen. Beim Vergleich mit den Kapitalkosten sind diese dann allerdings ebenfalls um Steuern zu bereinigen. Die Nachsteuerbetrachtung ist ebenfalls dann empfehlenswert, wenn die Gesamtkapitalrentabilität in ihrer Wechselwirkung zur Eigenkapitalrentabilität mittels des Leverage-Effektes analysiert wird (vgl. 13. Kapitel B I). Der Grund dafür ist, dass die Eigenkapitalrentabilität in aller Regel als Nachsteuer-Größe analysiert wird.

Rentabilität des betriebsnotwendigen Vermögens

Eine weitere Variante der Gesamtkapitalrentabilität, die für die Beurteilung des operativen Geschäfts relevant sein kann, ist die Rentabilität des betriebsnotwendigen Vermögens:

$$\text{Rentabilität des betriebsnotwendigen Vermögens} = \frac{\text{Ordentliches Betriebsergebnis}}{\text{Durchschnittliches betriebsnotwendiges Vermögen}}$$

Das ordentliche Betriebsergebnis wurde im Rahmen der Ergebnisspaltung definiert (vgl. in diesem Kapitel A 1). Das betriebsnotwendige Vermögen ist extern i. Allg. nur näherungsweise nach folgender Formel ermittelbar:

	Immaterielles Anlagevermögen	Anlagevermögen
+	Sachanlagevermögen	
+	Vorräte (abzgl. Anzahlungen)	Netto-Umlaufvermögen
+	Kundenforderungen	
–	Lieferverbindlichkeiten	
=	Betriebsnotwendiges Vermögen	

return on net assets (RONA)/ return on capital employed (ROCE)

Das als Anlage- zuzüglich Netto-Umlaufvermögen ermittelte betriebsnotwendige Vermögen entspricht den in der Praxis anglo-amerikanischer Bilanzanalyse gebräuchlichen *net assets* oder dem *capital employed.* Die hier ermittelte Rentabilität des betriebsnotwendigen Vermögens ist deshalb mit dem dort gebräuchlichen *return on net assets (RONA)* bzw. dem *return on capital employed (ROCE)* vergleichbar.

Als Zähler wird bei RoNA und RoCE üblicherweise der EBIT verwendet. Bezüglich des Nenners verwenden beide Kennzahlen eine unterschiedliche, im Ergebnis aber gleiche Betrachtungsweise. Beim RoNA wird der Nenner von der Aktivseite her als *net assets*, d. h. Anlage- zuzüglich Nettoumlaufvermögen, beim RoCE von der Passivseite her als Summe von Eigenkapital und verzinslichem Fremdkapital ermittelt.

Rentabilität des langfristigen Kapitals

Eine der Rentabilität des betriebsnotwendigen Vermögens ähnliche Kennzahl ist die Rentabilität des langfristigen Kapitals:

$$\text{Rentabilität des langfristigen Kapitals} = \frac{\text{Ordentliches Betriebsergebnis}}{\text{Durchschnittliches langfristiges Kapital}}$$

Das langfristige Kapital ist dabei definiert als Summe von Eigenkapital und langfristigem Fremdkapital (vgl. 12. Kapital B). Diese Kennzahl dient der Absicherung der mit der Rentabilität des betriebsnotwendigen Vermögens ermittelten Aussage, da diese wegen der nur unsicheren Abgrenzbarkeit des betriebsnotwendigen Vermögens Ungenauigkeiten enthalten kann.

Auch für die Kennzahl Umsatzrentabilität, die oben kompatibel zur Gesamtkapitalrentabilität definiert wurde, sind naturgemäß andere Varianten denkbar und gegebenenfalls auch zweckmäßig. So legt das Entsprechungsprinzip nahe, dem Umsatz nur das umsatzbezogene Ergebnis gegenüberzustellen. Das führt zu folgender Kennzahl:

Betriebsbezogene Umsatzrentabilität

$$\text{Betriebsbezogene Umsatzrentabilität} = \frac{\text{Ordentliches Betriebsergebnis}}{\text{Umsatz}}$$

Die betriebsbezogene Umsatzrentabilität ist mit der Rentabilität des betriebsnotwendigen Vermögens kompatibel.

Umsatzrentabilität nach Steuern

Im Vergleich zwischen verschiedenen Unternehmen ist es in der Praxis vielfach üblich, die Umsatzrendite nach Steuern und Zinsen, also auf der Grundlage des Jahresüberschusses zu berechnen.

Cashflow-Rentabilität/Cashflow - return on investment (CFROI)

Eine erweiterte Kennzahl der Gesamtkapitalrentabilität kann auf der Grundlage einer Cashflow-Ziffer ermittelt werden. Aus der Zielsetzung der wertorientierten Unternehmensführung (*Shareholder Value*) hat ein derartiger *Cashflow - return on investment (CFROI)* in der letzten Zeit eine stärkere Verbreitung erfahren. Dabei kann man eine statische und eine dynamische Version unterscheiden.

Dynamischer CFROI

Der dynamische CFROI wird als interner Zinsfuß der über die Restnutzungsdauer des gebundenen Vermögens erwirtschafteten Cashflows errechnet (vgl. Lewis, T. G./Stelter, D. [1993]; Kloock, J./Coenen, M. [1997]). Dabei wird der vereinfachte Cashflow (= Brutto-Cashflow) zugrunde gelegt. Das Grundkonzept ist in der folgenden Abbildung dargestellt:

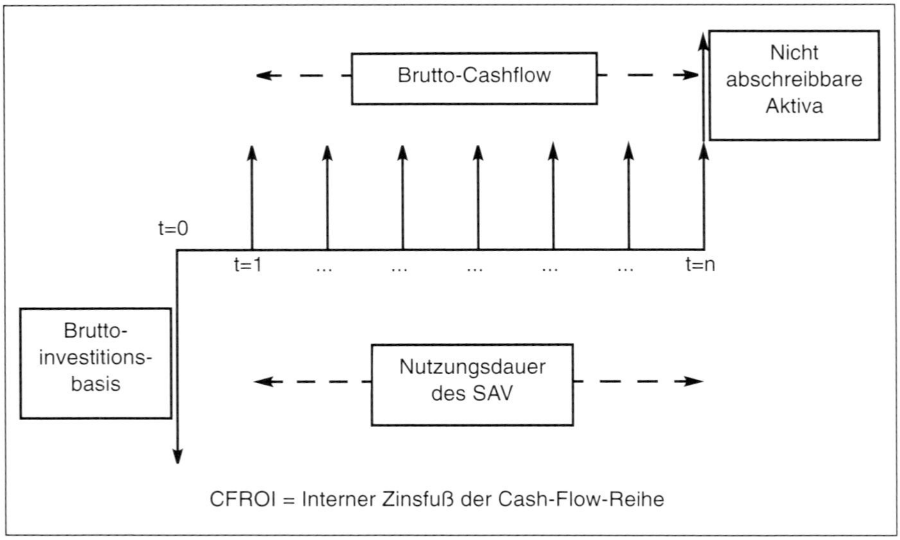

Abb. 14.14: Cash Flow-Return on Investment (CFROI)

Die zur Ermittlung des dynamischen CFROI erforderlichen Größen werden unter Außerachtlassung von Besonderheiten wie folgt ermittelt:

	Nettowert der nicht planmäßigen Aktiva
+	Inflationsangepasster Anschaffungswert des abschreibbaren Sachanlagevermögens
+	bilanzierte immaterielle Aktiva
=	Bruttoinvestitionsbasis (BIB)

Die Inflationsanpassung erfolgt mittels eines durchschnittlichen Inflationsindexes (p), der auf den Anschaffungswert (AW) des gegenwärtigen Sachanlagevermögens über das Alter (m Jahre) gerechnet wird. Das Alter errechnet sich dabei durch

$$m = \frac{\text{Kumulierte Abschreibung SAV}}{\text{Anschaffungskosten SAV}} \times \text{Nutzungsdauer}$$

Die Nutzungsdauer (n) lässt sich wie folgt ermitteln:

$$n = \frac{\text{Anschaffungskosten SAV}}{\text{jährliche (lineare) Abschreibung}}$$

Der inflationsangepasste Anschaffungswert des SAV (IAW) errechnet sich dann wie folgt:

$$IAW = AW \times (1 + p)^m$$

Der Cashflow (CF) wird in der Form des vereinfachten Cashflows vor Zinsaufwand ermittelt. Der für die Berichtsperiode errechnete Cashflow wird bis zum Ende der Nutzungsdauer (n) als konstant angenommen. Als nicht abschreibbare Aktiva (NAA) am Ende der Nutzungsdauer wird der Wert des nicht abnutzbaren Anlagevermögens sowie des Netto-Umlaufvermögens der Berichtsperiode eingesetzt. Der dynamische CFROI ergibt sich dann als interner Zinsfuß aus der folgenden Zahlungsreihe:

$$BIB = \frac{CF}{1 + CFROI} + \frac{CF}{(1 + CFROI)^2} + ... + \frac{CF + NAA}{(1 + CFROI)^n}$$

Der dynamische CFROI ist aufwendig zu berechnen. Außerdem ist er insoweit angreifbar, als er auf konstanten Cashflows über die gesamte Nutzungsdauer des gebundenen Vermögens beruht. Andererseits hat die Berücksichtigung der historischen Anschaffungskosten des Sachanlagevermögens den Vorteil, dass nicht mit dem Alter der Anlagen steigende Renditen errechnet werden, wie dies bei statischen Rentabilitätskennzahlen wegen der sinkenden Anlagenwerte der Fall ist. Der dynamische CFROI eignet sich insbesondere für Zeitvergleiche als ergänzende Kennzahl der Profitabilität des gebundenen Vermögens.

Cash Value Added (CVA)

Durch Vergleich des CFROI mit den Kapitalkosten (WACC) lässt sich – wie dies weiter oben auf der Basis der Gesamtkapitalrentabilität gezeigt wurde – der Wertbeitrag im Sinne des *Cash Value Added* (CVA) ermitteln:

$$\text{CVA} = (\text{CFROI} - \text{WACC}) \times \text{BIB}$$

Statischer CFROI

Der statische CFROI ist in zwei Varianten definierbar. Die einfachste Variante knüpft unmittelbar an den Werten aus dem Jahresabschluss an. Sie ist deshalb als Buchwert CFROI bezeichenbar. Die zweite Variante bezieht sich, ähnlich wie der dynamische CFROI, auf die gesamte Nutzungsdauer des Anlagevermögens. Sie sei als ökonomischer CFROI bezeichnet.

- Buchwert CFROI

Grundlage des statischen Buchwert CFROI ist einerseits der vereinfachte, nachhaltige Cashflow (vgl. 13. Kapitel C II 1a) vor Steuern und Zinsaufwendungen, andererseits das in der Periode gebundene, zu historischen Kosten bewertete Anlagevermögen zuzüglich Netto-Umlaufvermögen:

$$\text{Buchwert CFROI} = \frac{\text{Cash Flow vor Ertragsteuern u. Zinsaufwand}}{\begin{array}{c}\text{Durchschnittliches (Anlagevermögen zu} \\ \text{historischen Werten + Nettoumlaufvermögen)}\end{array}}$$

Diese Kennzahl zeigt den prozentualen Rückfluss der in der Periode gebundenen Investition; ihr Kehrwert entspricht der durchschnittlichen Amortisationsdauer der gebundenen Investition.

- Ökonomischer CFROI

Die ökonomische Variante des statischen CFROI (vgl. Stelter, D.[1999]:) mindert den Brutto-Cashflow um die sog. ökonomischen Abschreibungen (ÖAB):

$$\text{Ökonomischer CFROI} = \text{CF} - \text{ÖAB}$$

Die ökonomische Abschreibung entspricht der jährlichen konstanten Zahlung, die unter Berücksichtigung von Zinseffekten sicherstellt, dass am Ende der Nutzungsdauer des Anlagevermögens der ursprüngliche Investitionsbetrag für eine Reinvestition wieder zur Verfügung steht:

$$BIB = ÖAB \times \sum_{t=1}^{n} (1+WACC)^{n-t}$$

mit:

$$EWF = \sum_{t=1}^{n} (1 + WACC)^{n-t} = \frac{(1 + WACC)^{n} - 1}{WACC} = \text{Endwertfaktor}$$

folgt

$$BIB = ÖAB \times EWF$$

$$ÖAB = \frac{BIB}{EWF}$$

V. Rentabilitätsanalyse mit Kennzahlensystemen

Treiberanalyse der Rentabilität

Die Ausführungen zur Eigenkapitalrentabilität (vgl. 13. Kapitel B I) und zur Gesamtkapital- und Umsatzrentabilität (vgl. Abschnitt IV) haben deutlich gemacht, dass die Rentabilitätskennzahlen in einem Ursache-Wirkungs-Verhältnis zueinander stehen. Dies legt es nahe, bei der Analyse der Kennzahlen den Wirkungszusammenhang durch Kennzahlensysteme explizit zu erfassen. Aufgabe eines Kennzahlensystems ist es, eine zu analysierende Kennzahl analytisch so zu zerlegen, dass die Treiber der Kennzahl erkennbar werden.

Im Folgenden soll zusammenfassend das System zur Wirkungsanalyse der Eigenkapitalrentabilität und das System zur Wirkungsanalyse der Gesamtkapitalrentabilität dargestellt werden.

1. Kennzahlensystem zur Analyse der Eigenkapitalrentabilität

Eigenkapitalrendite - Kennzahlensystem

Die Eigenkapitalrentabilität (EKR) wird über den Leverage-Effekt der Verschuldung auf das Zusammenwirken von drei Kennzahlen, nämlich die Gesamtkapitalrentabilität (GKR), die Finanzierungszinslast (p) und den Verschuldungsgrad (FK/EK) zurückgeführt. Der formelmässige Zusammenhang lautet, wie im 13. Kapitel I B dargestellt:

$$EKR = GKR \times (GKR - p) \times \frac{FK}{EK}$$

Von dort aus lassen sich durch weiteres Aufgliedern die Treiber der Eigenkapitalrentabilität erkennen. Dies ist in Abbildung 14.15 dargestellt.

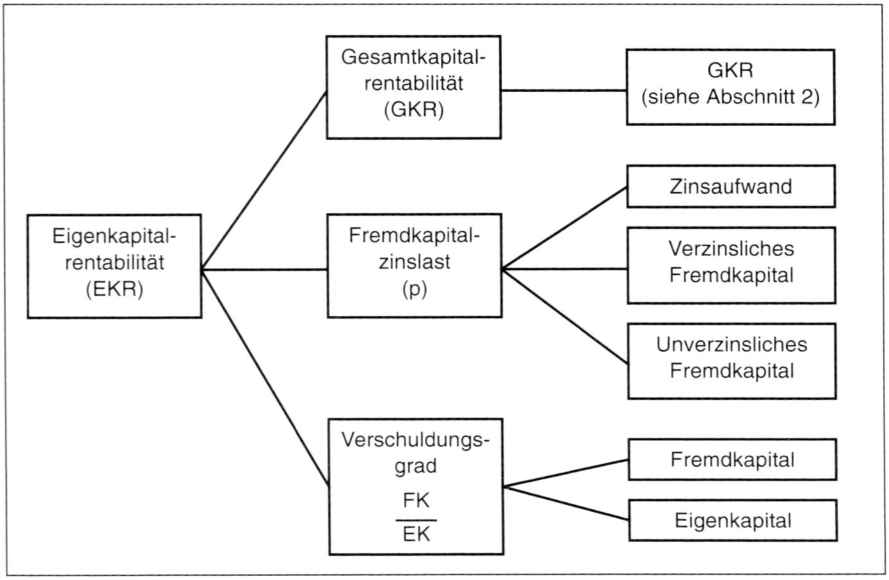

Abb. 14.15: Kennzahlensystem zur Analyse der Eigenkapitalrentabilität

Die Eigenkapitalrentabilität hängt zunächst ganz entscheidend von der Gesamtkapitalrentabilität ab, die im nächsten Abschnitt weiter aufgegliedert wird. Darüber hinaus spielt die Fremdkapitalzinslast eine Rolle, die ihrerseits von Marktzins und den besonderen Zinskonditionen des Unternehmens sowie von der Fähigkeit des Unternehmens abhängt, unverzinsliches Fremdkapital zur Finanzierung einzusetzen. Schließlich wirkt die Kapitalstruktur, also die Mischung aus Eigen- und Fremdkapital, über den Verschuldungshebel auf die Eigenkapitalrentabilität (vgl. 13. Kapitel B I).

2. Kennzahlensystem zur Analyse der Gesamtkapitalrentabilität

return on investment-Kennzahlensystem

Die Gesamtkapitalrentabilität lässt sich, wie in Abschnitt IV erörtert, über die Umsatzrentabilität und den Kapitalumschlag auf die einzelnen Treibergrößen des Ergebnismanagements (GuV) und Vermögensmanagements (Bilanz) zurückführen. Diese Form der hierarchischen Aufgliederung ist unter der Bezeichnung *return on investment*-Kennzahlensystem seit langem in Literatur und Praxis bekannt.

Für die Rentabilität des betriebsnotwendigen Vermögens als Spitzenkennzahl ist das Kennzahlensystem zur Analyse der Gesamtkapitalrentabilität in Abbildung 14.16 für das Umsatzkostenverfahren, abgestimmt auf die hier benutzten Definitionen, dargestellt. Dabei sind nur die wesentlichsten Posten erfasst. Bei der Aufgliederung des Betriebsergebnisses bei Verwendung des

Gesamtkostenverfahrens sind entsprechende Modifikationen (vgl. Abschnitt A II 1a) vorzunehmen.

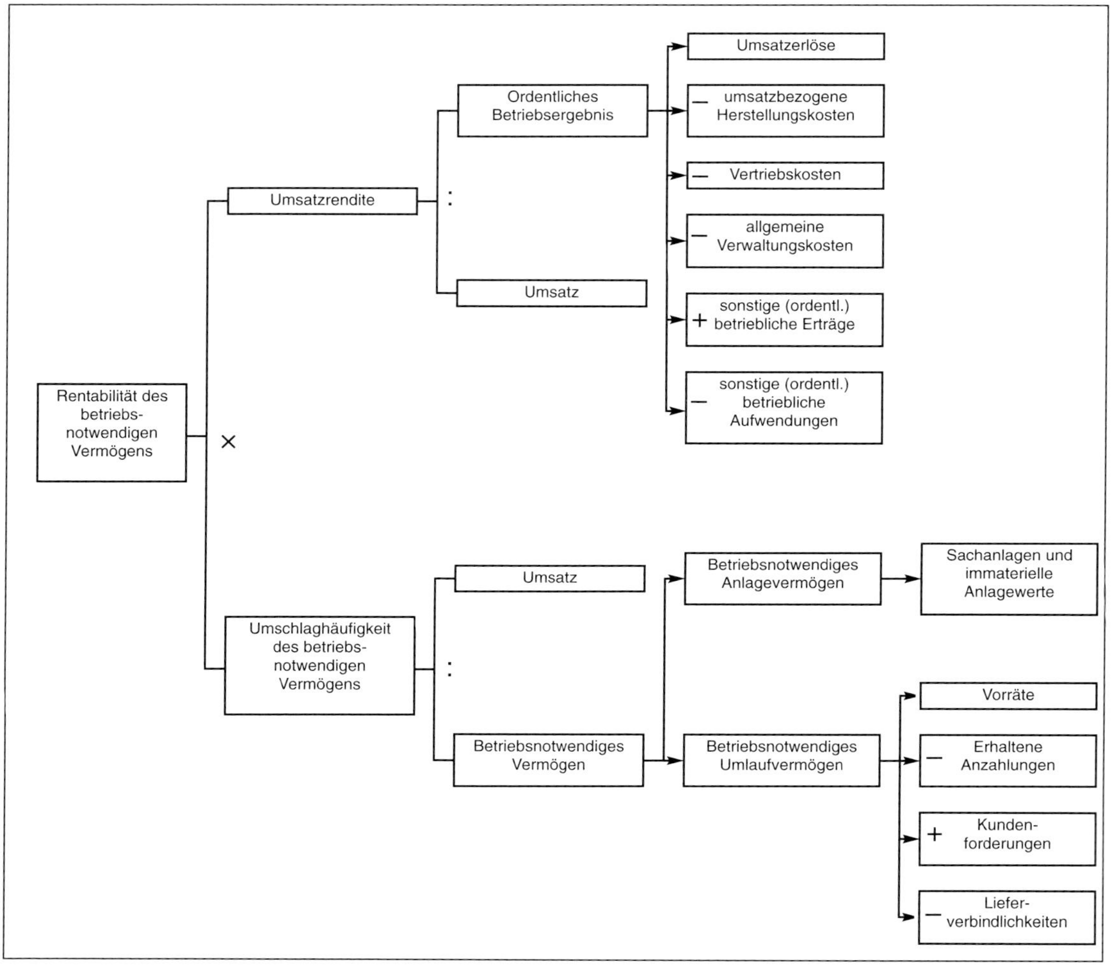

Abb. 14.16: Return on Investment – Kennzahlensystem

Ein derart aufgegliedertes Kennzahlensystem ermöglicht zwei Betrachtungsweisen:

Synthetische und analytische Betrachtungsweise

Die synthetische Betrachtungsweise erlaubt es, die Auswirkungen von Änderungen einzelner Ertrags-, Aufwands- und Vermögensposten auf die Rentabilität des Unternehmens zu erklären und vorherzusagen, indem man – von unten nach oben durch die Kennzahlenhierarchie schreitend – die Auswirkungen auf die jeweils nachfolgenden Kennzahlen untersucht. Diese Betrachtungsweise bietet sich insbesondere im Rahmen interner Planungs- und Kontrollrechnungen an, um einzelne Teilentscheidungen in Bezug auf das zusammenfassende Beurteilungsmaß Rentabilität zu bewerten.

Die analytische Betrachtungsweise ermöglicht eine detaillierte Ursachenanalyse einer geänderten Rendite oder einer Abweichung der Rendite von einer Zielrentabilität, indem man – von oben nach unten durch die Kennzahlenhierarchie schreitend – die Änderung oder Abweichung der Rentabilität bis auf die Änderungen oder Abweichungen der einzelnen Ertrags-, Aufwands- und Vermögensposten zurückführt. Auf diese Weise werden weitere Fragen auf der Treiberebene der Rentabilität aufgeworfen, denen der Bilanzanalytiker durch vertiefte Kennzahlenanalyse nachgehen kann.

Kennzahlensysteme der wertorientierten Rentabilitätsanalyse

Das Kennzahlensystem der Rentabilität des Vermögens lässt sich zu einem Kennzahlensystem der wertorientierten Rentabilität und des Wertbeitrags weiterführen. Das ist in Abbildung 14.17 dargestellt:

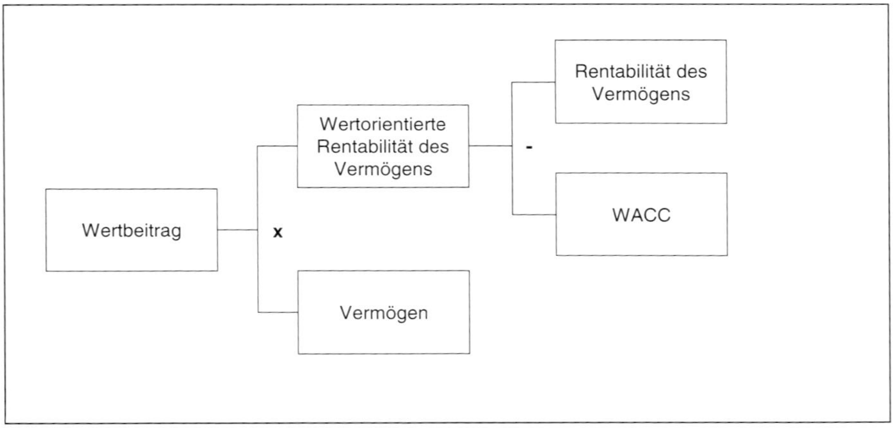

Abb. 14.17: Wertbeitrags-Kennzahlensystem

C. Wertschöpfungsanalyse

I. Bedeutung der Wertschöpfungsanalyse

Stakeholder-/Stockholder bzw. Shareholder-Perspektive

Entsprechend der zunehmenden Investororientierung des Jahresabschlusses, insbesondere von börsennotierten Unternehmen, stehen Rentabilitätsanalysen im Zentrum der Jahresabschlussanalyse. Gleichwohl kommt der Ergänzung der Rentabilitätsanalyse durch eine Analyse der Wertschöpfung des Unternehmens zunehmende Bedeutung zu (vgl. z. B. Weber, H. K. [1994]; Haller, A. [1997]). Dies hat zwei Gründe: Einerseits beruht die Wertschöpfung auf einem gegenüber dem investorbezogenen Terminus »Gewinn/Verlust« umfassenderen Erfolgsbegriff (vgl. Chmielewicz, K. [1972], S. 76 ff.; Schmidt, F. [1979], S. 117 ff.), sodass die Wertschöpfungsanalyse als Resultante allgemeiner gesellschaftspolitischer Entwicklungen und ihrer Auswirkungen auf Unternehmensziele und Unternehmensverfassung betrachtet werden kann. Sie kommt deshalb insofern der Betrachtung der Unternehmen als Koalition verschiedener *Stakeholder* entgegen. Während der Gewinn das Einkommen der *Shareholder* bzw. *Stockholder* ist, kann die Wertschöpfung als Einkommen der *Stakeholder* interpretiert werden. Andererseits ist die mittels Wertschöpfungsmaßgrößen definierte Produktivität, wie empirisch nachgewiesen ist (vgl. Deger, R. [1995]), ein wichtiger Treiber der künftigen Ertragskraft des Unternehmens. Wertschöpfungsanalysen sind deshalb auch aus Investorensicht ein wichtiges Ergänzungsinstrument der erfolgswirtschaftlichen Jahresabschlussanalyse. Sie entsprechen insofern zugleich der *Stockholder*-bzw. *Shareholder*-Perspektive des Unternehmens. Der beschriebene Zusammenhang ist in Abbildung 14.18 dargestellt.

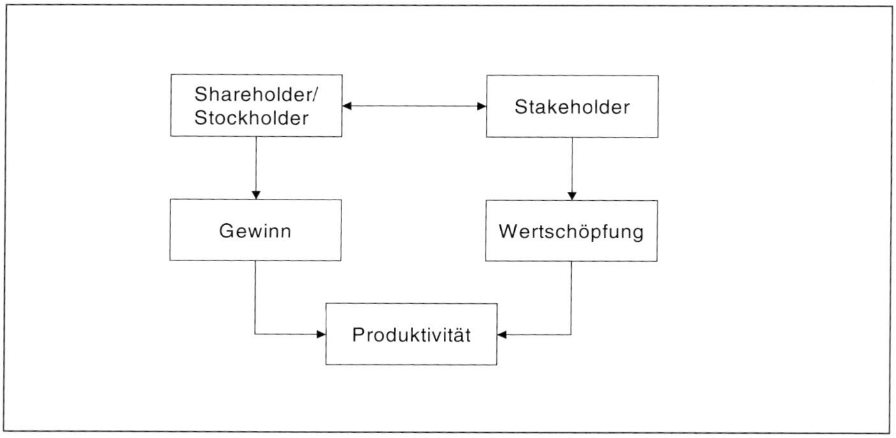

Abb. 14.18: Perspektiven von Wertschöpfung und Gewinn

II. Definition und Ermittlung der Wertschöpfung

1. Entstehungs- und Verteilungsrechnung

Entstehungs- und Verteilungsrechnung

Wie die handelsrechtliche GuV besteht auch die Wertschöpfungsrechnung aus einer Erfolgsermittlungs- und Erfolgsverteilungsrechnung. Die Unterschiede zwischen GuV und Wertschöpfungsrechnung liegen insbesondere in einem unterschiedlichen Umfang des Erfolgsbegriffes. Dieser Unterschied dokumentiert sich darin, dass neben dem Jahresüberschuss bestimmte Aufwendungen aus Sicht der Unternehmensadressaten (*Stakeholder*) als »Ertrag« gedeutet werden. In der auf der handelsrechtlichen Erfolgsrechnung aufbauenden Wertschöpfungsrechnung werden folglich bestimmte Gewinnermittlungsposten als Gewinnverwendungspositionen interpretiert. Anhand Abbildung 14.19 lassen sich die Unterschiede allgemein veranschaulichen.

Aufbau der Wertschöpfungsrechnung

In der GuV ist Ergebnis der Ermittlungsrechnung der Jahresüberschuss (-fehlbetrag), der als Eigenkapitalertrag zu interpretieren ist und in der Verwendungsrechnung auf Einbehaltung und Ausschüttung aufgeteilt wird. Der Erfolgsbegriff der handelsrechtlichen GuV umfasst mithin allein die den Eigenkapitalgebern direkt oder indirekt zufließenden Erträge. Das Charakteristikum der Wertschöpfungsrechnung liegt in einer Ausdehnung des Erfolgsbegriffs; neben den Eigenkapitalerträgen gehören auch Fremdkapitalerträge, Gemeinerträge (Steuern) und Arbeitserträge zum Erfolg, die dementsprechend nicht – wie in der GuV – als Aufwand in der Ermittlungsrechnung, sondern als Erfolgspositionen in der Verwendungsrechnung erscheinen. Der Gesamterfolg einer Periode wird in der Ermittlungsrechnung von der Entstehungsseite her als Wertschöpfung der Periode bestimmt. Realgüterwirtschaftlich ist die Wertschöpfung als der in einer Periode zugefügte Produktionsbeitrag zu interpretieren, der im Rahmen des betrieblichen Leistungserstellungs- und -verwertungsprozesses den von anderen Unternehmen empfangenen Vorleistungen hinzugefügt wurde. Die Wertschöpfung ergibt sich somit aus der Differenz des gesamten Produktionswertes und der empfangenen Vorleistungen. In allgemeiner Form lässt sich damit nachfolgendes Schema einer Wertschöpfungsrechnung (vgl. Tabelle 14.12) aufstellen.

Bei der praktischen Ermittlung der Wertschöpfung ist der Entstehungsrechnung gegenüber der Verteilungsrechnung grundsätzlich der Vorzug zu geben, weil durch die Entstehungsrechnung das Zustandekommen der Wertschöpfung erkennbar wird. Allerdings ist die Anwendung der Entstehungsrechnung bei Gliederung der GuV nach dem Umsatzkostenverfahren nur sehr bedingt bzw. nicht möglich (siehe unter Abschnitt 2 und 3), sodass dann auf die Verteilungsrechnung zurückgegriffen werden muss.

Erfolgsverwendung / Erfolgsempfänger	Einbehaltung	Ausschüttung
1. Arbeitnehmer (Arbeitserträge)	Investivlohn	Löhne, Gehälter, Tantiemen, soziale Abgaben, Pensionen
2. Staat (Gemeinerträge)	Latente Steuern	Effektive Steuern (– Subventionen)
3. Fremdkapitalgeber (Fremdkapitalerträge)	–	Zinsen
4. Eigenkapitalgeber (Eigenkapitalerträge)	Gewinneinbehaltung	Gewinnausschüttung

Abb. 14.19: Erfolgsverwendung und Erfolgsempfänger in der Wertschöpfungsrechnung

Entstehungs-rechnung

Verteilungs-rechnung

Entstehungsrechnung:		Produktionswert
	–	Vorleistungen
	=	Wertschöpfung
Verteilungsrechnung:		Arbeitserträge
	+	Gemeinerträge
	+	Kapitalerträge
	=	Wertschöpfung

Tab. 14.12: Entstehungs- und Verteilungsrechnung

Brutto-Wert-schöpfung

In vielen Fällen kann es auch zweckmäßig sein, die relativ umfangreichen Bereinigungsschritte im Rahmen der Entstehungsrechnung durch Anwendung der vereinfachten Formel für die »Bruttowertschöpfung« zu vermeiden:

Bruttowertschöpfung = Umsatz – Materialaufwand

Diese Formel lässt sich stets anwenden, wenn die GuV nach dem Gesamtkostenverfahren gegliedert ist oder wenn andernfalls der Materialaufwand im Anhang oder den *notes* angegeben wird. Dies ist allerdings nur für den Einzelabschluss nach HGB (§ 285 Nr. 8a HGB) der Fall.

2. Ermittlung der Wertschöpfung im HGB-Abschluss

Wertschöpfung im HGB-Abschluss

Eine Wertschöpfungsrechnung lässt sich aus dem handelsrechtlichen GuV-Schema nur näherungsweise ableiten, da Form und Aufbau der offenlegungspflichtigen Ergebnisrechnung aus anderen Zielsetzungen abgeleitet sind und einige Positionen wertschöpfungsrelevante und -irrelevante Teile vermischt enthalten (vgl. auch Weber, H. K. [1994], S. 17 ff.). Infolgedessen werden nur die relativ eindeutigen Positionen einbezogen.

a) Entstehungsrechnung

Produktions-wert/GKV

Auf der Basis der GuV-Positionen nach dem Gesamtkostenverfahren ergibt sich der Produktionswert aus den Umsatzerlösen, der Lagerproduktion von fertigen und unfertigen Erzeugnissen sowie der aktivierten Eigenleistungen (vgl. Tabelle 14.13). Die Summe dieser Positionen entspricht näherungsweise der gesamten betrieblichen Produktionsleistung. Die sonstigen betrieblichen Erträge können insoweit mitberücksichtigt werden, als sie keine Liquidations- und Bewertungserträge sowie Zuschüsse und Subventionen darstellen, da sie in der

Höhe des verbleibenden Anteils überwiegend betrieblicher Natur sind. Soweit jedoch auf der Grundlage des § 277 Abs. 4 Satz 3 HGB keine betragsmäßige Angabe der Bewertungs- und Liquidationserträge erfolgt sowie keine Anhaltspunkte für die Höhe der Subventionen und Zuschüsse gegeben werden, sollten die sonstigen betrieblichen Erträge aufgrund ihres Mischcharakters dem Produktionswert nicht hinzugeschlagen werden. Durch diese Vorgehensweise wird erreicht, dass der Produktionswert nicht zu hoch ausgewiesen wird.

Produktionswert/UKV

Besonderheiten im Rahmen des Umsatzkostenverfahrens ergeben sich insoweit, als die Bestandsänderungen nur näherungsweise über die Bilanz ermittelt werden können und deshalb fertige Erzeugnisse und Handelswaren nicht zu trennen sind. Die Zugänge an aktivierten Eigenleistungen sind – vorbehaltlich freiwilliger Angaben im Anhang – ebenso nicht erkennbar. Insoweit ist die Ermittlung des Produktionswertes auf der Basis des Umsatzkostenverfahrens mit größeren Ungenauigkeiten behaftet als auf der Grundlage des Gesamtkostenverfahrens.

Vorleistungen/GKV

Bei den vom Produktionswert abzuziehenden Vorleistungen handelt es sich um den wertmäßigen Verbrauch der von anderen Unternehmen bezogenen Vorprodukte und Dienstleistungen. Zweifelsfrei dazugehören die dem GuV-Gliederungsschema nach dem Gesamtkostenverfahren zu entnehmenden Materialaufwendungen und Abschreibungen auf immaterielle Anlagewerte und Sachanlagen. Soweit die allein aus steuerrechtlichen Gründen vorgenommenen Abschreibungen (§ 254 HGB), die gemäß § 281 Abs. 2 Satz 1 HGB – soweit nicht aus Bilanz oder GuV ersichtlich – im Anhang getrennt für das Anlage- und Umlaufvermögen angegeben werden müssen, nicht über den Sonderposten mit Rücklageanteil ausgewiesen werden (vgl. § 281 Abs. 1 HGB), sind die Materialaufwendungen um die entsprechenden Abschreibungen auf das Umlaufvermögen, die Abschreibungen auf Sachanlagen und immaterielle Anlagewerte um die entspechenden Abschreibungen auf das Anlagevermögen zu kürzen. Eine Eliminierung der gesondert angabepflichtigen außerplanmäßigen Abschreibungen gemäß § 253 Abs. 2 Satz 3 und Abs. 3 Satz 3 HGB erscheint nicht sinnvoll, da die entsprechenden Wertminderungen überwiegend rein betrieblich und nicht bilanzpolitisch bedingt sind.

Die Position »sonstige betriebliche Aufwendungen« verkörpert insoweit abzugspflichtige Vorleistungen, als sie nicht Liquidations- und Bewertungsverluste beinhaltet. Um die betriebsbedingte Wertschöpfung nicht zu hoch zu veranschlagen, erscheint u. E. eine pauschale Berücksichtigung der sonstigen betrieblichen Aufwendungen als Vorleistung in solchen Fällen gerechtfertigt, bei denen die Liquidations- und Bewertungsverluste nicht auf der Grundlage des § 277 Abs. 4 Satz 3 HGB gesondert im Anhang angegeben werden. Zudem müssen in jedem Falle die im Anhang gesondert angabepflichtigen Vergütungen für Mitglieder des Aufsichtsrats, eines Beirats oder ähnlichen Einrichtung aus den sonstigen betrieblichen Aufwendungen herausgerechnet werden, da sie sachlich den Arbeitserträgen der Verteilungsrechnung zuzurechnen sind. Soweit die in den Zuführungen zu Rückstellungen gemäß § 249 Abs. 2 HGB enthaltenen anteiligen Personalaufwendungen über die Position »sonstige betriebliche Aufwendungen« ausgewiesen werden (vgl. ADS [1995], § 275 Tz. 106), müsste auch hier eine Eliminierung erfolgen, da es sich um Arbeitserträge handelt. Dies ist jedoch aufgrund fehlender Angabepflichten im Anhang nicht möglich. Schließlich gelten als Vorleistungen auch die bei der steuerlichen Gewinnermittlung abzugsfähigen Steuern. Einordnungsprobleme ergeben sich hierbei dadurch, dass die abzugsfähige Gewerbeertragsteuer unter die Position »Steuern vom Einkommen und vom Ertrag« fällt. Ein Abzug der Steuern vom Einkommen und Ertrag als Vorleistung kommt aber nicht in Frage, da insbesondere die als Gemeinertrag auszuweisende Körperschaftsteuer bei Kapitalgesellschaften überwiegt. Dagegen sind die »sonstigen Steuern« abzuziehen, da die abzugsfähige Grundsteuer und Gewerbekapitalsteuer unter dieser Position auszuweisen sind.

Vorleistungen/ UKV

Bei Anwendung des Umsatzkostenverfahrens können die Vorleistungen – soweit der Einzelabschluss betroffen ist – mit derselben Genauigkeit ermittelt werden wie im Rahmen des Gesamtkostenverfahrens, da die Abschreibungen auf immaterielle Anlagewerte und Sachanlagen der Bilanz oder dem Anhang, die Materialaufwendungen dem Anhang (§ 285 Nr. 8 HGB) zu entnehmen sind. Die zusätzlichen, vorstehend erwähnten Korrekturen sind ebenso auf der Basis des Umsatzkostenverfahrens durchführbar, da sich die entsprechenden Angabepflichten unabhängig von den angewandten Gliederungsverfahren ergeben. Für den Konzernabschluss ergibt sich allerdings insoweit eine beträchtliche Einschränkung, als der Materialaufwand nicht angabepflichtig ist (§ 314 Abs. 1 Nr. 4 HGB)

b) Verteilungsrechnung

Arbeits-, Gemein- und Kapitalerträge

Die Summe der Steuern vom Einkommen und vom Ertrag erscheint als Gemeinertrag in der Verteilungsrechnung (vgl. Tabelle 14.14). Bei exakter Betrachtung wird die Summe der Gemeinerträge um die gewährten Zuschüsse und Subventionen zu hoch ausgewiesen. Der rechentechnische Ausgleich erfolgt über eine Erhöhung der Entstehungsrechnung oder des Restbetrages in der Verteilungsrechnung (bei periodenweiser Vereinnahmung über die sonstigen betrieblichen Erträge oder den Restbetrag, bei sofortiger Vereinnahmung über die niedrigeren Abschreibungen). Eine wünschenswerte Saldierung auf der Entstehungs- und Verwendungsseite wird i. A. wegen fehlender quantitativer Angaben nicht möglich sein.

Der Arbeitsertrag ergibt sich aus der Summe der Löhne und Gehälter, der sozialen Abgaben und Aufwendungen für Altersversorgung (inkl. der auf Pensionsrückstellungen entfallenden Zinsaufwendungen) sowie der Vergütungen für Aufsichtsratsmitglieder und ähnlicher Einrichtungen. Die Kapitalerträge ergeben sich zum einen aus den Zinsen (= Fremdkapitalerträge), zum anderen aus den Dividenden, den aus dem Gewinnverwendungsbeschluss oder der GuV erkennbaren Thesaurierungsbeträgen und einem Restbetrag. Dieser Restbetrag ergibt sich daraus, dass nicht alle GuV-Positionen im Rahmen der Entstehungsrechnung der Wertschöpfung berücksichtigt wurden; hierbei handelt es sich insbesondere um die Aufwendungen und Erträge des Finanzbereiches und des außerordentlichen Ergebnisses (vgl. auch Schult, E. [1999], S. 93 f.).

Zusammenfassend ergibt sich das in Tabellen 14.13 und 14.14 dargestellte operationale Schema zur Ermittlung der Wertschöpfung, wobei hinsichtlich der Postennummerierungen auf die ausführlichen Gliederungsschemata im 7. Kapitel B Bezug genommen wird.

Berechnungs-schemata

GuV-Position gemäß		**Entstehungsrechnung**
§ 275 Abs. 2 HGB	§ 275 Abs. 3 HGB	
1	1	Umsatzerlöse
2	Veränderung Aktiva D I 2	+/(–) Erhöhung (Verminderung) des Bestandes an fertigen und unfertigen Erzeugnissen
3		+ andere aktivierte Eigenleistungen
4	6	+ sonstige betriebliche Erträge (nur soweit die Bewertungs- und Liquidationserträge gemäß § 277 Abs. 4 Satz 3 HGB eliminiert werden können)
		= Gesamtleistung (= Produktionswert)
5a	Angabepflicht im Anhang gemäß § 285 Nr. 8a HGB	– Aufwendungen für Roh-, Hilfs- und Betriebsstoffe und für bezogene Waren
5b		– *Aufwendungen für bezogene Leistungen*
7a	der Bilanz zu entnehmen*	– *Abschreibungen auf immaterielle Vermögensgegenstände des Anlagevermögens und Sachanlagen sowie auf aktivierte Aufwendungen für die Ingangsetzung und Erweiterung des Geschäftsbetriebes*
7c, 7d	7b, 7c	– außerplanmäßige Abschreibungen auf das Anlage- und Umlaufvermögen gemäß § 253 Abs. 2 Satz 3 und Abs. 3 Satz 3 HGB
Angabepflichten im Anhang gem. § 281 Abs. 2 HGB**		+ allein auf steuerrechtlichen Vorschriften beruhende Abschreibungen auf das Anlage- und Umlaufvermögen
8	7	– sonstige betriebliche Aufwendungen (pauschal oder unter Eliminierung der Bewertungs- und Liquidationsverluste bei Angaben im Anhang gemäß § 277 Abs. 4 Satz 3 HGB)
Angabepflicht im Anhang gem. § 285 Nr. 9a und b HGB		+ Vergütungen an Mitglieder des Aufsichtsrats u. ä.
19	18	– sonstige Steuern
		= Wertschöpfung

* Bei Übernahme der Abschreibungen aus dem Anlagespiegel ist zu beachten, dass in den Abschreibungen des Geschäftsjahres die Abschreibungen, die in den zusätzlichen Positionen 7b und 7c gesondert vermerkt sind, mit enthalten sind.

** Diese Korrektur entfällt, soweit diese Abschreibungen über den Sonderposten mit Rücklageanteil ausgewiesen werden.

Tab. 14.13: Schema zur Ermittlung der Wertschöpfung aus HGB-Abschlussdaten-Entstehungsrechung

GuV-Position gemäß		Verteilungsrechnung
§ 275 Abs. 2 HGB	§ 275 Abs. 3 HGB	
6a	Angabepflicht im Anhang gemäß § 285 Nr. 8b HGB	**Arbeitserträge:** + Löhne und Gehälter + soziale Abgaben und Aufwendungen für Altersversorgung und Unterstützung
Angabepflicht im Anhang gem. § 285 Nr. 9a und b HGB		+ Vergütungen an Mitglieder des Aufsichtsrats u. ä.
18	17	**Gemeinerträge:** + Steuern von Einkommen und Ertrag
11	10	**Fremdkapitalerträge:** + Zinsen und ähnliche Aufwendungen
Offenlegungspflicht für den Gewinnverwendungsbeschluss gemäß § 325 Abs. 1 Satz 1 HGB		**Eigenkapitalerträge:** + a) Dividenden + b) Thesaurierungsbetrag lt. GuV oder Gewinnverwendungsbeschluss
alle übrigen GuV-Positionen (vgl. Tabellen 7.1 und 7.2 im 7. Kapitel)		+ c) Restbetrag (je nach Saldo der übrigen im Rahmen der Entstehungsrechnung unberücksichtigten GuV-Positionen: > 0 oder < 0)
= Wertschöpfung		

Tab. 14.14: Schema zur Ermittlung der Wertschöpfung aus HGB-Abschlussdaten -Verteilungsrechnung

Mißverständnisse bei der Interpretation der Wertschöpfungsrechnung nach angegebenen Schema können sich insoweit ergeben, als im Rahmen der Verteilungsrechnung ein Überschuss der Erträge über die Aufwendungen (oder umgekehrt) ausgewiesen wird, der nicht im Rahmen des betrieblichen Leistungserstellungsprozesses, sondern durch Transaktionen im Finanzbereich und außerordentlichen Bereich erwirtschaftet wird (= Restbetrag). Da jedoch die Erfolgskomponenten des Finanzbereiches per Saldo überwiegend aus zwischen den Unternehmen wechselseitig bestehenden Eigentümerpositionen resultieren, rechtfertigt sich eine Subsumierung dieses Saldos unter die Eigenkapitalerträge.

Die Zuordnung der Differenz zwischen außerordentlichen Aufwendungen und Erträgen sowie der Liquidations- und Bewertungserfolge zu den Eigenkapitalerträgen ergibt sich aus der Überlegung, dass diese Erfolge im Verlustfalle von den Eigenkapitalgebern zu tragen sind und im Gewinnfalle tendenziell zur Stärkung der Unternehmenssubstanz herangezogen werden (vgl. im Ergebnis auch Schult, E. [1999], S. 93 f). Eine alternative Vorgehensweise könnte darin bestehen, analog der Erfolgsspaltung in ordentliches Betriebsergebnis, Finanzergebnis und außerordentliches Ergebnis eine Aufspaltung der Wertschöpfung im Rahmen der

Entstehungsrechnung in betriebliche, außerbetriebliche und außerordentliche Wertschöpfung vorzusehen (vgl. Küting, K./Weber, C.-P. [2001] S. 316 f.). Die Summe von außerbetrieblicher und außerordentlicher Wertschöpfung entspräche dann dem »Restbetrag«, der bei der Wertschöpfung gemäß Verteilungsrechnung zu korrigieren wäre, da diese nicht in die drei Kategorien aufspaltbar ist.

3. Ermittlung der Wertschöpfung im IAS/IFRS- und US-GAAP-Abschluss

Wertschöpfung nach IAS/IFRS

Gliederung der GuV und Angabepflichten gemäß IAS/IFRS bringen im Vergleich zum HGB-Abschluss für die Ermittelbarkeit der Wertschöpfung zusätzliche Einschränkungen (vgl. insbes. Reinhart, A. [1998], S. 383 ff.; Reinhart, A. [1999], S. 212 f.).

Entstehungsrechnung nach IAS/IFRS

So sind z. B. die Aufsichtsratsvergütungen und die sonstigen Steuern nicht angabepflichtig und können deshalb auch nicht getrennt erfasst bzw. korrigiert werden (vgl. Tabelle 14.15). Auch gibt es keine Angabepflicht für den Materialaufwand, falls das Umsatzkostenverfahren verwendet wird. Die »sonstigen betrieblichen Erträge und Aufwendungen« sind ähnlich wie nach HGB Mischpositionen, die nur insoweit einzubeziehen sind, wie es sich nicht um Bewertungs- und Liquidationsgewinne bzw. -verluste handelt. Anders als nach § 277 Abs. 4 Satz 3 HGB sind nach IAS/IFRS Erträge und Aufwendungen, die einem anderen Geschäftsjahr zuzurechnen sind, nicht gesondert erläuterungspflichtig, sodass die Eliminierung von Bewertungs- und Liquidationsgewinnen aus den sonstigen betrieblichen Erträgen in aller Regel nicht möglich sein wird. Es erscheint deshalb aus Gründen der Vorsicht empfehlenswert, die sonstigen betrieblichen Erträge nicht in der Wertschöpfungsrechnung zu erfassen, dagegen die sonstigen betrieblichen Aufwendungen als Teil der Vorleistung zu betrachten.

Verteilungsrechnung nach IAS/IFRS

Im Hinblick auf die Verteilungsrechnung sind im IAS/IFRS-Abschluss alle notwendigen Daten enthalten (vgl. Tabelle 14.16). Die Personalaufwendungen sind auch bei Verwendung des UKV offen zu legen; außerdem besteht auch eine getrennte Angabepflicht für die sozialen Abgaben und Aufwendungen für Altersvorsorge, sodass die Arbeitserträge getrennt nach Löhnen und Gehältern sowie sozialen Abgaben und Altersvorsorge erfassbar sind. Die Kapitalerträge sind getrennt nach Dividenden und Thesaurierung ermittelbar, da die Dividende aus dem Ausschüttungsvorschlag oder -beschluss oder aus der Pflichtangabe »Dividende je Aktie« ableitbar ist. Die Differenz von Jahresüberschuss und Dividende ergibt den Thesaurierungsbetrag. Ergebnisneutrale Einstellungen in das Eigenkapital sind nicht als Kapitalertrag zu interpretieren und deshalb aus der Wertschöpfung herauszulassen. Tabelle 14.15 und 14.16 zeigen die Wertschöpfungsrechnung auf der Grundlage von IAS/IFRS-Abschlussdaten (zusammenfassend vgl. Reinhart, A. [1999], S. 213 f.).

Angabepflicht aufgrund von IAS		**Entstehungsrechnung**
GKV	UKV	
1.75 (a)		Umsatzerlöse
1.80	Veränderung der gemäß IAS 2.34 (b) i. V. m. IAS 2.35 anzugebenden Buchwerte der Vorräte	+/(–) Erhöhungen/(Verminderungen) des Bestandes an fertigen und unfertigen Erzeugnissen + Andere aktivierte Eigenleistungen
		= **Gesamtleistung** (= Produktionswert)
1.80	Ohne Regelung, d. h. kann nicht bei einer derivativen Ermittlung berücksichtigt werden	– Aufwendungen für Roh-, Hilfs- und Betriebsstoffe für bezogene Waren
4.15 (c) 22.72 (d) 16.66 (e) (vii)		– *Abschreibungen von immateriellen assets (einschließlich goodwill) sowie von Sachanlagevermögen*
16.66 (e) (v) 25.49 (b)(iii) 39.167 (b)		– *Außerplanmäßige Abschreibungen von Sachanlagevermögen, long-term investments und current investments sowie Finanzinstrumenten*
1.80	1.82	– Sonstige betriebliche Aufwendungen
		= **Wertschöpfung**

Tab. 14.15: Schema zur Ermittlung der Wertschöpfung aus IAS/IFRS-Abschlussdaten - Entstehungsrechnung

Wertschöpfung nach US-GAAP

Im Rahmen der Analyse eines US-GAAP-Abschlusses ist die Wertschöpfungsanalyse im Regelfall nicht anwendbar. Die GuV ist zwingend nach dem Umsatzkostenverfahren aufzustellen. Eine gesonderte Angabepflicht für Materialaufwand und Personalaufwand existiert nicht. Mangels der Größe Materialaufwand ist die Entstehungsrechnung, und mangels der Größe Personalaufwand ist die Verteilungsrechnung nicht ableitbar.

Angabepflicht aufgrund von IAS		Verteilungsrechnung
GKV	UKV	
		Arbeitserträge:
1.80	1.83	+ Löhne und Gehälter
19.22, 51		+ Soziale Abgaben und Aufwendungen für Altersversorgung
		Gemeinerträge:
1.75 (e)		+ Steuern vom Einkommen und Ertrag
		Eigenkapitalerträge:
10.31 1.74 (c) **oder** 1.85 i. V. m. 1.74 (a) (iv)		+ Dividenden (ggf. bei Vorliegen eines Ausschüttungsvorschlages oder -beschlusses vor der Feststellung des Jahresabschlusses als Verbindlichkeit oder in den *notes* ausgewiesen)
1.75 (i) i. V. m. 1.74 (c) **oder** 1.75 (i) i. V. m. 1.85 und i. V. m. 1.74 (a) (iv)		+ Thesaurierungsbetrag $\cong$ Jahresüberschuss abzgl. Dividenden
–	–	+ Restbetrag (je nach Saldo der übrigen i. R. d. Entstehungsrechnung unberücksichtigten Positionen: > 0 oder < 0)
= Wertschöpfung		

Tab. 14.16: Schema zur Ermittlung der Wertschöpfung aus IAS/IFRS-Abschlussdaten -Verteilungsrechnung

III. Wertschöpfungskennzahlen

Im Rahmen der Bilanzanalyse wird die Wertschöpfung als eine aussagefähige Ertragsgröße bei verschiedenen Kennzahlen verwendet.

So liegt es nahe, die Mitarbeiterproduktivität nicht nur an der Gesamtleistung, sondern auch an der Wertschöpfung zu messen. Diese Überlegung führt zu der folgenden Kennzahl: *Mitarbeiterproduktivität*

$$\text{Arbeitsproduktivität} = \frac{\text{Wertschöpfung}}{\text{durchschnittliche Beschäftigtenzahl}}$$

Für Zwecke internationaler Vergleichbarkeit ist es empfehlenswert, statt der Beschäftigtenzahl den Umfang der eingesetzten Arbeitsstunden zu wählen, falls diese Größe verfügbar ist (vgl. Deger, R. [1995], S. 127).

Kapitalproduktivität

Neben der Arbeitsproduktivität ist die Kapitalproduktivität von Bedeutung, die wie folgt definiert ist:

$$\text{Kapitalproduktivität} = \frac{\text{Wertschöpfung}}{\text{durchschnittliches Kapital}}$$

Diese steht mit der Arbeitsproduktivität über die durchschnittliche Kapitalbindung je Mitarbeiter in einer funktionalen Beziehung:

$$\frac{\text{Wertschöpfung}}{\text{durchschn. Beschäftigtenzahl}} = \frac{\text{durchschnittl. Kapital}}{\text{durchschn. Beschäftigtenzahl}} \times \frac{\text{Wertschöpfung}}{\text{durchschn. Kapital}}$$

Arbeitsproduktivität und Kapitalproduktivität sind also in ihrem Zusammenwirken zu analysieren, wie Tabelle 14.17 verdeutlicht (vgl. Haller, A. [1997], S. 306):

		Kapitalproduktivität (WS je Kapitaleinheit)		
		steigend	gleichbleibend	sinkend
Arbeitsproduktivität (WS pro Mitarbeiter bzw. WS pro Arbeitsstunde)	steigend	sehr gut	gut	näher zu bestimmen
	gleichbleibend	gut	statisch	schlecht
	sinkend	näher zu bestimmen	schlecht	sehr schlecht

Tab. 14.17: Matrix der Arbeits- und Kapitalproduktivität

Personalkostenproduktivität

Eine wichtige Ergänzung der Kennzahl »Arbeitsproduktivität« ist die folgende Kennzahl

$$\text{Personalkostenproduktivität} = \frac{\text{Wertschöpfung}}{\text{Personalaufwand}}$$

In dieser ist neben der Mengenkomponente auch die Wertkomponente des Arbeitseinsatzes berücksichtigt.

Eine andere Form der zusammenfassenden Analyse von Arbeits- und Kapitalproduktivität, wie sie in Japan entwickelt wurde, ist der sog. »Totale Wertschöpfungsquotient« (TQW) (vgl. Müller-Merbach, H. [1993], S. 31):

Totaler Wertschöpfungs quotient

$$\text{TQW} = (\text{Kapitalproduktivität} \times \text{Arbeitsproduktivität})^{0,5}$$

Da in dieser Kennzahl Substitutionseffekte zwischen den Einsatzfaktoren Kapital und Arbeit berücksichtigt sind, indiziert ein Ansteigen der Kennzahl einen Anstieg der tatsächlichen Produktivität.

Außer zur Produktivitätsanalyse lässt sich die Wertschöpfung auch zur Analyse der Fertigungstiefe heranziehen. Diese wird durch die Kennzahl

Wertschöpfungsquote/Fertigungstiefe/ Outsourcing

$$\text{Wertschöpfungsquote} = \frac{\text{Wertschöpfung}}{\text{Gesamtleistung (oder Umsatz)}}$$

gemessen, die vor allem beim bilanzanalytischen Vergleich mehrerer Unternehmen untereinander Aussagen über die produktionswirtschaftliche Flexibilität und Vorteile durch realisierbare Synergiepotenziale zulässt (vgl. auch Abschnitt A 2 dieses Kapitels, Kennzahl »Materialintensität«). Über die Wertschöpfungsquote lässt sich die Strategie des Unternehmens bezüglich vertikaler Integration bzw. *Outsourcing* analysieren. Über die Wertschöpfungsquote gewinnt der absolute Betrag der Wertschöpfung auch an Aussagefähigkeit als Maßstab der Betriebsgröße. Das ergibt sich aus dem folgenden Zusammenhang:

Betriebsgröße

$$\begin{aligned}\textbf{Betriebsgröße} &= \text{Fertigungstiefe} \times \text{Fertigungsbreite}\\ &= \text{Wertschöpfungsquote} \times \text{Gesamtleistung}\\ &= \frac{\text{Wertschöpfung}}{\text{Gesamtleistung}} \times \text{Gesamtleistung}\\ \textbf{Betriebsgröße} &= \text{Wertschöpfung}\end{aligned}$$

Der Vorteil der Wertschöpfungsrechnung als Analyseinstrument wird insbesondere darin gesehen, dass sie einen von der formalrechtlichen Gestaltung und vom Ausmaß der Unternehmertätigkeit sowie von der Finanzierungsstruktur unabhängigen Beurteilungsmaßstab liefert (vgl. Pohmer, D./Kroenlein, G. [1970], S. 1919). Die Wertschöpfung ist ein weitgehend objektivierter Maßstab der Leistungskraft eines Unternehmens als Glied der Volkswirtschaft. Durch Erfassung der Veränderungen der Wertschöpfungsquote lassen sich Aussagen über wirtschaftliche Konzentrationsvorgänge gewinnen (vgl. Weber, H. K. [1994], S. 33 ff.).

Verknüpfung von Wertschöpfungs- und Rentabilitätsanalyse

Eine Analyse der Wertschöpfungsquote, der Arbeitsproduktivität und der Kapitalproduktivität sind nicht Selbstzweck, sondern Teil der erfolgswirtschaftlichen Bilanzanalyse und deshalb mit der Rentabilitätsanalyse zu verknüpfen. Der kennzahlenmäßige Zusammenhang von Wertschöpfungs(WS)- und Rentabilitätskennzahlen ist in Abbildung 14.20 dargestellt (vgl. Haller, A. [1997], S. 316):

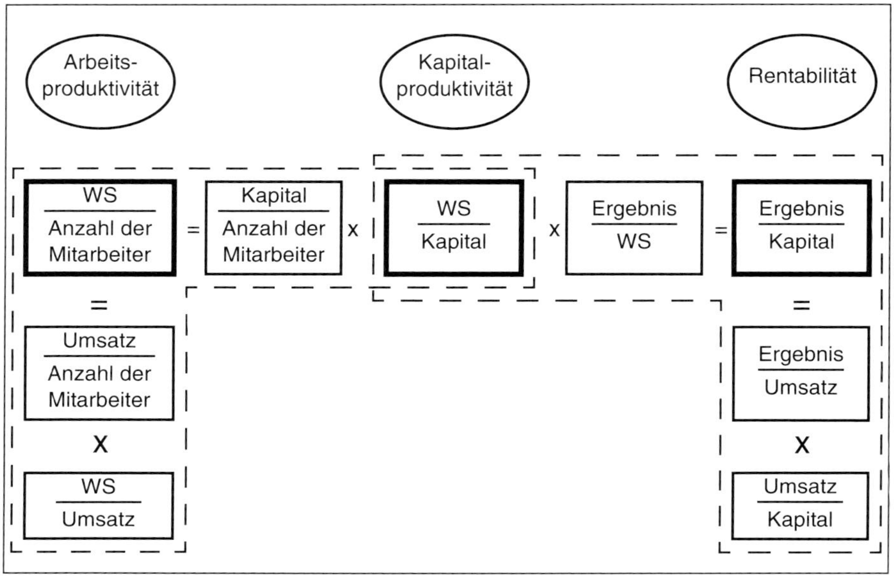

Abb. 14.20: Verknüpfung von Wertschöpfungs- und Rentabilitätsanalyse

D. Break-even-Analyse

Leistungswirtschaftliches Risiko/Operating leverage

Im 13. Kapitel B I wurde erörtert, dass zunehmende Verschuldung unter bestimmten Voraussetzungen zwar steigende Ertragschancen, zugleich aber auch ein steigendes Risiko mit sich bringt. Dieses sog. *financial leverage*-Risiko lässt sich darauf zurückführen, dass zusätzliche Verschuldung zu zusätzlichen festen Zinsverpflichtungen, d. h. zu fixen Kapitalkosten führt. Eine ähnliche Erscheinung zeigt sich auch im Bereich der Leistungserstellung und -verwertung in Abhängigkeit vom Verhältnis der Fixkosten zu den variablen Kosten. Zur quantitativen Erfassung dieses kostenstrukturellen, leistungswirtschaftlichen Risikos – im angelsächsischen Schrifttum spricht man von *operating leverage*-Risiko – bedient man sich bevorzugt der *Break-even*-Analyse (vgl. Coenenberg, A. G. [2003], Kapitel 11).

Grundmodell der Break-even-Analyse

Die *Break-even*-Analyse oder Gewinnschwellenanalyse beruht auf einer Gegenüberstellung von Erlösen und Kosten in Abhängigkeit von der Beschäftigung. Sie ermöglicht die Ermittlung des sog. *Break-even*-Punktes (Deckungspunkt, toter Punkt, Gewinnschwelle), d. h. desjenigen Beschäftigungsgrades, jenseits dessen das Unternehmen in die Verlust- bzw. Gewinnzone gerät. Unter Verwendung der Symbole

p	=	Verkaufspreis je Stück
v	=	variable Kosten je Stück
F	=	fixe Kosten
x	=	Ausbringungsmenge
x_g	=	Gewinnschwelle
U	=	Umsatz
K	=	Gesamtkosten

ergeben sich für ein Einproduktunternehmen unter der Voraussetzung eines konstanten Verkaufspreises und konstanter variabler Kosten je Stück die folgenden Grundgleichungen der *Break-even*-Analyse:

$$G = U - K$$
$$G = p \times x - v \times x - F$$
$$G = (p - v) \times x - F$$

Die Gewinnschwelle errechnet sich aus der obigen Gleichung ($G = 0$) wie folgt

$$x_g = \frac{F}{p - v}$$

Das Aussehen des *Break-even*-Diagramms ist in Abbildung 14.21 skizziert.

Aufgrund der Gleichung und des Diagramms lässt sich leicht folgende Relation zwischen Kostenstruktur und Risiko erkennen: je höher der Fixkostenanteil ist, um so größer ist die (Gewinn-)Chance bei steigender Beschäftigung, um so größer ist aber auch das (Gewinnentgangs- bzw. Verlust-)Risiko bei sinkender Beschäftigung.

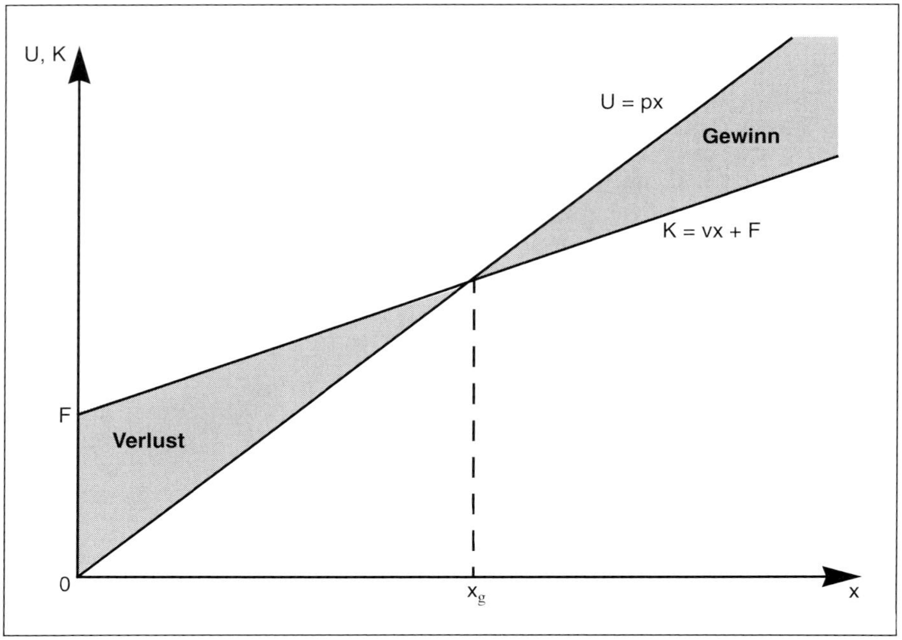

Abb. 14.21: Break-even-Diagramm

Beispiel

Ein Beispiel mag zur Veranschaulichung dienen:

	Unternehmen A		Unternehmen B	
	Jahr 1	Jahr 2	Jahr 1	Jahr 2
Absatzmenge	30.000	33.000	30.000	33.000
Umsatz (p = 1,-)	30.000	33.000	30.000	33.000
Variable Kosten				
(A) 0,90 je Stück	27.000	29.700		
(B) 0,80 je Stück			24.000	26.400
Fixe Kosten	2.000	2.000	5.000	5.000
Gewinn	1.000	1.300	1.000	1.600
Umsatzwachstum		10 %		10 %
Gewinnwachstum		30 %		60 %
Gewinnschwelle	20.000		25.000	

Das Beispiel macht deutlich, dass Unternehmen B aufgrund des höheren Fixkostenanteils höhere Ertragschancen, aber auch höhere Ertragsrisiken als Unternehmen A in sich birgt. Bei Umsatzwachstum steigt der Gewinn des Unternehmens B prozentual doppelt so stark wie der des Unternehmens A, bei Umsatzrückgang sinkt der Gewinn von Unternehmen B dementsprechend prozentual stärker als der des Unternehmens A.

Gewinnreagibilität

Das leistungswirtschaftliche Risiko lässt sich durch die Gewinnreagibilität in Bezug auf Absatzmengenänderungen messen. Für die Gewinnreagibilität Q(x) beim Beschäftigungsgrad x gilt:

$$Q(x) = \frac{x \times (p - v)}{x \times (p - v) - F} \quad \text{für } x \neq x_g$$

Diese Kennzahl drückt aus, um wieviel Prozent sich das Ergebnis ändert, wenn das Absatzvolumen x um 1 % steigt oder sinkt. Im Beispiel ergibt sich für Unternehmen A: Q(30.000) = 3 und für Unternehmen B: Q(30.000) = 6.

Sicherheitskoeffizient

Eine andere, allerdings allein auf das Risiko der Unterschreitung der Gewinnschwelle ausgerichtete Risikomaßgröße ist der sog. Sicherheitskoeffizient S(x):

$$S(x) = \frac{(x - x_g) \times 100}{x}$$

Diese zum Risiko in inverser Beziehung stehende Kennzahl lässt erkennen, um wieviel Prozent der Absatz sinken kann, bevor die Gewinnschwelle erreicht wird. Im Beispiel ergibt sich für Unternehmen A: S(30 000) = 33,3 % und für Unternehmen B: S(30 000) = 16,7 %. Weitere Risikomaßgrößen kommen wegen ihrer hohen Informationserfordernisse (vgl. Chwallek, C. [1999]) im Rahmen der Bilanzanalyse nicht in Betracht.

Anwendung in der externen Unternehmensanalyse

Das dargestellte *Break-even*-Modell beruht auf einer Reihe vereinfachender Annahmen, die seine Aussagefähigkeit einschränken. So werden u. a. lineare Kosten- und Erlösfunktionen sowie Übereinstimmung von Produktions- und Absatzvolumen vorausgesetzt. Für die Anwendung der *Break-even*-Analyse im Rahmen einer externen Bilanzanalyse ergeben sich darüber hinaus zusätzliche Schwierigkeiten: Zunächst ist zu beachten, dass Preise und Absatzmengen dem externen Analytiker meist nicht bekannt sind. Diese Schwierigkeit lässt sich umgehen, indem das unbekannte Absatzvolumen durch das der GuV zu entnehmende Umsatzvolumen (U) ersetzt wird. Dazu wird die Gewinnschwellengleichung

$$x_g = \frac{F}{p - v}$$

wie folgt umformuliert:

$$x_g \times p = U_g = \frac{F}{1 - \frac{v \times x}{p \times x}}$$

Unter der Voraussetzung konstanter Produktionszusammensetzung lässt sich die Gewinnschwellenformel ohne weiteres auch auf den realistischeren Fall eines Mehrproduktunternehmens ausdehnen. Es gilt dann (n = Zahl der Produktarten):

Umsatz-Gewinn-schwelle

$$U_g = \frac{F}{1 - \frac{\sum_{i=1}^{n} v_i \times x_i}{\sum_{i=1}^{n} p_i \times x_i}} = \frac{\text{Fixkosten}}{1 - \frac{\text{variable Kosten}}{\text{Umsatz}}}$$

Eine weitere Schwierigkeit bei der Anwendung der *Break-even*-Analyse im Rahmen externer Unternehmensanalysen besteht in der Notwendigkeit der Trennung variabler und fixer Kosten.

HGB-Abschluss

Zunächst wird untersucht, inwieweit die Break-even-Analyse im HGB-Abschluss anwendbar ist.

Gesamtkosten-verfahren

Unzweifelhaft kann lediglich der Materialaufwand (Position 5a der GuV nach dem Gesamtkostenverfahren: »Aufwendungen für Roh-, Hilfs- und Betriebsstoffe und für bezogene Waren« und Position 5 b der GuV nach dem Gesamtkostenverfahren: »Aufwendungen für bezogene Leistungen«) als variabel klassifiziert werden, soweit dieser nicht Abschreibungen auf Vorräte enthält. Soweit allein aus steuerlichen Gründen vorgenommene Abschreibungen auf das Umlaufvermögen nicht über den Sonderposten mit Rücklageanteil ausgewiesen werden (vgl. § 281 Abs. 1 HGB), sind diese wegen ihres fehlenden Kostencharakters gegen den Materialaufwand aufzurechnen.

Mangels näherer Anhaltspunkte sind alle anderen betriebsbedingten Aufwendungen als fix zu betrachten. Dazu zählen die Personalaufwendungen (Position 6 a und 6 b der GuV nach dem Gesamtkostenverfahren), die betriebsbedingten Abschreibungen auf immaterielle Anlagewerte und Sachanlagen einschließlich der außerplanmäßigen Abschreibungen (Position 7 a und 7 c der GuV nach dem Gesamtkostenverfahren), die sonstigen betrieblichen Aufwendungen (ohne die Liquidations- und Bewertungsverluste, Position 8 der GuV nach dem Gesamtkostenverfahren) und die sonstigen Steuern (Pos. 19 der GuV nach dem Gesamtkostenverfahren). Im Rahmen der Abschreibung auf immaterielle Anlagewerte und Sachanlagen sind in Analogie zum Materialaufwand die allein aus steuerlichen Gründen vorgenommenen Abschreibungen auf das Anlagevermögen abzuziehen.

Für:

$$M = \text{Materialkostenanteil} = \frac{\text{Materialaufwand}}{\text{Umsatz}}$$

ergibt sich dann die Gewinnschwellengleichung:

$$U_g = \frac{F}{1 - M}$$

Infolge der erwähnten Voraussetzungen des Modells und der bei externen Analysen zusätzlichen Ungenauigkeiten kann die Benutzung dieser *Break-even*-Gleichung nur zu einer näherungsweisen Schätzung der Gewinnschwelle führen. Die Anwendung einer solchen Gewinnschwellenanalyse erscheint im Rahmen der Bilanzanalyse insbesondere dann relevant, wenn während des Jahres monatliche Umsatzzahlen bekanntgegeben werden. Mittels der aus der letzten GuV entnommenen Größen F und M kann dann die Risikoentwicklung unter Zugrundelegung des Sicherheitskoeffizienten

$$S = \frac{U_{(Monat)} - \frac{U_g}{12}}{U_{(Monat)}}$$

näherungsweise abgeschätzt werden.

Die *Break-even*-Analyse gestattet insbesondere auch die Beantwortung der Frage, wie sich die Gewinnschwelle verändert, wenn der Materialanteil z. B. wegen eines verstärkten *Outsourcing* steigt und zugleich die Fixkosten um einen bestimmten Betrag abgebaut werden. Auf diese Weise können Einsichten in eine veränderte Struktur des Geschäftsrisikos gewonnen werden.

Umsatzkostenverfahren

Die Gewinnschwellenanalyse lässt sich auch bei Anwendung des Umsatzkostenverfahrens im HGB-Einzelabschluss in vergleichbarer Weise durchführen, da einerseits die Material- und Personalaufwendungen dem Anhang zu entnehmen sind, andererseits die allein auf steuerlichen Vorschriften beruhenden Abschreibungen in Anlage- und Umlaufvermögen unabhängig von der Wahl des GuV-Gliederungsschemas angabepflichtig sind. Im Falle eines Konzernabschlusses lässt sich die Gewinnschwellenanalyse im HGB-Abschluss dagegen nicht anwenden, wenn die GuV nach dem Umsatzkostenverfahren erstellt ist. Hier fehlt es an der Angabepflicht des Materialaufwands.

IAS/IFRS-/US-GAAP-Abschluss

Im IAS/IFRS-Abschluss kann die *Break-even*-Analyse in gleicher Weise wie im HGB-Abschluss angewendet werden, wenn die GuV nach dem Gesamtkostenverfahren gestaltet ist. Im Falle des Umsatzkostenverfahrens, das bei IAS/IFRS-Abschlüssen die Regel, bei US-GAAP-Abschlüssen dagegen zwingend ist, scheitert eine *Break-even*-Analyse an der mangelnden Information über den Materialaufwand.

Kontrollfragen:

1. Skizzieren Sie kurz das Erkenntnisziel der erfolgswirtschaftlichen Bilanzanalyse, und erläutern Sie die den Jahresabschlussdaten innewohnenden grundsätzlichen Informationsrestriktionen!
2. Was beinhalten die Ermittlungsaufgabe und die Erklärungsaufgabe der erfolgswirtschaftlichen Bilanzanalyse?
3. Welche Mängel haften dem handelsrechtlichen Jahresergebnis als Maßstab der Ertragskraft an?
4. Welche grundsätzlichen Möglichkeiten bestehen bei der betragsmäßigen Ergebnisanalyse?
5. Inwieweit lassen sich aus den Angaben des Anhangs Anhaltspunkte über das Ausmaß stiller Reserven gewinnen?
6. Erläutern Sie die Möglichkeiten, das Jahresergebnis um die handels- und steuerrechtlich bedingten und auch quantifizierbaren Verzerrungen zu bereinigen! Welche Probleme ergeben sich hierbei im Rahmen eines Mehrperiodenvergleichs?
7. Nennen Sie einige Angaben in den *notes* gemäß IAS/IFRS und US-GAAP, die für eine betragsmäßige Analyse von Relevanz sind!
8. Wodurch unterscheiden sich Bilanzkurs und Börsenkurs voneinander?
9. Lässt die Differenz zwischen Börsenkurs und Bilanzkurs Schlüsse auf die Höhe der stillen Reserven zu?
10. Auf welche Weise können die stillen Zwangsreserven eingegrenzt werden?
11. Wie lässt sich die so genannte *market-to-book-ratio* interpretieren?
12. Erläutern Sie die Bedeutung der Methode der Steuerbilanzgewinnschätzung!
13. Unter welchen Voraussetzungen lässt sich der Steuerbilanzgewinn aus dem in der GuV ausgewiesenen Steueraufwand schätzen?
14. Welche Erkenntnisziele verfolgt die Cashflow-Analyse im Rahmen der Analyse der Ertragskraft?
15. Welchen Aussagegrenzen unterliegt der Cashflow als retrospektiver Erfolgsmaßstab?
16. Wie unterscheidet sich der so genannte EBITDA vom Cashflow?
17. Definieren Sie den betriebsbedingten Cashflow!
18. Erläutern Sie die Grenzen der Aussagefähigkeit der Cashflow-Analyse als Indikator der Ertragskraft!
19. Erläutern Sie das Konzept des Ergebnisses nach DVFA/SG!
20. Wie wird der aus der Konsolidierung stammende Goodwill im Rahmen der Ermittlung des DVFA/SG-Ergebnisses behandelt?
21. Was bezweckt das DVFA/SG-Ergebnis?
22. Welche Erkenntnisziele verfolgt die Ergebnisquellenanalyse?
23. Nach welchen Kriterien lassen sich die Daten der Ergebnisrechnung unter dem Gesichtspunkt der Ergebnisquellenanalyse klassifizieren?

24. Grenzen Sie das ordentliche Betriebsergebnis ab! Wie behandelt man in diesem Zusammenhang die sonstigen betrieblichen Aufwendungen und Erträge?
25. Grenzen Sie das außerordentliche Ergebnis ab! Wie behandelt man in diesem Zusammenhang die sonstigen betrieblichen Aufwendungen und Erträge?
26. Erläutern Sie wesentliche Unterschiede der Ergebnisspaltung im IAS/IFRS- bzw. US-GAAP-Abschluss einerseits und im HGB-Abschluss andererseits!
27. Was versteht man unter dem so genannten *Management Approach* im Rahmen der Segmentberichterstattung?
28. Welche Bedeutung kommt der Segmentberichterstattung für die Bilanzanalyse zu?
29. Auf welche Weise lässt sich der Segment-Wertbeitrag ermitteln?
30. Welche Bedeutung kommt dem Segment-Free Cashflow für die Beurteilung des Unternehmensportfolios zu?
31. Nennen Sie die wichtigsten Aufwandsstrukturkennzahlen auf der Grundlage einer Gewinn- und Verlustrechnung nach dem Gesamtkostenverfahren bzw. nach dem Umsatzkostenverfahren!
32. In welcher Interdependenz stehen Personalintensität und Materialintensität?
33. Definieren und interpretieren Sie die Kennzahl »Eigenkapitalrentabilität«!
34. Welche Teilkennzahlen sind zur Beurteilung der Aktienrentabilität heranzuziehen?
35. Welche Aussage kommt den Kennzahlen »Gewinn je Aktie« und »Kurs-Gewinn-Verhältnis« zu?
36. Was versteht man unter dem Dividendendeckungsgrad?
37. Welche Marktwertmultiples sind zu unterscheiden und welche Aussagefähigkeit kommt ihnen zu?
38. Definieren Sie die Begriffe Gesamtkapitalrentabilität und Umsatzrentabilität!
39. Wie hängen Gesamtkapitalrentabilität und Umsatzrentabilität zusammen? Was versteht man in diesem Zusammenhang unter einer »graphischen Rentabilitätsanalyse«?
40. Was versteht man unter *return on net assets* (RONA), was unter dem *return on capital employed* (ROCE)? Vergleichen Sie diese Kennzahlen mit der Rentabilität des betriebsnotwendigen Vermögens!
41. Was versteht man unter dem statischen CFROI, was unter dem dynamischen CFROI?
42. Wie lässt sich aus den Angaben des Jahresabschlusses das Alter des abnutzbaren Anlagevermögens, wie die Restnutzungsdauer des Sachanlagevermögens ermitteln?
43. Nennen Sie die finanziellen Treibergrößen für die Eigenkapitalrentabilität!
44. Erläutern Sie den Aufbau eines *return-on-investment*-Schemas!
45. Wie lässt sich das RoI-Schema zu einem wertorientierten Kennzahlensystem weiterführen?

46. Was versteht man unter der analytischen und synthetischen Betrachtungsweise im Rahmen der Rentabilitätsanalyse?
47. Wodurch unterscheidet sich der Erfolgsbegriff der Wertschöpfungsrechnung vom Erfolgsbegriff der GuV?
48. Warum ist die Wertschöpfungsanalyse auch aus Sicht der Investoren relevant?
49. Wie lässt sich die Wertschöpfung unter Verwendung der handelsrechtlichen GuV-Schemata definieren?
50. Inwieweit lassen sich Wertschöpfungsanalysen auch in IAS/IFRS- bzw. US-GAAP-Abschlüssen durchführen?
51. Was versteht man im Rahmen der Wertschöpfungsanalyse unter Arbeitsproduktivität, was unter Kapitalproduktivität? Wie hängen diese beide Größen zusammen?
52. Interpretieren Sie die Personalkostenproduktivität!
53. Was versteht man unter der Kennzahl »totaler Wertschöpfungskoeffizient«?
54. Welcher Zusammenhang besteht zwischen der Wertschöpfungsquote, der Fertigungstiefe, Fertigungsbreite und der Betriebsgröße?
55. Welcher Zusammenhang besteht zwischen der mittels der Wertschöpfung gemessenen Arbeitsproduktivität und der Kapitalrentabilität?
56. Auf welche Ursachen lässt sich das leistungswirtschaftliche Risiko zurückführen?
57. Wie lässt sich das leistungswirtschaftliche Risiko messen?
58. Welche Modifikationen sind vorzunehmen, um die *Break-even-Analyse* im Rahmen der externen Unternehmensanalyse anwenden zu können?
59. Kann eine *Break-even-Analyse* auch dann durchgeführt werden, wenn die Ergebnisrechnung nach dem Umsatzkostenverfahren aufgestellt wurde?
60. Kann die Break-even-Analyse im IAS/IFRS-/US-GAAP-Abschluss durchgeführt werden?

15. Kapitel: Strategische Bilanzanalyse: Erfolgspotenzial und Wert

Erfolgspotenzial

Gegenstand der strategischen Bilanzanalyse ist das Erfolgspotenzial des Unternehmens. Entsprechend der Vorsteuerungsfunktion der Zielgröße »Erfolgspotenzial« für Erfolg und Liquidität ist die strategische Bilanzanalyse somit auf die Treiber des zukünftigen Erfolgs und der zukünftigen Liquiditätsgenerierung des Unternehmens gerichtet. Während sich die finanz- und erfolgswirtschaftliche Bilanzanalyse im Wesentlichen auf die Abschlussinstrumente selbst richten und damit auf abgeschlossene Perioden abzielen, geht die strategische Bilanzanalyse über den Bereich der Abschlussinstrumente hinaus und greift auf Informationen des Unternehmensumfeldes sowie auf die über die finanzielle Rechnungslegung hinausgehenden pflichtmäßigen und freiwilligen Zusatzinformationen zurück. Die strategische Bilanzanalyse lässt sich deshalb in geringerem Maße als die finanz- und erfolgswirtschaftliche Bilanzanalyse quantifizieren und standardisieren. Die folgenden Ausführungen müssen sich deshalb eher auf die prinzipiellen Möglichkeiten richten, die im jeweiligen Einzelfall der Anpassung bedürfen.

Wert/Unternehmenswert

Der Wert eines Unternehmens hängt vom Erfolgspotenzial und den daraus zu erwartenden künftigen Erfolgs- und Liquiditätszuflüssen des Unternehmens ab (vgl. 12. Kapitel A I, Abb. 12.2). Im Rahmen der finanz- und erfolgswirtschaftlichen Bilanzanalyse lassen sich Aussagen zum Unternehmenswert nur aus retrospektiver Perspektive machen. So kann etwa gefragt werden, welchen Wertbeitrag ein Segment oder das Unternehmen in der abgeschlossenen Periode zum Unternehmenswert geleistet hat (vgl. 14. Kapitel A II b; B V). Aussagen zum Wert des Unternehmens, der sich aus den künftigen Ergebnissen bzw. Zahlungsströmen ableitet, erfordern dagegen eine Analyse des Erfolgspotenzials. Die strategische Bilanzanalyse, die auf das Erfolgspotenzial gerichtet ist, lässt sich deshalb zugleich als wertorientierte Bilanzanalyse charakterisieren.

A. Notwendigkeit und Konzeption der strategischen Bilanzanalyse

Zukunftserfolgswert

Der Wert eines Unternehmens wird durch den Barwert der zukünftigen Ausschüttungen an die Eigentümer gemessen (= Zukunftserfolgswert). Die künftigen Ausschüttungen hängen ihrerseits von der künftigen Profitabilität ab. Aus diesen Gründen greift die Ermittlung des Unternehmenswertes - statt auf die Ausschüttungen direkt - auf Zukunftserfolge zurück, die die Ausschüttungen an die Eigentümer determinieren. Drei Ansätze konkurrieren untereinander, die sich durch die Definition der Zukunftserfolge voneinander unterscheiden, bei konsistenter Ermittlung der Parameter aber äquivalent sind (vgl. Coenenberg, A. G./ Schultze, W. [2002a]):

1. DCF-Ansatz:

DCF-Ansatz

Als Zukunftserfolg wird der Free Cashflow (FCF) vor Zinsaufwand, nach Steuern verwendet. Der Zukunftserfolgswert (ZEW) für den Eigentümer ergibt sich nach Abzug des verzinslichen Fremdkapitals (VFK) vom Barwert der Free Cashflows. Vor Fremdkapitalabzug ergibt sich der Brutto-Zukunftserfolgswert (BZEW), auch »*enterprise value*« genannt:

$$BZEW = \underbrace{\sum_{t=1}^{n} \frac{FCF_t}{(1+WACC)^t}}_{\text{Wert im Prognosehorizont}} + \underbrace{\frac{\overline{FCF}}{WACC - g} \times \frac{1}{(1+WACC)^n}}_{\text{Wert ewige Rente}}$$

$$ZEW = BZEW - VFI$$

Die bisher nicht erläuterten Symbole sind:

$\overline{FCF}$ = Free Cashflow nach dem Prognosehorizont n

g = Wachstumsrate des FCF nach dem Prognosehorizont

WACC = Gewichtete durchschnittliche Kapitalkosten

2. Ertragswert-Ansatz:

Ertragswert-Ansatz

Formal ähnlich stellt sich der Ertragswertansatz dar. Statt des Free Cashflow wird mit periodisierten Ergebnissen, d. h. Gewinnen/Verlusten (G) gerechnet. Zur Vergleichbarkeit wird auch die Ertragswertmethode im Folgenden als Brutto-Ansatz dargestellt, d. h. der Zukunftserfolg ist als Ergebnis vor Zinsen, aber nach Steuern bemessen:

$$BZEW = \underbrace{\sum_{t=1}^{n} \frac{G_t}{(1+WACC)^t}}_{\text{Wert im Prognosehorizont}} + \underbrace{\frac{\bar{G}}{WACC - g} \times \frac{1}{(1+WACC)^n}}_{\text{Wert ewiger Rente}}$$

$$ZEW = BZEW - VFK$$

3. Residualgewinn-Ansatz:

Nach dem Residualgewinn-Ansatz entspricht der Brutto-Unternehmenswert dem Buchwert des Anfangsvermögens (V = Anlagevermögen + Nettoumlaufvermögen bzw. Eigenkapital + verzinsliches Fremdkapital) zuzüglich dem Barwert aller künftig erwarteten Residualgewinne:

Residualgewinn-Ansatz

$$BZEW = \left(\underbrace{V_0}_{\text{Anfangs-vermögen}} + \underbrace{\sum_{t=1}^{n} \frac{G_t - (WACC \cdot V_{t-1})}{(1+WACC)^t}}_{\text{Geschäftswert im Prognosehorizont}} + \underbrace{\frac{\bar{G} - (WACC \cdot V_n)}{WACC - g} \times \frac{1}{(1+WACC)^n}}_{\text{Geschäftswert ewige Rente}} \right)$$

$$ZEW = BZEW - VFK$$

Im Folgenden soll beispielhaft mit dem Ertragswert-Ansatz weiter argumentiert werden, um die Bedeutung der Bilanzanalyse für die Unternehmensbewertung zu verdeutlichen. Ganz analoge Überlegungen lassen sich mittels der beiden anderen Ansätze ableiten. Zur Bestimmung des Ertragswertes sind die künftigen Ergebnisse zu ermitteln. Diese hängen wesentlich von den Investitionen (Vermögen i. S. v. Anlagevermögen zuzüglich Netto-Umlaufvermögen) und den darauf erzielbaren Renditen ab. Die bilanzanalytische Koppelung von Umsatz und Vermögen geschieht über den Vermögensumschlag (VU = Umsatz / Vermögen). Unter der Voraussetzung statischer Verhältnisse, d. h. gleichbleibender bilanzanalytischer Kennzahlen und Wachstumsraten, ließe sich eine Ergebnisprognose leicht aus einer vergangenheitsbezogenen erfolgswirtschaftlichen Bilanzanalyse ableiten. Das sei an einem stark vereinfachten Beispiel gezeigt.

Unternehmensbewertung und erfolgswirtschaftliche Bilanzanalyse

Die Analysen der letzten fünf Jahresabschlüsse haben zu folgenden Kennzahlen geführt, die von Jahr zu Jahr in etwa gleich blieben:

Beispiel

Umsatzwachstum p.a.	(g_U)	=	5 %
Vermögensumschlag	(VU)	=	2
Umsatzrentabilität	(UR)	=	10 %
Rentabilität des gebundenen Vermögens	(VR)	=	20 %

Unter statischen Verhältnissen, also unter der Annahme, dass diese Kennzahlen auch in der Zukunft gelten, lässt sich die Vergangenheitsanalyse (t = -4 bis t = 0) leicht in eine Prognose (t = +1 bis t = +3) überführen:

	Ist-Daten					Prognose		
Jahr	-4	-3	-2	-1	0	+1	+2	+3
Umsatz	100	105	110	166	122	128	135	141
Vermögen	50	53	55	58	61	64	67	71
Ergebnis	10	10,5	11	11,6	12,2	12,8	13,5	14,1

In dem vorstehenden Zahlenbeispiel entspricht die Prognose den vergangenen IstZahlen, mit konstanten bilanzanalytischen Kennzahlen (s. o.) fortgeschrieben. Geht man von Kapitalkosten in Höhe von WACC = 10 % aus und unterstellt man zudem, dass alle Kennzahlen auch nach dem Prognosehorizont, also auch nach dem Jahr 3 für alle zukünftigen Jahre konstant bleiben, dann lässt sich der Brutto-Wert des Unternehmens wie folgt ermitteln:

$$\text{BZEW} = \frac{12,8}{1,1} + \frac{13,5}{1,1^2} + \frac{14,1}{1,1^3} + \frac{14,1 \cdot 1,05}{0,1 - 0,05} \cdot \frac{1}{1,1^3} = 256$$

Wertorientierte, strategische Bilanzanalyse

Die Annahme konstanter Wachstumsraten und konstanter bilanzanalytischer Kennzahlen ist allerdings unrealistisch. Unternehmen versuchen ja gerade, durch Strategien Wettbewerbsvorteile zu generieren, die zu verbesserten Wachstumsraten und zu verbesserten Umsatzrenditen und Umschlagskennzahlen führen.

Andererseits unterliegen Unternehmen auch ständig der Gefahr der Schwächung der Wettbewerbsposition durch Gegenstrategien des Wettbewerbs und infolgedessen der Verschlechterung von Wachstum und bilanzanalytischen Kennzahlen. Aufgabe der strategischen Bilanzanalyse ist es, die Risiken und Chancen im Wettbewerb und die Stärken und Schwächen des Unternehmens im Hinblick auf ihre Wirkungen auf den Unternehmenswert zu analysieren. Letztendlich muss der Fokus der Analyse die Frage sein, wie sich die strategischen Einflussgrößen auf die Parameter des Unternehmenswertes auswirken. Dass dies allerdings nicht durchgängig in quantitativ messbarer Form, sondern überwiegend nur qualitativ möglich ist, wurde bereits ausgeführt.

Ansätze zur Unternehmensbewertung und zur strategischen Bilanzanalyse

Die Zukunftserfolgsbewertung zielt auf die Ermittlung des fundamentalen inneren Wertes eines Unternehmens ab. Soweit die strategische Bilanzanalyse sich am Konzept der Zukunftserfolgsbewertung orientiert, steht im Mittelpunkt der Betrachtung die Analyse der unternehmens- und umfeldbezogenen Treibergrößen der Zukunftserfolge (»zukunftserfolgswertorientierte Bilanzanalyse«). Für die Ermittlung des Unternehmenswertes lassen sich neben dem Zukunftserfolgswert Kapitalmarktbewertungen des Unternehmens, von Vergleichsunternehmen oder der Branche heranziehen. Die Analyse von Kapitalmarktdaten und der in den Kapitalmarktdaten implizit enthaltenen Investorerwartungen ist deshalb ein weiterer Ansatzpunkt im Rahmen der strategischen, wertorientierten Bilanzanalyse (»marktwertorientierte Bilanzanalyse«). Schließlich ist auch die Substanzbewertung ein die Zukunftserfolgsbewertung ergänzender Bestandteil der Bewertung eines Unternehmens. Wären alle wertrelevanten materiellen und immateriellen Vermögenswerte, unabhängig von ihrer Bilanzierungsfähigkeit, mit ihrem Wertpotenzial in einem Vermögensinventar erfassbar, dann würde der Wert des Inventars den Zukunftserfolgswert approximieren. Je mehr es gelingt, die Vermögenswerte eines Unternehmens zu identifizieren und zu quantifizieren, umso mehr lässt sich deshalb auch der Zukunftserfolgswert durch die ihn tragenden Vermögenswerte substanziieren. Die substanzorientierte strategische Bilanzanalyse, insbesondere des immateriellen Vermögens, ist deshalb ein weiterer Ansatzpunkt der wertorientierten Bilanzanalyse. Da sich diese in erste Linie auf das immaterielle Vermögen richtet, das oft noch nicht das Konkretisierungsstadium des Substanzwertes erreicht hat, sprechen wir im Folgenden von »ressourcenorientierter Bilanzanalyse«.

Entsprechend den drei Ansätzen einer Unternehmensbewertung, nämlich Substanzwert, Marktwert und Zukunftserfolgswert, lassen sich folglich drei Ansätze der strategischen Bilanzanalyse - ressourcenorientierte (substanzorientierte), marktwertorientierte und zukunftserfolgswertorientierte Ansätze - unterscheiden. Dies ist in Abbildung 15.1 zusammenfassend dargestellt.

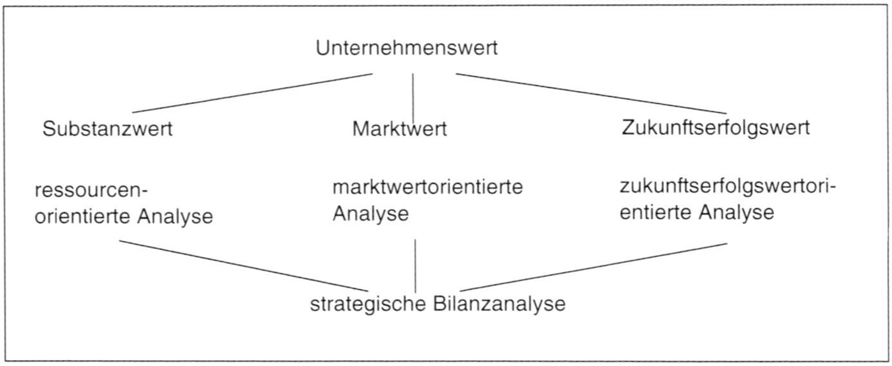

Abb. 15.1: Ansätze der strategischen, wertorientierten Bilanzanalyse

B. Ressourcenorientierte Analyse

Unternehmenswert/Geschäftswert

Mittels der Residualgewinnmethode wird der Unternehmenswert (UW) aus zwei Bestandteilen erklärt: aus dem Anfangsvermögen (V_0) zum Zeitpunkt der Bewertung und dem Geschäftswert (GW). Der Geschäftswert entspricht dem Barwert aller künftigen Residualgewinne (RG). In der folgenden Gleichung wird für den Unternehmenswert das Symbol UW verwendet, um offen zu halten, ob der Brutto- (BZEW) oder der Netto-Wert (ZEW) errechned werden soll:

$$UW = V_0 + GW = V_0 + \sum_t \frac{RG_t}{(1 + WACC)^t}$$

Dabei entspricht der Residualgewinn dem Überschuss der Gewinne (G) vor Zinsen über die Kapitalkosten:

$$RG_t = G_t - WACC \times V_{t-1}$$

Um den Stellenwert der Ressourcen-Analyse im Rahmen der strategischen, wertorientierten Bilanzanalyse zu verdeutlichen, ist der Geschäftswert (GW) seinerseits in zwei Bestandteile zu zerlegen, einerseits in den »kurzfristigen« Geschäftswert (GW_k), der aufgrund konkreter initiierter Projekte bis zu einem überschaubaren Prognosehorizont von n Jahren erwartet werden kann, andererseits den nach dem Prognosehorizont möglicherweise zu erwartenden langfristigen Geschäftswert (GW_l). Eine Veranschaulichung gibt Abbildung 15.2 (vgl. hierzu und zur Unterscheidung in *long-term* und *short-term value*: Coenenberg, A. G./Salfeld, R. [2003], Kapitel 4).

Anfangsvermögen/bilanzierte Vermögenswerte

Unternimmt man den - nur unter idealtypischen Bedingungen exakt möglichen - Versuch, diese drei Unternehmenswertbestandteile auf der Basis der im Unternehmen augenblicklich vorhandenen und zukünftig zugänglichen Ressourcen zu plausibilisieren, lässt sich das Anfangsvermögen (V_0) vor allem auf die durch vergangene Erfolge und Investitionen geschaffenen und bereits bilanzierten materiellen wie immateriellen Vermögenswerte zurückführen.

Kurzfristiger Geschäftswert/Immaterielle Vermögenswerte

Gemäß dieser idealtypischen Kategorisierung beruht der kurzfristige Geschäftswert auf vorhandenen Wettbewerbsvorteilen, die mit Hilfe besonderer, z. B. markt- oder innovationsbezogener Fähigkeiten des Unternehmens geschaffen wurden. In einem weiten Sinne manifestieren sich diese Wettbewerbsvorteile in immateriellen Vermögenswerten wie z. B. Patenten, Produktideen etc. Der kurzfristige Geschäftswert kann deshalb gedanklich als Summe der *fair values* vorhandener immaterieller Vermögenswerte interpretiert werden. Diese immateriellen Vermögenswerte erscheinen allerdings unter den gegenwärtigen Bilanzierungsstandards - von Ausnahmen abgesehen (vgl. 3. Kapitel B I) - nur in der Bilanz, wenn sie von Dritten einzeln oder im Rahmen einer Akquisition entgeltlich erworben wurden. Wären derartige immaterielle Vermögenswerte in einer »perfekten« Bilanz mit ihren *fair values* enthalten, dann würde das Anfangsvermögen V_0 entsprechend höher ausfallen, der kurzfristige Geschäftswert würde dementsprechend entfallen.

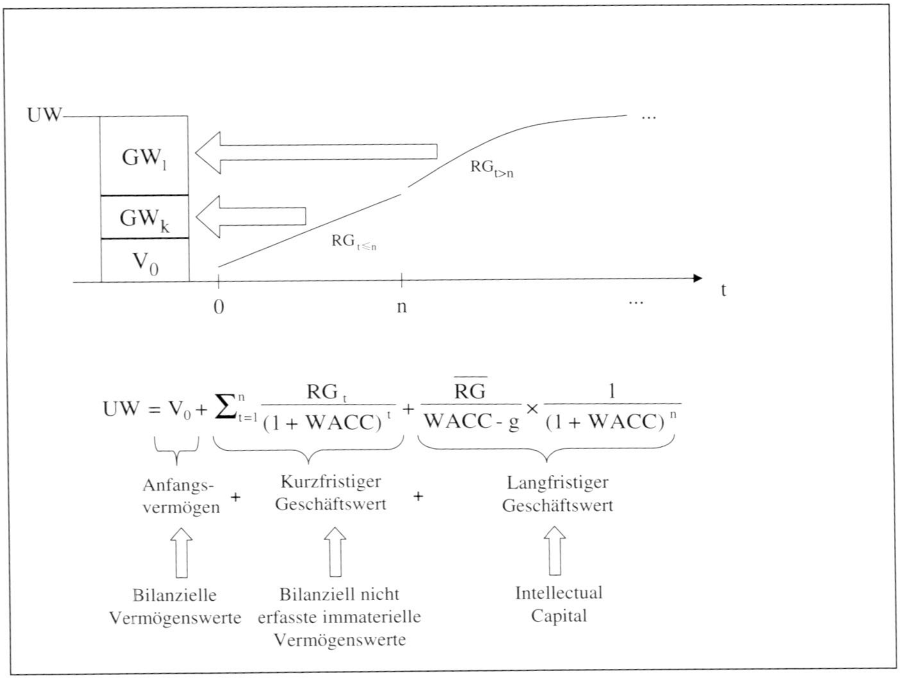

$$UW = V_0 + \sum_{t=1}^{n} \frac{RG_t}{(1+WACC)^t} + \frac{\overline{RG}}{WACC - g} \times \frac{1}{(1+WACC)^n}$$

Abb. 15.2: Unternehmenswert und Vermögenswert

Langfristiger Geschäftswert/ intellectual capital

Vorhandenene immaterielle Vermögenswerte und darauf beruhende strategische Wettbewerbsvorteile sind einem ständigen Erneuerungsprozess zu unterwerfen. Gelingt die Erneuerung nicht, wird das Unternehmen langfristig auf den Durchschnitt seiner Risikoklasse zurücksinken, die Gewinne entsprechen dann allenfalls den Kapitalkosten, positive Residualgewinne und ein langfristiger Geschäftswert sind nicht mehr zu erwarten. Ein positiver langfristiger Geschäftswert setzt dementsprechend Fähigkeiten im Unternehmen voraus, neue strategische Wettbewerbsvorteile zu generieren. Er beruht daher im Prinzip auf zukünftigen potenziellen Wettbewerbsvorteilen. Eine Abschätzung darüber, ob es dem Unternehmen je gelingen wird, diese Wettbewerbspotenziale zu schaffen, lässt sich im Prinzip nur über bereits vorhandene strategisch relevante Fähigkeiten vornehmen, die aber i. A. noch nicht das Konkretisierungsstadium einzeln bewertbarer und veräußerbarer immaterieller Vermögenswerte erreicht haben. Diese Fähigkeiten sind deshalb dem »*intellectual capital*« (vgl. z. B. Haller, A./ Dietrich, R. [2001]) bzw. dem Intellektuellem Kapital (vgl. DRS 12.33) zuzurechnen.

Immaterielle Werte/intangibles

Im Sinne der vorgenommenen idealisierenden Kategorisierung der *intangibles* ergibt sich folgende begriffliche Differenzierung:

Alle nicht den physischen und finanziellen Werten (*physical and financial assets*) zuordenbaren Werte werden unter den Oberbegriff »Immaterielle Werte« (*intangibles*) zusammengefasst (vgl. auch Gu, F./Lev, B. [2001]). Der Gesamtwert der *intangibles* lässt sich, ausgehend vom »Martkwert« des Unternehmens, wie folgt ermitteln:

	Marktwert des Unternehmens
-	Wert der physischen und finanziellen Vermögenswerte
=	Immaterielle Werte (Wert der *intangibles*)

Immaterielle Vermögenswerte

Immaterielle Vermögenswerte sind diejenigen immateriellen Werte, die aufgrund der Aktivierungsvorschriften bilanziell erfasst sind oder im Falle des Erwerbs des Unternehmens im Rahmen der Erstkonsolidierung als immaterielle Anlagewerte zu bilanzieren wären.

Intellectual Capital

Alle anderen immateriellen Werte sind dem *intellectual capital* zuzurechnen. Wird im Falle einer Akquisition ein Kaufpreis in Höhe des Unternehmenswertes entrichtet, so entspricht der bilanzielle Goodwill dem *intellectual capital;* ist der Kaufpreis niedriger (*»lucky buy«*), so ist der Goodwill kleiner als das *intellectual capital;* ist der Kaufpreis höher (*»unlucky buy«* oder erwartete Synergien im Erwerberunternehmen), so überschreitet der bilanzielle Goodwill das *intellectual capital* des erworbenen Unternehmens.

Analyse des intellectual capital

Alle drei Wertkategorien (bilanziell erfasste immaterielle Vermögenswerte, bilanziell nicht erfasste immaterielle Vermögenswerte, *intellectual capital*) stehen idealisiert in einer zeitlichen Vorlaufwirkung zueinander. So können die dem langfristigen Geschäftswert zugeordneten Teile des *intellectual capital* mit zunehmender Konkretisierung in einzeln bewertbare und einzeln veräußerbare immaterielle Vermögenswerte transferiert werden; diese werden mit einer entgeltlichen Transaktion zu bilanziellen Vermögenswerten. Erst wenn sie dieses Stadium erreicht haben, werden sie Gegenstand einer finanz- und erfolgswirtschaftlichen Bilanzanalyse. Die stragtegische Bilanzanalyse will weiter greifen. Im Zentrum der strategischen Ressourcenanalyse steht daher insbesondere das *intellectual capital.* Seine Analyse soll zu Aussagen darüber führen, ob auch nach dem überschaubaren Prognosehorizont mit Wettbewerbsvorteilen und positiven Residualgewinnen zu rechnen ist.

Kategorien des intellectual capital

Das *intellectual capital* kann nach unterschiedlichen Kriterien in Kategorien eingeteilt werden. Eine an den *Stakeholdern* des Unternehmens orientierte Unterteilung unterscheidet sieben Kategorien (vgl. Arbeitskreis »Immaterielle Werte im Rechnungswesen« der Schmalenbach-Gesellschaft [2001], S. 990 f.; Haller, A./Dietrich, R. [2001], S. 1045 f.; DRS 12.34):

- human capital

- *human capital*: Dazu zählen die immateriellen Werte im Personalbereich, wie Wissen, Kompetenz, Motivation, usw.

- *customer capital*: Dieses umfasst die immateriellen Werte im Absatzbereich, wie Kundenloyalität, Marktanteile, Marken, Abnahmeverträge, etc. - *customer capital*
- *supplier capital*: Damit sind alle immateriellen Werte im Beschaffungsbereich gemeint. Dies können z. B. Allianzen mit Zulieferern oder Bezugsrechte sein. - *supplier capital*
- *investor capital*: Hier handelt es sich um immaterielle Werte im Finanzierungsbereich des Unternehmens. Dazu zählen besondere Fähigkeiten im Bereich der Investor Relations ebenso wie beispielsweise ein solides Rating als Grundlage der Fremdfinanzierung. - *investor capital*
- *process capital*: Hierzu zählen die immateriellen Werte im aufbau- und ablauforganisatorischen Vollzug der verschiedenen Wertschöpfungsprozesse, wie z. B. Produktion, Vertrieb, Entwicklung. Oft ist hier die Fähigkeit zur Netzwerkbildung mit Partnerunternehmen von besonderer Bedeutung. - *process capital*
- *location capital*: Standortvorteile können in allen Wertschöpfungsstufen von Bedeutung sein. - *location capital*
- *innovation capital*: Dies beinhaltet die immateriellen Werte im Bereich der Produkt- und Verfahrensinnovationen des Unternehmens. Patente, Rezepturen, aber auch ungeschützte technische Vorsprünge sind hier beispielsweise zu nennen. - *innovation capital*

Transformation von intangibles zu intellectual capital

Jedes Unternehmen verfügt über allgemeine *intangibles*, aber nicht jedes Unternehmen ist in der Lage, vorhandene allgemeine *intangibles* in strategisch umsetzbares Intellektuelles Kapital zu transformieren. Nur über eine solche Transformation entstehen Wettbewerbsvorteile, die zu dauerhaft positiven Residualgewinnen führen. Aufgabe der Ressourcenanalyse ist es, den Grad der Umsetzung allgemeiner *intangibles* mit niedrigem Wertsteigerungspotenzial in strategisch wirkungsvolles *intellectual capital* mit hohem Wertsteigerungspotenzial abzuschätzen. Dafür gibt es kein Rezept.

Die beispielhafte Auflistung von Eigenschaften und Kennzahlen in Tabelle 15.1 kann für eine Ressourcenanalyse nur Hinweise geben (vgl. dazu auch Coenenberg, A. G./Salfeld, R. [2003], Kapitel 4, insbes. Abb. 4-15, 4-22).

Analyse des intellectual capital nach Kategorien

Intellectual Capital	Wertsteigerungspotenzial		Kennzahlen/ Bewertungskriterien
	niedrig	hoch	
Human Capital	Mitarbeiter, die die ihnen zugeordneten Aufgaben verrichten	Flexible, talentierte und gut ausgebildete Mitarbeiter mit breiten Einsatzmöglichkeiten	• Akzeptanzquote von High Potenzials • Incentive Systeme • Ausgaben für Personalentwicklung • Fluktuationsrate • Wertschöpfung je Mitarbeiter
Customer Capital	Unspezifische Wahrnehmung der Fähigkeiten und Produkte des Unternehmens	Eindeutige Wahrnehmung der Value Proposition des Unternehmens, z. B. gestützt durch eine Marke	• Marketingaufwendungen • Markenwert • Kundenzufriedenheit • Kundenloyalität
Supplier Capital	Lose, über Makttransaktionen defininerte Verbindungen zu Lieferern	Netzwerkähnliche Verbindungen zu den Lieferern, z. B. über Allianzen oder Wertschöpfungspartnerschaften	• Lieferantenintegration • Lieferantenfokus • Lieferantenflexibilität • Lieferantenqualität
Investor Capital	An den Standards orientierte passive Informationspolitik	An den Kapitalmarktanforderungen orientiertes Wertmanagement, aktive am Best Practice orientierte Informationspolitik, funktionierende Corporate Governance	• Aktionärszufriedenheitsindex • Börsenumsatz, Aktienliquidität • Publizitätsgüteindex • Rating • Value-at-Risk; β–Faktor
Process Capital	Historisch gewachsene Strukturen und Abläufe	Lernende Organisation, Prozessorientierung	• Fest installierte Netzwerke • Time to Market • Process Cycle Time • Qualitätsindizes • Kapazitätsauslastung
Location Capital	Historisch gewachsene Standorte	Aktive, an Kunden, Standortvorteilen und Know How orientierte Standortpolitik	• Kundennähe • Low-Cost-Standorte • Clusterzugehörigkeit • Verlinkungsdichte im Internet
Innovation Capital	Allgemeine Erfahrungen und Kenntnisse über Forschung und Entwicklung in den verschiedenen Wertschöpfungsstufen	Geistiges Eigentum etwa im Bereich Produkt- und Verfahrensinnovationen	• Anzahl Patente • FuE-Aufwendungen • Umsatzanteil aus neuen Produkten • Entwicklungsproduktivität

Tab. 15.1: Kriterien für Ressourcen-Analyse

Prozessorientierte Analyse des intellectual capital

In manchen Fällen mag es auch zweckmässig sein, anstatt oder zusätzlich zu einer Analyse des *intellectual capitals* nach den beschriebenen Kategorien eine der Wertschöpfungskette der Innovationen folgende Analyse vorzunehmen. Lev, B. [2001](S. 111 ff.) stellt ein derartiges prozessorientiertes Informationssystem unter der Bezeichnung »*value chain scoreboard*« für das Management von *intangibles* vor. Mit Wertschöpfungskette der Innovationen ist dabei der Prozess von der Wissengenerierung (*discovery and learning*) über die Wissensumsetzung (*implementation*) bis zur kommerziellen Verwertung des Wissens (*commercialization*) gemeint. Auch dieses Kriteriensystem ist nicht soweit standardisierbar, dass es für alle denkbaren Fälle ohne individuelle Anpassung anwendbar ist. Für die externe Analyse des *intellectual capital* insbesondere von technologieorientierten Unternehmen kann das »*value chain scoreboard*« (vgl. Tabelle 15.2) als Kriterienraster nützlich sein.

Discovery and learning	Implementation	Commercialization
1. Internal renewal - Research and development - Work force training and development - Organizational capital, processes	4. Intellectual property - Patents, trademarks, and copyrights - Licensing agreements - Coded know-how	7. Customers - Marketing alliances - Brand values - Customer churn and value - Online sales
2. Acquired capabilities - Technology purchase - Spillover utilization - Capital expenditures	5. Technological feasibility - Clinical tests, Food and Drug Administration - Beta tests, working pilots - First mover	8. Performance - Revenues, earnings, and market share - Innovation revenues - Patent and know-how royalties
3. Networking - R&D alliances and joint ventures - Supplier and customer integration - Communities of practice	6. Internet - Threshold traffic - Online purchases - Major Internet alliances	9. Growth prospects - Product pipeline and launch dates - Expected efficiencies and savings - Planned initiatives - Expected breakeven and cash burn rate

Tab. 15.2: »Value Chain Scoreboard« (Lev, B. [2001], S. 111).

Lagebericht als Informationsquelle

Die Notwendigkeit einer ressourcenorientierten strategischen Analyse stellt sich umso mehr, je stärker sich die Unternehmen von reinen Produktionsunternehmen zu Dienstleistungs- und Technologieunternehmen hin entwickeln (vgl. Küting, K. [2002]). Denn mit diesem Wandlungsprozess nimmt der Anteil immaterieller Vermögenswerte im weiteren Sinne im Vergleich zu den physischen und finanziellen Vermögenswerten immer stärker zu (vgl. dazu Gu, F./Lev, B. [2001]). Immaterielle Vermögenswerte werden, wie ausgeführt, in den Bilanzen aber nur im Falle ihres entgeltlichen Erwerbs und bei originärer Entstehung nur unter sehr einschränkenden Bedingungen erfasst. Die Ressourcenanalyse ist deshalb auf die Angaben im Lagebericht oder auf freiwillige Zusatzinformationen etwa im Rahmen eines »*Value Reporting*« angewiesen.

Publizitätspflichten zum intellectual capital

Nach §§ 289, 315 HGB sind im Rahmen des Lageberichts ein Wirtschaftsbericht, ein Prognosebericht und ein Forschungs- und Entwicklungsbericht zu geben (vgl. 11. Kapitel B IV). Konkretisierungen und Ergänzungen der Lageberichterstattung gemäß §§ 289, 315 HGB enthält der Rechnungslegungsstandard IDW RS HFA 1 (IDW [1998]). Relativ ausführliche Informationen sind zu geben über das *innovation capital* (Forschung und Entwicklung) und *human capital* (Personal- und Sozialbericht), es sind aber auch gegebenenfalls Angaben zu anderen Bereichen des *intellectual capital* zu machen. Eine ausdrückliche Berichterstattung empfiehlt DRS 12: »Darüberhinaus wird eine Berichterstattung über das intellektuelle Kapital des Konzerns empfohlen« (DRS 12.33). »Bei der Berichterstattung über das intellektuelle Kapital des Konzerns kann beispielsweise zwischen den Kategorien Humankapital (*human capital*), Kundenbeziehungen (*customer capital*), Lieferantenbeziehungen (*supplier capital*), Investor- und Kapitalmarktbeziehungen (*investor capital*), Organisations- und Verfahrensvorteile (*process capital*), Standortfaktor (*location capital)* und Innovationskapital (*innovation capital*) unterschieden werden« (DRS 12.34). Im Hinblick auf Angaben zum *intellectual capital* bleiben die Regeln nach IAS/IFRS und US-GAAP hinter den handelsrechtlichen Berichtspflichten zurück (vgl. 11. Kapitel B IV).

Publizitätspraxis zum intellectual capital

Für die zum 31. 12. 2000 im DAX100 notierten Unternehmen liegt eine Erhebung der Berichtspraxis zum *intellectual capital* vor (vgl. Ruhwedel, F./Schultze, W. [2002], S. 602 ff.). Die DAX-Unternehmen bilanzierten im Untersuchungszeitpunkt überwiegend nach IAS, die MDAX-Unternehmen überwiegend nach HGB. Die Anwendung der Bilanzierungsstandards ergibt sich aus Tabelle 15.3. Die beiden letzten Spalten bezeichnen Unternehmen, die ein *reconciliation* auf US-GAAP vornehmen.

	HGB	IAS	US-GAAP	HGB/ US-GAAP	IAS/ US-GAAP
DAX	4 (13,3 %)	13 (43,4 %)	8 (26,7 %)	3 (10,0 %)	2 (6,8 %)
MDAX	43 (61,4 %)	15 (21,4 %)	12 (17,2 %)	0	0
Gesamt	47 (47 %)	28 (28 %)	20 (20 %)	3 (3 %)	2 (2 %)

Tab. 15.3: Rechnungslegungsstandard der untersuchten Unternehmen (Ruhwedel, F./Schultze, W. [2002], S. 615)

Die Ergebnisse der Erhebung im Hinblick auf das *intellectual capital* sind in Abb. 15.3 zusammengefasst. Zu erkennen ist, dass die Berichtspraxis zum *intellectual capital* noch nicht sehr ausgeprägt ist. Am häufigsten findet man Angaben zum *human capital*, gefolgt vom *customer capital*; selten finden sich Angaben zum *location capital*. Überwiegend herrschen qualitative Angaben vor. Quantitative Angaben sind die Ausnahme, direkte Angaben zum Wertpotenzial kommen praktisch ausschließlich im Zusammenhang mit der investororientierten Berichterstattung über das Wertmanagement vor.

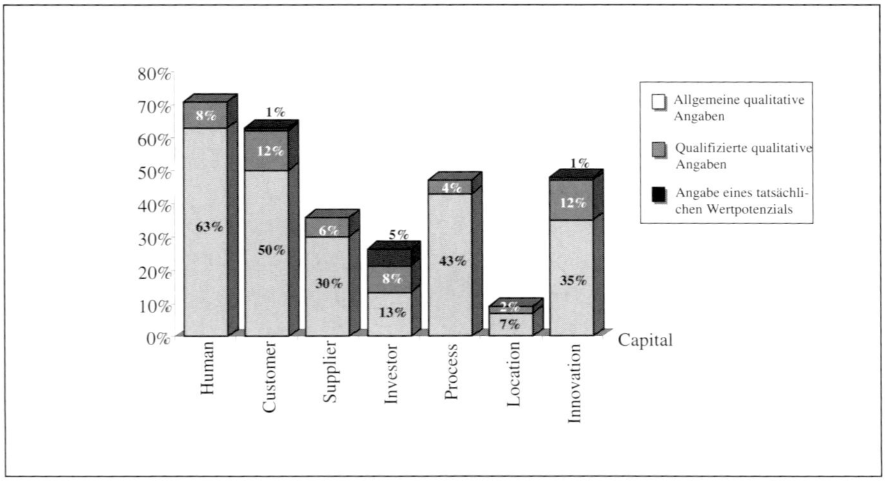

Abb. 15.3: Berichtspraxis zum Intellectual Capital (Ruhwedel, F./Schultze, W. [2002], S. 617)

C. Marktwertorientierte Analyse

Aktienrentabilität/Marktwert

Gegenstand der marktwertorientierten Analyse sind zunächst insbesondere zwei Fragestellungen:

- Welche auf den Marktwert bezogene Rentabilität (= Aktienrentabilität, *total return to shareholders*) wurde erwirtschaftet?
- Welcher Marktwert wird dem Unternehmen von den Investoren zugemessen (= Marktkapitalisierung oder *enterprise value*) und ist der Marktwert gemessen am Ergebnis (= *Price-Earnings-Ratio*) bzw. am Buchwert (= *Price/Book-Ratio*) angemessen?

Die Relevanz dieser Fragestellungen für die externen Investoren hat die börsennotierten Unternehmen in den vergangenen Jahren dazu veranlasst, diesen beiden Themen im Rahmen des Geschäftsberichts erhöhte Aufmerksamkeit zu widmen. So berichten im Rahmen des *»Value Reporting«* im Jahr 2000 44 % der DAX100-Unternehmen über die Aktienrendite und 94 % über die Kursentwicklung (Ruhwedel, F./Schultze, W. [2002], S. 618; vgl. auch Pellens, B./Hillebrandt, F./Tomaszewski, C. [2000]; Fischer, T. M. [2002]).

Strategische Analyse von Aktienrentabilität und Marktwert

Aktienrentabilität und Marktwert sind im Hinblick auf ihre tatsächliche Entwicklung bereits Gegenstand der erfolgswirtschaftlichen Bilanzanalyse (vgl. 14. Kapitel B II, III). Unter der strategischen Perspektive stellen sich sowohl für die Aktienrentabilität als auch für den Marktwert des Unternehmens weitergehende Fragen:

- *Aktienrentabilität:* Welche Faktoren beeinflussen die Aktienrentabilität und welche dieser Faktoren sind auf die besonderen strategischen Fähigkeiten des Unternehmens zurückzuführen? Diese Frage wird im folgenden Abschnitt I behandelt.
- *Marktwert:* Welches sind die im Marktwert implizit enthaltenen strategischen Positionierungen und Wachstumserwartungen, die die externen Investoren dem Unternehmen beimessen? Diese Fragen werden im nachfolgenden Abschnitt II behandelt.

I. Aktienrentabilität

Komponenten der Aktienrentabilität (TRS)

Wie im 14. Kapital B II schon ausgeführt, wird die Aktienrentabilität am *total return to shareholders* (TRS) gemessen. Für eine Periode von t=0 bis t=1 gilt (dabei bedeuten P = Aktienpreis, D = Dividende):

$$TRS = \frac{P_1 - P_0 + D_{0/1}}{P_0}$$

Der *total return to shareholders* lässt sich in vier Faktoren zerlegen (vgl. Coenenberg, A. G./Salfeld, R. [2003], S.41 ff.; ferner Bruckner, K./Leithner, S. u.a. [1999]):

1. Branchenrendite (BR)

Ohne Wettbewerbsvorteile oder -nachteile ist allenfalls zu erwarten, dass sich der TRS entsprechend der Branchenrendite entwickelt. Eine erste Komponente des TRS ist folglich die Branchenrendite. Mit BP = durchschnittlicher Branchenkurs und BD = durchschnittliche Branchen-Dividendenrendite folgt:

$$BR = (BP_1 / BP_0) \times (1 + BD_{0/1}) - 1$$

2. Relative Dividendenrendite (RD)

Sie entspricht dem von der branchendurchschnittlichen Dividendenrendite (BD) abweichenden Teil der Dividendenrendite (D) des Unternehmens:

$$RD = (1 + D_{0/1})/(1 + BD_{0/1}) - 1$$

3. Kurzfristige Perfomance-Erwartung (KPE)

Sie kann gemessen werden an der realtiven Veränderung des Ergebnisses je Aktie (EPS) im Vergleich zur branchendurchschnittlichen Veränderung des Ergebnisses je Aktie (BEPS):

$$KPE = (EPS_1/EPS_0)/(BEPS_1/BEPS_0) - 1$$

4. Langfristige Performance-Erwartung (LPE)

Sie kann durch die relative Entwicklung des *Price-Earnings-Ratio* (PER) des Unternehmens im Vergleich zur Branche (BPER) gemessen werden:

$$LPE = (PER_1/PER_0)/(BPER_1/BPER_0) - 1$$

Ein Beispiel soll zur Veranschaulichung dienen: *Beispiel*

Der Aktienkurs hat sich im betrachteten Zeitraum 0 bis 1 von Index 100 auf Index 140 entwickelt. Das Unternehmen hat keine Dividende ausgeschüttet. Der Gewinn je Aktie entwickelte sich von 5 auf 6. Der branchendurchschnittliche Kurs entwickelte sich von Index 100 auf 110, bei einer Dividendenrendite von 3 % und einer EPS-Entwicklung von 5 auf 5,5. Aus diesen Angaben lässt sich errechnen:.

$$TRS = \frac{140 - 100 + 0}{100} = 40\%$$

$$BR = (110/100) \times (1 + 0,03) - 1$$

$$= (1,1 + 0,03) - 1 = 0,13 = 13\%$$

$$RD = (1 + 0,0)/(1 + 0,03) - 1$$

$$= 1/1,03 - 1 = -0,03 = -3\%$$

$$\text{KPE} = (6/5)/(5,5/5) - 1$$

$$= 1,2/1,1 - 1 = 0,09 = 9\%$$

$$\text{LEP} = \left(\frac{140}{6}/\frac{100}{5}\right)/\left(\frac{110}{5,5}/\frac{100}{5}\right) - 1$$

$$= (23,3/20)/(20/20) - 1 = 1,17/1 - 1 = 0,17 = 17\%$$

Interpretation

Das Beispiel lässt folgende Interpretation zu: Die Aktienrendite von 40 % ist zu 13 %-Punkten auf die durchschnittliche Marktrendite (BR = 13 %) zurückzuführen. Dies entspricht der Normalrendite, die nicht auf besonderen Leistungen des Unternehmens beruht. In Bezug auf die Dividendenrendite hinkt die Aktienrendite hinter dem Marktdurchschnitt um 3 %-Punkte (RD = - 3 %) hinterher. Ein Teil der Aktienrendite (KPE = 9 %) ist auf die kurzfristige Performance des Gewinns je Aktie zurückzuführen. Der größte Teil der Aktienrendite (LPE = 17 %) beruht auf einer in der *Price-Earnings-Ratio* gespiegelten langfristigen strategischen Performance-Erwartung.

Verknüpfung der Teilkomponenten

Die vier Teilkomponenten einer Aktienrendite sind multiplikativ verknüpft, sodass sich folgende Erklärungsgleichung ergibt:

$$(1 + \text{TRS}) = (1 + \text{BR})\text{x}(1 + \text{RD})\text{x}(1 + \text{KPE})\text{x}(1 + \text{LPE})$$

Mit den Zahlen des Beispiels folgt:

$$1,4 = 1,13\text{x}0,97\text{x}1,09\text{x}1,17$$

II. Marktwertorientierte Positionierungs- und Wachstumserwartungen

Wie schon angedeutet, lassen sich durch eine Analyse des Marktwertes die in der Bewertung reflektierten Annahmen und Erwartungen der Investoren ableiten. Die Kenntnis dieser Annahmen und Erwartungen kann für die strategische Bewertung des Unternehmens von Bedeutung sein.

1. Analyse der strategischen Positionierungserwartungen

Strategische Positionierungserwartungen

Die Einschätzung der Investoren im Hinblick auf die strategische Positionierung des Unternehmens lässt sich aus zwei Kriterien herleiten (vgl. Coenenberg, A. G./Salfeld, R. [2003], S. 45 ff.). Das eine Kriterium ist die relative Größe, gemessen am Umsatz im Verhältnis zum branchendurchschnittlichen Umsatz. »Große«

Unternehmen sind Volumensanbieter, »kleine« eher fokussierte Anbieter. Das zweite Kriterium ist die Relation Marktwert zu Umsatz, wobei der Marktwert als *enterprise value* zu bemessen ist. Auch hier wird relativ zum Branchendurchschnitt skaliert. Anhand dieser beiden Kriterien lassen sich vier unterschiedliche Positionierungseinschätzungen unterscheiden (vgl. Abb. 15.4).

Fokussierte Angreifer

Fokussierte Angreifer sind auf ihr Kerngeschäft spezialisierte Unternehmen mit hohen Wachstumserwartungen. Wenn sie ihre hohe Bewertung halten wollen, müssen sie die Wachstumserwartungen erfüllen und in die Branchenführerschaft hineinwachsen. Sonst besteht die Gefahr, in das »zweite Glied« abzurutschen.

Branchenführer

Branchenführer prägen ihre Industrie. Sie sind typischerweise Umsatzriesen mit globalem Auftritt sowie zugleich hohen Wachstumserwartungen.

Volumensfalle

Unternehmen in der »Volumensfalle« sind ebenfalls Umsatzriesen, erfüllen aber - sei es mangels Innovationen, mangels Flexibilität oder aus kulturellen oder standortbedingten Gründen - nicht die anspruchsvollen Wachstumserwartungen des Kapitalmarkts. Hier stellt sich aus Sicht der strategischen Analyse die Frage, ob mit grundlegenden Änderungen zu rechnen ist.

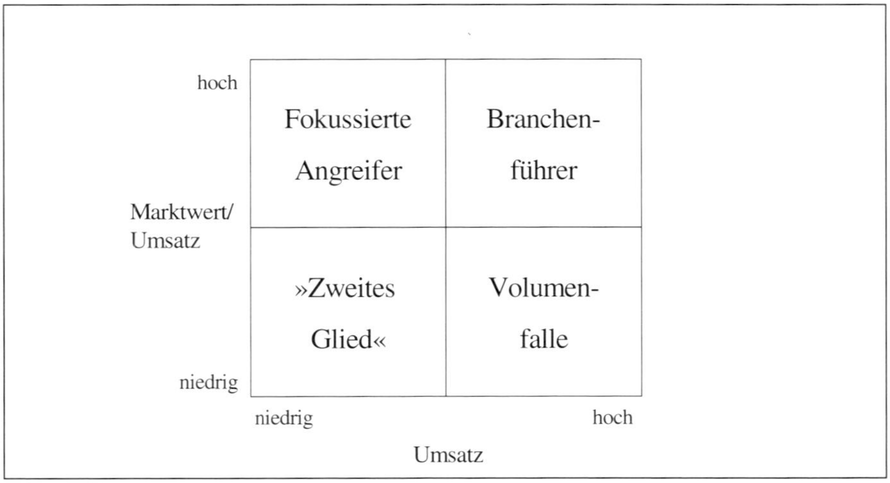

Abb. 15.4: Positionierungserwartungen

2. Analyse der Wachstumserwartungen

Ermittlung der Wachstumsrate

Ausgangspunkt der Analyse ist wiederum die Formel für den Unternehmenswert, etwa nach der Residualgewinnmethode:

$$UW = V_0 + \sum_{t=1}^{n} \frac{RG_t}{(1+WACC)^t} + \frac{\overline{RG}}{(WACC-g)} \times \frac{1}{(1+WACC)^n}$$

Aus dieser Gleichung lässt sich die Wachstumsrate g ausrechnen (vgl. zu dieser Analyse Coenenberg, A. G./Salfeld, R. [2003], S. 48 ff.; ferner Bruckner, K./ Leithner, S. u.a. [1999]):

$$g = WACC - \frac{1}{\left(UW - V_0 - \sum_{t=1}^{n} \frac{RG_t}{(1 + WACC)^t}\right) \times \frac{(1 + WACC)^n}{\overline{RG}}}$$

Die Anwendung dieser Formel setzt freilich voraus, dass der Unternehmenswert, das Anfangsvermögen, der Kapitalkostensatz und die Residualgewinne für die nächste Zukunft bekannt sind. Als Unternehmenswert wird im Falle der Nettomethode die Marktkapitalisierung, im Falle der Bruttomethode der *enterprise value* angesetzt. Das Anfangsvermögen lässt sich aus dem aktuellen Jahresabschluss errechnen. Die Kapitalkosten können in vielen Fällen den Angaben des Unternehmens entnommen werden oder sie müssen geschätzt werden. Für die Ergebnisse der nächsten Zukunft muss auf Unternehmensangaben oder auf Analystenschätzungen zurückgegriffen werden.

Interpretation

Die Wachstumsrate g gibt wichtige Hinweise auf die Einschätzung der strategischen Wettbewerbspositionen durch den Kapitalmarkt. Durch Vergleich der Wachstumsrate mit dem durchschnittlichen Wachstum des Bruttosozialproduktes oder anderen Vergleichswerten können Hinweise gewonnen werden, inwieweit die Annahmen des Marktes realistisch oder überzogen sind. Beispielsweise ergaben Berechnungen für Cisco bezogen auf das Jahr 2001 eine langfristig implizierte Wachstumsrate von 11,3 %, für DaimlerChrysler dagegen nur von 1,5 % (vgl. Coenenberg, A. G./Salfeld, R. [2003], S. 49, 59). Im Falle Cisco deutet dies auf überzogene Wachstumserwartungen, im Falle DaimlerChrysler eher auf unterdurchschnittliche Wachstumserwartungen hin. Aus Analysesicht lässt dies auf künftig erhöhte Anstrengungen des Management schließen, um die im Wert implizierten Wachstumseinbrüche zu schließen.

Ermittlung der Überrendite

Bei der Interpretation der Ergebnisse ist zu beachten, dass ein Unternehmen auf Dauer nicht stärker wachsen kann als die Volks- bzw. Weltwirtschaft als Ganzes, sonst würde dieses irgendwann ein größeres Volumen annehmen als letztere. Daneben wird bei der Verwendung nominaler Zahlungen die Inflation zu Wachstum führen können. Der Faktor g ist damit sinnvoller Weise langfristig auf Werte um 4-6 % beschränkt. Außerdem ist obige Bewertungsformel nur für $g < WACC$ definiert. Dies impliziert, dass die daraus abgeleitete Formel zur Ermittlung der impliziten Wachstumsrate g deshalb grundsätzlich Werte liefert, die kleiner ausfallen als die eingesetzten WACC. Mit zunehmend hohen eingesetzten Unternehmenswerten konvergiert das Ergebnis folglich gegen die Kapitalkosten. Deshalb ist es grundsätzlich sinnvoll, nicht nur nach dem unterstellten Wachstum, sondern auch nach der unterstellten Überrendite nach dem Prognosehorizont zu fragen. Die in einer Bewertung implizierte Überrendite errechnet sich aus dem impliziten Residualgewinn durch Division mit dem gebundenen

Kapital. Der implizite Residualgewinn wiederum lässt sich durch Division der Bewertungsdifferenz mit dem Barwertfaktor der ewigen Rente ermitteln:

$$\overline{RG} = \frac{UW - V_0 - \sum_{t=1}^{n} \frac{RG_t}{(1 + WACC)^t}}{1/[(WACC - g) \times (1 + WACC)^n]}$$

Beispiel

Wir betrachten ein Unternehmen, von dem für drei Jahre Analystenschätzungen über die Höhe der Gewinne vorliegen. Es wird erwartet, dass das Unternehmen aufgrund von Wettbewerbsvorteilen in seiner Branche in den nächsten drei Jahren die Gewinne um 10 % p. a. steigern kann, wozu allerdings auch das gebundene Kapital in gleichem Maße wachsen muss. Bei Kapitalkosten von 15 % ergeben sich folgende Residualgewinne und Überrenditen:

	t=1	t=2	t=3
Gewinne	220,00	242,00	266,20
geb. Kapital	1.000,00	1.100,00	1.210,00
Kapitalkosten	150,00	165,00	181,50
Residualgewinne	70,00	77,00	84,70
Überrendite	7 %	7 %	7 %

Tab. 15.4: Beispiel: Analystenschätzungen

Der beobachtete Börsenwert des Unternehmens betrage 2.000 GE. Der Barwert obiger Residualgewinne beträgt 174,78 GE. Das gebundene Kapital von 1.000 und der Barwert obiger Residualgewinne von 174,78 erklären 1.174,78 dieses Börsenwerts. Die Differenz von 2.000 - 1.174,78 = 825,22 GE muss sich durch die Residualgewinne ab der Periode 4 erklären lassen. Nach obiger Formel errechnet sich ein implizites Wachstum der Residualgewinne von 7,73 %, das nötig ist, um eine Bewertungsdifferenz von 825,22 zu erklären. Das Ergebnis legt nahe, dass in dieser Bewertung bereits von relativ hohen Wachstumserwartungen ausgegangen wird. Betrachtet man alternative Börsenwerte und die dadurch implizierten Wachstumsfaktoren, so wird deutlich, dass der Wert von 1.550 eine Bewertung ohne Wachstum repräsentiert, dass andererseits aber bei höheren Unternehmenswerten die damit implizierten Wachstumsraten gegen die Kapitalkosten von 15 % konvergieren (vgl. Tab. 15.5). Im Grenzbereich liefert obige Formel daher nur bedingt aussagekräftige Informationen.

Unternehmenswert	1.550	2.000	2.500	3.000	5.000	10.000	100.000	1.000.000
implizites Wachstum in %	0	7,73	10,36	11,59	13,35	14,28	14,94	14,99

Tab. 15.5: Implizite Wachstumserwartungen bei alternativen Börsenwerten

Ermittelt man im obigen Fall bei unterschiedlichen Börsenwerten die impliziten Überrenditen nach dem Prognosehorizont und unterstellt dabei ein (realistisches) Wachstum von z. B. g =5 %, so ergeben sich die in Tab. 15.6 angegebenen Werte. Sie veranschaulichen, dass die extrem überhöhten Unternehmenswerte im Wesentlichen eine überhöhte Überrendite implizieren. Die in Tab. 15.5 ermittelten Wachstumsraten sind nur solange sinnvoll interpretierbar, wie die Differenz aus Wachstumsfaktor und Kapitalkosten nicht sehr klein wird. Andererseits zeigt das Beispiel des Unternehmenswerts von 1.550, das kein Wachstum erfordert, dass hier dennoch eine ewige Überrendite von 4,5 % unterstellt ist, was nur dann begründet ist, wenn das Unternehmen dauerhaft eine bevorzugte Marktstellung verteidigen kann.

Unternehmenswert	1.550	2.000	2.500	3.000	5.000	10.000	100.000	1.000.000
implizite Residualrendite in %	4,5	9,88	15,86	21,85	45,79	105,64	1183,01	11956,62

Tab. 15.6: Implizite Residualrenditeerwartungen bei alternativen Börsenwerten

D. Zukunftserfolgswertorientierte Analyse

Segmentanalyse/Portfolioanalyse

Die zukunftserfolgswertorientierte Analyse setzt an den fundamentalen Treibergrößen des Zukunftserfolgswertes an. Diese liegen insbesondere in den Geschäftsaktivitäten begründet. Soweit das Unternehmen verschiedene Geschäftsfelder betreibt, ist die zukunftserfolgswertorientierte Analyse deshalb stets auf der Ebene einzelner Segmente durchzuführen. In der zusammenfassenden Betrachtung ist sie eine Analyse des Geschäftsportfolios im Hinblick auf die Beiträge zum Zukunftserfolgswert.

Prospektive Portfolio-Analyse/SWOT-Analyse

Einerseits geht es um eine prospektive Analyse des Geschäftsportfolios. Hier stehen die Stärken und Schwächen der Segmente (*strengths/weaknesses*) und die Chancen und Bedrohungen (*opportunities/threats*) im Mittelpunkt der Analyse (SWOT-Analyse/Prospektive Portfolio-Analyse).

Retrospektive Portfolio-Analyse/Kennzahlenanalyse

Andererseits sind die retrospektiven Ergebnisse der finanz- und erfolgswirtschaftlichen Segmentanalyse für die strategische Analyse des Geschäftsportfolios nutzbar zu machen. Auf diese Weise soll versucht werden, die qualitativen Ergebnisse der auf das Erfolgspotenzial gerichteten SWOT-Analyse mit den quantitativen Ergebnissen der auf die Finanz- und Ertragslage gerichteten Portfolioanalyse zu verbinden.

Die Zweiteilung der zukunftserfolgswertorientierten strategischen Bilanzanalyse in SWOT-Analyse und Kennzahlenanalyse spiegelt sich im Informationssystem zur Ermittlung des Zukunftserfolgswertes wider, wie es in Abbildung 15.5 wiedergegeben ist.

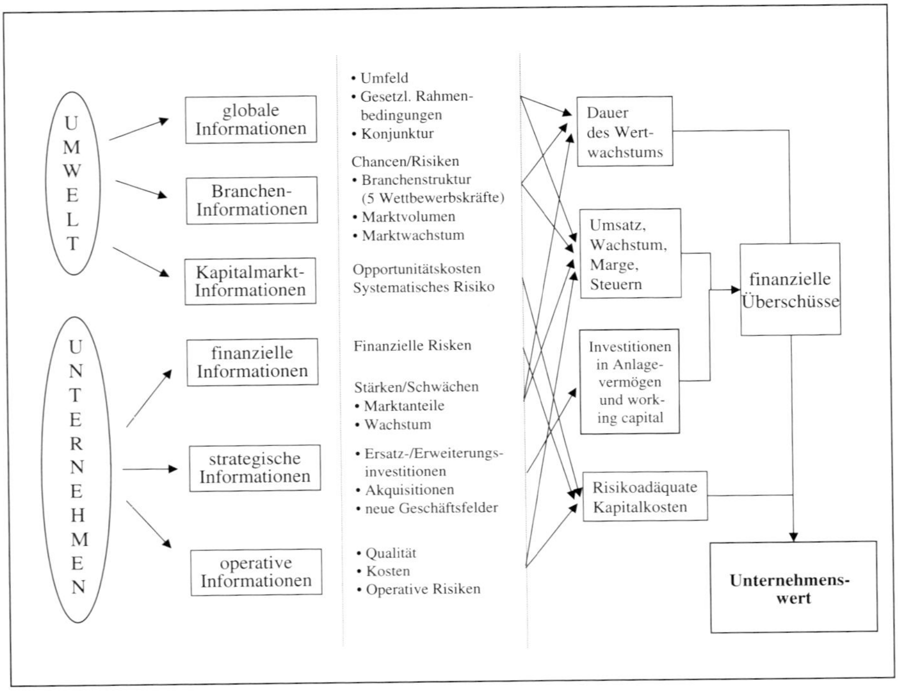

Abb. 15.5: Informationssystem zur Ermittlung des Zukunfterfolgswertes (nach Ruhwedel, F./Schultze, W. [2002], S. 614).

Die Kennzahlenanalyse greift auf die Daten des Jahresabschlusses zurück. Ergänzend kommen die Kapitalmarktinformationen sowie die finanziellen und operativen Informationen der Segmentberichterstattung hinzu. Die SWOT-Analyse beruht wesentlich auf den umweltbezogenen globalen Informationen und Brancheninformationen sowie den unternehmensbezogenen strategischen Informationen. Eine empirische Erhebung und Bewertung der DAX100-Unternehmen ergibt allerdings, dass im Durchschnitt nur ein Erfüllungsgrad von 13 % bei den für die SWOT-Analyse relevanten Informationen erreicht wird. SWOT-Analysen sind aus Geschäftsberichten somit bisher nur sehr begrenzt und nicht in standardisierter Form durchführbar. Die folgenden Ausführungen beschränken sich deshalb auf systematisierende Hinweise.

I. SWOT-Analyse zur Analyse des Geschäftsportfolios

Für die SWOT-Analyse im Rahmen der strategischen Bilanzanalyse sind dieselben Fragen und Instrumentarien anzuwenden, wie sie sich im Rahmen des strate- *SWOT-Analyse* gischen Controlling bewährt haben. Das wird auch in den seltenen Literaturbeiträgen, die sich bisher mit strategischen Fragestellungen im Rahmen der Jahresabschlussanlyse beschäftigen, wohl so gesehen (vgl. z. B. Penman, S. H. [2001], Chapter 15; Küting, K. [2002]; Küting, K. [2002a]).

Hier wird deshalb ausdrücklich auf die Literatur zum strategischen Controlling verwiesen (vgl. Baum, H.-G./Coenenberg, A. G./Günther, T. [1999], S. 55 ff. mit weiteren Literaturverweisen). Eine checklistenartige Zusammensetzung der Vorgehensweise gibt Abbildung 15.6. Hier wird deutlich, dass die Ergebnisse der Ressourcenanalyse über die Unternehmensanalyse in die SWOT-Analyse einfliessen.

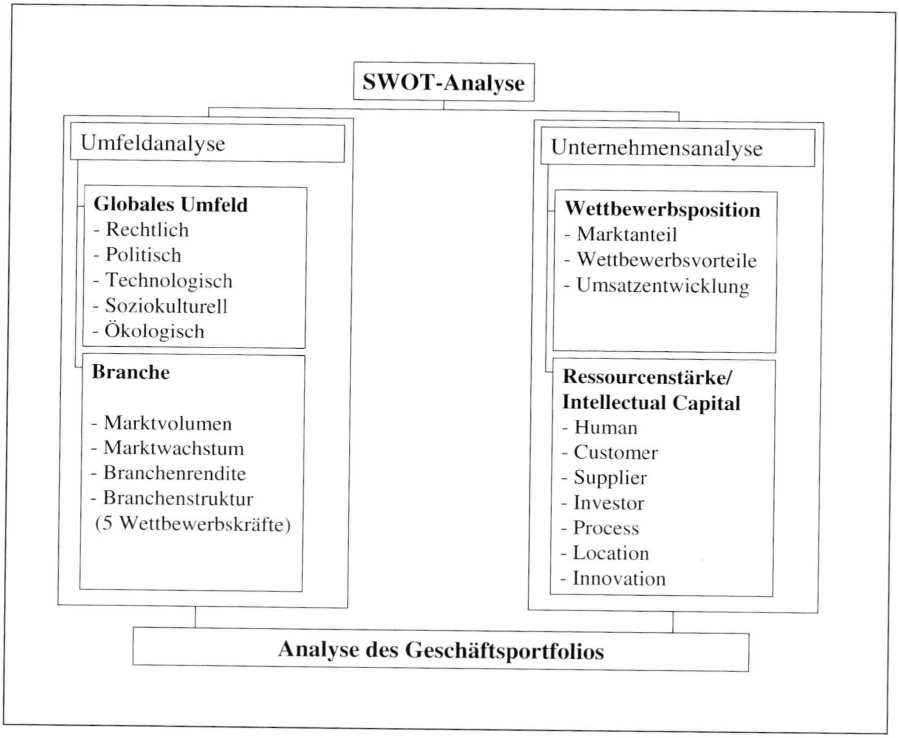

Abb. 15.6: SWOT-Analyse zur Analyse des Geschäftsportfolios

II. Kennzahlengestützte Analyse des Geschäftsportfolios

Ansätze zur Kennzahlen-anlyse des Geschäfts-portfolios

Auf der Grundlage der Angabepflichten zur Segmentberichterstattung (vgl. 10. Kapital V) bieten sich für eine kennzahlengestützte Portfolioanalyse i. A. drei Ansätze (vgl. zum Folgenden Coenenberg, A. G. [2001], Coenenberg, A. G. [2002a]):

- Analyse von Investitionspolitik und Innenfinanzierungskraft

- Analyse der Wertgenerierung
- kombinierte Analyse von Wert- und Liquiditätsgenerierung

Beipiel Siemens

Den folgenden Ausführungen soll zur Veranschaulichung als konkretes Zahlenbeispiel die Segmentberichterstattung im Geschäftsbericht 2000 von Siemens dienen. Es wird bewusst auf ein zurückliegendes und nicht aktuelles Geschäftsjahr zurückgegriffen, um deutlich zum Ausdruck zu bringen, dass es nicht um Aussagen zur aktuellen Portfoliosituation von Siemens geht, sondern nur um ein veranschaulichendes Zahlenbeispiel.

Segmentangaben

Für das operative Geschäft (OPG) enthält die Siemens-Segmentberichterstattung im Geschäftsjahr 2000 folgende Angaben:

- Auftragseingang,
- Aussenumsatz,
- interner Umsatz,
- gesamter Umsatz,
- EBIT,
- EBIT-Vermögen,
- Investitionen,
- Abschreibungen.

Wertberichterstattung

Für die Wertberichterstattung im Rahmen des Lageberichts hat Siemens seit dem Geschäftsjahr 1998 den »Geschäftswertbeitrag« (GWB) als Massstab eingeführt. Bei diesem Konzept handelt es sich um eine dem *Economic Value Added* (EVA) vergleichbare Residualgewinngröße, bei der das Geschäftsergebnis um die Kapitalkosten bereinigt wird. Geschäftsergebnis und Geschäftsvermögen orientieren sich im Sinne einer Durchgängigkeit von interner und externer Transparenz eng an den Daten der externen Rechnungslegung. Das Geschäftsergebnis wird aus dem EBIT lediglich durch Korrektur um finanzbezogene Adjustments für Leasing und unechtes Factoring und nach Abzug unternehmensbezogener Ertragsteuern i. H. v. pauschal 35 % abgeleitet. Nach den Darstellungen im Konzernlagebericht 1999 und 2000 hat sich der Wertbeitrag im Geschäftsjahr 1999 von minus 1,1 Mrd. Euro auf minus 0,7 Mrd. Euro und im Geschäftsjahr 2000 um 1,6 Mrd. Euro auf plus 0,9 Mrd. Euro verbessert. In der internen Steuerung werden neben diesen Verbesserungen zudem aus (nicht publizierten) Kapitalmarkterwartungen und Benchmarks abgeleitete erwartete Verbesserungen für die Leistungsbeurteilung herangezogen.

1. Portfolioanalyse von Investitionspolitik und Innenfinanzierungskraft

Wachstumsquote/Investitionsgrad des Cashflow

Die Investitionspolitik wird anhand der Wachstumsquote, die Innenfinanzierungskraft anhand des Investitionsgrades des Cashflow (vgl. 13. Kapitel C II 1 b) gemessen. Die Ergebnisse sind in Tabelle 15.7 zahlenmäßig festgehalten. Eine graphische Portfolioanalyse auf der Grundlage der in Abb. 13.7 (vgl. 13. Kapitel

C II 1 b) angegebenen strategieorientierten Normwerte für Wachstumsquote und Investitionsgrad ist in Abb. 15.7 und Abb. 15.8 wiedergegeben.

	EBITDA		Wachstumsquote		Investitionsgrad d. CF	
Segmente	**2000**	1999	**2000**	1999	**2000**	1999
ICN	**1150**	788	**1,02**	3,02	**0,41**	1,62
ICM	**1017**	492	**2,37**	1,46	**0,60**	0,47
SBS	**408**	261	**1,78**	1,79	**1,22**	1,27
A&D	**1103**	940	**3,23**	1,29	**0,68**	0,27
I&S	**222**	192	**1,42**	1,00	**0,35**	0,26
PL	**237**	134	**0,87**	0,46	**0,23**	0,19
SBT	**443**	316	**1,23**	1,20	**0,46**	0,58
PG	**451**	94	**1,18**	0,60	**0,57**	1,46
PTD	**224**	210	**1,84**	0,71	**0,62**	0,28
TS	**133**	8	**1,56**	1,13	**0,56**	9,88
AT	**257**	297	**2,08**	1,73	**1,34**	0,80
Med	**564**	423	**18,65**	1,01	**4,07**	0,21
Osram	**679**	573	**1,69**	1,08	**0,66**	0,42
Infineon	**2504**	560	**2,30**	1,45	**0,77**	1,48
OPG	**9120**	6094	**2,73**	1,50	**1,18**	0,77

Tab. 15.7: Wachstumsquoten und Investitionsgrade der Siemens Segmente 1999 und 2000

Interpretation

Insgesamt sind im operativen Geschäft im Jahre 2000 erhebliche Wachstumsanstrengungen unternommen worden, was zwangsläufig mit einem Anstieg des Investitionsgrades des Cashflows einherging. Besonders herausstechend ist die Wachstumskennzahl des Bereichs Medical Solutions (Med), aber auch in vielen anderen Bereichen sind erhebliche Wachstumsschübe zu verzeichnen, so insbesondere die Entwicklung bei Infineon, Osram, Industrial Services and Solutions (I&S), Automation and Drives (A&D) sowie Information and Communication Mobile (ICM).

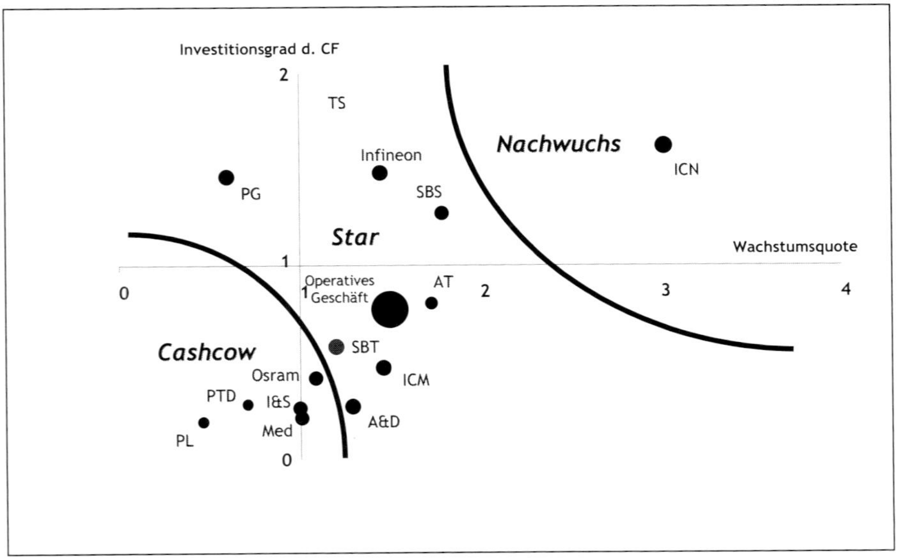

Abb. 15.7: Investitions- und Innenfinanzierungsmatrix des Geschäftsportfolios 1999

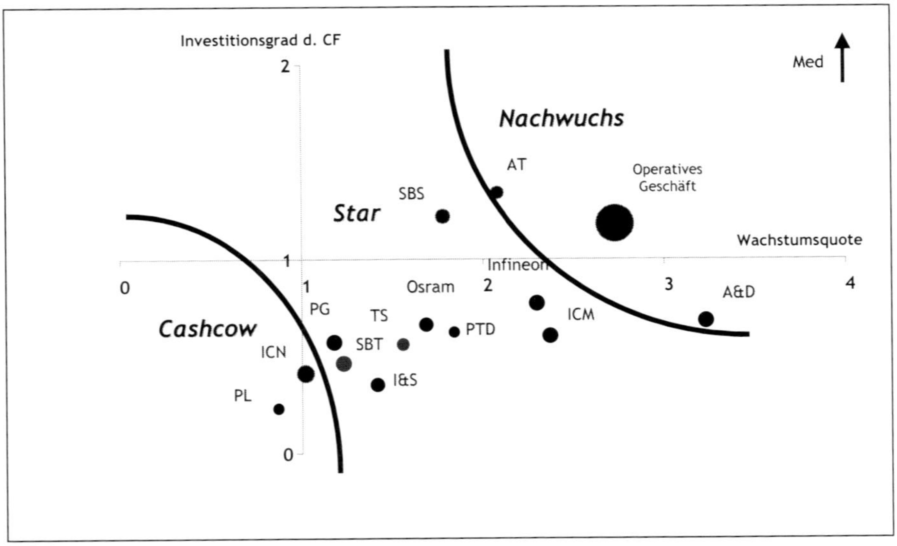

Abb. 15.8: Investitions- und Innenfinanzierungsmatrix des Geschäftsportfolios 2000

In allen genannten Fällen sind im Vergleich zum Vorjahr erhebliche Wachstumsanstrengungen zu verzeichnen, gleichzeitig liegt der Investitionsgrad des Cashflows aber in vielen Fällen deutlich unter 1; im Falle Infineon ist der Investitionsgrad von 1,5 im Vorjahr auf unter 0,8 im Berichtsjahr abgesunken. Dies deutet in vielen Teilen des Geschäftsportfolios auf Anstrengungen zur Verbesserung der Marktpositionen hin bei gleichzeitig deutlich verbesserter Innenfinanzierungskraft. Soweit die Wachstumsanstrengungen zu erhöhten Investitionsgraden führten, konnten die erforderlichen finanziellen Anstrengungen durch Restrukturierung des Portfolios und daraus resultierenden Desinvestitionserlösen, insbesondere den Börsengang von Infineon, überkompensiert werden.

Die im Geschäftsjahr erhöhten Wachstumsquoten der Investitionen bei gleichzeitig in vielen Fällen noch deutlich unter 1 gehaltenen Investitionsgraden des Cashflows lässt das Geschäftsportfolio des Geschäftsjahres 2000 von Siemens nach den aus der Portfoliotheorie entwickelten Soll-Vorstellungen als ein zunehmend auf Führungspositionen bei starker Innenfinanzierungskraft fokussiertes Portfolio erscheinen; d. h. es findet eine deutliche Konzentrierung auf den so genannten Star-Bereich und den so genannten Nachwuchs-Bereich statt.

2. Analyse der Wertgenerierung des Geschäftsportfolios

Wertorientierte Rentabilität

Die Analyse der Wertgenerierung beruht auf den in Abb. 14.15 und 14.16 (vgl. 14. Kapitel B V 2) dargestellten Kennzahlensystemen. Als Gesamtkapitalrentabilität der Segmente wurde der *return on capital employed* (ROCE) nach Anzug der pauschalen Betriebsteuern in Höhe von 35 % verwendet. Bei der Berechnung wurde das eingesetzte Vermögen (*capital employed*) als Durchschnittswert von Anfangs- und Endbestand verwendet. Die Kapitalkosten sind den Angaben der wertorientierten Berichterstattung entnommen. Auf die ausdrückliche Darstellung der wertorientierten Rendite (Differenz von ROCE und WACC) und des Wertbeitrags bzw. der Wertvernichtung wurde aus Gründen der Übersichtlichkeit verzichtet. Die Ergebnisse sind in Tabelle 15.8 wiedergegeben und in Abbildung 15.9 für 2000 graphisch veranschaulicht.

Interpretation

Der Trend zur Renditestärkung des Geschäftsportfolios hat sich über drei Jahre kontinuierlich entwickelt: Von 42 % im Jahre 1998 ist der ROCE nach Betriebsteuern im Jahre 1999 auf 7,1 % und im Jahre 2000 auf 10,6 % gestiegen. Damit liegt er oberhalb der durchschnittlichen Kapitalkosten, d. h. das gesamte Geschäftsportfolio hat im Durchschnitt Wert generiert. Im Durchschnitt des Geschäftsportfolios ist die Renditesteigerung nicht auf einen verbesserten Kapitalumschlag, sondern auf eine bessere Umsatzrendite zurückzuführen. Das hat seine Ursache zum Teil in den schon festgestellten erheblichen Wachstumsanstrengungen einiger Geschäftsgebiete, die den Kapitalumschlag verwässern. Bis auf die Geschäftsgebiete Siemens Business Services (SBS), Siemens Automotive (AT) und Medical Solutions (Med) haben alle Gebiete, gemessen an den veröffentlichten Kapitalkosten, Wert generiert.

	Kapitalumschlag		Umsatzrendite in %		ROCE (n.St.) in %		WACC in %
Segmente	**2000**	1999	**2000**	1999	**2000**	1999	**99/00**
ICN	**3,62**	2,52	**3,9**	2,4	**14,3**	6,1	**10,0**
ICM	**3,36**	2,27	**5,5**	4,2	**18,4**	9,6	**10,0**
SBS	**3,76**	6,21	**1,5**	1,0	**5,5**	6,2	**10,0**
A&D	**3,08**	3,25	**7,1**	6,8	**21,9**	22,1	**9,0**
I&S	**8,09**	10,87	**2,5**	2,3	**20,0**	24,5	**9,0**
PL	**3,22**	2,44	**6,3**	3,9	**20,4**	9,5	**9,0**
SBT	**2,21**	1,83	**3,6**	2,5	**8,0**	4,6	**8,0**
PG	**23,43**	4,84	**1,8**	-1,1	**42,7**	-5,3	**9,0**
PTD	**4,23**	5,46	**2,9**	2,5	**12,4**	13,9	**9,0**
TS	**n.a.**	n.a.	**1,4**	-1,4	**n.a.**	n.a.	**9,0**
AT	**4,02**	3,78	**1,5**	3,2	**6,2**	11,8	**9,0**
Med	**1,45**	3,58	**5,7**	5,4	**8,2**	19,2	**9,0**
Osram	**1,67**	1,70	**6,2**	6,2	**10,4**	10,5	**8,0**
Infineon	**1,28**	1,05	**14,9**	-0,2	**19,0**	-0,2	**11,0**
OPG	**2,42**	2,46	**4,4**	2,9	**10,6**	7,1	**9,5**

Tab. 15.8: Wertorientierte Renditen des Geschäftsportfolios 1999 und 2000

Für Siemens Automotive (AT) wird die nicht wertorientierte Rendite im Lagebericht aus erheblichen Steigerungen der Forschungs- und Entwicklungskosten bei wichtigen Innovationsprojekten begründet. Hieraus lassen sich positive Zukunftsaussichten ableiten. Für den Bereich Medical Solutions (Med) lässt sich die negative Wertrendite aus einem durch die umfangreichen Akquisitionen in den USA stark angestiegenen Vermögen und damit stark gesunkenen Kapitalumschlag erklären. Im Lagebericht wird entgegen den aus den Segmentdaten ableitbaren Ergebnissen von einem erheblich verbesserten Geschäftswertbeitrag für den Bereich Medical Solutions (Med) gesprochen; hier stösst die externe Analyse von Segmentsberichtsdaten offensichtlich an eine Grenze, wenn nicht im Sinne eines konsequenten Management Approachs die internen Steuerungsdaten auch extern kommuniziert werden.

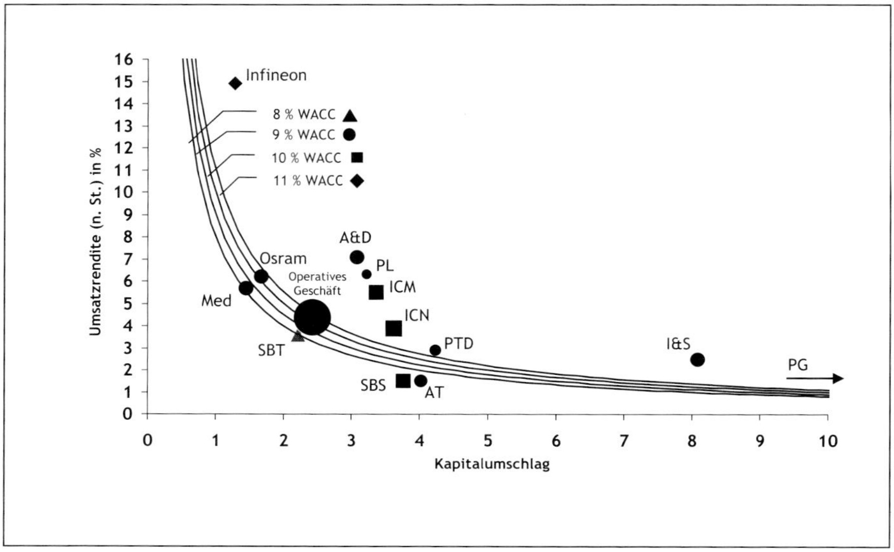

Abb. 15.9: Grafische Rentabilitätsanalyse des Geschäftsportfolios 2000

3. Kombinierte Analyse von Wert- und Liquiditätsgenerierung des Geschäftsportfolios

Wert-/Cashgenerierungs-Portfolio

Abschließend liegt es nahe, die wertorientierte Rentabilität im Zusammenhang mit der Innenfinanzierungskraft - gemessen am Investitionsgrad des Cashflows - zu betrachten. Durch unterschiedliche Kombinationen von wertorientierter Rentabilität einerseits und Investitionsgrad des Cashflows andererseits lässt sich das Portfolio in vier Klassen von Geschäften unterteilen (vgl. Abb. 15.10).

Die Wertgenerierung wird mit Hilfe der wertorientierten Rendite (ROCE - WACC) gemessen. Aus Gründen der einheitlichen Skalierung ist die Cashgenerierung am Komplement des Investitionsgrades, also an »1 - Investitionsgrad« gemessen. Das Portfoliomanagement eines Unternehmens ist auf die Schaffung von Wertgenerierern gerichtet, die aus stabilem Wachstum zugleich Cashflow generieren. Dazu bedarf es oft erheblicher Wachstumsanstrengungen, sodass auch bei wertgenerierenden Geschäften negative Free Cashflows vorkommen können. Wertverzehrer verbrauchen Free Cashflow zur Verlustabdeckung oder können im Falle ihrer Desinvestition zur Cashfreisetzung beitragen. Anhand der verfügbaren Segmentdaten lassen sich auf diese Weise die ertrags- und finanzwirtschaftlichen Ergebnisse des aktiven Portfoliomanagement des Unternehmens analysieren und hinterfragen.

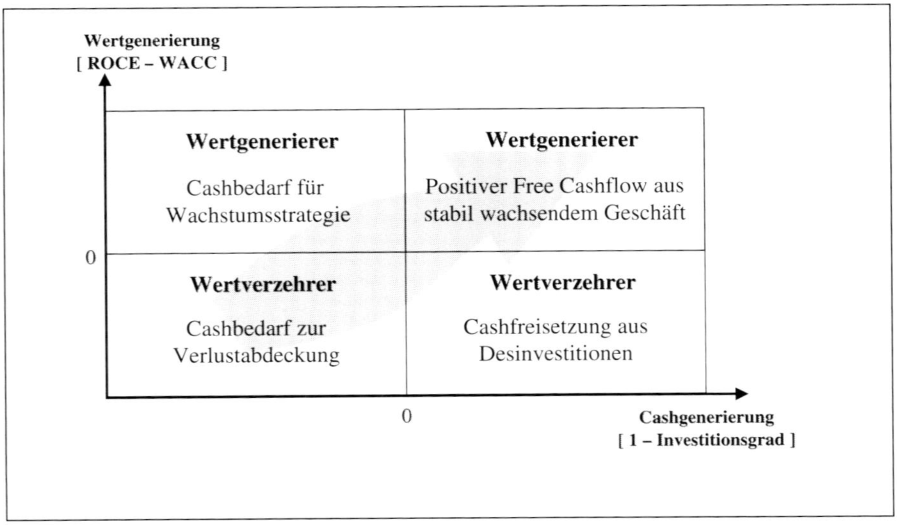

Abb. 15.10: Wertgenerierungs-/Cashgenerierungs-Portfolio

Interpretation

Für das Geschäftsportfolio von Siemens ergibt sich für 1999 bzw. 2000 das in Abb. 15.11 und Abb. 15.12 wiedergegebene Bild. Das Bild bestätigt und komplettiert die bisherigen Analyseergebnisse. Das operative Geschäft hat sich im Durchschnitt von einem Wertverzehrer mit Cashfreisetzung zu einem Wertgenerierer mit Cashbedarf für Wachstumsstrategien entwickelt. Wie schon früher ausgeführt, liegt der wesentliche Cashbedarf bei den sehr starken Wachstums- und Innovationsstrategien von Medical Solutions (Med) und Siemens Automative (AT). Andere Segmente, insbesondere Infineon und Information- and Communication Networks (ICN), haben sich im Geschäftsjahr von Wertverzehrern mit Cashbedarf zur Verlustabdeckung zu Wertgenerierern mit positiven Free Cashflows entwickelt.

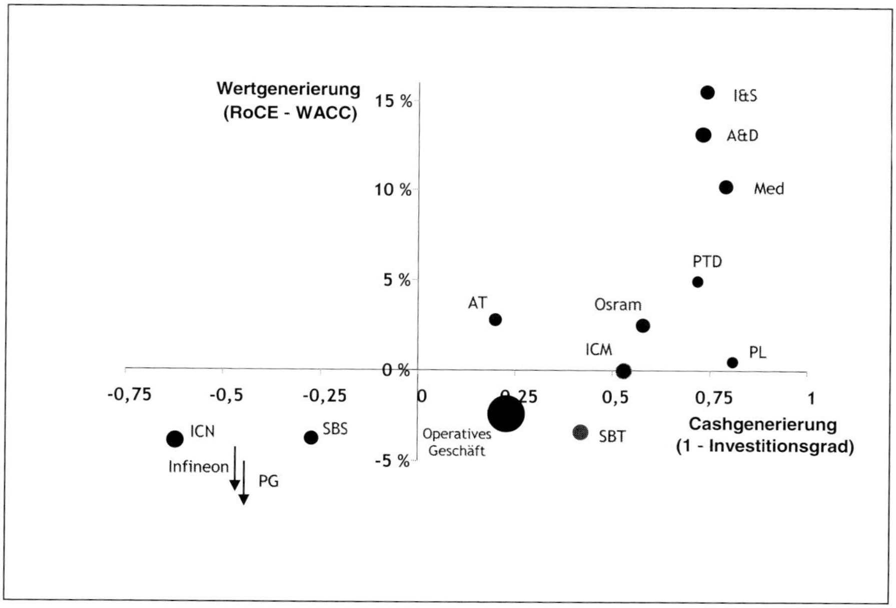

Abb. 15.11: Portfolioanalyse von Wertgenerierung und Cashgenerierung 1999

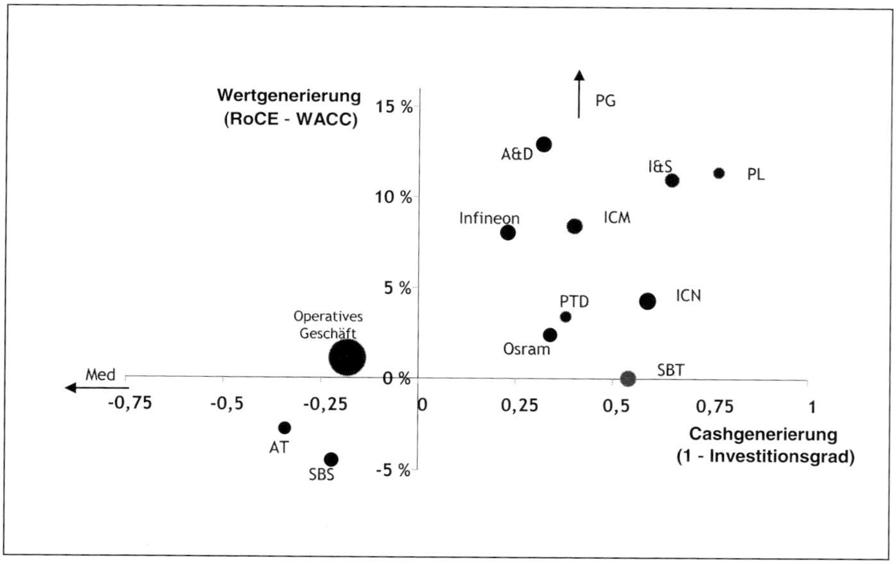

Abb. 15.12: Portfolioanalyse von Wertgenerierung und Cashgenerierung 2000

Kontrollfragen

1. Definieren Sie die Aufgabenstellung der strategischen Bilanzanalyse!
2. Mittels welcher Ansätze lässt sich der Unternehmenwert ermitteln?
3. Unter welchen Voraussetzungen lässt sich der Unternehmenswert ausschließlich aus den Daten einer erfolgs- und finanzwirtschaftlichen Bilanzanalyse ermitteln?
4. In welcher Beziehung steht die strategische Bilanzanalyse zur Unternehmenswertermittlung?
5. Welche Ansätze der strategischen Bilanzanalyse sind zu unterscheiden? Inwiefern hängen diese mit den Ansätzen zur Ermittlung des Unternehmenswertes zusammen?
6. In welchem Zusammenhang stehen die immateriellen Werte eines Unternehmens zum Unternehmenswert?
7. Welche Arten immaterieller Werte sind zu unterscheiden? Erläutern Sie den Unterschied zwischen den allgemeinen *intangibles* und *intellectual capital*!
8. Nennen Sie zu jeder Kategorie des *intellectual capital* ein Kriterium für die Analyse im Rahmen der strategischen Bilanzanalyse!
9. Was versteht man unter »*value chain scoreboard*«?
10. Inwieweit besteht eine gesetzliche Verpflichtung zur Berichterstattung über das *intellectual capital*?
11. In welche Bestandteile lässt sich die Aktienrentabilität *(total return to shareholders)* zerlegen?
12. Wie lassen sich die in der Marktkapitalisierung enthaltenen langfristigen Wachstumserwartungen des Unternehmens ermitteln?
13. Die Analyse der Wachstumserwartungen habe eine langfristige, für die Zeit nach dem Planungshorizont gültige durchschnittliche Wachstumsrate von 8 % ergeben. Interpretieren Sie diesen Wert!
14. Welches sind die Grenzen der Ermittlung und der Interpretation der langfristigen Wachstumserwartungen?
15. Wie lässt sich die in der Marktbewertung des Unternehmens implizierte, langfristige Überrendite ermitteln und interpretieren?
16. Welche Bestandteile enthält die SWOT-Analyse und inwieweit lässt sich eine SWOT-Analyse im Rahmen der strategischen Bilanzanalyse durchführen?
17. Auf welche Weise lässt sich nach den Kennzahlen »Wachstumsquote« und »Investitionsgrad« das Geschäftsportfolio eines Unternehmens analysieren?
18. Wie lassen sich die wertorientierten Renditen der Geschäftseinheiten des Unternehmensportfolios ermitteln und analysieren?
19. Was versteht man unter einem Wertgenerierungs-/Cashgenerierungs-Portfolio und wie lässt sich dieses aus den bilanzanalytischen Kennzahlen herleiten und analysieren?

Dritter Teil
Theorien des Jahresabschlusses

16. Kapitel: Theorien des Formalinhalts der Bilanz

A. Entwicklung und Aufgaben betriebswirtschaftlicher Bilanztheorien

Entwicklungsphasen der Bilanztheorien

Die unter der Bezeichnung Bilanztheorien zusammengefassten Diskussionen über Inhalt und Ausgestaltung des Jahresabschlusses als Instrument der finanziellen Rechnungslegung haben in der Betriebswirtschaftslehre eine lange Tradition. Dementsprechend liegt allein im deutschsprachigen Schrifttum eine kaum noch überschaubare Fülle von Monographien und sonstigen Beiträgen über bilanztheoretische Fragestellungen vor. Etwas vergröbernd lassen sich drei Entwicklungsstufen in der betriebswirtschaftlichen Bilanzdiskussion unterscheiden:

Bilanztheoretische Grundsatzdiskussion

Die erste Phase ist durch die Erörterung von Grundsatzfragen der Bilanzierung gekennzeichnet. Den Ursprung hat sie in der Entwicklung der Betriebswirtschaftslehre durch die seit der Jahrhundertwende aufgekommenen Handelshochschulen. Von Bedeutung sind hier vor allem die Arbeiten von Lambert, Schar, Hügli, Lettner, Reisch-Kreibich und später von Passow, Kovero sowie Osbahr (vgl. Le Coutre, W. [1956/62], Spalte 1156). Ihren Höhepunkt hat diese Phase bilanztheoretischer Grundsatzdiskussion in den zwanziger Jahren, in denen Schmalenbach (vgl. Schmalenbach, E. [1926]) mit seiner »dynamischen Bilanz« der erfolgsrechnerischen Interpretation des Jahresabschlusses endgültig zum Durchbruch verhalf, in denen F. Schmidt (vgl. Schmidt, F. [1929]) seine heute noch aktuelle »organische Tageswertbilanz« konzipierte und in denen Rieger (vgl. Rieger, W. [1928]) seine »nominale Bilanztheorie« vorgelegt hat, die auf die jüngste bilanztheoretische Diskussion nachhaltigen Einfluss ausübte.

Anwendung bilanztheoretischer Erkenntnisse für die Bilanzierungspraxis

Seit etwa Mitte der dreißiger Jahre, dem Beginn der zweiten Entwicklungsphase in der betriebswirtschaftlichen Bilanzdiskussion, bemühte sich die Betriebswirtschaftslehre insbesondere um die Anwendung der bilanztheoretischen Erkenntnisse für die Bilanzierungspraxis. Das Ergebnis dieser Bemühungen sind insbesondere die in den »Veröffentlichungen der Schmalenbach-Vereinigung« erschienenen Schriften über die Grundsätze ordnungsmäßiger Bilanzierung für jeweils bestimmte Bilanzpositionen.

Impulse der neueren bilanztheoretischen Diskussion

Wenngleich die bilanztheoretische Diskussion nie ganz verstummt ist, mussten nach Beendigung des Zweiten Weltkrieges Bilanzfragen gegenüber anderen Themen wie insbesondere der Produktions- und Kostentheorie, der Plankostenrechnung, der Investitionstheorie und der Unternehmensforschung in den Hintergrund treten. Etwa seit Beginn der sechziger Jahre indessen zeigt sich erneut ein wachsendes Interesse an bilanztheoretischen Fragestellungen. Neben den aktuellen Fragen der steuerlichen Gewinnermittlung, der Reform insbesondere der aktienrechtlichen Rechnungslegungsvorschriften sowie den Bemühungen um ein einheitliches europäisches Bilanzrecht dürften vor allem zwei Impulse für diese dritte Entwicklungsphase bilanztheoretischer Erörterungen maßgebend sein: Einerseits führte die Entwicklung und starke Verbreitung investitionstheoretischen Gedankenguts zu der Fragestellung, ob sich Investitions- und Bilanzrechnung miteinander verbinden lassen und ob sich dementsprechend der kapitaltheoretische »ökonomische« Gewinnbegriff als Erfolgsmaß im Rahmen der finanziellen Rechnungslegung besser eignet als der herkömmliche Gewinnbegriff der Bilanzlehre (vgl. Schneider, D. [1963]; Hax, H. [1964]; Albach, H. [1965]; Münstermann, H. [1966]; Seicht, G. [1970]). Andererseits hat die Überprüfung der Jahresabschlussinformationen im Lichte der Informationsbedürfnisse der Bilanzadressaten zu der Fragestellung geführt, ob der derzeit praktizierte Jahresabschluss nicht durch grundsätzlich andere Formen der finanziellen Rechenschaftslegung zu ersetzen sei (vgl. Riebel, P. [1960]; Busse von Colbe, W. [1966]; Moxter, A. [1966]).

Formale und materielle Aufgaben der Bilanztheorie

Angesichts der relativ langen Geschichte bilanztheoretischer Diskussion ist es kaum erstaunlich, dass sich eine Vielzahl unterschiedlicher, teilweise sich ergänzender und teilweise sich widersprechender Bilanztheorien herausgebildet haben. Zur Ordnung dieser Bilanztheorien lassen sich unterschiedliche Kriterien heranziehen. In Anlehnung an die von M.R. Lehmann (vgl. Lehmann, M. R. [1955], S. 538) vorgenommene Unterscheidung zwischen formeller und materieller Bilanztheorie soll hier eine Zweiteilung danach vorgenommen werden, ob jeweils die formelle Aufgabenstellung oder die materielle Aufgabenstellung der betriebswirtschaftlichen Bilanztheorie im Vordergrund steht. Die formale Aufgabe der betriebswirtschaftlichen Bilanztheorie, die in diesem Kapitel behandelt wird, besteht in der Erklärung des Inhalts von Bilanz- und Erfolgsrechnung; die materielle Aufgabenstellung, die im nächsten Kapitel erörtert wird, besteht in der Begründung des Inhalts der finanziellen Rechnungslegung aus einem Bilanzzweck, d. h. in der Formulierung von Regeln für die zielentsprechende Bilanzgestaltung.

Ältere Ansätze formaler Bilanztheorien

Versuche zur einheitlichen Interpretation des Bilanzinhalts finden sich insbesondere in der früheren Bilanzdiskussion. Sie offenbaren sich vor allem in der während der ersten Phase der Bilanzdiskussion ausgefochtenen Kontroverse zwischen der statischen und der dynamischen Erklärung des Bilanzinhalts. Statische und dynamische Bilanzauffassungen werden im Rahmen dieses Abschnittes soweit erörtert, wie sie sich auf die formale Interpretation des Bilanzinhalts beziehen.

Neuere Ansätze formaler Bilanztheorien

Im Rahmen der neueren Bilanzdiskussion spielen Fragen der formalen Interpretation des Bilanzinhalts eine untergeordnete Rolle. Zwei Entwicklungsrichtungen sind hier erwähnenswert: Parallel zu den Bemühungen um eine Verbindung von Investitions- und Bilanzrechnung hat Käfer eine formale Interpretation des Bilanzinhalts aus zukünftigen Zahlungsströmen unternommen, auf die in diesem Abschnitt ebenfalls eingegangen wird. Mattessich, Ijiri, Schweitzer und

Kosiol bemühen sich, Formalinhalt von Bilanz und Erfolgsrechnung in Form von Axiomensystemen darzustellen. Der Wert solcher Axiomatisierungen liegt in der Präzision der Darstellungsform; da die vorgelegten Axiomensysteme keine grundsätzlich neuen Interpretationsversuche von Bilanz und Erfolgsrechnung beinhalten, kann auf ihre Darstellung hier verzichtet werden.

B. Statische Interpretation des Bilanzinhalts

Begriff der statischen Bilanz

Die Bezeichnung statische Bilanzauffassung hat Schmalenbach zur Unterscheidung von seiner dynamischen Bilanzauffassung für all diejenigen Versuche zur Erklärung des Bilanzinhalts eingeführt, die die Bilanz als ein Zustandsbild (Status) des Betriebes betrachten: »Wenn die Bilanz die Aufgabe hat, einen Zustand des Betriebes zu schildern, sei es einen dauernden oder vorübergehenden Zustand, so nennen wir eine solche Bilanz eine statische Bilanz« (vgl. Schmalenbach, E. [1962], S. 45).

Ältere statische Bilanzauffassung

Bei der statischen Bilanzauffassung handelt es sich keineswegs um eine einheitliche, in allen Einzelheiten festgefügte Bilanztheorie. So bestehen trotz grundsätzlicher Übereinstimmung hinsichtlich der Interpretation der Bilanz als Zustandsbild unterschiedliche Auffassungen hinsichtlich der Funktion der Bilanz. Nach der älteren statischen Bilanzauffassung besteht die Aufgabe der Bilanz in der Vermögensdarstellung zu einem bestimmten Zeitpunkt, sie ist also nach dieser Interpretation ein nach bestimmten Gesichtspunkten aufgestelltes Inventar und trägt den Charakter einer Vermögensbilanz. Diese ältere statische Bilanzauffassung hat ihren Ursprung in den Schriften und Kommentaren juristischer Autoren wie vor allem von Simon, Rehm und Staub; in der Betriebswirtschaftslehre ist die vermögensrechnerische Interpretation der Bilanz insbesondere durch die Arbeiten von Hügli, Schär, Leitner, Passow und Osbahr verbreitet und verfeinert worden. Nicht in so eindeutiger Weise lassen sich die von Nicklisch und Rieger entwickelten Bilanzauffassungen der älteren statischen Bilanzinterpretation zuordnen; immerhin zeigen sich aber sehr enge Beziehungen zur statischen Bilanztheorie.

In der älteren statischen Bilanzauffassung steht die Bilanz als Vermögensstatus des Betriebes im Vordergrund der Betrachtung. Die Gewinn- und Verlustrechnung hat nur untergeordnete Bedeutung. Der Periodenerfolg ergibt sich durch Vermögensvergleich aus der Bilanzrechnung. Die Gewinn- und Verlustrechnung wird zunächst als von der Bilanz völlig unabhängige Sonderrechnung betrachtet. Erst Schär und Nicklisch haben sich bemüht, die GuV von der Bilanz her zu interpretieren und sie so in einen Beziehungszusammenhang mit der Bilanz zu bringen. Schär interpretierte die Gewinn- und Verlustrechnung als Unterkonto des Eigenkapitalkontos. Auf diese Weise gelang es ihm, Aufwendungen als Reinvermögens- bzw. Eigenkapitalminderungen und Erträge als Reinvermögens- bzw. Eigenkapitalmehrungen zu erklären und so die Gewinn- und Verlustrechnung systematisch in die Bilanzrechnung einzubeziehen. Nicklisch versuchte, die Verbindung von Bilanz und Gewinn- und Verlustrechnung dadurch zu erreichen, dass er der Bilanz als »Beständebilanz« von Vermögen und Kapital die Gewinn- und Verlustrechnung als »Bilanz der Periodenwerte« zur Seite stellte. In dieser Bilanz der Periodenwerte stehen den für die Leistungserstellung in der Periode eingesetzten Beständen an Sachgütern, Arbeits- und Dienstleistungen (= Aufwendungen) die Ausgänge der in der Periode transformierten Bestände (= Erträge) gegenüber.

Neuere statische Bilanzauffassung

Als Vertreter der neueren statischen Bilanzauffassung gilt vor allem Le Coutre, der mit seiner »totalen« Bilanzauffassung eine Bilanztheorie vorlegen will, »die alle Beziehungen der Bilanz zum Wirtschaftsleben systematisch erfasst und formal wie materiell logisch in Einklang bringt, d. h. zu lückenlosem System zusammenfügt« (vgl. Le Coutre, W. [1956/62], Sp. 1172). Er wendet sich von der älteren statischen Interpretation der Bilanz als eines Vermögensstatus ab; er betrachtet die Bilanz als eine Kapitaldispositionsrechnung, die der Überwachung der Sicherheit und der Erhaltung des der Unternehmung zugeführten Kapitals dient. Dementsprechend werden alle Bilanzpositionen als Kapitalposten interpretiert. Auf der Passivseite zeigt die Bilanz das in die Unternehmung eingelegte Eigen- und Fremdkapital nach Art, Höhe, Herkunft und auf der Aktivseite die Sachform des Kapitals, in der die Deckungsmittel für das eingelegte Kapital zur Verfügung stehen.

Die Aufgabenstellung der Bilanz, den finanziellen Aufbau der Unternehmung nach Konstitution und Situation sichtbar zu machen sowie die durch die Geschäftstätigkeit verursachten Kapitalströme während der Periode aufzuzeigen, erfordert eine detaillierte und am Bruttoprinzip orientierte Bilanzgliederung. Die totale Bilanzauffassung enthält deshalb eine systematische Gliederungslehre, die eine Aufgliederung der Kapitalbestände nach verschiedenen Kriterien (z. B nach Funktionen, Risiken, Rechtsbeziehungen) verlangt. Nach Le Coutre ergibt sich folgendes Bilanzschema (vgl. Abbildung 16.1).

Die Interpretation der Bilanz als Kapitaldispositionsrechnung wird bei Le Coutre auch auf die GuV übertragen, die er in ihrer Bruttoform als Kapitalertragsbilanz und in ihrer Nettoform als Kapitalerfolgsbilanz bezeichnet. Die Aufwendungen werden als Kapitalabfluss, die Erträge als Kapitalzufluss interpretiert. Als Saldo zwischen Kapitalabfluss und Kapitalzufluss zeigt die Gewinn- und Verlustrechnung die Kapitalvernichtung (Verlust) oder den Kapitalzuwachs (Gewinn).

Sachkapital	Finanzkapital
A. Werbendes Kapital I. Anlagekapital a) Produktionsanlagen b) Verwaltungsanlagen c) Beteiligungen II. Beschäftigungskapital a) Vorräte b) Forderungen c) Zahlungsmittel B. Sicherungskapital (z. B. Effekten des Reservefonds) C. Verwaltungskapital (z. B. Anlage von Arbeitnehmerersparnissen) D. Überschusskapital (z. B. betrieblich nicht genutzte Grundstücke) E. Sozialkapital (z. B. Werkswohnungen) F. Posten der Rechnungsabgrenzung	A. Eigenkapital I. Langfristig a) Grundkapital b) Zusatz- und Zuwachskapital 1. Gesetzliche Rücklagen 2. Freiwillige Rücklagen II. Kurzfristig (Wertberichtigungen auf Sachkapital) III. Sofort fällig (Verlustrücklagen) B. Fremdkapital Langfristig (z. B. Anleihen) Kurzfristig a) Betriebsschulden b) Verwaltungsschulden (z. B. Spareinlagen von Arbeitnehmern) III. Sofort fällig (z. B. unbezahlte Löhne) C. Posten der Rechnungabgrenzung D. Jahreserfolg
G. Durchlaufende Posten (Avaldebitoren)	E. Durchlaufende Posten (Avalkreditoren)

Abb. 16.1: Bilanzschema nach Le Coutre

C. Dynamische Interpretation des Bilanzinhalts

Begriff und Entwicklung der dynamischen Bilanzauffassung

»Wenn die Bilanz die Aufgabe hat, im Betriebe sich abspielende Bewegungen darzustellen, so nennen wir sie eine dynamische Bilanz ... Unter diesen Bewegungen steht eine durchaus im Vordergrunde, das ist diejenige, die sich herschreibt aus den Kräften, die den Erfolg eines Betriebes bestimmen. Sie steht so sehr im Vordergrund, dass man die dynamische Bilanz als Erfolgsbilanz bezeichnen kann« (vgl. Schmalenbach, E. [1962], S. 45). Diese erfolgsrechnerische Interpretation des Bilanzinhalts findet sich in den Ansätzen zwar bereits in den gegen Ende des vorigen Jahrhunderts veröffentlichten Arbeiten von Schäffler und v. Willmowski sowie in den späteren Arbeiten von L. Fischer, der Durchbruch zu einer geschlossenen Theorie der Erfolgsbilanz wird jedoch erst von Schmalenbach mit der Veröffentlichung der ersten Auflage seiner Dynamischen Bilanz vollzogen. In der Folgezeit wurde die dynamische Bilanzauffassung Schmalenbachs in vielfältiger Hinsicht vertieft und weiterentwickelt. Hinsichtlich der Formaltheorie der dynamischen Bilanz sind hier neben der von Münstermann erarbeiteten Vervollkommnung des Schmalenbachschen Bilanzschemas vor allem die Untersuchungen von Walb und Kosiol zu nennen, mit denen eigenständige Formaltheorien zur Interpretation des Inhalts der dynamischen Bilanz vorgelegt wurden. Auf diese Weiterentwicklungen durch Walb und Kosiol wird im Anschluss an die Erörterung der dynamischen Bilanzinterpretation Schmalenbachs eingegangen.

Die dynamische Bilanzinterpretation Schmalenbachs

Entsprechend der im Vordergrund stehenden Zwecksetzung der Erfolgsermittlung verwendet Schmalenbach zur Deutung des Bilanzinhaltes nur die Kategorien Aufwand und Ertrag sowie Ausgaben und Einnahmen. Ausgaben und Einnahmen sind die Erfolgskomponenten einer Totalerfolgsrechnung, die die gesamte Lebensdauer eines Betriebes umfasst. In einer solchen Totalrechnung ergibt sich der Erfolg als Differenz aller Einnahmen und Ausgaben, die nicht Entnahmen oder Einlagen sind. Es gibt hier keine zeitlichen Verwerfungen zwischen Ausgaben und Aufwand einerseits und zwischen Einnahmen und Ertrag andererseits; für die Erfolgsermittlung genügt eine einfache Kassenrechnung, eine Bilanz erübrigt sich.

Die Konzeption der allein auf Einnahmen und Ausgaben beruhenden Totalerfolgsrechnung ist für die Praxis der Unternehmungsrechnung weitgehend unbrauchbar, da man im Allgemeinen mit der Erfolgsermittlung nicht bis zum Ende der Lebensdauer des Unternehmens warten kann. Für die Vielzahl der auf Dauer geplanten Unternehmen stellt die Totalerfolgsrechnung sogar eine Fiktion dar. Die somit erforderliche Unterteilung der Totalperiode in Teilperioden zum Zwecke der periodischen Erfolgsermittlungen führt zu Diskrepanzen in der Abfolge von Ausgaben, Aufwendungen, Einnahmen und Erträgen, die durch vorübergehende Speicherung der nachzuverrechnenden oder vorzuverrechnenden Transaktionen zum Ausgleich gebracht werden müssen. Das Instrument, mit dem diese zeitlichen Verwerfungen zwischen Zahlungs- und Erfolgsvorgängen ausgeglichen werden, ist die Bilanz, deren Inhalt somit durch die Aufwands- und Ertragsrechnung bestimmt wird. Aufgabe der dynamischen Bilanz ist es dementsprechend, »die schwebenden, d. h. die noch der Auflösung harrenden Posten, in Evidenz zu halten. Man sieht aus ihr, was noch nicht aufgelöst ist. Das noch nicht Aufgelöste stellt noch vorhandene aktive Kräfte oder passive Verpflichtungen dar. Die Bilanz ist mithin die Darstellung des Kräftespeichers der Unternehmung« (vgl. Schmalenbach, E. [1962], S. 74). Die Bilanz ist nach dynamischer Interpretation also nichts anderes als ein umfassendes Abgrenzungskonto, in dem einerseits noch nicht erfolgswirksame Zahlungen zwecks späterer Nachverrechnung (transitorische Posten), andererseits alle noch nicht zahlungswirksamen Erfolge (antizipative Posten) erfasst werden. Diese Zusammenhänge führen zur Interpretation der Aktiva als schwebende Vorleistungen und der Passiva als schwebende Nachleistungen. Fügt man die Positionen Liquide Mittel und (Eigen)Kapital hinzu — sie wurden erst später von Münstermann als Schwebeposten interpretiert — so ergibt sich das in Abbildung 16.2 wiedergegebene Schema der dynamischen Bilanz:

Aktiva (schwebende Vorleistungen)	Passiva (schwebende Nachleistungen)
1. Liquide Mittel	1. Kapital
2. Ausgabe noch nicht Aufwand (z. B. abnutzbares Anlagevermögen, Roh-, Hilfs- und Betriebsstoffe, Vorauszahlungen für Aufwendungen späterer Perioden wie Mietvorauszahlungen)	2. Aufwand noch nicht Ausgabe (z. B. Rückstellungen für ungewisse Verbindlichkeiten, Lieferantenverbindlichkeiten für schon verbraucht Aufwandsgüter
3. Ausgabe noch nicht Einnahme (z. B. nicht abnutzbares Anlagevermögen, gewährte Darlehen)	3. Einnahme noch nicht Ausgabe (z. B. erhaltene Darlehen)
4. Ertrag noch nicht Aufwand (z. B. selbst erstellte Anlagen, unfertige Erzeugnisse)	4. Aufwand noch nicht Ertrag (z. B. Rückstellungen für unterlassene Instandsetzung durch den eigenen Betrieb)
5. Ertrag noch nicht Einnahme (z. B. Debitoren, Fertigerzeugnisse	5. Einnahme noch nicht Ertrag (z. B. Anzahlungen von Kunden, erhaltene Mietvorauszahlungen)

Abb. 16.2: Dynamische Bilanz nach Schmalenbach

In ähnlicher Weise lassen sich in der Gewinn- und Verlustrechnung die Aufwendungen und Erträge, wie in dem folgenden Schema dargestellt, nach der zeitlichen Abfolge von Aufwand, Ausgaben, Ertrag und Einnahmen ordnen. Die Aufwandspositionen 4. bis 6. und die ihnen entsprechenden Ertragspositionen 10. bis 12. betreffen innerbetriebliche Leistungen (Abbildung 16.3).

Aufwand	Ertrag
1. Aufwand jetzt, Ausgabe jetzt	7. Ertrag jetzt, Einnahme jetzt
2. Aufwand jetzt, Ausgabe früher	8. Ertrag jetzt, Einnahme früher
3. Aufwand jetzt, Ausgabe später	9. Ertrag jetzt, Einnahme später
4. Aufwand jetzt, Ertrag jetzt	10. Ertrag jetzt, Aufwand jetzt
5. Aufwand jetzt, Ertrag früher	11. Ertrag jetzt, Aufwand früher
6. Aufwand jetzt, Ertrag später	12. Ertrag jetzt, Aufwand später

Abb. 16.3: Dynamische GuV nach Schmalenbach

Die dynamische Bilanzinterpretation Walbs

Die von Walb (vgl. Walb, E. [1966]) vorgelegte Formaltheorie der dynamischen Bilanz stellt eine konsequente Weiterentwicklung der Gedankengänge Schmalenbachs und ihre Übertragung auf das Gesamtsystem der Buchhaltung dar. Ergebnis der dynamischen Interpretation des formellen Aufbaus der Buchhaltung ist die von ihm entwickelte Zweikontentheorie, in der Konten der Zahlungsreihe und

Konten der Leistungsreihe unterschieden werden. Diese Differenzierung beruht auf der Erkenntnis, dass sich die betrieblichen Wertbewegungen aus Leistungsströmen und diesen gegenüberstehenden Zahlungsströmen, die bei Walb auch die unbaren Einnahmen und Ausgaben umfassen, zusammensetzen. Die Konten der Leistungsreihe werden in der Gewinn- und Verlustrechnung, die Konten der Zahlungsreihe in der Bilanz abgeschlossen. Der Inhalt der Gewinn- und Verlustrechnung lässt sich demnach allein aus Leistungsströmen, der Inhalt der Bilanz allein aus Zahlungsströmen interpretieren.

Der Erfolg ergibt sich in der Zahlungsreihe als Differenz der Einnahmen und Ausgaben und in der Leistungsreihe als Differenz der Leistungsausgänge und Leistungseingänge. Für die Totalerfolgsrechnung genügt dabei die jeweilige Gegenüberstellung der ursprünglich verrechneten Einnahmen und Ausgaben sowie der ursprünglich verrechneten Leistungsausgänge und Leistungseingänge. Für die Periodenerfolgsrechnung dagegen kommen die Abgrenzungsprobleme hinzu, weil die ursprünglich erfassten Leistungs- und Zahlungsströme nicht alle der Abrechnungsperiode zuzuordnenden Erfolgsvorgänge umfassen und teilweise erst späteren Perioden zuzurechnende Erfolgsvorgänge darstellen. Die mit den ursprünglich verrechneten Zahlungs- und Leistungsströmen noch nicht erfassten Erfolgsvorgänge sind deshalb in der Leistungsreihe als »nachverrechnete« Leistungseingänge und Leistungsausgänge und in der Zahlungsreihe in gleicher Höhe als »nachverrechnete« Ausgaben und Einnahmen zu erfassen. Die erfolgsrechnerisch zuviel gebuchten Leistungs- und Zahlungsströme sind dementsprechend in der Leistungsreihe durch »zurückverrechnete« Leistungsausgänge und Leistungseingänge und in der gleichen Höhe in der Zahlungsreihe durch »zurückverrechnete« Einnahmen und Ausgaben erfolgsrechnerisch zu neutralisieren.

Damit ergeben sich folgende Schemata für Bilanz (Abbildung 16.4) und Gewinn- und Verlustrechnung (Abbildung 16.5):

Aktiva	**Bilanz** Passiva
1. Ursprünglich verrechnete Einnahmen (z. B. liquide Mittel, Forderungen) 2. Zurückverrechnete Ausgaben (z. B. Anlagen, Vorräte) 3. Nachverrechnete Einnahmen (z. B. noch zu vereinnahmende Zins- oder Mieterträge)	1. Ursprünglich verrechnete Ausgaben (z. B. Verbindlichkeiten) 2. Zurückverrechnete Einnahmen (z. B. Kundenanzahlungen) 3. Nachverrechnete Ausgaben (z. B. Rückstellungen)

Abb. 16.4: Dynamische Bilanz nach Walb

Aufwand	Gewinn- und Verlustrechnung Passiva
1. Ursprünglich verrechnete Leistungseingänge (Gegenposten zum ersten Passivum) 2. Zurückverrechnete Leistungsausgänge (Gegenposten zum zweiten Passivum) 3. Nachverrechnete Leistungseingänge (Gegenposten zum dritten Passivum)	1. Ursprünglich verrechnete Leitungsausgänge (Gegenposten zum ersten Aktivum) 2. Zurückverrechnete Leistungseingänge (Gegenposten zum zweiten Aktivum) 3. Nachverrechnete Leitungsausgänge (Gegenposten zum dritten Aktivum)

Abb. 16.5: Dynamische GuV nach Walb

Die dynamische pagatorische Bilanzinterpretation Kosiols

Die von Kosiol (vgl. Kosiol, E. [1959]; Kosiol, E. [1976]) entwickelte pagatorische Interpretation von Buchhaltung und Bilanz ist eine Weiterentwicklung und Vereinheitlichung der von Schmalenbach und Walb vorgelegten Formaltheorien des Bilanzinhalts. Hauptanliegen der pagatorischen Bilanztheorie ist es, die enge formale Verknüpfung von Einnahme-Ausgabe-Rechnung und bilanzieller Erfolgsrechnung aufzuzeigen, indem versucht wird, die gesamte Buchhaltung und Bilanz allein durch die Kategorien Einnahmen und Ausgaben zu interpretieren. Damit wird zugleich gezeigt, dass es der von Walb benützten zwei Kontenreihen nicht bedarf. »Der ursprüngliche Inhalt der Bilanz besteht nicht in den Bestandsgrößen, sondern in den unsaldierten Einnahmen und Ausgaben selbst. Die Bilanz ist nicht nur Hilfsmittel der Erfolgsrechnung, die unabgerechnete Bestände an die nächste Periode weitergibt, sondern selbst eine pagatorische Erfolgsrechnung« (vgl. Kosiol, E. [1959], S. 228 f.). In der Periodenerfolgsrechnung gelingt die Rückführung aller Buchungen auf Einnahmen und Ausgaben wegen der auftretenden Abgrenzungsprobleme nur durch die Erweiterung des Einnahmen- und Ausgabenbegriffes. Neben die Bareinnahmen (Einzahlungen) und die Barausgaben (Auszahlungen) treten in der pagatorischen Bilanztheorie die in Abbildung 16.6 zusammengefassten Verrechnungseinnahmen und Verrechnungsausgaben.

Voreinnahmen	=	Zukünftige Bareinnahmen = Entstehung von Forderungen;
Vorausgaben	=	Zukünftige Barausgaben = Entstehung von Schulden (einschließlich Eigenkapital und Rückstellungen)
Tilgungseinnahmen	=	Gegenbuchungen zu den Barausgaben für Schuldentilgungen, deren eventuelle Erfolgswirksamkeit (z. B. bei Rückstellungen) bereits in den Vorausgaben vorweggenommen ist
Tilgungsausgaben	=	Gegenbuchungen zu den Bareinnahmen von Forderungstilgungen, deren eventuelle Erfolgswirksamkeit (z. B. bei Forderungen aus Lieferungen und Leistungen) bereits in den Voreinnahmen vorweggenommen ist
Rückeinnahmen	=	Aktivierung von (Vorrats-)Ausgaben, die noch nicht Aufwendungen sind, z. B. Anlagen, Vorräte, geleistete Anzahlungen an Lieferer sowie Vorauszahlungen für Versicherungen, Mieten, Zinsen und anderer transitorische Aktiva
Rückausgaben	=	Passivierung von (Reservat-)Einnahmen, z. B. Anzahlungen von Kunden, vorausempfangene Zinsen, Mieten und anderer transitorische Passiva
Nachausgaben	=	Erfolgswirksame Auflösung von Rückeinnahmen, z. B. Abschreibungen, Rohstoff- und Wareneinsatz
Nacheinnahmen	=	Erfolgswirksame Auflösung von Rückausgaben, z. B. Ertrag aus vorausempfangenen Mieten und Zinsen sowie aus Anzahlungen von Kunden

Abb. 16.6: Einnahmen/Ausgaben gemäß pagatorischer Bilanztheorie

Die Gegenüberstellung aller Bar- und Verrechnungseinnahmen sowie aller Bar- und Verrechnungsausgaben führt zur Erfolgsrechnung in Gestalt der pagatorischen Bewegungsbilanz (vgl. Abbildung 16.7).

Einnahme	**Pagatorische Bewegungsbilanz** Ausgaben
1. Bareinnahmen	1. Barausgaben
2. Verrechnungseinnahmen	2. Verrechnungsausgaben
(a) Voreinnahmen	(a) Vorausgaben
(b) Tilgungseinnahmen	(b) Tilgungsausgaben
(c) Rückeinnahmen	(c) Rückausgaben
(d) Nacheinnahmen	(d) Nachausgaben
Saldo = Periodenverlust	Saldo = Periodengewinn

Abb. 16.7: Pagatorische Bewegungsbilanz

Aus der Bewegungsbilanz ergibt sich die Beständebilanz durch Einbeziehung der Vorträge aus der Vorperiode und Saldierung zusammengehörender Posten (vgl. Abbildung 16.8).

Aktiva **Pagatorische Beständebilanz**	Passiva
1. Einnahmenbestände	1. Ausgabenbestände
(a) Barbestände	(a) Schulden (einschl. Eigenkapital und Rückstellungen)
(b) Forderungen	
2. Ausgabengegenwerte	2. Einnahmegegenwerte
(c) Vorräte (Rückeinnahmen minus Nachausgaben)	(b) Reservate (Rückausgaben minus Nacheinnahmen)
Saldo = Periodenverlust	Saldo = Periodenverlust

Abb. 16.8: Pagatorische Beständebilanz

D. Zukunftsorientierte Interpretation des Bilanzinhalts

Zukunftsorientierte Bilanzauffassung

Käfer (vgl. Käfer, K. [1962]) hat eine Formaltheorie des Bilanzinhaltes vorgelegt, in der die Bilanzpositionen allein aus ihren zukünftigen ökonomischen Konsequenzen erklärt werden. Damit wendet er für die Bilanzinterpretation die ökonomische Erkenntnis an, dass Vermögensgegenstände nur im Hinblick auf ihre künftigen Nutzungen einen Wert besitzen können. Dementsprechend werden das Vermögen einheitlich als Erwartungen künftigen Güter- und Leistungszuganges, Eigen- und Fremdkapital als Erwartungen künftigen Güter- und Leistungsabganges gedeutet. Unter Berücksichtigung aktiver und passiver Berichtigungsposten, die dem Erfordernis einer Bruttorechnung entsprechen, ergibt sich nach der Interpretation Käfers das in Abbildung 16.9 wiedergegebene Bilanzschema.

Aktiva	Passiva
1. Erwartungen (Chancen) künftigen Güter- und Leistungszuganges (Eingang von außen, interne Entstehung oder Zunahme, evtl. Verminderungen von Abgängen) ohne Gegenleistungen (a) aus zur Verfügung stehenden Sachgütern (b) aufgrund von Rechten gegenüber anderen Wirtschaftsseinheiten (c) aufgrund tatsächlicher Verhältnisse	1. Erwartungen (Risiken) künftigen Güter- und Leistungsabganges (externer Ausgang, Verschwinden oder Abnahme im Inneren, evtl. Verminderung von Zugängen) ohne Gegenleistungen (a) aufgrund von Verpflichtungen gegenüber Wirtschaftseinheiten (b) aufgrund tatsächlicher Verhältnisse (c) wegen Förderung des Zweckes der Einzelwirtschaft durch Leistungen an Teilhaber oder anderer Arten der Zweckerfüllung (d) wegen eines Bestandes an »negativen Gütern«, wie z. B. schädlichen Abfällen
2. Aktive Berichtigungsposten (a) Zuschläge zu Aktiven (b) Abzüge an Passiven	2. Passive Berichtigungsposten (a) Abzüge an Aktiven (b) Zuschläge zu Passiven

Abb. 16.9: Zukunftsorientierte Bilanz

Mit dieser zukunftsorientierten Deutung des Bilanzinhalts wendet sich Käfer insbesondere gegen die ältere juristisch-statische Bilanzinterpretation, nach der das in der Bilanz ausgewiesene Vermögen als Haftungssubstanz für die durch die Passiva repräsentierten Gläubiger- und Teilhaberansprüche anzusehen ist. Insofern steht die zukunftsorientierte Bilanzdeutung dem Anliegen der dynamischen Bilanztheorie nahe. Ihre Entsprechung im Bereich der materiellen Bilanztheorien hat die zukunftsorientierte Bilanzinterpretation in der Konzeption des ökonomischen Gewinns, die auf einer allein an den zukünftigen Zahlungsströmen orientierten Vermögensbewertung beruht (vgl. 17. Kapitel C III). Allerdings liegt dem ökonomischen Gewinn ein nach dem Gesamtwertprinzip ermittelter Vermögenswert zugrunde; eine dem Bilanzprinzip entsprechende Aufteilung dieses Zukunftserfolgswertes auf einzelne Aktiv- und Passivpositionen lässt sich infolge Interdependenz der zukünftigen Zahlungsströme nicht verwirklichen.

Kontrollfragen:

1. Welche Entwicklungsphasen bilanztheoretischer Diskussion lassen sich unterscheiden?
2. Welche Impulse haben zur neueren bilanztheoretischen Diskussion geführt?
3. Charakterisieren Sie die formellen und materiellen Aufgaben betriebswirtschaftlicher Bilanztheorien!
4. Worin bestehen die wesentlichen Unterschiede zwischen statischer und dynamischer Interpretation des Bilanzinhalts?
5. Wie unterscheiden sich die ältere und die neuere statische Bilanzauffassung?
6. Wie lässt sich die Gewinn- und Verlustrechnung nach statischer Bilanzinterpretation erklären?
7. Nennen Sie die Kategorien, mit denen Schmalenbach den Inhalt der Bilanz interpretiert, und geben Sie für jede Kategorie ein Beispiel!
8. Welche Bedeutung kommt der Gewinn- und Verlustrechnung im Rahmen der dynamischen Bilanztheorie zu?
9. Worin bestehen die Gemeinsamkeiten und Unterschiede zwischen den weiterentwickelten dynamischen Bilanzinterpretationen von Walb und von Kosiol?
10. Welche Funktion hat die Leistungsreihe und welche Funktion hat die Zahlungsreihe nach der Bilanzinterpretation Walbs?
11. Wie unterscheiden sich pagatorische Beständebilanz und pagatorische Bewegungsbilanz voneinander?
12. Welche Berührungspunkte hat die zukunftsorientierte Bilanzinterpretation von Käfer mit anderen Bilanztheorien?

17. Kapitel: Theorien der zieloptimalen Bilanzgestaltung

Zielpräzisierung als Grundlage materieller Bilanztheorien

Die materiellen Bilanztheorien gehen der Frage nach, wie Form und Inhalt der Rechnungslegung sowie die Bewertung der Bilanzpositionen zu gestalten sind, damit die Rechnungslegungsziele möglichst vollkommen erreicht werden. Sie setzen somit eine Präzisierung der Rechnungslegungsziele voraus.

Erfolgs- und Vermögensermittlung als Bilanzziele?

In der früheren deutschsprachigen bilanztheoretischen Literatur ist die Frage nach dem Ziel des Jahresabschlusses – dokumentiert durch den Widerstreit zwischen dynamischer und statischer Bilanzinterpretation – fast ausschließlich unter der kontroversen Fragestellung »Erfolgsermittlung oder Vermögensermittlung?« behandelt worden. Heute weiß man, dass die Aufgabenstellungen »Erfolgsermittlung« oder »Vermögensermittlung« für sich allein gesehen noch keine gehaltvollen Zwecksetzungen darstellen, aus denen sich zielentsprechende Bilanzierungsregeln herleiten lassen. Erfolgsermittlung heißt ökonomisch nichts anderes als Messung des Grades der Zielerreichung, und ein Vermögensbestand hat nur insoweit einen Wert, wie er künftig zur Erfolgserzielung, d. h. zur Erreichung gesetzter Ziele, beiträgt. Erfolgs- und Vermögensermittlung sind deshalb keine eigenständigen Ziele, sondern sind ökonomisch nur im Hinblick auf ein jeweils übergeordnetes Ziel möglich. Sie sind mithin abgeleitete Ziele.

A. Grundlagen für die Ableitung von Jahresabschlusszielen

Die Charakterisierung der Jahresabschlussziele als Derivate einer Zielvorstellung höherer Ordnung wirft die Frage nach dem Bereich auf, dem diese übergeordnete Zielsetzung entstammt. Ein Blick in das Schrifttum zur Bilanztheorie zeigt, dass sich schwerpunktmäßig drei Ansätze für die Formulierung von Jahresabschluss-zielen unterscheiden lassen: der juristische, der gesamtwirtschaftliche und der einzelwirtschaftliche Ansatz.

Juristischer Ansatz

Nach dem juristischen Ansatz erscheint der Jahresabschluss als ein Instrument zur Lösung privatrechtlicher und gesellschaftsrechtlicher Gestaltungsaufgaben. Dementsprechend können sich die Jahresabschlussziele nur aus den Zwecken der betreffenden Rechtsvorschriften herleiten. Der umfassendste Versuch, die Funktionen des Jahresabschlusses aus seiner Eigenschaft als Rechtsfigur zu deduzieren, stammt von Stützel (vgl. Stützel, W. [1967]), der fünf primäre und fünf sekundäre Jahresabschlussziele enumeriert:

Primäre Jahresabschlussziele:

1. »Bündelung von Buchführungszahlen zur Sicherung von Urkundenbeständen gegen nachträgliche Inhaltsänderung im Interesse der Rechtspflege«
2. »Schutz von Gläubigern durch Zwang zur Selbstinformation des Unternehmers über seinen Vermögensstand«
3. Ausschüttungssperrfunktion »zur automatischen Transformation gläubigergefährdender Sachverhalte in Tatbestände gläubigerschützender Rechtsfolgen«;
4. »Konkretisierung dessen, was unter den Vokabeln »Gewinn« oder »Verlust« und »Kapitalanteil« im Sinne des geschlossenen Gesellschaftsvertrags verstanden werden soll«
5. »Kompetenzverteilung innerhalb von Körperschaften mit mehreren Organen« über die Verwendung des Gewinns

Sekundäre Jahresabschlussziele:

6. »Rechnungslegung im Sinne des Rechenschaftsberichts«
7. »Rechenschaftslegung der Leitenden für sich selbst«
8. Zusammenstellung »von Zahlen, die unmittelbar in Kalküle für bevorstehende Entscheidungen der Unternehmensleitung eingehen«
9. »Kreditwürdigkeitsbeurteilung«
10. Vermittlung von Informationen »zur Bewertung von Gesellschaftsanteilen zwecks Entscheidung der aktuellen und potenziellen Gesellschafter über ihre Mitgliedschaft«

Nach Stützel formen allein die primären Zwecke, also die Zwecke, »die man gemeinhin als dem Bereich des Rechts zugehörig ansieht« (vgl. Stützel, W. [1966], S. 787), Inhalt und Gestaltung des Jahresabschlusses. Die sekundären Zwecke, also die Vermittlung von Informationen an Unternehmungsleitung, Unternehmungseigner und Gläubiger lassen sich nach Stützel mittels des Jahresabschlusses nur insoweit verwirklichen, wie die an den rechtlichen Zwecken orientierten Bilanzierungsvorschriften dies zulassen. Nun ist Stützel zweifellos insofern zuzustimmen, als der Jahresabschluss keineswegs ausschließlich der Information der Unternehmungsbeteiligten dient, das Bilanzrecht also nicht lediglich aus einer Transformation betriebswirtschaftlicher Erkenntnisse in Rechtssätze resultiert. Ihm kommt vielmehr ein eigenständiger Gehalt zu, weil mit dem Jahresabschluss bestimmte Rechtsfolgen verknüpft sind. Zweifel erscheinen indessen gegenüber der These berechtigt, der Jahresabschluss sei allein an den rechtlichen Zwecken auszurichten.

Den Ausführungen Stützels lassen sich zwei Begründungen für diese These entnehmen. Zunächst wird angeführt, dass die rechtlichen Ziele und die Informationsziele nicht gleichrangig miteinander vereinbar seien; für die Ausgestaltung des Jahresabschlusses zu einem leistungsfähigen Informationsinstrument bedürfe es ganz anderer als der im geltenden Bilanzrecht verankerten Formen der Informationsdarbietung und der Bewertung. Eine weitere Begründung für die Orientierung an den rechtlichen Zwecken sieht Stützel in der Vorschrift des § 160 Abs. 2 AktG a. F. (vgl. § 284 Abs. 2 Nr. 1 HGB), die die Angabe der im Jahresabschluss verwendeten Abschreibungs- und Bewertungsmethoden im Geschäftsbericht fordert. Sie ermögliche es, »den gewöhnlich schiefen Eindruck, den der Abschluss als solcher über die Lage der Gesellschaft vermittelt, wieder so zurechtzurücken, dass der Aktionär einigermaßen fair über die Lage informiert wird« (vgl. Stützel, W. [1967], S. 339 f.).

Diese Begründungen, die hier nicht weiter diskutiert werden können, machen deutlich, dass der bilanztheoretische Ansatz Stützels am De-lege-lata-Gesichtspunkt orientiert ist. Unter diesem Gesichtspunkt hat er in beträchtlichem Maße zur Klärung der Möglichkeiten und Grenzen des Jahresabschlusses nach geltendem Bilanzrecht beigetragen. Zur Formulierung von Regeln zur zieloptimalen Bilanzgestaltung unter De-lege-ferenda-Gesichtspunkten erscheint der juristische Ansatz indessen zu eng.

Gesamtwirtschaftlicher, gesellschaftsbezogener Ansatz

Der gesamtwirtschaftliche Ansatz der Ermittlung von Jahresabschlusszielen beruht auf folgender Überlegung (vgl. Gordon, M. J. [1960]): Die durch die Rechnungslegung gebotenen Informationen wirken sich über die Entscheidungsparameter der Adressaten des Jahresabschlusses auf deren Verhalten aus. Das Jahresabschlussziel ist daher so zu formulieren, dass die diesem Ziel entsprechenden Informationen zu einem gesamtwirtschaftlich erwünschten Verhalten der Informationsempfänger führen. Dieser Ansatz liegt bereits vielen älteren bilanztheoretischen Untersuchungen zugrunde. So haben bekanntlich Fritz Schmidt (vgl. Schmidt, F. [1951]) und später Grant und Mathews (vgl. Grant, J. McB./Mathews, R. L. [1957]) aus der Hypothese der Verhaltensbeeinflussung durch das gesetzlich verankerte Nominalwertprinzip eine Erklärung des Konjunkturgeschehens abzuleiten versucht, ein Gedanke, der in der Inflationsdiskussion erneut Bedeutung erlangt hat (vgl. Hankel, W. [1973]). Andere Autoren weisen auf die gesamtwirtschaftliche Bedeutung einer möglichst vollständigen Information der Unternehmer über die Ergebnisse ihrer Handlungen hin (vgl. Le Coutre, W. [1949], S. 27; Schmalenbach, E. [1927], S. 49) oder betonen die Notwendigkeit einer umfassenden Information von Anteilseignern und Kreditgebern zur Erreichung einer gesamtwirtschaftlich optimalen Allokation des Kapitals (vgl. Schmalenbach, E. [1927]; Moxter, A. [1962]). Ein umfassender Versuch, Jahresabschlussziele aus gesellschaftlichen Zielvorstellungen zu deduzieren, ist von Rappaport (vgl. Rappaport, C. [1964]) unternommen worden. Er kommt zu vier Forderungen, die den Adressatenkreis sowie Umfang und Art der Jahresabschlussinformationen determinieren sollen:

1. Den Leitenden vor allem großer Unternehmungen obliegt eine Kommunikationspflicht gegenüber allen Individuen und Institutionen, die durch ihre Entscheidungen beeinflusst werden, also gegenüber Investoren, Kunden, Lieferanten, staatlichen Stellen und der Öffentlichkeit.

2. Die an der Unternehmung beteiligten Gruppen haben ein Anrecht auf solche Informationen, die ein Urteil über die Gerechtigkeit der Verteilung des betrieblichen Motivationspotenzials zulassen.
3. Zur Sicherstellung des gesamtwirtschaftlichen Fortschritts müssen die veröffentlichten Informationen so beschaffen sein, dass eine effiziente Allokation der Ressourcen gewährleistet ist.
4. Zur Förderung der gesellschaftlichen Zielvorstellungen sind diejenigen Informationen zu publizieren, die zu einem diesen gesellschaftlichen Wertvorstellungen konformen Verhalten führen.

Die zum Teil sehr vagen Formulierungen dieses Katalogs lassen die großen Schwierigkeiten des gesamtwirtschaftlichen Ansatzes für die Ermittlung präziser Jahresabschlussziele evident werden. Die konsequente Befolgung dieses Ansatzes würde zunächst einmal die operationale Beschreibung einer gesamtwirtschaftlichen Wohlfahrtsfunktion voraussetzen. Sodann müsste man die Verhaltensauswirkungen alternativer Rechnungslegungsmethoden und alternativer Publizitätsgrade auf die Informierten, aber auch die Informierenden ermitteln und den Einfluss dieser Verhaltensauswirkungen auf Größe, Zusammensetzung und Verteilung des Sozialprodukts zu ergründen suchen. Man müsste schließlich den Grad der gesamtwirtschaftlichen Zielrealisation bei verschiedenen Publizitätsgraden und verschiedenen Verteilungen der Informationen im volkswirtschaftlichen System unter Berücksichtigung der jeweiligen Informationskosten prüfen. Angesichts der außerordentlichen Schwierigkeiten der Formulierung einer gesamtwirtschaftlichen Zielfunktion sowie der Überprüfung der Verhaltensreaktionen der einzelnen Wirtschaftssubjekte bei voneinander abweichenden Informationsbedingungen kann es kaum erstaunen, dass die Erforschung der Auswirkungen unterschiedlicher Informationsstrukturen auf den gesamtwirtschaftlichen Erfolg noch in den Anfängen steckt (vgl. Streißler, E. [1982]). Solange diese Frage indessen nicht eindeutig beantwortet ist, kann der gesamtwirtschaftliche Ansatz für die Formulierung von Jahresabschlusszielen allenfalls einen groben und oft spekulativen Rahmen bieten.

Gesellschaftsbezogene Rechnungslegung, Sozialbilanz, Human Resource Accounting

Die geschilderten Schwierigkeiten lassen die Bemühungen um eine Ausgestaltung der Jahresabschlussrechnung zu einer quantitativ rechnerischen gesellschaftsbezogenen Unternehmensrechnung, die als Ergebnisgröße neben dem Jahresüberschuss einen Sozialsaldo im Sinne der Differenz von gesellschaftlichem Nutzen und gesellschaftlichen Kosten der Unternehmenstätigkeit ausweist (vgl. Eichhorn, P. [1974]), zumindest auf absehbare Zeit fraglich erscheinen. Dies schließt indessen nicht aus, dass die zunehmende gesellschaftliche Verantwortung der Unternehmen Konsequenzen für die unternehmerische Berichterstattung haben muss, indem in zunehmendem Maße Elemente in die Jahresberichte Eingang finden, die auf das Ausmaß der Erfüllung gesellschaftlicher Verpflichtungen durch die Unternehmen hinweisen. Die Bestrebungen zu einer solchen gesellschaftsbezogenen Berichterstattung (gesellschaftsbezogene Rechnungslegung, Sozialbilanz) laufen darauf hinaus, die auf das innere und äußere Beziehungsfeld der Unternehmung gerichteten physischen und gesellschaftlichen Beziehungen der Bewertung durch die Berichtsadressaten zugänglich zu machen (vgl. Dierkes, M. [1974]; Schulte, H. [1974]; Brockhoff, K. [1975]; Wysocki, K. v. [1975]). Hinsichtlich des inneren Beziehungsfeldes geht es um die Darstellung der Beziehungen des Unternehmens zu seinen Mitarbeitern. Wissenschaftlich hat dieses Beziehungsfeld in den letzten Jahren unter dem Stichwort »*Human Resource Accounting*« (vgl. Schönfeld, H. M. [1974]) eine ausgedehnte Erörterung erfahren; in der Berichtspraxis deutscher Unternehmen wird es im Rahmen des sog. Sozialberichtes berücksichtigt (vgl. 8. Kapitel A II). Hinsichtlich des äußeren Beziehungsfeldes geht es um die Erfassung der Beziehungen der Unternehmung zu einzelnen Gruppen von Unternehmensinteressenten (z. B. Kunden, Lieferern, Konkurrenten) und zu gesellschaftlichen Institutionen (z. B. Gemeinde, Staat) sowie der gesellschaftlich relevanten Beziehungen zur physischen Umwelt (z. B. Umweltverschmutzung, Maßnahmen zum Umweltschutz, Verbrauch von Energie, Sicherheit der Produkte), was auch zum Begriff »Umweltrechnungslegung« (vgl. Heigl, A. [1974]) geführt hat.

Einzelwirtschaftlicher Ansatz der Ermittlung von Jahresabschlusszielen

Unter einzelwirtschaftlichem Aspekt sind die Ziele des Jahresabschlusses aus den Zielvorstellungen der am Jahresabschluss interessierten Personen und Institutionen abzuleiten. Wegen der potenziellen Interessenkonflikte zwischen Bilanzierendem und Bilanzadressaten sind zwei Gesichtspunkte zu unterscheiden: Bei einer Orientierung an den Zielen des Bilanzierenden wird der Jahresabschluss als Instrument der unternehmerischen Informationspolitik gegenüber den externen Unternehmensbeteiligten betrachtet; die Bilanztheorie wird zur Theorie der Bilanzpolitik (vgl. Virkkunen, H. [1956]; Henzler, R. [1965]; Wittgen, R. [1965]). Die Erforschung bilanzpolitischer Ziele und die Entwicklung bilanzpolitischer Strategien im Rahmen des jeweils geltenden Bilanzrechts sind eine wichtige Aufgabe der entscheidungsorientierten Betriebswirtschaftslehre; als Grundlage einer Bilanztheorie, die Empfehlungen zur Konzipierung des Bilanzrechts geben soll, eignet sich der informationspolitische Gesichtspunkt jedoch nicht.

Bilanzadressaten als Zielträger

In der bilanztheoretischen Diskussion wird deshalb zur Ermittlung von Jahresabschlusszielen überwiegend von den Zielvorstellungen der Bilanzadressaten ausgegangen. Wegen des Charakters des Jahresabschlusses als Instrument der finanziellen Rechnungslegung der Unternehmung kommt dabei nur ein Rückgriff auf die finanziellen Zielvorstellungen der Rechnungslegungsadressaten in Betracht. Am Anfang jeder Theorie der zieloptimalen Bilanzgestaltung muss somit die Frage beantwortet werden: Wer sind die Anspruchsberechtigten der finanziellen Rechnungslegung der Unternehmung und welche finanziellen Ziele verfolgen sie im Hinblick auf ihre Beziehung zu dem Unternehmen? Wir wollen die zielbestimmenden Adressaten der finanziellen Rechnungslegung im Folgenden als Zielträger des Jahresabschlusses bezeichnen.

B. Zielträger des Jahresabschlusses und Jahresabschlussziele

Traditionelle Auffassungen über Zielträger des Jahresabschlusses

Im älteren deutschsprachigen bilanztheoretischen Schrifttum ist die Frage nach dem Zielträger des Jahresabschlusses nur gelegentlich angeklungen. Ausführlich wurde diese Frage hingegen im anglo-amerikanischen bilanztheoretischen Schrifttum in Gestalt der Diskussion über den *»Point of View (or Viewpoint) from which accounting procedures are carried out«* (Goldberg, L. [1965], S. 109) behandelt (vgl. Haller, A. [1994], S. 106 ff.). Die zunächst entwickelten Auffassungen über den Zielträger des Jahresabschlusses, die unter den Bezeichnungen *proprietary theory, entity theory, fund theory* und *commander theory* bekanntgeworden sind, reichen vom Eigentümer, über die Unternehmung im Sinne einer selbständigen Wirtschaftseinheit, bis zum Management als zielbestimmendem Merkmalsträger des Jahresabschlusses.

Zielträger des Jahresabschlusses und Unternehmenstheorie

Diese Theorien haben ihre Parallele in den Unternehmungskonzepten der traditionellen Unternehmungstheorie, nach der die Unternehmung als Entscheidungseinheit, personifiziert durch den Eigner, durch eine fiktive Rechtsperson oder entsprechend der Management-Theorie durch den Manager oder das Management betrachtet wird. Diese Parallelität in der Entwicklung grundlegender Begriffe der Bilanztheorie und der Unternehmenstheorie ist keineswegs zufällig gegeben; sie muss vielmehr zwangsläufig bestehen, wenn die Theorie der Unternehmungsrechnung auf den Erkenntnissen der Unternehmungstheorie aufbauen soll. »Die Unternehmungstheorie trägt zum Aufbau der Unternehmungsrechnung bei, indem sie dieser ein Bild der Unternehmung in ihrer wirtschaftlichen Situation zum Markt sowie zu den Haushalten der am Markt beteiligten Einkommensempfänger vermittelt. ... Mit der Bestimmung der Beziehung zum Haushalt wird die Frage zu beantworten sein, ob die Unternehmung als selbständige ... Wirtschaftseinheit oder aber als Mittel des Haushalts betrachtet wird. Der unmittelbare Zusammenhang zwischen Unternehmungstheorie und Rechnungstheorie wird bei der Definition rechnungstheoretischer Grundbegriffe sichtbar, die sich auf wirtschaftstheoretische stützen müssen, wollen sie nicht beziehungslos im Raum stehen« (Szyperski, N. [1964], S. 275). Diese Parallelität der Unternehmenstheorie und Rechnungslegungstheorie hat dazu geführt, dass sich mit der Weiterentwicklung der Theorie der Unternehmung auch die Auffassungen über die Zielträger des Jahresabschlusses neu gestellt haben. In der Theorie der Unternehmung sind nach vielfältigen Entwicklungen gegenwärtig zwei konkurrierende, tatsächlich aber wohl eher ergänzende Betrachtungsweisen vorherrschend: die *Stockholder*- und die *Stakeholder*-Theorie. Im Hinblick auf die finanzielle Rechnungslegung führt die *Stockholder*-Theorie zu einer primär am *Stockholder* oder *Shareholder*, die *Stakeholder*-Theorie zu einer an einer Vielzahl von Beteiligten der »Koalition« Unternehmung ausgerichteten Zweckbestimmung. Im Folgenden werden die im Schrifttum entwickelten Auffassungen über den Zielträger des Jahresabschlusses kurz skizziert und die heute vorherrschende Auffassung dargestellt.

I. Traditionelle Auffassungen über den Zielträger des Jahresabschlusses

Eigner-Theorie (proprietary theory)

Nach der Eigner-Theorie (*proprietary theory*), der ältesten Auffassung über den Zielträger des Jahresabschlusses, gilt die Unternehmung ausschließlich als Einkommensquelle des Unternehmungseigners oder der Unternehmungseigner (vgl. Gilman, S. [1936], S. 38 ff., 598 ff.). Ein von der Privatsphäre des Unternehmungseigners losgelöstes Unternehmungsvermögen gibt es nach dieser Auffassung nicht; die Aktiva repräsentieren Vermögensteile des Eigners, die Schulden der Unternehmung werden als Schulden des Eigners interpretiert. Aufwand und Ertrag sind das Ergebnis der Disposition und Handlungen des Unternehmungseigners. Der Jahresabschluss hat dementsprechend die Aufgabe, dem Eigner periodisch Informationen über den Stand seines in der Unternehmung gebundenen Vermögens und der Schulden sowie über die Höhe des mittels der Unternehmung erzielten Einkommens zu liefern; er ist mithin eine Vermögens- und Einkommensrechnung des Unternehmungseigners.

Die Eigner-Theorie mag für die Bestimmung des Jahresabschlussziels von einzelkaufmännischen Unternehmungen und Personengesellschaften, evtl. noch von Kapitalgesellschaften mit nur wenigen Anteilseignern wie Familienaktiengesellschaften, durchaus eine geeignete Basis bilden; sie musste sich indessen mit dem Aufkommen großer Kapitalgesellschaften mit ihrer Vielzahl von Anteilseignern und der veränderten wirtschaftlichen und rechtlichen Stellung der Unternehmungseigner als unzulänglich erweisen. Mit dem Entstehen großer Kapitalgesellschaften ging dementsprechend ein Funktionswandel des Jahresabschlusses von einer Vermögens- und Einkommensrechnung des Unternehmungseigners zu einer Gewinnrechnung der Unternehmung Hand in Hand, die als Rechenschaftsbericht gegenüber allen Kapitalgebern der Unternehmung diente.

Einheitstheorie (entity theory)

Dem Gesichtspunkt einer vom Eignerstandpunkt losgelösten, unternehmungsbezogenen Abrechnung sucht die Einheitstheorie (*entity theory*) Rechnung zu tragen, derzufolge die Unternehmung als eigenständige Wirtschaftseinheit gilt (vgl. Li, D. H. [1963]). Als Bezugsgrundlage des Jahresabschlusses wird der Unternehmungseigner durch die fiktive Rechtsperson »Unternehmung« ersetzt. Aufgabe des Jahresabschlusses ist nach dieser Auffassung nicht die Ermittlung des Vermögens und des Einkommens des Unternehmungseigners, sondern die Feststellung der Ergiebigkeit der Entscheidungen und Handlungen der als selbständige Wirtschaftseinheit begriffenen Unternehmung. Als Ergiebigkeitsmaß gilt primär der Unternehmungsgewinn (vgl. Haller, A. [1994], S. 114). Das Unternehmungsvermögen wird dementsprechend nicht mehr als Teilvermögen des Unternehmungseigners interpretiert; die Aktiva stellen vielmehr – ähnlich wie in der dynamischen Bilanztheorie – noch nicht verbrauchte Aufwandsgüter der Wirtschaftseinheit Unternehmung, die gesamten Passiva Verpflichtungen der Unternehmung gegenüber ihren Kapitalgebern, also Eigen- und Fremdkapitalgebern dar.

Durch die Abstraktion von der Person des Eigners vermeidet die Einheitstheorie zwar den Nachteil einer einseitigen Orientierung von Gewinnermittlung und

Informationsdarbietung an den finanziellen Zielvorstellungen und Informationsbedürfnissen einer einzelnen Person oder Personengruppe; die Konstruktion einer »Unternehmung an sich« stellt indessen eine für die Unternehmungs- und damit Bilanztheorie unbrauchbare Fiktion dar. Unternehmungen bestehen nicht aus sich heraus, sondern sie »verdanken ihre Existenz der Initiative und den Zielvorstellungen autonomer Wirtschaftssubjekte« (Heinen, E. [1976], S. 59). Ohne Bezugnahme auf die Zielvorstellungen der am Unternehmen beteiligten Personen oder Personengruppen lassen sich keine brauchbaren Erfolgsermittlungs- und Informationsziele gewinnen. Während die Eigner-Theorie einseitig von den Zielvorstellungen einer bestimmten Person oder Personengruppe ausgeht und damit nur eingeschränkte Gültigkeit besitzen kann, erweist sich die Einheitstheorie infolge der Bezugnahme auf eine fiktive Person schon im Ansatz als untauglich. Man wird daher der häufig geäußerten Auffassung, die Eigner-Theorie gelte uneingeschränkt für die Jahresabschlüsse von Einzelunternehmen und Personengesellschaften, die Einheitstheorie hingegen für die Jahresabschlüsse von Kapitalgesellschaften, nicht folgen können.

Fondstheorie (fund theory)

Als Versuch, sowohl die Unzulänglichkeiten der Eigner-Theorie als auch die der Einheitstheorie zu vermeiden, will Vatter (vgl. Vatter, W. J. [1964]) die von ihm konzipierte Fondstheorie (*fund theory*) verstanden wissen. Der Eigner- und der Einheitstheorie hält er entgegen, dass beide jeweils eine bestimmte Person, im Falle der Eigner-Theorie eine natürliche, im Falle der Einheitstheorie eine fiktive Person, als Merkmalsträger hervorheben. Die Jahresabschlussinformationen dienten aber verschiedenen Zwecken. Der Ansatz der Eigner- und Einheitstheorie müsse daher zwangsläufig dazu führen, dass ein Teil der Zwecke nicht oder nur unzureichend erfüllt wird oder dass es für alle Zwecke zu einem unbefriedigenden Kompromiss kommt. Daraus leitet Vatter die Notwendigkeit ab, von den Zielen bestimmter Personengruppen zu abstrahieren und den Jahresabschluss auf eine »objektive« Grundlage zu beziehen. Diese objektive Grundlage glaubt Vatter in dem Begriff des Fonds gefunden zu haben, der somit die Funktion der zentralen Abrechnungseinheit übernimmt. Ein Fonds umfasst eine Menge auf einen bestimmten Zweck gerichteter Nutzenpotenziale (*service potentials*), die rechnungstechnisch als Aktiva in Erscheinung treten. Die Verfügung über die einem Fonds angehörenden Nutzenpotenziale unterliegt stets bestimmten Restriktionen, die rechnungstechnisch durch die dem Fonds zugeordneten Passiva repräsentiert werden. Die allgemeinste Form einer Verfügungsbeschränkung ergibt sich aus der Forderung, die bereitstehenden Mittel im Sinne des Fondszweckes einzusetzen (Eigenkapital). Spezielle Beschränkungen resultieren beispielsweise aus dem Erfordernis der Schuldenrückzahlung zum Fälligkeitstermin (Fremdkapital). Jede Verminderung der Nutzenpotenziale ohne gleichzeitige Verminderung der speziellen Restriktionen in derselben Höhe und jede einseitige Erhöhung der speziellen Restriktionen bedeuten nach dieser Interpretation einen Aufwand, jede Vermehrung der Nutzenpotenziale ohne gleichzeitige Vermehrung der speziellen Restriktionen in derselben Höhe und jede einseitige Verminderung der speziellen Restriktionen bedeuten einen Ertrag. Mit Hilfe dieses begrifflichen Instrumentariums entwickelt Vatter ein Rechnungssystem, das von der Grundidee einer objektiven, von bestimmten Personen und Informationszielen unabhängigen Rechnungslegung über die Tätigkeiten der nach verschiedenen Gesichtspunkten abgegrenzten Fonds geleitet wird. In diesem Rechnungssystem wird bewusst auf die Ermittlung eines Gewinns verzichtet, weil dieser nur in Bezug auf eine bestimmte Person oder einen bestimmten Zweck von Bedeutung sein könne, das Rechnungssystem aber so konstruiert sein soll, dass jede nur denkbare Person durch Kombination einzelner Rechengrößen die für den gerade verfolgten Zweck erforderlichen Informationen selbst zusammenstellen kann.

Vatter kennzeichnet den Grundgedanken der Fondstheorie als eine Weiterentwicklung der Einheitstheorie (vgl. Vatter, W. J. [1966], S. 255). Beiden Auffassungen ist die Abstraktion von den mit der Unternehmung verknüpften Personen gemeinsam. Die Einheitstheorie erreicht dies, wie ausgeführt, durch die Fiktion der »Unternehmung an sich«, die Fondstheorie durch einen Rückgriff auf den Fonds als elementare Abrechnungseinheit. Auf die Fondstheorie treffen daher alle bereits gegen die Einheitstheorie erhobenen Einwendungen zu. Abgesehen von gewissen praktischen Schwierigkeiten der Erstellung und Auswertung des von Vatter entwickelten Rechnungssystems (vgl. Orth, C. [1963], S. 444; Goldberg, L. [1965], S. 150) ist die Grundkonzeption der Fondstheorie zudem nicht frei von terminologischen Unklarheiten und Widersprüchen. So fehlt es etwa an einer überzeugenden Begründung für die Forderung nach einer von Personen oder Personengruppen unabhängigen Bezugsgröße des Jahresabschlusses, zumal Vatter die Eigner-Theorie trotz ihrer Personenbezogenheit für einzelkaufmännische Unternehmungen und Personengesellschaften für akzeptabel hält (vgl. Vatter, W. J. [1964], S. 3 f.). Ferner erscheint fraglich, ob sich die Definition der Aktiva als Nutzungspotenziale ohne eine zumindest implizite Bezugnahme auf Personen und deren Ziele logisch halten lässt; denn der Begriff des Nutzens ist an die Einschätzung durch Personen gebunden.

Management-Theorie (Commander Theory)

Während die Fondstheorie Vatters als Weiterentwicklung der Einheitstheorie zu interpretieren ist, knüpft die Auffassung Goldbergs, dass stets die Person oder Personengruppe, die die Weisungsgewalt über die Unternehmenstätigkeit ausübt, den Merkmalsträger des Jahresabschlusses bildet (*commander theory*), an die Grundgedanken der Eigner-Theorie an (vgl. Goldberg, L. [1965], S. 162 ff.). Die Einheitstheorie und die Fondstheorie verwirft er, weil sie von dem Informationsbedürfnis realer Personen abstrahieren und somit auf Fiktionen beruhen. Die Eigner-Theorie hingegen stimmt für den Fall einer Eigentümer-Unternehmung mit der *commander theory* überein. Für den Fall einer Geschäftsführer-Unternehmung ersetzt die *commander theory* den Unternehmenseigner durch das Management als Merkmalsträger des Jahresabschlusses. Einer solchen auf Information der Unternehmungsleitung gerichteten Deutung, wie sie auch der dynamischen Bilanzauffassung Schmalenbachs zugrunde liegt, muss die Zielbestimmung für einen extern orientierten Jahresabschluss zwangsläufig Schwierigkeiten bereiten. Goldberg sucht diese Schwierigkeiten mit der Erklärung zu umgehen, dass der Unternehmensführung neben ihrer Leitungsfunktion eine Rechenschaftspflicht gegenüber den unternehmensexternen Kapitalgebern obliege. Eine solche Interpretation muss aber für den unternehmensexternen Jahresabschluss entgegen der Grundidee der *commander theory* zumindest implizit die Informationsbedürfnisse der unternehmensexternen Kapitalgeber der Herleitung von Jahresabschlusszielen zugrunde legen, oder sie muss den Begriff des Zielträgers so umdeuten, dass er nicht mehr die Informationsdestinatare, sondern denjenigen bezeichnet, der den Jahresabschluss zu erstellen hat. Mit dieser Umdeutung würde indessen die Bestimmung des Zielträgers der Rechnungslegung für die Ermittlung von Jahresabschlusszielen bedeutungslos.

II. Stockholder-Theorie und Jahresabschlussziele

Shareholder Value

Aus der Sicht der Zielträger des Jahresabschlusses lässt sich die *Stockholder*-Theorie als eine Verbindung von Eigner-Theorie und Management-Theorie interpretieren. Wie die Eigner-Theorie betrachtet sie die Unternehmung ausschließlich als Einkommensquelle der Unternehmenseigner. Die Zwecke des Jahresabschlusses sind folglich aus den Zielsetzungen und Informationsbedarfen des Eigentümerinvestors abzuleiten. Die *Stockholder*-Theorie gibt allerdings die Prämisse der Eigentümer-Theorie auf, dass der Eigentümer mit dem Unternehmen eine Entscheidungseinheit bildet. Im Zentrum steht vielmehr die Kapitalgesellschaft, bei der das Management mit der Führungsaufgabe betraut ist, während der Eigentümer bzw. die Eigentümer als *Stockholder* bzw. als *Shareholder* von der Geschäftsführung getrennt sind. Aufgabe des Managements, das durch Delegation für den *Stockholder* bzw. *Shareholder* das Unternehmen führt, ist es, im Interesse des *Stockholder* bzw. *Shareholder* zu handeln. Daraus leitet sich als ökonomische Zielsetzung die Marktwertmaximierung des Unternehmens bzw. die Maximierung des *Shareholder Value* ab. Konsequenterweise wird auch der Jahresabschluss in den Dienst des *Shareholder Value* gestellt.

Agency-Theorie

Das Verhältnis zwischen *Stockholder* bzw. *Shareholder* und Management lässt sich als Auftragsbeziehung zwischen einem Prinzipal (*Stockholder/Shareholder*) und einem Agenten (Management) beschreiben. Die ökonomische Analyse solcher *Principal-Agent*-Beziehungen ist Gegenstand der *Agency*-Theorie (vgl. Elschen, R. [1998]). Ein besonderes Charakteristikum derartiger Auftragsbeziehungen ist es, dass das Management eigene Ziele verfolgt, die den Zielen des *Stockholder* entgegen stehen können (opportunistisches Handeln), und dass das Management über Informationen verfügt, die dem Eigentümer nicht ohne weiteres zugänglich sind (asymmetrische Information). Daraus resultiert für den *Shareholder* das Risiko, dass das Management Informationen über seine Handlungsmöglichkeiten und die Risiken gegenüber dem Eigentümer verbirgt (*hidden information*) und dass das Management darüber hinaus aufgrund seines Informationsvorsprungs für den *Shareholder* unerkennbar Aktionen im eigenen Interesse ergreift, die den Interessen des *Shareholder* widersprechen (*hidden action*). Zur Eingrenzung derartiger Risiken aus *Principal-Agent*-Beziehungen kommen der externen Rechnungslegung wichtige Funktionen zu (vgl. Ewert, R. [1986]; Hartmann-Wendels, T. [1992]; Wagenhofer, A./Ewert, R. [2002], 1. Kapitel). Die externe Rechnungslegung lässt sich dabei als gesetzlich geregelter Teil der Auftragsbedingungen des Delegationsverhältnisses von *Shareholder* und Management betrachten (vgl. Elschen, R. [1998], S. 558). Für den Jahresabschluss leiten sich daraus zwei Zwecksetzungen ab:

- Er dient als Informations- und Kontrollinstrument für den *Stockholder* bzw. *Shareholder*. Wegen der Gefahr von verborgenen Informationen (*hidden information*) steht diese Zwecksetzung insbesondere unter den Kriterien der Vollständigkeit und der Objektivität der Rechnungslegung.
- der Jahresabschluss ist zugleich Bemessungsgrundlage für den finanziellen Zielerreichungsgrad für den *Stockholder* bzw. *Shareholder*. D. h. der mit dem Jahresabschluss zu bemessende Erfolg (Gewinn oder Verlust) muss mit dem finanziellen Ziel des *Shareholder*, also dem Unternehmensmarktwert bzw. *Shareholder Value* kompatibel sein. Damit kann er zugleich als Maßgröße für ein Anreizsystem dienen, das die Interessen des Managements mit den Interessen des *Shareholder* koppelt, um auf diese Weise verborgene Handlungen (*hidden action*) zu vermeiden.

III. Stakeholder-Theorie und Jahresabschlussziele

Stakeholder versus Stockholder?

In scheinbar krassem Widerspruch zur stark kapitalmarktgeprägten *Stockholder*-Theorie verfolgt die *Stakeholder*-Theorie eine stärker organisatorisch geprägte Perspektive. Es ist deshalb auch nicht erstaunlich, dass dieses Konzept von Organisations-Theoretikern in die Theorie der Unternehmung eingeführt wurde (vgl. Cyert, R. M./March, J. G. [1963], S. 26 ff.). Tatsächlich lassen sich beide Theorien miteinander verbinden. Aus der Sicht der *Stakeholder*-Theorie ist die langfristige Existenz des Unternehmens nur sicherbar, wenn das Unternehmen als Instrument der Zielrealisation sämtlicher an der Unternehmung beteiligten *Stakeholder* betrachtet wird. Die *Stockholder*-Interessen werden mit den Interessen der üblichen *Stakeholder* als interdependent betrachtet.

Die Unternehmung als Koalition

Die Unternehmung erscheint nach dieser Interpretation als eine Koalition, der alle mit der Unternehmung in direkter Beziehung stehenden Personen, also etwa Unternehmensleitung, Beschäftigte und Anteilseigner, ebenso angehören wie Kreditgeber, Kunden, Lieferanten und der Fiskus. Die von den aktuellen oder potenziellen Koalitionsmitgliedern entsprechend ihren Zielvorstellungen an die Unternehmung gerichteten Anforderungen stellen – sieht man von der Ausnahmestellung des Fiskus ab – den Preis für den Verbleib in der Koalition oder für die Beteiligung an der Koalition dar. Eine Koalition hat demnach nur so lange Bestand, wie sie ihren Mitgliedern oder ihren potenziellen Teilnehmern deren Zielvorstellungen entsprechende Leistungen finanzieller und nichtfinanzieller Art bietet. Für ihre Entscheidungen über den Verbleib in der Koalition bzw. Eintritt in die Koalition benötigen die aktuellen und potenziellen Koalitionspartner regelmäßig Informationen über den Erreichungsgrad ihrer finanziellen und nichtfinanziellen Zielvorstellungen, die sie mit ihrer Teilnahme am Unternehmen verknüpfen.

Koalitionsteilnehmer als Zielträger

Diese Deutung der Unternehmung als Koalition unterschiedlicher Interessentengruppen hat die neuere Bilanztheorie stark geprägt (vgl. z. B. Bühner, R. [1998]; Kubin, K. W. [1998]). Entsprechend dieser Deutung erscheint der Jahresabschluss als ein finanzieller Rechenschaftsbericht der Unternehmensleitung gegenüber den Koalitionsteilnehmern. Allgemein lässt sich deshalb der Jahresabschluss als ein Informationsinstrument interpretieren, das den Koalitionspartnern Informationen über den Erreichungsgrad ihrer finanziellen Zielvorstellungen, die sie mit ihrer Teilnahme am Unternehmen verknüpfen, liefern soll.

Finanzielle Zielvorstellungen der Koalitionsteilnehmer

Die relevante Fragestellung lautet somit: Welche finanziellen Zielvorstellungen verfolgen die Koalitionspartner mit ihrer Beteiligung am Unternehmen, welche Informationswünsche ergeben sich aus diesen Zielvorstellungen, und wie lassen sich die Aufgaben des Jahresabschlusses präzisieren?

Anteilseigner

Die finanziellen Zielvorstellungen der aktuellen und potenziellen Anteilseigner sind auf die Erzielung eines ihren individuellen Präferenzen möglichst entsprechenden, aus Ausschüttungen und Vermögensmehrungen resultierenden Einkommensstromes gerichtet. Um über die Beteiligung oder Nichtbeteiligung an dem Unternehmen entscheiden zu können, müssen sie folglich den Wert dieses künftigen Einkommensstromes, d. h. den für den Erwerb dieses Einkommensstromes maximal zahlbaren Preis oder den für seine Aufgabe mindestens zu fordernden Preis, kennen. Die Ermittlung dieses *Shareholder Value*, die dem individuellen Kalkül des einzelnen Entscheidungssubjektes vorbehalten bleibt, setzt Informationen über Breite, zeitliche Struktur und Sicherheit der künftigen Ausschüttungen und über die erwartete künftige Vermögensentwicklung (Kursentwicklung) voraus (vgl. Moxter, A. [1966], S. 38). Aus der Sicht der Anteilseigner ist an den Jahresabschluss somit die Forderung zu stellen, dass er Prognosen über die künftige Entwicklung dieser den Einkommensstrom determinierenden Größen ermöglicht. Neben diesen allgemeinen Informationen über die wirtschaftliche Entwicklung des Unternehmens ist das Interesse der Anteilseigner insbesondere auch auf die Ermittlung eines ausschüttbaren Gewinns gerichtet. Dabei zeigen sich aus der Sicht der Anteilseigner zwei Tendenzen in den Anforderungen an die Bemessung des ausschüttungsfähigen Betrages: Einerseits geht es – vor allem im Verhältnis von Minderheitsgesellschaftern zu Mehrheitsbeteiligten – um die Kontrolle, dass nicht zuwenig ausgeschüttet wird; andererseits geht es aber auch darum, dass für die Bemessung gewinnabhängiger Steuern, der Gewinnbeteiligungsansprüche von Arbeitnehmern sowie von Gewinnausschüttungen als entnahmefähiger Betrag nicht mehr ausgewiesen wird, als unter dem Ziel der Bestandserhaltung des Unternehmens und damit der Einkommensquelle der Anteilseigner gerechtfertigt erscheint.

Gläubiger

Der Zielstrom der Unternehmensgläubiger ist im Gegensatz zu dem der Anteilseigner vertraglich fixiert. Für die Entscheidung über die Gewährung, Prolongation oder Kündigung eines Kredits benötigen die Kreditgeber dementsprechend Prognosen darüber, ob die Unternehmung den vertraglich vereinbarten Tilgungs- und Zinsverpflichtungen fristgerecht nachzukommen vermag. Diese Prognosen erstrecken sich grundsätzlich auf zwei Fragen:

(a) In welcher Höhe muss im Falle einer künftigen Zahlungsunfähigkeit oder Überschuldung der Unternehmung mit Kreditverlusten gerechnet werden?
(b) Mit welcher Wahrscheinlichkeit wird es überhaupt zu einer künftigen Zahlungsunfähigkeit oder Überschuldung kommen?

Die Beantwortung der ersten Frage bedingt Informationen über die voraussichtlichen Liquidationserlöse der einzelnen Vermögensposten zum Zeitpunkt des evtl. Konkurses der Unternehmung und über die Höhe etwa bevorrechtigter Ansprüche sowie den Wert evtl. gewährter Kreditsicherheiten. Die Befriedigung dieser Informationswünsche ist deshalb nicht mittels des Jahresabschlusses, sondern nur mittels eines speziellen Kreditstatuts möglich (vgl. Krümmel, H.-J. [1962], S. 137 ff.). Die auf der Hypothese der Unternehmensfortführung ermittelten Informationen des Jahresabschlusses sind allenfalls dazu geeignet, dem Kreditgeber die Beantwortung der zweiten Frage, also Prognosen über die Wahrscheinlichkeit einer künftigen Insolvenz oder Überschuldung der Unternehmung, zu ermöglichen. Neben diesen Informationen der Rechnungslegung sind die Gläubiger an der Ermittlung eines auf Gläubigerschutz ausgerichteten entnahmefähigen Gewinns interessiert. Gewinnauszahlungen in Form von Ertragsteuerzahlungen, Dividendenzahlungen und der Bezahlung sonstiger Gewinnansprüche führen zur Minderung der Haftungssubstanz. Mittels des Jahresabschlusses sollen deshalb gläubigerschützende Ausschüttungssperrvorschriften verwirklicht werden.

Arbeitnehmer

Für einen großen Teil der Beschäftigten sind die Jahresabschlussinformationen infolge des niedrigen Mobilitätsgrades dieser Beschäftigten und infolge des Bestehens überbetrieblicher Tarifverträge nur von untergeordneter Bedeutung. Soweit den Beschäftigten die Wahl zwischen alternativen Beteiligungsmöglichkeiten bleibt, erstrecken sich ihre Informationsbedürfnisse unter finanziellem Aspekt insbesondere auf Anhaltspunkte über die Sicherheit des Arbeitsplatzes, die Möglichkeiten und Grenzen künftiger Verdienst- und Aufstiegschancen sowie die Sicherheit evtl. zugesagter Pensionszahlungen oder sonstiger sozialer Leistungen. All diese Informationsbedürfnisse stellen an den Jahresabschluss die Forderung, dass er Prognosen über die künftige wirtschaftliche und finanzielle Entwicklung der Unternehmung ermöglicht. Die Sicherung der Arbeitsplätze erfordert außerdem die Ermittlung eines unter dem Gesichtspunkt der Unternehmenserhaltung entziehbaren Gewinns. Die Beschäftigten oder ihre Interessenvertreter wollen ferner wissen, ob ihr Anteil an der Wertschöpfung der Unternehmung ihren Vorstellungen von einer angemessenen Entlohnung entspricht (vgl. Moxter, A. [1970], S. 136) und ob die erwartete Unternehmungsentwicklung der Geltendmachung von Lohnforderungen Raum lässt. So dienen Unternehmungs- und Branchenanalysen aufgrund veröffentlichter Jahresabschlüsse den Gewerkschaften häufig als Richtschnur für die bei Tarifverhandlungen zu stellenden Forderungen (Burns, T. J. [1967], S. 107 ff., 113 ff.).

Abnehmer, Lieferanten

Aktuelle und potenzielle Abnehmer und Lieferanten können aus mehreren Gründen ein Bedürfnis nach Information über die wirtschaftliche und finanzielle Entwicklung der Unternehmung haben. Zunächst kann die Kenntnis der wirtschaftlichen und finanziellen Entwicklung für die strategische Position bei der Aushandlung der Einkaufs- und Verkaufspreise bedeutsam sein. Sie kann ferner zur Prüfung der Frage veranlassen, ob eine Ausdehnung der Produktionstiefe zweckmäßig erscheint, insbesondere wenn die Unternehmung außergewöhnlich hohe Gewinne erwirtschaftet. Besonders gewichtig ist das Bedürfnis nach Information über die wirtschaftliche und finanzielle Entwicklung der Unternehmung für den Fall, dass über Aufnahme oder Nichtaufnahme einer dauerhaften und umfangreichen Beziehung zur Unternehmung entschieden werden soll. Abnehmer, die ihre Roh-, Hilfs- und Betriebsstoffe und Betriebsmittel fast ausschließlich von der Unternehmung beziehen sollen, und Lieferanten, die mit ihren Fertigerzeugnissen und Handelswaren vorwiegend die Unternehmung beliefern sollen, werden sich zu einer solchen Bindung nur entschließen, wenn die voraussichtliche künftige Unternehmensentwicklung eine Sicherung der Lieferquelle und der Absatzmöglichkeiten verspricht. Darin drückt sich zugleich das Interesse von Abnehmern und Lieferanten an einer Vermeidung bestandsgefährdender Ausschüttungen aus.

Fiskus

Der Fiskus ist am Jahresabschluss insoweit interessiert, wie er die Bemessungsgrundlage für die gewinnabhängigen Steuern liefert. Dabei kann davon ausgegangen werden, dass der Steuergesetzgeber ein Interesse an der Erhaltung der Steuerquellen hat. Gewinn kann für den Fiskus deshalb nur ein ohne Bestandsgefährdung des Unternehmens entziehbarer Betrag sein.

Jahresabschlusszwecke

Aus diesen finanziellen Zielvorstellungen und Informationsbedürfnissen der externen Koalitionsteilnehmer lassen sich für den Jahresabschluss zwei Aufgabenstellungen ableiten:

Gewinnermittlung

1. Wie die Analyse der finanziellen Zielvorstellungen der *Stakeholder* ergeben hat, sind alle Adressaten an der Bestandserhaltung des Unternehmens interessiert. Zur Kontrolle, inwieweit die Unternehmungserhaltung in der vorgegebenen Form gelungen ist, bedarf es einer Gewinnrechnung. Die Festlegung einer Unternehmungserhaltungskonzeption ist das Kernproblem der Gewinndefinition. Der Ertrag, der zur Verwirklichung der angestrebten Unternehmungserhaltungskonzeption nicht als Aufwand im Unternehmen zurückbehalten werden muss, gilt als Gewinn. Gewinn ist also ein im Sinne der jeweils verfolgten Unternehmungserhaltungskonzeption entnahmefähiger Betrag. Eine Aufgabe des Jahresabschlusses ist es demnach, den im Sinne der verfolgten Unternehmungserhaltungskonzeption entziehbaren Betrag zu ermitteln, der als Maßgröße für die erfolgsabhängigen Einkommenszahlungen wie Ertragsteuern, Gewinnausschüttungen und Erfolgsbeteiligungen dient. Wegen der Pluralität und der damit verbundenen unterschiedlichen finanziellen Zielvorstellungen der *Stakeholder* sowie wegen der möglichen Interessengegensätze und Informationsasymmetrien zwischen Unternehmensleitung und *Stakeholdern* (vgl. voriger Abschnitt II) muss es sich bei diesem Gewinn um eine rechenschaftsfähige, d. h. objektiv nachprüfbare Größe handeln.

Informationsvermittlung

2. Vom Fiskus abgesehen benötigen alle Bilanzadressaten möglichst verlässliche und aussagefähige Beurteilungsmaßstäbe über die finanzielle und wirtschaftliche Situation des Unternehmens, um Ausmaß und Sicherheitsgrad der zu erwartenden Zielrealisation ihrer Beteiligung am Unternehmen abschätzen

zu können. Neben der Erfolgsermittlungsfunktion hat der Jahresabschluss deshalb auch die Aufgabe, eine möglichst aussagefähige und zugleich nachprüfbare Berichterstattung über die finanzielle und wirtschaftliche Entwicklung des Unternehmens zu gewähren. Dazu kann auch die Ermittlung eines Erfolgs als Indikator der wirtschaftlichen Lage gehören, der vom entnahmefähigen Erfolg (s. Punkt 1) abweichend definiert ist.

Materielle Bilanztheorie als Theorie der Gewinnermittlung und als Theorie der öffentlichen Rechnungslegung

Entsprechend diesen beiden Jahresabschlusszwecken ergeben sich zwei Aufgabenstellungen materieller Bilanztheorien: Einerseits sind der Gewinnbegriff inhaltlich festzulegen sowie die diesem entsprechenden Regeln für die Vermögensbewertung abzuleiten. Damit ist zugleich die zu verwirklichende Unternehmenserhaltungskonzeption festgelegt. Unter dieser Aufgabenstellung ist die materielle Bilanztheorie Theorie der Gewinnermittlung. Andererseits stellt sich der materiellen Bilanztheorie die Aufgabe, durch empirische und logische Analysen zu ergründen, wie sich ein möglichst großer Informationsgehalt der Rechnungslegung unter Berücksichtigung der Vielfalt der Informationswünsche der Rechnungslegungsadressaten erreichen lässt. In Bezug auf diese Aufgabenstellung ist die materielle Bilanztheorie also Theorie der Rechnungslegung gegenüber der Öffentlichkeit.

C. Theorien der Gewinnermittlung

Konzeptionen der Unternehmenserhaltung

In der gesamten bilanztheoretischen Diskussion über den Gewinnbegriff besteht weitgehend Einigkeit darüber, dass jede inhaltliche Festlegung des (entnahmefähigen) Gewinnbegriffs sich zwangsläufig mit einer bestimmten Vorstellung über eine Unternehmenserhaltungskonzeption verbindet. Unterschiedliche Auffassungen bestehen dagegen darüber, (1) wie die zu verwirklichende Unternehmenserhaltungskonzeption aussehen soll und (2) ob die erfolgsrechnerische Kontrolle der zu verwirklichenden Unternehmenserhaltungskonzeption im Rahmen des Jahresabschlusses selbst oder in Sonderrechnungen zum Jahresabschluss verwirklicht werden soll. Die zweite Fragestellung ist unter der Aufgabenstellung des Jahresabschlusses, als Instrument der öffentlichen Rechenschaftslegung möglichst verlässliche und aussagefähige Informationen über die finanzielle Entwicklung des Unternehmens zu bieten, von Bedeutung. Die erste Fragestellung, d. h. die Frage nach der Unternehmenserhaltungskonzeption, ist dagegen das Kernproblem jeder Theorie der Gewinnermittlung. Die vielfältigen im Schrifttum vorgeschlagenen Erhaltungskonzeptionen lassen sich auf drei Formen der Kapitalerhaltung zurückführen:

Geldkapitalerhaltung

1. *Geldkapitalerhaltung*: Ziel dieser Konzeption ist die Erhaltung des von den Unternehmenseignern im Unternehmen investierten Geldes. Als Gewinn gilt dementsprechend der Betrag, der über die für die Erhaltung des ursprünglichen Einlagekapitals notwendigen Erträge hinaus erwirtschaftet wurde.
   Kriterium der Gewinnerzielung ist also der Ersatz der historischen Ausgaben

für die in der Produktion verbrauchten Aufwandsgüter. Der Geldkapitalerhaltung entspricht mithin ein geldmäßiger Gewinnbegriff.

Sachkapitalerhaltung

2. *Sachkapitalerhaltung* (substanzielle Kapitalerhaltung, Substanzerhaltung, Vermögenserhaltung): Bei dieser Konzeption geht es um die Sicherung des mengenmäßigen Reinvermögensbestandes der Unternehmung, der als Indikator für die wirtschaftliche Leistungsfähigkeit des Unternehmens angesehen wird. Als Gewinn gilt entsprechend der Betrag, der über die für die Erhaltung des mengenmäßigen Vermögensbestandes notwendigen Erträge hinaus erwirtschaftet wird. Kriterium der Gewinnerzielung ist hier der Ersatz der erforderlichen Reinvestitionsausgaben für die Ersatzbeschaffung der bei der Produktion verbrauchten Gütermengen. Der Sachkapitalerhaltung entspricht mithin ein gütermäßiger Gewinnbegriff.

Erfolgskapitalerhaltung

3. *Erfolgskapitalerhaltung* (wirtschaftliche Unternehmenserhaltung): Nach dieser Konzeption wird das Unternehmen als Erfolgspotenzial gedeutet, dessen Gegenwartswert – gemessen an Höhe, Sicherheitsgrad und zeitlicher Verteilung der erzielbaren künftigen Free Cashflows – zu erhalten ist. Nur was über die für die Sicherung dieses Unternehmensgesamtwertes nötigen Beträge hinaus erwirtschaftet wird, gilt als Gewinn. Kriterium der Gewinnerzielung ist also der Ersatz der für die Wiederbeschaffung notwendiger Erfolgsträger erforderlichen Ausgaben, wobei der Umfang dieser Ausgaben allerdings nur über eine Gesamtbewertung bestimmt werden kann. Der Erfolgskapitalerhaltung entspricht ein wertmäßiger Gewinnbegriff. Die Erfolgskapitalerhaltung korrespondiert mit der von der *Stockholder*-Theorie ausgehenden Konzeption des *Shareholder value* (vgl. oben B II).

Die Geldkapitalerhaltung führt zum Anschaffungswertprinzip, die Sachkapitalerhaltung zum Tageswertprinzip für die Bewertung von Aufwand und Vermögen zum Zwecke der Erfolgsrechnung. Die Erfolgskapitalerhaltung fordert die Bewertung der Unternehmung als Ganzes, also eine Vermögensbewertung auf der Basis des Gesamtwertprinzips.

I. Gewinnermittlung auf Basis des Anschaffungswertprinzips

Nominale und reale Kapitalerhaltung

Die Gewinnermittlung auf Basis des Anschaffungswertprinzips kann mit einer Geldkapitalerhaltungskonzeption in nomineller und in realer Form verbunden werden. Bei nomineller Geldkapitalerhaltung geht es um die Bewahrung des ursprünglichen Eigenkapitals in Einheiten der effektiven Währung; die Aufwandsverrechnung erfolgt dementsprechend zu historischen Anschaffungs- oder Herstellungskosten in Recheneinheiten der effektiven Währung. Bei der realen Geldkapitalerhaltung geht es um die Erhaltung eines kaufkraftmäßig gleichbleibenden Einlagekapitals; die Erfolgsrechnung beruht hier deshalb auf historischen Anschaffungs- oder Herstellungskosten in Einheiten gleichbleibender Kaufkraft. Ein einfaches Zahlenbeispiel mag zur Veranschaulichung dienen:

Beispiel

Ein Fertigungsbetrieb hat zu Beginn einer Periode Erzeugnisse mit Herstellungskosten von insgesamt 80.000,– EUR fertiggestellt. Diese Erzeugnisse werden zu Ende der Periode zum Preis von insgesamt 100.000,– EUR verkauft. Unter Vernachlässigung weiterer angefallener Kosten beträgt der unter der Voraussetzung nominaler Kapitalerhaltung ermittelte Gewinn 20.000,– EUR. Nimmt man an, dass die allgemeine Kaufkraft des Geldes im Laufe der Periode um 10 % gesunken ist, so beträgt der unter der Voraussetzung realer Kapitalerhaltung ermittelte Gewinn dagegen nur 12.000,– EUR; denn die zu Beginn der Periode aufgewendeten Herstellungskosten betragen, umgerechnet auf den Kaufkraftstandard am Ende der Periode, 88.000,– EUR.

Bevor auf die Möglichkeiten und Grenzen der Kontrolle realer Kapitalerhaltung näher eingegangen wird, soll im Folgenden dargestellt werden, welche unterschiedlichen bilanztheoretischen Ansätze sich innerhalb der nominalen Gewinnermittlung unterscheiden lassen.

1. Nominale Kapitalerhaltung und Bilanztheorien

Kapitalerhaltung und Bilanztheorien

Das Anschaffungswertprinzip wird sowohl im Rahmen der statischen als auch dynamischen Bilanztheorie vertreten, d. h., die Vermögensdarstellung bzw. Erfolgsermittlung bleibt bei beiden Bilanzauffassungen – zumindest in ihren klassischen Erscheinungsformen – auf eine nominale Kapitalerhaltung beschränkt. Die Ausrichtung der statischen und dynamischen Bilanztheorie am Anschaffungswertprinzip bedeutet allerdings nicht, dass beide Bilanzauffassungen die Anschaffungskosten (bzw. Herstellungskosten) als den zentralen Bewertungsmaßstab befürworten, sondern stellt in diesem Zusammenhang nur auf die Aufwandsverrechnung in der Gewinn- und Verlustrechnung zu historischen Kosten und nicht zu Wiederbeschaffungskosten ab. Vielmehr bestehen zwischen beiden Bilanzauffassungen erhebliche Unterschiede hinsichtlich der jeweils postulierten Bilanzierungs- und Bewertungsnormen, denn durch die unterschiedliche Erklärung des Formalinhaltes der Bilanz (Vermögensgegenstände und Schulden bzw. schwebende Posten) werden gleichzeitig unterschiedliche Bilanzierungs- und Bewertungsnormen determiniert, deren Einhaltung die der Bilanz jeweils zugrunde gelegte Zielsetzung der richtigen Vermögensdarstellung bzw. des richtigen Erfolgsausweises verwirklichen soll.

Statische und dynamische Bilanztheorien

Auch wenn – wie bereits dargestellt – die dem Konflikt zwischen statischer und dynamischer Bilanztheorie zugrunde liegenden unterschiedlichen Zielsetzungen der Vermögens- bzw. Erfolgsermittlung nicht abschließend die finanziellen Zielvorstellungen der aktuellen bzw. potenziellen Koalitionsteilnehmer repräsentieren, muss festgestellt werden, dass dieser Konflikt in entscheidendem Maße das deutsche Bilanzrecht geprägt hat und auch zukünftig beeinflussen wird. Die Kenntnis der von statischen und dynamischen Bilanztheorien geforderten Bilanzierungs- und Bewertungsnormen ist deshalb von grundlegender Bedeutung für das Verständnis und die Interpretation des deutschen Bilanzrechtes selbst. Dies liegt insbesondere auch daran, dass die unter Berücksichtigung der Informationsbedürfnisse der Jahresabschlussadressaten abgeleiteten Zielsetzungen des Jahresabschlusses (Ermittlung eines ausschüttbaren Gewinnes und Bereitstellung von Informationen) nicht im Widerspruch zu den Zielsetzungen der statischen und dynamischen Bilanztheorie stehen. Sowohl statische als auch dynamische Bilanztheorie wollen einen vorsichtig bemessenen ausschüttbaren Gewinn ermitteln und darüber hinaus Informationen für die Interessenten des Unternehmens bereitstellen.

Im Folgenden sollen die wesentlichen Bilanzierungs- und Bewertungsnormen der statischen und dynamischen Bilanztheorie dargestellt werden, soweit sie für das Verständnis des Bilanzrechtes wesentlich erscheinen. Die kaum mehr überschaubare Vielfalt der bisher entwickelten bilanztheoretischen Ansätze, die sich oftmals nur in Grenzbereichen unterscheiden und die die ursprünglichen Unterschiede der zugrunde liegenden Ansätze mehr und mehr verschwimmen lassen, macht es notwendig, sich auf diese zugrunde liegenden klassischen Bilanzauffassungen zu beschränken.

Der entscheidende Unterschied zwischen statischer und dynamischer Bilanztheorie liegt darin, dass für erstere Harmonie zwischen Vermögens- und Erfolgsermittlung besteht. Da Gewinn als Reinvermögenszuwachs verstanden wird, führt die richtige Vermögensermittlung über einen (Rein-)Vermögensvergleich automatisch zum richtigen Gewinn des Geschäftsjahres. Dagegen ist für die dynamische Bilanztheorie eine gleichzeitige Ermittlung von Vermögen und Gewinn unmöglich. So bezeichnet Schmalenbach den Versuch der (statischen) Dualisten, Vermögen und Erfolg gleichzeitig mittels einer Bilanz zu ermitteln, als unwissenschaftlich (Schmalenbach, E. [1962], S. 45). Die dynamische Bilanzauffassung nimmt vielmehr bewusst Verzerrungen im Vermögensausweis in Kauf, um dadurch einen »aussagefähigeren« Gewinn bestimmen zu können. Statische und dynamische Bilanztheorie unterscheiden sich somit nicht nur im Hinblick auf die formale Erklärung des Bilanzinhaltes, sondern – als Konsequenz daraus – auch im Hinblick auf den zugrunde gelegten Gewinnbegriff.

Auch wenn innerhalb der statischen Bilanztheorie Einigkeit darüber besteht, dass die Bilanz primär der Vermögensermittlung dient und sich der richtige Gewinn zwangsläufig durch Vermögensvergleich ergibt, so lassen sich doch hinsichtlich der Zielsetzung der Vermögensermittlung zwei grundsätzliche Varianten der statischen Bilanzauffassung unterscheiden.

Zerschlagungsstatik

Die Zerschlagungsstatik geht bei der Vermögensermittlung von einer fiktiven Unternehmenszerschlagung am Bilanzstichtag aus und ermittelt somit ein »Gläubigerzugriffsvermögen«, d. h. den Betrag, der den Gläubigern bei Konkurs des Unternehmens zur Befriedigung ihrer Ansprüche zur Verfügung steht. Diese Vermögensauffassung beruht im Wesentlichen auf einer Entscheidung des Reichsoberhandelsgerichts von 1873. Danach ist es die primäre Aufgabe der Vermögensermittlung, den Kaufmann durch eine Gegenüberstellung von Vermögen und Schulden über seine Schuldendeckungsfähigkeit zu informieren, d. h., der Kaufmann hat anhand der Bilanz zu überprüfen, inwieweit im Falle einer (fiktiven) Unternehmensliquidation am Bilanzstichtag alle vorhandenen Schulden durch Vermögen abgedeckt werden können (Schuldendeckungskontrolle).

Schuldendeckungspotenzial

Durch die Interpretation des Bilanzvermögens als Schuldendeckungspotenzial sind gleichzeitig adäquate Bilanzierungs- und Bewertungsnormen festgelegt.

Aktiviert werden können nur Objekte, die als solche einzeln veräußerbar (verkehrsfähig) sind, denn nur diese sind bei einer (hypothetischen) Liquidation dazu geeignet, die Ansprüche der Gläubiger zu befriedigen (Vermögensgegenstände). Unberücksichtigt bleiben damit alle Werte (z. B. Aufwendungen für die Ingangsetzung des Geschäftsbetriebes, Firmenwert), die losgelöst vom Unternehmen wertlos sind und damit auch nicht Bestandteil des Zerschlagungsvermögens sein können. Den einzelveräußerbaren Aktiva sind nur solche Schulden gegenüberzustellen, die bei einer Unternehmenszerschlagung auch zu Auszahlungen führen, also auf einer Rechtsverpflichtung gegenüber Dritten beruhen (Schulden im Rechtssinne).

Verkehrswert als Wertmaßstab

Zentraler Bewertungsmaßstab der Zerschlagungsstatik ist der Einzelveräußerungspreis, denn bei einer Unternehmenszerschlagung bleibt die durch die Bewertung gemessene Bedeutung aller Vermögensgegenstände auf diesen Wert beschränkt. Die Begrenzung der Bewertungswillkür des Bilanzierenden erfordert allerdings die Bestimmung eines »objektiven« Wertes, bei dem konkursspezifische Einflüsse unberücksichtigt bleiben müssen. Diesen objektiven Wert sieht das Reichsoberhandelsgericht im »allgemeinen Verkehrswert«, dem Wert also, der als »gemeiner Wert« noch heute zentrale Bedeutung im Bewertungsrecht besitzt (vgl. § 9 Abs. 2 BewG).

Kritik an der Zerschlagungsstatik

Zwar mögen die Vermögensauffassung und die daraus abgeleiteten Bilanzierungs- und Bewertungsnormen der Zerschlagungsstatik in gewisser Hinsicht sinnvoll erscheinen. Gleichwohl kann die ganz am Gläubigerschutz und der Konkursvorsorge ausgerichtete Fiktion der Unternehmenszerschlagung als die pessimistischste Alternative des Unternehmens den Bilanzaufgaben kaum gerecht werden. Darüber hinaus führt eine Bewertung zu »allgemeinen Verkehrswerten« ohne Berücksichtigung der historischen Kosten zwangsläufig zu einem Verstoß gegen das Realisationsprinzip, mit der Folge, dass bei einer Vollausschüttung des durch Vermögensvergleich ermittelten Gewinnes selbst eine nominale Geldkapitalerhaltung nicht gewährleistet ist.

Fortführungsstatik

Als Gegenstück zu der vom Reichsoberhandelsgericht vertretenen Bilanzauffassung entwickelte Herman Veit Simon (vgl. Simon, H. V. [1898]) Ende des 19. Jahrhunderts seine Theorie der Fortführungsstatik. Danach ist es nicht Ziel der Vermögensermittlung, ein Zerschlagungsvermögen zu ermitteln, sondern bei der Vermögensermittlung ist vielmehr von der Unternehmensfortführung auszugehen, solange dies die realistische Annahme ist. Das Prinzip der Unternehmensfortführung (»*going-concern*-Prinzip«) hat sich im Bilanzrecht durchgesetzt und auch im geltenden Handelsrecht seinen Niederschlag gefunden. Nach § 252 Abs. 1 Nr. 2 HGB ist bei der Bewertung der Vermögensgegenstände von der Fortführung der Unternehmenstätigkeit auszugehen, sofern dem nicht tatsächliche oder rechtliche Gegebenheiten entgegenstehen. Ziel der Vermögensermittlung ist nach Simon die Bestimmung des individuellen »Kaufmannsvermögens« im Sinne eines potenziellen Kauf- bzw. Verkaufspreises des gesamten Unternehmens. Da dieser potenzielle Preis unter Annahme der Unternehmensfortführung durch die Fähigkeit des Unternehmens bestimmt wird, zukünftige Einnahmeüberschüsse zu generieren, wird das Fortführungsvermögen als der Ertragswert des

Unternehmens, d. h. als der Barwert aller zukünftigen Einnahmeüberschüsse, verstanden.

Fortführungsvermögen

Die Bestandteile des Fortführungsvermögens werden somit als Ertragswertkomponenten interpretiert. Positive Ertragswertbeiträge sind zu aktivieren, negative zu passivieren. Die Unmöglichkeit der annähernd objektiven Bestimmung der Ertragswertkomponenten (vgl. Abschnitt C III) zwingt Simon jedoch, sich weitgehend von dieser theoretischen Konzeption zu lösen und die Aktiva bzw. Passiva zu konkretisieren, d. h. mit Vermutungen über die Ertragswirksamkeit von Bilanzpositionen zu arbeiten (vgl. Moxter, A. [1984], S. 8 f.). Aktiviert werden können danach – ähnlich der Zerschlagungsstatik – nur Objekte, die als solche »Gegenstand des Rechtsverkehrs« sein können, d. h. einzeln verkehrsfähig sind (vgl. Simon, H. V. [1898], S. 167). Während die Aktivierung von materiellen Gegenständen (Sachen) und Forderungen grundsätzlich keine Probleme aufwirft, fordert die Objektivierungsrestriktion der Handelsbilanz bei immateriellen Werten (Rechte und rein wirtschaftliche Werte) zusätzliche Aktivierungsvoraussetzungen. Nach Simon sind Rechte (z. B. Konzessionen) nur zu aktivieren, wenn dem Unternehmen dafür Aufwendungen entstanden sind. Darüber hinaus können auch rein wirtschaftliche Werte (z. B. Fabrikationsgeheimnis) bilanziert werden, sofern sie von Dritten entgeltlich erworben wurden, »denn gerade durch diesen Erwerb hat das Gut seine Eigenschaft als verkehrsfähiges Rechtsobjekt bewährt« (Simon, H. V. [1898], S. 169).

Auch bei der Bestimmung der Passivpositionen arbeitet Simon fast ausschließlich mit Objektivierungsrestriktionen. Vom Eigenkapital abgesehen, sind nur Schulden zu passivieren, die auf einer rechtlichen Leistungsverpflichtung des Unternehmens gegenüber Dritten beruhen (Schulden im Rechtssinne). Dazu zählen neben den Verbindlichkeiten auch Rückstellungen für drohende Verluste aus schwebenden Geschäften (»Drohverluste«), da diesen ebenfalls eine Leistungsverpflichtung des Unternehmens zugrunde liegt. Positionen ohne Leistungsverpflichtung sind dagegen nur als Teil des Eigenkapitals (»Reservefonds«) bilanzierungsfähig (z. B. Rückstellungen für innerbetrieblichen Aufwand). Somit ist von der ursprünglichen Bilanzansatzkonzeption der Ertragswertkomponenten kaum etwas übrig geblieben. So können einerseits auch nicht entgeltlich erworbene immaterielle Werte (z. B. eigene Erfindungen, Qualität des Managements, Kundenstamm) sowie andererseits rein wirtschaftliche Belastungen, denen keine rechtliche Leistungsverpflichtung zugrunde liegt (z. B. unterlassene Instandhaltungsmaßnahmen) das Fortführungsvermögen im Sinne eines Unternehmensgesamtwertes erheblich beeinflussen. Die weitgehend von Objektivierungs- und Vereinfachungsüberlegungen geprägten Bilanzansatzvorschriften der Fortführungsstatik unterscheiden sich im Ergebnis nur unwesentlich von denen der Zerschlagungsstatik (vgl. Moxter, A. [1984], S. 26).

Individueller Wert als Wertmaßstab

Von der Zerschlagungsstatik unterscheidet sich Simon vor allem durch eine abweichende Bewertungskonzeption. Diese ist geprägt durch die Ablehnung des zur damaligen Zeit vorherrschenden »allgemeinen Verkehrswertes« (gemeiner Wert) als dem zentralen Bewertungsmaßstab. Zur Bestimmung des Fortführungsvermögens, verstanden als potenzieller Preis des gesamten Unternehmens, ist nach Simon ein individueller, unternehmensbezogener Wert maßgebend, der grundsätzlich unabhängig ist von der Werteinschätzung durch Dritte. Dieser subjektive unternehmensbezogene Wert hat später als Teilwert (anteiliger Wert einer Bilanzposition am Ertragswert des Unternehmens) Eingang in das Einkommensteuerrecht gefunden (vgl. Teilwertdefinition des § 6 Abs. 1 Nr. 1 Satz 3 EStG). Ähnlich der Finanzverwaltung, die bald nach Einführung des Teilwertes feststellen musste, dass dieser für Bilanzierungszwecke kaum praktikabel ist und anhand von sog. Teilwertvermutungen die Bestimmung des Teilwertes objektivierte, so versuchte auch Simon Kriterien zu entwickeln, die die Handhabung seines »individuellen Wertes« vereinfachen sollten. Danach ist hinsichtlich der Bewertung zwischen Veräußerungs- und Betriebsgegenständen zu unterscheiden. Diese Unterscheidung entspricht weitgehend der heute gängigen Trennung in Anlage- und Umlaufvermögen.

Veräußerungsgegenstände

Veräußerungsgegenstände sind nach Simon zum (individuellen) Veräußerungspreis zu bewerten. Um das Ermessen des Bilanzierenden zu beschränken, gilt allerdings der Marktpreis (allgemeiner Verkehrswert) als Wertobergrenze. Obwohl bereits das AktG von 1884 die Anschaffungskosten (»Anschaffungswert«) als Höchstgrenze der Bewertung vorschreibt, verneint Simon die Gültigkeit des Realisationsprinzips für Veräußerungsgegenstände. Im Hinblick auf die zutreffende Ermittlung des Kaufmannsvermögens gilt für Simon auch ein unrealisierter Gewinn als erzielt. Allerdings erkennt auch Simon die Notwendigkeit, den unrealisierten Gewinn bei Aktiengesellschaften von der Ausschüttung auszunehmen, um die »Verteilung fiktiver Dividenden« zu verhindern (Simon, H. V. [1898], S. 335).

Betriebsgegenstände

Betriebsgegenstände, die zur dauernden Nutzung im Betrieb bestimmt sind, sind nach Simon nicht mit dem Veräußerungspreis, sondern mit dem individuellen Betriebswert zu bewerten, der auf der Grundlage der Anschaffungskosten (»Erwerbspreis«) zu bestimmen ist. Im Zeitpunkt der Anschaffung spiegeln die Anschaffungskosten die individuelle Wertschätzung des Bilanzierenden wider und gelten daher – auch im Hinblick auf das Objektivierungserfordernis – als bestmögliches Substitut für den individuellen Betriebswert. Bei abnutzbaren Betriebsgegenständen sind von den Anschaffungskosten die »Minderungen des Betriebswertes« aufgrund quantitativer Verringerung (Abschreibung für Substanzverringerung) oder qualitativer Verschlechterung (planmäßige Abschreibung) abzusetzen. Darüber hinaus sind auch außerplanmäßige Abschreibungen vorzunehmen, falls außerordentliche Wertminderungen (z. B. mangelnde Verwendungsmöglichkeit) vorliegen oder die Nutzungsdauer überschätzt wurde. Der Veräußerungspreis ist jedoch für die Bestimmung von Wertminderungen grundsätzlich unerheblich. Zuschreibungen sind nach Simon ausschließlich zur Berücksichtigung von Erweiterungen bzw. Verbesserungen von Betriebsgegenständen, nicht jedoch zur Korrektur bereits vorgenommener Abschreibungen zulässig. Schulden werden in der Fortführungsstatik grundsätzlich zum Nennwert bilanziert. Unterschiede zwischen Nennwert und Auszahlungsbetrag bzw. Rückzahlungsbetrag sind durch Aktivierung eines Disagios bzw. Passivierung eines Agios auszugleichen.

Kritik an der Fortführungsstatik

Die der Fortführungsstatik zugrunde liegenden Bilanzaufgaben sind weitaus weniger konkret als die der Zerschlagungsstatik. Nach Auffassung des Reichsoberhandelsgerichts ist unter der Annahme der Unternehmenszerschlagung zum Zwecke der Konkursvorsorge das Schuldendeckungspotenzial des Unternehmens zu bestimmen. In der Fortführungsstatik bleibt dagegen ungeklärt, welchen Zielen die Ermittlung des individuellen Kaufmannsvermögens dient. Die Feststellung eines verteilbaren Gewinns als zusätzliche, nur bei Gesellschaftsverhältnissen relevante Bilanzaufgabe ist nach Simon streng von der Vermögensermittlung zu trennen. Es bleibt bei Simon allerdings offen, in welchem Verhältnis beide Bilanzaufgaben zueinander stehen (vgl. zur »Ausschüttungsstatik« als Weiterentwicklung, Moxter, A. [1984]; Wüstemann, J. [1995]). Die Fortführungsstatik ist im Ansatz durch eine strikte Ablehnung der Zerschlagungsstatik gekennzeichnet, und beide bedingen im Hinblick auf den jeweils zugrunde liegenden Aspekt der Vermögensdarstellung unterschiedliche Bilanzierungs- und Bewertungsnormen. Die Unmöglichkeit, den individuellen Unternehmenswert im Sinne eines potenziellen Kauf- bzw. Verkaufspreises (Ertragswert) auch nur annähernd nachprüfbar bilanziell zu bestimmen, führt in der Fortführungsstatik zu einem System von Einzelnormen, die durchwegs auf Objektivierungs- und Vereinfachungsüberlegungen beruhen. Im Ergebnis sind damit die Unterschiede zur Zerschlagungsstatik eher marginal, denn auch in der Zerschlagungsstatik bleiben aus Objektivierungsgründen konkursspezifische Positionen und Wertansätze unberücksichtigt (keine Konkurskosten, keine Liquidationswerte, sondern allgemeine Verkehrswerte). Lediglich bei der Bewertung der Betriebsgegenstände auf Basis der Anschaffungskosten nähert sich die Fortführungsstatik dynamischen Bilanzierungsgrundsätzen, die im Folgenden kurz dargestellt werden sollen.

Zielsetzung der dynamischen Bilanz

Die dynamische Bilanz Schmalenbachs (vgl. Schmalenbach, E. [1962]) ist keineswegs – wie teilweise angenommen – ausschließlich eine betriebswirtschaftliche Bilanz, sondern sie soll gleichzeitig auch allen Anforderungen einer externen Bilanz (Handels- und Steuerbilanz) gerecht werden. Auch nach Schmalenbach besteht die Aufgabe, zum Zwecke der Konkursvorsorge über die Vermögenslage des Unternehmens zu informieren. Ausgangspunkt seiner Bilanzauffassung ist jedoch die Erkenntnis, dass die wirkliche Vermögenshöhe im Sinne eines Unternehmensgesamtwertes bilanziell grundsätzlich nicht feststellbar ist. Vielmehr ist es nach Schmalenbach nur möglich, die Entwicklung der Vermögenslage im Sinne der Vermögensänderung darzustellen. Deshalb ist es Aufgabe der Bilanz, einen »aussagefähigen« Gewinn zu ermitteln, der Aufschluss über die Entwicklung der Vermögenslage der Gesellschaft gibt. Dieser aussagefähige Gewinn wird zwar auch in der dynamischen Theorie formal durch Vermögensvergleich bestimmt, er darf jedoch nicht mit dem Reinvermögenszuwachs der Statik gleichgesetzt werden.

Erfolgs- statt Vermögensermittlung

Im Gegensatz zu den Statikern, die gleichzeitig Vermögen und Gewinn ermitteln wollen, will Schmalenbach Gewinn- statt Vermögensermittlung. Da das wirkliche Vermögen sowieso nicht bilanziell feststellbar ist, nimmt er bewusst Verfälschungen des Vermögensausweises in Kauf, um dadurch einen aussagefähigen Gewinn zu erhalten.

Dieser aussagefähige Gewinn kann nach Schmalenbach nur ein relativ richtiger, weil vergleichbarer, und kein absolut richtiger Gewinn sein, da letzterer aufgrund der notwendigen Schätzung von bestimmten Aufwendungen und Erträgen nicht ermittelt werden kann. Die Ermittlung eines vergleichbaren Gewinns im Sinne der richtigen Darstellung der Gewinnentwicklung dient neben der Ausschüttungsbemessung primär der richtigen Betriebssteuerung. Der Unternehmer soll über positive bzw. negative Unternehmensentwicklungen informiert werden, um rechtzeitig geeignete Maßnahmen ergreifen zu können. Nach Schmalenbach ist damit gleichzeitig dem Gläubigerschutz und der Konkursvorsorge bestmöglich Genüge getan, denn dem Gläubiger einer Gesellschaft wird »am besten dadurch gedient, dass man den Kaufmann dazu anhält, die Entwicklung seines Geschäftes durch eine gute Darstellung des Erfolges zu kontrollieren« (Schmalenbach, E. [1962], S. 52).

Vergleichbarer Gewinn zur Betriebssteuerung und Ausschüttungsbemessung

Es wurde bereits dargestellt (vgl. 16. Kapitel C), welcher Kriterien sich Schmalenbach bedient, um den Bilanzinhalt nicht nur zu erklären, sondern auch im Hinblick auf die Ermittlung eines vergleichbaren Gewinnes festzulegen. Danach sind – vom Eigenkapital und den flüssigen Mitteln abgesehen – als Aktiva schwebende Vorleistungen und als Passiva schwebende Nachleistungen zu bilanzieren (vgl. im Einzelnen Zimmermann, D. [1985]). Im Folgenden sollen deshalb nur die wesentlichsten Bewertungsgrundsätze der dynamischen Bilanztheorie Schmalenbachs kurz erörtert werden (vgl. auch Moxter, A. [1984], S. 38 ff.).

Bilanzierung von schwebenden Posten

Ausgangspunkt und gleichzeitig Höchstgrenze der Bewertung bilden für Schmalenbach die Anschaffungs- bzw. Herstellungskosten. Im Gegensatz zur statischen Bilanzauffassung, die das Realisationsprinzip bei der Bewertung weitgehend ablehnt, ist Schmalenbach Befürworter einer umsatzabhängigen Gewinnermittlung, d. h., Gewinn entsteht erst im Zeitpunkt des Umsatzes der Erzeugnisse. Das Anschaffungswertprinzip ergibt sich in der dynamischen Bilanztheorie zwangsläufig aus der Tatsache, dass hier die Aktiva als schwebende Vorleistungen (Ausgaben) interpretiert werden, die zwecks späterer Erfolgs- bzw. Einnahmewirksamkeit in der Bilanz gespeichert werden müssen. Auch wenn die Fortführungsstatik zumindest für Betriebsgegenstände ebenfalls die Bewertung zu Anschaffungskosten fordert, so offenbart sich hier doch ein erheblicher Unterschied zwischen beiden Bilanzauffassungen. Für die Fortführungsstatiker sind die Anschaffungs- bzw. Herstellungskosten ausschließlich Bewertungsmaßstab und nicht Bilanzansatzkriterium, d. h., hier ist es nicht die Ausgabe, die aktiviert wird, sondern der einzelne, genau konkretisierbare »Vermögensgegenstand«.

Realisationsprinzip, umsatzabhängige Gewinnermittlung

Nach Schmalenbach sind bei der Vorratsbewertung die Anschaffungs- bzw. Herstellungskosten mit dem Marktpreis am Bilanzstichtag und dem erwarteten Verkaufspreis abzüglich aller noch anfallenden Aufwendungen (retrograde Bewertung) zu vergleichen und der niedrigste von allen Werten in der Bilanz anzusetzen. Dieses »Niederstwertprinzip« verdeutlicht, dass für Schmalenbach neben dem Gewinnvergleichbarkeitsprinzip auch das Vorsichtsprinzip von zentraler Bedeutung für die Bewertung ist, denn für Schmalenbach ist angesichts der Unsicherheit der Zukunft und der Notwendigkeit von Schätzungen ein zu hoch

Niederstwertprinzip

berechneter Gewinn wesentlich gefährlicher als ein zu niedrig berechneter Gewinn.

Vergleichbarkeitsprinzip

Dieser Dualismus zwischen Gewinnvergleichbarkeit und Vorsichtsprinzip spiegelt sich auch in den Abschreibungsgrundsätzen Schmalenbachs wider. Die grundsätzlich am Nutzwertverlauf der (abnutzbaren) Aktiva ausgerichteten Abschreibungen sind danach tendenziell überhöht vorzunehmen, um einerseits Sonderabschreibungen, die die Gewinnvergleichbarkeit beeinträchtigen, zu vermeiden und andererseits auf eine vorsichtige Bilanzierung hinzuwirken. Aus den gleichen Gründen sollen durch reichliche und regelmäßige Rückstellungsdotierungen Rückstellungsnachholungen und damit Gewinnverzerrungen vermieden werden. Aus der Zielsetzung Schmalenbachs, anhand der Bilanz einen vergleichbaren Gewinn zu ermitteln, ergibt sich zwangsläufig die Forderung nach Methodenstetigkeit der Bewertung, denn Gewinne aufeinanderfolgender Geschäftsjahre sind nur dann miteinander vergleichbar im Sinne eines Indikators für die Unternehmensentwicklung, wenn die Bilanzierungs- und Bewertungsmethoden im Zeitablauf nicht geändert werden (z. B. konstante Herstellungskostenermittlung, Eliminierung von Unterbeschäftigungskosten).

Stetigkeitsprinzip

Kritik an der dynamischen Bilanztheorie

Schmalenbach versucht, durch vorsichtige Bewertung einen relativ richtigen, d. h. vergleichbaren Gewinn zu ermitteln, der als Maßstab sowohl für die Unternehmensentwicklung zum Zwecke der optimalen Betriebssteuerung als auch für die Ausschüttungsbemessung dient. Angesichts der Unmöglichkeit, das tatsächliche Unternehmensvermögen anhand der Bilanz zu bestimmen, nimmt er für die Ermittlung des vergleichbaren Gewinnes bewusst Verfälschungen des Vermögensausweises in Kauf (Erfolgs- statt Vermögensentwicklung). Auch wenn die Ermittlung eines vergleichbaren Gewinnes von wesentlicher Bedeutung für die Gläubiger des Unternehmens ist, so sind damit jedoch ihre Informations- und Schutzbedürfnisse nicht vollständig befriedigt. Schmalenbach vernachlässigt aber alle Bilanzaufgaben, die am Vermögen des Unternehmens anknüpfen (Schuldendeckungskontrolle, Ausschüttungssperre). Ähnlich der fast ausschließlich am Gläubigerschutz orientierten statischen Bilanztheorie ist auch die dynamische Bilanz Schmalenbachs damit von einer einseitigen Ausrichtung der Bilanzaufgaben geprägt.

Neben dem Grundsatz der Methodenstetigkeit ist für Schmalenbach das Vorsichtsprinzip von zentraler Bedeutung für die zweckentsprechende Bewertung der Bilanzpositionen. Das Vorsichtsprinzip dient in der dynamischen Theorie allerdings nicht primär dem Gläubigerschutz, sondern der Ermittlung eines vergleichbaren Gewinnes. Durch (über-)vorsichtige Bewertung lassen sich zwar weitgehend Aufwandsnachholungen (z. B. Sonderabschreibungen, Rückstellungsnachholungen), nicht jedoch sämtliche Gewinnverzerrungen vermeiden. Vielmehr führen überhöhte Abschreibungen in Folgeperioden zu fehlenden Abschreibungsmöglichkeiten und überhöhte Rückstellungszuführungen zu außerordentlichen Auflösungserträgen, die die Gewinnvergleichbarkeit um so mehr stören, je vorsichtiger in den vorangegangenen Perioden bewertet wurde. Vorsichtsprinzip und Vergleichbarkeitsprinzip können sogar in Widerspruch zueinander stehen. So befürwortet Schmalenbach auch bei der Bewertung langfristiger Fertigungsaufträge im Hinblick auf das Vorsichtsprinzip die strenge

Anwendung des Realisationsprinzips, die mit erheblichen Gewinnverzerrungen durch kumulierte Gewinnausweise verbunden ist.

Mangelnde Objektivierung bei Bilanzansatznormen

Im Bereich der Bilanzansatznormen postuliert Schmalenbach geringere Objektivierungsanforderungen als die statische Bilanztheorie. Indem er versucht, den Bilanzinhalt ohne Rückgriff auf die statisch-vermögensorientierten Kategorien »einzelveräußerbare Vermögensgegenstände« bzw. »Schulden im Rechtssinne« nur anhand von Ausgabe-Aufwand- und Einnahme-Ertrag-Beziehungen festzulegen, fasst er den Kreis der möglichen Aktiva bzw. Passiva sehr weit und gewährt den Bilanzierenden damit zwangsläufig einen hohen Ermessensspielraum.

Bilanztheorie und Bilanzrecht

Aus Sicht der handelsrechtlichen Bilanzierungspraxis stellt sich die Frage, welchen Beitrag die Erkenntnisse und Auffassungen der statischen bzw. dynamischen Bilanztheorie zur Auslegung unbestimmter Bilanzierungsnormen, aber auch zur Rechtsfortbildung zu leisten vermögen. Für die Auslegung unbestimmter Rechtsbegriffe und Bilanzierungsnormen als Rechtssätze sind zwar primär juristische Methoden der Gesetzesauslegung heranzuziehen, das heißt aber nicht, dass betriebswirtschaftliche Erkenntnisse als Entscheidungshilfe für den Juristen von vornherein ausscheiden. Wer über Bilanzierungsfragen zu entscheiden hat und gezwungen ist, dies systematisch zu tun, muss sich zwangsläufig nach einem gemeinsamen Prinzip, nach einer Theorie für sein Handeln fragen, um auf diese Theorie – vorausgesetzt, sie existiert – in Zweifelsfragen zurückgreifen zu können.

Theorieneutralität der Handelsbilanz nach HGB

Die Frage, inwieweit die Handelsbilanz im Sinne des HGB statischer oder dynamischer Natur ist, war schon Gegenstand zahlreicher Untersuchungen (vgl. Gutenberg, E. [1965]; Döllerer, G. [1968]; Herrmann, R. [1969]). Die Untersuchungen führten zu dem Ergebnis, dass der handelsrechtliche Jahresabschluss teilweise statisch, teilweise dynamisch ist. Dies wird als Theorienneutralität der Handelsbilanz bezeichnet. Da es den Rahmen dieses Lehrbuchs sprengen würde, alle Bilanzierungs- und Bewertungsnormen des HGB auf ihren bilanztheoretischen Hintergrund zu untersuchen, sollen zur Konkretisierung dieser Aussage einige relevante Gesichtspunkte genügen.

Dynamische Bewertungskonzeption

Die Bewertungskonzeption des HGB-Abschlusses wird durch das aus dem Realisationsprinzip abgeleitete Anschaffungswertprinzip geprägt, das den Ansatz historischer Kosten und nicht gegenwärtiger Veräußerungswerte zum Inhalt hat. Während das Anschaffungswertprinzip in der statischen Bilanztheorie überwiegend abgelehnt wird und die Bewertung zu Verkehrswerten gefordert wird, bildet es einen zentralen Pfeiler der dynamischen Theorie. Zwar führt das handelsrechtliche Niederstwertprinzip auch teilweise zum Ansatz von Veräußerungswerten (z. B. verlustfreie Bewertung), dies geschieht aber grundsätzlich nur dann, wenn diese unter den historischen Anschaffungs- bzw. Herstellungskosten liegen. Diese Form des Niederstwertprinzips wird auch von der dynamischen Theorie postuliert; zumindest der klassischen Statik ist dagegen das Niederstwertprinzip fremd. Durch die Kodifizierung des Stetigkeitsgebotes in § 252 Abs. 1 Nr. 6 HGB, das auf die Vergleichbarkeit aufeinanderfolgender Jahresergebnisse abzielt, wurde ein weiteres grundlegendes dynamisches Bewertungsprinzip im Handelsrecht verankert. Es lässt sich feststellen, dass die handelsrechtlichen

Bewertungsnormen vorwiegend auf die Ermittlung eines vergleichbaren, da periodengerechten, Gewinnes abzielen und – von Ausnahmen abgesehen – auf dynamischem Gedankengut beruhen.

Statische Bilanzierungsnormen

Die Notwendigkeit einer intersubjektiv nachprüfbaren Rechnungslegung macht es jedoch erforderlich, den Umfang der Periodenabgrenzung und damit verbunden die Höhe des Bilanzvermögens zu begrenzen. Diese Objektivierung soll durch das Festhalten an bestimmten Bilanzpositionen – als Vermögensgegenstände und Schulden bezeichnet – erreicht werden, durch die der Bilanzinhalt eindeutig festgelegt wird. Bilanziert werden somit grundsätzlich nur solche dynamischen Abgrenzungsposten, die gleichzeitig alle Voraussetzungen eines Vermögensgegenstandes bzw. einer Schuld erfüllen. Die Einzelveräußerbarkeit bzw. die Leistungsverpflichtung als die zentralen Merkmale des Vermögensgegenstandes bzw. der Schuld machen den statischen Charakter der handelsrechtlichen Bilanzansatzvorschriften offensichtlich.

Dynamische Abgrenzungsposten als Bilanzierungshilfen

Diese Schlussfolgerung wird noch dadurch verstärkt, dass die Bilanzierung von rein dynamischen Abgrenzungsposten (Kosten der Ingangsetzung und Erweiterung des Geschäftsbetriebes, aktive latente Steuern) ausschließlich im Rahmen von genau festgelegten »Bilanzierungshilfen« zugelassen wird, deren Aktivierung zusätzlich mit einer gläubigerschützenden Ausschüttungssperre gekoppelt ist.

Zusammenfassend lässt sich die o. g. Feststellung der Theorienneutralität der Handelsbilanz dahingehend konkretisieren, dass dynamische Bewertungsnormen mit statischen Bilanzansatznormen verknüpft werden. Die der dynamischen Bilanztheorie zugrunde liegende Periodenabgrenzung soll dadurch eingeschränkt und gleichzeitig objektiviert werden. Denn vor allem die dynamischen Bilanzansatznormen bieten aufgrund mangelnder Konkretisierung dem Bilanzierenden einen Ermessensspielraum, der mit dem Objektivierungsgedanken als dem zumindest für den Einzelabschluss prägenden Element der handelsrechtlichen Rechnungslegung nicht zu vereinbaren ist. Gleichzeitig wird durch das Festhalten an statischen Vermögenskategorien versucht, einen Kompromiss zwischen der primären Zielsetzung der periodengerechten Erfolgsermittlung und den vermögensorientierten Bilanzaufgaben zu verwirklichen. Die statischen Bilanzierungskriterien (Vermögensgegenstand, Schulden) werden allerdings durch umfangreiche, dem dynamischen Gedankengut entstammende Bilanzierungshilfen ergänzt, die dem Bilanzierenden weite Ermessensspielräume öffnen.

Statische/dynamische Bilanztheorie und IAS/IFRS-/US-GAAP-/DRS-Abschluss

Der Kompromisscharakter einer Kombination des dynamischen Grundsatzes der Periodisierung und des statischen Grundsatzes des zutreffenden Vermögensausweises durchzieht auch den IAS/IFRS- und US-GAAP-Abschluss und somit auch den Konzernabschluss nach DRS. So entspricht der »*asset*«-Begriff bzw. der Begriff des »Vermögenswertes« ähnlich wie der steuerliche Begriff des »Wirtschaftsgutes« der dynamischen Aktivierungskonzeption. Auch das stark ausgeprägte »*matching*«-Prinzip entspricht dem Grundgedanken der Periodenabgrenzung der dynamischen Bilanztheorie. Andererseits ist die Tendenz zur Verwendung von Marktwerten für die Bewertung von Finanzanlagen und Wertpapieren bzw. die Zulässigkeit der Neubewertungsmethode nach IAS Ausdruck des statischen Zeitwertprinzips. Die Erfassung von Zuschreibungsdifferenzen unmittelbar im Eigenkapital (*other comprehensive income*) widerspricht zudem dem Kongruenzprinzip der dynamischen Bilanzauffassung.

2. Verfahren zur Kontrolle der realen Kapitalerhaltung

Nominale Kapitalerhaltung

Die Erfolgsermittlung in Handels- und Steuerbilanz gemäß HGB und EStG beruht auf dem Prinzip der nominellen Geldkapitalerhaltung. Das in Artikel 33 der 4. EG-Richtlinie vorgesehene nationalstaatliche Wahlrecht, eine Rücklage für Substanzerhaltung zuzulassen, wurde vom deutschen Gesetzgeber bei der Transformation der 4. Richtlinie in das HGB nicht in Anspruch genommen.

Kapitalerhaltungsrechnung als Nebenrechnung

Diese grundsätzliche Orientierung am Nominalwertprinzip schließt aber nicht aus, dass auch im Rahmen der traditionellen Unternehmensrechnung mittels partieller Eliminierungsverfahren sowie mittels einer entsprechenden Gewinnverwendungspolitik versucht werden kann, dem Gedanken der Unternehmens-erhaltung wenigstens näherungsweise Rechnung zu tragen. So wirken etwa das Lifo-Verfahren sowie das bereits von Schmalenbach geforderte Festwertverfahren (vgl. Schmalenbach, E. [1962], S. 198) in Richtung auf eine Vermögenserhaltung, und auch die in § 58 Abs. 2 AktG verankerte Dispositionsmöglichkeit über 50 % des Jahresüberschusses gibt dem Vorstand die Möglichkeit, dem Problem der Kapitalerhaltung im Rahmen der Gewinnverwendungspolitik, wenn auch wegen der Ertragsteuerzahlungen in nur sehr begrenztem Maße, Rechnung zu tragen. Bereits von den Vertretern der dynamischen Bilanzauffassungen sowie von denen der neueren statischen Bilanztheorie wird darüber hinaus gefordert, in Sonderrechnungen zum Jahresabschluss eine Gewinnermittlung auf der Basis des Prinzips realer Kapitalerhaltung durchzuführen. Insbesondere haben Mahlberg (vgl. Mahlberg, W. [1923]) und Schmalenbach (vgl. Schmalenbach, E. [1926], S. 217 ff.) unter dem Eindruck der Inflation nach dem 1. Weltkrieg Vorschläge zur Eliminierung allgemeiner Kaufkraftschwankungen des Geldes aus der Erfolgsrechnung unterbreitet. Das Institut der Wirtschaftsprüfer hatte 1975 eine Empfehlung zur Berücksichtigung der Kapitalerhaltung in Form einer Nebenrechnung zum Jahresabschluss herausgegeben (vgl. IDW [1975]; ferner unten Abschnitt II 1).

Reale Geldkapitalerhaltung

Die Eliminierung von Geldwertschwankungen aus dem Jahresabschluss zum Zwecke der Kontrolle der realen Kapitalerhaltung bedeutet nichts anderes als eine Stabilisierung der dem Erfolgsrechnungssystem zugrunde liegenden Recheneinheit. Als Maßgröße für die Recheneinheit des Geldes kommen einerseits der Preis eines wertstabilen Gutes (z. B. Gold) oder der Wechselkurs einer stabilen Fremdwährung und andererseits Generalindizes in Betracht. Die erste Form einer Maßgröße erscheint als allgemeines Verfahren zur Eliminierung von Geldwertänderungen nicht geeignet, weil es auf der ganzen Welt weder eine stabile Währung noch ein preisstabiles Wirtschaftsgut gibt und weil diese Größen auch allenfalls die Preissituation für einen Teil der Gesamtwirtschaft anzeigen. Wegen dieser Mängel empfehlen die meisten Verfechter der realen Kapitalerhaltung die Verwendung genereller Preisindizes, was auch zu dem Namen indexmäßige Kapitalerhaltung geführt hat. Welcher Index gewählt werden soll, ist allerdings umstritten.

Für die Durchführung der indexmäßigen Kapitalerhaltungsrechnung bieten sich verschiedene Vorgehensweisen an. Ein mögliches Verfahren besteht darin, dass sämtliche Buchungen von Jahr zu Jahr jeweils auf das Preisniveau eines gemeinsamen Bezugszeitpunktes umgerechnet werden. Der Vorteil dieses Verfahrens liegt zweifellos darin, dass die umgewerteten Bestände, Aufwendungen und Erträge der einzelnen Abrechnungsperioden untereinander vergleichbar bleiben, weil sie stets auf dieselbe Basis bezogen sind. Ein gewichtiger Nachteil dürfte allerdings darin zu sehen sein, dass bei fortgesetztem Geldwertverlust sich die im Jahresabschluss ausgewiesenen Werte der Bestands- und Erfolgspositionen immer mehr von der effektiven Recheneinheit der Währung entfernen. Diesen Nachteil vermeidet ein anderes Verfahren, bei dem man die Zahlen der Eröffnungsbilanz und sämtliche Buchungen der abzurechnenden Periode auf das Preisniveau des Abschlussstichtages umrechnet. Die Differenz zwischen den Aufwertungen der Aktiva und Passiva mit Ausnahme des Eigenkapitals stellt eine Geldentwertungsrücklage dar, die als ein aus der Geldentwertung resultierender Korrekturposten zum Eigenkapital zu interpretieren ist. Da die nominell gebundenen Positionen (liquide Mittel, Forderungen, Verbindlichkeiten) sinnvollerweise nur mit ihrem Nominalwert angesetzt werden können, erscheinen sie nach ihrer erfolgsneutralen Korrektur in der Eröffnungsbilanz als zu hoch ausgewiesen. Sie müssen deshalb zu Lasten bzw. zu Gunsten der Erfolgsrechnung wieder herabgesetzt werden. Nach der Schmalenbachschen Konzeption der Indexrechnung geschieht dies nicht erst im Zeitpunkt der effektiven Realisation der Geldentwertungsverluste bzw. -gewinne aus den nominell gebundenen Aktiva und Passiva, sondern bereits in der Periode, in der die betreffende Geldentwertung auftritt (vgl. Schildbach, Th. [1974]). Soweit monetäre Aktiva und Passiva sich entsprechen, kompensieren sich die mit diesen verbundenen Geldentwertungsverluste und -gewinne also. Soweit die monetären Passiva die monetären Aktiva übersteigen, wird der durch Geldentwertung bedingte Mehraufwand teilweise durch den Geldentwertungsgewinn der die monetären Aktiva übersteigenden monetären Passiva kompensiert. Auf diese Weise wird somit erreicht, dass sich die erfolgsmäßige Eliminierung allgemeiner Geldwertschwankungen per Saldo lediglich auf den Verbrauch eigenfinanzierter Vermögensteile bezieht (vgl. auch Abschnitt II 1b).

Beispiel

In dem folgenden Beispiel (Abbildung 17.1-17.3) ist eine Geldentwertungsrate von 10 % angenommen. Von Geldwertänderungen in Vorjahren sei abgesehen. Für die Position Vorräte ist unterstellt, dass der gesamte Anfangsbestand in der Periode verbraucht wird und dass die Neubeschaffung am Ende der Periode vorgenommen wurde. Die individuellen Preissteigerungen sollen im Beispiel mindestens der allgemeinen Geldentwertungsrate entsprechen.

Aktiva (GE)		Eröffnungsbilanz			Passiva (GE)
	nominal	real		nominal	real
Abnutzbares Anlagevermögen	200	220	Eigenkapital	170	170
Vorräte	80	88	Geldentwertungsrücklage	–	17
Liquide Mittel, Forderungen	70	77	Wertberichtigungen zum Anlagevermögen	60	66
			Verbindlichkeiten	120	132
	350	385		350	385

Abb. 17.1: Beispiel reale Kapitalerhaltung, Eröffnungsbilanz

Aktiva (GE)		Schlussbilanz			Passiva (GE)
	nominal	real		nominal	real
Abnutzbares Anlagevermögen	200	220	Eigenkapital	170	170
Vorräte	130	130	Geldentwertungsrücklage	–	17
Liquide Mittel, Forderungen	90	90	Wertberichtigungen zum Anlagevermögen	80	88
			Verbindlichkeiten	110	110
			Gewinn	60	55
	420	440		420	440

Abb. 17.2: Beispiel reale Kapitalerhaltung, Schlussbilanz

Der Unterschied zwischen dem Gewinn auf der Basis nominaler Geldkapitalerhaltung in Höhe von 60 GE und dem Gewinn auf der Basis realer Geldkapitalerhaltung in Höhe von 55 GE erklärt sich aus der Überleitungsrechnung gemäß Abbildung 17.3.

Kritik der realen Geldkapitalerhaltung

Die Gewinnrechnung auf der Basis der realen Geldkapitalerhaltung beruht auf einer Substitution der bei Geldwertänderungen instabilen Währungseinheit durch eine wertbeständige Recheneinheit. Die Konzeption der realen Geldkapitalerhaltung trägt somit der Erkenntnis Rechnung, dass Messungen auf der Basis einer instabilen Maßeinheit zu unvergleichbaren Ergebnissen führen. Dieser Ansatz ermöglicht es somit festzustellen, inwieweit nominal ausgewiesene Vermögensmehrungen oder -minderungen lediglich aus Wertänderungen der Recheneinheit resultieren. Als Instrument zur Sicherung und Kontrolle der Unternehmungserhaltung ist die Konzeption der realen Geldkapitalerhaltung indessen betriebswirtschaftlich unbefriedigend. Unternehmungserhaltung im Sinne von Arbeitsplatzsicherung sowie Erhaltung der Einkommens- bzw. Steuerquellen, wie sie von den Arbeitnehmern, den Anteilseignern, Kreditgebern und dem Fiskus erstrebt wird, ist nicht schon dadurch gewährleistet, dass ein kaufkraftmäßig gleichbleibendes Einlagekapital erhalten bleibt. Sie bedeutet vielmehr Erhaltung der Leistungsfähigkeit der Unternehmung. Neben der Stabilisierung der Recheneinheit werden deshalb andere Ansätze zur Kontrolle der Unternehmungserhaltung benötigt.

	Nominaler Gewinn	60
–	Geldentwertungsaufwand für erhöhte Abschreibungen	2
–	Geldentwertungsaufwand für verbrauchte Vorräte	8
–	Geldentwertungsaufwand aus Bar- und Forderungsbeständen	7
+	Geldentwertungsertrag aus Verbindlichkeiten	12
=	realer Gewinn	55

Abb. 17.3: Beispiel reale Kapitalerhaltung, Überleitungsrechnung

II. Gewinnermittlung auf der Basis des Tageswertprinzips

Tageswertprinzip zur Kontrolle der Vermögenserhaltung

Das Tageswertprinzip ist unter verschiedenen Zielsetzungen für die bilanzielle Erfolgsrechnung vorgeschlagen worden. Bei der von Fritz Schmidt konzipierten »organischen Tageswertbilanz« (vgl. Schmidt, F. [1951]) geht es in erster Linie um die Kontrolle der Unternehmungserhaltung im Sinne der Erhaltung eines mengenmäßig gleichbleibenden Vermögensbestandes. Dieser Ansatz ist in der späteren bilanztheoretischen Diskussion vor allem von Karl Hax (vgl. Hax, K. [1957]), Ernst Feuerbaum (vgl. Feuerbaum, E. [1966]) und Günter Sieben (vgl. Sieben, G./Schildbach, Th. [1973]; Sieben, G. [1974]) weiter verfolgt worden. Auf der Grundkonzeption der organischen Tageswertbilanz baut auch die 1975 vom Hauptfachausschuss (HFA) des Instituts der Wirtschaftsprüfer in Deutschland e. V. veröffentlichte Stellungnahme »Zur Berücksichtigung der Substanzerhaltung bei der Ermittlung des Jahresergebnisses« (vgl. IDW [1975]; Niehus, R. J. [1974]) auf. Diese Stellungnahme des HFA und die zugrunde liegende Konzeption der organischen Tageswertbilanz werden in Abschnitt 1 behandelt.

Tageswertprinzip zur Verbesserung der Prognoseeignung der Bilanzinformationen

Unter dem Aspekt der Gewinnung leistungsfähiger Beurteilungsmaßstäbe der Erfolgswirksamkeit unternehmerischer Dispositionen und der Erhöhung der Prognosekraft der Jahresabschlussdaten ist die Bewertung mit Tagesbeschaffungspreisen im amerikanischen Schrifttum von Edwards und Bell (vgl. Edwards, E. O./Bell, P. W. [1961]) und im deutschen Schrifttum von Engels (vgl. Engels, W. [1962a]) vorgeschlagen worden. Wegen der Verwandtschaft dieser Konzeption mit der organischen Tageswertbilanz und wegen der Resonanz, die sie in der amerikanischen bilanztheoretischen Diskussion hervorgerufen hat (vgl. Coenenberg, A. G. [1968a]), wird sie in Abschnitt II 2 kurz erörtert, obwohl sie eigentlich eher in den Bereich der Rechnungslegungsfunktion des Jahresabschlusses fällt. Ebenfalls primär unter dem Gesichtspunkt der Informationsfunktion des Jahresabschlusses ist das Tageswertprinzip von R. J. Chambers (vgl. Chambers, R. J. [1966]) empfohlen worden. Gemäß diesem Vorschlag sollen die Vermögensgüter allerdings nicht zum Wiederbeschaffungspreis am Bilanzstichtag, sondern zum Realisationswert am Bilanzstichtag (*Current Cash Equivalent*) angesetzt werden. Der so konzipierten Bilanz kommt die Aufgabe zu, die finanzielle Dispositionselastizität des Unternehmens anzuzeigen. Auf diesen Ansatz kann hier nicht näher eingegangen werden; eine ausführliche Kritik ist an anderer Stelle gegeben worden (vgl. Coenenberg, A. G. [1968a]).

1. Tageswertprinzip und Sachkapitalerhaltung

Substanzerhaltungsrechnung

Die folgende Darstellung des Problems der Eliminierung spezieller Preisänderungen im Rahmen der Gewinnermittlung orientiert sich an der unter II erwähnten Stellungnahme des HFA zur Rechnungslegung bei Inflation (vgl. Coenenberg, A. G. [1975] m. w. N.).

Diese lässt sich in Kurzform durch drei Thesen charakterisieren:

(a) Ziel der inflationsbereinigten Rechnungslegung ist es, eine Kontrolle der Unternehmungserhaltung zu ermöglichen.
(b) Die hierzu notwendigen Substanzrechnungen beziehen sich lediglich auf die mit Eigenkapital finanzierten Vermögensteile (Nettosubstanzerhaltung).
(c) Die Substanzerhaltungsrechnung ist eine freiwillige Nebenrechnung zur Korrektur des Erfolgsausweises.

Diese drei Thesen werden im Folgenden behandelt. In einem abschließenden Abschnitt werden praktische Probleme der Anwendung der Substanzerhaltungsrechnung erörtert.

a) Konzeption der Substanzerhaltung: Grundzüge der organischen Tageswertbilanz

Wie bereits erwähnt, basiert die HFA-Stellungnahme im Grundsätzlichen auf der bereits in der Inflation nach dem Ersten Weltkrieg von Fritz Schmidt entwickelten »organischen Tageswertbilanz« (vgl. Schmidt, F. [1951]). Diese Konzeption von Fritz Schmidt soll zunächst kurz dargestellt werden. Die Abweichungen des HFA-Verfahrens von dieser Konzeption werden in den nächsten Abschnitten deutlich.

Organische Erfolgsrechnung: Trennung von Umsatz- und Scheinerfolgen

Zielsetzung der organischen Tageswertbilanz ist es, eine der Entwicklung des Leistungspotenzials des Organismus Volkswirtschaft proportionale Vermögenserhaltung der Unternehmung zu gewährleisten. Dementsprechend gilt es in der Erfolgsrechnung, die allein auf Preisänderungen beruhenden Scheinerfolge von den echten Leistungserfolgen zu trennen. Scheinerfolge resultieren insbesondere aus Preisänderungen der betrieblichen Produktionsfaktoren in der Zeit zwischen deren Beschaffung und deren Verwertung. Daneben können, i. A. in geringerem Umfang, vor allem bei langfristiger Absatzfinanzierung durch Ertragsverrechnung bedingte Scheinerfolge entstehen (vgl. Schneider, D. [1974]), die in der theoretischen und praktischen Diskussion i. A. unberücksichtigt bleiben und deshalb auch im Folgenden vernachlässigt werden. Steigende Beschaffungspreise führen zu Scheingewinnen, sinkende Beschaffungspreise zu Scheinverlusten. Die Eliminierung solcher Scheinerfolge gelingt mittels einer auf die Neutralisierung allgemeiner Geldwertänderungen ausgerichteten Indexrechnung nur, wenn die individuellen Preisänderungen der einzelnen Produktionsfaktoren in ihren Auswirkungen genau der allgemeinen Geldwertänderung entsprechen. Um darüber hinaus auch die aus speziellen Preisänderungen resultierenden Scheinerfolge erfassen zu können, müssen die Aufwendungen mit den am Umsatztage gültigen Wiederbeschaffungspreisen bzw. Reproduktionskosten angesetzt werden. Auf diese Weise wird mittels einer entsprechenden Aufwandsverrechnung der Teil des Erlöses einbehalten, der zur Wiederholung des Produktionsprozesses in mengenmäßig gleichem Umfang erforderlich ist. Die Differenz zwischen anschaffungswertorientierter und tageswertorientierter Aufwandsverrechnung wird in der Bilanz auf einem Wertänderungskonto (Neubewertungsrücklage, Substanzerhaltungsrücklage) erfasst, das je nach Richtung der Wertänderung einen aktiven oder passiven Korrekturposten zum Eigenkapital darstellt.

Organische Bestandsrechnung: Darstellung des »marktmäßig objektivierten Ertragswertes«

Eine solche Aufwandsumbewertung in der Erfolgsrechnung ist nicht grundsätzlich an eine Umbewertung in der Vermögensrechnung gebunden. Nach der Konzeption der organischen Tageswertbilanz hat die Bestandsrechnung aber die Aufgabe der Darstellung des Unternehmungsvermögens. Da eine Vermögensermittlung im Sinne des Unternehmungsgesamtwertes mittels einer dem Prinzip der Einzelbewertung folgenden Bilanzrechnung nicht möglich ist, zielt die Vermögensermittlungsfunktion auf den marktmäßig objektivierten Ertragswert des Unternehmens ab. Diese Aufgabenstellung führt für die Bewertung der Vermögensgegenstände in der Bilanz zum Tagesbeschaffungspreis bzw. Wiederherstellungskostenwert am Bilanzstichtag. Die erfolgsrechnerische Neutralisierung dieser erfassten Wertänderungen des Vermögens wird durch Gegenbuchung auf dem schon erwähnten Wertänderungskonto erreicht. Dieses Wertänderungskonto enthält somit alle Vermögensneubewertungen sowie alle Scheingewinne aus realisierten Umsätzen.

Beispiel

Zur Verdeutlichung diene ein stark vereinfachtes Beispiel, das zu Vergleichszwecken sowohl gemäß der Konzeption der nominellen Geldkapitalerhaltung als auch gemäß der Konzeption der Substanzerhaltung dargestellt wird. Eine Unternehmung wird im Zeitpunkt t_0 gegründet und weist folgende Eröffnungsbilanz (in GE) auf:

Bilanz t_0 (real = nominal)			
Unbebaute Grundstücke	200	Eigenkapital	1200
Maschinen	600	Verbindlichkeiten	400
Vorräte	400		
Liquide Mittel	400		
	1600		1600

Für das Geschäftsjahr t_0t_1 gelten folgende Daten:

Unbebaute Grundstücke:	Preissteigerung 15 %
Maschinen:	Preissteigerung 10 %; Abschreibung in Höhe von 20 % vom jeweiligen Restwert; Reinvestition (bar) in Höhe des Betrages der auf den Wiederbeschaffungspreis berechneten Abschreibungen am Ende des Jahres.
Vorräte:	Sie werden zweimal im Jahr umgeschlagen. Die tatsächliche Verbrauchsfolge entspricht der Fifo-Fiktion. Die Wiederbeschaffung erfolgt (bar) am Ende des ersten Halbjahres zu 450, am Ende des zweiten Halbjahres (bar) zu 500.
Umsatzerlös:	2600 (bar).
Lohnaufwand:	1398 (bar)
Zinsaufwand:	Die Verbindlichkeiten betreffen in Höhe von 200 einen langfristigen Kredit, der mit 10 % p. a. (bar) verzinst wird.

Nach der Konzeption der nominellen Geldkapitalerhaltung ergeben sich die in Abbildung 17.4, nach der Konzeption der Substanzerhaltung die in Abbildung 17.5 wiedergegebene Bilanz und Gewinn- und Verlustrechnung.

Bilanz t_1 (nominal)			
Unbebaute Grundstücke	200	Eigenkapital	1.200
Maschinen	612	Verbindlichkeiten	400
Vorräte	500		
Liquide Mittel, Forderungen	500	Gewinn vor Steuern	212
	1.812		1.812

Gewinn- und Verlustrechnung t_0t_1 (nominal)	
Umsatzerlöse	2.600
Materialaufwand	850
Löhne	1.398
Abschreibung	120
Zinsaufwand	20
Gewinn vor Steuern	212

Erläuterungen:

Maschinen:

Anfangsbestand	600
– Abschreibung (0,2 x 600)	120
+ Reinvestition (0,2 x 600)	132
= Endbestand	612

Liquide Mittel, Forderungen:

Anfangsbestand	400
+ Umsatzeinnahmen	2.600
– Lohnzahlung	1.398
– Materialausgaben	950
– Investitionsausgaben	132
– Zinszahlung	20
= Endbestand	500

Vorräte:

	t_0		t_1
Preise:	400	450	500
	Anfangsbestand		Endbestand

nomineller Verbrauchswert = 850 realer Verbrauchswert = 950

Abb. 17.4: Lösung mit Nominalwertrechnung

Bilanz t_1 (real)			
Unbebaute Grundstücke	230	Eigenkapital	1.200
Maschinen	660	Neubewertungsrücklage	190
Vorräte	500	Verbindlichkeiten	400
Liquide Mittel, Forderungen	500	Gewinn vor Steuern	100
	1.890		1.890

Gewinn- und Verlustrechnung t_0t_1 (real)	
Umsatzerlöse	2.600
Materialaufwand	950
Löhne	1.398
Abschreibung	132
Zinsaufwand	20
Gewinn vor Steuern	100

Erläuterungen:

Maschinen:

Anfangsbestand zum Tageswert	660
– Abschreibung (0,2 x 600)	132
+ Reinvestition (0,2 x 600)	132
= Endbestand	660

Neubewertungsrücklage:

a)	Erfolgsneutrale Vermögensneubewertung		
	Unbebaute Grundstücke	30	
	Maschinen (10 % Preissteigerung abzgl. anteiliger Abschreibung, also 0,8 x 60	48	78
b)	Scheingewinn (= Aufwendungen zu Tageswerten minus Aufwendungen zu Anschaffungswerten)		
	Materialaufwand (950 – 850)	100	
	Abschreibung (132 – 120)	12	112
			190

Abb. 17.5: Lösung mit Substanzerhaltungsrechnung

b) *Berücksichtigung der Finanzierungsstruktur (Nettosubstanzerhaltung)*

Nettosubstanzerhaltung

In dem vorstehenden Beispiel wurde davon ausgegangen, dass die nominell gebundenen Verbindlichkeiten in ihrer Höhe gerade den nominell gebundenen monetären Vermögensgegenständen entsprechen. Auf diese Weise wurde erreicht, dass die mit dem Halten nominell gebundener Vermögensgegenstände verbundenen Geldentwertungsverluste gerade durch die mit dem Halten nominell gebundener Verbindlichkeiten verbundenen Geldentwertungsgewinne kompensiert werden. Tatsächlich hat man es in den meisten praktischen Fällen aber mit Bilanzstrukturen zu tun, bei denen das Fremdkapital die nominell gebundenen Aktiva bei weitem übersteigt. Inflationsbedingte Preissteigerungen führen aber nur hinsichtlich der mit Eigenkapital finanzierten Vermögensbestände zu Scheingewinnen und im Falle des Entzugs (durch Ausschüttung oder Besteuerung) dieser Scheingewinne zu einem Substanzverlust. Diese These, die in der Literatur fast übereinstimmend vertreten wird (a. A. Feuerbaum, E. [1974]), beruht auf den folgenden beiden Überlegungen: Soweit Fremdkapital auf nominal gebundene Aktiva entfällt, kompensieren sich die betreffenden Geldentwertungsgewinne und Geldentwertungsverluste. Soweit Fremdkapital auf nicht monetäre Aktiva entfällt, wird von der Annahme ausgegangen, dass die fremdfinanzierten Vermögensgegenstände auch bei ihrer Wiederbeschaffung mit Fremdkapital finanziert werden. Folglich genügt es, wenn der Verbrauch der fremdfinanzierten Vermögensgegenstände in der Gewinn- und Verlustrechnung auf der Basis der historischen Kosten bewertet wird.

Bruttosubstanzerhaltung

Würde man das Tageswertprinzip für die Bewertung von Aufwendungen unabhängig von der Finanzierungsstruktur auf sämtliche Aufwendungen anwenden, so hätte dies wegen der dadurch bewirkten Gewinnminderung und der automatischen Ausschüttungssperre eine ständige Substitution von Fremdkapital durch Eigenkapital zur Folge. Der Erfolgsausweis würde sowohl in seiner Informationsfunktion als auch in seiner Funktion als Ausschüttungsbemessungsgrundlage beeinträchtigt: Aus Informationssicht wird der Überschuss verzerrt dargestellt, da auch »Scheingewinne« aus fremdfinanziertem Vermögen ohne gesonderte Kenntlichmachung aus dem Überschuss eliminiert werden. »Genau in Höhe dieser zusätzlichen Kürzung wird jedoch Eigenkapital in dem Sinne neu gebildet, dass bisher als fremdfinanziert angesehenes Vermögen sukzessive anteilig durch Eigenkapital finanziert wird« (vgl. Sieben, G./Schildbach, Th. [1973], S. 580). Die Ausschüttungsbemessungsfunktion des Erfolges würde ebenfalls eingeschränkt, weil Teile des Ertrages als Aufwand deklariert und damit vor der Ausschüttung bewahrt blieben, die – soweit sie den Verbrauch fremdfinanzierter Vermögensteile betreffen – aber ausschüttbar sind, wenn die notwendigen Reinvestitionen fremdfinanzierter Vermögensgüter auch in Zukunft mit Fremdkapital finanziert werden. Auf diese Weise wird die Kompetenz der Anteilseigner hinsichtlich der Gewinnverwendungsentscheidung eingeengt.

Es ergibt sich der Schluss, dass die Substanzerhaltungsrechnung nicht unabhängig von der Finanzierungsstruktur durchgeführt werden kann. Wie lässt sich nun die Finanzierungsstruktur in der Substanzerhaltungsrechnung berücksichtigen? Einen Lösungsweg glaubt Fritz Schmidt, der dieses Problem bereits in der ersten Konzipierung seiner organischen Tageswertbilanz gesehen hat, in seiner »Dispositionsregel der Wertgleichheit« gefunden zu haben, in der er die Wertgleichheit der nominal gebundenen Aktiva und der nominal gebundenen Verbindlichkeiten fordert. Bei Befolgung dieser Dispositionsregel der Wertgleichheit kompensieren sich, wie schon ausgeführt, Entwertungsgewinne und Entwertungsverluste bei den nominal gebundenen Bilanzpositionen. Allerdings dürfte diese Dispositionsregel kaum diskutabel sein; sie ordnet die wirtschaftliche Disposition über Finanzierungsmaßnahmen, die sich nur aus den unternehmerischen Ertrags- und Risikozielen ableiten lässt, dem Rechnungsziel unter.

Zuordnung von Vermögens- und Kapitalstruktur

Nach dem heutigen Stand der Diskussion und nach den Empfehlungen des HFA wird die Lösung dieses Problems einhellig vielmehr darin gesehen, die Aufwandskorrekturen lediglich auf den Verbrauch eigenfinanzierter Vermögensteile zu beschränken. Dieser Lösungsweg wirft sogleich die Frage auf, wie die verschiedenen Vermögensgegenstände auf der Aktivseite der Bilanz den Kapitalpositionen auf der Passivseite zugeordnet werden sollen. Da – von Ausnahmefällen abgesehen – die Aktivpositionen in keinem zwingenden Zusammenhang mit den Passivpositionen stehen, lässt sich dieses Zuordnungsproblem im Allgemeinen nicht nach der tatsächlichen Herkunft des jeweils investierten Kapitals, sondern lediglich nach Zweckmäßigkeitsgesichtspunkten lösen. Zunächst sind verschiedene Regeln für eine solche Zuordnung denkbar:

(a) Zuordnung gemäß Einzelnachweis
Jedem einzelnen Vermögensposten wird in jedem Einzelfall gesondert jeweils eine bestimmte Kapitalart oder eine bestimmte Mischung von Eigen- und Fremdkapital zugeordnet.

(b) Zuordnung nach der Gesamtkapitalstruktur
Jede Vermögensposition der Aktivseite wird als anteilig im Verhältnis des gesamten Eigen- zum gesamten Fremdkapital eigen- und fremdfinanziert betrachtet.

(c) Zuordnung nach der Restkapitalstruktur
Zunächst wird das Fremdkapital dem Gesamtbetrag der nominell gebundenen Aktiva zugeordnet. Im Verhältnis der verbleibenden Restkapitalstruktur werden die nicht nominell gebundenen Aktiva als jeweils anteilig eigen- und fremdfinanziert betrachtet.

(d) Zuordnung nach dem Geldcharakter und nach der Fristigkeit der Vermögensposten
Zunächst wird das Fremdkapital dem Gesamtbetrag der nominell gebundenen Aktiva zugeordnet. Ein verbleibender Fremdkapitalbetrag wird in aufsteigender Reihenfolge zunächst den kurzfristigen und dann den mittel- und langfristigen nicht nominellen Aktiva zugeordnet.

Zuordnungsregel gemäß HFA-Stellungnahme

Die Zuordnungsregeln (c) und (d) haben gegenüber den Zuordnungsregeln (a) und (b) den Vorteil, dass die Geldentwertungsverluste der nominal gebundenen Aktiva in der Substanzerhaltungsrechnung unbeachtet bleiben können, weil die gesamten nominal gebundenen Aktiva als fremdfinanziert betrachtet werden und somit den Geldentwertungsverlusten entsprechende Geldentwertungsgewinne gegenüberstehen. Dies erscheint deshalb von großem Vorteil, weil es bei den nominal gebundenen Aktiva an dem für eine praktikable Substanzerhaltungsrechnung notwendigen Maßstab, nämlich dem Tageswert, fehlt. Die Zuordnungsregel (d) hat gegenüber der Zuordnungsregel (c) den Vorteil, dass in all den Fällen, in denen das Eigenkapital das Anlagevermögen nicht überdeckt, lediglich eine (gegebenenfalls anteilige) Korrektur der Abschreibungen zum Zwecke der Substanzerhaltungsrechnung erforderlich wird. Offenbar aus diesen oder ähnlichen Erwägungen hat sich der HFA für die Zuordnungsregel (d) entschieden.

Unterschiede zwischen Netto- und Bruttosubstanzerhaltung in Bilanz und GuV

Diese Substanzerhaltungsrechnung unter Berücksichtigung der Finanzierungsstruktur wird Nettosubstanzerhaltungsrechnung genannt. In der Bilanz unterscheidet sich diese Nettosubstanzerhaltungsrechnung auf der Aktivseite nicht von der Bruttosubstanzerhaltungsrechnung; auf der Passivseite unterscheidet sie sich von dieser dadurch, dass der Teil der Wertsteigerung des Vermögens, der fremdfinanziertes Vermögen betrifft, einer gesonderten Passivposition zugeführt wird (nicht realisierte Wertsteigerungen des fremdfinanzierten Vermögens), die bei Realisation der Wertsteigerung aufgelöst wird (vgl. Sieben, G./Schildbach, Th. [1973], S. 589). Sie indiziert den zusätzlichen Fremdkapitalbedarf zur künftigen Reproduktion des gegenwärtig vorhandenen fremdfinanzierten Vermögens. In der Gewinn- und Verlustrechnung unterscheidet sich die Nettosubstanzerhaltungskonzeption von der Bruttosubstanzerhaltungsrechnung dadurch, dass nur der Verbrauch eigenfinanzierten Sachvermögens mit Tageswerten bewertet wird. Der nach der Nettosubstanzerhaltungskonzeption ermittelte Erfolg gibt dementsprechend den Betrag an, der über den für die mengenmäßige Erhaltung des eigenfinanzierten Vermögens notwendigen Betrag hinaus erwirtschaftet wurde.

Beispiel

Die Nettosubstanzerhaltungskonzeption soll nun anhand des vorher eingeführten Beispiels nebeneinander für die Zuordnungsregeln (c) und (d) veranschaulicht werden. Das Beispiel wird insofern geändert, als ein Eigenkapital von 800 und ein Fremdkapital von 800 angenommen wird. Zunächst wird die Zuordnung nach der Restkapitalstruktur (Abbildung 17.6), sodann die Zuordnung nach der HFA-Regel (Abbildung 17.7) betrachtet.

Erläuterungen:

Die zu Beginn der Periode nominell gebundenen Aktiva (Liquide Mittel und Forderungen) i. H. von 400 werden dem Fremdkapital zugerechnet. Die Restkapitalstruktur beträgt somit

$$\frac{\text{Eigenkapital}}{\text{Rest-Fremdkapital}} = \frac{800}{400} = \frac{2}{1}$$

Es ergibt sich also ein Eigen- bzw. Fremdfinanzierungsanteil an den nicht nominellen Aktiva von $^2/_3$ bzw. $^1/_3$.

Bilanz t_1 (real netto)			
Unbebaute Grundstücke	230	Eigenkapital	800
Maschinen	660	Neubewertungsrücklage	127
Vorräte	500	Verbindlichkeiten	800
Liquide Mittel, Forderungen	500	Unrealisierte Wertsteigerung fremdfinanzierten Vermögens	26
		Gewinn vor Steuern	137
	1.890		1.890

Gewinn- und Verlustrechnung t_0t_1	
Umsatzerlöse	2.600
Materialaufwand	917
Löhne	1.398
Abschreibung	128
Zinsaufwand	20
Gewinn vor Steuern	137

Abb. 17.6: Zuordnung nach der Restkapitalstruktur

Neubewertungsrücklage:

a)	Erfolgsneutrale Neubewertung eigenfinanzierten Vermögens		
	Unbebaute Grundstücke ($^2/_3$ x 30)	20	
	Maschinen	32	52
b)	Scheingewinn		
	Materialaufwand ($^2/_3$ x 100)	67	
	Abschreibung ($^2/_3$ x 12)	8	75
			127

Unrealisierte Wertsteigerung fremdfinanzierten Vermögens:

Unbebaute Grundstücke ($^1/_3$ x 30)	10
Maschinen ($^1/_3$ x 48)	16
	26

Die Aufwendungen ergeben sich allgemein aus dem Ausdruck:

Aufwand zu historischen Kosten + $^2/_3$ (Aufwand zu Tageswerten – Aufwand zu historischen Kosten)

Materialaufwand: $850 + ^2/_3 \times 100 = 917$

Abschreibung: $120 + ^2/_3 \times 12 = 128$

Bilanz t_1 (real netto)			
Unbebaute Grundstücke	230	Eigenkapital	800
Maschinen	660	Neubewertungsrücklage	90
Vorräte	500	Verbindlichkeiten	800
Liquide Mittel, Forderungen	500	Gewinn vor Steuern	200
	1.890		1.890

Gewinn- und Verlustrechnung t_0t_1 (real netto)	
Umsatzerlöse	2.600
Materialaufwand	850
Löhne	1.398
Abschreibung	132
Zinsaufwand	20
Gewinn vor Steuern	200

Abb. 17.7: Zuordnung nach dem Geldcharakter und nach der Fristigkeit der Bilanzpositionen (Zuordnungsregel gemäß HFA)

Erläuterungen:

Nach dieser Zuordnungsregel gelten im vorliegenden Beispiel die in der Anfangsbilanz ausgewiesenen liquiden Mittel, Forderungen und Vorräte in voller Höhe als fremdfinanziert. Das Anlagevermögen gilt als eigenfinanziert. In der Erfolgsrechnung sind deshalb lediglich die Abschreibungen umzubewerten. In der Bilanz entfällt die »unrealisierte Wertsteigerung fremdfinanzierten Vermögens«, weil beim Vorratsvermögen im vorliegenden Beispiel Anschaffungskosten und Tageswert des Endbestandes zusammenfallen.

c) Nebenrechnung zur Korrektur des Erfolgsausweises

Einschränkungen der HFA-Stellungnahme:

Die Informationsfunktion des Jahresabschlusses ist sowohl auf die Darstellung der Vermögenslage wie auch auf die Darlegung der Erfolgslage des Unternehmens gerichtet. Die konsequente Befolgung dieser Zielsetzung führt bei inflationärer Entwicklung zu der Forderung, die an historischen Kosten orientierte Bilanz und Erfolgsrechnung durch eine nach einem geeigneten Verfahren inflationsbereinigte Bilanz und Erfolgsrechnung zu ersetzen. Gegenüber dieser Forderung sind die Empfehlungen des HFA in zweierlei Hinsicht eingeschränkt:

1. Der HFA empfiehlt die Substanzerhaltungsrechung lediglich in Gestalt einer freiwilligen Sonderrechnung, die »von Aktiengesellschaften und anderen publizitätspflichtigen Unternehmen in den Geschäftsbericht aufgenommen, von den übrigen Unternehmen dem Jahresabschluss beigefügt werden« solle. Soweit es sich um ein prüfungspflichtiges Unternehmen handelt, erstreckt sich die Prüfungspflicht auch auf die Nebenrechnung.
2. Die Substanzerhaltungsrechnung bezieht sich nach der Empfehlung des HFA lediglich auf die Korrektur des Erfolgsausweises. Dabei wird zwar keineswegs verkannt, dass angesichts steigender Preise auch die Vermögenslage der Unternehmen verzerrt dargestellt wird. Der HFA konnte sich bisher aber lediglich zu der Empfehlung entschließen, »die Auswirkungen der gestiegenen Wiederbeschaffungswerte auf die Vermögenslage in der internen Rechnungslegung zu überwachen«.

Kombination von Geld- und Sachkapitalerhaltung

Trotz dieser Einschränkungen darf nicht verkannt werden, dass die Berücksichtigung der Substanzerhaltungskontrolle in Form einer Nebenrechnung gewisse Vorteile hat: Einerseits wird nicht auf das dem Prinzip der Objektivität und Rechenschaftsfähigkeit weitestgehend entsprechende Anschaffungswertprinzip verzichtet, andererseits bietet sich so die Möglichkeit, eine sowohl dem Prinzip nomineller Kapitalerhaltung als auch dem Prinzip substanzieller Kapitalerhaltung entsprechende Gewinnkonzeption als Grundlage für die Bemessung erfolgsabhängiger Einkommenszahlungen zu verwirklichen. Eine solche Konzeption, die von Karl Hax entwickelt worden ist und unter der Bezeichnung »Theorie des doppelten Minimums« Eingang in die bilanztheoretische Diskussion gefunden hat, trägt der Erkenntnis Rechnung, »dass die Gefahren einer auf Kapitalerhaltung ausgerichteten Gewinnkonzeption sich nur bei einer Preissteigerung der Kostengüter zeigen, und zwar in Gestalt eines drohenden Substanzverzehrs. Die Gefahren einer auf Substanzerhaltung ausgerichteten Gewinnkonzeption zeigen sich dagegen bei einem Preisverfall der Kostengüter, weil dann die Erhaltung des Geldkapitals bedroht ist« (vgl. Hax, K. [1957]). Nach dieser Konzeption gilt stets der geringere der nach den Prinzipien der Geldkapitalerhaltung und Sachkapitalerhaltung ermittelten Überschüsse als entnahmefähiger Betrag.

Schema der Substanzerhaltungsnebenrechnung

Für die Form der Nebenrechnung empfiehlt der HFA das folgende Schema:

Zusätzliche Abschreibungen auf abnutzbare Sachanlagen	
Zur Substanzerhaltung beim Vorratsvermögen erforderlicher Betrag	....
Summe der notwendigen Ergebniskorrekturen (Scheingewinn)	....

Im Anschluss an dieses Schema sollte erläutert werden, welche Maßnahmen beabsichtigt sind oder getroffen wurden, um die substanzielle Eigenkapitalerhaltung zu gewährleisten.

Substanzerhaltungsrechnung gemäß 4. EG-Richtlinie

Einen weitergehenden Schritt in Richtung auf eine Substanzerhaltungsrechnung hat die 4. EG-Richtlinie (vgl. zur Kommentierung Biener, H. [1978]) getan, indem sie den Mitgliedstaaten das Recht einräumt, neben dem Anschaffungswertprinzip zusätzlich vorzuschreiben oder zuzulassen (Art. 33 Abs. 1):

(a) die Bewertung auf der Grundlage des Wiederbeschaffungswertes für Sachanlagen, deren Nutzung zeitlich begrenzt ist, und für Vorräte;
(b) die Bewertung der Posten im Jahresabschluss, einschließlich des Eigenkapitals, auf der Grundlage anderer Methoden als der unter Buchstabe a) bezeichneten Methode, die der Inflation Rechnung tragen sollten;
(c) die Neubewertung der Sachanlagen sowie der Finanzanlagen.

Der deutsche Gesetzgeber hat allerdings von diesen Möglichkeiten bei der Transformation in das HGB keinen Gebrauch gemacht.

d) *Praktische Probleme der Substanzerhaltungsrechnung*

Die Verwirklichung der Substanzerhaltungsrechnung wirft eine Reihe praktischer Probleme auf:

Problematik der Substanzerhaltung beim abnutzbaren Anlagevermögen

So gewährleistet die Bewertung der Aufwendungen zum Tagesbeschaffungswert dann keine Kontrolle der Sachkapitalerhaltung, wenn einerseits eine sofortige Wiederbeschaffung des verbrauchten Aufwandsgutes nicht möglich ist, andererseits aber bis zur endgültigen Wiederbeschaffung weitere Preissteigerungen auftreten. Dies trifft in besonderem Maße für die Anlagenabschreibungen zu, da wegen der Unteilbarkeit der Anlagen eine jährliche anteilige Ersatzbeschaffung des in der Periode verbrauchten Nutzungspotenzials der jeweiligen Anlage entfällt. Zur Verdeutlichung sei eine Maschine mit einem Anschaffungspreis von 10 Geldeinheiten und einer Nutzungsdauer von 5 Jahren betrachtet, die linear abgeschrieben werden soll. Im Laufe der ersten beiden Jahre steigt der Wiederbeschaffungspreis der Anlage um jeweils 10 Geldeinheiten. Die Abschreibungsgegenwerte seien nach entsprechenden Umsatztransaktionen jeweils am Ende der Periode als liquide Mittel verfügbar. In Bezug auf diese Daten ergeben sich die in Abbildung 17.8 dargestellten Tageswertbilanzen.

Aktiva (GE)		**Anfangsbilanz**	Passiva (GE)
Maschine	10	Kapital	10
	10		10

Aktiva (GE)		**Schlussbilanz des 1. Jahres**	Passiva (GE)
Maschine	20	Kapital	10
Liquide Mittel	4	Wertänderung	10
		Wertberichtigung	4
	24		24

Aktiva (GE)		**Schlussbilanz des 2. Jahres**	Passiva (GE)
Maschine	30	Kapital	10
Liquide Mittel	10	Wertänderung	20
		Wertberichtigung	10
	40		40

Abb. 17.8: Tageswertbilanz bei kontinuierlichen Preissteigerungen

Auf der Basis des Wiederbeschaffungspreises der Maschine am Ende des 1. Jahres beträgt der effektive Wertverzehr 4 Geldeinheiten. Da die Abschreibungen in dieser Höhe verdient und als liquide Mittel vorhanden sind, verfügt das Unternehmen über ein Reinvermögen von 20 Geldeinheiten, also in Höhe des Wiederbeschaffungspreises des ursprünglichen mengenmäßigen Vermögens. Die Vermögenserhaltung ist gelungen. Auf der Basis des Wiederbeschaffungspreises am Ende des 2. Jahres beträgt der effektive Wertverzehr für die ersten beiden Jahre insgesamt 12 Geldeinheiten, nämlich 6 Geldeinheiten pro Periode. Da in der ersten Periode aber nur 4 Geldeinheiten Abschreibungen verrechnet wurden, verfügt das Unternehmen nur über Abschreibungsgegenwerte von 10 Geldeinheiten. Das zum Tageswert bewertete Reinvermögen beträgt 28 Geldeinheiten, es liegt mithin um die im ersten Jahr zu niedrig verrechneten Abschreibungen unter dem Betrag, der für die Wiederbeschaffung des ursprünglichen mengenmäßigen Vermögens aufgewendet werden müsste. Die Vermögenserhaltung ist nicht gelungen.

Nachholabschreibungen

Als Ausweg liegt nahe, anstelle der Wiederbeschaffungspreise zum Bilanzstichtag die Wiederbeschaffungspreise zum Zeitpunkt der geplanten tatsächlichen Wiederbeschaffung zu verwenden. Wegen der damit verbundenen Prognoseprobleme und der Manipulierbarkeit der Daten scheint dieser Weg aber nicht gangbar. Zur Gewährleistung der Substanzerhaltung muss deshalb neben den auf die einzelnen Abrechnungsperioden entfallenden Abschreibungen eine zusätzliche Nachholabschreibung verrechnet werden, die aus der Korrektur der Abschreibungen früherer Jahre resultiert, in denen die Tageswerte niedriger waren. Im Beispiel wäre etwa im Jahre 02 eine Nachholabschreibung in Höhe von 2 Geldeinheiten für zuwenig verrechnete Abschreibungen des Jahres 01 zu verrechnen. Dieses Verfahren der Nachholabschreibungen hat zur Folge, dass es in einzelnen Rechnungsperioden vor allem gegen Ende der Nutzungsdauer zu außerordentlich hohen Aufwandsbelastungen kommt, weil für alle vorhergehenden Jahre bei einer Preissteigerung eine Nachholabschreibung vorgenommen werden muss. Der Erfolgsausweis wird auf diese Weise verzerrt. Zudem ist fraglich, ob diese hohen Aufwandsbelastungen tatsächlich im Erlös erwirtschaftet werden können. Bei einer einmaligen Preissteigerung während der Nutzungsdauer könnte man die Verzerrung des Erfolgsausweises dadurch abmildern, dass die notwendige Nachholabschreibung gleichmäßig über die Restnutzungsdauer verteilt wird. In Zeiten inflationärer Entwicklung ist der Normalfall aber der, dass laufende Preissteigerungen und nicht einmalige vorliegen.

Die Notwendigkeit zur Verechnung von Nachholabschreibungen entfällt dann, wenn es – wie von Fritz Schmidt gefordert – gelingt, die in den Erlösen vergüteten Abschreibungsgegenwerte sofort in Sachgüter mit gleicher Preisentwicklung wie die der abgeschriebenen Anlagegüter zu investieren. Die Voraussetzungen hierfür sind dann gegeben, wenn es sich um ein Unternehmen mit einem nach Lebensaltern gemischten Anlagebestand handelt. Unter dieser Voraussetzung reicht die erfolgsmäßige Abschreibung vom Wiederbeschaffungspreis des Bilanzstichtages zur Substanzerhaltung aus, wenn eine kontinuierliche Reinvestition der Abschreibungsbeträge stattfindet (vgl. Hax, K. [1957]). Der korrekte Ausweis der Anlagegegenstände zum Tagesaltwert am Bilanzstichtag erfordert allerdings, dass die Anlagewerte neben der Jahresabschreibung in Höhe der Nachholabschreibung erfolgsneutral zu Lasten der Neubewertungsrücklage herabgesetzt werden.

Berücksichtigung des technischen Fortschritts

Ein gravierendes Problem bei der Anwendung der Substanzerhaltungsrechnung besteht darin, dass Tagespreise, besonders für Gegenstände des Anlagevermögens, häufig kaum zu bestimmen sind und das Tageswertprinzip deshalb in vielen Fällen nur unter starker Verletzung des Prinzips der Objektivität der Rechnungslegung zu realisieren ist. Einerseits handelt es sich bei zahlreichen Anlagegegenständen um Einzelanfertigungen, für die ein Marktpreis nicht besteht. Andererseits können technischer Fortschritt und Bedarfswandel am Markt dazu führen, dass sich die Ersatzanlagen in Art und Qualität sowie in der Höhe der verursachten laufenden Betriebskosten von den im Betrieb genutzten Anlagen unterscheiden oder dass infolge der Anpassung des Fertigungsprogramms an die Marktentwicklung vollständig andere Anlagen benötigt werden.

Verwendung spezieller Indizes

Zur Überbrückung dieser Schwierigkeiten sollten – auch gemäß den Empfehlungen des HFA – dort, wo Tagespreise nicht einwandfrei festgestellt werden können, spezielle Preisindizes verwendet werden. Man erreicht so zwar nur eine näherungsweise Kontrolle der Substanzerhaltung, es ergibt sich aber andererseits der Vorteil, dass der Ermessensspielraum in engeren Grenzen gehalten werden kann. Die Verwendung der vom Statistischen Bundesamt veröffentlichten speziellen Preisindizes hätte zudem den Vorteil, dass diese um Auswirkungen des technischen Fortschritts bereits bereinigt sind.

2. Tageswertprinzip und Erfolgsprognose

Tageswertprinzip zur Erfolgsprognose

Wie ausgeführt, ist die Bilanzkonzeption von Edwards und Bell (vgl. Edwards, E. O./Bell, P. W. [1961]) und die mit dieser inhaltlich im Wesentlichen übereinstimmende Konzeption von Engels (vgl. Engels, W. [1962a]) mit der organischen Bilanzauffassung eng verbunden, geht aber von einer anderen Zielsetzung aus. Im Vordergrund steht nicht die Kontrolle der Unternehmungserhaltung, sondern die Ermittlung prognosegeeigneter Maßstäbe für die Erfolgsbeurteilung der unternehmerischen Dispositionen. Drei auf die Verbesserung der Prognoseeignung des Gewinns abzielende Forderungen bilden den Ausgangspunkt:

1. Gewinne entstehen nicht erst im Zeitpunkt des Absatzes, sondern sind das Ergebnis des gesamten Unternehmungsprozesses. Das Realisationsprinzip muss daher durch eine entstehungsgerechte Gewinnermittlung ersetzt werden.
2. Als Informationsinstrumente müssen die Jahresabschlüsse den Informationsempfängern Zeit- und Betriebsvergleiche ermöglichen. Insbesondere zwischenbetriebliche Vergleiche sind aber bei auf dem Anschaffungswertprinzip basierenden Bilanzen infolge der zufallsbedingten Unterschiede in der Altersstruktur der Aktiva der zu vergleichenden Unternehmen nur bedingt möglich.
3. Der Gesamtgewinn muss sich so aufgliedern lassen, dass seine Komponenten Auskunft über die Erfolgswirksamkeit bestimmter unternehmerischer Entscheidungsprozesse geben.

Leistungsgewinn, Dispositionsgewinn

Entstehungsgerechte Gewinnermittlung und Vergleichbarkeit soll durch die Bewertung der Aktiva mit Wiederbeschaffungspreisen erreicht werden. Dementsprechend gilt als Gewinn die auf der Grundlage der Wiederbeschaffungspreise der Vermögensposten ermittelte Eigenkapitaländerung einer Periode zuzüglich der Ausschüttungen und abzüglich der Einlagen dieser Periode. Der Forderung nach Information über die Erfolgswirksamkeit bestimmter Entscheidungsprozesse soll durch die Spaltung des Unternehmungsgewinns in Leistungsgewinn (*current operating profit*) und Dispositionsgewinn (*holding gain*) Rechnung getragen werden. Diese Erfolgsspaltung beruht auf der Annahme, dass sich die Gewinnentstehung auf zwei Arten unternehmerischer Aktivität zurückführen lässt: einerseits Dispositionen über den laufenden Produktions- und Umsatzprozess (*operating activities*) und andererseits Bestandsdispositionen (*holding activities*) (vgl. Edwards, E. O./Bell, P. W. [1961], S. 70 ff.). Der Leistungsgewinn als das Ergebnis des betrieblichen Produktions- und Umsatzprozesses entspricht der Differenz zwischen Umsatzerlös und zum Wiederbeschaffungspreis bewertetem Aufwand. Der Dispositionsgewinn soll die Erfolgswirksamkeit der unternehmerischen Investitions- und Vorratspolitik angesichts sich ändernder Beschaffungspreise indizieren. Als Erfolg der Bestandsdisposition gilt daher der aufgrund von Wiederbeschaffungspreisen ermittelte Wertzuwachs oder Wertverlust der Anlage- und Vorratsgüter innerhalb einer Periode. Dieser Dispositionsgewinn stellt, soweit er aus dem Wertzuwachs von Verbrauchsgütern resultiert, Aufwandseinsparungen, soweit er aus dem Wertzuwachs von nichtabnutzbaren Gütern resultiert, Kapitalgewinne dar.

Abgrenzung zur Nominalwertrechnung

Diese Gewinnkonzeption unterscheidet sich vom Gewinnbegriff der Nominalwertrechnung durch eine unterschiedliche Abgrenzung des Dispositionsgewinns. In der traditionellen anschaffungswertorientierten Erfolgsrechnung wird der Dispositionsgewinn insofern enger abgegrenzt, als ihm nur diejenigen Vermögenswertzuwächse zugerechnet werden, die in der abgerechneten Periode tatsächlich realisiert wurden. Der Dispositionsgewinn wird in der traditionellen Unternehmungsrechnung insoweit weiter abgegrenzt, als er nicht nur in dieser Periode, sondern auch in früheren Perioden entstandene Vermögenswertsteigerungen in sich einschließt, sofern sie nur in dieser Periode realisiert wurden. Zur Verdeutlichung der tageswertorientierten Konzeption des Leistungs- und Dispositionsgewinns diene das Beispiel in Abbildung 17.9.

Vergleich mit der organischen Tageswertbilanz

Zwischen dieser Bilanzierungskonzeption und der organischen Tageswertbilanz besteht eine enge Verwandtschaft:

- Der Umsatzgewinn der organischen Tageswertbilanz stimmt mit dem Leistungsgewinn (*current operating profit*) überein.
- Der Scheingewinn der organischen Tageswertbilanz entspricht den realisierten Aufwandseinsparungen und realisierten Kapitalgewinnen der betreffenden Periode (mit Ausnahme der ausschließlich aus Spekulationsgeschäften realisierten Kapitalgewinne).
- Die Neubewertungsrücklage der organischen Tageswertbilanz enthält alle bis zum Bilanzstichtag angefallenen unrealisierten und realisierten Aufwandseinsparungen und Kapitalgewinne.

Nach den Vorschlägen sowohl von Edwards und Bell (vgl. Edwards, E. O./Bell, P. W. [1961], S. 122 ff.) als auch von Engels (vgl. Engels, W. [1962a], S. 704 ff.) soll die Erfolgsrechnung zusätzlich mittels einer Indexrechnung von Tauschwertänderungen des Geldes bereinigt werden.

Beurteilung unter dem Gesichtspunkt der Vergleichbarkeit

Inwieweit ist mit dieser Gewinnkonzeption nun tatsächlich eine prognosegeeignetere und aufschlussreichere Beurteilungsgrundlage geschaffen? Die Beantwortung dieser Frage hängt wesentlich davon ab, ob mit der Trennung von Leistungs- und Dispositionsgewinn eine Verbesserung der Vergleichbarkeit des Beurteilungsmaßstabes erreicht ist und ob sich mit dieser Erfolgsspaltung tatsächlich die unternehmerischen Produktions- und Absatzentscheidungen und die unternehmerischen Bestandsdispositionen in ihren Wirkungen isolieren lassen. Der Leistungsgewinn ist dann ein zeitlich und zwischenbetrieblich vergleichbarer Erfolgsmaßstab der unternehmerischen Produktions- und Absatzdispositionen, wenn er sich als eindeutige Funktion der Entscheidungen des Produktions- und Absatzbereichs und der nicht der unternehmerischen Disposition unterliegenden erfolgsbeeinflussenden Produktions- und Absatzbedingungen derjenigen Periode erfassen lässt, für die der Gewinn ermittelt werden soll. Bei gleichbleibenden Produktions- und Absatzdispositionen und bei unveränderten sonstigen erfolgsbeeinflussenden Bedingungen muss folglich auch der Leistungsgewinn konstant bleiben.

Aktiva (GE)		**Anfangsbilanz**		Passiva (GE)
Unbebaute Grundstücke	10	Kapital		45
Bebautes Grundstück	10			
Waren	20			
Liquide Mittel	5			
	45			45

Geschäftsvorfälle:

- Die Tageswerte der Grundstücke steigen um 100 %, der Vorräte um 50 %.
- Das bebaute Grundstück wird für 20 GE verkauft.
- Die Hälfte der Warenvorräte wird für 25 GE veräußert.

Es ergeben sich folgende Gewinnkomponenten:

Unbebautes Grundstück:	Tageswert	20 GE	
	Buchwert	10 GE	
		10 GE	= Dispositionsgewinn (unrealisierter Kapitalgewinn)
Bebautes Grundstück:	Verkaufspreis	20 GE	
	Buchwert	10 GE	
		10 GE	=Dispositionsgewinn (realisierter Kapitalgewinn)
Warenverkauf:	Verkaufspreis	25 GE	
	Tageswert	15 GE	
		10 GE	= Leistungsgewinn
Warenverkauf:	Tageswert	15 GE	
	Buchwert	10 GE	
		5 GE	= Dispositionsgewinn (realisierte Aufwandseinsparung)
Warenverkauf:	Tageswert	15 GE	
	Verkaufspreis	10 GE	
		5 GE	= Dispositionsgewinn (realisierte Aufwandseinsparung)

Aktiva (GE)		**Schlussbilanz**		Passiva (GE)
Unbebaute Grundstücke	20	Kapital		45
Waren	15	Leistungsgewinn		10
Liquide Mittel	50	Dispositionsgewinn		
		a) realisiert	15	
		b) unrealisiert	15	30
	85			85

Abb. 17.9: Bespiel Leistungs-/Dispositionsgewinn

Veränderte Produktions- und Absatzdispositionen und veränderte Bedingungen müssten sich in der Veränderung des Leistungserfolges widerspiegeln. Dieser Vergleichbarkeitsgrundsatz verlangt also einerseits, dass sich der zu vergleichende Gewinn auf Ereignisse der abzurechnenden Periode zurückführen lässt. Diese zeitliche Abgrenzung des Leistungsgewinns von den Auswirkungen erfolgsbeeinflussender Faktoren früherer Perioden wird – allerdings nur, soweit sich die Auswirkungen an den Wiederbeschaffungspreisänderungen der Vermögensgüter messen lassen – durch die Bewertung der Vermögensgüter mit ihren Wiederbeschaffungspreisen zu Beginn der Periode erreicht (vgl. Edwards, E. O./ Bell, P. W. [1961], S. 226; Engels, W. [1962], S. 185). Demgegenüber umfasst der Gewinnbegriff der traditionellen Unternehmungsrechnung untrennbar vermischt auch sämtliche in der abzurechnenden Periode realisierten, aber schon in früheren Perioden entstandenen Vermögenswertsteigerungen. In Bezug auf das Kriterium der zeitlichen Erfolgsabgrenzungen entspricht die auf Wiederbeschaffungspreisen beruhende Gewinnermittlung daher besser dem Vergleichbarkeitspostulat als die Gewinnermittlung auf Basis von Anschaffungspreisen.

Beurteilung unter dem Gesichtspunkt der dispositionsbezogenen Erfolgsspaltung

Die Vergleichbarkeit erfordert andererseits auch eine sachliche Abgrenzung der erfolgsbeeinflussenden Ereignisse der abzurechnenden Periode. Damit wird die Frage angesprochen: Ermöglicht die Unterscheidung von Leistungs- und Dispositionsgewinn tatsächlich eine erfolgsmäßig getrennte Erfassung der Wirkungen unternehmerischer Produktions- und Absatzentscheidungen einerseits und unternehmerischer Bestandsdisposition andererseits? Grundsätzlich wird sich eine solche erfolgsmäßige Isolierung wegen der Interdependenz aller unternehmerischen Entscheidungsprozesse nie vollkommen durchführen lassen. Bezüglich der Erfolgsmaßstabsfunktion des Dispositionsgewinns ergeben sich für die im Verlauf der betrachteten Periode noch nicht veräußerten oder verbrauchten Güter schon deshalb Bedenken, weil nicht sicher ist, ob etwa ein zu Periodenende gestiegener Wiederbeschaffungspreis in der nächsten Periode tatsächlich realisiert werden kann. Sinkt der Wiederbeschaffungspreis in der nächsten Periode, so würde in der ersten Periode ein Dispositionsgewinn, in der zweiten Periode dagegen ein Dispositionsverlust ausgewiesen. Hieraus kann aber offenbar nicht auf eine zweckmäßige Bestandsdisposition in der ersten Periode und auf eine unzweckmäßige Bestandsdisposition in der zweiten Periode geschlossen werden. Der Dispositionserfolg spiegelt allenfalls die relative Güte der tatsächlichen Bestandsdisposition gegenüber einer fiktiven Disposition am Periodenende oder die relative Güte einer fiktiven Disposition am Periodenanfang gegenüber einer fiktiven Disposition zum spätest möglichen Beschaffungszeitpunkt (= Dispositionsstandard) wider (vgl. Engels, W. [1962], S. 188 f.).

Aber selbst diese die Aussagefähigkeit des Dispositionsgewinns stark einschränkende Aussage gilt nur dann, wenn die erwarteten künftigen Beschaffungspreisänderungen für die Beschaffungsentscheidung von ausschlaggebender Bedeutung sind. Für Spekulationsbestände trifft dies zu, sicherlich aber nicht für die zum Zwecke der Aufrechterhaltung des laufenden Produktionsprozesses benötigten Bestände an Anlagen und Vorräten; eine Beurteilung der Disposition über diese Bestände anhand der Tagesbeschaffungspreise entbehrt jeder Grundlage. Ein Beispiel mag zur Verdeutlichung dienen: Eine Unternehmensleitung rechnet infolge erwarteter Tariferhöhungen in den nächsten zehn Jahren mit stark ansteigenden Lohnkosten. Aus diesem Grunde entschließt sie sich, zusätzlich automatische Fertigungsaggregate zu beschaffen, um künftig Lohnkosten einsparen zu können. Wollte man dieser Investitionsentscheidung mittels der Bilanz Erfolge zurechnen, so müsste als Dispositionsgewinn die Differenz zwischen der jährlichen Lohnaufwandseinsparung und der zusätzlichen Anlagenabschreibung angesetzt werden. Die Bilanzierung auf der Basis von Tagesbeschaffungspreisen würde dem aber nur entsprechen, wenn die jährlichen Beschaffungspreisänderungen mit dieser Differenz übereinstimmten. Eine solche Übereinstimmung ist aber allenfalls zufällig gegeben. Geringere (stärkere) Tagesbeschaffungspreissteigerungen etwa würden den Dispositionsgewinn (Leistungsgewinn) zu Gunsten des Leistungsgewinns (Dispositionsgewinns) schmälern. Die Bilanzierung mit Tagesbeschaffungspreisen führt also im Beispiel weder zu einer geeigneten Maßgröße der Erfolgswirksamkeit der Bestandsdisposition, noch ermöglicht sie die Trennung der erfolgsmäßigen Auswirkungen des betrieblichen Leistungsprozesses von denen der unternehmerischen Bestandsdisposition.

Ähnliche Überlegungen lassen sich auch für die Beurteilung der Bestandsdisposition im Vorratsbereich anstellen. Bekanntlich wird die hinsichtlich der Beschaffungsmengen und der Beschaffungszeitpunkte optimale Bestandsdisposition hier bei gegebenem Bedarf und konstanten Beschaffungspreisen durch das Minimum der Kostenfunktion determiniert, die sich aus der Addition von Zins- und Lagerhaltungskostenfunktion und der Funktion der bestellfixen Kosten ergibt. Ist nun mit steigenden Wiederbeschaffungspreisen der Vorratsgüter zu rechnen, so erhöht sich auch die optimale Beschaffungsmenge. Bei lagerfähigen Gütern hängt das Ausmaß der Erhöhung der Beschaffungsmenge vor allem von den zusätzlichen variablen Zins- und Lagerhaltungskosten und bei beschränkter Lagerkapazität von den Errichtungs- oder Mietkosten zusätzlichen Lagerraums ab. Eine Maßgröße der Erfolgswirksamkeit der unternehmerischen Vorratsdisposition hätte diese Kosten folglich den infolge der vergrößerten Beschaffungsmenge künftig ersparten höheren Beschaffungskosten gegenüberzustellen. Der Dispositionsgewinn hingegen entspricht der Differenz zwischen den Tagesbeschaffungspreisen sämtlicher Vorratsgüter zum Zeitpunkt ihres Verbrauchs oder zum Periodenende und ihren Anschaffungspreisen oder ihren Tagesbeschaffungspreisen zum Periodenanfang. Er schließt somit auch die Preissteigerungen der Lagerbestände ein, die die Unternehmung auch ohne die erwartete Preissteigerung gehalten hätte. Ferner werden bei dieser Gewinnermittlung die durch die Bestandsdisposition verursachten zusätzlichen Zins- und Lagerkosten zu Lasten des Leistungsgewinns aus dem Dispositionsgewinn eliminiert. Es zeigt sich erneut, dass eine Bewertung der Vermögensgüter zu ihren Tageswerten die erfolgsmäßigen Auswirkungen der unternehmerischen Produktions- und Absatzdisposition einerseits und der unternehmerischen Bestandsdisposition andererseits nicht zu isolieren vermag. Außer diesen grundlegenden Einwendungen unterliegt die Konzeption Edwards und Bells auch den Problemen, die sich bei der Ermittlung von Tagesbeschaffungspreisen angesichts technischen Fortschritts und Bedarfsverschiebungen am Markte ergeben, auf die bereits bei der Erörterung der Konzeption der Sachkapitalerhaltung hingewiesen wurde.

III. Gewinnermittlung auf der Basis des Gesamtwertprinzips

Shareholder Value

Eine Erfolgsrechnung nach dem Gesamtwertprinzip liegt dann vor, wenn der Gewinnmessung nicht mehr das durch die Summe der einzelnen Vermögenswerte abzüglich der Schulden ermittelte Reinvermögen zugrunde liegt, sondern wenn der Unternehmungsgesamtwert (Ertragswert, Discounted Cash Flow) im Sinne des Barwertes aller erwarteten künftigen Einnahmeüberschüsse des Unternehmens die Basis der Erfolgsrechnung bildet. Die dem Gesamtwertprinzip entsprechende Gewinnkonzeption, die unter der Bezeichnung ökonomischer Gewinn schon früh im bilanztheoretischen Schrifttum lebhaft diskutiert wurde (vgl. Schneider, D. [1963]; Münstermann, H. [1966]; Schneider, D. [1968]; Seicht, G. [1970a]), stellt eine konsequente Weiterführung der Gedanken der Unternehmungserhaltung im Sinne der Erhaltung der Einkommensquelle der *Stockholder* bzw. *Shareholder* dar, die sich mit den traditionellen Konzepten der Geld- oder Sachkapitalerhaltung nicht verwirklichen lässt. Diese Erhaltungskonzeption ist auf die Sicherung des *Shareholder Value* gerichtet. Verteilbar scheint nur, was ohne Gefährdung des *Shareholder Value* entziehbar ist.

Mängel der Geldkapitalerhaltung

Wie in Abschnitt C I im Einzelnen dargelegt wurde, zielt die Geldkapitalerhaltung auf die Erhaltung eines in der Vergangenheit eingebrachten Einlagekapitals ab. Unternehmenserhaltung im wirtschaftlichen Sinne kann dieses Konzept nur in einer statischen Wirtschaft ohne spezielle Preisänderungen der Produktionsfaktoren, ohne technischen Fortschritt und ohne Bedarfswandel erreichen; nur unter diesen Voraussetzungen kann angenommen werden, dass mit der Erhaltung eines nominell oder real gleichen Einlagekapitals die Sicherung der Einkommensquelle erreicht ist, dass also die in der Vergangenheit erwirtschaftete Kapitalrendite auch in der Zukunft erzielt werden kann. Diese Welt der klassischen Nationalökonomie gibt es in der Wirklichkeit aber nicht.

Mängel der Sachkapitalerhaltung

Auch die Konzeption der Sachkapitalerhaltung kann als Mittel der Kontrolle der Unternehmenserhaltung lediglich als Ersatzlösung in Betracht kommen, denn die Interessen der Unternehmensbeteiligten sind nicht auf Vermögenserhaltung an sich, sondern auf die Erhaltung des Vermögens als Mittel der künftigen Erfolgserzielung ausgerichtet. Die Auswirkungen schneller technologischer Veränderungen und sich laufend wandelnder Konsumwünsche auf die Unternehmens-erhaltung können im Rahmen der Konzeption der Sachkapitalerhaltung, wie in Abschnitt C II 1 dargelegt wurde, nicht zufriedenstellend erfasst werden.

Erfolgskapitalerhaltung als umfassende Erhaltungskonzeption

Zur Berücksichtigung dieser Einflüsse auf die finanzielle Leistungsfähigkeit des Unternehmens muss die Erfolgsrechnung deshalb an der Ertragskraft des Unternehmens als Bezugsgröße anknüpfen. An die Stelle der Ersatzmaßstäbe Geldkapital oder Sachkapital tritt das Erfolgskapital im Sinne des Zukunftserfolgswertes des Unternehmens als Bezugsgröße der Unternehmenserhaltung. Das Unternehmen ist in seiner wirtschaftlichen Leistungsfähigkeit erhalten, wenn der Zukunftserfolgswert am Ende der Periode nicht unterhalb des Zukunftserfolgswertes zu Beginn der Periode liegt. In diesem Erhaltungsmaßstab sind entsprechend den verfügbaren Informationen im Zeitpunkt der Berechnung sämtliche die künftige Leistungsfähigkeit des Unternehmens beeinflussenden Größen erfasst: Die Ertragskraft ist nur erhalten, wenn von den erzielten Einnahmen genügend Beträge als Aufwand im Unternehmen zurückgehalten werden, um die Produktionsfaktoren bereitzustellen, die angesichts sich ändernder Preise, technischen Fortschritts, Bedarfswandels sowie neuer Konkurrenzsituationen erforderlich sind, um ein künftig gleichbleibendes Einkommensniveau zu gewährleisten.

»Ökonomischer« Gewinn

Nach diesem Konzept der Erfolgskapitalerhaltung entspricht der Periodenerfolg der Änderung des Erfolgskapitals in der Periode (= Änderung des *Shareholder Value*) zuzüglich der Entnahmen und abzüglich der Einlagen oder – was dasselbe besagt – der Verzinsung des Erfolgskapitals zu Beginn der Periode mit dem Kalkulationszinsfuß. Da der Zukunftserfolgswert durch Diskontierung aller künftigen Einnahmen und Ausgaben des Unternehmens ermittelt wird, ist der ökonomische Gewinn der geglättete, d. h. in eine Reihe gleich großer Zahlungen umgewandelte künftige Gesamtzahlungsstrom der Unternehmung.

Beispiel

Zur Verdeutlichung der Konzeption des ökonomischen Gewinns diene ein stark vereinfachtes Beispiel eines Unternehmens mit begrenzter Lebensdauer von 3 Jahren. Für das erste Jahr wird mit Nettoeinnahmen in Höhe von 200.000 EUR, für das zweite Jahr von 150.000 EUR und für das dritte Jahr in Höhe von 300.000 EUR einschl. des Liquidationserlöses gerechnet. Sämtliche Zahlungen sollen zum Ende der jeweiligen Periode anfallen. Für die Berechnung wird ein Kalkulationszinsfuß von 10 % zugrunde gelegt. Das Problem der Berücksichtigung von Erwartungsrevisionen bezüglich der Zahlungsströme und von Änderungen des Kalkulationszinsfußes im Rahmen der Erfolgsrechnung bleibt hier unberücksichtigt (vgl. Münstermann, H. [1969]). In Fall 1 (Abbildung 17.10) werden pro Jahr die gesamten Einnahmeüberschüsse entnommen; in Fall 2 (Abbildung 17.11) werden Entnahmen nur in Höhe des ökonomischen Gewinns getätigt.[1]

1) Für die erste Periode errechnet sich der ökonomische Gewinn bei einer Lebensdauer von T allgemein wie folgt:

$$\begin{aligned} G_1 &= Z_1 - Z_0 + E_1 \\ &= (e_1 - E_1) + \sum_{t=1}^{T} e_t \times q^{-t+1} - \sum_{t=1}^{T} e_t \times q^{-t} + E_1 \\ &= \sum_{t=1}^{T} e_t \times q^{-t+1} - \sum_{t=1}^{T} e_t \times q^{-t} \\ &= \left(\sum_{t=1}^{T} e_t \times q^{-t}\right) q - \sum_{t=1}^{T} e_t \times q^{-t} \\ &= i \times Z_0 \end{aligned}$$

Damit ist zugleich gezeigt, dass beide Definitionen des ökonomischen Gewinns äquivalent sind. In analoger Weise lassen sich die Gewinndefinitionen für ein auf Dauer geplantes Unternehmen formulieren (vgl. Münstermann, H. [1969]).

Ende der Periode	Nettoeinnahmen (e)=Entnahmen (E) $e_t = E_t$	Zukunftserfolgswert Z_t	Änderungen des Zukunftserfolgswertes $W_t=Z_t-Z_{t-1}$	Ökonomischer Gewinn $G_t = W_t + E_t = i \times Z_{t-1}$
0	–	531.180	–	–
1	200.000	384.298	- 146.882	53.118
2	150.000	272.727	- 111.571	38.429
3	300.000	0	-272.727	27.273

$Z_0 = 200.000 \times 1{,}1^{-1} + 150.000 \times 1{,}1^{-2} + 300.000 \times 1{,}1^{-3} = 531.180$

$Z_1 = 150.000 \times 1{,}1^{-1} + 300.000 \times 1{,}1^{-2} = 384.298$

$Z_2 = 300.000 \times 1{,}1^{-1} = 272.727$

Abb. 17.10: Beispiel ökonomischer Gewinn, Fall 1

In Fall 1 ist das Erfolgskapital zum Ende der Nutzungsdauer aufgezehrt. Ursache dafür sind die jährlichen Entnahmen, die den unter der Voraussetzung der Erhaltung der wirtschaftlichen Leistungsfähigkeit entnahmefähigen Betrag übersteigen. Wäre dagegen nur der ökonomische Gewinn entnommen worden, so wäre das Erfolgskapital erhalten geblieben. Dies ist in Fall 2 dargestellt. Zu Beginn der 4. Periode ist das ursprüngliche Erfolgskapital in Höhe von 531.180 EUR als Finanzanlage verfügbar, die bei Anlage zum Kalkulationszinsfuß auch in der Zukunft jährlich den ökonomischen Gewinn von 53.118 EUR erbringt, d. h., der Kalkulationszinsfuß muss zugleich ausdrücken, welche Rendite die Unternehmung nach dem Planungshorizont erzielen kann.

t	e_t	Z_t	W_t	$G_t = W_t + E_t = i \times Z_{t-1}$
0	–	531.180	–	–
1	200.000	531.180	0	53.118
2	150.000	531.180	0	53.118
3	300.000	531.180	0	53.118

$Z_0 = 200.000 \times 1{,}1^{-1} + 150.000 \times 1{,}1^{-2} + 300.000 \times 1{,}1^{-3} = 531.180$

$Z_1 = (200.000 - 53.118) + 150.000 \times 1{,}1^{-1} + 300.000 \times 1{,}1^{-2} = 531.180$

$Z_2 = (200.000 - 53.118) \times 1{,}1 + (150.000 - 53.118) + 300.000 \times 1{,}1^{-1} = 531.180$

$Z_3 = (200.000 - 53.118) \times 1{,}1^2 + (150.000 - 53.118) \times 1{,}1 + (300.000 - 53.118) = 531.180$

Abb. 17.11: Beispiel ökonomischer Gewinn, Fall 2

Problematik der Zukunftsorientierung

Der praktischen Anwendung des ökonomischen Gewinns als bilanztheoretisches Konzept steht die Zukunftsbezogenheit dieser Erfolgskonzeption entgegen. Zunächst kann die Orientierung der Erfolgsrechnung an den künftigen Einnahmen und Ausgaben zur Folge haben, dass im ausgewiesenen Gewinn noch nicht realisierte Gewinnbestandteile enthalten sind. Das ist dann problematisch, wenn die zukünftigen Ertragsaussichten des Unternehmens z. B. wegen erfolgreicher Forschungs- und Entwicklungsprojekte stark steigen und somit auch das Erfolgskapital und der ökonomische Gewinn steigen, ohne dass sich diese Steigerungen schon in realisierten Erträgen niedergeschlagen haben. Unter der Prämisse eines vollkommenen Kapitalmarktes könnte der ökonomische Gewinn dennoch ausgeschüttet werden, da hier die nichtrealisierten Gewinnbeträge jederzeit vorfinanziert werden könnten, ohne dass die zusätzliche Verschuldung zu einer Änderung des Ertragswertes führen würde. In der Realität hingegen kann ein Gewinn nur insoweit als ausschüttungsfähig betrachtet werden, wie er dem Postulat der Unternehmenserhaltung genügt und soweit er realisiert ist. Die Zukunftsorientierung des ökonomischen Gewinnbegriffs bringt weiter den Nachteil mit sich, dass die Erfolgsrechnung fast ausschließlich auf Schätzungen beruhen müsste. Eine Orientierung des Jahresabschlusses an der ökonomischen Gewinnkonzeption würde der Forderung nach Objektivität widersprechen, die für den Jahresabschluss als Instrument der externen Rechnungslegung notwendig ist. Die Notwendigkeit der Beschränkung des ausschüttbaren Gewinns auf realisierte Erfolge sowie die Forderung nach Nachprüfbarkeit von Erfolgsermittlung und Rechenschaftslegung führen zwingend zu dem Schluss, dass die Konzeption des ökonomischen Gewinns als Ersatz für die Gewinnkonzeption gemäß GoB oder international üblichen Standards nicht in Betracht kommt.

Ökonomischer Gewinn als Ausschüttungsgrenze

Da der ökonomische Gewinn den Gewinn gemäß GoB aus den angeführten Gründen nicht ersetzen kann und eine Kontrolle der wirtschaftlichen Unternehmenserhaltung aber nur auf Basis der ökonomischen Gewinnkonzeption möglich ist, hat Schneider (vgl. Schneider, D. [1968]; Schneider, D. [1971]) die kombinierte Anwendung beider Konzeptionen für die Ermittlung des entziehbaren Gewinns vorgeschlagen. Die im Rahmen des Jahresabschlusses verwirklichte Gewinnkonzeption gemäß GoB bildet den Rahmen, der den Kriterien der Nachprüfbarkeit sowie der Ausschüttungsbegrenzung gemäß dem Realisationsprinzip entspricht. Dieser im Jahresabschluss ermittelte Gewinn bildet grundsätzlich die obere Grenze der Ausschüttung. In einer Nebenrechnung zum Jahresabschluss wird der ökonomische Gewinn unter möglichst detaillierter Angabe der jeweiligen Berechnungsgrundlagen ermittelt. Liegt der ökonomische Gewinn unter dem Gewinn gemäß GoB, so darf höchstens der ökonomische Gewinn entzogen werden; die Differenz zwischen beiden Gewinnen ist einer unternehmenserhaltenden Rücklage zuzuführen. Nur soweit eine solche unternehmenserhaltende Rücklage besteht, kann eine über den Gewinn gemäß GoB hinausgehende Ausschüttung vorgenommen werden, wenn der ökonomische Gewinn über dem Gewinn gemäß GoB liegt. Gegen diese Konzeption eines doppelten Minimums liegt der Einwand nahe, dass wegen der Zukunftsorientierung des ökonomischen Gewinnbegriffs und der mit ihr verbundenen Prognoseproblematik auch bei einer Begrenzung durch den Gewinn gemäß GoB sich für die Verwaltung und die Mehrheitsgesellschafter die Möglichkeit bietet, die Gewinnansprüche der Minderheitsgesellschafter auszuhöhlen. Dem hält Schneider zu Recht entgegen, dass mit der Begrenzung des ausschüttbaren Teils des Jahresüberschusses auf der Basis eines ökonomischen Erfolgskalküls ein bisher freies Ermessen der Verwaltungsorgane sowie der Mehrheitsgesellschafter durch eine betriebswirtschaftliche Entscheidungsregel ersetzt würde.

Ökonomischer Gewinn als Zusatzinformation, Value Reporting

Als Konzeption zur Ermittlung des ausschüttungsfähigen Gewinns hat sich der ökonomische Gewinn in der Bilanzierungspraxis nicht durchsetzen können. In der investororientieren Berichterstattungspraxis börsennotierter Unternehmen hat die Konzeption des ökonomischen Gewinns dagegen erhebliche Bedeutung erlangt. Die Ursache dafür ist die starke Verbreitung der Zielsetzung des *Shareholder Value*. Die direkte Ermittlung des *Shareholder Value* bzw. seiner Veränderung kann nicht Aufgabe der Bilanzierung selbst sein, wie ausgeführt wurde. In Gestalt einer freien Berichterstattung im Rahmen des Geschäftsberichts über die Schaffung bzw. Vernichtung von Wert in der Berichtsperiode ist die Grundkonzeption des ökonomischen Gewinns dagegen verbreitet. Dabei beruht die Quantifizierung von Wertschaffung bzw. Wertvernichtung meist nicht unmittelbar auf dem ökonomischen Gewinnkonzept, da dieses wegen seiner Zukunftsbezogenheit keine Trennung zwischen den der Berichtsperiode zuzuordnenden Effekten von in zukünftigen Veränderungen begründeten Effekten ermöglicht. Statt dessen wird zur Quantifizierung von Wertschaffung bzw. Wertvernichtung auf gegenwartsbezogene, an die Daten des Rechnungswesens anknüpfenden Platzhalter wie den »*Economic Value Added* (EVA)« oder den »*cashflow return on investment* (CFROI)« zurückgegriffen. Auf diese Konzepte wurde im 14. Kapitel B IV eingegangen.

D. Theorien der öffentlichen (externen) Rechnungslegung

I. Normative und empirische Ansätze

Aufgaben einer Theorie der öffentlichen Rechnungslegung

Der Gewinn als Maßgröße der ergebnisabhängigen Einkommenszahlungen ist zugleich ein Indikator der wirtschaftlichen Entwicklung des Unternehmens. Insofern dient die bilanzielle Erfolgsermittlung gleichzeitig der öffentlichen Rechnungslegung und insofern ist jede Theorie der bilanziellen Erfolgsermittlung zugleich Theorie der öffentlichen Rechnungslegung. Für eine den Informationswünschen der externen Unternehmensbeteiligten entsprechende Rechnungslegung reicht die jährliche Feststellung des Gewinns als Maßgröße der ergebnisabhängigen Einkommenszahlungen indessen nicht aus. Der Theorie der öffentlichen Rechnungslegung stellen sich deshalb weitergehende Aufgaben, die sich auf zwei Fragestellungen reduzieren lassen:

1. Welchen Informationsgehalt besitzt der derzeitige Jahresabschluss als Instrument der öffentlichen Rechnungslegung?
2. Wie lässt sich gegebenenfalls der Informationsgehalt des Jahresabschlusses als Instrument der öffentlichen Rechnungslegung steigern?

Wegen der Vielzahl und Heterogenität der Literaturbeiträge zu einer so verstandenen Theorie der öffentlichen Rechnungslegung kann hier auf die verschiedenen vorgelegten Konzeptionen nicht im Einzelnen eingegangen werden; es kann lediglich versucht werden, die in der bilanztheoretischen Diskussion sich abzeichnenden Entwicklungstendenzen zu einer Theorie der öffentlichen Rechnungslegung herauszuarbeiten. Zur Ordnung der vielfältigen Literaturbeiträge bietet sich entsprechend den unter (1) und (2) aufgeworfenen Fragestellungen eine Klassifizierung in empirische und normative Ansätze an.

Normative Ansätze einer Theorie der öffentlichen Rechnungslegung

Als normative Ansätze sind diejenigen Beiträge aufzufassen, die – meist von Plausibilitätsüberlegungen ausgehend – konkrete Vorschläge zur Verbesserung des Informationsgehalts der öffentlichen Rechnungslegung unterbreiten. Im Rahmen dieser normativen Ansätze lassen sich unterschiedliche, gegenseitig nicht ausschließende, sondern eher ergänzende Richtungen unterscheiden: Zum einen wird vorgeschlagen, den Jahresabschluss durch ein stärker an Zahlungsströmen orientiertes Rechensystem zu ersetzen oder wenigstens zu ergänzen (vgl. z. B. Moxter, A. [1966]; Busse von Colbe, W. [1966]; Busse von Colbe, W. [1968]; Leffson, U. [1968]; Lawson, G. H. [1971]). Eine andere Richtung betont die Notwendigkeit der Prognosepublizität, insbesondere von Daten der Investitions- und Finanzplanung (vgl. Busse von Colbe, W. [1968a]; Berndsen, H. P. [1978]). Eine weitere Richtung schließlich ist durch die Forderung nach verstärkter Publizität über Manipulationsspielräume gekennzeichnet (vgl. Schneider, D. [1968]). Diese Forderung äußert sich einerseits in dem Verlangen nach detaillierterer Angabe der Bewertungsgrundlagen sowie nach strikterer Trennung schätzungsabhängiger und schätzungsunabhängiger Daten. Andererseits sind unter dieser Richtung all diejenigen Vorschläge zu subsumieren, die eine Objektivierung der im Jahresabschluss dargestellten Einzelinformationen erreichen wollen, indem für die Bilanzierung von Vermögensgütern nebeneinander alternative Bewertungskriterien verwendet werden (vgl. Schneider, D. [1970]), indem die Vermögensgüter im Jahresabschluss multidimensional erfasst werden (vgl. Ijiri, Y. [1967]) oder indem die im Jahresabschluss bisher implizit enthaltenen Schätzungen durch Angabe ihrer Glaubwürdigkeit und ihrer Fehlerwahrscheinlichkeiten explizit dargestellt werden (vgl. Moxter, A. [1962]; Baetge, J. [1970]). Eine all diese Erweiterungen umfassende »ergänzte Mehrzweckbilanz« ist von Heinen vorgeschlagen worden (vgl. Heinen, E. [1986], S. 104 ff.).

Die normativen Ansätze befassen sich allerdings über die genannten Punkte hinaus mit vielfältigen weiteren Fragen, die sich auf drei Bereiche reduzieren lassen (vgl. Ballwieser, W. [1993]):

- die »betriebswirtschaftliche Bilanztheorie«, deren Hauptforschungsgebiete Fragestellungen zur Vermögensbewertung (statisch vs. dynamisch) bzw. zu über den Jahresabschluss hinausgehenden Informationsinstrumenten darstellen (siehe hierzu oben Abschnitt C);
- die »Bilanzrechtstheorie«, die sich mit Fragen der Gesetzesauslegung im Bereich der Bilanzrechtsprechung beschäftigt;
- die »Bilanzgestaltungstheorie«, deren Anliegen die Normanwendung ist und sich somit mit Fragestellungen der Bilanzpolitik beschäftigt.

Empirische Ansätze einer Theorie der öffentlichen Rechnungslegung

Die maßgeblich Ende der 60er Jahre einsetzende empirische Erforschung der öffentlichen Rechnungslegung (empirische Bilanzforschung) war eine Reaktion auf die zahlreich entwickelten normativen Ansätze. Eine Übersicht über die verschiedenen Ansätze der empirischen Bilanzforschung gibt Abbildung 17.12. In der Abbildung wird zugleich auf die nachfolgenden Abschnitte verwiesen, in denen die verschiedenen empirischen Forschungsrichtungen diskutiert werden. Ziel der empirischen Bilanzforschung – von den rein deskriptiven Untersuchungen abgesehen – ist es vorwiegend, die mikro- und makroökonomischen Wirkungen der publizierten Rechnungslegung sowie bestehende Beziehungen zu Kapitalmarktdaten zu beschreiben und zu erklären. Gleichwohl haben v. a. in den USA auch zu den oben genannten drei übrigen Teilbereichen der Bilanztheorie empirisch-induktive Ansätze Berücksichtigung gefunden. Zu einer Diskussion offener Fragen der empirischen Bilanzforschung vgl. Beaver, W. H. [2002].

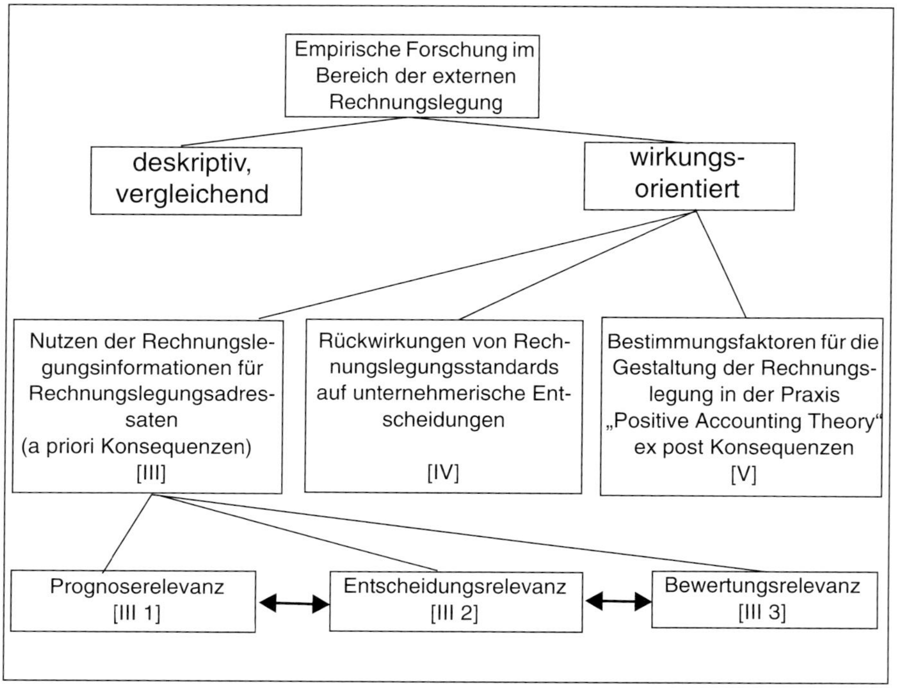

Abb. 17.12: Struktur der empirischen Forschung im Bereich der externen Rechnungslegung

Die Untersuchungen zu den »Bilanzwirkungen«, die hauptsächlich empirischer Art sind und deshalb als »empirische Bilanzforschung« zu bezeichnen sind, lassen sich in drei Typen unterscheiden:

Nutzen der Rechnungslegung

Ein Teil der Untersuchungen widmet sich dem sog. *»a priori value«* der Rechnungslegungsinformation (vgl. unten Abschnitt III), d. h. sie analysieren, ob die externe Rechnungslegung grundsätzlich als Informationsinstrument Nutzen stiftet. Diese Nutzenstiftung wird entweder mittelbar durch die Prognoseeignung der Rechnungslegungsdaten (vgl. III 1) oder unmittelbar durch die Entscheidungsrelevanz (vgl. III 2) oder die Bewertungsrelevanz (vgl. III 3) der Rechnungslegungsdaten gemessen.

Rückwirkungen der Rechungslegung auf Unternehmensentscheidungen

Darüber hinaus beschäftigen sich einige Arbeiten mit den ökonomischen Konsequenzen von Rechnungslegungsnormen beim Rechnungslegenden, d. h. wie diese dessen Sachentscheidungen, wie z. B. Investitions- und Finanzierungsentscheidungen, beeinflussen (vgl. unten Abschnitt IV).

Bestimmungsfaktoren der Rechnungslegung

Ein weiterer Forschungsansatz versucht zu erklären, ob die Rechnungslegungsdaten für das Publizitätsverhalten der Rechnungslegenden selbst Rückwirkungen besitzen (*»ex post value«* der Rechnungslegungsinformation). Hier geht es um Bestimmungsfaktoren von Rechnungslegung und Rechnungslegungspolitik. Dieser Forschungsansatz wird unter dem Bereich der *»positive accounting theory«* zusammengefasst (vgl. unten Abschnitt V).

II. Methoden empirischer Bilanzforschung

Unterschiede zwischen den verschiedenen empirischen Ansätzen bestehen vor allem in der Methodik. Im Wesentlichen kommen hier drei Ansätze zur Anwendung:

- Der verhaltenswissenschaftliche Ansatz,
- der Prognoseeignungsansatz,
- der kapitalmarktorientierte Ansatz.

1. Der verhaltenswissenschaftliche Ansatz

»Behavioral accounting«

Verhaltenswissenschaftliche Untersuchungen im Rahmen der Betriebswirtschaftslehre wirkten sich auch im Bereich der externen Rechnungslegung aus (vgl. Schönbrunn, N. [1988]; Haller, A. [1989]; Schoenfeld, H.-M. W. [1993]). Im anglo-amerikanischen Schrifttum wurde der Begriff *»behavioral accounting«* geprägt. Die verhaltenswissenschaftlichen Untersuchungen bemühen sich, das Entscheidungsverhalten von Adressaten der Rechnungslegung oder von Rechnungslegenden selbst durch direkte Beobachtung zu ergründen. Es wird versucht die Intuitionen und Wünsche der am Informationsprozess »Rechnungslegung« Beteiligten, den faktischen Ablauf dieses Prozesses in der Realität sowie das tatsächliche rechnungslegungsspezifische Verhalten zu ergründen und aufzuzeigen, andererseits aber auch durch die Analyse von Zusammenhängen und Abhängigkeiten zu erklären. Ziel des *behavioral accounting* ist, die Effizienz der Rechnungslegung als Kommunikationsmittel durch die Erforschung ihres Zusammenhangs mit menschlichem Verhalten zu steigern. Als Forschungsmethoden kommen die Befragung (verbal oder schriftlich) oder die Beobachtung in Labor- oder

Feldexperimenten zur Anwendung (vgl. zu einem Überblick über die wichtigsten Untersuchungen Coenenberg, A. G./Haller, A. [1993a], S. 563 f.).

Trotz einer Fülle an Forschungsarbeiten im Bereich des *behavioral accounting* ist es bis heute nicht gelungen, daraus eine verhaltensorientierte Theorie der externen Rechnungslegung abzuleiten. Die wesentlichen Gründe liegen in der Komplexität des Entscheidungsprozesses und der Vielzahl von möglichen Verknüpfungen der Input-, Prozess-, und Outputfaktoren und im Fehlen eines theoretischen Grundgerüstes, das erlaubt, menschliches Verhalten unter verschiedenen Bedingungskonstellationen, bezogen auf die Rechnungslegung, zu erklären und zu prognostizieren (vgl. kritisch zum *behavioral accounting* Dyckman, T./ Gibbins, M./Swieringa, R. [1978]).

2. Der Prognoseeignungsansatz

Prognose von zukünftigen Unternehmensentwicklungen

Der Prognoseeignungsansatz stützt sich bei der Analyse der Nützlichkeit von Rechnungslegungsinformationen auf deren Eigenschaft, zukünftige Unternehmensentwicklungen zu prognostizieren, deren Kenntnis wesentlichen Einfluss auf die Entscheidungen des Rechnungslegungsadressaten haben. Ziel dieser Untersuchungen ist es zu prüfen, inwieweit signifikante Abhängigkeiten zwischen wirtschaftlichen Tatbeständen und veröffentlichten Jahresabschlussinformationen bestehen. Hierbei lassen sich im Wesentlichen zwei Gruppen von Tatbeständen unterscheiden:

Zum einen sind dies zukünftige Entwicklungen von Ergebnisgrößen (z. B. Gewinn, Cashflow, Umsatz), die anhand von Zeitreihen-Modellen (*time series analysis*) auf einen möglichen Trend und damit auf eine mögliche Prognoseeigenschaft hin untersucht werden.

Die andere Gruppe von Tatbeständen sind Unternehmensentwicklungen (vor allem Unternehmenskrisen, bzw. -konkurse), deren Auftreten mit der Ausprägung typischer und spezifizierter Charakteristika innerhalb der Rechnungslegung (meist Bilanzkennzahlen, aber auch qualitative Daten) in statistische Abhängigkeiten gebracht werden (vgl. zum Überblick: Zavgren, C. [1983]; Hauschildt, J. [1988]).

3. Der kapitalmarktorientierte Ansatz

Bedeutung des kapitalmarktorientierten Ansatzes

Von den empirischen Ansätzen der Bilanzforschung hat der kapitalmarktorientierte Ansatz besondere Verbreitung und besonderes Gewicht erlangt. Vor allem in den USA, wo die börsennotierte Kapitalgesellschaft große Bedeutung hat und dementsprechend das Aktionärsinteresse in der betriebswirtschaftlichen Theorie stark verankert ist, lässt sich die kapitalmarktorientierte Bilanzforschung aus der bilanztheoretischen Diskussion nicht mehr wegdenken. Davon zeugen die zahllosen empirischen Untersuchungen (Übersichten bei Coenenberg, A. G. [1974]; Lev, B./Ohlson, J. [1982]; Foster, G. [1986]; Möller, P. [1986]; Coenenberg, A. G./Haller, A. [1993a]; Haller, A. [1994]) sowie die teilweise als »revolutionär«

(vgl. Beaver, W. H. [1989]) bezeichnete Umorientierung bilanztheoretischen Denkens.

Auch in der deutschsprachigen wissenschaftlichen Diskussion werden bilanztheoretische Fragestellungen in zunehmendem Maße in einem kapitalmarkttheoretischen Kontext erörtert (vgl. z. B. Schneider, D. [1981]; Ballwieser, W. [1982]; Ballwieser, W. [1985]; Schmidt, R. H. [1982]; Wagner, F. W. [1982]; Wagner, F. W. [1986]; Möller, P. [1983]; Schredelseker, K. [1985]; Keller, E. [1991]; Schredelseker, K. [1996]). Es liegt deshalb nahe, den kapitalmarktorientierten Ansatz der empirischen Bilanzforschung im Rahmen dieses Lehrbuchs näher zu erörtern. Dabei muss stets im Auge behalten werden, dass kapitalmarktorientierte Untersuchungen nur eine Betrachtung aus der Entscheidungsumgebung einer Adressatengruppe, nämlich der Anteilseigner börsennotierter Kapitalgesellschaften, sein können. Gleichwohl lassen die kapitalmarktorientierten Untersuchungen aufschlussreiche Einblicke in die informatorischen Eigenschaften veröffentlichter Jahresabschlussdaten zu. Die Ergebnisse der empirischen Untersuchungen werden für den an Einzelheiten nicht so sehr interessierten Leser unten in Abschnitt V zusammengefasst.

a) Theoretische Grundlagen

Informationsnutzen im effizienten Kapitalmarkt

In der theoretischen Diskussion über die Rolle von Jahresabschlussinformationen für Dispositionen am Aktienmarkt werden – je nach der Annahme über die Informationsverarbeitungseffizienz des Kapitalmarktes – zum Teil sehr kontroverse Thesen vertreten. Die Kapitalmarkttheorie kennt drei Typen von Effizienzannahmen (vgl. Fama, E. F. [1970]), die sich durch den Umfang der in jedem Zeitpunkt in den Aktienkursen vollständig reflektierten Informationsmenge unterscheiden: Bei schwacher Effizienz bezieht sich die Informationsmenge auf alle Informationen über die vergangene Kursentwicklung, bei mittelstrenger Effizienz enthält die Informationsmenge sämtliche öffentlich zugänglichen Informationen, also auch Jahresabschlussinformationen, bei strenger Effizienz werden sogar die öffentlich nicht zugänglichen Insiderinformationen einbezogen.

Die Bilanzdiskussion geht häufig von der mittelstrengen Effizienzthese aus (z. B. Schneider, D. [1981]; Schmidt, R. H. [1982]). Da alle öffentlich zugänglichen Informationen jederzeit als im Kurs reflektiert gelten, kann ein Investor durch Auswertung solcher Informationen keine Vorteile erzielen. In einem solchen Markt kann er durch ein breitgestreutes Portefeuille gerade die durchschnittliche Marktrendite R_M erwarten, nicht mehr und nicht weniger. D. h., seine Renditeerwartung $E(R_i)$ entspricht stets der erwarteten Marktrendite $E(R_M)$. Sie ist unabhängig von seinem Informationsstand I_i. Jahresabschlussinformationen können bei Gültigkeit dieser Effizienzthese folglich auch keinen privaten Nutzen haben. Dieser Zusammenhang ist als Fall a in Abbildung 17.13 verdeutlicht (vgl. Schredelseker, K. [1985]).

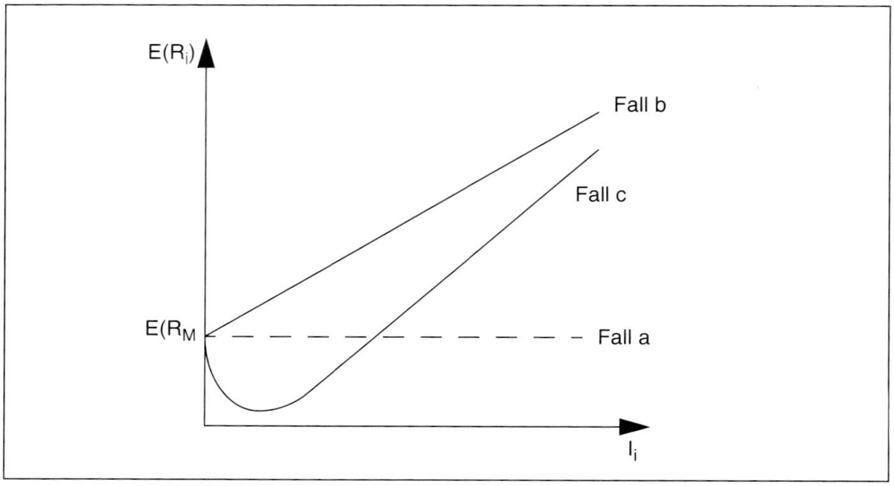

Abb. 17.13: Der Zusammenhang zwischen dem Informationsstand des Investors und erwarteter Rendite

Kritik an der Effizienzthese

Die These von der Nutzlosigkeit der Jahresabschlussauswertung ist unter verschiedenen Aspekten kritisiert worden (vgl. z. B. Schmidt, R. H. [1982]):

- Die Gültigkeit der Effizienzthese hätte zur Folge, dass der Markt, da er über eine Vielfalt von konkurrierenden Informationsquellen verfügt, die Jahresabschlussinformationen stets richtig auswertet. Täuschung durch Bilanzpolitik ist in einem effizienten Markt definitionsgemäß ausgeschlossen. Dann gibt es im Kapitalmarktkontext aber keine plausiblen Gründe dafür, dass Bilanzpolitik in der Praxis so verbreitet ist, es sei denn, die Effizienzthese wird aufgegeben.
- Die durchschnittliche Marktrendite ist nur bei Halten eines breit diversifizierten Portefeuilles (des Marktportefeuilles) realisierbar. Eine solche Anlage ist nicht jedem Investor möglich. Für eine Approximationsstrategie können dann Rechnungslegungsdaten möglicherweise aber nützlich sein, selbst wenn die Effizienzthese stimmt.
- Auch im Falle fehlenden privaten Nutzens ist keineswegs gesagt, dass den Jahresabschlussinformationen nicht doch ein gesamtwirtschaftlicher Nutzen zukommt. Soweit Jahresabschlussinformationen in den Aktienkursen reflektiert werden, tragen sie zu einer richtigeren Bewertung der Kapitalmarkttitel und somit zu einer besseren Kapitalallokation bei.
- Die Effizienzthese bereitet allerdings Schwierigkeiten, das Zustandekommen der Informationsverarbeitung des Marktes zu erklären. Im Falle ihrer Gültigkeit kann kein Investor Interesse an der Auswertung von Jahresabschlüssen haben. Dann kann es aber auch nicht zur Berücksichtigung der Jahresabschlussinformationen bei der Kursbildung kommen. Man wird deshalb wohl davon ausgehen müssen, dass in der Wirklichkeit ein Markt lediglich mehr oder weniger effizient sein kann, d. h., dass neue Informationen erst im Zeitab-

lauf zur allmählichen Berücksichtigung in die Kauf- und Verkaufsprozesse gelangen. Dafür sprechen auch eine Reihe von jahresabschlussunabhängigen Untersuchungen über die Informationsverarbeitung am Kapitalmarkt (Übersicht bei Beaver, W. H. [1983]).

Informationsnutzen im ineffizienten Kapitalmarkt

Auch bei Annahme eines in diesem Sinne ineffizienten Kapitalmarktes stehen sich unterschiedliche Hypothesen über den Informationsnutzen der öffentlichen Rechnungslegung gegenüber: Eine Annahme kann darin bestehen, dass Ineffizienz des Marktes dazu führt, dass mehr Information zu verbesserten Entscheidungen führt, also grundsätzlich nützlich ist. Diese Situation ist in Fall b von Abbildung 17.13 veranschaulicht. Das würde aber entweder gleiche Informationsverteilung vor Jahresabschlussveröffentlichung voraussetzen oder aber, dass die vorher schlechter Informierten durch die Veröffentlichung auf den Informationsstand der besser Informierten angehoben würden, die die Inhalte der Jahresabschlussveröffentlichung über andere Informationsquellen und Indikatoren bereits kannten. Dagegen findet sich in der Literatur die Auffassung, dass die vorher schlechter Informierten durch die Jahresabschlussveröffentlichung geschädigt werden könnten (vgl. Schredelseker, K. [1985]). Die besser Informierten hätten durch ihren Informationsvorsprung ihre Disposition bereits auf die Informationen eingestellt, die die schlechter Informierten erst zeitverzögert über die Jahresabschlussveröffentlichung erhalten. Die besser Informierten würden folglich vor Jahresabschlussveröffentlichung Überrenditen erzielen. Dann müsse es aber auch andere geben, die geringere Renditen realisieren. Darüber hinaus versetze der Informationsvorsprung die besser Informierten in die Lage, die aufgrund der Jahresabschlussveröffentlichung zu erwartenden Dispositionen der schlechter Informierten zu antizipieren und in ihren Entscheidungen zu berücksichtigen. Der dieser These entsprechende Verlauf ist in Abbildung 17.13 in Fall c veranschaulicht.

b) Methodische Grundlagen

Hypothese der kapitalmarktorientierten empirischen Bilanzforschung

Die kapitalmarktorientierte empirische Bilanzforschung versucht die Informationswirkungen veröffentlichter Jahresabschlüsse im Aktienpreisbildungsprozess zu ergründen. Dabei ist es bisher keineswegs gelungen, die oben angestellten Überlegungen in dieser Differenziertheit zu überprüfen. Die kapitalmarktorientierten Untersuchungen gehen von der Grundhypothese aus, dass Anlagepreise und Rechnungslegungsinformationen in einer theoretisch begründeten und messbaren Beziehung zueinander stehen. Methodisch ist dabei zwischen dem »*short-window*-Ansatz« (vgl. folgender Abschnitt (1)) und dem »*long-window*-Ansatz« zu unterscheiden (vgl. nachfolgender Abschnitt (2)).

(1) Short-window-Ansatz

Short-window-Ansatz/ Entscheidungsrelevanz

Der *short-window*-Ansatz beruht auf der Hypothese, dass Anlagepreise in voraussagbarer Weise auf neu an den Markt gelangende Rechnungslegungsdaten reagieren. Wenn und soweit dies für bestimmte Rechnungslegungsdaten nachgewiesen werden kann, werden diese offenbar von den Investoren als entscheidungsrelevant erachtet und sind - rationales Verhalten der Investoren unterstellt - auch tatsächlich entscheidungsrelevant. Der *short-window*-Ansatz ist deshalb in erster Linie auf die Erforschung der Entscheidungsrelevanz von Jahresabschlussinformationen gerichtet.

Ereignisstudie/ event study

Methodisch wird der *short-window*-Ansatz als Ereignisstudie (*event study*) konzipiert. Als »Ereignis« wird typischerweise die Informationsveröffentlichung definiert. In einer kurzen Periode (*short window*) nach demEreignis wird sadann die Entcheidungswirkung beobachtet. Beobachtungsvariable ist i. A. der Aktienkurs. Die Überprüfung der Entscheidungsrelevanz mittels einer solchen Ereignisstudie lässt sich zwei Ansätzen zuordnen, die sich durch die Reichweite der möglichen Schlussfolgerungen unterscheiden (vgl. Coenenberg, A. G. [1984]).

Im einfachen Fall wird der in Abbildung 17.14 dargestellte Zusammenhang überprüft:

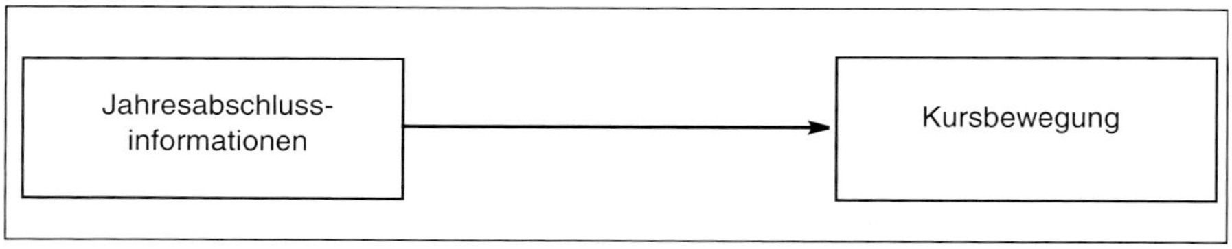

Abb. 17.14: Vereinfachtes Modell zur Messung der Entscheidungsrelevanz

Dieser Ansatz wurde erstmals von Beaver, W. H. [1968] verfolgt. Die Vorgehensweise besteht darin, dass die Kursbewegungen während des Veröffentlichungszeitraumes von Jahresabschlussinformationen verglichen werden mit einer Kontrollperiode, in der keine Daten veröffentlicht werden. Zeigen sich nach Bereinigung der allgemeinen Markttendenzen in der Beobachtungsperiode größere Ausschläge als in der Kontrollperiode, so wird dies auf die Jahresabschlussveröffentlichung zurückgeführt. Mit diesem Ansatz kann lediglich nachgewiesen werden, dass statistische Zusammenhänge bestehen. Es fehlen jedoch Aussagemöglichkeiten, die sich auf die Inhalte der Informationen (z. B. die Richtung der Gewinn- oder Dividendenänderungen) beziehen und somit den entscheidungsorientierten Informationsgehalt quantifizieren.

Um Letzteres zu ermöglichen, ist eine Erweiterung des Ansatzes erforderlich (vgl. Abbildung 17.15)

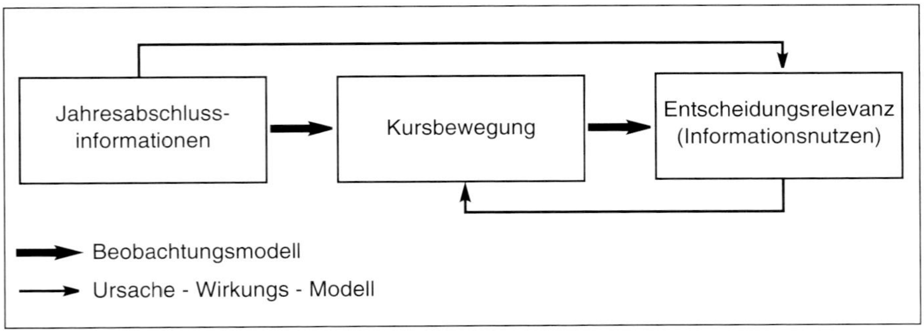

Abb. 17.15: Differenziertes Modell zur Messung der Entscheidungsrelevanz

Dieser Ansatz wurde erstmals von Ball, R./Brown, P. [1968] gewählt. Ausgangspunkt sind bei diesem Ansatz Hypothesen darüber, in welcher Weise Informationen zu Käufen und Verkäufen der Investoren und somit zu Kursbewegungen führen (z. B. Verkauf bei Dividendensenkung gegenüber dem Vorjahr und somit Kurssenkung).

Diese Hypothesen bilden die Grundlage für die Bildung von a-priori-Portfolios von Anlagen, für die eine Kurssenkung bzw. Kurssteigerung oder Indifferenz zu erwarten ist. Der durch Bildung dieser Portfolios erzielbare Anlageerfolg, der nur potenziell ist, da die Portfoliobildung auf a priori nicht bekannten Informationen beruht, ist dann ein entscheidungsorientiertes Maß für den Informationsnutzen (vgl. Kleine-Doepke, R. [1981]). Eine völlige Zufälligkeit des Anlageerfolges würde bedeuten, dass diese Information, zumindest jedoch dieses Verarbeitungsmodell, am Kapitalmarkt nicht verwendet wird.

Die deutschen kapitalmarktorientierten Untersuchungen zu Informationsgehalt und Entscheidungsrelevanz des Jahresabschlusses basieren wesentlich auf dem erweiterten Ansatz gemäß Abbildung 17.15. Er ist deshalb näher zu erläutern.

Marktmodell/ Differenzenmodell

Als Kursdaten werden die Aktienrenditen für einen bestimmten Investitionszeitraum (z. B. Tag, Woche, Monat, Jahr), also die Kursänderungsrate zuzüglich der eventuell im Investitionszeitraum ausgezahlten Dividende verwendet. Über die Kursänderungsrate wird die Aktienrendite sowohl durch gesamtwirtschaftliche als auch unternehmensspezifische Faktoren beeinflusst. Um den Einfluss unternehmensspezifischer Jahresabschlussinformationen zu messen, müssen zunächst die Einflüsse gesamtwirtschaftlicher Faktoren eliminiert werden. Das ist in unterschiedlicher Weise denkbar. Zum Beispiel könnte als bereinigte Aktienrendite die Differenz zwischen der Rendite der betreffenden Aktie und der durchschnittlichen Rendite aller Aktien des Marktes (gemessen beispielsweise aufgrund eines repräsentativen Aktienindexes) gewählt werden (= Differenzenmodell). Ein anderes, in den meisten Untersuchungen angewendetes Verfahren besteht darin, die Residuen einer Regression der Aktienrendite in

Bezug auf die durchschnittliche Rendite am Aktienmarkt als firmenspezifischen Teil der Aktienrendite zu verwenden (= Marktmodell):

$$R_{it} = \alpha_i + \beta_i \times R_{Mt} + u_{it}$$

$$u_{it} = R_{it} - \alpha_i + \beta_i \times R_{Mt}$$

mit

R_{it} = Aktienrendite der Unternehmung im Zeitraum t-1 bis t

R_{Mt} = Durchschnittliche Aktienrendite des Marktes im Zeitraum t-1 bis t

u_{it} = Residuen, d. h. marktbereinigter Anteil der Aktienrenditen

Branchenmodell

Schließlich ist denkbar, neben den allgemeinen Markteinflüssen Brancheneinflüsse zu eliminieren, indem in das Regressionsmodell zusätzlich ein Branchenrenditeindex als unabhängige Variable aufgenommen wird (= Branchenmodell):

$$u_{it} = R_{it} - (\alpha_i + \beta_i \times R_{Mt} + y_i \times R_{Bt})$$

mit

R_{Bt} = durchschnittliche Aktienrendite der Branche im Zeitraum t-1 bis t

Durch Analyse der Residualrenditen als Reaktion auf Jahresabschlussinformationen kann festgestellt werden, ob sich die Bekanntgabe dieser Größen auf Investitionsentscheidungen der Aktionäre ausgewirkt hat. Dieser Ansatz basiert auf folgenden Überlegungen:

Erwartungsrevisionen durch Jahresabschlussinformationen

Investoren überprüfen und korrigieren ihre früher gebildeten Erwartungen bezüglich künftiger Unternehmenserfolge ständig anhand der veröffentlichten Informationen, insbesondere der Gewinngrößen des Rechnungswesens. Deshalb kann der Wert neuer Gewinninformationen gemessen werden als Unterschied zwischen tatsächlichem und erwartetem Betrag und sollte sich in einer entsprechenden Veränderung des Aktienkurses widerspiegeln. Das heißt:

- Positive Erwartungsrevisionen sollten positive Residualrenditen zur Folge haben.
- Negative Erwartungsrevisionen sollten negative Residualrenditen zur Folge haben.

Die empirische Überprüfung dieser Vermutungen beinhaltet zwei Maßprobleme, nämlich

(a) die Bestimmung der Erwartungen bzw. Erwartungsrevisionen der Aktionäre und

(b) die Quantifizierung der Wirkungen der Erwartungsrevisionen.

Zu (a):
Da die tatsächlichen Gewinnerwartungen der Aktionäre nicht bekannt sind und auch kaum erhebbar sein dürften, kann man sich damit behelfen, dass man mit

alternativen Gewinnerwartungsmodellen arbeitet, bei denen der erwartete Unternehmensgewinn als von dem vergangenen Gewinn und/oder Branchengewinn abhängig betrachtet wird. Die (positive oder negative) Differenz zwischen dem veröffentlichten und dem erwarteten Ergebnis wird als Indikator einer (positiven oder negativen) Erwartungsrevision des Aktionärs betrachtet. Auf diese Weise wird die Gesamtheit der Jahresabschlüsse in zwei Gruppen eingeteilt, die der positiven und die der negativen Erwartungsrevision.
Zu b):

Abnormal Performance Index (API)

Die Wirkungen von Erwartungsrevisionen können mit Hilfe des sog. *»Abnormal Performance Index«* (API) gemessen werden (vgl. Ball, R./Brown, P. [1968]; Kleine-Doepke, R. [1981]):

$$API_T = \frac{1}{n}\sum_{i=1}^{n}\prod_{t=t'}^{T}(1+u_{it})$$

mit

u_{it} = Residualrendite für den Zeitraum t-1 bis t und Berichtsveröffentlichung i

n = Anzahl der Fälle (z. B. Jahresabschlüsse)

T = Anzahl aufeinanderfolgender Investitionsperioden

t‘ = Beginn der Beobachtungsperioden

Die Berechnung dieser Größe für die Untergruppen von Fällen positiver (= API^+) bzw. negativer (= API^-) Erwartungsrevisionen gibt Aufschluss über den möglichen Zusatzgewinn bzw. den vermeidbaren Verlust eines Aktionärs, der auf derartige Informationen jeweils sofort reagiert. Um den Zusammenhang zwischen Jahresabschlussinformation und Aktionärsentscheidung zu überprüfen, wird der Verlauf der API^+-Kurve mit dem der API^--Kurve verglichen:

- Wenn die veröffentlichten Informationen Bedeutung besitzen und zur Revision der Erwartung führen, sollten die API^+- und API^--Kurven auseinanderlaufen und somit anzeigen, dass der Markt in erwarteter Weise reagiert.
- Wenn die veröffentlichten Jahresabschlussinformationen dagegen bedeutungslos sind oder das zugrunde gelegte Erwartungsrevisionsmodell keinen Aussagegehalt besitzt, sollten die API^+- und API^--Kurven im Wesentlichen einen parallelen Verlauf zeigen.

Das Untersuchungsmodell ist in Abbildung 17.16 veranschaulicht.

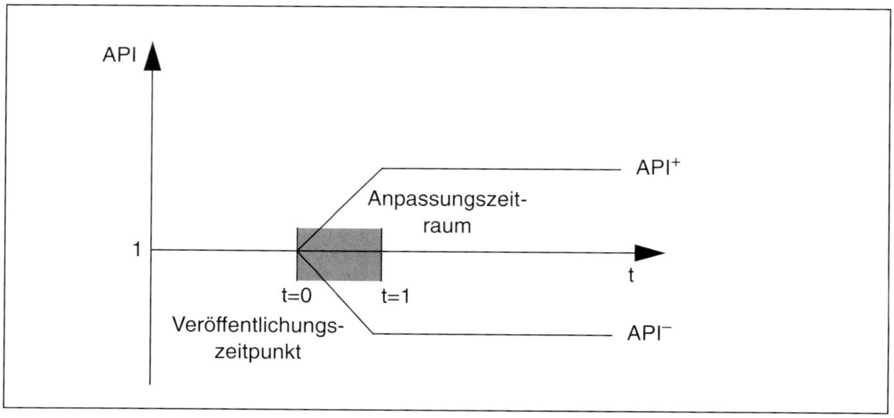

Abb. 17.16: Schematisierter API-Verlauf

Ab dem Zeitpunkt der Veröffentlichung t=0 findet ein Anpassungsprozess der Residualrendite der Aktien entsprechend der positiven bzw. negativen Erwartungsrevisionen statt. Dieser Anpassungsprozess ist im Zeitpunkt t=1 beendet, d. h. ab diesem Zeitpunkt sind die Jahresabschlussinformationen in den Marktpreisen und der Rendite reflektiert. Der Unterschiedsbetrag zwischen API^+ und API^- gibt den Nutzen an, der aus einer a priori richtigen Information hätte gewonnen werden können; er misst folglich den Nutzen der Rechnungslegungsinformation für den Investor. Dabei wird aufgrund der multiplikativen Verknüpfung der Rendite unterstellt, dass der Investor 1 GE gleichmäßig in die Aktien des positiven Portfolios investiert bzw. die Aktien des negativen Portfolios (leer-)verkauft und diese Anlagestrategie bis zum Zeitpunkt T beibehalten hätte.

Cumulative Average Residual (CAR)

Ein anstelle des API häufig in empirischen Untersuchungen verwendetes Wirkungsmaß ist das »*Cumulative Average Residual* (CAR)« (vgl. Foster, G. [1986], S. 403 ff.):

$$CAR_T = \frac{1}{n_i}\sum_{i=1}^{n}\sum_{t=t'}^{T} u_{it}$$

Das CAR-Maß beruht auf einer additiven, statt einer multiplikativen Verknüpfung der Renditen. Es wird unterstellt, dass der Investor in jeder Periode des Untersuchungszeitraumes neu disponiert, d. h. Gewinne werden realisiert, Verluste ausgeglichen.

(2) Long-window-Ansatz

long-window-Ansatz/Bewertungsrelevanz

Mittels des *short-window*-Ansatzes werden unmittelbare Entscheidungswirkungen untersucht, die durch Informationsereignisse in unmittelbarer zeitlicher Folge ausgelöst werden. Tatsächlich existiert in der Finanzierungs- und Kapitalmarkttheorie aber auch die Hypothese eines langfristigen Zusammenhangs von Rechnungslegungsinformation und Unternehmenswert. Die empirische Bilanz-forschung bemüht sich deshalb auch, mittels eines *long-window*-Ansatzes über längere Beobachtungszeiträume zu ergründen, ob die Aktienrendite über diesen Zeitraum einen statistisch signifikanten Zusammenhang mit dem Unternehmenserfolg aufweist. Dahinter steckt die fundamentale These, dass sich der künftige Wert des Unternehmens aus den Dividenden zuzüglich der Eigenkapitalveränderungen erklären lässt, wenn die nicht auf Kapitalein- und -auszahlungen zurückzuführenden Eigenkapitaländerungen aus Gewinnen bzw. Verlusten (sog. *clean surplus*) resultieren (vgl. Peasnell, K. V. [1982]; Ohlson, J. A. [1995]; Möller, H. P./Hüfner, B. [2002], S. 415 ff., 430 ff.). Der *long-window*-Ansatz ist dementsprechend nicht auf die Beobachtung unmittelbarer Entscheidungswirkungen, sondern auf die Relevanz der Rechnunglegungsdaten für die fundamentale Unternehmensbewertung gerichtet (= Bewertungsrelevanz). Da der Unternehmenswert empirisch am Aktienkurs gemessen wird, wird mit diesem Ansatz freilich unmittelbar auch die langfristige Entscheidungswirkung mit beobachtet. Bewertungsrelevanz und Entscheidungsrelevanz sind - langfristig betrachtet - interdependent; sie lassen sich nicht scharf voneinander abgrenzen.

Bewertungsmodell

Eine empirisch testbare Form des Bewertungsmodells lautet (vgl. Möller, H. P./Hüfner, B. [2002], S. 431):

$$R_t = b_0 + b_1 \cdot \frac{EK_t}{P_{t-1}} + b_2 \cdot \frac{EK_t - EK_{t-1}}{P_{t-1}} + b_3 \cdot \frac{D_{t-1}}{P_{t-1}} + \varepsilon_t$$

R_t	=	Aktienrendite in Peirode t -1, t
EK_t	=	Eigenkapital im Zeitpunkt t
EK_t - EK_{t-1}	=	»*clean surplus*« in Periode t -1, t
P_t	=	Aktienpreis im Zeitpunkt t

Auf der Grundlage einer *long-window*-Zeitregression lässt sich in Gestalt der Regressionskoeffizienten b_1, b_2 und b_3 die Bedeutung messen, die den Rechnungslegungsinformationen »Eigenkapital«, »Gewinn« und »Dividenden« für die Erklärung des Unternehmenswertes bzw. der Aktienrendite zukommt.

III. Nutzen der Rechungslegungsinformationen für die Rechnungslegungsadressaten

In den folgenden drei Abschnitten wird auf inhaltliche Fragestellungen der kapitalmarktorientierten Bilanzforschung zu Prognose-, Entscheidungs- und Bewertungsrelevanz von Rechnungslegungsinformationen mit Bezug auf den deutschen Kapitalmarkt eingegangen. Auf US-Studien wird nur insoweit eingegangen, wie sie für das Verständis der Ausführungen wesentlich sind (vgl. die umfassende Übersicht über den *state of the art* von Kothari, S. P. [2001]). Entsprechend dem Lehrbuchcharakter dieses Buches kann bezüglich der Studien zum deutschen Kapitalmarkt nur beispielhaft wichtigen Fragen nachgegangen werden. Bezüglich weitergehender Fragen wird auf das einschlägige Schrifttum verwiesen (vgl. insbesondere Möller, H. P./Hüfner, B. [2002]).

1. Prognoserelevanz von Rechnungslegungsinformationen

Prognose-eignungsansatz

Da alle an das Unternehmen gerichteten Interessen mit dessen Fortbestand verbunden sind, besteht ein zentrales Ziel dieser empirischen Forschungsrichtung darin, anhand der Rechnungslegungsdaten Unternehmenskrisen frühzeitig erkennen zu können (vgl. auch 12. Kapitel C III 1). Bei diesen Ansätzen, die auf Arbeiten von Beaver, W. H. [1966] und Altmann, E. I. [1968] zurückgehen, wird zumeist versucht, anhand der Ausprägungen von Bilanzkennzahlen oder anderer Rechnungslegungsdaten die Konkursgefährdung von Unternehmen zu prognostizieren, indem man mit Hilfe z. B. von Diskriminanzanalysen die Rechnungslegungsinformationen herausfiltert, deren Ausprägungen »gesunde« Unternehmen von »kranken« Unternehmen am schärfsten trennen (vgl. Baetge, J./Huß, M./Niehaus, H.-J. [1986]; Baetge, J. [1998], S. 560 ff.; Hauschildt, J./Leker, J. (Hrsg.) [2000]). Daneben wird auch versucht, durch verhaltensorientierte Studien (Befragung, Experiment) herauszufinden, welche Daten und Kennzahlen für Versuchspersonen (meistens Kreditsachbearbeiter oder Finanzanalysten von Banken) bei der Unternehmens-/Kreditwürdigkeitsbeurteilung eine Rolle spielen (vgl. z. B. Abdel-Khalik, A./El-Sheshai, K. [1980]).

Kennzahlen-analyse

Generell lässt sich aus den Untersuchungen feststellen, dass die Prognosegüte mit zunehmender Nähe zum Konkursfall immer größer wird. Kennzahlen zur Rentabilität, zur Kapitalstruktur und zur Liquidität besitzen die höchste Prognosegüte. In einigen Untersuchungen lassen sich anhand der Kennzahlen Trefferquoten von 75 % bis 95 % erzielen. Dabei wird deutlich, dass bereits eine kleine Anzahl von Kennzahlen eine zufriedenstellende Trennschärfe ergibt. Als besonders aussagefähig erweist sich der Ertrags-Cashflow (Brutto-Cashflow) und ihn beinhaltende Rentabilitäts- bzw. Liquiditätskennzahlen. Eine Reihe von Untersuchungen geht darüber hinaus und widmet sich der Analyse der grundsätzlichen Prognosequalität von Daten aus Veränderungsbilanzen und Kapitalflussrechnungen. Hierbei lässt sich keine besondere, d. h. über Rentabilitäts- und Kapitalstrukturkennzahlen hinausgehende Prognoseeignung dieser Informationen erkennen (vgl. z. B. Ohlson, J. [1980]; Bleier, E. [1985]).

Analyse qualitativer Daten

Doch nicht nur quantitative Daten tragen zur Prognosefähigkeit von Unternehmenskrisen bei, sondern auch qualitative, verbale Informationen. So lässt sich in einer Reihe von Untersuchungen auch der Prognosewert von qualitativen Daten, d. h. verbalen Ausführungen der Unternehmensleitung – seien sie im Geschäftsbericht oder in Form eines Aktionärsbriefes etc. gewährt – nachweisen (vgl. z. B. Tennyson, B./Ingram, R./Dugan, M. [1990]).

Grundsätzlich ist also eine große Bedeutung der Jahresabschlüsse zur Krisendiagnose erkennbar. Dies bestätigt sich, wenn auch nur indirekt, auch durch einige in den USA durchgeführte kapitalmarktorientierte Studien, die deutlich nachweisen, dass sich das Scheitern des »*going concern*« von Unternehmen auch anhand von Renditeverläufen am Aktienmarkt erkennen lässt; aufgrund zahlreicher über den Jahresabschluss hinausgehender Informationen, die den Marktteilnehmern zur Verfügung stehen, meist sogar früher als anhand von Kennzahlen (vgl. z. B. Zavgren, C./Dugan, M./Reeve, J. [1988]). Hier zeigt sich die Bedeutung der über den Jahresabschluss hinausgehenden Publizität.

Neben Unternehmenskrisen wird die Prognosefähigkeit von Jahresabschlussdaten auch bezüglich anderer Faktoren und Kennzeichen einer Unternehmensentwicklung untersucht. So lässt sich nach Schönbrodt, B. [1981] die Rendite des nächsten Geschäftsjahres unter Zuhilfenahme eines Kennzahlensystems zufriedenstellend approximieren. Pellens zeigt, dass sich Ausprägungen ausgewählter Konzernabschlussdaten zur Prognose von um den Hauptversammlungszeitpunkt auftretenden unternehmensspezifischen Aktienrenditen heranziehen lassen, wobei die kombinierte Analyse des Einzel- und des Konzernabschlusses eine genauere Vorhersage der zukünftigen Aktienrenditen und damit der zukünftigen Unternehmensentwicklung ermöglicht als lediglich die Analyse des Einzelabschlusses (vgl. Pellens, B. [1989]; Pellens, B./Linnhoff, U. [1992]). In die Kategorie der Prognoseeignungsstudien lassen sich auch Untersuchungen zur Qualität von Ergebnisprognosen deutscher Finananalysten einordenen. Es zeigt sich, dass in die Vorhersagen nicht alle verfügbaren Informationen eingehen, ineffiziente Prognosen bedürfen vielmehr verhaltenswissenschaftlicher Erklärungen (vgh. Löffler, G. [1998]). Bei Finanzanalysten scheint ein genereller Schätzoptimismus vorzuherrschen (vgl. Hüfner, B./Möller, H. P. [1997]).

Als Ergebnis dieser Forschungsrichtung lässt sich festhalten:

1. Bilanzanalytische Kennzahlen sind als Krisenindikatoren nützlich.
2. Die Aussagefähigkeit wird verstärkt durch zusätzliche Auswertung qualitativer Informationen der Geschäftsleitung (Signalfunktion).
3. Die Heranziehung von Konzernabschlussdaten erhöht die Aussagefähigkeit.
4. Zur Krisendiagnose genügt eine Konzentration auf wenige Kennzahlen, insbesondere
   - Eigenkapitalquote,
   - Gesamtkapitalrentabilität, insbesondere unter Verwendung von erfolgswirtschaftlichen Cashflow Größen,
   - dynamische Liquiditätskennzahlen, z. B. Cashflow/kurzfristiges Fremdkapital oder Cashflow/Fremdkapital.

5. Erfolgsprognosen von Finanzanalysten sind in dem Sinne ineffizient, als sie nicht das volle verfügbare Informationspotenzial ausschöpfen.

Einschränkend ist zu beachten: Die Ergebnisse der empirischen Forschung beziehen sich im Allgemeinen auf große Kollektive von Daten. Für die konkrete Bonitätsbeurteilung geht es indessen stets um den Einzelfall. Das birgt die Gefahr, dass man in der Umsetzung der Ergebnisse im konkreten Fall diesem nicht gerecht wird und dadurch gegebenenfalls eine *»selffulfilling prophecy«* auslöst (zu weitergehender Kritik vgl. insbes. Schneider, D. [1985]).

2. Entscheidungsrelevanz von Rechnungslegungsinformationen

Die Untersuchungen zur Entscheidungsrelevanz bedienen sich besonders häufig des Kapitalmarktansatzes (vgl. die Übersicht bei Coenenberg, A. G. [1974]; Coenenberg, A. G./Möller, P./Schmidt, F. [1984]; Möller, P. [1986]; Coenenberg, A. G. [1993]; Coenenberg, A. G./Haller, A. [1993]).

a) Entscheidungswirkungen der Jahresabschlussveröffentlichung und von Jahresabschlussinformationen

Entscheidungswirkungen von Jahresabschlussveröffentlichung und Jahresabschlussinformationen

Die grundlegende Ausgangsfragestellung lautet: Inwieweit und in welchem Zeitbezug haben Veröffentlichungen von Jahresabschlüssen insgesamt und bestimmte im veröffentlichten Jahresabschluss enthaltene und für die Entscheidung des Aktionärs für relevant angesehene Ergebnisdaten Einfluss auf das Investitionsverhalten, gemessen an der marktbereinigten Aktienrenditeentwicklung?

Als zu dieser Fragestellung grundlegende Studie kann die Arbeit von Ball, R./Brown, P. [1968] bezeichnet werden. Die Autoren analysierten zum ersten Male die Informationswirkung von Jahresabschlüssen mit der API-Methodik für eine Stichprobe von 261 Unternehmen in einem die Jahre 1957–1966 umfassenden Untersuchungszeitraum. Zentrales Ergebnis der Studie ist, dass den Jahresabschlussdaten zwar Informationsgehalt nachgewiesen werden kann, jedoch nur 10 – 15 % der im Jahresabschluss enthaltenen Informationen sich zum Zeitpunkt der Veröffentlichung in Aktienkursänderungen niederschlagen. Die restliche Information wird bereits durch andere Quellen vorweggenommen (vgl. Übersicht über verschiedene einschlägige Untersuchungen bei Röder, K. [1998a]).

Antizipatorische Entscheidungswirkungen

Die Entscheidungswirkung von Jahresabschlussinformationen ist auch durch Studien am deutschen Kapitalmarkt bestätigt worden (Brandi, E. H. [1977]; Coenenberg, A. G./Brandi, E. H. [1979]; Sahling, C. [1981]; Bühner, R./Möller, H. P. [1985]; Möller, P. [1986]). Die Studien zeigen, dass Jahresabschlussveröffentlichungen selbst Entscheidungswirkungen auslösen. Sie zeigen darüber hinaus, dass die im ausgewiesenen Gewinn enthaltene Information auf die marktbereinigten Aktienrenditen im statistischen Durchschnitt in der erwarteten Richtung Einfluss hat. Dieser Einfluss ist aber nicht nur nach dem vermutlichen Veröffentlichungszeitpunkt des Jahresabschlusses selbst, sondern schon mit einem erheblichen Vorlauf vorhanden. Dies entspricht auch den Ergebnissen vergleichbarer

US-Studien (zur Übersicht über verschiedene einschlägige Untersuchungen vgl. Foster, G. [1986], S. 336 ff.). Die Ergebnisse deuten darauf hin, dass die im Jahresabschluss enthaltenen Ergebnisinformationen nicht ausschließlich über die Jahresabschlussveröffentlichung selbst, sondern zu einem guten Teil über zeitlich früher verfügbare Kommunikationskanäle, wie Gewinnprognosen der Unternehmen und von Analysten sowie Zwischenberichte, an den Markt gelangen. Für die in den USA auch schon früher verpflichtenden Quartalsberichte sowie für die für deutsche börsennotierte Unternehmen zwingenden Zwischenberichte wurde die Entscheidungsrelevanz in vielen Studien nachgewiesen (siehe weiter unten Abschnitt c). Die Jahresabschlussveröffentlichung selbst hat also nicht primär informierenden, sondern bestätigenden Charakter. Man kann insofern von einer »Informationshygiene«- Funktion des offiziellen Jahresabschlusses sprechen.

Einzelabschluss- vs. Konzernabschlussdaten

Eine ebenfalls mit der API-Methodik durchgeführte Untersuchung von Pellens beschäftigt sich mit der Frage, ob die Aktionäre eines Konzernunternehmens mit vergleichbaren Informationen versorgt werden wie die Aktionäre eines Einzelunternehmens (vgl. Pellens, B. [1994]). In einem Untersuchungszeitraum von 5 Wochen vor bis 12 Wochen nach der Aufsichtsratssitzung wurden auf Basis wöchentlicher bereinigter Aktienrenditen die Residualrenditen ermittelt. Die Erwartungsbildung der Investoren wurde durch ein Modell abgebildet, das als erwarteten Wert die Veränderung des Gewinnes je Aktie im Vergleich zum Vorjahr, korrigiert um die Veränderung des durchschnittlichen Gewinnes je Aktie aller untersuchten Unternehmen, unterstellt. Die erstellten *Abnormal Performance* Indizes lassen auf die Relevanz der Rechnungslegungsdaten von sowohl Jahresabschlüssen der Einzelunternehmen als auch Konzernabschlüssen von Muttergesellschaften schließen. Darüber hinaus zeigt sich, dass die Einzelabschlusszahlen von Muttergesellschaften keine Relevanz besitzen. Für die Zielsetzung der Untersuchung von Bedeutung ist der Vergleich der Renditewirkungen der Jahresabschlusszahlen von Einzelunternehmen mit den Konzernabschlusszahlen von Muttergesellschaften. Hier sind weder in der Länge des Anpassungsprozesses noch in der absoluten Höhe der Renditeänderungen signifikante Unterschiede festzustellen. Dies lässt auf eine äquivalente Preisbildungsrelevanz der Konzernabschlusszahlen im Vergleich zu den Einzelabschlusszahlen schließen.

»Signalling«-Effekte

Unter dem Aspekt der Relevanz von Unternehmensdaten belegen verschiedene Untersuchungen, dass nicht nur die Veröffentlichung des gesamten Jahresabschlusses, sondern bereits die öffentliche Bekanntgabe von Jahresgewinnen bzw. Vierteljahresgewinnen die Aktienrenditen oder auch das Volumen der gehandelten Aktien signifikant beeinflusst. Dabei zeigen sich die von Wertpapieranalysten (Stanley, K./Lewellen, W./Schlarbaum, G. [1981]; Moyer, R./Chatfield, R./Sisneros, P. [1989]; Lys, T./Sahn, S. [1990]), vor allem aber die von der Unternehmensleitung öffentlich abgegebenen Gewinnprognosen, insbesondere auch publizierte Gewinn- bzw. Dividendenankündigungen, als besonders entscheidungsrelevant (vgl. Defeo, V. [1986]; Healy, P./Palepu, K. [1988]; Stice, E. [1991]). Dieser sog. *»signalling effect«* ist insbesondere deshalb so stark, weil Anleger aus Erfahrung von Dividendenänderungen auch auf Änderungen des Abschlussergebnisses und des Cashflow in den nächsten Perioden schließen (vgl. Healy, P./Palepu, K. [1988]). Im Hinblick auf die Wirkungen von Ergebnisprognosen des Managements im Rahmen des Geschäftsberichts spielt naturgemäß die Frage nach der wahrgenommenen Glaubwürdigkeit der Prognose eine bedeutende Rolle. Brennan, N./Gray, S. J. [1998] zeigen für eine Stichprobe von Unternehmensübernahmen, dass insbesondere Unternehmensgröße, Prognosehorizont, Art der Übernahme (*friendly/unfriendly*) und Position des Unternehmens (*bidder/ target*) Einflussgrößen des Prognoseverhaltens sind.

Zusatz- vs. Bilanzinformationen

Eine andere Frage der Wirkung von Zusatzinformationen im Geschäftsbericht ist, ob sich Wirkungsunterschiede in Kokurrenz zur Bilanzierungspflicht ergeben. Das lässt sich in Situationen testen, in denen einer neu geregelten Bilanzierungspflicht eine Angabepflicht im Anhang vorausgeht. Am Beispiel neuer Bilanzierungspflichten für bestimmte Altersvorsorgen kamen mehrere Untersuchungen in USA zu dem Ergebnis, dass die ergebniswirksame Berücksichtigung im Jahresabschluss höhere Entscheidungsrelevanz besitzt als die bloße Angabe im Anhang (vgl. Choi, B./Collins, D./ Johnson, W. [1997]; Davis-Friday, P. Y./Folami, L. B./Liu, C. S./Mittelstaedt, H. F. [1999]).

b) Entscheidungswirkungen der Publizitäts- und Bilanzpolitik

Publizitäts-/ Bilanzpolitik

Wenn die in den Jahresabschlussdaten enthaltene Information auf die Entscheidungen am Aktienmarkt Einfluss hat, liegt es aus der Sicht der bilanzierenden Unternehmen nahe, die publizitäts- und bilanzpolitischen Möglichkeiten der Gestaltung des Informationsstromes zwischen Unternehmung und Außenwelt zur Beeinflussung des Entscheidungsverhaltens von aktuellen und potenziellen Aktionären einzusetzen. Mit Publizitätspolitik ist in diesem Zusammenhang die Gestaltung von Ausmaß und Güte der den Jahresabschluss erläuternden und ergänzenden Zusatzinformationen des Geschäftsberichtes gemeint, während als Bilanzpolitik die direkte Regulierung des Ergebnisausweises durch Ausnutzung von Bilanzansatz- und Bewertungswahlrechten zu verstehen ist. Der empirischen Bilanzforschung stellt sich damit die Frage, inwieweit sich Publizitätspolitik und Bilanzpolitik auf das tatsächliche Investorverhalten auswirken.

(1) Publizitätspolitik

Entscheidungswirkungen der Publizitätspolitik

Es ist nahe liegend, dass zwischen der Güte der Unternehmenspublizität und dem auf den veröffentlichten Jahresabschluss einsetzenden Aktienrenditeanpassungsprozess ein unmittelbarer Zusammenhang besteht. Dieser lässt sich in zwei Hypothesen zusammenfassen:

1. Das Ausmaß des informationsbedingten Anpassungsprozesses ist bei Unternehmen mit hohem Publizitätsniveau kleiner als bei Unternehmen mit geringem Publizitätsniveau.
2. Der Anpassungszeitraum bei hohem Publizitätsniveau ist kürzer als bei niedrigerem Publizitätsniveau.

Hypothese 1 scheint zunächst uneinsichtig, da sie eine Erhöhung des Publizitätsniveaus mit einer Verringerung des Informationsgehaltes in Zusammenhang bringt. Da aber gute Publizität die Investoren in die Lage versetzt, die zukünftigen Renditen ihrer Anlagen besser schätzen zu können, führt eine neue Information in weniger Fällen zu Erwartungsrevisionen als bei schlechter Publizität. Der zusätzliche Informationsgehalt der Jahresabschlussdaten selbst ist geringer, weil weniger Überraschung in diesen Informationen enthalten ist. Dies bedeutet, dass die Aktien der Unternehmen mit hohem Publizitätsniveau generell »richtiger« bewertet sind als die Aktien der Unternehmen mit geringerem Publizitätsniveau; der Preisanpassungsprozess aufgrund veröffentlichter Jahresabschlussdaten muss deshalb für die erstere Firmengruppe geringer ausfallen.

Allerdings ist einschränkend darauf hinzuweisen, dass diese Hypothese nur dann begründbar ist, wenn keine weiteren Einflüsse auf die Unternehmen vorliegen, die zu unterschiedlichen informationsbedingten Erträgen führen. Insbesondere gelten die Aussagen nur bei gegebenem bilanzpolitischen Spielraum der Unternehmen. Eine Veränderung der bilanzpolitischen Möglichkeiten könnte auch die informationsbedingten Renditen beeinflussen.

Hypothese 2 ergibt sich aus der Erkenntnis, dass eine perfekte Informationseffizienz des Kapitalmarktes im Sinne einer sprunghaften, praktisch zeitlosen Anpassung auf ein neues Preisniveau nach Veröffentlichung der Jahresabschlussinformationen nicht existiert. Da jedoch bei guter Publizität anzunehmen ist, dass ein erhöhtes Vertrauen in die vom Unternehmen ausgehenden Informationen besteht, wird der Markt besonderes Gewicht auf diese Unternehmensgruppen legen. Dies führt dann zu einer schnelleren Verarbeitung der Informationen, was einer Erhöhung der Informationseffizienz des Marktes gleichzusetzen ist.

Berndsen, H. P. [1979] geht diesen beiden Hypothesen in einer empirischen Studie nach. Wie seine Ergebnisse zeigen, wird der Preisanpassungsprozess, somit auch die Anlegerentscheidung, deutlich durch die Publizitätspolitik der Unternehmen beeinflusst. Die Hypothese, dass bei hohem Publizitätsniveau der durch die Jahresabschlussdaten ausgelöste Preisanpassungsprozess geringer und kürzer ist als bei niedrigem Publizitätsniveau, kann nicht zurückgewiesen werden.

Marktregulierungsfunktion der Publizitätspflicht

Dies lässt folgende Interpretation zu: Der zusätzlich durch den Jahresabschluss zum Investor gelangende Informationsgehalt ist um so geringer, je informationsfreudiger ein Unternehmen grundsätzlich ist. Andererseits können informationsscheue Unternehmen Kursanpassungen auf Dauer nicht verhindern. Die Pflichtpublizität des Jahresabschlusses führt dann eben bei Veröffentlichung zu entsprechend höheren Kurssprüngen. Die Ergebnisse zeigen daher deutlich die regulierende Funktion des Jahresabschlusses: Unabhängig vom konkreten Informationsgehalt ist er Garant dafür, dass bestimmte Mindestinformationen an den Markt gelangen, die sonst unter Umständen unbekannt bleiben würden oder nur zeitlich verzögert an den Markt kommen würden. Die oben angesprochene »Informationshygiene«-Funktion des Jahresabschlusses findet hier seine Bestätigung.

Dieser Effekt der Wirkung erhöhter Publizitätsgüte zeigt sich auch für Unternehmen mit Zwischenberichtspublizität im Vergleich zu Unternehmen ohne Zwischenberichtspublizität (vgl. Keller, E./Möller, H. P. [1993]; siehe auch nächster Abschnitt b). Auch die Prognoseeignungsuntersuchung von Gebhardt, G. [1980] von Abschlüssen vor und nach der Aktienrechtsreform von 1965 deutet in dieselbe Richtung. In einer Ereignisstudie kommen Bühner/Möller zu dem Ergebnis, dass zusätzliche Informationen im Geschäftsbericht über stattgefundene Neuorganisationen innerhalb eines Unternehmens Einfluss auf die Aktienkursentwicklung am Kapitalmarkt haben (vgl. Bühner, R./Möller, H. P. [1985]).

Eine positive Wirkung auf die Aktienrendite sowie auf den Prognosewert des Jahresabschlusses lässt sich auch für Segmentinformationen nachweisen (vgl. Swaminathan, S. [1991]).

(2) Bilanzpolitik

Entscheidungswirkungen der Bilanzpolitik/ »functional fixation«

Neben der Überprüfung der generellen Entscheidungsrelevanz von Bilanzdaten wird auch die Frage untersucht, inwieweit materielle bilanzpolitische Maßnahmen, d. h. die Beeinflussung des Jahresüberschusses durch die Wahl bestimmter Bilanzierung- und Bewertungsmethoden durch das Unternehmen, das Verhalten der Investoren beeinflussen. In der anglo-amerikanischen Literatur wird dabei häufig von Prüfung der *»functional fixation«* der Rechnungslegungsadressaten gesprochen, d. h. es gilt herauszufinden, ob Investoren mechanistisch ihr Verhalten nach der Höhe des Jahresüberschusses ausrichten oder ob sie die rechnerische Zusammensetzung des Ergebnisses in ihr Kalkül mit einbeziehen.

Mittels Bilanzpolitik kann das ausgewiesene Ergebnis mindernd oder erhöhend beeinflusst werden. Es stellt sich die Frage, ob ein derart bilanzpolitisch beeinflusster Ergebnisausweis zu anderen Entscheidungswirkungen führt als ein nicht oder weniger bilanzpolitisch beeinflusster Ergebnisausweis?

Entscheidungswirkungen der Ergebnisglättung

Als ein wesentliches Ziel der Bilanzpolitik gilt die Verstetigung des Ergebnisausweises durch Ausnutzung zulässiger Bilanzansatz- und Bewertungswahlrechte. Diese Zielthese ist durch eine empirische Erhebung für deutsche Aktiengesellschaften nachdrücklich unterstützt worden (vgl. Schmidt, F. [1979]). Darüber hinaus konnte gezeigt werden, dass sog. Managerunternehmen offenbar wegen des größeren Rechtfertigungsdrucks in deutlich stärkerem Ausmaß eine Ergebnisverstetigung anstreben als sog. Eigentümerunternehmen (vgl. Coenenberg, A. G./Schmidt, F./Werhand, M. [1983]; vgl. auch Coenenberg, A. G. [1985]).

Die aus der Informationseffizienzthese abzuleitende Hypothese lautet: Ergebnisverstetigungen haben dann keine Entscheidungswirkungen, wenn den Investoren im Anhang ausreichende Informationen gewährt werden, die Verstetigung zu erkennen und zu bereinigen. Die empirische Untersuchung (Coenenberg, A. G./ Schmidt, F./Werhand, M. [1983]) bestätigt die Hypothese. Es zeigt sich, dass Aktionäre sich an bilanzpolitisch bereinigten Ergebnissen orientieren, wenn diese durch Publizität der bilanzpolitisch genutzten Spielräume berechenbar sind.

Signalfunktion der Bilanzpolitik

Bilanzpolitik beeinflusst aber nicht nur den ausgewiesenen Jahresüberschuss, sondern kann für den Kapitalmarkt zusätzliche Signale beinhalten hinsichtlich der Zukunftserwartungen des Managements. So könnte z. B. eine gewinnerhöhende Bilanzpolitik interpretiert werden als Signal für die längerfristig positive Einschätzung der Unternehmenssituation durch das Management, dann nämlich, wenn man annimmt, dass diese Art von Bilanzpolitik zur Glättung kurzfristiger

Ergebniseinbrüche dient. In umgekehrter Weise könnte eine gewinnmindernde Bilanzpolitik als Signal dafür gewertet werden, dass die Zukunftserwartungen des Managements weniger optimistisch sind als der bilanzpolitisch unbeeinflusste Gewinn vermuten ließe (vgl. Standish, P. E. M./Ung, S.-I. [1982]).

Bilanzpolitik von Eigentümer- und Managerunternehmen

Oben wurde bereits darauf hingewiesen, dass Managerunternehmen in größerem Umfang Ergebnisglättung betreiben als Eigentümerunternehmen. Eine Ursache dafür dürfte der bei Managerunternehmen sicherlich stärkere Rechtfertigungsdruck gegenüber den Eigenkapitalgebern sein. Es ist deshalb auch zu vermuten, dass die Aktionäre von Managerunternehmen mit einer gewissen Unsicherheit auf bilanzpolitische Ergebnisbeeinflussungen reagieren, da sie im Allgemeinen nicht wissen können, welche Ziele das Management im Einzelnen mit der bilanzpolitischen Entscheidung verfolgt (z. B. Substanzerhaltung, Steuerminimierung, Selbstfinanzierung, Eigeninteresse des Managements). Demgegenüber kann man bei Eigentümerunternehmen wohl eher davon ausgehen, dass bilanzpolitische Entscheidungen überwiegend mit dem Ziel der Steueroptimierung getroffen werden und nicht so sehr in der Absicht, den Informationsgehalt der Rechnungslegung zu beeinflussen. Bei Managerunternehmen verläuft der Preisanpassungsprozess im Falle eines bilanzpolitisch beeinflussten Gewinnausweises unter stärkeren Unsicherheiten (Schwankungen) als dies bei Eigentümerunternehmen der Fall ist. Auch diese Hypothesen lassen sich empirisch stützen (vgl. Coenenberg, A. G./Schmidt, F./Werhand, M. [1983]).

Informationsgehalt des Cashflow

Generell zeigt sich, dass Gewinnänderungen von Unternehmen, die nicht auf Ereignisse zurückzuführen sind, die den Wert des Unternehmens beeinflussen, sondern lediglich durch spezifische angewandte Rechnungslegungsverfahren hervorgerufen werden, keinen Effekt auf das Entscheidungskalkül von Investoren besitzen. Zahlreiche US-Untersuchungen zeigen, dass auf die Handelsbilanz beschränkte Wechsel der Abschreibungs- oder Vorratsbewertungsmethoden keine Auswirkungen auf Aktienrenditen haben (vgl. die Übersicht bei Hines, R. [1984]).

Diese Forschungsergebnisse lassen vermuten, dass Investoren in ihrem Entscheidungsverhalten vom ausgewiesenen Jahresüberschuss abstrahieren und stattdessen auf den hinter dem Jahresüberschuss stehenden Cashflow blicken. Die hieraus abgeleitete Testhypothese lautet: Cashflow-Ziffern führen zu signifikanteren Entscheidungseinflüssen als Ergebnisziffern. Sowohl durch kapitalmarktorientierte als auch durch verhaltensorientierte Untersuchungen kann ein solcher, den Jahresüberschuss übersteigender Informationswert des Cashflow empirisch allerdings nicht bestätigt werden (vgl. z. B. Beaver, W. H./Dukes, R. [1972]; Blann, J./Balachandran, B. [1988]; Haindl, G. [1988]). Nachgewiesen werden konnte jedoch, dass neben dem Jahresüberschuss zusätzlich veröffentlichte Cashflow-Angaben den Informationswert des Jahresabschlusses erhöhen, d. h. dass eine Steigerung des Informationswertes nicht durch eine alternative, sondern durch eine kumulative Veröffentlichung von Gewinn und Cashflow erreicht wird (vgl. Jennings, R. [1990]; vgl. auch die Ergebnisse bei Cheng, C. S. A./Lin, C.-S./Schaefer, T. S. [1997]; Chwallek, C. [1999]).

In diesem Zusammenhang ist erstaunlich, dass frühere Untersuchungen – sowohl kapitalmarktorientierte als auch verhaltensorientierte – keinen eindeutig signifikanten zusätzlichen Informationswert von Kapitalflussrechnungen feststellen (vgl. z. B. Bradbury, M./Newby, S. [1989]). Dieses Ergebnis erstaunt vor allem vor dem Hintergrund, dass zum einen bereits 1980 eine auf Veranlassung der Financial Accounting Foundation durchgeführte Studie ergab, dass 67 % der befragten Personen Cashflow-Informationen Gewinninformationen gegenüber bevorzugen und zum anderen nach IAS/IFRS, US-GAAP und für börsennotierte Unternehmen auch nach HGB die Veröffentlichung einer Kapitalflussrechnung vorgeschrieben ist und darüber hinaus auch in der Wissenschaft eine solche für sinnvoll und nützlich erachtet wird. Allerdings hat eine neue empirische Studie deutscher Unternehmen gezeigt, dass die Veröffentlichung einer Kapitalflussrechnung die Bewertungsrelevanz der Rechnungslegungsdaten erhöht, und zwar umso mehr, je höher der Ausgestaltungsqualität der Kapitalflussrechnung ist (vgl. Chwallek, C. [1999]). Früheren Kapitalflussrechnungen mangelte es an Qualität, da sie meist lediglich durch Umgliederungen von Bilanz- und GuV-Daten erstellt wurden.

Wechsel des Rechnungslegungsstandards

Zur Bilanzpolitik gehört auch die Wahl der Rechnungslegungsstandards. Die Hypothese lautet, dass mit einem Wechsel zu einem für die Informationsversorgung des Kapitalmarktes geeigneteren Standard Entscheidungswirkungen verbunden sind. Für einen Wechsel von HGB auf US-GAAP können Pellens, B./Tomascewski, C. [1999] auf der Grundlage einer kleinen Stichprobe die Hypothese bestätigen, für einen Wechsl von HGB auf IAS dagegen nicht.

c) Entscheidungswirkungen von Zwischenberichten

Entscheidungsrelevanz und Prognoseeignung der Zwischenberichterstattung

Aufgrund der aus den kapitalmarkorientierten Studien zu den Entscheidungswirkungen von Jahresabschlussinformationen (vgl. oben Abschnitt 1) gewonnenen Erkenntnis einer bereits schon während des Jahres einsetzenden Marktreaktion wird vermutet, dass die Anleger ihre Erwartungen aus verschiedenen anderen Informationsquellen bilden. Eine dieser Informationsquellen stellt die Zwischenberichterstattung dar. Durch die in den USA bereits seit langem bestehende gesetzliche Verpflichtung börsennotierter Unternehmen zur Veröffentlichung von Quartalsberichten widmen sich eine ganze Reihe von US-amerikanischen Studien dem Informationsgehalt der Zwischenberichterstattung (vgl. Joy, O. M./Litzenberger, R. H./McEnally, R. W. [1977]; Foster, G. [1977]). Nach den Erkenntnissen dieser Untersuchungen kommt den Zwischenberichtsdaten eine nahezu identische Entscheidungsrelevanz zu wie den Jahresabschlussdaten. Neben der Informationsfunktion ist es die Prognosefunktion, die der Zwischenberichterstattung zugrunde liegt. Aus diesem Grund wurde von einer Vielzahl von Untersuchungen nicht auf die Entscheidungsrelevanz, sondern auf die Prognoseeignung der Quartals- oder Halbjahresberichte im Hinblick auf das Jahresergebnis abgestellt. Dabei lässt sich festhalten, dass Zwischenberichte grundsätzlich zu einer besseren Prognose zukünftiger Jahresergebnisse beitragen. Gleichwohl liefern Finanzanalysten bessere Schätzungen des zukünftigen Unternehmensergebnisses als die auf Zwischenabschlussdaten aufbauenden Zeitreihenmodelle (vgl.

den Überblick über die Untersuchungen zur Zwischenberichterstattung bei Henes, F. [1995]).

Für die Zwischenberichterstattung in Deutschland nach § 44b BörsG ist untersucht worden, ob den für börsennotierte Unternehmen vorgeschriebenen Halbjahresberichten Entscheidungsrelevanz zugesprochen werden kann. Bezugnehmend auf die Information der aktuellen und potenziellen Investoren sowie der sonstigen am Unternehmen beteiligten »*Stakeholder*« hat die Untersuchung getestet, ob der Zwischenberichterstattung nach BörsG Entscheidungsrelevanz attestiert werden kann (vgl. Coenenberg, A. G./Henes, F. [1995] und Henes, F. [1995]). Die Untersuchung bestätigt die Entscheidungsrelevanz von Zwischenberichtsinformationen. Sie lässt aber auch erkennen, dass sich die Investoren bei ihren Anlageentscheidungen nicht an der Ergebnisentwicklung im Vergleich zum vorhergehenden Halbjahr orientieren, sondern die veröffentlichten Ergebnisse dem Vergleichszeitraum des Vorjahres gegenüberstellen. Ähnliche Untersuchungsergebnisse sind auch für andere Europäische Kapitalmärkte erarbeitet worden (vgl. Coenenberg, A. G./Federspieler, C. [1999]; Federspieler, C. [1999]).

Relativer Nutzenbeitrag

Die Untersuchungsergebnisse lassen weiterhin vermuten, dass der börsenrechtlichen Zwischenberichtspublizität von den Anlegern keine hohe absolute Preisbildungsrelevanz beigemessen wird. Allerdings scheint der relative Nutzen der Zwischenberichtspublizität dem der jährlichen Rechnungslegung nicht nachzustehen. In vergleichbaren Studien wurden für Jahresergebniszahlen durchschnittliche abnormale Renditen berechnet, die auf dem in der Zwischenberichtsstudie ermittelten Niveau lagen (vgl. z. B. Pellens, B. [1994], S. 156 ff.). Insoweit handelt es sich bei der unterjährigen Rechnungslegung um einen vergleichsweise genauso wichtigen Baustein innerhalb des Mosaiks der gesamten unternehmerischen Publizität wie es die jährliche Rechnungslegungspublizität darstellt.

Antizipation durch Zwischenberichte

Das wird auch durch eine Untersuchung von Keller, E./Möller, H. P. [1993] bestätigt, die der Frage nachgeht, ob sich der Informationsgehalt des Jahresabschlusses selbst vermindert, wenn Zwischenberichte veröffentlicht werden. Tatsächlich zeigt sich, dass der Informationsnutzen des Jahresabschlusses Zwischenbericht erstattender Unternehmen geringer ist als bei einer entsprechenden Kontrollgruppe. Zwischenberichte antizipieren entscheidungsrelevante Daten des Jahresabschlusses durch vorzeitige Information des Kapitalmarktes.

3. Bewertungsrelevanz von Rechungslegungsinformationen

Entscheidungsrelevanz versus Bewertungsrelevanz

Nach dem Kriterium der Entscheidungsrelevanz werden Rechnungslegungsinformationen vor allem auf ihren Neuigkeitsgrad hin untersucht, grundsätzliche Unterschiede im Informationsgehalt verschiedener Rechnungslegungssysteme, auch über lange Zeiträume hinweg, lassen sich so nicht erfassen. Je mehr sich die empirische Forschung gerade in den letzten Jahren in Richtung »*international accounting research*« hin bewegt hat (vgl. hierzu Prather, J./Rueschhoff, N. [1996]), umso mehr musste sie sich mit den grundsätzlichen Unterschieden auseinandersetzen. Seit der ersten Hälfte der 90er Jahre haben dementsprechend empirische Forschungen zur Bewertungsrelevanz mittels *long-window*-Ansätzen an Bedeutung gewonnen.

Bewertungsrelevanz HGB vs. US-GAAP

Inzwischen liegen eine Reihe beachtenswerter Untersuchungsergebnisse zum internationalen Vergleich unterschiedlicher Rechnungslegungsstandards sowie zu Einzelfragen vor. Zum internationalen Vergleich von Rechnungslegungsstandards ist insbesondere die Arbeit von Harris, T. S./Lang, M./Möller, H. P. [1995]) zum Vergleich von Rechnungslegunginformationen aus HGB- und US-GAAP-Abschlüssen zu nennen. Sie zeigt, dass sich unter beiden Standards ein signifikanter Zusammenhang zwischen Aktienrenditen und Ergebnisinformationen aus dem Jahresabschluss ergibt. Ebenso ist bezüglich der Straffheit des Zusammenhangs nahezu kein Unterschied zwischen den HGB- und US-GAAP-Daten gegeben. Dies widerlegt das verbreitete Vorurteil von der Untauglichkeit von HGB-Abschlüssen als Instrument der Kapitalmarktinformation.

Einzelfragen

Zahlreiche Bewertungsrelevanz-Studien widmen sich Einzelfragen, wie etwa der Bedeutung von DVFA/SG-Ergebnissen (vgl. Booth, G. G./Broussard, J./Loistl, O. [1997]); Möller, H. P./Schmidt, F. [1998]; Hüfner, B./Möller, H. P. [2002]), der fundamentalen im Vergleich zur technischen Aktienanalyse (vgl. Dornbusch, D. [1999]), der Bewertungsrelevanz der Goodwill-Bilanzierung (vgl. Krämling, M. [1998]), der Informationsverbesserung von Konzernabschlüssen durch das BiRiLiG (vgl. Scheer, F. [1999]), der Bewertungsrelevanz von Kapitalflussrechnungen (vgl. Chwallek, C. [1999]).

IV. Rückwirkungen von Rechnungslegungsinformationen auf unternehmerische Entscheidungen

Entscheidungswirkungen durch Publizitätspflichten

Jahresabschlussinformationen führen nicht nur zu Entscheidungswirkungen bei den Bilanzadressaten, die Publizitätspflicht des Jahresabschlusses und die Normen der Rechnungslegung und deren Spielräume haben vielmehr auch Rückwirkungen auf Sachentscheidungen des Management selbst. Dieser Zusammenhang ist im deutschsprachigen Raum Anfang der 60er Jahre konzeptionell von Moxter untersucht worden (Moxter, A. [1962]). Später hat sich die bilanztheoretische Forschung diesem wichtigen Fragenkomplex auch empirisch angenommen. Zum Beispiel zeigen sich deutliche Effekte aus Änderungen von Bilanzierungsvorschriften für Leasing und Währungsumrechnung auf Finanzierungsentscheidungen (vgl. Imhoff, E./Thomas, J. [1988]), ferner von Änderungen der Bilanzierung von F & E-Ausgaben auf die F & E-Aktivitäten (vgl. Dukes, R./Dyckman, T./Elliott, J. [1980]). In einer anderen empirischen Untersuchung konnte gezeigt werden, dass die in bestimmten Ländern gewährte Möglichkeit zur ergebnisneutralen Verrechnung des Goodwill aus der Konsolidierung zu höheren Akquisitionspreisen, d. h. zu einem veränderten Akquisitionsverhalten führt (vgl. Choi, F./Lee, C. [1991]).

V. Bestimmungsfaktoren für die Gestaltung der Rechnungslegung in der Praxis - Positive Accounting Theory

Die Frage nach der Erklärung von bilanzpolitischem Verhalten von Unternehmen und nach dem Verhalten normensetzender Institutionen aus den Zielen und Umweltfaktoren der handelnden Personen, war der Auslöser der *positive accounting theory*.

Makro- und mikroökonomische Konsequenzen der Rechnungslegung

Ende der 70er Jahre waren Watts/Zimmerman die ersten, die dieser Fragestellung nachgingen (vgl. Christenson, C. [1983]; Watts, R./Zimmerman, J. [1986]; Watts, R./Zimmerman, J. [1990]; Haller, A. [1994a]). Grundlegende Annahme der *positive accounting theory* ist, dass die Rechnungslegung makro- und mikroökonomische Konsequenzen hat und sie deshalb zielgerichtet, d. h. je nach gewünschter Konsequenz, eingesetzt und ausgestaltet werden kann. Im Vergleich mit den anderen empirischen Forschungsansätzen, die primär den *a priori value*, d. h. die Wirkung der Rechnungslegungsdaten auf den Adressaten untersuchen, analysiert die *positive accounting theory* den sog. *ex post value* der Rechnungslegung. Der *ex post value* verkörpert den antizipativen Effekt, den die Konsequenzen der Rechnungslegung auf die Wahl von Rechnungslegungsverfahren und somit auf die Ausgestaltung der Rechnungslegung haben.

Maximierung des »own welfare«, utilitaristisches Verhalten

Die zentrale Annahme ist, dass die Bilanzierenden sich utilitaristisch verhalten, d. h. die Bilanzierungsentscheidungen jeweils so getroffen werden, dass sie zur Maximierung des *own welfare* der jeweils entscheidenden Person beitragen. Die im Wesentlichen betrachteten Personen sind die für die Gestaltung der Rechnungslegung in Unternehmen verantwortlichen Manager. Das konzeptionelle Erklärungsgerüst leitet sich aus der *contracting theory* ab, die ein Unternehmen als Konglomerat von Verträgen sieht (vgl. auch B II in diesem Kapitel). Da häufig in Vertragsbeziehungen auch Rechnungslegungsdaten eine anspruchsbegründende Bedeutung besitzen oder die Höhe der mit dem Vertrag anfallenden Kosten (sog. *contracting costs*) beeinflussen, gilt die These, dass Bilanzpolitik durch die Verwendung von Rechnungslegungsdaten in spezifischen Vertragsvereinbarungen bestimmt wird (*contracting approach*).

Aus der Annahme utilitaristisch handelnder Manager werden – bezugnehmend auf die Vertragsbeziehungen zwischen Managern und Eigenkapitalgebern und Managern und Fremdkapitalgebern - drei grundlegende Hypothesen abgeleitet (vgl. Übersicht in Abbildung 17.17).

Wie angedeutet lassen sich zwei Forschungsschwerpunkte im Rahmen der *positive accounting theory* unterscheiden:

(a) Ein Schwerpunkt liegt in der Untersuchung, wie es auf Unternehmensebene zur Wahl bestimmter Rechnungslegungsmethoden kommt.

(b) Der zweite Schwerpunkt befasst sich mit der Analyse, welche Faktoren den Normensetzungsprozess von Rechnungslegungsvorschriften durch die verantwortlichen Institutionen beeinflussen.

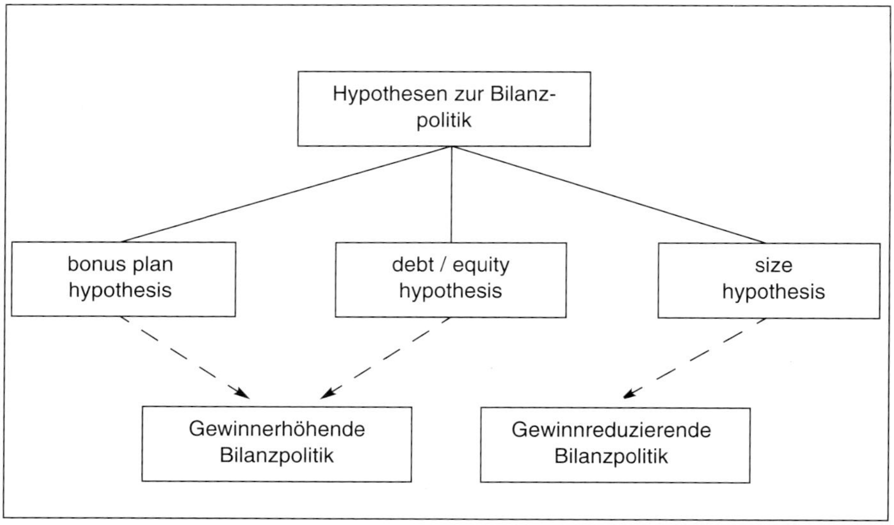

Abb. 17.17: Positive Theorie der Bilanzpolitik

»Bonus plan hypothesis«

Zu a):

Zum einen wird die Bilanzpolitik als abhängig von der Ausgestaltung der Managervergütungsmodalitäten gesehen, d. h. mit zunehmendem mit dem Manager vereinbarten Ergebnisbonus wird eine den Gewinn steigernde Bilanzpolitik unterstellt (*bonus plan hypothesis*). Zum anderen wird eine Abhängigkeit der Bilanzpolitik von der Ausprägung der in Kreditvereinbarungen des Unternehmens als kritische Werte enthaltenen Rechnungslegungsparameter (*financial ratio covenants*) unterstellt. Dabei geht man davon aus, dass mit zunehmendem Verschuldungsgrad (FK/EK-Verhältnis) die Tendenz im Unternehmen besteht, den Gewinn zu erhöhen (*debt/equity hypothesis*).

»Debt / equity hypothesis«

Denn mit zunehmender Anspannung des sog. *»leverage«* wächst die Wahrscheinlichkeit, dass die Kreditgeber mit dem Unternehmen restriktiv beschränkende und regulierende Kreditvereinbarungen treffen bzw. dass Grenzwerte solcher Vereinbarungen überschritten werden, was in aller Regel Sanktionen (*contracting costs*) für das Unternehmen zur Folge hat.

Zu b):

Da der Normensetzungsprozess in einigen Ländern (z. B. in den USA durch das FASB) durch die bilanzierungspflichtigen Unternehmen selbst beeinflusst wird, werden hier ebenfalls die *bonus plan hypothesis* und die *debt/equity hypothesis* als Erklärungen herangezogen. Zusätzlich wird eine dritte Hypothese aufgestellt. Danach besteht aufgrund der mit der Unternehmensgröße zunehmenden politischen Kosten eines Unternehmens (z. B. Steuern, Forderungen der Gewerkschaften, Auflagen seitens der Kartellbehörde u. ä.) eine Abhängigkeit der Intensität der Einflussnahme auf die Arbeit des FASB (bzw. der Securities and Exchange Commission) von der Unternehmensgröße. Demnach werden

Großunternehmen viel eher versuchen, die normensetzende Institution zu beeinflussen als kleine Unternehmen.

«Size hypothesis»

Da die politischen Kosten des Unternehmens häufig mit der Höhe des Unternehmensergebnisses zunehmen, sind gemäß dieser sog. *size hypothesis* große Unternehmen bei ihrer Einflussnahme, aber auch bei ihren bilanzpolitischen Entscheidungen eher auf eine Ergebnisreduzierung bedacht.

Empirische Ergebnisse

Zahlreiche Untersuchungen zu den Hypothesen haben die folgenden Ergebnisse erbracht (eine Zusammenfassung liefern hierzu: Ball, R./Smith, C. W. [1992]). Im Hinblick auf die *bonus plan hypothesis* liegen bisher keine eindeutigen Ergebnisse vor. Eine deutliche Abhängigkeit der Bilanzpolitik zeigt sich hingegen in Bezug auf in Kreditverträgen getroffene Vereinbarungen in Form von *financial ratio covenants* (vgl. z. B. Duke, J./Hunt, H. [1986]; Christie, A. [1990]). Ein die *debt/equity hypothesis* bestätigender Zusammenhang kann nicht nur im Hinblick auf den Verschuldungsgrad, sondern auch hinsichtlich anderer in Kreditverträgen häufig auftretender relevanter Kennzahlen, nämlich dem Verhältnis von Periodenertrag zu Zinsaufwand und dem Verhältnis von Dividendenzahlungen zu freien Gewinnrücklagen gezeigt werden.

Auch die in der *size hypothesis* formulierte Annahme, zunehmende Unternehmensgröße führe aufgrund der mit ihr verbundenen politischen Kosten eher zu einer gewinnsenkenden Bilanzpolitik und zur Beeinflussung des Normensetzungsprozesses, kann weitgehend bestätigt werden (vgl. z. B. Dhaliwal, D. [1980]).

«income smoothing»

Die empirischen Ergebnisse lassen vermuten, dass die mit der Rechnungslegung betrauten Personen konfligierende Ziele zu verfolgen haben, da sie einerseits im Hinblick auf die *contracting costs* eher bestrebt sind, den Unternehmensgewinn möglichst zu erhöhen, andererseits jedoch aufgrund des Eingebundenseins in den politischen Rahmen wegen drohender politischer Kosten eher eine Gewinnreduzierung präferieren. Anhand der empirischen Befunde konnte noch keine eindeutige Rangfolge bezüglich der Erfüllung dieser konfligierenden Zielsetzungen festgestellt werden. Beiden Betrachtungsweisen, nämlich vertragsorientierten und prozessorientierten Ansätzen gemeinsam ist aber, dass beide eine Begründung für das empirisch feststellbare Gewinnglättungsverhalten von Unternehmen liefern, da sich dieses sowohl aus der *bonus plan hypothesis* bzw. *debt/equity hypothesis* aber auch der *size hypothesis* ableiten lässt. Denn durch stark schwankende Gewinne erhöhen sich in der Regel die *contracting costs* für das Management. Bei zu starken Gewinnsteigerungen nehmen die *political costs* zu; zu starke Gewinnsenkungen haben negativen Einfluss auf die Einkommensposition der Manager. So ist *income smoothing* die aus Sicht der *positive accounting theory* logische Verhaltensweise der Manager, wie in zahlreichen Untersuchungen belegt wurde (vgl. Ronen, J./ Sadan, S. [1981]; Coenenberg, A. G. [1985]; Coenenberg, A. G. [1988]). Aufgrund der sich aus dem Rechenschaftsverhältnis ergebenden Abhängigkeit sind managergeführte Unternehmen deshalb eher zum Ausweis geglätteter Gewinne angehalten als eigentümerkontrollierte, was ebenfalls durch amerikanische (vgl. Brayshaw, R./Eldin, A. [1989]) und deutsche (vgl. Halbinger, J. [1980]; Coenenberg, A. G./Schmidt, F./Werhand, M. [1983], siehe D 2 b2 in diesem Kapitel) Untersuchungen bestätigt wird.

Kritik

Obwohl die empirischen Ergebnisse die Hypothesen der *positive accounting theory* zum Großteil bestätigen, ergeben sich gleichzeitig auch eine Reihe von Kritikpunkten, die sich sowohl auf das wissenschaftstheoretische Grundkonzept als auch auf die Adäquanz der Forschungsmethoden beziehen (vgl. Ballwieser, W. [1993]; Haller, A. [1994a], S. 604). Im Einzelnen sind u. a. folgende Punkte betroffen:

- Die *positive accounting theory* beschreibt lediglich den Ist-Zustand und gibt keinerlei Lösungsansätze zur Verbesserung der Rechnungslegung.
- Die von den Verfechtern der *positive accounting theory* propagierte Werturteilsfreiheit kann nicht aufrechterhalten werden, da auch die *positive accounting theory* ihre Hypothesen auf die Annahme eines Rationalverhaltens der handelnden Manager stützt.
- Die eigentlichen Funktionen der Bilanzierung – Information und Zahlungsbemessung – vernachlässigt die *positive accounting theory* völlig. Die Gestaltung der Rechnungslegung dient gemäß dieser Theorie nur noch der persönlichen Wohlfahrtsmaximierung.
- Die untersuchten Einflussfaktoren sind relativ einseitig ausgerichtet. Die Motivation für bilanzpolitisches Verhalten wird nur auf die Vertragsbeziehungen zwischen Manager und Kapitalgeber sowie auf die Entstehung politischer Kosten reduziert. Die Einflussnahme von den übrigen am Unternehmen beteiligten »*Stakeholdern*« wird nicht berücksichtigt.

VI. Zusammenfassung: Theoretische und praktische Bedeutung der empirischen Forschung

Die wichtigsten Ergebnisse der dargestellten empirischen Untersuchungen sollen nun im Hinblick auf deren theoretische und praktische Bedeutung zusammengefasst dargestellt werden:

Prognoserechnung

Wesentlicher praktischer Nutzen ergibt sich aus den Untersuchungen der Prognoseeignung der Jahresabschlussdaten zur Beurteilung von Unternehmensentwicklungen. Sie liefern Erkenntnisse über und Anregungen zur Entwicklung von Instrumenten zur Abschätzung spezifischer Unternehmenssituationen: Zum einen für größere Kapitalgeber, die das notwendige statistische Analyseinstrumentarium zur Beurteilung des Kapitalausfallrisikos anwenden können, zum anderen aber auch für Wirtschaftsprüfer, die hierdurch die Frage nach dem »*going concern*« eines zu prüfenden Unternehmens besser beurteilen können. So sind empirisch erworbene Erkenntnisse über signifikante Indikatoren von Unternehmenskrisen zentrale Bestandteile zum Aufbau von Expertensystemen zur Unternehmensbeurteilung.

Entscheidungsrelevanz:
- Jahresabschlussinformation

Die kapitalmarktorientierten Studien haben einen deutlichen Nachweis der grundsätzlichen Relevanz der Rechnungslegung für Entscheidungen und das Verhalten der Rechnungslegungsadressaten und damit die Bestätigung der Existenzberechtigung der externen Rechnungslegung im Hinblick auf ihre Informationsfunktion erbracht. Allerdings sind die Ergebnisinformationen schon vor der Bilanzveröffentlichung zu einem guten Teil vorweggenommen. Die Jahresabschlussveröffentlichung selbst hat also eher bestätigenden als instruierenden Charakter. Das gilt erwartungsgemäß umso mehr, je besser das allgemeine Publizitätsniveau des Unternehmens ist. Darin zeigt sich indirekt die marktregulierende Funktion von Jahresabschlüssen: Auch bei niedrigem unternehmerischen Publizitätsniveau ist die Jahresabschlussveröffentlichung ein Garant dafür, dass bestimmte Mindestinformationen an den Markt gelangen und somit in den Investitionsentscheidungen der externen Adressaten reflektiert werden.

- Zwischenberichtinformation

Die Vorwegnahme der Ergebnisinformation geschieht u. a. durch die Zwischenberichterstattung. Erwartungsgemäß ließ sich mithin in Untersuchungen zum Informationsgehalt der unterjährigen Publizität nachweisen, dass deren primäre Funktion der Informationsübermittlung von nahezu identischer Entscheidungsrelevanz ist, wie die der jährlichen Berichterstattung.

Bewertungsrelevanz

Die Ergebnisse zur Bewertungsrelevanz relativieren insbesondere die Vorurteile zur mangelnden Eignung von HGB-Abschlüssen im Vergleich zu US-GAAP-Abschlüssen als Instrument der Kapitalmarktinformation. Das gilt jedenfalls im Hinblick auf die verdichtete Ergebnisinformation, die durch entsprechende bilanzanalytische Bereinigung aufbereitet ist.

Transparenz der bilanzpolitischen Spielräume

Die kapitalmarktorientierten Untersuchungen zeigen, dass sich gewinnregulierende Bilanzpolitik dann nicht auf die Aktienkurse und Aktienrenditen auswirkt, wenn durch eine entsprechende Transparenz der bilanzpolitischen Spielräume die Transparenz des Zahlenwerks gewährleistet wird.

Dem Anhang wird in den Regulierungssystemen zur Rechnungslegung deshalb zu Recht ein immer größeres Gewicht beigemessen. Andererseits zeigen die empirischen Ergebnisse, dass Bilanzansätze durch Anhangsangaben nicht ersetzt, sondern nur ergänzt werden können.

Positive Accounting Theory

Die vertragstheoretischen und prozessualen Untersuchungen zur Bilanzpolitik bestätigen, dass die zu mechanistische Koppelung von Bilanzdaten mit auszulösenden Entscheidungen in mehrerlei Hinsicht bedenklich ist. Sie provoziert eine informatorisch unsachliche Bilanzpolitik, sie mag auch zu betriebswirtschaftlich bedenklichen Rückwirkungen auf die Sachentscheidungen selbst führen, und schließlich gehen von ihr im Sinne der Bilanzierungsziele unsachgemäße Impulse zur Einflussnahme auf den Normengesetzgeber aus. Eine erste Konsequenz hieraus ist, den sicherlich wichtigen, aber eben doch begrenzten Stellenwert von Bilanzinformationen im Rahmen der gesamten unternehmerischen Publizität stärker zu betonen. Unsachgemäße und nur situationsbezogen erklärbare Beeinflussungen der Normengesetzgebung werden sich umso intensiver bemerkbar machen, je häufiger es zu Erlass und Aufhebung immer neuer Normen kommt. Vielleicht hat das kontinental-europäische legalistische Prinzip gegenüber dem angelsächsischen und auch international vordringenden Prinzip kasuistischer Bilanznormensetzung durch dafür geschaffene Standardisierungs-Gremien doch mehr Vorteile, als es vordergründig scheinen mag.

Kontrollfragen:

1. Wie ist der klassische Streit um »Erfolgs- gegen Vermögensermittlung« zu beurteilen?
2. Welche Fragestellungen werden durch das Bemühen um eine Zielpräzisierung des Jahresabschlusses aufgeworfen?
3. Nennen und erläutern Sie die Jahresabschlussziele nach dem bilanztheoretischen Ansatz Stützels!
4. Wie ist der bilanztheoretische Ansatz Stützels unter De-lege-lata- und De-lege-ferenda-Gesichtspunkten zu beurteilen?
5. Was besagt der gesamtwirtschaftliche Ansatz zur Ableitung von Jahresabschlusszielen?
6. Nehmen Sie Stellung zu der These, die Jahresabschlussziele seien aus den unternehmerischen Zielvorstellungen des Bilanzierenden abzuleiten!
7. Welche Fragestellung für die Präzisierung von Jahresabschlusszielen ergibt sich aus dem einzelwirtschaftlichen Ansatz?
8. Wie sind die Aussagen der im amerikanischen Schrifttum entwickelten Theorien über die Zielträger des Jahresabschlusses (Eigner-Theorie, Einheitstheorie, Fondstheorie, Management-Theorie) zu beurteilen?
9. Welche Aussagen bezüglich der Zielträger des Jahresabschlusses macht die *Stockholder*- bzw. *Stakeholder*-Theorie? Welche Bedeutung hat hier die Agency-Theorie?
10. Welche Aufgabenstellungen lassen sich für den Jahresabschluss und dementsprechend für die materielle Bilanztheorie aus den finanziellen Zielvorstellungen der Rechnungslegungsadressaten ableiten?
11. Was versteht man unter Unternehmenserhaltung, und welche Unternehmenserhaltungskonzeptionen lassen sich unterscheiden?
12. In welcher Beziehung stehen die Unternehmenserhaltungskonzeptionen zum Gewinnbegriff?
13. Welche Unternehmenserhaltungskonzeption ist im deutschen Bilanzrecht verwirklicht?
14. Worin besteht der Hauptunterschied zwischen dem Gewinnbegriff der statischen und dem der dynamischen Bilanztheorie?
15. Welche unterschiedlichen Zielsetzungen liegen der statischen Bilanzauffassung zugrunde, und welche Bilanzierungs- und Bewertungsnormen werden daraus jeweils abgeleitet?
16. Wie versucht H. V. Simon den Unternehmensgesamtwert bilanziell darzustellen und zu objektivieren?

17. Durch welche Überlegungen ist die dynamische Bilanzauffassung Schmalenbachs gekennzeichnet?
18. Welche Bilanzierungs- und Bewertungsnormen fordert Schmalenbach zur Bestimmung eines »vergleichbaren Gewinns« und wie sind diese zu beurteilen?
19. Inwieweit haben sich statische und dynamische Bilanztheorie in den geltenden handelsrechtlichen Vorschriften zum Jahresabschluss niedergeschlagen?
20. Welche Verfahren zur Eliminierung von Geldwertänderungen (allgemeine Preisänderungen) aus dem Jahresabschluss gibt es und wie sind diese Verfahren zu beurteilen?
21. Ist die Konzeption der realen Geldkapitalerhaltung zur Kontrolle der Unternehmenserhaltung hinreichend?
22. Welches Bewertungsprinzip erfordert die im Rahmen der organischen Bilanztheorie angestrebte Sachkapitalerhaltung?
23. Was besagt der Begriff »Scheinerfolg« im Rahmen der Konzeption der Sachkapitalerhaltung und wie unterscheiden sich durch Aufwandsverrechnung und durch Ertragsverrechnung bedingte Scheinerfolge voneinander?
24. Welche Aufgabe hat die organische Bestandsrechnung?
25. Unter welchen Voraussetzungen sind Bruttosubstanzerhaltung und Nettosubstanzerhaltung identisch?
26. Begründen Sie im Einzelnen, warum die Finanzierungsstruktur in der Substanzerhaltungsrechnung berücksichtigt werden muss!
27. Welche Konsequenzen ergäben sich für den Erfolgsausweis, wenn die Finanzierungsstruktur in der Substanzerhaltungsrechnung unberücksichtigt bliebe?
28. Was besagt die von Fritz Schmidt vorgeschlagene »Dispositionsregel der Wertgleichheit«, und wie ist diese Dispositionsregel zu beurteilen?
29. Welche Regeln für die Zuordnung von Finanzierungs- und Vermögensstruktur zum Zwecke der Nettosubstanzerhaltung kennen Sie und welche Vor- und Nachteile sind mit den verschiedenen Zuordnungsregeln verbunden?
30. Erläutern Sie die in der HFA-Stellungnahme vorgesehene Zuordnungsregel!
31. Nehmen Sie zu der vom HFA vorgeschlagenen Nebenrechnung zur Korrektur des Erfolgsausweises kritisch Stellung!
32. Welche Substanzerhaltungsmaßnahmen sieht die 4. EG-Richtlinie vor?
33. Was besagt der Begriff der Nachholabschreibung und unter welchen Voraussetzungen kann auf die Verrechnung von Nachholabschreibungen verzichtet werden?
34. Wie wirken sich technischer Fortschritt und Bedarfswandel am Markt auf die Kontrolle der Unternehmenserhaltung aus?
35. Nennen Sie Möglichkeiten zur Berücksichtigung des technischen Fortschritts bei der Messung der Wiederbeschaffungskosten von Vermögensgütern!
36. Welche Vereinfachungsregeln sieht die HFA-Stellungnahme für die Substanzerhaltungsrechnung im Bereich des Anlage- und Vorratsvermögens vor?

37. Wie unterscheidet sich die von Edwards und Bell sowie von Engels vorgeschlagene Gewinnkonzeption von der Gewinnkonzeption des aktienrechtlichen Jahresabschlusses?
38. Welche Beziehungen stehen zwischen der von Edwards und Bell sowie von Engels vorgeschlagenen Bilanzierungskonzeption und der Konzeption der organischen Tageswertbilanz?
39. Wie ist die Erfolgsspaltung in Leistungs- und Dispositionsgewinn unter dem Gesichtspunkt der Vergleichbarkeit und der Prognoseeignung des Jahresergebnisses zu beurteilen?
40. Welcher Gewinnbegriff entspricht der Konzeption der Erfolgskapitalerhaltung und wie ist er zu definieren?
41. Wie ist der Kalkulationszinsfuß für die Ermittlung des ökonomischen Gewinns zu bestimmen?
42. Eignet sich der ökonomische Gewinnbegriff als Gewinnkonzeption für den handels- und steuerrechtlichen Jahresabschluss?
43. Welche speziellen Aufgaben stellen sich der Theorie der öffentlichen Rechnungslegung?
44. Welche Schwerpunkte und Entwicklungstendenzen zeichnen sich beim derzeitigen Stand im Rahmen der Theorie der öffentlichen Rechnungslegung ab?
45. Was versteht man unter dem privaten und gesellschaftlichen Nutzen von Jahresabschlussinformationen?
46. Wie unterscheiden sich die Kriterien der Prognoseeignung, Entscheidungs- und Bewertungsrelevanz voneinander?
47. Erläutern Sie den kapitalmarkttheoretischen Ansatz zur Überprüfung des Nutzens von Bilanzinformationen!
48. Was versteht man unter einem »effizienten« Kapitalmarkt?
49. Nennen Sie Hypothesen über den Zusammenhang zwischen privatem Informationsnutzen und Informationsstand!
50. Welche Ergebnisse im Hinblick auf die Informationswirkungen von Bilanzinformationen hat die kapitalmarktorientierte Bilanzforschung erbracht?
51. Erläutern Sie den Zusammenhang zwischen Publizitätsgüte und Informationswirkung von Jahresabschlussdaten!
52. Beschreiben Sie den Unterschied zwischen dem *short-window*-Ansatz und dem *long-window*-Ansatz!
53. Welche Hypothesen untersucht die *positive accounting theory*?
54. Inwieweit wirken sich nach den Ergebnissen der kapitalmarktorientierten Bilanzforschung bilanzpolitisch beeinflusste Jahresabschlussdaten auf die Entscheidungen am Kapitalmarkt aus?

Abkürzungsverzeichnis

a. A.	anderer Ansicht
Abs.	Absatz
Abschn.	Abschnitt
Abt.	Abteilung
a. F.	alte Fassung
AfA	Absetzung für Abnutzung
AfaA	Absetzung für außergewöhnliche Abnutzung
AfS	Absetzung für Substanzverringerung
AG	Aktiengesellschaft, auch die Zeitschrift »Die Aktiengesellschaft«
AIA	American Institute of Accountants
AICPA	American Institute of Certified Public Accountants
AktG	Aktiengesetz
Anm.	Anmerkung
AO	Abgabenordnung
APB	Accounting Principles Board
AR	Aufsichtsrat, auch die Zeitschrift »The Accounting Review«
ARB	Accounting Research Bulletin
Art.	Artikel
ASB	Accounting Standards Board
Aufl.	Auflage
AuslinvG	Auslandsinvestitionsgesetz
AV	Anlagevermögen
AW	Anschaffungswert
BAB	Betriebsabrechnungsbogen
BauG	Baugesetz
BB	Betriebsberater

BBergG	Bundesberggesetz
BBkG	Bundesbankgesetz
BBl.	Betriebswirtschaftliche Blätter
Bd.	Band
bearb.	bearbeitet
Beck HdR	Beck'sches Handbuch der Rechnungslegung, hrsg. v. E. Castan u. a., München (Stand 1995)
BerlinFG	Berlinförderungsgesetz
BFH	Bundesfinanzhof
BFuP	Betriebswirtschaftliche Forschung und Praxis
BG	Börsengesetz
BGB	Bürgerliches Gesetzbuch
BGBl.	Bundesgesetzblatt
BGH	Bundesgerichtshof
BHO	Bundeshaushaltsordnung
BiB	Bruttoinvestitionsbasis
BiRiLiG	Bilanzrichtlinien-Gesetz (vom 19. 12. 1985)
BMJ	Bundesministerium der Justiz
BörsZulV	Börsenzulassungs-Verordnung
bspw.	beispielsweise
BStBl.	Bundessteuerblatt
BT-Drs.	Bundestags-Drucksache
BWM	Betriebswirtschaftsmagazin
CAP	Committee on Accounting Procedures
CAPM	Capital Asset Pricing Model
CF	Cashflow
CFROI	Cashflow Return on Investment
COMECON	Council for Mutual Economic Assistance
CON	Conceptual Framework des FASB
CPA	Certified Public Accountant
CVA	Cash Value Added
DB	Der Betrieb
DBW	Die Betriebswirtschaft
Diss.	Dissertation

DRS	Deutscher Rechnungslegungsstandard
DRSC	Deutsches Rechnungslegungs Standards Committee e. V.
DSOP	Draft Statement of Principles (IASC)
DSR	Deutscher Standardisierungsrat
DStB	Der Steuerberater
DStR	Deutsches Steuerrecht
DStZ	Deutsche Steuerzeitung
DVFA/SG	Deutsche Vereinigung für Finanzanalyse und Anlageberatung e.V./Schmalenbach-Gesellschaft
E	Exposure Draft
EAR	European Accounting Review
EBIT	Earnings before Interest and Tax
EBITDA	Earnings before Interest, Tax, Depreciation and Amortization
EDV	Elektronische Datenverarbeitung
EG	Europäische Gemeinschaft
EGAktG	Einführungsgesetz zum Aktiengesetz
EGHGB	Einführungsgesetz zum Handelsgesetzbuch
eGmbH	eingetragene Genossenschaft mit beschränkter Haftung
eGmuH	eingetragene Genossenschaft mit unbeschränkter Haftung
EITF	Emerging Issues Task Force
EK	Eigenkapital
EntwLStG	Entwicklungsländer-Steuergesetz
EPS	Earnings per Share
EStDV	Einkommensteuer-Durchführungsverordnung
ESTG	Einkommensteuergesetz
EStR	Einkommensteuer-Richtlinien
EUR	Euro
EVA	Economic Value Added
e. V.	eingetragener Verein
F	Framework for the Preparation and Presentation of Financial Statements (IASC)
FAS	Financial Accounting Standard
FASB	Financial Accounting Standards Board
f.	folgende Seite
ff.	folgende Seiten

FIN	FASB Interpretations
FK	Fremdkapital
FN	Fachnachrichten des Instituts der Wirtschaftsprüfer in Deutschland e. V.
Fn.	Fußnote
FRR	Financial Reporting Releases
FRS	Financial Reporting Standard (ASB)
GAAP	Generally Accepted Accounting Principles
GASC	German Accounting Standards Committee
GE	Geldeinheiten
GEFIU	Gesellschaft der Finanzwirtschaft in der Unternehmensführung e. V.
GenG	Genossenschaftsgesetz
ggf.	gegebenenfalls
GKV	Gesamtkostenverfahren
GmbH	Gesellschaft mit beschränkter Haftung
GmbHR	GmbH-Rundschau
GoB	Grundsätze ordnungsmäßiger Buchführung
GuV	Gewinn- und Verlustrechnung
GwG	geringwertige(s) Wirtschaftsgüter(-gut)
HBR	Harvard Business Review
HdJ	Handbuch des Jahresabschlusses, hrsg. v. K. v. Wysocki und J. Schulze-Osterloh, Köln (Stand 1995)
HdWW	Handwörterbuch der Wirtschaftswissenschaften, hrsg. v. W. Albers u. a., Bd. 1, Stuttgart/New York 1977
HFA	Hauptfachausschuss des Instituts der Wirtschaftsprüfer
HGB	Handelsgesetzbuch
HGBE	HGB-Entwurf
h. M.	herrschende Meinung
HR	Handelsregister
hrsg.	herausgegeben
Hrsg.	Herausgeber
HURB	Handwörterbuch unbestimmter Rechtsbegriffe im Bilanzrecht des HGB, hrsg. v. U. Leffson, D. Rückle u. B. Großfeld, Köln 1986
HV	Hauptversammlung

HWB	Handwörterbuch der Betriebswirtschaft, hrsg. v. H. Seischab u. K. Schwantag, 3. Aufl., Stuttgart 1956/62
HWR	Handwörterbuch des Rechnungswesens, hrsg. v. E. Kosiol, Stuttgart 1970
HWR3	Handwörterbuch des Rechnungswesens, hrsg. v. K. Chmielewicz u. M. Schweitzer, 3. Aufl., Stuttgart 1993
HWRev2	Handwörterbuch der Revision, hrsg. v. A. G. Coenenberg u. K. v. Wysocki, 2. Aufl., Stuttgart 1992
HWRP	Handwörterbuch der Rechnungslegung und Prüfung , hrsg. v. W. Ballwieser, A. G. Coenenberg u. K. v. Wysocki, 3. Aufl., Stuttgart 2002
i. A.	im Allgemeinen
IAS	International Accounting Standard(s)
IASB	International Accounting Standards Board
IASC	International Accounting Standards Committee
i. d. R.	in der Regel
IdW	Institut der Wirtschaftsprüfer
i. e. S.	im engeren Sinne
IFAC	International Federation of Accountants
IFRS	International Financial Reporting Standard(s)
insbes.	insbesondere
IOSCO	International Organisation of Securities Commissions
IOA	Impairement only Approach
i. V. m.	in Verbindung mit
i. w. S.	im weiteren Sinne
JA	Journal of Accounting
JAR	Journal of Accounting Research
JbFSt	Jahrbuch der Fachanwälte für Steuerrecht
JÜ	Jahresüberschuss
KapAEG	Kapitalaufnahmeerleichterungsgesetz
KapCoRi-LiG	Kapitalgesellschaften- & Co-Richtlinie-Gesetz
KapErhG	Gesetz über die Kapitalerhöhung aus Gesellschaftsmitteln und über die Verschmelzung von Gesellschaften mit beschränkter Haftung vom 23.12.1959
KFR	Kapitalflussrechnung

KG	Kommanditgesellschaft
KGaA	Kommanditgesellschaft auf Aktien
KO	Konkursordnung
KonTraG	Gesetz zur Kontrolle und Transparenz im Unternehmensbereich
krp	Kostenrechnungspraxis
KStG	Körperschaftsteuergesetz
KVStG	Kapitalverkehrsteuergesetz
KWG	Gesetz über das Kreditwesen
m. w. N.	mit weiteren Namen
MD&A	Management´s Discussion and Analysis
NB	Neue Betriebswirtschaft (und betriebswirtschaftliche Datenverarbeitung)
n. F.	neue Fassung
No.	number
o. e.	oben erwähnt
OFR	Operating and Financial Review and Prospects
OHG	Offene Handelsgesellschaft
P	Preface to Statements of International Accounting Standards (IASC)
PER	Price Earnings Ratio
Pos.	Position
PublG	Gesetz über die Rechnungslegung von bestimmten Unternehmen und Konzernen (Publizitätsgesetz) vom 15. 8. 1969
RechVersV	Verordnung über die Rechnungslegung von Versicherungsunternehmen
RegEHGB	Entwurf eines Gesetzes zur Duchführung der Vierten Richtlinie des Rates der Europäischen Gemeinschaften zur Koordinierung des Gesellschaftsrechts (Bilanzrichtlinien-Gesetz) vom 26.8.1983, BT-Drs. 10/317
resp.	respektive
RFH	Reichsfinanzhof
RGZ	Entscheidungen des zivilen Reichsgerichts
RHB	Roh-, Hilfs- und Betriebsstoffe
RKW	Rationalisierungs-Kuratorium der Wirtschaft
RoCE	Return on Capital Employed

RoI	Return on Investment
RoNA	Return on Net Assets
RStBL.	Reichssteuerblatt
RU	Reporting Unit
S.	Seite
s.	siehe
s. a.	siehe auch
SAR	Stock Appreciation Right
SAV	Sachanlagevermögen
SABI	Sonderausschuss Bilanzrichtlinien-Gesetz
SEC	Securities and Exchange Commission
SG	Schmalenbach-Gesellschaft für Betriebswirtschaft e. V.
SIC	Standing Interpretations Committee
s. o.	siehe oben
sog.	sogenannt
SO	Stock Option
SOP	Statement of Position, Statement of Principles
SoPoR	Sonderposten mit Rücklageanteil
Sp.	Spalte
StuW	Steuer und Wirtschaft
s. u.	siehe unten
StbJB	Steuerberater-Jahrbuch
TQW	Totaler Wertschöpfungsquotient
TransPuG	Gesetz zur weiteren Reform des Aktien- und Bilanzrechts, zu Transparenz und Publizität
Tz.	Textziffer
u. E.	unseres Erachtens
UKV	Umsatzkostenverfahren
UmwStG	Umwandlungs-Steuergesetz
usw.	und so weiter
US-GAAP	United States-Generally Accepted Accounting Principles
UV	Umlaufvermögen
v.	von
VAG	Versicherungsaufsichtsgesetz

vgl.	vergleiche
VRG	Gesetz zur Erleichterung des Übergangs vom Arbeitsleben in den Ruhestand (Vorruhestandsgesetz) vom 13. 4. 1984
WACC	Weighted Average Cost of Capital
WG	Wechselgesetz
WGGDV	Durchführungsverordnung zum Gesetz über die Gemeinnützigkeit im Wohnungswesen
WiSt	Wirtschaftswissenschaftliches Studium
WiSu	Das Wirtschaftsstudium (Zeitschrift für Studium und Examen)
WPg	Die Wirtschaftsprüfung
WpHG	Wertpapierhandelsgesetz
WPO	Wirtschaftsprüferordnung
WS	Wertschöpfung
ZfB	Zeitschrift für Betriebswirtschaft
ZfbF	Zeitschrift für betriebswirtschaftliche Forschung
ZfhF	Zeitschrift für handelswissenschaftliche Forschung
ZGR	Zeitschrift für Unternehmens- und Gesellschaftsrecht
ZHR	Zeitschrift für das gesamte Handels- und Wirtschaftsrecht
ZIP	Zeitschrift für Wirtschaftsrecht und Insolvenzpraxis

Betriebswirtschaftliches Kurzlexikon

Abschreibung
Die Abschreibung ist das Verfahren, um im →Rechnungswesen die Ausgaben für einen →Vermögensgegenstand als →Aufwand auf die Nutzungsdauer zu verteilen (bilanzielle Abschreibung) oder als Kosten (kalkulatorische Abschreibung) in der Kostenrechnung zu verrechnen. Die bilanzielle Abschreibung ist grundsätzlich stets direkt von den Wertansätzen auf der Aktivseite abzusetzen. Ausnahmen von diesem Grundsatz bilden die →Pauschalwertberichtigungen zu Forderungen und die allein aus steuerlichen Gründen vorgenommenen Abschreibungen gemäß § 254 HGB. Je nach der Bemessung des Abschreibungsbetrages unterscheidet man lineare, degressive oder progressive Abschreibung. Die steuerliche Bezeichnung der bilanziellen Abschreibung ist →Absetzung für Abnutzung (AfA).

Absetzung für Abnutzung (AfA)
Bezeichnung für →Abschreibung im Steuerrecht.

Accruals/Accrued Liabilities
Die *accruals* stellen in einem IAS-Abschluss eine Untergruppe der →*liabilities* dar. Es handelt sich dabei um →Schulden, die sich aus der Lieferung von Gütern oder dem Erbringen von Dienstleistungen ergeben. Ein Leistungstausch hat zwar bereits stattgefunden, wurde aber noch nicht in Rechnung gestellt oder über dessen Entgelt konnte noch keine endgültige Einigkeit mit dem Leistungserbringer erzielt werden. Von den →*provisions* unterscheiden sie sich durch einen wesentlich höheren Grad der Sicherheit hinsichtlich Höhe und Zeitpunkt der Erfüllung der Verpflichtung (IAS 37.11b).

In US-GAAP-Abschlüssen finden sich als Bestandteil der *liabilities* Verpflichtungen, deren Höhe nicht sicher ist; sie werden dort als *accrued liabilities* bezeichnet.

Ad hoc-Publizität
Gem. § 15 Abs. 1 Satz 1 WpHG muss der Emittent von Wertpapieren, die zum Handel an einer inländischen Börse zugelassen sind, unverzüglich eine neue Tatsache veröffentlichen, die in seinem Tätigkeitsbereich eingetreten und nicht öffentlich bekannt ist, wenn sie wegen der Auswirkungen auf die Vermögens- und Finanzlage oder auf den allgemeinen Geschäftsverlauf des Emittenten geeignet ist, den Börsenpreis der zugelassenen Wertpapiere erheblich zu beeinflussen oder im Fall zugelassener Schuldverschreibungen die Fähigkeit des Emittenten, seinen Verpflichtungen nachzukommen, beeinträchtigen kann.

Agency-Theorie
Das Verhältnis von Shareholder und Management lässt sich als Auftragsbeziehung zwischen einem Prinzipal (Stockholder/Shareholder) und einem Agenten (Management) beschreiben. Die Agency-Theorie analysiert derartige Auftrags- und Vertragsbeziehungen. Aus den Ergebnissen lassen sich Anforderungen für die externe Rechnungslegung ableiten (→Stakeholder-/Stockholder-Theorie).

Aktienoption (*Stock Option*)
Mitarbeitern vergütungshalber gewährtes Recht, eine Aktie des entlohnenden Unternehmens zu einem bestimmten Zeitpunkt (während einer bestimmten Frist) zu einem vereinbahrten Preis (Ausübungspreis, Basispreis) zu erwerben. Die Bilanzierung wird nach US-GAAP durch APB 25, FIN 28 und FAS 123 geregelt.

Aktienoptionsplan (*Stock Option Plan*)
Vergütungsinstrument, das die Vergütung durch →Aktienoptionen regelt. Geregelt werden der Kreis der Begünstigten und die Konditionen des Aktienoptionsplans, wie z. B. Anzahl der gewährten Optionen,

Sperrfrist, Ausübungszeitraum, ggf. Ausübungsbedingungen usw.

Aktienrentabilität
Rentabilität eines in Form von Aktien gehaltenen Anteils am Eigenkapital des Unternehmens. Die bilanzanalytische Messung der Aktienrentabilität besteht aus folgenden Komponenten: Dividenden-Rendite, Gewinn je Aktie, Dividende je Aktie, Dividenden-Deckungsgrad sowie →Kurs-Gewinn-Verhältnis (*price earnings ratio*).

Aktivierung
Wertmäßige Erfassung eines →Vermögensgegenstandes in der →Bilanz.

Amortised Costs
Amortised costs ergeben sich aus den Anschaffungskosten eines *financial assets* oder einer *financial liability* abzüglich sämtlicher geleisteter Voraus-zahlungen und erfolgten Abschreibungen zuzüglich bzw. abzüglich der Differenz aus den Anschaffungskosten und dem Nennwert des *financial asset* oder der *financial liability*. Die *amortised costs* entsprechen damit den fortgeführten Anschaffungskosten.

Andere Gesellschafter
Neben den Konzernunternehmen an einem Tochterunternehmen beteiligte, nicht zum Konzernverbund gehörende dritte Unternehmen. Ihre Anteile am Kapital und Ergebnis werden in der Konzernbilanz und -GuV gesondert ausgewiesen. Nach der →Einheitstheorie sind sie als Anteilseigner des Gesamtunternehmens →»Konzern« zu betrachten.

Anhang
Der Anhang ist bei Kapitalgesellschaften Bestandteil des →Jahresabschlusses. Er enthält Angaben, die zu den einzelnen Positionen der Jahresabschlusselemente (→Bilanz, →GuV u. a.) vorgeschrieben oder in den Anhang mit aufzunehmen sind, an der entsprechenden Stelle im Jahresabschluss aber nicht aufgenommen wurden (Entlastungsfunktion), Angaben über angewandte Bilanzierungs- und Bewertungsmethoden (Interpretationsfunktion), zusätzliche Angaben zu nicht bilanzierungsfähigen Sachverhalten (Ergänzungsfunktion) sowie Zusatzangaben, soweit sich durch gesetzestreue Jahresabschlusserstellung kein den tatsächlichen Verhältnissen entsprechender Einblick in die Vermögens-, Finanz- und Ertragslage ergibt (Korrekturfunktion). Anders als nach HGB ist der Anhang (*notes*) nach IAS und US-GAAP unabhängig von der Rechtsform grundsätzlich Bestandteil des Jahresabschlusses, da ihm für die Gewährleistung der *decision usefulness* eine entscheidende Bedeutung beigemessen wird.

Anlagespiegel
Der in der →Bilanz oder im →Anhang ausweispflichtige Anlagespiegel gibt einen Überblick über die Wertentwicklung der einzelnen Bilanzpositionen des →Anlagevermögens sowie der →Ingangsetzungs- und Erweiterungsaufwendungen. Ausgehend von den historischen →Anschaffungs- bzw. →Herstellungskosten errechnet er über den Ausweis der Zu- und Abgänge, der Umbuchungen sowie der Zuschreibungen des Geschäftsjahres und der kumulierten Abschreibungen die Buchwerte der einzelnen Bilanzpositionen zum Ende des Geschäftsjahres. Die Abschreibungen des abgelaufenen Geschäftsjahres und die Buchwerte zum Ende des Vorjahres müssen zusätzlich in Bilanz oder Anhang angegeben werden.

Anlagevermögen (*Non-current assets*)
→Vermögensgegenstände, die zur dauernden Nutzung bestimmt sind. Es wird in der Bilanz unterteilt in →immaterielle Vermögensgegenstände des Anlagevermögens, →Sachanlagen und →Finanzanlagen.

Anleihen
→Verbindlichkeiten eines Unternehmens, die durch die Inanspruchnahme des öffentlichen Kapitalmarktes entstanden sind.

Anschaffungskosten
Alle Vermögensminderungen (→Vermögensänderungen), die nötig sind, um einen →Vermögensgegenstand zu erwerben und betriebsbereit zu machen.

Assets
Assets bezeichnen gem. →IAS (F 53 ff.) und →US-GAAP (CON 6.25 ff.) Ressourcen, über die das Unternehmen in Folge vergangener Ereignisse verfügen kann und aus denen es in Zukunft wirtschaftlichen Nutzen zu ziehen erwartet. Erfasst werden dürfen *assets* im Jahresabschluss nach IAS jedoch nur, falls der ökonomische Nutzen wahrscheinlich ist und ihre Kosten bzw. ihr Wert verlässlich bestimmt werden können.

In einem US-Abschluss ist ein *asset* nur dann anzusetzen, wenn es einen wahrscheinlichen künftigen Nutzen verkörpert und zu zukünftigen Netto-Einzahlungsströmen führt.

Assoziiertes Unternehmen

Unternehmen, das unter dem maßgeblichen Einfluss eines an ihm beteiligten Konzernunternehmens steht (→Equity-Methode, § 311 HGB; DRS 8). Vermutung bei einem Besitz von mindestens 20 % der Stimmrechte einer Gesellschaft. Anhaltspunkte für maßgeblichen Einfluss: Vertretung im Aufsichtsrat, Mitwirkung an wichtigen unternehmenspolitischen Entscheidungen, technologische Abhängigkeit.

Aufsichtsrat

Der Aufsichtsrat überwacht die Geschäftsführung der AG. Ihm werden →Jahresabschluss, →Geschäfts- und Prüfungsbericht und Gewinnverwendungsvorschlag des Vorstands zur Prüfung vorgelegt, worüber er der →Hauptversammlung berichten muss.

Aufwand (Aufwendungen)

In Geldeinheiten ausgedrückte Vermögensminderungen (→Vermögensänderungen), die nach den Abgrenzungsgrundsätzen einer einzelnen Periode zugeordnet werden. In der →GuV werden die Aufwendungen den →Erträgen gegenübergestellt, um den →Erfolg der Abrechnungsperiode zu ermitteln.

Ausgleichsposten für Anteile anderer Gesellschafter

Betrag des →Eigenkapitals der →Tochterunternehmen, der auf Anteile entfällt, die nicht in Konzernbesitz sind.

Ausschüttungsfähiger Gewinn

Derjenige Gewinn, der dem Unternehmen ohne Verletzung der verfolgten →Unternehmenserhaltungskonzeption entzogen werden kann.

Außerordentliches Ergebnis

Unter dem außerordentlichen Ergebnis im betriebswirtschaftlichen Sinne versteht man die Differenz zwischen den unregelmäßig anfallenden (außergewöhnlichen und periodenfremden) →Erträgen und →Aufwendungen, insbesondere Liquidations- und Bewertungserfolgen. Unter dem außerordentlichen Ergebnis im Sinne der GuV-Gliederung gemäß HGB, IAS und US-GAAP sind jedoch nur die außerhalb der gewöhnlichen Geschäftstätigkeit anfallenden, einmaligen bzw. nicht regelmäßigen Erfolge zu erfassen.

Badwill

Bei der →Kapitalkonsolidierung auftretende negative Differenz zwischen anteiligem Eigenkapital (einschließlich stiller Reserven) und Beteiligungsbuchwert.

Beständedifferenzenbilanz

Grundform einer →Kapitalflussrechnung bzw. einer Finanzierungsrechnung, die für jede Bilanzposition die Änderung während der Periode aufzeigt.

Beteiligung

Als Beteiligung gilt der Besitz von Anteilen mit Beteiligungsabsicht. Bei Anteilen an einer Kapitalgesellschaft gilt die widerlegbare Vermutung einer Beteiligungsabsicht ab einer Beteiligungshöhe von 20 % des Nennkapitals. Anteile an einer OHG oder KG gelten stets als Beteiligung.

Betriebsprüfungsrisiko

Risiko einer betriebsprüfungsbedingten Steuernachforderung durch das Finanzamt.

Bewegungsbilanz

Grundform einer →Kapitalflussrechnung bzw. einer Finanzierungsrechnung, die die Veränderungen (Netto-Bewegungen in einer Veränderungsbilanz) oder auch die Kontenumsätze (Brutto-Bewegungen in einer Bewegungsbilanz) der Bilanzpositionen zweier aufeinanderfolgender →Bilanzen erfasst und systematisch nach Mittelverwendung (Aktivmehrungen und Passivminderungen) und Mittelquellen (Passivmehrungen und Aktivminderungen) ordnet.

Bilanz

→Jahresabschluss

Bilanzanalyse

Verfahren zur Gewinnung von Informationen über die Finanz- und Ertragslage sowie das Erfolgspotenzial eines Unternehmens aus den Daten des →Jahresabschlusses, →des Lageberichtes sowie von verfügbaren Datenquellen über das marktliche Umfeld des Unternehmens. Dementsprechend wird zwischen der finanzwirtschaftlichen, der erfolgswirtschaftlichen sowie der strategischen Bilanzanalyse unterschieden.

Bilanzgewinn/Bilanzverlust
Der der →Hauptversammlung für Ausschüttungen oder zusätzliche Rücklagenzuführungen zur Verfügung stehende Gewinn. Er errechnet sich – wie der Bilanzverlust – aus dem →Jahresüberschuss (Jahresfehlbetrag) + Gewinnvortrag (./. Verlustvortrag) + Entnahmen aus (./. Einstellungen in die) Gewinnrücklagen + Entnahmen aus der Kapitalrücklage.

Bilanzkurs
Er entspricht der Relation des in der →Bilanz ausgewiesenen Nettosubstanzwertes zum Nominalwert des →Grundkapitals.

Bilanztheorie
Unter dem Begriff Bilanztheorie kann man einerseits Theorien über den Formalinhalt der Bilanz, andererseits Theorien der zieloptimalen Bilanzgestaltung zusammenfassen. Theorien des Formalinhalts fragen nach der Begründung für den Inhalt von Bilanzen. Theorien der zieloptimalen Bilanzgestaltung lassen sich wieder in zwei Richtungen unterscheiden. Theorien der Gewinnermittlung hängen mit den Formaltheorien zusammen. Die wichtigsten bilanztheoretischen Richtungen sind hier die statische, die dynamische und die organische Bilanztheorie. Der zweite Bereich, die Theorien der öffentlichen Rechnungslegung, sind im Wesentlichen empirisch begründet. Einerseits wird gefragt, inwieweit Bilanzinformationen prognose-, entscheidungs- bzw. bewertungsrelevant sind. Andererseits steht im Mittelpunkt die Frage, wie Bilanzinformationen unternehmerische Sachentscheidungen beeinflussen und wie die Entscheidungen des Managements für eine bestimmte Rechnungslegungspolitik zustande kommen.

Break-even-Analyse
Gegenüberstellung von Erlösen und Kosten in Abhängigkeit von der Beschäftigung. Sie bezweckt die Ermittlung des Break-even-Punktes, d. h. derjenigen Absatz- oder Umsatzmenge, jenseits derer das Unternehmen in die Verlust- bzw. Gewinnzone gerät, sowie des Sicherheitskoeffizienten, der angibt, um wieviel Prozent der derzeitige Absatz bzw. →Umsatz sinken kann, bevor der Break-even-Punkt erreicht ist.

Buchwert
Der bilanzielle Wert eines →Vermögensgegenstandes, der sich aus →Anschaffungs- bzw. →Herstellungskosten und gegebenenfalls der Verrechnung von →Ab- und/oder Zuschreibungen ergibt.

Business Segment
Ein *business segment* stellt ein nach Produkten bzw. Produktbereichen oder Dienstleistungen bzw. Dienstleistungsbereichen abgrenzbares Geschäftsfeld eines Unternehmens bzw. →Konzerns dar, das unter Risiko- und Chancengesichtspunkten von anderen *business segments* differenzierbar ist (IAS 14.9). Die Konkretisierung dieser Definition erfolgt durch Nennung von Bestimmungsfaktoren, die bei der Bildung von Segmenten auf Homogenität innerhalb eines Segments und Heterogenität gegenüber anderen Segmenten zu überprüfen sind.

Cash Earnings nach DVFA/SG
→Cashflow

Cashflow
In allgemeinster Form bezeichnet man mit Cashflow die Differenz der Einzahlungen abzüglich der Auszahlungen des Unternehmens in einer Periode. Gemäß dem Modell der →Kapitalflussrechnung (geregelt in DRS 2, IAS 7 und FAS 95) lässt sich der gesamte Cashflow eines Unternehmens auf drei Bereiche zuordnen:

Der »operative Cashflow« entspricht dem aus der laufenden Geschäftstätigkeit des Unternehmens erzielten Zahlungsüberschuss. Der »Investitions-Cashflow« bezeichnet den Mittelabfluss für Investitionen abzüglich der aus Desinvestitionen erzielten Mittelzuflüsse. Unter dem »Finanz-Cashflow« versteht man den Mittelzu- und -abfluss aus der Eigen- und Fremdkapitalfinanzierung. Die Summe dieser drei Teil-Cashflows gibt den gesamten Cashflow des Unternehmens in der Berichtsperiode wieder.

Im Rahmen der →Bilanzanalyse bezeichnet der Terminus »Cashflow« ohne nähere Bezeichnung stets den operativen Cashflow. Dabei wird der für Zwecke der Bilanzanalyse verwendete (operative) Cashflow häufig mittels vereinfachender Näherungsformeln ermittelt, in dem zum Jahresergebnis die Abschreibungen und die Veränderungen der Pensionsrückstellungen addiert werden. Vom operativen Cashflow gemäß Kapitalflussrechnung unterscheidet er sich dadurch, dass die Veränderung des Nettoumlaufvermögens nicht berücksichtigt ist. Man nennt ihn deshalb auch Brutto-Cashflow, während der operative Cashflow der Kapitalflussrechnung als Netto-Cashflow bezeichnet wird. Eine etwas genauere Ermittlungsformel für den bilanzanalytischen Cashflow ist die Größe *cash earnings* nach DVFA/SG. Die zusätzliche Bereinigung besteht darin, dass die Veränderungen von →Sonderposten mit Rücklageanteil, andere nicht zahlungswirksame Aufwendungen und Erträge von wesentlicher Bedeutung sowie ungewöhnliche zahlungswirksame Aufwendungen und Erträge von wesentlicher Bedeutung bereinigt werden. Als stark vereinfachte Näherungsformel für den (operativen) Cashflow lässt sich der aus der angloamerikanischen Bilanzanalyse bekannte →EBITDA interpretieren.

Cash Flow Statement
→Kapitalflussrechnung

Cashflow-Return on Investment (CFROI)
Es handelt sich um eine Kennzahl der →Rentabilität auf der Grundlage des →Cashflow. Als Buchwert-CFROI bezeichnet man die Relation des Brutto-Cashflow vor Ertragssteuern und Zinsen zum gebundenen Vermögen (Anlagevermögen zu historischen Kosten plus Netto-Umlaufvermögen). Der statische Cashflow ergibt sich aus dem Brutto-Cashflow abzüglich der so genannten ökonomischen Abschreibungen dividiert durch das gebundene Vermögen. Der dynamische CFROI ist der interne Zinsfuß der über die Restnutzungsdauer des gebundenen Vermögens erwirtschafteten Brutto-Cashflows. Zieht man vom CFROI den gewichteten durchschnittlichen Kapitalkostensatz ab, dann ergibt das Produkt dieser Differenz mit dem gebundenen Vermögen den *Cash Value Added*. Dieser wird als Kennzahlgröße zur Messung des →Wertbeitrags verwendet.

Cash Value Added (CVA)
→Cashflow Return on Investment (CFROI)
→Wertbeitrag

Completed-Contract Methode
Eine Bewertungsmethode für langfristige Fertigungsaufträge (→ langfristige Auftragsfertigung) bei der die gesamten Erträge erst am Ende der Fertigstellung vereinnahmt werden.

Comprehensive Income
Gesamtheit der eigenkapitalverändernden Erfolge der Rechnungsperiode, die nicht aus Transaktionen mit Anteilseignern (Einzahlungen und Ausschüttungen) resultieren. Neben dem aus der →GuV ermittelten Periodenergebnis (*net income*) zählen dazu auch ergebnisneutrale Erfolgskomponenten, die direkt mit dem →Eigenkapital verrechnet und als *other comprehensive income* bezeichnet werden.

Contingent Liabilities
In einem IAS-Abschluss handelt sich hierbei zum einen um Verpflichtungen, bei denen nicht sicher ist, ob sie eine gegenwärtige Verpflichtung des Unternehmens darstellen, d. h. die Existenz der Verpflichtung muss erst noch durch den Eintritt eines oder mehrerer ungewisser Ereignisse bestätigt werden, die außerhalb des Einflussbereichs des Unternehmens liegen (IAS 37.10). Zum anderen fallen unter diesen Begriff Verpflichtungen, die wahrscheinlich nicht zu einem Abfluss wirtschaftlicher Ressourcen führen werden oder um solche, deren Wert nicht verläßlich genug geschätzt werden kann (IAS 37.13). *Contingent liabilities* führen zwar zu keiner Aufwandsbuchung, sie sind aber zu beschreiben und mit weiteren Angaben zu versehen (IAS 37.86).

Innerhalb der *liabilities* werden nach US-GAAP solche Verpflichtungen *contingencies* ausgewiesen, deren Höhe nicht sicher ist und bei denen zusätzlich der Eintritt mit Unsicherheit behaftet ist (FAS 5).

Control-Verhältnis
Beschreibung der Beziehung zwischen zwei rechtlich selbständigen Unternehmen, die einem der Unternehmen die Möglichkeit gibt, beherrschenden Einfluss auf das andere Unternehmen auszuüben. Neben der →einheitlichen Leitung zweiter Anknüpfungspunkt: die Verpflichtung, einen →Konzernabschluss zu erstellen. Die Beziehung wird in § 290 Abs. 2 HGB konkretisiert durch die Mehrheit der Stimmrechte, einen Beherrschungsvertrag oder entsprechende Satzungsbestimmungen.
In DRS 4, wie auch in den internationalen Vorschriften, ist das Control-Kriterium das alleinige Kriterium, dass zur Aufstellung eines Konzernabschlusses verpflichtet.

Costs of Sales/Costs of Goods Sold
Kosten für die →Vorräte, die in der Rechnungsperiode verkauft worden und den →Umsatzerlösen sachlich gegenüberzustellen sind. Handelsrechtlich besteht das Wahlrecht, die *cost of sales* teil- oder vollkostenbasiert zu bestimmen. Nach IAS und US-GAAP ist die Bestimmung vollkostenbasiert vorzunehmen.

Current assets
→Umlaufvermögen

Depreciation
→Abschreibung

Derivative Finanzinstrumente
→Finanzinstrumente

Disagio, Damnum
Betrag, um den der Ausgabebetrag eines Darlehens geringer ist als der Rückzahlungsbetrag.

Disclosures
Angabe- und Erläuterungspflichten zum →Jahresabschluss, die überwiegend alternativ im →Anhang (*notes*) oder an der entsprechenden Position im Jahresabschluss erfolgen können; in der Regel werden diese Informationen allerdings in den Anhang verlagert.

Discontinued (Discontinuing) Operation
Aufgabe eines Unternehmensbereichs beispielsweise durch Stillegung oder Verkauf (IAS 35.2 bzw. APB 30.8). Die aus der Aufgabe entstehenden Gewinne und Verluste sind in der Gewinn- und Verlustrechnung gesondert auszuweisen; handelsrechtlich sind diese →Erfolge überwiegend dem →außerordentlichen Ergebnis zuzuordnen.

Discounted Cashflow
→Gesamtwert

Dispositionsreserven
→Stille Reserven, die bei der Bilanzierung durch Nutzung legal eingeräumter Bilanzansatz- und Bewertungswahlrechte entstehen.

Drittschuldenkonsolidierung
Verrechnung von →Forderungen und →Verbindlichkeiten, die verschiedene Konzernunternehmen gegenüber ein und demselben konzernfremden Unternehmen haben.

Deutsches Rechnungslegungs Standards Committee (DRSC)/Deutscher Standardisierungsrat (DSR)
Nach angelsächsischem Vorbild geschaffenes »privates Rechnungslegungsgremium« (§ 342 HGB) mit dem Ziel, die Harmonisierung der deutschen Konzernrechnungslegung mit internationalen Standards voranzutreiben. Zentrales Gremium des DRSC, das international unter dem Namen *German Accounting Standards Committee* (GASC) firmiert, ist der Deutsche Standardisierungsrat (DSR), der als Rechnungslegungsgremium nach § 342 HGB fungieren soll. Mitglieder dieses Gremiums sind Rechnungsleger aus Wirtschaft, Berufsstand und Wissenschaft. Als Ergebnis verabschiedet der DSR »Deutsche Rechnungslegungsstandards« (DRS) zu spezifischen Problemen der Konzernrechnungslegung, die durch Veröffentlichung durch das Bundesministerium der Justiz als allgemeinverbindlich betrachtet werden.

Durchschnittsmethode
Verfahren der →Sammelbewertung, bei dem aus den Anfangsbeständen und den Zugängen während des Geschäftsjahres ein (gewogener oder gleitender) Durchschnittspreis gebildet wird, mit dem sowohl die Abgänge als auch der Endbestand bewertet werden.

Earnings per Share
→Ergebnis pro Aktie

EBITDA
Bei der Kennzahl EBITDA (= *earnings before interest, taxes, depreciation and amortization*) handelt es sich um einen ertragsnahen, vereinfachten Cashflow. Das Ergebnis vor Steuern und Zinsen (sogenannter EBIT) wird um die in ihm enthaltenen Abschreibungen auf das Anlagevermögen einschließlich der Abschreibungen auf aus der Konsolidierung entstandene Goodwills (= *amortization*) bereinigt. Der EBITDA misst approximativ den →Cashflow des unverschuldeten Unternehmens.

Economic Value Added (EVA)
→Wertbeitrag

Effektivverschuldung
Kennzahl im Rahmen der finanzwirtschaftlichen →Bilanzanalyse. Sie misst den Überhang der Verschuldung des Unternehmens (inkl. Verbindlichkeitsrückstellungen, exklusive Pensionsrückstellungen) über die vorhandenen liquiden Mittel und die kurzfristigen Forderungen. Die Relation der Effektivverschuldung zum →Cashflow gibt den dynamischen Verschuldungsgrad des Unternehmens, auch Tilgungsdauer genannt, an.

Eigenkapital
Die der Unternehmung von ihren Eigentümern ohne zeitliche Begrenzung zur Verfügung gestellten Mittel. Eigenkapital kann dem Unternehmen von außen (z. B. durch eine Kapitalerhöhung gegen Einlagen) oder von innen (z. B. durch Verzicht auf Gewinnausschüttung) zufließen. Bei einer Kapitalgesellschaft errechnet sich das (bilanzielle) Eigenkapital aus dem →gezeichneten Kapital zuzüglich der →Kapitalrücklage, den →Gewinnrücklagen, den →Sonderposten mit Rücklageanteil abzüglich der ausstehenden Einlagen auf das gezeichnete Kapital. Das effektive Eigenkapital berücksichtigt zusätzlich noch die →stillen Reserven. Nach der Veränderlichkeit unterscheidet man variables und konstantes Eigenkapital Gegensatz: →Fremdkapital.

Eigenkapitalrentabilität
Rentabilität des im Unternehmen eingesetzten Eigenkapitals.

Eigenkapitalveränderungsrechnung
In der Eigenkapitalveränderungsrechnung wird die Entwicklung der einzelnen Posten des Eigenkapitals während einer Abrechnungsperiode unter Angabe sämtlicher wesentlichen Veränderungen dargestellt.

Einheitliche Leitung
Beziehung zwischen zwei rechtlich selbständigen Unternehmen, bei der ein Unternehmen faktisch die Leitung des anderen Unternehmens inne hat. Schwierig operationalisierbar. Anhaltspunkte sind die Bestimmung der Schwerpunkte der unternehmerischen Tätigkeiten, d. h. der Geschäftspolitik des betreffenden Unternehmens und der Bestimmung grundsätzlicher Fragen der Geschäftsführung durch das leitende Unternehmen. Einzelinteressen müssen dem übergeordneten Interesse untergeordnet werden. Neben dem →Control-Verhältnis Ansatzpunkt der Verpflichtung zur Erstellung eines Konzernabschlusses (§ 290 Abs. 1 HGB).

Einheitstheorie (Entity Theory)
Möglicher Bezugspunkt für die Erstellung des →Konzernabschlusses. Im Gegensatz zur →Interessentheorie (*parent company theory*) betrachtet die Einheitstheorie die Gesamtheit der Konzernunternehmen als eine eigenständige wirtschaftliche Einheit, die mit dem Konzernabschluss auch einen eigenständigen Abschluss vorlegt. Alle am Konzern beteiligten Anteilseigner werden als gleichgestellt betrachtet.

Einlagen (Entnahmen)
Überführung von Gegenständen aus der Privatsphäre des Unternehmers in den betrieblichen Bereich (und umgekehrt).

Einzelwertberichtigung auf Forderungen
Berücksichtigung eines einzeln erkennbaren Risikos einer Forderung (Gegensatz: allgemeine Risiken →Pauschalwertberichtigung auf Forderungen).

Entity Theory
→Einheitstheorie

Entkonsolidierung
Rechenschritte bei Erstellung des →Konzernabschlusses, die bei Ausscheiden eines Unternehmens aus dem →Konsolidierungskreis, insbesondere bei Veräußerung, nötig sind.

Equity-Bewertung
Nur im →Konzernabschluss zulässige Sonderform der Bewertung von Beteiligungen an nichtkonsolidierten →Tochterunternehmen und →assoziierten Unternehmen. In Durchbrechung des →Realisationsprinzips wird dabei der Beteiligungswert erfolgswirksam um anteilige Erfolge des Beteiligungsunternehmens korrigiert (vgl. § 311 HGB, DRS 8).

Erfolg
Oberbegriff für Gewinn oder Verlust. Differenz zwischen der Summe der →Erträge und der Summe der →Aufwendungen einer Periode.

Erfolgskapitalerhaltung (Wirtschaftliche Unternehmenserhaltung)
Bei dieser →Unternehmungserhaltungskonzeption geht es um die Sicherung der betrieblichen →Ertragskraft. Als Maßstab der →Ertragskraft gilt der →Gesamtwert des Betriebes. Als Gewinn (→Erfolg) gilt dementsprechend der Betrag, der über die für die Erhaltung des Gesamtwertes notwendigen →Erträge hinaus erwirtschaftet wird. Dieser Gewinn heißt auch →ökonomischer Gewinn.

Ergebnis nach DVFA/SG
Es handelt sich um eine von der Deutschen Vereinigung für Finanzanalyse (DVFA) zusammen mit dem

Arbeitskreis Externe Unternehmensrechnung der Schmalenbach-Gesellschaft (SG) für Zwecke der →Bilanzanalyse konzipierte Ergebniskennzahl. Mit ihr soll ein nachhaltiges um Sondereinflüsse bereinigtes prognosefähiges Ergebnis ermittelt werden. Das Ergebnis nach DVFA/SG wird insbesondere für die Ermittlung von Kurs-Gewinn-Verhältnissen eingesetzt.

Ergebnissegmentierung
Nach DRS 3, IAS 14 und FAS 131 pflichtgemäße Aufgliederung des Ergebnisses auf geschäftsbezogene und regionale bzw. operative Segmente. Die Segmentierungspflichten beziehen sich auch auf weitere Daten, die für die Bilanzanalyse wichtig sind.

Ergebnisspaltung
Mit Ergebnisspaltung (auch Erfolgsspaltung genannt) meint man die Aufgliederung des Gesamtergebnisses vor Steuern nach den Kriterien der Regelmäßigkeit und der Betriebszugehörigkeit in die drei Ergebniskategorien ordentliches Betriebsergebnis, Finanzergebnis und außerordentliches Ergebnis.

Ergebnis pro Aktie (*Earnings per Share*)
Das auf den gewichteten Durchschnitt der ausstehenden ordentlichen Stammaktien entfallende Jahresergebnis nach Steuern bereinigt um das auf die Vorzugsaktionäre entfallende Ergebnis (IAS 33.10 bzw. FAS 128.9). Beim Ergebnis pro Aktie nach DVFA/SG findet eine Bereinigung des Jahresergebnisses um ungewöhnliche und dispositionsabhängige Ergebnisbestandteile statt. Zusätzlich ist die Kennzahl auch unter Berücksichtigung von Verwässerungseffekten (beispielsweise durch Gewährung von Bezugsrechten) zu bestimmen. Nach IAS und US-GAAP ist das unverwässerte und verwässerte Ergebnis pro Aktie in der GuV anzugeben.

Erhaltungsaufwand
Vermögensminderungen (→Vermögensänderungen) im Zusammenhang mit Arbeiten an betrieblichen →Vermögensgegenständen, die nicht zu einer wesentlichen Veränderung dieser Güter führen, sondern nur der Wartung oder Reparatur dienen. Gegensatz →Herstellungsaufwand.

Ermessensreserven
→Stille Reserven, die aus Unschärfen und damit Interpretationsspielräumen bei Bilanzansatz und Bewertung entstehen können.

Ertrag
In Geldeinheiten ausgedrückte Vermögensmehrungen (→Vermögensänderungen), die nach den Abgrenzungsgrundsätzen einer einzelnen Periode zugeordnet wurden (→Erfolg, →GuV).

Ertragskraft
Fähigkeit eines Unternehmens, in der Zukunft →Erfolge zu erwirtschaften.

Ertragswert
→Gesamtwert

Erstkonsolidierung
Bei erstmaliger Konsolidierung eines Tochterunternehmens durchzuführende Kapitalkonsolidierung nach der →Erwerbsmethode. Aufrechnung des Beteiligungsbuchwertes beim Mutterunternehmen mit dem hierauf entfallenden anteiligen Eigenkapital des neu zu konsolidierenden Tochterunternehmens. Verteilung des hierbei sich ergebenden Unterschiedsbetrages auf stille Reserven/stille Lasten bzw. einen →Firmenwert/ →Badwill.

Erwerbsmethode
Auch »*Purchase-Methode*« oder »Methode der erfolgswirksamen Erstkonsolidierung« genannt. Grundsätzlich anzuwendende Methode der Kapitalkonsolidierung bei →Tochterunternehmen (→Vollkonsolidierung). Unterstellt bei Neuerwerb eines Tochterunternehmens durch den Konzern den Einzelerwerb von dessen Vermögensgegenständen und Schulden. Diese sind deshalb grundsätzlich – abweichend von ihren Buchwerten im Einzelabschluss des erworbenen Unternehmens – für den Konzernabschluss mit Anschaffungskosten anzusetzen.

Expenses
Abnahme wirtschaftlichen Nutzens in der Rechnungsperiode in Form einer Eigenkapitalreduzierung, die durch direkten Abfluss, Wertminderungen von →*assets* oder Anstieg von →*liabilities* bedingt ist, aber keine Auszahlung an Anteilseigner darstellt.

Fair Value

Der *fair value* wird nach IAS und US-GAAP als Oberbegriff aller marktnahen Wertansätze verwendet. Unter dem *fair value* eines *assets* oder einer *liability* wird allgemein der Betrag verstanden, zu dem zwei voneinander unabhängige Parteien mit Sachverstand und Abschlusswillen bereit wären, das *asset* zu tauschen bzw. die *liability* zu begleichen.

FAS, FASB

FAS = Financial Accounting Standards
FASB = Financial Accounting Standards Board

FAS bezeichnen Normen zur externen Berichterstattung, die als wesentlicher Bestandteil der →US-GAAP zu betrachten sind. Das FASB ist die hierfür zuständige Institution.

Festwert

Gleichbleibender Wertansatz für bestimmte Gegenstände des →Sachanlagevermögens und für Roh-, Hilfs- und Betriebsstoffe des →Umlaufvermögens.

Fifo-Verfahren (first in – first out)

Verfahren der →Sammelbewertung, bei dem unterstellt wird, dass die ältesten Bestände zuerst verbraucht oder veräußert werden, sodass sich immer die zuletzt eingegangenen Bestände auf Lager befinden.

Finanzanlagen

Bezeichnung für den Teil des →Anlagevermögens, der die Anteile, Ausleihungen, →Beteiligungen, Wertpapiere und andere Investitionen enthält, die der bilanzierenden Unternehmung langfristig dienen sollen. Finanzanlagen werden durch IAS 39 und FAS 155 geregelt.

Finanzinstrumente (*Financial Instruments*)

Finanzinstrumente oder finanzwirtschaftliche Instrumente beinhalten sowohl die klassischen originären Finanz(ierungs)instrumente wie Einlagen-, Kredit- und Wertpapiergeschäfte als auch Finanzinnovationen oder derivative Finanzinstrumente, wie z. B. Optionen und Futures. Sie werden im Unternehmen vor allem zur Absicherung von Positionen gegen Risiken wie z. B. Wechselkurs-, Zins- oder Aktienkursschwankungen genutzt (*hedging*). Dabei kann eine Absicherung auf der Ebene einzelner Geschäfte oder Positionen erfolgen (Micro-Hedge), auf der Ebene mehrerer Geschäfte (Portfolio-Hedge) oder auf Gesamtunternehmensebene (Macro-Hedge). Regelungen dazu finden sich in IAS 39, FAS 115 und FAS 133.

Firmenwert

→Geschäftswert

Fixwertprinzip

Grundsatz, wonach als Wertansatz für einen bestimmten →Vermögensgegenstand zu einem gegebenen Zeitpunkt nur ein Betrag zulässig ist.

Forderung

Anspruch eines Unternehmens, der sich auf von Dritten zu erbringende Geld- oder sonstige Leistungen richtet.

Framework

Rahmenkonzept der Rechnungslegung, unter das sämtliche Informations- und Gewinnermittlungsgrundsätze subsumiert sind. Im handelsrechtlichen Sinne versteht man hierunter die Grundsätze ordnungsmäßiger Buchführung bzw. Rechnungslegung, im Kontext der IAS/IFRS spricht man von »Framework for the Preparation and Presentation of Financial Statements« und im Zusammenhang mit den US-GAAP ist von »Conceptual Framework« die Rede. Sie dienen als Leitlinie für die Auslegung und Fortentwicklung geltenden Rechts bzw. bestehender Standards.

Fremdkapital

Die der Unternehmung aufgrund von Schuldverpflichtungen für begrenzte Zeit überlassenen Mittel (→Eigenkapital, Verbindlichkeiten).

Fresh-Start-Methode

Alternative Methode zur Bilanzierung von Unternehmenszusammenschlüssen *(business combinations)* für solche Fälle, in denen kein Erwerber identifiziert werden kann. Hierbei werden die Posten beider zusammengeführter Unternehmen mit ihren beizulegenden Zeitwerten bewertet.

Fristenkongruenz

Bezeichnet die Übereinstimmung von Vermögensbindungs- und Kapitalüberlassungsfristen.

Geldkapitalerhaltung

Ziel dieser →Unternehmungserhaltungskonzeption ist die Erhaltung des von den Unternehmenseignern im Unternehmen investierten Geldes. Als Gewinn

(→Erfolg) gilt dementsprechend der Betrag, der über die für die Erhaltung des ursprünglichen Einlagekapitals notwendigen Beträge hinaus erwirtschaftet wurde.

Gemeinschaftsunternehmen
Rechtlich selbständiges Unternehmen, das von zwei oder mehreren anderen Unternehmen gemeinschaftlich geführt wird (§ 310 Abs. 1 HGB, DRS 9). Unterfall des →assoziierten Unternehmens. Kann als Sonderfall statt nach der →Equity-Methode nach der Methode der →Quotenkonsolidierung (§ 310 HGB, DRS 9) einbezogen werden.

Geographical Segment
Unter *geographical segment* ist ein abgrenzbarer Teilbereich eines Unternehmens bzw. →Konzerns zu verstehen, der ein Produkt oder eine Dienstleistung bzw. eine Gruppe verwandter Produkte oder Dienstleistungen innerhalb eines bestimmten Wirtschaftsraums bereitstellt und der unter Risiko- und Chancengesichtspunkten von anderen Segmenten differenzierbar ist. Die Bestimmung regionaler Segmente (z. B. ein Land, eine Ländergruppe oder eine Region innerhalb eines Landes) erfordert dabei Homogenität hinsichtlich der Definitionskriterien (IAS 14.9).

Gesamtkapitalrentabilität
Rentabilität des gesamten im Unternehmen eingesetzten Kapitals.

Gesamtkostenverfahren
Verfahren zur Ermittlung des →Erfolgs in einer bestimmten Periode, bei dem sämtlichen im betrachteten Zeitraum angefallenen →Erträgen sämtliche →Aufwendungen gegenübergestellt werden (Gegensatz: →Umsatzkostenverfahren).

Gesamtleistung
Leistung eines Betriebes innerhalb einer Periode, die sich im Rahmen der →GuV nach dem →Gesamtkostenverfahren aus der Summe der Umsatzerlöse (Pos. 1), Bestandsänderungen (Pos. 2) und Innenleistungen (aktivierte Eigenleistungen; Pos. 3) ergibt. Im Rahmen der GuV nach dem →Umsatzkostenverfahren ist diese Größe nur näherungsweise berechenbar.

Gesamtwert
Unter finanziellen Zielvorstellungen entspricht der Gesamtwert dem aus den zukünftigen →Erfolgen oder →Cashflows oder →Residualgewinnen abgeleiteten Gegenwartswert eines Unternehmens. Neben diesen Ansätzen zur fundamentalen Unternehmensbewertung können Annäherungen an den Gesamtwert auch aus der Marktbewertung des Unternehmens oder vergleichbarer Unternehmen oder aus dem Substanzwert abgeleitet werden. Eine beliebte, wenngleich nicht sehr aussagekräftige Vorgehensweise der marktorientierten Bewertung, bieten die so genannten Multiplikatormethoden.

Gesamtwertprinzip
Nach dem Gesamtwertprinzip wird auf eine Einzelbewertung der →Vermögensgegenstände in der Bilanz verzichtet; das Vermögen wird einheitlich mit dem →Gesamtwert angesetzt. Dieses Bewertungsprinzip liegt der →Erfolgskapitalerhaltung zugrunde und führt zur Ermittlung des →ökonomischen Gewinns.

Geschäftswert (Firmenwert, Goodwill)
Immaterielles Wirtschaftsgut, welches den Wert der bestehenden Organisation einer Unternehmung, deren Ansehen, Kundenstamm usw. darstellt. Der Geschäftswert ist insoweit bilanzierungsfähig, wie er entgeltlich erworben wurde. Dieser wird als Unterschied zwischen →Reinvermögen und Preis eines Unternehmens berechnet. Im Rahmen der Konzernrechnungslegung bei der →Kapitalkonsolidierung verbleibende Differenz zwischen der Summe des anteilig auf den Konzern entfallenden Eigenkapitals und den hierauf entfallenden anteiligen stillen Reserven sowie dem vom Konzern gehaltenen Beteiligungsbuchwert an dem zu konsolidierenden Unternehmen.

Gewinnrücklagen
Aus dem →Erfolg gebildetes, selbsterwirtschaftetes →Eigenkapital. Gewinnrücklagen werden im Rahmen der Verwendung des →Jahresüberschusses gebildet.

Gewinn- und Verlustrechnung (GuV, Erfolgsrechnung)
Teil des →Jahresabschlusses; systematische Aufstellung, bei der den →Aufwendungen die →Erträge eines bestimmten Zeitraums zur Ermittlung des →Erfolges (→Jahresüberschuss/Jahresfehlbetrag, →Bilanzgewinn/Bilanzverlust) gegenübergestellt werden. Die GuV kann nach HGB/IAS wahlweise nach dem →Gesamtkosten- oder →Umsatzkostenverfahren auf-

gestellt werden. Die US-GAAP kennen nur das Umsatzkostenverfahren.

Gezeichnetes Kapital
Konstanter Teil des →Eigenkapitals einer AG (= Grundkapital) oder einer GmbH (= Stammkapital), dessen Höhe durch den Nennwert aller ausgegebenen Aktien bestimmt wird. Gemäß § 7 AktG muss das Grundkapital mindestens 50.000,- Euro betragen.

Goodwill
→Geschäftswert

Grundsatz der sachlichen Abgrenzung
Vermögensminderungen (→Vermögensänderungen), die durch Unternehmensleistungen bedingt sind, müssen der Periode zugerechnet werden, in der die zugrundeliegende Unternehmensleistung erbracht und der entsprechende →Ertrag realisiert wird (→Realisationsprinzip). Gehört zu den Abgrenzungsgrundsätzen (→Grundsätze ordnungsmäßiger Buchführung). International spricht man vom *matching principle*.

Grundsatz der zeitlichen Abgrenzung
Nicht leistungsbezogene →Vermögensänderungen sind der Rechnungsperiode zuzurechnen, in der sie anfallen. Streng zeitraumbezogene Vermögensänderungen sind zeitanteilig zu periodisieren. Streng zeitraumbezogen sind beispielsweise Mietzahlungen, Abschreibungen oder Löhne. Gehört zu den Abgrenzungsgrundsätzen (→Grundsätze ordnungsmäßiger Buchführung).

Grundsätze ordnungsmäßiger Buchführung (GoB)
Regeln zur sachgerechten Aufzeichnung, zeitlichen Zuordnung und Zusammenstellung der Zahlungen aus den Geschäftsvorfällen eines Unternehmens.

Gruppenbewertung
Zusammenfassung von gleichartigen Gütern zu einer Gruppe und Bewertung mit einem bekannten Durchschnittspreis.

Hauptversammlung
Als Organ der AG (Versammlung der Aktionäre) tritt die Hauptversammlung mindestens einmal jährlich zusammen. Sie beschließt u. a. die Verwendung des Bilanzgewinns und die Bestellung der Abschluss- und Sonderprüfer (§§ 118-120 AktG).

HB II
Für die Einbeziehung in den →Konzernabschluss maßgebliche Einzelbilanz des →Konzernunternehmens, wenn dessen handelsrechtliche Einzelbilanz (HB I) wegen der konzernweiten Vereinheitlichung von Ansatz und Bewertung geändert werden muss (§§ 300, 308 HGB).

Herstellungsaufwand
Vermögensminderungen im Zusammenhang mit Arbeiten an betrieblichen Gütern, die zu einer wesentlichen Substanzvermehrung oder zu einer wesentlichen Änderung der Gebrauchs- und Verwendungsmöglichkeiten dieser Güter führen. Gegensatz: →Erhaltungsaufwand.

Herstellungskosten
Alle Vermögensminderungen (→Vermögensänderungen), die nötig waren, um ein Produkt in verkaufsfähigen Zustand zu bringen.

Hifo-Verfahren (highest in – first out)
Verfahren der →Sammelbewertung, bei dem unterstellt wird, dass die zu den höchsten Preisen erworbenen oder hergestellten Güter zuerst verbraucht werden und somit am Bilanzstichtag die Bestände mit den niedrigsten →Anschaffungs- oder →Herstellungskosten auf Lager liegen.

IAS, IFRS, IASC, IASB
IAS = International Accounting Standards
IFRS = International Financial Reporting Standards
IASC = International Accounting Standards Committee
IASB = International Accounting Standards Board

IAS bezeichnen Normen zur externen Unternehmensberichterstattung mit internationaler Gültigkeit, die von einem Gremium, dem IASB (ehemals IASC), erlassen werden. Mit der Entwicklung der IAS/IFRS wird versucht, eine weltweite Harmonisierung der Rechnungslegung zu erreichen.

Immaterielle Vermögensgegenstände des Anlagevermögens
Nicht körperlich fassbare Vermögenswert des →Anlagevermögens, wie z. B. Konzessionen, gewerbliche Schutzrechte, Lizenzen und der →Geschäftswert.

Impairment Loss

Ist der Buchwert eines *assets* höher als dessen erzielbarer Betrag (*recoverable amount*), so liegt ein Abwertungsverlust vor.

Impairment test

Der *impairment test* stellt die internationale Umsetzung des im HGB enthaltenen Niederstwertprinzip dar. Unternehmen, die ihren Jahresabschluss nach den internationalen Reglungen erstellen, haben an jedem Bilanzstichtag zu überprüfen, ob Anzeichen für Wertminderungen ihrer →*assets* bestehen. Liegen entsprechende Anzeichen vor, so muss ein *impairment test* gem IAS 39 oder FAS 144 durchgeführt werden. Kommt es zu einer Abwertung, so ist der *impairment loss* grundsätzlich sofort in der →Gewinn- und Verlustrechnung erfolgswirksam zu erfassen.

Gem. den Regelungen des FAS 142 ist nach US-GAAP auch der →Goodwill nicht mehr planmäßig abzuschreiben sondern jährlich, in Form eines *impairment test* auf seine Werthaltigkeit zu überprüfen.

Imparitätsprinzip

Durchbrechung des →Realisationsprinzips insoweit, als Wertminderungen des Vermögens bereits vor deren Realisation im Abschluss erfolgswirksam zu berücksichtigen sind. Ausfluss des Vorsichtsprinzips.

Income

Zunahme wirtschaftlichen Nutzens in der Rechnungsperiode in Form einer Eigenkapitalerhöhung, die durch direkten Zufluss, Werterhöhungen von →*assets* oder Abnahme von →*liabilities* bedingt ist, aber keine Einlage der Anteilseigner darstellt.

Income Statement

→Gewinn- und Verlustrechnung

Ingangsetzungs- und Erweiterungsaufwendungen

Hierbei handelt es sich um Bilanzpositionen, die weder →Vermögensgegenstände noch →Schulden darstellen. Für Bilanzierungshilfen besteht nach HGB ein Ansatzwahlrecht. Nach IAS/US-GAAP aktive Bilanzierungshilfen, die ggf. unter die *asset*-Definition fallen.

Innenumsatzerlöse

Der Teil der →Umsatzerlöse, der durch innerkonzernliche Leistungsverflechtungen bedingt ist.

Intellectual capital

Als *intellectual capital* (IC) werden nicht monetäre Werte ohne körperliche Substanz bezeichnet. Eine umfassende Kategorisierung des IC teilt dieses in *innovation capital* (z. B. Software, Patente), *human capital* (z. B. Experten-know-how, Führungsqualität), *customer capital* (z. B. Kundenlisten, Marken), *supplier capital* (z. B. Bezugsrechte), *investor capital* (z. B. Rating, Investor Relations), *process capital* (z. B. herausragendes Vertriebsnetz, Kommunikationsnetz) und *location capital* (z. B. Standortvorteile) ein. Die Kategorisierung zeigt, dass dieser Begriff des *intellectual capital* im Vergleich zum Begriff des → immateriellen Vermögensgegenstandes wesentlich weiter gefasst ist. Während immaterielle Vermögensgegenstände dem Grunde nach bilanzierungsfähig sind, ist das intellectual capital i. A. noch nicht im Stadium der Einzelbewertbarkeit oder gar Verkehrsfähigkeit.

Interessentheorie (*Parent Company Theory*)

Möglicher Bezugspunkt für die Erstellung des →Konzernabschlusses. Im Gegensatz zur →Einheitstheorie wird nach der Interessentheorie der Konzernabschluss lediglich als erweiterter Abschluss des Mutterunternehmens betrachtet. Die Interessen des Mutterunternehmens, also i. d. R. der Mehrheitsaktionäre am Nettovermögen der Unternehmensgruppe sollen abgebildet werden. Minderheiten-aktionäre der Tochterunternehmen werden als Konzernaussenstehende betrachtet, ihre Anteile zum Fremdkapital gezählt.

Interessenzusammenführungsmethode

Synonyme: *Pooling of Interests*, *Merger Accounting*; Wahlweise unter genau definierten Bedingungen anstelle der →Erwerbsmethode anwendbare Methode der →Kapitalkonsolidierung von →Konzernunternehmen (→Vollkonsolidierung), die als gleichwertige Partner fusionieren (*merger of equals*). Vermögensgegenstände und Schulden werden hier unverändert aus der →HB II in die Konzernbilanz übernommen. Es entsteht kein →Geschäftswert. Keine Auflösung stiller Reserven. Keine Erfolgswirkungen in Folgeperioden. Nach US-GAAP seit 2001 verboten.

Intrinsischer Wert

Differenz zwischen Marktpreis und Ausübungspreis bei einer Option, die zum Kauf einer Aktie zu einem bestimmten Preis berechtigt (Call-Option). Bei Optionen, die zum Verkauf einer Aktie zu einem bestimmten Preis berechtigen (Put-Option), ist der intrinsische Wert die Differenz zwischen Ausübungspreis und Marktpreis. Da es sich bei Optionen um bedingte Termingeschäfte handelt, beträgt der minimale intrinsische Wert Null.

Inventar
Durch →Inventur ermittelte Liste der tatsächlich vorhandenen Mengen an →Vermögensgegenständen.

Inventories
→Vorräte

Inventur
Maßnahme zur Überprüfung der buchmäßig ausgewiesenen Bestände an →Vermögensgegenständen. Das Ergebnis heißt →Inventar.

Investment Property
Auch: nicht betriebsnotwendiges Vermögen. Immobilien, d. h. Grundstücke, Gebäude, bzw. Gebäudeteile oder beides, die von einem Unternehmen als Eigentum oder im Rahmen eines Finanzierungsleasings gehalten werden, um Einkünfte durch Vermietung, Verpachtung oder Wertzuwächsen oder Kombinationen aus diesen zu erzielen und nicht der Erstellung von Gütern und Dienstleistungen dienen und auch nicht zum Verkauf im Rahmen der gewöhnlichen Geschäftstätigkeit stehen (z. B. bei Immobilienhändlern). *Investment Property* werden im Rahmen des IAS 40 geregelt.

Jahresabschluss
Der Jahresabschluss besteht grundsätzlich aus →Bilanz und →Gewinn- und Verlustrechnung (§ 242 HGB), die bei Kapitalgesellschaften durch einen →Anhang zu ergänzen sind. Er verkörpert einen auf Zahlungsströmen zwischen Unternehmen und Umwelt basierenden zahlenmäßigen Bericht, der in Gestalt des Anhangs durch umfangreiche Pflichtangaben in quantitativer und/oder verbaler Form erweitert wird. Der Bilanz kommt hierbei primär die Aufgabe zu, über den Wertbestand in der Unternehmung zum Ende der Rechnungsperiode Auskunft zu geben; die GuV hingegen zeigt die Änderungen des Wertbestandes, die der abgelaufenen Periode nach den Abgrenzungsgrundsätzen zugerechnet werden. Nach IAS und US-GAAP beinhaltet der Jahresabschluss zusätzlich eine →Kapitalflussrechnung, eine →Eigenkapitalveränderungsrechnung (*statement of stockholders' equity*) und eine →Segmentberichterstattung.

Jahresüberschuss/Jahresfehlbetrag
Betriebswirtschaftliche Maßgröße, die den in der zugrundeliegenden Periode erwirtschafteten Gewinn oder Verlust (→Erfolg) - gemessen nach den Regeln des HGB - ausweist (→Bilanzgewinn/Bilanzverlust). Internationales Äquivalent ist der *net profit* (IAS) bzw. das *net income* (US-GAAP).

Kapitalerhaltung
→Unternehmungserhaltungskonzeption

Kapitalflussrechnung (KFR)
Im weiteren Sinne entspricht sie der Finanzierungsrechnung, also einer Bewegungsrechnung, in der für einen bestimmten Zeitraum Herkunft und Verwendung verschiedener liquiditätswirksamer Mittel dargestellt werden. Wichtige Formen der Finanzierungs-/Kapitalflussrechnung sind die →Beständedifferenzbilanz, die →Veränderungsbilanz, die →Bewegungsbilanz sowie die Kapitalflussrechnung mit Fondsabgrenzung. Letztere Form umfasst als Tatbestandsrechnung einerseits den Liquiditätsnachweis, der die Veränderungen der Positionen des Fonds aufzeigt, andererseits als Erklärungsrechnung die Ursachenrechnung, die mittels der Darstellung der Veränderung der nicht im Fonds zusammengefassten Positionen die Fondsänderungen zu erklären sucht. Im engeren Sinne ist mit Kapitalflussrechnung eine bestimmte zahlungsorientierte Finanzierungsrechnung mit ausgegliedertem Liquiditätsfonds gemeint, die zur Information externer Interessenten dient. Diese zahlungsorientierte Kapitalflussrechnung wird für kapitalmarktorientierte Mutterunternehmen mit § 297 Abs. 1 Satz 2 HGB i. V. m. DRS 2 vorgeschrieben und ist kompatibel mit dem nach IAS/IFRS verbindlichen *cash flow statement* (IAS 7) wie auch dem nach US-GAAP verpflichtenden *statement of cash flows* (FAS 95).

Kapitalkonsolidierung
Aufrechnung des Beteiligungsbuchwertes aus dem Einzelabschluss des →Mutterunternehmens mit dem beteiligungsproportionalen Eigenkapital des →Tochterunternehmens bei Erstellung des →Konzernabschlusses (→Konsolidierungsausgleichsposten).

Kapitalrücklage

Von außen zugeführtes →Eigenkapital, welches nicht als →gezeichnetes Kapital gilt. Hierunter fallen die Beträge, die bei der Ausgabe von Anteilen über deren Nennbetrag hinaus erzielt werden, der Betrag, der bei der Ausgabe von →Wandelschuldverschreibungen oder →Optionsschuldverschreibungen erzielt wird und Zuzahlungen der Gesellschafter.

Kennzahl

Ausdruck zweier zueinander in Beziehung gesetzter betriebswirtschaftlich relevanter Maßgrößen; wichtige Beispiele sind die verschiedenen →Rentabilitätskennzahlen.

Kifo-Verfahren (Konzern in – first out)

Verfahren der →Sammelbewertung mit der Fiktion, dass die →Vermögensgegenstände aus eigener Produktion und aus Lieferungen von in den Konzern einbezogenen Unternehmen das Lager zuerst verlassen, sodass der Konzernanteil unter den Beständen möglichst klein wird. Neben der Kifo-Fiktion ist eine weitere Verbrauchsfiktion (z. B. →Fifo-, Lifo-Verfahren) für die konzernfremden Bestände zu unterstellen.

Konsolidierungsausgleichsposten

Differenz zwischen dem →Buchwert von Konzernbeteiligungen und dem auf die Beteiligungen entfallenden →Eigenkapital der in Beteiligungsbesitz stehenden Unternehmen. Die Differenz wird im Rahmen der →Kapitalkonsolidierung in ihre Bestandteile →stille Reserven und/oder →Geschäftswert aufgeteilt und fortgeführt.

Konsolidierungskreis

In den Konzernabschluss eines Mutterunternehmens nach der →Vollkonsolidierung einzubeziehende →Tochterunternehmen eines →Mutterunternehmens. Besteht grundsätzlich aus allen Konzernunternehmen. Kann durch Einbeziehungswahlrechte bzw. Einbeziehungsverbote auch kleiner als der Gesamtkreis der Konzernunternehmen sein.

Konsolidierungsmaßnahmen

Massnahmen zur Zusammenführung der verschiedenen Einzelbilanzen und Gewinn- und Verlustrechnungen der einbezogenen →Konzernunternehmen zur Konzernbilanz und -Gewinn- und Verlustrechnung unter dem Gesichtspunkt der →Einheitstheorie. Zu den Konsolidierungsmassnahmen im engeren Sinn gehören die →Kapitalkonsolidierung, die →Schuldenkonsolidierung, die Zwischenerfolgselimination und die Elimination innerkonzernlicher Aufwendungen und Erträge.

Konzern

Gruppe rechtlich selbständiger Unternehmen, die durch →einheitliche Leitung oder durch ein →Control-Verhältnis zusammengefasst sind. Nach DRS 4 sowie nach internationalen Grundsätzen ist nur noch das Control-Verhältnis maßgebend.

Konzernabschluss

Jahresabschluss eines fiktiven Gesamtunternehmens →Konzern (→Einheitstheorie), der durch das →Mutterunternehmen aufzustellen ist.

Konzernunternehmen

Alle in einem Mutter-Tochter-Verhältnis (→Mutter-, Tochterunternehmen) stehende Unternehmen (§ 290 Abs. 1 und 2 HGB).

Kurs-Gewinn-Verhältnis (KGV), Price Earnings Ratio (PER)

Kennzahl bei der der Aktienkurs durch das Ergebnis je Aktie dividiert ist (→Aktienrentabilität).

Lagebericht

Zusätzliches, für Kapitalgesellschaften aufstellungspflichtiges Informationsinstrument, welches Angaben über den allgemeinen Geschäftsverlauf und die Lage des jeweiligen Unternehmens liefert.

Langfristige Auftragsfertigung

Fertigungsaufträge, deren Herstellung mehr als eine Bilanzperiode umfasst.

Latente Steuern

Aktivposten und/oder Passivposten zum Ausgleich des Unterschieds zwischen der aufgrund der Steuerbilanz veranlagten Steuerschuld und der aufgrund der Handelsbilanz verursachten wirtschaftlichen Steuerbelastung. Für die Ermittlung latenter Steuern gibt es im Wesentlichen zwei Konzepte:

Nach dem in §§ 274, 306 HGB verankerten Timing-Konzept resultieren die latenten Steuern aus zeitlich begrenzten Differenzen, zwischen Handelsbilanzergebnis und Steuerbilanzergebnis (Einzelabschluss) bzw. zwischen Summe der Ergebnisse der zu konsolidierenden Einzelabschlüsse (= →Handelsbilanz II) und konsolidiertem Ergebnis (= →Konzernabschluss).

Nach dem in IAS 12 und in FAS 109 verwirklichten Temporary-Konzept resultieren latente Steuern aus dem Unterschied zwischen dem →Buchwert von Vermögensgegenständen und Schulden in der Handelsbilanz (Einzelbilanz bzw. Konzernbilanz) und ihrem Ansatz in der Steuerbilanz. Das Temporary-Konzept ist umfassenderer als das Timing-Konzept.

Liabilities

Liabilities bezeichnen gem. →IAS (F 60 ff.) und →US-GAAP (CON 6.36 ff.) gegenwärtige Verpflichtungen des Unternehmens, die aufgrund von Ereignissen in der Vergangenheit entstanden sind und in Zukunft zu einem Abfluss von Ressourcen führen werden. Erfasst werden *liabilities* nach IAS nur, wenn der Abfluss von Ressourcen in der Zukunft wahrscheinlich ist und sich der entsprechende Wert verlässlich ermitteln lässt. Weiterhin lassen sich die *liabilities* nach IAS in →*accruals*, →*provisions* und →*contingent liabilities* unterteilen. In einem US-GAAP-Abschluss werden *liabilities* nur erfasst, wenn es nicht mehr im Ermessen des Unternehmens liegt, sich einer Vermögensbelastung zu entziehen.

Lifo-Verfahren (last in – first out)

Verfahren der →Sammelbewertung, bei dem unterstellt wird, dass die zuletzt eingegangenen Bestände als erste die Unternehmung wieder verlassen und sich somit am Bilanzstichtag immer die zuerst eingegangenen Bestände auf Lager befinden.

Liquidität

Fähigkeit eines Unternehmens, jederzeit seinen Zahlungsverpflichtungen nachkommen zu können.

Lofo-Verfahren (lowest in – first out)

Verfahren der →Sammelbewertung, bei dem unterstellt wird, dass die Güter mit den niedrigsten →Anschaffungs- oder Herstellungskosten zuerst verbraucht oder veräussert werden, sodass der Endbestand stets mit den höchstmöglichen Wertansätzen bilanziert wird.

Lower of Cost or Market

→Niederstwertprinzip nach →US-GAAP bei der Bewertung der →*inventories*.

Market-to-Book Ratio

Es handelt sich um eine in der angloamerikanischen Praxis der Bilanzanalyse gebräuchliche Kennzahl. Sie entspricht der Marktkapitalisierung dividiert durch das bilanzielle Eigenkapital oder was das gleiche besagt, der Relation Börsenkurs zu →Bilanzkurs. Die Kennzahl indiziert den Wertzuwachs, den die durch die Eigentümer in der Vergangenheit getätigten Einlagen (einschließlich der einbehaltenen Gewinne) erfahren haben.

Marking to Fair Value

Bewertung zum →*fair value*.

Marktwertmultiples

Kennzahl, die das Vielfache des Marktwertes einer Unternehmung zu ihrem Gewinn eines Jahres ausdrückt. Das Marktwertmultiple kann sich auf den Marktwert des Eigenkapitals oder den Marktwert vom Eigenkapital zuzüglich Fremdkapital beziehen. Im ersten Falle wird der Gewinn vor Steuern, im zweiten Fall der Gewinn (oder Cashflow) vor Zinsen und Steuern als Basis verwendet. Das →Kurs-Gewinn-Verhältnis ist ein spezielles Marktwertmultiple.

Maßgeblichkeitsprinzip

Grundsatz, wonach ein Sachverhalt im →Jahresabschluss nach Steuerrecht grundsätzlich ebenso zu behandeln ist wie im handelsrechtlichen Jahresabschluss, solange nicht zwingende steuergesetzliche Vorschriften ein Abweichen verlangen (§ 5 Abs. 1 EStG).

MD&A (*Management´s Discussion and Analysis*)

Ein dem →Lagebericht ähnliches Berichtsinstrument, in dem das Management Stellung zur Vermögens-, Finanz- und Ertragslage einschließlich der Kapitalbeschaffungsmaßnahmen nimmt. MD&A ist ein eigenständiger Bestandteil innerhalb des prüfungs-pflichtigen Jahresabschlusses börsennotierter Unternehmen in den USA.

Merger of Equals

→Interessenzusammenführungsmethode

Mutterunternehmen

Aufgrund →einheitlicher Leitung oder Beherrschung (→Control-Verhältnis) anderer Unternehmen (→Tochterunternehmen) prinzipiell zur Erstellung eines →Konzernabschlusses bzw. →Teilkonzernabschlusses verpflichtetes Unternehmen. Kann seinerseits wiederum Tochterunternehmen eines anderen Mutterunternehmens sein.

Niederstwertprinzip
→Vermögensgegenstände sind grundsätzlich zu dem durch die →Anschaffungs- oder Herstellungskosten bestimmten Wert anzusetzen. Liegt der Wiederbeschaffungs- bzw. Absatzpreis niedriger, ist dieser Wert für den Ansatz in der Bilanz in jedem Fall maßgebend (= strenges Niederstwertprinzip, welches für das →Umlaufvermögen gilt). Das für das →Anlagevermögen gültige gemilderte Niederstwertprinzip schränkt das strenge Niederstwertprinzip dahingehend ein, dass der niedrigere Stichtagswert nur bei voraussichtlich dauernder Wertminderung angesetzt werden muss. Bei Nichtkapitalgesellschaften besteht bei nur vorübergehenden Wertminderungen im Anlagevermögen ein Abwertungswahlrecht; bei Kapitalgesellschaften gilt dieses Wahlrecht hingegen nur bei Finanzanlagen.

Non-current assets
→Anlagevermögen

Notes
→Anhang

Ökonomischer Gewinn
→Erfolgskapitalerhaltung

Operating Segment
→Operatives Segment

Operatives Segment
Teilbereich eines Unternehmens, für den eigenständige Daten aus dem Rechnungswesen zur Verfügung stehen, der Geschäftsaktivitäten entfaltet, die potenziell oder tatsächlich zu Umsatzerlösen oder sonstigen Erträgen führen und dessen operative Ergebnisse dem Management als Entscheidungsgrundlage dienen. Die Klassifizierung in operative Segmente erfolgt nach DRS 3 und SFAS 131.

Optionsschuldverschreibungen
Optionsschuldverschreibungen gewähren dem Wertpapierinhaber neben Zinsen das Recht zum Bezug von Aktien. Im Gegensatz zu →Wandelschuldverschreibungen bleibt die Optionsschuldverschreibung bei Ausübung des Bezugsrechts bestehen; bei gleichbleibendem Fremdkapitalanteil wird in diesem Fall somit zusätzliches Eigenkapital gebildet. Die Ausgabe dieser Wertpapiere bedarf der staatlichen Genehmigung.

Optionswert
Gesamtwert einer Option, der sich aus dem →intrinsischen Wert (auch: innerer Wert) der Option und dem Zeitwert der Option zusammensetzt.

Ordentliches Betriebsergebnis
Differenz der regelmäßig anfallenden →Erträge und →Aufwendungen aus der Erzeugung und dem Vertrieb der vom Unternehmen im Rahmen des jeweiligen Geschäftszweiges erzeugten und gelieferten Produkte.

Ordentliches betriebsfremdes Ergebnis
Differenz der regelmäßig anfallenden →Erträge und →Aufwendungen der nicht unmittelbar dem eigentlichen Betriebszweck dienenden Transaktionen, insbesondere Finanztransaktionen.

Parent Company Theory
→Interessentheorie

Pauschalwertberichtigung auf Forderungen
Wertberichtigung auf Forderungen wegen des allgemeinen Kreditrisikos (z. B. allgemeines Ausfallrisiko bei Konjunkturabschwächung oder Währungsumstellung). Gegensatz: →Einzelwertberichtigung auf Forderungen.

Percentage-of-Completion Methode
Eine Bewertungsmethode für langfristige Fertigungsaufträge (→langfristige Auftragsfertigung) bei der es zu einer erfolgswirksame Vereinnahmung der vereinbarten Gesamterlöse entsprechend dem Fertigstellungsgrad des Auftrags in jeder Periode der Auftragsabwicklung kommt.

Pooling-of-Interest-Methode
→Interessenzusammenführungsmethode.

Price-Earnings-Ratio (PER)
Bezeichnet das Verhältnis von Preis zu Gewinn je Aktie.

Produktivität
Maßstab für die Ergiebigkeit des Einsatzes eines Produktionsfaktors. In der →Bilanzanalyse spielt insbe-

sondere die Kennzahl »Arbeitsproduktivität« eine Rolle. Sie wird wie folgt gemessen:

$$\text{Arbeitsproduktivität} = \frac{\text{Gesamtleistung}}{\text{durchschnittliche Belegschaftsstärke}}$$

oder

$$\frac{\text{Wertschöpfung}}{\text{durchschnittliche Belegschaftsstärke}}$$

Provisions
In IAS 37 werden →Rückstellungen, als Spezialform der Verpflichtungen, mit *provisions* bezeichnet. Sie sind genau wie im deutschen Recht eine besondere Art von Verpflichtungen, die sich durch Ungewissheit bezüglich ihrer Höhe oder bezüglich ihres Eintrittes auszeichnen (IAS 37.10).

Publizitätsgesetz (PublG)
Das PublG regelt für Unternehmen gewisser Größenordnung, die nicht Aktiengesellschaften sind, die Rechnungslegung und deren Publikation.

Push Down Accounting
Rückwirkung eines Unternehmenserwerbs auf den Einzelabschluss des erworbenen Tochterunternehmens. Nach den Vorschriften der SEC ist für den Einzelabschluss von *substantially wholly owned subsidiaries* die Neubewertungsbilanz zu verwenden, d. h. stille Reserven/Lasten sind auf Basis des Einzelabschlusses aufzulösen.

Purchase-Methode
→Erwerbsmethode

Quotenkonsolidierung
Bei →Gemeinschaftsunternehmen wahlweise anstelle der →Equity-Methode anwendbare Form der →Kapitalkonsolidierung. Läuft technisch grundsätzlich parallel zur →Erwerbsmethode und →Vollkonsolidierung mit dem grundsätzlichen Unterschied, dass die Bilanzpositionen des Gemeinschaftsunternehmens nicht in voller Höhe, sondern nur mit ihrem anteiligen Wert in die Konzernbilanz übernommen werden (vgl DRS 9).

Rahmenkonzept
→Framework.

Rating
Bonitätsbeurteilung von Unternehmen durch Rating Agenturen. Die bekanntesten sind Standard & Poors und Moody´s Investors Service.

Realisationsprinzip
Grundsatz, wonach Gewinne aus Unternehmensleistungen erst nach Abschluss der Leistungserstellung und des Gefahrenübergangs im →Jahresabschluss erfolgserhöhend erfasst werden dürfen. Gehört zu den Abgrenzungsgrundsätzen (→Grundsätze ordnungsmäßiger Buchführung).

Rechnungsabgrenzungsposten
Aktivischer oder passivischer Bilanzposten für streng zeitraumbezogene Zahlungen, die vor dem Bilanzstichtag für einen genau bestimmten Zeitraum nach dem Bilanzstichtag geleistet bzw. empfangen wurden.

Rechnungswesen
Gesamtheit aller wirtschaftlich auswertbaren und sich auf Datenträgern niederschlagenden Akten der Informationsgewinnung und Informationsverarbeitung einer Unternehmung.

Reinvermögen
Differenz zwischen der Summe der Aktiva und der Summe aus →Rückstellungen, →Verbindlichkeiten und passiven →Rechnungsabgrenzungsposten.

Rentabilität
→Kennzahl, bei der eine Ergebnisgröße zu einer dieses Ergebnis maßgebend bestimmenden Einflussgröße in Relation gesetzt wird. Als solche Einflussgrößen kommen vor allem einerseits das eingesetzte Kapital oder Vermögen, andererseits der →Umsatz in Betracht. Im ersten Fall spricht man von Kapital- oder Vermögensrentabilität (*return on investment, return on net assets, return on capital employed*), im zweiten Fall von Umsatzrentabilität.

Return on Investment (ROI), Return on Net Assets (RONA), Return on Capital Employed (ROCE)
→Rentabilität

Rohergebnis
Betriebswirtschaftliche Maßgröße, die sich bei Anwendung des →Gesamtkostenverfahrens aus den

Pos. 1–5 (= →Gesamtleistung + sonstige betriebliche Erträge – Materialaufwand), bei Anwendung des Umsatzkostenverfahrens aus den Pos. 1–3 und 6 (Bruttoergebnis vom Umsatz + sonstige betriebliche Erträge) ergibt. Kleine und mittelgroße Kapitalgesellschaften können ihre →GuV ohne weitere Untergliederung mit dieser Sammelgröße beginnen.

Rückbeteiligungen
Beteiligungen von Konzerngesellschaften an der den →Konzernabschluss erstellenden →Mutterunternehmung.

Rücklagen
Variabler Teil des →Eigenkapitals, der aufgrund von gesetzlichen oder satzungsmäßigen Bestimmungen oder freiwillig gebildet wird. Es lassen sich →Kapitalrücklagen und →Gewinnrücklagen unterscheiden.

Rückrechnung (retrograde Wertermittlung)
Ermittlung der →Anschaffungskosten durch Abzug des Rohgewinnaufschlags und von Preisnachlässen von den Verkaufspreisen der jeweiligen Produktgruppe.

Rückstellungen
Wertminderungen (→Vermögensänderungen), die für die Zukunft erwartet werden und →Aufwand der Berichtsperiode sind, wenn sie nicht mit völliger Sicherheit, aber ausreichend sicher erwartet werden und nicht lediglich einzelne in der →Bilanz ausgewiesene →Vermögensgegenstände betreffen. Die Rückstellungen lassen sich dabei grundsätzlich in Rückstellungen für rechtliche und wirtschaftliche Verpflichtungen und Aufwandsrückstellungen unterscheiden.

Sachanlagen
Der materielle Teil des →Anlagevermögens, der die Immobilien, Maschinen, Betriebs- und Geschäftsausstattung, Anlagen im Bau und Anzahlungen auf Anlagen umfasst. Regelungen hierzu finden sich in IAS 16.

Sachkapitalerhaltung (Substanzerhaltung, Vermögenserhaltung)
Bei dieser →Unternehmungserhaltungskonzeption geht es um die Sicherung des mengenmäßigen Reinvermögensbestandes der Unternehmung. Als Gewinn gilt dementsprechend der Betrag, der über die für die Erhaltung des mengenmäßigen Vermögensbestandes notwendigen →Erträge hinaus erwirtschaftet wird.

Sammelbewertung
Verfahren der Sammelbewertung dienen der vereinfachten Ermittlung von Vorratsabgängen mit Hilfe von fiktiven Annahmen. Zu den Sammelbewertungsverfahren zählen die →Durchschnittsmethode, das →Fifo-, →Lifo-, →Hifo-, →Lofo- und →Kifo-Verfahren.

Scheinerfolg
Scheinerfolge haben ihre Ursachen in Preisänderungen der betrieblichen Produktionsfaktoren während der Zeit zwischen Beschaffung und Verwertung der Faktoren. Die Höhe des Scheinerfolgs entspricht der auf den Faktorverzehr bezogenen Preisänderung. Steigende Beschaffungspreise führen zu Scheingewinnen, sinkende Beschaffungspreise zu Scheinverlusten.

Schulden
Schulden sind bestehende oder hinreichend sicher erwartete Belastungen des Vermögens, die auf einer rechtlichen oder wirtschaftlichen Verpflichtung des Unternehmens beruhen und selbständig bewertbar sind. Sie können aus →Verbindlichkeiten und →Rückstellungen (für ungewisse Verbindlichkeiten) bestehen.

Schuldenkonsolidierung
Aufrechnung von Forderungs- und Schuldpositionen, die gegenüber anderen einbezogenen →Konzernunternehmen bestehen. Gemäß dem Gedanken der →Einheitstheorie kann der →Konzern keine Forderungen bzw. Schulden gegenüber sich selbst haben.

Schwebende Geschäfte
Zweiseitig verpflichtende Verträge, die noch von keinem Vertragspartner erfüllt worden sind.

Securities
Aktien, Anteile, sonstige Vermögens- und Unternehmensbeteiligungen sowie Verpflichtungen eines Ausstellers, die als Namens- oder Inhaberpapiere ausgegeben wurden, die registriert sind und an Börsen oder Märkten gehandelt werden.

Segmentberichterstattung
Teil des nach HGB (DRS 3) IAS (IAS 14) und US-GAAP (FAS 131) aufgestellten Jahresabschlusses

börsennotierter Unternehmen mit dem Ziel, disaggregierte Unternehmensdaten zu publizieren, die dazu dienen, die wirtschaftliche Lage eines diversifizierten Unternehmens besser beurteilen zu können, als dies durch alleinige Gewährung der aggregierten Daten in →GuV und →Bilanz möglich wäre. Die Disaggregationsebenen sind Leistungsbereiche (→*business segment*) und geographische Regionen (→*geographical segment*) für den Segmentbericht nach IAS bzw. →operative Segmente für den nach HGB und US-GAAP aufgestellten Segmentbericht.

Shareholder Value
→Gesamtwert, →*Stakeholder-/Stockholder*-Theorie

Sonderposten mit Rücklageanteil (SoPoR)
Der SoPoR stellt einen gesondert ausweispflichtigen Passivposten mit Mischcharakter in zweifacher Hinsicht dar: Einerseits enthält er →stille Reserven, die in der Zukunft auf neu zu beschaffende →Vermögensgegenstände übertragen werden sollen, sowie die allein auf steuerlichen Vorschriften beruhenden →Abschreibungen gemäß § 254 HGB; andererseits beinhaltet der SoPoR aufgrund des i. d. R. eintretenden Steuerstundungseffektes sowohl Eigenkapital- wie auch Fremdkapitalbestandteile.

Sozialbericht
Der Sozialbericht ist der Teil des →Lageberichts, in dem (freiwillig) die den Sozialbereich betreffenden Angaben zusammengefasst werden.

Stakeholder-/Stockholder-Theorie
Nach der *Stakeholder*-Theorie ist der Jahresabschluss ein Informationsinstrument für alle am Unternehmen beteiligten »Koalitions-« Partner. Nach der *Stockholder*-Theorie ist die finanzielle Rechnungslegung primär auf die Interessen des von der Geschäftsführung getrennten Eigentümers (=*Stock-/Shareholder*) gerichtet. Im Zentrum steht deshalb die Zielsetzung zur Information über den *Shareholder Value*.

Statement of Stockholders' Equity
→Eigenkapitalveränderungsrechnung

Steuerbilanzgewinn
Der in der Steuerbilanz ausgewiesene Gewinn. Im Rahmen der externen →Bilanzanalyse ist seine Schätzung aufgrund der Position »Steuern vom Einkommen, vom Ertrag und vom Vermögen« näherungsweise möglich. Dies setzt allerdings voraus, dass die latenten Steueraufwendungen und -erträge gesondert ausgewiesen werden.

Stille Reserven (stille Rücklagen)
Teil des (effektiven) →Eigenkapitals. Aus der →Bilanz nicht ersichtliche Reserven, die sowohl auf der Aktiv- als auch auf der Passivseite enthalten sind und durch zu hohe passive Wertansätze oder zu niedrige Aktivansätze und durch Nichtaktivierung entstehen können. Stille Reserven kann man nach der Art ihres Entstehens in →Zwangsreserven, →Ermessensreserven, →Dispositionsreserven und →Willkürreserven unterscheiden.

Stock Appreciation Right
→virtuelle Aktienoption

Stock Appreciation Right Plan
→virtueller Aktienoptionsplan

Stock Option
→Aktienoption

Stock Option Plan
→Aktienoptionsplan

Strenges Niederstwertprinzip
→Niederstwertprinzip

Summenabschluss
Additive Zusammenfassung gleichartiger Positionen der Einzelbilanzen (Summenbilanz) und Einzel-GuV-Rechnungen (Summen-GuV) der Konzerngesellschaften (→Konzernabschluss).

Tageswertprinzip
Nach diesem Prinzip werden die →Vermögensgegenstände in der Bilanz mit dem Tageswert am Bilanzstichtag und die Aufwendungen in der Erfolgsrechnung mit dem Tageswert am Umsatztage bewertet. Dieses Bewertungsprinzip entspricht der →Sachkapitalerhaltung.

Teilkonzernabschluss
→Konzernabschluss, den eine Konzerngesellschaft, die selbst wiederum →Tochterunternehmen eines →Mutterunternehmens ist, für den von ihr einheitlich geleiteten oder beherrschten Bereich erstellt.

Teilwert
Betrag, den ein Erwerber des ganzen Betriebes im Rahmen des Gesamtkaufpreises für ein einzelnes Wirtschaftsgut ansetzen würde; dabei ist davon auszugehen, dass der Erwerber den Betrieb fortführt (§ 6 Abs. 1 Nr. 1 EStG).

Tochterunternehmen
Von einem →Mutterunternehmen prinzipiell in dessen →Konzernabschluss einzubeziehendes (verbundenes) Unternehmen. Kann seinerseits wiederum Mutterunternehmen sein (→Vollkonsolidierung).

Totale Erfolgsrechnung
Erfolgsrechnung, die als Abrechnungsperiode die gesamte Lebensdauer eines Unternehmens umfasst.

Umlaufvermögen (Current assets)
Diejenigen Vermögensgegenstände, die nur zu einer vorübergehenden Nutzung im Geschäftsbetrieb der Unternehmung bestimmt sind und keine Posten der →Rechnungsabgrenzung darstellen.

Umsatzerlöse
Wert der in der Abrechnungsperiode verkauften Güter und Dienstleistungen aus den betriebstypischen Aktivitäten.

Umsatzkostenverfahren
Verfahren zur Ermittlung des →Erfolges einer bestimmten Periode, bei dem dem effektiven Umsatz der betrachteten Periode außer den zeitlich abgegrenzten FuE-, Vertriebs- und Verwaltungsaufwendungen nur die sachlich abzugrenzenden Herstellungsaufwendungen gegenübergestellt werden, welche für die verkauften Produkte angefallen sind (sog. Umsatzaufwendungen). Gegensatz: →Gesamtkostenverfahren. Das Umsatzkostenverfahren beruht auf einer Funktionsgliederung der Aufwendungen.

Umschlagskoeffizient
Ein Umschlagskoeffizient gibt an, wievielmal ein Vermögensposten in der Periode umgeschlagen wurde (Umschlagshäufigkeit) oder als reziproker Wert, in welcher Zeit der Bestand einmal umgeschlagen wird (Umschlagsdauer):

$$\text{Umschlagshäufigkeit} = \frac{\text{Abgang in der Periode}}{\text{durchschnittlicher Bestand in der Periode}}$$

Unterbilanz
Zustand des Jahresabschlusses, in dem der Verlust einer Periode nicht mehr durch offene Rücklagen kompensiert werden kann.

Unternehmungserhaltungskonzeption
Eine Unternehmenserhaltungskonzeption legt fest, wie der Gewinn zu bemessen ist, damit gewährleistet ist, dass dem Unternehmen keine für die Erhaltung der Wirtschaftseinheit notwendigen Beträge entzogen werden. Die wichtigsten Formen der Unternehmenserhaltungskonzeption sind die →Geldkapitalerhaltung, die →Sachkapitalerhaltung und die →Erfolgskapitalerhaltung.

US-GAAP
Die US-amerikanischen Generally Accepted Accounting Principles, d. h. die US-amerikanischen Rechnungslegungsnormen, werden v. a. durch Institutionen wie z. B. das →FASB gestaltet und sind gekennzeichnet durch ihre Fallbezogenheit (*case law*). Im Vordergrund der Rechnungslegung nach den US-GAAP steht die Bereitstellung von Informationen für Investoren.

Value Reporting
Unter *Value Reporting* versteht man die Bereitstellung verdichteter, über die Publizitätspflicht hinausgehender Informationen aus dem operativen und strategischen Bereich mit dem Ziel, die Unternehmensbewertung durch Unternehmensexterne zu erleichtern und damit eine eventuell vorhandene Wertlücke zwischen aktuellem Marktpreis und innerem Wert zu dezimieren.

Valutaforderungen
Forderungen in ausländischer Währung.

Valutaverbindlichkeiten
Verbindlichkeiten in ausländischer Währung.

Veränderungsbilanz
→Bewegungsbilanz

Verbindlichkeiten
Leistungsverpflichtungen des Unternehmens, die juristisch erzwingbar sind und eine wirtschaftliche Belastung für das Unternehmen darstellen.

Verbundene Unternehmen
Unternehmen, die sich als →Mutter- bzw. →Tochterunternehmen gegenüberstehen.

Verfügungsbetrag
Betrag eines Darlehens, der dem Darlehensnehmer tatsächlich zufliesst (→Disagio).

Vermögensänderungen
Durch mengen- oder rein wertmäßige Vorgänge hervorgerufene Mehrungen (Wertsteigerungen, Vermögensmehrungen) oder Minderungen (Wertminderungen, Vermögensminderungen) des Bestandswertes der Vermögensgegenstände, wobei die →Vermögensgegenstände auf Basis der →Anschaffungskosten bewertet werden.

Vermögensgegenstand
Gut, das einzeln veräußerbar, d. h. selbständig verkehrsfähig ist.

Verschmelzungsmehrwert
Der →Geschäftswert, der bei der Verschmelzung von Unternehmen aufgedeckt wird.

Verschuldungsgrad
Der Verschuldungsgrad gibt den Anteil des →Eigenkapitals (bzw. →Fremdkapitals) am Gesamtkapital an. Er gilt als Indiz für das finanzwirtschaftliche (Financial Leverage-) Risiko.

Virtuelle Aktienoption (*Stock Appreciation Right*)
Vergütungshalber gewährtes Recht, an der Wertsteigerung der Unternehmung zu partizipieren. Der Mitarbeiter erwirbt in diesem Fall keine Aktien, analog dem Mechanismus einer →Aktienoption wird dem Mitarbeiter bei Ausübung die Differenz zwischen einem definierten Ausübungspreis (Basispreis) und dem Marktpreis der Aktie (→intrinsischer Wert) ausbezahlt. Geregelt wird die Bilanzierung virtueller Aktienoptionen in FIN 28 und FAS 123.

Virtueller Aktienoptionsplan (*Stock Appreciation Right Plan*)
Vergütungsinstrument, dass die Vergütung durch →virtuelle Aktienoptionen regelt. Geregelt werden der Kreis der Begünstigten und die Konditionen des virtuellen Aktienoptionsplans, wie z. B. Anzahl der gewährten Optionen, Sperrfrist, Ausübungszeitraum, ggf. Ausübungsbedingungen usw.

Vollkonsolidierung
Methode der Einbeziehung von →Tochterunternehmen in den →Konzernabschluss. Bis auf das anteilige Eigenkapital (→Kapitalkonsolidierung) werden dabei prinzipiell sämtliche Bilanz- und GuV-Positionen des Tochterunternehmens – bereinigt um Korrekturen im Sinne der →Einheitstheorie – in den Konzernabschluss übernommen.

Vorräte (Vorratsvermögen)
Teil des →Umlaufvermögens, der die Bestände an Roh-, Hilfs- und Betriebsstoffen, unfertigen und fertigen Erzeugnissen sowie Waren umfasst.

Vorstand
Der Vorstand ist ein Organ der AG, leitet sie eigenverantwortlich und hat den →Jahresabschluss und →Lagebericht zu erstellen.

Wandelschuldverschreibungen
Wandelschuldverschreibungen gewähren dem Wertpapierinhaber neben Zinsen das Recht auf Umtausch der Schuldverschreibung in Aktien. Die Ausgabe dieser Wertpapiere bedarf der staatlichen Genehmigung.

Wertbeitrag
Differenz des realisierten Überschusses über die Kapitalkosten einer Periode. Maßstäbe für den Wertbeitrag sind der →*Economic Value Added* (EVA) oder der →*Cash Value Added* (CVA).

Wertberichtigung
Indirekte →Abschreibung

Wertschöpfung
Der in einer Periode zugefügte Produktionsbeitrag zu den von anderen Unternehmen empfangenen Vorleistungen. Sie ergibt sich aus der Differenz des gesamten Produktionswertes (→Gesamtleistung) einer Periode und der empfangenen Vorleistungen.

Willkürreserven
→Stille Reserven, die bei Verstoß gegen zwingende Bilanzierungs- und Bewertungsvorschriften entstehen, z. B. Verbuchungen von Anlagezugängen als Aufwand oder Bildung fiktiver Rückstellungen.

Wirtschaftliches Eigentum
Wirtschaftliches Eigentum liegt vor, wenn betrieblich genutzte Gegenstände nicht im juristischen Eigentum des Betriebes sind, aber faktisch so behandelt werden. Voraussetzung ist, dass das Unternehmen sie wie eigene Gegenstände nutzen darf und für ihren Verlust haftet.

Working Capital (***Net Working Capital***)
Nettoumlaufvermögen, d. h. gesamtes kurzfristig gebundenes Umlaufvermögen (Vorräte, Forderungen mit einer Restlaufzeit ≤ 1 Jahr, liquide Mittel und aktive Rechnungsabgrenzungsposten) ./. kurzfristige Fremdmittel.

Zwangsreserven
→Stille Reserven, die zwangsläufig bei Beachtung der gesetzlichen Bilanzierungs- und Bewertungsvorschriften entstehen.

Zwischenabschluss/Zwischenbericht
Gem. § 40 BörsG sind Unternehmen, deren Aktien für den amtlichen Handel zugelassen sind, verpflichtet, einen Bericht über das erste Halbjahr zu veröffentlichen. Als Mindestangaben sind die →Umsatzerlöse sowie das Ergebnis vor oder nach Steuern und einige verbale Erläuterungen ähnlich dem →Lagebericht zu machen. Erweitere Berichtspflichten ergeben sich aus DRS 6. Auch nach IAS und US-GAAP sind börsennotierte Unternehmen zu einer unterjährigen Berichterstattung verpflichtet, nach US-GAAP sogar zwingend in Form einer Quartalsberichterstattung. Die Mindestangaben gemäß DRS 6, IAS 34 und SEC-Regulation S-X gehen mit →Bilanz, →GuV, →Kapitalflussrechnung, →Anhang (jeweils zumindest in zusammengefasster Form) weit über die börsenrechtlichen Regelungen hinaus. Nach IAS wird zusätzlich noch eine (zusammengefasste) →Eigenkapitalveränderungsrechnung verlangt.

Zwischenerfolg
Differenz, um die der für Leistungen zwischen Konzernunternehmen in Rechnung gestellte Betrag den nach der →Einheitstheorie im Rahmen des →Konzernabschlusses für diese Leistungen in Rechnung zu stellenden Betrag übersteigt (Zwischengewinn) bzw. unterschreitet (Zwischenverlust).

Literaturverzeichnis

ABDEL-KHALIK, A./EL-SHESHAI, K. [1980]: Information Choice and Utilization in an Experiment on Default Prediction, in: JAR 1980, S. 325 ff.

ACCOUNTING STANDARDS BOARD (ASB) [1996]: FRS 1 (Revised 1996) Cash Flow Statements, in: Accountancy - International Edition, Jg. 118, Nr. 1240, December 1996, S. 105-118.

ACHLEITNER, A.-K/BEHR, G. [2000]: International Accounting Standards: Ein Lehrbuch zur internationalen Rechnungslegung, 2. Aufl., München 2000.

ACHLEITNER, A.-K./KLEEKÄMPER, H. [1997]: »Presentation of Financial Statements« - Das Reformprojekt des IASC und seine Auswirkungen, in: WPg 1997, S. 117-126.

ACHLEITNER, A.-K./WOLLMERT, P./HULLE, K. VAN [2002]: Grundlagen der Bilanzierung, der Bewertung und des Ausweises, in: Baetge, J./Dörner, D./Kleekämper, H./Wollmert, P./Kirsch, H.-J., [2002]: Rechnungslegung nach International Accounting Standards (IAS), Teil A, Kapitel III, S. 35 ff.

ADS: ADLER, H./DÜRING, W./SCHMALTZ, K. [1995 FF.]: Rechnungslegung und Prüfung der Unternehmen, 6. Aufl. in mehreren Teilbänden, bearbeitet von K.-H. Forster, R. Goerdeler, J. Lanfermann, H.-P. Müller, G. Siepe u. K. Stolberg, Teilbd. 1 bis 6, Stuttgart 1995 ff.

AICPA [1931]: Foreign Exchange Losses, in: The Bulletin of the American Institute of (Certified Public) Accountants, No. 92, December 15, 1931.

AICPA [1965]: APB Opinion No. 6.: Status of Accounting Research Bulletins, New York 1965.

AICPA [1994]: Improving Business Reporting: A Customer Focus, Comprehensive Report of the Special Committee on Financial Reporting (Jenkins Committee Report), American Institute of Certified Public Accountants, New York 1994.

AICPA [1997]: Accounting Trends & Techniques, 51. Auflage, New Jersey 1997.

AICPA [2000]: Accounting Trends & Techniques 2000, hrsg. v. Mrakovcic, A., 54. Auflage, New York 2000.

ALBACH, H. [1965]: Grundgedanken einer synthetischen Bilanztheorie, in: ZfB 1965, S. 21 ff.

ALBACH, H. [1966]: Bewertungsprobleme des Jahresabschlusses nach dem Aktiengesetz von 1965, in: BB 1966, S. 377 ff.

ALBRECHT, W. D./CHIPALKATTI, N. [1998]: Looking for Better Answers? New Segment Reporting, in: The CPA Journal, May 1998, S. 46 ff.

ALIBER, R. Z./STICKNEY, C. P. [1975]: Accounting Measures of Foreign Exchange Exposure: The Long and Short of It, in: AR 1975, S. 44 ff.

ALTMANN, E. I. [1968]: Financial Ratios, Discriminant Analysis and the Prediction of Corporate Bankruptcy, in: The Journal of Finance 1968, S. 589 ff.

ALVAREZ, M. [2002]: Segmentberichterstattung nach DRS 3 – Vergleich zu IAS 14 und SFAS 131, in: DB 2002, S. 2057 ff.

ALVAREZ, M./BIBERACHER, J. [2002]: Goodwill-Bilanzierung nach US-GAAP - Anforderungen an die Unternehmenssteuerung und -berichterstattung, in: BB 2002, S. 346-353.

ALVAREZ, M./WOTSCHOFSKY, S. [2003]: Zwischenberichterstattung nach Börsenrecht, IAS und US-GAAP – Konzeptionelle Grundlagen mit einer Analyse des Publizitätsverhaltens der DAX100-Unternehmen, 2. Aufl., Bielefeld 2003.

AMEN, M. [1995]: Die Kapitalflußrechnung als Rechnung zur Finanzlage, in: WPg 1995, S. 498 ff.

ANSTETT, C. W./HUSMANN, R. [1998]: Die Bildung von Bewertungseinheiten bei Derivativgeschäften, in: BB 1998, S. 1523 ff.

ARBEITSKREIS »EXTERNE UNTERNEHMENSRECHNUNG« DER SCHMALENBACH-GESELLSCHAFT [1989]: Aufstellung von Konzernabschlüssen, in: ZfbF-Sonderheft 21, 2. Aufl., Düsseldorf 1989.

ARBEITSKREIS »EXTERNE UNTERNEHMENSRECHNUNG« DER SCHMALENBACH-GESELLSCHAFT [1996]: Empfehlung zur Vereinheitlichung von Kennzahlen in Geschäftsberichten, in: DB 1996, S. 1989 ff.

ARBEITSKREIS »EXTERNE UNTERNEHMENSRECHNUNG« DER SCHMALENBACH-GESELLSCHAFT [1997]: Grundsätze der Bilanzierung von Finanzinstrumenten im Währungs- und Zinsbereich auf der Grundlage des HGB, in: DB 1997, S. 637 ff.

ARBEITSKREIS »EXTERNE UNTERNEHMENSRECHNUNG« DER SCHMALENBACH-GESELLSCHAFT [1999]: Vereinbarkeit internationaler Konzernrechnungslegung mit handelsrechtlichen Grundsätzen, in: ZfbF-Sonderheft 43/99, 2. Aufl., Düsseldorf 1999.

ARBEITSKREIS »EXTERNE UNTERNEHMENSRECHNUNG« DER SCHMALENBACH-GESELLSCHAFT [1999A]: Behandlung »eigener Aktien« nach deutschem Recht und US-GAAP unter besonderer Berücksichtigung der Änderungen des KonTraG, in: DB 1999, S. 1673 ff.

ARBEITSKREIS »EXTERNE UNTERNEHMENSRECHNUNG« DER SCHMALENBACH-GESELLSCHAFT [2000]: Einfluss ausgewählter steuerrechtlicher Änderungen auf die handelsrechtliche Bilanzierung, in: DB 2000, S. 681 ff.

ARBEITSKREIS »EXTERNE UNTERNEHMENSRECHNUNG« DER SCHMALENBACH-GESELLSCHAFT [2002]: Grundsätze für das Value Reporting, in: DB 2002, S.2337 ff

ARBEITSKREIS »FINANZIERUNGSRECHNUNG« DER SCHMALENBACH-GESELLSCHAFT [1996]: Finanzierungsrechnung im Konzern, in: ZfbF-Sonderheft 37, Düsseldorf u. a. 1996.

ARBEITSKREIS »IMMATERIELLE WERTE IM RECHNUNGSWESEN« DER SCHMALENBACH-GESELLSCHAFT [2001]: Kategorisierung und bilanzielle Erfassung immaterieller Werte, in: DB 2001, S. 989 ff

ASSOCIATION FOR INVESTMENT MANAGEMENT AND RESEARCH [1993]: Financial Reporting in the 1990s and Beyond, Charlottesville 1993.

AUER, K. V. [2000]: Besonderheiten der Cash Flow-Rechnungen im Konzern – Derivative Ableitungen als dominierende Ermittlungsmethode in der Praxis, in: ST 2000, S. 881 ff.

BAETGE, J. [1970]: Möglichkeiten der Objektivierung des Jahreserfolges, Düsseldorf 1970.

BAETGE, J. [1976]: Rechnungslegungszwecke des aktienrechtlichen Jahresabschlusses, in: Bilanzfragen, Festschrift zum 65. Geburtstag von Prof. Dr. Ulrich Leffson, hrsg. v. J. Baetge, A. Moxter und D. Schneider, Düsseldorf 1976, S. 11 ff.

BAETGE, J. [1994]: Rating von Unternehmen anhand von Bilanzen, in: WPg 1994, S. 1 ff.

BAETGE, J. [1998]: Bilanzanalyse, Düsseldorf 1998.

BAETGE, J./BALLWIESER, W. [1978]: Ansatz und Ausweis von Leasingobjekten in der Handels- und Steuerbilanz, in: BFuP 1977, S. 3 ff.

BAETGE, J./BEUTER, H./FEIDICKER, M. [1992]: Kreditwürdigkeitsprüfung mit Diskriminanzanalyse, in: WPg 1992, S. 749 ff.

BAETGE, J./BRUNS, C./ROLVERING, A. [2002]: Zwischenberichterstattung (Interim Financial Reporting), in: Baetge, J./Dörner, D./Kleekämper, H. et al. (Hrsg.): Rechnungslegung nach International Accounting Standards (IAS), 2. Aufl., 2. TL: Stand September 2002, Stuttgart 2002.

BAETGE, J./DÖRNER, D./KLEEKÄMPER, H./WOLLMERT, P./KIRSCH, H.-J., [2002]: Rechnungslegung nach International Accounting Standards (IAS), 2. Auflage, Stuttgart 2002.

BAETGE, J./FISCHER, T. R. [1987]: Zur Aussagefähigkeit der Gewinn- und Verlustrechnung nach neuem Recht, in: ZfB-Ergänzungsheft 1/1987, S. 175 ff.

BAETGE, J./FISCHER, T. R. [1988]: Externe Erfolgsanalyse auf der Grundlage des Umsatzkostenverfahrens, in: BFuP 1988, S. 1 ff.

BAETGE, J./HERRMANN, D. [1995]: Probleme der Endkonsolidierung im Konzernabschluß, in: WPg 1995, S. 225 ff.

BAETGE, J./HUß, M./NIEHAUS, H.-J. [1986]: Die statistische Auswertung von Jahresabschlüssen zur Informationsgewinnung bei der Abschlußprüfung, in: WPg 1986, S. 605 ff.

BAETGE, J./KIRSCH, H.-J./THIELE, S. [2001]: Bilanzen, 5. Auflage, Düsseldorf 2001.

BAETGE, J./KIRSCH, H.-J./THIELE, S. [2002]: Konzernbilanzen, 6. Auflage, Düsseldorf 2002.

BAETGE, J./KRUMNOW, J./NOELLE, J. [2001]: Das »Deutsche Rechnungslegungs Standards Committee« (DRSC), in: DB 2001, S. 769 ff.

BAETGE, J./ROß, H.-P. [2000]: Was bedeutet »fair presentation«?, in: US-amerikanische Rechnungslegung, von Ballwieser, W. (Hrsg.) [2000], S. 29-47.

BAETGE, J./SCHLÖSSER, J. [1993]: Zwischenberichterstattung in Theorie und Praxis, in: Die deutsche Aktie, hrsg. von U. Fritsch, G. Liener, R. Schmidt, Stuttgart 1993, S. 225 ff.

BAETGE, J./SELL, K. [1998]: Zur Ermittlung der handelsrechtlichen Herstellungskosten bei Einsatz der Prozeßkostenrechnung, in: Rechnungswesen als Instrument für Führungsentscheidungen, Festschrift für Prof. Dr. Dr. h. c. Adolf G. Coenenberg zum 60. Geburtstag, hrsg. von H. P. Möller, F. Schmidt, Stuttgart 1998, S. 263 ff.

BAKER, R. E./LEMPKE, V. C./KING, T. E. [1999]: Advanced Financial Accounting, 4. Aufl., Boston 1999.

BAKER, C. R./RAPACCIOLI, D./SOLOMON, M. B. [1995]: United States of America – Individual Accounts, in: Transnational Accounting, hrsg. von D. Ordelheide u. KPMG, Volume 2, Basingstoke 1995, S. 2957 ff.

BALD, E.-J. U. A. [2000]: Leitfaden für die Vergabe von Unternehmenskrediten – Schuldscheindarlehen – (Kreditleitfaden), 3. Auflage, Karlsruhe 2000.

BALL, R./BROWN, P. [1968]: An Empirical Evaluation of Accounting Income Numbers, in: JAR 1968, S. 159 ff.

BALL, R./SMITH, C. W. [1992]: The Economics of Accounting Policy Choice, New York u. a. 1992.

BALLWIESER, W. [1982]: Zur Begründbarkeit informationsorientierter Jahresabschlußverbesserungen, in: ZfbF 1982, S. 772 ff.

BALLWIESER, W. [1985]: Informationsökonomie, Rechnungslegungstheorie und Bilanzrichtlinien-Gesetz, in: ZfbF 1985, S. 47 ff.

BALLWIESER, W. [1987]: Grundsätze der Aktivierung und Passivierung, in: Beck'sches Handbuch der Rechnungslegung, Band I, München 1987, B 131.

BALLWIESER, W. [1987A]: Die Analyse von Jahresabschlüssen nach neuem Recht, in: WPg 1987, S. 57 ff.

BALLWIESER, W. [1993]: Entwicklung der Theorie der Rechnungslegung in den USA, in: Ökonomische Analyse des Bilanzrechts – Entwicklungslinien und Perspektiven, hrsg. von F. W. Wagner, ZfbF-Sonderheft 32, Düsseldorf 1993.

BALLWIESER, W. [1994]: Die Berücksichtigung von Umweltlasten und Umweltrisiken im Rechnungswesen, in: Unternehmensführung und externe Rahmenbedingungen: Kongress-Dokumentation/47. Deutscher Betriebswirtschafter-Tag 1993, hrsg. von Schmalenbach-Gesellschaft – Deutsche Gesellschaft für Betriebswirtschaft e. V., Stuttgart 1994, S. 143 ff.

BALLWIESER, W. [1999]: HGB-Konzernabschlußbefreiung und privates Rechnungslegungsgremium, in: Küting, K./Langenbucher, G. (Hrsg.): Internationale Rechnungslegung, Stuttgart 1999, S. 433-449.

BALLWIESER, W. (HRSG.) [2000]: US-amerikanische Rechnungslegung, 4. Aufl., Stuttgart 2000.

BARTELS, P. [1992]: Umweltrisiken und Jahresabschluß, Frankfurt am Main 1992.

BARTELS, P. [1994]: Jahresabschlußrelevante Umweltrisiken, in: Umweltrisiken im Jahresabschluß, Vorträge und Diskussionen aus umwelt-, handels- und steuerrechtlicher Sicht, hrsg. von J. Baetge, Düsseldorf 1994, S. 1 ff.

BAUM, H.-G./COENENBERG, A. G./GÜNTHER, T. [1999]: Strategisches Controlling, 2. Aufl., Stuttgart 1999.

BAUMANN, K. H. [1987]: Die Segmentberichterstattung im Rahmen der externen Finanzpublizität, in: Bilanz- und Konzernrecht, Festschrift zum 65. Geburtstag von Dr. Dr. h.c. Reinhard Goerdeler, hrsg. von H. Havermann, Düsseldorf 1987, S. 1 ff.

BAUMANN, K. H. [1995]: § 274 – Steuerabgrenzung, in: Handbuch der Rechnungslegung, hrsg. von Küting, K./Weber, C. P., 4. Aufl., Stuttgart 1995, S. 1629 ff.

BAUMANN, K. H. [1998]: § 306 – Steuerabgrenzung, in: Handbuch der Konzernrechnungslegung, hrsg. von Küting, K./Weber, C. P., 2. Aufl., Stuttgart 1998, S. 1595 ff.

BEAVER, W. H. [1966]: Financial Ratios as Prediction of Failure, in: Empirical Research in Accounting: Selected Studies, Ergänzungsheft zu JAR 1966, S. 71 ff.

BEAVER, W. H. [1968]: The Information Content of Annual Earnings Announcements, in: Empirical Research in Accounting: Selected Studies, Suppl. to JAR 1968, S. 67 ff.

BEAVER, W. H. [1983]: Zur Effizienz des Kapitalmarktes: Gegenwärtiger Stand der Forschung, in: BFuP 1983, S. 344 ff.

BEAVER, W. H. [1989]: Financial Reporting. An Accounting Revolution, 2. Aufl., Englewood Cliffs, N. J. 1989.

BEAVER, W. H. [2002]: Perpectives on Recent Capital Market Research, in: AR 2002, S. 453 ff.

BEAVER, W. H./DUKES, R. [1972]: Interperiod Tax Allocation, Earnings Expectations, and the Behavior of Security Prices, in: AR 1972, S. 320 ff.

BECK'SCHER BILANZKOMMENTAR [1999]: Der Jahresabschluß nach Handels- und Steuerrecht, bearb. von W. D. Budde, H. Clemm, H. Ellrott, G. Förschle u. M. Hoyos, 4. Aufl., München 1999.

BDO DEUTSCHE WARENTREUHAND AG [1989]: Zwischenberichterstattung, 1989.

BERNARDS, O. [1994]: Segmentberichterstattung diversifizierter Unternehmen, Diss., Bergisch Gladbach/Köln 1994.

BERNDSEN, H. P. [1978]: Unternehmenspublizität in Deutschland: Stand der empirischen Forschung, in: DBW 1978, S. 121 ff.

BERNDSEN, H. P. [1979]: Unternehmenspublizität – Eine empirische Untersuchung zur Messung des Publizitätsverhaltens großer börsennotierter Aktiengesellschaften und der Auswirkung auf die Anlageentscheidungen am Aktienmarkt, Diss., Augsburg 1979.

BIEG, H./REGNERY, P. [1993]: Bemerkungen zur Grundkonzeption einer aussagefähigen Konzern-Kapitalflußrechnung, in: BB 1993, Beilage 6, S. 1-19.

BIENER, H. [1978]: Die Rechnungslegung der Aktiengesellschaften und Kommanditgesellschaften auf Aktien nach der Bilanzrichtlinie der EG, in: AG 1978, S. 251 ff.

BIENER, H. [1979]: AG – KGaA – GmbH – Konzerne. Rechnungslegung, Prüfung und Publizität nach den Richtlinien der EG, Köln 1979.

BIENER, H. [1985]: Zum Stand der Anpassung des deutschen Rechts an die 4. Gesellschaftsrechtliche Richtlinie der EG, in: DB 1985, Beilage Nr. 10/85.

BIERGANS, E. [1992]: Einkommensteuer und Steuerbilanz, 6. Aufl., München 1992.

BLACK, H. A. [1966]: Interperiod Allocation of Corporate Income Taxes, New York 1966.

BLANN, J./BALACHANDRAN, B. [1988]: An Empirical Test of the Statistical Association of Market Risk and Financial Accounting Allocation, in: Journal of Business Finance and Accounting 1988, S. 101 ff.

BLEIER, E. [1985]: Insolvenzfrüherkennung mittels praktischer Anwendung der Diskriminanzanalyse, Wien 1985.

BÖCKEM, H./SCHURBOHM, A. [2001]: Die Bilanzierung von Immobilien nach den International Accounting Standards, in: KoR 2001, S. 38 ff.

BÖCKING, H.-J./BENECKE, B. [1999]: Der Entwurf des DRSC zur Segmentberichterstattung »E-DRS 3« – Eine Orientierung an dem Standard SFAS 131 des FASB und/oder an dem Standard IAS 14 *revised* des IASC?, in: WPg 1999, S. 839 ff.

BONSE, A./LINNHOFF, U./PELLENS, B. [2003]: Jahresabschluss und Jahresabschlussanalyse, in: Betriebswirtschaft für Führungskräfte, hrsg. von Busse von Colbe, W./Coenenberg, A. G./Kajüter, P./Linnhoff, U., 2. Aufl., Stuttgart 2003.

BOOTH, G. G./BROUSSARD, J./LOISTL, O. [1997]: Earnings and Stock Returns: Evidence from Germany, in: The European Accounting Review, 1997, S. 589 ff.

BORCHERT, D. [1995]: § 275-Gliederung, in: Handbuch der Rechnungslegung, hrsg. von K. Küting u. C.-P. Weber, 4. Aufl., Stuttgart 1995, S. 1651 ff.

BORN, K. [2002]: Rechnungslegung international - Konzernabschlüsse nach IAS, US-GAAP, HGB und der EG-Richtlinie, 3. Aufl., Stuttgart 2002.

BRACHERT, G./PRAHL, R./NAUMANN, T. [1995]: Neuere Verfahren der Risikosteuerung und ihre Auswirkung auf die handelsrechtliche Gewinnermittlung, in: WPg 1995, S. 544 ff.

BRADBURY, M./NEWBY, S. [1989]: The Use of a Statement of Changes in Financial Position to Interpret Financial Data: An Empirical Investigation, in: Abacus 1989, S. 31 ff.

BRANDI, E. H. [1977]: Informationswirkungen der Jahresabschlußveröffentlichung auf Entscheidungen am Aktienmarkt, Diss. Augsburg 1977.

BRAYSHAW, R./ELDIN, A. [1989]: The Smoothing Hypothesis And The Role of Exchange Differences, in: Journal of Business Finance & Accounting 1989, S. 621 ff.

BREALEY, R. A./MYERS, S. C. [1996]: Principles of Corporate Finance, 5. Aufl., New York u. a. 1996.

BREKER, N./GEBHARDT, G./PAPE J. [2000]: Das Fair-Value-Projekt für Finanzinstrumente - Stand der Erörterungen der Joint Working Group of Standard Setters im Juli 2000, in: WPg 2000, S. 729 ff.

BRENNAN, N./GRAY, S. J. [1998]: Voluntary Disclosure of Profit Forecasts: Factors Influencing Information Disclosed during UK Takeover Bids, in: Möller, H. P./Schmidt, F. (Hrsg.), Stuttgart 1998, S. 447 ff.

BRIDTS, C. [1990]: Zwischenberichtspublizität, Diss., Düsseldorf 1990.

BROCKHOFF, K. [1975]: Gesellschaftsbezogene Berichterstattung deutscher Unternehmen, Köln 1975.

BRUCKNER, K./LEITHNER, S. U.A. [1999]: What is the market telling you about your strategy?, in: The McKinsey Quarterly 1999, S. 98 ff

BÜHNER, R. [1998]: Governance Kosten von Rechnungsinformationen in Stakeholder- und Shareholder-orientierten Organisationen, in: Rechnungswesen als Intrument für Führungsentscheidungen, hrsg. von Möller, H. P./ Schmidt, F., Stuttgart 1998, S. 53 ff.

BÜHNER, R./MÖLLER, H. P. [1985]: The Information Content of Corporate Disclosers of Divisionalisation Decisions, in: Journal of Business Studies 1985, S. 309 ff.

BUNDESMINISTER DER FINANZEN [1971]: Schreiben IV B/2 – S 2170 – 31/71, v. 19. 4. 1971, in: BStBl. 1971 I, S. 264 ff.

BUNDESMINISTER DER FINANZEN [1976]: Schreiben IV B/2 – S2170 – 161/75, v. 22.12.1975, in: DB 1976, S. 172 ff.

BURNS, T. J. [1967]: The Use of Accounting Data in Decision Making, Columbus, Ohio 1967.

BÜSCHGEN, H. E. [1962]: Aktienanalyse und Aktienbewertung nach der Ertragskraft, Stuttgart 1962.

BUSSE VON COLBE, W. [1966]: Aufbau und Informationsgehalt von Kapitalflußrechnungen, in: ZfB 1966, S. 82 ff.

BUSSE VON COLBE, W. [1968]: Kapitalflußrechnungen als Berichts- und Planungsinstrument, in: Schriften zur Unternehmensführung, Bd. 6/7, hrsg. von Jacob, H., Wiesbaden 1968, S. 9 ff.

BUSSE VON COLBE, W. [1968A]: Prognosepublizität von Aktiengesellschaften, in: Beiträge zur Lehre von der Unternehmung, Festschrift für Karl Käfer, hrsg. von O. Angehrn und H. P. Künzi, Stuttgart 1968, S. 91 ff.

BUSSE VON COLBE, W. [1972]: Zur Umrechnung der Jahresabschlüsse ausländischer Konzernunternehmen für die Aufstellung von Konzernabschlüssen bei Wechselkursänderungen, in: Liiketalloudellinen Aikakauskirja (The Finnish Journal of Business Economics) 1972, S. 306 ff.

BUSSE VON COLBE, W. [1993]: Kapitalflußrechnung, in: Handwörterbuch des Rechnungswesens, hrsg. von Chmielewicz, K./Schweitzer, M., 3. Aufl., Stuttgart 1993, Sp. 1074 ff.

BUSSE VON COLBE, W./ORDELHEIDE, D. [1993]: Konzernabschlüsse, 6. Aufl., Wiesbaden 1993.

BUSSE VON COLBE, W./REINHARD, H. (HRSG.) [1989]: Zwischenberichterstattung nach neuem Recht für börsennotierte Unternehmen, Stuttgart 1989.

CHAMBERS, R. J. [1966]: Accounting, Evaluation and Economic Behavior, Englewood Cliffs, N. J. 1966.

CHENG, C. S. A./LIN, C.-S./SCHAEFER, T. S. [1997]: The Value-Relevance of SFAS 95 - Cash Flow from Operations as Assessed by Security Market Effects, in: Accounting Horizons 1997, S. 1 ff.

CHMIELEWICZ, K. [1972]: Integrierte Finanz- und Erfolgsplanung, Stuttgart 1972.

CHMIELEWICZ, K. [1993]: Integrierte Finanz-, Bilanz- und Erfolgsplanungen, in: Handbuch des Finanzmanagements – Instrumente und Märkte der Unternehmensfinanzierung, hrsg. von Gebhardt, G./Gerke, W./Steiner, M., München 1993, S. 43 ff.

CHOI, B./COLLINS, D./ JOHNSON, W. [1997]: Valuation of Reliability Differences: The Case of Nonpension Postretirement Obligations, in: The Accounting Review 1997, S. 351ff.

CHOI, F./LEE, C. [1991]: Merger Premia and National Differences in Accounting for Goodwill, in: Journal of International Management and Accounting 1991, S. 219 ff.

CHRISTENSON, C. [1983]: The Methodology of Positive Accounting in: AR 1983, S. 1 ff.

CHRISTIE, A. [1990]: Aggregation of Test Statistics, in: Journal of Accounting and Economics 1990, S. 15 ff.

CHWALLEK, C. [1999]: Bewertungsrelevanz veröffentlichter Kapitalflußrechnungen börsennotierter deutscher Unternehmen, Frankfurt a. M. u. a. 1999.

CLARKE, C. M. [1999]: Comparative Analysis of IAS 7 (1992), Cash Flow Statements, and U.S. GAAP including FASB Statement No. 95, Statement of Cash Flows, in: FASB: The IASC-U.S. Comparison Project: A Report on the Similarities and Differences between IASC Standards and U.S. GAAP, hrsg. von Bloomer, C., 2. Auflage, Norwalk 1999, S. 99 ff.

COENENBERG, A. G. [1968]: Bilanzierung und die Dispositionselastizität des betrieblichen Entscheidungsfeldes, in: BFuP 1968, S. 651 ff.

COENENBERG, A. G. [1968A]: Gewinnbegriff und Bilanzierung, in: ZfbF 1968, S. 442 ff.

COENENBERG, A. G. [1969]: Unternehmensexterne Jahresabschlußinformationen, Theoretische und empirische Untersuchungen zum Informationswert des Jahresabschlusses, Habilitationsschrift, Köln 1969.

COENENBERG, A. G. [1971]: Beurteilungskriterien unternehmungsexterner Informationssysteme, in: Management-Informationssysteme, hrsg. von E. Grochla und N. Szyperski, Wiesbaden 1971, S. 735 ff.

COENENBERG, A. G. [1974]: Jahresabschlußinformation und Kapitalmarkt. Zur Diskussion empirischer Forschungsansätze und -ergebnisse zum Informationsgehalt von Jahresabschlüssen für Aktionäre, in: ZfbF 1974, S. 647 ff.

COENENBERG, A. G. [1975]: Inflationsbereinigte Rechnungslegung – Diskussionsstand in Deutschland, in: AG 1975, S. 113 ff.

COENENBERG A. G. [1977]: Einheitsgrundsatz versus Maßgeblichkeitsgrundsatz (Rezension), in: DBW 1977, S. 621 ff.

COENENBERG, A. G. [1984]: Jahresabschlußinformation und Aktienkursentwicklung, in: Aktuelle Probleme der Marktwirtschaft in gesamt- und einzelwirtschaftlicher Sicht. Festgabe zum 65. Geburtstag von Louis Perridon, hrsg. von R. Blum und M. Steiner, Berlin 1984, S. 307 ff.

COENENBERG, A. G. [1985]: Instrumente der Gewinnregulierungspolitik deutscher Aktiengesellschaften – Eine empirische Untersuchung, in: Der Wirtschaftsprüfer im Schnittpunkt nationaler und internationaler Entwicklungen, Festschrift zum 60. Geburtstag von Prof. Dr. Klaus v. Wysocki, hrsg. von G. Gross, Düsseldorf 1985, S. 111 ff.

COENENBERG, A. G. [1986]: Ertragslage in: HURB, S. 155 ff.

COENENBERG, A. G. [1986A]: Gliederungs-, Bilanzierungs- und Bewertungsentscheidungen bei der Anpassung des Einzelabschlusses nach dem Bilanzrichtlinien-Gesetz, in: DB 1986, S. 1581 ff.

COENENBERG, A. G. [1986B]: Aufwandsrückstellungen für Substanzerhaltung?, in: BB 1986, S. 910 ff.

COENENBERG, A. G. [1988]: Externe Ergebnisquellenanalyse für große Kapitalgesellschaften nach dem HGB 1985, in: Unternehmenserfolg. Festschrift für W. Busse von Colbe, hrsg. von M. Domsch u. a., Wiesbaden 1988, S. 89 ff.

COENENBERG, A. G. [1993]: Ziele, Wirkungen und Gestaltung der Unternehmenspublizität: Was lehrt die empirische Forschung?, in: Rechnungslegung und Prüfung – Perspektiven für die neunziger Jahre, hrsg. von J. Baetge, Düsseldorf 1993, S. 73 ff.

COENENBERG, A. G. [1995]: Einheitlichkeit oder Differenzierung von internem und externem Rechnungswesen: Die Anforderungen der internen Steuerung, in: DB 1995, S. 2077 ff.

COENENBERG, A. G. [2001]: Jahresabschluss und Jahresabschlussanalyse, Aufgaben und Lösungen, 10. Aufl., Landsberg/Lech 2001.

COENENBERG, A. G. [2001A]: Kapitalflussrechnung als Instrument der Bilanzanalyse, in: Der Schweizer Treuhänder 2001, S. 311 ff.

COENENBERG, A. G. [2001B]: Segmentberichterstattung als Instrument der Bilanzanalyse, in: Der Schweizer Treuhänder 2001, S. 593 ff.

COENENBERG, A. G. [2002]: Grundlagen der strategischen, operativen und finanzwirtschaftlichen Unternehmenssteuerung, in: Betriebswirtschaft für Führungskräfte, hrsg. von Busse von Colbe, W./Coenenberg, A. G./Kajüter, P./Linnhoff, U., 2. Aufl., Stuttgart 2002, S. 3 ff.

COENENBERG, A. G. [2002A]: Kapitalflussrechnung und Segmentberichterstattung als Instrumente der Bilanzanalyse, in: Vom Financial Accounting zum Business Reporting, hrsg. von Küting, K./Weber, C.-P., Stuttgart 2002, S. 173 ff

COENENBERG, A. G. [2003]: Kostenrechnung und Kostenanalyse, 5. Aufl., Stuttgart 2003.

COENENBERG, A. G. UNTER MITARBEIT VON R. GINGELE [1989]: Die Konzernbilanz nach neuem Handelsrecht, Veröffentlichung der Industriekreditbank, Düsseldorf 1989.

COENENBERG, A. G. UNTER MITARBEIT VON R. GINGELE, A. HALLER, A. MAYER UND P. STRÖHLEIN [1986]: Die Einzelbilanz nach neuem Handelsrecht, Veröffentlichung der Industriekreditbank, Düsseldorf 1986.

COENENBERG, A. G./ALVAREZ, M. [2002]: Zwischenberichterstattung, in: HWRP, Sp. 2758 ff.

COENENBERG, A. G./ALVAREZ, M. [2002A]: Bilanzanalyse, in: HWRP, Sp. 394 ff.

COENENBERG, A. G./ALVAREZ, M./MEYER, M. A. [2001]: Cashflow, in: Handwörterbuch des Bank- und Finanzwesens, hrsg. von Gerke, W./Steiner, M., 3. Aufl., Stuttgart 2001, Sp. 479 ff.

COENENBERG, A. G./BERNDSEN, H. P./MÖLLER, P./SCHMIDT, F./SCHÖNBRODT, B. [1978]: Empirische Bilanzforschung in Deutschland, in: DBW 1978, S. 495 ff.

COENENBERG, A. G./BRANDI, E. H. [1979]: The Information Content of Annual Accounting Income Numbers of German Corporations – A Review of German Accounting Standards and some Preliminary Empirical Results, in: The Annals of the School of Business Administration, Kobe University, 1979, No. 23, S. 1 ff.

COENENBERG, A. G./BRIDTS, C. [1991]: Die Verrechnung von Ertragsteuern in der Zwischenberichterstattung deutscher börsennotierter Unternehmen, in: Aktuelle Fragen der Finanzwirtschaft und der Unternehmensbesteuerung, hrsg. von D. Rückle, Wien 1991, S. 119 ff.

COENENBERG, A. G./BRIDTS, C. [1992]: Zwischenberichtspublizität in der Bundesrepublik Deutschland – Konzeption und Umsetzung, in: Rechnungslegung, hrsg. von A. Moxter et al., Düsseldorf 1992, S. 173 ff.

COENENBERG, A. G./FEDERSPIELER, C. [1999]: Internationale Zwischenberichtspublizität, in: Internationales Management. Klaus Macharzina zum 60. Geburtstag, hrsg. von J. Engelhard/W. A. Oechsler, Wiesbaden 1999, S. 385 ff.

COENENBERG, A. G./FEDERSPIELER, C. [1999A]: Zwischenberichtspublizität in Europa – Der Informationsgehalt der Zwischenberichterstattung deutscher, britischer und französischer Unternehmen, in: ZfbF, Sonderheft 41, 1999, S. 167 ff.

COENENBERG, A. G./FISCHER, T. M. [1991]: Prozeßkostenrechnung – Strategische Neuorientierung in der Kostenrechnung, in: DBW 1991, S. 21 ff.

COENENBERG, A. G./HALLER, A. [1993]: Empirische Forschung und Rechnungswesen, in: HWR3, Sp. 506 ff.

COENENBERG, A. G./HALLER, A. [1993A]: Externe Rechnungslegung, in: Ergebnisse empirischer betriebwirtschaftlicher Forschung, Festschrift für E. Witte, hrsg. von J. Hauschildt/O. Grün, Stuttgart 1993, S. 557 ff.

COENENBERG, A. G./HENES, F. [1995]: Der Informationsgehalt der Zwischenberichtspublizität nach § 44b Börsengesetz, in: ZfbF 1995, S. 969 ff.

COENENBERG, A. G./HILLE, K. [1979]: Latente Steuern in Einzel- und Konzernabschluß, in: DBW 1979, S. 601 ff.

COENENBERG, A. G./HILLE, K. [1992]: Latente Steuern, Prüfung-, in: HWRev2, Sp. 1207–1224.

COENENBERG, A. G./HILLE, K. [1994]: Latente Steuern, in: HdJ, Abt. I/13.

COENENBERG, A. G./HILLE, K. [1997]: Latente Steuern nach der neu gefaßten Richtlinie IAS 12, in: DB 1997, S. 537 ff.

COENENBERG, A. G./HILLE, K. [2002]: IAS 12, Bilanzierung von Ertragsteuern, in: Rechnungslegung nach International Accounting Standards (IAS), hrsg. von Baetge, J./Dörner, D./Kleekämper, H./Wollmert, P./Kirsch, H.-J., [2002], Stuttgart 2002, Teil B, IAS 12, S. 1 ff.

COENENBERG, A. G./MACHARZINA, K. [1976]: Accounting for Price Changes: An Analysis of Current Developments in Germany, in: Journal of Business Finance and Accounting 1976, S. 53 ff.

COENENBERG, A. G./MÖLLER, P. [1979]: Entscheidungswirkungen von Jahrsabschlußinformationen vor und nach der Aktienrechtsreform von 1965, in: BFuP 1979, S. 438 ff.

COENENBERG, A. G./MÖLLER, P./SCHMIDT, F. [1984]: Empirical Research in Financal Accounting in Germany, Austria and Switzerland – A Review, in: European Contributions to Accounting Research, hrsg. von A. Hopwood und H. Schreuder, Amsterdam 1984, S. 61 ff.

COENENBERG, A. G./REINHART, A. [1999]: Erfolgswirtschaftliche Jahresabschlußanalyse bei Bilanzierung nach International Accounting Standards (IAS), in: Internationale Rechnungslegung: Festschrift für Professor Dr. Claus-Peter Weber zum 60. Geburtstag, hrsg. von K. Küting, G. Langenbucher, Stuttgart 1999, S. 561 ff.

COENENBERG, A. G./SALFELD, R. [2003]: Wertorientierte Unternehmensführung. Von der Strategieentwicklung zur Implementierung, Stuttgart 2003.

COENENBERG, A. G./SCHMIDT, F. [1976]: Umsatzüberschuß und Kapitalflußrechnung als Instrumente der finanzwirtschaftlichen Bilanzanalyse, in: BFuP 1976, S. 416 ff.

COENENBERG, A. G./SCHMIDT, F. [1978]: Die Kapitalflußrechnung als Ergänzungsrechnung des veröffentlichten Jahresabschlusses, in: ZfB 1978, S. 507 ff.

COENENBERG, A. G./SCHMIDT, F./WERHAND, M. [1983]: Bilanzpolitische Entscheidungen und Entscheidungswirkungen in manager- und eigentümerkontrollierten Unternehmen, in: BFuP 1983, S. 321 ff.

COENENBERG, A. G./SCHULTZE, W. [2002A]: Unternehmensbewertung: Konzeptionen und Perspektiven, in: DBW 2002, S. 597-621.

COENENBERG, A. G./SCHULTZE, W. [2002B]: Das Multiplikator-Verfahren in der Unternehmensbewertung: Konzeption und Kritik, in: FinanzBetrieb, Dezember 2002.

COENENBERG, M. [1998]: Internationalisierung der Rechnungslegung und ihre Auswirkung auf die Analyse der Vermögens- und Finanzlage von Kapitalgesellschaften, Diss., Köln 1998.

CYERT, R. M./MARCH, J. G. [1963]: A Behavioral Theory of the Firm, Englewood Cliffs, N. J. 1963.

DAHL, G. [1995]: Zwischenberichterstattung börsennotierter Unternehmen, Diss., Wiesbaden 1995.

DAVIS-FRIDAY, P. Y./FOLAMI, L. B./LIU, C. S./MITTELSTAEDT, H. F. [1999]: The Value Relevance of Financial Statement Recognition vs. Disclosure: Evidence from SFAS No. 106, in: The AR 1999, S. 403 ff.

DEBUS, C. [1997]: Latente Steuern, in: Beck'sches Handbuch der Rechnungslegung, Band II, Ergänzungslieferung August 1997, München 1997, C 440.

DEFEO, V. [1986]: An Empirical Investigation of the Speed of the Market Reaction to Earnings Announcements, in: JAR 1986, S. 349 ff.

DEGER, R. [1995]: Deutschland versus Weltklasse, Stuttgart 1995.

DELLMANN, K. [1982]: Rechnungslegung über Forschung und Entwicklung, in: WPg 1982, S. 557 ff. und 587 ff.

DELLMANN, K. [1993]: Kapital- und Finanzflußrechnung, in: Handwörterbuch der Betriebswirtschaft, hrsg. von Wittmann, W. u. a., 5. Aufl., Stuttgart 1993, Sp. 2075 ff.

DELLMANN, K./AMEN, M. (2000): Kapitalfluß- und Finanzierungsrechnung, in: Handbuch des Jahresabschlusses in Einzeldarstellungen, hrsg. von Wysocki, K. v./Schulze-Osterloh, J. (Hrsg.): 2. Neubearbeitung, Köln 2000, Abt. IV/6.

DEUTSCHE BÖRSE AG [1994]: Insiderhandelsverbote und Ad-hoc-Publizität nach dem Wertpapierhandelsgesetz, Frankfurt a. Main 1994.

DHALIWAL, D. [1980]: The Effect of the Firm's Capital Structure on the Choice of Accounting Methods, in: AR 1980, S. 78 ff.

DIERKES, M. [1974]: Die Sozialbilanz – ein gesellschaftsbezogenes Planungs-, Informations- und Rechnungssystem, Frankfurt/Main 1974.

DÖLLERER, G. [1968]: Statische oder dynamische Bilanz? in: BB 1968, S. 637 ff.

DORNBUSCH, D. [1999]: Untersuchung von Modellen der Fundamentalen und Technischen Aktienanalyse, Frankfurt a. M., u. a. 1999.

DÖRNER, D./WIRTH, M. [1995]: §§ 284-288 – Anhang, in: Handbuch der Konzernrechnungslegung, hrsg. von K. Küting und C.-P. Weber, Stuttgart 1995, S. 1899 ff.

DUKE, J./HUNT, H. [1986]: An Empirical Examination of Debt Convenant Restrictions and Accounting-Related Debt Proxies, in: Journal of Accounting and Economics 1986, S. 217 ff.

DUKES, R./DYCKMAN, T./ELLIOTT, J. [1980]: Accounting for Research and Development Costs: The Impact of Research and Development Expenditures, in: JAR, Supplement 1980, S. 1 ff.

DVFA/SG [1996]: Ergebnis nach DVFA/SG, Gemeinsame Empfehlung Kommission für Methodik der Finanzanalyse der deutschen Vereinigung für Finanzanalyse (DVFA)/Arbeitskreis »Externe Unternehmensrechnung« der Schmalenbach-Gesellschaft – Deutsche Gesellschaft für Betriebswirtschaft (SG), 2. Aufl., Stuttgart 1996.

DVFA/SG [1998]: Fortentwicklung des Ergebnisses nach DVFA/SG, in: DB 1998, S. 2537 ff.

DVFA/SG [2000]: Ergebnis je Aktie nach DVFA/SG, Gemeinsame Empfehlung, 3. Aufl., hrsg. von W. Busse v. Colbe u. a., Stuttgart 2000.

DVFA/SG [2000A]: Info 8/2000 - Zum Ergebnis nach DVFA/SG: Behandlung von Stock Options und Wandelschuldverschreibungen im Ergebnis nach DVFA/SG, in: FB 2001, S. 394 ff.

DYCKMAN, T./GIBBINS, M./SWIERINGA, R. [1978]: Experimental and Survey Research in Financial Accounting: A Review and Evaluation, in: The Impact of Accounting Research on Practice and Disclosure, hrsg. von A. Abdel-Kahlik und T. Keller, Durnham 1978, S. 48 ff.

DZIADKOWSKI, D./RUNGE, C. [1984]: Zur geplanten Normierung von »Aufwandsrückstellungen« in § 250 Abs. 1 Nr. 1 HGBE, in: WPg 1984, S. 544 ff.

EDWARDS, E. O./BELL, P. W. [1961]: The Theory and Measurement of Business Income, Berkeley/Los Angeles 1961.

EGNER, H. [1974]: Bilanzen, München 1974.

EICHHORN, P. [1974]: Grundlagen einer gemeinwirtschaftlichen Erfolgsrechnung für Unternehmen, Frankfurt/Main 1974.

EISOLT, D. [1992]: US-amerikanische und deutsche Konzernrechnungslegung: Untersuchung amerikanischer Vorschriften über den Konzernabschluß und systematischer Vergleich mit ausgewählten Vorschriften des HGB, Hamburg 1992.

ELKART, W. [1996]: Aktuelle Fragen der Bewertung und Bilanzierung von Finanzinnovationen, in: Neue Finanzierungsinstrumente für Unternehmen: Strategie, Anwendung und Erfolgssicherung, hrsg. von C. Börsig u. a., Stuttgart 1996, S. 61 ff.

ELLIS, J./WILLIAMS, D. [1993]: Corporate Strategy and Financial Analysis, London 1993.

ELSCHEN, R. [1998]: Prinzipal-Agent, in: Lexikon des Rechnungswesens, hrsg. von Busse von Colbe, W./Pellens, B., 4. Aufl., München 1998, S. 557 ff.

EMMERICH, G. [1986]: Fragen der Gestaltung des Jahresabschlusses nach neuem Recht, in: WPg 1986, S. 698 ff.

ENGELS, W. [1962]: Betriebswirtschaftliche Bewertungslehre im Licht der Entscheidungstheorie, Köln 1962.

ENGELS, W. [1962A]: Bilanz und statistische Entscheidungstheorie, in: BFuP 1962, S. 696 ff.

ERNST, C./SEIBERT, U./STUCKERT, F. [1998]: KonTraG, KapAEG, StückAG, EuroEG. Gesellschafts- und Bilanzrecht. Textausgabe mit Begründungen, Düsseldorf 1998.

ERNSTING, I. [2001]: Auswirkungen des Steuersenkungsgesetzes auf die Steuerabgrenzung in Konzernabschlüssen nach US-GAAP und IAS, in: WPg 2001, S. 11 ff.

EUROPÄISCHE GEMEINSCHAFT [1982]: Richtlinie des Rates vom 15. 02. 1982 über regelmäßige Informationen, die von Gesellschaften zu veröffentlichen sind, deren Aktien zur amtlichen Notierung an einer Wertpapierbörse zugelassen sind (82/121/EWG), in: Amtsblatt der Europäischen Gemeinschaften vom 20. 02. 1982, Nr. 48/1982, S. 26 ff.

EUROPÄISCHE UNION [2002]: Verordnung (EG) Nr. 1606/2002 des Europäischen Parlaments und des Rates vom 19. Juli 2002 betreffend die Anwendung internationaler Rechungslegungsstandards, in: Amtsblatt Nr. L 243 vom 11. 09. 2002, S. 1 ff.

EWERT, R. [1986]: Rechnungslegung, Gläubigerschutz und Agency Probleme, Wiesbaden 1986.

FAMA, E. F. [1970]: Efficient Capital Markets: A Review of Theory and Empirical Work, in: Journal of Finance 1970, S. 383 ff.

FASB [1974]: An Analysis of Issues Related to Accounting for Foreign Currency Translation; FASB – Discussion Memorandum, Stamford 1974.

FASB [1978]: FASB Discussion Memorandum: Interim Financial Accounting and Reporting, Stamford 1978.

FASB [2001]: Improving Business Reporting: Insights into Enhancing Voluntary Disclosure, Steering Committee Report, Business Reporting Research Project, Stanford 2001.

FASB [2002]: Original Pronouncements, Accounting Standards as of June 1, 2002, Vol. I und II, New York u. a. 2002.

FEDERSPIELER, C. [1997]: Zwischenberichterstattung nach IAS – Der Entwurf des International Accounting Standards Committee, in: DB 1997, S. 943 ff.

FEDERSPIELER, C. [1999]: Zwischenberichtspublizität in Europa, Frankfurt u. a. 1999.

FELDHOFF, M./LANGERMEIER, C. [1991]: Zur Aktivierbarkeit des Steuereffekts aus Verlustvortrag nach § 10 EStG, in: DStR 1991, S. 195 ff.

FEUERBAUM, E. [1966]: Die polare Bilanz, Berlin 1966.

FEUERBAUM, E. [1974]: Tendenzumschwung in der Diskussion um die Eliminierung von Scheingewinnen in der Bilanz, in: BFuP 1974, S. 439 ff.

FEY, G./MUJKANOVIC, R. [1999]: Segmentberichterstattung im internationalen Umfeld – Analyse der aktuellen FASB- und IASC-Bestimmungen, in: DBW 1999, S. 261 ff.

FINDEISEN, K.-D. [1998]: Leasing im Handelsbilanzrecht, in: Praxishandbuch Leasing, hrsg. von Büschen, H. E., München 1998, S. 463 ff.

FISCHER, P. M./TAYLOR, W. J./CHENG, R. H. [1998]: Advanced Accounting, 7. Aufl., Cincinatti u. a. 1998.

FISCHER, T. M. [2002]: Wertorientierte Kennzahlen und Publizität der DAX 30-Unternehmen, in: Controlling 2002, S. 161 ff.

FISCHER, T. M./KLEIN, G. A. [1995]: Der Einsatz der Prozeßkostenrechnung zur Ermittlung bilanzieller Herstellungskosten, in: ZfB 1995, S. 1255 ff.

FISCHER, T. M./WENZEL, J./KÜHN, C. [2001]: Value Reporting - Wertorientierte Berichterstattung in den Nemax 50-Unternehmen, in: DB 2001, S. 1209 ff

FÖRSCHLE, G./HEDDÄUS, B./KRONER, M. [1999]: Ungewisse Verpflichtungen nach IAS 37 im Vergleich zum HGB, in: WPg 1999, S. 41 ff.

FÖRSCHLE, G./HOFFMANN, K. [1998]: Latente Steuern nach IAS 12 unter Berücksichtigung des deutschen Körperschaftssteueraspekts, in: DB 1998, S. 2125 ff.

FÖRSCHLE, G/HOLLAND, B../KRONER, M. [2001]: Internationale Rechnungslegung: US-GAAP, HGB und IAS, 5.Aufl., Bonn 2001.

FÖRSCHLE, G./KROPP, M. [1984]: Zur Behandlung von Ansprüchen und Verpflichtungen aufgrund des Vorruhestandsgesetzes (VRG) nach handelsrechtlichen Rechnungslegungsvorschriften, in: DB 1984, Beilage 23.

FORSTER, K.-H. [1982]: Anhang, Lagebericht, Prüfung und Publizität im Regierungsentwurf eines Bilanzrichtlinien-Gesetzes, in: DB 1982, S. 1577 ff. und 1631 ff.

FORSTER, K.-H. [1985]: Das Bilanzrichtlinien-Gesetz aus der Sicht der Wirtschaftsprüfer, in: ZfbF 1985, S. 742 ff.

FORSTER, K.-H. [1986]: Ausgewählte Fragen aus dem Bereich der neuen Bewertungsbestimmungen, Sonderdruck aus dem Bericht über die Fachtagung des Instituts der Wirtschaftsprüfer am 27 Juni 1986 in Düsseldorf/Neuss, Düsseldorf 1986.

FOSTER, G. [1977]: Quarterly Accounting Data: Time-Series Properties and Predictive Ability Results, in: AR 1977, S. 1 ff.

FOSTER, G. [1986]: Financial Statement Analysis, 2. Aufl., Englewood Cliffs, N. J. 1986.

FRANKE, G./MENICHETTI, M. J. [1994]: Die Bilanzierung von Terminkontrakten und Optionen bei Einsatz im Risikomanagement, in: DBW 1994, S. 193 ff.

FREERICKS, W. [1976]: Bilanzierungsfähigkeit und Bilanzierungspflicht in Handels- und Steuerbilanz, Köln u. a. 1976.

FUCHS, M. [2000]: Anwendungshinweise zu IAS 12 »Income Taxes«, in: DB 2000, S. 1915 ff.

GEBHARDT, G. [1980]: Insolvenzprognose aus aktienrechtlichen Jahresabschlüssen, Wiesbaden 1980.

GEBHARDT, G. [1994]: Probleme der Aufstellung von Cash Flow Statements für internationale Konzerne, in: Bilanzrecht und Kapitalmarkt. Festschrift zum 65. Geburtstag von Adolf Moxter, hrsg. von Ballwieser, W. u. a., Düsseldorf 1994, S. 551 ff.

GEBHARDT, G. [1995]: Berichterstattung deutscher Unternehmen über den Einsatz derivativer Finanzinstrumente, in: WPg 1995, S. 609 ff.

GEBHARDT, G. [1996]: Probleme bei der bilanziellen Abbildung von Finanzinstrumenten, in: BFuP 1996, S. 557 ff.

GEBHARDT, G. [1999]: Empfehlungen zur Gestaltung informativer Kapitalflußrechnungen nach internationalen Grundsätzen, in: BB 1999, S. 1314 ff.

GEBHARDT, G. [2001]: Kapitalflußrechnungen, in: Beck'sches Handbuch der Rechnungslegung, hrsg. von Castan, E./Heymann, G./Müller, E./Ordelheide, D./Scheffler, E., Band III, Stand: Ergänzungslieferung Mai 2001, München 2001, C 620.

GILMAN, S. [1936]: Accounting Concepts of Profit, New York 1936. (Erstveröffentlichung New York 1939)

GINGELE, R. [1989]: Der konsolidierte Abschluß in den Vereinigten Staaten von Amerika, Rechtliche, historische und theoretische Grundlagen unter besonderer Berücksichtigung des Konsolidierungskreises und der Kapitalkonsolidierung, Frankfurt u. a. 1989.

GLADE, A. [1991]: Praxishandbuch der Rechnungslegung und Prüfung – Systematische Darstellung und Kommentar zum Bilanzrecht, 2. Aufl., Herne/ Berlin 1991.

GÖLLERT, K./RINGLING, W. [1986]: Bilanzanalyse nach dem Bilanzrichtlinien-Gesetz: Fallbezogener Kennzahlenvergleich, in: Die Bank 1986, S. 124 ff.

GOLDBERG, L. [1965]: An Inquiry to the Nature of Accounting, Menasha, Wisc. 1965.

GORDON, M. J. [1960]: Scope and Method of Theory and Research in the Measurement of Income and Wealth, in: AR 1960, S. 603 ff.

GRANT, J. MCB./MATHEWS, R. L. [1957]: Accounting Conventions, Pricing Policies and the Trade Cycle, in: AR 1957, S. 145 ff.

GRAY, S. S./COENENBERG, A. G. (HRSG.) [1984]: EEC Accounting Harmonization and the 4th Directive, Amsterdam 1984.

GRAY, S. J./COENENBERG, A. G./GORDON, P. D. [1993]: International Group Accounting: International Harmonisation and the 7th EEC Directive, 2. Aufl., London u. a. 1993.

GRAY, S. J./NEEDLES, B. E. [1999]: Financial Accounting. A Global Approach, Boston-New York 1999.

GRÄFER, H. [2001]: Bilanzanalyse, 8. Aufl., Herne/Berlin 2001.

GREEN, D. [1964]: Towards a Theory of Interim Reports, in: JoAR 1964, S. 35 ff.

GREEß, W. [1980]: Einzelprobleme des Jahresabschlusses durch die 4. EG-Richtlinie, in: Rechnungslegung nach neuem Recht, hrsg. von M. Bierich u. a., ZGR 1980, Sonderheft 2, S. 155 ff.

GROH, M. [1994]: Umweltrisiken in der Steuerbilanz, in: Umweltrisiken im Jahresabschluß, Vorträge und Diskussionen aus umwelt-, handels- und steuerrechtlicher Sicht, hrsg. von J. Baetge, Düsseldorf 1994, S. 91 ff.

GROSSE, H.-W. [1988]: Die kurzfristige Rechnungslegung in den USA, Frankfurt a. M. 1988.

GROßFELD, B./LEFFSON, U. [1986]: Außerordentliche Erträge und Aufwendungen; gewöhnliche Geschäftstätigkeit, in: HURB, S. 68 ff.

GU, F./LEV, B. [2001]: Intangible Assets. Measurement, Drivers, Usefulness, Manuskript, April 2001.

GUTENBERG, E. [1965]: Bilanztheorie und Bilanzrecht, in: ZfbF 1965, S. 13 ff.

HAARMANN, W. [2002]: Bilanzierungsfragen bei der Vergütung durch Stock Options in Deutschland, in: Stock Options, hrsg. von A.-K. Achleitner/P. Wollmert, Stuttgart 2002, S. 119 ff.

HAASE, K. D. [1992]: Prüfung der Segmentpublizität, in: HWRev2, Sp. 1758 ff.

HACKER, B. [2002]: Segmentberichterstattung – Eine ökonomische Analyse, Diss., Frankfurt a. M. 2002.

HAEGER, B. [1987]: Bildung, Übertragung und Auflösung der § 6b-Rücklage nach neuem Bilanzrecht, in: DB 1987, S. 445 ff., 493 ff. u. 549 f.

HAEGER, B. [1990]: Zur Aufhebung des strengen Wertzusammenhangs im Steuerrecht, in: DB 1990, S. 541 ff.

HAINDL, G. [1988]: Zum Aussagegehalt einer externen Kapitalflußrechnung für Aktionäre, Diss., Augsburg 1988.

HALBINGER, J. [1980]: Erfolgsausweispolitik: Eine empirische Untersuchung zum bilanzpolitischen Verhalten deutscher Aktiengesellschaften, Berlin 1980.

HALLER, A. [1987]: Probleme bei der Bilanzierung der Rücklagen und des Bilanzergebnisses einer Aktiengesellschaft nach neuem Bilanzrecht, in: DB 1987, S. 645 ff.

HALLER, A. [1989]: Behavioral Accounting, in: DBW 1989, S. 383 ff.

HALLER, A. [1990]: Die »Generally Accepted Accounting Principles«, in: ZfbF 1990, S. 751-777.

HALLER, A. [1993]: Die Rolle des International Accounting Standards Committee bei der weltweiten Harmonisierung der externen Rechnungslegung, in: DB 1993, S. 1297 ff.

HALLER, A. [1994]: Grundlagen der externen Rechnungslegung in den USA, 4. Aufl., Stuttgart 1994.

HALLER, A. [1994A]: Positive Accounting Theory, in: DBW 1994, S. 597 ff.

HALLER, A. [1997]: Wertschöpfungsrechnung, Stuttgart 1997.

HALLER, A. [1998]: Immaterielle Vermögenswerte – Wesentliche Herausforderung für die Zukunft der Unternehmensrechnung, Möller, H. P./Schmidt, F. (Hrsg.), Stuttgart 1998, S. 561 ff.

HALLER, A. [2000]: Wesentliche Ziele und Merkmale US-amerikanischer Rechnungslegung, in: Ballwieser, W. (Hrsg.), Stuttgart 2000, S. 1 ff.

HALLER, A. [2002]: Segmentberichterstattung (Segment Reporting), in: Rechnungslegung nach International Accounting Standards (IAS), hrsg. von Baetge, J./Dörner, D./Kleekämper, H./Wollmert, P./Kirsch, H.-J., Stuttgart 2002, Teil B, IAS 14, S. 1 ff.

HALLER, A./DIETRICH, R. [2001]: Intellectual Capital Bericht als Teil des Lageberichts, in: DB 2001, S. 1045 ff

HALLER, A./PARK, P. [1994]: Grundsätze ordnungsmäßiger Segmentberichterstattung, in: ZfbF 1994, S. 499 ff.

HALLER, A./PARK, P. [1999]: Segmentberichterstattung auf Basis des »Management Approach« – Inhalt und Konsequenzen, in: krp 1999, Sonderheft 3, S. 59 ff.

HANKEL, W. [1973]: Ist gegen die Inflation kein Kraut gewachsen? in: Die Zeit vom 10.8.1973, S. 40.

HÄRLE, D. [1961]: Finanzierungsregeln und ihre Problematik, Wiesbaden 1961.

HARRIS, T. S./LANG, M./MÖLLER, H. P. [1995]: Zur Relevanz der Jahresabschlußgrößen Erfolg und Eigenkapital für die Aktienbewertung in Deutschland und den USA, in: ZfbF 1995, S. 996 ff.

HARTMANN-WENDELS, T. [1992]: Agency-Theorie und Publizitätspflicht nicht börsennotierter Kapitalgesellschaften, in: BFuP 1992, S. 412 ff.

HASKINS, M./ FERRIS, K./SACK, R./ALLEN, B. [1997]: Financial Accounting and Reporting, 1997.

HAUSCHILDT, J. [1988]: Vorgehensweise und Ergebnisse der statistischen Insolvenzdiagnose, in: Krisendiagnose durch Bilanzanalyse, hrsg. von Hauschildt, J., Köln 1988, S. 115 ff.

HAUSCHILDT, J. [1996]: Erfolgs-, Finanz- und Bilanzanalyse, 3. Aufl., Köln 1996.

HAUSCHILDT, J./GRENZ, T./GEMÜNDEN, H. G. [1985]: Entschlüsselung von Unternehmenskrisen durch Erfolgsspaltung, in: DB 1985, S. 877 ff.

HAUSCHILDT, J./LEKER, J. (HRSG.) [2000]: Krisendiagnose durch Bilanzanalyse, 2. Aufl., Köln 2000.

HAUSCHILDT, J./RÖSLER, J./GEMÜNDEN, H. G. [1984]: Der Cash Flow – Ein Krisensignalwert?, in: DBW 1984, S. 353 ff.

HAX, K. [1957]: Die Substanzerhaltung der Betriebe, Köln/Opladen 1957.

HAX, H. [1964]: Der Bilanzgewinn als Erfolgsmaßstab, in: ZfB 1964, S. 642 ff.

HAYN, S. [1997]: Internationale Rechnungslegung - Ursachen, Wirkungen und Lösungsansätze zur Überwindung internationaler Rechnungslegungsdivergenzen, Stuttgart 1997.

HEALY, P./PALEPU, K. [1988]: Earnings Information Conveyed by Dividend Initations and Omissions, in: Journal of Financial Economics 1988, S. 149 ff.

HEBESTREIT, G. [1992]: Zwischenberichterstattung in Großbritannien und Deutschland, Bergisch-Gladbach 1992.

HEIGL, A. [1974]: Konzepte betrieblicher Umweltrechnungslegung, in: DB 1974, S. 2265 ff.

HEINEN, E. [1976]: Grundlagen betriebswirtschaftlicher Entscheidungen. Das Zielsystem der Unternehmung, 3. Aufl., Wiesbaden 1976.

HEINEN, E. [1986]: Handelsbilanzen, 12. Aufl., Wiesbaden 1986.

HEINHOLD, M. [1995]: Der Jahresabschluß, 3.Aufl., München/Wien 1995.

HEINHOLD, M. [1996]: Unternehmensbesteuerung Band 3: Investition und Finanzierung, Stuttgart 1996.

HELBLING, C. [1997]: Bilanz- und Erfolgsanalyse, 10. Aufl., Bern-Stuttgart 1997.

HELFERT, E. A. [1972]: Techniques of Financial Analysis, 3. Aufl., Homewood, Ill. 1972.

HELMSCHROTT, H. [1997]: Leasinggeschäfte in der Handels- und Steuerbilanz, Wiesbaden 1997.

HENES, F. [1995]: Börsenrechtliche Zwischenberichtspublizität, Stuttgart 1995.

HENZLER, R. [1965]: Die wirtschaftliche Entwicklung als Ansatz für eine Kritik an betriebswirtschaftlich wesentlichen Bestimmungen des neuen Aktienrechts, in: ZfbF 1965, S. 618 ff.

HEPWORTH, S. R. [1956]: Reporting Foreign Operations, Ann Arbor, Mich. 1956.

HERRMANN, R. [1969]: Der Niederschlag der dynamischen Bilanzauffassung Schmalenbachs im Handels- und Steuerbilanzrecht, Diss., Würzburg 1969.

HERRMANN, C./HEUER, G./RAUPACH, A. [1999]: EStG und KStG, Loseblattsammlung, Köln, Stand April 1999.

HERZIG, N. [1993]: Aktivische Abwertung versus Rückstellungsbildung bei Umweltschutzverpflichtungen, in: Betriebswirtschaft und Umweltschutz, hrsg. von G. R. Wagner, Stuttgart 1993, S. 161 ff.

HERZIG, N. [1993A]: Die rückstellungsbegrenzende Wirkung des Realisationsprinzips, in: Ertragsbesteuerung, Festschrift für Ludwig Schmidt zum 65. Geburtstag, hrsg. von A. Raupach und A. Uelner, München 1993, S. 209 ff.

HERZIG, N. [1994]: Umweltschutzrückstellungen und Bilanzierungsprinzipien, in: Umweltrisiken im Jahresabschluß, Vorträge und Diskussionen aus umwelt-, handels- und steuerrechtlicher Sicht, hrsg. von J. Baetge, Düsseldorf 1994, S. 67 ff.

HERZIG, N. [1997]: Grundkonzeption einer bilanziellen Marktbewertungspflicht für originäre und derivative Finanzinstrumente, in: BB 1997, Beilage 5, S. 1 ff.

HERZIG, N. [1999]: Steuerliche und bilanzielle Probleme bei Stock Options und Stock Appreciation Rights, in: DB 1999, S. 1 ff.

HERZIG, N./MAURITZ, P. [1997]: Micro-Hedges, Macro-Hedges und Portfolio-Hedges für derivative Finanzinstrumente: Kompatibel mit dem deutschen Bilanzrecht?, in: WPg 1997, S. 141 ff.

HERZIG, N./RIECK, U. [1999]: Bilanzsteuerliche Aspekte des Wertaufholungsgebotes im Steuerentlastungsgesetz, in: WPg 1999, S. 305 ff.

HEURUNG, R. [2000]: Latente Steuerabgrenzung im Konzernabschluss im Vergleich zwischen HGB, IAS und US-GAAP, in: AG 2000, S. 538 ff.

HIEKE, M. [1975]: Einbeziehung ausländischer Konzernunternehmen in den Konzernabschluß einer inländischen Aktiengesellschaft, in: DB 1975, S. 113 ff.

HILLE, K. [1982]: Latente Steuern im Einzel- und Konzernabschluß, Frankfurt u. a. 1982.

HINES, R. [1984]: The Implications of Stock Market Reaction (Non-Reaction) for Financial Accounting Standard Setting, in: Accounting and Business Research 1984, S. 3 ff.

HÖMBERG, R. [1986]: Übliche Abschreibungen, in: HURB, S. 298 ff.

HÖMBERG, R. [1986A]: Gewogener Durchschnittswert, in: HURB, S. 205 ff.

HOLMES, G./SUGDEN, A. [1998]: Interpreting Company Reports and Accounts, 6. Aufl., London u. a. 1998.

HOLZER, H. P./HÄUSLER, H. [1989]: Die moderne Kapitalflußrechnung und internationale Konzernrechnungslegung, in: WPg 1989, S. 221 ff.

HOYLE, J. B./SCHAEFER, T. F./DOUPNIK, T. S. [2001]: Advanced Accounting, 6. Aufl., Boston u. a. 2001.

HÜFNER, B./MÖLLER, H. P. [1997]: Erfolge börsennotierter Unternehemen aus der Sicht von Finanzanalysten: Zur Verlässlichkeit von DVFA-Ergebnissen und deren Prognosen, in: Zeitschrift für Bankrecht und Bankwirtschaft, 1997, S. 1 ff.

HÜFNER, B./MÖLLER, H. P. [2002]: Valuation of German Stocks: Are DVFA/SG Earnings Superior to GAAP Earning?, in: Schmalenbach Business Review, 2002.

HÜTTEMANN, U. [1988]: Posten der aktiven und passiven Rechnungsabgrenzung, in: HdJ, Abt. II/8.

HUSMANN, R. [1997]: Segmentierung des Konzernabschlusses zur bilanzanalytischen Untersuchung der wirtschaftlichen Lage des Konzerns, in: WPg 1997, S. 349 ff.

IASB [2001]: IASB Insight, March 2001.

IASB [2001A]: IASB Insight, October 2001.

IASB [2002]: Preface to International Financial Reporting Standards, London 2002.

IASB [2002A]: IASB Insight, July 2002.

IASB [2002B]: Exposure Draft or Proposed Amendments to IAS 32 and IAS 39, London 2002.

IASC (HRSG.) [1996A]: Issues Paper: Interim Financial Reporting, London 1996.

IASC [1998]: G4+1 Position Paper: Recommendations for achieving convergence on the methods of accounting for business combinations, London 1998.

IASC [1999]: Recommendations on Shaping IASC for the Future - A Report of the International Accounting Standards Committee's Strategy Working Party - Recommendations to the IASC Board, London 1999.

IASC [2001]: International Accounting Standards, London 2001.

IDW [1973]: HFA-Stellungnahme 1/73: Zur Berücksichtigung von Finanzierungs-Leasing-Verträgen im Jahresabschluß des Leasing-Nehmers, in: WPg 1973, S. 101 f.

IDW [1975]: HFA -Stellungnahme 2/75: Zur Berücksichtigung der Substanzerhaltung bei der Ermittlung des Jahresergebnisses, in: WPg 1975, S. 614 ff.

IDW [1976]: HFA-Stellungnahme 3/76: Zur Bilanzierung von Beteiligungen an Personenhandelsgesellschaften nach aktienrechtlichen Grundsätzen, in: WPg 1976, S. 591 ff.

IDW [1977]: Arbeitskreis »Weltbilanz«: Die Einbeziehung ausländischer Unternehmen in den Konzernabschluß (»Weltabschluß«), Düsseldorf 1977.

IDW [1978]: Stellungnahme HFA 1/1978: Die Kapitalflußrechnung als Ergänzung des Jahresabschlusses, in: WPg 1978, S. 207 f.

IDW [1985]: Gemeinsame Stellungnahme zum Entwurf eines Bilanzrichtlinien-Gesetzes, in: WPg 1985, S. 538 ff.

IDW [1986]: Zur Bilanzierung von Zero-Bonds, in: FN 1986, S. 140.

IDW [1986A]: Entwurf einer Verlautbarung des Sonderausschusses Bilanzrichtlinien-Gesetz (SABI): Probleme des Umsatzkostenverfahrens, in: FN 1986, S. 340 ff.

IDW [1986B]: Geänderter Entwurf einer Verlautbarung des HFA: Zur Währungsumrechnung im Jahres- und Konzernabschluß, in: WPg 1986, S. 664 ff.

IDW [1987]: Sonderausschuß Bilanzrichtlinien-Gesetz, Stellungnahme 1/1987: Probleme des Umsatzkostenverfahrens, in: WPg 1987, S. 141 ff.

IDW [1988]: Stellungnahme HFA 3/1988: Einheitliche Bewertung im Konzernabschluß, in: WPg 1988, S. 483 ff.

IDW [1988A]: Stellungnahme des Sonderausschusses Bilanzrichtlinien-Gesetz (SABI) 1/1988: Zur Aufstellungspflicht für einen Konzernabschluß und zur Abgrenzung des Konsolidierungskreises, in: FN 6/1988, S. 182 ff.

IDW [1988B]: Stellungnahme des Sonderausschusses Bilanzrichtlinien-Gesetz (SABI) 3/1988: Zur Steuerabgrenzung im Einzelabschluß, in: WPg 1988, S. 683 f.

IDW [1995]: Rechnungslegung nach International Accounting Standards, Düsseldorf 1995.

IDW [1995A]: Stellungnahme BFA 2/1995: »Bilanzierung von Optionsgeschäften«, in: WPg 1995, S. 421 f.

IDW [1996]: WP-Handbuch 1996, Bd. II, 11. Aufl., Düsseldorf 1996.

IDW [1998]: IDW Rechnungslegungsstandard: Aufstellung des Lageberichts (IDW RS HFA 1), in: IDW-Fachnachrichten 1998, S. 318 ff.

IDW [1998A]: Entwurf einer Stellungnahme: Zur Währungsumrechung im Konzernabschluß, in: IDW-Fachnachrichten 1998, S. 277-287.

IDW [1999]: Stellungnahme zur Rechnungslegung: Einzelfragen zur Anwendung von IAS (IDW RS HFA 2), in: FN 1999, Nr. 7, S. 260 ff.

IDW [1999A]: Stellungnahme des IDW zum Entwurf eines Deutschen Rechnungslegungsstandards Nr. 2 (E-DRS 2) »Kapitalflußrechnung«, in: WPg 1999, S. 668 ff.

IDW [2000]: Rechnungslegungshinweis: Auswirkungen des gespaltenen Körperschaftsteuersatzes auf die Bilanzierung latenter Steuern nach IAS (IDW RH HEA 1.002), in: FN 2000, S. 536 ff.

IDW/SG [1995]: Stellungnahme HFA 1/1995: Die Kapitalflußrechnung als Ergänzung des Jahres- und Konzernabschlusses – Gemeinsame Stellungnahme des Hauptfachausschusses und des Arbeitskreises »Finanzierungsrechnung« der Schmalenbach-Gesellschaft/Deutsche Gesellschaft für Betriebswirtschaft e. V., in: WPg 1995, S. 210 ff.

IJIRI, Y. [1967]: The foundations of Accounting Measurement, Englewood Cliffs, N. J. 1967.

IMHOFF, E./THOMAS, J. [1988]: Economic Consequences of Accounting Standards, in: Journal of Accounting and Economics 1988, S. 277 ff.

JACOBS, O. H. [1971]: Das Bilanzierungsproblem in der Ertragsteuerbilanz, Stuttgart 1971.

JACOBS, O. H. [2002]: Vorräte (Inventories), in: Rechnungslegung nach International Accounting Standards (IAS), hrsg. von Baetge, J./Dörner, D./Kleekämper, H./Wollmert, P./Kirsch, H.-J., [2002], Teil B, IAS 2, S 1. ff.

JACOBS, O. H./OESTREICHER, A./RHEINBOLDT, R./KRAHMER, E. [1999]: Die Ursachenrechnung zur Beurteilung der wirtschaftlichen Lage von (Konzern-)Unternehmen mit Hilfe von Kennzahlen, in: ZfB 1999, S. 643 ff.

JANZ, R./SCHÜLEN, W. [1986]: Der Anhang als Teil des Jahresabschlusses und des Konzernabschlusses, in: WPg 1986, S. 57 ff.

JENNINGS, R. [1990]: A Note on Interpreting »Incremental Information Content«, in: AR 1990, S. 925 ff.

JOHNSON, T. [1996]: Will E 53's New Financial Statement Foster or Hinder International Harmonisation? in: IASC Insight, December 1996, S. 10.

JONAS, H. H. [1980]: Die EG-Bilanzrichtlinie – Grundlagen und Anwendung in der Praxis, Freiburg 1980.

JOY, O. M./LITZENBERGER, R. H./MCENALLY, R. W. [1977]: The Adjustment of Stock Prices to Announcements of Unanticipated Changes in Quarterly Earnings, in: JAR 1977, S. 207 ff.

KÄFER, K. [1962]: Die Bilanz als Zukunftsrechnung, Zürich 1962.

KÄFER, K. [1984]: Kapitalflußrechnungen – Statement of Changes in Financial Position, Liquiditätsnachweis, Bewegungsbilanz als dritte Jahresrechnung der Unternehmung, 2. Aufl., Stuttgart 1984.

KELLER, E. [1991]: Entscheidungswirkungen von Bankbilanzen am Aktienmarkt, Heidelberg 1991.

KELLER, E./MÖLLER, H. P. [1993]: Die Auswirkungen der Zwischenberichterstattung auf den Informationswert von Jahresabschlüssen am Kapitalmarkt, in: ZfbF, Sonderheft 31, 1993, S. 35 ff.

KELLER, K. [2002]: Impairment Test, in: DBW 2002, S. 111 ff.

KIESO, D. E./WEYGANDT, J. J./WARFIELD, T. D. [2001]: Intermediate Accounting, 10. Aufl., New York u. a. 2001.

KILGERT, T./GROẞMANN, P. [1990]: Der Zwischenbericht – eine neuartige Form der Rechnungslegung für börsennotierte Unternehmen, in: WPg 1990, S. 189 ff.

KIRSCH, H. [1999]: Ermittlung bilanzieller Herstellungskosten durch Anwendung der Prozeßkostenrechnung, in: WPg 1999, S. 281 f.

KLEEKÄMPER, H. [2000]: IASC – Das Trojanische Pferd der SEC?, in: US-amerikanische Rechnungslegung, hrsg. von Ballwieser, W., Stuttgart 2000, S. 467 ff.

KLEEKÄMPER, H./HARDING, T. [1997]: Bridging the Gap, in: IASC Insight, October 1997, S. 16 f.

KLEEKÄMPER, H./KUHLEWIND, A.-M./ALVAREZ, M. [2002]: Ziele, Organisation, Entwicklung und Bedeutung des IASB, in: Rechnungslegung nach International Accounting Standards (IAS), hrsg. von J. Baetge/D. Dörner/H. Kleekämper et al., 2. Aufl., Stuttgart 2002, S. 1 ff.

KLEIN, G. [1999]: Unternehmenssteuerung auf Basis der International Accounting Standards, München 1999.

KLEINE-DOEPKE, R. [1981]: Informationsökonomische Analyse der externen Rechnungslegung, Frankfurt u. a. 1981.

KLOOCK, J./COENEN, M. [1997]: Cash-Flow-Return on Investment als Rentabilitätskennzahl aus externer Sicht, in: BFuP 1997, S. 1101 ff.

KNORR, L./EBBERS, G. [2001]: IASC - Individual Accounts, in: TRANSACC Transnational Accounting, hrsg. von D. Ordelheide und KPMG, Vol. 2, 2nd. Edition, Houndmills et al. 2001.

KOCH, H. [1953]: Die Ermittlung der Durchschnittskosten als Grundprinzip der Kostenrechnung, in: ZfhF 1953, S. 303 ff.

KÖSTER, H. [1992]: Grundsätze ordnungsmäßiger Zwischenberichterstattung börsennotierter Aktiengesellschaften, Diss., Düsseldorf 1992.

KOSIOL, E. [1959]: Bilanz (I) Bilanztheorie, in: HdS, S. 222 ff.

KOSIOL, E. [1976]: Pagatorische Bilanz, Berlin 1976.

KOTHARI, S. P. [2001]: Capital markets research in accounting, in: Journal of Accounting and Economics, 2001, S. 105 ff.

KPMG [1999]: International Accounting Standards - Eine Einführung in die Rechnungslegung nach den Grundsätzen des IASC, Stuttgart 1999.

KPMG [1999A]: Rechnungslegung nach US-amerikanischen Grundsätzen – Grundlagen der US-GAAP und SEC-Vorschriften, 2. Aufl., Berlin 1999.

KPMG [1999B]: Änderungen im IAS 22 (Business Combinations), in: KPMG-Mitteilungen, Mai 1999, S. 3-4.

KRÄMLING, M. [1998]: Der Goodwill aus der Kapitalkonsolidierung, Frankfurt a. M. 1998.

KRÖNER, M./HADZIC, E. [1998]: Der Erwerb eigener Anteile nach § 71 Abs. 1 Nr. 8 AktG unter Berücksichtigung von § 50c EStG, in: WPg 1998, S. 2133 ff.

KROPFF, B. [1980]: Der Lagebericht nach geltendem und künftigem Recht, in: BFuP 1980, S. 514 ff.

KRÜMMEL, H.-J. [1962]: Zur Bewertung im Kreditstatus, in: ZfhF 1962, S. 137 ff.

KUBIN, K. W. [1998]: Der Aktionär als Aktienkunde – Anmerkungen zum Shareholder Value, zur Wiedervereinigung der internen und externen Rechnungslegung und zur globalen Verbesserung der Berichterstattung, in: Möller, H. P./Schmidt, F. (Hrsg.), Stuttgart 1998, S. 525 ff.

KUHLEWIND, A.-M. [2000]: Die amerikanische Gewinn- und Verlustrechnung: Ermittlung und Darstellung des Unternehmenserfolges im amerikanischen Jahresabschluß, in: Ballwieser, W. (Hrsg.), Stuttgart 2000, S. 283 ff.

KUPSCH, P. [1992]: Bilanzierung von Umweltlasten in der Handelsbilanz, in: BB 1992, S. 2320 ff.

KUPSCH, P. [1998]: Der Anhang, in: HdJ, Abt. IV/4.

KUPSCH, P./EDER, D. [1988]: Anmerkungen zu den Grundsatzfragen der Steuerabgrenzung, in: WPg 1988, S. 521 ff.

KUßMAUL, H. [1998]: Betriebswirtschaftliche und steuerliche Analyse von Zero-Bonds und Stripped Bonds, in: Rechnungswesen als Instrument für Führungsentscheidungen, hrsg. von Möller, H. P./Schmidt, F., Stuttgart 1998, S. 287 ff.

KÜTING, K. [1989]: Zur Problematik der steuerrechtlichen Abschreibungen gem. § 254 HGB, in: Besteuerung und Unternehmenspolitik, Festschrift für Günter Wöhe, hrsg. von G. John, München 1989, S. 206-225.

KÜTING, K. [1993]: US-amerikanische und deutsche Bilanzierung im Vergleich - unter besonderer Berücksichtigung der Konzernrechnungslegung und des Daimler-Benz-Listing in New York, in: BFuP 1993, S. 357-379.

KÜTING, K. [1998]: Die Darstellung der Erfolgsverwendung im Konzernabschluß (Teil II), in: BB 1998, S. 938-944.

KÜTING, K. [2002]: Von der Bilanzanalyse zur Unternehmensanalyse - dargestellt am Beispiel der Beurteilung von Unternehmen der neuen Ökonomie, in: DStR 2002, Beiheft 3.

KÜTING, K. [2002A]: Bilanzanalyse am Neuen Markt, in: Küting, K./ Weber, C.-P. (Hrsg.): Vom Financial Accounting zum Buisness Reporting, Stuttgart 2002, S. 101 ff

KÜTING, K./HAEGER, B. [1988]: Die Bedeutung des Maßgeblichkeitsprinzips für die Ermittlung der steuerbilanziellen Herstellungskosten - Eine kritische Betrachtung vor dem Hintergrund des Entwurfs eines Steueerreformgesetzes 1990, in: DStR 1988, S. 159 ff.

KÜTING, K./HARTH, H.-J. [1999]: Die Behandlung einer negativen Aufrechnungsdifferenz im Rahmen der Purchase-Methode nach ABP 16 und nach IAS 22 -Vergleich und beispielhafte Darstellung, in: Die WPg 1999, 52. Jg., S. 489-500.

KÜTING, K./HELLEN, H.-H./BRAKENSIEK, S. [1998]: Leasing in der nationalen und internationalen Bilanzierung, in: BB 1998, S. 1465 ff.

KÜTING, K./PILHOFER, J. [1999]: Die neuen Vorschriften zur Segmentberichterstattung nach US-GAAP – Schließung der Regelungslücke in § 279 Abs. 1 HGB durch Adaption internationaler Standards?, in: DStR 1999, S. 559 ff. (Teil I), S. 603 ff. (Teil II).

KÜTING, K./WEBER, C.-P. [1995]: Handbuch der Rechnungslegung, 4. Aufl., Stuttgart 1995.

KÜTING, K./WEBER, C.-P. [1998]: Handbuch der Konzernrechnunglegung. Kommentar zur Bilanzierung und Prüfung, Band II, 2. Aufl., Stuttgart 1998.

KÜTING, K./WEBER, C.-P. [2001]: Der Konzernabschluß – Lehrbuch und Fallstudie zur Praxis der Konzernrechnungslegung, 7. Aufl., Stuttgart 2001.

KÜTING, K./WEBER, C.-P. [2001A]: Die Bilanzanalyse – Lehrbuch zur Beurteilung von Einzel- und Konzernabschlüssen, 6. Aufl., Stuttgart 2001.

LACHNIT, L. [1972]: Zeitraumbilanzen – Ein Instrument der Rechnungslegung, Unternehmensanalyse und Unternehmenssteuerung, Berlin 1972.

LACHNIT, L./AMMANN, H. [1998]: Währungsumrechung als Problem der tatsachengetreuen Darstellung der wirtschaftlichen Lage im Konzernabschluß, in: WPg 1998, S. 751-766.

LAUPENMÜHLEN, M./MÜNZ, S. M. [1998]: Die neue SEC-Berichtsvorschrift zum Marktrisiko, in: DB 1998, S. 2025 ff.

LAUSE, B./SIEVERS, H. [1990]: Maßgeblichkeitsprinzip und Steuerreform 1990, in: BB 1990, S. 24 ff.

LAWSON, G. H. [1971]: Cash Flow Accounting, in: The Accountant 1971, S. 586 ff. und 620 ff.

LE COUTRE, W. [1949]: Grundzüge der Bilanzkunde, Teil 1, 4. Aufl., Wolfenbüttel 1949.

LE COUTRE, W. [1956/62]: Bilanztheorien, in: HWB, Sp. 1153 ff.

LI, D. H. [1963]: Alternative Accounting Procedures and the Entity Concept, in: AR 1963, S. 52 ff.

LEFFSON, U. [1968]: Der Ausbau der unternehmerischen Rechenschaft durch vollständigen Kapitalpositionsnachweis, in: NB 1968, S. 1 ff.

LEFFSON, U. [1986]: Bild der tatsächlichen Verhältnisse, in: HURB, S. 94 ff.

LEFFSON, U. [1987]: Die Grundsätze ordnungsmäßiger Buchführung, 7. Aufl., Düsseldorf 1987.

LEHMANN, M. R. [1925]: Die Dreikontenreihentheorie, in: ZfhF 1925, S. 341 ff.

LEHMANN, M. R. [1955]: Die Quintessenz der Bilanztheorie, in: ZfB 1955, S. 537 ff. und 669 ff.

LEV, B. [2001]: Intangibles: Management, Measurement, and Reporting, Washington D. C. 2001.

LEV, B./OHLSON, J. [1982]: Market-Based Empirical Research in Accounting: A Review, Interpretation and Extension, in: JAR, Supplement 1982, S. 249 ff.

LEWIS, T. G./STELTER, D. [1993]: Mehrwert schaffen mit finanziellen Ressourcen, in: Harvard Business Manager 1993, S. 107 ff.

LIPPMANN, K./SCHÄFER, W. [1976]: Die Behandlung von Währungsänderungen bei der Konsolidierung von Jahresabschlüssen ausländischer Tochtergesellschaften, in: Bilanzfragen. Festschrift zum 65. Geburtstag von Prof. Dr. Ulrich Leffson, hrsg. von J. Baetge/A. Moxter/D. Schneider, Düsseldorf 1976, S. 165 ff.

LÖFFLER, G. [1998]: Der Beitrag von Finanzanalysten zur Informationsverarbeitung für den deutschen Aktienmarkt, Wiesbaden 1998.

LORENSEN, L. [1972]: Reporting Foreign Operations of U.S. Companies in U.S. Dollars, Accounting Research Study No. 12, New York 1972.

LÜCK, W. [1974]: Die Umrechnung der Jahresabschlüsse ausländischer Konzerngesellschaften und die Behandlung von Umrechnungsdifferenzen für die Aufstellung internationaler Konzernabschlüsse, Düsseldorf 1974.

LÜCK, W. [1995]: § 289 – Lagebericht, in: K. Küting und C.-P. Weber (Hrsg.), Stuttgart 1995, S. 2005 ff.

LYS, T./SAHN, S. [1990]: The Association between Revisions of Financial Analysts' Earnings Forecasts and Security-Price Changes, in: Journal of Accounting and Economics 1990, S. 341 ff.

MAAS, U./SCHRUFF, W. [1986]: Der Konzernabschluß nach neuem Recht, in: WPg 1986, S. 201 ff. und 237 ff.

MAHLBERG, W. [1923]: Bilanztechnik und Bewertung bei schwankender Währung, 3. Aufl., Leipzig 1923.

MANSCH, H./STOLBERG, K./WYSOCKI, K. V. [1995]: Die Kapitalflußrechnung als Ergänzung des Jahres- und Konzernabschlusses – Anmerkungen zur gemeinsamen Stellungnahme HFA 1/1995 des Hauptfachausschusses und der Schmalenbach-Gesellschaft, in: WPg 1995, S. 185 ff.

MATSCHKE, M. J. [1975]: Externe Schätzungen von Scheinerfolgen aus aktienrechtlichen Jahresabschlüssen – dargestellt am Beispiel der BASF AG für das Jahr 1972, in: BFuP 1975, S. 276 ff.

MATSCHKE, M. J. [1995]: § 274, Steuerabgrenzung, in: Bonner Handbuch der Rechnungslegung, hrsg. von M. A. Hofbauer und P. Kupsch, Bonn, Stand 1995.

MAUL, K.-H. [1986]: Aufwandsrückstellungen im neuen Bilanzrecht, in: BB 1986, S. 631 ff.

MAY, A. [1991]: Zum Stand der empirischen Forschung über Informationsverarbeitung am Aktienmarkt – Ein Überblick, in: ZfbF 1991, S. 313 ff.

MAYER, A. [1989]: Auswirkungen des Bilanzrichtlinien-Gesetzes auf die externe Analyse der Einzelabschlüsse von Kapitalgesellschaften, Frankfurt u. a. 1989.

McConnell, P./Pacter, P. [1995]: IASC und FASB Proposals Would Enhance Segment Reporting, in: The CPA Journal, August 1995, S. 32 ff.

Möller, H. P./Schmidt, F. (Hrsg.) [1998]: Rechnungswesen als Instrument für Führungsentscheidungen, Festschrift für Prof. Dr. Dr. h.c. Adolf G. Coenenberg zum 60. Geburtstag, Stuttgart 1998.

Möller, H. P./Schmidt, F. [1998]: Zur Bedeutung von Jahresabschlüssen und DVFA/SG-Daten für die fundamentale Aktienbewertung, in: Rechnungswesen als Instrument für Führungsentscheidungen, hrsg. von Möller, H. P./Schmidt, F., Stuttgart 1998, S. 477 ff.

Möller, H. P./Hüfner, B. [2002]: Zur Bedeutung der Rechnungslegung für den deutschen Aktienmarkt - Begründung, Messprobleme und Erkenntnisse empirischer Forschung, in: Jahrbuch für Controlling und Rechnungswesen 2002 hrsg. von G. Seicht, Wien 2002, S. 405 ff.

Möller, P. [1983]: Probleme und Ergebnisse kapitalmarktorientierter empirischer Bilanzforschung in Deutschland, in: BFuP 1983, S. 285 ff.

Möller, P. [1986]: Bilanzkennzahlen und Ertragsrisiken des Kapitalmarktes, Stuttgart 1986.

Moxter, A. [1962]: Bilanzierung und unsichere Erwartungen, in: ZfhF 1962, S. 607 ff.

Moxter, A. [1966]: Die Grundsätze ordnungsmäßiger Bilanzierung und der Stand der Bilanztheorie, in: ZfbF 1966, S. 28 ff.

Moxter, A. [1970]: Publizität und Rechnungswesen, in: HWR 1970, Sp. 1478 ff.

Moxter, A. [1984]: Das Realisationsprinzip – 1884 und heute, in: BB 1984, S. 1780 ff.

Moxter, A. [1985]: Bilanzlehre, Einführung in die Bilanztheorie, 3. Aufl., Bd. 1, Wiesbaden 1985.

Moxter, A. [1985b]: Das System der handelsrechtlichen Grundsätze ordnungsmäßiger Buchführung, in: Der Wirtschaftsprüfer im Schnittpunkt nationaler und internationaler Entwicklungen, Festschrift zum 60. Geburtstag von Prof. Dr. Klaus v. Wysocki, hrsg. von G. Gross, Düsseldorf 1985, S. 17 ff.

Moxter, A. [1986]: Bilanzlehre, Einführung in das neue Bilanzrecht, 3. Aufl., Bd. 2, Wiesbaden 1986.

Moxter, A. [1987]: Zum Sinn und Zweck des handelsrechtlichen Jahresabschlusses nach neuem Recht, in: Bilanz- und Konzernrecht, Festschrift zum 65. Geburtstag von Dr. Dr. h.c. Reinhard Goerdeler, hrsg. von H. Havermann, Düsseldorf 1987, S. 361 ff.

MOYER, R./CHATFIELD, R./SISNEROS, P. [1989]: Security Analyst Monitoring Activity: Agency Costs and Information Demands, in: Journal of Financial and Quantitative Analysis 1989, S. 503 ff.

MUELLER, G. G./BLOOMER, C. [1998]: The Ideal Global Financial Accounting Standard Setter, in: Möller, H. P./Schmidt, F. (Hrsg.), Stuttgart 1998, S. 651 ff.

MÜLLER-MERBACH, H. [1993]: Der »Totale Wertschöpfungsquotient« – Ein Maß für die wirtschaftliche Leistungskraft, in: Technologie & Management 1993, S. 31 ff.

MUJKANOVIC; R. [1999]: Die Zukunft der Kapitalkonsolidierung: Das Ende der Pooling-of-Interests Method?, in: WPg 1999, S. 533-540.

MUNSCHECK, K./BRAUN, M. [1998]: Die Berücksichtigung von Pensionsverpflichtungen in Jahresabschlüssen nach US-GAAP, in: WPg 1998, S. 493 ff.

MÜNSTERMANN, H. [1966]: Die Bedeutung des ökonomischen Gewinns für den externen Jahresabschluß der Aktiengesellschaft, in: WPg 1966, S. 579 ff.

MÜNSTERMANN, H. [1969]: Unternehmungsrechnung, Wiesbaden 1969.

NAUMANN, T. K. [1998]: Zur Bilanzierung von Stock Options, in: DB 1998, S. 1428 ff.

NEEDLES, B. E. [1986]: Financial Accounting, 2. Aufl., Boston u. a. 1986.

NIEHUS, R. J. [1974]: Zur Berücksichtigung der Substanzerhaltung bei der Rechnungslegung, in: WPg 1974, S. 649 ff.

NIEHUS, R. J. [1982]: Die Gliederung der Ergebnisrechnung nach der 4. EG-Richtlinie bzw. nach dem Entwurf eines Bilanzrichtlinien-Gesetzes, in: DB 1982, S. 657 ff.

NIEHUS, R. J. [1986]: Aufwendungen und Erträge aus der »nicht gewöhnlichen Geschäftstätigkeit« der Kapitalgesellschaft: Abgrenzungsfragen zum außerordentlichen Posten nach neuem Recht, in: DB 1986, S. 1293 ff.

NIEHUS, R. J./THYLL, A. [2000]: Konzernabschluß nach US-GAAP – Grundlagen und Gegenüberstellung mit den deutschen Vorschriften, 2. Aufl., Stuttgart 2000.

NOLL, D. J./WEYGANDT, J. J. [1997]: Business Reporting: What Comes Next?, in: Journal of Accountancy, Vol. 112, S. 59-62

OECD [1990]: Segmented Financial Information, Paris 1990.

OHLSON, J. [1980]: Financial Ratios and the Probabilistic Prediction of Bankruptcy, in: JAR 1980, S. 109 ff.

OHLSON, J. A. [1995]: Earnings, Book Values, and Dividends in Equity Valuations, in: Contemporary Accounting Research 1995, S. 661 ff.

ORDELHEIDE, D. [1998]: Rechnungslegung und internationale Aktienanalyse, in: Rechnungslegung als Instrument für Führungsentscheidungen, hrsg. von Möller, H. P./Schmidt, F., Stuttgart 1998, S. 505 ff.

ORDELHEIDE, D./HARTLE, J. [1986]: Rechnungslegung und Gewinnermittlung von Kapitalgesellschaften nach dem Bilanzrichtlinien-Gesetz, in: GmbHR 1986, S. 9 ff. und S. 38 ff.

ORDELHEIDE, D./STUBENRATH, M. [2000]: Segmentberichterstattung, in: Ballwieser, W. (Hrsg.), Stuttgart 2000, S. 379 ff.

ORTH, C. [1963]: Die Fund Theory of Accounting – ein neuer bilanztheoretischer Ansatz? in: ZfhF 1963, S. 433 ff.

OSER, P./VATER, H. [2001]: Bilanzierung von Stock Options nach US-GAAP und IAS, in: DB 2001, S. 1261 ff.

PACTER, P. [1993]: Reporting Disaggregated Information – Research Report, Norwalk 1993.

PEASNELL, K. V. [1982]: Some Formal Connections Between Economic Values and Yields and Accounting Numbers, in: Journal of Business Finance and Accounting 1982, S. 361 ff.

PEJIC, P. [1997]: Segmentberichterstattung im externen Jahresabschluß – Internationale Normierungspraxis und Informationsbedürfnisse der Adressaten, Diss., Wiesbaden 1997.

PELLENS, B. [1989]: Der Informationswert von Konzernabschlüssen – eine empirische Untersuchung deutscher Börsengesellschaften, Wiesbaden 1989.

PELLENS, B. [1991]: Ad-hoc-Publizitätspflicht des Managements börsennotierter Unternehmen nach § 44a BörsG, in: AG 1991, S. 62 ff.

PELLENS, B. [1994]: Aktionärsschutz im Konzern, Wiesbaden 1994.

PELLENS, B. [1995]: Berücksichtigung der Aktionärsinteressen bei der Gewinnverwendung im Konzern, in: Unternehmenssicherung und Unternehmensentwicklung, hrsg. von R. Elschen, Stuttgart 1995, S. 162 ff.

PELLENS, B. [2001]: Internationale Rechnungslegung, 4. Aufl., Stuttgart 2001.

PELLENS, B./CRASSELT, N. [1998]: Aktienkursorientierte Entlohnungssysteme im Jahresabschluss, in: Unternehmenswertorientierte Entlohnungssysteme, hrsg. von B. Pellens, Stuttgart 1998, S. 125 ff.

PELLENS, B./CRASSELT, N. [2002]: Bilanzierung virtueller Aktienoptionsprogramme (Stock Appreciation Rights) aus finanzwirtschaftlicher Sicht, in: Stock Options, hrsg. von A.-K. Achleitner/P. Wollmert, Stuttgart 2002, S. 173 ff.

PELLENS, B./FÜLBIER, R. U. [1994]: Publizitätspflichten nach dem Wertpapierhandelsgesetz, in: DB 1994, S. 1381 ff.

PELLENS, B./BONSE, A./FÜLBIER, R. U. [1996]: Organisatorischer und konzeptioneller Rahmen des IASC, WPK-Mitteilungen 1996, S. 270 ff.

PELLENS, B./GASSEN, J. [1998]: Die Bereitstellung von Rechnungslegungssystemen – Eine Aufgabe des Staates oder des Marktes?, in: Möller, H. P./ Schmidt, F. (Hrsg.), Stuttgart 1998, S. 633 ff.

PELLENS, B./HILLEBRANDT, F./TOMASZEWSKI, C. [2000]: Value Reporting- Eine empirische Analyse der DAX-Unternehmen, in: Wertorientiertes Management 2000, hrsg. v. Wagenhofer, A./ Hrebicek, G., 2000, S. 171 ff.

PELLENS, B./LINNHOFF, U. [1992]: Analysis of German Companies Accounts Following the Implementation of the Seventh Directive. An Empirical Study, in: International Group Accounting: A European Perspective, hrsg. von S. S. Gray und A. G. Coenenberg, 2. Aufl., Amsterdam 1992, S. 110 ff.

PELLENS, B./SELLHORN, T. [2001A]: Neue Goodwill-Bilanzierung nach US-GAAP, in: DB 2001, S. 713-720.

PELLENS, B./SELLHORN, T. [2001B]: Goodwill-Bilanzierung nach SFAS 141 und 142 für deutsche Unternehmen, in: DB 2001, S. 1681-1689.

PELLENS, B./TOMASCEWSKI, C. [1999]: Kapitalmarktreaktionen auf den Rechnungslegungswechsel zu IAS bzw. US-GAAP, in: ZfbF, Sonderheft, 41, 1999, S. 199 ff.

PENMAN, S. H. [2001]: Financial Statement Analysis and Security Valuation, Boston et al. 2001.

PERRIDON, L./STEINER, M. [1999]: Finanzwirtschaft der Unternehmung, 10. Aufl., München 1999.

PFAFF, D./BÄRTL, U. [1998]: Externe Rechnungslegung, internes Rechnungswesen und Kapitalmarkt, in: ZfbF 1998, S. 757 ff.

PLÜCKEBAUM, R. [1962]: Die Bewertung mit dem niedrigeren Teilwert und die außergewöhnliche Absetzung für Abnutzung, in: DB 1962, S. 1385 ff. und S. 1417 ff.

PFUHL, J. [1994]: Konzernkapitalflußrechnung – Entwicklung eines zahlungsstromorientierten Steuerungs- und Publizitätsinstruments unter Berücksichtigung der aktuellen internationalen Entwicklung, Stuttgart 1994.

PILTZ, D. J. [1985]: Die Gewinnrealisierung bei Kaufverträgen mit Rückgaberecht des Käufers, in: BB 1985, S. 1368 ff.

POHMER, D./KROENLEIN, G. [1970]: Wertschöpfungsrechnung, betriebliche, in: HWR, Sp. 1913 ff.

PRATHER, J./RUESCHHOFF, N. [1996]: An Analysis of International Accounting Research in U. S. Academic Accounting Journals 1980 through 1993, in: Accounting Horizons 1996, S. 1 ff.

RAMMERT, S. [1998]: Die Bilanzierung von Aktienoptionen für Manager - Überlegungen zur Anwendung von US-GAAP im handelsrechtlichen Jahresabschluss, in: WPg 1998, S. 766 ff.

RAPPAPORT, A. [1986]: Creating Shareholder Value, New York 1986.

RAPPAPORT, C. [1964]: Establishing Objectives for Published Corporate Accounting Reports, in: AR 1964, S. 951 ff.

REINHARD, H. [1998]: Umweltschutz, in: Lexikon des Rechnungswesens, hrsg. von Busse von Colbe, W./Pellens, B., 4. Aufl., München 1998, S 711 ff.

REINHART, A. [1998]: Die Auswirkungen der Rechnungslegung nach International Accounting Standards auf die erfolgswirtschaftliche Abschlußanalyse von deutschen Jahresabschlüssen, Frankfurt u. a. 1998.

REINHART, A. [1999]: Wertschöpfung sowie Break-Even-Analyse für Zwecke der externen erfolgswirtschaftlichen Abschlußanalyse nach IAS, in: DStR 1999, S. 211 ff.

REITHMEIER, H. [1979]: Die Bilanzierung von Leasing-Verträgen über unbewegliche Gegenstände nach Aktienrecht, Frankfurt a. M.1979.

REITINGER, W. J. [1994]: Der Lagebericht, in: HdJ, Abt. IV/3.

RICHTER, M. [1990]: Die immateriellen Anlagewerte, in: HdJ, Abt. II/2.

RIEBEL, P. [1960]: Die Problematik der Normung von Abschreibungen, in: DB 1960, S. 729 ff.

RIEBEL, P. [1994]: Einzelkosten- und Deckungsbeitragsrechnung, 7. Aufl., Wiesbaden 1994.

RIEGER, W. [1928]: Einführung in die Privatwirtschaftslehre, 3. Aufl., Erlangen 1964.

RÖDER, K. [1998]: Die Informationswirkung von Ad hoc-Meldungen, hrsg. vom Institut für Statistik und Mathematische Wirtschaftstheorie der Universität Augsburg, Heft 162/1998, Augsburg 1998.

RÖDER, K. [1998A]: Kurzwirkungen von Meldungen deutscher Aktiengesellschaften, Habilitationsschrift, Augsburg 1998.

ROLVERING, A. [2002]: Zwischenberichterstattung börsennotierter Kapitalgesellschaften – Eine empirische Untersuchung zur Qualität der Unternehmenspublizität, Diss., Herne/Berlin 2002.

RONEN, J./ SADAN, S. [1981]: Smoothing Income Numbers: Objectives, Means and Implications, Reading, Mass. 1981.

ROSEN, R. V./HELM, L. [1996]: Der Erwerb eigener Aktien durch die Gesellschaft, in: AG 1996, S. 434 ff.

ROß, N./POMMERENING, S. [2002]: Angabepflichten zu Aktienoptionsplänen im Anhang und Lagebericht - Bestandsaufnahmen und Regierungsentwurf des TransPuG -, in: WPg 2002, S. 371 ff.

RUBIN, S. [1984]: The House of GAAP, in: JoA Vol. 157 (June 1984), S. 122.

RUHWEDEL, F./SCHULTZE, W. [2002]: Value Reporting: Theoretische Konzeption und Umsetzung bei den DAX 100-Unternehmen, in: ZfbF 2002, S. 602 ff

RUSS, W. [1986]: Der Anhang als dritter Teil des Jahresabschlusses – Eine Analyse der bisherigen und der zukünftigen Erläuterungsvorschriften für die Aktiengesellschaft, 2. Aufl., Bergisch-Gladbach/Köln 1986.

SAHLING, C. [1981]: Die Reaktion des Aktienmarktes auf wesentliche Ausschüttungsänderungen, Schwarzenbeck 1981.

SCHARPF, P./LUZ, G. [2000]: Risikomanagement, Bilanzierung und Aufsicht von Finanzderivativen, 2. Auflage, Stuttgart 2000.

SCHEER, F. [1999]: Die Änderung des Aussagegehalts von Konzernbilanzen durch das Bilanzrichtliniengesetz, Frankfurt a. M. 1999.

SCHEFFLER, E. [1999]: Der deutsche Standardisierungsrat - Struktur, Aufgaben und Kompetenzen, in: BfuP 1999, S. 407-417.

SCHEFFLER, J. [1994]: Hedge Accounting, Wiesbaden 1994.

SCHERRER, G. [2000]: Grundlagen der US-amerikanischen Konzernrechnungslegung, in: Ballwieser, W. (Hrsg.), Stuttgart 2000, S. 329 ff.

SCHILDBACH, TH. [1974]: Die Konzeption der Geldkapitalerhaltung von Eugen Schmalenbach, in: BFuP 1974, S. 138 ff.

SCHILDBACH, TH. [1975]: Analyse des betrieblichen Rechnungswesens aus der Sicht der Unternehmungsbeteiligten, Wiesbaden 1975.

SCHILDBACH, TH. [1989]: Überlegungen zur Zukunft des Verhältnisses von Handels- und Steuerbilanz, in: BFuP 1989, S. 123 ff.

SCHILDBACH, TH. [1998]: Latente Steuern auf permanente Differenzen und andere Kuriositäten - Ein Blick in das gelobte Land jenseits der Maßgeblichkeit, in: WPg 1998, S. 939 ff.

SCHILDBACH, TH. [1998A]: Zeitwertbilanzierung in USA und nach IAS, in: BFuP 1998, S. 581 ff.

SCHMALENBACH, E. [1926]: Dynamische Bilanz, 4. Aufl., Leipzig 1926 (l. Aufl. Leipzig 1919 unter dem Titel: »Grundlagen dynamischer Bilanzlehre«).

SCHMALENBACH, E. [1927]: Zur Reform der Aktienbilanz, in: ZfhF 1927, S. 49 ff.

SCHMALENBACH, E. [1962]: Dynamische Bilanz, 13. Aufl., bearbeitet von R. Bauer, Köln/Opladen 1962.

SCHMIDBAUER, R. [2001]: Die Bilanzierung latenter Steuern nach HGB unter Berücksichtigung von E-DRS 12 sowie nach IAS auf Basis der Änderungen des Steuergesetzes, in: DB 2001, S. 1569 ff.

SCHMIDT, F. [1929]: Die organische Tageswertbilanz, 3. Aufl., Leipzig 1929 (l. Aufl. Leipzig 1921 unter dem Titel: »Die organische Bilanz im Rahmen der Wirtschaft«).

SCHMIDT, F. [1951]: Die organische Tageswertbilanz, unveränderter Nachdruck der 3. Aufl., Wiesbaden 1951.

SCHMIDT, F. [1979]: Bilanzpolitik deutscher Aktiengesellschaften, Wiesbaden 1979.

SCHMIDT, M. [2000]: Latente Steuern nach dem US-GAAP in deutschen Konzernabschlüssen, in: US-amerikanische Rechnungslegung, hrsg. v. Ballwieser, W., 4. Aufl., Stuttgart 2000, S. 241 ff.

SCHMIDT, R.-B. [1977]: Wirtschaftslehre der Unternehmung, 2. Aufl., Bd. I Stuttgart 1977, Bd. II Stuttgart 1973.

SCHMIDT, R. H. [1982]: Rechnungslegung als Informationsproduktion auf nahezu effizienten Kapitalmärkten, in: ZfbF 1982, S. 728 ff.

SCHNEELOCH, D. [1990]: Die Grundsätze der Maßgeblichkeit, in: DStR, Heft 3, S. 51.

SCHNEIDER, D. [1963]: Bilanzgewinn und ökonomische Theorie, in: ZfhF 1963, S. 457 ff.

SCHNEIDER, D. [1968]: Ausschüttungsfähiger Gewinn und das Minimum an Selbstfinanzierung, in: ZfbF 1968, S. 1 ff.

SCHNEIDER, D. [1970]: Bilanztheorien, neuere Ansätze, in: HWR, Sp. 260 ff.

SCHNEIDER, D. [1971]: Aktienrechtlicher Gewinn und ausschüttungsfähiger Betrag, in: WPg 1971, S. 607 ff.

SCHNEIDER, D. [1974]: Bestimmungsgründe des Substanzverzehrs durch Scheingewinnbesteuerung, in: DB 1974, S. 1073 ff.

SCHNEIDER, D. [1981]: Kapitalmarkteffizienz durch Jahresabschlußreformen? in: Schriften des Verbandes öffentlicher Banken, Heft 8, 1981, S. 1 ff.

SCHNEIDER, D. [1981A]: Bilanztheorien, neuere Ansätze, in: HWR 2, Sp. 260 ff.

SCHNEIDER, D. [1985]: Eine Warnung vor Frühwarnsystemen, in: DB 1985, S. 1489 ff.

SCHOENFELD, H.-M. W. [1993]: Behavioral Accounting, in: HWB 5, Sp. 280 ff.

SCHÖNBRODT, B. [1981]: Erfolgsprognosen mit Bilanzkennzahlen, Frankfurt u. a. 1981.

SCHÖNBRUNN, N. [1988]: Rechnungswesen und Verhaltenswissensehaften, Marburg 1988.

SCHÖNFELD, H. M. [1974]: Die Rechnungslegung über das betriebliche »Human-Vermögen« – eine kritische Betrachtung des Entwicklungsstandes, in: BFuP 1974, S. 1 ff.

SCHREDELSEKER, K. [1985]: Der Nutzen von Bilanzinformationen für Kapitalanlageentscheidungen, in: Der Wirtschaftsprüfer im Schnittpunkt nationaler und internationaler Entwicklungen, Festschrift zum 60. Geburtstag von Prof. Dr. Klaus v. Wysocki, hrsg. von G. Gross, Düsseldorf 1985, S. 129 ff.

SCHREDELSEKER, K. [1996]: Zur ökonomischen Theorie der Publizität, in: Effiziente Verhaltenssteuerung und Kooperation im Zivilrecht, hrsg. von Schäfer, H.-B., Tübingen 1996, S. 214 ff.

SCHÜLEN, W. [1987]: Die Aufstellung des Anhangs, in: WPg 1987, S. 223 ff.

SCHULT, E. [1986]: Bilanzanalyse nach dem neuen Bilanzrichtlinien-Gesetz, 6. Aufl., Freiburg i. Brg. 1986.

SCHULT, E. [1999]: Bilanzanalyse, 10. Aufl., Berlin 1999.

SCHULTE, H. [1974]: Die Sozialbilanz der STEAG-Aktiengesellschaft, in: BFuP 1974, S. 227 ff.

SCHULTZE, W. [2001]: Methoden der Unternehmensbewertung.

SCHULZE-OSTERLOH, J. [1986]: Jahresabschluß, Abschlußprüfung und Publizität der Kapitalgesellschaften nach dem Bilanzrichtlinien-Gesetz, in: ZHR 1986, S. 532 ff.

SCHRUFF, W. [2000]: Bilanzierung latenter Steuern nach IAS 12 innerhalb des deutschen Körperschaftsteuer-Systems, in: Zur Rechnungslegung nach International Accounting Standards, hrsg. v. Baetge, J., Düsseldorf 2000, S. 97 ff.

SEC [2001]: 2002 SEC Rules and Regulations, Chicago 2001.

SEICHT, G. [1970]: Die kapitaltheoretische Bilanz und die Entwicklung der Bilanztheorien, Berlin 1970.

SEICHT, G. [1970A]: Die Unhaltbarkeit der dynamischen Bilanztheorie, in: ZfB 1970, S. 589 ff.

SELCHERT, F. W. [1978]: Möglichkeiten einer Schätzung des Steuerbilanzgewinnes anhand des handelsrechtlichen Jahresabschlusses einer Aktiengesellschaft nach der Körperschaftsteuerreform, in: BB 1978, S. 509 ff.

SELCHERT, F. W. [1985]: Rückstellungen für Großreparaturen, in: DB 1985, S. 1541 ff.

SELCHERT, F. W. [1986]: Die Aufgliederung der Umsatzerlöse gemäß § 285 Nr. 4 HGB, in: BB 1986, S. 560 ff.

SELCHERT, F. W. [1986A]: Herstellungskosten im Umsatzkostenverfahren, in: DB 1986, S. 2397 ff.

SELCHERT, F. W. [1998]: Die MD&A – ein Vorbild für den Lagebericht?, in: Internationale Rechnungslegung, Festschrift für Prof. Dr. Claus-Peter Weber zum 60. Geburtstag, hrsg. von K. Küting und G. Langenbucher, Stuttgart 1999, S. 219 ff.

SIEBEN, G. [1974]: Kritische Würdigung der externen Rechnungslegung unter besonderer Berücksichtigung von Scheingewinnen, in: ZfbF 1974, S. 153 ff.

SIEBEN, G./SCHILDBACH, TH. [1973]: Substanzerhaltung und anteilige Fremdfinanzierung, in: BFuP 1973, S. 577 ff.

SIEGEL, T. [1984]: Probleme latenter Steuern im Entwurf des Bilanzrichtlinien-Gesetzes, in: BB 1984, S. 1909 ff.

SIEGEL, T. [1985]: Das geplante Rückstellungswahlrecht für Großreparaturen, in: WPg 1985, S. 414 ff.

SIEGEL, T. [1985A]: Der Zeitbezug von Instandsetzungsmaßnahmen und seine bilanziellen Konsequenzen – Ergänzungen zu einem Beitrag von Selchert, in: DB 1985, S. 2313 ff.

SIEGEL, T. [1985B]: Instandhaltungsrückstellungen als Anwendungsfall von »Grundsätzen ordnungswidriger Bilanzierung« – Stellungnahme zu einem Aufsatz von Dziadkowski/Runge, in: WPg 1985, S. 14 ff.

SIEGEL, T. [1986]: Echte Aufwandsrückstellungen und der Wandel des Gesellschafterschutzes im neuen Bilanzrecht, in: BB 1986, S. 841 ff.

SIEGEL, T. [1993]: Umweltschutz im Jahresabschluß, in: BB 1993, S. 326 ff.

SIEGEL, T. [1994]: Das Realisationsprinzip als allgemeines Periodisierungsprinzip?, in: BFuP 1994, S. 1 ff.

SIEGEL, T. [1998]: Zeitwertbilanzierung für das deutsche Bilanzrecht?, in: BFuP 1998, S. 593 ff.

SIEGEL, T./BAREIS, P./RÜCKLE, D./SCHNEIDER, D./SIGLOCH, J./STREIM, I./WAGNER, F.W. [1999]: Stille Reserven und aktienrechtliche Informationspflichten, in: Zeitschrift für Wirtschaftsrecht 1999, S. 2077 ff.

SIENER, F. [1998]: Kapitalflußrechnungen von Industrieunternehmen, in: Kapitalflußrechnung, hrsg. von Wysocki, K. v., Stuttgart 1998, S. 35 ff.

SIGLOCH, J./EGNER, T. [2000]: Bilanzierung von Aktienoptionen und ähnlichen Entlohnungsformen, in: BB 2000, S. 1878 ff.

SIMON, H. V. [1898]: Die Bilanzen der Aktiengesellschaften und der Kommanditgesellschaften auf Aktien, 2. Aufl., Berlin 1898.

STAHN, F. [2000]: Der Deutsche Rechnungslegungsstandard Nr. 2 (DRS 2) zur Kapitalflussrechnung aus praktischer und analytischer Sicht, in: DB 2000, S. 233 ff.

STANDISH, P. E. M./UNG, S.-I. [1982]: Corporate Signaling, Asset Revaluations and the Stock Prices of British Companies, in: AR 1982, S. 701 ff.

STANLEY, K./LEWELLEN, W./SCHLARBAUM, G. [1981]: Further Evidence of the Value of Professional Investment Research, in: Journal of Financial Research 1981, S. 1 ff.

STEINER, M./BRUNS, C. [2000]: Wertpapiermanagement, 8 . Auflage, Stuttgart 2000.

STEINER, M./TEBROKE, H./WALLMEIER, M. [1995]: Konzepte der Rechnungslegung für Finanzderivate, in: WPg 1995, S. 533 ff.

STEINER, M./WALLMEIER, M. [1998]: Die Bilanzierung von Finanzinstrumenten in Deutschland und den USA unter Berücksichtigung von Absicherungszusammenhängen – Vom Hedge Accounting zur Marktwertbilanzierung?, in: Möller, H. P./Schmidt, F. (Hrsg.), Stuttgart 1998, S. 305 ff.

STELTER, D.[1999]: Wertorientierte Anreizsysteme, in Bühler, W./Siegert, T. (Hrsg.): Wertorientierte Anreizsysteme für Führungskräfte und Manager, Stuttgarsd 1999, S.197ff

STICE, E. [1991]: The Market Reaction to 10-K and 10-Q Filings and to Subsequent the Wall Street Journal Earnings Announcements, in: AR 1991, S. 42 ff.

STOBBE, T. [1988]: Der Lagebericht, in: BB 1988, S. 303 ff.

STREIM, H. [1985]: Rückstellungen für Großreparaturen – Begriffsexplikation und Zweckmäßigkeitsanalyse, in: BB 1985, S. 1575 ff.

STREIßLER, E. [1982]: Information in der Wirtschaft, Schriften des Vereins für Sozialpolitik, Gesellschaft für Wirtschafts- und Sozialwissenschaften, Neue Folge, Bd. 126, Berlin 1982.

STROBEL, W. [1999]: Deutsches Rechnungslegungs Standards Committee: Der Standard-Entwurf E-DRS 3 zur Segmentberichterstattung, in: DB 1999, S. 2017 ff.

STÜTZEL, W. [1966]: Entscheidungstheoretische Elementarkategorien als Grundlage einer Begegnung von Wirtschaftswissenschaften und Rechtswissenschaften, in: ZfB 1966, S. 769 ff.

STÜTZEL, W. [1967]: Bemerkungen zur Bilanztheorie, in: ZfB 1967, S. 314 ff.

SWAMINATHAN, S. [1991]: The Impact of SEC Mandated Segment Data on Price Variability and Divergence of Beliefs, in: AR 1991, S. 23 ff.

SZYPERSKI, N. [1964]: Einige aktuelle Fragestellungen zur Theorie der Unternehmensrechnung, in: BFuP 1964, S. 270 ff.

TENNYSON, B./INGRAM, R./DUGAN, M. [1990]: Assessing the Information Content of Narrative Disclosures in Explaining Bankruptcy, in: Journal of Business and Accounting 1990, S. 391 ff.

THIEL, J. [1989]: Zur formellen Maßgeblichkeit der Handelsbilanz – ein Vorschlag de lege ferenda, in: DB 1989, S. 537 ff.

THIEL, J. [1998]: Bilanzielle und steuerrechtliche Behandlung eigener Aktien nach der Neuregelung des Aktienerwerbs durch das KonTraG, in: DB 1998, S. 1583 ff.

THOMA, G. F./LEUERING, D. [2002]: Stock Option Pläne und Erwerb eigener Aktien, in: Stock Options, hrsg. von Achleitner, A.-K./Wollmert, P., Stuttgart 2002, S. 193 ff.

TREIBER, K. [1993]: Immaterielle Vermögensgegenstände, in: Beck'sches Handbuch der Rechnungslegung, Band I, Ergänzungslieferung September 1993, München 1993, B 211.

VATTER, W. J. [1964]: The Fund Theory of Accounting and it's Implications for financial Reports, 4th Impression, Chicago/London 1964.

VATTER, W. J. [1966]: Corporate Stock Equities, Part 1, in: Modern Accounting Theory, hrsg. von Backer, M., Englewood Cliffs, N. J. 1966, S. 250 ff.

VIRKKUNEN, H. [1956]: Das Rechnungswesen im Dienste der Leitung, Helsinki 1956.

WAGENHOFER, A. [2001]: International Accounting Standards: Bilanzierung und Bewertung, Auswirkungen auf den Jahresabschluß, 3. Aufl., Wien 2001.

WAGENHOFER, A./EWERT, R. [2002]: Externe Unternehmensrechnung, Berlin/Heidelberg/New York 2002.

WAGNER, F. W. [1982]: Zur Informations- und Ausschüttungsbemessungsfunktion des Jahresabschlusses auf einem organisierten Kapitalmarkt, in: ZfbF 1982, S. 749 ff.

WAGNER, F. W. [1986]: Zum Informationsgehalt einer inflationsbereinigten Rechnungslegung, in: ZfB 1986, S. 219 ff.

WAGNER, H. [1998]: Marktorientierte Unternehmensführung versus Orientierung an Mitarbeiterinteressen, Shareholder-Value und Gemeinwohlverpflichtung, in: Marktorientierte Unternehmensführung, hrsg. von M. Bruhn/H. Steffenhagen, 2. Aufl., Wiesbaden 1998, S. 87 ff.

WALB, E. [1966]: Finanzwirtschaftliche Bilanz, 3. Aufl., Wiesbaden 1966.

WALLACE, R. S. O./CHOUDHURY, M. S. I./PENDLEBURY, M. [1997]: Cash Flow Statements: An International Comparison of Regulatory Positions, in: The International Journal of Accounting 1997, S. 1 ff.

WALSH, C. [1996]: Key Management Ratios – How to Analyze, Compare and Control the Figures that Drive Company Value, London 1996.

WATTS, R./ZIMMERMAN, J. [1986]: Positive Accounting Theory, Englewood Cliffs, New Jersey 1986.

WATTS, R./ZIMMERMAN, J. [1990]: Positive Accounting Theory: A Ten Year Perspective, in: AR 1990, S. 131 ff.

WEBER, B./WOHLFARTH, J. [1986]: Publizitätspflichten im Bilanz- und Börsenrecht, in: BB 1986, S. 699 ff.

WEBER, C.-P. [1988]: Das Bilanzrichtlinien-Gesetz in praktischer Anwendung, in: DB 1988, S. 1 ff.

WEBER, H. K. [1994]: Die Wertschöpfungsrechnung auf der Grundlage des Jahresabschlusses, in: HdJ, Abt. IV/7.

WEBER, R. L. [1979]: Unfertige Bauwerke zum Jahresabschluß des Bauunternehmers, Thun/Frankfurt a. M. 1979

WEILENMANN, P. [1998]: Kapital- und Finanzflußrechnung, in: Lexikon des Rechnungswesens, hrsg. von Busse von Colbe, W./Pellens, B., 4. Aufl., München 1998, S. 393 ff.

WESTERMANN, W. [1986]: »Aufwendungen für bezogene Leistungen« und »sonstige betriebliche Aufwendungen« in der Gesamtkosten-GuV nach dem BiRiLiG, in: BB 1986, S. 1120 ff.

WEYAND, S. [1986]: Die Bilanzierung latenter Steuern nach § 274 HGB, in: DB 1986, S. 1185 ff.

WILHELM, S. [1991]: Bewertungswahlrechte bei den Herstellungskosten, in: BB 1991, S. 1151 ff.

WILLIAMS, J. R. [2001]: 2001Miller GAAP Guide – Restatement and Analysis of Current FASB Standards, San Diego/New York/London 2001.

WITTGEN, R. [1965]: Die publizitätsorientierte Bilanzgestaltung von Aktienbanken, in: ZfB 1965, S. 724 ff.

WOHLGEMUTH, M. [1990]: Die Herstellungskosten in der Handels- und Steuerbilanz, in: HdJ, Abt. I/10.

WOLLMERT, P. [1995]: IASC-Rechnungslegung: Synopse zu den handelsrechtlichen Vorschriften, Stuttgart 1995.

WOLLMERT, P./HEY, J. [2002]: Bilanzierung von Stock Options nach internationalen Grundsätzen (US-GAAP und IAS), in: Stock Options, hrsg. von A.-K. Achleitner/P. Wollmert, Stuttgart 2002, S. 149 ff.

WOTSCHOFSKY, S. [2001]: Teilsteuerrechnung - Eine Idee mit Erfolg, in: WPg 2001, S. 652 ff.

WÖHE, G. [1980]: Zur Bilanzierung und Bewertung des Firmenwertes, in: StuW 1980, S. 89ff.

WÖHE, G. [1997]: Bilanzierung und Bilanzpolitik, 9. Aufl., München 1997.

WÜBBEN, B. [2000]: Die Darstellung des Eigenkapitals nach US-GAAP, in: USA-Mitteilungen - Januar 2000, hrsg. von KPMG, New York 2000.

WÜSTEMANN, J. [1995]: Funktionale Interpretation des Realisationsprinzips, in: ZfbF 1995, S. 1029 ff.

WYSOCKI, K. V. [1962]: Das Postulat der Finanzkongruenz als Spielregel, Stuttgart 1962.

WYSOCKI, K. V. [1971]: Weltbilanzen als Planungsobjekte und Planungsinstrumente multinationaler Unternehmen, in: ZfbF 1971, S. 682 ff.

WYSOCKI, K. V. [1975]: Das Unternehmen in seiner Umwelt: Möglichkeiten und Grenzen der Sozialbilanz, in: Bericht über die Fachtagung 1974 des Instituts der Wirtschaftsprüfer, Düsseldorf 1975, S. 201 ff.

WYSOCKI, K. V. [1990]: Aussagefähigkeit des Lageberichts, in: Bilanzanalyse nach neuem Recht, hrsg. von Coenenberg, A. G., 2. Aufl., Landsberg 1990, S. 257 ff..

WYSOCKI, K. V. [1995]: Zur Abgrenzung und Offenlegung des Finanzmittelfonds in der Kapitalflußrechnung nach internationalen Grundsätzen und nach der Stellungnahme HFA 1/1995, in: Internationale Wirtschaftsprüfung. Festschrift zum 65. Geburtstag von Hans Havermann, hrsg. von Lanfermann, J., Düsseldorf 1995, S. 813-828.

WYSOCKI, K. V. [1999]: DRS 2: Neue Regeln des Deutschen Rechnungslegungs Standards Committee zur Aufstellung von Kapitalflußrechnungen, in: DB 1999, S. 2373 ff.

WYSOCKI, K. V. [2002]: IAS 7 Kapitalflussrechnung (Cash Flow Statements), in: Rechnungslegung nach International Accounting Standards (IAS), hrsg. von Baetge, J./Dörner, D./Kleekämper, H./Wollmert, P./Kirsch, H.-J., 2. Aufl., Stuttgart 2002, Teil B, IAS 7, S. 1 ff.

WYSOCKI, K. V./WOHLGEMUTH, M. [1996]: Konzernrechnungslegung, 4. Aufl., Düsseldorf 1996.

ZAVGREN, C. [1983]: The Prediction of Corporate Failure: The State of the Art, in: Journal of Accounting Literature 1983, S. 1 ff.

ZAVGREN, C./DUGAN, M./REEVE, J. [1988]: The Association Between Probabilities of Bankruptcy and Market Responses – Test of Market Anticipation, in: Journal of Business and Accounting 1988, S. 27 ff.

ZIMMERMANN, D. [1985]: Schmalenbachs Aktivierungsgrundsätze, Frankfurt/ Bern/ New York 1985.

ZIOLKOWSKY, U. [1990]: Erfolgsspaltung: Aussagefähigkeit und Grenzen, in: Bilanzanalyse nach neuem Recht, hrsg. von Coenenberg, A. G., 2. Aufl., Landsberg/Lech 1990, S. 153 ff.

Stichwortverzeichnis

B

D

E

L

M

N

O

W